JN440890

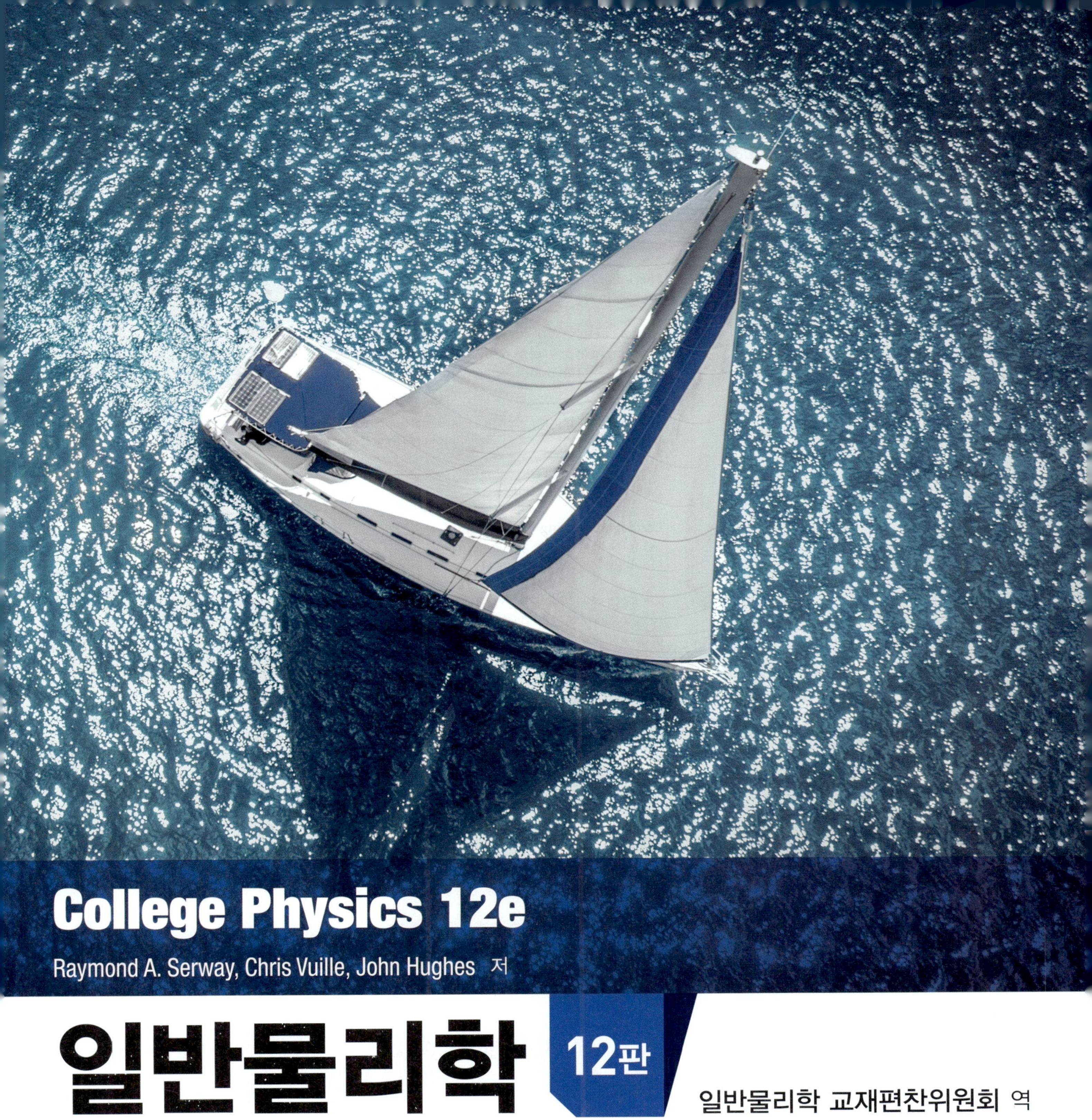

College Physics 12e

Raymond A. Serway, Chris Vuille, John Hughes 저

일반물리학 12판

일반물리학 교재편찬위원회 역

Australia • Brazil • Canada • Mexico • Singapore • United Kingdom • United States

***College Physics, Global Edition,*
Twelfth Edition**

Raymond A. Serway
Chris Vuille
John Hughes

Original edition © 2025 Brooks Cole, a part of Cengage Learning.
College Physics, Global Edition, 12th Edition by Raymond A. Serway, Chris Vuille, John Hughes
ISBN: 9798214046679

This edition is translated by license from Brooks Cole, a part of Cengage Learning, for sale in Korea only.

ISBN-13: 979-11-5971-734-5

Cengage Learning Korea Ltd.
14F YTN Newsquare 76 Sangamsan-ro
Mapo-gu Seoul 03926 Korea

Printed in Korea
Print Number: 01 Print Year: 2026

저자 소개

Raymond A. Serway 일리노이 공과대학에서 박사 학위를 받았으며, 현재는 제임스 매디슨 대학의 명예교수이다. 2011년에는 그의 모교인 유티카 대학에서 명예박사 학위를 받았다. 1980년부터 1997년까지 17년 동안 제임스 매디슨 대학에서 강의를 하였으며 1990년에는 매디슨 학자상을 받았다. 그의 교육 경력은 1967년에 클락슨 대학에서 시작되었으며 그곳에서 1980년까지 연구도 병행하였다. 클락슨 대학에서 1977년에는 우수교육상을, 1985년에는 클락동문 공로상을 수상하였다. 스위스 취리히에 있는 IBM 연구소에 객원 과학자로 있을 때는 1987년 노벨상 수상자인 K. 알렉스 뮐러(K. Alex Muller)와 함께 연구하였다. 또한 아르곤 국립연구소에 방문 과학자로 있을 때에는 지금은 고인이 된 멘토이자 친구 샘 마샬(Sam Marshall)과 함께 공동 연구를 진행하였다. 경력 초반인 1961년부터 1963년까지는 로마 항공연구소에서 연구과학자로 근무하였으며, 1963년부터 1967년까지는 일리노이 공대 연구소에서 근무하였다. 그가 공동 저자로 참여한 저서로는 《대학물리학(*Physics for Scientists and Engineers*)》 10판, 《최신대학물리학(*Principles of Physics: A Calculus-Based Text*)》 5판, 《현대물리학(*Modern Physics*)》 3판 및 Holt, Rinehart and Winston에서 출판한 고등학교 교과서인 《물리학(Physics)》이 있다. 그 외에도 고체물리학 분야의 연구논문 40여 편을 제출했으며, 60편 이상의 학회 발표도 하였다. 그와 그의 아내 엘리자벳은 여행, 골프, 낚시, 정원 가꾸기, 교회 합창단에서 찬송가 부르기 등을 좋아하며 특별히 네 자녀와 아홉 명의 손주 및 증손주들과 좋은 시간을 보내고 있다.

Chris Vuille 플로리다 대학에서 박사 학위를 받았으며, 세계 최고의 항공고등교육기관인 엠브리-리들(Embry-Riddle) 항공대학교의 물리학 교수이다. 대학원 과정을 포함한 모든 수준의 강의를 해 왔지만, 그의 주요 관심사는 기초 물리학 강의이다. 그의 연구 분야는 일반 상대론, 천체 물리학, 우주론 및 양자 이론이며 NASA의 3년 특별 연구비 지원 프로그램에 참여하여 중성자별의 특성을 연구하였다. 그의 연구는 많은 과학 논문지에 실렸으며 잡지 『아날로그 사이언스 픽션 앤드 팩트(*Analog Science Fiction and Fact*)』에도 실렸다. 《일반물리학(*College Physics*)》의 공동 저자이며, 2021년에는 '남동부 지역 물리학 교육의 우수성'을 인정받아 SESAPS 조지 B. 페그램 상을 받았다.

John Hughes 다트머스 대학에서 박사 학위를 받았으며, 엠브리-리들(Embry-Riddle) 항공대학교의 공업 물리학과 교수이자 이학부 부장직을 맡고 있다. 그는 실험 물리학자로서 우주 및 플라스마 물리학을 주로 연구하고 있으며, 미국 국립과학재단과 공군 및 해군 연구소에서 지원하는 여러 연구 과제에 참여하였다. 과학 논문지에 20여 편 이상의 연구논문을 발표하였으며, 학회에서의 구두 발표도 많이 하였다. 또한 그는 15년 이상을 강의해 왔으며, 현재 그가 하는 전문적인 일의 대부분은 기초 물리학 강좌에서 학생들의 학습능력을 향상시키기 위한 것이다.

역자 머리말

이 책은 Serway 박사, Vuille 박사 및 Hughes 박사의《일반물리학(*College Physics*)》 12판을 번역한 것으로 대학 저학년을 위한 이공계 및 생명과학 분야 관련 계열의 일반 물리학 1년 과정을 다루었다.

검토와 감수를 거듭하여 이전 판의 내용 중 많은 부분이 추가되었고, 일부 장에서는 절의 순서를 재구성하거나 하위 절의 내용을 추가 또는 변경하였다. 12판에서는 이전 판보다 특히 예제를 재구성하여 문제의 형태, 문제 풀이 전략, 수학적 계산 등을 자세히 서술하여 물리 문제에서 갖게 되는 저항이나 부담감을 최소화하였다. 또한 그림에서 말풍선을 도입하여 본문의 내용을 압축, 요약함으로써 그림만으로도 주요 내용을 쉽게 파악할 수 있도록 하였다. 특별히 2019년에 재정의된 단위계에 대한 설명이 일부 장에서 수정되거나 보충되었다. 또한 기술이 발달함에 따라(TV나 전기차 등) 그와 관련된 변화를 문제에 반영하여 업데이트하였으며, 극성 분자에 대한 보다 명확한 설명과 함께 전기 쌍극자 전위에 대한 3차원 그래프를 컴퓨터로 새로 그려 넣었다. 휴대폰이나 와이파이 등의 발달과 관련된 내용도 추가되거나 수정되었다.

이 책은 전체적으로 6개 분야(역학, 열역학, 진동과 파동, 전자기학, 빛과 광학, 현대 물리)로 나뉘어 있으며 1주일에 3시간씩 1년(30주 강의) 동안 공부할 수 있게 구성되어 있다. 번역에 사용된 용어는 고등학교 과정에서 사용한 용어와 한국물리학회에서 권장하는 물리 용어집을 참고하였다. 이 책으로 물리학을 공부하게 될 학생들이 물리를 너무 어렵게 생각하지 않기를 바란다. 물리는 일상생활의 자연 현상을 이해하는 것이므로 조금이라도 더 관심을 기울이고 시선을 주위로 돌리면 개념을 쉽게 파악할 수 있다. 아울러 약간의 수학적 산술을 활용하면 보편적인 결과를 얻게 되리라 확신한다. 장마다 소개한 내용을 숙지하고 연습문제를 반드시 풀어서 개념을 스스로 정립해 나가기를 바라며, 이 책으로 공부하는 학생들이 과학이나 공학의 분야에서 성공하기를 기원한다.

끝으로 이 책이 출판되기까지 바쁘신 중에도 번역을 위하여 애쓰신 여러 교수님들께 깊은 감사를 드리며, 어려운 출판 상황에도 불구하고 이 책의 출판을 위해 노력하신 북스힐 출판사의 조승식 대표님과 편집진 여러분께도 깊은 감사를 드린다.

역자 일동

저자 머리말

이 책은 생물학, 보건계열, 환경, 지구 및 사회과학과, 건축학 등과 같은 이공계 및 생명과학 분야 관련 계열 학생들이 이수해야 하는 기초 물리학으로서 1년 과정용으로 쓰였다. 이 책에 사용된 수학은 대수학, 기하학, 삼각함수 등이며 미분적분학은 사용되지 않았다. 이전 판을 사용한 교수나 학생들의 좋은 의견을 많이 수용하고 분석하여 대부분의 요구를 충족하도록 내용을 재구성하였다.

이 책은 고전 물리학과 현대 물리학의 대표적인 주제를 6부로 나누고 있다. 1부(1~9장)는 뉴턴 역학과 유체 역학을 다루며, 2부(10~12장)는 열과 열역학, 3부(13~14장)는 파동과 소리, 4부(15~21장)는 전기와 자기, 5부(22~25장)는 빛의 성질과 기하 광학 및 파동 광학을 다루었으며 6부(26~30장)는 특수 상대론, 양자 물리학, 원자 물리학, 핵물리학의 기초를 다루었다.

목적

이 책의 목표는 두 가지이다. 명료하고 논리적인 표현으로 물리학의 원리와 기본 개념을 학생들에게 제공하고, 거의 모든 내용을 실제 사례에 흥미롭게 응용함으로써 개념과 원리의 이해를 증진시키는 것이다. 이러한 목표를 달성하기 위하여 깊이 있는 추론과 단계적인 문제 풀이 방법을 제시하였다. 동시에 다른 학문 분야에서의 물리학의 역할을 보여 주는 실제적인 예제를 통하여 학생들에게 동기를 부여하고자 시도하였다.

12판에서 달라진 점

12판에서는 표현의 명확성과 언어의 정확성을 높이기 위해 세심하게 편집되었다. 그러한 편집이 독자들로 하여금 정확하면서도 재미있게 읽을 수 있는 책이 되기를 바란다. 이 책의 전체적인 내용과 배열은 이전 판과 비슷하지만 많은 변화와 개선이 있었다.

물리학의 필수 요소를 체계적으로 정리하기(STEP, Scaffolding The Essentials of Physics)

이 판에서 완전히 새로운 것인 STEP은 저자 Chris Vuille이 세심하게 설계한 것으로 학생들이 문제 풀이 능력을 숙달할 수 있도록 지도하기 위한 것이다. 대부분의 물리 문제들은 여러 가지 개념을 포함하고 있어서 학생들이 문제를 잘 풀기 위해서는 각각의 개념을 동시에 잘 아는 상태에서 문제를 풀고 다른 사람에게 설명할 수 있어야 한다. 각 장의 연습문제는 이러한 문제 풀이 능력을 입증하는 데 좋은 도구이기는 하지만, STEP은 그러한 과정을 숙달하는 데 가장 좋은 방법이다. 대부분의 학생들에게 있어 여러 개념을 숙달하는 가장 좋은 방법은 단계적으로 문제를 푸는 것이다. 마치 사다리를 오르듯 간단한 문제에서 복잡한 문제로 나아가면서, 연습을 통해 숙달된 간단한 문제들을 통해 더 어려운 문제들을 해결해 나갈 수 있다.

장의 구성

저자들은 일반물리학의 내용을 STEP에 맞추어 학생들에게 검증된 교재와 STEP의 혁신적인 문제 해결 훈련 프로그램을 통해 지속적인 학습 발전을 이룰 수 있는 이점을 제공하고자 하였다. 이러한 정렬의 예로, 2장과 3장에서 운동학을 설명하는 방식이 재배열되고 STEP의 단계별 개념 중심 접근 방식을 따르도록 재구성되어 속도와 속력의 개념을 더욱 효과적으로 강조하였다. 4장에서 STEP은 가장 기초적인 내용부터 더 복잡한 내용까지 일련의 단계를 통해 학생들이 제2법칙에 대한 지식을 쌓아가도록 하였다. 단계별로 구성된 문제와 해설을 제공하는 STEP은 물리학을 완벽하게 이해하는 새로운 열쇠를 제시한다.

새로운 문제와 다시 꾸민 예제

새롭게 풀이된 예제들이 추가되었으며, 기존 예제들 중 다수가 교육적 가치, 명확성 및 품질을 향상시키기 위해 업데이트되었다.

완전한 업데이트와 현대화

12판은 최근의 발전과 응용 사례를 포함하도록 면밀히 검토 및 업데이트되었다. 2019년 SI 기본 단위의 재정의부터 무선 충전, LED 전구, GFCI 콘센트, 제임스 웹 우주 망원경과 같은 최신 응용 사례에 이르기까지, 이 책은 학생들에게 변화하는 세상에 대한 최신의 관련된 설명을 제공한다.

주요 업데이트 내용

12판에서의 주요 업데이트 내용은 다음과 같다.

1장 – 단위, 측정, 불확정도, 어림 및 과학적 표기법의 도입이 보다 논리적인 순서로 진행되도록 재구성되었다.

2장 – 속도에 이어 속력에 대한 새로운 하위 절이 추가되었으며, 속도와 가속도를 그래프로 구하는 하위 절과 새로운 자유낙하 공식 요약표도 있다. 일부 그림은 더 명확하게 이해할 수 있도록 수정되었다.

3장 – 절의 제목을 약간 변경하여 명료성을 높였다. 경로 길이와 거리의 차이점 및 그에 따른 속력과 평균 속력에 대한 설명을 특별히 강조하였다.

4장 – 절의 제목이 변경되어 탐색하고 찾아가기 쉽게 하였다.

5장 – 절의 제목을 명료하게 바꾸었으며 예제 중 하나를 더 나은 구조로 재구성하였다.

10장 – 단위에 대한 설명이 2019년 SI 단위의 재정의에 맞추어 조정되었으며, 일부 절의 명칭이 변경되었다.

11장 – 칼로리 단위가 변화해 온 역사를 명확하게 논의하여 수정하였다.

16장, 17장, 18장, 20장, 25장 – 기술이 발달함에 따라(TV나 전기차 등) 그와 관련된 변화를 문제에 반영하여 업데이트하였다. 극성 분자에 대한 보다 명확한 설명과 함께 전기 쌍극자 전위에 대한 3차원 그래프를 컴퓨터로 새로 그려 넣었다.

19장 – 단위에 대한 설명은 2019년 SI 단위 재정의에 맞춰 수정되었으며, 자성의 일부 응용 분야에 대한 설명도 최신의 것으로 하였다. 또한 자기 북극에 대한 설명도 최신 그림과 함께 현대화되었다.

21장 – 전자기파 스펙트럼에서 와이파이나 휴대폰이 사용하는 주파수대에 관한 설명을 추가 및 수정하였다.

22장 – 장의 내용이 대폭 수정되었으며, 특히 전반사에 대한 설명이 굴절 다음에 오도록 변경되었다. 또한, 하위헌스의 원리는 분산, 프리즘, 무지개에 대한 설명 앞에 오도록 하였다.

23장 – 얇은 렌즈에 관한 절을 굴절에 의한 상에 대한 절보다 앞에 두었다. 그 이유는 얇은 렌즈의 적용이 더 간단하기 때문이다. 구면거울에 의한 상에 대한 절은 얇은 렌즈 절 이전에 두었는데, 두 절에서 나오는 공식이 유사하다. 굴절에 의한 상에 대한 더 복잡하고(그리고 더 일반적인) 적용은 이제 마지막에 나온다.

24장 – 회절 개념은 두 절의 유사성 때문에 이중 슬릿 간섭 바로 다음에 소개된다. 그 다음으로는 단일 슬릿 회절이 이어진다. 반사에 의한 위상 변화와 얇은 막에서의 간섭에 대한 내용은 단일 슬릿 회절 다음에 배치되었다. 편광은 여전히 마지막에 있으며 브루스터 법칙의 수정된 유도 과정이 들어있다.

28장 – 뤼드베리 상수에 관한 논의를 좀 더 정밀하게 수정하였다.

29장 – 물리 상수와 입자의 질량에 관한 값을 최근의 것으로 바꾸었다.

특징

대부분의 강의를 하시는 분들은 수업에서 지정된 교재가 학생들이 해당 주제를 이해하고 학습하는 데 있어 주요 지침서가 되어야 한다는 데 동의할 것이다. 또한 교재는 쉽게 접근할 수 있어야 하고, 수업과 학습을 촉진하는 스타일로 작성되어야 한다. 이러한 점을 고려하여, 학생과 강사 모두에게 교재의 유용성을 높이기 위해 다음과 같은 교육적 특징들을 이 책에 포함시켰다.

예제 각 예제는 전략 설명, 해답 및 해설, 개념 학습을 포함하여 완전한 학습 경험을 제공하도록 구성되었다. 모든 예제 모음은 물리적 개념, 물리 문제 유형, 필요한 수학적 기법을 포괄적으로 다루도록 최선을 다했다.

그림 12판에서 나오는 모든 그림을 새롭고 현대적인 스타일로 바꾸어 물리학의 원리를 좀 더 명료하고 엄밀하게 표현하도록 하였다. 그림은 책의 내용에서 논의하는 물리적인 상황을 따르도록 제시하였다.

그림 속에 말풍선을 넣어서 그림에서 중요한 부분을 직시하도록 하여, 학생들이 이리 저리 헤매지 않고 그림만으로도 본문의 내용을 쉽게 이해할 수 있도록 하였다. 이러한 형태는 시각적 학습자에게 매우 도움이 된다.

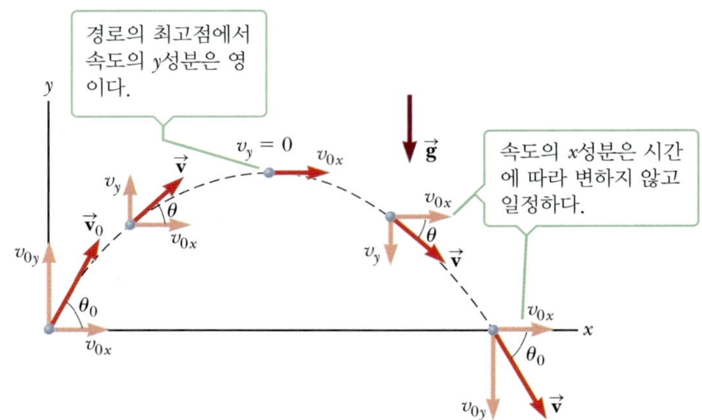

그림 3.4 원점에서 속도 $\vec{\mathbf{v}}_0$로 출발한 포물선 궤도. 속도 $\vec{\mathbf{v}}$는 시간에 따라 변화함에 주목하라. 그러나 속도의 x성분 v_x는 시간에 대해 일정하며 처음 속도 v_{0x}와 같다. 또한 최고점에서 $v_y = 0$이며, 가속도는 항상 자유낙하 가속도와 같고 연직 아랫방향을 향한다.

연습문제 이번 개정판의 모든 문제와 질문은 다양성, 흥미로움, 교육적 가치를 향상시키면서도 명확성과 질을 유지하기 위해 신중하게 검토되었다. 각 장의 끝에는 방대한 연습문제가 있다. 학생과 강사 모두의 편의를 위해 문제의 약 3분의 2는 각 장의 절에 따라 나열되어 있다. 나머지 문제는 '종합 문제'로 표시되어 있으며, 특정 절에 관계없이 장의 모든 내용을 포함할 수도 있다.

TIP 본문의 양 옆 여백에 Tip을 넣어 자칫 잘못 이해하기 쉬운 개념이나 학생들이 때때로 직시하지 못하고 헤매는 상황을 명료하게 하였다. 흔히 범하는 실수나 오해에 대한 방지책이다.

여백의 주 여백에 있는 주는 본문과 관련 있는 중요한 설명이나 식, 개념 등을 쉽게 찾을 수 있도록 하였다.

응용 물리학이 현대 생활과 밀접한 관련이 있지만 저학년 학생들에게는 와닿지 않을 수 있다. '응용'이라고 표시한 것은 본문 중에 설명한 부분의 구체적인 응용 예를 나타내고 있으며, 그 내용은 우리의 일상생활과 물리학을 좀 더 친밀하게 연관시킨다.

도입문 모든 장은 그 장의 목적이나 내용에 관한 논의를 포함하는 간단한 도입 설명으로 시작한다.

단위 이 책 전체에서 국제 표준단위계(SI)를 사용하였다. 다만 역학과 열역학 부문에서는 미국 관습단위계가 일부 사용되었다.

색의 사용 이 책 전체에 걸쳐 일관성 있게 여러 가지 기호를 색깔별로 다르게 설정하였다. 그림으로 표현한 물리량(부록 E)을 참조하면 그림 속 기호의 의미를 쉽게 알 수 있다.

중요한 설명 및 식 가장 중요한 설명과 정의는 굵은 문자로 나타내거나 배경색 처리를 하여 강조하였다. 마찬가지로 중요한 식에도 배경색을 넣어 눈에 띄게 하였다

맞춤 강의

이 책은 기초 물리학으로서의 1년 과정을 위한 충분한 내용을 담고 있다. 그 이유는 교수로 하여금 대상 학생에 따라 주제를 다르게 선택할 수 있는 융통성을 제공한 것이고, 또 다른 이유는 학생들로 하여금 이 책이 참고도서로서의 역할을 할 수 있게 하기 위함이다. 일주일에 평균 세 시간 수업을 한다면 매주 한 장씩 다룰 수 있다. 저자는 1년 과정에서 부득이하게 강의 계획이 변동될 경우 내용을 줄일 수 있는 방안을 다음과 같이 제안한다.

A형: 물리학과 관련된 최근의 주제를 중점적으로 가르치고자 하는 경우 8장의 일부나 전부(회전 평형과 회전 동역학), 21장(교류 회로와 전자기파), 25장(광학기기)을 생략할 수 있다.

B형: 고전 물리학을 중심으로 가르치기를 원한다면 이 책의 6부에 해당하는 상대성 이론과 현대 물리학의 주제들을 생략하면 된다.

끝으로 이 책이 출간되기까지 오랫동안 사랑과 인내 희생으로 응원해 준 아내와 아이들에게 고마움을 표한다.

Raymond A. Serway
St. Petersburg, Florida

Chris Vuille
Daytona Beach, Florida

John Hughes
Ormond Beach, Florida

차례

단위, 삼각함수 및 벡터

Units, Trigonometry, and Vectors

CHAPTER 1

물리학의 목표는 실험에 기초한 이론을 개발하여 물리적인 세계를 이해하는 것이다. 물리학의 이론은 물리계가 어떻게 작동하는가를 기술하며 흔히 수학적으로 표현한다. 물리 이론은 물리계에 대해 예측을 하기도 하며, 관측과 실험으로 예측이 맞는지 검증한다. 만약 관측된 사실이 이론적인 예측과 가까우면 그 이론은 유지된다. 하지만 이는 잠정적인 것이다. 물리학의 어느 작은 분야에서조차 모든 현상들을 완벽하게 설명할 수 있는 이론은 지금까지 없었다. 모든 이론은 진보하는 과정에 있다.

물리학의 기본 법칙은 힘, 속도, 부피, 가속도 등과 같은 물리량들을 포함하는데, 이들은 모두 좀 더 기본적인 양들로 나타낼 수 있다. 역학에서 **길이**(L), **질량**(M), **시간**(T)은 가장 기본적인 물리량이다. 다른 모든 물리량들은 이 세 가지를 조합하여 나타낼 수 있다.

1.1 측정의 표준 Standards of Measurement

어떤 물리량을 측정하여 그 결과를 다른 사람과 주고받으려면, 그 물리량에 대한 단위가 정의되어야 한다. 만약 길이의 기본 단위가 1.0미터이고 이 단위에 익숙한 어떤 사람이 벽의 높이가 2.0미터라고 보고한다면, 우리는 벽의 높이가 기본 단위의 두 배라는 것을 알게 된다. 마찬가지로 질량의 기본 단위가 1.0킬로그램으로 정의되어 있고 어떤 사람의 질량이 75킬로그램이라고 한다면, 그 사람의 질량은 기본 단위의 75배임을 알 수 있다.

1960년에 국제 위원회는 과학의 기본적인 양들에 대해 **SI**(Système International)라고 하는 표준 단위계를 사용하기로 합의하였다. 길이, 질량, 시간의 표준 단위는 각각 미터(m), 킬로그램(kg), 초(s)이다.

Tip 1.1 자릿수가 많은 수를 쓸 때 콤마를 붙이지 않는다.

과학적인 표기 방법에서 세 자리 이상의 수를 쓸 때 세 자리마다 콤마를 붙이는 것보다는 세 자리마다 띄어서 쓰는 방식을 선호한다. 따라서, 10 000은 미국식 표현인 10,000과 같다. 마찬가지로 $\pi = 3.14159265$는 3.141 592 65로 쓴다.

1.1.1 길이, 질량, 시간 Length, Mass, and Time

1793년에 프랑스에서는 길이의 법적 표준을 미터로 정하면서, 이를 적도로부터 북극까지 거리의 천만분의 일(1/10 000 000)로 정의하였다. 1799년부터 1960년까지 미터의 공식적인 길이는 항온 항습 장치에 보관된 백금-이리듐 합금 원기에 표시된 두 선 사이의 거리로 정해져 있었다. 이 표준은 몇 가지 이유로 폐기되었는데, 가장 중요한 이유는 두 선 사이의 거리를 측정하는 것이 충분히 정밀하지 않다는 것이다. 1960년에 미터는 크립톤-86 전등에서 나오는 주황색 빛의 파장의 1 650 763.73배로 정의되었다. 그러나 1983년 10월에 이 표준 또한 폐기되었고, **다시 미터는 진공 속에서 빛이 1/299 792 458초 동안 진행한 거리로 정의되었다.** 이 정의에 의하면 진공에서 빛의 속

◀ 미터의 정의

a

b

그림 1.1 (a) 프랑스 세브르에 보관되어 있는 국제 표준 킬로그램 원기와 똑같이 복제된 프로그램 원기가 미국 표준 연구원의 저장소 내 이중 유리 그릇 안에 보관되어 있다. (b) 세슘 원자시계. 이 시계는 2천만 년에 오차가 1초 이내이다.

력은 초속 299 792 458미터이다.

킬로그램(kg)은 질량의 SI 단위이다. 1799년부터 2019년까지 킬로그램은 그림 1.1a에 나타나 있는 것과 유사한 프랑스 세브르(Sevres)에 있는 국제도량형국에 보관된 백금-이리듐 합금 원기의 질량으로 정의되었다. 그러나 원기를 보존하고 있는 2중 유리 용기가 항온 항습장치가 되어 있다고 하더라도, 원기를 세척하고 원기가 공기 중에 노출됨에 따라 원기의 질량이 미세하게 변하여 적합하지 않았다. **2019년에 질량의 표준은 플랑크 상수를 사용하여 재정의되었다.** 플랑크 상수에 대해서는 27장에서 배우게 되는데, 키블(Kibble) 저울과 같은 아주 민감한 장치를 써서 질량을 정밀하게 측정할 수 있다. 이러한 새로운 정의로 미터와 같이 킬로그램도 사람이 만든 물건을 기준으로 한 것이 아닌 자연의 기본 상수를 이용하여 정의할 수 있다.

1960년 전까지 시간의 표준은 1900년의 평균 태양일로부터 정의되었다.(태양일이란 태양이 하늘의 최고점에 다다른 시각부터 다음날 최고점에 다다를 때까지의 시간을 의미한다.) 이에 의하면 시간의 기본 단위인 초(s)는 평균 태양일의 (1/60)(1/60)(1/24) = 1/86 400이 된다. 1967년에 시간 표준은 높은 정밀도를 얻을 수 있는 원자시계의 장점을 살려 다시 정의되었다. 원자시계는 세슘-133 원자에서 나오는 전자기파의 특성 진동수를 기준으로 이용한다. **현재는 세슘-133 원자에서 나오는 복사선 주기의 9 192 631 700배 되는 시간을 1초로 정의한다.** 그림 1.1b에 최신 형태의 세슘 원자시계의 사진이 있다.

1.1.2 길이, 질량, 시간의 근삿값 Approximate Values for Length, Mass, and Time Intervals

길이, 질량, 시간에 관한 여러 가지 근삿값들이 각각 표 1.1, 1.2, 1.3에 나열되어 있다. 이 값들은 매우 넓은 범위에 있다는 것에 주목하라. 이 표들을 보면서 1 kg의 질량(이 책의 질량은 약 2 kg이다), 10^{10} s의 시간(1세기는 약 3×10^9 s), 또는 2 m의 길이(대략 장신 농구 선수의 키)에 대한 감각을 익혀 보자. 50 000은 5×10^4와 같이 쓸 수 있

표 1.1 여러 가지 측정된 길이의 근삿값

	길이(m)
관측 가능한 우주의 크기	1×10^{26}
지구로부터 안드로메다 은하까지의 거리	2×10^{22}
지구로부터 프록시마 켄타우리까지의 거리	4×10^{16}
1광년	9×10^{15}
지구에서 태양까지	2×10^{11}
지구에서 달까지	4×10^{8}
지구의 반지름	6×10^{6}
세계에서 가장 높은 빌딩	8×10^{2}
축구장의 크기	9×10^{1}
집파리의 크기	5×10^{-3}
생물체의 세포	1×10^{-5}
수소 원자	1×10^{-10}
원자핵	1×10^{-14}
양성자의 지름	1×10^{-15}

표 1.2 여러 가지 질량의 근삿값

	질량(kg)
관측 가능한 우주	1×10^{52}
은하수	7×10^{41}
태양	2×10^{30}
지구	6×10^{24}
달	7×10^{22}
상어	1×10^{2}
사람	7×10^{1}
개구리	1×10^{-1}
모기	1×10^{-5}
박테리아	1×10^{-15}
수소 원자	2×10^{-27}
전자	9×10^{-31}

표 1.3 여러 가지 시간의 근삿값

	시간(s)
우주의 나이	5×10^{17}
지구의 나이	1×10^{17}
대학생의 평균 나이	6×10^{8}
1년	3×10^{7}
1일	9×10^{4}
심장 박동 간격	8×10^{-1}
가청 음파의 주기[a]	1×10^{-3}
전형적인 라디오파의 주기[a]	1×10^{-6}
가시광선의 주기[a]	2×10^{-15}
핵 충돌 시간	1×10^{-22}

[a] 주기는 한 번 진동하는 데 걸리는 시간이다.

는데, 이와 같은 10의 거듭제곱 표기법을 부록 A에서 볼 수 있다.

물리학에서 흔히 사용하는 단위계는 국제단위계(SI)이며, 이 단위계에서 길이, 질량, 시간의 단위는 각각 미터(m), 킬로그램(kg), 초(s)이다. cgs 단위계 또는 가우스 단위계에서는 길이, 질량, 시간의 단위로 각각 센티미터(cm), 그램(g), 초(s)를 사용한다. 미국 관습단위계에서는 세 가지 단위로 각각 피트(ft), 슬러그(slug), 초(s)를 사용한다. 과학계나 산업 분야에서 보편적으로 사용하는 단위계는 국제단위계이며, 따라서 이 책에서도 주로 국제단위계를 사용할 것이다. 가우스 단위계나 미국 관습단위계는 특별한 경우에만 사용할 것이다.

미터법(SI, cgs 단위)에서 가장 자주 사용하는 10의 거듭제곱을 나타내는 접두어와 그 약자를 표 1.4에 나열하였다. 예를 들어 10^{-3} m는 1 mm와 같고, 10^3 m는 1 km와 같다. 마찬가지로 1 kg은 10^3 g이고, 1 MV는 10^6 V이다. 물리를 공부하는 대부분의 사람들이 자주 사용하는 접두어는 1보다 작은 것으로는 펨토(f)에서 센티(c)까지, 1보다 큰 것으로는 킬로(k)에서 기가(G)까지이다. 이러한 접두사들을 잘 기억해 두면 좋다.

표 1.4 미터법(SI, cgs 단위)에서 10의 거듭제곱을 나타내는 접두어와 그 약자

거듭제곱	접두어	약자
10^{-18}	atto-	a
10^{-15}	femto-	f
10^{-12}	pico-	p
10^{-9}	nano-	n
10^{-6}	micro-	μ
10^{-3}	milli-	m
10^{-2}	centi-	c
10^{-1}	deci-	d
10^{1}	deka-	da
10^{3}	kilo-	k
10^{6}	mega-	M
10^{9}	giga-	G
10^{12}	tera-	T
10^{15}	peta-	P
10^{18}	exa-	E

1.1.3 차원분석 Dimensional Analysis

물리학에서 차원은 어떤 양의 물리적 성질을 나타내는 말이다. 예를 들어, 두 점 사이의 거리를 미터, 피트, 펄롱(furlong, 길이의 단위로 1/8마일) 등의 다른 단위로 나타낼 수 있지만, 이들은 모두 길이라는 차원의 양을 나타내는 다른 표현법일 뿐이다.

이 절에서는 길이, 질량, 시간이라는 차원을 각각 표시하기 위해 각각 L, M, T라는 기호를 사용할 것이다. 어떤 물리량의 차원을 표시하기 위해서는 일반적으로 괄호 [ ]를 사용한다. 예를 들어, 속도 v의 차원은 $[v] = \mathrm{L/T}$이고 넓이 A의 차원은 $[A] = \mathrm{L}^2$과 같이 나타낸다. 넓이, 부피, 속도, 가속도의 차원이 표 1.5에 나열되어 있다. 표에는 흔히 사용하는 세 가지 단위계에서의 단위도 함께 나타냈다. 힘, 에너지 등과 같은 다른 물리량의 차원은 소개될 때마다 기술하기로 하자.

물리학에서는 종종 서로 다른 물리량이 섞여 있는 수식이나 방정식을 유도했을 때 그 수식이 맞는지 검증할 필요가 있다. 이러한 일을 할 때 유용한 방법 중의 하나가 바로 **차원분석**(dimensional analysis)이다. **차원분석은 차원을 대수적인 양으로 취급할 수 있다는 사실을 이용한다.** 예를 들어, 물리량들은 차원이 같은 경우에만 덧셈을 하거나 뺄셈을 할 수 있으므로 길이에다 질량을 더하는 것은 아무 의미가 없다. 어떤 식의 양변의 항들이 모두 같은 차원을 가진다면 그 식은 옳은 식이 될 수는 있다. 그러나 차원이 같다는 사실만으로는 완전히 옳은 식이라고 할 수는 없다. 그럼에도 불구하고, 차

표 1.5 넓이, 부피, 속도, 가속도의 차원과 단위

단위계	넓이(L^2)	부피(L^3)	속도(L/T)	가속도($\mathrm{L/T}^2$)
SI 단위계	m^2	m^3	m/s	$\mathrm{m/s}^2$
cgs 단위계	cm^2	cm^3	cm/s	$\mathrm{cm/s}^2$
미국 관습단위계	ft^2	ft^3	ft/s	$\mathrm{ft/s}^2$

원분석은 어떤 식이 맞는 식인지를 검사하는 과정의 일부로서 이용 가치가 있으며 물리량 간의 관계를 확인하는 데 사용될 수 있다.

가속도, 속도, 시간, 거리 간의 관계를 구하기 위하여 차원분석을 어떻게 사용하는지 과정을 살펴보자. 거리 x는 길이의 차원을 갖고 있으므로 $[x] = \mathrm{L}$로 표기하고, 시간 t의 차원은 $[t] = \mathrm{T}$이다. 속도 v의 차원은 길이를 시간으로 나눈 것이므로 $[v] = \mathrm{L/T}$이고, 가속도의 차원은 길이를 시간의 제곱으로 나눈 것이므로 $[a] = \mathrm{L/T^2}$이다. 속도와 가속도는 차원이 비슷하지만 가속도의 차원에는 분모에 시간의 차원이 하나 더 들어 있다. 따라서 다음과 같이 된다.

$$[v] = \frac{\mathrm{L}}{\mathrm{T}} = \frac{\mathrm{L}}{\mathrm{T}^2}\,\mathrm{T} = [a][t]$$

이것으로부터 알 수 있는 것은 속도는 가속도에 시간을 곱한 것인 $v = at$이다. 이것은 다만 가속도가 일정한 운동의 경우에만 성립하는 것이다. 속도의 차원이 길이를 시간으로 나눈 것이고, 거리의 차원이 길이임을 알고 있으면 다음과 같은 식은 쉽게 추측할 수 있다.

$$[x] = \mathrm{L} = \mathrm{L}\,\frac{\mathrm{T}}{\mathrm{T}} = \frac{\mathrm{L}}{\mathrm{T}}\,\mathrm{T} = [v][t] = [a][t]^2$$

위의 차원 방정식으로부터 거리를 가속도와 시간의 함수로 나타낸 식을 $x = at^2$라 쓰면 된다고 할 수 있지만, 이 식은 정지 상태로부터 일정한 가속도로 운동하는 경우에 대한 정확한 식은 아니다. 정확한 표현은 $x = \frac{1}{2}at^2$이다.

이것은 물리량 간의 관계를 알아내는 방법으로 차원분석이 피할 수 없는 한계가 있음을 보여 주는 예이다. 그럼에도 불구하고, 그러한 단순한 과정은 어떤 물리계에서 예비 단계의 수학적 모형을 찾아내는 데 매우 가치가 있는 방법이다. 더구나 문제를 풀 때 오류가 있을 수 있으므로 차원분석은 문제의 결과가 맞는지를 검산하는 데 사용될 수 있다. 어떤 식의 각 항의 차원이 일치하지 않으면, 그 식을 만들기 전 단계에서 오류가 있었음을 나타내는 것이다.

예제 1.1 식을 분석하기

목표 차원분석을 이용하여 식이 맞는지를 검사한다.

문제 식 $v = v_0 + at$가 차원만으로 볼 때 맞는 식임을 증명하라. 여기서 v와 v_0는 속도이고 a는 가속도, t는 시간이다.

전략 각 항의 차원을 구하여 모든 항의 차원이 같은지를 검사한다.

풀이

v와 v_0의 차원을 구한다.

$$[v] = [v_0] = \frac{\mathrm{L}}{\mathrm{T}}$$

at의 차원을 구한다.

$$[at] = [a][t] = \frac{\mathrm{L}}{\mathrm{T}^2}(\mathrm{T}) = \frac{\mathrm{L}}{\mathrm{T}}$$

참고 위 두 결과에서 모든 차원이 일치한다. 따라서 위 식은 차원만으로 볼 때 맞는 식이다.

예제 1.2 관계식 찾기

목표 차원분석을 이용하여 관계식을 유도한다.

문제 원운동하는 입자의 가속도 a를 속력 v와 원의 반지름 r로 나타내라.

전략 먼저 a의 차원을 구한 후 이를 v와 r의 차원의 조합으로 나타낸다. v와 r 중 시간이 포함된 것은 v(a를 제외하고)뿐이므로 v를 이용하여 시간을 소거한다.

풀이

a의 차원을 쓴다.

$$[a] = \frac{\mathrm{L}}{\mathrm{T}^2}$$

속력의 차원으로부터 T를 구한다.

$$[v] = \frac{\mathrm{L}}{\mathrm{T}} \quad \rightarrow \quad \mathrm{T} = \frac{\mathrm{L}}{[v]}$$

T를 $[a]$에 대한 식에 대입한다.

$$[a] = \frac{\mathrm{L}}{\mathrm{T}^2} = \frac{\mathrm{L}}{(\mathrm{L}/[v])^2} = \frac{[v]^2}{\mathrm{L}}$$

L = $[r]$을 대입하고 추측한다.

$$[a] = \frac{[v]^2}{[r]} \quad \rightarrow \quad a = \frac{v^2}{r}$$

참고 이 식은 7장에서 설명할 구심 가속도(원의 중심을 향하는 가속도)에 대한 정확한 식이다. 이 경우에는 상수인 계수가 따로 필요하지 않다. 때때로 상수 k를 $a = kv^2/r$과 같이 우변의 식 앞에 붙이기도 한다. 여기서는 $k = 1$일 때 정확한 표현식이 된다. 수학을 많이 쓰는 책에서는 이런 문제를 푸는 데 모르고 있는 차원의 제곱수를 사용하여 문제를 푸는 좋은 방법이 소개되어 있다. 그 방법에 의하면, 이 문제는 $[a] = [v]^b[r]^c$으로 놓고 a, v, r에 차원을 대입하여 양변에서 각 차원의 거듭제곱수들을 같게 하면 $b = 2$ 및 $c = -1$이 얻어진다.

1.1.4 단위의 변환 Unit Conversions

때로는 어떤 단위계에서 다른 단위계로 단위들을 변환해야 할 때가 있다(그림 1.2). 길이의 단위에 대한 국제단위계(SI)와 미국에서 관습적으로 사용하는 단위 사이의 바꿈 인수는 아래와 같다.

$$1\ \mathrm{mi} = 1\,609\ \mathrm{m} = 1.609\ \mathrm{km} \qquad 1\ \mathrm{ft} = 0.304\,8\ \mathrm{m} = 30.48\ \mathrm{cm}$$

$$1\ \mathrm{m} = 39.37\ \mathrm{in.} = 3.281\ \mathrm{ft} \qquad 1\ \mathrm{in.} = 0.025\,4\ \mathrm{m} = 2.54\ \mathrm{cm}$$

그림 1.2 도로 표지판에 제한 속력이 킬로미터와 마일 두 가지로 표시되어 있다. 변환이 얼마나 정확한가?

이 책의 앞표지 안쪽 오른쪽 면에 여러 가지 바꿈 인수가 나열되어 있다. 모든 바꿈 인수에서 좌변에 있는 '1'은 우변에 있는 값과 유효숫자 자릿수가 같다고 가정한다.

단위들은 서로 약분할 수 있는 대수적인 양처럼 취급할 수 있다. 원하지 않는 단위를 약분할 변환 분수를 만들어 주어진 양에 곱할 수 있다. 예를 들어, 15.0 in.를 cm로 변환하여 보자. 1 in. = 2.54 cm이므로

$$15.0\ \mathrm{in.} = 15.0\ \cancel{\mathrm{in.}} \times \left(\frac{2.54\ \mathrm{cm}}{1.00\ \cancel{\mathrm{in.}}}\right) = 38.1\ \mathrm{cm}$$

가 구하는 값이다. 다음의 예제는 두 개 이상의 바꿈 인수와 거듭제곱이 포함된 문제를 다루는 방법을 보여 준다.

예제 1.3 세게 달려 보자!

목표 여러 가지 바꿈인수를 사용하여 단위를 바꾸어 보자.

문제 어떤 자동차의 속력이 28.0 m/s라면, 그 차는 제한속력 55.0 mi/h를 초과하였는가?

전략 미터를 마일로 바꾸고 초를 시간으로 바꾸어 계산한다.

풀이

미터를 마일로 바꾼다.

$$28.0\ \mathrm{m/s} = \left(28.0\ \frac{\cancel{\mathrm{m}}}{\mathrm{s}}\right)\left(\frac{1.00\ \mathrm{mi}}{1\ 609\ \cancel{\mathrm{m}}}\right) = 1.74 \times 10^{-2}\ \mathrm{mi/s}$$

초를 시간으로 바꾼다.

$$1.74 \times 10^{-2}\ \mathrm{mi/s} = \left(1.74 \times 10^{-2}\ \frac{\mathrm{mi}}{\cancel{\mathrm{s}}}\right)\left(60.0\ \frac{\cancel{\mathrm{s}}}{\cancel{\mathrm{min}}}\right)\left(60.0\ \frac{\cancel{\mathrm{min}}}{\mathrm{h}}\right)$$

$$= \boxed{62.6\ \mathrm{mi/h}}$$

참고 이 차는 제한속력을 초과하였으므로 속력을 낮추어야 한다.

예제 1.4 페달을 세게 밟아라

목표 단위의 거듭제곱에 관한 양을 변환한다.

문제 교통 신호등이 녹색으로 바뀌자 고성능 자동차의 운전자가 가속 페달을 바닥까지 세게 밟았다. 가속도계가 22.0 $\mathrm{m/s^2}$을 가리키고 있다. 이 값을 $\mathrm{km/min^2}$으로 변환하라.

전략 먼저 미터를 킬로미터로 변환하고, 그다음 초의 제곱을 분의 제곱으로 변환한다.

풀이

세 개의 바꿈 인수를 곱한다.

$$\frac{22.0\ \cancel{\mathrm{m}}}{1.00\ \cancel{\mathrm{s}}^2}\left(\frac{1.00\ \mathrm{km}}{1.00 \times 10^3\ \cancel{\mathrm{m}}}\right)\left(\frac{60.0\ \cancel{\mathrm{s}}}{1.00\ \mathrm{min}}\right)^2 = \boxed{79.2\ \frac{\mathrm{km}}{\mathrm{min}^2}}$$

참고 단위를 고려할 때 각각의 바꿈 인수에 포함된 분자는 분모와 같음에 주목하라. 거듭제곱을 다룰 때 괄호 안의 단위는 제곱하면서 숫자의 제곱을 잊어버리는 실수를 하는 경우가 종종 있다.

1.2 측정의 불확정도와 어림 Measurement Uncertainty and Estimation

1.2.1 측정의 불확정도와 유효숫자 Uncertainty in Measurement and Significant Figures

물리학은 수식으로 표현되는 법칙을 실험으로 검증하는 과학이다. 현미경이나 사이클로트론과 같은 여러 가지 도구를 이용하여 측정의 범위를 넓힌다고 하더라도 인간의 감각은 제한적일 수밖에 없으므로, 어떤 물리량도 완벽하게 정밀할 수 없다. 따라서 측정의 정밀도를 결정하는 방법을 알아내는 것이 중요하다.

불확정도의 표시 유무에 관계없이 모든 측정값들은 정확하지 않은 정도가 항상 있다. 측정의 정밀도는 측정 장치의 감도, 측정자의 숙련도, 측정의 반복횟수에 따라 달라진다. 불확정 값을 포함하는 측정을 한 다음에는 그 값을 사용하여 어떤 계산을 하게 된다. 이제 두 개의 측정값을 서로 곱한다고 생각해 보자. 계산기를 사용하여 계산하면 여덟 자리의 계산 결과가 표시되지만, 유효한 숫자는 두 자리 또는 세 자리에 지나지 않는다. 그 외 나머지 자리의 수는 아무 의미가 없는 것이 되는데, 그 이유는 처음 측정값들이 높은 정밀도를 갖지 않았기 때문이다. 실험 결과에 얼마나 많은 수의 자릿수를 포함시킬 것인가 하는 문제는 통계학의 응용이나 오차 전파의 이론이 적용되어야 하는 문제이다. 학생용 교과서의 수준에서 그런 복잡한 이론까지 적용할 필요는 없으므로, 대신 **유효숫자**(significant figures) 표기법을 사용하여 계산 결과를 몇 자리까지 표기할지 적절한 자릿수를 정할 것이다. 비록 그러한 것이 수학적으로 엄밀한 방법은 아니지만 실제에 적용하기 쉽고 크게 문제가 되지 않는 방법이다.

실험실에서 직사각형 판의 넓이를 미터자로 측정하는 상황을 가정해 보자. 판의 길이를 측정할 때의 정밀도가 ±0.1 cm라고 하자. 판의 길이가 16.3 cm로 측정되었다면 실제 길이는 16.2 cm에서 16.4 cm 사이라고 할 수 있다. 이 경우에 측정값은 세 자리의 유효숫자를 가지고 있다고 말한다. 마찬가지로, 판의 너비를 측정한 값이 4.5 cm라면 실제 값은 4.4 cm에서 4.6 cm 사이에 있다. 이 측정값은 두 자리의 유효숫자를 가진다. 두 변의 측정값은 16.3 ± 0.1 cm와 4.5 ± 0.1 cm로 쓸 수 있다. 일반적으로 **유효숫자는 자릿수를 나타내는 0을 제외한 신뢰할 수 있는 수를 의미한다.** 어느 경우에나 마지막 자리는 불확실한 값으로서 100% 믿을 수는 없다. 그러한 불확실성에도 불구하고 그 자릿수를 표기하는 이유는 그 자리가 측정값의 범위에 대한 정보를 어느 정도 갖고 있기 때문이다.

측정한 길이와 너비로부터 판의 넓이를 구해 보자. 판의 넓이는 최솟값 $(16.3-0.1\text{ cm})(4.5-0.1\text{ cm}) = (16.2\text{ cm})(4.4\text{ cm}) = 71.28\text{ cm}^2$와 최댓값 $(16.3+0.1\text{ cm})(4.5+0.1\text{ cm}) = (16.4\text{ cm})(4.6\text{ cm}) = 75.44\text{ cm}^2$ 사이에 있다. 판의 넓이에서 소수점 아래 둘째 자리, 혹은 소수점 아래 첫째 자리의 값은 아무런 의미가 없다. 일의 자리 숫자조차도 1 또는 5가 될 수도 있고, 그 사이 값이 될 수도 있다. 소수점 아래 첫째와 둘째 자리 숫자가 의미 없다는 것은 확실하지만, 일의 자리 숫자에 대해서는 약간의 정보가 있고 따라서 의미가 있다. 판의 길이와 너비의 중간 값을 곱하여 얻게 되는 넓이는 $(16.3\text{ cm})(4.5\text{ cm}) = 73.35\text{ cm}^2$로서 최댓값과 최솟값 사이 중간에 있다. 소수점 아래 숫자들은 의미가 없으므로 버리고, 넓이 최종값을 73 cm^2로 하면 된다. 이 경우에 불확정도는 $\pm 2\text{ cm}^2$이다. 최종적으로 얻은 넓이의 유효숫자는 두 자리인데, 이는 넓이를 얻기 위해 곱한 두 수 중 유효숫자의 개수가 적은 것(4.5 cm)과 같다.

앞에서 한 계산은 유효숫자의 수가 적절하지만, 그러한 계산은 시간이 많이 걸린다. 그 대신 두 가지 어림짐작으로 빨리 계산할 수 있다. 유효숫자의 개수를 결정하는 데 유용한 두 가지 경험 법칙이 있다. 첫째는 곱셈과 나눗셈에 관련된 것으로서 다음과 같다. **둘 이상의 수를 곱하여(나누어) 얻은 수의 유효숫자의 개수는 곱하는(나누는) 수 중에서 유효숫자의 자릿수가 가장 적은 것과 같다.**

최종적인 유효숫자를 얻기 위해서 보통 반올림을 한다. 버릴 자리의 수가 5보다 작으면 그냥 그 수를 버리면 된다. 그러나 버릴 자리의 수가 5 이상이면 유효숫자 중 가장 낮은 자릿수를 1만큼 더한다.[1]

숫자에 들어 있는 0은 유효숫자일 수도 있고 아닐 수도 있다. 0.03과 0.007 5에서와

[1] 어떤 사람은 마지막 자리의 수가 5일 때 그 윗자리가 짝수가 되게끔 5를 잘라내기도 한다. 그런 경우, 마지막 자리가 5가 나오는 수들의 절반은 반올림 되고 절반은 반내림 된다. 예를 들어, 1.55는 반올림 되어 1.6이 되지만 1.45는 반내림 되어 1.4가 된다. 마지막 자리 유효숫자는 불확실성에 의해 주어지는 값의 범위를 나타내는 유일한 숫자이기 때문에, 이 책에서는 이러한 방식의 반올림을 사용하지 않기로 한다.

Tip 1.2 계산기 사용 시의 유효숫자

계산기는 칩의 기억 용량이 허용하는 최대 자릿수를 표시하도록 설계되어 있다. 따라서 계산 후에 유효숫자에 맞도록 적절히 반올림해야 한다.

같이 자릿수를 표시하기 위한 0은 유효숫자가 아니다. 따라서 0.03에는 하나의 유효숫자가 있고, 0.007 5에는 두 개가 있다.

0이 숫자의 끝에 있는 경우에는 애매하다. 예를 들어, 어떤 물체의 질량이 1 500 g이라고 할 때, 두 개의 0이 자릿수를 표시하기 위한 것인지 아니면 측정에서 유효한 값인지 판단하기 어렵다.

과학적 표기법을 사용하면 이와 같은 애매모호함을 없앨 수 있다. 물체 질량의 유효숫자가 두 자리이면 1.5×10^3 g, 세 자리이면 1.50×10^3 g, 네 자리이면 1.500×10^3 g으로 쓴다. 마찬가지로 0.000 15를 과학적 표기법으로 나타낼 때, 유효숫자가 두 자리이면 1.5×10^{-4}, 세 자리이면 1.50×10^{-4}과 같이 쓴다. 소수점과 1 사이에 있는 세 개의 0은 단지 자릿수를 표시하기 위한 것으로 유효숫자가 아니다. 마찬가지로, 소수점이 없는 수에서 가장 끝에 있는 0들은 유효숫자가 아니다. 하지만 소수점이 있는 수에서는 소수점 이후의 영이나 영이 아닌 수와 소수점 앞의 사이에 있는 영은 유효숫자가 아니다. 예를 들어, 3.00, 30.0, 300에서 앞의 둘은 유효숫자가 세 자리이지만 300은 한 자리이다. 이 책에서 **대부분의 예제와 연습문제들은 그 답이 두 자리 혹은 세 자리의 유효숫자를 갖도록 하였다.**

덧셈과 뺄셈에서의 유효숫자 규칙은 유효숫자 개수보다 자리에 초점을 맞추어야 한다. **둘 이상의 수를 더할(뺄) 때, 결과값의 소수점 아래 자릿수는 더하는(빼는) 수 중에서 소수점 아래 자릿수가 가장 적은 것과 같다.** 예를 들어, 123(소수점 아래 0자리) + 5.35 (소수점 아래 두 자리)의 답은 128.35(소수점 아래 두 자리)가 아니라 128(소수점 아래 0 자리)이다. 1.000 1(소수점 아래 네 자리) + 0.000 3(소수점 아래 네 자리) = 1.000 4에서도 계산 결과를 소수점 아래 네 자리로 맞춰야 한다. 0.000 3은 유효숫자가 하나 밖에 없지만, 곱셈에서와 달리 계산 결과는 다섯 자리의 유효숫자를 갖는다. 뺄셈 $1.002 - 0.998 = 0.004$에서도 앞의 두 수가 소수점 아래 세 자릿수이므로, 결과도 소수점 아래 세 자릿수가 된다.

이러한 유효숫자의 규칙이 어떻게 성립하는지 이해하기 위하여 앞의 예 중 123 + 5.35를 다시 살펴보자. 이 숫자들을 $123.xxx$와 $5.35x$라고 쓰자. x는 값이 0에서 9 사이의 알 수 없는 수이다. 이제 두 수의 자리를 맞추어 더하는데, 아는 수와 모르는 수를 더하면 모르는 수가 된다는 규칙을 적용하면 다음과 같이 된다.

$$\begin{array}{r} 123.xxx \\ +\quad 5.35x \\ \hline 128.xxx \end{array}$$

$128.xxx$의 의미는 소수점 아래 숫자들은 모두 모른다는 것이므로 x는 모두 버리고 128만 남기는 것이 맞다. 이 예제는 덧셈과 뺄셈에서 소수점 아래 최소 자릿수에 따라 불확정도가 결정됨을 보여 준다.

예제 1.5 카펫 넓이 계산하기

목표 유효숫자를 결정하는 법칙을 적용한다.

문제 카펫을 바닥에 까는 기술자들이 여러 가지 크기가 다른 방에 카펫을 깔려고 할 때 측정값이 정확하게 일치하지 않는다고 한다. 표 1.6에 나타낸 **(a)** 연회장, **(b)** 회의실, **(c)** 식당의 넓이를 계산하고 **(d)** 각각의 방에 필요한 카펫의 전체 넓이를 계산하라.

표 1.6 예제 1.5에 주어진 방의 크기

	길이(m)	너비(m)
연회장	14.71	7.46
회의실	4.822	5.1
식당	13.8	9

전략 (a)에서 (c)까지의 곱셈 문제에서는 각각의 수가 갖고 있는 유효숫자의 자릿수를 세어 둔다. 답의 유효숫자 자릿수는 유효숫자가 가장 적은 수의 자릿수와 같다. (d)에서는 덧셈을 하게 되는데, 소수점 자릿수를 알고 있는 정밀도가 가장 낮은 넓이가 최종 결과의 유효숫자의 자릿수를 결정한다.

풀이

(a) 유효숫자의 자릿수를 세어서 연회장의 넓이를 계산한다.

14.71 m → 유효숫자 네 자리
7.46 m → 유효숫자 세 자리

두 수를 곱하여 넓이를 구하고 유효숫자 세 자리까지만 표기한다.

$$14.71\ \text{m} \times 7.46\ \text{m} = 109.74\ \text{m}^2 \rightarrow \boxed{1.10 \times 10^2\ \text{m}^2}$$

(b) 유효숫자의 자릿수를 세어서 회의실의 넓이를 계산한다.

4.822 m → 유효숫자 네 자리
5.1 m → 유효숫자 두 자리

두 수를 곱하여 넓이를 구하고 유효숫자 두 자리까지만 표기한다.

$$4.822\ \text{m} \times 5.1\ \text{m} = 24.59\ \text{m}^2 \rightarrow \boxed{25\ \text{m}^2}$$

(c) 유효숫자의 자릿수를 세어서 식당의 넓이를 계산한다.

13.8 m → 유효숫자 세 자리
9 m → 유효숫자 한 자리

두 수를 곱하여 넓이를 구하고 유효숫자 한 자리까지만 표기한다.

$$13.8\ \text{m} \times 9\ \text{m} = 124.2\ \text{m}^2 \rightarrow \boxed{100\ \text{m}^2}$$

(d) 올바른 유효숫자를 고려하여 카펫의 전체 넓이를 계산한다. 우선 유효숫자와 관계없이 세 수를 더한다.

$$1.10 \times 10^2\ \text{m}^2 + 25\ \text{m}^2 + 100\ \text{m}^2 = 235\ \text{m}^2$$

정밀도가 가장 낮은 수는 100 m^2이며 이 수의 유효숫자는 한 자리이며 그 위치는 100의 자리이다.

$$235\ \text{m}^2 \rightarrow \boxed{2 \times 10^2\ \text{m}^2}$$

참고 **(d)**에서의 최종 답은 유효숫자가 한 자리뿐임에 유의하라. 그 수는 100의 자릿수인데 그 이하는 전체 넓이 값의 크기로 보아 잘라버려야만 한다. 이 결과는 매우 불충분한 정보를 갖고 있다. 아무런 자세한 정보 없이 9 m라고 하는 것은 진짜 값이 (8.5 m, 9.5 m)의 범위 안에 있다는 것으로서 그 안의 모든 수들이 9 m로 반올림되는 것이다.

계산을 할 때, 특히 여러 단계의 계산을 할 때 반올림 과정과 계산의 순서에 따라 약간의 차이가 발생할 수 있다. 예를 들어 2.35 × 5.89/1.57을 보자. 이 계산은 세 가지 다른 순서로 수행할 수 있다. 첫 번째 방법으로, 2.35 × 5.89 = 13.842를 반올림하여 13.8이 되고, 13.8/1.57 = 8.789 8을 다시 반올림하면 8.79를 얻는다. 두 번째 방법으로, 5.89/1.57 = 3.751 6을 반올림하여 3.75가 되고, 2.35 × 3.75 = 8.812 5를 다시 반올림하면 8.81을 얻는다. 마지막으로, 2.35/1.57 = 1.496 8을 반올림하여 1.50이 되고 1.50 × 5.89 = 8.835를 다시 반올림하면 8.84를 얻는다. 따라서 세 가지 다른 계산 순서와 반올림을 통해 세 가지 다른 결과인 8.79, 8.81, 그리고 8.84를 얻는다. 이러한 약간의 불일치는 측정의 불확정도에 따라 생길 수 있는 유효숫자가 일정 범위 안에 있는 수들의 대푯값이라는 것을 생각하면 예상할 수 있는 것이다. 그러한 불일치를 줄이기 위해 계산 과정에서 유효숫자보다 한 두 자리 더 많은 자릿수를 유지하여 계산하는 방법이 있다. 하지만 그것은 유효숫자가 아닌 자릿수가 포함되어 있기 때문에 개념적으로 정확한 것은 아니다. 그러나 이 교재에서 예제를 풀이할 때에는 중간 계산 결과를 적절한 유효숫자 자릿수에 맞추어 반올림한 후 다음 단계로 진행할 것이다. 그러나 학생들의 풀이를 위해서는 영이 없는 경우에도 보통 주어진 값들이 두세 자리까지 정확하다고 가정할 것이다. **실제 문제를 풀 때 학생들이 알아두어야 할 점은 반올림에서의 약간의 차이가 교재에 있는 답과 마지막 자리가 다르게 나타나는 것은 흔한 일이며 걱정할 일은 아니라는 점이다.** 유효숫자를 따지게 되면 정밀도를 정하는 데 한계가 있지만, 그렇게 하는 것이 더 쉽다. 그러나 실험의 경우 실험 결과의 정밀도를 결정하기 위해서는 통계와 불확정량의 수학적인 전파에 관한 이론이 적용되어야만 한다.

1.2.2 어림과 크기 정도 계산 Estimates and Order-of-Magnitude Calculations

어떤 계산은 추정적인 산출이나 한정된 자료 때문에 정확한 답을 구하는 것이 어렵거나 불가능할 경우가 있다. 이러한 경우에, 보다 정밀한 계산이 필요할 것인지 결정하는 데 어림을 통해 유용한 근삿값을 산출할 수 있다. 어림은 또한 정확한 계산이 실제로 진행되는지 부분적으로 검산할 때에도 도움이 된다. 만일 큰 값의 답을 예상했는데 아주 작은 값의 답이 나왔다면, 계산의 어딘가에 어떤 잘못이 있는 것이다.

어림값은 대략 종종 **크기의 정도**(order-of-magnitude)로 계산해도 되는데, 이때 값은 유효숫자 한 자릿수 이하로 해도 적절한 값이 얻어진다. 예를 들어, 미국 50개 주에 있는 병원의 총 수에 관심이 있다고 가정해 보자. 한 주에 대략 ~100개의 병원이 있다고 어림하면 총 ~5 000개의 병원이 있다고 계산되는데, 여기서 기호 ~는 '값이 이 정도이다' 또는 '대략 얼마이다'를 의미한다. 이 숫자가 정확하지는 않지만, 대략적인 값을 아는 데 좋은 방법이다.

이러한 어림을 진전시켜, $\pi \sim 1$, $27 \sim 10$, $65 \sim 100$과 같이 숫자를 상당히 변경하여 사용할 수 있으며, 보다 정확한 어림값을 얻기 위해서는, $\pi \sim 3$, $27 \sim 30$, $65 \sim 70$과 같이 약간 더 정확한 숫자를 사용할 수 있다. 여러 번 어림할 때는 과대 어림한 만큼 체계적으로 과소 어림하면 더 정확한 어림값을 얻을 수 있다. 어떤 양을 완전히 모를 때는 다음의 예제들에서 보는 것처럼 합리적인 추론을 표준으로 한다.

예제 1.6 두뇌의 세포 수

목표 간단한 어림으로 계산한다.

문제 사람의 두뇌 속에 있는 세포의 수를 어림하여 구하라.

전략 두뇌의 부피를 어림하고, 이 부피를 어림한 세포 한 개의 부피로 나눈다. 두뇌는 머리의 위쪽 부분에 있고, 부피는 한 변이 20 cm인 정육면체와 비슷하다. 두뇌 세포는 대략 10%의 신경세포와 나머지 90%는 수 마이크론에서 1 m 이상인 범위까지 다양한 크기의 신경교 세포로 이루어져 있다. 보통 세포의 크기를 한 변이 $d = 10\ \mu\text{m}$인 정육면체로 생각한다.

풀이

두뇌의 부피를 어림한다.

$$V_{\text{두뇌}} = \ell^3 \approx (0.2\text{ m})^3 = 8 \times 10^{-3}\text{ m}^3 \approx 1 \times 10^{-2}\text{ m}^3$$

세포의 부피를 어림한다.

$$V_{\text{세포}} = d^3 \approx (10 \times 10^{-6}\text{ m})^3 = 1 \times 10^{-15}\text{ m}^3$$

두뇌의 부피를 세포의 부피로 나눈다.

$$\text{세포의 수} = \frac{V_{\text{두뇌}}}{V_{\text{세포}}} = \frac{0.01\ \text{m}^3}{1 \times 10^{-15}\ \text{m}^3} = 1 \times 10^{13}\,\text{세포}$$

참고 답을 얻기 위해 계산을 엄밀하게 하지는 않았다. 대략적인 계산이 실제 값의 크기 범위 안에 들게 하려면 문제에 관한 일반적인 정보가 더 필요하다. 여기서는, 뇌세포와 뇌의 크기의 대략적인 값만 알면 되는 문제이기 때문에 세밀한 값은 다루지 않았다.

예제 1.7 우주 안에 있는 은하의 수

목표 부피와 밀도를 어림잡고, 이들을 조합한다.

문제 천문학자들이 백억(10^{10})광년의 우주 공간을 볼 수 있고, 우리의 은하군에는 14개의 은하가 있으며, 다음 은하군까지는 2×10^6광년 떨어져 있다고 가정하고, 관측이 가능한 우주 안에 존재하는 은하의 수를 어림하여 구하라. (Note: 1광년은 빛이 1년 동안 진행한 거리이며, 약 9.5×10^{15} m이다.) (그림 1.3 참조)

그림 1.3 아주 먼 우주 공간에서는 별은 거의 없고 은하들만 가득하다.

전략 주어진 자료를 이용하여, 단위 부피당 은하의 수를 어림할 수 있다. 14개 은하로 구성된 우리 은하군은 반지름이 10^6광년인 천구 안에 있고, 안드로메다 은하군도 비슷한 천구 안에 있다. 따라서 10^6광년인 천구 안에는 약 10개의 은하가 있다. 은하의 밀도에 관측이 가능한 우주의 부피를 곱한다.

풀이

은하군의 어림 부피 V_{lg}를 계산한다.

$$V_{lg} = \tfrac{4}{3}\pi r^3 \sim (10^6\ \text{ly})^3 = 10^{18}\ \text{ly}^3$$

은하의 밀도를 어림한다.

$$\text{은하의 밀도} = \frac{\text{은하의 수}}{V_{lg}} \sim \frac{10\text{개 은하}}{10^{18}\ \text{ly}^3} = 10^{-17}\,\frac{\text{은하}}{\text{ly}^3}$$

관측이 가능한 우주의 부피를 어림한다.

$$V_u = \tfrac{4}{3}\pi r^3 \sim (10^{10}\ \text{ly})^3 = 10^{30}\ \text{ly}^3$$

은하의 밀도에 V_u를 곱한다.

$$\text{은하의 수} \sim (\text{은하의 밀도})V_u = \left(10^{-17}\,\frac{\text{은하}}{\text{ly}^3}\right)(10^{30}\ \text{ly}^3) = 10^{13}\ \text{은하}$$

참고 계산에서 두 차례의 $4\pi/3 \sim 1$과 은하군에 속한 은하의 수를 14~10으로 취한 어림의 특징에 주목하라. 이것은 아주 타당하다. 문제 풀이에서 이용한, 관측이 가능한 우주의 크기와 어디에서나 은하군의 밀도가 같다는 가정은 매우 대략적인 어림이므로, 부분적으로 실제 값을 사용하는 것은 의미가 없다. 더욱이, 문제에서 반드시 정육면체의 부피보다 구의 부피를 이용해야 할 필요도 없다. 이러한 모든 임의적인 선택에도 불구하고, 이렇게 구한 답은, 타당해 보이고 가능성 있는 답들을 배제하기 때문에, 여전히 유용한 자료를 제공한다. 계산을 하기 전에, 10억 개의 은하가 있다고 추측하는 것은 매우 그럴듯하다.

1.3 몇 가지 수학 Math Review

1.3.1 좌표계 Coordinate Systems

물리학의 여러 분야에서 공간의 위치에 관한 문제를 다루며, 이때 좌표계를 정의할 필요가 있다. 직선 위의 한 점은 한 개의 좌표, 평면 위의 한 점은 두 개의 좌표, 공간에서의 한 점은 세 개의 좌표로 위치가 결정된다.

공간에서 위치를 나타내는 데 사용하는 좌표계는 다음과 같이 구성된다.

- 원점이라고 하는 고정된 기준점 O
- 눈금과 이름이 있는 좌표축
- 좌표에서 한 점을 나타내는 방법

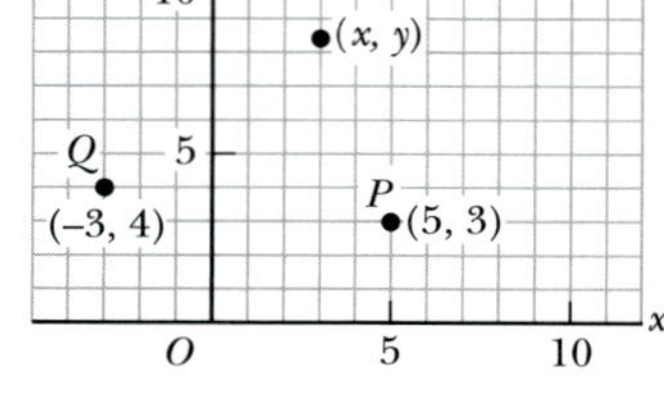

그림 1.4 이차원 직각 좌표계에 나타낸 점들의 위치. 모든 점들은 좌표 (x, y)로 나타낸다.

편리하고 일반적으로 사용되는 좌표계는 **직각 좌표계**(Cartesian coordinate system, 또는 rectangular coodinate system)이다. 이차원에서의 직각 좌표계를 그림 1.4에 예시하였다. 이 좌표계에서 임의의 한 점은 좌표 (x, y)로 표시한다. 예를 들면, 그림에서 점 P의 좌표는 (5, 3)이다. 만일 원점 O에서 출발하여 오른쪽으로 5 m 이동한 후 위쪽으로 3 m 이동하면 점 P에 도달할 수 있다. 같은 방법으로, 좌표가 (−3, 4)인 Q에 도달하려면 원점에서 왼쪽으로 3 m 이동한 후 위쪽으로 4 m 이동하여야 한다.

일반적으로 이차원 직각 좌표계에서는 원점의 오른쪽을 $+x$로, 위쪽을 $+y$로 선택한다. (그러나 삼차원에서는 '오른손 좌표계'와 '왼손 좌표계'가 있으며 어떤 연산에서는 결과가 달라져 음의 부호가 된다. 이것들은 필요할 때 언급하도록 하겠다.)

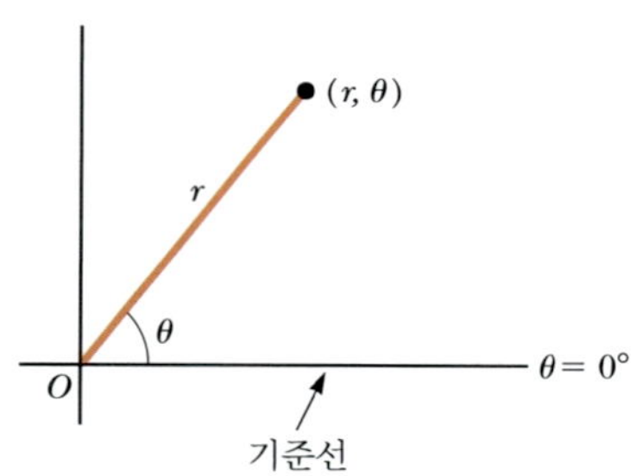

그림 1.5 평면 극좌표계. 한 점의 좌표는 거리 r과 각도 θ를 써서 나타낸다. 이때 θ는 $+x$ 축으로부터 반시계 방향으로 잰 각도이다.

때로는 그림 1.5와 같이 평면 위의 한 점을 **평면 극좌표**(plane polar coordinate) (r, θ)로 나타내는 것이 더 편리할 때가 있다. 이 좌표계에서는 그림에서와 같이 원점 O와 기준선을 선택한다. 극좌표 위에 한 점은 원점으로부터 그 점까지의 거리 r과, 기준선과 원점에서 그 점까지 그은 직선 사이의 각도 θ로 나타낸다. 일반적으로 표준 기준선은 직각 좌표계의 $+x$축을 선택한다. 각도 θ는 기준선에서 반시계 방향으로 측정할 때 양(+)으로, 시계 방향으로 측정할 때 음(−)으로 간주한다. 예를 들어, 극좌표에서 3 m와 60°로 주어진 점은 원점으로부터 3 m와 기준선 위쪽(반시계 방향)으로 60° 되는 곳에 위치한다. 3 m와 −60°로 주어진 점은 원점으로부터 3 m와 기준선 아래쪽(시계 방향)으로 60° 되는 곳에 위치한다.

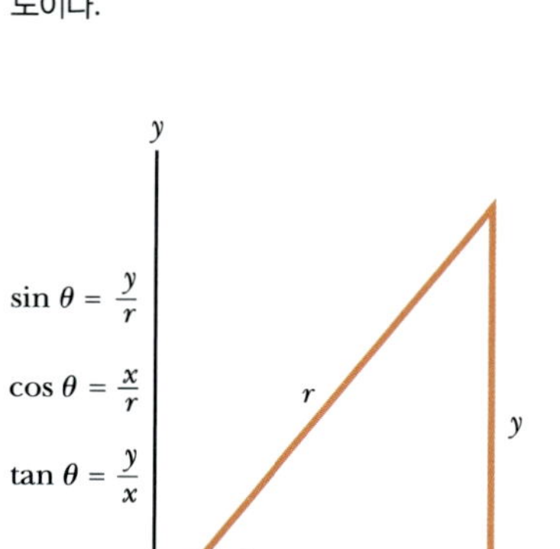

그림 1.6 직각삼각형의 삼각함수

1.3.2 삼각함수 Trigonometry Review

그림 1.6과 같은 직각삼각형이 있다. 여기서 y는 각 θ를 마주보는 변, x는 θ에 인접한 변, r은 삼각형의 빗변이다. 이러한 직각삼각형에서 기초적인 삼각함수는 삼각형을 이루는 변과 다른 변의 비율이다. 이러한 관계를 사인(sin), 코사인(cos), 탄젠트(tan) 함수라고 한다. 각 θ의 항으로 나타낼 때, 기초적인 삼각함수는 다음과 같다.

$$\sin\theta = \frac{\theta\text{의 대변}}{\text{빗변}} = \frac{y}{r}$$
$$\cos\theta = \frac{\theta\text{의 밑변}}{\text{빗변}} = \frac{x}{r} \qquad [1.1]$$
$$\tan\theta = \frac{\theta\text{의 대변}}{\theta\text{의 밑변}} = \frac{y}{x}$$

예를 들어, 각 θ가 30°이면 r에 대한 y의 비율은 언제나 0.50이다. 즉, $\sin 30° = 0.50$이다. 사인, 코사인 및 탄젠트 함수는 각각 두 변의 길이에 대한 비율이므로 단위가 없음에 주목하라.

직각삼각형을 이루는 세 변 사이에 나타나는 또 다른 중요한 관계를 **피타고라스 정리**(Pythagorean theorem)라 하며, 다음의 식과 같다.

$$r^2 = x^2 + y^2 \qquad [1.2]$$

마지막으로, 역 관계의 값을 구하는 것이 필요한 경우가 자주 있다. 예를 들어, 어떤 각도의 사인값이 0.866이라고 할 때, 바로 그 어떤 각이 몇 도인지를 구하는 것이 필요한 경우이다. 이때 역사인 함수는 $\sin^{-1}(0.866)$과 같이 표현하는데, 이것은 "사인값이 0.866을 갖는 각도가 얼마인가"라는 것을 묻는 빠른 방법이다. 계산기를 몇 번 두드리면 이 각도는 60.0°로 나타난다. 실제로 계산기를 실행시켜 $\tan^{-1}(0.400) = 21.8°$임을 확인해 보라. 이때 계산기가 라디안(rad)이 아니라 각도(°)를 나타내도록 설정되어 있는지 주의하라. 또한 역탄젠트 함수는 오직 −90°에서 +90° 사이의 값만을 표시하므로, 이사분면이나 삼사분면에 있는 각도는 계산기 화면에 나타난 값에 180°를 더해주어야 한다.

피타고라스 정리와 마찬가지로 삼각함수와 역삼각함수는 어떤 직각삼각형에도 적용되며, 삼각형의 변들이 x 좌표 및 y 좌표에 대응되지 않아도 관계없다.

삼각함수에서 얻어진 결과들은 직각 좌표에서 극좌표로, 또는 역으로 전환할 때 유용하다.

Tip 1.3 각도와 라디안

계산기로 삼각함수를 계산할 때는 각도 설정이 도인지 라디안인지 확인하여 문제에서 요구하는 값을 구한다.

예제 1.8 직각좌표와 극좌표

목표 평면직각좌표를 평면극좌표 또는 그 반대로 변화하는 방법을 익히도록 한다.

문제 **(a)** 그림 1.7에 주어진 것처럼 xy 평면에서 어떤 점의 직각좌표가 $(x, y) = (-3.50\text{ m}, -2.50\text{ m})$이다. 이 점의 극좌표 값을 구하라. **(b)** $(r, \theta) = (5.00\text{ m}, 37.0°)$를 직각좌표로 변환하라.

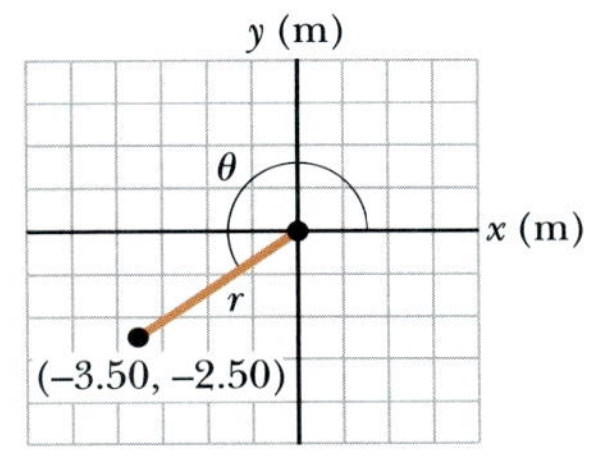

그림 1.7 (예제 1.8) 직각좌표를 극좌표로 변환하기

전략 삼각함수, 역삼각함수, 피타고라스 정리 등을 사용한다.

풀이

(a) 직각좌표를 극좌표로 변환한다.

식 1.2의 양변의 제곱근을 구하여 지름좌표값을 구한다.

$$r = \sqrt{x^2 + y^2} = \sqrt{(-3.50\text{ m})^2 + (-2.50\text{ m})^2} = \boxed{4.30\text{ m}}$$

탄젠트 함수를 나타내는 식 1.1을 사용하여 역탄젠트값을 구한

다음 180°를 더한다. 이 점의 위치는 3사분면에 있기 때문이다.

$$\tan\theta = \frac{y}{x} = \frac{-2.50\text{ m}}{-3.50\text{ m}} = 0.714$$

$$\theta = \tan^{-1}(0.714) = 35.5° + 180° = \boxed{216°}$$

(b) 극좌표를 직각좌표로 변환한다.

식 1.1에 주어진 삼각함수를 사용한다.

$$x = r\cos\theta = (5.00\text{ m})\cos 37.0° = \boxed{3.99\text{ m}}$$

$$y = r\sin\theta = (5.00\text{ m})\sin 37.0° = \boxed{3.01\text{ m}}$$

참고 3장에서 이차원 벡터를 공부할 때에도 벡터의 크기와 방향을 갖고 성분값을 구하거나 또는 성분값으로 벡터의 크기와 방향을 구하기 위하여 지금 배운 과정과 비슷한 방법을 따라하게 될 것이다.

예제 1.9 건물의 높이 구하기

목표 삼각함수의 공식을 응용한다.

문제 어떤 사람이 건물이 높이를 측정하기 위하여 건물의 바닥에서 46.0 m를 걸어 나와서 건물의 맨 꼭대기를 향해 전등을 비추었다. 그림 1.8에서처럼 전등 불빛이 건물의 맨 꼭대기에 도달할 때 수평과 이루는 각은 39.0°이다. **(a)** 전등을 든 손의 높이가 지면으로부터 2.00 m라 할 때 건물의 높이를 구하라. **(b)** 전등 불빛의 길이를 구하라.

전략 그림에서와 같은 직각삼각형에서 한 각이 39.0°이며 밑변의 길이도 알고 있다. 건물의 높이는 직각삼각형의 높이에 사람의 키를 더한 값이므로, 탄젠트 값을 사용하여 높이를 알아낼 수 있다. 밑변과 높이를 피타고라스의 정리에 대입하면 빗변의 길이를 구할 수 있다.

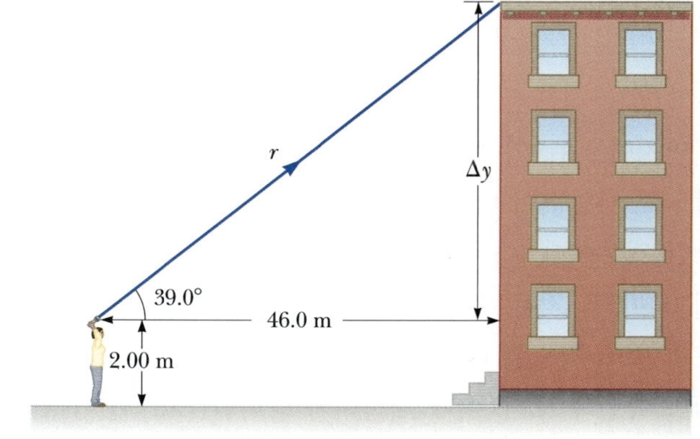

그림 1.8 (예제 1.9)

풀이

(a) 건물의 높이를 구한다.

주어진 각에 대한 탄젠트 값을 사용한다.

$$\tan 39.0° = \frac{\Delta y}{46.0\text{ m}}$$

높이에 대해 푼다.

$$\Delta y = (\tan 39.0°)(46.0\text{ m}) = (0.810)(46.0\text{ m}) = 37.3\text{ m}$$

Δy와 2.00 m를 더하면 건물의 높이가 된다.

$$\text{높이} = \boxed{39.3\text{ m}}$$

(b) 불빛의 길이를 구한다.

피타고라스 정리를 사용한다.

$$r = \sqrt{x^2 + y^2} = \sqrt{(37.3\text{ m})^2 + (46.0\text{ m})^2} = \boxed{59.2\text{ m}}$$

참고 다음 절에서 벡터와 관련된 문제를 풀 때 직각삼각형 삼각함수 공식이 사용된다.

1.4 벡터 Vectors

이 책에서 사용되는 물리량은 크게 나누어 두 가지 형태를 취하고 있다. 하나는, 스칼라양이라고 하는 것으로서 단순히 그 값만(물론 그 값에 해당하는 단위가 붙는다)으로 나타낼 수 있다. 그 값이 곧 그 양의 크기이다. 그러한 스칼라양의 예로 질량, 온도, 부피, 속력 등이 있다. 예를 들어, 자동차의 속력은 그 차의 속력계에 나타나 있는 값으로 표현된다. 농구공의 질량은 그 공을 저울에 달아서 질량이 얼마라고 표현할 수 있다.

벡터양이라고 하는 다른 형태의 물리량은 크기와 방향을 모두 갖는다. 속도라는 벡터양은 빠르기의 크기 값과 운동하는 방향을 모두 표현하는 양이다. 예를 들어, 자동차의 속도가 북쪽으로 시속 100 km라고 표현하는 것이다. 시속 100 km로 동쪽으로 향하는 자동차는 스칼라 속력은 같지만 분명히 다른 벡터이다. 그림 1.9에 스칼라양과 벡터양에 대한 설명이 있다.

그림 1.9 속도와 같은 벡터의 크기는 경주용 자동차의 속도계에 나타나고, 방향은 그 차의 앞 유리창 전방으로 똑바로 향하는 방향이다. 차의 질량은 스칼라양이며, 연료 탱크 안의 휘발유의 부피도 스칼라양이다.

1.4.1 벡터의 성질 Vector Properties

이 책에서는, 스칼라양은 이탤릭체(예를 들어, 질량 m, 온도 T 등이다)로 나타내고 벡터양은 고딕체로 쓰고 그 위에 화살표를 붙이기도 한다(예를 들어 속도는 $\vec{\mathbf{v}}$). 벡터의 크기는 그 크기를 나타내는 스칼라량이므로 이탤릭체로 나타낸다. 예를 들어, 스칼라 v는 벡터 $\vec{\mathbf{v}}$의 크기를 나타낸다. 일반적으로, **벡터양은 크기와 방향을 가지는 반면 스칼라양은 방향이 없고 크기만 갖는다.** 스칼라양으로 연산을 할 때는 그냥 대수적인 연산을 하면 된다. 벡터양은 서로 더하거나 뺄 수도 있고 곱할 수도 있지만 그 방법이 좀 다르다. 그 방법을 아래에 나타내었다.

두 벡터의 동등성

두 벡터 $\vec{\mathbf{A}}$와 $\vec{\mathbf{B}}$는 그 크기와 방향이 각각 같을 때 동등하다. 물론 공간 내의 같은 위치에 있어야만 같은 것은 아니다. 그림 1.10에 그려져 있는 4개의 벡터는 같은 벡터이다. 벡터를 공간 내의 위치에서 다른 위치로 옮겨도 그 크기와 방향은 변하지 않는다.

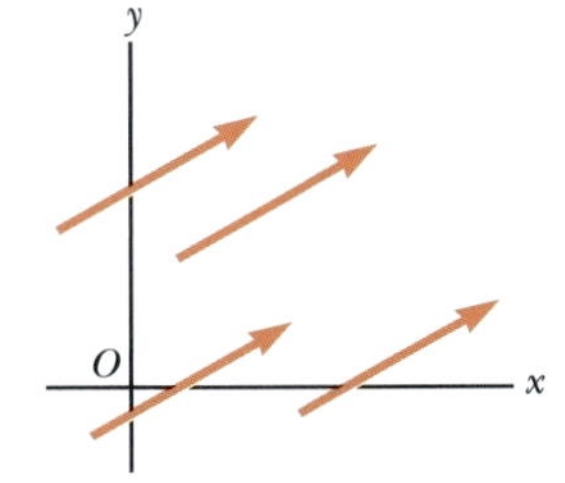

그림 1.10 네 개의 벡터들은 길이와 방향이 같기 때문에 모두 같은 벡터이다.

벡터의 덧셈

두 개 이상의 벡터를 더할 때, 벡터의 단위가 모두 같아야 한다. 예를 들면, 변위 벡터에 속도 벡터를 더하는 것은 두 벡터가 서로 다른 단위를 가지고 있으므로 무의미하다. 이것은 스칼라에도 적용된다. 예를 들면, 온도와 부피, 또는 질량과 시간을 더하는 것은 무의미하다.

벡터는 기하학적인 방법과 대수적인 방법으로 더할 수 있다(대수적인 방법은 다음 절의 끝에서 다룬다). 벡터 $\vec{\mathbf{A}}$에 $\vec{\mathbf{B}}$를 기하학적으로 더하려면 우선 그래프 용지에 어떤 축척(예를 들면, 1 cm = 1 m)으로 $\vec{\mathbf{A}}$를 그린다. 벡터의 방향이 좌표계를 기준으로 나타나도록 그린다. 그 다음에 벡터 $\vec{\mathbf{B}}$도 같은 축척으로 그림 1.11a와 같이 $\vec{\mathbf{B}}$의 시작점

Tip 1.4 벡터 덧셈과 스칼라 덧셈

$\vec{\mathbf{A}} + \vec{\mathbf{B}} = \vec{\mathbf{C}}$는 $A + B = C$와 매우 다르다는 것에 주목하라. 벡터의 덧셈은 여기서 언급된 기하학적 방법으로 계산되어야 한다. 그러나 스칼라 덧셈은 보통의 산술적 규칙에 따라 간단히 계산된다.

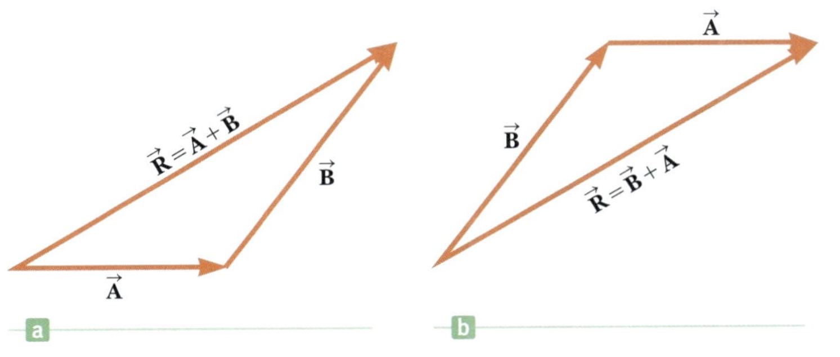

그림 1.11 (a) 벡터 $\vec{\mathbf{A}}$에 $\vec{\mathbf{B}}$를 더할 때, 벡터 합 $\vec{\mathbf{R}}$는 $\vec{\mathbf{A}}$의 시작점에서 $\vec{\mathbf{B}}$의 끝점을 향한다. (b) 여기서는 합 벡터가 $\vec{\mathbf{B}}$의 시작점에서 $\vec{\mathbf{A}}$의 끝점을 향한다. 이것으로부터 $\vec{\mathbf{A}} + \vec{\mathbf{B}} = \vec{\mathbf{B}} + \vec{\mathbf{A}}$임을 알 수 있다.

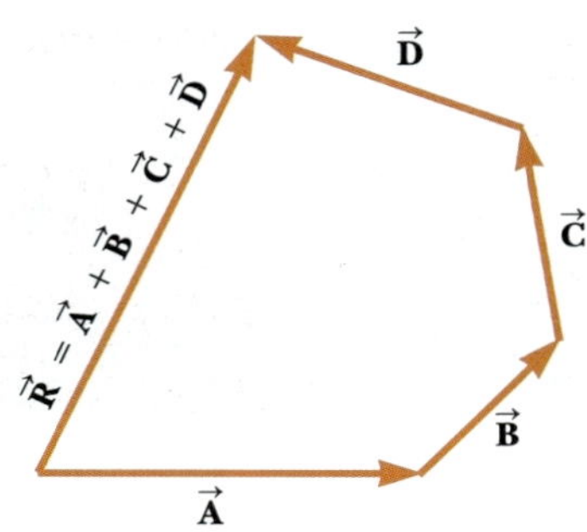

그림 1.12 네 개의 벡터를 합하는 기하학적 방법. 합 벡터 $\vec{\mathbf{R}}$는 주어진 벡터를 각 변으로 하는 다각형을 완성시키는 벡터이다.

이 $\vec{\mathbf{A}}$의 끝점에 오도록 그린다. 벡터 $\vec{\mathbf{B}}$는 벡터 $\vec{\mathbf{A}}$에 대하여 적절한 각을 이루도록 그려야 한다. 결과적으로 얻어진 **합 벡터** $\vec{\mathbf{R}} = \vec{\mathbf{A}} + \vec{\mathbf{B}}$는 $\vec{\mathbf{A}}$의 시작점에서 $\vec{\mathbf{B}}$의 끝점을 향하도록 그려진 벡터이다. 이 방법을 **삼각형 덧셈법**(triangle method of addition)이라 부른다.

두 벡터를 더할 때 그 합은 더하는 순서에는 무관하다. 즉, $\vec{\mathbf{A}} + \vec{\mathbf{B}} = \vec{\mathbf{B}} + \vec{\mathbf{A}}$이다. 이 관계는 그림 1.11b의 기하학적인 방법으로부터 알 수 있고, **덧셈의 교환 법칙**(commutative law of addition)이라 부른다.

이러한 일반적인 방법은 그림 1.12의 네 개의 벡터의 경우와 같이 두 개 이상의 벡터들을 더할 때도 사용할 수 있다. 합 벡터 $\vec{\mathbf{R}} = \vec{\mathbf{A}} + \vec{\mathbf{B}} + \vec{\mathbf{C}} + \vec{\mathbf{D}}$는 첫 번째 벡터의 시작점에서 마지막 벡터의 끝점을 향하도록 그린다. 마찬가지로 벡터 덧셈의 순서는 중요하지 않다.

음의 벡터

벡터 $\vec{\mathbf{A}}$의 음의 벡터는 벡터 $\vec{\mathbf{A}}$와 더해졌을 때 영이 되는 벡터로 정의된다. 즉 벡터 $\vec{\mathbf{A}}$와 $-\vec{\mathbf{A}}$는 크기가 같고 방향이 반대임을 의미한다.

벡터의 뺄셈

벡터의 뺄셈은 음의 벡터의 정의를 이용한다. 벡터 연산 $\vec{\mathbf{A}} - \vec{\mathbf{B}}$는 벡터 $\vec{\mathbf{A}}$에 벡터 $-\vec{\mathbf{B}}$를 더한 것으로 정의한다.

$$\vec{\mathbf{A}} - \vec{\mathbf{B}} = \vec{\mathbf{A}} + (-\vec{\mathbf{B}}) \qquad [1.3]$$

벡터의 뺄셈은 실제로는 벡터의 덧셈의 한 형태이다. 그림 1.13에 두 벡터를 빼는 기하학적 방법이 그려져 있다.

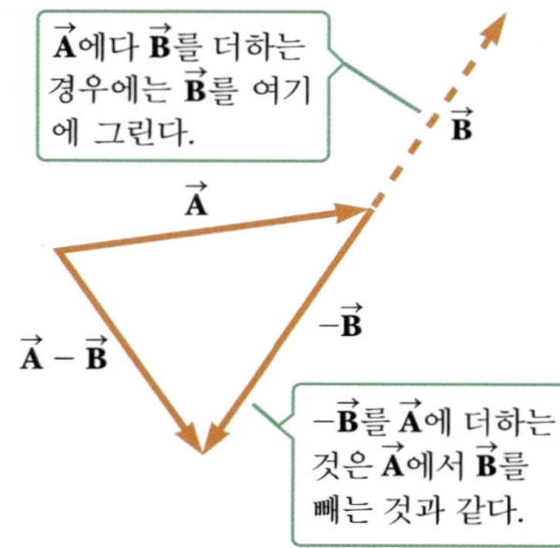

그림 1.13 이 그림은 벡터 $\vec{\mathbf{A}}$에서 벡터 $\vec{\mathbf{B}}$를 빼는 방법을 보여 준다. 벡터 $\vec{\mathbf{B}}$는 $-\vec{\mathbf{B}}$와 크기는 같으나 방향은 반대이다.

벡터를 스칼라로 곱하거나 나누기

벡터에 스칼라를 곱하거나 나누면 벡터가 된다. 예를 들어, 벡터 $\vec{\mathbf{A}}$에 스칼라 3을 곱하면, 그 결과는 $3\vec{\mathbf{A}}$라고 쓰며, 그 크기는 원래 벡터 $\vec{\mathbf{A}}$의 크기의 세 배이고, 방향은 벡터 $\vec{\mathbf{A}}$와 같다. 스칼라 -3이 $\vec{\mathbf{A}}$에 곱해졌다면, 그 결과는 $-3\vec{\mathbf{A}}$라 쓰며, 크기는 벡터 $\vec{\mathbf{A}}$의 크기의 세 배이고, 방향은 벡터 $\vec{\mathbf{A}}$와 반대(음의 부호 때문)가 된다.

예제 1.10 여행하기

목표 두 벡터의 합을 그래프 방법으로 구해 본다.

문제 어떤 자동차가 북쪽으로 20.0 km 이동한 후 북서쪽 60° 방향으로 35.0 km 이동한다. 이것을 그래프로 나타낸 것이 그림 1.14이다. 그래프 위에서, 자동차가 이동한 최종 방향과 거리를 구하라. 이러한 벡터를 자동차의 합벡터라 한다.

전략 각각의 변위 벡터를 그래프에 그린다. 두 변위 벡터의 합을

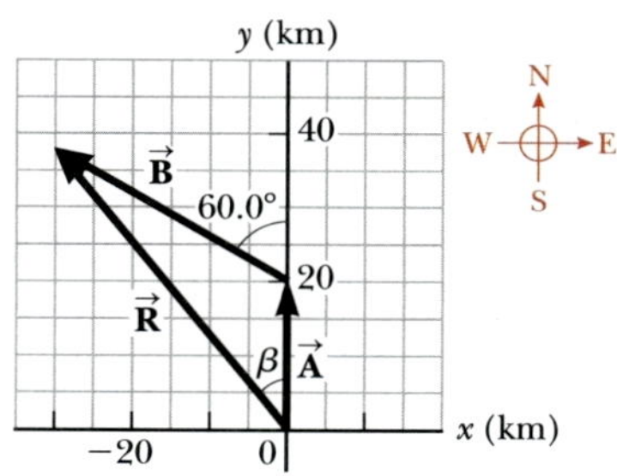

그림 1.14 (예제 1.10) 변위 벡터의 합벡터 $\vec{\mathbf{R}} = \vec{\mathbf{A}} + \vec{\mathbf{B}}$를 그래프로 구하는 방법.

나타내는 벡터를 그래프에 그린다. 합벡터의 길이를 재고 연직으로부터의 방향을 잰다.

풀이

$\vec{\mathbf{A}}$를 북쪽을 향하여 20 km 되는 처음 벡터라 하고 $\vec{\mathbf{B}}$를 북서쪽을 향하는 두 번째 벡터로 한다. 두 벡터를 세밀하게 그리고 난 다음 합벡터 $\vec{\mathbf{R}}$를 $\vec{\mathbf{A}}$의 꼬리에서 $\vec{\mathbf{B}}$의 머리로 향하게 그린 다음 그 길이를 잰다. 그 길이는 약 48 km에 해당하는 길이가 될 것이다. 각도기를 사용하여 각 β를 재면 약 39°가 나올 것이다.

참고 여기서 대수적인 덧셈을 하면 틀린다. 즉, 20.0 km + 35.0 km = 55.0 km가 아니고 48 km가 맞는 답이다.

1.4.2 벡터의 성분 Vector Components

벡터를 더하는 한 방법은 직각 좌표계의 각 축에 대한 벡터의 투영을 이용하는 것이다. 이 투영을 **성분**(component)이라고 한다. 모든 벡터는 이러한 성분들로 완전히 기술될 수 있다.

그림 1.15와 같이 직각 좌표계에서 벡터 $\vec{\mathbf{A}}$를 생각해 보자. $\vec{\mathbf{A}}$는 x축에 평행한 $\vec{\mathbf{A}}_x$와 y축에 평행한 $\vec{\mathbf{A}}_y$ 두 벡터의 합으로 나타낼 수 있다.

$$\vec{\mathbf{A}} = \vec{\mathbf{A}}_x + \vec{\mathbf{A}}_y$$

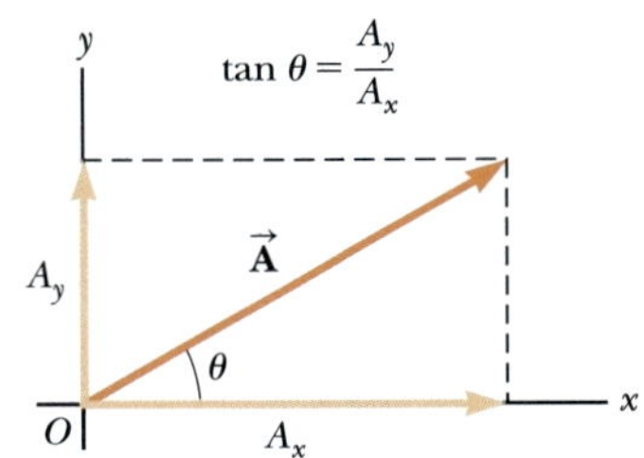

그림 1.15 xy 평면상의 벡터 $\vec{\mathbf{A}}$는 직각 성분 A_x와 A_y로 나타낼 수 있다.

여기서 $\vec{\mathbf{A}}_x$와 $\vec{\mathbf{A}}_y$ 는 $\vec{\mathbf{A}}$의 성분 벡터이다. x축에 대한 $\vec{\mathbf{A}}$의 투영 A_x를 $\vec{\mathbf{A}}$의 x성분이라 하고, y축에 대한 $\vec{\mathbf{A}}$의 투영 A_y를 $\vec{\mathbf{A}}$의 y성분이라 한다. 이 성분들은 단위를 가진 양 또는 음의 수이다. 사인과 코사인의 정의로부터 $\cos\theta = A_x/A$와 $\sin\theta = A_y/A$임을 알 수 있다. 따라서 $\vec{\mathbf{A}}$의 성분은

$$A_x = A\cos\theta \qquad [1.4a]$$

$$A_y = A\sin\theta \qquad [1.4b]$$

로 주어진다. 이 성분들은 직각삼각형의 두 변을 형성하고, 그 빗변의 길이가 크기 A가 된다. 따라서 $\vec{\mathbf{A}}$의 크기와 방향은 피타고라스의 정리와 탄젠트의 정의에 의해 성분들로서 다음과 같이 표현된다.

$$A = \sqrt{A_x^2 + A_y^2} \qquad [1.5]$$

$$\tan\theta = \frac{A_y}{A_x} \qquad [1.6]$$

x축 방향으로부터 반시계 방향으로 측정된 각 θ는 식 1.6으로부터 다음과 같이 쓸 수 있다.

$$\theta = \tan^{-1}\left(\frac{A_y}{A_x}\right)$$

이 수식은 반만 옳다. 역탄젠트 함수는 −90°와 +90° 사이의 값을 갖는다. 그러므로 계산기를 통해서 얻은 답은 오직 1사분면과 4사분면에 있는 벡터에 대해서만 옳다. 만약 벡터가 2사분면과 3사분면에 있을 때는 계산기를 통해 얻은 값에 180°를 더해야 옳은 답을 얻게 된다. 식 1.4와 1.6에서의 각은 x축 방향으로부터 측정된 것이어야 한다. 다른 기준선을 선택해도 되지만, 그때는 그에 맞게 수정되어야 한다(Tip 1.5와 그

Tip 1.5 x와 y성분

식 1.4에 나타나 있는 벡터의 x성분과 y성분의 경우, 그림 1.16a처럼 x성분은 $\cos\theta$, y성분은 $\sin\theta$가 곱해진다. 각 θ를 벡터와 x축이 이루는 각으로 정의했기 때문이다. 만약 θ가 y축과 이루는 각으로 정의되었을 경우는 그림 1.16b와 같이 $A_x = A\sin\theta$, $A_y = A\cos\theta$로 주어진다.

Tip 1.6 계산기의 역탄젠트값

일반적으로 계산기로 역탄젠트값을 계산하면 −90°와 +90° 사이의 값이 나온다. 따라서 2사분면과 3사분면에 놓여있는 벡터의 경우에는 계산기로 얻어진 역탄젠트값에 180°를 더해야 한다.

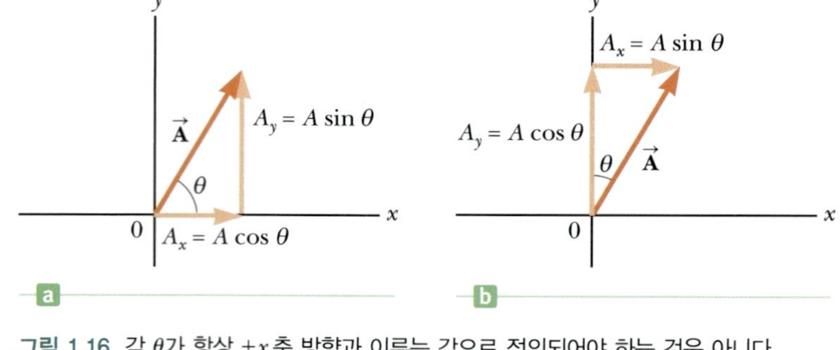

그림 1.16 각 θ가 항상 $+x$축 방향과 이루는 각으로 정의되어야 하는 것은 아니다.

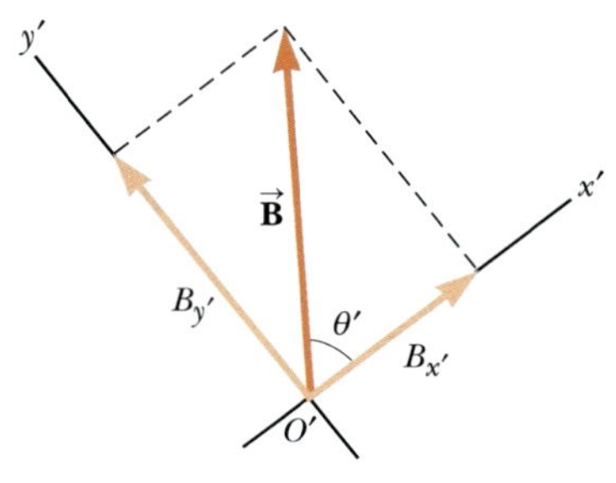

그림 1.17 기울어진 좌표계에서의 벡터 $\vec{\mathbf{B}}$의 성분

림 1.16 참고).

만일 그림 1.15와는 다른 좌표계를 선택하면, 벡터의 성분은 이에 따라 수정되어야 한다. 많은 경우에 좌표축이 수평과 연직 방향은 아니지만 서로 직교하는 좌표계를 사용하면 편리하다. 벡터 $\vec{\mathbf{B}}$가 그림 1.17에서 정의한 것처럼 x'축과 각 θ'을 이룬다고 하자. 그림 1.17의 직각 좌표축에 대한 벡터 $\vec{\mathbf{B}}$의 성분은 식 1.4에서와 같이 $B_{x'} = B\cos\theta'$와 $B_{y'} = B\sin\theta'$으로 주어진다. 벡터 $\vec{\mathbf{B}}$의 크기와 방향은 식 1.5와 1.6과 같은 형태로 주어진다.

예제 1.11 구조대가 날아가고 있다

목표 크기와 방향이 주어졌을 때 벡터의 성분을 구하거나 성분이 주어졌을 때 크기와 방향을 구한다.

문제 **(a)** 어떤 슈퍼맨이 높은 건물의 지붕 위에서 그림 1.18a처럼 $d = 1.00 \times 10^2$ m만큼 날아간다. 그 벡터의 수평성분과 연직성분을 구하라. **(b)** 그렇게 하지 않고 슈퍼맨이 변위 벡터의 성분이 $B_x = -25.0$ m, $B_y = 10.0$ m로 주어지는 벡터 $\vec{\mathbf{B}}$를 따라 깃대 맨 위로 뛰어오른다고 할 때 그 변위 벡터의 크기와 방향을 구하라.

전략 **(a)** 변위와 그 성분으로 이루어진 삼각형이 그림 1.18b에 그려져 있다. 삼각공식을 사용하면 xy-좌표계의 성분은 $A_x = A\cos\theta$와 $A_y = A\sin\theta$(식 1.4)로 주어진다. 여기서 θ는 $+x$축으로부터 시계 방향으로 주어져 있으므로 $\theta = -30.0°$이다. **(b)** 식 1.5와 1.6을 사용하여 그 벡터의 크기와 방향을 구한다.

풀이

(a) 크기와 방향으로부터 $\vec{\mathbf{A}}$의 성분 벡터를 구한다.

식 1.4를 사용하여 변위 벡터 $\vec{\mathbf{A}}$의 성분을 구한다.

$$A_x = A\cos\theta = (1.00 \times 10^2\ \text{m})\cos(-30.0°) = \boxed{+86.6\ \text{m}}$$

$$A_y = A\sin\theta = (1.00 \times 10^2\ \text{m})\sin(-30.0°) = \boxed{-50.0\ \text{m}}$$

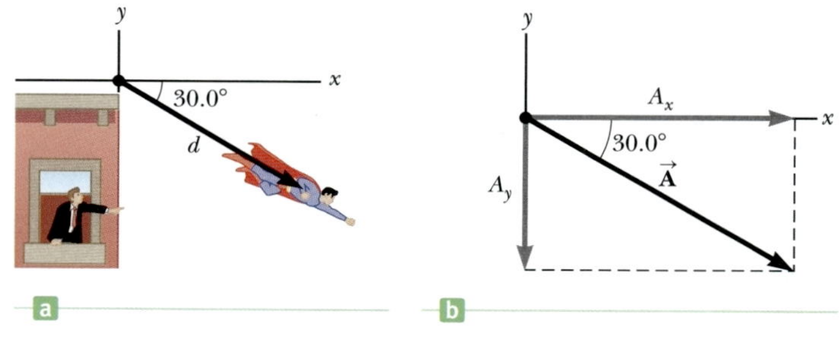

그림 1.18 (예제 1.11)

(b) $\vec{\mathbf{B}}$의 성분값을 가지고 변위 벡터 $\vec{\mathbf{B}}$의 크기와 방향을 구한다.

피타고라스 정리를 사용하여 $\vec{\mathbf{B}}$의 크기를 계산한다.

$$B = \sqrt{B_x^2 + B_y^2} = \sqrt{(-25.0\ \text{m})^2 + (10.0\ \text{m})^2} = \boxed{26.9\ \text{m}}$$

역탄젠트를 사용하여 $\vec{\mathbf{B}}$의 방향을 계산한다. 그 벡터가 2사분면에 있으므로 각은 계산된 값에다 180°를 더해야 한다.

$$\theta = \tan^{-1}\left(\frac{B_y}{B_x}\right) = \tan^{-1}\left(\frac{10.0}{-25.0}\right) = -21.8°$$

$$\theta = \boxed{158°}$$

참고 (a)에서 $\cos(-\theta) = \cos\theta$이지만 $\sin(-\theta) = -\sin\theta$이다. A_y의 값이 음이라는 것은 y방향의 변위가 아래쪽임을 나타낸다.

벡터의 대수적 덧셈

그래프를 사용하여 벡터의 덧셈을 하는 것은 벡터가 어떻게 다루어지는지를 이해하는 데 도움이 된다. 그러나 대부분 벡터는 성분을 대수적으로 더한다. 합 벡터 $\vec{\mathbf{R}} = \vec{\mathbf{A}} + \vec{\mathbf{B}}$의 성분은 다음과 같이 주어진다.

$$R_x = A_x + B_x \quad [1.7a]$$

$$R_y = A_y + B_y \quad [1.7b]$$

즉, x성분은 x성분끼리 더하고, y성분은 y성분끼리 더한다. $\vec{\mathbf{R}}$의 크기와 방향은 결과적으로 식 1.5와 1.6으로부터 얻어진다.

두 벡터의 뺄셈은 한 벡터에 다른 벡터의 음의 벡터를 더하는 것이기 때문에 같은 방법으로 할 수 있다. 벡터의 덧셈이나 뺄셈을 할 때는 안전을 기하기 위해 기하학적인 근사해를 구하는 대략적인 그림을 그리는 것이 좋다.

예제 1.12 도보여행

목표 벡터를 대수적으로 더해서 합 벡터를 구한다.

문제 한 도보 여행자가 첫째 날에 베이스 캠프의 동남쪽 45.0° 방향으로 25.0 km의 도보 여행을 했다. 둘째 날에는 동북쪽 60.0° 방향으로 40.0 km를 걸어서 산림 감시원의 망루를 발견하였다. **(a)** 첫째 날과 둘째 날에 도보 여행자의 변위의 성분을 각각 구하라. **(b)** 여행에 대한 도보 여행자의 전체 변위의 성분을 구하라. **(c)** 베이스 캠프로부터 변위의 크기와 방향을 구하라.

전략 이 문제는 식 1.7의 성분을 이용한 벡터 합의 응용 예이다. 첫째 날과 둘째 날의 변위 벡터를 각각 $\vec{\mathbf{A}}$와 $\vec{\mathbf{B}}$로 표시한다. 베이스 캠프를 원점으로 잡으면, 그림 1.19a와 같은 벡터를 얻는다. 각 벡터의 x성분과 y성분을 얻은 후, 그 둘을 성분별로 더한다. 마지막으로 합 벡터 $\vec{\mathbf{R}}$의 크기와 방향을 피타고라스 정리와 역탄젠트 함수를 이용하여 결정한다.

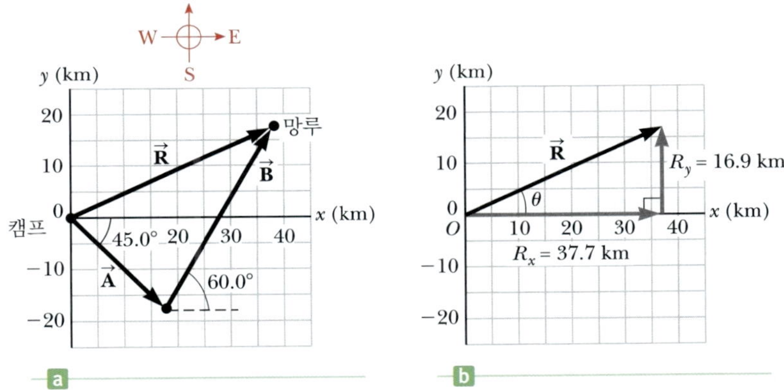

그림 1.19 (예제 1.12) (a) 도보 여행자가 이동한 경로와 합 벡터, (b) 베이스 캠프로부터 도보 여행자의 전체 변위의 성분

풀이

(a) $\vec{\mathbf{A}}$의 성분을 구한다.

식 1.4를 사용하여 $\vec{\mathbf{A}}$의 성분을 구한다.

$$A_x = A\cos(-45.0°) = (25.0\text{ km})(0.707) = 17.7\text{ km}$$

$$A_y = A\sin(-45.0°) = -(25.0\text{ km})(0.707) = -17.7\text{ km}$$

$\vec{\mathbf{B}}$의 성분을 구한다.

$$B_x = B\cos 60.0° = (40.0\text{ km})(0.500) = 20.0\text{ km}$$

$$B_y = B\sin 60.0° = (40.0\text{ km})(0.866) = 34.6\text{ km}$$

(b) 합벡터 $\vec{\mathbf{R}} = \vec{\mathbf{A}} + \vec{\mathbf{B}}$의 성분을 구한다.

$\vec{\mathbf{A}}$와 $\vec{\mathbf{B}}$의 x성분들을 더하여 R_x를 구한다.

$$R_x = A_x + B_x = 17.7\text{ km} + 20.0\text{ km} = 37.7\text{ km}$$

$\vec{\mathbf{A}}$와 $\vec{\mathbf{B}}$의 y성분들을 더하여 R_y를 구한다.

$$R_y = A_y + B_y = -17.7\text{ km} + 34.6\text{ km} = 16.9\text{ km}$$

(c) $\vec{\mathbf{R}}$의 크기와 방향을 구한다.

피타고라스 정리를 이용하여 크기를 구한다.

$$R = \sqrt{R_x^{\,2} + R_y^{\,2}} = \sqrt{(37.7\text{ km})^2 + (16.9\text{ km})^2} = \boxed{41.3\text{ km}}$$

역탄젠트 함수를 이용하여 $\vec{\mathbf{R}}$의 방향을 계산한다.

$$\theta = \tan^{-1}\left(\frac{16.9\text{ km}}{37.7\text{ km}}\right) = \boxed{24.1°}$$

참고 그림 1.19b는 $\vec{\mathbf{R}}$의 성분들과 이들의 방향을 보여 주고 있다. 합 벡터의 크기와 방향도 이와 같은 그림에서 구할 수도 있다.

연습문제

1.1 측정의 표준

1(1). 단진자에서 주기란 진자가 한번 진동하는 데 걸리는 시간이며, 다음과 같이 주어진다.

$$T = 2\pi\sqrt{\frac{\ell}{g}}$$

여기서 ℓ은 진자의 길이이고, g는 중력 가속도이며, 차원은 길이 나누기 시간의 제곱이다. 이 식에서 양변의 차원이 일치함을 증명하라. (실제로 실과 초시계를 사용하여 이 식이 맞는지 실험해 볼 수 있다.)

2(3). 넓이가 A이고 높이가 h로 일정한 어떤 형태의 부피는 $V = Ah$이다. (a) $V = Ah$가 차원만으로 분석하면 올바른 식임을 증명하라. (b) 원통이나 직각육면체 상자의 부피를 $V = Ah$의 형태로 쓸 수 있음을 증명하라. 각 경우 A는 무엇인가?

3(5). 뉴턴의 만유인력의 법칙은 다음과 같이 표현된다.

$$F = G\frac{Mm}{r^2}$$

여기서 F는 만유인력, M과 m은 질량, r은 길이이다. 힘의 SI 단위는 $\text{kg}\cdot\text{m/s}^2$이다. 만유인력 상수 G의 SI 단위는 무엇인가?

1.2 측정의 불확정도와 어림

4(7). 고대 로마의 쿠비투스라는 단위는 약 0.445 m에 해당하는 길이의 단위이다. 어떤 농구선수의 키 2.00 m를 쿠비투스로 환산해 보라.

5(9). 패덤(fathom)은 길이의 단위로서 약 6 ft에 해당하며 보통 수심을 재는 데 사용된다. 지구로부터 달까지의 거리가 250 000마일이라 할 때 이를 패덤 단위로 표시하라.

6(11). 퍼킨(firkin)이라는 영국 단위는 9갤런에 해당하는 부피의 단위이다. 6.00퍼킨은 몇 세제곱미터인가?

7(13). 사람이 걸어서 한 시간 정도 가는 거리를 리그(league)라고 하는데 멕시코나 라틴 아메리카에서 많이 사용되는 단위이다. 30.0 m/s를 시간당 리그 단위로 변환해 보라. 1.00리그를 3.00 mi로 가정하라.

8(15). 어떤 구의 지름이 5.36인치로 측정되었다. (a) 구의 반지름을 cm로 나타내라. (b) 구의 겉넓이를 cm^2로 나타내라. (c) 구의 부피를 cm^3로 나타내라.

9(17). 빛의 속력은 약 3.00×10^8 m/s이다. 이를 시간당 마일(mi/h)로 환산하라.

10(21). 1쿼트짜리 아이스크림 통의 모양이 정육면체이다. 한 변의 길이를 cm로 나타내보라.(1갤런 = 3.785리터, 1쿼트 = 1/4갤런)

11(23). 직사각형 길의 너비가 32.30 m이고 길이가 210 m이다. 길이보다는 너비가 더 정밀하게 측정되었다. 유효숫자를 고려하여 넓이를 구하라.

12(25). 길이가 9.72 m이고 너비가 5.3 m인 방에 카펫을 깔려고 한다. 유효숫자를 고려하여 방의 넓이를 계산하라.

13(27). 다음에서 유효숫자의 자릿수는 각각 몇 개인가? (a) 78.9 ± 0.2, (b) 3.788×10^9, (c) 2.46×10^{26}, (d) 0.003 2

14(29). 직사각형의 두 변의 길이가 각각 (2.0 ± 0.2) m와 (1.5 ± 0.1) m이다. (a) 면적과 (b) 둘레의 값을 구하고 각 값에 대해 불확정량을 표기해 보라.

15(31). 신발 상자의 세 변의 길이가 각각 11.4 cm, 17.8 cm, 29 cm이다. 유효숫자를 고려하여 상자의 부피를 계산하라.

> ***Note***: 이 절에 있는 문제를 푸는 데 있어서, 풀이에 사용된 변수에 적용된 값을 포함하여 어떤 중요한 가정들이 전제되었는지를 명확하게 밝힐 필요가 있다.

16(33). 사람은 평생 동안 숨을 몇 번이나 쉬겠는가? 어림하여 보라.

17(35). 지표상에서 인류가 살 수 있는 면적은 약 60조 제곱미터로 추정된다. 지구상의 현재 인구 모두가 승강기에 사람이 꽉 차있는 것처럼 모두가 빽빽이 서 있다면 사람이 점유하는 면적은 지표면적의 몇 %가 되겠는가?

18(37). 자동차 타이어 한 개의 수명이 약 50 000마일이라면 그 수명 동안 타이어는 몇 회전할 수 있는가?

1.3 몇 가지 수학

19(39). 극좌표계에 위치한 어떤 점의 좌표가 $r = 2.5$ m와 $\theta = 35°$이다. 이 극좌표계와 직각 좌표계가 동일한 원점을 가진다고 가정하고, 이 점의 x 좌표와 y 좌표를 구하라.

20(43). 주어진 두 점의 좌표가 극좌표에서 각각 $(r, \theta) = (2.00$ m, $50.0°)$와 $(5.00$ m, $-50.0°)$이다. 두 점 사이의 거리는 얼마인가?

21(45). 그림 P1.21에 있는 직각삼각형에서 (a) 주어지지 않은 변의 길이는 얼마인가? (b) θ의 탄젠트값은 얼마인가? (c) ϕ의 사인값은 얼마인가?

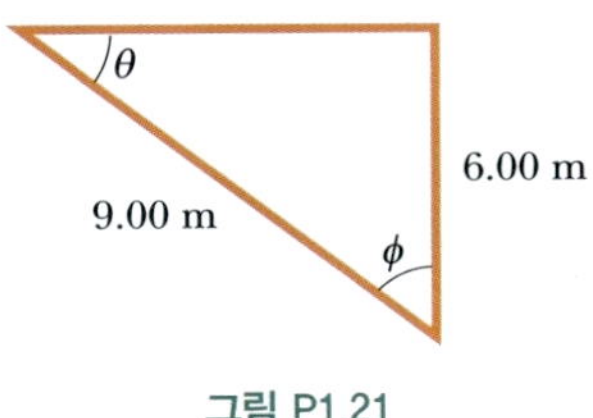

그림 P1.21

22(47). 그림 P1.22와 같이 원형 풀 가운데에 높은 분수대가 있다. 풀 옆에 서 있는 학생의 발이 젖지 않게 하고 싶다. 풀의 둘레의 길이는 15.0 m이고 풀 가장자리에서 분수 최고 높이를 바라본 각은 55.0°이다. 분수의 높이는 얼마인가?

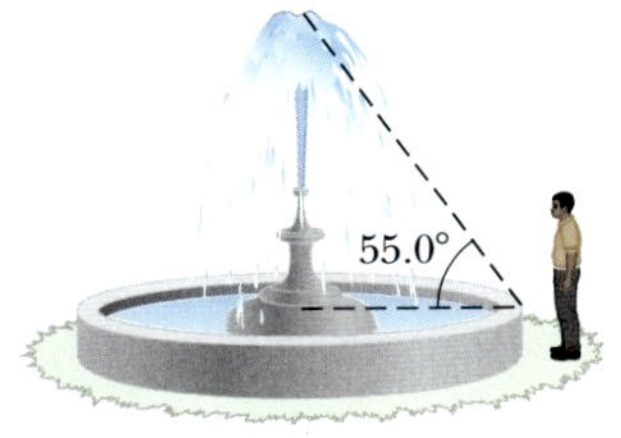

그림 P1.22

23(49). 그림 P1.23에서 (a) θ의 대변, (b) ϕ의 밑변, (c) $\cos\theta$, (d) $\sin\phi$, (e) $\tan\phi$를 구하라.

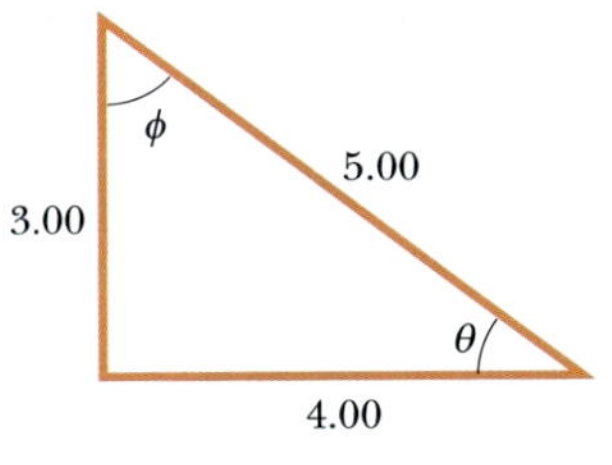

그림 P1.23

24(53). 어떤 측량기사가 다음과 같은 방법으로 수직으로 강을 가로지르는 길이를 측정한다. 맞은편 강둑에 있는 나무에서 똑바로 건넌 곳에서 출발하여 강둑을 따라 $x = 100$ m를 걸어 기준선을 만들었다. 그곳에서 건너편의 나무를 바라볼 때 기준선과 나무까지의 각도가 $\theta = 35.0°$이다(그림 P1.24). 이 강의 너비는 얼마인가?

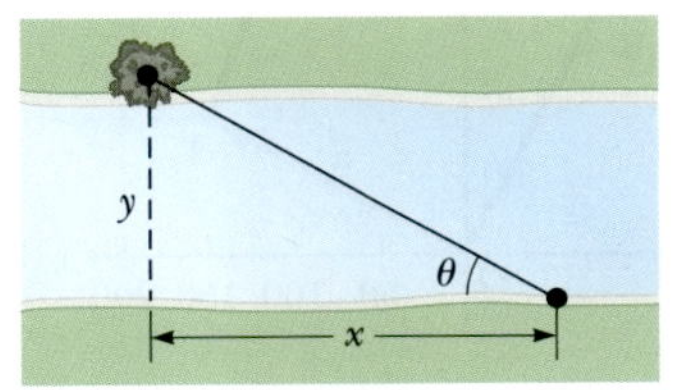

그림 P1.24

1.4 벡터

25(55). 크기가 29단위인 벡터 $\vec{\mathbf{A}}$가 $+y$ 방향을 향하고 있다. 벡터 $\vec{\mathbf{B}}$와 $\vec{\mathbf{A}}$를 더한 $\vec{\mathbf{A}} + \vec{\mathbf{B}}$는 크기가 14단위이고 $-y$ 방향을 향하고 있다. 벡터 $\vec{\mathbf{B}}$의 크기와 방향을 구하라.

26(57). 길이가 3.00단위인 벡터 $\vec{\mathbf{A}}$가 $+x$축 방향을 향하고 있고, 길이가 4.00단위인 벡터 $\vec{\mathbf{B}}$가 $-y$축 방향을 향하고 있다. 기하학적인 방법을 이용하여 (a) $\vec{\mathbf{A}} + \vec{\mathbf{B}}$, (b) $\vec{\mathbf{A}} - \vec{\mathbf{B}}$의 크기와 방향을 구하라.

27(59). 롤러를 탄 사람이 수평으로 2.00×10^2 ft를 가다가 수평과 30.0° 윗방향으로 135 ft 뛰어올라 갔다. 다음에 수평과 40.0° 아랫방향으로 135 ft 갔다. 기하학적인 방법을 이용하여 이 사람이 처음부터 마지막까지 움직인 변위를 구하라.

28(61). 벡터 $\vec{\mathbf{A}}$의 성분은 $A_x = -5.00$ m , $A_y = 9.00$ m이다. 이 벡터의 (a) 크기와 (b) 방향을 구하라.

29(63). 벡터 $\vec{\mathbf{A}}$의 크기는 35.0이고 방향은 x축으로부터 반시계 방향으로 325°이다. 이 벡터의 x성분과 y성분을 구하라.

30(65). 신문 배달하는 소녀가 서쪽으로 3.00블록 이동한 다음, 북쪽으로 4.00블록 이동하고, 마지막으로 동쪽으로 6.00블록 이동한다. (a) 그녀의 처음 위치에서 나중 위치까지의 변위는 얼마인가? (b) 그녀가 이동한 전체 거리는 얼마인가?

31(67). 한 벡터의 x성분은 −25.0단위이고 y성분은 40.0단위이다. 그 벡터의 크기와 방향을 구하라.

32(71). 근거리용 비행기가 공항에서 출발하여 그림 P1.32와 같은 경로를 따라 운행한다. 그 비행기는 우선 동북쪽 30.0° 방향으로 175 km 떨어진 도시 A로 비행한다. 그 다음 북서쪽 20.0° 방향으로 150 km 떨어진 도시 B로 비행한다. 마지막으로 비행기는 서쪽 190 km 떨어진 도시 C로 날아갔다. 시작점에 대한 도시 C의 위치를 구하라.

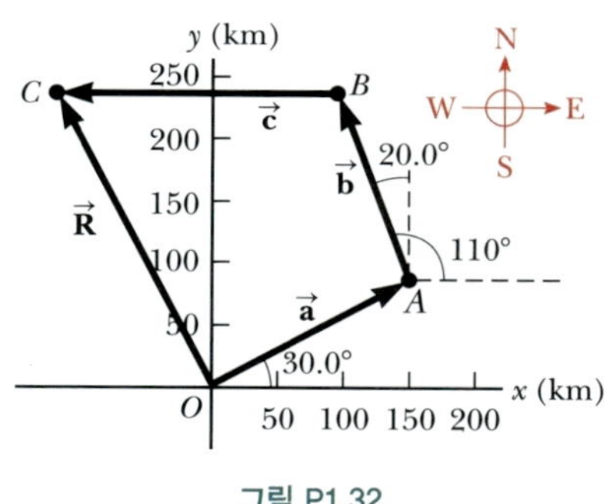

그림 P1.32

종합문제

33(73). 일정한 가속도로 움직이는 물체의 변위는 시간과 가속도의 함수이다. 변위를 $s = ka^m t^n$으로 나타낸다고 하자. 여기서 k는 차원이 없는 상수이다. 차원분석을 사용하여 이 식이 $m = 1$, $n = 2$일 때 성립함을 증명하라. 그러한 분석이 k의 값을 알려줄 수 있는가?

34(75). 1 gal(부피 $= 3.79 \times 10^{-3}$ m^3)의 페인트로 25.0 m^{2}의 벽을 칠할 수 있다. 그 벽에 칠해진 페인트의 두께는 얼마인가?

35(77). 유럽에 2.5억 대의 승용차가 있고 평균 연료 소비율이 6 L/100 km라고 하자. 차들의 평균 주행 거리가 15000 km/yr라 할 때 차의 연료 소비율이 4.5 L/100 km로 감소한다면 매년 연료가 얼마나 절약되겠는가? 유효숫자 한 자리로 답하라.(역자 주: 흔히 자동차의 연비는 리터당 킬로미터(km/L)로 나타낸다. 연비가 개선되었다면 그 값이 증가한다. 여기서는 연료 소비량을 L/100 km 단위로 나타내었기 때문에 이 값이 감소해야 효율이 개선된 것이다.)

36(79). (a) 태양 크기의 구 속에 지구를 넣는다면 몇 개나 들어가겠는가? (b) 지구 크기의 구에 지구의 달을 넣는다면 몇 개나 들어가겠는가?

37(81). 가장 가까이에 있는 중성자별(주로 죽은 별들이 중성자로 가득 차 있다)은 지구로부터 약 3.00×10^{18} m 떨어져 있다. 은하수(그림 P1.38)가 지름이 약 10^{21} m이고 두께가 약 10^{19} m라면 은하수에 있는 중성자별의 최소 개수를 어림해 보라.

그림 P1.37

일차원 운동
Motion in One Dimension

CHAPTER 2

삶은 움직이는 것이다. 우리의 근육은 걷고 뛰는 것을 미세하게 조절한다. 심장은 수십 년간 지치지 않고 뛰면서 우리의 몸에 피를 공급한다. 세포벽은 세포 안과 밖으로 옮길 원자나 분자를 선택하는 메커니즘으로 운동한다. 대초원에서 영양을 쫓던 선사 시대부터 우주에 위성을 쏘아 올리는 시대에 이르기까지 운동을 제어하는 것은 인류의 생존과 성공에 결정적인 요인이었다.

힘과 질량과 같은 물리적인 개념과 운동에 대해 연구하는 분야를 **동역학**(dynamics)이라 하고, 원인에 상관없이 운동을 기술하는 동역학의 한 분야를 **운동학**(kinematics)이라 한다. 이 장에서는 일차원 직선 운동의 운동학에 초점을 맞추었다. 이러한 종류의 운동은 실제로는 어떤 운동이든지, 변위, 속도, 가속도의 개념을 포함한다. 이런 개념을 통해서 일정가속도로 운동하는 물체의 운동을 공부할 수 있다. 3장에서는 이차원 운동을 하는 물체에 대해 논의할 것이다.

역학에 대해 연구한 최초의 기록된 증거는 처음으로 천체의 운동에 대해 관심을 가지고 있던 고대 수메르와 이집트 시대의 사람들로 거슬러 올라간다. 천체에 대해 가장 체계적이고 상세한 연구는 B.C. 300~A.D. 300년 사이에 그리스인들에 의해 이루어졌다. 고대 과학자와 일반인들은 지구를 우주의 중심으로 여겼다. 이러한 **지구 중심 모형**(geocentric model)은 아리스토텔레스(Aristotle, B.C. 384~322)와 프톨레마이오스(Claudius Ptolemy, 약 A.D. 100~c.170)와 같은 유명한 학자들이 수용한 모형이다. 상당 부분 아리스토텔레스의 권위 덕에 지구 중심 모형은 17세기까지 우주 이론으로 인정받았다.

B.C. 250년경 그리스 철학자 아리스타쿠스(Aristarchus)는 둥근 지구가 자신의 축을 중심으로 회전하고 다시 태양을 중심으로 공전한다고 기술했다. 그는 지구가 동쪽으로 자전하기 때문에 하늘이 서쪽으로 도는 것이라고 주장하였다. 이 모형은 그다지 깊이 고려되지 않았는데, 이유는 회전하는 지구는 공기 중을 가르며 운동하므로 강력한 바람을 발생시킬 것이라고 믿었기 때문이었다. 오늘날 우리는 공기가 지구와 함께 움직이며 그 외의 모든 것들도 지구와 함께 회전한다는 것을 안다.

폴란드 천문학자 코페르니쿠스(Nicolaus Copernicus, 1473~1543)는 마침내 지구 중심설을 대체할 혁명의 도화선을 제공하였다. 그가 주장한 **태양 중심 모형**(heliocentric model)에서는 지구와 다른 행성들이 태양 주위를 원 궤도로 공전한다.

이러한 초기 지식은 현대로 물리학이 진입하는 데 주요한 촉진자 역할을 한 대표적 인물인 갈릴레이(Galileo Galilei, 1564~1642)의 업적의 뿌리였다. 1609년, 그는 천체 관측에 최초로 망원경을 사용한 사람 중의 하나였다. 그는 달 위의 산맥을 관측하였고, 좀 더 큰 행성인 목성, 태양의 흑점과 금성의 위상을 관측하였다. 갈릴레이의 관측은 코페르니쿠스의 이론이 옳았음을 확신시켜 주었다. 운동에 대한 그의 방대한 연구는 다음 세기에 뉴턴이 이룬 혁명적 업적의 뿌리였다.

2.1 변위, 속도, 가속도 Displacement, Velocity, and Accelerationon

2.1.1 변위 Displacement

운동은 시공간의 한 곳에서 다른 곳으로 물체의 변위를 수반한다. 운동을 기술하기 위해서는 어떤 특정한 원점과 편리한 좌표계가 있어야 된다. 좌표계의 **기준틀**(frame of

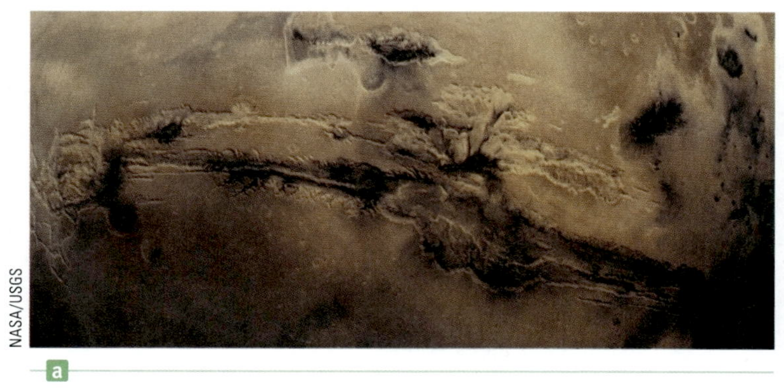

그림 2.1 (a) 이 사진에 보이는 협곡의 크기는 얼마나 큰 것일까? 어떤 기준 없이는 그 크기를 말하기 어려울 것이다. (b) 이것은 화성에 있는 마리너 협곡(Valles Marineris)으로서 여기에 호주 지도를 올려놓으면 그 크기를 대충 파악할 수 있다.

reference)은 어떤 양을 측정하기 위해 시작점을 정의하는 좌표축을 선택하는 것으로 실제 역학 문제를 풀 때 필수적인 첫 번째 단계이다(그림 2.1). 그림 2.2a를 예로 들면, 자동차는 x축을 따라 이동하고 있고, 어떤 시간의 자동차 좌표는 공간에서의 위치를 나타내고 있다. 즉, 주어진 시간에서 자동차의 변위(displacement)를 나타낸다.

변위의 정의 ▶

물체의 **변위** Δx는 위치의 변화로 다음과 같이 정의된다.

$$\Delta x \equiv x_f - x_i \qquad [2.1]$$

x_i는 자동차의 처음 위치, x_f는 나중 위치의 좌표이다. (첨자 i와 f는 각각 처음과 나중을 나타낸다.)

SI 단위: 미터(m)

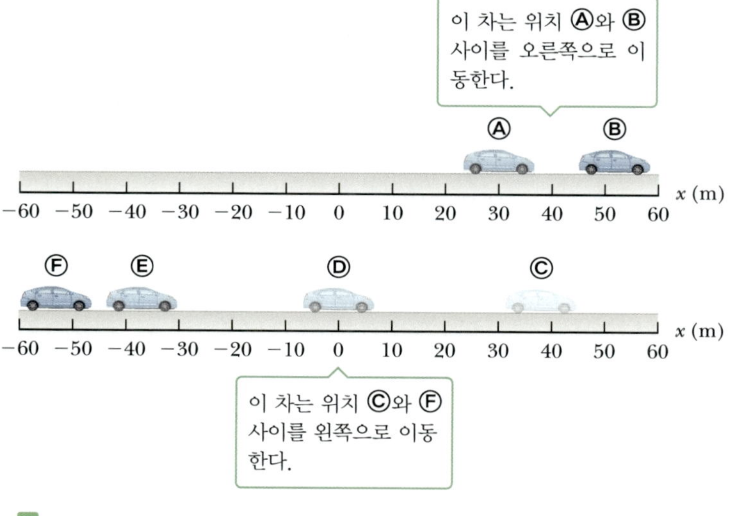

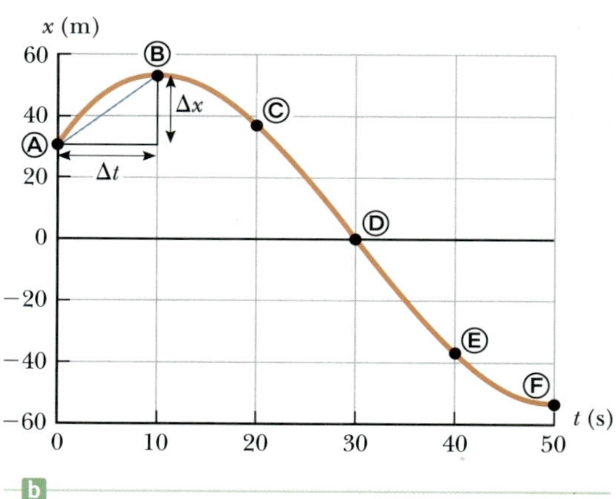

그림 2.2 (a) 자동차가 x축과 나란한 직선 도로를 앞뒤로 움직인다. 자동차의 직선 운동에만 관심을 가지고 보면 자동차를 입자로 취급할 수 있다. (b) 입자의 운동에 대한 위치-시간 그래프.

그리스 문자 델타(Δ)는 어떤 물리량의 변화를 나타낸다. 변위의 정의로부터 Δx('델타 엑스'라고 읽는다)는 x_f가 x_i보다 클 때 양의 값을 갖고 x_f가 x_i보다 적을 때 음의 값을 갖는다. 예를 들어(표 2.1 참조), 그림 2.2a의 자동차가 $x_i = 30$ m인 지점 Ⓐ에서 $x_f = 52$ m인 지점 Ⓑ로 움직였다면, 변위는 $\Delta x = x_f - x_i = 52\text{ m} - 30\text{ m} = +22\text{ m}$가 된다. 그러나 만일 자동차가 $x_i = 38$ m인 지점 Ⓒ에서 $x_f = -53$ m인 지점 Ⓕ로 움직였다면 변위는 $\Delta x = x_f - x_i = -53\text{ m} - 38\text{ m} = -91\text{ m}$가 된다. 양의 값은 변위가 $+x$ 방향으로 움직였다는 것을 나타내며, 음의 값은 변위가 $-x$ 방향으로 움직였다는 것을 나타낸다. 이러한 움직임을 보여 주는 그림 2.2b는 시간에 대한 자동차의 위치를 그래프로 보여 주고 있다.

변위는 속도와 가속도처럼 크기와 방향을 가지므로 벡터로 표시되는 물리량이다. 벡터양은 보통 굵은 글씨체로 글자 위에 화살표를 함께 표기한다. 예를 들면, $\vec{\mathbf{v}}$는 속도를 나타내고 $\vec{\mathbf{a}}$는 가속도를 나타내며 모두 벡터양이다. 그러나 이 장에서는 물체가 오직 한 방향으로만 운동하여 양과 음의 부호로 쉽게 표현되는 일차원 운동에 대해서만 다루므로 이와 같은 벡터 표기는 사용하지 않을 것이다.

표 2.1 시간별 자동차의 위치

위치	t(s)	x(m)
Ⓐ	0	30
Ⓑ	10	52
Ⓒ	20	38
Ⓓ	30	−10
Ⓔ	40	−37
Ⓕ	50	−53

Tip 2.1 변위와 거리는 다르다.

물체의 변위는 이동 거리와 같지 않다. 테니스공을 위로 던져 올렸다가 잡으면 공이 이동한 거리는 공이 도달한 최고 높이의 두 배이지만 변위는 영이다.

2.1.2 속도 Velocity

평균 속도

일상생활에서는 속력과 속도가 혼용되어 사용되고 있다. 그러나 물리에서는 이들 간에 엄격한 차이가 있다. 속력은 스칼라양으로 크기만을 가지는 반면, 속도는 벡터양으로 크기와 방향을 모두 가진다. 그러므로 속도에는 속력보다 더 많은 정보가 들어 있다. 얼마나 빨리 가는지 뿐만 아니라 어느 방향인지에 대한 정보도 포함된다.

Tip 2.2 벡터는 크기와 방향을 가진다.

스칼라는 크기만 가진다. 벡터 역시 크기를 가진다. 하지만 벡터는 방향도 가진다.

도로(x축)를 따라 움직이는 그림 2.2의 자동차를 생각해 보라. 자동차의 처음 위치 x_i의 시각을 t_i라 하고, 위치 x_f의 시각을 t_f라 하자. 시간 간격 $\Delta t = t_f - t_i$ 동안 자동차의 변위는 $\Delta x = x_f - x_i$가 된다.

◀ 평균 속도의 정의

시간 간격 Δt 동안 평균 속도 $\bar{v}$는 변위 Δx를 Δt로 나눈 것이다.

$$\bar{v} \equiv \frac{\Delta x}{\Delta t} = \frac{x_f - x_i}{t_f - t_i} \qquad [2.2]$$

SI 단위: 미터/초(m/s)

항상 양인 평균 속력과 달리 일차원에서 물체의 **평균 속도**는 변위의 부호에 따라 양일 수도 음일 수도 있다(시간 간격 Δt는 항상 양이다). 예를 들어, 그림 2.2a에서 위쪽 그림의 자동차는 x축의 오른쪽 방향으로 움직였기 때문에 자동차의 평균 속도는 양의 값이다. 하지만 아래쪽 그림의 자동차는 x축의 왼쪽으로 움직였기 때문에 자동차의 평균 속도가 음의 값이다.

예를 들어, 표 2.1의 자료를 활용하여 지점 Ⓐ에서 Ⓑ로 움직이는 시간 동안 평균 속도를 구할 수 있다(유효숫자를 두 자리로 하면).

$$\bar{v} = \frac{\Delta x}{\Delta t} = \frac{52\text{ m} - 30\text{ m}}{10\text{ s} - 0\text{ s}} = 2.2\text{ m/s}$$

평균 속도의 다른 단위를 살펴보면 미국 관습단위계로는 피트/초(ft/s), cgs 단위계에서는 센티미터/초(cm/s)가 있다.

순간 속도

평균 속도는 시간 간격 동안에 어떤 일이 있었는지 구체적으로 설명하지 않는다. 예를 들어, 자동차 여행에서 도로 조건이나 교통 상황에 따라 여러 차례 속력을 올리거나 내리기를 반복하며, 드물게 과속에 대해 교통경찰을 설득하느라 정차하기도 한다. 경찰에게(그리고 여러분의 안전에) 중요한 것은 어떤 주어진 순간에서의 자동차의 속력과 방향이며, 이 두 가지가 자동차의 **순간 속도**(instantaneous velocity)를 결정한다.

그러므로 어느 두 지점을 운행하는 자동차의 평균 속도는 그 시간 간격으로 계산되지만 순간 속도의 크기는 자동차의 속력계로 읽을 수 있다.

순간 속도의 정의 ▶

순간 속도 v는 평균 속도에서 시간 간격 Δt를 무한히 작게 가져갈 때 얻어지는 극한 값이다.

$$v \equiv \lim_{\Delta t \to 0} \frac{\Delta x}{\Delta t} \qquad [2.3]$$

SI 단위: 미터/초(m/s)

$\lim_{\Delta t \to 0}$ 표기는 $\Delta x/\Delta t$가 더욱더 작은 시간 간격 Δt에 대해 반복적으로 구해진 것을 의미한다. Δt가 극단적으로 영에 가까워짐에 따라 $\Delta x/\Delta t$의 비는 순간 속도로 정의된 어떤 특정 값에 점점 가까워진다.

표 2.2 특정 순간 자동차의 위치

t(s)	x(m)
1.00	5.00
1.01	5.47
1.10	9.67
1.20	14.3
1.50	26.3
2.00	34.7
3.00	52.5

정의를 좀 더 잘 이해하기 위해 레이더로 수집된 자동차의 자료(표 2.2)를 살펴보자. $t = 1.00$ s에 자동차는 $x = 5.00$ m에 있고, $t = 3.00$ s에는 $x = 52.5$ m에 있다. 이 시간 간격에 대한 평균 속도를 계산하면 $\Delta x/\Delta t = (52.5\text{ m} - 5.00\text{ m})/(3.00\text{ s} - 1.00\text{ s}) = 23.8\text{ m/s}$이다. 이 결과로 $t = 1.00$ s일 때 속도를 가늠해 볼 수는 있지만, $t = 1.00$ s일 때 속도는 변하고 있고 이후 2 s의 시간 동안 속력은 아주 많이 변했으므로 정확하게는 알 수 없다. 자료의 나머지 부분을 이용하여 표 2.3을 만들 수 있다. 시간 간격이 작아질수록 평균 속도는 점점 순간 속도에 근접한다. 마침내 시간 간격이 0.010 0 s일 때 평균 속도는 $\bar{v} = \Delta x/\Delta t = 0.470\text{ m}/0.010\ 0\text{ s} = 47.0\text{ m/s}$가 된다. 0.010 0 s는 매우 짧은 시간 간격이므로 자동차가 가속하는 실제 순간 속도는 이 값에 거의 근접할 것이다. 이 속도는 169 km/h로 아마도 속도위반에 해당할 것이다.

그림 2.3과 같이 파란색 선들은 시간 간격이 작아짐에 따라 점점 초록색의 접선에 접근한다. **시간에 따른 위치 변화를 나타내는 곡선에서 '어떤 시각'에서의 접선의 기울기는 그 시각에서의 순간 속도로 정의된다.**

표 2.3 표 2.2에 주어진 자동차의 시간 간격, 변위, 평균 속도의 계산 값

시간 간격(s)	Δt(s)	Δx(m)	$\bar{v}$ (m/s)
1.00~3.00	2.00	47.5	23.8
1.00~2.00	1.00	29.7	29.7
1.00~1.50	0.50	21.3	42.6
1.00~1.20	0.20	9.30	46.5
1.00~1.10	0.10	4.67	46.7
1.00~1.01	0.01	0.470	47.0

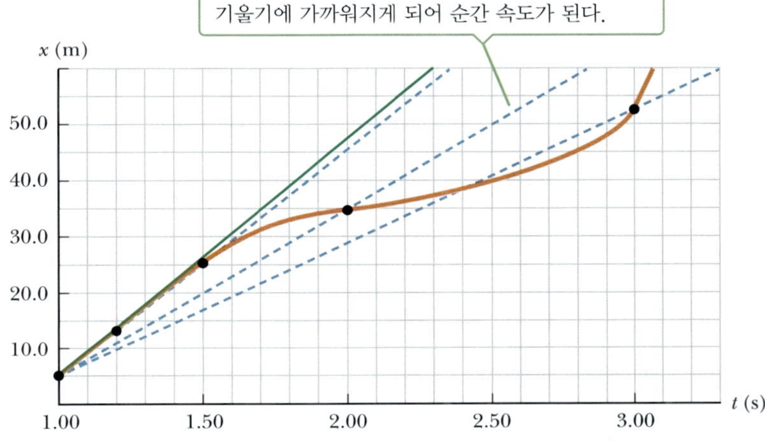

그림 2.3 표 2.2에 있는 자료를 사용하여 자동차의 운동을 나타낸 그래프.

2.1.3 속력 Speed

평균 속력

두 점 사이를 움직이는 물체의 경우 평균 속도는 변위를 시간으로 나눈 것이며, 실제 이동한 거리에 따라 달라지지 않는다. 반면, **평균 속력**(average speed)은 실제 이동한 거리에 따라 달라진다.

◀ **평균 속력의 정의**

주어진 시간 간격 동안 물체의 **평균 속력**(average speed)은 전체 움직인 거리를 전체 걸린 시간으로 나눈 것이다.

$$\text{평균 속력} \equiv \frac{\text{움직인 경로 거리}}{\text{경과 시간}}$$

SI 단위: 미터/초(m/s)

기호로 이 식은 $v = d/t$로 나타낼 수 있다. 여기서 v는 평균 속력(평균 속도가 아님)이며, d는 움직인 경로 거리, t는 운동에 소요된 경과 시간을 나타낸다. 경로 거리를 때로는 '전체 거리' 또는 '이동한 거리'라고 부르지만, 편평한 면에서의 거리는 두 점을 잇는 직선의 길이인 반면, 경로 거리는 두 점 사이에서 직선에서 벗어난 모든 부분을 포함하는 실제로 이동한 길이이기 때문에 오해의 소지가 있다. 평균 속력은 경로 거리에 따라

Tip 2.3 경로 길이와 거리는 다르다.

거리는 두 점을 연결하는 직선의 길이이다. 경로 길이는 두 점 사이에서 물체가 실제로 움직인 경로의 전체 길이이다. 그 길이에는 어떤 경로를 반복하거나 직선으로부터 벗어나서 이동한 것 등이 모두 포함된다.

달라지지만 평균 속도는 직선거리에 의해 결정된다. 그 차이를 설명하기 위해 어떤 사람이 직선으로 500마일 떨어진 두 호텔 사이를 10시간 걸려 이동했다고 하자. 그 사람의 평균 속력과 평균 속도의 크기는 500 mi/10 h = 50 mi/h일 것이다. 그러나 그 사람이 가는 도중에 옆으로 돌아서 100마일을 더 갔다면 경로 거리는 600마일이 된다. 두 호텔 사이의 직선거리는 여전히 500마일이다. 이 경우 평균 속력은 600 mi/10 h = 60 mi/h이고 평균 속도는 여전히 50 mi/h이다.

속력과 속도의 차이를 좀 더 자세하게 설명하기 위해 우리가 비행선에 타서 자동차 경주를 내려다보고 있다고 가정하자. 그림 2.4와 같이 시간 간격 Δt 동안 어떤 자동차는 Ⓟ에서 Ⓠ로 직선 경로를 따라 움직이고, 다른 자동차는 같은 시간 간격 동안 곡선 경로를 따라 움직인다. 식 2.2의 정의로부터 두 자동차는 평균 속도가 같은데, 그 이유는 같은 시간 간격 Δt 동안에 같은 변위 $\Delta x = x_f - x_i$를 갖기 때문이다. 그러나 곡선 경로를 따라 달린 자동차는 더 많은 경로 거리를 움직였으므로 더 큰 평균 속력 값을 갖는다.

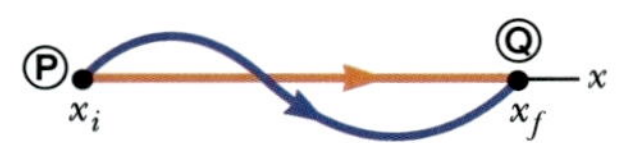

그림 2.4 비행선에서 내려다본 자동차 경주. 한 자동차는 Ⓟ에서 Ⓠ로 직선 경로(빨간색)를, 다른 자동차는 곡선 경로(파란색)를 따라 움직였다.

예제 2.1 거북이와 토끼

목표 평균 속력의 개념을 적용한다.

문제 거북이와 토끼가 4.00 km 거리를 달리기 경주하기로 한다. 토끼는 0.500 km를 뛴 후 90.0분 동안 잠을 잔다. 잠에서 깬 토끼는 경기 중임을 깨닫고 이전보다 두 배의 속력으로 달린다. 경주는 1.75시간 만에 끝나고 토끼가 이긴다. (a) 토끼의 평균 속력을 계산하라. (b) 그가 잠을 자기 전의 평균 속력은 얼마인가? 우회하거나 되돌아가지 않는다고 가정한다.

전략 (a) 평균 속력을 구하는 것은 단지 달린 거리를 전체 걸린 시간으로 나누는 것이다. (b) 모르는 속력 두 개를 두 미지수로 놓아야 한다. 잠자기 전의 속력을 v_1으로, 잠이 깬 후의 속력을 v_2로 놓는다. 문제에서 $v_2 = 2v_1$임을 알 수 있다. 토끼가 90분 동안 잠을 잤기 때문에 잠에서 깬 토끼는 단지 15분 뛰었다는 것을 알 수 있다.

풀이

(a) 토끼의 전체 평균 속력을 구한다.

평균 속력식에 대입한다.

$$\text{평균 속력} \equiv \frac{\text{경로 거리}}{\text{경과 시간}} = \frac{4.00 \text{ km}}{1.75 \text{ h}}$$

$$= 2.29 \text{ km/h}$$

(b) 잠을 자기 전 토끼의 평균 속력을 구한다.

토끼가 뛴 시간을 모두 더하면 0.25시간이다.

$$t_1 + t_2 = 0.25 \text{ h}$$

$t_1 = d_1/v_1$과 $t_2 = d_2/v_2$를 대입한다.

$$\frac{d_1}{v_1} + \frac{d_2}{v_2} = 0.25 \text{ h} \quad (1)$$

$v_2 = 2v_1$로 놓고, d_1과 d_2를 식 (1)에 대입한다.

$$\frac{0.500 \text{ km}}{v_1} + \frac{3.50 \text{ km}}{2v_1} = 0.25 \text{ h} \quad (2)$$

식 (2)를 v_1에 대해 푼다.

$$v_1 = 9.0 \text{ km/h}$$

참고 예제에서 보인 바와 같이 평균 속력은 주어진 시간 간격 동안 속력의 변화에 상관없이 계산한다.

물체의 순간 속력은 스칼라양이기 때문에 순간 속도의 크기로 정의된다. 평균 속력처럼 순간 속력(통상 간단하게 그냥 '속력'이라 한다)도 방향이 없으며, 부호를 가지지 않는다. 예를 들어, 어떤 물체의 순간 속도가 +15 m/s이고, 다른 물체의 순간 속도가 −15 m/s라 하면 두 경우 모두 순간 속력은 15 m/s이다.

◀ 순간 속력의 정의

2.1.4 가속도 Acceleration

자동차로 한 장소에서 다른 장소로 이동할 때 일정한 속도로 먼 거리를 운행하는 경우는 드물다. 가속 페달을 좀 더 밟으면 속도는 증가하고 브레이크를 밟으면 감소한다. 곡선 도로를 달릴 때에도 운동 방향이 바뀌므로 속도는 변한다. 시간에 따라 속도가 변하는 것을 **가속도**(acceleration)라 한다.

평균 가속도

그림 2.5와 같이 자동차가 직선 고속도로를 달린다. 시각 t_i일 때 속도가 v_i이고 시각 t_f일때의 속도가 v_f이면, $\Delta v = v_f - v_i$이고 $\Delta t = t_f - t_i$이다.

그림 2.5 오른쪽으로 움직이는 자동차가 시간 간격 $\Delta t = t_f - t_i$ 동안 속도 v_i에서 v_f로 가속되고 있다.

시간 간격 Δt 동안의 평균 가속도 $\overline{a}$는 속도의 변화 Δv를 Δt로 나눈 것이다.

$$\overline{a} \equiv \frac{\Delta v}{\Delta t} = \frac{v_f - v_i}{t_f - t_i} \qquad [2.4]$$

SI 단위: 미터/제곱초(m/s^2)

◀ 평균 가속도의 정의

예를 들어, 그림 2.5와 같이 자동차가 시간 간격 2 s 동안 처음 속도 $v_i = +10$ m/s에서 $v_f = +20$ m/s로 가속되었다(속도는 모두 오른쪽으로 양의 방향이다). 이러한 값들을 식 2.4에 대입하면 평균 가속도를 구할 수 있다.

$$\overline{a} = \frac{\Delta v}{\Delta t} = \frac{20\ \text{m/s} - 10\ \text{m/s}}{2\ \text{s}} = +5\ \text{m/s}^2$$

가속도는 길이를 시간의 제곱으로 나눈 차원을 갖는 벡터양이다. 가속도의 일반적 단위는 미터/제곱초(m/s^2)와 피트/제곱초(ft/s^2)이다. 평균 가속도가 +5 m/s^2이라는 것은 평균적으로 자동차의 속도가 매초 $+x$ 방향으로 5 m/s씩 증가했다는 것이다.

직선 운동의 경우 물체의 속도 방향과 가속도 방향은 다음과 같은 관계가 있다. **물체의 속도와 가속도가 같은 방향일 때, 물체의 속력은 시간이 증가함에 따라 증가한다. 반면에 물체의 속도와 가속도의 방향이 반대 방향이면 물체의 속력은 시간에 따라 감소한다.**

Tip 2.4 음의 가속도

음의 가속도가 반드시 물체의 속력 감소를 의미하지 않는다. 만일 가속도가 음일 때 속도 또한 음이면 물체는 속력이 증가한다.

이 점을 분명히 하기 위해, 자동차의 속도가 2 s 동안에 −10 m/s에서 −20 m/s로 변했다고 가정하자. 음의 부호는 자동차의 속도가 $-x$ 방향을 향하고 있음을 나타낸다. 이것은 자동차의 속도가 줄어드는 것을 의미하지 않는다. 이 시간 간격에 자동차의 평균 가속도는

$$\overline{a} = \frac{\Delta v}{\Delta t} = \frac{-20\ \mathrm{m/s} - (-10\ \mathrm{m/s})}{2\ \mathrm{s}} = -5\ \mathrm{m/s^2}$$

Tip 2.5 감속

감속이란 말은 속력이 감소함을 의미한다. 이를 속력이 증가할 수도 있는 음의 가속도와 혼동하기도 한다. (Tip 2.4 참고)

이며, 음의 부호는 가속도 벡터 또한 $-x$ 방향임을 나타낸다. 속도와 가속도 벡터의 방향이 같으므로 자동차의 속력은 자동차가 왼쪽으로 움직이며 증가하는 것이 틀림없다. 양과 음의 가속도는 선택된 축에 대한 방향을 의미할 뿐 '속력 증가'나 '속력 감소'를 나타내지는 않는다. '속력 증가'나 '속력 감소'라는 말은 각각 속력의 크기가 커지거나 작아지는 것을 말한다.

가속도가 영이 아닌 물체는 속도가 영이 될 수 있지만, 그것은 순간적으로만 가능하다. 공을 연직 위로 던졌을 때 그 공이 최고점에 도달할 때 속도가 영이다. 최고점에서 중력은 여전히 공을 가속시키고 있기 때문에 공이 낙하하는 것이며 그렇지 않다면 공은 낙하하지 않을 것이다.

순간 가속도

평균 가속도 값은 종종 다른 시간 간격에 대해서 다르므로 2.1.2절에서 논의한 순간 속도와 유사한 **순간 가속도**(instantaneous acceleration)를 정의하는 것이 유용하다.

순간 가속도의 정의 ►

순간 가속도 a는 시간 간격 Δt가 영에 가까워지는 평균 가속도의 극한이다.

$$a \equiv \lim_{\Delta t \to 0} \frac{\Delta v}{\Delta t} \qquad [2.5]$$

SI 단위: 미터/제곱초($\mathrm{m/s^2}$)

여기서 다시 $\lim_{\Delta t \to 0}$ 표기는 Δt가 더욱 더 작아짐에 따라 구해지는 비 $\Delta v/\Delta t$를 의미한다. Δt가 영에 가까워짐에 따라 비는 일정한 값에 이르게 되며, 이를 순간 가속도라 한다.

2.2 운동 도표와 그래프 Motion Diagrams and Graphs

2.2.1 운동 도표 Motion Diagrams

Tip 2.6 그래프의 기울기

물리 자료를 그래프로 그릴 때 기울기가 비교 수단으로 자주 사용된다. 자료의 종류와 상관없이 기울기는

$$\text{기울기} = \frac{\text{세로축의 변화량}}{\text{가로축의 변화량}}$$

으로 주어지며 단위를 가진다.

속도와 가속도는 종종 서로 혼동되지만 운동 도표로 나타내면 매우 다른 개념임을 알 수 있다. 그림 2.6의 **운동 도표**(motion diagram)는 운동하는 물체를 연속적인 시간 간격마다 각각의 위치에 속도와 가속도 벡터를 그린 것으로 빨간색은 속도 벡터를, 보라색은 가속도 벡터를 나타낸 것이다. 운동 도표에서 인접한 위치 사이의 시간 간격은 같다고 가정한다.

운동 도표는 움직이는 물체의 연속 섬광 사진술로 얻은 영상과 유사하다. 각각의 영상은 연속 섬광으로 얻어진다. 그림 2.6은 직선 도로를 따라 왼쪽에서 오른쪽으로 움직이는 자동차의 연속 섬광 사진 세 세트를 나타낸 것이다. 각 도표에서 연속 섬광 간의 시간 간격은 같다.

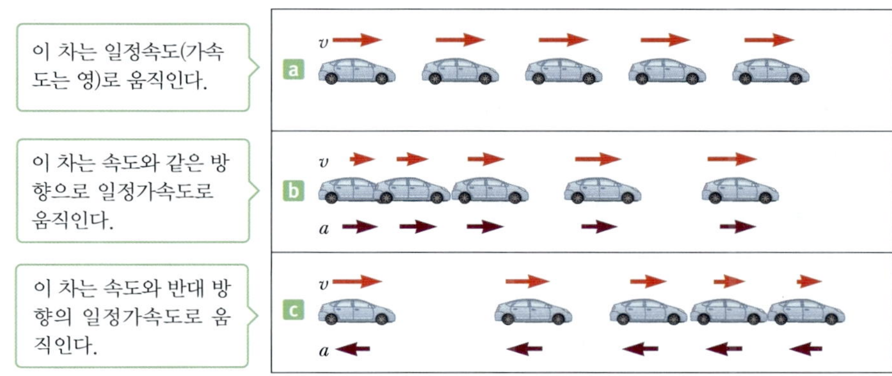

그림 2.6 한 방향으로 곧은 길을 달리는 차의 운동 도표. 각 순간의 속도는 빨간색 화살표로 표시되어 있고 일정한 크기의 가속도는 보라색 화살표로 그려져 있다.

그림 2.6a에서 자동차의 영상은 동일한 간격이다. 자동차는 각 시간 간격 동안 동일한 거리를 움직였다. 이것은 자동차가 일정한 양(+)의 속도로 움직여 가속도가 영임을 의미한다. 빨간색 화살표는 길이가 같고(일정한 속도) 보라색 화살표는 없다(영의 가속도).

그림 2.6b에서 자동차의 간격은 점점 증가하므로 속도가 시간에 따라 증가한다. 왜냐하면 인접한 점 사이의 자동차 변위가 시간에 따라 증가하기 때문이다. 자동차는 양(+)의 속도와 일정한 양(+)의 가속도로 움직인다. 빨간색 화살표는 각 영상마다 계속 길어지고, 보라색 화살표는 오른쪽을 향한다.

그림 2.6c에서 시간에 따라 인접한 점 사이의 변위가 감소하므로 자동차는 속력이 감소한다. 이 경우 자동차는 처음부터 오른쪽으로 일정한 음의 가속도로 움직인다. 브레이크를 밟았을 때처럼 속도 벡터는 시간에 따라 감소하고(빨간색 화살표가 짧아진다) 결국 영이 된다. 가속도와 속도 벡터가 같은 방향이 아닌 것에 주목하라. 자동차는 양(+)의 속도로 움직이지만 음(−)의 가속도를 가진다.

운동학에 관련된 다양한 문제에 대해 스스로 도표를 그려보라.

2.2.2 그래프를 사용하여 속도를 구하기 Graphical Determination of Velocity

평균 속도

어떤 차가 x축을 따라 점 Ⓐ에서 Ⓑ, Ⓒ 등으로 이동하는 경우, 이 점들의 위치를 그래프로 그려서 시간의 함수로 나타낼 수 있다. 이러한 그래프를 위치−시간 그래프라고 하며, 표 2.1에 있는 자료를 바탕으로 그린 그림 2.7과 같은 모양이 된다. 그래프 위의 임의의 두 점 사이를 직선으로 그릴 수 있으며 그 직선의 기울기는 그 시간 구간에서의 평균 속도 $\Delta x/\Delta t$이다. 일반적으로 **어떤 시간 Δt 동안의 물체의 평균 속도는 위치−시간 그래프 위의 처음과 나중 두 점 사이의 직선의 기울기와 같다.**

그림 2.7에서 검은색, 초록색 및 파란색 실선들은 각각 두 점을 연결한 선이며 각 선의 기울기는 그 시간 동안의 평균 속도이다. 예를 들어, 앞에서 구한 것처럼, 점 Ⓐ와 Ⓑ 사이의 평균 속도는 2.2 m/s이며, 그 두 점을 잇는 검은색 선의 기울기는 다음과 같다.

$$\bar{v} = \frac{\Delta x}{\Delta t} = \frac{52\ \text{m} - 30\ \text{m}}{10\ \text{s} - 0\ \text{s}} = 2.2\ \text{m/s}$$

표 2.1 시간별 자동차의 위치(앞에서 나온 것임)

위치	t(s)	x(m)
Ⓐ	0	30
Ⓑ	10	52
Ⓒ	20	38
Ⓓ	30	−10
Ⓔ	40	−37
Ⓕ	50	−53

이제 그림 2.7에 나타내어진 두 점 Ⓐ와 Ⓒ 사이에서의 차의 움직임을 살펴보자. 두 위치는 똑같이 $x = 30$ m이고 초록색 선으로 연결되어 있다. Ⓐ에서 출발한 차는 $+x$ 방향으로 10 s 동안 움직여 Ⓑ로 간 다음 $-x$ 방향으로 10 s 동안 Ⓒ로 간다. 따라서 $x_i = x_f = 30$ m이다. 초록색 선의 기울기는 $\Delta x = 0$이기 때문에서 영이며, Ⓐ와 Ⓒ 사이에서의 차의 평균 속도는 $\bar{v} = \Delta x/\Delta t = 0$이기 때문에 영이다.

끝으로, 그림 2.7에서 파란색 선으로 연결된 점 Ⓑ와 Ⓓ 사이의 평균 속도를 구해 보자. 표 2.1을 보면 처음과 나중 위치가 각각 $x_i = 52$ m이고 $x_f = -10$ m이므로 $\Delta x = -10\ \text{m} - (52\ \text{m}) = -62$ m이다. 경과된 시간이 $\Delta t = 30\ \text{s} - 10\ \text{s} = 20$ s이므로 파란색 선의 기울기는 그 시간 동안의 평균 속도와 같으며 다음과 같이 계산된다.

$$\bar{v} = \frac{\Delta x}{\Delta t} = \frac{-62\ \text{m}}{20\ \text{s}} = -3.1\ \text{m/s}$$

순간 속도

순간 속도 v는 시간 Δt가 무한히 작아지게 될 때의 평균 속도의 극한값이다. 위치 대 시간 곡선상의 위치에서 Δt가 더욱 더 작아짐에 따라 두 점을 잇는 선은 한 점에서의 접선에 접근한다. **위치-시간 그래프상의 특정 시각에서의 접선의 기울기는 그 시각에서의 순간 속도로 정의된다.**

그림 2.7을 사용하여 점 Ⓔ에서의 차의 순간 속도를 계산할 수 있다. 회색 점선은 점에서의 곡선의 접선이므로 그 기울기 $\Delta x/\Delta t$는 $t = 40$ s에서의 속도이다. 그래프 안의 직각삼각형을 살펴보면 $\Delta x = -37\ \text{m} - 10\ \text{m} = -47$ m이고 $\Delta t = 40\ \text{s} - 13\ \text{s} = 27$ s이므로 속도는 다음과 같다.

$$v = \frac{-47\ \text{m}}{27\ \text{s}} = -1.7\ \text{m/s}$$

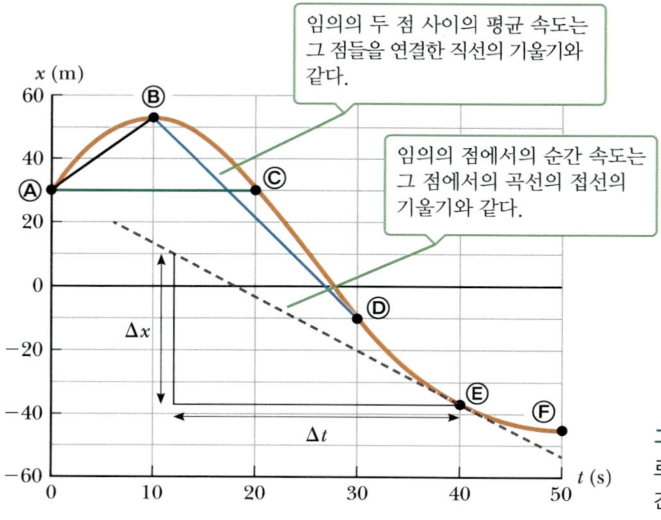

그림 2.7 표 2.1의 자료를 바탕으로 그린 차의 운동에 대한 위치-시간 그래프.

예제 2.2 천천히 움직이는 기차

목표 그래프에서 평균 속도와 순간 속도를 구한다.

문제 그림 2.8과 같이 위치–시간 그래프에서 트랙의 직선 부분을 따라 기차가 천천히 움직인다. **(a)** 전체 이동에 대한 평균 속도, **(b)** 운동의 처음 4.00 s 동안의 평균 속도, **(c)** 다음 4.00 s 동안 평균 속도, **(d)** $t = 2.00$ s일 때 순간 속도와 **(e)** $t = 9.00$ s일 때 순간 속도를 구하라.

전략 평균 속도는 정의에 자료를 대입하면 구할 수 있다. $t = 2.00$ s일 때의 순간 속도는 위치–시간 그래프가 직선이므로 일정한 속도를 나타내는 그 지점에서의 평균 속도와 같다. $t = 9.00$ s일 때 순간 속도는 그 지점에서의 접선을 그리고 기울기를 구한다.

풀이

(a) Ⓞ에서 Ⓒ사이의 평균 속도는 파란 점선의 기울기를 구한다.

$$\bar{v} = \frac{\Delta x}{\Delta t} = \frac{10.0 \text{ m}}{12.0 \text{ s}} = \boxed{+0.833 \text{ m/s}}$$

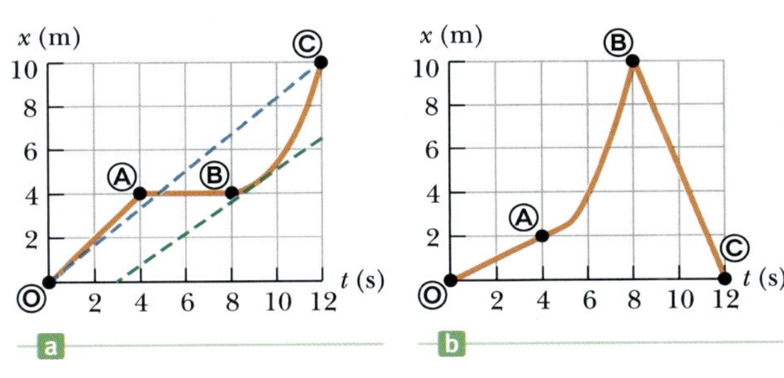

그림 2.8 (예제 2.2)

(b) 처음 4 s 동안 기차의 평균 속도는 다시 기울기를 구하면 된다.

$$\bar{v} = \frac{\Delta x}{\Delta t} = \frac{4.00 \text{ m}}{4.00 \text{ s}} = \boxed{+1.00 \text{ m/s}}$$

(c) 다음 4 s 동안의 평균 속도 구하기는 Ⓐ에서 Ⓑ까지 위치의 변화가 없으므로 변위 Δx는 영이다.

$$\bar{v} = \frac{\Delta x}{\Delta t} = \frac{0 \text{ m}}{4.00 \text{ s}} = \boxed{0 \text{ m/s}}$$

(d) $t = 2.00$ s일 때 순간 속도는 그래프가 직선이기 때문에 (b)에서 구한 평균 속도와 같다.

$$v = \boxed{1.00 \text{ m/s}}$$

(e) $t = 9.00$ s에서의 순간 속도는 접선이 x축과 만나는 점(3.0 s, 0 m)와 곡선이 만나는 점 (9.0 s, 4.5 m)에서 구한다. $t = 9.00$ s 일 때의 순간 속도는 이러한 점들을 지나는 접선의 기울기와 같다.

$$v = \frac{\Delta x}{\Delta t} = \frac{4.5 \text{ m} - 0 \text{ m}}{9.0 \text{ s} - 3.0 \text{ s}} = \boxed{0.75 \text{ m/s}}$$

참고 처음 4.00 s 동안 기차는 원점에서 점 Ⓐ까지 $+x$ 방향으로 일정한 속력으로 움직인다. 왜냐하면 위치–시간 그래프에서 양의 값으로 서서히 증가하기 때문이다. Ⓐ에서 Ⓑ까지 기차는 4.00 s 동안 $x = 4.00$ m인 지점에서 서 있다. Ⓑ에서 Ⓒ까지 기차는 $+x$ 방향으로 속력이 증가하며 운행한다.

2.2.3 그래프를 사용하여 가속도를 구하기 Graphical Determination of Acceleration

평균 가속도

$\bar{v} = \Delta x/\Delta t$이므로 평균 속도는 위치 대 시간 그래프상의 두 점을 연결하는 직선의 기울기이다. 마찬가지로, $\bar{a} = \Delta v/\Delta t$이므로, **시간 Δt 동안의 물체의 평균 가속도는 속도 대 시간 그래프상의 처음 점과 나중 점을 연결하는 직선의 기울기와 같다.**

속도 대 시간 그래프인 그림 2.9는 시간에 따른 물체의 속도를 나타내고 있다. 예를 들어, 그 그래프는 붐비는 거리에서 움직이는 차의 가속도를 나타낸다고 할 수 있다. 시각 t_i와 t_f 사이에서 차의 평균 가속도는 점 Ⓟ와 Ⓠ를 연결하는 직선의 기울기를 구하여 알아낼 수 있다. 만일 점 Ⓠ가 점 Ⓟ에 한없이 가까워진다면 그 직선은 점 Ⓟ에서의 접선에 가까워진다. **주어진 시각에서의 물체의 가속도는 그 시각에서 속도 대 시간 그래프의 접선의 기울기와 같다.** 앞으로 가속도라고 하면 '순간 가속도'를 의미하는 것이다.

물체의 운동에 대한 속도–시간 그래프가 직선인 특별한 경우, 어느 점에서의 순간

그림 2.9 (a) 점 입자로 가정한 차가 x축을 따라 Ⓟ에서 Ⓠ로 움직이고 있다. $t = t_i$에서의 속도가 v_{xi}이고 $t = t_f$에서의 속도는 v_{xf}이다. (b) 직선을 따라 움직이는 물체의 속도–시간 그래프.

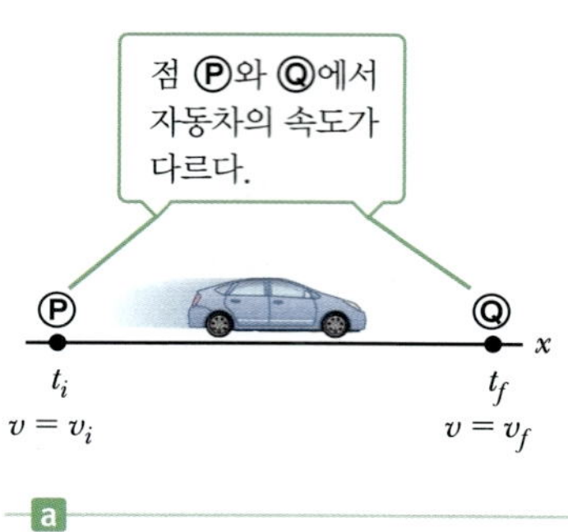

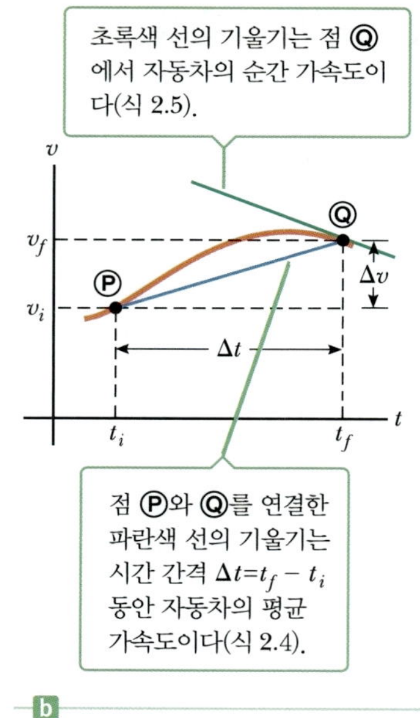

가속도는 평균 가속도와 같다. 이것은 또한 그래프의 접선이 그래프 자신과 겹치는 것을 의미한다. 이 경우 물체의 가속도는 균일하다고 하고 가속도가 일정한 값을 가짐을 의미한다. 일정가속도 문제는 운동학에서 중요하며, 이 장과 다음 장에서 폭넓게 다룰 것이다.

예제 2.3 뜬 공 잡기

목표 순간 가속도의 정의를 적용한다.

문제 야구 선수가 외야로 날아오는 뜬 공을 잡기 위해 직선 경로로 움직이고 있다. 시간에 대한 그의 속도는 그림 2.10과 같다. 점 Ⓐ, Ⓑ, Ⓒ에서의 순간 가속도를 구하라.

전략 각 점에서 속도–시간 그래프는 직선으로 나누어져 있어 순간 가속도는 나누어진 직선들의 기울기이다. 각 직선 위의 두 점을 택하여 기울기를 구한다.

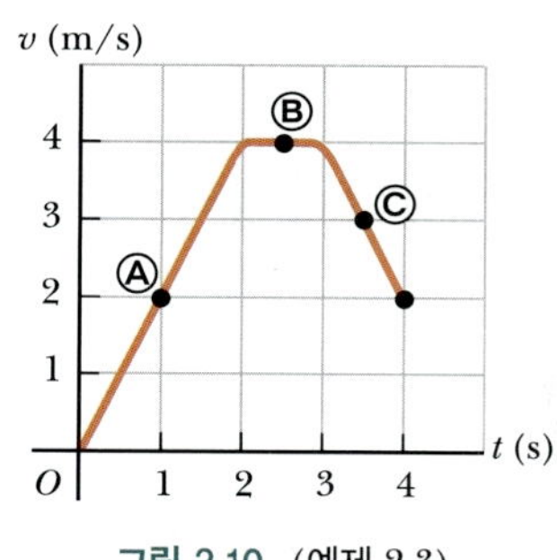

그림 2.10 (예제 2.3)

풀이

점 Ⓐ에서의 가속도.

점 Ⓐ에서의 가속도는 (0 s, 0 m/s)와 (2.0 s, 4.0 m/s)를 잇는 선의 기울기와 같다.

$$a = \frac{\Delta v}{\Delta t} = \frac{4.0\ \text{m/s} - 0}{2.0\ \text{s} - 0} = \boxed{+2.0\ \text{m/s}^2}$$

점 Ⓑ에서의 가속도.

직선이 수평이므로 $\Delta v = 0$이다.

$$a = \frac{\Delta v}{\Delta t} = \frac{4.0\ \text{m/s} - 4.0\ \text{m/s}}{3.0\ \text{s} - 2.0\ \text{s}} = \boxed{0\ \text{m/s}^2}$$

점 Ⓒ에서의 가속도.

점 Ⓒ에서의 가속도는 (3.0 s, 4.0 m/s)와 (4.0 s, 2.0 m/s)를 연결하는 선의 기울기와 같다.

$$a = \frac{\Delta v}{\Delta t} = \frac{2.0\ \text{m/s} - 4.0\ \text{m/s}}{4.0\ \text{s} - 3.0\ \text{s}} = \boxed{-2.0\ \text{m/s}^2}$$

참고 선수가 처음에 $+x$ 방향으로 움직였다고 가정하자. 처음 2.0 s 동안 야구 선수는 $+x$ 방향으로 움직였고(속도는 양), 점차 가속되어(곡선이 점차 증가) 최대 속력인 4.0 m/s에 도달한다. 그는 1.0 s 동안 일정한 속력 4.0 m/s로 움직이다가 마지막 1.0 s 동안에는 속력을 늦추어(v–t 곡선이 떨어진다) 여전히 $+x$ 방향으로 움직인다(v는 항상 양이다).

2.3 일차원 일정가속도 운동

One-Dimensional Motion with Constant Acceleration

역학에서 많은 문제들은 물체가 일정가속도로 움직이는 경우와 관련이 있다. 이러한 유형의 운동이 중요한 이유는 지표면으로 자유낙하하는(공기의 저항은 무시된다고 가정) 물체와 같이 자연에서 수많은 물체의 운동에 적용되기 때문이다. 일정가속도 운동에 대한 가속도–시간 그래프가 그림 2.11a에 있다. **물체가 일정가속도로 움직일 때 시간 간격의 어느 점에서 순간 가속도는 전체 시간 간격에 대한 평균 가속도와 같다.** 결과적으로 운동하는 동안 속도는 같은 비율로 증가하거나 감소하므로 v–t 그래프는 기울기가 양, 음, 또는 영인 직선이다.

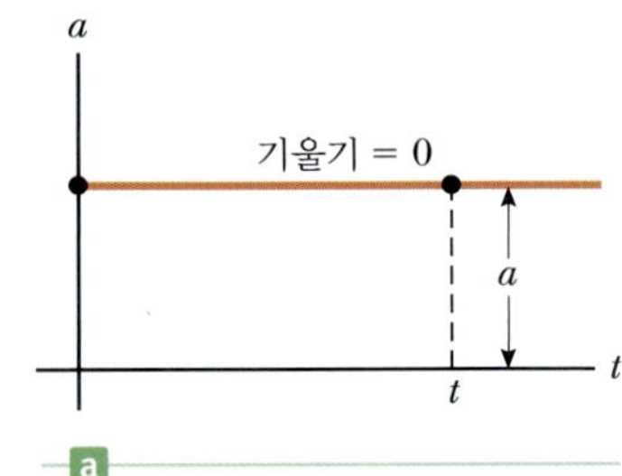

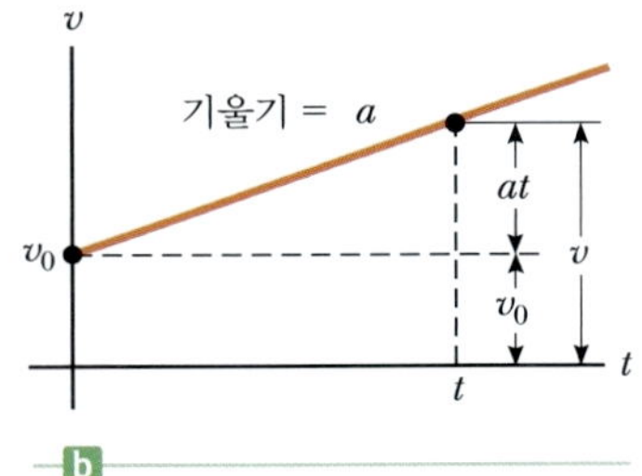

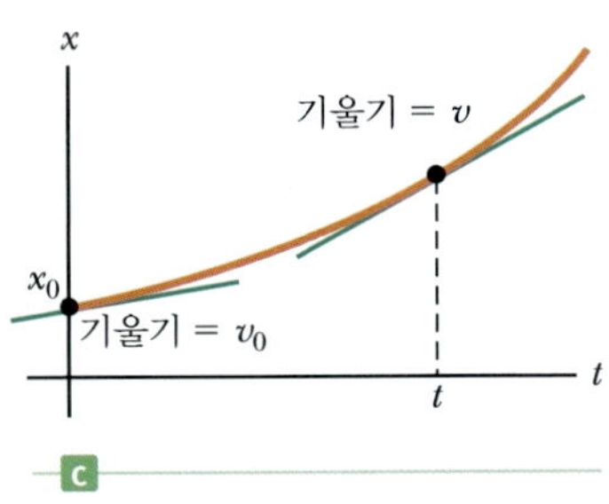

그림 2.11 일정가속도 a로 x축을 따라 움직이는 입자. (a) 가속도–시간 그래프, (b) 속도–시간 그래프, (c) 위치–시간 그래프.

a가 일정할 때 평균 가속도는 순간 가속도와 같으므로, 가속도에 대한 식의 정의에서 평균을 나타내는 문자 위의 '–'를 생략할 수 있게 되어, 식 2.4는

$$a = \frac{v_f - v_i}{t_f - t_i}$$

가 된다. 관측자는 운동의 시간을 측정할 때 처음 시간을 자유롭게 선택할 수 있으므로, 편리하게 임의의 시각에 $t_i = 0$과 t_f를 정할 수 있다. 또한 $v_i = v_0$($t = 0$에서의 속도)와 $v_f = v$(임의의 시각 t에서의 속도)로 놓을 수 있다. 이 표기 방법대로 가속도는

$$a = \frac{v - v_0}{t}$$

즉

$$v = v_0 + at \quad (a\text{가 일정한 경우}) \qquad [2.6]$$

로 표현할 수 있다. 식 2.6은 가속도 a가 처음 속도 v_0을 at만큼 점진적으로 변화시킨다는 것을 의미한다. 예를 들어, 자동차가 오른쪽으로 +2.0 m/s의 속도로 출발하여 오른쪽으로 $a = +6.0\ \text{m/s}^2$으로 가속되어 2.0 s가 경과한 후에 +14 m/s의 속도가 되었다면,

$$v = v_0 + at = +2.0\ \text{m/s} + (6.0\ \text{m/s}^2)(2.0\ \text{s}) = +14\ \text{m/s}$$

이다. v를 그래프로 해석한 것이 그림 2.11b에 나타나 있다. 일정가속도에서 속도는 식 2.6에 의해 시간에 따라 선형적으로 변한다.

속도가 시간에 따라 균일하게 증가하거나 감소하므로 어느 시간 간격에 대한 평균 속도는 처음 속도 v_0과 나중 속도 v의 산술 평균으로 표현할 수 있다.

$$\overline{v} = \frac{v_0 + v}{2} \quad (a\text{가 일정한 경우}) \qquad [2.7]$$

이 식은 속도가 균일하게 증가하는 경우, 즉 가속도가 일정한 경우에만 유효하다.

이 결과를 평균 속도에 대한 식 2.2와 함께 사용하여 시간의 함수로 물체의 변위를 표현할 수 있다. 다시 편의상, $t_i = 0$ 그리고 $t_f = t$로 하고 $\Delta x = x_f - x_i = x - x_0$으로 쓰면 다음과 같이 된다.

$$\Delta x = \overline{v}t = \left(\frac{v_0 + v}{2}\right)t$$

$$\Delta x = \tfrac{1}{2}(v_0 + v)t \quad (a\text{가 일정한 경우}) \qquad [2.8]$$

식 2.6의 v를 식 2.8에 대입하여 변위에 대해 다른 유용한 식을 얻을 수 있다.

$$\Delta x = \tfrac{1}{2}(v_0 + v_0 + at)t$$

$$\Delta x = v_0 t + \tfrac{1}{2}at^2 \quad (a\text{가 일정한 경우}) \qquad [2.9]$$

이 식은 $\Delta x = x - x_0$이므로, 위치 x에 대한 표현으로도 쓸 수 있다. 식 2.9의 x–t 도표, 즉 위치–시간 그래프를 그림 2.11c에 나타내었다. 그림 2.11b의 직선 아래 넓이는 $v_0 t + \frac{1}{2}at^2$으로 변위 Δx와 같다. 사실 **어떤 물체의 v–t 그래프 아래의 넓이는 물체의 변위 Δx와 같다.**

마지막으로 식 2.6을 t에 대해 정리한 후 식 2.8에 대입하면 시간을 포함하지 않는 관계식을 얻을 수 있다.

$$\Delta x = \tfrac{1}{2}(v + v_0)\left(\frac{v - v_0}{a}\right) = \frac{v^2 - v_0^2}{2a}$$

$$v^2 = {v_0}^2 + 2a\Delta x \quad (a\text{가 일정한 경우}) \qquad [2.10]$$

식 2.6과 2.9를 같이 사용하면 어떤 일차원 일정가속도 운동을 하는 물체에 대한 문제도 풀 수 있다. 하지만 식 2.7과 2.8, 특히 2.10이 종종 편리할 때도 있다. 표 2.4에 가장 유용한 세 개의 방정식인 식 2.6, 2.9, 2.10을 나열하였다.

표 2.4 일정가속도 직선 운동에 대한 식

식	식에 의한 정보
$v = v_0 + at$	시간의 함수로 나타낸 속도
$\Delta x = v_0 t + \frac{1}{2}at^2$	시간의 함수로 나타낸 변위
$v^2 = {v_0}^2 + 2a\Delta x$	변위의 함수로 나타낸 속도

Note: 운동은 x축에서 일어나고, $t = 0$에서의 입자 속도는 v_0이다.

이 식들에 대한 확신을 가지는 최선의 방법은 많은 문제를 풀어보는 것이다. 통상 어떤 물리량이 주어지고 어떤 식을 선택하여 사용하느냐에 따라 문제를 푸는 데 한 가지 이상의 방법이 존재한다. 차이는 주로 수학 계산에 있다.

예제 2.4 자동차 경주

목표 운동학 공식을 적용해 본다.

문제 경주용 자동차가 정지 상태에서 $5.00\ \mathrm{m/s^2}$의 일정한 가속도로 출발한다. **(a)** 그 차의 속도가 $17.5\ \mathrm{m/s}$가 되는 데 걸리는 시간은 얼마인가? **(b)** 그 시간 동안 이동한 거리는 얼마인가? **(c)** 그 시간 동안의 평균 속도를 구하라. **(d)** 출발선에서 $45.0\ \mathrm{m}$ 이동한 후 그 차의 속도는 얼마인가?

전략 문제를 잘 이해하고 그림 2.12와 같은 도표를 그린 다음 좌표계를 정한다. $a = 5.00\ \mathrm{m/s^2}$, $v_0 = 0$(차가 정지 상태에서 출발하므로)으로 주어졌으므로 문제의 각 부분에 대해 아래와 같이 계산할 수 있다.

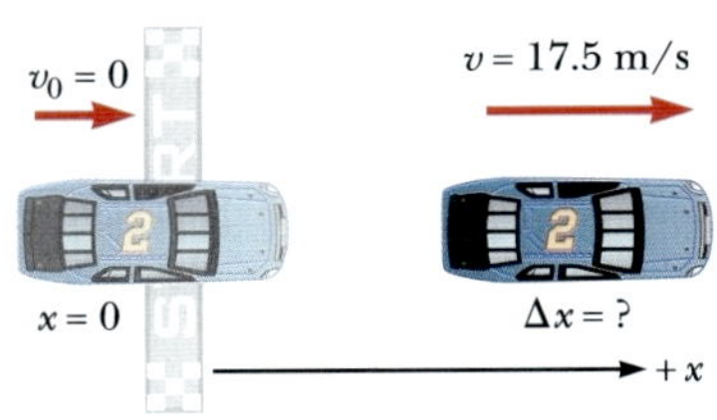

그림 2.12 (예제 2.4)

풀이

(a) 표 2.4의 첫 번째 식을 사용하여 t에 대해 푼다.

$$v = v_0 + at$$

$$t = \frac{v - v_0}{a}$$

$v_0 = 0$, $v = 17.5\ \mathrm{m/s}$, $a = 5.00\ \mathrm{m/s^2}$을 대입한다.

$$t = \frac{17.5\ \mathrm{m/s} - 0}{5.00\ \mathrm{m/s^2}} = \boxed{3.50\ \mathrm{s}}$$

(b) 차의 변위에 대한 식을 쓰고 알려진 값을 대입한다.

$$\Delta x = v_0 t + \tfrac{1}{2}at^2$$
$$= 0 + \tfrac{1}{2}(5.00\ \mathrm{m/s^2})(3.50\ \mathrm{s})^2 = \boxed{30.6\ \mathrm{m}}$$

(c) 두 가지 다른 방법으로 평균 속도를 계산한다.

평균 속도의 정의인 식 2.2를 적용한다.

$$\overline{v} = \frac{\Delta x}{\Delta t} = \frac{30.6\ \mathrm{m}}{3.50\ \mathrm{s}} = \boxed{8.74\ \mathrm{m/s}}$$

식 2.7을 적용한다.

$$\overline{v} = \frac{v_0 + v}{2} = \frac{0 + 17.5\ \mathrm{m/s}}{2} = \boxed{8.75\ \mathrm{m/s}}$$

(d) v^2에 대한 운동학 식을 쓴다.

$$v^2 = v_0^2 + 2a\Delta x$$

차가 $+x$ 방향으로 움직이므로 양의 제곱근을 취해서 v에 대해 푼다.

$$v = \sqrt{v_0^2 + 2a\Delta x}$$

값을 대입하고 v를 계산한다.

$$v = \sqrt{0 + 2(5.00\ \mathrm{m/s^2})(45.0\ \mathrm{m})}$$
$$= \boxed{21.2\ \mathrm{m/s}}$$

참고 답이 맞는지를 확인하는 것은 어렵지 않다. **(b)**의 답을 확인하기 위해서는 알고 있는 값을 $\Delta x = \frac{1}{2}(v_0 + v)t$에 대입하라. **(d)**의 경우에는, t를 구하기 위해 $\Delta x = v_0 t + \frac{1}{2}at^2$을 사용한 다음 v를 구하기 위해 $v = v_0 + at$를 사용한다. 또한 **(c)**에서는 두 가지 방법으로 구한 평균 속도 값이 약간 다르다. 그 이유는 반올림 때문이지 풀이 자체가 잘못된 것은 아니다.

예제 2.5 과속 차량 따라잡기

목표 일정가속도로 움직이는 물체와 등속으로 움직이는 두 물체가 포함된 문제를 푼다.

문제 그림 2.13과 같이 일정한 $24.0\ \mathrm{m/s}$의 속력으로 달리는 과속 자동차가 광고판 뒤에 숨어 있던 경찰을 지나쳤다. 그 차가 광고판을 지나친 지 $1\ \mathrm{s}$ 후에 경찰차는 가속도 $3.00\ \mathrm{m/s^2}$로 추격하기 시작했다. **(a)** 경찰이 과속 차량을 따라잡을 때까지 걸린 시간은 얼마인가? **(b)** 그때 경찰차의 속력은 얼마인가?

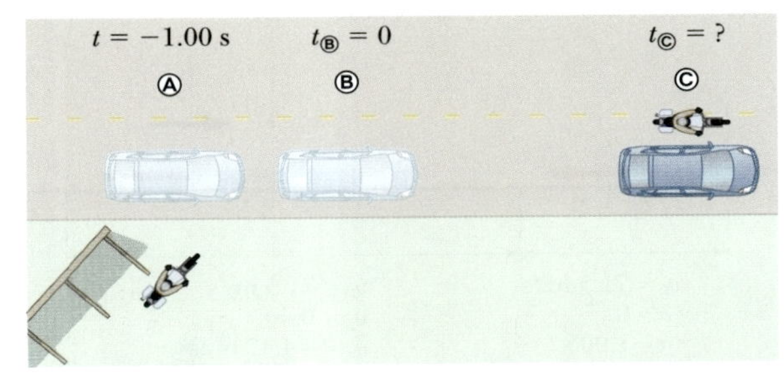

그림 2.13 (예제 2.5) 숨어 있는 경찰차를 지나치는 과속 자동차. 경찰차는 언제 과속 자동차를 따라 잡을 수 있나?

전략 이 문제는 위치에 대한 두 개의 연립된 운동학 식을 푸는 것이다. 하나는 경찰차이고 다른 하나는 과속차이다. 경찰이 추격을 시작한 때를 $t = 0$으로 놓으면 자동차는 $x_{과속차} = 24.0$ m에 있다(24.0 m/s × 1.00 s). 두 차의 위치가 같아질 때가 경찰이 과속 차량을 따라 잡은 때이므로 $x_{경찰차} = x_{과속차}$로 하고, 시간에 대해 푼 후 **(b)**에서 경찰차의 속력을 구한다.

풀이

(a) 경찰이 과속 차량을 따라 잡는 데 걸리는 시간을 구한다.

위반 차량의 변위에 대한 식을 쓴다.

$$\Delta x_{과속차} = x_{과속차} - x_0 = v_0 t + \tfrac{1}{2} a_{과속차} t^2$$

$x_0 = 24.0$ m, $v_0 = 24.0$ m/s, $a_{과속차} = 0$으로 놓고 $x_{과속차}$에 대해 푼다.

$$x_{과속차} = x_0 + vt = 24.0 \text{ m} + (24.0 \text{ m/s})t$$

$x_0 = 0$, $v_0 = 0$, $a = 3.00 \text{ m/s}^2$로 놓고 경찰차의 위치에 대해 푼다.

$$x_{경찰차} = \tfrac{1}{2} a_{경찰차} t^2 = \tfrac{1}{2}(3.00 \text{ m/s}^2)t^2 = (1.50 \text{ m/s}^2)t^2$$

$x_{경찰차} = x_{과속차}$로 놓고, 이차 방정식을 푼다(근의 공식은 부록 A의 식 A.8이다). 양의 근만 의미가 있다.

$$(1.50 \text{ m/s}^2)t^2 = 24.0 \text{ m} + (24.0 \text{ m/s})t$$

$$(1.50 \text{ m/s}^2)t^2 - (24.0 \text{ m/s})t - 24.0 \text{ m} = 0$$

$$t = \boxed{16.9 \text{ s}}$$

(b) 이 시간 경찰차의 속력을 구하기.

위의 시간을 경찰차의 속도 식에 대입한다.

$$v_{경찰차} = v_0 + a_{경찰차} t = 0 + (3.00 \text{ m/s}^2)(16.9 \text{ s}) = \boxed{50.7 \text{ m/s}}$$

참고 경찰차는 과속 차량보다 두 배나 빠르므로 과속 차량의 옆으로 비껴가거나 충돌을 피하려면 브레이크를 세게 밟아야 한다. 이 문제는 같은 그래프상에 두 차에 대한 위치–시간 그래프를 그려서 풀 수 있다. 그래프상의 두 선이 교차하는 지점이 경찰차가 과속 차량을 따라잡는 위치 및 시간과 일치한다.

예제 2.6 활주로 길이

목표 운동학을 두 단계로 수평 운동에 적용한다.

문제 보통 제트 비행기는 1.60×10^2 mi/h의 속도로 착륙하여 (10.0 mi/h)/s의 비율로 감속한다. 만일 착륙 후 브레이크를 밟기 전에 1.00 s 동안 1.60×10^2 mi/h의 등속도로 움직였다면 활주로에 착륙하여 정지할 때까지 비행기가 움직인 전체 변위는 얼마인가?

전략 그림 2.14를 보고 먼저 모든 양을 SI 단위로 변환한다. 문제는 착륙 후 등속도로 운동하는(순항) 단계와 브레이크를 밟아 감속하는(제동) 두 단계로 풀어야 한다. 운동학 식을 사용하여 각 단계별 변위를 구하고 그 둘을 합한다.

풀이

주어진 속도와 가속도의 단위를 SI 단위로 변환한다.

$$v_0 = (1.60 \times 10^2 \text{ mi/h})\left(\frac{0.447 \text{ m/s}}{1.00 \text{ mi/h}}\right) = 71.5 \text{ m/s}$$

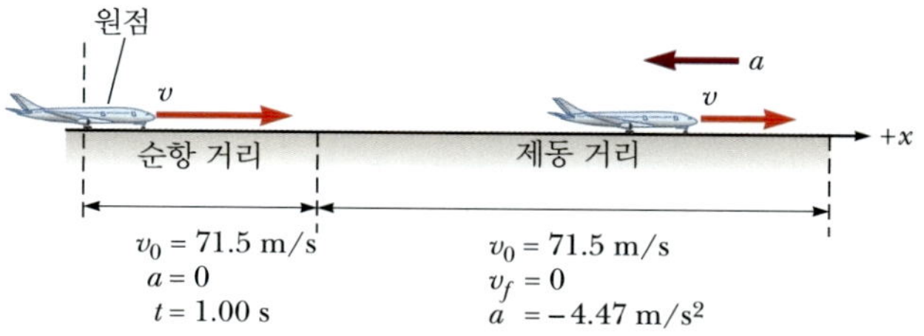

그림 2.14 (예제 2.6) 착륙하는 제트 비행기의 순항 거리와 제동 거리.

$$a = (-10.0 \text{ (mi/h)/s})\left(\frac{0.447 \text{ m/s}}{1.00 \text{ mi/h}}\right) = -4.47 \text{ m/s}^2$$

첫 번째는 비행기가 착륙하여 등속도로 움직이는(순항) 경우로, $a = 0$, $v_0 = 71.5$ m/s, $t = 1.00$ s를 이용하여 이동 거리를 구한다.

$$\Delta x_{순항} = v_0 t + \tfrac{1}{2}at^2 = (71.5 \text{ m/s})(1.00 \text{ s}) + 0 = 71.5 \text{ m}$$

시간에 무관한 운동학 식을 사용하여 비행기가 브레이크를 밟아 감속하고(제동) 있을 때의 이동 거리를 구한다.

$$v^2 = v_0^2 + 2a\Delta x_{제동}$$

$a = -4.47 \text{ m/s}^2$과 $v_0 = 71.5$ m/s를 이용하여 이동 거리를 구한다. a의 음의 부호는 비행기가 감속함을 의미한다.

$$\Delta x_{제동} = \frac{v^2 - v_0^2}{2a} = \frac{0 - (71.5 \text{ m/s})^2}{2.00(-4.47 \text{ m/s}^2)} = 572 \text{ m}$$

전체 변위를 구하기 위하여 두 결과를 더한다.

$$\Delta x_{순항} + \Delta x_{제동} = 71.5 \text{ m} + 572 \text{ m} = \boxed{644 \text{ m}}$$

참고 브레이크를 밟고 있는 동안 이동 거리를 구하기 위하여 시간이 포함된 두 운동학 식, 즉 $\Delta x = v_0 t + \frac{1}{2}at^2$과 $v = v_0 + at$를 사용할 수도 있다. 그러나 이 경우 시간을 고려하지 않으므로 시간에 무관한 식을 사용하면 풀이가 쉬워진다.

예제 2.7 한국의 특급열차 KTX : 포르쉐처럼 달리는 열차

목표 속도와 시간 그래프로부터 가속도와 이동 거리를 구한다.

문제 KTX라고 하는 초고속 전기 열차가 현재 한국의 서울과 부산 간을 오가며 운행되고 있다. 이 열차는 900명 이상의 승객을 태울 수 있으며, 최대 190 mi/h로 달린다. 이 열차의 속도–시간 그래프가 그림 2.15a에 나타나 있다. **(a)** 각 구간에서 열차의 운동을 설명하라. **(b)** 열차가 45 mi/h에서 170 mi/h로 가속할 때, 이 열차의 최대 가속도를 (mi/h)/s의 단위로 구하라. **(c)** $t = 0$과 $t = 200$ s 간 변위를 마일 단위로 구하라. **(d)** 200~300 s 동안의 열차의 평균 가속도와 이동 거리를 마일(mi) 단위로 구하라. **(e)** 0~400 s 동안 전체 변위를 구하라.

전략 **(a)** 속도–시간 그래프에서 접선의 기울기는 가속도이다. **(b)** 최대 가속도를 구하려면 그래프에서 기울기가 최대가 되는 점을 찾는다. **(c)~(e)** 주어진 시간 동안 변위를 구하려면 곡선 아래 넓이를 어림 계산하면 주어진 시간 동안의 **(e)**에서와 같이 시간 축 아래 넓이를 전체에서 빼서, 변위를 구할 수 있다. **(d)**에서 평균 가속도는 그래프에서 구한 값을 평균 가속도의 정의 식 $\bar{a} = \Delta v/\Delta t$에 대입해서 구할 수 있다.

풀이

(a) 운동을 설명한다.

KTX 열차는 −50~50 s까지 $+x$ 방향으로 등속도로 운행된다. 다음 50~200 s까지, 열차는 $+x$ 방향으로 가속되어 속력이 약 170 mi/h가 된다. 기관사가 멈추기 위해 200 s에서 브레이크를 밟으면 열차는 350 s에서 운동 방향을 바꾸어 $-x$ 방향으로 계속 가속된다.

(b) 최대 가속도를 구한다.

접선의 기울기가 가장 큰 점 (50 s, 50 mi/h)와 (100 s, 150 mi/h)를 연결하는 직선의(그림 2.15b의 파란색 선) 기울기를 계산한다.

$$a = \text{기울기} = \frac{\Delta v}{\Delta t} = \frac{(1.5 \times 10^2 - 5.0 \times 10^1)\ \text{mi/h}}{(1.0 \times 10^2 - 5.0 \times 10^1)\text{s}}$$

$$= \boxed{2.0\ (\text{mi/h})/\text{s}}$$

(c) 0~200 s 동안의 변위를 구한다.

삼각형과 사각형을 이용하여 그림 2.15c의 넓이를 어림 계산한다.

$$\begin{aligned}\Delta x_{0 \to 200\,\text{s}} &= \text{넓이}_1 + \text{넓이}_2 + \text{넓이}_3 + \text{넓이}_4 + \text{넓이}_5 \\ &\approx (5.0 \times 10^1\ \text{mi/h})(5.0 \times 10^1\ \text{s}) \\ &\quad + (5.0 \times 10^1\ \text{mi/h})(5.0 \times 10^1\ \text{s}) \\ &\quad + (1.6 \times 10^2\ \text{mi/h})(1.0 \times 10^2\ \text{s}) \\ &\quad + \tfrac{1}{2}(5.0 \times 10^1\ \text{s})(1.0 \times 10^2\ \text{mi/h}) \\ &\quad + \tfrac{1}{2}(1.0 \times 10^2\ \text{s})(1.7 \times 10^2\ \text{mi/h} \\ &\qquad - 1.6 \times 10^2\ \text{mi/h}) \\ &= 2.4 \times 10^4\ (\text{mi/h})\text{s}\end{aligned}$$

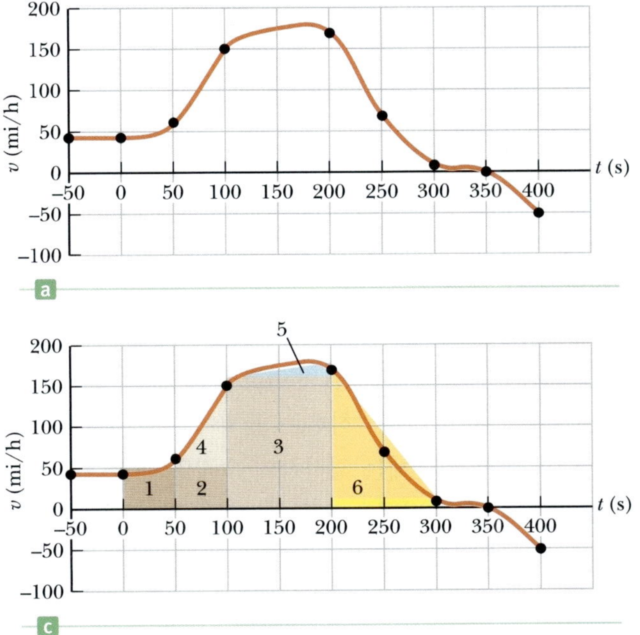

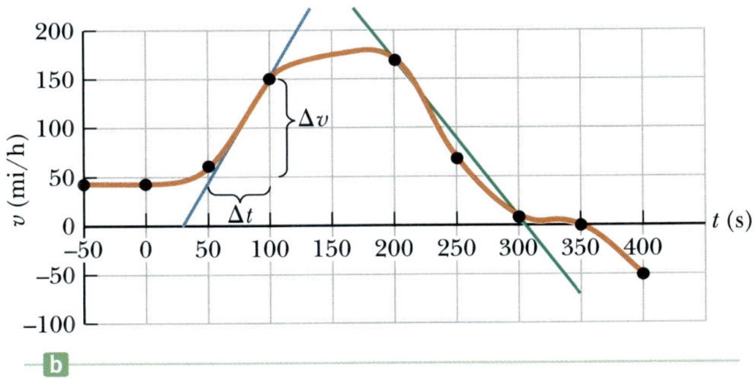

그림 2.15 (예제 2.7) (a) KTX 열차의 속도–시간 그래프. (b) 접선의 기울기가 가장 큰 곳에서 최대 가속도를 구할 수 있다. 초록색 선의 기울기는 200~300 s에서 평균 가속도이다. (c) 어떤 시간 구간에서 속도–시간 그래프 아래의 넓이는 그 시간 동안 KTX 열차의 변위이다.

시간을 초로 바꾸어 단위를 mi로 변환한다.

$$\Delta x_{0 \to 200\text{ s}} \approx 2.4 \times 10^4 \frac{\text{mi} \cdot \text{s}}{\text{h}} \left(\frac{1\text{ h}}{3\,600\text{ s}} \right) = \boxed{6.7\text{ mi}}$$

(d) 200~300 s 동안의 평균 가속도를 구하고 변위를 구한다. 초록색 선의 기울기가 200~300 s까지의 평균 가속도이다(그림 2.15b).

$$\bar{a} = \text{기울기} = \frac{\Delta v}{\Delta t} = \frac{(1.0 \times 10^1 - 1.7 \times 10^2)\text{ mi/h}}{1.0 \times 10^2\text{ s}}$$

$$= \boxed{-1.6\text{ (mi/h)/s}}$$

200~300 s 사이의 변위는 넓이$_6$인데, 이는 삼각형과 삼각형 아래에 매우 좁은 사각형 넓이와의 합이다.

$$\begin{aligned}\Delta x_{200 \to 300\text{ s}} &\approx \tfrac{1}{2}(1.0 \times 10^2\text{ s})(1.7 \times 10^2 - 1.0 \times 10^1)\text{ mi/h} \\ &\quad + (1.0 \times 10^1\text{ mi/h})(1.0 \times 10^2\text{ s}) \\ &= 9.0 \times 10^3(\text{mi/h})(\text{s}) = \boxed{2.5\text{ mi}}\end{aligned}$$

(e) 0~400 s까지 전체 변위를 구한다.

전체 변위는 각각 변위의 전체 합이다. 따라서 300~350 s까지와 350~400 s까지의 변위를 계산해야 한다. 후자는 시간축 아래에 있으므로 음의 값을 갖는다.

$$\begin{aligned}\Delta x_{300 \to 350\text{ s}} &\approx \tfrac{1}{2}(5.0 \times 10^1\text{ s})(1.0 \times 10^1\text{ mi/h}) \\ &= 2.5 \times 10^2(\text{mi/h})(\text{s}) \\ \Delta x_{350 \to 400\text{ s}} &\approx \tfrac{1}{2}(5.0 \times 10^1\text{ s})(-5.0 \times 10^1\text{ mi/h}) \\ &= -1.3 \times 10^3(\text{mi/h})(\text{s})\end{aligned}$$

각 부분을 합하여 전체 변위를 구한다.

$$\begin{aligned}\Delta x_{0 \to 400\text{ s}} &\approx (2.4 \times 10^4 + 9.0 \times 10^3 + 2.5 \times 10^2 \\ &\quad -1.3 \times 10^3)(\text{mi/h})(\text{s}) = \boxed{8.9\text{ mi}}\end{aligned}$$

참고 그래프 넓이를 어림 계산하는 방법은 많다. 편한 대로 선택하여 사용하면 된다.

2.4 자유낙하 Freely Falling Objects

공기의 저항을 무시할 때, 지표면 근처에서 지구 중력의 영향으로 모든 물체가 똑같은 일정가속도로 떨어진다는 사실은 현재 당연하게 보이지만 1600년대가 되어서야 이것은 사실로 받아들여졌다. 그 이전에는 위대한 철학자 아리스토텔레스(Aristotle, B.C. 384~322)의 "무거운 물체가 가벼운 물체보다 더 빨리 떨어진다."는 가르침이 정설이었다.

전해 오는 이야기에 따르면, 갈릴레이가 피사의 사탑에서 무게가 다른 두 물체를 떨어뜨렸을 때, 두 물체가 동시에 땅에 떨어진다는 사실을 관찰하고 물체의 낙하 법칙을 발견하였다고 한다. 그가 위와 같은 실험을 수행했는지는 의심스럽지만, 비탈면 위에서 물체의 운동에 대한 체계적인 여러 가지 실험을 수행한 것은 잘 알려져 있다. 그는 비탈면 위에 공을 굴려서 일정한 시간 간격마다 공이 굴러간 거리를 측정하였다. 비탈진 면 위에서 실험을 한 이유는 가속도를 줄여서 시간 간격을 정밀하게 측정하기 위해서였다(어떤 사람들은 이를 '중력을 희석시키기 위한 것'이라고 한다). 비탈면의 기울기를 서서히 증가시킴에 따라 마지막으로는 자유낙하하는 물체에 대한 수학적인 결론을 얻을 수 있었다. 왜냐하면 자유낙하하는 물체는 경사각이 수직일 때와 결과가 같기 때문이다. 4장에서 공부하게 될 뉴턴의 운동 법칙은 갈릴레이의 역학 연구 업적으로부터 탄생되었다고 볼 수 있다.

여러분은 아마도 다음과 같은 실험을 해 보고 싶을 것이다. 망치와 깃털을 같은 높이에서 동시에 떨어뜨린다. 그러면 훨씬 가벼운 깃털은 공기 저항이 크기 때문에 망치가 먼저 바닥에 떨어진다. 우주비행사 스콧(David Scott)이 1971년 8월 2일 달에서 이와 같은 시범 실험을 하였다. 그는 망치와 깃털을 동시에 떨어뜨렸다. 공기 저항이 없으므로 이 둘은 같은 가속도를 가졌으며, 예상대로 동시에 달 표면에 떨어졌다. 이와 같이 공기 저항이 없는 이상적인 경우에 해당하는 운동을 자유낙하라고 한다.

자유낙하 물체라는 표현은 정지 상태에서 물체가 떨어질 때만 해당되는 것은 아니다. **자유낙하 물체는 처음 운동과는 상관없이 오직 중력의 영향을 받으며 자유로이 운동하는 물체를 의미한다.** 위로 혹은 아래로 던져진 물체나 정지 상태에서 낙하하는 물체는 자유낙하 운동을 한다고 본다.

이제부터 **자유낙하 가속도**(free-fall acceleration)를 기호 g로 표기할 것이다. g의 크기는 고도가 증가함에 따라 감소한다. 그리고 위도에 따라서도 g가 약간 변한다. 지면에서의 g는 근사적으로 9.80 m/s^{2}의 값을 가진다. 계산을 할 때 g에 대하여 특별한 언급이 없으면 이 값을 사용한다. 신속하게 어림값을 구하기 위해서는 $g \approx 10\text{ m/s}^2$을 사용한다.

만일 공기의 저항을 무시하고, 수직 방향의 짧은 거리의 범위 내에서 고도에 의한 자유낙하 가속도의 변화가 없다고 가정하면, 자유낙하하는 물체의 운동은 일정가속도 일차원 운동과 같게 된다. 따라서 이러한 조건에서 자유낙하하는 물체에 대해서는 2.3절에서 다룬 내용, 즉 일정가속도 운동을 하는 물체에 대한 식을 바로 적용할 수 있다. 보통 '위쪽' 방향을 $+y$로 정의하고, 운동 식의 위치 변수로서 y를 사용하는 것이 관습이다. 이 경우 가속도는 $a = -g = -9.80\text{ m/s}^2$이다. 표 2.5에 가장 유용한 세 가지 자유낙하 공식이 주어져 있다. 7장에서는 고도에 따라 g가 어떻게 변하는지를 공부하게 된다.

갈릴레이
Galileo Galilei, 1564~1642
이탈리아의 물리학자 겸 천문학자

갈릴레이는 자유낙하하는 물체의 운동을 기술하는 법칙을 수립하였다. 또한 경사면 위에서의 물체의 운동을 연구하였고, 상대 운동의 개념을 수립했으며, 온도계를 발명하였고, 흔들이 진자의 운동도 발견하여 시간간격을 측정하였다. 그는 망원경을 설계하고 제작한 뒤, 목성의 네 개의 위성과 달 표면이 거칠다는 것을 발견하였다. 그리고 태양의 흑점과 금성이 변하는 모습을 발견했고 수많은 별들이 은하수를 구성하고 있다는 것을 보였다. 그는 공공연히 태양이 우주의 중심(태양 중심설)이라는 코페르니쿠스의 주장을 옹호했다. 그는 교회가 이단이라고 선언한 코페르니쿠스의 모형을 지지하기 위해 《새로운 두 천체 계들에 관한 대화》라는 책을 펴냈다. 1633년에 이단으로 몰려 로마로 압송된 후 종신형을 선고받고, 후에 플로렌스 근처의 아세트리에 있는 그의 집에서 1642년에 생을 마칠 때까지 자택연금을 당하였다.

표 2.5 일차원 자유낙하 운동 공식

식	식으로부터 알 수 있는 것
$v = v_0 - gt$	시간의 함수로 나타낸 속도
$\Delta y = v_0 t - \frac{1}{2}gt^2$	시간의 함수로 나타낸 변위
$v^2 = v_0^2 - 2g\Delta y$	변위의 함수로 나타낸 속도

Note: 운동은 y축을 따라 일어나며 '위쪽'을 +방향으로 한다.

예제 2.8 초보치고는 잘 던졌어!

목표 처음 속도가 영이 아닌 자유낙하 물체에 운동학 식을 적용한다.

문제 높이 50.0 m의 건물의 옥상에서 돌을 처음 속도 20.0 m/s로 수직 윗방향으로 던진다. 돌은 그림 2.16과 같이 건물지붕 가장자리 바로 옆을 지나 아래로 떨어진다. **(a)** 돌이 최고점에 도달하는 데 걸리는 시간, **(b)** 최고 높이, **(c)** 돌을 던진 원래 위치로 다시 돌아오는 데 걸리는 시간과 이 순간의 돌의 속도, **(d)** 돌이 지표에 도달할 때까지 걸린 시간, **(e)** $t = 5.00$ s일 때의 돌의 속도와 위치를 구하라.

전략 그림 2.16과 같이 던지는 사람의 손에서 돌이 떨어질 때 위쪽을 양으로 하고 좌표를 $y_0 = 0$으로 하는 좌표계를 세운다. 속도와 위치의 운동학 식을 쓰고 문제에 주어진 값을 대입한다. 모든 답은 두 식에 단지 적절한 시간을 대입해서 푸는 단순한 계산이다. 예를 들면, **(a)** 부분에서 돌이 최고점에 도달하는 순간에 정지한다. 그래서 이 정점에서 $v = 0$으로 두고 시간을 구한다. 그리

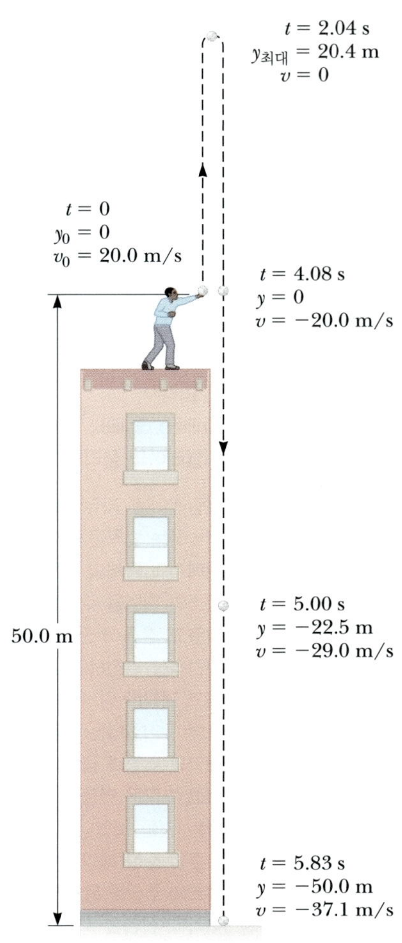

그림 2.16 (예제 2.8) 처음 속도 $v_0 = +20.0$ m/s로 수직 윗방향으로 던진 자유낙하하는 물체의 시간에 따른 위치와 속도.

고 변위 식에서 구한 시간을 대입해서 최고점의 높이를 구한다.

풀이

(a) 돌이 최고점에 도달하는 데 걸리는 시간을 구한다.

속도와 위치에 대한 운동학 식을 쓴다.

$$v = at + v_0$$
$$\Delta y = y - y_0 = v_0 t + \tfrac{1}{2}at^2$$

$a = -9.80\ \text{m/s}^2$과 $v_0 = 20.0$ m/s, $y_0 = 0$을 위의 두 식에 대입한다.

$$v = (-9.80\ \text{m/s}^2)t + 20.0\ \text{m/s} \qquad (1)$$

$$y = (20.0\ \text{m/s})t - (4.90\ \text{m/s}^2)t^2 \qquad (2)$$

최고점에서 속도 $v = 0$을 식 (1)에 대입하고 시간을 구한다.

$$0 = (-9.80\ \text{m/s}^2)t + 20.0\ \text{m/s}$$

$$t = \frac{-20.0\ \text{m/s}}{-9.80\ \text{m/s}^2} = \boxed{2.04\ \text{s}}$$

(b) 최고점의 높이를 구한다.

식 (2)에 시간 $t = 2.04$ s를 대입한다.

$$y_{최대} = (20.0\ \text{m/s})(2.04\ \text{s}) - (4.90\ \text{m/s}^2)(2.04\ \text{s})^2 = \boxed{20.4\ \text{m}}$$

(c) 돌이 처음 위치로 되돌아오는 데 걸리는 시간을 구하고, 그 시간에서 돌의 속도를 구한다.

식 (2)에서 $y = 0$으로 놓고 시간 t를 구한다.

$$0 = (20.0\ \text{m/s})t - (4.90\ \text{m/s}^2)t^2$$
$$= t(20.0\ \text{m/s} - (4.90\ \text{m/s}^2)t)$$
$$t = \boxed{4.08\ \text{s}}$$

식 (1)에 시간을 대입하고 속도를 구한다.

$$v = 20.0\ \text{m/s} + (-9.80\ \text{m/s}^2)(4.08\ \text{s}) = \boxed{-20.0\ \text{m/s}}$$

(d) 돌이 지상에 도달할 때까지 소요된 시간을 구한다.

식 (2)에 $y = -50.0$ m를 대입한다.

$$-50.0\ \text{m} = (20.0\ \text{m/s})t - (4.90\ \text{m/s}^2)t^2$$

이차 방정식을 풀고 양의 해를 선택한다.

$$t = \boxed{5.83\ \text{s}}$$

(e) $t = 5.00$ s에서 돌의 위치와 속도를 구한다.

식 (1)과 (2)에 값들을 대입한다.

$$v = (-9.80\ \text{m/s}^2)(5.00\ \text{s}) + 20.0\ \text{m/s} = \boxed{-29.0\ \text{m/s}}$$

$$y = (20.0\ \text{m/s})(5.00\ \text{s}) - (4.90\ \text{m/s}^2)(5.00\ \text{s})^2 = \boxed{-22.5\ \text{m}}$$

참고 모든 과정에 두 운동학 식을 어떻게 적용하는지 주목하라. 먼저 식 (1)과 (2)를 쓰고 대입할 정확한 값들을 찾아 확인한다. 나머지는 상대적으로 쉽다. 만일, 돌을 아래로 던졌다면 처음 속도 값은 음의 값이 될 것이다.

예제 2.9 로켓 발사

목표 추진력으로 상승한 후 자유낙하 운동하는 문제를 푼다.

문제 정지해 있던 로켓이 $+29.4\ \text{m/s}^2$의 가속도로 4.00 s 동안 수직 윗방향으로 발사되었다. 로켓은 4.00 s 후에 연료가 떨어지지만 계속해서 얼마간 더 상승한 후 최고점에 도달하며 그 후 지표

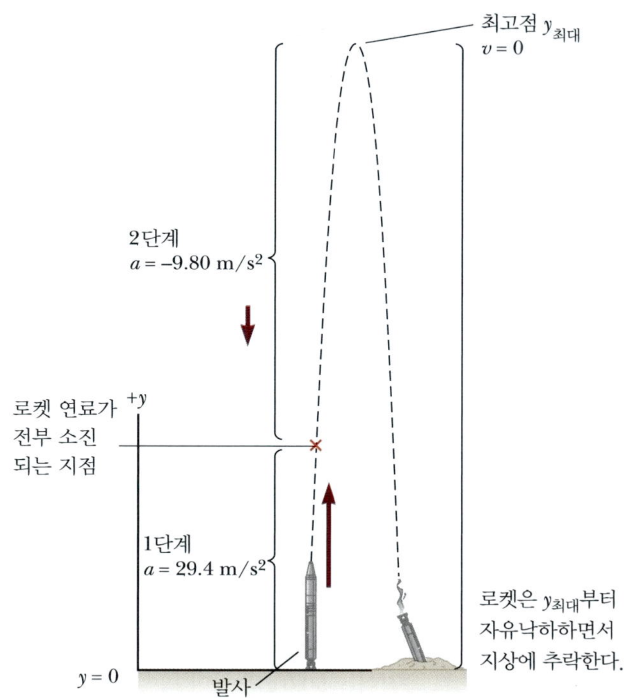

그림 2.17 (예제 2.9) 발사 후 연료를 다 소모하고 지상으로 추락하는 로켓의 두 단계로 나뉜 운동.

로 자유낙하한다. **(a)** 4.00 s에 로켓의 위치와 속도를 구하라. **(b)** 최고점의 높이를 구하라. **(c)** 로켓이 떨어져서 땅에 닿기 직전의 속도를 구하라.

전략 그림 2.17과 같이 발사 지점의 위치를 $y = 0$으로 하고 윗방향을 양으로 잡는다. 문제는 두 단계로 이루어져 있다. 첫 단계에서 로켓은 윗방향으로 $29.4\ m/s^2$의 가속도를 가지고 있으므로, 일정가속도 a의 운동학 식을 사용하여 연료가 전부 소모되는 1단계의 끝에서의 높이와 속도를 구할 수 있다. 2단계에서는 1단계에서 구한 처음 속도와 위치를 가지고 로켓은 일정가속도 $-9.80\ m/s^2$을 갖는 자유낙하 운동을 한다. 자유낙하 운동에 대한 운동학 식을 적용한다.

풀이

(a) 1단계: 4.00 s 후 로켓의 속도와 위치를 구한다.

위치와 속도의 운동학 식을 쓴다.

$$v = v_0 + at \tag{1}$$

$$\Delta y = y - y_0 = v_0 t + \tfrac{1}{2}at^2 \tag{2}$$

1단계에 위 식을 적용하여 $a = 29.4\ m/s^2$, $v_0 = 0$, $y_0 = 0$을 대입한다.

$$v = (29.4\ m/s^2)t \tag{3}$$

$$y = \tfrac{1}{2}(29.4\ m/s^2)t^2 = (14.7\ m/s^2)t^2 \tag{4}$$

식 (3)과 (4)에 $t = 4.00$ s를 대입하여 연료가 전부 소진된 시점에서의 로켓의 속도 v와 위치 y를 구한다. 이 값들을 각각 v_b와 y_b라 한다.

$$v_b = 118\ m/s \quad 그리고 \quad y_b = 235\ m$$

(b) 2단계: 로켓이 도달하는 최고점의 높이를 구한다.

2단계에 식 (1)과 (2)를 적용하여 $a = -9.80\ m/s^2$, $v_0 = v_b = 118\ m/s$, $y_0 = y_b = 235$ m를 대입한다.

$$v = (-9.8\ m/s^2)t + 118\ m/s \tag{5}$$

$$y = 235\ m + (118\ m/s)t - (4.90\ m/s^2)t^2 \tag{6}$$

식 (5)에 로켓의 최고점에서의 속도 $v = 0$를 대입하여 로켓이 최고점에 도달하는 시간을 구한다.

$$0 = (-9.8\ m/s^2)t + 118\ m/s \rightarrow t = \frac{118\ m/s}{9.80\ m/s^2} = 12.0\ s$$

식 (6)에 $t = 12.0$ s를 대입하고 최고점의 높이를 구한다.

$$y_{최대} = 235\ m + (118\ m/s)(12.0\ s) - (4.90\ m/s^2)(12.0\ s)^2 = 945\ m$$

(c) 2단계: 로켓이 지상에 추락할 때의 속도를 구한다.

식 (6)에 $y = 0$을 대입하고 이차 방정식을 풀어서 추락할 때의 속도를 구한다.

$$0 = 235\ m + (118\ m/s)t - (4.90\ m/s)t^2$$
$$t = 25.9\ s$$

식 (5)에 위에서 구한 t값을 대입한다.

$$v = (-9.80\ m/s^2)(25.9\ s) + 118\ m/s = -136\ m/s$$

참고 이 문제를 최고점에 도달하는 2단계와 최고점에서 지상까지 자유낙하하는 3단계로 이루어진 전체 3단계로 이 문제를 나누어 풀이하는 것이 보다 자연스럽다고 생각할지도 모른다. 이런 방법으로도 정확한 답을 얻을 수 있으나 불필요하게 복잡하다. 각각 다른 일정가속도를 가진 두 단계로 나누어도 충분하다.

연습문제

2.1 변위, 속도, 가속도

1(1). 인체에서 신경 자극이 전달되는 속력은 약 100 m/s이다. 어둠 속에서 발가락이 돌에 채였다면 뇌에 이 충격이 전달되는 데 걸리는 시간을 대략 구하라.

2(3). 어떤 사람이 자동차로 한 도시에서 다른 도시로 여행하고 있다. 30.0분간은 80.0 km/h로, 12.0분간은 100.0 km/h로, 그리고 45.0분간은 40.0 km/h로 운전을 했고, 점심 식사와 주유를 하는 데 15.0분이 걸렸다. (a) 여행 중의 평균 속력을 구하라. (b) 이 경로를 따라 두 도시 간의 거리를 구하라.

3(5). 두 배가 동시에 출발해서 너비가 60 km인 호수를 왕복하여 경주하고 있다. 배 A는 60 km/h로 건너가서, 60 km/h로 되돌아왔다. 배 B는 30 km/h로 건너갔는데, 선원들이 자기배가 너무 뒤처진 것을 알고 나서는 90 km/h로 되돌아왔다. 배를 돌리는 데 걸린 시간은 무시하자. 그리고 위와 같이 왕복해서 빨리 되돌아오는 배가 승리한 것으로 한다. (a) 어느 배가 어느 정도의 거리 차이로 승리를 하였는가? (아니면 무승부인가?) (b) 승리한 배의 평균 속도는 얼마인가?

4(6). 그림 P2.4는 어떤 입자가 x축을 따라 움직일 때의 위치–시간 그래프이다. 시간 간격 (a) 0~2.00 s, (b)0~4.00 s, (c) 2.00~4.00 s, (d) 4.00~7.00 s, (e) 0~8.00 s에서의 평균 속도를 구하라.

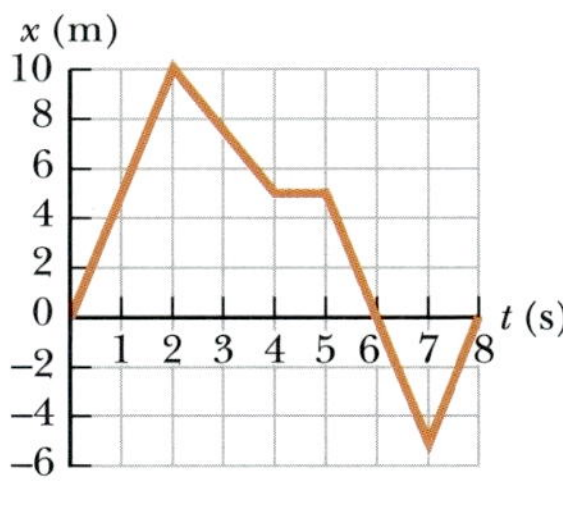

그림 P2.4 (문제 2.4, 2.10)

5(7). 자동차 운전자가 북쪽으로 85.0 km/h로 35.0분 여행하였고 15.0분 동안 정지하였다. 그런 다음 북쪽으로 2.00 h 동안 130. km를 여행하였다. (a) 전체 변위는 얼마인가? (b) 평균 속도는 얼마인가?

6(9). 이륙하는 순간의 속력이 $v_{to} = 75$ m/s인 제트기가 활주로에서의 평균 가속도가 1.3 m/s^{2}이다. 길이가 2.5 km인 활주로에서 이 제트기가 안전하게 이륙할 수 있는지 계산해 보라.

7(11). 치타가 달릴 수 있는 최고 속력은 114 km/h이다. 먹잇감을 잡기 위해 단거리를 매우 빨리 달릴 때, 치타는 정지 상태에서 출발하여 45 m를 곧게 달렸을 때 72 km/h의 속력에 도달한다. (a) 단거리를 달리는 동안 치타의 평균 가속도는 얼마인가? (b) $t = 3.5$ s일 때의 변위를 구하라.

8(13). 어떤 사람이 22.0분간의 휴식 시간을 제외하고는 89.5 km/h의 일정한 속력으로 자동차 여행을 하고 있다. 이 사람의 평균 속력이 77.8 km/h라고 하면, 어느 정도의 (a) 시간과 (b) 거리를 여행한 것일까?

9(15). 자동차 경주 대회 예선에 통과하기 위해서는 1.60×10^3 m의 경주로를 달리는 동안 평균 속력이 250. km/h에 도달할 수 있어야 한다. 어떤 차가 경주로의 처음 반을 달리는 동안 평균 속력이 230. km/h까지 도달한다면 예선에 통과하기 위해 나머지 반의 평균 속력은 최소 얼마가 되어야 하는가?

10(17). 그림 P2.4는 어떤 입자가 x축을 따라 움직일 때의 위치–시간 그래프이다. 시각 (a) $t = 1.00$ s, (b) $t = 3.00$ s, (c) $t = 4.50$ s, (d) $t = 7.50$ s에서의 순간 속도를 구하라.

11(21). 25.0 m/s로 움직이는 50.0 g의 공이 벽에 부딪쳐서 22.0 m/s로 튕겨 나온다. 이 모습을 고속카메라로 촬영하였다. 공이 벽과 3.50 ms 동안 접촉하였다면 이 시간 간격 동안의 평균 가속도의 크기는 얼마인가?

12(23). 어떤 자동차가 낼 수 있는 최대 가속도는 0.60 m/s^{2}이다. 이 자동차가 55 mi/h의 속력에서 60 mi/h의 속력으로 가속하는 데 걸리는 시간은 얼마인가?

2.3 일차원 일정가속도 운동

13(27). 어떤 물체가 일정하게 가속되어 x 좌표가 3.00 cm일 때의 속도가 $+x$ 방향으로 12.0 cm/s이다. 2.00 s 후의 x 좌표가 −5.00 cm라면 가속도는 얼마인가?

14(29). 트럭이 40.0 m를 8.50 s 동안 달리면서 일정하게 감속하여 나중 속도가 2.80 m/s가 되었다. (a) 트럭의 처음 속도를 구하라. (b) 가속도를 구하라.

15(31). 경비행기가 이륙하기 위한 속력은 120. km/h이다. (a) 이 비행기가 240. m를 활주한 후 이륙하기 위해 필요한 최소의 일정가속도는 얼마인가? (b) 이륙하는 데 걸리는 시간은 얼마인가?

16(33). 시험 주행에서 어떤 자동차가 2.95 s 동안 정지 상태에서 24.0 m/s로 일정하게 가속되고 있다. (a) 자동차의 가속도는 얼마인가? (b) 자동차가 10.0 m/s에서 20.0 m/s의 속력으로 가속되는 데 걸리는 시간은 얼마인가? (c) 시간이 두 배가 되면 속력도 두 배가 되는가? 이유를 설명하라.

17(35). 30.0 m/s로 과속하여 달리는 철수의 차가 1차선밖에 없는 터널 속으로 들어가고 있다. 바로 그때 155 m 전방에서 5.00 m/s의 속력으로 서행하는 승합차를 발견하고 철수는 브레이크를 밟았으나 길이 젖어 있어서 가속도가 $-2.00\ \text{m/s}^2$ 밖에 되지 않았다. 두 차는 충돌하는가? 충돌 여부에 대한 이유를 설명하라. 충돌한다면, 충돌 위치와 충돌 시각을 구하라. 충돌하지 않는다면, 두 차가 접근하는 최소 거리를 구하라.

18(37). 기차가 직선 선로를 20 m/s로 운행하다 기관사가 브레이크를 밟아 $-1.0\ \text{m/s}^2$의 가속도로 감속되었다. 브레이크를 밟기 시작한 다음 40 s 동안 간 거리를 계산하라.

19(39). 어떤 차가 정지 상태에서 출발하여 일정한 가속도 $+1.5\ \text{m/s}^2$으로 5.0 s 동안 달린 후 운전자가 브레이크를 밟아서 $-2.00\ \text{m/s}^2$의 일정한 가속도로 감속되었다. 브레이크를 3.00 s 동안 밟았다면 (a) 브레이크를 밟은 직후 차의 속력은 얼마인가? (b) 처음부터 차가 이동한 전체 거리는 얼마인가?

20(43). 한 하키 선수가 빙판 위에 정지해 있을 때, 상대편 선수가 8.0 m/s의 등속도로 앞으로 움직이고 있다. 0.25 s 후에 처음 선수가 상대편 선수를 따라잡기로 마음먹었다. 그가 $4.0\ \text{m/s}^2$의 일정가속도로 가속할 때, (a) 상대편을 따라잡는 데 얼마나 걸리는가? (b) 이때까지 얼마나 움직이는가?

2.4 자유낙하

21(45). 공을 25.0 m/s의 속력으로 지면에서 수직 윗방향으로 던졌다. (a) 최고점의 높이는 얼마인가? (b) 최고점에 도달할 때까지 시간이 얼마나 걸리는가? (c) 최고점에 도달한 이후 지면에 도달하는 데 걸리는 시간은 얼마인가? (d) 시작점으로 되돌아 왔을 때의 속도는 얼마인가?

22(47). 정지 상태로부터 자유낙하하는 물체가 지표에 도달하기 전 30.0 m를 낙하하는 데 1.50 s 걸렸다. (a) 그 물체가 지표에서 30.0 m 되는 곳에 있는 순간의 속도를 구하라. (b) 그 물체가 자유낙하한 전체 거리를 구하라.

23(51). 테니스 선수가 공을 윗방향으로 던졌다가 2.00 s 후에 처음과 같은 높이에서 다시 공을 잡았다. (a) 운동 중 공의 가속도는 얼마인가? 크기와 방향을 명시하라. (b) 최고점에 도달하였을 때 공의 속도는 얼마인가? (c) 공의 처음 속도와 (d) 최고점의 높이를 구하라.

24(53). 처음 속도 50.0 m/s로 모형 로켓을 수직으로 쏘아 올렸다. 고도 150. m에 도달하여 엔진이 꺼질 때까지는 윗방향으로 $2.00\ \text{m/s}^2$의 일정가속도로 가속된다. (a) 엔진이 꺼진 후 로켓은 어떻게 운동하는지 설명하라. (b) 로켓이 도달하는 최고점의 높이는 얼마인가? (c) 로켓 발사 후부터 최고점에 도달하는 데 걸린 시간은 얼마인가? (d) 로켓이 공중에 머무는 시간은 얼마인가?

종합문제

25(57). 총알이 두께가 10.0 cm인 판자에 수직으로 발사되었다. 총알의 처음 속력이 4.00×10^2 m/s였으나 판자를 뚫고 나올 때는 3.00×10^2 m/s였다. (a) 총알이 판자를 뚫고 지나가는 동안의 가속도와 (b) 총알이 판자를 관통하는 시간을 구하라.

26(59). 한 학생이 창틀 밖으로 몸을 내밀고 4.00 m 높이의 위층에 있는 친구에게 열쇠를 위로 던졌다. 손을 밖으로 내밀고 있던 친구는 1.50 s 후에 그 열쇠를 받았다. (a) 열쇠를 위로 던진 처음 속력은 얼마인가? (b) 열쇠가 위층에 있는 친구의 손에 잡히기 직전의 속도는 얼마인가?

27(63). 처음 속력 25 m/s로 지면에서 위로 공을 던졌다. 동시에 다른 공을 높이 15 m 건물에서 떨어뜨렸다. 얼마가 지난 후에 두 공은 같은 높이에 있게 되는가?

28(65). 공을 공기 중에서 위로 던져 올렸다. 그 공이 던진 점에서 2.00 m 되는 곳에서의 속력이 1.50 m/s라면 공을 위로 던진 처음 속력은 얼마인가?

29(67). 에밀리는 남편 데이비드에게 1달러 지폐를 붙잡는 게임을 제안하였다. 그림 P2.29와 같이 지폐 가운데를 데이비드의 엄지와 검지 사이에 두고 에밀리가 지폐를 연직으로 잡고 있다. 에밀리가 손을 움직이지 않고 손가락만 벌려서 그 지폐를 아래로 떨어뜨리면 데이비드가 지폐를 잡아야 하는 게임이다. 데이비드의 반응 시간이 0.2 s라면 성공할 수 있겠는가? 이유를 설명해 보라. (이러한 도전 게임은 친구들과 해 보기 좋은 게임이다.)

그림 P2.29

30(69) 이솝의 우화 중에 토끼와 거북이의 경주가 있다. 자신만만한 토끼가 잠깐 자고 깨어난 후 거북이를 찾아보니 거리 d만큼 앞서 있었고 결승선까지 남은 거리는 L이다. 정신이 퍼뜩 든 토끼가 v_1의 일정한 속력으로 뛰기 시작하고 거북이는 여전히 일정한 속력 v_2로 기어가면, 거리 L이 $(v_2/(v_1 - v_2))d$보다 작을 경우, 거북이가 경주에서 이길 수 있다. $v_2 < v_1$이라고 가정하고 이 결과를 유도해 보라. 경주에서 이기기 위해 토

끼와 거북이가 걸리는 시간을 각각 구하고 이기기 위해 $t_{거북이} < t_{토끼}$임을 적용하라.

31(71). 어떤 스턴트맨이 나뭇가지에서 달리는 말 위로 뛰어내리고자 한다. 말의 속력은 10.0 m/s로 일정하고 스턴트맨의 처음 높이는 말안장보다 3.00 m 높다. (a) 스턴트맨이 뛰어내리려는 순간의 말안장과 스턴트맨이 앉아 있는 지점 간의 수평 거리는 얼마이어야 하는가? (b) 뛰어내리는 동안 공중에 머무는 시간은 얼마인가?

이차원 운동
Motion in Two Dimensions

CHAPTER 3

2장에서는 일차원에서의 변위, 속도, 가속도의 개념에 대해 공부했다. 3장에서는 그러한 개념들을 확장하여 벡터를 사용하여 포물체운동과 상대운동을 포함하는 이차원 운동에 대해 공부한다.

3.1 변위 Displacement

2장의 일차원 운동에서는 변위, 속도, 가속도와 같은 벡터의 방향을 양과 음의 부호를 사용하여 설명하였다. 예를 들어, 로켓의 속도는 로켓이 상승할 때는 양이고, 하강할 때는 음이 된다. 이렇게 간단한 해는 이차원 또는 삼차원에서는 더 이상 적용될 수 없다. 대신 벡터 개념을 사용해서 설명해야 한다.

그림 3.1과 같이 공간에서 운동하는 물체를 생각해 보자. 물체가 시각 t_i일 때, 어떤 점 Ⓟ에 있으면, 그 위치는 원점에서 Ⓟ를 향한 위치 벡터 $\vec{\mathbf{r}}_i$로 기술된다. 물체가 시각 t_f일 때 다른 점 Ⓠ에 있다면, 그 위치 벡터는 $\vec{\mathbf{r}}_f$가 된다. 그림 3.1의 벡터 도표에서와 같이 나중 위치 벡터는 처음 위치 벡터와 변위 벡터 $\Delta\vec{\mathbf{r}}$의 합이다. 즉, $\vec{\mathbf{r}}_f = \vec{\mathbf{r}}_i + \Delta\vec{\mathbf{r}}$이다. 이러한 관계로부터 다음과 같은 관계를 알 수 있다.

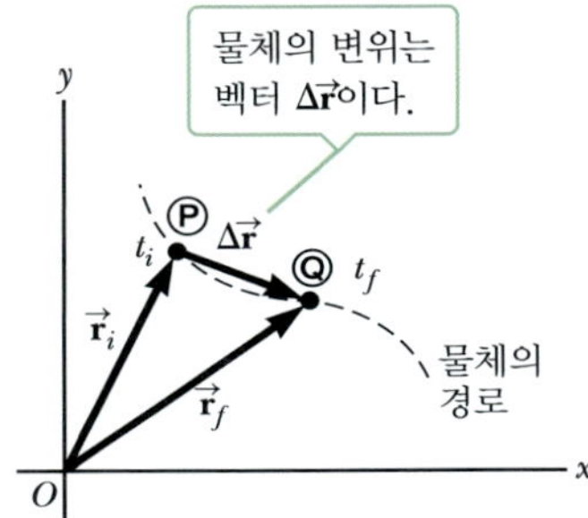

그림 3.1 점 Ⓟ와 Ⓠ 사이의 곡선 경로를 따라 움직이는 물체의 변위 벡터 $\Delta\vec{\mathbf{r}}$은 위치 벡터의 차이이다. 즉, $\Delta\vec{\mathbf{r}} = \vec{\mathbf{r}}_f - \vec{\mathbf{r}}_i$이다.

물체의 **변위**(displacement)는 위치 벡터의 변화로 정의된다.

$$\Delta\vec{\mathbf{r}} \equiv \vec{\mathbf{r}}_f - \vec{\mathbf{r}}_i \qquad [3.1]$$

SI 단위: 미터(m)

그림 3.2는 처음 위치 (x_1, y_1)에서 나중 위치 (x_2, y_2)로 원호를 따라 움직이는 차의 경로를 점선으로 나타낸 것이다. 차의 변위 $\Delta\vec{\mathbf{r}}$는 처음 위치에서 나중 위치로 곧게 향하는 벡터이고 그 성분은 $\Delta x = x_f - x_i$와 $\Delta y = y_f - y_i$이다. 변위는 실제 경로와는 무관하고 오직 처음 위치와 나중 위치에만 관련이 있다. 두 점 사이의 실제 차가 움직인 경로에 해당하는 거리는 변위의 크기보다 클 수 있다. 예를 들어, 그림 3.2에서 점선으로 나타낸 길이가 반지름 $R = 25$ m인 원호라면, 변위 성분이 $\Delta x = 25$ m, $\Delta y = 25$ m인 차의 변위는 $\Delta r = \sqrt{(\Delta x)^2 + (\Delta y)^2} = 35$ m이다. 하지만 경로 길이는 원둘레의 1/4이므로 $\frac{1}{4}(2\pi R) \approx 39$ m로 변위의 크기보다 크다.

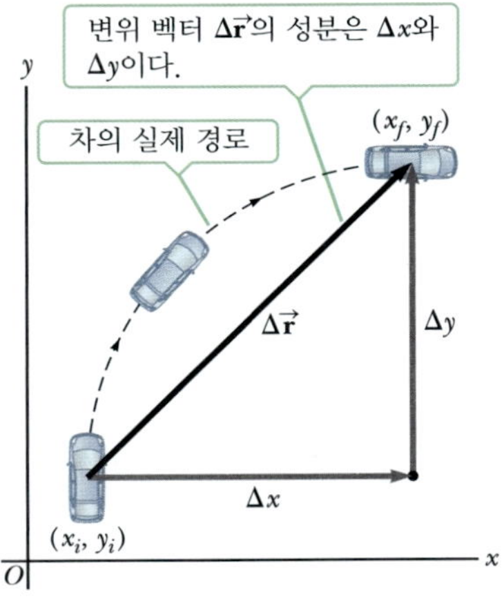

그림 3.2 변위 벡터의 성분은 $\Delta x = x_f - x_i$와 $\Delta y = y_f - y_i$이다.

3.2 속도, 속력 및 가속도 Velocity, Speed, and Acceleration

2장에서 보인 속도와 가속도의 정의에 대한 몇 가지를 일반적인 식으로 나타내어 보자.

3.2.1 속도 Velocity

평균 속도 ▶

시간 간격 Δt 동안의 물체의 **평균 속도**(average velocity)는 변위를 Δt로 나눈 것이다.

$$\vec{\mathbf{v}}_{평균} \equiv \frac{\Delta \vec{\mathbf{r}}}{\Delta t} \qquad [3.2]$$

SI 단위: 미터/초(m/s)

변위는 벡터양이고 시간 간격은 스칼라양이므로 평균 속도는 $\Delta\vec{\mathbf{r}}$과 같은 방향을 갖는 벡터양이다. 평균 속도의 x성분과 y성분은

$$v_{평균,x} = \frac{\Delta x}{\Delta t}, \qquad v_{평균,y} = \frac{\Delta y}{\Delta t}$$

이며 이것은 각각 x축과 y축을 따라 물체의 위치가 시간에 따라 변화하는 비율을 나타낸다. 평균 속도의 크기는 두 점 간의 변위를 경과 시간으로 나눈 것이다.

순간 속도 ▶

물체의 **순간 속도**(instantaneous velocity) $\vec{\mathbf{v}}$는 Δt가 0에 접근할 때 평균 속도의 극한 값이다.

$$\vec{\mathbf{v}} \equiv \lim_{\Delta t \to 0} \frac{\Delta \vec{\mathbf{r}}}{\Delta t} \qquad [3.3]$$

SI 단위: 미터/초(m/s)

순간 속도 벡터의 방향은 물체의 경로의 접선 방향과 같고, 이것이 Δt가 0에 접근한 시점의 운동 방향이다.

3.2.2 속력 Speed

평균 속력과 순간 속력은 2장에서 정의한 것과 같다. 어떤 시간 간격 동안의 물체의 **평균 속력**(average speed)은 경로 거리를 소요 시간으로 나눈 것이다. **순간 속력**(instantaneous speed) (또는, 속력)은 순간 속도의 크기이다.

2장에서 일차원에서의 평균 속도와 평균 속력의 차이를 확실히 설명하였다. 이러한 차이는 이차원에서도 그대로 적용된다. 평균 속도는 변위를 소요 시간으로 나눈 벡터이므로 처음 위치와 나중 위치에만 관계되고 중간 경로와는 무관하다. 평균 속력은 스칼라양으로 직선에서 벗어나거나 왔다 갔다 한 모든 실제 경로 거리를 소요 시간으로 나눈 것이다.

그림 3.3은 어떤 사람이 직사각형 잔디밭 둘레를 따라서 점 A에서 B로 20.0 s 동안

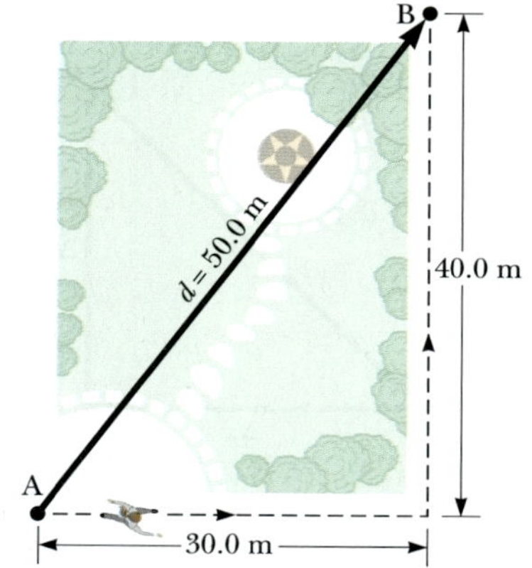

그림 3.3 어떤 사람이 잔디밭 둘레를 따라 A에서 B로 20.0 s 동안 이동하면, 그 이동 거리는 30.0 m + 40.0 m = 70.0 m이다. 하지만 직선거리는 50.0 m이다.

걸어간 그림이다. 경로 길이는 30.0 m + 40.0 m = 70.0 m이므로 평균 속력은 경로 길이를 경과 시간으로 나눈 70.0 m/20.0 s = 3.50 m/s이다. 그러나 그의 평균 속도는 두 끝점 간의 직선거리에만 의존하므로 $v_{평균} = d/t = 50.0\ \text{m}/20.0\ \text{s} = 2.50\ \text{m/s}$이다.

3.2.3 가속도 Acceleration

시간 간격 Δt 동안의 물체의 **평균 가속도**(average acceleration)는 속도의 변화량 $\Delta\vec{\mathbf{v}}$를 Δt로 나눈 것이다.

◀ 평균 가속도

$$\vec{\mathbf{a}}_{평균} \equiv \frac{\Delta\vec{\mathbf{v}}}{\Delta t} \qquad [3.4]$$

SI 단위: 미터/제곱초(m/s²)

평균 가속도의 성분은 다음과 같다.

$$a_{평균,x} = \frac{\Delta v_x}{\Delta t} \text{ 과 } \quad a_{평균,y} = \frac{\Delta v_y}{\Delta t}$$

여기서 v_x와 v_y는 각각 속도 벡터의 x성분과 y성분이다.

물체의 **순간 가속도**(instantaneous acceleration) $\vec{\mathbf{a}}$는 Δt가 0에 접근할 때 평균 가속도의 극한 값이다.

◀ 순간 가속도

$$\vec{\mathbf{a}} \equiv \lim_{\Delta t \to 0} \frac{\Delta\vec{\mathbf{v}}}{\Delta t} \qquad [3.5]$$

SI 단위: 미터/제곱초(m/s²)

물체는 여러 방법으로 가속될 수 있다는 것을 인식하는 것은 중요하다. 첫째, 속도 벡터의 크기(속력)가 시간에 따라 변할 수 있다. 둘째, 물체의 속력이 일정하더라도 속도 벡터의 방향이 시간에 따라 변할 수 있다(곡선 경로를 따르는 운동처럼). 셋째, 크기와 방향이 동시에 변할 수 있다.

3.3 이차원 운동 Two-Dimensional Motion

2장에서 물체가 x축과 같은 직선 경로를 따라 움직이는 경우에 대해 알아보았다. 이 장에서는 일정한 가속도를 가지고 x 방향과 y 방향으로 동시에 움직이는 물체의 경우를 생각해 보자. 중점적으로 다룰 이차원 운동의 특별한 예는 **포물체 운동**(projectile motion)이다.

◀ 포물체 운동

3.3.1 포물체 운동 Projectile Motion

공중에 어떤 물체를 던지면 그 물체는 포물체 운동을 하게 된다. 만약 공기 저항과 지

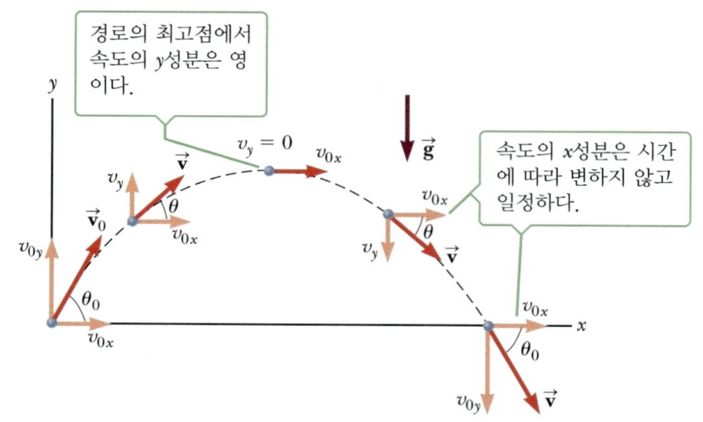

그림 3.4 원점에서 속도 $\vec{\mathbf{v}}_0$로 출발한 포물선 궤도. 속도 $\vec{\mathbf{v}}$는 시간에 따라 변화함에 주목하라. 그러나 속도의 x성분 v_x는 시간에 대해 일정하며 처음 속도 v_{0x}와 같다. 또한 최고점에서 $v_y = 0$이며, 가속도는 항상 자유낙하 가속도와 같고 연직 아랫방향을 향한다.

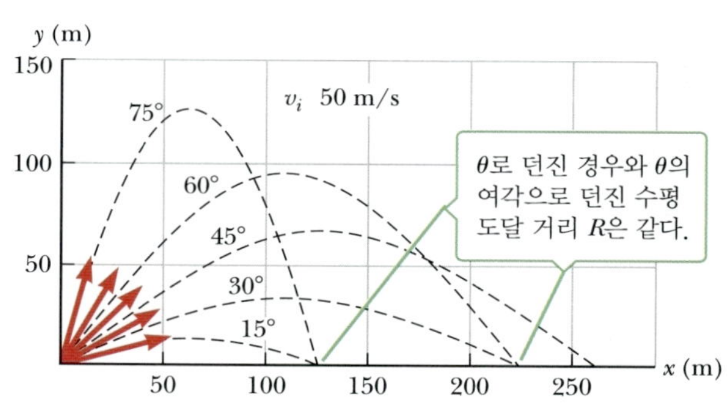

그림 3.5 원점에서 처음 속력 50 m/s로 여러 각도로 던진 포물체

구의 자전 효과를 무시한다면, 지구 중력장 내에 던져진 물체는 그림 3.4와 같이 포물선 경로를 따라 운동한다.

$+x$축 방향이 수평 오른쪽 방향, $+y$축 방향이 연직 윗방향이다. 이차원 포물체 운동에서 가장 중요한 실험적 사실은 **수평 운동과 연직 운동이 완전히 독립적으로 일어난다는 것**이다. 이것은 한 방향의 운동이 다른 방향의 운동에 영향을 미치지 않는다는 것을 의미한다. 야구공을 그림 3.4와 같이 포물선 경로를 따라 던졌을 때, y축 방향의 운동은 중력장 내에서 공을 똑바로 위로 던져 올렸을 때의 운동과 같이 취급될 것이다. 그림 3.5는 처음 각도를 달리 하였을 때의 운동 경로의 변화를 보여 준다. 여각으로 던졌을 때도 수평 도달 거리는 같게 된다는 것을 주목하라.

그림 3.6은 수평 운동과 수직 운동이 별개라는 것을 보여 주는 실험의 개요이다. 표적인 공을 놓는 순간에 표적인 공을 향해 총을 발사하는 경우를 생각해 보자. 중력이 없는 경우는 표적이 움직이지 않을 것이므로 총알이 표적을 때릴 것이다. 그러나 중력이 있는 경우에도 총알은 표적을 맞출 것이다. 이것은 총알이 수평 운동을 하는 동안에 표적과 같은 양만큼 아랫방향으로 낙하하기 때문이다. 이러한 실험은 그림 3.7에서처

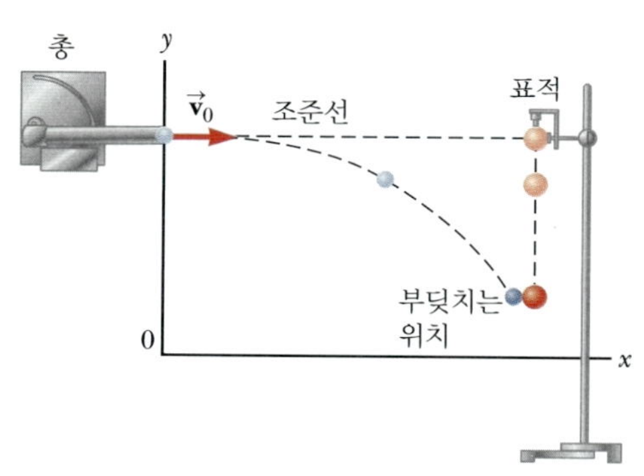

그림 3.6 표적이 떨어지는 시각과 같은 시각에 총알이 발사된다. 둘 다 같은 연직 거리를 낙하하여 결국 부딪친다.

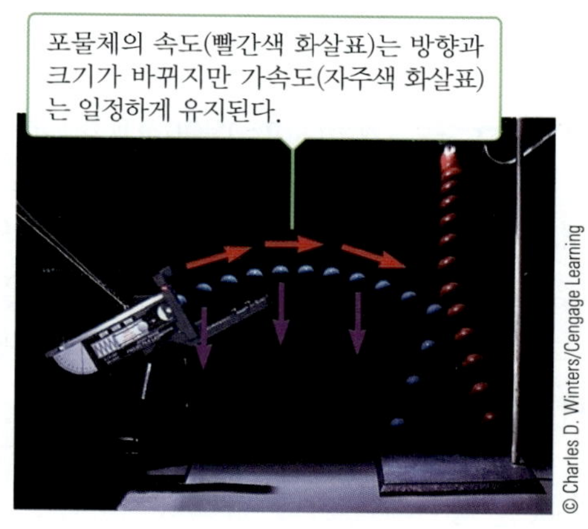

그림 3.7 포물체와 표적의 경로를 보여 주는 다중 섬광 사진. 발사체가 표적을 정조준하고 표적이 떨어지는 시각과 같은 시각에 발사되면 발사체와 표적은 부딪치게 된다.

럼 발사체가 표적을 향하도록 기울어져서 처음 속도가 연직 성분을 갖는 경우에도 똑같이 적용된다.

일반적으로 2장에서 유도한 일정가속도의 방정식은 x 방향과 y 방향에 대하여 각각 적용된다. 중요한 차이점은 2장에서 처음 속도가 한 성분만을 가졌던 것과는 달리 지금은 처음 속도가 두 성분을 갖는다는 것이다. 포물체가 시각 $t=0$에서 처음 속도 $\vec{\mathbf{v}}_0$로 원점에서 출발했다고 가정하자. 속도 벡터가 수평면과 θ_0의 각을 이룰 때, 이 각 θ_0를 투사각이라 한다. 코사인과 사인 함수의 정의와 그림 3.4로부터 v_{0x}와 v_{0y}는

$$v_{0x} = v_0 \cos\theta_0 \text{와} \quad v_{0y} = v_0 \sin\theta_0$$

가 된다. 여기서 v_{0x}는 x 방향의 처음 속도($t=0$일 때)이고, v_{0y}는 y 방향의 처음 속도이다.

2장에서 유도된 일차원 일정가속도 운동에 대한 방정식 2.6, 2.9, 2.10은 이차원 운동의 경우에도 적용될 수 있다. 처음 속도에 대해 방금 토의한 대로 수정하면, 각 방향에 대해 세 개의 방정식이 얻어진다. a_x가 일정할 때 x축 방향에 대한 식은

$$v_x = v_{0x} + a_x t \qquad [3.6a]$$

$$\Delta x = v_{0x} t + \tfrac{1}{2} a_x t^2 \qquad [3.6b]$$

$$v_x^2 = v_{0x}^2 + 2a_x \Delta x \qquad [3.6c]$$

가 된다. 여기서 $v_{0x} = v_0 \cos\theta_0$이다. y축 방향에 대한 식은

$$v_y = v_{0y} + a_y t \qquad [3.7a]$$

$$\Delta y = v_{0y} t + \tfrac{1}{2} a_y t^2 \qquad [3.7b]$$

$$v_y^2 = v_{0y}^2 + 2a_y \Delta y \qquad [3.7c]$$

가 된다. 여기서 $v_{0y} = v_0 \sin\theta_0$이고 a_y는 일정하다. 물체의 속력 v는 피타고라스 정리를 이용하여 속도 벡터의 성분으로부터 계산할 수 있다.

$$v = \sqrt{v_x^2 + v_y^2}$$

속도 벡터와 x축 사이의 각은

$$\theta = \tan^{-1}\left(\frac{v_y}{v_x}\right)$$

로 주어진다. θ에 대한 이 수식은 앞서 언급했던 것과 같이 주의해서 사용해야 한다. 왜냐하면 역탄젠트 함수의 값은 −90°와 +90° 사이에 있기 때문이다. 2사분면과 3사분면에 놓여 있는 벡터의 경우에는 180°를 더해야 한다.

운동학 식들은 지표 근방의 포물체 운동에 있어 간단히 변형하여 적용할 수 있다. 공기 저항을 무시할 수 있다고 가정한 경우에는 x 방향의 가속도는 영이다(공기 저항이 무시되었기 때문이다). **이것은 $a_x = 0$이며 포물체의 속도의 x 방향 성분은 일정하다는 것을 의미한다.** x 방향 속도 성분의 처음 값이 $v_{0x} = v_0 \cos\theta_0$이면 그 후 v_x의 값은

Tip 3.1 최고점에서의 가속도

y 방향의 가속도는 포물체 궤도의 최고점에서 영이 아니다. 단지 속도의 y 성분이 영이 될 뿐이다. 만약 가속도가 영이라면, 포물체는 결코 떨어지지 않을 것이다.

항상 같다.

$$v_x = v_{0x} = v_0 \cos\theta_0 = \text{일정} \quad [3.8a]$$

그래서 수평 방향의 변위는 다음과 같이 간단히 표현된다.

$$\Delta x = v_{0x}t = (v_0 \cos\theta_0)t \quad [3.8b]$$

y 방향의 운동에 대하여는 식 3.7에 $a_y = -g$와 $v_{0y} = v_0 \sin\theta_0$를 대입하여 다음과 같이 얻을 수 있다.

$$v_y = v_0 \sin\theta_0 - gt \quad [3.9a]$$

$$\Delta y = (v_0 \sin\theta_0)t - \tfrac{1}{2}gt^2 \quad [3.9b]$$

$$v_y^2 = (v_0 \sin\theta_0)^2 - 2g\Delta y \quad [3.9c]$$

포물체 운동에 대한 중요한 사실을 다음과 같이 요약할 수 있다.

1. 공기 저항을 무시할 수 있을 때, 가속도의 수평 성분이 없기 때문에 속도의 수평 성분 v_x는 일정하게 유지된다.
2. 가속도의 연직 성분은 자유낙하 가속도 $-g$와 같다.
3. 속도의 연직 성분 v_y와 y 방향의 변위는 초속도 v_{0y}로 연직으로 위로 던진 자유낙하의 경우와 같다.
4. 포물체 운동은 x와 y 방향의 두 독립적인 운동의 합성으로 기술될 수 있다.

예제 3.1 조난자에게 비상식량을 떨어뜨리기

목표 수평 방향의 처음 속도 값을 사용하여 이차원 포물체 운동 문제를 푼다.

문제 그림 3.8에서처럼 산속에서 길을 잃은 조난자에게 구조 비행기가 비상식량을 떨어뜨리려고 한다. 구조기의 고도는 지상에서 100. m이고 수평 속력은 40.0 m/s이다. **(a)** 그 상자가 지면에 닿을 때까지 걸리는 시간을 구하라. **(b)** 상자가 지면에 닿는 곳의 x 좌표의 거리 d를 구하라. **(c)** 그 상자가 지면에 닿을 때의 속력과 방향을 구하라.

전략 비행기를 좌표계의 중심으로 하면 그 상자가 지면에 닿는 위치는 $\Delta x = d$ 및 $\Delta y = -100.$ m이다. 비행기가 수평으로 날고 있기 때문에 그 상자의 처음 속도의 성분0은 $v_{0x} = 40.0$ m/s 및 $v_{0y} = 0$이다. **(a)**와 **(b)**를 풀기 위해서 알고 있는 값들을 식 3.9b와 3.8b에 대입한다. **(c)**에서는 속도 성분 v_x와 v_y를 먼저 구한 다음 피타고라스의 정리와 역탄젠트를 사용하여 속력과 방향을 구한다.

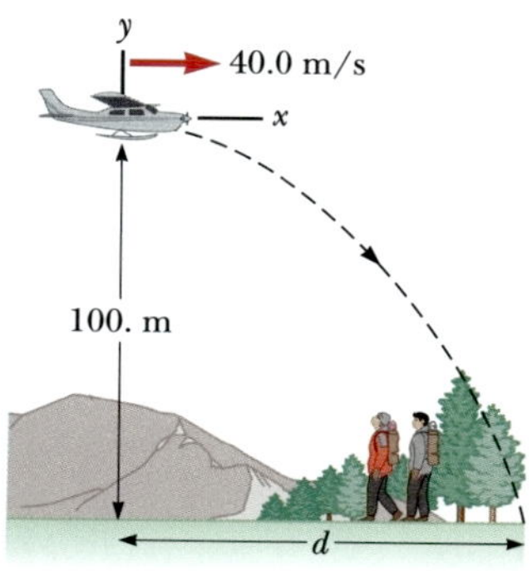

그림 3.8 (예제 3.1) 지상에 있는 관측자가 보았을 때, 구조 비행기에서 떨어뜨린 상자는 그림과 같은 점선 경로를 따라 움직인다.

풀이

(a) 상자가 바닥에 닿을 때의 시간 t를 구하기 위해 $\Delta y = -100.$ m와 $v_{0y} = 0$를 식 3.9b에 대입하고 푼다.

$$\Delta y = v_{0y}t - \tfrac{1}{2}gt^2$$

$$\Delta y = 0 - \tfrac{1}{2}gt^2$$

$$t = \sqrt{-\frac{2\Delta y}{g}} = \sqrt{-\frac{2(-100.\text{ m})}{9.8\text{ m/s}^2}} = \boxed{4.52\text{ s}}$$

(b) 식 3.8b에다 $\Delta x = d$, $t = 4.52$ s, $v_{0x} = 40.0$ m/s를 대입하여 d를 계산한다.

$$\Delta x = v_{0x}t$$

$$d = (40.0\text{ m/s})(4.52\text{ s}) = \boxed{181\text{ m}}$$

(c) 지면에 닿을 때의 속도 성분 v_x와 v_y를 구하기 위해 우선 식 3.8a와 3.9a를 사용한다.

$$v_x = v_{0x} = \boxed{40.0\ \text{m/s}}$$
$$v_y = v_{0y} - gt$$
$$= 0 - (9.8\ \text{m/s}^2)(4.52\ \text{s}) = \boxed{-44.3\ \text{m/s}}$$

그런 다음 피타고라스 정리를 사용하여 지면에 닿을 때의 속력을 구한다.

$$v = \sqrt{v_x^2 + v_y^2} = \sqrt{(40.0\ \text{m/s})^2 + (-44.3\ \text{m/s})}$$
$$= \boxed{59.6\ \text{m/s}}$$

마지막으로, 식 1.6과 역탄젠트 함수를 사용하여 지면에 닿을 때의 운동 방향을 구한다.

$$\tan\theta = \frac{v_y}{v_x}$$
$$\theta = \tan^{-1}\left(\frac{v_y}{v_x}\right) = \tan^{-1}\left(\frac{-44.3\ \text{m/s}}{40.0\ \text{m/s}}\right)$$
$$= \boxed{-48.0°}$$

참고 x 방향과 y 방향의 운동이 어떻게 따로따로 다루어지는지를 잘 살펴보도록 하라.

예제 3.2 멀리뛰기

목표 시작점과 끝점이 같은 높이인 이차원 포물체 운동 문제를 푼다.

문제 멀리뛰기 선수(그림 3.9)가 지면에서 20.0°의 각도로 속력 11.0 m/s로 뛰었다. **(a)** 최대 높이에 도달할 때까지 얼마나 걸리는가? **(b)** 최대 높이는 얼마인가? **(c)** 얼마나 멀리 뛸 수 있는가? (선수의 운동은 입자의 운동과 같다고 가정하고, 팔과 다리의 운동이 미치는 영향을 무시한다.) **(d)** 식 3.9c를 사용해서 선수가 도달하는 최대 높이를 구하라.

전략 포물체의 방정식에 알고 있는 값들을 대입한 후, 남아 있는 미지수에 대하여 푼다. 최대 높이에서 y 방향의 속도는 영이 된다. 그래서 식 3.9a에 영을 대입하고 풀면 최대 높이에 도달하는 데 걸리는 시간을 구할 수 있다. 선수의 운동 경로는 같은 높이에서 시작하여 같은 높이에서 끝난다. 따라서 대칭성에 의해서 이 시간의 두 배가 선수의 체공 시간이 된다.

풀이

(a) 최대 높이에 도달하는 시간 $t_{최대}$를 구한다.

식 3.9a에 $v_y = 0$를 대입하고, $t_{최대}$에 대해 푼다.

$$v_y = v_0 \sin\theta_0 - gt_{최대} = 0$$
$$t_{최대} = \frac{v_0 \sin\theta_0}{g} = \frac{(11.0\ \text{m/s})(\sin 20.0°)}{9.80\ \text{m/s}^2} \qquad (1)$$
$$= \boxed{0.384\ \text{s}}$$

(b) 선수가 도달하는 최대 높이를 구한다.

시간 $t_{최대}$를 y 방향 변위의 방정식 3.9b에 대입한다.

$$y_{최대} = (v_0 \sin\theta_0)t_{최대} - \tfrac{1}{2}g\,(t_{최대})^2$$
$$y_{최대} = (11.0\ \text{m/s})(\sin 20.0°)(0.384\ \text{s}) - \tfrac{1}{2}(9.80\ \text{m/s}^2)(0.384\ \text{s})^2$$
$$y_{최대} = \boxed{0.722\ \text{m}}$$

그림 3.9 (예제 3.2) 멀리뛰기 선수의 뛰는 모습을 다중 섬광 사진으로 분석하여 보면 점 입자의 운동과는 같지 않음을 알 수 있다. 이 선수의 질량 중심은 포물선을 그리지만, 착지 순간의 도약 거리를 늘리기 위해 이 선수는 착지 직전에 다리를 펼쳐서 신체의 다른 부분보다 먼저 발이 땅에 닿도록 한다.

(c) 선수의 수평 도달 거리를 구한다.

$t_{최대}$를 두 배로 해서 체공 시간을 구한다.

$$t = 2t_{최대} = 2(0.384\text{ s}) = 0.768\text{ s}$$

이 결과를 x 방향 변위의 방정식에 대입한다.

$$\begin{aligned}\Delta x &= (v_0 \cos\theta_0)t \qquad (2)\\ &= (11.0\text{ m/s})(\cos 20.0°)(0.768\text{ s}) = \boxed{7.94\text{ m}}\end{aligned}$$

(d) 다른 방법을 사용하여 최대 높이를 구한다.

식 3.9c를 사용하여 Δy에 대하여 푼다.

$$v_y^2 - v_{0y}^2 = -2g\,\Delta y$$

$$\Delta y = \frac{v_y^2 - v_{0y}^2}{-2g}$$

$v_y = 0$과 $v_{0y} = (11.0\text{ m/s})\sin 20.0°$를 대입해서 최대 높이를 구한다.

$$\Delta y = \frac{0 - [(11.0\text{ m/s})\sin 20.0°]^2}{-2(9.80\text{ m/s}^2)} = \boxed{0.722\text{ m}}$$

참고 멀리뛰기 선수의 운동을 포물체 운동으로 지나치게 단순화시켰지만 적절한 값들을 얻을 수 있다.

예제 3.3 도약 거리를 구하는 식

목표 지면에서 발사된 포물체의 최대 수평 변위에 대한 식을 구한다.

문제 한 육상 선수가 수평면과 θ_0의 각으로, 속도 v_0로 공중으로 도약하는 멀리뛰기에 참가한다. v_0, θ_0, g의 항으로 도약 거리를 나타내라.

전략 예제 3.2의 결과를 이용하여 식 (1)과 (2)에서 시간 t를 소거한다.

풀이

예제 3.2의 식 (1)을 이용하여 비행 시간 t를 구한다.

$$t = 2t_{최대} = \frac{2v_0 \sin\theta_0}{g}$$

예제 3.2의 식 (2)에 t에 대한 식을 대입한다.

$$\Delta x = (v_0\cos\theta_0)t = (v_0\cos\theta_0)\left(\frac{2v_0\sin\theta_0}{g}\right)$$

간단히 한다.

$$\Delta x = \frac{2v_0^2\cos\theta_0\sin\theta_0}{g}$$

삼각함수의 배각 공식 $2\cos\theta_0\sin\theta_0 = \sin 2\theta_0$를 이용하여 위의 결과를 간단한 삼각함수로 표현한다.

$$\boxed{\Delta x = \frac{v_0^2 \sin 2\theta_0}{g}} \qquad (1)$$

참고 마지막 단계에서 삼각함수 공식을 사용하는 것이 꼭 필요한 것은 아니지만, 답을 간단하게 만든다.

예제 3.4 아주 좋은 팔

목표 시작점과 끝점의 높이가 다른 경우에 수평면으로부터 비스듬히 던져 올린 이차원 운동 문제를 푼다.

문제 그림 3.10과 같이 높이가 45.0 m인 건물 옥상에서 공을 처음 속력 20.0 m/s로 하여서, 수평면과 30.0° 각도로 위로 던졌다. **(a)** 공이 지면에 도달할 때까지 시간은 얼마나 걸리는가? **(b)** 이 공이 지면에 충돌하는 속력을 구하라. **(c)** 공이 날아간 수평 거리를 구하라. 공기 저항은 무시한다.

전략 공의 시작점을 원점으로 하는 좌표축을 설정한다. **(a)** y변위에 대한 식 3.9b에서 공이 지면에 도달하는 위치를 −45.0 m로 놓는다. 이차 방정식을 풀어서 시간을 구한다. **(b)**의 문제를 풀기 위해 **(a)**로부터 구한 시간을 속도 성분을 구하는 데 대입하고, 같은 시간을 **(c)**를 풀기 위한 x변위에 대한 식에도 대입한다.

풀이

(a) 공의 비행 시간을 구한다.

처음 속도의 x와 y성분을 구한다.

$$v_{0x} = v_0\cos\theta_0 = (20.0\text{ m/s})(\cos 30.0°) = +17.3\text{ m/s}$$
$$v_{0y} = v_0\sin\theta_0 = (20.0\text{ m/s})(\sin 30.0°) = +10.0\text{ m/s}$$

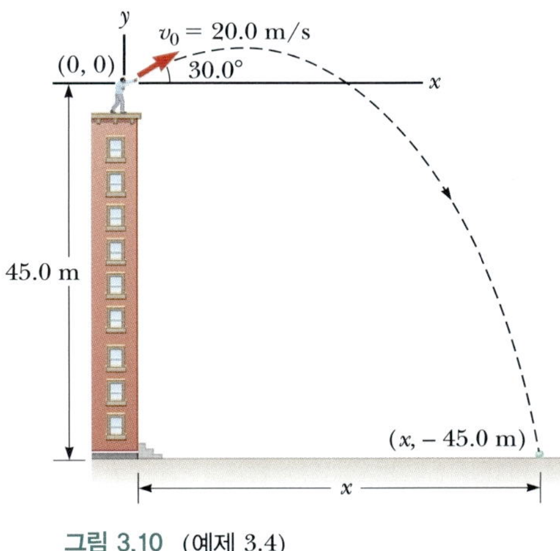

그림 3.10 (예제 3.4)

$y_0 = 0$, $y = -45.0$ m, $v_{0y} = 10.0$ m/s로 하고, y변위를 구한다.

$$\Delta y = y - y_0 = v_{0y}t - \tfrac{1}{2}gt^2$$

$$-45.0\text{ m} = (10.0\text{ m/s})t - (4.90\text{ m/s}^2)t^2$$

이 식을 이차 방정식의 표준형으로 정리하고, 양의 근을 구한다.

$$t = \boxed{4.22\text{ s}}$$

(b) 충돌 순간의 속력을 구한다.

(a)에서 구한 시간 t를 식 3.9a에 대입하고 충돌 순간 속도의 y 성분을 구한다.

$$v_y = v_{0y} - gt = 10.0\text{ m/s} - (9.80\text{ m/s}^2)(4.22\text{ s})$$
$$= -31.4\text{ m/s}$$

이 v_y값과 피타고라스 정리와 $v_x = v_{0x} = 17.3$ m/s를 이용하여 충돌 순간의 속력을 구하면 된다.

$$v = \sqrt{v_x^2 + v_y^2} = \sqrt{(17.3\text{ m/s})^2 + (-31.4\text{ m/s})^2}$$
$$= \boxed{35.9\text{ m/s}}$$

(c) 공의 수평 도달 거리를 구한다.

수평 도달 거리 식에 비행 시간을 대입한다.

$$\Delta x = x - x_0 = (v_0 \cos\theta)t = (20.0\text{ m/s})(\cos 30.0°)(4.22\text{ s})$$
$$= \boxed{73.1\text{ m}}$$

참고 공의 투사각은 운동의 속도 벡터에는 영향을 주지만 주어진 높이에서의 속력에는 영향을 주지 않는다. 이것은 에너지 보존의 결과로 5장에서 설명된다.

3.3.2 이차원 일정가속도 운동 Two-Dimensional Constant Acceleration

지금까지는 오직 중력에 의해서만 영향을 받는 포물체 운동에 대한 문제들만 공부하였다. 좀 더 일반적인 경우에는 공기의 저항, 표면 마찰, 또는 엔진 등과 같은 다른 요인에 의해서 가속도가 생길 수 있다. 이러한 가속도는 a_x와 a_y의 벡터 성분을 모두 갖는다. 두 성분의 크기가 각각 일정하다면 운동을 분석하기 위해 식 3.6과 3.7을 사용할 수 있다.

예제 3.5 비행기에서 로켓을 발사하기

목표 가속도가 두 방향 모두 있는 경우의 문제를 푼다.

문제 수평 방향으로 1.00×10^2 m/s로 비행하는 제트기가 어떤 높이에서 로켓 포탄을 떨어뜨린다(그림 3.11). 로켓 포탄은 즉시 점화되어 y 방향으로는 중력을 받으면서 x 방향으로는 20.0 m/s^{2}의 가속도로 가속된다. 로켓이 1.00 km를 낙하하였을 때, **(a)** y 방향의 속도, **(b)** x 방향의 속도, **(c)** 속도의 크기와 방향을 구하라. 공기의 저항과 양력은 무시한다.

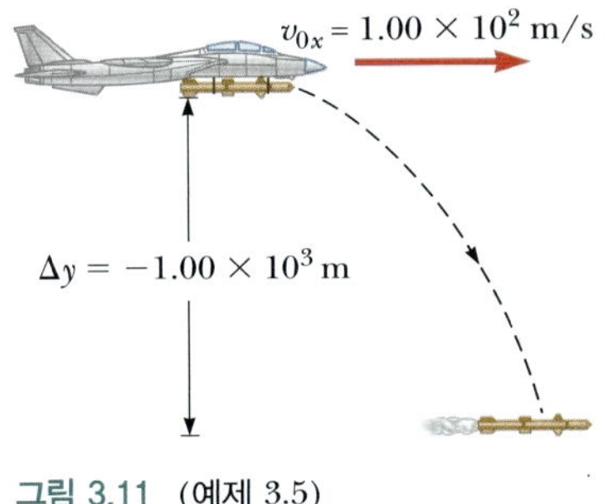

그림 3.11 (예제 3.5)

전략 로켓이 수평 방향을 유지하였기 때문에, 가속도의 x성분과 y성분은 서로 무관하다. 로켓이 1.00 km 낙하한 후의 속도의 y 성분을 구하기 위하여 y 방향에 대한 시간에 무관한 속도 식을 사용하면 된다. 그 다음 낙하 시간을 계산하여 x 방향의 속도를 구하는 데 적용하면 된다.

풀이

(a) y 방향의 속도를 구한다.

식 3.9c를 사용한다.

$$v_y^2 = v_{0y}^2 - 2g\,\Delta y$$

$v_{0y} = 0$, $g = 9.80\ \mathrm{m/s^2}$ 및 $\Delta y = -1.00 \times 10^3\ \mathrm{m}$를 대입하고 v_y에 대해 푼다.

$$v_y^2 = 0 - 2(9.80\ \mathrm{m/s^2})(-1.00 \times 10^3\ \mathrm{m})$$

$$v_y = -1.40 \times 10^2\ \mathrm{m/s}$$

(b) x 방향의 속도를 구한다.

속도의 y성분을 사용하여 로켓이 1.00×10^3 m 낙하하는 데 걸리는 시간을 구한다.

$$v_y = v_{0y} + a_y t$$

$$-1.40 \times 10^2\ \mathrm{m/s} = 0 - (9.80\ \mathrm{m/s^2})t \quad \rightarrow \quad t = 14.3\ \mathrm{s}$$

t, v_{0x}, a_x를 식 3.6a에 대입하여 x 방향의 속도를 구한다.

$$v_x = v_{0x} + a_x t = 1.00 \times 10^2\ \mathrm{m/s} + (20.0\ \mathrm{m/s^2})(14.3\ \mathrm{s})$$

$$= 386\ \mathrm{m/s}$$

(c) 속도의 크기와 방향을 구한다.

(a)와 **(b)**에서의 결과와 피타고라스 정리를 사용하여 크기를 구한다.

$$v = \sqrt{v_x^2 + v_y^2} = \sqrt{(386\ \mathrm{m/s})^2 + (-1.40 \times 10^2\ \mathrm{m/s})^2}$$

$$= 411\ \mathrm{m/s}$$

역탄젠트 함수를 사용하여 각을 구한다.

$$\theta = \tan^{-1}\left(\frac{v_y}{v_x}\right) = \tan^{-1}\left(\frac{-1.40 \times 10^2\ \mathrm{m/s}}{386\ \mathrm{m/s}}\right) = -19.9^\circ$$

참고 대칭성에 유의한다. x 방향과 y 방향의 운동학 식은 똑같은 방법으로 다루어진다. x 방향의 가속도가 영이 아니라고 해서 문제가 어려워지는 것은 아니다.

3.4 상대속도 Relative Velocity

상대속도란 서로에 대하여 다르게 운동하고 있는 다른 두 관측자의 측정에 관한 것이다. 측정된 물체의 속도는 물체에 대하여 운동하는 관측자의 속도에 의존한다. 예를 들면, 고속도로에서 같은 방향, 같은 속력으로 달리는 자동차들은 지면에 대해서는 고속으로 달리지만, 그들 서로에게는 상대적으로 운동하지 않는다. 길가에 정지해 있는 관측자가 볼 때 자동차가 100 km/h로 달리고 있지만, 같은 방향으로는 90 km/h로 달리고 있는 다른 차가 볼 때는 10 km/h로 달리고 있는 것 같이 보인다.

따라서 속도 측정은 관측자의 **기준틀**(reference frame)에 따라 다르다. 기준틀이란 좌표계를 말한다. 대개는 지구에 대하여 **정지한 기준틀**을 사용하지만, 때로는 지구에 대하여 일정한 속도로 운동하고 있는 비행기, 자동차, 버스 등과 같이 **움직이는 기준틀**을 사용하기도 한다.

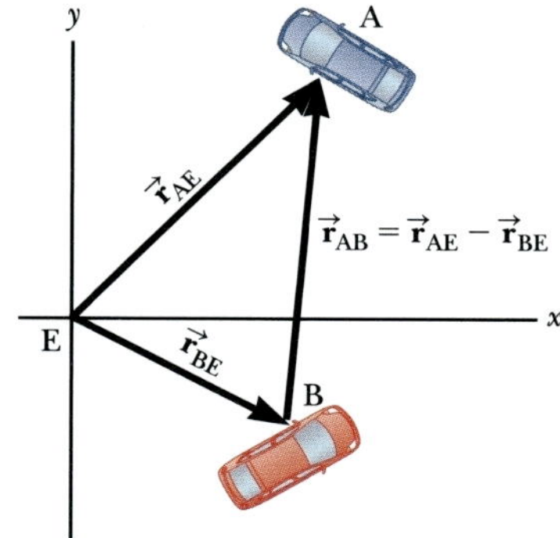

그림 3.12 자동차 B에 대한 자동차 A의 위치는 벡터의 뺄셈으로 구할 수 있다. 이 벡터의 시간에 대한 변화율이 상대속도 식이 된다.

이차원에서의 상대속도 계산은 혼란스러울 수도 있으니 체계적인 접근이 중요하다. E는 지구에 대하여 정지하고 있는 관측자라고 하자. 두 대의 자동차를 각각 A와 B라고 표시하고 다음의 표기법을 사용하자(그림 3.12).

$\vec{\mathbf{r}}_{AE}$ = 차 E가 측정한 자동차 A의 위치(지구에 대하여 고정된 좌표계에서)
$\vec{\mathbf{r}}_{BE}$ = 차 E가 측정한 자동차 B의 위치
$\vec{\mathbf{r}}_{AB}$ = 자동차 B에 있는 관측자가 측정한 자동차 A의 위치

위의 표기법에 의하면, 첫 번째 첨자는 벡터가 향하고 있는 관측 대상을 나타내고, 두 번째 첨자는 위치 벡터의 시작점인 관측자를 뜻한다. 그림에서 $\vec{\mathbf{r}}_{AE}$는 E에 대하여 자

동차 A의 위치 벡터이고, $\vec{\mathbf{r}}_{BE}$는 E에 대하여 자동차 B의 위치 벡터이다. 그렇다면 $\vec{\mathbf{r}}_{AB}$가 자동차 B에 있는 관측자가 측정한 자동차 A의 위치라는 것을 어떻게 알 수 있을까? $\vec{\mathbf{r}}_{AE}$에서 $\vec{\mathbf{r}}_{BE}$를 빼서 얻을 수 있는 자동차 B에서 A로 향하는 화살표를 그리면 간단히 알 수 있다.

$$\vec{\mathbf{r}}_{AB} = \vec{\mathbf{r}}_{AE} - \vec{\mathbf{r}}_{BE} \qquad [3.10]$$

각 항의 시간 변화율을 구하면 다음과 같은 속도 관계식이 얻어진다.

$$\vec{\mathbf{v}}_{AB} = \vec{\mathbf{v}}_{AE} - \vec{\mathbf{v}}_{BE} \qquad [3.11]$$

관측자 E의 좌표계가 지구에 고정될 필요는 없다. 단순히 식 3.11을 암기하는 것보다 아래 첨자를 붙이는 방법에 주의를 기울여야 하며, 그림 3.12에 근거하여 간단하게 유도하는 방식을 공부하는 것이 좋다. 한편 아인슈타인의 특수 상대성 이론을 공부할 때, 빛의 속력과 비슷한 속력으로 여행하는 관측자에게는 이 식이 성립하지 않음에 주의하라.

예제 3.6 강 건너 가기

목표 이차원에서 간단한 상대 운동 문제를 푼다.

문제 그림 3.13에 있는 배가 넓은 강을 건너려고 강물에 대하여 10.0 km/h의 속도로 북쪽을 향해 가고 있다. 강물은 동쪽으로 5.00 km/h의 등속도로 흐르고 있다. 강둑에 있는 관측자가 측정한 배의 속도를 구하라.

전략 핵심 문장을 살펴보자. "배가 … 강물에 대하여 10.0 km/h의 속도로"는 $\vec{\mathbf{v}}_{BR}$을 말한다. "강물은 동쪽으로 5.00 km/h의 등속도로"는 $\vec{\mathbf{v}}_{RE}$를 말한다. 왜냐하면 강물의 속도는 땅에 대한 것이기 때문이다. 강둑에 있는 관찰자는 땅에 대해 정지된 좌표계에 있기 때문에 배의 속도는 $\vec{\mathbf{v}}_{BE}$이다. $+x$ 방향을 동쪽으로, $+y$ 방향을 북쪽으로 택한다.

풀이

세 가지 양을 상대속도에 대한 식으로 정리한다.

$$\vec{\mathbf{v}}_{BR} = \vec{\mathbf{v}}_{BE} - \vec{\mathbf{v}}_{RE}$$

속도 벡터를 성분으로 분리하여 표시한다. 편의상 이것들을 다음의 표로 정리한다.

벡터	x성분(km/h)	y성분(km/h)
$\vec{\mathbf{v}}_{BR}$	0	10.0
$\vec{\mathbf{v}}_{BE}$	v_x	v_y
$\vec{\mathbf{v}}_{RE}$	5.00	0

속도의 x성분을 구한다.

$$0 = v_x - 5.00\text{ km/h} \rightarrow v_x = 5.00\text{ km/h}$$

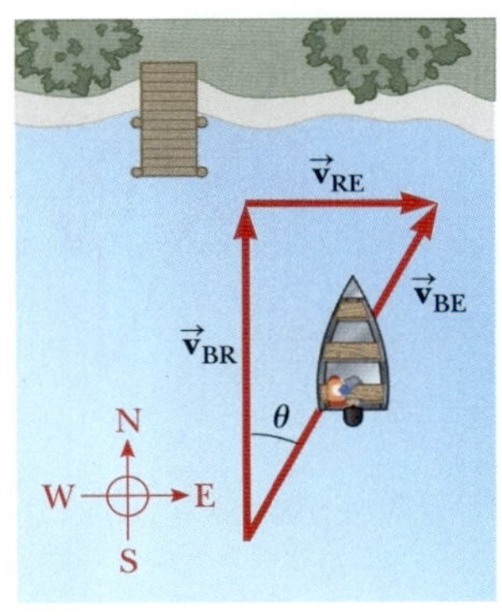

그림 3.13 (예제 3.6)

속도의 y성분을 구한다.

$$10.0\text{ km/h} = v_y - 0 \rightarrow v_y = 10.0\text{ km/h}$$

$\vec{\mathbf{v}}_{BE}$의 크기를 구한다.

$$v_{BE} = \sqrt{{v_x}^2 + {v_y}^2}$$
$$= \sqrt{(5.00\text{ km/h})^2 + (10.0\text{ km/h})^2} = 11.2\text{ km/h}$$

$\vec{\mathbf{v}}_{BE}$의 방향을 구한다.

$$\theta = \tan^{-1}\left(\frac{v_x}{v_y}\right) = \tan^{-1}\left(\frac{5.00\text{ m/s}}{10.0\text{ m/s}}\right) = 26.6°$$

참고 보트는 땅에 대해 북동쪽으로 26.6°의 방향으로 11.2 km/h의 속력으로 운행한다.

예제 3.7 흐르는 물 거스르기

목표 이차원에서 복잡한 상대 운동 문제를 푼다.

문제 예제 3.6에서 배가 강물에 대해서 동일한 속력 10.0 km/h로 가면서, 그림 3.14와 같이 정북쪽으로 강을 가로지르려면 뱃머리는 어느 방향으로 돌려야 하는가? 또 강둑에 서 있는 관측자에 대한 배의 속력은 얼마인가? 이때 강물은 동쪽을 향하여 5.00 km/h로 흐르고 있다.

전략 예제 3.6처럼 푼다. 이 상황에서는 배가 북쪽을 향한다는 사실로부터 뱃머리 방향과 물에 대한 속도를 구한다.

풀이

앞에서처럼 세 가지 양을 정리한다.

$$\vec{\mathbf{v}}_{BR} = \vec{\mathbf{v}}_{BE} - \vec{\mathbf{v}}_{RE}$$

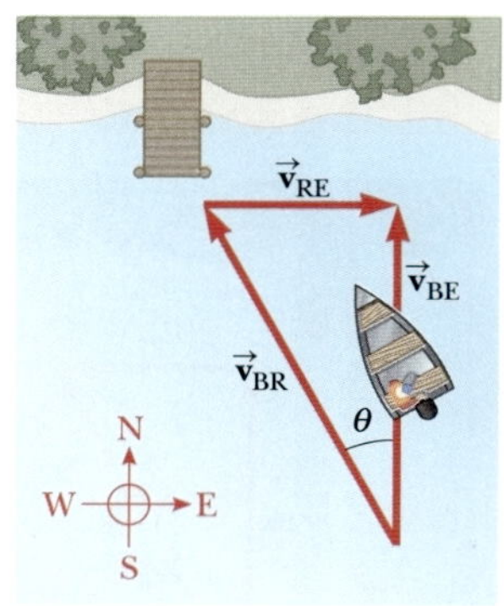

그림 3.14 (예제 3.7)

벡터 성분을 표로 만든다.

벡터	x성분(km/h)	y성분(km/h)
$\vec{\mathbf{v}}_{BR}$	$-(10.0\text{ km/h})\sin\theta$	$(10.0\text{ km/h})\cos\theta$
$\vec{\mathbf{v}}_{BE}$	0	v
$\vec{\mathbf{v}}_{RE}$	5.00 km/h	0

상대속도 식의 x성분은 θ를 구하는 데 사용될 수 있다.

$$-(10.0\text{ km/h})\sin\theta = 0 - 5.00\text{ km/h}$$

$$\sin\theta = \frac{5.00\text{ km/h}}{10.0\text{ km/h}} = \frac{1.00}{2.00}$$

역사인 함수를 적용하여 북서쪽 뱃머리 방향인 θ를 구한다.

$$\theta = \sin^{-1}\left(\frac{1.00}{2.00}\right) = \boxed{30.0°}$$

상대속도 식의 y성분은 v를 구하는 데 사용될 수 있다.

$$(10.0\text{ km/h})\cos\theta = v \quad \rightarrow \quad v = \boxed{8.66\text{ km/h}}$$

참고 그림 3.14에서 문제가 직각삼각형을 포함하고 있기 때문에 피타고라스 정리를 이용하여 풀 수 있다는 것을 알 수 있다. 배 속도의 x성분은 정확히 강물의 속도와 상쇄된다. 그렇지 않다면 더욱 일반적인 기법이 필요하다. 강물에 대한 배의 속도의 x성분은 음이기 때문에 상대속도 식의 x성분의 음의 부호는 $-(10\text{ km/h})\sin\theta$항에 포함되어야 한다.

연습문제

3.1 변위

3.2 속도, 속력 및 가속도

1(1). 인천공항에서 이륙한 대형 여객기가 일정한 고도를 유지한 채 반지름 3.50 km의 반원을 그리며 1.50×10^2 s 동안 비행한다면 그 비행기의 (a) 변위, (b) 그 시간 동안의 평균 속도를 구하라. (c) 같은 시간 동안 그 비행기의 평균 속력은 얼마인가?

2(3). $t=0$일 때의 위치가 $x_i=2.00$ m, $y_i=4.50$ m에 있는 어떤 장난감 드론의 평균 속도가 $v_{평균,x}=1.50$ m/s, $v_{평균,y}=-1.00$ m/s이다. $t=2.00$ s일 때의 그 드론의 위치의 (a) x성분과 (b) y성분을 구하라.

3(5). 동쪽으로 25.0 m/s로 달리던 차가 6.00 s 동안에 방향을 북쪽으로 틀어서 35.0 m/s로 가속하였다. 그 차의 평균 가속도의 크기를 구하라.

3.3 이차원 운동

4(7). 한 학생이 벼랑 끝에 서서 수평 방향으로 돌을 18.0 m/s의 속력으로 던졌다. 벼랑은 그림 P3.4와 같이 지면보다 50.0 m

위에 있다. (a) 돌의 처음 위치의 좌표는? (b) 처음 속도의 성분은? (c) 시간에 따른 돌 속도의 x성분과 y성분에 대한 식을 구하라. (d) 그림 P3.4에서의 좌표계를 이용하여 시간에 따른 돌의 위치를 구하라. (e) 돌이 벼랑 끝을 떠나서 그 아래 지면에 도달하는 시간은 얼마인가? (f) 돌이 지면에 충돌하는 속도와 각도는 얼마인가?

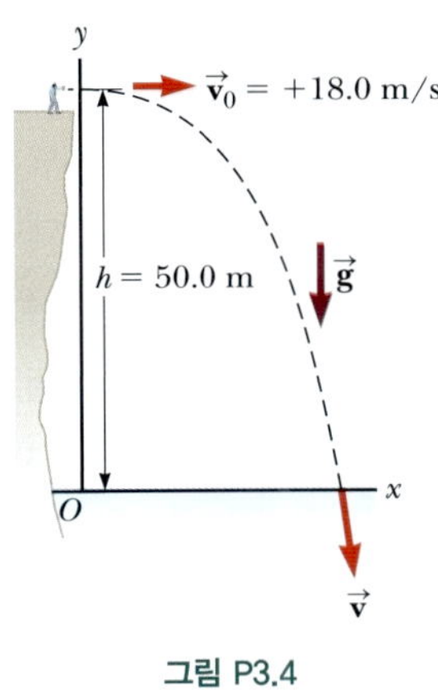

그림 P3.4

5(9). 동물의 왕국에서 가장 빠른 동물은 표범인데 45°의 각으로 뛰어오르면 3.7 m의 높이를 올라간다. 이 높이를 뛰어오를 수 있는 처음 속도는 얼마인가?

6(11). 어떤 미식축구 선수가 골포스트로부터 36.0 m 떨어진 곳에서 골포스트를 향해 킥을 하게 되었다. 관중들은 공이 3.05 m의 크로스바를 넘어가길 바라고 있다. 킥을 했을 때 공은 지면과 53.0°의 각으로 20.0 m/s의 속력으로 지면을 떠났다. (a) 공이 크로스바를 지날 때, 공이 크로스바 위로 또는 아래로 얼마나 떨어져서 지날까? (b) 크로스바 부근을 지나갈 때 공은 상승하고 있는가 아니면 하강하고 있는가?

7(13). 건물 꼭대기에서 처음 속력 15 m/s로 수평과 25° 윗방향으로 벽돌을 던졌다. 벽돌의 체공 시간이 3.0 s라면, 이 건물의 높이는 얼마인가?

8(15). 자동차 한 대가 수평보다 24.0° 아래로 바다가 보이는 절벽 위의 경사길에 주차되었다. 이 부주의한 운전사는 기어를 중립에다 놓은 채로 비상 제동 장치에 결함이 있는 자동차를 두고 가버렸다. 그 차는 정지 상태에서 일정가속도 4.00 m/s^{2}으로 바다에서 높이 30.0 m의 벼랑 끝까지 50.0 m의 거리를 운전사 없이 굴러 내려 왔다. (a) 자동차가 바다에 떨어졌을 때 절벽 아래에 대한 차의 위치, (b) 자동차의 체공 시간을 구하라.

9(17). 수평에 대하여 30.0° 윗방향으로 처음 속력 60.0 m/s인 포물체가 발사되었다. 발사체는 4.00 s 뒤에 산중턱에 떨어졌다. 공기의 저항을 무시하면 (a) 궤적의 최고점에서 포물체의 속도는 얼마인가? (b) 포물체의 발사된 곳에서 때린 표적까지의 직선거리를 구하라.

10(19). 어떤 학교는 지붕이 운동장인데 그 높이가 건물 옆 길바닥에서 6.00 m이지만(그림 P3.10), 지붕 둘레에 1.00 m 높이의 담이 둘러 있어서 건물 벽의 높이는 7.00 m이다. 지붕 운동장에서 학생들이 갖고 놀던 공이 밖으로 튕겨 나가 길에 떨어졌다. 마침 지나가던 사람이 그 공을 차서 지붕 위로 올려 보내려고 한다. 공을 차려고 하는 사람은 건물 끝에서 $d = 24.0$ m 되는 지점에서 수평과 53.0°의 각으로 공을 찬다. 그 공이 건물 벽 바로 위에 도달하는 데 걸리는 시간이 2.20 s이다. (a) 발로 차는 공의 처음 속력을 구하라. (b) 공이 벽 바로 위를 지나는 높이를 구하라. (c) 공이 지붕 위 운동장 바닥에 떨어지는 벽에서부터의 거리를 구하라.

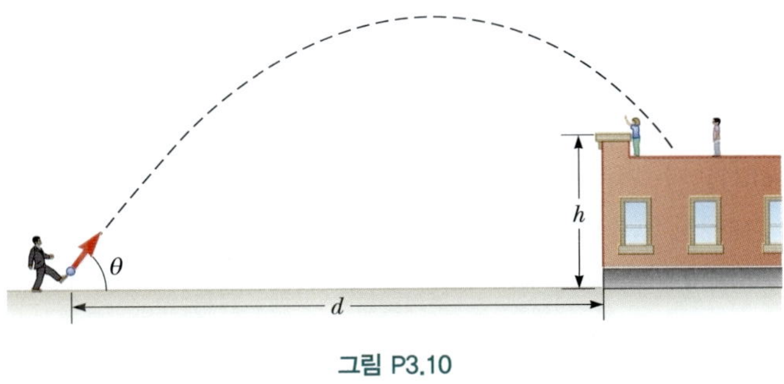

그림 P3.10

3.4 상대속도

11(21). 물에 대한 보트의 속력이 12.0 m/s라고 하자. 동쪽으로 2.50 m/s의 속력으로 흐르는 강물 위에 보트가 있다면, 그 보트가 (a) 강물의 흐름과 같은 동쪽으로 향할 때와 (b) 강물의 흐름과 반대인 서쪽으로 향할 때의 지면에 대한 배의 상대 속력을 구하라.

12(23). 정기 제트 여객기가 풍속이 1.00×10^2 mi/h이고 동북쪽 30.0° 방향으로 바람이 부는 지역에서 동쪽으로 처음 속력 3.00×10^2 mi/h로 들어간다. (a) 공기에 대한 비행기의 속도 성분 $\vec{v}_{JA}$을 구하라. (b) 지면에 대한 바람의 속도 성분 $\vec{v}_{AE}$를 구하라. (c) 속도 성분 $\vec{v}_{JA}$, $\vec{v}_{AE}$, $\vec{v}_{JE}$에 대하여 식 3.11 ($\vec{v}_{AB} = \vec{v}_{AE} - \vec{v}_{BE}$)과 비슷한 식을 써라. (d) 지면에 대한 비행기의 방향과 속력을 구하라.

13(25). 북쪽으로 2.50 m/s^{2}으로 가속되고 있는 기차의 객실 천정에서 나사 한 개가 떨어진다. (a) 기차 객실에 대한 그 나사의 가속도는 얼마인가? (b) 지면에 대한 그 나사의 가속도는 얼마인가? (c) 지면에 정지해 있는 관측자가 본 그 나사의 운동 경로를 표현해 보라.

14(26). 비행기가 공기에 대해 630 km/h의 속력을 유지하며 북쪽으로 750 km 떨어진 도시를 향하고 있다. (a) 바람이 35.0 km/h의 속력으로 남쪽으로 분다면 바람을 정면으로 받는 비

행기가 목적지까지 가는 데 걸리는 시간을 얼마인가? (b) 같은 속력의 바람이 비행기의 진행 방향과 같은 방향을 향해 불면 비행 시간은 얼마나 걸리는가? (c) 지면에 대해 동쪽으로 35.0 km/h의 바람이 분다면 비행 시간은 얼마나 걸리는가?

15(29). 강물이 0.500 m/s의 속력으로 흐르고 있다. 한 학생이 상류로 1.00 km를 수영하고 다시 출발점으로 되돌아 왔다. (a) 만일 이 학생이 정지해 있는 물에 대하여 1.20 m/s로 수영할 수 있다면, 그 시간은 얼마나 걸릴까? (b) 같은 거리를 정지된 물에서 수영하면 시간은 얼마나 걸리는가? (c) 흐르는 물에서 수영할 때 시간이 많이 걸리는 이유를 직관적으로 설명하라.

종합문제

16(31). 두 자동차의 앞 범퍼가 처음에 100 m 떨어져 있는 상태에서 고속도로의 왼쪽 차선에서 60.0 km/h로 달리는 차가 오른쪽 차선에서 40.0 km/h로 달리는 차를 따라잡으려면 얼마나 걸리는가?

17(33). 한 소년이 지붕 위로 던진 야구공이 지붕에서 굴러 내려 지붕 끝에서의 속력이 3.75 m/s이다. 지붕이 수평과 35.0° 기울어져 있고 지면에서 지붕 끝까지의 높이가 2.50 m라면 (a) 공이 공중에 머무는 시간, (b) 지붕 끝 아래 점에서부터 공이 지면에 닿는 점까지의 거리를 구하라.

18(35). 그림 P3.18에 있는 도시 A와 B는 거리 80.0 km만큼 떨어져 있다. 한 사람은 A에서 출발하고 다른 사람은 B에서 출발하여 호수 L에서 만나기로 했다. 이들은 동시에 2.50시간 동안 같은 곳을 향하여 출발했다. 차 1의 속력은 90.0 km/h이다. 두 차가 동시에 호수에 도착한다면 차 2의 속력은 얼마나 되는가?

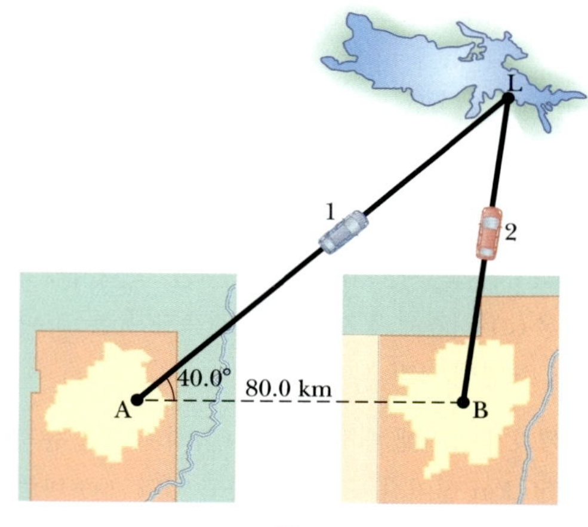

그림 P3.18

19(37). 어떤 아버지가 아이에게 포물체 운동의 시범을 보이기 위해 식탁 위에 있는 완두콩을 포크 끝으로 살짝 눌러서 완두콩을 튕겨 올렸다. 완두콩이 식탁 면과 75.0°의 각으로 8.25 m/s의 속력으로 튕겨졌다면, 그 콩이 식탁 표면 위 2.00 m 높이의 천장에 닿을 때의 속력은 얼마인가?

20(39). 로켓을 처음 속력 100. m/s로 수평과 53.0° 윗방향으로 발사시켰다. 로켓은 3.00 s 동안 30.0 m/s^{2}의 가속도로 같은 방향으로 날아가다가 엔진이 고장나서 로켓은 포물체처럼 날아간다. (a) 로켓의 최대 높이를 구하라. (b) 날아간(체공) 시간을 구하라. (c) 수평 도달 거리를 구하라.

21(41). (a) 어떤 사람이 지구에서 지면에 대하여 45°로 뛰어 최대 수평 거리 3.0 m를 뛸 수 있다면, 달에서는 얼마나 멀리 뛸 수 있을까? 지구 표면에서 $g = 9.80$ m/s^{2}이라면 달에서는 자유낙하 가속도가 $g/6$이다. (b) 화성에 대해서도 구하라. 화성에서 중력에 의한 가속도는 $0.38g$이다.

22(43). 어느 야구장은 홈플레이트로부터 130 m 떨어진 높이가 21 m인 벽을 야구공이 넘어야 홈런이 된다. 한 타자가 수평과 35°의 각으로 공을 쳤고 공기의 저항은 무시할 수 있다. (a) 홈런이 되기 위한 이 공의 최소 처음 속력, (b) 공이 벽에 닿는 데 걸리는 시간, (c) 공이 벽에 닿을 때 속도 성분과 속력을 구하라. (배트에 맞을 때의 공의 높이는 지면에서 1.0 m라고 가정한다.)

23(45). 미식축구 쿼터백이 30.°의 각도 20. m/s의 속력으로 리시버에게 공을 던졌다. 그 순간, 리시버는 쿼터백으로부터 20. m 거리에 있었다. 리시버가 공을 던졌을 때의 높이와 같은 높이에서 받으려면 (a) 어느 방향으로 (b) 일정한 속력으로 얼마나 빨리 달려야 하는가?

24(47). 스피팅 코브라는 독샘 주변 근육에 힘을 주어 공격자에게 독을 분사함으로써 자신을 방어할 수 있다. 스피팅 코브라가 목을 0.500 m 높이로 세워 수평과 50.0°의 각도로 3.50 m/s로 독을 분사한다고 하자. 공기의 저항을 무시할 때, 독이 땅에 닿기 전까지 날아가는 수평 거리를 구하라.

25(49). 한 사냥꾼이 폭이 1.5 km이고, 강둑과 평행하게 5.0 km/h로 물이 흐르는 강을 건너고자 한다. 사냥꾼이 사용할 수 있는 보트의 최대 가능한 속력은 정지해 있는 물 위에서 12 km/h이다. 강을 건너는 가장 빠른 시간은 얼마인가?

26(51). (역자 주: 대포 속에 사람을 넣어 쏘는 무모한 행위가 있다.) 어떤 무모한 사람이 수평과 45.0°의 각도로 처음 속력 25.0 m/s로 대포 속에서 발사되었다. 그물은 대포로부터

50.0 m의 거리에 설치되어 있다. 그 무모한 사람을 그물로 받으려면 대포 끝보다 얼마나 높이 그물을 설치해야 되는가?

27(53). 유명한 마크 트웨인의 소설 중에는 개구리 점프 대회가 나오는 것이 있다. 이 대회에서는 2.2 m까지 기록된 개구리의 점프 기록이 나와 있다. 2.2 m를 점프한 개구리가 45.° 의 각으로 튀었다면 (a) 그 개구리가 처음 튀어 오르는 속력과 (b) 그 개구리가 공중에 머무는 시간을 구하라. 공기의 저항은 무시한다.

28(55). 처음 속력이 50.0 m/s인 골프공이 수평으로 240 m 거리에 떨어졌다. (a) 공기 저항을 무시할 때 이 거리에 도달할 수 있는 공의 처음 각도 두 가지를 구하라. (b) 그 공이 올라가는 최대 높이는 얼마인가? (a)에서 구한 두 각을 모두 적용해서 두 가지 계산을 해 보라.

29(57). 눈싸움에서 이기는 방법은 눈덩이를 높은 각도로 던지는 것이다. 날아가는 눈덩이를 상대방이 보고 있는 동안, 두 번째 눈덩이를 낮은 각도로 던져서 처음 눈덩이보다 먼저 또는 동시에 도달하게 하는 것이다. 두 눈덩이 모두 25.0 m/s로 던져진다고 가정하자. 첫 번째 눈덩이는 수평과 70.0°의 각으로 던진다. (a) 두 번째 눈덩이를 첫 번째와 눈덩이와 동시에 상대방에게 맞추려면 어떤 각도로 던져야 하는가? (b) 눈덩이를 동시에 맞게 하려면 몇 초 후에 두 번째 눈덩이를 던져야 하는가?

30(59). 아주 단호한 코요테가 로드러너(뻐꾸기과의 새)를 잡기 위해 쫓고 있다. 코요테는 그림 P3.30에서 볼 수 있듯이 롤러스케이트를 신고 있는데, 이 스케이트가 낼 수 있는 최대 가속도는 15.0 m/s^{2}이다. 로드러너가 절벽 쪽을 향해 빠르게 지나가는 순간, 코요테는 절벽 가장자리로부터 70.0 m 떨어진 거리에서 정지 상태에서 출발한다. (a) 로드러너가 일정한 속력으로 달린다고 할 때 코요테한테 잡히기 않고 절벽 끝까지 가기 위한 최소 속력을 구하라. (b) 절벽이 골짜기보다 1.00 × 10^2 m 높이 있다면 코요테는 골짜기 아래 어느 위치에 떨어지겠는가? (롤러스케이트는 코요테가 '허공'에 있을 때에도 그대로 신겨져 있으며, 가속도의 수평 성분은 여전히 15.0 m/s^{2}이라고 가정한다.)

그림 P3.30

뉴턴의 운동 법칙
Newton's Laws of Motion

CHAPTER
4

고전 역학은 일상생활에서 물체에 작용하는 힘과 운동과의 관계를 기술하고 있다. 원자 정도의 작은 크기이거나 빛의 속도에 가까운 속도로 이동하는 물체의 경우를 제외하면, 고전 역학은 자연 현상을 잘 설명한다.

이 장에서는 뉴턴의 세 가지 운동 법칙과 중력 법칙에 관하여 다룬다. 뉴턴의 세 가지 운동 법칙은 간단하면서도 정확하다. 제1법칙은 물체의 속도를 변화시키기 위해서는 힘이 작용되어야 한다는 것이다. 한 물체의 속도를 변화시키는 것은 그 물체를 가속시키는 것을 뜻하는데, 이는 힘과 가속도 간에 관계가 있음을 의미한다. 이 관계가 뉴턴의 제2법칙으로, 그에 따르면 어떤 물체에 작용하는 알짜힘은 그 물체의 질량과 가속도의 곱과 같다. 마지막으로 제3법칙은 우리가 어떤 물체에 힘을 가할 때, 그 물체도 같은 크기의 힘을 반대 방향으로 작용시키는 것을 의미한다. 이상과 같이 세 가지 법칙을 요약할 수 있다.

뉴턴의 세 가지 법칙은 미적분학의 발견과 더불어 오늘날 보편적으로 사용하고 있는 수학, 과학, 공학기술의 모든 분야에서 연구와 발견의 장을 열게 하였다. 뉴턴의 만유인력 역시 오늘날까지 천체 역학과 천문학에 혁신을 가져오게 하는 중요한 영향력을 발휘했다. 이 이론을 토대로 행성의 궤도들이 매우 정밀하게 계산되었고, 밀물과 썰물에 대해서도 이해하게 되었다. 또한 현재 블랙홀이라 부르는 암흑성도 실제로 관측되기 200여 년 전에 이미 예견되었다.[1] 뉴턴의 세 가지 운동 법칙은 중력 법칙과 함께 인류사에 가장 위대한 업적이라 할 수 있다.

뉴턴은 운동에 대한 기존의 잘못된 개념을 바로잡고, 물체에 작용하는 힘에 따른 운동을 계산하는 체계적인 방법을 제시하기 위해 운동 법칙을 제안했다. 다음 절에서는 그의 세 가지 법칙을 차례로 살펴보고, 물체의 가속도를 결정하는 알짜힘에 포함된 개별 힘에 대해서도 살펴본다.

4.1 힘과 뉴턴의 제1법칙 Forces and Newton's First Law

4.1.1 힘 Forces

힘이란, 예를 들어 라켓으로 테니스공을 칠 때처럼, 일반적으로 어떤 물체를 빠르게 밀거나 당기는 것으로 생각할 수 있다(그림 4.1). 우리는 공을 다양한 속도와 방향으로 상대편의 코트로 넘겨 보낼 수 있다. 이것은 가한 힘의 크기와 방향을 조절할 수 있음을 의미하고, 따라서 힘은 속도나 가속도처럼 백터양으로 표현된다.

Clive Brunskill/Getty Image

그림 4.1 영국의 테니스 선수 앤디 머레이가 라켓으로 공에 접촉력을 가하여, 가속된 공이 코트 쪽을 향하고 있다.

만약 용수철을 잡아당기면(그림 4.2a) 용수철이 늘어나고, 수레를 끌어당기면(그림 4.2b) 수레는 움직이게 된다. 축구공을 차면(그림 4.2c) 공은 잠시 모양이 변했다가 움직이게 된다. 이러한 경우는 모두 두 물체의 물리적 접촉에 의해 힘이 작용하는 것으

[1] 1783년에 미셸(Michell)은 뉴턴의 빛 이론과 중력 이론을 결합하여 빛이 탈출할 수 없는 "암흑물질"의 존재를 예측하였다.

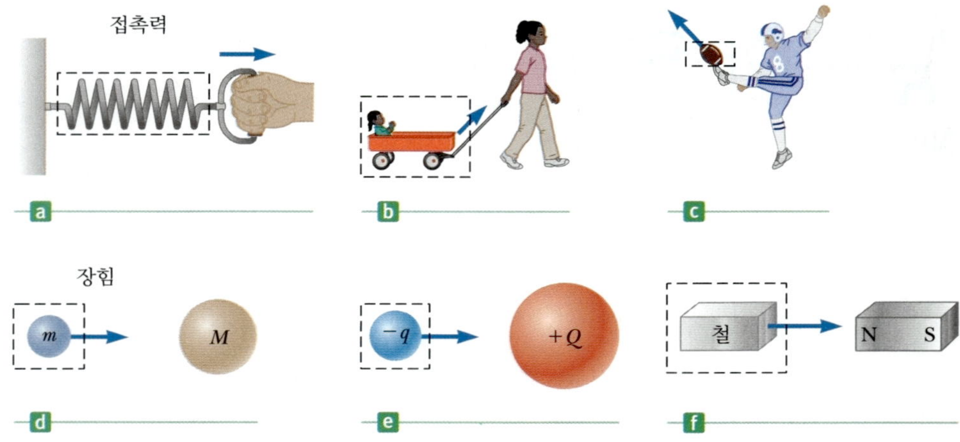

그림 4.2 여러 가지 물체에 작용하고 있는 힘의 예. 각 경우에 힘은 점선 내부의 물체에 작용하고 있다. 점선 영역 외부의 어떤 것이 물체에 힘을 가하고 있다.

로 **접촉력**(contact forces)의 예이다.

우리의 물리적 환경과 그 환경 안에 있는 모든 것에는 접촉력이 작용하고 있다. 지면은 우리를 받치고 있으며 벽은 우리가 나아가지 못하게 가로막고 있다. 마찰력은 운동을 돕기도 하고 방해하기도 한다. 마찰력의 근본적인 원인은 접촉면 근처에서 발생하는 전자기적 상호작용이다.

원자는 중성자와 양성자가 아주 강하게 결합된 핵과 그 둘레를 도는 전자들로 구성되어 있다. 핵의 크기는 대략 펨토미터(10^{-15} m)의 크기를 가진다. 반면에 수소와 같은 일반적인 원자는 폭이 대략 옹스트롬(10^{-10} m)인 크기를 가진다. 수소 원자 속의 양성자를 탁구공의 크기라고 한다면 전자의 크기는 박테리아 정도의 크기이고, 궤도 반지름은 킬로미터 정도의 거리일 것이다.

원자 내 전자들은 분자의 궤도 안에서 전자의 이동 또는 공유의 방식으로, 혹은 편극에 의해 전자기력을 발생시킨다. 이 전자기력은 화학적 결합을 통해 결정체를 만들고, 세포막과 조직 등의 확장된 구조를 형성하는데, 이를 통해 우리가 사는 거시적 세계가 이루어진다. 우리가 지구 중심으로 떨어지지 않도록 해 주는 수직 항력(4.4절)은 지면과 우리 발바닥 사이의 엄청나게 많은 수의 전자기 상호작용에 기인한다. 우리가 물 위에서 걸을 수 없는 이유는 물 분자 간의 수소결합이 너무나 약하고 일정치 않기 때문이다. 물이 얼면 얼음의 결정구조가 견고해져 우리의 무게를 견디게 된다.

다른 종류의 접촉력도 근원은 유사하다. 줄의 장력은 줄을 만든 섬유에 따라 달라진다. 다시 말해서 전자기력에 의해 형성된 미시적인 분자구조에 의해 결정된다. 마찰력은 접촉면에서의 미시적인 불규칙성 때문에 생긴다. 접촉력의 거시적인 모델은 분자나 원자 수준에서 다양하고 복잡한 전자기 상호작용 때문이라고 보면 된다.

이 외에 물리적 접촉 없이 발생하는 힘이 존재한다. 뉴턴 등 초기의 과학자들은 서로 연결되어 있지 않은 두 물체 사이에 작용하는 힘의 개념에 익숙치 않아서 많은 고민을 했다. 그럼에도 불구하고 뉴턴은 그의 중력 법칙에 "원격작용"이라는 개념을 사용하였다. 예를 들면, 질량을 가진 태양이 아무런 물리적 연결 없이 멀리 떨어진 지구에 영향을 미치는 것을 의미한다. 이러한 원격작용과 관련된 개념의 어려움을 극복하기 위해 마이클 패러데이(Michael Faraday, 1791∼1867)는 장(field)의 개념을 도입하였다.

그에 해당하는 힘을 **장힘**(field force)이라 한다. 이러한 접근법에 의하면, 질량 M을 가진 태양과 같은 물체가 공간 전체에 눈에 보이지 않는 영향을 미친다. 지구와 같은 질량 m인 두 번째 물체는 태양과 직접 상호작용하지 않고 태양에 의해 만들어지는 장과 상호작용하게 된다. 그림 4.2d에 나타난 두 물체 간의 중력 인력의 힘은 장힘의 한 예이다. 중력은 물체를 지구에 붙잡아두고, 물체에 무게가 생기도록 한다.

장힘의 또 다른 예로서 한 전하가 다른 전하에 작용하는 전기력을 들 수 있다(그림 4.2e). 세 번째 예는 막대자석이 철 조각에 작용하는 힘이다(그림 4.2f).

우리가 알고 있는 자연의 근본적인 힘은 모두 장힘이다. 이러한 힘을 크기의 순으로 나열하면, (1) 원자 내에서 작용하는 강력, (2) 전하 사이에 작용하는 전자기력, (3) 방사선 붕괴를 유발하는 약력, (4) 물체 사이의 중력 등이다. 강력은 원자핵에서 양성자들이 반발하여 흩어지는 것을 막아준다. 약력은 대부분의 방사선 붕괴 과정에 작용하며 태양의 에너지를 방출하는 중요한 역할을 한다. 강력과 약력은 매우 짧은 거리인 핵(10^{-15} m)의 수준에서만 작용한다. 그 범위를 벗어나면 아무런 영향이 없다. 반면 고전 물리학에서는 먼 거리까지 작용하는 중력과 전자기력만을 다루고 있다.

물체에 작용하는 힘은 그 모양을 바꿀 수도 있다. 예를 들어, 라켓으로 테니스공을 치면 그림 4.1과 같이 어느 정도 공의 모양이 변형된다. 아무리 단단한 물체나 강체라도 외력에 의해 변형된다. 자동차의 충돌에 의한 변형은 영구적일 수도 있다.

4.1.2 뉴턴의 제1법칙 Newton's First Law

책상 위에 놓인 책은 그대로 정지해 있다. 이때 책과 책상 사이의 마찰력보다 큰 힘을 가하면, 책은 운동을 시작하게 된다. 가한 힘이 마찰력보다 크면 책은 가속하고, 반대로 힘이 없으면 마찰에 의해 느려지다가 곧 정지하게 된다(그림 4.3a).

반면 왁스가 칠해진 미끄러운 면을 따라 책을 밀면, 작용하는 힘이 없을 때 정지하기

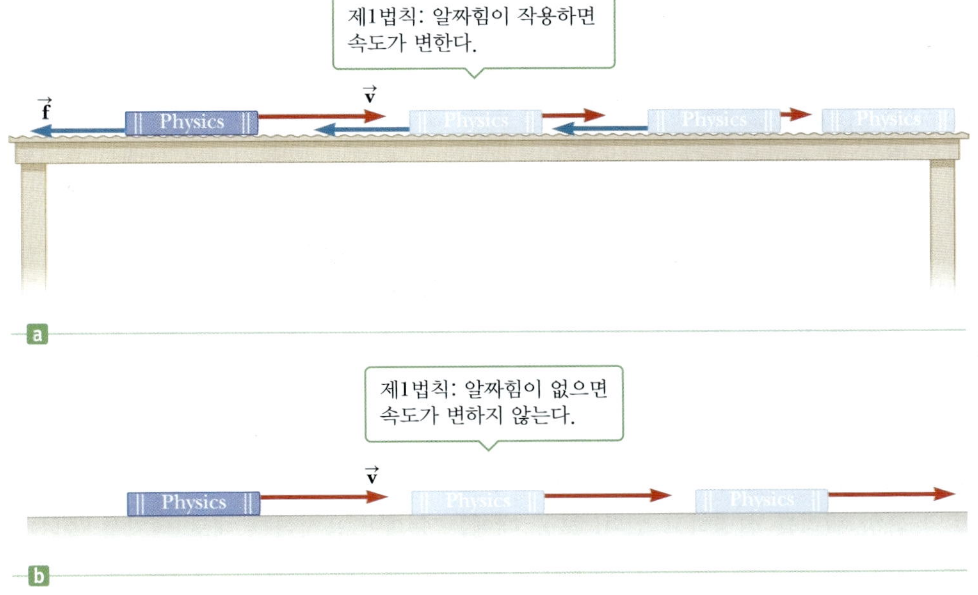

그림 4.3 운동의 제1법칙. (a) 책이 처음 속도 $\vec{v}$로 마찰이 있는 표면에서 움직인다. 수평 방향의 마찰이 있기 때문에 밀린 책은 느려지면서 정지하게 된다. (b) 마찰이 없는 표면에서 책이 처음 속도 $\vec{v}$로 움직이고 있다. 알짜힘이 없으므로, 책은 속도 $\vec{v}$로 계속 움직인다.

는 하지만 전보다 천천히 정지한다. 마지막으로 책이 마찰이 없는 수평면 위에서 움직이고 있다면(그림 4.3b), 벽이나 다른 물체와 충돌하여 정지하기 전까지는 계속 일정 속도를 유지하는 운동을 할 것이다.

약 1,600년 전까지 과학자들은 물체가 정지해 있는 것이 자연스러운 상태라고 믿었다. 그러나 갈릴레오는 실험을 통하여 **운동하는 물체는 정지하려는 속성을 가진 것이 아니라, 계속하여 원래의 운동 상태를 유지하려 한다**는 결론을 도출하였다(그림 4.4). 이것을 토대로 나중에 **뉴턴의 제1법칙**(Newton's first law of motion)인 관성의 법칙(law of inertia)이 공식화되었다.

뉴턴의 제1법칙 ▶

> 물체에 작용하는 알짜힘이 없다면, 그 물체는 일정한 크기의 속도를 가지고 동일한 방향으로 운동한다.

ND/Roger-Viollet/The Image Works

그림 4.4 외력이 작용하지 않으면 정지 상태의 물체는 계속 정지해 있을 것이며, 움직이는 물체는 일정속도로 계속 움직일 것이다. 이 사진의 경우, 건물의 벽이 움직이는 기차를 멈추게 할 만큼의 충분히 큰 외력을 작용하지 못한 경우이다.

물체에 작용하는 알짜힘은 그 물체에 작용하는 외력의 벡터 합으로 정의된다. 외력은 물체의 환경에 의존한다. 만일 물체 속도의 크기나 방향이 변하지 않으면 물체의 가속도와 작용하는 알짜힘은 0이다.

내력은 물체 자체에서 나온 힘으로서 물체의 회전율을 바꿀 수는 있지만 물체의 속도를 변화시킬 수 없다(8장 참고). 결과적으로 내력은 뉴턴의 제2법칙에는 포함시키지 않는다. 즉 "물체 스스로가 속도를 올리는 것"은 불가능하다.

제1법칙의 결과 때문에 우주여행이 쉬워진다. 힘차게 쏘아 올린 후에 우주선은 몇 달 혹은 몇 년간 계속 움직이게 되며, 다만 먼 거리에 있는 태양이나 별에 의해 속도가 약간 바뀔 뿐이다.

질량과 관성

골프채로 티 위에 놓인 골프공을 친다고 하자. 만약 숙달된 골퍼라면 페어웨이로 수백 야드를 날려 보낼 수 있을 것이다. 이제 같은 골프채로 티 위에 놓인 볼링공을 친다고 가정해 보자(권장할 일은 아니지만). 골프채는 부러져 나갈 것이고 손목이 골절될 수도 있다. 아마도 볼링공은 티에서 떨어져 겨우 반 바퀴 정도 구르다 멈추게 될 것이다.

이러한 가상의 실험에서 두 공은 모두 운동 상태의 변화에 저항을 하지만 볼링공의 경우 더 크게 저항을 한다고 결론을 내릴 수 있다. 원래의 운동 상태를 그대로 유지하려고 하는 성질을 **관성**(inertia)이라 한다.

응용
안전벨트

관성은 주어진 힘이 없는 경우에 운동 상태를 그대로 유지하려고 하는 성질인 반면, **질량**(mass)은 힘이 가해질 때 물체의 운동 변화에 대한 저항의 크기이다. 물체의 질량이 크면 주어진 힘에 의한 가속도는 작아진다. 질량의 SI 단위는 킬로그램(kg)이다. 질량은 일반적인 산술 법칙에 따르는 스칼라양이다.

관성으로 좌석 안전벨트의 작용 원리를 설명할 수 있다. 안전벨트의 역할은 사고가 났을 때 승객을 자동차에 고정시켜 심한 부상을 방지하는 것이다. 그림 4.5는 안전벨트의 고정 원리를 설명하고 있다. 보통 때에는 승객이 움직이는 대로 쐐기형 톱니가 자유롭게 감기고 풀릴 수 있다. 사고가 나면 자동차가 큰 가속을 받게 되어 급히 정지된다. 좌석 밑에 있던 큰 상자는 관성에 의해서 트랙을 따라 앞으로 미끄러져 나오게 된다. 상자와 막대 사이가 핀으로 연결되어 있기 때문에, 막대가 회전하면서 톱니바퀴와 막대가 맞물리게 된다. 이때 톱니는 고정되어 안전벨트는 더 이상 풀리지 않는다.

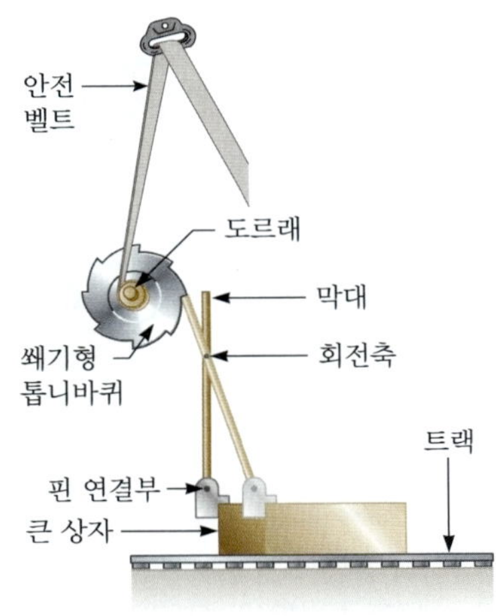

그림 4.5 자동차 안전벨트의 얼개 그림

4.2 뉴턴의 제2법칙, 중력, 무게

Newton's Second Law, Gravity, and Weight

뉴턴의 제1법칙은 물체에 작용하는 힘이 없을 때 일어나는 현상을 설명하고 있다. 이 경우 물체는 원래의 물체의 운동 상태를 그대로 유지할 것이다. 뉴턴의 제2법칙은 알짜힘이 작용하는 물체에 어떤 현상이 일어나는지를 설명한다.

4.2.1 뉴턴의 제2법칙 Newton's Second Law

마찰이 없는 수평면 위에서 얼음 조각을 밀어보자. 조각에 힘을 가하여 2 m/s^2의 가속이 일어나고 만약 2배의 힘을 가하면 가속은 2배가 되어 4 m/s^2이 된다. 계속해서 3배로 힘을 가하면 가속은 3배가 된다. 이 같은 관측을 통하여 **물체의 가속도는 물체에 작용한 알짜힘에 비례한다**는 결론을 얻을 수 있다.

질량 역시 가속도와 관련이 있다. 얼음 조각 위에 같은 크기의 얼음 조각을 올려놓고 일정한 힘으로 밀어 보자. 한 조각을 2 m/s^2의 가속도를 내는 힘으로 두 조각을 밀 때 가속도는 반으로 줄어들어 1 m/s^2이 될 것이고, 세 조각을 밀면 1/3로 줄어들 것이다. **물체의 가속도는 질량에 반비례한다**는 결론에 도달한다. 이들을 토대로 **뉴턴의 제2법칙**을 요약하면 다음과 같다.

Tip 4.1 운동의 변화를 일으키는 힘

운동은 힘이 없는 상황에서도 일어날 수 있다. 힘은 운동의 변화를 일으킨다.

> 물체의 가속도 $\vec{\mathbf{a}}$는 물체에 작용하는 알짜힘에 비례하고 질량에 반비례한다.

◀ 뉴턴의 제2법칙

비례 상수를 1이라 하고 수식으로 표현하면

$$\vec{\mathbf{a}} = \frac{\sum \vec{\mathbf{F}}}{m}$$

로 쓸 수 있다. 여기서 $\vec{\mathbf{a}}$는 물체의 가속도이고, m은 질량, 그리고 $\sum \vec{\mathbf{F}}$는 그 질량에 작용하는 모든 힘의 벡터 합, 즉 알짜힘이다. 양변에 m을 곱하면 다음과 같다.

$$\sum \vec{\mathbf{F}} = m\vec{\mathbf{a}} \qquad [4.1]$$

Tip 4.2 $m\vec{\mathbf{a}}$는 힘이 아니다.

식 4.1은 곱셈 $m\vec{\mathbf{a}}$가 힘이라는 것을 의미하지 않는다. 물체에 작용하는 모든 힘이 벡터의 합으로 알짜힘을 형성하며 식 왼편에 나타난다. 알짜힘은 질량과 물체에 생기는 가속도의 곱과 같다. 분석 과정에서 '$m\vec{\mathbf{a}}$ 힘'을 포함하지 않아야 한다.

물리학자들은 간단히 $F = ma$라 한다. 그림 4.6은 질량, 가속도, 알짜힘의 관계를 잘 보여 주고 있다. 제2법칙은 벡터 방정식이므로 세 개의 성분 식으로 나타낼 수 있다.

$$\sum F_x = ma_x \qquad \sum F_y = ma_y \qquad \sum F_z = ma_z \qquad [4.2]$$

물체에 작용하는 힘이 없으면 가속도는 0이고, 이는 속도가 일정함을 의미한다.

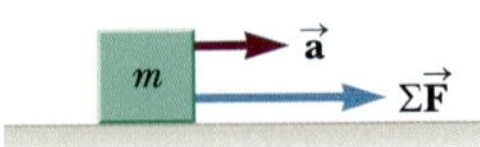

그림 4.6 운동의 제2법칙. 질량이 m인 블록의 경우, 작용하는 알짜힘 $\Sigma\vec{\mathbf{F}}$는 질량 m과 가속도 벡터 $\vec{\mathbf{a}}$의 곱과 같다.

아이작 뉴턴
Isaac Newton(1642~1727)
영국의 물리학자, 수학자

뉴턴은 역사적으로 가장 천재적인 과학자 중의 한 사람이다. 서른 살 이전에 역학의 여러 법칙들에 대한 기본적인 개념을 정립하였고, 만유인력의 법칙을 발견하였으며 미적분에 대한 수학적인 방법론을 개발하였다. 자신의 이론으로 행성의 운동과 조수의 썰물, 밀물 그리고 달과 지구의 운동에 관한 많은 특별한 현상들을 설명하였다. 또한 빛의 성질에 관련한 기본적인 관찰 사실을 설명하였다. 물리학 이론에 대한 그의 공헌은 두 세기 동안 과학적인 사고의 근간이 되어 왔으며 오늘날까지 중요한 영향을 미치고 있다.

힘과 질량의 단위

힘의 SI 단위는 **뉴턴**(newton)이다. 1 N 힘을 질량 1 kg인 물체에 작용하면, 그 물체의 가속도는 1 m/s^{2}가 된다. 이와 함께 뉴턴의 제2법칙으로부터 1 N을 질량, 길이, 시간의 기본 단위로 표현하면 다음과 같다.

$$1\ \text{N} \equiv 1\ \text{kg}\cdot\text{m/s}^2 \qquad [4.3]$$

미국에서 상용되는 힘의 단위는 **파운드**(pound)이다. 파운드를 뉴턴으로 바꾸면

$$1\ \text{N} = 0.225\ \text{lb} \qquad [4.4]$$

가 된다. SI 단위계와 미국 상용 단위계에서 질량, 가속도, 힘의 단위는 표 4.1과 같다.

표 4.1 질량, 가속도, 힘의 단위

계	질량	가속도	힘
SI	kg	m/s^2	N = kg·m/s^2
미국 상용 단위계	slug	ft/s^2	lb = slug·ft/s^2

예제 4.1 에어보트

목표 운동학 공식과 일차원 운동에 뉴턴의 제2법칙을 적용한다.

문제 승객을 포함한 질량이 3.50×10^2 kg인 에어보트의 엔진은 저항력을 감안한 7.70×10^2 N 수평방향의 알짜힘을 낸다(그림 4.7). **(a)** 에어보트의 가속도를 구하라. **(b)** 정지 상태에서 출발하여 12.0 m/s의 속력에 도달하는 데 걸리는 시간은 얼마인가? **(c)** 그 속력에 도달한 후 배의 운전자가 엔진을 끄고 난 후 배는 50.0 m를 더 나아갔다. 저항력이 일정하다고 가정할 때 그 크기를 구하라.

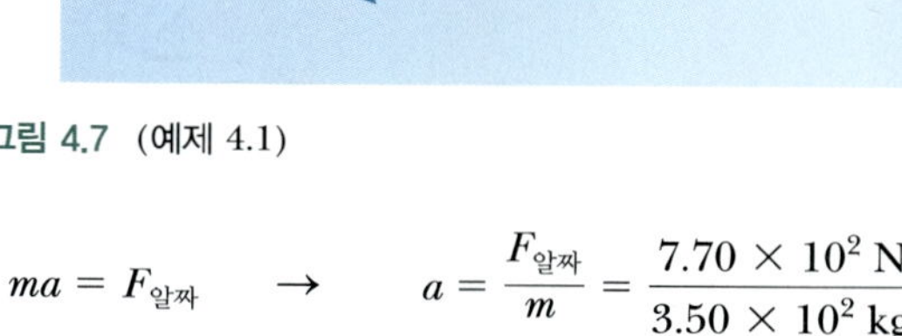

그림 4.7 (예제 4.1)

전략 (a)에서 가속도를 구하기 위해 뉴턴의 제2법칙을 적용하고, (b)에서는 일차원 운동학의 속도와 가속도의 관계식을 사용한다. (c)에서 엔진이 꺼지면 보트에는 x 방향의 저항력만이 작용하므로 알짜 가속도는 $v^2 - v_0^2 = 2a\Delta x$로부터 구할 수 있다. 그런 다음에는 뉴턴의 제2법칙으로부터 저항력을 구할 수 있다.

풀이

(a) 에어보트의 가속도를 구한다.

뉴턴의 제2법칙을 적용하여 가속도를 구한다.

$$ma = F_{알짜} \quad\rightarrow\quad a = \frac{F_{알짜}}{m} = \frac{7.70 \times 10^2\ \text{N}}{3.50 \times 10^2\ \text{kg}}$$
$$= 2.20\ \text{m/s}^2$$

(b) 12.0 m/s의 속력에 도달하는 데 걸리는 시간을 구한다.

속도에 관한 운동학 공식을 적용한다.

$$v = at + v_0 = (2.20\ \text{m/s}^2)t = 12.0\ \text{m/s} \quad\rightarrow\quad t = 5.45\ \text{s}$$

(c) 엔진을 끄고 난 후의 저항력을 구한다.

운동학 공식을 사용하여 저항력 때문에 생기는 알짜 가속도를 구한다. 나중 속력이 '0'이므로

$$v^2 - v_0^2 = 2a\,\Delta x$$
$$0 - (12.0\ \text{m/s})^2 = 2a(50.0\ \text{m}) \quad \rightarrow \quad a = -1.44\ \text{m/s}^2$$

그 가속도를 뉴턴의 제2법칙에 대입하여 저항력을 구한다.

$$F_{\text{저항}} = ma = (3.50 \times 10^2\ \text{kg})(-1.44\ \text{m/s}^2) = \boxed{-504\ \text{N}}$$

참고 프로펠러는 공기에 힘을 가하여 공기를 뒤로 밀어 보낸다. 동시에 공기는 프로펠러에 힘을 작용하여 배를 앞으로 나아가게 한다. 힘은 항상 이런 모양의 짝으로 나타나는데 이런 것은 다음 절에서 뉴턴의 제3법칙으로 설명된다. **(c)**에서 가속도 값이 음으로 나타나는데 그것은 보트가 감속되고 있음을 의미한다.

Tip 4.3 뉴턴의 제2법칙은 벡터로 나타내어야 하는 식이다.
뉴턴의 제2법칙을 적용할 때, 물체에 작용하는 모든 힘을 벡터로 더한 다음 질량 m으로 나누어 벡터값으로 표현되는 가속도를 구한다. 스칼라처럼 힘의 크기를 각각 더해서 가속도를 구하지 않는다.

예제 4.2 배를 끄는 말

목표 이차원의 문제에 뉴턴의 제2법칙을 적용한다.

문제 그림 4.8과 같이 수로를 따라서 두 마리의 말이 질량이 2.00×10^3 kg인 배를 끌고 있다. 첫 번째 말에는 줄이 수로와 $\theta_1 = 30.0°$의 각도로 연결되어 있고, 두 번째 말에는 $\theta_2 = -45.0°$로 연결되어 있다. 두 마리의 말이 모두 6.00×10^2 N의 힘으로 끌 때, 정지 상태에서 출발하는 배의 초기 가속도를 구하라. 배의 마찰은 무시한다.

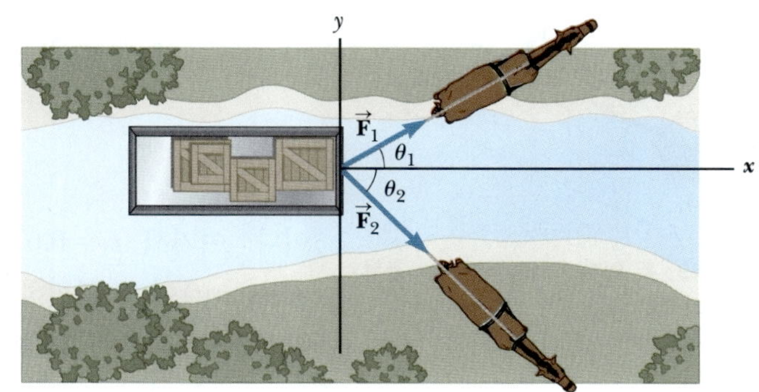

그림 4.8 (예제 4.2)

전략 각각의 말이 배에 작용하는 힘을 삼각함수를 이용하여 구한다. 작용한 힘을 x 방향과 y 방향의 성분으로 나누어 성분별로 더한다. x와 y 방향 성분의 힘을 질량으로 나누어 가속도를 구한다.

풀이

말들이 작용하는 힘의 x성분을 구한다.

$$F_{1x} = F_1 \cos\theta_1 = (6.00 \times 10^2\ \text{N}) \cos(30.0°) = 5.20 \times 10^2\ \text{N}$$
$$F_{2x} = F_2 \cos\theta_2 = (6.00 \times 10^2\ \text{N}) \cos(-45.0°) = 4.24 \times 10^2\ \text{N}$$

x성분들을 합하여 x 방향의 전체 힘을 구한다.

$$F_x = F_{1x} + F_{2x} = 5.20 \times 10^2\ \text{N} + 4.24 \times 10^2\ \text{N} = 9.44 \times 10^2\ \text{N}$$

말들이 작용하는 힘의 y성분을 구한다.

$$F_{1y} = F_1 \sin\theta_1 = (6.00 \times 10^2\ \text{N}) \sin 30.0° = 3.00 \times 10^2\ \text{N}$$
$$F_{2y} = F_2 \sin\theta_2 = (6.00 \times 10^2\ \text{N}) \sin(-45.0°) = -4.24 \times 10^2\ \text{N}$$

y성분들을 합하여 y 방향의 전체 힘을 구한다.

$$F_y = F_{1y} + F_{2y} = 3.00 \times 10^2\ \text{N} - 4.24 \times 10^2\ \text{N} = -1.24 \times 10^2\ \text{N}$$

힘의 성분을 질량으로 나누어 가속도의 성분을 구한다.

$$a_x = \frac{F_x}{m} = \frac{9.44 \times 10^2\ \text{N}}{2.00 \times 10^3\ \text{kg}} = 0.472\ \text{m/s}^2$$
$$a_y = \frac{F_y}{m} = \frac{-1.24 \times 10^2\ \text{N}}{2.00 \times 10^3\ \text{kg}} = -0.062\,0\ \text{m/s}^2$$

가속도의 크기를 구한다.

$$a = \sqrt{a_x^2 + a_y^2} = \sqrt{(0.472\ \text{m/s}^2)^2 + (-0.062\,0\ \text{m/s}^2)^2} = \boxed{0.476\ \text{m/s}^2}$$

가속도의 방향을 구한다.

$$\tan\theta = \frac{a_y}{a_x} = \frac{-0.062\,0\ \text{m/s}^2}{0.472\ \text{m/s}^2} = -0.131$$
$$\theta = \tan^{-1}(-0.131) = \boxed{-7.46°}$$

참고 탄젠트의 역함수의 값이 4사분면 영역의 값도 나올 수가 있으나, 180°를 더할 필요는 없다. 말들이 줄의 장력으로 배에 힘을 가하면, 배는 줄을 통하여 같은 크기의 힘을 반대로 작용한다. 만약 그렇지 않으면 말들은 힘들이지 않고 쉽게 앞으로 나아갈 것이다. 이 예제는 짝을 이루어 작용하는 힘의 예를 보여 준다.

4.2.2 중력과 무게 Gravity and Weight

중력

중력(gravitational force)은 우주에 있는 두 물체 사이에 서로 작용하는 인력이다. 비록 중력이 거대한 물체들 사이에서는 매우 큰 힘으로 작용할 수 있지만, 기본적인 힘 중에서 가장 약하다. 그 힘이 얼마나 작은가는 풍선을 예로 들어 설명할 수 있다. 풍선을 머리카락에 비비게 되면 작은 전하가 만들어지는데, 전기력에 의해서 벽에 풍선이 달라붙어 지구가 당기는 중력을 이겨낸다.

만유인력의 법칙(중력 법칙) ▶

뉴턴은 운동을 이해하는 데 기여했을 뿐 아니라, 중력을 광범위하게 연구하였다. **뉴턴의 만유인력 법칙이란 우주에 존재하는 모든 입자는 질량의 곱에 비례하고 그들 사이의 거리의 제곱에 반비례하는 인력을 작용한다는 것이다.** 만약 그림 4.9와 같이 두 입자의 질량이 m_1과 m_2이고 떨어진 거리가 r이면, 중력의 크기 F_g는

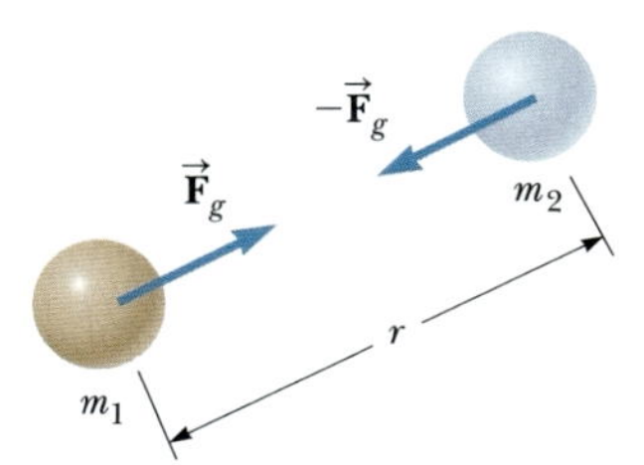

그림 4.9 두 입자 사이에 작용하는 중력은 인력이다.

$$F_g = G\frac{m_1 m_2}{r^2} \quad [4.5]$$

이다. 여기서 $G = 6.67 \times 10^{-11}\ \mathrm{N \cdot m^2/kg^2}$는 **만유인력 상수**(universal gravitation constant)이다. 엄밀하게 m_1과 m_2는 중력이 생기게 하는 두 입자의 중력질량이고, 제2법칙에서 나오는 관성질량과는 다르다고 생각할 수 있다. 아주 정밀한 실험에 의하면 두 질량은 거의 같다고 할 수 있다. 중력은 7장에서 좀 더 상세히 다룬다.

무게

지구 표면 근처에서 질량 m인 물체에 작용하는 중력의 크기를 물체의 **무게**(weight) w라고 하며, 이는

$$w = mg \quad [4.6]$$

로 주어진다. 여기서 g는 중력 가속도이다.

SI 단위: 뉴턴(N)

NASA/Eugene Cernan

그림 4.10 우주비행사 슈미트(Harrison Schmitt)가 등에 지고 있는 생명 유지 장치는 지상에서 무게가 약 1 200 N이고 질량이 120 kg이다. 지상에서 훈련을 할 때 그는 질량이 20 kg인 200 N 무게의 모형을 짊어졌다. 모형이 달에서의 실제 장비와 무게는 같지만 질량이 작다는 것은 관성이 작다는 것을 의미한다. 장비의 무게는 달의 중력 가속도에 따라 달라지지만 우주인이 주변을 둘러보기 위해서는 몸에 지닌 모든 것을 다 가속시켜야 한다. 결국, 달에서 사용하는 실제 장비는 무게는 같으나 관성이 크기 때문에 지상에서 모형을 짊어지고 움직이는 것보다 더 힘들다.

식 4.5로부터 질량 m인 물체의 무게는

$$w = G\frac{M_E m}{r^2} \quad [4.7]$$

으로 정의할 수 있으며, 여기서 M_E는 지구의 질량이고 r은 지구 중심에서 물체까지의 거리이다. 만약 물체가 지구의 표면에 놓여 있으면 r은 지구의 반지름 R_E가 된다. r^2이 식 4.7에서 분모에 있으므로 r이 증가할수록 무게는 줄어든다. 따라서 산꼭대기에 있는 물체의 무게는 해수면에 있는 물체의 무게보다 작다.

식 4.6과 4.7을 비교하면

$$g = G\frac{M_E}{r^2} \quad [4.8]$$

임을 알 수 있다.

질량과 다르게 무게는 주어진 위치에서의 g값에 따라 달라질 수 있으므로 물체에 주어진 고유한 값이 아니다(그림 4.10). 한 예로서, 질량이 70.0 kg인 물체가 $g = 9.80$ m/s^{2}인 지점에 있다면 $mg = 686$ N이다. 높은 곳에 있는 풍선에서는 g가 9.76 m/s^{2}이 되어 물체의 무게는 683 N이 된다. g값 역시 주어진 위치에 존재하는 물질의 밀도에 따라 약간씩 달라질 수 있다. **특별히 언급하지 않는 한 이 책에서는 g값을 지표에서의 값인 9.80 m/s^{2}으로 한다.**

식 4.8은 질량이 큰 물체의 반지름을 알고 있을 때, 그 표면에 낙하하는 물체의 가속도를 구하는 데 사용되는 일반적인 식이다. 표 7.3의 값을 이용하여 $g_{태양} = 274$ m/s^{2}이고, $g_{달} = 1.62$ m/s^{2}임을 알 수 있다. 중요한 사실은 밀도가 균일한 구형 물체의 경우, 거리는 물체의 중심으로부터 측정하면 된다. 이는 가우스의 법칙(15장 참고)으로 설명할 수 있고 중력이나 전기력에서 모두 성립한다.

예제 4.3 아주 먼 세상의 힘

목표 뉴턴의 중력 법칙을 사용하여 중력의 크기를 계산한다.

문제 **(a)** 태양으로부터 가장 가까운 한낮 정오에 지구의 적도 위에 있는 질량 70.0 kg의 사람이 받는 태양에 의한 중력을 구하라. **(b)** 태양으로부터 가장 먼 밤중인 자정에 그 사람이 받는 태양에 의한 중력을 구하라. **(c)** 자정과 정오 사이의 태양에 의한 가속도의 차이를 계산해 보라. (태양계에 관한 자료는 173쪽 표 7.3에 주어져 있다)

전략 정오에 사람으로부터 태양까지의 거리를 구하려면 지구 중심에서 태양 중심까지의 거리에서 지구의 반지름을 빼면 된다. 자정에는 지구의 반지름을 더한다. 두 값의 차이가 작기 때문에 계산 과정에서 자릿수를 적당히 유지해야 한다. **(c)**에서는 **(a)**의 답에서 **(b)**의 답을 뺀 후 사람의 질량으로 나누어 준다.

풀이

(a) 정오에 적도에 있는 사람에게 작용하는 태양의 중력을 구한다.

중력 공식인 식 4.5를 태양에서 지구까지의 거리 r_S와 지구 반지름 R_E로 나타낸다.

$$F_{태양}^{정오} = \frac{mM_SG}{r^2} = \frac{mM_SG}{(r_S - R_E)^2} \quad (1)$$

표 7.3에 있는 값들을 (1)에 대입하고 소수점 아래 다섯 자리까지 계산한다.

$$F_{태양}^{정오} = \frac{(70.0 \text{ kg})(1.991 \times 10^{30} \text{ kg})(6.67 \times 10^{-11} \text{ kg}^{-1}\text{m}^3/\text{s}^2)}{(1.496 \times 10^{11} \text{ m} - 6.38 \times 10^6 \text{ m})^2}$$

$$= 0.415\ 40 \text{ N}$$

(b) 자정에 적도에 있는 사람에게 작용하는 태양의 중력을 계산한다.

분모에 지구 반지름을 더한 것으로 중력 공식을 쓴다.

$$F_{태양}^{자정} = \frac{mM_SG}{r^2} = \frac{mM_SG}{(r_S + R_E)^2} \quad (2)$$

값들을 (2)에 대입한다.

$$F_{태양}^{자정} = \frac{(70.0 \text{ kg})(1.991 \times 10^{30} \text{ kg})(6.67 \times 10^{-11} \text{ kg}^{-1}\text{m}^3/\text{s}^2)}{(1.496 \times 10^{11} \text{ m} + 6.38 \times 10^6 \text{ m})^2}$$

$$= 0.415\ 33 \text{ N}$$

(c) 자정과 정오 사이의 태양이 사람에게 작용하는 가속도의 차이를 계산한다.

가속도의 차이에 대한 식을 쓰고 값을 대입한다.

$$a = \frac{F_{태양}^{정오} - F_{태양}^{자정}}{m} = \frac{0.415\ 40 \text{ N} - 0.415\ 33 \text{ N}}{70.0 \text{ kg}}$$

$$\cong 1 \times 10^{-6} \text{ m/s}^2$$

참고 태양과 지표 위에 있는 물체 사이의 중력에 의한 인력은 쉽게 측정할 수 있어서 중력에 의한 인력이 물체의 성분에 따라 달라지는지를 결정하는 실험에 이용되어 왔다. 달이 지표에 작용하는 중력은 태양이 지표에 작용하는 중력보다 훨씬 작다. 역설적이게도 달이 지구의 조류에 미치는 영향은 태양이 미치는 것의 두 배가 넘는다. 그 이유는 조류의 세기는 지구 양쪽의 중력의 차이에 의존하기 때문이다. 달이 태양보다 훨씬 더 지구에 가깝기 때문에 달에 의한 중력의 차이가 태양에 의한 것보다 훨씬 크다.

예제 4.4 행성 X에서의 무게

목표 행성의 질량과 반지름이 행성 표면에 있는 물체의 무게에 미치는 영향을 이해한다.

문제 우주인이 임무 수행을 위해 어떤 행성 표면에 착륙하였다. 그 행성은 지구에 비해 질량이 세 배이고 반지름이 두 배이다. 그 우주인의 행성에서의 무게 w_X는 지구에서의 무게 w_E의 몇 배인가?

전략 M_X와 r_X를 행성의 질량과 반지름, M_E와 R_E를 지구의 질량과 반지름이라고 하고 이 값들을 중력 법칙의 식에 대입한다.

풀이

문제의 설명에 의하면 다음과 같은 관계가 있다.

$$M_X = 3M_E \quad r_X = 2R_E$$

이 관계를 식 4.5에 대입하여 정리하면 행성에서의 무게가 지구에서의 무게의 몇 배인지 알 수 있다.

$$w_X = G\frac{M_X m}{r_X^2} = G\frac{3M_E m}{(2R_E)^2} = \frac{3}{4}G\frac{M_E m}{R_E^2} = \frac{3}{4}w_E$$

참고 이 문제는 행성의 표면에서 물체의 무게를 결정하는 데 행성의 질량과 반지름 간의 관계를 보여 주는 것이다. 목성은 지구 질량의 300배나 되지만, 목성 표면에서의 어떤 물체의 무게는 지표에서의 무게의 2.5배가 조금 넘을 뿐이다.

4.3 뉴턴의 제3법칙 Newton's Third Law

예를 들어, 그림 4.11a와 같이 나무토막에 못을 박는 경우를 생각해 보자. 못을 가속하여 나무토막 속으로 박히도록 하기 위해서는 망치로 못에 힘을 가해야 한다. 그러나 뉴턴은 하나의 고립된 힘(망치가 못에 가하는 것과 같은 힘)은 존재할 수 없고, **자연에 존재하는 힘은 항상 짝으로 존재한다**는 사실을 알고 있었다. 뉴턴에 의하면 망치가 가하는 힘에 의하여 못이 나무토막에 박힘에 따라, 망치는 못이 주는 힘 때문에 속도가 느려져서 정지하게 된다.

이렇게 짝을 이루는 힘을 작용과 반작용이라 하며 이러한 사실을 설명한 것을 **뉴턴의 제3법칙**(Newton's third law)이라 하고 다음과 같이 표현하였다.

뉴턴의 제3법칙 ▶

> 만일 두 물체가 상호작용할 경우, 물체 1이 물체 2에 작용하는 힘 $\vec{\mathbf{F}}_{12}$는 물체 2가 물체 1에 작용하는 힘 $\vec{\mathbf{F}}_{21}$과 크기는 같고 방향은 서로 반대이다.

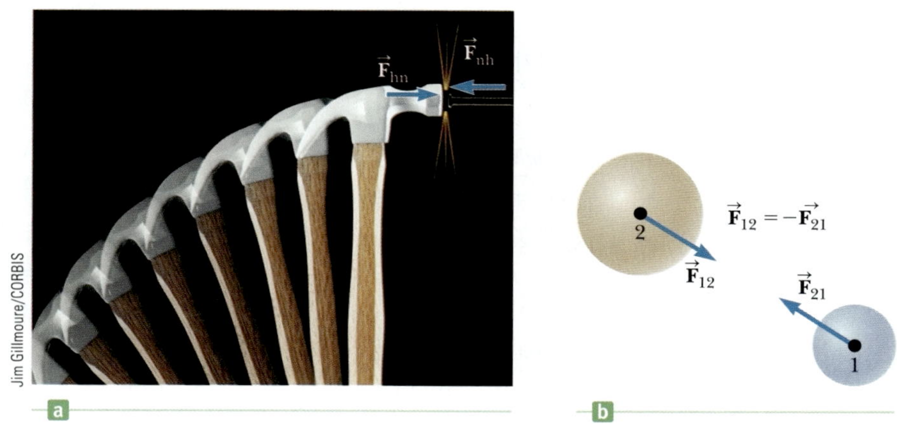

그림 4.11 뉴턴의 제3법칙. (a) 망치가 못에 작용하는 힘과 못이 망치에 작용하는 힘은 크기가 같고 방향은 서로 반대이다. (b) 물체 1이 물체 2에 작용하는 힘 $\vec{\mathbf{F}}_{12}$는 물체 2가 물체 1에 작용하는 힘 $\vec{\mathbf{F}}_{21}$과 크기는 같고 방향은 서로 반대이다.

이 법칙은 그림 4.11b와 같이 **하나의 고립된 힘은 존재하지 않는다**는 사실을 말해준다. 이때 물체 1이 물체 2에 작용하는 힘 $\vec{\mathbf{F}}_{12}$를 작용력이라 하면, 물체 2가 물체 1에 작용하는 힘 $\vec{\mathbf{F}}_{21}$을 반작용력이라고 한다. 실제로는 어느 쪽 힘이든지 작용력 또는 반작용력이라고 할 수 있다. **작용력의 크기는 반작용력의 크기와 같고 방향은 서로 반대이다. 어떤 경우이든 작용력과 반작용력은 항상 상대 물체에 힘을 작용한다.** 예를 들어, 자유낙하하고 있는 포물체에 작용하는 힘은 물체에 작용하는 지구의 중력 $\vec{\mathbf{F}}_g$이며, 이 힘의 크기는 포물체의 무게인 mg이다. 힘 $\vec{\mathbf{F}}_g$에 대한 반작용력은 낙하하는 물체가 지구에 작용하는 $\vec{\mathbf{F}}_g{}' = -\vec{\mathbf{F}}_g$이다. 작용력 $\vec{\mathbf{F}}_g$가 낙하하는 포물체를 지구 쪽으로 가속시키는 것과 마찬가지로, 반작용력 $\vec{\mathbf{F}}_g{}'$은 지구를 포물체 쪽으로 가속시켜야만 한다. 그러나 지구의 질량은 낙하하는 물체에 비해 매우 크기 때문에, 반작용력이 지구에 미치는 영향은 무시할 수 있을 정도로 작다.

Tip 4.4 작용–반작용 쌍

뉴턴의 제3법칙을 적용할 때, 작용력과 반작용력은 서로 다른 물체에 작용한다. 같은 크기의 두 힘이 반대 방향으로 한 물체에 작용할 경우 작용–반작용 쌍이 될 수 없다.

뉴턴의 제3법칙은 일상생활에도 영향을 미친다. 뉴턴의 제3법칙이 없다면, 걷거나 자전거 또는 자동차를 탄다는 것이 불가능할 것이다. 예를 들어, 우리는 걸을 때에 지면에 마찰력을 가하고, 지면이 발에 가하는 반작용력은 우리를 앞으로 나아가게 한다. 마찬가지로, 자전거의 바퀴가 지면에 마찰력을 가하면 지면의 반작용력 때문에 자전거는 앞으로 나가게 된다. 곧 살펴보겠지만 마찰력은 이러한 반작용력에서 중요한 역할을 한다.

응용

헬리콥터의 비행

뉴턴의 제3법칙의 또 다른 응용으로 헬리콥터를 생각해 보자. 가장 흔히 보는 헬리콥터는 동체 위에서 수평으로 회전하는 큰 날개와 뒷부분에서 수직으로 회전하는 작은 날개가 있다. 또 다른 종류의 헬리콥터는 동체 위에서 서로 반대 방향으로 회전하는 두 개의 큰 날개를 가지고 있다. 왜 헬리콥터는 언제나 두 개의 날개를 가지고 있는 걸까? 첫 번째 유형의 헬리콥터 경우, 엔진은 날개에 힘을 가하여 회전 운동을 변화시킨다. 그러나 뉴턴의 제3법칙에 의하면 날개도 같은 크기의 힘을 헬리콥터를 향해 반대 방향으로 작용해야만 한다. 이 힘이 헬리콥터 몸체를 날개와 반대 방향으로 회전하게 한다. 따라서 회전하는 헬리콥터를 통제하기 위해서는 두 번째의 날개가 필요하다. 즉, 뒤쪽의 작은 날개는 헬리콥터의 몸체가 회전하려는 힘과 반대 방향의 힘을 제공하여 헬리콥터 몸체를 안정하게 유지시킨다. 서로 반대 방향으로 회전하는 두 개의 큰 날개를 가진 헬리콥터의 경우, 엔진이 두 날개에 반대 방향으로 힘을 작용하여 헬리콥터를 회전시키는 알짜힘이 발생되지 않도록 하고 있다.

앞에서 언급한 바와 같이 지구는 물체에 $\vec{\mathbf{F}}_g$의 힘을 작용한다. 만약 물체가 그림 4.12a와 같이 책상 위에 정지해 있는 모니터라면, $\vec{\mathbf{F}}_g$에 대한 반작용력은 모니터가 지구에 작용하는 힘 $\vec{\mathbf{F}}_g{}'$이다. 그런데 모니터는 책상 위에 놓여 있기 때문에 가속되지 않는다. 이 경우 책상은 모니터에 **수직 항력**(normal force)이라고 하는 접촉면에 수직인 작용력 $\vec{\mathbf{n}}$을 작용한다(책상 표면에 수직 또는 법선 방향이므로 수직 항력이라 한다). 수직 항력은 물질 사이의 응집에 의하여 발생하는 탄성력으로, 그 기원은 전자기적이다. 이 힘은 모니터에 작용하는 중력을 상쇄하여 모니터가 테이블을 뚫고 떨어지는 것을 막으며, 테이블이 부서지는 조건까지 필요한 어떤 값이라도 가질 수 있다. 수직 항력 $\vec{\mathbf{n}}$에 대한 반작용은 모니터가 책상에 작용하는 힘 $\vec{\mathbf{n}}{}'$이다. 따라서 다음의 관계가 성립한다.

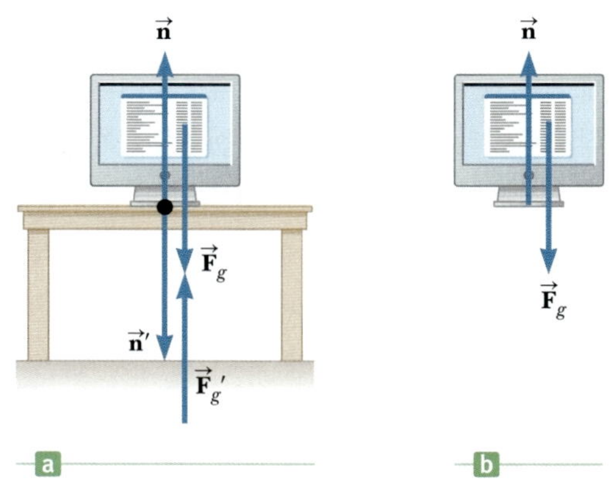

그림 4.12 모니터가 책상 위에 정지해 있는 경우, 모니터에 작용하는 힘은 (b)에 나타낸 것과 같이 책상으로부터 받는 수직항력 $\vec{\mathbf{n}}$과 중력 $\vec{\mathbf{F}}_g$이다. $\vec{\mathbf{n}}$에 대한 반작용력은 모니터가 책상에 작용하는 힘 $\vec{\mathbf{n}}'$이다. $\vec{\mathbf{F}}_g$에 대한 반작용력은 모니터가 지구에 작용하는 힘 $\vec{\mathbf{F}}_g'$ 이다.

Tip 4.5 크기가 같고 방향이 반대이지만 반작용력이 아닌 것

그림 4.12b에서 흔히 하는 실수는 물체에 작용하는 중력에 대한 수직 항력을 고려할 때 나타난다. 왜냐하면 이 경우에 두 힘은 크기가 같고 방향이 반대이기 때문이다. 그러나 그게 아니다. 그 이유는 두 힘이 같은 물체에 작용하기 때문이다.

$$\vec{\mathbf{F}}_g = -\vec{\mathbf{F}}_g', \qquad \vec{\mathbf{n}} = -\vec{\mathbf{n}}'$$

힘 $\vec{\mathbf{n}}$과 $\vec{\mathbf{n}}'$은 크기가 같고, 또한 책상이 부서지지 않는 이상 $\vec{\mathbf{F}}_g$와도 같은 크기이다. 그림 4.12b와 같이 모니터에 작용하는 힘은 $\vec{\mathbf{F}}_g$와 $\vec{\mathbf{n}}$임에 유의하라. 두 반작용력 $\vec{\mathbf{F}}_g'$과 $\vec{\mathbf{n}}'$은 모니터가 다른 물체에 작용하는 힘이다. 작용–반작용 쌍의 두 힘은 항상 서로 다른 물체에 작용한다.

모니터는 어느 방향으로도 가속되지 않으므로($\vec{\mathbf{a}} = 0$), 뉴턴의 제2법칙으로부터 $m\vec{\mathbf{a}} = 0 = \vec{\mathbf{F}}_g + \vec{\mathbf{n}}$이다. 그러나 $F_g = -mg$이므로 $n = mg$라는 유용한 결과를 얻는다.

예제 4.5 작용-반작용과 얼음 위에서 스케이트를 타는 두 남녀

목표 뉴턴의 제3법칙을 설명한다.

문제 질량이 $M = 75.0$ kg인 남자와 $m = 55.0$ kg인 여자가 얼음 위에서 스케이트를 신고 마주 보고 서 있다. 여자가 남자를 $F = 85.0$ N의 힘으로 $+x$ 방향으로 민다. 얼음은 마찰이 없다고 가정한다. **(a)** 남자의 가속도는 얼마인가? **(b)** 여자에게 작용하는 반작용력은 얼마인가? **(c)** 여자의 가속도를 계산하라.

전략 **(a)**와 **(c)**는 단순히 제2법칙을 적용한 것이다. **(b)** 문제는 제3법칙을 적용하여 푼다.

풀이

(a) 남자의 가속도는 얼마인가?

제2법칙을 남자에 대해 쓴다.

$$Ma_M = F$$

남자의 가속도에 대해 풀고 값을 대입한다.

$$a_M = \frac{F}{M} = \frac{85.0 \text{ N}}{75\ 0 \text{ kg}} = \boxed{1.13 \text{ m/s}^2}$$

(b) 여자에 작용하는 반작용력은 얼마인가?

뉴턴의 제3법칙을 적용하고 크기가 같고 방향이 반대인 여자에게 작용하는 반작용력 R을 구한다.

$$R = -F = \boxed{-85.0 \text{ N}}$$

(c) 여자의 가속도를 계산한다.

여자에 대해 뉴턴의 제2법칙을 쓴다.

$$ma_W = R = -F$$

여자의 가속도에 대해 풀고 값을 대입한다.

$$a_W = \frac{-F}{m} = \frac{-85.0 \text{ N}}{55.0 \text{ kg}} = \boxed{-1.55 \text{ m/s}^2}$$

참고 여기서 두 힘은 크기가 같고 방향이 반대이나, 두 질량이 다르기 때문에 가속도는 크기가 다르다.

4.4 수직 항력 The Normal Forces

이차원에서의 제2법칙 문제를 다룰 때 물체에 작용하는 수직 항력을 구하기 위하여 y 성분이 자주 사용된다. 이 절에서는 가장 흔히 사용되는 네 가지 경우를 들어 설명하고자 한다. 이 네 가지 경우를 잘 배우면 복잡한 이차원에서의 제2법칙 문제를 일차원 문제로 해결할 수 있다. 그 이유는 이들의 경우에 수직 항력이 먼저 결정되기 때문이다. 일반적으로, 수직 항력은 제2법칙의 x성분에서 사용되는데, 물체에 작용하는 운동 마찰력을 결정한다.

4.4.1 경우 1: 수평면에서의 수직 항력 The Normal Force on a Level Surface

그림 4.13a는 편평한 수평면 위에 물체가 정지해 있는 모습이다. 그 물체에 두 개의 힘이 작용하는데 하나는 위로 작용하는 수직 항력이고 다른 하나는 아래로 작용하는 중력이다. 그림 4.13b를 그 물체의 **자유 물체도**라 하며, 이는 그 물체에 작용하는 힘만을 그린 것으로 이해를 돕기 위한 것이다. 자유 물체도는 물체에 직접 작용하는 힘으로서 문제와 관련이 있는 힘만 그려져 있다. 다른 물체에 작용하는 힘이나 반작용력은 그리지 않는다. 예를 들어, 그 물체에 작용하는 중력에 대한 반작용력은 그 물체가 지구에 작용하는 중력으로서 그 물체의 자유 물체도에 포함되지 않는다. $a_y = 0$이므로 그 물체의 제2법칙의 y성분을 쓰면 다음과 같다.

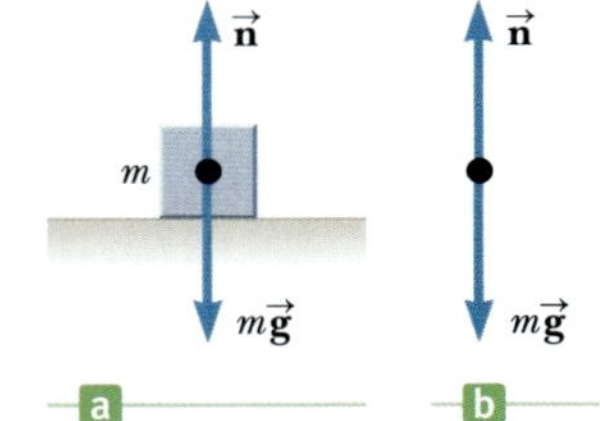

그림 4.13 (a) 편평한 표면에서 수직 항력은 물체의 무게를 받친다. (b) 자유 물체도

$$\sum F_y = ma_y$$

$$n - mg = 0$$

$$n = mg \qquad [4.9]$$

이 경우의 수직 항력의 크기는 그 물체의 무게와 같다.

4.4.2 경우 2: 수평면 위에서 힘을 받고 있는 경우의 수직 항력 The Normal Force on a Level Surface with an Applied Force

그림 4.14a도 편평한 수평면 위에 물체가 정지해 있는 모습이다. 그 물체에 작용하는 세 힘은 위로 향하는 수직 항력, 아래로 향하는 중력, 각 θ의 방향으로 작용하는 외력이다. 제2법칙의 y 성분은 다음과 같다.

$$\sum F_y = ma_y$$

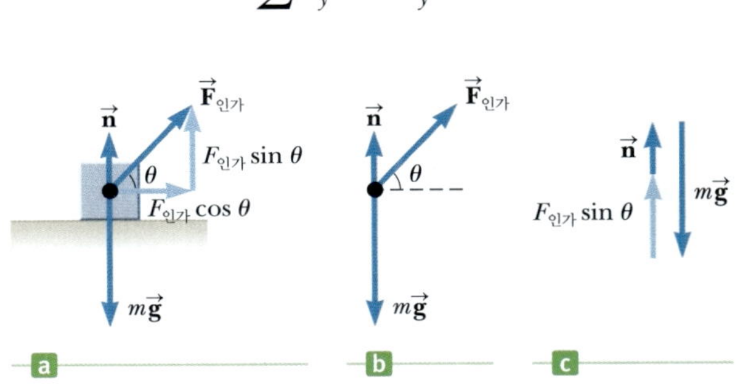

그림 4.14 (a) 외력이 수평 방향보다 위로 작용하는 경우 (b) 자유 물체도 (c) 힘이 수평보다 윗방향으로 작용하는 경우, 무게는 수직 항력과 외력의 y성분의 합으로 지탱된다.

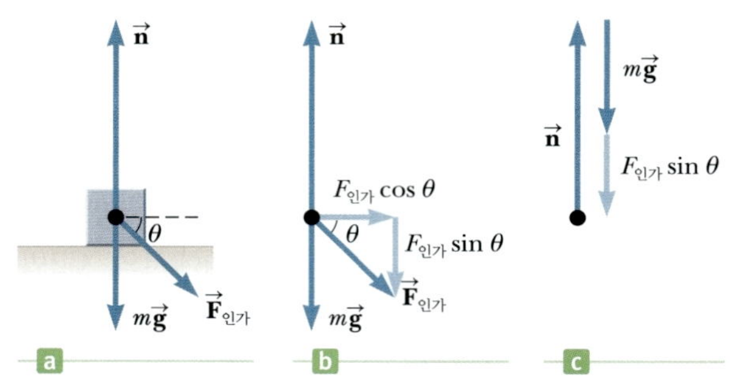

그림 4.15 (a) 외력이 수평 방향보다 아래로 작용하는 경우 (b) 자유 물체도 (c) 수직 항력의 크기는 무게와 외력의 y성분의 합과 같아야 한다.

$$n - mg + F_{인가}\sin\theta = 0$$

이 식들을 수직 항력 n에 대해 풀면

$$n = mg - F_{인가}\sin\theta \quad [4.10]$$

가 된다. 그림 4.14a에서와 같이 각이 양(+)이면 그 각의 사인값은 +이므로 외력의 y성분은 무게의 일부를 떠받치므로 수직 항력이 줄어든다. 그것은 그림 4.14c에서와 같이 y성분만을 쓰면 쉽게 이해할 수 있다. 수직 항력과 외력의 y성분의 합은 무게의 크기와 같다. 그러나 각이 음(−)이면 그 각의 사인값은 음이므로, 그림 4.15에서와 같이 수직 항력이 증가하게 된다. 즉, 수직 항력은 그 크기가 커져야 하며 외력의 y성분과 무게의 합과 같아야 한다.

4.4.3 경우 3: 가속되고 있는 수평면에 작용하는 수직 항력
The Normal Force on a Level Surface Under Acceleration

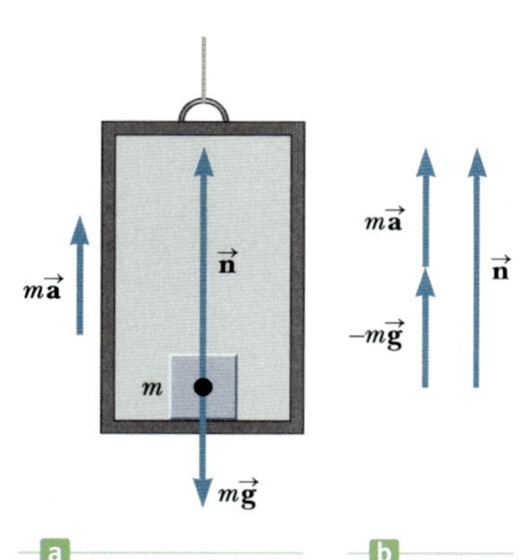

그림 4.16 (a) 위로 가속되는 엘리베이터 안에 어떤 물체가 있다. (b) 위로 가속될 때 수직 항력의 크기는 무게 mg의 크기와 관성 ma의 합과 같아야 한다.

그림 4.16a는 엘리베이터에서처럼 가속되고 있는 수평면 위에 놓여 있는 물체의 모습을 보여 주고 있다. 그 물체에 작용하는 두 힘은 위로 향하는 수직 항력과 아래로 향하는 중력이다. 그러나 엘리베이터가 위로 가속되면, 수직 항력의 크기는 증가할 것이다. 왜냐하면 수직 항력은 중력에 대항할 뿐 아니라 가속도에도 대항해야 하기 때문이다. 제2법칙의 y성분을 쓰면

$$\sum F_y = ma_y$$

$$n - mg = ma_y$$

$$n = ma_y + mg \quad [4.11]$$

가 된다. 그림 4.16b에서 알 수 있듯이, 수직 항력 벡터의 크기는 중력의 크기와 관성력 ma의 합과 같다.

4.4.4 경우 4: 경사면에서의 수직 항력 The Normal Force on a Slope

제2법칙과 관련된 대표적인 문제는 어떤 각으로 기울어진 경사면 위에 정지해 있는 물체이다. 그런 경우에 좌표축을 회전시켜 문제를 간단하게 만들 수 있다. 즉, 그림

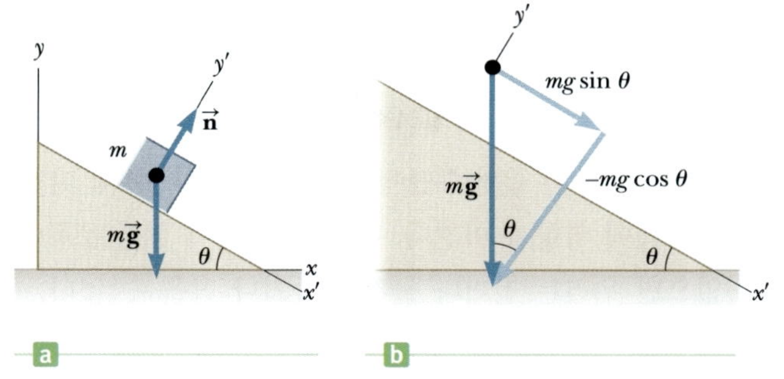

그림 4.17 (a) 경사면 위에 있는 물체에 작용하는 힘. (b) 기울어진 좌표계에서 중력은 경사면에 수평한 성분과 수직한 성분으로 분해된다. 수직 항력과 반대 방향이 되는 중력의 성분은 $F_{y',\text{중력}} = -mg\cos\theta$으로 주어지는 반면, 경사면을 따른 성분은 $F_{x',\text{중력}} = mg\sin\theta$가 된다.

4.17a에서처럼 경사면과 평행하게 x' 방향을 정하고 수직하게 y' 방향을 정하는 것이다. 그림 4.17b를 사용하면 물체에 작용하는 중력은 $F_{x',\text{중력}} = mg\sin\theta$와 $F_{y',\text{중력}} = -mg\cos\theta$으로 나뉜다.

y'축에서 제2법칙을 사용하면 수직 항력을 풀 수 있다. 즉,

$$\sum F_{y'} = ma_{y'}$$

$$n - mg\cos\theta = 0$$

$$n = mg\cos\theta \qquad [4.12]$$

경사면에 대한 수직 항력은 중력의 경사면에 수직한 성분과 크기가 같다. 중력이 경사면을 따라 물체에 작용하는 힘은 다음과 같다.

$$F_{x',\text{중력}} = mg\sin\theta \qquad [4.13]$$

이러한 문제를 접할 때 경우에 따라서는 그 문제를 일차원 문제로 다루는 것이 가능하다. 그 이유는 y 방향으로부터 얻어지는 것은 수직 항력뿐이기 때문이다.

4.4.5 수직 항력과 대기압 The Normal Force and Atmospheric Pressure

수평면 위에 있는 물체에 작용하는 수직 항력은 지구 중심을 향하는 그 물체의 중력과 크기가 같고 반대 방향이다. 엄밀하게 말하면, 수직 항력은 그 물체 위에 작용하는 아래로 향하는 기압에 의한 힘도 받쳐야 한다. 그러나, 미시적으로 보면 표면이 완벽하지 않기 때문에 비교적 매끈한 물체 위에 정지해 있는 아주 매끈한 물체라도 그 사이에 공기가 차 있어서 아래로 향하는 압력과 위로 향하는 압력이 서로 상쇄된다. 위 물체 아래에 있는 공기를 완전히 제거할 수 있다면 대기압이 아래로만 향하기 때문에 그 물체는 바닥에 매우 견고하게 붙어 있을 것이다. 이것이 바로 어린이용 장난감 화살이 유리창에 붙어 있게 하는 "흡반 효과"이다. 이런 효과는 표면이 매우 매끄럽고 컵이 끈적하면 잘 나타난다. 왜냐하면 그런 조건에서 공기가 컵 밖으로 잘 빠져 나가기 때문이다. 일반적으로, 특별한 언급이 없는 한 물체에 작용하는 대기의 압력에 의한 힘은 서로 상쇄된다고 가정한다.

4.5 마찰력 Friction Forces

마찰이란 물체와 그 주변 간의 미시적인 상호작용으로 생기는 접촉력이다. 공기 마찰은 자동차부터 로켓까지 모든 운송수단에 영향을 미치며, 유체 마찰은 배의 운동이나 파이프 내 유체의 흐름에 영향을 미친다. 하지만, 마찰이 항상 운동을 방해하는 것만은 아니다. 마찰이 없으면 우리는 걷거나 물건을 들거나 잡을 수 없다.

4.5.1 운동 마찰력 The Kinetic Friction Force

마찰은 물체가 표면과 접촉해 있을 때에도 생긴다. 미시적으로는 상호작용하는 표면의 아주 작은 돌출부들이 서로 맞물려 있어서 외력이 작용할 때 미끄러지거나 부서지거나 휘어진다. 운동 마찰은 운동 중에 생기는 마찰로서 그것은 순전히 두 물체의 표면의 재질에 따라 접촉이 얼마나 부드럽고 거친지에 영향을 받는다. 수직 항력은 접촉이 얼마나 강한가의 정도를 나타내며, 표면이 물체에 작용하는 수직 항력이 커질수록 운동 마찰력이 커진다. 여러 가지 이유로 두 표면 간의 모든 상호작용은 수직 항력에 비례하는 것으로 나타낼 수 있다.

운동 마찰력 ►

표면 위에서 움직이는 물체에 작용하는 **운동 마찰력** f_k의 크기는

$$f_k = \mu_k n \qquad [4.14]$$

로 주어진다. 여기서 n는 물체에 작용하는 수직 항력이고 μ_k는 물체와 표면 간의 **운동 마찰 계수**이다. 운동 마찰력 f_k는 운동 방향과 반대 방향으로 작용한다.

운동 마찰력을 계산하는 것은 쉽다. 단순히 수직 항력을 구해서 마찰 계수 μ_k를 곱해주기만 하면 된다. 그 계수는 물체와 표면에만 관계되며, 실험에 의해서만 구할 수 있다. 표면이 눈에 띄게 달라지면 물체가 한 점에서 다른 점으로 움직임에 따라 마찰 계

표 4.2 마찰 계수[a]

	μ_s	μ_k
강철과 강철	0.74	0.57
알루미늄과 강철	0.61	0.47
강철과 구리	0.53	0.36
콘크리트와 고무	1.0	0.8
나무와 나무	0.25–0.5	0.2
유리와 유리	0.94	0.4
젖은 눈 위의 왁스칠한 나무	0.14	0.1
마른 눈 위의 왁스칠한 나무	–	0.04
윤활유 처리한 금속과 금속	0.15	0.06
얼음과 얼음	0.1	0.03
테플론과 테플론	0.04	0.04
사람의 연골 관절	0.01	0.003

[a] 모든 값은 근삿값이다.

수의 값도 변한다. 더구나 물체에 작용하는 마찰의 효과는 물체가 움직이는 속도에 따라서도 달라진다. 마찰 계수는 평균값이나 근삿값으로 간주되지만 유용하게 사용된다. 이 책에서는 주어진 표면과 물체에 대해서 마찰 계수는 항상 일정하다고 가정한다. 몇 가지 대표적인 마찰 계수의 값이 표 4.2에 나열되어 있다. 물론 거기에는 정지 마찰 계수 값도 나열되어 있다(4.5.2절).

운동 마찰력이 물체에 작용하는 효과를 나타내는 도표가 그림 4.18에 주어져 있다. 거의 모든 경우에 이러한 마찰 모형은 수직 항력을 계산하고, 실험으로 얻어지는 운동 마찰 계수 μ_k를 곱해서 구한다. 그림 4.18에서의 수직 항력은 앞에서 한 경우 2에 해당하는 것으로서 $n = mg - F_{\text{인가}} \sin\theta$이다.

그림 4.18 운동 마찰력은 물체가 운동하는 방향과 반대로 작용한다.

제2법칙에 따라 물체에 작용하는 힘의 x성분은 다음과 같이 쓸 수 있다.

$$ma_x = F_{\text{인가},x} - f_k = F_{\text{인가}}\cos\theta - \mu_k n$$

$$ma_x = F_{\text{인가}}\cos\theta - \mu_k(mg - F_{\text{인가}}\sin\theta)$$

따라서, 운동 마찰력을 계산하고 사용하는 것은 수직 항력을 계산하는 것보다 어렵지 않다. 이 경우, 외력이 작용하는 각은 물체의 가속도를 구하는 데 중요한 요소가 된다. 각이 0에서부터 증가할수록 외력의 x 방향 성분은 감소하여 수직 항력과 운동 마찰력도 감소한다. 미적분을 사용하여 계산하면 가속도가 최대가 되는 각도 구할 수 있다.

4.5.2 정지 마찰력 Static Friction Force

수평 방향의 힘 $\vec{\mathbf{F}}$가 쓰레기통과 같은 물체에 작용할 때(그림 4.19a), 그 쓰레기통은 힘이 어떤 크기의 임계값 이상이 되기 전에는 움직이지 않는다(그림 4.19b). 그러한

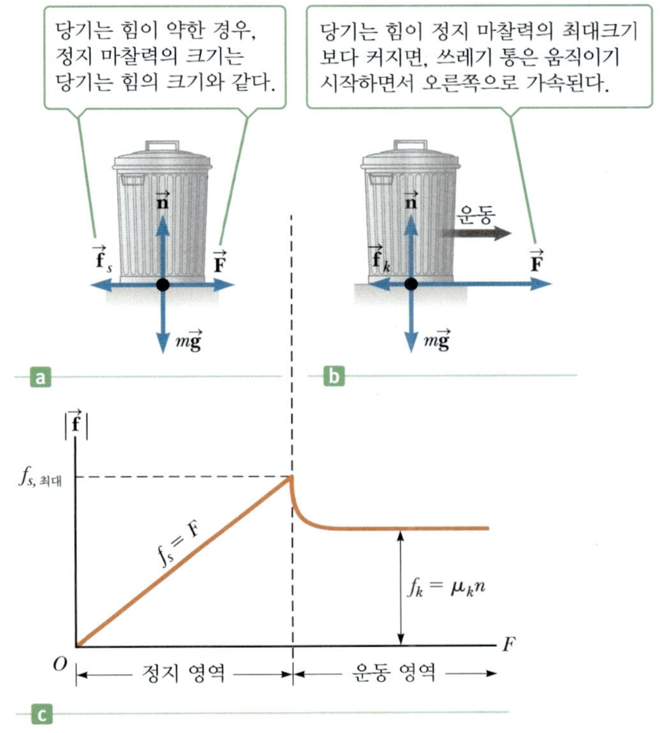

그림 4.19 (a)와 (b) 쓰레기통을 당길 때 쓰레기통과 거친 바닥 사이의 마찰력의 방향[(a)에서는 $\vec{\mathbf{f}}_s$이고 (b)에서는 $\vec{\mathbf{f}}_k$]은 당기는 힘 $\vec{\mathbf{F}}$의 방향과 반대이다. (c) 당기는 힘에 따른 마찰력의 그래프. $f_{s,\text{최대}} > f_k$임에 유의해야 한다.

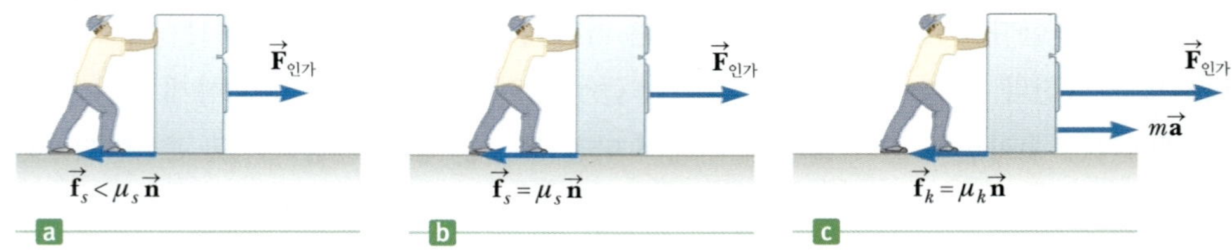

그림 4.20 미는 힘이 증가함에 따라 (a)와 (b)처럼 정지 마찰력도 증가하지만 냉장고는 움직이지 않는다. (c) 미는 힘이 최대 정지 마찰력 $f_{s,최대} = \mu_s n$을 초과하면 냉장고는 가속되기 시작하고 미는 힘은 운동 마찰력으로 전환된다.

임계값을 **최대 정지 마찰력**이라 하며 $\vec{f}_{s,최대}$로 표기한다. 실제의 정지 마찰력은 항상 최댓값보다 작거나 같다. 운동 마찰력에서와 같이 정지 마찰력은 물체와 표면 간의 미시적인 상호작용 때문에 생긴다.

그림 4.19c는 정지 마찰력의 크기가 어떻게 변하는지를 보여 주는 그래프이다. 외력이 점점 증가할수록 반대 방향으로 정지 마찰력이 증가한다. 외력의 크기가 최대 정지 마찰력을 초과하게 되면, 그 물체는 움직이기 시작하고, 그 다음부터 작용하는 힘은 운동 마찰력이 된다. 일반적으로 운동 마찰 계수는 정지 마찰 계수보다 작다. 즉, $\mu_k < \mu_s$.

정지 마찰력 ▶

정지해 있는 물체에 작용하는 **정지 마찰력** f_s의 크기는 다음과 같은 부등식으로 나타낸다.

$$0 \le f_s \le f_{s,최대} = \mu_s n \qquad [4.15]$$

여기서 n은 수직 항력이고, μ_s는 물체와 표면 간의 최대 정지 마찰 계수이다. 힘 f_s는 운동하고자 하는(정지 마찰이 더 이상 버틸 수 없게 되는)방향과 반대로 작용한다.

Tip 4.6 정지 마찰력은 다른 힘에 따라 달라진다.

식 $f_{s,최대} = \mu_s n$은 최대 가능한 정지 마찰력을 계산할 때에만 사용된다. 그러한 한도를 벗어나지 않는 한, 정지 마찰력은 움직이지 않는 물체에 작용하는 모든 힘의 합의 음의 값을 가진다.

운동 마찰력과는 달리, 정지 마찰력은 외력의 크기에 따라서 0에서부터 $\mu_s n$의 최댓값까지의 어떤 값도 될 수 있다. 잘못 이해할 수 있는 경우가 있는데, 그것은 정지 마찰력을 계산할 때 최댓값까지 계속 대입하기 때문이다. 실제로는 그러한 상황이 항상 생기는 것은 아니다. 정지 마찰력은 물체에 작용하는 알짜힘의 크기가 증가함에 따라 어느 순간 운동 마찰력으로 바뀐다. 그렇게 바뀌는 것을 그림 4.20에 나타내었다.

예제 4.6 경사면 위에 있는 물체

목표 경사면에 정지해 있는 물체에 대해 정지 마찰력과 가능한 최대 정지 마찰력을 계산하여 그 차이를 알아본다.

문제 그림에서 질량 4.00 kg인 물체가 수평과 30.0°의 경사면 위에 놓여 있다. 물체와 표면 간의 최대 정지 마찰 계수가 0.650이라할 때 다음을 계산하라. **(a)** 수직 항력, **(b)** 최대 정지 마찰력, **(c)** 물체가 움직이지 않기 위한 실제 정지 마찰력을 계산하라. **(d)** 그 물체는 움직이기 시작하는가, 아니면 정지해 있겠는가?

전략 우선 수직 항력을 계산한다. 수직 항력은 최대 정지 마찰력을 계산하는 것에만 사용된다. 제2법칙을 사용하여 실제의 정지 마찰력을 계산하고 두 값을 비교해 보라.

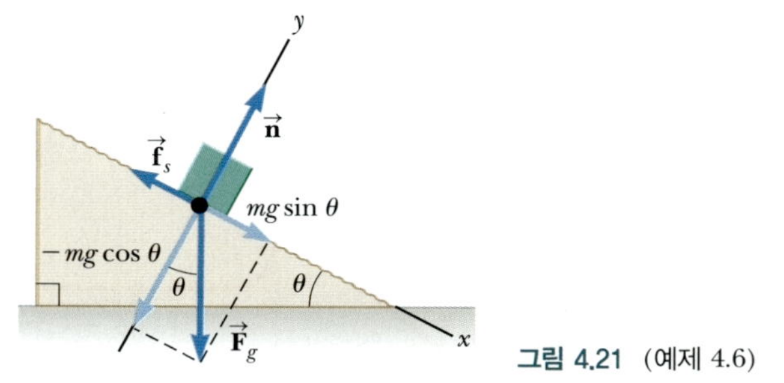

그림 4.21 (예제 4.6)

풀이

물체에 작용하는 힘은 중력 $F_g = mg$, 수직 항력 n, 정지 마찰력 f_s

이다. $+x$축을 경사면 따라 평행한 방향으로 정하면 $+y$축은 경사면에 수직인 방향이 된다.

(a) 수직 항력을 구한다.

식 4.12로부터 수직 항력은 다음과 같다.

$$n = mg\cos\theta = (4.00\ \text{kg})(9.80\ \text{m/s}^2)\cos(30.0°)$$
$$n = 33.9\ \text{N}$$

(b) 가능한 최대 정지 마찰력을 구한다.

수직 항력에 정지 마찰 계수 μ_s를 곱한다.

$$f_{s,\text{최대}} = \mu_s n = (0.650)(33.9\text{N}) = 22.1\ \text{N}$$

이 값이 그 표면에서 정지 마찰이 물체에 작용할 수 있는 최대 힘이다.

$$f_{s,\text{최대}} = 22.1\text{N}$$

(c) 물체가 정지해 있을 수 있게 하는 실제의 정지 마찰력을 계산한다.

제2법칙의 x 방향 성분을 쓴다.

$$ma_x = \Sigma F_x$$

$a_x = 0$를 대입하고 x축에 평행한 방향으로 작용하는 두 힘인 중력과 정지 마찰력을 대입한다.

$$0 = f_{x,\text{중력}} - f_s$$

정지 마찰력 f_s에 대해 풀고 식 4.13으로부터 $f_{x,\text{중력}}$에 대한 표현으로 나타낸다.

$$f_s = f_{x,\text{중력}} = mg\sin\theta$$
$$f_s = (4.00\ \text{kg})(9.80\ \text{m/s}^2)(\sin(30.0°)) = 19.6\ \text{N}$$

(d) 물체가 움직이기 시작하는지를 결정한다.

이 경우, 실제로 필요한 정지 마찰력 $f_s = 19.6$ N은 최대 정지 마찰력 $f_{s,\text{최대}} = 22.1$ N보다 작으므로, 그 물체는 경사면에 정지해 있다.

참고 경사면의 각이 증가함에 따라, 정지 마찰력의 크기는 감소하며 경사면을 따라 작용하는 중력의 성분들은 증가한다. 경사각이 어떤 임계각을 넘어서면 그 물체는 미끄러져 내려가기 시작하고, 그때부터는 운동 마찰력으로 전환된다.

4.6 장력 Tension Forces

물체에 줄을 매어 잡아당기면 줄에 장력이 작용한다. 장력은 줄의 방향으로 작용하고 그림 4.22에서처럼 물체와 줄을 당기는 사람 모두에게 작용한다. 줄의 질량을 무시할 수 있다면, 줄의 모든 곳에서의 장력은 같다. 그런 경우 차에 작용하는 장력 $\vec{\mathbf{T}}_C$와 사람에게 작용하는 장력 $\vec{\mathbf{T}}_M$은 같다.

그림 4.22 힘이 매우 센 사람이 줄의 장력을 통해 차를 당기고 있다. 그 사람은 크기가 같고 방향이 반대인 장력이 그를 뒤로 당겨 미끄러지지 않게 하기 위해 상체를 앞으로 약간 기울여 당겨야 한다.

장력을 실제로 관찰하려면 줄에 용수철저울을 매달아 저울 값을 읽으면 된다. 수직 항력에서와 같이 장력도 그 근본은 미시적인 전자기 상호작용이다. 그 상호작용은 줄에 힘이 작용할 때 줄이 끊어지지 않도록 줄의 요소들이 서로 당기는 힘이다. 줄에 힘이 작용하면 줄은 전체가 팽팽해지고 그 힘들이 줄의 양 끝에 연결된 물체에 전달된다. 이 절에서는 장력과 관련된 몇 가지 경우들을 살펴본다.

4.6.1 경우 1: 정지해 있는 물체에 작용하는 연직 방향의 장력 Vertical Tension Forces on a Static Object

이 경우, 그림 4.23에서와 같이 물체는 연직으로 늘어진 줄 끝에 달려 있다. 그 물체는 평형 상태에 있게 되어 가속도가 0이다. 제2법칙의 y성분을 쓰면 줄의 장력에 대해 얻을 수 있다.

$$\sum F_y = ma_y$$

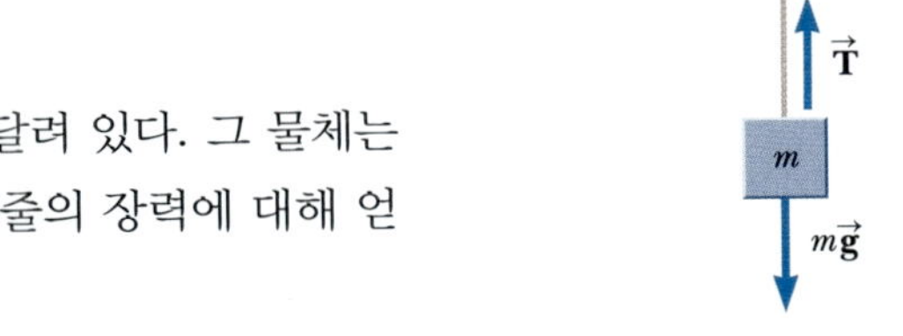

그림 4.23 줄의 장력이 물체의 무게를 지탱한다.

$$T - mg = 0$$

$$T = mg \quad [4.16]$$

따라서 장력은 매달린 물체의 무게와 같다.

4.6.2 경우 2: 가속되고 있는 물체에 작용하는 연직 방향의 장력

Vertical Tension Forces on an Accelerating Object

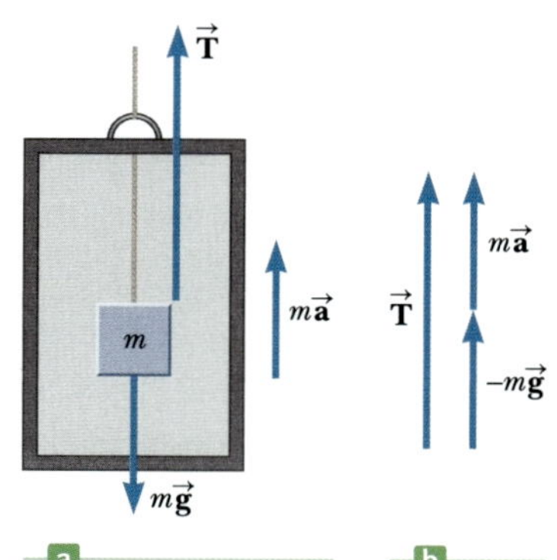

그림 4.24 (a) 위로 가속되는 엘리베이터 안의 물체가 줄에 매달려 있다. (b) 줄의 장력은 물체의 중력(무게)을 견딜 뿐 아니라 가속도도 견뎌내야 한다.

이 경우, 줄에 물체가 달려 있고 그 전체가 위로 가속된다(그림 4.24). 장력은 무게를 지탱하고 가속도도 버텨야 한다. 제2법칙의 y성분을 쓰면 제대로 된 식을 구할 수 있다.

$$ma_y = \sum F_y$$

$$ma_y = T - mg$$

이 식을 정리하면

$$T = ma_y + mg = m(a_y + g) \quad [4.17]$$

이 얻어진다. 위로 가속되면 줄의 장력이 늘어나고 아래로 가속되면 줄어든다.

4.6.3 경우 3: 대칭된 방향으로 작용하는 두 장력

Two Tension Forces at Symmetric Angles

이 경우, 그림 4.25에서와 같이 한 물체에 대칭적으로 두 장력이 작용하게 하려면, 장력이 같도록 접점을 잘 선택해야 한다. 각 장력의 y성분은 $T\cos\theta$이다. 제2법칙을 사용하여 장력에 대한 식으로 쓸 수 있다.

$$ma_y = \sum F_y$$

$$ma_y = T\cos\theta + T\cos\theta - mg$$

$$0 = 2T\cos\theta - mg$$

이 식을 장력 T에 대해 풀면,

$$T = \frac{mg}{2\cos\theta} \quad [4.18]$$

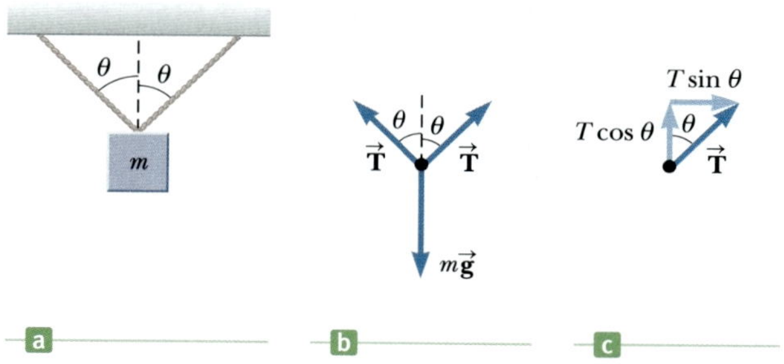

그림 4.25 (a) 대칭으로 연결된 두 줄에 매달인 물체. (b) 자유 물체도. (c) 장력 $\vec{T}$의 성분.

가 된다. 문제에서 어떤 각을 선택하느냐에 따라서 이 식에 사인 또는 코사인이 들어 있게 된다.

4.6.4 경우 4: 대칭이 아닌 방향으로 작용하는 두 장력
Two Tensions Forces at Nonequal Angles

두 장력이 서로 다른 각으로 된 경우가 많이 있는데, 그림 4.26이 그 한 예이다. 그러한 경우 미지수가 두 장력 T_1과 T_2이기 때문에 두 개의 식이 필요하다.

이 그림에서 각 θ는 연직 방향과 벡터 $\vec{\mathbf{T}}$ 사이의 각이므로, $\vec{\mathbf{T}}$를 빗변으로 하는 삼각형에서 벡터 $\vec{\mathbf{T}}$의 코사인 성분이 y 방향 성분이 된다. $a_y = 0$이므로 제2법칙의 y성분은

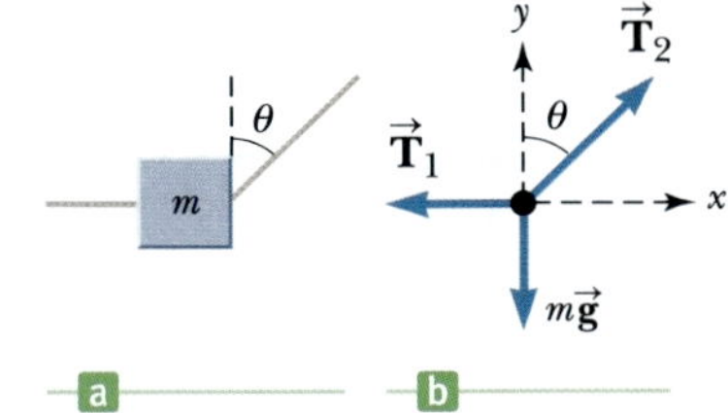

그림 4.26 (a) 두 줄에 매달린 물체. (b) 자유 물체도.

$$ma_y = \sum F_y$$
$$0 = -mg + T_2 \cos\theta$$

과 같이 된다. 이것을 풀면 장력 T_2가 쉽게 얻어진다.

$$T_2 = \frac{mg}{\cos\theta}$$

주어진 각이 연직과 이루는 각이기 때문에 벡터 $\vec{\mathbf{T}}_2$에 의한 삼각형의 빗변은 x 방향, 즉 사인함수가 된다. $a_x = 0$이므로 제2법칙의 x성분을 사용하여 장력 T_1에 대해 풀 수 있다.

$$ma_x = \sum F_x$$
$$0 = -T_1 + T_2 \sin\theta$$
$$T_1 = T_2 \sin\theta = \left(\frac{mg}{\cos\theta}\right)\sin\theta$$
$$T_1 = mg\tan\theta$$

이것은 한 물체에 두 개의 장력이 작용하는 경우에 그 장력들을 구하는 방법을 설명하는 것이다. 제2법칙의 두 성분들을 사용하여 두 개의 식을 쓰고 두 미지수에 대해 풀면 된다.

4.7 뉴턴 법칙의 응용 Applications of Newton's Laws

지금까지 4개의 절에서 여러 가지 형태의 힘을 소개하였다. 이 절에서는 일정한 외력에 의해 움직이는 물체에 대하여 뉴턴의 법칙을 적용하는 몇 가지 간단한 응용 예에 대하여 알아본다. 물체가 입자처럼 움직인다고 가정하고, 물체의 회전은 고려하지 않는다. 또한 마찰 효과와 물체에 부착된 끈이나 줄의 질량도 무시한다. 이러한 근사에서 장력(tension)이라고 하는 줄을 따라 작용하는 힘의 크기는 줄의 모든 지점에서 동일하다. 줄에 작용하는 힘 $\vec{\mathbf{T}}$와 $\vec{\mathbf{T}}'$이 그림 4.27에 나타나 있다. 줄의 질량이 m일 때, 뉴턴의 제2법칙을 적용하면 $T - T' = ma$이다. 그러나 $m = 0$이면 다음에 살펴볼 예제와 같이 $T = T'$이다.

그림 4.27 줄에 뉴턴의 제2법칙을 적용하면 $T - T' = ma$가 된다. 그러나 만일 $m = 0$이면, $T = T'$이다. 따라서 질량을 무시할 수 있는 줄에서의 장력은 줄 위의 모든 점에서 같다.

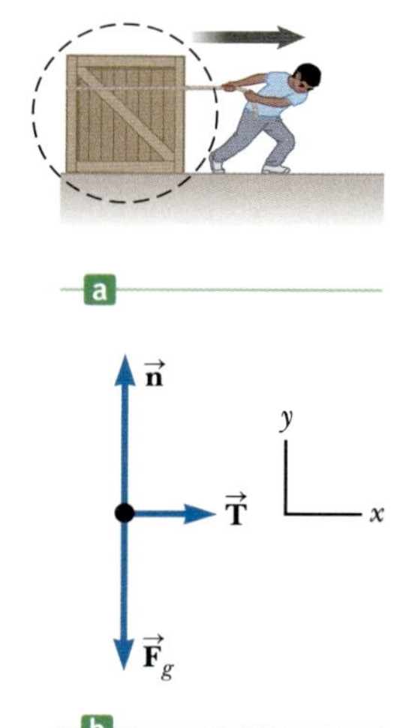

그림 4.28 (a) 마찰이 없는 표면 위에서 짐 상자가 오른쪽으로 당겨지고 있다. (b) 짐 상자에 작용하는 힘들의 자유 물체도.

Tip 4.7 자유 물체도

뉴턴의 제2법칙을 이용하여 문제를 풀 경우 가장 중요한 절차는 자유 물체도를 그리는 것이다. 고립된 물체에 작용하는 힘만 나타내어야 한다. 자유 물체도를 잘못 그리면 대부분의 경우 틀린 답을 얻는다.

Tip 4.8 평형 상태에 있는 입자

알짜힘이 영인 경우 입자가 움직이지 않는 것이 아니다. 그 경우 입자가 가속되지 않는 것이다. 알짜힘이 영이고 처음 속도를 가진 입자의 경우, 입자는 등속 직선 운동을 한다.

뉴턴의 법칙을 물체에 적용할 경우, 물체에 작용하는 외력만을 고려한다. 예를 들어, 그림 4.12b에서 모니터에 작용하는 외력은 $\vec{\mathbf{n}}$과 $\vec{\mathbf{F}}_g$뿐이다. 이들에 대한 반작용력 $\vec{\mathbf{n}}'$과 $\vec{\mathbf{F}}_g'$은 각각 테이블과 지구에 작용한다. 따라서 모니터에 뉴턴의 제2법칙을 적용할 경우 이들은 고려하지 않는다.

그림 4.28a와 같이 마찰이 없는 수평 마루 위에서 오른쪽으로 움직이는 짐 상자가 있다. 짐 상자의 가속도와 수평 마루가 짐 상자에 작용하는 힘을 구해 보자. 힘은 상자에 부착된 줄을 통하여 짐 상자에 작용한다. 끈이 상자에 작용하는 힘은 $\vec{\mathbf{T}}$이며, $\vec{\mathbf{T}}$의 크기는 줄의 장력과 같다. 그림 4.28a에서 짐 상자 둘레에 점선으로 원을 그렸는데 그 이유는 짐 상자를 그 주변 물체와 고립시킨다는 점을 강조하기 위해서이다.

짐 상자의 운동을 알아내고자 하므로 짐 상자에 작용하는 힘만을 고려하면 된다. 그림 4.28b에서의 자유 물체도에는 짐 상자에 작용하는 힘들만 그려져 있다. 장력 $\vec{\mathbf{T}}$를 나타내는 것 외에도 짐 상자의 자유 물체도에는 지구가 작용하는 중력 $\vec{\mathbf{F}}_g$와 바닥이 작용하는 수직 항력 $\vec{\mathbf{n}}$가 포함되어 있다. 자유 물체도를 정확하게 그리는 것은 뉴턴의 제2법칙을 적용하기 위한 필수 단계이다. 자유 물체도를 잘못 그리면 옳은 답을 구할 수 없다.

위에 열거한 힘들에 대한 반작용력–줄이 잡아당기는 손에 작용하는 힘, 짐 상자가 지구에 작용하는 힘, 짐 상자가 바닥에 작용하는 힘–은 자유 물체도에 포함되어 있지 않다. 그 이유는 그 힘들은 짐 상자가 다른 물체에 작용하는 힘이지 짐 상자에 작용하는 힘이 아니기 때문이다. 결국, 그런 힘들은 짐 상자의 운동에 영향을 주지 않는다. 짐 상자에 작용하는 힘만이 포함되어야 한다.

짐 상자에 뉴턴의 제2법칙을 적용해 보자. 우선 적당한 좌표계를 선택해야 한다. 이 경우 그림 4.28b에 표시한 가로축 x와 세로축 y의 좌표계를 사용하는 것이 편리하다. 문제의 요구에 따라 x축과 y축, 또는 양쪽 축에 뉴턴의 제2법칙을 적용할 수 있다. 짐 상자에 뉴턴의 제2법칙을 적용하면 다음과 같은 관계식을 얻는다.

$$ma_x = T \qquad ma_y = n - mg = 0$$

위의 식으로부터 x 방향의 가속도는 $a_x = T/m$로 일정하며, 수직 항력은 $n = mg$가 된다. 가속도가 일정하기 때문에 운동학 식을 이용하여 물체의 속도나 변위를 알 수 있다.

문제풀이 전략

뉴턴의 제2법칙

뉴턴의 제2법칙이 개입되는 문제는 매우 복잡한 경우가 있다. 다음과 같은 절차를 잘 따르면 풀이 과정을 짧게 하고 답을 빨리 얻을 수 있다.

1. **읽기** 문제를 최소한 한 번 이상 매우 주의 깊게 읽는다.
2. **그리기** 문제의 내용을 그림으로 그리고, 그 속에 문제의 대상이 되는 물체에 작용하는 힘을 화살표로 그린다.
3. **이름 붙이기** 그림 속의 각 힘에 물리량을 쉽게 알 수 있는 기호로 이름을 붙인다(예를 들어, 장력의 경우 tension의 T를 사용).
4. **자유 물체도** 대상 물체의 자유 물체도를 그린다. 물체가 여러 개인 경우, 각각에 대해 자

유 물체도를 그린다. 각 물체에 대해서 적당한 좌표계를 선택한다.

5. **뉴턴의 제2법칙을 적용한다.** 뉴턴의 제2법칙의 벡터 식으로부터 x성분과 y성분을 따로 따로 쓴다. 이 경우 두 개의 식과 두 개의 미지수가 있게 된다.
6. **푼다.** 주어진 미지수에 대해 풀고 수치를 대입한다.

평형 상태에 있는 경우 가속도가 영이기 때문에 문제를 더 단순화시킬 수 있다.

4.7.1 평형 상태에 있는 물체 Objects in Equilibrium

정지해 있거나 일정한 속력으로 운동하는 물체를 평형 상태에 있다고 한다. 물체가 평형 상태에 있을 때 $\vec{\mathbf{a}} = 0$이므로 뉴턴의 제2법칙을 적용하면,

$$\sum \vec{\mathbf{F}} = 0 \qquad [4.19]$$

이다. 이것은 평형 상태에 있는 물체에 작용하는 모든 힘의 벡터 합(알짜힘)이 0임을 의미한다. 식 4.19는 x축과 y축 방향에서 외력의 합이 0임을 의미한다. 즉,

$$\sum F_x = 0 \quad \text{그리고} \quad \sum F_y = 0 \qquad [4.20]$$

이다. 이 책에서 삼차원 문제는 고려하지 않겠지만, 식 4.20에 세 번째 식 $\Sigma F_z = 0$을 추가하면 삼차원으로 확장된다.

예제 4.7 줄에 매달려 정지해 있는 신호등

목표 두 개의 자유 물체도가 필요한 평형 문제에 뉴턴의 제2법칙을 사용한다.

문제 무게가 1.00×10^2 N인 신호등이 그림 4.29a와 같이 지지대에 고정된 두 개의 줄과 연결된 다른 연직 줄에 매달려 있다. 위쪽의 두 줄은 수평선과 37.0°와 53.0°의 각을 이루고 있다. 세 줄에 걸리는 장력을 각각 구하라.

전략 미지수가 세 개 있으므로 문제를 풀기 위해서는 세 개의 방정식이 필요하다. 수식 한 개는 y축 방향으로만 힘을 받고 있는 신호등에 뉴턴의 제2법칙을 적용하여 얻을 수 있다. (나머지 두 개의 수식은) 두 줄이 만나는 점에 뉴턴의 제2법칙을 적용하면, x축 성분에서 한 개, y축 성분에서 또 한 개, 모두 두 개의 수식을 더 얻을 수 있다.

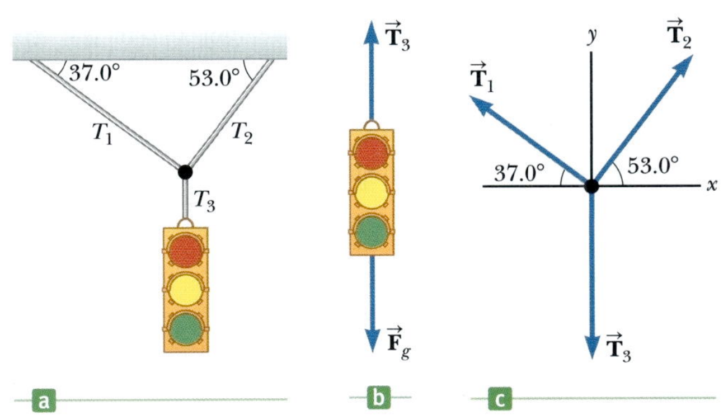

그림 4.29 (예제 4.7) (a) 줄에 매달린 신호등, (b) 신호등의 자유 물체도, (c) 세 줄의 매듭에서의 자유 물체도.

풀이

신호등에 대해 평형 조건을 이용하여 그림 4.29b로부터 T_3을 구한다.

$$\sum F_y = 0 \quad \rightarrow \quad T_3 - F_g = 0$$
$$T_3 = F_g = 1.00 \times 10^2 \text{ N}$$

그림 4.29c를 사용하여 세 장력을 성분으로 분해하고, 편의상 다음의 표를 만든다.

힘	x성분	y성분
$\vec{\mathbf{T}}_1$	$-T_1 \cos 37.0°$	$T_1 \sin 37.0°$
$\vec{\mathbf{T}}_2$	$T_2 \cos 53.0°$	$T_2 \sin 53.0°$
$\vec{\mathbf{T}}_3$	0	-1.00×10^2 N

표에 있는 성분들을 사용하여 매듭에 평형 조건을 적용한다.

$$\sum F_x = -T_1 \cos 37.0° + T_2 \cos 53.0° = 0 \quad (1)$$

$$\sum F_y = T_1 \sin 37.0° + T_2 \sin 53.0° - 1.00 \times 10^2 \text{ N} = 0 \quad (2)$$

두 개의 방정식과 두 개의 미지수가 남아 있다. 식 (1)을 T_2에 대하여 푼다.

$$T_2 = T_1\left(\frac{\cos 37.0°}{\cos 53.0°}\right) = T_1\left(\frac{0.799}{0.602}\right) = 1.33T_1$$

이 T_2를 식 (2)에 대입한다.

$$T_1 \sin 37.0° + (1.33T_1)(\sin 53.0°) - 1.00 \times 10^2 \text{ N} = 0$$

$$T_1 = 60.1 \text{ N}$$

$$T_2 = 1.33T_1 = 1.33(60.1 \text{ N}) = 79.9 \text{ N}$$

참고 이런 문제에서는 양 또는 음의 부호에 대한 실수를 하기 쉽다. 이런 실수를 피하기 위해서는 $+x$축 부분을 기준으로 벡터의 각도를 측정하면 된다. 이렇게 하여 계산된 삼각함수는 올바른 값을 나타낸다. 예를 들어 T_1은 $+x$축과 $180° - 37° = 143°$의 각을 이루는데, T_1의 x성분은 $T_1 \cos 143°$로서 그림에서 알 수 있듯이 음의 값을 가진다.

예제 4.8 마찰이 없는 언덕 위의 썰매

목표 평형 문제에 수직 항력과 뉴턴의 제2법칙을 사용한다.

문제 그림 4.30a와 같이 썰매가 눈 덮인 마찰이 없는 언덕 위의 나무에 매여 있다. 썰매의 무게가 77.0 N일 때, 줄이 썰매에 작용하는 장력 $\vec{\mathbf{T}}$와 언덕이 썰매에 작용하는 힘 $\vec{\mathbf{n}}$의 크기를 구하라.

전략 물체가 언덕 위에 있을 때는 그림 4.30b와 같이 경사진 좌표계를 사용하는 것이 편리하며, 이 경우 수직 항력 $\vec{\mathbf{n}}$은 y축 방향이며 장력 $\vec{\mathbf{T}}$는 x축 방향이다. 마찰이 없다면 언덕은 썰매에 x축 방향으로는 힘을 작용하지 않는다. 썰매가 정지하고 있으므로, $\Sigma F_x = 0$과 $\Sigma F_y = 0$을 적용하여 두 개의 미지수인 장력과 수직 항력에 대한 식을 얻을 수 있다.

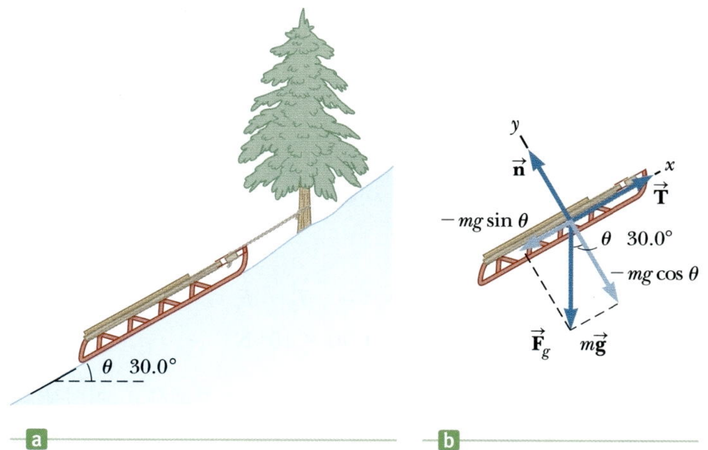

그림 4.30 (예제 4.8) (a) 썰매가 마찰이 없는 언덕 위의 나무에 매여 있다. (b) 썰매의 자유 물체도

풀이

$\vec{\mathbf{a}} = 0$이므로 뉴턴의 제2법칙을 썰매에 적용한다.

$$\sum \vec{\mathbf{F}} = \vec{\mathbf{T}} + \vec{\mathbf{n}} + \vec{\mathbf{F}}_g = 0$$

T를 구하기 위하여 위 식에서 x성분을 생각하자. 수직 항력의 x성분은 영이고 썰매의 무게는 $mg = 77.0$ N이다.

$$\sum F_x = T + 0 - mg \sin\theta = T - (77.0 \text{ N}) \sin 30.0° = 0$$

$$T = 38.5 \text{ N}$$

뉴턴의 제2법칙을 적용하여 y성분에 대한 식을 쓴다. 장력의 y성분은 영이므로, 이 수식으로부터 수직 항력을 구할 수 있다.

$$\sum F_y = 0 + n - mg\cos\theta = n - (77.0 \text{ N})(\cos 30.0°) = 0$$

$$n = 66.7 \text{ N}$$

참고 수평면에서와는 달리 썰매가 비탈면에 있으면 n은 썰매의 무게보다 작다. 이것은 중력의 일부분(x성분)만이 썰매를 비탈면 아래로 잡아당기기 때문이다. 중력의 y성분은 수직 항력과 크기가 같고 방향이 반대이다.

4.7.2 가속되는 물체와 뉴턴의 제2법칙

Accelerating Objects and Newton's Second Law

알짜힘이 물체에 작용하면 물체는 가속되며, 뉴턴의 제2법칙을 이용하여 물체의 운동을 설명할 수 있다.

예제 4.9 짐 상자 옮기기

목표 평형 상태에 있지 않은 계에 대하여 운동학 식과 함께 뉴턴의 제2법칙을 사용한다.

문제 그림 4.31에서 상자와 바퀴가 달린 작은 수레의 무게의 합이 3.00×10^2 N이다. 한 사람이 20.0 N의 힘으로 끈을 당긴다면, 이 계(상자와 수레)의 가속도는 얼마인가? 또 2.00 s 동안 움직인 거리는 얼마인가? 계는 정지 상태로부터 출발하고, 계의 운동에 반하는 어떠한 마찰력도 작용하지 않는다고 가정하라.

전략 뉴턴의 제2법칙으로부터 계의 가속도를 구할 수 있다. 힘이 일정하기 때문에 가속도도 일정하다. 따라서 2.00 s 동안 이동한 거리를 구하기 위해서 운동학 식을 적용할 수 있다.

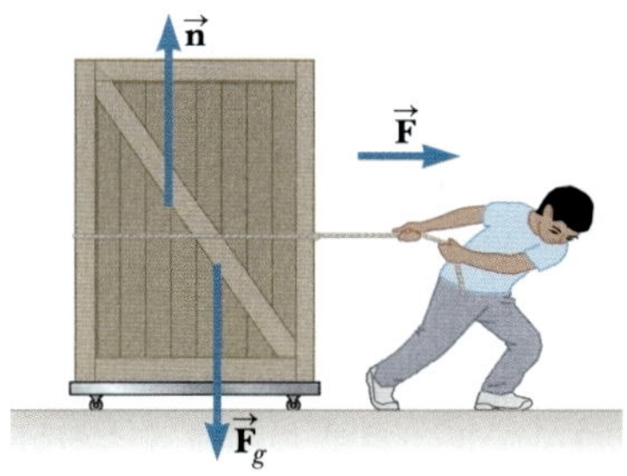

그림 4.31 (예제 4.9)

풀이

무게의 정의 $w = mg$로부터 계의 질량을 구한다.

$$m = \frac{w}{g} = \frac{3.00 \times 10^2\ \text{N}}{9.80\ \text{m/s}^2} = 30.6\ \text{kg}$$

제2법칙으로부터 가속도를 구한다.

$$a_x = \frac{F_x}{m} = \frac{20.0\ \text{N}}{30.6\ \text{kg}} = 0.654\ \text{m/s}^2$$

$v_0 = 0$이라 놓고, 운동학 식을 이용하여 2.00 s 동안 이동한 거리를 구한다.

$$\Delta x = \tfrac{1}{2} a_x t^2 = \tfrac{1}{2}(0.654\ \text{m/s}^2)(2.00\ \text{s})^2 = 1.31\ \text{m}$$

참고 계가 움직이는 동안 20.0 N의 일정한 힘이 계에 작용하고 있음에 주목하라. 어느 순간에 이 힘을 제거하면 계는 등속도로 움직이게 되고, 가속도는 영이 될 것이다. 여기서 바퀴의 마찰은 무시한다.

예제 4.10 내리막길을 저절로 내려가는 자동차

목표 경사면에서 움직이는 물체와 관련된 문제에 제2법칙과 운동학 식을 적용한다.

문제 **(a)** 질량이 m인 차가 그림 4.32a에서와 같이 경사각이 $\theta = 20°$인 미끄러운 비탈길 위에 있다. 경사면의 마찰을 무시할 때 차의 가속도를 구하라. **(b)** 경사면의 길이가 25 m이고, 차가 맨 위에서 정지 상태에서 출발하였다면 그 차가 맨 아래에 도달하는 데 걸리는 시간은 얼마인가? **(c)** 맨 아래에서의 차의 속력은 얼마인가?

전략 그림 4.32b와 같이 경사면을 따라 기울어진 좌표계를 설정하여 수직 항력 $\vec{\mathbf{n}}$이 $+y$ 방향이 되게 하고, $+x$ 방향은 경사면을 따라 내려오는 방향이 되게 한다. 그러면 중력 $\vec{\mathbf{F}}_g$의 x성분은 $mg \sin\theta$이고 y성분은 $-mg \cos\theta$

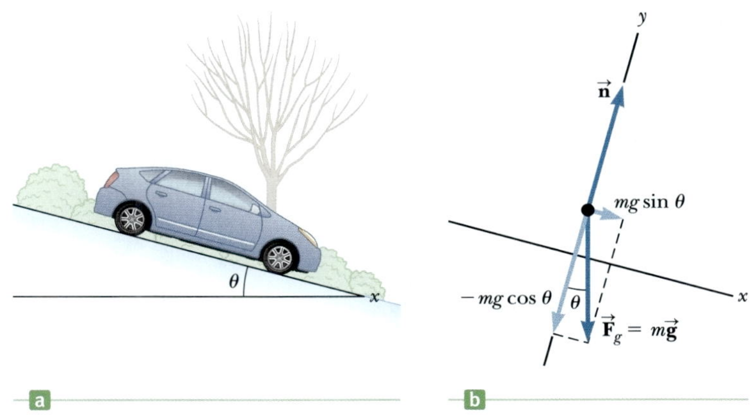

그림 4.32 (예제 4.10)

이다. 뉴턴의 제2법칙을 성분별로 쓰면 두 개의 미지수인 가속도 a_x와 수직 항력이 포함된 두 개의 식을 얻는다. **(b)**와 **(c)**는 운동학 공식을 적용하여 풀 수 있다.

풀이

(a) 차의 가속도를 구한다.

뉴턴의 제2법칙을 차에 적용한다.

$$m\vec{\mathbf{a}} = \sum \vec{\mathbf{F}} = \vec{\mathbf{F}}_g + \vec{\mathbf{n}}$$

제2법칙으로부터 x성분과 y성분을 분리해 낸다.

$$ma_x = \sum F_x = mg\sin\theta \qquad (1)$$

$$0 = \sum F_y = -mg\cos\theta + n \qquad (2)$$

식 (1)을 m으로 나누고 값을 대입한다.

$$a_x = g\sin\theta = (9.80 \text{ m/s}^2)\sin 20.0° = \boxed{3.35 \text{ m/s}^2}$$

(b) 차가 바닥에 도달하는 데 걸리는 시간을 구한다.

변위에 대한 식 3.6b에 $v_{0x} = 0$을 대입한다.

$$\Delta x = \tfrac{1}{2}a_x t^2 \quad \rightarrow \quad \tfrac{1}{2}(3.35 \text{ m/s}^2)t^2 = 25.0 \text{ m}$$

$$t = \boxed{3.86 \text{ s}}$$

(c) 맨 밑에서의 차의 속력을 구한다.

속도에 대한 식 3.6a에 $v_{0x} = 0$를 대입한다.

$$v_x = a_x t = (3.35 \text{ m/s}^2)(3.86 \text{ s}) = \boxed{12.9 \text{ m/s}}$$

참고 가속도에 대한 최종 답은 질량에 무관하고 g와 각 θ에만 의존한다. 수직 항력이 포함된 식 (2)는 여기서는 중요하지 않지만 마찰이 고려될 때는 매우 중요하다.

예제 4.11 엘리베이터 안에 있는 물고기의 무게

목표 가속도가 겉보기 무게에 미치는 영향을 알아본다.

문제 그림 4.33a와 4.33b에서처럼 엘리베이터의 천장에 매달려있는 용수철저울로 물고기의 무게를 잰다. 엘리베이터가 정지해 있을 때 물고기의 무게는 40.0 N이다. **(a)** 엘리베이터가 위로 2.00 m/s²의 가속도로 올라갈 경우, 용수철저울로 잰 무게는 얼마인가? **(b)** 그림 4.33b와 같이 엘리베이터가 아래로 2.00 m/s²의 가속도로 내려갈 경우, 용수철저울로 잰 무게는 얼마인가? **(c)** 엘리베이터의 줄이 끊어진다면 용수철저울이 가리키는 눈금은 어떻게 될까?

엘리베이터가 위로 가속될 때, 용수철저울의 눈금은 물고기의 무게보다 더 큰 값을 가리킨다.

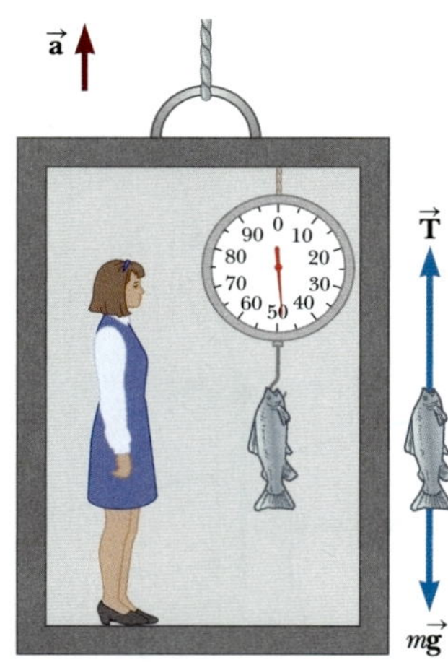

엘리베이터가 아래로 가속될 때, 용수철저울의 눈금은 물고기의 무게보다 더 작은 값을 가리킨다.

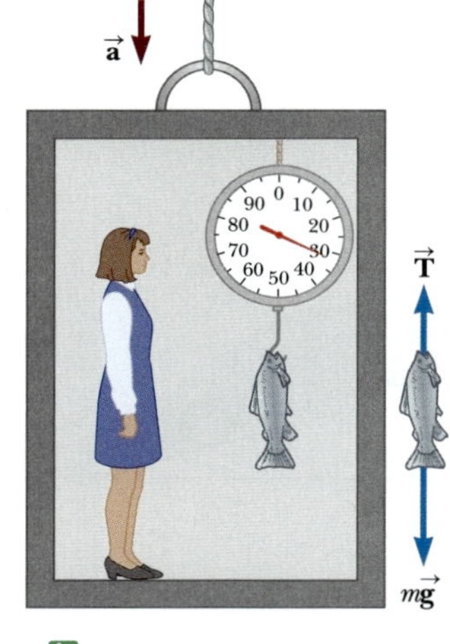

그림 4.33 (예제 4.11)

전략 중력 $m\vec{\mathbf{g}}$와 용수철저울이 작용하는 힘 $\vec{\mathbf{T}}$를 포함해서 물고기에 대한 뉴턴의 제2법칙을 사용한다. 용수철저울이 측정하는 무게는 실제 무게가 아니라 용수철이 물고기에 작용하는 힘 T를 측정하게 된다. 그러므로 각각의 경우에 용수철이 측정하는 겉보기 무게인 이 힘에 대하여 푼다.

풀이

(a) 그림 4.33a처럼 엘리베이터가 위로 올라갈 때의 용수철의 눈금을 구한다.

윗방향을 양의 방향으로 정하고 물고기에 대하여 뉴턴의 제2법칙을 적용한다.

$$ma = \sum F = T - mg$$

T에 대하여 푼다.

$$T = ma + mg = m(a + g)$$

무게가 40.0 N인 물고기의 질량을 구한다.

$$m = \frac{w}{g} = \frac{40.0 \text{ N}}{9.80 \text{ m/s}^2} = 4.08 \text{ kg}$$

$a = +2.00 \text{ m/s}^2$을 대입하여 T의 값을 계산한다.

$$T = m(a + g) = (4.08 \text{ kg})(2.00 \text{ m/s}^2 + 9.80 \text{ m/s}^2)$$

$$= \boxed{48.1 \text{ N}}$$

(b) 그림 4.33b와 같이 엘리베이터가 내려갈 때의 용수철의 눈금을 구한다.

여기서 가속도만 $a = -2.00\ \mathrm{m/s^2}$로 바뀌었을 뿐이므로 앞에서와 같은 방법으로 문제를 풀 수 있다.

$$T = m(a + g) = (4.08\ \mathrm{kg})(-2.00\ \mathrm{m/s^2} + 9.80\ \mathrm{m/s^2})$$
$$= 31.8\ \mathrm{N}$$

(c) 엘리베이터의 줄이 끊어진 후, 용수철의 눈금을 구한다.

여기서 중력만 작용하므로 가속도 $a = -9.80\ \mathrm{m/s^2}$이다.

$$T = m(a + g) = (4.08\ \mathrm{kg})(-9.80\ \mathrm{m/s^2} + 9.80\ \mathrm{m/s^2})$$
$$= 0\ \mathrm{N}$$

참고 이 문제에서는 가속도 방향의 부호에 유의하라. 가속도의 방향 때문에 겉보기 무게가 커지거나 작아질 수 있다. 우주 비행사는 자유낙하인 경우에는 무중력 상태에 있지만, 상승할 때는 몇 배의 무게를 더 느끼게 된다.

예제 4.12 미끄러지는 하키 퍽

목표 운동 마찰의 개념을 적용한다.

문제 그림 4.34와 같이 하키 스틱에 맞은 하키 퍽이 얼어 있는 연못 위에서 처음 속력 20.0 m/s로 움직이고 있다. 이 퍽은 얼음 위에서 정지할 때까지 일정하게 속력을 낮추며 1.20×10^2 m 미끄러졌다. 퍽과 얼음 사이의 운동 마찰 계수를 구하라.

전략 퍽이 일정하게 느려진다는 것은 가속도가 일정하다는 것을 의미한다. 따라서 운동학 식 $v^2 = v_0^2 + 2a\Delta x$를 사용하여 x 방향의 가속도 a를 구한다. 그렇게 하면, 뉴턴의 제2법칙의 x와 y성분은 운동 마찰 계수 μ_k와 수직 항력 n을 두 개의 미지수로 갖는 두 개의 방정식을 만들게 된다.

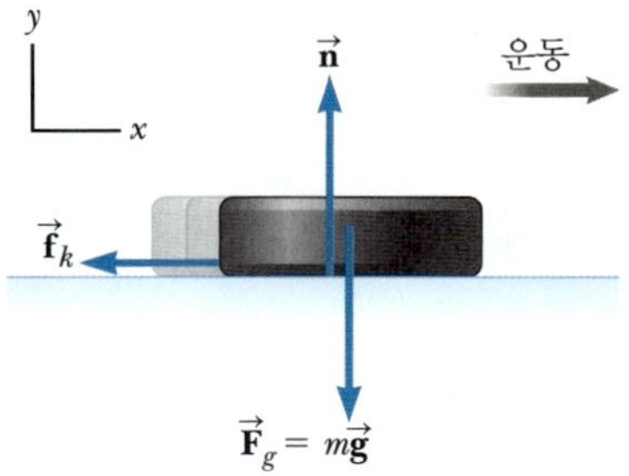

그림 4.34 (예제 4.12) 퍽이 처음에 오른쪽 방향의 속도를 가진 이후 퍽에 작용하는 외력은 중력 $\vec{\mathbf{F}}_g$, 수직 항력 $\vec{\mathbf{n}}$, 운동 마찰력 $\vec{\mathbf{f}}_k$이다.

풀이

가속도 a에 대해 시간이 포함되어 있지 않은 운동학 식을 푼다.

$$v^2 = v_0^2 + 2a\Delta x$$
$$a = \frac{v^2 - v_0^2}{2\Delta x}$$

$v = 0$, $v_0 = 20.0\ \mathrm{m/s}$, $\Delta x = 1.20 \times 10^2\ \mathrm{m}$를 대입한다. 답에서 음(−)의 값에 주의한다. $\vec{\mathbf{a}}$는 $\vec{\mathbf{v}}$와 반대 방향이다.

$$a = \frac{0 - (20.0\ \mathrm{m/s})^2}{2(1.20 \times 10^2\ \mathrm{m})} = -1.67\ \mathrm{m/s^2}$$

제2법칙의 y성분으로부터 수직 항력을 구한다.

$$\sum F_y = n - F_g = n - mg = 0$$
$$n = mg$$

운동 마찰력에 대한 표현을 구하여 제2법칙의 x성분에 대입한다.

$$f_k = \mu_k n = \mu_k mg$$
$$ma = \sum F_x = -f_k = -\mu_k mg$$

μ_k에 대해 풀고 값들을 대입한다.

$$\mu_k = -\frac{a}{g} = \frac{1.67\ \mathrm{m/s^2}}{9.80\ \mathrm{m/s^2}} = 0.170$$

참고 문제를 운동 역학, y 방향에서의 뉴턴의 제2법칙, x 방향에서 뉴턴의 법칙 등의 세 부분으로 어떻게 나누었는가에 주의한다.

4.8 두 물체가 연결된 문제 Two-Body Problems

뉴턴의 제2법칙은 여러 물체가 연결된 문제에도 적용할 수 있다. 지금까지 다룬 문제에서는 한 물체에 작용하는 여러 외력만을 고려하여 단순하게 문제를 풀 수 있었다. 그러나 두 물체가 어떤 방식으로든 연결되어 있는 경우, 서로 간에 영향을 미칠 수 있다.

그러한 두 물체 문제를 푸는 것은 뉴턴의 제2법칙을 각 물체에 대해 적용하면 된다. 이후에 나오는 문제에서는 최대 4개의 식과 4개의 미지수가 나올 수 있다. 하지만 대칭성이 있는 경우 미지수의 수를 줄일 수 있다.

예제 4.13 애트우드 기계

목표 뉴턴의 제2법칙을 이용하여 줄로 연결된 문제를 간단히 푼다.

문제 그림 4.35a와 같이 질량이 각각 m_1과 $m_2(m_2 > m_1)$인 두 물체가 마찰이 없는 도르래에 줄로 매달려 있다. 도르래와 줄의 질량은 무시한다. 가속도 크기와 줄의 장력을 구하라.

전략 더 무거운 질량 m_2는 가속하여 아래로($-y$ 방향) 내려간다. 줄은 늘어나지 않으므로 두 물체의 가속도는 크기는 같지만 방향은 반대이다. 즉, a_1은 양의 방향이고, a_2는 음의 방향이며 $a_2 = -a_1$이다. 각각의 물체는 윗방향으로 장력 $\vec{\mathbf{T}}$, 아랫방향으로 중력을 받는다. 그림 4.35b는 두 물체에 대한 자유 물체도를 나타낸다. 각각의 물체에 뉴턴의 제2법칙을 적용하고 가속도에 대한 식을 고려하면, 세 개의 미지수 a_1, a_2, T에 대한 세 개의 식을 얻을 수 있다.

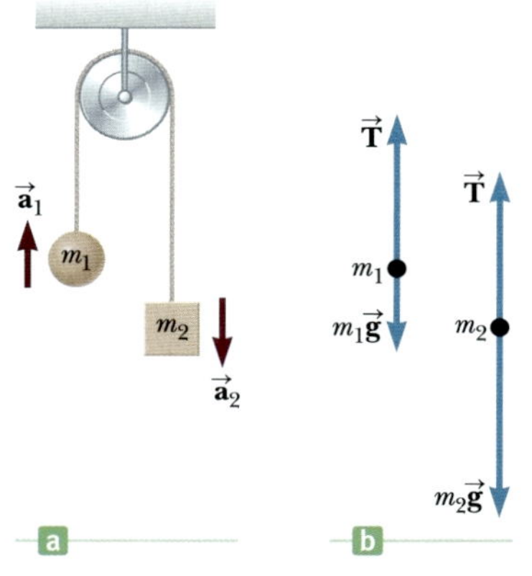

그림 4.35 (예제 4.13) 애트우드 기계.
(a) 두 물체는 가벼운 줄로 마찰이 없는 도르래에 매달려 있다. (b) 두 물체에 대한 자유 물체도.

풀이

두 질량에 대하여 각각 뉴턴의 제2법칙을 적용한다.

$$m_1 a_1 = T - m_1 g \tag{1}$$

$$m_2 a_2 = T - m_2 g \tag{2}$$

식 (2)에 $a_2 = -a_1$를 대입하고 양변에 -1을 곱한다.

$$m_2 a_1 = -T + m_2 g \tag{3}$$

식 (1)과 (3)을 더하고 a_1에 대하여 푼다.

$$(m_1 + m_2)a_1 = m_2 g - m_1 g$$

$$a_1 = \left(\frac{m_2 - m_1}{m_1 + m_2}\right)g$$

이 결과를 식 (1)에 대입하여 T를 구한다.

$$T = \left(\frac{2m_1 m_2}{m_1 + m_2}\right)g$$

참고 두 번째 물체의 가속도는 첫 번째 물체의 가속도와 크기는 같지만 방향은 반대이다. m_2가 m_1에 비하여 아주 크다면, m_2는 거의 자유낙하한다고 볼 수 있으므로, 가속도는 예상하는 바와 같이 g에 근접하게 된다. 실제로 m_2는 아주 가벼운 m_1의 영향을 거의 받지 않는다.

4.8.1 전체 계에 대한 접근 방법 The System Approach

두 물체가 늘어나지 않는 줄에 연결되어 있어서 두 물체의 가속도가 같다면 두 물체를 한 물체로 간주하는 전체 계에 대한 접근 방법을 사용하는 것이 가능하다. 운동의 제2

법칙을 전체 계에 대한 접근 방법으로 나타내면 다음과 같다.

$$\sum F_{\text{외력}} = \left(\sum m_i\right) a_{\text{계}} \qquad [4.21]$$

여기서, $F_{\text{외력}}$는 계에 작용하는 외력이다. 계의 구성 입자들을 서로 매어 두는 장력과 같은 내력은 여기에 포함되지 않는다. 내력은 계 내의 각각의 입자에 제2법칙을 적용하여 구해야 한다. 전체 계에 대한 접근 방법은 당연히 연결되어 있는 3물체 또는 그 이상의 물체에 대한 문제로 확장될 수 있다. 예제 4.14는 이러한 문제를 풀기 위한 두 가지 접근 방법을 비교하였다.

예제 4.14 연결된 물체

목표 줄로 연결된 두 물체에 중력과 마찰력이 작용하는 경우의 문제를 풀기 위해 일반적인 방법과 전체 계에 대한 접근 방법을 모두 사용한다.

문제 **(a)** 그림 4.36a와 같이 질량 $m_1 = 4.00$ kg인 벽돌과 질량 $m_2 = 7.00$ kg인 공이 마찰이 없는 도르래에 걸쳐 가벼운 줄로 연결되어 있다. 벽돌과 바닥 사이의 운동 마찰 계수는 0.300이다. 두 물체의 가속도와 줄의 장력을 구하라. **(b)** 전체 계에 대한 접근 방법을 사용하여 구한 가속도의 답과 비교해 보라.

전략 연결된 물체는 각 물체에 독립적으로 뉴턴의 제2법칙을 적용하여 다룰 수 있다. 벽돌과 공에 대한 자유 물체도를 그림 4.36b에 나타내었으며, 여기서 오른쪽을 $+x$ 방향, 위쪽을 $+y$ 방향으로 놓았다. 두 물체의 가속도 크기는 $|a_1| = |a_2| = a$로 같다. 질량 m_1인 벽돌은 $+x$ 방향으로 움직이고, 질량 m_2인 공은 $-y$ 방향으로 움직이기 때문에 $a_1 = -a_2$이다. 뉴턴의 제2법칙을 사용하여 미지수 T와 a를 포함하는 두 개의 수식을 얻어 동시에 풀 수 있다. **(b)**에서는 두 물체를 중력에 의해 가속되고 마찰력에 의해 감속되는 하나의 물체로 다룬다. 이때 장력은 내부적인 힘이 되어 제2법칙에 나타나지 않는다.

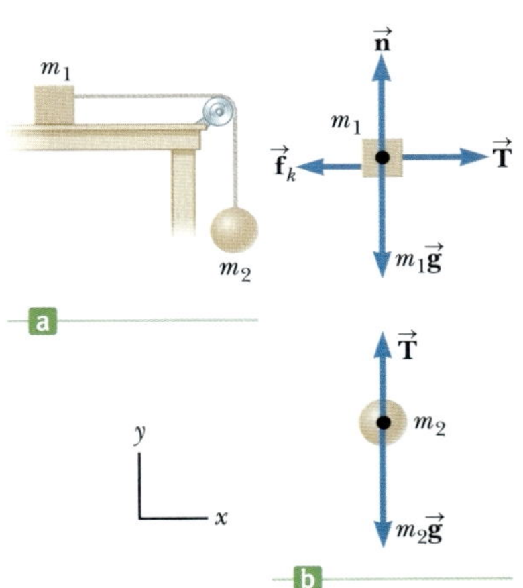

그림 4.36 (예제 4.14) (a) 마찰이 없는 도르래에 걸쳐져 가벼운 줄로 연결된 두 물체, (b) 각 물체에 대한 자유 물체도.

풀이

(a) 각 물체의 가속도와 줄의 장력을 구한다.

질량 m_1인 벽돌에 대하여 뉴턴의 제2법칙의 성분식을 쓴다.

$$\sum F_x = T - f_k = m_1 a_1 \quad \text{그리고} \quad \sum F_y = n - m_1 g = 0$$

y성분에 대한 식으로부터 $n = m_1 g$이다. 이 값과 $f_k = \mu_k n$을 x성분에 대한 식에 대입한다.

$$T - \mu_k m_1 g = m_1 a_1 \qquad (1)$$

$a_2 = -a_1$임을 상기하면서 공에 뉴턴의 제2법칙을 적용한다.

$$\sum F_y = T - m_2 g = m_2 a_2 = -m_2 a_1$$

$$T - m_2 g = -m_2 a_1 \qquad (2)$$

식 (1)에서 식 (2)를 빼고 T를 소거하면 a_1에 관한 식이 남는다.

$$m_2 g - \mu_k m_1 g = (m_1 + m_2) a_1$$

$$a_1 = \frac{m_2 g - \mu_k m_1 g}{m_1 + m_2}$$

주어진 값들을 대입하여 가속도를 구한다.

$$a_1 = \frac{(7.00\text{ kg})(9.80\text{ m/s}^2) - (0.300)(4.00\text{ kg})(9.80\text{ m/s}^2)}{(4.00\text{ kg} + 7.00\text{ kg})}$$

$$= 5.17\text{ m/s}^2$$

a_1의 값을 식 (1)에 대입하여 장력 T를 구한다.

$$T = 32.4\text{ N}$$

(b) 두 물체를 포함하는 전체 계에 대한 접근 방법을 사용하여 가속도를 구한다.

계에 뉴턴의 제2법칙을 적용하고 a에 대하여 푼다.

$$(m_1 + m_2)a = m_2 g - \mu_k n = m_2 g - \mu_k m_1 g$$

$$a = \frac{m_2 g - \mu_k m_1 g}{m_1 + m_2}$$

참고 전체 계에 대한 접근 방법이 빠르고 쉬워 보여도 특별한 경우에만 적용할 수 있으며, 장력과 같이 내력에 대한 아무런 정보도 구할 수 없다. 장력을 구하기 위해서는 어느 한 물체에 대한 자유 물체도를 고려해야 한다.

예제 4.15 아래위로 놓여 있는 두 물체를 한 줄로 당기기

목표 이체 계에 뉴턴의 제2법칙과 정지 마찰을 적용한다.

문제 줄에 매여 있는 질량 $M = 10.0$ kg인 나무토막 위에 질량 $m = 5.00$ kg인 나무토막이 놓여 있다(그림 4.37). 아래에 있는 나무토막과 바닥 사이는 마찰이 없다고 가정한다. 그러나 두 나무토막 사이에는 마찰이 있어서 줄을 당길 때 5.00 kg짜리 나무토막이 쉽게 미끄러지지 않는다. 두 나무토막 사이의 정지 마찰 계수를 0.350이라고 할 때, **(a)** 5.00 kg짜리 나무토막이 10.0 kg짜리 나무토막 위에서 미끄러지지 않게 하면서 당길 수 있는 최대 힘은 얼마인가? **(b)** 전체 계에 대한 접근 방법을 써서 가속도를 구하라.

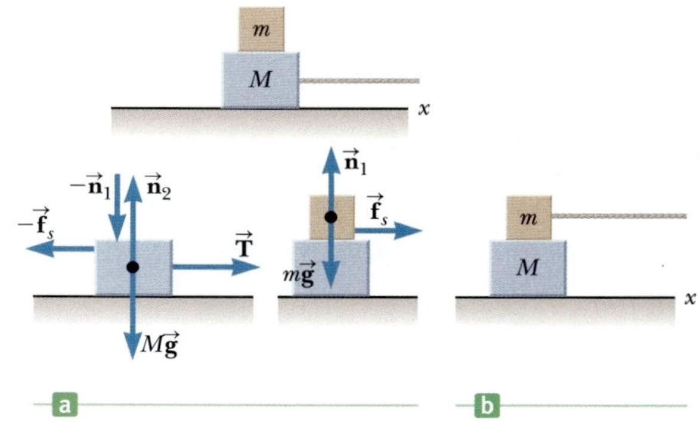

그림 4.37 (예제 4.15)

전략 각 나무토막에 대해 자유 물체도를 그린다. 정지 마찰력은 위의 나무토막이 수평 방향으로 움직일 수 있게 하며, 그렇게 할 수 있는 최대 힘은 $f_s = \mu_s n$이다. 이것과 같은 크기의 정지 마찰력이 아래 나무토막의 움직임을 방해한다. 위의 나무토막이 미끄러지지 않는 한, 두 나무토막의 가속도는 같다. 각각의 나무토막에 대해 뉴턴의 제2법칙을 쓰고, 가속도 a를 소거한 다음 장력 T에 대해 푼다. 장력을 알면, 전체 계에 대한 접근 방법을 써서 가속도를 구할 수 있다.

풀이

(a) 줄이 아래의 나무토막에 작용할 수 있는 최대 힘을 구한다.

위에 있는 나무토막에 대해 뉴턴의 제2법칙의 두 성분을 쓴다.

$$x\text{성분: } ma = \mu_s n_1$$

$$y\text{성분: } 0 = n_1 - mg$$

y성분 식에서 n_1에 대해 푼 다음 그 결과를 x성분 식에 대입하여 a에 대해 푼다.

$$n_1 = mg \quad \rightarrow \quad ma = \mu_s mg \quad \rightarrow \quad a = \mu_s g$$

아래 나무토막에 대해 뉴턴의 제2법칙의 x성분을 쓴다.

$$Ma = -\mu_s mg + T \qquad (1)$$

식 (1)에 $a = \mu_s g$ (두 물체가 같이 움직여야 하므로)를 대입한 다음 장력 T에 대해 푼다.

$$M\mu_s g = T - \mu_s mg \quad \rightarrow \quad T = (m + M)\mu_s g$$

값을 계산한다.

$$T = (5.00 \text{ kg} + 10.0 \text{ kg})(0.350)(9.80 \text{ m/s}^2) = 51.5 \text{ N}$$

(b) 전체 계에 대한 접근 방법을 써서 가속도를 구한다.

계에 작용하는 힘의 x성분에 관한 제2법칙을 쓴다.

$$(m + M)a = T$$

가속도에 대해 풀고 값을 대입한다.

$$a = \frac{T}{m + M} = \frac{51.5 \text{ N}}{5.00 \text{ kg} + 10.0 \text{ kg}} = 3.43 \text{ m/s}^2$$

참고 아래에 있는 10.0 kg짜리 나무토막은 바닥과의 마찰을 무시했기 때문에 그 나무토막에 작용하는 힘의 y성분을 알 필요는 없다. 위에 있는 나무토막이 정지 마찰력 때문에 가속된다는 것을 흥미 있게 살펴보아야 한다. 계 전체의 가속도는 $a = \mu_s g$를 사용하여 계산될 수 있다. 그 결과는 전체 계에 대한 접근 방법을 사용하여 구한 가속도와 같은가?

연습문제

4.1 힘과 뉴턴의 제1법칙

4.2 뉴턴의 제2법칙, 중력, 무게

4.3 뉴턴의 제3법칙

1(1). 뉴질랜드의 리틀배리어섬은 거대한 꼽등잇과 곤충의 서식지이다. 이 곤충의 무게는 무려 쥐 몇 마리의 무게와 같고 펼친 날개의 길이는 7인치 정도이다. 지금까지 가장 무거운 개체는 0.160 lbs이었다. (a) 이 무게를 뉴턴 단위로 나타내고, (b) 질량을 킬로그램 단위로 나타내어 보라.

2(3). 6.0 kg의 물체가 2.0 m/s^{2}의 가속을 받고 있다. (a) 작용하는 전체 힘의 크기는 얼마인가? (b) 같은 크기의 힘이 4.0 kg인 물체에 작용할 때, 가속도는 얼마인가?

3(5). 설탕이 들어 있는 자루의 무게가 지표에서 5.00 lb이다. 달 위에서 이 자루의 무게는 얼마인가? 달에서의 중력 가속도는 지구의 1/6이다. 중력이 지구보다 2.64배 되는 목성에서는 얼마인가? 세 위치에서의 설탕 자루의 질량을 킬로그램 단위로 구하라.

4(7). 한 물체에 작용하는 네 힘이 $\vec{\mathbf{A}} = 40.0$ N 동쪽, $\vec{\mathbf{B}} = 50.0$ N 북쪽, $\vec{\mathbf{C}} = 70.0$ N 서쪽, $\vec{\mathbf{D}} = 90.0$ N 남쪽이다. (a) 그 물체에 작용하는 알짜힘의 크기는 얼마인가? (b) 그 힘의 방향은?

5(11). 물 위에 있는 배에 두 힘이 작용하고 있다. 하나는 프로펠러가 작용하는 2.00×10^3 N의 힘이고 다른 하나는 뱃머리 주변에서 물이 작용하는 1.80×10^3 N의 저항력이다. (a) 1.00×10^3 kg인 배의 가속도는 얼마인가? (b) 정지 상태에서 출발하면 10.0 s간 이동하는 거리는 얼마인가? (c) 이동 직후 속도는 얼마인가?

6(13). 질량이 970. kg인 차가 평평한 길 위에서 정지 상태에서 동쪽 방향으로 5.00 s 동안 가속되어 25.0 m/s의 속력에 도달한다. 이 시간 동안 차에 작용한 평균 힘은 얼마인가?

7(15). 높이 30.0 m에서 정지 상태로부터 떨어진 0.500 kg의 공이 튕겨 올라가서 20.0 m의 높이에 도달하였다. 공이 지면과 접한 시간이 2.00 ms라면 공에 작용한 평균 힘은 얼마인가?

8(17). 마찰이 없는 표면 위에 정지해 있는 질량이 8.00 kg인 물체에 $+x$축 방향으로 30.0 N의 힘이 작용한다. (a) 그 물체의 가속도는 얼마인가? (b) 6.00 s 후에 속도는 얼마인가?

4.4 수직 항력

4.5 마찰력

9(19). 다음과 같은 경우에 15.0 kg의 물체에 작용하는 수직 항력을 계산하라. (a) 그 물체가 수평면 위에 정지해 있는 경우. (b) 수평과 30.0°의 경사면 위에 정지해 있는 경우. (c) 위로 3.00 m/s^{2}의 가속도로 가속되고 있는 엘리베이터의 바닥에 정지해 있는 경우. (d) 수평면에 정지해 있으면서 수평과 30.0°의 방향으로 125 N의 힘이 작용하는 경우.

10(21). 875 kg의 차가 30.0 m/s의 속력으로 달리다가 운전자가 브레이크를 밟아서 바퀴가 정지하였다. 차는 5.60 s 동안 $+x$ 방향으로 미끄러지다가 정지하였다. (a) 자동차의 가속도는 얼마인가? (b) 이 시간 동안 차에 작용한 힘의 크기는 얼마인가? (c) 차가 미끄러져 간 거리는 얼마인가?

11(23). 무게가 1.00×10^3 N인 상자가 그림 P4.11a에서와 같이 수평과 20.0°의 방향으로 3.00×10^2 N의 힘에 의해 일정한 속력으로 밀리고 있다. (a) 상자와 바닥 사이의 운동 마찰 계수는 얼마인가? (b) 그림 P4.11b에서와 같이 수평과 20.0°의 방향으로 3.00×10^2 N의 힘으로 당긴다면 그 상자의 가속도는 얼마이겠는가? 이 경우의 마찰 계수는 (a)에서의 것과 같다고 가정한다.

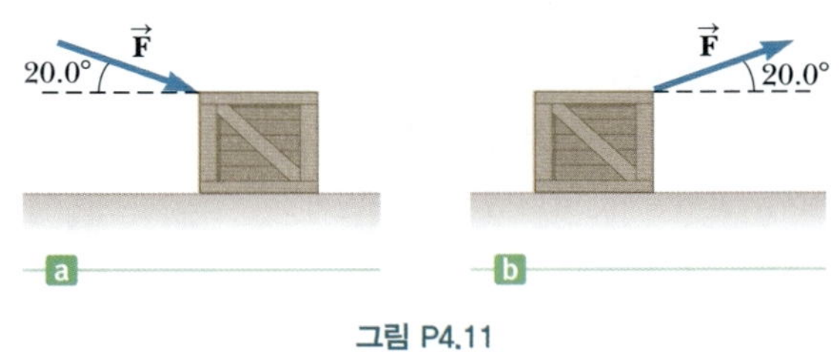

그림 P4.11

12(25). 로켓이 지표에서 발사되어 수직 위로 72.0 m/s^{2}으로 가속된다. 우주복을 포함하여 85.0 kg인 우주인의 몸에 작용하는 수직 항력을 계산하라.

13(27). 어떤 말이 짐을 포함하여 236 kg인 썰매를 끌고 있다. 썰매가 움직이기 위해서 말은 35.0° 방향으로 1 240 N의 힘으로 끌어야 한다. 썰매를 점입자로 간주하고 다음을 계산하라. (a) 작용하는 힘의 크기가 1 240 N일 때 썰매에 작용하는 수직 항력, (b) 썰매와 그 바닥과의 정지 마찰 계수, (c) 말이 같은 각으로 썰매를 6.20×10^2 N으로 끌 때 정지 마찰력.

14(29). 배에 짐을 싣는 부두 노동자가 처음에 수평면에 정지해 있는 20.0 kg의 짐 상자를 수평 방향으로 움직이게 하는 데 75.0 N의 힘이 필요하다는 것을 알았다. 그러나 짐 상자가 한 번 움직이고 난 후, 그 짐 상자를 일정한 속력으로 계속 움직이게 하는 데는 60.0 N의 힘만 있으면 된다는 것도 알아내었다. 짐 상자와 바닥 사이의 정지 마찰 계수와 운동 마찰 계수를 구하라.

15(31). 그림 P4.15와 같이 35.0° 기울어진 경사면과 3.00 kg짜리 상자 사이의 정지 마찰 계수는 0.300이다. 그 상자가 경사면을 따라 미끄러지지 않게 하기 위하여 경사면에 수직하게 상자에 작용해야 할 최소의 힘 $\vec{\mathbf{F}}$는 얼마인가?

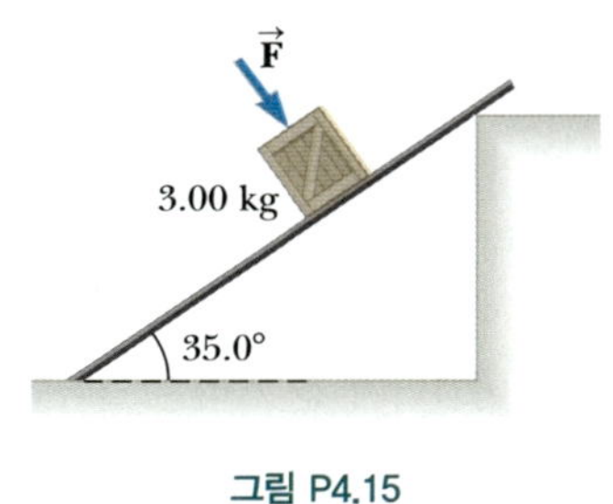

그림 P4.15

4.6 장력

16(33). 75 kg의 어떤 사람이 위로 올라가는 엘리베이터 안의 저울 위에 서 있을 때 저울 눈금이 825 N이다. 그 엘리베이터의 가속도는 얼마인가?

17(35). (a) 그림 P4.17에서 6.00×10^2 N의 도둑이 매달려 있는 줄의 장력을 구하라. (b) 수평인 줄을 약간 더 위로 옮겨 달면 다른 줄에 걸리는 장력은 증가할까, 줄어들까, 아니면 그대로일까? 그 이유는 무엇인가?

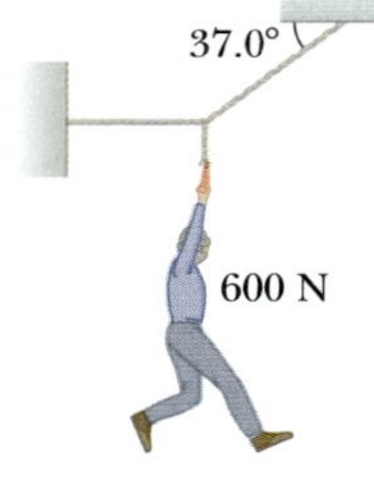

그림 P4.17

18(37). (a) 위로 올라가는 질량 m인 엘리베이터에 두 가지 힘이 작용한다. 하나는 위로 작용하는 줄의 장력(T)이고 다른 하나는 아래로 향하는 중력(w)이다. 엘리베이터가 위로 가속될 때 T와 w 중 어느 것이 더 큰가? (b) 엘리베이터가 일정한 속력으로 위로 올라갈 때에 T와 w 중 어느 것이 더 큰가? (c) 엘리베이터가 위로 올라가지만 가속도는 아래로 향할 때 T와 w 중 어느 것이 더 큰가? (d) 엘리베이터의 질량이 1 500 kg이고 가속도가 2.5 m/s²이다. T를 구하라. 이 답이 (a)에서의 답과 일치하는가? (e) (d)의 엘리베이터가 이번에는 10 m/s의 일정한 속력으로 위로 움직인다. T를 구하라. 그 답이 (b)의 답과 일치하는가? (f) 처음에 위로 일정한 속력으로 움직이는 엘리베이터가 아래로 1.50 m/s²으로 가속되기 시작한다. T를 구하라. 이 답이 (c)에서의 답과 일치하는가?

4.7 뉴턴 법칙의 응용

19(39). 무게가 150 N인 새 모이통이 그림 P4.19와 같이 세 줄에 걸려 있다. 각 줄에 작용하는 장력을 구하라.

그림 P4.19

20(41). 그림 P4.20에서처럼 276 kg의 경비행기가 1 950 kg의 비행기에 의해 수평 활주로를 $\vec{\mathbf{a}} = 2.20$ m/s²의 가속도로 끌려가고 있다. (a) 비행기의 프로펠러가 추진하는 추진력과 (b) 비행기와 경비행기를 연결하는 줄의 장력을 구하라.

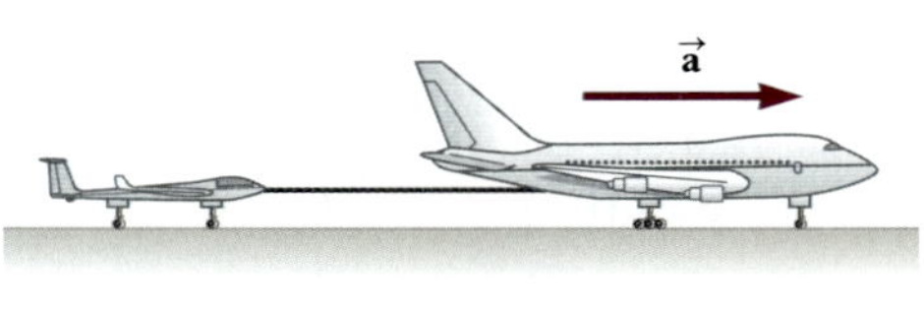

그림 P4.20

21(51). 5.0 kg의 물 양동이가 줄에 매달려 끌어올려지고 있다. 만일 양동이가 3.0 m/s²의 가속으로 올라가고 있다면 줄이 양동이에 작용하는 힘을 구하라.

22(53). 병원에서 다친 다리를 치료하기 위하여 그림 P4.22와 같은 모양의 장치를 한다. (a) 다리를 지탱하는 줄에 작용하는 힘을 구하라. (b) 다리에 작용하는 견인력은 얼마인가? 견인력은 수평 방향이라고 가정한다.

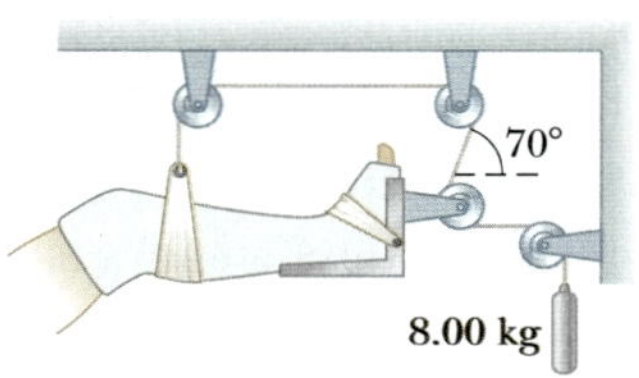

그림 P4.22

4.8 두 물체가 연결된 문제

23(55). 그림 P4.23처럼 $m_1 = 16.0$ kg인 물체와 $m_2 = 24.0$ kg인 물체가 줄로 연결되어 있다. 바닥과의 마찰은 없다. 1.20×10^2 N의 수평력이 m_2에 $+x$ 방향으로 작용한다면, (a) 전체계에 대한 접근 방법을 사용해서 두 물체의 가속도를 구하라. (b) 두 물체를 연결한 줄의 장력은 얼마인가?

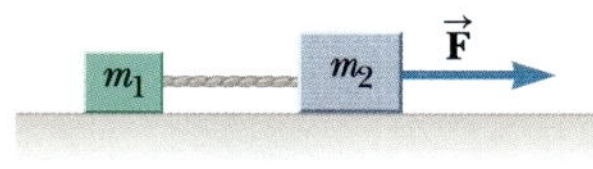

그림 P4.23

24(57). 질량이 m과 $2m$인 두 블록이 그림 P4.24처럼 마찰 없는 경사면 위에서 평형 상태를 유지하고 있다. m과 θ의 항으로 (a) 윗줄의 장력 T_1의 크기와 (b) 두 물체를 연결한 아랫줄의 장력 T_2를 구하라.

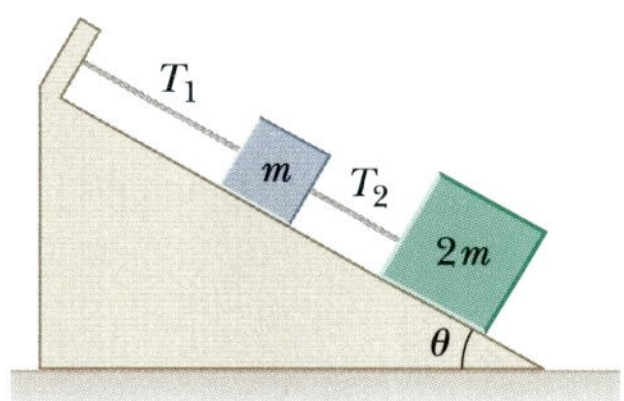

그림 P4.24

25(59). 그림 P4.25와 같이 세 블록이 마찰이 없는 표면 위에 있고, 42 N의 힘이 질량이 3.0 kg인 블록에 작용한다. (a) 이 계의 가속도는 얼마인가? (b) 질량 3.0 kg과 1.0 kg 블록을 연결하는 줄에 작용하는 장력은 얼마인가? (c) 질량 1.0 kg 블록이 질량 2.0 kg인 블록에 작용하는 힘은 얼마인가?

그림 P4.25

26(61). 질량 1.00×10^3 kg인 자동차가 질량 300. kg인 트레일러를 끌고 있다. 자동차와 트레일러는 2.15 m/s^{2}의 가속도로 $+x$ 방향으로 가고 있다. 트레일러에 마찰이 없다고 가정한다면 (a) 자동차가 받는 알짜힘은 얼마인가? (b) 트레일러가 받는 알짜힘은 얼마인가? (c) 트레일러가 자동차에 작용하는 힘의 크기와 방향은? (d) 결과적으로 자동차가 도로에 작용하는 힘은 얼마인가?

종합문제

27(73). 그림 P4.27과 같이 세 물체가 책상 위에 연결되어 있다. 질량이 m_2인 물체와 책상 사이의 운동 마찰 계수는 0.350이다. 세 물체의 질량은 각각 $m_1 = 4.00$ kg, $m_2 = 1.00$ kg, $m_3 = 2.00$ kg이며 도르래의 마찰력은 없다. (a) 각각의 물체에 대한 자유 물체도를 그려라. (b) 각각의 물체의 운동 방향과 가속도를 구하라. (c) 두 개의 줄에 작용하는 장력을 구하라. (d) 책상면이 미끄럽다면 장력들이 감소, 증가하는지 또는 변화가 없을 것인지를 설명하라.

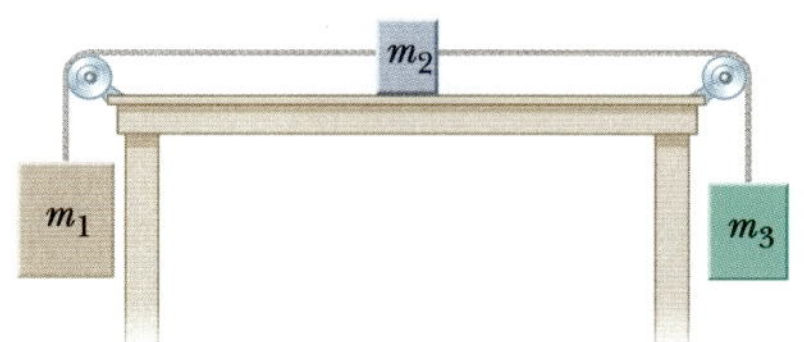

그림 P4.27

28(75). (a) 그림 P4.28에서 신호등을 매달고 있는 두 줄에 작용하는 힘의 합력은 얼마인가? (b) 신호등의 무게는 얼마인가?

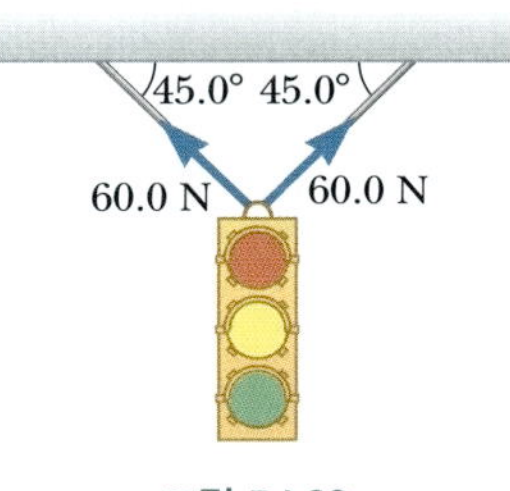

그림 P4.28

29(87). 자동차가 정지 상태에서 출발하여 6.00 s 후에 30.0 m/s가 되도록 언덕을 가속하여 내려온다(그림 P4.29). 자동차의 천장에 줄로 $m = 0.100$ kg의 장난감이 매달려 있다. 가속으로 인하여 장난감을 매단 줄이 자동차 천장과 수직이 되었을 때, (a) 경사각 θ와 (b) 줄의 장력을 구하라.

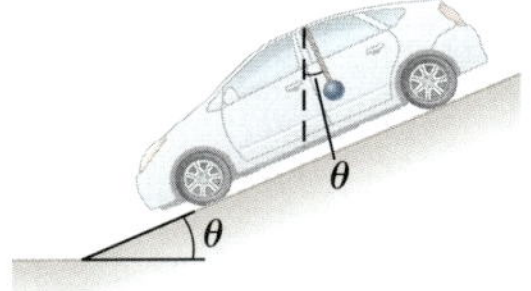

그림 P4.29

30(89). 무게가 8 820 N인 경주용 차가 1/4마일 주행이 끝날 때 차의 속력이 35.0 m/s가 되는 순간 차 뒤에 달린 낙하산이 펴진다. 차가 1.00×10^3 m 이내의 거리에서 정지하려면 그 낙하산에 의해 차를 지체시키기 위한 힘의 크기는 얼마인가?

에너지
Energy

CHAPTER 5

에너지는 과학 분야에서 매우 중요한 개념 중의 하나이다. 일상적으로 에너지는 운송, 난방용 연료, 전등 및 가전제품에 사용되는 전기, 그리고 음식 등과 관계가 있다. 그러나 이와 같은 연관성들이 실제적인 에너지를 정의하지는 않으며, 단지 일을 하기 위해서 연료가 필요하다는 것만을 의미한다. 그러므로 이 장에서는 에너지의 정의를 명확하게 하고 이것을 정량화하는 방법을 배운다.

우주 안에서 에너지는 역학적 에너지, 화학 에너지, 전자기 에너지, 그리고 핵에너지 등 다양한 형태로 존재한다. 심지어 어떤 물질의 고유 질량은 매우 큰 에너지를 가지고 있다. 어떤 형태의 에너지가 다른 형태의 에너지로 변환되더라도, 지금까지의 관측이나 실험에 의해서 밝혀진 바로는 우주 안에 존재하는 전체 에너지의 양은 변하지 않는다. 이는 고립계 내에서도 적용되는 사실인데, 고립계는 상호간 에너지를 교환할 수 있는 물체로 한정되며, 나머지 우주와는 관련이 없다. 이 법칙에 따르면 어떤 고립계에서 한 형태의 에너지가 감소하면, 이 계의 다른 형태의 에너지는 증가해야 한다. 예를 들어, 전동기에 배터리를 연결하면 화학 에너지가 전기에너지로 변환되고, 이것이 다시 역학적 에너지로 변환된다. 에너지 형태의 변환을 이해하는 것은 모든 과학 분야에서 필수적이다.

이 장에서는 역학적 에너지만을 다룬다. 즉, 운동에 관련된 운동에너지와 상대 위치에 관련된 퍼텐셜 에너지[1]의 개념을 소개한다. 그리고 역학 문제를 푸는 데 있어서 에너지 관점에서 접근하면, 힘과 뉴턴의 세 가지 법칙을 이용하는 것보다 더 간단히 문제를 해결할 수 있다. 이 두 가지 매우 다른 접근 방식이 일의 개념과 연관되어 있다.

5.1 일 Work

물리학적으로 볼 때 일은 일상생활에서의 의미와 전혀 다르다. 물리학적 정의에 의하면 이 책의 저자가 컴퓨터 앞에 앉아서 타이핑만 하는 것으로는 한 일이 거의 없다. 반면에 벽돌공은 콘크리트 벽돌을 쌓으면서 많은 일을 한다. 물리에서는 힘이 어떤 물체에 작용하여 이 물체의 위치가 변하면(displacement: 변위) 일을 한 것이 된다. 힘이 두 배로 작용하거나 위치의 변화가 두 배가 되면 두 배의 일을 한 것이 되고, 힘의 작용과 위치의 변화가 동시에 두 배가 되면 네 배의 일을 한 것이 된다. 일을 한다는 것은 어떤 물체에 힘을 작용하여 일정한 거리를 움직이는 것을 말한다.

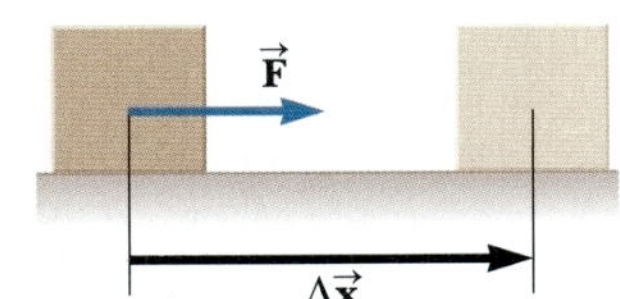

그림 5.1 변위($\Delta\vec{x}$)와 같은 방향의 일정한 힘 $\vec{F}$가 한 일은 $F\Delta x$이다.

5.1.1 일의 정의 Definition of Work

일 W는 다음과 같이 정의할 수 있다.

[1] 역자 주: potential energy가 위치의 함수이기 때문에 potential energy를 주로 위치 에너지로 번역하고 있다. 그러나 그 본래의 의미는 잠재해 있는 에너지라는 뜻이므로 그냥 퍼텐셜 에너지로 표현하는 것이 맞다. 이 책에서는 퍼텐셜 에너지라고 번역한다.

직관적인 일의 정의 ▶

$$W = Fd \quad [5.1]$$

여기서 F는 물체에 작용한 힘의 크기이고 d는 물체의 변위의 크기이다. 그러나 이러한 정의는 작용한 힘의 크기가 일정하고 변위가 힘과 같은 방향일 때 일의 크기만을 알려주는 식에 지나지 않는다. 실제로는 약간 더 복잡한 정의가 필요하다.

그림 5.1은 어떤 블록에 일정한 크기의 힘 $\vec{\mathbf{F}}$가 작용하고 그 힘과 평행한 방향으로 $\Delta\vec{\mathbf{x}}$만큼 변위가 생긴 모습이다. 이 그림을 기초로 다음과 같은 정의를 할 수 있다.

선형 변위하는 동안 일정한 힘이 한 일 ▶

일정한 힘 $\vec{\mathbf{F}}$에 의해 x축을 따라 변위가 생겼을 때 물체에 한 일 W는

$$W = F_x \Delta x \quad [5.2]$$

이다. 여기서 F_x는 힘 $\vec{\mathbf{F}}$의 x성분이고 $\Delta x = x_f - x_i$는 물체의 변위이다.

SI 단위: 줄(J) = 뉴턴 · 미터(N · m) = kg · m²/s²

일차원에서 $\Delta x = x_f - x_i$는 2장에서 정의한 벡터양으로, 3장에 나온 벡터의 정의에 따른 절댓값으로 얻어지는 크기는 아니다. 따라서 Δx는 양이거나 음일 수 있다. 식 5.2에서 정의한 일은 일정한 힘이 작용하는 동안 힘과 같은 방향으로 변위가 생긴 일차원적인 모든 문제의 경우에 틀림없는 식이다. 힘 F_x와 변위 Δx가 같은 방향이면 일은 양이 되고 반대 방향이면 일은 음이 된다. 일이 음인 경우 그 물체는 역학적 에너지를 잃는 경우가 된다. 식 5.2의 정의는 일정한 힘 $\vec{\mathbf{F}}$가 x축에 평행하지 않아도 성립한다. 일은 물체의 운동 방향에 평행한 성분의 힘으로만 계산된다.

Tip 5.1 일은 스칼라양이다.

일은 단순한 숫자 값이므로 벡터가 아닌 스칼라이고, 그래서 방향이 없다. 에너지와 에너지 전달 역시 스칼라이다.

일에 관한 물리학적인 정의와 일상생활에서의 의미의 차이를 아는 것은 어렵지 않다. 이 책의 저자는 매우 적은 힘으로 타이핑을 하며, 따라서 키보드 키의 변위 또한 매우 짧다. 따라서 상대적으로 매우 적은 물리학적인 일을 하게 된다. 공사장의 인부는 벽돌을 나르기 위해 큰 힘으로 먼 거리를 이동하므로 많은 일을 하는 것이다. 매우 피곤한 일을 하는 경우라도 물리학의 정의에 따라 일이 계산되지 않을 수 있다. 예를 들어, 수 시간 동안 운전하는 트럭 운전 기사의 경우 그가 힘을 작용하지 않으면 식 5.2에서 $F_x = 0$이므로 물리학적으로는 아무 일도 하지 않은 것이 된다. 마찬가지로 어떤 학생이 근육 단련을 위해 몇 시간 동안 벽을 밀고 있어도, 식 5.2에서 변위 $\Delta x = 0$이기 때문에 그가 하는 물리학적인 일은 없다.[2] 그리스 신화에 나오는 아틀라스신은 그의 어깨에 세계를 짊어지고 있지만, 그런 것도 물리학적인 정의의 일을 한다고 하지는 않는다.

일은 벡터가 아니고 단순한 숫자이므로 스칼라양이다. 결과적으로 취급하기가 쉽다. 일은 방향과 시간에 연관되지 않으므로, 단지 속도와 위치만을 포함하는 문제를 쉽게 해결할 수 있다. 일의 단위는 힘과 거리의 곱이므로 SI 단위는 **뉴턴 · 미터**(N · m)이다. 뉴턴 · 미터의 다른 이름이 **줄**(joule)이다. 미국에서 사용하는 일의 단위는 **푸트 · 파운드**(foot-pound)인데, 길이의 단위는 피트(feet)이고 힘은 파운드(pound)이기 때문이다.

---

[2] 실제로 벽을 밀 때 근육이 계속해서 수축과 팽창을 반복하기 때문에 에너지를 소비한다. 이러한 근육 내부의 운동은 물리학 정의에 따라 일로 간주된다.

물체에 작용하는 힘과 변위가 각을 이루고 있는 경우에 대한 일의 정의를 다루어 보자. 그림 5.2를 살펴보면 이러한 문제를 쉽게 이해할 수 있다. 힘 $\vec{\mathbf{F}}$의 성분은 $F_x = F\cos\theta$와 $F_y = F\sin\theta$로 쓸 수 있다. 그러나 운동 방향에 평행한 성분은 x성분이므로 물체에 작용하는 일은 이 x성분의 힘에 의해 계산된다.

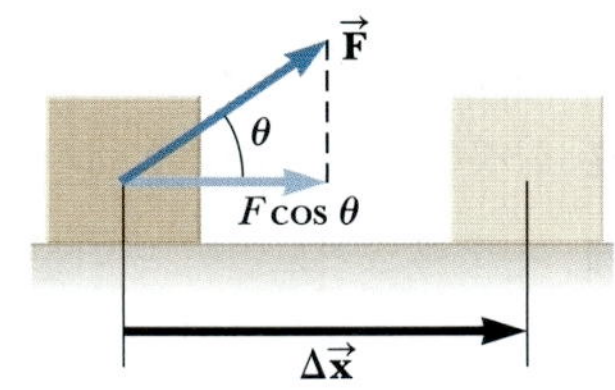

그림 5.2 변위 $\Delta\vec{\mathbf{x}}$에 대하여 θ만큼의 각도로 일정하게 작용하는 힘 $\vec{\mathbf{F}}$가 한 일은 $(F\cos\theta)\Delta x$이다.

◀ 변위에 대하여 일정한 각도를 갖는 일정한 힘이 한 일

일정한 힘 $\vec{\mathbf{F}}$가 작용하여 $\Delta\vec{\mathbf{x}}$만큼 변위가 생겼을 때 물체에 한 일 W는

$$W = (F\cos\theta)d \qquad [5.3]$$

이다. 여기서 d는 변위의 크기이고 θ는 힘 $\vec{\mathbf{F}}$와 변위 벡터 $\Delta\vec{\mathbf{x}}$ 사이의 각이다.

SI 단위: 줄(J)

식 5.3과 같은 정의는 변위가 특정한 좌표축에 놓여 있지 않은 경우에 좀 더 일반적으로 사용될 수 있는 식이다.

그림 5.3에서 어떤 사람이 일정한 속도로 물 양동이를 옆으로 움직이고 있다. 사람의 손에 의해서 물 양동이 위쪽으로 가해지는 힘은 움직이는 방향과 수직을 이루고 있으므로, 이 힘은 물 양동이에 일을 하지 않는다. 식 5.3에서도 이 내용을 확인할 수 있는데, 손이 작용하는 힘과 운동 방향의 각도는 90°이므로 $\cos 90° = 0$이고, 따라서 일 $W = 0$이다. 중력 역시 물 양동이에 일을 하지 않는다.

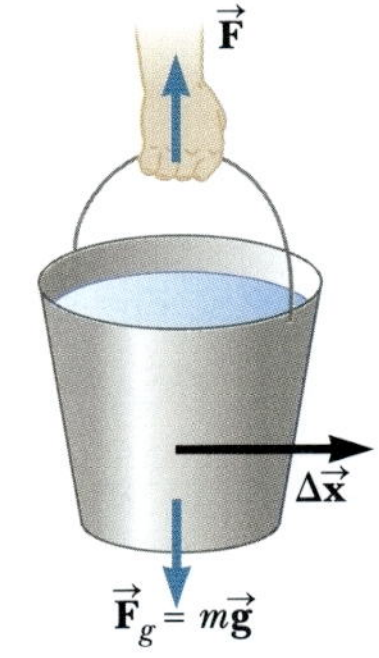

그림 5.3 물통이 수직으로는 움직이지 않고 수평으로만 움직인다면 수직 방향의 힘 $\vec{\mathbf{F}}$가 한 일은 없다. 힘과 변위가 직교하기 때문이다.

일은 하나 이상의 물체를 갖는 계를 필요로 한다. 예를 들면, 못은 혼자서는 일을 할 수 없지만, 망치가 못을 두들겨 판자 속으로 밀어 넣음으로써 일을 하게 된다. 일반적으로 물체는 외부의 여러 힘의 영향으로 움직일 수 있다. 이 경우에 물체가 움직이는 동안에 힘들이 한 전체 일은 각각의 힘이 한 일의 합이다.

Tip 5.2 일은 어떤 것에 의해서 이루어진다.

일은 스스로 일어나지 않는다. 일이란 주변에 존재하는 무언가에 의해 어떤 대상물에 행해지는 것이다.

일은 양(+)일 수도 있고 음(−)이 될 수도 있다. 일의 정의인 식 5.3에서 F와 d는 크기이므로 음이 될 수 없다. 그러므로 $\cos\theta$의 값이 양 또는 음인가에 따라 일은 양이나 음의 값이 될 수 있다. 이것은 $\Delta\vec{\mathbf{x}}$에 대한 $\vec{\mathbf{F}}$의 방향으로 결정된다는 것을 의미한다. 이 두 개의 벡터가 같은 방향이면 사잇각이 0°이므로 $\cos 0° = +1$이 되어, 일은 양의 값이 된다. 예를 들어, 그림 5.4와 같이 학생이 위로 상자를 들어 올리면, 학생이 상자에 한 일은 상자에 작용하는 힘이 상자가 움직이는 변위와 같은 방향이므로 양의 값이 된다. 상자를 천천히 아래로 내리면, 학생이 상자에 작용하는 힘은 여전히 위쪽 방향이지만 상자의 움직임, 즉 변위는 아랫방향이다. 이 경우에는 벡터 $\vec{\mathbf{F}}$와 $\Delta\vec{\mathbf{x}}$는 반대 방향이고 두 벡터의 사잇각은 180°이므로, $\cos 180° = -1$이 되어 학생이 한 일은 음의 값이 된다. 일반적으로 힘 $\vec{\mathbf{F}}$가 $\Delta\vec{\mathbf{x}}$에 대하여 같은 방향이면 일은 양의 값이고, 반대 방향이면 음의 값이 된다.

식 5.1에서 5.3까지는 방향과 크기가 일정한 힘을 가정하였다. 이것은 5.9절에서 다룰 변화하는 힘에 의한 일반적인 일의 특별한 경우이다.

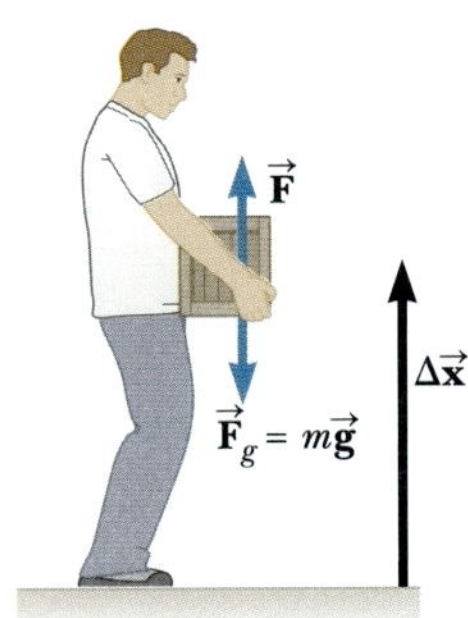

그림 5.4 학생이 상자를 들어 올릴 때 변위에 대하여 같은 방향으로 힘 $\vec{\mathbf{F}}$가 작용하므로, 양(+)의 일을 하게 된다. 바닥에 대하여 아랫방향으로 상자를 내리게 되면 음(−)의 일을 하게 된다.

예제 5.1 얼어붙은 강에서 썰매 끌기

목표 일정한 힘이 한 일에 대한 기본적인 정의를 적용한다.

문제 어떤 에스키모인이 연어를 가득 실은 썰매를 끌고 있다. 썰매와 연어의 전체 질량은 50.0 kg이고, 에스키모인이 줄을 당기는 힘의 크기는 1.20×10^2 N이다. **(a)** 지면에 평행하게(그림 5.5에서 $\theta = 0°$) 줄을 5.00 m 당길 때 그가 한 일은 얼마인가? **(b)** $\theta = 30.0°$로 같은 거리를 당기는 경우 한 일은 얼마인가? (썰매를 점 입자로 간주하고 줄이 점에 붙은 것처럼 취급하라.) **(c)** 출발점에서 12.4 m 되는 곳에서 줄을 놓았다. 얼음과 썰매 사이에 작용하는 45.0 N의 마찰력 때문에 썰매가 18.2 m 되는 곳에서 멈추었다. 마찰력이 썰매에 한 일은 얼마인가?

전략 F와 Δx의 값을 일에 관한 기본 식인 식 5.2와 5.3에 대입한다.

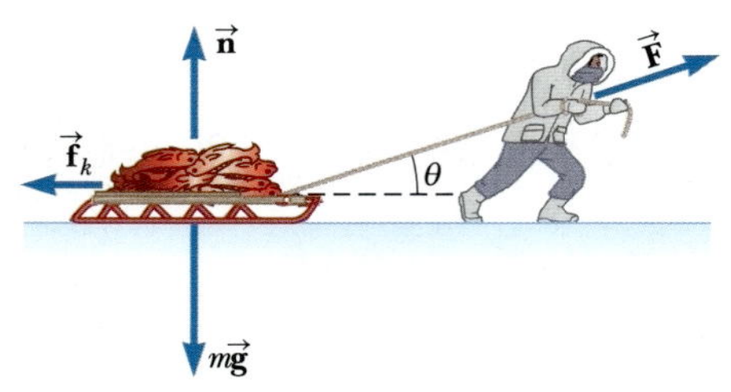

그림 5.5 (예제 5.1과 5.2) 에스키모인이 지면과 θ의 각을 이루며 줄로 썰매를 끌고 있다.

풀이

(a) 힘이 수평으로 작용할 때의 일을 구한다.

식 5.2에 주어진 값을 대입한다.

$$W = F_x \Delta x = (1.20 \times 10^2 \text{ N})(5.00 \text{ m}) = \boxed{6.00 \times 10^2 \text{ J}}$$

(b) 수평과 30°의 각으로 힘이 작용할 때 한 일을 구한다.

식 5.3에 주어진 값을 대입한다.

$$W = (F\cos\theta)d = (1.20 \times 10^2 \text{ N})(\cos 30°)(5.00 \text{ m})$$
$$= \boxed{5.20 \times 10^2 \text{ J}}$$

(c) 12.4 m 되는 곳에서 18.2 m 되는 곳으로 이동하는 동안 45.0 N의 마찰력이 썰매에 한 일은 얼마인가?

식 5.2에서 F_x에 f_k를 대입한다.

$$W_{\text{마찰}} = F_x \Delta x = f_k(x_f - x_i)$$

$f_k = -45.0$ N을 대입하고 처음과 마지막 좌표를 x_i와 x_f에 대입한다.

$$W_{\text{마찰}} = (-45.0 \text{ N})(18.2 \text{ m} - 12.4 \text{ m}) = \boxed{-2.6 \times 10^2 \text{ J}}$$

참고 수직 항력 $\vec{\mathbf{n}}$, 중력 $m\vec{\mathbf{g}}$와 밧줄이 작용하는 힘의 수직 성분은 힘과 변위가 서로 직교하므로 일을 하지 않는다. 여기서 썰매의 질량은 아무 관계가 없어 보이지만, 마찰이 고려되는 경우 매우 중요해진다. 그러한 경우는 다음 절에서 일–에너지 정리를 소개할 때 배울 것이다.

5.1.2 일과 소모력 Work and Dissipative Forces

마찰이 하는 일은 일상생활에서 매우 중요한데, 마찰 없이는 어떤 일을 하는 것이 불가능하기 때문이다. 예를 들면, 예제 5.1에서 에스키모인은 썰매를 끌기 위해 표면에서의 마찰을 이용한다. 그렇지 않으면 줄이 손에서 미끄러져 썰매에 아무런 힘도 가할 수 없고, 밑바닥으로부터 발이 미끄러져서 땅에 얼굴을 처박게 될 것이다. 자동차도 마찰 없이는 일을 할 수 없고, 컨베이어 벨트나 심지어 사람의 근육 역시 마찬가지이다.

물체를 밀거나 당기면서 한 일은 하나의 힘이 작용한 결과이다. 반면에 마찰은 접촉면 위 전체에서 무수히 많은 작은 상호작용들이 복합적으로 작용하고 있다(그림 5.6). 금속 표면 위로 미끄러지는 또 다른 금속 조각을 생각해 보자. 금속 표면을 확대하면 아주 작은 이빨 모양의 표면이 상대편의 울퉁불퉁한 표면과 맞닿아 있다. 서로 맞닿아 눌리면서 이빨 모양의 표면이 일그러지고, 열이 나면서 달라붙는다. 이렇게 순간적으로 붙어 있는 것을 떼어내기 위해서는 일이 필요한데, 이때 금속의 운동에너지의 일부가 소모된다. 이에 대하여는 다음 절에서 논의할 예정이다. 금속 조각이 잃은 에너지는

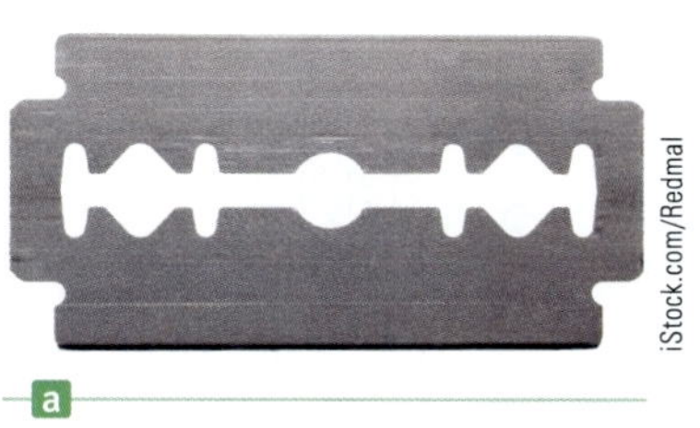

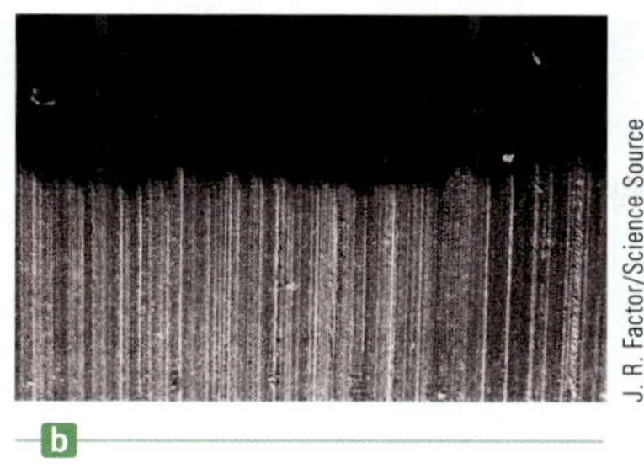

그림 5.6 면도날의 끝은 눈으로 보기에 매끈한 것처럼 보이지만 현미경으로 보면 매우 울퉁불퉁하다.

조각과 주변의 온도를 높이고, 일부는 소리 에너지로 변환된다.

두 물체가 접촉하면 아주 복잡한 방식으로 에너지를 소모한다. 우리의 목적상 '마찰에 의해 이루어진 일'이란 말은 역학적 에너지만으로 이루어진 이런 효과를 나타낸다는 의미이다.

예제 5.2 썰매 문제 더 살펴보기

목표 힘을 받아 운동하는 물체에서 마찰력이 한 일을 계산한다.

문제 예제 5.1에서 50.0 kg의 썰매와 눈 사이의 운동 마찰 계수가 0.200이다. **(a)** 에스키모인이 0°에서 1.20×10^2 N의 힘으로 5.00 m를 끌 때, 마찰이 썰매에 한 일과 알짜일을 구하라. **(b)** 작용하는 힘이 수평과 30.0°로 작용할 때 앞의 계산을 다시 하라.

전략 그림 5.5를 보면, 마찰이 한 일은 운동 마찰 계수, 수직 항력, 그리고 변위에 의해 정해진다. 뉴턴의 제2법칙의 y성분을 사용하여 수직 항력 $\vec{\mathbf{n}}$을 구하고, 마찰이 한 일과 썰매에 한 알짜일을 구하기 위해서는 예제 5.1(**a**)에서 나온 결과 값을 합한다. **(b)** 에서도 같은 방법으로 풀지만, 수직 항력은 줄을 지지하는 데 인가한 힘 $\vec{\mathbf{F}}_{인가}$의 도움을 받기 때문에 줄어든다.

풀이

(a) 수평으로 힘이 작용할 때 마찰이 썰매에 한 일과 알짜일을 구한다.

우선, 뉴턴의 제2법칙의 y성분으로부터 수직 항력을 구하는데, 이 경우에는 수직 항력과 중력만이 포함된다.

$$\sum F_y = n - mg = 0 \quad \rightarrow \quad n = mg$$

마찰이 한 일을 계산하기 위해 수직 항력을 사용한다.

$$\begin{aligned} W_{마찰} &= -f_k \Delta x = -\mu_k n \Delta x = -\mu_k mg \Delta x \\ &= -(0.200)(50.0\ \text{kg})(9.80\ \text{m/s}^2)(5.00\ \text{m}) \\ &= \boxed{-4.90 \times 10^2\ \text{J}} \end{aligned}$$

예제 5.1(a)에서 작용한 힘이 한 일과 함께 마찰이 한 일의 합을 구하여 알짜일을 구한다(수직 항력과 중력은 변위에 수직이므로 이들은 여기에 기여하는 것이 없다).

$$\begin{aligned} W_{알짜} &= W_{인가} + W_{마찰} + W_n + W_g \\ &= 6.00 \times 10^2\ \text{J} + (-4.90 \times 10^2\ \text{J}) + 0 + 0 \\ &= \boxed{1.10 \times 10^2\ \text{J}} \end{aligned}$$

(b) 작용한 힘이 30.0° 방향으로 작용할 때, 마찰이 한 일과 알짜일을 다시 계산한다.

식 4.10으로부터 수직 항력을 구한다.

$$\begin{aligned} n &= mg - F_{인가} \sin\theta \\ &= (50.0\ \text{kg})(9.80\ \text{m/s}^2) - (1.20 \times 10^2\ \text{N}) \sin 30.0° \\ &= 4.30 \times 10^2\ \text{N} \end{aligned}$$

$f_k = \mu_k n$을 대입하여 마찰이 한 일을 계산한다.

$$\begin{aligned} W_{마찰} &= -f_k \Delta x \\ &= -\mu_k n \Delta x = (0.200)(4.30 \times 10^2\ \text{N})(5.00\ \text{m}) \\ &= \boxed{-4.30 \times 10^2\ \text{J}} \end{aligned}$$

알짜일을 구하기 위해서 예제 5.1(b)의 결과를 이 답과 합한다(또한 수직 항력과 중력은 여기에 기여하지 않는다).

$$\begin{aligned} W_{알짜} &= W_{인가} + W_{마찰} + W_n + W_g \\ &= 5.20 \times 10^2\ \text{J} - 4.30 \times 10^2\ \text{J} + 0 + 0 = \boxed{9.0 \times 10^1\ \text{J}} \end{aligned}$$

참고 여기서 주목해야 할 가장 중요한 점은 다른 방향으로 힘이 작용할 때 썰매에 한 일이 급격히 달라진다는 것이다. 최적의 각도(여기서는 11.3°)에서 같은 힘에 대하여 가장 큰 알짜일을 하게 된다.

5.2 운동에너지와 일–에너지 정리
Kinetic Energy and the Work-Energy Theorem

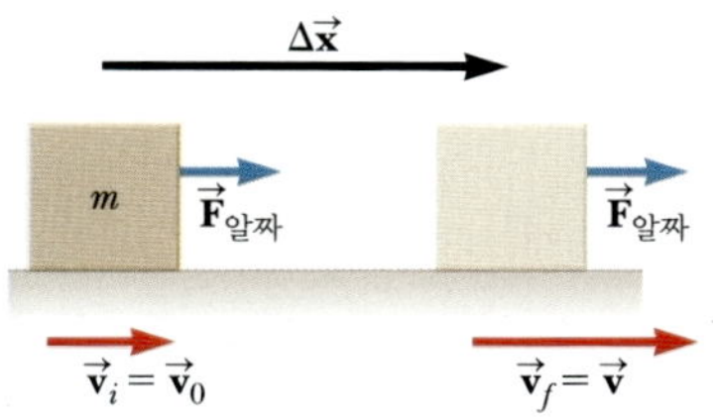

그림 5.7 물체가 일정한 알짜힘 $\vec{F}_{알짜}$를 받아 변위가 일어나면서 속도가 변하고 있다.

작용하는 힘이 복잡하면 뉴턴의 제2법칙으로 문제를 푸는 것이 어려워질 수 있다. 이 경우에 적용할 수 있는 다른 방법은 외력이 물체에 한 알짜일을 물체의 속력과 관계 짓는 것이다. 만약 알짜일을 주어진 변위에 대하여 계산할 수 있다면, 물체 속력의 변화는 쉽게 구할 수 있다.

그림 5.7에서는 오른쪽으로 운동하는 질량 m인 물체에 일정한 알짜힘 $\vec{\mathbf{F}}_{알짜}$가 오른쪽으로 작용하여 역시 같은 방향으로 움직이고 있다. 힘이 일정하므로 뉴턴의 제2법칙에 의해 물체의 가속도 $\vec{\mathbf{a}}$는 일정하다. 만일 물체가 Δx만큼 변위가 일어났다면 알짜힘 $\vec{\mathbf{F}}_{알짜}$가 물체에 한 일은

$$W_{알짜} = F_{알짜}\,\Delta x = (ma)\,\Delta x \qquad [5.4]$$

이다. 2장에서 일정가속도 운동을 하는 물체에 대한 다음 식을 배웠다.

$$v^2 = v_0{}^2 + 2a\Delta x \quad \text{또는} \quad a\,\Delta x = \frac{v^2 - v_0^2}{2}$$

이 식을 식 5.4에 대입하면

$$W_{알짜} = m\left(\frac{v^2 - v_0^2}{2}\right)$$

또는

$$W_{알짜} = \tfrac{1}{2}mv^2 - \tfrac{1}{2}mv_0{}^2 \qquad [5.5]$$

가 된다.

따라서 물체에 한 알짜일은 $\frac{1}{2}mv^2$ 모양을 가진 양의 변화와 같다. 이 항은 에너지의 단위와 같고 물체의 속력을 포함하므로 물체의 운동과 연관되는 에너지로 간주될 수 있어, 다음과 같은 정의를 내리게 된다.

운동에너지 ▶

질량이 m이고 속력이 v인 물체의 **운동에너지** KE는 다음과 같다.

$$KE \equiv \tfrac{1}{2}mv^2 \qquad [5.6]$$

SI 단위: 줄(J) = kg · m²/s²

일과 같이 운동에너지는 스칼라양이다. 식 5.5에서의 정의를 이용하면 다음과 같이 중요한 **일–에너지 정리**(work-energy theorem)를 얻을 수 있다.

일–에너지 정리 ▶

물체에 한 알짜일은 물체의 운동에너지 변화와 같다.

$$W_{알짜} = KE_f - KE_i = \Delta KE \qquad [5.7]$$

여기서 운동에너지의 변화는 전적으로 물체의 속력 변화에 기인한 것이다.

물체를 변형시키거나 가열하는 데 드는 일은 식 5.7을 만족시키지 않기 때문에 식

5.7이 대부분의 경우에 근사적으로 맞다고 하는 단서가 필요하다. 이 식으로부터 알짜일 $W_{알짜}$가 양의 값일 경우, 나중 운동에너지 KE_f는 처음 운동에너지 KE_i보다 크다. 다시 말하면 물체의 나중 속력이 처음 속력보다 더 크다. 그래서 양의 알짜일은 물체의 속력을 증가시키고, 음의 알짜일은 속력을 감소시킨다.

운동하던 물체가 정지하게 될 때에도 식 5.7을 이용할 수 있을 것이다. 예를 들면, 그림 5.8에서처럼 망치로 못을 박는 경우를 생각할 수 있다. 운동하는 망치는 운동에너지를 가지고 있으므로 못에 일을 할 수 있다. 못에 한 일은 $F\Delta x$인데, F는 못에 작용한 평균 알짜힘이고 Δx는 못이 박혀 들어간 거리이다. 여기서 한 일에 열과 소리로 달아난 일부의 에너지를 합하면, 이는 망치의 운동에너지 변화 ΔKE와 같다.

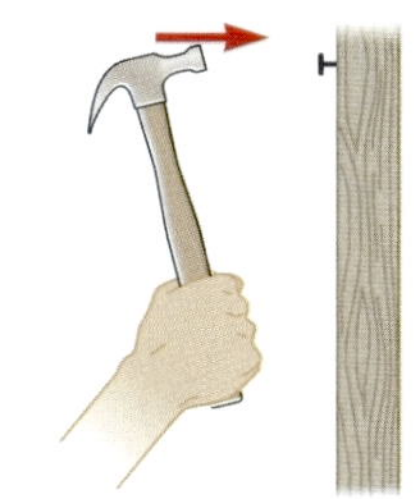

그림 5.8 움직이는 망치는 운동에너지를 가지고 있어서 못에 일을 하여 못이 벽에 박히게 할 수 있다.

편의상 일–에너지 정리는 물체에 작용하는 알짜힘이 일정하다는 가정하에서 유도되었다. 좀 더 일반적인 경우에 미적분을 사용하면, 식 5.7은 변화하는 힘을 포함한 모든 상황에서도 성립한다는 것을 알 수 있다.

예제 5.3 충돌에 관한 해석

목표 주어진 힘을 일–에너지 정리에 적용한다.

문제 질량이 1.00×10^3 kg인 차가 $v_i = 35.0$ m/s(거의 80 mph)로 달리다가 신호 대기로 정지해 있던 트럭에 충돌하였다. **(a)** 그 차의 처음 운동에너지를 계산하라. **(b)** 정지해 있는 트럭과의 충돌을 피하기 위해 그 차의 운전자가 브레이크를 밟아서 그 차에 8.00×10^3 N의 마찰력이 생기게 한다. 일–에너지 정리를 사용하여 그 차의 정지 거리를 구하라. **(c)** 차와 트럭의 처음 간격이 $\Delta x = 30.0$ m밖에 안 되어 충돌을 피할 수 없다면 브레이크를 밟은 차가 트럭에 충돌하는 순간의 속력은 얼마인가?

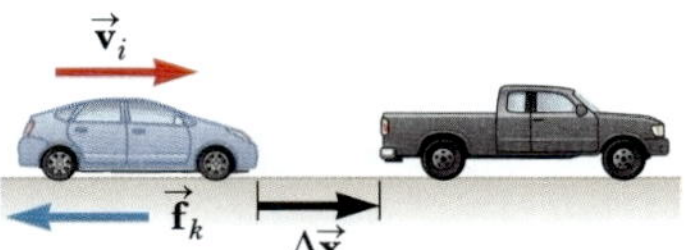

그림 5.9 (예제 5.3) 충돌 직전에 제동하는 자동차.

전략 **(a)** 식 5.6의 정의로부터 차의 운동에너지를 계산한다. **(b)** **(a)**에서 구한 그 차의 운동에너지가 그 차가 브레이크를 밟음으로써 운동 마찰력으로 소모된다. 일–에너지 정리를 사용하여 정지 거리를 계산한다. 이때 $W_{알짜}$는 브레이크를 밟는 동안의 운동 마찰력이 한 일이며, 차의 속력이 $v_f = 0$가 되면 $KE_f = 0$이 된다. (운동 방향과 직각 방향인 수직 항력과 중력은 알짜일에 기여하지 않는다.) **(c)** 일–에너지 정리에 $\Delta x = 30.0$ m를 대입하여 충돌할 때의 속력을 구하여 최종 속력 v_f를 계산한다.

풀이

(a) 알고 있는 값을 식 5.6에 대입하여 차의 처음 운동에너지를 구한다.

$$KE_i = \tfrac{1}{2}mv_i^2$$
$$= \tfrac{1}{2}(1.00 \times 10^3\ \text{kg})(35.0\ \text{m/s})^2$$
$$= 6.13 \times 10^5\ \text{J}$$

(b) 일–에너지 정리를 사용하여 차의 정지 거리를 계산한다.

$$W_{알짜} = KE_f - KE_i$$

마찰이 한 일에 대한 식을 쓰고 $KE_f = 0$라 놓는다.

$$-f_k\Delta x = 0 - KE_i$$

정지 거리 Δx에 대해 푼다.

$$\Delta x = \frac{KE_i}{f_k} = \frac{6.13 \times 10^5\ \text{J}}{8.00 \times 10^3\ \text{N}} = 76.6\ \text{m}$$

(c) 마찰이 한 일과 운동에너지에 대한 식을 일–에너지 정리에 대입하여 충돌 시의 속력을 구한다.

$$W_{알짜} = KE_f - KE_i$$
$$-f_k\Delta x = \tfrac{1}{2}mv_f^2 - \tfrac{1}{2}mv_i^2$$

양변에 $2/m$을 곱하고 정리하면 차의 나중 속력 v_f를 구할 수 있다.

$$v_f^2 = v_i^2 - \frac{2}{m}f_k\Delta x$$
$$v_f^2 = (35.0\ \text{m/s})^2 - \left(\frac{2}{1.00 \times 10^3\ \text{kg}}\right)(8.00 \times 10^3\ \text{N})(30.0\ \text{m})$$
$$= 745\ \text{m}^2/\text{s}^2$$
$$v_f = 27.3\ \text{m/s}$$

참고 계산 결과를 보면 고속도로에서 항상 적절한 정지 거리를 유지하도록 경고하는 것이 얼마나 중요한지 알게 된다. 앞차의 브레이크 등을 보고 반응하는 데 약 1초의 시간이 걸린다. 고속으로 달릴 경우 제동 상태로 들어가기까지 약 30 m 이상을 진행하게 된다. 고속에서 범퍼끼리의 충돌은 대도시 부근에서 종종 일어나듯이 극히 위험하다.

5.3 보존력과 비보존력 Conservative and Nonconservative Forces

물체에 작용하는 힘은 보존력과 비보존력으로 나눌 수 있다. 아마도 중력이 가장 대표적인 **보존력**(conservative force)일 것이다. 보존력의 의미를 이해하기 위해서 어떤 다이빙 선수가 10미터 높이의 다이빙대로 올라가는 경우를 생각해 보자. 올라가는 동안에 다이빙 선수는 중력을 극복하기 위하여 일을 해야 한다. 그러나 일단 꼭대기에 올라간 다이빙 선수는 물로 뛰어내림으로써 같은 양의 일을 운동에너지의 형태로 변환할 수 있다. 이 선수가 물에 들어가기 직전의 운동에너지는 꼭대기로 올라가는 동안에 한 일에서 공기의 저항과 근육 내부에서의 마찰 등의 비보존력이 한 일을 뺀 것과 같다.

비보존력(nonconservative force)은 일반적으로 소모적인데, 이것은 힘이 작용하면 물체의 에너지가 무질서하게 소모된다는 것을 의미한다. 이러한 에너지의 소모는 열이나 소리의 형태로 나타난다. 운동 마찰과 공기의 저항 등이 좋은 예이다. 제트 엔진이 비행기에 작용하는 힘이나 프로펠러가 잠수함에 작용하는 추진력 또한 비보존적이다.

비보존력에 대항하여 한 일은 쉽게 회복될 수 없다. 거친 표면 위에서 물체를 끌기 위해서는 일을 해야 한다. 예제 5.2에서 에스키모인이 마찰이 있는 대지 위에서 썰매를 끌고 간다면, 마찰이 없는 대지 위를 끌고 가는 경우보다 알짜일이 작다. 없어진 에너지는 썰매와 주변의 온도를 올리는 데 쓰인다. 나중에 배우게 될 열역학에 의하면, 이러한 에너지 손실은 피할 수 없으며, 모든 에너지가 회복될 수도 없기 때문에 이러한 힘들을 비보존적이라 한다.

보존력과 비보존력의 특성을 비교해 볼 수 있는 또 다른 방법은 서로 다른 경로를 따라 두 점 사이를 이동하는 동안에 물체에 힘이 한 일을 계산해 보는 것이다. 그림

그림 5.10 중력은 보존력이기 때문에 다이빙 선수가 사다리를 올라가는 동안에 중력에 대항하여 한 일을 운동에너지의 형태로 변환할 수 있다. 마찰이 없는 미끄럼틀을 타는 경우에도 마찬가지다.

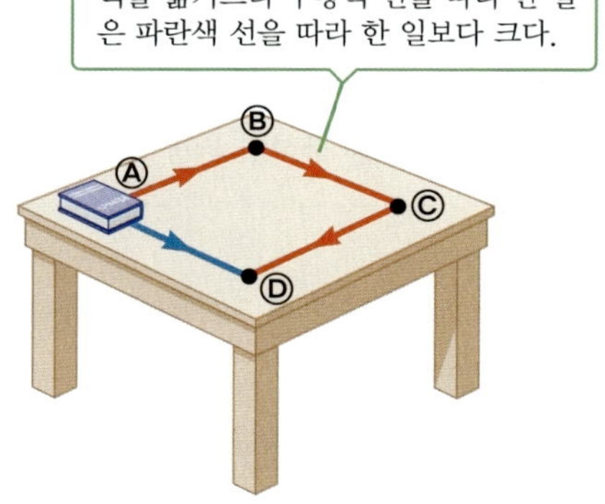

그림 5.11 마찰력은 비보존력이기 때문에 책을 Ⓐ에서 Ⓑ로, Ⓑ에서 Ⓒ로, Ⓒ에서 Ⓓ로 미는 동안에 해야 하는 일은 Ⓐ에서 Ⓓ로 직접 책을 미는 동안에 해야 하는 일의 세 배이다.

5.10과 같이 마찰이 없는 미끄럼틀을 미끄러져 내려가는 사람에게 중력이 한 일과, 같은 높이에서 물속으로 다이빙하는 사람에게 중력이 한 일은 같다. 그러나 비보존력에 대해서는 이러한 등식이 성립하지 않는다. 예를 들어, 그림 5.11에서 Ⓐ에서 Ⓓ로 직접 책을 미끄러지게 하려면 마찰력에 대항해서 어떤 양만큼 일을 해야 한다. 그러나 Ⓐ에서 Ⓑ로, Ⓑ에서 Ⓒ로, Ⓒ에서 Ⓓ로 책을 미끄러지게 하려면 세 배의 일을 해야 한다. 이 예를 참고하면 보존력은 다음과 같이 정의할 수 있다.

> 만약 두 점 사이로 어떤 물체를 이동시키는 동안에 힘이 한 일이 어떤 경로를 따라 가더라도 똑같다면 그 힘은 보존력이다.

◀ 보존력

비보존력은 앞에서 살펴본 바와 같이 이러한 성질이 없다. 알짜일은 보존력이 한 일 W_c와 비보존력이 한 일 W_{nc}의 합이기 때문에, 식 5.7로 표현된 일–에너지 정리는 다음과 같이 고쳐 쓸 수 있다.

$$W_{nc} + W_c = \Delta KE \qquad [5.8]$$

보존력은 또 하나의 유용한 속성을 가지고 있다. 보존력이 한 일은 **퍼텐셜 에너지**(potential energy)로 나타낼 수 있으며, 퍼텐셜 에너지는 경로의 시작점과 끝점의 위치에만 의존하고 경로와는 무관하다.

5.4 중력 퍼텐셜 에너지 Gravitational Potential Energy

움직이는 망치가 벽에 못을 박을 수 있는 것처럼 운동에너지를 가진 물체는 다른 물체에 일을 할 수 있다. 높은 선반 위에 있는 벽돌 또한 일을 할 수 있다. 선반에서 떨어져 아랫방향으로 가속되어 못을 정확하게 때려 마룻바닥 판자에 박을 수 있다. 벽돌은 선반 위에 있을 때 일을 할 수 있는 잠재적인 능력이 있기 때문에, 선반 위의 벽돌은 **퍼텐셜 에너지**(potential energy)를 가지고 있다고 말한다.

퍼텐셜 에너지는 한 물체의 성질이라기보다는 **계**(system) 전체의 성질이라고 할 수 있다. 왜냐하면 그림 5.10의 다이빙 선수와 지구의 경우처럼, 퍼텐셜 에너지란 힘의 중심에 대한 공간상의 물리적인 위치에 기인한 것이기 때문이다. 이 장에서는 계를 힘이나 내부의 다른 과정을 통해서 서로 상호작용하는 물체들의 집합으로 정의할 수 있다. 퍼텐셜 에너지는 보존력이 한 일을 다른 관점에서 본 것이라는 것을 알게 될 것이다.

5.4.1 중력이 한 일과 퍼텐셜 에너지 Gravitational Work and Potential Energy

중력과 관련된 문제들에 일–에너지 정리를 적용하기 위해서는 중력이 한 일을 계산해야 한다. 대부분의 궤적, 예를 들어 포물선을 그리는 공의 궤적에 대해서 중력이 공에 한 일을 계산하기 위해서는 미적분학의 복잡한 계산 방법을 사용해야 한다. 그러나 다행히도 보존력장에 대해서는 퍼텐셜 에너지라고 하는 간단한 대안이 있다.

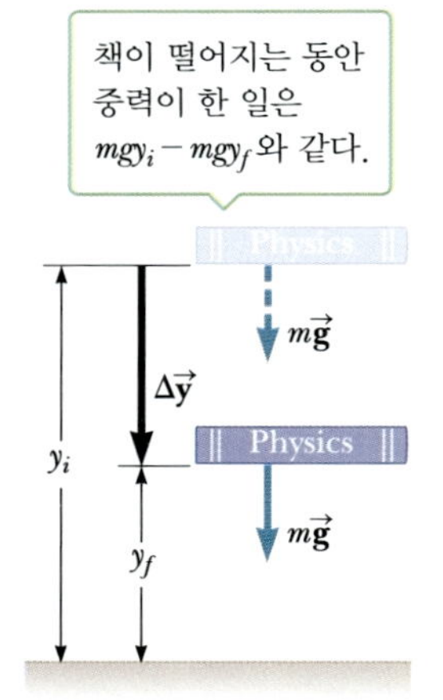

그림 5.12 질량이 m인 책이 높이 y_i에서 y_f로 떨어진다.

중력은 보존력이며, 모든 보존력에 대해서 퍼텐셜 에너지 함수라고 하는 특별한 표현식을 얻을 수 있다. 물체의 운동 경로상의 임의의 두 점에서 그 함수의 값을 계산하여 퍼텐셜 에너지의 차이를 구하면 그것은 두 점 사이를 이동하는 동안에 힘이 한 일과 크기가 같고 부호가 반대인 일과 같다. 또한 퍼텐셜 에너지는 일과 운동에너지와 같이 스칼라양이기 때문에 다루기가 편리하다.

첫 번째 단계는 어떤 물체가 한 곳에서 다른 곳으로 움직이는 동안에 중력이 물체에 한 일을 계산하는 일이다. 계의 퍼텐셜 에너지의 변화는 그 일과 크기가 같고 부호가 반대이며, 이 관계로부터 퍼텐셜 에너지 함수를 구할 수 있다.

그림 5.12에서는 물체가 땅보다 위쪽에 있을 때 y좌표가 양이며, 질량이 m인 책이 높이 y_i에서 y_f로 떨어진다. 공기의 저항을 무시하면 책에 작용하는 유일한 힘은 중력이다. 중력이 하는 일은 얼마인가? 힘의 크기는 mg이고 물체의 변위는 $\Delta y = y_i - y_f$ (양의 값)이고, $\vec{\mathbf{F}}$와 $\Delta\vec{\mathbf{y}}$는 모두 아랫방향이므로 사잇각은 영이다. $d = y_i - y_f$라 놓고 일의 정의 식 5.3을 적용하면 다음과 같다.

$$W_g = Fd\cos\theta = mg(y_i - y_f)\cos 0° = -mg(y_f - y_i) \qquad \textbf{[5.9]}$$

나중에 배우게 될 퍼텐셜 에너지와의 관계를 명확히 하기 위하여 음의 부호를 앞으로 끌어내었다. 중력이 한 일에 대한 식 5.9는 중력이 보존력이기 때문에 경로에 상관없이 모든 물체에 대해서 성립한다. 이제 W_g는 일–에너지 정리에서 중력이 한 일이다. 편의상 이 절이 끝날 때까지 중력과 비보존력만 작용한다고 가정하자. 그러면 식 5.8은 다음과 같이 쓸 수 있다.

$$W_{알짜} = W_{nc} + W_g = \Delta KE$$

여기서 W_{nc}는 비보존력이 한 일이다. W_g에 대한 식 5.9를 대입하면

$$W_{nc} - mg(y_f - y_i) = \Delta KE \qquad \textbf{[5.10a]}$$

가 된다. 양변에 $mg(y_f - y_i)$를 더하면

$$W_{nc} = \Delta KE + mg(y_f - y_i) \qquad \textbf{[5.10b]}$$

가 된다. 이제 정의에 의하여 중력이 한 일과 중력 퍼텐셜 에너지 사이의 관계를 확인할 수 있다.

중력 퍼텐셜 에너지 ▶

지구와 지구 표면 근처에 있는 질량이 m인 물체로 구성된 계의 중력 퍼텐셜 에너지는

$$PE \equiv mgy \qquad \textbf{[5.11]}$$

로 정의된다. 여기서 g는 중력 가속도이며, y는 지구 표면(또는 다른 기준점)에 대한 물체의 수직 윗방향의 위치를 나타낸다.

SI 단위: 줄(J)

이 정의에서는 지구 표면의 위치를 $y = 0$으로 선택하였지만, 꼭 그럴 필요는 없다. 퍼텐셜 에너지의 차이만이 중요하기 때문이다.

따라서 지구 표면 근처에 있는 물체와 관련된 중력 퍼텐셜 에너지는 물체의 질량 mg와 지구 표면으로부터 수직 높이 y와의 곱이다. 이 정의로부터 중력이 한 일과 중력 퍼텐셜 에너지 사이의 관계를 구할 수 있다.

$$W_g = -(PE_f - PE_i) = -(mgy_f - mgy_i) \qquad [5.12]$$

중력이 한 일은 중력 퍼텐셜 에너지의 변화와 크기가 같고 부호가 반대이다.

마지막으로 식 5.12의 관계를 식 5.10b에 적용하면, 확장된 개념의 일–에너지 정리를 얻는다.

$$W_{nc} = (KE_f - KE_i) + (PE_f - PE_i) \qquad [5.13]$$

이 식에 의하면 비보존력이 한 일 W_{nc}는 운동에너지의 변화와 중력 퍼텐셜 에너지의 변화를 합한 것이다.

식 5.13은 중력 이외에 다른 보존력이 작용하는 경우에도 일반적으로 성립한다. 이들 추가적인 보존력이 한 일은 퍼텐셜 에너지의 변화로 나타낼 수 있고, 중력 퍼텐셜 에너지에 대한 표현식과 함께 우변에 포함된다.

Tip 5.3 퍼텐셜 에너지는 두 물체 사이에 적용되는 개념.

퍼텐셜 에너지는 적어도 두 개 이상의 물체로 이루어진 계(예를 들어, 중력으로 상호작용하는 지구와 야구공)에 적용되는 개념이다.

5.4.2 중력 퍼텐셜 에너지에 대한 기준 위치

Reference Levels for Gravitational Potential Energy

중력 퍼텐셜 에너지가 포함된 문제를 풀기 위해서는 그 에너지가 영인 위치를 선정하는 것이 중요하다. 식 5.11의 형태는 기준 위치를 $y = 0$으로 선택한 경우이다. 중요한 물리량은 퍼텐셜 에너지의 차이이고, 이 차이는 기준 위치의 선택과 상관없이 항상 같기 때문에 어디에 기준 위치를 설정하여도 상관없다. 그러나 일단 기준 위치를 선택하면 문제를 완전히 풀 때까지는 바꾸어서는 안 된다.

대체로 퍼텐셜 에너지가 영인 위치를 지구 표면으로 설정할 수는 있지만 문제를 잘 읽어보면 어디에 선택하는 것이 더 편리할지 알 수 있다. 예를 들어, 그림 5.13에서와 같이 책이 있을 수 있는 여러 위치를 생각해 보자. 책이 Ⓐ에 있을 때에는 자연스럽게 선택할 수 있는 기준 위치는 책상 표면이다. 책이 Ⓑ에 있을 때에는 마룻바닥이 더 편리한 기준 위치가 될 수 있다. 마지막으로 책이 창 밖의 위치 Ⓒ에 있을 때에는 지구 표면을 기준 위치로 선택하는 것이 더 편리할 것이다. 그러나 어디를 선택하든 상관없다. 책이 Ⓐ, Ⓑ, Ⓒ 중 어디에 있든지 위의 세 기준 위치 중 어느 것이라도 사용할 수 있다. 다음에 나오는 예제 5.4는 이러한 기준점의 선택에 관한 것이다.

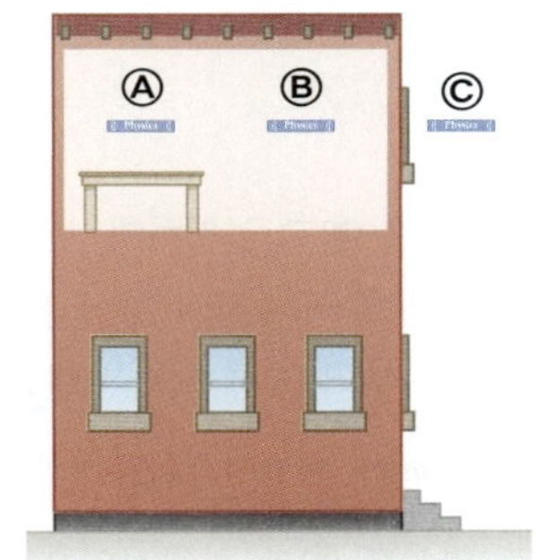

그림 5.13 책상, 방의 마룻바닥, 건물 밖의 지면 등 어떤 기준 위치도 책–지구 계에서 중력 퍼텐셜 에너지가 영인 기준 위치로 정할 수 있다.

예제 5.4 스키에 왁스를 칠하라

목표 기준 위치의 선택에 따른 중력 퍼텐셜 에너지의 변화를 계산한다.

문제 그림 5.14와 같이 질량이 60.0 kg인 스키 선수가 꼭대기에 있다. 처음 위치 Ⓐ에 있을 때에는 위치 Ⓑ보다 10.0 m 높은 곳에 있다. **(a)** 중력 퍼텐셜 에너지가 영인 기준 위치를 Ⓑ로 설정하고, 스키 선수가 Ⓐ와 Ⓑ에 있을 때 이 계의 중력 퍼텐셜 에너지를 구하라. 마지막으로 스키 선수가 Ⓐ에서 Ⓑ로 내려가는 동안에 스키 선수–지구 계의 퍼텐셜 에너지의 변화를 계산하라. **(b)** 기준 위치를 Ⓐ로 선택하고 이 문제를 반복하라. **(c)** 기준 위치를 Ⓑ보다 2.00 m 높은 곳에 설정하고 다시 이 문제를 반복하라.

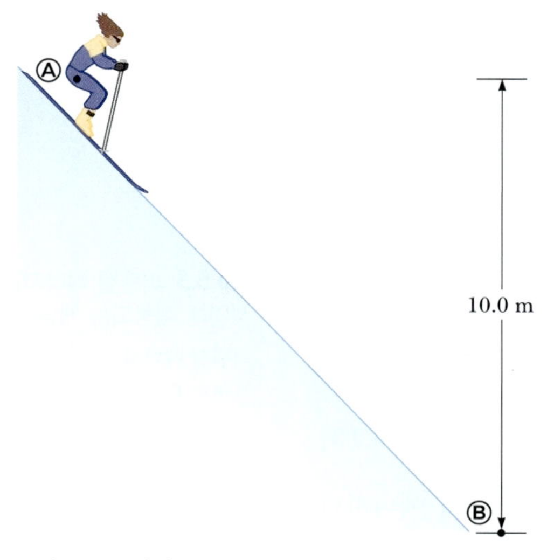

그림 5.14 (예제 5.4)

전략 정의를 충실히 따라가며 부호에 주의한다. Ⓐ는 처음 위치이고 이 점에서의 퍼텐셜 에너지는 PE_i이다. Ⓑ는 나중 위치이며 이 점에서의 퍼텐셜 에너지는 PE_f이다. 퍼텐셜 에너지는 $PE = mgy$이기 때문에, $y = 0$으로 선택한 기준 위치는 퍼텐셜 에너지가 영이 되는 기준 위치이기도 하다.

풀이

(a) $y = 0$을 Ⓑ로 설정하자. Ⓐ와 Ⓑ에서의 퍼텐셜 에너지를 계산하고, 퍼텐셜 에너지의 차이를 계산한다.

식 5.11로부터 Ⓐ에서의 퍼텐셜 에너지 PE_i를 구한다.

$$PE_i = mgy_i = (60.0\text{ kg})(9.80\text{ m/s}^2)(10.0\text{ m}) = 5.88 \times 10^3\text{ J}$$

기준 위치를 Ⓑ로 설정하였으므로 $PE_f = 0$이다. Ⓐ와 Ⓑ 사이에서의 퍼텐셜 에너지의 차이를 구한다.

$$PE_f - PE_i = 0 - 5.88 \times 10^3\text{ J} = \boxed{-5.88 \times 10^3\text{ J}}$$

(b) $y = 0$을 새 기준 위치 Ⓐ로 설정하고 문제를 반복한다. 이 경우 Ⓐ에서 $PE = 0$이다.

Ⓑ에서 $y = -10.0$ m인 사실에 주목하고 PE_f를 구한다.

$$PE_f = mgy_f = (60.0\text{ kg})(9.80\text{ m/s}^2)(-10.0\text{ m})$$
$$= -5.88 \times 10^3\text{ J}$$
$$PE_f - PE_i = -5.88 \times 10^3\text{ J} - 0 = \boxed{-5.88 \times 10^3\text{ J}}$$

(c) 기준 위치를 Ⓑ보다 2.00 m 높은 곳에 설정하고 다시 이 문제를 반복한다.

Ⓐ에서의 퍼텐셜 에너지 PE_i를 구한다.

$$PE_i = mgy_i = (60.0\text{ kg})(9.80\text{ m/s}^2)(8.00\text{ m}) = 4.70 \times 10^3\text{ J}$$

Ⓑ에서의 퍼텐셜 에너지 PE_f를 구한다.

$$PE_f = mgy_f = (60.0\text{ kg})(9.80\text{ m/s}^2)(-2.00\text{ m})$$
$$= -1.18 \times 10^3\text{ J}$$

퍼텐셜 에너지의 변화를 계산한다.

$$PE_f - PE_i = -1.18 \times 10^3\text{ J} - 4.70 \times 10^3\text{ J}$$
$$= \boxed{-5.88 \times 10^3\text{ J}}$$

참고 예제의 결과를 보면 스키 선수가 경사면의 꼭대기에서 바닥으로 내려가는 동안의 중력 퍼텐셜 에너지 변화는 기준 위치를 어디에 설정하든 상관없이 항상 -5.88×10^3 J이다.

5.4.3 중력과 역학적 에너지의 보존 Gravity and the Conservation of Mechanical Energy

보존 원리는 물리학에서 매우 중요한 역할을 한다. **물리량이 보존되는 경우 그 물리량의 수치값은 물리과정을 거치는 동안 항상 같은 값을 갖는다.** 물리량의 형태가 달라질 수는 있지만 그것의 **나중 값은 처음 값과 똑같다.**

중력 때문에 낙하하는 물체의 운동에너지 KE는 계속 변하고 물체의 퍼텐셜 에너지 PE 역시 계속 변한다. 이것들은 분명 보존되는 양이 아니다. 그러나 비보존력이 없다면, 식 5.13에서 $W_{nc} = 0$이라 할 수 있다. 식을 정리하면 다음과 같은 흥미로운 결과를 얻는다.

$$KE_i + PE_i = KE_f + PE_f \qquad [5.14]$$

이 식에 의하면 **운동에너지와 중력 퍼텐셜 에너지의 합은 항상 일정한 값을 갖는다. 그러므로 이 합은 보존되는 양이다.** 전체 역학적 에너지를 $E = KE + PE$로 표현하고 **전체 역학적 에너지는 보존된다**고 말한다.

Tip 5.4 보존 원리

식 5.14에 표현된 고립계의 역학적 에너지 보존 법칙과 같은 보존 법칙은 많이 있다. 예를 들면, 운동량, 각운동량, 전하량 등은 보존되는 양인데, 나중에 다룰 것이다. 물리 과정 중에 보존량의 형태가 달라질 수는 있지만 전체 합은 결코 변하지 않는다.

이 개념의 작동 원리를 살펴보기 위해 절벽 위에서 돌을 떨어뜨린다고 생각해 보자. 돌이 떨어지면서 속력은 점점 증가할 것이고 운동에너지도 증가할 것이다. 돌이 바닥에 가까워질수록 돌과 지구 사이의 퍼텐셜 에너지는 감소한다. 돌이 밑으로 떨어지면서 잃는 퍼텐셜 에너지는 운동에너지로 나타난다. 식 5.14를 보면 공기 저항 같은 비보존력이 없는 한 에너지의 교환은 정확하게 일치한다. 이 원리는 중력뿐만 아니라 모든 보존력에 대해서 적용된다.

◀ 역학적 에너지의 보존

> 보존력만을 통해서 상호작용하는 물체들로 이루어진 고립계의 전체 역학적 에너지 $E = KE + PE$는 언제나 일정한 값을 갖는다.

중력이 계 내부에서 일을 하는 유일한 힘이라면, 역학적 에너지 보존의 원리는 다음 식으로 표현된다.

$$\frac{1}{2}mv_i^2 + mgy_i = \frac{1}{2}mv_f^2 + mgy_f \qquad [5.15]$$

이런 형태의 식은 질량과 중력만 포함하는 문제를 풀 때 특히 유용하다. 이런 특별한 경우는 흔히 나타나는데, 식의 양변에서 질량이 소거된다. 그러나 이것은 질량 m의 운동에너지에 비해 지구의 운동에너지가 (마땅히) 무시되는 경우에만 가능한 것이다. 일반적으로는 식 5.15에 계의 각 물체에 대한 운동에너지 항과 각 물체 쌍에 대한 중력 퍼텐셜 에너지 항이 있어야 한다. 또 다른 보존력이 있다면 그것도 포함되어야 한다.

예제 5.5 다이빙 선수

목표 중력 때문에 곧장 아래로 떨어지는 다이버의 속력을 역학적 에너지의 보존을 사용하여 계산한다.

문제 질량이 m인 다이버가 그림 5.15와 같이 수면 위 10.0 m 높이의 다이빙대에서 뛰어내린다. 공기 저항은 무시하고 **(a)** 역학적 에너지 보존식을 이용하여 수면 위 5.00 m를 지날 때 떨어지는 속력을 계산하고, **(b)** 물에 닿는 순간의 속력을 구하라.

전략 1단계: 다이버와 지구로 이루어진 계이다. 다이버가 떨어질 때(공기 저항을 무시하면) 오로지 중력만이 다이버에 작용한다.

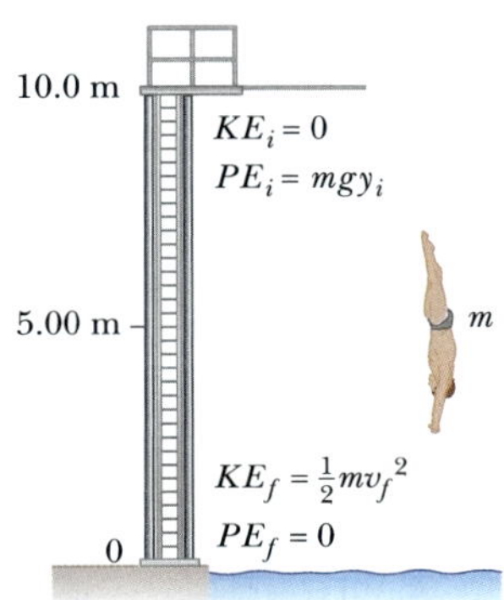

그림 5.15 (예제 5.5) 중력 퍼텐셜 에너지는 수면에서 0으로 정한다.

그러므로 계의 역학적 에너지는 보존되며 **(a)**, **(b)** 두 문항에 대해 에너지 보존식을 사용할 수 있다. 2단계: 수면의 높이를 $y = 0$으로 잡는다. 3단계: 문항 **(a)**에서는 $y = 10.0$ m와 $y = 5.00$ m인 두 지점이 계산에 적용될 위치이고, 문항 **(b)**에 대해서는 $y = 10.0$ m와 $y = 0$ m가 계산할 두 위치가 된다.

풀이

(a) $y = 5.00$ m인 중간 높이에서의 다이버의 속력을 구한다.

4단계: 에너지 보존식을 쓰고 해당 항들을 대입한다.

$$KE_i + PE_i = KE_f + PE_f$$
$$\frac{1}{2}mv_i^2 + mgy_i = \frac{1}{2}mv_f^2 + mgy_f$$

5단계: $v_i = 0$을 대입하고 질량 m을 소거한 후 v_f에 대하여 푼다.

$$0 + gy_i = \frac{1}{2}v_f^2 + gy_f$$
$$v_f = \sqrt{2g(y_i - y_f)} = \sqrt{2(9.80\ \text{m/s}^2)(10.0\ \text{m} - 5.00\ \text{m})}$$
$$v_f = \boxed{9.90\ \text{m/s}}$$

(b) 물의 표면 $y = 0$에서 다이버의 속력을 구한다.

$y_f = 0$으로 놓은 뒤 **(a)**와 같은 과정을 거친다.

$$0 + mgy_i = \tfrac{1}{2}mv_f^2 + 0$$

$$v_f = \sqrt{2gy_i} = \sqrt{2(9.80\ \text{m/s}^2)(10.0\ \text{m})} = \boxed{14.0\ \text{m/s}}$$

참고 중간 높이에서의 속력이 나중 속력의 반이 아님에 유의하라. 또 하나 흥미로운 사실은 최종 답이 질량에 무관하다는 것이다. 답이 그렇게 나오는 이유는 지구의 운동에너지의 변화를 무시한 결과이다. 지구의 운동에너지의 변화를 무시할 수 있는 경우는, 물체의 질량(여기서는 다이버의 질량)이 지구의 질량에 비해 훨씬 작은 경우에 성립한다. 엄밀하게 말하면, 지구도 다이버를 향해 움직이지만, 도저히 측정할 수 없을 정도로 작기 때문에 운동에너지의 감소는 없다고 보아도 무방하다.

예제 5.6 폴짝 튀어 오르는 벌레

목표 역학적 에너지 보존 법칙과 이차원 포물체 운동학을 사용하여 나중 속력을 구한다.

문제 어떤 메뚜기가 수평과 45°의 각으로 튀어서 최고 높이 1.00 m에 도달한다(그림 5.16). 공기의 저항을 무시할 때 그 메뚜기가 튀어 오르는 처음 속력 v_i를 구하라.

전략 이 문제는 에너지 보존 법칙과 처음 속력과 처음 위치의 x 성분과의 관계를 사용하여 풀 수 있다. $y = 1.00$ m 되는 최고점에서 메뚜기의 속력은 x성분인 v_x뿐이다. 에너지 보존 법칙의 식에는 처음 속력 v_i와 최고 높이에서의 속력 v_x의 두 미지수가 있다. 그러나 x 방향으로는 힘이 작용하지 않으므로 v_x는 처음 속력의 x성분과 같다.

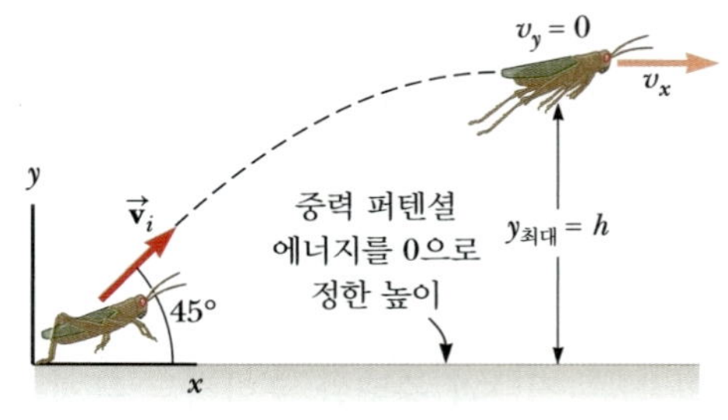

그림 5.16 (예제 5.6)

풀이

에너지 보존식을 사용한다.

$$\tfrac{1}{2}mv_i^2 + mgy_i = \tfrac{1}{2}mv_f^2 + mgy_f$$

$y_i = 0$, $v_f = v_x$, $y_f = h$를 대입한다.

$$\tfrac{1}{2}mv_i^2 = \tfrac{1}{2}mv_x^2 + mgh$$

양변에 $2/m$을 곱하여 두 개의 미지수가 포함된 하나의 식이 얻어진다.

$$v_i^2 = v_x^2 + 2gh \qquad (1)$$

식 (1)에 $v_x = v_i \cos 45°$를 대입하여 v_x를 소거하고 v_i를 구한다.

$$v_i^2 = (v_i \cos 45°)^2 + 2gh = \tfrac{1}{2}v_i^2 + 2gh$$

$$v_i = 2\sqrt{gh} = 2\sqrt{(9.80\ \text{m/s}^2)(1.00\ \text{m})} = \boxed{6.26\ \text{m/s}}$$

참고 최종 답이 예상외로 큰 값이 나왔다. 그것은 메뚜기가 몸집에 비해 매우 강하다는 것을 의미한다.

Tip 5.5 중력이 한 일과 중력 퍼텐셜 에너지를 동시에 사용하지 마라!
중력 퍼텐셜 에너지는 일–에너지 정리에서 중력이 한 일을 나타내는 또 다른 방법이다. 중력이 한 일과 중력 퍼텐셜 에너지 모두를 식에 포함시킨다면, 똑같은 양을 두 번 포함시키는 것이 된다.

5.5 중력과 비보존력 Gravity and Nonconservative Forces

중력과 비보존력이 함께 작용하고 있는 경우에는 일과 에너지에 대한 일반 관계식을 사용해야 하며, 종종 4장에서 사용된 계산 기법이 사용된다. 이때에도 앞 절의 에너지 보존에 대한 기본적인 풀이과정은 그대로 적용된다. 다만 다른 점은 식 5.15 대신 퍼텐셜 에너지가 포함된 일–에너지 정리인 식 5.13이 사용된다는 점이다.

예제 5.7 급강하

목표 비보존력이 한 일을 계산하기 위해 중력 퍼텐셜 에너지를 포함하는 일–에너지 정리를 사용한다.

문제 마찰이 거의 없는 물 미끄럼틀은 스트레스를 푸는 데 아주 좋은 놀이기구이다(그림 5.17). 높이가 21.9 m 되는 수직 물 미

그림 5.17 (예제 5.7) 미끄럼틀이 마찰이 없다면, 맨 밑에서의 이 여성의 속력은 미끄럼들의 높이에만 의존하고 미끄러져 내려오는 경로와는 무관하다.

끄럼틀이 있다. **(a)** 마찰이 없다고 가정하고 60.0 kg의 여성이 물 미끄럼틀의 바닥에 닿을 때의 속력을 구하라. **(b)** 만일 그 여성이 바닥에 닿을 때의 속력이 18.0 m/s라면 마찰이 한 일은 얼마인가?

전략 이 계는 여성과 지구, 물 미끄럼틀로 되어 있다. 항상 변위에 수직한 수직 항력은 일을 하지 않는다. 바닥을 $y = 0$ m라 놓자. 그러면 문제 풀이에 관련된 위치는 $y = 0$ m와 $y = 21.9$ m뿐이다. 마찰이 없으면 $W_{nc} = 0$이므로 역학적 에너지 보존 법칙인 식 5.15를 적용할 수 있다. **(b)**에서는, 식 5.13을 사용하여 두 속력과 두 높이를 대입하여 W_{nc}에 대해 풀면 된다.

풀이

(a) 마찰이 없다고 가정하고 바닥에서의 여성의 속력을 구한다.

에너지 보존에 대한 식 5.15를 쓴다.

$$\tfrac{1}{2}mv_i^2 + mgy_i = \tfrac{1}{2}mv_f^2 + mgy_f$$

$v_i = 0$와 $y_f = 0$를 대입한다.

$$0 + mgy_i = \tfrac{1}{2}mv_f^2 + 0$$

v_f에 대해 풀고 g와 y_i값을 대입한다.

$$v_f = \sqrt{2gy_i} = \sqrt{2(9.80\ \text{m/s}^2)(21.9\ \text{m})} = \boxed{20.7\ \text{m/s}}$$

(b) $v_f = 18.0\ \text{m/s} < 20.7\ \text{m/s}$이므로 마찰이 여성에게 한 일을 구한다.

식 5.13을 쓰고 운동에너지와 퍼텐셜 에너지를 대입한다.

$$W_{nc} = (KE_f - KE_i) + (PE_f - PE_i)$$
$$= (\tfrac{1}{2}mv_f^2 - \tfrac{1}{2}mv_i^2) + (mgy_f - mgy_i)$$

$m = 60.0$ kg, $v_f = 18.0$ m/s, $v_i = 0$를 대입하고 W_{nc}에 대해 푼다.

$$W_{nc} = [\tfrac{1}{2}\cdot 60.0\ \text{kg}\cdot(18.0\ \text{m/s})^2 - 0]$$
$$+ [0 - 60.0\ \text{kg}\cdot(9.80\ \text{m/s}^2)\cdot 21.9\ \text{m}]$$
$$W_{nc} = \boxed{-3.16\times 10^3\ \text{J}}$$

참고 **(a)**에서 구한 속력은 그 여성이 21.9 m를 자유낙하한 속력과 크기가 같다. **(b)**에서의 결과는 역학적 에너지가 손실되었기 때문에 음으로 나온다. 마찰은 역학적 에너지의 일부를 열에너지와 물결의 에너지로 전환한다. 그 에너지의 일부는 계에 흡수되었고 일부는 그 주변에 흡수되었다.

예제 5.8 스키 타기

목표 역학적 에너지 보존과 수평면에서 마찰을 포함하는 일-에너지 정리를 결합한다.

문제 그림 5.18과 같이 마찰이 없는 높이 20.0 m인 스키가 경사면 꼭대기로부터 정지 상태에서 출발하였다. 경사면이 끝나는 곳에서 평지가 이어지는데, 평지의 운동 마찰 계수는 0.210이다. **(a)** 경사면 끝에서의 속력을 구하라. **(b)** 완전히 정지하기 전까지 평지를 따라 얼마나 멀리 이동하는가? 공기 저항은 무시한다.

전략 마찰이 없는 경사면을 따라 내려가는 것은 미끄럼틀에 대한 경우와 다를 것이 없으며 바닥에서의 속력 $v_{Ⓑ}$는 역학적 에너지 보존을 이용하여 구한다. 마찰이 있는 평지에서는 일-에너지

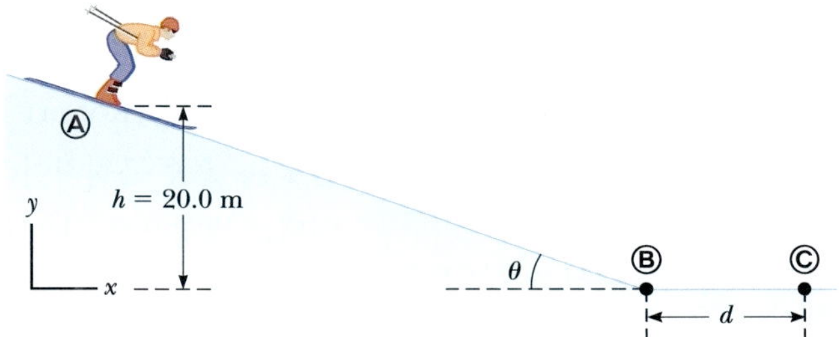

그림 5.18 (예제 5.8) 스키어가 경사면을 따라 내려와서 평지를 따라 거리 d만큼 이동한 뒤 정지한다.

정리인 식 5.13을 이용하면 $W_{nc} = W_{\text{마찰}} = -f_k d$인데, 여기서 f_k는

마찰력의 크기이고 d는 정지할 때까지 평지를 따라 이동하는 거리이다.

풀이

(a) 경사면 바닥에서 스키선수의 속력을 구한다.

스키선수가 꼭대기 점 Ⓐ에서 바닥점 Ⓑ로 이동함에 따라 예제 5.7의 **(a)**에서와 같은 절차를 밟는다.

$$v_{Ⓑ} = \sqrt{2gh} = \sqrt{2(9.80\ \text{m/s}^2)(20.0\ \text{m})} = \boxed{19.8\ \text{m/s}}$$

(b) 거친 평지를 따라 이동하는 거리를 계산한다.

스키선수가 Ⓑ에서 Ⓒ로 이동할 때 일-에너지 정리를 적용한다.

$$W_{\text{알짜}} = -f_k d = \Delta KE = \tfrac{1}{2}mv_{Ⓒ}^2 - \tfrac{1}{2}mv_{Ⓑ}^2$$

$v_{Ⓒ} = 0$, $f_k = \mu_k n = \mu_k mg$를 대입한다.

$$-\mu_k mgd = -\tfrac{1}{2}mv_{Ⓑ}^2$$

d에 대하여 푼다.

$$d = \frac{v_{Ⓑ}^2}{2\mu_k g} = \frac{(19.8\ \text{m/s})^2}{2(0.210)(9.80\ \text{m/s}^2)} = \boxed{95.2\ \text{m}}$$

참고 d를 구하는 식에 $v_{Ⓑ} = \sqrt{2gh}$의 식을 대입하면 d가 h에 비례함을 알 수 있다. 높이가 두 배가 되면 평지에서의 이동 거리도 두 배가 된다.

5.6 용수철 퍼텐셜 에너지 Spring Potential Energy

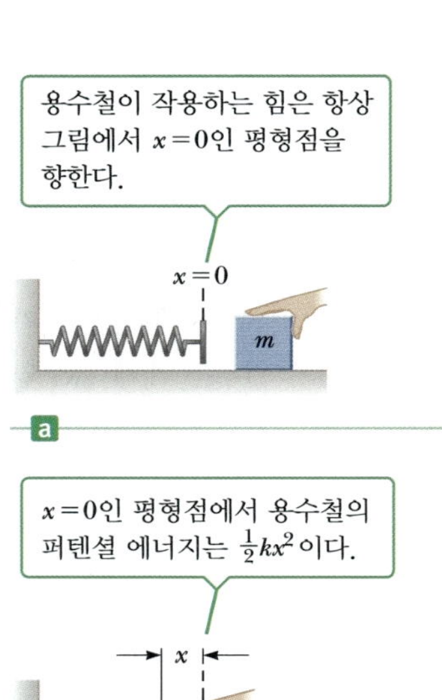

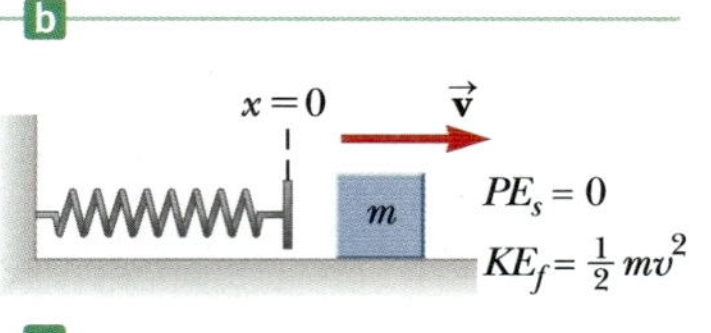

그림 5.19 (a) 압축되거나 늘어나지 않은 평형 상태의 용수철, (b) 마찰이 없는 바닥에 놓인 질량 m의 물체로 용수철을 누르고 있다. (c) 물체를 놓으면 이 에너지가 물체의 운동에너지로 변환된다.

용수철은 많은 장치에서 사용되는 중요한 부품이다. 시계, 장난감, 차, 열차 등의 모든 종류의 기계 장치 안에 들어 있다. 여기서는 용수철을 소개하고 더 자세한 내용은 13장에서 다룰 예정이다.

용수철이 압축되거나 늘어날 때 작용하는 힘은 그 힘을 제거하면 다시 복원되기 때문에 용수철에 의한 힘은 중력과 마찬가지로 보존력이다. 이것은 퍼텐셜 에너지 함수를 알아낼 수 있으며, 일-에너지 정리 안에 포함시킬 수 있다는 것을 의미한다.

그림 5.19a는 압축되거나 늘어나지 않은 평형 위치에 있는 용수철의 상태를 나타낸 그림이다. 그림 5.19b와 같이 용수철을 물체로 누르면 거리 x만큼 압축된다. x가 단순히 위치를 나타내는 값으로 보이지만, 용수철의 입장에서는 평형의 위치를 $x=0$으로 설정하면 평형으로부터 벗어난 거리가 된다. 실험의 결과를 보면 거리를 두 배 이동시키려면 두 배의 힘이 필요하고, 세 배의 거리를 이동시키려면 세 배의 힘이 필요하다. 이는 용수철이 작용하는 힘 F_s가 변위 x에 비례함을 의미한다.

$$F_s = -kx \qquad \textbf{[5.16]}$$

여기서 k는 비례 상수로서, 용수철 상수라 하며 단위는 N/m이다. 식 5.16은 이 관계를 발견한 훅(Robert Hooke)의 이름을 따서 **훅의 법칙**(Hooke's law)이라 부른다. 힘 F_s는 종종 복원력이라 부르는데, 이것은 용수철이 언제나 용수철 끝 점의 변위와 반대되는 방향으로 힘을 작용해서 용수철의 끝을 언제나 원래의 위치로 되돌리려하기 때문이다. x가 양의 값을 가지면 힘은 음의 값이 되어 $x=0$인 평형점을 향하고, x가 음의 값을 가지면 힘은 양의 값이 되어 역시 $x=0$인 점을 향한다. 유연한 용수철의 경우 k는 작은 값(약 100 N/m 정도)을 가지며, 강한 용수철의 경우에는 k의 값이 크다(약 10 000 N/m 정도로). 용수철 상수 k의 값은 용수철의 제작 방법, 구성 성분, 선의 굵기 등에 의해 결정된다. 음의 부호를 사용함으로써 용수철의 힘이 언제나 평형점을 향한다는 것을 나타낸다.

중력의 경우와 마찬가지로 **탄성 퍼텐셜 에너지**(elastic potential energy)라고 하는 에너지는 용수철이 작용한 힘과 연관시킬 수 있다. 탄성 퍼텐셜 에너지는 용수철이 하는 일의 음의 값이므로, 운동 중인 용수철이 하는 일을 파악하는 또 다른 방법이라 할 수 있다. 탄성 퍼텐셜 에너지는 또한 용수철이 압축되거나 늘어날 때 한 일로서 용수철에 저장된 에너지라 할 수 있다.

수평으로 놓인 용수철과 물체가 평형 위치에 있다고 하자. 그림 5.19b와 같이 평형 위치에서 변위 x까지 용수철이 압축될 때 용수철이 하는 일을 계산해 보자. 용수철은 압축된 방향과 반대 방향의 힘을 작용하므로 용수철이 하는 일은 음의 값이 될 것이다. 지표면 근처에서 일정한 중력을 공부할 때, 물체에 한 일은 중력과 물체의 높이 변화를 곱하여 구하는 것을 알았다. 그러나 용수철의 힘처럼 위치에 따라 힘이 변하면 그 방법은 사용할 수가 없다. 대신 평균 힘 $\overline{F}$를 사용한다.

$$\overline{F} = \frac{F_0 + F_1}{2} = \frac{0 - kx}{2} = -\frac{kx}{2}$$

따라서 용수철이 한 일은 다음과 같다.

$$W_s = \overline{F}x = -\tfrac{1}{2}kx^2$$

일반적으로 용수철의 변위가 x_i에서 x_f로 늘어나거나 압축된다면, 용수철이 한 일은 다음과 같다.

$$W_s = -\left(\tfrac{1}{2}kx_f^2 - \tfrac{1}{2}kx_i^2\right)$$

용수철이 한 일은 일–에너지 정리에 포함시킬 수 있다. 식 5.13의 좌변에 용수철이 한 일을 포함하면 다음과 같은 식이 된다.

$$W_{nc} - \left(\tfrac{1}{2}kx_f^2 - \tfrac{1}{2}kx_i^2\right) = \Delta KE + \Delta PE_g$$

여기서 PE_g는 중력 퍼텐셜 에너지이다.

◀ **용수철 퍼텐셜 에너지**

용수철 힘과 연관된 탄성 퍼텐셜 에너지 PE_s를 다음과 같이 정의할 수 있다.

$$PE_s \equiv \tfrac{1}{2}kx^2 \qquad [5.17]$$

여기서 k는 용수철 상수이고 x는 용수철이 평형 위치로부터 늘어나거나 압축된 거리이다.

SI 단위: 줄(J)

여기서의 PE_s를 용수철의 퍼텐셜 에너지라고 한다. 이것은 고무줄이나 피아노 줄과 같은 다른 종류의 탄성 퍼텐셜 에너지와 수식 표현이 좀 다르다.

이 식을 그 위의 식에 대입하여 정리하면, 중력과 탄성에 의한 퍼텐셜 에너지를 모두 포함하는 새로운 형태의 일–에너지 정리를 다음의 식으로 표현할 수 있다.

$$W_{nc} = (KE_f - KE_i) + (PE_{gf} - PE_{gi}) + (PE_{sf} - PE_{si}) \qquad [5.18]$$

여기서 W_{nc}는 비보존력이 한 일이며, KE는 운동에너지이고, PE_g는 중력 퍼텐셜 에너지, PE_s는 탄성 퍼텐셜 에너지이다. 앞에서 중력 퍼텐셜 에너지만을 의미했던 PE는 앞으로는 계에 작용하는 모든 보존력에 상응하는 퍼텐셜 에너지의 전체 합을 의미하게 될 것이다.

주어진 물리계에서 중력과 용수철이 한 일은 이미 식 5.18의 우변에 퍼텐셜 에너지의 형태로 포함되어 있으므로 좌변의 일에는 포함시키지 말아야 한다.

그림 5.19c를 보면 저장된 탄성 퍼텐셜 에너지가 어떻게 회복되는지 알 수 있다. 물체를 놓으면 용수철은 원래 길이로 늘어나면서 저장된 탄성 퍼텐셜 에너지가 물체의 운동에너지로 변환된다. 용수철이 평형 위치($x = 0$)로 돌아오면, 용수철에 저장된 탄성 퍼텐셜 에너지는 0이 된다. 식 5.17과 같이 용수철이 늘어날 때도 퍼텐셜 에너지는 저장된다. 또한 용수철이 최대한 압축되거나 늘어날 때 탄성 퍼텐셜 에너지도 최대가 된다. 마지막으로 PE_s가 x^2에 비례하므로, 퍼텐셜 에너지는 용수철이 평형 위치에서 벗어나면 언제나 양의 값을 갖는다.

비보존력이 없다면 $W_{nc} = 0$이므로 식 5.18의 좌변은 0이 된다. 역학적 에너지 보존에 관한 일반식은 다음과 같다.

$$(KE + PE_g + PE_s)_i = (KE + PE_g + PE_s)_f \qquad \textbf{[5.19]}$$

용수철과 중력, 다른 여러 힘이 포함된 문제는 역학적 에너지 보존을 다루는 문제를 풀이할 때처럼 푼다. 다만 중력 퍼텐셜 에너지의 기준점과 더불어 용수철의 평형점의 위치를 명확하게 설정하여야 한다.

예제 5.9 수평으로 놓인 용수철

목표 수평으로 놓인 용수철과 접촉하고 있는 물체의 속력을 마찰이 있는 경우와 없는 경우에 대하여 계산하기 위해 에너지의 보존을 이용한다.

문제 질량 5.00 kg인 물체가 그림 5.20과 같이 용수철 상수가 $k = 4.00 \times 10^2$ N/m인 용수철에 붙어 있다. 물체가 놓인 바닥의 마찰은 없다고 하자. 물체를 $x_i = 0.050\ 0$ m 위치로 당겨서 놓을 때, **(a)** 물체가 평형 위치를 처음 지날 때 물체의 속력을 구하라. **(b)** $x = 0.025\ 0$ m 위치에서 물체의 속력을 구하라. **(c)** 바닥과 물체의 마찰 계수가 $\mu_k = 0.150$이라면 **(a)**의 답은 어떻게 달라지는가?

전략 **(a)**와 **(b)**는 비보존력이 없으므로 에너지 보존의 식 5.19를 적용할 수 있다. **(c)**는 마찰에 의한 역학적 에너지의 소모를 다루는데 일과 일–에너지 정리에 대한 정의가 필요하다.

풀이

(a) 평형점에서 물체의 속력을 구한다.

식 5.19로부터 시작한다.

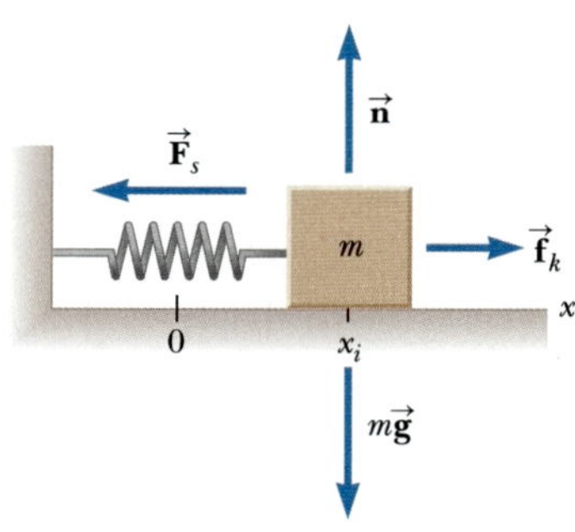

그림 5.20 (예제 5.9) 용수철에 붙어 있는 물체

$$(KE + PE_g + PE_s)_i = (KE + PE_g + PE_s)_f$$

물체의 운동에너지와 퍼텐셜 에너지의 식을 대입하고 중력과 관련된 항들은 0으로 놓는다.

$$\tfrac{1}{2}mv_i^2 + \tfrac{1}{2}kx_i^2 = \tfrac{1}{2}mv_f^2 + \tfrac{1}{2}kx_f^2 \qquad (1)$$

$v_i = 0$, $x_f = 0$을 대입하고 $2/m$를 곱한다.

$$\frac{k}{m}x_i^2 = v_f^2$$

물체의 속력 v_f에 대하여 풀고 주어진 값들을 대입한다.

$$v_f = \sqrt{\frac{k}{m}}\, x_i = \sqrt{\frac{4.00 \times 10^2\ \text{N/m}}{5.00\ \text{kg}}}\,(0.050\,0\ \text{m})$$

$$= 0.447\ \text{m/s}$$

(b) 중간 위치에서 물체의 속력을 구한다.

식 (1)에 $v_i = 0$을 대입하고 $2/m$를 곱한다.

$$\frac{kx_i^2}{m} = v_f^2 + \frac{kx_f^2}{m}$$

물체의 속력 v_f에 대하여 풀고, 주어진 값들을 대입한다.

$$v_f = \sqrt{\frac{k}{m}(x_i^2 - x_f^2)}$$

$$= \sqrt{\frac{4.00 \times 10^2\ \text{N/m}}{5.00\ \text{kg}}[(0.050\,0\ \text{m})^2 - (0.025\,0\ \text{m})^2]}$$

$$= 0.387\ \text{m/s}$$

(c) 마찰이 있는 경우 **(a)**를 다시 푼다.

일–에너지 정리를 적용한다. 중력과 수직 항력이 한 일은 이 힘들이 운동 방향과 수직이므로 0이다.

$$W_{\text{마찰}} = \tfrac{1}{2}mv_f^2 - \tfrac{1}{2}mv_i^2 + \tfrac{1}{2}kx_f^2 - \tfrac{1}{2}kx_i^2$$

$v_i = 0$, $x_f = 0$, $W_{\text{마찰}} = -\mu_k n x_i$를 대입한다.

$$-\mu_k n x_i = \tfrac{1}{2}mv_f^2 - \tfrac{1}{2}kx_i^2$$

$n = mg$로 놓고 v_f에 대해 푼다.

$$\tfrac{1}{2}mv_f^2 = \tfrac{1}{2}kx_i^2 - \mu_k mgx_i$$

$$v_f = \sqrt{\frac{k}{m}x_i^2 - 2\mu_k g x_i}$$

$$v_f = \sqrt{\frac{4.00 \times 10^2\ \text{N/m}}{5.00\ \text{kg}}(0.050\,0\ \text{m})^2 - 2(0.150)(9.80\ \text{m/s}^2)(0.050\,0\ \text{m})}$$

$$v_f = 0.230\ \text{m/s}$$

참고 마찰력 또는 액체 속에서의 저항력 등은 용수철에 매달려 있는 물체의 운동을 느리게 하여 궁극적으로 물체를 정지시킨다.

예제 5.10 서커스 곡예사

목표 중력 퍼텐셜 에너지와 용수철 퍼텐셜 에너지를 포함하는 일차원 문제를 풀기 위해 역학적 에너지 보존 법칙을 사용한다.

문제 50.0 kg의 서커스 곡예사가 2.00 m 높이에서 뜀틀 위로 떨어진다. 그림 5.21과 같은 뜀틀의 힘 상수는 8.00×10^3 N/m이다. 뜀틀 밑의 용수철이 압축되는 최대 거리는 얼마인가?

전략 이 문제에서는 비보존력이 없기 때문에 역학적 에너지 보존식을 적용할 수 있다. 문제에 적용되는 두 위치는 곡예사의 처음 위치와 용수철이 최대로 압축되는 위치이다. 용수철이 최대로 압축되는 위치에서 곡예사의 속도가 0이므로 운동에너지도 0이다. 그 점을 $y = 0$로 놓으면 그 점에서의 중력 퍼텐셜 에너지는 0이다. 이렇게 하면 곡예사의 처음 위치는 $y_i = h + d$이다. 여기서 h는 뜀틀 표면으로부터 곡예사까지의 높이이고 d는 용수철이 압축되는 길이이다.

그림 5.21 (예제 5.10) 곡예사가 뜀틀 위에 떨어지면 뜀틀이 압축된다.

풀이

역학적 에너지 보존식을 사용한다.

$$(KE + PE_g + PE_s)_i = (KE + PE_g + PE_s)_f \qquad (1)$$

영이 아닌 것은 처음의 중력 퍼텐셜 에너지와 나중의 용수철의 탄성 퍼텐셜 에너지이다.

$$0 + mg(h + d) + 0 = 0 + 0 + \tfrac{1}{2}kd^2$$

$$mg(h + d) = \tfrac{1}{2}kd^2$$

주어진 양을 대입하고 식을 정리하면 이차 방정식이 된다.

$$(50.0\ \text{kg})(9.80\ \text{m/s}^2)(2.00\ \text{m} + d) = \tfrac{1}{2}(8.00 \times 10^3\ \text{N/m})\, d^2$$

$$d^2 - (0.123\ \text{m})d - 0.245\ \text{m}^2 = 0$$

이차 방정식을 푼다(식 A.8).

$$d = \boxed{0.560\ \text{m}}$$

참고 이차 방정식의 두 해 중 다른 하나인 $d = -0.437$ m는 d가 양수이어야 하기 때문에 답이 될 수 없다. 곡예사가 뜀틀에 닿을 때 허리 구부림에 의한 곡예사의 질량중심의 변화는 용수철의 압축에 영향을 주지만 그 효과는 무시할 만하다. 충격흡수장치에 용수철이 사용되지만 이 예제에서는 동작원리만을 이해하는 것이 중요하다. 충격흡수장치에서 용수철의 역할은 과도한 운동에너지를 용수철의 탄성 퍼텐셜 에너지로 전환하여 위험할 수 있는 출렁거림을 부드러운 감속으로 바꿔 준다.

예제 5.11 마찰이 없는 경사면 위로 쏘아진 물체

목표 중력 퍼텐셜 에너지, 용수철 퍼텐셜 에너지, 경사면이 포함된 문제에 역학적 에너지 보존을 적용한다.

문제 0.500 kg인 물체가 그림 5.22와 같이 마찰이 없는 수평면 위에 놓여 있고 이 용수철의 상수는 $k = 625$ N/m이다. 물체는 용수철의 길이가 10.0 cm 줄어드는 위치 Ⓐ까지 눌려졌다가 발사되었다. **(a)** 경사각이 $\theta = 30.0°$일 경우 마찰이 없는 경사면 위로 올라갈 수 있는 물체의 최대 이동 거리 d를 계산하라. **(b)** 최대 높이의 반이 되는 위치에서 물체의 속력은 얼마인가?

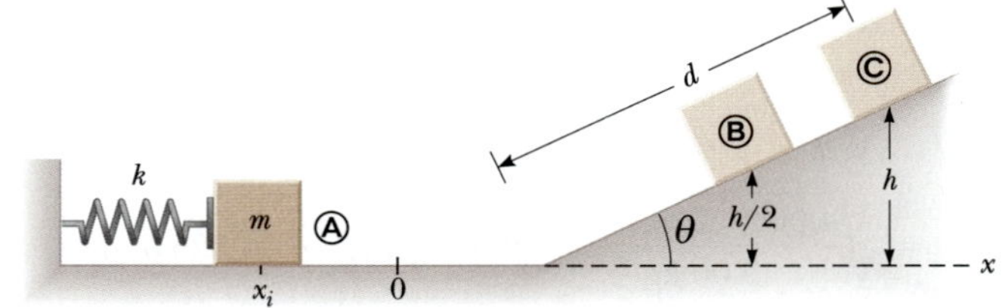

그림 5.22 (예제 5.11)

전략 다른 힘이 없다면 **(a)**와 **(b)**에 대해 역학적 에너지 보존을 적용할 수 있다. **(a)**에서는 물체가 정지 상태에서 출발하여 경사면 최대 높이에서 순간적으로 정지 상태가 된다. 따라서 Ⓐ와 Ⓒ에서의 운동에너지는 모두 영이다. 예제에서 요구하는 답은 높이 h가 아니라 경사면을 따라 이동하는 거리 d임에 주목하라. **(b)**에서는 물체가 점 Ⓑ에 있을 때에는 운동에너지와 중력 퍼텐셜 에너지가 모두 존재한다.

풀이

(a) 경사를 따라 물체가 이동하는 거리를 구한다.

역학적 에너지의 보존을 적용한다.

$$\tfrac{1}{2}mv_i^2 + mgy_i + \tfrac{1}{2}kx_i^2 = \tfrac{1}{2}mv_f^2 + mgy_f + \tfrac{1}{2}kx_f^2$$

$v_i = v_f = 0$, $y_i = 0$, $y_f = h = d\sin\theta$, $x_f = 0$을 대입한다.

$$\tfrac{1}{2}kx_i^2 = mgh = mgd\sin\theta$$

거리 d에 대하여 풀고 주어진 값들을 대입한다.

$$d = \frac{\frac{1}{2}kx_i^2}{mg\sin\theta} = \frac{\frac{1}{2}(625\ \text{N/m})(-0.100\ \text{m})^2}{(0.500\ \text{kg})(9.80\ \text{m/s}^2)\sin(30.0°)}$$

$$= \boxed{1.28\ \text{m}}$$

(b) 중간 높이인 $h/2$에서의 속력을 구한다.

$h = d\sin\theta = (1.28\ \text{m})\sin 30.0° = 0.640$ m임을 사용한다.

에너지의 보존을 다시 한 번 사용한다.

$$\tfrac{1}{2}mv_i^2 + mgy_i + \tfrac{1}{2}kx_i^2 = \tfrac{1}{2}mv_f^2 + mgy_f + \tfrac{1}{2}kx_f^2$$

$v_i = 0$, $y_i = 0$, $y_f = \frac{1}{2}h$, $x_f = 0$을 대입한다.

$$\tfrac{1}{2}kx_i^2 = \tfrac{1}{2}mv_f^2 + mg\left(\tfrac{1}{2}h\right)$$

$2/m$를 양변에 곱하고 v_f에 대하여 푼다.

$$\frac{k}{m}x_i^2 = v_f^2 + gh$$

$$v_f = \sqrt{\frac{k}{m}x_i^2 - gh}$$

$$= \sqrt{\left(\frac{625\ \text{N/m}}{0.500\ \text{kg}}\right)(-0.100\ \text{m})^2 - (9.80\ \text{m/s}^2)(0.640\ \text{m})}$$

$$v_f = \boxed{2.50\ \text{m/s}}$$

참고 용수철에서 튕겨진 후의 속도는 구할 필요가 없음에 주목하라. 물체가 정지하고 있는 두 시점에서의 역학적 에너지만이 필요하다.

5.7 계와 에너지 보존 Systems and Energy Conservation

일-에너지 정리는 다음과 같이 표현됨을 상기하자.

$$W_{nc} + W_c = \Delta KE$$

여기서 W_{nc}는 비보존력이 한 일이며, W_c는 보존력이 한 일이다. 앞에서 공부했듯이, 중력과 용수철 힘 같은 보존력이 한 일은 퍼텐셜 에너지의 변화로 계산할 수 있다. 따라서 일-에너지 정리는 다음과 같이 다시 표현할 수 있다.

$$W_{nc} = \Delta KE + \Delta PE = (KE_f - KE_i) + (PE_f - PE_i) \qquad [5.20]$$

여기서 PE는 앞에서 설명한 것처럼 모든 종류의 퍼텐셜 에너지를 포함한다. 이 식을 정리하면

$$W_{nc} = (KE_f + PE_f) - (KE_i + PE_i) \qquad [5.21]$$

이 된다.

앞서 공부한 것을 돌아보면 총역학적 에너지는 $E = KE + PE$이다. 이것을 식 5.21에 대입하면, 어떤 계에서 비보존력이 한 일은 그 계의 역학적 에너지의 변화와 같다는 것을 알 수 있으므로 다음과 같이 쓸 수 있다.

$$W_{nc} = E_f - E_i = \Delta E \qquad [5.22]$$

만약 역학적 에너지가 변한다면, 에너지는 계를 벗어나서 주변 환경으로 가게 될 것이며, 에너지가 계의 내부에 머무른다면 역학적 에너지가 아닌 다른 형태의(예를 들면, 열에너지와 같은) 에너지로 변환될 것이다.

간단한 예로서, 어떤 벽돌이 거친 표면에서 미끄러지는 운동을 한다고 하자. 벽돌의 밑 부분과 거친 표면 사이에서 마찰에 의한 열에너지가 발생되어 일부는 벽돌의 표면에 흡수되고 나머지는 주변에 흡수될 것이다. 벽돌에 마찰열이 흡수되어 부분적으로 온도가 상승할 때 벽돌의 내부 에너지(internal energy)는 증가한다. 계의 내부 에너지는 온도와 관련이 있다. 예를 들면 어떤 기체 원자나 분자들이 운동을 하거나 고체 속의 원자들이 진동하는 경우이다(내부 에너지에 대해서는 10~12장에서 자세히 공부할 것이다).

에너지는 비고립계와 주변 환경 간에 전달될 수 있다. 만약 어떤 계에 양의 일이 행해지면, 에너지는 주변에서 계로 전달되고, 음의 일이 행해지면 에너지는 계에서 주변으로 옮겨간다.

지금까지 에너지는 운동에너지, 퍼텐셜 에너지, 내부 에너지의 세 가지 방법으로 계에 저장되는 것을 알게 되었다. 반면에 에너지가 계로 들어오거나 계로부터 나가는 방법은 일에 의한 방법밖에 없음을 배웠다. 다른 방법들은 추후에 다시 공부할 예정인데, 여기서는 먼저 간단히 요약만 하였다.

■ **일**: 이 장의 역학적인 관점에서 보면, 일은 힘과 변위로 에너지를 계에 전달한다.

■ **열**: 열은 원자나 분자들의 충돌을 통하여 에너지를 전달해가는 과정이다. 예를 들어, 커피잔 속에 있는 금속 숟가락은 따뜻해지는데, 이는 액체 커피 내에 있는 분자의 운동에너지 일부가 숟가락의 내부 에너지로 전달되기 때문이다.

■ **역학적인 파동**: 역학적인 파동은 공기 또는 어떤 매질을 통하여 매질을 교란시키면서 에너지가 옮겨간다. 예를 들어, 소리 형태의 에너지는 오디오 시스템의 스피커를 통해 나가서 여러분의 귀로 들어가게 된다. 또 다른 역학적인 파동의 예로는 지진파와 해양파가 있다.

■ **전력 전송**: 전력 전송은 에너지를 전류의 형태로 전달한다. 이것은 전기에너지가 전축 또는 여러 가지 전기를 사용하는 기기로 흘러들어가는 것을 말한다.

■ **전자기 복사**: 전자기 복사는 에너지가 빛, 라디오파, 텔레비전 신호 등의 전자기 파동 형태로 전달되는 것을 말한다. 예를 들면, 전자레인지에서 감자를 요리하고, 태양빛이 우주 공간을 통과하여 지구에 도달하는 것들이 이러한 전달 방식이다.

응용

편모 운동: 생체 발광

에너지 접근 방법의 가장 중요한 점은 에너지가 보존된다는 개념이다. **에너지의 보존**(conservation of energy)이란 에너지는 파괴되거나 생성되지 아니하고 단지 한 형태에서 다른 형태로 변환되는 것을 말한다.

에너지의 보존 원리는 물리학에 국한된 것이 아니다. 생물학에서의 에너지 변환은 모든 생명체에서 수많은 방법으로 발생한다. 그중의 한 예로 편모충은 화학적 에너지를 역학적 에너지로 변환하여 운동한다. 어떤 박테리아는 화학적 에너지를 사용하여 발광을 한다(그림 5.23). 발광 원리는 잘 알려지지 않았지만 어떤 생물들은 이 빛에 의존하여 살아간다. 예를 들어, 어떤 물고기들은 눈 밑에 발광 박테리아 주머니를 가지고 있어서 이 빛을 보고 다가오는 생물들을 먹이로 삼는다.

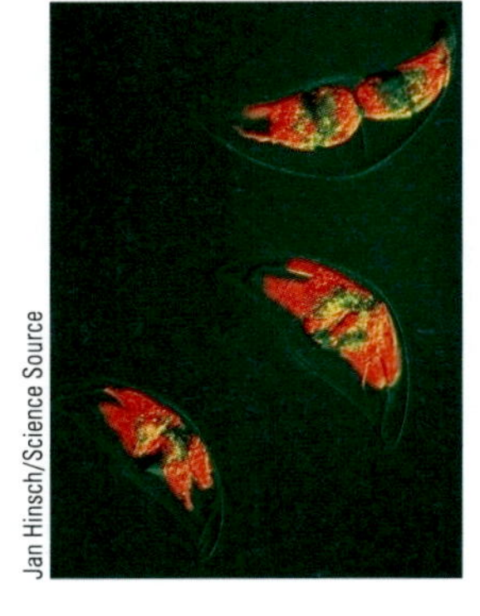

Jan Hinsch/Science Source

그림 5.23 이 작은 생물은 따뜻한 남쪽 바다에서 살며, 화학적 에너지를 빛에너지로 바꾸어서 생체 발광을 한다. 붉은 영역은 엽록소이며, 청색 빛에 의하여 들뜨게 되면 약한 빛을 낸다.

5.8 일률 Power

5.8.1 일률의 정의 Definition of Power

에너지가 전달되는 비율은 모든 종류의 가전제품이나 엔진 등 실용적인 장치들의 설계나 사용에 있어서 매우 중요하다. 이 비율은 생명체의 경우에 특히 흥미로운데, 단위 시간당 할 수 있는 최대 일, 즉 일률이 일을 지속하는 시간에 따라 크게 변하기 때문이다. 일률은 시간에 따른 에너지 전달률로 정의된다.

평균 일률 ▶

어떤 시간 간격 Δt 동안 어떤 물체에 외력이 작용하여 한 일이 W라면, 물체에 전달된 **평균 일률**(average power)은 한 일을 시간 간격으로 나눈 것으로 정의한다. 즉,

$$\overline{P} = \frac{W}{\Delta t} \quad [5.23]$$

SI 단위: 와트(W = J/S)

식 5.23에 W = $F\Delta x$를 대입하면 $\Delta x/\Delta t$는 시간 간격 Δt 동안의 평균 속력이므로 다음과 같이 다시 쓸 수 있다.

$$\overline{P} = \frac{W}{\Delta t} = \frac{F\Delta x}{\Delta t} = F\overline{v} \quad [5.24]$$

식 5.24에 의하면 평균 일률은 일정한 힘에 평균 속력을 곱한 것과 같다. 여기서 F는 평균 속도와 나란한 방향의 힘의 성분이다. 보다 일반적인 정의인 **순간 일률**(instantaneous power)은 약간의 미적분을 이용하면 식 5.24와 같은 형태로 쓸 수 있다.

$$P = Fv \quad [5.25]$$

◀ 순간 일률

식 5.25에서 힘 F와 속도 v는 반드시 평행해야 하지만 시간에 따라서 변할 수 있다. 일률의 국제 표준 SI 단위는 줄/초(J/sec)이며, 제임스 와트(James Watt)를 기리기 위하여 이것을 **와트**(W)라고 한다.

$$1\ \mathrm{W} = 1\ \mathrm{J/s} = 1\ \mathrm{kg \cdot m^2/s^3} \quad [5.26a]$$

미국 관습단위계에서는 일률의 단위를 마력(hp)으로 사용해 왔다.

$$1\ \mathrm{hp} \equiv 550\ \frac{\mathrm{ft \cdot lb}}{\mathrm{s}} = 746\ \mathrm{W} \quad [5.26b]$$

마력이란 단위는 와트에 의하여 처음 정의되었으며, 그가 발명한 증기 기관의 큰 출력을 나타내기 위하여 사용하였다.

Tip 5.6 W와 *W*의 차이

와트를 나타내는 정자체 W와 일을 나타내는 이탤릭체 *W*를 혼동하지 않아야 한다. 와트(W)는 J/s와 같은 일률의 단위이며, 일은 단위가 줄(J)인 물리량이다.

와트는 보통 전기제품의 소모 전력을 나타내기 위하여 많이 사용되지만, 다른 영역에서도 흔히 사용된다. 예를 들어, 유럽의 경주용 자동차의 성능은 킬로와트 단위로 나타낸다.

한편 전력을 생산하는 경우 에너지를 측정하는 단위로는 '킬로와트시(kWh)'를 사용한다. 일 킬로와트시(1 kWh)는 일 킬로와트(1 kW = 1 000 J/s)의 일정한 전력으로 한 시간 동안 전달된 에너지를 말한다. 다시 말하면

$$1\ \mathrm{kWh} = (10^3\ \mathrm{W})(3\ 600\ \mathrm{s}) = (10^3\ \mathrm{J/s})(3\ 600\ \mathrm{s}) = 3.60 \times 10^6\ \mathrm{J}$$

이다.

킬로와트시는 에너지의 단위이지 일률의 단위는 아니다. 가정에서 전기 요금을 지불하는 것은 에너지를 사는 것이므로 전기요금 고지서를 받아보면 사용량이 kWh로 표시되어 있다. 어떤 가전제품이 사용한 전기에너지의 양을 계산하기 위해서는 가전제품에 표기된 사용 전력에 가전제품을 사용한 시간을 곱하면 된다. 예를 들어, 100 W (= 0.100 kW)용 전구는 한 시간에 3.6×10^5 J의 에너지를 소모하는 것이다.

예제 5.12 승강기용 전동기의 일률

목표 힘과 속도의 곱으로 정의되는 일률을 적용한다.

문제 질량이 1.00×10^3 kg의 승강기는 최대 8.00×10^2 kg의 화물을 운반할 수 있다. 그림 5.24와 같이 승강기가 위쪽으로 움직일 때 마찰력 4.00×10^3 N이 작용하여 승강기의 움직임을 방

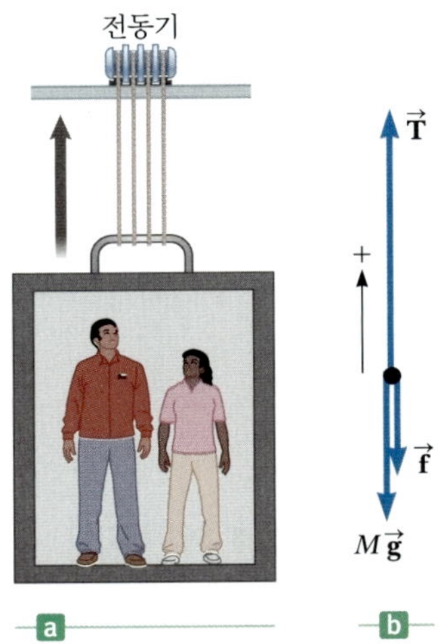

그림 5.24 (예제 5.12) (a) 전동기는 승강기에 윗방향으로 힘 $\vec{\mathbf{T}}$를 작용한다. 마찰력 $\vec{\mathbf{f}}$와 중력 $M\vec{\mathbf{g}}$는 아랫방향으로 작용한다. (b) 승강기에 작용하는 힘을 나타내는 자유 물체도.

해한다. 화물을 최대로 싣고 승강기가 3.00 m/s의 일정한 속력으로 올라가기 위해서 전동기가 전달해야 할 최소한의 일률은 얼마인가? 이것을 kW와 hp 단위로 나타내라.

전략 이 문제를 풀기 위해서는 케이블의 장력 $\vec{\mathbf{T}}$를 통하여 승강기의 전동기가 작용하는 힘을 결정해야 한다. 이 힘과 주어진 속력을 $P = Fv$에 대입하면, 구하고자 하는 일률을 얻을 수 있다. 케이블의 장력 T는 뉴턴의 제2법칙으로부터 얻을 수 있다.

풀이

승강기에 뉴턴의 제2법칙을 적용한다.

$$\sum \vec{\mathbf{F}} = m\vec{\mathbf{a}}$$

승강기가 일정한 속도로 움직이므로 가속도는 0이다. 승강기에 작용하는 힘들은 장력 $\vec{\mathbf{T}}$, 마찰력 $\vec{\mathbf{f}}$, 중력 $M\vec{\mathbf{g}}$이며, 여기서 질량 M은 승강기와 화물을 합한 전체 질량이다.

$$\vec{\mathbf{T}} + \vec{\mathbf{f}} + M\vec{\mathbf{g}} = 0$$

식을 성분으로 나누어 쓴다.

$$T - f - Mg = 0$$

장력 T에 대하여 풀고 값을 계산한다.

$$T = f + Mg$$
$$= 4.00 \times 10^3\ \text{N} + (1.80 \times 10^3\ \text{kg})(9.80\ \text{m/s}^2)$$
$$T = 2.16 \times 10^4\ \text{N}$$

T의 값을 일률의 식에 있는 F에 대입한다.

$$P = Fv = (2.16 \times 10^4\ \text{N})(3.00\ \text{m/s}) = \boxed{64.8\ \text{kW}}$$
$$P = 64.8\ \text{kW} = \boxed{86.9\ \text{hp}}$$

참고 마찰력은 운동을 방해하므로 더 큰 일률을 필요로 한다. 승강기가 내려가는 경우에는 마찰력에 의해 필요한 일률의 크기가 작아진다.

예제 5.13 쾌속정의 일률

목표 일률, 일–에너지 정리, 비보존력을 일차원 운동학과 결합한다.

문제 **(a)** 질량이 1.00×10^3 kg인 쾌속정이 정지 상태에서 5.00 s 후에 20.0 m/s로 가속되었다. 물과 쾌속정 사이의 끌림힘은 $f_d = 5.00 \times 10^2$ N이고 가속도가 일정하다면, 이 쾌속정의 일률은 얼마인가? **(b)** 이 배의 순간 일률을 끌림힘 f_d, 질량 m, 가속도 a, 시간 t로 표현하라.

전략 엔진은 비보존력을 생성하여 일률을 공급한다. 좌변에 엔진이 하는 일 $W_{엔진}$, 끌림힘이 한 일 $W_{끌림}$을 포함시켜 일–에너지 정리를 이용한다. 일차원 운동학을 이용하여 가속도를 구하고 변위 Δx를 구한다. $W_{엔진}$에 대한 일–에너지 정리를 풀고 경과 시간으로 나누어 평균 일률을 구한다. **(b)**는 뉴턴의 제2법칙을 이용하여 F_E의 예를 구하고 순간 일률에 대한 표현식에 대입한다.

풀이

(a) 일–에너지 정리를 쓴다

$$W_{알짜} = \Delta KE = \tfrac{1}{2}mv_f^2 - \tfrac{1}{2}mv_i^2$$

두 개의 일을 좌변에 두고 $v_i = 0$을 대입한다.

$$W_{엔진} + W_{끌림} = \tfrac{1}{2}mv_f^2 \qquad (1)$$

먼저 운동학에서 속도에 대한 식을 사용하여 가속도를 구한 후 변위 Δx를 구한다.

$$v_f = at + v_i \quad \rightarrow \quad v_f = at$$
$$20.0\ \text{m/s} = a(5.00\ \text{s}) \quad \rightarrow \quad a = 4.00\ \text{m/s}^2$$

시간에 무관한 운동학 식에 a를 대입하고 Δx에 대해서 푼다.

$$v_f^2 - v_i^2 = 2a\,\Delta x$$
$$(20.0\ \text{m/s})^2 - 0^2 = 2(4.00\ \text{m/s}^2)\,\Delta x$$
$$\Delta x = 50.0\ \text{m}$$

이제 Δx를 알기 때문에 끌림힘에 의한 역학적 에너지 손실을 구할 수 있다.

$$W_{\text{끌림}} = -f_d \Delta x = -(5.00 \times 10^2 \text{ N})(50.0 \text{ m}) = -2.50 \times 10^4 \text{ J}$$

$W_{\text{엔진}}$에 대한 식 (1)을 푼다.

$$W_{\text{엔진}} = \tfrac{1}{2}mv_f^2 - W_{\text{끌림}}$$
$$= \tfrac{1}{2}(1.00 \times 10^3 \text{ kg})(20.0 \text{ m/s})^2 - (-2.50 \times 10^4 \text{ J})$$
$$W_{\text{엔진}} = 2.25 \times 10^5 \text{ J}$$

평균 일률을 계산한다.

$$\overline{P} = \frac{W_{\text{엔진}}}{\Delta t} = \frac{2.25 \times 10^5 \text{ J}}{5.00 \text{ s}} = 4.50 \times 10^4 \text{ W} = 60.3 \text{ hp}$$

(b) 순간 일률에 대한 표현식을 구한다.

뉴턴의 제2법칙을 사용한다.

$$ma = F_E - f_d$$

엔진이 작용하는 힘 F_E에 대해서 푼다.

$$F_E = ma + f_d$$

F_E에 대한 식과 $v = at$를 식 5.25에 대입하여 순간 일률을 구한다.

$$P = F_E v = (ma + f_d)(at)$$
$$P = (ma^2 + af_d)t$$

참고 실제로 속력이 증가할수록 끌림힘도 커진다.

5.8.2 수직으로 점프할 때의 에너지와 일률 Energy and Power in a Vertical Jump

제자리 높이뛰기는 몸 펼치기와 곧은 자세로 날아가기, 두 부분으로 이루어진다.[3] 몸 펼치기 단계에서 사람은 웅크린 자세에서 다리를 펼치고 팔을 위로 뻗게 되며, 뛰는 사람이 지면을 떠나면 곧은 자세로 날아가기 단계가 시작된다. 몸은 크기가 있는 물체이고 몸의 다른 부분들이 다른 속력으로 움직이므로, 모든 질량이 집중되어 있는 것으로 간주될 수 있는 점인 **질량 중심**(center of mass, CM)의 위치와 속도를 사용하여 기술하는 것이 편리하다. 그림 5.25는 높이뛰기 할 때의 질량 중심의 위치와 속력의 변화를 단계별로 나타내고 있다.

역학적 에너지 보존 법칙을 사용하여 질량 중심의 최고 높이 H를 도약 순간의 질량 중심의 속도 v_{CM}으로 표현할 수 있다. 지면에서 도약하는 순간의 사람-지구 계의 중력 퍼텐셜 에너지 PE_i의 값을 0으로 선택하고 최고 높이에서 점프한 사람의 운동에너지 KE_f가 0이라는 사실을 이용하면 다음을 얻게 된다.

$$PE_i + KE_i = PE_f + KE_f$$

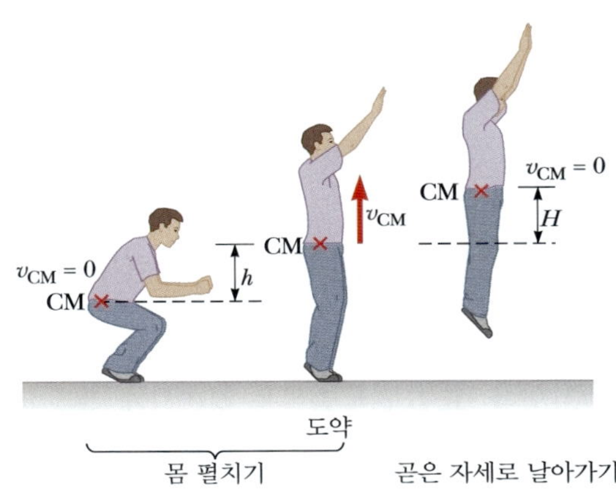

그림 5.25 제자리에서 높이뛰기할 때의 몸 펼치기와 곧은 자세로 날아가기

[3] 이 주제에 관한 보다 많은 정보는 〈*American Journal of Physics*〉 vol. 38, page 829에 실린 E. J. Offenbacher의 논문(1969)을 참고하라.

$$\tfrac{1}{2}mv_{\mathrm{CM}}^2 = mgH \qquad \text{즉} \qquad H = \frac{v_{\mathrm{CM}}^2}{2g}$$

몸 펼치기 단계에서 질량 중심의 가속도가 일정하다고 가정하면 v_{CM}을 추정할 수 있다. 몸을 웅크리는 깊이를 h라 하고 몸을 펴는 데 걸리는 시간을 Δt라 하면, $v_{\mathrm{CM}} = 2\bar{v} = 2h/\Delta t$이다. 어떤 미국 남자 대학생 그룹에 대해서 h와 Δt를 측정한 평균값은 $h = 0.40$ m, $\Delta t = 0.25$ s이었다. Δt는 근육이 수축하는 일정한 속력에 의해서 결정된다. 이 값들을 사용하면

$$v_{\mathrm{CM}} = 2(0.40\ \mathrm{m})/(0.25\ \mathrm{s}) = 3.2\ \mathrm{m/s}$$

그리고

$$H = \frac{v_{\mathrm{CM}}^2}{2g} = \frac{(3.2\ \mathrm{m/s})^2}{2(9.80\ \mathrm{m/s^2})} = 0.52\ \mathrm{m}$$

이다. 조사한 대학생 그룹의 H를 측정한 실험 결과는 0.45 m와 0.61 m 사이이므로, 위에서 보여준 간단한 계산의 결과가 타당하다는 것을 알 수 있다.

에너지, 일률, 효율과 같은 추상적인 개념들을 인간과 관련짓기 위해서 제자리 높이뛰기의 예를 통하여 이러한 양들을 계산해 보는 것은 흥미로운 일이다. 뛸 때에 몸에 주어지는 운동에너지는 $KE = \tfrac{1}{2}mv_{\mathrm{CM}}^2$이고, 질량이 68 kg인 사람의 운동에너지는

$$KE = \tfrac{1}{2}(68\ \mathrm{kg})(3.2\ \mathrm{m/s})^2 = 3.5 \times 10^2\ \mathrm{J}$$

이다. 이 경우 많은 에너지를 소모한 것처럼 보이지만, 간단한 계산을 통하여 뛰뛰기나 일반적인 운동이 비록 많은 건강상의 이점은 있으나 체중을 줄이는 데에는 좋은 방법이 아니라는 것을 알 수 있다. 근육은 화학 에너지로부터 운동에너지를 발생시키는 최대 효율이 25%이므로(근육은 항상 일과 함께 많은 양의 내부 에너지와 운동에너지를 발생시킨다. 이것이 운동할 때 여러분이 땀을 흘리는 이유이다) 근육은 한 번 뛰는 데 350 J의 4배인 1 400 J의 에너지를 사용한다. 이러한 화학적 에너지는 결국 우리가 먹는 음식으로부터 제공된다. 음식 칼로리의 단위는 Cal인데 1 Cal = 4 200 J이다. 따라서 총에너지는 인체에서 내부 에너지로 공급되며 연직으로 점프할 때의 운동에너지는 음식 칼로리의 약 1/3밖에 되지 않는다.

응용

식이요법과 운동의 체중 감량 효율성 비교

마지막으로 짧은 시간 동안에 힘든 운동을 할 때 몸이 만들어내는 역학적 일률을 계산하는 것은 흥미롭다. 앞에서 든 예를 활용하면

$$\overline{P} = \frac{KE}{\Delta t} = \frac{3.5 \times 10^2\ \mathrm{J}}{0.25\ \mathrm{s}} = 1.4 \times 10^3\ \mathrm{W}$$

또는 (1 400 W) (1 hp/746 W) = 1.9 hp이다. 즉, 인간은 수 초 동안에 약 2 hp의 역학적 일률을 만들어낼 수 있다. 표 5.1은 출력을 정확하게 측정할 수 있는 자전거 타기와 노젓기 등의 활동을 하는 다양한 시간 간격 동안 사람이 발생시키는 최대 일률을 측정한 값이다.

표 5.1 여러 시간 간격 동안 사람의 최대 일률

일률	시간
1 500 W(2 hp)	6 s
750 W(1 hp)	60 s
260 W(0.35 hp)	35 min
150 W(0.2 hp)	5 h
75 W(0.1 hp) (일일 안전 수준)	8 h

5.9 변하는 힘이 한 일 Work Done by a Varying Force

어떤 물체가 위치에 따라 크기가 변하는 x 방향의 힘 F_x의 작용을 받으며 x축을 따라 움직인다고 하자(그림 5.26). 물체의 좌표는 $x = x_i$에서 $x = x_f$까지 증가한다. 이 상황에서는 힘이 한 일을 계산하기 위하여 식 5.2를 사용할 수 없다. 왜냐하면 식 5.2는 힘 $\vec{\mathbf{F}}$가 일정한 크기와 방향을 가질 경우에만 성립되기 때문이다. 그림 5.26a의 경우와 같이 물체가 작은 변위 Δx만큼만 이동한다고 하면 그 동안의 힘의 x성분 F_x는 거의 일정하다고 할 수 있다. 따라서 이 작은 변위 동안 힘이 한 일은 근사적으로 다음과 같이 표현할 수 있다.

$$W_1 \cong F_x \Delta x \qquad [5.27]$$

이것은 그림 5.26a에서 노란색으로 표시된 사각형 한 개의 넓이와 같다. x에 관한 F_x의 곡선을 많은 작은 구간들로 나누면 물체가 x_i에서 x_f까지 움직이는 동안 한 전체 일은 곡선 아래의 작은 사각형들의 넓이를 모두 합한 것과 거의 같다.

$$W \cong F_1 \Delta x_1 + F_2 \Delta x_2 + F_3 \Delta x_3 + \cdots \qquad [5.28]$$

만약 구간의 수를 두 배로 늘리면 구간의 크기가 본래의 Δx의 크기의 절반으로 줄어든다. 사각형들의 너비는 더 작아지고, 사각형들의 넓이의 합이 본래의 곡선 아래의 넓이와 더욱 가까워진다. 이 과정을 반복하여 구간의 너비가 영에 접근하도록 구간의 수를 늘리면, 더해야 하는 항들의 수가 무한히 증가하고 더한 값은 일정한 값으로 접근하여, 그림 5.26b처럼 F_x와 x축으로 둘러싸인 곡선 아랫부분의 넓이와 같다. 다시 말하면 **어떤 물체에 크기가 변하는 힘이 작용할 때 한 일은 x에 대한 F_x의 곡선 아래의 넓이와 같다.**

좋은 예 중의 하나가 앞서 5.6절에서 논의한 마찰이 없는 표면 위에서 움직이는 용수철에 매달린 물체의 경우이다. 용수철이 $x = 0$인 평형 상태에서 x만큼 늘어나거나 줄어들 때, 물체에 작용하는 힘은 $F_x = -kx$이며, k는 용수철의 힘 상수이다.

매달린 물체를 매우 천천히 $x_i = 0$에서 $x_f = x_{최대}$까지 움직이는 동안 외력이 하는 일을 계산해 보자(그림 5.26a). 뉴턴의 제3법칙에 의하면 인가한 힘 $\vec{\mathbf{F}}_{인가}$는 용수철 힘

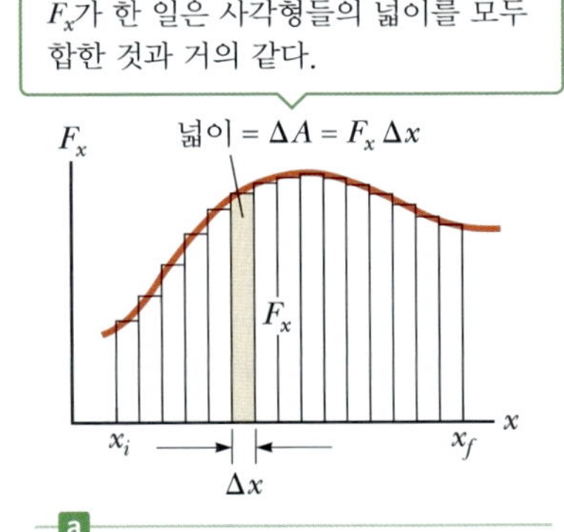

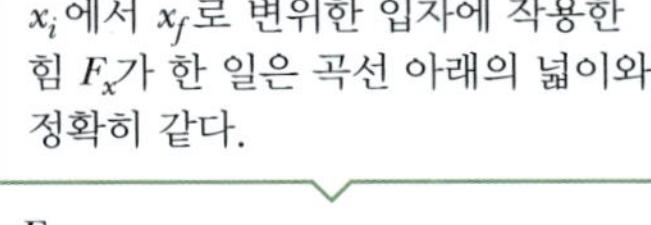

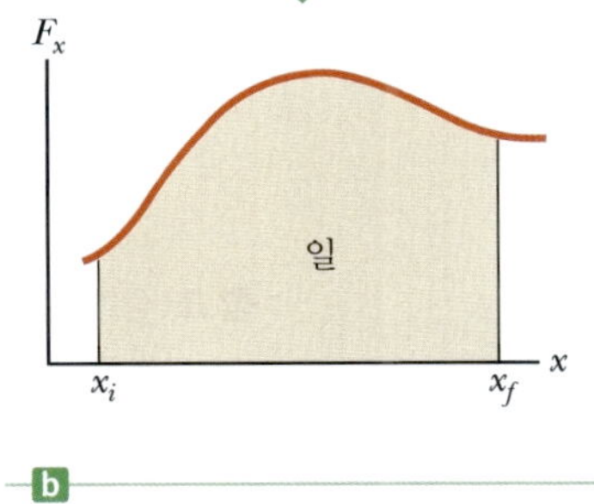

그림 5.26 (a) 작은 변위 Δx 동안 힘의 성분 F_x가 한 일은 $F_x \Delta x$이고, 이것은 노란색으로 표시된 작은 사각형 하나의 넓이에 해당한다. (b) 각 사각형의 너비 Δx는 영으로 줄어든다.

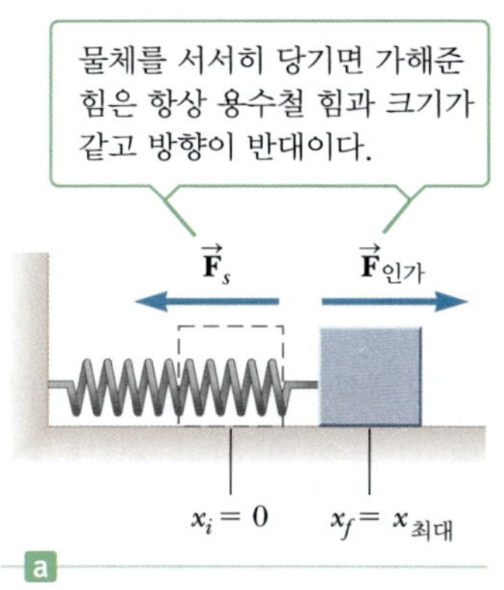

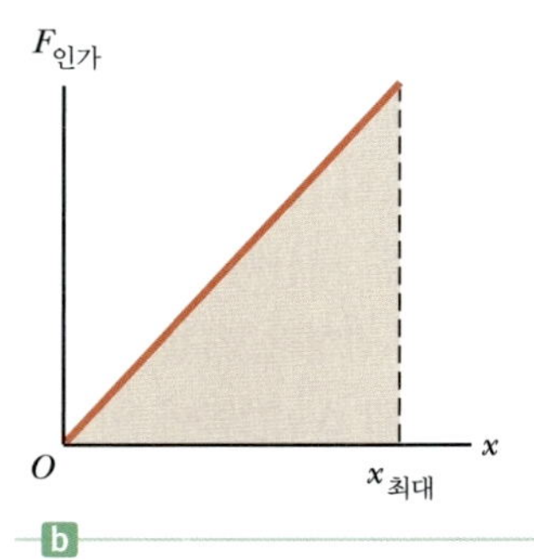

그림 5.27 (a) 마찰이 없는 표면 위에서 어떤 물체에 힘 $\vec{F}_{인가}$가 작용하여 $x_i = 0$에서 $x_f = x_{최대}$까지 움직인다. (b) x에 대한 $F_{인가}$의 그래프.

$\vec{F}_s$와 크기가 같고 방향이 반대이기 때문에 $F_{인가} = -(-kx) = kx$이다. 인가한 힘 $F_{인가}$를 x의 함수로 그리면 그림 5.27b와 같이 직선이다. 따라서 용수철을 $x = 0$에서 $x = x_{최대}$까지 천천히 늘리는 동안 인가한 힘이 한 일은 그림의 직선 아래의 노란색 부분의 넓이와 같다.

$$W_{F_{인가}} = \frac{1}{2}kx_{최대}^2$$

같은 시간 동안에 용수철은 똑같은 크기의 일을 하지만 일의 부호는 반대(−)이다. 왜냐하면 용수철 힘은 물체의 운동과 반대 방향으로 작용하기 때문이다. 이 계의 퍼텐셜 에너지는 외력이 한 일과 크기와 부호가 같고, 이것이 퍼텐셜 에너지가 저장된 일이라고 생각되는 이유이다.

예제 5.14 용수철을 늘이는 데 필요한 일

목표 그래프를 이용하여 일을 계산한다.

문제 수평으로 놓여 있는 용수철($k = 80.0$ N/m)의 한쪽 끝이 고정되어 있으며, 다른 쪽 끝에 힘을 가하여 천천히 $x_{Ⓐ} = 0$에서 $x_{Ⓑ} = 4.00$ cm까지 늘였다. **(a)** 작용한 힘이 용수철에 한 일은 얼마인가? **(b)** $x_{Ⓑ} = 4.00$ cm에서 $x_{Ⓒ} = 7.00$ cm까지 더 늘이는 동안에 추가적으로 한 일을 구하라.

전략 **(a)**는 그림 5.28에서 $A = \frac{1}{2}bh$를 이용하여 작은 삼각형의 넓이를 구한다. **(b)**의 경우 $x_{Ⓑ} = 4.00$ cm에서 $x_{Ⓒ} = 7.00$ cm까지 더 늘이는 동안에 추가적으로 한 일을 구하는 가장 쉬운 방법은 큰 삼각형의 넓이로부터 작은 삼각형의 넓이를 빼는 것이다.

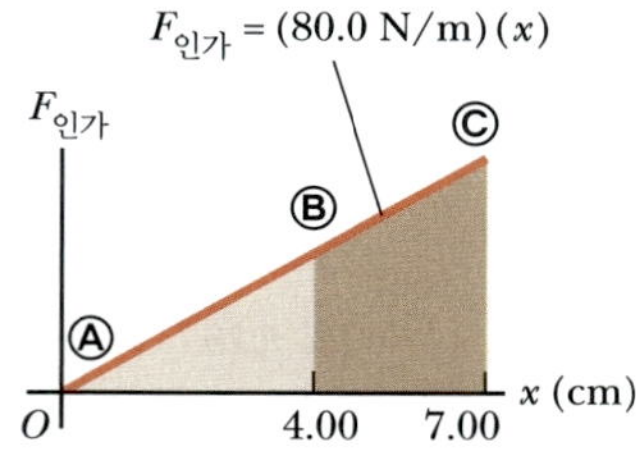

그림 5.28 (예제 5.14) 훅의 법칙을 만족하는 용수철을 늘이는 데 필요한 외력의 그래프.

풀이

(a) $x_{Ⓐ} = 0$ cm에서 $x_{Ⓑ} = 4.00$ cm까지 늘이는 동안에 한 일을 구한다.

작은 삼각형의 넓이를 계산한다.

$$W = \frac{1}{2}kx_{Ⓑ}^2 = \frac{1}{2}(80.0\ \text{N/m})(0.040\ \text{m})^2 = \boxed{0.064\,0\ \text{J}}$$

(b) $x_{Ⓑ} = 4.00$ cm에서 $x_{Ⓒ} = 7.00$ cm까지 늘이는 동안에 한 일을 구한다.

큰 삼각형의 넓이를 계산한 다음 작은 삼각형의 넓이를 뺀다.

$$W = \frac{1}{2}kx_{Ⓒ}^2 - \frac{1}{2}kx_{Ⓑ}^2$$

$$W = \frac{1}{2}(80.0\ \text{N/m})(0.070\,0\ \text{m})^2 - 0.064\,0\ \text{J}$$

$$= 0.196\ \text{J} - 0.064\,0\ \text{J}$$

$$= \boxed{0.132\ \text{J}}$$

참고 삼각형이나 사각형과 같이 단순한 도형의 경우에만 이 방법으로 정확하게 계산할 수 있다. 보다 복잡한 경우에는 적분을 하여 곡선 아래의 넓이를 구할 수 있다.

예제 5.15 네모 칸의 개수를 세어서 일을 대략적으로 구하기

목표 그래프를 사용하여 네모 칸의 개수를 세어서 힘이 한 일을 대략적으로 구한다.

문제 어떤 고무조각을 잡아당겨서 늘어나는 길이를 측정한 그래프가 그림 5.29와 같다. 작용한 힘이 한 일을 구하라.

전략 일을 구하기 위하여 곡선 아래 부분의 네모 칸의 수를 센 다음 한 칸의 넓이를 곱해준다. 일부 네모 칸은 곡선이 그 중심 부근을 지나는 경우가 있는데, 그런 경우는 대략적인 면적의 비율을 계산한다.

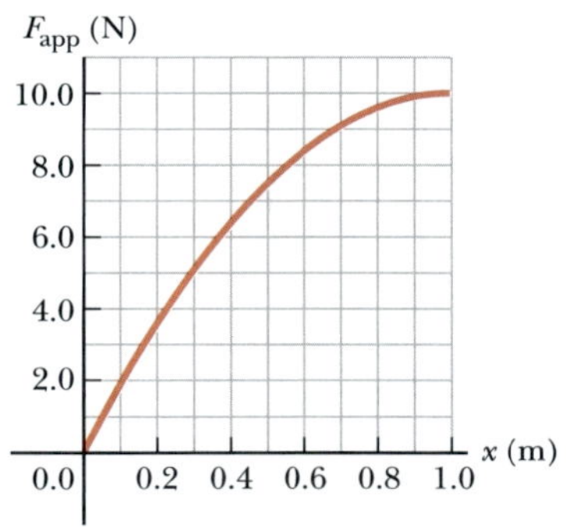

그림 5.29 (예제 5.15)

풀이

그림에서 곡선 아래 부분의 거의 완전한 네모의 개수는 62개이다. 6개는 곡선이 네모의 반 정도 지나갔다. $x = 0$ m에서 $x = 0.10$ m까지의 곡선 아랫부분의 삼각형의 면적은 네모 한 칸 면적과 같다. 그런 것이 4개 정도 되기 때문에 총 개수는 66개이다. 한 칸의 면적이 0.10 J이므로 전체 한 일은 약 $66 \times 0.10\,\text{J} = 6.6\,\text{J}$이다.

참고 이런 문제를 대략적으로 푸는 수학적인 방법이 몇 가지 있지만 모두 면적의 근삿값을 더하는 것이다. 좀 더 정확한 값을 구하기 위해서는 네모의 크기를 작게 그리면 된다.

연습문제

5.1 일

1(1). 어떤 역도 선수가 2 580 N의 역기를 지면에서 바로 머리 위 수직으로 2.00 m 들어올렸다. (a) 역기를 일정한 속력으로 움직였다면, 역도 선수가 한 일은 얼마인가? (b) 그가 역기를 4.90 m/s^{2}의 가속도로 아래로 내리는 경우 그가 한 일은 얼마인가?

2(3). 엘리베이터를 위로 당기는 줄이 1.25×10^4 N의 장력으로 1.00×10^3 kg의 엘리베이터를 위로 2.00 m 상승시켰다. (a) 줄의 장력이 엘리베이터에 한 일을 구하라. (b) 중력이 엘리베이터에 한 일을 구하라.

3(5). 5.00 kg의 벽돌이 정지 상태에서 출발하여 30.0°의 경사진 거친 면을 따라 2.50 m 미끄러져 내려갔다. 벽돌과 경사면 사이의 운동 마찰 계수는 $\mu_k = 0.436$이다. (a) 중력이 한 일, (b) 벽돌과 경사면 사이의 마찰력이 한 일, (c) 수직 항력이 한 일을 구하라. (d) 만일 같은 높이를 짧은 경사면으로 더 가파르게 하였다면 구한 값이 정성적으로 어떻게 달라지는가?

4(7). 40.0 kg의 포장된 짐에 줄을 매어 수평과 20.0°의 각으로 175 N의 장력으로 거친 표면을 6.00 m 당겼다. 짐 상자가 일정한 속력으로 움직였다고 가정하고 (a) 장력이 한 일과 (b) 짐 상자와 바닥 사이의 운동 마찰 계수를 구하라.

5.2 운동에너지와 일-에너지 정리

5.3 보존력과 비보존력

5(9). 어떤 자동차 정비사가 정지된 2.50×10^3 kg의 자동차를 밀어 속력이 v가 될 때까지 5.00×10^3 J의 일을 하였다. 이 과정에서 자동차는 25.0 m를 이동하였다. 자동차와 도로 사이의 마찰을 무시하고 (a) 속력 v (b) 자동차에 작용한 수평 힘을 구하라.

6(11). 영국의 육상선수 폴라 래드클리프(Paula Radcliffe)는 2003년 런던 마라톤에서 평균 속력 5.19 m/s를 기록했다. (a) 54.0 kg의 달리기 선수가 5.19 m/s의 속력으로 달리면 운동에너지는 얼마인가? (b) 속력을 두 배로 하기 위해 필요한 알짜일은 얼마인가?

7(13). 70 kg의 야구 선수가 1루에서 2루로 달리면서 4.0 m/s의 속력으로 미끄러져 들어갔다. 그의 옷과 땅바닥 사이의 마찰 계수는 0.70이다. 그가 2루에 도달하는 순간 속력이 영이 되게끔 미끄러져 들어갔다. (a) 주자에게 작용하는 마찰력에 의해 손실된 역학적 일은 얼마인가? (b) 그가 미끄러져 들어간 거리는 얼마인가?

8(15). 7.80 g의 총알이 575 m/s의 속력으로 날아가서 통나무에 5.50 cm의 깊이로 들어가서 박힌다. (a) 일과 에너지를 고려하여 총알이 통나무 속을 들어가는 동안의 평균 마찰력을 구하라. (b) 마찰력이 일정하다고 가정하고 총알이 나무 속을 들어가기 시작하여 나무 속에서 정지할 때까지 걸린 시간을 구하라.

9(17). HMS 타이타닉호의 질량은 4.75×10^7 kg이고 순항 속력은 10.7 m/s이다. (a) 이러한 순항 속력으로 운항할 때 그 배의 운동에너지를 구하라. (b) 그 배를 정지시키기 위해 필요한 일을 구하라. (c) 그 배를 2.50 km 이내에서 정지시킬 수 있는 일정한 힘의 크기를 구하라.

5.4 중력 퍼텐셜 에너지

5.5 중력과 비보존력

5.6 용수철 퍼텐셜 에너지

10(19). 0.20 kg의 돌이 우물 맨 위 가장자리에서부터 높이 1.3 m 되는 곳에 놓여 있다가 우물속으로 떨어졌다. 우물의 깊이는 5.0 m이다. 우물의 맨 위 가장자리를 $y = 0$으로 하면 (a) 돌이 우물로 떨어지기 전과 (b) 돌이 우물 바닥에 도달할 때 돌-지구 계의 중력 퍼텐셜 에너지는 얼마인가? (c) 떨어지기 시작하는 점과 바닥 점에 도달하는 동안 중력 퍼텐셜 에너지의 변화는 얼마인가?

11(21). 용수철 상수가 $k = 875$ N/m인 수평으로 놓인 용수철에 붙어 있는 질량 3.00 kg인 물체를 밀어서 용수철이 0.070 0 m 압축되었다. (a) 물체와 용수철 계의 탄성 퍼텐셜 에너지는 얼마인가? (b) 표면과의 마찰이 없다고 할 때 물체를 놓은 후 물체가 용수철을 떠나게 되는 물체의 속력을 구하라.

12(23). 2.10×10^3 kg의 말뚝 박는 추가 건축 현장에서 쇠말뚝을 박는 데 사용된다. 그 추가 쇠말뚝에 부딪치기 전 5.00 m 위에서 떨어지면서 쇠말뚝을 12.0 cm 박았다. 에너지 보존 법칙을 사용하여 추가 쇠말뚝에 부딪쳐서 추와 쇠말뚝이 정지하게 되기까지 쇠말뚝이 추에 작용하는 평균힘을 구하라.

13(25). 그림 P5.13과 같이 오토바이 모험가가 경사면의 끝에서 35.0 m/s로 출발하였다. 경로의 최고점에 도달하였을 때 속력이 33.0 m/s라면, 도달 가능한 최고점의 높이는 얼마인가? 마찰과 공기 저항은 무시한다.

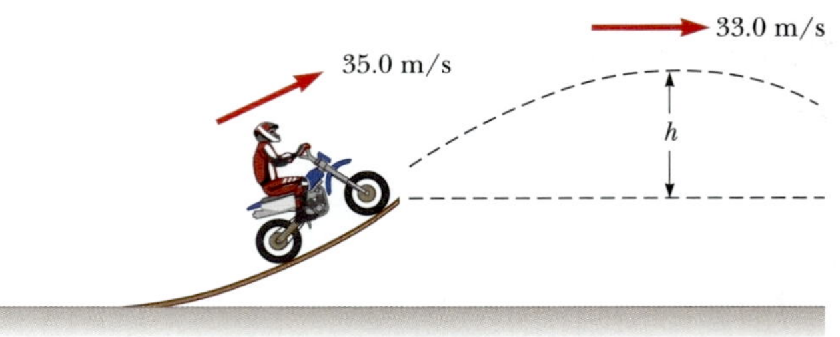

그림 P5.13

14(29). $y = 0$의 기준이 되는 평지로부터 높이 142 m에 있는 절벽의 끝에서 질량 50.0 kg의 발사체를 수평에서 30.0° 윗방향으로 처음 속력 1.20×10^2 m/s로 쏘았다. (a) 발사체의 처음 전체 역학적 에너지는 얼마인가? (b) 발사체가 $y = 427$ m의 최고점을 지날 때 속력이 85.0 m/s라고 하자. 발사체에 대해 공기 마찰이 한 일은 얼마인가? (c) 발사체가 내려갈 때 공기 마찰이 하는 일이 올라갈 때 하는 일의 1.5배라면 발사체가 평지에 닿기 직전의 속력은 얼마인가?

5.7 계와 에너지 보존

15(33). 전체 질량이 50.0 kg인 아이와 썰매가 마찰이 없는 경사면으로 미끄러져 내려온다. 썰매는 정지 상태에서 출발하였으며 바닥에 도달할 때의 속력이 3.00 m/s라면 경사면의 높이는 얼마인가?

16(35). 수평 트랙을 따라 움직이는 질량 0.250 kg의 물체가 트랙 끝에 위치한 용수철에 충돌하기 직전의 속력이 1.50 m/s이다. 용수철 상수가 4.60 N/m일 때 (a) 트랙의 마찰을 무시한다면 용수철의 최대 압축 길이는 얼마인가? (b) 트랙에 마찰이 있다면 용수철의 최대 압축 길이는 (a)보다 커질까? 작아질까? 아니면 같을까?

17(37). 타잔이 처음에 연직과 37.0° 기울어진 30.0 m 길이의 덩굴줄기에 매달려 줄을 타기 시작한다. (a) 정지 상태에서 출발하는 경우와 (b) 처음에 4.00 m/s로 밀리는 경우 가장 낮은 곳을 지날 때의 타잔의 속력은 각각 얼마인가?

18(41). (a) 아이가 놀이공원에 있는 물 미끄럼틀을 높이 h인 곳에서 탄다. 물이 미끄럼틀을 따라 흘러내리고 있기 때문에 마찰은 무시할 수 있다. 아이에게 역학적 에너지 보존을 적용할 수 있는가? (b) 바닥에 도달하는 아이의 속력을 계산할 때 아이의 질량을 알아야만 하는가? (c) 아이가 곡선 모양의 미끄

럼틀을 따라 내려오는 경우와 수직으로 떨어지는 경우 중 어느 경우에 바닥에 도달하는 속력이 더 클까? (d) 마찰이 있다면 에너지 보존식은 어떻게 달라질까? (e) 미끄럼틀의 높이가 12.0 m라면 마찰이 없는 경우 아이의 최대 속력을 구하라.

19(43). 그림 P5.19에 나타낸 바와 같이 끌어올리고자 하는 물체의 질량은 $m = 76.0$ kg이다. 줄을 아래로 당기는 힘은 일정하며 서서히 당겨서 물체가 올라가는 속력이 일정하게 한다. 줄과 도르래의 마찰은 무시한다. (a) 필요한 힘 F, (b) 장력 T_1, T_2, T_3 및 (c) 그 물체를 1.80 m 끌어올리기 위해 줄을 당기는 힘이 한 일을 구하라.

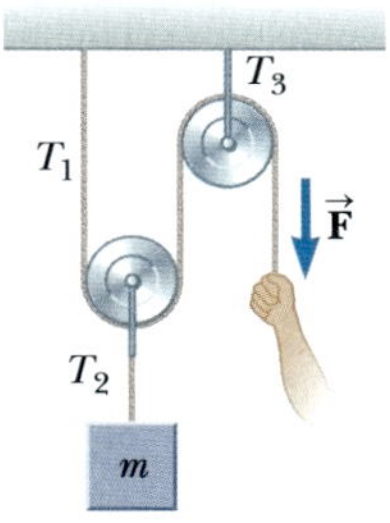

그림 P5.19

20(45). 2.1×10^3 kg의 차가 정지 상태로부터 수평과 20.0° 경사진 비탈 위 5.0 m 되는 곳에서 미끄러져 내려온다. 4.0×10^3 N의 평균 마찰력이 운동을 방해한다면 그 차가 맨 밑에 도달하였을 때의 속력은 얼마인가?

21(47). 어떤 사람이 언덕 꼭대기에서 정지 상태로 출발하여 10.5°의 경사를 따라 스키를 타고 내려왔다. 경사면의 길이는 2.00×10^2 m이고 눈과 스키의 운동 마찰 계수는 0.075 0이다. 경사면이 끝난 뒤의 눈 덮인 평지에서의 운동 마찰 계수도 동일하다. 정지하기 전까지 눈 덮인 평지에서 이동한 거리는 얼마인가?

22(49). 80.0 kg의 스카이다이버가 고도 1.00×10^3 m에서 점프하여 내려오다가 고도 200.0 m 되는 곳에서 낙하산을 폈다. (a) 낙하산을 안 폈을 때의 다이버에 작용하는 총 저항력은 50.0 N이고 폈을 때의 저항력은 3.60×10^3 N으로 일정하다. 그 다이버가 지면에 닿을 때의 속력은 얼마인가? (b) 다이버가 부상을 입겠는가? 설명해 보라. (c) 다이버가 지면에 닿을 때의 속력이 5.00 m/s가 되려면 얼마의 높이에서 낙하산을 펴야겠는가? (d) 총 저항력이 일정하다는 가정은 과연 현실성 있는 것인가? 설명해 보라.

5.8 일률

23(51). 70.0 kg의 등산가가 325 m 높이의 정상을 45.0분 만에 오르기 위해 필요한 평균 일률은 얼마인가?

24(53). 모형 기차의 전기모터가 기차를 정지 상태에서 속력이 0.620 m/s가 되게 가속하는 데 21.0 ms가 걸린다. 그 기차의 총 질량은 875 g이다. 가속되는 동안 기차에 전달된 평균 일률을 구하라.

25(57). 1.50×10^3 kg의 차가 정지 상태로부터 출발하여 일정하게 가속되어 18.0 m/s의 속력에 다다르는 데 12.0 s가 걸린다. 이 시간 동안 공기의 저항은 4.00×10^2 N으로 일정하다고 가정한다. (a) 엔진이 한 평균 일률과 (b) 차가 가속을 멈추기 직전인 $t = 12.0$ s에서 엔진의 순간 출력을 구하라.

5.9 변하는 힘이 한 일

26(59). 어떤 입자에 작용하는 힘이 그림 P5.26의 그래프처럼 변한다. 입자가 다음 각 구간을 이동하는 동안 힘이 하는 일은 얼마인가? (a) $x = 0$에서 $x = 8.00$ m까지, (b) $x = 8.00$ m에서 $x = 10.0$ m까지, (c) $x = 0$에서 $x = 10.0$ m까지

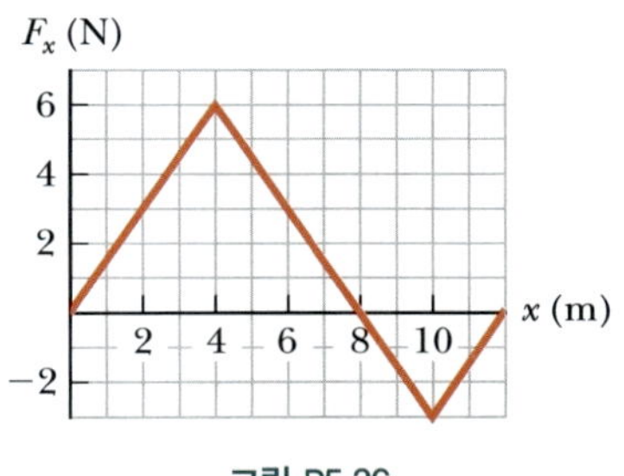

그림 P5.26

27(61). 어떤 물체에 작용하는 힘이 $F_x = (8x - 16)$ N으로 주어진다. 여기서 x의 단위는 미터이다. (a) $x = 0$에서 $x = 3.00$ m까지 x에 대한 F의 그래프를 그려라. (b) 그 그래프로부터 그 물체가 $x = 0$에서 $x = 3.00$ m까지 움직이는 동안 힘이 한 일을 구하라.

종합문제

28(65). 궁수가 0에서 230 N까지 일정하게 증가하는 힘으로 활시위를 뒤로 0.400 m 당긴다. (a) 화살 줄이 용수철이라고 가정한다면 용수철 상수는 얼마인가? (b) 궁수가 화살 줄을 당길 때 한 일은 얼마인가?

29(67). (a) 체중이 75 kg인 사람이 창문을 열고 창틀에 서 있다가 1.0 m 높이 아래의 인도로 떨어졌다. 발이 인도에 닿기 직전 그의 속력은 얼마인가? (b) 그가 떨어지는 동안 무릎과 발

목이 접힌 채로 떨어진다면, 그가 떨어질 때 충격을 흡수해 줄 것이라고는 그의 발바닥에 의한 약 0.50 cm 정도뿐이다. 이 0.50 cm 이동하는 동안 지면이 그에게 작용하는 힘의 평균값을 구하라. 이 평균 힘은 관절의 연골에 손상을 주거나 뼈에 손상을 주기에 충분하다.

30(69). 그림 P5.30에서처럼 두 물체($m_1 = 5.00$ kg, $m_2 = 3.00$ kg)가 가벼운 줄에 연결되어 마찰이 없는 도르래 위에 있다. 테이블로부터 거리 $h = 4.00$ m인 5.00 kg의 물체가 정지 상태에서 놓여 있다. (a) 두 물체가 서로 지나칠 때 각 물체의 속력을 구하라. (b) 5.00 kg의 물체가 테이블에 닿는 순간 각 물체의 속력을 구하라. (c) 5.00 kg의 물체가 테이블에 닿은 후에 3.00 kg의 물체는 얼마나 더 높이 올라가겠는가?

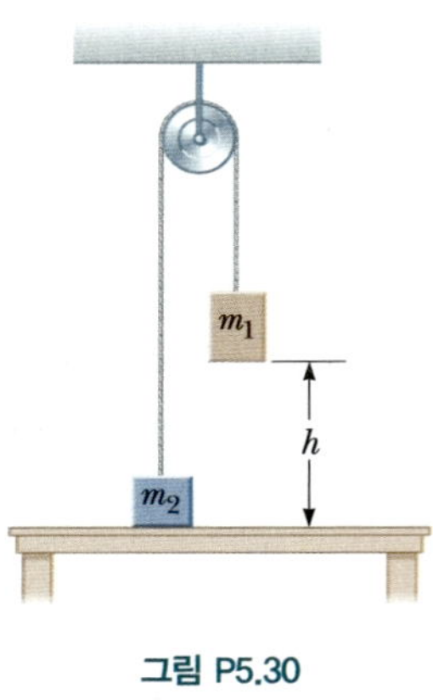

그림 P5.30

31(71). 반지름 $R = 30.0$ cm인 반구형 그릇 안쪽 점 A에 2.00×10^2 g의 입자가 정지해 있다가 움직인다(그림 P5.31). (a) 입자의 점 B에 대한 점 A에서의 중력 퍼텐셜 에너지, (b) 점 B에서의 운동에너지, (c) 점 B에서의 속력, (d) 점 B에 대한 점 C에서의 퍼텐셜 에너지, (e) 점 C에서의 운동에너지를 계산하라.

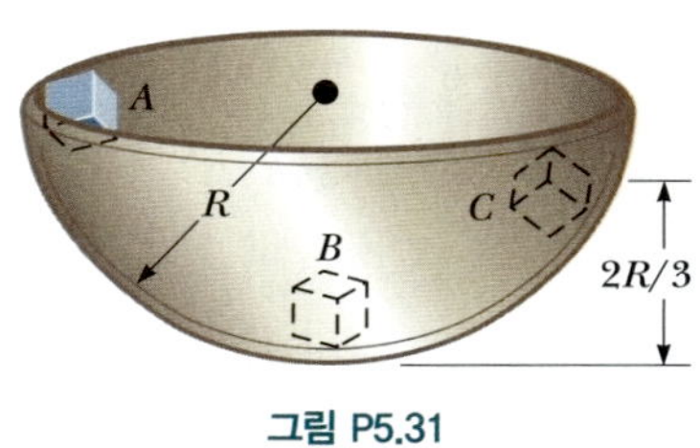

그림 P5.31

32(73). 에너지를 절약하는 측면에서 보면, 자전거타기와 걷기는 자동차로 이동하는 것에 비해 효율적인 교통수단이다. 예를 들어 10.0 mi/h로 이동한다면, 자전거를 타는 사람은 단순히 앉아 있는 것보다 약 400 kcal/h의 비율로 음식 에너지를 더 사용한다. (운동생리학에서 일률은 watts보다는 kcal/h로 측정한다. 여기서 1 kcal = 1 영양학 Cal = 4 186 J이다.) 3.00 mi/h로 걷는 데는 약 220 kcal/h가 필요하다. 이 값을 자동차로 여행할 때의 에너지 소비와 비교해 보는 것도 흥미로울 것이다. 휘발유는 약 1.30×10^8 J/gal의 에너지를 낼 수 있다. (a) 걷는 사람과 (b) 자전거를 타는 사람에 대한 에너지 효율을 갤런당 마일로 구해 보라.

33(75). 지면에서 50.0 m 높이에서 정지 상태로 있던 스키점프 선수가 마찰이 없는 트랙을 따라 내려가다가 수평과 45.0° 기울어진 트랙에서 공중으로 날아간다. 트랙을 떠나는 곳의 높이는 지면으로부터 10.0 m이다. 공기 저항은 무시한다. (a) 그가 트랙을 떠날 때의 속력은 얼마인가? (b) 그가 트랙을 떠나고 나서 올라가는 최고 고도는 얼마인가? (c) 트랙의 끝점을 기준으로 그가 착지하는 곳의 수평 거리는 얼마인가?

34(79). 번지점프라는 위험한 스포츠에서 겁 없는 학생이 허리에 특수 제작된 탄성이 있는 줄을 매고 열기구에서 점프를 한다. 늘어나지 않은 줄의 길이는 25.0 m이고 학생의 체중은 7.00×10^2 N이며, 열기구는 강 표면으로부터 36.0 m의 높이에 있다. 그 학생이 강 표면으로부터 4.00 m 높이에서 정지하기 위한 줄의 힘 상수를 구하라.

35(81). 트럭이 7.0° 경사진 고속도로 위를 일정한 속력으로 올라가고 있다. 50. kg의 짐이 트럭의 짐칸 바닥에 놓여 있고 정지 마찰력 때문에 미끄러지지 않는다. 트럭이 340 m 가는 동안 (a) 짐에 가해진 알짜일은 얼마인가? (b) 중력, (c) 수직항력, (d) 마찰력이 짐에 한 일은 얼마인가?

운동량, 충격량, 충돌

Momentum, Impulse, and Collisions

CHAPTER 6

두 대의 자동차가 충돌할 때 어떠한 일이 벌어질까? 충격은 각 차량의 운동에 어떤 영향을 미치고, 어떤 기본적인 물리 원리가 부상의 정도를 결정할까? 로켓은 어떻게 추진되고, 어떤 메커니즘으로 배기 속력의 한계를 극복할 수 있을까? 작은 포물체를 빠른 속도로 쏠 때 왜 자신을 버팀대로 바쳐야 하는 걸까? 또 골프 실력을 늘리기 위해서는 물리학의 어떤 원리를 이용하면 좋을까?

이러한 질문에 대한 답의 첫 단계로서 운동량을 도입한다. 직관적으로 큰 운동량을 가진 사람이나 물체는 멈추기가 어려울 것이다. 물리적으로 한 물체가 더 큰 운동량을 가지면 가질수록, 주어진 시간에 그것을 멈추기 위해서는 더욱더 큰 힘이 작용해야만 한다. 이러한 개념은 물리학에서 가장 강력한 원리, 즉 운동량 보존의 법칙을 이끌어 낸다. 이 법칙을 사용하면 접촉 중에 연관되는 힘에 대한 많은 정보 없이도 복잡한 충돌 문제들을 풀 수 있다. 또한 충돌에서 생긴 평균 힘에 대한 정보를 이끌어 낼 수 있을 것이다. 운동량 보존의 법칙을 통해 자동차나 로켓을 설계할 때 어떤 선택을 해야 하는지 잘 이해하게 될 것이다.

6.1 운동량과 충격량 Momentum and Impulse

물리학에서 운동량은 정확하게 정의된다. 천천히 움직이는 브론토사우루스 공룡은 큰 운동량을 갖지만, 총구에서 발사된 뜨거운 작은 납 총알도 큰 운동량을 갖는다. 그러므로 운동량은 물체의 질량과 속도에 의존할 것으로 예측할 수 있다.

◀ **선운동량**

속도 $\vec{\mathbf{v}}$로 움직이는 질량 m인 물체의 선운동량 $\vec{\mathbf{p}}$는 질량과 속도의 곱이다.

$$\vec{\mathbf{p}} \equiv m\vec{\mathbf{v}} \tag{6.1}$$

SI 단위: 킬로그램·미터/초(kg·m/s)

장정 2호 로켓이 2016년 10월 16일 2명의 중국인 우주인을 태운 선전 11호 우주선을 궤도에 진입시켰다. 로켓의 추진력은 운동량과 충격량 원리로부터 나온다. (6장 5절 참조)

물체의 질량이나 속도 중의 하나가 두 배로 커지면 운동량도 두 배로 증가한다. 질량과 속도가 모두 두 배로 커지면 운동량은 네 배가 된다. 운동량은 벡터양으로서 방향은 속도의 방향과 같다. 이차원에서 운동량의 성분은

$$p_x = mv_x \qquad p_y = mv_y$$

이고, 여기서 p_x는 물체의 x 방향 운동량 성분, 그리고 p_y는 물체의 y 방향 운동량 성분을 나타낸다.

질량이 m인 물체의 운동량 크기 p는 운동에너지 KE와 다음과 같은 관계가 있다.

$$KE = \frac{p^2}{2m} \tag{6.2}$$

이 관계식은 운동에너지와 운동량의 정의를 이용해서 쉽게 증명이 되고, 빛의 속력에 비해 훨씬 작은 속력으로 움직이는 입자에 대해 성립한다. 식 6.2는 두 개념들 사이의 연관 관계를 이해하는 데 유용하다.

한 물체의 운동량을 변화시키려면 물체에 힘이 작용하여야 한다. 이것은 사실 뉴턴이 운동의 제2법칙을 처음으로 기술한 내용과 같다. 제2법칙을 더 일반적인 형태로부터 시작하면

$$\vec{\mathbf{F}}_{\text{알짜}} = m\vec{\mathbf{a}} = m\frac{\Delta\vec{\mathbf{v}}}{\Delta t} = \frac{\Delta(m\vec{\mathbf{v}})}{\Delta t}$$

이고, 여기서 질량 m과 힘은 일정하다고 가정한다. 괄호 안의 양은 운동량이므로 다음의 결과를 얻는다.

물체의 운동량의 시간 변화율 $\Delta\vec{\mathbf{p}}/\Delta t$는 Δt시간 동안 물체에 작용한 일정한 알짜힘 $\vec{\mathbf{F}}_{\text{알짜}}$와 같다.

뉴턴의 제2법칙과 운동량 ▶

$$\frac{\Delta\vec{\mathbf{p}}}{\Delta t} = \frac{\text{운동량의 변화}}{\text{시간 간격}} = \vec{\mathbf{F}}_{\text{알짜}} \qquad [6.3]$$

이 식은 Δt가 무한소로 작기만 하면 작용하는 힘이 일정하지 않을 때에도 유효하다. 식 6.3은 물체에 작용하는 알짜힘이 영이면 물체의 운동량은 변하지 않음을 의미한다. 다시 말해서 물체에 작용하는 힘이 $\vec{\mathbf{F}}_{\text{알짜}} = 0$일 때 그 물체의 선운동량은 보존된다. 또한 식 6.3은 한 물체의 운동량을 변화시키려면 일정 시간 Δt 동안에 걸쳐 연속적인 힘의 작용이 필요함을 보여주며, 이는 충격량의 정의를 이끌어 낸다.

한 물체에 일정한 힘 $\vec{\mathbf{F}}$가 작용하면, 시간 간격 Δt 동안 물체에 전달되는 **충격량**(impulse) $\vec{\mathbf{I}}$는

$$\vec{\mathbf{I}} \equiv \vec{\mathbf{F}}\,\Delta t \qquad [6.4]$$

으로 정의된다.

SI 단위: 킬로그램·미터/초(kg·m/s)

충격량은 벡터양으로서 물체에 작용하는 힘의 방향과 같다. 한 물체에 하나의 일정한 힘 $\vec{\mathbf{F}}$가 작용할 때 식 6.4는 다음과 같이 쓸 수 있다.

충격량-운동량 정리 ▶

$$\vec{\mathbf{I}} = \vec{\mathbf{F}}\Delta t = \Delta\vec{\mathbf{p}} = m\vec{\mathbf{v}}_f - m\vec{\mathbf{v}}_i \qquad [6.5]$$

이 식은 **충격량-운동량 정리**(impulse-momentum theorem)의 특수한 경우이다. 식 6.5는 **물체에 작용하는 힘에 의한 충격량은 그 물체의 운동량의 변화와 같음**을 보여 준다. 이 식은 시간 간격 Δt가 충분히 작으면 힘이 일정하지 않더라도 성립한다. (일반적인 경우에 대한 증명은 미적분학의 개념이 필요하다).

실제 상황에서 물체에 작용한 힘이 일정한 경우는 극히 드물다. 예를 들어, 방망이로 야구공을 칠 때 힘은 급격히 커져 최댓값에 이른 다음 가파르게 줄어든다. 그림 6.1a는 이러한 상황에 대해 힘-시간의 전형적인 그래프를 보여 주고 있다. 힘은 방망이가 공

충격량은 힘–시간 곡선 아래의 넓이와 같다.
평균 힘에 의한 충격량은 실제 시간에 따라 변하는 힘에 의한 충격량과 같다.
F
F
F평균
t
t
ti
tf
ti
tf
a
b

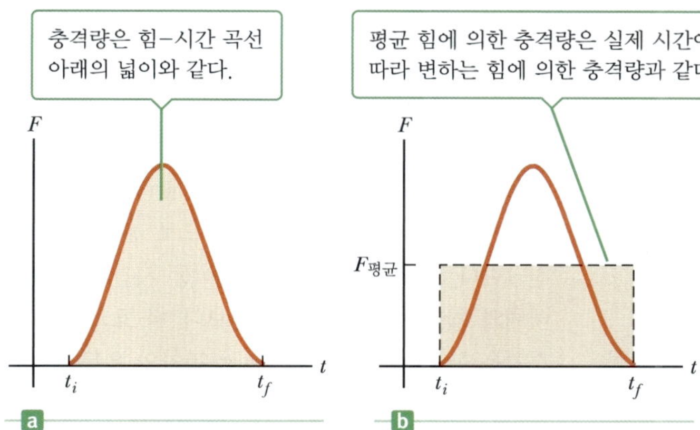

그림 6.1 (a) 물체에 작용한 힘은 시간에 따라 변할 수 있다. (b) 일정한 힘 $F_{평균}$(수평 점선)은 직사각형 넓이 $F_{평균}\,\Delta t$가 (a)에서 곡선 아래의 넓이와 같도록 그린 것이다.

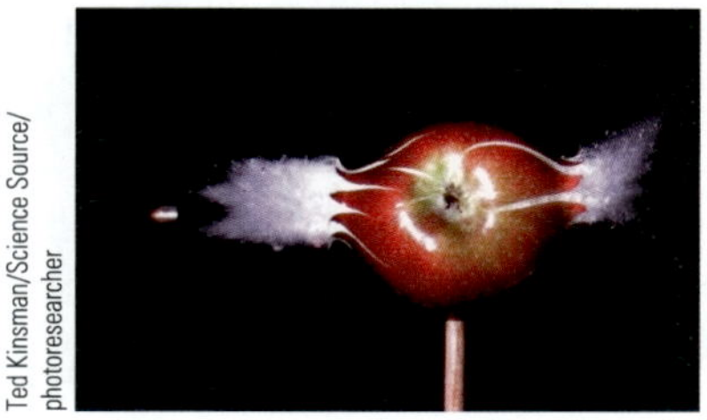

Ted Kinsman/Science Source/photoresearcher

그림 6.2 초음속인 900 m/s로 움직이는 30구경 총알에 의해 뚫린 사과. 이 충돌 사진은 마이크로 플래시 스트로보스코프를 이용하여 0.33 μs의 노출 시간으로 찍었다. 사진이 찍힌 직후 사과는 완전히 분해되었다. 총알이 들어가고 나간 곳이 마치 폭발하는 것처럼 보인다.

과 접촉하면서 커지기 시작하여 최댓값을 거쳐 공이 방망이를 떠나면서 줄어든다. 이와 같이 다소 복잡한 상호작용을 분석하기 위해서는 그림 6.1b에서 보는 바와 같이 점선으로 그려진 **평균 힘**(average force) $\vec{\mathbf{F}}_{평균}$를 정의할 필요가 있다. 평균 힘은 시간 Δt 동안에 시간에 따라 변하는 실제 힘처럼 동일한 충격량을 물체에 전달하는 일정한 힘이다. 이때 충격량–운동량 정리는 다음과 같다.

$$\vec{\mathbf{F}}_{평균}\Delta t = \Delta\vec{\mathbf{p}} \qquad [6.6]$$

시간 간격 Δt 동안 힘이 주는 충격량의 크기는 그림 6.1a에서와 같이 힘–시간 그래프에서 곡선 아래의 넓이와 같고, 그림 6.1b에서의 $F_{평균}\,\Delta t$와 같다. 그림 6.2는 총알이 사과를 관통하는 순간의 충돌 장면을 보여 주는 사진이다.

예제 6.1 골프공이 골프채 헤드를 떠나는 순간

목표 충격량–운동량 정리를 사용하여 충격이 일어나는 동안 작용하는 평균 힘을 구한다.

문제 질량이 5.0×10^{-2} kg인 골프공이 골프채의 헤드에 맞았다(그림 6.3). 공에 작용하는 힘은 접촉 순간의 0에서 어떤 최대값까지(공이 최대로 변형되는 순간) 변한 다음 공이 헤드에서 떨어지는 순간 0이 된다. 이것의 시간에 따른 힘의 변화를 그래프로 나타낸 것이 그림 6.1과 같다. 공이 헤드를 떠나는 순간의 속력이 44 m/s라고 가정하자. **(a)** 충돌에 의한 충격량을 구하라. **(b)** 충돌이 지속되는 시간을 구하고 공에 작용하는 평균 힘을 구하라.

Ted Kinsman/Science Source/photoresearcher

그림 6.3 (예제 6.1) 충격하는 동안 골프채 헤드에 의해 순간적으로 골프공이 약간 납작해진다.

전략 **(a)**에서는, 충격량이 운동량의 변화와 같다는 사실을 사용한다. 질량과 처음 및 나중 속력을 알고 있기 때문에 그 변화량은 쉽게 계산된다. **(b)**에서의 평균 힘은 **(a)**에서 구한 운동량 변화량을 충돌 지속 시간으로 나누면 된다. 공이 헤드와 접촉하는 동안 공이 이동하는 거리를 추정하라(약 2.0 cm, 대략 공의 반지름 정도이다). 이 값을 평균 속력(나중 속력의 반)으로 나누면 접촉 시간이 얻어진다.

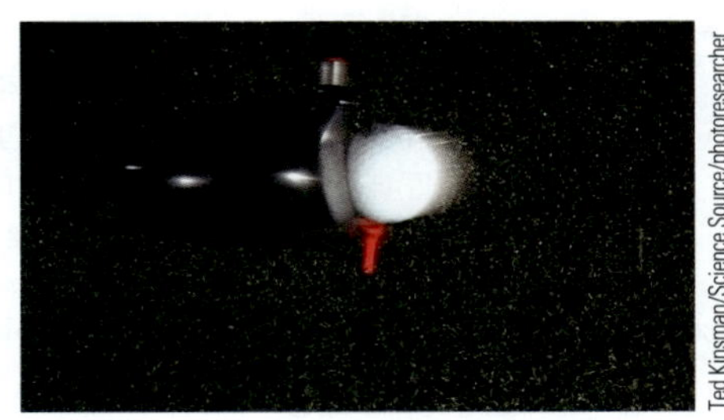

풀이

(a) 공에 전달된 충격량을 구한다.

일차원 문제이기 때문에 $v_i = 0$으로 놓고 운동량의 변화량을 구하면 그것이 충격량이다.

$$I = \Delta p = p_f - p_i = (5.0 \times 10^{-2}\ \text{kg})(44\ \text{m/s}) - 0$$
$$= \boxed{2.2\ \text{kg} \cdot \text{m/s}}$$

(b) 충돌 시간과 공에 작용하는 평균 힘을 구한다.

대략적인 변위(공의 반지름)와 공의 평균 속력(최대 속력의 절반)을 사용하여 충돌의 시간 간격 Δt를 구한다.

$$\Delta t = \frac{\Delta x}{v_{\text{평균}}} = \frac{2.0 \times 10^{-2}\ \text{m}}{22\ \text{m/s}} = \boxed{9.1 \times 10^{-4}\ \text{s}}$$

식 6.6으로부터 평균 힘을 구한다.

$$F_{\text{평균}} = \frac{\Delta p}{\Delta t} = \frac{2.2\ \text{kg} \cdot \text{m/s}}{9.1 \times 10^{-4}\ \text{s}} = \boxed{2.4 \times 10^{3}\ \text{N}}$$

참고 이런 계산으로부터 접촉력이 얼마나 큰지를 알 수 있다. 골프를 잘 치는 사람은 뒤쪽 발에서 앞쪽 발로 체중을 이동하면서 몸의 운동량을 골프채를 통해 헤드로 전달하여 운동량을 최대로 전달한다. 엉덩이의 아주 짧은 이동 시간을 포함하는 이 시간은 어깨와 팔만으로 전달하는 힘보다 더 효과적이다. 매우 뛰어난 스윙을 할 때, 채를 다 휘두르는 동안의 운동은 충격의 임계 순간에서도 속력이 줄어들지 않는다.

예제 6.2 범퍼의 효능

목표 움직이는 물체와 정지한 물체의 충돌 시 그 힘을 추정하고 충격량을 구한다.

문제 자동차 충돌 실험에서 질량이 1.50×10^3 kg인 자동차가 그림 6.4a와 같이 벽에 충돌한 후 다시 튀어나온다. 자동차의 처음과 나중 속도는 각각 $v_i = -15.0$ m/s와 $v_f = 2.60$ m/s이다. 만일 충돌이 0.150 s 동안 지속된다면, **(a)** 충돌로 인해 차에 전달된 충격량과 **(b)** 차에 작용한 평균 힘의 크기와 방향을 구하라.

TRL Ltd./Science Source

b

그림 6.4 (예제 6.2) (a) 벽과 충돌해서 차의 운동량이 변한다. (b) 충돌 시험(비탄성 충돌)에서 차의 처음 운동에너지의 대부분이 차를 손상시키는 데 사용된 에너지로 변환된다.

전략 이 문제에서 처음과 나중 운동량은 모두 영이 아니다. 운동량을 구하여 충격량–운동량 정리인 식 6.6에 대입한 후, $F_{\text{평균}}$에 대해 푼다.

풀이

(a) 차에 전달된 충격량을 구한다.

차의 처음과 나중 운동량을 계산한다.

$$p_i = mv_i = (1.50 \times 10^3\ \text{kg})(-15.0\ \text{m/s})$$
$$= -2.25 \times 10^4\ \text{kg} \cdot \text{m/s}$$
$$p_f = mv_f = (1.50 \times 10^3\ \text{kg})(+2.60\ \text{m/s})$$
$$= +0.390 \times 10^4\ \text{kg} \cdot \text{m/s}$$

충격량은 나중과 처음의 운동량의 차이이다.

$$I = p_f - p_i$$
$$= +0.390 \times 10^4\ \text{kg} \cdot \text{m/s} - (-2.25 \times 10^4\ \text{kg} \cdot \text{m/s})$$
$$I = \boxed{2.64 \times 10^4\ \text{kg} \cdot \text{m/s}}$$

(b) 차에 작용한 평균 힘을 구한다.

식 6.6의 충격량–운동량 정리를 적용한다.

$$F_{\text{평균}} = \frac{\Delta p}{\Delta t} = \frac{2.64 \times 10^4\ \text{kg} \cdot \text{m/s}}{0.150\ \text{s}} = \boxed{+1.76 \times 10^5\ \text{N}}$$

참고 자동차가 벽에서 다시 튀어나오지 않을 때, 자동차에 작용하는 평균 힘은 계산한 값보다 작다. 나중 운동량이 영이기 때문에 자동차의 운동량은 보다 적게 변한다.

자동차 충돌에 의한 부상

응용

자동차 충돌로 인한 승객의 부상

차가 충돌했을 때 사람은 차 내부에 부딪혀서 뇌 손상, 뼈의 골절, 외상 및 장기 손상 등의 부상을 당할 수 있다. 부상이 일어나는 한계 값은 대강 알려져 있는데, 이것과 충돌 시의 전형적인 힘, 가속도를 비교하고자 한다.

정강이뼈에 약 90 kN의 힘이 가해지면 부러질 수 있다. 뼈에 따라 부러지게 하는 힘은 다르지만 이 값을 골절이 생기는 한계 힘으로 보기로 한다. 또한 두개골의 골절이 일어나지 않아도 급가속도로 움직이면 치명적일 수 있다. 머리가 4 ms 동안 150g(여기서 g는 중력 가속도)로 가속되거나 60 ms 동안 50g로 가속되면 치사율이 50%에 달한다. 급가속도에 기인하는 이런 부상은 뇌의 하부와 연결되는 척수 신경의 손상을 초래한다. 외상이나 내장의 손상에 관한 한계 값은 신체가 받는 충격 자료에서 대강 추정할 수 있다. 여기서 신체 앞부분 넓이 0.7~0.9 m^{2}에 힘이 고르게 분포한다고 본다. 이 자료에 따르면 약 70 ms 이내로 지속되는 충돌에서 신체의 충격 압력(단위 넓이당 힘)이 1.9×10^5 N/m^2 이하면 생존한다. 반면 신체의 충격 압력이 3.4×10^5 N/m^{2}에 이르면 사망률은 50%이다.

이러한 자료를 써서 일반적인 차의 충돌 시 힘과 가속도를 추정할 수 있다. 그리고 안전벨트, 에어백 및 쿠션이 있는 내부가 충돌 시에 사망이나 중상의 확률을 줄일 수 있다는 것을 알게 된다. 안전벨트를 하지 않은 75 kg의 운전자가 27 m/s(97 km/h)로 달리다가 충돌이 발생한다고 가정하자. 운전자는 약 0.010 s 후에 계기판에 부딪혀서 정지하게 된다. $F_{평균}\,\Delta t = mv_f - mv_i$를 쓰면

$$F_{평균} = \frac{mv_f - mv_i}{\Delta t} = \frac{0-(75\text{ kg})(27\text{ m/s})}{0.010\text{ s}} = -2.0\times10^5\text{ N}$$

그리고

$$a = \left|\frac{\Delta v}{\Delta t}\right| = \frac{27\text{ m/s}}{0.010\text{ s}} = 2\,700\text{ m/s}^2 = \frac{2\,700\text{ m/s}^2}{9.8\text{ m/s}^2}\,g = 280g$$

이다. 운전자가 계기판과 앞 유리에 부딪힌다면, 머리와 가슴의 넓이 0.5 m^{2}에 위의 힘이 작용하고 신체 압력은

$$\frac{F_{평균}}{A} = \frac{2.0\times10^5\text{ N}}{0.5\text{ m}^2} \cong 4\times10^5\text{ N/m}^2$$

가 된다. 즉 힘, 가속도 및 신체 압력이 모두 치명적인 부상의 한계 값을 넘으며, 보호 장비 없이 97 km/h로 달리다가 충돌이 일어나면 거의 치명적인 것을 알 수 있다.

자동차의 충돌에서 사망률을 줄이려면 어떤 조치를 취해야 하는가? 가장 중요한 요소는 충돌 시간, 즉 사람이 정지하기까지 걸리는 시간이다. 만약 이 시간을 0.01 s의 10~100배로 늘릴 수 있다면 충돌로부터 생존할 확률은 매우 커진다. Δt가 증가하면 사람이 받는 힘이 10~100분의 1로 줄기 때문이다. 안전벨트를 매면 충돌 시간은 차가 정지하기까지 걸리는 시간과 대략 같으며 이 시간은 약 0.15 s이다. 그림 6.5는 충돌 시 시간에 따라 차에 작용하는 힘의 측정값을 나타낸 것이며, 차가 약 0.15 s 후에 정지하는 것을 알 수 있다.

에어백도 충돌 시간을 늘린다. 에어백은 빠르게 수축하면서 신체의 에너지를 흡수하며 신체의 넓이 0.5 m^{2}에 작용하는 힘을 분산시켜서 관통상이나 골절을 방지한다. 에어백은 사람이 27 m/s의 속력으로 0.3 m 떨어진 운전대에 부딪히기 전에 빠르게 (10 ms 이하) 부풀어야 한다. 빨리 부풀게 하기 위해서 가속도계가 신호를 보내면 커패시

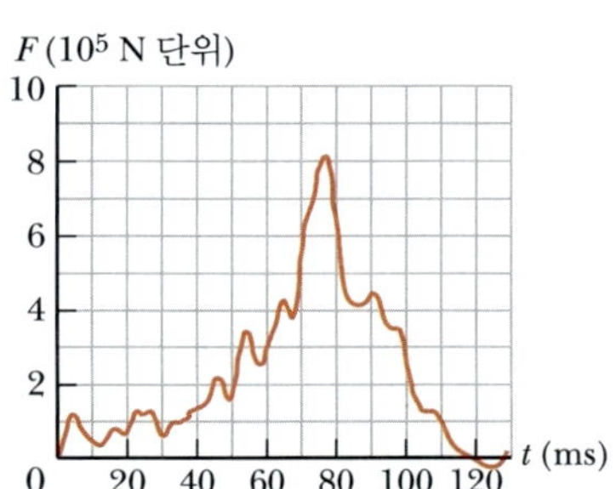

그림 6.5 충돌이 일어날 때 시간에 따라 차에 작용하는 힘의 그래프

터(전하를 저장하는 장치)들이 방전하여 폭약을 점화시킨다. 그러면 에어백은 기체로 빠르게 채워진다. 점화를 위한 전하는 커패시터에 저장되는데, 이것은 충돌 시에 배터리나 차의 전기 시스템이 손상되어도 에어백이 동작하게 하기 위한 것이다.

안전벨트와 에어백을 동시에 사용해서 치명적인 힘, 가속도 및 압력을 허용 수준 이하로 줄이는 것에 대해 요약하면 다음과 같다. 안전벨트를 맨 75 kg의 사람이 27 m/s로 움직이다가 0.15 s에 정지하면, 평균 힘 13.5 kN을 받고 평균 가속도는 18.4g이고 신체 압력은 0.5 m^{2}의 넓이에 대해 2.7 × 10^4 N/m^{2}이다. 이 값들은 앞서 보호받지 않은 경우에 계산된 값의 1/10 정도이며 치명적인 부상의 한계 값보다 훨씬 아래이다.

6.2 운동량의 보존 Conservation of Momentum

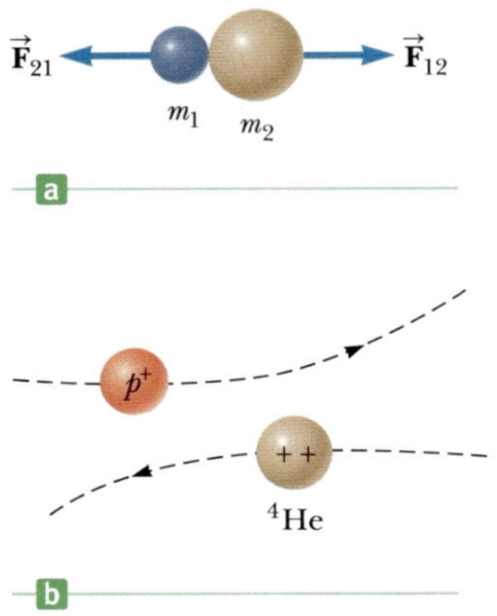

그림 6.6 (a) 두 물체가 직접 접촉해서 일어나는 충돌, (b) 전하를 띤 물체들(이 경우는 양성자와 헬륨핵)의 충돌

고립계에서 충돌이 일어날 때, 시간에 따라 계의 전체 운동량은 변하지 않는다. 또한 크기와 방향도 일정하게 유지된다. 그 계의 개별 입자의 운동량은 변할 수 있으나 전체 운동량의 벡터 합은 변하지 않는다. 따라서 전체 운동량이 보존된다고 말한다. 이 절에서는, 운동의 법칙들이 어떻게 이러한 보존 법칙을 이끌어 내는지를 알아볼 것이다.

충돌은 그림 6.6a에 나타난 것처럼 두 물체가 물리적으로 접촉을 하는 것이다. 이것은 두 개의 당구공 또는 야구공과 방망이가 부딪힐 때와 같이 보통 일어나는 거시적인 사건이다. 그러나 미시적인 수준에서의 '접촉'은 잘 정의되지 않으므로 무의미하고, 따라서 충돌(collision)의 개념을 일반화할 필요가 있다. 엄밀하게는 두 물체 사이의 힘은 물체 표면의 원자에 있는 전자들이 정전기적으로 상호작용하는 것에 기인한다. 15장에서 설명하겠지만 전하는 양이나 음이다. 같은 부호의 전하는 서로 밀어내며 다른 부호의 전하는 서로 끌어당긴다. 거시적 충돌과 미시적 충돌 사이의 차이를 이해하기 위하여 그림 6.6b와 같이 두 개의 양전하 사이의 충돌을 생각하자. 두 입자는 양전하를 띠기 때문에 서로 밀어내고 접촉하지 않는다. 이러한 미시적인 충돌에서 입자들은 서로 접촉할 필요 없이 상호작용을 하고 운동량을 전달한다.

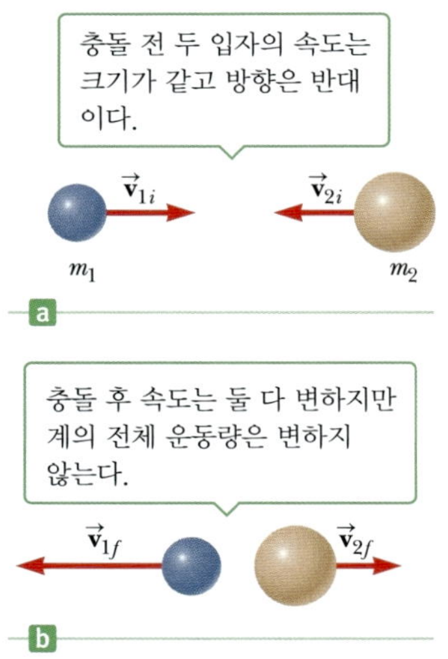

그림 6.7 두 물체의 정면 충돌 전과 후. 각 물체의 운동량은 충돌의 결과에 변하지만 계의 전체 운동량은 일정하다. 가벼운 입자의 속도 변화의 크기가 무거운 입자의 속도 변화의 크기보다 크게 나타나며, 그것은 일반적으로도 예상할 수 있는 것이다.

그림 6.7은 두 입자로 이루어진 고립계에서 입자들의 충돌 전후를 나타낸다. 고립되었다는 것은 외력, 예를 들어 중력이나 마찰력이 계에 작용하지 않는다는 것을 의미한다. 충돌 전 두 입자의 속도는 각각 $\vec{\mathbf{v}}_{1i}$와 $\vec{\mathbf{v}}_{2i}$이며, 충돌 후의 속도는 각각 $\vec{\mathbf{v}}_{1f}$와 $\vec{\mathbf{v}}_{2f}$이다. 충격량–운동량 정리를 m_1에 적용하면,

$$\vec{\mathbf{F}}_{21}\,\Delta t = m_1\vec{\mathbf{v}}_{1f} - m_1\vec{\mathbf{v}}_{1i}$$

이다. 마찬가지로 m_2에 적용하면

$$\vec{\mathbf{F}}_{12}\,\Delta t = m_2\vec{\mathbf{v}}_{2f} - m_2\vec{\mathbf{v}}_{2i}$$

이다. 여기서 $\vec{\mathbf{F}}_{21}$은 충돌하는 동안 m_2가 m_1에 작용하는 평균 힘이며, $\vec{\mathbf{F}}_{12}$는 m_1이 m_2에 작용하는 평균 힘이다(그림 6.6a).

실제 힘은 시간에 따라 그림 6.8처럼 복잡하게 변하지만 여기서는 평균 힘 $\vec{\mathbf{F}}_{21}$과

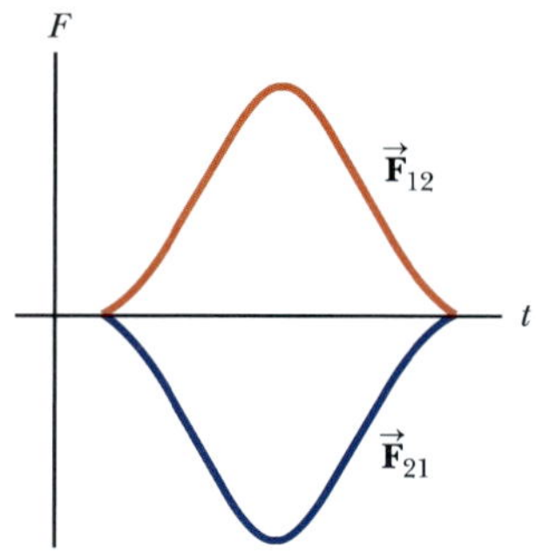

그림 6.8 그림 6.6a와 그림 6.7과 같이 두 입자가 충돌할 때 시간에 따른 힘의 변화. $\vec{\mathbf{F}}_{21} = -\vec{\mathbf{F}}_{12}$임에 주목하라.

그림 6.9 운동량 보존의 법칙은 오징어의 추진 방식의 원리이다. 오징어는 물을 내뿜으며 빠른 속도로 나아간다.

Tip 6.1 운동량 보존의 법칙을 계에 적용하기

고립계의 운동량은 보존된다. 고립계 내의 한 입자의 운동량이 보존될 필요는 없다. 계의 다른 입자들이 그 입자와 상호작용할 수 있기 때문이다. 즉, 운동량 보존의 법칙은 고립계에서만 성립한다.

$\vec{\mathbf{F}}_{12}$를 사용한다. 뉴턴의 제3법칙에 따르면 이 두 힘은 항상 크기는 같고 방향이 반대이므로 $\vec{\mathbf{F}}_{21} = -\vec{\mathbf{F}}_{12}$이다. 또한 두 힘은 같은 시간 동안 작용한다. 그러므로

$$\vec{\mathbf{F}}_{21}\,\Delta t = -\vec{\mathbf{F}}_{12}\,\Delta t$$

또는

$$m_1\vec{\mathbf{v}}_{1f} - m_1\vec{\mathbf{v}}_{1i} = -(m_2\vec{\mathbf{v}}_{2f} - m_2\vec{\mathbf{v}}_{2i})$$

이다. $\vec{\mathbf{F}}_{21}$과 $\vec{\mathbf{F}}_{12}$에 대한 위의 식을 여기에 대입하여 정리하면 다음과 같이 중요한 결과를 얻는다.

$$m_1\vec{\mathbf{v}}_{1i} + m_2\vec{\mathbf{v}}_{2i} = m_1\vec{\mathbf{v}}_{1f} + m_2\vec{\mathbf{v}}_{2f} \qquad [6.7]$$

이것이 **운동량 보존의 법칙**(law of conservation of momentum)이고, 여러 개의 상호작용하는 물체를 가진 고립계에서도 항상 성립한다(그림 6.9).

응용

운동량의 보존과 오징어의 추진 방식

◀ **운동량의 보존**

> 계에 작용하는 알짜 외력이 없으면, 계의 전체 운동량은 시간에 따라 일정하게 유지된다.

보존 법칙을 제대로 사용하기 위해서는 고립계를 정확히 정의하는 것이 중요하다. 위로 점프하는 치어리더의 경우 운동량 보존의 법칙을 위배한다고 볼 수 있다. 왜냐하면 그녀는 처음에 운동량이 0이었고 갑자기 지면에서 속도 $\vec{\mathbf{v}}$로 위로 튀어 올랐기 때문이다. 이런 문제의 잘못은 치어리더가 고립계가 아니라는 점에 기인한다. 튀어 오를 때, 그녀는 지구를 향해 아랫방향으로 힘을 작용하여 운동량을 변화시킨다. 지구의 질량이 치어리더에 비해 엄청나게 크기 때문에 지구의 운동량의 변화는 잘 파악되지 않는다. 이런 경우에 지구와 치어리더를 하나로 묶어서 고립계로 정의하면 운동량의 보존이 성립한다.

두 물체 사이에 운동량을 교환하는 작용과 반작용은 되튐(recoil)이라는 현상을 유발한다. 똑바로 서서 발 버팀 없이 야구공을 던지면 뒤로 밀려난다. 이러한 되튐의 예는 총이나 활을 쏠 때도 일어난다. 다음의 예제처럼 운동량 보존의 법칙으로 이러한 되튐 효과를 계산할 수 있다.

예제 6.3 궁사의 활쏘기

목표 운동량의 보존을 이용하여 되튐 속도를 구한다.

문제 마찰이 없는 얼음 위에서 궁사가 활을 쏘고 있다. 활과 화살을 포함한 그의 전체 질량은 60.00 kg이다(그림 6.10). **(a)** 궁사가 0.030 0 kg의 화살을 수평 $+x$ 방향으로 50.0 m/s의 속력으로 쏜다면 그가 얼음 위에서 뒤로 미끄러지는 속도는 얼마인가? **(b)** 두 번째 화살을 같은 속력으로 수평과 30.0°의 각으로 위로 쏜다면 그가 되튀는 속도는 얼마인가? **(c)** 이제는 정지 상태에서 쏘지 않고, 궁사가 딱딱한 지면에서 달리기 시작하여 0.500 m/s의 속력으로 얼음 위로 미끄러져 들어가면서 화살을 수평과 30.0°의 각도로 위로 향하게 한다. 그가 화살을 얼음에 대해 50.0 m/s로 쏜 직후 그의 속도를 계산하라. **(d)** **(c)**에서 화살을 쏘는 동안 궁사에 작용하는 평균 수직 항력을 구해 보라. 활을 당기는 길이는 0.800 m라고 가정한다.

그림 6.10 (예제 6.3) 궁사가 오른쪽 수평 방향으로 활을 쏜다. 그가 마찰이 없는 얼음 위에 서 있기 때문에 얼음 위에서 왼쪽으로 미끄러지기 시작할 것이다.

전략 **(a)**에서 **(c)**까지는 운동량 보존의 x성분을 사용하여 구한다. (수평 방향으로는 알짜힘이 없으므로 x 방향의 운동량은 보존된다.) 활시위가 화살을 가속하기 직전과 직후를 처음 상태와 나중 상태로 하라. **(c)**에서 궁사는 얼음 위에서 미끄러지기 때문에 앞에서와 같은 활의 속력을 내기 위해 **(a)**와 **(b)**에서보다 활시위에 힘이 덜 작용해도 될 것이다. **(d)**는 운동학 공식과 충격량–운동량 정리를 사용하여 풀 수 있다.

풀이

(a) 운동량 보존의 x성분을 사용하여 궁사가 얼음 위에서 뒤로 미끄러지는 속도를 구한다.

$$p_{ix} = p_{fx}$$

m_1과 v_{1f}를 화살을 쏜 직후의 궁사의 질량과 속도라고 하자. $p_{ix} = 0$와 나중 운동량에 대한 식을 대입한다.

$$0 = m_1 v_{1f} + m_2 v_{2f}$$

v_{1f}에 대해 풀고 $m_1 = 59.97$ kg, $m_2 = 0.030\,0$ kg, $v_{2f} = 50.0$ m/s를 대입한다.

$$v_{1f} = -\frac{m_2}{m_1} v_{2f} = -\left(\frac{0.030\,0 \text{ kg}}{59.97 \text{ kg}}\right)(50.0 \text{ m/s})$$

$$= -0.025\,0 \text{ m/s}$$

(b) 궁사가 수평과 30.0°의 각도로 화살을 쏘는 경우에 대해 궁사의 나중 속도 v_{1f}를 계산한다.

운동량 보존식의 x성분을 쓴다.

$$p_{ix} = p_{fx}$$

처음 및 나중 운동량의 x성분에 대한 식을 대입하고 v_{1f}에 대해 푼 다음 값을 대입한다.

$$0 = m_1 v_{1f} + m_2 v_{2f} \cos\theta$$

$$v_{1f} = -\frac{m_2}{m_1} v_{2f} \cos\theta$$

$$= -\left(\frac{0.030\,0 \text{ kg}}{59.97 \text{ kg}}\right)(50.0 \text{ m/s}) \cos 30.0°$$

$$= -0.021\,7 \text{ m/s}$$

(c) 궁사가 $v_{1i} = 0.500$ m/s의 처음 속도로 출발한 경우 궁사의 나중 속도 v_{1f}를 계산한다.

운동량 보존식의 x성분을 쓴다.

$$p_{ix} = p_{fx}$$

처음과 나중 운동량의 x성분에 대한 식을 대입하고 v_{1f}에 대해 푼 다음 값을 대입한다.

$$(m_1 + m_2) v_{1i} = m_1 v_{1f} + m_2 v_{2f} \cos\theta$$

$$v_{1f} = \left(\frac{m_1 + m_2}{m_1}\right) v_{1i} - \left(\frac{m_2}{m_1}\right) v_{2f} \cos\theta$$

$$= \left(\frac{60.0 \text{ kg}}{59.97 \text{ kg}}\right)(0.500 \text{ m/s})$$

$$- \left(\frac{0.030\,0 \text{ kg}}{59.97 \text{ kg}}\right)(50.0 \text{ m/s}) \cos 30.0°$$

$$= 0.479 \text{ m/s}$$

(d) **(c)**에서 수평과 30.0°의 각도로 활을 쏠 때 궁사에 작용하는 평균 수직 항력을 구해 보자.

Δs를 활을 뒤로 당기는 길이로 하고 식 2.8을 사용하여 화살을 50.0 m/s로 가속하는 데 걸리는 시간을 구해 본다.

$$\Delta s = \tfrac{1}{2}(v_0 + v)t$$

t에 대해 풀고 $v_0 \approx 0$과 $v \approx v_{2f} = 50.0\ \text{m/s}$를 대입한다.

$$t = \frac{2\Delta s}{v} = \frac{2(0.800\ \text{m})}{50.0\ \text{m/s}} = 0.032\,0\ \text{s}$$

충격량-운동량 정리의 y성분을 쓰고 화살을 발사하는 동안의 평균 연직 방향의 힘에 대해 푼다.

$$F_{y,\text{평균}}\Delta t = \Delta p_y$$

$$F_{y,\text{평균}} = \frac{\Delta p_y}{\Delta t} = \frac{m_2 v_{2f} \sin\theta}{\Delta t}$$

$$= \frac{(0.030\,0\ \text{kg})(50.0\ \text{m/s})\sin(30.0°)}{0.032\,0\ \text{s}} = 23.4\ \text{N}$$

뉴턴의 제3법칙에 의해, 발사하는 동안의 화살에 작용하는 작은 중력의 효과를 무시하면, 화살은 궁사에게 아랫방향으로 반작용력 R가 23.4 N인 힘을 작용한다.

뉴턴의 제2법칙의 y 방향 성분을 궁사에게 적용하여 수직 항력 n에 대해 푼다.

$$\Sigma F_y = n - m_1 g - R = 0$$

$$n = m_1 g + R = (59.97\ \text{mg})(9.80\ \text{m/s}^2) + 23.4\ \text{N}$$

$$= 611\ \text{N}$$

참고 **(a)**와 **(b)**에서 v_{1f}에 나타나는 음의 부호는 뉴턴의 제3법칙에 따라 궁사가 화살과 반대 방향으로 움직임을 나타낸다. **(c)**에서 되튐은 궁사가 $+x$ 방향으로 미끄러지면서 그의 속력을 감소시킨다. 궁사는 화살보다 질량이 훨씬 더 크기 때문에 궁사의 가속도와 속도의 크기는 화살에 비해 훨씬 작다. 화살이 수평과 30.0°로 쏘아지면 x 방향의 운동량은 보존되지만 y 방향은 보존되지 않는다. y 방향의 운동량이 보존되지 않는 이유는 그 계에 작용하는 외력이 있기 때문인데 그것은 지면이 위로 작용하는 수직 항력이 증가하기 때문이다.

6.3 일차원 충돌 Collisions in One Dimention

어떤 형태의 충돌에 대해서도, 계가 고립되어 있다고 가정하면 충돌 전의 계의 전체 운동량은 충돌 후의 계의 전체 운동량과 같다. 즉, 전체 운동량은 항상 보존된다. 그러나 충돌에서 운동에너지는 일반적으로 보존되지 않는다. 운동에너지의 일부가 내부 에너지, 소리 에너지, 그리고 차의 충돌처럼 물체를 항구적으로 변형시키는 데 드는 일로 바뀌기 때문이다. **운동량은 보존되지만 운동에너지는 보존되지 않는 충돌을 비탄성 충돌로 정의한다.** 단단한 표면과 고무공의 충돌은 표면과 공이 접촉하는 동안 공이 변형되면서 운동에너지가 손실되므로 비탄성 충돌이다. **두 물체가 충돌해서 서로 붙는 충돌을 완전 비탄성 충돌이라고 한다.** 예를 들어, 두 찰흙 덩어리가 충돌하면 서로 붙어서 같은 속도로 움직인다. 만일 운석이 지구에 정면 충돌하면 운석은 지구에 파묻히게 되고 이 충돌은 완전 비탄성 충돌이다. 완전 비탄성 충돌에서 처음의 운동에너지가 전부 손실되는 것은 아니다.

Tip 6.2 비탄성 충돌 대 완전 비탄성 충돌

충돌하는 입자들이 서로 붙으면 충돌은 완전 비탄성이다. 입자들이 되튀고 운동에너지가 보존되지 않으면 충돌은 비탄성이다.

Tip 6.3 충돌에서 운동에너지와 운동량

고립계의 운동량은 모든 충돌에서 보존된다. 반면에 고립계의 운동에너지는 충돌이 탄성일 때만 보존된다.

탄성 충돌은 운동량과 운동에너지가 모두 보존되는 충돌로 정의한다. 당구공의 충돌과 상온에서 공기 분자들이 용기의 벽에 하는 충돌은 매우 탄성적이다. 당구공의 충돌과 같은 거시적인 충돌은 근사적으로 탄성 충돌이다. 영구적 변형이 조금 생기면서 운동에너지가 손실되기 때문이다. 하지만 원자나 원자의 구성 입자들 사이에서는 완전 탄성 충돌이 가능하다. 탄성 충돌이나 완전 비탄성 충돌은 극한적인 경우이고, 대부분의 실제 충돌은 이 두 범주 사이에 속한다.

응용

녹내장 검사

비탄성 충돌의 실제적인 예가 녹내장의 검사에 쓰인다. 녹내장은 안압이 증가하여 망막의 세포에 손상을 입혀서 눈을 멀게 하는 병이다. 전문 의료인은 안압을 측정하기 위해 안압계라는 장치를 사용한다. 이 장치는 눈의 바깥쪽 표면에 공기를 불어 넣고 눈에서 반사된 공기의 속력을 측정한다. 정상적인 압력인 경우 눈은 스펀지 구조라 펄스는 낮은 속력으로 반사된다. 안압이 증가하면 눈의 바깥 표면은 더 단단해지고 반사되는 펄스의 속력은 증가한다. 따라서 불어넣은 공기가 눈에서 반사된 후의 속력을 측정하면 눈의 내부 압력을 알 수 있다.

충돌의 유형을 다음과 같이 요약할 수 있다.

탄성 충돌 ▶
비탄성 충돌 ▶

- 탄성 충돌은 운동량과 운동에너지가 모두 보존이 되는 충돌이다.
- 비탄성 충돌은 운동량은 보존되지만 운동에너지가 보존되지 않는 충돌이다.
- 완전 비탄성 충돌은 충돌 후에 두 물체가 함께 붙어서 움직인다. 따라서 물체의 나중 속도는 같고 계의 운동량은 보존된다.

이 절의 나머지 부분에서는 일차원의 완전 비탄성 충돌과 탄성 충돌을 다룬다.

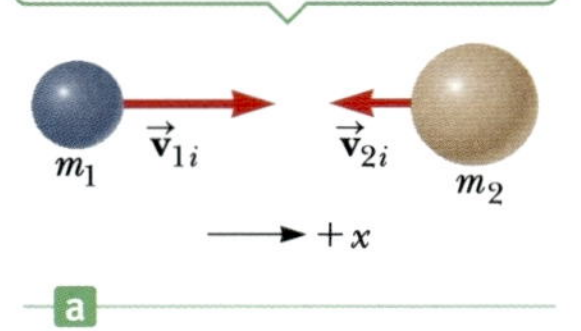

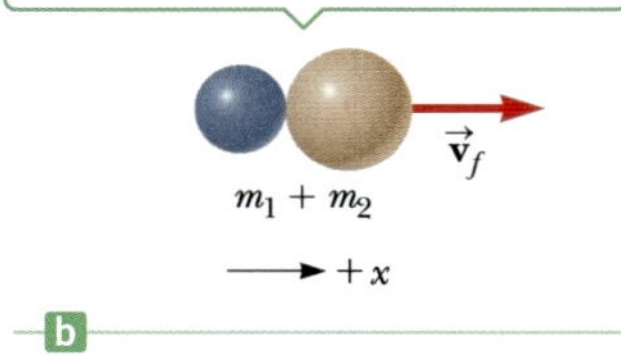

그림 6.11 두 물체가 완전 비탄성 정면 충돌한다. (a) 충돌 전, (b) 충돌 후

6.3.1 완전 비탄성 충돌 Perfectly Inelastic Collisions

질량이 m_1과 m_2인 두 물체가 그림 6.11a와 같이 직선을 따라 처음 속도 v_{1i}와 v_{2i}로 움직인다. 두 물체가 정면 충돌한 후 서로 붙어서 선형으로 v_f의 속도로 움직이면 이 충돌은 완전 비탄성 충돌이다(그림 6.11b). 두 물체로 이루어진 고립계에서 충돌 전과 후의 전체 운동량은 같으므로 나중 속도를 구할 수 있다.

$$m_1 v_{1i} + m_2 v_{2i} = (m_1 + m_2) v_f \qquad [6.8]$$

$$v_f = \frac{m_1 v_{1i} + m_2 v_{2i}}{m_1 + m_2} \qquad [6.9]$$

v_{1i}, v_{2i}, v_f는 속도 벡터의 x성분을 나타내므로 부호에 주의해야 한다. 예를 들어, 그림 6.11a에서 v_{1i}는 양의 값(m_1이 오른쪽으로 움직인다)이고 v_{2i}는 음의 값(m_2가 왼쪽으로 움직인다)이다. 이 값들을 식 6.9에 대입하여 나중 속도의 크기와 방향을 구할 수 있다.

예제 6.4 트럭과 소형차

목표 운동량의 보존을 일차원 비탄성 충돌에 적용한다.

문제 1.80×10^3 kg의 트럭이 +15.0 m/s로 동쪽으로 달리고 있는 반면 9.00×10^2 kg의 소형차는 −15.0 m/s로 서쪽으로 달리고 있다(그림 6.12). 두 차는 정면 충돌 후 뒤엉켜버렸다. **(a)** 충돌 후 뒤엉킨 차들의 속도를 구하라. **(b)** 각 차의 속도 변화를 구하라. **(c)** 두 차로 이루어진 계의 운동에너지의 변화를 구하라.

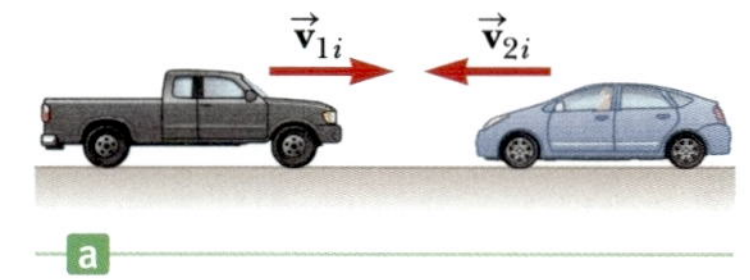

그림 6.12 (예제 6.4)

전략 만약 마찰력을 무시하고 두 자동차가 고립계를 형성하다면, 충돌 전 차량들의 전체 운동량 p_i는 충돌 후 차량들의 전체 운동량 p_f와 같다. (이것을 '충격 근사'라고 한다.) 뒤엉킨 차들의 나중 속도에 대한 운동량 보존의 법칙을 사용하여 푼다. 속도를 알게 되면, 다른 것들은 대입해서 구할 수 있다.

풀이

(a) 충돌 후 나중 속도를 구한다.

트럭의 질량과 처음 속도를 m_1과 v_{1i}라 하고, 소형차에 대해서는 m_2와 v_{2i}라 하자. 운동량 보존의 법칙을 적용한다.

$$p_i = p_f$$
$$m_1v_{1i} + m_2v_{2i} = (m_1 + m_2)v_f$$

값들을 대입하고 나중 속도 v_f에 대해 푼다.

$$(1.80 \times 10^3 \text{ kg})(15.0 \text{ m/s}) + (9.00 \times 10^2 \text{ kg})(-15.0 \text{ m/s})$$
$$= (1.80 \times 10^3 \text{ kg} + 9.00 \times 10^2 \text{ kg})v_f$$
$$v_f = \boxed{+5.00 \text{ m/s}}$$

(b) 각 차에 대한 속도 변화를 구한다.

트럭의 속도 변화:

$$\Delta v_1 = v_f - v_{1i} = 5.00 \text{ m/s} - 15.0 \text{ m/s} = \boxed{-10.0 \text{ m/s}}$$

소형차의 속도 변화:

$$\Delta v_2 = v_f - v_{2i} = 5.00 \text{ m/s} - (-15.0 \text{ m/s}) = \boxed{20.0 \text{ m/s}}$$

(c) 계의 운동에너지의 변화를 구한다.

계의 처음 운동에너지를 계산한다.

$$KE_i = \tfrac{1}{2}m_1v_{1i}^2 + \tfrac{1}{2}m_2v_{2i}^2 = \tfrac{1}{2}(1.80 \times 10^3 \text{ kg})(15.0 \text{ m/s})^2$$
$$+\tfrac{1}{2}(9.00 \times 10^2 \text{ kg})(-15.0 \text{ m/s})^2$$
$$= 3.04 \times 10^5 \text{ J}$$

계의 나중 운동에너지와 운동에너지 변화 ΔKE를 계산한다.

$$KE_f = \tfrac{1}{2}(m_1 + m_2)v_f^2$$
$$= \tfrac{1}{2}(1.80 \times 10^3 \text{ kg} + 9.00 \times 10^2 \text{ kg})(5.00 \text{ m/s})^2$$
$$= 3.38 \times 10^4 \text{ J}$$
$$\Delta KE = KE_f - KE_i = \boxed{-2.70 \times 10^5 \text{ J}}$$

참고 충돌 과정에서 계는 운동에너지의 거의 90%를 잃는다. 트럭의 속도 변화는 10.0 m/s인데, 이는 소형차에 비해 절반에 불과하다. 이 예는 아마도 자동차의 가장 중요한 안전성, 즉 질량의 중요성을 강조하고 있다. 부상은 속도의 변화에 의해 생기고 차량의 질량이 클수록 일반적인 사고에 있어서 더 작은 속도의 변화가 일어난다.

예제 6.5 탄동 진자

목표 비탄성 충돌에서 에너지의 보존과 운동량 보존의 개념을 결합한다.

문제 탄동 진자는 총알과 같은 매우 빠른 물체의 속력을 측정하는 장치이다(그림 6.13a). 총알이 발사되어 줄에 매달린 나무토막에 박힌다. 총알은 나무토막 속에서 정지하고 총알이 박힌 나무토막은 높이 h만큼 위로 올라간다. 두 질량을 알고 h를 측정하면 총알의 처음 속력을 구할 수 있다. 예를 들어, 총알의 질량 m_1은 5.00 g, 나무토막의 질량 m_2는 1.000 kg이며, h는 5.00 cm라 하자. **(a)** 총알이 나무토막에 박힌 직후 계의 속도를 구하라. **(b)** 총알의 처음 속력을 계산하라.

전략 총알–나무토막 계의 처음 속력 $v_{계}$를 구하기 위해 에너지 보존을 사용한다. **(b)**에서는 운동량 보존을 사용하여 총알의 처음 속도 v_{1i}를 계산할 수 있다.

풀이

(a) 총알이 나무토막에 박힌 직후 계의 속도를 구한다.

총알–나무토막 계에 충돌 직후의 에너지 보존을 적용한다.

$$(KE + PE)_{\text{충돌 후}} = (KE + PE)_{\text{꼭대기}}$$

운동에너지와 퍼텐셜 에너지에 대한 식을 대입한다. 맨 밑에서의 퍼텐셜 에너지와 맨 위에서의 운동에너지는 모두 영이다.

$$\tfrac{1}{2}(m_1 + m_2)v_{계}^2 + 0 = 0 + (m_1 + m_2)gh$$

총알–나무토막 계의 나중 속도 $v_{계}$에 대해 푼다.

$$v_{계}^2 = 2gh$$

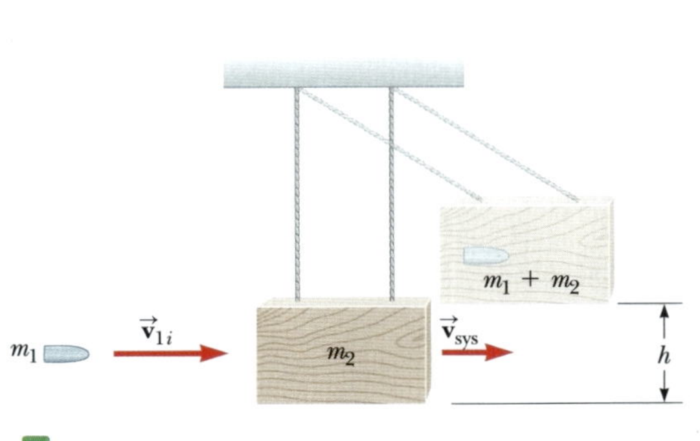

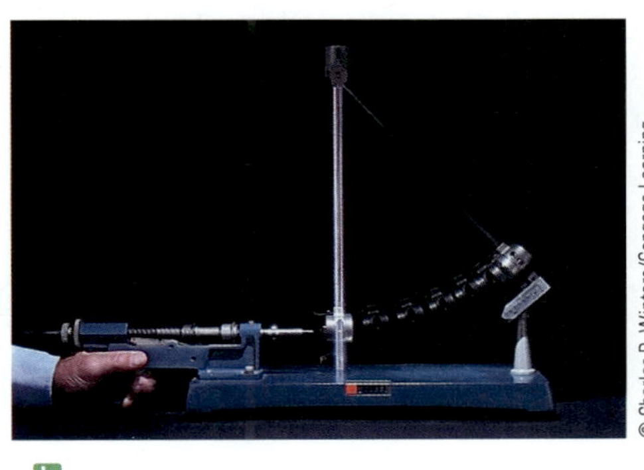

© Charles D. Winters/Cengage Learning

그림 6.13 (예제 6.5) (a) 탄동 진자의 개략적인 그림. 완전 비탄성 충돌 직후 계의 속도는 $\vec{\mathbf{v}}_{계}$이다. (b) 탄동 진자의 실제 탄동 모습을 다중섬광 사진으로 촬영한 모습.

$$v_{계} = \sqrt{2gh} = \sqrt{2(9.80\ \mathrm{m/s^2})(5.00 \times 10^{-2}\ \mathrm{m})}$$

$$v_{계} = \boxed{0.990\ \mathrm{m/s}}$$

(b) 총알의 처음 속도를 구한다.

운동량 보존식을 쓰고 그에 해당하는 식을 대입한다.

$$p_i = p_f$$

$$m_1 v_{1i} + m_2 v_{2i} = (m_1 + m_2) v_{계}$$

총알의 처음 속도에 대한 식에 대해 푼 다음 값을 대입한다.

$$v_{1i} = \frac{(m_1 + m_2)v_{계}}{m_1}$$

$$v_{1i} = \frac{(1.005\ \mathrm{kg})(0.990\ \mathrm{m/s})}{5.00 \times 10^{-3}\ \mathrm{kg}} = \boxed{199\ \mathrm{m/s}}$$

참고 비탄성 충돌이기 때문에, 총알의 처음 운동에너지를 총알–나무토막의 나중 중력 퍼텐셜 에너지와 같게 놓고 문제를 풀면 안 된다. 여기서 에너지는 보존되지 않음에 유의해야 한다!

6.3.2 탄성 충돌 Elastic Collisions

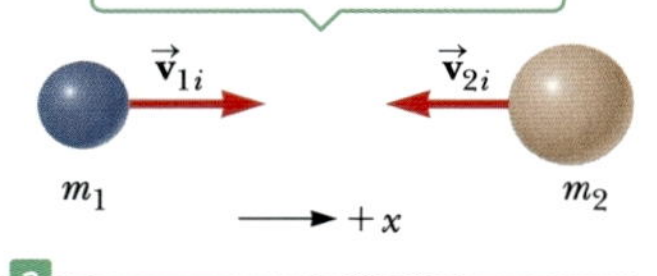

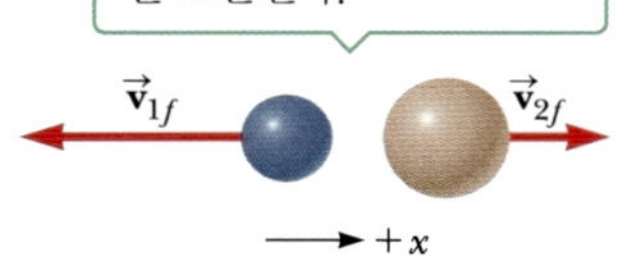

그림 6.14 두 개의 단단한 공이 정면 탄성 충돌한다. (a) 충돌 전, (b) 충돌 후 비탄성 충돌과는 달리 전체 운동량과 전체 에너지는 보존된다.

이제 두 물체가 **정면 탄성 충돌**(elastic head-on collisions)하는 경우를 생각하자. (그림 6.14). 이 경우 **두 물체로 이루어진 계의 운동량과 운동에너지가 모두 보존된다.** 이 조건은 다음과 같이 쓸 수 있다.

$$m_1 v_{1i} + m_2 v_{2i} = m_1 v_{1f} + m_2 v_{2f} \qquad \textbf{[6.10]}$$

그리고

$$\tfrac{1}{2}m_1 v_{1i}^2 + \tfrac{1}{2}m_2 v_{2i}^2 = \tfrac{1}{2}m_1 v_{1f}^2 + \tfrac{1}{2}m_2 v_{2f}^2 \qquad \textbf{[6.11]}$$

이다. 여기서 물체가 오른쪽으로 움직이면 v의 값은 양이고 왼쪽으로 움직이면 음이다.

탄성 충돌을 하는 전형적인 문제에는 두 개의 미지수가 있으며, 식 6.10과 6.11을 연립하여 풀면 이를 구할 수 있다. 이들 두 방정식은 각각 일차와 이차 함수이다. 다른 방법으로 접근하면, 이차 방정식을 일차 방정식으로 간단히 할 수 있다. 식 6.11에서 양변의 $\frac{1}{2}$를 소거하고 다시 쓰면 다음과 같다.

$$m_1(v_{1i}^2 - v_{1f}^2) = m_2(v_{2f}^2 - v_{2i}^2)$$

이 식은 m_1을 포함하는 항을 왼쪽으로 m_2를 포함하는 항을 오른쪽으로 옮긴 것이다. 다음에 양변을 인수분해하면,

$$m_1(v_{1i} - v_{1f})(v_{1i} + v_{1f}) = m_2(v_{2f} - v_{2i})(v_{2f} + v_{2i}) \qquad \textbf{[6.12]}$$

이다. 운동량 보존의 법칙인 식 6.10도 m_1을 포함하는 항과 m_2를 포함하는 항으로 나눈다.

$$m_1(v_{1i} - v_{1f}) = m_2(v_{2f} - v_{2i}) \qquad \textbf{[6.13]}$$

식 6.12를 6.13으로 나누면,

$$v_{1i} + v_{1f} = v_{2f} + v_{2i} \qquad \textbf{[6.14]}$$

이다. 처음 값은 좌변으로 나중 값을 우변으로 보내면 다음과 같다.

$$v_{1i} - v_{2i} = -(v_{1f} - v_{2f}) \qquad \textbf{[6.15]}$$

이 식은 운동량 보존의 법칙(식 6.10)과 함께 정면으로 충돌하는 완전 탄성 충돌 문제

를 푸는 데 쓰인다. 식 6.14는 물체 1의 처음 속도와 나중 속도의 합은 물체 2의 처음 속도와 나중 속도의 합과 같음을 나타내고 있다. 식 6.15에 의하면 충돌 전 두 물체의 상대속도 $v_{1i} - v_{2i}$는 충돌 후 두 물체의 상대속도에 음의 부호를 붙인 $-(v_{1f} - v_{2f})$와 같다. 식 6.15를 이해하기 위해 관측자가 두 물체 중의 하나와 같은 속도로 움직인다고 하자. 관측자의 관점에서 잰 다른 물체의 속도는 두 물체의 상대속도이다. 관측자가 보기에는 다른 물체가 접근해서 충돌 후 반대 방향의 같은 속력으로 되튀는 것이다. 이것이 바로 식 6.15의 의미이다.

예제 6.6 두 물체와 용수철

목표 용수철의 퍼텐셜 에너지가 포함된 탄성 충돌을 푼다.

문제 질량 $m_1 = 1.60$ kg인 물체가 마찰이 없는 수평면에서 속도 +4.00 m/s로 오른쪽으로 움직이다가 질량이 없는 용수철이 달려 있는 질량 $m_2 = 2.10$ kg이고 속도 −2.50 m/s로 왼쪽으로 움직이는 물체와 충돌한다(그림 6.15a). 용수철의 용수철 상수는 6.00×10^2 N/m이다. **(a)** 그림 6.15b와 같이 물체 1이 속도 +3.00 m/s로 오른쪽으로 움직이는 순간 물체 2의 속도를 구하라. **(b)** 이때 용수철이 압축되는 최대 거리를 구하라.

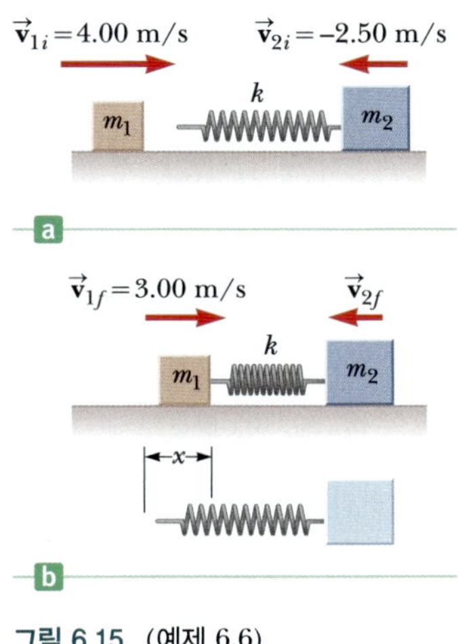

그림 6.15 (예제 6.6)

전략 두 물체와 용수철을 하나의 계로 설정한다. 운동량 보존의 법칙을 쓰고, 물체 2의 나중 속도 v_{2f}에 대해 푼다. 에너지 보존의 법칙을 사용해서 용수철의 압축된 길이를 구한다.

풀이

(a) 물체 1이 속도 +3.00 m/s로 오른쪽으로 움직이는 순간 물체 2의 속도 v_{2f}를 구한다.

계의 운동량 보존식을 쓰고 v_{2f}에 대해 푼다.

$$m_1 v_{1i} + m_2 v_{2i} = m_1 v_{1f} + m_2 v_{2f} \qquad (1)$$

$$v_{2f} = \frac{m_1 v_{1i} + m_2 v_{2i} - m_1 v_{1f}}{m_2}$$

$$= \frac{(1.60\text{ kg})(4.00\text{ m/s}) + (2.10\text{ kg})(-2.50\text{ m/s}) - (1.60\text{ kg})(3.00\text{ m/s})}{2.10\text{ kg}}$$

$$v_{2f} = \boxed{-1.74\text{ m/s}}$$

(b) 이 순간 용수철이 압축되는 거리를 구한다.

계의 에너지 보존의 법칙을 이용한다. 특히 용수철이 x만큼 압축될 때 용수철에 퍼텐셜 에너지가 저장됨에 주목한다.

$$E_i = E_f$$

$$\tfrac{1}{2}m_1 v_{1i}^2 + \tfrac{1}{2}m_2 v_{2i}^2 + 0 = \tfrac{1}{2}m_1 v_{1f}^2 + \tfrac{1}{2}m_2\, v_{2f}^2 + \tfrac{1}{2}kx^2$$

주어진 값과 **(a)**의 결과를 대입한 후, x에 대해 푼다.

$$x = \boxed{0.173\text{ m}}$$

참고 물체 2는 왼쪽으로 움직이고 있기 때문에 그 물체의 처음 속도 성분은 −2.50 m/s이다. v_{2f}가 음의 부호인 것은 물체 2가 그 순간에 여전히 왼쪽으로 움직이고 있음을 의미한다.

6.4 스치는 충돌 Glancing Collisions

고립계(계에 외력이 작용하지 않는다)에서 계의 전체 운동량이 보존된다는 것을 6.2절에서 배웠다. 두 물체가 삼차원 공간에서 일반적인 충돌을 할 때 운동량 보존의 법칙

그림 6.16 두 공의 스치는 충돌

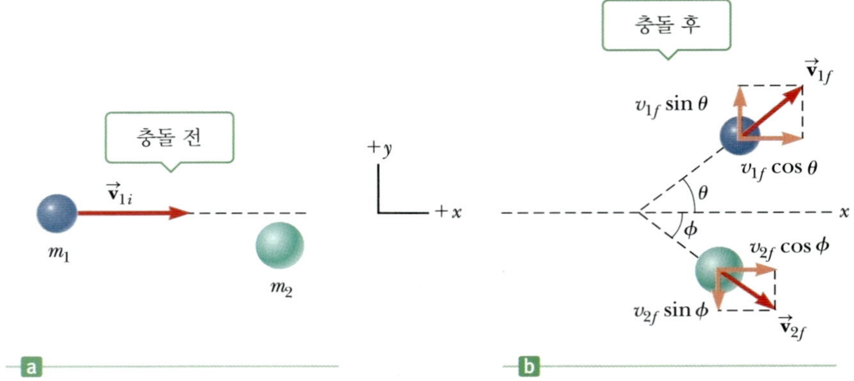

은 계의 전체 운동량이 각 방향에서 보존되는 것을 뜻한다. 여기서는 평면에서의 충돌을 생각하자. 당구는 이차원 평면에서 일어나는 충돌의 익숙한 예이다. 평면에서 두 물체가 이차원 충돌을 한 번 한다고 가정하자. 그리고 물체의 회전은 무시하자. 이런 충돌에서 운동량 보존식의 두 성분은 다음과 같다.

$$m_1v_{1ix} + m_2v_{2ix} = m_1v_{1fx} + m_2v_{2fx}$$
$$m_1v_{1iy} + m_2v_{2iy} = m_1v_{1fy} + m_2v_{2fy}$$

여기서 아래 첨자가 세 개인데, 각각 (1) 물체의 구분, (2) 속도 성분의 처음 값 혹은 나중 값을 나타낸다.

그림 6.16과 같이 질량이 m_1인 물체가 정지해 있는 질량이 m_2인 물체와 충돌하는 경우를 생각하자. 충돌 후 물체 1은 수평과 각 θ로, 물체 2는 수평과 각 ϕ로 움직인다. 이것을 스치는 충돌이라고 한다. 운동량의 처음 y성분은 영이므로 운동량 보존식을 성분 형태로 표시하면 다음과 같다.

$$x\text{성분:}\quad m_1v_{1i} + 0 = m_1v_{1f}\cos\theta + m_2v_{2f}\cos\phi \qquad [6.16]$$

$$y\text{성분:}\quad 0 + 0 = m_1v_{1f}\sin\theta + m_2v_{2f}\sin\phi \qquad [6.17]$$

충돌이 탄성 충돌이면, 에너지 보존에 대한 세 번째 식을 쓸 수 있다.

$$\tfrac{1}{2}m_1{v_{1i}}^2 = \tfrac{1}{2}m_1{v_{1f}}^2 + \tfrac{1}{2}m_2{v_{2f}}^2 \qquad [6.18]$$

처음 속도 v_{1i}와 질량들을 알면 네 개의 미지수(v_{1f}, v_{2f}, θ, ϕ)가 남는다. 식이 세 개만 있으므로 네 개의 미지수 중 하나가 주어져야 충돌 후 운동을 결정할 수 있다.

충돌이 비탄성 충돌이라면, 계의 운동에너지는 보존되지 않고 식 6.18을 쓸 수 없다.

예제 6.7 교차로에서의 충돌

목표 이차원 비탄성 충돌을 분석한다.

문제 그림 6.17과 같이 교차로에서 25.0 m/s의 속력으로 동쪽으로 진행하는 1.50×10^3 kg의 차가 20.0 m/s의 속력으로 북쪽으로 가는 2.50×10^3 kg의 승합차와 충돌하였다. 차량들이 완전 비탄성 충돌(즉, 충돌 후 한 덩어리가 됨)을 했다고 가정하고, 충돌 후 이들 속도의 방향과 크기를 구하라. 차량과 도로와의 마찰은 무시한다.

전략 이차원에서의 운동량 보존의 법칙을 이용한다(운동에너지

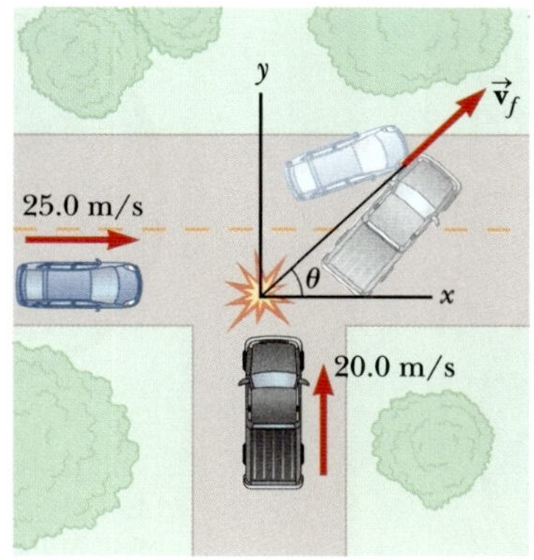

그림 6.17 (예제 6.7) 승용차와 승합차 사이의 완전 비탄성 충돌을 위에서 본 그림

는 보존되지 않는다). 그림 6.17에서와 같이 좌표를 선정한다. 충돌 전 x 방향의 운동량을 갖는 것은 승용차이고, y 방향의 운동량은 승합차만이 가지고 있다. 완전 비탄성 충돌 후 두 차량은 동일한 속력 v_f와 각 θ를 갖고 움직인다. 운동량 보존 법칙의 두 성분을 이용하여 두 미지수에 대해 푼다.

풀이

계의 처음과 나중 운동량의 x성분을 구한다.

$$\sum p_{xi} = m_{승용차} v_{승용차} = (1.50 \times 10^3 \text{ kg})(25.0 \text{ m/s})$$
$$= 3.75 \times 10^4 \text{ kg} \cdot \text{m/s}$$
$$\sum p_{xf} = (m_{승용차} + m_{승합차}) v_f \cos\theta = (4.00 \times 10^3 \text{ kg}) v_f \cos\theta$$

처음의 x성분과 나중의 x성분을 같다고 놓는다.

$$3.75 \times 10^4 \text{ kg} \cdot \text{m/s} = (4.00 \times 10^3 \text{ kg}) v_f \cos\theta \quad (1)$$

마찬가지로 전체 운동량의 처음과 나중의 y성분을 구한다.

$$\sum p_{iy} = m_{승합차} v_{승합차} = (2.50 \times 10^3 \text{ kg})(20.0 \text{ m/s})$$
$$= 5.00 \times 10^4 \text{ kg} \cdot \text{m/s}$$
$$\sum p_{fy} = (m_{승용차} + m_{승합차}) v_f \sin\theta = (4.00 \times 10^3 \text{ kg}) v_f \sin\theta$$

처음의 y성분과 나중의 y성분을 같다고 놓는다.

$$5.00 \times 10^4 \text{ kg} \cdot \text{m/s} = (4.00 \times 10^3 \text{ kg}) v_f \sin\theta \quad (2)$$

식 (2)를 식 (1)로 나누어 θ에 대해 푼다.

$$\tan\theta = \frac{5.00 \times 10^4 \text{ kg} \cdot \text{m/s}}{3.75 \times 10^4 \text{ kg} \cdot \text{m}} = 1.33$$

$$\theta = 53.1°$$

식 (2)에 이 각도의 값을 대입하여 v_f를 구한다.

$$v_f = \frac{5.00 \times 10^4 \text{ kg} \cdot \text{m/s}}{(4.00 \times 10^3 \text{ kg}) \sin 53.1°} = 15.6 \text{ m/s}$$

참고 충돌 후의 속도 성분 x와 y성분, v_{fx}와 v_{fy}를 먼저 구하는 것이 가능하다. 충돌 후 속도의 크기와 방향은 피타고라스 정리 $v_f = \sqrt{v_{fx}^2 + v_{fy}^2}$와 역탄젠트 함수 $\theta = \tan^{-1}(v_{fy}/v_{fx})$로부터 구할 수 있다. 이와 같은 또 다른 해결 방법은 식 (1)과 (2)에서 $v_{fx} = v_f \cos\theta$와 $v_{fy} = v_f \sin\theta$를 간단히 대입하는 것이다.

6.5 로켓의 추진 Rocket Propulsion

자동차나 기관차를 움직이게 하는 힘(구동력)은 마찰력이다. 차의 경우 이 구동력은 도로가 차에 작용하는 것이고, 이는 바퀴가 도로에 대해 작용하는 반작용이다. 마찬가지로 기관차는 선로를 밀고, 구동력은 선로가 기관차에 작용하는 반작용력이다. 그러나 우주 공간에서 움직이는 로켓은 도로나 선로처럼 밀 것이 없다. 로켓은 어떻게 추진되는 걸까?

사실 로켓 또한 반작용력에 의해 추진된다(4장 뉴턴의 제3법칙 참고). 이 점을 이해하기 위해, 그림 6.18a에서와 같이 연소 기체가 채워져 있는 원형 연소실을 갖는 로켓 모형을 그려 보자. 연소실 내에 폭발이 일어나면 뜨거운 기체가 팽창하여 연소실 내벽에 화살표 방향으로 압력을 가한다. 로켓에 작용하는 힘의 합은 영이기 때문에 로켓은 움직이지 않는다. 그림 6.18b와 같이 연소실 하단에 구멍을 뚫는다고 가정하자. 폭발이 일어나면 기체는 모든 방향으로 연소실에 압력을 가하지만, 구멍이 있는 곳에는 압력을 가하지 못하고 우주 공간으로 빠져나간다. 이로 인해 윗방향으로의 알짜힘이 생기게 된다. 알짜힘은 자동차나 기관차에서와 같은 반작용력이다. 자동차 바퀴가 지면

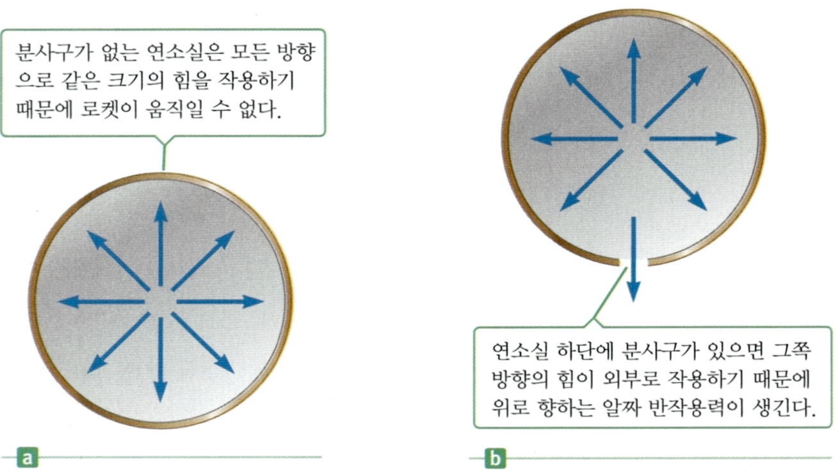

그림 6.18 로켓의 연소실은 연소된 기체가 분사될 수 있는 분사구가 있기 때문에 연소된 기체가 일을 한다. 연소실의 벽은 팽창되는 기체에 반작용력을 가한다. 연소실 벽에 작용하는 기체의 반작용력이 로켓을 전방으로 추진시킨다.

을 뒤로 밀면, 지면이 자동차에 가하는 반작용력은 자동차를 앞으로 밀게 된다. 로켓의 연소실 벽은 폭발하는 기체에 힘을 가하고 동시에 연소실 벽에 가하는 기체의 반작용력은 로켓을 추진시킨다.

로켓의 선구자인 고다드(Robert Goddard)가 로켓의 가능성을 제안하자 1920년 〈뉴욕 타임스〉는 기사에서 로켓이 밀 수 있는 것이 아무것도 없는 우주 공간에서 이 로켓이 동작할 수 있다는 아이디어를 비웃었다. 그 후 아폴로가 1969년 달 착륙 임무를 수행할 때, 앞의 기사를 철회한다고 하였다. 실제로 뜨거운 기체는 외부의 어떤 것도 밀지 않지만, 로켓 자체를 밀기 때문에 진공에서 로켓은 더 잘 동작한다. 대기 중의 경우 기체는 연소실을 빠져나와 외부 공기의 압력을 받게 되어 분출 속도가 느려지고 반작용력도 줄어든다.

미시적인 수준에서 보면 이 과정은 복잡하지만 로켓과 분출 연료에 운동량 보존의 법칙을 적용하면 간단히 이해할 수 있다. 원리적으로 해는 예제 6.3에서와 유사하여 로켓은 궁사에, 분출 기체는 화살에 대응된다.

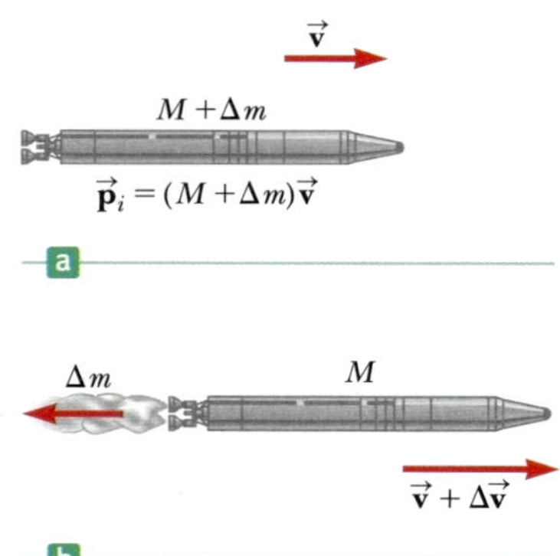

그림 6.19 로켓의 추진. (a) 시간 t에서 로켓과 연료의 처음 질량은 $M + \Delta m$이고 로켓의 속력은 v이다. (b) 시간 $t + \Delta t$에서 로켓의 질량은 M으로 줄었고 연료 Δm이 분출되었다. 로켓의 속력은 Δv만큼 증가한다.

시간 t에서 로켓과 연료의 운동량이 $(M + \Delta m)v$라 하자(그림 6.19a). 이 연료는 지구에 대하여 v의 속력을 갖는다. 짧은 시간 Δt 동안 로켓은 질량이 Δm인 연료를 분출하고 로켓의 속력은 $v + \Delta v$로 증가한다(그림 6.19b). 연료가 로켓에 대하여 상대속력 v_e로 분출된다면 지구에 대한 연료의 속력은 $v - v_e$이다. 계의 처음 전체의 운동량과 나중 전체의 운동량을 같다고 놓으면

$$(M + \Delta m)v = M(v + \Delta v) + \Delta m(v - v_e)$$

가 된다. 이 식을 간단히 정리하면

$$M\Delta v = v_e \Delta m$$

이다. 분출 질량 Δm은 바로 로켓 질량의 감소와 같다. 즉, $\Delta m = -\Delta M$이다. 따라서

$$M\Delta v = -v_e \Delta M \qquad [6.19]$$

이고, 이 미분방정식을 풀면 다음과 같은 식을 얻는다.

$$v_f - v_i = v_e \ln\left(\frac{M_i}{M_f}\right) \quad [6.20]$$

여기서 M_i는 처음 질량으로 로켓과 연료의 합이고, M_f는 나중 질량으로 로켓과 남은 연료의 합이다. 이것이 로켓 추진의 기본 식이다. 로켓 속도의 증가는 연료 배출 속력 v_e와 M_i/M_f의 자연 로그에 비례한다. 만약 1단 로켓에서 M_i와 M_f 비의 최댓값은 10 : 1이라고 한다면 $v_e \ln 10 = 2.3\, v_e$, 즉 로켓 속력은 분출 속력의 약 두 배까지 도달할 수 있다. 따라서 로켓의 속력을 높이려면 분출 속력이 커야 한다. 현재 전형적인 로켓의 분출 속력은 수 km/s이다.

로켓의 **추진력**(thrust)은 분출된 기체가 로켓에 작용하는 힘으로 정의된다. 식 6.19를 Δt로 나눈 순간 추진력은 다음과 같다.

$$\text{순간 추진력} = Ma = M\frac{\Delta v}{\Delta t} = \left|v_e \frac{\Delta M}{\Delta t}\right| \quad [6.21]$$

◀ 로켓의 추진력

명확히 하기 위하여 절댓값 부호를 사용하였다. 식 6.19에서 $-\Delta M$은 양의 값이다(속력 v_e와 같이). 여기서 추진력은 분출 속도와 로켓 질량의 변화율(연소율) $\Delta M/\Delta t$에 비례함을 알 수 있다.

예제 6.8 단단식 우주선(Single Stage to orbit, SSTO)

목표 로켓의 속도와 추진 방정식을 적용한다.

문제 질량이 1.00×10^5 kg이고 엔진, 외관과 유효 하중을 포함한 연료 소진 질량이 1.00×10^4 kg인 로켓이 있다. 로켓이 지구로부터 발사되어 분출 속도 $v_e = 4.50 \times 10^3$ m/s로 일정하게 연료를 태우면서 4.00분 동안 연료 모두를 소진한다. **(a)** 공기 마찰과 중력을 무시할 때, 로켓의 연료 소진 시 속력은 얼마인가? **(b)** 이륙 직후 로켓의 추진력은 얼마인가? **(c)** 중력을 고려할 때 로켓의 처음 가속도는 얼마인가? **(d)** 중력을 고려할 때 로켓의 연료 소진 시의 속력을 추정하라.

전략 이 문제는 다소 복잡한 것 같지만 대개 적당한 수식에 값을 대입하면 해결된다. **(a)**는 식 6.20에 값을 대입하여 속도를 구한다. **(b)**는 로켓의 질량의 변화량을 전체 시간으로 나누어 $\Delta M/\Delta t$을 얻고, 식 6.21에 이를 대입하여 추진력을 찾는다. **(c)**는 뉴턴의 제2법칙, 중력과 **(b)**의 결과를 사용하여 처음 가속도를 구할 수 있다. **(d)**는 중력 가속도가 수 킬로미터에 걸쳐 근사적으로 일정하므로 **(b)**에서 구한 속력이 대략 $\Delta v_g = -gt$ 만큼 줄어들 것이다. 끝으로 **(a)**의 결과에 이러한 손실을 추가하면 된다.

풀이

(a) 연료 소진 시의 속도를 계산한다.

식 6.20에 $v_i = 0$, $v_e = 4.50 \times 10^3$ m/s, $M_i = 1.00 \times 10^5$ kg, $M_f = 1.00 \times 10^4$ kg을 대입한다.

$$v_f = v_i + v_e \ln\left(\frac{M_i}{M_f}\right)$$

$$= 0 + (4.5 \times 10^3 \text{ m/s}) \ln\left(\frac{1.00 \times 10^5 \text{ kg}}{1.00 \times 10^4 \text{ kg}}\right)$$

$$v_f = 1.04 \times 10^4 \text{ m/s}$$

(b) 이륙 시 추진력을 구한다.

로켓 질량의 변화량을 계산한다.

$$\Delta M = M_f - M_i = 1.00 \times 10^4 \text{ kg} - 1.00 \times 10^5 \text{ kg}$$

$$= -9.00 \times 10^4 \text{ kg}$$

질량 변화량을 시간으로 나눠 로켓 질량의 변화율을 계산한다(여기서 시간은 4.00분 = 2.40×10^2 s이다).

$$\frac{\Delta M}{\Delta t} = \frac{-9.00 \times 10^4 \text{ kg}}{2.40 \times 10^2 \text{ s}} = -3.75 \times 10^2 \text{ kg/s}$$

이 변화율을 식 6.21에 대입하여 추진력을 얻는다.

$$\text{추진력} = \left|v_e \frac{\Delta M}{\Delta t}\right| = (4.50 \times 10^3 \text{ m/s})(3.75 \times 10^2 \text{ kg/s})$$

$$= 1.69 \times 10^6 \text{ N}$$

(c) 중력을 포함하여 처음 가속도를 구한다.

뉴턴의 제2법칙을 쓴다. 여기서 추진력을 T로 표시하고 가속도 a에 대해 푼다.

$$Ma = \sum F = T - Mg$$

$$a = \frac{T}{M} - g = \frac{1.69 \times 10^6 \text{ N}}{1.00 \times 10^5 \text{ kg}} - 9.80 \text{ m/s}^2$$

$$= 7.10 \text{ m/s}^2$$

(d) 중력을 무시하지 않을 때 연료 소진 시의 속력을 구한다.

중력에 의한 속력의 대략적인 손실을 구한다.

$$\Delta v_g = -g\Delta t = -(9.80 \text{ m/s}^2)(2.40 \times 10^2 \text{ s})$$

$$= -2.35 \times 10^3 \text{ m/s}$$

(a)의 결과에 이 손실 속력을 더한다.

$$v_f = 1.04 \times 10^4 \text{ m/s} - 2.35 \times 10^3 \text{ m/s}$$

$$= 8.05 \times 10^3 \text{ m/s}$$

참고 중력을 고려하더라도 속력은 궤도에 진입하기에 충분하다. 공기에 의한 끌림힘을 극복하기 위하여 추가의 추진력이 필요하다.

연습문제

6.1 운동량과 충격량

1(1). 다음의 경우에 대해 선운동량의 크기를 계산하라. (a) 질량이 1.67×10^{-27} kg이고 속력이 5.00×10^6 m/s인 양성자, (b) 300 m/s의 속력으로 움직이는 15.0 g의 총알, (c) 10.0 m/s의 속력으로 달리는 75.0 kg의 달리기 선수, (d) 2.98×10^4 m/s의 공전 속력으로 움직이는 지구(질량 5.98×10^{24} kg)

2(3). 자메이카의 우사인 볼트는 100 m를 10.4 m/s의 평균 속력으로 달린 세계에서 가장 빠른 선수로 알려져 있다. (a) 볼트의 질량이 94.8 kg이라면, 5.00 kg 포탄의 속력이 얼마일 때 볼트의 운동량과 같아지겠는가? (b) 포탄의 운동에너지와 볼트의 운동에너지의 비를 계산하라.

3(5). 비바람이 몰아치는 날 빗방울이 주차된 차의 지붕 위에 수직으로 떨어진다. 빗방울이 차의 지붕에 닿는 속력은 12 m/s이고 매초 지붕을 때리는 빗방울의 질량은 0.035 kg이다. (a) 빗방울이 지붕을 때리고 난 직후 정지한다고 가정하고 빗방울이 지붕에 작용하는 평균 힘을 구하라. (b) 빗방울과 질량이 같은 우박이 같은 속력, 같은 비율로 떨어진다면 지붕에 작용하는 평균 힘을 (a)에서 구한 값과 비교해 보라.

4(7). 호주의 사무엘 그로스라는 테니스 선수는 세계에서 가장 빠른 서브 속력을 기록하고 있다. 2012년에 한국의 부산에서 기록한 그의 서브 속력의 운동에너지는 157 J이며 운동량은 4.28 kg·m/s이다. 테니스 공의 (a) 질량과 (b) 속력을 구하라.

5(9). 어떤 축구 선수가 22.5 m/s의 속력으로 수평과 35.0°의 각으로 코너킥을 하였다. 공의 질량은 0.425 kg이고 선수의 발은 공과 5.00×10^{-2} s 동안 접촉하였다. (a) 공의 운동량 변화의 x성분과 y성분을 구하라. (b) 선수의 발이 공에 작용한 평균 힘을 구하라.

6(11). 질량이 0.150 kg인 공이 정지 상태에서 1.25 m의 높이로부터 떨어진다. 공은 바닥에서 되튀어서 0.960 m의 높이에 도달한다. 바닥에 의해 공에 전해진 충격량을 구하라.

7(13). 포르쉐 918 스파이더는 정지 상태로부터 2.20 s만에 26.8 m/s의 속력을 낼 수 있는 하이브리드 스포츠카이다. (a) 선형 충격량과 (b) 가속되는 동안 차 안의 70.0 kg의 승객에게 작용하는 평균 힘의 크기를 구하라.

8(15). 그림 P6.8은 시간에 따른 힘의 그래프이다. 힘이 1.5 kg의 물체에 작용할 때 다음을 구하라. (a) 충격량, (b) 물체가 처음에 정지해 있다면 물체의 나중 속도, (c) 물체가 처음에 x축을 따라 속도 −2.0 m/s로 움직일 때 물체의 나중 속도

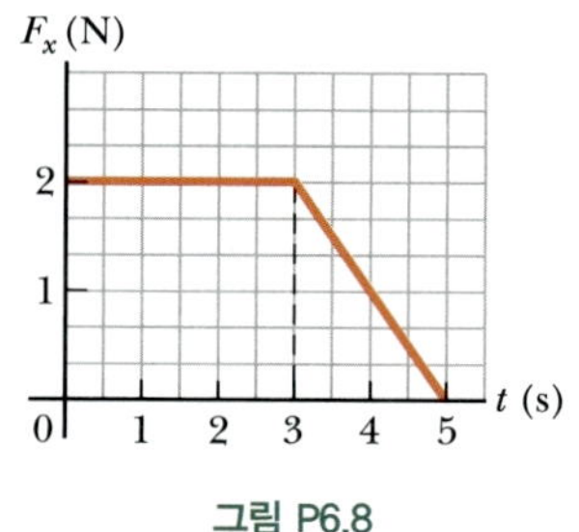

그림 P6.8

9(17). 그림 P6.9와 같이 힘이 1.5 kg인 입자에 작용할 때 다음을 구하라. (a) $t = 0$에서 $t = 3.0$ s까지의 충격량, (b) $t = 0$

에서 $t = 5.0$ s까지의 충격량, (c) 처음에 정지해 있는 1.5 kg의 입자에 힘이 작용한다고 할 때, $t = 3.0$ s, (d) $t = 5.0$ s일 때의 입자의 속력

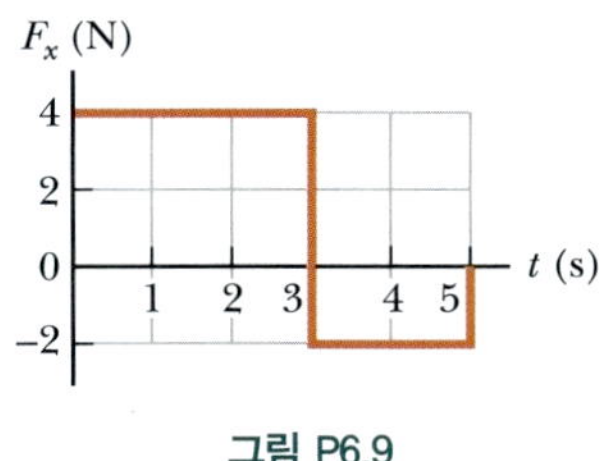

그림 P6.9

10(19). 1 400 kg의 자동차의 앞단이 충돌 시 충격을 흡수하기 위해 앞의 1.20 m가 '크럼플 존(crumple zone)'으로 설계되었다. 차가 25.0 m/s로 달리다가 1.20 m에 걸쳐서 일정하게 감속되어 정지한다. (a) 충돌이 지속되는 시간은 얼마인가? (b) 차에 작용하는 평균 힘의 크기는 얼마인가? (c) 차의 가속도는 얼마인가? 가속도를 중력 가속도의 배수로 나타내라.

6.2 운동량의 보존

11(21). 고속의 스트로보스코프 사진에서 2.00×10^2 g의 골프채 헤드가 티 위에 놓인 46.0 g의 골프공을 치기 직전에 55.0 m/s로 움직이고 있다. 충돌 후 골프채의 헤드는 같은 방향으로 40.0 m/s로 움직인다. 맞은 직후 골프공의 속력을 구하라.

12(23). 45.0 kg의 소녀가 150. kg의 판자 위에 서 있다. 처음에 정지해 있던 판자는 편평하고 마찰이 없는 호수의 언 표면에서 미끄러지게 되어 있다. 소녀가 판자의 오른쪽으로 판자에 대해 일정한 속도 1.50 m/s로 움직이기 시작한다. (a) 얼음 표면에 대한 소녀의 속도는 얼마인가? (b) 얼음 표면에 대한 판자의 속도는 얼마인가?

13(27). 질량이 65.0 kg인 사람이 0.045 0 kg의 눈덩이를 앞쪽으로 수평으로 30.0 m/s의 속력으로 던진다. 60.0 kg의 다른 사람이 그 눈덩이를 잡는다. 두 사람은 스케이트를 신고 있다. 첫 번째 사람은 처음에 2.50 m/s의 속력으로 앞쪽으로 움직이고, 두 번째 사람은 처음에 정지해 있다. 눈덩이를 교환한 후 두 사람의 속도를 구하라. 스케이트와 얼음의 마찰은 무시하라.

14(29). 우주복을 입은 우주 비행사의 전체 질량이 우주복과 산소통을 포함하여 87.0 kg이다. 우주 유영을 하던 중 우주 비행사는 우주선에 묶여 있는 밧줄을 놓쳤다. 우주선에 대해서 처음에 정지해 있던 우주 비행사는 우주선으로 되돌아가기 위해 12.0 kg의 산소통을 속력 8.00 m/s로 우주선의 반대 방향으로 던졌다(그림 P6.14). (a) 우주 비행사가 2.00분(헬멧에 있는 공기로 숨 쉴 수 있는 시간) 내로 복귀할 수 있는 우주선으로부터의 최대 거리를 구하라. (b) 어떻게 이와 같은 방법이 가능한지를 뉴턴의 운동 법칙으로 설명하라.

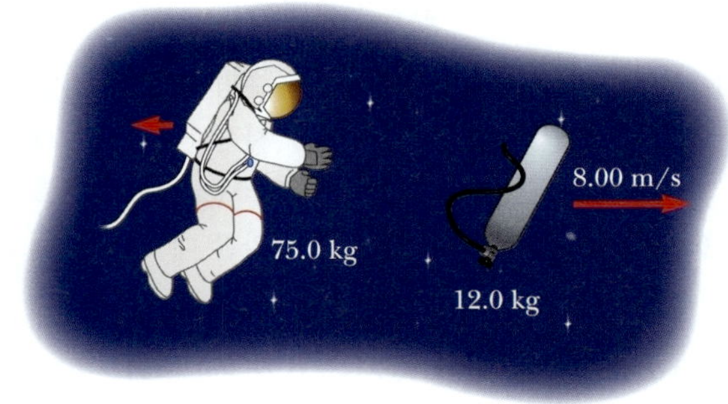

그림 P6.14

6.3 일차원 충돌

6.4 스치는 충돌

15(31). 질량이 $m_1 = 70.0$ kg인 남자가 그의 부인 뒤에서 $v_1 = 8.00$ m/s로 스케이트를 타고 있고, 질량이 $m_2 = 50.0$ kg인 부인은 $v_2 = 4.00$ m/s로 스케이트를 타고 있다. 남자는 부인을 지나치지 못하고 실수로 충돌한다. 남자는 부인의 허리를 감싸 안으면서 균형을 잡고 있다. (a) 두 사람을 블록으로 나타내어 전후의 문제를 그려라. (b) 충돌은 탄성, 비탄성, 완전 비탄성 중 어느 쪽에 가장 가까운가? 그 이유는 무엇인가? (c) m_1, v_1, m_2, v_2와 나중 속도 v_f를 사용해서 운동량 보존의 법칙을 일반식으로 적어라. (d) v_f에 대해 운동량 방정식을 풀어라. (e) 값을 대입해서 충돌 후의 속력인 v_f에 대한 값을 얻어라.

16(33). 영희가 4.00 m/s의 속력으로 달리다가 정지해 있던 눈썰매에 올라탔다. 눈 위를 미끄러져 가는 눈썰매와 눈 사이에는 마찰이 없다고 가정한다. 그녀가 연직 높이 5.00 m에 해당하는 비탈을 미끄러져 내려갔을 때, 눈 길 옆에 서 있던 그녀의 남동생이 등 위에 올라타서 둘은 함께 미끄러져 내려갔다. 비탈을 미끄러져 내려온 전체 길이에 해당하는 연직 높이가 15.0 m라면 바닥에서의 두 사람의 속력은 얼마인가? 눈썰매의 질량은 5.00 kg, 영희의 질량은 50.0 kg이고 남동생의 질량은 30.0 kg이다.

17(35). 질량이 2.00×10^4 kg인 차량 1대로 구성된 기차가 속력 3.00 m/s로 움직인다. 이 기차가 같은 무게의 차량 2대가 연결되어 같은 방향으로 1.20 m/s로 움직이는 기차와 충돌하여 차량 3대가 하나의 기차처럼 움직인다. (a) 충돌 후 세 대

가 연결된 차량의 속력은 얼마인가? (b) 충돌에서 손실된 운동에너지는 얼마인가?

18(37). 예제 6.5에 있는 탄동 진자에 대해 (a) 충돌 직전과 직후의 운동량의 비를 구하라. (b) 충돌 직전과 직후의 운동에너지의 비가 $m_1/(m_1+m_2)$임을 증명하라.

19(39). 서커스에서 80.0 kg의 배우가 수평 방향으로 있는 길이가 3.75 m인 줄에 매달려 공연을 시작하려 한다. 그는 호를 그리며 내려오다가 최저점에서 55.0 kg의 조연자를 비탄성 충돌로 잡아 올렸다. 위로 치고 올라갈 때 그들의 최고 높이는 얼마인가?

20(41). 0.030 kg의 총알이 정지한 0.15 kg의 야구공을 향해 200 m/s로 연직 윗방향으로 발사되었다. 총알이 공 속에 파묻힌다면 충돌 후 공은 얼마나 높이 오르는가?

21(43). 12.0 g의 총알이 마찰이 없는 수평면에서 정지한 100 g의 나무토막을 향해 수평으로 발사되며, 나무토막에는 용수철 상수가 150 N/m인 용수철이 달려 있다. 총알은 나무에 박힌다. 총알-나무토막 계가 용수철을 최대 80.0 cm만큼 누른다면 나무토막과 충돌하는 순간, 총알의 속력은 얼마인가?

22(47). 오른쪽으로 20.0 cm/s의 속력으로 움직이는 25.0 g의 물체가 같은 방향으로 15.0 cm/s로 움직이는 10.0 g의 물체를 추월하면서 탄성 충돌을 한다. 충돌 후 각 물체의 속도를 구하라.

23(49). 미식 축구에서 동쪽으로 5.00 m/s로 움직이는 90.0 kg의 선수가 북쪽으로 3.00 m/s로 달려가는 95.0 kg의 상대방에게 태클을 당한다. (a) 왜 태클은 완전 비탄성 충돌인가? (b) 태클 후 선수들의 속도를 구하라. (c) 충돌의 결과로 손실되는 역학적 에너지를 계산하라. (d) 이 잃어버린 에너지는 어디로 갔는가?

24(51). 동쪽으로 10.0 m/s로 움직이는 2.00×10^3 kg의 자동차가 북쪽으로 움직이는 3.00×10^3 kg의 자동차와 충돌하였다. 두 차는 서로 붙어서 동북쪽 40.0° 방향으로 속력 5.22 m/s로 움직인다. 충돌 전 3.00×10^3 kg의 자동차의 속력을 구하라.

25(53). 5.00 m/s로 움직이는 당구공이 정지해 있는 같은 질량의 공과 부딪혔다. 충돌 후 첫 번째 공은 원래의 방향과 30.0°의 각으로 4.33 m/s로 움직인다. (a) 충돌 후 두 번째 공의 속도(크기와 방향)를 구하라. (b) 이것은 비탄성 충돌인가 탄성 충돌인가?

6.5 로켓의 추진

26(55). 상업용 위성에 최초의 이온 엔진 중의 하나는 추진 연료로 제논을 사용하였다. 제논 연료는 3.03×10^{-6} kg/s의 비율로 이온화된 가스를 3.04×10^4 m/s의 속력으로 배출할 수 있다. 이 엔진이 낼 수 있는 순간 추진력은 얼마인가?

27(57). 대부분의 사람들은 약 $5g$(49.0 m/s^2) 이상의 중력 가속도를 수 초 이상 받으면 의식을 잃게 된다. 질량이 3.00×10^4 kg인 유인 우주선의 엔진의 배기 속력이 2.50×10^3 m/s라고 할 때, 우주선의 가속도가 $5g$를 초과하여 그 안의 사람들이 의식을 잃기 시작하기 전에 엔진이 도달할 수 있는 최대 연소율 $|\Delta M/\Delta t|$는 얼마인가?

28(59). 어떤 우주선의 궤도기동장치가 우주선의 속력을 1.20×10^3 m/s 증가시키려고 한다. 엔진의 배기 속력이 2.50×10^3 m/s라면 최후 질량에 대한 최초 질량의 비 M_i/M_f를 구하라. (질량의 차이 M_i-M_f는 배기된 연료의 질량과 같다.)

종합문제

29(61). 덤프트럭과 승용차가 정면 충돌한 결과는 보지 않아도 모든 사람들이 알고 있다. 이 경우 대부분 승용차 안에 있는 것보다 트럭 안에 있는 것이 퍽 다행스러울 것이라고 생각한다. 왜 그럴까? 많은 사람들이 승용차에 작용하는 충돌의 힘이 트럭에 작용하는 충돌의 힘보다 훨씬 더 클 것이라고 상상한다. 그런 상상을 입증하는 견해로 트럭은 긁히기만 하는 반면, 승용차는 많이 부서진다는 것이다. 이런 생각은 힘이 같지 않다고 보는 것이다. 물론 잘못된 생각이다. 뉴턴의 제3법칙에 의하면 두 물체 모두 같은 크기의 힘을 받는다. 트럭의 손상이 적은 이유는 더 단단한 금속으로 만들어져 있기 때문이다. 양측의 운전자는 어떨까? 그들도 같은 힘을 받을까? 이 질문에 답하기 위해서 각각의 차량이 처음에 8.00 m/s의 속력으로 움직이고 있었고 완전 비탄성 정면 충돌을 한다고 상상해 보자. 두 운전자 모두 질량이 80.0 kg이다. 운전자의 질량을 포함하여 승용차의 질량은 800 kg, 트럭의 질량은 4.00×10^3 kg이라고 하자. 충돌의 접촉시간이 0.120 s라면, 안전벨트가 각 운전자에게 작용하는 힘은 얼마인가?

30(63). 2.0 g의 입자가 8.0 m/s의 속력으로 움직이면서 정지해 있는 1.0 g의 물체와 완전 탄성 정면 충돌을 한다. (a) 충돌 후 각 입자의 속력을 구하라. (b) 정지해 있는 입자의 질량이 10 g이라고 할 때 충돌 후 각 입자의 속력을 구하라. (c) (a)와 (b)의 상황에서 2.0 g인 입자의 나중 운동에너지를 구하라. 어느 경우에 입사 입자의 운동에너지 손실이 더 많은가?

31(65). 질량이 M인 아마추어 스케이트 선수가 아이스링크 중앙에 갇혀 얼음이 없는 둘레로 나올 수 없다. 그녀가 하는 모든 행동이 그녀를 얼음 위에서 미끄러지게 하고 같은 자리에 머물게 한다. 그녀는 질량이 m인 장갑을 안전지대 반대쪽으로 던져서 그녀가 안전지대로 되돌아가기로 결정하였다. (a) 그녀는 최대한 낼 수 있는 속력 $\vec{\mathbf{v}}_{\text{gloves}}$로 장갑을 던진다. 그녀가 움직일 수 있을지 없을지를 설명하라. 그녀가 움직인다면 그녀가 장갑을 던진 후 그녀의 지면에 대한 속도 $\vec{\mathbf{v}}_{\text{girl}}$을 구하라. (b) 그녀에 작용하는 힘의 입장에서 그녀의 운동을 설명하라.

32(67). 730 N의 한 남자가 반지름이 5.0 m인 얼어붙은 연못 한 가운데에 서 있다. 그가 신은 신발과 얼음 사이의 마찰 계수가 너무 작아서 그는 다른 곳으로 움직일 수가 없다. 이러한 어려움을 해결하기 위해 1.2 kg의 물리책을 5.0 m/s의 속력으로 북쪽 연못 끝을 향해 수평으로 던진다. 그가 연못 남쪽 끝에 도달하는 데 걸리는 시간은 얼마인가?

33(69). 질량이 m_1과 m_2인 블록 두 개가 수평면 테이블 위에서 실험실 관측자가 측정한 속력과 같은 일정한 속력 v_0로 서로 접근하고 있다. 두 블록은 완전 탄성 충돌을 하며, 충돌 후 m_1은 정지하나 m_2는 오던 방향과 반대로 어떤 일정한 속력 v로 움직인다. (a) 두 질량의 비 m_1/m_2를 구하라. (b) 속력의 비 v/v_0는 얼마인가?

34(71). 그림 P6.34와 같이 질량이 $m_1 = 0.500$ kg인 블록이 테이블 위 곡선면 높이 $h_1 = 2.50$ m 되는 곳에 놓인다. 그런 다음 미끄러져 내려와 테이블 위에 정지해 있던 질량 $m_2 = 1.00$ kg인 물체와 탄성 충돌을 한다. (a) 충돌 후 두 물체의 속도를 구하라. (b) 0.500 kg인 물체가 충돌 후 뒤로 튕겨서 올라가는 높이는 얼마인가? (c) 테이블의 높이가 $h_2 = 2.00$ m라고 할 때 1.00 kg인 물체가 충돌 후에 바닥에 떨어지는 거리는 얼마인가? (d) m_1은 되튀어 올라갔다가 다시 내려와서 바닥에 떨어진다. 어느 거리에 떨어지는가?

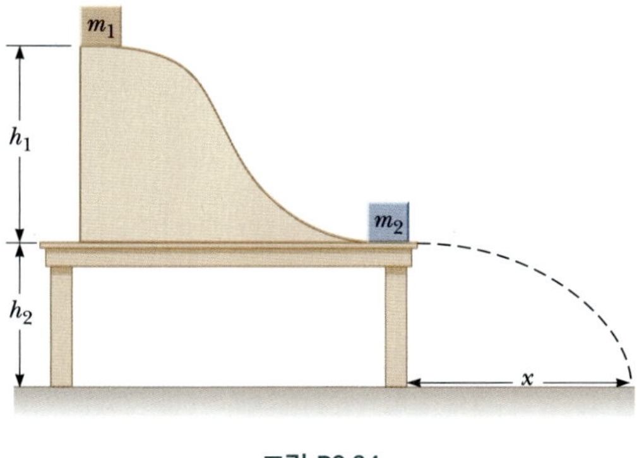

그림 P6.34

35(73). 질량이 $m_1 = 0.500$ kg인 작은 블록이 질량이 $m_2 = 3.00$ kg인 곡선 모양의 틀 위에 놓인다. 그 틀은 그림 P6.35a에서와 같이 마찰이 없는 평면 위에 놓여 있다. 블록이 틀을 벗어날 때의 속력은 그림 P6.35b에서처럼 오른쪽을 향하며 4.00 m/s로 측정되었다. (a) 블록이 수평면에 도달한 직후의 그 틀의 속력은 얼마인가? (b) 틀의 높이 h는 얼마인가?

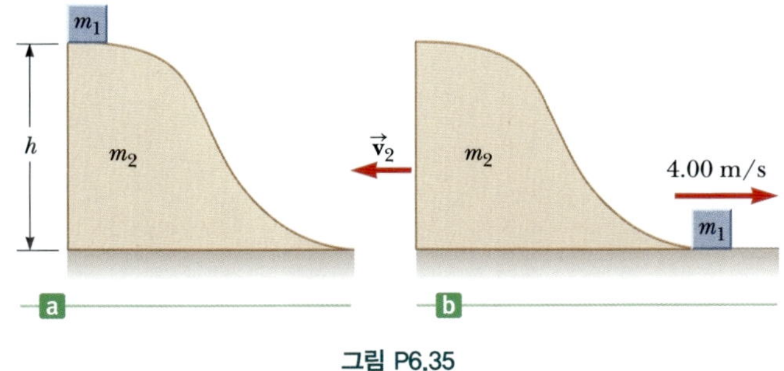

그림 P6.35

회전 운동과 중력

Rotational Motion and Gravitation

CHAPTER 7

회전 운동은 일상생활에서 많이 일어난다. 지구의 자전으로 밤과 낮이 생기고, 회전하는 바퀴로 차량 이동을 용이하게 하고, 스위스제 시계 속의 작은 톱니 바퀴부터 선반의 작동이나 거대한 기계 장치에 이르기까지 다양한 첨단 기술들이 원운동과 연관되어 있다. 각속도, 각가속도, 구심 가속도 등의 개념은 원형 경주 트랙을 도는 자동차에서부터 한 점을 중심으로 회전하는 은하계의 성단까지 다양한 물체들의 운동을 이해하는 데 도움을 준다.

뉴턴의 만유인력의 법칙과 운동 법칙을 회전 운동과 결합하여 정지위성의 궤도 계산, 행성 운동, 우주여행 등의 내용을 이해할 수 있다. 또한 중력 퍼텐셜 에너지와 에너지 보존의 법칙을 일반화하여 행성의 탈출 속력 등을 계산할 수 있다. 이 장의 마지막 부분에서는 뉴턴의 중력에 대한 설명의 기반이 된 행성 운동에 관한 케플러의 세 가지 법칙을 공부할 예정이다.

7.1 각속도와 각가속도 Angular Velocity and Angular Acceleration

직선 운동에서 중요한 물리 개념은 변위 Δx , 속도 v, 가속도 a이다. 이들 개념은 회전 운동에서 각각 각변위 $\Delta\theta$, 각속도 ω, 각가속도 α에 해당한다.

각도의 단위인 라디안은 이러한 개념들을 이해하는 데 필수이다. 원둘레의 길이 s는 $s = 2\pi r$로 주어지는데, 여기서 r은 원의 반지름이다. 양변을 r로 나누면 $s/r = 2\pi$가 된다. s와 r이 길이의 차원이므로, s/r은 차원을 가지지 않는다. 그럼에도 불구하고 2π는 원둘레의 변위를 나타낸다. 원둘레의 반은 π이고, 원둘레의 1/4은 $\pi/2$에 해당한다. 2π, π, $\pi/2$의 수는 각각 360°, 180°, 90°의 각에 해당하고, 따라서 각도와 라디안이 $180° = \pi$ rad의 관계를 갖는 각의 새로운 단위로서 **라디안**(radian)을 도입할 수 있다.

반지름이 r인 원호의 길이 s로 그려지는 각 θ를 $+x$축 방향으로부터 반시계 방향으로 라디안으로 측정하면

$$\theta = \frac{s}{r} \tag{7.1}$$

이다. 식 7.1에서 각 θ는 $+x$축 방향으로부터의 각변위이고, s는 $+x$축 방향으로부터의 원호의 길이에 해당한다. 그림 7.1은 1 rad의 크기가 약 57°임을 설명하고 있다. 각도를 라디안으로 변환하려면 (π rad/180°)의 비를 곱해야 한다. 예를 들어, 45° (π rad/180°) = (π/4)rad이다.

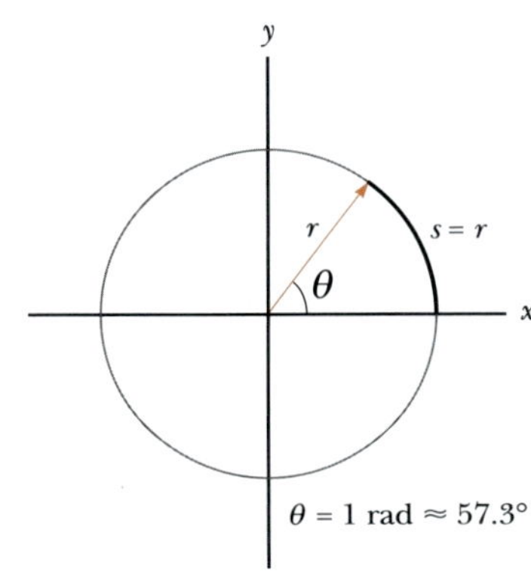

그림 7.1 1 rad은 반지름이 r인 원에서 호의 길이 s가 반지름 r과 같을 때의 각이다.

일반적으로 물리학에서 각은 라디안으로 표현해야만 한다. 계산기를 사용할 때도 라

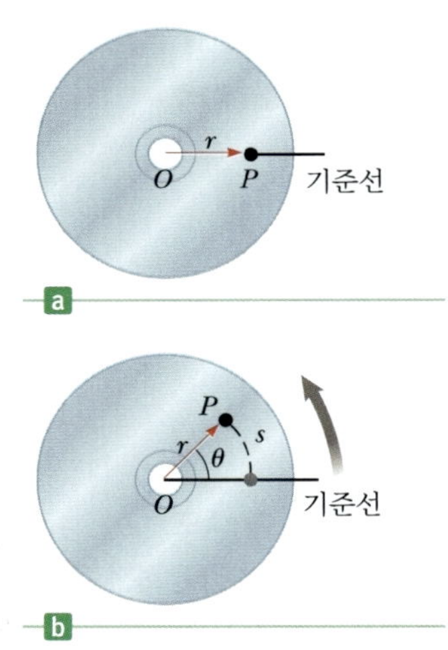

그림 7.2 (a) $t = 0$일 때 회전하는 콤팩트디스크 위의 점 P, (b) 디스크가 회전함에 따라 점 P는 호의 길이 s만큼 이동한다.

디안 모드로 맞추어야 한다.

라디안 측정 개념을 이해하기 위해 물리학에서의 각에 대한 개념을 논의해 보자. 그림 7.2a는 회전하는 콤팩트디스크를 위에서 내려다 본 그림이다. 이러한 디스크는 '강체'의 일종으로 물체 내 한 부분과 다른 모든 부분 사이의 상대적 위치가 고정되어 있다. 강체가 어떤 각도로 회전할 때 물체의 모든 부분은 동시에 같은 각도만큼 회전한다. 콤팩트디스크에서 회전축은 디스크의 중심 O에 있다. 디스크 위의 한 점 P는 원점으로부터 거리 r만큼 떨어져 있고, O에 대하여 반지름이 r인 원운동을 한다. 그림 7.2a와 같이 고정된 기준선을 정하고 시간 $t = 0$일 때 점 P를 기준선 위에 놓는다. 시간 간격 Δt를 지난 후 점 P는 새로운 위치로 이동한다(그림 7.2b). 이 시간 간격 동안 직선 OP는 기준선에 대하여 각 θ만큼 회전한다. 라디안으로 측정되는 각 θ를 **각위치**(angular position)라고 하며 이는 직선 운동 시 위치 변수 x와 유사하다. 같은 방법으로 점 P도 원둘레를 따라 호의 길이 s만큼 이동한다.

그림 7.3에서 회전하는 디스크 위의 한 점이 시간 Δt 동안 Ⓐ에서 Ⓑ로 움직일 때, 그 점은 각 θ_i에서 시작하여 각 θ_f에서 끝난다. 그 차이 $\theta_f - \theta_i$를 **각변위**(angular displacement)라고 한다.

각변위 ▶

한 물체의 **각변위** $\Delta\theta$는 나중 각도와 처음 각도의 차이 값이다.

$$\Delta\theta = \theta_f - \theta_i \qquad [7.2]$$

SI 단위: 라디안(rad)

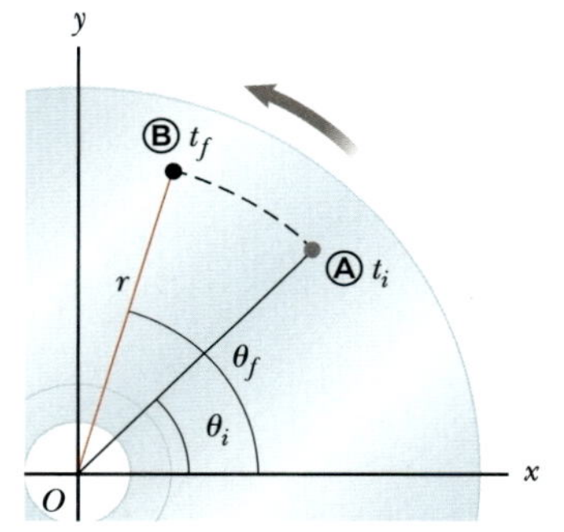

그림 7.3 콤팩트디스크에서 임의의 한 점이 Ⓐ에서 Ⓑ로 이동하면 원반은 각 $\Delta\theta = \theta_f - \theta_i$ 만큼 회전한다.

예를 들어, 디스크 위의 한 점이 $\theta_i = 4$ rad에서 각 위치 $\theta_f = 7$ rad까지 회전한다면, 각변위는 $\Delta\theta = \theta_f - \theta_i = 7\text{ rad} - 4\text{ rad} = 3\text{ rad}$이다. 회전하는 디스크를 설명할 때 각변위를 사용하는데, **그 이유는 디스크 위의 모든 점은 주어진 시간 간격에서 같은 각변위를 갖기 때문이다.**

식 7.2의 정의를 사용하면, 식 7.1은 $\Delta\theta = \Delta s/r$로 쓸 수 있으며, 여기서 Δs는 각변위에 의해서 생긴 원호를 따라 가는 변위이다. 각변위의 정의를 가지고 각속도를 자연스럽게 정의할 수 있다.

평균 각속도 ▶

시간 간격 Δt 동안 회전하는 강체의 **평균 각속도** $\omega_{평균}$은 각변위 $\Delta\theta$를 Δt로 나눈 값이다.

$$\omega_{평균} \equiv \frac{\theta_f - \theta_i}{t_f - t_i} = \frac{\Delta\theta}{\Delta t} \qquad [7.3]$$

SI 단위: 라디안/초(rad/s)

Tip 7.1 라디안을 기억하라!
식 7.1은 라디안 단위로 측정한 각도를 사용한다. 도 단위로 표현한 각도는 먼저 라디안 단위로 변환해야만 한다. 또한 회전과 관련된 문제를 풀 때에는 사용하는 계산기가 도 단위 모드인지 라디안 단위 모드인지를 확인해야 한다.

매우 짧은 시간 간격에 대해서 평균 각속도는 선운동의 경우와 유사하게 순간 각속도가 된다.

회전하는 강체의 **순간 각속도**(instantaneous angular velocity) ω는 시간 간격 Δt가 영으로 접근할 때, 평균 속도 $\Delta\theta/\Delta t$의 극한이다.

◀ 순간 각속도

$$\omega \equiv \lim_{\Delta t \to 0} \frac{\Delta\theta}{\Delta t} \qquad [7.4]$$

SI 단위: 라디안/초(rad/s)

θ가 증가(반시계 방향으로 회전)할 때 ω가 양의 값으로, θ가 감소(시계 방향으로 회전)할 때 ω가 음의 부호를 갖는 것으로 정의한다. 각속도가 일정할 때 순간 각속도는 평균 각속도와 같다.

물체의 **순간 각속력**은 순간 각속도의 크기로 정의한다. 순간 각속력(또는 단순히 "각속력")은 방향을 갖지 않으며 부호를 동반하지 않는다. 예를 들어, 어떤 물체가 반시계 방향으로 +5.0 rad/s의 각속도로 돌고 있고 다른 물체가 시계 방향으로 −5.0 rad/s의 각속도로 돌고 있다면 둘 다 5.0 rad/s의 각속력으로 돌고 있는 것이다.

◀ 순간 각속력

예제 7.1 헬리콥터

목표 각변위와 관련된 기본적인 계산을 해본다.

문제 헬리콥터의 날개가 3.20×10^2 rev/min의 각속도로 회전한다(rev/min은 분당 회전수를 의미하며, 줄여서 흔히 rpm이라고 한다). **(a)** 이 각속도를 rad/s로 나타내라. **(b)** 날개의 반지름이 2.00 m이면, 3.00×10^2 s 동안 날개 끝은 호의 길이를 얼마만큼 회전하는가? **(c)** 조종사가 날개의 회전 속력을 높여서 날개의 각속도가 3.60 s 동안에 26회전하게 한다. 이 시간 동안의 평균 각속도를 구하라.

전략 한 번 회전하는 동안 날개는 2π rad의 각도를 회전한다. 이 관계를 바꿈 인수로 사용하여 나타낸다. **(b)**에서 먼저 각속도에 시간을 곱한 다음 각변위를 라디안 단위로 계산한다. **(c)**는 식 7.3의 간단한 응용이다.

풀이

(a) 각속도를 rad/s로 표현한다.

1 rev = 2π rad과 60.0 s = 1 min의 바꿈 인수를 사용한다.

$$\omega = 3.20 \times 10^2 \frac{\text{rev}}{\text{min}}$$

$$= 3.20 \times 10^2 \frac{\cancel{\text{rev}}}{\cancel{\text{min}}}\left(\frac{2\pi \text{ rad}}{1 \cancel{\text{rev}}}\right)\left(\frac{1.00 \cancel{\text{min}}}{60.0 \text{ s}}\right)$$

$$= 33.5 \text{ rad/s}$$

(b) 날개 끝이 돌면서 이동한 호의 길이를 구하기 위해 각속도에 시간을 곱하여 각변위를 구한다.

$$\Delta\theta = \omega t = (33.5 \text{ rad/s})(3.00 \times 10^2 \text{ s}) = 1.01 \times 10^4 \text{ rad}$$

각변위에 반지름을 곱하여 호의 길이를 구한다.

$$\Delta s = r\Delta\theta = (2.00 \text{ m})(1.01 \times 10^4 \text{ rad}) = 2.02 \times 10^4 \text{ m}$$

(c) 회전 날개의 각속도가 증가하는 동안의 평균 각속도를 계산한다.

각변위를 라디안으로 고친 다음 식 7.3에 대입한다.

$$\Delta\theta = (26 \text{ rev})(2\pi \text{ rad/rev}) = 52\pi \text{ rad:}$$

$$\omega_{\text{평균}} = \frac{\Delta\theta}{\Delta t} = \frac{52\pi \text{ rad}}{3.60 \text{ s}} = 45 \text{ rad/s}$$

참고 일반적으로 각속도는 rad/s 단위로 표시하는 것이 가장 좋다. 라디안 단위로 측정하는 습관만이 실수를 줄인다.

그림 7.4는 자전거 수리공이 자전거 뒷바퀴를 수리하기 위하여 자전거를 뒤집어 놓은 상태이다. 자전거 페달을 회전시킬 때 처음 시각 t_i에서 바퀴의 각속도는 ω_i이며(그림 7.4a) 나중 시각 t_f에서 바퀴의 각속도는 ω_f이다(그림 7.4b). 속도의 변화가 가속

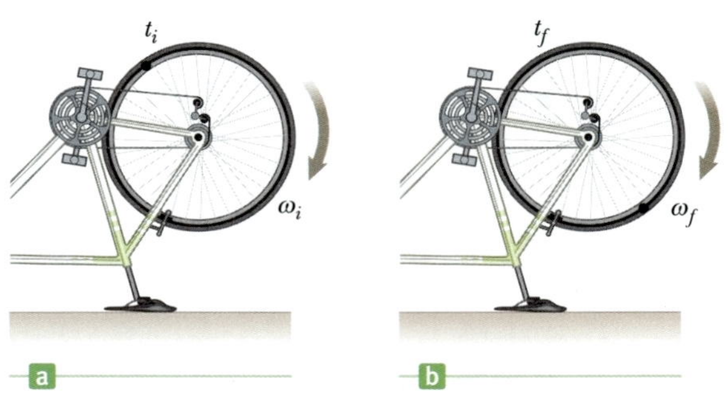

그림 7.4 가속하고 있는 자전거의 바퀴가 (a) 시각 t_i에서는 각속도 ω_i로 (b) 시각 t_f에서는 각속도 ω_f로 회전한다.

도를 만들듯이 각속도 변화 또한 각가속도를 만든다.

평균 각가속도 ►

평균 각가속도 $\alpha_{평균}$은 시간 간격 Δt 동안의 각가속도의 변화량 $\Delta\omega$를 Δt로 나눈 값이다.

$$\alpha_{평균} \equiv \frac{\omega_f - \omega_i}{t_f - t_i} = \frac{\Delta\omega}{\Delta t} \qquad [7.5]$$

SI 단위: 라디안/제곱초(rad/s²)

각속도에서처럼 양의 각가속도는 반시계 방향이고, 음의 각가속도는 시계 방향이다. 각속도가 3.0 s 동안 15 rad/s에서 9.0 rad/s로 변한다면, 그 시간 동안의 평균 각가속도는

$$\alpha_{평균} = \frac{\Delta\omega}{\Delta t} = \frac{9.0 \text{ rad/s} - 15 \text{ rad/s}}{3.0 \text{ s}} = -2.0 \text{ rad/s}^2$$

이다. 음의 부호는 각가속도가 시계 방향(각속도는 줄어들지만 여전히 양의 값이고 반시계 방향이다)임을 표시한다. 순간 각가속도는 다음과 같다.

순간 각가속도 ►

순간 각가속도 α는 시간 간격 Δt가 영으로 접근할 때 평균 각가속도 $\Delta\omega/\Delta t$의 극한이다.

$$\alpha \equiv \lim_{\Delta t \to 0} \frac{\Delta\omega}{\Delta t} \qquad [7.6]$$

SI 단위: 라디안/제곱초(rad/s²)

강체가 한 고정축을 중심으로 회전할 때 자전거 바퀴가 회전하는 것처럼, 물체 내의 모든 점들은 같은 각속도와 같은 각가속도를 갖는다. 이러한 사실은 각속도와 각가속도로 회전 운동을 설명하는 데 있어 매우 유익함을 의미한다. 반면 물체의 접선(선) 속도와 가속도는 한 점에서 회전축까지의 거리에 따라 값이 달라진다.

7.2 각가속도가 일정한 회전 운동

Rotational Motion under Constant Angular Acceleration

지금까지 설명한 회전 운동과 앞 장들에서 설명한 선운동에 대한 수식들 사이의 유사점을 살펴보자. 예를 들어, 평균 각속도를 정의하는 식

$$\omega_{평균} \equiv \frac{\theta_f - \theta_i}{t_f - t_i} = \frac{\Delta\theta}{\Delta t}$$

와 평균 선속도를 나타내는 식

$$v_{평균} \equiv \frac{x_f - x_i}{t_f - t_i} = \frac{\Delta x}{\Delta t}$$

를 비교해 보자. 위의 수식들은 θ가 x로, ω가 v로 바뀌어 있다는 점에서 유사하다. 회전 운동을 배울 때 이러한 유사성에 유의하면, 지금까지 유도했던 모든 선운동에 대한 식들에 대응되는 회전 운동에 대한 닮은 식이 존재함을 알 수 있게 된다.

2.3절에서 일정가속도로 선운동하는 물체의 운동학 식을 유도하였던 방법으로, 일정각가속도로 회전 운동하는 물체의 운동학 식을 유도할 수 있다. 결과적으로 선운동의 식에 대응되는 회전 운동의 식은 다음과 같다.

a가 일정할 때의 선운동 (변수: x와 v)	α가 일정할 때의 고정축에 대한 회전 운동 (변수: θ와 ω)	
$v = v_i + at$	$\omega = \omega_i + \alpha t$	[7.7]
$\Delta x = v_i t + \frac{1}{2}at^2$	$\Delta\theta = \omega_i t + \frac{1}{2}\alpha t^2$	[7.8]
$v^2 = v_i^2 + 2a\Delta x$	$\omega^2 = \omega_i^2 + 2\alpha\Delta\theta$	[7.9]

선운동에서의 식과 회전 운동에서의 식의 대응 관계를 주목하라.

예제 7.2 회전하는 바퀴

목표 회전 운동학 식을 적용한다.

문제 바퀴가 일정한 각가속도 3.50 rad/s²로 회전하고 있다. 시각 $t = 0$ s에서 바퀴의 각속도는 2.00 rad/s이다. **(a)** $t = 0$과 $t = 2.00$ s 사이 시간 동안 바퀴의 회전 각도는 얼마인가? 라디안과 회전수로 답하라. **(b)** $t = 2.00$ s 시각에서 바퀴의 각속도는 얼마인가? **(c)** **(b)**에서의 각속도가 2배가 되는 동안 각변위(회전수 단위로)는 얼마가 되는가?

전략 각가속도가 일정하므로 이 문제는 식 7.7~7.9에 주어진 값을 대입하면 된다.

풀이

(a) 2.00 s 후에 각변위를 라디안과 회전수로 표시한다.

식 7.8을 이용하여 $\omega_i = 2.00$ rad/s, $\alpha = 3.5$ rad/s²과 $t = 2.00$ s의 값을 대입한다.

$$\Delta\theta = \omega_i t + \frac{1}{2}\alpha t^2$$
$$= (2.00 \text{ rad/s})(2.00 \text{ s}) + \frac{1}{2}(3.50 \text{ rad/s}^2)(2.00 \text{ s})^2$$
$$= \boxed{11.0 \text{ rad}}$$

라디안을 회전수로 변환한다.

$$\Delta\theta = (11.0 \text{ rad})(1.00 \text{ rev}/2\pi \text{ rad}) = \boxed{1.75 \text{ rev}}$$

(b) $t = 2.00$ s에서 바퀴의 각속도를 구한다.

같은 값을 식 7.7에 대입한다.

$$\omega = \omega_i + \alpha t = 2.00 \text{ rad/s} + (3.50 \text{ rad/s}^2)(2.00 \text{ s})$$
$$= \boxed{9.00 \text{ rad/s}}$$

(c) **(b)**에서의 각속도가 2배가 되는 동안 각변위(회전수 단위로)를 구한다.

시간 항이 없는 회전 운동학 식을 사용한다.

$$\omega_f^2 - \omega_i^2 = 2\alpha\Delta\theta$$

$\omega_f = 2\,\omega_i$를 대입한다.

$$(2 \times 9.00\ \mathrm{rad/s})^2 - (9.00\ \mathrm{rad/s})^2 = 2(3.50\ \mathrm{rad/s^2})\Delta\theta$$

각변위에 대해 푼 다음 회전수로 변환한다.

$$\Delta\theta = (34.7\ \mathrm{rad})(1\ \mathrm{rev}/2\pi\ \mathrm{rad}) = \boxed{5.52\ \mathrm{rev}}$$

참고 **(b)**의 결과는 식 7.9와 **(a)**의 결과로부터 구할 수도 있다.

7.3 접선 속도, 접선 가속도, 구심 가속도

Tangential Velocity, Tangential Acceleration, and Centripetal Acceleration

7.3.1 접선 속도와 접선 가속도 Tangential Velocity and Acceleration

회전 운동에서의 변수는 선운동에서의 변수와 밀접한 관계가 있다. 그림 7.5에서 점 O를 관통하는 z축에 대하여 회전하고 있는 임의의 형태의 물체를 생각해 보자. 물체는 각도 $\Delta\theta$만큼 회전하고, 점 P는 시간 간격 Δt 동안 호의 길이 Δs를 이동하였다고 가정하자. 라디안 단위의 정의로부터 다음과 같은 결과를 얻을 수 있다.

$$\Delta\theta = \frac{\Delta s}{r}$$

위 식의 양변을 회전하는 동안의 시간 간격 Δt로 각각 나누면,

$$\frac{\Delta\theta}{\Delta t} = \frac{1}{r}\frac{\Delta s}{\Delta t}$$

가 된다. 만약 Δt가 매우 작다면, 물체의 회전 각도 $\Delta\theta$도 작으며, 회전 비율 $\Delta\theta/\Delta t$는 순간 각속도 ω가 된다. 또한 Δt가 작을 때 Δs도 매우 작으며, 이동 비율 $\Delta s/\Delta t$는 짧은 순간에 대한 순간 선속력 v와 같다. 따라서 Δt가 매우 작은 경우, 위의 식은 다음과 같이 쓸 수 있다.

$$\omega = \frac{v}{r}$$

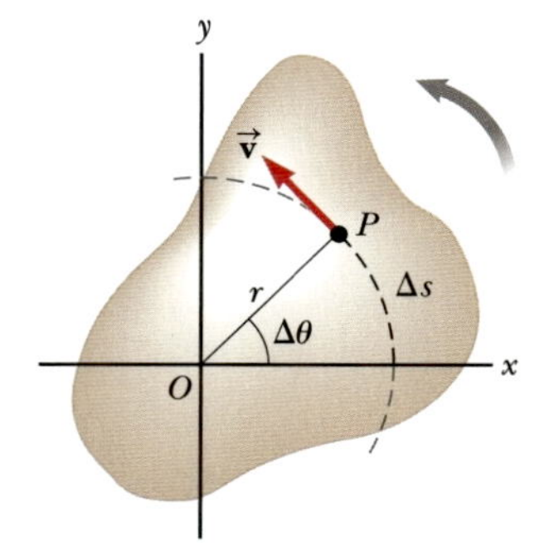

그림 7.5 점 O에서 그림의 평면을 수직으로 통과하는 축(z축)을 회전축으로 하는 물체의 회전. 물체 위의 한 점 P는 점 O를 중심으로 반지름 r의 원으로 회전한다.

그림 7.5를 보면 이 수식을 이해할 수 있다. 이동 거리 Δs는 점 P가 선속력 v로 시간 Δt 동안 호를 따라 이동한 거리이다. P의 속도 벡터 $\vec{\mathbf{v}}$의 방향은 원형 경로에 접한다. $\vec{\mathbf{v}}$의 각성분인 $v = v_t$를 원형 경로로 운동하는 입자의 **접선 속도**(tangential velocity)라 하며 다음과 같다.

접선 속도 ►

$$v_t = r\omega \qquad [7.10]$$

즉, 회전하는 물체 내에 있는 한 점의 접선 속도는 회전축으로부터 점까지의 거리와 각속도의 곱과 같다. 식 7.10에서 회전하는 물체 내의 한 점의 선속력은 회전의 중심으로부터 테두리 쪽으로 멀어짐에 따라 증가함을 직관적으로 알 수 있다. 비록 **회전하는 물체 내의 모든 점들은 같은 각속도를 갖지만,** 같은 선속력(접선 속력)을 갖는 것은 아니다.

식 7.10을 이용할 때 각속도의 단위에 주의하라. 수식은 라디안으로 정의되어 있으

므로 ω가 단위 시간당 라디안으로 표현될 때만 올바르다. 라디안이 아닌 초당 각도나 초당 회전수와 같은 단위로 각속도를 계산하면 정확한 답을 얻을 수 없다.

선속력과 각속력이 연관된 두 번째 관계식을 구하기 위하여, 고정된 축(그림 7.5)에 대하여 회전하는 물체가 시간 Δt 동안 각속력이 $\Delta\omega$만큼 변하였다고 가정하면, 물체 내의 점 P의 속력은 Δv_t만큼 변할 것이다. 식 7.10으로부터

$$\Delta v_t = r\,\Delta\omega$$

이며, 양변을 Δt로 나누면

$$\frac{\Delta v_t}{\Delta t} = r\frac{\Delta\omega}{\Delta t}$$

이다. 만약 시간 Δt가 매우 짧은 순간이면, 비율 $\Delta\omega/\Delta t$는 순간 각가속도가 된다. 식에서 좌변의 비율 $\Delta v_t/\Delta t$는 순간 선가속도가 되고, 이를 그 점에서의 접선 가속도라 부른다. 그러므로 다음과 같은 결과를 얻을 수 있다.

$$a_t = r\alpha \qquad [7.11]$$

◀ 접선 가속도

즉, 회전하는 물체 내의 한 점의 접선 가속도는 회전축으로부터의 거리와 각가속도의 곱과 같다. 또한 이 식에서도 각가속도의 단위는 라디안을 이용하여 나타내어야 한다.

선운동과 각운동 물리량의 또 다른 관계식은 다음 절에서 유도하기로 한다.

예제 7.3 콤팩트디스크

목표 회전 운동학 식에 접선 가속도와 속력을 적용한다.

문제 컴퓨터의 콤팩트디스크가 정지 상태에서 회전하기 시작하여 0.892 s 후에 각속도가 −31.4 rad/s로 증가한다. **(a)** 각가속도가 일정하다고 가정할 때 이 디스크의 각가속도는 얼마인가? **(b)** 위의 각속력에 도달하는 동안 디스크가 회전한 각도는 얼마인가? **(c)** 디스크의 반지름이 4.45 cm라면, $t = 0.892$ s일 때 디스크 가장자리에 있는 미생물 한 마리의 접선 속도를 구하라. **(d)** 주어진 시간에서 미생물의 접선 가속도의 크기를 구하라.

전략 각속도와 각변위에 대한 운동학 식(식 7.7과 7.8)을 사용하여 **(a)**와 **(b)**를 풀 수 있다. 반지름과 각가속도를 곱하면 가장자리에서의 접선 가속도가 된다. 또한 반지름과 각속도를 곱하면 그 점에서의 접선 속도를 얻을 수 있다.

풀이

(a) 디스크의 각가속도를 구한다.

각속도에 관한 식 $\omega = \omega_i + \alpha t$에 $t = 0$에서 $\omega_i = 0$을 적용한다.

$$\alpha = \frac{\omega}{t} = \frac{-31.4\ \text{rad/s}}{0.892\ \text{s}} = \boxed{-35.2\ \text{rad/s}^2}$$

(b) 디스크가 회전한 각도를 구한다.

각변위에 대한 식 7.8과 $t = 0.892$ s, $\omega_i = 0$을 사용한다.

$$\Delta\theta = \omega_i t + \tfrac{1}{2}\alpha t^2 = \tfrac{1}{2}(-35.2\ \text{rad/s}^2)(0.892\ \text{s})^2$$
$$= \boxed{-14.0\ \text{rad}}$$

(c) $r = 4.45$ cm에서 미생물의 나중 접선 속도를 구한다.

식 7.10에 대입한다.

$$v_t = r\omega = (0.044\,5\ \text{m})(-31.4\ \text{rad/s}) = \boxed{-1.40\ \text{m/s}}$$

(d) $r = 4.45$ cm에서 미생물의 접선 가속도의 크기를 구한다.

식 7.11에 대입한다.

$$a_t = r\alpha = (0.044\,5\ \text{m})(-35.2\ \text{rad/s}^2) = \boxed{-1.57\ \text{m/s}^2}$$

참고 2π rad = 1 rev이므로 **(b)**에서 각변위는 2.23 rev에 해당한다. 일반적으로 2π는 대략 6이므로 라디안을 6으로 나누면 근사적으로 회전수를 얻을 수 있다.

응용

축음기와 콤팩트디스크

음악을 녹음하기 위한 음반 매개체로 MP3가 사용되기 오래전에 축음기와 콤팩트디스크가 대중적으로 사용되었다. 축음기와 콤팩트디스크의 회전 운동 사이에는 비슷한 점과 차이점이 있다. 예를 들어, 축음기는 일정한 각속력으로 회전한다. LP라고 부르는 장시간 음반 앨범의 일반적인 각속력은 $33\frac{1}{3}$ rev/min이고, '싱글' 앨범의 각속력은 45 rev/min이며, 초창기에 사용된 LP의 각속력은 78 rev/min이었다. 녹음기의 가장자리에서 축음기 바늘은 녹음기 중심 부근에서보다 더 빠른 접선 속력으로 이동한다. 결과적으로 음향 정보는(녹음기의 가장자리보다) 중심 근방의 트랙에서 보다 짧은 길이에 압축되어 있다.

반면에 콤팩트디스크는 레이저가 일정한 접선 속력으로 정보를 추출하도록 원반의 회전 각속력을 변경할 수 있게 설계되어 있다. 픽업이 정보의 트랙을 따라 반지름 방향으로 이동하기 때문에, 레이저의 반지름 방향 위치에 따라 원반의 각속력은 변해야 한다. 접선 속력은 고정되어 있기 때문에 원반의 모든 점에서 정보의 밀집도(트랙의 단위 길이당)는 같다. 예제 7.4는 콤팩트디스크에 관한 것이다.

예제 7.4 CD 트랙의 길이

목표 각운동과 선운동의 변수들을 연관짓는다.

문제 콤팩트디스크는 판독 헤드가 원반의 중심으로부터 밖으로 이동하도록 설계되어 있으며, 원반의 각속력이 변화하여 판독 헤드의 선속력이 항상 일정한 값 1.3 m/s를 갖도록 한다. **(a)** 판독이 원반의 중심으로부터 $r = 2.0$ cm와 $r = 5.6$ cm의 거리에 있을 때 반지름이 6.00 cm인 CD의 각속력을 구하라. **(b)** 구형 축음기는 일정한 각속력으로 회전하므로 홈을 따라 이동하는 판독의 선속력은 변하게 된다. 45.0 rpm 축음기 중심으로부터 2.0 cm 및 5.6 cm 지점에서의 선속력을 구하라. **(c)** CD와 축음기에서 음성 정보는 가장자리로부터 안쪽으로 이동하면서 원형 트랙에 연속적으로 저장된다. 음성 정보를 이용하여 1시간 동안 연주하도록 설계된 CD에 대한 트랙 전체의 길이를 계산하라.

전략 이 문제는 적당한 수식에 값을 대입하는 것이다. **(a)**는 식 7.10, $v_t = r\omega$를 이용하여 각속력과 선속력을 연결해서 주어진 값을 대입하고 ω에 대해 풀면 된다. **(b)**는 rev/min을 rad/s로 변환하고, 식 7.10에 값을 대입하여 선속력을 얻는다. **(c)**는 선속력에 시간을 곱하여 전체 거리를 구한다.

풀이

(a) 판독 헤드가 원반의 중심으로부터 거리 $r = 2.0$ cm와 $r = 5.6$ cm에 있을 때 각속력을 구한다.

ω에 대해 $v_t = r\omega$를 풀고 $r = 2.0$ cm에서의 각속력을 계산한다.

$$\omega = \frac{v_t}{r} = \frac{1.3\ \text{m/s}}{2.0 \times 10^{-2}\ \text{m}} = \boxed{65\ \text{rad/s}}$$

같은 방법으로 $r = 5.6$ cm에서 각속력을 구한다.

$$\omega = \frac{v_t}{r} = \frac{1.3\ \text{m/s}}{5.6 \times 10^{-2}\ \text{m}} = \boxed{23\ \text{rad/s}}$$

(b) 45.0 rpm 축음기 중심으로부터 2.0 cm와 5.6 cm 지점에서 선속력을 구한다.

rev/min을 rad/s로 변환한다.

$$45.0\ \frac{\text{rev}}{\text{min}} = 45.0\ \frac{\cancel{\text{rev}}}{\cancel{\text{min}}}\left(\frac{2\pi\ \text{rad}}{\cancel{\text{rev}}}\right)\left(\frac{1.00\ \cancel{\text{min}}}{60.0\ \text{s}}\right) = 4.71\ \frac{\text{rad}}{\text{s}}$$

$r = 2.0$ cm 지점에서 선속력을 계산한다.

$$v_t = r\omega = (2.0 \times 10^{-2}\ \text{m})(4.71\ \text{rad/s}) = \boxed{0.094\ \text{m/s}}$$

$r = 5.6$ cm 지점에서 선속력을 계산한다.

$$v_t = r\omega = (5.6 \times 10^{-2}\ \text{m})(4.71\ \text{rad/s}) = \boxed{0.26\ \text{m/s}}$$

(c) 1시간 동안 연주하도록 설계된 CD에 대한 트랙 전체의 길이를 계산한다.

판독 헤드의 선속력에 초 단위의 시간을 곱한다.

$$d = v_t t = (1.3\ \text{m/s})(3\,600\ \text{s}) = \boxed{4\,700\ \text{m}}$$

참고 **(b)**에서 축음기에 대해 각속력은 지름 방향의 선을 따르는 모든 점에서 일정할지라도 접선 속력은 r이 증가함에 따라 연속적으로 증가한다. **(c)**에서 CD에 대한 계산은 선(접선)속력은 일정하기 때문에 쉽다. 축음기에 대해서는 상당히 더 어려운데, 그 이유는 접선 속력이 중심으로부터의 거리에 따라 다르기 때문이다.

7.3.2 구심 가속도 Centripetal Acceleration

그림 7.6a와 같이 자동차가 원형 도로에서 일정한 선속력 v로 회전하고 있다. **자동차가 일정한 선속력으로 움직이고 있지만 여전히 가속도를 가지고 있다.** 그 이유를 이해하기 위해서 다음과 같은 가속도에 대한 식을 생각해 보자.

$$\vec{\mathbf{a}}_{평균} = \frac{\vec{\mathbf{v}}_f - \vec{\mathbf{v}}_i}{t_f - t_i} \qquad [7.12]$$

위 식에서 분자는 속도 벡터 $\vec{\mathbf{v}}_f$와 $\vec{\mathbf{v}}_i$의 차이를 나타낸다. 이들 두 벡터의 크기가 같은 경우 속력이 같지만, 방향이 다른 경우 두 벡터의 차는 영이 아니다. 원형 도로를 따라 일정한 속력으로 이동하는 차의 속도의 방향은 계속 변한다(그림 7.6b). 이런 경우 가속도 벡터는 항상 원의 중심으로 향한다. 이런 속성의 가속도를 **구심 가속도**(centripetal acceleration)라 한다. 가속도의 크기는 다음과 같다.

$$a_c = \frac{v^2}{r} \qquad [7.13]$$

그림 7.7a를 사용하여 식 7.13을 유도하여 보자. 그림에서처럼 한 물체가 지점 Ⓐ를 처음 시각 t_i일 때 속도 $\vec{\mathbf{v}}_i$로 통과한 후 나중 시각 t_f일 때 속도 $\vec{\mathbf{v}}_f$로 지점 Ⓑ에 나타났다. 여기서 $\vec{\mathbf{v}}_i$와 $\vec{\mathbf{v}}_f$는 방향만 다르고 크기는 같다($v_i = v_f = v$)고 가정하자. 식 7.12에 의해 가속도는 다음과 같다.

$$\vec{\mathbf{a}}_{평균} = \frac{\vec{\mathbf{v}}_f - \vec{\mathbf{v}}_i}{t_f - t_i} = \frac{\Delta\vec{\mathbf{v}}}{\Delta t} \qquad [7.14]$$

여기서 $\Delta\vec{\mathbf{v}} = \vec{\mathbf{v}}_f - \vec{\mathbf{v}}_i$는 자동차 속도의 변화량이다. Δt가 매우 작을 때 Δs와 $\Delta\theta$ 또한 매우 작다. 그림 7.7b에서 $\vec{\mathbf{v}}_f$는 $\vec{\mathbf{v}}_i$와 거의 평행이고, 따라서 벡터 $\Delta\vec{\mathbf{v}}$는 두 벡터와 거의 수직이며 원의 중심을 향한다. 시간 Δt가 매우 짧은 극한적인 경우가 되면 $\Delta\vec{\mathbf{v}}$는 정확히 원의 중심을 향하게 되며 평균 가속도 $\vec{\mathbf{a}}_{평균}$은 순간 가속도 $\vec{\mathbf{a}}$가 된다. 식 7.14로부터 $\vec{\mathbf{a}}$와 $\Delta\vec{\mathbf{v}}$는 같은 방향을 가리키고 순간 가속도는 원의 중심을 향하게 된다.

그림 7.7a에서 변의 길이가 Δs와 r인 삼각형은 그림 7.7b의 삼각형과 닮은꼴 삼각형이다. 이들 삼각형의 각 변들 사이의 길이에 대한 비례 관계를 이용하면 다음과 같은 식을 유도할 수 있다.

$$\frac{\Delta v}{v} = \frac{\Delta s}{r}$$

또는

$$\Delta v = \frac{v}{r}\Delta s \qquad [7.15]$$

식 7.15의 결과를 $a_{평균} = \Delta v / \Delta t$에 대입하면

$$a_{평균} = \frac{v}{r}\frac{\Delta s}{\Delta t} \qquad [7.16]$$

이다. Δs는 시간 Δt 동안 원호를 따라 이동한 거리이므로 Δt가 매우 작아지면 $\Delta s/\Delta t$

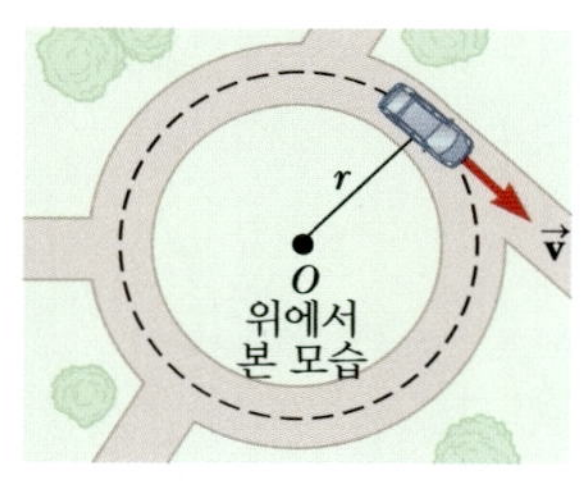

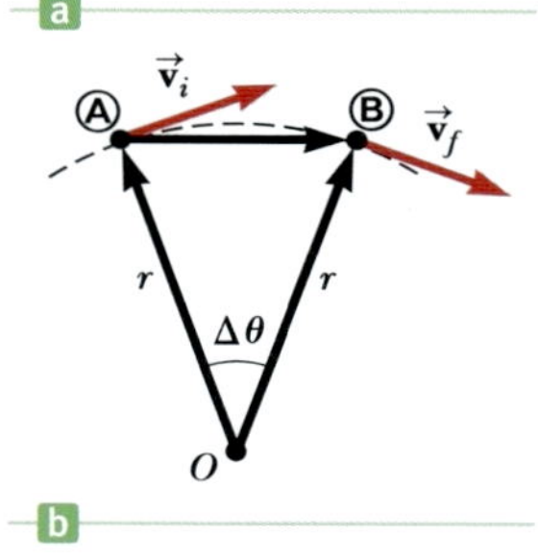

그림 7.6 (a) 일정한 속력으로 움직이고 있는 자동차의 원운동, (b) 자동차가 원형 도로를 따라 Ⓐ에서 Ⓑ로 이동할 때, 속도 벡터의 방향이 변하여 구심 가속도가 생긴다.

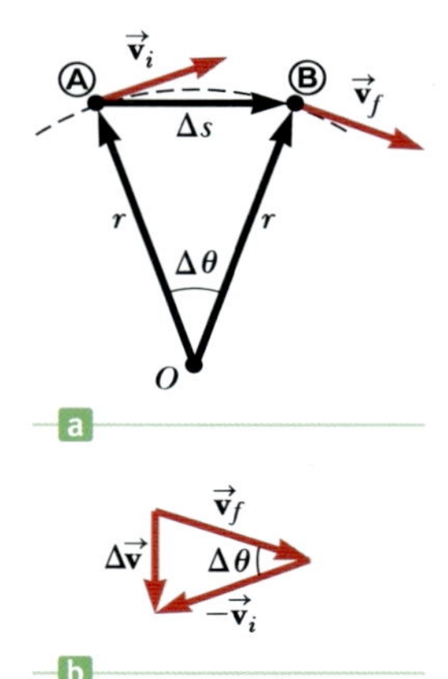

그림 7.7 (a) 입자가 지점 Ⓐ에서 Ⓑ로 이동함에 따라, 속도 벡터의 방향은 $\vec{\mathbf{v}}_i$에서 $\vec{\mathbf{v}}_f$로 변한다. (b) 원의 중심을 향하는 속도 변화 $\Delta\vec{\mathbf{v}}$의 방향을 결정하기 위한 그림

는 접선 속력 v의 순간값으로 접근한다. 동시에 평균 가속도 $a_{평균}$은 순간 구심 가속도 a_c가 되어 식 7.16은 식 7.13으로 간단히 표현된다.

$$a_c = \frac{v^2}{r}$$

접선 속도는 $v_t = r\omega$ (식 7.10)의 관계식에 의해 각속도와 관련되므로, 식 7.13은 다음과 같은 수식으로도 표현할 수 있다.

$$a_c = \frac{r^2\omega^2}{r} = r\omega^2 \qquad [7.17]$$

구심 가속도의 차원을 고려해 보면 $[r] = \mathrm{L}$이고 $[\omega] = 1/\mathrm{T}$이므로, 구심 가속도의 차원은 $\mathrm{L/T^2}$이어야 한다. 이것은 각속력과 구심 가속도의 기하학적 결과물이지만, 물리적으로 가속도는 힘이 작용할 때만 발생할 수 있다. 예를 들어, 자동차가 편평한 지면에서 원둘레를 움직인다면, 바퀴와 지면 사이의 정지 마찰력은 원운동에 필요한 구심력을 제공한다.

식 7.13과 7.17에서 a_c는 구심 가속도의 크기만을 나타낸다는 것에 주목하자. 가속도의 방향은 항상 회전의 중심을 향하고 있다.

앞에서 유도한 식들은 속력이 일정한 원운동을 하는 경우에만 적용할 수 있다. 물체가 원형으로 움직이지만 속력이 증가하거나 감소한다면, 가속도의 접선 성분 $a_t = r\alpha$가 생기게 된다. 가속도의 접선과 구심 성분은 서로 수직이므로, 피타고라스 정리를 이용하여 **전체 가속도**(total acceleration)의 크기를 다음과 같이 구할 수 있다.

전체 가속도 ▶

$$a = \sqrt{a_t^2 + a_c^2} \qquad [7.18]$$

예제 7.5 경주장에서

목표 구심 가속도와 접선 속도의 개념을 적용한다.

문제 반지름이 4.00×10^2 m인 원형 경주장 둘레를 반시계 방향으로 움직이는 경주용 자동차가 40.0 m/s의 속력에서 5.00 s 동안 60.0 m/s의 속력으로 일정하게 가속된다. 자동차가 50.0 m/s의 속력을 얻을 때, **(a)** 자동차의 구심 가속도의 크기, **(b)** 각속도, **(c)** 접선 가속도의 크기와 **(d)** 전체 가속도의 크기를 구하라.

전략 구심 가속도(식 7.13), 접선 속도(식 7.10), 전체 가속도(식 7.18)의 정의에 값을 대입한다. 접선 속도의 변화량을 시간으로 나누어 접선 가속도를 얻는다.

풀이

(a) $v = 50.0$ m/s일 때 구심 가속도의 크기를 구한다.

식 7.13에 대입한다.

$$a_c = \frac{v^2}{r} = \frac{(50.0\ \mathrm{m/s})^2}{4.00 \times 10^2\ \mathrm{m}} = \boxed{6.25\ \mathrm{m/s^2}}$$

(b) 각속도를 구한다.

식 7.10을 ω에 대해 풀고, 값을 대입한다.

$$\omega = \frac{v}{r} = \frac{50.0\ \mathrm{m/s}}{4.00 \times 10^2\ \mathrm{m}} = \boxed{0.125\ \mathrm{rad/s}}$$

(c) 접선 가속도의 크기를 구한다.

접선 속도의 변화량을 시간으로 나눈다.

$$a_t = \frac{v_f - v_i}{\Delta t} = \frac{60.0\ \mathrm{m/s} - 40.0\ \mathrm{m/s}}{5.00\ \mathrm{s}} = \boxed{4.00\ \mathrm{m/s^2}}$$

(d) 전체 가속도의 크기를 구한다.

식 7.18에 대입한다.

$$a = \sqrt{a_t^2 + a_c^2} = \sqrt{(4.00\ \mathrm{m/s^2})^2 + (6.25\ \mathrm{m/s^2})^2}$$

$$a = 7.42\ \mathrm{m/s^2}$$

참고 계산한 ω의 값을 식 7.17에 대입하여도 구심 가속도를 구할 수 있다.

7.4 등속원운동에서의 뉴턴의 제2법칙
Newton's Second Law for Uniform Circular Motion

뉴턴의 제2법칙을 원운동하는 문제에 적용할 수 있다. 일정한 속력으로 원운동하는 경우, 제2법칙은 구심 가속도와 원의 중심을 향하거나 중심에서 멀어지는 반지름 방향으로의 여러 가지 힘들로 식을 세울 수 있다. 가속도와 힘이 벡터양이듯이, 등속원운동에서 나타나는 구심 가속도와 반지름 방향의 힘들도 벡터양이다.

몇 가지 개념들과 부호 매기는 방법 등에 대해 논의한 후 등속원운동에 대한 뉴턴의 제2법칙을 몇 가지 기본적인 물리 문제에 응용해 볼 것이다.

7.4.1 구심 가속도를 일으키는 힘 Forces Causing Centripetal Acceleration

물체가 구심 가속도를 갖기 위해서는 그 물체에 힘이 작용해야만 한다. 줄에 매달려 원운동을 하는 공에 있어서 그 힘은 줄의 장력이다. 수평의 원형 트랙에서 움직이는 자동차의 경우에 그 힘은 자동차와 트랙 사이의 마찰력이다. 지구 둘레의 원 궤도를 도는 인공위성은 인공위성과 지구 사이의 중력에 의해서 구심 가속도를 갖게 된다.

일부 교재에서는 '구심력'이라는 용어를 사용하는데, 이것은 자연의 새로운 힘이라는 오해를 불러일으킬 수 있다. '구심력'에서 '구심'이라는 수식어는 그 힘이 단순히 중심을 향한다는 의미이다. 원운동하는 요요에서 줄에 작용하는 중력과 장력은 지구를 순회하는 인공위성에서의 중력과 같이 구심력의 예일 뿐이다.

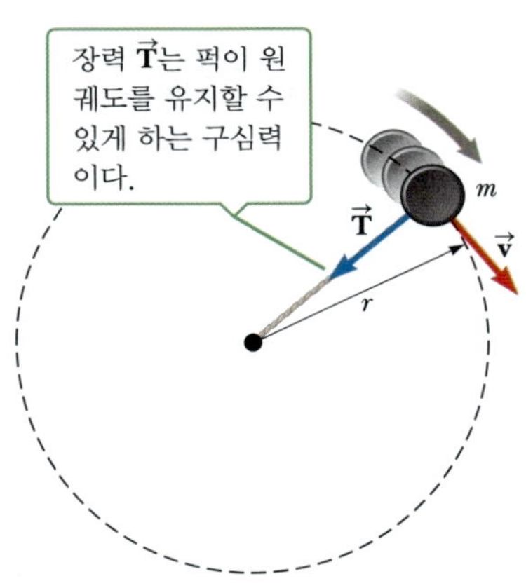

그림 7.8 길이가 r인 줄에 매달려 등속원운동을 하고 있는 아이스하키 퍽

그림 7.8과 같이 질량이 m인 아이스하키 퍽이 길이가 r인 줄에 매달려서 수평 원궤도를 따라 등속원운동을 하고 있다. 퍽은 마찰이 없는 테이블 위에 있다. 왜 퍽은 원운동을 할까? 퍽은 관성 때문에 직선으로 움직이려는 경향이 있다. 그렇지만 줄은 퍽에 지름 방향의 힘(장력)을 작용하여 직선 운동을 방해하고 원운동을 하도록 한다. 장력 $\vec{\mathbf{T}}$는 그림에서처럼 줄을 따라 원의 중심 방향을 향한다.

일반적으로 지름 방향으로 뉴턴의 제2법칙을 적용하면 알짜 구심력 F_c (물체에 작용하는 모든 힘의 지름 방향 성분의 합)와 관련된 구심 가속도를 갖는 운동 식이 된다. **알짜** 구심력의 크기는 구심 가속도의 크기에다 질량을 곱한 것과 같다. 즉,

$$F_c = ma_c = m\frac{v^2}{r} \qquad [7.19]$$

구심력을 유발하는 알짜힘은 원 궤도의 중심을 향하며 속도 벡터의 방향을 변화시킨다. 그 힘이 사라지면 물체는 곧바로 원 궤도를 이탈하고, 힘이 사라진 지점에서 원의 접선 방향으로 직진한다.

Tip 7.2 구심력은 힘의 한 형태이지 그 자체가 힘은 아니다.

'구심력'은 테더볼(기둥에 매단 공을 라켓으로 치고받는 게임)에서 줄의 장력이나 인공위성의 중력과 같이 중심점을 향해 작용하는 힘을 총칭하는 말이다. 구심력은 어떤 실제의 물리적인 힘에 의해서 주어져야만 한다.

원심('중심으로부터 멀어지는')력도 존재한다. 그것은 마치 같은 부호의 두 대전된 입자 사이에 작용하는 힘과 같은 것이다(15장 참조). 지구 중심을 향해 떨어지지 않게 하는 수직 항력은 원심력의 또 다른 예이다. 때로는 원심력을 사용해야 하는 경우에 구심력을 잘못 사용하는 경우도 있다(164쪽 7.4.2절 겉보기 힘 참조).

지름 방향의 힘은 벡터양이므로 방향이 있다. 등속원운동에 대한 제2법칙에서는 중심을 향하거나 중심에서 멀어지는 방향의 힘이 존재한다. **원의 중심을 향하는 힘은 음의 부호를 붙인다.** 예를 들어, 위성에 작용하는 중력 또는 요요 줄의 장력 등이다. **중심에서 멀어지는 방향의 힘에는 양의 부호를 붙인다.** 예를 들어, 언덕 꼭대기에서 언덕을 넘어가는 차에 작용하는 수직 항력 또는 같은 부호의 두 전하 사이의 반발력 등이다. 마찬가지로, **구심 가속도는 원의 중심을 향하기 때문에 음의 부호를 붙인다.**

등속원운동에 대한 뉴턴의 제2법칙을 벡터 형식으로 쓰면

$$-m\frac{v^2}{r} = \sum F_r \qquad [7.20]$$

과 같이 된다. 여기서 힘 F_r은 질량 m에 작용하는 지름 방향의 힘으로 원의 중심에서 멀어지면 양(+)이고 중심을 향하면 음(−)이다. 구심 또는 중심을 향하는 힘은 음의 지름 방향 성분을 갖는 반면, 원심 또는 중심에서 멀어지는 방향의 힘은 양의 지름 방향 성분을 갖는다.

예제 7.6에서 7.8까지에 등속원운동에서의 뉴턴의 제2법칙이 설명되어 있다.

예제 7.6 안전벨트 착용

목표 물체에 구심 가속도를 갖게 하는 마찰력을 계산한다.

문제 한 자동차가 그림 7.9a의 조감도처럼 반지름 50.0 m인 수평 원형 도로 위를 일정한 속력 13.4 m/s로 이동하고 있다. 자동차가 미끄러지지 않고 도로 위를 회전하여 이동할 수 있게 하기 위한 타이어와 도로 사이에 작용하는 최소 정지 마찰 계수 μ_s를 구하라.

전략 자동차의 자유 물체도(그림 7.9b)에서 법선 방향은 수직이고 접선 방향은 그림 속으로 들어가는 방향이다. 뉴턴의 제2법칙을 사용한다. 구심 방향으로 자동차에 작용하는 알짜힘은 원형 경로의 중심으로 향하는 정지 마찰력이고, 이 힘은 자동차에 구심 가속도를 갖게 한다. 법선 성분으로부터 얻은 수직 항력으로 최대 정지 마찰력을 계산한다.

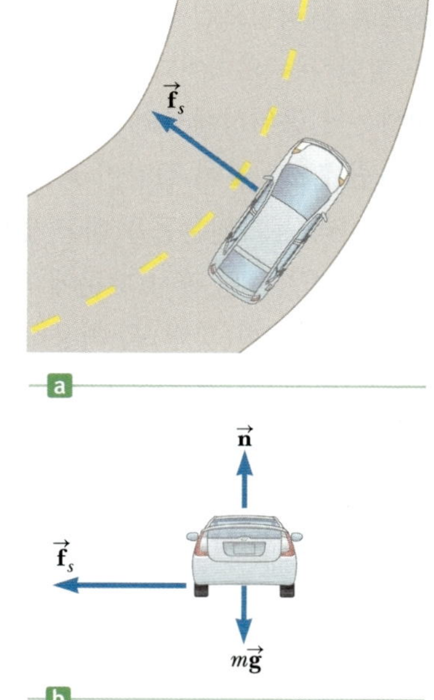

그림 7.9 (예제 7.6) (a) 원운동 경로상에서 지름 방향으로 중심을 향하는 정지 마찰력이 구심력을 제공한다. (b) 차에 작용하는 힘은 중력, 수직 항력, 정지 마찰력이다.

풀이

뉴턴의 제2법칙의 성분 식을 쓴다.

지름 방향의 성분은 최대 정지 마찰력 $f_{s,\,최대}$만을 포함한다.

$$-m\frac{v^2}{r} = -f_{s,\,최대} = -\mu_s n$$

제2법칙의 연직 성분에서 중력과 수직 항력은 평형 상태에 있다.

$$n - mg = 0 \quad \rightarrow \quad n = mg$$

n을 첫 번째 식에 대입하고 μ_s에 대해 푼다.

$$-m\frac{v^2}{r} = -\mu_s mg$$

$$\mu_s = \frac{v^2}{rg} = \frac{(13.4\ \text{m/s})^2}{(50.0\ \text{m})(9.80\ \text{m/s}^2)} = 0.366$$

참고 마른 콘크리트 위 고무에 대한 μ_s 값은 1에 가까워서, 자동차는 곡선 도로를 쉽게 지나갈 수 있다. 도로면이 젖어 있거나 얼어 있으면 μ_s 값은 0.2 또는 그보다 더 작을 수 있다. 이러한 상황에서 정지 마찰력에 의한 구심 방향의 힘은 원형 경로에 있는 자동차를 유지하지 못하여 접선 방향으로 미끄러져 차가 도로에서 이탈할 수도 있다.

예제 7.7 데이토나 국제 자동차 경주장

목표 이차원에서 구심력 문제를 푼다.

문제 미국 플로리다 데이토나(Daytona) 국제 자동차 경주장은 매년 봄에 개최되는 데이토나 500 자동차 경주 대회로 유명하다. 경주로는 4층 높이로 기울기가 31.0°이고 반지름이 316 m인 곡선 도로로 되어 있는 것이 특징이다. 만약 자동차가 너무 천천히 지나가면 곡선 도로의 비탈에서 미끄러져 내려가고, 너무 빠르면 비탈을 미끄러져 올라간다. **(a)** 자동차가 비탈을 미끄러져 내려가지도 않고 올라가지도 않도록 하는 경사진 곡선 도로에서의 구심 가속도를 구하라(마찰 무시). **(b)** 자동차의 속력을 계산하라.

전략 두 가지 힘이 경주용 자동차에 작용한다. 중력과 수직 항력 $\vec{\mathbf{n}}$(그림 7.10). 구심 가속도 a_c를 구하기 위해 위쪽 방향과 구심 방향에서 뉴턴의 제2법칙을 사용한다. v에 대해 $a_c = -v^2/r$을 풀면 경주용 자동차의 속력을 얻게 된다.

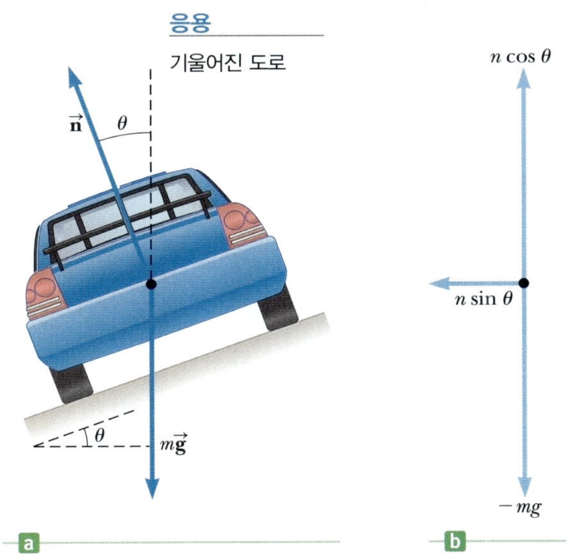

그림 7.10 (예제 7.7) 길바닥이 각 θ만큼 기울어진 곡선 도로를 자동차가 돌게 되면, 차가 원운동을 할 수 있게 하는 구심력은 차에 작용하는 수직 항력의 곡률 반지름 방향 성분이다. 예제에서는 마찰이 무시되었지만, 마찰도 무관하지는 않다. 그림에서 차가 앞으로 나가는 방향은 종이면으로 들어가는 방향이다. (a)는 차에 작용하는 힘을 나타낸 것이고, (b)는 힘의 성분을 나타낸 것이다.

풀이

(a) 구심 가속도를 구한다.

자동차에 대해 뉴턴의 제2법칙을 쓴다.

$$m\vec{\mathbf{a}} = \sum \vec{\mathbf{F}} = \vec{\mathbf{n}} + m\vec{\mathbf{g}}$$

위 식에서 y성분 힘을 고려하여 수직 항력 n에 대해 푼다.

$$n\cos\theta - mg = 0$$

$$n = \frac{mg}{\cos\theta}$$

$\vec{\mathbf{n}}$의 수평 성분에 대한 표현을 얻는다. 이것은 이 예제에서 구심력 F_c에 해당한다.

$$F_c = -n\sin\theta = -\frac{mg\sin\theta}{\cos\theta} = -mg\tan\theta$$

F_c에 대한 위 표현을 뉴턴의 제2법칙의 지름 성분의 식에 대입하고 m으로 나누어 구심 가속도를 얻는다.

$$ma_c = F_c$$

$$a_c = \frac{F_c}{m} = -\frac{mg\tan\theta}{m} = -g\tan\theta$$

$$a_c = -(9.80\ \text{m/s}^2)(\tan 31.0°) = -5.89\ \text{m/s}^2$$

(b) 경주용 자동차의 속력을 구한다.

식 7.13을 적용한다.

$$-\frac{v^2}{r} = a_c$$

$$v = \sqrt{-ra_c} = \sqrt{-(316\ \text{m})(-5.89\ \text{m/s}^2)} = 43.1\ \text{m/s}$$

참고 도로의 경사와 마찰은 모두 경주용 자동차의 궤도를 유지하는 데 도움을 준다.

예제 7.8 놀이기구 타기

목표 구심력을 에너지의 보존과 결합한다.

문제 그림 7.11은 반지름이 R인 원 궤도를 따라 이동하는 롤러코스터이다. **(a)** 트랙의 최고점에서 차가 궤도를 이탈하지 않고 무사히 통과할 수 있는 최저 속력은 얼마인가? **(b)** 궤도의 최저점에서 차의 속력은 얼마인가? **(c)** 만약 원 궤도의 반지름이 10.0 m이면 원 궤도의 바닥에서 승객에 가해지는 수직 항력은 얼마인가?

전략 원 궤도의 최고점에서 차의 속력을 얻기 위해서는 뉴턴의 제2법칙과 구심 가속도가 필요하고, 최저점에서의 차의 속력을 얻기 위해서는 에너지 보존의 법칙이 필요하다. 차가 최고점에 다다라 회전하려면 힘 $\vec{\mathbf{n}}$이 그 지점에서 영이어야 하고, 차에 작용하는 유일한 힘은 중력 $m\vec{\mathbf{g}}$뿐이어야 한다. 원 궤도의 최저점에서 수직 항력은 중심을 향해 위쪽으로 작용하고 중력은 중심으로부터 멀어지는 아랫방향으로 작용한다. 두 힘의 차이가 구심력이다. 수직 항력은 이때 뉴턴의 제2법칙으로부터 계산할 수 있다.

풀이

(a) 원 궤도의 최고점에서 속력을 구한다.

차에 대한 뉴턴의 제2법칙을 쓴다.

$$m\vec{\mathbf{a}}_c = \vec{\mathbf{n}} + m\vec{\mathbf{g}} \qquad (1)$$

원 궤도의 최고점에서 $n = 0$으로 놓는다. 중력은 중심을 향하여 작용하고 원운동에 필요한 구심 가속도 $a_c = -v^2/R$을 제공한다.

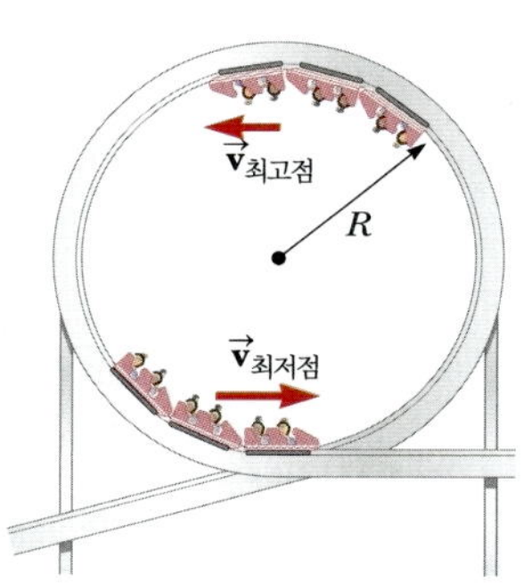

그림 7.11 (예제 7.8) 원 궤도에서 회전하는 롤러코스터.

$$-m\frac{v_{최고점}^2}{R} = -mg$$

$v_{최고점}$에 대해 위 식을 푼다.

$$v_{최고점} = \boxed{\sqrt{gR}}$$

(b) 원 궤도의 바닥에서의 속력을 구한다.

역학적 에너지 보존의 법칙을 사용해서 원 궤도의 최고점에서의 전체 역학적 에너지를 구한다.

$$E_{최고점} = \tfrac{1}{2}mv_{최고점}^2 + mgh = \tfrac{1}{2}mgR + mg(2R) = 2.5\,mgR$$

원 궤도의 최저점에서의 전체 역학적 에너지를 구한다.

$$E_{최저점} = \tfrac{1}{2}mv_{최저점}^2$$

에너지의 보존에 의해서 두 에너지는 같다고 하고 $v_{최저점}$에 대해 푼다.

$$\tfrac{1}{2}mv_{최저점}^2 = 2.5\,mgR$$

$$v_{최저점} = \boxed{\sqrt{5gR}}$$

(c) 바닥에서 승객에 가해지는 수직 항력을 구한다. (이것은 승객의 겉보기 무게이다.)

식 (1)을 사용한다. 알짜 구심력은 $mg - n$이다. (수직 항력은 원의 중심을 향하는 음의 지름 방향을 향하고, 차의 무게는 중심에서 멀어지는 양의 지름 방향을 향한다.)

$$-m\frac{v_{최저점}^2}{R} = mg - n$$

n에 대해 푼다.

$$n = mg + m\frac{v_{최저점}^2}{R} = mg + m\frac{5gR}{R} = \boxed{6mg}$$

참고 n에 대한 최종 답에서 원 궤도의 바닥에서는 정상 무게보다 6배가 무겁다는 것을 알 수 있다. 우주 비행사도 우주선이 발사될 때 이와 유사한 힘을 느끼게 된다.

7.4.2 겉보기 힘 Fictitious Forces

어렸을 때 회전목마를 타면 '중심에서 이탈하는' 힘을 받는 느낌을 경험했을 것이다. 또한 회전목마의 중심을 향해 움직이면 마치 가파른 언덕을 걸어 올라가는 느낌을 갖게 된다.

실제로 이와 같은 원심력은 겉보기 힘이다. 사실 탑승자는 손과 팔 근육으로 그의 몸에 구심력을 가한다. 또한 발과 바닥 사이에는 정지 마찰력에 의해서 더 작은 구심력이 작용하고 있다. 만약 탑승자가 손잡이를 놓치면, 그는 지름 방향으로 날아가지 않고 난간을 놓친 지점에서 접선 방향으로 똑바로 날아가 버릴 것이다. 탑승자는 지름 방향을 따라 중심점으로 날아가지 않고 중심으로부터 멀어지는 지점으로 날아가 땅바닥에 떨어진다(그림 7.12).

Tip 7.3 원심력

원심력은 가령 회전목마와 같이 비관성계(가속되는)에서 관측되는 현상으로, 종종 적절한 구심력이 없는 경우 나타난다.

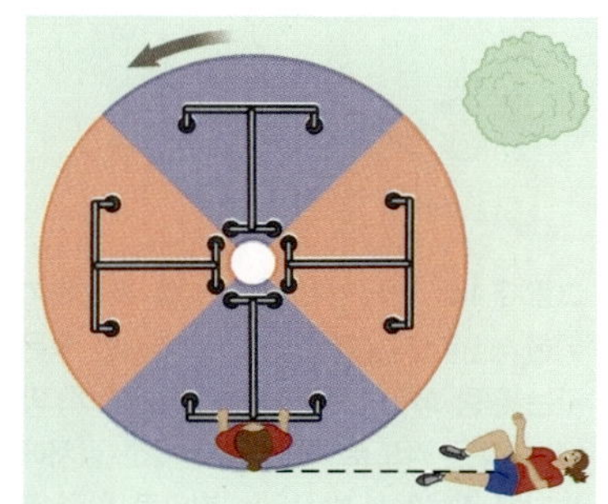

그림 7.12 손잡이를 놓친 학생이 회전목마의 테두리의 접선을 따라 나가 떨어지고 있다.

7.5 뉴턴의 만유인력의 법칙 Newtonian Gravitation

1686년 이전에도 달과 행성의 운동에 대한 많은 자료들이 수집되었지만, 천체들의 운동에 대한 명확한 설명은 없었다. 그 시대에 뉴턴은 천체의 비밀을 푸는 결정적인 열쇠를 제공했다. 그는 제1법칙으로부터 0이 아닌 알짜힘이 달에 작용해야만 한다는 것을 알았다. 힘이 없다면 달은 지구 주위로 궤도 운동하는 대신 직선 운동을 해야 한다는 것이다. 이 힘이 달과 지구 사이의 인력, 즉 중력이고, 지구 표면에 가까이 있는 물체들(예를 들면, 사과)을 끌어당기는 힘과 동일하다는 것을 깨달았다.

1687년에 뉴턴은 만유인력의 법칙에 관한 그의 연구 결과를 출판하며 다음과 같이 서술하였다.

> 질량이 m_1과 m_2인 두 물체가 거리 r만큼 떨어져 있다면, 중력 F는 둘을 연결하는 선을 따라 작용하고 크기는 다음과 같이 주어진다.
>
> $$F = G\frac{m_1 m_2}{r^2} \qquad [7.21]$$
>
> 여기서 $G = 6.673 \times 10^{-11}\ \mathrm{kg^{-1} \cdot m^3 \cdot s^{-2}}$는 **만유인력 상수**(constant of universal gravitation)라고 하는 비례 상수이다. 중력은 항상 인력이다.

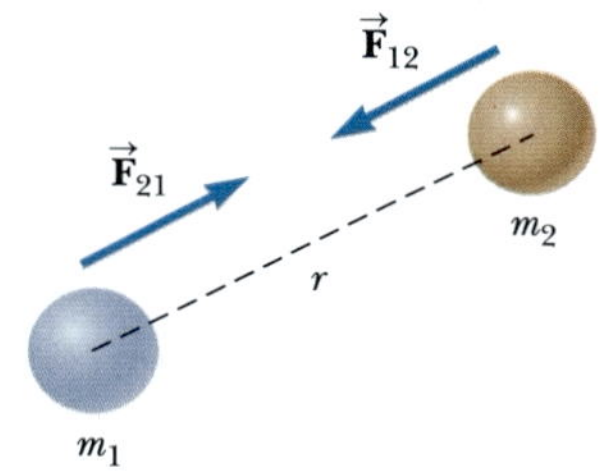

그림 7.13 두 입자 사이의 중력은 인력이며 두 입자를 연결하는 선을 따라 작용한다. 뉴턴의 제3법칙에 따라 $\vec{\mathbf{F}}_{12} = -\vec{\mathbf{F}}_{21}$임을 주목하라.

이 법칙은 힘이 거리의 제곱에 반비례하는 **역제곱의 법칙**(inverse-square law)의 한 예이다. 뉴턴의 제3법칙으로부터, 그림 7.13에서 m_1이 m_2에 작용하는 힘 $\vec{\mathbf{F}}_{12}$는 m_2가 m_1에 작용하는 힘 $\vec{\mathbf{F}}_{21}$과 크기가 같고 방향이 반대라는 것을 알 수 있다. 즉, 이 두 힘은 작용–반작용 쌍을 이룬다.

또 다른 중요한 점은 **구형 물체가 구 밖의 한 입자에 작용하는 중력은 구 전체 질량이 그 중심에 집중되어 있는 경우와 같다는 것이다.** 이 법칙은 독일의 수학자이자 천문학자인 가우스(Karl Friedrich Gauss)의 이름을 따서 가우스의 법칙이라 부른다. 이 법칙은 15장에서 공부하게 될 전기장에서도 성립한다. 가우스의 법칙은 힘이 두 물체 사이의 거리의 제곱에 반비례하기 때문에 생기는 수학적인 결과이다.

지구 표면 근처에서 $F = mg$의 표현은 타당하다. 표 7.1에서 보여 주는 바와 같이, 자유낙하 가속도 g는 지구 표면으로부터 고도에 따라 상당히 달라진다.

표 7.1 고도에 따른 자유낙하 가속도 g

높이(km)[a]	g(m/s^2)
1 000	7.33
2 000	5.68
3 000	4.53
4 000	3.70
5 000	3.08
6 000	2.60
7 000	2.23
8 000	1.93
9 000	1.69
10 000	1.49
50 000	0.13

[a] 모든 값은 지구 표면으로부터의 거리이다.

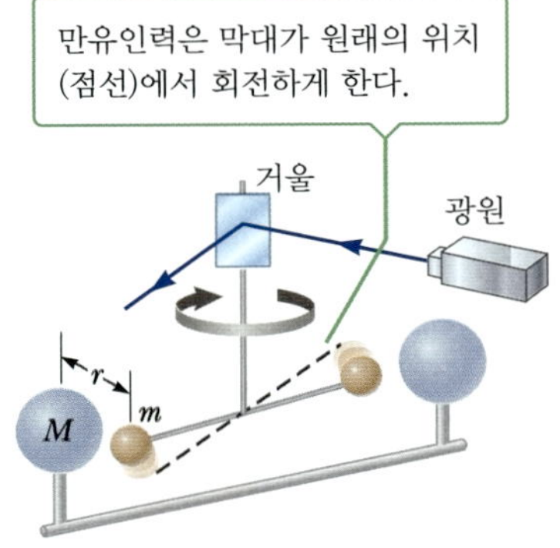

그림 7.14 만유인력 상수 G를 측정하기 위한 캐번디시 실험 장치. 질량 m인 작은 구는 질량 M인 큰 구 쪽으로 당겨지며, 막대는 작은 각도로 회전한다. 회전 장치에 부착된 거울에서 반사되는 빛으로 회전 각도를 측정한다.

7.5.1 만유인력 상수의 측정 Measurement of the Gravitational Constant

식 7.21에 있는 만유인력 상수 G는 1798년 캐번디시(Henry Cavendish)가 수행한 중요한 실험을 통해 처음 측정되었다. 그림 7.14에서처럼 실험 장치는 얇은 금속선에 매달린 가벼운 수평 막대의 끝에 고정되어 있는 질량이 m인 두 개의 작은 구로 이루어져 있다. 질량이 M인 두 개의 큰 구는 작은 구 근처에 설치되어 있다. 큰 구와 작은 구들 사이에 작용하는 인력은 수평면에서 막대를 회전시키며 실이 꼬이게 한다. 지지막대의 회전으로 인한 회전 각도는 수직 지지대에 부착된 거울에 빛을 반사시켜 측정되었다(이 방법은 막대의 회전을 증폭하여 측정하는 효과적인 방법이다). 실험은 다양한 거리에서 서로 다른 질량을 이용하여 정밀하게 반복되었다. 실험은 G값을 측정할 수 있었을 뿐 아니라, 힘이 인력이라는 것과 질량의 곱 mM에 비례하며, 거리 r의 제곱에 반비례한다는 것을 보여 주었다. 더 정확한 G값을 측정하려는 노력의 일환으로 오늘날에도 이러한 실험을 최신형 장비로 수행하고 있다.

예제 7.9 소행성 세레스

목표 뉴턴의 만유인력의 법칙과 mg를 연관시키고, 위치에 따라 g가 어떻게 변하는지 알아본다.

문제 가장 큰 소행성인 세레스의 표면 위에 서 있는 우주 비행사가 10.0 m의 높이에서 돌을 떨어뜨렸다. 돌이 땅에 떨어지는 데 8.50 s가 걸린다. **(a)** 세레스 소행성에서 중력 가속도를 계산하라. **(b)** 세레스의 반지름이 $R_C = 4.76 \times 10^2$ km로 주어질 때 세레스의 질량을 구하라. **(c)** 세레스의 표면으로부터 50.0 km 높이에서의 중력 가속도를 계산하라.

전략 **(a)**는 일차원 운동의 문제이다. **(b)**에서는 물체의 무게 $w = mg$는 만유인력의 법칙에 의해서 주어지는 힘의 크기와 같다. 세레스의 미지 질량에 대해 푼 후, 그 질량을 식 7.21의 만유인력의 법칙에 대입하면 **(c)**에 대한 답을 구할 수 있다.

풀이

(a) 세레스 소행성에서 중력 가속도 g_C를 계산한다.

떨어지는 돌에 대한 운동학 변위 식을 적용한다.

$$\Delta x = \tfrac{1}{2}at^2 + v_0 t \qquad (1)$$

$\Delta x = -10.0$ m, $v_0 = 0$, $a = -g_C$, $t = 8.50$ s를 대입한 후, 세레스에서의 중력 가속도 g_C에 대해 푼다.

$$-10.0 \text{ m} = -\tfrac{1}{2}g_C(8.50 \text{ s})^2 \quad \rightarrow \quad g_C = 0.277 \text{ m/s}^2$$

(b) 세레스의 질량 M_C에 대해 푼다.

세레스에 있는 돌의 무게와 돌에 작용하는 중력을 같게 놓는다.

$$mg_C = G\frac{M_C m}{{R_C}^2}$$

세레스의 질량 M_C에 대해 푼다.

$$M_C = \frac{g_C {R_C}^2}{G} = 9.41 \times 10^{20} \text{ kg}$$

(c) 세레스의 표면 위로 50.0 km의 높이에서 중력 가속도를 계산한다.

50.0 km에서의 무게와 중력을 같게 놓는다.

$$mg_C' = G\frac{mM_C}{r^2}$$

m을 약분한 후, $r = 5.26 \times 10^5$ m와 세레스의 질량을 대입한다.

$$g_C' = G\frac{M_C}{r^2}$$

$$= (6.67 \times 10^{-11} \text{ kg}^{-1}\text{ m}^3\text{ s}^{-2})\frac{9.41 \times 10^{20} \text{ kg}}{(5.26 \times 10^5 \text{ m})^2}$$

$$= 0.227 \text{ m/s}^2$$

참고 위의 방법은 행성의 질량을 구하는 표준 방법이다.

7.5.2 중력 퍼텐셜 에너지의 재점검 Gravitational Potential Energy Revisited

5장에서 중력 퍼텐셜 에너지의 개념을 도입하였다. 물체의 퍼텐셜 에너지는 식 $PE = mgh$로부터 구할 수 있고, 이때 h는 어떤 기준점으로부터 위 또는 아래에 있는 물체의 높이이다. 이 식은 물체가 지표면 부근에 있을 때만 유효하다. 인공위성과 같이 지구 표면으로부터 높은 곳에 있는 물체의 중력 퍼텐셜 에너지는 표 7.1과 같이 g가 표면으로부터의 거리에 따라 변하기 때문에 다른 표현이 사용되어야 한다.

지구의 중심으로부터 거리 r인 위치에서 질량이 m인 물체의 중력 퍼텐셜 에너지는

$$PE = -G\frac{M_E m}{r} \quad [7.22]$$

이다. 여기서 M_E는 지구의 질량이고, $r \geq R_E$(지구의 반지름)이다.

SI 단위: 줄(J)

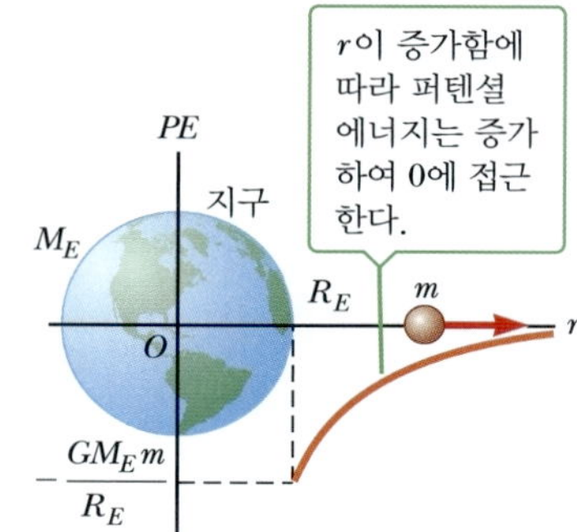

그림 7.15 질량 m이 지구 중심으로부터 지름 방향으로 멀어져 감에 따라, 지표에서의 지구–질량 계의 퍼텐셜 에너지 $PE = -G(M_E m/R_E)$는 그래프에 나타나 있는 것처럼 m이 지구로부터 멀어져 감에 따라 증가하여 영에 접근한다.

중력 퍼텐셜 에너지는 계(이 경우에는 질량 m인 물체와 지구)의 특성이다. 그림 7.15에 그려진 식 7.22는 퍼텐셜 에너지가 영이 되는 지점을 지구 중심으로부터 무한대 떨어진 곳으로 정한 특별한 경우의 퍼텐셜 에너지이다. 물체의 중력 퍼텐셜 에너지는 물체가 이동할 때 중력이 한 일의 음의 값임을 되새기자. 만일 물체가 매우 먼 거리(거의 무한대)로부터 중력 내에서 떨어진다면, 중력 퍼텐셜 에너지의 변화는 음의 값이고, 이것은 중력이 계에 대해 한 일의 양(+)의 값에 해당한다. 양의 일은 다음 예제에서 보여 주는 바와 같이 운동에너지의 변화(양의 변화)와 같다.

예제 7.10 지구 근처의 소행성

목표 중력 퍼텐셜 에너지를 사용하여 중력이 떨어지는 물체에 한 일을 계산한다.

문제 질량 $m = 1.00 \times 10^9$ kg인 소행성이 먼 우주(거의 무한대)로부터 지구로 떨어진다. **(a)** 소행성이 지구로부터 4.00×10^8 m 지점(달보다 더 먼)에 도달할 때 퍼텐셜 에너지의 변화를 구하라. 또한 중력이 한 일을 구하라. **(b)** 처음에 소행성이 충분히 먼 지점에서 정지해 있다고 가정하고, 위 지점에서의 소행성의 속력을 구하라. **(c)** 같은 지점에서 어떤 외부 힘에 의해 소행성의 속력이 **(b)**에서 구한 속력의 반으로 줄었다면 외부 힘이 소행성에 한 일은 얼마인가?

전략 **(a)** 중력 퍼텐셜 에너지의 정의에 단순히 대입하면 된다. 보존력이 물체에 한 일은 퍼텐셜 에너지의 음의 변화량이다. **(b)** 에너지 보존으로 해결할 수 있다. **(c)** 일–에너지 정리의 응용 문제이다.

풀이

(a) 퍼텐셜 에너지의 변화와 중력이 한 일을 구한다.

식 7.22를 적용한다.

$$\Delta PE = PE_f - PE_i = -\frac{GM_E m}{r_f} - \left(-\frac{GM_E m}{r_i}\right)$$

$$= GM_E m\left(-\frac{1}{r_f} + \frac{1}{r_i}\right)$$

알고 있는 값들을 대입한다. 소행성의 처음 위치는 거의 무한대이므로 $1/r_i$는 영이다.

$$\Delta PE = (6.67 \times 10^{-11}\ \text{kg}^{-1}\ \text{m}^3/\text{s}^2)(5.97 \times 10^{24}\ \text{kg}) \times (1.00 \times 10^9\ \text{kg})\left(-\frac{1}{4.00 \times 10^8\ \text{m}} + 0\right)$$

$$\Delta PE = -9.95 \times 10^{14}\ \text{J}$$

중력이 한 일을 계산한다.

$$W_{중력} = \boxed{-\Delta PE = 9.95 \times 10^{14}\ \mathrm{J}}$$

(b) 소행성이 $r_f = 4.00 \times 10^8$ m에 도달할 때의 속력을 구한다.

에너지의 보존을 이용한다.

$$\Delta KE + \Delta PE = 0$$
$$(\tfrac{1}{2}mv^2 - 0) - 9.95 \times 10^{14}\ \mathrm{J} = 0$$
$$v = \boxed{1.41 \times 10^3\ \mathrm{m/s}}$$

(c) 이 지점에서 속력이 7.05×10^2 m/s(앞의 값의 반)로 줄어들기 위해 필요한 일을 구한다.

일–에너지 정리를 적용한다.

$$W = \Delta KE + \Delta PE$$

퍼텐셜 에너지의 변화는 **(a)**에서의 값 그대로이지만, 운동에너지항에는 반값의 속력을 대입한다.

$$W = (\tfrac{1}{2}mv^2 - 0) - 9.97 \times 10^{14}\ \mathrm{J}$$
$$W = \tfrac{1}{2}(1.00 \times 10^9\ \mathrm{kg})(7.05 \times 10^2\ \mathrm{m/s})^2 - 9.95 \times 10^{14}\ \mathrm{J}$$
$$= \boxed{-7.46 \times 10^{14}\ \mathrm{J}}$$

참고 **(c)**에서 계산한 일의 값은 음의 값인데 이는 외부 힘이 소행성의 운동 방향과 반대로 작용하기 때문이다. 소행성의 원래 속력을 반으로 줄이는 데에는 메가와트의 출력을 갖는 추진체로 약 24년이 걸린다. 지구를 위협하는 소행성에 대해 그렇게 많은 속력을 줄일 필요가 없다. 충분히 일찍 소행성의 속력을 조금만 바꾸면 소행성의 궤적이 바뀌어 지구와 부딪치지 않을 수 있다. 하지만 헐리우드 영화에서처럼 소행성에서 지구를 볼 수 있다면 지구와 충돌을 피하기에는 너무 늦다.

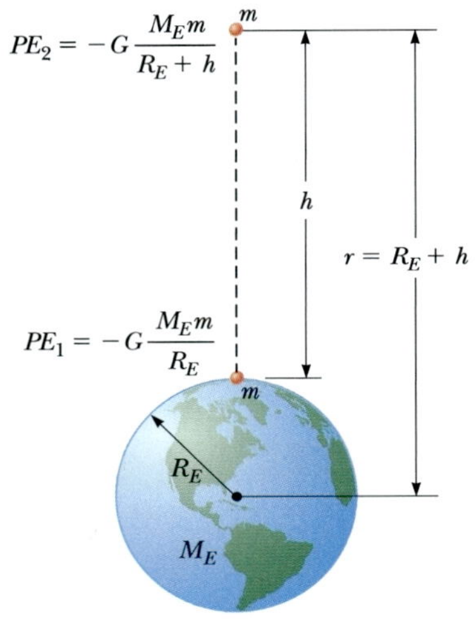

그림 7.16 중력 퍼텐셜 에너지(mgh)에 대한 일반적인 형태

식 7.22를 살펴보면 5장에서 다루었던 중력 퍼텐셜 에너지에 대한 식 mgh가 어떻게 그 식과 관련이 있는지 의아할 것이다. 그 식은 h가 지구의 반지름에 비해 작을 때 성립한다. 그것을 확인해 보기 위해, 어떤 물체를 지표에서부터 높이 h까지 들어 올릴 때의 퍼텐셜 에너지의 변화를 중력 퍼텐셜 에너지의 일반적인 식으로부터 구해 보자(그림 7.16 참고).

$$PE_2 - PE_1 = -G\frac{M_E m}{(R_E + h)} - \left(-G\frac{M_E m}{R_E}\right)$$
$$= -GM_E m\left[\frac{1}{(R_E + h)} - \frac{1}{R_E}\right]$$

위 식에서 분모를 같게 하고 약간의 계산을 하면

$$PE_2 - PE_1 = \frac{GM_E mh}{R_E(R_E + h)}$$

를 얻는다. 높이 h가 R_E에 비해 작으면, 분모의 괄호 속에 있는 h를 생략할 수 있으므로 분모는

$$\frac{1}{R_E(R_E + h)} \cong \frac{1}{R_E^2}$$

가 된다. 이것을 앞의 식에 대입하면

$$PE_2 - PE_1 \cong \frac{GM_E}{R_E^2}mh$$

가 된다. 4장에서 배운 바에 의하면 지표에서의 자유낙하 가속도는 $g = GM_E/R_E^2$으로 주어지므로 위 식은

$$PE_2 - PE_1 \cong mgh$$

가 된다.

7.5.3 탈출 속력 Escape speed

어떤 물체를 매우 큰 속력으로 지구 표면에서 윗방향으로 쏘아올린다면, 그 물체는 우주로 날아올라가 결코 되돌아오지 않는다. 물체의 이런 특별한 속력을 지구로부터의 **탈출 속력**(escape speed)이라 한다(보통 탈출 속도라고도 부르지만 실제로는 속력이 더 적절한 표현이다).

지구 탈출 속력은 에너지 보존의 법칙을 적용해서 구할 수 있다. 질량 m인 물체가 처음 속력 v_i로 지구 표면으로부터 연직 방향으로 쏘아 올려진다고 가정하자. 물체와 지구가 이루는 계의 처음 역학적 에너지(운동에너지와 퍼텐셜 에너지의 합)는 다음과 같다.

$$KE_i + PE_i = \tfrac{1}{2}mv_i^2 - \frac{GM_E m}{R_E}$$

공기 저항을 무시하고 물체의 처음 속력이 충분히 커서 물체가 무한대에 도달하고 이때 속력이 영이 되게 하는 처음 속력 v_i가 탈출 속력 $v_{\text{탈출}}$이 된다. 물체가 지구로부터 무한이 멀어지면 $v_f = 0$이기 때문에 물체의 운동에너지는 영이 되며, 무한대에서 퍼텐셜 에너지가 영이 된다고 가정하였기 때문에 퍼텐셜 에너지 또한 영이 된다. 따라서 전체 역학적 에너지는 영이 되며, 에너지 보존의 법칙에 따라

$$\tfrac{1}{2}mv_{\text{탈출}}^2 - \frac{GM_E m}{R_E} = 0$$

이므로

$$v_{\text{탈출}} = \sqrt{\frac{2GM_E}{R_E}} \qquad \textbf{[7.23]}$$

가 된다. 따라서 지구를 이탈하는 물체의 탈출 속력은 약 11.2 km/s(25 000 mi/h)이다. 탈출 속력 $v_{\text{탈출}}$은 지구를 탈출하는 물체의 질량에 무관하다. 따라서 우주선과 분자 한 개의 탈출 속력은 같다. 여러 가지 행성들과 달의 탈출 속력이 표 7.2에 주어져 있다. 행성의 탈출 속력과 온도를 알면 왜 몇몇 행성들만이 대기를 갖고, 대기의 성분이 무엇인지를 이해할 수 있다. 예를 들어, 수성과 같이 낮은 탈출 속력을 갖는 행성은 일반적으로 대기를 갖지 않는데, 그 이유는 기체 분자의 평균 속력이 탈출 속력에 가깝기 때문이다. 금성은 매우 얇은 대기를 갖지만 거의 대부분 이산화탄소와 무거운 기체로 이루어져 있다. 지구의 대기는 극소의 수소 또는 헬륨과 훨씬 무거운 질소와 산소 분자로 이루어져 있다.

표 7.2 행성과 달에서의 탈출 속력

행성	$v_{\text{탈출}}$(km/s)
수성	4.3
금성	10.4
지구	11.2
달	2.4
화성	5.0
목성	59.5
토성	35.5
천왕성	21.3
해왕성	23.5
명왕성[a]	1.2

[a] 2006년 8월에 국제 천문연합회는 명왕성의 행성 지위를 박탈하여 다른 8개의 행성과 구분하였다. 명왕성은 현재 소행성 세레스처럼 '왜소행성(dwarf planet)'으로 정의한다.

예제 7.11 지구에서 달까지

목표 에너지의 보존을 뉴턴의 일반적인 만유인력의 법칙에 적용한다.

문제 베른(Jules Verne)의 고전 소설 《지구에서 달까지(From the Earth to the Moon)》에서는 땅속에 거대한 대포를 만들고 이를 이용하여 우주선을 달까지 발사하였다. **(a)** 우주선이 탈출 속력으로 대포를 이탈할 때 지구 중심으로부터 1.50×10^5 km 높이에서의 속력은 얼마인가? 마찰에 의한 효과는 모두 무시한다. **(b)** 1.00 km 길이의 포신으로 우주선을 탈출 속력에 도달하도록 추진하기 위한 일정가속도의 크기는 대략 얼마인가?

전략 **(a)**는 에너지 보존의 법칙을 사용하여 나중 속력 v_f에 대해 푼다. **(b)**는 시간에 무관한 운동학 식을 적용한다. 가속도 a에 대해 푼다.

풀이

(a) $r = 1.50 \times 10^5$ km에서 속력을 구한다.

에너지 보존의 법칙을 적용한다.

$$\tfrac{1}{2}mv_i^2 - \frac{GM_E m}{R_E} = \tfrac{1}{2}mv_f^2 - \frac{GM_E m}{r_f}$$

양변에 $2/m$를 곱하여 재정렬한 후, v_f^2에 대해 푼다. 알려진 값들을 대입하고 제곱근을 취한다.

$$v_f^2 = v_i^2 + \frac{2GM_E}{r_f} - \frac{2GM_E}{R_E} = v_i^2 + 2GM_E\left(\frac{1}{r_f} - \frac{1}{R_E}\right)$$

$$v_f^2 = (1.12 \times 10^4\,\text{m/s})^2 + 2(6.67 \times 10^{-11}\,\text{kg}^{-1}\,\text{m}^3\,\text{s}^{-2})$$

$$\times (5.97 \times 10^{24}\,\text{kg})\left(\frac{1}{1.50 \times 10^8\,\text{m}} - \frac{1}{6.38 \times 10^6\,\text{m}}\right)$$

$$v_f = 2.43 \times 10^3\,\text{m/s}$$

(b) 가속도가 일정하다고 가정하고 대포에서의 가속도를 구한다. 시간에 무관한 운동학 식을 사용한다.

$$v^2 - v_0^2 = 2a\Delta x$$

$$(1.12 \times 10^4\,\text{m/s})^2 - 0 = 2a(1.00 \times 10^3\,\text{m})$$

$$a = 6.27 \times 10^4\,\text{m/s}^2$$

참고 **(b)**에서 구한 가속도는 지구 자유낙하 가속도의 6 000배에 해당한다. 이렇게 엄청난 가속도는 인체가 견딜 수 있는 한계를 벗어난다.

7.5.4 케플러의 법칙 Kepler's Laws

행성, 별 및 다른 천체들의 운동에 관한 관측은 수천 년 동안 이어져 왔다. 초기에 과학자들은 지구를 우주의 중심으로 생각했다. 이러한 **지구 중심 모형**(geocentric model)은 A.D. 2세기에 그리스 천문학자 프톨레마이오스(Claudius Ptolemy)에 의해 광범위하게 발전되어, 이후 1 400년 동안 받아들여져 왔다. 1543년에 폴란드 천문학자 코페르니쿠스(Nicolaus Copernicus, 1473~1543)는 지구와 행성들이 태양을 중심으로 원 궤도 운동한다는 것을 증명하였다[**태양 중심 모형**(heliocentric model)].

덴마크 천문학자 브라헤(Tycho Brahe, 1546~1601)는 현재의 태양계 모형을 지지하는 많은 정확한 천문학 자료를 20년간 측정하였다. 행성과 777개의 별에 대한 브라헤의 관측은 망원경이 발명되기 전 시대였으므로 전적으로 육분의와 나침판으로 수행되었다.

독일의 천문학자 케플러(Johannes Kepler)는 브라헤의 조수로, 브라헤의 자료를 받아서 16년 동안 행성의 운동에 관한 수학적 모형을 추론하려고 시도하였다. 수많은 실험적 계산을 통하여 그는 태양 주위를 도는 화성의 운동에 관한 브라헤의 관측자료가 그 해답을 제공한다는 사실을 알아냈다. 케플러의 첫 번째 해석은 태양에 대한 원 궤도의 개념은 버려야 한다는 것이다. 그는 궁극적으로 화성의 궤도는 한 초점에 태양이 위치한 타원임을 발견하였다. 이를 이용하여 모든 행성들의 운동을 설명할 수 있는 이론을 정립하였다. 이 이론은 **케플러의 법칙**(Kepler's laws)으로 다음과 같이 요약된다.

◀ 케플러의 법칙

1. 모든 행성들은 태양을 한 초점으로 한 타원 궤도를 따라 이동한다.
2. 태양과 행성을 잇는 직선은 같은 시간 동안 같은 넓이를 쓸고 지나간다.
3. 행성의 궤도 주기의 제곱은 행성과 태양 사이의 평균 거리의 세제곱에 비례한다.

이후 뉴턴은 위의 세 가지 법칙들은 임의의 두 물체 사이에 존재하는 중력의 결과라는 것을 보였다. 뉴턴의 만유인력의 법칙과 함께 케플러의 운동 법칙은 행성과 위성들의 운동을 수학적으로 완전히 표현하기 위한 기초가 되었다.

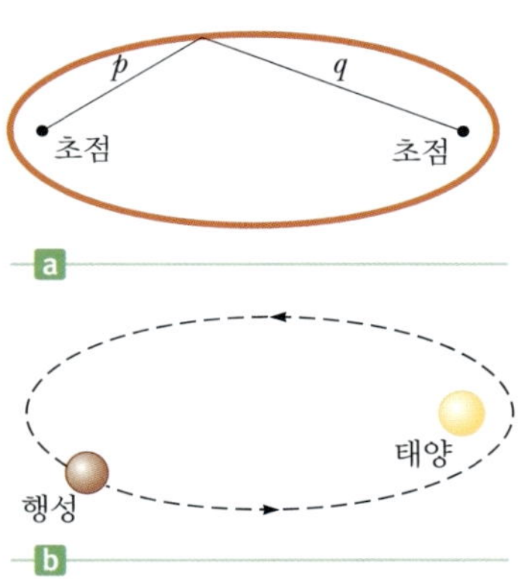

그림 7.17 (a) $p+q$는 타원 궤도상의 모든 점에서 같다. (b) 태양계에서 각 행성들의 타원 궤도의 한 초점에 태양이 있고 다른 초점은 비어 있다.

케플러의 제1법칙

케플러의 제1법칙은 뉴턴의 만유인력의 법칙이 역제곱 법칙이라는 것으로부터 생긴 자연스러운 결과이다. 즉, 중력이 $1/r^2$에 비례하는 경우 행성은 타원 운동을 하게 된다. 그림 7.17a에서 곡선상의 임의의 한 점과 두 초점을 잇는 거리들의 합이 항상 같은 경우 점들이 만드는 곡선은 타원이다. 장축 a는 타원을 가로지르는 가장 긴 거리의 반이다. 태양과 행성이 이루는 계(그림 7.17b)에서는 태양은 한 초점에 있으며 다른 초점은 비어 있다. 궤도가 타원이기 때문에 태양에서 행성 사이의 거리는 연속적으로 변한다.

케플러의 제2법칙

케플러의 제2법칙은 태양에서 임의의 행성을 잇는 직선이 같은 시간 간격 동안 지나는 넓이가 같다는 것이다. 그림 7.18과 같이 태양 주위의 타원 궤도에 존재하는 하나의 행성을 생각해 보자. 주어진 시간 간격 Δt 동안 행성이 점 Ⓐ에서 Ⓑ로 움직인다. 행성이 태양으로부터 먼 쪽에 있을 때는 태양으로부터 가까이 있을 때보다 더 천천히 움직인다. 반대로 태양에 가까운 쪽에서 행성은 같은 시간 간격 Δt 동안 더 빠르게 점 Ⓒ에서 Ⓓ로 움직인다. 케플러의 제2법칙은 그림 7.18처럼 노란색으로 나타낸 두 부분은 항상 같은 넓이를 갖게 됨을 의미한다. 8장에서 케플러의 제2법칙은 각운동량 보존의 법칙과 관련이 있음을 보일 것이다.

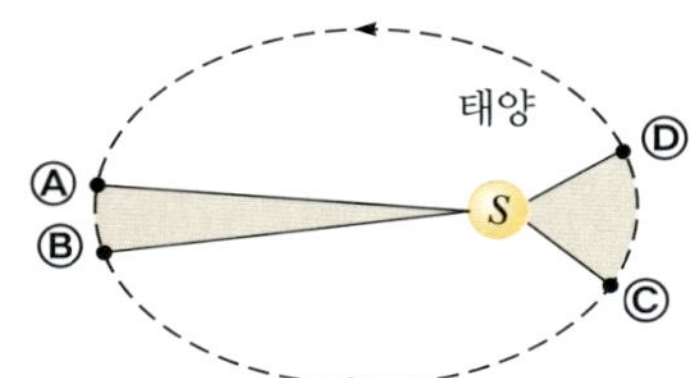

그림 7.18 태양 주위를 도는 타원 궤도에서 점 Ⓐ와 Ⓑ 사이의 시간 간격과 점 Ⓒ와 Ⓓ 사이의 시간 간격이 같다면 행성이 휩쓸고 간 두 넓이는 같다.

케플러의 제3법칙

케플러의 제3법칙은 다음과 같이 간단하게 유도된다. 질량이 M_S인 태양의 주위로 질량이 M_p인 행성이 원 궤도에 있다고 하자. 궤도가 원이기 때문에 행성은 일정한 속력 v로 움직인다. 뉴턴의 제2법칙, 중력의 법칙, 구심 가속도를 이용하여 다음 식과 같이 나타낼 수 있다.

$$M_p a_c = \frac{M_p v^2}{r} = \frac{G M_S M_p}{r^2}$$

궤도상 행성의 속력 v는 행성의 궤도 원둘레를 행성이 1회전하는 데 걸리는 시간, 즉 행성의 **주기** T로 나눈 것과 같다. 즉 $v = 2\pi r/T$이므로, 위 식은 다음과 같이 나타낼 수 있다.

$$\frac{GM_S}{r^2} = \frac{(2\pi r/T)^2}{r}$$

케플러의 제3법칙 ▶

$$T^2 = \left(\frac{4\pi^2}{GM_S}\right)r^3 = K_S r^3 \qquad [7.24]$$

여기서 K_S는 다음과 같은 상수이다.

$$K_S = \frac{4\pi^2}{GM_S} = 2.97 \times 10^{-19}\ \mathrm{s^2/m^3}$$

식 7.24는 원 궤도에 대한 케플러의 제3법칙을 나타낸다. 대부분의 행성의 궤도는 거의 원에 가깝다. 그러나 혜성과 소행성은 보통 타원 궤도를 갖는다. 이러한 궤도에 대해서는 반지름 r은 장축 a(타원 궤도를 가로지르는 가장 긴 거리의 반)로 대치하면 된다(이것은 또한 혜성이나 소행성의 태양으로부터의 평균 거리이다). 더 상세한 계산은 K_S가 행성의 질량과 태양의 질량을 모두 합한 값에 좌우됨을 보여 준다. 그러나 행성의 질량이 태양의 질량에 비해 무시할 정도로 작아서 식 7.24는 태양계 내의 어떤 행성에 대해서도 타당하다. 만약 지구에 대한 달의 궤도와 같은 위성의 궤도를 고려한다면, 위의 상수 값은 태양 질량 대신 지구 질량을 대치시키는 정도만 다르다. 이 경우 K_E는 $4\pi^2/GM_E$이다.

케플러의 제3법칙은 태양의 질량 혹은 궤도에 적어도 하나의 물체를 가지고 있는 천체의 질량을 측정하는 데 이용할 수 있다. 식 7.24에서 상수 K_S는 태양의 질량을 포함하고 있다. 이 상수의 값은 행성의 주기와 궤도 반지름 값을 대입한 후 K_S에 대하여 풀면 구할 수 있다. 따라서 태양의 질량은

$$M_S = \frac{4\pi^2}{GK_S}$$

으로 주어진다. 같은 방법으로 지구의 질량도(달의 주기와 궤도 반지름을 고려하면) 구할 수 있으며, 태양계에서 위성을 갖는 다른 행성들의 질량도 구할 수 있다.

표 7.3의 마지막 열은 T^2/r^3이 모든 행성에 대해 일정함을 보여 준다. 시간을 지구의 연도(Earth years)로, 장축을 천문단위(1 AU = 지구에서 태양까지의 거리)로 측정할 때, 케플러의 법칙은 다음의 간단한 형태로 표현된다.

$$T^2 = a^3$$

지구는 1 AU의 장축(정의에 의해)을 갖고, 태양을 도는 데 1년이 걸리므로 쉽게 위 식이 옳음을 알 수 있다. 물론 이 식은 태양계에 속한 행성, 소행성, 혜성에 대해서만 유효하다.

표 7.3 유용한 행성 자료

행성	질량(kg)	평균 반지름(m)	주기(s)	태양으로부터의 평균 거리(m)	$\frac{T^2}{r^3}\ 10^{-19}\left(\frac{s^2}{m^3}\right)$
수성	3.30×10^{23}	2.49×10^{6}	7.60×10^{6}	5.79×10^{10}	2.98
금성	4.87×10^{24}	6.05×10^{6}	1.94×10^{7}	1.08×10^{11}	2.98
지구	5.97×10^{24}	6.38×10^{6}	3.16×10^{7}	1.496×10^{11}	2.97
화성	6.42×10^{23}	3.40×10^{6}	5.94×10^{7}	2.28×10^{11}	2.97
목성	1.90×10^{27}	7.15×10^{7}	3.74×10^{8}	7.78×10^{11}	2.97
토성	5.68×10^{26}	6.03×10^{7}	9.29×10^{8}	1.43×10^{12}	2.94
천왕성	8.68×10^{25}	2.56×10^{7}	2.64×10^{9}	2.87×10^{12}	2.96
해왕성	1.02×10^{26}	2.48×10^{7}	5.17×10^{9}	4.52×10^{12}	2.90
명왕성[a]	1.30×10^{22}	1.19×10^{6}	7.82×10^{9}	5.91×10^{12}	2.97
달	7.35×10^{22}	1.74×10^{6}	—	—	—
태양	1.991×10^{30}	6.96×10^{8}	—	—	—

[a] 2006년 8월에 국제 천문연합회는 명왕성의 행성 지위를 박탈하여 다른 8개의 행성과 구분하였다. 명왕성은 현재 소행성 세레스처럼 '왜소행성(dwarf planet)'으로 정의한다.

예제 7.12 정지 궤도와 통신 위성

목표 케플러의 제3법칙을 지구 인공위성에 적용한다.

문제 통신의 관점에서 인공위성은 지구 위의 한 지역에 대해 항상 같은 위치에 있는 것이 유리하다. 이것은 위성의 궤도 주기가 지구의 자전 주기, 즉 24시간과 같을 때 일어난다. **(a)** 이러한 정지 궤도는 지구 중심으로부터 얼마만큼 떨어진 거리에 있는지 구하라. **(b)** 이때 위성의 궤도 속력은 얼마인가?

전략 이 문제는 태양의 질량을 지구의 질량으로 대체하여 케플러 제3법칙의 특별한 경우를 유도하는 데 사용했던 방법과 동일하게 풀 수 있다. 케플러의 제3법칙에서 태양의 질량을 지구의 질량으로 대체하고 주기 T(초 단위로 변환)를 대입한 후, r에 대해 푼다. **(b)**는 원 궤도의 원둘레를 구하고 소요된 시간으로 나눈다.

풀이

(a) 정지 궤도까지의 거리 r를 구한다.

케플러의 제3법칙을 적용한다.

$$T^2 = \left(\frac{4\pi^2}{GM_E}\right)r^3$$

초 단위의 주기 $T = 86\,400$ s와 만유인력 상수 $G = 6.67 \times 10^{-11}$ $\text{kg}^{-1}\,\text{m}^3/\text{s}^2$, 지구의 질량 $M_E = 5.97 \times 10^{24}$ kg을 대입한 후 r에 대해 푼다.

$$r = \boxed{4.22 \times 10^7 \text{ m}}$$

(b) 궤도 속력을 구한다.

궤도를 한 번 도는 동안 이동한 거리를 주기로 나눈다.

$$v = \frac{d}{T} = \frac{2\pi r}{T} = \frac{2\pi(4.23 \times 10^7 \text{ m})}{8.64 \times 10^4 \text{ s}} = \boxed{3.07 \times 10^3 \text{ m/s}}$$

참고 이 결과들은 모두 위성의 질량과 무관하다. 지구의 질량은 케플러의 제3법칙에 달의 거리와 주기를 대입하면 구할 수 있다.

연습문제

7.1 각속도와 각가속도

1(1). (a) 47.0°를 라디안으로 변환하라. (b) 12.0 rad를 회전수로 변환하라. (c) 75.0 rpm을 rad/s로 변환하라.

2(3). 최신형 소형차의 바퀴 지름이 2.0 ft이며 60 000 mi의 주행을 보증한다. (a) 보증 기간 동안 하나의 바퀴가 회전하게 될 각도(라디안 단위로)를 구하라. (b) (a)에서 구한 각도는 회전수로 몇 회가 되는가?

7.2 각가속도가 일정한 회전 운동

7.3 접선 속도, 접선 가속도, 구심 가속도

3(5). 치과의사의 드릴이 정지 상태에서 회전 운동을 시작한다. 일정한 각가속도로 3.20 s 후에 2.51×10^4 rev/min으로 회전한다. (a) 드릴의 각가속도를 구하라. (b) 이 시간 동안 드릴이 회전한 전체 각도(라디안 단위로)를 구하라.

4(7). 바퀴의 반지름이 38.0 cm인 자전거 바퀴가 정지 상태에서 1.60 rad/s²의 일정한 각가속도로 가속된다. (a) 자전거 바퀴의 선가속도는 얼마인가? (b) 자전거의 속력이 11.0 m/s일 때 바퀴의 각속력은 얼마인가? (c) 그 시간 동안 몇 라디안 회전하였는가? (d) 자전거가 이동한 거리는 얼마인가?

5(9). 엔진이 하나인 헬기의 주 회전 날개와 꼬리 회전 날개의 지름은 각각 7.60 m와 1.02 m이다. 각각의 회전 속력은 450 rev/min과 4 138 rev/min이다. 두 날개 끝의 속력을 계산하고, 음속인 343 m/s와 비교하라.

6(11). 최근의 자동차 브레이크 테스트에서 폭스바겐의 파사트 차는 44.7 m/s의 속력에서 8.73 m/s²의 감가속도로 브레이크를 밟아 완전히 정지하였다. (a) 타이어가 미끄러지지 않았다고 가정하고 정지하기까지 타이어가 회전한 수는 얼마인가? 타이어의 반지름은 0.330 m이다. (b) 전체 정지 거리의 반을 왔을 때 타이어의 각속력은 얼마인가?

7(13). 바퀴가 37.0회 회전하는 데 3.00 s가 걸린다. 3.00 s의 시간이 경과하는 순간의 각속도가 98.0 rad/s일 때, 바퀴의 일정각가속도(rad/s² 단위로)는 얼마인가?

8(15). 처음에 동쪽으로 향하던 차가 그림 P7.8과 같은 원형 경로를 따라 일정한 속력으로 북쪽으로 방향을 바꾸었다. 호 ABC의 길이는 235 m이고, 그 거리를 도는 데 36.0 s가 걸렸다. (a) 차의 속력을 구하라. (b) 차가 점 B에 있을 때 가속도의 크기와 방향을 구하라.

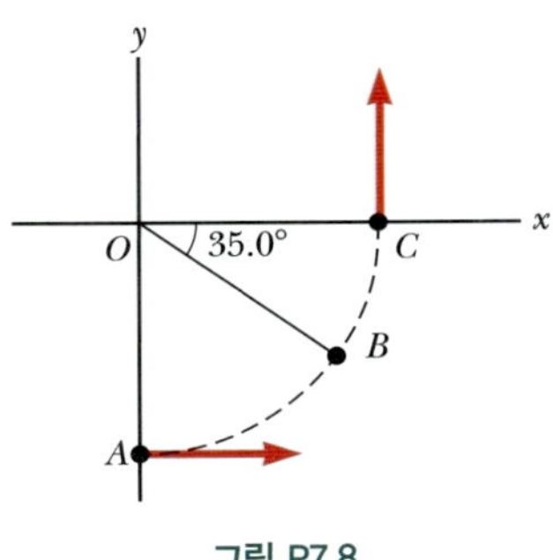

그림 P7.8

9(17). (a) 원반이 일정하게 가속될 때 정지 상태에서 78.0 rev/min의 각속도로 회전하는 데 3.00 s가 걸렸다. 지름이 10.0인치인 원반의 가장자리에 있는 벌레의 접선 가속도는 얼마인가? (b) 이때 벌레의 접선 속도는 얼마인가? 정지 상태로부터 움직이기 시작하여 1 s 후에 (c) 벌레의 접선 가속도, (d) 구심 가속도와 (e) 전체 가속도는 얼마인가?

7.4 등속원운동에서의 뉴턴의 제2법칙

10(19). 줄의 한쪽 끝은 천장에 매달려 있고 다른 쪽 끝에는 질량 0.500 kg의 물체가 매달려서 연직면상에서 반지름 2.00 m의 원형 경로로 흔들린다(그림 P7.10). $\theta = 20.0°$일 때 물체의 속력은 8.00 m/s이다. 이때 (a) 줄의 장력, (b) 가속도의 접선 성분과 지름 성분, (c) 합성 가속도를 구하라. (d) 물체가 위로 흔들려 올라갈 때와 아래로 내려올 때 앞의 답들이 달라지는가? (e) (d)의 답에 대한 이유를 설명하라.

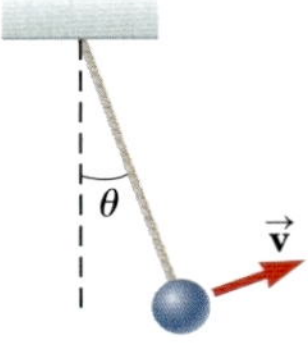

그림 P7.10

11(21). 끈의 한쪽은 기둥에 묶은 상태에서 끈의 반대쪽을 잡고 있는 55.0 kg의 아이스 스케이트 선수가 4.00 m/s로 움직이고 있다. 선수는 기둥을 중심으로 반지름이 0.800 m인 원을 그리며 움직인다. (a) 수평 상태의 끈이 선수의 팔에 작용하는 힘은 얼마인가? (b) 이 힘을 선수의 몸무게와 비교하라.

12(23). 소형 트럭이 반지름이 150 m인 편평한 곡선 도로에서 최고 속력 32.0 m/s로 달릴 수 있다고 한다. 반지름이 75.0 m인 곡선 도로에서 트럭이 낼 수 있는 최고 속력은 얼마인가?

13(25). 질량이 50.0 kg인 아이가 3.00 rad/s의 각속력으로 회전하고 있는 반지름이 2.00 m인 회전목마의 가장자리에 서 있다. (a) 아이의 구심 가속도는 얼마인가? (b) 아이가 원 궤도를 유지하는 데 필요한 아이의 발과 회전목마의 바닥 사이의 최소한의 힘의 크기는 얼마인가? (c) 요구되는 정지 마찰계수의 최솟값은 얼마인가? 구한 답은 합당한가? 다시 말해 아이는 회전목마 위에 서 있을 수 있는가?

14(27). 질량 $m_1 = 0.25$ kg인 공기 퍽이 실에 매달려 마찰이 없는 수평면 위에서 반지름 $R = 1.0$ m인 원 궤도를 회전하도록 되어 있다. 실의 다른 한쪽 끝은 탁자의 중심에 있는 구멍을 통과하여 질량 $m_2 = 1.0$ kg인 물체가 매달려 있다(그림 P7.14). 퍽이 탁자 위에서 회전하고 있는 동안 매달려 있는 물체는 평형 상태를 유지하고 있다. (a) 실의 장력은 얼마인가? (b) 퍽에 작용하는 수평 방향의 힘은 얼마인가? (c) 퍽의 속력은 얼마인가?

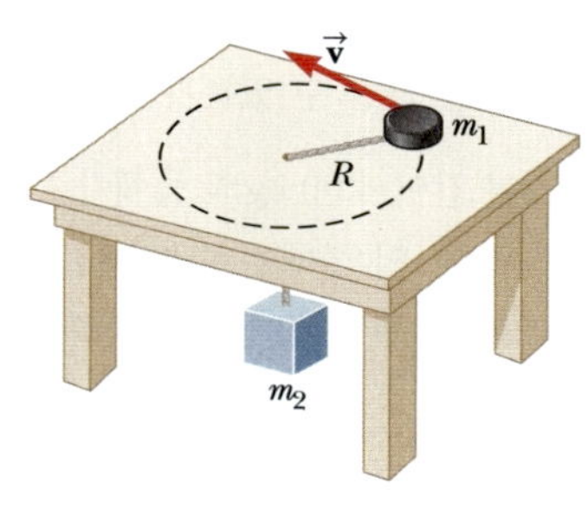

그림 P7.14

7.5 뉴턴의 만유인력의 법칙

15(33). (a) 질량이 7.50×10^{24} kg인 행성과 질량이 2.70×10^{22} kg인 그 행성의 달 사이의 중력의 크기를 구하라. 행성과 그 달 사이의 평균 거리는 2.80×10^8 m이다. (b) 그 행성을 향한 달의 가속도는 얼마인가? (c) 그 달을 향한 행성의 가속도는 얼마인가?

16(35). 미터 단위의 좌표계에서 당구대 표면 위의 세 개의 물체가 다음과 같이 위치하고 있다. 2.0 kg의 물체는 원점에, 3.0 kg의 물체는 (0, 2.0)에, 4.0 kg의 물체는 (4.0, 0)인 위치에 놓여 있다. 두 물체가 원점에 위치한 물체에 작용하는 중력의 합을 구하라.

17(37). 질량이 각각 200. kg과 500. kg인 물체가 0.400 m 떨어져 있다. (a) 이들의 중간 지점에 질량이 50.0 kg인 물체를 놓았을 때 이 물체가 받는 알짜 중력을 구하라. (b) 질량이 50.0 kg인 물체가 받는 알짜 중력이 영이 되는 지점(무한대는 제외)을 구하라.

18(39). 지구의 남극에서 어떤 물체를 지구 탈출 속력의 1/3의 속력으로 수직 위로 쏘아 올렸다. (a) 공기의 저항을 무시하고, 물체가 순간적으로 정지할 때까지 지구 중심으로부터 얼마나 높이 올라가는가? (b) 이 순간 물체의 고도는 얼마인가?

19(41). 2.80×10^6 m의 고도에서 지구 둘레를 공전하고 있는 인공위성이 있다. (a) 궤도의 주기, (b) 인공위성의 속력, (c) 인공위성의 가속도를 구하라. **힌트:** 식 7.23을 조금 수정하여 태양 대신 지구 둘레를 도는 물체에 적용하면 된다.

20(43). 화성의 위성 포보스(Phoebus)의 궤도 반지름은 9.4×10^6 m이고 공전 주기는 2.8×10^4 s이다. 원 궤도라고 가정하고 화성의 질량을 구하라.

21(45). 공전 주기가 76.3년인 어떤 혜성이 근일점(태양과 가장 가까운 점까지의 거리)이 0.610 AU인 타원 궤도를 돌고 있다. (a) 혜성의 긴반지름과 (b) 혜성의 태양으로부터의 최대 거리를 천문 단위로 구하라.

종합문제

22(47). (a) 목성의 달 중 하나인 이오(Io)의 궤도 반지름은 4.22×10^8 m이고, 공전 주기는 1.77일이다. 궤도가 원형이라고 가정하고, 목성의 질량을 구하라. (b) 목성의 달 중에서 가장 큰 달인 가니메데(Ganymede)의 궤도 반지름은 1.07×10^9 m이고 공전 주기는 7.16일이다. 이 자료로부터 목성의 질량을 계산해 보라. (c) (a)와 (b)의 결과는 일치하는가? 설명하라.

23(51). 운동 선수가 줄에 매달린 5.00 kg짜리 구를 수평면상에서 돌린다. 구는 0.500 rev/s의 각속력으로 반지름 0.800 m의 원을 그린다. (a) 구의 접선 속력과 (b) 구심 가속도를 구하라. (c) 줄이 끊어지지 않고 견딜 수 있는 최대 장력이 100. N이라면, 구의 최대 허용 접선 속력은 얼마인가?

24(53). 태양 활동의 극대기를 탐사하기 위한 위성(Solar Maximum Mission Satellite, SMMS)이 지표 위 약 150마일 상공에서 원 궤도로 공전하고 있다. (a) 위성의 궤도 속력과 (b) 공전 주기를 구하라.

25(55). 반지름이 r인 원호 모양의 다리 위를 차가 v의 속력으

로 달리고 있다. (a) 차가 원호의 맨 위에 있을 때 차에 작용하는 수직 항력을 구하라. (b) $r = 30.0$ m라면, 수직 항력이 영이 되는(승객들이 무중력을 느끼게 되는) 최소 속력은 얼마인가?

26(57). 지구의 자전 때문에 적도상의 한 점이 갖는 구심 가속도는 0.034 0 m/s^{2}인 반면, 극점에서의 구심 가속도는 영이다. (a) 적도상에서 어떤 물체에 작용하는 중력(그 물체의 진짜 무게)은 그 물체의 겉보기 무게보다 커야 함을 증명하라. (b) 질량이 75.0 kg인 사람이 적도에 있을 때와 극점에 있을 때의 겉보기 무게는 얼마인가? (지구는 정확한 구형이라고 가정하고 $g = 9.800$ m/s^{2}으로 한다.)

27(59). 로버트 A. 하인라인(Robert A. HeinLein)의 소설《달은 무자비한 밤의 여왕(The Moon is a Harsh Mistress)》에서 달에 있는 식민지 주민들은 자신들을 독립시켜 주지 않으면 지구에 암석을 발사하겠다고 위협한다. 어떤 대포가 질량이 m인 암석을 달에서의 탈출 속력의 두 배로 발사할 수 있다고 할 때, 암석이 지구의 대기권에 진입할 때의 속력을 구하라.

28(61). 가정용 세탁 건조기에서 젖은 옷이 들어 있는 원형 통이 그림 P7.28과 같이 수평축에 대해 일정하게 돌고 있다. 이 통은 작은 세탁물이 수평과 $\theta = 68.0°$인 각도에 있을 때 통 안쪽 벽에서 떨어질 수 있는 속도로 회전한다. 그 통의 반지름이 $r = 0.330$ m이라면 회전 속력은 rev/s 단위로 얼마인가?

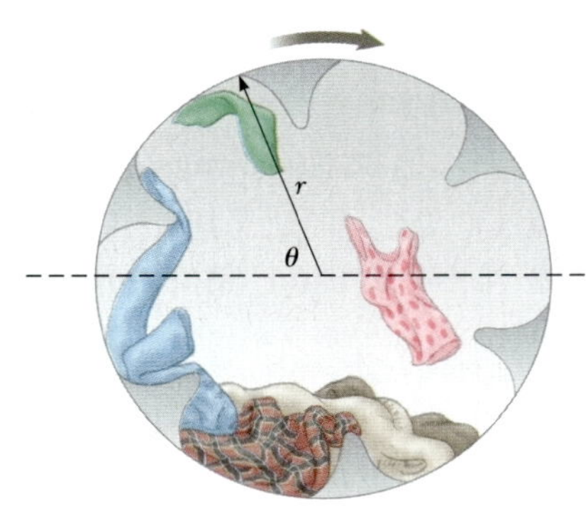

그림 P7.28

29(63). 스키선수가 커다란 반구형 언덕 위에서 정지 상태로 출발한다(그림 P7.29). 마찰을 무시하면 스키선수가 반구 표면을 떠나 공중으로 가게 되는 높이가 $h = R/3$임을 증명하라. 힌트: 그 점에서의 수직 항력은 0이다.

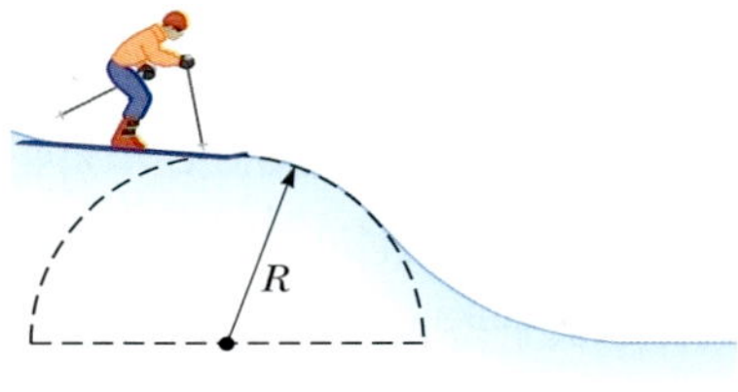

그림 P7.29

30(65). 그림 P7.30과 같이 곡률 반지름이 20.4 m인 도로의 과속 방지 턱을 1 800 kg의 자동차가 넘어간다고 하자. (a) 자동차의 속력이 8.94 m/s일 때 자동차가 턱의 맨 위를 지나갈 때 도로가 자동차에 작용하는 힘은 얼마인가? (b) 턱의 최고점을 지나면서 차의 바퀴가 지면에서 떨어지지 않도록 달릴 수 있는 최대 속력은 얼마인가?

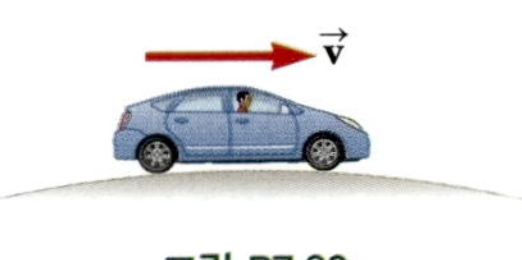

그림 P7.30

31(67). 외행성으로 우주선을 보낼 때 에너지가 가장 적게 드는 방법은 우주선이 출발하는 행성에서는 그 행성의 궤도에서 근일점(태양에서 가장 가까운 점)에 있을 때 출발하고, 우주선이 도착하고자 하는 행성의 궤도에서는 원일점(태양에서 가장 먼 점)일 때 도착하는 것이다. (a) 케플러의 제3법칙을 사용하여 이러한 궤도를 따라 지구에서 화성까지 갈 때 걸리는 시간을 구하라. (답은 년으로 표시하라.) (b) 이러한 궤도에는 언제든지 우주선을 올릴 수 있는가? 설명하라.

32(69). 그림 P7.32와 같이 4.00 kg의 물체가 두 줄에 의해 연직 막대에 연결되어 있다. 이 물체는 수평 원을 그리며 6.00 m/s의 일정한 속력으로 회전한다. (a) 윗줄과 (b) 아랫줄의 장력을 구하라.

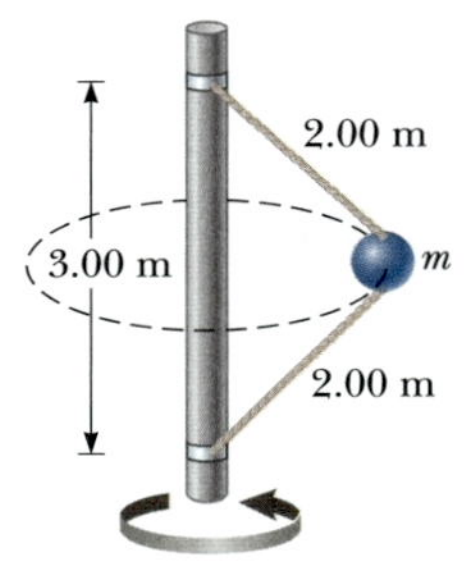

그림 P7.32

33(71). (a) 공항에 있는 어떤 수하물 컨베이어 벨트는 커다란 원뿔 모양으로 되어 있고 연직 중심축에 대해 회전한다. 금속 표면으로 된 경사면은 수평과 20.0°의 각도를 이루고, 30.0 kg의 가방이 회전축으로부터 7.46 m 떨어진 곳에 놓여 있다. 여행 가방은 38.0 s에 한 바퀴씩 회전한다. 가방과 컨베이어 사이의 정지 마찰력을 구하라. (b) 컨베이어를 회전시키는 모터가 컨베이어를 더 빨리 돌려서 짐이 회전축으로부터

7.94 m 되는 곳까지 밀려난다. 이때 34.0 s만에 한 바퀴씩 돌면서 가방은 미끄러지는 끝에 다다른다. 가방과 컨베이어 간의 정지 마찰 계수를 구하라.

34(73). 놀이공원의 놀이기구 중에서 반지름 3.00 m인 회전하는 원통이 그림 P7.34와 같이 5.00 rad/s의 각속력으로 회전하고 있다. 그 원통이 회전하면 바닥에 앉아 있던 사람이 미끄러져 원통 벽에 서 있게 된다. 그 안에 타고 앉아 있는 사람이 미끄러지지 않기 위한 옷과 바닥과의 최소 정지 마찰 계수는 얼마인가? **힌트:** 정지 마찰력의 최댓값은 $\mu_s n$이다. 여기서 n은 수직 항력이다. 이 경우 이 정지 마찰력이 구심 가속도의 원인이 된다.

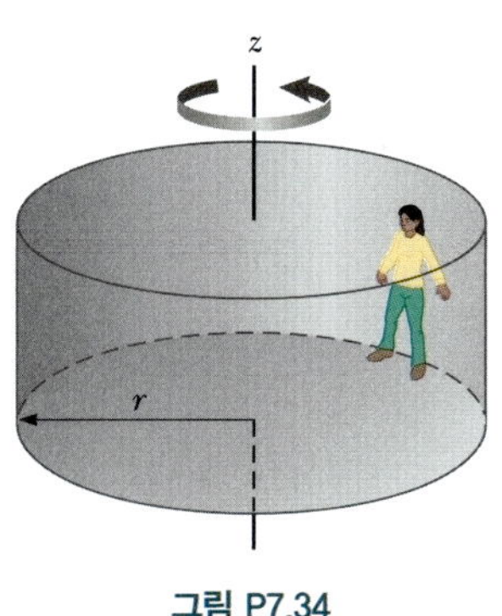

그림 P7.34

35(75). 길이가 1.5 m인 가벼운 줄에 매여 있는 0.50 kg의 공이 수평 원을 그리며 돈다. 이때 줄이 연직과 이루는 각이 30°이다(그림 P7.35). (a) 공의 속력을 구하라. (b) 공이 돌다가 속력이 4.0 m/s가 되었다면 줄이 연직과 이루는 각은 얼마인가? (c) 줄이 견딜 수 있는 장력이 9.8 N이라면, 공이 회전할 수 있는 최대 속력은 얼마인가?

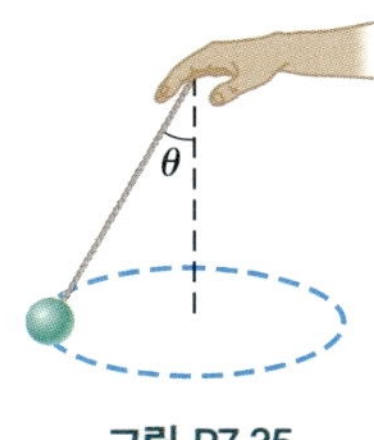

그림 P7.35

회전 평형과 회전 동역학

Rotational Equilibrium and Dynamics

CHAPTER 8

선운동에서 물체는 구조가 없는 점입자들로 다루었다. 이것은 선형 운동의 기술에 있어 힘이 어디에 작용했느냐는 중요하지 않고 단지 힘이 작용했느냐 하지 않았느냐가 중요하기 때문이다.

실제로는 힘의 작용점이 중요하다. 예를 들어, 미식축구에서 공을 가진 공격수가 몸통 근처에 태클을 당했다면, 넘어지기 전까지 얼마 동안은 버틸 수 있을 것이다. 만약 허리 아래에 태클을 당했다면, 그의 질량 중심은 지면 쪽으로 회전하면서 즉시 넘어질 것이다. 테니스는 또 다른 좋은 예이다. 테니스 공의 질량 중심을 통과하는 강한 수평 방향의 힘이 테니스 공에 작용하면, 땅에 떨어지기 전 먼 거리를 이동해 코트 선을 벗어나 날아갈 것이다. 대신에 같은 크기의 힘이 윗방향으로 작용하면 공에 톱 스핀을 주어 상대편 코트 안에 들어가게 할 수 있다.

회전 평형과 회전 동역학은 다른 분야에도 적용되는 중요한 개념이다. 예를 들어 건축학을 공부하는 학생은 건물에 작용하는 힘을 이해하는 데 유익하고, 생물학을 공부하는 학생은 뼈와 관절, 그리고 근육에 작용하는 힘들을 이해하게 한다. 토크(또는 돌림힘)를 일으키는 힘들은 물체의 평형과 회전의 정도에 어떻게 영향을 미치는지를 알려 준다.

이 장에서 물체에 알짜 토크가 작용하지 않으면 물체는 일정한 회전 운동 상태를 유지한다는 것을 알게 될 것이다. 이 원리는 뉴턴의 제1법칙과 같다. 또한 물체의 각가속도는 물체에 작용하는 알짜 토크에 비례하며, 이것은 뉴턴의 제2법칙과 유사하다. 더 나아가 물체에 작용하는 알짜 토크는 회전 에너지 변화의 원인임을 배우게 된다.

어떤 시간 간격 동안 물체에 가해진 토크는 물체의 각운동량을 변화시킨다. 외부 토크가 없다면 각운동량은 보존된다. 이러한 각운동량 보존은 초신성 폭발의 잔유물인 펄사가 적도 부분에서 빛의 속력에 가까운 속력으로 회전하는 신비롭고 놀라운 현상을 설명해 준다.

8.1 토크 Torque

힘은 가속도의 원인이고 토크는 각가속도의 원인이다. 이 두 개념 사이에 존재하는 관계를 알아보자.

그림 8.1은 점 O(경첩)에 달려 있는 문을 위에서 본 그림이다. 문은 종이면에 수직이고 점 O를 지나는 축에 대해서 자유롭게 회전한다. 힘 $\vec{\mathbf{F}}$가 문에 작용하여 문을 열 때 힘의 효율을 결정하는 세 가지 요소가 있다. 작용하는 힘의 크기, 힘의 작용점, 그리고 힘이 작용하는 각도가 그것이다.

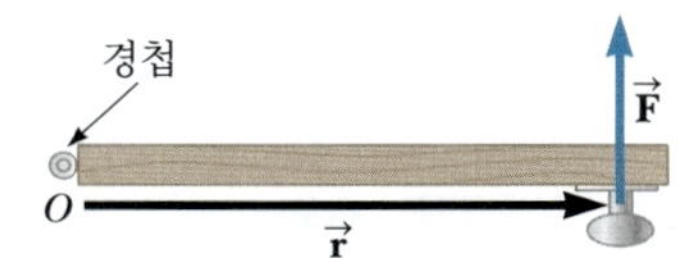

그림 8.1 문에 수직으로 작용하는 힘을 받으며 경첩 O에 달려 있는 문을 위에서 본 모양

간단히 하기 위하여 위치와 힘 벡터는 한 평면에 놓여 있는 경우로 제한한다. 그림 8.1에서처럼 힘 $\vec{\mathbf{F}}$가 문 바깥쪽 가장자리에 수직으로 작용할 때, 문은 일정한 각가속도로 반시계 방향으로 회전한다. 힘이 경첩에 가까운 곳에 작용하면 각가속도는 더 작아지며, 작용한 힘과 회전축 사이의 거리인 반지름 r이 클수록 더 큰 각가속도가 생

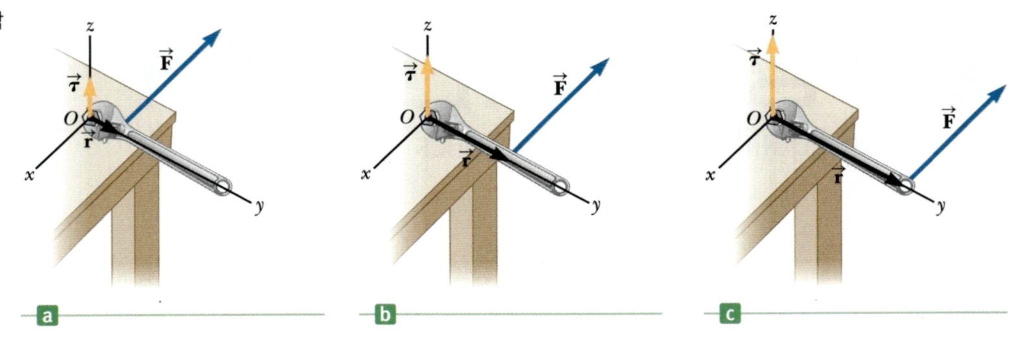

그림 8.2 렌치의 턱에서 먼 곳에 힘이 작용할수록 토크의 크기는 증가한다.

긴다. 마찬가지로 가한 힘이 더욱 커질수록 더 큰 각가속도가 생긴다. 이로부터 **토크**(torque)의 기본적인 정의를 이끌어 보자.

토크의 기본 정의 ▶

물체에 작용하는 힘을 $\vec{\mathbf{F}}$라 하고, 한 점 O에서부터 힘의 작용점까지의 위치 벡터를 $\vec{\mathbf{r}}$이라 하자. 이때 $\vec{\mathbf{F}}$는 $\vec{\mathbf{r}}$에 수직이다. 힘 $\vec{\mathbf{F}}$에 의한 토크 $\vec{\boldsymbol{\tau}}$의 크기는

$$\tau = rF \qquad \textbf{[8.1]}$$

이다. 여기서 r은 위치 벡터의 크기이고, F는 힘의 크기이다.

SI 단위: 뉴턴·미터(N·m)

벡터 $\vec{\mathbf{r}}$과 $\vec{\mathbf{F}}$는 한 평면에 있음에 주목하자. 그림 8.2는 작용점에 따라 토크의 크기가 어떻게 달라지는지 보여 준다. 그림 8.6에서 설명하겠지만, 토크 $\vec{\boldsymbol{\tau}}$는 이 평면에 수직이다. 점 O는 보통 문의 경첩이나 회전목마의 축과 같이 물체가 회전하는 축과 일치하도록 선택한다(다른 선택도 가능하다). 그리고 우리는 회전축에 수직인 평면 내에서 작용하는 힘들만 고려한다. 이 규정은 회전목마의 회전에 기여하지 않는 회전목마 레일에 대해 위로 향하는 성분의 힘은 포함하지 않도록 하기 위함이다.

이러한 조건하에서 물체는 두 방향 중의 한 방향으로 주어진 축 주변으로 회전한다. 편의상 반시계 방향을 양(+)의 방향, 시계 방향을 음(−)의 방향으로 정한다. 작용한 힘이 물체를 반시계 방향으로 회전시키면, 물체에 작용하는 토크는 양의 부호를 갖는다. 힘이 물체를 시계 방향으로 회전시키면 물체에 작용하는 토크는 음의 부호를 갖는다. 정지한 물체에 두 개 이상의 토크가 작용하는 경우 이 토크들의 벡터 합이 알짜 토크가 된다. 만약 알짜 토크가 영이 아니면, 물체는 회전하며 회전 속력은 항상 증가한다. 알짜 토크가 영이면 물체의 회전 속도는 변하지 않는다. 이것은 제1법칙의 회전 유사성을 이끌어낸다. **물체에 알짜 토크가 작용하지 않으면 물체의 회전 속도는 변하지 않는다.**

예제 8.1 회전문에서 힘 겨루기

목표 토크의 기본적인 정의를 적용한다.

문제 그림 8.3과 같이 두 사람이 회전문을 이용하려 하고 있다. 왼쪽에 있는 여자는 문의 회전축 중심으로부터 1.20 m 떨어진 곳에서 문에 수직 방향으로 625 N의 힘을 가하고, 오른쪽 남자는 회전축 중심으로부터 0.800 m 떨어진 곳에서 문에 수직 방향으로 8.50×10^2 N의 힘을 작용한다. 회전문에 작용하는 알짜

토크를 구하라.

전략 토크의 정의인 식 8.1을 사용해서 문에 작용하는 토크를 각각 구한 후 더하여 문에 작용하는 알짜 토크를 구한다. 여자는 음의 토크, 그리고 남자는 양의 토크를 작용한다. 이들은 작용점 역시 다르다.

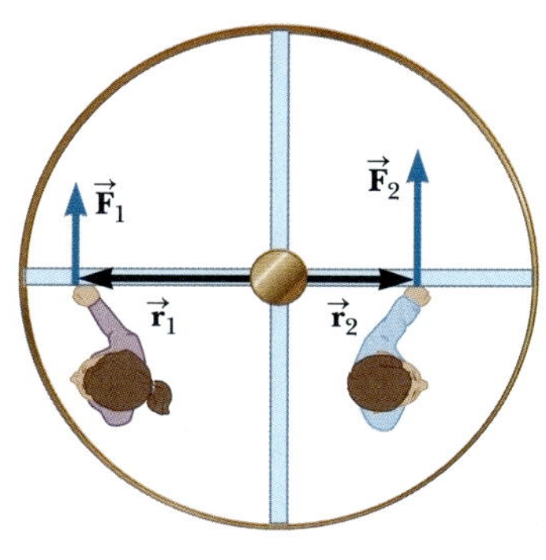

그림 8.3 (예제 8.1)

풀이

여자가 작용한 토크를 구한다. 힘 $\vec{F}_1$은 시계 방향의 회전을 일으키기 때문에 토크는 음의 부호이다.

$$\tau_1 = -r_1F_1 = -(1.20\ \mathrm{m})(625\ \mathrm{N}) = -7.50 \times 10^2\ \mathrm{N\cdot m}$$

남자가 작용한 토크를 구한다. 힘 $\vec{F}_2$가 반시계 방향의 회전을 일으키기 때문에 토크는 양의 부호이다.

$$\tau_2 = r_2F_2 = (0.800\ \mathrm{m})(8.50 \times 10^2\ \mathrm{N}) = 6.80 \times 10^2\ \mathrm{N\cdot m}$$

토크를 더하여 문에 작용하는 알짜 토크를 구한다.

$$\tau_{\text{알짜}} = \tau_1 + \tau_2 = \boxed{-70.\ \mathrm{N\cdot m}}$$

참고 음의 부호는 알짜 토크가 시계 방향의 회전을 만들어 낸다는 것을 의미한다.

작용한 힘이 항상 위치 벡터 $\vec{r}$에 수직인 것은 아니다. 문에 작용한 힘 $\vec{F}$가 회전축으로부터 멀어지는 방향으로 작용한다고 가정하자. 예를 들어, 그림 8.4a처럼 누군가가 문고리를 잡고 오른쪽으로 밀어낸다. 이 방향으로 작용하는 힘은 문을 열 수 없을 것이다. 그러나 그림 8.4b처럼 작용하는 힘이 문과 어떤 각도를 이루고 있으면, 문에 수직인 성분의 힘이 쉽게 문을 회전하게 하는 원인이 된다. 이 그림은 문에 수직으로 작용하는 힘의 성분이 $F\sin\theta$이고, θ는 위치 벡터 $\vec{r}$과 작용하는 힘 $\vec{F}$ 사이의 각도임을 보여준다. 만약 힘이 축으로부터 멀어지는 방향으로 작용하면 $\theta = 0°$, 즉 $\sin(0°) = 0$이고 $F\sin(0°) = 0$이 된다. 힘이 회전축 방향으로 작용하면, $\theta = 180°$이고 $F\sin(180°) = 0$이 된다. $F\sin\theta$의 최대 절댓값은 힘 $\vec{F}$가 $\vec{r}$에 수직일 때, 즉 $\theta = 90°$ 또는 $\theta = 270°$일 때에만 일어난다. 이러한 사실들을 고려하면 더 일반적인 토크를 정의할 수 있다.

◀ **토크의 일반 정의**

$\vec{F}$를 물체에 작용하는 힘, 그리고 $\vec{r}$을 주어진 점 O에서부터 힘의 작용점까지의 위치 벡터라고 하자. 힘 $\vec{F}$에 의한 토크 $\vec{\tau}$의 크기는

$$\tau = rF\sin\theta \qquad [8.2]$$

이다. 여기서 r은 위치 벡터의 크기이고, F는 힘의 크기이다. θ는 $\vec{r}$과 $\vec{F}$와의 사잇각이다.

SI 단위: 뉴턴 · 미터(N · m)

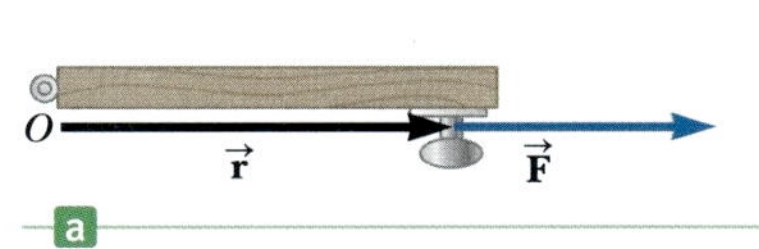

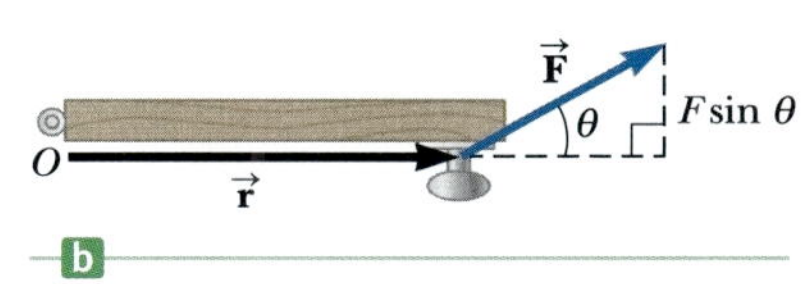

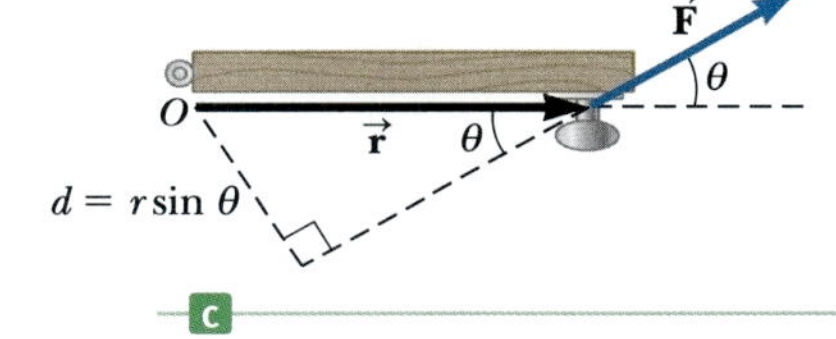

그림 8.4 (a) 각 $\theta = 0°$로 작용하는 힘 $\vec{F}$가 회전축 O에 미치는 토크는 영이다. (b) 문에 수직인 힘의 성분 $F\sin\theta$는 O에 대해 토크 $rF\sin\theta$를 작용한다. (c) 지렛대 팔 $d = r\sin\theta$ 형태로 나타낸 토크의 해석.

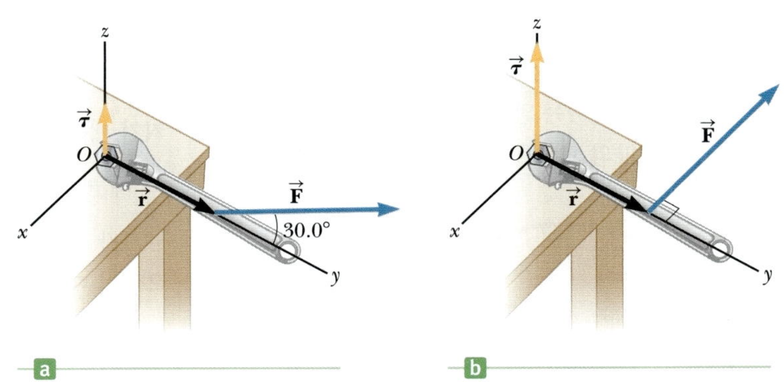

그림 8.5 (a)에서 (b)로 위치 벡터와 힘 벡터 사이의 각이 증가하면, 렌치가 작용하는 힘이 증가한다.

회전축은 벡터 $\vec{\mathbf{r}}$과 $\vec{\mathbf{F}}$가 놓인 평면에 수직이다. 점 O는 회전축이 있는 점이며, 그림 8.5를 보면 렌치가 작용하는 토크의 크기가 위치 벡터와 힘 벡터 사이의 각에 따라 증가하며 90°일 때 최대가 됨을 알 수 있다.

$\sin\theta$ 인자를 이해하는 또 다른 방법은 위치 벡터 $\vec{\mathbf{r}}$의 크기 r과 관련되어 있다는 점을 아는 것이다. 물리량 $d = r\sin\theta$를 **지렛대 팔**(또는 모멘트 팔, lever arm)이라 부르며, 이것은 회전축에서부터 작용하는 힘의 방향을 따라 그은 선까지의 수직 거리이다. 이 해석은 그림 8.4c에 설명되어 있다.

τ의 값은 회전축의 선택에 달려 있다는 것을 기억하는 것은 매우 중요하다. 토크는 임의의 축에 대해서도 계산할 수 있으나, 일단 한 점을 선택하면 주어진 문제에 대해서 일관성 있게 사용해야 한다.

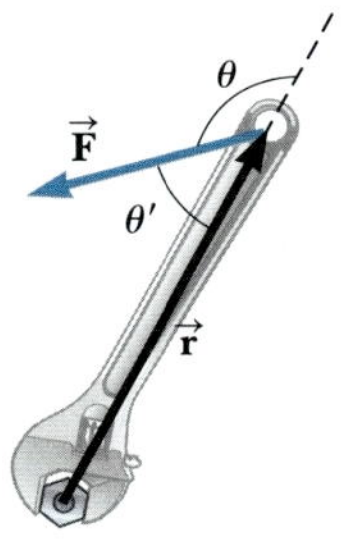

그림 8.6 오른손 법칙: $\vec{\mathbf{r}}$ 방향으로 오른손의 손가락을 향하고 $\vec{\mathbf{F}}$ 방향으로 손가락을 감아쥔다. 이때 엄지손가락은 토크의 방향을 가리킨다(이 경우 종이면에서 나오는 방향). 토크의 정의에서 θ나 θ' 어느 것이라도 사용 가능하다.

토크는 그림 8.6과 같이 위치와 힘 벡터에 의해서 결정되는 평면에 수직인 벡터이다. 그 방향은 오른손 규칙으로 결정된다.

1. 오른쪽 손가락들을 $\vec{\mathbf{r}}$의 방향으로 향하게 한다.
2. 벡터 $\vec{\mathbf{F}}$의 방향으로 손가락들을 감아쥔다.
3. 그때 엄지손가락이 토크의 방향을 가리킨다. 그림 8.6의 경우 종이면으로부터 수직으로 나오는 방향이다.

그림 8.6에서 두 가지 경우를 살펴보자. 각 θ는 두 벡터의 방향 사이의 실제 각이며, θ'은 그냥 두 벡터의 '사이' 각이라고 하자. 그렇다면 어느 각이 맞는 것인가? $\sin\theta' = \sin(180° - \theta) = \sin(180°)\cos\theta - \sin\theta\cos(180°) = 0 - \sin\theta\cdot(-1) = \sin\theta$가 되므로 어느 각을 사용하여도 계산 결과는 같다. 이 교재에서 사용하는 문제들은 $\vec{\mathbf{r}}$과 $\vec{\mathbf{F}}$를 포함하는 평면에 수직인 축에 대하여 회전하는 물체로 제한되고 있다. 따라서 이들 벡터는 종이면 내에 있게 되고, 토크는 항상 회전축에 평행하게 종이면으로 나오거나 들어가게 된다. 엄지손가락이 토크의 방향을 향하면, 나머지 손가락들은 자연스럽게 토크가 정지 물체에 만들어 내는 회전 방향으로 감아쥐게 된다.

예제 8.2 회전문

목표 토크의 일반적인 정의를 적용한다.

문제 **(a)** 한 남자가 그림 8.7a에서처럼 경첩으로부터 2.00 m 떨어진 곳에 문과 60.0°의 각도를 이루면서 힘 $F = 3.00 \times 10^2$ N을 작용하고 있다. 경첩의 위치를 회전축으로 선택하여 문에 작용하는 토크를 구하라. **(b)** 쐐기가 문 반대편에 경첩으로부터 1.50 m에 있다고 하자. **(a)**에서 작용하는 힘으로 문이 열리지 않도록 하기 위해서는 쐐기에는 최소한 얼마만큼의 힘이 가해져야 하는가?

전략 **(a)**는 일반적인 토크 식에 대입하여 풀 수 있다. **(b)**는 경첩, 쐐기, 작용하는 힘 모두가 문에 토크를 작용한다. 문은 열리지 않는다. 그러므로 이들 토크의 합은 영이어야 한다. 이 조건은 쐐기의 힘을 구하는 데 사용된다.

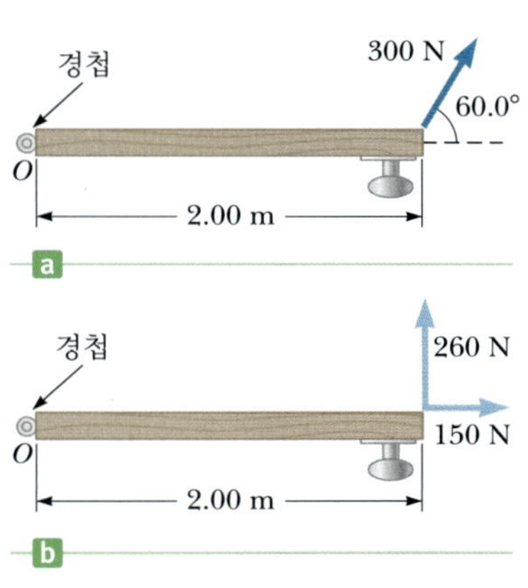

그림 8.7 (예제 8.2a) (a) 300 N의 힘으로 밀어내는 문을 위에서 본 그림. (b) 300 N 힘의 성분.

풀이

(a) 60.0°에서 작용하는 힘에 의한 토크를 계산한다.

일반적인 토크 식에 대입한다.

$$\tau_F = rF\sin\theta = (2.00\text{ m})(3.00 \times 10^2\text{ N})\sin 60.0°$$
$$= (2.00\text{ m})(2.60 \times 10^2\text{ N}) = \boxed{5.20 \times 10^2\text{ N}\cdot\text{m}}$$

(b) 문 다른 면에 쐐기에 의해 작용된 힘을 계산한다.

토크들의 합을 영으로 놓는다.

$$\tau_{\text{경첩}} + \tau_{\text{쐐기}} + \tau_F = 0$$

경첩에 작용하는 힘은 축($r = 0$)에 작용하기 때문에 토크는 없다. 쐐기에 작용하는 힘은 위쪽으로 작용하는 260 N에 반대하여 −90.0° 방향으로 작용한다.

$$0 + F_{\text{쐐기}}(1.50\text{ m})\sin(-90.0°) + 5.20 \times 10^2\text{ N}\cdot\text{m} = 0$$
$$F_{\text{쐐기}} = \boxed{347\text{ N}}$$

참고 위치 벡터로부터 쐐기 힘까지의 각이 −90°임을 주목하라. 이것은 위치 벡터에서 시작해서 힘 벡터로 가기 위해 90° 시계 방향(음의 각도 방향)으로 가기 때문이다. 이 방법에서 각을 측정한다는 것은 토크 항에 대해 정확한 부호를 제공해 주고 오른손 법칙과 일치한다. 다른 방법으로도 토크의 크기를 찾을 수 있고 물리적 직관으로 정확한 부호를 선택할 수 있다. 그림 8.7b는 지렛대 팔에 수직한 힘의 성분이 토크를 발생시킨다는 것을 설명한다.

8.2 질량 중심과 질량 중심의 운동 Center of Mass and Its Motion

8.2.1 질량 중심 Center of Mass

xy평면에 놓여 있는 그림 8.8과 같은 임의의 모양의 물체를 살펴보자. 그 물체는 무게가 m_1g, m_2g, m_3g, ⋯인 매우 작은 수많은 입자들로 나눌 수 있다. 각 입자들의 위치 좌표는 (x_1, y_1), (x_2, y_2), (x_3, y_3), ⋯이다. 그 물체가 원점에 대해 자유롭게 회전할 수 있다면 각 입자들은 원점에 대해 토크를 가지게 될 것이고 그 토크의 값들은 각각의 무게에다 지렛대 팔을 곱한 값이 될 것이다. 예를 들어, 무게 m_1g에 의한 토크는 m_1gx_1이다.

이제 크기가 $w = F_g = Mg$(물체의 전체 무게)인 힘의 작용점의 위치를 정해 보자. 이 점에서 물체의 회전에 의한 효과는 각각의 입자에 의한 것과 같다. 이 점을 물체의 **무게 중심**(center of gravity)이라 한다. 무게 중심에서 w에 의한 토크를 각각의 입자에 작용하는 토크의 합과 같게 놓으면

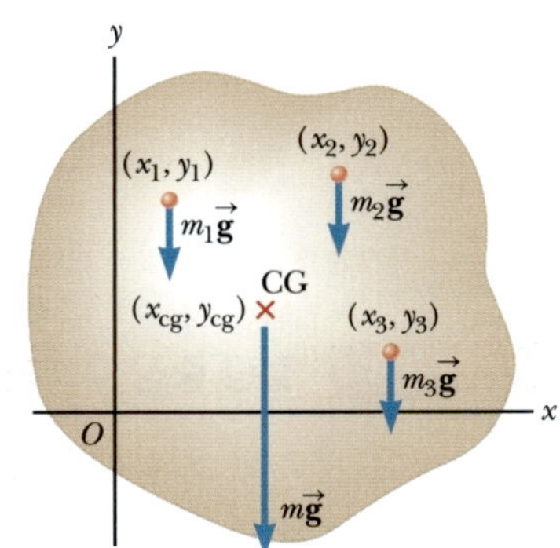

그림 8.8 무게 중심에 대해 계산하면 물체에 작용하는 중력에 의한 알짜 토크는 영이다. 물체는 그 점에서 지지되거나 혹은 그 점 아래나 위의 수직선을 따라가는 어떤 점에서 지지된다면 균형을 이룰 것이다.

$$(m_1g + m_2g + m_3g + \cdots)x_{cg} = m_1gx_1 + m_2gx_2 + m_3gx_3 + \cdots$$

가 된다. g는 물체 내의 모든 곳에서 같다고 가정한다. 그러면 이전 식에서 g는 소거되고 결과 식은

$$x_{cg} = \frac{m_1x_1 + m_2x_2 + m_3x_3 + \cdots}{m_1 + m_2 + m_3 + \cdots} = \frac{\sum m_i x_i}{\sum m_i} \quad [8.3a]$$

가 된다. 여기서 x_{cg}는 무게 중심의 x 좌표이다. 마찬가지로 계의 무게 중심의 y 좌표와 z 좌표는

$$y_{cg} = \frac{\sum m_i y_i}{\sum m_i} \quad [8.3b]$$

$$z_{cg} = \frac{\sum m_i z_i}{\sum m_i} \quad [8.3c]$$

로 구할 수 있다. 세 개의 무게 중심에 대한 식은 **질량 중심**(center of mass)에 대한 식과 동일하다. 질량 중심과 무게 중심은 g가 크게 변하지 않는다면 정확하게 같다. 이 장에서는 무게 중심과 질량 중심의 개념을 서로 같은 것으로 사용할 것이다.

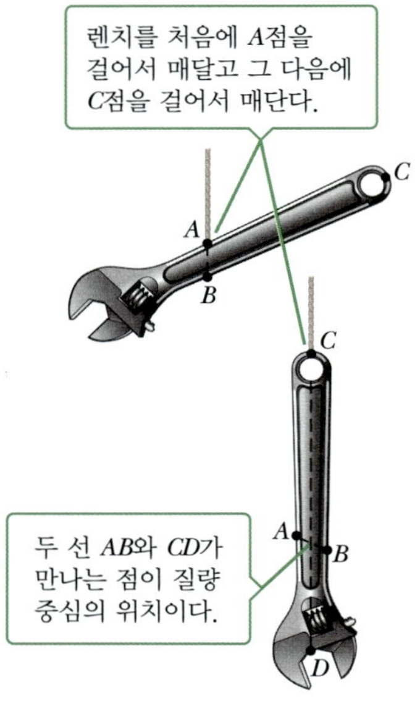

그림 8.9 렌치의 질량 중심을 결정하는 실험적인 방법

경우에 따라 질량 중심의 위치를 추측하는 것이 가능하다. **균일하고 대칭적인 물체의 질량 중심은 반드시 대칭축에 놓인다.** 예를 들면, 균일한 막대의 질량 중심은 막대 양 끝 사이의 중간에 놓이고, 균일한 구와 균일한 정육면체의 질량 중심은 물체의 기하학적 중심에 있다. 렌치와 같이 불규칙적인 형태를 한 물체의 질량 중심은 두 개의 다른 임의의 점으로부터 렌치를 매달아서 실험적으로 결정할 수 있다(그림 8.9). 먼저 렌치를 점 A에 매단다. 그리고 렌치가 평형 상태에 있을 때 수직선 AB를 그린다. 그 다음 렌치를 점 C에 매달고 두 번째 수직선 CD를 그린다. 질량 중심은 이 두 직선들이 만나는 점과 일치한다. 실제로 만약 렌치가 어떤 점으로부터 자유롭게 매달려 있다면, 질량 중심은 항상 그 지지점 아래 선상에 똑바로 놓이게 된다. 그러므로 그 점을 지나는 수직선이 질량 중심을 지나간다.

8.3절의 여러 가지 예제들은 균일하고 대칭적인 물체와 관련된다. 여기서 질량 중심과 기하학적 중심은 일치한다. 균일한 중력장 내에 있는 강체는 힘이 물체의 질량 중심을 지나 위로 향한다면 물체의 무게와 크기가 같은 하나의 힘에 의해 균형을 유지할 수 있다.

예제 8.3 질량 중심 구하기

목표 여러 물체로 된 계의 질량 중심을 구한다.

문제 **(a)** 세 물체가 그림 8.10a와 같이 분포되어 있다. 질량 중심을 구하라. **(b)** 만일 왼쪽에 있는 물체를 위로 1.00 m 옮기고 오른쪽에 있는 물체를 아래로 0.500 m 옮긴다면(그림 8.10b) 질량 중심은 어떻게 변하는가? 각각의 물체는 점 입자로 간주한다.

전략 **(a)**에서는 모든 물체가 x축상에 있기 때문에 질량 중심의 y 좌표와 z 좌표는 모두 영이다. 식 8.3a를 사용하여 질량 중심의 x 좌표를 구할 수 있다. **(b)**는 식 8.3b를 사용하면 된다.

풀이

(a) 그림 8.10a에서 입자 계의 질량 중심을 구한다.

식 8.3a를 세 물체로 된 계에 적용한다.

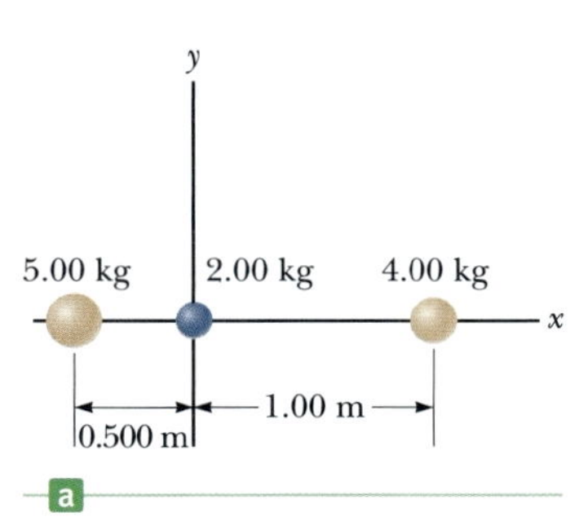

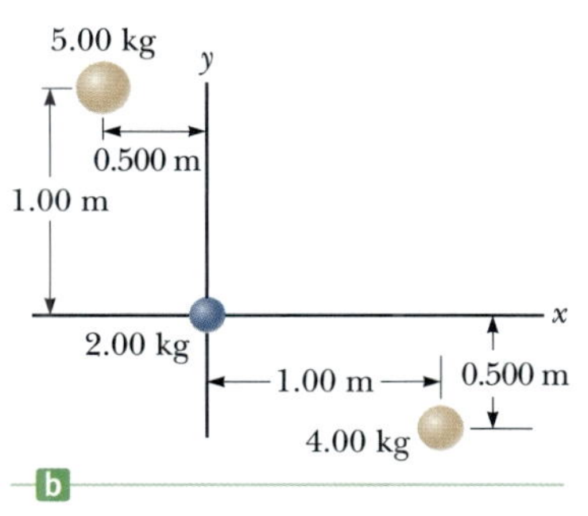

그림 8.10 (예제 8.3) 세 입자로 된 계의 질량 중심 구하기

$$x_{cg} = \frac{\sum m_i x_i}{\sum m_i} = \frac{m_1 x_1 + m_2 x_2 + m_3 x_3}{m_1 + m_2 + m_3} \qquad (1)$$

식 (1)의 분자를 계산한다.

$$\begin{aligned}\sum m_i x_i &= m_1 x_1 + m_2 x_2 + m_3 x_3 \\ &= (5.00 \text{ kg})(-0.500 \text{ m}) + (2.00 \text{ kg})(0 \text{ m}) \\ &\quad + (4.00 \text{ kg})(1.00 \text{ m}) \\ &= 1.50 \text{ kg} \cdot \text{m}\end{aligned}$$

분모에 $\sum m_i = 11.0$ kg을 대입하고 분자를 식 (1)에 대입한다.

$$x_{cg} = \frac{1.50 \text{ kg} \cdot \text{m}}{11.0 \text{ kg}} = \boxed{0.136 \text{ m}}$$

(b) 물체들의 위치가 그림 8.10b처럼 바뀌는 경우 질량 중심은 어떻게 달라지는가?

x 좌표는 변하지 않았기 때문에, 질량 중심의 x 좌표 역시 변하지 않는다.

$$x_{cg} = \boxed{0.136 \text{ m}}$$

식 8.3b를 쓴다.

$$y_{cg} = \frac{\sum m_i y_i}{\sum m_i} = \frac{m_1 y_1 + m_2 y_2 + m_3 y_3}{m_1 + m_2 + m_3}$$

값을 대입한다.

$$y_{cg} = \frac{(5.00 \text{ kg})(1.00 \text{ m}) + (2.00 \text{ kg})(0 \text{ m}) + (4.00 \text{ kg})(-0.500 \text{ m})}{5.00 \text{ kg} + 2.00 \text{ kg} + 4.00 \text{ kg}}$$

$$y_{cg} = \boxed{0.273 \text{ m}}$$

참고 물체의 위치를 y 방향으로 바꾸는 것은 질량 중심의 x 좌표에 변화를 주지 않는다. 질량 중심의 세 성분은 각각 다른 두 좌표와 무관하다.

예제 8.4 사람의 무게 중심을 구하기

목표 토크를 사용하여 무게 중심을 구한다.

문제 이 예제에서는 사람의 무게 중심을 어떻게 구하는지를 공부한다. 키가 173 cm이고 몸무게가 715 N인 어떤 사람이 있다. 그림 8.11처럼 하나의 받침대와 한 개의 저울 위에 판자를 놓고 그 위에 이 사람을 눕힌다. 판자의 무게 w_b가 49 N이고 저울 눈금이 3.50×10^2 N이라면, 이 사람의 무게 중심의 위치를 머리끝에서부터의 거리로 구하라.

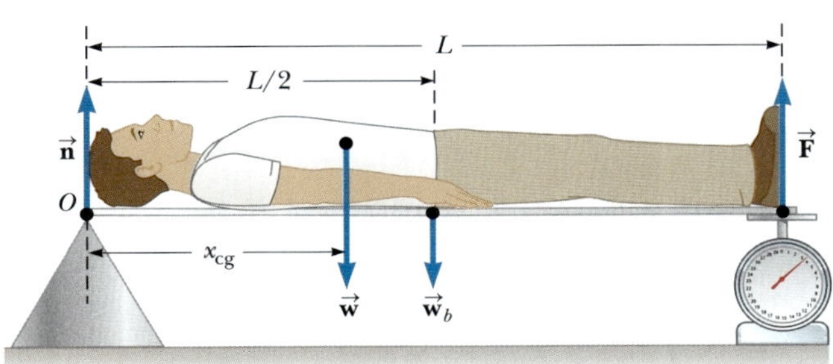

그림 8.11 (예제 8.4) 사람의 무게 중심을 구하는 방법.

전략 무게 중심의 위치 x_{cg}를 구하기 위해 점 O를 지나는 축에 대한 토크를 계산한다. 점 O를 지나는 축에 대한 지렛대 팔이 0인 수직 항력 $\vec{\mathbf{n}}$은 토크가 없다. 판자에 눕혀져 있는 사람이 회전하지 않기 때문에 토크의 합은 0이다. 이러한 조건을 사용하면 x_{cg}를 구할 수 있다.

풀이

토크의 총합을 0으로 놓는다.

$$\sum \tau_i = \tau_n + \tau_w + \tau_{w_b} + \tau_F = 0$$

토크에 대한 식을 대입한다.

$$0 - w x_{cg} - w_b(L/2) + FL = 0$$

x_{cg}에 대해 풀고 값을 대입한다.

$$x_{cg} = \frac{FL - w_b(L/2)}{w}$$

$$= \frac{(350\ \text{N})(173\ \text{cm}) - (49\ \text{N})(86.5\ \text{cm})}{715\ \text{N}} = \boxed{79\ \text{cm}}$$

참고 주어진 정보로 무게 중심의 x 좌표만을 구하는 것은 충분하다. 사람의 몸이 대칭적이라고 가정한다면 다른 두 좌표도 구할 수 있다.

예제 8.5 막대로 된 구조물의 질량 중심

목표 여러 구성물로 된 경우의 질량 중심을 구한다.

문제 선밀도가 5.00 kg/m로 균질한 막대들이 그림 8.12에서와 같이 하나는 위로 다른 하나는 옆으로 하여 T자 모양을 이루고 있다. 막대의 굵기는 무시한다. **(a)** 각 막대의 질량을 구하라. **(b)** 각 막대의 질량 중심을 구하라. **(c)** xy평면에서 두 막대로 된 계의 질량 중심을 구하라.

전략 **(a)**에서 각 막대의 질량은 $m = \lambda L$로 주어진다. 여기서 λ는 막대의 단위 길이당 질량이고 L은 길이이다. **(b)**에서 각 막대의 질량 중심은 대칭성을 사용하여 구할 수 있다. 대칭의 중심은 막대 길이의 중앙이다. 이 경우 중앙점을 이용하면 된다. 마지막으로 계의 각 막대의 질량이 각 막대의 질량 중심점에 집중된 것처럼 간주하여 식 8.3a와 8.3b를 사용하여 질량 중심을 구할 수 있다.

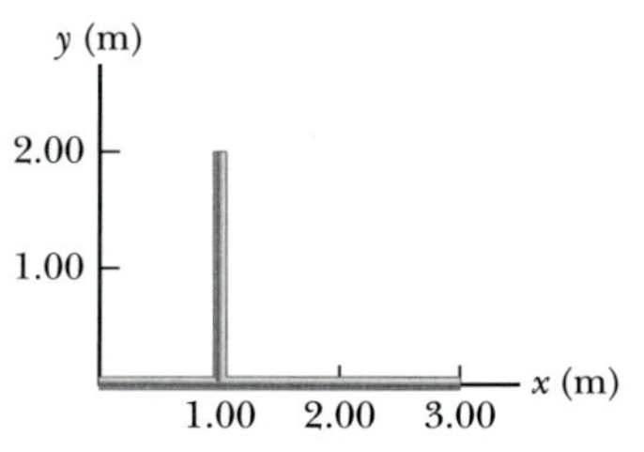

그림 8.12 (예제 8.5) 균질한 막대로 된 계

풀이

(a) 각 막대의 질량을 구한다.

선밀도 값을 대입하여 수평 막대 m_1의 질량을 구한다.

$$m_1 = \lambda L_1 = (5.00\ \text{kg/m})(3.00\ \text{m}) = \boxed{15.0\ \text{kg}}$$

수직 막대의 m_2도 마찬가지로 구한다.

$$m_2 = \lambda L_2 = (5.00\ \text{kg/m})(2.00\ \text{m}) = \boxed{10.0\ \text{kg}}$$

(b) 각 막대의 질량 중심을 구한다.

각 막대의 밀도가 균질하므로 질량 중심의 막대의 중앙점에 있다.

$$\text{CM, 수평 막대: } (x_1, y_1) = \boxed{(1.50, 0)\ \text{m}}$$

$$\text{CM, 수직 막대: } (x_2, y_2) = \boxed{(1.00, 1.00)\ \text{m}}$$

(c) xy평면에서 계의 질량 중심을 구한다.

식 8.3a와 8.3b를 사용한다.

$$x_{cm} = \frac{m_1x_1 + m_2x_2}{m_1 + m_2}$$

$$= \frac{(15.0\ \text{kg})(1.50\ \text{m}) + (10.0\ \text{kg})(1.00\ \text{m})}{15.0\ \text{kg} + 10.0\ \text{kg}} = \boxed{1.30\ \text{m}}$$

$$y_{cm} = \frac{m_1y_1 + m_2y_2}{m_1 + m_2}$$

$$= \frac{(15.0\ \text{kg})(0\ \text{m}) + (10.0\ \text{kg})(1.00\ \text{m})}{15.0\ \text{kg} + 10.0\ \text{kg}} = \boxed{0.400\ \text{m}}$$

참고 여기서 계산된 질량 중심은 막대의 위치가 아닌 곳에 있다. 질량을 구하기 위한 선밀도는 질량 중심 식의 분모와 분자에 모두 있으므로 서로 지워진다. 따라서 선밀도 값을 꼭 알아야 하는 것은 아니다.

8.2.2 질량 중심의 운동 Center of Mass Motion

뉴턴의 제2법칙을 어떤 계에 적용하여 보자. 총질량 $M_{총}$에다 질량 중심의 가속도 $\vec{\mathbf{a}}_{cm}$을 곱한 것은 그 계에 작용하는 힘의 합과 같다. 즉,

$$M_{총}\vec{\mathbf{a}}_{cm} = \sum \vec{\mathbf{F}}_i = \sum \vec{\mathbf{F}}_{외부} + \sum \vec{\mathbf{F}}_{내부} \qquad [8.4]$$

여기서 $\vec{\mathbf{F}}_{외부}$는 계에 작용하는 외력이고 $\vec{\mathbf{F}}_{내부}$는 그 계 내의 내력이다. 모든 내력들은 작용–반작용 쌍을 이루고 있고 그 벡터들은 서로 크기가 같고 방향이 반대이므로 벡터 합이 0이 된다. 그러므로 질량 중심에 대한 제2법칙을 쓸 때 내력을 쓰지 않아도 된다. 즉,

$$M_{총}\vec{\mathbf{a}}_{cm} = \sum \vec{\mathbf{F}}_{외부} \quad [8.5]$$

질량 중심의 운동을 간단한 운동학 문제에 적용하여 보자. 일차원 문제나 이차원 문제 모두 식의 모양이 같다. 예를 들어, 직선을 따라 운동하는 경우 운동학 공식은 다음과 같다.

$$x_{cm} = \frac{1}{2}a_{cm}t^2 + v_{0,cm}t + x_{0,cm} \quad [8.6]$$

$$v_{cm} = a_{cm}t + v_{0,cm} \quad [8.7]$$

$$v_{cm}^2 - v_{0,cm}^2 = 2a_{cm}\Delta x_{cm} \quad [8.8]$$

이차원 운동학 식도 같은 형태로 쓸 수 있다.

예제 8.6 로켓의 폭발

목표 중력장에서 질량 중심의 운동을 사용한다.

문제 20.0 m/s의 속력으로 수직 상승하던 질량이 3.00 kg인 모형 로켓이 고도 30.0 m에서 폭발하여 질량이 $m_1 = 1.00$ kg, $m_2 = 2.00$ kg인 두 조각으로 떨어져 나갔다. m_1은 수직 아래로 낙하하여 1초 후에 땅에 떨어졌다. m_1이 땅에 닿을 때 m_2의 높이는 얼마이겠는가? 연직 윗방향을 x 방향으로 정한다.

전략 이 문제는 어려워 보이지만 사실 질량 중심의 운동을 사용하여 한 줄로 풀 수 있다! 필요한 것은 단지 운동학 식인 식 8.6에 질량 중심의 위치를 적용하면 된다. 그 다음 그것을 질량 중심의 정의인 식 8.3a에 대입하여 풀면 된다.

풀이

식 8.3a와 8.6의 우변을 같게 놓는다.

$$x_{cm} = \frac{m_1x_1 + m_2x_2}{m_1 + m_2} = \frac{1}{2}a_{cm}t^2 + v_{0,cm}t + x_{0,cm}$$

m_1, m_2, a_{cm}, $v_{0,cm}$, $x_{0,cm}$들을 대입한다.

$$\frac{x_1 + 2x_2}{3} = -4.9t^2 + 20t + 30 \quad (1)$$

$x_1 = 0$, $t = 1.00$ s로 놓고 x_2에 대해 푼다.

$$\frac{2x_2}{3} = 45.1 \quad \rightarrow \quad x_2 = \boxed{67.7\,\text{m}}$$

참고 식 (1)은 질량 m_1이 땅에 닿을 때까지만 유효하다. 왜냐하면 그 시각 이후 m_1은 더 이상 자유낙하하지 않기 때문이다.

8.3 토크와 두 가지 평형 조건

Torque and the Two Conditions for Equilibrium

그림 8.13 호주에 있는 데빌스 마블스(Devils Marbles)라고 하는 균형이 잘 잡힌 바위는 역학적으로 평형 상태에 있다.

역학적 평형에 놓인 물체(그림 8.13)는 다음과 같은 두 조건을 만족해야만 한다.

1. 알짜 외력이 영이어야 한다. $\sum \vec{\mathbf{F}} = 0$
2. 알짜 외부 토크가 영이어야 한다. $\sum \vec{\boldsymbol{\tau}} = 0$

Tip 8.1 축을 정하라.

회전축을 선택하고 주어진 문제에서만 사용하라. 그 축은 반드시 물리적인 축이나 회전 점이 될 필요는 없다. 어떤 편리한 점을 선택해도 무방하다.

Tip 8.2 토크가 영인 상태에서의 회전 운동

물체에 작용하는 알짜 토크가 영이면 물체는 일정한 각속력으로 회전을 계속할 것이다. 이 경우 각속력이 영일 필요는 없다. 그러나 토크가 영이라는 것은 각가속도가 영임을 의미한다.

첫 번째는 병진 평형에 대한 조건이다. 물체에 작용하는 모든 힘의 합이 영이면, 물체는 병진 가속도를 갖지 않는다. 즉, $\vec{\mathbf{a}} = 0$이다. 두 번째는 회전 평형에 대한 조건이다. 물체에 작용하는 모든 토크의 합이 영이면, 물체는 각가속도를 갖지 않는다. 즉, $\vec{\boldsymbol{\alpha}} = 0$이다. 물체가 평형 상태에 있기 위해서는 일정한 병진 속도와 회전 속도로 운동을 해야 한다.

토크를 계산하기 위한 원점은 임의로 선택할 수 있으므로, 적어도 하나 이상의 토크가 영이 되는 점을 선택하여 토크의 식의 수를 줄이는 것이 문제를 쉽게 푸는 길이다.

예제 8.7 균형잡기

목표 다른 축에 평형 조건을 적용하고 물체에 작용하는 알짜 토크를 계산한다.

문제 질량이 $m = 55.0$ kg인 여자가 그림 8.14처럼 판자의 길이가 $L = 4.00$ m이고 중심에 회전축이 있는 시소의 왼쪽 끝에 앉아 있다. **(a)** 먼저 회전축을 지나가는 축에 대해 시소에 작용하는 토크를 계산하라. 만약 계(남자와 여자가 앉은 시소)가 평형이 되려면 질량이 $M = 75.0$ kg인 남자는 어느 곳에 앉아야 하는가? **(b)** 판자의 질량이 $m_{판자} = 12.0$ kg일 때, 회전축에 의해 작용되는 수직 항력을 구하라. **(c)** **(a)**를 반복하는데, 이번에는 판자의 왼쪽 끝을 지나는 축에 대한 토크를 계산하라.

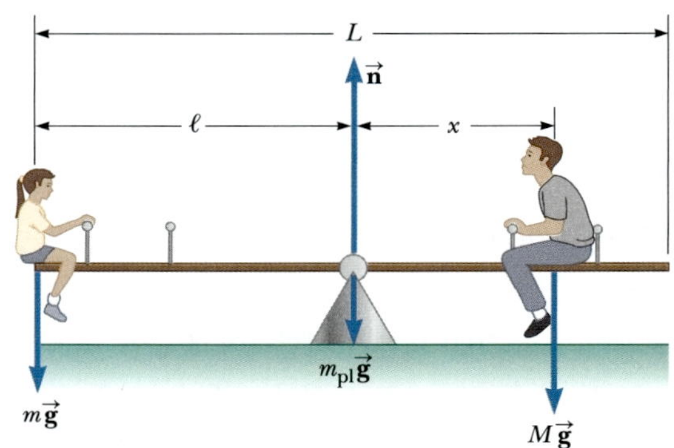

그림 8.14 (예제 8.7) 두 사람과 시소로 이루어진 계. 이 계에 작용하는 힘의 합과 토크의 합은 영이므로 이 계는 평형 상태에 있다고 말한다.

전략 **(a)**는 평형의 제2조건, $\Sigma\tau = 0$을 적용해서 회전축에 대한 토크를 계산한다. 시소를 구성하는 판자의 질량은 회전축 양쪽에 균일하게 분포한다. 그러므로 중력이 판자에 작용하는 토크, $\tau_{판자}$은 모든 판자의 질량이 판자의 중심인 회전축에 집중된 것으로 하여 계산하면 된다. 그러므로 회전축에 의해 작용하는 토크, $\tau_{판자}$은 지렛대 팔이 영이기 때문에 영이 된다. **(b)**는 먼저 평형 조건 $\sum\vec{\mathbf{F}} = 0$을 적용한다. **(c)**는 **(a)**의 반복인데, 다른 축을 선택해도 같은 결과가 됨을 알 수 있다.

풀이

(a) 시소를 평형하게 하기 위해 남자가 어디에 앉아야 하는지를 구한다.

평형의 제2조건을 판자에 적용한다. 토크의 합을 영으로 놓는다.

$$\tau_{회전축} + \tau_{판자} + \tau_{남자} + \tau_{여자} = 0$$

첫 번째 두 토크는 영이 된다. 회전축으로부터 남자의 거리를 x라 하자. 여자는 회전축으로부터 $\ell = L/2$인 거리에 있다.

$$0 + 0 - Mgx + mg(L/2) = 0$$

이 식을 x에 대해 풀고 계산한다.

$$x = \frac{m(L/2)}{M} = \frac{(55.0\text{ kg})(2.00\text{ m})}{75.0\text{ kg}} = \boxed{1.47\text{ m}}$$

(b) 시소 위의 회전축에 의해 생기는 수직 항력 n을 구한다.

평형의 제1조건을 판자에 적용한다.

수직 항력 n에 대해 푼다.

$$-Mg - mg - m_{판자}g + n = 0$$

$$n = (M + m + m_{판자})g$$

$$= (75.0\text{ kg} + 55.0\text{ kg} + 12.0\text{ kg})(9.80\text{ m/s}^2)$$

$$n = \boxed{1.39 \times 10^3\text{ N}}$$

(c) 새로운 축을 판자의 왼쪽 끝으로 선택해서 **(a)**를 반복한다.

이 축을 사용하여 토크를 계산한다. 토크의 합을 영으로 놓는다. 또한 판자에 작용하는 모든 중력과 회전축이 작용하는 힘에 의한 토크의 합이 영이다.

$$\tau_{남자} + \tau_{여자} + \tau_{판자} + \tau_{회전축} = 0$$
$$-Mg(L/2 + x) + mg(0) - m_{판자}g(L/2) + n(L/2) = 0$$

모든 값들을 대입한다.

$$-(75.0\text{ kg})(9.80\text{ m/s}^2)(2.00\text{ m} + x) + 0$$
$$-(12.0\text{ kg})(9.80\text{ m/s}^2)(2.00\text{ m}) + n(2.00\text{ m}) = 0$$
$$-(1.47 \times 10^3\text{ N}\cdot\text{m}) - (735\text{ N})x - (235\text{ N}\cdot\text{m})$$
$$+ (2.00\text{ m})n = 0$$

(b)에서 구한 수직 항력을 대입하고 x에 대해 푼다.

$$x = \boxed{1.46\text{ m}}$$

참고 **(a)**와 **(c)**에서 x의 답은 일치한다. 이것은 어떤 다른 축을 잡더라도 같은 결과가 됨을 보여 주고 있다.

예제 8.8 볼링공을 들고 있는 팔뚝

목표 평형 조건을 신체에 적용한다.

문제 그림 8.15a와 같이 50.0 N의 볼링공이 사람의 손에 놓여 있다. 이때 팔뚝은 수평을 유지하고 있다. 이두근은 팔꿈치로부터 0.030 0 m에 붙어 있고, 공은 팔꿈치로부터 0.350 m에 있다. 팔뚝(척골) 위의 이두근에 의해 작용하는 위쪽 힘 $\vec{\mathbf{F}}$과 팔꿈치에 작용하는 팔뚝 위의 상완골에 작용하는 아래쪽 힘 $\vec{\mathbf{R}}$을 구하라. 팔뚝의 무게와 이두근이 수직에서 약간 벗어나 있는 것은 무시하자.

전략 이두근에 작용하는 힘은 그림 8.15b와 같이 길이 0.350 m의 막대에 작용하는 것과 같다. 그림에서 보듯이 일반적인 x와 y 축을 선택하고 왼쪽 끝의 점 O를 축으로 선택하라. 미지값에 대한 식을 만들어 내기 위해 평형 조건을 사용하고 푼다.

풀이

평형에 대한 제2조건을 적용하고, 위쪽 힘 F에 대해 푼다.

$$\sum \tau_i = \tau_R + \tau_F + \tau_{\text{BB}} = 0$$
$$R(0) + F(0.030\,0\text{ m}) - (50.0\text{ N})(0.350\text{ m}) = 0$$
$$F = \boxed{583\text{ N}}$$

평형의 제1조건을 적용한다. 그리고 아랫방향의 힘 R에 대해 푼다.

$$\sum F_y = F - R - 50.0\text{ N} = 0$$
$$R = F - 50.0\text{ N} = 583\text{ N} - 50\text{ N} = \boxed{533\text{ N}}$$

참고 이두근에 의해 공급되는 힘의 크기는 지탱되는 볼링공보다 약 10배 정도 더 커야 한다.

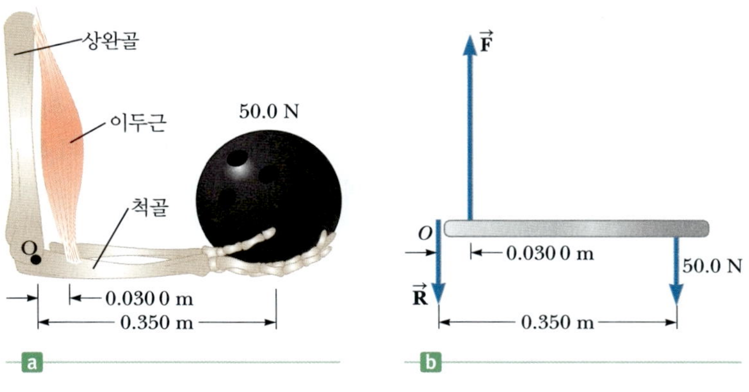

그림 8.15 (예제 8.8) (a) 무거운 것을 팔로 들어서 수평을 유지하고 있다. (b) 문제를 풀기 위해 힘을 나타낸 그림.

예제 8.9 사다리에 올라가지 마라

목표 역학적 평형의 두 조건들을 적용한다.

문제 길이가 10.0 m이고 무게가 50.0 N인 균질한 사다리가 그림 8.16a와 같이 미끄러운 수직 벽에 기대에 정지되어 있다. 만약 사다리가 지면과 50.0°의 각을 이루고 미끄러지기 직전에 있다면 사다리와 지면 사이에 작용하는 정지 마찰 계수를 구하라.

전략 그림 8.16b는 사다리에 대한 자유 물체도이다. 평형의 제

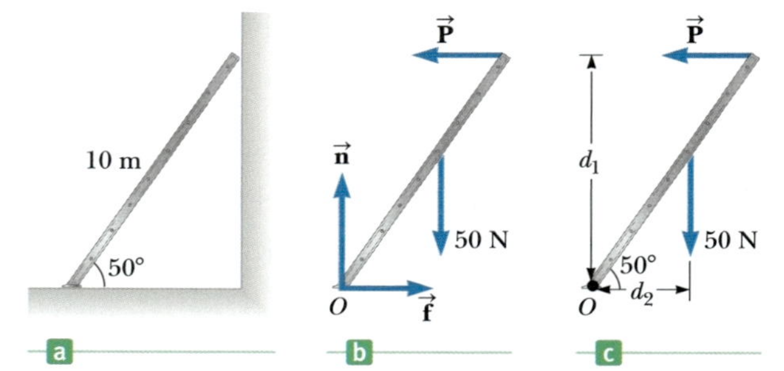

그림 8.16 (예제 8.9) (a) 마찰 없는 벽에 기댄 사다리, (b) 사다리의 자유 물체도, (c) 중력에 대한 지렛대 팔과 $\vec{\mathbf{P}}$

1조건, $\sum\vec{\mathbf{F}}_i = 0$은 세 개의 미지수, 즉 사다리의 바닥에 작용하는 정지 마찰력 f와 수직 항력 n의 크기와 사다리의 꼭대기에 작용하는 벽의 힘 P의 크기에 대한 두 개의 방정식을 준다. 평형의 제2조건, $\Sigma\tau_i = 0$으로부터 점 P에 대한 세 번째 식을 쓸 수 있다. 정지 마찰력의 정의로부터 정지 마찰 계수를 계산할 수 있다.

풀이

사다리에 대한 평형의 제1조건을 적용한다.

$$\Sigma F_x = f - P = 0 \quad \rightarrow \quad f = P \tag{1}$$

$$\Sigma F_y = n - 50.0\text{ N} = 0 \quad \rightarrow \quad n = 50.0\text{ N} \tag{2}$$

평형의 제2조건을 적용하고 사다리 바닥 둘레의 토크를 계산한다. $\tau_{중력}$은 사다리의 무게 50.0 N에 의한 토크를 나타낸다.

$$\Sigma\tau_i = \tau_f + \tau_n + \tau_{중력} + \tau_P = 0$$

마찰과 수직 항력에 의한 토크는 O에 대해 지렛대 팔이 영이기 때문에 영이다(지렛대 팔은 그림 8.16c 로부터 찾을 수 있다).

$$0 + 0 - (50.0\text{ N})(5.00\text{ m})\sin 40.0° + P(10.0\text{ m})\sin 50.0° = 0$$

$$P = 21.0\text{ N}$$

식 (1)로부터 $f = P = 21.0$ N이 된다. 사다리는 미끄러지기 직전이다. 그러므로 최대 정지 마찰력에 대한 표현을 쓰고 μ_s에 대해 푼다.

$$21.0\text{ N} = f = f_{s,최대} = \mu_s n = \mu_s(50.0\text{ N})$$

$$\mu_s = \frac{21.0\text{ N}}{50.0\text{ N}} = \boxed{0.420}$$

참고 토크는 사다리의 바닥을 지나는 축에 대해 계산하고, $\vec{\mathbf{P}}$와 중력만이 영이 아닌 토크에 기여한다는 것에 주의하라. 이러한 축의 선택은 토크 방정식이 복잡해지는 것을 줄여 주고, 종종 미지수가 하나뿐인 식이 남게 한다.

예제 8.10 수평빔 위를 걷기

목표 토크가 걸린 평형 문제를 푼다.

문제 길이가 5.00 m이고 무게가 3.00×10^2 N인 균일한 수평빔이 회전할 수 있게 연결된 핀으로 벽에 붙어 있다. 빔의 한쪽 끝은 수평과 53.0°의 각도를 이루며 케이블에 연결되어 있다(그림 8.17a). 만약 무게 6.00×10^2 N인 사람이 벽으로부터 1.50 m 떨어져 있는 경우 케이블의 장력 $\vec{\mathbf{T}}$의 크기와 벽에 의해 빔에 작용되는 힘 $\vec{\mathbf{R}}$을 구하라.

전략 그림 8.17을 참고하여 핀 주위에 대해 계산된 토크에 대하여 평형의 제2조건, 즉 $\Sigma\tau_i = 0$을 적용하면 케이블 내의 장력 T를 구할 수 있다. 평형의 제1조건인 $\sum\vec{\mathbf{F}}_i = 0$에 의해 두 개의 방정식이 만들어진다. 즉, 벽에 의해 작용되는 힘의 두 성분 R_x와 R_y에 대한 두 개의 미지수를 갖는 방정식들이다.

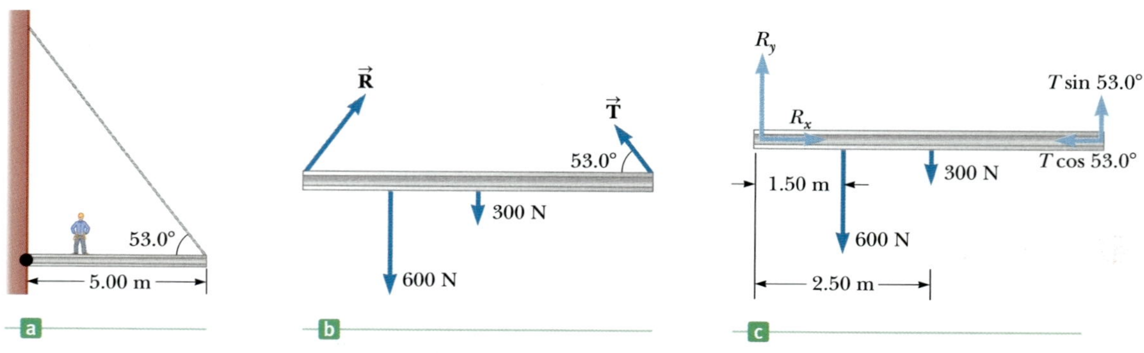

그림 8.17 (예제 8.10) (a) 균일한 빔이 벽에 붙어 있고 케이블로 지탱되어 있다. (b) 빔에 대한 자유 물체도, (c) 자유 물체도의 성분 형태.

풀이

그림 8.17에서 토크의 원인이 되는 힘들은 벽힘 $\vec{\mathbf{R}}$, 빔과 사람의 중력 w_B와 w_M,그리고 장력 $\vec{\mathbf{T}}$이다. 회전 평형의 조건을 적용한다.

$$\sum \tau_i = \tau_R + \tau_B + \tau_M + \tau_T = 0$$

점 O에 대한 핀 둘레의 토크를 계산한다. 그러면 $\tau_R = 0$이다(영의 지렛대 팔). 빔의 무게에 의한 토크는 빔의 무게 중심에 작용한다.

$$\sum \tau_i = 0 - w_B(L/2) - w_M(1.50 \text{ m}) + TL\sin(53°) = 0$$

$L = 5.00$ m와 무게들을 대입하고 T에 대해 푼다.

$$-(3.00 \times 10^2 \text{ N})(2.50 \text{ m}) - (6.00 \times 10^2 \text{ N})(1.50 \text{ m}) + (T\sin 53.0°)(5.00 \text{ m}) = 0$$

$$T = 413 \text{ N}$$

이번엔 평형의 제1조건을 빔에 적용한다.

$$\sum F_x = R_x - T\cos 53.0° = 0 \quad (1)$$

$$\sum F_y = R_y - w_B - w_M + T\sin 53.0° = 0 \quad (2)$$

이전 단계에서 구한 T의 값과 무게들을 대입하면 $\vec{\mathbf{R}}$의 성분들을 얻는다.

$$R_x = 249 \text{ N} \qquad R_y = 5.70 \times 10^2 \text{ N}$$

참고 만약 토크 방정식에 대해 약간의 다른 축을 선택한다 해도 해답은 같다. 예를 들어, 만약 축이 빔의 무게 중심을 지나간다고 한다면, 토크 방정식은 T와 R_y를 포함한다. 이 경우에도 식 (1)과 (2)를 함께 풀면 미지값을 구할 수 있다.

8.4 회전에 관한 운동의 제2법칙 The Rotational Second Law of Motion

강체가 알짜 토크를 받으면 그 알짜 토크에 정비례하는 각가속도를 갖는다. 이 결과는 뉴턴의 제2법칙과 유사하며, 다음과 같이 유도된다.

그림 8.18과 같은 계에서 질량 m인 물체가 길이 r인 매우 가벼운 막대에 연결되어 있다. 막대는 점 O를 중심으로 회전한다. 물체의 운동은 마찰이 없는 수평 테이블 위에서 회전 운동만으로 제한된다. 힘 F_t가 막대에 수직으로 작용한다고 가정한다면, 물체의 원 경로에 접선 방향이 된다. 접선력을 방해하는 힘이 없기 때문에, 물체는 뉴턴의 제2법칙에 따라 접선 가속도 a_t를 가진다.

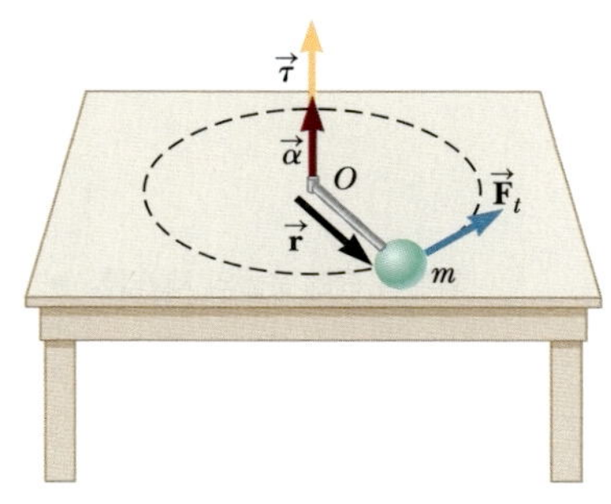

그림 8.18 길이가 r인 가벼운 막대에 매달린 질량 m인 물체가 접선력 $\vec{\mathbf{F}}_t$가 작용하는 동안 마찰이 없는 수평면 위에서 원 경로를 따라 움직인다.

$$F_t = ma_t$$

이 식의 양변에 r을 곱하면

$$F_t r = mra_t$$

가 된다. 접선 가속도와 각가속도와 관련된 식 $a_t = r\alpha$를 대입하면 위의 표현은

$$F_t r = mr^2\alpha \quad [8.9]$$

가 된다. 식 8.9의 좌변은 회전축에 대해 물체에 작용하는 토크이다. 그러므로 다시 정리하면

$$\tau = mr^2\alpha \quad [8.10]$$

로 쓸 수 있다. 식 8.10은 물체에 작용하는 토크가 물체의 각가속도에 비례함을 보여준다. 여기서 비례 상수 mr^2을 질량 m인 물체의 **관성 모멘트**(moment of inertia)라 한다(막대가 매우 가볍기 때문에 막대의 관성 모멘트는 무시할 수 있다).

8.1절에서 논의한 바와 같이, 토크 $\vec{\boldsymbol{\tau}}$는 지름 벡터 $\vec{\mathbf{r}}$와 힘 벡터 $\vec{\mathbf{F}}$에 모두 직교하는 벡터이다. 식 8.10에서 각가속도 $\vec{\boldsymbol{\alpha}}$는 그림 8.18에 나타낸 바와 같이 토크 $\vec{\boldsymbol{\tau}}$와 같은 방

향을 향한다. 시계 방향으로 작용하는 힘은 음의 토크를 작용하며 반시계 방향으로 작용하는 경우는 양의 토크를 작용한다. 마찬가지로, 각운동량 벡터 $\vec{\boldsymbol{\omega}}$는 $\vec{\boldsymbol{\alpha}}$의 방향에 따라 같은 방향이거나 반대 방향을 향한다.

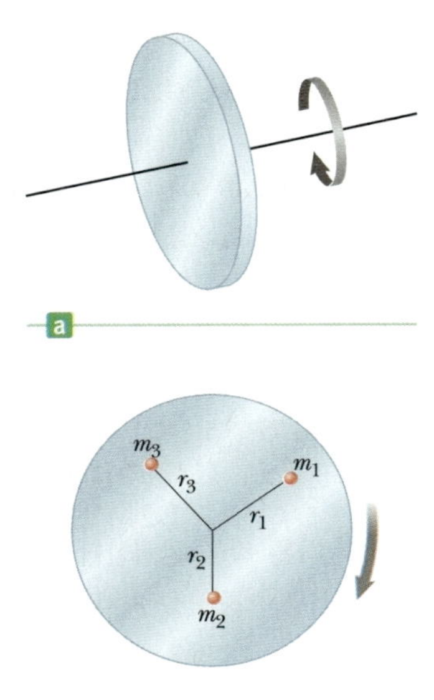

그림 8.19 (a) 축에 대해 회전하는 속이 찬 원반, (b) 원반은 모두 같은 각운동량을 가지는 많은 입자들로 이루어진다.

8.4.1 회전하는 물체에 작용하는 토크 Torque on a Rotating Object

그림 8.19a처럼 속이 찬 원반이 축에 대해 회전한다고 가정하자. 원반은 회전축으로부터 다른 거리에 있는 많은 입자들로 이루어져 있다(그림 8.19b). 이러한 입자들의 각각에 대한 토크는 식 8.10으로 주어진다. 원반에 작용하는 알짜 토크는 모든 입자에 작용하는 토크의 합으로 주어진다.

$$\Sigma\tau = (\Sigma mr^2)\alpha \qquad [8.11]$$

원반이 강체이기 때문에 모든 입자들은 같은 각가속도를 가진다. 그러므로 α는 합에 포함되지 않는다. 입자의 질량과 거리가 그림 8.19b에서처럼 첨자로 표시된다면, 이때

$$\Sigma mr^2 = m_1r_1^2 + m_2r_2^2 + m_3r_3^2 + \cdots$$

이고, 이 양은 물체 전체의 관성 모멘트 I이다.

관성 모멘트 ►

$$I \equiv \sum mr^2 \qquad [8.12]$$

관성 모멘트의 SI 단위는 $\text{kg}\cdot\text{m}^2$이다. 식 8.11에 이 결과를 사용하면, 한 축에 대해 회전하는 강체에 관한 알짜 토크는 다음과 같다.

회전에 관한 운동의 제2법칙 ►

$$\sum\tau = I\alpha \qquad [8.13]$$

식 8.13은 **크기가 있는 강체의 각가속도는 그것에 작용하는 알짜 토크에 비례한다**는 것을 말한다. 이 방정식은 회전 운동에서 뉴턴의 제2법칙과 유사한 관계이다. 즉, 힘 대신 토크로, 질량 대신 관성 모멘트로 대체하고, 선가속도를 각가속도로 대체한다. 비록 물체의 관성 모멘트가 질량과 관련된다 할지라도 그들 사이에는 중요한 차이가 있다. 질량 m은 물체 내의 물질의 양에만 의존하지만, 관성 모멘트 I는 강체 내의 물질의 양과 그것의 분포($I = \Sigma mr^2$에서 r^2항을 통해 볼 때)에 모두 의존한다.

응용
자전거 기어

자전거의 기어 시스템은 토크와 각가속도 사이의 관계를 쉽게 볼 수 있는 예이다. 우선 구동 체인이 뒷바퀴에 부착된 다섯 개 기어의 어떤 곳에 감기도록 조정되는 다섯 단계 속력 기어 시스템을 생각해 보자(그림 8.20). 휠 허브(wheel hub)의 축에 중심이 고정된 기어들은 각각 다른 반지름을 가진다. 자전거를 타는 사람이 정지 상태로부터 페달을 밟기 시작할 때 체인은 가장 큰 기어에 붙어 있다. 페달을 밟아 생긴 힘은 체인을 통해 구동바퀴에 전달되는데, 이때 기어가 가장 큰 반지름을 가지므로 구동바퀴에 가장 큰 토크를 공급한다. 이렇게 큰 토크를 공급해야 하는 이유는 자전거가 정지 상태에서 출발할 때 작용하는 정지 마찰력의 효과를 극복하기 위함이다. 자전거가 더욱 빨리 굴러갈수록 체인의 접선 속력은 증가하고, 결국에는 너무 빨라져서 자전거를 타는 사람이 페달 밟는 속도를 유지하지 못하게 된다. 그러나 체인을 더욱 작은 반지름으로

그림 8.20 자전거 바퀴에 있는 기어들

이동시키면 체인은 더욱 작은 접선 속력을 가지게 되어 자전거를 타는 사람은 페달 밟기가 수월해진다. 그러나 이 기어는 반지름이 작기 때문에 첫 번째처럼 그렇게 큰 토크를 제공하지는 않는다. 이러한 토크의 역할은 굴러가는 바퀴로부터 생기는 마찰에 의한 토크를 거슬러 각가속도를 만들기 위한 것이다. 이렇게 생성된 각가속도에 의해 자전거는 더욱 빨리 굴러가게 된다. 이때 앞의 과정을 반복하면서 더 작은 반지름을 가지는 기어로 체인을 옮기게 되는데, 구동 토크가 마찰력에 의한 토크보다 크기만 하다면 자전거는 가속 운동을 유지하게 된다.

15단 변속 자전거는 구동바퀴에 같은 기어 구조를 가지지만 페달에 연결된 사슬 톱니바퀴에 세 개의 기어를 가진다. 후방 기어와 사슬 바퀴 기어에 장착된 체인의 다른 위치를 조합함으로써 열다섯 가지의 토크들이 사용 가능하다.

8.4.2 관성 모멘트에 대한 추가 설명 More on the Moment of Inertia

앞서 살펴 보았듯이 작은 물체(혹은 입자)는 임의의 축에 대해 mr^2과 같은 관성 모멘트를 가진다. 임의의 축에 대한 복합체의 관성 모멘트는 물체를 구성하는 성분들의 관성 모멘트의 합이다. 예를 들어, 그림 8.21에서처럼 밴드 소녀가 지휘봉을 돌린다고 가정하자. 지휘봉은 길이가 2ℓ인 매우 가벼운 막대이며 양 끝에 막대보다 무거운 질량 m인 물체가 달려있다고 가정하자(실제 지휘봉의 막대는 양 끝의 물체에 비해 상당한 질량을 갖는다). 막대의 질량을 무시했기 때문에, 그 중심을 지나고 길이에 수직인 축에 대한 지휘봉의 관성 모멘트는 식 8.12로 주어진다.

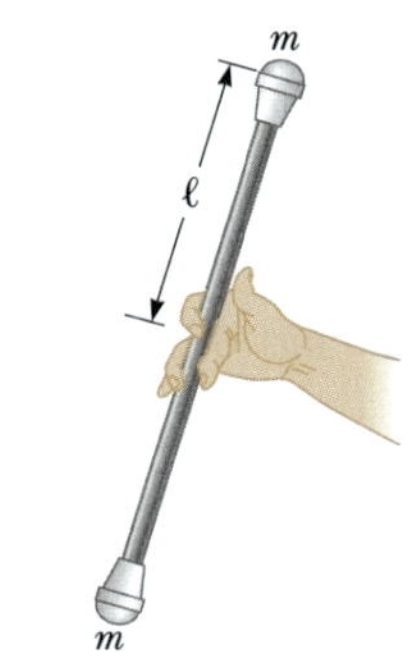

그림 8.21 길이가 2ℓ이고 질량이 $2m$인 지휘봉(연결된 막대의 질량은 무시한다). 지휘봉의 중심과 그 길이에 수직인 축에 대한 관성 모멘트는 $2m\ell^2$이다.

$$I = \Sigma mr^2$$

이 계는 회전축으로부터 같은 거리에 있는 질량이 같은 두 개의 물체로 이루어져 있기 때문에 각 물체에 대해 거리 $r = \ell$이고, 그 합은

$$I = \Sigma mr^2 = m\ell^2 + m\ell^2 = 2m\ell^2$$

이다. 막대의 질량을 무시하지 않는다면 지휘봉의 전체 관성 모멘트에 막대의 관성 모멘트를 포함해야만 한다.

앞서 I는 m의 회전 대응관계라고 설명했다. 그러나 둘 사이에는 몇 가지 중요한 차이가 있다. 예를 들면, 질량은 변하지 않는 물체의 고유한 성질을 가지지만 **계의 관성 모멘트는 질량이 어떻게 분포해 있느냐와 회전축의 위치에 따라 달라진다.** 예제 8.11은 이런 점을 설명한다.

예제 8.11 지휘봉 돌리는 소녀

목표 관성 모멘트를 계산한다.

문제 하프타임 쇼에서 밴드 소녀가 매우 가벼운 막대의 끝에 네 개의 구를 단단히 매단 특이한 지휘봉을 돌리고 있다(그림 8.22). 각각의 막대는 길이가 1.0 m이다. **(a)** 종이면에 수직이고 막대가 교차하는 점을 지나는 축에 대한 관성 모멘트를 구하라. **(b)** 밴드 소녀는 그림 8.23에서처럼 OO'축에 대해 지휘봉을 돌리려고 한다. 이 축에 대한 지휘봉의 관성 모멘트를 계산하라.

전략 그림 8.22에서 네 개의 구들이 모두 관성 모멘트에 기여한다. 반면에 그림 8.23에서는 새로운 축에 관해 단지 왼쪽과 오른쪽에 있는 두 개의 구만이 기여한다. 기술적으로 위와 아래에 있

는 공들은 실제 점 입자가 아니기 때문에, 매우 적게 작용한다. 그러나 관성 모멘트는 구의 반지름이 막대에 의해 형성된 반지름보다도 작기 때문에 무시할 수 있다.

풀이

(a) 그림 8.22와 같이 회전할 때 지휘봉의 관성 모멘트를 계산한다.

식 8.12를 적용하고, 막대의 질량은 무시한다.

$$I = \Sigma mr^2 = m_1r_1^2 + m_2r_2^2 + m_3r_3^2 + m_4r_4^2$$
$$= (0.20\text{ kg})(0.50\text{ m})^2 + (0.30\text{ kg})(0.50\text{ m})^2 + (0.20\text{ kg})(0.50\text{ m})^2 + (0.30\text{ kg})(0.50\text{ m})^2$$
$$I = 0.25\text{ kg}\cdot\text{m}^2$$

(b) 그림 8.23과 같이 회전할 때 지휘봉의 관성 모멘트를 계산한다.

식 8.12를 다시 적용하고, 0.20 kg 구의 반지름은 무시한다.

$$I = \Sigma mr^2 = m_1r_1^2 + m_2r_2^2 + m_3r_3^2 + m_4r_4^2$$
$$= (0.20\text{ kg})(0)^2 + (0.30\text{ kg})(0.50\text{ m})^2 + (0.20\text{ kg})(0)^2 + (0.30\text{ kg})(0.50\text{ m})^2$$
$$I = 0.15\text{ kg}\cdot\text{m}^2$$

참고 **(b)**에서의 관성 모멘트가 더 작다. 왜냐하면 이 구조에서 0.20 kg의 구가 회전축에 위치하고 있기 때문이다.

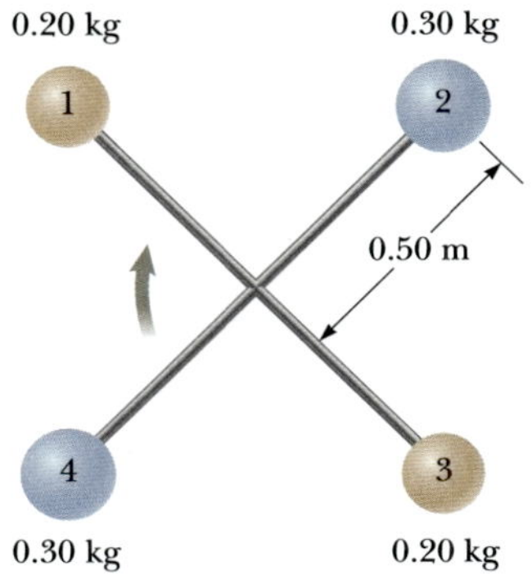

그림 8.22 (예제 8.11a) 종이면과 평행인 면에서 회전하는 가벼운 막대에 연결된 네 개의 구

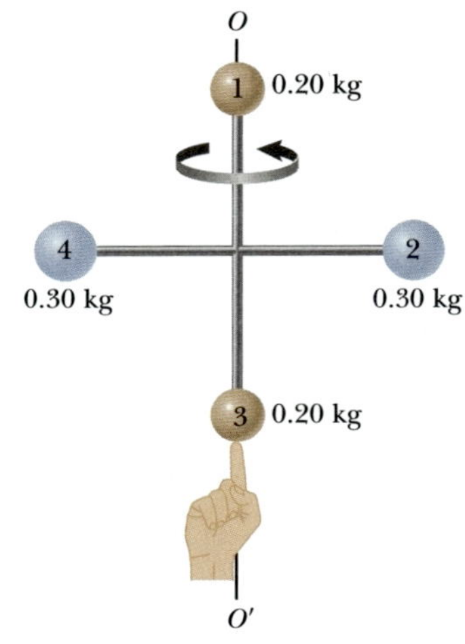

그림 8.23 (예제 8.11b) 축 OO'에 대하여 회전하는 두 개의 지휘봉

8.4.3 크기가 있는 물체의 관성 모멘트 계산

Calculation of Moments of Inertia for Extended Objects

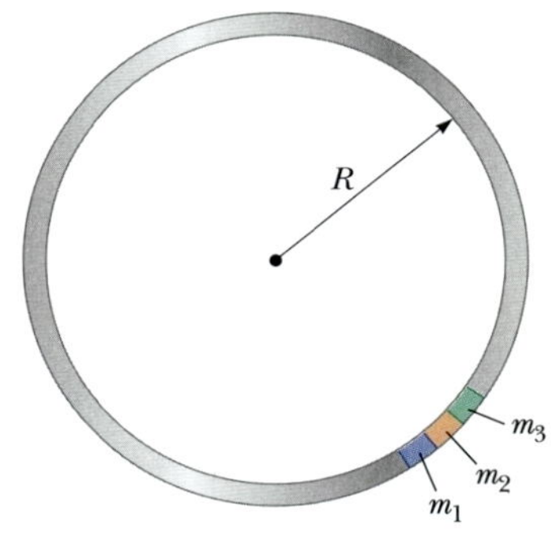

그림 8.24 균질한 고리는 고리의 중심으로부터 같은 거리에 있는 수많은 작은 부분으로 나눌 수 있다.

예제 8.11에서 관성 모멘트를 계산하는 데 이용된 방법은 소수의 작은 물체가 한 축에 대해 회전할 때 쉽게 적용할 수 있다. 물체가 구, 원통, 혹은 원뿔 같이 크기가 있는 물체일 때는 물체의 관성 모멘트를 계산하기 위해 미적분을 해야 한다. 단, 물체에 대칭성이 존재하는 경우 간단한 해가 존재하기도 한다. 그림 8.24에서처럼 평면에 수직이고 그 중심을 지나는 축에 대해 회전하는 고리를 고려해 보자(예를 들면 자전거 바퀴는 근사적으로 여기에 해당한다).

고리의 관성 모멘트를 구하기 위해서 식 $I = \Sigma mr^2$을 사용하고, 그림 8.24처럼 고리의 질량 M은 질량 m_1, m_2, m_3, ⋯, m_n를 가지는 n개의 작은 부분으로 나눌 수 있다. 여기서 $M = m_1 + m_2 + m_3 + \cdots + m_n$이다. 이러한 접근은 예제 8.11에서 묘사된 지휘봉 문제의 확장이며, 단지 네 개의 질량 대신에 회전하는 많은 작은 질량을 다룰 뿐이다.

I에 대한 합을 표현하면

$$I = \Sigma mr^2 = m_1 r_1^2 + m_2 r_2^2 + m_3 r_3^2 + \cdots + m_n r_n^2$$

이다. 고리 둘레의 모든 부분들은 회전축으로부터 같은 거리 R에 있다. 그러므로 거리에 관한 첨자를 생략하고 R^2으로 인수분해하면

$$I = (m_1 + m_2 + m_3 + \cdots + m_n)R^2 = MR^2 \qquad [8.14]$$

을 얻는다. 이 표현은 평면에 수직이고 그 중심을 지나는 축에 대해 회전하는 어떤 고리 형태의 물체에 대한 관성 모멘트를 구하는 데에도 이용될 수 있다. 단지, 이러한 적용은 고리의 두께가 내부 반지름에 비해 충분히 작다고 가정할 때만 유효하다는 것에 유의하자.

예제로 선택한 고리는 간단한 계산을 통해 관성 모멘트에 대한 표현을 구할 수 있는 드문 경우이다. 불행히도 대부분 크기가 있는 물체에 대한 계산은 관성 모멘트의 질량을 이루는 모든 요소들이 축으로부터 같은 위치에 있지 않기 때문에 훨씬 더 복잡하여 적분을 해야 한다. 몇 개의 다른 일반적인 형태에 대한 관성 모멘트를 증명 없이 표 8.1에 나열하였다. 표에 나와 있는 형태를 가지는 물체에 대한 관성 모멘트를 결정하는 데 사용할 수 있다.

Tip 8.3 같은 모양의 물체라도 회전축에 따라 관성 모멘트의 값이 다르다.

관성 모멘트는 질량과 유사하지만 중요한 차이가 있다. 질량은 물체의 고유한 성질이다. 물체의 관성 모멘트는 물체의 모양, 질량, 회전축의 선택에 따라 달라진다.

만약 물체 내의 질량 요소가 회전축에 평행하게 재분포되었다면, 물체의 관성 모멘트는 변하지 않는다. 결과적으로 $I = MR^2$이란 표현은 장식 고리나 긴 하수관의 관성 모멘트를 구할 때도 동일하게 사용할 수 있다. 이와는 달리 경첩에 매달려 회전하는 문의 관성 모멘트는 표에서 나타낸 회전축이 끝을 지나는 길고 가는 막대의 관성 모멘트로 표현될 수 있다.

표 8.1 균일한 성분으로 이루어진 여러 가지 강체에 대한 관성 모멘트

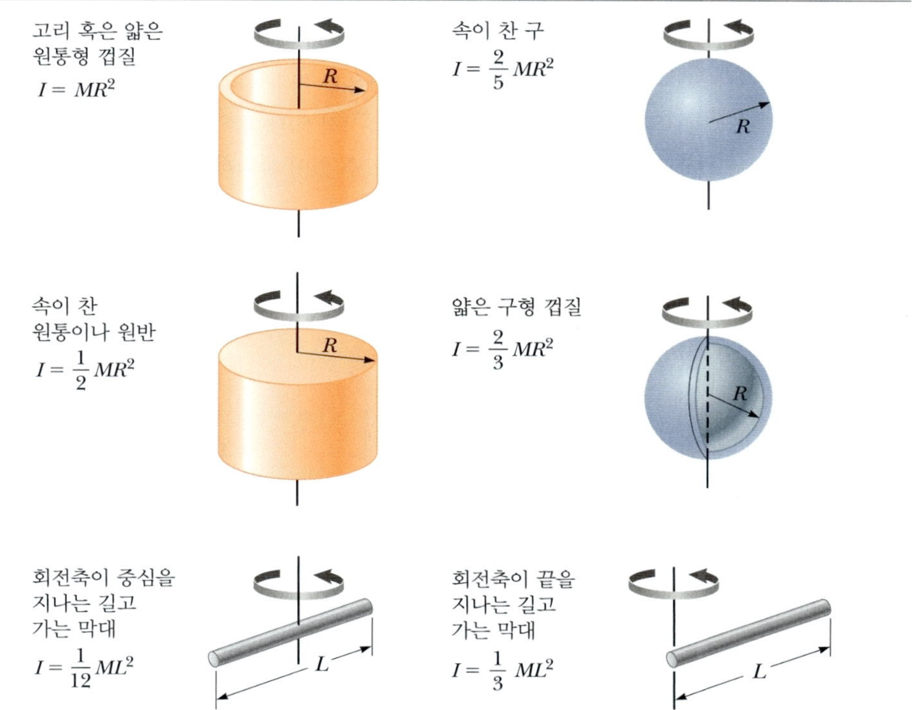

예제 8.12 준비 운동

목표 관성 모멘트를 구한다. 그리고 뉴턴의 제2법칙에 대응하는 회전 법칙을 적용한다.

문제 경기 전 팔을 이완시키려는 야구 선수가 0.150 kg의 야구공을 던진다. 공을 가속하기 위해 그는 팔뚝의 회전만 사용한다(그림 8.25). 팔뚝은 질량이 1.50 kg이고 길이가 0.350 m이다. 공이 정지 상태에서 시작하여 0.300 s에 30.0 m/s의 속력으로 손에서 놓인다. **(a)** 팔과 공의 일정한 각가속도를 구하라. **(b)** 팔뚝과 공으로 이루어진 계의 관성 모멘트를 계산하라. **(c)** **(a)**에서 구한 각가속도의 결과를 낸 계에 작용한 토크를 구하라.

전략 각가속도는 회전 운동학 식으로부터 구할 수 있다. 계의 관성 모멘트는 공과 팔뚝의 각 관성 모멘트를 더함으로써 구할 수 있다. 두 결과를 곱하면 토크가 된다.

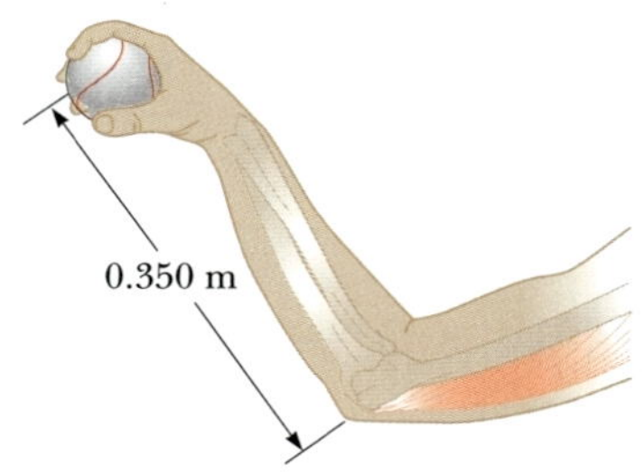

그림 8.25 (예제 8.12) 투수가 던지는 공. 팔뚝은 공을 가속시키기 위해 사용된다.

풀이

(a) 공의 각가속도를 구한다.

각가속도는 일정하다. 그러므로 $\omega_i = 0$으로 두고 각속도 운동학 식을 사용한다.

$$\omega = \omega_i + \alpha t \quad \rightarrow \quad \alpha = \frac{\omega}{t}$$

공은 팔뚝의 길이로 주어진 반지름을 가진 원호를 따라 가속된다. ω에 대해 $v = r\omega$를 정리하여 앞의 식에 대입한다.

$$\alpha = \frac{\omega}{t} = \frac{v}{rt} = \frac{30.0\ \text{m/s}}{(0.350\ \text{m})(0.300\ \text{s})} = \boxed{286\ \text{rad/s}^2}$$

(b) 계(팔뚝과 공을 합한)의 관성 모멘트를 구한다.

팔꿈치를 지나고 팔에 수직인 축에 대한 공의 관성 모멘트를 구한다.

$$I_{공} = mr^2 = (0.150\ \text{kg})(0.350\ \text{m})^2 = 1.84 \times 10^{-2}\ \text{kg} \cdot \text{m}^2$$

표 8.1을 참고하여 막대 형태로 간주해서 팔뚝의 관성 모멘트를 얻는다.

$$I_{팔뚝} = \tfrac{1}{3}ML^2 = \tfrac{1}{3}(1.50\ \text{kg})(0.350\ \text{m})^2 = 6.13 \times 10^{-2}\ \text{kg} \cdot \text{m}^2$$

각각의 관성 모멘트를 더하여 계(공과 팔뚝을 합한)의 관성 모멘트를 구한다.

$$I_{계} = I_{공} + I_{팔뚝} = \boxed{7.97 \times 10^{-2}\ \text{kg} \cdot \text{m}^2}$$

(c) 계에 작용하는 토크를 계산한다.

식 8.13을 적용하고, **(a)**와 **(b)**의 결과를 사용한다.

$$\tau = I_{계}\alpha = (7.97 \times 10^{-2}\ \text{kg} \cdot \text{m}^2)(286\ \text{rad/s}^2) = \boxed{22.8\ \text{N} \cdot \text{m}}$$

참고 긴 팔뚝을 가지고 있다는 것은 토크를 크게 증가시킬 수 있고 공의 가속도를 증가시킬 수 있다는 것을 의미한다. 투수의 키가 크면 장점이 되는 이유가 키가 클수록 던지는 팔이 비례적으로 더 길기 때문이다. 유사하게 테니스에서 키가 큰 선수가 보통 더욱 더 빠른 서브를 할 수 있어 유리하다.

예제 8.13 떨어지는 양동이

목표 선운동에서의 뉴턴의 제2법칙과 회전 운동에서의 제2법칙을 결합한다.

문제 질량이 $M = 3.00$ kg이고 반지름 $R = 0.400$ m인 속이 차고 마찰이 없는 원통형 릴이 우물로부터 물을 끌어올리는 데 이용된다(그림 8.26a). 질량 $m = 2.00$ kg인 양동이가 원통에 감긴 줄에 달려 있다. **(a)** 줄의 장력 T와 양동이의 가속도 a를 구하라. **(b)** 양동이가 우물의 맨 위에서 정지 상태에서 출발하여 물에 부딪치기 전 3.00 s 동안 떨어진다. 양동이는 얼마만큼 떨어지는가?

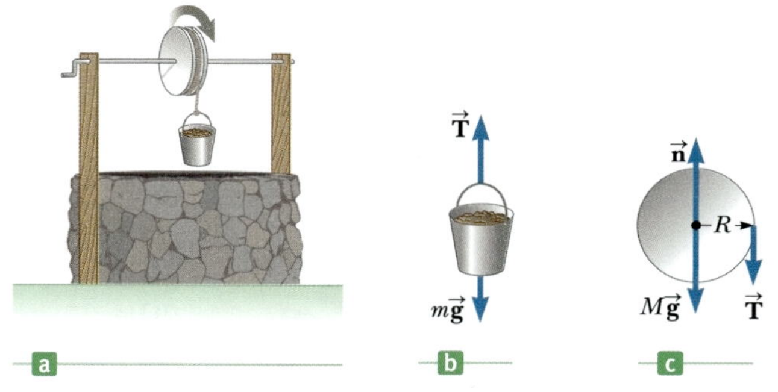

그림 8.26 (예제 8.13) (a) 양동이가 마찰이 없는 릴에 감긴 줄에 매달려 있다. (b) 양동이에 대한 자유 물체도, (c) 장력은 회전축에서 원통에 대한 토크를 만들어낸다.

전략 이 문제는 세 개의 방정식과 세 개의 미지수를 가진다. 세 개의 방정식은 양동이에 적용된 뉴턴의 제2법칙 $ma = \Sigma F_i$와 원통에 적용된 회전 운동의 제2법칙인 $I\alpha = \Sigma\tau_i$, 그리고 선가속도와 각가속도 사이의 관계인 $a = r\alpha$인데 이는 양동이와 원통의 동역학을 연결시킨다. 세 개의 미지수는 양동이의 가속도 a, 원통의 각가속도 α와 줄에서의 장력 T이다. 세 가지 방정식을 조합하고 대입함으로써 세 가지 미지수를 구한다. **(b)**는 운동학을 복습한다.

풀이

(a) 줄에서의 장력과 양동이의 가속도를 구한다.

그림 8.26b와 같이 뉴턴의 제2법칙을 양동이에 적용한다. 위로 작용하는 장력 $\vec{\mathbf{T}}$와 아래로 작용하는 중력 $m\vec{\mathbf{g}}$의 두 개의 힘이 있다.

$$ma = -mg + T \qquad (1)$$

$\tau = I\alpha$를 그림 8.26c의 원통에 적용한다.

$$\sum \tau = I\alpha = \tfrac{1}{2}MR^2\alpha \qquad \text{(속이 찬 원통)}$$

각가속도가 시계 방향임을 주목하라. 그러므로 토크는 음이다. 수직 항력과 중력은 영의 모멘트 팔을 가지므로 토크에 기여하지 않는다.

$$-TR = \tfrac{1}{2}MR^2\alpha \qquad (2)$$

T에 대해 풀고 $\alpha = a/R$를 대입한다.

(α와 a가 둘 다 음의 부호임에 주목하라.)

$$T = -\tfrac{1}{2}MR\alpha = -\tfrac{1}{2}Ma \qquad (3)$$

식 (3)의 T에 대한 표현을 식 (1)에 대입하고, 가속도에 대해 푼다.

$$ma = -mg - \tfrac{1}{2}Ma \quad \rightarrow \quad a = -\frac{mg}{m + \frac{1}{2}M}$$

m, M, g에 대한 값을 대입하고 a를 얻는다. a를 식 (3)에 대입하여 T를 구한다.

$$a = \boxed{-5.60\ \text{m/s}^2} \qquad T = \boxed{8.40\ \text{N}}$$

(b) 양동이가 3.00 s만에 낙하하는 거리를 구한다.

$t = 3.00$ s와 $v_0 = 0$을 이용하여 일정가속도에 대한 변위 운동학 식을 적용한다.

$$\Delta y = v_0 t + \tfrac{1}{2}at^2 = -\tfrac{1}{2}(5.60\ \text{m/s}^2)(3.00\ \text{s})^2 = \boxed{-25.2\ \text{m}}$$

참고 이 문제에 있어 적절한 부호를 선택하는 것은 매우 중요하다. 모든 부호들은 초기에 선택해야 하고 수학적, 물리학적으로 확인되어야 한다. 예를 들면, 이 문제에서 각가속도 α와 가속도 a는 음의 부호이다. 그러므로 $\alpha = a/R$가 된다. 만약 줄이 원통에 반대 방향으로 감겨 있다면, 반시계 방향의 회전이 생기게 되고 토크는 양의 부호가 되어 $\alpha = -a/R$가 된다.

8.5 회전 운동에너지 Rotational Kinetic Energy

5장에서 속력 v를 가지고 움직이는 질량 m인 입자의 운동에너지를 $\frac{1}{2}mv^2$로 정의했었다. 유사하게 **각속력 ω로 어떤 축에 대해 회전하는 물체의 회전 운동에너지는 $\frac{1}{2}I\omega^2$이다.** 이를 증명하기 위해서 그림 8.27처럼 평면에 수직인 어떤 축에 대해 회전하는 얇은 판 형태의 강체를 생각해 보자. 이 판은 무수히 많은 입자들로 이루어졌으며, 이때 입자 하나의 질량을 m이라 하자. 모든 입자들은 축 둘레로 원 경로를 그리며 회전한다. 만약 회전축에서 입자까지 거리가 r이라면 입자의 속력은 $v = r\omega$이다. 회전하는 판의 전체 운동에너지는 입자들의 모든 운동에너지의 합이기 때문에

$$KE_r = \sum\left(\tfrac{1}{2}mv^2\right) = \sum\left(\tfrac{1}{2}mr^2\omega^2\right) = \tfrac{1}{2}\left(\sum mr^2\right)\omega^2$$

이다. 마지막 과정에서 ω^2 항은 모든 입자들에 대해 동일하기 때문에 괄호 밖으로 빼냈다. 오른쪽 마지막 항의 괄호 안의 양은 입자들을 점질량체로 근사한 경우에 대한 판의 관성 모멘트이다. 그러므로

$$\boxed{KE_r = \tfrac{1}{2}I\omega^2} \qquad [8.15]$$

이 된다. 여기서 $I = \Sigma mr^2$은 판의 관성 모멘트이다.

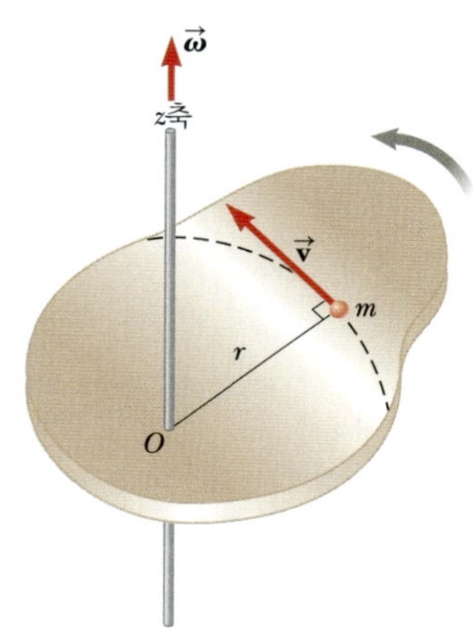

그림 8.27 각속력 v로 z축에 대하여 회전하는 강체 판. 질량 m인 입자의 운동에너지는 $\frac{1}{2}mv^2$이다. 판의 전체 운동에너지는 $\frac{1}{2}I\omega^2$이다.

경사면 아래로 굴러가는 볼링공과 같은 계는 세 가지 종류의 에너지로 설명된다. 즉, **중력 퍼텐셜 에너지 PE_g, 병진 운동에너지 KE_t, 회전 운동에너지 KE_r**이다. 모든 이러한 에너지의 형태는 다른 보존력인 퍼텐셜 에너지와 더해서 고립계의 역학적 에너지의 보존에 대한 에너지에 포함되어야 한다.

역학적 에너지의 보존 ►

$$(KE_t + KE_r + PE)_i = (KE_t + KE_r + PE)_f \quad [8.16]$$

여기서 i와 f는 처음과 나중의 값이다. PE는 주어진 문제에서 모든 보존력의 퍼텐셜 에너지를 포함한다. 관계식은 마찰력과 같은 에너지가 소실되는 힘을 무시하는 경우에 성립된다. 비보존력이 존재하는 경우에 일반화된 일과 에너지의 정리는 다음과 같이 주어진다.

회전 에너지를 포함한 일–에너지 정리 ►

$$W_{nc} = \Delta KE_t + \Delta KE_r + \Delta PE \quad [8.17]$$

예제 8.14 경사면 아래로 굴러 내려가는 공

목표 중력 에너지, 병진 에너지, 회전 운동에너지를 결합한다.

문제 질량이 M이고 반지름이 R인 공이 정지 상태로부터 높이 2.00 m에서 출발해서 30.0°의 경사면을 그림 8.28처럼 아래로 굴러 내려간다. 경사진 면을 떠날 때 공의 선속력은 얼마인가? 공은 미끄럼 없이 굴러 내려간다고 가정하자.

전략 중요한 두 지점은 경사면의 꼭대기와 바닥면이다. 바닥면에서 중력 퍼텐셜 에너지는 영이다. 공이 경사면 아래로 굴러 내려가기 때문에 중력 퍼텐셜 에너지는 에너지 소실 없이 병진 운동에너지와 회전 운동에너지로 변한다. 그러므로 역학적 에너지의 보존은 식 8.16을 사용해서 적용할 수 있다.

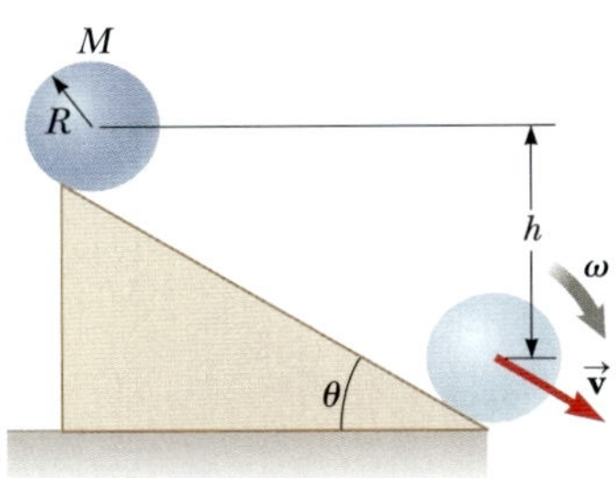

그림 8.28 (예제 8.14) 공이 경사면의 꼭대기에서 정지 상태로 출발해서 미끄럼 없이 바닥 쪽으로 굴러 내려간다.

풀이

중력 퍼텐셜 에너지 $PE = PE_g$와 관련된 에너지 보존의 법칙을 적용한다.

$$(KE_t + KE_r + PE_g)_i = (KE_t + KE_r + PE_g)_f$$

각 항에 해당하는 식들을 대입한다. $(KE_t)_i = (KE_r)_i = 0$이고 $(PE_g)_f = 0$임을 유념하자. (공의 관성 모멘트는 표 8.1에 주어져 있다.)

$$0 + 0 + Mgh = \tfrac{1}{2}Mv^2 + \tfrac{1}{2}(\tfrac{2}{5}MR^2)\omega^2 + 0$$

공은 미끄럼 없이 굴러 내려간다. 그러므로 미끄러지지 않을 조건 $R\omega = v$을 적용한다.

$$Mgh = \tfrac{1}{2}Mv^2 + \tfrac{1}{5}Mv^2 = \tfrac{7}{10}Mv^2$$

M을 소거하고 v에 대해 푼다.

$$v = \sqrt{\frac{10gh}{7}} = \sqrt{\frac{10(9.80\ \mathrm{m/s^2})(2.00\ \mathrm{m})}{7}} = 5.29\ \mathrm{m/s}$$

참고 여기서의 병진 속력은 어떤 물체 토막이 마찰이 없는 경사면을 미끄러져 내려오는 속력 $v = \sqrt{2gh}$보다 작다는 것에 주의해야 한다. 그 이유는 처음의 퍼텐셜 에너지가 병진 운동에너지뿐 아니라 회전 운동에너지의 증가에도 기여하기 때문이다.

예제 8.15 블록과 도르레

목표 회전 개념과 일–에너지 정리를 이용한다.

문제 질량이 $m_1 = 5.00$ kg과 $m_2 =$ 7.00 kg인 두 블록이 그림 8.29와 같이 질량 $M = 2.00$ kg인 도르래에 감긴 줄에 매달려 있다. 마찰이 없는 축에 회전하는 도르래는 반지름이 0.050 0 m인 속이 빈 원통이고, 줄은 미끄럼 없이 움직인다. 수평면의 표면의 운동 마찰 계수는 0.350이다. 질량 m_2인 블록이 2.00 m 아래로 떨어질 때 계의 속력을 구하라.

전략 이 문제는 일–에너지 정리 식 8.15b의 확장 형태 식으로 풀 수 있다. 만약 질량 m_2인 블록이 높이 h로부터 0으로 떨어진다면 질량 m_1인 블록은 같은 거리 $\Delta x = h$를 움직인다. 일–에너지 정리를 적용하고 v에 대해 풀고 대입한다. 비보존력은 운동 마찰뿐이다.

풀이

일–에너지 정리를 적용한다. 중력과 관련된 퍼텐셜 에너지는 $PE = PE_g$이다.

$$W_{nc} = \Delta KE_t + \Delta KE_r + \Delta PE_g$$

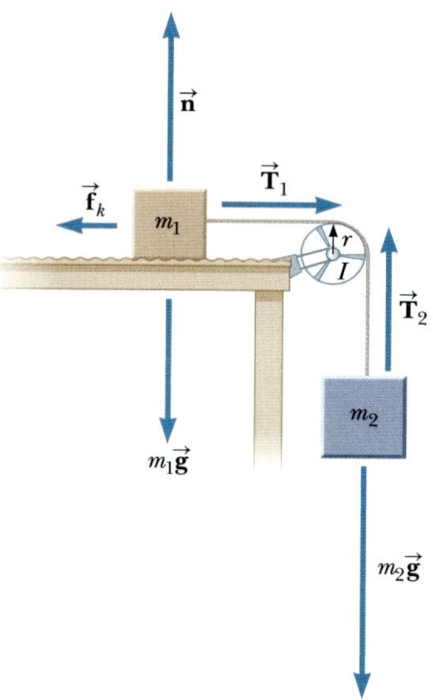

그림 8.29 (예제 8.15) $\vec{\mathbf{T}}_1$과 $\vec{\mathbf{T}}_2$가 도르래에 토크를 작용한다.

W_{nc}에 대해서는 마찰에 의한 일을, 두 블록에 대해서는 운동에너지 변화를, 도르래에 대해서는 회전 운동에너지 변화를, 그리고 두 번째 블록에 대해서는 퍼텐셜 에너지 변화를 대입한다.

$$-\mu_k n\,\Delta x = -\mu_k(m_1 g)\,\Delta x = (\tfrac{1}{2}m_1 v^2 - 0) + (\tfrac{1}{2}m_2 v^2 - 0) + (\tfrac{1}{2}I\omega^2 - 0) + (0 - m_2 g h)$$

$\Delta x = h$를 대입하고 I를 $(I/r^2)r^2$으로 쓴다.

$$-\mu_k(m_1 g)h = \tfrac{1}{2}m_1 v^2 + \tfrac{1}{2}m_2 v^2 + \tfrac{1}{2}\left(\frac{I}{r^2}\right)r^2\omega^2 - m_2 g h$$

고리의 경우 $I = Mr^2$이다. 그러므로 $(I/r^2) = M$이다. 이 값과 $v = r\omega$를 대입한다.

$$-\mu_k(m_1 g)h = \tfrac{1}{2}m_1 v^2 + \tfrac{1}{2}m_2 v^2 + \tfrac{1}{2}Mv^2 - m_2 g h$$

v에 대하여 푼다.

$$m_2 g h - \mu_k(m_1 g)h = \tfrac{1}{2}m_1 v^2 + \tfrac{1}{2}m_2 v^2 + \tfrac{1}{2}Mv^2 = \tfrac{1}{2}(m_1 + m_2 + M)v^2$$

$$v = \sqrt{\frac{2gh(m_2 - \mu_k m_1)}{m_1 + m_2 + M}}$$

$m_1 = 5.00$ kg, $m_2 = 7.00$ kg, $M = 2.00$ kg, $g = 9.80$ m/s^2, $h = 2.00$ m, $\mu_k = 0.350$을 대입한다.

$$v = \boxed{3.83 \text{ m/s}}$$

참고 v에 대한 식에서 첫 번째 블록의 질량 m_1과 도르래의 질량 M이 모두 분모에 있어 속력을 감소시킨다. 분자에는 마찰 항이 음의 값인 반면 m_2는 양의 값이다. 두 가지 설명은 m_1에 작용하는 마찰력이 계의 속력을 감소시키는 반면, m_2에 대한 중력은 속력을 증가시키기 때문에 합당하다. 또한 이 문제는 뉴턴의 제2법칙과 식 $\tau = I\alpha$를 사용함으로써 풀 수 있다.

8.6 각운동량 Angular Momentum

질량 m인 물체가 그림 8.30과 같이 알짜힘 $\vec{\mathbf{F}}_{\text{알짜}}$에 의해 반지름 r인 원 경로를 따라 회전한다. 물체에 작용하는 전체 알짜 토크는 시간 간격 Δt 동안에 물체의 각속력 ω_0를 ω로 증가시킨다. 그러므로

$$\sum \tau = I\alpha = I\frac{\Delta\omega}{\Delta t} = I\left(\frac{\omega - \omega_0}{\Delta t}\right) = \frac{I\omega - I\omega_0}{\Delta t}$$

로 쓸 수 있다.

물체의 **각운동량**(angular momentum)을

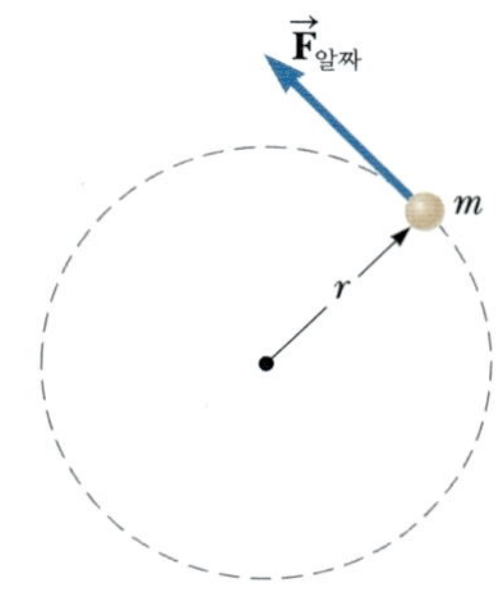

그림 8.30 일정한 토크를 받고 원 경로로 회전하는 질량 m인 물체

$$L \equiv I\omega \qquad [8.18]$$

로 정의하면

$$\sum \tau = \frac{\text{각 운동량의 변화}}{\text{시간 간격}} = \frac{\Delta L}{\Delta t} \qquad [8.19]$$

로 쓸 수 있다.

식 8.19는 $F = \Delta p/\Delta t$ 형태의 뉴턴의 제2법칙에 해당하고 **물체에 작용하는 알짜 토크는 물체의 각운동량의 시간 변화율과 같음**을 나타낸다. 또 이 식은 충격량–운동량 정리와 유사하다.

하나의 계에 작용하는 알짜 외부 토크($\Sigma\tau$)가 영일 때 식 8.19는 $\Delta L/\Delta t = 0$이다. 이것은 계의 각운동량의 시간 변화율이 영임을 말한다. 그러므로 다음과 같은 중요한 결과를 얻는다.

각운동량의 보존의 법칙 ▶

서로 다른 두 시간에서의 각운동량을 L_i와 L_f라 하자. 알짜 외부 토크가 영, 즉 $\Sigma\tau = 0$일 때,

$$L_i = L_f \qquad [8.20]$$

가 되고, 각운동량이 보존된다고 한다.

Cesare Marchetti/Alamy Stock Photo

그림 8.31 몸을 빈틈없이 구부린 다이버는 관성 모멘트가 줄어들고 각속력이 증가하게 된다.

식 8.20은 세 번째 보존의 법칙이고 **각운동량 보존의 법칙**(conservation of angular momentum)이라고 한다. **고립계에서 역학적 에너지, 선운동량 그리고 각운동량은 모두 보존된다**고 말할 수 있다.

만약 고립된 회전하는 계의 관성 모멘트가 변한다면, 계의 각속력도 변할 것이다(그림 8.31). 그러면 각운동량의 보존은 다음과 같이 된다.

$$\sum \tau = 0 \text{ 이면} \quad I_i\omega_i = I_f\omega_f \qquad [8.21]$$

응용

피겨 스케이팅

각운동량 보존은 원자와 분자뿐만 아니라 행성과 사람과 같은 거시적인 물체에도 적용된다는 것을 주목하자. 각운동량 보존에 대한 예는 많이 있다. 가장 인상적인 것 중의 하나는 피겨 스케이트 선수가 마무리에서 회전하는 장면이다. 그림 8.32a에서처럼 스케이트 선수는 팔을 몸 쪽으로 당기고 두 다리를 붙여 회전축으로부터 거리를 줄인다. 따라서 선수의 관성 모멘트는 감소한다. 각운동량 보존에 의해 관성 모멘트가 감소하면 각속력은 증가한다. 그림 8.32b에서처럼 회전으로부터 벗어나기 위해서는 각속력을 줄일 필요가 있다. 그러므로 그녀는 팔과 다리를 다시 펴서 관성 모멘트를 증가시키고, 따라서 회전 속도를 감소시킨다.

응용

공중제비돌기

유사하게 다이버나 곡예사가 몇 번의 공중 회전을 하고자 할 때(그림 8.31) 손과 발을 몸통 가까이 당겨 더 큰 각속력을 얻는다. 이 경우 중력에 의한 외력은 무게 중심을 통해 작용한다. 따라서 회전축에 대한 토크는 없다. 그러므로 무게 중심에 대한 각운동량은 보존된다. 예를 들면, 다이버가 각속력을 두 배로 증가시키려고 한다면, 관성 모멘트를 처음 값의 반으로 줄여야 한다.

그림 8.32 플류센코(Evgeni Plushenko)는 자신의 관성 모멘트를 조절하여 각속력을 변화시킨다.

응용

회전하는 중성자별

각운동량 보존에 대한 재미있는 천체물리학의 예를 살펴보자. 무거운 별이 모든 연료를 다 사용하고, 핵융합 에너지 생성이 중단되어 자체 중력에 의해 붕괴될 때, 초신성이라 불리는 거대한 에너지 폭발이 일어난다. 가장 많이 연구된 초신성 폭발의 잔유물은 무질서하고 확장하는 가스덩어리인 게성운(Crab Nebula)이다(그림 8.33). 초신성에서 별의 질량 중 일부분은 우주 공간 속으로 퍼져나가 결국은 새로운 별이나 행성으로 뭉쳐지고, 나머지 대부분은 **중성자별**(neutron star)로 붕괴된다. 중성자별은 태양보다 질량은 크지만 반지름은 10 km 정도로 작다. 또한 내부 압력이 매우 커서 원자의 전자들이 양성자와 결합해서 중성자가 된다. 계의 관성 모멘트는 붕괴하는 동안 감소하고 별의 각속력은 증가한다. 1967년에 처음 발견된 이후 빠르게 회전하는 700개 이상의 중성자별들이 확인되었다. 회전 주기는 밀리초(millisecond)에서 수 초에 이른다. 중성자별은 놀라운 계이다. 태양보다도 더욱 큰 질량을 갖고 작은 나라 정도 되는 공간을 차지하고 매우 빠르게 회전하여 표면의 접선 속력은 빛의 속력에 가까이 접근한다.

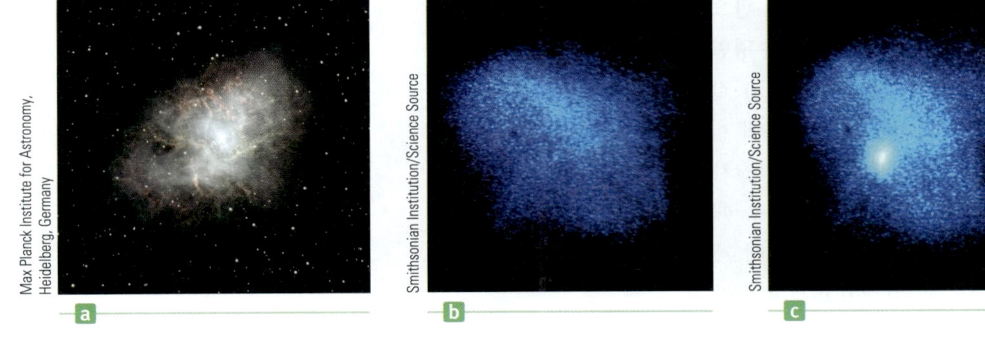

그림 8.33 (a) 황소자리 성운에 있는 게성운. 이 게성운은 1054년 지구에서 본 초신성의 잔유물이다. 약 6 300광년 정도 떨어져 있으며 지름이 6광년 정도이고 아직도 팽창하고 있다. 게성운 내부 깊은 곳에는 펄사가 초당 30번 정도 번쩍인다. (b) 펄사가 빛을 내지 않을 때, (c) 펄사가 빛을 낼 때.

예제 8.16 회전 의자

목표 각운동량 보존의 법칙을 간단한 계에 적용한다.

문제 학생이 아령 한 쌍을 손에 쥔 채 회전 의자에 앉아 있다(그림 8.34). 의자는 무시할 만한 마찰로 수직축에 대해 자유롭게 회전한다. 학생, 아령, 의자의 관성 모멘트는 2.25 kg · m^{2}이다. 학생은 팔을 밖으로 벌린 채 1.26 s마다 한 번 회전하고 있다. **(a)** 계의 처음 각속력은 얼마인가? **(b)** 그가 회전할 때 아령을 안쪽으로 당기면 계의 새로운 관성 모멘트(학생, 아령, 의자)는 1.80 kg · m^{2}가 된다. 계의 새로운 각속력은 얼마인가? **(c)** 아령을 당길 때 계에 학생이 한 일을 구하라. 근육 내에서 소모된 에너지는 무시한다.

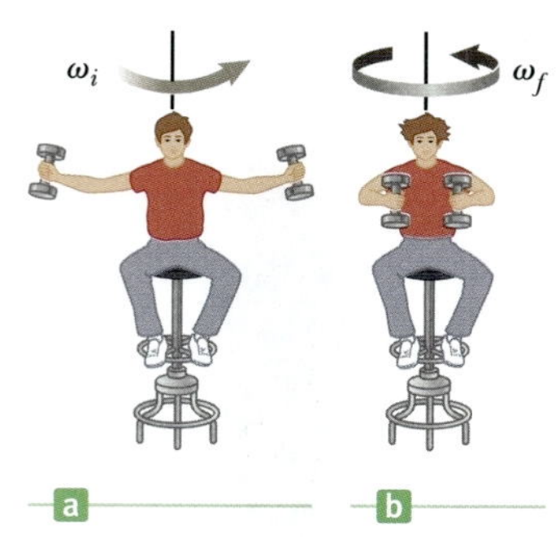

그림 8.34 (예제 8.16) (a) 학생이 팔을 벌린 채 두 개의 아령을 들고 있을 때 처음 각속력이 주어진다. (b) 각속력은 학생이 아령을 안으로 당길 때 증가한다.

전략 **(a)** 각속력은 주기의 역수인 진동수로부터 얻을 수 있다. **(b)** 계에 작용하는 외부 토크는 없다. 그러므로 새로운 각속력은 각운동량 보존의 원리로부터 구할 수 있다. **(c)** 이 과정 동안 계에 한 일은 회전 운동에너지에서 계의 변화와 같다.

풀이

(a) 계의 각속력을 구한다.

주기의 역수를 취하고 2π를 곱하여 진동수를 구한다.

$$\omega_i = 2\pi f = 2\pi/T = \boxed{4.99 \text{ rad/s}}$$

(b) 학생이 아령을 안쪽으로 당긴 후 계의 새로운 각속력을 구한다.

계의 처음과 나중의 각운동량을 같게 놓는다.

$$L_i = L_f \rightarrow I_i\omega_i = I_f\omega_f \quad (1)$$

값을 대입하고 나중 각속력 ω_f에 대하여 푼다.

$$(2.25 \text{ kg} \cdot \text{m}^2)(4.99 \text{ rad/s}) = (1.80 \text{ kg} \cdot \text{m}^2)\omega_f \quad (2)$$

$$\omega_f = \boxed{6.24 \text{ rad/s}}$$

(c) 학생이 계에 한 일을 구한다.

일–에너지 정리를 적용한다.

$$W_{\text{학생}} = \Delta K_r = \tfrac{1}{2}I_f\omega_f^2 - \tfrac{1}{2}I_i\omega_i^2$$
$$= \tfrac{1}{2}(1.80 \text{ kg} \cdot \text{m}^2)(6.24 \text{ rad/s})^2 - \tfrac{1}{2}(2.25 \text{ kg} \cdot \text{m}^2)(4.99 \text{ rad/s})^2$$
$$W_{\text{학생}} = \boxed{7.03 \text{ J}}$$

참고 계의 각운동량이 보존된다 할지라도 역학적 에너지는 학생이 계에 일을 하기 때문에 보존되지 않는다.

예제 8.17 회전목마

목표 관성 모멘트가 변하는 계에 각운동량 보존을 적용한다.

문제 질량 $M = 1.00 \times 10^2$ kg과 반지름 $R = 2.00$ m로 된 판으로 만들어진 회전목마가 마찰이 없는 수직 회전축에 대해 수평면 내에서 회전하고 있다(그림 8.35는 위에서 본 모습이다). **(a)** 질량 $m = 60.0$ kg인 학생이 회전목마의 가장자리에 올라간 후에 계의 각속력이 2.00 rad/s로 감소한다. 만약 학생이 천천히 가장자리에서 중심으로 걸어가 중심으로부터 0.500 m에 도달했을 때 계의 각속력을 구하라. **(b)** 학생이 $r = 0.500$ m로 이동할 때 계의 회전 운동에너지의 변화를 구하라. **(c)** $r = 0.500$ m로 걸어갈 때 학생이 한 일을 구하라.

전략 이 문제는 학생이 가장자리에 서 있을 때 계의 처음 각운동량과 $r = 0.500$ m에 도달할 때 각운동량을 같게 놓고 각운동량 보존으로 풀어야 한다. 중요한 것은 다른 관성 모멘트를 찾는 것이다.

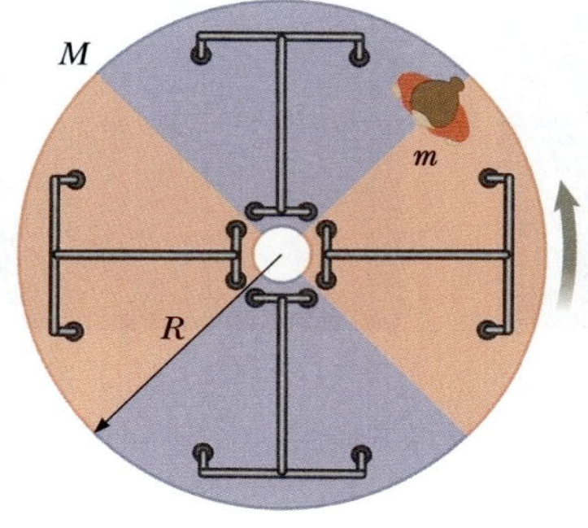

그림 8.35 (예제 8.17) 학생이 회전하는 판의 중심 쪽으로 걸어감에 따라, 계(학생과 판)의 관성 모멘트 I는 감소한다. 각운동량이 보존되고 $L = I\omega$이기 때문에, 계의 각속력은 증가해야 한다.

풀이

(a) 학생이 중심으로부터 $r = 0.500$ m에 도달할 때 각속력을 구한다.

판의 관성 모멘트 I_D를 계산한다.

$$I_D = \frac{1}{2}MR^2 = \frac{1}{2}(1.00 \times 10^2 \text{ kg})(2.00 \text{ m})^2 = 2.00 \times 10^2 \text{ kg} \cdot \text{m}^2$$

학생의 처음 관성 모멘트를 계산한다. 이것은 축으로부터 거리 R만큼 떨어진 물체의 관성 모멘트와 같다.

$$I_{Si} = mR^2 = (60.0 \text{ kg})(2.00 \text{ m})^2 = 2.40 \times 10^2 \text{ kg} \cdot \text{m}^2$$

두 개의 관성 모멘트를 더하고 처음 각속력을 곱하여 계의 처음 각운동량 L_i를 구한다.

$$L_i = (I_D + I_{Si})\omega_i = (2.00 \times 10^2 \text{ kg} \cdot \text{m}^2 + 2.40 \times 10^2 \text{ kg} \cdot \text{m}^2)(2.00 \text{ rad/s}) = 8.80 \times 10^2 \text{ kg} \cdot \text{m}^2/\text{s}$$

학생이 중심으로부터 0.500 m에 있을 때 나중 관성 모멘트 I_{Sf}를 계산한다.

$$I_{Sf} = mr_f^2 = (60.0 \text{ kg})(0.50 \text{ m})^2 = 15.0 \text{ kg} \cdot \text{m}^2$$

판의 관성 모멘트는 변하지 않는다. 여기에 학생의 나중 관성 모멘트를 더하고, 미지의 나중 각속력을 곱하여 L_f를 구한다.

$$L_f = (I_D + I_{Sf})\omega_f = (2.00 \times 10^2 \text{ kg} \cdot \text{m}^2 + 15.0 \text{ kg} \cdot \text{m}^2)\omega_f = (2.15 \times 10^2 \text{ kg} \cdot \text{m}^2)\omega_f$$

처음 각운동량과 나중 각운동량을 같게 놓고 계의 나중 각속력을 구한다.

$$L_i = L_f$$

$$(8.80 \times 10^2 \text{ kg} \cdot \text{m}^2/\text{s}) = (2.15 \times 10^2 \text{ kg} \cdot \text{m}^2)\omega_f$$

$$\omega_f = \boxed{4.09 \text{ rad/s}}$$

(b) 계의 회전 운동에너지의 변화를 구한다.

계의 처음 운동에너지를 계산한다.

$$KE_i = \frac{1}{2}I_i\omega_i^2 = \frac{1}{2}(4.40 \times 10^2 \text{ kg} \cdot \text{m}^2)(2.00 \text{ rad/s})^2 = 8.80 \times 10^2 \text{ J}$$

계의 나중 운동에너지를 계산한다.

$$KE_f = \frac{1}{2}I_f\omega_f^2 = \frac{1}{2}(215 \text{ kg} \cdot \text{m}^2)(4.09 \text{ rad/s})^2 = 1.80 \times 10^3 \text{ J}$$

계의 운동에너지의 변화를 계산한다.

$$KE_f - KE_i = \boxed{920 \text{ J}}$$

(c) 학생이 한 일을 구한다.

학생은 자신에게 한 일과 같은 운동에너지의 변화를 경험한다.

일–에너지 정리를 적용한다.

$$W = \Delta KE_{\text{학생}} = \frac{1}{2}I_{Sf}\omega_f^2 - \frac{1}{2}I_{Si}\omega_i^2 = \frac{1}{2}(15.0 \text{ kg} \cdot \text{m}^2)(4.09 \text{ rad/s})^2 - \frac{1}{2}(2.40 \times 10^2 \text{ kg} \cdot \text{m}^2)(2.00 \text{ rad/s})^2$$

$$W = \boxed{-355 \text{ J}}$$

참고 각운동량은 내부의 힘에 의해 변하지 않는다. 그러나 운동에너지는 학생이 판의 중심을 향해 걸어가기 위해서 양의 일을 하기 때문에 증가한다.

연습문제

8.1 토크

1(1). 어떤 사람이 너비가 1.00 m인 문을 면에 수직한 방향으로 50.0 N의 힘으로 밀어서 연다. (a) 그 힘이 문의 중심에 작용한 경우 경첩을 지나는 회전축에 대한 토크의 크기는 얼마인가? (b) 경첩에서 가장 먼 곳에 힘이 작용하는 경우 경첩을 지나는 회전축에 대한 토크의 크기는 얼마인가?

2(3). 그림 P8.2에 있는 낚싯대는 수평과 20.0°의 각을 이루고 있다. 물속에 있는 물고기가 낚싯줄에 $\vec{\mathbf{F}} = 1.00 \times 10^2$ N의 힘

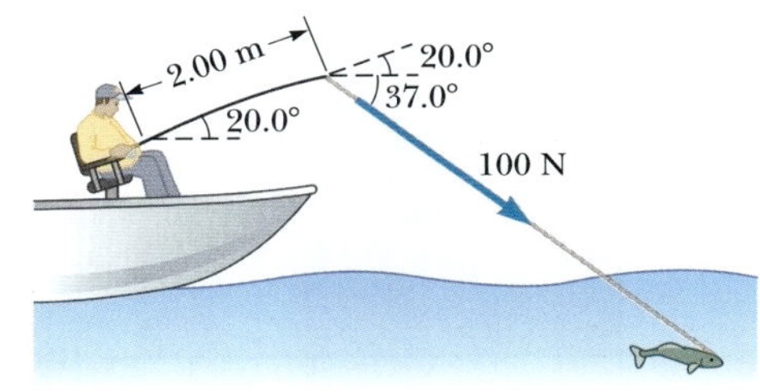

그림 P8.2

을 수평 아래로 37.0° 방향으로 작용한다면, 낚시꾼의 손이 있는 점에서 이 면에 수직으로 관통하는 축에 대한 토크의 크기는 얼마인가? 힘이 작용하는 점은 낚시꾼의 손에서 2.00 m 되는 곳이다.

3(5). 그림 P8.3에서 축 O에 대한 빔의 알짜 토크(크기와 방향)를 (a) 지면에 수직으로 점 O를 지나는 축에 대해, (b) 종이면에 수직으로 지나는 축 C에 대해 구하라.

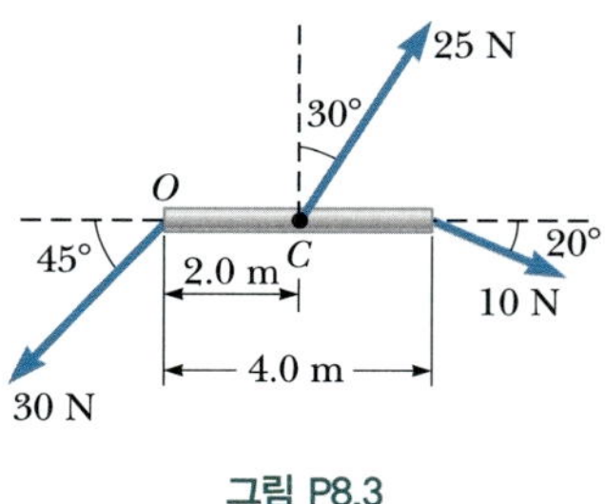

그림 P8.3

4(7). 천장에 고정된 2.0 m 길이의 줄에 3.0 kg의 추를 달아서 단진자를 만들었다. (a) 줄이 연직과 5.0°의 각을 이룰 때 천장의 고정점에 대한 (중력에 의한) 토크의 크기를 구하라. (b) 각이 증가하면 토크는 증가하는가, 아니면 감소하는가? 그 이유를 설명하라.

8.2 질량 중심과 질량 중심의 운동

5(9). 나무판자 위에 정지해 있는 두 볼링공의 질량 중심의 위치가 그림 P8.5와 같이 배열되어 있다. 판자의 질량은 5.00 kg이고 길이는 1.00 m이다. 두 볼링공과 판자로 구성된 계의 질량 중심의 위치를 판자의 왼쪽 끝으로부터 구하라.

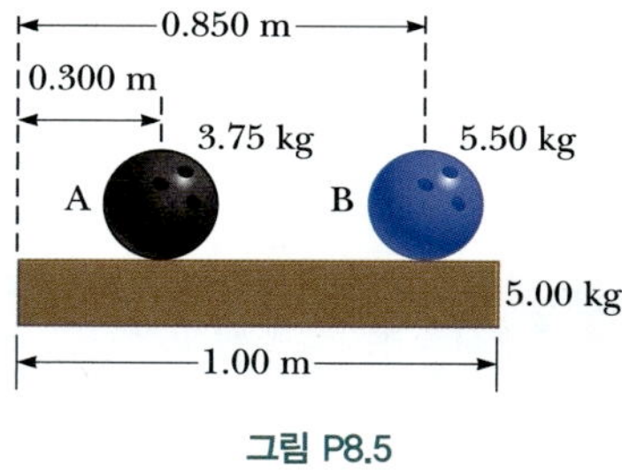

그림 P8.5

6(11). 그림 P8.6과 같이 오른쪽 위의 1/4이 잘려나간 길이가

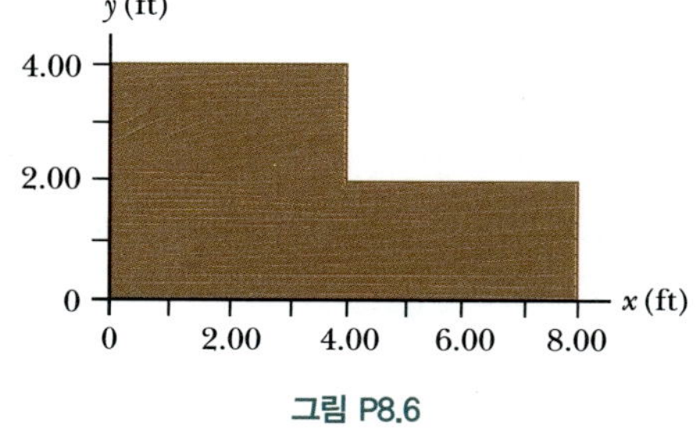

그림 P8.6

8.00 ft이고 높이가 4.00 ft인 합판의 질량 중심의 x 좌표와 y 좌표를 구하라. **힌트:** 합판의 임의 한 부분의 질량은 그 부분의 면적에 비례한다.

7(13). 질량이 $m = 1.50$ kg인 블록이 질량이 $M = 4.50$ kg인 경사대 위에 놓여 있다. 경사대는 마찰이 없는 수평면 위에 놓여 있다(그림 P8.7a). 경사대와 블록은 각각의 질량 중심이 $x = 0$인 곳에 위치해 있다. 블록이 놓이면 블록은 경사면의 왼쪽을 따라 미끄러져 내려오고, 경사대는 마찰 없는 표면에서 오른쪽으로 미끄러져 그림 P8.7b와 같이 된다. 블록의 위치가 $x_{블록} = -0.300$ m일 때 경사대의 위치 $x_{경사대}$를 구하라.

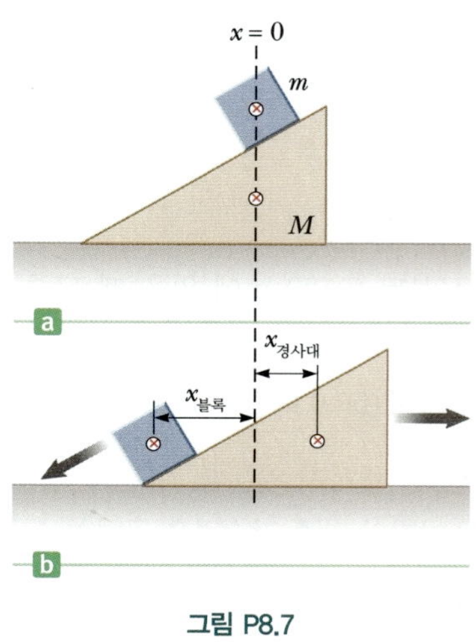

그림 P8.7

8.3 토크와 두 가지 평형 조건

8(17). 그림 P8.8의 팔의 무게는 41.5 N이다. 중력은 팔의 A 점에 작용한다. 팔이 그림과 같은 모양을 유지하기 위한 삼각근의 장력 $\vec{\mathbf{F}}_t$의 크기와 어깨가 윗팔뼈에 작용하는 힘 $\vec{\mathbf{F}}_s$를 구하라.

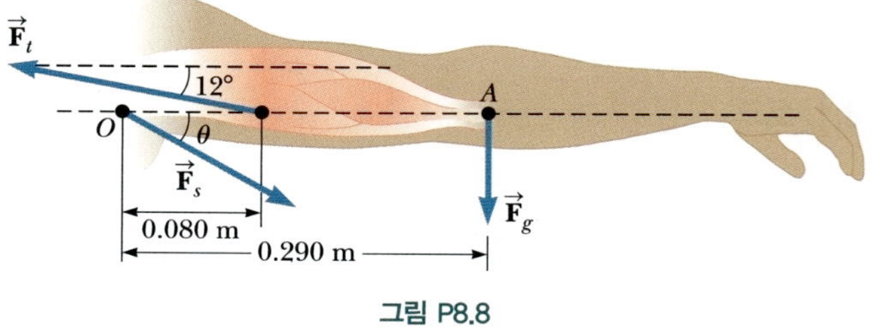

그림 P8.8

9(19). 요리사가 팔을 펼쳐 2.00 kg의 우유 한 통을 들고 있다(그림 P8.9). 이두근에 의해 작용하는 힘 $\vec{\mathbf{F}}_B$를 구하라. 팔뚝의 무게는 무시한다.

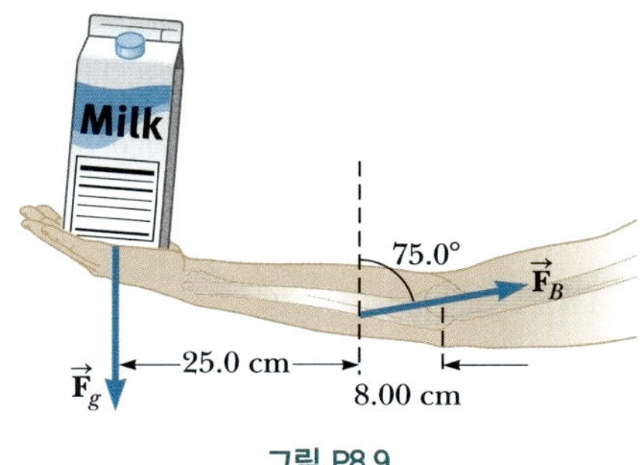

그림 P8.9

10(21). 운동 생리학 연구에서는 때때로 사람의 무게 중심을 구할 필요가 있다. 그 방법은 그림 P8.10과 같이 하면 된다. 가벼운 판자를 두 저울 위에 올려놓고 그 위에 사람이 누웠을 때 저울의 눈금이 각각 $F_{g1}=380.$ N, $F_{g2}=320.$ N이고 두 저울 사이의 거리가 2.00 m라면 무게 중심의 위치를 발끝으로부터의 거리로 구하라.

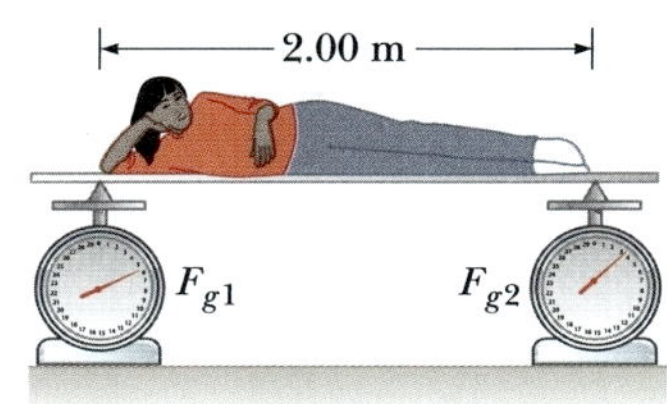

그림 P8.10

11(25). 길이가 4.00 m이고 높이가 3.00 m인 무게가 500. N짜리 간판이 그림 P8.11과 같이 길이가 6.00 m이고 무게가 100 N인 막대에 수평으로 매달려 있다. 막대의 왼쪽 끝은 경첩으로 지지되고 오른쪽 끝은 연직과 30.0°를 이루는 줄에 매달려 있다. (a) 줄의 장력 T를 구하라. (b) 벽과 접촉한 부분에서 벽이 막대에 작용하는 힘의 수평 성분과 연직 성분을 구하라.

그림 P8.11

12(27). 길이 2.00 m, 질량 30.0 kg의 균일한 판이 세 개의 줄에 의해 지탱되고 있다. 그림 P8.12에 파란색 벡터로 표시되어 있다. 700 N의 사람이 왼쪽 끝에서 $d=0.500$ m에 서 있을 때, 각 줄의 장력을 구하라.

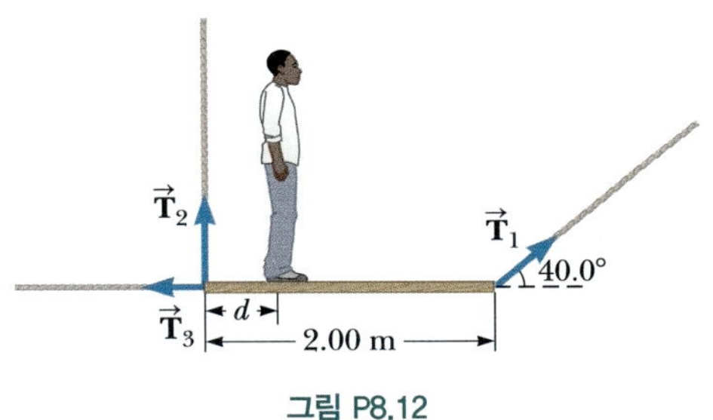

그림 P8.12

13(29). 그림 P8.13과 같이 윗부분은 벽에 붙어 수평으로 놓인 용수철에 연결되어 있고 아랫부분은 회전할 수 있게 설치된 질량이 m인 균일한 막대가 있다. 막대가 수평과 이루는 각은 θ이다. (a) 용수철이 평형 상태로부터 늘어나는 길이 d에 대한 식과 (b) 바닥이 막대의 아랫부분에 작용하는 힘의 성분들을 구하라.

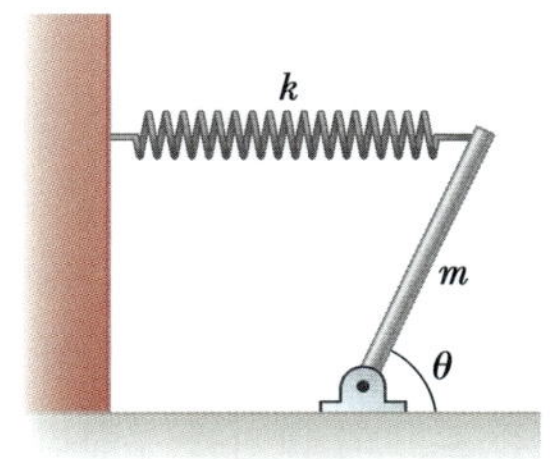

그림 P8.13

8.4 회전에 관한 운동의 제2법칙

14(37). 네 개의 물체가 그림 P8.14처럼 가벼운 막대에 의해 직사각형의 모서리에 위치해 있다. 계의 관성 모멘트를 (a) x축에 대해, (b) y축에 대해, (c) O를 지나면서 종이면에 수직인 축에 대해 각각 구하라.

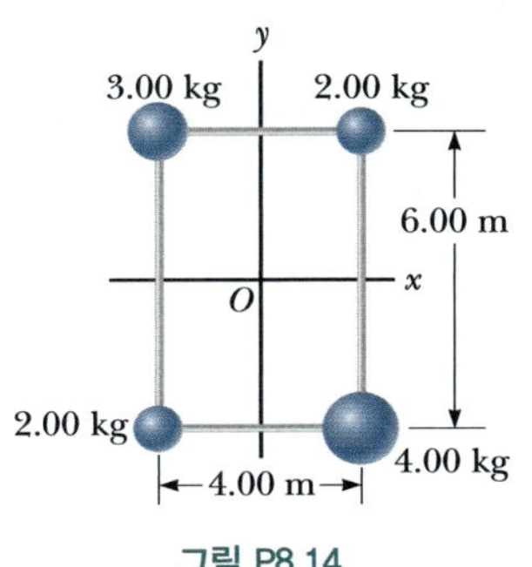

그림 P8.14

15(39). 베니스 대운하의 곤돌라 사공이 4.00 m 길이의 노의 한쪽 끝에 284 N의 힘을 작용하는 반면, 물은 노의 아래쪽 끝에서 0.250 m 되는 곳에 95.0 N의 힘을 작용한다. 두 힘은 방향이 같고, 노의 길이에 수직으로 작용한다고 가정한다. 노걸이 핀의 위치는 사공의 손에서 1.50 m 떨어져 있다. (a) 노걸이 핀에 대한 노에 작용하는 알짜 토크를 구하라. (b) 각가속도가 4.50 rad/s^{2}이라면 같은 축에 대한 노의 관성 모멘트를 구하라.

16(41). 천장선풍기를 간단히 모형으로 그리면 그림 P8.16과 같다. 가운데에 원통형 판이 있고 그 판의 중심을 가느다란 막대 두 개가 직교하여 붙어 있다. 원판의 질량은 2.50 kg이고 반지름은 0.200 m이다. 각 막대의 길이는 0.750 m이고 질량은 0.850 kg이다. (a) 원통의 세로축을 관통하는 축에 대한 천

그림 P8.16

장선풍기의 관성 모멘트를 구하라. (b) 선풍기가 돌 때 크기가 0.115 N·m인 일정한 마찰에 의한 토크가 작용한다. 선풍기가 정지 상태에서 회전하기 시작하여 최대 속력에 도달하는 데 15.0 s가 걸리고 그동안 18.5회전을 한다면 선풍기의 모터가 작용하는 일정한 토크의 크기를 구하라.

17(43). 질량이 0.750 kg인 모형 비행기가 줄에 매여 반지름 30.0 m의 원을 돌고 있다. 비행기 엔진의 추진력은 매임줄에 수직한 방향으로 0.800 N이다. (a) 알짜 추진력이 원의 중심에 대해 작용하는 토크를 구하라. (b) 비행기가 수평면을 유지하면서 비행할 때 각가속도를 구하라. (c) 비행 경로의 접선 방향으로 선가속도를 구하라.

18(45). 반지름이 1.50 m인 수평 원판으로 되어 있는 질량이 150. kg인 회전목마의 둘레에 줄을 감아 당겨서 회전목마를 돌린다. 정지 상태로부터 2.00 s 동안에 각속력이 0.500 rev/s가 되게 하려면 줄에 작용해야 할 일정한 힘의 크기는 얼마인가?

8.5 회전 운동에너지

19(49). 반지름 1.50 m의 수평인 800. N의 회전목마가 정지 상태로부터 회전목마에 접선 방향으로 50.0 N의 일정한 수평력에 의해 출발한다. 3.00 s 후에 회전목마의 운동에너지를 구하라. 회전목마는 속이 찬 원통으로 간주한다.

20(51). 길이 $\ell = 1.00$ m인 가벼운 막대가 그림 P8.20에서처럼 중심을 지나고 길이에 수직인 축에 대하여 회전한다. 질량 $m_1 = 4.00$ kg과 $m_2 = 3.00$ kg인 두 입자가 막대의 끝에

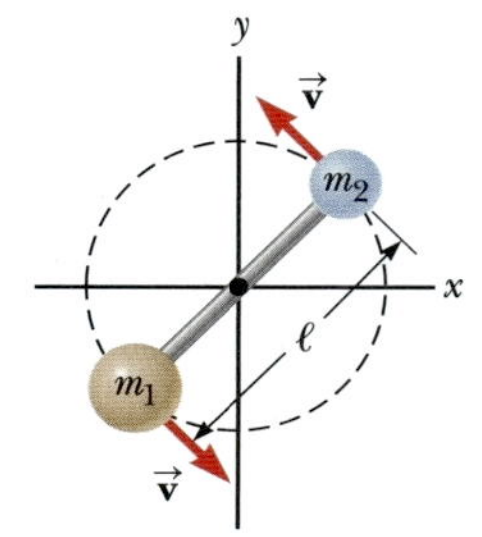

그림 P8.20 (문제 8.20, 8.25)

연결되어 있다. (a) 막대의 질량을 무시한다면 막대의 각속력이 2.50 rad/s일 때, 계의 운동에너지는 얼마인가? (b) 막대의 질량을 2.00 kg로 가정한다면 계의 운동에너지는 어떻게 되는가?

21(55). 그림 P8.21에서 팽이는 처음에 정지 상태에 있다가 4.00×10^{-4} kg·m^{2}의 관성 모멘트로 정지축 AA'에 대해 자유롭게 회전한다. 팽이의 축을 따라 꼭지 둘레에 감긴 줄이 줄에 5.57 N의 일정한 장력을 유지하게끔 당겨진다. 만약 줄이 꼭지 둘레에 감겨 있는 동안 미끄러지지 않는다면 80.0 cm의 줄이 꼭지로부터 당겨진 후 팽이의 각속력은 얼마인가? **힌트:** 하여진 일을 고려하라.

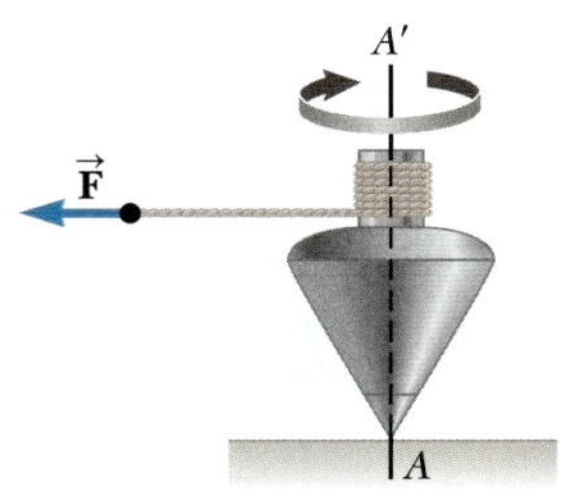

그림 P8.21

22(57). 질량이 10.0 kg인 원통이 미끄러짐 없이 거친 표면을 구른다. 어느 순간에 무게 중심이 10.0 m/s의 속력을 가진다. (a) 무게 중심의 병진 운동에너지를 구하라. (b) 무게 중심 축에 대한 회전 운동에너지를 구하라. (c) 전체 운동에너지를 구하라.

23(59). 속인 찬 균질한 구의 질량이 2.00 kg이고 반지름이 0.100 m이다. 이 구를 그림 P8.23과 같이 지면으로부터 구의 중심까지의 높이가 1.50 m인 곳에서 놓는다. 구는 경사면을 따라 미끄러짐 없이 바닥까지 굴러 내려온 다음, 점 B까지 올라가서 최대 높이인 점 C까지 상승한다. C점의 높이는 $h_{최대}$이다. B점에서 (a) 구의 병진 속력 v_B, (b) 구의 회전 속력 ω_B를 구하라. C점에서, (c) 구의 회전 속력 ω_C와 (d) 구의 무게 중심의 최대 높이 $h_{최대}$를 구하라.

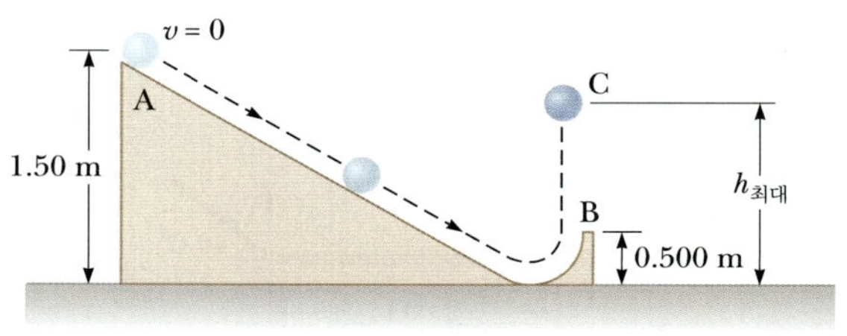

그림 P8.23

8.6 각운동량

24(63). (a) 지구를 균질하게 속이 찬 구로 가정하고 지구 자전에 의한 지구의 각운동량을 계산하라. (b) 태양에 대해 공전하고 있는 지구를 점입자로 보고 공전하는 지구의 각운동량을 계산하라.

25(65). 길이 $\ell = 1.00$ m인 가벼운 막대가 그림 P8.20처럼 중심을 지나고 길이에 수직인 축에 대해 회전한다. 질량 $m_1 = 4.00$ kg과 $m_2 = 3.00$ kg인 두 물체가 막대 양 끝에 연결되어 있다. 만약 각 입자의 속력이 5.00 m/s라면 그 계의 각운동량은 얼마인가? 막대의 질량은 무시한다.

26(69). 질량이 10.0 kg이고 반지름이 1.00 m인 속이 찬 수평인 원통이 그 중심을 지나는 고정된 수직축에 대해 7.00 rad/s의 각속력으로 회전한다. 0.250 kg의 한덩어리의 접착체가 회전축 중심으로부터 0.900 m 떨어진 원통 위에 수직으로 떨어져 원통에 붙었다. 그 계의 나중 각속력을 구하라.

27(71). 그림 P8.27의 아이스하키 퍽은 질량이 0.120 kg이다. 회전 중심으로부터 처음 거리가 40.0 cm이고 80.0 cm/s의 속력으로 움직인다. 줄이 마찰이 없는 테이블 위의 구멍 아래로 15.0 cm 내려오도록 당겨졌다. 퍽에 한 일을 구하라. 힌트: 퍽의 운동에너지 변화를 고려한다.

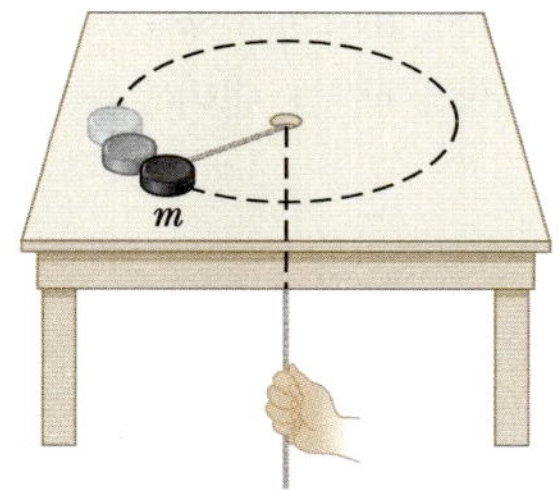

그림 P8.27

28(73). 관성 모멘트가 I_1인 원반이 마찰이 없는 수직축에 대해서 각속력 ω_0로 회전한다. 두 번째 원반은 관성 모멘트가 I_2이고 처음에는 정지 상태에서 첫 번째 원반 위에 떨어진다(그림 P8.28). 표면이 거칠기 때문에 두 원반은 결국 같은 각속력 ω로 회전한다. (a) ω를 구하라. (b) 운동에너지가 이 경우에 손실된 것을 보이고 처음 운동에너지 대한 나중 운동에너지의 비를 구하라.

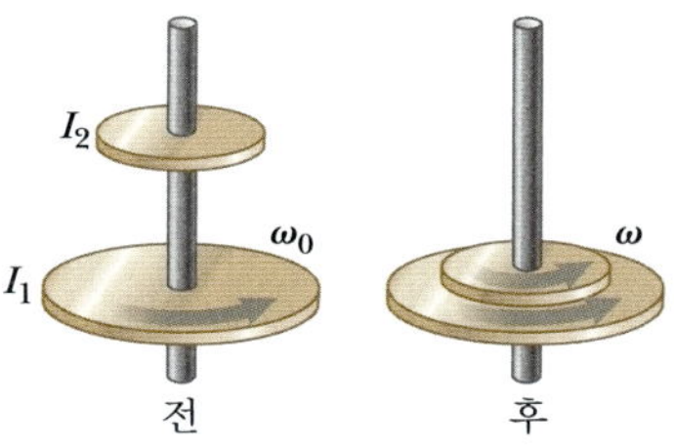

그림 P8.28

종합문제

29(75). 풍력 발전기의 회전 프로펠러는 그림 P8.29와 같이 세 개의 날개로 이루어져 있는 것이 전형적이다. 각 날개의 길이는 $L = 35$ m이고 질량은 $m = 420$ kg이다. 이 프로펠러가 25 rev/min라고 하자. (a) 프로펠러의 각속력을 rad/s로 환산하라. (b) 프로펠러의 회전축에 대한 관성 모멘트와 (b) 그 프로펠러의 운동에너지를 구하라.

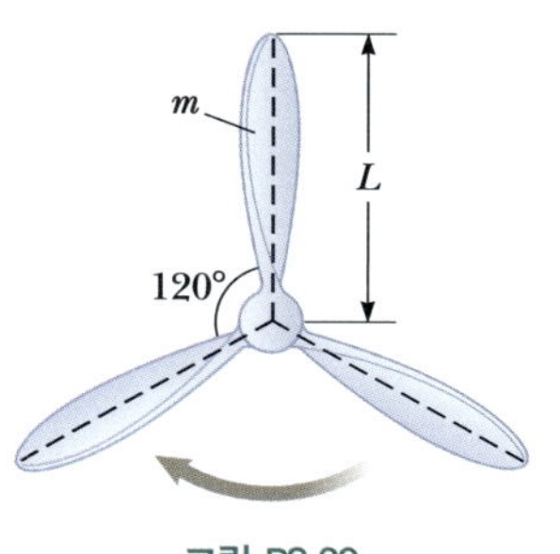

그림 P8.29

30(77). 40.0 kg의 어린이가 길이 4.00 m, 질량 70.0 kg인 보트의 한쪽 끝에 서 있다(그림 P8.30). 처음 보트는 부두로부터 3.0 m 떨어져 있었다. 아이는 보트 앞쪽 끝 건너편 바위에 거북이가 있는 것을 보고는 거북이를 잡기 위해 보트 끝까지 걸어간다. (a) 보트와 물 사이의 마찰을 무시하고 그 계(보트와 아이)의 운동을 기술하라. (b) 아이가 보트의 앞쪽 끝에 도달했을 때 아이는 부두로부터 얼마나 멀어졌는가? (c) 아이는 거북이를 손에 넣을 수 있는가? (아이가 보트 끝으로부터 1.00 m 앞으로 손을 뻗을 수 있다고 가정하라.)

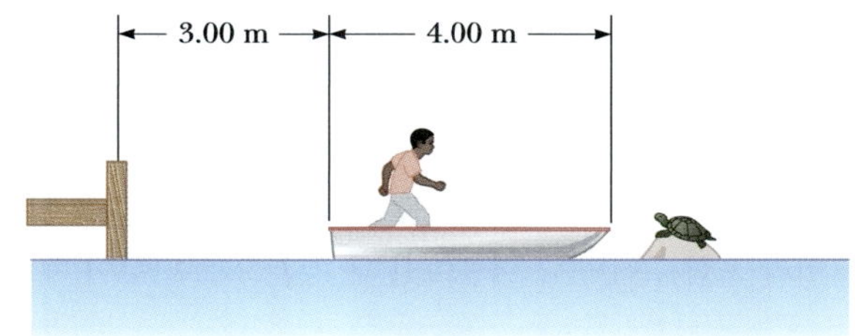

그림 P8.30

31(79). 길이가 L이고 무게가 w인 균질한 사다리가 연직 벽에 기대어 있다. 사다리와 바닥과의 정지 마찰 계수는 사다리와 벽과의 정지 마찰 계수와 같으며, 그 값은 $\mu_s = 0.500$이다. 사다리가 미끄러지지 않고 바닥과 이루는 최소각을 구하라.

32(81). 질량이 각각 M인 두 우주비행사(그림 P8.32)가 질량을 무시할 수 있는 길이가 d인 줄로 연결되어 있다. 그들은 우주

공간 속에 고립되어 있으며 그들 사이의 중간 지점에 대해 v의 속력으로 원운동을 한다. 우주비행사를 점 입자로 간주하고 (a) 각운동량의 크기, (b) 계의 회전 에너지를 계산하라. 두 우주비행사는 서로를 연결한 줄을 감아 당겨서 둘 사이의 거리가 $d/2$가 되게 한다. (c) 그 계의 새로운 각운동량의 크기는 얼마인가? (d) 새로운 속력은 얼마인가? (e) 그 계의 새로운 회전 운동에너지는 얼마인가? (f) 두 우주비행사가 줄을 당기는 데 한 일은 얼마인가?

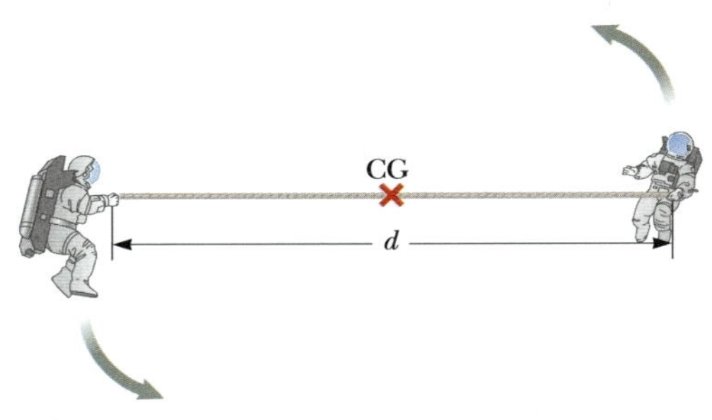

그림 P8.32

33(83). 길이 $\ell = 1.30$ m, 질량 2.35 kg인 균질한 막대가 그림 P8.33과 같이 세 개의 연직 용수철에 의해 수평을 유지하고 있다. 아래에 있는 두 용수철은 압축되어 막대에 각각 위로 작용하는 힘 $F_1 = 6.80$ N과 $F_2 = 9.50$ N을 가한다. (a) 위에 있는 용수철이 막대에 작용하는 힘 F_s와 (b) 평형을 유지하기 위한 위의 용수철의 위치 x를 구하라.

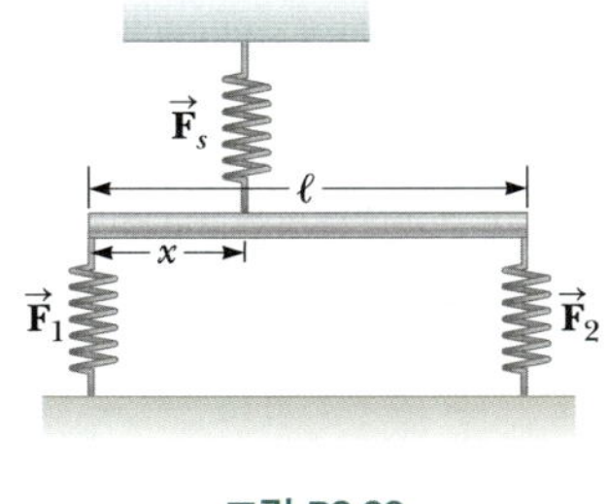

그림 P8.33

34(85). 체조선수 동작의 여러 양상은 그림 P8.34와 같이 팔, 몸통(머리 포함), 허벅지, 아랫다리 네 부분으로 나누어 체조선수를 표현함으로써 모델링할 수 있다. 그림 p8.34b는 각 부위에 대한 무게 중심의 위치 r_{cg}를 화살표로 나타낸 것이다. 아래의 데이터와 그림 P8.34b에 나타낸 좌표계를 사용하여 그림 P8.34a의 체조선수의 무게 중심의 위치를 구하라. 팔, 허벅지, 다리의 질량은 양쪽을 모두 포함한 것이다.

부위	질량(kg)	길이(m)	r_{cg} (m)
팔	6.87	0.548	0.239
몸통	33.57	0.601	0.337
허벅지	14.07	0.374	0.151
다리	7.54	0.350	0.227

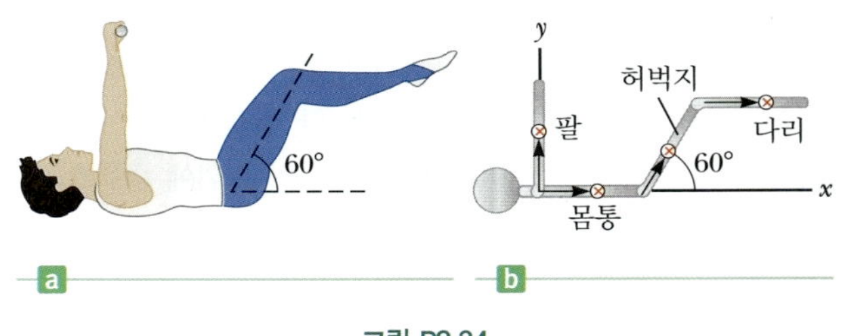

그림 P8.34

35(87). 질량 M, 반지름 R인 균질하게 속이 찬 원통이 마찰이 없는 수평축에서 자유롭게 돌고 있다(그림 P8.35). 원통에 감긴 가벼운 두 실 끝에는 질량이 m인 두 물체가 각각 연결되어 있다. 이 계가 정지 상태에서 놓인다면, (a) 각 줄의 장력과 (b) 두 물체가 거리 h만큼 내려왔을 때 각 물체의 가속도를 구하라.

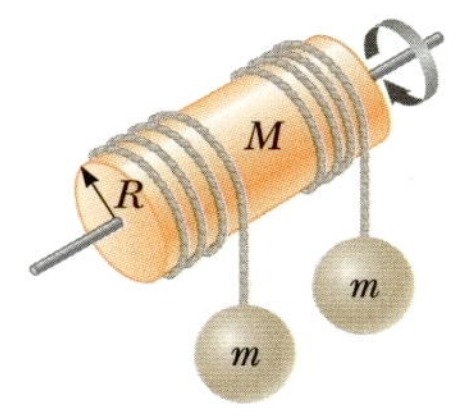

그림 P8.35

고체와 유체
Fluids and Solids

CHAPTER 9

알려져 있는 물질의 상태에는 고체, 액체, 기체 그리고 플라스마 이렇게 네 가지가 있다. 우주 전체에서는 전자기적으로 상호작용하는 대전 입자들의 계인 플라스마가 가장 일반적인 상태이다. 우리가 살아가는 지구에서는 고체, 액체, 기체의 형태가 대부분이다.

물질의 서로 다른 상태를 기본적으로 이해하는 것은 과학, 공학, 의학 등에서 매우 중요하다. 고체에 가해진 힘은 변형력을 유발하고, 변형력은 강철빔이나 뼈와 같은 고체에 변형을 일으켜 모양을 바꾸고, 부러뜨릴 수도 있다. 압력이 가해진 유체는 일을 할 수도 있고, 동맥과 정맥을 통하여 흐르는 혈액처럼 영양분이나 주요 용질을 운반하기도 한다. 흐르는 기체는 압력 차이를 만들어 거대한 화물기를 띄우거나 태풍 속에서 지붕을 날아가게도 한다. 핵융합로에서 만들어진 고온의 플라스마를 연구하면 언젠가는 태양의 에너지원을 인간이 동력으로 사용하게 될지도 모른다.

물질의 이러한 상태 중 한 가지만 연구하는 것도 그 자체로 방대한 분야가 된다. 여기서는 고체, 액체, 기체의 기본 성질을 소개하기로 한다. 더불어 표면장력, 점성, 삼투 현상, 확산에 대하여 간단히 다루기로 한다.

9.1 물질의 상태 States of Matter

물질은 보통 세 가지 상태, 즉 **고체**(solid), **액체**(liquid), 또는 **기체**(gas) 중의 하나로 분류된다. 보통 이 분류를 확장하여 **플라스마**(plasma)라는 네 번째 상태를 포함시키기도 한다.

일상의 경험에 의하면 고체는 일정한 부피와 모양을 가지고 있다. 예를 들어, 벽돌은 예외 없이 우리에게 익숙한 모양과 크기를 갖고 있다.

액체는 일정한 부피를 갖고 있으나 모양이 일정하지는 않다. 잔디 깎는 기계에 연료를 채울 때, 가솔린은 연료통의 모양에 따라 형태가 바뀌지만 부피는 변하지 않는다. 기체는 부피와 모양이 모두 일정하지 않다는 점에서 고체나 액체와는 다르다. 그렇지만 기체는 흐를 수 있기 때문에 여러 가지 점에서 액체와 비슷한 성질을 가지고 있다.

모든 물질은 원자나 분자의 집합으로 이루어져 있다. 고체에 있는 원자들은 주로 전기적인 힘에 의하여 상호 간 고유한 위치를 유지하고 있으며, 각자의 평형 위치를 중심으로 진동하고 있다. 아주 낮은 온도에서는 진동이 미미하여 원자들이 고정되어 있다고 생각할 수 있다. 물질에 가해지는 에너지가 증가할수록 진동의 진폭은 증가한다. 진동하는 원자는 이웃하는 원자와 용수철로 연결되어 평형 위치를 중심으로 속박되어 있다고 생각할 수 있다. 그림 9.1은 가상의 용수철로 연결된 원자를 나타낸 것이다. 고체에 가해지는 외력이 용수철을 압축시키는 것으로 생각할 수 있다. 외력을 제거하면

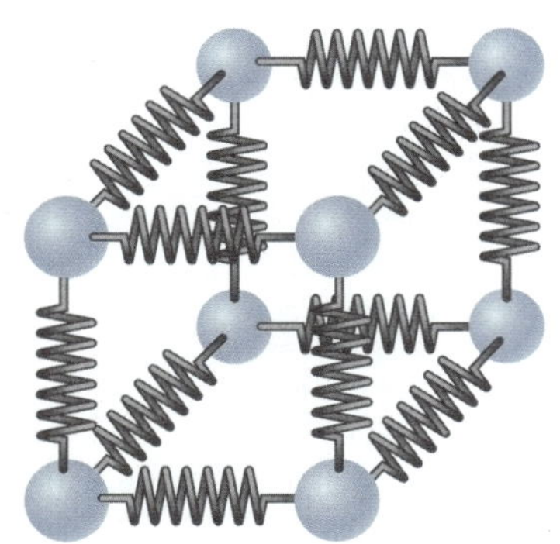

그림 9.1 고체 일부분의 모형. 원자(구)들이 용수철에 의하여 서로 연결되어 있으며 이는 원자 간의 힘이 탄성력의 성질임을 나타낸다. 고체는 이런 용수철이 서로 연결된 수많은 조각들로 이루어져 있다고 할 수 있다.

그림 9.2 천연 수정(SiO_2)의 결정. 지구에서 가장 흔한 광물 중의 하나이다. 수정은 특수 렌즈나 프리즘을 만들 때 사용되며 전자 기기에 이용된다.

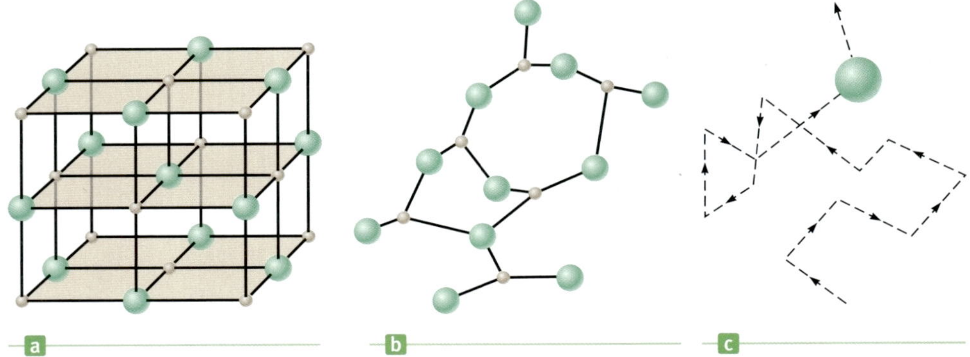

그림 9.3 (a) 소금(NaCl) 결정의 구조. Na^+(회색)와 Cl^-(초록색)가 정육면체 꼭짓점에 교대로 위치해 있다. (b) 비정질 고체의 원자들은 불규칙하게 배열되어 있다. (c) 액체 분자가 불규칙하게 움직이고 있다.

고체는 원래의 크기와 모양으로 되돌아가려 한다. 따라서 고체는 탄성을 갖고 있다고 말한다.

고체는 결정과 비정질로 분류된다. **결정형 고체**(crystalline solid)는 원자들이 규칙적으로 배열되어 있는 것을 말한다(그림 9.2). 예를 들어, 염화나트륨 내에서 나트륨과 염소는 그림 9.3a에서처럼 정육면체의 꼭짓점에 교대로 배열되어 있다. 유리와 같은 **비정질 고체**(amorphous solid)에서는 그림 9.3b와 같이 원자들이 무질서하게 놓여 있다.

어느 물질이든 같은 압력 조건에서 액체 상태는 고체 상태보다 높은 온도에서 존재한다. 액체 내의 분자 간의 힘은 분자 위치를 고정할 만큼 강하지 못하다. 따라서 분자가 액체 내부를 무질서하게 돌아다닌다(그림 9.3c). 고체와 액체는 압축하려 할 때, 이에 대항하여 내부 원자 사이에서 강한 반발력이 작용하는 성질이 있다.

기체 상태에서는 분자들이 끊임없이 무질서한 운동을 하며, 분자 사이의 힘은 작은 편이다. 기체 분자 사이의 거리는 평균적으로 분자의 크기에 비하여 매우 크다. 분자들은 서로 충돌하기는 하나, 대개의 경우 자유롭게 움직이고 서로 상호작용하지 않는 입자처럼 운동한다. 따라서 고체나 액체와는 달리 쉽게 압축된다. 기체에 대해서는 다음 장에서 좀 더 자세히 다룬다.

기체가 높은 온도로 가열되면, 각 원자를 둘러싸고 있는 전자들 중 상당수가 핵으로부터 떨어져 나온다. 결과적으로 전하를 띤 자유 입자들이 모여 있는 계(음으로 대전된 전자와 양으로 대전된 이온)가 형성된다. 이와 같이 같은 양의 양전하와 음전하로 이루어진 고도로 이온화된 상태를 **플라스마**(plasma)라 한다. 전하를 띠지 않는 기체와는 달리, 플라스마 내의 구성 입자 사이에는 원거리의 전자기력이 작용한다. 플라스마는 별 내부나 블랙홀 주위의 원형 띠와 같은 곳에서 발견할 수 있으며, 고체, 액체, 기체보다 훨씬 보편적인 형태이다. 이는 별의 형태가 다른 어떤 형태의 천체 물질보다 많기 때문이다.

그러나 이와 같은 일반적인 물질은 우주의 5% 정도만을 차지하고 있다. 최근 수 년간 관측한 바에 의하면, 보이지 않는 **암흑 물질**(dark matter)은 은하계 주위의 별들의 운동에 영향을 미치고 있다고 여겨진다. 암흑 물질은 일반 물질보다 몇 배나 많은

25% 정도까지 우주를 구성하고 있다. 마지막으로, 우주의 70%는 **암흑 에너지**(dark energy)로 구성되어 있는데, 이는 우주의 팽창을 가속화시키는 것으로 여겨진다.

9.2 밀도와 압력 Density and Pressure

같은 질량의 알루미늄과 금에는 중요한 물리적 차이가 있다. 알루미늄은 금보다 일곱 배 이상의 부피를 차지한다. 이러한 차이의 원인은 원자나 핵 수준에서 비롯되지만 단순한 척도로 밀도라는 개념이 있다.

균일한 조성을 가진 물체의 **밀도**(density) ρ는 질량 M을 부피 V로 나눈 값이다.

◀ 밀도

$$\rho \equiv \frac{M}{V} \qquad [9.1]$$

SI 단위: 킬로그램/세제곱미터(kg/m³)

조성이 균일하지 않은 물체에 대해서는 식 9.1이 평균 밀도를 정의한다. 가장 흔히 쓰이는 밀도의 단위는 SI 단위계의 경우 킬로그램/세제곱미터, cgs 단위계의 경우 그램/세제곱센티미터이다. 표 9.1은 몇 가지 물질의 밀도를 나타낸다. 대부분의 액체나 고체의 밀도는 온도나 압력 변화에 의해 조금씩 변하는 반면, 기체의 밀도는 그러한 변화에 의해 매우 많이 변한다. 정상 조건에서 고체나 액체의 밀도는 기체 밀도의 약 1 000배 정도이다. 이 차이는 다시 말해 기체 분자 간격이 고체나 액체에 비하여 약 10배 정도 크다는 것을 의미한다.

물질의 **비중**(specific gravity)은 물질의 밀도와 4 °C에서의 물의 밀도와의 비이다(킬로그램은 원래 4 °C에서 물의 밀도가 1.0×10^3 kg/m³이 되도록 정의되었다). 정의에 의해 비중은 차원이 없는 양이다. 예를 들어, 어떤 물질의 비중이 3.0이라면 밀도

표 9.1 몇 가지 흔한 물질의 밀도

물질	ρ(kg/m³)[a]	물질	ρ(kg/m³)[a]
얼음	0.917×10^3	물	1.00×10^3
알루미늄	2.70×10^3	글리세린	1.26×10^3
철	7.86×10^3	에틸알코올	0.806×10^3
구리	8.92×10^3	벤젠	0.879×10^3
은	10.5×10^3	수은	13.6×10^3
납	11.3×10^3	공기	1.29
금	19.3×10^3	산소	1.43
백금	21.4×10^3	수소	8.99×10^{-2}
우라늄	18.7×10^3	헬륨	1.79×10^{-1}

[a]모든 값은 0°C(273 K), 1기압(1.013×10^5 Pa)인 STP에서의 값이다. 이 값을 g/cm³ 단위로 환산하려면 10^{-3}을 곱하면 된다.

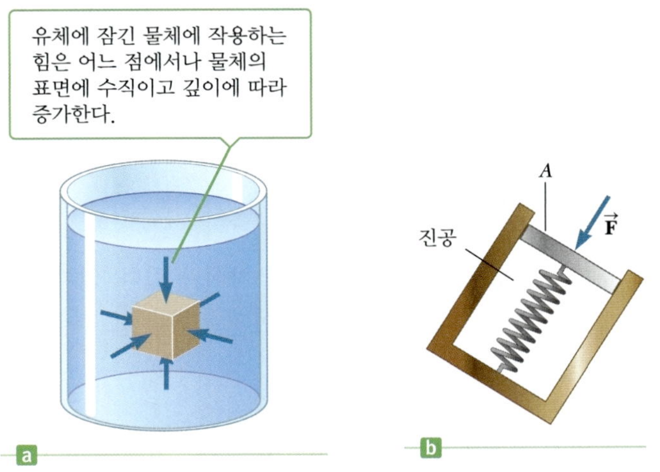

그림 9.4 (a) 유체에 잠긴 물체에 작용하는 힘, (b) 유체에서의 압력을 측정하는 간단한 장치

는 $3.0(1.0 \times 10^3\ \mathrm{kg/m^3}) = 3.0 \times 10^3\ \mathrm{kg/m^3}$이다.

유체가 물체에 가하는 힘은 물체 표면에 수직으로 작용한다(그림 9.4a).

Tip 9.1 힘과 압력

힘은 벡터이고 압력은 스칼라이다. 압력에는 방향이 없지만 압력을 미치는 힘은 작용면에 수직이다.

유체의 특정 지점에 작용하는 압력은 그림 9.4b와 같은 장치를 이용하여 측정한다. 진공 실린더에 가벼운 피스톤이 들어 있고 피스톤은 이미 알고 있는 무게로 보정된 용수철에 연결되어 있다. 장치가 유체에 잠기면 유체는 피스톤 윗면을 누르고, 피스톤은 유체의 압력과 용수철의 힘이 상쇄될 때까지 움직인다. 피스톤에 가해지는 힘의 크기를 F, 피스톤 윗면의 넓이를 A라 하자. 용수철을 누르는 힘은 전체 넓이에 골고루 퍼져 있으므로 압력을 정의할 수 있다.

압력 ▶

F가 겉넓이 A에 수직으로 작용하는 힘의 크기라면, 평균 압력 P는 힘을 넓이로 나눈 값이다.

$$P \equiv \frac{F}{A} \qquad [9.2]$$

SI 단위: 파스칼(Pa = N/m²)

압력은 표면상의 점에 따라 다르기 때문에, 식 9.2를 평균 압력이라고 한다. 압력은 단위 넓이당 힘으로 정의되기 때문에, 파스칼(뉴턴/제곱미터) 단위이다. 영국에서는 전통적으로 파운드/제곱인치를 사용한다. 해수면에서의 대기압은 $14.7\ \mathrm{lb/in.^2}$인데, SI 단위로는 1.01×10^5 Pa에 해당한다.

식 9.2에서 보듯이 가해진 힘의 효과는 힘이 가해지는 넓이에 결정적으로 의존한다. 700 N 무게의 사람이 보통 신발을 신은 상태라면 비닐로 표면 처리된 마루에 상처를 내지 않고 서 있을 수 있다. 반면 금속 쐐기가 박힌 골프화를 신고 있다면 마루를 상당히 손상시킬 것이다. 즉, 같은 힘이 좁은 넓이에 집중되면서 이 면의 압력은 매우 커지고, 마루의 극한 강도를 넘게 될 가능성이 커진다.

그림 9.5 설피는 몸무게를 넓게 분산시켜서 눈 위에서의 압력을 감소시키기 때문에, 사람이 눈에 빠지지 않게 한다.

설피(snowshoes)도 같은 원리를 이용한다(그림 9.5). 눈은 신발에 수직 윗방향으로 힘을 가하면서 사람 몸무게를 지탱한다. 뉴턴의 제3법칙에 의하면, 윗방향의 힘은 신이 눈에 작용하는 아랫방향의 힘과 크기가 같다. 사람이 설피를 신고 있다면 이 힘은 설피의 넓은 면으로 분산된다. 모든 지점에서 압력이 상대적으로 낮아 사람은 눈에 깊숙이 빠지지 않는다.

예제 9.1 압력과 물의 무게

목표 밀도, 압력, 무게의 관계를 알아본다.

문제 **(a)** 높이 $h = 40.0$ m이고 반지름 $r = 1.00$ m인 원통형 물기둥의 무게를 계산하라(그림 9.6). **(b)** 물의 표면에서 반지름이 1.00 m인 원형 부분에 공기가 작용하는 힘을 계산하라. **(c)** 깊이가 40.0 m인 곳에서 물기둥을 받치기 위한 압력은 얼마인가?

전략 **(a)** 물의 질량을 구하기 위해서는 밀도와 부피를 곱하여 계산하면 된다. 그 다음에 중력 가속도 g를 곱하면 무게가 된다. **(b)** 압력의 정의에 무엇인가를 대입해야 한다. **(c)** **(a)**와 **(b)**의 결과를 더한 것을 표면의 넓이로 나누면 물기둥의 아랫부분에서의 압력이 계산된다.

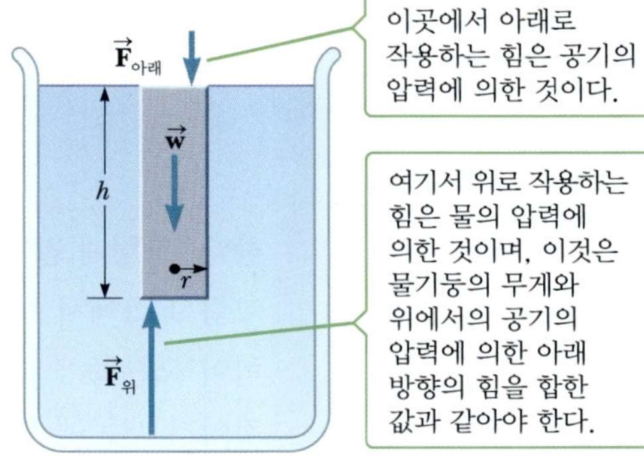

그림 9.6 (예제 9.1)

풀이

(a) 높이가 40.0 m이고 반지름이 1.00 m인 원통형 물기둥의 무게를 계산한다. 우선 원통형 물기둥의 부피를 계산한다.

$$V = \pi r^2 h = \pi(1.00\text{ m})^2(40.0\text{ m}) = 126\text{ m}^3$$

그 부피에 물의 밀도를 곱하면 물기둥의 질량이 얻어진다.

$$m = \rho V = (1.00 \times 10^3\text{ kg/m}^3)(126\text{ m}^3) = 1.26 \times 10^5\text{ kg}$$

그 질량에다 중력 가속도 g를 곱하면 무게 w가 얻어진다.

$$w = mg = (1.26 \times 10^5\text{ kg})(9.80\text{ m/s}^2) = \boxed{1.23 \times 10^6\text{ N}}$$

(b) 물의 표면에서 반지름이 1.00 m인 원형 부분에 공기가 작용하는 힘을 계산한다.

압력에 관한 식을 사용한다.

$$P = \frac{F}{A}$$

압력에 관한 식을 힘에 관하여 풀고 넓이 $A = \pi r^2$을 대입한다.

$$F = PA = P\pi r^2$$

수식에 해당하는 값을 대입한다.

$$F = (1.01 \times 10^5\text{ Pa})\pi(1.00\text{ m})^2 = \boxed{3.17 \times 10^5\text{ N}}$$

(c) 40.0 m 깊이에서 물기둥을 받치는 압력을 구한다.

물기둥에 대해 뉴턴의 제2법칙을 사용한다.

$$-F_{아래} - w + F_{위} = 0$$

위로 작용하는 힘에 대해 푼다.

$$F_{위} = F_{아래} + w = (3.17 \times 10^5\text{ N}) + (1.23 \times 10^6\text{ N})$$
$$= 1.55 \times 10^6\text{ N}$$

그 힘을 넓이로 나누면 압력이 구해진다.

$$P = \frac{F_{위}}{A} = \frac{1.55 \times 10^6\text{ N}}{\pi(1.00\text{ m})^2} = \boxed{4.93 \times 10^5\text{ Pa}}$$

참고 주어진 깊이에서의 압력은 물의 무게와 물 표면에 있는 공기가 작용하는 힘을 합한 것과 관계가 있다. 40.0 m 깊이의 물은 평형을 이루기 위해서 물기둥을 받치기 위한 힘을 위로 작용한다. 주어진 깊이에서의 압력을 결정하는 데 밀도가 상당히 중요한 역할을 한다.

9.3 깊이에 따른 압력의 변화 Variation of Pressure with Depth

유체가 용기 속에 정지해 있으면 **유체의 모든 부분은 정적 평형 상태에 있어야 한다.** 즉, 관측자에 대하여 정지해 있다. **또한 같은 깊이에 있는 모든 지점은 같은 압력에 있어야**

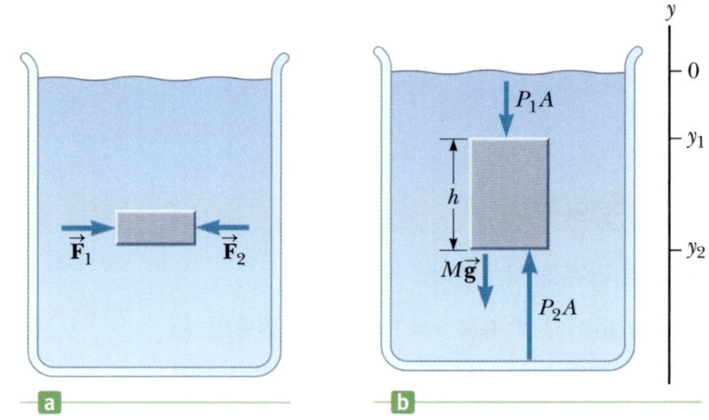

그림 9.7 (a) 유체 덩어리가 평형 상태에 있다면 힘 $\vec{\mathbf{F}}_1$과 $\vec{\mathbf{F}}_2$는 평형을 이루어야 한다. (b) 진하게 표시된 액체 부피에 작용하는 알짜힘은 영이어야 한다.

한다. 그렇지 않다면 유체는 압력이 높은 쪽에서 낮은 쪽으로 흐를 것이다. 예를 들어, 그림 9.7a에서 보이는 유체의 작은 덩어리에 대하여 생각해 보자. 이 덩어리의 왼쪽 압력이 오른쪽 압력보다 크다면 $\vec{\mathbf{F}}_1$이 $\vec{\mathbf{F}}_2$보다 클 것이고, 이 덩어리는 오른쪽으로 가속될 것이기 때문에 평형 상태에 있지 않게 된다.

다음으로 그림 9.7b의 진한 부분으로 표시된 유체의 일부분을 살펴보자. 이 영역은 단면적이 A이고 액체 표면에서부터 아래로 y_1과 y_2 사이에 있다. 이 영역에는 세 가지의 외력이 작용한다. 중력 Mg, 아랫부분의 유체에 의한 윗방향 힘 P_2A, 윗부분의 유체에 의한 아랫방향 힘 P_1A이다. 이 영역에서 유체는 평형 상태이므로 합력이 영이 되어야 한다. 따라서

$$P_2A - P_1A - Mg = 0 \qquad [9.3]$$

이다. 밀도의 정의에 의해 다음 식이 성립한다.

$$M = \rho V = \rho A(y_1 - y_2) \qquad [9.4]$$

식 9.4를 식 9.3에 대입하고 A를 소거하여 정리하면 다음과 같다.

$$P_2 = P_1 + \rho g(y_1 - y_2) \qquad [9.5]$$

$y_2 < y_1$이므로 $(y_1 - y_2)$가 양의 값임을 주목하라. 힘 P_2A는 힘 P_1A보다 정확히 두 지점 사이의 물의 무게만큼 크다. 이는 미식축구나 럭비에서 선수들이 포개져 있을 때 맨 아래에 깔린 사람이 느끼는 힘의 계산 원리와 같다.

대기압 역시 유체가 쌓여서 발생하게 되는데, 이 경우 유체는 대기를 구성하는 기체이다. 해수면에서부터 대기의 바깥 끝 사이에 있는 모든 공기의 무게가 해수면에서의 대기압 $P_0 = 1.013 \times 10^5$ Pa을 만들어 낸다. 이 결과를 사용하면 물 표면으로부터 임의의 깊이 $h = (y_1 - y_2) = (0 - y_2)$에서의 압력 P를 알아낼 수 있다.

$$P = P_0 + \rho gh \qquad [9.6]$$

식 9.6에 의하면 **대기에 놓여 있는 액체의 표면으로부터 깊이 h인 지점의 압력 P는 대기압(P_0)보다 ρgh만큼 크다.** 게다가 그림 9.8과 같이 압력은 용기의 모양에 영향을 받지 않는다. 식 9.6을 때로는 유체의 정적 평형 방정식(equation of hydrostatic equilibrium)이라고도 한다.

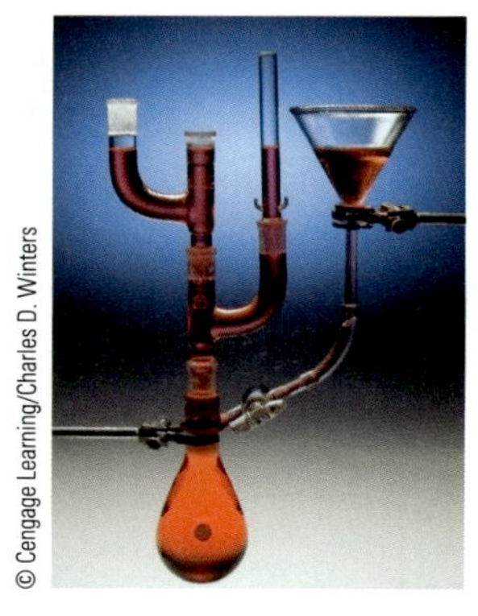

그림 9.8 액체에 작용하는 압력이 같은 높이에 있는 모든 점에서 같다는 것을 나타내는 사진이다. 용기의 모양이 압력에 영향을 주지 않음에 유의하라.

예제 9.2 기름과 물

목표 서로 다른 유체 층에 의한 압력을 계산한다.

문제 큰 기름 탱크에 소금물이 $h_2 = 5.00$ m의 깊이로 차 있다. 그림 9.9에 나와 있는 탱크의 단면도와 같이 물 위에 $h_1 = 8.00$ m 깊이의 기름 층이 있다. 기름의 밀도는 0.700 g/cm³이다. 탱크 바닥에서의 압력을 구하라. 소금물의 밀도는 1 025 kg/m³로 한다.

전략 식 9.6을 두 번 사용하여야 한다. 먼저 기름 층 바닥의 압력 P_1을 구하는 데 사용한다. 다음으로 이 압력을 식 9.6의 P_0 대신 사용하여 물 층의 바닥에서의 압력 $P_{바닥}$을 구한다.

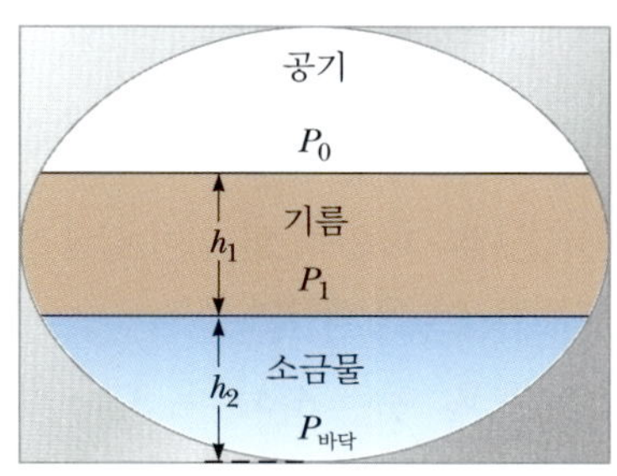

그림 9.9 (예제 9.2)

풀이

식 9.6을 사용하여 기름 층 바닥의 압력을 계산한다.

$$P_1 = P_0 + \rho g h_1 \tag{1}$$
$$= 1.01 \times 10^5 \text{ Pa} + (7.00 \times 10^2 \text{ kg/m}^3)(9.80 \text{ m/s}^2)(8.00 \text{ m})$$
$$P_1 = 1.56 \times 10^5 \text{ Pa}$$

이제 식 9.6을 새로운 처음 압력 값에 대하여 적용하고 바닥에서의 압력을 구한다.

$$P_{바닥} = P_1 + \rho g h_2 \tag{2}$$
$$= 1.56 \times 10^5 \text{ Pa} + (1.025 \times 10^3 \text{ kg/m}^3)(9.80 \text{ m/s}^2)(5.00 \text{ m})$$
$$P_{바닥} = \boxed{2.06 \times 10^5 \text{ Pa}}$$

참고 기름 층 표면에서 대기의 무게에 의한 압력은 P_0이다. 기름과 물의 무게가 합쳐져서 바닥에서의 압력으로 작용한다.

유체의 압력은 깊이와 P_0에 의존하기 때문에, 표면에서의 어떤 압력 증가도 유체의 모든 부분에 그대로 전달된다. 이 사실은 프랑스 과학자 파스칼(Blaise Pascal, 1623~1662)에 의해 처음 알려졌는데, 이를 **파스칼의 원리**(Pascal's principle)라 한다.

> 갇혀 있는 유체에 작용하는 압력의 변화는 유체의 모든 부분과 용기 벽면으로 감쇠 없이 동일하게 전달된다.

응용
유압 리프트

파스칼의 원리의 중요한 응용 분야는 유압 지렛대(hydraulic press)이다(그림 9.10a). 아랫방향의 힘 $\vec{\mathbf{F}}_1$은 작은 피스톤 넓이 A_1에 작용한다. 압력은 유체를 따라 전

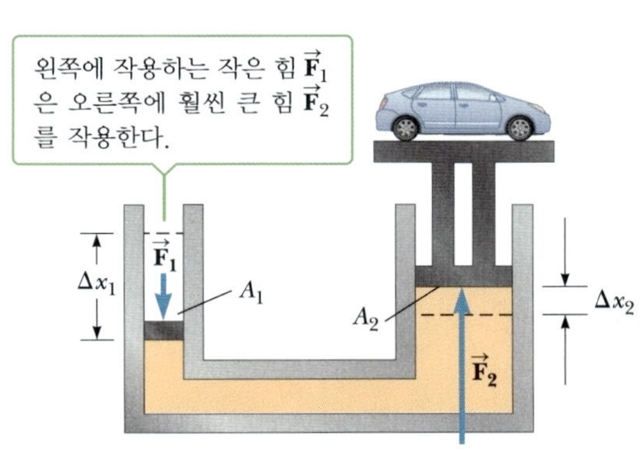

Sam Jordash/Digital Vision/Getty Images

그림 9.10 (a) 유압 지렛대에서 작은 넓이 A_1에서 증가한 압력이 큰 넓이 A_2에 전달되고 있다. 힘은 압력과 넓이의 곱이므로 힘 $\vec{\mathbf{F}}_2$의 크기는 힘 $\vec{\mathbf{F}}_1$의 크기보다 A_2/A_1배 더 크다. (b) 수리 중인 자동차를 유압 리프트가 받쳐 들고 있다.

달되며 넓이 A_2를 가지는 더 큰 피스톤에 미친다. 피스톤이 움직이면서 왼쪽과 오른쪽 실린더에 있는 유체의 상대적인 높이가 달라지면서 입력 피스톤과 출력 피스톤의 압력이 약간 달라진다. 이 작은 압력차를 무시하면 각 피스톤에서의 유체의 압력은 같다 ($P_1 = P_2$). 따라서 압력의 정의로부터 $F_1/A_1 = F_2/A_2$가 된다. 그러므로 힘 $\vec{\mathbf{F}}_2$의 크기는 힘 $\vec{\mathbf{F}}_1$의 크기보다 A_2/A_1배 더 크다. 이것이 자동차와 같은 큰 무게를 큰 피스톤에 올린 다음 작은 피스톤에 훨씬 작은 힘을 가하여 움직일 수 있는 원리이다. 유압 브레이크, 자동차 리프트, 유압 잭, 지게차 등의 기계에서 이 원리를 이용한다.

예제 9.3 자동차 리프트

목표 파스칼의 원리를 자동차 리프트에 적용하고, 들어간 일이 나오는 일과 같음을 증명한다.

문제 자동차 정비소에서 사용되는 리프트에는 압축 공기가 반지름이 $r_1 = 5.00$ cm인 원형 단면의 작은 피스톤에 힘을 가한다. 비압축성 액체를 통하여 이 압력은 반지름이 $r_2 = 15.0$ cm인 두 번째 피스톤에 전달된다. **(a)** 무게가 13 300 N인 자동차를 들어 올리려면 압축된 공기가 피스톤에 얼마만한 힘을 가하여야 하는가? **(b)** 이러한 힘을 만들어 내는 공기의 압력은 얼마인가? **(c)** 들어간 일과 나온 일이 같음을 보여라.

전략 **(a)** 파스칼의 원리를 이용한다. 출력 힘의 크기 F_2는 지탱하고 있는 자동차의 무게와 같아야 한다. **(b)** 압력의 정의를 이용한다. **(c)** $W = F\,\Delta x$를 이용하여 W_1/W_2를 구하여 이것이 1이 됨을 확인한다. 파스칼의 원리를 입력 피스톤과 출력 피스톤이 같은 부피를 밀어낸다는 사실과 함께 적용한다.

풀이

(a) 작은 피스톤에 필요한 힘을 구한다.

피스톤의 단면적의 $A = \pi r^2$임을 이용하고, 파스칼의 원리에 주어진 값들을 대입한다.

$$F_1 = \left(\frac{A_1}{A_2}\right)F_2 = \frac{\pi r_1^2}{\pi r_2^2}F_2$$

$$= \frac{\pi(5.00 \times 10^{-2}\text{ m})^2}{\pi(15.0 \times 10^{-2}\text{ m})^2}(1.33 \times 10^4\text{ N})$$

$$= \boxed{1.48 \times 10^3\text{ N}}$$

(b) F_1을 생성하는 공기 압력을 구한다.

압력의 정의에 대입한다.

$$P = \frac{F_1}{A_1} = \frac{1.48 \times 10^3\text{ N}}{\pi(5.00 \times 10^{-2}\text{ m})^2} = \boxed{1.88 \times 10^5\text{ Pa}}$$

(c) 피스톤이 들어갈 때와 나올 때 한 일이 같음을 보인다.

부피가 같다고 놓고 A_2/A_1에 대하여 푼다.

$$V_1 = V_2 \quad\rightarrow\quad A_1\Delta x_1 = A_2\Delta x_2$$

$$\frac{A_2}{A_1} = \frac{\Delta x_1}{\Delta x_2}$$

파스칼의 원리를 사용하여 F_1/F_2을 구한다.

$$\frac{F_1}{A_1} = \frac{F_2}{A_2} \quad\rightarrow\quad \frac{F_1}{F_2} = \frac{A_1}{A_2}$$

앞의 두 결과를 대입하여 일의 비를 구한다.

$$\frac{W_1}{W_2} = \frac{F_1\,\Delta x_1}{F_2\,\Delta x_2} = \left(\frac{F_1}{F_2}\right)\left(\frac{\Delta x_1}{\Delta x_2}\right) = \left(\frac{A_1}{A_2}\right)\left(\frac{A_2}{A_1}\right) = 1$$

$$W_1 = W_2$$

참고 이 문제에서 두 피스톤의 높이 차이에 의한 효과는 언급하지 않았다. 작은 피스톤의 액체 기둥의 높이가 더 높으면 액체의 무게가 차를 들어 올리는 데 도움이 되므로 가해야 하는 힘의 크기가 줄어든다. 큰 피스톤의 액체 기둥의 높이가 더 높다면 차와 함께 여분의 액체를 들어 올려야 하므로 가해야 하는 힘의 크기가 커진다.

9.4 압력의 측정 Pressure Measurements

압력을 측정하는 간단한 기구는 그림 9.11a에 나타낸 열린관 압력계이다. U자형 관에는 액체가 담겨 있고, 한쪽 끝은 대기 중으로 열려 있다. 다른 쪽 끝은 측정하고자 하

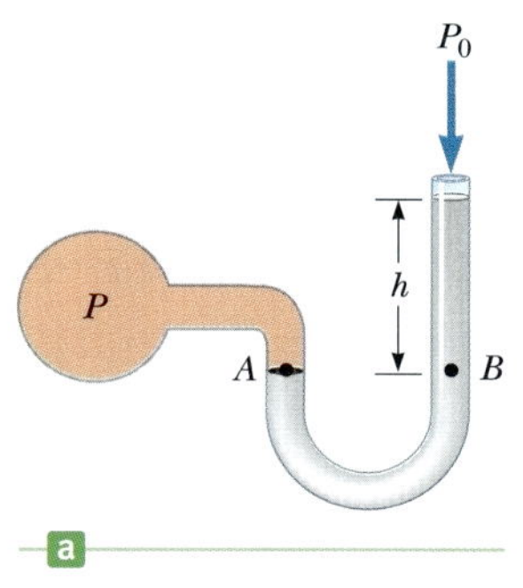

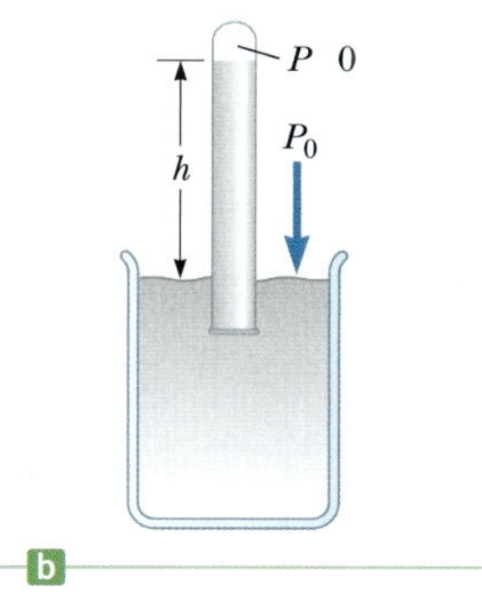

그림 9.11 압력을 측정하는 두 장치. (a) 열린관 압력계, (b) 수은 기압계

는 압력 P를 갖는 계에 연결되어 있다. 점 B의 압력은 $P_0 + \rho gh$인데 이때 ρ는 유체의 밀도이다. B에서의 압력은 A에서와 같고, 이는 미지의 압력 P가 되므로 $P = P_0 + \rho gh$가 된다.

압력 P는 **절대 압력**(absolute pressure)이라고 하며, $P - P_0$는 **계기 압력**(gauge pressure)이라고 한다. 계에 있는 압력 P가 대기압보다 높으면, h는 양의 값이다. 만약 P가 대기압보다 작으면 h는 음의 값이고, 그림 9.11a의 오른쪽 액체 기둥의 높이는 왼쪽보다 낮아진다.

압력을 측정하는 또 다른 기구로 **기압계**(barometer)가 있는데(그림 9.11b), 이 기구는 토리첼리(Evangelista Torricelli, 1608~1647)에 의해 발명되었다. 긴 관의 한쪽 끝을 막고 수은으로 채운 뒤 수은 접시에서 뒤집는다. 그러면 관의 닫힌 끝은 진공에 가까운 상태가 되고, 그 압력은 영으로 볼 수 있다. 따라서 $P_0 = \rho gh$이며, 여기서 ρ는 수은의 밀도이고, h는 수은주의 높이이다. 기압계는 대기압을 측정하는 장치이며, 압력계는 밀봉된 유체의 압력을 측정하는 장치이다.

1기압(one atmosphere)이란 수은주 높이가 정확히 0.76 m일 때의 압력으로 정의된 양이다. 이때 온도는 0°C, 중력 가속도 $g = 9.806\ 65\ \text{m/s}^2$이다. 이 온도에서 수은의 밀도는 $13.595 \times 10^3\ \text{kg/m}^3$이다. 따라서

$$\begin{aligned} P_0 &= \rho gh = (13.595 \times 10^3\ \text{kg/m}^3)(9.806\ 65\ \text{m/s}^2)(0.760\ 0\ \text{m}) \\ &= 1.013 \times 10^5\ \text{Pa} = 1\ \text{atm} \end{aligned}$$

(우리 몸의 넓이가 1 m^{2}라고 가정했을 때) 우리 몸에 작용하는 대기의 힘을 계산해 보면 그 값이 100 000 N 정도로 엄청나게 크다는 것을 알 수 있다. 어떻게 우리 몸은 부서지지 않고 그런 큰 힘을 견딜 수 있는 걸까? 그 이유는 우리 몸의 빈 공간이나 조직들이 유체에 투과성을 가지고 있기 때문인데, 이 유체들이 대기압과 같은 압력으로 바깥쪽을 향해 힘을 작용한다. 대기 상공이나 우주에서는 갑자기 압력이 내려가면 심각한 부상이나 사망에 이를 수 있다. 폐에 들어 있는 공기가 작은 폐포들을 손상시킬 수 있고 장 속의 기체가 내장 기관까지 터트릴 수 있기 때문이다.

응용
압력 강하와 폐의 손상

9.4.1 혈압 측정 Blood Pressure Measurements

혈압을 재는 데는 혈압계(sphygmomanometer)가 사용된다. 이것을 사용할 때는 가압대를 그림 9.12처럼 팔 위쪽에 단단히 감고 고무공으로 가압대에 공기를 불어 넣는

응용
혈압의 측정

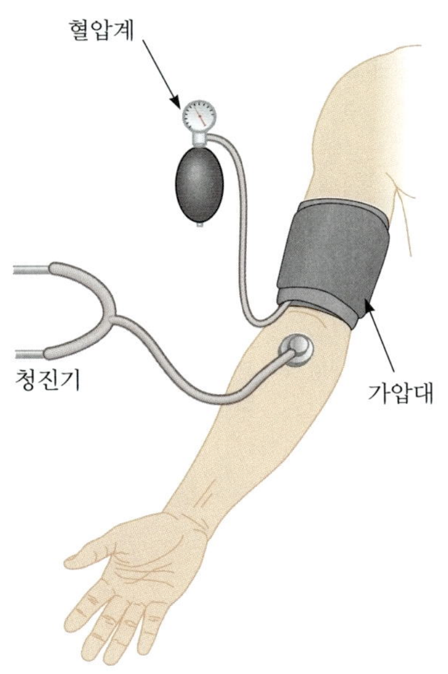

그림 9.12 혈압을 측정하는 혈압계

다. 가압대의 압력이 계속 올라가면 팔에 있는 동맥혈이 흐르지 않게 된다. 고무공에 있는 밸브를 열면 측정자는 가압대 바로 아래 지점에 있는 동맥에 청진기를 대고 소리를 듣는다. 가압대와 팔 동맥의 압력이 심장이 만들어 내는 최고 압력보다 낮아지기 시작하면(수축기 혈압, 최고 혈압) 동맥은 순간적으로 열리고 심장 박동 소리가 들린다. 이 점에서는 혈액의 속도가 높아서 난류가 생기고, 혈액의 흐름은 소리를 내기 때문에 청진기를 통해 들을 수 있다. 혈압계는 압력을 수은주 높이를 밀리미터 단위로 읽도록 눈금이 그어져 있다. 정상 심장의 경우 수축기 혈압은 120 mmHg 정도이고, 130 mmHg 이상이면 고혈압으로 혈압을 내리기 위한 처방이 필요하다. 가압대의 압력이 더 내려가서 최소 심장 압력(이완기 혈압, 최저 혈압)의 바로 아래로 떨어질 때까지 간헐적인 소리가 계속 들린다. 정상 심장에서 이 전이점은 80 mmHg이고, 90 mmHg 이상의 값은 치료를 요한다. 혈압치는 보통 최고혈압/최저혈압으로 표시되며, 120/80 mmHg이 정상 수치이다.

9.5 부력과 아르키메데스의 원리

Buoyant Forces and Archimedes' Principle

유체에 잠긴 물체에 영향을 주는 기본 원리는 그리스의 수학자이자 자연과학자인 아르키메데스에 의해 발견되었다. **아르키메데스의 원리**(Archimedes' principle)는 다음과 같이 표현된다.

아르키메데스의 원리 ▶

> 유체에 부분적으로 또는 완전히 잠긴 물체가 받는 부력의 크기는 그 물체에 의해 밀려난 유체의 무게와 같다.

많은 역사가들은 부력의 개념을 아르키메데스의 '욕조 에피소드'와 연결 짓는데, 그는 물이 차 있는 욕조에 몸을 담그면 자신의 몸무게가 변하는 것을 알아차렸다고 한다. 예제 9.4에서 보듯이 부력은 밀도를 측정하는 한 방법으로 사용된다.

모든 사람이 아르키메데스의 원리를 경험하고 있다. 예를 들어, 사람을 들어 올릴 때, 사람이 물에 있으면 땅에 있을 때에 비해 훨씬 쉬워진다. 물은 그 안에 담긴 물체를 부분적으로 지지한다. 유체에 담긴 물체가 위로 향하는 힘을 받는데, 이 힘을 **부력**(buoyant force)이라고 한다.

부력은 유체에서 발생하는 신비로운 힘이 아니다. 부력의 물리적 원인은 물체의 윗면과 아랫면에 작용하는 압력의 차이인데, 그 크기는 물체에 의해 밀려난 유체의 무게와 같다는 것을 보일 수 있다. 그림 9.13a와 같이 짙은 푸른색으로 표시된 공 안에 들어 있는 유체는 그 주위를 둘러싸고 있는 유체에 의해 모든 방향에서 힘을 받는다. 화살표는 압력에 의해 생기는 힘을 표시한 것이다. 압력은 깊이가 깊을수록 증가하므로 아래쪽 화살표가 위쪽 화살표보다 크다. 압력 차이에 의한 이 힘이 부력 $\vec{\mathbf{B}}$이다. 이 유체공은 뜨지도 가라앉지도 않으므로 부력과 유체공에 작용하는 중력의 벡터 합은 영이어야 하고 따라서 $B = Mg$이다. 여기서 M은 밀려난 유체의 질량이다.

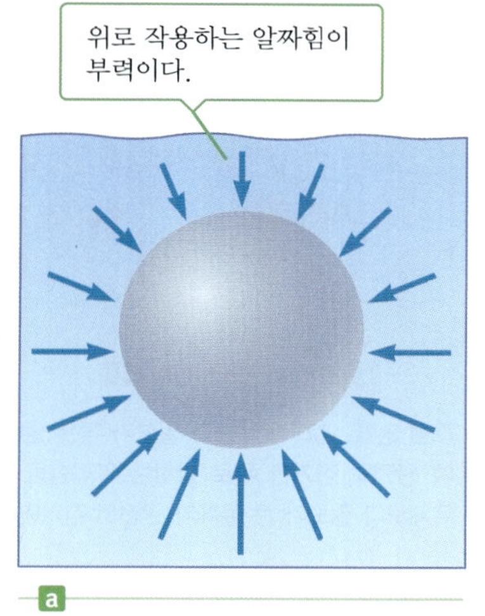

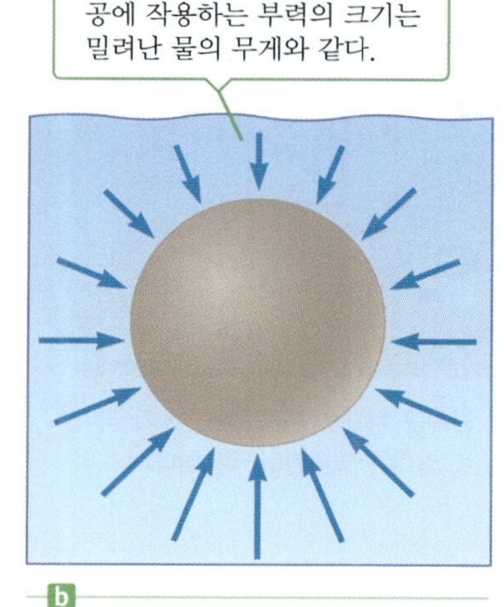

그림 9.13 (a) 화살표는 압력에 의하여 유체공에 가해지는 힘을 나타낸다. 깊이에 따라 압력이 커지므로 아래쪽 힘이 더 크다. (b) 주위의 유체에 의하여 생기는 부력은 포탄을 포함하여 동일한 부피를 가진 모든 물체에 똑같이 작용한다.

그림 9.13b에서와 같이 유체공을 같은 부피의 포탄으로 대체하면 압력이 가해지는 질량만 바뀌므로 부력은 같다. 즉, $B = Mg$인데, 여기서 M은 포탄의 질량이 아니라 유체의 질량이다. 더 무거운 공에 작용하는 중력은 유체 공에 작용했던 것보다 크므로 포탄은 가라앉는다.

아르키메데스의 원리 또한 식 9.3을 이용하여 압력과 깊이를 연관시켜 구할 수 있다(그림 9.7b). 압력으로 인한 수평 힘들은 상쇄되지만, 수직 방향으로는 P_2A의 힘이 윗방향으로 작용하고, P_1A의 힘과 중력 Mg가 아래로 향하므로

$$B = P_2A - P_1A = Mg \qquad [9.7a]$$

가 된다. 여기서 부력은 밀려난 유체의 무게와 같은 크기로, 압력차에 의한 것임을 알 수 있다. 부력은 주위를 둘러싼 유체에 의하여 생기는 것이므로, 그 크기는 공간을 차지하고 있는 물질과는 상관이 없다. 밀도의 정의를 사용하여 식 9.7a를 다음과 같이 쓸 수 있다.

$$B = \rho_{유체} V_{유체}\, g \qquad [9.7b]$$

여기서 $\rho_{유체}$는 유체의 밀도, $V_{유체}$는 밀려난 유체의 부피이다. 이와 같은 결과는 모든 모양에 대해 적용할 수 있는데, 이는 임의의 불규칙한 모양을 아주 작은 네모 상자 여러 개로 대치할 수 있기 때문이다.

다음과 같이 완전히 잠긴 물체와 떠 있는 물체에 작용하는 힘을 비교해 보면 이해에 도움이 될 것이다.

경우 1: 완전히 잠긴 물체

물체가 밀도 $\rho_{유체}$의 유체에 완전히 잠기면 위로 향하는 힘은 $B = \rho_{유체} V_{물체} g$의 크기를 갖는다. 여기서 $V_{물체}$는 물체의 부피이다. 물체의 밀도가 $\rho_{물체}$라면, 아래로 향하는 중력은 $w = mg = \rho_{물체} V_{물체} g$이고, 알짜힘은 $B - w = (\rho_{유체} - \rho_{물체}) V_{물체} g$이다. 따라서 물체의 밀도가 유체의 밀도보다 작으면(그림 9.14, 그림 9.15a), 알짜힘은 양의 값을 갖

Tip 9.2 부력은 유체에 의해 작용된다.

물체에 가해지는 부력은 유체에 의해 작용하며 물체의 밀도와 상관없이 똑같다. 밀도가 유체보다 더 큰 물체는 가라앉고 더 작은 물체는 떠오른다.

아르키메데스
Archimedes, B.C. 287~212
그리스의 수학자, 물리학자 겸 공학자

아르키메데스는 고대에서 가장 위대한 과학자 중 한 명일 것이다. 부력의 발견으로 유명한 그는 천부적인 발명가였다. 알려진 바에 의하면, 그는 히에론(Hieron) 왕의 명령을 받아 왕관을 손상시키지 않으면서 왕관이 순금으로 만들어졌는지 판정하여야 했다. 아르키메데스는 목욕탕에 들어갔을 때 자신의 무게가 줄어드는 것을 알아내고 해결책을 찾아내었다고 한다. 그는 이것을 발견하고 너무 기쁜 나머지 '유레카(Eureka)!'라고 외쳤다 한다. 이 말은 그리스어로 '발견했다'라는 뜻이다.

그림 9.14 뜨거운 공기는 차가운 공기보다 밀도가 작기 때문에 기구에는 위로 향하는 알짜힘이 작용한다. (스위스 알프스산)

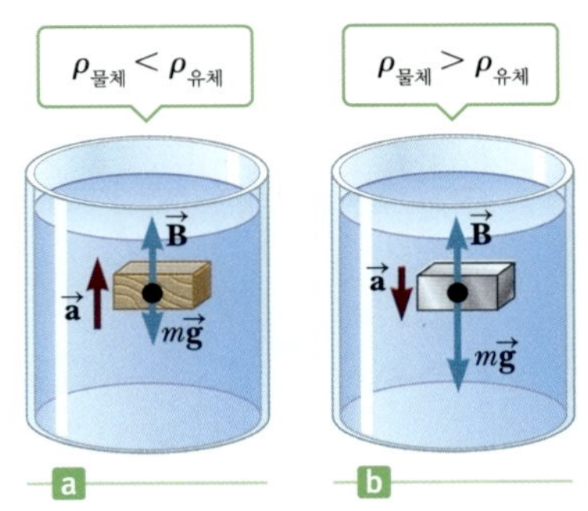

그림 9.15 (a) 유체보다 밀도가 작은 물체가 유체 속에 완전히 잠기면 위로 향하는 알짜힘을 받는다. (b) 유체보다 밀도가 큰 물체가 완전히 잠기면 가라앉는다.

고, 물체는 위로 가속되어 떠오른다. 만약 물체의 밀도가 유체의 밀도보다 크다면(그림 9.15b), 알짜힘은 음의 값을 갖고 물체는 아래로 가속되어 가라앉는다.

그림 9.16 빙산은 부피의 대부분이 물속에 잠겨 있다. 전체 부피의 얼마가 물속에 잠겨있을까?

경우 2: 떠 있는 물체

그림 9.16과 같이 유체에 정적 평형을 이루며 떠 있는 물체를 생각해 보자. 이 경우 위로 향하는 부력은 물체에 작용하는 아래로 향하는 중력과 균형을 이룬다(그림 9.17). $V_{유체}$가 물체에 의해 밀려난 유체의 부피(이는 유체의 표면 아래에 잠긴 물체의 부피에 해당)라면 부력의 크기는 $B = \rho_{유체} V_{유체} g$이다. 물체의 무게는 $w = mg = \rho_{물체} V_{물체} g$이고, $w = B$이므로 $\rho_{유체} V_{유체} g = \rho_{물체} V_{물체} g$, 또는

$$\frac{\rho_{물체}}{\rho_{유체}} = \frac{V_{유체}}{V_{물체}} \quad [9.8]$$

가 된다.

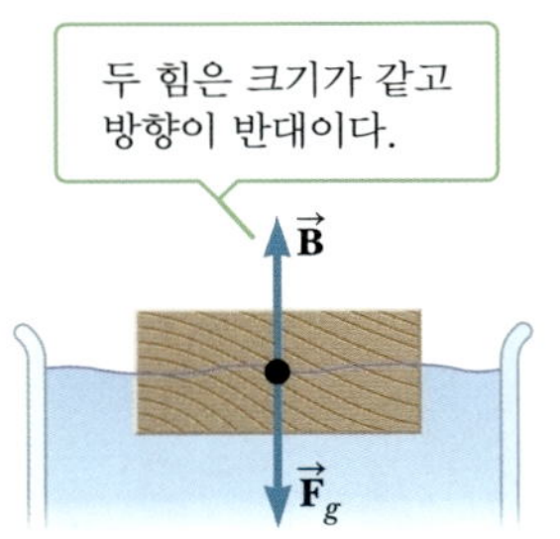

그림 9.17 유체의 표면에 떠 있는 물체에는 중력 $\vec{F}_g$와 부력 $\vec{B}$가 작용한다.

응용

물고기의 부력 조절

식 9.8에서 공기에 의한 부력은 무시했는데, 이는 공기의 밀도가 해수면에서는 1.29 kg/m^{3}으로 작기 때문이다.

정상 조건에서 물고기의 평균 밀도는 물의 밀도보다 약간 크다. 이 경우 물고기가 자신의 밀도를 조절하는 방법을 가지고 있지 않다면 가라앉게 된다. 물고기는 몸 안에 있는 부레의 크기를 조절함으로써 중립의 부력을 유지하여 여러 깊이에서 헤엄칠 수 있게 된다.

응용

뇌척수액

사람의 뇌는 밀도가 1 007 kg/m^{3}인 뇌척수액(cerebrospinal fluid)에 잠겨 있다. 이 밀도는 뇌의 평균 밀도인 1 040 kg/m^{3}에 비해 약간 작은 값이다. 결과적으로 뇌 무게의 대부분은 주변을 둘러싸고 있는 유체가 작용하는 부력에 의해 지탱된다. 임상 과정에서는 진단을 위하여 이 액체의 일부분을 제거해야 할 때가 있다. 이 과정 중에 신경과 혈관들은 상당한 변형을 겪게 되는데, 이것은 극심한 불안감과 고통을 유발한다. 따라서 이런 환자는 환자 신체가 자연적으로 뇌척수액을 만들 때까지 세심한 주의를 요한다.

정비소에서 차의 부동액이나 배터리를 점검할 때, 아르키메데스의 원리가 자주 사용된다. 그림 9.18은 차 방열기의 부동액을 점검하는 장치를 보여 주고 있다. 관에 포함

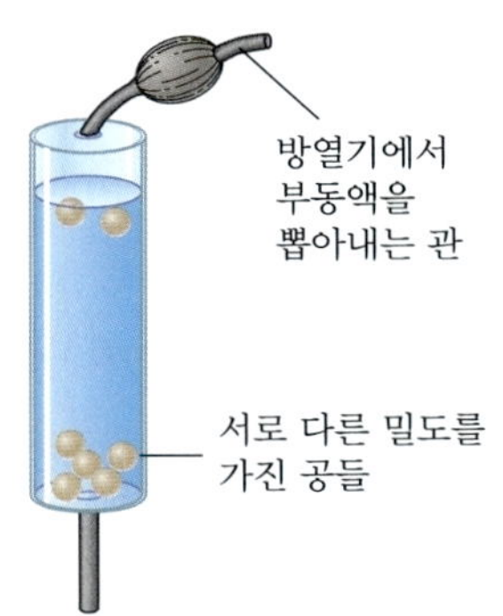

그림 9.18 이 기기 안에 떠 있는 공의 개수는 자동차 방열기에 있는 부동액의 밀도를 나타낸다. 결과적으로 부동액이 어는 온도를 알 수 있게 해 준다.

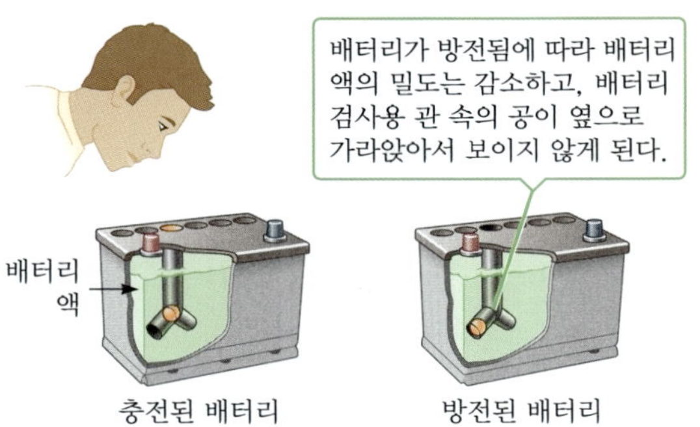

그림 9.19 플라스틱 관에 있는 주황색 공은 배터리가 (a) 충전되어 있는지 (b) 방전되어 있는지를 나타낸다.

된 작은 공들은 밀도가 조금씩 다르다. 순수한 물이 차 있을 때는 모두 떠 있고, 부동액으로 차 있으면 모두 가라앉는다. 5% 혼합액에서는 한 개의 공이 떠 있고, 10% 혼합액에서는 두 개의 공이 떠 있다. 떠 있는 공의 개수는 혼합액에 있는 부동액의 농도를 나타낸다. 다시 말해 혼합액이 얼지 않고 버틸 수 있는 최저 온도를 말해 준다.

응용
자동차 배터리의 충전량 점검

비슷한 방법으로 자동차 배터리의 충전량은 배터리 안에 설치된 소위 마술점(magic dot)이라고 부르는 장치에 의해 결정된다(그림 9.19). 배터리 위쪽의 관찰창(viewing port)을 통해 내려다보면 충전이 충분히 되었을 때, 주황색 점이 보인다. 검정색 점은 배터리가 방전했을 때를 나타낸다. 배터리가 충분히 충전되어 있을 때는, 배터리 액의 밀도가 높기 때문에 주황색 공이 떠오른다. 배터리가 방전됨에 따라 배터리 액의 밀도는 감소하고 공은 액체 아래로 내려간다. 이때 점은 검게 보인다.

예제 9.4 싸구려 왕관

목표 잠겨 있는 물체에 아르키메데스의 원리를 적용한다.

문제 할인 물품을 좋아하는 아가씨가 벼룩시장에서 '황금' 왕관을 구입했다. 집에 돌아온 후 저울에 달아보니 7.84 N이 나왔다(그림 9.20a). 그 다음에 물에 넣고 저울에 달아보니 6.86 N이 나왔다(그림 9.20b). 이 왕관은 순금으로 만들어졌을까?

전략 이 문제의 목표는 왕관의 밀도를 구하여 금의 밀도와 비교하는 것이다. 이미 공기 중에서의 왕관의 무게를 알고 있으므로, 그 무게를 중력 가속도로 나누면 질량을 알 수 있다. 이제 왕관의 부피를 알기만 하면 질량을 그 부피로 나눠 구하고자 하는 밀도를 알 수 있다. 왕관이 완전히 잠길 때 밀려난 물의 양은 왕관의 부피와 같다. 이 부피를 사용하여 부력을 계산한다. 따라서 다음과 같은 전략을 취한다. (1) 뉴턴의 제2법칙과 물속과 공기 중의 무게를 사용하여 부력의 크기를 구한다. (2) 부력을 이용하여 왕관의 부피를 구한다. (3) 공기 중에서의 왕관의 무게로부터 질량을 구하고, 이를 왕관의 부피로 나누어 밀도를 구한다.

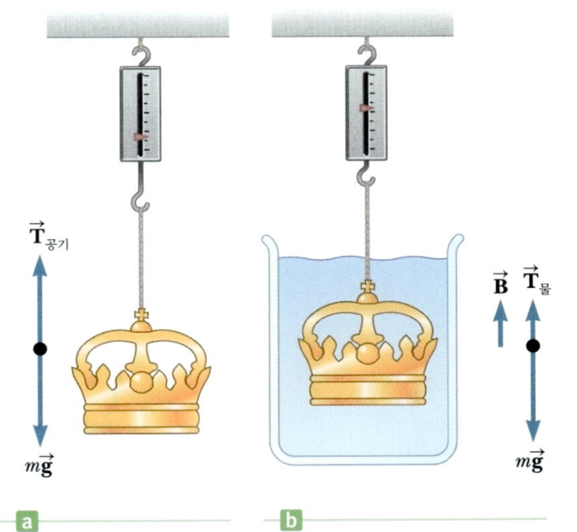

그림 9.20 (예제 9.4) (a) 왕관을 공기 중에서 달았을 때 저울의 눈금은 왕관의 실제 무게 $T_{공기} = mg$이다. (b) 왕관을 물속에 담그면 부력 $\vec{B}$ 때문에 저울의 눈금은 부력의 크기만큼 줄어들어 $T_{물} = mg - B$가 된다.

풀이

뉴턴의 제2법칙을 공기 중에서의 무게에 적용한다. 두 개의 힘이 왕관에 작용하는데, 중력 $m\vec{\mathbf{g}}$와 저울이 왕관에 미치는 힘 $\vec{\mathbf{T}}_{공기}$이다. 그 크기는 저울이 지시하는 값이다.

$$T_{공기} - mg = 0 \quad (1)$$

물에 잠겨 있는 왕관에 작용하는 힘은 저울이 미치는 힘 $\vec{\mathbf{T}}_{물}$, 위로 향하는 부력 $\vec{\mathbf{B}}$, 중력이 있다.

$$T_{물} - mg + B = 0 \quad (2)$$

식 (1)을 mg에 대하여 풀고, 식 (2)에 대입한 후 부력에 대해 푼다. 이는 저울의 지시값의 차이와 같다.

$$T_{물} - T_{공기} + B = 0$$
$$B = T_{물} - T_{공기} = 7.84\text{ N} - 6.86\text{ N} = 0.980\text{ N}$$

부력의 크기는 밀려난 물의 무게와 같다는 사실을 이용하여 밀려난 물의 부피를 구한다.

$$B = \rho_{물} g V_{물} = 0.980\text{ N}$$

$$V_{물} = \frac{0.980\text{ N}}{g\rho_{물}} = \frac{0.980\text{ N}}{(9.80\text{ m/s}^2)(1.00 \times 10^3\text{ kg/m}^3)}$$
$$= 1.00 \times 10^{-4}\text{ m}^3$$

왕관이 완전히 물에 잠겼으므로 $V_{왕관} = V_{물}$이다. 식 (1)로부터 왕관의 질량은 왕관의 공기 중에서의 무게 $T_{공기}$를 g로 나눈 값이다.

$$m = \frac{T_{공기}}{g} = \frac{7.84\text{ N}}{9.80\text{ m/s}^2} = 0.800\text{ kg}$$

왕관의 밀도를 구한다.

$$\rho_{왕관} = \frac{m}{V_{왕관}} = \frac{0.800\text{ kg}}{1.00 \times 10^{-4}\text{ m}^3} = \boxed{8.00 \times 10^3\text{ kg/m}^3}$$

참고 금의 밀도는 $19.3 \times 10^3\text{ kg/m}^3$이므로 왕관은 속이 비었거나 합금으로 만들어졌다. 이 방법이 수학적으로는 복잡하지만 아르키메데스가 사용한 방법일 가능성이 아주 높다. 이는 개념적으로 같은 무게의 금과 금–은 합금을 물에 담그면 무게가 서로 다르다는 것으로, 이들의 밀도가 다르므로, 부피가 달라 부력이 달라지기 때문이다.

예제 9.5 두 가지 액체에 떠 있기

목표 아르키메데스 원리를 밀도가 다른 두 가지 액체 층에 떠 있는 물체에 적용한다.

문제 1.00×10^3 kg의 정육면체 알루미늄 물체가 탱크에 들어 있다. 이 물체의 절반이 잠길 때까지 물을 채운다. **(a)** 물체에 작용하는 수직 항력은 얼마인가(그림 9.21a)? **(b)** 물체에 작용하는 수직 항력이 영이 될 때까지 수은을 천천히 부어넣었다(그림 9.21b). 수은 층의 높이는 얼마인가?

전략 평형 상태인 물체에 대해 뉴턴의 제2법칙과 부력의 개념을 적용한다. **(a)**에서는 수직 항력, 중력, 부력이 작용하고 **(b)**에서는 수은에 의한 부력이 추가된다. $V_{수은} = Ah$를 사용하여 수은 층의 높이 h에 대하여 푼다.

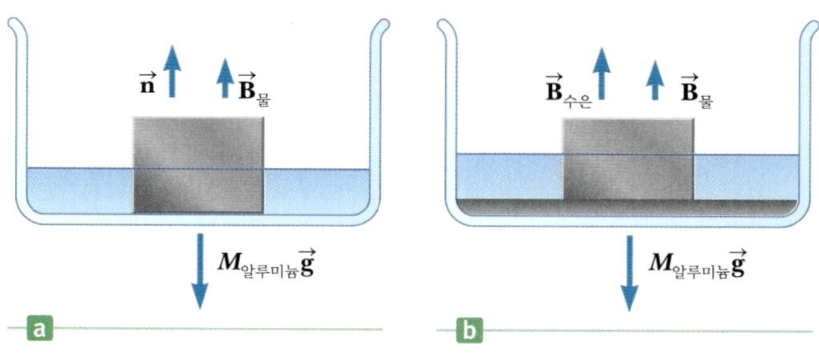

그림 9.21 (예제 9.5)

풀이

(a) 물체가 물에 반만큼 잠겼을 때의 수직 항력을 구한다.

물체의 부피 V와 한 변의 길이 d를 구한다.

$$V_{알루미늄} = \frac{M_{알루미늄}}{\rho_{알루미늄}} = \frac{1.00 \times 10^3\text{ kg}}{2.70 \times 10^3\text{ kg/m}^3} = 0.370\text{ m}^3$$
$$d = V_{알루미늄}^{1/3} = 0.718\text{ m}$$

뉴턴의 제2법칙을 쓰고 수직 항력에 대하여 푼다. 부력은 밀려난 물의 무게와 같다(물체 부피의 절반에 해당).

$$n - M_{알루미늄}g + B_{물} = 0$$
$$n = M_{알루미늄}g - B_{물} = M_{알루미늄}g - \rho_{물}(V/2)g$$
$$= (1.00 \times 10^3\text{ kg})(9.80\text{ m/s}^2)$$
$$- (1.00 \times 10^3\text{ kg/m}^3)(0.370\text{ m}^3/2.00)(9.80\text{ m/s}^2)$$
$$n = 9.80 \times 10^3\text{ N} - 1.81 \times 10^3\text{ N} = \boxed{7.99 \times 10^3\text{ N}}$$

(b) 더해진 수은의 높이 h를 구한다.

뉴턴의 제2법칙을 물체에 적용한다.

$$n - M_{알루미늄}g + B_{물} + B_{수은} = 0$$

$n = 0$으로 놓고 수은의 부력에 대하여 푼다.

$$B_{수은} = (\rho_{수은}Ah)g = M_{알루미늄}g - B_{물} = 7.99 \times 10^3\text{ N}$$

h에 대하여 푼다. 이때 $A = d^2$이다.

$$h = \frac{M_{\text{알루미늄}}\, g - B_{\text{물}}}{\rho_{\text{수은}} A g}$$

$$= \frac{7.99 \times 10^3 \text{ N}}{(13.6 \times 10^3 \text{ kg/m}^3)(0.718 \text{ m})^2(9.80 \text{ m/s}^2)}$$

$$h = 0.116 \text{ m}$$

참고 **(b)**에서 계산된 수은의 부력이 **(a)**에서의 수직 항력과 같음에 유의하라. 이는 수직 항력을 정확히 상쇄할 만큼 충분한 수은을 부었기 때문에 자연스러운 사실이다. 이 사실을 적용하여 간단히 수은의 부력 $B_{\text{수은}} = 7.99 \times 10^3$ N을 써서 뉴턴의 법칙을 적용하지 않고 h를 바로 구할 수도 있었을 것이다. 하지만 대부분의 경우 그렇게 운이 좋지는 않다. 수은의 깊이가 4.00 cm일 때의 수직 항력 계산을 시도해 보라.

9.6 유체의 운동 Fluids in Motion

유체가 움직일 때 그 흐름은 두 가지 유형 중의 하나로 특징지을 수 있다. 한 특정한 점을 지나는 모든 입자가 이전에 이 점을 지나간 입자들의 궤적을 따라 연속적으로 움직일 때, 이러한 흐름을 **유선형 흐름**(streamline) 또는 **층흐름**(laminar)이라고 한다(그림 9.22). 정상 흐름 상태에서 서로 다른 유선은 서로 교차하지 않으며, 어떤 점에서나 유선의 접선 방향은 그 점에서의 유체 속도 방향과 일치한다.

그림 9.22 풍동 실험실에서 자동차 주위의 유선형 흐름을 보여 준다. 공기 흐름이 연기 입자에 의해 가시화된다.

반면에 어느 속도 이상이거나 속도의 급격한 변화를 일으키는 조건에서는 유체의 흐름이 매우 불규칙해지는데, 이를 **난류**(turbulent)라 한다. 유체의 이러한 불규칙한 운동을 맴돌이 흐름(eddy currents)이라고 하며, 난류의 특징 중 하나이다(그림 9.23).

그림 9.23 뜨거운 기체가 상승하는 모습을 연기 입자를 통해 눈으로 볼 수 있다. 연기는 처음에는 아래쪽에서 층류의 형태로 흐르다 위로 올라가면서 난류가 된다.

유체에 대해 논의할 때, **점성**(viscosity)이라는 용어는 유체의 내부 마찰 정도를 나타내는 데 사용된다. 이러한 내부 저항은 서로 상대적 속도를 갖는 인접한 유체의 두 층 사이의 저항과 연계되어 있다. 등유는 원유나 당밀에 비해 낮은 점성을 가지고 있다.

유체 운동의 많은 특성은 **이상 유체**(ideal fluid)의 거동으로 간주하면 이해할 수 있다. 이상 유체는 다음과 같은 조건들을 만족한다.

1. **유체의 점성이 없다.** 인접한 두 층 사이에 내부 마찰이 일어나지 않는다.
2. **비압축성이다.** 밀도가 일정하다.
3. **유체 운동이 일정하다.** 유체의 각 지점에서 유체의 속도와 밀도, 압력이 시간에 따라 변하지 않는다.
4. **난류 없이 움직인다.** 이것은 유체의 각 부분의 각속도가 그 부분의 중심에 대해서 영이 됨을 말한다. 즉, 흐르는 유체에서 소용돌이 흐름이 생길 수 없다는 것을 의미한다. 유체에 조그만 바퀴를 놓으면 병진 운동은 하지만 회전 운동은 하지 않는다.

9.6.1 연속 방정식 Equation of Continuity

그림 9.24a는 불균일한 관을 통과하여 흐르는 유체를 보여 준다. 유체 내의 입자들은 정상 흐름 상태에서 유선을 따라 움직인다. 작은 시간 간격 Δt 후 관의 아래쪽 끝에 들어간 유체는 $\Delta x_1 = v_1 \Delta t$만큼 움직인다. 여기서 v_1은 그 지점에서의 유체의 속력이

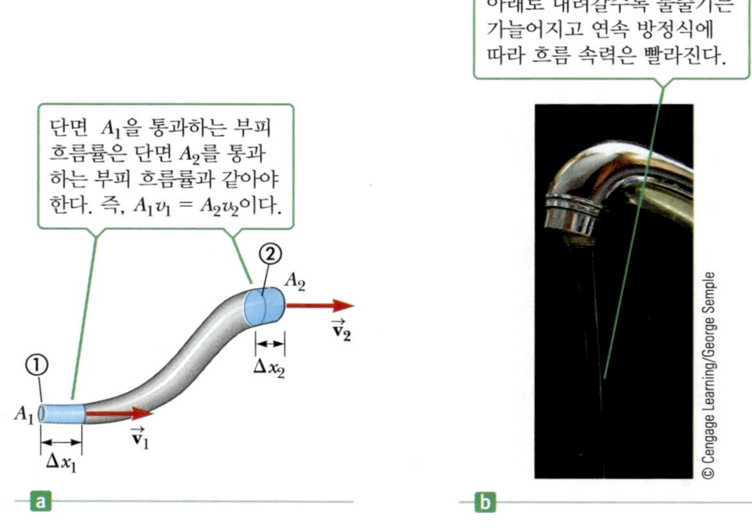

그림 9.24 (a) 단면적이 변하는 관을 통과하는 유체. 시간 간격 Δt 동안 단면 A_1을 통과하는 유체의 부피는 같은 시간 동안 A_2를 통과하는 부피와 같다. $A_1v_1 = A_2v_2$ (b) 수도꼭지를 흐르는 물

다. 만약 A_1이 그 지점에서의 관의 단면적이라면 아래쪽 파란색 영역에 포함된 질량은 $\Delta M_1 = \rho_1 A_1 \Delta x_1 = \rho_1 A_1 v_1 \Delta t$이다. 여기서 ρ_1은 A_1에서의 유체의 밀도이다. 마찬가지로 같은 시간 간격 Δt 동안에 관의 위쪽 끝에서 흘러나온 유체의 질량은 $\Delta M_2 = \rho_2 A_2 v_2 \Delta t$이다. 그러나 **흐름이 일정하고 질량이 보존되어야 하므로** 시간 간격 Δt 동안 A_1을 통과하여 들어간 물의 질량과 같은 시간 동안 A_2를 통과하여 나간 질량은 같아야 한다. 따라서 $\Delta M_1 = \Delta M_2$ 또는

$$\rho_1 A_1 v_1 = \rho_2 A_2 v_2 \qquad [9.9]$$

이다. 비압축성 유체의 경우 $\rho_1 = \rho_2$를 사용하면 식 9.9는 다음과 같이 변한다.

연속 방정식 ▶

$$A_1 v_1 = A_2 v_2 \qquad [9.10]$$

Tip 9.3 연속 방정식
어떤 계 안으로 들어오는 유체의 흐름률은 밖으로 나가는 흐름률과 같다. 안으로 들어오는 유체는 일정한 부피를 가지고 있어서 내부에 있던 유체가 빠져나가면서 공간을 만들어 주어야 계 내부로 들어올 수 있다.

이 식을 **연속 방정식**(equation of continuity)이라고 한다. 이 결과로부터 **관의 단면적과 그 단면에서의 유체의 속력의 곱은 일정하다**는 사실을 알 수 있다. 따라서 관이 좁아지는 부분에서 유체의 속력은 빨라지고, 큰 지름을 가지는 부분에서는 느려진다. Av는 단위 시간당 부피의 단위를 가지고 있는데, 이를 부피 **흐름률**(flow rate)이라고 한다. **Av가 일정하다는 조건은 주어진 시간에 관의 한쪽 끝을 통해 흘러들어온 유체의 양이 같은 시간 동안 관의 다른 쪽으로 흘러나가는 유체의 양과 같다는 것을 말하고 있다. 이것은 유체가 압축되지 않는다는 사실과 누출이 없다**는 사실을 가정했기 때문이다. 그림 9.24b는 연속 방정식 적용의 한 예이다. 물줄기가 수도꼭지로부터 연속적으로 흐를 때 물줄기의 너비는 좁아지고 속도는 증가한다.

연속 방정식이 일상생활에서 나타나는 예는 많이 있다. 예를 들어, 정원에 호스로 물을 뿌리면서 호수 끝에 엄지손가락을 대고 조금 막으면 물은 더 빠른 속력으로 나와 더 멀리까지 뻗어 나간다. 노즐의 단면을 줄이면 노즐을 떠나는 물방울은 속력이 빨라지고 더 먼 거리를 움직이게 된다. 연기를 피우며 타는 나뭇조각의 연기의 움직임도 같은 방식으로 이해할 수 있다. 연기가 처음에는 유선 형태로 올라가다, 올라감에 따라서 연

기가 점점 희미해진다. 그리고 결국 연기는 소용돌이 난류 형태로 부서진다. 연기가 올라가는 이유는 공기보다 밀도가 작기 때문인데, 공기에 의한 부력이 연기를 윗방향으로 가속시킨다. 연기 유선의 속력이 증가함에 따라 연속 방정식에 의해 유선의 단면적은 감소한다. 그러나 연기는 곧 유선 흐름이 불가능한 속도에 도달하게 된다. 유체 속도와 난류 사이의 관계는 다음에 레이놀즈수를 다루면서 살펴보도록 하겠다.

예제 9.6 정원에 물주기

목표 연속 방정식을 흐름률 및 운동학의 개념과 연결한다.

문제 지름이 2.50 cm인 호스로 30.0 L 물통을 채우는 데 1.00분이 걸린다. 정원사가 단면적이 0.500 cm^2인 노즐을 끼워 지상 1.00 m 지점에서 수평 방향으로 물을 뿌릴 때, 물줄기는 얼마나 멀리 가는가? 1 L = 1 000 cm^3이다.

전략 물통의 부피를 채우는 데 걸리는 시간으로 나누어 호스를 통과하는 부피 흐름률을 구한다. 노즐에서 수평으로 분사되는 물의 속력을 연속 방정식을 통하여 구한다. 나머지는 이차원 운동학을 적용하면 된다. 이 답은 처음 속도와 높이가 같은 공의 운동 문제와 똑같다.

풀이

부피 흐름률을 m^3/s 단위로 구한다.

$$\text{부피 흐름률} = \frac{30.0\ \text{L}}{1.00\ \text{min}}\left(\frac{1.00\times10^3\ \text{cm}^3}{1.00\ \text{L}}\right)\left(\frac{1.00\ \text{m}}{100.0\ \text{cm}}\right)^3\left(\frac{1.00\ \text{min}}{60.0\ \text{s}}\right)$$

$$= 5.00\times10^{-4}\ \text{m}^3/\text{s}$$

노즐에서 분사되는 물의 처음 속도의 x성분 v_{0x}를 구하기 위해 연속 방정식을 푼다.

$$A_1v_1 = A_2v_2 = A_2v_{0x}$$

$$v_{0x} = \frac{A_1v_1}{A_2} = \frac{5.00\times10^{-4}\ \text{m}^3/\text{s}}{0.500\times10^{-4}\ \text{m}^2} = 10.0\ \text{m/s}$$

물줄기가 1.00 m 떨어지는 시간을 계산한다. 물줄기가 수평이므로 v_{0y}는 영이다.

$$\Delta y = v_{0y}t - \tfrac{1}{2}gt^2$$

$v_{0y}=0$으로 놓고 t에 대해 푼다. $\Delta y = -1.00$ m임에 유의하라.

$$t = \sqrt{\frac{-2\Delta y}{g}} = \sqrt{\frac{-2(-1.00\ \text{m})}{9.80\ \text{m/s}^2}} = 0.452\ \text{s}$$

수평으로 날아간 거리를 구한다.

$$x = v_{0x}t = (10.0\ \text{m/s})(0.452\ \text{s}) = \boxed{4.52\ \text{m}}$$

참고 유체의 운동을 개별 물체와 같은 운동학 식으로 다룬다는 사실이 흥미롭다.

9.6.2 베르누이의 방정식 Bernoulli's Equation

유체가 단면적과 높이가 변하는 관을 통과하며 흐를 때, 압력은 관의 위치에 따라 변하게 된다. 1738년 스위스 물리학자 베르누이(Daniel Bernoulli, 1700~1782)는 압력을 유체의 속력과 높이와 관련짓는 수식을 유도하였다. 베르누이의 방정식은 스스로 존재하는 물리적인 법칙은 아니다. **베르누이의 방정식은 에너지 보존이 이상 유체에 적용될 때 얻어지는 결과이다.**

베르누이의 방정식을 유도함에 있어, 유체가 비압축성이며 비점성적이고 난류를 일으키지 않는다는 가정을 도입해야 한다. 시간 간격 Δt 동안 불균일한 관을 흐르는 유체를 생각해 보자(그림 9.25). 유체의 아래쪽에 가해지는 힘은 아래쪽 끝에서의 압력이 P_1이고, 단면적이 A_1이라고 할 때 P_1A_1이 된다. 뒤쪽에서 들어오는 유체가 아래쪽 관 끝에 있는 유체에 가한 일의 양은

$$W_1 = F_1\Delta x_1 = P_1A_1\Delta x_1 = P_1V$$

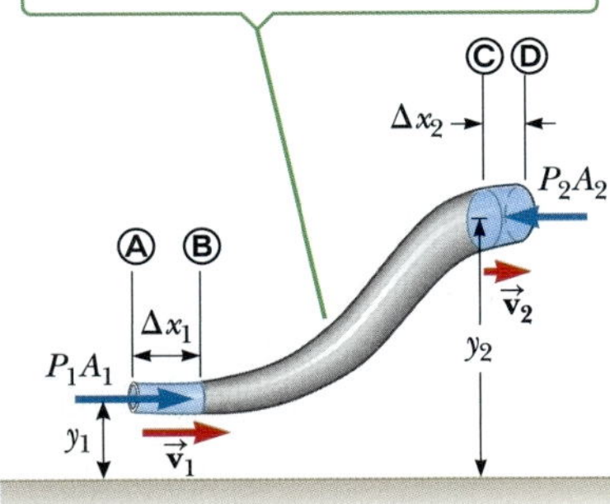

그림 9.25 일-에너지 정리에 따라 서로 마주 보는 압력 P_1과 P_2가 하는 일은 Ⓐ와 Ⓑ 사이에 있던 유체가 Ⓒ와 Ⓓ 사이로 가는 동안의 역학적 에너지의 변화와 같다.

이다. 여기서 V는 그림 9.25에서 아래쪽 파란 부분의 부피이다. 같은 방법으로 관의 위쪽 부분에 Δt 동안 유체에 한 일의 양은

$$W_2 = -P_2A_2\Delta x_2 = -P_2V$$

Δt 동안 A_1을 통과한 유체의 부피는 같은 시간 동안 A_2를 통과한 부피와 같다. 위쪽 유체에 가해진 힘은 유체의 이동 변위와 반대 방향이므로 일 W_2는 음의 부호를 가진다. Δt 동안 이들 힘이 한 알짜일은 유체가 한 일의 전체 합과 같다.

$$W_{\text{유체}} = P_1V - P_2V$$

이 일의 일부는 유체의 운동에너지를 변화시키고, 일부는 유체-지구 계의 중력 퍼텐셜 에너지를 변화시킨다. m을 Δt 동안 관을 통과하는 유체의 질량이라고 하면, 유체의 운동에너지 변화는

$$\Delta KE = \tfrac{1}{2}mv_2^2 - \tfrac{1}{2}mv_1^2$$

이고, 중력 퍼텐셜 에너지의 변화는

$$\Delta PE = mgy_2 - mgy_1$$

이다.

다니엘 베르누이
Daniel Bernoulli, 1700~1782
스위스의 물리학자 겸 수학자

베르누이는 가장 유명한 저서 《유체역학》에서 유체의 속도가 빠를수록 압력이 감소한다는 것을 보였다. 이 책에서 그는 압력과 온도 변화에 따른 기체의 거동을 설명하려 하였는데, 이것이 기체 운동론의 시초이다.

그림 9.25에서 유체의 한 부분에 유체가 한 알짜일은 비고립계의 운동에너지와 퍼텐셜 에너지를 변화시키기 때문에, 다음을 얻게 된다.

$$W_{\text{유체}} = \Delta KE + \Delta PE$$

이 방정식의 세 항은 위에서 계산한 값이다. 각 항에 위의 표현을 대입하면,

$$P_1V - P_2V = \tfrac{1}{2}mv_2^2 - \tfrac{1}{2}mv_1^2 + mgy_2 - mgy_1$$

이 된다. 각 항을 V로 나누고, $\rho = m/V$임을 이용하면,

$$P_1 - P_2 = \tfrac{1}{2}\rho v_2^2 - \tfrac{1}{2}\rho v_1^2 + \rho gy_2 - \rho gy_1$$

이 되고, 이를 정리하면 다음과 같다.

$$P_1 + \tfrac{1}{2}\rho v_1^2 + \rho gy_1 = P_2 + \tfrac{1}{2}\rho v_2^2 + \rho gy_2 \quad [9.11]$$

이것이 **베르누이의 방정식**(Bernoulli's equation)인데, 흔히 다음과 같이 표현된다.

$$P + \tfrac{1}{2}\rho v^2 + \rho gy = \text{일정} \quad [9.12]$$

베르누이의 방정식 ►

베르누이의 방정식은 유선 상의 모든 점에서 압력 P, 단위 부피당 운동에너지 $\frac{1}{2}\rho v^2$ 및 단위 부피당 퍼텐셜 에너지 ρgy의 합이 같음을 말해 준다.

Tip 9.4 기체에 대한 베르누이의 원리

기체에 대해서는 비압축적이라는 가정을 할 수 없으므로 식 9.11은 적용할 수가 없다. 그러나 정성적인 기술은 동일하다. 기체의 속도가 증가하면 압력은 감소한다.

베르누이의 방정식의 중요한 결과는 그림 9.26을 보면 알 수 있다. 그림은 단면적이 큰 부분에서 단면적이 작은 부분으로 흐르는 물을 보여 준다. 이 기구는 **벤투리관**(Venturi tube)이라고 불리며, 유체의 속력을 측정한다. 지점 ①의 압력과 지점 ②의 압력을 비교해 보자. $y_1 = y_2$를 식 9.11에 적용하면,

$$P_1 + \tfrac{1}{2}\rho v_1^2 = P_2 + \tfrac{1}{2}\rho v_2^2 \quad [9.13]$$

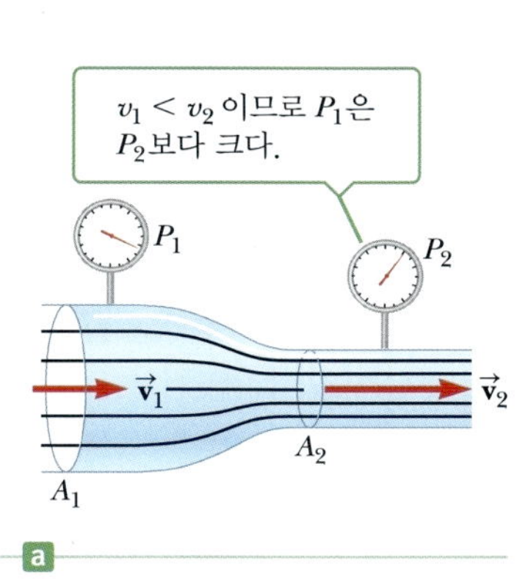

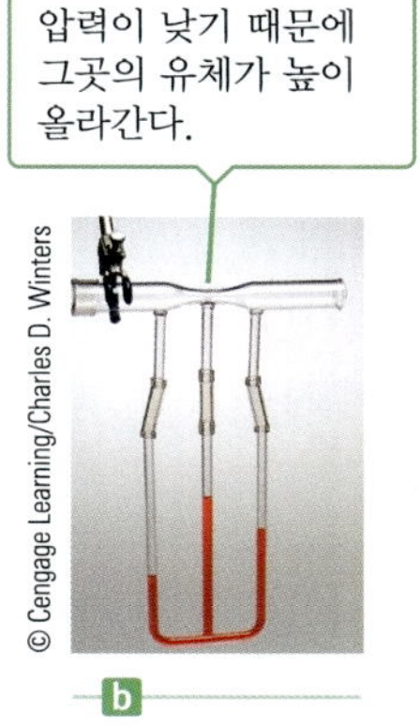

그림 9.26 (a) 유체 흐름 속력을 측정하는 데 사용되는 기구, (b) 벤투리관(사진 맨 위). 가운데 실린더의 유체 수위가 더 높은 것은 이 실린더 위의 좁아진 부분의 압력이 다른 곳보다 낮음을 말한다.

이 된다. 물은 관 안에 저장되지 않기 때문에 좁은 부분의 속력 v_2는 더 큰 지름에서의 속력 v_1보다 더 크다. $v_2 > v_1$이기 때문에 식 9.13에서 P_2는 P_1보다 작아야 한다. 이 결과는 다른 표현으로 같은 높이에서 **빨리 움직이는 유체는 느리게 움직이는 유체에 비해 더 작은 압력을 가한다**는 말이다. 다음 장에서 이 방정식의 결과들이 일상생활에서 일어나는 많은 현상을 어떻게 설명하는지 보여 줄 것이다.

예제 9.7 물탱크에의 총격전

목표 베르누이의 방정식을 적용하여 유체의 속력을 구한다.

문제 근시인 보안관이 소 도둑을 향해 6연발 권총을 발사하였는데, 총알이 빗나가 물탱크에 구멍을 내고 말았다(그림 9.27). **(a)** 물탱크는 위쪽이 대기에 노출되어 있고, 수면이 구멍으로부터 0.500 m 위에 있을 때, 구멍에서 나오는 물의 속력을 구하라. **(b)** 이 구멍이 땅 위 3.00 m에 있다면 물줄기는 지면의 어느 지점에 떨어지는가?

전략 **(a)** 물탱크의 단면적이 구멍보다 훨씬 크다고 가정하면 ($A_2 \gg A_1$), 물의 높이는 아주 천천히 낮아질 것이고 $v_2 \approx 0$이다. 그림 9.27의 지점 ①과 ②에서 베르누이의 방정식을 적용하는데, P_1은 구멍에서의 대기압 P_0과 같고 근사적으로 물탱크 상단에서의 값과 같다. **(b)** 물을 수평으로 던져진 공으로 간주하여 푼다.

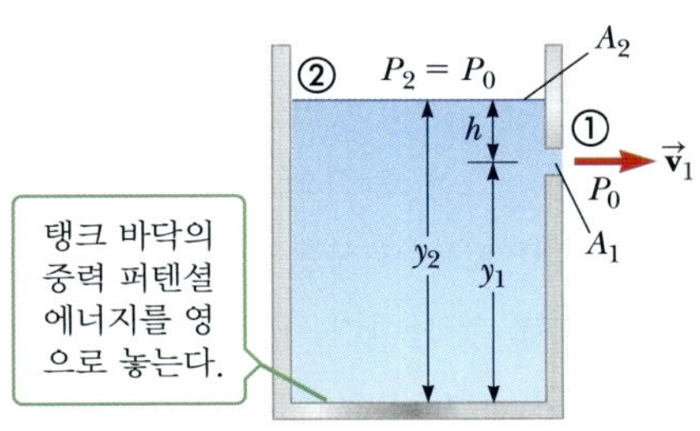

그림 9.27 (예제 9.7) 옆면의 뚫린 구멍에서 나오는 물의 속력은 $v_1 = \sqrt{2gh}$ 이다.

풀이

(a) 구멍을 떠나는 물의 속력을 구한다.

$P_1 = P_2 = P_0$과 $v_2 \approx 0$을 베르누이의 방정식에 대입하고 v_1에 대해 푼다.

$$P_0 + \tfrac{1}{2}\rho v_1^2 + \rho g y_1 = P_0 + \rho g y_2$$

$$v_1 = \sqrt{2g(y_2 - y_1)} = \sqrt{2gh}$$

$$v_1 = \sqrt{2(9.80\ \text{m/s}^2)(0.500\ \text{m})} = \boxed{3.13\ \text{m/s}}$$

(b) 물줄기가 떨어지는 지면의 위치를 구한다.

물줄기가 처음에 수평으로 나아가므로 $v_{0y} = 0$을 사용하여 물줄기가 날아간 시간을 구한다.

$$\Delta y = -\tfrac{1}{2}gt^2 + v_{0y}t$$

$$-3.00\ \text{m} = -(4.90\ \text{m/s}^2)t^2$$

$$t = 0.782\ \text{s}$$

이 시간 동안 물줄기가 날아간 수평 거리를 구한다.

$$x = v_{0x}t = (3.13\ \text{m/s})(0.782\ \text{s}) = \boxed{2.45\ \text{m}}$$

참고 **(a)**와 같이 구멍에서 나오는 물의 속력은 수직 거리 h를 자유낙하할 때의 물체가 가지는 속력과 같다. 이를 **토리첼리의 법칙** (Torricelli's law)이라 한다.

예제 9.8 파이프 내 유체 흐름

목표 베르누이의 방정식과 연속 방정식을 결합하여 문제를 해결한다.

문제 단면적이 1.00 m^2인 큰 파이프가 5.00 m 아래로 내려와 지점 ①에서 단면적이 0.500 m^2로 좁아지고 밸브로 닫혀 있다(그림 9.28). 지점 ②의 압력은 대기압이고, 밸브를 열어 물이 자유롭게 흐른다면 파이프에서 나오는 물의 속력은 얼마인가?

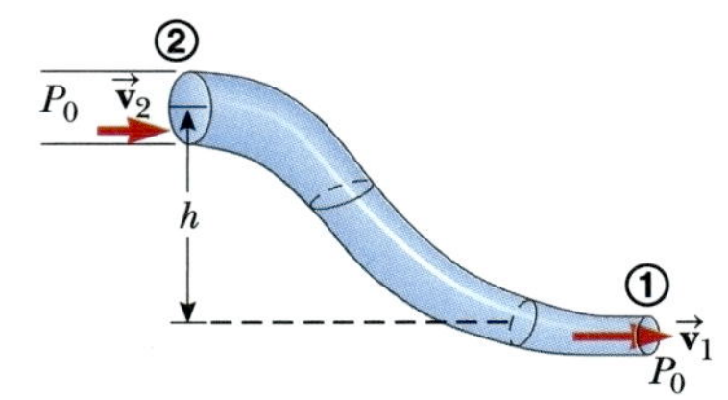

그림 9.28 (예제 9.8)

전략 베르누이의 방정식과 연속 방정식에서 미지의 값 v_1과 v_2에 대한 방정식을 세운다. 연속 방정식을 이용하여 베르누이의 방정식의 v_2를 소거하여 v_1을 얻는다.

풀이

베르누이의 방정식을 쓴다.

$$P_1 + \frac{1}{2}\rho v_1^2 + \rho g y_1 = P_2 + \frac{1}{2}\rho v_2^2 + \rho g y_2 \qquad (1)$$

연속 방정식을 v_2에 대하여 푼다.

$$A_2 v_2 = A_1 v_1$$

$$v_2 = \frac{A_1}{A_2} v_1 \qquad (2)$$

식 (1)에서 $P_1 = P_2 = P_0$로 놓고 v_2를 대입한 후 v_1에 대하여 푼다.

$$P_0 + \frac{1}{2}\rho v_1^2 + \rho g y_1 = P_0 + \frac{1}{2}\rho\left(\frac{A_1}{A_2}v_1\right)^2 + \rho g y_2 \qquad (3)$$

$$v_1^2\left[1 - \left(\frac{A_1}{A_2}\right)^2\right] = 2g(y_2 - y_1) = 2gh$$

$$v_1 = \frac{\sqrt{2gh}}{\sqrt{1 - (A_1/A_2)^2}}$$

주어진 값들을 대입한다.

$$v_1 = \boxed{11.4 \text{ m/s}}$$

참고 관 속을 흐르는 실제 유체의 흐름률에 대한 계산은 여기서 계산한 것보다 훨씬 복잡하다. 그 이유는 점성, 난류 및 기타 여러 요인들 때문이다.

9.7 유체 동역학의 응용 Other Applications of Fluid Dynamics

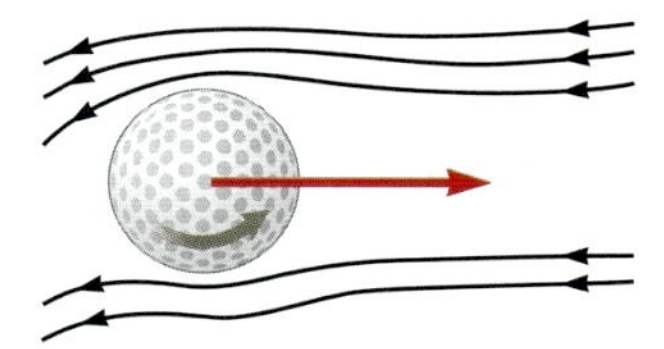

그림 9.29 회전하는 골프공은 뜨는 힘을 받는다. 이 힘은 회전이 없을 때 도달할 수 있는 거리보다 훨씬 멀리 공을 보낸다.

이 절에서는 베르누이의 방정식에 의해 설명될 수 있는 몇 가지 평범한 현상들에 대해 기술한다.

일반적으로 유체를 통과하는 물체는 유체의 방향을 바꾸는 효과에 의해 위쪽으로 힘을 받는다. 예를 들어, 골프 클럽으로 친 골프공은 역회전을 받는다(그림 9.29). 공에 있는 작은 홈(dimple)들은 공기를 공 표면의 곡면을 따라 움직이도록 끌어당긴다. 그림 9.29는 얇은 공기층이 공 둘레를 감싸며 공기를 아래쪽으로 휘게 하는 모습을 나타내고 있다. 공이 공기를 아래쪽으로 밀어내기 때문에, 뉴턴의 제3법칙에 의해 공기는 공을 위쪽으로 밀어 올려 공이 떠오르게 만든다. 홈이 없이는 공기는 잘 끌려가지 않으며, 따라서 골프공이 멀리가지도 않는다. 테니스공 표면의 잔털도 비슷한 기능을 하는데, 이 경우는 날아가는 거리보다는 공이 떨어지는 양상을 바꾸는 데 목적이 있다.

응용

향수병과 페인트 분사기에서의 '분무기'

많은 기구들이 그림 9.30에 설명된 방식처럼 동작한다. 열린 관 위를 지나는 공기의 흐름이 관 위쪽 압력을 감소시켜 액체가 관을 따라 올라와 공기 흐름에 섞이게 된다. 그리고 올라온 액체는 미세한 방울로 흩뿌려진다. 이러한 원리를 이용한 이른바 분무기(atomizer)가 향수병이나 페인트 분사기에 사용되는 것을 볼 수 있다. 똑같은 원

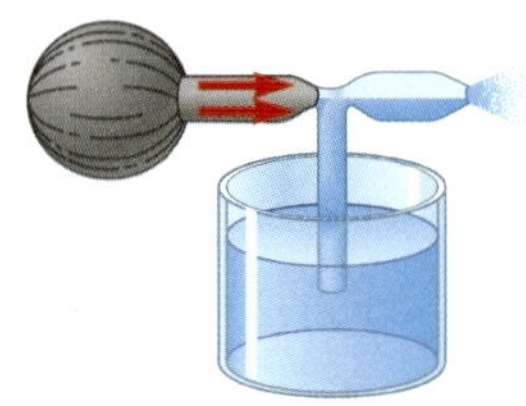

그림 9.30 액체에 잠긴 관 위를 지나는 공기의 흐름은 액체를 관 위로 끌어올리는 작용을 한다. 이 효과는 향수병과 페인트 분무기에 사용된다.

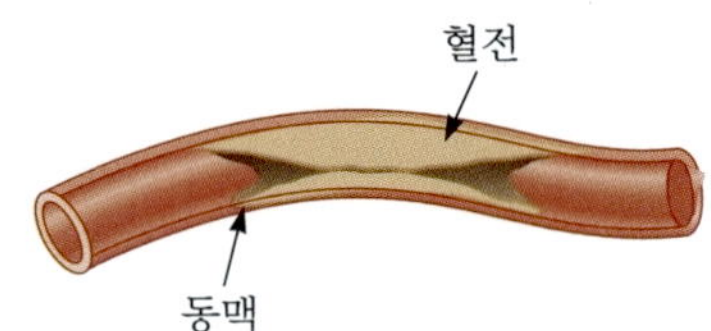

그림 9.31 혈액은 동맥이 좁아진 부분에서 훨씬 더 빨리 흐른다.

리가 가솔린 엔진의 기화기에 사용된다. 이 경우에 기화기의 낮은 압력 부위는 피스톤에 의하여 흡입된 공기에 의해 만들어진다. 가솔린은 기화되고 공기와 섞이면서 엔진의 실린더로 들어가서 폭발한다.

응용

압착 혈관류

중증 동맥경화증 환자에게는 베르누이 효과가 **압착 혈관류**(vascular flutter)라는 증상을 일으킨다. 이 경우 동맥은 내벽에 쌓인 혈전에 의해 좁아져 있다(그림 9.31). 일정한 유속을 유지하기 위해서는 혈액이 좁아진 부분에서 정상보다 더 빨리 지나가야 한다. 만약 이 좁아진 부분에서 속력이 충분히 빨라지면, 압력은 낮아지고, 동맥은 외부 압력에 의해 수축된다. 따라서 순간적으로 혈류가 멈추게 된다. 멈춘 순간에는 베르누이 효과가 사라지기 때문에 혈관은 혈압에 의해 다시 열리게 된다. 혈액이 다시 좁아진 영역을 통과함에 따라 내부 압력은 다시 떨어지고, 동맥은 다시 닫히게 된다. 혈류에 있어 그러한 변동은 청진기로 들을 수 있다. 혈전이 이동하여 심장으로 혈액을 공급하는 더 작은 혈관에서 멈추게 된다면, 이 사람은 심장마비에 걸릴 수 있다.

동맥류(aneurysm)는 동맥의 약해진 지점을 말하며, 이곳은 동맥벽이 밖으로 부풀어 있다. 이 지점에서는 혈류가 연속 방정식에서 알 수 있는 것처럼, 더 늦게 지나가며 압력의 증가를 일으킨다. 이러한 상황은 초과된 압력이 동맥 파열을 유발할 수 있기 때문에 위험하다.

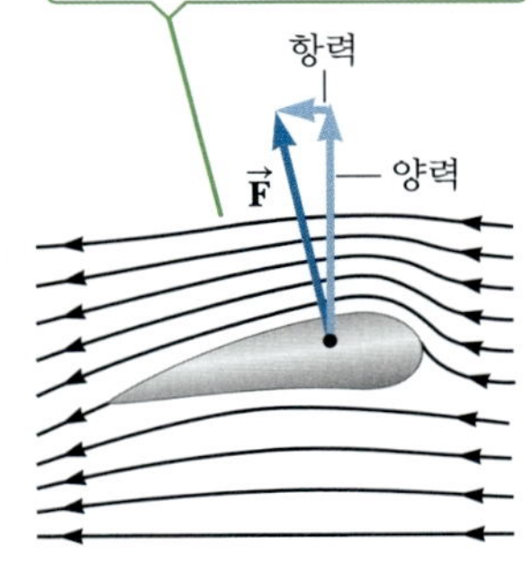

그림 9.32 비행기 날개 주위의 유선형 흐름. 날개 아래쪽의 압력이 위쪽보다 높다. 이것은 윗방향으로 양력을 일으킨다.

비행기 날개에 작용하여 비행기를 들어 올리는 힘 또한 부분적으로는 베르누이의 방정식으로 설명이 가능하다. 비행기 날개 위쪽의 공기 속력이 아래보다 크게 설계되어 있다. 그 결과 날개 위쪽 공기압은 아래쪽보다 작아 위쪽으로 향하는 알짜힘을 날개에 가한다. 이 위쪽으로 향하는 힘을 양력이라고 한다(수평 성분도 있는데, 이를 항력이라 한다). 날개 양력에 영향을 주는 또 다른 요인은 그림 9.32에서 볼 수 있다. 날개는 약간 위쪽으로 향하는 기울기를 가지고 있는데, 이것은 공기 분자들이 날개 아랫부분에 맞고 튕겨 나가게 한다. 아래로 휘어지는 공기 분자들은 뉴턴의 제3법칙에 의해 날개에 위로 향하는 반작용을 일으켜 비행기의 양력을 크게 높여 준다. 마지막으로 난류 또한 효과를 발휘한다. 날개의 기울기가 너무 심하면, 날개 윗면을 지나는 공기의 흐름은 난류가 되고, 날개의 상하에 작용하는 압력 차이는 베르누이의 효과에 의한 것만큼 크지 않다. 극단적인 경우 이 난류는 비행기를 멈추게 할 수도 있다.

응용

비행기 날개의 양력

실제는 많은 추가 변수를 고려해야 하지만, 로켓 엔진의 분출 속력 또한 베르누이의 방정식으로 이해할 수 있다. 과거 〈뉴욕 타임스〉는 기사에서 진공에서는 공기가 없으므로 로켓은 전혀 작동하지 않을 것이라며 로켓 개발의 선구자 고다드(Robert Goddard)를 비난하였다. 사실 로켓은 대기보다 진공에서 더 잘 작동한다. 연소실 내부의 압력이 P이고 분사구 밖은 대기압인 $P_{\text{대기}}$이다. 더구나 연소실 안의 기체의 속력도 분사구를 빠져나가는 기체의 속력에 비해 무시할 수 있다. 연소실과 분사구의 높이

응용

로켓 엔진

가 거의 같아 중력 퍼텐셜 에너지는 아무런 영향을 주지 않으며 베르누이의 방정식에 의하여 분출 속력은 다음과 같다.

$$v_{\text{분출}} = \sqrt{\frac{2(P - P_{\text{대기}})}{\rho}}$$

이 식은 분출 속력이 대기권에서 줄어드는 것을 보여주므로, 로켓은 사실 진공에서 효율이 더 높다. 분모에 있는 밀도 ρ 또한 흥미롭다. 밀도가 작은 액체나 기체를 사용하면 더 높은 분출 속력을 얻을 수 있는데, 이 사실은 밀도가 매우 작은 액체 수소를 로켓 연료로 쓰는 이유를 말해 준다.

9.8 표면장력, 모세관 작용과 점성 유체 흐름

Surface Tension, Capillary Action, and Viscous Fluid Flow

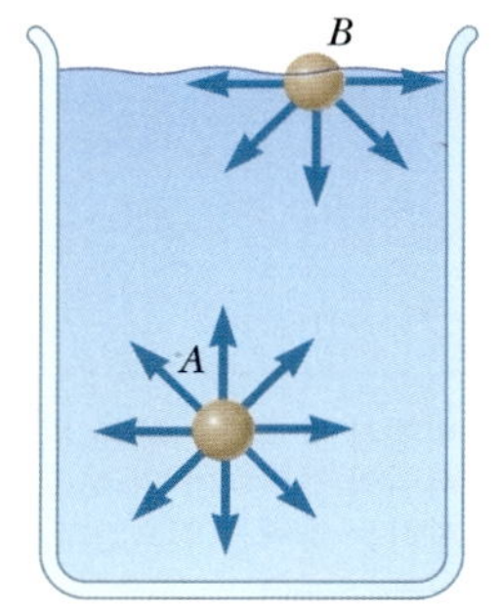

그림 9.33 점 A에 있는 분자는 다른 분자들에 의해 완전히 둘러싸여 있기 때문에 이 분자에 작용하는 알짜힘은 영이다. 점 B의 표면 분자에 작용하는 알짜힘은 주변 분자들에 완전히 둘러싸여 있지 않으므로 아랫방향으로 작용한다.

아침 햇살에 반짝이는 물방울을 자세히 들여다보면 물방울이 구형이다. 물방울이 이런 모양을 가지는 것은 **표면장력**(surface tension)이라고 하는 액체 표면의 성질 때문이다. 이 표면장력의 근원을 이해하기 위해서 물통 안의 점 A에 있는 분자를 생각해 보자(그림 9.33). 가까이에 있는 분자들은 점 A에 있는 분자에 힘을 미치는데, 알짜힘은 영이 된다. 그 이유는 점 A 분자를 다른 분자들이 완전히 둘러싸고 있으며 모든 방향에서 똑같은 힘으로 당기고 있기 때문이다. 그러나 점 B에 있는 분자는 모든 방향으로 균일하게 끌리지 않는다. 왜냐하면 점 B 분자 위에는 분자들이 없어서 위쪽 방향으로 끌어당기지 않기 때문이다. 점 B에 있는 분자는 액체 내부로 끌어당겨지는데, 이것은 수축을 일으킨다. 이 수축은 액체 내부의 분자들 사이에서 충돌 시 생기는 반발력을 유도하며, 결국 두 힘 사이의 균형을 이루고 수축이 멈추게 된다. **모든 표면 분자에 작용하는 인력의 알짜 효과는 액체 표면을 수축시키고 결국에는 액체 겉넓이를 가능한 한 작게 만든다.** 주어진 부피에서 구의 형태가 가장 작은 겉넓이를 가지기 때문에 물방울은 구형이 된다.

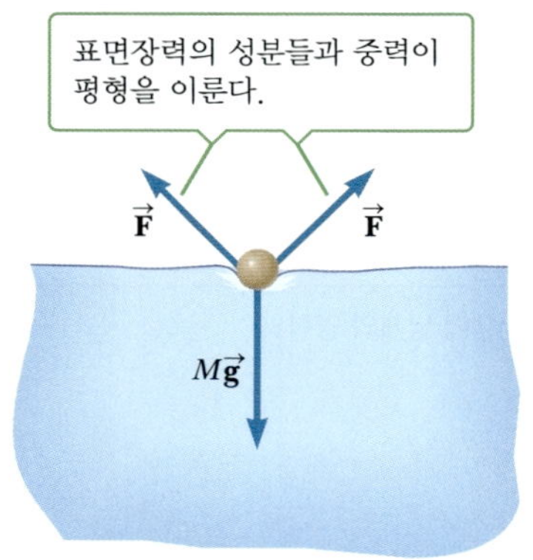

그림 9.34 물 표면에 떠 있는 바늘 끝의 모습

바늘을 물 표면에 매우 조심스럽게 올려놓으면, 강철의 밀도가 물의 여덟 배임에도 불구하고 바늘이 물에 뜨는 것을 확인할 수 있다. 이것은 표면장력으로 설명할 수 있다. 바늘을 자세히 살펴보면, 바늘이 액체 표면의 움푹 들어간 곳에 놓여 있는 것을 알 수 있다(그림 9.34). 물 표면은 장력의 영향을 받는 탄성막처럼 작용한다. 바늘의 무게는 표면을 들어가게 하고, 막의 겉넓이를 증가시킨다. 분자력은 들어간 곳을 따라 작용하며 원래의 수평면으로 회복하려 한다. 이 힘의 연직 성분은 바늘에 작용하는 중력과 균형을 이루도록 작용한다. 이렇게 떠 있는 바늘은 약간의 세제를 넣으면 물에 빠뜨릴 수 있는데, 세제가 표면장력을 감소시키기 때문이다.

얇은 액체 막의 **표면장력**(surface tension) γ는 표면에서의 힘 F와 그 힘이 작용하는 길이 L의 비율로 정의된다.

$$\gamma = \frac{F}{L} \qquad [9.14]$$

표면장력의 SI 단위는 N/m이며, 표 9.2에 몇 가지 대표 물질에 대한 값이 나와 있다.

표면장력의 개념은 그 표면에서 단위 겉넓이당 유체의 에너지양이라고 생각할 수 있다. 이것을 확인해 보려면 표면장력 γ의 단위를 살펴보면 된다.

$$\frac{\mathrm{N}}{\mathrm{m}} = \frac{\mathrm{N \cdot m}}{\mathrm{m}^2} = \frac{\mathrm{J}}{\mathrm{m}^2}$$

일반적으로 **물체의 평형 형태는 에너지가 최소가 되는 상태**이다. 결국 유체는 겉넓이가 가능한 한 최소가 되도록 모양을 취한다. 주어진 부피에서 가장 작은 겉넓이를 갖는 모양은 구형이므로 물방울은 구형이 된다.

액체의 표면장력을 측정하는 기구가 그림 9.35에 나와 있다. 원둘레의 길이가 L인 원형 철사를 액체로부터 들어 올린다. 표면막은 철사의 안쪽과 바깥쪽에 달라붙어 철사를 붙잡으며 용수철을 늘어나게 한다. 용수철저울의 눈금을 정확하게 하면 액체의 표면장력을 지탱할 수 있는 힘을 측정할 수 있다. 이 경우 표면장력은 다음과 같다.

$$\gamma = \frac{F}{2L}$$

표면막이 철사 고리 안팎으로 힘을 작용하기 때문에 $2L$을 사용해야 한다.

액체의 표면장력은 온도가 올라감에 따라 감소한다. 이것은 더 빨리 움직이는 뜨거운 액체 분자들이 찬 분자들만큼 세게 결합되어 있지 않기 때문이다. 또한 계면 활성제라는 물질을 액체에 첨가하면 액체의 장력이 감소한다. 예를 들어, 비누나 세제는 물의 표면장력을 감소시킨다. 표면장력의 감소는 비눗물이 옷에 있는 틈새에 더 잘 스며들도록 한다. 이와 같은 효과는 사람의 폐에서도 발견된다. 폐에 있는 공기주머니(폐포)는 0.050 N/m 정도의 표면장력을 가지는 액체를 함유하고 있다. 이렇게 큰 표면장력을 가지는 액체는 숨을 들이마실 때 폐가 팽창하는 것을 어렵게 한다. 그러나 숨을 들이마시는 동안 폐의 넓이가 증가하면서 우리 몸은 액체의 표면장력을 감소시키는 물질을 조직에 분비한다. 폐가 최대로 늘어났을 때, 표면장력은 0.005 N/m까지 감소한다.

표 9.2 몇 가지 액체의 표면장력

액체	T(°C)	표면장력 (N/m)
에틸알코올	20	0.022
수은	20	0.465
비눗물	20	0.025
물	20	0.073
물	100	0.059

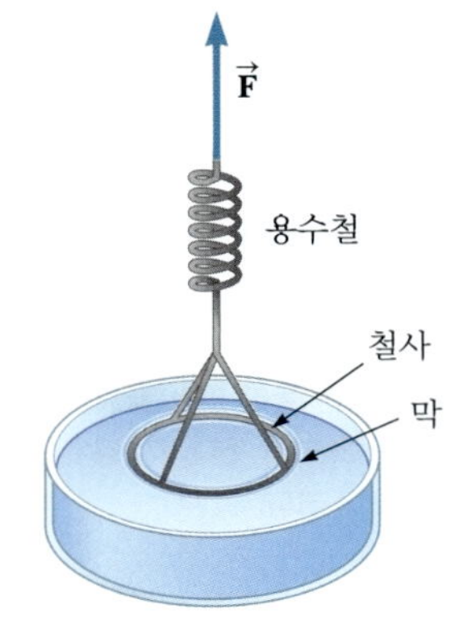

그림 9.35 액체의 표면장력을 측정하는 기구. 철사가 액체 표면으로부터 떨어져 나오기 직전에 철사에 작용하는 힘을 측정한다.

응용

폐포의 표면장력

9.8.1 액체의 표면 The Surface of Liquid

유리 용기에 담긴 물의 표면을 자세히 살펴보면, 유리 벽 가까이 있는 액체의 표면이 용기 중심에서 가장자리로 갈수록 위쪽으로 올라간 것을 볼 수 있다(그림 9.36a).

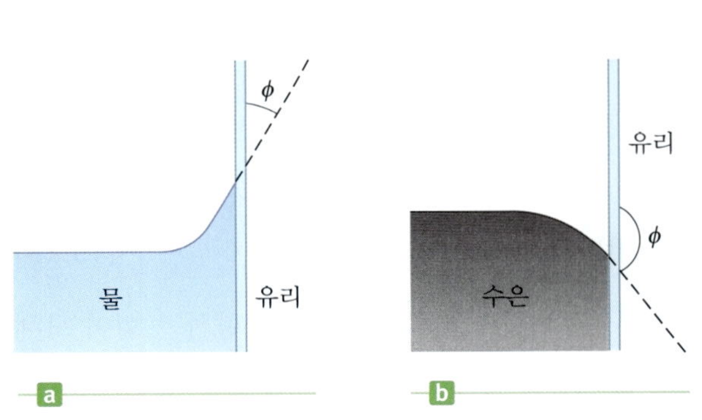

그림 9.36 고체 면과 접촉하는 액체. (a) 물의 경우 접착력이 응집력보다 크다. (b) 수은의 경우 접착력이 응집력보다 작다. (c) 유리 용기에서는 용기 중심에서 바깥쪽으로 감에 따라 수은(왼쪽)의 표면이 아래로 향하고 물(오른쪽)의 표면은 위로 향한다.

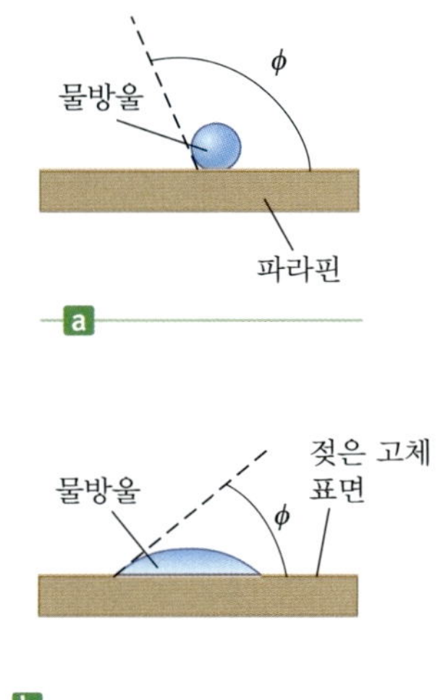

그림 9.37 (a) 물과 파라핀의 접촉각은 대략 107°이다. 이 경우 응집력은 접착력보다 크다. (b) 습윤제라 불리는 화학약품을 물에 더하면 물이 파라핀 표면을 적시게 되고 $\phi < 90°$이 된다. 이 경우 접착력이 응집력보다 크다.

응용

세제와 방수 용제

그러나 유리 용기 안에 수은이 담기면 수은의 표면은 반대로 아래쪽을 향한다(그림 9.36b). 이 표면 효과는 분자들 사이에 작용하는 힘을 고려하여 설명할 수 있다. 특히 액체 분자들이 다른 액체 분자들에게 서로 작용하는 힘과 용기 분자들이 액체에 작용하는 힘을 고려해야 한다. 일반적인 용어로 동일 분자들 사이에 작용하는 힘을 **응집력**(cohesive force)이라 하고, 다른 분자들끼리 작용하는 힘을 **접착력**(adhesive force)이라고 한다.

물 분자와 유리 분자 사이의 접착력이 물 분자 사이의 응집력에 비해 크기 때문에 물이 유리 용기의 벽에 달라붙으려 하는 경향이 강하다. 실제로 액체 분자는 용기 아래에 있는 액체 쪽으로 떨어지기보다는 벽에 달라붙어 있다. 이러한 상태가 유지되면 유리 표면을 '적신다(wet)'라고 말한다. 수은 표면은 용기 벽면에서 아래로 향하는데, 수은 분자는 유리 표면에 끌리기보다는 수은 분자에 더 끌리기 때문이다. 따라서 수은은 유리 표면을 적시지 않는다.

고체 표면과 액체의 경계면에서의 액체 표면의 접선이 이루는 각 ϕ를 **접촉각**(contact angle)이라고 한다(그림 9.37). ϕ가 90°보다 작으면 접착력이 응집력보다 큰 경우이며, ϕ가 90°보다 크면 접착력이 응집력보다 작은 경우이다. 예를 들어, 물방울이 파라핀 위에 놓이면 접촉각은 대략 107° 정도이다(그림 9.37a). 만약 습윤제나 세제가 첨가되면 접촉각은 90°보다 작아진다(그림 9.37b). 물에 첨가되는 그런 물질은 물이 표면에 밀착되게 하고 침투하는 데 중요한 역할을 한다. 이러한 이유로 옷을 빨거나 접시를 닦을 때 세제를 넣는다.

반면에 방수복은 물이 표면과 밀착하는 것을 막아야 하므로 그림 9.37과 반대의 상황이 요구된다. 옷감에 방수용 약품이 뿌려지면 접촉각이 90°보다 작은 각에서 90° 이상의 각으로 변한다. 이때 옷감 표면에 물방울이 맺히며 물은 옷감을 쉽게 침투할 수 없게 된다.

9.8.2 모세관 작용 Capillary Action

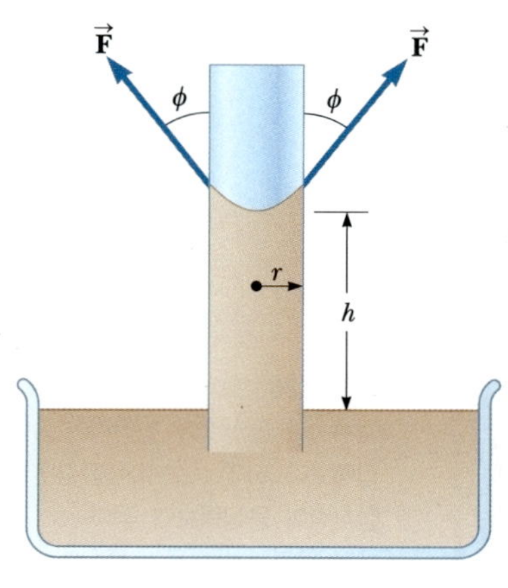

그림 9.38 모세관 현상으로 액체가 좁은 관을 따라 올라간다. 이것은 표면장력과 접착력의 결과이다.

모세관은 열린 지름이 1/100 cm 정도로 매우 작은 관을 말한다. 실제로 **모세**(capillary)라는 말은 머리카락처럼 가늘다는 뜻이다. 그런 관을 접착력이 응집력에 비해 큰 액체에 담그면 액체는 관을 따라 올라간다(그림 9.38). 관에서 액체의 상승은 액체 표면 모양의 변화와 액체 표면장력의 변화로 설명된다. 액체와 고체의 접촉점에서 표면장력의 위로 향하는 힘이 그림에 나타나 있다. 식 9.14로부터 이 힘의 크기는

$$F = \gamma L = \gamma(2\pi r)$$

이다. 여기서 $L = 2\pi r$인데 이는 액체가 관의 표면과 반지름이 r인 원둘레로 접촉하고 있기 때문이다. 표면장력에 의한 이 힘의 수직 성분은

$$F_v = \gamma(2\pi r)(\cos\phi) \qquad [9.15]$$

이다. 모세관에 있는 액체가 평형 상태를 이루기 위해서는 위쪽으로 향하는 힘이 모세관 내에 높이 h로 올라와 있는 물기둥의 무게와 같아야 한다. 이 물의 무게는

$$w = Mg = \rho V g = \rho g \pi r^2 h \qquad [9.16]$$

이 되고, 식 9.15의 F_v와 식 9.16의 w를 같게 놓으면(평형에 대한 뉴턴의 제2법칙 적용),

$$\gamma(2\pi r)(\cos\phi) = \rho g \pi r^2 h$$

이고, 관에서 끌려 올라간 물의 높이는

$$h = \frac{2\gamma}{\rho g r}\cos\phi \qquad [9.17]$$

이다. 모세관이 접착력에 비해 응집력이 우세한 액체에 들어가면 모세관 내의 액체의 높이는 액체 표면 아래로 내려간다(그림 9.39). 위에서 분석한 것을 비슷한 방식으로 다시 적용하면 내려간 표면 높이 h는 식 9.17에 의해 주어진다.

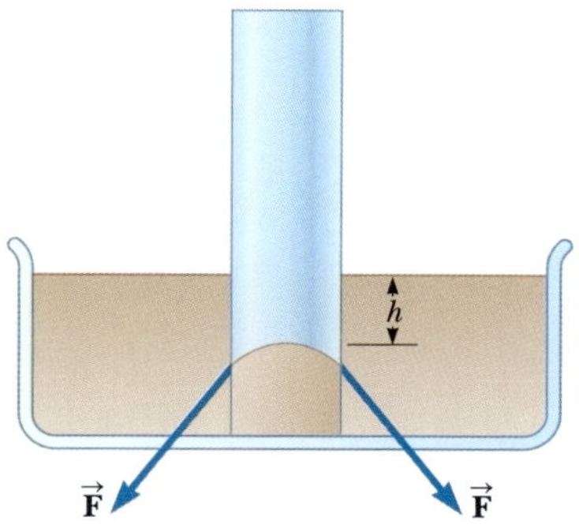

그림 9.39 액체 분자 사이의 응집력이 접착력을 초과할 때, 모세관에서 액체의 높이는 주변 액체보다 낮다.

모세관은 종종 피부에 바늘을 찔러 혈액 샘플을 채취하는 데 사용되고 있다. 또한 모세관 현상은 콘크리트 블록으로 건물을 지을 때도 고려해야 할 사항이다. 물이 블록이나 모르타르의 모세 기공을 통해 침투하게 되면 건물의 내부에 손상을 입힐 수 있기 때문이다. 이러한 것을 방지하기 위해 건물 안팎의 블록은 보통 방수제로 코팅한다. 건물 벽을 통과하는 모세관 현상은 부정적 효과이지만 유용한 효과도 많다. 식물은 물과 영양소를 나르는 데 모세관 현상을 이용하고, 스펀지와 종이 수건은 모세관 현상을 이용하여 엎질러진 액체를 빨아들인다.

응용

모세관 채혈

응용

식물의 모세관 현상

9.8.3 점성 유체 흐름 Viscous Fluid Flow

용기에서 꿀을 따라내는 것보다 물을 따라내는 것이 훨씬 쉽다. 이것은 꿀의 점도가 물의 점도보다 높기 때문이다. 일반적인 의미로 **점도는 유체의 내부 저항을 말한다.** 점성 유체의 층은 서로를 지나쳐 미끄러지기 힘들다. 마찬가지로 한 고체 표면이 타르와 같이 점성이 높은 유체를 사이에 두고 다른 고체 표면을 미끄러지기란 매우 힘들다.

이상(비점성) 유체가 관을 통과하여 흐를 때 유체층들은 저항 없이 서로 미끄러진다. 만약 관이 일정한 단면적을 가지고 있다면 각 층은 같은 속도를 가지게 된다(그림 9.40a). 반면 점성 유체의 경우 각 층들은 서로 다른 속도를 가지게 된다(그림 9.40b). 유체는 관 중심에서 가장 큰 속도를 가지고 벽 가까이에서는 움직이지 않는데, 이것은 분자와 벽 표면 사이의 접착력 때문이다.

점성의 개념을 더 잘 이해하기 위해서, 그림 9.41에 나와 있는 두 고체 평면 사이에 놓은 유체층을 생각해 보자. 아랫면은 고정되어 있고, 윗면은 힘 $\vec{\mathbf{F}}$를 받아 오른쪽으로

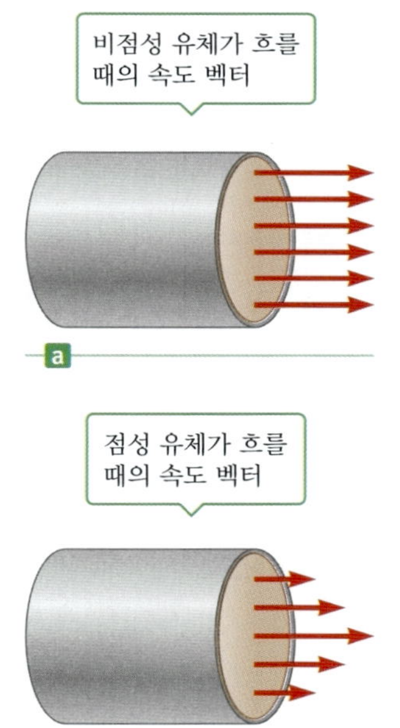

그림 9.40 (a) 이상(비점성) 유체에서 입자들은 같은 속력으로 움직인다. (b) 점성 유체의 경우, 관 근처에서는 입자 속력이 영이고 관 중심에서 최대 속력이 된다.

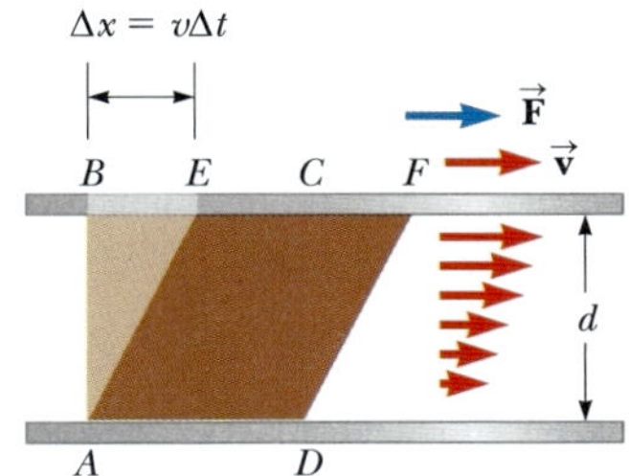

그림 9.41 두 고체판 사이에 있는 유체층. 아래쪽 고체판의 표면은 고정되어 있고 위쪽 표면은 오른쪽으로 속도 $\vec{\mathbf{v}}$로 움직인다.

표 9.3 여러 가지 유체의 점성 계수

유체	T(°C)	점성 계수 η (N · s/m²)
물	20	1.0×10^{-3}
물	100	0.3×10^{-3}
혈액	37	2.7×10^{-3}
글리세린	20	$1\ 500 \times 10^{-3}$
10-wt 엔진오일	30	250×10^{-3}

속도 $\vec{\mathbf{v}}$를 가지고 움직인다. 이 운동 때문에 액체 모양은 왜곡이 일어나며, 원래 모양인 $ABCD$로부터 잠시 후 $AEFD$로 변한다. 위쪽 판을 움직여 액체를 뒤트는 데 필요로 하는 힘은 판과 유체의 접촉 넓이 A와 유체 속력 v에 비례한다. 또한 힘 F는 두 판 사이의 거리 d에 반비례한다. 이런 비례 관계를 나타내면,

$$F = \eta \frac{Av}{d} \qquad [9.18]$$

이며, 여기서 η(그리스 소문자 에타)를 유체의 **점성 계수**(coefficient of viscosity)라고 한다.

점성 계수의 SI 단위는 N · s/m²이다. 다른 교재에서는 점성 계수 단위로 흔히 dyne · s/cm²를 사용하기도 하는데, 이를 프랑스 과학자 푸아죄유(J. L. Poiseuille, 1799~1869)의 업적을 기려 **푸아즈**(poise)라고 한다. SI 단위와 1 poise의 상관관계는 다음과 같다.

$$1 \text{ poise} = 10^{-1}\ \text{N} \cdot \text{s/m}^2 \qquad [9.19]$$

작은 점성은 가끔 센티푸아즈(cp)로 나타내기도 하는데, $1\ \text{cp} = 10^{-2}$ poise이다. 몇 가지 물질들의 점성 계수가 표 9.3에 나와 있다.

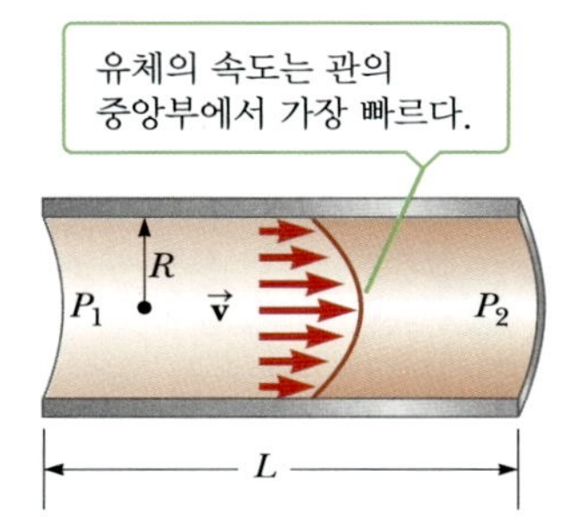

그림 9.42 원 모양 단면적을 통과하는 유체 흐름의 속도 분포. 푸아죄유의 법칙에 따라 유량이 주어진다.

9.8.4 푸아죄유의 법칙 Poiseuille's Law

그림 9.42는 길이가 L이고 반지름이 R인 관의 단면을 보여 준다. 이 관에는 유체가 있고, 왼쪽 끝에 압력 P_1이 작용하며 오른쪽 끝에는 압력 P_2가 작용한다. 이 압력차로 인하여 유체는 관을 통해 흐르게 된다. 유량(단위 시간당 부피)은 압력차$(P_1 - P_2)$, 관의 크기, 유체의 점성도에 의존한다. **푸아죄유의 법칙**(Poiseuille's law)의 식은 다음과 같다.

푸아죄유의 법칙 ▶

$$\text{흐름률} = \frac{\Delta V}{\Delta t} = \frac{\pi R^4 (P_1 - P_2)}{8\eta L} \qquad [9.20]$$

여기서 η는 유체의 점성 계수이다. 이 식의 유도에는 미적분학이 포함되므로 유도를 하지 않겠다. 그러나 이 방정식이 우리의 상식과 일치함을 알 수 있다. 관을 걸쳐 작용하는 압력 차이 또는 관 지름이 증가함에 따라 흐름률은 증가한다. 마찬가지로 유체의 점성이나 관의 길이가 증가하면 유량은 감소한다. 따라서 식 9.20에서 R과 압력차는

분자에, L과 η는 분모에 위치해 있다.

푸아죄유의 법칙으로부터 유체의 점성이 증가하면 일정 유량을 유지하기 위해서는 관의 압력차가 증가해야 함을 알 수 있다. 이것은 순환계를 따라 흐르는 혈액을 고려할 때 매우 중요하다. 적혈구 수가 많아지면 혈액의 점성이 증가한다. 따라서 적혈구 농도가 높은 혈액은 같은 순환 속도를 얻기 위해 심장으로부터 더 큰 펌프 압력을 필요로 한다.

응용

푸아죄유 법칙과 혈류

유량이 관 반지름의 네 제곱에 비례함을 주목해야 한다. 이 결과로 인해 정맥이나 동맥이 수축하게 되면 심장은 일정 혈류를 유지하기 위해 더 높은 혈압을 유지해야 하므로 훨씬 많은 부하를 받게 된다.

예제 9.9 수혈

목표 푸아죄유의 법칙을 적용한다.

문제 어느 환자가 반지름 0.20 mm, 길이 2.0 cm인 바늘을 통해 수혈을 받는다. 혈액의 밀도는 1 050 kg/m³이다. 혈액을 공급하는 병이 환자의 팔 위 0.500 m 높이에 있을 때, 바늘을 통과하는 흐름률은 얼마인가?

전략 혈액과 환자 팔 사이의 압력 차이를 구한다. 표 9.3에 있는 혈액의 점성도를 이용하여 푸아죄유의 법칙에 대입한다.

풀이

압력 차이를 계산한다.

$$P_1 - P_2 = \rho g h = (1\,050\ \mathrm{kg/m^3})(9.80\ \mathrm{m/s^2})(0.500\ \mathrm{m}) = 5.15 \times 10^3\ \mathrm{Pa}$$

푸아죄유의 법칙에 대입한다.

$$\frac{\Delta V}{\Delta t} = \frac{\pi R^4 (P_1 - P_2)}{8\eta L}$$

$$= \frac{\pi(2.0 \times 10^{-4}\ \mathrm{m})^4(5.15 \times 10^3\ \mathrm{Pa})}{8(2.7 \times 10^{-3}\ \mathrm{N \cdot s/m^2})(2.0 \times 10^{-2}\ \mathrm{m})}$$

$$= 6.0 \times 10^{-8}\ \mathrm{m^3/s}$$

참고 결과를 점성이 없을 때의 흐름률과 비교해 보라. 베르누이 방정식을 사용하여 계산된 부피 흐름률은 약 다섯 배가 된다. 예상대로 점성이 흐름률을 매우 감소시킨다.

9.8.5 레이놀즈수 Reynolds Number

앞서 말한 것처럼 충분히 빠른 속도에서 유체는 단순한 유선 흐름에서 난류로 바뀌게 된다. 실험적으로 난류의 시작은 **레이놀즈수**(Reynolds number) RN이라고 하는 차원이 없는 요소에 의해 결정된다.

$$RN = \frac{\rho v d}{\eta} \qquad [9.21]$$

◀ 레이놀즈수

여기서 ρ는 유체의 밀도이고, v는 유선을 따른 유체의 속력, d는 관의 지름, η는 유체의 점성이다. 만약 RN이 2 000 이하이면 관을 통과하는 흐름은 유선 흐름이고, RN이 3 000 이상이면 난류가 발생한다. 2 000~3 000 사이에서는 흐름이 매우 불안정하다. 이때 유체는 유선 흐름을 하지만 약간의 교란에도 운동이 난류로 바뀐다.

9.9 수송 현상Transport Phenomena

유체가 관을 통과하여 흐를 때, 흐름을 유발하는 기본 원리는 관 양쪽 끝에 걸리는 압력의 차이이다. 이 압력 차이에 의해 유체 덩어리가 한 곳에서 다른 곳으로 이동하는 수송을 일으킨다. 유체의 수송을 유도하는 또 다른 원리는 유체의 두 지점 사이의 농도(단위 부피당 분자 수) 차이에 의한 것이다. 어떤 지점에서의 농도가 다른 지점에 비해 높을 때는, 농도가 높은 곳에서 낮은 곳으로 분자들이 이동한다. 유체의 수송에 있어 농도 차로 인한 두 가지 기본 원리를 확산과 삼투 현상이라 한다.

9.9.1 확산 Diffusion

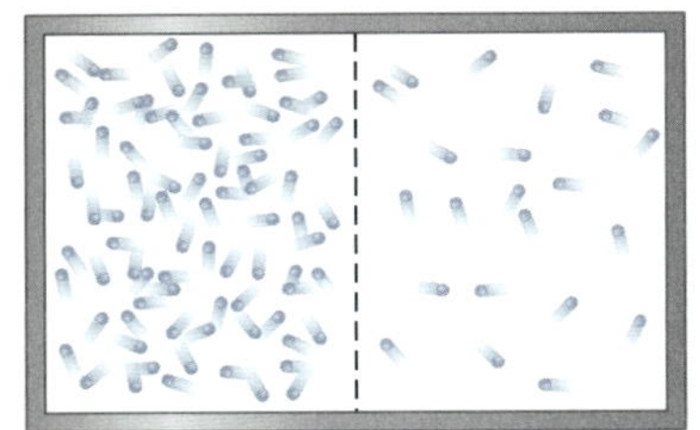

그림 9.43 왼쪽 기체 분자의 농도가 오른쪽에 비해 높을 때, 왼쪽에서 오른쪽으로 분자들의 알짜 이동(확산)이 생긴다.

확산 과정에서 분자들은 농도가 높은 곳에서 농도가 낮은 곳으로 이동한다. 왜 확산이 일어나는가를 이해하기 위해서 그림 9.43을 보자. 여기서 높은 농도의 분자들이 왼편에 주입되었다. 점선으로 표시된 가상의 가로막이 농도가 높은 부분과 낮은 부분을 분리하고 있다. 분자들은 무작위 방향으로 고속으로 운동하고 있기 때문에, 다수의 분자들은 왼쪽에서 오른쪽으로 가상의 가로막을 넘어간다. 매우 작은 수의 분자들만이 오른쪽에서 왼쪽으로 넘어가는데, 이것은 그 순간에 오른쪽에 있는 분자의 수가 적기 때문이다. 따라서 다수의 분자들이 있는 지역에서 소수의 분자들이 있는 지역으로의 알짜 움직임이 발생하게 된다. 이러한 이유로 용기 왼쪽 부분의 농도는 감소하고 오른쪽 부분의 농도는 증가한다. 일단 농도가 평형 상태에 도달하면, 단면적을 가로지르는 알짜 움직임은 없다. 다시 말해 양쪽의 농도가 같아지면, 같은 시간 간격 안에 왼쪽으로 움직이는 분자 수는 오른쪽으로 움직이는 분자 수와 같다.

확산에 대한 기본 방정식은 **피크의 법칙**(Fick's law)이며, 방정식 형태는 다음과 같다.

피크의 법칙 ▶

$$\text{확산율} = \frac{\text{질량}}{\text{시간}} = \frac{\Delta M}{\Delta t} = DA\left(\frac{C_2 - C_1}{L}\right) \quad [9.22]$$

여기서 D는 비례 상수이다. 이 방정식의 왼쪽을 확산율이라 하며, 단위 시간당 수송되는 질량의 정도를 나타낸다. 이 방정식은 확산율이 단면적 A와 단위 길이당 농도의 변화인 농도 기울기, $(C_2 - C_1)/L$에 비례함을 나타낸다. 농도 C_1과 C_2는 kg/m^3으로 측정된다. 비례 상수 D는 **확산 계수**(diffusion coefficient)라고 하며 $\text{m}^2\text{/s}$의 단위를 가진다. 표 9.4에 몇 가지 물질의 확산 계수가 나열되어 있다.

표 9.4 다양한 물질의 확산 계수 (20°C)

물질	$D(\text{m}^2/\text{s})$
공기에서 확산되는 산소	6.4×10^{-5}
조직에서 확산되는 산소	1×10^{-11}
물에서 확산되는 산소	1×10^{-9}
물에서 확산되는 수크로오스	5×10^{-10}
물에서 확산되는 헤모글로빈	76×10^{-12}

9.9.2 세포의 크기와 삼투 현상 The Size of Cells and Osmosis

세포막을 통과하는 확산은 체내에 있는 세포에 산소를 공급하고 이산화탄소와 다른 노폐물을 제거하는 데 매우 중요하다. 세포들은 신진 대사 작용을 통해 물질들을 분해하거나 생성하는 데 산소를 필요로 한다. 그러한 신진 대사에서 세포들은 산소를 소모하고 이산화탄소를 부산물로 생산한다. 산소는 산소 농도가 높은 혈액으로부터 농도가 낮은 세포로 확산되어 공급된다. 마찬가지로 이산화탄소는 세포에서 이산화탄소 농도가 더 낮은 혈액 쪽으로 확산된다. 물과 이온, 여러 가지 영양소 또한 확산을 통해 세포에 들어가고 나온다.

세포막을 통하여 영양분이나 노폐물이 제대로 전달될 때 세포는 제 기능을 할 수 있다. 세포의 겉넓이는 충분히 커서 노출된 세포막이 물질을 효과적으로 교환할 수 있어야 한다. 반면 세포의 부피는 충분히 작아서 물질이 특정한 위치에 재빨리 도달하거나 떠날 수 있어야 한다. 이는 넓이 대 부피 비가 커야 함을 의미한다.

세포를 한 변의 길이가 L인 정육면체로 생각해 보자. 이 세포의 전체 겉넓이는 $6L^2$이고 부피는 L^3이다. 그러면 겉넓이 대 부피 비는

$$\frac{\text{겉넓이}}{\text{부피}} = \frac{6L^2}{L^3} = \frac{6}{L}$$

이다. L이 분모에 있으므로 L이 작을수록 이 비는 커진다. 따라서 세포의 크기가 작을 때 영양분이나 노폐물을 보다 효율적으로 세포막을 통해 수송할 수 있다. 세포의 크기는 수백만 분의 일 미터 정도여서 세포의 겉넓이 대 부피비는 대략 10^6이다.

막을 통과하는 물질의 확산은 부분적으로 세포벽에 있는 구멍의 크기에 의해 결정된다. 물과 같이 작은 분자들은 구멍을 쉽게 통과하고 설탕과 같이 큰 분자들은 아주 어렵게 통과하거나 거의 통과하지 못한다. 어떤 분자들은 잘 통과시키지만 다른 분자들은 잘 통과시키지 않는 막을 **선택적 투과막**(selectively permeable membrane)이라고 한다.

삼투 현상은 물이 농도가 높은 곳에서 낮은 곳으로 선택적 투과막을 통과하여 이동하는 현상을 말한다. 확산의 경우와 같이 삼투 현상은 막 양쪽의 농도가 같아질 때까지 계속된다. 삼투는 간단히 말해서 세포막을 통과하는 물의 확산 현상이라고 할 수 있다.

응용
생체 세포의 삼투 효과

생체 세포 내에서 삼투 효과를 이해하기 위해서, 1% 설탕(100 mL에 1 g의 설탕이 녹아 있는 경우)을 함유한 체내의 특정 세포를 생각해 보자. 이 세포를 5% 설탕물에 담근다고 가정하자. 1%와 비교할 때, 5% 설탕물에는 단위 부피당 설탕 분자가 다섯 배 많으므로 물 분자는 더 적다. 이런 경우 물은 물의 농도가 높은 세포 안에서 확산되어 세포막을 통과한 후 물 농도가 낮은 외부 용액 쪽으로 이동한다. 물의 손실은 세포를 수축하게 하고, 탈수 작용에 의하여 세포가 손상을 입을 수 있다. 농도가 반대로 바뀔 경우, 물은 세포 안으로 이동하며 세포가 팽창되어 터질 수도 있다. 이런 사실로부터 특히 체내에서 정상적인 삼투 관계가 유지되어야 하는 것을 알 수 있다. 만약 어떤 용액이 정맥을 통해 체내에 주입된다면 이 용액이 체내의 삼투 균형을 교란시키지 않도록 주의를 기울여야 한다. 그렇지 않으면 세포 손상을 가져올 수 있기 때문이다. 예를 들어, 세포가 9%의 포도당 용액 안에 있다면 쭈그러들 것이고 1%의 포도당 용액 안에 있다면 결국 터지고 말 것이다.

응용
신장의 기능과 투석

인체에서 혈액은 신장을 통해 흐르면서 삼투 현상에 의해 불순물이 걸러진다(그림 9.44a). 동맥혈은 처음에 사구체(glomerulus)라고 하는 모세관 다발을 통과한다. 이곳에서는 노폐물과 함께 몇 가지 중요한 염류나 광물이 여과된다. 사구체로부터 가느다란 수집관이 나오는데, 이것은 길이 방향으로 다른 모세관과 밀착되어 있다. 혈액이 관을 통과하는 동안 대부분의 필수 물질들은 재흡수되지만 노폐물은 다시 흡수되지 않고 결국 오줌으로 배출된다.

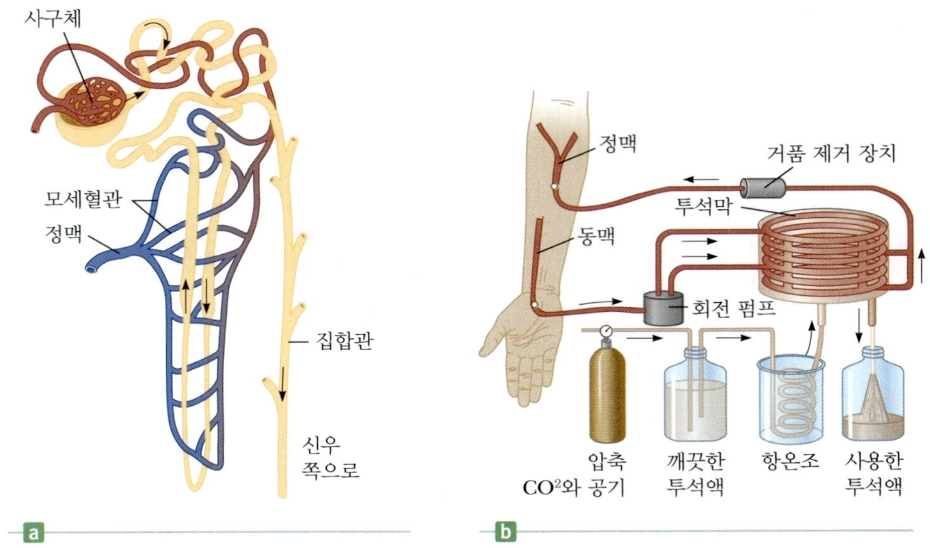

그림 9.44 (a) 인체 배설 기관에 있는 네프론의 모형도, (b) 인공 신장

만약 신장이 작동하지 않으면 인공 신장이나 투석기(dialysis)를 통해 혈액을 걸러낼 수 있다. 그림 9.44b는 인공 신장의 작동 원리를 보여 주고 있다. 동맥혈을 끌어내어 혈액 응고 저지 작용을 하는 헤파린과 섞은 다음 반선택성 막으로 덮인 관을 통과시킨다. 이 관은 순수 혈액과 화학 성분이 같은 투석액에 담겨 있다. 막을 통해 노폐물이 투석액으로 들어가고 걸러진 혈액은 다시 정맥으로 들어간다.

9.9.3 점성 매질을 통과하는 운동 Motion through a Viscous Medium

물체가 공기 중에서 떨어질 때, 그 운동은 공기 저항을 받는다. 일반적으로 이 힘은 떨어지는 물체의 모양과 속도에 따라 다르다. 공기 저항력은 떨어지는 물체에 작용하는데, 운동의 정확한 기술은 물체 모양이 구와 같이 단순한 몇 가지 경우에만 계산할 수 있다. 여기서는 아주 작은 구가 점성 매질에서 낙하할 때의 운동을 살펴볼 것이다.

1845년 과학자 스토크스(George Stokes)는 반지름 r인 아주 작은 구형 물체가 점성 계수 η인 매질에서 속력 v로 천천히 떨어질 때 작용하는 저항력의 크기를 발견하였다.

$$F_r = 6\pi\eta r v \qquad [9.23]$$

이 방정식은 **스토크스의 법칙**(Stokes's law)이라 불리며 자주 이용되고 있다. 예를 들어, 혈액에서 미립자의 침전을 기술하는 데 이용된다. 또한 밀리컨(Robert Millikan, 1886~1953)은 이 식을 이용하여 공기 중에서 떨어지는 대전된 기름방울의 반지름을 계산하였다. 밀리컨은 1923년 기본 전하의 발견에 대한 공로로 노벨상을 받았다.

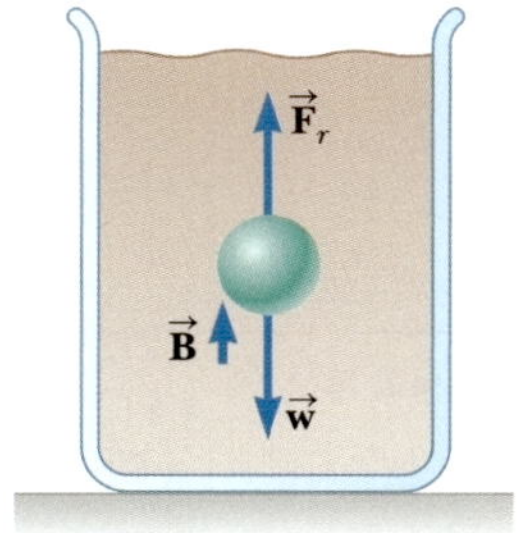

그림 9.45 점성 매질에서 떨어지고 있는 구. 구에 작용하는 힘은 저항력 $\vec{\mathbf{F}}_r$, 부력 $\vec{\mathbf{B}}$, 중력 $\vec{\mathbf{w}}$이다.

구가 점성 매질에 떨어질 때, 그림 9.45에서 볼 수 있듯이 세 가지 힘을 받는다. 마찰력 $\vec{\mathbf{F}}_r$, 유체의 부력 $\vec{\mathbf{B}}$, 구에 작용하는 중력 $\vec{\mathbf{w}}$이다. $\vec{\mathbf{w}}$의 크기는

$$w = \rho g V = \rho g\left(\frac{4}{3}\pi r^3\right)$$

으로 주어진다. 여기서 ρ는 구의 밀도이고, $\frac{4}{3}\pi r^3$은 구의 부피이다. 아르키메데스의 원

리에 의하면 부력은 구에 의해 밀려난 유체의 무게이므로

$$B = \rho_f g V = \rho_f g\left(\frac{4}{3}\pi r^3\right)$$

이고, 여기서 ρ_f는 유체의 밀도이다.

구가 떨어지기 시작하는 순간에는 구의 속력이 영이므로 마찰력은 영이다. 구가 가속하면서 그 속력은 증가하고 $\vec{\mathbf{F}}_r$도 증가한다. **결국 종단 속력 v_t에서 알짜힘은 영이다.** 이것은 위로 향하는 힘과 아래로 향하는 힘이 평형을 이루었기 때문이다. 따라서 구는 다음 조건을 만족할 때 종단 속력에 도달한다.

$$F_r + B = w$$

또는

$$6\pi\eta r v_t + \rho_f g\left(\frac{4}{3}\pi r^3\right) = \rho g\left(\frac{4}{3}\pi r^3\right)$$

이다. 이것을 v_t에 대해 풀면

$$v_t = \frac{2r^2 g}{9\eta}(\rho - \rho_f) \qquad [9.24]$$

◀ 종단 속력

를 얻는다.

9.9.4 침전과 원심 분리 Sedimentation and Centrifugation

물체가 구형이 아닌 경우에도 종단 속력을 기술하는 데 사용한 해석법은 여전히 유효하다. 유일한 차이는 저항력을 표현할 때 스토크스의 법칙을 쓸 수 없다는 것이다. 대신 저항력의 크기가 $F_r = kv$로 주어진다고 가정한다. 여기서 k는 실험적으로 결정되어야 할 계수이다. 앞에서 논의된 것과 같이 물체가 종단 속력에 도달하기 위해서는 아래쪽을 향하는 중력이 위쪽으로 향하는 힘과 상쇄되어야 하므로

$$w = B + F_r \qquad [9.25]$$

이 된다. 여기서 $B = \rho_f g V$는 부력이다. 낙하하는 물체 밀도가 ρ라 할 때, 물체 부피는 $V = m/\rho$로 주어진다. 이를 이용해서 부력을 다시 표현하면,

$$B = \frac{\rho_f}{\rho} mg$$

이 된다. 이 식과 $F_r = kv_t$를 식 9.25(종단 속력 조건)에 대입하면,

$$mg = \frac{\rho_f}{\rho} mg + kv_t$$

또는

$$v_t = \frac{mg}{k}\left(1 - \frac{\rho_f}{\rho}\right) \qquad [9.26]$$

이다.

생물 시료에서 입자의 종단 속력은 보통 매우 작다. 예를 들어, 플라스마 속에서 떨

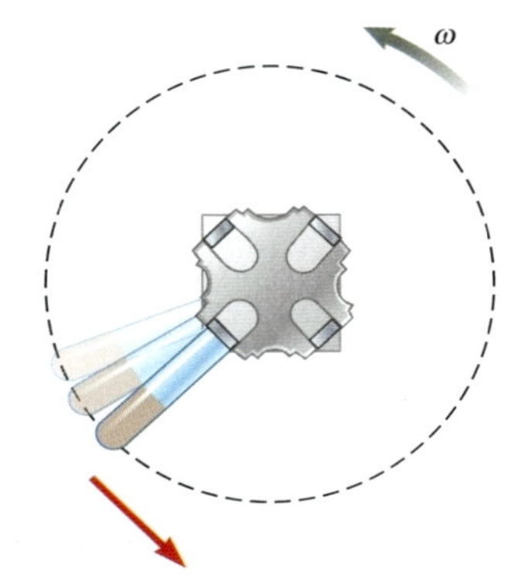

그림 9.46 원심 분리기의 개략도

어지는 혈액 세포의 종단 속력은 지구 중력장에서 대략 5 cm/h 정도이다. 세포를 이루는 분자들의 종단 속력은 질량이 매우 작기 때문에 이 값보다 수십 배, 수백 배 더 작다. 유체에서 낙하하는 물질의 종단 속력을 **침전율**(sedimentation rate)이라고 한다. 이 값은 임상 분석에 있어 매우 중요하다.

유체 내에서의 침전율은 식 9.26의 유효 가속도 g를 올려 증가시킬 수 있다. 다양한 생물 분자를 함유한 유체를 원심 분리기에 넣고 매우 빠른 각속도로 돌린다(그림 9.46). 이 조건 아래에서는 입자들이 자유낙하할 때의 중력 가속도보다 훨씬 큰 구심 가속도 $a_c = v^2/r = \omega^2 r$을 받는다. 그러므로 식 9.26에서 g 대신 $\omega^2 r$을 사용할 수 있다.

$$v_t = \frac{m\omega^2 r}{k}\left(1 - \frac{\rho_f}{\rho}\right) \qquad [9.27]$$

응용

원심 분리기를 사용하여 생체 분자를 분리하기

이 식은 침전율이 원심 분리기에서 매우 빨라지며($\omega^2 r \gg g$), 가장 무거운 입자들은 가장 큰 종단 속력을 가지게 됨을 의미한다. 따라서 가장 무거운 입자들이 시험관 바닥에 가장 먼저 도달한다.

9.10 고체의 변형 The Deformation of Solids

고체는 고유의 모양과 크기를 가지고 있다고 생각할 수 있지만, 외력에 의하여 그 모양과 크기가 바뀔 수 있다. 충분히 큰 힘을 가할 경우, 물체의 형태를 영구히 변형시키거나 부러뜨릴 수 있지만, 그렇지 않을 경우에는 외력이 없어지면 물체의 모양과 크기는 원래대로 되돌아가려 한다. 이를 탄성이라 한다.

고체의 탄성은 변형력과 변형에 의하여 기술한다. **변형력**(stress)은 모양의 변화를 일으키는 단위 넓이당 힘이며, **변형**(strain)은 모양이 변화한 정도를 말한다. 변형력이 충분히 작을 때, **변형력은 변형에 비례**하는데, 이때 비례 상수는 변형된 물질과 변형의 성질에 따라 다르다. 이 비례 상수를 **탄성률**(elastic modulus)이라 한다.

$$\text{변형력} = \text{탄성률} \times \text{변형} \qquad [9.28]$$

탄성률은 용수철 상수에 대응시킬 수 있으며 물질의 강도라고 볼 수 있다. 즉, 탄성률이 큰 물질은 매우 단단하여 변형시키기가 어렵다. 식 9.28의 형태를 띤 관계식에는 세 가지가 있는데, 이는 인장 변형, 층밀리기 변형, 부피 변형으로 모두 용수철에 대한 훅의 법칙과 비슷하다.

$$F = -k\,\Delta x \qquad [9.29]$$

여기서 F는 힘, k는 용수철 상수, Δx는 용수철의 늘어나거나 압축된 양이다.

9.10.1 영률: 길이의 탄성 Young's Modulus: Elasticity in Length

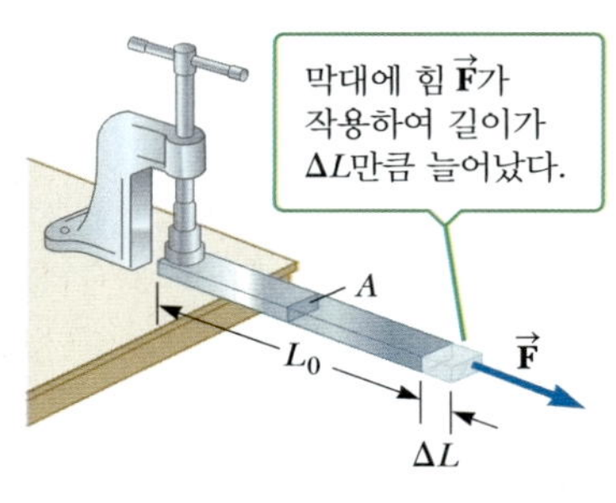

그림 9.47 한쪽 끝이 고정되어 있는 긴 막대에 힘을 작용한다.

단면적이 A이고 길이가 L_0인 긴 막대의 한쪽 끝이 클램프에 고정되어 있는 경우를 생각하자(그림 9.47). 외력 $\vec{\mathbf{F}}$가 단면에 수직으로 작용할 때, 막대 내부의 힘은 $\vec{\mathbf{F}}$가 만드는 변화(늘림)에 대하여 저항한다. 그럼에도 불구하고 (1) 길이가 L_0보다 크고, (2) 외력이 내력과 균형을 이루는 평형 상태에 도달하게 된다. 이러한 경우에 막대는 변형 상태에 있다고 한다. **인장 변형력**(tensile stress)은 외력의 크기 F와 단면적 A의 비로 정의한다. 인장(tensile)은 장력(tension)과 같은 어원으로, 막대가 당겨지고 있기 때문에 사용되었다. 변형력의 단위는 N/m^2으로 특히 **파스칼**(pascal, Pa)이라고 하며 이것은 압력의 단위와 같다.

$$1\ \mathrm{Pa} \equiv \mathrm{N/m^2}$$

◀ 파스칼 단위

이 경우 **인장 변형**(tensile strain)은 길이 변화 ΔL과 원래 길이 L_0의 비로 정의하고 차원이 없는 양이다. 식 9.28을 사용하면 인장 변형력과 인장 변형 사이의 관계식을 다음과 같이 쓸 수 있다.

$$\frac{F}{A} = Y\frac{\Delta L}{L_0} \qquad [9.30]$$

이 식에서 비례 상수 Y를 **영률**(Young's modulus)이라 한다. 식 9.30을 풀어 $F = k\Delta L$ 형태로 만들면 $k = YA/L_0$가 되며 훅의 법칙(식 9.29)과 같은 형태가 된다.

영률이 큰 물질은 늘리거나 압축하기가 어렵다. 영률은 장력이나 압축력을 받은 막대나 철사의 특성을 나타내는 데 사용한다. 변형은 차원이 없는 양이므로, Y는 파스칼 단위로 표시한다. 표 9.5에 대표적인 영률 값을 나타내었다. 실험을 해 보면 (1) 일정 크기의 외력에 대한 길이의 변화는 원래 길이에 비례하고, (2) 일정 변형을 생성하는 데 필요한 힘은 단면적에 비례한다. 어떤 물질의 영률은 그 물질을 당기느냐 압축하느냐에 따라 다르다. 한 예로 인간의 대퇴골은 압축력보다 장력에 더 강하다.

충분한 크기의 힘을 가하면 **탄성 한계**(elastic limit)를 넘을 수도 있다(그림 9.48). 탄성 한계에서는 변형력 대 변형 곡선이 직선에서 벗어난다. 이 한계를 넘는 변형력을

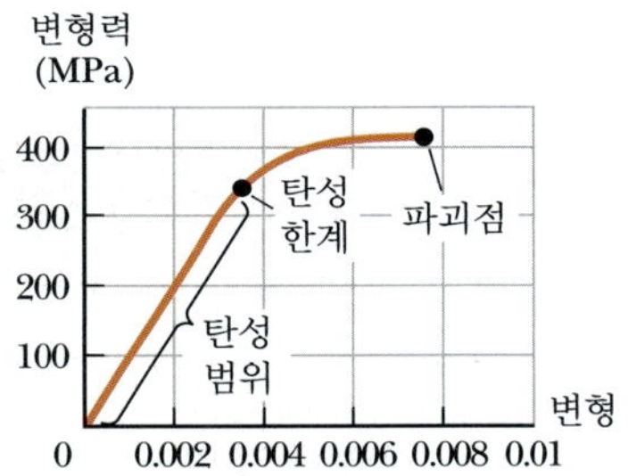

그림 9.48 탄성 고체의 변형력 대 변형 곡선

표 9.5 대표적인 탄성률

물질	영률 (Pa)	층밀리기 탄성률 (Pa)	부피 탄성률 (Pa)
알루미늄	7.0×10^{10}	2.5×10^{10}	7.0×10^{10}
뼈	1.8×10^{10}	8.0×10^{10}	—
황동	9.1×10^{10}	3.5×10^{10}	6.1×10^{10}
구리	11×10^{10}	4.2×10^{10}	14×10^{10}
강철	20×10^{10}	8.4×10^{10}	16×10^{10}
텅스텐	35×10^{10}	14×10^{10}	20×10^{10}
유리	$6.5-7.8 \times 10^{10}$	$2.6-3.2 \times 10^{10}$	$5.0-5.5 \times 10^{10}$
수정	5.6×10^{10}	2.6×10^{10}	2.7×10^{10}
흉곽 연골	1.2×10^{7}	—	—
고무	0.1×10^{7}	—	—
힘줄	2×10^{7}	—	—
물	—	—	0.21×10^{10}
수은	—	—	2.8×10^{10}

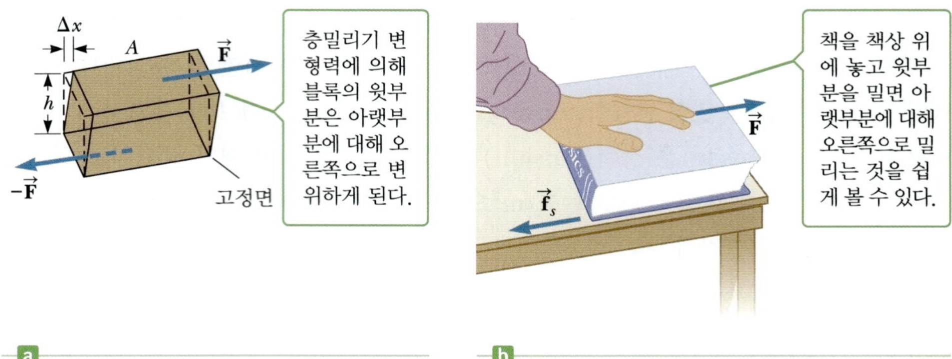

그림 9.49 (a) 두 면에 대하여 나란히 가해지는 힘에 의하여 직사각형 블록이 뒤틀리는 층밀리기 변형, (b) 층밀리기 변형을 받고 있는 책

가했다면 외력을 제거하더라도 원래 길이로 돌아가지 않는다. 어떤 물질이 부러지지 않고 견딜 수 있는 최대의 변형력을 **극한 강도**(ultimate strength)라 하는데 변형력이 더욱 커지면 극한 강도를 넘게 된다. 부서지기 쉬운 물질의 **파괴점**(breaking point)은 극한 강도를 바로 넘는 점이다. 구리나 금과 같은 연성이 강한 금속은 극한 강도를 지나면서도 가늘어지고 늘어나서 변형력이 작아지게 되어 부서지지 않는다.

9.10.2 층밀리기 탄성률: 모양의 탄성 Shear Modulus: Elasticity of Shape

물체가 한 면에서 그 면에 평행한 방향으로 힘 $\vec{\mathbf{F}}$를 받고 반대 면은 다른 힘에 의해 고정되어 있다면 또 다른 형태의 변형이 일어나게 된다(그림 9.49a). 만일 물체가 직사각형 블록이라면 그러한 평행력은 최종 모양의 단면이 평행사변형이 되는 변형을 일으킨다. 이런 형태의 변형력을 **층밀리기 변형력**(shear stress)이라 한다. 그림 9.49b에서와 같이 책을 옆으로 밀면 층밀리기 변형력이 생긴다. 이 변형에서는 부피의 변화는 없다. 층밀리기 변형력에서는 가해지는 힘이 단면에 평행이고, 인장 변형력에서는 수직임이 중요하다. **층밀리기 변형력은 F/A, 즉 평행력의 크기와 밀리는 면의 넓이의 비로 정의한다. 층밀리기 변형은 $\Delta x/h$로 주어지는데, Δx는 수평 방향으로 밀린 거리이고, h는 물체의 높이이다.** 층밀리기 변형력과 층밀리기 변형은 다음과 같은 관계가 있다.

$$\frac{F}{A} = S\frac{\Delta x}{h} \tag{9.31}$$

여기서 S는 물체의 **층밀리기 탄성률**(shear modulus)이며 단위는 파스칼(단위 넓이당 힘)이다. 훅의 법칙과 유사함을 다시 한 번 확인하라.

층밀리기 탄성률이 큰 물체는 구부리기 어렵다. 대표적인 물질들의 층밀리기 탄성률이 표 9.5에 나타나 있다.

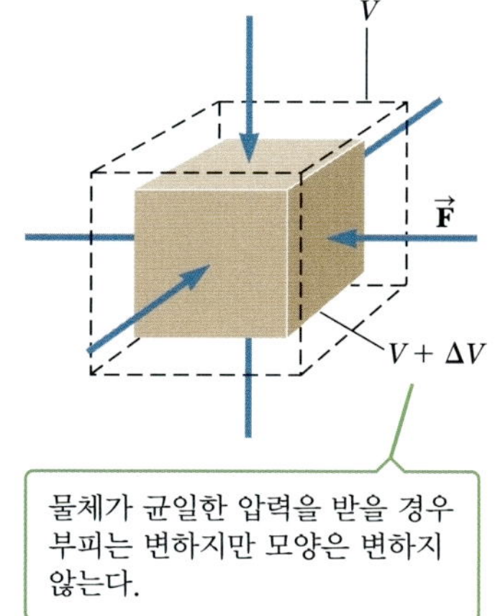

그림 9.50 속이 찬 정육면체가 균일한 압력을 받으면 여섯 면에 수직인 힘이 작용하여 압축이 일어난다. 육면체의 각 면에 작용하는 힘 벡터의 화살표가 보이지 않는 것은 육면체에 의해 가려져 있기 때문이다.

9.10.3 부피 탄성률: 부피의 탄성 Bulk Modulus: Volume Elasticity

부피 탄성률은 균일한 압축에 대한 물체의 반응 특성을 기술한다. 물체에 작용하는 외력이 물체의 표면에 균일하게 분포되어 수직으로 작용한다고 가정해 보자(그림 9.50). 이런 상황은 물체가 유체에 잠겨 있을 때 일어난다. 이런 변형에서는 물체의 모양에는 변화가 없고 부피의 변화만 일어난다. **부피 변형력 ΔP는 작용한 힘의 변화량 ΔF와 겉**

넓이 A의 비로 정의한다. 9.2절에서의 압력의 정의로부터 ΔP는 단순히 압력의 변화량이다. 부피 변형은 부피 변화량 ΔV를 원래 부피 V로 나눈 것과 같다. 식 9.28로부터 부피 변형력과 부피 변형의 관계를 다음과 같이 나타낼 수 있다.

$$\Delta P = -B\frac{\Delta V}{V} \qquad [9.32]$$

◀ 부피 탄성률

큰 부피 탄성률 B를 가지는 물체는 압축이 잘 되지 않는다. 이 식에서 음의 부호에 주의해야 하는데, 이는 B의 값을 항상 양의 값으로 만든다. 압력의 증가(양의 ΔP)는 부피의 감소(음의 ΔV)를 일으키기 때문이다.

표 9.5에 몇 가지 물질의 부피 탄성률이 나타나 있다. 다른 곳에서 같은 종류의 값들을 찾다보면 가끔 부피 탄성률의 역수인 물질의 **압축률**(compressibility)을 볼 수 있다. 표를 보면 고체와 액체는 모두 부피 탄성률을 가지고 있다. 그러나 액체에서 영률이나 층밀리기 탄성률은 없는데, 이는 인장 변형력이나 층밀리기 변형력을 가하면 액체는 단순히 흐르기 때문이다.

예제 9.10 오래가는 건축

목표 인장 변형력에 의한 압축과 최대 부하를 계산한다.

문제 건물 건축에 사용되는 수직 강철 빔이 길이 방향으로 6.0×10^4 N의 힘을 받고 있다. **(a)** 빔의 길이가 4.0 m이고 단면적이 $8.0 \times 10^{-3}\ \text{m}^2$일 때, 압축된 길이는 얼마인가? **(b)** 빔이 무너지지 않고 지탱할 수 있는 최대 부하는 얼마인가?

전략 식 9.28은 압축 변형력과 압축 변형에 관한 식이다. 이 식을 ΔL에 대하여 풀고 주어진 값을 대입한다. **(b)**는 압축 변형력을 표 9.6의 극한 강도로 대체한다. 힘의 크기에 대해 식을 풀면 건물이 지탱할 수 있는 최대 부하가 된다.

풀이

(a) 빔의 압축량을 구한다.

식 9.30을 ΔL에 대하여 풀고 표 9.5의 영률값을 대입한다.

$$\frac{F}{A} = Y\frac{\Delta L}{L_0}$$

$$\Delta L = \frac{FL_0}{YA} = \frac{(6.0 \times 10^4\ \text{N})(4.0\ \text{m})}{(2.0 \times 10^{11}\ \text{Pa})(8.0 \times 10^{-3}\ \text{m}^2)}$$

$$= \boxed{1.5 \times 10^{-4}\ \text{m}}$$

(b) 빔이 지탱할 수 있는 최대 부하를 구한다.

압축 변형력을 표 9.6의 극한 압축 강도로 놓고 F에 대해 푼다.

$$\frac{F}{A} = \frac{F}{8.0 \times 10^{-3}\ \text{m}^2} = 5.0 \times 10^8\ \text{Pa}$$

$$F = \boxed{4.0 \times 10^6\ \text{N}}$$

참고 하중을 지탱하는 구조를 설계할 때, 항상 안전도를 추가로 고려하여야 한다. 붕괴되지 않을 최소한의 강도로 만들어진 다리 위를 운전하고자 하는 사람은 아무도 없을 것이다.

표 9.6 물질의 극한 강도

물질	인장 강도(N/m^2)	압축 강도(N/m^2)
철	1.7×10^8	5.5×10^8
강철	5.0×10^8	5.0×10^8
알루미늄	2.0×10^8	2.0×10^8
뼈	1.2×10^8	1.5×10^8
대리석	—	8.0×10^7
벽돌	1×10^6	3.5×10^7
콘크리트	2×10^6	2×10^7

예제 9.11 깊은 물속에서 납덩이는 얼마나 압축될까

목표 부피 변형력과 부피 변형률의 개념을 적용한다.

문제 어떤 큰 배는 물 위에서의 방향과 균형을 유지하기 위해 벽돌 모양 등, 여러 가지 형태의 납을 싣고 다닌다. 화물을 싣고 있는 배에서 선원들이 배의 균형을 유지하기 위해서 0.500 m^3의 납을 2.00 km 깊이의 바닷속으로 버렸다. **(a)** 그러한 깊이에서의 압력의 변화를 계산하라. **(b)** 바닷속 바닥에서의 납의 부피의 변화를 계산해 보라. 바닷물의 밀도는 1.025×10^3 kg/m^3이고 납의 부피 탄성률은 4.2×10^{10} Pa이다.

전략 표면과 2.00 km 깊이의 압력 차이는 그 깊이에 해당하는 물기둥의 무게 때문이다. 단면적이 1.00 m^2인 물기둥의 무게를 계산하라. 뉴턴 단위의 물기둥의 무게 값이 파스칼 단위의 압력 차이 값과 같을 것이다. 압력의 변화를 변형력과 변형률 관계식에 대입하여 납의 부피 변화를 계산하면 된다.

풀이

(a) 표면과 2.00 km 깊이의 압력 차이를 계산한다.

단면적이 1.00 m^2인 물기둥의 무게를 계산하기 위하여 밀도, 부피 및 중력 가속도 g를 사용한다.

$$w = mg = (\rho V)g$$
$$= (1.025 \times 10^3 \text{ kg/m}^3)(2.00 \times 10^3 \text{ m}^3)(9.80 \text{ m/s}^2)$$
$$= 2.01 \times 10^7 \text{ N}$$

물기둥에 의한 압력 차이를 구하기 위하여 넓이(이 경우는 1.00 m^2)로 나눈다.

$$\Delta P = \frac{F}{A} = \frac{2.01 \times 10^7 \text{ N}}{1.00 \text{ m}^2} = \boxed{2.01 \times 10^7 \text{ Pa}}$$

(b) 바닷속 바닥에 가라앉은 납덩이의 부피 변화를 계산한다.

변형력과 변형률 관계식을 쓴다.

$$\Delta P = -B\frac{\Delta V}{V}$$

ΔV에 대해 푼다.

$$\Delta V = -\frac{V\Delta P}{B} = -\frac{(0.500 \text{ m}^3)(2.01 \times 10^7 \text{ Pa})}{4.2 \times 10^{10} \text{ Pa}}$$
$$= \boxed{-2.4 \times 10^{-4} \text{ m}^3}$$

참고 결과 값에 나타나는 음의 부호는 부피가 감소함을 의미한다.

9.10.4 아치와 물질의 극한 강도 Arches and the Ultimate Strength of Materials

물질의 극한 강도는 물질이 부러지거나 깨지기 전에 견딜 수 있는 단위 넓이당 힘이다. 이는 빌딩, 다리, 길 등을 건설할 때 매우 중요하다. 표 9.6에 여러 가지 물질의 극한 강도가 나타나 있다. 뼈라든지 기타 다양한 건축 자재(콘크리트, 벽돌, 대리석)는 인장력보다 압축력에 더 강하다. 벽돌이나 돌이 압축에 견디는 능력은 반원형 아치의 기본이 되고 있다. 반원형 아치는 로마인들에 의하여 개발되었고, 기념 아치, 대형 사원, 수로 지지대 등에 광범위하게 사용되었다.

아치가 개발되기 전에는 공간을 잇는 방법으로 단순한 기둥–들보 구조(그림 9.51a)

그림 9.51 (a) 기둥–들보 구조, (b) 로마식 반원형 아치, (c) 횡 방향 지지를 위한 부벽 구조를 가진 고딕 양식 아치

가 이용되었다. 이것은 수평 들보가 두 개의 기둥에 의해 지지되는 방식이다. 이런 건축법은 그리스 시대 거대 신전을 만드는 데 이용되었다. 신전의 기둥은 조밀하게 배치되었는데, 이는 당시에 구할 수 있는 돌의 길이가 제한되어 있고, 휘어지는 돌들보의 극한 인장 강도가 낮았기 때문이었다.

로마인들이 개발한 반원형 아치(그림 9.51b)는 건축 설계에 있어서 중요한 기술적 성과였다. 이것은 넓은 지붕에 있는 큰 무게를 효과적으로 수평, 수직으로 분산해서 좁은 지지 기둥에 집중한다. 이런 아치의 안정성은 쐐기 모양 돌 사이에 작용하는 압축력에 따라 다르다. 이 돌들은 그림에서처럼 균일한 부하에 의해 압축력을 받게 된다. 이것은 아치가 수직선으로부터 곡선이 시작하는 기초 부위에 수평 바깥 방향으로의 힘을 발생한다. 이 수평력은 아치의 양 옆에 있는 돌 벽에 의해 균형이 이루어져야 한다. 따라서 수평 안정성을 제공하기 위해서 아치의 옆에 매우 무거운 벽(buttresses)을 사용하는 것이 보통이다. 만약 아치의 기초가 이동한다면 쐐기 모양 돌들 사이에 작용하는 압축력이 감소하여 아치는 무너진다. 로마인들은 돌의 표면을 잘 밀착되도록 가공하였다. 이러한 틈새를 메우는 데 모르타르가 사용되지 않았다는 것도 흥미롭다. 미끄럼에 대한 저항은 돌 표면들 사이의 압축력과 마찰로부터 생긴다.

응용
건물의 아치 구조

또 다른 하나의 혁신적인 건축술은 그림 9.51c에서 보이는 뾰족한 고딕 아치이다. 이런 건축 양식은 12세기 유럽에서 시작되었고, 13세기 프랑스에서는 몇 개의 웅장한 고딕 양식 성당들이 지어졌다. 이 성당들의 큰 특징 중 하나는 높이에 있다. 예컨대 샤르트르(Chartres) 성당의 높이는 36 m이고, 렝스(Reims) 대성당의 높이는 42 m이다. 이렇게 고층 건물을 짓는 건축술은 구조에 대한 수학적 이론에 의존하지 않고도 매우 짧은 기간에 발전했다. 하지만 고딕 아치는 공중 부벽(flying buttress)을 필요로 하는데, 공중 부벽은 높고 좁은 기둥에 의해 지지되는 아치가 옆으로 퍼지는 것을 막아준다.

연습문제

9.2 밀도와 압력

1(1). 81.5 kg의 어떤 사람이 수평면 위에 서 있다. (a) 평균 밀도가 985 kg/m^{3}이라면 그 사람의 부피는 얼마인가? (b) 그 사람의 두 발바닥이 바닥에 닿는 부분의 면적이 4.50×10^{-2} m^{2}이라면 그에게 작용하는 평균 압력은 얼마인가?

2(3). 지구 대기의 무게가 해수면과 같은 높이의 지면에 1.01×10^5 Pa의 평균 압력을 작용한다. 압력의 정의를 사용하여 지구 대기의 무게를 대략적으로 계산해 보라. 지구의 반지름을 $R_E = 6.38 \times 10^6$ m로 가정하고 지구의 표면적을 $A = 4\pi R_E^2$으로부터 계산해 보라.

3(5). 원자의 핵은 촘촘히 밀집된 양성자와 중성자로 모형화할 수 있다. 각 입자의 질량은 1.67×10^{-27} kg이고 반지름은 약 10^{-15} m이다. (a) 이 모형에서의 핵의 밀도를 구하라. (b) 이 결과를 철과 같은 물질의 밀도와 비교해 볼 때, 물질의 구조에 대하여 암시하는 바는 무엇인가?

4(7). 지구에서 멀리 떨어져 있는 어떤 별의 표면의 중력 가속도가 7.44 m/s^{2}이고 대기압이 8.04×10^4 Pa이라고 하자. (a) 그곳의 액체 메테인으로 이루어진 바다 표면에 놓인 반지름이 2.00 m인 원판에 대기가 작용하는 힘은 얼마인가? (b) 반지름이 2.00 m인 10.0 m 깊이의 원통형 메테인 기둥의 무

게는 얼마인가? (c) 메테인 바다의 깊이가 10.0 m 되는 곳의 압력을 구하라. Note: 단, 메테인의 밀도는 415 kg/m^{3}이다.

9.3 깊이에 따른 압력의 변화

9.4 압력의 측정

5(9). 영국 웨일스의 스노드니아 국립공원에 있는 수심 50.0 m의 린카우 호수는 수영을 즐기는 사람들에게 인기가 있는 곳이다. (a) 호수의 밑바닥에서의 절대 압력을 구하라. 물의 밀도는 1.00×10^3 kg/m^{3}로, 수면 위 공기의 압력은 9.10×10^4 Pa로 가정하라. (b) 호수 밑바닥에 잠수정이 정지해 있다. 물이 잠수정의 지름 35.0 cm인 유리창에 작용하는 힘을 구하라.

6(11). 그림 P9.6과 같이 포도당 수용액이 있다. 정맥의 평균 계기 압력이 1.33×10^3 Pa이면 포도당을 정맥에 주사하기 위한 최소 높이 h를 구하라. 용액의 비중이 1.02라 가정한다.

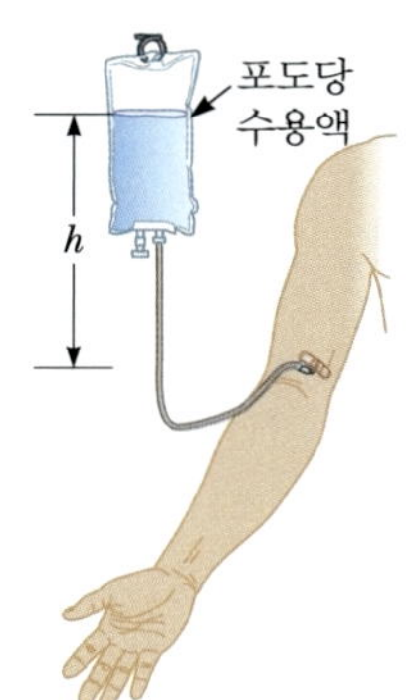

그림 P9.6

7(13). 어떤 용기에 20.0 cm 깊이의 물이 차 있다. 이 물 표면 위에 30.0 cm 두께의 기름이 떠 있다면 용기 바닥에 가해지는 절대 압력은 얼마인가? 기름의 비중은 0.700이다.

8(15). 혈압을 측정하기 위한 혈압계는 부풀지 않는 가압대와 가압대 내의 공기압을 측정하기 위한 기압계로 구성되어 있다. 수은 혈압계의 경우, 혈압은 두 수은주의 높이의 차이를 측정하는 방식으로 되어 있다.

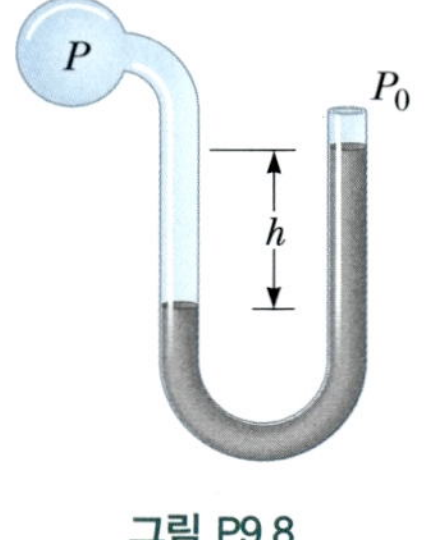

그림 P9.8

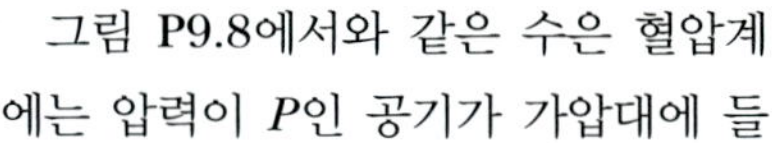

그림 P9.8에서와 같은 수은 혈압계에는 압력이 P인 공기가 가압대에 들어 있다. 정상 수축기에서 왼쪽 관과 오른쪽 관 사이의 수은주의 높이의 차이는 $h = 115$ mmHg $= 0.115$ m이다. 수축기 혈압의 계기 압력 $P_{계기}$는 파스칼 단위로 얼마인가? 수은의 밀도는 $\rho = 13.6 \times 10^3$ kg/m^{3}이고 대기압은 $P_0 = 1.01 \times 10^5$ Pa이다.

9.5 부력과 아르키메데스의 원리

9(17). 탁구공의 지름은 3.80 cm이고 평균 밀도는 0.084 0 g/cm^{3}이다. 이 공을 물 속에 완전히 잠기게 하기 위해 필요한 힘은 얼마인가?

10(19). 너비가 4.00 m이고 길이가 6.00 m인 작은 연락선이 있다. 짐을 실은 트럭을 배에 실었더니 배가 4.00 cm만큼 더 가라앉았다. 트럭의 무게는 얼마인가?

11(21). 어떤 열기구가 그 밑에 뜨거운 공기가 채워진 큰 주머니를 매달고 있다. 그 열기구는 관람객과 바구니 및 2.55×10^3 m^{3}의 뜨거운 공기가 들어 있는 주머니를 포함하여 전체 질량이 545 kg이다. 그 주변 공기의 밀도가 1.25 kg/m^{3}이라면, 그 열기구가 가만히 떠 있을 때 주머니 속의 뜨거운 공기의 밀도를 구하라. 바구니와 관람객에 의해 배제된 공기의 부피는 무시한다.

12(23). 기상관측용 구형 풍선에 반지름이 3.00 m가 될 때까지 수소를 채웠다. 그 기구에 실려 있는 관측용 장비를 포함한 총 질량은 15.0 kg이다. (a) 공기의 밀도가 1.29 kg/m^{3}이라고 가정하고 풍선에 작용하는 부력을 구하라. (b) 풍선이 지면에서 놓인 직후 풍선과 장비들에 작용하는 알짜힘을 구하라. (c) 풍선이 상승하면서 풍선의 지름이 늘어나는 이유는 무엇인가?

13(27). 밀도가 650. kg/m^{3}이고 한 변의 길이가 20.0 cm인 정육면체 나무토막이 물에 떠 있다. (a) 그 나무토막이 수면으로부터 물 위로 노출된 부분의 길이는 얼마인가? (b) 그 나무토막의 윗면이 수면과 같게 하기 위해 올려놓아야 할 납 덩어리의 질량은 얼마인가?

14(29). 어떤 시료의 무게는 공기 중에서는 300 N이고, 비중이 0.700인 알코올에 잠기면 200 N이다. 이 물질의 (a) 부피와 (b) 밀도를 구하라.

15(31). 2.00 kg의 기름(밀도 = 916 kg/m^3)을 담은 1.00 kg의 비커가 저울 위에 놓여 있다. 용수철 저울에 매달린 2.00 kg의 쇳덩이가 그 기름 속에 완전히 잠겨 있다(그림 P9.15). 평형 상태에서 두 저울의 눈금을 구하라.

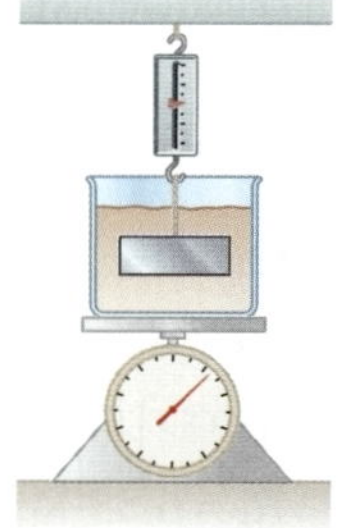

그림 P9.15

9.6 유체의 운동

9.7 유체 동역학의 응용

16(33). 뚜껑이 열려 있는 3.00 m 높이의 물통에 물이 맨 위까지 채워져 있다. 맨 밑에서 높이 0.800 m 되는 곳에는 작은 관이 연결되어 있어서 그 관으로부터 물이 나온다. 흘러나오는 물의 속력은 얼마인가?

17(35). (a) 유속이 40 cm/s일 때, 단면적이 2.0 cm^2인 대동맥에 흐르는 혈액(밀도 $\rho = 1.0$ g/cm^3)의 질량 흐름률(g/s)은 얼마인가? (b) 대동맥이 수많은 모세혈관으로 갈라지고 이 모세혈관들의 단면적의 합이 3.0×10^3 cm^2이다. 모세혈관에서의 유속은 얼마인가?

18(37). 밀도가 물과 같은 주사액이 피하 주사기에 들어 있다(그림 P9.18). 주사기 몸체의 단면적이 2.50×10^{-5} m^2이다. 플런저(plunger)에 압력이 없을 때, 모든 곳의 압력이 1.00기압이었다. 2.00 N의 힘 $\vec{\mathbf{F}}$을 주사기 플런저에 가할 때, 바늘 끝에서 나가는 주사액의 속력은 얼마인가? 바늘 끝에서 압력이 1.00기압이고 주사기가 수평으로 놓여 있고 주사기 안에서의 주사액 속력이 아주 작다고 가정한다.

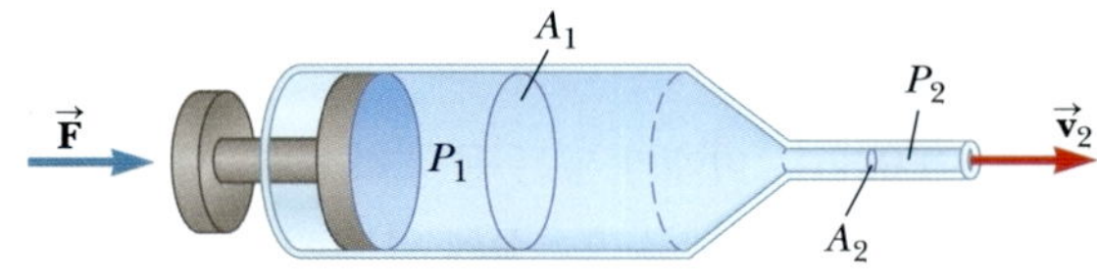

그림 P9.18

19(39). 수평으로 비행하고 있는 제트기의 질량은 8.66×10^4 kg이고 두 날개의 면적은 90.0 m^2이다. (a) 날개의 아랫면과 윗면의 압력 차이는 얼마인가? (b) 날개 아래의 풍속이 225 m/s라면 날개 위의 풍속은 얼마인가? 공기의 밀도는 1.29 kg/m^3으로 가정한다. (c) 모든 비행기가 상승할 수 있는 최고 고도에 한계가 있는 이유를 설명해 보라.

20(43). 그림 P9.20과 같이 탱크 아래의 구멍에서 물줄기가 나온다. 구멍의 지름이 3.50 mm일 때, 탱크의 물 높이 h는 얼마인가?

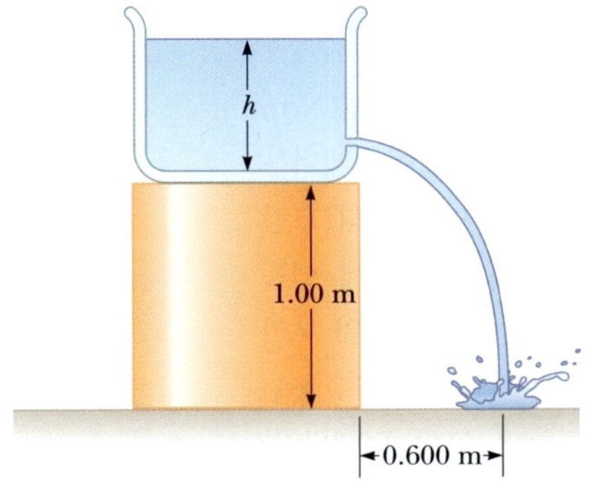

그림 P9.20

21(45). 그림 P9.21에 나와 있는 수평으로 놓인 관의 큰 부분의 안지름이 2.50 cm이다. 오른쪽으로 흐르는 물의 흐름률이 1.80×10^{-4} m^3/s일 때, 좁아진 부분에서의 안지름은 얼마인가?

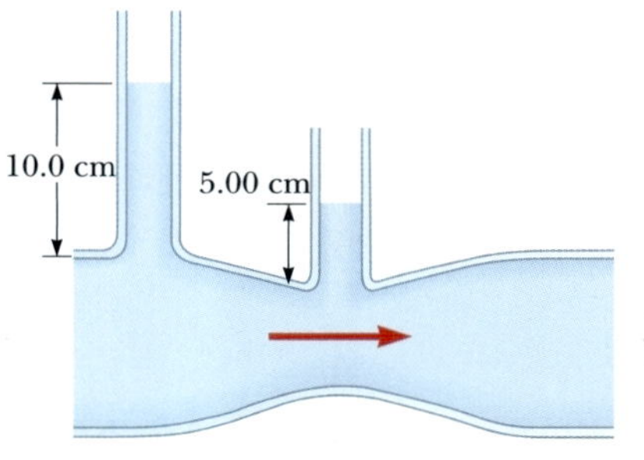

그림 P9.21

22(47). 아이슬란드의 스트로쿠르 간헐천은 5 내지 10분마다 최고 30.0 m의 높이까지 상승하는 온천수를 내뿜는다(그림 P9.22). 끌림힘을 무시할 때, 지면의 분출구를 통해 솟아나오는 온천수의 최대 속력을 구하라. (b) 지하 25.0 m에 정지해 있는 뜨거운 물이 가득 채워진 동굴 속의 압력을 계산하라. (c) 동굴 속의 그 위치에서의 계기 압력은 얼마인가? 동굴의 크기는 분출구에 비해 매우 크다고 가정한다.

그림 P9.22

9.8 표면장력, 모세관 작용과 점성 유체 흐름

23(49). 아주 얇은 금속판의 한 변의 길이는 3.0 cm이다. 이 판을 저울에 매단 채 액체가 담긴 용기에 넣었다(그림 P9.23a). 이때의 접촉각은 영이었고, 저울 눈금은 0.40 N이었다. 베니

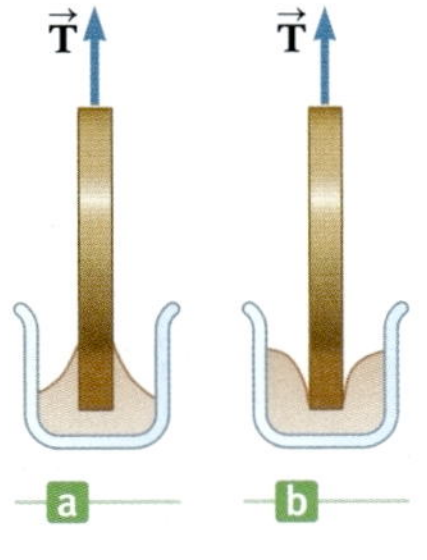

그림 P9.23

어 오일을 금속판에 바르자 접촉각이 180°로 변했고(그림 P9.23b), 저울 눈금은 0.39 N이었다. 액체의 표면장력은 얼마인가?

24(51). 어떤 액체의 밀도가 1 080 kg/m³이다. 지름 1.0 mm의 관을 따라 2.1 cm 올라갈 때, 액체의 표면장력은 얼마인가? 관 벽과 액체의 접촉각은 영이다.

25(55). 지름이 1.0 cm이고 길이가 50 m인 곧은 수평관 속에 점성도가 0.12 N · s/m²인 기름이 흐르고 있다. 관의 출구에서의 흐름률은 8.6×10^{-5} m³/s 이고 압력은 1.0기압이다. 관의 입구 쪽에서의 계기 압력을 구하라.

9.9 수송 현상

26(61). 물로 채워진 10. cm 길이의 관을 수크로오스가 확산해간다. 관의 단면적은 6.0 cm²이다. 확산 계수는 5.0×10^{-10} m²/s이며, 8.0×10^{-14} kg의 질량이 수송되는 데 15 s 걸렸다. 관 양쪽 끝의 수크로오스의 농도 차는 얼마인가?

27(63). 기름방울이 공기 중에서 4.5×10^{-4} m/s의 속도로 자유낙하할 때, 기름방울에 작용하는 점성력은 3.0×10^{-13} N이다. 이 기름방울의 반지름이 2.5×10^{-6} m이면, 공기의 점성도는 얼마인가?

9.10 고체의 변형

28(65). 200. kg의 짐이 단면적이 0.200×10^{-4} m²이고 길이가 4.00 m인 줄에 매달려 있다. 줄의 영률은 8.00×10^{10} N/m²이다. 짐의 무게 때문에 늘어난 줄의 길이는 얼마인가?

29(67). 한쪽 끝이 배의 난간에 단단히 고정된 두께가 2.00 cm이고 너비가 15.0 cm인 판자가 배 밖으로 수평으로 2.00 m 나가 있다. 질량이 80.0 kg인 사람이 판자의 끝자락에 서 있다. 만일 판자의 끝 부분이 그의 무게 때문에 5.00 cm 아래로 처진다면 판자의 층밀리기 탄성률은 얼마인가?

30(69). 어느 등산가가 안전을 위해 길이 50 m, 지름 1.0 cm의 로프를 사용한다. 이 로프가 90 kg의 등산가를 지탱하면서 길이가 1.6 m 늘어났다. 로프의 영률은 얼마인가?

31(71). 뼈의 영률은 약 18×10^9 Pa이다. 압축될 때 뼈는 부러지기 직전에 약 160×10^6 Pa의 변형력을 견딜 수 있다. 대퇴골(넓적다리뼈)의 길이가 0.50 m라 할 때 이 뼈가 견딜 수 있는 최대 압축 변형량 ΔL을 구하라.

32(75). 그림 P9.32에 있는 막대가 5.8×10^3 N의 인장력을 받고 있다면, 늘어나는 길이는 얼마인가?

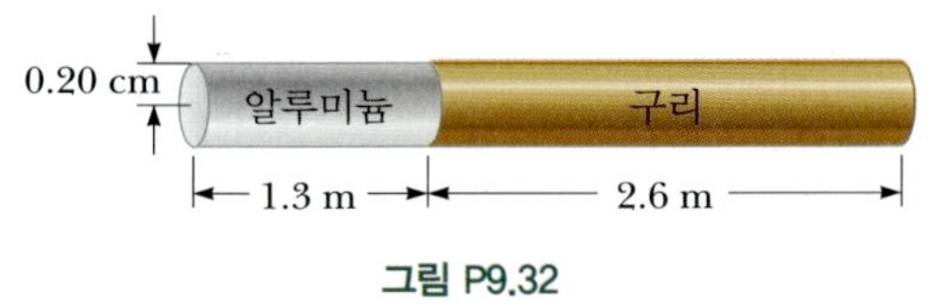

그림 P9.32

종합문제

33(79). 클링피시(clingfish)(학치과) 물고기 대부분은 배지느러미와 가슴지느러미가 모여 흡반 모양을 이루며, 그 가장자리에는 털이 많은 구조로 되어 있어 거친 표면에서도 잘 달라붙을 수 있다. 실험을 통한 연구에 의하면 클링피시의 흡반은 자기 무게의 약 230배나 지탱할 수 있다고 한다. 30.0 g의 북부클링피시의 흡반은 단면적이 15.0 cm²이고 그 주변의 수압이 1.10×10^5 Pa이라고 하자. 그런 물고기가 자신의 몸무게의 230배를 지탱하기 위해서는 흡반 내부의 압력과 주변 수압의 비 $P_{흡반}/P_{주변}$가 얼마나 되어야 하는가?

34(81). 대동맥의 지름은 약 0.50 cm이다. 그에 반해 모세혈관의 지름은 10. μm이다. 대동맥에서의 혈류 속력은 약 1.0 m/s이고 모세혈관에서는 1.0 cm/s이다. 대동맥에 있는 모든 혈액이 모세혈관을 통해 흐른다고 하면, 순환계 전체의 모세혈관 수를 대략 구하라.

35(85). 그림 P9.35는 마개가 있는 물탱크를 나타낸 것이다. 마개가 열려 있을 때, 물탱크 오른쪽에 있는 관으로 뿜어져 나오는 물줄기의 최고 높이는 얼마인가? $h = 10.0$ m, $L = 2.00$ m, $\theta = 30.0°$이고, A의 단면적은 B에 비해 매우 크다.

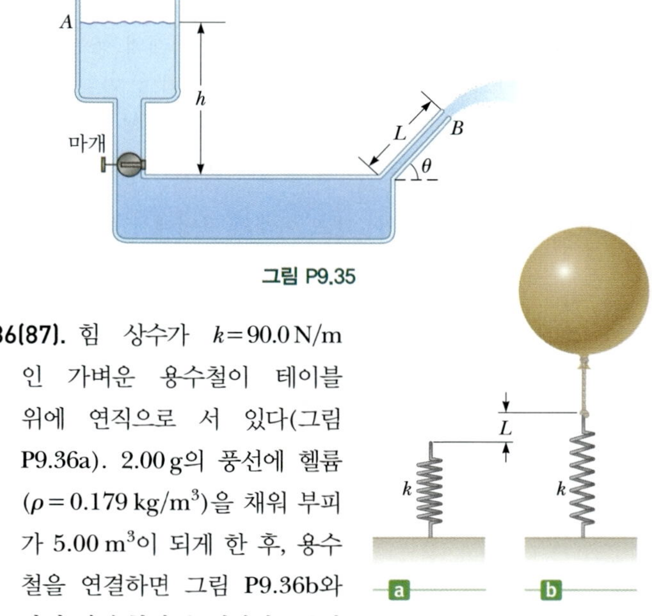

그림 P9.35

그림 P9.36

36(87). 힘 상수가 $k = 90.0$ N/m인 가벼운 용수철이 테이블 위에 연직으로 서 있다(그림 P9.36a). 2.00 g의 풍선에 헬륨($\rho = 0.179$ kg/m³)을 채워 부피가 5.00 m³이 되게 한 후, 용수철을 연결하면 그림 P9.36b와 같이 용수철이 늘어난다. 풍선

이 평형 상태에 있을 때 늘어난 길이 L을 구하라.

37(89). 1657년경, 공기 펌프의 발명가 게리케(Otto von Guericke)는 두 개의 반구를 만들어 붙이고 그 안의 공기를 뽑아내었다(그림 P9.37). 여덟 마리의 말로 구성된 두 팀이 줄에 매인 반구를 잡아당겼을 때 몇 번은 성공하였으나 '매우 힘들게' 떼어 놓을 때마다 나는 소리는 대포 발사 소리 같았다. 그 구를 갈라놓는 데 필요한 힘 F를 구의 내부 반지름 R, 구 내부의 압력 P, 구 외부의 대기압 P_o로 나타내어라.

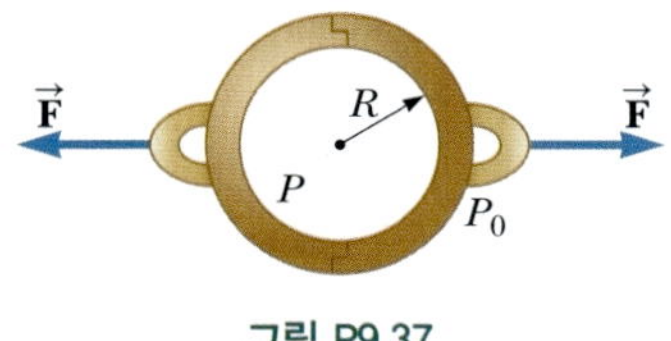

그림 P9.37

38(91). 윗부분이 열려 있는 물탱크의 한쪽에 두 개의 구멍이 뚫려 있다. 하나는 밑에서 5.00 cm 높이에 있고 다른 하나는 12.0 cm 높이에 있다. 두 구멍에서 나오는 물줄기가 바닥에 같은 위치에 떨어진다면 탱크 속의 물의 높이는 얼마인가?

열물리학

Thermal Physics

CHAPTER 10

거대한 폭발이 일어날 때 갇혀 있던 수증기가 어떻게 화산의 봉우리를 날려버릴 수 있는가? 온도가 변할 때, 도로가 갑자기 갈라지거나 뒤틀리는 일은 왜 일어날까? 현대 생활의 많은 것을 가능하게 하는 엔진이 작동하는 데는 열에너지가 어떻게 이용될까?

이와 같은 질문에 답하기 위한 분야가 **열물리학**(thermal physics)이며 온도와 열, 그리고 이들이 물질에 어떤 영향을 미치는지를 연구하는 분야이다. 열적 현상을 정량적으로 기술하기 위해서는 온도, 열, 내부 에너지를 주의 깊게 정의할 필요가 있다. 열은 내부 에너지를 변화시키고, 이로 인해 온도를 변화시켜서 물질을 팽창시키고 수축시킨다. 이런 변화로 도로나 건물이 손상을 입으며, 금속이 갈라지고, 부드러운 물질이 딱딱해지거나 부서지기 쉽게 변하기도 하는데, 실제로 추운 날씨 때문에 고무 오링(O-ring)이 제 기능을 다하지 못하여 우주선 챌린저호의 참사가 일어나기도 하였다.

기체는 열에너지를 활용하여 일을 하는 데 매우 필수적이다. 일상적인 온도 영역에서의 기체는 서로 상호작용하지 않는 점 입자처럼 행동하는데, 이를 이상 기체라고 한다. 이와 같은 기체는 거시적 또는 미시적으로 연구되어 왔다. 거시적인 관점에서 기체의 압력, 부피, 온도, 그리고 입자 수 등은 이상 기체의 법칙이라는 하나의 방정식으로 연결되어 있다. 미시적 관점에서는 기체의 구성원을 작은 입자로 형상화한 모형을 사용한다. 이를 기체 운동론이라 하는데, 압력, 온도, 내부 에너지와 같은 거시적 특성에 영향을 주기 위하여 원자 수준에서 무슨 일이 일어나는지를 알 수 있게 한다.

10.1 온도와 열역학 제0법칙

Temperature and the Zeroth Law of Thermodynamics

Byelikova Oksana/Shutterstock.com

1883년에 크라카토아 화산의 마그마 챔버 속으로 바닷물이 쏟아져 들어갔다. 그 결과 과가열된 고압의 증기가 강력하게 분출되어 섬의 대부분을 파괴하고 수만 명의 목숨을 앗아갔다. 그 소리가 수천 킬로미터 떨어진 곳에서도 들렸다.

물체를 만졌을 때 얼마나 뜨겁고 차가운지에 대한 느낌으로 온도의 개념을 생각할 수 있다. 인간의 감각은 온도를 대략적으로 나타낼 수는 있지만, 신뢰성이 적고 때로는 잘못된 판단일 수도 있다. 예를 들어, 냉동기 안에 있는 똑같은 온도의 금속 쟁반과 냉동식료품을 담은 종이 상자를 만질 때, 금속 쟁반이 더 차갑다고 느낀다. 이는 금속이 종이 상자보다 열전도가 더 빠르기 때문이다. 우리에게 필요한 것은 물체의 '뜨거움'과 '차가움'을 상대적으로 측정하기 위한 신뢰할 수 있고 재현 가능한 방법을 찾아내는 것이다. 과학자들은 이와 같은 측정을 위해 다양한 온도계를 개발해 왔다.

온도가 다른 두 물체가 접촉하면 결국에는 어떤 중간 온도에 도달하게 된다. 예를 들어, 뜨거운 커피에 얼음을 넣는다면, 커피의 온도가 내려가는 동안 얼음은 온도가 올라가면서 결국에는 녹을 것이다. 온도 차이로 인하여 두 물체 사이에 교환되는 에너지를 **열**(heat)이라고 하는데, 열의 개념은 11장에서 상세히 다룰 것이다.

온도의 개념을 이해하기 위해서는 열접촉과 열평형을 이해해야 한다. 에너지를 서로 교환할 수 있을 때, 두 물체는 서로 **열접촉**(thermal contact)되었다고 말한다. 열

그림 10.1 열역학 제0법칙

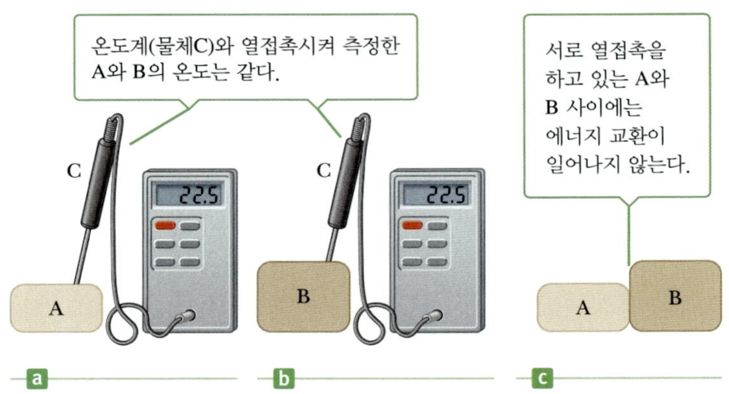

접촉 상태에서 서로 알짜 에너지의 교환이 더 이상 없을 때, 두 물체는 서로 **열평형**(thermal equilibrium) 상태에 있다고 말한다.

이러한 개념을 사용하여 온도를 공식적으로 정의할 수 있다. 서로 열접촉 상태에 있지 않은 두 물체 A와 B, 그리고 **온도계**(thermometer)로 작용하는 물체 C를 생각해 보자. A와 B가 열접촉했을 때, 두 물체가 서로 열평형 상태에 있는지 여부를 결정하고자 한다. 온도계(물체 C)는 먼저 A와 열접촉하여 열평형에 이른 다음 온도계의 눈금을 기록한다(그림 10.1a). 이제 온도계를 B와 접촉하여 열평형 상태의 눈금을 기록한다(그림 10.1b). 만약 두 눈금이 서로 같다면 A와 B는 서로 열평형 상태이다. A와 B가 그림 10.1c처럼 서로 열접촉할 경우 그들 사이에는 어떠한 에너지 흐름도 발생하지 않는다.

이 결과는 **평형의 법칙**(law of equilibrium)으로 알려져 있는 **열역학 제0법칙**(zeroth law of thermodynamics)으로서, 다음과 같이 요약할 수 있다.

열역학 제0법칙 ▶

> 물체 A와 B가 각각 세 번째 물체와 열평형 상태이면, A와 B는 서로 열평형 상태이다.

이 법칙은 **온도**(temperature)를 정의하는 데 사용되기 때문에 매우 중요하다. 온도라는 것은 한 물체가 다른 물체와 열평형 상태에 있는지의 여부를 결정하는 특성을 규정하는 물리량으로 생각할 수 있다. **서로 열평형 상태인 두 물체의 온도는 같다.**

10.2 온도계와 온도 눈금 Thermometers and Temperature Scales

온도계는 물체나 계의 온도를 측정하기 위한 도구이다. 온도계가 어떤 계에 열접촉할 때, 온도계와 계가 열평형에 이를 때까지 에너지를 서로 교환한다. 정확한 측정을 위해서 온도계의 크기는 계보다 훨씬 작아야 한다. 이는 온도계가 얻거나 잃는 에너지가 계의 전체 에너지를 크게 변화시키지 말아야 하기 때문이다. 모든 온도계는 온도에 따른 물리적 특성의 변화를 이용하여 온도를 측정한다. 이용되는 물리적 특성으로는 (1) 액체의 부피, (2) 고체의 길이, (3) 일정한 부피에서의 기체 압력, (4) 일정한 압력에서의 기체 부피, (5) 전도체의 전기 저항, (6) 매우 뜨거운 물체의 색깔 등이 있다.

일상생활에서 널리 사용되는 온도계는 수은이나 알코올 같은 액체를 사용하는데, 이 액체는 온도가 올라갈 때 유리 모세관 속에서 팽창한다(그림 10.2). 이 경우에 변화하는 물리량은 부피이다. 효과적인 온도계가 되려면 측정 영역의 온도에서 온도 변화에 따른 액체의 부피 변화가 거의 일정해야 한다. 모세관의 단면적이 일정할 때, 액체의 부피 변화는 온도계 액체 기둥의 길이에 비례한다. 그러므로 온도를 액체 기둥의 길이로 정의할 수 있다. 온도계는 일정한 온도에 있는 계와 열접촉함으로써 눈금을 보정할 수 있다. 유사한 계로는 대기압하에서 열평형 상태에 있는 물과 얼음의 혼합물이 있다. 또 다른 예로 대기압하에서 열평형 상태에 있는 물과 수증기의 혼합물이 있다.

온도계가 놓여진 환경에서 온도계 액체 기둥의 양 끝을 표시한 다음, 여러 온도와 관련된 눈금을 정의해야 한다. 예를 들어, **섭씨 온도 눈금**(Celsius temperature scale)이 있다. 섭씨 온도 눈금에서는 얼음–물 혼합물의 온도를 섭씨 0도라 하며 0°C라고 쓰는데, 이 온도를 **물의 얼음점**(ice point of water) 또는 **어는점**(freezing point)이라 한다. 마찬가지로 물–수증기 혼합물의 온도를 100°C로 정의하며, **물의 증기점**(steam point of water) 또는 **끓는점**(boiling point)이라 한다. 온도계에서 액체 기둥의 끝을 이들 두 점으로 표시하고, 그 사이를 100개의 동일한 간격으로 나누면 각각의 간격이 섭씨 1도의 온도 변화에 해당한다.

이런 온도계는 아주 정밀한 측정이 필요한 경우에는 문제점이 있다. 예를 들어, 물의 얼음점과 증기점으로 보정된 알코올 온도계와 수은 온도계의 눈금은 오직 보정점에서만 일치할 수 있다. 왜냐하면 수은과 알코올은 서로 다른 선형성의 열팽창 특성을 가지므로, 한 온도계가 50°C일 때 다른 온도계는 약간 다른 값을 가질 수도 있기 때문이다. 특히 측정 온도가 보정점으로부터 멀 경우, 두 온도계 사이의 불일치 정도가 훨씬 커진다. 그러나 이 경우는 앞으로 무시하도록 한다.

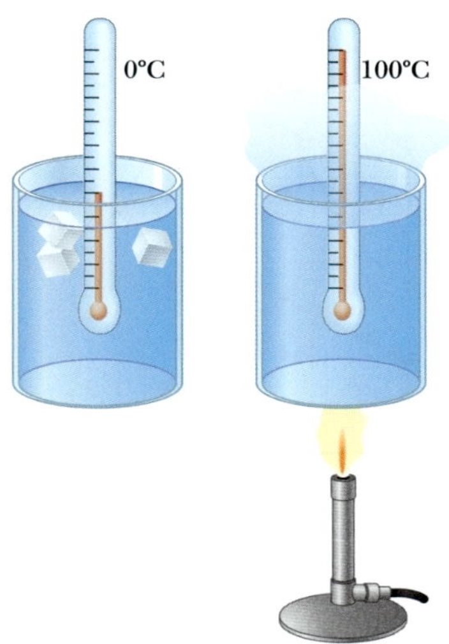

그림 10.2 수은 온도계의 개략도. 온도가 0°C(얼음점)에서 100°C(증기점)로 올라갈 때, 열팽창에 의해 수은의 높이가 올라간다.

10.2.1 등적 기체 온도계와 켈빈 눈금

The Constant-Volume Gas Thermometer and the Kelvin Scale

수은 온도계는 실용적이긴 하지만 이러한 형태의 온도계는 근본적인 방식으로 온도를 정의한 것은 아니다. 보다 근본적으로 내부 에너지와 관련하여 온도를 정의하는 **기체 온도계**(gas thermometer)가 있다. 기체 온도계에 나타나는 온도는 사용된 물질의 종류와는 거의 무관하다. 등적 기체 온도계의 한 종류가 그림 10.3에 나타나 있다. 이 기기는 일정한 부피에서 기체의 온도가 변할 때 압력이 변하는 현상을 이용한 것이다. 등적 기체 온도계가 개발되었을 때, 얼음점과 증기점을 사용하여 보정하였다(현재는 다른 보정 과정이 사용되고 있으며 아래에서 설명할 것이다). 기체 플라스크를 물–얼음 혼합통에 넣고 기체의 부피가 영점 눈금을 가리킬 때까지 수은 저장체 B를 올리거나 내린다. 수은 저장체 B와 수은주 A의 높이차 h가 0°C에서 플라스크 속의 압력을 나타낸다. 플라스크를 증기점에 있는 물속에 넣고, 수은주 A가 다시 영점 눈금을 가리킬 때

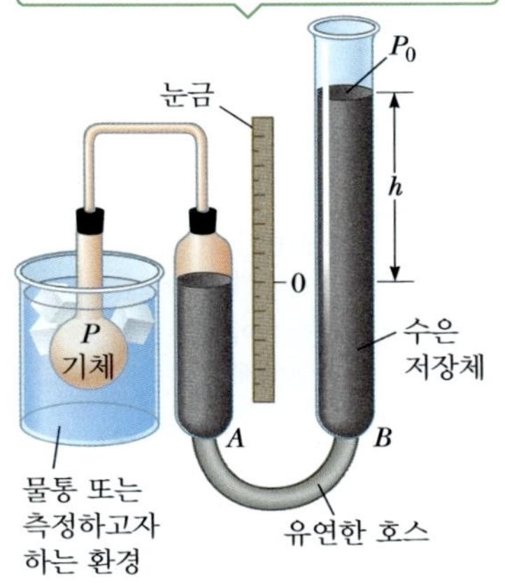

그림 10.3 등적 기체 온도계는 물속에 담긴 플라스크 내부의 기체 압력을 측정한다.

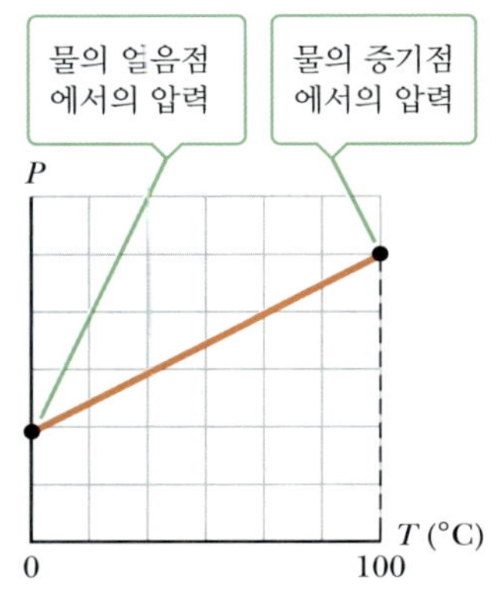

그림 10.4 등적 기체 온도계로 얻은 압력과 온도의 일반적인 그래프

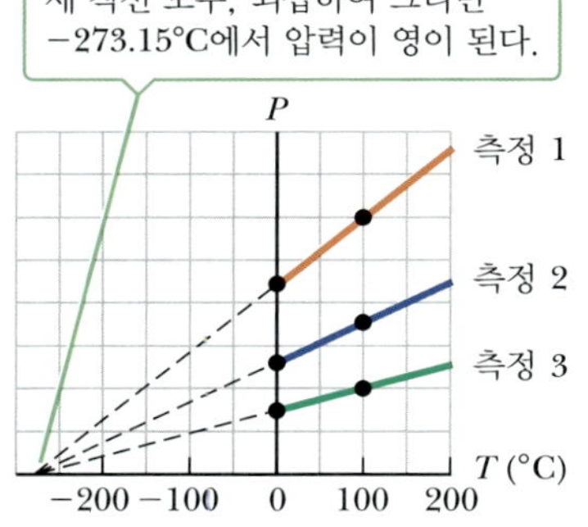

그림 10.5 등적 기체 온도계에서 각기 다른 압력하에서 실험한 압력 대 온도 그래프

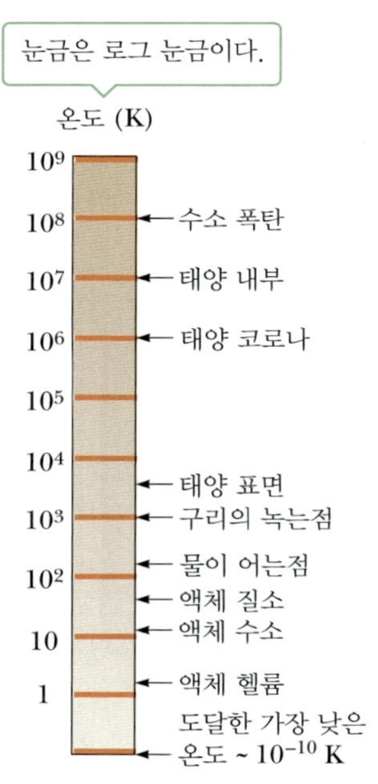

그림 10.6 여러 가지 물리적 과정이 일어나는 절대 온도

까지 저장체 B를 재보정하면, 기체 부피가 얼음통에서의 경우와 똑같이 유지된다는 것을 알 수 있다. 새로 측정한 h값이 100°C에서의 압력을 나타낸다. 이 압력과 온도값을 그림 10.4에 두 점으로 나타냈다. 두 점을 연결하는 선은 미지의 온도를 측정하기 위한 보정선이 된다. 어떤 물질의 온도를 측정하기 위해서는, 기체가 든 플라스크를 그 물질과 열접촉시키고 수은주 A의 높이가 영점이 될 때까지 수은주를 재보정한다. 수은주의 높이로부터 기체의 압력을 알 수 있고, 그래프로부터 그 물질의 온도를 찾을 수 있다.

이제 각각 다른 기체를 사용하는 여러 가지 기체 온도계로 온도를 측정해 보자. 기체의 압력이 낮고 온도는 기체가 액화되는 온도보다 훨씬 높은 경우에는 측정된 온도가 기체의 종류에 거의 무관하다는 것이 실험으로 알려져 있다.

0°C에서 각기 다른 압력값에서 시작하여 플라스크 안의 기체 온도를 측정해 볼 수 있다. 그림 10.5에서 보는 바와 같이 압력이 낮을 경우 각각의 시작 압력에 대하여 직선의 보정선을 얻을 수 있다.

만일 그림 10.5의 선을 마이너스 온도 방향으로 연장하면, 놀라운 결과를 발견하게 된다. 모든 경우에, 기체의 종류나 압력의 시작점에 관계없이 **온도가 −273.15°C가 될 때 압력이 영으로 접근**함을 알 수 있다. 이러한 사실은 이 특별한 온도가, 사용되는 물질에 무관하기 때문에 매우 보편적인 값임을 암시한다. 게다가, 가장 낮은 압력은 진공인 $P=0$이기 때문에 −273.15°C는 물리학적 과정의 하한을 나타낸다. 이 온도를 **절대 영도**(absolute zero)로 정의한다.

절대 영도는 **켈빈 온도 눈금**(Kelvin temperature scale)의 기준으로 사용하며, −273.15°C를 영점(0 K)으로 한다. 켈빈 눈금에서의 온도 간격은 섭씨 눈금에서와 같다. 두 온도 눈금의 관계는

$$T_C = T - 273.15 \qquad [10.1]$$

로 주어진다. 여기서 T_C는 섭씨 온도, T는 켈빈 온도(또는 **절대 온도**)이다.

기술적으로는 식 10.1에서 단위를 넣어 $T_C = T\text{°C/K} - 273.15\text{°C}$로 써야 하지만, 상당히 거추장스러우므로 마지막 답에 쓰는 경우를 제외하고는 단위를 생략하기로 한다. 이것은 또한 섭씨와 화씨에 대해서도 마찬가지일 것이다.

초기의 기체 온도계는 위에서 기술한 과정에 따른 얼음점과 증기점을 사용하였다. 그러나 얼음점과 증기점은 압력 의존성 때문에 실험적으로 재현하기가 힘들었다. 따라서 두 개의 새로운 고정점을 사용하는 일련의 과정이 1954년에 국제 도량형위원회에서 채택되었다. 첫 번째 고정점은 절대 영도이다. 두 번째 고정점은 **물, 수증기, 얼음이 같은 온도와 압력에서 평형 상태로 공존하는 물의 삼중점**이다. 이 고정점은 켈빈 온도에서 편리하고 재현 가능한 기준 온도인데, 0.01°C의 온도와 4.58 mm의 수은 압력에서 일어난다. 켈빈 온도 눈금에서 물의 삼중점 온도는 273.16 K이다. 그러므로 **온도의 SI 단위인 켈빈은 물의 삼중점 온도의 1/273.16로 정의한다.** 그림 10.6은 여러 물리적 과정과 물질의 구조에 대한 켈빈 온도를 나타낸다. 절대 영도는 매우 근접한 온도로 얻을 수 있을 뿐, 실제로 도달할 수는 없다.

만일 절대 영도에 도달할 수 있다면 어떤 현상이 일어날까? 그림 10.5에서와 같이

용기의 벽에 가해지는 압력이 영이 될 것이다(기체가 액체 또는 고체로 변하지 않는다는 가정하에서이다). 10.5절에서 기체의 압력이 기체 분자의 운동에너지에 비례함을 알게 될 것이다. 따라서 고전 물리학에 의하면 기체의 운동에너지는 영이 되고 모든 기체의 운동은 사라지게 될 것이다. 하지만 양자론에 의하면(27장 참고), 영점 에너지라 불리는 잔류 에너지를 가지게 될 것이다. 이 차이점에 대해 생각해 보도록 한다.

10.2.2 섭씨, 켈빈, 화씨 온도 눈금

The Celsius, Kelvin, and Fahrenheit Temperature Scales

식 10.1은 섭씨 온도 T_C가 절대 온도 T에 대하여 273.15만큼 이동되어 있음을 보여준다. 두 눈금에서 온도 간격은 같기 때문에 5°C의 온도 차는 5 K의 온도 차와 같다. 두 눈금은 영점의 선택만 다를 뿐이다. 얼음점(273.15 K)은 0.00°C에 해당하고 증기점(373.15 K)은 100.00°C이다.

미국에서 가장 널리 사용되는 온도 눈금은 화씨 눈금이다. 이 눈금은 얼음점의 온도를 32°F, 증기점의 온도를 212°F로 정한다. 섭씨 온도와 화씨 온도 사이의 관계는

$$T_F = \frac{9}{5}T_C + 32 \qquad [10.2a]$$

로 주어진다. 예를 들어, 50.0°F는 섭씨 온도 10.0°C와 절대 온도 283 K에 해당한다.

식 10.2a는 화씨에서 섭씨로 변환하는 식으로 바꿀 수 있다.

$$T_C = \frac{5}{9}(T_F - 32) \qquad [10.2b]$$

또한 식 10.2는 섭씨와 화씨 눈금 사이의 온도 변화 관계를 찾는 데에도 사용할 수 있다. 섭씨 온도가 ΔT_C만큼 변할 때 화씨 온도가 ΔT_F만큼 변한다면, 그 관계식은

$$\Delta T_F = \frac{9}{5}\Delta T_C \qquad [10.3]$$

로 주어진다. 그림 10.7에 지금까지 논의한 세 눈금을 비교하여 나타내었다. 그 외에도 거의 사용하지 않지만 랭킨(Rankine) 눈금이 있다. 이 눈금은 화씨 온도 눈금과 간격이 같으나 영점을 절대 영도로 하고 있다.

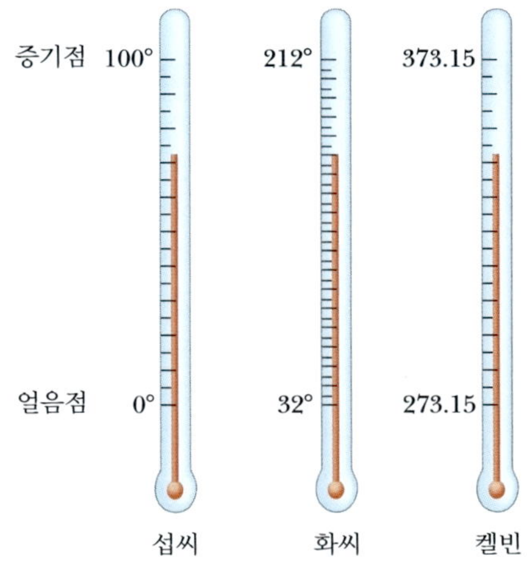

그림 10.7 섭씨, 화씨, 켈빈 온도 눈금의 비교

10.3 고체와 액체의 열팽창 Thermal Expansion of Solids and Liquids

액체 온도계는 대부분의 물질에서 발생하는 잘 알려진 변화 중 하나를 이용한다. 물질의 온도가 상승함에 따라 부피가 증가한다. 이러한 현상을 **열팽창**(thermal expansion)이라 하며, 많은 응용 분야에서 중요한 역할을 한다. 예를 들어, 건물, 콘크리트 고속도로, 다리 등을 만들 때, 열팽창 이음매를 반드시 설치함으로써 온도 변화에 따른 크기 변화를 보정하도록 하고 있다(그림 10.8).

일반적으로 물체의 열팽창은 구성 원자 또는 분자 사이의 평균 간격이 변화하면서 일어난다. 고체 물질의 원자가 어떻게 움직이는지 생각해 보자. 원자들은 고정된 평형점에 위치하고 있다. 만약 원자들이 평형 위치에서 벗어나면, 복원력에 의하여 다시 제자리로 돌아온다. 우리는 원자들이 이웃 원자와 용수철로 연결되어 있다고 모형을 상상할 수 있다(그림 9.1 참고). 만일 어떤 원자가 평형 위치에서 멀어지면 늘어난 용수철에서처럼 복원력을 생성한다.

보통 온도에서 원자들은 평형 위치에서 약 10^{-11} m 정도의 진폭(진동 중심에서부터의 최대 거리)을 갖는 진동을 한다. 이때 원자 사이의 평균 거리는 10^{-10} m 정도이다. 고체의 온도가 증가함에 따라, 원자들은 더 큰 진폭으로 진동하게 되고, 원자들 사이의 거리도 멀어지게 된다. 따라서 고체는 전체적으로 팽창한다.

열팽창 정도가 비교적 작은 온도 차에 의해 생긴다면, 크기 변화는 근사적으로 온도 변화에 비례한다. 물체가 온도 T_0에서 어떤 방향으로 L_0의 길이를 가지고 있었다고 하자. 온도가 ΔT만큼 변할 때 길이는 ΔL만큼 변한다. 따라서 온도가 약간 변할 때,

$$\Delta L = \alpha L_0 \, \Delta T \qquad [10.4]$$

즉,

$$L - L_0 = \alpha L_0 (T - T_0)$$

가 되는데, L은 나중 길이, T는 나중 온도이며, 비례 상수 α는 주어진 물질에 대한 **선팽창 계수**(coefficient of linear expansion)이고 단위는$(°C)^{-1}$이다.

표 10.1은 여러 물질에 대한 선팽창 계수이다. 이들 물질의 α가 양이므로 온도가 증

다리 상판에 도로와 구분되는 열팽창 이음매가 없으면 뜨거운 여름에는 팽창하여 도로의 표면이 뒤틀릴 것이고 매우 추울 때는 수축되어 갈라질 것이다.

a

긴 세로 방향의 이음매에 연질 재료가 채워져 있다. 그래서 벽돌의 온도가 변하면 비교적 자유로이 팽창과 수축을 할 수 있다.

b

그림 10.8 (a) 다리와 (b) 벽에서 열팽창에 대비한 틈새를 둔 이음매

Tip 10.1 팽창 계수는 상수가 아니다.

팽창 계수는 온도에 따라 약간 변화한다. 따라서 주어진 팽창 계수 값은 평균값에 해당한다.

표 10.1 상온에서 여러 가지 물질의 평균 팽창 계수

물질	평균 선팽창 계수$[(°C)^{-1}]$	물질	평균 부피 팽창 계수$[(°C)^{-1}]$
알루미늄	24×10^{-6}	아세톤	1.5×10^{-3}
황동과 청동	19×10^{-6}	벤젠	1.24×10^{-3}
콘크리트	12×10^{-6}	에틸알코올	1.12×10^{-3}
구리	17×10^{-6}	휘발유	9.6×10^{-4}
유리(보통)	9×10^{-6}	글리세린	4.85×10^{-4}
유리(파이렉스)	3.2×10^{-6}	수은	1.82×10^{-4}
불변강(니켈-철 합금)	0.9×10^{-6}	송진	9.0×10^{-4}
납	29×10^{-6}	공기[a](0°C)	3.67×10^{-3}
강철	11×10^{-6}	헬륨	3.665×10^{-3}

[a]기체는 열적 과정에 따라 팽창의 양이 달라지기 때문에 부피 팽창 계수의 값이 정해져 있지 않다. 여기에 주어진 기체에 대한 값은 정압 팽창을 가정한 값이다.

가할 때 길이가 늘어남에 유의하라.

열팽창은 부엌이나 실험실에서 사용되는 유리 제품에 영향을 미친다. 일반 유리로 된 차가운 용기에 뜨거운 액체를 넣을 때, 열 변형력에 의하여 용기가 깨질 수 있다. 용기의 안쪽 표면은 뜨거워져서 팽창하고, 바깥쪽 표면은 상온이므로 일반 유리는 양쪽의 서로 다른 열적 팽창을 견디지 못하고 깨지고 만다. 파이렉스 유리는 선팽창 계수가 일반 유리에 비하여 1/3에 불과하여 열 변형력이 훨씬 작다. 조리용 계량컵이나 실험용 비커는 뜨거운 액체를 다루기 위하여 파이렉스로 만드는 경우가 많다.

응용

파이렉스 유리

예제 10.1 철도 선로의 열팽창

목표 선팽창의 개념을 적용하고 변형력과 연관 지어 생각한다.

문제 **(a)** 강철로 만들어진 철로의 길이가 0°C에서 30.000 m이다. 기온이 40.0°C인 어느 더운 날에는 길이가 얼마나 되는가? **(b)** 레일이 못으로 고정되어 있다고 가정하면 온도 변화에 따른 변형력은 얼마인가(그림 10.9)?

전략 **(a)** 표 10.1과 식 10.4를 이용하여 선팽창 계수를 구한다. **(b)** 외적인 제약에 의하여 ΔL만큼 팽창할 수 없는 철로는 ΔL만큼 압축된 것과 같아져 철로에 변형력을 생성한다. 인장 변형력과 인장 변형을 관련짓는 식과 선팽창 식을 함께 사용하면 변형력은 식 9.30을 이용하여 계산할 수 있다.

AP Images/Wide World Photos

그림 10.9 (예제 10.1) 열팽창: 미국 뉴저지주의 애즈베리 공원에서 폭염에 의해 기차 철로가 휘어져 있다.

풀이

(a) 40.0°C에서의 철로의 길이를 구한다.

주어진 값을 식 10.4에 대입하여 변화된 길이를 구한다.

$$\Delta L = \alpha L_0 \Delta T = [11 \times 10^{-6} (°\mathrm{C})^{-1}](30.000\ \mathrm{m})(40.0°\mathrm{C})$$
$$= 0.013\ \mathrm{m}$$

원래 길이에 변화량을 더해 나중 길이를 구한다.

$$L = L_0 + \Delta L = \boxed{30.013\ \mathrm{m}}$$

(b) 철로가 팽창할 수 없을 때의 변형력을 구한다.

식 9.30에 대입하여 변형력을 구한다.

$$\frac{F}{A} = Y\frac{\Delta L}{L_0} = (2.00 \times 10^{11}\ \mathrm{Pa})\left(\frac{0.013\ \mathrm{m}}{30.0\ \mathrm{m}}\right)$$
$$= \boxed{8.7 \times 10^{7}\ \mathrm{Pa}}$$

참고 가열과 냉각이 반복되면 사물은 점점 낡게 되어 시간이 지남에 따라 구조가 약해진다.

열팽창 과정을 사진이 확대되는 것처럼 생각하는 것이 도움이 될 수도 있다. 예로 금속 와셔(washer)에 열을 가하면(그림 10.10), 구멍의 반지름을 포함한 모든 길이가 식 10.4에 따라 증가하게 된다.

열팽창에 대한 실질적인 응용 예로는 뜨거운 물을 사용하여 유리병에 꽉 달라붙은 금속 뚜껑을 떼어내는 일상적인 방법을 들 수 있다. 뜨거운 물을 부으면 병뚜껑의 둘레가 유리병 입구보다 많이 팽창하기 때문에 꽉 닫힌 뚜껑을 열 수 있다.

물체의 선형 크기가 온도에 따라 변하기 때문에 부피와 겉넓이는 온도에 따라 변하게 된다. 한 변의 길이가 L_0이고 넓이가 $A_0 = L_0^2$인 정사각형을 생각해 보자. 온도가 증가함에 따라 각 변의 길이는

$$L = L_0 + \alpha L_0\, \Delta T$$

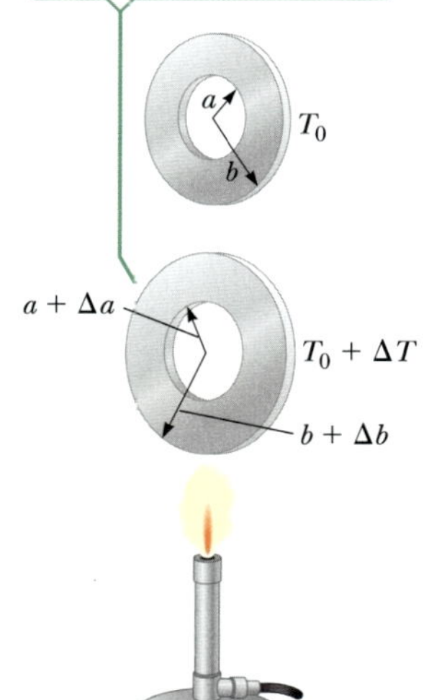

그림 10.10 균일한 금속 와셔의 열팽창. 그림에서는 팽창 정도가 과장되어 있다.

로 증가한다. 사각형 물체의 변화된 넓이는

$$A = L^2 = (L_0 + \alpha L_0\,\Delta T)(L_0 + \alpha L_0\,\Delta T) = L_0^{\,2} + 2\alpha L_0^{\,2}\,\Delta T + \alpha^2 L_0^{\,2}(\Delta T)^2$$

이다. 마지막 항은 $\alpha\Delta T$의 제곱에 비례한다. $\alpha\Delta T$는 1보다 매우 작기 때문에 제곱 항은 더욱 작아져서 무시할 수 있고,

$$A = L_0^{\,2} + 2\alpha L_0^{\,2}\,\Delta T$$
$$A = A_0 + 2\alpha A_0\,\Delta T$$

그러므로

$$\Delta A = A - A_0 = \gamma A_0\,\Delta T \qquad [10.5]$$

로 표현할 수 있다. 여기서 $\gamma = 2\alpha$이며 γ를 **넓이 팽창 계수**(coefficient of area expansion)라고 부른다.

비슷한 과정을 통하여 온도 변화에 따른 부피의 변화는

$$\Delta V = \beta V_0\,\Delta T \qquad [10.6]$$

임을 알 수 있는데 여기서 β를 **부피 팽창 계수**(coefficient of volume expansion)라 하며 3α와 같다(물체의 선팽창 계수가 모든 방향에 대하여 같을 경우에 한하여 $\gamma = 2\alpha$이며 $\beta = 3\alpha$임에 주목하라).

표 10.1에서와 같이 물질은 고유한 팽창 계수를 갖는다.

응용
해수면 상승

물의 열팽창은 해수면의 상승에 매우 큰 영향을 미친다. 현재와 같이 지구 온난화 현상이 계속된다면 해수면 상승 높이의 절반 정도는 열팽창 때문이며, 나머지는 극지방의 얼음이 녹는 것에서 기인할 것으로 과학자들은 예상한다.

예제 10.2 링과 막대

목표 넓이 팽창 방정식을 적용한다.

문제 **(a)** 20.0°C에서 구리로 된 링의 내부 넓이가 9.980 cm²이다. 이 링을 단면적인 10.000 cm²인 강철 막대에 끼우기 위한 링의 최소 온도는 얼마인가? **(b)** 링과 막대를 동시에 가열한다고 하자. 링이 막대에서 빠져나오는 최소한의 온도 변화를 구하라. 이 온도 영역에서 선팽창 계수가 변하지 않는다고 가정한다.

전략 **(a)** 주어진 값을 넓이 팽창 방정식 10.5에 대입하여 필요한 온도 변화를 구한다. $\gamma = 2\alpha$임을 기억하라. **(b)** 막대가 같이 팽창하기 때문에 더 어렵다. 링이 막대에 끼워져 있으면 둘의 나중 단면적은 서로 같아야 한다. 이 조건을 수학적으로 기술한 다음 식 10.5를 사용하여 ΔT를 풀면 된다.

풀이

(a) 막대에 링을 끼울 수 있는 링의 온도를 구한다.

식 10.5에 주어진 값을 대입하고 ΔT를 유일한 미지수로 남긴다.

$$\Delta A = \gamma A_0\,\Delta T$$
$$0.020\text{ cm}^2 = [34 \times 10^{-6}\,(^\circ\text{C})^{-1}](9.980\text{ cm}^2)(\Delta T)$$

ΔT에 대해서 풀고, 이 변화를 처음 온도에 더하여 나중 온도를 구한다.

$$\Delta T = 59^\circ\text{C}$$
$$T = T_0 + \Delta T = 20.0^\circ\text{C} + 59^\circ\text{C} = 79^\circ\text{C}$$

(b) 링과 막대가 가열될 때, 링이 막대에서 빠져나오는 최소한의 온도 변화를 구한다.

구리로 된 링과 강철 막대의 나중 넓이를 같게 놓는다.

$$A_C + \Delta A_C = A_S + \Delta A_S$$

각 넓이의 변화 ΔA를 대입한다.

$$A_C + \gamma_C A_C\,\Delta T = A_S + \gamma_S A_S\,\Delta T$$

식을 정리하여 한쪽으로 ΔT를 모아서 푼다.

$$\gamma_C A_C \Delta T - \gamma_S A_S \Delta T = A_S - A_C$$

$$(\gamma_C A_C - \gamma_S A_S)\,\Delta T = A_S - A_C$$

$$\Delta T = \frac{A_S - A_C}{\gamma_C A_C - \gamma_S A_S}$$

$$= \frac{10.000\ \text{cm}^2 - 9.980\ \text{cm}^2}{(34 \times 10^{-6}\ {}^\circ\text{C}^{-1})(9.980\ \text{cm}^2) - (22 \times 10^{-6}\ ({}^\circ\text{C})^{-1})(10.000\ \text{cm}^2)}$$

$$\Delta T = \boxed{170^\circ\text{C}}$$

참고 온도를 변화시키는 방법은 화학 실험에서 시료병의 유리 마개 등과 같은 유리 제품을 분리시키는 데 유용하게 사용된다.

예제 10.3 지구 온난화와 해안의 범람

목표 부피 팽창식과 선팽창 식을 같이 적용한다.

문제 **(a)** 평균 온도가 1°C 변화할 때, 지구 해양의 부피 변화율을 추정하라. **(b)** 해양의 평균 깊이가 4.00×10^3 m라는 사실을 적용하여 깊이의 변화량을 구하라. $\beta_{물} = 2.07 \times 10^{-4}(^\circ\text{C})^{-1}$이다.

전략 **(a)** 부피 팽창 식 10.6을 $\Delta V/V$에 대하여 푼다. **(b)** 선팽창 식을 사용하여 깊이 변화를 추정한다. 엄청나게 큰 땅덩어리의 팽창은 무시하라. 그 팽창으로 인한 해수면의 상승은 아주 작다.

풀이

(a) 부피의 변화율을 구한다.

부피 팽창 식을 V_0로 나누고 값을 대입한다.

$$\Delta V = \beta V_0 \Delta T$$

$$\frac{\Delta V}{V_0} = \beta\,\Delta T = (2.07 \times 10^{-4}(^\circ\text{C})^{-1})(1^\circ\text{C}) = \boxed{2 \times 10^{-4}}$$

(b) 깊이 변화량을 구한다.

선팽창 식을 이용한다. 물의 부피 팽창 계수를 3으로 나누어 선팽창 계수를 구한다.

$$\Delta L = \alpha L_0\,\Delta T = \left(\frac{\beta}{3}\right) L_0\,\Delta T$$

$$\Delta L = (6.90 \times 10^{-5}(^\circ\text{C})^{-1})(4\,000\ \text{m})(1^\circ\text{C}) \approx \boxed{0.3\ \text{m}}$$

참고 0.3 m는 중요하지 않게 여겨질 수도 있다. 하지만 빙하가 녹는 것까지 고려하면 해변은 범람할 수도 있다. 몇 도의 온도 상승이 ΔL값을 몇 배나 상승시킬 수 있다.

물의 이상한 성질

액체는 일반적으로 온도가 증가할 때 부피가 증가하고, 고체보다 약 10배나 큰 부피 팽창 계수를 갖는다. 그러나 그림 10.11의 밀도-온도 곡선에서 알 수 있듯이 물은 이 경우에서 예외이다. 온도가 0°C에서 4°C로 상승할 때 물은 수축하고, 밀도가 증가한

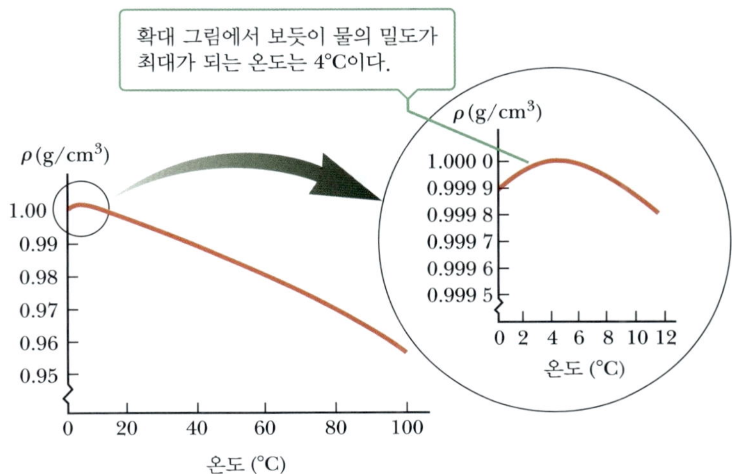

그림 10.11 온도에 따른 물의 밀도

다. 4°C 이상에서는 온도가 상승함에 따라 보통의 경우처럼 팽창한다. 결국 물의 밀도는 4°C에서 최댓값인 1 000 kg/m^{3}가 된다.

이와 같은 물의 이상한 열팽창 성질에 근거하여 연못이 표면부터 아래로 천천히 어는 이유를 설명할 수 있다. 대기 온도가 7°C에서 6°C로 떨어질 때 연못 표면의 물은 차가워지고 부피가 감소한다. 이것은 표면의 물이 아래쪽 물보다 더 큰 밀도를 가지게 되는 것을 의미한다. 따라서 표면의 물은 가라앉게 되고 좀 더 따뜻한 물이 아래로부터 표면으로 떠올라 차가워진다. 그러나 4°C에서 0°C 사이의 대기 온도에서는 표면의 물이 팽창하여 아래쪽 물보다 낮은 밀도를 갖게 된다. 따라서 표면의 물이 더 이상 가라앉지 않고, 표면부터 얼게 된다. 이와 같은 이유로 얼음은 계속 표면에서 만들어지고, 연못 아래 부분의 물은 4°C로 남게 되는 것이다. 표면의 얼음은 아래쪽 물의 열손실을 막는 작용도 하게 되어, 해양 생물의 열보호원 구실도 하게 된다.

응용
어는 물의 팽창과 지구상의 생물

물에서 이런 일이 일어나지 않는다면 물고기와 해양 생명체는 겨울에 살아남을 수 없을 것이다. 만약 얼음이 물보다 밀도가 높았다면 수면 아래로 가라앉아 쌓이게 되어 해양이 얼어붙었을 것이고, 지구는 영화 스타워즈의 '제국의 역습'에 나오는 호스(Hoth)와 같이 얼음행성이 되었을 것이다.

응용
수도관의 동파

이러한 열팽창 특성으로 인하여 겨울에 수도관이 파열되기도 한다. 바깥쪽 차가운 공기로 열을 빼앗기면 수도관 안에 있는 물의 가장자리가 얼기 시작한다. 계속적인 열전달로 인하여 수도관의 중심부 쪽으로 점점 얼음이 형성된다. 이러한 얼음 사이에 열린 틈이 있을 때, 온도가 0°C로 접근함에 따라 관의 다른 부분으로 물이 팽창할 수 있다. 결국 수도관의 길이를 따라 중심부 쪽으로 얼음이 만들어져서 얼음 마개를 형성한다. 이러한 얼음 마개와 수도관 속에 낀 다른 얼음 마개 같은 장애물 사이에 여전히 갇힌 물이 남아 있으면 팽창하거나 얼 수 있는 공간이 없으므로, 압력이 커지면 수도관이 터지게 된다.

10.4 이상 기체 법칙 The Ideal Gas Law

기체의 성질은 많은 열역학 과정에서 중요하다. 기체의 성질에 의존하는 좋은 예로서 기후를 들 수 있다.

기체를 용기에 넣으면 기체는 팽창하여 용기를 균일하게 채우게 된다. 기체의 압력은 용기의 크기, 온도, 기체의 양에 따라 다르다. 용기가 클수록 압력은 작아지며, 온도가 높을수록 또는 기체의 양이 많을수록 압력은 커진다. 압력 P, 부피 V, 온도 T, 기체의 양 n은 상태 방정식에 의해서 서로 연결되어 있다.

일반적으로 상태 방정식은 매우 복잡하지만, 기체가 낮은 압력(또는 낮은 밀도)으로 유지되면 비교적 간단하다는 것이 실험적으로 알려져 있다. 이러한 낮은 밀도의 기체는 **이상 기체**(ideal gas)로 근사된다. **이상 기체란 무질서하게 움직이면서 서로에게 장거리 힘을 미치지 않는 원자나 분자들의 모임을 말한다. 이상 기체의 입자는 각각 점으로 간주하며 부피는 무시할 수 있을 정도로 작다. 실온과 대기압에서의 기체는 근사적으**

로 이상 기체처럼 행동한다.

보통 기체는 엄청나게 많은 입자로 이루어져 있기 때문에, 기체의 양은 **몰**(mole)수 n으로 나타내는 것이 편리하다. 헬륨 1몰에 들어 있는 입자의 수는 1몰의 철이나 알루미늄 입자의 수와 같다. 이 수를 아보가드로수라 한다.

$$N_A = 6.02 \times 10^{23} \text{입자/mole}$$

◀ 아보가드로수

아보가드로수와 몰의 정의는 화학과 관련된 물리학 분야에서도 매우 중요하다. 어떤 물질의 몰수는 질량 m과 다음의 관계가 있다.

$$n = \frac{m}{\text{몰질량}} \qquad [10.7]$$

여기서 몰질량은 그 물질 1몰의 질량으로 정의되며 보통 g/mol로 표현한다.

세상에는 무수히 많은 원자가 있다. 따라서 원자들의 모임을 기술할 때 아보가드로수와 같은 큰 수를 선택하는 것이 자연스럽고 편리하다. 동시에 아보가드로수는 10^{24} 같은 다른 10의 거듭제곱으로 개수를 세지 않는다는 점에서 특별한 수이다.

아보가드로수는 그 수만큼의 원소의 질량값을 그램으로 나타냈을 때 그 값이 원자질량 단위(u)로 표시한 그 원소의 원자 하나의 질량과 같도록 설정되어 있다.

이러한 관계는 매우 유익한 것이다. 책 뒤에 나와 있는 주기율표를 보면 탄소의 원자질량을 12 u로 표시했음을 알 수 있는데, 탄소 12 g에는 정확히 6.02×10^{23}개의 원자가 있다. 산소의 원자질량은 16 u이므로 산소 16 g에는 6.02×10^{23}개의 산소 원자가 들어 있다. 이것은 모든 분자에 대해서도 똑같이 적용된다. 수소 분자 H_2의 분자질량은 2 u이므로, 수소 분자 2 g에는 아보가드로수만큼의 분자가 있다.

1971년부터 2019년까지 몰의 기술적 정의는 다음과 같았다. 어떤 물질 1몰은 탄소-12 동위원소 12 g에 있는 원자들과 같은 수의 입자들(원자, 분자, 또는 다른 입자)을 포함하는 물질의 양이다. **2019년에 국제도량형위원회는 몰을 정확히 6.022 140 76 × 10^{23}개의 요소 입자를 포함하는 물질의 양으로 다시 정의하였다.** 이 정의에 의하면 아보가드로수는 정확하게 $6.022\,140\,76 \times 10^{23}$ 입자 수/몰이다.

탄소-12를 예로 들어 아보가드로수만큼의 탄소-12 원자의 질량을 구해 보자. 탄소-12의 원자의 원자질량은 12 u, 즉 12원자질량 단위이다. 1원자질량 단위는 1.66×10^{-24} g으로 원자핵을 구성하는 중성자나 양성자의 질량과 대략 같다. 아보가드로수만큼의 탄소-12 원자의 질량 m은

$$m = N_A(12\text{ u}) = 6.02 \times 10^{23}(12\text{ u})\left(\frac{1.66 \times 10^{-24}\text{ g}}{\text{u}}\right) = 12.0\text{ g}$$

이 된다. 따라서 아보가드로수는 고의적으로 원자질량 단위의 그램값으로부터 역으로 설정되었음을 알 수 있다. 이런 방식으로 보면, 원자질량 단위로 주어진 원자질량은 아보가드로수만큼의 원자의 질량을 그램으로 표시한 것과 같다. 어떤 물질 1몰에는 6.02×10^{23}개의 입자가 있기 때문에 주어진 원소에 대한 원자당 질량은

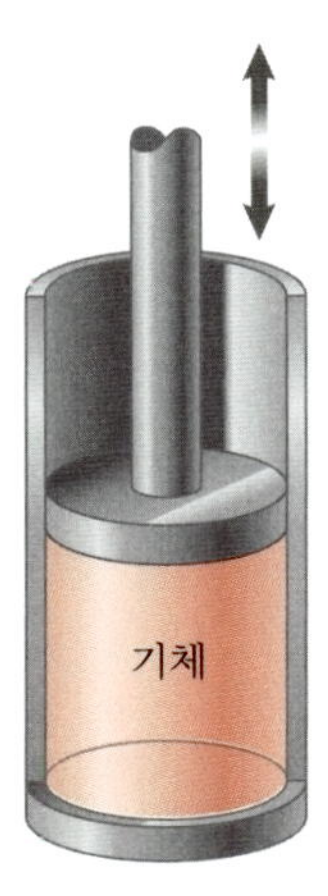

그림 10.12 피스톤이 움직임에 따라 부피가 변하는 실린더 내부의 기체

$$m_{\text{원자}} = \frac{\text{몰질량}}{N_A}$$

이다. 예를 들어, 헬륨 원자의 질량은

$$m_{\text{He}} = \frac{4.00\ \text{g/mol}}{6.02 \times 10^{23}\ \text{원자/mol}} = 6.64 \times 10^{-24}\ \text{g/원자}$$

이다.

이제 그림 10.12에서처럼 움직이는 피스톤에 의해 부피가 변화하는 실린더 용기에 갇힌 이상 기체를 생각하자. 실린더는 새지 않으며 따라서 몰수는 일정하다고 하자. 실험을 해보면 다음과 같은 사실을 알 수 있다. 첫째, 기체의 온도가 일정할 때 기체의 압력은 부피에 반비례한다(보일의 법칙). 둘째, 기체의 압력이 일정할 때 부피는 온도에 정비례한다(샤를의 법칙). 셋째, 부피가 일정하게 유지될 때 압력은 온도에 정비례한다(게이–뤼삭의 법칙). 이와 같은 관찰을 종합하면 **이상 기체 법칙**(ideal gas law)이라는 다음과 같은 식으로 요약된다.

이상 기체의 상태 방정식 ►

$$PV = nRT \qquad [10.8]$$

Tip 10.2 켈빈 온도만 쓴다!
이상 기체 법칙에서의 온도는 켈빈 온도를 써야 한다.

이 식에서 R은 실험적으로 결정되는 기체 상수이고 T는 절대 온도이다. $P-V$ 도표에서 각 점은 그 계의 다른 상태를 나타낸다. 몇 가지 기체에 대한 실험으로부터 압력이 영으로 접근할 때, PV/nT의 값이 모든 기체에 대하여 동일한 R값에 접근함을 알 수 있다. 이러한 이유로 R을 **보편 기체 상수**(universal gas constant) 혹은 이상 기체 상수(ideal gas constant)라고 한다. 압력을 파스칼, 부피를 세제곱미터로 나타내는 SI 단위에서 R값은

보편 기체 상수 ►

$$R = 8.31\ \text{J/mol}\cdot\text{K} \qquad [10.9]$$

Tip 10.3 표준 온도 및 압력
화학자들은 보통 표준 온도와 압력(STP)으로 20°C와 1.0기압을 선택한다. 우리는 STP로 0°C와 1.0기압을 사용한다.

가 된다. 압력은 대기압으로, 부피는 리터($1\ \text{L} = 10^3\ \text{cm}^3 = 10^{-3}\ \text{m}^3$)로 표시하면 R값은

$$R = 0.082\,1\ \text{L}\cdot\text{atm/mol}\cdot\text{K}$$

가 된다. 이 값과 식 10.8을 이용하면 대기압과 0°C(273 K)에서 모든 기체 1몰의 부피는 22.4 L임을 알 수 있다.

예제 10.4 팽창하는 기체

목표 이상 기체 법칙을 사용하여 기체를 분석한다.

문제 부피가 1.00 L인 용기에 온도 20.0°C, 압력이 1.50×10^5 Pa인 이상 기체가 들어 있다. **(a)** 용기 안의 기체의 몰수를 구하라. **(b)** 기체가 피스톤을 밀어내어 부피가 두 배가 되고 압력이 대기압으로 떨어졌다. 나중 온도를 구하라.

전략 **(a)** 이상 기체의 상태 방정식을 몰수 n에 대하여 풀고 주어진 값을 대입한다. 온도를 섭씨에서 절대 온도로 바꾸는 것을 명심하라! **(b)** 기체의 두 상태를 비교할 때, 나중 상태의 이상 기체 방정식을 처음 상태의 이상 기체 방정식으로 나누는 것이 종종 편리하다. 이때 변하지 않는 양은 소거되며 식이 간단해진다.

풀이

(a) 기체의 몰수를 구한다.

온도를 절대 온도로 변환한다.

$$T = T_C + 273 = 20.0 + 273 = 293\ \text{K}$$

이상 기체 방정식을 n에 대하여 풀고 대입한다.

$$PV = nRT$$

$$n = \frac{PV}{RT} = \frac{(1.50 \times 10^5 \text{ Pa})(1.00 \times 10^{-3} \text{ m}^3)}{(8.31 \text{ J/mol} \cdot \text{K})(293 \text{ K})}$$

$$= 6.16 \times 10^{-2} \text{ mol}$$

(b) 기체가 2.00 L로 팽창하였을 때의 온도를 구한다.

나중 상태의 이상 기체 방정식을 처음 상태의 이상 기체 방정식으로 나눈다.

$$\frac{P_f V_f}{P_i V_i} = \frac{nRT_f}{nRT_i}$$

몰수 n과 기체 상수 R을 소거하고 T_f에 대하여 푼다.

$$\frac{P_f V_f}{P_i V_i} = \frac{T_f}{T_i}$$

$$T_f = \frac{P_f V_f}{P_i V_i} T_i = \frac{(1.01 \times 10^5 \text{ Pa})(2.00 \text{ L})}{(1.50 \times 10^5 \text{ Pa})(1.00 \text{ L})} (293 \text{ K})$$

$$= 395 \text{ K}$$

참고 (b)에서 사용한 방법은 이상 기체 문제를 풀 때 유용하다. 단위들은 결국 소거되기 때문에 리터 단위를 세제곱미터 단위로 바꿀 필요가 없다.

예제 10.5 병 속의 메시지

목표 이상 기체 법칙을 뉴턴의 제2법칙과 함께 적용한다.

문제 해변가의 어떤 사람이 코르크 마개가 있는 병(안에 쪽지가 들어 있다)을 발견하였다. 병 속의 공기는 대기압이며 온도가 30.0°C이다. 코르크는 단면적이 2.30 cm²이다. 이 사람이 병을 불 속에 던져 넣었더니 증가된 압력으로 인하여 99°C의 온도에서 코르크가 튀어나왔다. **(a)** 코르크가 빠져나오기 직전의 병 속의 압력은 얼마인가? **(b)** 코르크를 붙잡고 있던 마찰력은 얼마인가? 병의 부피 변화는 무시한다.

전략 **(a)** 병 속의 공기의 몰수는 불 속에서 뜨거워지는 동안에도 변하지 않는다. 나중의 이상 기체 방정식을 처음의 방정식으로 나누어서 나중 압력을 구한다. **(b)** 코르크에 작용하는 힘은 세 개가 있다. 즉, 마찰력, 대기가 외부에서 누르는 힘, 내부의 공기가 바깥으로 밀어내는 힘이다. 뉴턴의 제2법칙을 적용한다. 코르크가 움직이기 직전에 세 힘은 평형을 이루며 마찰력은 최대가 된다.

풀이

(a) 나중 압력을 구한다.

나중의 이상 기체 법칙을 처음의 이상 기체 법칙으로 나눈다.

$$\frac{P_f V_f}{P_i V_i} = \frac{nRT_f}{nRT_i} \qquad (1)$$

n, R, V를 소거하고 P_f를 구한다.

$$\frac{P_f}{P_i} = \frac{T_f}{T_i} \quad \rightarrow \quad P_f = P_i \frac{T_f}{T_i}$$

값을 대입하여 나중 압력을 구한다.

$$P_f = (1.01 \times 10^5 \text{ Pa}) \frac{372 \text{ K}}{303 \text{ K}} = 1.24 \times 10^5 \text{ Pa}$$

(b) 코르크에 작용하는 마찰력의 크기를 구한다.

코르크가 빠져나가기 직전 상태에서 뉴턴의 제2법칙을 적용한다. $P_{내부}$는 병 내부의 압력, $P_{외부}$는 외부의 압력이다.

$$\sum F = 0 \quad \rightarrow \quad P_{내부}A - P_{외부}A - F_{마찰} = 0$$

$$F_{마찰} = P_{내부}A - P_{외부}A = (P_{내부} - P_{외부})A$$

$$= (1.24 \times 10^5 \text{ Pa} - 1.01 \times 10^5 \text{ Pa})(2.30 \times 10^{-4} \text{ m}^2)$$

$$F_{마찰} = 5.29 \text{ N}$$

참고 식 (1)에서 또 한번 기체 방정식의 사용법에 주목하라. 두 상태 방정식을 비교할 때 이 방식이 최선이다. 또 다른 관점: 열을 가열하여 코르크가 빠져나오게 하였다. 이는 기체가 코르크에 대하여 일을 하였다는 의미이다. 팽창하는 기체가 하는 일은 현대 기술의 핵심 중의 하나인데, 12장에서 자세히 다루기로 한다.

앞에서 말한 바와 같이 1몰에 들어 있는 분자의 수는 아보가드로수 $N_A = 6.02 \times 10^{23}$ 입자/mol이므로 몰수 n은 다음과 같다.

$$n = \frac{N}{N_A} \qquad \textbf{[10.10]}$$

여기서 N은 기체 분자의 수이다. 식 10.10으로부터 이상 기체 법칙을 전체 분자 수로 나타내면

$$PV = nRT = \frac{N}{N_A} RT$$

즉

이상 기체 법칙 ►

$$PV = Nk_B T \qquad [10.11]$$

로 쓸 수 있다. 여기서

볼츠만 상수 ►

$$k_B = \frac{R}{N_A} = 1.38 \times 10^{-23}\,\mathrm{J/K} \qquad [10.12]$$

는 **볼츠만 상수**(Boltzmann's constant)이다. 이렇게 표현된 이상 기체 법칙은 다음 절에서 기체 온도와 평균 운동에너지를 연관 짓는 데 사용될 것이다.

10.5 기체의 운동론 The Kinetic Theory of Gases

10.4절에서 압력, 부피, 몰수, 온도 등의 양을 사용하여 이상 기체의 성질을 알아보았다. 이 절에서는 거시적인 특성이 원자 단위에서 일어나는 미시 현상을 기초로 하여 이해될 수 있음을 알게 될 것이다. 또한 기체를 구성하는 개별 분자들의 성질과 관련하여 이상 기체를 다시 살펴볼 것이다.

이상 기체의 모형으로 **기체의 운동론**(kinetic theory of gases)을 기술하고자 한다. 이 이론을 통해서 이상 기체의 압력과 온도를 미시적인 변수들을 이용하여 해석할 수 있다. 기체 운동론은 다음과 같이 가정한다.

이상 기체 운동론의 가정들 ►

1. **기체 속의 분자 수는 매우 많으며 분자 간 평균 거리는 분자의 크기와 비교할 때 매우 크다.** 분자의 수가 많다는 사실로 분자의 성질을 통계적으로 해석할 수 있다. 분자 간 거리가 크다는 것은 분자들이 차지하는 부피를 무시할 수 있음을 의미한다. 이 가정은 분자들을 점 입자처럼 다룰 수 있다는 이상 기체의 모형과 일치한다.
2. **분자들은 뉴턴의 운동 법칙을 따르지만, 전체적으로 무질서하게 움직인다.** '무질서'하다는 것은 기체 분자들이 다양한 속력으로 어느 방향으로든지 같은 확률로 움직인다는 것을 의미한다.
3. **분자들이 탄성 충돌하는 동안 근거리 힘에 의해서만 상호작용한다.** 이는 이상 기체의 모형에서 서로 간에 장거리 힘을 미치지 않는다는 것과 일치한다.
4. **분자들은 벽과 탄성 충돌한다.**
5. **기체 안의 모든 분자는 동일하다.**

흔히 이상 기체를 단원자로 구성된 것으로 형상화하지만, 분자 기체도 낮은 압력에서 근사적으로 이상 기체와 같이 행동한다. 평균적으로 분자 구조와 관련된 효과는 우리가 다루고 있는 운동에 영향을 미치지 않으므로, 아래에서 다루는 내용은 단원자뿐만 아니라 분자로 이루어진 기체에도 적용할 수 있다.

10.5.1 이상 기체의 압력에 대한 분자 모형 Molecular Model for the Pressure of an Ideal Gas

용기 내부에 있는 이상 기체의 압력을 미시적인 양으로 표현하기 위해 먼저 운동론을 적용시켜 보자. 기체의 압력은 기체 분자와 용기 벽과의 충돌로 생긴다. 기체 분자들은 벽과 충돌하고, 벽으로부터 힘을 받아서 운동량이 바뀌게 된다.

이제 부피가 V인 용기 안에 있는 N개의 분자로 구성된 이상 기체의 압력을 구해 보자. 이 절에서 m은 분자 하나의 질량을 나타낸다. 용기는 한 변의 길이가 d인 정육면체이다(그림 10.13). 속도 $-v_x$로 움직여 상자의 왼쪽 면에 충돌하는 분자를 생각해 보자(그림 10.14). 분자는 벽과 탄성 충돌한 후 $+x$ 방향으로 $+v_x$의 속도로 움직인다. 이 분자의 운동량은 충돌 전에는 $-mv_x$, 충돌 후에는 $+mv_x$이므로 운동량의 변화는 다음과 같다.

$$\Delta p_x = mv_x - (-mv_x) = 2mv_x$$

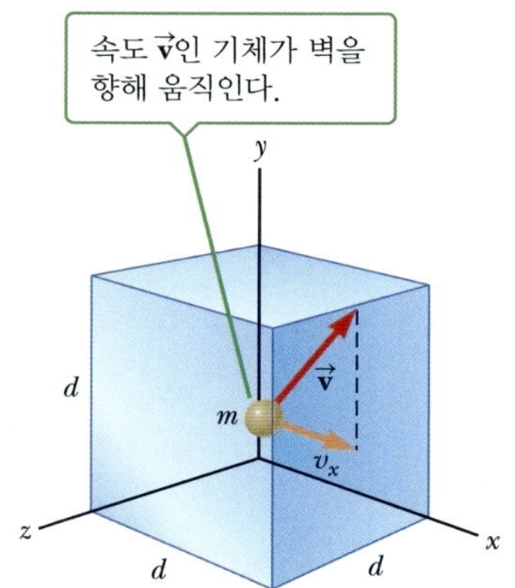

그림 10.13 이상 기체가 들어 있는 한 변의 길이가 d인 정육면체 상자

시간 Δt 동안 분자가 벽에 작용하는 평균 힘을 F_1이라 하면 뉴턴의 제2법칙에 의해서

$$F_1 = \frac{\Delta p_x}{\Delta t} = \frac{2mv_x}{\Delta t}$$

이다. 분자가 같은 벽에 두 번 충돌하기 위해서는 시간 Δt 동안에 x 방향으로 $2d$의 거리를 이동해야 한다. 따라서 두 충돌 사이의 시간 간격은 $\Delta t = 2d/v_x$이고, 분자 하나의 충돌로 벽에 작용하는 힘은

$$F_1 = \frac{2mv_x}{\Delta t} = \frac{2mv_x}{2d/v_x} = \frac{mv_x^2}{d}$$

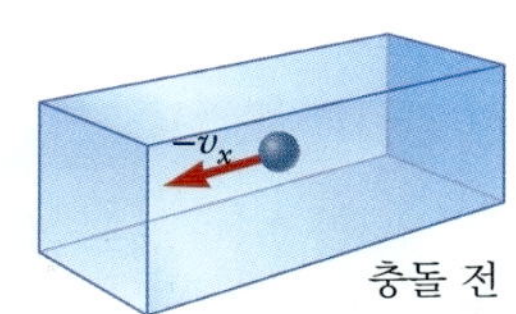

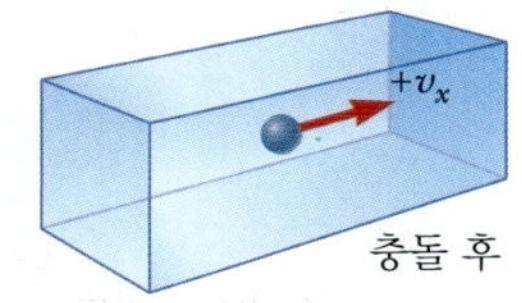

그림 10.14 x축 방향을 따라 움직이는 분자가 용기의 벽과 탄성 충돌한다. 그 결과 분자의 운동량이 반대가 되고 분자는 벽에 힘을 가한다.

이다. 분자들 전체가 벽에 작용한 전체 힘은 각각의 분자가 작용한 힘을 합하면 얻을 수 있다.

$$F = \frac{m}{d}(v_{1x}^2 + v_{2x}^2 + \cdots)$$

여기서 v_{1x}는 분자 1의 속도 x성분, v_{2x}는 분자 2의 속도 x성분 등이다. 용기의 분자 수가 N이므로 N개에 대해 합한다.

N개 분자의 x 방향 속도 제곱의 평균값은 다음과 같다.

$$\overline{v_x^2} = \frac{v_{1x}^2 + v_{2x}^2 + \cdots + v_{Nx}^2}{N}$$

따라서 벽에 작용하는 전체 힘은

$$F = \frac{Nm}{d}\overline{v_x^2}$$

이 된다.

이제 각 성분이 v_x, v_y, v_z인 속도 $\vec{\mathbf{v}}$로 임의의 방향으로 움직이는 분자를 생각해 보자. 이 경우 벽에 작용하는 전체 힘은 하나의 성분이 아니라 분자의 속력으로 나타내야 한다. 피타고라스 정리에 의하여 $v^2 = v_x^2 + v_y^2 + v_z^2$이며, 용기 안의 분자들에 대한 v^2의 평균값은 각 성분의 평균값 $\overline{v_x^2}$, $\overline{v_y^2}$, $\overline{v_z^2}$과 $\overline{v^2} = \overline{v_x^2} + \overline{v_y^2} + \overline{v_z^2}$인 관계가 있다. 기

체의 운동이 완전히 무질서하므로 $\overline{v_x^2}$, $\overline{v_y^2}$, $\overline{v_z^2}$은 서로 같다. 이 사실과 $\overline{v_x^2}$에 대한 앞의 식을 사용하면

$$\overline{v_x^2} = \frac{1}{3}\overline{v^2}$$

이 됨을 알 수 있다. 따라서 벽에 작용하는 전체 힘은

$$F = \frac{N}{3}\left(\frac{m\overline{v^2}}{d}\right)$$

이다. 이 표현으로부터 벽에 작용하는 전체 압력은 다음과 같다.

$$P = \frac{F}{A} = \frac{F}{d^2} = \frac{1}{3}\left(\frac{N}{d^3}\, m\overline{v^2}\right) = \frac{1}{3}\left(\frac{N}{V}\right)m\overline{v^2}$$

이상 기체의 압력 ▶

$$P = \frac{2}{3}\left(\frac{N}{V}\right)\left(\frac{1}{2}m\overline{v^2}\right) \qquad [10.13]$$

이 식으로부터 **압력이 단위 부피당 분자 수와 분자의 평균 병진 운동에너지 $\frac{1}{2}m\overline{v^2}$에 비례**함을 알 수 있다. 간단한 이상 기체 모형을 통해서 거시적인 양인 압력을 원자 단위의 양, 즉 분자의 속력 제곱의 평균값과 연결하는 중요한 결과를 얻었다. 이 관계식은 원자(미시) 세계와 거시 세계 사이의 중요한 연결 고리를 제공하고 있다(그림 10.15).

그림 10.15 유리 용기에 드라이아이스(고체 이산화탄소)가 들어 있다. 기체 이산화탄소는 공기보다 밀도가 커서 쏟으면 아래로 떨어진다. 이 기체는 무색이지만 수증기에 의해 미세한 얼음 결정이 생겨 눈에 보이게 된다.

식 10.13은 압력에 대하여 잘 알려진 성질을 담고 있다. 용기 안의 압력을 올리는 방법 중의 하나는 단위 부피당 분자 수를 늘리는 것이다. 자동차 바퀴에 공기를 넣을 때가 바로 이 경우이다. 바퀴의 압력은 바퀴 속 분자의 평균 운동에너지를 증가시킴으로써 올릴 수 있다. 곧 알게 되듯이 이는 바퀴 속 기체의 온도를 높임으로써 이루어진다. 오랜 운행으로 바퀴가 뜨거워져서 바퀴 압력이 커지는 것은 바로 이 때문이다. 계속적인 바퀴의 탄력 운동은 내부 공기에 에너지를 공급하게 되어 공기의 온도를 높이고, 압력을 증가시킨다.

10.5.2 온도의 분자적 해석 Molecular Interpretation of Temperature

위에서 기체의 압력을 기체 분자의 평균 운동에너지와 연관시켰다. 이제 기체의 온도를 미시적으로 살펴보고자 한다. 식 10.13을 다음과 같이 쓰면 온도의 의미를 파악할 수 있다.

$$PV = \frac{2}{3}N\left(\frac{1}{2}m\overline{v^2}\right)$$

이 식을 이상 기체의 상태 방정식(식 10.11) $PV = Nk_{\mathrm{B}}T$와 비교하면

온도는 평균 운동에너지에 비례한다 ▶

$$T = \frac{2}{3k_{\mathrm{B}}}\left(\frac{1}{2}m\overline{v^2}\right) \qquad [10.14]$$

을 얻게 된다. 즉, **기체의 온도는 분자의 평균 운동에너지의 직접적인 척도이다.** 기체의 온도가 증가함에 따라 분자의 평균 운동에너지도 증가하게 된다.

식 10.14를 정리하면 분자의 평균 병진 운동에너지를 온도로 표시할 수 있다.

$$\frac{1}{2}m\overline{v^2} = \frac{3}{2}k_B T \qquad [10.15]$$

◀ 분자당 평균 운동에너지

즉, 분자당 평균 병진 운동에너지는 $\frac{3}{2}k_B T$이다. N개의 기체에 대한 전체 병진 운동에너지는 분자당 운동에너지에 N을 곱한 값이며, 식 10.15에 의해

$$KE_{전체} = N\left(\frac{1}{2}m\overline{v^2}\right) = \frac{3}{2}Nk_B T = \frac{3}{2}nRT \qquad [10.16]$$

◀ N개 분자의 전체 운동에너지

로 주어진다. 여기에 볼츠만 상수 $k_B = R/N_A$와 기체의 몰수 $n = N/N_A$를 사용하였다. 이 결과로부터 **분자계의 전체 병진 운동에너지는 계의 절대 온도에 비례함**을 알 수 있다.

단원자 기체인 경우에는 병진 운동에너지가 유일한 형태의 에너지이다. 따라서 식 10.16으로부터 **단원자 기체의 내부 에너지 U는**

$$U = \frac{3}{2}nRT \quad (\text{단원자 기체}) \qquad [10.17]$$

임을 알 수 있다. 이원자 분자나 다원자 분자의 경우에는 분자의 진동과 회전을 통해 다른 형태의 에너지 축적이 가능하다.

$\overline{v^2}$의 제곱근을 **제곱 평균 제곱근 속력**[root-mean-square(rms) speed]이라 부른다. 식 10.15로부터 rms 속력은 다음과 같이 주어진다.

$$v_{rms} = \sqrt{\overline{v^2}} = \sqrt{\frac{3k_B T}{m}} = \sqrt{\frac{3RT}{M}} \qquad [10.18]$$

◀ 제곱 평균 제곱근 속력

여기서 M은 몰질량으로 R을 SI 단위로 표시했을 때 M의 단위는 kg/mol이다. 이 식으로부터 주어진 온도에서 평균적으로 가벼운 분자들이 무거운 분자들보다 더 빨리 운동함을 알 수 있다. 예를 들어, 수소와 산소가 혼합된 기체의 경우 2.0×10^{-3} kg/mol의 분자질량을 가진 수소 분자(H_2)가 32×10^{-3} kg/mol의 분자질량을 가진 산소 분자(O_2)보다 네 배 더 빨리 움직인다. 상온(~300 K)에서 수소의 rms 속력을 계산하면

$$v_{rms} = \sqrt{\frac{3RT}{M}} = \sqrt{\frac{3(8.31\ \text{J/mol}\cdot\text{K})(300\ \text{K})}{2.0 \times 10^{-3}\ \text{kg/mol}}} = 1.9 \times 10^3\ \text{m/s}$$

이다. 이 속력은 7장에서 구한 지구 탈출 속력의 약 17%에 해당한다. 이것은 평균 속력이므로 많은 수의 분자는 이보다 더 큰 속력을 가질 수 있고, 따라서 지구 대기권을 벗어날 수 있다. 이것이 현재 지구 대기에 수소가 포함되어 있지 않은 이유이다. 이들은 모두 대기권 밖으로 날아가 버렸다.

Tip 10.4 몰당 그램이 아닌 몰당 킬로그램

rms 속력을 나타내는 식에서 몰당 질량 M의 단위는 기체 상수 R의 단위와 일치하여야 한다. R이 SI 단위이면 M은 몰당 질량이 아니고 몰당 킬로그램이 되어야 한다.

표 10.2에 20°C에서의 여러 분자의 rms 속력을 나타내었다. 주어진 온도에서 기체들은 다양한 속력을 갖게 된다. 이러한 속력 분포를 맥스웰 속도 분포(Maxwell velocity distribution)라 한다. 두 온도에 대한 질소 기체의 속력 분포가 그림 10.16에 나타나 있다. 가로축은 속력, 세로축은 단위 속력당 분자 수를 나타낸다. 이 그래프에는 세 가지의 중요한 속력이 나타나 있다. 바로 그래프의 최고점에 해당하는 최빈 속력(v_{mp}), 평균 속력(v_{av}), rms 속력(v_{rms})이다. 모든 기체에 대해 $v_{mp} < v_{av} < v_{rms}$임에 주목하라. 온도가 올라가면 세 속력은 오른쪽으로 이동한다.

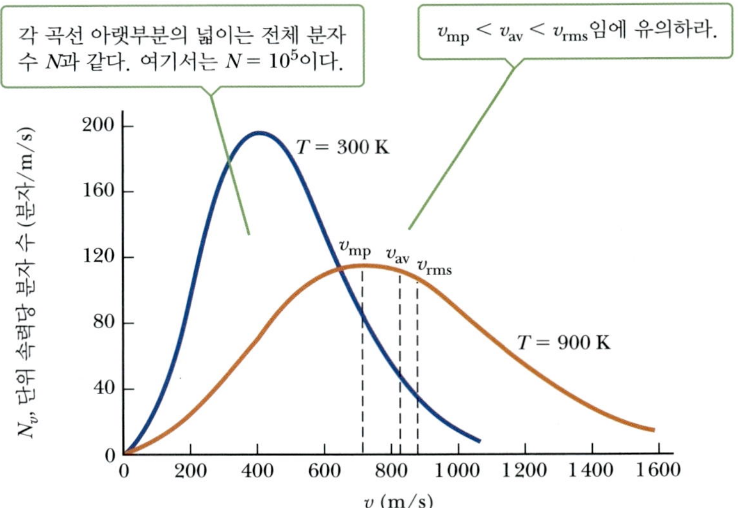

그림 10.16 300 K와 900 K에서 10^5개의 질소 분자의 맥스웰 속력 분포

표 10.2 몇 가지 rms 속력

기체	몰질량(kg/mol)	20°C에서의 v_{rms}(m/s)
H_2	2.02×10^{-3}	1 902
He	4.0×10^{-3}	1 352
H_2O	18×10^{-3}	637
Ne	20.2×10^{-3}	602
N_2와 CO	28.0×10^{-3}	511
NO	30.0×10^{-3}	494
O_2	32.0×10^{-3}	478
CO_2	44.0×10^{-3}	408
SO_2	64.1×10^{-3}	338

예제 10.6 헬륨 실린더

목표 주어진 계의 내부 에너지와 분자당 평균 운동에너지를 계산한다.

문제 실린더에 온도 20.0°C의 헬륨 기체 2.00 mol이 담겨 있다. 헬륨 기체를 이상 기체로 가정한다. **(a)** 계의 전체 내부 에너지는 얼마인가? **(b)** 분자당 평균 운동에너지는 얼마인가? **(c)** rms 속력을 두 배로 하기 위해 계에 더해져야 하는 에너지는 얼마인가? 헬륨의 몰질량은 4.00×10^{-3} kg/mol이다.

전략 이 문제는 주어진 정보를 적합한 식에 대입하여야 한다. **(a)**는 식 10.17, **(b)**는 식 10.15, **(c)**는 rms 속력과 내부 에너지 식을 함께 사용한다. 내부 에너지의 변화를 계산하여야 한다.

풀이

(a) 계의 전체 내부 에너지를 구한다.

식 10.17에 $n = 2.00$과 $T = 293$ K을 대입한다.

$$U = \tfrac{3}{2}(2.00\text{ mol})(8.31\text{ J/mol}\cdot\text{K})(293\text{ K}) = \boxed{7.30 \times 10^3\text{ J}}$$

(b) 분자당 평균 운동에너지를 구한다.

주어진 값을 식 10.15에 대입한다.

$$\tfrac{1}{2}m\overline{v^2} = \tfrac{3}{2}k_B T = \tfrac{3}{2}(1.38 \times 10^{-23}\text{ J/K})(293\text{ K})$$
$$= \boxed{6.07 \times 10^{-21}\text{ J}}$$

(c) rms 속력을 두 배로 하기 위해 필요한 에너지를 구한다.

식 10.18로부터, rms 속력을 두 배로 하기 위해서는 온도가 네 배가 되어야 한다. 필요한 내부 에너지의 변화를 계산하면 이것이 계에 더해져야 하는 에너지이다.

$$\Delta U = U_f - U_i = \tfrac{3}{2}nRT_f - \tfrac{3}{2}nRT_i = \tfrac{3}{2}nR(T_f - T_i)$$
$$\Delta U = \tfrac{3}{2}(2.00\text{ mol})(8.31\text{ J/mol}\cdot\text{K})[(4.00 \times 293\text{ K}) - 293\text{ K}]$$
$$= \boxed{2.19 \times 10^4\text{ J}}$$

참고 내부 에너지의 변화를 계산하는 것은 12장의 기관의 순환을 이해하는 데 중요하다.

연습문제

10.1 온도와 열역학 제0법칙
10.2 온도계와 온도 눈금

1(1). 다음 온도 눈금의 값을 구하라. (a) −273.15°C의 화씨 온도, (b) 98.6°F의 섭씨 온도, (c) 1.00×10^2 K의 화씨 온도

2(3). 액체 수소의 끓는점은 1기압에서 20.3 K이다. 이 온도를 (a) 섭씨 온도와 (b) 화씨 온도로 변환하라.

3(5). 1943년 1월 22일 미국 사우스다코타주의 스피어피시라는 곳에서 2분 사이에 온도가 −4.00°F에서 45.0°F로 변하였다(세계에서 가장 빠른 온도 변화로 기록된 것이다). 이것을 켈빈 눈금으로 변환하면 온도가 얼마나 변한 것이겠는가?

4(9). 어떤 간호사가 측정한 환자의 온도가 41.5°C이다. 이 값은 화씨 온도로 얼마인가?

10.3 고체와 액체의 열팽창

5(11). 중국 충칭시에 있는 장강대교는 세계에서 가장 긴 아치형 철교이다. 이 다리의 길이가 552 m인데 온도가 −20.0°C에서 35.0°C로 변할 때 길이는 어떻게 변하겠는가?

6(13). 에폭시 수지(선팽창 계수 = 1.30×10^{-4} °C^{-1})로 만들어진 안경테가 있다. 렌즈를 끼우기 위한 구멍은 상온(20.0°C)에서 반지름이 2.20 cm인 원이다. 반지름이 2.21 cm인 렌즈를 끼우기 위하여 안경테를 몇 도까지 가열하여야 하는가?

7(15). 20.0°C에서 지름 10.00 cm인 황동 링을 가열하여 20.0°C에서 지름이 10.01 cm인 알루미늄 봉에 끼웠다. 평균 선팽창 계수가 상수라고 가정할 때, (a) 두 금속을 분리시키기 위해서 내려야 하는 온도는 몇 도인가? (b) 알루미늄 봉의 지름이 10.02 cm이었다면 어떻게 되는가?

8(17). 20.0°C에서 납의 밀도는 1.13×10^4 kg/m^{3}이다. 105°C에서의 밀도를 구하라.

9(19). 지하에 있는 유류 탱크가 52.0°F에서 1.00×10^3갤런의 휘발유를 담을 수 있다. 만약 외부 온도(그리고 휘발유 운반 트럭의 온도)가 95.0°F인 어느 날 탱크를 채운다면, 트럭으로부터 몇 갤런의 휘발유를 채울 수 있는가? 휘발유는 탱크로 들어오는 순간 온도 95.0°F에서 52.0°F로 급속히 냉각된다고 가정하라.

10(21). 속이 빈 알루미늄 원통의 깊이는 20.0 cm이고 20.0°C에서의 내용적은 2.000 L이다. 여기에 20.0°C의 테레빈(turpentine) 기름을 가득 채운다. 기름과 통을 함께 80.0°C까지 서서히 가열한다. (a) 흘러넘치는 테레빈 기름의 양은 얼마나 되겠는가? (b) 80.0 °C에서 원통 속에 남아 있는 테레빈 기름의 양은 얼마나 되겠는가? (c) 이제 남아 있는 테레빈 기름과 원통을 다시 서서히 20.0°C까지 냉각하면 테레빈 기름의 표면은 원통의 윗면에서 얼마나 내려가겠는가?

11(23). 그림 P10.11에서 보이는 밴드는 스테인리스 금속으로 되어 있다(선팽창 계수 = 17.3×10^{-6} °C^{-1}, 영률 = 18×10^{10} N/m^2). 이 밴드는 거의 원형으로 평균 반지름이 5.0 mm, 높이가 4.0 mm, 두께가 0.50 mm이다. 온도 80°C에서 밴드를 그림처럼 치아에 꼭 맞게 끼웠다. 온도를 37°C로 내렸을 때, 밴드의 인장력은 얼마인가?

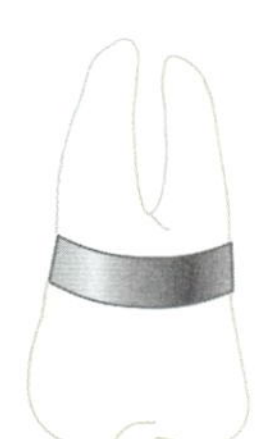

그림 P10.11

12(25). 사염화탄소의 평균 부피 팽창 계수는 5.81×10^{-4} °C^{-1}이다. 만약 50.0갤런의 강철 용기가 온도 10.0°C에서 사염화탄소로 꽉 차 있다면, 온도가 30.0°C로 올랐을 때, 얼마만큼 넘쳐 흐르는가?

13(27). 그림 P10.13은 틈이 벌어진 원형 강철 주물을 나타내고 있다. 이 물체가 가열될 때, (a) 벌어진 틈은 커지는가, 아니면 작아지는가? (b) 30.0°C의 온도에서 틈의 길이가 1.600 cm이라면 온도가 190°C일 때 틈의 길이는 얼마인가?

그림 P10.13

10.4 이상 기체 법칙

14(29). 질량이 12.5 g인 순수한 구리 시편이 있다. (a) 그 시편 속의 구리의 몰수를 구하라. (b) 구리 원자의 개수를 구하라.

15(31). 1몰의 산소 기체가 온도 27.0°C, 압력 6.00기압인 상태에 있다. (a) 부피가 일정한 상태에서 압력이 세 배가 될 때까지 이 기체를 가열하였을 때, 나중 온도는 얼마인가? (b) 이 기체의 부피와 압력이 모두 두 배가 될 때까지 가열하였을 때, 나중 온도는 얼마인가?

16(33). (a) 어떤 이상 기체가 온도 20.°C, 대기압하에서 1.0 cm^{3}의 부피를 차지하고 있다. 이 용기 안에 있는 기체의 분자 수

를 구하라. (b) 만약 일정한 온도에서 압력을 1.0×10^{-11} Pa (고진공 상태)로 낮추었다면 용기 안에 남아 있는 기체의 몰수는 얼마인가?

17(35). 어떤 용기 안에 압력 11.0기압, 온도 25.0°C 상태의 기체가 담겨 있다. 이 기체의 2/3를 날려버리고 온도를 75.0°C로 올렸다면 용기 내부의 새로운 압력은 얼마인가?

18(37). 기상 관측용 풍선이 0.030기압, 온도 200 K인 고도에서 반지름이 20 m까지 팽창하도록 설계되어 있다. 이 풍선을 대기압하에서 온도가 300 K일 때 채웠다면, 떠오를 때의 반지름은 얼마인가?

19(39). 호수 표면으로부터 1.00×10^2 m 아래에 있는 잠수함에서 부피 1.50 cm^3의 기포가 발생하였다. 이 기포가 표면에 도달할 때의 부피는 얼마인가? 기포가 상승하는 동안 온도와 기포 내부의 공기 분자 수는 일정하다고 가정하라.

10.5 기체의 운동론

20(41). 300. K에서 산소 분자 한 개의 평균 운동에너지는 얼마인가?

21(43). 3몰의 아르곤 가스의 온도가 275 K이다. 다음을 계산하라. (a) 분자당 운동에너지, (b) 기체 내 원자의 rms 속력, (c) 기체의 내부 에너지.

22(45). 아보가드로수를 사용하여 헬륨 원자의 질량을 구하라.

23(47). 어떤 온도에서 헬륨의 rms 속력이 (a) 지구에서의 탈출 속력인 1.12×10^4 m/s와 (b) 달에서의 탈출 속력인 2.37×10^3 m/s와 같아지는가? (탈출 속력에 관해서는 7장 참고) Note: 헬륨 원자의 질량은 6.64×10^{-27} kg이다.

24(49). 슈퍼맨이 루이스 레인을 구하기 위하여 빗발치는 총알 속으로 뛰어들었다. 1분 동안 자동 소총이 질량 8.0 g의 총알을 4.00×10^2 m/s의 속력으로 150발 발사하여, 넓이가 0.75 m^2인 슈퍼맨의 가슴에 충돌한다. 총알이 정면으로 탄성 충돌하여 튕겨 나온다고 할 때, 슈퍼맨의 가슴에 가해진 평균 힘을 구하라.

종합문제

25(53). 유명 브랜드의 콜라 1.00 L 속에는 이산화탄소 6.50 g이 용해되어 있다. 뚜껑을 열어서 증발하는 이산화탄소를 1.00기압 20.0°C의 원통에 담는다면 부피는 얼마가 되는가?

26(55). 고층 건물을 짓는 데 강철 빔이 사용된다. 기온이 15.000°F인 추운 날 가져온 35.000 m짜리 강철 빔의 길이는 온도가 90.000°F인 더운 날 현장에서 사용하고자 할 때 얼마가 될까?

27(59). 파이렉스 유리로 된 플라스크의 눈금이 20.0°C에 맞추어 매겨져 있다. 플라스크에 35.0°C의 아세톤을 100 mL 눈금까지 채웠다. (a) 아세톤과 플라스크를 20.0°C가 되게 냉각했을 때 아세톤의 부피는 얼마인가? (b) 파이렉스 플라스크의 부피가 순간적으로 변하는 것이 이 문제의 답에 큰 영향을 미치는가? 그 이유에 대해 설명해 보라.

28(63). 길이가 250 m인 다리의 상판은 두 개의 콘크리트 판으로 되어 있으며 그 이음매가 빈틈없이 시공되었다(그림 P10.28a). 기온이 20.0°C 증가할 때 상판 이음새가 위로 솟아오르게 되는 높이 y는 얼마인가(그림 P10.28b)?

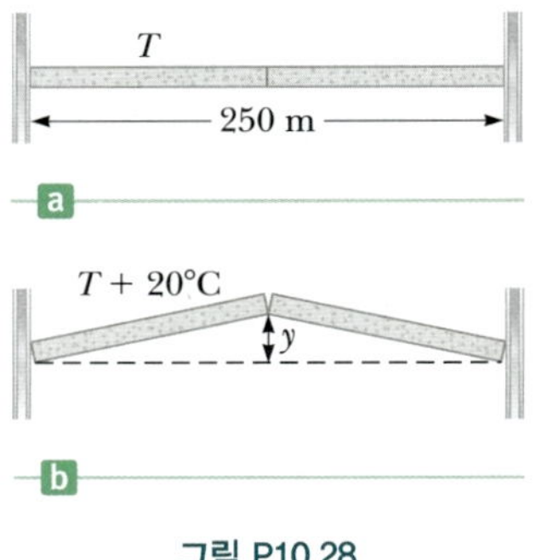

그림 P10.28

29(65). 두 개의 서로 다른 얇은 금속판 띠를 접착제로 붙여서 길이가 L인 바이메탈을 만들었다. (a) 먼저 그 금속 띠가 처음에는 직선 모양이었다고 가정한다. 온도가 높아짐에 따라 평균 선팽창 계수가 큰 금속은 다른 금속보다 더 팽창하여 두 금속을 붙인 띠는 원호 모양으로 휘어지고, 따라서 바깥 금속의 호의 길이가 더 커진다(그림 P10.29). 휘어진 각 θ에 대한 식을 두 띠의 처음 길이, 각각의 선팽창 계수, 중심으로부터 띠까지의 거리의 차($\Delta r = r_2 - r_1$)의 함수로 구하라. (b) ΔT가 영이 되거나 평균 선팽창 계수가 같아지면 휘어지는 각이 0이 됨을 증명하라. (c) 금속 띠가 냉각되면 어떤 일이 일어나겠는가?

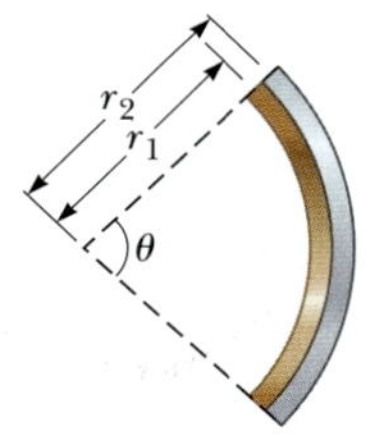

그림 P10.29

30(67). 외계에서 어떤 충돌이 발생한 후 850°C의 구리로 된 원판이 그 중심축에 대해 25.0 rad/s의 각속력으로 회전하고 있다. 이 원판은 적외선을 방출함에 따라 온도가 20.0°로 떨어진다. 원판에 작용하는 외부 토크는 없다. (a) 원판이 냉각됨에 따라 각속력이 변하는가? 어떻게 변하는지, 또는 왜 변하지 않는지를 설명하라. (b) 낮은 온도에서의 각속력은 얼마인가?

CHAPTER 11

열과정에서의 에너지

Energy in Thermal Processes

온도가 서로 다른 두 물체가 열접촉을 하면, 뜨거운 물체의 온도는 내려가고 차가운 물체의 온도는 올라가게 된다. 시간이 흐름에 따라 결국 두 물체는 평형 온도에 도달한다. 이 과정에서 우리는 에너지가 온도가 높은 물체에서 낮은 물체로 이동하였다고 한다.

1850년대에 이르기까지, 열역학과 역학의 주제는 서로 다른 별개의 과학 분야로 인식되었으며, 에너지 보존의 원리 또한 역학계의 제한된 일부 현상만을 설명할 수 있는 것으로 생각하였다. 영국의 물리학자 줄(James Joule, 1818~1889)과 그의 동료들은, 어떤 고립계에서 역학적 에너지(운동에너지와 퍼텐셜 에너지의 합)의 감소량과 그 계에서 내부 에너지의 증가량은 동일하다는 것을 실험으로 증명하였다. 오늘날에는 내부 에너지가 역학적 에너지로 전환될 수 있는 에너지의 한 형태로 취급되고 있으며, 그 역과정도 성립하는 것으로 인정하고 있다. 이렇게 에너지의 개념이 내부 에너지를 포함하는 것으로 확장된 후에야, 비로소 에너지 보존의 법칙이 자연계의 보편적인 법칙으로 등장하게 되었다.

이 장에서는 계와 그 주변 사이에서 에너지가 전달되는 과정을 중점적으로 설명한다.

11.1 열과 내부 에너지 Heat and Internal Energy

열과 내부 에너지 사이에는 중요한 차이점이 있다. '열은 내부 에너지가 한 장소에서 다른 장소로 전달된다는 의미를 포함하고 있다'는 말의 의미를 혼동해서는 안 된다. 다음과 같은 공식적인 정의는 그 차이를 명확하게 밝혀 준다.

 내부 에너지

내부 에너지(internal energy) U는 계의 구성 요소인 원자와 분자와 관련된 에너지이다. U는 계를 구성하는 입자들의 마구잡이 병진 운동, 회전 운동, 진동과 관련된 운동에너지와 퍼텐셜 에너지를 비롯하여 입자들을 결합시켜 주는 퍼텐셜 에너지도 포함된다.

10장에서 단원자 이상 기체의 내부 에너지는 원자의 병진 운동과 관련이 있다는 것을 보였다. 이와 같이 특별한 경우에는, 내부 에너지가 원자들의 전체 병진 운동에너지와 같다. 즉, 기체의 온도가 점점 높아지면 원자들의 운동에너지가 증가하게 되고, 기체의 내부 에너지도 따라서 증가하게 된다. 조금 더 복잡한 이원자 혹은 다원자 기체의 경우에는 내부 에너지에 다양한 형태의 분자 에너지들이 포함되는데, 그것은 회전 운동에너지와 분자 진동에 의한 운동에너지 및 퍼텐셜 에너지 등이다. 내부 에너지는 또한 액체나 고체 분자들 사이에 존재하는 분자 사이의 퍼텐셜 에너지(결합 에너지)와도 관련이 있다.

줄

James Prescott Joule, 1818~1889
영국의 물리학자

줄은 돌턴(Dalton)으로부터 수학, 철학, 화학 등에 관한 정규 교육을 어느 정도 받긴 하였으나, 거의 대부분 독학을 하였다. 줄의 가장 활동적인 연구시기였던 1837~1847년 사이에 에너지 보존의 원리를 확립하고, 열과 다른 형태의 에너지와의 동등성을 입증하였다. 열의 전기적, 역학적, 화학적 효과들 사이의 정량적인 관계를 연구함으로써 1843년 열의 일당량이라고 하는 내부 에너지의 단위에 대한 발표를 통하여 절정에 이르렀다.

5장에서 계와 주변 환경 사이에서 에너지를 전달할 수 있는 하나의 가능한 방법으로 열을 소개하였는데, 열의 공식적인 정의는 다음과 같다.

열(heat)은 계와 주변 환경 사이에서 온도 차이에 의해 발생하는 에너지 이동이다.

기호 Q는 계와 주변 환경 사이에서 열에 의해 이동되는 에너지의 양이다. 간단히 말하면, "에너지 Q가 열에 의해 계로 이동되었다"라고 말하기보다는 "에너지 Q가 계로 이동했다"라는 말을 자주 사용하게 될 것이다.

가스레인지 위에 물이 담긴 냄비를 올려놓고 가열한다고 하자. 일이 역학적 에너지의 전달인 것과 마찬가지로 열은 열에너지의 전달이다. 물체가 움직일 때 물체가 더 많은 일을 갖는 것이 아니라, 일에 의하여 전달되는 역학적 에너지가 더 많은 것이다. 이와 마찬가지로 물이 담긴 냄비는 열에 의해 더 많은 열에너지가 전달되는 것이다.

열의 단위

과학자들이 열역학과 역학 사이의 관련성을 제대로 이해하기 이전 열역학의 발전 초기에는 열을 물체 안에서 일어나는 온도의 변화로 정의하였으며, 에너지 단위와는 다른 **칼로리**(calorie)를 열의 단위로 사용하였다. 1948년에 과학자들은 열(일과 같이)도 전달되는 에너지의 양이므로, 열의 SI 단위는 줄이어야한다고 합의하였다. 1998년에 국제도량형위원회는 단위계에 역사적인 단위로 칼로리(calorie)를 포함시켰는데, **1칼로리는 약 4.186 J로서 표준압력과 대기압에서 1 g의 물을 14.5°에서 15.5°로 높이는 데 필요한 에너지의 양과 같다.**

칼로리의 정의 ►

열의 일당량 ►

$$1 \text{ cal} \equiv 4.186 \text{ J} \quad [11.1]$$

식 11.1은 '15°C 칼로리'의 값을 나타내며, 역사적인 이유로 **열의 일당량**(mechanical equivalent of heat)이라고 한다.

흔히 사용하는 열에 관한 또 다른 단위로는 대문자 'C'를 사용하는 'Calorie'가 있는데, 주로 식품에 포함된 에너지를 나타내는 데 사용된다. 1 Cal는 킬로칼로리(kilocalorie)와 같은 것으로 $1 \text{ Cal} = 10^3 \text{ cal}$이다. 미국 관습단위계에서 사용되는 **영국 열 단위**(British thermal unit, Btu)는 **1 lb의 물의 온도를 1°F 높이는 데 필요한 에너지**로서 그 값은 $1 \text{ Btu} = 1.055 \times 10^3 \text{ J}$이다.

11.2 비열 Specific Heat

칼로리에 대한 역사적인 정의는 특정한 물질(물) 1 g을 1°C 올리는 데 필요한 에너지의 양으로 나타내고 있으며, 그것은 4.186 J과 같다. 따라서 물 1 kg의 온도를 1°C 올리려면 4 186 J의 에너지가 필요하다. 어떤 물질 1 kg의 온도를 1°C 올리는 데 필요한 에너지의 양은 물질의 종류에 따라 다르다. 예를 들면, 구리 1 kg을 1.0°C 올리는 데 필요한 에너지는 387 J이다. 모든 물질은 온도를 1.0°C 변화시키기 위해서 단위 질량당 고유한 에너지 값이 필요하다.

에너지 Q가 질량이 m인 물질에 전달되어 $\Delta T = T_f - T_i$만큼 온도가 변했을 때, 그 물질의 **비열**(specific heat) c를 다음과 같이 정의한다.

$$c \equiv \frac{Q}{m\Delta T} \quad [11.2]$$

SI 단위: 줄/킬로그램 · °C(J/kg · °C)

표 11.1은 여러 가지 물질들의 비열을 나타내고 있다. 칼로리의 정의로부터 물의 비열은 4 186 J/kg · °C이다. 표에 나타낸 값들은 보편적인 값으로 물체의 온도와 상태(고체, 액체, 기체)에 따라 값이 변한다.

비열의 정의에 따라 질량이 m인 계의 온도를 ΔT만큼 올리는 데 필요한 에너지 Q는 다음과 같이 나타낼 수 있다.

$$Q = mc\Delta T \quad [11.3]$$

예를 들면, 0.500 kg의 물을 3.00°C 올리는 데 필요한 에너지는 $Q = (0.500\ \text{kg})(4\ 186\ \text{J/kg}\cdot{}^\circ\text{C})(3.00^\circ\text{C}) = 6.28 \times 10^3$ J이다. 온도를 올릴 때, ΔT와 Q는 양(+)의 값을 갖게 되며, 이것은 에너지가 계 내부로 흘러들어오는 것을 의미한다. 반대로 온도를 낮출 때는 ΔT와 Q는 음(−)의 값을 가지며, 에너지가 계 외부로 흘러나가는 것을 뜻한다.

표 11.1에서 일상생활에서 접할 수 있는 대부분의 물질에 비해 물의 비열이 가장 높다는 것을 알 수 있다. 이처럼 물의 비열이 크기 때문에, 큰 호수나 바다를 끼고 있는 지역 주변이 온화한 기온을 유지하게 된다. 겨울에는 바닷물의 온도가 내려가면서 공기 중에 에너지를 방출하고, 육지 쪽으로 강한 바람이 불어와 에너지를 육지로 이동시킨다. 예를 들면, 미국의 서해안에서는 육지로 바람이 불 때, 태평양이 식으면서 방출된 에너지가 연안으로 이동하게 되어 다른 지역보다 더 따뜻해진다. 동해안에 있는 주들은 육지에 있는 에너지를 빼앗아가는 바람이 더 많기 때문에 일반적으로 겨울에 더 춥다.

물의 비열이 모래의 비열보다 크다는 사실이 해안의 공기 흐름의 형태를 결정짓는 원인이 된다. 낮에 태양은 해변의 백사장과 바닷물에 대략 같은 양의 에너지를 공급하지만, 모래의 비열이 더 작기 때문에 백사장은 바닷물보다 더 높은 온도에 이르게 된다. 그 결과 육지 위에 있는 공기는 물 위의 공기보다 온도가 더 높아지고, (아르키메데스의 원리에 의해서) 밀도가 높은 찬 공기는 밀도가 낮은 더운 공기를 위로 밀어 올린다. 그러므로 낮 동안에는 바다에서 육지로 바람이 불게 된다. 더운 공기는 상승함에 따라 점차 온도가 내려가기 때문에, 나중에 다시 하강하게 되어 그림 11.1과 같은 공기의 순환 형태를 나타낸다.

이와 유사한 효과로 따뜻한 공기가 상승하면서 생기는 상승 온난 기류를 통해서, 독수리가 더 높이 날아오르거나 행글라이더가 더 오랫동안 비행 상태를 유지할 수 있게

표 11.1 대기압에서 여러 가지 물질의 비열

물질	J/kg · °C	cal/g · °C
알루미늄	900	0.215
베릴륨	1 820	0.436
카드뮴	230	0.055
구리	387	0.092 4
에틸 알코올	2 430	0.581
저마늄	322	0.077
유리	837	0.200
금	129	0.030 8
사람의 근육조직	3 470	0.829
얼음	2 090	0.500
철	448	0.107
납	128	0.030 5
수은	138	0.033
실리콘	703	0.168
은	234	0.056
수증기	2 010	0.480
주석	227	0.054 2
물	4 186	1.00

Tip 11.1 ΔT 계산하기

식 11.3에서 ΔT는 항상 나중 온도에서 처음 온도를 뺀 값이라는 점을 반드시 기억하라. 즉, $\Delta T = T_f - T_i$이다.

그림 11.1 해변에서 공기의 순환. 더운 날에는 시원한 물 위에 있는 공기보다 모래 위에 있는 공기가 더 따뜻하다. 더운 공기는 아르키메데스의 원리에 의해 상승하며, 그 결과 차가운 공기는 바다에서 해변으로 이동하게 된다.

응용
온난 기류

된다. 상승 온난 기류는 한 지역이 주변 지역보다 온도가 더 높을 때 발생한다. 상승 온난 기류는 주로 경작지에서 발생한다. 이것은 직사광선을 받는 경작지의 온도가 초목으로 햇볕이 가려진 주변 지역보다 더 높기 때문에 만들어진다. 초목 지역에 있는 차갑고 밀도가 높은 공기가 경작지 위에 있는 팽창된 공기를 상공으로 밀어 올리게 되어, 상승 온난 기류가 발생한다.

예제 11.1 버팀목에 가해지는 변형력

목표 선팽창과 압축 변형력에 에너지 이동 식을 사용한다.

문제 선박에서 용광로 주변의 강철 버팀목은 길이가 2.00 m, 질량이 1.57 kg, 단면적이 $1.00 \times 10^{-4}\ \mathrm{m^2}$이다. 용광로가 동작하는 동안 버팀목은 2.50×10^5 J의 알짜 열에너지를 흡수한다. **(a)** 버팀목의 온도 변화를 구하라. **(b)** 버팀목이 늘어난 길이를 구하라. **(c)** 버팀목 양쪽 끝이 볼트로 고정되어 늘어나지 않는다고 가정할 때, 버팀목의 압축 변형력을 구하라.

전략 이 문제는 주어진 값을 서로 다른 세 개의 식에 대입하여 푼다. **(a)** 온도의 변화는 온도가 열에 의해 전달된 에너지와 관계된다는 식 11.3에 대입하여 구한다. **(b)**는 **(a)**의 계산 결과를 길이의 변화와 관계된 선팽창 식에 대입한다. **(c)**와 같이 잘못된 설계로 길이의 변화에 방해를 받는다면, 그 결과는 압축 변형이며, 압축 변형–변형력 식으로 구한다. Note: 강철의 비열은 철의 비열 값을 사용할 수 있다.

풀이

(a) 온도 변화를 구한다.

온도 변화에 대한 식 11.3을 풀고 값을 대입한다.

$$Q = m_s c_s \Delta T \quad \rightarrow \quad \Delta T = \frac{Q}{m_s c_s}$$

$$\Delta T = \frac{(2.50 \times 10^5\ \mathrm{J})}{(1.57\ \mathrm{kg})(448\ \mathrm{J/kg \cdot {}^\circ C})} = \boxed{355^\circ\mathrm{C}}$$

(b) 버팀목의 팽창이 허용될 때, 버팀목이 늘어난 길이를 구한다.

선팽창 식에 대입한다.

$$\Delta L = \alpha L_0 \Delta T = (11 \times 10^{-6}\ ({}^\circ\mathrm{C})^{-1})(2.00\ \mathrm{m})(355^\circ\mathrm{C})$$

$$= \boxed{7.8 \times 10^{-3}\ \mathrm{m}}$$

(c) 팽창이 허용되지 않을 때 압축 변형력을 구한다.

압축 변형–변형력 식에 대입한다.

$$\frac{F}{A} = Y\frac{\Delta L}{L} = (2.00 \times 10^{11}\ \mathrm{Pa})\frac{7.8 \times 10^{-3}\ \mathrm{m}}{2.01\ \mathrm{m}}$$

$$= \boxed{7.8 \times 10^8\ \mathrm{Pa}}$$

참고 마지막 계산에서 분모에 2.00 m보다 큰 2.01 m를 사용한 점에 주목한다. 이것은 실제로 버팀목이 팽창된 길이(그러나 이 차이는 무시한다)에서 수축되기 때문이다. 문제에서 구한 답은 강철의 압축 강도의 한계를 넘는 값이며, 열팽창 허용에 대한 중요성을 강조한다. 물론 이것은 변형력이 변하여(이 과정에서 층밀리기 변형력이 발생하여) 버팀목은 쉽게 휘어질 것이다. 끝으로 버팀목의 양 끝을 볼트로 고정시키면 열팽창 및 수축이 볼트에 층밀리기 변형력을 작용하여, 어쩌면 볼트를 자주 약화시키거나 풀리게 할 것이다.

11.3 열계량법 Calorimetry

고체나 액체의 비열을 측정하는 방법 중 하나는 물체를 어떤 온도까지 가열하여 질량과 온도를 알고 있는 차가운 물이 담긴 용기 속에 넣어 열평형에 도달하게 한 후, 평형 온도를 측정하는 것이다. 이 과정에서 물체와 물을 혼합계로 정할 수 있다. 용기가 아주 좋은 단열재로 되어 있다면 용기 밖으로 손실되는 에너지가 없으며, 이때 계가 고립되었다고 할 수 있다. 이러한 성질을 가진 용기를 **열량계**(calorimeters)라고 하며, 이것을 이용하여 얻은 자료를 분석하는 일을 **열계량법**(calorimetry)이라고 한다.

고립계에 에너지 보존의 원리를 적용하면, 계에 전달된 알짜 에너지의 합이 영이 되어야 한다. 만일 계의 한 지점에서 에너지를 잃는다면, 계는 고립되어 있고 에너지가 갈 곳이 없기 때문에 다른 지점에서 에너지를 얻게 된다. 뜨거운 물체를 열량계가 담겨 있는 찬물 속에 넣으면, 뜨거운 물체는 식게 되고 물은 따뜻해진다. 이 원리는 다음과 같은 식으로 나타낼 수 있다.

$$Q_{\text{찬}} = -Q_{\text{뜨거운}} \qquad [11.4]$$

에너지는 차가운 물체 속으로 들어가기 때문에 $Q_{\text{찬}}$은 양이고, 반면에 에너지가 뜨거운 물체로부터 나오기 때문에 $Q_{\text{뜨거운}}$은 음이다. 식 11.4의 우변에 음의 부호가 있기 때문에 우변은 양의 값이며 좌변의 값과 일치한다. 이 방정식은 계가 고립되어 있을 때에만 적용된다.

비열이나 온도 중에서 한 물리량의 값을 모를 때 식 11.4를 이용하여 구하는 것도 열계량법 문제에 포함된다.

예제 11.2 비열 구하기

목표 두 개의 물질들만 포함된 열계량법 문제를 푼다.

문제 질량이 125 g이고, 온도가 90.0°C인 모르는 물체 덩어리를 20.0°C의 물 0.326 kg이 담긴 스티로폼 컵에 넣었다. 이 계는 열평형 온도 22.4°C에 도달했다. 컵의 비열을 무시할 때 모르는 물체의 비열 c_x는 얼마인가?

전략 물체 덩어리가 열에너지 $Q_{\text{뜨거운}}$을 잃는 동안 물은 열에너지 $Q_{\text{찬}}$을 얻는다. 식 11.3을 식 11.4에 대입하여 모르는 물체의 비열 c_x를 구한다.

풀이

물과 물체 덩어리의 처음 온도를 각각 T_w와 T_x, 나중 온도를 T로 놓자. 식 11.3과 식 11.4를 적용한다.

$$Q_{\text{찬}} = -Q_{\text{뜨거운}}$$

$$m_w c_w (T - T_w) = -m_x c_x (T - T_x)$$

c_x에 대하여 풀고 값을 대입한다.

$$c_x = \frac{m_w c_w (T - T_w)}{m_x (T_x - T)}$$

$$= \frac{(0.326\text{ kg})(4\,190\text{ J/kg}\cdot{}^\circ\text{C})(22.4^\circ\text{C} - 20.0^\circ\text{C})}{(0.125\text{ kg})(90.0^\circ\text{C} - 22.4^\circ\text{C})}$$

$$c_x = 388\text{ J/kg}\cdot{}^\circ\text{C} \quad \rightarrow \quad 390\text{ J/kg}\cdot{}^\circ\text{C}$$

참고 여기서 구한 값을 표 11.1과 비교해 보면, 모르는 물질은 아마도 구리일 것이다. 계산 과정에서 (22.4°C − 20.0°C) = 2.4°C는 유효숫자가 두 자리이기 때문에 최종 답도 유효숫자가 두 자리가 되게 하여야 한다.

물질의 수가 두 개 이하인 경우에는 열계량법 문제를 해결하기 위하여 식 11.4를 사용할 수 있다. 그러나 각각 서로 다른 온도에서 열에너지가 교환되는 셋 이상의 물질들이 있는 경우도 있다. 만일 문제가 나중 온도를 구하는 경우라면, 중간 온도에서 물질이 열에너지를 얻는지 아니면 잃는지 분명하지 않을 수도 있다. 이와 같은 경우에는 식 11.4를 사용할 수 없다.

예를 들어, 25°C의 유리 비커에 40°C의 물과 37°C의 알루미늄 덩어리가 들어 있는 계의 나중 온도를 구하는 문제를 생각해 보자. 세 가지 물질을 조합하여 유리 비커의 온도가 올라가고 더운 물이 식는 것은 알 수 있으나, 나중 온도가 주어지지 않았기 때문에 알루미늄 조각이 에너지를 얻는지 아니면 잃는지에 대해서는 알 수 없다.

Tip 11.2 섭씨 온도와 절대 온도

이상 기체 상태 방정식과 같이 식에서 T가 등장하는 경우 절대 온도를 사용해야만 한다. 그러나 열계량법과 같이 식에서 ΔT가 나타나는 경우에는 섭씨 온도나 절대 온도 어느 것을 사용해도 상관없다. 왜냐하면 두 온도 단위에 대해 온도 차이는 서로 같기 때문이다. 의심스러우면 절대 온도를 사용한다.

다행히도 올바른 조건이 주어지기만 하면 이와 같은 문제는 해결할 수 있다. 미지의 나중 온도 T_f에 대하여 식 $Q = mc(T_f - T_i)$는 $T_f > T_i$이면 양이고, $T_f < T_i$이면 음이다. 식 11.4는 다음과 같이 쓸 수 있다.

$$\Sigma Q_k = 0 \tag{11.5}$$

여기서 Q_k는 k번째 물질의 에너지 변화이다. 식 11.5는 고립계에서 에너지 보존의 법칙에 따라 얻거나 잃는 열에너지의 전체 합은 영이라는 것을 의미한다. 식 11.5에서 각 항들은 자동적으로 올바른 부호를 갖는다. 물과 알루미늄과 유리에 대하여 식 11.5를 적용하면 다음과 같다.

$$Q_w + Q_{\text{al}} + Q_g = 0$$

계에 있는 물질이 에너지를 얻는지 아니면 잃는지 미리 결정할 필요가 없다. 이 식은 고립계에서 퍼텐셜 에너지와 운동에너지의 증가 및 감소의 합이 영이 되는, 즉, $\Delta K + \Delta PE = 0$인 역학적 에너지의 보존식과 비슷하다. 앞에서 설명한 바와 같이 열에너지의 변화량들은 이 식의 좌변에 포함될 것이다.

두 개 이상의 물질에서 열에너지가 변화할 때 잘못된 값을 사용하기 쉽다. 그래서 모든 자료를 체계화하고 조합하여 표로 만들어 계산하는 것이 좋다. 다음 예제에서 이 방법을 설명한다.

예제 11.3 평형 온도 구하기

목표 서로 다른 온도의 세 물질이 포함된 열계량법 문제를 푼다.

문제 40.0°C의 물 0.400 kg을 질량이 0.300 kg이고 온도가 25.0°C인 우리 비커에 넣었다. 물속에는 37.0°C의 알루미늄 덩어리 0.500 kg이 있고, 계는 고립되어 있다. 계의 평형 온도를 구하라.

전략 물, 알루미늄, 유리의 에너지 이동을 각각 Q_w, Q_{al}, Q_g로 표시하자. 이들 에너지 이동은 에너지 보존의 법칙에 의하여 영이다. 주어진 값을 이용하여 세 항들과 관련된 값을 조합하여 표를 만들고, 나중 평형 온도 T를 구한다.

풀이

식 11.5를 계에 적용한다.

$$Q_w + Q_{\text{al}} + Q_g = 0 \tag{1}$$

$$m_w c_w(T - T_w) + m_{\text{al}} c_{\text{al}}(T - T_{\text{al}}) + m_g c_g(T - T_g) = 0 \tag{2}$$

수치를 표로 만든다.

Q (J)	m (kg)	c (J/kg·°C)	T_f	T_i
Q_w	0.400	4 190	T	40.0°C
Q_{al}	0.500	9.00×10^2	T	37.0°C
Q_g	0.300	837	T	25.0°C

표에 있는 값들을 식 (2)에 대입한다.

$$(1.68 \times 10^3\ \text{J/°C})(T - 40.0\text{°C}) + (4.50 \times 10^2\ \text{J/°C})(T - 37.0\text{°C}) + (2.51 \times 10^2\ \text{J/°C})(T - 25.0\text{°C}) = 0$$

$$(1.68 \times 10^3\ \text{J/°C} + 4.50 \times 10^2\ \text{J/°C} + 2.51 \times 10^2\ \text{J/°C})T = 9.01 \times 10^4\ \text{J}$$

$$T = 37.8\text{°C}$$

참고 답은 알루미늄의 처음 온도와 거의 비슷하기 때문에 알루미늄이 에너지를 얻는지 아니면 잃는지를 추측하는 것은 불가능하다. 성분에 맞게 항들과 관련된 값을 조합하여 표를 만드는 것이 중요하다. 이와 같은 표는 문제에서 보통 값을 잘못 대입하는 오류를 방지한다.

11.4 숨은열과 상변화 Latent Heat and Phase Change

물체와 그 주변 사이에 에너지 교환이 일어날 때, 일반적으로 물체의 온도가 변하게 된다. 그러나 어떤 경우에는 에너지의 교환이 있더라도 온도가 변하지 않을 수도 있다. 이것은 물체의 물리적 성질이 한 형태에서 다른 형태로 바뀌는 경우에 발생하게 되는데, 이를 보통 **상변화**(phase change)라고 한다. 일반적인 상변화에는 고체가 액체로 변화하는 것(융해), 액체가 기체로 변화하는 것(기화)과 고체의 결정 구조가 변화하는 것 등이 있다. 모든 상변화는 내부 에너지가 변하지만 온도는 변하지 않는다.

◀ 숨은열

순수한 물질의 상변화에 필요한 에너지 Q는

$$Q = \pm mL \tag{11.6}$$

이다. 여기서 L은 물질의 **숨은열**(latent heat)이라 하며, 그 크기는 물질의 종류뿐만 아니라 상변화의 성질에 따라 값이 다르다.

숨은열의 단위는 J/kg이다. 숨은(latent)이라는 뜻은 "사람이나 물체 속에 숨겨진 상태로 존재한다"는 뜻이다. 식 11.6에서 (+) 부호는 얼음이 녹을 때처럼 에너지가 물체 속에 흡수되는 경우이다. (−) 부호는 증기가 물로 변할 때와 같이 에너지가 물체에서 방출되는 경우이다.

Tip 11.3 부호의 결정
상변화를 위해 물체에 에너지를 가해야 하는지 물체로부터 에너지를 뺏어야 하는지에 따라, 식 11.6의 부호를 올바르게 사용한다.

융해열(latent heat of fusion) L_f는 고체가 액체로(융해) 또는 액체가 고체로(응고) 상변화가 발생할 때 사용하고, **기화열**(latent heat of vaporization) L_v는 액체가 기체로(기화) 또는 기체가 액체로(액화)의 상변화가 발생할 때 사용한다.[1] 예를 들면, 대기압하에서 물의 융해열은 3.33×10^5 J/kg이고, 기화열은 2.26×10^6 J/kg이다. 표 11.2에서 알 수 있듯이 물질들의 숨은열은 매우 다양한 값을 갖는다.

표 11.2 융해열과 기화열

물질	녹는점(°C)	융해열		끓는점(°C)	기화열	
		(J/kg)	cal/g		(J/kg)	cal/g
헬륨	−269.65	5.23×10^3	1.25	−268.93	2.09×10^4	4.99
산소	−218.79	1.38×10^4	3.30	−182.97	2.13×10^5	50.9
질소	−209.97	2.55×10^4	6.09	−195.81	2.01×10^5	48.0
에틸알코올	−114	1.04×10^5	24.9	78	8.54×10^5	204
물	0.00	3.33×10^5	79.7	100.00	2.26×10^6	540
황	119	3.81×10^4	9.10	444.60	3.26×10^5	77.9
납	327.3	2.45×10^4	5.85	1 750	8.70×10^5	208
알루미늄	660	3.97×10^5	94.8	2 450	1.14×10^7	2 720
은	960.80	8.82×10^4	21.1	2 193	2.33×10^6	558
금	1 063.00	6.44×10^4	15.4	2 660	1.58×10^6	377
구리	1 083	1.34×10^5	32.0	1 187	5.06×10^6	1 210

[1] 기체가 냉각되면 액체 상태로 돌아간다. 즉, 응축된다. 그 과정에서 방출되는 단위 질량당 에너지를 응축열이라고 하며, 그 양은 기화열과 같다. 액체가 냉각되면 고체로 되는데 융해열과 같은 양의 응고열이 생긴다.

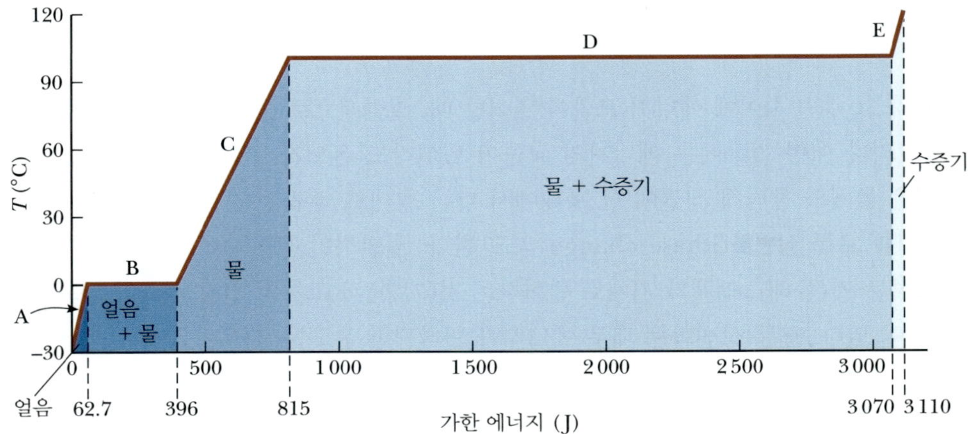

그림 11.2 처음 온도가 −30.0°C인 1.00 g의 얼음을 120°C의 수증기로 바꿀 때, 가한 에너지와 온도의 관계

또 다른 과정, 즉 승화는 고체 상태에서 액체 상태를 거치지 않고 바로 기체 상태로 변하는 것이다. 드라이아이스(이산화탄소의 결빙)의 증발이 좋은 예이며, 이 과정에서는 이것과 관계된 숨은열, 즉 승화열이 사용된다.

물리적인 상태의 변화를 좀 더 이해하기 위하여 일정한 압력에서 용기 속에 있는 −30.0°C의 얼음덩어리 1.00 g에 에너지를 공급하는 경우를 생각해 보자. 이 얼음을 120°C의 수증기로 바꾸려면 에너지가 얼마나 필요한지 생각해 보자. 그림 11.2는 계에 가한 에너지에 따라 온도 변화를 측정하여 나타낸 것이다. 이 곡선의 각 영역을 분리해서 검토해 보자.

영역 A 이 영역에서 얼음의 온도는 −30.0°C에서 0.0°C로 변하고 있다. 얼음의 비열은 2 090 J/kg · °C이므로, 계에 가해진 에너지는 식 11.3으로 계산할 수 있다.

$$Q = mc_{\text{얼음}}\Delta T = (1.00 \times 10^{-3}\ \text{kg})(2\,090\ \text{J/kg}\cdot{}^\circ\text{C})(30.0^\circ\text{C}) = 62.7\ \text{J}$$

영역 B 얼음이 0°C에 도달하면, 에너지를 계속해서 가해도 모든 얼음이 다 녹아서 0°C의 물이 될 때까지는 얼음과 물의 혼합 상태로 공존한다. 0°C의 얼음 1.00 g을 녹이는 데 필요한 열량은 식 11.6을 이용하여 구한다.

$$Q = mL_f = (1.00 \times 10^{-3}\ \text{kg})(3.33 \times 10^5\ \text{J/kg}) = 333\ \text{J}$$

영역 C 0~100°C 사이에서는 어떠한 상변화도 일어나지 않는다. 물에 가한 에너지는 영역 A와 같이 물의 온도를 높이는 데 사용된다. 물을 0°C에서 100°C까지 온도를 높이는 데 필요한 에너지는 다음과 같다.

$$Q = mc_{\text{물}}\Delta T = (1.00 \times 10^{-3}\ \text{kg})(4.19 \times 10^3\ \text{J/kg}\cdot{}^\circ\text{C})(1.00 \times 10^2\ {}^\circ\text{C})$$
$$Q = 4.19 \times 10^2\ \text{J}$$

영역 D 100°C에서는 물이 100°C의 수증기로 바뀌는 또 다른 상변화가 일어난다. 영역 B에서와 같이 에너지가 계속 증가해도 모든 액체가 기체로 바뀔 때까지는 100°C의 물과 수증기의 혼합 상태를 유지하면서 공존한다. 100°C의 물 1.00 g을 수증기로 바꾸는 데 필요한 에너지는 다음과 같다.

$$Q = mL_v = (1.00 \times 10^{-3}\ \text{kg})(2.26 \times 10^6\ \text{J/kg}) = 2.26 \times 10^3\ \text{J}$$

영역 E 영역 A, C와 마찬가지로 이 영역에서는 아무런 상변화가 일어나지 않는다. 따라서 가해진 모든 에너지는 수증기의 온도를 높이는 데 사용된다. 수증기의 온도를 120.0°C까지 올리는 데 필요한 에너지는 다음과 같다.

$$Q = mc_{\text{수증기}}\Delta T = (1.00 \times 10^{-3}\ \text{kg})(2.01 \times 10^3\ \text{J/kg} \cdot {}^\circ\text{C})(20.0^\circ\text{C}) = 40.2\ \text{J}$$

−30.0°C인 1.00 g의 얼음을 120°C의 수증기로 바꾸는 데 필요한 전체 에너지는 각 영역의 에너지를 모두 합한 양인 3.11×10^3 J이다. 반대로 120°C의 수증기 1.00 g을 −30.0°C의 얼음으로 만들기 위해서는 3.11×10^3 J의 에너지를 제거해야 한다.

상변화는 물질에서 에너지를 더하거나 빼낼 때, 분자들의 재배열로 설명할 수 있다. 먼저 액체에서 기체로의 상변화를 생각해 보자. 액체 상태의 분자들은 서로 가깝게 붙어 있는 반면에 기체 상태의 분자들은 훨씬 멀리 떨어져 있기 때문에, 액체 속에 있는 분자들 사이의 힘은 기체 속에 있는 분자들 사이의 힘보다 강하다. 그러므로 액체 분자들을 분리시키기 위해서는 이러한 분자 사이의 인력을 극복할 수 있는 일을 분자에 해야 한다. 기화열은 1 kg의 액체 속에 있는 분자가 분리될 수 있도록 공급해야 하는 에너지와 같다.

이와 유사하게, 고체의 녹는점에서는 평형 위치에 대한 원자들의 진동 폭이 충분히 커져서, 원자들이 이웃한 원자들의 장벽을 뛰어넘어 가서 새로운 위치로 이동할 수 있게 된다고 할 수 있다. 평균적으로 새로운 위치에서는 대칭성이 적으므로 원자들이 높은 에너지를 갖는다. 융해열은 질서정연한 고체 상태에서 무질서한 액체 상태로 물질이 변할 때 분자 수준에서 요구되는 일과 같다.

원자 간의 평균 거리는 액체나 고체 상태보다 기체 상태에서 훨씬 멀다. 기체 상태에서의 원자나 분자는 이웃한 원자나 분자에 의한 인력을 이겨내어 이웃 원자나 분자로부터 쉽게 떨어져나갈 수 있다. 따라서 주어진 질량의 물질을 융해시킬 때보다 기화시킬 때 분자 수준에서 요구되는 일의 양이 더 많아지므로 기화열이 융해열보다 훨씬 커진다(표 11.2 참고).

예제 11.4 냉수

목표 고체에서 액체로의 상변화와 에너지 전달이 포함된 문제를 해결한다.

문제 파티에서 20.0°C의 물 30.0 L에 −5.00°C의 얼음 6.00 kg을 넣었다. 평형 상태에 도달했을 때, 물의 온도는 얼마인가?

전략 이 문제에서는 표를 만드는 것이 최선의 방법이다. 열에너지 $Q_{\text{얼음}}$이 추가됨에 따라, 얼음은 온도가 0°C까지 올라가서 $Q_{\text{융해}}$의 에너지가 추가되어 0°C에서 녹는다. 그리고 녹은 얼음은 본래 물의 에너지 변화량 $Q_{\text{물}}$로부터 구해지는 에너지 $Q_{\text{얼음-물}}$을 흡수하여 나중 온도 T로 올라간다. 에너지 보존에 의해 이 양들은 합이 영이 된다.

풀이

물의 질량을 계산한다.

$$m_{\text{물}} = \rho_{\text{물}} V$$

$$= (1.00 \times 10^3\ \text{kg/m}^3)(30.0\ \text{L})\frac{1.00\ \text{m}^3}{1.00 \times 10^3\ \text{L}}$$

$$= 30.0\ \text{kg}$$

열평형 식을 쓴다.

$$Q_{\text{얼음}} + Q_{\text{융해}} + Q_{\text{얼음-물}} + Q_{\text{물}} = 0 \qquad (1)$$

다음과 같은 종합적인 표를 만든다.

Q	m(kg)	c(J/kg·°C)	L(J/kg)	T_f(°C)	T_i(°C)	식
$Q_{얼음}$	6.00	2 090		0	−5.00	$m_{얼음}c_{얼음}(T_f - T_i)$
$Q_{융해}$	6.00		3.33×10^5	0	0	$m_{얼음}L_f$
$Q_{얼음\text{-}물}$	6.00	4 190		T	0	$m_{얼음}c_{물}(T_f - T_i)$
$Q_{물}$	30.0	4 190		T	20.0	$m_{물}c_{물}(T_f - T_i)$

모든 양들을 여섯 번째 열에 있는 식에 대입하여 합을 구해 식 (1)의 값을 계산하여 T를 구한다.

$$6.27 \times 10^4\,\text{J} + 2.00 \times 10^6\,\text{J} + (2.51 \times 10^4\,\text{J/°C})(T - 0\text{°C})$$
$$+ (1.26 \times 10^5\,\text{J/°C})(T - 20.0\text{°C}) = 0$$

$$T = 3.03\text{°C}$$

참고 표를 작성하는 것은 선택이다. 그러나 대입하여 계산을 하는 데 간단한 실수도 치명적이기 때문에, 이러한 실수를 줄이기 위해서 표를 작성하는 것이다.

예제 11.5 부분 융해

목표 불완전한 상변화를 다루는 방법을 이해한다.

문제 단열된 용기 속에 0°C인 얼음덩어리 5.00 kg과 15.0°C인 물 10.0 kg이 섞여 있다. **(a)** 용기의 비열을 무시할 때, 나중 온도를 구하라. **(b)** 융해된 얼음의 질량을 구하라.

전략 이 경우에는 얼음이 완전히 녹지 않기 때문에 **(a)**는 속임수이다. 완전히 상태가 변하는지 의심이 들면, 먼저 간단한 계산 과정이 필요하다. 첫째 얼음이 녹는 데 필요한 전체 에너지 $Q_{융해}$를 구하고 0°C 이상인 물이 전달할 수 있는 최대 에너지 $Q_{물}$을 구한다. 만일 물이 충분한 에너지를 전달하면 모든 얼음은 녹는다. 그렇지 않다면, 얼음의 처음 온도가 0°C보다 아주 작지 않은 경우에는, 보통 0°C에서 물과 얼음이 공존하는 상태가 될 것이고, 얼음의 처음 온도가 0°C보다 아주 작은 경우에는 모든 액체가 얼 것이다.

풀이

(a) 평형 온도를 구한다.

첫째, 얼음을 완전히 녹이는 데 필요한 에너지의 양을 계산한다.

$$Q_{융해} = m_{얼음}L_f = (5.00\text{ kg})(3.33 \times 10^5\text{ J/kg})$$
$$= 1.67 \times 10^6\text{ J}$$

다음으로, 액체 상태에 있는 처음 질량의 물이 얼지 않고 에너지를 잃을 수 있는 최대 에너지를 계산한다.

$$Q_{물} = m_{물}c\Delta T$$
$$= (10.0\text{ kg})(4\,190\text{ J/kg}\cdot\text{°C})(0\text{°C} - 15.0\text{°C})$$
$$= -6.29 \times 10^5\text{ J}$$

이 결과는 얼음을 모두 녹이는 데 필요한 에너지의 반보다 작다. 그래서 계의 나중 상태는 물과 얼음이 공존하는 빙점 상태이다.

$$T = 0\text{°C}$$

(b) 녹는 얼음의 질량을 계산한다.

질량이 m인 얼음의 융해열 mL_f를 전체 가용 에너지와 같게 놓고 m을 구한다.

$$6.29 \times 10^5\text{ J} = mL_f = m(3.33 \times 10^5\text{ J/kg})$$
$$m = 1.89\text{ kg}$$

참고 이 문제를 얼음이 모두 녹는다는 가정(잘못됨)에서 푼다면 나중 온도는 $T = -16.5$°C이다. 이것은 계가 고립되지 않았을 때 가능하며, 이 문제의 설명과 상반된다.

11.5 에너지 전달 Energy Transfer

여러 분야에 응용하기 위해서는 계와 주변 환경 사이에서 에너지가 전달되는 정도와 전달의 원인이 되는 메커니즘을 알아야 할 필요가 있다. 이에 대한 지식은 건축물의 내구성 또는 자연에서의 인간 수명과 같은 의학적 응용에 특히 중요하다.

이 장의 앞부분에서 열은 계와 주변 환경 사이에서 온도 차이에 의해 발생하는 에너지 이동으로 정의했다. 이 단원에서는 에너지의 전달 수단으로서 열에 대하여 좀 더 자세히 알아보고, 열전도, 대류, 복사 과정에 대하여 알아본다.

11.5.1 열전도 Thermal Conduction

온도 차와 밀접한 관련이 있는 에너지의 전달 과정을 **열전도**(thermal conduction) 또는 간단히 **전도**(conduction)라 한다. 이 과정에서는 작은 에너지를 갖는 입자가 큰 에너지를 갖는 입자와 충돌하여 에너지를 얻게 되는 것과 같이, 원자 수준에서의 미시적 입자들(분자, 원자, 전자) 사이의 운동에너지 교환으로 에너지 전달을 설명할 수 있다. 그림 11.3과 같이 저렴한 요리용 냄비가 금속 손잡이와 냄비 사이에 단열재 없이 연결되어 있다. 냄비가 가열되면 금속 손잡이의 온도가 올라가서, 손을 데지 않으려면 천으로 된 장갑을 껴야 냄비를 들 수 있다.

그림 11.3 전도에 의해 요리용 냄비의 금속 손잡이가 뜨거워진다.

이런 일이 발생하는 과정은 금속 안에 있는 미시적인 입자들에게 어떤 일이 일어나는지를 조사하면 이해할 수 있다. 냄비를 전열기 위에 올려놓기 전에는 입자들이 평형 위치 부근에서 진동하고 있다. 전열기의 온도가 올라가면, 전열기에 접촉한 입자들은 점점 더 큰 진폭으로 진동하기 시작한다. 이 입자들은 이웃한 원자들과 차례차례로 충돌하고, 이때 에너지의 일부를 전달한다. 그리하여 점차적으로 전열기에서 훨씬 멀리 떨어진 입자들의 진폭이 증가하게 되고, 결국 이러한 현상이 손잡이가 있는 금속에 있는 입자들까지 미친다. 이와 같은 진동의 증가는 금속의 온도를 상승시킨다(그리고 손을 데게 할 수도 있다!).

Tip 11.4 담요와 외투의 단열
겨울에 담요를 덮고 자거나 집 밖에서 외투를 입고 있을 때, 담요나 외투는 몸에서 열의 형태로 에너지가 밖으로 빠져 나가는 것을 줄이기 위해 열전도율이 낮은 물질로 이루어진 단열 막의 역할을 한다. 단열을 수행하는 주된 매질은 물질 내에 들어 있는 작은 공기 주머니들이다.

비록 물질을 통한 에너지 전달이 원자의 진동에 의한 것이라고 부분적으로 설명할 수는 있지만, 전도율은 물질의 특성에 따라 다르다. 예를 들면, 불 속에 있는 석면 조각을 계속 잡고 있을 수가 있는데, 이것은 석면을 통해서는 매우 적은 에너지가 전도됨을 의미한다. 일반적으로 금속은 좋은 열전도체인데, 이는 금속이 그 내부에 비교적 자유로이 이동할 수 있는 수많은 자유 전자를 가지고 있고, 이러한 자유 전자들이 한 영역에서 다른 영역으로 에너지를 전달할 수 있기 때문이다. 이처럼, 구리와 같이 좋은 전도체에서는 원자의 진동과 자유 전자의 이동을 통해 열전도가 일어난다. 석면, 코르크, 종이, 유리 섬유와 같은 물질들은 열전도가 매우 적은 물질이며, 또한 기체들도 분자들 사이의 거리가 대단히 멀기 때문에 열전도가 매우 적다.

전도는 전도 매질의 두 부분 사이에 온도 차이가 있을 때에만 일어난다. 즉, 온도 차이에 의해 에너지의 흐름이 일어난다. 두께가 Δx이고 단면적이 A인 평판을 생각해 보자(그림 11.4). 평판의 양쪽 면에서의 온도는 각각 T_c와 $T_h(> T_c)$이고, 평판에서는 열전도에 의해 높은 온도 부분에서 낮은 온도 부분으로 에너지의 이동이 일어난다. 이때 에너지 전달률 $P = Q/\Delta t$는 평판의 단면적과 온도 차이에 비례하고 평판의 두께에 반비례한다. 즉,

$$P = \frac{Q}{\Delta t} \propto A \frac{\Delta T}{\Delta x}$$

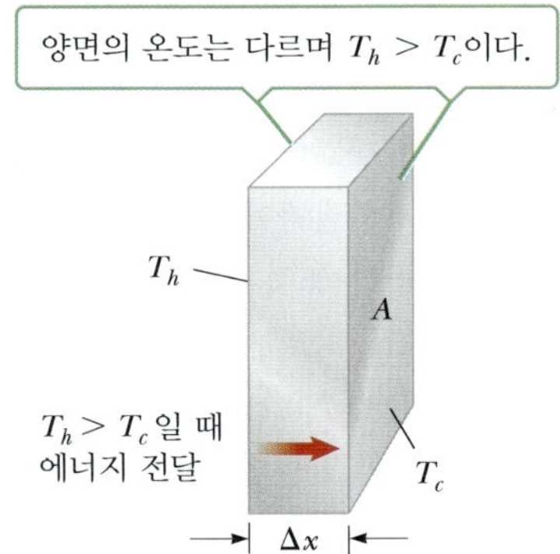

그림 11.4 단면적이 A이고 두께가 Δx인 도체 평판을 통한 에너지의 이동

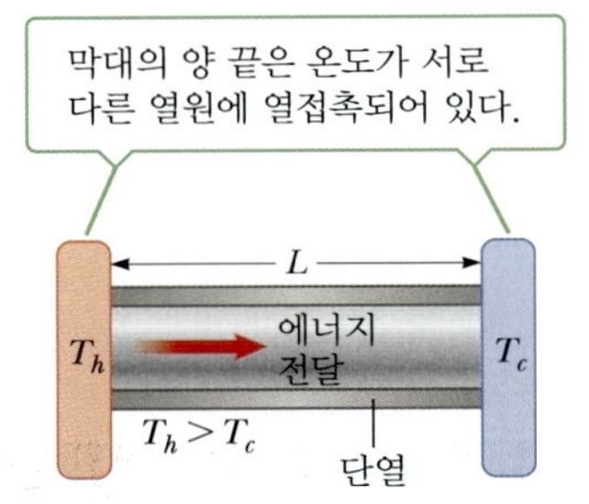

그림 11.5 길이가 L이고 두께가 일정한 절연된 막대를 통한 전도

여기서 Q의 단위가 줄(J)이고 Δt의 단위가 초(s)이므로, P의 단위는 와트(W)가 된다.

그림 11.5와 같이, 길이가 L인 균일한 긴 막대 형태의 물체가 있다고 하자. 이 막대는 단열이 되어 있어서 양 끝을 제외하고는 표면을 통한 전도에 의해 열에너지가 방출되지 않는다. 이 막대의 양 끝은 각각 온도가 T_c와 $T_h(> T_c)$인 열원과 열접촉을 하고 있다. 정상 상태에 이르게 되면, 막대의 모든 지점에서 온도가 일정해진다. 이 경우 $\Delta T = T_h - T_c$이고 $\Delta x = L$이므로,

$$\frac{\Delta T}{\Delta x} = \frac{T_h - T_c}{L}$$

이다. 따라서 막대를 통한 전도에 의한 에너지 전달률은 다음의 식으로 주어진다.

$$P = kA\frac{(T_h - T_c)}{L} \qquad [11.7]$$

여기서 비례 상수 k를 **열전도도**(thermal conductivity)라고 하며, 그 값은 물질의 특성에 따라 다르다. 좋은 전도체는 열전도도가 크고, 좋은 부도체는 열전도도가 작다. 표 11.3에 여러 가지 물질의 열전도도를 나타내었다.

표 11.3 열전도도

물질	열전도도 (J/s·m·°C)	물질	열전도도 (J/s·m·°C)	물질	열전도도 (J/s·m·°C)
금속(25°C)		**기체(20°C)**		**비금속(근삿값임)**	
알루미늄	238	공기	0.023 4	석면	0.08
구리	397	헬륨	0.138	콘크리트	0.8
금	314	수소	0.172	유리	0.8
철	79.5	질소	0.023 4	얼음	2
납	34.7	산소	0.023 8	고무	0.2
은	427			물	0.6
				나무	0.08

예제 11.6 인체에서 전도에 의한 열손실

목표 열전도 방정식을 인체에 적용한다.

문제 인체의 경우, 피부 아래에는 지방과 근육 층의 두께가 부위에 따라 다르다. 날씨가 추워지면, 인체 표면에 있는 모세혈관이 수축하여 혈액이 흐르는 양이 줄면서 조직의 열전도도가 감소한다. 이러한 조직들은 두께가 1인치까지 이르며 열전도도는 약 0.21 W/m · K로 피부나 지방의 열전도도와 거의 같다. **(a)** 조직의 두께를 약 2.0 cm 정도로 보고 피부의 온도를 33.0°C(피부의 온도는 외부 조건에 따라 변한다)라 가정한 다음 인체의 중심 영역에서 피부 표면까지 전도에 의한 열에너지 손실률을 대략 계산해 보라. **(b)** 1.0 h 동안 전도에 의한 열에너지 손실을 계산하라. **(c)** 에너지가 재충전되지 않을 경우 1.0 h 동안의 체온의 변화를 대략 계산해 보라. 인체의 질량을 75 kg, 피부의 전체 겉넓이를 1.73 m^{2}으로 가정한다.

전략 **(a)**의 해를 구하기 위해서는 전도에 의한 에너지 전달률을 나타내는 식 11.7을 사용해야 한다. **(a)**에서 구한 에너지 전달률과 경과 시간을 곱하면 그 시간 동안에 전달된 전체 열에너지가 된다. **(c)**에서는 에너지가 재충전되지 않는 경우 체온의 변화는 식 11.3인 $Q = mc\Delta T$를 써서 구할 수 있다.

풀이

(a) 전도에 의한 열에너지의 손실률을 대략적으로 구한다.

열전도 방정식을 쓴다.

$$P = \frac{kA(T_h - T_c)}{L}$$

값을 대입한다.

$$P = \frac{(0.21\ \text{W/m}\cdot\text{K})(1.73\ \text{m}^2)(37.0°\text{C} - 33.0°\text{C})}{2.0 \times 10^{-2}\ \text{m}} = \boxed{73\ \text{W}}$$

(b) 1.0 h 동안 전도에 의한 열에너지 손실을 계산한다.

에너지 전달률 P와 시간 Δt를 곱한다.

$$Q = P\Delta t = (73\ \text{W})(3\ 600\ \text{s}) = \boxed{2.6 \times 10^5\ \text{J}}$$

(c) 에너지가 재충전되지 않는 경우 1.0 h 동안의 체온의 변화를 대략 계산한다.

식 11.3을 ΔT에 대해 푼다.

$$Q = mc\Delta T$$

$$\Delta T = \frac{Q}{mc} = \frac{2.6 \times 10^5\ \text{J}}{(75\ \text{kg})(3\ 470\ \text{J/kg}\cdot\text{K})} = \boxed{1.0°\text{C}}$$

참고 이 문제는 푸는 과정에서 조직을 통해서 열이 전도되는 비율을 훨씬 더 감소시키는 부위에 따른 열의 차이를 고려하지 않았다. 반면에 열에너지는 조직을 통해서만 전도되고, 공기의 열전도도가 매우 작기 때문에 인체의 표면에서 방출되는 에너지도 조금은 있다. 대류, 복사 및 땀의 증발은 피부에서 열에너지를 방출시키는 일차적인 방식이기도 하다. 이 문제의 풀이에서 우리가 알 수 있는 것은 보통의 상황에서도 에너지가 인체에 계속 공급되어야만 한다는 것이다. 어는점보다 높은 온도일지라도 에너지를 계속 공급하지 않고 내버려 두면 죽을 수도 있다.

11.5.2 주택 단열 Home Insulation

만일 천장이나 집의 다른 부분에 단열재(그림 11.6)를 추가할지 여부를 결정해야 한다면, 이제까지 배운 전도에 대한 내용을 다음과 같은 두 가지 사항에 대하여 확장해야 한다.

1. 집을 짓는 데 사용하는 건축 재료의 단열 성질을 나타낼 때, 보통 SI 단위계보다는 공학에서 관습적으로 쓰는 영국 열 단위를 사용한다. 예를 들면, 유리 섬유로 된 단열판의 포장에 표시되는 수치들은 피트, 화씨 온도 등의 단위를 사용한다.
2. 건축 재료의 단열성을 취급할 때는, 서로 다른 두께와 열전도도를 갖는 여러 가지 물질들의 복합적인 평판에 대한 전도를 고려해야 한다. 예를 들면, 보통의 집 벽은 안에서부터 차례로 나무판자, 건식 벽체, 단열재, 거푸집, 나무 판자벽 등 일련의 물질들의 배열로 구성되어 있다.

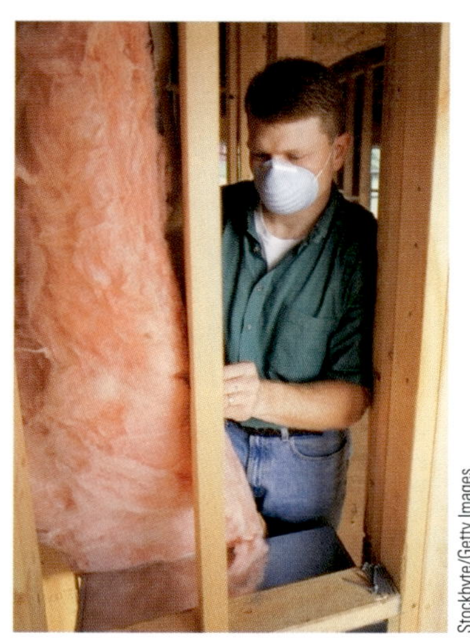
Stockbyte/Getty Images

그림 11.6 단열공이 집에 유리 섬유로 된 단열재를 설치하고 있다. 마스크는 건강에 해로운 미세한 섬유 가루를 단열공이 흡입하지 않도록 보호한다.

복합적인 평판에 대한 전도율은

$$\frac{Q}{\Delta t} = \frac{A(T_h - T_c)}{\sum_i L_i/k_i} \qquad [11.8]$$

이며, 여기서 T_h와 T_c는 평판 양 끝에서의 온도이고, 분모는 평판 각 부분들에 대한 합이다. 두 절연체들 사이에서 접촉면의 온도가 같다는 것과 한 절연체의 에너지 전달률이 다른 모든 절연체들의 전달률과 같다는 사실을 이용하면, 이 식은 대수적인 방법으로 유도할 수 있다. 예를 들어, 평판이 서로 다른 세 가지 재료로 되어 있다면, 분모는 이들 세 재료에 대한 값의 합이다. 실용 공학 분야에서, 어떤 특정 물질의 L/k의 값을 그 물질의 R값으로 나타낸다. 따라서 식 11.8은

$$\frac{Q}{\Delta t} = \frac{A(T_h - T_c)}{\sum_i R_i} \qquad [11.9]$$

표 11.4 보통 건축 재료의 R값

재료	R값[a] ($ft^2 \cdot °F \cdot h/Btu$)
딱딱한 나무판자(1인치)	0.91
나무 널빤지(겹쳐 있는)	0.87
벽돌(4인치)	4.00
콘크리트 벽돌	1.93
스티로폼(1인치)	5.0
유리 섬유 단열재(3.5인치)	10.90
유리 섬유 단열재(6인치)	18.80
유리 섬유판(1인치)	4.35
셀룰로오스 섬유(1인치)	3.70
평판유리(0.125인치)	0.89
단열유리(간격 0.25인치)	1.54
공기층(3.5인치)	1.01
정체된 공기층	0.17
건식 벽(0.5인치)	0.45
거푸집(0.5인치)	1.32

[a] 이 표에 있는 값에 0.176 1을 곱하면 SI 단위계의 값이 된다.

로 쓸 수 있다. 표 11.4는 일반적으로 사용되는 일부 건축 재료들의 R값이다. R의 단위에 유의하고, 또한 각각의 R값은 특정한 두께에 대한 값을 나타내고 있음을 참고하라.

연직으로 세워져 있는 외벽의 표면에는 대단히 얇고 정체된 공기층이 막을 형성하고 있는데, 이 벽의 R값을 계산할 때, 이 점을 고려해야 한다. 정체된 공기층의 두께는 바람의 속력과 관련이 있다. 결과적으로 집에서 전도에 의한 에너지 유출은 바람이 없는 날보다 바람이 강하게 부는 날에 훨씬 더 크다. 정체된 공기층에 대한 R값은 표 11.4에 있다. 표의 값은 영국 단위계로 주어져 있지만 각 값에다 0.176 1을 곱하면 미터 단위계의 값이 된다.

예제 11.7 건축과 단열

목표 여러 겹으로 된 단열재에 대한 R값과 열에너지 전달 효과를 계산한다.

문제 **(a)** 두께가 0.20 m, 너비가 3.65 m, 높이가 2.0 m인 콘크리트 벽을 통하여 1시간 동안 전달되는 에너지를 구하라. 벽 양쪽의 온도는 각각 5.00°C와 20.0°C이다(그림 11.7). 콘크리트의 열전도도는 0.80 J/s · m · °C이다. **(b)** 집주인이 단열을 강화하기 위하여 0.50인치 두께의 거푸집, 3.5인치 두께의 유리 섬유 단열재 및 0.50인치 두께의 건식 벽을 설치한다면 R값은 얼마가 되는가? **(c)** 전도에 의해 1시간 동안 전달된 에너지를 구하라. **(d)** 콘크리트 벽과 거푸집 사이의 온도는 얼마인가? 콘크리트 벽 밖에는 공기층이 있지만 콘크리트와 거푸집 사이에는 공기층이 없다고 가정한다.

전략 콘크리트 벽의 R값은 L/k로 주어진다. 이것을 두 공기층의 R값에 더하고 식 11.8에 대입한 다음 1시간에 해당하는 3 600초를 곱하면 벽을 통해 한 시간 동안 전달된 에너지가 얻어진다. 이 과정을 **(b)**와 **(c)**의 다른 재료에 대해 반복한다. **(d)**에서는 공기층과 콘크리트 벽에 대한 R값을 구하고 그것을 열전도도식에 대입하여야 한다. 이 문제에서는 미터 단위계가 사용되므로 표에

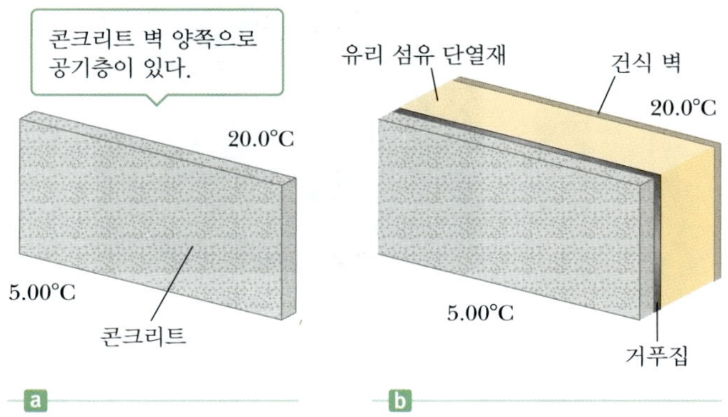

그림 11.7 (예제 11.7) (a) 양쪽에 공기층이 있는 콘크리트 벽과 (b) 양쪽의 공기층 사이에 콘크리트 벽, 거푸집, 유리 섬유 단열재, 건식 벽이 있는 모습의 단면도

주어진 R값이 영국 단위계이면 미터 단위계로 환산하여야 한다. (영국 단위계에 0.176 1을 곱하면 SI 단위계의 값이 된다.)

풀이

(a) 콘크리트 벽을 통하여 1시간 동안 전달된 에너지를 구한다.
콘크리트와 두 벽의 R값을 계산한다.

$$\sum R = \frac{L}{k} + 2R_{\text{공기층}} = \frac{0.20\text{ m}}{0.80\text{ J/s}\cdot\text{m}\cdot{}^\circ\text{C}} + 2\left(0.030\,\frac{\text{m}^2}{\text{J/s}\cdot{}^\circ\text{C}}\right)$$

$$= 0.31\,\frac{\text{m}^2}{\text{J/s}\cdot{}^\circ\text{C}}$$

열전도 식을 쓴다.

$$P = \frac{A(T_h - T_c)}{\sum R}$$

값을 대입한다.

$$P = \frac{(7.3\text{ m}^2)(20.0^\circ\text{C} - 5.00^\circ\text{C})}{0.31\text{ m}^2\cdot\text{s}\cdot{}^\circ\text{C/J}} = 353\text{ W} \quad\rightarrow\quad 350\text{ W}$$

와트 단위로 나타낸 에너지 전달률에 3 600 s를 곱하다.

$$Q = P\Delta t = (350\text{ W})(3\,600\text{ s}) = \boxed{1.3\times10^6\text{ J}}$$

(b) 새로운 절연벽의 R 인자를 구한다.
표 11.4를 참조하여 SI 단위로 환산한 후 필요한 값들을 더한다.

$$R_{\text{전체}} = R_{\text{바깥 공기층}} + R_{\text{콘크리트}} + R_{\text{거푸집}} + R_{\text{유리 섬유}} + R_{\text{건식 벽}} + R_{\text{안쪽 공기층}}$$

$$= (0.030 + 0.25 + 0.232 + 1.92 + 0.079 + 0.030)$$

$$= \boxed{2.5\text{ m}^2\cdot{}^\circ\text{C}\cdot\text{s/J}}$$

(c) 전도에 의해 1시간 동안 전달된 에너지를 구한다.
열전도 식을 쓴다.

$$P = \frac{A(T_h - T_c)}{\sum R}$$

값을 대입한다.

$$P = \frac{(7.3\text{ m}^2)(20.0^\circ\text{C} - 5.00^\circ\text{C})}{2.5\text{ m}^2\cdot\text{s}\cdot{}^\circ\text{C/J}} = 44\text{ W}$$

와트 단위의 에너지 전달률에 3 600 s를 곱한다.

$$Q = P\Delta t = (44\text{ W})(3\,600\text{ s}) = \boxed{1.6\times10^5\text{ J}}$$

(d) 콘크리트와 거푸집 사이의 온도를 계산한다.
열전도 식을 쓴다.

$$P = \frac{A(T_h - T_c)}{\sum R}$$

T_h에 관하여 풀고 양변에 ΣR을 곱한 다음 넓이 A로 나눈다.

$$P\sum R = A(T_h - T_c) \quad\rightarrow\quad (T_h - T_c) = \frac{P\sum R}{A}$$

양변에 T_c를 더한다.

$$T_h = \frac{P\sum R}{A} + T_c$$

(a)에서 구한 콘크리트 벽에 대한 R값을 대입한다. 하지만 **(a)**에서 계산한 값에서 공기층 한 개에 대한 R값은 뺀다.

$$T_h = \frac{(44\text{ W})(0.31\text{ m}^2\cdot\text{s}\cdot{}^\circ\text{C/J} - 0.03\text{ m}^2\cdot\text{s}\cdot{}^\circ\text{C/J})}{7.3\text{ m}^2} + 5.00^\circ\text{C}$$

$$= \boxed{6.7^\circ\text{C}}$$

참고 좋은 단열재를 사용하면 에너지를 엄청나게 절감할 수 있음을 알 수 있다.

11.5.3 대류 Convection

그림 11.8과 같이 불꽃 위에 손을 올려 놓으면 손이 따뜻해진다. 이 상황에서 불꽃 바로 위의 공기는 가열되고 팽창한다. 그 결과 공기는 밀도가 작아지므로 위로 상승하고,

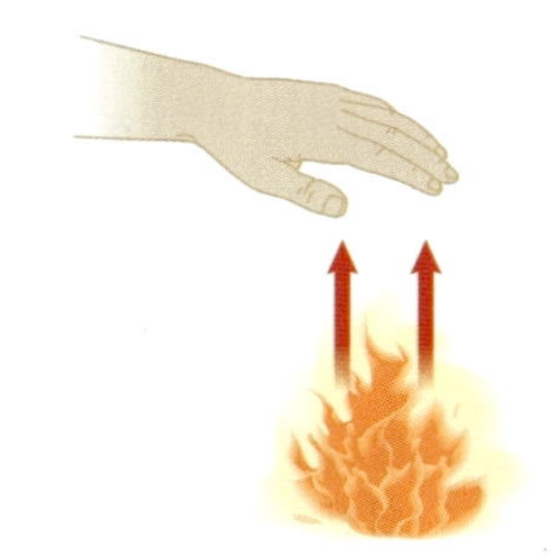
그림 11.8 대류에 의해 손이 따뜻해진다.

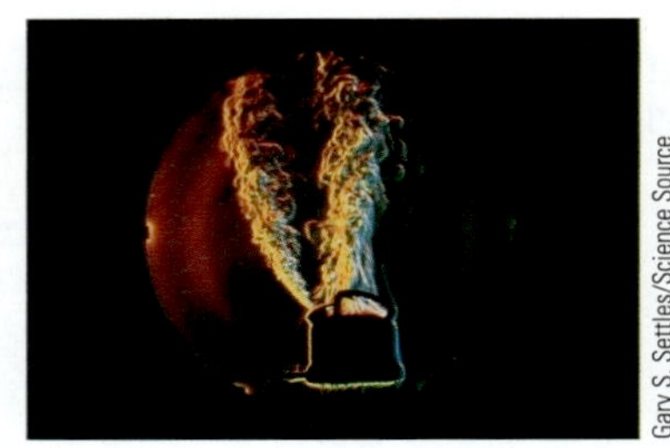

그림 11.9 수증기와 난류 공기의 대류 운동을 보여 주는 주전자의 사진

이 따뜻한 공기의 흐름이 손을 따뜻하게 한다. **물질의 이동에 의한 에너지 전달을 대류라 한다.** 불꽃 주위의 공기처럼 밀도 차이에 의해 흐름이 일어나는 것을 자연 대류라고 한다. 해변에서의 공기 흐름도 자연 대류의 한 예인데, 물의 표면 온도가 내려감에 따라 공기의 흐름이 발생하는 것이다. 난방 시스템에서 따뜻한 공기나 물을 순환시킬 때처럼, 팬이나 펌프에 의해 물질의 이동이 강제로 이루어지는 것을 강제 대류라고 한다.

대류의 흐름이 없다면 물을 끓이기가 어렵다(그림 11.9). 주전자에 있는 물을 끓일 때, 주전자의 맨 밑바닥에 있는 물이 먼저 데워진다. 바닥의 따뜻한 물은 밀도가 낮아지므로 위로 상승하게 된다. 동시에 위쪽의 밀도가 높고 차가운 물은 주전자 바닥으로 하강하여 가열되는데, 이러한 과정을 거쳐 물이 전체적으로 데워지는 것이다.

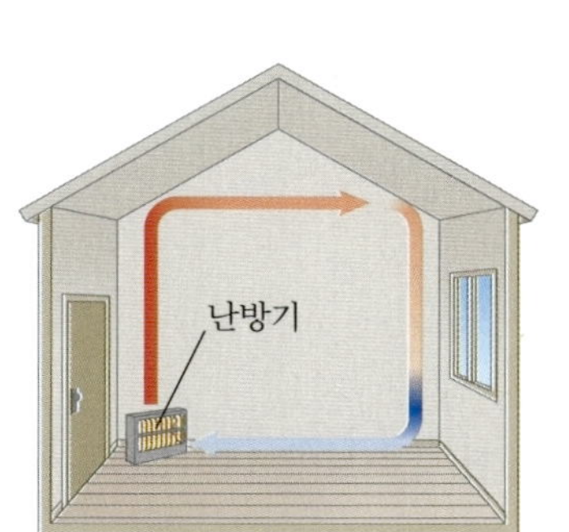

그림 11.10 난방기에 의해 따뜻해진 방 안에는 공기의 대류가 형성된다.

이와 동일한 과정이 난방기로 방의 온도를 높일 때도 일어난다. 뜨거운 난방기가 방의 밑바닥 부근의 공기를 따뜻하게 하고, 따뜻해진 공기는 팽창하여 밀도가 낮아져서 천장으로 상승한다. 위에 있던 상대적으로 차갑고 밀도가 높은 공기는 밑으로 가라앉으면서, 그림 11.10과 같이 연속적인 공기의 흐름을 만든다.

응용
자동차 엔진의 냉각

전도와 강제 대류의 조합에 의해 자동차 엔진은 안전한 작동 온도를 유지한다. 물(실제로는 물과 부동액의 혼합액)은 엔진 내부에서 순환된다. 엔진을 구성하고 있는 금속의 온도가 증가함에 따라, 에너지는 뜨거운 금속에서 전도에 의해 냉각수로 전달된다. 물은 펌프에 의해 엔진에서 방열기(라디에이터)로 보내지며, 이때 에너지도 함께 이동한다(강제 대류). 방열기에서 뜨거운 물은 차가운 바깥 공기와 접촉된 금속관을 통과하게 되어, 전도에 의해 에너지는 대기로 전달된다. 냉각된 물은 펌프에 의해 엔진으로 되돌아가 더 많은 에너지를 흡수한다. 팬으로 방열기에 공기를 끌어들이는 과정 또한 강제 대류이다.

응용
호수나 연못에서의 해조류 폭증 시기

봄이나 가을 따뜻한 호수나 연못에서 물의 대류에 의해 생성된 무성한 해조류를 종종 볼 수 있다. 이 과정을 이해하기 위해 그림 11.11을 살펴보자. 여름에는 물 표면의 수온이 급격하게 변하기 때문에 호수 물 전체의 온도 변화에 차이가 발생하는데, 고온의 상층부는 완충 지역인 변온층에 의해 저온의 하층부와 서로 격리된다. 반면에 봄이나 가을에는 수온의 변화가 완만하여 물속에서 변온층이 사라져 대류에 의해 하층부의 물과 상층부의 물이 뒤섞인다. 뒤섞이는 과정에서 바닥에 있는 영양분이 표면으로 옮겨진다. 영양이 풍부한 물이 표면에 형성됨으로써 해조류는 일시적으로 폭증한다.

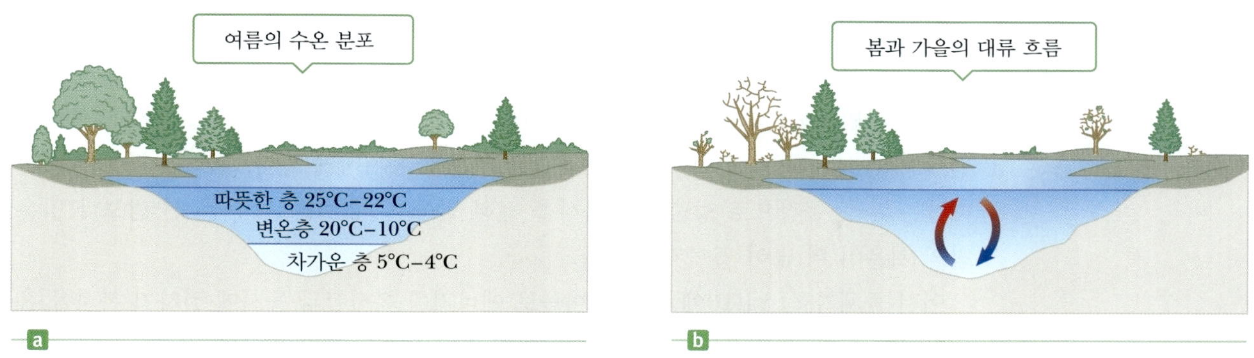

그림 11.11 (a) 여름 동안 호수 윗부분의 따뜻한 층은 변온층에 의해 아래에 있는 차가운 층이 격리된다. (b) 봄과 가을에는 대류의 흐름이 뒤섞여서 해조류는 폭증하게 된다.

11.5.4 복사 Radiation

에너지를 전달하는 또 다른 방법은 **복사**(radiation)이다. 그림 11.12는 불꽃에서 복사에 의해 손이 어떻게 따뜻해질 수 있는가를 보여 주고 있다. 손이 불꽃과 물리적으로 접촉되어 있지 않고 공기의 전도도가 매우 작기 때문에, 전도로는 에너지 이동을 설명할 수가 없다. 더욱이 손이 대류 흐름의 경로인 불꽃 위에 있지 않으므로, 대류도 에너지 전달에 의한 설명으로는 올바르지 않다. 그러므로 손이 따뜻해지는 것은 복사에 의한 에너지 전달 때문이다.

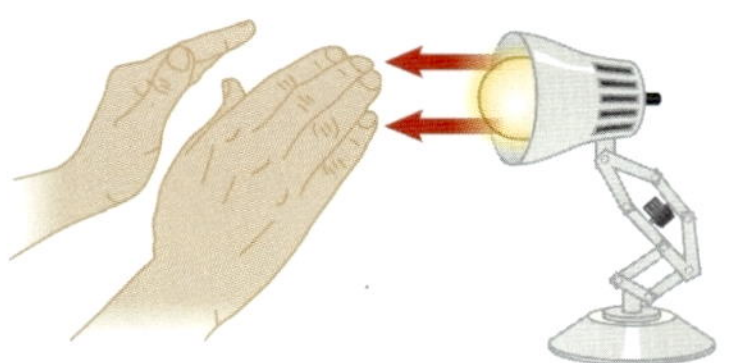

그림 11.12 복사에 의해 손이 따뜻해진다.

모든 물체는 구성 분자의 열진동으로 인하여 전자기파의 형태로 복사 에너지를 연속적으로 방출하고 있다. 이와 같은 진동은 전기난로와 전기 히터 또는 제빵기의 코일에서 붉은색 빛을 만들어 낸다.

물체가 방출하는 에너지 복사율은 물체의 절대 온도의 네제곱에 비례한다. 이것이 **슈테판의 법칙**(Stefan's law)이며 다음과 같이 나타낸다.

$$P = \sigma AeT^4 \qquad [11.10]$$

◀ 슈테판의 법칙

여기서 P는 물체에서 복사하는 일률이며, 단위는 와트(또는 J/s)이다. σ는 슈테판-볼츠만 상수로서 $5.669\,6 \times 10^{-8}\ \mathrm{W/m^2 \cdot K^4}$이다. A는 물체의 겉넓이를 $\mathrm{m^2}$로 표시한 것이고, e는 **복사율**(emissivity)로서 상수이며, T는 물체의 절대 온도이다. e값은 물체 표면의 성질에 따라 0에서 1 사이의 값을 갖는다.

태양에서 방출되는 약 1 370 J의 전자기파 복사 에너지는 지구 대기권 상층부의 넓이 1 $\mathrm{m^2}$를 매초 통과한다. 이 복사선은 대부분이 가시광선이며, 어느 정도의 적외선과 자외선을 포함하고 있다. 이런 형태의 복사는 21장에서 좀 더 자세히 다룰 것이다. 이 에너지의 일부는 우주 공간으로 반사되고, 일부가 대기에 의해 흡수되는데, 그 에너지를 포획하여 효율적으로 이용할 수 있다면, 매일 지구 표면에 도달하는 에너지는 인류가 필요로 하는 에너지의 수백 배에 해당하는 충분한 양이다. 세계적으로 태양 에너지 주택이 급증하는 것은 이러한 막대한 에너지를 이용하려는 하나의 시도이다. 태양의 복사 에너지는 여러 가지 면에서 일상생활에 영향을 미친다. 예를 들면, 지구의 평균 기온, 대양의 해류, 농업, 강수량 등에 영향을 미친다.

복사에 의한 에너지 전달 효과의 또 다른 한 다른 예로서, 밤에 발생하는 기온의 변화에 대하여 생각해 보자. 만약 지구 위에 구름이 덮여 있다면, 구름 속의 수증기는 지표로부터 방출되는 적외선 복사의 일부를 흡수하게 되고 이를 지표로 다시 방출하게 된다. 그 결과 지구 표면의 온도가 적당한 수준을 유지하게 된다. 그러나 구름이 없을 때에는 우주 공간으로 방출되는 복사를 전혀 막을 수 없으므로, 구름 낀 밤보다 맑은 밤의 기온이 더 많이 떨어지게 된다.

어떤 물체가 식 11.10에 주어진 비율로 에너지를 복사함과 동시에 전자기 복사를 흡수하기도 한다. 만일 이러한 에너지 흡수 과정이 일어나지 않는다면, 물체는 궁극적으로 모든 에너지를 복사하고 그 물체의 온도가 절대 영도에 이를 것이다. 물체가 흡수하는 에너지는 에너지를 복사하는 다른 물체들로 이루어진 주변 환경으로부터 오는 것이다. 물체의 온도를 T, 주변 온도를 T_0라 하면, 복사에 의해 물체가 초당 얻거나 잃는 알짜 에너지는 다음과 같다.

$$P_{\text{알짜}} = \sigma A e(T^4 - T_0^{\,4}) \qquad [11.11]$$

한 물체가 주변과 평형을 이룰 때, 물체는 같은 비율로 에너지를 복사하고 흡수하며, 따라서 물체의 온도는 일정하게 유지된다. 물체가 주변보다 더 뜨거우면, 흡수되는 에너지보다 방출되는 에너지가 더 많으므로 물체는 냉각된다.

이상 흡수체(ideal absorber)는 자신에게 입사되는 적외선과 자외선을 포함한 모든 빛을 완전히 흡수하는 물체이다. 이러한 물체를 종종 **흑체**(black body)라고 부르는데, 그 이유는 상온에서 흑체가 검게 보이기 때문이다. 흑체는 어떠한 빛도 반사시키지 않기 때문에, 흑체로부터 나오는 빛은 오직 흑체에 있는 원자 및 분자의 진동에 의한 빛뿐이다. 완전한 흑체는 복사율이 $e=1$이다. 이상 흡수체는 또한 이상적인 에너지 방사체이다. 예를 들면, 태양은 거의 완벽한 흑체이다. 태양은 검지 않고 빛나기 때문에 이 말은 모순처럼 보일지도 모른다. 그러나 태양으로부터 나오는 빛은 방출된 것이지, 반사된 것이 아니다. 흑체는 어떠한 빛도 반사하지 않기 때문에, 상온에서 검게 보이는 완벽한 흡수체이다. 절대 온도가 영도인 경우를 제외하고 모든 흑체는 고유한 스펙트럼을 가진 빛을 방출한다. 이에 대하여는 27장에서 자세히 다룰 예정이다. 흑체와는 반대로 $e=0$인 물체는 자신에게 입사되는 에너지를 전혀 흡수하지 않는다. 이 같은 물체를 **이상 반사체**(ideal reflector)라 한다.

응용

밝은색의 여름 옷

여름철에는 검은 옷보다 흰 옷을 입는 것이 더 쾌적하다. 검정색 옷감은 햇빛의 좋은 흡수체 역할을 하며, 또한 흡수된 에너지의 좋은 복사체로도 작용한다. 그러나 방출된 에너지의 절반은 몸 쪽으로 이동하기 때문에, 옷을 입고 있는 사람이 더위를 느끼게 되어 불쾌감을 느낀다. 반대로 흰색이나 밝은색 옷은 입사되는 에너지의 대부분을 외부로 반사한다.

응용

열기록법

물체가 방출하는 복사 에너지의 양은 **열기록법**(thermography)이라는 기술을 이용한 열감응 기록 장치로 측정할 수 있다. 복사량의 변화에 의해 형성되는 영상을 **열분석도**(thermogram)라 하는데, 이것은 가장 뜨거운 영역이 가장 밝게 나타난다. 그림 11.13은 주택의 열분석도를 재생한 것이다. 출입문이나 창문과 같이 밝은 영역에서는

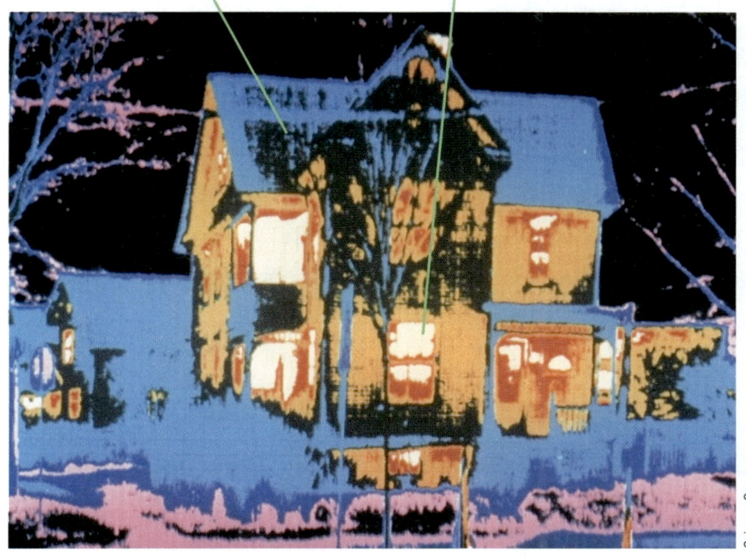

그림 11.13 추운 날씨에서 얻은 주택의 열분석도

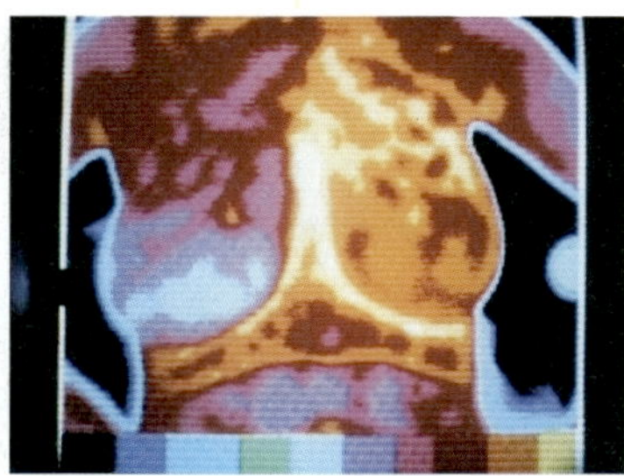

그림 11.14 여성 가슴의 열분석도. 이 여성의 왼쪽 가슴은 병이 있고(붉은색과 주황색), 오른쪽 가슴(파란색)은 건강하다.

많은 에너지가 방출된다. 다락 부분에 단열재를 더 넣고, 창문에 방열 커튼을 설치하면 에너지를 보존하여 난방 연료비를 줄일 수 있다. 많은 방사선 학자들이 열분석도가 진료 도구로 적절하지 못하다고 생각함에도 불구하고, 열분석도는 의료 분야에서 상처나 병든 조직의 영상을 보는 데 사용된다(그림 11.14). 왜냐하면 보통 상처가 난 세포 조직은 건강한 세포 조직 주변과 온도가 다르기 때문이다.

그림 11.15는 최근에 개발된 복사 체온계로서 어린이나 노인들의 체온을 잴 때 직장의 손상이나 세균의 감염 등과 같은 재래식 체온계의 문제점들을 거의 대부분 해소하였다. 이 체온계는 고막과 주변의 세포 조직에서 방출하는 적외선 복사 강도를 측정하여 이 정보를 표준 수치로 바꾸어 준다. 고막은 체온을 조절하는 시상하부에 가깝기 때문에, 체온을 측정하기에는 대단히 좋은 장소이다.

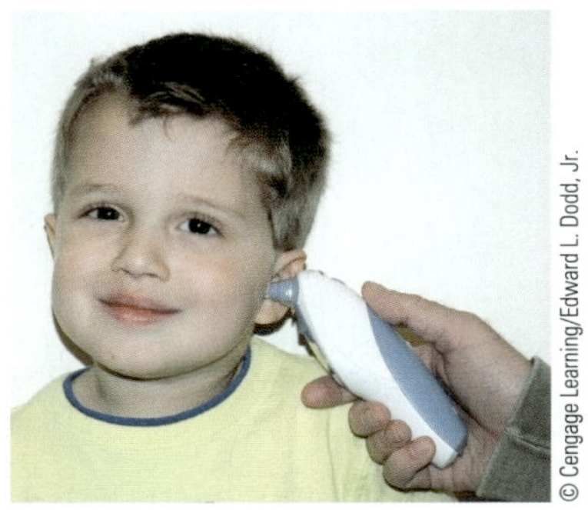

그림 11.15 복사 체온계는 귀에서 방출되는 적외선 복사 강도를 감지하여 환자의 체온을 측정한다.

응용

체온을 측정하기 위한 복사 체온계

11.5.5 듀어 병 The Dewar Flask

발명자를 기념하여 **듀어 병**(Dewar flask)이라고 부르는 보온병은 전도, 대류 및 복사에 의한 에너지 전달이 최소화되도록 고안된 용기이다. 보온병은 차거나 뜨거운 액체를 장시간 저장할 수 있다. 보온병은 벽 내부가 은으로 도금된 이중벽의 파이렉스 유리로 만들어진다(그림 11.16). 벽 사이의 공간은 전도와 대류에 의한 에너지 전달이 최소가 되도록 공기를 빼내어 진공 상태로 만든다. 은은 대단히 좋은 반사체이고 매우 낮은 복사율을 가지고 있으므로, 은 도금된 표면은 복사에 의한 에너지의 전달을 최소화한다. 보온병 입구 부분의 크기를 작게 함으로써 에너지 유출을 더욱 감소시킬 수 있다. 보온병은 보통 액체 질소(끓는점: 77 K)와 액체 산소(끓는점: 90 K)를 저장하는 데 사용한다.

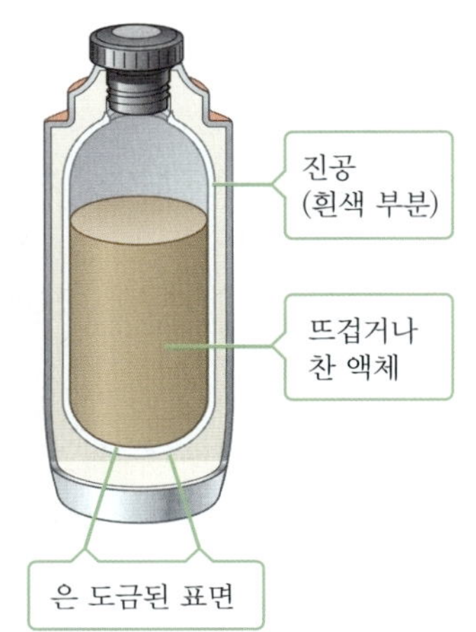

그림 11.16 뜨겁거나 차가운 액체를 저장하도록 고안된 보온병의 단면도

기화열이 매우 낮은 액체 헬륨(끓는점: 4.2 K)과 같은 물질을 저장하기 위해서는 보온병과 보온병 사이를 액체 질소로 채운 이중 구조의 보온병을 사용해야 한다.

응용
보온병

보온병의 원리 중 일부는 지구 궤도를 돌고 있는 인공위성의 민감한 전자 장비를 보호하는 데에도 이용된다. 인공위성은 지구 주변에 있는 인공위성 궤도의 절반 동안은 태양의 강한 복사파에 노출되어 있으며, 나머지 절반 동안은 지구의 차가운 그림자 속에 있게 된다. 보호 장비가 없다면 인공위성의 내부는 극도의 온도 변화를 겪게 될 것이다. 위성의 내부는 반사율이 높은 알루미늄 얇은 막으로 된 덮개로 싸여 있다. 광택이 있는 얇은 막의 표면은 위성이 태양이 보이는 궤도를 지나는 동안에 상당히 많은 양의 태양 복사파를 반사한다. 위성이 지구 그림자 속에 있는 동안에는 내부 에너지를 유지시킨다.

11.6 기후 변화와 온실 기체 Climate Change and Greenhouse Gases

에너지 전달과 이를 방지하는 많은 원리들은 유리온실의 작동에 대하여 살펴봄으로써 이해할 수 있다. 낮 동안 태양빛은 온실 안으로 들어가 벽, 땅, 식물 등에 흡수된다. 흡수된 가시광선은 적외선으로 다시 복사되어 온실 내부의 온도를 올린다.

더욱이 대류의 흐름은 온실 내부에 국한된다. 결국, 따뜻해진 공기가 외부 공기와 맞닿아 있는 온실의 표면을 빠져나갈 수 없으므로 표면을 통한 전도에 의해서만 에너지 유출이 일어난다. 대부분의 전문가들은 적외선 복사 에너지를 가두어 둠으로써 얻어지는 온도 상승 효과보다는 내부 공기의 외부 유출을 막는, 즉 대류가 되지 않아 발생하는 온도 상승 효과가 훨씬 더 중요한 요인이라고 생각한다. 실제로, 여러 실험을 통해서 온실의 유리를 적외선을 투과시키는 특수 유리로 바꾸었을 때, 온실 내부 온도는 아주 조금밖에 떨어지지 않는다는 것이 밝혀졌다. 이 사실을 근거로 온실의 온도를 높이는 주된 메커니즘은 적외선 복사의 재흡수가 아니라, 공기의 흐름을 온실의 내부에서만 국한시키는 것이다.

온실 효과(greenhouse effect)로 이미 알려진 이 현상 또한 지구의 온도를 결정하는 데 중요한 역할을 할 수 있다. 우선 참고할 점은 지구 대기가 가시광선의 좋은 투과체(따라서 나쁜 흡수체)이고, 적외선의 좋은 흡수체라는 것이다. 지구 표면에 도달한 가시광선은 흡수되고 적외선으로 다시 복사되는데, 적외선은 지구 대기에서 흡수 또는 포획된다. 극단적인 예로 태양계에서 가장 뜨거운 행성인 금성을 들 수 있는데, 금성은 이산화탄소(CO_2)가 풍부한 대기를 갖고 있으며, 온도가 450°C에 이른다.

화석 연료(석탄, 석유와 천연가스)를 태우면 많은 양의 이산화탄소가 대기 중에 방출되기 때문에 대기 중에 보다 많은 에너지를 보유하게 된다. 이 점에 대해 전 세계적으로 과학자들과 정부들이 큰 관심을 보이기 시작하였다. 많은 과학자들은 1970년 이후 대기 중에 이산화탄소량이 10% 증가하여 세계 기후에 심각한 변화가 올 수 있을 것으로 확신하고 있다. 20세기 후반부에 대기 중 이산화탄소 농도의 증가 추이를 그림 11.17에 나타내었다. 대기 중에 이산화탄소 함유량이 2배 늘어나면 기온이 2°C 상승

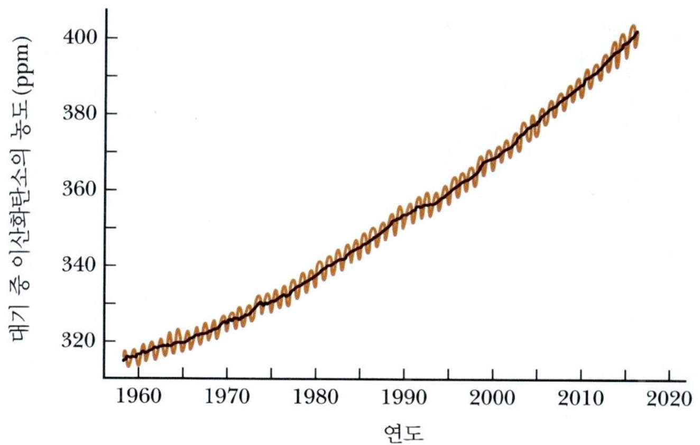

그림 11.17 20세기 후반부 백만 분의 1(ppm)의 단위로 나타낸 대기 중 이산화탄소의 농도 변화 추이. 이 자료는 미국 하와이 소재 마우나로아(Mauna Loa) 기상 관측소에서 관측한 것이다. 1년간의 변화 추이(갈색 선)는 식물의 성장 시기와 잘 부합되는데, 이는 식물들이 공기 중의 이산화탄소를 많이 흡수하기 때문이다. 꾸준한 증가를 보이는 변화 추이(검정색 선)가 과학자들의 관심을 끌고 있다.

할 것으로 추정하고 있다. 유럽이나 미국과 같은 온대 지방에서는 이러한 기온 상승으로 연간 수십 억 달러의 연료비를 절약할 수도 있을 것이다. 불행히도 기온 상승은 그린란드나 남극 지역에 있는 다량의 빙하를 녹여, 해수면을 상승시켜 수많은 해안 지역을 파괴할 것이다. 또한 잦은 가뭄으로 열대와 아열대 지방에서는 이미 낮은 곡물 생산량이 더욱 감소할 수도 있을 것이다. 평균 온도가 조금만 높아지더라도 어떤 식물이나 동물은 지금까지 살던 곳에서 살아남지 못할 수도 있다.

현재, 매년 약 3.7×10^{10}톤의 이산화탄소가 대기 중으로 방출된다. 이산화탄소의 대부분은 화석 연료의 연소, 벌목, 산업 활동 등과 같은 인간 활동에 의해 발생한다. 소나 반추 동물의 소화 과정에서 방출되는 메테인(CH_4)은 또 다른 온실 기체이다. 메테인은 섬유소가 소화되는 혹위(rumen)라 부르는 동물의 위에서 발생한다. 흰개미 역시 메테인의 주된 생산자이다. 마지막으로, 산화질소(N_2O)와 이산화황(SO_2)과 같은 온실 기체는 자동차와 산업공해에 의해 증가하고 있다.

가장 성공적인 국제환경 협약으로서 오존층 파괴 물질에 관한 몬트리올 의정서를 들 수 있는데 그로 인해 오존층 파괴 물질이 97%나 감축되었다. 감축 대상 물질의 대부분은 수소불화탄소(HFCs)였다. HFCs는 CO_2가 기후 변화에 미치는 영향보다 10 000배 이상 강력한 영향을 미칠 수 있는 것으로 알려져 있다. 국제 사회는 HFCs의 생산과 소비를 줄이기 위한 몬트리올 의정서 2016년 수정 조항을 따르기 위한 노력을 하고 있다.

온실 기체의 증가가 합당한 요인인지 아닌지는 모르지만, 지구 온난화가 분명히 진행 중이라는 설득력 있는 증거들이 있다. 그것은 남극 대륙에 있는 얼음이 녹고 세계 곳곳에 있는 빙하가 후퇴하는 것 등이다(그림 11.18). 예를 들면, 약 100년 전 남극 대륙의 지도가 제작된 이후 처음으로 제임스 로스섬이 물로 완전히 둘러싸여 있음을 위성사진을 통해 확인할 수 있다. 예전에 그 섬은 얼음 다리로 대륙과 연결되어 있었다. 더욱이 대륙 곳곳에서 빙하들이 급속히 사라지고 있다.

아마도 스위스에 있는 빙하보다 더 큰 관심과 감시의 대상이 되는 빙하는 세계 어디에도 없을 것이다. 알프스는 130년 전에 비해 빙하 얼음의 50% 가량이 사라졌음이 밝혀졌다. 열대 지방의 높은 산봉우리에서는 스위스보다 더 심각한 빙하의 후퇴가 일어

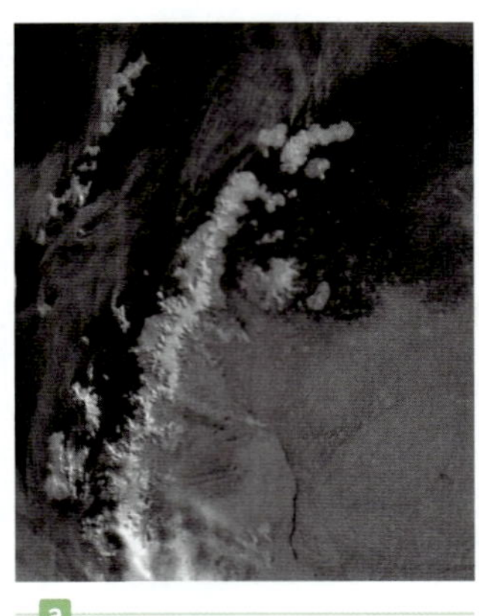
a

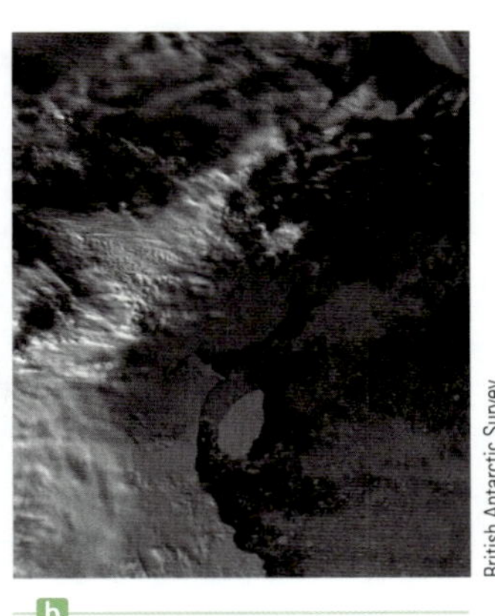

b

그림 11.18 빙붕의 녹아내림. 사진 (a)는 근 가시광선 영역에서 1995년 1월 9일에 촬영한 사진이다. 이 사진에서 빙붕이 붕괴되지 않은 제임스 로스섬(James Ross Island)(사진 중앙 부근의 거미 모양)이 보인다. 그러나 후에 제임스 로스섬과 남극 대륙 사이의 빙붕이 붕괴되었다. 1995년 2월 12일에 촬영한 사진 (b)에는 빙산이 붕괴되어 섬으로부터 멀어지기 시작했다. 빙산은 길이가 78 km이고, 너비가 27 km, 두께가 200 m이다. 1세기 전에는 제임스 로스 섬이 얼음으로 둘러싸여 남극 대륙과 연결되어 있었다.

나고 있는데, 케냐(Kenya)산의 루이스(Lewis) 빙하와 킬리만자로(Kilimanjaro)산의 눈이 두 가지 예이다. 그러나 대양 근처에 있는 빙하나 눈이 자주 오는 곳에 있는 빙하들은 계속 발달하고 있다. 따라서 비극적인 지구 온난화 시나리오는 아직 시기상조라 할 수도 있다. 그러나 대략 50년 이내에 대기 중의 이산화탄소량이 산업화 이전에 비해 두 배로 증가될 것으로 예측된다. 이런 이유로 대부분의 과학자들은 온실 기체의 방출을 감소시키는 일을 당장 실행해야 한다고 주장하고 있다.

연습문제

11.1 열과 내부 에너지

1(1). 3.50×10^3 cal를 (a) 킬로칼로리(kcal: 이것은 식품 칼로리의 Cal과 같다)와 (b) 줄 단위로 환산하라.

11.2 비열

2(3). 체중이 75 kg인 단거리 선수가 정지 상태에서 5.0 s만에 11.0 m/s로 가속하였다. (a) 이 시간 동안 단거리 선수가 한 역학적인 일을 구하라. (b) 단거리 선수가 행한 평균 일률을 구하라. (c) 만일 그가 25%의 효율로 식품 에너지를 역학적 에너지로 바꾼다면, 그가 소모하는 칼로리의 평균 비율은 얼마인가? (d) 그가 사용한 식품 에너지의 나머지 75%에는 어떤 일이 일어나는가?

3(5). 사람의 기초 대사율(BMR)이란 자연온대환경에서 쉬고 있는 동안 에너지가 소비되는 비율로서 그 전형적인 값은 7.00×10^6 J/day이다. BMR 단위를 (a) 와트와 (b) 킬로칼로리 단위로 환산하라. (c) 질량이 1.00 kg인 물체의 중력 퍼텐셜 에너지를 이 전형적인 BMR값으로 늘린다면 물체 높이의 변화율을 m/s단위로 구하라.

4(7). 세계에서 가장 높은 폭포는 베네수엘라에 있는 엔젤 폭포로 기록되어 있다. 이것은 높이가 807 m로 가장 긴 단일 폭포이다. 만일 폭포 최상부의 온도가 15.0°C라면, 폭포에 밑바닥에서의 최고 온도는 몇 도인가? 물의 운동에너지가 모두 밑바닥에 전달되어 물의 온도를 올리는 데 사용된다고 가정한다.

5(9). 한국의 안동 댐에는 대략 1.25×10^9 m^3의 물이 담겨 있다. (a) 이러한 물을 11.0°C에서 12.0°C로 온도를 올리는 데 필요한 에너지는 얼마인가? (b) 이러한 양의 에너지를 발전소에서 생산하는 80.0 MW의 전력을 써서 공급한다면 몇 년이 걸리겠는가?

6(11). 5.00 g의 납 총알이 3.00×10^2 m/s의 속력으로 날아가서 큰 나무에 박혔다. 이 총알의 운동에너지의 절반은 총알의 내부 에너지로 전환되고, 나머지 절반은 나무로 이동되었다면, 총알의 온도는 얼마나 올라가는가?

7(13). 0.200 kg의 알루미늄 컵에 80°C에서 컵과 열평형 상태를 이루는 800 g의 물이 들어 있다. 컵과 물은 모두 분당 1.5°C의 비율로 온도가 낮아지도록 균일하게 냉각되고 있다. 어떤 비율로 에너지가 제거되는가? 와트 단위로 답하라.

8(15). 크기가 5.00 m × 10.0 m × 1.78 m인 수영장에 물이 가득 차 있다. (a) 수영장 물의 전체 질량을 구하라. (b) 그 물의 온도를 15.5°C에서 26.5°C로 올리는 데 필요한 열에너지를 구하라. (c) kwh당 전기요금이 100원이라면 물의 온도를 15.5°C에서 26.5°C로 올리는 데 필요한 비용을 계산하라.

11.3 열계량법

9(17). 처음 온도가 1.50×10^2 °C인 1.85 kg의 알루미늄 덩어리가 더 낮은 온도인 65.0°C에서 열평형 상태가 되려면 25.0°C의 물이 얼마나 필요한가? 물은 증기로 되었다가 다시 응결된다고 가정한다.

10(19). 알루미늄 컵 속에 225 g의 물과 40 g의 구리 막대가 담겨 있는데, 이것의 온도는 모두 27°C이다. 처음 온도가 87°C인 400 g의 은 조각을 물속에 넣고, 구리 막대로 서서히 저어 나중 평형 온도인 32°C에 도달하였다. 알루미늄 컵의 질량은 얼마인가?

11(21). 질량이 0.100 kg인 알루미늄으로 된 열량계 안에 0.250 kg의 물이 들어 있다. 열량계와 물은 10.0°C에서 열평형을 이루고 있다. 두 개의 금속 조각을 물속에 넣는다. 하나는 처음 온도가 80.0°C인 50.0 g짜리 구리이고, 다른 하나는 처음 온도가 100°C이고 질량이 70.0 g인 종류를 알 수 없는 금속이다. 이들이 열량계 내의 물속에서 평형을 이룬 온도는 20.0°C이다. (a) 종류를 알 수 없는 금속의 비열을 구하라. (b) 표 11.1에 있는 자료를 사용하여 그 금속이 무엇인지 확실히 알 수 있겠는가? 그 물질이 무엇인지 추측할 수 있는가? (c) (b)에서의 답에 대한 설명을 해 보라.

12(23). 한 학생이 두 개의 금속 물체를 25°C의 물 150 g이 담겨 있는 120 g의 강철 용기에 떨어뜨렸다. 한 물체는 처음 온도 85°C인 200 g의 구리 정육면체이고, 다른 하나는 처음 온도 5.0°C인 알루미늄 덩어리이다. 놀랍게도 물의 온도는 처음과 똑같이 25°C에 도달하였다. 알루미늄 덩어리의 질량은 얼마인가?

13(25). 스티로폼 컵이 25.0°C의 물 0.275 kg을 담고 있다. 그 물속에 90.0°C인 0.100 kg의 구리 덩어리를 넣은 후의 최종 온도를 구하라. 스티로폼 컵을 통한 에너지 전달은 무시한다.

11.4 숨은열과 상변화

14(27). 9.30×10^5 J의 에너지가 0°C, 2.00 kg의 얼음에 전달된다고 가정하자. (a) 그 얼음을 완전히 물로 녹이는 데 필요한 에너지를 계산하라. (b) 액체 상태의 물의 온도를 높이기 위해 남은 에너지는 얼마인가? (c) 액체 상태의 물의 최종 섭씨 온도를 구하라.

15(29). 25°C, 825 g의 물속에 0°C, 75 g의 각얼음이 있다. 두 물질이 섞인 후, 나중 온도는 얼마인가?

16(31). 0°C인 100. g의 얼음을 온도가 80.°C인 1.0 kg의 물속에 떨어뜨렸다. 얼음이 녹은 후, 물의 나중 온도는 얼마인가?

17(33). 그림 P11.17과 같이 75 kg의 크로스컨트리 스키 선수가 눈 위를 달리고 있다. 스키와 눈 사이의 마찰 계수는 0.20이다. 스키 밑에 있는 모든 눈의 온도는 0°C이고, 마찰에 의해 발생하는 내부 에너지는 모두 스키에 붙어 있는 눈에 더해져 눈을 녹인다고 가정한다. 1.0 kg의 눈을 녹이기 위해서는 얼마나 멀리 스키를 타야 하는가?

iStock.com/technotr

그림 P11.17

18(35). 40. g의 얼음덩어리가 −78°C로 냉각되었다. 560 g의 물이 담겨 있는 80. g의 구리 열량계에 이 얼음을 넣었다. 얼음을 넣기 전에 물과 열량계의 온도는 25°C이었다. 물과 얼음과 열량계로 이루어진 계의 나중 온도를 결정하라. (만약 모든 얼음이 녹지 않는다면, 남아 있는 얼음은 얼마인지 결정하라.) 얼음은 먼저 0°C까지 온도가 올라간 후에 녹고, 물이 되어 계속 온도가 올라간다는 것을 상기하라. 얼음의 비열은 0.500 cal/g·°C = 2 090 J/kg·°C이다.

19(37). 버너 한 개당 최소 14 000 Btu/h의 열을 내는 최고급 가스난로가 있다. (a) 버너 위에 20.°C의 물 2.0 L가 들어 있는 0.25 kg의 알루미늄 주전자를 올려놓을 때, 물이 끓는 데 걸리는 시간은 얼마인가? 난로의 모든 열이 주전자로 전달된다고 가정한다. (b) 한 번 끓기 시작한 후 주전자 속의 물이 모두 끓어 없어지는 데 걸리는 시간은 얼마인가?

20(39). 100.°C의 수증기가 0°C의 얼음에 부어졌다. (a) 녹은 얼음의 양과 수증기의 질량이 10. g이고 얼음의 질량이 50. g일 때 최종 온도를 구하라. (b) 1.0 g의 수증기와 50. g의 얼음에 대해서 최종 온도를 구해 보라.

21(41). 3.00 g의 탄환이 30.0°C에서 2.40×10^2 m/s의 속력으로 발사되어 0°C의 고정된 매우 큰 얼음덩어리 속에 박혔다. (a) 탄환이 냉각됨에 따라 에너지가 변환되는 것을 설명해 보라. 탄환의 나중 온도는 얼마인가? (b) 녹는 얼음의 양은 얼마인가?

11.5 에너지 전달

22(43). 바닥이 편평한 호수의 표면적은 820 m^2이고 깊이는 2.0 m이다. 어느 따뜻한 날 물의 표면 온도가 25°C이고 연못 바닥의 온도는 12°C이다. 표면에서 바닥으로 에너지가 전도되는 비율을 구하라.

23(45). 증기 파이프는 열전도가 0.200 cal/cm · °C · s이고 두께가 1.50 cm인 단열재로 싸여 있다. 증기의 온도가 200.°C이고 파이프 주변의 공기 온도가 20.0°C일 때, 초당 손실되는 에너지는 얼마인가? 파이프의 원둘레는 800. cm이고 길이는 50.0 m이다. 파이프의 양 끝단을 통한 에너지 손실은 무시한다.

24(47). 같은 크기의 두 냄비에 같은 온도, 같은 양의 물이 들어 있다. 한 냄비의 바닥은 구리로 되어 있고 다른 냄비의 바닥은 알루미늄이다. 두 냄비를 145°C의 같은 온도의 열판 위에 올려놓았다. 바닥이 구리로 된 냄비 속의 물이 완전히 다 끓는 데 425 s가 걸렸다. 바닥이 알루미늄으로 된 냄비 속의 물이 완전히 다 끓는 데 걸리는 시간은 얼마인가?

25(49). 지름이 같은 구리 막대와 알루미늄 막대가 열접촉이 아주 좋은 상태로 끝과 끝이 연결되어 있다. 연결되지 않은 구리 막대 끝의 온도는 100.°C로 일정하게 유지되고, 알루미늄 막대의 먼 쪽 끝의 온도는 0°C로 유지된다. 구리 막대의 길이가 0.15 m일 때 접점에서의 온도가 50.°C가 되게 하려면, 알루미늄 막대의 길이는 얼마로 해야 하는가?

26[51]. 집의 직사각형 유리창은 너비가 1.0 m, 높이가 2.0 m, 두께가 0.40 cm이다. 집의 실내 온도가 22°C이고 실외 온도가 2.0°C일 때, 하루에 12시간 동안 전도에 의해 창문을 통해 전달되는 에너지를 구하라. 표면의 공기층도 고려하라.

27[53]. 두 별에 관한 측정 데이터에 의하면 별 X의 표면 온도는 5 727°C이고, 별 Y의 표면 온도는 11 727°C이다. 두 별의 반지름이 같다고 하면, 별 X에 대한 별 Y의 광도(총 에너지 복사율)의 비는 얼마인가? 두 별 모두 복사율이 1.0이라고 가정한다.

종합문제

28(55). 구리로 된 주전자의 밑바닥은 반지름이 10.0 cm이고 두께가 2.00 mm이다. 외부 표면 온도는 102°C이고 주전자 안의 물은 1 atm에서 끓고 있다. 주전자의 밑바닥으로부터 에너지가 전달되는 비율을 구하라.

29(57). 0.040 kg의 얼음 조각이 0.100 kg의 구리컵 속에 담긴 0.200 kg의 물 위에 떠 있다. 얼음 조각의 온도는 모두 0°C이다. 98°C의 납 조각을 컵 속에 떨어뜨렸더니 온도가 12°C가 되었다. 납의 질량은 얼마인가?

30(61). 액체 헬륨은 끓는점이 4.2 K로 매우 낮고, 기화 잠열도 2.00×10^4 J/kg으로 매우 낮다. 끓는점에 도달한 액체 헬륨 용기에 담긴 전기 히터에서 10.0 W의 비율로 에너지가 전달된다면, 2.00 kg의 액체를 끓이는 데 걸리는 시간은 얼마인가?

31(63). 금(Au) 막대와 길이와 면적이 같은 은(Ag) 막대가 열접촉하고 있다(그림 P11.31). 이 복합 막대의 한쪽 끝은 80.0°C로 유지되고, 반대쪽 끝은 30.0°C로 유지된다. 에너지 흐름이 정상 상태에 도달할 때 접합점의 온도를 구하라.

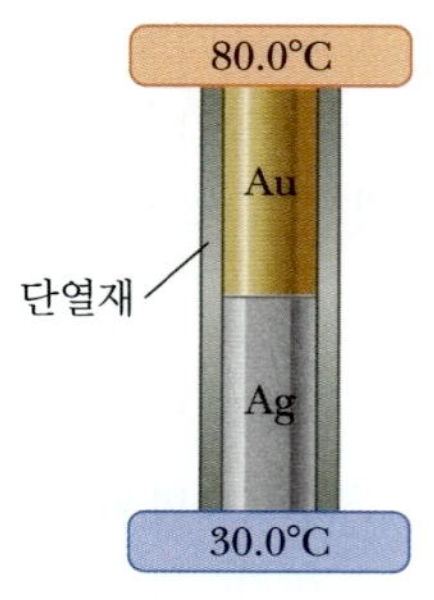

그림 P11.31

32(65). 질량이 1 500 kg인 자동차의 알루미늄으로 된 브레이크의 전체 질량은 6.00 kg이다. (a) 자동차가 정지할 때 마찰로 인해 변환된 모든 내부 에너지가 브레이크에 저장된다고 가정하고 에너지 전달을 무시할 때, 브레이크가 녹기 시작하기

전에 자동차를 25.0 m/s에서 시작하여 몇 번 제동하여 정지시킬 수 있겠는가? (초기 온도는 20.0°C라고 가정한다.) (b) (a)에서 무시했지만 브레이크 온도 상승을 보다 현실적으로 평가하는 데 중요할 수 있는 몇 가지 효과를 확인하라.

33(67). 지구 표면은 태양 복사로부터 평균 약 960. W/m을 흡수한다. 흡수된 에너지는 $P_{abs} = (960.\ W/m)(A_{disc})$이다. 여기서 $A_{disc} = \pi R_E^2$는 지구에 투영되는 면적이다. 지구는 거의 0 K에서 주변 환경과 열평형 상태를 유지하기 위해 동일한 양의 에너지가 복사된다. 슈테판의 법칙을 통해 복사 에너지를 흡수 에너지와 같게 설정하고, 켈빈 온도로 풀어 지구 표면 온도를 추정할 수 있다. 슈테판의 법칙에서 $e = 1$로 가정하고 면적을 구형 지구의 표면적인 $A = 4\pi R_E^2$로 가정한다. (Note: 지구 대기는 담요처럼 작용하여 지구 평균 온도를 여기에서 계산된 값보다 약 30 K 높게 유지한다.)

34(69). '태양열 조리기'는 햇빛을 가열 대상에 집중시키는 곡면 반사 거울로 되어 있다(그림 P11.34). 지름이 0.50 m인 태양열 조리기 위치에서 지구에 도달하는 단위 면적당 태양열은 600. W/m이다. 입사 에너지의 50%가 열에너지로 변환된다고 가정할 때, 처음에 20.°C인 물 1.0 L를 끓이는 데 걸리는 시간은 얼마인가? (용기의 비열은 무시한다.)

그림 P11.34

35(71). 태양 표면의 온도는 약 5 800 K이다. 태양의 반지름은 6.96×10^8 m이다. 태양이 매초 방출하는 총 에너지를 계산하라. 태양의 복사율은 0.986이라고 가정한다.

열역학 법칙

The Laws of Thermodynamics

CHAPTER 12

열역학 제1법칙에 따르면, 계의 내부 에너지는 계에 에너지를 가하거나 일을 함으로써 증가시킬 수 있다. 제1법칙은 계의 경계를 통하여 일어나는 두 가지 방식의 에너지 전달에 의하여 계의 내부 에너지(분자의 운동에너지와 퍼텐셜 에너지의 합)가 변할 수 있다는 사실을 알려 준다. 원래 제1법칙은 계에 행한 일과 열로 공급되는 에너지에 대한 에너지의 보존을 의미하지만, 에너지를 보존하는 가능한 여러 과정들 가운데 어떤 것이 실제로 자연에서 일어나는가를 예측하지는 못한다.

열역학 제2법칙은 자연에서 제1법칙이 허용하는 과정 중 실제로 일어나는 것과 일어나지 않는 과정을 결정한다. 예를 들어, 열역학 제2법칙에 의하면 열에 의한 에너지는 차가운 물체에서 뜨거운 물체로 결코 자발적으로 흐르지 않는다는 것을 말해 준다. 열역학 제2법칙은 열기관(내연 기관 또는 그림 12.1의 운동하는 여성과 같은)과 열기관의 효율의 한계에 대한 원리 등을 연구하는 데에 유용하게 적용된다.

그림 12.1 사이클 선수는 일종의 엔진이다. 연료와 산소를 태워서 앞으로 나아가기 위한 일을 하고 나머지 에너지는 땀으로 증발시켜 방출한다.

12.1 열역학 과정에서의 일 Work in Thermodynamic Processes

계에 열을 가하거나 일을 하여 에너지를 전달할 수 있다. 관심을 두고 주로 다루게 될 계는 얼마간의 부피를 차지하는 기체 덩어리인데, 기관을 이해하는 데 중요한 계라 할 수 있다. 이와 같은 기체로 이루어진 모든 계는 열역학적 평형 상태에 있다고 가정할 것이다. 그래서 기체로 이루어진 모든 계는 같은 온도와 압력하에 있게 된다. 기체가 이와 같은 상태에 놓여 있지 않으면, 이상 기체 법칙을 적용할 수 없으며, 여기서 설명하는 모든 결과는 올바르지 않게 될 것이다. 움직일 수 있는 피스톤으로 막힌 실린더 안에서 평형을 이루고 있는 기체를 살펴보자(그림 12.2a). 기체는 부피 V를 차지하고, 실린더 벽과 피스톤에 균일한 압력 P를 작용한다. 각 순간마다 계가 열역학적 평형을 유지하면서 기체가 천천히 압축된다고 가정하자. 단면의 넓이가 A인 피스톤이 외력 F에 의하여 거리 Δy만큼 밀려 내려갈 때, 기체에 한 일은

$$W = -F\Delta y = -PA\Delta y$$

이다. 이 식에서 계 내부에서는 압력이 같기 때문에(평형 상태에 있다고 가정하였으므로), 외력의 크기 F를 PA와 같다고 놓았다. 피스톤이 눌리면 $\Delta y = y_f - y_i$는 음(−)이므로, 일을 양(+)으로 만들기 위해서는 W에 대한 식에서 음의 부호가 필요하다. 기체 부피의 변화는 $\Delta V = A\Delta y$이고, 다음과 같은 정의를 내릴 수 있다.

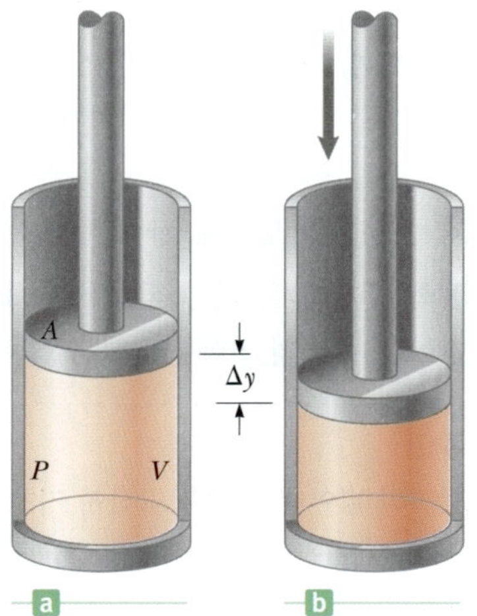

그림 12.2 (a) 압력이 P이고 부피가 V인 실린더 속에 있는 기체, (b) 피스톤을 아래로 누르면 기체가 압축된다.

일정한 압력에서 **기체에 한 일 W**는 다음과 같다.

$$W = -P\Delta V \qquad [12.1]$$

여기서 P는 기체의 압력이고 ΔV는 해당 과정에서 기체 부피의 변화량이다.

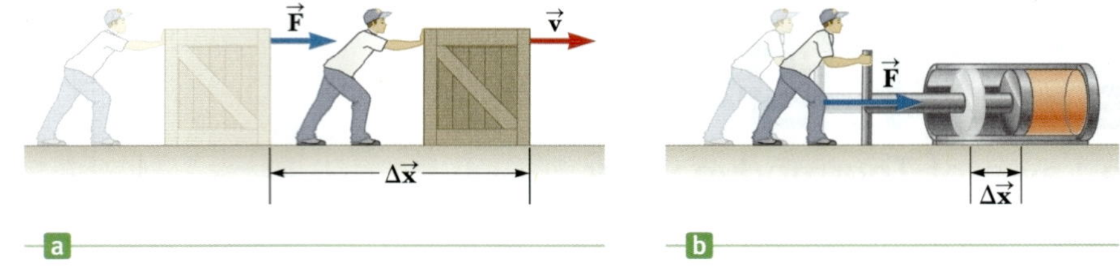

그림 12.3 (a) 상자에 힘이 작용하면, 그 힘이 한 일은 상자의 역학적 에너지를 증가시킨다. (b) 피스톤을 밀어 용기 속 기체를 압축하면 기체의 열에너지가 증가한다.

Tip 12.1 물체에 한 일과 물체가 한 일

기체에 한 일을 W로 표기한다. 이러한 정의는 계의 내부 에너지를 기준으로 한 것이다. 기체가 한 일, 다시 말해서 피스톤에 한 일은 $W_{주변}$으로 표기한다. 여기서는 계의 내부 에너지가 외부에 있는 어떤 기체에 한 일을 기준으로 한다. W와 $W_{주변}$은 어떤 물체를 바라보는 두 가지 다른 방법이다. 그러므로 항상 그 둘은 $W = -W_{주변}$의 관계가 있다.

기체가 그림 12.2b와 같이 압축되면 ΔV가 음이고, 기체에 한 일은 양이 된다. 기체가 팽창하면 ΔV가 양이고, 기체에 한 일은 음이 된다. 이 조건에서 기체가 한 일 $W_{주변}$은 바로 기체에 한 일의 음의 값이다. 부피가 변하지 않으면 기체에 한 일은 영이다.

식 12.1에서 일 W의 정의는 **기체에 한 일**을 의미하는 것이다. 많은 책에서 일 W는 **기체가 한 일**로 정의된다. 이 책에서는 기체가 한 일은 $W_{주변}$으로 나타내기로 한다. 모든 경우 $W = -W_{주변}$이므로 두 가지 정의는 음(−)의 부호만 다르다. 일 W를 기체에 한 일로 정의하는 것이 중요한 이유는 열역학에서의 일의 개념을 역학에서의 일의 개념과 일치시키기 위함이다. 역학에서는, 계는 어떤 물체이고, 그 물체에 양의 일을 했을 때 물체의 에너지가 증가한다. 식 12.1에서 정의한 것처럼 기체에 한 일 W가 양이면 기체의 내부 에너지가 증가한다.

그림 12.3a에서 사람이 상자를 밀어서 상자에 양의 일을 하고 있으므로, 상자의 속력과 운동에너지가 증가한다. 그림 12.3b는 사람이 피스톤을 오른쪽으로 밀어서 용기 속의 분자를 압축하여 기체에 양의 일을 한다. 기체 분자의 평균 속력이 증가하므로, 온도가 증가하고 따라서 기체의 내부 에너지가 증가한다. 결국 상자에 일을 하는 것이 그 상자의 운동에너지를 증가시키듯이 기체의 계에 일을 하면 그 기체의 내부 에너지가 증가한다.

예제 12.1 팽창하는 기체가 한 일

목표 일정한 압력에서 일의 정의를 적용한다.

문제 그림 12.2에 나타낸 것과 비슷한 계에서 실린더 안에 있는 기체의 압력이 1.01×10^5 Pa이고 피스톤의 넓이는 $0.100\ \mathrm{m^2}$이다. 열에 의해 기체에 에너지가 서서히 가해질 때, 피스톤이 4.00 cm 밀려 올라갔다. 압력이 일정하다고 가정할 때, 팽창하는 기체가 주변에 한 일 $W_{주변}$을 구하라.

전략 주변에 한 일은 식 12.1로 표현되는 기체에 한 일의 음의 값이다. 부피의 변화를 구한 후 압력을 곱한다.

풀이

단면의 넓이에 변위를 곱하여 기체 부피의 변화 ΔV를 구한다.

$$\Delta V = A\,\Delta y = (0.100\ \mathrm{m^2})(4.00 \times 10^{-2}\ \mathrm{m}) = 4.00 \times 10^{-3}\ \mathrm{m^3}$$

이 값에 압력을 곱하여 기체가 주변에 한 일 $W_{주변}$을 구한다.

$$W_{주변} = P\,\Delta V = (1.01 \times 10^5\ \mathrm{Pa})(4.00 \times 10^{-3}\ \mathrm{m^3}) = 404\ \mathrm{J}$$

참고 기체의 부피가 증가하므로 기체가 주변에 한 일은 양이다. 이 과정에서 계에 한 일은 $W = -404$ J이다. 주변에 양의 일을 하는 데 필요한 에너지는 기체의 에너지에서 나온다.

기체가 팽창되거나 압축되는 동안, 압력이 일정하게 유지될 때에만 식 12.1을 사용하여 계에 한 일을 계산할 수 있다. 압력이 일정하게 유지되는 과정을 **등압 과정**(isobaric process)이라고 한다. 등압 과정에서의 압력과 부피의 그래프, 즉 ***PV* 도표**(*PV* diagram)를 그림 12.4에 나타내었다. 그래프에서 곡선은 경로라 부르며, 처음 상태와 나중 상태 사이를 연결한다. 화살표는 과정의 진행 방향을 나타내며, 이 경우에는 부피가 큰 상태에서 작은 상태까지이다. 그래프 아래의 넓이는

$$\text{넓이} = P(V_f - V_i) = P\Delta V$$

이다. ***PV* 도표에서 그래프 아래의 넓이는 기체에 한 일의 크기와 같다.**

이것은 일반적인 사실이며, 압력이 일정한 상태에서 과정이 진행되는지와 관계없이 성립한다. 과정에 대한 *PV* 도표를 그리고 곡선 아래(및 가로축 위)의 넓이를 구하면, 넓이는 기체에 한 일의 크기와 같아질 것이다. 그래프의 화살표가 부피가 큰 쪽으로 향하면 기체에 한 일은 음이다. 그리고 화살표가 부피가 작은 쪽을 향하면 기체에 한 일은 양이다.

계에 한 일이 음일 때는 언제나 계가 주변에 한 일이 양이 된다. 계에 한 일이 음이면, 계의 에너지가 감소하는 것을 의미하며 그만큼 주변에 양의 일을 하게 된다.

그림 12.5에서 그래프들은 모두 시작과 끝 점들은 같지만, 곡선 아래의 넓이가 다름에 주목하라. 계에 한 일은 *PV* 도표에서 경로에 의존한다.

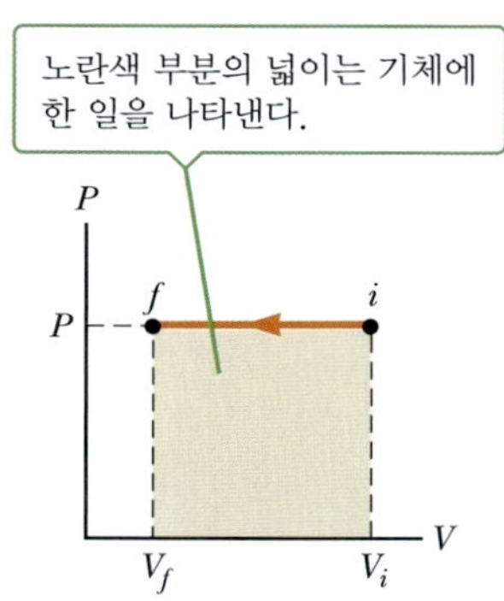

그림 12.4 일정한 압력에서 압축되는 기체에 대한 *PV* 도표

예제 12.2 일과 *PV* 도표

목표 *PV* 도표로부터 일을 계산한다.

문제 **(a)** 그림 12.5a와 **(b)** 그림 12.5b에서 기체에 한 일의 값을 구하라.

전략 문제에서 영역은 직사각형과 삼각형으로 이루어져 있다. 간단한 기하학 공식을 사용하여 곡선 아래의 넓이를 구한다. 화살표의 방향을 참고하여 부호를 결정한다.

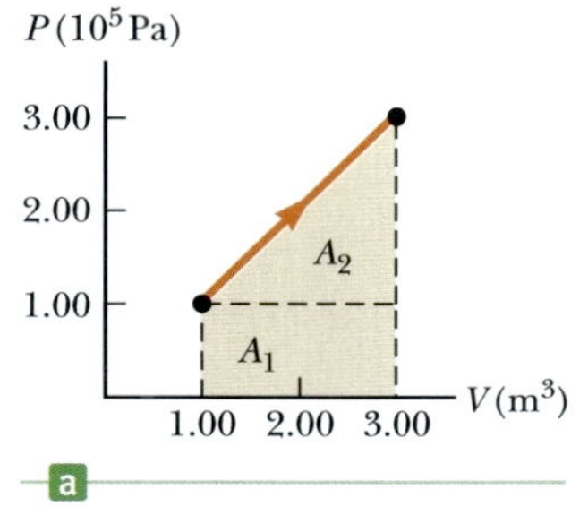

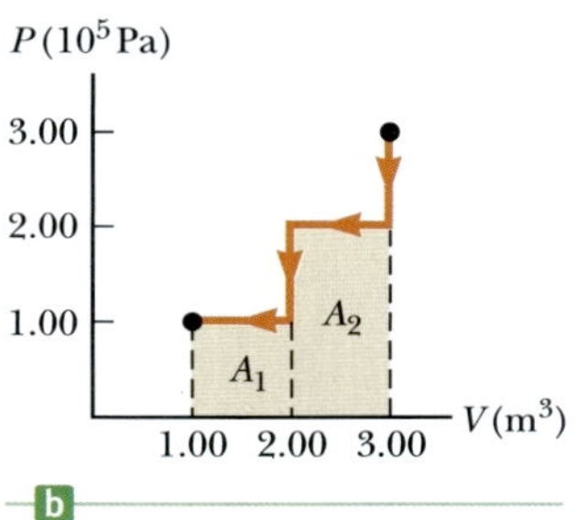

그림 12.5 (예제 12.2)

풀이

(a) 그림 12.5a에서 기체에 한 일을 구한다.

그림 12.5a에서 넓이 A_1과 A_2를 계산한다. A_1은 직사각형이고 A_2는 삼각형이다.

$$A_1 = \text{가로} \times \text{세로} = (2.00\text{ m}^3)(1.00 \times 10^5\text{ Pa}) = 2.00 \times 10^5\text{ J}$$

$$A_2 = \tfrac{1}{2}\text{밑변} \times \text{높이} = \tfrac{1}{2}(2.00\text{ m}^3)(2.00 \times 10^5\text{ Pa}) = 2.00 \times 10^5\text{ J}$$

넓이를 모두 더한다(화살표의 방향이 부피가 증가하는 방향이므로 기체에 한 일은 음이다).

$$\text{넓이} = A_1 + A_2 = 4.00 \times 10^5\text{ J}$$

$$W = -4.00 \times 10^5\text{ J}$$

(b) 그림 12.5b에서 기체에 한 일을 구한다.

두 직사각형의 넓이를 계산한다.

$$A_1 = \text{가로} \times \text{세로} = (1.00\text{ m}^3)(1.00 \times 10^5\text{ Pa}) = 1.00 \times 10^5\text{ J}$$

$$A_2 = \text{가로} \times \text{세로} = (1.00\text{ m}^3)(2.00 \times 10^5\text{ Pa}) = 2.00 \times 10^5\text{ J}$$

넓이를 모두 더한다(화살표의 방향이 부피가 감소하는 방향이므로 기체에 한 일은 양이다).

$$\text{넓이} = A_1 + A_2 = 3.00 \times 10^5\text{ J}$$

$$W = +3.00 \times 10^5\text{ J}$$

참고 두 경우에서 *PV* 도표의 경로들은 같은 점에서 시작하여 같은 점에서 끝난다. 그러나 답은 다르다.

12.2 열역학 제1법칙 The First Law of Thermodynamics

열역학 제1법칙(first law of thermodynamics)은 내부 에너지(계에 있는 분자의 진동 및 위치와 관련이 있는 에너지)의 변화가 열과 일에 의한 에너지의 전달과 관련된 에너지 보존 법칙의 한 형태이다. 제1법칙은 모든 종류의 과정에 적용될 수 있는 보편적인 법칙이며, 미시 세계와 거시 세계를 연결시킨다.

계와 그 주변에 에너지를 전달하는 방법에는 두 가지가 있다. 하나는 힘을 작용하여 물체를 거시적으로 이동시키면서 하는 일에 의한 방법이고, 다른 하나는 무작위한 분자 충돌에 의해 발생하는 열에 의한 방법이다. 열이란 온도 차이에 의해 계와 주변 사이에 에너지가 전달되는 것이며, 주로 복사, 대류, 전도 중 하나 이상의 방법으로 일어난다. 예를 들어, 그림 12.6에서 뜨거운 기체와 복사 에너지가 실린더 벽에 충돌하여 온도가 증가하고 기체에는 전도에 의해 에너지 Q가 전달되어 주로 대류에 의해 퍼진다. 화학 반응이나 전기 방전과 같은 과정을 통해서도 에너지가 어떤 계로 전달되는 것이 가능하다. **계와 주변 사이에 교환된 모든 에너지 Q와 압축이나 팽창에 의해 한 모든 일 W는 계의 내부 에너지의 변화 ΔU를 생기게 한다.** 내부 에너지의 변화는 계의 압력, 온도, 부피와 같은 거시적 변수의 변화를 가져 온다. 내부 에너지의 변화 ΔU, 에너지 Q, 계에 한 일 W 사이의 관계가 **열역학 제1법칙**이다.

열역학 제1법칙 ▶

> 계가 처음 상태에서 나중 상태로 변한다고 하자. 이때 계의 내부 에너지 변화 ΔU는 다음과 같다.
>
> $$\Delta U = U_f - U_i = Q + W \qquad [12.2]$$
>
> 여기서 Q는 계와 외부 사이에 교환된 에너지이고 W는 계에 하여진 일이다.

Q는 열에 의해 에너지가 계 내부로 이동할 때 양이 되고, 계 밖으로 이동할 때는 음이 된다.

그림 12.6은 기체가 들어 있는 실린더에 대한 제1법칙과 계가 어떻게 주변과 상호 작용하는지를 설명하는 그림이다. 기체가 들어 있는 실린더에는 마찰이 없는 피스톤이 있고 그에 연결된 물체는 처음에 정지해 있다. 기체가 일정한 압력 P로 피스톤에 대

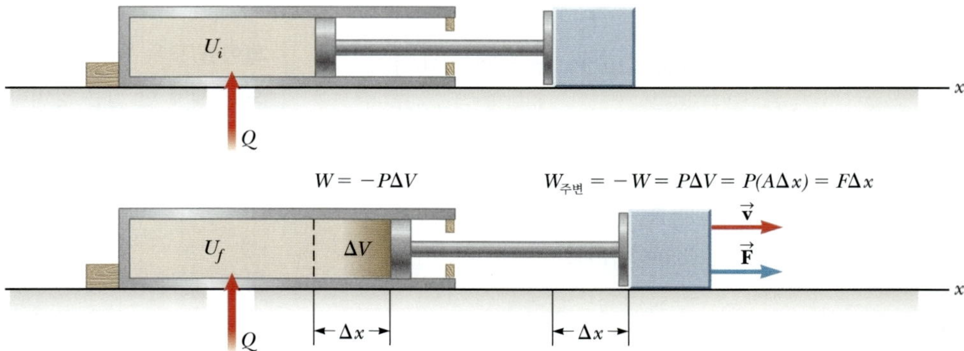

그림 12.6 열에너지 Q가 기체에 전달되면 기체의 내부 에너지가 증가한다. 기체가 피스톤을 밀어서 움직이면 주변에 역학적인 일을 하게 되며, 그것은 기체에 음의 일을 하는 것과 같고 기체의 내부 에너지를 감소시킨다.

해 팽창하게 되면 에너지 Q가 기체에 전달된다. 피스톤이 정지할 때까지 기체는 물체에 일을 하고 물체는 마찰 없는 표면에서 가속하게 된다. 기체에는 음의 일을 하고 동시에 기체에 의해 양의 일 $W_{주변} = -W$을 블록에 한다. 주변에 한 일 $W_{주변}$에 기체에 한 일 W를 더하면, 알짜일은 영이 된다. 그것은 에너지가 보존되어야 하기 때문에 당연한 것이다.

식 12.2로부터 고립계의 내부 에너지는 일정하게 유지되어야 함을 알 수 있다. 즉 $\Delta U = 0$이다. 고립계가 아닌 경우에도 계가 압력, 부피, 온도 및 기체의 몰수 등과 같은 모든 열역학적 변수들이 처음 값으로 되돌아가는 순환 과정에 있으면 내부 에너지의 변화량은 영이다.

계와 관계된 식 12.2에 있는 물리량은 일에 의해 계의 주변에는 영향을 주지 않음을 명심하라. 그림 12.6에서처럼 계가 피스톤에 대하여 팽창하고 있는 뜨거운 증기라면 계에 한 일 W는 음이다. 왜냐하면 피스톤은 기체의 내부 에너지에 의해 오로지 팽창만을 할 수 있기 때문이다. 뜨거운 증기가 주변(이 경우 기차를 움직이게 하는 운동하는 피스톤)에 한 일 $W_{주변}$은 양이며, 이것은 식 12.2에 있는 일 W는 아니다. 제1법칙에서 정의한 일에 대한 이와 같은 내용은 5장에서 정의한 일의 개념과 일치한다. 역학적이든 열적이든 계에 한 일이 양이면 계의 에너지는 증가하고, 음이면 감소한다.

어떤 책에서는 기체가 주변에 한 일을 W로 정의한다. 이것은 같은 공식이지만 열역학 제1법칙에서 이것은 W에 반드시 음의 부호가 붙어야 함을 의미한다. 이러한 약속은 앞에서 설명한 계의 에너지와 일치하지 않는다. 왜냐하면 W가 양일 때 계는 에너지를 잃기 때문이다. 반면에 5장에서는 W가 양이면 계가 에너지를 얻는다는 것을 의미했다. 이와 같은 이유 때문에 이 책에서는 이전의 관례적인 약속을 사용하지 않았다.

Tip 12.2 일을 나타내는 부호

많은 물리와 공학 교재에서 제1법칙을 열과 일 사이에 음(−)의 부호를 써서 $\Delta U = Q - W$로 나타낸다. 이것은 일을 기체에 한 일로 정의하지 않고 기체가 한 일로 정의하기 때문이다. 이러한 부호 약속에 의하면 제1법칙은 $\Delta U = Q - W_{주변}$으로 나타난다.

예제 12.3 기체의 가열

목표 등압 과정 중에 한 일과 열역학 제1법칙을 조합한다.

문제 등압 과정 중에 이상 기체는 주변에 2.00×10^3 J의 일을 하고 5.00×10^3 J의 에너지를 흡수한다. **(a)** 기체의 내부 에너지의 변화를 구하라. **(b)** 내부 에너지가 4.50×10^3 J만큼 감소되고 계에서 7.50×10^3 J의 열이 방출될 때, 부피의 변화량을 구하라. 등압 과정에서의 압력은 1.01×10^5 Pa라고 가정한다.

전략 **(a)**는 열역학 제1법칙, 즉 식 12.2에 주어진 값을 대입하여 구한다. 그러나 여기서 일은 주변에 한 일임에 주목하라. 음의 값은 계에 한 일이며 내부 에너지가 감소됨을 나타낸다. **(b)**는 등압 과정에서 일에 대한 방정식을 열역학 제1법칙에 대입하여 부피의 변화량을 구한다.

풀이

(a) 기체의 내부 에너지 변화를 계산한다.

기체가 한 일이 음의 값임에 주의하면서, 제1법칙에 값을 대입한다.

$$\Delta U = Q + W = 5.00 \times 10^3\ \text{J} - 2.00 \times 10^3\ \text{J}$$
$$= 3.00 \times 10^3\ \text{J}$$

(b) 이 경우 ΔU와 Q가 모두 음의 값임에 주의하면서 부피의 변화량을 구한다.

일정한 압력에서 한 일에 대한 식을 제1법칙에 대입한다.

$$\Delta U = Q + W = Q - P\Delta V$$
$$-4.50 \times 10^3\ \text{J} = -7.50 \times 10^3\ \text{J} - (1.01 \times 10^5\ \text{Pa})\Delta V$$

부피의 변화 ΔV에 대하여 푼다.

$$\Delta V = -2.97 \times 10^{-2}\ \text{m}^3$$

참고 부피의 변화는 음이다. 그래서 계는 수축되고 주변에 음의 일을 한다. 반면에 계에 한 일 W는 양이다.

다음과 같이 주어지는 이상 기체의 내부 에너지에 대한 식을 살펴보자.

$$U = \tfrac{3}{2}nRT \quad [12.3a]$$

이 식은 기체를 구성하는 입자들이 한 종류의 원자로 이루어진 것을 의미하는 단원자 이상 기체인 경우에만 적용된다. 이와 같은 기체에 대한 내부 에너지 변화 ΔU는

$$\Delta U = \tfrac{3}{2}nR\Delta T \quad [12.3b]$$

이다. 단원자 이상 기체의 **등적 몰비열**(molar specific heat at constant volume) C_v를 다음과 같이 정의한다.

$$C_v \equiv \tfrac{3}{2}R \quad [12.4]$$

이때 이상 기체의 내부 에너지 변화는 다음과 같이 표현할 수 있다.

$$\Delta U = nC_v\Delta T \quad [12.5]$$

이상 기체의 경우 이 식은 부피가 변화하는 경우를 포함하여 모든 경우에 적용할 수 있다. 그러나 몰비열의 값은 기체에 따라 다르며, 온도와 압력에 따라 변한다.

몰비열의 값이 큰 기체는 일정한 온도를 올리는 데 많은 에너지가 필요하다. 몰비열의 크기는 기체 분자의 구조와 에너지를 저장하는 방법에 따라 결정된다. 헬륨과 같은 단원자 기체는 세 가지 운동 방향으로 에너지를 저장한다. 반면에 수소와 같은 기체는 정상적인 온도 범위에서 이원자 기체이며, 세 가지 운동 방향과 추가로 두 방향으로 회전할 수 있다. 그래서 수소 분자는 병진 운동 형태와 추가로 회전 운동 형

표 12.1 여러 기체의 몰비열

기체	몰비열 (J/mol · K)[a]			
	C_p	C_v	$C_p - C_v$	$\gamma = C_p/C_v$
단원자 기체				
He	20.8	12.5	8.33	1.67
Ar	20.8	12.5	8.33	1.67
Ne	20.8	12.7	8.12	1.64
Kr	20.8	12.3	8.49	1.69
이원자 기체				
H_2	28.8	20.4	8.33	1.41
N_2	29.1	20.8	8.33	1.40
O_2	29.4	21.1	8.33	1.40
CO	29.3	21.0	8.33	1.40
Cl_2	34.7	25.7	8.96	1.35
다원자 기체				
CO_2	37.0	28.5	8.50	1.30
SO_2	40.4	31.4	9.00	1.29
H_2O	35.4	27.0	8.37	1.30
CH_4	35.5	27.1	8.41	1.31

[a]물을 제외하고 모두 300 K에서의 값이다.

태로 에너지를 저장할 수 있다. 게다가 분자들은 구성 원자들의 진동 형태로 에너지를 저장할 수 있다. 에너지를 저장하는 방법이 많은 분자들로 구성된 기체는 몰비열의 값이 크다.

기체 분자가 에너지를 저장할 수 있는 각기 다른 방법을 자유도(degree of freedom)라 한다. 각각의 자유도는 몰비열에 $\frac{1}{2}R$만큼 기여한다. 원자로 된 이상 기체는 세 방향으로 이동할 수 있기 때문에, 몰비열은 $C_v = 3(\frac{1}{2}R) = \frac{3}{2}R$이 된다. 산소 분자 O_2와 같은 이원자 기체는 추가로 두 방향으로 회전 운동이 가능하다. 따라서 몰비열에 $2 \times \frac{1}{2}R = R$이 추가되어, 이원자 기체는 $C_v = \frac{5}{2}R$이 된다. 두 원자들을 연결하는 장축에 대한 회전은 일반적으로 무시한다. 주어진 계에 대한 전체적인 분석은 종종 복잡하기 때문에 일반적으로 몰비열의 실험을 통하여 결정한다. 대표적인 C_v값 일부를 표 12.1에 나타내었다.

12.3 기체에서의 열역학 과정 Thermal Processes in Gases

열역학 과정은 복잡하다. 다행히 이것은 종종 단순한 과정의 연속으로 분석할 수 있다. 이 단원에서는 가장 평범한 네 과정이 이상 기체에 미치는 영향에 대하여 설명할 것이다. 각각의 과정은 이상 기체의 법칙에서 사용하는 변수 중에 하나가 일정하다고 하거나, 열역학 제1법칙에 있는 세 변수 중에서 하나가 영이라고 가정하는 것에 해당한다. 네 과정은 등압(압력 일정), 등온(온도 일정, $\Delta U = 0$), 등적(부피 일정, $W = 0$), 및 단열(에너지 전달이 없음, $Q = 0$)이다. 실제로 다른 많은 과정들은 네 범주 중 하나로 분류되지 않기 때문에, 그런 과정들은 일반적 과정으로 부르는 다섯 번째 범주에 포함시킬 것이다. 각각의 경우에서 핵심적인 것은 제1법칙에 있는 세 개의 열역학적 양들(일 W, 열에너지 이동 Q, 내부 에너지 변화 ΔU)을 계산할 수 있도록 하는 것이다.

12.3.1 등압 과정 Isobaric Processes

등압 과정에서 기체가 팽창하거나 압축될 때 압력이 일정하게 유지되는 12.1절의 내용을 상기하라. 팽창하는 기체는 주변에 $W_{주변} = P\Delta V$의 일을 한다. 그림 12.4는 등압 팽창하는 PV 도표이다. 앞에서 설명한 바와 같이 기체에 한 일의 크기는 PV 도표에서 경로 아래에 있는 넓이, 즉 가로 곱하기 세로 또는 $P\Delta V$ 이다. 이것의 음의 값, $W = -P\Delta V$는 기체가 팽창할 때 일을 하기 때문에, 기체가 잃은 에너지이다. 이것이 제1법칙에 대입되어야 하는 양이다.

기체는 내부 에너지의 변화량 ΔU만큼 계의 주변에 일을 한다. 이상 기체의 내부 에너지 변화량은 $\Delta U = nC_v\Delta T$이기 때문에, 내부 에너지가 감소함에 따라 팽창하는 기체의 온도는 감소한다. 이상 기체의 법칙 $PV = nRT$에 의해 부피가 팽창하고 온도가 감소하면 반드시 압력이 감소한다. 따라서 압력이 일정한 상태로 과정이 유지되는 방법은 열 형태로 열에너지 Q가 기체 속으로 이동하는 것이다. 열역학 제1법칙은 다음과 같이 다시 나타낼 수 있다.

$$Q = \Delta U - W = \Delta U + P\Delta V$$

이때 식 12.3b를 이용하여 ΔU값을 대입하고, 이상 기체의 법칙 $P\Delta V = nR\Delta T$를 대입하여 정리하면 다음과 같다.

$$Q = \tfrac{3}{2}nR\Delta T + nR\Delta T = \tfrac{5}{2}nR\Delta T$$

이와 같은 열전달에 대한 또 다른 식은

$$Q = nC_p\Delta T \qquad [12.6]$$

이며, 여기서 $C_p = \frac{5}{2}R$이다. 이상 기체의 경우 등압 몰비열 C_p는 등적 몰비열 C_v와 기체 상수 R의 합이다.

$$C_p = C_v + R \qquad [12.7]$$

이것은 여러 기체들에 대하여 $C_p - C_v$를 계산한 표 12.1의 네 번째 열에서 볼 수 있다. 사실상 모든 경우 이 값들의 차이는 대략 R이다.

예제 12.4 기체의 팽창

목표 등압 과정에서 열역학 제1법칙과 몰비열을 사용한다.

문제 압력이 2.00×10^5 Pa이고 처음 온도가 293 K인 단원자 이상 기체로 이루어진 계가 압력이 일정한 상태에서 부피가 1.00 L에서 2.50 L로 서서히 팽창하고 있다고 가정하자. **(a)** 주변에 한 일을 구하라. **(b)** 기체의 내부 에너지 변화를 구하라. **(c)** 열역학 제1법칙을 사용하여 이 과정 중에 기체에 의하여 흡수된 열에너지를 구하라. **(d)** 등압에서 몰비열을 이용하여 기체에 흡수된 열에너지를 구하라. **(e)** 이원자 이상 기체에 대한 답은 어떻게 변하는가?

전략 이 문제는 주어진 값들을 적절한 식에 대입하는 것이다. **(a)**는 등압에서 일에 대한 식에 대입하여 답을 구한다. **(b)**는 이상 기체의 법칙을 두 번 사용한다. $V = 2.00$ L에서 온도를 구할 때와 기체의 몰수를 구할 때이다. 이 값들은 또한 내부 에너지의 변화 ΔU를 구할 때 사용할 수 있다. **(c)**는 열역학 제1법칙에 대입하여 Q에 대하여 구하며, 이 값을 식 12.6으로 구한 **(d)**와 비교한다. 이원자 기체는 두 개의 자유도를 추가해야 하기 때문에, **(e)**는 R만큼 몰비열 값을 증가시킨 후, 이들 풀이 과정을 반복한다.

풀이

(a) 주변에 한 일을 구한다.

등압에서 일의 정의를 적용한다.

$$W_{\text{주변}} = P\Delta V = (2.00 \times 10^5\ \text{Pa})(2.50 \times 10^{-3}\ \text{m}^3 - 1.00 \times 10^{-3}\ \text{m}^3)$$

$$W_{\text{주변}} = \boxed{3.00 \times 10^2\ \text{J}}$$

(b) 기체의 내부 에너지 변화를 구한다.

먼저, $P_i = P_f$임에 주의하고 이상 기체의 법칙을 사용하여 나중 온도를 구한다.

$$\frac{P_fV_f}{P_iV_i} = \frac{T_f}{T_i} \quad \rightarrow \quad T_f = T_i\frac{V_f}{V_i} = (293\ \text{K})\frac{(2.50 \times 10^{-3}\ \text{m}^3)}{(1.00 \times 10^{-3}\ \text{m}^3)}$$

$$T_f = 733\ \text{K}$$

이상 기체 법칙을 다시 사용하여 기체의 몰수를 구한다.

$$n = \frac{P_iV_i}{RT_i} = \frac{(2.00 \times 10^5\ \text{Pa})(1.00 \times 10^{-3}\ \text{m}^3)}{(8.31\ \text{J/K}\cdot\text{mol})(293\ \text{K})}$$

$$= 8.21 \times 10^{-2}\ \text{mol}$$

이 결과와 주어진 값을 사용하여 내부 에너지 변화 ΔU를 구한다.

$$\Delta U = nC_v\Delta T = \tfrac{3}{2}nR\Delta T$$

$$= \tfrac{3}{2}(8.21 \times 10^{-2}\ \text{mol})(8.31\ \text{J/K}\cdot\text{mol})(733\ \text{K} - 293\ \text{K})$$

$$\Delta U = \boxed{4.50 \times 10^2\ \text{J}}$$

(c) 제1법칙을 사용하여 열에 의해 전달된 에너지를 구한다.

제1법칙을 Q에 대해 풀고, ΔU와 $W = -W_{\text{주변}} = -3.00 \times 10^2$ J을 대입한다.

$$\Delta U = Q + W \quad \rightarrow \quad Q = \Delta U - W$$

$$Q = 4.50 \times 10^2\ \text{J} - (-3.00 \times 10^2\ \text{J}) = \boxed{7.50 \times 10^2\ \text{J}}$$

(d) 등압에서 몰비열을 사용하여 Q를 구한다.

식 12.6에 값을 대입한다.

$$Q = nC_p\Delta T = \frac{5}{2}nR\Delta T$$
$$= \frac{5}{2}(8.21 \times 10^{-2}\ \text{mol})(8.31\ \text{J/K}\cdot\text{mol})(733\ \text{K} - 293\ \text{K})$$
$$= 7.50 \times 10^2\ \text{J}$$

(e) 이원자 기체에 대한 답을 구한다.

이원자 기체는 $C_v = \frac{5}{2}R$임에 주의하여 이원자 기체에 대한 새로운 내부 에너지 변화 ΔU를 구한다.

$$\Delta U = nC_v\Delta T = (\tfrac{3}{2} + 1)nR\,\Delta T$$
$$= \frac{5}{2}(8.21 \times 10^{-2}\ \text{mol})(8.31\ \text{J/K}\cdot\text{mol})(733\ \text{K} - 293\ \text{K})$$
$$\Delta U = 7.50 \times 10^2\ \text{J}$$

이원자 기체에 대한, 열 Q에 의해 전달된 에너지를 구한다.

$$Q = nC_p\Delta T = (\tfrac{5}{2} + 1)nR\Delta T$$
$$= \frac{7}{2}(8.21 \times 10^{-2}\ \text{mol})(8.31\ \text{J/K}\cdot\text{mol})(733\ \text{K} - 293\ \text{K})$$
$$Q = 1.05 \times 10^3\ \text{J}$$

참고 **(b)**는 일을 알고 난 다음 이상 기체 방정식 $PV = nRT$를 사용하면 간단히 풀린다. 압력과 몰수가 일정하고, 이상 기체이므로, $P\Delta V = nR\Delta T$이다. $C_v = \frac{3}{2}R$이므로, 내부 에너지의 변화 ΔU는 일로 나타내어 계산할 수 있다. 즉

$$\Delta U = nC_v\Delta T = \tfrac{3}{2}nR\Delta T = \tfrac{3}{2}P\Delta V = \tfrac{3}{2}W$$

이다. 다른 과정에 대해서도 이와 비슷한 방법을 사용할 수 있다.

12.3.2 단열 과정 Adiabatic Processes

단열 과정에서는 열에 의해 계에 유입되거나 유출되는 에너지가 없다. 이러한 계는 단열되어 있고, 주변과 열적으로 고립되어 있다. 그러나 일반적으로 계는 역학적으로 고립되어 있지 않으므로 계는 여전히 일을 할 수 있다. 충분히 빨리 진행되는 과정은 열에 의해 에너지를 전달할 시간이 없기 때문에 근사적으로 단열되어 있다고 생각할 수 있다.

단열 과정에서는 $Q = 0$이기 때문에, 제1법칙은 다음과 같이 쓸 수 있다.

$$\Delta U = W \quad (\text{단열 과정})$$

단열 과정 중에 한 일은 내부 에너지의 변화를 구하여 계산할 수 있다. 또한 일은 PV 도표로부터 계산할 수도 있다. 단열 과정에 있는 이상 기체는 다음과 같이 나타낼 수 있다.

$$PV^{\gamma} = \text{일정} \qquad [12.8a]$$

여기서

$$\gamma = \frac{C_p}{C_v} \qquad [12.8b]$$

이며, 이를 기체의 단열 지수(adiabatic index)라 한다. 여러 가지 기체들에 대한 단열 지수의 값을 표 12.1에 나타내었다. 식 12.8a의 우변의 값을 구하고 P에 대하여 푼 후, PV 도표의 곡선 아래 넓이를 네모 칸의 수를 구하면, 일의 양을 얻을 수 있다.

열에 의하여 에너지가 유출 및 유입할 시간이 없도록 뜨거운 기체가 매우 빨리 팽창한다면, 기체에 한 일은 음이고 내부 에너지는 감소한다. 운동에너지가 기체 분자로부터 운동하는 피스톤에 전달되기 때문에, 이 같은 감소가 발생한다. 이러한 단열 팽창은 실용적인 면에서 중요하고, 휘발유와 공기 혼합물이 발화하여 피스톤을 밀어내며 급격히 팽창하는 내연 기관에서 일어나는 일로 이해할 수 있다. 다음 예제들은 이 같은 과정을 설명한다.

예제 12.5 일과 엔진 속의 실린더

목표 제1법칙을 사용하여 단열 팽창에서 한 일을 구한다.

문제 1.80×10^3 rev/min으로 회전하는 자동차 엔진에서 뜨거운 고압의 기체가 피스톤을 밀어내며 10 ms 동안 팽창한다. 열에 의한 에너지 전달은 대략 수 분 또는 수 시간 걸리기 때문에 팽창하는 동안 뜨거운 기체에서 에너지가 거의 빠져나가지 않는다고 가정해도 무방하다. 엔진 속의 실린더에 단원자 이상 기체 0.100몰이 담겨 있어서 팽창하는 동안에 기관의 일반 온도인 1.20×10^3 K에서 4.00×10^2 K까지 낮아진다고 할 때, 이 단열 팽창 동안 기체가 피스톤에 한 일을 구하라.

전략 주어진 온도를 이용하여 내부 에너지 변화를 구한다. 단열 과정에서 이것은 주변(여기서는 피스톤)에 한 일의 음의 값인 기체에 한 일과 같다.

풀이

제1법칙에 $Q = 0$을 대입하여 푼다.

$$W = \Delta U - Q = \Delta U - 0 = \Delta U$$

단원자 이상 기체의 내부 에너지에 대한 식으로부터 ΔU를 구한다.

$$\Delta U = U_f - U_i = \tfrac{3}{2}nR(T_f - T_i)$$

$$= \tfrac{3}{2}(0.100 \text{ mol})(8.31 \text{ J/mol}\cdot\text{K})(4.00 \times 10^2 \text{ K} - 1.20 \times 10^3 \text{ K})$$

$$\Delta U = -9.97 \times 10^2 \text{ J}$$

내부 에너지의 변화는 피스톤에 한 일의 음의 값인 계에 한 일과 같다.

$$W_{\text{피스톤}} = -W = -\Delta U = 9.97 \times 10^2 \text{ J}$$

참고 기체의 내부 에너지가 소모되면서 피스톤에 일을 한다. 이상적인 단열 팽창에서는 내부 에너지의 감소가 모두 유용한 일로 전환된다. 그러나 실제 기관에서는 항상 손실된다.

예제 12.6 단열 팽창

목표 단열 과정 동안 기체에 한 일과 압력의 변화를 구한다.

문제 처음 압력이 $P_i = 1.01 \times 10^5$ Pa이고 처음 부피가 $V_i = 1.50 \text{ m}^3$인 단원자 이상 기체가 팽창하여 부피가 두 배가 되어 $V_f = 3.00 \text{ m}^3$가 된다(그림 12.7). **(a)** 나중 압력 P_f를 구하라. **(b)** 단열 과정 동안 기체에 한 일을 계산하라.

전략 **(a)** 단열 지수와 단열 관계식 $PV^\gamma =$ 일정을 사용하여 구한다. **(b)** 먼저 기체에 한 일의 식을 내부 에너지 변화에 대한 두 식($Q = 0$인 단열 과정에 대한 제1법칙의 식으로부터 얻은 $\Delta U = W$과 이상 기체 과정에 대한 $\Delta U = nC_v\Delta T$)을 풀어서 $W = nC_v\Delta T$로 나타낸다. 그런 다음 이상 기체 법칙을 써서 $W = \frac{3}{2}\Delta(PV)$를 구한다.

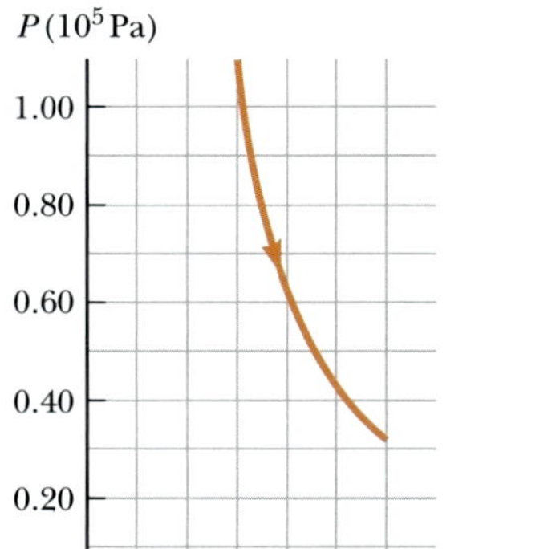

그림 12.7 (예제 12.6) 단열 팽창의 PV 도표. C는 상수이고, $\gamma = C_p/C_v$인 $P = CV^{-\gamma}$의 그래프

풀이

(a) 나중 압력을 구한다.

먼저 단열 지수를 계산한다. 단원자 기체의 경우 $C_p = \frac{5}{2}R$ 및 $C_v = \frac{3}{2}R$이다.

$$\gamma = \frac{C_p}{C_v} = \frac{\frac{5}{2}R}{\frac{3}{2}R} = \frac{5}{3}$$

단열 과정에서 PV^γ는 상수이므로 $P_iV_i^\gamma = P_fV_f^\gamma$이다. P_f에 대해 풀고 값을 대입한다.

$$P_f = P_i\left(\frac{V_i}{V_f}\right)^\gamma = (1.01 \times 10^5 \text{ Pa})\left(\frac{1.50 \text{ m}^3}{3.00 \text{ m}^3}\right)^{\frac{5}{3}}$$

$$= 3.18 \times 10^4 \text{ Pa}$$

(b) 단열 팽창 동안에 기체에 한 일을 계산한다.

단열 과정에 대한 제1법칙을 쓴다.

$$\Delta U = \cancel{Q} + W \rightarrow W = \Delta U$$

모든 이상 기체에 대해 성립하는 ΔU를 $nC_v\Delta T$로 쓴다.

$$W = nC_v\Delta T$$

$C_v = \frac{3}{2}R$를 대입하고 이상 기체 법칙 $nR\Delta T = \Delta(PV)$을 대입한다.

$$W = \frac{3}{2}nR\Delta T$$
$$= \frac{3}{2}\Delta(PV) = \frac{3}{2}(P_fV_f - P_iV_i)$$

기체에 한 일을 계산한다.

$$W = \frac{3}{2}[(3.18 \times 10^4\ \text{Pa})(3.00\ \text{m}^3) - (1.01 \times 10^5\ \text{Pa})(1.50\ \text{m}^3)]$$
$$= -8.42 \times 10^4\ \text{J}$$

참고 기체에 한 일이 음이 되는 이유는 기체가 팽창하기 때문이다. 기체는 외부에 양의 일을 하고, 내부 에너지는 감소한다. PV 도표를 사용하여 일의 대략적인 값을 구할 수 있다. 그림 12.7에서 네모 칸 하나의 '면적'은 5.00×10^3 J이고 단열 곡선 아래로 그런 네모 칸이 약 17개 있다. 그러므로 기체에 한 일은 $W \approx -17(5.00 \times 10^3\ \text{J}) = -8.5 \times 10^4$ J이다.

12.3.3 등적 과정 Isovolumetric Processes

등적 과정(isovolumetric processes)은 부피가 일정한 상태로 진행되는 것이며, PV 도표에서 수직선으로 나타난다. 부피가 변하지 않으면, 계가 한 일 또는 계에 한 일은 없다. 따라서 $W = 0$이고, 열역학 제1법칙은 다음과 같이 표현된다.

$$\Delta U = Q \quad (\text{등적 과정})$$

이 결과는 등적 과정에서 **계의 내부 에너지의 변화가 열에 의해 계에 전달된 에너지와 같음**을 의미한다. 식 12.5에 의해 등적 과정에서도 열에 의해 전달된 에너지는 다음과 같이 나타낼 수 있다.

$$Q = nC_v \Delta T \qquad [12.9]$$

예제 12.7 등적 과정

목표 등적 과정에 열역학 제1법칙을 적용한다.

문제 어떤 단원자 이상 기체의 온도가 $T = 3.00 \times 10^2$ K이고 부피는 1.50 L로 일정하다. 5.00몰의 기체가 있다면, **(a)** 기체의 온도를 3.80×10^2 K까지 올리려면 얼마의 열에너지가 필요한가? **(b)** 기체의 압력의 변화 ΔP를 계산하라. **(c)** 만일 기체가 이원자 이상 기체라면 얼마의 열에너지가 필요한가? **(d)** 이원자 기체의 경우 압력의 변화를 계산해 보라.

풀이

(a) 기체의 온도를 3.80×10^2 K까지 올리는 데 필요한 열에너지를 구한다.

식 12.9에 단원자 이상 기체에 대한 $C_v = 3R/2$을 대입한다.

$$Q = \Delta U = nC_v\Delta T = \frac{3}{2}nR\Delta T$$
$$= \frac{3}{2}(5.00\ \text{mol})(8.31\ \text{J/K}\cdot\text{mol})(80.0\ \text{K}) \qquad (1)$$
$$Q = 4.99 \times 10^3\ \text{J}$$

(b) 기체의 압력 변화 ΔP를 계산한다.

이상 기체 방정식 $PV = nRT$와 식 (1)을 이용하여 ΔP와 Q의 관계를 구한다.

$$\Delta(PV) = (\Delta P)V = nR\Delta T = \frac{2}{3}Q$$

ΔP를 계산한다.

$$\Delta P = \frac{2}{3}\frac{Q}{V} = \frac{2}{3}\frac{4.99 \times 10^3\ \text{J}}{1.50 \times 10^{-3}\ \text{m}^3}$$
$$= 2.22 \times 10^6\ \text{Pa}$$

(c) 기체가 이원자 이상 기체일 경우 필요한 열에너지를 구한다.

이원자 이상 기체에 대한 $C_v = 5R/2$을 이용하여 계산한다.

$$Q = \Delta U = nC_v\Delta T = \frac{5}{2}nR\Delta T = 8.31 \times 10^3\ \text{J}$$

(d) 이원자 기체일 경우 압력의 변화를 계산한다.

(c)의 결과를 사용하고, 이원자 기체이므로 **(b)**의 계산에서 2/3를 2/5로 바꾸어서 다시 계산한다.

$$\Delta P = \frac{2}{5}\frac{Q}{V} = \frac{2}{5}\frac{8.31 \times 10^3\ \text{J}}{1.50 \times 10^{-3}\ \text{m}^3}$$

$$= 2.22 \times 10^6\ \text{Pa}$$

참고 조건이 같을 경우, 부피가 일정한 이원자 기체는 단위 온도 변화당 에너지가 더 필요하다. 그 이유는 이원자 분자가 에너지를 저장할 수 있는 방법의 수가 더 많기 때문이다. 에너지가 추가되었음에도 불구하고, 이원자 기체가 도달하는 나중 압력은 단원자 기체의 경우와 같다.

12.3.4 등온 과정 Isothermal Processes

등온 과정 중에는 계의 온도가 변하지 않는다. 이상 기체에서 내부 에너지 U는 온도가 변할 때에만 변한다. 즉 $\Delta T = 0$이므로 $\Delta U = 0$이 된다. 이 경우 열역학 제1법칙을 다음과 같이 쓸 수 있다.

$$W = -Q \quad (\text{등온 과정})$$

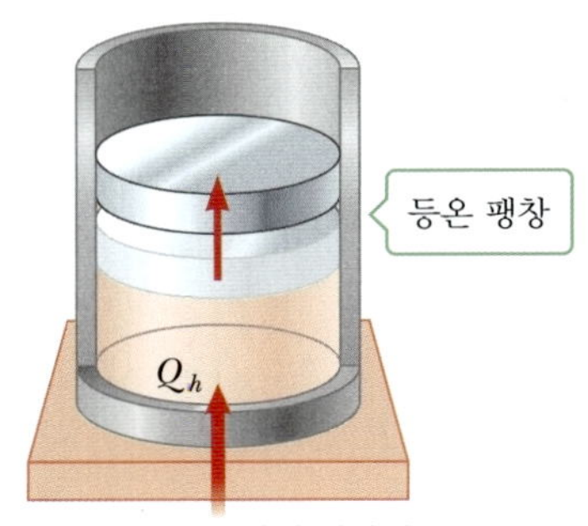

그림 12.8 실린더 속에 있는 기체가 온도가 T_h인 저장체와 접촉되어 등온 팽창한다.

만일 계가 등온 과정에 있는 이상 기체라면, 계에 한 일은 계에 전달된 열에너지의 음의 값과 같다. 이와 같은 과정을 그림 12.8에 나타내었다. 기체로 채워진 실린더는 온도가 변하지 않고 에너지를 교환할 수 있는 큰 에너지 저장체와 맞닿아 있다. 온도가 일정한 이상 기체의 경우

$$P = \frac{nRT}{V}$$

이며, 우변 항에서 분자는 상수이다. 전형적인 등온 과정에 대한 PV 도표를 단열 과정과 비교하여 그림 12.9에 나타내었다. 등온 과정보다 단열 과정에서 더 가파르게 떨어지는 이유는 단열 과정에서는 열에너지가 계로 들어갈 수 없기 때문이다. 등온 팽창에서는, 계가 외부에 일을 하면서 에너지를 잃지만 같은 양의 에너지를 경계면을 통해 다시 얻는다.

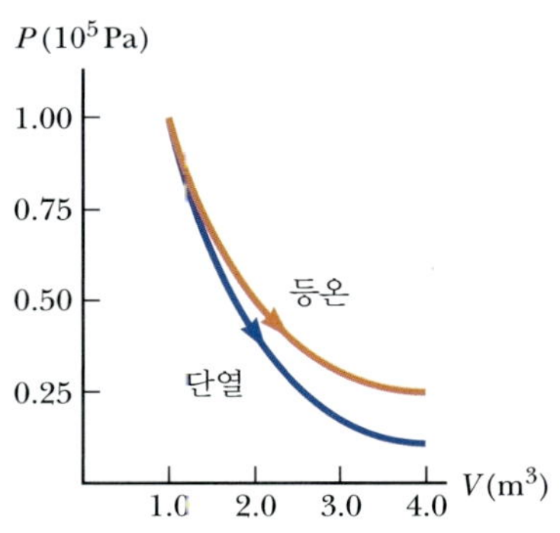

그림 12.9 $P = CV^{-1}$인 등온 팽창과 $P = C_A V^{-\gamma}$인 단열 팽창을 비교하여 나타낸 PV 도표. 여기서 C는 상수이다. C_A는 C와 크기가 같은 상수이나, 단위가 다르다.

등온 과정에서 주변에 한 일은 미적분 계산법을 사용하여 다음과 같이 주어진다.

$$W_{\text{주변}} = nRT \ln\left(\frac{V_f}{V_i}\right) \qquad [12.10]$$

식 12.10에서 'ln' 기호는 자연로그(대수)의 약자이다. 기체에 한 일 W는 $W_{\text{주변}}$의 음의 값이다.

예제 12.8 풍선의 등온 팽창

목표 등온 팽창에서 한 일을 구한다.

문제 풍선 속에 단원자 이상 기체 5.00몰이 있다. 열에 의해 계에 에너지가 증가할 때(예를 들면, 태양 빛의 흡수에 의해) 일정한 온도 27.0°C에서 부피가 25% 증가한다. 풍선이 팽창하면서 열에너지 Q가 기체에 전달된다. 팽창하는 풍선에서 기체가 한 일 $W_{\text{주변}}$, 기체에 전달된 열에너지 Q, 기체에 한 일 W를 구하라.

전략 열역학의 계산에서는 온도를 반드시 절대 온도로 바꾸어서 계산해야 한다. 등온 과정에 관한 식 12.10을 사용하여 주변에 한 일 $W_{\text{주변}}$을 먼저 구하고 나서 풍선에 한 일 W를 구한다. 그 둘은 $W = -W_{\text{주변}}$의 관계에 있다. 더구나 등온 과정의 경우, 계에 전달된 열에너지 Q는 계가 주변에 한 일 $W_{\text{주변}}$과 같다.

풀이

식 12.10에 대입하여 등온 팽창 동안에 한 일을 구한다. $T = 27.0°\text{C} = 3.00 \times 10^2$ K임에 주목한다.

$$W_{주변} = nRT \ln\left(\frac{V_f}{V_i}\right)$$

$$= (5.00 \text{ mol})(8.31 \text{ J/K} \cdot \text{mol})(3.00 \times 10^2 \text{ K}) \times \ln\left(\frac{1.25V_0}{V_0}\right)$$

$$W_{주변} = 2.78 \times 10^3 \text{ J}$$

$$Q = W_{주변} = 2.78 \times 10^3 \text{ J}$$

이 양의 음의 값은 기체에 한 일이다.

$$W = -W_{주변} = -2.78 \times 10^3 \text{ J}$$

참고 기체에 한 일, 주변에 한 일 및 전달된 에너지와의 관계에 주목한다. 이들의 관계는 모든 등온 과정에 적용된다.

12.3.5 일반 과정의 경우 General Processes

한 과정이 앞에서 주어진 네 가지 모형(과정)을 따르지 않을 경우에도, 이에 대한 정보를 얻기 위해 열역학 제1법칙을 사용할 수 있다. 일은 PV 도표에서 곡선 아래의 넓이를 이용하여 계산할 수 있으며, 양 끝점의 온도를 알고 있다면 ΔU는 식 12.5를 이용하여 구할 수 있다.

여러 과정과 식들이 모두 주어졌지만, 이상 기체에 대한 문제를 해결할 때 올바른 식을 찾아 대입하는 것은 쉬운 일이 아니다. 표 12.2에는 필수 요소와 식들을 참고하기 쉽게, 그리고 과정들 사이의 차이점과 유사점을 나타내었다.

표 12.2 열역학 제1법칙과 열역학 과정(이상 기체)

과정	ΔU	Q	W
등압	$nC_v\Delta T$	$nC_p\Delta T$	$-P\Delta V$
단열	$nC_v\Delta T$	0	ΔU
등적	$nC_v\Delta T$	ΔU	0
등온	0	$-W$	$-nRT\ln\left(\frac{V_f}{V_i}\right)$
일반	$nC_v\Delta T$	$\Delta U - W$	(PV 넓이)

12.4 열기관과 열역학 제2법칙 Heat Engines and the Second Law of Thermodynamics

열기관(heat engine)은 열에 의해 에너지를 받아들이고, 그 에너지 일부를 전기에너지나 역학적 에너지와 같은 다른 형태의 에너지로 전환시킨다. 발전소에서 전기를 생산하는 전형적인 과정에서는 석탄이나 다른 연료를 연소시키고, 그 과정에서 얻은 내부 에너지를 이용하여 물을 수증기로 전환시킨다. 수증기는 터빈의 날개에 뿜어져서 터빈을 돌리고, 회전과 관련된 역학적 에너지가 발전기를 돌린다. 다른 형태의 열기관(자동차의 내연 기관)은, 연료가 실린더 안에 분사되어 연소될 때 에너지가 기관에 공급되고, 이 에너지의 일부가 역학적 에너지로 전환된다.

일반적으로 열기관 속의 작동 물질은 (1) 고온의 저장체에서 열에너지를 흡수하고, (2) 기관이 일을 한 뒤, (3) 저온의 저장체에 열에너지를 내보내는 **순환 과정**(cyclic process)[1]을 거치면서 작동한다. 예를 들어, 물이 작동 물질인 증기 기관의 작동 과정을 살펴보자. 물이 보일러에서 수증기로 기화한 뒤 팽창하면서 피스톤을 밀어내는 과정을 거친다. 수증기가 냉각수에 의하여 응집되면 보일러로 보내지고, 이 과정이 반복된다.

순환 과정 ▶

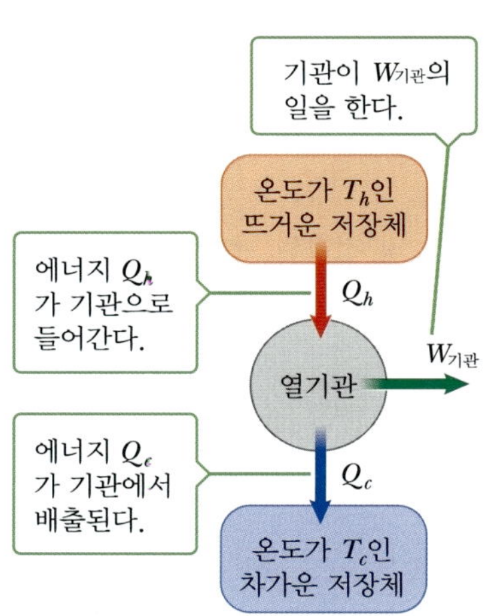

그림 12.10 열기관의 개략도. 뜨거운 저장체의 열에너지 일부가 일을 하고 나머지는 차가운 저장체로 방출된다.

열기관을 그림 12.10과 같이 개략적으로 표시하면 이해하기가 쉽다. 열기관은 뜨거운 저장체로부터 에너지 Q_h를 흡수하고 $W_{기관}$의 일을 한 다음, 차가운 저장체에 에너지 Q_c를 보낸다(기관에 음의 일을 하므로 $W = -W_{기관}$이다.). 순환 과정이므로 작동 물질은 항상 처음의 열역학 상태로 되돌아오며, 처음 내부 에너지와 나중 내부 에너지는 같아서 $\Delta U = 0$이다. 그러므로 열역학 제1법칙에 의해서

$$\Delta U = 0 = Q + W \quad \rightarrow \quad Q_{알짜} = -W = W_{기관}$$

이다. 이 식은 **열기관이 한 일 $W_{기관}$은 열기관이 흡수한 알짜 에너지 $Q_{알짜}$와 같음을 의미한다.** 그림 12.10에서 알 수 있듯이 $Q_{알짜} = |Q_h| - |Q_c|$이므로

$$W_{기관} = |Q_h| - |Q_c| \qquad [12.11]$$

이다. Q_h와 Q_c의 부호를 뺀 절댓값을 사용하기 때문에, 열에너지 이동 Q는 보통 양 또는 음의 값 둘 다 될 수 있다.

작동 물질이 기체이면, **순환 과정 동안에 기관이 한 일은 *PV* 도표에서 과정을 나타내는 곡선으로 둘러싸인 영역의 넓이와 같다.** 그림 12.11에서 임의의 순환 과정에 대하여 이 넓이를 나타내었다.

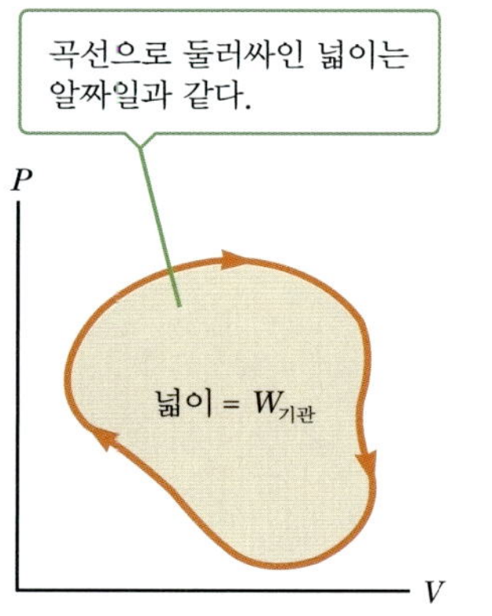

그림 12.11 임의의 순환 과정에 대한 PV 도표

열기관의 **열효율**(thermal efficiency) e는 한 주기 동안 열기관이 한 일 $W_{기관}$을 흡수한 에너지로 나눈 값으로 정의한다.

$$e \equiv \frac{W_{기관}}{|Q_h|} = \frac{|Q_h| - |Q_c|}{|Q_h|} = 1 - \frac{|Q_c|}{|Q_h|} \qquad [12.12]$$

열효율이란 우리가 얻는 이익(일)과 공급된 비용(높은 온도에서 전달된 에너지)의 비라고 생각할 수 있다. 식 12.12에 의하면 $Q_c = 0$일 때에만, 즉 차가운 저장체에 전혀 에너지를 내보내지 않을 때에만 열기관의 열효율이 100%($e = 1$)가 된다. 다시 말하면 열효율이 100%인 열기관은 흡수한 에너지를 전부 역학적 일로 바꿔야 한다. 12.5절에서 배우겠지만 이것은 불가능하다.

[1] 엄밀하게 말하면 내연 기관은 순환 과정을 거치는 열기관이 아니다. 왜냐하면 공기와 연료의 혼합물이 한 과정에서만 작동하고 배출되기 때문이다.

예제 12.9 열기관의 효율

목표 열기관에 효율에 대한 식을 적용한다.

문제 열기관이 한 순환 과정 동안 뜨거운 저장체에서 2.00×10^3 J의 에너지를 전달받고, 차가운 저장체로 1.50×10^3 J을 전달한다. **(a)** 기관의 열효율을 구하라. **(b)** 한 순환 과정 동안 기관이 한 일은 얼마인가? **(c)** 2.50 s 동안 네 번의 순환 과정이 진행된다면 기관의 평균 일률은 얼마인가?

전략 식 12.12를 사용하여 열효율을 구한다. 그리고 기관에 대한 제1법칙(식 12.11)을 사용하여 한 순환 과정 동안 한 일을 구한다. 네 번의 순환 과정 동안 한 일을 순환 과정이 진행하는 데 걸린 시간으로 나누어 일률을 구한다.

풀이

(a) 기관의 열효율을 구한다.

식 12.12에 Q_c와 Q_h를 대입한다.

$$e = 1 - \frac{|Q_c|}{|Q_h|} = 1 - \frac{1.50 \times 10^3 \text{ J}}{2.00 \times 10^3 \text{ J}} = \boxed{0.250, \text{ 또는 } 25.0\%}$$

(b) 한 순환 과정 동안 기관이 한 일을 구한다.

식 12.11 형태의 제1법칙을 이용하여 기관이 한 일을 구한다.

$$W_{기관} = |Q_h| - |Q_c| = 2.00 \times 10^3 \text{ J} - 1.50 \times 10^3 \text{ J} = \boxed{5.00 \times 10^2 \text{ J}}$$

(c) 기관의 출력(일률)을 구한다.

(b)에서 구한 답에 4를 곱하고 시간으로 나눈다.

$$P = \frac{W}{\Delta t} = \frac{4.00 \times (5.00 \times 10^2 \text{ J})}{2.50 \text{ s}} = \boxed{8.00 \times 10^2 \text{ W}}$$

참고 이와 같은 문제들은 보통 두 개의 미지수와 두 개의 방정식을 푸는 문제이다. 여기서 두 개의 방정식은 효율 식과 제1법칙이며, 두 개의 미지수는 효율과 기관이 한 일이다.

예제 12.10 순환 기관의 분석

목표 여러 가지 개념을 사용하여 순환 기관을 분석한다.

문제 단원자 이상 기체가 이동이 가능한 피스톤과 실린더로 이루어진 열기관 속에 있다. 기체는 $T = 3.00 \times 10^2$ K에서 A(그림 12.12)로부터 출발한다. 과정 $B \to C$는 등온 팽창이다. **(a)** 기체의 몰수 n과 점 B의 온도를 구하라. **(b)** 등적 과정 $A \to B$에서 ΔU, Q, W를 구하라. **(c)** 등온 과정 $B \to C$에서 ΔU, Q, W를 구하라. **(d)** 등압 과정 $C \to A$에서 ΔU, Q, W를 구하라. **(e)** 한 순환에 대한 내부 에너지의 알짜 변화량을 구하라. **(f)** 계에 전달되는 열에너지 Q_h, 방출되는 열에너지 Q_c, 열효율 및 기관이 주변에 한 알짜일을 구하라.

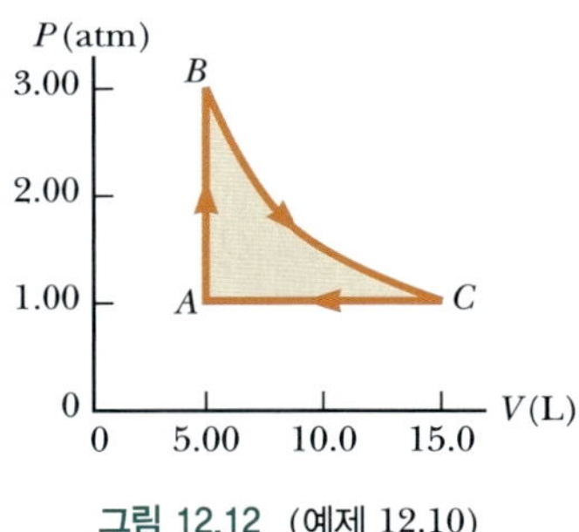

그림 12.12 (예제 12.10)

전략 (a)에서 n, T는 이상 기체의 법칙에 평형값 P, V, T를 대입하여 구할 수 있다. 점 A, B, C에서의 온도 T를 알고 있으면, 내부 에너지의 변화 ΔU는 표 12.2에 나타낸 각 과정들에 대한 식을 이용하여 구할 수 있다. Q와 W는 위와 같은 방법으로 구할 수도 있고, 단일 과정들에 대한 예제에서 사용했던 방식과 같이 제1법칙으로부터 구할 수도 있다.

풀이

(a) 이상 기체의 법칙으로 n과 T_B를 구한다.

$$n = \frac{P_A V_A}{RT_A} = \frac{(1.00 \text{ atm})(5.00 \text{ L})}{(0.082\,1 \text{ L}\cdot\text{atm/mol}\cdot\text{K})(3.00 \times 10^2 \text{ K})} = \boxed{0.203 \text{ mol}}$$

$$T_B = \frac{P_B V_B}{nR} = \frac{(3.00 \text{ atm})(5.00 \text{ L})}{(0.203 \text{ mol})(0.082\,1 \text{ L}\cdot\text{atm/mol}\cdot\text{K})} = \boxed{9.00 \times 10^2 \text{ K}}$$

(b) 등적 과정 $A \to B$에서 ΔU_{AB}, Q_{AB}, W_{AB}를 구한다.

$C_v = \frac{3}{2}R = 12.5 \text{ J/mol}\cdot\text{K}$를 이용하여 ΔU_{AB}를 계산한다.

$$\Delta U_{AB} = nC_v \Delta T = (0.203 \text{ mol})(12.5 \text{ J/mol} \cdot \text{K}) \times (9.00 \times 10^2 \text{ K} - 3.00 \times 10^2 \text{ K})$$

$$\Delta U_{AB} = \boxed{1.52 \times 10^3 \text{ J}}$$

등적 과정에서 $\Delta V = 0$이므로 한 일은 없다.

$$W_{AB} = \boxed{0}$$

제1법칙으로부터 Q_{AB}를 구할 수 있다.

$$Q_{AB} = \Delta U_{AB} = \boxed{1.52 \times 10^3 \text{ J}}$$

(c) 등온 과정 $B \to C$에서 ΔU_{BC}, Q_{BC}, W_{BC}를 구한다.
등온 과정이라 온도가 변하지 않기 때문에 내부 에너지의 변화는 영이다.

$$\Delta U_{BC} = nC_v \Delta T = \boxed{0}$$

식 12.10의 음의 값을 사용하여 계에 한 일을 계산한다.

$$W_{BC} = -nRT \ln\left(\frac{V_C}{V_B}\right)$$

$$= -(0.203 \text{ mol})(8.31 \text{ J/mol} \cdot \text{K})(9.00 \times 10^2 \text{ K}) \times \ln\left(\frac{1.50 \times 10^{-2} \text{ m}^3}{5.00 \times 10^{-3} \text{ m}^3}\right)$$

$$W_{BC} = \boxed{-1.67 \times 10^3 \text{ J}}$$

제1법칙으로부터 Q_{BC}를 계산한다.

$$0 = Q_{BC} + W_{BC} \quad \to \quad Q_{BC} = -W_{BC} = \boxed{1.67 \times 10^3 \text{ J}}$$

(d) 등압 과정 $C \to A$에서 ΔU_{CA}, Q_{CA}, W_{CA}를 구한다.
압력이 일정할 때, 계에 한 일을 계산한다.

$$W_{CA} = -P\Delta V = -(1.01 \times 10^5 \text{ Pa})(5.00 \times 10^{-3} \text{ m}^3 - 1.50 \times 10^{-2} \text{ m}^3)$$

$$W_{CA} = \boxed{1.01 \times 10^3 \text{ J}}$$

내부 에너지 변화 ΔU_{CA}를 구한다.

$$\Delta U_{CA} = \tfrac{3}{2}nR\Delta T = \tfrac{3}{2}(0.203 \text{ mol})(8.31 \text{ J/K} \cdot \text{mol}) \times (3.00 \times 10^2 \text{ K} - 9.00 \times 10^2 \text{ K})$$

$$\Delta U_{CA} = \boxed{-1.52 \times 10^3 \text{ J}}$$

제1법칙으로부터 열에너지 Q_{CA}를 계산한다.

$$Q_{CA} = \Delta U_{CA} - W_{CA} = -1.52 \times 10^3 \text{ J} - 1.01 \times 10^3 \text{ J} = \boxed{-2.53 \times 10^3 \text{ J}}$$

(e) 한 순환 과정에 대한 내부 에너지의 알짜 변화 $\Delta U_{\text{알짜}}$를 구한다.

$$\Delta U_{\text{알짜}} = \Delta U_{AB} + \Delta U_{BC} + \Delta U_{CA} = 1.52 \times 10^3 \text{ J} + 0 - 1.52 \times 10^3 \text{ J} = \boxed{0}$$

(f) 유입 에너지 Q_h, 방출 에너지 Q_c, 열효율 및 기관이 한 알짜 일을 구한다.
양의 값들을 더하여 Q_h를 구한다.

$$Q_h = Q_{AB} + Q_{BC} = 1.52 \times 10^3 \text{ J} + 1.67 \times 10^3 \text{ J} = \boxed{3.19 \times 10^3 \text{ J}}$$

음의 값(이 경우는 한 개)을 더한다.

$$Q_c = \boxed{-2.53 \times 10^3 \text{ J}}$$

기관의 효율과 기관이 한 알짜일을 구한다.

$$e = 1 - \frac{|Q_c|}{|Q_h|} = 1 - \frac{2.53 \times 10^3 \text{ J}}{3.19 \times 10^3 \text{ J}} = \boxed{0.207}$$

$$W_{\text{기관}} = -(W_{AB} + W_{BC} + W_{CA}) = -(0 - 1.67 \times 10^3 \text{ J} + 1.01 \times 10^3 \text{ J}) = \boxed{6.60 \times 10^2 \text{ J}}$$

참고 순환과 관계된 문제는 풀이가 길지만, 보통 각각의 단계들은 간단한 대입에 불과하다. 순환에서 내부 에너지의 변화가 영이고, 외부에 한 알짜일이 알짜 열에너지 전달과 같음에 주목하여야 한다.

12.4.1 냉장고와 열펌프 Refrigerators and Heat Pumps

열기관은 역으로 작동할 수 있다. 이 경우 그림 12.13에서와 같이 에너지는 일 W로 기관으로 유입되며, 차가운 저장체에서 뽑아낸 에너지를 뜨거운 저장체로 전달하게 된다. 이러한 계는 열펌프로 작동하며, 냉장고(그림 12.14)가 일반적인 예이다. 냉장고 내부에서 에너지 Q_c가 빠져나와 부엌의 더운 공기 속으로 에너지 Q_h가 전달된다. 일은 냉장고의 압축기(컴프레서)에서 일어난다. 여기에서 프레온 등과 같은 냉매가 압축되어 온도가 증가한다.

가정용 에어컨도 열펌프의 또 다른 예이다. 일부 가정에서 열펌프로 냉방과 난방을 한다. 겨울에는 차가운 외부 공기에서 에너지 Q_c를 뽑아 실내의 더운 공기에 에너지 Q_h를 전달한다. 반면에 여름에는 시원한 실내 공기에서 에너지 Q_c를 뽑아내어 더운 외부 공기에 에너지 Q_h를 전달한다.

냉장고 또는 에어컨의 경우(열펌프는 냉각 기능으로 작동), 압축기를 작동시키는 전기에너지 형태로 우리는 일 W의 값을 지불하고, 우리가 원하는 이득 Q_c를 얻는다. 냉장고 또는 에어컨의 최대 효율은 최소로 일을 하여 차가운 저장체로부터 최대의 에너지를 제거하는 경우 얻을 수 있다.

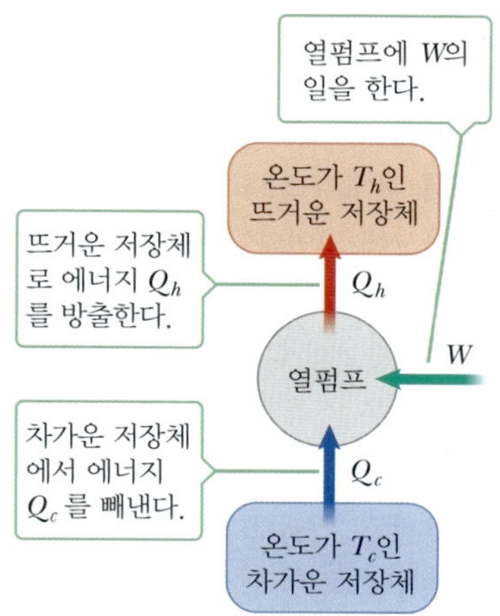

그림 12.13 열펌프의 개략도. 차가운 저장체의 에너지를 빼내어 뜨거운 저장체로 방출한다.

냉동기 또는 에어컨의 성능 계수(COP: coefficient of performance)는 차가운 저장체에서 뽑아낸 에너지 $|Q_c|$를 장치가 한 일 W로 나눈 값이다.

$$\text{COP(냉방용)} = \frac{|Q_c|}{W} \quad [12.13]$$

SI 단위: 차원이 없는 양

이 비율이 커질수록 한 일에 비하여 제거된 에너지가 커지므로 성능이 더 좋아진다. 좋은 냉장고나 냉난방 장치는 COP값이 5 또는 6이다.

열펌프가 겨울철에 난방용으로 작동할 때는 외부의 찬 공기로부터 에너지를 뽑아내 실내를 따뜻하게 한다. 이 말이 역설적인 것으로 보일 수도 있다. 그러나 이 과정은 내부에 있는 에너지를 빼내어 부엌으로 보내는 냉장고의 과정과 동일하다.

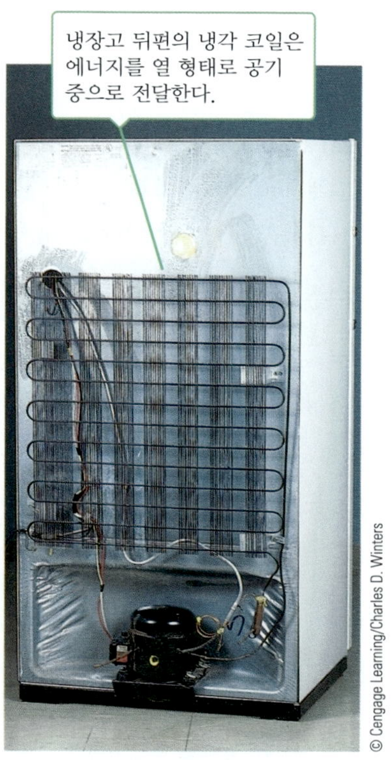

그림 12.14 가정용 냉장고의 뒷모습. 냉각 코일 주변의 공기는 뜨거운 저장체 역할을 한다.

난방용으로 작동하는 열펌프의 성능 계수는 뜨거운 저장체로 보낸 제거된 에너지 $|Q_h|$를 펌프가 한 일 W로 나눈 값이다.

$$\text{COP(난방용)} = \frac{|Q_h|}{W} \quad [12.14]$$

SI 단위: 차원이 없는 양

실제로 난방용에서 열펌프의 COP는 우리가 얻은 것(실내에 전달된 에너지)과 우리가 해준 것(공급한 일)의 비이다. 보통 $|Q_h|$가 W보다 크기 때문에, 이 COP의 일반적인 값은 1보다 크다.

지하수 열펌프는 겨울에 외부 공기에서보다는 땅속 깊은 곳에 있는 물에서 에너지를 빼내고, 여름에는 그 물에 에너지를 전달한다. 지하수는 겨울에 대기보다 온도가 높고 여름에는 온도가 대기보다 낮기 때문에, 이 방식의 냉난방 기기는 1년 내내 효율을 높이게 된다.

예제 12.11 남은 음식들의 냉각

목표 냉장고의 성능 계수를 적용한다.

문제 온도가 323 K인 먹다 남은 스프를 2.00 L의 용기에 담아 냉장고에 넣었다. 스프의 밀도는 $1.25 \times 10^3\ \text{kg/m}^3$이고 비열은 물의 비열과 같다고 가정한다. 냉장고는 스프를 283 K로 식힌다. **(a)** 냉장고의 COP가 5.00이라면, 스프를 냉각시키는 데 필요한 에너지를 일의 형태로 구하라. **(b)** 컴프레서의 일률이 0.250마력이라면, 스프를 283 K로 냉각시키는 데 최소 얼마만큼의 시간이 필요한가? 열펌프가 냉장고에서 열에너지를 배출하는 것과 같은 비율로 스프가 차가워진다고 가정한다.

전략 문제를 해결하기 위해서는 세 단계가 필요하다. 첫째, 스프의 전체 질량 m을 구한다. 둘째, $Q = Q_c$일 때, $Q = mc\Delta T$를 사용하여 스프를 냉각시키는 데 필요한 에너지를 구한다. 셋째, Q_c와 COP를 식 12.13에 대입하여 W를 구한다. 일을 일률로 나눠 스프를 냉각시키는 데 필요한 시간을 구한다.

풀이

(a) 스프를 냉각시키는 데 필요한 일을 구한다.

스프의 질량을 계산한다.

$$m = \rho V = (1.25 \times 10^3\ \text{kg/m}^3)(2.00 \times 10^{-3}\ \text{m}^3) = 2.50\ \text{kg}$$

스프를 냉각시키는 데 필요한 에너지를 구한다.

$$\begin{aligned} Q_c &= Q = mc\Delta T \\ &= (2.50\ \text{kg})(4\,190\ \text{J/kg}\cdot\text{K})(283\ \text{K} - 323\ \text{K}) \\ &= -4.19 \times 10^5\ \text{J} \end{aligned}$$

Q_c와 COP를 식 12.13에 대입한다.

$$\text{COP} = \frac{|Q_c|}{W} = \frac{4.19 \times 10^5\ \text{J}}{W} = 5.00$$

$$W = \boxed{8.38 \times 10^4\ \text{J}}$$

(b) 스프를 냉각시키는 데 필요한 시간을 구한다.

일률의 단위 와트를 마력으로 변환한다.

$$P = (0.250\ \text{hp})(746\ \text{W/1 hp}) = 187\ \text{W}$$

일을 일률로 나눠 소요된 시간을 구한다.

$$\Delta t = \frac{W}{P} = \frac{8.38 \times 10^4\ \text{J}}{187\ \text{W}} = \boxed{448\ \text{s}}$$

참고 예제에서는 여러 가지 물질들을 냉각시킬 때, 물질의 비열이 다르면 일의 양이 달라진다는 것을 보여 준다. 문제에서는 냉각 과정을 지연시키는 스프 용기와 스프 자체의 단열 특성을 고려하지 않았다.

© Book's Hill

켈빈 경
Lord Kelvin, 1824~1907
영국의 물리학자 겸 수학자

북아일랜드의 벨파스트에서 윌리엄 톰슨(William Thomson)이라는 이름으로 태어났다. 켈빈은 절대 온도를 사용하자고 제안한 최초의 인물이다. 에너지는 저절로 차가운 물체에서 뜨거운 물체로 흐르지 않는다는 생각을 이끌어 냈으며, 이것은 현재 열역학 제2법칙으로 알려져 있다.

12.4.2 열역학 제2법칙 The Second Law of Thermodynamics

열기관의 효율에는 한계가 있다. 이상적인 기관은 공급된 에너지가 모두 가용한 일로 전환이 된다. 그러나 이와 같은 기관을 만드는 것은 불가능한 것으로 밝혀졌다. 켈빈–플랑크의 **열역학 제2법칙**(second law of thermodynamics)은 다음과 같이 표현할 수 있다.

> 저장체에서 에너지를 흡수하여 한 순환 과정을 작동하는 동안 그 에너지를 모두 일로 바꿀 수 있는 열기관은 없다.

이렇게 표현한 제2법칙은 열기관의 효율 $e = W_{\text{기관}}/|Q_h|$이 항상 1보다 작다는 것을 의미한다. 일부 에너지 $|Q_c|$가 항상 주변에서 손실된다. 다시 말해서 효율이 100%인 열기관을 만드는 것은 이론적으로 불가능하다는 것이다.

요약하면 **제1법칙은 어떤 순환 과정에서 공급한 에너지보다 더 많은 에너지를 얻을 수 없고, 제2법칙은 공급해 준 에너지와 동일한 에너지를 얻을 수 없다**는 것이다. 우리가 어떠한 기관을 사용하더라도 차가운 저장체에 열 형태로 에너지 일부가 전달될 것이다.

식 12.11에서 제2법칙은 $|Q_c|$가 항상 영보다 큼을 의미한다.

열역학 제2법칙은 다음과 같이 표현할 수도 있다.

> 두 계가 열로 접촉되어 있을 때, 온도가 높은 계에서 온도가 낮은 계로 자발적으로 알짜 열에너지의 이동이 일어난다.

여기서 자발적이라는 말은 일의 행해짐이 없이 자연적으로 에너지가 이동한다는 것을 의미한다. 열에너지는 온도가 높은 계에서 온도가 낮은 계로 자연적으로 이동한다. 그러나 열에너지가 온도가 낮은 계에서 높은 계로 이동을 할 때는 반드시 일을 해주어야 한다. 냉장고가 이에 대한 한 예로서, 열에너지는 냉장고의 내부에서 온도가 높은 부엌으로 이동한다.

12.4.3 가역 과정과 비가역 과정 Reversible and Irreversible Processes

효율이 100%인 기관은 없다. 그러나 기관의 설계에 따라 효율이 달라져서 가능한 효율이 최댓값을 갖도록 특수 제작된 기관이 있다. 이 기관이 다음 절에서 설명할 카르노 순환 과정 기관이다. 이것을 이해하려면 가역 과정과 비가역 과정의 개념을 알아야 한다. **가역**(reversible) 과정에서는 그 경로에 있는 모든 상태가 평형 상태이다. 그래서 계는 역방향으로 같은 경로를 따라 진행하면 처음 상태로 되돌아올 수 있다. 이러한 조건을 만족하지 않는 과정이 **비가역**(irreversible) 과정이다.

대부분의 자연 과정은 비가역 과정으로 알려져 있으며, 가역 과정은 이상적인 상황이다. 비록 실제의 과정은 항상 비가역 과정이지만, 일부는 거의 가역 과정이라고 할 수 있다. 과정이 매우 천천히 일어나서 계가 실질적으로 평형 상태를 유지하면, 그 과정은 가역 과정으로 생각할 수 있다. 그림 12.15와 같이 마찰이 없는 피스톤 위에 모래를 떨어뜨려 기체를 매우 천천히 압축한다고 가정해 보자. 기체를 에너지 저장체와 열접촉을 하도록 하여 온도를 일정하게 유지시킬 수 있다. 이와 같이 등온 압축되는 동안 기체의 압력, 부피, 온도가 잘 정의된다. 모래 알갱이를 추가할 때마다 각각 새로운 평형 상태로 변하게 된다. 피스톤에서 모래 알갱이를 천천히 제거하여 이 과정을 역으로 진행시킬 수 있다.

그림 12.15 기체를 가역 등온 과정으로 압축하는 방법

12.4.4 카르노 기관 The Carnot Engine

1824년에 프랑스의 공학자인 카르노(Sadi Carnot, 1796~1832)는 실제의 열기관의 효율을 이해하려는 시도로 실제와 이론 두 가지 관점에서 중요한 이론상의 열기관을 발표했으며, 오늘날 이 기관을 카르노 기관이라고 부른다. 그는 두 개의 에너지 저장체 사이에서 **카르노 순환 과정**(Carnot cycle)이라고 하는 이상적인 가역 순환 과정을 따라 작동하는 열기관이 가장 열효율이 좋은 열기관이라는 것을 보였다. **카르노의 정리**(Carnot's theorem)는 다음과 같이 표현할 수 있다.

카르노
Sadi Carnot, 1796~1832
프랑스의 공학자

카르노는 열역학의 창시자로 여겨진다. 그의 사후에 발견된 그의 공책에서 열과 일의 관계를 처음으로 인식하고 있었다는 것을 알 수 있다.

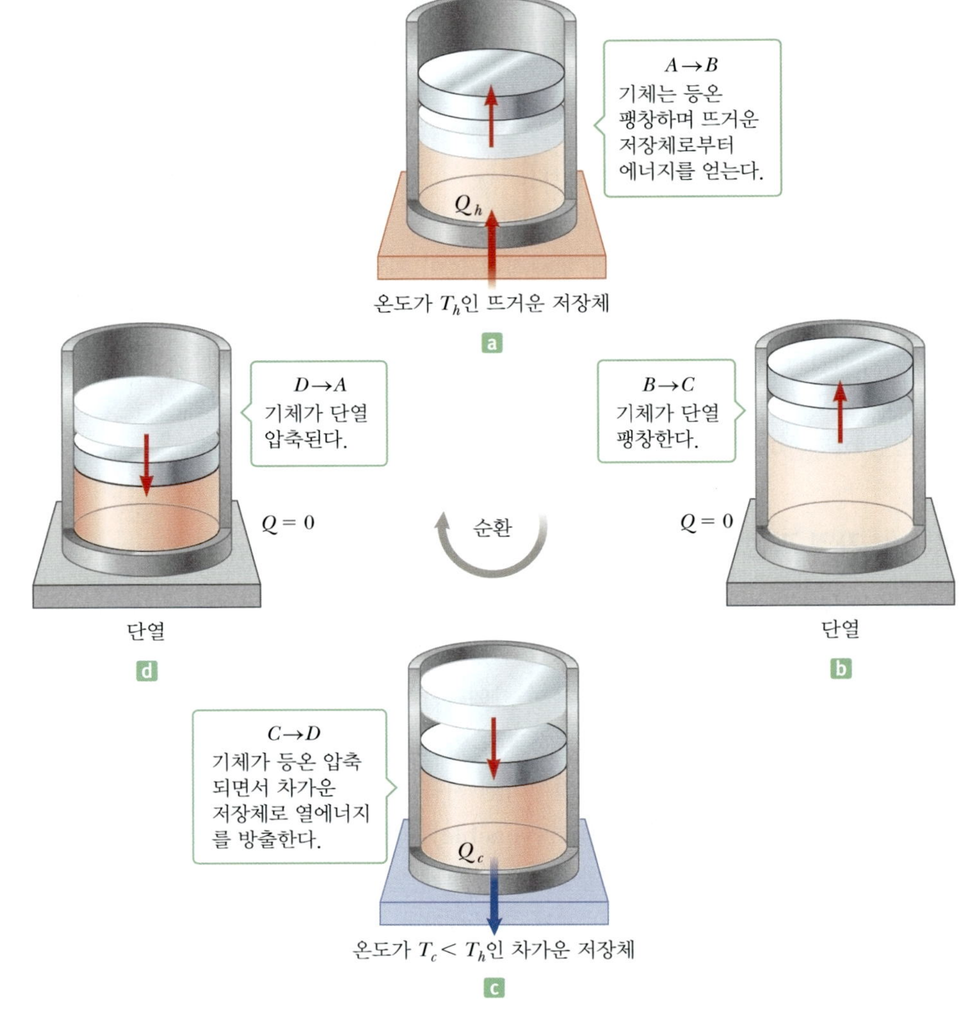

그림 12.16 카르노 순환 과정. 문자 A, B, C, D는 그림 12.17에 있는 기체의 상태에 해당하는 기호이다. 피스톤 위의 화살표는 각 과정에서의 피스톤의 운동 방향을 나타낸다.

> 두 에너지 저장체 사이에서 작동하는 어떠한 열기관도 동일한 에너지 저장체 사이에서 작동하는 카르노 기관보다 열효율이 더 높을 수는 없다.

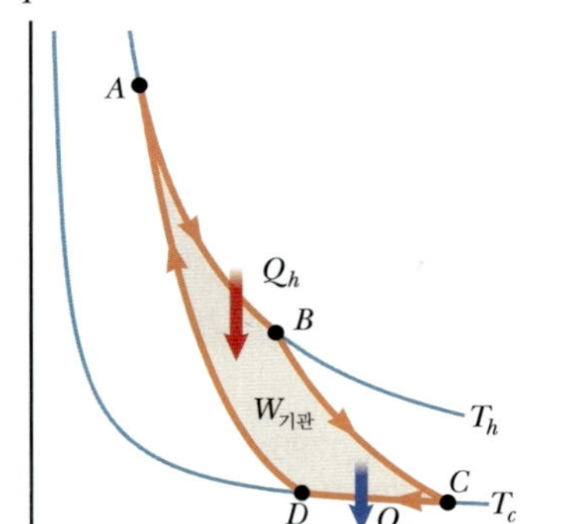

그림 12.17 카르노 순환 과정에 대한 PV 도표. 기관이 한 알짜일 $W_{기관}$은 한 순환 과정 동안 카르노 기관으로 전달된 알짜 에너지 $|Q_h| - |Q_c|$와 같다.

카르노 순환 과정 과정에서, 한쪽 끝이 움직일 수 있는 피스톤으로 막혀 있는 실린더 안에 이상 기체가 담겨 있다. 기체의 온도는 T_c와 T_h 사이에서 변한다. 실린더의 벽과 피스톤을 통하여 열전도가 일어나지 않는다고 가정하자. 그림 12.16은 카르노 기관의 네 가지 단계이고, 그림 12.17은 순환 과정에 대한 PV 도표이다. 순환 과정은 두 단계의 단열 과정과 두 단계의 등온 과정으로 이루어져 있으며 모두 가역 과정이다.

1. 과정 $A \to B$에서 기체는 온도가 T_h인 뜨거운 저장체(예를 들면, 커다란 오븐)와 열접촉을 통해 온도 T_h에서 등온 팽창을 한다(그림 12.16a). 이 과정에서 기체는 저장체로부터 에너지 Q_h를 흡수하고 피스톤을 밀어 올리면서 일 W_{AB}를 한다.
2. 과정 $B \to C$에서 실린더의 바닥이 단열벽으로 바뀌고, 기체가 단열 과정으로 팽창한다. 그래서 이 계는 열에 의해 에너지가 나가거나 들어오지 않는다(그림 12.16b). 이 과정 동안 온도는 T_h에서 T_c로 낮아지며 기체는 피스톤을 밀어 올리

면서 일 W_{BC}를 한다.

3. 과정 $C \rightarrow D$에서 기체는 온도 T_c의 차가운 저장체와 열접촉을 하며(그림 12.16c) 온도 T_c에서 등온 압축된다. 이 과정 동안 기체는 저장체로 열 Q_c를 내보내며 기체에 한 일은 W_{CD}이다.
4. 마지막 과정 $D \rightarrow A$에서 실린더의 바닥이 다시 단열 벽으로 바뀌고(그림 12.16d) 기체가 단열 압축된다. 기체의 온도는 T_h로 증가하고 기체에 한 일은 W_{DA}이다.

카르노 기관에서 열에너지 전달과 절대 온도의 관계는 다음과 같이 나타낼 수 있다.

$$\frac{|Q_c|}{|Q_h|} = \frac{T_c}{T_h} \tag{12.15}$$

이 식을 식 12.12에 대입하여 카르노 기관의 열효율을 구하면

$$e_C = 1 - \frac{T_c}{T_h} \tag{12.16}$$

이며, 여기서 T는 절대 온도이다. 이 결과로부터, **동일한 두 온도 사이에서 가역적으로 작동하는 모든 카르노 기관들은 열효율이 같다**는 것을 알 수 있다.

두 에너지 저장체 사이에서 작동하는 카르노 순환 과정 기관에서 사용하는 모든 작동 물질에 식 12.16을 적용할 수 있다. 이 식에 따르면 $T_c = T_h$일 때 열효율은 영이 된다. T_c가 낮아지고 T_h가 높아지면, 열효율은 증가한다. 그러나 $T_c = 0$ K일 때에만 열효율이 1(100%)이 될 수 있다. **열역학 제3법칙**에 의하면, 계의 온도가 절대 영도에 도달하는 것은 불가능하므로 이러한 저장체는 존재하지 않는다. 그러므로 최대 열효율은 항상 1보다 작다. 실제의 경우 대부분 차가운 저장체는 실온에 가까워 300 K 정도이다. 그러므로 열효율을 높이려면 뜨거운 저장체의 온도를 높여야 한다. **모든 실제의 열기관은 마찰로 인하여 비가역 과정으로 작동할 뿐만 아니라, 순환 과정의 주기가 짧기 때문에 카르노 기관보다 효율이 낮다.**

◀ 열역학 제3법칙

Tip 12.3 카르노 기관을 사지 마라!
카르노 기관은 단지 이상적인 것이다. 효율을 최대로 하기 위하여 카르노 기관을 개발하였다면 모든 과정이 가역이 되려면 기관은 무한히 느리게 작동해야 하므로 기관의 출력은 영이 될 것이다.

예제 12.12 증기 기관

목표 이상적인 기관(카르노 기관)의 식을 적용한다.

문제 온도 5.00×10^2 K에서 작동하는 보일러를 가진 증기 기관이 있다. 보일러의 에너지로 인해서 물이 수증기로 바뀌고 피스톤을 밀어낸다. 배기 기체의 온도는 외부 공기의 온도 3.00×10^2 K이다. **(a)** 이상적인 기관이라고 할 때, 이 기관의 효율은 얼마인가? **(b)** 보일러에 3.50×10^3 J의 에너지가 공급될 때, 차가운 저장체에 전달된 에너지와 기관이 주변에 한 일을 구하라.

전략 문제를 해결하기 위해서는 카르노 기관에 적용되는 두 개의 식, 즉 식 12.15와 식 12.16에 대입해야 한다. 첫 번째 식은 Q_c/Q_h와 T_c/T_h의 관계를 나타내고, 두 번째 식은 카르노 기관의 효율을 나타낸다.

풀이

(a) 기관이 이상적인 것이라고 할 때, 기관의 효율을 구한다.

카르노 기관의 효율에 관한 식인 식 12.16에 대입한다.

$$e_C = 1 - \frac{T_c}{T_h} = 1 - \frac{3.00 \times 10^2\ \text{K}}{5.00 \times 10^2\ \text{K}} = 0.400,\ \text{또는}\ 40.0\%$$

(b) 한 순환 과정 동안 기관에 3.50×10^3 J이 공급될 때, 차가운 저장체에 전달된 에너지와 기관이 주변에 한 일을 구한다.

식 12.15로부터 에너지의 비는 온도의 비와 같다.

$$\frac{|Q_c|}{|Q_h|} = \frac{T_c}{T_h} \quad \rightarrow \quad |Q_c| = |Q_h|\frac{T_c}{T_h}$$

식에 대입하여 차가운 저장체에 전달된 에너지를 구한다.

$$|Q_c| = (3.50 \times 10^3\,\text{J})\left(\frac{3.00 \times 10^2\,\text{K}}{5.00 \times 10^2\,\text{K}}\right) = 2.10 \times 10^3\,\text{J}$$

식 12.11을 사용하여 기관이 한 일을 구한다.

$$W_{\text{기관}} = |Q_h| - |Q_c| = 3.50 \times 10^3\,\text{J} - 2.10 \times 10^3\,\text{J}$$

$$= 1.40 \times 10^3\,\text{J}$$

참고 이 문제는 일과 효율에 관한 앞의 예제와는 다르다. 왜냐하면 여기서는 특수한 카르노 기관과 관계된 식 12.15와 식 12.16을 사용했기 때문이다. 이들 식은 순환 과정이 이상적이거나 카르노 기관인 경우에만 사용할 수 있음을 기억하라.

12.5 엔트로피 Entropy

클라우지우스
Rudolf Clausius, 1822~1888
독일의 물리학자

'변화'를 뜻하는 그리스어를 따서 물체의 엔트로피를 S로 할 것을 제안하였다. 엔트로피라는 단어를 에너지와 비슷하게 만들었는데, 그 이유는 이 두 물리량이 물리적인 의미에서 도움이 되기 때문이다.

열역학 제0법칙 및 제1법칙에 관련된 온도와 내부 에너지는 모두 상태 변수이며, 이들은 계의 열역학적 상태를 설명하는 데 사용된다. **엔트로피**(entropy) S라 부르는 상태 변수는 열역학 제2법칙과 관련이 있다. 클라우지우스(Rudolf Clausius, 1822~1888)가 1865년에 처음으로 표현한 것처럼 엔트로피를 거시적인 규모에서 정의한다.

두 평형 상태 사이에서, 등온 가역 과정 동안 흡수하거나 방출하는 에너지를 Q_r이라고 하자. 두 평형 상태를 연결하는 등온 과정 동안 엔트로피의 변화는 다음과 같이 정의된다.

$$\Delta S \equiv \frac{Q_r}{T} \qquad [12.17]$$

SI 단위: 줄/켈빈(J/K)

온도가 일정하지 않는 경우에도 이와 유사한 식이 사용된다. 그러나 이 식은 계산을 해서 유도해야 하는데, 여기서는 고려하지 않겠다. 두 평형 상태 사이의 전이 동안 엔트로피의 변화 ΔS를 계산하려면, 두 상태를 연결하는 가역 경로를 알아야 한다. 실제 경로에 대하여 ΔS는 가역 경로를 취하여 엔트로피의 변화를 계산한다. 계의 온도와 같은 양은 평형 상태에 있는 계에 대해서만 정의될 수 있고 가역 경로는 평형 상태의 연속으로 이루어지기 때문에 이와 같은 근사가 필요하다. Q_r항에서 첨자 r은 계산할 때 사용한 경로가 가역 과정임을 강조한 것이다. 내부 에너지의 변화 ΔU와 퍼텐셜 에너지의 변화와 마찬가지로, 엔트로피의 변화 ΔS는 두 상태에만 의존하고, 두 상태를 연결하는 경로와는 무관하다.

엔트로피의 개념이 널리 받아들여진 이유는 압력, 부피, 온도와 함께 계의 상태를 나타내는 또 하나의 변수를 제공하기 때문이다. 엔트로피라는 개념은 **우주의 엔트로피가 모든 자연적인 과정에서 증가한다**는 사실이 밝혀지면서 그 중요성이 더욱 커졌다. 이것은 열역학 제2법칙을 표현하는 또 다른 방법이다.

우주의 엔트로피가 모든 자연적인 과정에서 증가한다고 하더라도, 특정한 계의 엔트로피는 감소할 수 있다. 예를 들면, 계 A가 열의 형태로 계 B에 에너지 Q를 전달하면,

계 A의 엔트로피는 감소한다. 그러나 이와 같은 에너지 전달은 계 B의 온도가 계 A의 온도보다 낮을 때에만 일어난다. 엔트로피의 정의에서 온도는 분모에 나타내기 때문에, 계 A의 엔트로피 감소보다 계 B의 엔트로피 증가가 크다. 따라서 두 계를 모두 합하면 우주의 엔트로피는 증가한다.

수 세기 동안 사람들은 에너지 공급 없이 또는 엔트로피를 증가시키지 않으면서 계속해서 작동하는 영구 기관을 제작하려고 시도했다. 이와 같은 장치의 발명은 열역학 제2법칙에 위배된다.

엔트로피의 개념은 열역학 제2법칙을 수학적인 형태로 나타낼 수 있도록 해 주기 때문에 만족스럽다. 다음 절에서 엔트로피가 확률로 해석할 수 있다는 것을 알게 될 것이다. 이 관계는 깊은 의미를 지니고 있다.

Tip 12.4 엔트로피 ≠ 에너지

엔트로피와 에너지를 혼동하지 마라. 명칭이 유사할지라도 완전히 다른 개념이다.

예제 12.13 얼음, 증기, 그리고 우주의 엔트로피

목표 계와 주변의 엔트로피의 변화를 계산한다.

문제 273 K의 얼음덩어리가 373 K의 증기가 담긴 용기와 열 접촉 상태에 있다. 증기의 일부가 373 K의 물로 응축되는 동안 25.0 g의 얼음이 273 K의 물로 변한다. **(a)** 얼음의 엔트로피 변화를 구하라. **(b)** 증기의 엔트로피 변화를 구하라. **(c)** 우주의 엔트로피 변화를 구하라.

전략 먼저 얼음이 녹는 데 필요한 에너지의 이동을 계산한다. 얼음이 얻은 에너지는 증기가 잃은 에너지와 같다. 각 과정에 대한 엔트로피의 변화를 계산하고, 이들을 합하여 우주의 엔트로피 변화를 구한다.

풀이

(a) 얼음의 엔트로피 변화를 구한다.

융해열 L_f를 사용하여, 얼음 25.0 g이 녹는 데 필요한 열에너지를 계산한다.

$$Q_{얼음} = mL_f = (0.025\ \text{kg})(3.33 \times 10^5\ \text{J}) = 8.33 \times 10^3\ \text{J}$$

얼음의 엔트로피 변화를 구한다.

$$\Delta S_{얼음} = \frac{Q_{얼음}}{T_{얼음}} = \frac{8.33 \times 10^3\ \text{J}}{273\ \text{K}} = \boxed{30.5\ \text{J/K}}$$

(b) 증기의 엔트로피 변화를 구한다.

증기가 잃은 열에너지가 얼음이 얻은 열에너지와 같다는 결과를 대입한다.

$$\Delta S_{증기} = \frac{Q_{증기}}{T_{증기}} = \frac{-8.33 \times 10^3\ \text{J}}{373\ \text{K}} = \boxed{-22.3\ \text{J/K}}$$

(c) 우주의 엔트로피 변화를 구한다.

두 엔트로피의 변화를 더한다.

$$\Delta S_{우주} = \Delta S_{얼음} + \Delta S_{증기} = 30.5\ \text{J/k} - 22.3\ \text{J/K}$$
$$= \boxed{+\ 8.2\ \text{J/K}}$$

참고 모든 자연적인 과정에서 그래야만 하는 것처럼 우주의 엔트로피는 증가한다.

엔트로피와 무질서

본래 자연의 모든 과정에는 우연이라는 커다란 요소가 내재하고 있다. 예를 들면, 자연림에서 나무들 사이의 간격은 무작위적이다. 만일 모든 나무가 일정한 간격으로 배치되어 있는 숲을 보면 그 숲이 인공림이라고 결론지을 것이다. 마찬가지로 나뭇잎도 무작위하게 땅에 떨어진다. 나뭇잎들이 떨어져 완벽하게 일직선으로 배열된 것을 발견하기는 매우 어려울 것이다. 이러한 관찰을 정리하여 보면, **자연의 법칙이 간섭받지 않고 적용된다면, 질서 있게 배열되는 것보다 무질서하게 배열될 가능성이 훨씬 크다**고 말할 수 있다(그림 20.18).

그림 12.18 (a) 로열 플러시는 포커에서 손에 쥘 수 있는 확률이 가장 낮은 패로 질서정연하다. (b) 승부에 도움이 되지 않는 무질서한 패. 이 특별한 카드 조합을 손에 쥘 확률은 로열 플러시를 쥘 확률과 같다. 승부에 도움이 되지 않는 카드의 조합이 매우 많기 때문에, 그런 카드를 잡을 확률은 로열 플러시를 받을 확률보다 훨씬 크다. 52장의 카드 한 벌에서 풀 하우스(같은 숫자 카드 두 장과 같은 숫자 카드 세 장)를 받을 확률을 계산할 수 있는가?

엔트로피는 열역학적 연구에서 발견되었지만, 통계역학이 발전하면서 중요성이 훨씬 증대되었다. 이러한 분석적인 접근 방법에서 엔트로피는 새롭게 해석된다. 통계역학에서, 물질의 특성은 물질을 이루는 원자와 분자들의 통계적 특성으로 설명된다. 통계역학적인 접근 방법의 중요한 성과 중의 하나는 **고립계는 무질서가 증가하는 쪽으로 진행하며, 엔트로피는 그 무질서의 척도**라는 것이다.

엔트로피에 대한 이와 같은 새로운 관점에서, 볼츠만은 다음과 같은 엔트로피를 계산하는 새로운 방법을 발견하였다.

Tip 12.5 *W*를 혼동하지 마라!

여기서 사용한 기호 *W*는 확률이다. 일을 나타내는 기호와 혼동하지 마라.

$$S = k_{\mathrm{B}} \ln W \qquad [12.18]$$

여기서 $k_B = 1.38 \times 10^{-23}$ J/K는 볼츠만 상수이고 W는 계가 특정한 배열을 취하는 확률에 비례하는 숫자이다. 기호 'ln'은 자연 로그이다.

식 12.18은 구슬이 담긴 주머니에 적용할 수 있다. 빨간색 구슬 50개와 초록색 구슬 50개, 모두 100개의 구슬이 담긴 주머니가 있다. 다음의 규칙에 따라 주머니에서 구슬 네 개를 꺼낸다. 구슬 한 개를 꺼내서 색깔을 기록한 뒤에 바구니에 다시 넣고, 또 다른 구슬을 꺼낸다. 구슬 네 개를 꺼낼 때까지 이 과정을 계속한다. 다음 구슬을 꺼내기 전에 꺼낸 구슬을 주머니에 넣기 때문에 빨간색 구슬을 꺼낼 확률은 초록색 구슬을 꺼낼 확률과 같다.

연속적으로 꺼내는 것에 대한 모든 가능한 결과를 표 12.3에 나타내었다. 예를 들어, RRGR은 처음에 빨간색 구슬, 두 번째에 빨간색 구슬, 세 번째에 초록색 구슬, 마지막에는 빨간색 구슬을 꺼낸 경우를 나타낸다. 이 표에서 빨간색 구슬 네 개를 꺼낸 경우는 한 번뿐이라는 것을 알 수 있다. 초록색 구슬 한 개와 빨간색 구슬 세 개를 꺼내는

표 12.3 주머니에서 네 개의 구슬을 꺼낼 때 가능한 결과

최종 결과	가능한 사건	같은 결과를 갖는 경우의 수
All R	RRRR	1
1G, 3R	RRRG, RRGR, RGRR, GRRR	4
2G, 2R	RRGG, RGRG, GRRG, RGGR, GRGR, GGRR	6
3G, 1R	GGGR, GGRG, GRGG, RGGG	4
All G	GGGG	1

경우는 네 가지, 초록색 구슬 두 개와 빨간색 구슬 두 개를 꺼낸 경우는 여섯 가지, 초록색 구슬 세 개와 빨간색 구슬 한 개를 꺼내는 경우는 네 가지, 초록색 구슬 네 개를 꺼낸 경우는 한 가지가 있다. 식 12.18에서 무질서가 가장 큰 상태(초록색 구슬 두 개, 빨간색 구슬 두 개)는 확률이 가장 크기 때문에 엔트로피가 가장 크다는 것을 알 수 있다. 반대로 가장 질서 있는 상태(모두 빨간색 구슬, 또는 모두 초록색 구슬)는 가장 확률이 낮고 엔트로피도 낮은 상태이다.

꺼낸 결과는 가장 질서 있는 상태(가장 낮은 엔트로피)와 가장 무질서한 상태(가장 높은 엔트로피) 사이에 걸쳐 있다. 그러므로 엔트로피는 계가 질서 있는 상태에서 무질서한 상태로 얼마나 진행했는가를 나타내는 지표로 볼 수 있다.

열역학 제2법칙은 반드시 무엇이 일어나야 한다기보다 가장 확률이 높은 것이 무엇인지를 밝혀 준다. 얼음덩어리가 뜨거운 피자 조각과 접촉해 있는 경우를 생각해 보자. 얼음에서 훨씬 더 따뜻한 피자로 에너지가 열로 전달되는 것을 절대적으로 막는 자연법칙은 없다. 통계적으로 얼음에 있는 느리게 움직이는 분자가 피자에 있는 빠르게 움직이는 분자와 충돌하여 느리게 움직이는 분자의 에너지 일부를 빠르게 움직이는 분자에게 전달하는 것이 가능하다. 그러나 얼음과 피자에 있는 수많은 분자를 생각해 보면, 빠르게 움직이는 분자에서 느리게 움직이는 분자로 에너지가 전달될 가능성이 훨씬 크다. 더욱이 이 예는 계가 질서 상태에서 무질서 상태로 자연스럽게 진행하는 경향을 보여준다. 모든 피자 분자의 운동에너지가 크고 모든 얼음 분자의 운동에너지가 낮은 처음 상태는, 에너지 전달이 일어나서 얼음이 녹은 후인 나중 상태보다 훨씬 질서 있는 상태이다.

응용

시간의 방향

조금 더 일반적으로 표현하면, 열역학 제2법칙은 우주의 엔트로피가 증가하는 방향으로 모든 사건에 대한 시간의 방향을 정해준다. 비록 에너지가 저절로 차가운 물체(얼음)에서 뜨거운 물체(피자 조각)로 흐르는 것이 에너지 보존의 법칙에 위배되지는 않지만, 이것은 질서가 저절로 증가하는 것이기 때문에 열역학 제2법칙을 위배하는 것이며, 일상 경험과도 어긋난다. 얼음 조각이 녹는 과정을 동영상으로 찍어서 필름을 앞으로 돌려보고, 또 거꾸로도 돌려보면 관객들은 그 차이를 분명히 알 수 있다. 접시가 마루에 떨어져서 산산조각이 나는 것과 같이 많은 입자로 이루어진 사건을 찍은 경우에도 동일한 방법이 적용된다.

또 다른 예로 어느 순간에 실내의 모든 공기 분자의 속도를 측정할 수 있다고 가정하자. 모든 분자가 똑같은 방향과 똑같은 속력으로 움직일 가능성은 거의 없다. 이러한 경우는 가장 질서 있는 상태일 것이다. 가능성이 가장 높은 상태는 계에 있는 분자들이 여러 방향으로 다양한 속력을 가지고 무작위로 움직이는 것, 즉 가장 무질서한 상태이다. 이 경우를 주머니에서 구슬을 꺼내는 경우와 비교해 보자. 용기 안에 10^{23}개의 기체 분자가 있다면, 모든 분자가 어떤 순간에 똑같은 방향과 똑같은 속력으로 움직일 확률은 주머니에서 공기를 10^{23}번 꺼내는 데 모두가 빨간색 구슬인 경우와 비슷하다. 분명히 이러한 일이 일어날 가능성은 매우 적다.

자연이 무질서한 상태로 진행하고자 하는 경향은 계가 일을 하는 능력에 영향을 준다. 벽에 공을 던진다고 생각하자. 공은 운동에너지를 가지며 이 상태는 질서 있는 상태이다. 즉, 공에 있는 원자들과 분자들이 (무질서한 내부 운동을 제외하면) 모두 똑같은 속력과 똑같은 방향을 갖고 일치하여 움직인다. 그러나 공이 벽에 부딪히면 공의 운동에너지의 일부가 공과 벽에 있는 분자들의 무질서하고 불규칙한 내부 운동으로 전환되고, 공과 벽의 온도는 약간 증가한다. 충돌하기 전에 공은 일을 할 수 있었다. 예를 들면, 공은 벽에 못을 박을 수 있다. 질서 있는 에너지의 일부가 무질서한 내부 에너지로 전환되어 일을 할 수 있는 능력이 줄어든다. 비탄성 충돌이므로 공은 처음보다 작은 운동에너지를 가지고 튀어나온다.

여러 형태의 에너지는 공과 벽 사이의 충돌에서처럼 내부 에너지로 전환될 수 있지만, 반대 방향으로의 전환은 결코 일어나지 않는다. 일반적으로 두 형태의 에너지 A와 B가 완전히 상호 전환될 수 있을 때, 두 종류의 에너지 A와 B는 동급(same grade)이라고 말한다. 그러나 A는 B로 완벽하게 전환될 수 있지만, 그 역전환이 완벽하지 않을 때, A가 B보다 상급(higher grade)이라고 말한다. 벽에 부딪히는 공의 경우에는 공의 운동에너지는 충돌 뒤의 공과 벽의 내부 에너지보다 상급이다. 그러므로 상급 에너지가 내부 에너지로 변환되면, 다시 상급 에너지로 완전히 회복될 수 없다.

상급 에너지가 내부 에너지로 전환되는 것을 **에너지의 저급화**(degradation of energy)라고 한다. 일을 하는 데에 덜 유용한 형태로 바뀌기 때문에, 에너지가 저급화된다고 말한다. 달리 말하면 **실제 모든 과정에서 일을 하는 데 이용할 수 있는 에너지는 감소**한다.

최종적으로 엔트로피가 자연의 모든 과정에서 항상 증가한다는 법칙은 고립계에서만 성립한다는 것을 다시 강조한다. 어떤 계의 엔트로피는 감소하지만 그에 상응하는 다른 계의 엔트로피가 증가하는 경우들이 있다. 우주를 이루는 모든 계를 함께 고려하면, **우주의 엔트로피는 항상 증가**한다.

궁극적으로 우주의 엔트로피는 최댓값에 도달한다. 이때 우주는 온도와 밀도가 균일한 상태가 될 것이다. 완전한 무질서 상태는 일을 할 에너지가 없으므로 모든 물리, 화학, 생물학 과정이 멈출 것이다. 이러한 상태를 우주의 궁극적인 '열 죽음'이라고 한다.

12.6 인간의 신진대사 Human Metabolism

동물은 일을 하며 열로 에너지를 배출하므로 열역학 제1법칙을 일반적인 방법으로 기술하여 살아 있는 생물체에도 적용할 수 있다고 믿게 된다. 사람의 몸 안에 저장된 내부 에너지는 주요 기관을 유지하고 회복시키는 데에 필요한 다른 형태로 변한다. 걷거나 무거운 물체를 들어 올릴 때는 내부 에너지가 일로 전환되고, 몸이 주변보다 따뜻할 때는 내부 에너지가 열로 전환된다. 내부 에너지, 열로 인한 에너지 손실, 일로 인한 에너지 손실 등의 변화율이 인간 활동의 강도와 지속 시간에 따라 다양하게 변하기 때문에 ΔU, Q, W의 시간 변화율을 측정하는 것이 최선이다. 제1법칙에 의하여 이들에 대한 시간 변화율의 관계는 다음과 같다.

$$\frac{\Delta U}{\Delta t} = \frac{Q}{\Delta t} + \frac{W}{\Delta t} \qquad [12.19]$$

평균적으로 몸 바깥으로 에너지 Q가 흘러나가며, 몸이 주변에 일을 하므로 $Q/\Delta t$와 $W/\Delta t$는 모두 음이다. 따라서 $\Delta U/\Delta t$도 음이며, 사람이 음식을 섭취하거나 내부 에너지를 보충하는 방법이 없는 고립계라면 내부 에너지와 체온이 시간에 따라 감소해야 한다. 모든 동물은 실제로 열린 계이므로, 동물들은 소화와 호흡 과정에서 내부 에너지(화학적 퍼텐셜 에너지)를 보충해서 내부 에너지와 체온이 일정하게 유지되도록 만든다. 종합하면 음식의 산화로 얻은 에너지를 써서 몸이 일을 하고 열로 에너지가 몸에서 손실된다는 것을 식 12.19가 나타내고 있다. 즉, $\Delta U/\Delta t$는 우리 몸에 음식으로부터 내부 에너지가 공급되는 비율이고, 이것은 열로 인한 에너지 손실률 $Q/\Delta t$ 및 일로 인한 에너지 손실률 $W/\Delta t$와 정확히 일치한다. 끝으로 사람에 대하여 $\Delta U/\Delta t$와 $W/\Delta t$를 측정하는 방법이 있다면, 식 12.19를 사용하여 $Q/\Delta t$를 계산할 수 있으며 기계와 같이 신체의 효율성에 대한 유용한 정보를 얻을 수 있다.

12.6.1 대사율 $\Delta U/\Delta t$의 측정 Measuring the Metabolic Rate $\Delta U/\Delta t$

사람이 단위 시간당 하는 일 $W/\Delta t$의 값은 사람이 내는 (예를 들어, 자전거 페달을 밟아서 내는) 일률을 측정하여 쉽게 결정할 수 있다. **대사율 $\Delta U/\Delta t$는 일과 열에 의해 신체에서 손실되는 내부 에너지의 양만큼 음식과 산소에 있는 화학적 퍼텐셜 에너지가 내부 에너지로 전환되는 비율이다.** 체내에서 음식이 산화되고 에너지가 방출되는 절차는 여러 중간 반응과 효소('낮은' 체온에서 화학 반응을 가속시키는 유기 화합물)를 포함하여 복잡하지만, 이 과정들을 놀라울 정도로 간단한 규칙으로 요약하자. **대사율은 산소 소비율(부피)에 정비례한다.** 보통의 음식물에 대하여 산소 1 L를 소비하면 4.8 kcal 또는 20 kJ의 에너지를 낸다고 알려져 있다. 중요한 이 규칙을 다음과 같은 식으로 쓸 수 있다.

$$\frac{\Delta U}{\Delta t} = 4.8\,\frac{\Delta V_{O_2}}{\Delta t} \qquad [12.20]$$

◀ 대사율 규칙

여기서 대사율 $\Delta U/\Delta t$의 단위는 kcal/s이고 산소 부피 소비율 $\Delta V_{O_2}/\Delta t$의 단위는 L/s이다. 수면부터 격렬한 자전거 경주에 이르기까지 다양한 활동에 대한 산소 소비율을 측정함으로써 대사율의 변화 또는 신체가 하는 전체 일률의 변화를 효과적으로 측정할 수 있다. 사람이 단위 시간당 하는 일과 대사율을 동시에 측정하면, 기계처럼 신체의 효율을 결정할 수 있다. 그림 12.19는 출력 측정 장치인 검력계(dynamometer)가 달린 자전거를 타면서 산소 소비를 검사하고 있는 사람을 보여 주고 있다.

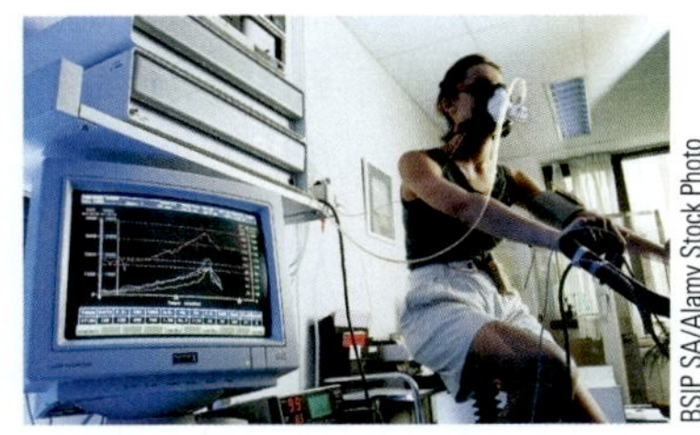
BSIP SA/Alamy Stock Photo

그림 12.19 자전거에는 산소 소비량을 측정하는 장치가 설치되어 있다.

12.6.2 대사율, 활동 및 체중 증가 Metabolic Rate, Activity, and Weight Gain

표 12.4는 여러 가지 활동을 하고 있는 65 kg의 남성에 대한 대사율의 계산 값과 밀리리터/분 · 신체질량(kg)의 단위로 산소 소비율을 측정한 값을 보여 주고 있다. 수면 중인 사람은 심장, 폐, 간, 신장, 뇌, 골격 근육 등 여러 기관을 가까스로 유지하고 가동하

표 12.4 65 kg 남성의 여러 가지 활동에 대한 산소 소비율과 대사율[a]

활동	O_2 소비율 (mL/min · kg)	대사율 (kcal/h)	대사율 (W)
수면	3.5	70	80
약한 활동(옷 입기, 천천히 걷기, 사무 활동)	10	200	230
중간 활동(활기차게 걷기)	20	400	465
힘든 운동(야구, 평형으로 빨리 수영하기)	30	600	700
격렬한 활동(자전거 경주)	70	1 400	1 600

[a] 출처: *A Companion to Medical Studies*, 2/e, R. Passmore, Philadelphia, F. A. Davis, 1968.

기 위하여 약 80 W의 **기초 대사율**(basal metabolic rate)을 사용한다. 더 격렬한 활동에서는 뛰어난 자전거 선수의 경우, 대사율이 증가하여 최대 1 600 W에 이르지만, 이러한 높은 대사율 값은 단 몇 초만 지속된다. 가만히 앉아서 영화를 시청하는 동안, 우리는 250 W 전구가 소모하는 정도의 에너지를 열로 방출한다.

활동의 정도에 상관없이 체중이 늘어나지 않으려면 매일 섭취하는 음식은 내부 에너지의 손실과 정확히 균형을 이루어야 한다. 게다가 체중을 줄이기 위한 방법으로서 운동으로 식이 요법을 대체하는 것은 부족하다. 예를 들어, 체지방 1 lb를 줄이려면 근육은 4 100 kcal의 에너지를 소비해야 한다. 만일 35일 동안 지방 1 lb를 줄이려면, 65 kg의 사람은 (터벅터벅 걸을 때 1마일당 120 kcal를 소비하므로) 매일 1마일을 더 걸어야 한다(35일 × 120 kcal/일 = 4 200 kcal). 지방을 줄이는 더 쉬운 방법은 식이 요법으로 식빵 한 장에 60 kcal의 열량이 있기 때문에 35일 동안 매일 식빵 2장을 덜 먹으면 된다(35일 × 2장/일 × 60 kcal/장 = 4 200 kcal).

12.6.3 육체적 건강과 기계로서 신체의 효율

Physical Fitness and Efficiency of the Human Body as a Machine

표 12.5 육체적 건강과 최대 산소 소비율[a]

건강 정도	최대 산소 소비율 (mL/min · kg)
매우 허약함	28
허약함	34
적당함	42
좋음	52
뛰어남	70

[a] 출처: *Aerobics*, K. H. Cooper, Bantam Books, New York, 1968.

육체적 건강의 척도로 산소를 사용하거나 소비하는 최대 용량을 들 수 있다. 이 “산소 소비를 증가시키는(aerobic)” 것을 통한 건강은 규칙적인 운동으로 증가시키고 유지할 수 있으나, 운동을 멈추면 실패한다. 대표적인 산소 소비율의 최댓값과 건강에 대응하는 수준을 표 12.5에 나타내었다. 최대 산소 소비율은 매우 허약한 상태인 28 mL/min · kg부터 뛰어난 운동선수의 상태인 70 mL/min · kg까지 변하고 있다.

앞에서 제1법칙으로 대사율 $\Delta U/\Delta t$와 신체에서 일과 열로 에너지가 빠져나가는 변화율의 관계를 나타낼 수 있다고 말했다.

$$\frac{\Delta U}{\Delta t} = \frac{Q}{\Delta t} + \frac{W}{\Delta t}$$

신체를 외부에 역학적 일률을 제공할 수 있는 기계로 생각하고 그 효율을 따져 보자. 신체의 효율 e는 사람이 내는 역학적 일률과 대사율 또는 신체에 공급되는 전체 일률의 비율로 정의된다.

표 12.6 여러 활동에 대한 대사율, 출력 일률, 효율[a]

활동	대사율 $\dfrac{\Delta U}{\Delta t}$ (watts)	출력 일률 $\dfrac{W}{\Delta t}$ (watts)	효율 e
자전거 타기	505	96	0.19
적재된 석탄차 밀기	525	90	0.17
삽질	570	17.5	0.03

[a]출처: "Inter-and Intra-Individual Differences in Energy Expenditure and Mechanical Efficiency," C. H. Wyndham et al., *Ergonomics* **9,** 17(1966).

$$e = \text{신체의 효율} = \frac{\left|\dfrac{W}{\Delta t}\right|}{\left|\dfrac{\Delta U}{\Delta t}\right|} \qquad [12.21]$$

이 정의에서, e가 양의 값이고 제1법칙에서 W와 Q에 대한 정의에 의해 사용한 음의 부호를 생략하기 위하여 절댓값의 기호를 사용하였다. 표 12.6에 수 시간 동안 여러 가지 활동을 한 작업자의 효율을 나타내었다. 이 값들은 작업자들의 출력 일률과 산소 소비를 동시에 측정하고, 산소 소비를 이용하여 대사율을 계산하였다. 이 표에 의하면, 사람은 약 17%의 효율로 약 100 W의 역학적 일률을 여러 시간 동안 꾸준히 공급할 수 있음을 보여 준다. 이것은 또한 효율이 활동에 따라 다르며, 삽질과 같이 시작과 휴식이 반복되는 매우 비효율적인 활동에 대하여는 3%까지 떨어짐을 보여 준다. 마지막으로 표 12.6의 평균값과 비교하면, 일률을 얻을 수 있도록 기계 장치(자전거)와 효율적으로 조합된 뛰어난 선수가 약 30분 동안 22%의 최고 효율로 300 W의 출력을 낼 수 있다는 사실이 흥미롭다.

연습문제

12.1 열역학 과정에서의 일

1(1). 실린더 내에 이상 기체가 들어 있고 그 위에 움직일 수 있는 피스톤이 있다. 피스톤의 질량은 8.00×10^3 g이고 단면의 넓이는 5.00 cm^{2}이다. 피스톤은 실린더 내의 압력을 일정하게 유지하면서 위 아래로 자유롭게 움직일 수 있다. (a) 부피가 0.200몰인 기체의 온도가 20.0°C에서 3.00×10^2 °C로 증가할 때 기체에 한 일은 얼마인가? (b) (a)에서의 답의 부호가 나타내는 의미는 무엇인가?

2(3). 기체가 압력 1.5기압에서 부피 4.0 m^{3}의 용기 안에 담겨 있다. (a) 일정한 압력에서 부피가 처음 부피의 2배로 팽창되는 동안, (b) 일정한 압력에서 부피가 처음 부피의 1/4배로 압축되는 동안, 이 기체에 한 일은 각각 얼마인가?

3(5). 그림 P12.3에 나타낸 세 가지 경로를 따라 기체가 I에서 F까지 팽창한다. 다음과 같은 각각의 경로들에 대하여 기체에

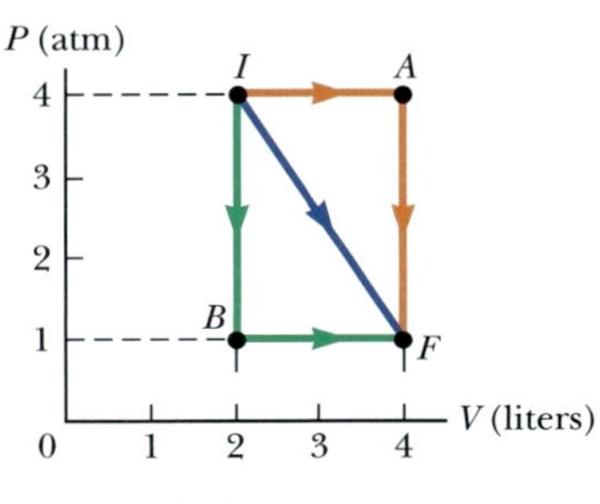

그림 P12.3 (문제 12.3, 12.8)

한 일을 계산하라. (a) *IAF*, (b) *IF*, (c) *IBF*

4(7). 헬륨이 일정한 압력에서 273 K에서 373 K로 가열되는 동안 이상 기체처럼 행동한다. 이 과정 동안 헬륨이 20.0 J의 일을 한다면, 헬륨의 질량은 얼마인가?

5(9). 처음 온도 $T_i = 0°C$인 이상 기체 1.00몰이 일정한 압력 1.00기압에서 원래 부피의 네 배로 팽창한다. (a) 기체의 나중 온도 T_f를 계산하라. (b) 팽창되는 동안 기체에 한 일을 계산하라.

12.2 열역학 제1법칙

12.3 기체에서의 열역학 과정

6(11). 5.00몰의 헬륨 기체가 들어 있는 풍선이 925 J의 열에너지를 흡수하는 동안 부피가 증가하면서 102 J의 일을 한다. (a) 풍선의 내부 에너지의 변화를 구하라. (b) 그 기체의 온도 변화를 구하라.

7(13). 단원자 이상 기체의 분자가 가질 수 있는 유일한 에너지의 형태는 병진 운동에너지이다. 10.5절에서 논의한 운동론의 결과를 사용하여, 압력 P에서 부피 V를 차지하는 단원자 이상 기체의 내부 에너지가 $U = \frac{3}{2}PV$임을 보여라.

8(15). 기체가 그림 P12.3의 I에서 F까지 팽창한다. 기체가 I에서 F까지 대각선 경로를 따라서 진행할 때에 열로 기체에 전달된 에너지는 418 J이다. (a) 기체의 내부 에너지 변화는 얼마인가? (b) 경로 *IAF*에 대하여 동일하게 내부 에너지가 변하려면 얼마나 많은 에너지가 열 형태로 기체에 전달되어야 하는가?

9(17). 일정한 압력 0.800기압에서 기체가 9.00 L에서 2.00 L로 압축된다. 이 과정에서 400 J의 에너지가 열 형태로 기체에서 방출된다. (a) 기체에 한 일은 얼마인가? (b) 기체의 내부 에너지 변화는 얼마인가?

10(19). 단면의 넓이가 0.150 m^2인 피스톤이 달린 용기에 기체가 담겨 있다. 피스톤이 안쪽으로 20.0 cm 움직이는 동안 기체의 압력은 6.00×10^3 Pa를 유지한다. (a) 기체가 한 일을 구하라. (b) 기체의 내부 에너지가 8.00 J로 감소한다면, 압축되는 동안 계에서 방출되는 열은 얼마인가?

11(21). 어떤 이상 기체가 그림 P12.11과 같이 $T = 295$ K인 열원에 열접촉하면서 부피가 $V_i = 5.00$ L에서 $V_f = 3.00$ L로 압축된다. 압축 과정에서 피스톤은 $F = 25.0$ kN의 평균 외력을 받으면서 아래로 $d = 0.130$ m 움직인다. (a) 기체에 한 일, (b) 기체의 내부 에너지의 변화, (c) 기체와 열원 간에 교환된 열에너지를 구하라. (d) 기체가 열적으로 절연되어 열에너지가 교환될 수 없다면, 압축하는 동안 기체에는 무슨 일이 일어나는가?

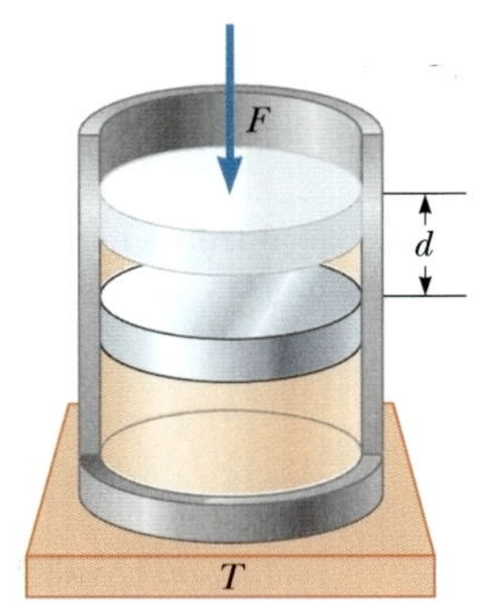

그림 P12.11

12(23). 단원자 이상 기체가 675 K의 등온 상태에서 0.500 m^3에서 1.25 m^3로 팽창된다. 처음 압력이 1.00×10^5 Pa이면, (a) 기체에 한 일, (b) 열에너지 전달 Q, (c) 내부 에너지의 변화를 구하라.

13(25). 단원자 이상 기체가 1.50×10^5 Pa의 등압 과정에서 1.25 m^3에서 0.500 m^3로 압축된다. 처음 온도가 425 K이면, (a) 기체에 한 일, (b) 열에너지 전달 Q, (c) 내부 에너지의 변화를 구하라.

14(29). 알루미늄 5.0 kg 덩어리가 대기압에서 20°C에서 90°C로 가열된다. (a) 알루미늄이 한 일, (b) 열로 알루미늄에 전달된 에너지, (c) 알루미늄의 내부 에너지 증가를 구하라.

12.4 열기관과 열역학 제2법칙

15(31). 그림 P12.15와 같이 부피가 1.00 m^3으로 일정한 상태에서 압력이 2.00기압에서 6.00기압으로 증가한 후, 처음 상태로 되돌아가지 않고 압력이 일정한 상태에서 부피가 3.00 m^3으로 팽창하는 기체가 있다. 한 주기 동안 한 일은 얼마인가?

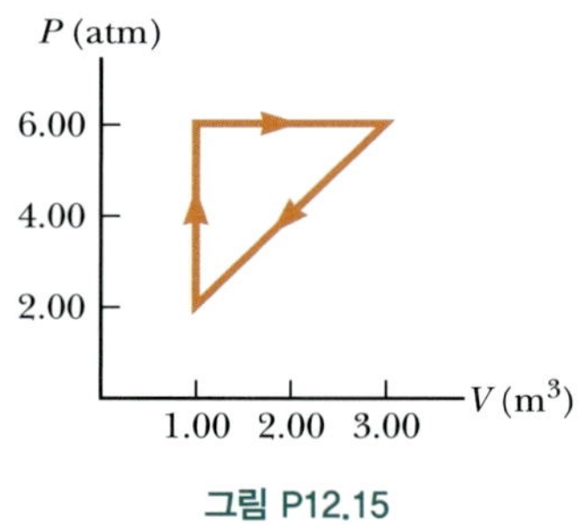

그림 P12.15

16(33). 열기관이 온도 25°C와 375°C의 저장체 사이에서 작동한다. 이 기관의 가능한 최대 효율은 얼마인가?

17(35). 기관이 한 일은 저장체에서 흡수한 에너지의 1/4과 같다. (a) 열효율은 얼마인가? (b) 흡수한 에너지 가운데 차가운 저장체에 배출된 에너지의 비율은 얼마인가?

18(39). 어떤 열기관이 매 순환 과정에서 277°C의 열원에서 1.70 kJ의 에너지를 흡수하여 27°C의 열원으로 1.20 kJ의 열을 방출한다. (a) 이 기관의 효율은 얼마인가? (b) 사이클당 이 기관이 한 일은 얼마인가? (c) 사이클이 0.300 s 동안 지속된다면 이 기관의 출력(일률)은 얼마인가?

19(41). 어떤 냉동기의 성능 계수가 6.30이다. 그 냉동기는 연간 457 kWh의 에너지를 사용한다고 광고하였다. (a) 평균적으로 그 냉동기는 하루에 얼마의 에너지를 소비하는가? (b) 평균적으로 그 냉동기가 하루에 뽑아내는 열에너지는 얼마인가? (c) 그 냉동기는 20.0°C의 물을 하루에 얼마나 얼릴 수 있는가? Note: 1 kWh는 1 kW의 가전제품을 1시간 동안 작동시킬 때 드는 에너지와 같다.

20(43). 열기관이 한 순환 동안 뜨거운 저장체에서 500 J을 흡수하고, 차가운 저장체에 300 J을 배출한다. 이 열기관의 효율이 카르노 기관의 효율의 60%라면, 카르노 기관에서 낮은 온도와 높은 온도의 비는 얼마인가?

21(45). 어떤 원자력 발전소가 435 MW의 전력을 생산한다. 그러한 전력을 생산하기 위해 들어가는 에너지율은 1 420 MW이다. (a) 그 발전소의 열효율은 얼마인가? (b) 그 발전소에서 내버려지는 열에너지의 비율은 얼마인가?

12.5 엔트로피

22(47). 1.00×10^2°C의 뜨거운 물 125 g이 담긴 스티로폼 컵이 상온 20.0°C로 식는다. 실내의 엔트로피 변화는 얼마인가? 컵의 비열과 실내 온도의 변화는 무시한다.

23(49). 어떤 냉동기를 사용하여 물 1.0 L를 완전히 얼려서 얼음으로 만들었다. 물과 냉동기는 온도 $T = 0$°C로 유지된다. (a) 물의 엔트로피 변화와 (b) 냉동기의 엔트로피 변화를 구하라.

24(51). 70.0 kg의 통나무가 25.0 m의 높이에서 호수로 떨어진다. 통나무, 호수, 공기의 온도가 모두 300 K이라면 이 과정에 대한 우주의 엔트로피 변화를 구하라.

25(53). 태양 표면의 온도는 대략 5.70×10^3 K이고, 지구 표면의 온도는 대략 290. K이다. 태양에서 지구로 1.00×10^3 J의 에너지가 열로 전달될 때에 엔트로피 변화는 얼마인가?

26(55). 다음 사건에 대하여 표 12.3과 같은 표를 작성하라. 동전 네 개를 동시에 공중으로 던지고, 가능한 모든 결과를 앞면과 뒷면의 개수로 분류하여 기록하라(예를 들면, HHTH와 HTHH는 앞면이 세 개, 뒷면이 한 개의 결과가 나오는 경우이다). (a) 작성한 표에서 가장 확률이 높은 결과는 무엇인가? 엔트로피와 관련하여 (b) 가장 질서 있는 상태는 어느 것인가? (c) 가장 무질서한 상태는 어느 것인가?

12.6 인간의 신진대사

27(57). 하루에 8.0시간을 자는 질량이 65 kg인 사람이 3.0시간 동안 가벼운 활동을 하고, 1.0시간 동안 느리게 걷고, 0.5시간 동안 적당한 속력으로 달리기를 한다면 이러한 모든 활동을 통해 변하는 그 사람의 내부 에너지는 얼마인가?

28(59). 땀을 흘리는 것은 몸이 열을 방출하는 주된 기능 중의 하나이다. 땀은 체온 상태에서 2 430 kJ/kg의 숨은열을 내보내며 보통 시간당 1.5 kg의 땀을 흘릴 수 있다. 땀을 흘리는 것만으로 열이 방출된다고 할 때, 인체에 의해 사용되는 에너지의 80%가 버려지는 열이라면 최대 신진 대사율은 와트 단위로 얼마인가?

29(61). 잘 훈련된 운동선수는 30분 동안 운동하는 데 70.0 mL/(min · kg)의 비율로 산소를 소비한다. 그 선수의 질량이 78.0 kg이다. 몸을 열기관으로 간주할 때 그 효율이 20.0%라 가정하고, (a) 대사율을 kcal/min의 단위로 구하라. (b) 그가 운동하는 동안 내보내는 열에너지를 kcal의 단위로 구하라.

종합문제

30(63). 1 500 kW 열기관이 25% 효율로 작동한다. 저온에서 방출되는 열에너지는 20.°C의 냉각 코일 속으로 흐르는 물에 의해 흡수된다. 초당 60. L의 물이 코일을 통과할 때 물의 온도 상승을 계산하라.

31(65). 어떤 물질이 그림 P12.31에 나타낸 순환 과정을 거친다. 경로 AB를 따라 일 출력이 발생하는 반면, 경로 BC를 따라 일 입력이 필요하며, 정적 과정 CA에서는 일이 발생하지

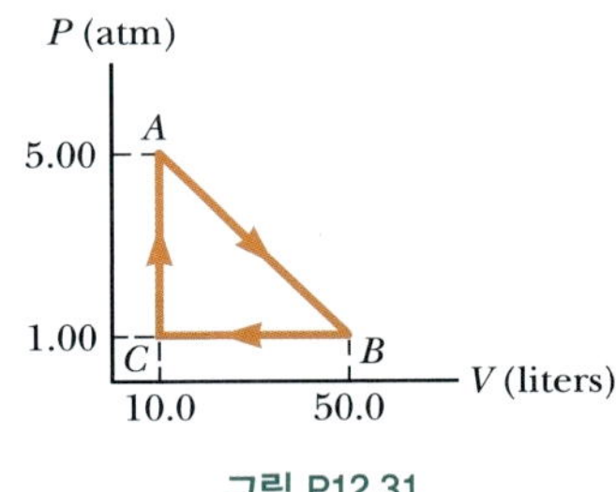

그림 P12.31

않는다. 열에 의한 에너지 전달은 순환에 포함된 각 과정 동안 발생한다. (a) 과정 AB 동안 일 출력은 얼마인가? (b) 과정 BC 동안 필요한 일 입력은 얼마인가? (c) 이 순환 동안 알짜 에너지 입력 Q는 얼마인가?

32(67). 건물에 있는 강철로 된 지지봉의 질량은 1.0×10^2 kg이고 20.0°C에서의 길이는 2.0 m이다. 이 막대가 지탱할 수 있는 하중은 6.0×10^3 kg이다. (a) 온도가 40.0°C로 증가함에 따라 막대에 행해진 일, (b) 막대에 가해진 에너지 Q(강철의 비열은 철과 같다고 가정), 그리고 (c) 막대의 내부 에너지 변화를 구하라.

33(69). 네온 기체 1몰을 일정한 압력에서 300. K에서 420. K로 가열한다. (a) 기체에 전달된 에너지 Q, (b) 기체의 내부 에너지 변화, 그리고 (c) 기체에 한 일을 계산하라. 네온의 몰 비열은 일정한 압력에서 $C_p = 20.79$ J/mol·K이다.

34(71). 10.0몰의 단원자 이상 기체가 들어 있는 원통이 그림 P12.34에 표시된 경로를 따라 Ⓐ에서 Ⓑ로 팽창한다. (a) A 지점에서의 기체 온도와 Ⓑ 지점에서의 기체 온도를 구하라. (b) 이 팽창 동안 기체는 얼마만큼의 일을 했는가? (c) 기체의 내부 에너지 변화는 얼마인가? (d) 이 과정에서 열에 의해 기체로 전달되는 에너지를 구하라.

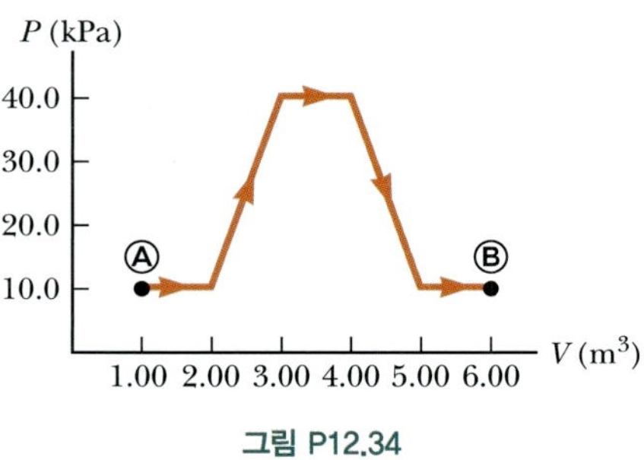

그림 P12.34

35(73). 계단 오르기 기계에서 30.0분을 보냈다고 가정해 보자. 분당 90.0걸음의 속도로 계단을 오르고, 한 걸음마다 오르는 높이는 8.00인치(약 20.3 cm)이다. 몸무게가 150.파운드(약 68 kg)이고 기계가 운동 종료 시 600. kcal를 소모했다고 보고한다면, 이러한 결과를 얻기 위한 기계의 효율은 얼마인가? 실제 효율이 0.18이라면, 실제로 몇 kcal를 소모했는가?

진동과 파동
Vibrations and Waves

CHAPTER 13

주기운동은 용수철에 매달린 질량에서부터 원자의 진동에 이르기까지 가장 중요한 물리 현상들 가운데 하나이다. 이 장에서는 물체를 평형 위치로 되돌아가게 하려는 힘이 평형점으로부터의 변위에 비례한다는 훅의 법칙에 대하여 자세하게 살펴보기로 한다. 이 간단한 법칙만으로도 줄의 진동, 진자의 흔들림, 파동의 전파 등과 같이 주기운동을 하는 수많은 물리 현상을 설명할 수 있다.

주기적인 진동은 파동이라는 형태로 매질을 통과해 가는 교란을 일으킬 수 있다. 자연계에서 볼 수 있는 음파, 수면파, 지진파, 전자기파 등과 같은 각기 다른 물리 현상들이 이 장에서 소개되는 파동이라는 개념으로 모두 이해될 수 있다.

13.1 훅의 법칙 Hooke's Law

진동 운동의 가장 간단한 유형 중 하나가 5장에서 공부한 바 있는 용수철에 매달린 물체의 진동 운동이다. 물체는 마찰이 없는 수평면 위에서 움직인다고 가정한다. 만일 용수철을 늘어나지 않은 평형 위치로부터 아주 작은 거리 x만큼 늘이거나 압축한 뒤 놓으면, 용수철은 그림 13.1과 같이 물체에 힘을 가하게 된다. 이 용수철 힘은 실험을 통해 다음의 식을 따른다는 것을 알 수 있다.

$$F_s = -kx \qquad [13.1]$$

◀ 훅의 법칙

여기서 x는 평형 위치($x=0$)로부터의 물체의 변위이며, k는 **용수철 상수**(spring constant)라고 하는 양의 상수값이다. 용수철에 대한 이 힘의 법칙은 훅(Robert Hooke)에 의해 1678년에 발견되어 **훅의 법칙**(Hooke's law)으로 알려져 있다. k값은 용수철의 세기의 척도이다. 강한 용수철은 k값이 크고, 연한 용수철은 k값이 작다.

식 13.1의 음의 부호가 뜻하는 것은 용수철이 물체에 가하는 힘의 방향이 항상 물체의 변위와 반대되는 방향이라는 것이다. 그림 13.1a와 같이 물체가 평형 위치의 오른쪽에 있다면 x는 양이고, F_s는 음으로서 힘이 음의 방향, 즉 왼쪽을 향함을 뜻한다. 그림 13.1c와 같이 물체가 평형 위치의 왼쪽에 있다면 x는 음이고, F_s는 양으로서 힘의 방향이 오른쪽임을 뜻한다. 물론 그림 13.1b와 같이 $x=0$이면, 용수철은 늘어나지 않아 $F_s=0$이다. 용수철 힘은 항상 평형 위치를 향하기 때문에 종종 복원력이라고도 한다. **복원력은 항상 평형 위치를 향해 물체를 밀거나 당긴다.**

처음에 물체를 오른쪽으로 A만큼 당겼다가 놓았다고 하자. 용수철이 물체에 가하는 힘은 물체를 평형 위치로 되돌아가게 한다. 물체가 $x=0$을 향해 다가갈수록 용수철 힘

Todsaporn Bunmuen/Dreamstime.com

기차 바퀴에 있는 이 용수철의 용수철 상수는 엄청나게 크다. 사진은 코레일(한국철도공사) 소유의 화차 바퀴의 용수철이다.

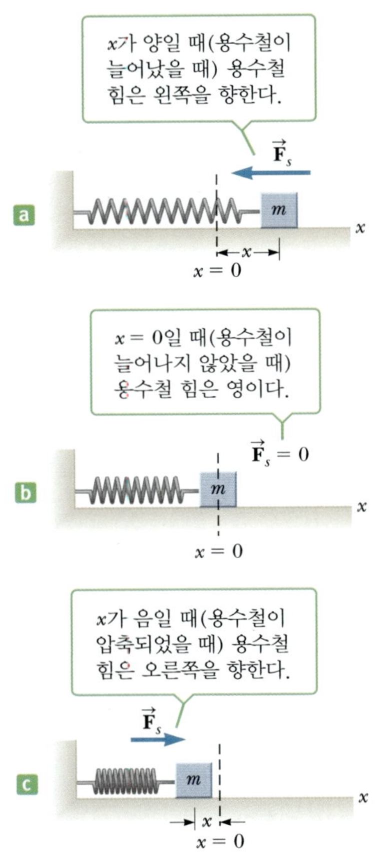

그림 13.1 용수철에 의해 물체에 가해지는 힘은 평형 위치 $x = 0$으로부터 멀어진 물체의 변위에 따라 변한다.

의 크기는 작아지게 되고(x가 작아지므로) 결국 $x = 0$에서 힘은 영이 된다. 한편 물체가 평형 위치로 다가갈수록 물체의 속력은 점점 커지고, $x = 0$에서 최대가 된다. 물체가 얻는 운동량 때문에, 물체는 평형 위치를 지나치게 되고 용수철을 압축한다. 물체가 평형 위치의 왼쪽(음의 x값)으로 움직임에 따라 용수철 힘은 점차 크기가 커지면서 물체에 오른쪽으로 작용하게 되고, 물체의 속력은 줄어든다. 결국 물체는 $x = -A$에서 순간적으로 정지한 후 $x = 0$을 향해 다시 가속하게 되어 마침내 원래 위치인 $x = A$로 돌아간다. 이 과정은 다시 반복되고 물체는 같은 경로를 계속하여 앞뒤로 진동한다. 이러한 유형의 운동을 **단조화운동**(simple harmonic motion)이라고 하는데, 이는 **운동의 방향에 따른 알짜힘이 훅의 법칙을 따를 때, 즉 알짜힘이 평형점으로부터의 변위에 비례하고 언제나 평형점을 향할 때 일어난다.**

하지만 같은 경로를 따르는 모든 주기운동이 모두 단조화운동인 것은 아니다. 예를 들어, 부모와 아이가 반복적으로 공을 던져 주고받는 것은 단조화운동이 아니다. 그것은 공에 작용하는 힘이 식 13.1과 같은 훅의 법칙을 따르는 것이 아니기 때문이다.

한편 연직으로 용수철에 매달린 물체의 운동도 단조화운동이다. 이 경우 계가 평형 상태에 도달하여 물체가 정지 상태로 매달릴 때까지, 물체에 작용하는 중력은 용수철을 늘인다. 이때 물체의 평형 위치를 $x = 0$으로 정의한다. 물체를 평형점으로부터 거리 x만큼 떨어진 점에서 놓으면 알짜힘은 평형 위치를 향하여 작용한다. 알짜힘이 x에 비례하기 때문에 이 운동은 단조화운동이다.

주기 운동에서는 다음의 세 가지 개념이 중요하다.

- 물체가 평형 위치로부터 멀어지는 최대 거리를 **진폭**(amplitude) A라고 한다. 마찰이 없을 때 단조화운동을 하는 물체는 $x = -A$와 $x = +A$ 사이에서 진동한다.
- 물체가 $x = A$로부터 $x = -A$로, 그리고 다시 $x = A$로 돌아오는 한 사이클 동안 걸리는 시간을 **주기**(period) T라고 한다.
- 단위 시간 동안 일어나는 진동 또는 사이클의 횟수를 **진동수**(frequency) f라고 하며, 이는 주기의 역수이다($f = 1/T$).

단조화운동을 하는 물체의 가속도는 뉴턴의 제2법칙 $F = ma$와 훅의 법칙으로부터 구할 수 있다.

$$ma = F = -kx$$

단조화운동에서의 가속도 ▶

$$a = -\frac{k}{m}x \qquad [13.2]$$

조화 진동자 식의 한 예인 식 13.2는 가속도를 위치의 함수로 나타낸 것이다. x의 최댓값이 진폭 A이므로 가속도는 $-kA/m$와 $+kA/m$ 사이의 값을 갖는다. 다음 절에서는 위치의 함수로 나타낸 속도와 시간의 함수로 나타낸 위치에 대해서 살펴보기로 한다. 훅의 법칙을 만족하는 용수철을 이상적인 용수철이라고 한다. 그러나 실제 용수철의 경우, 용수철의 질량, 내부 마찰, 길이에 따른 탄성률의 변화가 힘의 법칙과 운동에 영향을 준다.

Tip 13.1 일정가속도 운동의 식은 쓸 수 없다.

단조화운동을 하는 물체의 가속도 a는 일정하지 않다. 가속도는 x에 따라 변하므로, 2장에서의 일정가속도 운동에 관한 식을 적용할 수 없다.

예제 13.1 마찰이 없는 표면 위에서의 단조화운동

목표 수평 용수철 계의 힘과 가속도를 계산한다.

문제 그림 13.1에서처럼 용수철 상수가 1.30×10^2 N/m인 용수철에 0.350 kg의 물체가 매달려 마찰이 없는 수평면 위에서 자유롭게 움직인다. $x = 0.100$ m인 곳에서 물체를 놓았을 때, $x = 0.100$ m, $x = 0.050\,0$ m, $x = 0$ m, $x = -0.050\,0$ m, $x = -0.100$ m 지점에서 물체에 작용하는 힘과 물체의 가속도를 구하라.

전략 주어진 물리량들을 훅의 법칙에 대입하여 힘을 찾고, 뉴턴의 제2법칙을 이용하여 가속도를 계산한다. 진폭 A는 물체를 놓은 점 $x = 0.100$ m와 같다.

풀이

훅의 법칙을 쓴다.

$$F_s = -kx$$

k의 값과 $x = A = 0.100$ m를 대입하여 그 점에서 힘을 구한다.

$$F_{최대} = -kA = -(1.30 \times 10^2 \text{ N/m})(0.100 \text{ m})$$
$$= -13.0 \text{ N}$$

뉴턴의 제2법칙을 a에 대해 풀고 $x = A$에서의 가속도를 구한다.

$$ma = F_{최대}$$

$$a = \frac{F_{최대}}{m} = \frac{-13.0 \text{ N}}{0.350 \text{ kg}} = -37.1 \text{ m/s}^2$$

다른 네 지점에 대해서도 같은 과정을 되풀이하여 표를 만든다.

위치(m)	힘(N)	가속도 (m/s²)
0.100	−13.0	−37.1
0.050	−6.50	−18.6
0	0	0
−0.050	+6.50	+18.6
−0.100	+13.0	+37.1

참고 위의 표에서 볼 수 있듯이 처음 위치가 반으로 줄면 힘과 가속도도 반으로 준다. 그리고 x가 양의 값일 때 힘과 가속도는 음의 값이고, x가 음의 값일 때에는 힘과 가속도는 양의 값이다. 물체가 왼쪽으로 움직여서 평형점을 지나면 용수철 힘은 양이 되어 (x는 음의 값) 물체의 속력은 줄어든다.

13.2 탄성 퍼텐셜 에너지 Elastic Potential Energy

이 절에서 우리는 **5장 6절**의 내용을 복습한다.

상호작용하는 물체들로 이루어진 계는 그 계의 구성과 관련되는 퍼텐셜 에너지를 가진다. 압축된 용수철은 퍼텐셜 에너지를 가지는데, 이로 인해 용수철이 풀렸을 때 다른 물체에 일을 할 수 있다. 이때 용수철의 퍼텐셜 에너지는 물체의 운동에너지로 전환된다. 예를 들어, 그림 13.2는 거리 x만큼 용수철이 압축된 장난감 총으로부터 발사되는 구슬에 대해 보여 준다. 총을 쏘게 되면 압축된 용수철은 구슬에 일을 하여 구슬이 운동에너지를 가지게 된다.

인장 또는 압축된 용수철이나 그 밖의 탄성 물질에 저장된 에너지는 탄성 퍼텐셜에너지 PE_s라고 하며 다음과 같이 주어진다.

$$PE_s \equiv \tfrac{1}{2}kx^2 \qquad [13.3]$$

◀ **탄성 퍼텐셜 에너지**

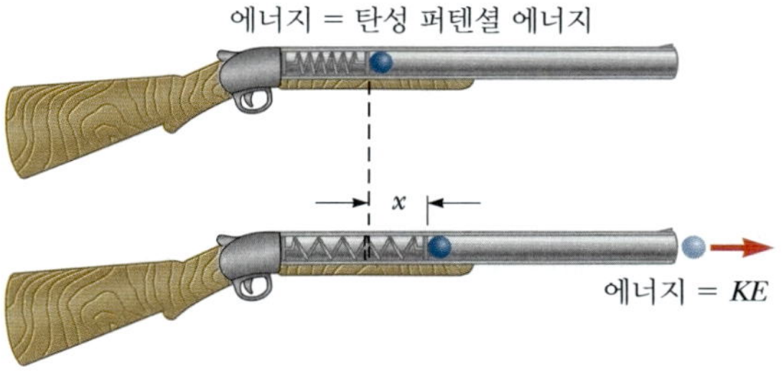

에너지 = 탄성 퍼텐셜 에너지

x

에너지 = KE

그림 13.2 용수철 총에서 발사되는 구슬. 용수철에 저장된 탄성 퍼텐셜 에너지가 구슬의 운동에너지로 전환된다.

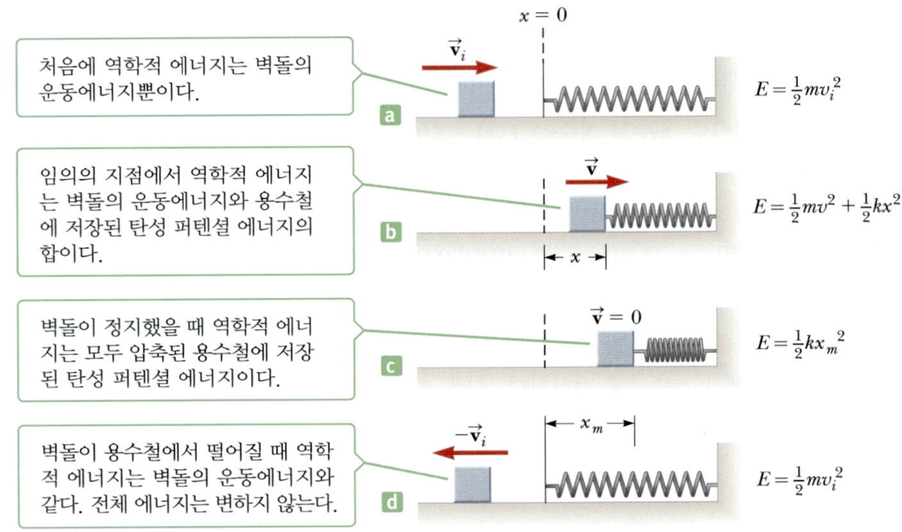

그림 13.3 마찰이 없는 수평면에서 미끄러지는 벽돌이 가벼운 용수철과 충돌한다. 마찰이 없으면 역학적 에너지는 일정하다.

또한 중력 퍼텐셜 에너지와 용수철 퍼텐셜 에너지를 모두 포함한 에너지 보존의 법칙은 다음과 같이 주어진다.

$$(KE + PE_g + PE_s)_i = (KE + PE_g + PE_s)_f \qquad [13.4]$$

만일 마찰력과 같은 비보존력이 존재한다면, 역학적 에너지의 변화량은 비보존력이 한 일과 같아야 한다.

$$W_{nc} = (KE + PE_g + PE_s)_f - (KE + PE_g + PE_s)_i \qquad [13.5]$$

토크(또는 돌림힘)가 작용하는 계에서는 회전 운동에너지도 식 13.4와 13.5에 포함되어야 한다.

응용
궁술

그림 13.3은 용수철을 포함한 계에서의 에너지 보존 법칙의 한 예이다. 질량 m인 벽돌이 등속도 $\vec{\mathbf{v}}_i$로 마찰이 없는 수평면 위를 미끄러지다가 용수철과 충돌한다. 문제를 간단히 하기 위하여 용수철은 아주 가벼워서 운동에너지를 무시할 수 있다고 가정한다. 용수철은 압축되면서 왼쪽 방향으로 벽돌에 힘을 가한다. 최대로 압축되었을 때 벽돌은 순간적으로 정지한다(그림 13.3c). 충돌 전의 계(벽돌과 용수철)의 전체 에너지는 벽돌의 운동에너지이다. 벽돌이 용수철과 충돌하여 그림 13.3b와 같이 용수철이 부분적으로 압축되었을 때, 벽돌의 운동에너지는 $\frac{1}{2}mv^2(v < v_i)$이고 용수철의 퍼텐셜 에너지는 $\frac{1}{2}kx^2$이다. 최대 압축 지점에서 벽돌이 순간적으로 멈췄을 때 운동에너지는 영이다. 용수철 힘은 보존력이고 계에 일을 하는 다른 외력이 존재하지 않으므로 **벽돌과 용수철로 이루어진 계의 전체 역학적 에너지는 변하지 않는다.** 벽돌의 운동에너지는 용수철에 저장되는 퍼텐셜 에너지로 전환된다. 용수철이 늘어나면서 벽돌은 반대 방향으로 움직이고 그림 13.3d와 같이 처음의 운동에너지를 되찾게 된다.

그림 13.4 당겨진 활에 탄성 퍼텐셜 에너지가 저장되어 있다.

궁수가 활줄을 뒤로 당길 때 탄성 퍼텐셜 에너지는 휘어진 활과 늘어난 활줄에 저장된다(그림 13.4). 화살이 발사되었을 때 계에 저장된 퍼텐셜 에너지는 화살의 운동에너지로 전환된다. 석궁과 새총의 방식도 같다.

예제 13.2 저 차를 세워라!

목표 용수철의 퍼텐셜 에너지와 중력 퍼텐셜 에너지에 대하여 에너지 보존의 법칙과 일–에너지 정리를 적용한다.

문제 13 000 N의 자동차가 10.0 m 높이에서 경사면을 따라 구르기 시작한다(그림 13.5). 그 다음 자동차는 평지 위를 굴러 가벼운 용수철 난간을 들이받는다. **(a)** 마찰에 의한 손실과 바퀴의 회전 운동에너지를 고려하지 않을 때, 용수철의 최대 압축 거리를 구하라. 용수철 상수는 1.0×10^6 N/m이다. **(b)** 마찰에 의한 손실이 없다고 가정하고 용수철과의 충돌 후 차의 최대 가속도를 구하라. **(c)** 용수철이 0.30 m만큼만 압축되었다면 마찰에 의한 역학적 에너지의 변화량은 얼마인지 구하라.

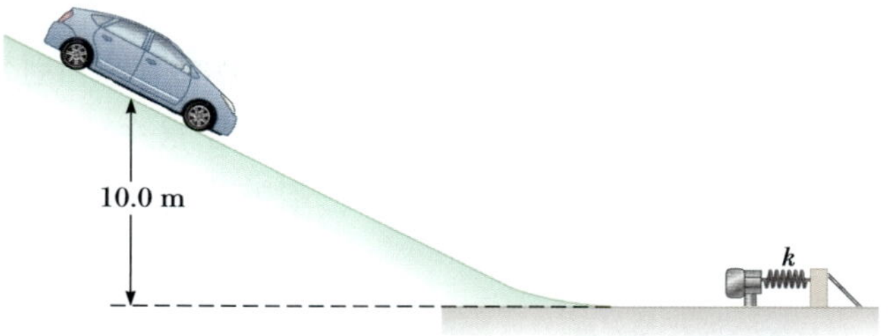

그림 13.5 (예제 13.2) 자동차가 그림과 같이 언덕 위에 정지해 있다가 내려온다. 언덕 아래에 도달한 차는 용수철이 달린 난간과 충돌한다.

전략 마찰에 의한 손실을 무시할 때에는 식 13.4와 같은 형태의 에너지 보존의 법칙을 써서 **(a)**의 용수철의 변위를 구할 수 있다. 차의 운동에너지의 맨 처음 값과 맨 나중 값이 영이므로 차–용수철–땅으로 이루어진 계의 맨 처음 퍼텐셜 에너지는 맨 나중에 결국 용수철 퍼텐셜 에너지로 완전히 전환된다. **(b)**에서는 뉴턴의 제2법칙을 적용한다. 압축이 가장 클 때 가속도도 가장 크기 때문에 x에 **(a)**의 답을 대입하면 된다. **(c)**에서는 더 이상 마찰을 무시하지 않기 때문에 식 13.5의 일–에너지 정리를 이용한다. 역학적 에너지의 변화량은 마찰에 의해 손실된 역학적 에너지와 같다.

풀이

(a) 마찰에 의한 에너지 손실이 없다고 가정하고 용수철의 최대 압축 거리를 구한다.

역학적 에너지의 보존을 적용한다. 맨 처음에는 중력 퍼텐셜 에너지만 있고 난간이 최대로 압축되었을 때에는 용수철 퍼텐셜 에너지만 있다.

$$(KE + PE_g + PE_s)_i = (KE + PE_g + PE_s)_f$$
$$0 + mgh + 0 = 0 + 0 + \tfrac{1}{2}kx^2$$

x에 대해서 푼다.

$$x = \sqrt{\frac{2mgh}{k}} = \sqrt{\frac{2(13\,000\text{ N})(10.0\text{ m})}{1.0 \times 10^6\text{ N/m}}} = \boxed{0.51\text{ m}}$$

(b) 마찰을 무시하고 용수철에 의한 차의 최대 가속도를 계산한다.
뉴턴의 제2법칙을 적용한다.

$$ma = -kx \quad \rightarrow \quad a = -\frac{kx}{m} = -\frac{kxg}{mg} = -\frac{kxg}{w}$$

값들을 대입한다.

$$a = -\frac{(1.0 \times 10^6\text{ N/m})(0.51\text{ m})(9.8\text{ m/s}^2)}{13\,000\text{ N}}$$
$$= -380\text{ m/s}^2 \rightarrow |a| = \boxed{380\text{ m/s}^2}$$

(c) 난간의 압축이 단지 0.30 m일 때 마찰에 의한 역학적 에너지의 변화량을 구한다.
일–에너지 정리를 이용한다.

$$W_{nc} = (KE + PE_g + PE_s)_f - (KE + PE_g + PE_s)_i$$
$$= (0 + 0 + \tfrac{1}{2}kx^2) - (0 + mgh + 0)$$
$$= \tfrac{1}{2}(1.0 \times 10^6\text{ N/m})(0.30)^2 - (13\,000\text{ N})(10.0\text{ m})$$
$$W_{nc} = \boxed{-8.5 \times 10^4\text{ J}}$$

참고 **(b)**의 답은 중력 가속도의 40배에 달하므로 안전벨트를 매야 한다. 답을 구하기 위한 계산에서 차의 속도는 필요하지 않다.

이 예제에 덧붙여서 5.6절의 예제들을 공부하는 것이 좋다.

위치의 함수로서의 속도

에너지 보존을 이용해서 주기운동을 하고 있는 물체의 속도를 위치의 함수로 표현할 수 있다. 처음에 최대 거리 A만큼 늘어난 곳에서 물체를 놓았다고 하자(그림 13.6a).

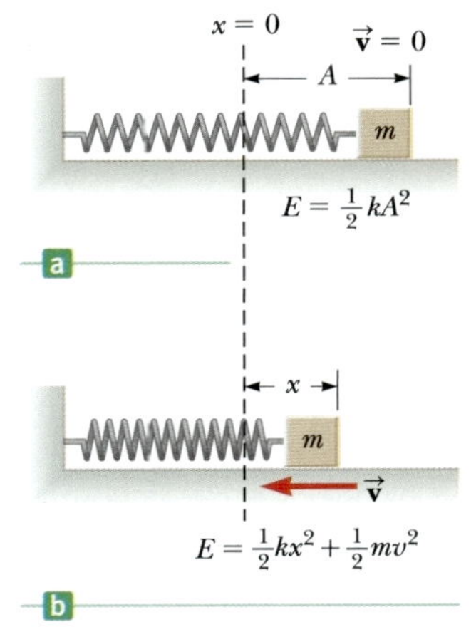

그림 13.6 (a) 마찰이 없는 평면 위에서 용수철에 붙어 있는 물체를 용수철이 A만큼 늘어난 지점에서 놓았다. 물체를 놓기 직전 전체 에너지는 탄성 퍼텐셜 에너지 $\frac{1}{2}kA^2$이다. (b) 지점 x에 도달했을 때 물체의 운동에너지는 $\frac{1}{2}mv^2$이고 탄성 퍼텐셜 에너지는 $\frac{1}{2}kx^2$으로 줄어든다.

계의 처음 에너지는 용수철에 저장된 탄성 퍼텐셜 에너지 $\frac{1}{2}kA^2$이다. 물체가 새로운 위치 x로 원점을 향해 움직이면(그림 13.6b), 에너지의 일부는 운동에너지로 전환되고 용수철에 저장된 퍼텐셜 에너지는 감소하여 $\frac{1}{2}kx^2$이 된다. 계의 전체 에너지는 $\frac{1}{2}kA^2$이므로(처음 용수철에 저장된 에너지) 위치 x에서의 운동에너지와 퍼텐셜 에너지의 합은 같아진다.

$$\frac{1}{2}kA^2 = \frac{1}{2}mv^2 + \frac{1}{2}kx^2$$

이것을 v에 대해서 풀면,

$$v = \pm\sqrt{\frac{k}{m}(A^2 - x^2)} \qquad [13.6]$$

이 된다. 이 식에 의하면, 물체의 속력은 $x=0$에서 최대이고, 양 끝 $x = \pm A$에서 영이다.

식 13.6의 우변의 ±부호는 어떤 숫자의 제곱근이 양 또는 음일 수 있으므로 나온 것이다. 그림 13.6의 물체가 오른쪽으로 움직이면 v는 양이고, 물체가 왼쪽으로 움직이면 v는 음이다.

예제 13.3 물체-용수철 계의 재고찰

목표 시간에 무관한 속도에 대한 식 13.6을 물체-용수철 계에 적용한다.

문제 용수철 상수가 20.0 N/m인 가벼운 용수철에 연결된 0.500 kg의 물체가 마찰이 없는 수평면 위에서 진동하고 있다. **(a)** 최대 진폭이 3.00 cm일 때 계의 전체 에너지와 물체의 최대 속력을 구하라. **(b)** 변위가 2.00 cm인 순간 물체의 속도는 얼마인가? **(c)** 변위가 2.00 cm일 때, 계의 운동에너지와 퍼텐셜 에너지를 구하라.

전략 계의 전체 에너지는 운동에너지가 영인 $x = A$에서 가장 쉽게 구할 수 있다. 그 위치에서 전체 에너지는 퍼텐셜 에너지와 같다. 그 다음 $x = 0$에서의 속력은 에너지 보존으로부터 구한다. **(b)**에서는 주어진 x값을 속도에 대한 식에 대입함으로써 속도를 구할 수 있다. 이 결과들을 이용하여 **(c)**에서의 운동에너지와 퍼텐셜 에너지(식 13.3에 대입)를 구할 수 있다.

풀이

(a) 진폭이 3.00 cm일 때, 전체 에너지와 최대 속력을 구한다.

$x = A = 3.00$ cm와 $k = 20.0$ N/m를 전체 역학적 에너지 E에 관한 식에 대입한다.

$$E = KE + PE_g + PE_s$$
$$= 0 + 0 + \frac{1}{2}kA^2 = \frac{1}{2}(20.0\ \mathrm{N/m})(3.00 \times 10^{-2}\ \mathrm{m})^2$$
$$= 9.00 \times 10^{-3}\ \mathrm{J}$$

$x_i = A$, $x_f = 0$, 그리고 에너지 보존을 이용하여 원점에서의 물체의 속력을 계산한다.

$$(KE + PE_g + PE_s)_i = (KE + PE_g + PE_s)_f$$
$$0 + 0 + \frac{1}{2}kA^2 = \frac{1}{2}mv_{최대}^2 + 0 + 0$$
$$\frac{1}{2}mv_{최대}^2 = 9.00 \times 10^{-3}\ \mathrm{J}$$
$$v_{최대} = \sqrt{\frac{18.0 \times 10^{-3}\ \mathrm{J}}{0.500\ \mathrm{kg}}} = 0.190\ \mathrm{m/s}$$

(b) 변위가 2.00 cm일 때 물체의 속도를 계산한다.

알고 있는 값들을 식 13.6에 대입한다.

$$v = \pm\sqrt{\frac{k}{m}(A^2 - x^2)}$$
$$= \pm\sqrt{\frac{20.0\ \mathrm{N/m}}{0.500\ \mathrm{kg}}[(0.030\,0\ \mathrm{m})^2 - (0.020\,0\ \mathrm{m})^2]}$$
$$= \pm 0.141\ \mathrm{m/s}$$

(c) 변위가 2.00 cm일 때 운동에너지와 퍼텐셜 에너지를 계산한다.

운동에너지 식에 대입한다.

$$KE = \frac{1}{2}mv^2 = \frac{1}{2}(0.500\ \mathrm{kg})(0.141\ \mathrm{m/s})^2 = 4.97 \times 10^{-3}\ \mathrm{J}$$

용수철 퍼텐셜 에너지 식에 대입한다.

$$PE_s = \frac{1}{2}kx^2 = \frac{1}{2}(20.0\ \text{N/m})(2.00 \times 10^{-2}\ \text{m})^2$$
$$= 4.00 \times 10^{-3}\ \text{J}$$

참고 주어진 정보만으로는 **(b)**의 답이 양인지 음인지를 말할 수 없다. **(c)**에서의 $KE + PE_s$가 **(a)**에서의 전체 에너지 E와 같음에 주목하라(반올림에 의한 작은 차이는 제외한다).

13.3 단조화운동에서 진동의 속력과 관련된 개념

Concepts of Oscillation Rates in Simple Harmonic Motion

단조화운동에서 가장 중요한 물리 개념 중의 하나는 진동의 속력과 관련된 것이다. 이들 개념은 주기, 진동수 및 각진동수이다. 단조화운동의 이해와 진동의 속력의 측정은 단조화운동을 등속원운동과 비교함으로써 행할 수 있다.

13.3.1 단조화운동과 등속원운동의 비교

Comparing Simple Harmonic Motion with Uniform Circular Motion

등속원운동과 관련시켜 보면 일직선상의 단조화운동을 더욱 잘 이해할 수 있다. 그림 13.7은 이러한 목적을 위한 실험 장치를 위에서 본 그림이다. 반지름이 A인 회전판의 가장자리에 공이 달려 있고 옆에서 조명이 비추어지고 있다. **회전판이 일정한 각속력으로 돌면 공의 그림자는 좌우로 움직이며 단조화운동을 한다.**

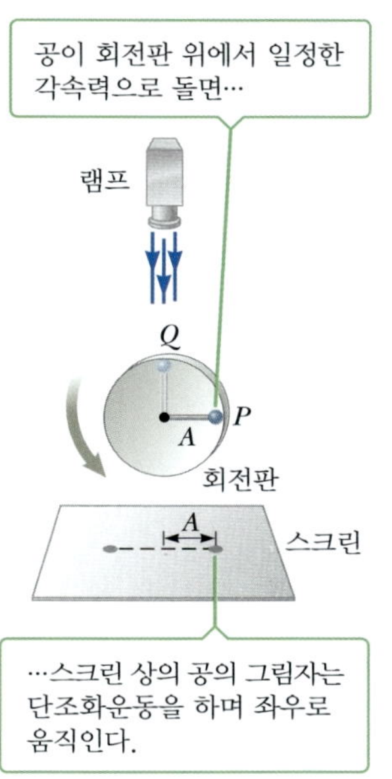

그림 13.7 단조화운동과 등속원운동 사이의 연관성을 볼 수 있는 실험 장치

이러한 사실은 식 13.6을 보면 이해할 수 있는데, 단조화운동을 하는 물체의 속도와 변위의 관계는 다음과 같은 관계가 있다.

$$v = C\sqrt{A^2 - x^2}$$

여기서 C는 상수이다. 그림자 또한 이러한 관계를 만족시키는지를 확인하기 위하여 그림 13.8에서와 같이 원 궤도의 접선 방향으로 일정한 속력 v_0로 움직이는 공을 보기로 하자. 이때 공의 x 방향 속도는 $v = v_0 \sin\theta$, 즉

$$\sin\theta = \frac{v}{v_0}$$

가 된다. 그림 속의 삼각형으로부터 $\sin\theta$에 대한 또 다른 표현식을 얻을 수 있다.

$$\sin\theta = \frac{\sqrt{A^2 - x^2}}{A}$$

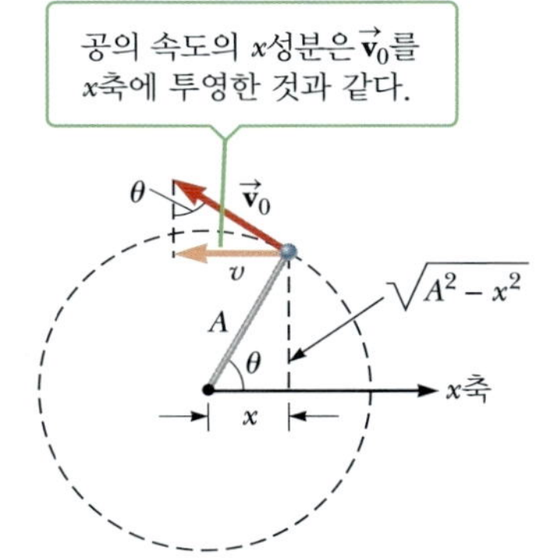

그림 13.8 공이 일정한 속력 v_0로 돈다.

$\sin\theta$에 관한 두 표현식의 우변을 같다고 놓음으로써, 속도 v와 변위 x 사이에 다음과 같은 관계식을 얻을 수 있다.

$$\frac{v}{v_0} = \frac{\sqrt{A^2 - x^2}}{A}$$

즉

$$v = \frac{v_0}{A}\sqrt{A^2 - x^2} = C\sqrt{A^2 - x^2}$$

응용

피스톤과 회전하는 바퀴

Gabriel GS./Shutterstock.com

그림 13.9 옛날 증기 기관차 바퀴의 회전 방식

이다. 공의 x 방향 속도와 변위 x의 관계는 단조화운동을 하는 물체의 속도와 변위 x의 관계와 같다. 그러므로 그림자의 움직임은 단조화운동이다.

단조화운동과 원운동의 연관성을 보여 주는 또 다른 예는 기계나 차에서 바퀴의 회전 운동을 일으키는 피스톤의 왕복 운동이다. 기관차의 바퀴를 생각해 보자. 그림 13.9의 왼쪽 부분은 단조화운동을 하며 앞뒤로 움직이는 피스톤을 보여 준다. 피스톤의 왕복 운동은 그에 부착된 막대들을 통해 바퀴의 회전 운동으로 전환된다. 같은 원리로 자동차 엔진에서도 피스톤의 왕복 운동이 크랭크축의 회전 운동으로 전환된다.

13.3.2 주기, 진동수 및 각진동수 Period, Frequency and Angular Frequency

그림 13.7에서 그림자가 한 번 왕복 운동을 하는 데 소요되는 시간인 주기 T는 회전판에서 공이 한 바퀴 도는 데 걸리는 시간이기도 하다. 시간 T 동안 공은 원둘레에 해당하는 거리 $2\pi A$를 움직이기 때문에, 원 궤도에서 공의 속력 v_0은

$$v_0 = \frac{2\pi A}{T}$$

이고, 주기는

$$T = \frac{2\pi A}{v_0} \qquad [13.7]$$

이다. 그림 13.7에서 구슬이 P에서 Q로 1/4회전한다고 하자. 이때 그림자의 움직임은 용수철의 끝에 달린 물체의 수평 운동과 일치한다. 따라서 원운동에서의 반지름 A는 그림자의 단조화운동에서의 진폭 A와 같다. 1/4회전 동안 그림자는 계(공과 용수철)의 에너지가 오로지 탄성 퍼텐셜 에너지뿐인 점에서 계의 에너지가 오로지 운동에너지뿐인 점으로 움직이게 된다. 에너지 보존에 의하여

$$\tfrac{1}{2}kA^2 = \tfrac{1}{2}mv_0^2$$

이고, A/v_0에 대해 풀면

$$\frac{A}{v_0} = \sqrt{\frac{m}{k}}$$

이다. 이 표현식을 식 13.7에 대입하면 주기는

단조화운동을 하며 움직이는 ▶ 물체–용수철 계의 주기

$$T = 2\pi\sqrt{\frac{m}{k}} \qquad [13.8]$$

이다. 식 13.8은 용수철 상수가 k인 용수철에 달린 질량 m의 물체가 한 사이클 움직이는 데 필요한 시간을 나타낸다. 질량의 제곱근이 분자에 있으므로 우리의 직관대로 질량이 크면 주기도 크다. 용수철 상수 k의 제곱근이 분모에 있으므로 용수철 상수가 크면 주기는 작다. 흥미롭게도 주기는 진폭 A와 무관하다.

주기의 역수는 진동수이다.

$$f = \frac{1}{T} \qquad [13.9]$$

그러므로 용수철에 달린 물체의 주기 운동의 진동수는

$$f = \frac{1}{2\pi}\sqrt{\frac{k}{m}} \quad [13.10]$$

◀ 물체-용수철 계의 진동수

이다. 진동수의 단위는 s^{-1} 또는 **헤르츠**(Hz)이다. **각진동수** ω는

$$\omega = 2\pi f = \sqrt{\frac{k}{m}} \quad [13.11]$$

◀ 물체-용수철 계의 각진동수

이다. 진동수와 각진동수는 서로 긴밀한 관계를 가지고 있다. 진동수의 단위는 초당 사이클의 수인데, 이때 한 사이클을 2π 라디안 또는 360°에 해당하는 각도의 단위로 생각할 수도 있다. 이러한 관점에서 보면 각진동수는 단지 진동수의 단위 변환에 지나지 않는다. 각도를 라디안으로 표시하는 것은 선형적인 양과 회전과 관련되는 양을 연관 짓는 데 편리하기 때문이다.

Tip 13.2 두 가지 진동수

진동수는 초당 사이클 수를 말하고, 각진동수는 초당 라디안 수를 말한다. 이 두 물리량은 거의 같으며 바꿈 인수 2π rad/cycle을 써서 변환할 수 있다.

이상적인 물체-용수철 계는 물체의 질량 m의 제곱근에 비례하는 주기를 가지지만, 실험에 의하면 m에 대한 T^2의 그래프는 원점을 지나지 않는다. 그 이유는 용수철 자체가 질량을 가지고 있기 때문이다. 용수철의 각 부분들은 진폭이 작은 것을 제외하고는 물체와 동일하게 진동한다. 원통형 용수철에 대하여 에너지를 따져보면 가벼운 용수철의 유효 질량이 용수철 질량의 1/3임을 알 수 있다. 주기의 제곱이 진동하는 전체 질량에 비례하기 때문에, 전체 질량(용수철에 붙어 있는 물체의 질량 + 용수철의 유효 질량)에 대한 T^2의 그래프는 원점을 지나간다.

13.4 시간의 함수로서의 위치, 속도 및 가속도

Position, Velocity, and Acceleration as a Functions of Time

단조화운동과 등속원운동 사이의 관계로부터 단조화운동을 하는 물체의 위치를 시간의 함수로 나타낼 수 있다. 다시 그림 13.10에 있는 반지름이 A인 회전판의 가장자리에 놓여 있는 공을 생각하자. 공이 그리는 원을 기준원이라고 한다. 회전판은 일정한 각속력 ω로 돈다고 가정한다. 공이 기준원을 따라 돌면 선분 OP와 x축 사이의 각도 θ가 시간에 따라 변한다. 동시에 점 P에서 x축에 내린 수선이 x축과 만나는 점 Q는 x축상에서 앞뒤로 움직이며 단조화운동을 하게 된다.

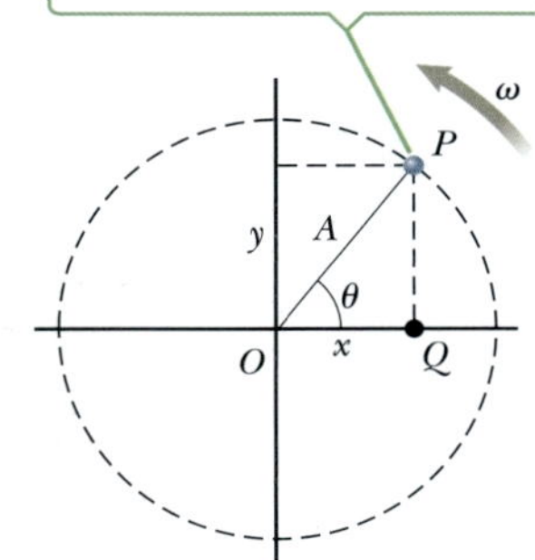

그림 13.10 기준원

직각삼각형 OPQ로부터 $\cos\theta = x/A$이다. 그러므로 공의 x 좌표는

$$x = A\cos\theta$$

이다. 공이 일정한 각속력으로 회전하기 때문에 $\theta = \omega t$이므로(7장 참고),

$$x = A\cos(\omega t) \quad [13.12]$$

이다. 한 바퀴 도는 동안에 공은 주기 T만큼의 시간 동안 2π rad 각도만큼 돌아간다. 다시 말해 이 운동은 T초마다 반복된다. 그러므로

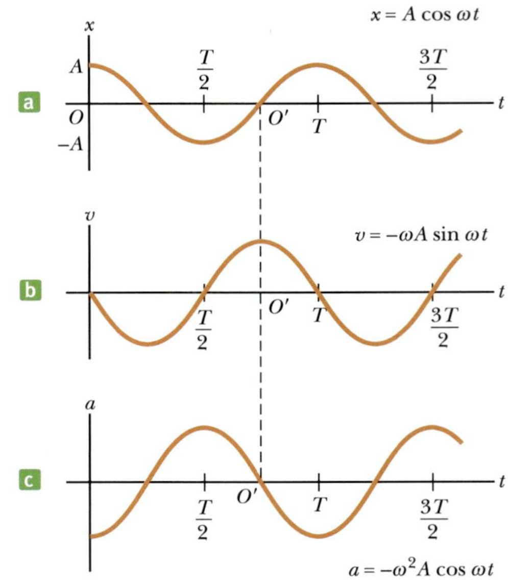

그림 13.11 $t=0$일 때의 처음 조건이 $x_0 = A$와 $v_0 = 0$인 단조화운동을 하는 물체의 (a) 변위, (b) 속도, (c) 가속도를 시간에 대해 나타낸 그래프

$$\omega = \frac{\Delta\theta}{\Delta t} = \frac{2\pi}{T} = 2\pi f \qquad [13.13]$$

이다. 이때 f는 운동의 진동수이다. 기준원을 따라 도는 공의 각속력은 x축에 투영된 단조화운동의 각진동수와 같다. 결과적으로 식 13.12는 다음과 같이 쓸 수 있다.

$$x = \mathrm{A}\cos(2\pi ft) \qquad [13.14a]$$

코사인 함수는 그림 13.11a의 그래프처럼 단조화운동을 하는 물체의 위치를 시간에 대한 함수로 나타낸 것이다. 코사인 함수는 1과 −1 사이의 값을 가지므로 x는 A와 $-A$ 사이의 값을 가진다. 이러한 형태의 그래프를 사인형 곡선이라고 한다.

그림 13.11b와 13.11c는 속도와 가속도를 시간의 함수로 나타낸 것이다. 속도에 대한 식은 식 13.6과 13.14a를 삼각함수 공식 $\cos^2\theta + \sin^2\theta = 1$과 함께 써서 구할 수 있다.

$$v = -A\omega\sin(2\pi ft) \qquad [13.14b]$$

여기서 $\omega = \sqrt{k/m}$을 사용하였다. 사인값은 양의 값과 음의 값을 모두 가질 수 있기 때문에 ±부호는 필요하지 않다. 식 13.14a를 용수철에 대한 뉴턴의 제2법칙인 식 13.2에 대입하면 가속도에 관한 식을 구할 수 있다.

$$a = -A\omega^2\cos(2\pi ft) \qquad [13.14c]$$

자세한 유도 과정은 학생들에게 연습 문제로 남겨두겠다. 변위 x가 최댓값 $x = A$ 또는 $x = -A$일 때 속도는 영이고, $x = 0$일 때 속도는 최댓값이 된다. $x = +A$일 때 가속도는 $-x$ 방향으로 최대이고, $x = -A$일 때 가속도는 $+x$ 방향으로 최대이다. 이 사실들은 v와 a가 최대, 최소 및 영을 갖는 위치에 대하여 앞에서 한 설명과 일치한다.

코사인 또는 사인의 최댓값은 1이므로 위치, 속도 및 가속도의 최댓값은 각 식의 삼각함수 앞에 있는 값과 항상 같다.

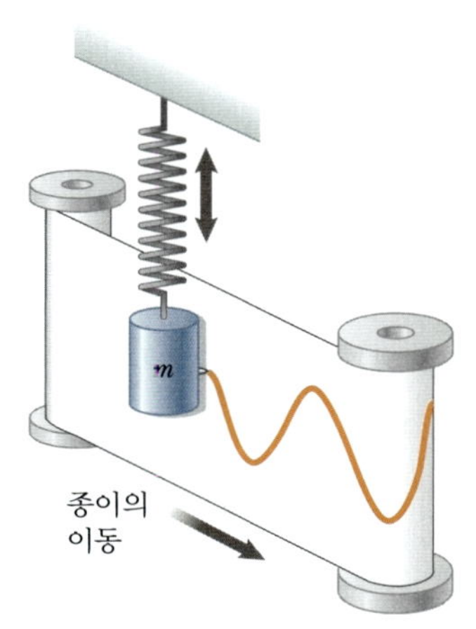

그림 13.12 단조화운동을 보여 주는 실험 장치. 진동하는 물체에 달린 펜이 움직이는 종이 위에 사인형 곡선을 그린다.

그림 13.12는 단조화운동의 사인형 특성을 보여 주는 실험의 한 예이다. 용수철에 달린 물체에 펜이 붙어 있다. 물체가 수직으로 진동할 때 종이가 수평으로 일정한 속력으로 이동한다. 펜은 사인형 곡선을 그린다.

예제 13.4 진동하는 물체-용수철 계

목표 수학적인 기술로부터 조화 진동자의 여러 물리량의 값을 구한다.

문제 **(a)** 시간에 대한 위치의 함수가 다음과 같을 때,

$$x = (0.250\ \text{m})\cos\left(\frac{\pi}{8.00}t\right)$$

수평 용수철의 끝에서 진동하는 물체의 진폭, 진동수 및 주기를 구하라. **(b)** 속도와 가속도의 최댓값을 구하라. **(c)** $t = 1.00$ s에서 물체의 위치, 속도 및 가속도는 얼마인가?

전략 **(a)** 주어진 식과 식 13.14a를 비교하여 진폭과 진동수를 구할 수 있다. **(b)** 최대 속력은 식 13.14b의 사인 함수가 1 또는 −1일 때이다(가속도의 경우에는 코사인 함수). 각 경우에 삼각함수 앞에 붙은 값을 찾으면 된다. **(c)** 값들을 식 13.14a~13.14c에 대입하면 된다.

풀이

(a) 진폭, 진동수 및 주기를 구한다.

식 13.14a와 같은 기본 형태를 적고 그 밑에 주어진 식을 쓴다.

$$x = A\cos(2\pi f t) \quad (1)$$

$$x = (0.250\ \text{m})\cos\left(\frac{\pi}{8.00}t\right) \quad (2)$$

코사인 함수 앞에 있는 값들을 같다고 놓아 진폭을 구한다.

$$A = \boxed{0.250\ \text{m}}$$

각진동수 ω는 식 (1)과 (2)의 t 앞에 있는 값이다.

$$\omega = 2\pi f = \frac{\pi}{8.00}\ \text{rad/s} = 0.393\ \text{rad/s}$$

ω를 2π로 나누어서 진동수 f를 구한다.

$$f = \frac{\omega}{2\pi} = \boxed{0.062\,5\ \text{Hz}}$$

주기 T는 진동수의 역수이다.

$$T = \frac{1}{f} = \boxed{16.0\ \text{s}}$$

(b) 속도와 가속도의 최댓값을 구한다.

식 13.14b의 사인 함수 앞에 있는 값으로부터 최대 속력을 계산한다.

$$v_{\text{최대}} = A\omega = (0.250\ \text{m})(0.393\ \text{rad/s}) = \boxed{0.098\,3\ \text{m/s}}$$

식 13.14c의 코사인 함수 앞에 있는 값으로부터 최대 가속도를 계산한다.

$$a_{\text{최대}} = A\omega^2 = (0.250\ \text{m})(0.393\ \text{rad/s})^2 = \boxed{0.038\,6\ \text{m/s}^2}$$

(c) 1.00 s 후의 물체의 위치, 속도 및 가속도를 구한다.

$t = 1.00$ s를 주어진 식에 대입한다.

$$x = (0.250\ \text{m})\cos(0.393\ \text{rad}) = \boxed{0.231\ \text{m}}$$

값들을 속도 식에 대입한다.

$$\begin{aligned} v &= -A\omega\sin(\omega t) \\ &= -(0.250\ \text{m})(0.393\ \text{rad/s})\sin(0.393\ \text{rad/s}\cdot 1.00\ \text{s}) \\ v &= \boxed{-0.037\,6\ \text{m/s}} \end{aligned}$$

값들을 가속도 식에 대입한다.

$$\begin{aligned} a &= -A\omega^2\cos(\omega t) \\ &= -(0.250\ \text{m})(0.393\ \text{rad/s}^2)^2\cos(0.393\ \text{rad/s}\cdot 1.00\ \text{s}) \\ a &= \boxed{-0.035\,7\ \text{m/s}^2} \end{aligned}$$

참고 여기서 각도는 라디안 단위이므로 사인 또는 코사인 함수를 계산할 때 계산기를 라디안 모드로 바꾸거나 각도를 라디안 단위에서 도 단위로 바꾸어야 한다.

13.5 진자의 운동 Motion of a Pendulum

13.5.1 단진자 A Simple Pendulum

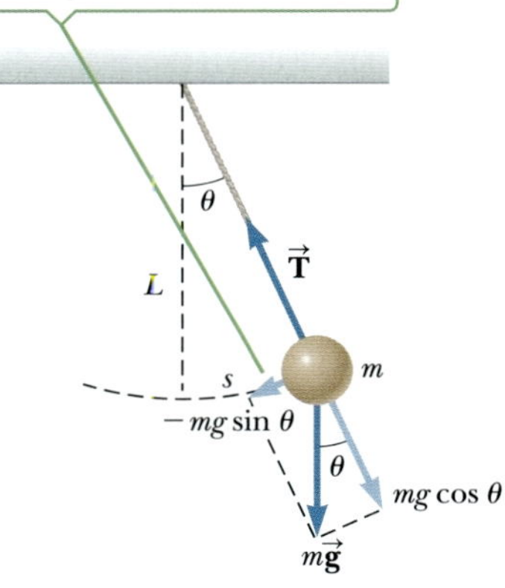

그림 13.13 길이 L(L은 축으로부터 추의 질량 중심까지의 거리)인 가벼운 줄에 매달린 질량 m의 추로 이루어진 단진자

단진자는 주기 운동을 하는 또 다른 역학계이다. 그것은 그림 13.13에서 보듯이, 천장에 달린 길이 L의 가벼운 줄과 그 끝에 매달린 질량 m의 추로 이루어져 있다(가벼운 줄이란 줄의 질량이 추의 질량에 비해 아주 작아서 무시할 수 있는 경우를 뜻한다). 추가 좌우로 흔들릴 때, 이는 단조화운동일까?

이 질문에 대답하기 위해서는 진자에 작용하는 복원력, 즉 중력을 살펴보아야 한다. 진자의 추는 직선상에서라기보다는 원호를 따라 움직인다. 하지만 진동이 아주 작을 경우 추의 움직임은 거의 직선이며 따라서 훅의 법칙을 적용할 수 있다.

그림 13.13에서 s는 원호 위에서 평형점으로부터의 추의 변위를 나타낸다. 훅의 법칙이 $F=-kx$이므로 s를 포함한 비슷한 표현식 $F_t=-ks$를 찾고자 한다. 여기서 F_t는 원호의 접선 방향으로 작용하는 힘이다. 그림으로부터 복원력은

$$F_t = -mg\sin\theta$$

이다. $s=L\theta$이므로 F_t에 대한 식은

$$F_t = -mg\sin\left(\frac{s}{L}\right)$$

이다. 이 표현식은 $F_t=-ks$의 형태가 아니므로 일반적으로 진자의 움직임은 단조화운동이 아니다. 그러나 약 15° 미만의 작은 각도에 대해서는 라디안으로 나타낸 각도 θ와 그 각도의 사인값은 거의 같다. 예를 들어, $\theta=10.0°=0.175\text{ rad}$이고 $\sin(10.0°)=0.174$이다. 그러므로 만일 운동을 작은 각도에 국한시킨다면, $\sin\theta\approx\theta$로 근사시킬 수 있고 복원력은 다음과 같이 쓸 수 있다.

$$F_t = -mg\sin\theta \approx -mg\theta$$

$\theta=s/L$를 대입하면

$$F_t = -\left(\frac{mg}{L}\right)s$$

를 얻는다. 이 식은 $k=mg/L$라고 놓으면, 훅의 법칙의 일반적인 형태 $F_t=-ks$를 따른다. 진자가 작은 각도로 좌우로 왕복 운동하는 경우에만, 진자는 단조화운동을 한다고 말할 수 있다(또는 이 경우, θ가 작으므로 $\sin\theta\cong\theta$).

Tip 13.3 진자의 운동은 조화운동이 아니다.

진자가 모든 각도에 대해 단조화운동을 하는 것은 아님을 기억하라. 각도가 약 15°보다 작을 때에만, 그 운동을 단조화운동으로 근사시킬 수 있다.

물체-용수철 계에서 각진동수는 식 13.11로 주어진다.

$$\omega = 2\pi f = \sqrt{\frac{k}{m}}$$

진자의 k에 대한 표현식을 대입함으로써

$$\omega = \sqrt{\frac{mg/L}{m}} = \sqrt{\frac{g}{L}}$$

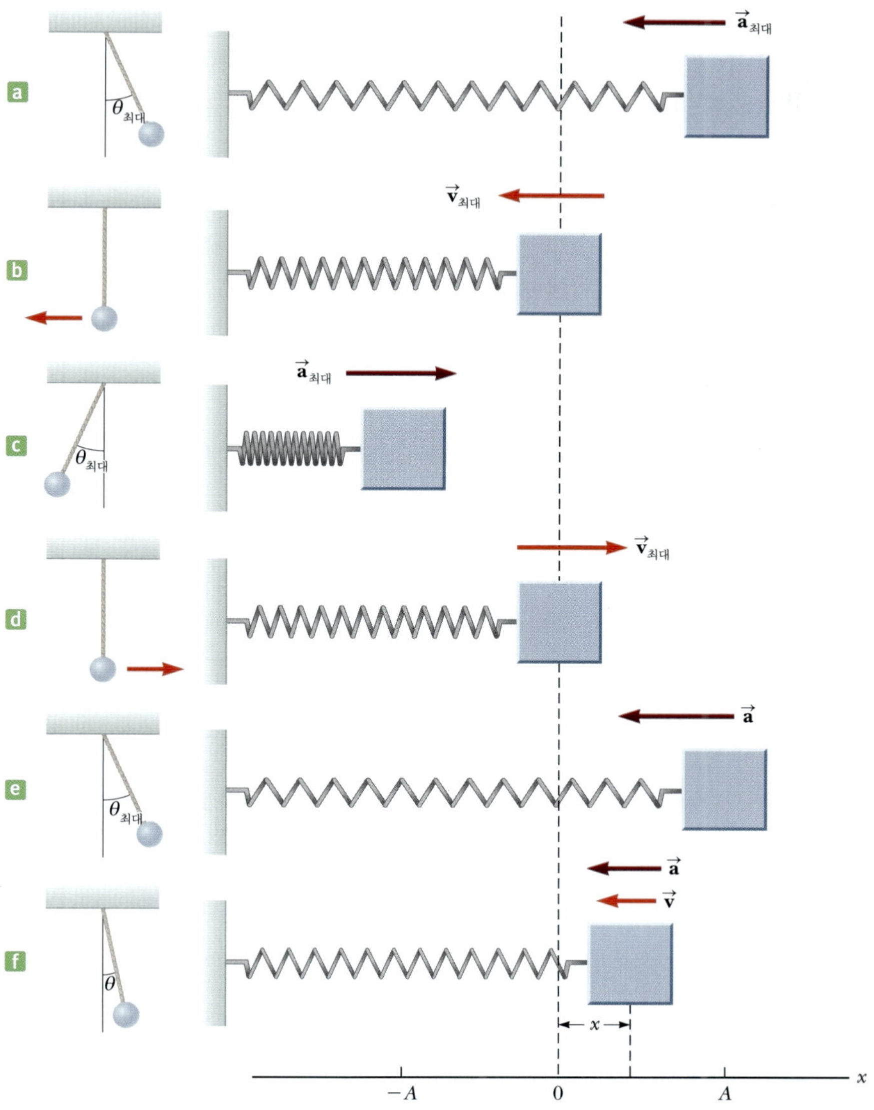

그림 13.14 단조화운동을 하는 물체-용수철 계와 단진자 운동 사이의 유사성

이 얻어진다. 이 각진동수를 식 13.12에 대입하면 진자의 운동을 수학적으로 기술할 수 있다. 진동수는 단지 각진동수를 2π로 나눈 것이고 주기는 진동수의 역수이다.

$$T = 2\pi\sqrt{\frac{L}{g}} \qquad [13.15]$$

◀ 단진자의 주기는 L과 g에만 의존한다

이 식에 의하면 놀랍게도 단진자의 주기는 질량에는 무관하고 진자의 길이와 중력 가속도에만 의존한다. 진폭 또한 작은 경우에는 영향을 주지 않는다. 단진자와 물체-용수철 계의 운동의 유사성이 그림 13.14에 그려져 있다.

진자의 주기가 진폭과 무관하다는 것은 갈릴레이가 처음으로 발견하였다. 그는 이것을 피사의 성당에서 미사를 보던 중에 관찰하였다고 한다. 그가 본 진자는 누군가가 촛불을 켜는 중에 흔들리게 된 샹들리에였다. 갈릴레이는 자신의 맥박으로 진자의 주기를 측정하였다.

응용
진자 시계

진자의 주기는 길이와 중력 가속도에 의존하기 때문에 시계의 시간을 교정하는 데 진자를 사용할 수 있다. 대다수의 시계 장치는 길이를 조정하여 시계추의 높이를 조절함으로써 주기를 변화시킬 수 있는 진자 방식을 사용한다. 물론 시계들이 지표로부터 여러 다른 위치에 있기 때문에, 중력 가속도에도 차이가 있을 것이다. 이를 교정하기 위하여 시계 속 진자의 추를 움직여 진자의 유효 길이를 바꿀 수 있게 되어 있다.

응용
진자를 사용하여 탐사에 사용하기

지질학자들은 석유나 광물을 찾을 때 자주 단진자와 식 13.15를 이용한다. 지구 표면 아래에 있는 물질들은 그 지역에서의 중력 가속도에 변화를 가져온다. 길이가 정해진 특수 제작된 진자를 사용하여 주기를 측정하고 그것으로부터 g를 계산한다. 이러한 측정으로부터 확실한 결론은 내릴 수 없더라도, 지질학자가 탐사를 하는 데 있어 중요한 한 수단이 된다.

예제 13.5 g값의 측정

목표 진자 운동으로부터 g를 구한다.

문제 길이 0.171 m의 작은 진자가 60.0 s 동안 72.0번의 왕복 운동을 하였다. 이 지점에서 g의 값을 구하라.

전략 먼저 전체 시간을 왕복 운동의 횟수로 나누어 진자의 주기를 계산한다. 식 13.15를 g에 대해서 풀고 값들을 대입한다.

풀이

전체 시간을 진동 횟수로 나누어 주기를 계산한다.

$$T = \frac{\text{전체 시간}}{\text{전체 진동 횟수}} = \frac{60.0\ \text{s}}{72.0} = 0.833\ \text{s}$$

식 13.15를 g에 대해 풀고 값들을 대입한다.

$$T = 2\pi\sqrt{\frac{L}{g}} \quad \rightarrow \quad T^2 = 4\pi^2\frac{L}{g}$$

$$g = \frac{4\pi^2 L}{T^2} = \frac{(39.5)(0.171\ \text{m})}{(0.833\ \text{s})^2} = 9.73\ \text{m/s}^2$$

참고 진자를 사용하여 주기를 측정하는 것은 측정 장소에서의 중력 가속도를 알아내는 좋은 방법이다.

13.5.2 물리 진자 The Physical Pendulum

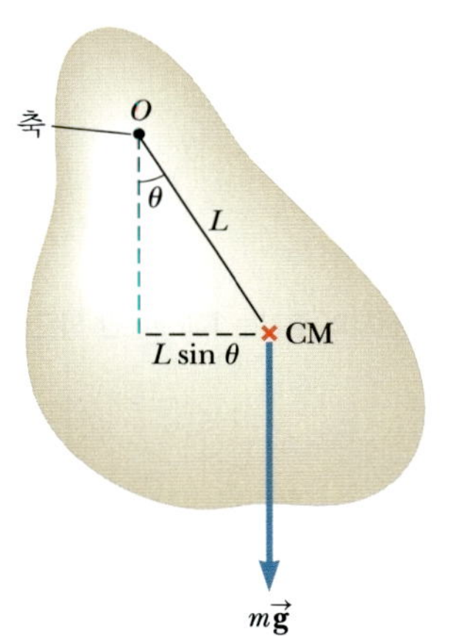

그림 13.15 점 O를 축으로 흔들리는 물리 진자

지금까지 논의한 단진자는 줄에 매달린 질량으로 이루어져 있다. 그러나 진자는 다양한 모양의 물체로 만들 수 있는데 이를 통틀어 물리 진자라고 한다.

그림 13.15의 강체는 질량 중심으로부터 L만큼 떨어진 점 O를 축으로 돌 수 있게 되어 있다. 질량 중심은 단진자처럼 원호를 따라 진동한다. 물리 진자의 주기는

$$T = 2\pi\sqrt{\frac{I}{mgL}} \qquad [13.16]$$

로 주어진다. 여기서 I는 물체의 관성 모멘트이고 m은 물체의 질량이다. 예를 들어, 길이가 L이고 질량은 무시할 수 있는 단진자의 경우 관성 모멘트는 $I = mL^2$이다. 이 식을 식 13.16에 대입하면

$$T = 2\pi\sqrt{\frac{mL^2}{mgL}} = 2\pi\sqrt{\frac{L}{g}}$$

과 같이 단진자의 주기가 얻어진다.

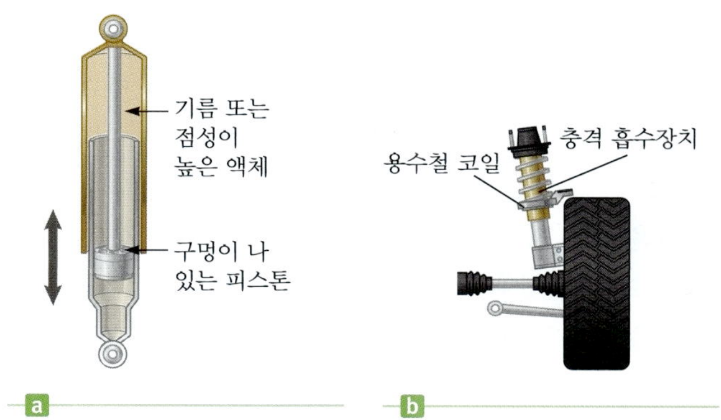

그림 13.16 (a) 충격 흡수장치는 기름으로 채워진 원통 안에서 진동하는 피스톤으로 이루어져 있다. 피스톤이 진동하면 기름이 피스톤과 원통 사이의 구멍들을 통해 빠져나가며 피스톤의 진동을 감쇠시킨다. (b) 바퀴에 연결된 용수철 안에 충격 흡수장치가 들어 있는 형태의 자동차 현가장치.

13.6 감쇠 진동 Damped Oscillations

지금까지 논의한 진동 운동은 선형적인 복원력의 영향을 받으며 무한히 진동하는 이상적인 계에서 일어난다. 실제 역학계에서는 마찰력이 운동을 저지하므로 계는 무한히 진동하지 않는다. 시간이 지나면서 마찰은 계의 역학적 에너지를 감소시키는데, 이때 운동이 **감쇠**(damped)된다고 한다.

자동차의 충격 흡수장치(그림 13.16)는 이러한 감쇠 운동을 응용한 것이다. 충격 흡수장치는 기름과 같은 액체 속을 움직이는 피스톤으로 이루어져 있다. 장치의 윗부분은 차체에 단단히 연결되어 있다. 차가 도로 위의 과속 방지턱을 넘으면 피스톤의 구멍들 때문에 피스톤이 액체 속에서 감쇠하며 위아래로 움직이게 된다.

응용
충격 흡수장치

감쇠 운동은 사용된 액체에 영향을 받는다. 예를 들어, 액체의 점성이 낮으면 진동 운동은 어느 정도 유지가 되면서 점점 진폭이 작아지고 결국 운동은 멈추게 된다. 이러한 경우를 과소 감쇠 진동이라고 한다. 이러한 진동을 하는 물체의 위치–시간 그래프가 그림 13.17에 있다. 그림 13.18에서는 감쇠 진동의 세 가지 경우를 비교하고 있는데 곡선 (a)는 과소 감쇠 진동을 의미한다. 액체의 점성이 증가하면 물체는 진동하지 않고 재빨리 평형 상태로 돌아온다. 이러한 경우 계는 임계 감쇠한다고 하며, 그림 13.18의 곡선 (b)에 해당한다. 피스톤은 평형 위치를 넘어서는 일이 없이 가능한 가장 짧은 시간 동안에 평형 위치로 돌아온다. 액체의 점성이 훨씬 더 커지면 계는 과도 감쇠 상태가 된다. 이 경우 피스톤은 평형점을 넘어서는 일 없이 평형점으로 돌아오지만 걸리는 시간은 임계 감쇠의 경우보다 길다. 그림 13.18의 곡선 (c)에 해당한다.

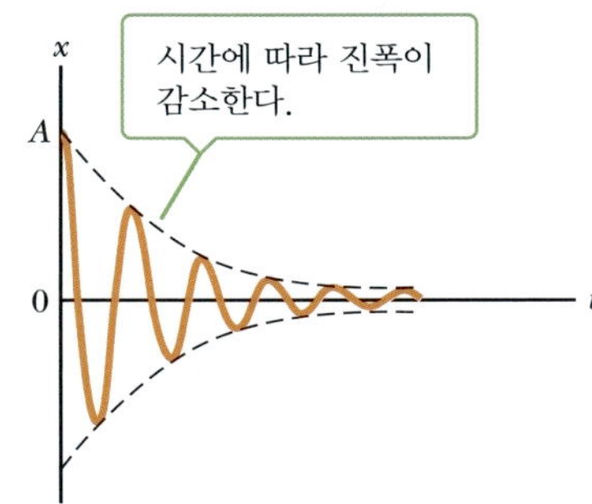

그림 13.17 과소 감쇠하는 진동자의 변위 대 시간 그래프

승차감을 좋게 하기 위하여 충격 흡수기는 약간 과소 감쇠하도록 설계되어 있다. 이는 차의 지붕을 아래로 강하게 눌러보면 알 수 있다. 누르는 힘을 없애면 차체는 평형점을 중심으로 몇 차례 진동하고 멈추게 된다.

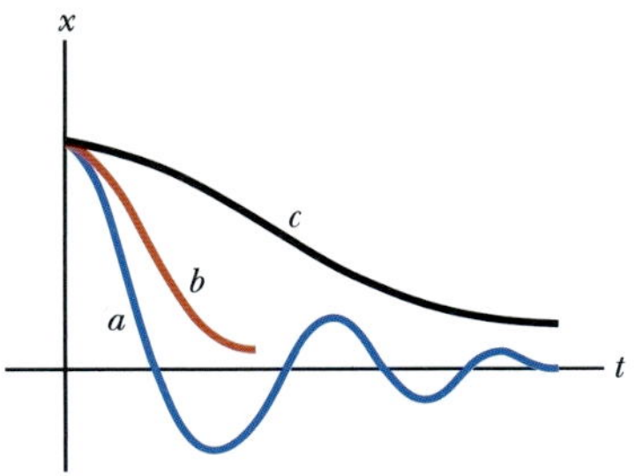

그림 13.18 (a) 과소 감쇠 진동자, (b) 임계 감쇠 진동자 및 (c) 과도 감쇠 진동자 각각에 대한 변위 대 시간 그래프

13.7 파동 Waves

세상은 음파, 줄 위에서의 파동, 지진파, 그리고 가시광선, 라디오파, 텔레비전 신호, X선 같은 전자기파 등의 온갖 종류의 파동으로 가득 차 있다. 이러한 모든 파동은 진동

타히티에서 파도타기 하는 사람이 거대한 파도에 도전하고 있다. 바다의 파도는 횡파와 종파가 섞여 있다.

하는 물체가 파원이므로 단조화운동의 개념을 적용하여 파동을 이해할 수 있다.

음파의 경우 사람의 성대나 퉁겨진 기타줄 등의 음원으로부터 발생한 진동이 파동을 만든다. 안테나에서 전자의 진동은 라디오파나 텔레비전파를 만들어 내고, 단순하게 위아래로 움직이는 손의 움직임은 줄에 파동을 만들어 낼 수 있다. 파동의 종류에 관계없이 어떠한 개념들은 모든 파에서 공통적으로 적용된다. 이 장의 남은 부분에서 파동의 일반적인 특성에 초점을 맞추기로 한다. 다음 장들에서는 음파나 전자기파와 같은 특별한 종류의 파동을 공부할 것이다.

13.7.1 파동이란 무엇인가? What is a Wave?

호수에 조약돌을 던지면 그때의 교란은 수면파를 만들고, 수면파는 조약돌이 물에 들어간 지점으로부터 멀어지며 퍼져 나간다. 교란의 주변에 떠 있는 나뭇잎은 본래 위치를 중심으로 위아래 그리고 앞뒤로 움직이지만 교란으로부터 더 멀어지지 않는다. 이것은 수면파(또는 교란)는 한 곳에서 다른 곳으로 이동하지만 물 자체가 수면파를 따라 움직이는 것은 아님을 의미한다.

수면파를 관찰할 때, 물 표면이 재배열되는 것을 볼 수 있다. 물이 없다면 파동도 없다. 마찬가지로 줄 위의 파동은 줄 없이는 존재할 수 없다. 음파는 위치에 따른 압력의 변화로 인해 공기 중에서 퍼져 나간다. 그러므로 교란의 운동이 파동이라고 할 수 있다. 21장에서는 매질을 필요로 하지 않는 전자기파에 대해서 공부하게 된다.

이 장에서 논의되는 역학적인 파동은 다음의 세 가지 요소 (1) 교란의 원천인 파원, (2) 교란을 일으킬 수 있는 매질, (3) 매질의 각 부분들이 서로 영향을 주고받을 수 있는 물리적인 메커니즘을 필요로 한다. 모든 파동은 에너지와 운동량을 전달한다. 매질을 통해 전달되는 에너지의 양과 에너지 전달의 메커니즘은 각 경우마다 다르다. 예를 들어, 폭풍이 불 때 파도에 의해 전달되는 에너지는 사람의 발성에 의한 음파가 전달하는 에너지에 비해 훨씬 크다.

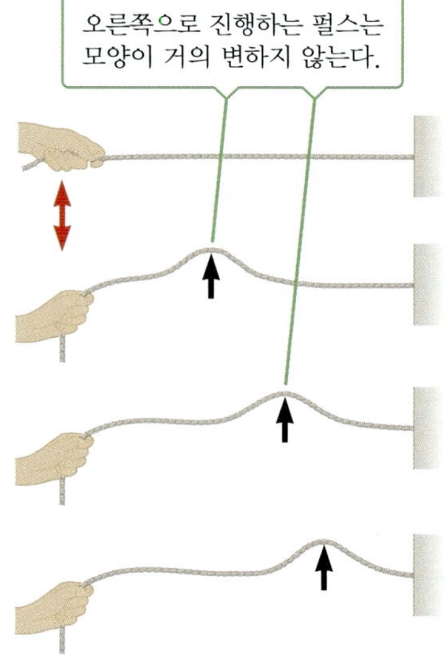

그림 13.19 팽팽한 줄 끝을 손으로 살짝 흔들면(빨간색 화살표) 줄을 따라서 펄스가 진행한다.

13.7.2 파동의 형태 Types of Waves

파동의 운동을 관찰하기 위한 간단한 방법 중의 하나는 그림 13.19와 같이 기다란 끈을 한쪽은 벽에 고정시키고 팽팽하게 잡은 상태에서 다른 쪽을 한 번 흔들어주는 것이다. 이때 생긴 융기(펄스라고 한다)는 유한한 속력으로 오른쪽으로 진행한다. 이런 종류의 교란을 **진행파**(traveling wave)라고 한다. 그림은 인접한 세 시점에서의 줄의 모양을 보여 준다.

파동 펄스가 줄을 따라 진행하면, **교란을 받게 된 줄의 각 부분은 파동의 이동 방향에 수직 방향으로 움직인다.** 그림 13.20은 줄의 작은 부분 P에서의 운동을 예로 든 것이다. 줄은 파동의 방향으로는 움직이지 않는다. 교란된 매질의 각 입자들이 파동의 속도와 수직 방향으로 움직이는 진행파를 **횡파**(transverse wave)라고 한다. 그림 13.21a는 긴 용수철에서 형성된 횡파를 보여 준다.

종파(longitudinal wave)라는 다른 종류의 파동에서는 **매질의 입자들이 파동의 진

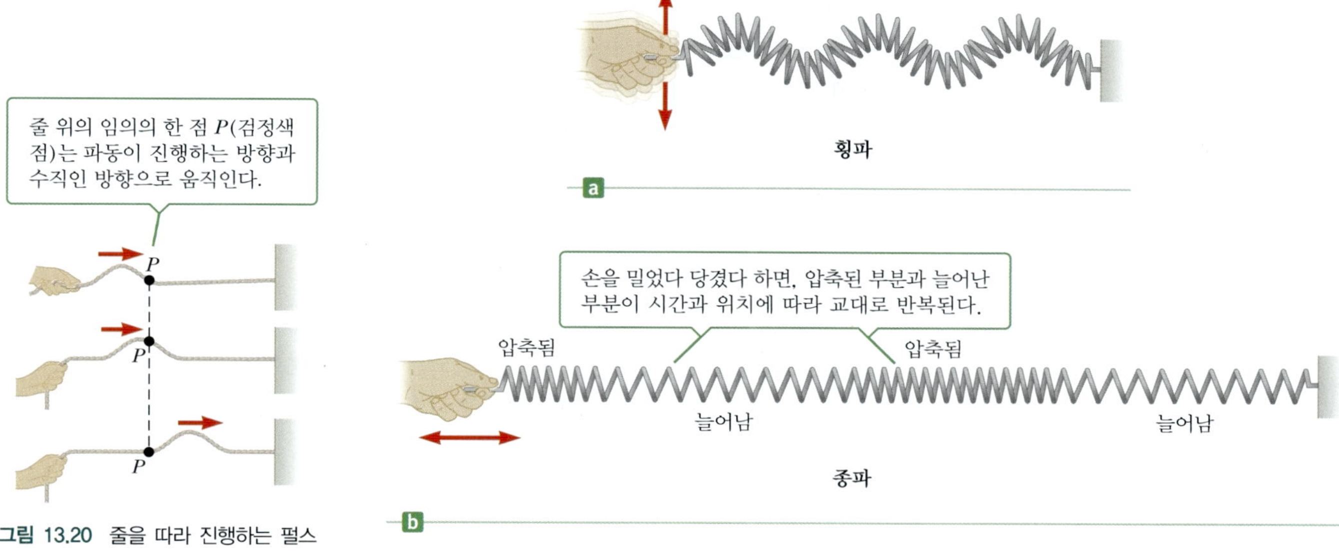

그림 13.20 줄을 따라 진행하는 펄스는 횡파이다.

그림 13.21 (a) 용수철의 한쪽 끝을 길이 방향에 수직으로 움직여 횡파를 만든다. (b) 팽팽한 용수철에서의 종파 펄스

행 방향에 나란한 방향으로 움직인다. 음파는 종파인데, 이때의 교란은 공기나 그 밖의 다른 매질을 일정한 속력으로 연이어 통과하는 높은 압력과 낮은 압력 영역에 해당한다. 종파는 그림 13.21b와 같이 늘어나 있는 용수철로 쉽게 만들 수 있다. 자유로운 끝 부분을 용수철 길이 방향으로 앞뒤로 밀었다 당겼다 하면 된다. 이 동작으로 코일이 압축되는 부분과 늘어나는 부분이 생기고, 이 부분들은 용수철을 따라 파동의 이동 방향과 나란하게 움직인다.

파동은 완전 종파이거나 완전 횡파일 필요는 없다. 예를 들어, 파도는 종파이자 횡파이다. 파도 위에 떠 있는 코르크 조각은 앞뒤 운동과 위아래 운동이 합쳐진 원운동의 형태이다.

또 다른 종류로 **솔리톤**(soliton)이라는 파동은 격리된 채 퍼져가는 고립된 파면을 가진다. 보통의 수면파는 점점 모양이 퍼지며 흩어져 없어지는 반면, 솔리톤은 모양을 유지하려는 경향이 있다. 솔리톤에 대한 연구는 1849년에 시작되었는데, 스코틀랜드의 공학자 러셀(John Scott Russell)이 바지선의 앞쪽에 난류를 남긴 채 독립적으로 앞으로 퍼져 나가는 고립 파동을 발견한 이후부터이다. 그 파동은 모양을 유지하며 운하를 약 10 mi/h의 속력으로 이동하였다. 러셀이 말을 타고 쫓아갔는데, 거리가 무려 2마일이나 되었다. 그러나 1960년대에 와서야 비로소 과학자들은 솔리톤의 중요성을 깨달았다. 지금은 입자물리에서부터 목성의 대적점(Giant Red Spot)에 이르는 다양한 물리 현상들을 설명하기 위해 솔리톤이 이용되고 있다.

13.7.3 파동의 모양 Picture of a Wave

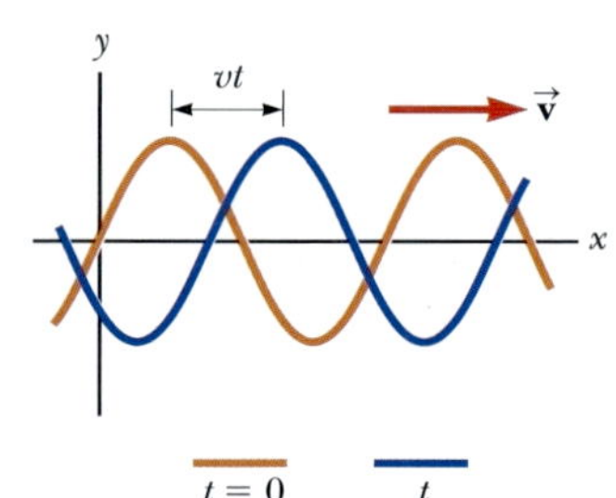

그림 13.22 속력 v로 오른쪽으로 진행하는 일차원 사인형 파동. 갈색 곡선은 $t=0$일 때의 스냅 사진이고, 파란색 곡선은 시간 t가 지난 후의 스냅 사진이다.

그림 13.22는 진동하는 줄의 모양을 보여 주고 있다. 이 모양은 단조화운동과 마찬가지로 사인형 곡선이다. 갈색 곡선은 진행파를 어느 순간($t=0$)에 찍은 스냅 사진으로 생각할 수 있고, 파란색 곡선은 같은 진행파를 시간이 좀 흐른 후 찍은 스냅 사진으로

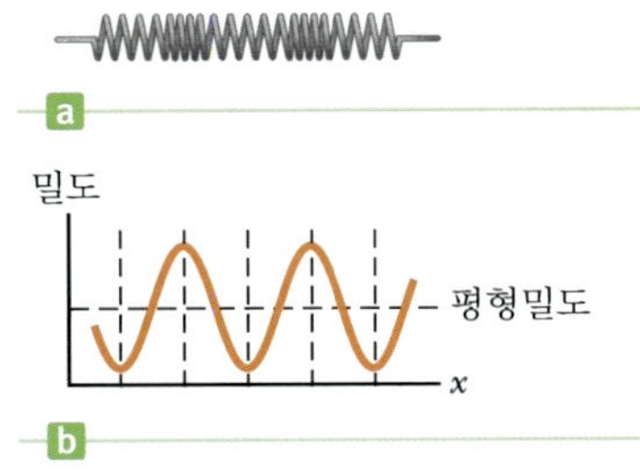

그림 13.23 (a) 용수철에서의 종파, (b) 곡선에서 마루는 용수철의 압축된 부분, 골은 용수철의 늘어난 부분에 해당한다.

생각할 수 있다. 또한 이 그림은 수면파를 나타낸다고 볼 수도 있다. 곡선의 맨 위 점은 수면파의 마루, 곡선의 맨 아래 점은 수면파의 골에 각각 해당한다.

위아래 움직임이 없는 종파를 기술하는 데에도 똑같은 파형을 사용할 수 있다. 용수철에서 진행하고 있는 종파를 생각해 보자. 그림 13.23a는 이 파동을 어느 순간에 찍은 스냅 사진이고, 그림 13.23b는 이 파동을 나타내는 사인형 곡선이다. 용수철의 코일들이 압축된 부분에 해당하는 것이 곡선의 마루이고, 늘어난 부분에 해당하는 것이 곡선의 골이다.

그림 13.23b의 곡선으로 나타낸 파동을 종종 밀도파 또는 압력파라고 한다. 용수철 코일들이 압축된 부분에 해당하는 마루는 밀도가 높은 부분이고, 용수철 코일들이 늘어난 부분에 해당하는 골은 밀도가 낮은 부분이기 때문이다. 음파는 고밀도, 저밀도 부분들이 연속으로 전파해 나가는 종파이다.

13.8 진동수, 진폭 및 파장 Frequency, Amplitude, and Wavelength

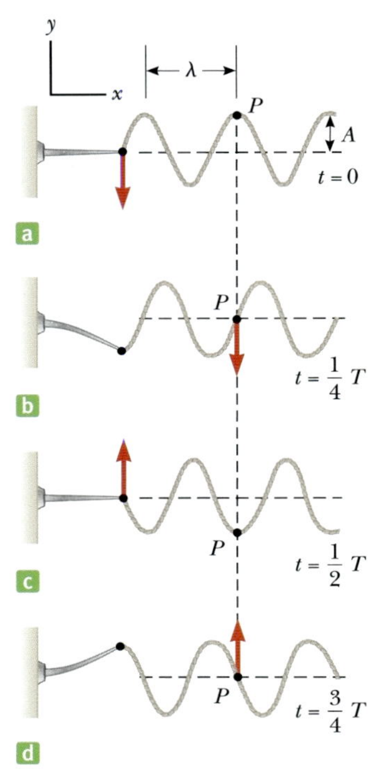

그림 13.24 줄에 진행파를 만드는 방법. 줄의 왼쪽 끝이 진동하는 날에 연결되어 있다. 줄의 각 부분은 점 P와 같이 수직으로 단조화운동을 하며 진동한다.

그림 13.24는 긴 줄에서 연속적인 파동이나 일련의 펄스들을 발생시키는 방법을 보여 준다. 줄의 한끝이 진동하는 날에 고정되어 있다. 날이 단조화운동을 하며 진동할 때, 줄에는 오른쪽으로 이동하는 진행파가 생긴다. 그림 13.24는 주기의 1/4 간격마다 본 파동의 모양이다. **그림의 P와 같이 줄의 각 작은 부분은 단조화운동을 하며 줄에 수직인 y 방향으로 진동한다.** 이는 각 부분들이 날의 단조화운동을 따르기 때문이다. 그러므로 줄의 각 부분들은 단조화 진동자로 취급될 수 있고, 진동수는 줄을 흔드는 날의 진동수와 같다.

이 교재에서는 낮은 진동수를 갖는 줄 위에서의 파동과 수면파에서부터 20 Hz와 20 000 Hz($1\ \text{Hz} = 1\ \text{s}^{-1}$) 사이의 진동수를 갖는 음파, 그리고 훨씬 큰 진동수를 갖는 전자기파에 이르기까지 다양한 파동을 다룬다. 이 파동들은 물리적인 원천이 모두 다르지만, 다 같은 개념으로 설명할 수 있다.

그림 13.24에서 점선은 파동이 없을 경우 줄의 위치를 나타낸다. 이 평형값으로부터 줄이 위 또는 아래로 가장 멀어질 때의 거리를 파동의 **진폭**(amplitude) A라고 한다. 이 책에서는 마루와 골의 진폭이 같은 경우만을 다룬다.

그림 13.24a는 파동의 또 다른 특성을 보여 준다. 수평 화살표는 똑같은 움직임을 갖는 이웃한 두 점들 사이의 거리를 나타내며, 이를 **파장**(wavelength) λ라고 한다.

정의된 물리량들을 이용해 파동의 속력을 표현할 수 있다. 먼저 **파동의 속력**(wave speed) v에 대한 식은

$$v = \frac{\Delta x}{\Delta t}$$

와 같이 정의된다. 파동의 속력은 파동의 특정 부분(예를 들어, 마루)이 매질을 통과해가는 속력이다.

파동은 진동의 한 주기에 해당하는 시간 동안 한 파장만큼의 거리를 진행한다. 따라

서 $\Delta x = \lambda$, $\Delta t = T$라고 놓으면,

$$v = \frac{\lambda}{T}$$

가 된다. 진동수는 주기의 역수이므로,

$$v = f\lambda \qquad [13.17]$$

◀ 파동의 속력

이다. 이 식은 음파, 전자기파 등 많은 종류의 파동에 적용되는 중요한 기본식이다.

예제 13.6 진행파

목표 그래프로부터 바로 파동에 관한 정보를 얻는다.

문제 그림 13.25는 $+x$ 방향으로 진행하는 파동을 보여 준다. 진동수가 8.00 Hz인 이 파동의 진폭, 파장, 속력 및 주기를 구하라. 그림 13.25에서 $\Delta x = 40.0$ cm, $\Delta y = 15.0$ cm이다.

전략 진폭과 파장은 그림으로부터 바로 얻을 수 있다. 최대 수직 변위가 진폭이고, 이웃하는 두 마루 사이의 거리가 파장이다. 파장과 진동수를 곱하면 속력이고, 주기는 진동수의 역수이다.

풀이

파동에서 최대 변위가 진폭 A이다.

$$A = \Delta y = 15.0 \text{ cm} = \boxed{0.150 \text{ m}}$$

마루와 마루 사이의 거리가 파장이다.

$$\lambda = \Delta x = 40.0 \text{ cm} = \boxed{0.400 \text{ m}}$$

파장과 진동수의 곱이 속력이다.

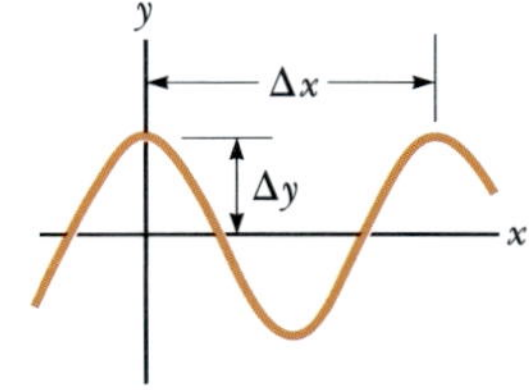

그림 13.25 (예제 13.6)

$$v = f\lambda = (8.00 \text{ Hz})(0.400 \text{ m}) = \boxed{3.20 \text{ m/s}}$$

진동수의 역수를 취해 주기를 얻는다.

$$T = \frac{1}{f} = \frac{1}{8.00 \text{ Hz}} = \boxed{0.125 \text{ s}}$$

참고 파동과 매질을 혼동하지 마라. 파동은 매질을 통해 전달되는 에너지이다. 빛(광파)과 같이 어떤 종류의 파동들은 매질이 필요 없다.

예제 13.7 소리와 빛

목표 간단한 계산을 통해 속력, 파장 및 진동수를 구한다.

문제 어떤 파동의 파장이 3.00 m이다. 이 파동이 **(a)** 음파인 경우와 **(b)** 빛인 경우에 대해 진동수를 구하라. 음파의 속력은 343 m/s, 빛의 속력은 3.00×10^8 m/s로 놓는다.

풀이

(a) $\lambda = 3.00$ m를 써서 소리의 진동수를 구한다.

식 13.17을 진동수에 대해 풀고 값을 대입한다.

$$f = \frac{v}{\lambda} = \frac{343 \text{ m/s}}{3.00 \text{ m}} = \boxed{114 \text{ Hz}} \qquad (1)$$

(b) $\lambda = 3.00$ m를 써서 빛의 진동수를 구한다.

빛의 속력 c를 식 (1)에 대입한다.

$$f = \frac{c}{\lambda} = \frac{3.00 \times 10^8 \text{ m/s}}{3.00 \text{ m}} = \boxed{1.00 \times 10^8 \text{ Hz}}$$

참고 큰 차이를 가지는 두 물리 현상에 같은 식을 적용하여 진동수를 구할 수 있다. 빛의 진동수가 음파의 진동수에 비해 얼마나 큰지에 주목하라.

13.9 줄에서의 파동의 속력 The Speed of Waves on Strings

이 절에서는 팽팽한 줄 위에서의 횡파에 대해 자세히 살펴보기로 한다.

진동하는 줄에서는 두 종류의 속력을 고려해야 한다. 하나는 줄에 수직 방향인 y 방향을 따라 위아래로 진동하는 줄의 속력이다. 다른 하나는 x 방향, 즉 줄의 길이 방향으로 전파해가는 교란의 속력인데, 이는 파동의 속력이다. 파동의 속력에 대한 표현식을 얻고자 한다.

팽팽한 수평줄을 수직으로 당겼다가 놓으면, 줄은 최대 변위 $y = A$로부터 출발해서 어느 정도의 시간 후 $y = -A$를 거쳐 다시 A로 되돌아온다. 이때 걸린 시간이 파동의 주기이며, 바로 이 시간 동안 파동은 한 파장만큼 수평으로 진행한다. 파장을 수직 방향 진동의 주기로 나누면 파동의 속력이 된다.

고정된 파장에 대해 줄에 걸린 장력 F가 더 크면 파동의 속력도 더 빨라진다. 진동의 주기는 더 짧아지는 반면, 파동은 여전히 한 파장을 이 주기 동안 진행하기 때문이다. 또한 단위 길이당 줄의 질량 μ가 클수록 진동은 더 천천히 일어나고, 따라서 주기가 길어지므로 파동의 속력은 느려진다. 파동의 속력은 다음 식으로 주어진다.

$$v = \sqrt{\frac{F}{\mu}} \qquad [13.18]$$

여기서 F는 줄에 걸린 장력이고 μ는 선밀도라고 하는 단위 길이당 줄의 질량이다. 예상대로 식 13.18은 장력 F가 크면 파동의 속력이 빠르고, 선밀도 μ가 크면 파동의 속력이 느림을 말해 준다.

식 13.18에 의하면 줄에서의 파동과 같은 역학적 파동의 전파 속력은 오로지 교란이 전파해 가는 줄의 특성에만 의존함을 알 수 있다. 전파 속력은 진폭에는 무관하다. 이는 모든 매질에서 성립하는 사실이다.

식 13.18을 수학적으로 유도할 수 있으나, 차원분석을 이용해서 쉽게 옳음을 증명할 수 있다. F의 차원은 $\mathrm{ML/T^2}$이고, μ의 차원은 M/L이다. 그러므로 F/μ의 차원은 $\mathrm{L^2/T^2}$이고, $\sqrt{F/\mu}$의 차원은 L/T로서 속력의 차원과 같다. F와 μ의 다른 어떤 조합도 속력의 차원이 될 수 없으므로, 장력과 선밀도만이 관련되는 이 경우에 있어 식 13.18은 옳을 수밖에 없다.

응용

베이스 기타의 줄

식 13.18에 의하면 줄에 걸린 장력을 증가시킴으로써 파동의 속력을 증가시킬 수 있다. 반면 줄의 길이당 질량을 증가시키면 속력이 감소한다. 이러한 물리적 사실 때문에 피아노와 기타의 베이스 현에 금속 줄을 감는 것이다. 금속 줄을 감으면 단위 길이당 질량이 커져서 파동의 속력이 작아지고, 이로 인해 진동수가 작아져서 낮은 톤의 소리가 난다. 줄을 정확한 진동수로 튜닝하는 것은 줄에 걸리는 장력을 조절하면 된다.

예제 13.8 줄을 따라 진행하는 펄스

목표 줄에서의 파동의 속력을 계산한다.

문제 질량 M이 0.030 0 kg이고 길이 L이 6.00 m인 균일한 줄이 있다. 질량 $m = 2.00$ kg인 벽돌을 매달아서 줄의 장력을 일정하게 유지한다(그림 13.26). **(a)** 줄에서의 횡파 펄스의 속력을 구하라. **(b)** 펄스가 벽에서 도르래까지 움직이는 데 걸리는 시간을 구하라. 도르래와 벽돌 사이 부분의 줄의 질량은 무시하기로 한다.

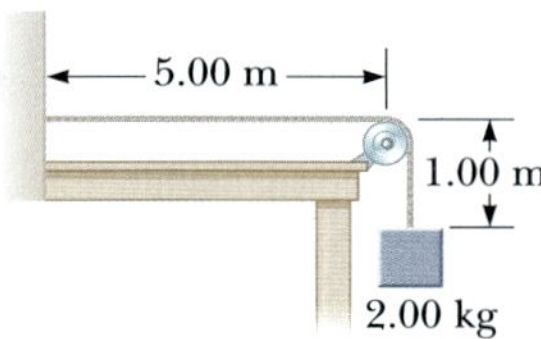

그림 13.26 (예제 13.8) 매달린 벽돌에 의해 줄의 장력 F는 일정하게 유지된다. 파동 속력은 $v = \sqrt{F/\mu}$이다.

전략 장력 F는 뉴턴의 제2법칙을 평형 상태의 벽돌에 적용하여 구하고, 단위 길이당 줄의 질량 $\mu = M/L$이다. 이 값들을 식 13.18에 대입하여 횡파 펄스의 속력을 구할 수 있다. (b)에서는 식 $d = vt$를 쓰면 된다.

풀이

(a) 펄스의 속력을 구한다.

뉴턴의 제2법칙을 벽돌에 적용한다. 장력 F는 중력과 크기가 같고 방향은 반대이다.

$$\sum F = F - mg = 0 \quad \rightarrow \quad F = mg$$

F와 μ에 대한 표현식을 식 13.18에 대입한다.

$$v = \sqrt{\frac{F}{\mu}} = \sqrt{\frac{mg}{M/L}}$$

$$= \sqrt{\frac{(2.00\text{ kg})(9.80\text{ m/s}^2)}{(0.030\,0\text{ kg})/(6.00\text{ m})}} = \sqrt{\frac{19.6\text{ N}}{0.005\,00\text{ kg/m}}}$$

$$= 62.6\text{ m/s}$$

(b) 펄스가 벽에서 도르래까지 움직이는 데 걸린 시간을 구한다.

변위에 관한 식을 시간에 대해 푼다.

$$t = \frac{d}{v} = \frac{5.00\text{ m}}{62.6\text{ m/s}} = 0.079\,9\text{ s}$$

참고 줄에서의 파동의 속력과 진동하는 줄이 만드는 음파의 속력을 혼동하지 않도록 한다(14장 참고).

13.10 파동의 간섭 Interference of Waves

두 개 이상의 파동이 동시에 같은 공간상의 지점을 통과할 때 흥미로운 자연 현상이 발생한다. **두 진행파는 상쇄되거나 변형됨이 없이 만나고 서로 통과해 지나갈 수 있다.** 예를 들어, 조약돌 두 개를 물에 던졌을 때 퍼져가는 두 원형파는 서로를 파괴하지 않는다. 오히려 물결은 서로를 통과해 간다. 마찬가지로 다른 음원에서 발생한 공기 중의 음파도 서로를 통과해 지나간다. 겹치는 부분에서의 합성 파동은 각각의 파동들을 합친 것이다. 여기에서 다음과 같은 **중첩의 원리**(superposition principle)가 적용된다.

> 두 개 이상의 진행파가 매질을 통해 이동하다가 만났을 때 생기는 합성파는 각 파동의 변위를 각 위치별로 모두 더한 것과 같다.

중첩의 원리는 각 파동이 작은 진폭을 가질 때에만 성립한다는 것이 실험적으로 밝혀졌다. 우리도 이러한 상황만을 고려하기로 한다.

그림 13.27a와 13.27b는 같은 진폭과 진동수를 갖는 두 파동을 보여 준다. 어떤 순간에 두 파동이 공간상의 같은 지점을 지난다면 그 순간의 합성 파동의 형태는 그림

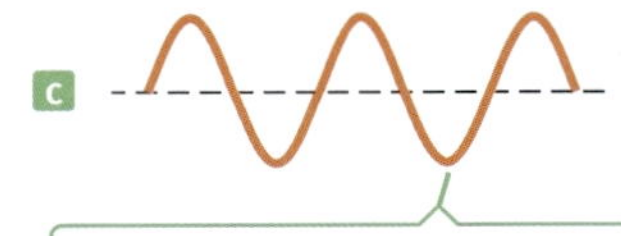

(a)와 (b)의 두 파동을 합성하면 진폭이 두 배인 파동이 된다.

그림 13.27 보강간섭. (a)와 (b)처럼 진동수와 진폭이 같은 두 파동의 위상이 같을 때, 두 파동이 합쳐져 생기는 합성파 (c)의 진동수는 각 파동의 진동수와 같으나 진폭은 각 파동의 진폭의 두 배가 된다.

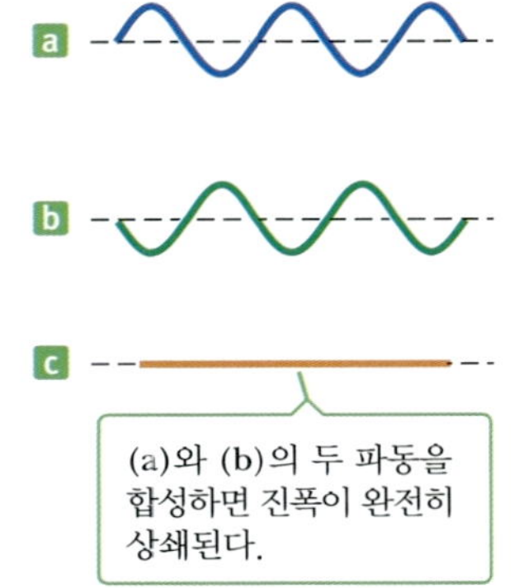

그림 13.28 상쇄간섭. (a)와 (b)의 두 파동은 진동수와 진폭이 같으나 파동의 위상이 180° 다르다.

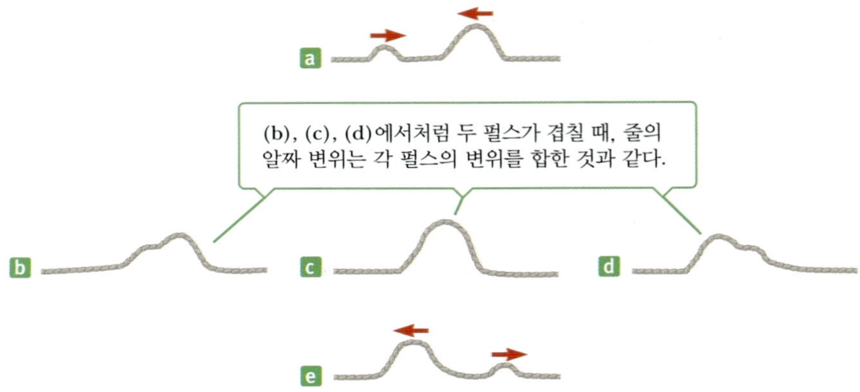

그림 13.30 팽팽한 줄에서 반대 방향으로 진행하는 두 파동 펄스가 서로를 통과해 지나간다.

그림 13.29 물 위에 떨어진 빗방울에 의해 퍼져 나가는 파동들이 만드는 간섭무늬.

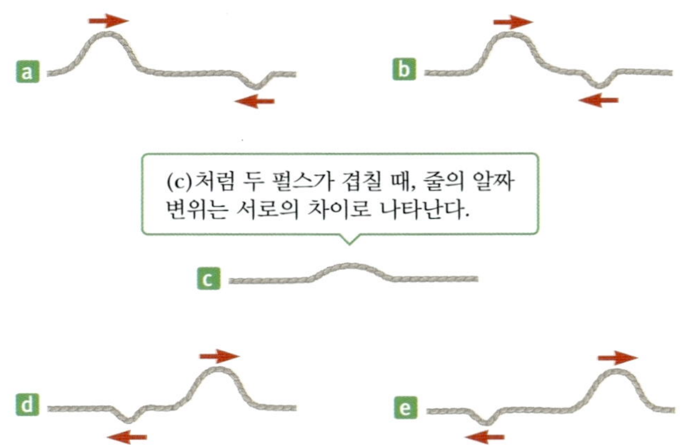

그림 13.31 서로 뒤집힌 변위로 반대 방향으로 진행하는 두 펄스

13.27c와 같다. 예를 들어, 이 파동이 진폭이 1 m인 수면파라고 하자. 두 파동이 만나서 마루는 마루끼리, 골은 골끼리 겹쳐지는 순간 합성파는 2 m의 진폭을 갖게 된다. 이 경우 두 파동의 위상이 같다고 하고, **보강간섭**(constructive interference)을 한다고 한다.

그림 13.28a와 그림 13.28b는 비슷한 파동을 보여 준다. 그러나 이 경우에는 한 파동의 마루가 다른 파동의 골과 일치하여 한쪽이 뒤집어진 상태이다. 두 파동의 합성파동은 그림 13.28c와 같이 완전히 상쇄된 상태다. 만일 이들이 수면파라면 한 파동은 각 물방울에 위쪽 방향으로 힘을 가하고 동시에 다른 파동은 아래쪽 방향으로 힘을 가할 것이다. 결과적으로 물은 전혀 움직이지 않을 것이다. 이와 같은 경우 두 파동은 180°의 위상차를 가진다고 하고, **상쇄간섭**(destructive interference)을 한다고 한다. 그림 13.29는 연못에 떨어진 물방울들이 만든 수면파의 간섭을 보여 준다.

그림 13.30은 팽팽한 줄을 따라 서로를 향해 진행하는 두 펄스의 보강간섭을, 그림 13.31은 두 펄스의 상쇄간섭을 보여 준다. 두 그림 모두 두 펄스가 통과한 후에는 마치 한 번도 만나지 않은 듯이 모양의 변화가 전혀 없음에 주목하라.

13.11 파동의 반사 Reflection of Waves

지금까지의 논의에서는 파동이 어떤 것에도 부딪히지 않고 무한히 움직인다고 가정하였지만, 실제로 그런 상황은 일어나기 힘들다. 진행하는 파동이 경계를 만나면 파동의 일부분 또는 전부가 반사한다. 예를 들어, 한쪽 끝이 고정된 줄에서 진행하는 펄스를 생각해 보자(그림 13.32). 벽에 부딪히면 펄스는 반사된다.

반사 펄스가 뒤집어지는 것에 유의하라. 이는 다음과 같이 설명할 수 있다. 펄스가 벽을 만나면 줄은 벽에 위쪽 방향으로 힘을 가한다. 뉴턴의 제3법칙에 의하면 벽은 크기가 같고 방향이 반대인(아래쪽으로) 힘을 줄에 가하게 된다. 이와 같이 아래쪽 방향의 힘이 반사 때 펄스를 뒤집어지게 하는 것이다.

이제 질량을 무시할 수 있는 줄의 끝이 기둥을 따라 마찰 없이 자유로이 움직일 수 있는 고리에 묶여 있고, 펄스가 줄의 끝에 도달했다고 하자(그림 13.33). 펄스는 여전히 반사되지만, 이 경우에는 뒤집어지지 않는다. 기둥에 도달하면 펄스는 고리에 힘을 가하여 위쪽으로 가속하게 만든다. 곧이어 고리는 줄에 걸린 장력의 아래쪽 방향 성분에 의해 본래 위치로 돌아오게 된다.

펄스가 줄의 자유로운 끝을 만났을 때 뒤집어지지 않고 반사되는 것은 수직으로 매달린 줄에서도 관찰할 수 있다. 줄의 끝에서 펄스는 그림 13.33에서와 마찬가지로 뒤집어지지 않고 반사된다.

마지막으로 경계에 도달한 펄스의 일부는 반사되고 일부는 경계를 넘어 새로운 매질로 전파해갈 수 있다. 이 현상은 밀도가 다른 두 종류의 줄이 이어져 있는 경계에서 관찰할 수 있다.

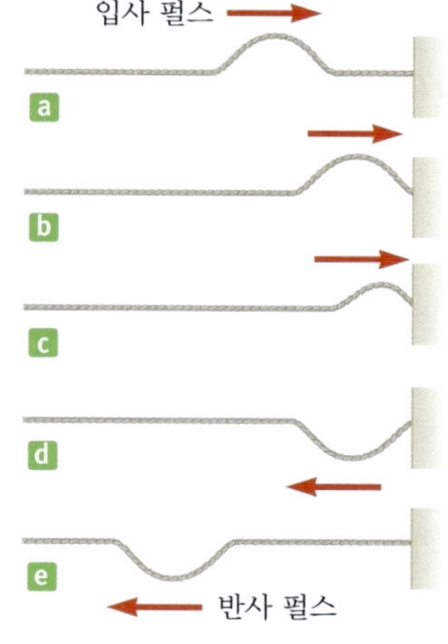

그림 13.32 팽팽한 줄의 고정된 끝에서 반사되는 진행파. 반사된 펄스는 모양은 그대로이나 뒤집어져 있다.

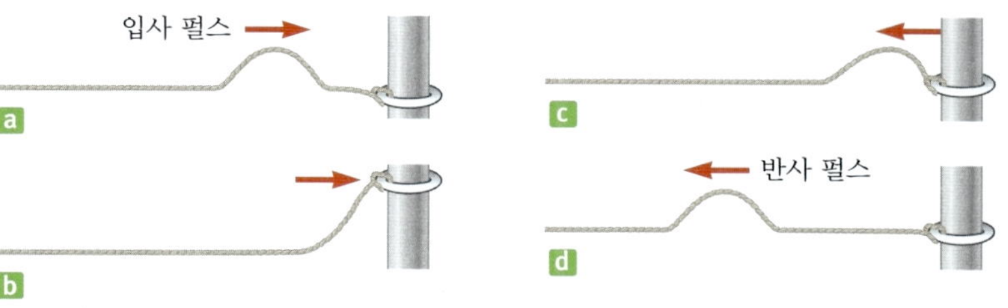

그림 13.33 팽팽한 줄의 자유로운 끝에서 반사되는 진행파. 이 경우 반사된 펄스는 뒤집어져 있지 않다.

연습문제

13.1 훅의 법칙

1(1). $m = 0.60$ kg인 물체가 용수철 상수가 130 N/m인 용수철에 붙어 있다. 물체와 바닥 사이의 마찰은 없다(그림 P13.1). 물체를 당겨 용수철이 $A = 0.13$ m 늘어난 상태에서 놓는다. (a) 물체에 작용하는 힘과 (b) 물체의 가속도를 구하라.

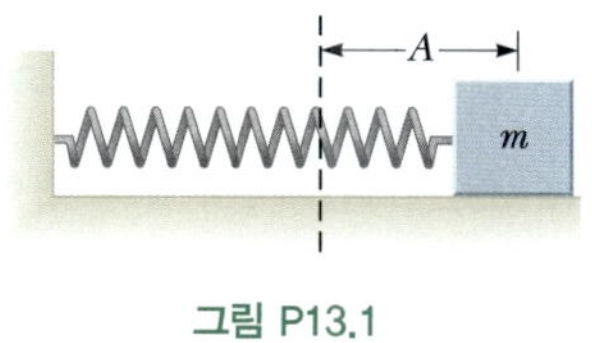

그림 P13.1

2(3). 어떤 용수철의 용수철 상수가 137 N/m이다. (a) 용수철이 늘어나지 않은 길이에서 4.80 cm 압축하는 데 필요한 힘과 (b) 늘어나지 않은 길이에서 7.36 cm 더 늘이는 데 필요한 힘을 구하라.

3(5). 생물학자가 질량이 0.725 kg인 샘플을 연직으로 매달린 용수철의 끝에 달았더니 그 용수철이 0.200 m 늘어났다. 그 용수철의 용수철 상수를 구하라.

4(7). 길이가 1.50 m이고 용수철 상수가 475 N/m인 용수철이 승강기의 천장에 매달려 있고 그 끝에 10.0 kg의 물체가 붙어 있다. (a) 물체가 천천히 평형점에 도달하면 늘어나는 길이는 얼마인가? (b) 승강기가 위로 2.00 m/s^{2}으로 가속된다면, (a)에서 구한 평형 위치를 $y=0$으로 놓고 위를 $+y$ 방향으로 정할 때 물체의 위치는 어떻게 되는가? (c) 승강기가 위로 가속되고 있는 중에 갑자기 줄이 끊어진다면, 자유낙하하는 승강기에 대한 물체의 운동은 어떻게 되는가? 운동의 주기는 얼마인가?

13.2 탄성 퍼텐셜 에너지

5(9). 돌을 담는 가벼운 가죽 컵으로 된 새총이 있다. 컵을 뒤로 당기면 평행한 두 고무줄이 늘어난다. 고무줄 하나를 1.0 cm 늘이는 데에는 15 N의 힘이 필요하다. (a) 50 g의 돌이 든 컵을 평형 위치로부터 0.200 m만큼 뒤로 당겼을 때 두 고무줄에 저장된 퍼텐셜 에너지는 얼마인가? (b) 새총에서 발사되는 돌의 속력은 얼마인가?

6(11). 그림 P13.6에서처럼 한 학생이 1.50 kg의 물체를 용수철 끝에서 0.125 m만큼 밀었다가 놓았다. 그 물체는 수평을 따라 되튀어 나와서 비탈을 따라 올라간다. 마찰을 무시한다면 그 물체가 비탈을 따라 올라가는 최대 높이를 구하라. 용수철 상수는 $k=575$ N/m이다.

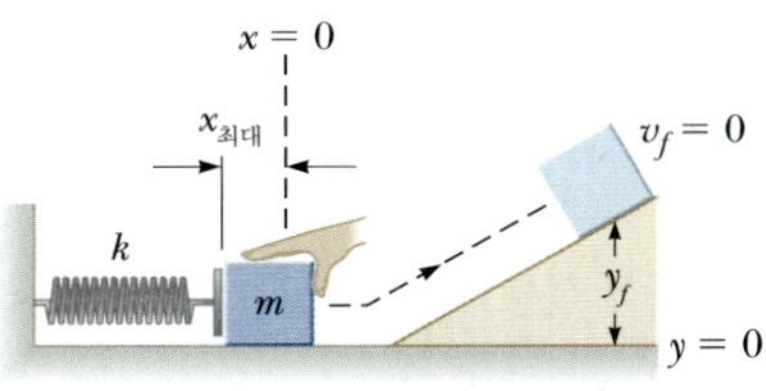

그림 P13.6

7(13). 10.0 g의 총알이 발사되어 용수철 상수가 19.6 N/m인 질량을 무시할 수 있는 용수철에 달린 2.00 kg의 벽돌에 박힌다. 벽돌에 닿기 직전 총알의 속력이 300. m/s이고 벽돌이 마찰이 없는 표면 위에서 미끄러진다면 용수철은 얼마나 압축되는가? 운동량의 보존 법칙을 이용해야 한다. 그 이유는 무엇일까? Note: 총알과 나무토막이 비탄성 충돌을 하므로 이 문제에서는 운동량 보존의 법칙을 사용해야 한다.

8(15). 마찰이 없는 수평면 위의 용수철에 매달린 물체의 총 운동에너지는 $E=47.0$ J이고 평형 위치로부터의 최대 변위는 0.240 m이다. (a) 용수철 상수는 얼마인가? (b) 평형점에서 그 계의 운동에너지는 얼마인가? (c) 물체의 최대 속력이 3.45 m/s라면 그 물체의 질량은 얼마인가? (d) 평형점으로부터의 변위가 0.160 m일 때 그 물체의 속력은 얼마인가? (e) $x=0.160$ m에서 그 물체의 운동에너지를 구하라. (f) $x=0.160$ m에서 그 물체의 퍼텐셜 에너지를 구하라. (g) 거친 표면 위에 있는 똑같은 장치가 $x=0.240$ m에서 정지 상태에 놓여 매달린 물체가 첫 번째 전환점($x=0$의 평형점을 지난 후)에 도달할 때 14.0 J의 에너지가 손실된다고 가정한다면 그 순간의 위치를 구하라.

13.3 단조화운동에서 진동의 속력과 관련된 개념

13.4 시간의 함수로서의 위치, 속도 및 가속도

9(17). 마찰이 없는 수평면 위에 놓인 2.00 kg의 물체가 용수철 상수가 425 N/m인 용수철에 매여 있다. 그 물체를 평형 위치로부터 8.00 cm 당긴 후 정지 상태에서 놓았다. 그 후 일어나는 진동에 대하여 (a)진폭, (b) 각진동수, (c) 진동수, (d) 주기를 구하라. 그 물체의 (e) 속도와 (f) 가속도의 최댓값은 얼마인가?

10(19). 시장에서 용수철 상수가 16.0 N/m인 용수철에 묶여 있는 바나나 한 송이가 진폭 20.0 cm로 진동하고 있다. 바나나 송이의 최대 속력이 40.0 cm/s로 관찰되었다. 바나나 송이의 무게는 몇 N인가?

11(21). 용수철 상수가 $k=8.50\times10^2$ N/m인 용수철이 수직 벽에 붙어서 수평으로 놓여 있다. 용수철에 붙은 물체는 질량 $m=1.00$ kg이고 바닥과의 마찰은 없다(그림 P13.11). (a) 용수철의 평형 위치에서 $x_i=6.00$ cm 되는 곳까지 물체를 당겨서 놓는다. 물체가 평형 위치에서 6.00 cm 늘어난 곳에 있을 때 용수철에 저장된 탄성 퍼텐셜 에너지를 구하라. (b) 물체가 평형 위치를 지날 때의 속력을 구하라. (c) 블록이 $x_i/2=3.00$ cm 되는 곳을 지날 때의 속력은 얼마인가?

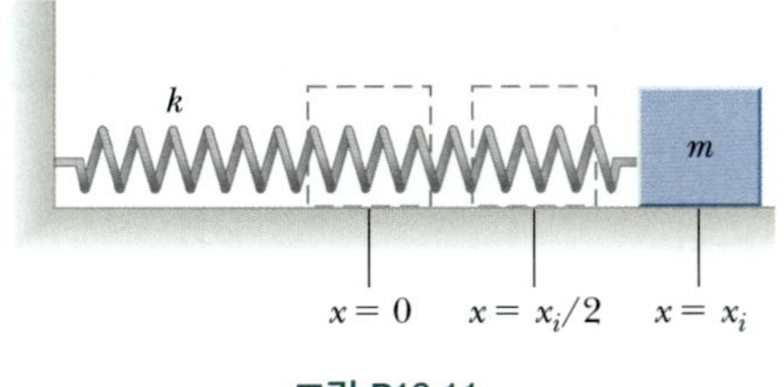

그림 P13.11

12(23). 그림 P13.12와 같이 생긴 피스톤 엔진에서 반지름이 $A=0.250$ m인 바퀴가 $\omega=12.0$ rad/s의 각진동수로 회전한다. $t=0$일때 피스톤의 위치는 $x=A$이다. $t=1.15$ s일 때 피

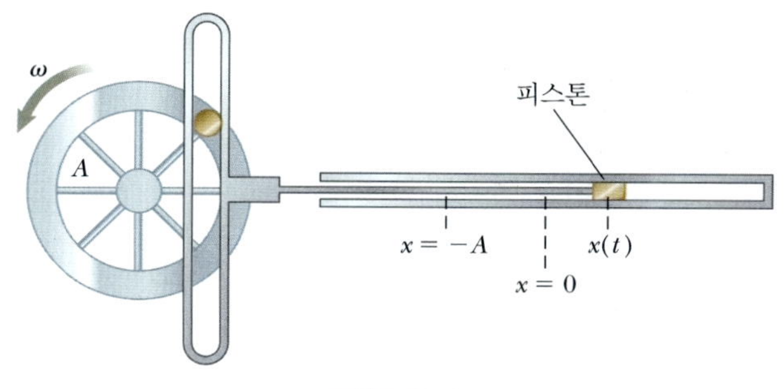

그림 P13.12

스톤의 (a) 위치, (b) 속도, (c) 가속도를 구하라.

13(25). 10. g의 물체를 매달면 용수철이 3.9 cm만큼 늘어난다. 그 물체 대신 25 g의 다른 물체를 매달아 단조화운동을 하도록 진동시켰다. 주기를 계산하라.

14(27). 용수철에 매달린 물체의 위치가 시간에 따라 $x = (5.2\text{ cm})\sin(8.0\,\pi t)$로 변한다. 이 운동의 (a) 주기, (b) 진동수, (c) 진폭을 구하라. (d) 그 물체가 $t = 0$ 이후 처음으로 $x = 2.6$ cm에 도달할 때의 시각을 구하라.

15(29). 326 g의 물체를 용수철에 달아 주기가 0.250 s인 단조화운동을 하게 하였다. 계의 전체 에너지가 5.83 J이라면, (a) 물체의 최대 속력, (b) 용수철 상수, (c) 진폭을 구하라.

16(31). 마찰이 없는 수평면 위에서 2.00 kg의 물체가 용수철 상수가 5.00 N/m인 용수철 끝에 달려 있다. 물체를 평형 위치로부터 3.00 m만큼 오른쪽으로 당겼다가 놓아서 단조화운동을 하게 하였다. (a) 물체를 놓은 뒤 3.50 s 후에 물체에 작용하는 힘(크기와 방향)은 무엇인가? (b) 물체는 3.50 s 동안 몇 번 진동하는가?

17(33). 시간에 대한 사인형 함수인 $x = A\cos(\omega t)$에 대해 v(속도)와 a(가속도)도 시간에 대한 사인형 함수임을 증명하라. 힌트: 식 13.6과 13.2를 사용하라.

13.5 진자의 운동

18(35). 길이가 52.0 cm인 단진자가 2.00분 동안에 82.0번 진동한다. (a) 진자의 주기와 (b) 진자가 있는 위치에서의 중력 가속도 g의 값을 구하라.

19(37). 어떤 시계는 $g = 9.800\text{ m/s}^2$인 곳에서 주기가 1.000 s가 되는 단진자와 정확하게 시간이 맞도록 만들어졌다. 그 진자의 길이는 $L = 0.248\,2$ m인데, 만일 하루에 1.500분이나 느리게 간다면 (a) 그 시계가 있는 곳에서의 중력 가속도는 얼마인가? (b) 그 시계가 제대로 작동하려면 진자의 길이를 얼마로 해야 하는가?

20(39). 화성에서의 자유낙하 가속도는 3.7 m/s^{2}이다. (a) 지구에서 주기가 1.0 s인 진자의 길이는 얼마인가? (b) 화성에서의 진자의 주기가 1.0 s가 되려면 길이는 얼마이어야 하는가? (c) 어떤 물체가 용수철 상수가 10.0 N/m인 용수철에 매달려 있다. 용수철의 진동 주기가 1.0 s가 되려면 (c) 지구에서와 (d) 화성에서 매달아야 할 물체의 질량을 각각 구하라.

13.7 파동

13.8 진동수, 진폭 및 파장

21(41). 그림 P13.21의 사인형 파동이 $+x$ 방향으로 진행하고 그 진동수는 18.0 Hz이다. (a) 진폭, (b) 파장, (c) 주기, (d) 파동의 속력을 구하라.

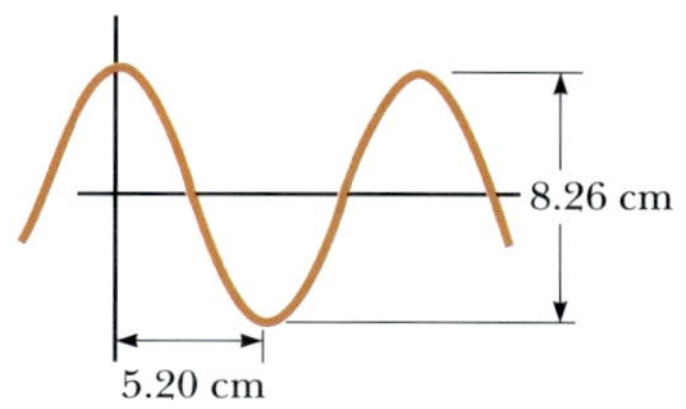

그림 P13.21

22(43). 빛은 3.00×10^8 m/s의 속력으로 진행하는 전자기파이다. 사람의 눈은 파장이 5.50×10^{-7} m인 빛에 가장 민감하다. 그에 해당하는 빛의 (a) 진동수와 (b) 주기를 구하라.

23(45). 조화 파동이 줄을 따라 진행하고 있다. 이 파동을 생성하는 진동자가 30.0 s 동안 40.0번 진동한다. 또한 파동은 줄을 따라 10.0 s 동안 425 cm를 진행한다. 파장은 얼마인가?

24(47). 관현악단에서 악기들을 조율할 때 1번 오보에를 기준으로 A음에 맞춘다. 베를린 필하모닉은 A음을 443 Hz에 맞추고 런던 필하모닉은 440 Hz에 맞춘다. 음속이 343 m/s로 일정하다면 이들 두 A음의 파장의 차이를 구하라.

13.9 줄에서의 파동의 속력

25(51). 단위 길이당 질량이 5.00×10^{-3} kg/m인 어떤 피아노 줄이 1 350 N의 장력을 받고 있다. 이 줄에서 진행하는 파동의 속력을 구하라.

26(53). 팽팽한 줄에 속력이 50.0 m/s인 횡파를 만들려고 한다. 길이 5.00 m, 질량 0.060 0 kg인 줄을 사용한다. (a) 필요한 줄의 장력은 얼마인가? (b) 장력이 8.00 N이라면 줄에서 파동의 속력은 얼마인가?

27(55). 질량 0.060 0 kg, 길이 L인 균일한 줄에 질량 5.00 kg의 공이 매달린 단진자가 있다. 단진자의 진동 주기가 2.00 s

라면 진자가 수직으로 있을 때 줄에서 진행하는 횡파의 속력은 얼마인가?

28(57). 그림 P13.28과 같이 줄의 장력을 일정하게 유지하였다. 매달린 추의 질량 $m = 3.00$ kg일 때 파동의 속력 $v = 24.0$ m/s이다. (a) 줄의 단위 길이당 질량은 얼마인가? (b) 추의 질량 $m = 2.00$ kg일 때 파동의 속력은 얼마인가?

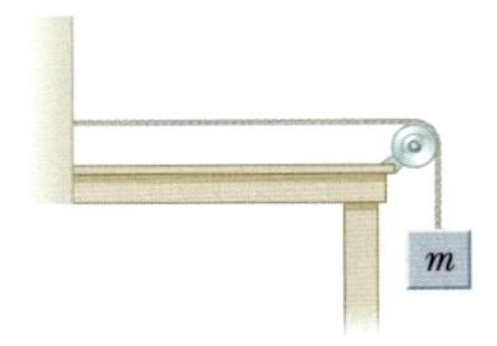

그림 P13.28

29(59). 두 전봇대 사이의 거리는 38.0 m이고 그 위의 질량이 2.65 kg인 전선에 걸린 장력은 12.5 N이다. (a) 그 선이 흔들려서 생기는 횡파의 속력은 얼마인가? (b) 그 선의 장력을 모른다면, 지상에 있는 전선 작업자가 장력을 알 수 있는 방법을 설명해 보라.

13.10 파동의 간섭

13.11 파동의 반사

30(61). 진폭이 0.30 m인 파동이 같은 방향으로 진행하는 진폭 0.20 m인 다른 파동과 간섭을 일으킨다. 합성파가 가질 수 있는 (a) 최대 진폭과 (b) 최소 진폭을 구하고 각각 어떤 조건에서 일어나는지를 설명하라.

종합문제

31(63). 질량이 2.00 kg인 물체가 연직으로 놓인 용수철에 매달려 0.600 s의 주기로 진동한다. 같은 용수철에 질량을 모르는 다른 물체가 매달렸을 때는 그 주기가 1.05 s이다. (a) 용수철 상수 k, (b) 다른 물체의 질량을 구하라.

32(65). 어떤 단진자의 질량이 1.20 kg이고 길이가 0.700 m이다. (a) 지구 표면에서 이 진자의 주기는 얼마인가? (b) 같은 질량을 용수철에 매달았을 때 (a)에서 구한 주기와 같은 주기를 갖는 용수철 진자가 있다면 그 용수철 상수는 얼마인가?

33(67). 3.00 kg의 물체가 가벼운 용수철에 고정되어 있고, 용수철 사이에 끈이 도르래 위를 지나가고 있다(그림 P13.33). 도르래는 마찰이 없고, 관성도 무시할 수 있다. 용수철이 늘어나지 않은 상태일 때 물체는 정지 상태에 놓인다. 물체가 멈추기 전까지 10.0 cm 내려올 때, (a) 용수철의 용수철 상수와 (b) 물체가 시작점보다 5.00 cm 아래를 지날 때의 속력을 구하라.

그림 P13.33

34(69). 큰 블록 P가 마찰이 없는 표면을 미끄러지면서 수평 단조화운동을 한다. 마찰이 없는 표면에서 진동수는 $f = 1.50$ Hz이다. 그림 P13.34와 같이 블록 B가 그 위에 놓여 있으며, 두 블록 사이의 정지 마찰 계수는 $\mu_s = 0.600$이다. 블록 B가 미끄러지지 않는다면 이 시스템이 진동할 수 있는 최대 진동 진폭은 얼마인가?

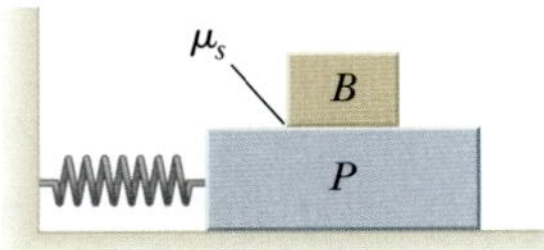

그림 P13.34

35(71). 밀도가 0.179 kg/m^{3}인 헬륨으로 채워진 가벼운 풍선을 길이 $L = 3.00$ m의 가벼운 줄에 묶었다. 줄은 땅에 묶여 '거꾸로 된' 단진자를 형성한다(그림 P13.35a). 그림 P13.35b와 같이 풍선이 평형 상태에서 약간 벗어난 경우, (a) 운동이 단조화운동임을 보이고 (b) 운동 주기를 구하라. 공기의 밀도는 1.29 kg/m^{3}로 가정한다. 힌트: 본문에서 논의된 단진자와의 비유를 사용하고 제9장의 내용을 참조하라.

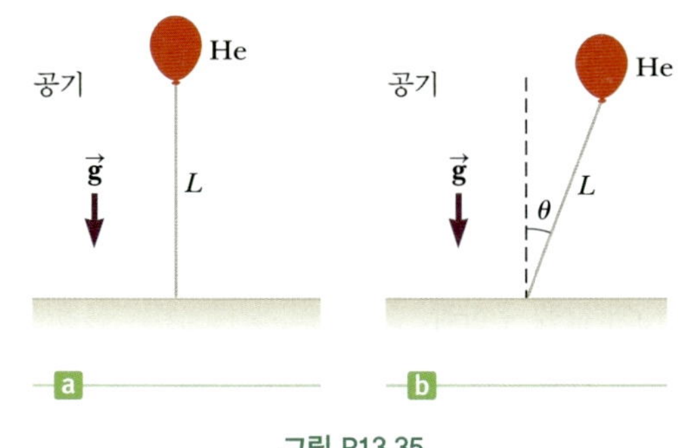

그림 P13.35

소리
Sound

CHAPTER 14

음파는 종파의 가장 중요한 예이다. 이 장에서는 음파의 특성에 관해 공부한다. 즉, 음파는 어떻게 생성되는지, 음파는 무엇인지, 음파가 어떻게 매질을 통하여 전파되는지를 논할 것이다. 그리고 음파가 서로 간섭을 일으킬 때 어떤 일이 발생하는지 알아본다. 이 장을 통해 소리를 듣는 과정을 이해하는 데 도움이 된다.

14.1 음파의 생성 Producing a Sound Wave

제트 엔진의 날카로운 굉음을 전달하든지, 아니면 가수의 감미로운 멜로디를 전달하든지, 소리가 전달되기 위해서는 어떠한 음파라도 진동체 내에 음원이 있어야 한다. 악기는 다양한 방법으로 소리를 낸다. 클라리넷은 리드를 진동시켜 소리를 내고, 북은 팽팽한 가죽, 피아노는 줄, 가수는 성대를 울려서 소리를 낸다.

음파는 공기와 같은 매질 속을 진행하는 종파이다. 어떻게 소리가 생성되는지를 알아보기 위해서, 단일 음색을 낼 때 흔히 쓰는 도구인 소리굽쇠에 대해서 살펴보자. 소리굽쇠는 두 개의 금속 가지로 이루어져 있으며 망치 등으로 치면 진동한다. 그림 14.1과 같이 진동 가지의 진동은 주위의 공기를 교란시킨다(그림 14.1에서는 이해를 돕기 위해 진동 가지의 진동을 실제보다 크게 그렸다). 그림 14.1a에 나타나 있는 것처럼 진동자가 오른쪽으로 치우칠 때, 그 운동 방향의 앞쪽의 공기 분자는 정상 상태일 때보다 강제적으로 서로 가까워진다. 이러한 높은 분자 밀도와 공기 압력을 갖는 영역을 **압축부**(compression)라고 한다. 이러한 압축 상태는 연못 속의 물결처럼 소리굽쇠로부터 멀리 퍼져 나가게 된다. 진동자가 왼쪽으로 치우칠 때는, 그림 14.1b와 같이 진동자의 오른쪽에 있는 분자들이 서로 멀어져서 이 영역의 공기 압력과 밀도가 정상 상태일 때보다 낮아지는데, 이러한 낮은 밀도의 영역을 **희박부**(rarefaction)라고 한다. 그림에서 희박부 오른쪽에 있는 분자들은 왼쪽으로 이동한다. 따라서 희박부 자체는 이전에 생성된 압축부를 따라 오른쪽으로 이동하게 된다.

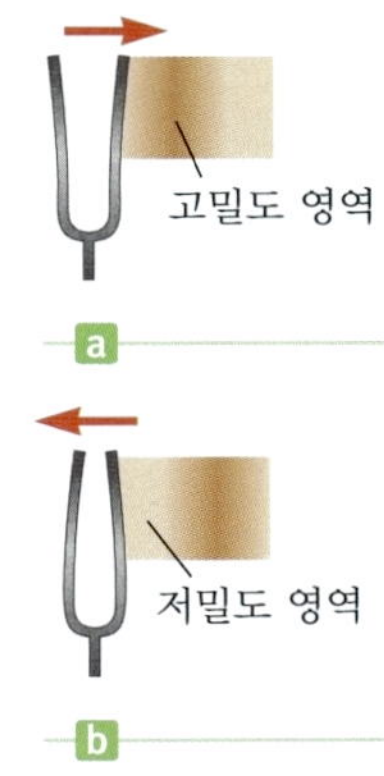

그림 14.1 진동하는 소리굽쇠. (a) 소리굽쇠의 오른쪽 진동 가지가 오른쪽으로 움직임에 따라, 공기의 고밀도 영역(압축부)이 진동 가지 운동의 정면에 형성된다. (b) 소리굽쇠의 오른쪽 진동 가지가 왼쪽으로 움직임에 따라, 공기의 저밀도 영역(희박부)이 소리굽쇠의 오른쪽에 형성된다.

소리굽쇠가 계속 진동함에 따라, 연속적으로 압축부와 희박부가 형성되어 소리굽쇠로부터 퍼져 나가게 된다. 그 결과 공기의 형태는 대략 그림 14.2a와 같이 된다. 그림 14.2b와 같이 음파를 나타내는 데 사인형 곡선을 이용할 수 있다. 음파의 압축부가 있는 곳에 사인파의 마루가 음파의 희박부가 있는 곳에 사인파의 골이 있다. 음파의 분자 운동은 원자와 분자의 불규칙한 열운동과 합쳐지기 때문에(259쪽 식 10.18), 기체 내에서의 음속은 대략 분자의 rms(제곱 평균 제곱근) 속력 정도가 된다.

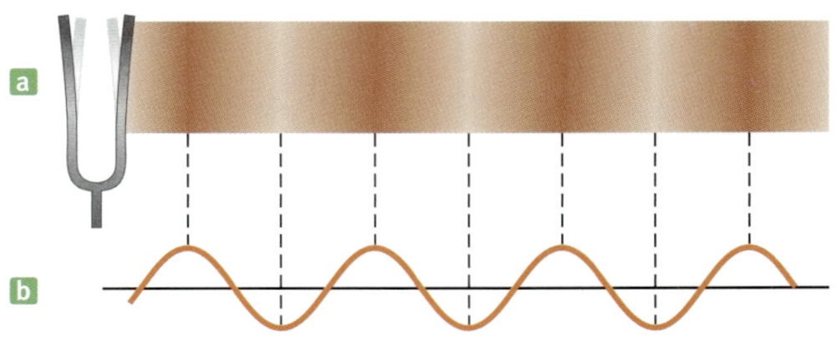

그림 14.2 (a) 소리굽쇠가 진동함에 따라 일련의 압축부와 희박부가 소리굽쇠로부터 퍼져 나간다. (b) 사인파의 마루는 압축부에 해당하며, 골은 희박부에 해당한다.

14.2 음파의 특성 Characteristics of Sound Waves

앞서 말한 바와 같이 진동하는 물체 근처에 있는 공기 분자의 일반적인 운동은 압축부와 희박부 사이를 앞뒤로 왕복하는 분자 운동이다. 교란의 방향으로 앞뒤로 왔다 갔다 하는 분자 운동은 종파의 특성이다. **종파에서 매질 입자의 운동은 파동이 진행하는 방향을 따라서 앞뒤로 왔다 갔다 하는 운동이다. 반면 횡파에서 매질의 진동은 파동이 진행하는 방향에 대해 수직한 방향으로 나타난다.**

14.2.1 음파의 분류 Categories of Sound Waves

음파는 진동수에 따라 세 가지로 나뉜다. **가청음파**(audible waves)는 인간의 귀로 느낄 수 있는 범위인 대략 20~20 000 Hz 영역 내의 진동수를 가진 종파이다. **초저주파**(infrasonic waves)는 가청 영역보다 낮은 진동수를 갖는 종파이며, 지진파가 그 예이다. **초음파**(ultrasonic waves)는 가청 진동수보다 큰 종파이다. 예를 들어, 어떤 종류의 호루라기는 초음파를 발생한다. 개를 비롯한 몇몇 동물들은 사람이 들을 수 없는 이러한 호루라기 소리를 들을 수 있다.

14.2.2 초음파의 응용 Applications of Ultrasound

응용
초음파의 의학적 사용

초음파는 진동수가 20 kHz를 넘는 음파이다. 초음파는 이러한 높은 진동수에 해당하는 짧은 파장을 가지고 있으므로 작은 물체의 영상을 생성하는 데 사용되며, 최근 진단용 의료기구나 일부 치료용 기구 등의 의학적 응용에 널리 쓰이고 있다. 초음파의 흡수와 반사에 의해 생성되는 영상을 통해 내부 장기를 진찰할 수 있다. 초음파는 X선 보다는 훨씬 안전하지만, 초음파에 의해 얻어진 영상은 X선보다는 선명하지 않다. 그러나 간이나 비장과 같은 특정 기관은 X선으로는 볼 수 없으나 초음파로는 볼 수 있다.

도플러 효과(14.6절 참고)를 이용하는 초음파 유속계로 인체의 혈류 속력을 잴 수 있다. 흐르는 혈액에 의해 산란된 음파의 진동수를 입사파의 진동수와 비교함으로써 혈류의 속력을 잴 수 있다.

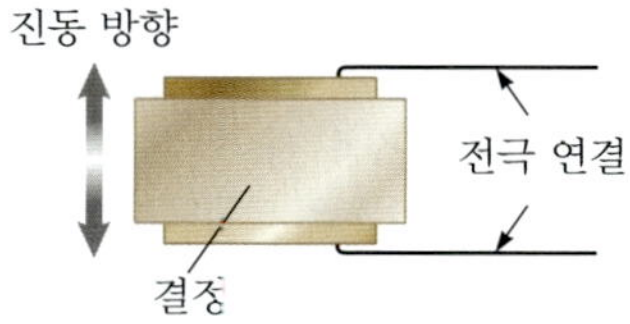

진동 방향
전극 연결
결정

그림 14.3 압전 결정의 양쪽 면에 교류 전압을 가하면 결정이 진동한다.

그림 14.3은 임상용 초음파를 만들기 위해 사용되는 기술을 나타낸 것이다. 수정체나 스트론튬 티탄산염과 같은 결정의 양쪽 면에 전극이 부착되어 있다. 만약 높은 진동수의 교류 전압이 이 전극에 인가되면 결정은 인가되는 교류 전압과 같은 진동수로 진동하며, 초음파의 빔을 방출한다. 한때는 이런 방법이 거의 모든 헤드폰에서 소리를

재생하는 데 사용되었다. 전기에너지를 역학적 에너지로 변환하는 이러한 방법을 **압전효과**(piezoelectric effect)라 하며, 이 변환은 가역적이다. 어떤 외부 원인에 의해 결정이 진동하면, 결정을 통해 교류 전압이 발생한다. 그러므로 단결정으로 초음파를 내거나 받을 수 있다.

초음파 영상을 만들어 내는 주요한 물리적 원리는 서로 다른 밀도를 갖는 두 물체의 경계면에 음파가 입사되면, 그중 일부가 반사되어 온다는 사실이다. 만약 음파가 밀도가 ρ_i인 물체 속에서 진행을 하다가 밀도가 ρ_t인 물체에 부딪혔다면, 반사파와 입사파의 비 PR은

$$PR = \left(\frac{\rho_i - \rho_t}{\rho_i + \rho_t}\right)^2 \times 100$$

으로 주어진다. 이 식은 입사된 음파가 경계면에 수직으로 입사되고, 음속이 두 물체에서 거의 같다고 가정한 것이다. 두 번째의 가정은 인체에 대해서는 매우 정확한데, 그 이유는 소리의 속력이 인체의 기관에서 거의 변하지 않기 때문이다.

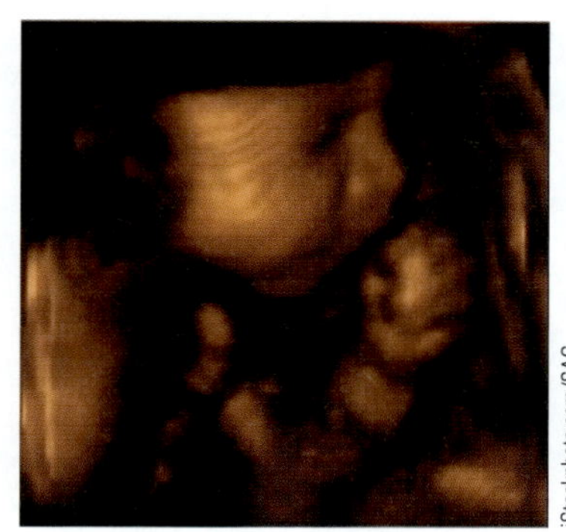

그림 14.4 자궁 내 태아의 초음파 영상

의사들은 일반적으로 태아를 관찰하기 위해서 초음파를 사용한다(그림 14.4). 이 기술은 세포에 과도한 에너지를 가해 선천적 결함을 유발할 수 있는 X선보다 훨씬 안전하다. 우선 산모의 복부에 미네랄 오일과 같은 액체를 바른다. 이렇게 하지 않으면 산모의 피부와 공기와의 경계면에서 초음파의 대부분이 반사된다. 미네랄 오일은 피부와 밀도가 거의 같아, $\rho_i \approx \rho_t$일 때 입사된 초음파의 아주 적은 양만 반사된다. 초음파 에너지는 연속파가 아니라 펄스로 방출되기 때문에, 송신기뿐만 아니라 수신기에도 같은 결정을 이용할 수 있다. 태아의 영상은 복부 위에 위치한 일련의 신호변환기를 이용하여 얻는다. 수신기에 모인 반사파는 전기 신호로 변환되고, 형광 스크린에 영상을 만든다. 자연 유산(조산)이나 거꾸로 위치한 태아의 분만 가능성과 같은 비정상적인 상태를 이러한 기술로 쉽게 발견할 수 있다. 척추 파열 등의 기형이나 뇌수종과 같은 치명적인 병들도 쉽게 발견할 수 있다.

응용

초음파 수술흡인기

초음파를 의학에 응용한 비교적 새로운 기술로는 초음파 수술흡인기(cavitron ultrasonic surgical aspirator, CUSA)가 있다. CUSA는 이전의 방법으로는 수술할 수 없었던 뇌종양을 수술로 제거할 수 있게 하였다. 이 기구의 탐침부 끝에서는 초음파(약 23 kHz)가 방출되는데, 탐침부 끝을 종양에 대면, 탐침부 근처의 종양은 분쇄되고 그 부스러기는 빈 관을 통해 흡입되어 제거된다. 이 기술을 이용하여, 신경외과 의사는 주위의 건강한 조직에 심각한 손상을 주지 않고 뇌종양을 제거할 수 있게 되었다.

응용

고강도 집속 초음파

초음파는 영상을 얻어내는 것뿐만 아니라 자궁근종이나 전립샘종양 등의 수술에도 사용되고 있다. 2009년 고강도 집속 초음파(high-intensity focused ultrasound, HIFU)를 이용한 치료법이 개발되어 피부를 절개하거나 두개골을 열지 않고도 뇌수술을 할 수 있게 되었다. 고강도의 초음파 에너지를 뇌 속의 작은 초점(병변)에 집속하여 고열을 발생시켜 조직을 태워 없애는 것이다. 그러한 과정 동안 환자는 약간의 따끔거림이나 현기증 때로는 경미한 두통 정도만 느낄 뿐이다. 환자의 머리가 과열되는 것을 방지하기 위해 냉각장치도 있어야 한다. HIFU는 종양과 주변 신경세포를 제거할 수

있으며, 파킨슨병과 뇌졸중을 치료하는 데 응용할 수도 있다. 또한 뇌의 특정 부위에 치료약을 집중시키기 위한 도구로써 HIFU가 사용될 수도 있다.

또한 초음파는 자연적으로 배출되기 힘든 너무 큰 신장 결석을 부수는 데 사용된다. 이전에는 외과 수술을 해 왔다.

응용

카메라용 초음파 거리 측정기

초음파의 또 다른 흥미로운 응용으로 카메라와 피사체 사이의 거리를 거의 순간적으로 측정할 수 있는 거리 측정기가 있다. 이 장치의 중심 소자는 스피커와 마이크 역할을 하는 고체 결정이다. 초음파 펄스가 변환기에서 사진을 찍을 물체로 전송된다. 그러면 물체에 의해서 신호의 일부가 반사되고, 이러한 반사파 신호를 검출기에서 검출한다. 음속은 잘 알려진 양이므로, 발신 펄스와 검출된 반사 펄스 사이의 시간 간격을 전자적으로 환산하여 거리로 변환한다.

14.3 음속 The Speed of Sound

액체나 기체 내에서의 음속은 매질의 압축률과 관성에 의해 결정된다. 유체의 부피 탄성률이 B이고 평균 밀도가 ρ라면, 음속은

유체 내에서의 음속 ▶

$$v = \sqrt{\frac{B}{\rho}} \qquad [14.1]$$

이다. 식 14.1은 기체에 대해서도 성립한다. 9장에서 부피 탄성률은 압력의 변화율 ΔP와 이에 대한 부피의 변화 $\Delta V/V$와의 비로 정의하였다. 즉,

$$B \equiv -\frac{\Delta P}{\Delta V/V} \qquad [14.2]$$

이때 B는 항상 양의 값을 갖는데, 이것은 압력이 증가하면(ΔP가 양) 부피가 감소하기 때문이다. 따라서 $\Delta P/\Delta V$의 비는 항상 음이다.

식 14.1과 13장에서 논의되었던 줄 위에서의 횡파의 속력 $v = \sqrt{F/\mu}$에 관한 식 13.18을 비교해 보면 매우 흥미로운데, 두 경우 모두 파동의 속력은 매질의 탄성(B 또는 F)과 매질의 관성(ρ 또는 μ)에 의존한다는 것을 알 수 있다. 사실 모든 역학적 파동의 속력은 다음과 같은 일반적인 형식을 따른다.

$$v = \sqrt{\frac{\text{탄성적 특성}}{\text{관성적 특성}}}$$

이 일반적인 형식에 대한 다른 예로 **고체 막대에서의 종파의 속력**

$$v = \sqrt{\frac{Y}{\rho}} \qquad [14.3]$$

를 들 수 있는데, 여기서 Y는 수직 방향의 변형력을 수직 방향의 변형으로 나눈 것으로 정의한 고체의 영률이고, ρ는 고체의 밀도이다.

표 14.1에 여러 가지 매질 내에서의 음속을 나열하였다. 여기서 볼 수 있듯이 음속은 기체에서보다 고체에서 훨씬 빠르다. 이것은 고체의 분자들이 기체의 분자들보다 더 촘촘히 응집되어 있어 교란을 더 빨리 전달하기 때문이다. 일반적으로 소리의 전달은 고체에서보다 액체에서 더 느린데, 이것은 액체의 압축성이 더 크고 부피 탄성률은 더 작기 때문이다. 공기에서보다 고체에서 소리의 전달이 더 빠르다는 것을 보여 주기 위해, 한 여학생이 철도 레일과 같은 긴 금속체의 한쪽에 귀를 대고 먼 거리에 있는 남자 친구가 해머로 레일을 치는 소리를 듣는다고 가정해 보자. 여학생은 소리를 두 번 듣는다. 첫 번째는 레일을 통하여 빠르게 전달되는 소리이고, 두 번째는 공기를 통해서 느리게 전달되는 소리이다.

음속은 또한 매질의 온도에 영향을 받는다. 공기를 통한 소리의 전달에 있어서 음속과 온도 사이의 관계는

$$v = (331\ \mathrm{m/s})\sqrt{\frac{T}{273\ \mathrm{K}}} \qquad [14.4]$$

이며, 여기서 331 m/s는 0°C일 때의 공기 중에서의 음속이며, T는 절대 온도이다. 이 식을 이용하면, 293 K(통상적 실온)의 공기 중에서의 음속은 대략 343 m/s임을 알 수 있다.

표 14.1 여러 매질에서의 음속

매질	v(m/s)
기체	
공기(0°C)	331
공기(100°C)	386
수소(0°C)	1 286
산소(0°C)	317
헬륨(0°C)	972
액체(25°C)	
물	1 493
메틸 알코올	1 143
바닷물	1 533
고체[a]	
알루미늄	6 420
구리(압연)	5 010
철	5 950
납(압연)	1 960
합성 고무	1 600

[a] 여기에 주어진 값들은 덩어리 재료에서 종파의 전파 속력이다. 가느다란 막대 모양의 재료일 경우 종파 속력이 더 작으며, 덩어리 재료에서는 횡파의 속력이 더 작다.

14.4 음파의 에너지와 세기 Energy and Intensity of Sound Waves

소리굽쇠의 진동 가지가 공기 중에서 앞뒤로 왔다 갔다 움직일 때, 진동 가지는 공기층에 힘을 가하여 공기층을 이동시킨다. 달리 표현하면 소리굽쇠의 진동 가지는 공기층에 일을 한다. 소리굽쇠가 음파의 형태로 공기 중으로 에너지를 방출한다는 사실은 소리굽쇠의 진동이 천천히 소멸되는 이유들 중의 하나이다. (다른 요소들, 즉 진동 가지가 움직이면서 생기는 마찰에 의한 에너지 손실 또한 운동의 소멸에 영향을 미친다.)

파동의 **세기**(intensity) I는 초당 파동이 나아가는 방향에 수직인 넓이 A를 지나가는 에너지양 $\Delta E/\Delta t$로 정의한다.

$$I \equiv \frac{1}{A}\frac{\Delta E}{\Delta t} \qquad [14.5]$$

여기서 에너지 흐름의 방향은 모든 점에서 표면에 수직이다.

SI 단위: 와트/제곱미터(W/m²)

에너지의 전달률이 일률이므로, 식 14.5는 다른 형태로 다음과 같이 정리할 수 있다.

$$I \equiv \frac{\text{일률}}{\text{넓이}} = \frac{P}{A} \qquad [14.6]$$

◀ 파동의 세기

여기서 P는 표면을 지나는 음파의 일률이며, 단위는 와트(W)이므로 소리의 세기는 W/m^2의 단위를 가진다.

인간의 귀가 1 000 Hz의 진동수에서 감지할 수 있는 가장 약한 소리는 1×10^{-12} W/m^2의 세기를 갖는데, 이 세기를 **가청 문턱**(threshold of hearing)이라고 한다. 귀가 통증 없이 들을 수 있는 가장 큰 소리의 세기는 약 1 W/m^2[**고통 문턱**(threshold of pain)]이다. 가청 문턱에서 귀의 내부 압력은 정상적인 대기압보다 약 3×10^{-5} Pa 만큼 증가한다. 대기압이 약 1×10^5 Pa이기 때문에, 이것은 귀가 약 $\frac{3}{10^{10}}$ 정도의 압력 변화도 감지할 수 있다는 것을 의미한다. 또한 가청 문턱에서 공기 분자의 최대 변위는 약 1×10^{-11} m이다. 이것은 매우 작은 값이다. 만약 분자의 지름(대략 10^{-10} m)과 비교한다면, 귀가 음파에 대하여 얼마나 민감한 감지기인지를 알 수 있다.

마찬가지로 1 000 Hz에서 인간의 귀가 견딜 수 있는 가장 큰 소리는 정상 대기압으로부터 약 29 Pa의 압력 변화에 반응할 수 있고, 이는 또한 공기 분자의 최대 변위가 1×10^{-5} m 되는 것에 해당한다.

데시벨 단위의 세기 준위

앞서 말한 바와 같이 인간의 귀는 매우 광범위한 영역의 세기를 감지할 수 있다. 들을 수 있는 가장 약한 음파의 세기보다 약 1.0×10^{12}배 큰 소리까지 감지할 수 있다. 그러나 가장 큰 소리가 가장 약한 소리보다 약 1.0×10^{12}배만큼 크게 들리는 것은 아니다. 인간의 귀에 있어서 소리의 세기는 대략 로그 함수적으로 지각되기 때문이다. 소리의 상대적인 세기를 **세기 준위**(intensity level) 또는 **데시벨 준위**(decibel level) β라 하고 다음과 같이 정의한다.

세기 준위 ▶

$$\beta \equiv 10 \log\left(\frac{I}{I_0}\right) \qquad [14.7]$$

Tip 14.1 세기와 세기 준위

세기와 세기 준위를 혼동하지 마라. 세기는 제곱미터당 와트 단위를 사용하는 물리량이고, 세기 준위 혹은 데시벨 준위는 세기를 로그 눈금으로 수학적으로 변환한 것이다.

여기서 상수 $I_0 = 1.0 \times 10^{-12}$ W/m^2는 기준 세기로 정상적인 가청 문턱의 세기이고, I는 임의의 세기이며, β는 데시벨(dB)로 측정한 세기 준위가 된다. [bel의 1/10이란 뜻을 가진 decibel(데시벨)이란 용어는 전화기를 발명한 벨(Alexander Graham Bell, 1847~1922)의 이름에서 따온 것이다].

다양한 데시벨 준위에 대한 감각을 얻기 위해, $I = 1.0 \times 10^{-12}$ W/m^2을 시작으로 식 14.7에 몇 가지 대표적인 값들을 대입해 본다.

$$\beta = 10 \log\left(\frac{1.0 \times 10^{-12}\ \mathrm{W/m^2}}{1.0 \times 10^{-12}\ \mathrm{W/m^2}}\right) = 10 \log(1) = 0\ \mathrm{dB}$$

이 결과로부터 데시벨 단위에서 영이 되는 값을 선택하면 인간이 들을 수 있는 가청 문턱의 하한선을 알 수 있다. 열 배씩 큰 소리는

$$\beta = 10 \log\left(\frac{1.0 \times 10^{-11}\ \mathrm{W/m^2}}{1.0 \times 10^{-12}\ \mathrm{W/m^2}}\right) = 10 \log(10) = 10\ \mathrm{dB}$$

$$\beta = 10 \log \left(\frac{1.0 \times 10^{-10}\ \text{W/m}^2}{1.0 \times 10^{-12}\ \text{W/m}^2} \right) = 10 \log (100) = 20\ \text{dB}$$

이 된다. 이 답들의 패턴에 주목하라. 데시벨의 단위로 10 dB의 증가는 소리의 세기가 10배 크다는 것을 의미한다. 예를 들어, 50 dB의 소리는 40 dB의 소리 세기의 10배이고, 60 dB은 40 dB 소리의 100배이다.

고통 문턱($I = 1.0\ \text{W/m}^2$)은 데시벨 단위로 $\beta = 10 \log(1/1 \times 10^{-12}) = 10 \log(10^{12}) = 120$ dB의 세기 준위에 해당한다. 제트 비행기는 세기 준위 150 dB의 소리를 내며, 지하철과 리벳을 박는 장치의 세기 준위는 각각 90 dB과 100 dB이다. 록 음악 공연장의 증폭된 소리는 고통 문턱인 120 dB의 세기 준위까지 도달할 수 있다. 이와 같이 높은 세기 준위에 노출되는 것은 귀에 심각한 손상을 입힐 수 있다. 90 dB 이상의 세기 준위에 장시간 노출될 경우 항상 소음 방지용 귀마개를 착용하는 것이 좋다. 대부분의 도시와 산업 현장에서의 소음 공해가 고혈압, 불안, 신경과민을 일으킬 수 있다는 최근의 실험 결과들이 발표되고 있다. 표 14.2는 다양한 세기 준위를 나타낸 것이다.

표 14.2 여러 음원에 대한 데시벨 단위의 세기 준위

음원	β(dB)
제트기 주변	150
착암기, 기관총	130
사이렌, 록 콘서트	120
지하철, 제초기	100
분주한 거리	80
진공청소기	70
보통의 대화	50
모기 소리	40
속삭임	30
나뭇잎의 바삭거림	10
가청 하한	0

예제 14.1 연마기의 소음

목표 소리의 세기를 와트와 데시벨로 나타낸다.

문제 공장에서 연마기가 $1.00 \times 10^{-5}\ \text{W/m}^2$의 소음을 낸다. **(a)** 이 기계의 세기 준위를 구하라. **(b)** 그리고 동일한 기계가 한 대 더 공장에 설치될 경우 세기 준위를 구하라. **(c)** 두 기계 옆에 같은 기계를 몇 대 더 설치하여 동시에 작동시켜서 내는 세기 준위가 77.0 dB일 때 소리 세기를 구하라.

전략 **(a)**와 **(b)**는 데시벨 공식인 식 14.7에 대입하는 것이 필요하고, **(b)**의 소리 세기는 **(a)**의 두 배이다. **(c)**는 데시벨 단위의 세기 준위가 주어졌고, 단위 넓이당 세기를 얻기 위해 로그 함수를 역으로 사용해야 한다.

풀이

(a) 한 연마기의 세기 준위를 계산한다.

세기를 데시벨 식에 대입한다.

$$\beta = 10 \log \left(\frac{1.00 \times 10^{-5}\ \text{W/m}^2}{1.00 \times 10^{-12}\ \text{W/m}^2} \right) = 10 \log (10^7)$$

$$= 70.0\ \text{dB}$$

(b) 연마기가 한 대 더 추가된 경우의 세기 준위를 계산한다.

(a)의 세기의 두 배를 데시벨 식에 대입한다.

$$\beta = 10 \log \left(\frac{2.00 \times 10^{-5}\ \text{W/m}^2}{1.00 \times 10^{-12}\ \text{W/m}^2} \right) = 73.0\ \text{dB}$$

(c) 77.0 dB의 세기 준위에 해당하는 세기를 구한다.

77.0 dB를 데시벨 식에 대입하고 양변을 10으로 나눈다.

$$\beta = 77.0\ \text{dB} = 10 \log \left(\frac{I}{I_0} \right)$$

$$7.70 = \log \left(\frac{I}{10^{-12}\ \text{W/m}^2} \right)$$

양변에 10의 지수를 취한다. 우변은 기초적인 상용 로그의 정의에 따라 $10^{\log u} = u$이다.

$$10^{7.70} = 5.01 \times 10^7 = \frac{I}{1.00 \times 10^{-12}\ \text{W/m}^2}$$

$$I = 5.01 \times 10^{-5}\ \text{W/m}^2$$

참고 답은 연마기 한 대 세기의 다섯 배이다. 따라서 **(c)**에서는 동일한 다섯 대의 기계가 동시에 작동한 것이다. 세기 준위의 로그 함수적인 성질 때문에 세기가 크게 변해도 세기 준위는 작게 변한다.

응용
소음 준위에 대한 OSHA 규정

현재 미국 직업안정위생관리국[1] 규정은 사무실 또는 공장의 근로자들이 평균 85 dB 이상의 소음 준위에 하루 8시간 이상 노출되지 않도록 규제하고 있다. 여러분이 공장의 소음을 분석하는 공장의 관리자라고 상상해 보라. 좋은 뉴스는 공장의 한 기계가 70 dB의 소음 준위를 만든다고 했을 때, 두 번째 기계를 추가하면 소음 준위는 단 3 dB만 증가한다. 왜냐하면 세기 함수의 로그 함수적인 성질은 그 세기가 두 배가 된다고 해서 세기 준위가 두 배가 되지는 않기 때문이다. 사실 그것은 놀라울 정도로 작은 양만큼 세기 준위를 변화시킨 것이다. 이것은 별다른 세기 준위의 변화 없이 공장에 추가 장비를 설치할 수 있다는 것을 의미한다.

이제 나쁜 뉴스를 살펴보자. 이 결과는 또한 역으로도 작용한다는 것이다. 시끄러운 기계를 제거할지라도 그 세기 준위는 감지할 수 있을 정도로 낮아지지 않는다.

14.5 구면파와 평면파 Spherical and Plane Waves

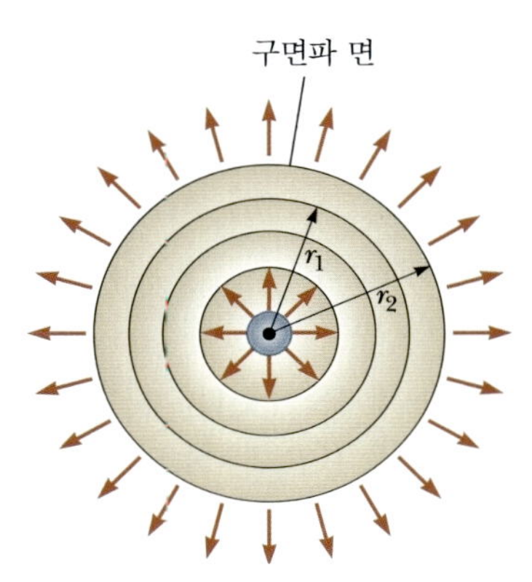

그림 14.5 진동하는 구로부터 지름 방향으로 바깥쪽으로 전파되는 구면파. 파의 세기는 $1/r^2$로 변한다.

작은 구형 물체의 반지름이 주기적으로 변하는 진동을 하면, 구면의 음파가 발생한다(그림 14.5). 구면파는 일정한 속력으로 파원으로부터 바깥쪽으로 퍼져 나간다.

진동하는 구의 모든 점에서 같은 방법으로 행동하므로 구면파의 에너지는 모든 방향으로 균일하게 퍼져 나간다고 결론내릴 수 있다. 즉, 어떤 방향도 다른 방향보다 더 많은 에너지를 전파할 수 없다. 만약 $P_{\text{평균}}$이 파원으로부터 방출되는 평균 일률이고 매질에서 흡수되는 에너지가 없다고 가정하면, 일률은 파원으로부터 임의의 거리 r만큼 떨어진 곳에서 구의 겉넓이 $4\pi r^2$에 걸쳐 균일하게 분산되어 있어야만 한다(구의 겉넓이가 $4\pi r^2$이라는 것을 상기하라). 그러므로 파원으로부터 거리 r에서의 소리 **세기**(intensity)는 다음과 같이 주어진다.

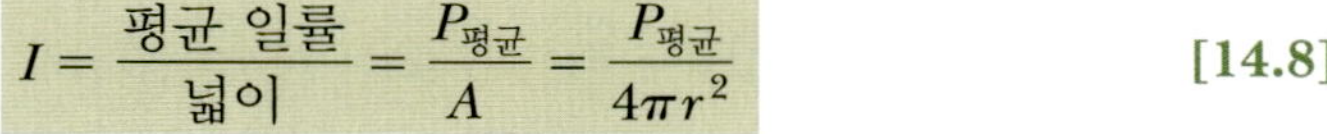

$$I = \frac{\text{평균 일률}}{\text{넓이}} = \frac{P_{\text{평균}}}{A} = \frac{P_{\text{평균}}}{4\pi r^2} \qquad [14.8]$$

이것은 예상했던 대로 파원으로부터의 거리가 증가함에 따라 파동의 세기가 감소함을 의미한다. I가 $1/r^2$로 변한다는 사실은 작은 파원[때때로 **점 파원**(point source)이라고 부르는]이 구면파를 방출한다는 가정으로부터 생기는 결과이다(실제로 빛도 역시 역제곱의 관계를 따른다). 평균 일률은 파원을 중심으로 한 모든 구 표면에서 동일하기 때문에, 파원의 중심으로부터 r_1과 r_2의 거리에서의 세기가

$$I_1 = \frac{P_{\text{평균}}}{4\pi r_1^2} \quad \text{및} \quad I_2 = \frac{P_{\text{평균}}}{4\pi r_2^2}$$

임을 알 수 있다(그림 14.5). 따라서 두 구 표면에서 세기의 비는 다음과 같다.

$$\frac{I_1}{I_2} = \frac{r_2^2}{r_1^2} \qquad [14.9]$$

[1] Occupational Safety and Health Administration, OSHA

구면파를 그림 14.6과 같이 구면의 일부를 대표하는 파원과 중심이 같은 일련의 원호들(최대 세기의 선들)로 이루어진 그래프로 나타내는 것이 유용하다. 이와 같은 원호를 **파면**(wave front)이라고 한다. 이웃한 파면 사이의 거리는 파장 λ와 같다. 파원으로부터 바깥으로 향하고 원호에 수직인 지름 방향의 선을 **파선**(rays)이라고 한다.

이제 그림 14.7과 같이 파원으로부터 먼 거리에 있는(λ에 비해 상대적으로 큰) 파면의 일부분을 보자. 이 경우 파선들은 서로 다른 파선들과 거의 평행이다. 그리고 파면들은 평면에 가깝다. 그러므로 상대적으로 파장에 비해 파원으로부터 먼 거리에 있을 때, 평행한 평면들로 구성된 파면을 생각할 수 있다. 이와 같은 파를 **평면파**(plane waves)라 한다. 파원으로부터 멀리 떨어진 구면파의 임의의 작은 부분은 평면파로 생각할 수 있다. 그림 14.8은 x축을 따라 전파하는 평면파를 보인 것이다. 이 그림에서 $+x$ 방향을 파동 운동(또는 파선)의 방향으로 잡는다면, 이때 파면은 y와 z축으로 이루어진 평면에 평행이다.

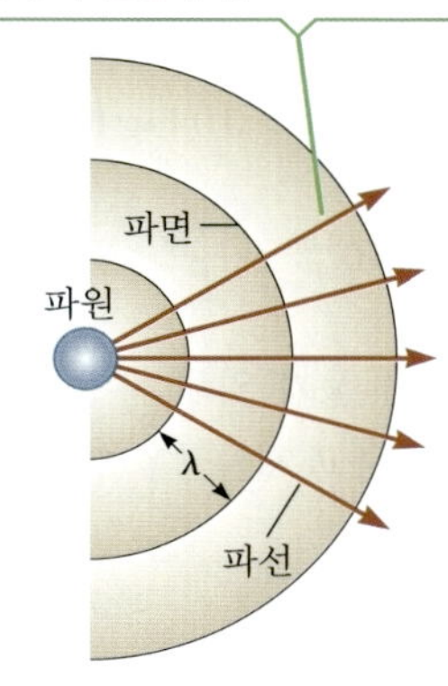

그림 14.6 점 파원으로부터 방출되는 구면파. 원호는 음원을 중심으로 하는 파면을 나타낸다.

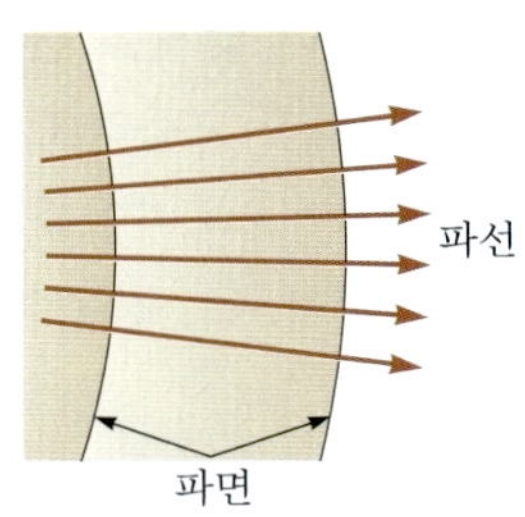

그림 14.7 점 파원으로부터 멀리 떨어진 파면은 거의 평행인 평면들이고, 파선은 평면에 수직인 평행선들이다. 그러므로 구면파의 파면의 작은 조각은 근사적으로 평면파이다.

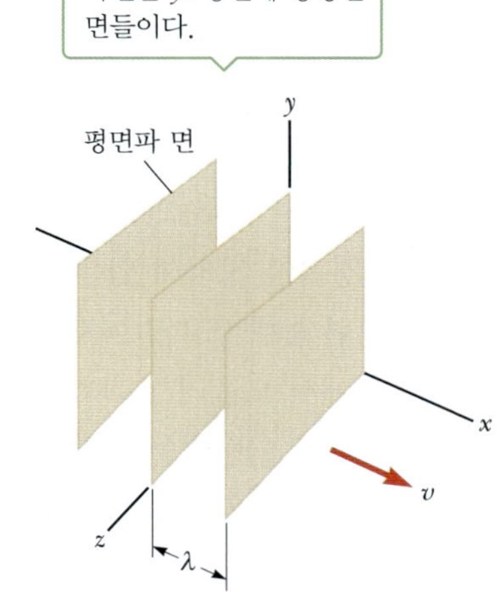

그림 14.8 속력 v로 $+x$ 방향으로 진행하는 평면파의 파면

예제 14.2 점 파원의 세기 변화

목표 소리 세기와 점 파원으로부터 거리의 관계를 이해한다.

문제 작은 음원이 80.0 W의 출력 일률로 음파를 방출한다. **(a)** 음원으로부터 3.00 m 떨어진 곳에서 세기를 구하라. **(b)** 음원에서 $r = 3.00$ m 떨어진 곳의 세기의 1/4인 곳을 찾아라. **(c)** 세기 준위가 40.0 dB인 점의 거리를 구하라.

전략 음원은 작으므로 구면파로 방출되고 **(a)**에서 세기는 식 14.8에 값을 대입하여 구할 수 있다. **(b)** 주어진 값을 이용하여 식 14.8(식 14.9에 대입해도 된다)을 r에 대해 푼다. **(c)** 소리 세기 준위로부터 세기는 식 14.7을 사용해 W/m^2으로 변환한 다음에 식 14.9에 대입하여(식 14.8에 대입해도 된다) r_2에 대해 푼다.

풀이

(a) 음원으로부터 3.00 m 떨어진 곳의 세기를 구한다.

$P_{평균} = 80.0$ W와 $r = 3.00$ m를 식 14.8에 대입한다.

$$I = \frac{P_{평균}}{4\pi r^2} = \frac{80.0\ \text{W}}{4\pi(3.00\ \text{m})^2} = \boxed{0.707\ \text{W/m}^2}$$

(b) 음원에서 $r = 3.00$ m 떨어진 곳의 세기의 1/4인 곳을 찾는다.

$I = (0.707\ \text{W/m}^2)/4$인 곳의 거리를 r이라고 하고 식 14.8에 대입한다.

$$r = \left(\frac{P_{평균}}{4\pi I}\right)^{1/2} = \left[\frac{80.0\ \text{W}}{4\pi(0.707\ \text{W/m}^2)/4.0}\right]^{1/2} = \boxed{6.00\ \text{m}}$$

(c) 세기 준위가 40.0 dB인 점의 거리를 구한다.

식 14.7을 이용하여 세기 준위 40.0 dB를 W/m^{2}의 세기로 바꾼다.

$$40.0 = 10 \log\left(\frac{I}{I_0}\right) \quad \rightarrow \quad 4.00 = \log\left(\frac{I}{I_0}\right)$$

$$10^{4.00} = \frac{I}{I_0} \quad \rightarrow \quad I = 10^{4.00} I_0 = 1.00 \times 10^{-8}\ \text{W/m}^2$$

$r_2{}^2$을 풀기 위해 식 14.9에 앞에서 구한 I의 값과 **(a)**의 결과를 대입하고 제곱근을 취한다.

$$\frac{I_1}{I_2} = \frac{r_2{}^2}{r_1{}^2} \quad \rightarrow \quad r_2{}^2 = r_1{}^2 \frac{I_1}{I_2}$$

$$r_2{}^2 = (3.00\ \text{m})^2 \left(\frac{0.707\ \text{W/m}^2}{1.00 \times 10^{-8}\ \text{W/m}^2}\right)$$

$$r_2 = \boxed{2.52 \times 10^4\ \text{m}}$$

참고 파원으로부터 어떤 거리에 있는 위치의 세기를 알고 있다면 어떤 다른 장소에서의 세기를 구하기 위해 식 14.8을 이용하는 것보다 식 14.9를 이용하는 것이 더 쉽다. 이것은 **(b)**에 대해 식 14.9를 이용하면 이전 세기의 1/4배의 세기는 두 배의 거리임을 나타낸다.

14.6 도플러 효과 The Doppler Effect

만약 자동차나 트럭이 달리면서 경적을 울리면, 사람이 듣는 소리의 진동수는 가까이 다가오는 자동차의 경우 더 높게, 멀어지는 자동차의 경우 더 낮게 들린다. 이것은 도플러 효과의 한 예로, 이 현상을 발견한 오스트리아 물리학자 도플러(Christian Doppler, 1803~1853)의 이름을 따서 명명되었다. 만약 우리가 오토바이를 타고 달리고 있고, 경적이 정지해 있는 경우에도 동일한 효과가 나타난다. 즉, 진동수는 음원에 가까워지면 높아지고 멀어지면 낮아진다.

주로 음파에서 도플러 효과가 가장 많이 나타나지만, 이것은 빛을 포함한 모든 파동들에서 나타나는 일반적인 현상이다.

도플러 효과를 유도할 때 공기가 정지해 있고, 모든 속력은 정지된 매질에 대해 상대적으로 측정된다고 가정한다. 관측자의 속력은 v_O, 음원의 속력은 v_S, 음속은 v이다.

14.6.1 경우 1: 정지한 음원에 대해 관측자가 움직이는 경우 Case 1: The Observer Is Moving Relative to a Stationary Source

그림 14.9는 관측자가 정지해 있는($v_S = 0$) 음원을 향해 v_O의 속력으로 움직이는 상황을 나타낸다.

음원의 진동수를 f_S, 파장을 λ_S, 공기 중에서의 음속을 v라 하자. 관측자와 음원 둘 다 정지해 있다면, 명백하게 관측자는 초당 f_S개의 파면을 감지할 것이다(즉, $v_O = 0$이고 $v_S = 0$일 때 관측된 진동수 f_O는 음원의 진동수 f_S와 같다). 관측자가 음원을 향해 움직일 때, t초 동안 $v_O t$의 거리를 움직인다. 이 시간 동안 **관측자는 파면을 더 많이 감지하게 된다.** 추가로 감지한 파면의 수는 움직인 거리 $v_O t$를 파장 λ_S로 나눈 값과 같다. 따라서

$$\text{추가로 감지한 파면의 수} = \frac{v_O t}{\lambda_S}$$

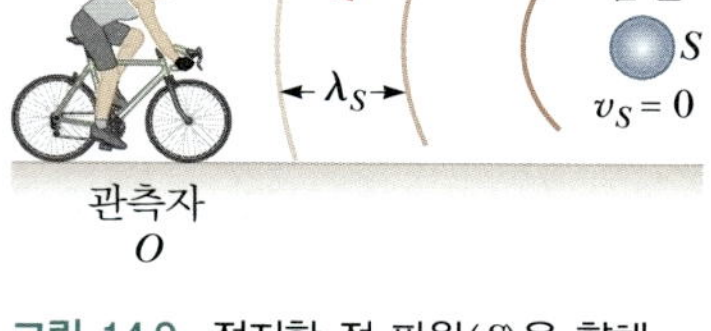

그림 14.9 정지한 점 파원(S)을 향해 v_O의 속력으로 움직이는 관측자는 음원의 진동수 f_S보다 더 높은 진동수 f_O를 듣는다.

가 된다. 이것을 시간 t로 나누면 초당 추가로 감지하는 파면의 수는 v_O/λ_S가 된다. 따라서 관측자가 듣는 진동수 f_O는 다음과 같이 증가한다.

$$f_O = f_S + \frac{v_O}{\lambda_S}$$

$\lambda_S = v/f_S$를 f_O에 대한 식에 대입하면, 다음 식이 얻어진다.

$$f_O = f_S\left(\frac{v + v_O}{v}\right) \qquad [14.10]$$

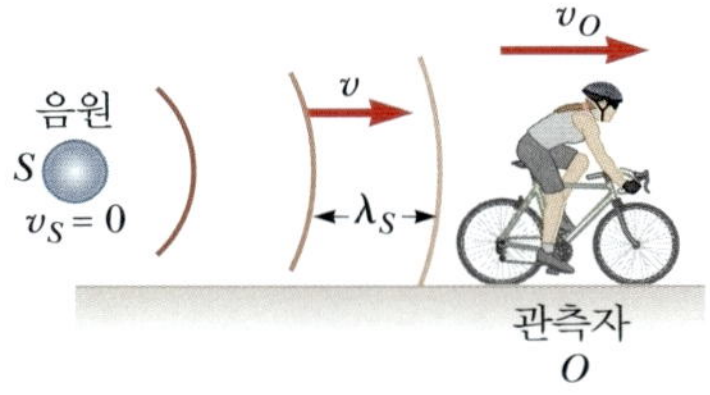

그림 14.10 정지한 음원(S)에서 v_O의 속력으로 멀어지고 있는 관측자는 음원의 진동수 f_S보다 더 낮은 진동수 f_O를 듣는다.

그림 14.10과 같이 정지한 음원으로부터 멀어져가는 관측자는 초당 감지하는 파면의 수가 감소한다. 식 14.10과 동일한 결과를 얻을 수 있으나 분자가 $v - v_O$이다. 따라서 관측자가 음원으로부터 멀어질 때, 식 14.10에서 v_O 대신 $-v_O$을 대입한다.

14.6.2 경우 2: 정지한 관측자에 대해 움직이는 음원

Case 2: The Source Is Moving Relative to a Stationary Observer

이제 그림 14.11과 같이 정지한 관측자를 향해 음원이 움직이는 경우를 생각해 보자. 이 경우 음원이 바깥쪽으로 진행하는 파동의 방향으로 움직이고 있기 때문에, 관측자 A가 듣는 파면 사이가 더 가깝다. 그 결과 관측자 A가 측정하는 파장 λ_O는 정지한 음원의 파장 λ_S보다 더 짧다. 주기 T의 간격으로 각 진동이 계속되는 동안, 음원은 $v_S T = v_S/f_S$의 거리를 움직이고 **파장은 이 거리만큼 짧아진다.** 그러므로 관측되는 파장은

$$\lambda_O = \lambda_S - \frac{v_S}{f_S}$$

로 주어진다. $\lambda_S = v/f_S$이기 때문에 A가 듣는 진동수는

$$f_O = \frac{v}{\lambda_O} = \frac{v}{\lambda_S - \dfrac{v_S}{f_S}} = \frac{v}{\dfrac{v}{f_S} - \dfrac{v_S}{f_S}}$$

즉

Tip 14.2 도플러 효과는 거리와 무관하다.

관측자에게 일정한 속력으로 접근하는 음원으로부터 나오는 소리는 세기가 증가한다. 관측되는 진동수는 발신된 진동수보다 높지만 음원이 접근하는 거리에 따라 진동수가 변하는 것은 아니다. 즉, 도플러효과는 음원과 관측자 간의 거리 변화와는 무관하다.

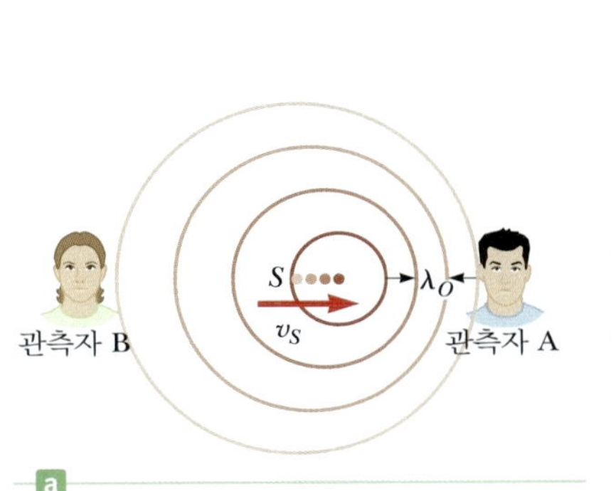

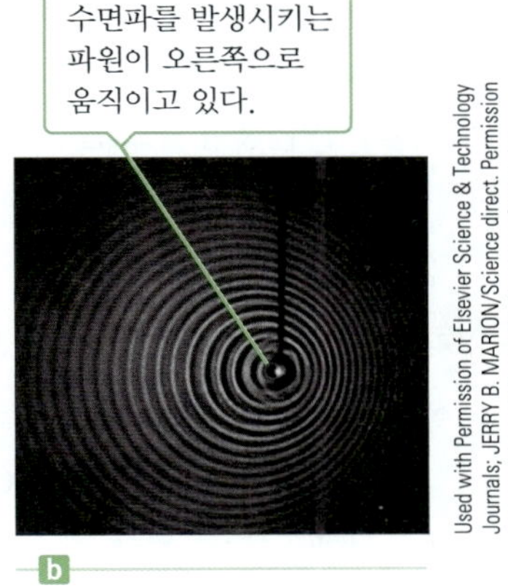

그림 14.11 (a) 속력 v_S로 움직이는 음원(S)이 정지하고 있는 관측자 A쪽으로 가까워지고, 정지하고 있는 관측자 B로부터 멀어지고 있다. 관측자 A는 높아진 진동수를 듣고, 관측자 B는 낮아진 진동수를 듣는다. (b) 잔물결 통에서 관측된 물에서의 도플러 효과

$$f_O = f_S\left(\frac{v}{v - v_S}\right) \qquad [14.11]$$

이다. 즉, **음원이 관측자를 향해 움직일 때 관측된 진동수는 증가한다.** 음원이 정지한 관측자로부터 멀어질 때, 분모의 음의 부호를 양의 부호로 바꿔서 $(v + v_S)$가 된다.

14.6.3 일반적인 경우 General Case

음원과 관측자가 동시에 땅에 대해 상대적으로 움직일 때, 식 14.10과 14.11은 다음과 같은 관계식으로 나타낼 수 있다.

도플러 이동 방정식 ►

$$f_O = f_S\left(\frac{v + v_O}{v - v_S}\right) \qquad [14.12]$$

이 관계식에서, v_O와 v_S의 부호는 속도의 방향에 의해 정해진다. 관측자가 음원을 향해 움직일 때 v_O는 양의 속력이고, 관측자가 음원으로부터 멀어질 때 v_O는 음의 속력이다. 이와 유사하게 음원이 관측자를 향해 움직일 때 v_S는 양의 속력이고, 음원이 관측자로부터 멀어질 때 v_S는 음의 속력이다.

도플러 효과 문제를 접할 때 저지르는 가장 흔한 실수는 부호를 잘못 사용하는 것이다. 다음의 원칙을 상기하도록 하자. 상대방 쪽으로 가는 운동이면 진동수가 증가한다. 반대 방향의 운동이면 진동수의 감소가 떠올라야 한다.

이 두 가지 규칙은 관측자가 파원을 향해 움직이면(혹은 파원이 관측자를 향해 움직이면) 파동 마루들 사이의 주기가 더 짧아지고 따라서 진동수가 더 커지는 경우와 반대로 관측자가 파원으로부터 멀어지면(혹은 파원이 관측자로부터 멀어지면) 관측된 진동수는 더 작아진다는 물리적 통찰로부터 유도된다. 정확한 물리적 결과를 얻기 위해 식 14.12에서 부호 때문에 망설일 때마다 물리적 통찰력을 유지하여야 한다.

식 14.12를 적용할 때 생기는 다음으로 많은 실수는 분자와 분모를 바꾸어 쓰는 것이다. 다음 형태의 방정식이 기억하는 데 도움을 줄 것이다.

$$\frac{f_O}{v + v_O} = \frac{f_S}{v - v_S}$$

이 식의 장점은 그것의 대칭성에 있다. 왼쪽은 O 첨자, 오른쪽은 S 첨자로 양쪽 모두 거의 동일하다. 답을 확인하기 위해 사용하는 물리적 통찰과 필요성에 따라 판단을 하기만 하면 어느 쪽이 양의 부호를 어느 쪽이 음의 부호인지를 잊은 것은 심각한 문제가 아니다.

예제 14.3 잘 들어 보되, 철로 위에 서 있지는 말 것

목표 음원이 움직일 때 도플러 이동 문제를 풀 수 있다.

문제 40.0 m/s의 속력으로 달리는 기차가 5.00×10^2 Hz의 진동수를 가진 기적 소리를 낸다. 기차가 관측자를 향해 다가오고 있을 때, 정지하고 있는 관측자가 듣는 진동수를 구하라. 주변 온도는 24.0 °C이다.

전략 주변 온도에서 음속은 식 14.4를 이용하여 구하고, 식 14.12

에 이 값을 대입하여 도플러 이동을 구한다. 기차가 관측자에게 접근하기 때문에 듣는 진동수는 더 증가할 것이다. 이 사실을 반영해 v_S의 부호를 선택한다.

풀이

식 14.4를 이용해 $T = 24.0\,°\text{C}$일 때 음속을 계산한다.

$$v = (331\text{ m/s})\sqrt{\frac{T}{273\text{ K}}}$$

$$= (331\text{ m/s})\sqrt{\frac{(273 + 24.0)\text{ K}}{273\text{ K}}} = \boxed{345\text{ m/s}}$$

관측자는 정지해 있으므로 $v_O = 0$이다. 기차가 관측자를 향해 움직이므로, $v_S = +40.0\text{ m/s}$이다. 음속과 이 값을 도플러 이동 방정식에 대입하면 다음을 얻는다.

$$f_O = f_S\left(\frac{v + v_O}{v - v_S}\right)$$

$$= (5.00 \times 10^2\text{ Hz})\left(\frac{345\text{ m/s}}{345\text{ m/s} - 40.0\text{ m/s}}\right)$$

$$= \boxed{566\text{ Hz}}$$

참고 만약 기차가 관측자로부터 멀어진다면 $v_S = -40.0\text{ m/s}$를 대입하면 된다.

예제 14.4 시끄러운 사이렌 소리

목표 음원과 관측자 모두 움직일 때 도플러 이동 문제를 풀 수 있다.

문제 어떤 구급차가 고속도로에서 75.0 mi/h의 속력으로 달리고 있다. 이 차의 사이렌의 진동수는 4.00×10^2 Hz이다. 다음의 경우 구급차 맞은편에 있는 55.0 mi/h로 달리는 차의 승객이 듣는 사이렌의 진동수는 얼마인가? **(a)** 차가 구급차에 가까워질 때 **(b)** 차가 구급차로부터 멀어질 때, 공기 중 음속은 $v = 345$ m/s이다.

전략 이 문제는 mi/h를 m/s로 변환 후 단순히 도플러 방정식에 대입할 뿐이지만 각 경우 부호를 정확히 선택해야 한다. **(a)**의 경우는 관측자가 음원을 향해 움직이고 음원도 관측자를 향해 움직이므로 v_O와 v_S 모두 양이다. 그들이 서로 지나친 후에 부호를 바꾼다.

풀이

속력을 mi/h에서 m/s로 변환한다.

$$v_S = (75.0\text{ mi/h})\left(\frac{0.447\text{ m/s}}{1.00\text{ mi/h}}\right) = 33.5\text{ m/s}$$

$$v_O = (55.0\text{ mi/h})\left(\frac{0.447\text{ m/s}}{1.00\text{ mi/h}}\right) = 24.6\text{ m/s}$$

(a) 차와 구급차가 서로 가까워질 때 관측 진동수를 계산한다.

각각의 자동차는 서로를 향해 오고 있으므로 도플러 이동 방정식에 $v_O = +24.6\text{ m/s}$와 $v_S = +33.5\text{ m/s}$를 대입한다.

$$f_O = f_S\left(\frac{v + v_O}{v - v_S}\right)$$

$$= (4.00 \times 10^2\text{ Hz})\left(\frac{345\text{ m/s} + 24.6\text{ m/s}}{345\text{ m/s} - 33.5\text{ m/s}}\right) = \boxed{475\text{ Hz}}$$

(b) 두 차가 서로 멀어질 때 관측 진동수를 계산한다.

각각의 자동차는 서로 멀어지고 있으므로 도플러 이동 방정식에 $v_O = -24.6\text{ m/s}$와 $v_S = -33.5\text{ m/s}$를 대입한다.

$$f_O = f_S\left(\frac{v + v_O}{v - v_S}\right)$$

$$= (4.00 \times 10^2\text{ Hz})\left(\frac{345\text{ m/s} + (-24.6\text{ m/s})}{345\text{ m/s} - (-33.5\text{ m/s})}\right)$$

$$= \boxed{339\text{ Hz}}$$

참고 어떻게 부호를 사용하는지 주목하라. **(b)**에서 관측자와 음원이 서로 멀어지고 있기 때문에 속력에서 음의 부호가 요구된다. 물론 때때로 속력 중 하나는 음의 값이고 다른 하나는 양의 값이다.

14.6.4 충격파 Shock Waves

이제 음원의 속력 v_S가 파동의 속력 v를 초과할 때 어떤 일이 생기는가를 생각해 보자. 그림 14.12에 이와 같은 상황이 나타나 있다. 원들은 관측자가 움직이는 동안 여러

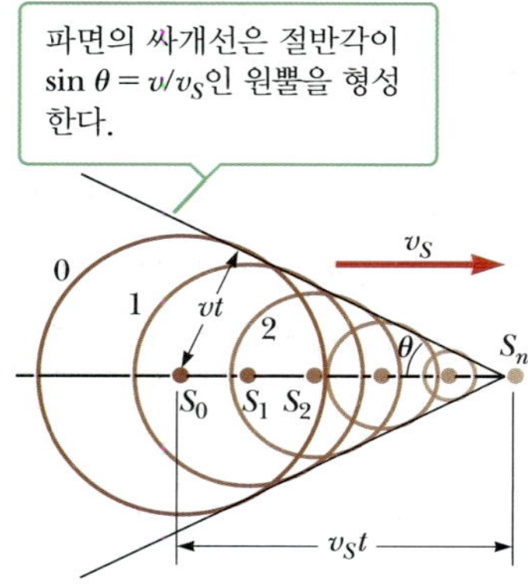

그림 14.12 음원이 매질 내에서 파동의 속력 v보다 빠른 속력 v_S로 S_0에서 S_n까지 이동할 때 발생하는 충격파

그림 14.13 보트가 수면파보다 빠른 속력으로 달릴 때 보트는 V자형 선수파를 형성한다. 선수파는 비행기가 음속보다 빠르게 날 때 형성되는 충격파와 유사하다.

압력

대기압

a

충격파에서 큰 압력 변화는 공기 중에서 수증기 안개를 물방울로 응축시킨다.

b

그림 14.14 (a) 초음속 제트 비행기의 머리와 꼬리에서 두 개의 충격파가 생기는 모습, (b) 음속으로 비행하는 제트 비행기의 충격파가 안개처럼 가시화된 모습

시점에서 음원이 방출한 구면파를 나타낸다. 시각 $t = 0$에서 음원은 S_0에 있다. 그리고 얼마 후 지난 시각 t에서 음원은 S_n인 곳에 있다. 시간 간격 t에서, S_0에 중심을 둔 파면의 반지름은 vt이다. 또 같은 시간 간격 t에서, 음원은 v_St의 거리만큼 점 S_n까지 이동한다. 그 순간에 음원은 S_n에 있다. 이 점에서 막 발생된 파는 반지름이 영인 파면을 가진다. S_n으로부터 S_0에 중심을 둔 파면에 그은 선은 그 사이의 시간에 발생된 다른 모든 파면에 대해 접한다. 이와 같은 모든 접선은 원뿔의 표면에 놓여 있다. 진행 방향과 접선들 중의 하나와 이루는 각을 θ라 하면,

$$\sin\theta = \frac{v}{v_s}$$

가 되고, v_S/v의 비를 **마하 수**(Mach number)라 한다. $v_S > v$(초음속)일 때 생기는 원뿔형 파면을 **충격파**(shock wave)라 한다. 충격파의 또 다른 흥미로운 예는 수면파(그림 14.13)의 속력보다 빠른 속력으로 보트가 달릴 때 보트에 생기는 V자형의 파면(선수파)이다.

초음속으로 날아가는 제트 비행기도 충격파를 일으킨다. 이때의 충격파가 땅 위에서 듣는 큰 폭발음 또는 굉음을 일으키는 원인이다. 이 충격파는 상응하는 커다란 압력 변화와 함께 원뿔의 표면에 집중된 매우 큰 에너지를 전달한다. 충격파는 듣기에 불쾌한 소리를 내며, 낮은 고도에서 초음속으로 비행할 때 빌딩에 피해를 끼칠 수도 있다. 실제로 초음속으로 나는 비행기는 그림 14.14에서와 같이 비행기의 앞머리와 꼬리로부터 각기 충격파를 만들기 때문에 두 번의 굉음을 일으킨다.

14.7 음파의 간섭 Interference of Sound Waves

음파는 서로 간섭을 일으킬 수 있다. 이를 그림 14.15의 장치를 이용하여 보여 줄 수 있다. 스피커 S로부터 나온 소리가 T자 모양으로 연결된 튜브 안의 점 P까지 전송된

다. 이 소리는 분리되어 빨간 화살표로 표시된 두 개의 다른 길을 따라 전달된다. 소리의 반은 위쪽 길을 지나고, 반은 아래쪽 길을 따라 지난다. 결국 소리는 수신자의 귀가 위치한 출구에서 합쳐진다. 두 경로의 길이 r_1과 r_2가 서로 같다면, 갈래 점으로 들어간 파동의 마루는 절반으로 분리되어 두 경로를 지난 후 수신자의 귀에서 합쳐진다. 이 두 파동이 다시 만나면 보강간섭을 만들어 내고, 수신자는 큰 소리를 듣게 된다. 만일 위쪽 경로를 아래쪽 경로보다 한 파장 더 길게 조정하면 두 파동의 보강간섭이 다시 일어나서 수신자는 또 큰 소리를 듣게 될 것이다. 일반적으로 **거리의 차 $r_2 - r_1$이 영이거나 파장의 정수 배가 되면 보강간섭이 일어난다.**

$$r_2 - r_1 = n\lambda \qquad (n = 0, 1, 2, \ldots) \qquad [14.13]$$

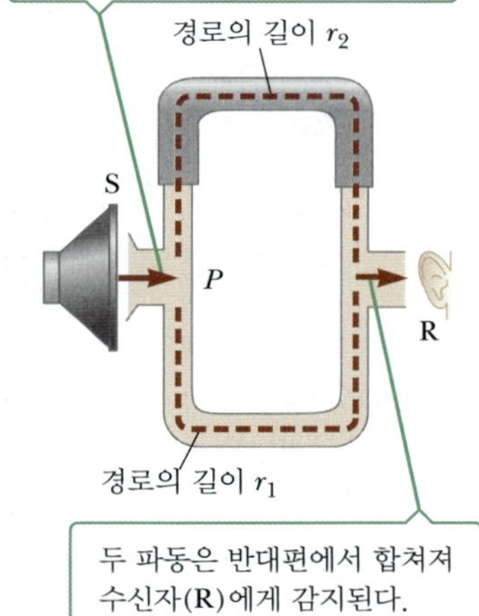

그림 14.15 음파의 간섭을 보여 주는 음향 장치. 위쪽으로 가는 경로의 길이는 변화시킬 수 있다.

그러나 위쪽의 가변 U자형 관을 조절하여 위쪽 경로의 길이 r_2가 아래쪽 경로의 길이 r_1보다 반파장 더 길다고 해보자. 이 경우에도 들어간 음파는 두 경로로 분리되어 지나게 되는데, 위쪽 경로를 따라 지나는 파동은 아래쪽을 지나는 파보다 반파장에 상응하는 길이를 더 지나야만 한다. 그 결과 수신기에 합쳐질 때 한 파동의 마루는 다른 파동의 골과 만나게 되어 두 음파가 서로 상쇄되어 없어진다. 이러한 현상을 완전 상쇄간섭이라 하며, 청취자는 아무 소리도 들을 수 없다. 일반적으로 **경로차 $r_2 - r_1$이 파장의 $\frac{1}{2}, 1\frac{1}{2}, 2\frac{1}{2}, \cdots$ 배가 되면 상쇄간섭이 일어난다.**

$$r_2 - r_1 = (n + \tfrac{1}{2})\lambda \qquad (n = 0, 1, 2, \cdots) \qquad [14.14]$$

◀ 상쇄간섭의 조건

자연계에서는 간섭 현상에 대한 많은 예를 발견할 수 있다. 광파와 관련된 매우 중요한 간섭 현상은 24장에서 소개한다.

응용

스테레오 스피커의 연결

스테레오 시스템과 스피커를 선으로 연결할 때, 선은 색깔로 구분이 되어 있고 스피커 연결부에 (+)와 (−)의 표시가 되어 있는 것을 볼 수 있을 것이다. 이것은 스피커를 같은 '극성'으로 연결해야 하기 때문이다. 만약 그렇지 않으면 같은 전기 신호에 대해 한 스피커 콘은 바깥쪽으로 이동하고, 다른 스피커 콘은 안쪽으로 이동하는 결과가 생긴다. 이 경우 두 스피커에서 나오는 소리는 180°의 위상차가 있는 이상적인 위치에서 완전한 상쇄간섭이 이루어져서 아무 소리도 들을 수 없다. 사실 소리의 상쇄는 완전하지 않지만, 특히 짧은 파장을 가진 고음보다는 긴 파장을 가진 저음에 대해서는 더욱 현저하다. 그렇기는 하지만, 저음에 약해지는 것을 방지하기 위해서는 색깔로 구분한 선과 스피커 연결부의 극성 표시를 주의 깊게 살펴야 한다.

Tip 14.3 파동은 정말로 간섭하는가?

일반적으로 '간섭한다'는 의미는 '충돌하여 들어가다' 또는 '무언가 어떤 결과에 영향을 주는 것'을 뜻한다. 물리학에서는 이와 많이 다르다. 파동들은 서로를 통과해 지나가면서 간섭을 일으키지만, 그들은 어떤 방식으로도 서로에게 영향을 미치지 않는다.

예제 14.5 동일한 음원에 연결된 두 개의 스피커

목표 간섭의 개념을 이용하여 진동수를 계산한다.

문제 3.00 m 떨어진 두 개의 스피커가 같은 음원에 연결되어 있다(그림 14.16). 처음에 두 스피커를 연결하는 직선 가운데서 8.00 m 떨어진 지점 O에 있던 사람이 그 지점에서 수직 방향으로 0.350 m 떨어진 점 P로 이동하여 첫 번째 상쇄간섭을 확인하였다. 음원의 진동수는 얼마인가? 공기에서 음속은 $v_s = 343$ m/s 이다.

전략 소리 세기의 첫 번째 최솟값인 위치, 즉 상쇄간섭이 일어난 점은 주어져 있다. 피타고라스 정리를 이용해 경로 길이 r_1과 r_2를 찾고 상쇄간섭에 대한 식 14.14를 이용해 파장 λ을 구한다.

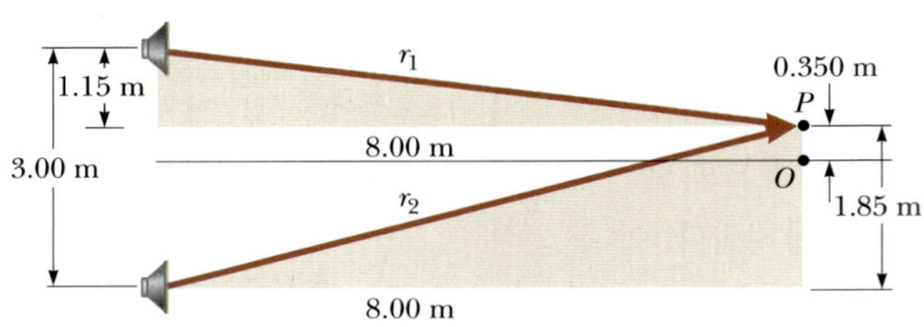

그림 14.16 (예제 14.5) 같은 음원에 연결된 두 스피커는 간섭을 일으킬 수 있다.

$v = f\lambda$를 이용해 진동수를 구한다.

풀이

피타고라스 정리를 이용해 경로 길이 r_1과 r_2를 구한다.

$$r_1 = \sqrt{(8.00\ \text{m})^2 + (1.15\ \text{m})^2} = 8.08\ \text{m}$$

$$r_2 = \sqrt{(8.00\ \text{m})^2 + (1.85\ \text{m})^2} = 8.21\ \text{m}$$

이 값과 $n = 0$을 식 14.4에 대입하여 파장을 구한다.

$$r_2 - r_1 = (n + \tfrac{1}{2})\lambda$$

$$8.21\ \text{m} - 8.08\ \text{m} = 0.13\ \text{m} = \lambda/2 \quad \rightarrow \quad \lambda = 0.26\ \text{m}$$

음속과 파장을 $v = \lambda f$에 대입하여 진동수 f를 구한다.

$$f = \frac{v}{\lambda} = \frac{343\ \text{m/s}}{0.26\ \text{m}} = \boxed{1.3\ \text{kHz}}$$

참고 보강간섭을 포함한 문제는 식 14.14 대신 식 14.13의 $r_2 - r_1 = n\lambda$를 사용한다는 것이 차이이다.

진동날이 줄의 고유진동수와 같은 진동수로 진동하면 큰 진폭의 정상파가 형성된다.

진동날

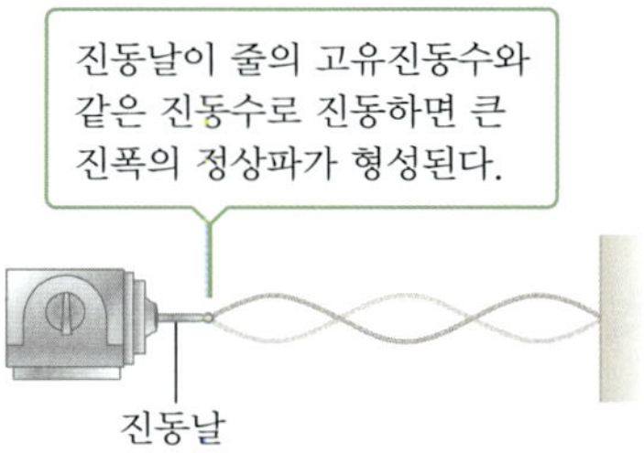

그림 14.17 한쪽 끝이 진동날에 연결된 팽팽한 줄에서 정상파를 만들 수 있다.

14.8 정상파[2] Standing Waves

고정된 벽에 줄의 한쪽 끝을 연결하고, 다른 쪽 끝을 소리굽쇠, 또는 일정한 속력으로 위아래로 흔드는 손과 같은 진동체에 연결하여 줄을 흔들면 정상파를 만들 수 있다(그림 14.17). 이 상태에서 진행파는 줄의 양 끝에서 반사되어, 양방향으로 모두 진행한다. 입사파와 반사파는 **중첩의 원리**(superposition principle)에 따라 합쳐진다(13.10절 참고). 만약 줄이 정확히 일정한 진동수로 진동한다면, 파동은 정지한 것처럼 보인다. 이 때문에 **정상파**(standing wave)라고 이름 붙였다. **마디**(node)는 항상 두 진행파의 변위의 크기가 같고, 극성이 반대여서 알짜 변위가 영인 곳에 생긴다. 마디에서 줄은 어떤 움직임도 없으나, 인접한 두 마디 사이의 중앙, 즉 **배**(antinode)에서는 줄이 가장 큰 진폭으로 진동한다.

그림 14.18은 반 주기 동안의 정상파의 진동을 연속 촬영하여 보인 것이다. 빨간색 화살표는 줄의 여러 부분들에 대한 운동 방향을 나타낸다. **줄의 모든 점이 동일한 진동수로 수직 방향으로 진동하지만, 각 점의 진폭은 저마다 다름에 유의하자.** 마디점들은 정지해 있으며, 그림 14.18a에서 N으로 표시된 바와 같이 줄이 벽에 연결된 부위도 마디가 된다. 그림으로부터 인접한 마디 사이의 거리는 반파장임을 알 수 있다.

$$d_{\text{NN}} = \tfrac{1}{2}\lambda$$

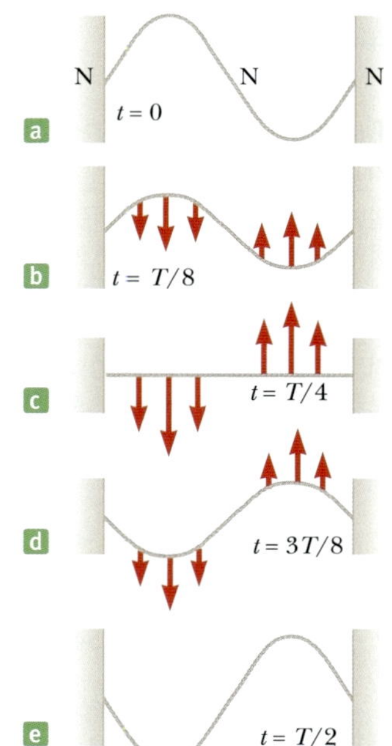

그림 14.18 팽팽한 줄에서 반 주기 동안 만들어진 정상파의 모습을 그림으로 나타낸 것이다. (a)에서 N은 마디를 의미한다.

그림 14.19와 같이 길이가 L인 양 끝이 고정된 줄을 생각해 보자. 줄의 경우라면 여러 가지 진동수의 정상파를 발생시킬 수가 있는데, 마디가 많을수록 진동수가 높다. 그림 14.20은 줄에서 얻은 정상파의 다중 섬광 사진이다.

우선 **줄의 양 끝은 고정되어 있기 때문에 마디임**에 유의하라. 줄의 중간 지점을 당겼다가 놓으면, 그림 14.19b와 같은 진동이 만들어질 수 있다. 이 경우에 줄의 중앙이 배(A로 표시)이다. 한끝에서 다른 끝까지 N–A–N 형태이다. 마디와 인접한 배 사이의 거

[2] 역자 주: 정지파라고도 한다.

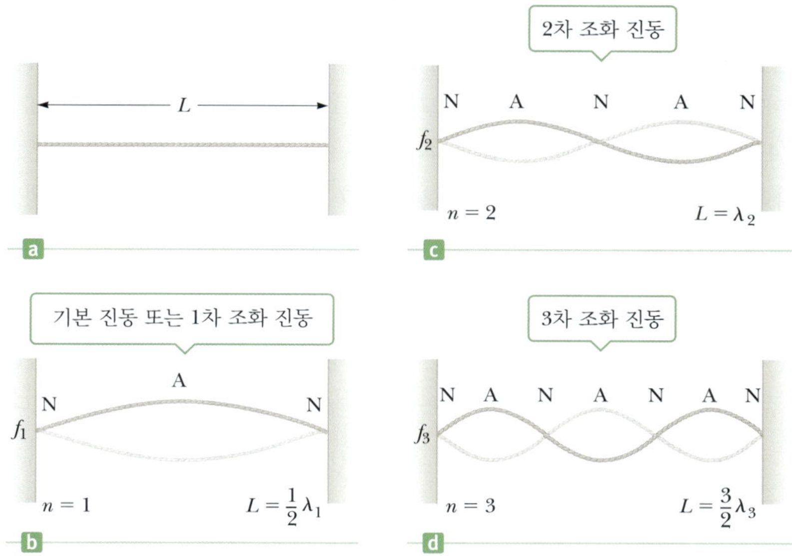

그림 14.19 (a) 양 끝이 고정된 길이가 L인 팽팽한 줄에서 만들어지는 정상파. 진동의 고유진동수들은 조화열을 이룬다. (b) 기본 진동수 또는 1차 조화 진동, (c) 2차 조화 진동, (d) 3차 조화 진동. N은 마디, A는 배를 나타낸다.

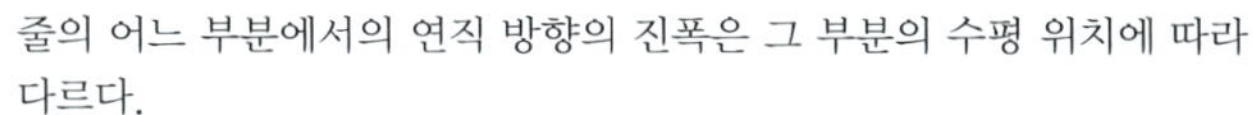

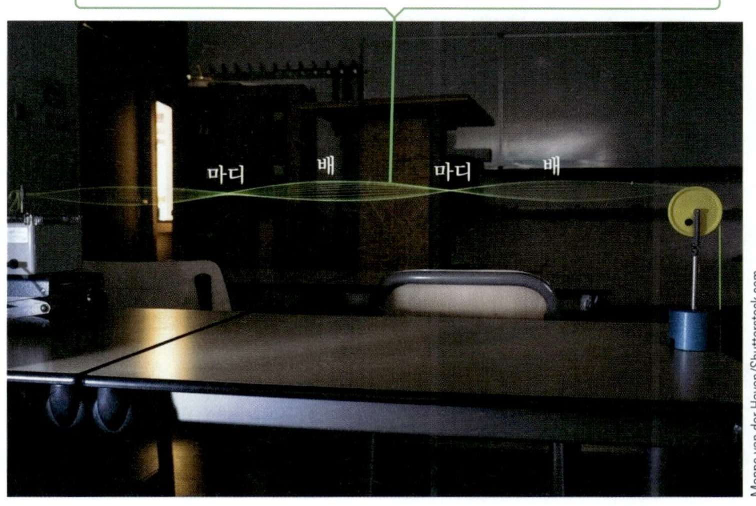

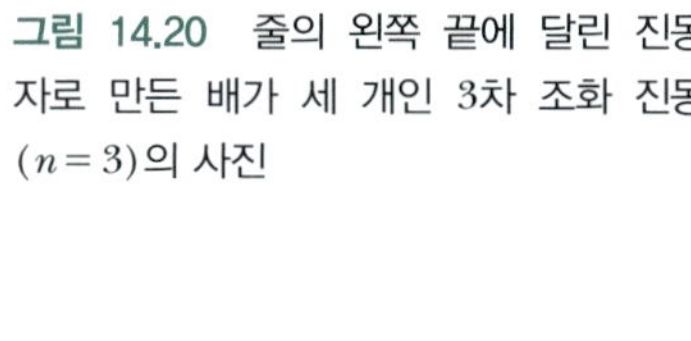

그림 14.20 줄의 왼쪽 끝에 달린 진동자로 만든 배가 세 개인 3차 조화 진동 ($n = 3$)의 사진

리(N−A)는 항상 $\lambda_1/4$이다. N−A와 A−N의 두 부분이 있으므로 $L = 2(\lambda_1/4) = \lambda_1/2$이고, $\lambda_1 = 2L$다. 따라서 이 진동의 진동수는 다음과 같다.

$$f_1 = \frac{v}{\lambda_1} = \frac{v}{2L} \qquad [14.15]$$

줄에서 파동 속력은 $v = \sqrt{F/\mu}$임을 기억할 것이다. 여기서 F는 줄의 장력이고, μ는 단위 길이당 질량이다(13장 참고). 이를 식 14.15에 대입하면 다음의 관계식을 얻는다.

$$f_1 = \frac{1}{2L}\sqrt{\frac{F}{\mu}} \qquad [14.16]$$

이 진동의 최저 진동수를 진동하는 줄 또는 **1차 조화 진동**(first harmonic)의 **기본 진동수**(fundamental frequency)라 한다.

1차 조화 진동은 단지 양 끝 점에서 마디를 가진 N–A–N 형태의 마디와 배를 가진다. 다음 진동은 **2차 조화 진동**(또는 **제1차 배음**이라 한다)이라 하며, 양 끝 점 사이에 추가적인 마디–배 부분을 가진다. 이는 그림 14.19c와 같은 N–A–N–A–N 형태를 만든다. 1/4 파장을 가진 마디–배의 쌍, N–A, A–N, N–A, A–N의 네 부분으로 셀 수 있다. 따라서 $L = 4(\lambda_2/4) = \lambda_2$이므로 2차 조화 진동(제1차 배음)은 다음과 같다.

$$f_2 = \frac{v}{\lambda_2} = \frac{v}{L} = 2\left(\frac{v}{2L}\right) = 2f_1$$

이 진동수는 기본 진동수의 두 배와 같다. 비슷하게 **3차 조화 진동**(**제2차 배음**)은 그림 14.19d와 같이 N–A가 하나 더 주어져 N–A–N–A–N–A–N 형태로 구성된다. 여섯 개의 마디–배 부분이므로 $L = 6(\lambda_3/4) = 3(\lambda_3/2)$, 즉 $\lambda_3 = 2L/3$이다. 따라서 진동수는 다음과 같다.

$$f_3 = \frac{v}{\lambda_3} = \frac{3v}{2L} = 3f_1$$

모든 더 높은 진동은 기본 진동의 양의 정수배가 된다.

양단이 고정된 줄의 고유 진동수 ►

$$f_n = nf_1 = \frac{n}{2L}\sqrt{\frac{F}{\mu}} \qquad n = 1, 2, 3, \ldots \qquad [14.17]$$

진동수 f_1, $2f_1$, $3f_1$ 등등은 **조화열**(harmonic series)이 된다.

줄을 당겼다가 놓았을 때, 줄이 이 조화 진동들 중의 하나와 일치하는 모양으로 진동하게 되면, 줄은 이 조화 진동의 진동수로만 진동한다. 그러나 줄을 당기거나 쓸면, 그 결과 생기는 진동은 기본 진동수를 포함하여 다양한 조화 진동들의 진동수를 포함하게 된다. 조화 진동이 아닌 파동은 양 끝이 고정된 줄에서 빠르게 잦아든다. 사실, 교란을 일으켰을 때 줄은 정상파의 진동수를 '선택'한다. 나중에 살펴보겠지만 현악기의 줄에 대한 여러 조화 진동의 존재는 줄의 특징적인 소리를 만들어 내게 한다. 이 때문에 비록 악기들이 같은 기본 진동수의 소리를 내어도 서로 다른 현악기들의 소리를 구분할 수 있다.

응용

악기의 조율

악기에서 줄의 진동수는 장력이나 길이를 바꾸어 변화시킬 수 있다. 예를 들어, 기타나 바이올린 줄의 장력은 악기에 부착된 줄감개를 돌려 변화시킬 수 있다. 장력이 증가하면, 조화열의 진동수는 식 14.17에 따라 증가한다. 악기를 연주할 때, 연주자는 다양한 위치에서 줄을 누름으로써 진동수를 바꾼다. 이때 진동하는 줄의 유효 길이가 바뀐다. 길이가 줄어들면 식 14.17에서와 같이 진동수는 증가한다.

마지막으로 식 14.17은 고정된 길이의 줄의 단위 길이당 질량을 증가시킴으로써 기본 진동수를 낮출 수 있음을 보여 준다. 이런 방법의 예로 기타나 피아노의 저음 줄은 권선 형태로 만든다.

예제 14.6 기타의 기본 진동

목표 현악기에 정상파 개념을 적용한다.

문제 기타에서 고음을 내는 E줄은 길이가 64.0 cm이고 진동수가 329 Hz이다. 기타 연주자가 첫 번째 프렛(지판)에서 줄을 눌러(그림 14.21a) 줄이 짧아지면 진동수 349 Hz의 F음을 낸다. **(a)** 지판 상부로부터 프렛(지판)까지 거리는 얼마인가? **(b)** 주파수가 더 높은 조화 진동의 마디가 있는 줄의 위치에 집게손가락을 두면 기타 줄에서 배음을 만든다. 줄은 프렛에는 닿지 않아야 한다(또한 손가락으로 줄을 너무 심하게 누르면 높은 조화 진동도 사라지게 된다). 그로 인해 기본 진동수가 나타나지 않아 배음을 들을 수 있다. 손가락은 기타의 너트로부터 어느 위치에 두어야 2차 조화 진동과 4차 조화 진동을 들을 수 있는가? (이는 각 경우에서 마디의 위치를 찾는 문제이다.)

전략 **(a)** 줄에서 파동 속력을 구하기 위해 기본 진동수와 관련된 식 14.15를 이용한다. 파동 속력은 줄의 장력과 선밀도에만 의존하기 때문에 더 높은 음을 연주하기 위해 줄은 짧게 하여도 파동의 속력은 변화가 없다. 새로운 기본 진동수를 사용해 새로운 길이 L에 대한 식 14.15를 풀고, 너트로부터 첫 번째 프렛(지판)까지 거리는 원래 길이에서 새로운 길이를 빼서 구한다. **(b)**의 경우 마디와 마디 사이의 길이는 반파장임을 기억하라. 너트로부터 반파장의 정수배 위치에 마디들이 위치한다. 이를 두 배하여 파장을 계산하라. 참고로 너트는 지판 위의 꼭대기에 있는 보통 나무나 흑단으로 만든 작은 조각이다. 너트로부터 브릿지(소리구멍 아래의 줄 받침대)까지의 길이가 줄의 길이이다(그림 14.21b).

그림 14.21 (예제 14.6) (a) 기타에서 F음 연주, (b) 기타의 여러 부분

풀이

(a) 너트로부터 첫 번째 프렛까지의 거리를 구한다.

식 14.15에 $L_0 = 0.640$ m와 $f_1 = 329$ Hz를 대입해 줄에서의 파동의 속력을 구한다.

$$f_1 = \frac{v}{2L_0}$$

$$v = 2L_0 f_1 = 2(0.640\ \text{m})(329\ \text{Hz}) = 421\ \text{m/s}$$

파동 속력과 F음의 진동수를 식 14.15에 대입해 길이 L을 구한다.

$$L = \frac{v}{2f} = \frac{421\ \text{m/s}}{2(349\ \text{Hz})} = 0.603\ \text{m} = 60.3\ \text{cm}$$

원래 길이 L_0에서 이 길이를 빼서 너트로부터 첫 번째 프렛까지의 길이를 구한다.

$$\Delta x = L_0 - L = 64.0\ \text{cm} - 60.3\ \text{cm} = \boxed{3.7\ \text{cm}}$$

(b) 2차 조화 진동과 4차 조화 진동을 들을 수 있는 마디의 위치를 구한다.

2차 조화 진동음의 파장은 $\lambda_2 = L_0 = 64.0$ cm이다. 너트로부터 마디까지의 거리는 반파장이다.

$$\Delta x = \tfrac{1}{2}\lambda_2 = \tfrac{1}{2}L_0 = 32.0\ \text{cm}$$

4차 조화 진동음의 파장은 $\lambda_4 = \frac{1}{2}L_O = 32.0$ cm이고, 이는 끝 점과 세 번째 마디 사이의 길이이다.

$$\Delta x = \tfrac{1}{2}\lambda_4 = \boxed{16.0\ \text{cm}},\ \Delta x = 2(\lambda_4/2) = \boxed{32.0\ \text{cm}},$$

$$\Delta x = 3(\lambda_4/2) = \boxed{48.0\ \text{cm}}$$

참고 $\Delta x = 32.0$ cm 위치에 손가락을 두면 짝수배 조화 진동을 제외한 기본음과 홀수 조화 진동은 사라진다. 그러나 줄의 다른 부분은 진동에 자유롭기 때문에 2차 조화 진동은 두드러진다. $\Delta x = 16.0$ cm나 $\Delta x = 48.0$ cm에 손가락을 두면 4차 조화 진동은 가능하나 1차와 3차 조화 진동은 사라진다.

14.9 강제 진동과 공명 Forced Vibrations and Resonance

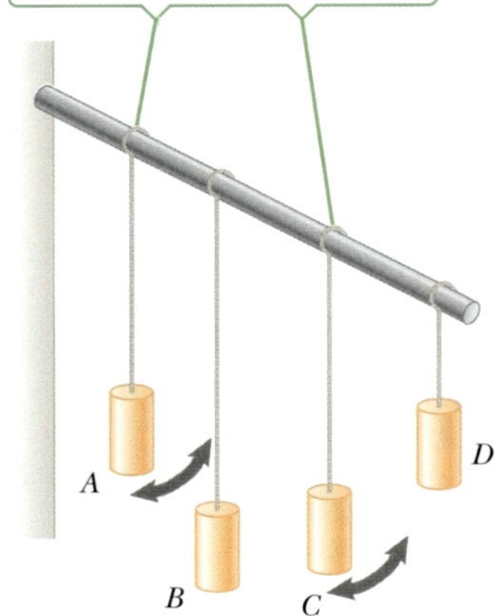

그림 14.22 공명을 시험해 보기

13장에서 감쇠 진동자의 에너지가 마찰 때문에 시간에 따라 감쇠한다는 것을 배웠다. 이 계에 양의 일을 할 수 있는 외력을 가함으로써 이런 에너지 손실을 보상할 수 있다.

예를 들어, 어떤 기본 진동수 f_0을 가진 질량–용수철 계를 생각해 보자. 이 계에 진동수가 f인 주기적인 힘이 앞뒤로 가해진다. 이 계는 강제 구동력의 진동수 f로 진동한다. 이런 형태의 운동을 **강제 진동**(forced vibration)이라고 한다. 진동의 진폭은 구동력의 진동수가 계의 기본 진동수 f_0과 똑같을 때 최대가 된다. 이것을 계의 **공명 진동수**(resonant frequency)라고 한다. 이런 상태일 때, 계가 **공명**(resonance) 상태에 있다고 한다.

14.8절에서 줄을 당기면 하나 또는 그 이상의 배진동으로 진동할 수 있다는 것을 배웠다. 여기에 다시 주기적인 힘을 줄에 가한다면, 가한 힘의 진동수가 진동하는 줄의 고유진동수들 중의 하나에 근접할수록 진동의 진폭이 증가한다.

공명 진동은 매우 넓고 다양한 상황에서 일어난다. 그림 14.22는 공명을 보여 주는 실험이다. 길이가 다른 몇 개의 진자가 유연한 막대에 매달려 있다. 그들 중에 하나가 A와 같이 진동한다면, 다른 것들도 유연한 막대의 진동 때문에 진동하기 시작한다. A와 같은 길이의 진자 C는 기본 진동수가 진자 A(구동력)의 진동수와 같기 때문에 가장 크게 진동한다.

공명의 다른 간단한 예는 뒤에서 그네를 타고 있는 어린이를 미는 것이다. 그네는 기본적으로 길이에 의존하는 기본 진동수를 가진 진자이다. 그네는 대략 일정한 시간 간격으로 미는 동작에 의하여 운동한다. 진폭을 증가시키기 위해서는 그네가 되돌아올 때마다 손으로 밀어 주어야 한다. 이것은 그네의 고유진동수와 같은 진동수로 힘을 가하는 것에 해당한다. 마찰에 의한 에너지 손실과 정확히 똑같은 크기의 에너지를 매 주기마다 계에 가하면 진폭이 일정하게 유지된다.

응용
목소리로 유리잔 깨기

오페라 가수는 굉장한 목소리로 크리스털 유리잔을 깨뜨릴 수 있다는 것이 알려져 있다. 이것은 공명의 또 다른 예이다. 가수의 목소리는 유리잔에 큰 진폭의 진동을 만들어 낼 수 있다. 크게 증폭된 음파가 적절한 진동수를 가진다면, 유리잔의 강제 진동의 진폭은 유리잔이 심하게 변형되어 깨질 정도로 커질 수 있다.

응용
구조 짜임새와 공명

구조물의 공명의 놀랄 만한 예는 1940년에 발생했는데, 워싱턴주에 있는 타코마 협

AP Images
a

Topham/The Image Works
b

그림 14.23 (a) 1940년에 난류성 바람이 타코마 협교에 비틀림 진동을 일으켜, 교량의 고유진동수 중 하나에 가까운 진동수로 진동하게 되었다. (b) 고유진동수로 교량이 진동하게 되면, 공명 조건이 교량을 붕괴시키게 된다. 그러나 몇몇 과학자들은 이러한 해석에 의문을 제기하고 있다.

교가 바람에 의해 흔들렸을 때이다(그림 14.23). 그 진동의 진폭은 결국 다리가 붕괴될 때까지(아마도 금속의 약화 때문에) 급격히 증가했다. 그러나 최근에 몇몇 연구자들은 이 현상에 의문을 가졌다. 일반적으로 돌풍은 일련의 공명 조건에 필요한 주기적 힘을 제공하지 않으며 다리는 공명에서 예상되는 위-아래 진동이라기보다 큰 비틀림 진동을 나타냈다.

구조물의 공명에 의한 파손의 최근의 예는 1989년 미국 캘리포니아 오클랜드 근처에 있는 로마 프리에타 지진 동안에 일어났다. 이층으로 된 니미츠 고속도로의 1마일 정도 되는 구간에서 위 판이 아래 판을 덮치는 사고가 발생하여 다수의 사상자를 냈다. 사고가 난 까닭은 다른 구간은 고속도로가 암반 위에 건설되었으나, 이 구간만은 진흙 매립지 위에 건설되었기 때문이었다. 지진파는 진행 도중에 진흙 매립지나 무른 지반을 만나면 진행 속도가 줄어들고 진폭이 커진다. 따라서 파괴된 구간의 고속도로 구조물은 다른 구간과 같은 진동수로 흔들렸지만 그 진폭이 훨씬 더 컸던 것이다.

14.10 공기 기둥 내의 정상파 Standing Waves in Air Columns

종파의 정상파는 반대 방향으로 진행하는 음파 사이의 간섭의 결과로 생기며, 파이프 오르간의 파이프와 같은 관에서 생길 수 있다. 입사파와 반사파 사이의 관계는 관의 반사하는 끝이 열려 있느냐 닫혀 있느냐에 의해 결정된다. 관의 끝이 열려 있다고 할지라도 음파의 일부는 이 끝에서 관 내로 반사된다. **만약 반사하는 관의 끝이 닫혀 있다면, 공기 분자의 운동이 금지되어 있기 때문에, 마디가 이 끝에 존재해야 한다. 만약 그 끝이 열려 있다면, 공기 분자의 운동이 완전히 자유롭기 때문에 배가 된다.**

그림 14.24a는 양 끝이 열린 관의 처음 세 가지 진동을 보인 것이다. 공기가 왼쪽에서 끝 쪽을 향하고 있을 때 정상파가 형성되고, 관은 자신의 고유진동수로 진동한다. 관의 한끝에서 다른 끝까지 정상파의 형태는 A–N–A로 마디와 배의 위치가 서로 바뀐 것을 제외하고는 진동하는 줄과 같은 형태임에 주목하자. 이전처럼 배와 인접한 마디(A–N 형태)는 파장의 1/4이고, 이 경우는 A–N과 N–A 형태가 두 개 있으므로 $L = 2(\lambda_1/4) = \lambda_1/2$이고 파장은 $\lambda_1 = 2L$이다. 따라서 양쪽 끝이 열린 관의 기본 진동수는 $f_1 = v/\lambda_1 = v/2L$이다. 다음 조화 진동은 양 끝 사이에 마디와 배가 추가되어 A–N–A–N–A 형태를 만든다. $\lambda_2/4$ 파장을 가진 마디–배의 쌍, A–N, N–A, A–N, N–A의 네 부분으로 셀 수 있다. $L = 4(\lambda_2/4) = \lambda_2$이고 2차 조화 진동수(제1차 배음)는 $f_2 = v/\lambda_2 = v/L = 2(v/2L) = 2f_1$이다. 이 조화 진동들의 진동수는 기본 진동수의 정수배가 된다.

$$f_n = n\frac{v}{2L} = nf_1 \qquad n = 1, 2, 3, \cdots \qquad [14.18]$$

◀ **양쪽이 열린 관: 모든 조화 진동수가 존재한다.**

여기서 v는 공기 중의 음속이다. 이 식은 기본 진동수의 정수배를 포함한 식 14.17과 유사함에 주목하라.

Tip 14.4 음파는 횡파가 아니다.

그림 14.24에서 종파의 정상파를 횡파로 나타내었다. 이는 종파에서 변위 방향이 진행 방향과 같아서 그림으로 나타내기 어렵기 때문이다. 종파에서의 변위는 파동의 진행과 같은 방향이다. 그림에서 세로축은 매질의 압력이나 수평 변위를 나타낸다.

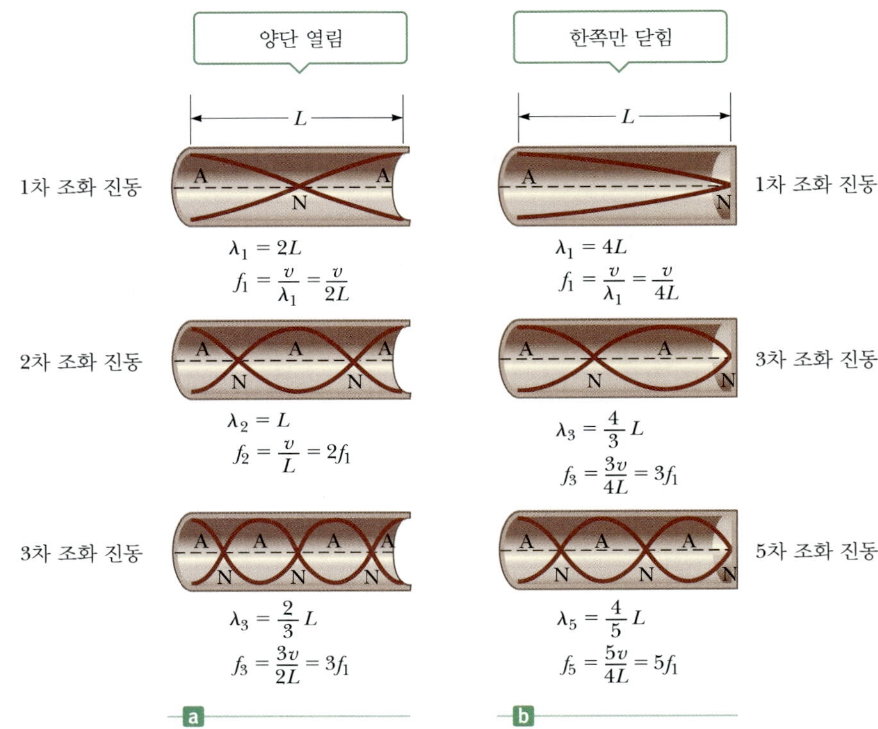

그림 14.24 (a) 양 끝이 모두 열려 있는 오르간 파이프에서의 종파의 정상파. 고유진동수 f_1, $2f_1$, $3f_1$, …은 조화열을 형성한다. (b) 한쪽 끝이 닫혀 있는 오르간 파이프에서의 종파의 정상파. 오직 홀수 번째의 배진동들이 존재하고, 고유진동수는 f_1, $3f_1$, $5f_1$, …이다.

만약 관의 한쪽 끝이 닫혀 있고 다른 쪽 끝이 열려 있다면, 열린 쪽 끝은 배가 되고 닫힌 쪽 끝은 마디가 된다(그림 14.24b). 이 같은 관에서 기본 진동수는 하나의 배–마디, A–N 형태로 구성되므로 $L = \lambda_1/4$, $\lambda_1 = 4L$이다. 따라서 한쪽 끝이 닫힌 파이프의 기본 조화 진동수는 $f_1 = v/\lambda_1 = v/4L$이다. 제1차 배음은 열린 끝과 닫힌 끝 사이에 또 다른 마디와 배를 가지므로 A–N–A–N 형태를 만든다. 이 형태는 세 개의 배–마디 구간을 가지므로(A–N, N–A, A–N), $L = 3(\lambda_3/4)$이고 $\lambda_3 = 4L/3$이다. 따라서 제1차 배음의 진동수는 $f_3 = v/\lambda_3 = 3v/4L = 3f_1$이다. 마찬가지로 $f_5 = 5f_1$이다. 양쪽 모두 열린 관과 비교해서 이 경우는 단지 **기본 진동수의 짝수배가 없다**. 한쪽 끝이 닫혀 있고 다른 쪽 끝이 열려 있는 관에서는 단지 홀수의 배진동만이 존재한다. 이 배진동들의 진동수는 다음과 같다.

한쪽이 닫힌 관: 홀수의 조화 진동수만 존재한다. ▶

$$f_n = n\frac{v}{4L} = nf_1 \qquad n = 1, 3, 5, \ldots \qquad [14.19]$$

예제 14.7 길이를 조절할 수 있는 관에서의 공명

목표 관에서 공명을 이해하고 기초 계산을 수행한다.

문제 그림 14.25a는 관에서의 공명을 보여 주는 간단한 장치이다. 양쪽 끝이 열린 긴 관이 물이 담긴 비커에 일부 잠겨 있다. 그리고 진동수를 알지 못하는 소리굽쇠가 관의 위쪽 끝에 놓여 있다. 공기 기둥의 길이 L은 상하로 관을 움직여 조절할 수 있다. 소리굽쇠에 의해 발생된 음파는 공기 기둥의 길이가 관의 공명 진동수 중 하나와 같을 때 보강된다. 음의 세기가 극대가 되는 L의 가장 작은 값은 9.00 cm이다. **(a)** 이 소리굽쇠의 진동수를 구하라. **(b)** 다음 두 공명 진동수에 대한 공기 기둥의 길이 L과 파장을 구하라. 음속은 343 m/s이다.

전략 관이 물속에 있을 때, 이 장치는 한쪽 끝이 닫힌 관이 된다. **(a)**에서 식 14.19에 $n = 1$, v와 L을 대입하여 소리굽쇠의 진동수

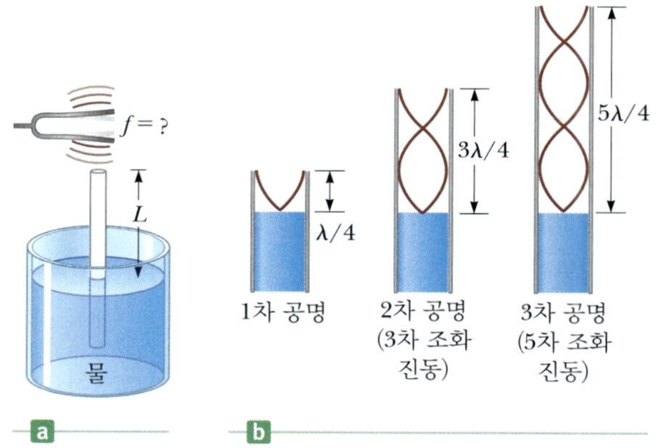

그림 14.25 (예제 14.7) (a) 한쪽 끝이 닫혀 있는 관에서의 음파의 공명을 보여 주기 위한 장치. 공기 기둥의 길이 L은 물속에 일부가 잠겨 있는 관을 수직으로 움직여 변화시킬 수 있다. (b) 이 장치에서 처음 세 개의 공명 진동수

를 구한다. **(b)** 다음 공명 최댓값은 물 수위가 충분히 낮아 두 번째 마디가 생길 때 일어나는데, 마디와 마디 사이는 반파장의 길이를 가진다(그림 14.25b). 세 번째 공명은 세 번째 마디에 다다를 때 일어나는데 여전히 길이가 또 다른 반파장에 해당한다. 각 경우 진동수는 소리굽쇠에 의해 생성되기 때문에 동일하다.

풀이

(a) 소리굽쇠의 진동수를 구한다.

식 14.19에 $n=1$, $v=343\ \text{m/s}$, $L_1=9.00\times10^{-2}\ \text{m}$를 대입한다.

$$f_1 = \frac{v}{4L_1} = \frac{343\ \text{m/s}}{4(9.00\times10^{-2}\ \text{m})} = \boxed{953\ \text{Hz}}$$

(b) 다음 두 공명 진동수에 대한 물 기둥의 수위와 파장을 구한다. 한쪽 끝이 열린 관에서 기본 진동수에 대한 $\lambda = 4L$을 이용해 파장을 계산한다.

$$\lambda = 4L_1 = 4(9.00\times10^{-2}\ \text{m}) = \boxed{0.360\ \text{m}}$$

따라서 다음 공명 위치를 구하기 위해 L_1에 반파장을 더한다.

$$L_2 = L_1 + \lambda/2 = 0.090\,0\ \text{m} + 0.180\ \text{m} = \boxed{0.270\ \text{m}}$$

L_2에 또 반파장을 더해 세 번째 공명 위치를 찾는다.

$$L_3 = L_2 + \lambda/2 = 0.270\ \text{m} + 0.180\ \text{m} = \boxed{0.450\ \text{m}}$$

참고 이 실험 장치는 종종 소리굽쇠의 진동수를 알고 있을 경우에 음속을 측정하기 위해 사용된다.

14.11 맥놀이 Beats

지금까지 논의했던 간섭 현상에서는 서로 반대 방향으로 진행하는 같은 진동수 중 두 개 이상의 파동이 겹쳐지는 것을 다루었다. 이제 약간 다른 진동수를 가진 두 파동이 겹쳐졌을 때 일어나는 또 다른 종류의 간섭 효과에 대해 생각해 보자. 이 경우 어떤 정해진 지점에서 파동들은 주기적으로 위상이 일치하거나 달라진다. 즉, 보강간섭과 상쇄간섭이 시간에 따라 교대로 바뀐다. 이와 같은 현상을 이해하기 위해 그림 14.26을 보자. 그림 14.26a에서 두 파동은 약간 다른 진동수를 갖는 두 개의 소리굽쇠에서 나온다. 그림 14.26b는 두 파동이 겹쳐진 모습을 보여 주고 있다. 어떤 시각 t_a에서 두 파

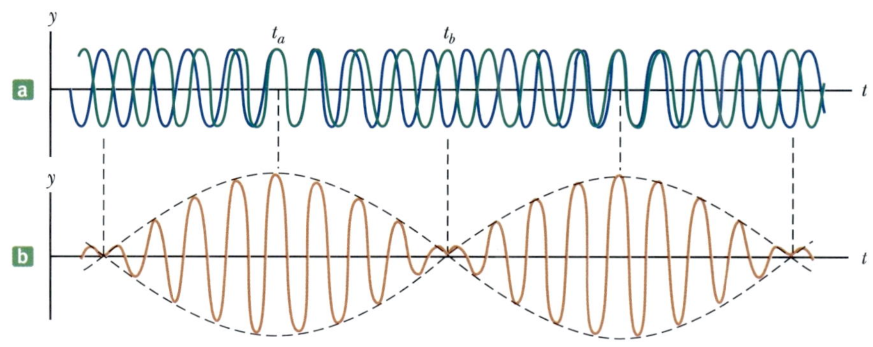

그림 14.26 맥놀이는 같은 방향으로 진행하는 진동수가 약간 다른 두 파동이 결합하여 만들어진다. (a) 공간의 고정된 위치에서 관측자가 듣는 각각의 파동들, (b) 합성파는 시간에 따라 주기적으로 진동하는 진폭(점선)을 가진다.

동은 위상이 같은 상태가 되어 그림 14.26b와 같이 보강간섭이 일어난다. 그러나 임의의 시간 후에 두 소리굽쇠의 진동은 서로 다르게 움직이게 된다. 시각 t_b에서 한 소리굽쇠가 희박 방출을 하는 동안 다른 소리굽쇠는 압축 방출을 한다. 따라서 그림 14.26b와 같이 시각 t_b에서는 상쇄간섭이 일어난다. 시간이 지남에 따라 소리굽쇠의 진동은 위상이 정반대인 상태로 움직이고, 그 다음 다시 위상이 같은 상태로 움직이는 것을 반복한다. 그 결과 어떤 한 점에서 소리를 듣고 있는 사람은 소리의 크기가 변화하고 있는 것을 듣게 되는데, 이를 **맥놀이**(beats)라 한다. 초당 맥놀이의 수, 또는 맥놀이 진동수는 두 음원 사이의 진동수의 차이와 같다.

맥놀이 진동수 ▶

$$f_b = |f_2 - f_1| \qquad [14.20]$$

여기서 f_b는 맥놀이 진동수, f_1과 f_2는 두 음원의 진동수이다. 맥놀이 진동수는 양의 값이고 뺄셈 순서와 무관하기 때문에 절댓값을 사용한다.

응용

맥놀이를 이용하여 악기를 조율하기

피아노와 같이 줄을 가진 악기를 조율할 때에는 알려진 진동수의 음과 악기의 음 사이의 맥놀이를 이용하여 조율한다. 맥놀이가 들리지 않을 때까지 줄의 장력을 조정함으로써 원하는 진동수로 조율할 수 있다.

예제 14.8 조율되지 않은 음

목표 맥놀이 진동수 개념을 응용한다.

문제 어떤 피아노 줄이 4.40×10^2 Hz의 진동수로 진동한다고 가정하자. 그 피아노의 진동수를 조사하기 위해 4.40×10^2 Hz의 진동수로 진동하는 소리굽쇠와 피아노 건반을 동시에 쳐서 소리를 냈고, 초당 4개의 맥놀이 진동수가 들렸다. **(a)** 줄이 진동할 수 있는 두 가지 가능한 진동수를 구하라. **(b)** 피아노 조율사가 진동하는 소리굽쇠를 들고 피아노를 향해 뛰어가는 동안 그의 조수는 436 Hz의 음을 연주한다고 가정하자. 피아노 조율사는 최대 속력에서 4 Hz에서 2 Hz로 맥놀이 진동수가 떨어짐을 알았다. 그는 얼마나 빨리 움직여야 하는가? 음속은 343 m/s이다. **(c)** 피아노 조율사가 달리는 동안 조수가 듣는 맥놀이 진동수는 얼마인가? Note: 마지막 계산까지 필요한 값들은 모두 소수점 아래 둘째 자리까지 정확하다고 가정한다.

전략 **(a)** 맥놀이 진동수는 피아노 현이 너무 높거나 낮게 조율된 경우 발생하는데, 두 음원 사이의 진동수 차의 절댓값과 같다. 이러한 두 가지 가능한 진동수들에 대해 식 14.20을 푼다. **(b)** 피아노를 향해 움직이면 관측되는 피아노 줄에서 발생하는 진동수는 증가한다. 관측자의 속도를 고려한 도플러 이동 방정식인 식 14.12를 푼다. **(c)** 조수는 소리굽쇠에 대한 도플러 이동을 관찰한다. 식 14.12를 적용하라.

풀이

(a) 두 가지 가능한 진동수를 구한다.

경우 1: $f_2 - f_1$이 양의 값이므로 절댓값 기호는 필요 없다.

$$f_b = f_2 - f_1 \quad \rightarrow \quad 4\text{ Hz} = f_2 - 4.40 \times 10^2\text{ Hz}$$

$$f_2 = \boxed{444\text{ Hz}}$$

경우 2: $f_2 - f_1$가 음의 값으로 절댓값 기호 대신 음의 부호를 곱한다.

$$f_b = -(f_2 - f_1) \quad \rightarrow \quad 4\text{ Hz} = -(f_2 - 4.40 \times 10^2\text{ Hz})$$

$$f_2 = \boxed{436\text{ Hz}}$$

(b) 피아노를 향해 달려가는 관측자가 관측하는 맥놀이 진동수가 2 Hz가 되는 속력을 구한다.

달리는 관측자가 듣는 피아노의 진동수는 $f_O = 438$ Hz이다. 이를 도플러 이동 방정식에 적용한다.

$$f_O = f_S\left(\frac{v + v_O}{v - v_S}\right)$$

$$438\text{ Hz} = (436\text{ Hz})\left(\frac{343\text{ m/s} + v_O}{343\text{ m/s}}\right)$$

$$v_O = \left(\frac{438\text{ Hz} - 436\text{ Hz}}{436\text{ Hz}}\right)(343\text{ m/s}) = \boxed{1.57\text{ m/s}}$$

(c) 조수가 듣는 맥놀이 진동수를 구한다.

음원은 소리굽쇠로 진동수는 $f_S = 4.40 \times 10^2$ Hz이다. 식 14.12를 이용하여 맥놀이 진동수를 구한다.

$$f_O = f_S\left(\frac{v + v_O}{v - v_S}\right)$$

$$= (4.40 \times 10^2\ \text{Hz})\left(\frac{343\ \text{m/s}}{343\ \text{m/s} - 1.57\ \text{m/s}}\right) = 442\ \text{Hz}$$

$$f_b = f_2 - f_1 = 442\ \text{Hz} - 436\ \text{Hz} = 6\ \text{Hz}$$

참고 피아노 의자에 앉은 조수와 소리굽쇠를 가진 조율사는 서로 다른 맥놀이 진동수를 듣는다. 많은 물리 측정은 관측자의 운동 상태에 따라 달라지는데, 그러한 내용은 26장 상대성 이론에서 자세히 다룬다.

14.12 음질 Quality of Sound

악기들이 내는 소리의 파형은 대단히 복잡하다. 그림 14.27은 소리굽쇠, 플루트와 클라리넷으로 각각 동일한 음을 길게 연주할 경우에 얻어지는 파형을 보인 것이다(압력은 세로축에, 시간은 가로축에 나타내었다). 각각의 악기가 고유의 특징을 보이기는 하지만 모두 주기적으로 되풀이되는 특성이 있음을 알 수 있다. 소리굽쇠는 한 가지 진동수(기본 진동수)만을 내지만 다른 악기들의 소리에는 배음들이 섞여 있다. 그림 14.28은 그림 14.27에 보인 파형들의 배음 분포를 보인 것이다. 플루트로 한 음을 내면(그림 14.27b) 소리의 일부는 기본 진동수의 음으로 나고 있지만, 이보다는 2차 조화 진동이 더 강하고 4차 조화 진동은 기본 진동음과 거의 같은 세기로 나고 있는 등의 관계가 관찰된다. 이러한 배진동음들이 모두 중첩의 원리에 따라 합쳐져서 그림에 보인 바와 같은 그러한 복잡한 파형을 이루게 된다. 클라리넷은 1차 조화 진동 외에도 그 세기의 절반 정도로 2차 조화 진동을 내는 등의 특성을 보인다. 이러한 배음들을 합치면 그림 14.27c와 같은 파형이 얻어진다. 그림 14.27a와 14.28a의 소리굽쇠는 1차 조화 진동음만을 낸다.

음악에서는 악기들의 고유한 소리를 음질(quality) 또는 음색(timbre)이라 한다. 음색은 소리를 이루는 배진동들의 혼합에 의해서 결정된다. 따라서 플루트의 '도'와 클라리넷의 '도'의 음색이 다르다. 나팔, 트럼펫, 바이올린, 튜바 등은 배음이 풍부한 악기들이다. 관악기들을 연주할 때 입술을 잘 이용하면 특정한 배진동을 강하게 낼 수 있기 때문에, 밸브를 바꾸지 않고도 다른 음을 연주할 수 있다.

Tip 14.5 피치와 진동수는 서로 다른 것이다.

피치는 (다는 아니지만) 거의 진동수에 의해 결정되지만 진동수와 동일하지는 않다. '소리의 피치'라는 말이 옳지 않은 이유는 피치는 소리의 물리적 특성이 아니기 때문이다. 진동수는 소리가 매초 진동하는 숫자를 측정한 값이다. 반면, 피치는 사람이 소리를 듣고 고음과 저음 사이의 어느 음으로 느끼게 하는 심리적 반응을 말한다. 따라서 진동수는 자극이며 피치는 반응이라 할 수 있다.

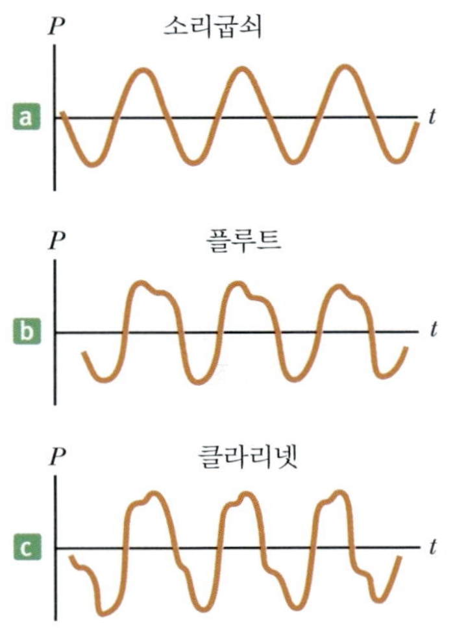

그림 14.27 악기에 따라 다르게 나타나는 소리의 파형

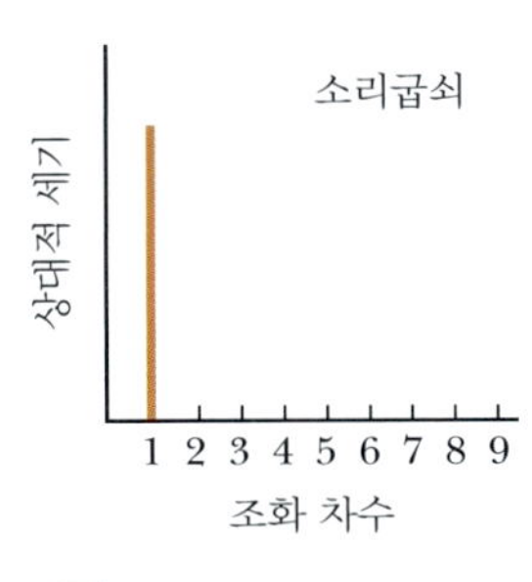

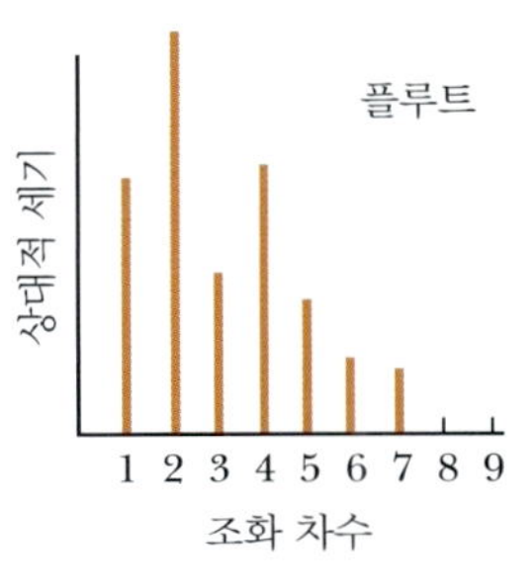

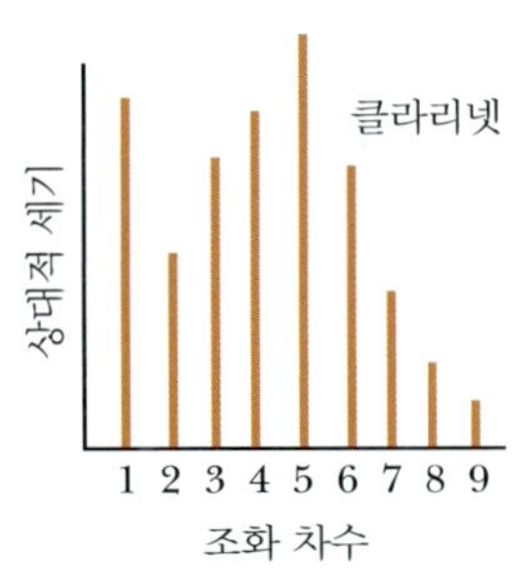

그림 14.28 그림 14.27에 나타난 파형들의 조화 차수에 따라 진동의 세기가 서로 다르다.

14.13 귀 The Ear

인간의 귀는 외이, 중이, 내이의 세 영역으로 나뉘어져 있다(그림 14.29). 외이는 (대기에 열려 있는) 이도로 구성되어 있으며, 이도는 고막(중이)에서 끝난다. 음파는 이도를 따라 진행하여 고막에 이르고, 고막은 음파의 높고 낮음과 압력의 변화에 의해 일어나는 밀고 당김에 동조하여 안과 밖으로 진동한다. 고막 뒤에 있는 중이에는 생긴 모양에 따라 망치뼈, 모루뼈, 호미뼈라고 하는 세 개의 작은 뼈가 있다. 이 뼈들은 내이로 진동을 전달하는데, 내이에는 길이 2 cm 정도의 달팽이 모양을 한 달팽이관이 있다. 이 달팽이관은 난형창에서 호미뼈와 연결되어 있으며, 기저막에 의해 길이 방향으로 나누어져 있다. 기저막은 작은 털과 신경 섬유로 구성되어 있다. 이 기저막은 길이 방향에 따라 단위 길이당 질량과 장력이 다르고, 따라서 서로 다른 진동수에서 공명하는 부분이 서로 다르다. (줄의 고유진동수는 단위 길이당 질량과 그것의 장력에 의해 결정된다.) 이 기저막을 따라 수많은 신경 절이 있으며, 이 신경 절은 막의 진동을 감지하여 순차적으로 뇌에 자극을 전달한다. 뇌는 자극을 전달하는 신경의 기저막에 따른 위치와 자극이 어떤 비율로 전달되는가에 따라 변하는 진동수의 소리를 해석한다. 이것이 복잡한 귀의 기능을 단순히 묘사한 것이다.

그림 14.30은 0~120 dB의 범위에서 같은 크기의 소리에 대한 평균적인 사람의 귀의 진동수 반응 곡선을 나타낸 것이다. 이 일련의 그래프를 해석하기 위해 인간이 들을 수 있는 문턱 세기 준위로 가장 아래쪽 곡선을 선택하여 보자. 100 Hz와 1 000 Hz의 두 진동수에 대해 세로축의 세기 준위를 비교하라. 100 Hz의 소리의 인간이 들을 수 있는 문턱 준위는 1 000 Hz의 소리의 문턱 준위보다 약 38 dB 커야 한다는 것을 알 수 있다. 따라서 인간이 들을 수 있는 문턱 준위는 진동수에 매우 크게 의존한다는 것을 알 수 있다. 귀가 가장 듣기 쉬운 소리의 진동수는 3 300 Hz 근처이다. 12 000 Hz 위의 진동수나 50 Hz 아래의 진동수 소리를 듣기 위해서는 소리가 상대적으로 매

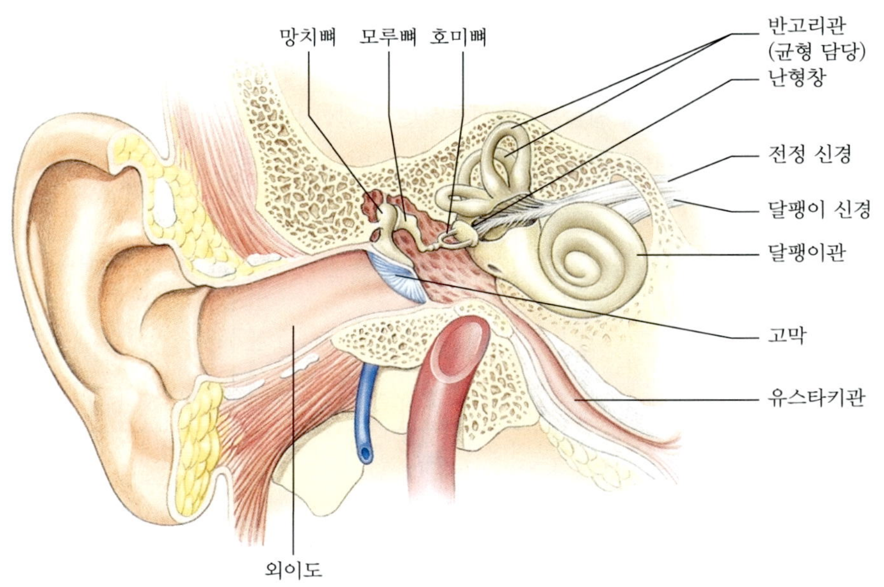

그림 14.29 사람 귀의 구조. 달팽이관의 창과 고막을 연결하는 세 개의 작은 뼈(소골)들은 달팽이관 내의 유체의 압력을 증가시키거나, 진동의 진폭을 감소시키기 위한 이중 지레 장치로 작용한다.

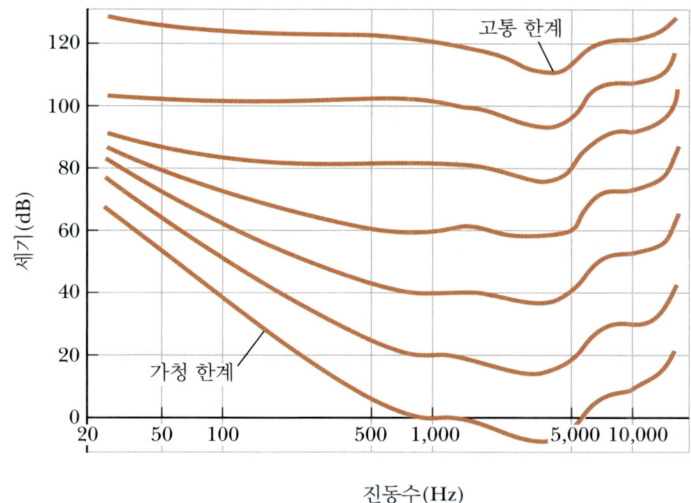

그림 14.30 사람의 귀에 동일한 크기로 들리는 소리들에 대한 진동수에 따른 세기 준위 곡선. 귀는 약 3 300 Hz의 진동수에 가장 민감하다. 가장 낮은 곡선은 가청 문턱에 해당하며 단지 1%의 사람만이 들을 수 있다.

우 커야 한다.

이제 80 dB의 곡선을 고려해 보자. 이 곡선은 80 dB의 세기 준위에서 1 000 Hz의 음을 갖는 소리의 기준으로 이용된다. 이 곡선은 100 Hz의 진동수의 음이 1 000 Hz, 80 dB의 음의 소리의 크기와 같이 들리기 위해서는 80 dB보다 약 4 dB 커야 한다는 것을 보여 준다. 소리의 세기 준위가 증가할수록 이 곡선들이 평평해진다는 것에 주의하라. 즉, 소리가 클 때 모든 진동수의 소리를 같이 잘 들을 수 있다.

중이의 작은 뼈는 복잡한 지레처럼 작용하여 난형창의 힘을 증가시킨다. 파동의 압력은 고막의 겉넓이가 난형창의 겉넓이보다 약 20배 크기 때문에 (유압 지렛대와 유사하게) 크게 증폭된다. 중이는 고막과 난형창과 함께 외이의 공기와 내이의 액체 사이의 매칭 네트워크로 효과적으로 작용한다. 모든 에너지는 외이와 내이 사이의 압력을 수천 배로 증폭시켜 매우 효율적으로 전달된다. 다시 말하면 내이에서의 압력 변화는 외이에서의 압력 변화보다 훨씬 크다.

귀는 큰 소리에 대하여 자체적으로 내부 보호 체계를 가지고 있다. 외벽에 세 개의 중이뼈를 연결하는 근육들은 소리를 전달할 때, 진동을 전달하는 능력을 방해하도록 뼈의 장력을 변화시켜 소리의 크기를 조절한다. 게다가 고막은 소리의 세기가 증가할 때 더 딱딱해진다. 이 두 가지 사건들에 의해 귀에 들어오는 소리가 클수록 귀는 덜 민감하게 된다. 그러나 귀의 보호 반응과 일련의 큰 소리 사이에는 시간 지연이 있다. 따라서 매우 갑작스런 큰 소리는 여전히 귀에 손상을 줄 수가 있다.

사람 귀의 복잡한 구조는 포유동물이 해양생물로부터 진화해 왔다는 사실과 관계가 있는 것으로 여겨지고 있다. 비교해 보면 곤충의 귀는 믿을 수 없을 만큼 단순하게 설계되어 있다. 왜냐하면 곤충들은 언제나 땅에서 살아왔기 때문이다. 보통 곤충의 귀는 한쪽은 공기에 직접적으로 닿을 수 있는 고막과 다른 한쪽은 공기로 채워진 공동으로 되어 있다. 신경 세포들은 내이와 중이의 복잡한 매개체를 필요로 하지 않고 공동 및 뇌와 직접적으로 통신한다. 이렇게 구조가 간단하기 때문에 귀는 몸의 어느 부위에라도 위치할 수 있다. 예를 들어, 메뚜기는 다리에 귀가 있다. 곤충의 귀가 이렇게 간단해서 얻는 장점 중의 하나는 귀의 크기와 간격을 조절할 수가 있어서, 다른 곤충 등이 내는 소리가 오는 위치를 찾기가 쉽다는 점이다.

응용
달팽이관 이식

최근 의학계에서 벌어지는 놀랄 만한 발전 중에 청각 장애자에게 청력을 회복시켜 주는 달팽이관 이식 수술법이 있다. 나이가 들면서, 또 어떤 경우에는 고음에 장시간 노출되어, 달팽이관 속에 있는 머리카락 같은 섬모 조직이 떨어져 나가면 청각 장애가 생길 수 있다. 어떤 경우에는 소형 전자 장치를 귓속에 이식하고 청신경을 자극함으로써 청력을 회복시킬 수 있다.

연습문제

14.2 음파의 특성

14.3 음속

Note: 특별한 언급이 없는 한 20 °C 공기 중의 음속은 343 m/s로 가정한다. 다른 온도의 경우 섭씨 온도 T_C에서 음속은 식 14.4인

$$v = 331\sqrt{1 + \frac{T_C}{273}}$$

로 주어진다. 여기서 v의 단위는 m/s이고 T의 단위는 °C이다. 다른 매질에서의 음속은 표 14.1을 참조하라.

1(1). 번갯불을 보고 16.2 s 후에 천둥소리를 들었다. 공기 중에서의 빛의 속력은 3.00×10^8 m/s이다. (a) 천둥소리를 들은 사람은 번갯불에서 얼마나 멀리 떨어져 있는가? (b) 이 문제를 푸는 데 빛의 속력의 값을 알 필요가 있는가? 그 이유를 설명하라.

2(3). 뜨거운 여름날 공기의 온도가 106 °F라면 그 온도에서의 음속은 얼마인가?

3(5). 등산객 여러 명이 산 위에서 야호 소리를 낸 다음 3.00 s 후에 반향음을 들었다. 음파를 반사한 산은 얼마나 멀리 있는가?

4(9). 망치로 길이가 8.50 m인 두꺼운 강철로 된 긴 쇠막대의 한쪽 끝을 친다. 쇠막대의 반대쪽에 있는 마이크가 두 펄스의 음파를 수신한다. 하나는 공기 중으로 전파되는 음파이고 다른 하나는 쇠막대를 따라 전파된 것이다. (a) 마이크에 먼저 수신되는 파동은 어느 것인가? (b) 두 펄스가 도달하는 시간 차를 구하라.

14.4 음파의 에너지와 세기

14.5 구면파와 평면파

5(11). 매미가 짝짓기를 위하여 내는 소리는 곤충들의 울음소리 중에서 가장 시끄러운 것으로 알려져 있다. 그 소리는 매미로부터 1.00 m 떨어진 곳에서 소리의 준위는 105 dB에 다다른다. (a) 그에 해당하는 음의 세기를 구하라. (b) 소리가 구면으로 퍼져 나간다고 가정하고 20.0 m 떨어진 곳에서의 음의 세기를 구하라. (c) 100마리의 매미가 똑같은 준위의 소리를 동시에 낸다면 20.0 m 떨어진 곳에서의 소리의 데시벨 준위를 구하라.

6(13). 근세사에서 가장 큰 소리 중의 하나로 기록된 것은 1883년 8월 26일과 27일에 있었던 크라카타우(Krakatoa) 화산의 폭발음이었다. 그 소리는 무려 161 km 떨어진 곳에서 180 dB로 측정되었다. 음의 세기가 거리의 역제곱에 비례하여 급격히 줄어든다고 가정했을 때 4 800 km 떨어진 로드리게스 섬에서의 소리의 준위는 얼마이겠는가?

7(15). 어떤 사람이 모든 진동수에서 30.0 dB 이상 세기 준위를 높여 주는 보청기를 끼고 있다. 그 보청기가 250 Hz의 소리에 대해 3.0×10^{-11} W/m^{2}의 세기를 낸다. 고막에 닿을 때의 세기는 얼마인가?

8(17). 서양에 사는 복어는 닫힌 관의 공명 현상을 이용하여 큰 소리를 낸다. 이 물고기는 닫힌 관 모양의 부레를 증폭기로 사용한다. 이렇게 나는 소리의 준위는 100. dB에 이른다. (a) 이 소리의 세기를 구하라. (b) 이런 물고기 세 마리가 동시에 같은 소리를 내는 경우의 소리 준위를 구하라.

9(19). 코끼리들은 초저음파로 의사소통한다는 증거가 있다. 우르릉거리는 소리는 14 Hz 정도인데 10. km까지 도달한다고 한다. 이 소리를 음원으로부터 5.0 m 떨어진 곳에서 측정하였을 때 103 dB에 이른다. 음파의 에너지가 모든 방향으로 균일하게 퍼져 나간다고 가정하고 음원으로부터 10. km 떨어진 곳에서의 세기 준위를 구하라.

10(21). 기차가 건널목에 접근하면서, 기적 소리를 울린다. 10 km 떨어진 관측자는 50. dB의 세기 준위로 이 기적 소리를 듣는다. (a) 기적의 평균 일률은 얼마인가? (b) 기차에서 50. m 떨어진 건널목에서 기다리고 있는 사람이 듣는 기적 소리의 세기 준위는 얼마인가? 기적 소리를 점음원으로 취급하고, 공기에 의한 소리의 흡수는 무시한다.

11(23). 음원으로부터의 거리가 각각 r_1과 r_2인 두 지점에서의 소리 준위 β_1과 β_2는 다음과 같은 관계가 있음을 밝혀라.

$$\beta_2 - \beta_1 = 20 \log\left(\frac{r_1}{r_2}\right)$$

14.6 도플러 효과

12(25). 야구공이 승용차 유리창을 때리면서 유리창이 깨졌다. 그와 동시에 방범장치가 작동하여 1 250 Hz의 경고음이 울렸다. 그 차로부터 6.50 m/s의 속력으로 멀어지는 자전거를 탄 소년이 듣는 소리의 진동수는 얼마인가?

13(27). 통근 열차가 40.0 m/s의 속력으로 역을 지나가면서 320. Hz의 기적을 울린다. (a) 기차가 역에 접근할 때와 역에서 멀어질 때, 플랫폼에 서 있는 고객이 듣는 진동수의 전체 변화는 얼마인가? (b) 기차가 역에 접근할 때 고객이 듣는 기적의 파장은 얼마인가?

14(29). 두 대의 기차가 서로 다른 선로에서 서로를 향해 달린다. 기차 1은 1.30×10^2 km/h의 속도로, 기차 2는 90.0 km/h의 속도로 달리고 있다. 기차 2가 진동수 500 Hz의 기적을 울린다. 기차 1의 기관사가 듣는 진동수는 얼마인가?

15(31). 물리 공부를 열심히 하는 학생이 기차가 지나가는 역 구내의 벽에 기대어 서 있다. 기차가 가까이 다가오고 있을 때 그가 들은 음은 465 Hz이고 멀어져 갈 때 들은 음은 441 Hz이다. 이 두 진동수를 가지고 기차의 속력을 계산해 보라.

16(33). 소리굽쇠가 512 Hz로 진동하면서 9.80 m/s^{2}의 가속도로 낙하하고 있다. 최초 떨어진 지점에서 들리는 소리의 진동수가 485 Hz라면, 소리굽쇠는 얼마나 떨어졌겠는가?

17(35). 초음파 제트기가 마하 3.00의 속력으로 고도 $h = 2.00 \times 10^4$ m 상공을 지나가고 있다. $t = 0$에서 제트기의 바로 밑에 어떤 사람이 있다(그림 P14.17). 공기 중의 음파의 평균 속력을 335 m/s로 가정한다. (a) 그 사람이 $t = 0$에서 나온 음에 의한 충격파를 접하게 되는 시각은 언제인가? (b) 이 충격파를 들을 때 제트기는 어디에 있는가?

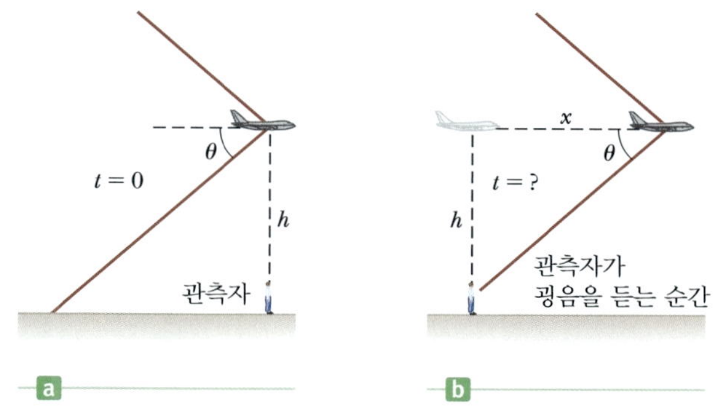

그림 P14.17

14.7 음파의 간섭

18(37). 정체 구간에 갇혀 서 있는 두 승용차가 각각 625 Hz의 경적을 내고 있다. 두 경적으로부터 4.50 m 떨어진 두 차 사이에 있는 자전거를 탄 사람이 자신이 보강간섭이 되는 점에 있음을 알게 되어 매우 심한 불편을 느끼고 있다(그림 P14.18). 그녀가 가장 가까운 상쇄간섭 위치로 가려면 뒤로 얼마나 물러가야 하는가?

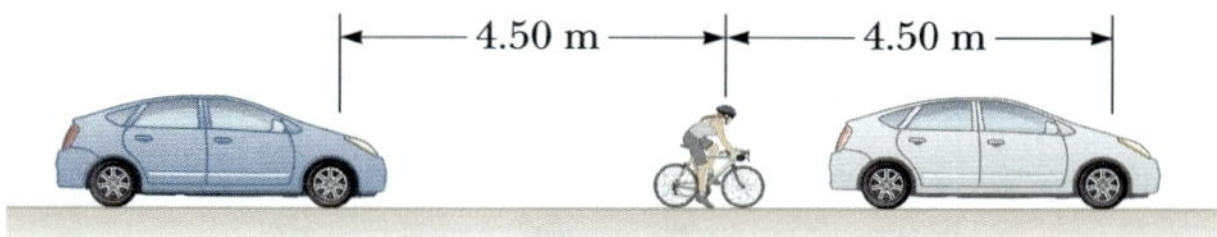

그림 P14.18

19(39). 그림 P14.19의 배는 연안으로부터 $d = 600$ m 떨어진 곳에서 연안과 평행하게 직선으로 움직이고 있다. 배는 연안에 있는 $L = 800$ m의 거리로 서로 떨어져 있는 두 개의 안테나 A와 B에서 동시에 같은 진동수의 전파를 수신하고 있다. 신호는 A와 B로부터 같은 거리에 위치한 점 C에서 보강간섭을 일으킨다. 1차 극소가 되는 위치는 점 D로, 그곳은 연안의 점 B에서 똑바로 보이는 곳이다. 안테나에서 발신된 전파의 파장을 구하라.

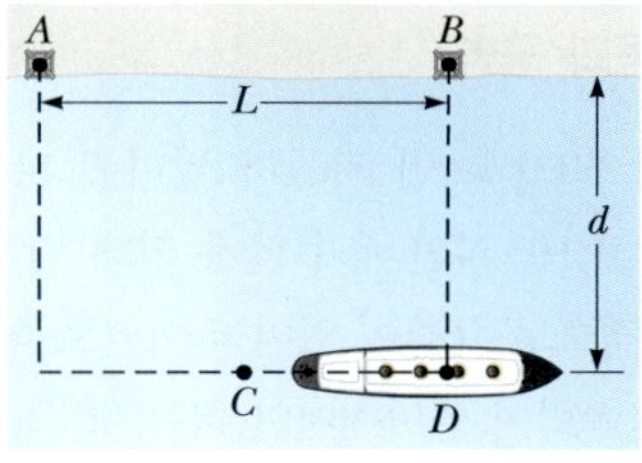

그림 P14.19

14.8 정상파

20(43). 양 끝이 고정되고 팽팽하게 당겨진 줄의 질량이 40.0 g이고 길이가 8.00 m이다. 줄의 장력은 49.0 N이다. (a) 3차 조화 진동의 마디와 배의 위치를 구하라. (b) 이 배진동의 진동수는 얼마인가?

21(45). 길이가 L인 줄을 630. Hz의 진동자로 진동시킬 때 다섯 개의 배가 생기면서 진동한다. 배가 세 개가 되게끔 진동시키려면 진동자의 진동수는 얼마이어야 하는가?

22(47). 어떤 사람이 기타의 베이스 줄로 질량이 25.0 g이고 길이가 1.35 m인 강철선을 사용하였다. 브릿지에서 너트(상현주)까지의 거리는 1.10 m이다. (a) 그 줄의 선밀도를 계산하라. (b) 그 줄이 E_1 줄의 기본 진동수인 41.2 Hz를 내기 위해서는 줄에서 어떤 속력의 파가 생겨야 하는가? (c) 고유진동수를 내기 위한 장력을 계산하라. (d) 줄이 진동하는 파장을 계산하라. (e) 공기 중에 퍼진 소리의 파장은 얼마인가? (공기 중에서의 음속은 343 m/s로 가정한다.)

23(49). 질량이 12.0 kg인 물체가 $L = 5.00$ m, 선밀도 $\mu =$ 0.001 00 kg/m인 줄에 매달려 정지해 있다. 이 줄은 거리 $d = 2.00$ m만큼 떨어져 있고 질량과 마찰을 무시할 수 있는 두 개의 도르래 바퀴에 걸쳐져 있다(그림 P14.23a). (a) 이 줄의 장력을 구하라. (b) 두 도르래 바퀴 사이에서 줄에 그림 P14.23b와 같은 파형이 나타날 경우 진동수는 얼마인가?

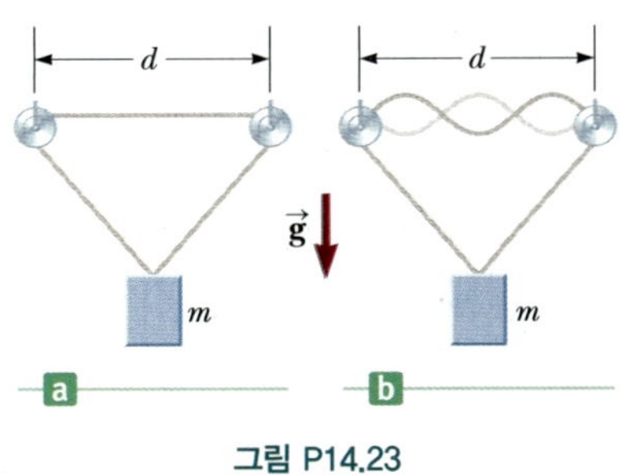

그림 P14.23

24(51). 50.000 N의 장력을 받고 있는 60.00 cm의 기타줄의 선밀도가 0.100 00 g/cm이다. 20 000 Hz까지 들을 수 있는 사람이 듣게 되는 가장 높은 공명 진동수는 얼마인가?

14.9 강제 진동과 공명

25(53). 질량이 30.0 kg인 자동차 앞바퀴 타이어가 용수철 상수 $k = 1.00 \times 10^5$ N인 용수철에 의해 받쳐져 있다. 도로에 0.750 m 간격으로 요철이 있어 타이어로 하여금 공진을 일으키려면 차의 속력이 얼마이어야 하는가?

14.10 공기 기둥 내의 정상파

26(55). 미국흰두루미가 소리를 내는 목구멍의 길이는 보통 5.0 ft이다. 목구멍을 하나의 관으로 보고, 이 관이 한쪽이 막힌 관이라고 할 때 이 관의 가장 낮은 공명 진동수는 얼마인가? 온도는 37°C로 가정한다.

27(57). 사람의 이도의 길이는 약 2.8 cm이다. 만약 사람의 귀를 한쪽 끝은 열려 있고 다른 한쪽 끝이 고막으로 닫혀 있는 관으로 간주한다면, 우리가 예민하게 듣는다고 생각되는 기본 진동수는 얼마인가?

28(59). 양쪽 끝이 열려 있는 관이 0°C일 때 3.00×10^2 Hz의 기본 진동수를 갖고 있다. (a) 파이프의 길이는 얼마인가? (b) 30.0°C에서의 기본 진동수는 얼마인가?

14.11 맥놀이

29(61). 기타리스트의 튜너가 196 Hz의 소리를 내고 기타가 199 Hz의 소리를 낸다면 맥놀이 진동수는 얼마인가?

30(65). 두 기차의 기적이 1.80×10^2 Hz의 동일한 진동수를 가진다. 한 기차는 정거장에 정지해 있고 다른 한 기차는 근처에서 움직이며 각각 경적을 울릴 때, 정거장에 서 있던 승객은 2.00 beats/s의 맥놀이를 듣는다. 움직이는 기차가 가질 수 있는 두 개의 가능한 방향과 속력을 구하라.

31(67). 어느 학생이 256 Hz로 진동하는 소리굽쇠를 들고 벽을 향해 1.33 m/s의 속력으로 이동한다. (a) 이 학생이 소리굽쇠의 소리와 반사음 사이에서 듣는 맥놀이 진동수는 얼마인가? (b) 벽에서 멀어지면서 5.00 Hz의 맥놀이를 듣고자 한다면 얼마나 빠르게 움직여야 하는가?

14.13 귀

32(69). 어떤 연구에 의하면 가청 진동수의 상한은 고막의 지름에 의해 결정된다고 한다. 가청 상한 진동수 부근에서 음파의 파장과 고막의 지름은 거의 같다. 이 관계가 정확히 성립한다면 2.00×10^4 Hz를 들을 수 있는 사람은 고막의 지름이 얼마인가? (사람의 체온은 37°C라고 가정한다.)

종합문제

33(71). 150. W의 소리를 낼 수 있는 어떤 스피커가 모든 방향으로 소리를 균일하게 방출하고, 중심에서 1.60 m 떨어진 곳에서의 소리 준위가 103 dB로 측정되었다고 가정하자. (a) 스피커의 출력 전력을 구하라. 판매원이 스피커의 정격 출력이 150. W라고 주장하는 경우, 이는 스피커에 입력되는 최대

전력을 의미한다. (b) 스피커의 효율, 즉 입력 전력 중 유효 출력 전력으로 변환되는 비율을 구하라.

34(73). 한 도시의 한 동네를 관통하는 고속도로가 건설되었다. 매분 100대의 차가 지나감으로써 오후에는 동네 아파트의 소음 수준이 80.0 dB가 된다. 늦은 밤에는 교통량이 분당 5대에 불과하다면 늦은 밤 평균 소음 수준은 얼마인가?

35(75). 스피커 한 개를 서로 36.0 m 떨어진 두 청취자 사이를 연결하는 선상에 설치하였다. 한 청취자가 60.0 dB의 세기 준위를 기록하고 다른 청취자는 80.0 dB의 세기 준위를 기록한다면, 스피커와 각 청취자 사이의 거리는 얼마인가?

전기력과 전기장
Electric Forces and Fields

CHAPTER 15

전기는 기술 문명과 현대 사회에 활력을 불어넣어 주었다. 이것이 없었다면 우리는 전화기, 텔레비전, 가전제품도 없는 19세기 중반으로 돌아가야 할 것이다. 현대 의학도 정교한 실험 기구나 빠른 컴퓨터 없이는 공상일 것이며, 과학과 기술은 더딘 속도로 발전할 것이다.

전기장과 전기력의 발견과 이용으로 원자의 배열을 볼 수 있고, 세포 내부에서 일어나는 일을 조사하고 태양계의 한계를 넘어 우주선을 보낼 수도 있다. 이 모든 것은 불과 몇 세기 안에 이루어졌는데, 인류가 아프리카 사바나에서 백만 년 동안 수렵 생활을 한 것과 비교하면 눈 깜박할 시간이다.

전기에 관련된 초기의 연구는 기원전 700년경부터 그리스인들에 의해 수행되었다. 호박이라는 화석 물질을 양모와 문지르면, 작은 물질들을 끌어당긴다는 사실을 알게 된 것이다. 그 이후 호박과 양모에만 국한되지 않고, 두 개의 절연 물질을 서로 문지르면 거의 대부분 이러한 현상이 발생한다는 것을 알게 되었다.

이 장에서는 이러한 효과(마찰에 의한 대전)에 의해 나타나는 전기력에 대한 규명으로 시작한다. 이어서 정지해 있는 두 대전 입자 사이의 힘에 대한 기본 법칙인 쿨롱의 법칙을 다룬다. 그리고 전하와 관련된 전기장의 개념과 다른 대전 입자에 대한 전기장의 효과를 소개한다. 아울러 밴 더 그래프 발전기와 가우스의 법칙에 관해 간단히 논의하면서 마무리할 것이다.

15.1 전하, 절연체, 도체 Electric Charges, Insulators, and Conductors

15.1.1 전하의 성질 Properties of Electric Charges

플라스틱 빗으로 머리카락을 빗은 다음, 종잇조각에 갖다 대면 빗이 종잇조각을 끌어당기는 것을 볼 수 있을 것이다. 이 힘은 때로는 지구가 끌어당기는 힘보다 커서 종이를 빗에 매달기에 충분할 만큼 강하다. 유리와 단단한 고무 등과 같은 물체를 문지른 경우에도 같은 현상이 나타난다.

다른 간단한 실험은 공기를 불어넣은 풍선을 양모(또는 머리카락)에 문지르는 것이다. 건조한 날이면 양모에 문지른 풍선은 방안의 벽에 몇 시간이나 붙어 있다. 물질이 이와 같은 특성을 보이면 이 물질은 전기적으로 대전(electrically charged)되었다고 한다. 신발을 양탄자에 강하게 문지르거나 자동차 좌석으로 미끄러져 들어갈 때 우리 몸을 대전시킬 수 있다. 우리 몸에 전하가 있다는 증거는 친구나 동료에게 살짝 손을 댈 때 깜짝 놀라는 것에서 알 수 있다. 팔을 만졌을 때 불꽃이 튀는 것을 볼 수 있고 두 사람은 모두 약간의 따끔거림을 느끼게 된다. 이러한 실험은 건조한 날에 가장 잘 되는데, 공기 중에 수분이 많을 때는 대전된 물체의 전하들이 수분으로 빠져나가 전기적으로 중성이 되어 방전을 일으키지 못하기 때문이다.

프랭클린(Benjamin Franklin, 1706~1790)은 간단한 일련의 실험에서 두 종류의

프랭클린
Benjamin Franklin, 1706~1790

프랭클린은 출판업자, 작가, 물리학자, 발명가, 외교관이자 미국 건국에 지대한 공헌을 한 정치가였다. 1740년대 말에 그가 세운 전기에 관한 업적은 혼란스럽고 서로 연관이 없어 보이는 일련의 관찰들을 잘 정돈된 학문으로 발전시킨 것이다.

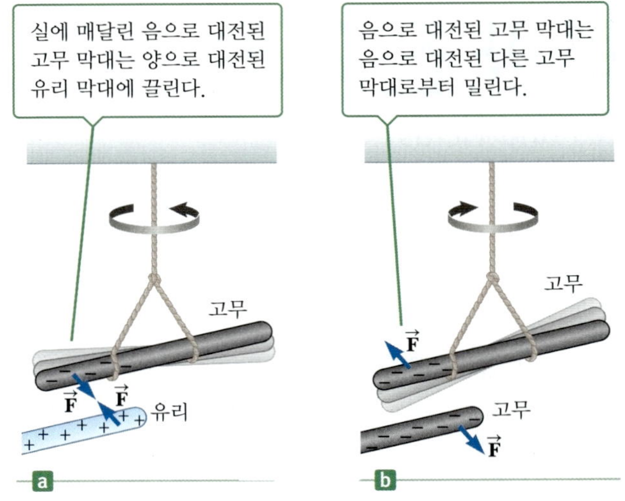

그림 15.1 대전된 두 물체 사이의 전기력을 관찰하기 위한 실험장치

전하를 **양전하**와 **음전하**로 명명하였다. 그림 15.1은 두 전하 사이에 작용하는 힘을 보여 주고 있다. 깃털(또는 인공 섬유)에 문지른 딱딱한 고무(또는 플라스틱) 막대가 실에 매달려 있다. 명주 천으로 문지른 유리 막대를 고무 막대 근처에 가까이 가져가면, 고무 막대가 유리 막대 쪽으로 끌리게 된다(그림 15.1a). 만일 대전된 두 고무 막대(또는 대전된 두 유리 막대)를 서로 가까이 하면, 그림 15.1b처럼 그들 사이에 작용하는 힘은 밀어내는 힘이다. 이 실험은 고무와 유리 막대가 다른 종류의 전하를 가지고 있음을 보여 준다. 프랭클린이 제안한 대로 유리 막대의 전하는 양전하, 고무 막대의 전하는 음전하이다. 이와 같은 관찰로부터 **같은 종류의 전하끼리는 서로 밀어내고, 다른 종류의 전하끼리는 서로 끌어당긴다**는 결론을 얻을 수 있다. 모든 물체는 보통 같은 양의 양전하와 음전하를 가지고 있다. 전기력은 알짜 음전하나 양전하를 가질 때 발생한다.

같은 종류의 전하끼리는 서로 밀어내고, 다른 종류의 전하끼리는 서로 끌어당긴다. ▶

자연에서 양전하의 운반자는 양성자인데, 양성자는 중성자와 함께 원자핵 안에 있다. 원자핵은 반지름이 약 10^{-15} m로서, 음으로 대전된 전자 구름으로 둘러싸여 있는데, 전자의 분포 영역의 크기는 원자핵 반지름의 만 배 정도이다. 전자는 양성자와 같은 크기의 전하를 가지고 있지만 부호는 반대이다. 1 g의 물질 속에는 대략 10^{23}개에 달하는 양으로 대전된 양성자와 같은 숫자의 음으로 대전된 전자가 있어서 알짜 전하는 영이다. 원자핵은 고체 속에 단단하게 고정되어 있기 때문에 양성자는 한 물질로부터 다른 물질로 절대 움직일 수 없다. 전자는 양성자보다 훨씬 가볍고, 원자의 바깥쪽에 위치해 있기 때문에 힘에 의해 더 쉽게 가속된다. 결과적으로 물체는 음전하인 전자를 잃거나 얻음으로써 대전된다.

전하는 한 물질에서 다른 물질로 쉽게 옮겨간다. 두 물질을 서로 문지르면 접촉 범위가 증가되어 전하의 이동이 용이해진다.

전하는 보존된다 ▶

전하의 중요한 특징은 **전하는 항상 보존된다**는 것이다. 즉, 처음에는 중성인 두 물체를 서로 문질러 대전시키는 과정에서 전하가 생성되지는 않는다. 물체는 **음전하가 한 물체에서 다른 물체로 이동**하였기 때문에 대전된다. 한 물체는 상당한 양의 음전하를 얻는 반면, 다른 물체는 같은 양의 음전하를 잃게 되어 알짜 양전하가 남는다. 예를 들어, 그림 15.2와 같이 유리 막대를 명주 천에 문질렀을 때, 마찰 과정에서 전자가 유리 막대로부터 명주 천으로 이동하게 됨으로써 유리 막대는 알짜 양전하를 명주 천은 알짜 음전하를 갖게 된다. 마찬가지로 고무를 모피에 문질렀을 때 전자는 모피에서 고무로 이동한다.

1909년에 밀리컨(Robert Millikan, 1886~1953)은 한 물체가 대전되면, 그 물체의 전하는 항상 기본 전하량 e의 정수배가 된다는 사실을 발견하였다. 현대적인 용어로는 전하가 **양자화**(quantized)되어 있다고 한다. 이것은 전하가 자연에서 더 이상 나누어지지 않는 불연속적인 덩어리로만 존재한다는 것을 의미한다. 따라서 물체는 $\pm e$, $\pm 2e$, $\pm 3e$ 등의 전하를 가지며, 절대로 $\pm 0.5e$ 또는 $\pm 0.22e$와 같은 형태의 부분 전하를 갖지 않는다.[1] 밀리컨 시대에 수행된 다른 실험은 전자가 $-e$의 전하를 가지며, 양성자는 크기는 같으나 부호가 반대인 전하 $+e$를 갖는다는 것을 보여 주었다. 중성자와 같은 입자는 전하를 갖지 않는다. 중성의 원자는(알짜 전하가 없는) 동일한 수의 전자와 양성자를 갖고 있다. e의 값은 $1.602\,18 \times 10^{-19}$ C이다[전하의 SI 단위는 **쿨롱**(C)이다].

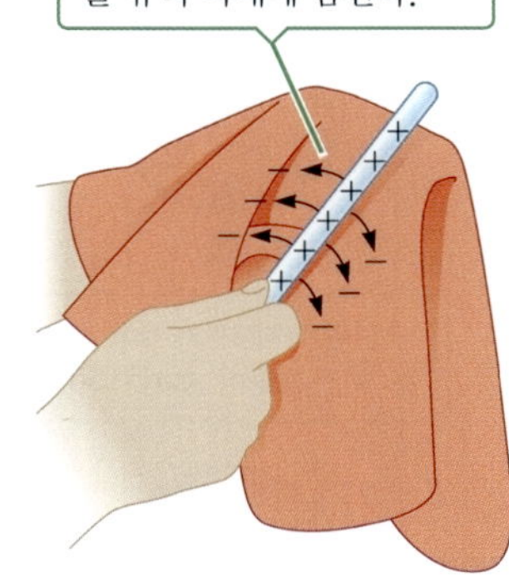

그림 15.2 유리 막대를 명주 천에 문지르면 전자는 유리 막대로부터 명주 천으로 이동한다. 전하들은 불연속적인 덩어리 형태로 이동되기 때문에, 두 물체가 가질 수 있는 전하는 $\pm e$, $\pm 2e$, $\pm 3e$ 등이다.

15.1.2 절연체와 도체 Insulators and Conductors

물질은 전하를 전달하는 능력에 따라서 분류될 수 있다.

> **도체**(conductor)는 전기력에 반응하여 전하가 자유롭게 움직이는 물질이고,
> **절연체**(insulator)는 전하가 자유롭게 움직이지 못하는 물질이다.

유리와 고무는 절연체이다. 이러한 물질들을 마찰에 의해 대전시키면, 문지른 부분만 대전되며, 전하가 물질의 다른 부분으로 이동하려는 경향이 없다. 이에 비하여 구리, 알루미늄, 은과 같은 물질은 좋은 도체이다. 이러한 물질들은 어느 한 부분을 대전시키면, 전하는 물질의 전 표면으로 고르게 퍼진다. 만일 구리 막대를 손에 쥐고, 양모나 모피로 문지르면, 구리 막대는 종잇조각을 끌어당기지 않는다. 이것은 금속이 대전될 수 없음을 암시한다. 그러나 절연체로 구리 막대를 쥐고 양모로 문지르면, 구리 막대는 대전되어 종잇조각을 끌어당긴다. 첫 번째 경우에는 마찰에 의해 생성된 전하는 쉽게 구리로부터 우리 몸을 통해 결국은 땅으로 이동한다. 두 번째 경우에는 절연 손잡이는 전하가 땅으로 이동하는 것을 방해한다.

반도체는 물질의 세 번째 부류이며, 전기적 성질은 절연체와 도체의 전기 성질 사이에 있다. 규소와 저마늄은 다양한 전자 소자를 구성하는 데 광범위하게 쓰이는 반도체로 잘 알려져 있다.

전도에 의한 대전

음으로 대전된 고무 막대를 절연된 중성 도체 구와 접촉시키는 경우를 생각해 보자. 고무 막대에 있는 과잉 전자들이 중성 도체 구 속의 음전하를 밀어내기 때문에 중성 도체 구에서 고무 막대에 가까운 쪽은 양전하를 띠게 된다. 반면에 그림 15.3b와 같이 접

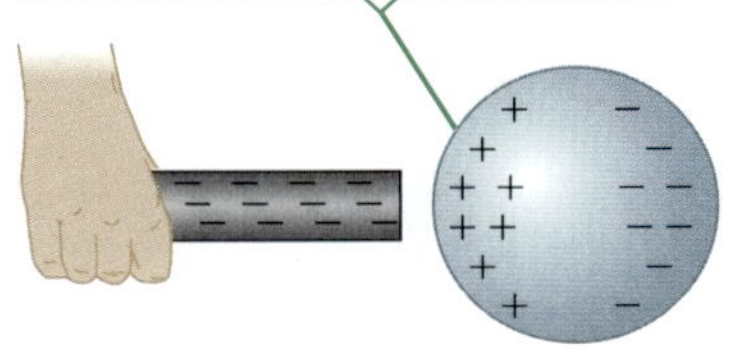

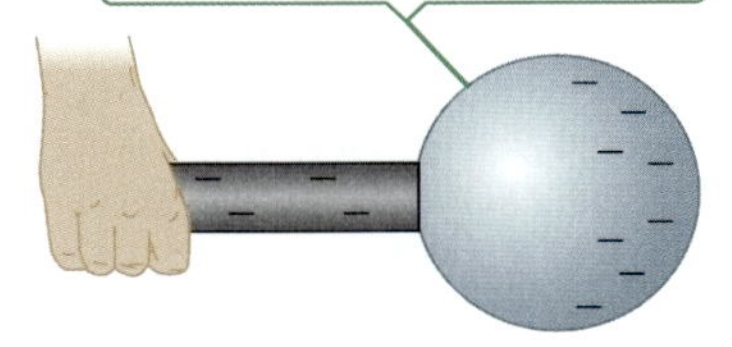

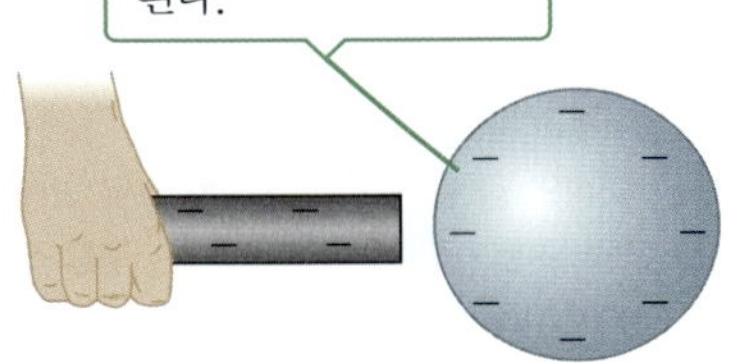

그림 15.3 전도에 의한 금속 물체의 대전

[1] $\pm e/3$ 또는 $\pm 2e/3$의 전하를 갖는 **쿼크**(quark)라고 하는 부분 전하의 존재에 대한 실험적인 증거가 있다. 쿼크는 $\pm e$ 대신 $\pm e/3$의 단위로 역시 양자화되어 있다. 쿼크와 그 특성에 대해서는 30장에서 자세히 다룬다.

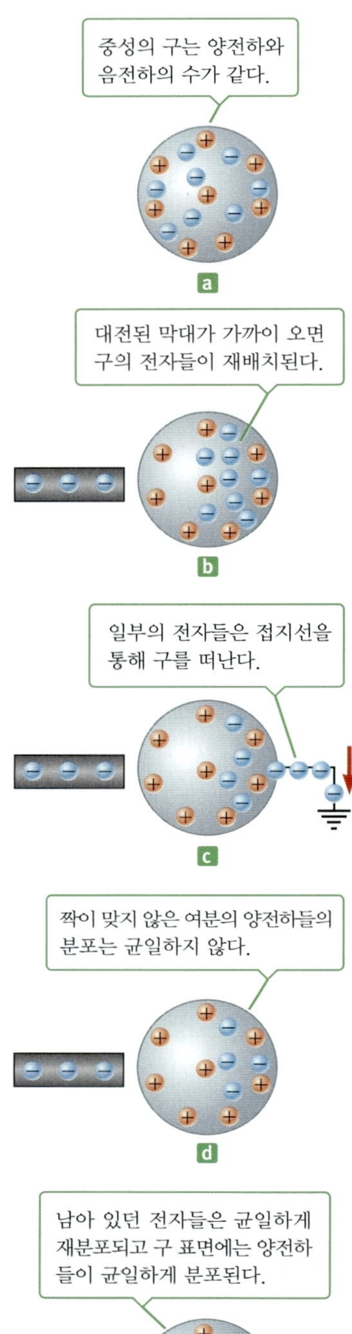

그림 15.4 유도에 의한 금속 물체의 대전. (a) 중성의 금속 구, (b) 대전된 고무 막대를 금속 구에 가까이 가져간다. (c) 구를 접지시킨다. (d) 접지를 제거한다. (e) 막대를 제거한다.

촉시키면 고무 막대에 있는 약간의 전자들이 이제 도체 구로 이동할 수 있어 양전하를 중성화시킨다. 고무 막대를 치우면 구에는 알짜 음전하만 남게 된다. 이 과정을 **전도**(conduction)에 의한 대전이라 한다. 이러한 과정에 의해 대전되는 물체(구)에는 대전을 시키는 물체(고무 막대)와 같은 부호를 갖는 전하가 남게 된다.

유도에 의한 대전

어떤 도체가 전도성 도선이나 구리관을 사용해 땅으로 연결될 때 **접지**(grounded)되었다고 한다. 지구는 무한한 전자의 저장체로 생각할 수 있다. 즉, 지구가 무한대의 전자를 받아들이거나 공급할 수 있음을 의미한다. 이러한 관점에서, **유도**(induction)라는 과정에 의해서 도체의 대전을 이해할 수 있다.

음으로 대전된 고무 막대를 땅으로 전도되는 경로가 없는 절연된(대전되지 않은) 중성의 도체 구에 가까이 가져왔다고 가정하자(그림 15.4). 처음에 구는 전기적으로 중성이다(그림 15.4a). 음으로 대전된 막대가 구에 가까이 가게 되면, 고무 막대 안의 전자와 도체 구 안의 전자 사이에 반발력이 발생하여 얼마간의 전자들은 구 내부에서 고무 막대로부터 가장 먼 쪽으로 이동한다(그림 15.4b). 대전된 고무 막대 쪽에 가까운 도체 구의 영역은 전자들이 떠나기 때문에 양전하가 과도하게 남게 된다. 접지된 전선이 그림 15.4c와 같이 공에 연결된다면, 전자들이 구를 떠나 땅으로 이동한다. 이어서 접지했던 전선을 제거하면(그림 15.4d), 도체 구에는 유도된 과잉 양전하가 남게 된다. 마지막으로 고무 막대를 도체 구 부근에서 제거하면(그림 15.4e), 접지되지 않은 구에 유도된 양전하가 남게 된다. 양으로 대전된 원자의 원자핵은 그대로 있음에도 불구하고, 이러한 과잉 양전하는 같은 종류의 전하 사이에 작용하는 반발력과 금속 내의 전자들의 높은 이동도 때문에, 접지되지 않은 도체 구의 표면에 고르게 분포된다.

도체 구에 전하를 가두는 과정에서 대전된 고무 막대는 음전하를 전혀 잃지 않는데, 이는 고무 막대가 구와 전혀 접촉하지 않았기 때문이다. 더구나 도체 구에는 고무 막대의 전하와 반대 부호를 가진 전하가 남게 되었다. **유도에 의해 물체를 대전시킬 때 전하를 유도하는 물체와 접촉시킬 필요는 없다.**

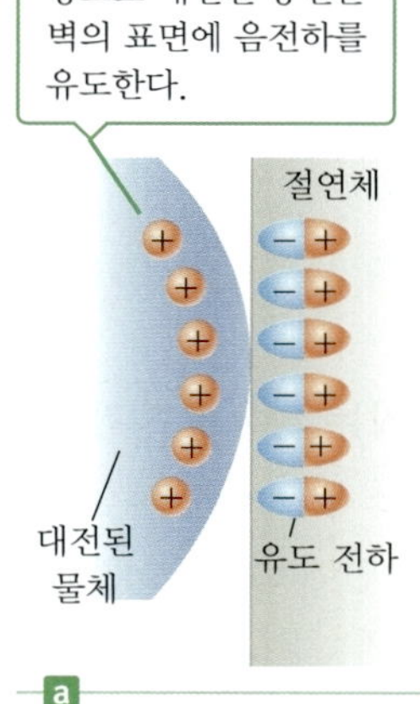

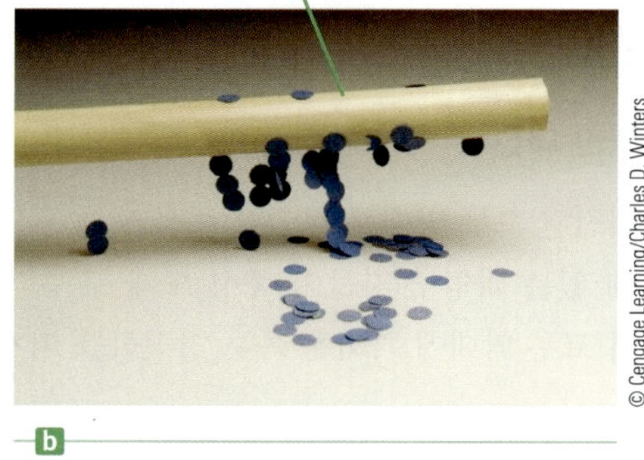

그림 15.5 (a) 대전된 풍선을 절연체 벽에 가까이 가져간다. (b) 대전된 막대를 종잇조각에 가까이 가져간다.

도체의 유도와 유사한 과정이 절연체에서도 일어난다. 대부분의 중성 원자나 분자에서 양전하의 중심은 음전하의 중심과 일치한다. 그러나 대전된 물체에 인접하면 양전하와 음전하의 중심이 약간 분리되어 분자의 한쪽의 양전하가 다른 쪽보다 많아진다. 이러한 효과를 **분극**(polarization)이라고 한다. 각 분자 내에서 전하의 재배열은 그림 15.5a에서와 같이 절연체의 표면에 유도 전하를 만든다. 이러한 원리에 의해 머리카락을 빗은 빗이 왜 중성의 종잇조각을 끌어당기는지, 또는 옷에 문지른 풍선이 왜 중성의 벽에 붙을 수 있는지가 설명될 수 있다.

15.2 쿨롱의 법칙 Coulomb's Law

1785년에 쿨롱(Charles Coulomb, 1736~1806)은 실험적으로 정지된 두 대전 입자 사이에 작용하는 전기력에 관한 기본 법칙을 확립하였다.

> **전기력**(electric force)은 다음과 같은 성질을 갖는다.
>
> 1. 전기력은 대전된 두 입자를 잇는 선을 따른 방향을 가지며, 두 입자간 거리 r의 제곱에 역비례[2]한다.
> 2. 전기력은 대전된 두 입자의 전하 크기 $|q_1|$과 $|q_2|$의 곱에 비례한다.
> 3. 두 전하의 부호가 반대이면 인력이 작용하고, 두 전하의 부호가 같으면 반발력이 작용한다.

이와 같은 실험 결과로부터 두 전하 사이에 작용하는 전기력을 쿨롱은 다음과 같은 수식으로 나타내었다.

> 전하 q_1과 q_2가 거리 r만큼 떨어져 있을 때 전기력의 크기는 다음과 같다.
>
> $$F = k_e \frac{|q_1||q_2|}{r^2} \qquad [15.1]$$
>
> 여기서 k_e는 쿨롱 상수이다.

© Book's Hill

쿨롱
Charles Coulomb, 1736~1806

쿨롱은 주로 정전기학과 자기학 분야에서 과학적 공헌이 컸다. 그는 평생 동안 재료의 강도를 연구하고 보 위의 물체에 작용하는 힘을 측정하는 등 구조 역학 분야에 기여하였다.

식 15.1은 **쿨롱의 법칙**(Coulomb's law)으로 알려져 있는데, 점전하나 전하의 구형 분포에 대해서만 적용된다. 여기서 거리 r은 전하 중심 사이의 거리이다. 움직이지 않는 전하 사이의 전기력을 정전기력이라 한다. 그 외에 움직이는 전하가 만드는 힘에 대해서는 19장에서 다룬다.

식 15.1에서 쿨롱 상수 값은 단위에 따라 달라진다. 전하의 SI 단위는 **쿨롱**(C)이다. 실험에 의해 구해진 SI 단위로 표시된 **쿨롱 상수**(Coulomb constant)는 다음과 같다.

$$k_e = 8.987\,6 \times 10^9 \text{ N} \cdot \text{m}^2/\text{C}^2 \qquad [15.2]$$

[2] 역자 주: 흔히 $\frac{1}{r^2}$을 r^2에 반비례한다고 표현하기도 한다. 그러나 반비례라는 말은 반대 방향으로 비례할 때도 사용한다. 정확한 표현은 역비례가 맞다.

표 15.1 전자, 양성자 및 중성자의 전하와 질량

입자	전하(C)	질량(kg)
전자	-1.60×10^{-19}	9.11×10^{-31}
양성자	$+1.60 \times 10^{-19}$	1.67×10^{-27}
중성자	0	1.67×10^{-27}

이 값은 주어진 문제에서 다른 물리량의 정확도에 따라 반올림할 수 있다. 보통 두 자리나 세 자리 값을 사용한다.

양성자는 $e = 1.6 \times 10^{-19}$ C 크기의 전하량을 갖는다. 따라서 +1.0 C의 전하량을 얻기 위해서는 $1/e = 6.3 \times 10^{18}$개의 양성자가 필요하다. 마찬가지로 6.3×10^{18}개의 전자는 −1.0 C의 전체 전하를 갖게 된다. 이것은 구리 1 cm^3에 들어 있는 10^{23}개 정도의 자유 전자의 수와 비교하면 매우 작지만, 1.0 C은 매우 큰 전하량이다. 고무 막대나 유리 막대를 마찰에 의하여 대전시키는 대표적인 정전기 실험에서는 10^{-6} C(= 1 μC) 정도의 알짜 전하가 얻어진다. 바꾸어 말하면 전체 전하 중에서 아주 작은 부분만이 막대와 문지르는 물체 사이에서 이동한다. 전자, 양성자, 중성자의 전하와 질량을 표 15.1에 나타내었다.

쿨롱의 법칙을 다룰 때, 힘이 벡터양임을 기억하고 적절하게 다루어야 한다. 그림 15.6a는 두 양전하 사이에 작용하는 반발력을 보여 준다. 전기력은 뉴턴의 제3법칙을 따르며, 따라서 힘 $\vec{\mathbf{F}}_{12}$와 힘 $\vec{\mathbf{F}}_{21}$은 크기는 같으나 방향은 반대이다. ($\vec{\mathbf{F}}_{12}$는 입자 1이 입자 2에 작용하는 힘을 나타낸다. 마찬가지로 $\vec{\mathbf{F}}_{21}$은 입자 2가 입자 1에 작용하는 힘을 나타낸다.) 뉴턴의 제3법칙에 의하여 q_1과 q_2의 크기와는 무관하게 F_{12}와 F_{21}은 항상 같다.

쿨롱 힘은 만유인력과 비슷하다. 두 힘 모두 물리적인 접촉 없이 거리를 두고 작용하고, 두 입자를 잇는 선을 따른 방향으로 거리의 제곱에 역비례한다. 뉴턴의 법칙에서 질량 m_1과 m_2를 전하 q_1과 q_2로 대치하고 중력 상수 G를 쿨롱 상수 k_e로 대치하면, 쿨롱 힘의 수학적인 형식은 만유인력의 수학적인 형식과 같다. 그러나 전기력과 만유인력 사이에는 두 가지 중요한 차이가 있다. (1) 전기력은 인력일 수도 반발력일 수도 있으나, 만유인력은 항상 인력이다. (2) 대전된 두 작은 입자 사이의 전기력은 다음 예에서 보여 주는 바와 같이, 같은 입자들 사이의 만유인력보다 훨씬 강하다.

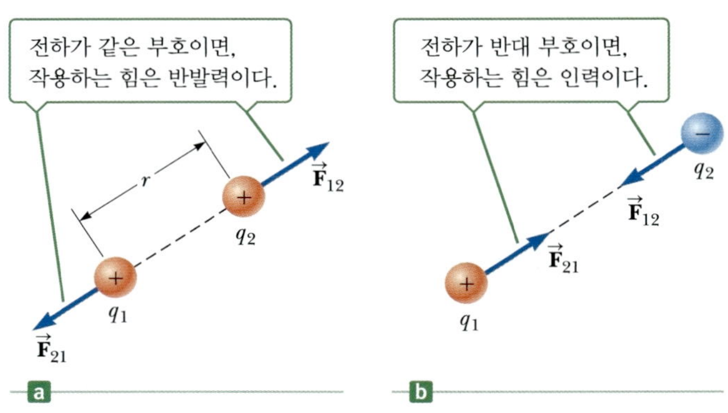

그림 15.6 거리 r만큼 떨어진 두 점전하는 서로 쿨롱의 법칙으로 주어진 힘을 작용한다. q_1에 작용하는 힘은 q_2에 작용하는 힘과 크기는 같고 방향은 반대이다.

예제 15.1 수소 원자 내에서 전자와 양성자 간의 힘

목표 전기력과 중력의 크기를 비교한다.

문제 수소 원자 내의 전자와 양성자는 (평균적으로) 거리가 약 5.3×10^{-11} m만큼 떨어져 있다. **(a)** 두 입자 사이의 정전기적인 힘 F_e과 중력의 크기 F_g를 구하라. **(b)** 양성자의 전기력에 의해 전자에 작용하는 가속도를 구하라. 전자의 중력 가속도는 얼마인가?

전략 알고 있는 양을 두 힘의 법칙에 이용하고 두 힘의 비를 구하는 문제이다.

풀이

(a) 전기력과 중력의 크기를 계산하고, F_e/F_g 비를 구한다.

$|q_1| = |q_2| = e$와 거리를 쿨롱의 법칙에 대입하여 전기력을 구한다.

$$F_e = k_e \frac{|e|^2}{r^2} = \left(8.99 \times 10^9 \frac{\text{N} \cdot \text{m}^2}{\text{C}^2}\right) \frac{(1.6 \times 10^{-19}\ \text{C})^2}{(5.3 \times 10^{-11}\ \text{m})^2}$$

$$= \boxed{8.2 \times 10^{-8}\ \text{N}}$$

질량과 거리를 뉴턴의 중력 법칙에 대입하여 중력을 구한다.

$$F_g = G\frac{m_e m_p}{r^2}$$

$$= \left(6.67 \times 10^{-11} \frac{\text{N} \cdot \text{m}^2}{\text{kg}^2}\right) \frac{(9.11 \times 10^{-31}\ \text{kg})(1.67 \times 10^{-27}\ \text{kg})}{(5.3 \times 10^{-11}\ \text{m})^2}$$

$$= \boxed{3.6 \times 10^{-47}\ \text{N}}$$

두 힘의 비를 구한다.

$$\frac{F_e}{F_g} = \boxed{2.3 \times 10^{39}}$$

(b) 전기력에 의해 발생한 전자의 가속도와 만유인력에 의한 중력 가속도를 계산한다.

뉴턴의 제2법칙과 **(a)**에서 구한 전기력을 이용한다.

$$m_e a_e = F_e \quad \rightarrow \quad a_e = \frac{F_e}{m_e} = \frac{8.2 \times 10^{-8}\ \text{N}}{9.11 \times 10^{-31}\ \text{kg}}$$

$$= \boxed{9.0 \times 10^{22}\ \text{m/s}^2}$$

뉴턴의 제2법칙과 **(a)**에서 구한 중력을 이용한다.

$$m_e a_g = F_g \quad \rightarrow \quad a_g = \frac{F_g}{m_e} = \frac{3.6 \times 10^{-47}\ \text{N}}{9.11 \times 10^{-31}\ \text{kg}}$$

$$= \boxed{4.0 \times 10^{-17}\ \text{m/s}^2}$$

참고 대전된 원자의 구성 요소 사이에 발생하는 중력은 그들 사이의 전기력과 비교하면 무시할 만하다. 전기력은 너무나 강하여 물체의 어떠한 알짜 전하도 그 반대의 전하를 끌어들여 중성화한다. 결과적으로 중력은 일상생활에서 움직이는 물체의 역학에 더 큰 역할을 한다.

중첩의 원리

서로 떨어져 있는 여러 개의 전하가 한 전하에 작용하는 전기력은 각 전하에 의한 전기력을 별도로 계산한 후 벡터 합으로 구한다. 이것이 **중첩의 원리**(superposition principle)의 또 다른 예이다. 다음 예는 일차원에서의 중첩 과정이다.

예제 15.2 정전 평형 위치를 구하기

목표 일차원에서 쿨롱의 법칙을 적용한다.

문제 그림 15.7에서처럼 세 개의 전하가 x축 위에 놓여 있다. 양전하 $q_1 = 15\ \mu$C은 $x = 2.0$ m, 양전하 $q_2 = 6.0\ \mu$C은 원점에 놓여 있다. 음전하 q_3를 x축 상의 어느 점에 놓아야 그 전하에 작용하는 힘의 합이 영이 되겠는가?

전략 q_3가 다른 두 전하 모두의 오른쪽에 있거나 왼쪽에 있다면 q_3에 작용하는 알짜힘은 영이 될 수 없다. 그 이유는 $\vec{\mathbf{F}}_{13}$와 $\vec{\mathbf{F}}_{23}$가 같은 방향이 되기 때문이다. 따라서 q_3는 두 전하 사이에 있어야

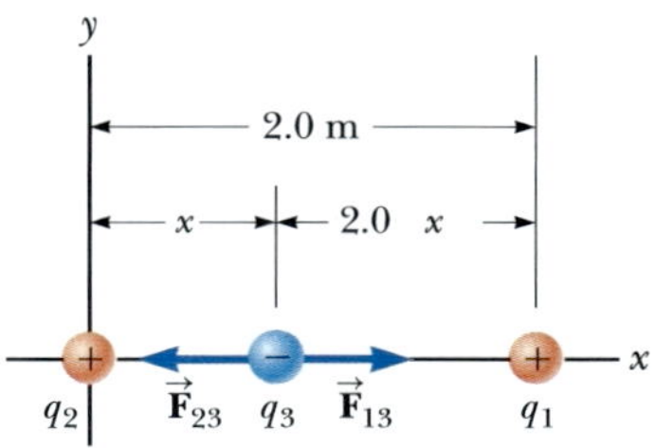

그림 15.7 (예제 15.2) x축을 따라 놓여 있는 세 전하. q_3는 음인 반면 q_1과 q_2는 양이다. q_3에 작용하는 합력이 영이려면 q_1이 q_3에 작용하는 힘 $\vec{\mathbf{F}}_{13}$는 q_2가 q_3에 작용하는 힘 $\vec{\mathbf{F}}_{23}$와 크기가 같고 방향이 반대이어야 한다.

한다. $\vec{\mathbf{F}}_{13}$와 $\vec{\mathbf{F}}_{23}$를 미지의 x 좌표로 나타낸 다음, 그 둘의 합이 영이 되게 하여 미지수에 대해 풀면 된다. 그 해는 이차 함수 근의 공식으로 풀 수 있다.

풀이

$\vec{\mathbf{F}}_{13}$의 x성분 식을 쓴다.

$$F_{13x} = +k_e \frac{(15 \times 10^{-6}\ \mathrm{C})|q_3|}{(2.0\ \mathrm{m} - x)^2}$$

$\vec{\mathbf{F}}_{23}$의 x성분 식을 쓴다.

$$F_{23x} = -k_e \frac{(6.0 \times 10^{-6}\ \mathrm{C})|q_3|}{x^2}$$

둘을 더하여 영으로 놓는다.

$$k_e \frac{(15 \times 10^{-6}\ \mathrm{C})|q_3|}{(2.0\ \mathrm{m} - x)^2} - k_e \frac{(6.0 \times 10^{-6}\ \mathrm{C})|q_3|}{x^2} = 0$$

그 식의 양변에 있는 k_e, 10^{-6}, q_3을 지운 다음 정리한다(유효숫자와 단위는 편의상 생략한다).

$$6(2 - x)^2 = 15x^2 \qquad (1)$$

이 식을 이차 함수의 형태로 나타낸다. $ax^2 + bx + c = 0$

$$6(4 - 4x + x^2) = 15x^2 \rightarrow 2(4 - 4x + x^2) = 5x^2$$

$$3x^2 + 8x - 8 = 0$$

근의 공식을 사용하여 푼다.

$$x = \frac{-8 \pm \sqrt{64 - (4)(3)(-8)}}{2 \cdot 3} = \frac{-4 \pm 2\sqrt{10}}{3}$$

두 해 중 +값만 이 상황에서 의미가 있다.

$$x = \boxed{0.77\ \mathrm{m}}$$

참고 이차 방정식을 풀 때 항상 두 개의 근이 나오는데 물리 문제에서는 그중 물리적인 의미가 있는 근을 답으로 선택해야 한다. 이 문제에서는 식 (1)의 양변의 제곱근을 취하면 간단하게 한 개의 근만 얻어지므로 근의 공식을 사용하지 않아도 된다. 하지만 이렇게 간단하게 풀리는 경우는 잘 없다.

예제 15.3 삼각형으로 배열된 전하

목표 이차원에서 쿨롱의 법칙을 적용한다.

문제 그림 15.8과 같이 삼각형의 꼭짓점에 위치한 세 개의 점전하, $q_1 = 6.00 \times 10^{-9}$ C, $q_2 = -2.00 \times 10^{-9}$ C, $q_3 = 5.00 \times 10^{-9}$ C이 있다. **(a)** q_2가 q_3에 작용하는 힘 $\vec{\mathbf{F}}_{23}$의 성분을 구하라. **(b)** q_1이 q_3에 작용하는 힘 $\vec{\mathbf{F}}_{13}$의 성분을 구하라. **(c)** q_3에 작용하는 합력을 성분으로 나타내고, 크기와 방향을 구하라.

전략 쿨롱의 법칙으로 각각 힘의 크기를 계산할 수 있다. 직각삼각형에서의 삼각함수를 이용하여 쿨롱의 법칙에서 얻은 각 힘의 크기를 x성분과 y성분으로 나타낼 수 있다. 성분별로 더하여 합벡터의 방향과 크기를 구한다.

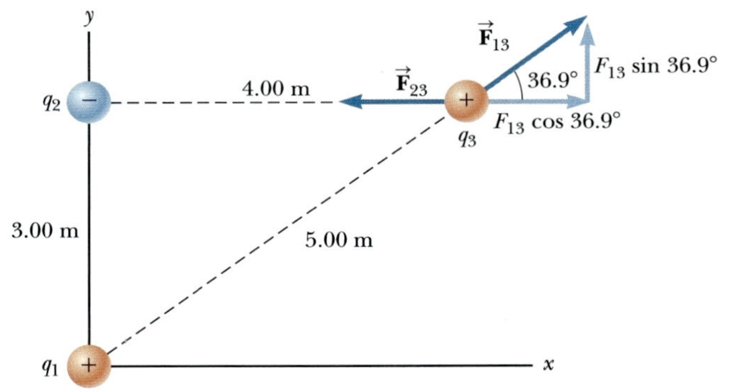

그림 15.8 (예제 15.3) q_1이 q_3에 작용하는 힘은 $\vec{\mathbf{F}}_{13}$이다. q_2가 q_3에 작용하는 힘은 $\vec{\mathbf{F}}_{23}$이다. q_3에 작용하는 합력은 $\vec{\mathbf{F}}_{13} + \vec{\mathbf{F}}_{23}$이다.

풀이

(a) q_2가 q_3에 작용하는 힘의 성분을 구한다.

쿨롱의 법칙으로부터 $\vec{\mathbf{F}}_{23}$의 크기를 구한다.

$$F_{23} = k_e \frac{|q_2||q_3|}{r^2}$$

$$= (8.99 \times 10^9\ \mathrm{N \cdot m^2/C^2}) \frac{(2.00 \times 10^{-9}\ \mathrm{C})(5.00 \times 10^{-9}\ \mathrm{C})}{(4.00\ \mathrm{m})^2}$$

$$F_{23} = 5.62 \times 10^{-9}\ \mathrm{N}$$

$\vec{\mathbf{F}}_{23}$는 수평이고 $-x$ 방향을 향하므로, 크기의 음수는 x성분이며 y성분은 영이다.

$$F_{23x} = \boxed{-5.62 \times 10^{-9}\ \mathrm{N}}$$

$$F_{23y} = \boxed{0}$$

(b) q_1이 q_3에 작용하는 힘의 성분을 구한다.

$\vec{\mathbf{F}}_{13}$의 크기를 구한다.

$$F_{13} = k_e \frac{|q_1||q_3|}{r^2}$$

$$= (8.99 \times 10^9\ \mathrm{N \cdot m^2/C^2}) \frac{(6.00 \times 10^{-9}\ \mathrm{C})(5.00 \times 10^{-9}\ \mathrm{C})}{(5.00\ \mathrm{m})^2}$$

$F_{13} = 1.08 \times 10^{-8}\ \mathrm{N}$

주어진 삼각형을 이용하여 $\vec{\mathbf{F}}_{13}$의 각 성분을 구한다.

$$F_{13x} = F_{13}\cos\theta = (1.08 \times 10^{-8}\ \mathrm{N})\cos(36.9°) = 8.64 \times 10^{-9}\ \mathrm{N}$$

$$F_{13y} = F_{13}\sin\theta = (1.08 \times 10^{-8}\ \mathrm{N})\sin(36.9°) = 6.48 \times 10^{-9}\ \mathrm{N}$$

(c) 합 벡터의 성분을 구한다.

x성분을 더하여 F_x를 구한다.

$$F_x = -5.62 \times 10^{-9}\ \mathrm{N} + 8.64 \times 10^{-9}\ \mathrm{N} = 3.02 \times 10^{-9}\ \mathrm{N}$$

y성분을 더하여 F_y를 구한다.

$$F_y = 0 + 6.48 \times 10^{-9}\ \mathrm{N} = 6.48 \times 10^{-9}\ \mathrm{N}$$

피타고라스 정리를 이용하여 전하 q_3에 작용하는 알짜힘을 구한다.

$$|\vec{\mathbf{F}}| = \sqrt{F_x^2 + F_y^2} = \sqrt{(3.02 \times 10^{-9}\ \mathrm{N})^2 + (6.48 \times 10^{-9}\ \mathrm{N})^2} = 7.15 \times 10^{-9}\ \mathrm{N}$$

양의 x축에 대하여 알짜힘의 각도를 구한다.

$$\theta = \tan^{-1}\left(\frac{F_y}{F_x}\right) = \tan^{-1}\left(\frac{6.48 \times 10^{-9}\ \mathrm{N}}{3.02 \times 10^{-9}\ \mathrm{N}}\right) = 65.0°$$

참고 여기서 사용한 방법은 이차원에서 뉴턴의 중력 법칙을 사용하는 것과 같은 방법이다.

15.3 전기장 Electric Field

중력과 정전기력은 둘 다 공간을 통해 작용하며, 두 물체 사이에 서로 접촉하지 않아도 작용한다. 장힘(field forces)은 다양한 방법으로 설명할 수 있으나, 패러데이(Michael Faraday, 1791~1867)가 개발한 방법이 가장 실용적이다. 그 방법에 따르면 **전기장**(electric field)은 대전된 물체의 주변 공간에 존재한다. 대전된 어떤 다른 물체가 이 전기장 속으로 들어가면 전기력의 영향을 받는다. 이것은 대전된 전하의 장에 의해 서로 떨어진 거리에서 힘이 작용하는 쿨롱의 법칙 개념과 다르다.

그림 15.9는 아주 큰 양전하 Q 근처에 있는 작은 양전하 q_0를 나타낸 것이다.

작은 시험 전하 q_0의 위치에 전하 Q가 만들어 낸 전기장 $\vec{\mathbf{E}}$는 Q가 q_0에 작용하는 전기력 $\vec{\mathbf{F}}$를 q_0로 나눈 값으로 정의한다.

$$\vec{\mathbf{E}} \equiv \frac{\vec{\mathbf{F}}}{q_0} \qquad [15.3]$$

SI 단위: 뉴턴/쿨롱(N/C)

개념적으로나 실험적으로 시험 전하 q_0는 매우 작아야 한다. 그래야 q_0이 전기장 $\vec{\mathbf{E}}$를 만들어 내는 전하 Q의 재배열의 원인이 되지 않는다. 그러나 수학적으로는 시험 전하의 크기와 무관하게 계산값이 같다. 이런 점에서 식 15.3에서 $q_0 = 1\ \mathrm{C}$을 사용하는 것은 편리하다.

양의 시험 전하가 사용될 때, 식 15.3에 따라 전기장은 항상 시험 전하에 작용하는 힘과 같은 방향을 갖는다. 그러므로 그림 15.9에서 전기장의 방향은 수평이며 오른쪽을 향한다. 그림 15.10a의 점 A에서의 전기장은 수직 아랫방향을 향하는데, 그 점에

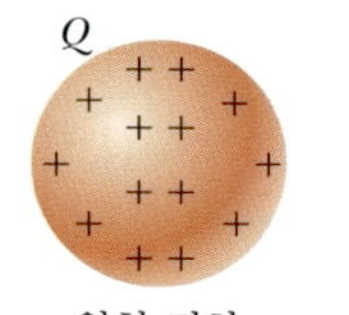

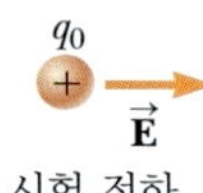

그림 15.9 양전하 q_0를 가진 작은 물체가 더 큰 양전하 Q를 가진 물체의 근처에 놓여, 그림과 같은 방향의 전기장 $\vec{\mathbf{E}}$를 받는다. 전기장의 크기는 q_0에 작용하는 힘을 전하량 q_0로 나눈 값으로 정의한다.

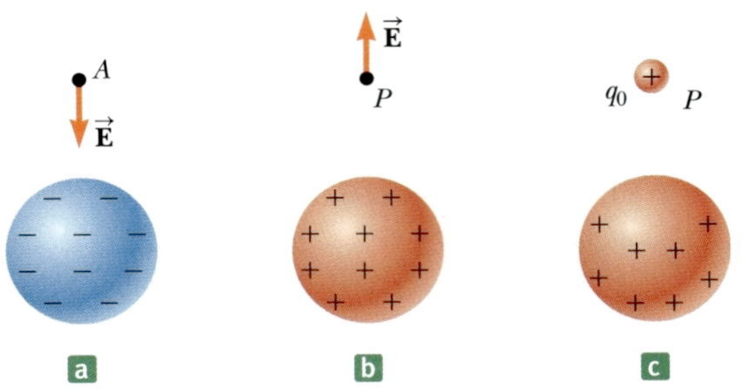

그림 15.10 (a) 음으로 대전된 구에 의한 A에서의 전기장은 아랫방향이며, 음전하 쪽을 향한다. (b) 양으로 대전된 도체 구에 의한 P에서의 전기장은 윗방향으로 양전하로부터 멀어지는 방향이다. (c) 점 P에 놓여 있는 시험 전하 q_0은 구의 전하와 비교하여 매우 작지 않으면, 구의 전하 분포에 재배열을 일으킨다.

놓인 양전하가 음으로 대전된 구 쪽으로 인력이 작용하기 때문이다.

일단 어떤 곳에서의 전기장을 알면, 임의의 전하 q가 그곳에서 받는 힘은 식 15.3을 변형한 다음의 식으로부터 구할 수 있다.

$$\vec{\mathbf{F}} = q\vec{\mathbf{E}} \tag{15.4}$$

여기서 q_0은 q로 대치되었고, q는 시험 전하일 필요는 없다.

그림 15.11과 같이 전기장 $\vec{\mathbf{E}}$의 방향은 전기장에 놓인 양의 시험 전하 q_0이 받는 힘의 방향이다. **어떤 점에서 시험 전하가 전기력을 받고 있다면, 그 점에는 전기장이 존재한다**고 말할 수 있다.

점전하 q가 시험 전하 q_0으로부터 거리 r만큼 떨어져 있다고 하자. 쿨롱의 법칙에 의해 시험 전하에 작용하는 힘의 크기는 다음과 같다.

$$F = k_e \frac{|q||q_0|}{r^2} \tag{15.5}$$

시험 전하의 위치에서 전기장의 크기는 $E = F/q_0$로 정의되었으므로, q_0의 위치에서 전하 q에 의한 전기장의 크기는 다음과 같다.

$$E = k_e \frac{|q|}{r^2} \tag{15.6}$$

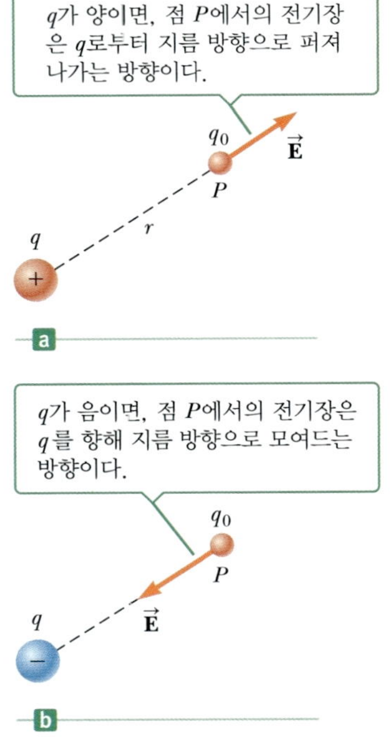

그림 15.11 점 P에 있는 시험 전하 q_0는 점전하 q로부터 거리 r만큼 떨어져 있다.

식 15.6은 전기장의 중요한 성질을 나타내며, 전기적 현상을 기술하는 데 유용한 양이다. 식이 나타내는 것처럼, 주어진 위치에서의 전기장은 전기장을 일으키는 물체의 전하 q와 물체로부터 공간상의 일정한 위치까지의 거리 r에 의존한다. 결과적으로 그림 15.11에서 점 P에 전하가 존재하든 존재하지 않든 간에, P에 전기장이 존재한다고 말할 수 있다.

점전하 집단의 전기장을 계산할 때도 중첩의 원리가 성립한다. 먼저, 식 15.6을 이용하여 한 지점에서 각 전하에 의한 전기장을 계산하고, 구한 전기장을 벡터 합으로 나타낸다.

또한 전기장에서 전하 분포의 어떤 대칭성을 이용하는 것이 중요하다. 예를 들어, 같은 전하가 $x = a$와 $x = -a$에 있을 때, 대칭성에 의해 원점에서의 전기장은 0이다. 유사하게 x축에 양전하가 균일하게 분포되어 있다면, 대칭에 의해서 전기장은 x축에서 멀어지는 수직 방향이고, x축에 평행인 전기장은 0이다.

예제 15.4 두 점전하에 의한 전기장

목표 중첩의 원리를 사용하여 두 점전하에 의한 전기장을 계산한다.

문제 전하 $q_1 = 7.00\ \mu\text{C}$은 원점에 있고 $q_2 = -5.00\ \mu\text{C}$은 원점으로부터 0.300 m 떨어진 x축에 있다(그림 15.12). **(a)** 점 $P(0, 0.400)$ m에서 전기장의 방향과 크기를 구하라. **(b)** 점 P에 2.00×10^{-8} C의 전하가 있다면, 이 전하에 작용하는 전기력은 얼마인가?

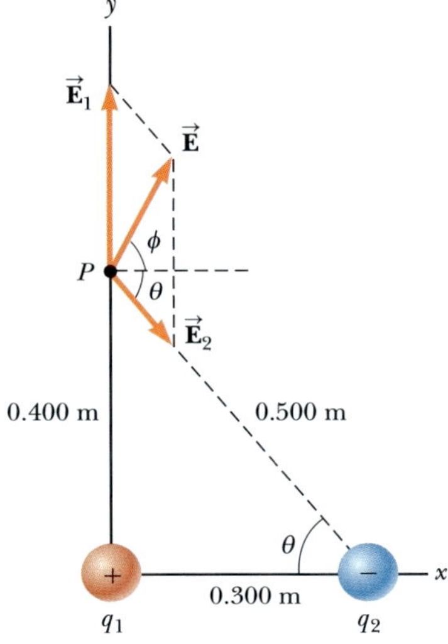

그림 15.12 (예제 15.4) 점 P에서의 전체 전기장은 벡터 합 $\vec{\mathbf{E}}_1 + \vec{\mathbf{E}}_2$이다. $\vec{\mathbf{E}}_1$은 양전하 q_1에 의한 전기장이고 $\vec{\mathbf{E}}_2$는 음전하 q_2에 의한 전기장이다.

전략 각각의 전하가 점 P에 만드는 전기장의 x성분과 y성분을 구한 후, 성분별로 모든 전기장을 더해서 합 벡터의 x성분과 y성분을 구한다. 이 전기장에 전하를 곱해 주면 **(b)**에서 요구하는 힘의 크기를 구할 수 있다.

풀이

(a) 점 P에서의 전기장을 계산한다.

식 15.6으로 전기장 $\vec{\mathbf{E}}_1$의 크기를 구한다.

$$E_1 = k_e\frac{|q_1|}{r_1^{\,2}} = (8.99 \times 10^9\ \text{N}\cdot\text{m}^2/\text{C}^2)\frac{(7.00 \times 10^{-6}\ \text{C})}{(0.400\ \text{m})^2}$$
$$= 3.93 \times 10^5\ \text{N/C}$$

벡터 $\vec{\mathbf{E}}_1$은 $+x$축과 90°를 이루면서 연직이다. 이 벡터의 성분을 구하기 위해 이 사실을 이용한다.

$$E_{1x} = E_1 \cos(90°) = 0$$
$$E_{1y} = E_1 \sin(90°) = 3.93 \times 10^5\ \text{N/C}$$

이번에는 식 15.6으로 전기장 $\vec{\mathbf{E}}_2$의 크기를 구한다.

$$E_2 = k_e\frac{|q_2|}{r_2^{\,2}} = (8.99 \times 10^9\ \text{N}\cdot\text{m}^2/\text{C}^2)\frac{(5.00 \times 10^{-6}\ \text{C})}{(0.500\ \text{m})^2}$$
$$= 1.80 \times 10^5\ \text{N/C}$$

그림 15.12의 삼각형을 이용하여 $\cos\theta$를 구하고 $\vec{\mathbf{E}}_2$의 x성분을 구한다.

$$\cos\theta = \frac{\text{밑변}}{\text{빗변}} = \frac{0.300}{0.500} = 0.600$$
$$E_{2x} = E_2\cos\theta = (1.80 \times 10^5\ \text{N/C})(0.600)$$
$$= 1.08 \times 10^5\ \text{N/C}$$

같은 방법으로 y성분을 구하는데, 이 성분은 아래를 향하기 때문에 음의 부호를 갖는다.

$$\sin\theta = \frac{\text{높이}}{\text{빗변}} = \frac{0.400}{0.500} = 0.800$$
$$E_{2y} = E_2\sin\theta = (1.80 \times 10^5\ \text{N/C})(-0.800)$$
$$= -1.44 \times 10^5\ \text{N/C}$$

x성분끼리 더하여 합 벡터의 x성분을 구한다.

$$E_x = E_{1x} + E_{2x} = 0 + 1.08 \times 10^5\ \text{N/C} = 1.08 \times 10^5\ \text{N/C}$$

y성분끼리 더하여 합 벡터의 y성분을 구한다.

$$E_y = E_{1y} + E_{2y} = 3.93 \times 10^5\ \text{N/C} - 1.44 \times 10^5\ \text{N/C}$$
$$= 2.49 \times 10^5\ \text{N/C}$$

피타고라스 정리를 이용하여 합 벡터의 결과를 구한다.

$$E = \sqrt{E_x^{\,2} + E_y^{\,2}} = \boxed{2.71 \times 10^5\ \text{N/C}}$$

역탄젠트 함수를 사용하면 합 벡터의 방향을 구한다.

$$\phi = \tan^{-1}\left(\frac{E_y}{E_x}\right) = \tan^{-1}\left(\frac{2.49 \times 10^5\ \text{N/C}}{1.08 \times 10^5\ \text{N/C}}\right) = \boxed{66.6°}$$

(b) 점 P에 놓인 2.00×10^{-8} C의 전하에 작용하는 힘을 구한다.

힘의 크기를 계산한다(전하가 양이기 때문에 전기장 $\vec{\mathbf{E}}$와 같은 방향이다).

$$F = Eq = (2.71 \times 10^5\ \text{N/C})(2.00 \times 10^{-8}\ \text{C})$$
$$= \boxed{5.42 \times 10^{-3}\ \text{N}}$$

참고 여기에는 문제를 풀기 위한 짧지만 많은 단계가 있다. 이런 문제에 부딪쳤을 때 한 번에 한 단계씩 초점을 맞추는 것이 중요하다. 이 문제는 단번에 풀 수 있는 것이 아니라, 쉬운 부분이 많이 모여서 큰 문제를 해결하고 있다.

15.4 전기장선 Electric Field Lines

전기장의 모양을 시각화하는 데 편리한 방법은 임의의 점에서 전기장의 방향을 가리키는 선을 그리는 것이다. 패러데이가 도입한 소위 **전기장선**(electric field line)이라는 이 선은 다음과 같은 방법으로 공간의 임의의 영역에서의 전기장과 관계를 갖는다.

Tip 15.1 전기장선은 입자의 경로가 아니다.

전기장선은 물질이 아니다. 전기장선은 전기장을 여러 곳에서 그림으로 표시한 것이다. 특별한 경우를 제외하고 전기장선은 전기장에 놓인 대전 입자의 경로를 나타내지 않는다.

1. 전기장 벡터 $\vec{\mathbf{E}}$는 각 점에서 전기장선에 접한다.
2. 전기장선에 수직인 면을 지나는 단위 넓이당 전기장선의 수는 주어진 영역에서의 전기장의 세기에 비례한다.

전기장 $\vec{\mathbf{E}}$는 전기장선들이 서로 가까이 있으면 크고 서로 멀리 떨어져 있으면 작다.

그림 15.13a는 한 개의 양의 점전하에 의한 전기장선의 모습이다. 이러한 이차원 그림은 점전하를 포함한 평면에 놓인 전기장선을 보여 준다. 이 선은 점전하로부터 방사상으로 퍼져 나간다. 이러한 전기장에 놓인 양의 시험 전하는 전하 q에 의해서 반발력을 받기 때문에, 전기장선은 q로부터 지름 방향으로 퍼져 나가는 방향이다. 한 개의 음의 점전하에 의한 전기장선은 음전하에 의해 양의 시험 전하가 인력을 받기 때문에 전하 쪽으로 모여드는 방향이다(그림 15.13b). 어느 경우에서든 전기장선은 지름 방향이고 무한대까지 뻗는다. 전기장선은 전하에 가까이 갈수록 서로 조밀한데, 이는 전기장의 세기가 증가함을 의미한다. 식 15.6은 이러한 경우를 실제로 증명해 준다.

어떤 전하 분포에 대한 전기장선을 그리는 규칙은 전기장선과 전기장 벡터와의 관계로부터 아래와 같다.

1. 전기장선은 양전하에서 시작하여 음전하에서 끝난다. 여분의 전하가 있는 경우 전기장선은 무한히 멀리 떨어진 곳에서 시작하거나 끝난다.
2. 양전하에서 나오거나 음전하로 들어가는 전기장선의 수는 전하 크기에 비례한다.
3. 두 전기장선은 서로 교차할 수 없다.

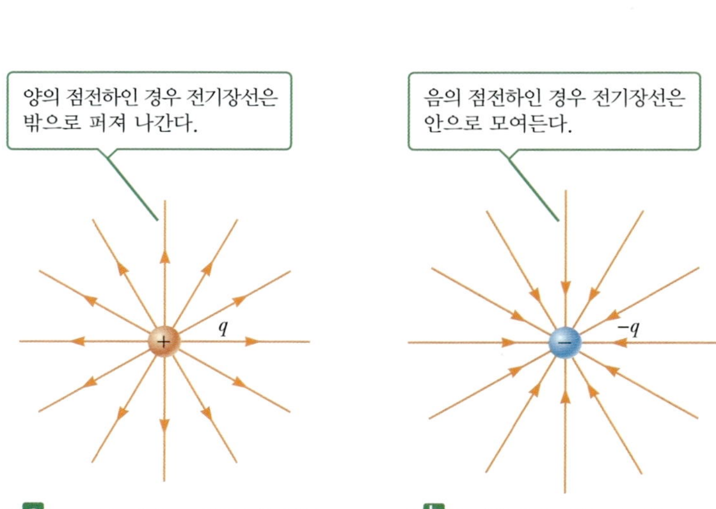

그림 15.13 (a), (b) 점전하의 전기장선. 이 그림은 종이면에 있는 전기장선만 나타낸 것이다. 실제로는 구의 중심에서 모든 방향으로 나아간다.

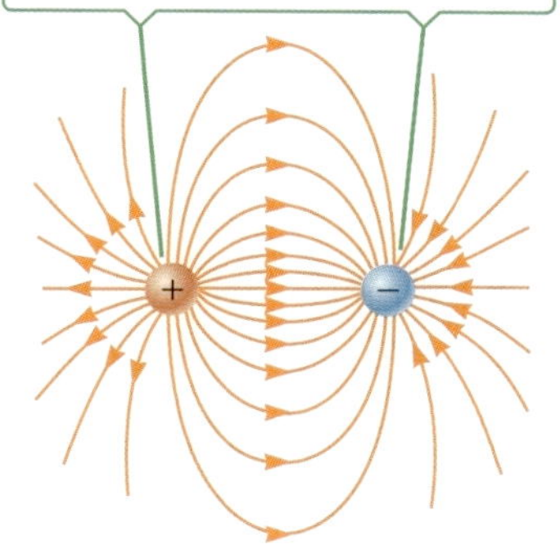

그림 15.14 크기가 같고 부호가 반대인 두 점전하(전기 쌍극자)에 대한 전기장선

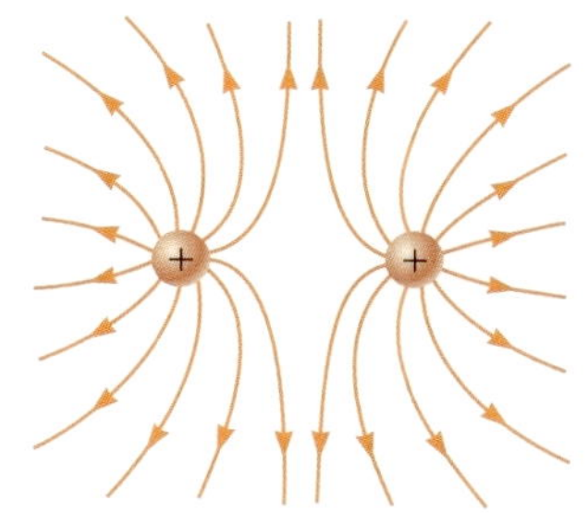

그림 15.15 두 양전하에 대한 전기장선

그림 15.14는 크기가 같고 부호가 반대인 두 점전하에 대한 전기장선이다. 이러한 전하 구조를 **전기 쌍극자**(electric dipole)라 한다. 이 경우 양전하로부터 시작한 전기장선의 수는 음전하에서 끝나는 전기장선의 수와 같아야 한다. 각 전하들 부근에서의 전기장선은 방사상에 가깝다. 점전하 사이에서 고밀도의 전기장선은 전기장이 강한 영역임을 의미한다.

그림 15.15는 동일한 두 양전하 부근에서의 전기장선이다. 여기서도 각 전하에 가까운 점에서의 전기장선은 거의 방사상이고, 전하량이 같으므로 각 전하에서 동일한 수의 전기장선이 나온다. 전하로부터 멀리 떨어진 곳에서의 전기장은 대략 전하량 $2q$의 점전하에 의한 전기장과 같다. 전하 사이에서 전기장선이 볼록해지는 것은 같은 종류의 전하 사이에 전기적인 반발력이 작용함을 나타낸다. 또한 전하 사이의 전기장선의 낮은 밀도는 쌍극자와는 달리 전기장이 약한 영역임을 의미한다.

마지막으로 그림 15.16은 양전하 $+2q$와 음전하 $-q$가 만드는 전기장선을 그린 것이다. 이 경우 $+2q$에서 나온 전기장선의 수는 $-q$로 들어가는 전기장선 수의 두 배이다. 따라서 양전하로부터 떠난 전기장선의 절반만 음전하에 들어가고, 나머지 반은 무한히 먼 곳에 있다고 가정하는 음전하에 도달한다. 이 전하로부터 매우 먼 거리(전하 사이의 거리에 비해 큰 경우)에서의 전기장선은 단일 전하 $+q$에 의한 전기장선과 같다.

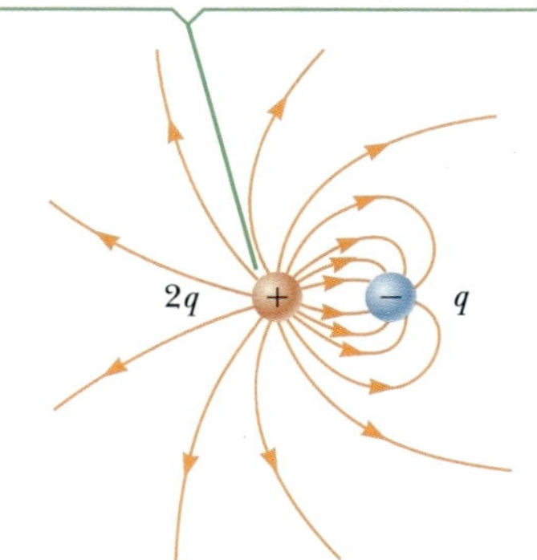

그림 15.16 한 점전하 $+2q$와 다른 점전하 $-q$에 의한 전기장선

15.5 정전 평형 상태의 도체 Conductors in Electrostatic Equilibrium

구리와 같은 좋은 전도체는 전기적으로 중성임에도 불구하고 어떤 원자에도 구속되지 않고 물질 내에서 자유스럽게 움직이는 전하(전자)를 가지고 있다. 도체 내에서 전하의 알짜 운동이 없을 경우, 도체는 **정전 평형 상태**(electrostatic equilibrium)에 있다고 한다. 고립된 도체(지상으로부터 절연된 도체)는 다음과 같은 특성이 있다.

고립된 도체의 특성 ►

1. 도체 내부의 어느 위치에서나 전기장은 영이다.
2. 고립된 도체에 생긴 과잉 전하는 도체 표면에만 분포한다.
3. 대전된 도체 바깥쪽의 전기장은 도체 표면에 수직이다.
4. 불규칙적인 형태의 도체에서 전하는 표면의 곡률 반지름이 가장 작은 곳, 즉 뾰족한 점에 모인다.

특성 1은 만약 그것이 사실이 아니라면 어떤 일이 생길지를 검토함으로써 이해할 수 있다. 도체 내에 전기장이 존재한다면, 자유 전하의 운동으로 전하의 흐름, 즉 전류가 생성된다. 그러나 전하의 알짜 운동이 발생하면 더 이상 정전 평형 상태가 아니다.

특성 2는 같은 종류의 전하 사이에 작용하는 반발력 $1/r^2$의 직접적인 결과로서, 쿨롱의 법칙으로 설명할 수 있다. 도체 내에 과잉 전하가 존재한다면, 전하 사이에 발생한 반발력은 가능한 한 전하를 멀리 흩어지게 하여, 표면으로 빠르게 퍼져 나간다(여기에서 증명하지는 않을 것이지만, 과잉 전하가 표면에 존재한다는 것은 쿨롱의 법칙이 역제곱의 법칙이라는 사실에 기인한다. 다른 어떤 지수 형태의 법칙에서는 과잉 전하가 표면에 존재한다 하여도 도체 내부에는 같은 부호 또는 반대 부호의 전하 분포가 존재할 수 있다).

특성 3은 만약 그것이 사실이 아니라면 어떤 일이 생길지를 다시 검토하여 이해할 수 있다. 그림 15.17에서 $\vec{\mathbf{E}}$의 연직 성분이 표면에 수직하므로 도체의 자유 전자에 작용하는 전기력 $\vec{\mathbf{F}}_y$는 아랫방향을 향하게 된다. 이 아랫방향의 힘은 그 아래에 있는 전자들에 의한 윗방향의 힘과 균형을 이루게 된다. 그러나 $\vec{\mathbf{E}}$의 수평 성분은 표면에 평행하여 자유 전자에 $\vec{\mathbf{F}}_x$(그림에서 왼쪽을 향하는)의 힘을 작용하게 되어 움직이게 한다. 이러한 전하들은 표면을 따라 가속하게 되므로 그 도체는 더 이상 정전 평형 상태에 있지 않다. 그러므로 정전 평형 상태에서 전기장 $\vec{\mathbf{E}}$는 표면에 수직해야만 한다.

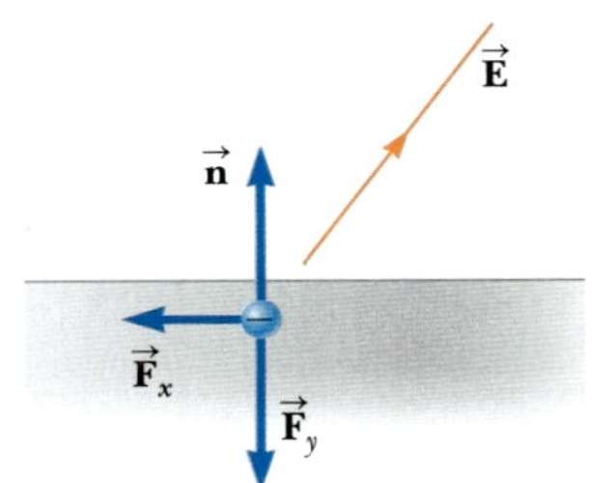

그림 15.17 도체가 정전 평형 상태라면 이러한 상황은 불가능하다. 전기장 $\vec{\mathbf{E}}$가 표면에 수평인 성분을 가진다면, 전기력 $\vec{\mathbf{F}}_x$는 도체의 자유 전자를 왼쪽으로 가속할 것이다.

특성 4가 왜 사실인지를 알아보기 위하여 한쪽 끝은 상당히 편평하고, 다른 쪽 끝은 상대적으로 뾰족한 도체를 나타낸 그림 15.18a를 살펴보자. 물체에 놓여 있는 과잉 전하는 표면으로 이동한다. 그림 15.18b는 물체의 편평한 끝에 있는 두 전하 사이의 힘을 보여 준다. 이러한 힘은 두드러지게 면에 평행한 방향을 향한다. 그래서 가까이 있는 다른 전하들에 의한 반발력이 평형 상태를 만들 때까지 전하는 멀어진다. 그러나 뾰족한 끝에서의 두 전하 사이의 반발력은 그림 15.18c와 같이 표면으로부터 두드러지게 멀어지는 방향을 향한다. 그 결과 여기에서는 표면을 따라 멀어지는 경향이 약하며, 단위 넓이당 전하량은 편평한 끝에서의 전하량보다 훨씬 크다. 뾰족한 끝에 가까이

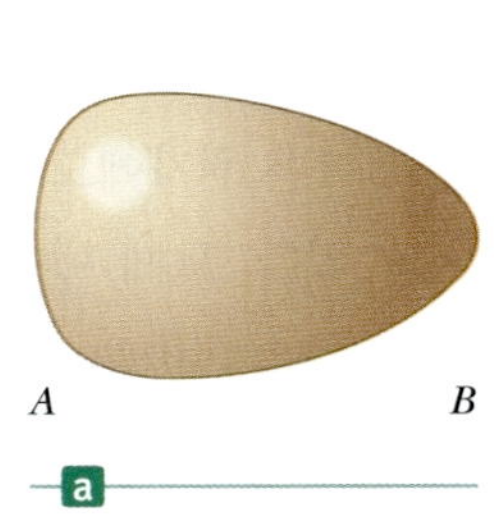

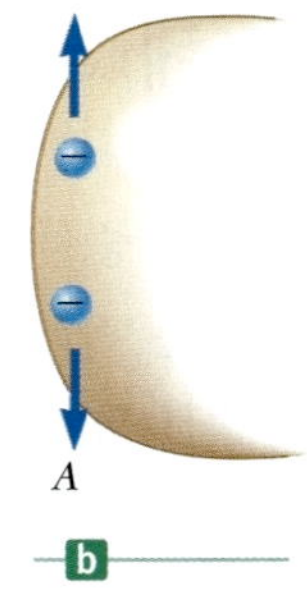

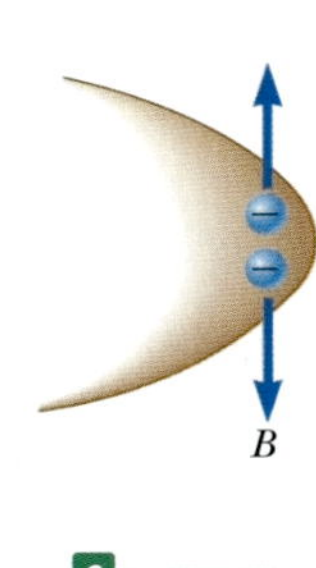

그림 15.18 (a) 편평한 끝 A와 상대적으로 뾰족한 끝 B를 갖는 도체. 도체에 있는 과잉 전하는 모두 표면에 존재하여 고루 분포되어 있어서, (b) 편평한 끝의 단위 넓이당 전하는 작고, (c) 뾰족한 끝에는 넓이에 비해 많은 전하가 있게 된다.

있는 전하에 의한 바깥 방향을 향하는 힘의 누적 효과는 표면으로부터 멀어져가는 큰 힘을 만들어 내며, 표면에 있는 전하가 공기 속으로 나가기에 충분한 힘을 제공한다.

도체 내의 알짜 전하가 도체의 표면에 존재한다는 것을 보여 주는 실험은 많다. 여기에 보인 실험은 패러데이가 처음 행한 것으로, 패러데이의 얼음통 실험(Faraday's ice pail experiment)이라고 한다. 패러데이는 명주 실 끝에 음전하를 띤 금속 구를 매달아 그림 15.19a와 같이 지면과 절연된 대전되지 않은 속이 빈 도체 속으로 내렸다. 도체 구가 통 속으로 내려감에 따라, 통의 바깥 표면에 연결된 전위계(electrometer)의 바늘이 편향된다(전위계는 전하를 측정하는 장치이다). 이것은 대전된 구가 통의 안쪽 벽에 양전하를 유도하여, 바깥쪽 벽에 음전하를 남기기 때문이다(그림 15.19b).

패러데이는 그 다음에 금속 구를 통의 안쪽 벽에 접촉시키거나(그림 15.19c), 접촉 후 통을 제거하여도(그림 15.19d) 바늘의 편향이 변하지 않음을 지적하였다. 더구나 그는 대전된 금속 구가 통의 안쪽에 접촉하거나 제거해도 전위계의 편향이 변하지 않는 것은 음으로 대전된 금속 구가 접촉에 의하여 통의 안쪽에 양으로 대전된 부분을 중화시키기 때문이라고 생각하였다. 이런 방법으로 패러데이는 한 물체에 있는 모든 과잉 전하를 이미 대전된 금속 껍질에도 옮길 수 있다는 유용한 사실을 발견했는데, 그것은 물체를 금속 껍질의 안쪽 면에 접촉시킬 경우에 가능하다. 이것은 밴 더 그래프 발전기의 작동 원리이기도 하다.

패러데이는 대전된 구가 통 안에 접촉할 때 전위계의 바늘이 편향되지 않는 이유는, 통 안쪽 표면에 유도된 양전하가 구의 음전하를 중화시키기에 충분하기 때문이라고 결론지었다. 연구 결과를 통하여 그는 금속 용기 내부에 매달린 대전된 물체는 용기 내에서 전하의 재배열을 일으켜, 용기 안쪽 표면의 전하 부호는 매달린 물체의 전하와 반대 부호가 된다고 결론지었다. 이 때문에 매달린 물체와 같은 부호의 전하가 용기의 바깥 면에 생기게 된다.

또한 패러데이는 실험이 끝난 후 전위계를 통의 안쪽 면에 연결하였을 때, 바늘의 편향이 보이지 않음을 발견하였다. 따라서 금속 구와 통 사이에 접촉이 이루어지면, 통이 얻은 과잉 전하는 통의 바깥 면에 나타나게 된다.

만일 뾰족한 부분이 있는 금속 막대가 집에 부착되어 있을 때, 집에 있는 대부분의 전하는 이 점을 지나고, 따라서 폭풍 구름이 집에 유도하는 전하를 뾰족한 금속 막대를 통하여 제거할 수 있음을 암시한다. 더구나 집에 떨어진 낙뢰는 금속 막대를 지나, 막대에서 땅으로 연결된 도선을 통하여 지표면까지 안전하게 이동한다. 이러한 원리를 이용한 피뢰침이 프랭클린에 의해 처음으로 개발되었다. 이러한 가치 있는 생각이 신대륙에서 고안되었다는 것을 몇몇 유럽 국가들은 받아들일 수 없었다. 그래서 그 유럽인들은 끝 부분을 덜 뾰족하게 하여 피뢰침의 구조를 개선하였다.

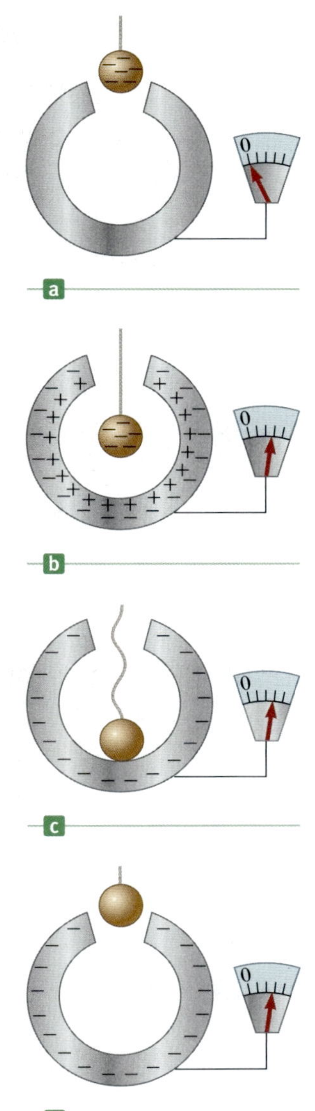

그림 15.19 정전 평형 상태의 도체로 이동한 전하가 도체의 표면에 존재하는 것을 보여 주는 실험이다. 속이 빈 도체는 땅으로부터 절연되어 있고, 작은 금속 구는 절연체인 실에 매달려 있다.

응용

피뢰침

15.6 밀리컨의 기름방울 실험 The Millikan Oil-Drop Experiment

1909년부터 1913년까지 밀리컨(Robert Andrews Millikan, 1868~1953)은 시카고

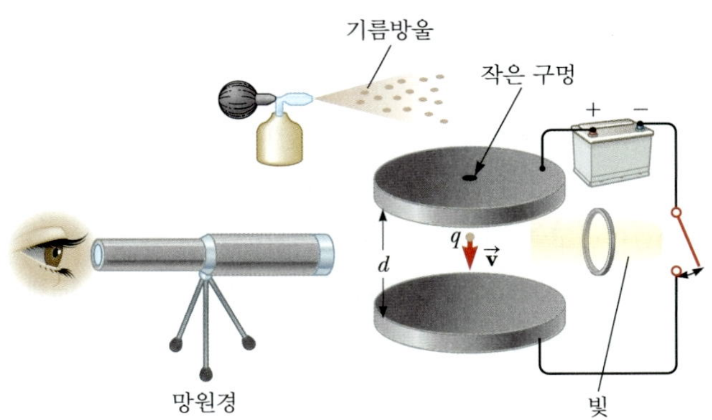

그림 15.20 밀리컨의 기름방울 실험 장치의 개략도

대학교에서 전자의 기본 전하량의 크기 e를 측정하였으며, 전하가 양자화되었다는 사실을 증명한 매우 뛰어난 일련의 실험을 수행하였다. 그는 그림 15.20에 나타낸 것과 같이 두 개의 평행 금속판이 있는 장치를 이용하였다. 분무기 내부에서 마찰에 의해 대전되어 나온 작은 기름방울은 위쪽에 놓여 있는 금속판의 작은 구멍을 통하여 내부로 들어간다. 수평 방향으로 광선이 기름방울을 비추고, 장축이 광선에 수직인 망원경을 통해 작은 기름방울을 관찰한다. 이렇게 했을 때, 어두운 배경에서 작은 기름방울은 반짝이는 별처럼 보이고, 떨어지는 기름방울의 비율을 측정할 수 있다.

질량이 m이고 전하의 크기가 q인 음전하를 띤 한 개의 기름방울을 관측한다고 하자. 두 평행한 금속판 사이에 전기장이 없다면, 전하에 작용하는 두 가지 힘은 아래로 작용하는 중력 $m\vec{\mathbf{g}}$와 위로 향하는 점성 끌림력(viscous drag force) $\vec{\mathbf{D}}$이다(그림 15.21a). 끌림력은 기름방울의 떨어지는 속력에 비례한다. 방울이 종단 속력 v에 도달하면 두 힘은 서로 균형을 이룬다($mg = D$).

이제 배터리를 연결하여 위쪽 금속판이 양전하를 갖도록 두 금속판 사이에 전기장을 만들자. 이 경우에 세 번째 힘인 $q\vec{\mathbf{E}}$가 기름방울에 작용한다. q가 음전하이고 $\vec{\mathbf{E}}$가 아래로 향하므로 전기력은 그림 15.21b와 같이 위로 향한다. 전기력이 충분히 크면, 기름방울은 위로 향하게 되며 끌림력 $\vec{\mathbf{D}}'$은 아래로 작용하게 된다. 위로 향하는 전기력 $q\vec{\mathbf{E}}$가 아래로 향하는 중력과 끌림력의 합과 평형을 이루면, 기름방울은 새로운 종단 속력 v'에 도달할 것이다.

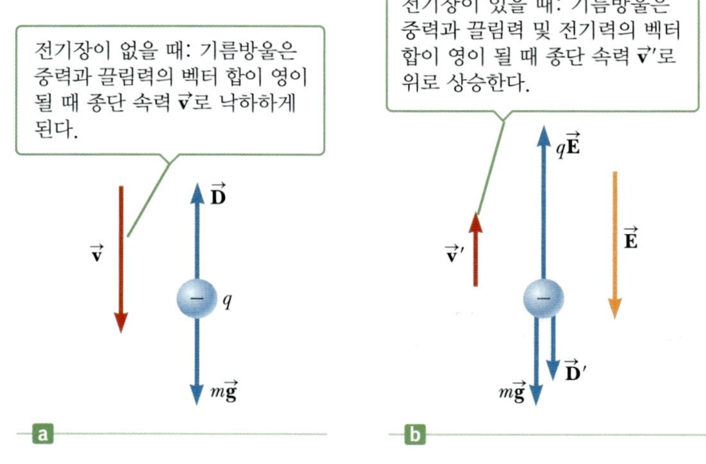

그림 15.21 밀리컨의 실험에서 음으로 대전된 기름방울에 작용하는 힘

전기장이 있을 때, 기름방울은 일반적으로 초당 1/100 cm 속력으로 서서히 위로 움직인다. 전기장이 없을 때 낙하 속력도 비슷하다. 따라서 단순히 전기장을 번갈아 껐다 켬으로써, 일정한 질량과 반지름을 가진 기름방울이 위아래로 움직이는 모습을 몇 시간 동안 관찰할 수 있다.

수천 개의 기름방울을 측정한 결과, 밀리컨과 그의 동료들은 약 1%의 정확도로 모든 기름방울이 기본 전하량 e의 양의 정수배 또는 음의 정수배가 됨을 밝혀냈다.

$$q = ne \quad n = 0, \pm 1, \pm 2, \pm 3, \ldots \qquad [15.7]$$

여기서 $e = 1.60 \times 10^{-19}$ C이다. 나중에 알려진 사실이지만, 양의 정수배는 기름방울이 한 개 또는 여러 개의 전자를 잃었을 때 나타나고, 음의 정수배는 기름방울이 한 개 또는 여러 개의 전자를 얻었을 때 나타난다. 이것은 전하가 양자화되었다는 결정적인 증거를 제시한다. 이 공로로 1923년에 밀리컨은 노벨 물리학상을 받았다.

15.7 밴 더 그래프 발전기 The Van de Graaff Generator

1929년에 밴 더 그래프(Robert J. Van de Graaff, 1901~1967)는 정전 발전기를 고안하여 만들었는데, 이것은 핵물리학 연구에 광범위하게 이용된다. 발전기의 작동 원리는 전기장과 전하의 성질로부터 이해할 수 있다. 그림 15.22는 밴 더 그래프 발전기의 기본적인 구조이다. 전동기에 연결된 도르래 P가 위치 A에 있는 양으로 대전된 빗처럼 생긴 금속 침을 지나는 벨트를 움직인다. 벨트로부터 음전하가 이 침에 의해 이끌려 이동하면, 벨트에는 양의 알짜 전하가 남게 된다. 양으로 대전된 이 벨트가 위치 B에 있는 두 번째 침에 도달하면, 침으로부터 전자를 끌어들여 구 껍질에는 양의 과잉 전하가 증가하게 된다. 금속 구 껍질 안의 전기장은 무시할 정도로 작으므로 전하의 존재 유무와는 상관없이 쉽게 양전하를 증가시킬 수 있다. 결과적으로 아주 많은 양의 양전하를 구 껍질에 남기게 된다.

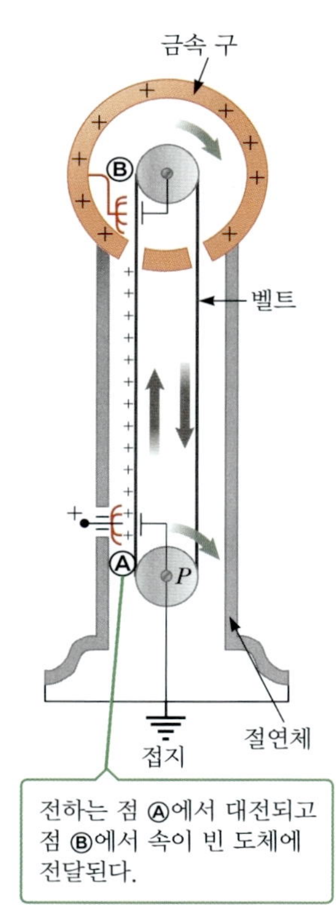

그림 15.22 밴 더 그래프 발전기. 전하는 구동하는 벨트에 의해서 금속 구에 전달된다.

구 껍질에 무한정으로 전하를 계속 축적시킬 수는 없다. 이것은 구 껍질의 표면에 점점 더 많은 전하가 쌓이게 되면 구 껍질의 표면에서 나오는 전기장의 세기 또한 증가하기 때문이다. 결국 장의 세기는 표면 근처에 있는 공기를 이온화시킬 정도로 커지고 공기는 부분적으로 전도성을 띠게 된다. 구 껍질에 존재하는 전하는 이제 공기로 누전될 수 있는 길이 열리고, 결국 '번갯불'을 내면서 방전하게 된다. 앞에서 언급한 대로, 전하는 표면의 곡률이 작은 곳에서 더 쉽게 방전된다. 결과적으로 방전을 막고 구 껍질에 축적할 수 있는 전하의 양을 증가시키는 방법은 구 껍질의 반지름을 증가시키는 것이다. 방전을 막는 또 다른 방법은 장치 전체를 고압 기체로 가득 채운 통 속에 넣는 것으로, 대기압의 공기에서보다 이온화를 현저히 어렵게 한다.

만약 양성자(또는 다른 대전된 입자)가 구 껍질에 붙어 있는 관에 놓이게 된다면, 구 껍질의 높은 전기장에 의해서 양성자에 반발력을 작용할 것이며, 이로 인해 양성자는 여러 시료의 원자핵과 핵반응을 일으킬 수 있을 만큼의 높은 에너지로 가속된다.

15.8 전기선속과 가우스의 법칙 Electric Flux and Gauss's Law

가우스의 법칙은 폐곡면에 있는 평균 전기장을 계산하기 위한 필수적인 기법으로 가우스(Karl Friedrich Gauss, 1777~1855)에 의해 개발되었다. 전기장이 어느 면에서나 일정하고 수직일 때, 이것의 대칭성 때문에 정확한 전기장을 알 수 있다. 이러한 특별한 경우 가우스의 법칙은 쿨롱의 법칙보다 적용하기 훨씬 쉽다.

가우스의 법칙은 폐곡면을 지나는 전기선속과 폐곡면 내의 전기장을 일으키는 전체 전하와의 직접적인 상관 관계를 보여 준다. 폐곡면은 구처럼 안과 밖이 있다. 전기선속은 전기장이 주어진 면을 얼마나 뚫고 지나가는지를 나타낸다. 전기장 벡터가 모든 점에서 표면에 접한다면 표면을 뚫고 지나가지 않으므로, 표면을 지나는 전기선속은 영이다. 이러한 개념은 다음 부분에서 자세히 논의할 것이다. 가우스의 법칙은 폐곡면을 지나는 전기선속은 표면 안에 있는 전하에 비례한다는 것을 보여 준다.

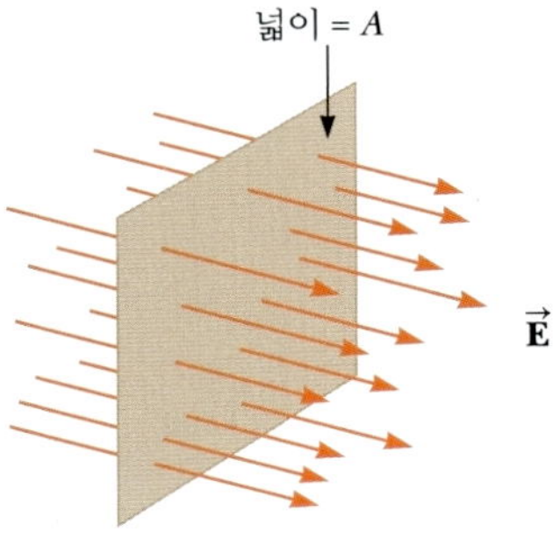

그림 15.23 넓이 A인 평면을 수직으로 통과하는 균일한 전기장을 나타내는 전기장선. 이 면을 통과하는 전기선속 Φ_E는 EA이다.

15.8.1 전기선속 Electric Flux

그림 15.23과 같이 크기와 방향 모두가 일정한 전기장이 있다. 전기장선은 전기장에 수직인 방향으로 놓여 있는 넓이 A의 표면을 통과한다. 그림 15.23과 같은 그림을 그릴 때, 단위 넓이당 선의 수인 N/A는 전기장의 크기에 비례한다. 즉, $E \propto N/A$이다. 이는 $N \propto EA$로 쓸 수 있는데, 전기장선의 수가 전기장의 세기 E와 넓이 A의 곱에 비례함을 의미한다. 이 E와 A의 곱을 **전기선속**(electric flux)이라고 하며, 기호 Φ_E로 나타낸다.

$$\Phi_E = EA \tag{15.8}$$

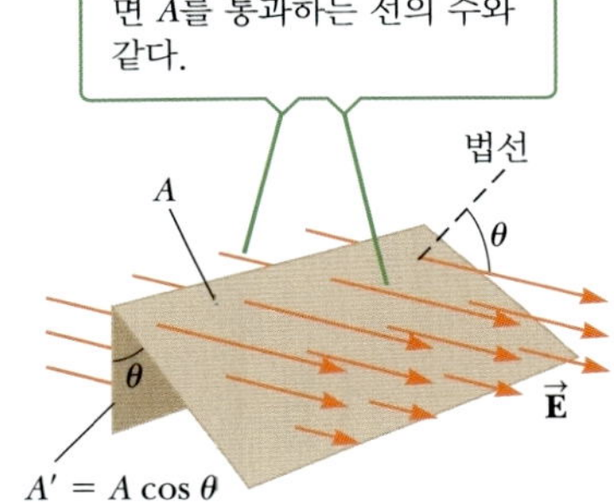

그림 15.24 전기장과 $(90° - \theta)$의 각을 이루고 있는 면 A를 통과하는 균일한 전 기장의 전기장선

여기서 Φ_E는 SI 단위로 $\mathrm{N \cdot m^2/C}$이며, 본질적으로 전기장에 수직인 넓이 A를 통과하는 전기장선의 수이다(이것은 유체에서 쓰이는 선속과 유사한데, 유체에서는 초당 수직 방향의 면을 통과하는 유체의 부피를 의미한다). 만일 고려하는 면이 그림 15.24와 같이 전기장과 수직으로 놓여 있지 않다면 전기선속에 대한 표현은 다음과 같다.

전기선속 ▶

$$\Phi_E = EA\cos\theta \tag{15.9}$$

여기서 면 A에 수직인 벡터는 전기장과 θ의 각도를 이룬다. 이 벡터는 종종 표면에 수직이라고 말하며, '표면에 수직인 벡터'로 부른다. 면 A를 지나는 선의 수는 전기장과 수직으로 투영한 면 A'를 지나는 수와 같다. 두 면 사이의 관계는 $A' = A\cos\theta$이다. 식 15.9로부터, 고정된 면의 A를 지나는 선속은 면과 전기장의 방향이 수직일 때 $(\theta = 0°)$ 최댓값 EA를 가지며, 그 표면과 전기장이 나란할 때$(\theta = 90°)$ 영이다. **편의상 면이 폐곡면을 이루면, 부피 내부를 향하는 선속을 음으로, 부피 내부로부터 밖을 향하는 선속을 양으로 정한다.** 이런 식으로 전기장의 방향을 잡는 것은 폐곡면을 지나는 선속을 계산할 때, 표면에 수직인 벡터를 바깥 방향으로 하는 것처럼 관례적인 것이다.

예제 15.5 정육면체를 통과하는 선속

목표 폐곡면을 지나는 전기선속을 계산한다.

문제 x 방향으로 균일한 전기장이 있다고 하자. 그림 15.25에 있는 한 변의 길이가 L인 정육면체의 각각의 면을 통과하는 전기선속과 알짜 선속을 구하라.

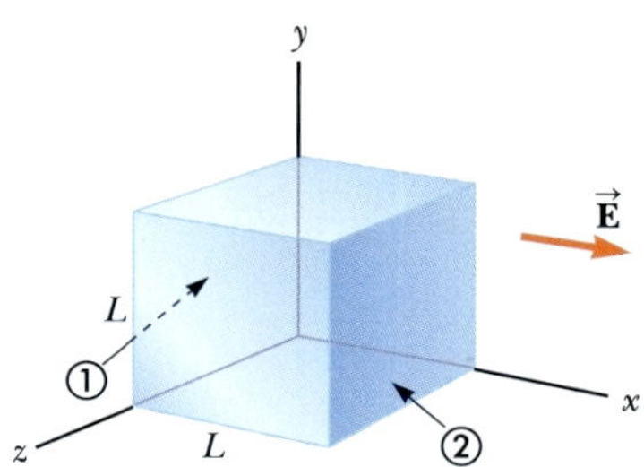

그림 15.25 (예제 15.5) x축에 평행한 균일한 전기장 속에 놓인 정육면체의 표면. 정육면체 내부의 알짜 전하가 영일 때 표면을 통과하는 알짜 선속도 영이다.

전략 이 문제는 식 15.9에 주어진 전기선속의 정의를 이용한다. 각각의 경우 E와 $A = L^2$은 같고, 유일하게 다른 점은 주어진 면에 수직인 벡터와 전기장이 이루는 각 θ이다. 넓이 벡터는 각각의 면에 수직이고 바깥 방향을 향한다. xy평면에 평행인 면을 통과하는 선속은 Φ_{xy}(앞, 뒤), yz평면에 평행인 면을 통과하는 선속은 Φ_{yz}(왼쪽, 오른쪽), xz평면에 평행인 면을 통과하는 선속은 Φ_{xz}(위, 아래)이라 한다.

풀이

xy평면에 수직인 벡터는 $-z$ 방향이고, 이는 $\vec{\mathbf{E}}$와 수직이므로 $\theta = 90°$이다(반대편 면도 마찬가지이다).

$$\Phi_{xy} = EA\cos(90°) = \boxed{0} \quad \text{(앞과 뒤)}$$

xz평면에 수직인 벡터는 $-y$ 방향이고, $\vec{\mathbf{E}}$와 수직이므로 $\theta = 90°$이다(반대편 면도 마찬가지이다).

$$\Phi_{xz} = EA\cos(90°) = \boxed{0} \quad \text{(위와 아래)}$$

면 ①(yz평면)에 수직인 벡터는 $-x$ 방향이고 $\vec{\mathbf{E}}$와 반평행하므로 $\theta = 180°$이다.

$$\Phi_{yz} = EA\cos(180°) = \boxed{-EL^2} \quad \text{(면 ①)}$$

면 ②는 $+x$ 방향을 향하는 수직인 벡터이므로 $\theta = 0°$이다.

$$\Phi_{yz} = EA\cos(0°) = \boxed{EL^2} \quad \text{(면 ②)}$$

이 값들을 합하여 알짜 선속을 계산한다.

$$\Phi_{\text{알짜}} = 0 + 0 + 0 + 0 - EL^2 + EL^2 = \boxed{0}$$

참고 계산을 할 때, 선속의 정의에서의 각도는 면에 수직인 벡터로부터 측정되고, 이 벡터는 폐곡면의 바깥 방향을 향해야 함을 기억하라. 결과적으로 왼쪽에서 yz평면에 수직인 벡터는 $-x$ 방향을 향하고, 오른쪽에 있는 yz평면에 평행한 법선 벡터는 $+x$ 방향을 가리킨다. 상자 내에는 어떤 전하도 있지 않음에 주목하라. 알짜 전하를 포함하고 있지 않은 폐곡면에 대한 알짜 전기선속은 항상 영이다.

15.8.2 가우스의 법칙 Gauss's Law

그림 15.26a와 같이 반지름이 r인 구의 표면으로 둘러싸여 있는 점전하 q가 있다. 구의 표면에서 전기장의 크기는 어느 점에서나 다음과 같다.

$$E = k_e \frac{q}{r^2}$$

전기장은 구의 표면 어디에서나 수직임에 주목하라. 따라서 표면을 통과하는 전기선속은 EA이며, 이때 $A = 4\pi r^2$은 구의 겉넓이이다.

$$\Phi_E = EA = k_e \frac{q}{r^2}(4\pi r^2) = 4\pi k_e q$$

이때 k_e를 다른 상수인 ϵ_0로 표현하는 것이 때로는 편리하며, $k_e = 1/(4\pi\epsilon_0)$이다. 상수 ϵ_0는 **자유 공간의 유전율**(permittivity of free space)이며, 그 값은 다음과 같다.

$$\epsilon_0 = \frac{1}{4\pi k_e} = 8.85 \times 10^{-12}\ \text{C}^2/\text{N}\cdot\text{m}^2 \qquad [15.10]$$

그림 15.26 (a) 점전하 q를 둘러싸고 있는 반지름 r인 구면을 통과하는 선속은 $\Phi_E = q/\epsilon_0$이다. (b) 또한 전하를 둘러싸고 있는 임의의 표면을 지나는 알짜선속은 q/ϵ_0와 같다.

k_e나 ϵ_0는 편리한 대로 사용하면 된다. 전하 q를 둘러싸고 있는 폐곡면을 통과하는 전기선속은 다음과 같이 표현할 수 있다.

$$\Phi_E = 4\pi k_e q = \frac{q}{\epsilon_0}$$

이 결과로 전하 q에 둘러싸인 구를 통과하는 전기선속은 전하를 상수 ϵ_0로 나눈 것과 같다는 것을 알 수 있다. 이 간단한 결과는 전하 q를 둘러싸고 있는 어떤 형태의 폐곡면에 대해서도 성립함을 보일 수 있다. 예를 들어, q를 둘러싼 표면이 불규칙하다 하더라도, 그 표면을 지나는 알짜선속은 역시 q/ϵ_0이다(그림 15.26b). 이것으로부터 가우스의 법칙이라고 하는 다음과 같은 식이 얻어진다.

가우스의 법칙 ►

임의의 폐곡면을 통과하는 전기선속 Φ_E는 표면 내부의 알짜 전하 $Q_{\text{내부}}$를 ϵ_0로 나눈 것과 같다.

$$\Phi_E = \frac{Q_{\text{내부}}}{\epsilon_0} \qquad [15.11]$$

설사 확신하지 못하더라도 이것은 전하가 전기장을 어떻게 형성하는가를 설명하는 기본적인 법칙이다. 원칙적으로 가우스의 법칙은 항상 전하계 또는 연속적으로 분포된 전하에 의한 전기장을 계산하기 위하여 사용될 수 있다. 실제로 이 기법은 예를 들어, 구, 원통, 평면 등 고도의 대칭성을 갖는 몇 가지 제한적인 상황에서만 유용하다. 이러한 특수한 형태의 대칭성으로부터 전하들은 가우스 면이라는 가상적인 표면으로 둘러싸일 수 있다. 이 가상적인 면은 수학적인 계산에 바로 이용된다. 만일 가상적인 면 위의 모든 점에서 전기장이 동일하도록 선택된다면, 전기장은 예에서 보는 것처럼 다음과 같이 계산된다.

Tip 15.2 가우스 면은 실제로 있는 것이 아니다.

가우스 면은 수학적인 계산을 위해 만들어 낸 상상의 표면이다. 물리적 실체가 있는 물체의 표면과는 다르다.

$$EA = \Phi_E = \frac{Q_{\text{내부}}}{\epsilon_0} \qquad [15.12]$$

비록 이 형태의 가우스의 법칙이 대칭성이 아주 큰 문제에서의 전기장을 구할 때만 사용될지라도, 임의의 표면에서의 평균 전기장을 구할 때도 항상 사용할 수 있다.

예제 15.6 대전된 구 껍질의 전기장

목표 가우스의 법칙을 이용하여 구형 대칭일 때 전기장을 결정한다.

문제 안쪽 반지름이 a이고 바깥쪽 반지름이 b인 전도성의 구 껍질이 있다. 대전된 구 껍질은 표면에 전체 전하 $+Q$를 가지고 있다(그림 15.27a). Q는 양의 전하이다. **(a)** 반지름 $r < a$인 전도성의 구 껍질 내부의 전기장을 구하라. **(b)** $r > b$인 구 껍질 밖에서의 전기장을 구하라. **(c)** 구의 중심에 $-2Q$의 전하가 놓여 있다면, $r > b$인 영역에서의 전기장은 얼마인가? **(d)** **(c)**에서 구 위에서의 전하 분포는 어떻게 되는가?

전략 각각의 경우 관심 있는 영역에 대하여 구형 가우스 면을 그린다. 가우스 면 안에 있는 전하를 더하고, 이것과 넓이를 가우스의 법칙에 대입하고 풀어서 전기장을 구한다. **(c)**에서 전하 분포를 구하기 위하여 가우스의 법칙을 역으로 사용한다. 전하 분포는 도체 내부의 전기장이 영이 되도록 한다.

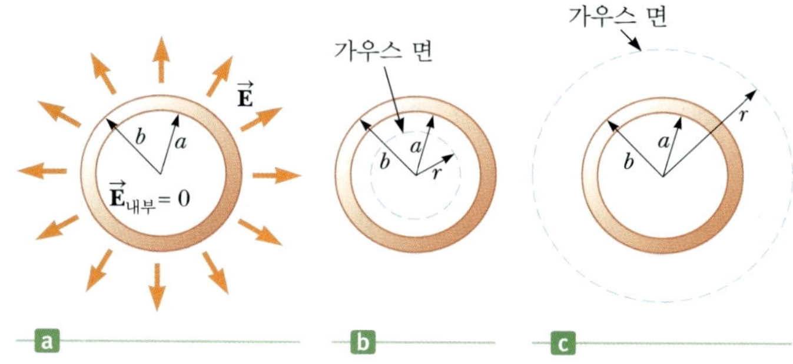

그림 15.27 (예제 15.6) (a) 균일하게 대전된 구 껍질 내부에서의 전기장은 영이다. $a < r < b$인 영역에서 전도성 물체의 전기장 또한 영이다. 구 껍질 외부에서의 전기장은 전체 전하 Q를 가진 점전하가 구 껍질의 중심에 놓여 있을 때의 전기장과 같다. (b) 구 껍질 내부에서의 전기장을 계산하기 위한 가우스 면, (c) 구 껍질 외부에서의 전기장을 계산하기 위한 가우스 면

풀이

(a) $r < a$에서의 전기장을 구한다.

그림 15.27b에 그려진 가우스 면에 가우스의 법칙인 식 15.12를 적용한다(이 표면 안에는 어떠한 전하도 없다는 것에 주목하라).

$$EA = E(4\pi r^2) = \frac{Q_{내부}}{\epsilon_0} = 0 \quad \rightarrow \quad E = 0$$

(b) $r > b$에서의 전기장을 구한다.

그림 15.27c에 그려진 가우스 면에 가우스의 법칙인 식 15.12를 적용한다.

$$EA = E(4\pi r^2) = \frac{Q_{내부}}{\epsilon_0} = \frac{Q}{\epsilon_0}$$

넓이로 나눈다.

$$\boxed{E = \frac{Q}{4\pi\epsilon_0 r^2}}$$

(c) 새로운 전하 $-2Q$를 구의 중심에 놓는다. $r > b$인 구 바깥에서의 새로운 전기장을 계산한다.

$Q_{내부}$에 새로운 전하를 포함시켜, **(b)**에서와 같이 가우스의 법칙을 적용한다.

$$EA = E(4\pi r^2) = \frac{Q_{내부}}{\epsilon_0} = \frac{+Q - 2Q}{\epsilon_0}$$

$$E = -\frac{Q}{4\pi\epsilon_0 r^2}$$

(d) **(c)**에서 구 위의 전하 분포를 구한다.

구 껍질 안쪽에 대하여 가우스의 법칙을 사용한다.

$$EA = \frac{Q_{내부}}{\epsilon_0} = \frac{Q_{중심} + Q_{안쪽\ 면}}{\epsilon_0}$$

도체 안의 전기장은 영임을 주목하면서, 껍질 안쪽 면에서의 전하를 구한다.

$$Q_{중심} + Q_{안쪽\ 면} = 0$$
$$Q_{안쪽\ 면} = -Q_{중심} = \boxed{+2Q}$$

바깥쪽 면의 전하와 안쪽 면의 전하의 합이 $+Q$이어야 함을 주목하면서, 바깥쪽 면에서의 전하를 구한다.

$$Q_{바깥쪽\ 면} + Q_{안쪽\ 면} = Q$$
$$Q_{바깥쪽\ 면} = -Q_{안쪽\ 면} + Q = \boxed{-Q}$$

참고 주목해야 할 중요한 점은 각각의 경우, 전하는 구 전체에 걸쳐 퍼져 있거나 정중앙에 있다는 것이다. 이것으로 전기장에 대한 값을 계산할 수 있다.

예제 15.6과 같은 문제는 때때로 전하가 균일하게 분포된 '얇고 부도체인 구 껍질'이라 하기도 한다. 그러한 경우 껍질의 바깥 면과 안쪽 면 사이에 차이가 있을 필요가 없다. 다음 예제는 그렇게 가정되었다고 전제한다.

예제 15.7 부도체 평면판에 전하가 분포되어 있는 경우

목표 면 대칭 문제에 가우스의 법칙을 적용한다.

문제 단위 넓이당 σ의 전하 밀도로 무한히 큰 부도체 평면판에 양전하가 분포된 경우 그 판의 위와 아래에서의 전기장을 구하라(그림 15.28a).

전략 그림 15.28b에서와 같이 대칭성에 의해 전기장은 평면에 수직이어야 하며, 판의 어느 쪽에서나 판에서 멀어지는 방향으로 향한다. 축이 평면에 수직인 작은 원통을 가우스 면으로 정한다. 원통의 양 끝 면의 넓이는 A_0이다. 원통의 둥근 측면을 통해서는 전기장선이 통과하지 않고, 양 끝 면으로만 통과한다. 그 두 면의 전체 넓이는 $2A_0$이다. 그림 15.28b를 사용하여 가우스의 법칙을 적용한다.

풀이

전하 분포가 균일한 평면의 위와 아래에서의 전기장을 구한다.

가우스의 법칙인 식 15.12를 적용한다.

$$EA = \frac{Q_{\text{내부}}}{\epsilon_0}$$

가우스 면으로 둘러싸인 원통 속에 있는 전체 전하는 전하 밀도와 단면의 넓이를 곱한 것이다.

$$Q_{\text{내부}} = \sigma A_0$$

전기선속은 각 넓이가 A_0인 양 끝 면으로만 나오므로 $A = 2A_0$와 $Q_{\text{내부}}$를 대입하고 E에 대해 푼다.

$$E = \frac{\sigma A_0}{(2A_0)\epsilon_0} = \boxed{\frac{\sigma}{2\epsilon_0}}$$

이것은 전기장의 크기일 뿐이다. 면 위와 아래에서의 전기장의 z 성분을 구해 보자. 전기장은 면에서 멀어지는 방향이므로 위에서는 양이고 아래에서는 음이다.

$$\boxed{E_z = \frac{\sigma}{2\epsilon_0} \quad z > 0}$$

$$\boxed{E_z = -\frac{\sigma}{2\epsilon_0} \quad z < 0}$$

참고 이 문제에서 판은 매우 얇은 부도체로 가정하였음에 유의해야 한다. 물론 그것이 금속이라면, 내부의 전기장은 영이 되고, 전체 전하의 반은 위 표면에 나머지 반은 아래 표면에 있게 된다.

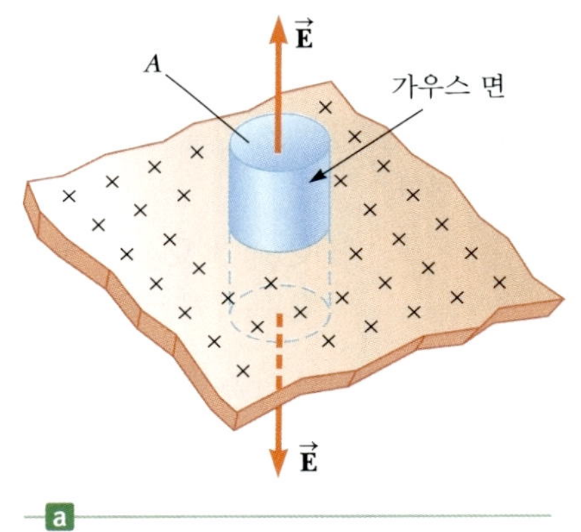

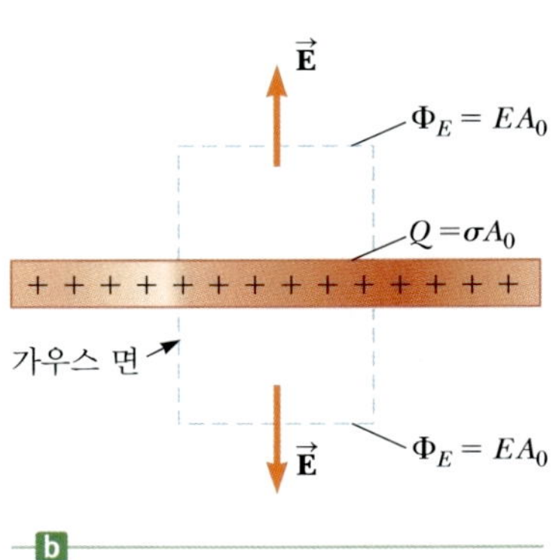

그림 15.28 (예제 15.7) (a) 원통형 가우스 면이 무한히 큰 평면 전하 분포 속으로 들어간다. (b) 원통형 가우스 면에서 양 끝 면의 넓이는 같다. 양 끝 면을 관통하는 전기선속은 EA_0이다. 원통 옆면을 관통하는 전기선속은 없다.

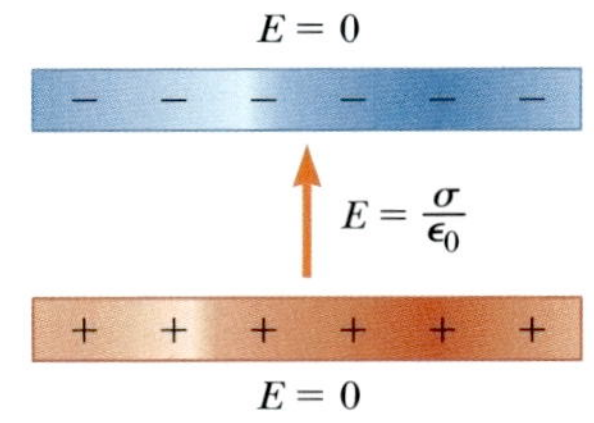

그림 15.29 이상적인 평행판 커패시터의 단면도. 전기장 벡터는 판 사이에서는 합으로 나타나나 밖에서는 상쇄된다.

다음 장에서 심도 있게 배우게 될 아주 중요한 회로 소자 중의 하나가 평행판 커패시터이다. 그 장치는 예제 15.7에서와 같이 아래에는 양으로 대전된 판이 있고, 그 위에는 같은 크기의 음으로 대전된 판으로 구성되어 있다. 이들 두 대전된 판에 의한 전기장의 합이 그림 15.29에 그려져 있다. 두 판 사이의 전기장은 한 판에 의한 전기장의 두 배이다. 즉,

$$E = \frac{\sigma}{\epsilon_0} \quad [15.13]$$

두 판의 바깥쪽에서는 전기장이 서로 상쇄되어 영이 된다.

연습문제

15.2 쿨롱의 법칙

1(1). 지구 주변의 인공위성들의 관측에 의하면 지구 대기권 상층부의 먼지 입자들이 자주 대전되는 것으로 밝혀졌다. (a) 각각의 먼지 입자의 전하가 $+e$이고 입자들 간의 전기력의 크기가 1.00×10^{-14} N이라 할 때 두 입자들 사이의 거리를 구하라. (b) 이러한 쿨롱 힘이 각 입자들을 4.50×10^{8} m/s^{2}으로 가속시킨다면 그 입자 한 개의 질량을 구하라. (대기권 상층부에서, 인접하는 다른 입자들에 의한 알짜힘이나 가속도에 미치는 효과는 매우 작다.)

2(3). 4개의 양성자와 4개의 중성자로 구성되어 있는 ^{8}Be 핵은 매우 불안정하여 자발적으로 두 개의 알파입자(헬륨핵은 2개의 양성자와 2개의 중성자로 구성되어 있다)로 붕괴한다. (a) 알파입자들 사이의 간격이 5.00×10^{-15} m일 때 두 알파입자 간의 힘의 크기는 얼마인가? (b) 이 힘에 의한 알파입자들의 처음 가속도 크기는 얼마인가? 알파입자의 질량은 4.002 6 u이다.

3(5). 7.50 nC의 전하가 4.20 nC의 전하로부터 1.80 m 떨어져 있다. (a) 이들 간에 작용하는 정전기력을 구하라. (b) 이 힘은 인력인가, 아니면 반발력인가?

4(7). 세 개의 전하가 그림 P15.4와 같이 배열되어 있다. 원점에 놓여 있는 전하에 작용하는 정전기력의 방향과 크기를 구하라.

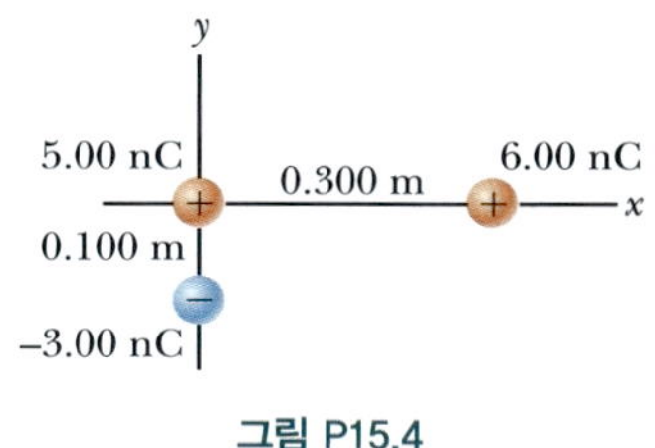

그림 P15.4

5(9). 대전되지 않은 두 구의 간격이 2.00 m이다. 한 구에서 3.50×10^{12}개의 전자가 떨어져 나와 다른 구에 붙는다면 한 구에 작용하는 쿨롱 힘의 크기를 구하라. 두 구는 점전하로 가정한다.

6(11). 점전하 세 개가 그림 P15.6과 같이 정삼각형의 꼭짓점에 배열되어 있다. 2.00 μC 전하에 작용하는 알짜힘을 구하라.

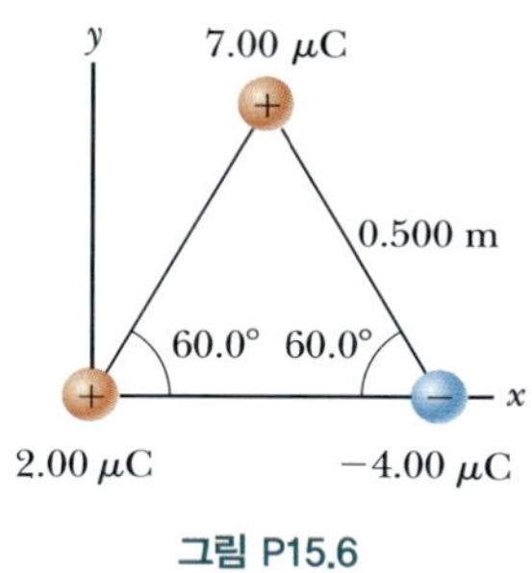

그림 P15.6

7(13). 각각의 질량 $m = 0.20$ g인 두 개의 작은 금속 구가 그림 P15.7과 같이 같은 위치에 가벼운 끈에 의해 진자처럼 매달려 있다. 구에 동일한 전하가 주어져 각 끈이 연직 방향과 $\theta = 5.0°$를 이룰 때, 두 개의 구가 평형을 이룸을 알 수 있다. 각 끈의 길이가 $L = 30.0$ cm라면, 각 구의 전하의 크기는 얼마인가?

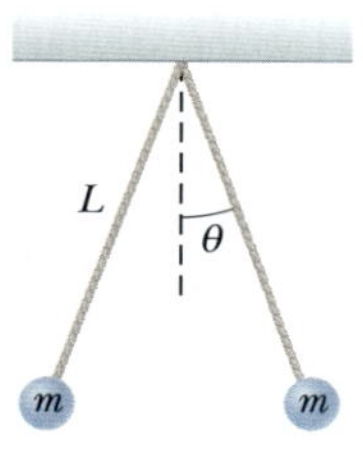

그림 P15.7

8(15). 동일한 두 도체 구의 중심이 0.30 m 떨어져 있다. 한 구의 전하는 12×10^{-9} C이고 다른 구의 전하는 -18×10^{-9} C이다. (a) 한 구에 다른 구가 작용하는 정전기력을 구하라. (b) 구가 도선에 의해 연결되어 있다. 평형이 이루어진 후 두 구 사이의 정전기력을 구하라.

15.3 전기장

9(17). $q_1 = 1.00$ nC의 전하는 $x_1 = 0$에 있고 $q_2 = 3.00$ nC의 전하는 $x_2 = 2.00$ m에 있다. 두 전하 사이의 어느 지점에서 전기장이 영이 되겠는가?

10(19). 진공 중에서 정지해 있는 대전된 먼지 입자가 위로 향하

는 475 N/C의 전기장 속에서 움직이지 않고 있다. 먼지 입자의 질량이 7.50×10^{-10} kg라고 할 때, (a) 그 입자의 전하를 구하고 (b) 그 입자가 중성이 되게 하기 위해 더해주어야 하는 전자의 수를 계산하라.

11(21). 질량이 3.80 g이고 전하가 $-18.0\,\mu$C인 작은 물체가 지면에 수직이고 균일한 전기장이 있는 지면 위에 떠서 정지해 있다. 전기장의 크기와 방향을 구하라.

12(23). 크기가 5.25×10^5 N/C인 전기장이 어떤 위치에서 남쪽을 향하고 있다. 그 점에 있는 $-6.00\,\mu$C의 전하가 받는 힘의 크기와 방향을 구하라.

13(25). 640. N/C의 균일한 전기장 속에서 양성자 한 개가 가속되어 얼마 후 그 속력이 1.20×10^6 m/s가 되었다. (a) 양성자의 가속도의 크기를 구하라. (b) 양성자가 그 속력에 도달하는 데 걸리는 시간을 구하라. (c) 그 시간 동안 움직인 거리를 구하라. (d) 그 시간이 지난 후 양성자의 운동에너지는 얼마인가?

14(27). 그림 P15.14에서 전체 전기장이 영인 지점(무한대는 제외)을 구하라.

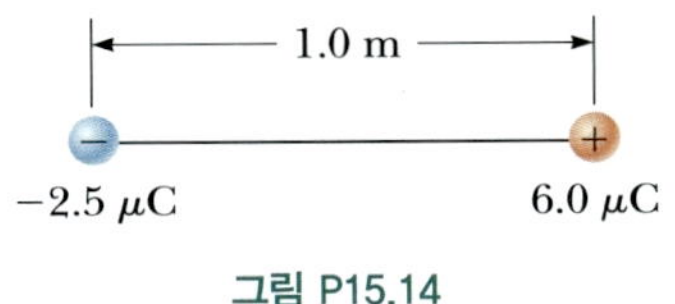

그림 P15.14

15(29). 4개의 점전하가 정사각형의 꼭짓점에 놓여 있다. 각 전하의 크기는 3.20 nC이고 정사각형 한 변의 길이는 2.00 cm이다. (a) 모든 전하들이 양전하인 경우와 (b) 3개는 양전하이고 하나는 음전하인 경우 정사각형 중심에서의 전기장의 크기를 구하라.

16(31). 같은 크기의 두 양전하가 사다리꼴의 반대쪽 꼭짓점에 놓여 있다(그림 P15.16). 점 P에서의 전기장의 크기와 방향을 수식으로 구하라.

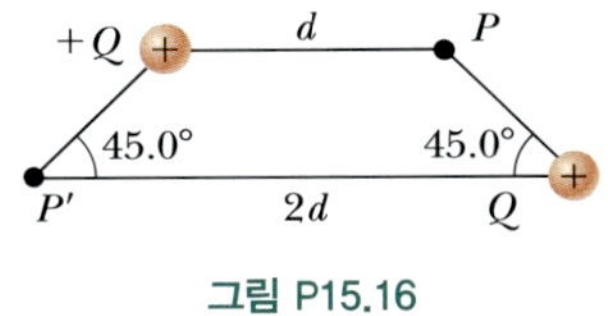

그림 P15.16

17(33). 같은 전하량($q = -5.0\,\mu$C)을 가진 세 전하가 반지름이 2.0 m인 원주 위에 그림 P15.17과 같이 각도 30°, 150°, 270° 위치에 놓여 있다. 원의 중심에 작용하는 합성 전기장을 구하라.

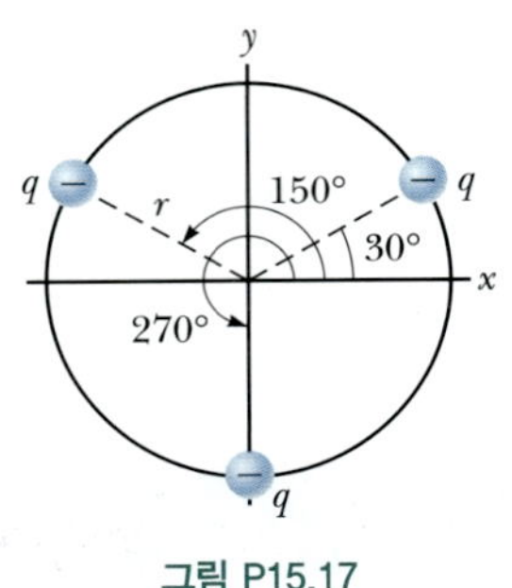

그림 P15.17

15.4 전기장선

15.5 정전 평형 상태의 도체

18(35). 그림 15.19를 참고하라. 속이 빈 원형 모양 도체의 가운데 구에 있는 전하의 크기는 5 μC이다. 그 전하가 (a) 그림 15.19a, (b) 그림 15.19b, (c) 그림 15.19c, (d) 그림 15.19d와 같이 있을 때 바깥 원형 도체의 안쪽 면과 바깥쪽 면에 분포된 전하의 크기와 부호를 구하라.

19(37). (a) 고립된 점전하($q > 0$) 주위의 전기장선을 그려라. (b) 크기가 $-2q$인 고립된 음전하 주위의 전기장선을 그려라.

20(39). 두 개의 점전하가 약간 떨어져 있다. (a) 그중 하나는 전하량이 다른 점전하의 네 배이고 두 전하가 모두 양전하인 경우, 두 전하에 의한 전기장선을 그려라. (b) 이 경우를 두 전하가 모두 음전하인 경우에 대하여 반복하라.

15.7 밴 더 그래프 발전기

21(41). 밴 더 그래프 발전기가 발전기 표면의 양성자가 바깥쪽 지름 방향으로 1.52×10^{12} m/s^{2}의 가속도로 가속되도록 충전되어 있다. (a) 이때 양성자가 받는 전기력과 (b) 발전기 표면의 전기장의 방향과 크기를 구하라.

22(43). 공기 중에서 전기장의 세기가 3.0×10^6 N/C이 넘으면 공기는 도체가 된다. 이 사실을 이용하여 반지름이 2.0 m인 금속 구가 축적할 수 있는 최대 전하량을 구하라.

15.8 전기선속과 가우스의 법칙

23(45). 점전하 q가 반지름이 a인 구 껍질의 중심에 놓여 있다. 구 껍질의 표면에는 $-q$의 전하가 균일하게 퍼져 있다. (a) 구 껍질 밖의 모든 위치와, (b) 중심에서 거리 r인 구 껍질 안에 있는 점에서의 전기장을 구하라.

24(47). 그림 15.27과 같이 구의 표면에는 3.00 nC의 전하가 있고 구의 중심에는 -2.00 nC의 전하가 존재한다고 가정해 보자. $a = 2.00$ m이고, $b = 2.40$ m일 때, (a) $r = 1.50$ m, (b)

$r = 2.20$ m, (c) $r = 2.50$ m 위치에서 전기장을 구하고, (d) 구의 전하 분포는 어떻게 되는지 설명하라.

25(49). 3.50 kN/C의 전기장이 x축을 따라 작용하고 있다. 변의 길이가 0.350 m와 0.700 m인 직사각형 평면을 지나는 전기선속을 (a) 평면이 yz면에 평행할 경우, (b) 평면이 xy면에 평행할 경우, (c) 평면이 y축을 포함하고 평면의 법선이 x축과 40.0°를 이룰 경우에 대하여 구하라.

26(51). 그림 P15.26과 같이, 네 개의 폐곡면 S_1, S_2, S_3, S_4와 $-2Q$, Q, $-Q$가 있다(색 선은 폐곡면과 지면과의 교차를 나타낸다). 각 면을 통과하는 전기선속을 구하라.

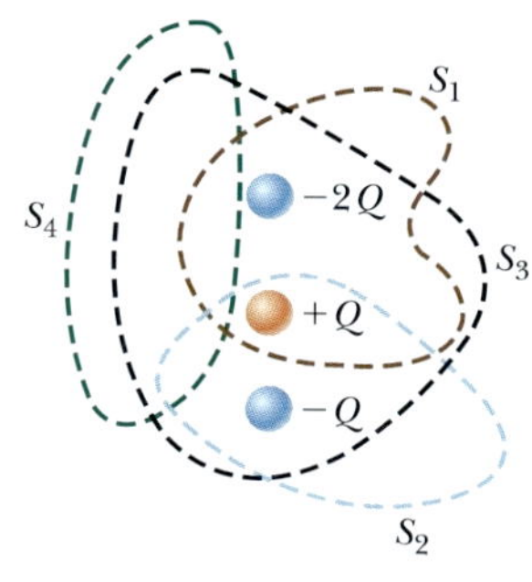

그림 P15.26

종합문제

27(55). 그림 P15.27과 같이 세 개의 점전하가 한 줄로 배열되어 있다. $x = +2.0$ m, $y = 0$인 곳에서의 전기장을 구하라.

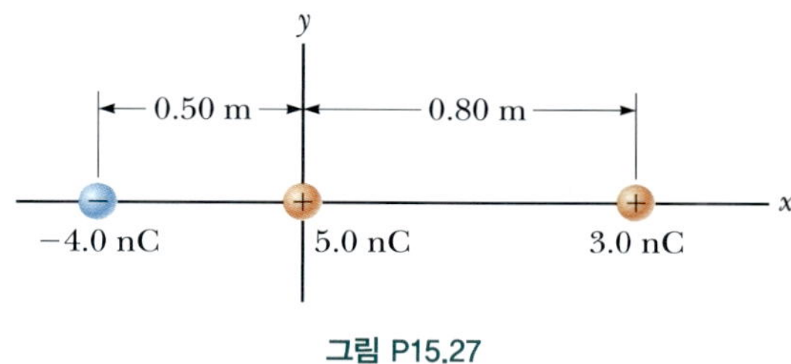

그림 P15.27

28(57). $v_0 = 1.50 \times 10^6$ m/s의 속력으로 움직이는 양성자가 크기가 $\sigma = 4.20 \times 10^{-9}$ C/m^{2}인 전하 밀도로 대전된 두 개의 평행판 사이의 영역으로 들어간다(그림 P15.28). 다음을 계산하라. (a) 두 판 사이의 전기장의 크기, (b) 양성자에 작용하는 전기력의 크기, (c) 양성자가 두 판의 끝에 도달했을 때의 y 방향 변위. 두 판의 수평 방향 거리는 $d = 2.00 \times 10^{-2}$ m이다. 양성자는 두 판 중 어느 하나에도 닿지 않는다고 가정하고 위 방향을 $+y$ 방향이라고 놓는다.

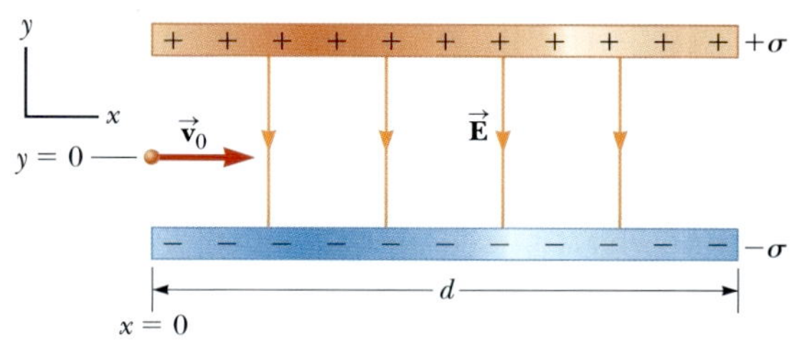

그림 P15.28

29(59). 우주 공간에서 반지름이 5.00 m인 두 구가 길이가 3.00×10^2 m인 부도체 줄로 연결되어 있다. 각 구에는 35.0 mC의 전하가 균일하게 분포되어 있다고 할 때 줄에 작용하는 장력을 구하라.

30(63). 질량이 2.0 g인 두 구가 10.0 cm의 가벼운 줄에 매달려 있다(그림 P15.30). 균일한 전기장이 x 방향으로 향하고 있다. 두 구가 갖고 있는 전하가 각각 -5.0×10^{-8} C과 $+5.0 \times 10^{-8}$ C이라면 두 구가 연직과 $\theta = 10°$의 각에서 평형을 이루게 하는 전기장의 세기를 구하라.

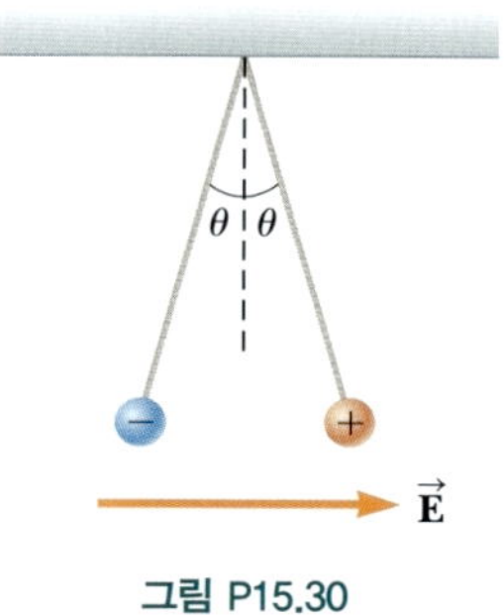

그림 P15.30

31(65). 그림 P15.31과 같이 점전하 $+2Q$가 원점에 있고, 점전하 $-Q$가 x축을 따라 $x = d$에 있다. y축을 따라 $y = d$에 위치한 세 번째 점전하 $+Q$에 작용하는 알짜힘의 성분에 대한 식을 구하라.

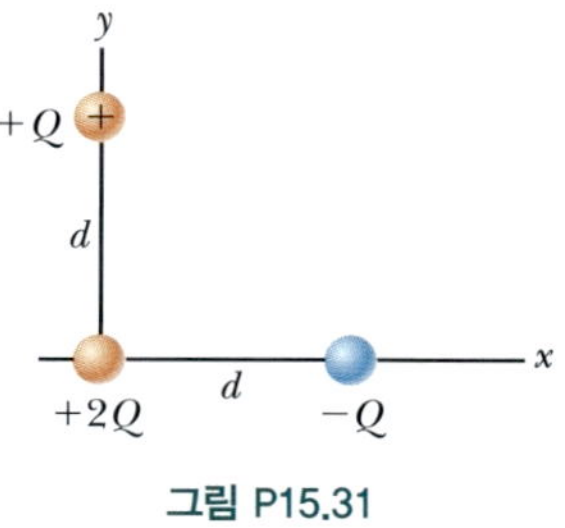

그림 P15.31

32(67). 입자 빔 속의 각 전자는 1.60×10^{-17} J의 운동에너지를 가진다. (a) 10.0 cm 거리에서 이 전자들을 멈추게 할 균일한 전기장(전자의 이동 방향을 향함)의 크기는 얼마인가? (b) 전자가 멈추는 데 걸리는 시간은 얼마인가? (c) 전자가 멈춘 후, 전자는 어떻게 되는가? 설명하라.

33(69). 반지름이 2.00 cm인 속이 찬 도체 구의 전하량은 8.00 μC이다. 내경이 4.00 cm, 외경이 5.00 cm인 도체 구 껍질은 속이 찬 도체 구와 동심이며 전하량은 −4.00 μC이다. 이 전하 배치의 중심으로부터 (a) $r = 1.00$ cm, (b) $r = 3.00$ cm, (c) $r = 4.50$ cm, (d) $r = 7.00$ cm 떨어진 지점에서의 전기장을 구하라.

전기에너지와 전기용량
Electrical Energy and Capacitance

CHAPTER 16

퍼텐셜 에너지에 대한 개념은 보존력인 중력 및 탄성력과 관련하여 5장에서 먼저 소개한 바 있다. 에너지 보존의 법칙을 사용하면 힘을 직접 다루지 않고도 문제를 해결할 수 있었다. 이 장에서는 퍼텐셜 에너지가 전기 분야에서도 유용하다는 것을 배운다. 쿨롱 힘은 보존력이기 때문에 그 힘에 해당하는 전기 퍼텐셜 에너지를 정의할 수 있다. 나아가 전기장에 상응하는 전위(단위 전하당 퍼텐셜 에너지)를 정의한다.

전위에 대한 개념을 가지고 커패시터라 불리는 회로 소자의 연구로부터 시작하여 전기 회로를 잘 이해할 수 있다. 이 간단한 장치들은 전기에너지를 저장하고 마이크로칩 위에 식각된 회로에서부터 핵융합 실험용 전원에 이르기까지 어느 곳에서나 사용된다.

16.1 전기 퍼텐셜 에너지와 전위
Electric Potential Energy and Electric Potential

전기 퍼텐셜 에너지와 전위는 밀접하게 관련된 개념이다. 전위는 바로 단위 전하당 전기 퍼텐셜 에너지라는 사실을 알게 될 것이다. 이 관계는 단위 전하가 받는 전기력인 전기장과 전기력 사이의 관계와 유사하다.

16.1.1 일과 전기 퍼텐셜 에너지 Work and Electric Potential Energy

물체에 작용하는 보존력 $\vec{\mathbf{F}}$가 한 일은 물체의 처음 위치와 나중 위치에만 관계되며, 두 지점 사이의 경로에는 무관하다는 5장의 내용을 상기하자. 이것은 퍼텐셜 에너지 함수 PE가 존재함을 의미한다. 앞서 보았듯이, 퍼텐셜 에너지는 스칼라양이며 퍼텐셜 에너지 변화는 정의에 따라 보존력이 한 일의 음의 값과 같다. 즉, $\Delta PE = PE_f - PE_i = -W_F$이다.

쿨롱의 법칙과 만유인력의 법칙은 $1/r^2$에 비례한다. 이 법칙들은 수학적 형태가 같고, 중력이 보존력이므로 **쿨롱의 힘 또한 보존력**이라는 결과가 된다. 중력과 같이 전기 퍼텐셜 에너지 함수는 이 힘과 연관될 수 있다.

이러한 생각을 더 정량화하기 위해 그림 16.1과 같이 균일한 전기장 $\vec{\mathbf{E}}$ 내의 점 A에 놓인 작은 양전하를 상상하자. 간단히 균일한 전기장과 일차원 상에서 전기장과 평행하게 움직이는 전하만 생각하자. 크기가 같고 부호가 반대인 대전된 평행판 사이의 전기장은 거의 균일한 장의 한 예이다(15장 참고). 전하가 전기장의 영향으로 A에서 B로 움직일 때 전기장 $\vec{\mathbf{E}}$가 전하에 한 일은 변위와 나란히 작용하는 전기력 $q\vec{\mathbf{E}}$의 성분과 변위 $\Delta x = x_f - x_i$를 곱한 것과 같다.

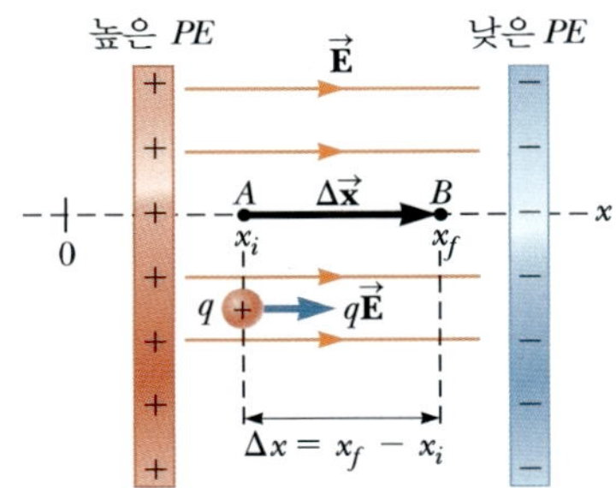

그림 16.1 전하 q가 균일한 전기장 $\vec{\mathbf{E}}$ 내에서 점 A로부터 B로 움직일 때 전기력이 전하에 한 일은 $qE_x\Delta x$이다.

$$W_{AB} = F_x \Delta x = qE_x(x_f - x_i)$$

이 표현식에서 q는 전하이고, E_x는 $\vec{\mathbf{E}}$의 x축 방향 벡터 성분이다($\vec{\mathbf{E}}$의 크기가 아니다). $\vec{\mathbf{E}}$의 크기와 달리 성분 E_x는 $\vec{\mathbf{E}}$의 방향에 따라 양 또는 음이 될 수 있다. 그림 16.1에서 E_x는 양이다. q나 E_x와 같이 변위는 방향에 따라 양 또는 음이 될 수 있음에 주의하라.

일차원에서 움직이는 전하에 전기장이 한 일에 대한 앞의 표현식은 양과 음전하에 대해 그리고 어느 방향에서나 일정한 전기장에 대해 타당하다. 각 변수가 올바른 부호로 대입될 때 자동적으로 올바른 부호가 생긴다. 어떤 책에서는 위의 표현 대신에 $W = qEd$가 사용되는데, 여기서 E는 전기장의 크기이고 d는 입자가 움직인 거리이다. 이 식의 취약점은 음의 전기장이 양전하에 한 일도, 양의 전기장이 음전하에 한 일도 수학적으로는 허용하지 않는다는 것이다. 그럼에도 불구하고 이 표현식은 기억하기 쉽고 크기를 구하는 데에 유용하다. 전기장에 평행하게 움직이는 전하에 일정한 전기장이 한 일의 크기는 항상 $|W| = |q|Ed$로 주어진다.

전기적 일의 정의를 일-에너지 정리에 대입할 수 있다(다른 힘은 없다고 가정한다).

$$W = qE_x \Delta x = \Delta KE$$

전기력은 보존력이므로 전기장이 한 일은 A와 B 사이의 경로에 관계없이 경로의 끝점들에만 의존한다. 그러므로 그림 16.1과 같이 전하가 오른쪽으로 가속될 때 전하는 운동에너지를 얻고, 같은 양의 퍼텐셜 에너지를 잃는다. **보존력이 한 일은 그 힘과 관련된 퍼텐셜 에너지 변화의 음의 값으로 재해석될 수 있다**는 5장의 내용을 상기하라. 이 같은 해석은 전기 퍼텐셜 에너지 변화에 대해서 다음의 정의를 이끌어낸다.

전기 퍼텐셜 에너지의 변화 ▶

균일한 전기장 $\vec{\mathbf{E}}$ 내에서 변위 Δx만큼 이동하는 전하 q로 이루어진 계의 전기 퍼텐셜 에너지 변화 ΔPE는

$$\Delta PE = -W_{AB} = -qE_x \Delta x \quad [16.1]$$

로 주어진다. 여기서 E_x는 전기장의 x성분이고 $\Delta x = x_f - x_i$는 x축을 따라 이동하는 전하의 변위이다.

SI 단위: 줄(J)

비록 퍼텐셜 에너지가 어떠한 전기장에 대해 정의될 수 있다 할지라도 **식 16.1은 균일한 전기장하에서 입자가 주어진 축(여기서는 x축)을 따라 변위하는 경우에만 타당하다.** 전기장은 보존적이기 때문에 퍼텐셜 에너지의 변화는 경로에 의존하지 않는다. 즉 전하가 변위하는 동안에 항상 축상에 유지되는지 아닌지는 중요하지 않다. 퍼텐셜 에너지의 변화는 같을 것이다. 다음 절에서 균일하지 않은 전기장에서의 상황을 고찰할 것이다.

그림 16.2에서 전기 퍼텐셜 에너지와 중력 퍼텐셜 에너지를 비교할 수 있다. 이 그림에서 전기장과 중력장이 모두 아랫방향을 향하고 있다. 전기장 내에서 양전하의 행

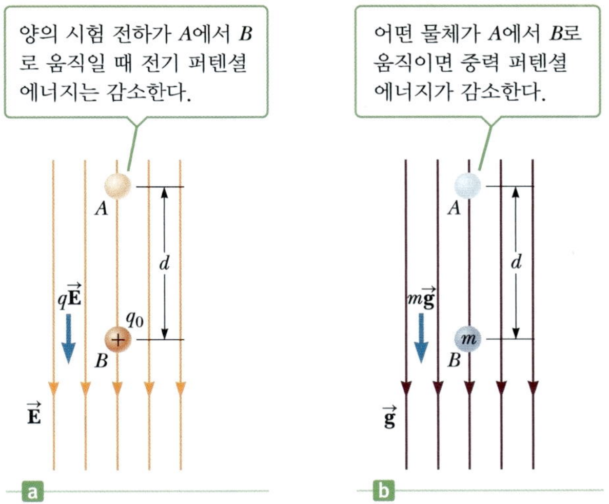

그림 16.2 (a) 전기장 $\vec{\mathbf{E}}$가 아랫방향을 향할 때 점 B는 A보다 더 낮은 전위에 있다. (b) 질량 m의 물체가 중력장 $\vec{\mathbf{g}}$의 방향으로 움직인다.

동은 중력장 내에 있는 질량과 매우 유사하다. 점 A에 있는 양전하는 마치 물체가 중력장의 방향으로 떨어지는 것처럼 전기장의 방향으로 떨어진다. 그림 16.2a와 16.2b 모두 점 B에서의 퍼텐셜 에너지를 영으로 놓는다. 에너지 보존으로부터 점 A에서 B로 떨어지는 양전하는 전기 퍼텐셜 에너지의 감소와 같은 크기의 운동에너지를 얻는다.

$$\Delta KE + \Delta PE_{\text{전기}} = \Delta KE + (0 - |q|Ed) = 0 \quad \rightarrow \quad \Delta KE = |q|Ed$$

q에 대한 절댓값 부호는 이 경우에 전하가 양이란 것을 명백히 하기 위함이다. 마찬가지로 그림 16.2b에서 물체는 중력 퍼텐셜 에너지의 감소와 같은 크기의 운동에너지를 얻는다.

$$\Delta KE + \Delta PE_{\text{중력}} = \Delta KE + (0 - mgd) = 0 \quad \rightarrow \quad \Delta KE = mgd$$

그러므로 양전하에 대해 전기 퍼텐셜 에너지는 중력 퍼텐셜 에너지처럼 일을 한다. 두 경우에서 물체가 장의 방향과 반대로 움직이면 퍼텐셜 에너지를 얻게 되고, 자유롭게 놓으면 퍼텐셜 에너지가 물체의 운동에너지로 변환된다.

한편 전기 퍼텐셜 에너지는 중력 퍼텐셜 에너지와 상당히 다른 점이 있다. 중력은 양의 '중력 전하'(즉, 질량)만 갖지만, 전기 퍼텐셜 에너지에는 양과 음의 두 종류의 전하가 있다. 그림 16.2a에서 점 A에 정지한 음으로 대전된 입자를 점 B에 도달시키기 위해서는 아래로 밀어야 할 것이다. 왜 그런지 알아보기 위해 점 A에 있는 정지한 음전하에 일–에너지 정리를 적용하고, 점 B에 도달할 때 속력 v를 가졌다고 가정한다.

$$W = \Delta KE + \Delta PE_{\text{전기}} = \left(\tfrac{1}{2}mv^2 - 0\right) + [0 - (-|q|Ed)]$$
$$W = \tfrac{1}{2}mv^2 + |q|Ed$$

양전하와 다르게 음전하 $-|q|$는 점 A로부터 B까지 움직일 때 전기 퍼텐셜 에너지가 양으로 변했다. 만일 음전하가 점 B에서 어떤 속력을 갖는다면 그 속력과 부합하는 운동에너지 또한 양이다. 일–에너지 방정식의 오른쪽 두 항이 양이기 때문에, 양의 일을 하지 않고 점 A로부터 B까지 음의 전하를 가져갈 방법이 없다. 사실 음전하가 단순하게 점 A에 놓인다면 음전하는 장의 방향과 반대인 위쪽으로 '떨어질' 것이다.

예제 16.1 전기장 내에서 퍼텐셜 에너지의 차이

목표 전기 퍼텐셜 에너지의 개념을 설명한다.

문제 양성자가 양의 $+x$ 방향을 향하는 1.50×10^3 N/C의 균일한 전기장 내 $x = -2.00$ cm인 곳에 정지 상태로 놓여 있다. **(a)** 양성자가 $x = 5.00$ cm에 도달할 때, 양성자와 관련된 전기 퍼텐셜 에너지의 변화를 계산하라. **(b)** 전자가 같은 위치에서 같은 방향으로 발사된다. 만약 전자가 $x = 12.0$ cm에 도달한다면 전자와 관련된 전기 퍼텐셜 에너지의 변화는 얼마인가? **(c)** 만일 전기장의 방향이 반대로 되고 전자가 $x = 3.00$ cm인 곳에 정지 상태로 놓였다면, 전자가 $x = 7.00$ cm에 도달할 때, 전기 퍼텐셜 에너지는 얼마나 변하는가?

전략 이 문제는 전기 퍼텐셜 에너지의 정의를 나타내는 식 16.1에 주어진 값을 간단히 대입한다.

풀이

(a) 양성자와 관련된 전기 퍼텐셜 에너지의 변화를 계산한다.

식 16.1을 적용한다.

$$\begin{aligned}\Delta PE &= -qE_x\,\Delta x = -qE_x(x_f - x_i)\\ &= -(1.60 \times 10^{-19}\ \text{C})(1.50 \times 10^3\ \text{N/C})\\ &\quad \times [0.050\,0\ \text{m} - (-0.020\,0\ \text{m})]\\ &= \boxed{-1.68 \times 10^{-17}\ \text{J}}\end{aligned}$$

(b) $x = -0.020\,0$ m에서 발사되어 $x = 0.120$ m에 도달한 전자와 관련된 전기 퍼텐셜 에너지의 변화를 구한다.

식 16.1을 적용하지만 이 경우에 전하 q가 음이라는 것에 주목한다.

$$\begin{aligned}\Delta PE &= -qE_x\,\Delta x = -qE_x(x_f - x_i)\\ &= -(-1.60 \times 10^{-19}\ \text{C})(1.50 \times 10^3\ \text{N/C})\\ &\quad \times [(0.120\ \text{m} - (-0.020\,0\ \text{m})]\\ &= \boxed{+3.36 \times 10^{-17}\ \text{J}}\end{aligned}$$

(c) 만일 전기장의 방향이 반대라면 $x = 3.00$ cm에서 $x = 7.00$ cm까지 움직이는 전자와 관련된 퍼텐셜 에너지의 변화를 구하여 값들을 대입한다. 그러나 전기장이 $-x$ 방향을 향하므로 음의 부호를 붙인다.

$$\begin{aligned}\Delta PE &= -qE_x\,\Delta x = -qE_x\,(x_f - x_i)\\ &= -(-1.60 \times 10^{-19}\ \text{C})(-1.50 \times 10^3\ \text{N/C})\\ &\quad \times (0.070\ \text{m} - 0.030\ \text{m})\\ &= \boxed{-9.60 \times 10^{-18}\ \text{J}}\end{aligned}$$

참고 양성자가 $+x$ 방향으로 움직였을 때 퍼텐셜 에너지를 잃은 반면에, 전자는 같은 방향으로 움직였을 때 퍼텐셜 에너지를 얻었음에 주목하라. 반대 방향의 전기장에서 퍼텐셜 에너지 변화를 구하는 것은 이 경우 총 세 가지의 값을 가져와서 음의 부호를 부여하는 문제에 불과하다.

16.1.2 전위 Electric Potential

15장에서 전기장 $\vec{\mathbf{E}}$를 전기력 $\vec{\mathbf{F}} = q\vec{\mathbf{E}}$와 관련해서 정의하였다. 정의를 이용하여 고정된 전하들의 성질을 공부할 수 있었고, 전기장 내에서 입자에 작용하는 힘은 입자의 전하 q를 곱해 간단하게 얻을 수 있었다. 같은 이유로 전기 퍼텐셜 에너지 $\Delta PE = q\Delta V$와 관련하여 전위차 ΔV를 정의하는 것이 편리하다.

점 A와 B 사이의 전위차 ΔV는 전하 q를 A에서 B로 이동할 때, 전기 퍼텐셜 에너지의 변화를 전하 q로 나눈 것이다.

두 점 사이의 전위차 ►

$$\Delta V = V_B - V_A = \frac{\Delta PE}{q} \qquad [16.2]$$

SI 단위: 줄/쿨롱 또는 볼트(J/C 또는 V)

비록 대부분의 경우에 계의 퍼텐셜 에너지의 변화를 계산해야 하지만 이 정의는 아주 일반적이다. 전기 퍼텐셜 에너지는 스칼라양이기 때문에 **전위 또한 스칼라양**이다. 식 16.2로부터 전위차가 단위 전하당 전기 퍼텐셜 에너지의 변화의 정도라는 것을 알 수 있다. 바꾸어 말하자면 전위차는 전기장 내에서 단위 전하를 A에서 B까지 이동시키기 위해 어떤 힘이 한 일이다. 전위의 SI 단위는 J/C이며, 이를 볼트(V)라 한다. 이 단위의 정의로부터 1 C의 전하를 전위차가 1 V인 두 점 사이에서 이동시키려면 1 J의 일을 해야 한다. 1 V의 전위차를 이동하는 과정에서 1 C의 전하는 1 J의 에너지를 얻는다.

대전된 평행판 사이에서와 같은 균일한 전기장과 같은 특별한 경우에 대해 식 16.1을 q로 나누면

$$\frac{\Delta PE}{q} = -E_x \Delta x$$

가 된다. 이 식을 식 16.2와 비교하면 다음과 같다.

$$\Delta V = -E_x \Delta x \qquad [16.3]$$

Tip 16.1 전위와 전기 퍼텐셜 에너지

전위는 전기장에 놓일지도 모르는 시험 전하와는 관계없이 독립된 전기장의 특성이다. 반면에 전기 퍼텐셜 에너지는 전기장과 전기장에 놓인 전하 사이의 상호작용에 기인하는 전하–전기장 계의 특성이다.

식 16.3은 전위차 역시 전기장과 거리 단위의 곱으로 나타낼 수 있음을 의미한다. 전기장의 SI 단위인 N/C은 V/m로 표현될 수 있음을 알 수 있다.

$$1\ \text{N/C} = 1\ \text{V/m}$$

식 16.3은 식 16.1과 직접적으로 관련되어 있기 때문에, 균일한 전기장으로 이루어진 계와 일차원에서 움직이는 전하에 대해서만 타당함을 기억하라.

양전하를 정지 상태에서 놓으면 높은 퍼텐셜 에너지 영역에서 낮은 퍼텐셜 에너지 영역으로 자발적으로 가속된다. 만약 양전하가 높은 퍼텐셜 에너지 방향으로 처음 속도가 주어지면, 전하는 중력장에서 위로 던져진 공처럼 그 방향으로 움직일 수 있지만 속도가 줄어 결국은 되돌아올 것이다. 음전하는 정확하게 반대로 행동한다. 음전하가 정지 상태로 놓이면 낮은 퍼텐셜 에너지 영역에서 높은 퍼텐셜 에너지 영역을 향하여 가속한다. 음전하를 더 낮은 전위의 방향으로 보내기 위해서는 음전하에 일을 해 주어야 한다.

응용

자동차 배터리

대부분의 자동차나 트럭은 전조등(헤드라이트)이나 실내등 및 여러 가지 회로 등에 12 V 배터리를 사용한다. 배터리의 +극은 차체에 연결된 −극보다 전위가 12 V 더 높다. 차체의 전위가 0볼트가 되게 하기 위해 −극을 차체에 연결하는 것이다. 차의 전조등 및 다른 장치에 전력을 공급하기 위해 사용되는 양전하의 이동에 대해 살펴보자. 배터리의 −극에서 시작하여 전하는 0 V인 배터리 내의 −극에서 12 V의 +극으로 이동하면서 1쿨롱의 전하당 12 J의 에너지를 얻는다. 이 전하는 차내 회로를 통과하여 에너지를 전조등 및 다른 장치에 전달하면서 전위가 낮아진다. 그 전하가 −단자에 도달하면 전위는 다시 영이 된다. 이 과정은 전조등이 꺼지거나 0 V의 전하가 12 V의 전위에 도달하기 위한 에너지가 다 없어질 때까지 반복된다. 가솔린이나 디젤엔진의 경우, 배터리는 엔진에 달린 발전기를 통해 지속적으로 충전된다. 전기 자동차의 경우, 12 V 배터리는 전기차 구동용 고전압 배터리가 충전해 준다.

예제 16.2 텔레비전관과 입자 가속기

목표 전위를 전기장과 에너지의 보존에 관련시킨다.

문제 입자 가속기(사이클로트론과 선형 가속기로 알려진)에서 대전된 입자가 텔레비전관에서 가속되는 것과 똑같은 방식으로 전위차로 인하여 가속된다. 그림 16.3에서처럼 5.00 cm 떨어진 두 판 사이에 양성자가 속력 1.00×10^6 m/s로 주입되었다고 하자. 결국 양성자는 틈 사이를 가속해 열린 곳을 통하여 나간다. **(a)** 만약 탈출 속력이 3.00×10^6 m/s라면 전위차는 얼마나 되는가? **(b)** 판 사이의 전기장이 균일하다고 가정하면, 전기장의 크기는 얼마인가? 오른쪽을 $+x$ 방향으로 정한다.

전략 **(a)** 에너지의 보존을 사용한다. 퍼텐셜 에너지 변화를 전위 변화 ΔV 항으로 쓰고 ΔV에 대해서 푼다. **(b)** 식 16.3을 전기장에 대해 푼다.

풀이

(a) 양성자가 탈출 속력을 갖는 데 필요한 전위차를 구한다.

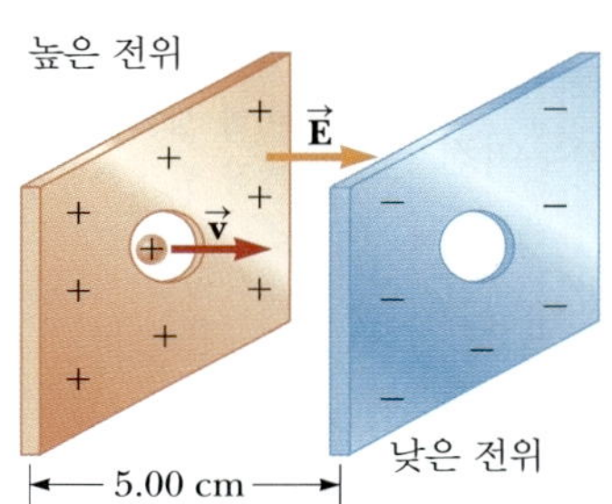

그림 16.3 (예제 16.2) 양성자가 구멍으로 들어간다. 그리고 대전된 판에서 전기장 $\vec{\mathbf{E}}$ 내의 다른 판을 향해 가속된다.

퍼텐셜 에너지를 전위로 나타내고 에너지의 보존을 적용한다.

$$\Delta KE + \Delta PE = \Delta KE + q\,\Delta V = 0$$

에너지의 식을 전위 변화에 대해 푼다.

$$\Delta V = -\frac{\Delta KE}{q} = -\frac{\frac{1}{2}m_p v_f^2 - \frac{1}{2}m_p v_i^2}{q} = -\frac{m_p}{2q}(v_f^2 - v_i^2)$$

주어진 값들을 대입하여 필요한 전위차를 구한다.

$$\Delta V = -\frac{(1.67 \times 10^{-27}\ \text{kg})}{2(1.60 \times 10^{-19}\ \text{C})}[(3.00 \times 10^6\ \text{m/s})^2 - (1.00 \times 10^6\ \text{m/s})^2]$$

$$\Delta V = \boxed{-4.18 \times 10^4\ \text{V}}$$

(b) 판 사이에 존재하는 전기장을 구한다.

식 16.3을 전기장에 대해 풀고 대입한다.

$$E = -\frac{\Delta V}{\Delta x} = \frac{4.18 \times 10^4\ \text{V}}{0.050\ 0\ \text{m}} = \boxed{8.36 \times 10^5\ \text{N/C}}$$

참고 양과 음으로 대전된 구멍 뚫린 판들이 교대로 정렬되어, 타깃과 정면충돌하기 직전에 대전 입자를 큰 속력으로 가속하는 데 사용된다. 양으로 대전된 입자가 구멍이 뚫린 음의 판을 통과한 후 감속을 방지하기 위해 음의 판은 역으로 대전된다. 만일 그렇지 않으면 입자는 다음 구간에서 음극판으로부터 양극판으로 운동하게 될 것이고, 얻었던 운동에너지를 잃게 될 것이다.

16.2 점전하에 의한 전위와 전기 퍼텐셜 에너지

Electric Potential and Potential Energy of Point Charges

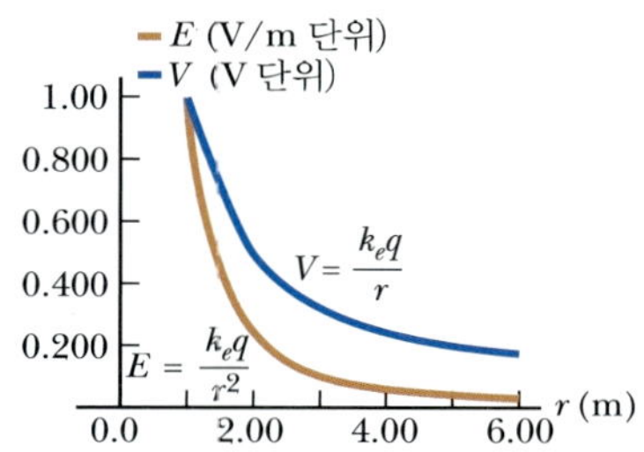

그림 16.4 점전하 1.11×10^{-10} C으로부터 거리에 따른 전기장과 전위. V는 $1/r$에 비례하고 E는 $1/r^2$에 비례함을 주목하라.

전기 회로에서 전위가 영인 점은 회로상에 접지(지면과 연결)된 점으로 정의한다. 예를 들어, 12 V 배터리의 음극 단자가 지면에 연결되어 있다면 전위가 영이라고 생각할 수 있다. 반면에 양극 단자는 +12 V의 전위를 갖는다. 배터리에 의해 생성된 전위차는 회로 전체가 아니라, 특정 구간(국소적인 영역)에서만 의미를 가진다. 이 절에서 우리는 공간 전체에 걸쳐 정의되는 점전하의 전위를 설명한다.

점전하에 의한 전기장이 공간에 퍼지듯이 전위 또한 그렇다. 전위가 영인 점은 어느 곳이든지 될 수 있다. 하지만 보통 전하 자신과 다른 전하의 영향으로부터 먼 무한한 거리를 택한다. 따라서 점전하 q로부터 임의의 거리 r만큼 떨어진 곳의 전위는 식 16.4와 같이 나타낼 수 있다.

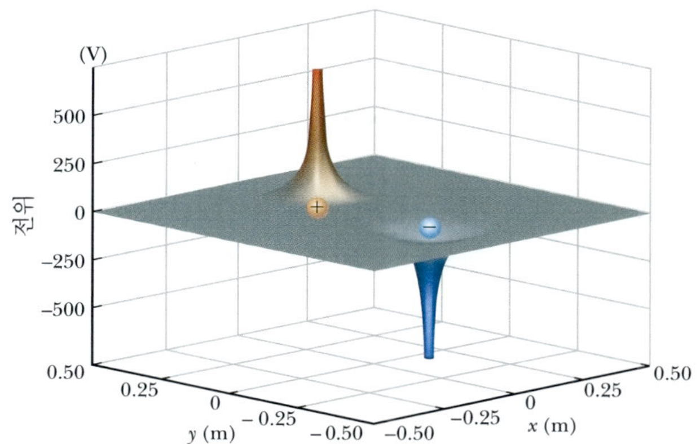

그림 16.5 평면에 놓여 있는 전기 쌍극자에 의한 전위. 전위가 세로축에 표시되어 있다.

$$V = k_e \frac{q}{r} \qquad [16.4]$$

◀ 점전하에 의한 전기 퍼텐셜 에너지

식 16.4는 전위(시험 전하를 무한한 거리로부터 양의 점전하 q에서 거리 r만큼 떨어진 곳까지 이동하는 데 필요한 단위 전하당 일)로 양의 시험 전하가 q에 가까울수록 증가한다. 식 16.4를 그린 그림 16.4는 점전하에 의한 전위가 거리 r이 증가함에 따라 $1/r$로 감소함을 나타낸다. 대조적으로 전하에 의한 전기장의 크기는 거리 r이 증가함에 따라 $1/r^2$로 감소한다.

◀ 중첩의 원리

둘 또는 그 이상의 전하에 의한 전위는 **중첩의 원리**(superposition principle)를 적용하여 얻는다. **여러 전하에 의한 어느 한 점 P에서의 전위는 각각의 전하에 의한 전위의 대수합이다.** 이 방법은 공간 내 한 점에서의 합성 전기장을 구하기 위해 15장에서 사용한 것과 유사하다. 벡터의 합을 사용하는 전기장의 중첩과 달리 전위의 중첩은 스칼라의 합으로 값을 구한다. 결국 여러 전하에 의한 어느 한 점에서의 전위를 계산하는 것이 벡터양인 전기장을 계산하는 것보다 훨씬 더 쉽다.

그림 16.5는 크기가 같고 부호가 반대인 두 전하로 구성된 전기 쌍극자에 의한 전위를 보여 준다. 이 구성에서 ±1 nC의 두 전하들이 y축 위에 중심을 두고 있으며, 서로 0.40 m 떨어져 있다. 임의의 점에서 이 두 전하에 의해 생기는 전위는 각각의 전하에 의한 전위의 대수합이다.

균일한 전기장의 경우에서와 같이, 전위와 전기 퍼텐셜 에너지 사이에는 어떤 관계가 있다. V_1이 전하 q_1에 의한 점 P(그림 16.6a)에서의 전위라면, 전하 q_2를 무한대에서 점 P까지 가속 없이 가져오는 데 필요한 일은 q_2V_1이다. 정의에 의해 이 일은 입자들이 거리 r만큼 떨어져 있을 때 두 입자계의 전기 퍼텐셜 에너지 PE와 같다(그림 16.6b).

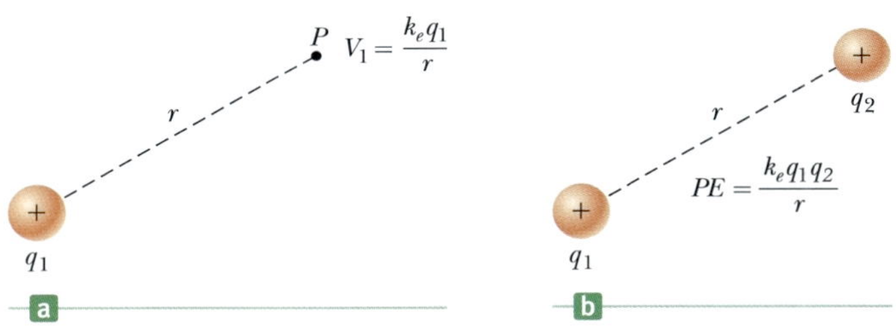

그림 16.6 (a) 점전하 q_1에 의한 점 P에서의 전위 V_1은 $V_1 = k_e q_1/r$이다. (b) 두 번째 전하 q_2를 무한대에서 점 P로 가져올 때, 전하 쌍의 퍼텐셜 에너지는 $PE = k_e q_1 q_2/r$이다.

그러므로 전하 쌍의 전기 퍼텐셜 에너지를 다음의 식으로 표현할 수 있다.

전하 쌍의 퍼텐셜 에너지 ▶

$$PE = q_2 V_1 = k_e \frac{q_1 q_2}{r} \quad [16.5]$$

만일 전하들이 부호가 같다면 PE는 양이다. 같은 부호의 전하들은 서로 밀어내기 때문에 두 전하를 가까이하기 위해서는 외부에서 계에 양의 일을 해 주어야 한다. 역으로 전하들이 부호가 반대이면 인력이 작용하고 PE는 음이다. 이것은 서로 다른 부호의 전하들을 가까이 가져갈 때, 서로를 향하여 가속되지 않게 하기 위해 음의 일이 행해져야 함을 의미한다.

예제 16.3 전위 구하기

목표 점전하 계에 의한 전위를 계산한다.

문제 5.00 μC의 점전하가 원점에 있고, 점전하 $q_2 = -2.00$ μC이 그림 16.7과 같이 x축 위 (3.00, 0) m인 곳에 있다. **(a)** 무한대에서의 전위가 0이라면 좌표 (0, 4.00) m인 점 P에서의 이들 전하에 의한 전체 전위를 구하라. **(b)** 4.00 μC의 점전하를 무한히 먼 곳으로부터 점 P까지 가져오는 데 필요한 일은 얼마인가?

전략 **(a)**는 각 전하에 의한 점 P에서의 전위는 $V = k_e q/r$로 계산할 수 있다. 점 P에서의 전체 전위는 이들 두 수의 합이다. **(b)**는 식 16.5와 함께 일–에너지 정리를 사용한다. 무한대에서의 전위를 영으로 택했음을 상기하라.

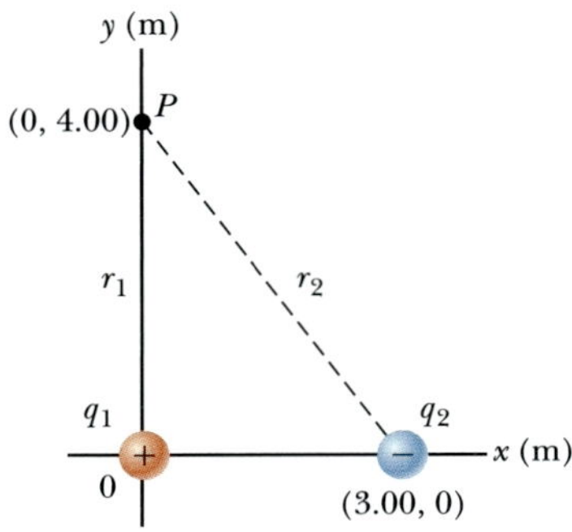

그림 16.7 (예제 16.3) 점전하 q_1과 q_2에 의한 점 P에서의 전위는 각 전하에 의한 전위의 대수합이다.

풀이

(a) 점 P에서의 전위를 구한다.

5.00 μC의 전하에 의한 점 P에서의 전위를 계산한다.

$$V_1 = k_e \frac{q_1}{r_1} = \left(8.99 \times 10^9 \frac{\mathrm{N \cdot m^2}}{\mathrm{C^2}}\right)\left(\frac{5.00 \times 10^{-6}\ \mathrm{C}}{4.00\ \mathrm{m}}\right)$$
$$= 1.12 \times 10^4\ \mathrm{V}$$

−2.00 μC의 전하에 의한 점 P에서의 전위를 구한다.

$$V_2 = k_e \frac{q_2}{r_2} = \left(8.99 \times 10^9 \frac{\mathrm{N \cdot m^2}}{\mathrm{C^2}}\right)\left(\frac{-2.00 \times 10^{-6}\ \mathrm{C}}{5.00\ \mathrm{m}}\right)$$
$$= -0.360 \times 10^4\ \mathrm{V}$$

점 P에서의 전체 전위를 구하기 위하여 두 값을 합한다.

$$V_P = V_1 + V_2 = 1.12 \times 10^4\ \mathrm{V} + (-0.360 \times 10^4\ \mathrm{V})$$
$$= 7.60 \times 10^3\ \mathrm{V}$$

(b) 4.00 μC의 전하를 무한대에서 점 P까지 가져오는 데 필요한 일을 구한다.

식 16.5와 함께 일–에너지 정리를 적용한다.

$$W = \Delta PE = q_3\,\Delta V = q_3(V_P - V_\infty)$$
$$= (4.00 \times 10^{-6}\ \mathrm{C})(7.60 \times 10^3\ \mathrm{V} - 0)$$
$$W = 3.04 \times 10^{-2}\ \mathrm{J}$$

참고 벡터 덧셈이 요구되는 전기장과 달리 여러 점전하에 의한 전위는 스칼라의 일반적인 덧셈으로 구할 수 있다. 더군다나 전하를 이동시키는 데 필요한 일은 전기 퍼텐셜 에너지의 변화와 같다. 입자가 정지 상태에서 출발하여 정지 상태로 끝나기 때문에, 입자를 이동시키는 데 한 일과 전기장이 한 일을 더한 합은 영이다($W_{기타} + W_{전기장} = 0$). 그러므로 $W_{기타} = -W_{전기장} = \Delta U_{전기장} = q\Delta V$이다.

16.3 전위, 대전된 도체, 등전위면
Potentials, Charged Conductors, and Equipotential Surfaces

16.3.1 전위와 대전된 도체 Potentials and Charged Conductors

대전된 도체 위 모든 점에서의 전위는 식 16.1과 식 16.2를 결합하여 얻을 수 있다. 식 16.1로부터 전기력이 전하에 한 일은 다음과 같이 전하의 전기 퍼텐셜 에너지의 변화와 관계되어 있다는 것을 알 수 있다.

$$W = -\Delta PE$$

식 16.2로부터 두 점 A와 B 사이의 전기 퍼텐셜 에너지 변화는 이들 점 사이의 전위차와 다음과 같은 관계가 있음을 알 수 있다.

$$\Delta PE = q(V_B - V_A)$$

이들 두 식을 결합하면 다음과 같이 된다.

$$W = -q(V_B - V_A) \qquad \textbf{[16.6]}$$

이 식을 사용하면 다음과 같은 일반적인 결과를 얻을 수 있다. **같은 전위에 있는 두 점 사이로 전하를 이동시키는 데에는 어떤 알짜일도 필요하지 않다.** 수학적으로 이 결과는 $V_B = V_A$일 때마다 $W = 0$임을 나타낸다.

15장에서 도체가 정전기적 평형 상태에 있을 때, 그곳에 놓인 알짜 전하는 모두 도체의 표면에 있다는 것을 배웠다. 더 나아가 정전기적 평형 상태에서 대전된 도체의 표면 바로 바깥쪽의 전기장은 표면에 수직이고 도체 내부의 전기장이 영임을 증명했다. 이제 **정전기적 평형 상태에서 대전된 도체 표면 위 모든 점은 같은 전위에 있음**을 증명해 보자.

그림 16.8과 같이 대전된 도체 위 임의의 점 A와 B를 연결하는 표면 경로를 생각하자. 도체 위의 전하들은 서로 평형 상태에 있다고 가정했으므로, 어떤 전하도 이동하지 않는다. 이 경우에 전기장 $\vec{\mathbf{E}}$는 항상 이 경로에 따른 변위에 수직이다. 이렇게 되어야 하는 이유는 표면에 접선인 전기장의 일부가 전하를 움직이게 하기 때문이다. 전기장 $\vec{\mathbf{E}}$가 경로에 수직이기 때문에, 전하가 주어진 두 점 사이로 이동한다면 전기장에 의해 한 일은 없다. 식 16.6으로부터 한 일이 영이면 전위차인 $V_B - V_A$ 또한 영임을 알 수 있다. 결과적으로 **전위는 평형 상태에 있는 대전된 도체의 표면 어느 곳에서나 같다.** 더 나아가 도체 내부의 전기장이 영이기 때문에, 전하를 도체 내부 두 점 사이를 이동시키는 데에는 일이 필요치 않다. 다시 말하면 식 16.6은 한 일이 영이라면, 도체 내 임의 두 점 사이의 전위차 역시 영이 되어야 한다는 것을 보여 준다. 전위가 도체 내부 어느 곳에서나 일정하다는 결론을 얻을 수 있다.

마지막으로 도체 내부의 점들 중 하나가 도체 표면에 아주 가까이 있을 수 있기 때문에, **도체 내부의 어느 곳에서나 전위는 일정하고 도체 표면에서의 값과 같은 값을 갖는다**고 결론을 내릴 수 있다. 결과적으로 대전된 도체 내부에서 도체의 표면까지 전하를 이동시키는 데 어떠한 일도 필요하지 않다(비록 내부의 전기장이 영이라 할지라도 도

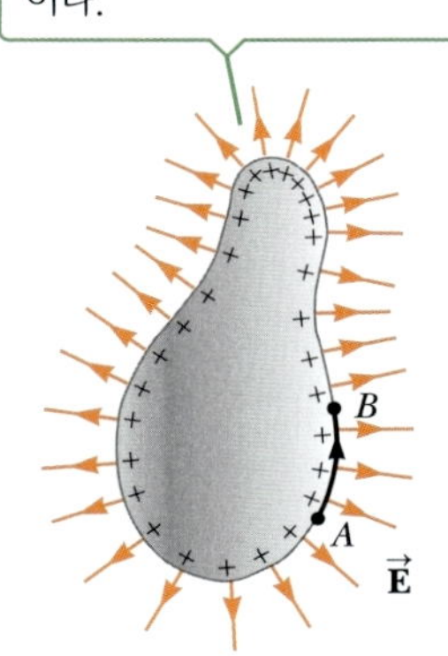

그림 16.8 여분의 양전하를 갖는 임의의 모양의 도체. 도체가 정전기적 평형 상태에 있을 때 모든 전하는 표면에 존재하며, 도체 내에서 $\vec{\mathbf{E}} = 0$이고 도체 바로 밖의 전기장은 도체 표면에 수직이다. 전위는 도체 내부에서 일정하며 도체 표면에서의 전위와 같다.

체 내부의 전위가 반드시 영일 필요가 없다는 것을 인식하는 것이 중요하다).

전자볼트

원자나 핵물리학에서 일반적으로 사용되는 적합한 에너지의 단위는 전자볼트(eV)이다. 예를 들어, 보통 원자 내 전자들은 전형적으로 수십 eV의 에너지를 갖는다. X선을 방출하는 원자 내 여기 전자들은 수천 eV의 에너지를 가지며, 핵으로부터 방출되는 고에너지 감마선(전자기파)은 수백만 eV의 에너지를 갖는다.

전자볼트의 정의 ▶

전자볼트(electron volt)는 전자가 1 V의 전위차를 통하여 가속될 때 얻는 운동에너지로 정의한다.

1 V = 1 J/C이고 전자의 전하량이 1.60×10^{-19} C이기 때문에 전자볼트는 줄(J)과 다음과 같은 관계에 있다.

$$1 \text{ eV} = 1.60 \times 10^{-19} \text{ C} \cdot \text{V} = 1.60 \times 10^{-19} \text{ J} \qquad [16.7]$$

16.3.2 등전위면 Equipotential Surfaces

모든 점들이 같은 전위에 있는 면을 **등전위면**(equipotential surfaces)이라고 한다. 등전위면 위의 임의의 두 점 사이의 전위차는 영이다. 그러므로 **등전위면 위에서 전하를 일정한 속력으로 이동시키는 데는 일이 필요하지 않다.**

등전위면은 전기장과 간단한 관계를 갖는다. **등전위면의 모든 점에서 전기장은 표면에 수직이다.** 만일 전기장 $\vec{\mathbf{E}}$가 표면에 평행한 성분을 가졌다면, 그 성분은 표면에 놓인 전하에 전기력을 생성한다. 이 힘은 등전위면의 정의에 반하여, 전하가 한 점에서 다른 점으로 움직이도록 전하에 일을 하게 한다.

등전위면은 등전위 등고선을 그려서 나타낼 수 있다. 이는 그림 평면과 등전위면들의 교차점에 대한 이차원 그림이다. 이들 등전위 등고선을 일반적으로 간단하게 **등전위선(면)**(equipotentials)이라고 한다. 그림 16.9a는 양전하와 관련된 등전위선(하늘색)을 나타낸 것이다. 등전위선이 모든 점에서 전기장선(주황색)에 수직임을 유의하

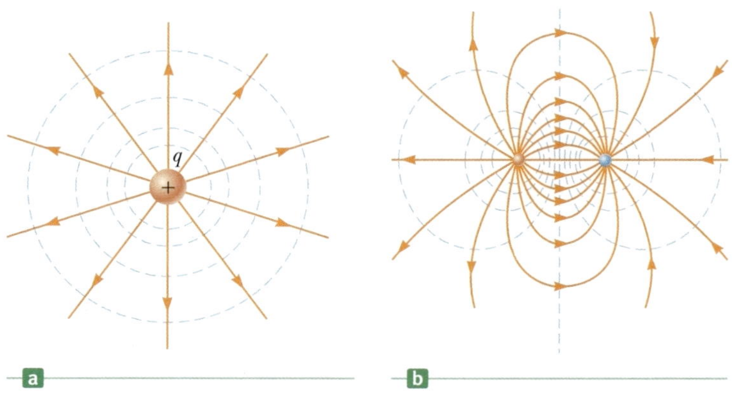

그림 16.9 등전위선(하늘색 점선)과 전기장선(주황색 실선). (a) 양의 점전하, (b) 크기가 같고 부호가 반대인 두 점전하. 모든 경우에 등전위선과 전기장선은 모든 점에서 수직이다.

라. 그리고 점전하 q에 의한 전위는 $V = k_e q/r$로 주어짐을 상기하라. 이 관계는 하나의 점전하에 대해 r이 일정한 임의의 표면에서 전위가 일정함을 나타낸다. 결과적으로 점전하에 의한 등전위선(면)들은 점전하를 중심으로 하는 동심 구이다. 그림 16.9b는 크기가 같고 부호가 반대인 두 전하에 의한 등전위선(면)을 나타낸다.

16.4 응용 Applications

16.4.1 정전 집진기 The Electrostatic Precipitator

응용
정전 집진기

기체 내에서 전기 방전의 중요한 응용 예로 정전 집진기가 있다. 이 장치는 연소 기체로부터 미립 물질을 제거하여 공기 오염을 줄인다. 정전 집진기는 석탄을 태우는 발전소와 많은 양의 매연을 발생시키는 공장에 특히 유용하다. 최근에 운용 중인 시스템은 매연으로부터 90%의 질량에 달하는 재와 먼지를 제거할 수 있다. 불행히도 보다 가벼운 입자들 중 상당히 높은 비율이 여전히 빠져나가 매연과 안개의 원인이 된다.

그림 16.10은 정전 집진기의 기본 구조이다. 높은 전압(보통 40~100 kV까지)이 도관 중심에 매달린 전선과 접지된 바깥쪽 벽 사이에 걸린다. 전선은 벽에 대해 음의 전위로 유지되며, 따라서 전기장은 전선 쪽으로 향한다. 전선 근처의 전기장은 선 주위에서 방전을 일으키기에 충분히 높은 전압에 도달해서 양이온, 전자, O_2^-와 같은 음이온을 형성한다. 전자와 음이온은 균일하지 않은 전기장에 의해 바깥쪽 벽을 향해 가속된다. 흐르는 기체에 있는 먼지 입자는 충돌과 이온 포획에 의해 대전된다. 대전된 먼지 입자의 대부분은 음전하이기 때문에 전기장에 의해 바깥쪽 벽으로 끌린다. 도관이 흔들리면, 입자들이 떨어져 유리되고 바닥에 모이게 된다.

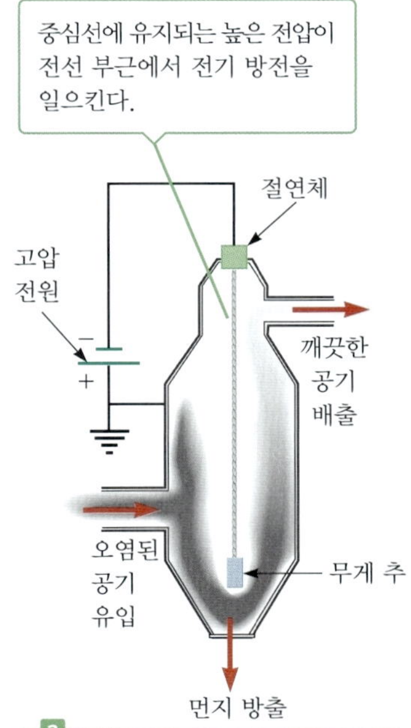

집진기가 작동 중일 때

b

Photographs courtesy of Tenova Mining & Minerals

집진기가 작동하지 않을 때

c

Photographs courtesy of Tenova Mining & Minerals

그림 16.10 (a) 정전 집진기의 개략도. 집진기가 (b) 작동할 때와 (c) 작동하지 않을 때의 공기 오염을 비교해 보라.

정전 집진기는 유해한 기체와 대기 중의 분진의 양을 줄이는 것 외에 굴뚝에서 귀중한 금속 산화물을 회수하는 데도 쓰인다.

응용
정전 공기 정화기

유사한 장치로 정전 공기 정화기가 알레르기로 고통을 받는 사람들의 불편을 경감하기 위해 가정에서 사용된다. 먼지와 꽃가루로 가득 찬 공기가 양으로 대전된 그물망을 가로질러 장치 속으로 끌려 들어간다. 공중에 있는 입자들이 그물망과 접촉하면 양으로 대전되고, 이들은 두 번째 음으로 대전된 그물망을 통과한다. 공기 중에 양으로 대전된 입자와 음으로 대전된 망 사이의 정전기적 인력이 입자들을 망의 표면 위로 밀어 떨어지게 하며, 공기 흐름으로부터 오염물의 상당한 비율을 제거한다.

응용
복사기

16.4.2 복사기와 레이저 프린터 Xerography and Laser Printers

복사기는 인쇄물을 사진처럼 복사하는 데 널리 사용된다. 이 과정의 기본적인 아이디어는 칼슨(Chester Carlson)에 의해 개발되었고, 그는 1940년에 이 발명에 대한 특허를 받았다. 1947년에 제록스 회사는 칼슨 방법을 이용하여 자동화된 복사기를 개발하는 전면적인 프로그램에 착수했다. 이 개발은 큰 성공을 이루어 오늘날 모든 사무실과 도서관은 실제로 하나 이상의 복사기를 갖고 있으며, 이들 기계의 성능은 지속적으로 발전하고 있다.

복사 과정에서 몇몇 특징은 정전기학과 광학에서의 기본 개념을 바탕으로 하고 있다. 그러나 복사의 특별한 아이디어는 광전도 물질을 사용하여 상을 형성한다는 것이다. 광전도체는 어두운 곳에서는 전기가 잘 통하지 않으나, 빛에 노출되면 전기가 잘 통한다.

그림 16.11은 복사기의 작동 과정을 단계별로 설명한 것이다. 먼저 판이나 드럼통 표면은 광전도 물질(보통 셀레늄이나 셀레늄의 화합물)인 얇은 막으로 덮여 있어, 광전도 면이 어두운 곳에서 양의 정전하를 띠도록 한다(그림 16.11a). 그 다음에 복사될 페이지가 대전된 표면 위에서 투사된다(그림 16.11b). 광전도 면은 빛이 부딪친 영역만 전도되므로, 빛이 광전도체 내에 전하 운반자를 생산하여 양으로 대전된 표면을 중화시킨다. 전하들은 빛에 노출되지 않은 광전도체 영역에 양의 표면 전하 형태로 분포

그림 16.11 전자 복사 과정. (a) 광전도 표면이 양으로 대전된다. (b) 광원과 렌즈를 사용하여 감춰진 영상이 양전하의 형태로 대전된 표면에 형성된다. (c) 영상을 포함한 표면에 음으로 대전된 분말을 뿌리면 영상 영역에만 붙는다. (d) 종이가 표면 위에 놓여 있고 전하가 주어진다. 이 전하가 종이에 영상을 옮기고 이어서 분말이 고정되도록 가열한다. (e) 레이저 프린터 드럼 위의 상은 레이저 빔이 셀레늄 코팅된 드럼을 빠르게 지나가는 동안 켰다 껐다 하면서 만든다.

하여 물체의 숨겨진 영상을 간직한 채 남아 있다.

그 다음에 음으로 대전된 분말가루 토너가 광전도 표면 위에 뿌려진다(그림 16.11c). 대전된 분말은 양으로 대전된 영상을 포함하는 영역에만 붙는다. 여기서 영상이 보이게 된다. 그러면 이것이 양으로 대전된 종이 표면으로 전달된다. 마지막으로 토너는 열에 의하여 종이의 표면(그림 16.11d)에 '고정'되어 원본의 영구적인 복사물로 남게 되는 것이다.

응용
레이저 프린터

레이저 프린터로 서류를 출력하는 단계는 그림 16.11의 (a), (c)와 (d) 부분에서 복사기에서 사용되는 것들과 유사하며 나머지는 본질적으로 같다. 두 기술의 차이는 셀레늄이 코팅된 드럼 위에 상이 형성되는 방법에 있다. 예를 들면, 레이저 프린터에서 글자 O를 인쇄하라는 명령은 컴퓨터의 기억 장치로부터 레이저로 보내진다. 프린터 안쪽에 있는 회전하는 거울은 셀레늄으로 코팅된 드럼을 레이저 빔이 주사 형태로 쓸고 지나게 한다(그림 16.11e). 프린터에 의해 발생된 전기 신호는 레이저 빔을 켰다 껐다 하여 셀레늄 위에 양전하 형태로 글자 O의 흔적을 만든다. 그때 토너가 드럼에 뿌려지고 종이로 옮겨져 복사가 이루어진다.

16.5 커패시터 Capacitors

16.5.1 전기용량 Capacitance

커패시터(capacitor)는 라디오 수신기에서 주파수를 조정하거나, 자동차 점화계에서 스파크를 없앨 또는 전기 플래시에서 순간 방출을 위해 짧은 기간 동안 에너지를 저장하는 데 사용되는 등 전기 회로에 다양하게 사용된다. 그림 16.12는 일반적인 커패시터의 모습이다. 커패시터는 거리가 d만큼 떨어진 두 개의 평행 금속판으로 구성된다. 전기 회로에 이용될 때, 판들은 배터리나 또 다른 전원의 양극과 음극 단자에 연결된다. 이와 같이 연결되면 그림에서처럼 전자들이 판 중 하나에서 떨어져 나와 그 판은 $+Q$의 전하로 남고, 이 전자들이 배터리를 통해 다른 판으로 이동되어 $-Q$의 전하로 금속판에 남는다. 전하의 이동은 판 사이의 전위차가 배터리의 전위차와 같아질 때 멈춘다. 충전된 커패시터는 특별하게 사용할 필요가 있을 때 재생할 수 있는 에너지 저장 장치이다.

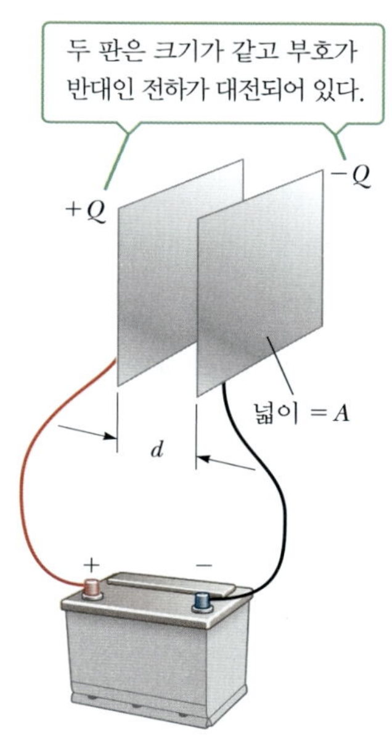

그림 16.12 평행판 커패시터는 각 판의 넓이가 A이고, 거리 d만큼 떨어진 평행한 두 판으로 구성된다.

커패시터의 전기용량 C는 어느 한쪽 도체 판의 전하의 크기와 두 도체 판 사이의 전위차의 비로 정의한다.

$$C \equiv \frac{Q}{\Delta V} \qquad [16.8]$$

◀ 전기용량의 정의

SI 단위: 패럿(F) = 쿨롱/볼트(C/V)

Q와 ΔV는 식 16.8에 사용될 때 항상 양이 되도록 택한다. 예를 들어, 3.0 μF의 커패시터가 12 V의 배터리에 연결된다면 커패시터 각 판의 전하 크기는

$$Q = C\Delta V = (3.0 \times 10^{-6}\ \text{F})(12\ \text{V}) = 36\ \mu\text{C}$$

이다. 식 16.8로부터 주어진 인가 전압에 대해 많은 양의 전하를 저장하기 위해서는 커패시터의 용량이 아주 커야 한다는 것을 알 수 있다. 패럿은 커패시터 전기용량의 매우 큰 단위이다. 실제로 보통 커패시터의 전기용량은 마이크로패럿($1\ \mu\text{F} = 1 \times 10^{-6}\ \text{F}$)에서 피코패럿($1\ \text{pF} = 1 \times 10^{-12}\ \text{F}$) 범위에 있다.

16.5.2 평행판 커패시터 The Parallel-Plate Capacitor

Tip 16.2 전위차는 V가 아니라 ΔV이다.

회로 요소나 소자 양단의 전위차는 기호 ΔV를 사용한다(많은 책들은 전위차를 간단히 V로 사용한다). 한 곳에서의 전위와 또 다른 곳에서의 전위차를 표현하는 데 모두 V를 사용하면 불필요한 혼란을 초래할 수 있다.

커패시터의 전기용량은 도체의 기하학적 배열에 따른다. 판 사이에 공기로 채워진 평행판 커패시터(그림 16.12 참고)의 전기용량은 세 가지 사실로부터 쉽게 계산될 수 있다. 먼저 두 판 사이의 전기장의 크기는 $E = \sigma/\epsilon_0$로 주어진다는 것을 15장으로부터 상기하라. 여기서 σ는 각 판에서 단위 넓이당 전하의 크기이다. 둘째, 두 판 사이의 전위차가 $\Delta V = Ed$임을 이 장의 앞부분에서 살펴보았다. 여기서 d는 판 사이의 거리이다. 셋째, 하나의 판 위의 전하는 $Q = \sigma A$로 주어진다. 여기서 A는 판의 넓이이다. 이들 세 가지 사실을 전기용량의 정의에 대입하면 다음과 같은 결과가 된다.

$$C = \frac{Q}{\Delta V} = \frac{\sigma A}{Ed} = \frac{\sigma A}{(\sigma/\epsilon_0)d}$$

단위 넓이당 전하인 σ를 약분하면 전기용량은

평행판 커패시터의 전기용량 ►

$$C = \epsilon_0 \frac{A}{d} \qquad [16.9]$$

로 주어진다. 여기서 A는 판 하나의 넓이이고, d는 판 사이의 거리이며, ϵ_0는 자유 공간의 유전율이다.

식 16.9로부터 판의 넓이가 더 넓으면 더 많은 전하를 저장할 수 있음을 알 수 있다. 판 사이의 간격 d가 좁을 때도 마찬가지이다. 그 이유는 한쪽 판에 있는 양전하는 다른 쪽 판에 있는 음전하에 더 강한 힘을 가하여 판 위에 더 많은 전하가 유지되도록 하기 때문이다.

그림 16.13은 보다 사실적인 평행판 커패시터의 전기장선을 나타낸다. 전기장은 판 사이의 중앙에서는 거의 균일하나 가장자리로 갈수록 덜 균일하다. 그러나 대부분의 경우 전기장이 판 사이의 영역 전체에서 균일한 것으로 취급한다.

응용
카메라 플래시

커패시터를 이용하는 실용적인 장치 중 하나가 카메라에 부착된 플래시이다. 배터리

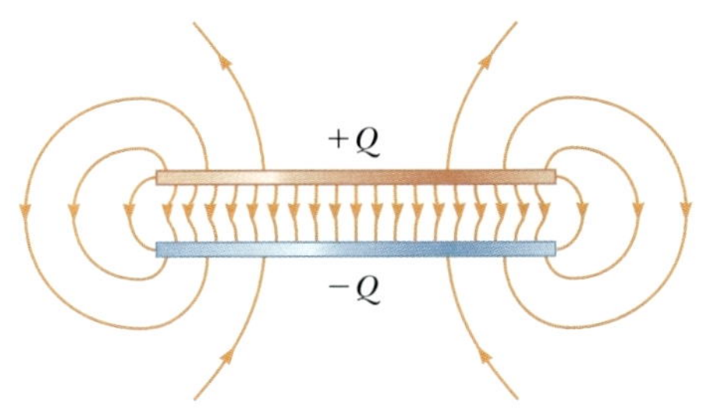

그림 16.13 평행판 커패시터의 판 사이의 전기장은 중앙 부근에선 균일하지만 끝 부분에서는 균일하지 않다.

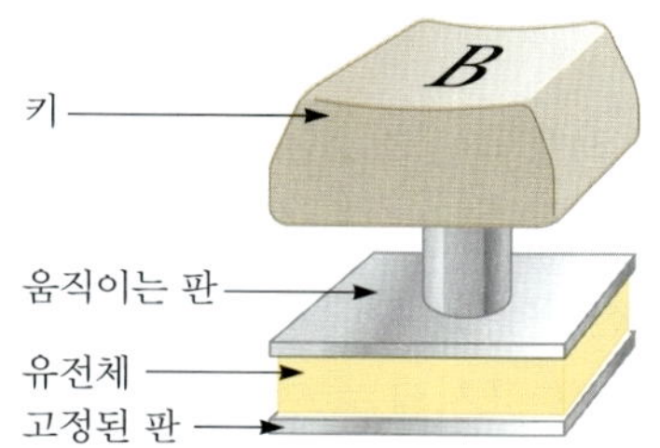

그림 16.14 키보드의 키를 누를 때 평행판 커패시터의 전기용량은 판 사이의 간격이 감소하므로 증가한다. 16.8절에서 서술되듯이 '유전체'라고 이름 붙은 물질은 절연 물질이다.

는 커패시터를 충전하는 데 사용되고, 저장된 전하는 사진을 찍기 위해 셔터 버튼을 누를 때 방출된다. 저장된 전하는 빠르게 플래시 관으로 이동되고 순간적으로 더 많은 빛이 필요할 때 물체를 비추게 된다.

응용
컴퓨터 키보드

컴퓨터는 다양한 방법으로 커패시터를 이용한다. 예를 들면, 컴퓨터 자판 중에는 그림 16.14처럼 키 받침에 커패시터를 갖고 있는 것이 있다. 각 키는 움직일 수 있는 커패시터의 한쪽 판에 연결되어 있다. 자판 바닥에 고정된 판은 커패시터의 다른 쪽을 나타낸다. 키를 누르면 커패시터 간격이 감소하여 전기용량이 증가된다. 외부 전자 회로는 키가 눌릴 때 전기용량의 변화로 각 키를 인식한다.

응용
정전기적 전하 가둠

커패시터는 빠르게 전달될 필요가 있는 많은 양의 전하를 저장하는 데 유용하다. 융합 연구의 선두로 좋은 예는 정전기적 가둠이다. 이 역할에서 커패시터는 전자를 그리드를 통하여 방전한다. 그리드에서 음으로 대전된 전자는 양으로 대전된 입자를 끌어당긴다. 따라서 상호 간에 어떤 입자는 융합되어 그 과정에서 에너지를 방출한다.

예제 16.4 평행판 커패시터

목표 평행판 커패시터의 기본적인 물리적 성질을 계산한다.

문제 넓이 $A = 2.00 \times 10^{-4}\ \mathrm{m^2}$이고 판 사이의 간격이 $d = 1.00 \times 10^{-3}$ m인 커패시터가 있다. **(a)** 전기용량을 구하라. **(b)** 커패시터가 3.00 V의 배터리에 연결되어 있다면, 양극판에 얼마나 많은 전하가 있을까? **(c)** 전하 밀도가 균일하다고 가정하여 양극판의 전하 밀도를 계산하라. **(d)** 판 사이의 전기장 크기를 구하라.

전략 **(a)**와 **(b)**는 전기용량의 기본 식에 대입하여 풀 수 있다. **(c)**는 전하 밀도의 정의를 사용한다. **(d)**는 전위가 전기장과 거리의 곱과 같다는 사실을 이용한다.

풀이

(a) 전기용량을 구한다.

식 16.9에 대입한다.

$$C = \epsilon_0 \frac{A}{d} = (8.85 \times 10^{-12}\ \mathrm{C^2/N \cdot m^2})\left(\frac{2.00 \times 10^{-4}\ \mathrm{m^2}}{1.00 \times 10^{-3}\ \mathrm{m}}\right)$$

$$C = 1.77 \times 10^{-12}\ \mathrm{F} = 1.77\ \mathrm{pF}$$

(b) 커패시터가 3.00 V의 배터리에 연결된 후 양극판 위의 전하를 구한다.

식 16.8에 대입한다.

$$C = \frac{Q}{\Delta V} \quad \rightarrow \quad Q = C\,\Delta V = (1.77 \times 10^{-12}\ \mathrm{F})(3.00\ \mathrm{V})$$

$$= 5.31 \times 10^{-12}\ \mathrm{C}$$

(c) 양극판 위의 전하 밀도를 계산한다.

전하 밀도는 전하를 넓이로 나눈 것이다.

$$\sigma = \frac{Q}{A} = \frac{5.31 \times 10^{-12}\ \mathrm{C}}{2.00 \times 10^{-4}\ \mathrm{m^2}} = 2.66 \times 10^{-8}\ \mathrm{C/m^2}$$

(d) 판 사이의 전기장 크기를 계산한다.

$\Delta V = Ed$를 적용한다.

$$E = \frac{\Delta V}{d} = \frac{3.00\ \mathrm{V}}{1.00 \times 10^{-3}\ \mathrm{m}} = 3.00 \times 10^{3}\ \mathrm{V/m}$$

참고 **(d)**에 대한 답은 전기장이 평행판 커패시터에서 파생된 식 15.13인 $E = \sigma/\epsilon_0$로부터 얻을 수 있다.

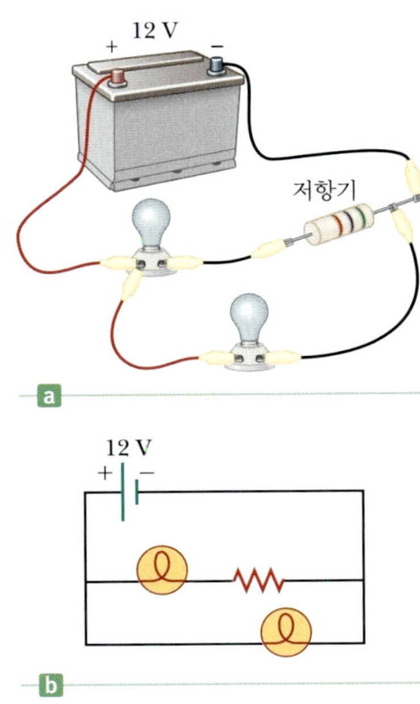

그림 16.15 (a) 실제 회로, (b) 등가 회로도

회로 소자와 회로 기호

회로에서 커패시터를 나타내는 데 일반적으로 사용되는 기호는 —||— 또는 —|(— 이다. 배터리(또는 다른 직류 전원)를 표시하는 데 사용되는 회로 기호 —|⊢— 와 혼동하지 말라. 배터리의 양극 단자는 더 높은 전위에 있고 배터리 기호에서 더 긴 수직선으로 나타낸다. 다음 장에서 기호 —\/\/\/— 로 표시되는, 저항기라 불리는 또 다른 회로 소자를 논의한다. 회로에 있는 전선이 회로 내 다른 소자의 저항과 비교해서 상당한 정도의 저항을 갖지 않을 때 전선은 직선으로 나타낸다.

회로는 실제 물체들의 집합이라는 것을 인지하는 것이 중요하다. 통상 여기에는 전기에너지를 다른 형태(빛, 열, 소리)로 변환시키거나 나중에 사용할 목적으로 전기 또는 자기장의 형태로 에너지를 저장하는 요소에 연결된 전기에너지원(배터리 같은)이 포함되어 있다. 실제 회로와 이에 해당하는 회로도를 그림 16.15에 나타냈다. 그림 16.15b에 나타낸 전구에 대한 회로 기호는 —(ℓ)— 이다.

회로도에 익숙하지 않다면 기하학적 표준 배선도와 일치하는지 손가락으로 실제 회로의 경로를 따라가 보며 확인해 보라.

16.6 커패시터의 연결 Combinations of Capacitors

두 개 이상의 커패시터를 여러 가지 방법으로 회로에 연결할 수 있으나 대개는 병렬과 직렬로 불리는 두 개의 간단한 배열로 줄인다. 그 다음으로 병렬 또는 직렬로 연결된 여러 종류의 커패시터를 연결하고 그에 대한 하나의 등가용량을 찾는 것이다. 커패시터들은 몇 종류의 서로 다른 표준 용량으로 제작되며 그들을 다른 방법으로 결합하여 원하는 용량의 값을 얻을 수 있다.

16.6.1 커패시터의 병렬연결 Capacitors in Parallel

그림 16.16a에 나타낸 방식으로 두 커패시터를 연결한 것을 병렬연결이라 한다. 각 커

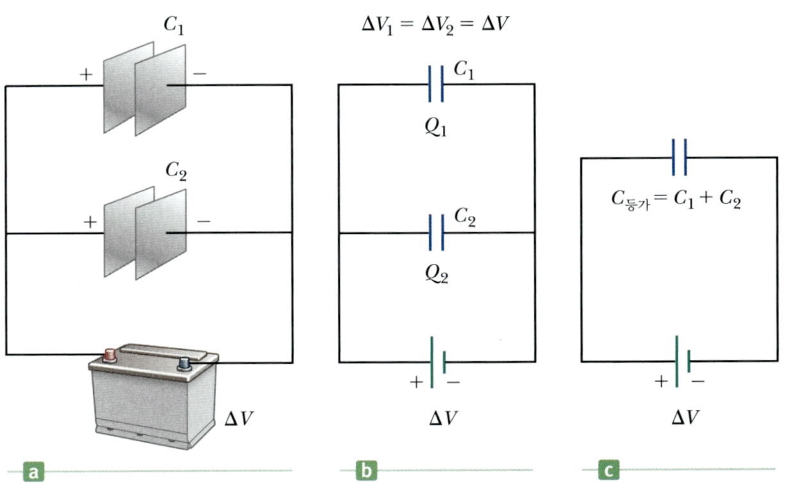

그림 16.16 (a) 두 커패시터의 병렬연결, (b) 병렬연결에 대한 회로도, (c) 커패시터 양단의 전위차는 같고, 등가 전기용량은 $C_{등가} = C_1 + C_2$이다.

패시터의 왼쪽 판은 도선으로 배터리의 양극에 연결되어, 같은 전위에 있게 된다. 같은 방법으로 오른쪽 판들은 둘 다 배터리의 음극에 연결되어 역시 같은 전위에 있다. 이는 **병렬연결된 커패시터 양단의 전위차 ΔV는 같다**는 것을 의미한다. 병렬로 연결된 커패시터가 그림 16.16b에 설명되어 있다.

커패시터들이 회로에 처음으로 연결되면, 전자들은 왼쪽 판에서 배터리를 통과하여 오른쪽 판으로 이동하며, 왼쪽 판은 양으로 오른쪽 판은 음으로 대전된다. 전하 이동에 대한 에너지원은 배터리 내에 저장된 화학적 에너지이며 이것이 전기에너지로 변환된다. 전하의 흐름은 커패시터 양단의 전압이 배터리 전압과 같을 때 멈추고, 그때 커패시터는 최대 전하를 갖는다. 두 커패시터의 최대 전하를 각각 Q_1과 Q_2라 하면, 두 커패시터에 의해 저장된 전체 전하 Q는

$$Q = Q_1 + Q_2 \qquad [16.10]$$

이다. 두 커패시터는 전기용량 $C_{등가}$를 갖는 하나의 등가 커패시터로 대신할 수 있다. 이 등가 커패시터는 원래 두 커패시터처럼 회로에서 같은 외부 효과를 가져야 하므로, 전하 Q가 저장되어야 하고, 양단에 같은 전위차를 가져야 한다. 각 커패시터의 전하는

$$Q_1 = C_1\,\Delta V \quad \text{및} \quad Q_2 = C_2\,\Delta V$$

이다. 등가 커패시터의 전하는

$$Q = C_{등가}\Delta V$$

이다. 이들 관계를 식 16.10에 대입하면

$$C_{등가}\Delta V = C_1\,\Delta V + C_2\,\Delta V$$

즉,

$$C_{등가} = C_1 + C_2 \quad (\text{병렬연결}) \qquad [16.11]$$

가 된다. 이러한 논리로 병렬로 연결된 셋 이상의 커패시터에 확장하면 등가용량은

$$C_{등가} = C_1 + C_2 + C_3 + \cdots \quad (\text{병렬연결}) \qquad [16.12]$$

가 된다. **커패시터의 병렬연결에서 등가용량은 가장 용량이 큰 것보다 더 크다**는 것을 알 수 있다.

Tip 16.3 전압은 전위차와 같다.
커패시터와 같은 소자 양단의 전압은 그 소자 양단의 전위차와 같은 의미를 갖는다. 예를 들어, 커패시터 양단의 전압이 12 V라고 한다면 커패시터의 판 사이의 전위차가 12 V임을 의미한다.

예제 16.5 병렬연결된 네 개의 커패시터

목표 병렬연결된 여러 커패시터를 갖는 회로를 분석한다.

문제 **(a)** 그림 16.17에서처럼 병렬연결된 커패시터들과 등가인 단일 커패시터의 전기용량을 구하라. **(b)** 12.0 μF의 커패시터의 전하와 **(c)** 커패시터 배열에 포함되어 있는 전체 전하를 구하라. **(d)** 커패시터 중 하나에 들어 있는 전체 전하의 일부에 대해 부호 표현식을 유도하라.

전략 **(a)**는 각각의 전기용량을 더한다. **(b)**는 12.0 μF의 커패시터에 식 $C = Q/\Delta V$을 적용한다. 전위차는 배터리 양단의 전위차와 같다. 네 개의 커패시터에 포함된 전체 전하를 구하기 위해 같은 식에 등가용량을 사용한다.

풀이

(a) 등가용량을 구한다.
식 16.12를 적용한다.

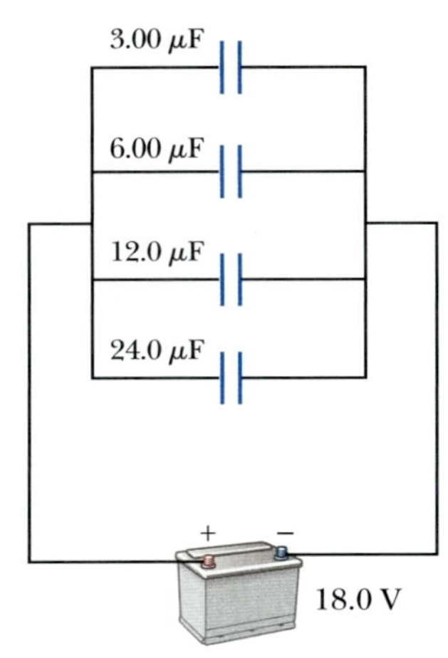

그림 16.17 (예제 16.5) 병렬연결된 네 개의 커패시터

$$C_{\text{등가}} = C_1 + C_2 + C_3 + C_4$$
$$= 3.00\ \mu\text{F} + 6.00\ \mu\text{F} + 12.0\ \mu\text{F} + 24.0\ \mu\text{F}$$
$$= \boxed{45.0\ \mu\text{F}}$$

(b) 12.0 μF 커패시터(C_3으로 표시된)에 있는 전하를 구한다.
전기용량 식을 Q에 대해 풀고 대입한다.

$$Q = C_3\,\Delta V = (12.0 \times 10^{-6}\ \text{F})(18.0\ \text{V}) = 216 \times 10^{-6}\ \text{C}$$
$$= \boxed{216\ \mu\text{C}}$$

(c) 커패시터 배열에 포함된 전체 전하를 구한다.
등가 전기용량을 사용한다.

$$C_{\text{등가}} = \frac{Q}{\Delta V} \quad \rightarrow \quad Q = C_{\text{등가}}\Delta V = (45.0\ \mu\text{F})(18.0\ \text{V})$$
$$= \boxed{8.10 \times 10^2\ \mu\text{C}}$$

(d) 전체 전하에 대한 한 커패시터에 저장된 전하의 비를 기호를 써서 유도한다.
i번째 커패시터에 저장된 전하를 기호로 나타내고 커패시터의 정의를 이용한다.

$$\boxed{\frac{Q_i}{Q_{\text{전체}}} = \frac{C_i \Delta V}{C_{\text{등가}}\Delta V} = \frac{C_i}{C_{\text{등가}}}}$$

참고 병렬연결된 커패시터 중 어느 하나에 저장된 전하는 전위차가 같기 때문에 **(b)**처럼 구할 수 있다. 전체 전하를 구하기 위해 각각의 커패시터에 저장된 전하를 구해서 더하지 않아도 된다. 전기용량의 정의에 의해서 등가 전기용량을 이용하는 것이 더 쉽다.

16.6.2 커패시터의 직렬연결 Capacitors in Series

커패시터의 직렬연결에서 각 커패시터에 저장되는 전하 Q는 모두 같다 ▶

이제 그림 16.18a와 같이 직렬연결된 두 개의 커패시터를 생각하자. **직렬연결된 커패시터에서 전하의 크기는 모든 판에서 같아야 한다.** 이 원리를 이해하기 위해 전하의 이동 과정을 상세하게 살펴보자. 회로에 배터리를 연결하면 전체 전하 $-Q$를 가진 전자들이 전기용량 C_1인 커패시터의 왼쪽 판에서 배터리를 지나 전기용량 C_2인 커패시터의 오른쪽 판으로 이동하게 되어, 전기용량 C_1의 왼쪽 판에 $+Q$의 전하가 남는다. 결과적으로 전기용량 C_1인 커패시터의 왼쪽 판 위의 전하의 크기와 전기용량 C_2인 커패시터의 오른쪽 판 위의 전하의 크기는 같아야 한다. 이제 중앙에 있는 전기용량 C_1인 커패시터의 오른쪽 판과 전기용량 C_2인 커패시터의 왼쪽 판을 생각하자. 이들 판은 배터

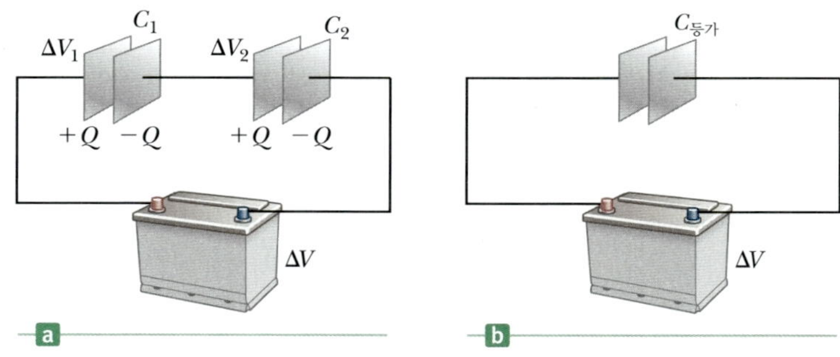

그림 16.18 두 커패시터의 직렬연결. 각 커패시터에 있는 전하는 같고, 등가 전기용량은 역수 관계 $1/C_{\text{등가}} = (1/C_1) + (1/C_2)$로부터 계산할 수 있다.

리에 연결되어 있지 않다(판 양쪽의 간격 때문에). 그러므로 합해서 전기적으로 중성이다. 용량 C_1인 커패시터의 왼쪽 판 위의 전하 $+Q$는 전기용량 C_1의 커패시터 오른쪽 판에 음전하를 끌어모은다. 이 전하들은 전기용량 C_1인 커패시터의 왼쪽 판과 오른쪽 판 전하들이 합해져 전기적 중성이 될 때까지 계속 축적된다. 이것은 전기용량 C_1인 커패시터의 오른쪽 판 위의 전하가 $-Q$임을 의미한다. 이 음전하는 전기용량 C_2인 커패시터의 왼쪽 판에서만 올 수 있다. 그래서 전기용량 C_2인 커패시터는 $+Q$의 전하를 갖는다.

그러므로 몇 개의 커패시터가 직렬로 연결되어 있든지, 그들의 용량이 얼마이든지 간에, **모든 커패시터의 오른쪽 판들은 $-Q$의 전하를 얻고 왼쪽 판들은 $+Q$의 전하를 갖는다**(전하 보존의 결과).

직렬연결된 커패시터에 대한 등가 커패시터가 완전히 충전되며, **등가 커패시터는 결국 오른쪽 판이 $-Q$의 전하를, 왼쪽 판이 $+Q$의 전하를 가져야 한다.** 그림 16.18b에 있는 회로에 전기용량의 정의를 적용하면,

$$\Delta V = \frac{Q}{C_{\text{등가}}}$$

를 얻는다. 여기서 ΔV는 배터리 양단 사이의 전위차이고 $C_{\text{등가}}$는 등가 전기용량이다. $Q = C\Delta V$의 관계는 각 커패시터에 적용될 수 있으므로 이들 양단의 전위차는

$$\Delta V_1 = \frac{Q}{C_1} \qquad \Delta V_2 = \frac{Q}{C_2}$$

가 된다. 그림 16.18a로부터

$$\Delta V = \Delta V_1 + \Delta V_2 \tag{16.13}$$

임을 알 수 있다. 여기서 ΔV_1과 ΔV_2는 커패시터 C_1과 C_2 양단의 전위차이다(에너지 보존의 결과).

직렬로 연결된 여러 개의 커패시터 양단의 전위차는 개별 커패시터 양단의 전위차의 합과 같다. 이 표현을 식 16.13에 대입하고 $\Delta V = Q/C_{\text{등가}}$를 이용하면

$$\frac{Q}{C_{\text{등가}}} = \frac{Q}{C_1} + \frac{Q}{C_2}$$

를 얻는다. Q를 약분하면 다음의 관계에 도달한다.

$$\frac{1}{C_{\text{등가}}} = \frac{1}{C_1} + \frac{1}{C_2} \quad \text{(직렬연결)} \tag{16.14}$$

직렬연결된 세 개 이상의 커패시터에 위의 분석이 적용된다면, 등가 전기용량은 다음과 같이 된다.

$$\frac{1}{C_{\text{등가}}} = \frac{1}{C_1} + \frac{1}{C_2} + \frac{1}{C_3} + \cdots \quad \text{(직렬연결)} \tag{16.15}$$

예제 16.6에서와 같이 식 16.15는 **직렬연결된 커패시터의 등가용량은 용량이 가장 작은 커패시터의 용량보다 항상 더 작다**는 것을 나타낸다.

예제 16.6 직렬연결된 네 개의 커패시터

목표 직렬연결된 커패시터의 등가용량과 전하, 그리고 각 커패시터에 걸린 전압을 구한다.

문제 그림 16.19처럼 네 개의 커패시터가 배터리와 함께 직렬연결되어 있다. **(a)** 등가 커패시터의 전기용량을 계산하라. **(b)** 12 μF 커패시터의 전하량을 계산하라. **(c)** 12 μF 커패시터 양단의 전압 강하를 구하라.

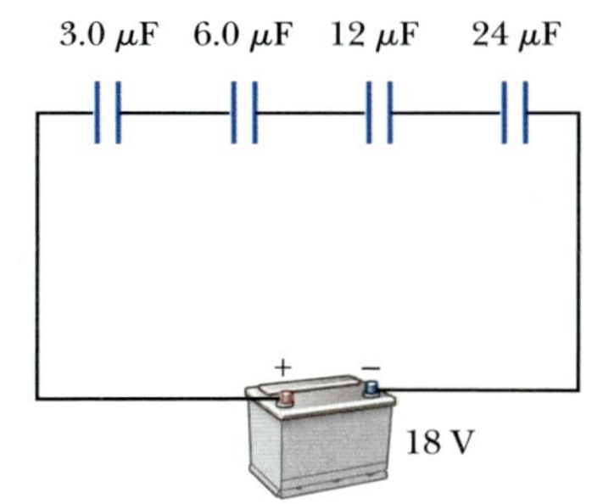

그림 16.19 (예제 16.6) 직렬로 연결된 네 개의 커패시터

전략 식 16.15를 이용하여 모든 커패시터들을 단일 등가 커패시터로 결합한다. $C = Q/\Delta V$를 이용하여 등가 커패시터의 전하를 구한다. 이 전하는 개별 커패시터가 갖는 전하와 같다. 12 μF 커패시터 양단의 전압 강하를 구하기 위하여 다시 한 번 같은 식을 이용한다.

풀이

(a) 직렬연결된 커패시터의 등가 전기용량을 계산한다.

식 16.15를 적용한다.

$$\frac{1}{C_{등가}} = \frac{1}{3.0\ \mu\text{F}} + \frac{1}{6.0\ \mu\text{F}} + \frac{1}{12\ \mu\text{F}} + \frac{1}{24\ \mu\text{F}}$$

$$C_{등가} = \boxed{1.6\ \mu\text{F}}$$

(b) 12 μF 커패시터의 전하를 계산한다.

구하려는 전하는 등가 커패시터의 전하와 같다.

$$Q = C_{등가}\,\Delta V = (1.6 \times 10^{-6}\ \text{F})(18\ \text{V}) = \boxed{29\ \mu\text{C}}$$

(c) 12 μF 커패시터 양단의 전압 강하를 구한다.

기본적인 전기용량을 구하는 식을 적용한다.

$$C = \frac{Q}{\Delta V} \quad \rightarrow \quad \Delta V = \frac{Q}{C} = \frac{29\ \mu\text{C}}{12\ \mu\text{F}} = \boxed{2.4\ \text{V}}$$

참고 등가 전기용량은 어떤 개별 커패시터의 전기용량보다도 더 작다. $C = Q/\Delta V$ 관계식은 **(c)**에서처럼 다른 커패시터의 전압 강하를 구하기 위해 사용될 수 있다.

예제 16.7 등가 전기용량

목표 직렬과 병렬이 복합적으로 연결된 커패시터 회로를 풀이한다.

문제 (a) 그림 16.20a에 나타낸 커패시터 결합에서 a와 b 사이의 등가 전기용량을 계산하라. 모든 커패시터의 전기용량의 단위는 μF이다. **(b)** 만일 12 V 배터리가 계의 양단인 점 a와 b 사이에 연결된다면 첫 번째 그림에서 4.0 μF에 충전된 전하를 구하고 그 양단의 전압 강하를 구하라.

전략 (a) 식 16.12와 16.15를 사용하여 그림에 표시된 대로 결합을 한 단계씩 줄인다. **(b)** 그림 16.20c로부터 2.0 μF의 커패시터에 있는 전하를 구하여 4.0 μF 커패시터에 있는 전하를 구한다. 이와 동등한 전하는 두 번째 그림 4.0 μF 커패시터 각각에 있다. 두 번째 그림에서 4.0 μF 커패시터 중 하나가 첫 번째 그림에서 맨 처음 4.0 μF 커패시터이다.

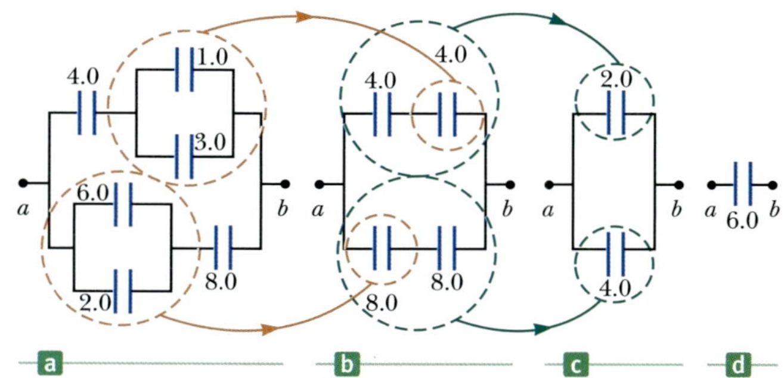

그림 16.20 (예제 16.7) 회로 (a)의 등가 전기용량을 구하기 위해 직렬과 병렬연결에 대한 공식을 이용하여 (b), (c), (d)에 나타낸 대로 단계별로 회로의 조합을 줄여나간다. 커패시터의 단위는 모두 μF이다.

풀이

(a) 등가 전기용량을 계산한다.

그림 16.20a에서 병렬연결된 1.0 μF과 3.0 μF 커패시터의 등가 용량을 구한다.

$$C_{등가} = C_1 + C_2 = 1.0\ \mu\text{F} + 3.0\ \mu\text{F} = 4.0\ \mu\text{F}$$

그림 16.20a에서 병렬연결된 2.0 μF과 6.0 μF 커패시터의 등가 용량을 구한다.

$$C_{등가} = C_1 + C_2 = 2.0\ \mu\text{F} + 6.0\ \mu\text{F} = 8.0\ \mu\text{F}$$

그림 16.20b에서 직렬연결된 두 개의 4.0 μF 커패시터를 결합한다.

$$\frac{1}{C_{등가}} = \frac{1}{C_1} + \frac{1}{C_2} = \frac{1}{4.0\ \mu\text{F}} + \frac{1}{4.0\ \mu\text{F}}$$

$$= \frac{1}{2.0\ \mu\text{F}} \quad\rightarrow\quad C_{등가} = 2.0\ \mu\text{F}$$

그림 16.20b에서 직렬연결된 두 개의 8.0 μF 커패시터를 결합한다.

$$\frac{1}{C_{등가}} = \frac{1}{C_1} + \frac{1}{C_2} = \frac{1}{8.0\ \mu\text{F}} + \frac{1}{8.0\ \mu\text{F}}$$

$$= \frac{1}{4.0\ \mu\text{F}} \quad\rightarrow\quad C_{등가} = 4.0\ \mu\text{F}$$

그림 16.20c에서 병렬인 두 개의 커패시터를 결합하여 최종적으로 a와 b 사이의 등가 전기용량을 구한다.

$$C_{등가} = C_1 + C_2 = 2.0\ \mu\text{F} + 4.0\ \mu\text{F} = \boxed{6.0\ \mu\text{F}}$$

(b) 4.0 μF 커패시터에 충전된 전하와 커패시터 양단의 전압 강하를 구한다.

그림 16.20c에서 2.0 μF 커패시터에 충전된 전하를 계산한다. 이는 그림 16.20a에서 4.0 μF에 충전된 전하와 같다.

$$C = \frac{Q}{\Delta V} \quad\rightarrow\quad Q = C\Delta V = (2.0\ \mu\text{F})(12\ \text{V}) = \boxed{24\ \mu\text{C}}$$

전기용량 기본 식을 사용하여 그림 16.20a에서 4.0 μF 커패시터 양단의 전압 강하를 구한다.

$$C = \frac{Q}{\Delta V} \quad\rightarrow\quad \Delta V = \frac{Q}{C} = \frac{24\ \mu\text{C}}{4.0\ \mu\text{F}} = \boxed{6.0\ \text{V}}$$

참고 나머지 전하와 전압 강하를 구하기 위해 $C = Q/\Delta V$를 반복적으로 사용하는 문제이다. 4.0 μF 커패시터 양단의 전압 강하는 그림 16.20b에서 두 커패시터가 같은 값을 가졌음을 인지하여 구할 수 있다. 따라서 대칭으로 인해 그들 사이의 전체 전압 12 V는 나누어진다.

16.7 커패시터에 저장된 에너지 Energy in a Capacitor

전자 장비를 사용하는 작업장에서 일하는 사람들 대부분은 때때로 커패시터가 에너지를 저장할 수 있음을 확인했을 것이다. 충전된 커패시터의 판이 전선과 같은 도체에 연결되면, 전하는 두 판이 전하를 갖지 않을 때까지 한쪽 판에서 다른 쪽 판으로 이동한다. 이러한 방전은 종종 눈에 보이는 스파크로 관찰할 수 있다. 부주의로 충전된 커패시터의 판을 손으로 만지면 손가락은 커패시터가 방전할 수 있는 통로가 되어 전기 충격을 받는다. 충격의 정도는 커패시터의 전기용량과 인가 전압에 따라 다르다. **텔레비전의 전원처럼 높은 전압과 다량의 전하가 존재하는 곳에서는 이러한 충격이 치명적일 수 있다.**

커패시터들은 전기에너지를 저장한다. 그 에너지는 판으로 전하를 옮기는 데 필요한 일과 같다. 커패시터가 처음에 충전되지 않아서(양쪽 판이 중성), 판들이 같은 전위에 있다면, 적은 양의 전하 ΔQ를 한쪽 판에서 다른 쪽 판으로 옮기는 데 일이 거의 필요하지 않다. 그러나 일단 이러한 전하들이 옮겨지면 미소한 전위차 $\Delta V = \Delta Q/C$가 두 판 사이에 나타난다. 따라서 이 전위차를 거슬러서 추가적으로 전하를 옮기기 위해서

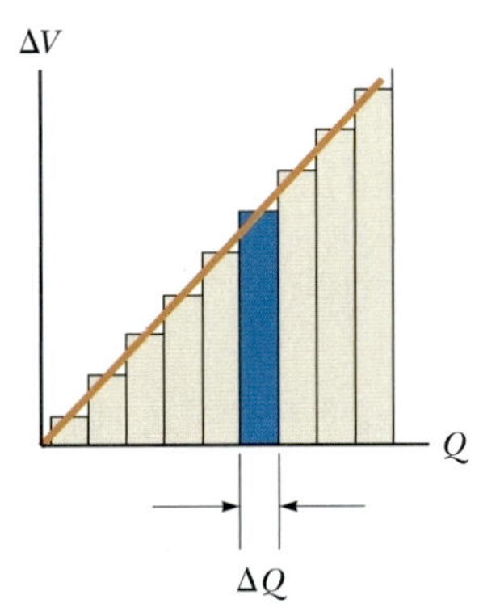

그림 16.21 커패시터의 전압 대 전하 그래프는 기울기가 $1/C$인 직선이다. 커패시터 판 사이의 전위차 ΔV를 통과하여 전하 ΔQ를 옮기는 데 필요한 일은 $\Delta W = \Delta V \Delta Q$이다. 이는 파란색 직사각형의 넓이와 같다. 나중 전하 Q로 커패시터를 충전하는 데 필요한 전체 일은 직선 아래의 넓이가 되며 크기는 $Q\Delta V/2$이다.

는 일을 해 주어야 한다. 식 16.6으로부터 충전 과정 동안 어느 순간의 전위차가 ΔV이면 이 전위차를 지나 더 많은 전하 ΔQ를 옮기는 데 필요한 일 ΔW는

$$\Delta W = \Delta V \Delta Q$$

로 주어진다. 전체 전하 Q를 갖는 커패시터의 전위차는 $\Delta V = Q/C$임을 알고 있다. 그러므로 전체 전하에 대한 전압의 그래프는 그림 16.21에서와 같이 기울기가 $1/C$인 직선이 된다. 특정한 ΔV에 대한 일 ΔW는 파란색 사각형의 넓이이다. 모든 직사각형을 합하면 커패시터를 충전하기 위해 필요한 전체 일의 근삿값이 된다. ΔQ가 무한히 작아지는 극한에서, 커패시터를 나중 전하 Q와 전압 ΔV까지 충전하는 데 필요한 전체 일은 직선 아래의 넓이가 된다. 이것은 바로 삼각형의 넓이이므로 밑변과 높이를 곱한 값의 1/2이다. 그러므로 다음과 같다.

$$W = \tfrac{1}{2} Q \Delta V \qquad [16.16]$$

앞에서 설명한 대로 W는 커패시터에 저장된 전기에너지이다. 전기용량의 정의로부터 $Q = C\Delta V$이므로, 세 개의 다른 식으로 저장된 에너지 PE_C를 표현할 수 있다.

$$PE_C = \tfrac{1}{2}Q\Delta V = \tfrac{1}{2}C(\Delta V)^2 = \frac{Q^2}{2C} \qquad [16.17]$$

예를 들어, 5.0 μF 커패시터가 120 V 배터리 양단에 연결되어 있을 때 저장되는 에너지의 양은

$$PE_C = \tfrac{1}{2}C(\Delta V)^2 = \tfrac{1}{2}(5.0 \times 10^{-6}\ \mathrm{F})(120\ \mathrm{V})^2 = 3.6 \times 10^{-2}\ \mathrm{J}$$

이다. 실질적으로 커패시터에 저장 가능한 최대 에너지(또는 전하)는 한계가 있다. 어떤 점에서 판 위 전하들 사이의 쿨롱 힘은 전자들이 간격을 뛰어넘을 정도로 아주 강해서 커패시터는 방전된다. 이런 이유로 커패시터에는 최대 작동 전압이 표시되어 있다(이러한 물리적 사실은 규칙적으로 점멸하는 빛을 내는 회로에 이용될 수 있다).

응용
제세동기

큰 커패시터들은 방전을 일으켜 전하의 흐름이 심장을 통과할 경우 화상이나 사망에 이르게 할 수 있는 충분한 전기에너지를 저장할 수 있다. 그러나 적절한 조건하에서는 심장 마비 환자의 심장 세동을 멈추게 하여 생명을 유지하는 데 사용될 수 있다. 심장 세동이 일어날 때 심장은 빠르고 불규칙한 박동을 발생시킨다. 이때 심장에 빠르게 전기에너지를 공급하면 다시 정상 박동으로 되돌아오게 된다. 응급 의료팀은 고전압으로 커패시터를 충전할 수 있는 배터리가 들어 있는 휴대용 제세동기를 사용한다(실제로 회로는 커패시터가 배터리보다 훨씬 더 높은 전압으로 대전될 수 있게 한다). 이와 다른 경우에(카메라 플래시나 핵융합에 사용되는 레이저) 커패시터들은 서서히 충전되고 짧은 시간에 막대한 양의 에너지가 재빨리 방전되는 에너지 저장고 역할을 한다. 저장된 전기에너지는 환자의 가슴 양쪽에 놓인 패들이라 부르는 전극에 의해 심장을 통하여 방출된다. 커패시터가 완전히 충전되기 위해서는 시간이 걸리므로 의료팀은 전기에너지를 연속해서 가하기 전에 잠시 기다려야 한다. 커패시터의 높은 전압은 휴대용

장치 안에 있는 전압이 낮은 배터리를 이용하여 얻을 수 있는데, 이는 전자기 유도 현상을 통해 가능하며, 이 내용은 20장에서 다룬다.

예제 16.8 제세동기의 전압, 에너지 및 방전 시간

목표 커패시터에 에너지와 전력의 개념을 적용한다.

문제 완전하게 충전된 제세동기는 1.10×10^{-4} F의 커패시터에 1.20 kJ의 에너지를 저장한다. 환자에게 방전될 때 6.00×10^2 J의 전기에너지가 2.50 ms 동안에 전달된다. **(a)** 1.20 kJ의 에너지를 저장하는 데 필요한 전압을 구하라. **(b)** 환자에게 전달된 평균 전력은 얼마인가?

전략 **(a)** 전기용량과 저장된 에너지를 알고 있으므로 식 16.17을 사용하여 필요한 전압을 구할 수 있다. **(b)** 전달되는 에너지를 시간으로 나눠서 평균 전력을 구한다.

풀이

(a) 장치에서 1.20 kJ의 에너지를 저장하기 위하여 필요한 전압을 구한다.

식 16.17을 ΔV에 대하여 푼다.

$$PE_C = \tfrac{1}{2}C\Delta V^2$$

$$\Delta V = \sqrt{\frac{2 \times PE_C}{C}} = \sqrt{\frac{2(1.20 \times 10^3\ \text{J})}{1.10 \times 10^{-4}\ \text{F}}} = 4.67 \times 10^3\ \text{V}$$

(b) 환자에게 전달된 평균 전력을 구한다.

전달된 에너지를 시간으로 나눈다.

$$P_{\text{평균}} = \frac{\text{전달된 에너지}}{\Delta t} = \frac{6.00 \times 10^2\ \text{J}}{2.50 \times 10^{-3}\ \text{s}} = 2.40 \times 10^5\ \text{W}$$

참고 18장에서 *RC* 회로에 대해 배우겠지만, 커패시터 내의 전하를 비우면서 전달되는 전력은 일정하지 않다. 이러한 이유 때문에 평균 전력만 알 수 있다. 커패시터는 배터리보다 훨씬 더 빠르게 에너지를 전달할 수 있기 때문에 제세동기에 필요하다. 배터리는 상대적으로 느린 화학반응을 통하여 전류를 공급하는 반면에, 커패시터는 이미 생산되어서 저장된 전하를 빠르게 방출할 수 있다.

16.8 유전체를 넣은 커패시터 Capacitors with Dielectrics

유전체(dielectric)는 고무, 플라스틱 또는 파라핀지와 같은 절연 물질이다. 유전체가 커패시터의 판 사이에 삽입되면 전기용량이 증가한다. 유전체가 판 사이의 공간을 완전히 채운다면, 전기용량은 **유전 상수**(dielectric constant)라 부르는 인자 κ배만큼 증가한다.

다음 실험은 커패시터에서 유전체의 효과를 설명한다. 유전체가 없는 경우 전하 Q_0, 전기용량 C_0의 평행판 커패시터를 생각하자. 커패시터 판 양단의 전위차는 측정될 수 있고, $\Delta V_0 = Q_0/C_0$으로 주어진다(그림 16.22a). 커패시터가 외부 회로에 연결되지 않았기 때문에 전하가 판을 떠나거나 더해지는 통로가 없다. 그림 16.22b에서처럼 유전체가 판 사이에 삽입되면, 판 양단의 전압은 인자 κ만큼 감소된다.

$$\Delta V = \frac{\Delta V_0}{\kappa}$$

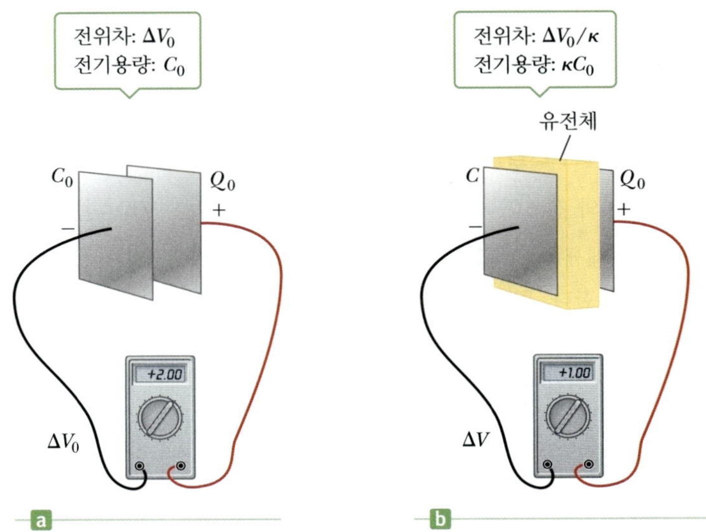

그림 16.22 배터리에 연결되지 않은 대전된 커패시터에 유전 상수가 κ인 유전체를 밀어 넣으면, 전위차는 $\Delta V = \Delta V_0/\kappa$로 감소하고 전기용량은 $C = \kappa C_0$으로 증가한다.

$\kappa > 1$이기 때문에 ΔV는 ΔV_0보다 더 작다. 커패시터의 전하 Q_0은 변하지 않으므로, 유전체가 존재하면 전기용량이 다음과 같이 변해야 한다.

$$C = \frac{Q_0}{\Delta V} = \frac{Q_0}{\Delta V_0/\kappa} = \frac{\kappa Q_0}{\Delta V_0}$$

즉,

$$C = \kappa C_0 \qquad [16.18]$$

이다. 이 결과에 따라 전기용량은 판 사이에 유전체가 채워질 때 인수 κ만큼 곱해진다. 유전체가 없는 평행판 커패시터의 전기용량은 $C_0 = \epsilon_0 A/d$이므로, 유전체가 있는 경우의 전기용량은 다음과 같이 표현할 수 있다.

$$C = \kappa\epsilon_0\frac{A}{d} \qquad [16.19]$$

이 결과로부터 전기용량은 판 사이의 간격 d를 줄이면 매우 크게 만들 수 있는 것처럼 보인다. 실제로는 판을 분리한 유전 물질을 통하여 전기 방전이 일어날 수 있으므로 d의 최솟값은 제한된다. 주어진 판 간격에서 절연이 파괴되어 전도가 시작되기 전 유전체에 형성될 수 있는 최대 전기장이 있다. 이 최대 전기장을 **유전 강도**(dielectric strength)라고 하며, 공기 중의 그 값은 약 3×10^6 V/m이다. 표 16.1에 열거된 값들이 가리키는 바와 같이 대부분의 물질은 공기보다 더 큰 유전 강도를 갖는다. 그림 16.23은 공기 중에서 일어나는 유전 파괴의 한 예이다.

그림 16.23 공기 중에서의 유전 파괴. 고전압 유도 코일 전원 장치에 의해 전선에 큰 교류 전압이 가해질 때 스파크가 일어난다.

상용 커패시터는 유전 물질 역할을 하는 파라핀을 입힌 종이나 마일라(Mylar)로 된 얇은 시트를 사이에 끼운 금속 박막을 이용하여 만든다. 이러한 금속 박막과 유전체 층을 교대로 배열한 후 말아서 작은 원기둥 형태로 만든다(그림 16.24a). 고전압 커패시터는 서로 엇갈려 있는 많은 금속판을 실리콘 기름에 넣어 만들 수 있다(그림 16.24b). 작은 커패시터들은 때로는 세라믹 재료로 만든다. 가변 커패시터(주로 10~500 pF)는 엇갈려 있는 두 개의 금속판으로 구성되며, 하나는 고정되고 하나는

표 16.1 상온에서 여러 물질들의 유전 상수와 유전 강도

물질	유전 상수 κ	유전 강도(V/m)
공기	1.000 59	3×10^6
베이클라이트	4.9	24×10^6
수정	3.78	8×10^6
네오프렌 고무	6.7	12×10^6
나일론	3.4	14×10^6
종이	3.7	16×10^6
폴리스티렌	2.56	24×10^6
파이렉스 유리	5.6	14×10^6
실리콘 기름	2.5	15×10^6
스트론튬 티탄산염	233	8×10^6
테플론	2.1	60×10^6
진공	1.000 00	—
물	80	—

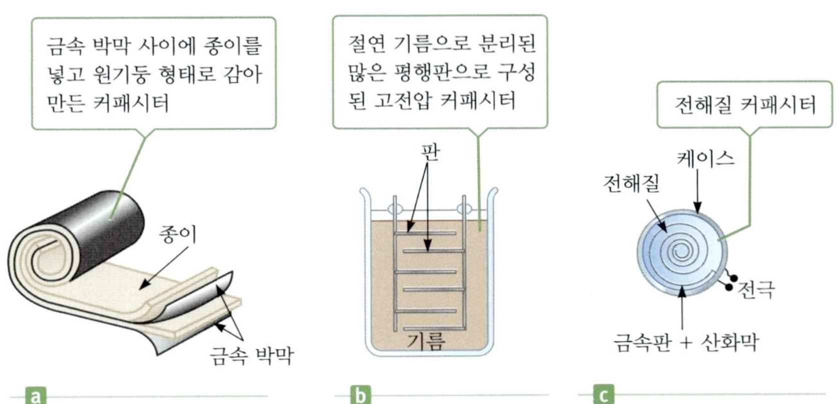

그림 16.24 상용 커패시터의 세 가지 형태

움직일 수 있으며, 공기를 유전체로 한다.

전해질 커패시터(그림 16.24c)는 비교적 낮은 전압에서 많은 양의 전하를 저장하는 데 사용된다. 이 커패시터는 전해액(그 안에 포함된 이온들의 운동에 의해 전하를 전도하는 용액)과 접촉된 금속 박막으로 구성되어 있다. 전압이 박막과 전해액 사이에 가해질 때 얇은 금속 산화층(절연체)이 박막에 형성되고 이 층이 유전체 역할을 한다. 유전체 층이 매우 얇기 때문에 막대한 전기용량을 얻을 수 있다.

그림 16.25는 다양한 상용 커패시터이다. 가변 커패시터는 라디오에서 주파수를 조절하는 데 사용된다.

전해질 커패시터가 회로에 사용될 때에는 극성(소자의 양과 음 부호)에 유의해야 한다. 만일 인가 전압의 극성이 의도한 것과 반대라면 산화층이 제거될 것이고, 커패시터는 전하를 저장하기보다는 전도할 것이다. 더 나아가서 반대 극성은 커패시터가 타버리거나 증기를 일으키며 폭발할 만큼 큰 전류를 야기할 수 있다.

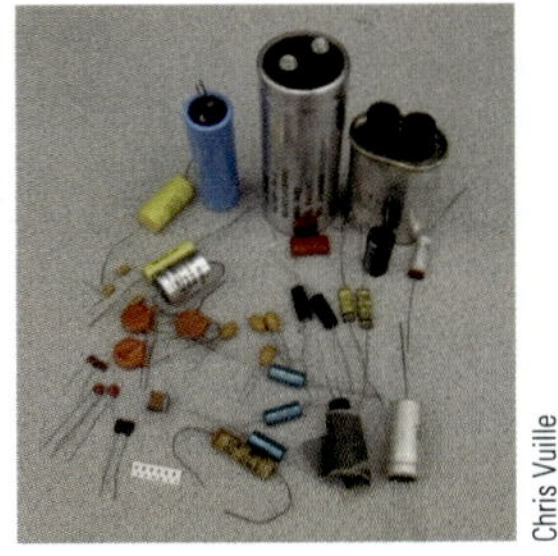

그림 16.25 (a) 다양한 용도로 사용되는 커패시터들, (b) 가변 커패시터. 회전 금속판이 고정 금속판 사이에 놓여 회전할 때 소자의 전기용량이 변한다.

예제 16.9 종이로 채워진 커패시터

목표 유전체를 가진 평행판 커패시터의 기본적인 물리적 성질을 계산한다.

문제 크기가 2.0 cm × 3.0 cm인 판 사이에 두께가 1.0 mm인 종이로 채워진 평행판 커패시터가 있다. **(a)** 커패시터의 전기용량을 구하라. **(b)** 커패시터에 저장할 수 있는 최대 전하를 구하라. **(c)** 완전히 충전된 커패시터를 배터리에서 분리한 후 유전체를 제거하였다. 커패시터 사이의 새로운 전기장을 구하라. 커패시터는 방전이 일어날까?

전략 **(a)** 표 16.1로부터 종이에 대한 유전 상수를 얻는다. 그리고 식 16.19에 다른 주어진 값들을 대입한다. **(b)** 종이의 유전 강도가 표 16.1에 있음을 유념하라. 이는 전기 절연 파괴가 일어나기 전 적용될 수 있는 최대 전기장이다. 최대 전압을 얻기 위하여 식 16.3인 $\Delta V = Ed$를 사용하고 전기용량의 기본 식에 대입한다. **(c)** 배터리를 분리하면 판 위 잉여 전하는 가두어짐을 기억하라. 이는 유전체가 제거된 후에도 남아 있어야 한다는 것이다. 가우스의 법칙을 사용하여 판의 전하 밀도를 구하고 판 사이의 새로운 전기장을 구한다.

풀이

(a) 이 소자의 전기용량을 구한다.

식 16.19에 대입한다.

$$C = \kappa\epsilon_0 \frac{A}{d}$$

$$= 3.7\left(8.85 \times 10^{-12} \frac{\mathrm{C^2}}{\mathrm{N \cdot m^2}}\right)\left(\frac{6.0 \times 10^{-4}\ \mathrm{m^2}}{1.0 \times 10^{-3}\ \mathrm{m}}\right)$$

$$= 2.0 \times 10^{-11}\ \mathrm{F}$$

(b) 커패시터에 놓일 수 있는 최대 전하를 구한다.

종이의 유전 강도 $E_{최대}$를 사용하여 최대 인가 전압을 계산한다.

$$\Delta V_{최대} = E_{최대}\, d = (16 \times 10^6\ \mathrm{V/m})(1.0 \times 10^{-3}\ \mathrm{m})$$

$$= 1.6 \times 10^4\ \mathrm{V}$$

전기용량의 기본 식을 $Q_{최대}$에 대하여 풀고 $\Delta V_{최대}$와 C를 대입한다.

$$Q_{최대} = C\,\Delta V_{최대} = (2.0 \times 10^{-11}\ \mathrm{F})(1.6 \times 10^4\ \mathrm{V})$$

$$= 0.32\ \mu\mathrm{C}$$

(c) 완전히 충전된 커패시터를 배터리와 연결을 끊은 후 유전체를 제거했다고 했을 때, 커패시터 판 사이의 새로운 전기장을 구한다. 커패시터가 방전할지 알아본다.

판의 전하 밀도를 계산한다.

$$\sigma = \frac{Q_{최대}}{A} = \frac{3.2 \times 10^{-7}\ \mathrm{C}}{6.0 \times 10^{-4}\ \mathrm{m^2}} = 5.3 \times 10^{-4}\ \mathrm{C/m^2}$$

전하 밀도로부터 전기장을 계산한다.

$$E = \frac{\sigma}{\epsilon_0} = \frac{5.3 \times 10^{-4}\ \mathrm{C/m^2}}{8.85 \times 10^{-12}\ \mathrm{C^2/m^2 \cdot N}} = 6.0 \times 10^7\ \mathrm{N/C}$$

유전체가 없는 전기장은 공기의 유전 강도의 값을 초과하기 때문에 커패시터는 간격 사이를 방전한다.

참고 유전체는 주어진 전압에 대해 커패시터에 저장되는 전하가 κ배만큼 되게 한다. 그들은 전기적 절연 파괴의 문턱 전압을 높임으로서 허용 전압을 증가시킨다.

16.8.1 유전체의 원자적 설명 An Atomic Description of Dielectrics

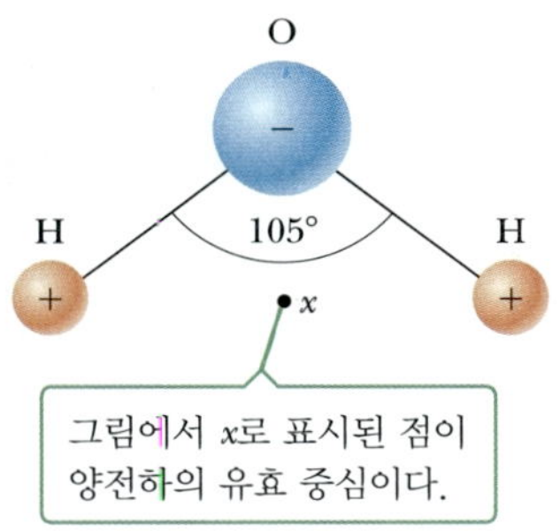

O

H 105° H

그림에서 x로 표시된 점이 양전하의 유효 중심이다.

그림 16.26 물 분자 H_2O는 기하학적으로 굽은 구조이기 때문에 영구 분극이 일어난다.

유전체가 커패시터의 전기용량을 왜 증가시키는지에 대한 설명은 물질의 원자적 설명에 기초를 두고 있으며, 결과적으로 **분극**(polarization)이라는 분자의 성질을 포함한다. 분자의 양전하와 음전하 사이의 평균 위치가 분리되어 있을 때 분자는 분극되었다고 한다. 물과 같은 몇몇 분자는 이런 상태가 항상 존재한다. 왜 그런지 물 분자의 배열을 살펴보자(그림 16.26).

물 분자는 음전하를 띤 산소 원자가 양전하를 띤 수소 원자와 105°의 각으로 결합하여 배열되어 있다. 음전하의 중심은 산소 원자에 있고, 양전하의 중심은 수소 원자들을 연결하는 선의 중간쯤에 있다(그림에서의 점 x). 이와 같은 방식으로 영구 분극된 분자로 구성된 물질들은 유전 상수가 크다. 실제로 표 16.1은 물의 유전 상수가 다른 물질에 비해 큼($\kappa = 80$)을 보여 준다.

대칭 구조를 가진 분자(그림 16.27a)는 영구 분극이 일어나지 않지만, 외부 전기장에 의해서 분극이 유도될 수 있다. 그림 16.27b에서처럼 왼쪽 방향을 향하는 전기장은 양전하의 중심을 처음의 위치에서 왼쪽으로, 음전하의 중심을 오른쪽으로 이동시킨다. 이러한 유도 분극은 커패시터의 유전체로 사용되는 대부분의 물질에서 두드러지게 나타나는 효과이다.

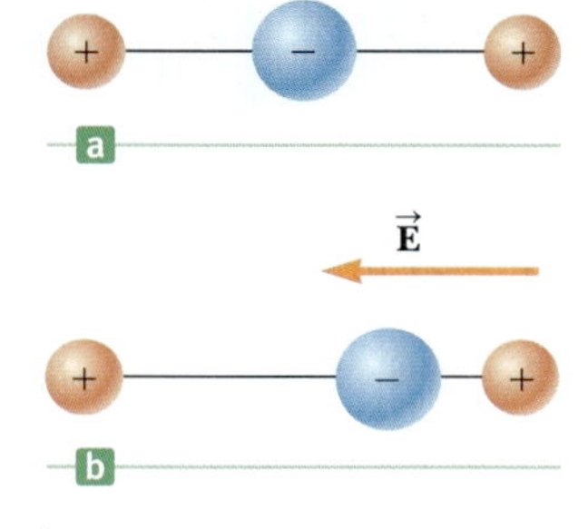

그림 16.27 (a) 대칭 구조의 분자는 영구 분극이 일어나지 않는다. (b) 외부 전기장은 분자에 분극을 유도한다.

유전체의 분극이 왜 전기용량에 영향을 끼칠 수 있는지를 이해하기 위해 그림 16.28에서 보여 주고 있는 유전체 조각을 고려해 보자. 커패시터 판 사이에 유전체 조각을 끼워 넣기 전에 극성 분자들은 무작위 방향으로 향한다(그림 16.28a). 극성 분자들은 쌍극자이므로 각각은 쌍극자 전기장을 만든다. 그러나 무작위 방향으로 향하기 때문에 평균 전기장은 영이다.

전기장이 $\vec{\mathbf{E}}_0$인 판 사이에 유전체 조각을 넣은 후(그림 16.28b), 양극판은 쌍극자의 음전하 끝을 끌어당기고 음극판은 쌍극자의 양전하 끝을 끌어당긴다. 이 힘은 유전체를 구성하는 분자들에 토크를 가하여, 평균적으로 쌍극자의 음극이 양극판을 향하게 하고 쌍극자의 양극은 음극판을 향해 정렬되도록 이들을 재배열한다. 중앙에 있는 양전하와 음전하는 서로 상쇄된다. 그러나 양극판 옆의 유전체에는 음전하가, 음극판 옆의 유전체에는 양전하가 축적된다. 이 배열은 그림 16.28c에서처럼 원래의 전기장 $\vec{\mathbf{E}}_0$를 부분적으로 상쇄시키는 유도 전기장 $\vec{\mathbf{E}}_{\text{유도}}$를 생성하는 한 쌍의 대전된 판을 추가한 모형이 될 수 있다. 유전체가 삽입될 때 배터리가 연결되지 않았다면, 판 양단의 전위차 ΔV_0는 $\Delta V_0/\kappa$로 감소된다.

그러나 만일 커패시터가 배터리에 여전히 연결되어 있다면 음전하 끝은 양극판에서 더 많은 전자를 밀어 더 많은 양전하를 띠게 된다. 그동안 양극판은 음극판 위의 더 많은 전자를 끌어당긴다. 이 상황은 커패시터 양단의 전위차가 배터리 양단의 전위차와 같은 값에 도달할 때까지 계속된다. 알짜 효과는 커패시터에 저장된 전하량의 증가이다. 판이 주어진 전압에 대해 더 많은 전하를 저장할 수 있다면 $C = Q\Delta V$로부터 전기용량이 증가해야 한다.

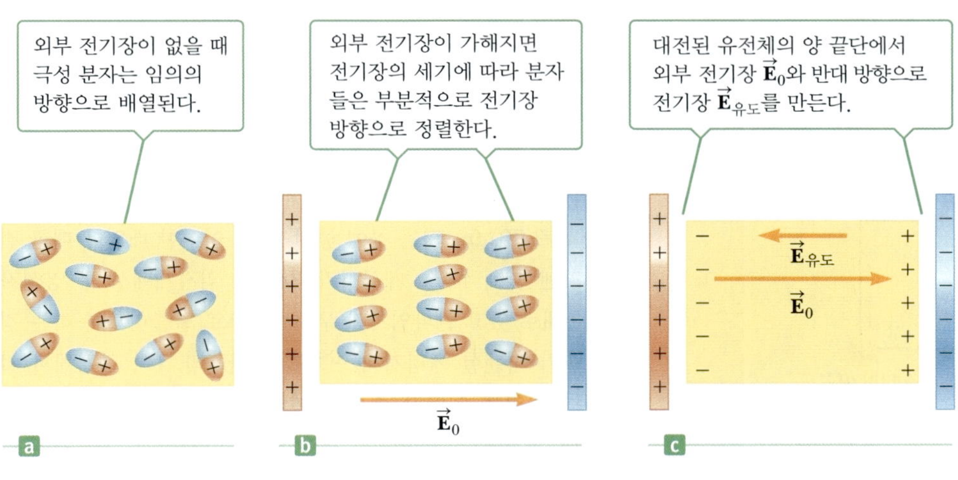

그림 16.28 (a) 외부 전기장이 없을 때 극성 분자는 임의의 방향으로 배열된다. (b) 외부 전기장이 가해지면 전기장의 세기에 따라 분자들은 부분적으로 전기장 방향으로 정렬한다. (c) 유전체의 대전된 양 끝단은 마치 새로운 평행판처럼 나타나서 커패시터 판 사이의 전체 전기장을 감소시킨다. 유전체의 양 끝단 내부는 여전히 중성 상태이다.

연습문제

16.1 전기 퍼텐셜 에너지와 전위

1(1). 세포막의 내부 면과 외부 면 사이에 90.0 mV의 전위차가 있다. 내부 면은 외부 면에 대해 음이다. 세포 내부로부터 양의 나트륨 이온(Na^+)을 추출하려면 얼마의 일을 해 주어야 하는가?

2(3). A점에 있는 이온화된 산소 분자(O_2^+)의 전하는 $+e$이다. 이 분자가 $+x$ 방향으로 2.00×10^3 m/s의 속력으로 움직인다. $-x$ 방향으로 향하는 전기력이 이 분자의 속력을 늦추어서 그 분자가 A점에서 0.750 mm 떨어진 B점에서 정지한다. (a) 전기장의 x성분, (b) A점과 B점 사이의 전위차를 계산하라.

3(5). $+x$축 방향으로 향하는 375 N/C 크기의 균일한 전기장이 처음에 정지한 전자에 작용한다. 전자가 3.20 cm 움직인 후, (a) 전기장이 전자에 한 일을 구하라. (b) 전자에 관련된 퍼텐셜 에너지 변화는 얼마인가? (c) 전자의 속도는 얼마인가?

4(7). 정지해 있던 양성자가 일정한 전기장 속에서 가속되어 2.00 m를 지날 때의 속력이 1.50×10^5 m/s이다. (a) 양성자의 운동에너지의 변화량을 구하라. (b) 이 계의 전기 퍼텐셜 에너지의 변화량을 구하라. (c) 전기장의 크기를 계산하라.

5(9). 반대 부호로 대전된 평행한 판이 5.33 mm 떨어져 있다. 판 사이의 전위차는 600. V이다. (a) 판 사이의 전기장의 크기는 얼마인가? (b) 판 사이에서 전자가 받는 힘은 얼마인가? (c) 처음에 전자가 양극판에서 2.90 mm 떨어져 있었다면 이를 음극판으로 옮기기 위해 얼마의 일을 해 주어야 하는가?

16.2 점전하에 의한 전위와 전기 퍼텐셜 에너지

6(11). (a) 그림 P16.6의 직사각형 오른쪽 꼭짓점(전하가 없는 꼭짓점)에서의 전위를 구하라. 무한대에서 전위는 영으로 한다.

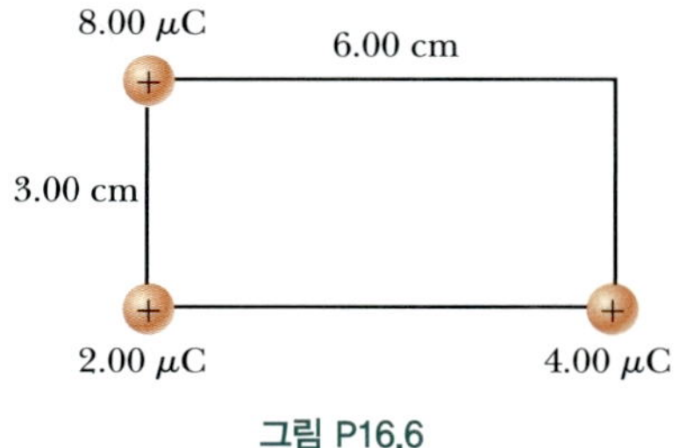

그림 P16.6

(b) 만약 2.00 μC의 전하가 -2.00 μC의 전하와 교체된 경우 풀이를 반복하라.

7(13). 두 점전하 $Q_1 = +5.00$ nC와 $Q_2 = -3.00$ nC가 35.0 cm 떨어져 있다. (a) 두 전하의 중간 점에서의 전위는 얼마인가? (b) 전하 쌍의 퍼텐셜 에너지는 얼마인가? 계산 값이 음인 경우 그 답이 의미하는 바는 무엇인가?

8(15). 전자가 원점에 있다. (a) $x = 0.250$ cm인 점 A에서 전위 V_A를 계산하라. (b) $x = 0.750$ cm인 점 B에서 전위 V_B를 계산하라. 전위차 $V_B - V_A$는 얼마인가? (c) 점 A에 놓인 음으로 대전된 입자가 점 B에 도달하기 위해 같은 전위차를 반드시 통과해야 하는가? 설명하라.

9(17). 질량이 8.00 μg이고 전하가 -2.80 nC인 작은 구가 처음에 $+8.50$ nC의 고정된 구로부터 1.60 μm 떨어져 있다. 8.00 μg의 구를 정지 상태에서 놓을 때, (a) 고정된 전하로부터 0.500 μm될 때의 운동에너지와 (b) 속력을 구하라.

10(19). 그림 P16.10에 있는 이등변 삼각형 꼭짓점에 세 개의 점전하가 있다. $q = 7.00$ nC일 때 밑변 중앙에서의 전위를 계산하라.

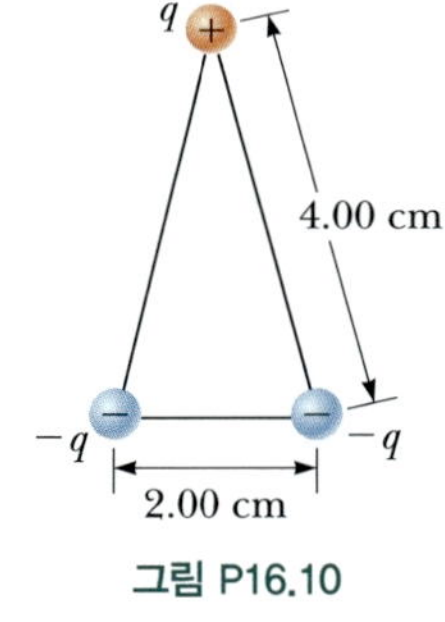

그림 P16.10

11(21). 한 양성자가 원점에 놓여 있고 다른 양성자 하나는 $x = 6.00$ fm(1 fm $= 10^{-15}$ m)되는 곳에 놓여 있다. (a) 이러한 배열에 대한 전기 퍼텐셜 에너지를 계산하라. (b) 알파입자(전하 $= 2e$, 질량 $= 6.64 \times 10^{-27}$ kg) 한 개가 $(x, y) = (3.00, 3.00)$ fm 되는 곳에 놓여 있다. 이러한 배열에 대한 전기 퍼텐셜 에너지를 계산하라. (c) 세 입자계에서 두 양성자는 그대로 있고 알파입자만 무한원점으로 탈출하도록 하는 경우 전기 퍼텐셜 에너지의 변화를 계산하라. (이 과정에서 일어날 수 있는 어떠한 종류의 에너지 방출도 무시한다.) (d) 에너지 보존을 사용하여 알파입자가 무한원점에 있을 때의 속

력을 계산하라. (e) 만일 알파입자는 그대로 있고 두 양성자가 놓인다면 무한원점에서의 두 양성자의 속력을 계산하라.

12(23). 원자 모형으로 유명한 러더퍼드의 산란 실험에서 알파입자(전하가 $+2e$이고 질량이 6.64×10^{-27} kg)가 전하 $+79e$인 금 원자핵을 향하여 발사되었다. 처음에 금의 원자핵으로부터 아주 멀리 있는 알파입자가 그림 P16.12처럼 핵을 향해 2.00×10^{7} m/s로 발사되었다. 알파입자가 되돌아가기 전 금 원자에 얼마나 가까이 접근하는가? 금 원자핵은 정지 상태에 있다고 가정한다.

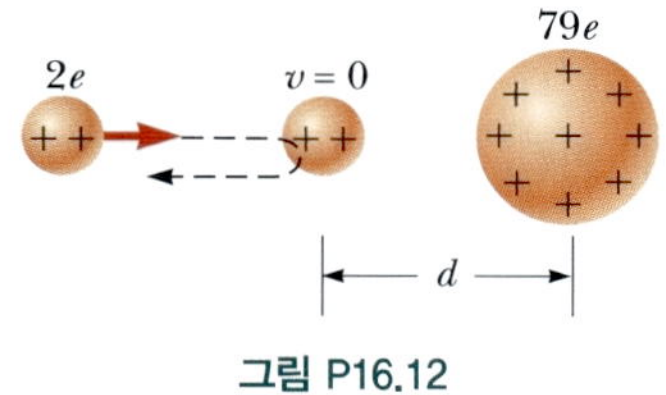

그림 P16.12

16.3 전위, 대전된 도체, 등전위면

13(25). 전하가 3.20×10^{-19} C인 알파입자가 전위가 3.60×10^{3} J/C인 점 A에서 전위가 5.80×10^{3} J/C인 점 B로 이동했다. 전기장이 알파입자에 한 일을 전자볼트 단위로 계산하라.

14(27). 운동에너지가 1.00 eV인 (a) 전자와 (b) 양성자의 속력을 계산하라. (c) 온도가 3.00×10^{2} K인 이상 기체의 평균 병진 운동에너지를 eV 단위로 계산하라. (10장을 보면 $\frac{1}{2}m\bar{v}^2 = \frac{3}{2}k_B T$이다.)

16.5 커패시터

15(29). 넓이가 0.200 m^{2}이고 판 사이의 거리가 3.00 mm인 평행판 커패시터가 6.00 V의 배터리에 연결되어 있다. (a) 전기용량은 얼마인가? (b) 판에 저장된 전하는 얼마인가? (c) 판 사이의 전기장의 크기는 얼마인가? (d) 각 판의 전하 밀도는 얼마인가? (e) 배터리를 연결한 상태에서 판들이 멀어진다. 앞의 답들은 각각 정성적으로 어떻게 되는가?

16(31). 지구와 지구 위 8.0×10^{2} m 구름층을 평행판 커패시터의 판으로 생각하자. (a) 구름층의 넓이가 $1.0\ \text{km}^2 = 1.0 \times 10^{6}\ \text{m}^2$일 때 전기용량은 얼마인가? (b) 만약 전기장의 세기가 3.0×10^{6} N/C보다 큰 경우 (번개로 인해) 공기의 절연 파괴를 일으키고 전하가 전도한다면, 구름이 가질 수 있는 최대 전하는 얼마인가?

17(33). 공기로 채워진 평행판 커패시터의 판의 넓이가 2.30 cm^{2}이고, 1.50 mm 떨어져 있다. 커패시터는 12.0 V의 배터리에 연결되어 있다. (a) 전기용량 값을 구하라. (b) 커패시터의 전하량은 얼마인가? (c) 판 사이의 균일한 전기장의 크기는 얼마인가?

18(35). 두 평행판 사이가 공기로 채워진 커패시터의 각 판의 넓이가 7.60 cm^{2}이고 판 사이의 거리가 1.80 mm이다. 두 판에 20.0 V의 전위차가 가해질 때 (a) 두 판 사이 전기장의 세기, (b) 전기용량과 (c) 각 판의 전하를 구하라.

16.6 커패시터의 연결

19(37). (a) 그림 P16.19에서 커패시터들의 등가용량, (b) 각 커패시터의 전하, (c) 각 커패시터 양단의 전위차를 구하라.

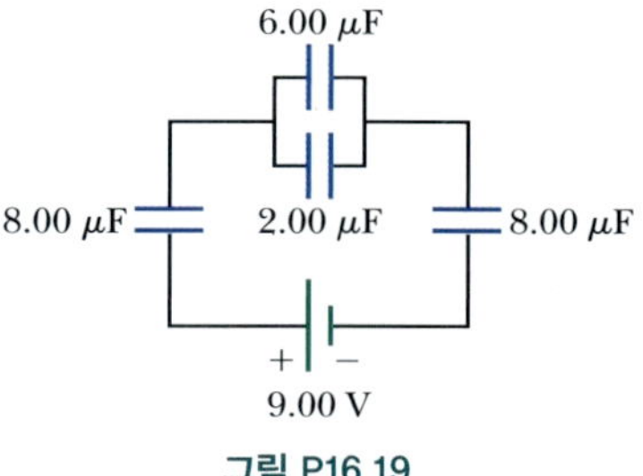

그림 P16.19

20(39). 그림 P16.20에 나타낸 커패시터 계에 대하여 (a) 계의 등가용량, (b) 각각의 커패시터에 있는 전하, (c) 각 커패시터 양단의 전위차를 구하라.

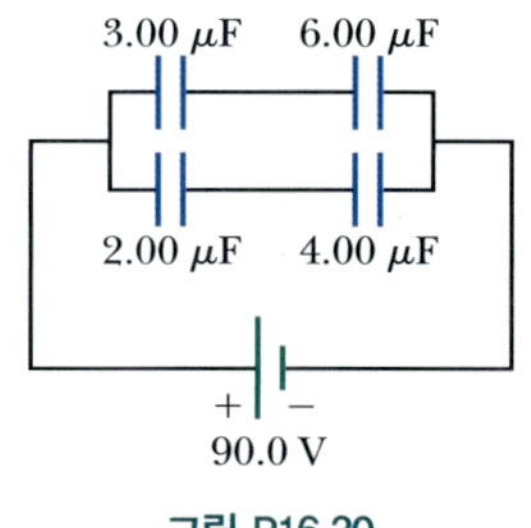

그림 P16.20

21(41). 2.50 μF 커패시터와 6.25 μF 커패시터, 그리고 6.00 V의 배터리가 있다. (a) 배터리 양단에 직렬로 연결할 때와 (b) 배터리 양단에 병렬로 연결할 때 각각의 커패시터에 있는 전하를 구하라.

22(43). 1.00 μF의 커패시터를 10.0 V의 배터리에 연결하여 충전한 다음 분리하여 충전되지 않은 2.00 μF의 커패시터에 연결하였다. 각 커패시터에 남아 있는 전하를 구하라.

23(45). 그림 P16.23에서 각각의 커패시터에 있는 전하를 구하라.

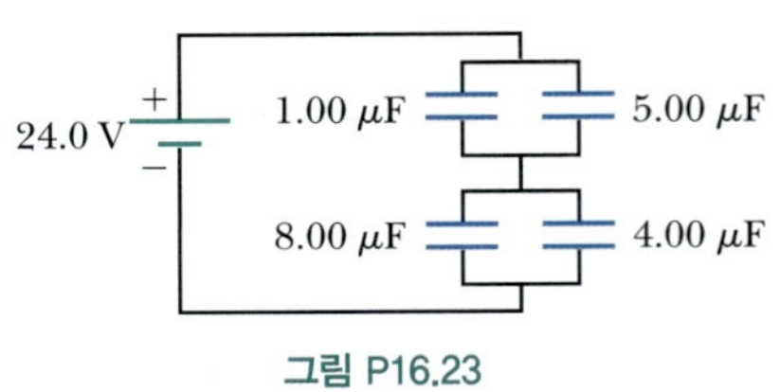

그림 P16.23

24(47). 25.0 μF의 커패시터와 40.0 μF의 커패시터가 50.0 V의 배터리에 연결되어 충전된다. (a) 각 커패시터에 저장되는 전하를 구하라. (b) 커패시터를 배터리에서 떼어낸 다음 두 커패시터를 직렬로 연결하면 각 커패시터에 저장되는 나중 전하는 얼마인가? (c) 40.0 μF 커패시터 양단의 전위차는 얼마인가?

16.7 커패시터에 저장된 에너지

25(49). 전기용량이 3.00 μF인 평행판 커패시터가 있다. (a) 6.00 V의 배터리에 연결된다면 커패시터에 저장된 에너지는 얼마인가? (b) 배터리의 연결이 끊어지고 대전된 판 사이의 거리가 두 배가 되면 저장된 에너지는 얼마인가? (c) 그 후 배터리가 커패시터에 다시 연결되었고 판의 간격은 (b)와 같다. 저장된 에너지는 얼마인가? (각 부분은 μJ로 답하라.)

26(51). 12.0 V의 배터리가 4.50 μF 커패시터에 연결되어 있다. 커패시터에 저장된 에너지는 얼마인가?

16.8 유전체를 넣은 커패시터

27(53). 공기로 채워진 평행판 커패시터 양단의 전압이 85.0 V로 측정되었다. 그림 P16.27처럼 유전체가 삽입되어 판 사이의 간격을 모두 채울 때 전압은 25.0 V로 떨어진다. (a) 삽입된 물질의 유전 상수는 얼마인가? 여러분은 이 유전체가 무엇인지 알 수 있는가? (b) 판 사이 간격을 유전체로 완전히 채우지 않는다면 판 사이의 전압은 어떻게 되는가?

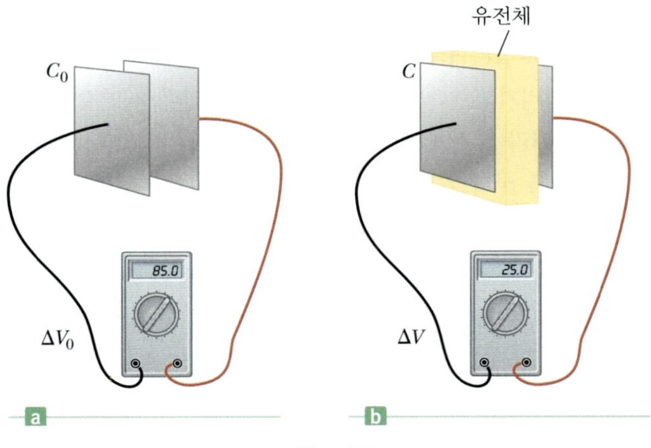

그림 P16.27

28(57). 테플론으로 채워진 평행판 커패시터의 판의 넓이가 175 cm^{2}이고 절연층의 두께가 0.040 0 mm이다. (a) 전기용량과 (b) 커패시터에 가할 수 있는 최대 전압을 구하라.

종합문제

29(59). 판 사이의 간격이 d인 어떤 커패시터는 유전체가 없을 때의 전기용량이 C_0이다. 유전 상수가 κ이고 두께가 $d/3$인 유전체 판을 그림 P16.29a와 같이 커패시터의 판 사이에 넣었다. 부분적으로 유전체가 채워진 이 커패시터의 용량이

$$C = \left(\frac{3\kappa}{2\kappa + 1}\right)C_0$$

임을 증명하라. **힌트:** 이러한 커패시터를 그림 P16.29b와 같이 유전체가 있는 커패시터와 유전체가 없는 커패시터가 직렬로 연결된 것으로 취급하라.

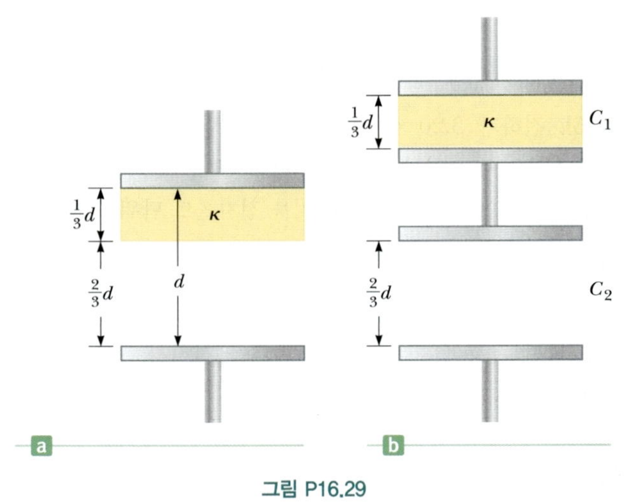

그림 P16.29

30(61). 그림 P16.30에서와 같은 커패시터 그룹의 등가용량을 구하라.

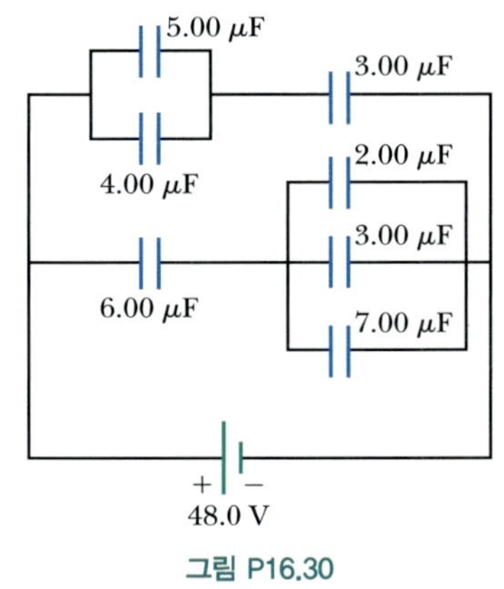

그림 P16.30

31(63). 유전 상수가 3.00이고 유전 강도가 2.00×10^8 V/m인 유전체를 사용하여 커패시터를 만들려고 한다. 원하는 커패시터의 용량은 0.250 μF이며 4.00 kV 이상의 전위차에 견딜 수 있어야 한다. 커패시터 판의 최소 넓이를 구하라.

32(67). $C_1 = 6.0\ \mu$F, $C_2 = 2.0\ \mu$F인 두 커패시터를 병렬로 연결하고 250 V의 배터리에 연결하여 충전하였다. 커패시터를 배터리에서 분리하고 두 커패시터도 분리하였다. 그 다음 두 커패시터를 다른 극끼리 병렬연결하였다. 각 커패시터에 남아 있는 전하량을 계산하라.

33(69). 반지름이 12.0 cm인 금속 구 A는 6.00 μC의 전하를 띠고, 반지름이 18.0 cm인 금속 구 B는 $-4.00\ \mu$C의 전하를 띠고 있다. 두 구가 매우 긴 전도성 실로 연결되어 있다면, 두 구의 최종 전하 분포는 어떻게 되는가?

34(71). 많은 경우 돌연사의 직접적인 원인은 심실세동이다. 이는 심장이 제대로 박동하지 않고 불규칙하게 떨리는 현상이다. 가슴에 전기 충격을 가하면 심장 근육이 일시적으로 마비될 수 있으며, 그 후 심장이 다시 규칙적으로 박동하기 시작하는 경우도 있다. 제세동기는 수 밀리초 동안 가슴에 강한 전기 충격을 가하는 장치이다. 이 장치에는 수천 볼트로 충전된 수 마이크로패럿의 커패시터가 들어 있다. 사용할 때는 약 8 cm 직경의 전도성 페이스트로 코팅된 패들이라는 전극을 심장 양쪽 가슴에 댄다. 전극 손잡이는 시술자의 부상을 방지하기 위해 절연 처리되어 있으며, 시술자는 "Clear!"라고 외친 다음 한쪽 패들의 버튼을 눌러 커패시터를 환자의 가슴을 통해 방전시킨다. 30.0 μF 커패시터에서 3.00×10^2 W·s의 에너지가 전달된다고 가정하면 전위차가 얼마나 발생해야 하는가? 충전해야 할 전위차는 얼마인가?

전류와 전기 저항
Current and Resistance

CHAPTER 17

다양한 실용 전기 소자들의 원리는 정전기학(움직이지 않는 전하를 다루는)에 기초를 두고 있다. 그러나 건전지의 발견으로 비교적 긴 시간 동안 연속적인 전하의 흐름을 조절할 수 있게 되자, 전기의 활용은 우리의 일상생활과 더욱더 밀접해졌다. 휘발성 셀로 만들어진 건전지는 1800년 이탈리아 물리학자인 볼타(Alessandro Volta)에 의해 개발되었는데, 이 건전지는 이전에 사용되었던 소자에 비해 낮은 전위에서 연속적인 전류를 제공하는 것이 가능하였다. 결론적으로 이 연속적인 전하의 흐름, 즉 전류의 발견은 회로에서 전하를 자유롭게 제어하고자 하는 후속 연구로 이어졌다. 오늘날 전류는 광범위한 활용을 증명했다. 전구, 라디오, TV, 에어컨, 컴퓨터와 냉장고 등 더 나아가 자동차 엔진의 가솔린을 점화하고 마이크로컴퓨터의 칩들을 제어하는 등 셀 수 없는 무수한 가능성을 열었다.

여기서, 우리는 도체에서의 전류를 정의하고 이의 흐름에 영향을 주는 요소들에 대해 살펴보겠다. 또한, 전기회로를 공부하며 에너지 전환에 대해서도 알아보도록 한다. 내용의 심도 있는 이해를 통해 이후에 배우게 될 전자 회로의 기반을 제공하고자 한다.

17.1 전류 Electric Current

그림 17.1과 같이 전하가 단면적 A인 면에 수직인 방향으로 움직이고 있다. (예를 들어, A는 도선의 단면이다.) **전류는 이 면을 통과하는 전하의 흐름률이다.**

단면적 A를 Δt 시간 동안 통과하는 전하량을 ΔQ라 하고, 수직 방향으로 흐른다고 가정하자. 그러면 **평균 전류**(average current) $I_{평균}$은 단위 시간당 면 A를 통과하는 전하량과 같다.

$$I_{평균} \equiv \frac{\Delta Q}{\Delta t} \qquad [17.1a]$$

SI 단위: 쿨롱/초(C/s) 또는 암페어(A)

Tip 17.1 전류가 흐른다는 표현은 중복된 표현이다.

보통 전류의 흐름 혹은 전류가 흐른다는 문구를 사용한다. 그러나 이것은 중복된 표현이다. 왜냐하면 전류라는 말이 이미 '(전하가) 흐른다.'라는 의미를 가지기 때문이다. 이러한 표현은 피해야 한다.

전류는 이동하는 전하들로 이루어진다. 그러므로 극단적으로 낮은 전류란 한 순간에 한 개의 전하가 면 A를 지나갔으나, 다음 순간에는 지나가는 전하가 없는 그러한 경우의 전류라고 생각할 수 있다. 전류는 본질적으로 시간 평균의 개념을 가진 양이다. 보통은 많은 수의 전하가 있는 경우이며, 이때 순간 전류를 정의할 수 있다.

순간 전류(instantaneous current) I는 시간 간격이 영으로 접근할 때 평균 전류의 극한값이다.

$$I = \lim_{\Delta t \to 0} I_{\text{평균}} = \lim_{\Delta t \to 0} \frac{\Delta Q}{\Delta t} \qquad [17.1b]$$

SI 단위: 쿨롱/초(C/s) 또는 암페어(A)

정전류의 경우 평균 전류와 순간 전류는 같다. 1 A의 전류는 1 C의 전하가 어떤 단면 A를 1 s 동안 통과하는 것과 같다.

그림 17.1과 같이 전하가 단면을 통하여 흐를 때, 전하의 부호는 양, 음, 또는 둘 모두가 될 수 있다. **이 책에서 사용된 전류의 방향은 관습적인 방향, 즉 양전하의 이동 방향이다.** (이러한 역사적인 관습은 양전하와 음전하의 개념이 도입된 약 200년 전부터 시작되었다.) 그러나 실제로는 구리와 같은 일반적인 도체에서 전류는 음으로 대전된 전자의 운동에 의하여 생긴다. 따라서 전류의 방향은 전자의 이동 방향과 반대 방향이 된다. 한편 입자 가속기에서 양으로 대전된 양성자 빔의 경우, 전류의 방향은 양성자의 운동 방향과 같다. 예를 들어, 일부 기체나 전해질과 같은 경우, 전류는 양전하와 음전하 모두에 의해 형성된다. 양이든 음이든 이동하는 전하를 전하 운반자라 한다. 예를 들어, 금속에서 전하 운반자는 전자이다.

정지해 있는 전하를 다루는 정전기학에서는 도체의 어느 부분에서나 전위가 같지만 전하가 흐르는 도체에서는 그렇지 않다. 도선을 따라 전하가 움직이면 전위가 낮아진다(초전도와 같은 특별한 경우는 제외한다). 전위가 낮아진다는 것은 움직이는 전하가 식 $\Delta U_{\text{전하}} = q\Delta V$에 따라 에너지를 잃는다는 것을 의미하며, $\Delta U_{\text{도선}} = -q\Delta V$의 에너지가 전하가 흐르는 도선에 남는 것을 의미한다. (그러한 식들은 식 16.2로부터 유도된다.) 양전하가 이동하는 방향이 전류의 방향이므로, q가 양이면 $\Delta V = V_f - V_i$는 음이 된다. 왜냐하면, 회로에서 양전하는 높은 전위에서 낮은 전위로 이동하기 때문이다. 즉, 그것은 $\Delta U_{\text{전하}} = q\Delta V$가 음이어야 함을 의미한다. 도선 내에서 움직이는 음전하도

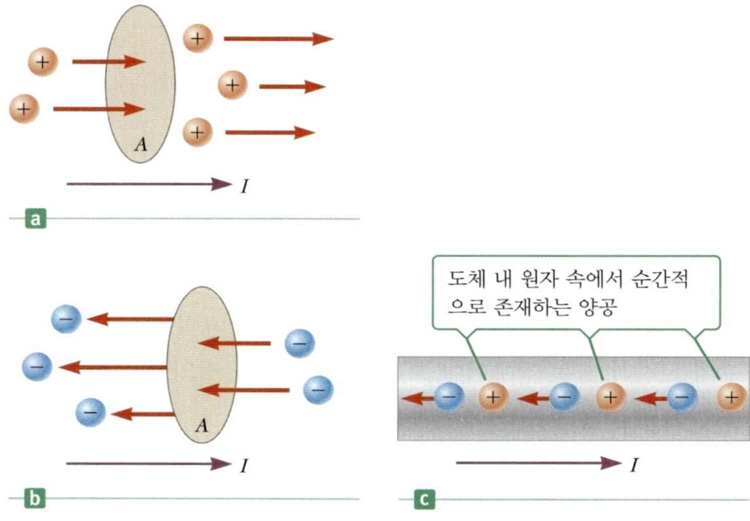

그림 17.1 단면 A를 통과하는 전하의 시간 흐름률을 전류 I라 한다. (a) 전류의 방향은 양전하가 흐르는 방향과 같다. (b) 왼쪽으로 흐르는 음전하는 오른쪽으로 흐르는 양전하와 같은 양으로 흐른다. (c) 도체에서 전위차에 의해 도체 격자의 원자로부터 전자가 빠져나간 빈자리를 양공이라 한다. 실제로 음전하가 왼쪽으로 이동하는 것은 양공을 오른쪽으로 밀어내는 것과 같다.

에너지를 잃는다. 간혹 크기만 따지는 경우에는 q와 ΔV의 절댓값을 취한다. 전류가 일정한 경우, 에너지를 소요 시간으로 나누면 전구의 필라멘트와 같은 회로 소자에 공급된 전력이 계산된다.

예제 17.1 불을 켜라

목표 전류의 개념을 적용한다.

문제 어떤 전구의 필라멘트를 2.00 s 동안 통과하는 전하량이 1.67 C이다. **(a)** 전구에 흐르는 평균 전류와 **(b)** 필라멘트를 5.00 s 동안 통과하는 전자 수를 구하라. **(c)** 전구에 흐르는 전류가 12.0 V의 배터리에 의한 것이라면 2.00 s 동안 필라멘트에서 소비되는 전체 에너지는 얼마인가? 평균 전력은 얼마인가?

전략 **(a)**에서는 주어진 값들을 식 17.1a에 대입한 다음, 그 답에 **(b)**에서 주어진 시간을 곱하면 그 시간 동안 통과한 전체 전하가 얻어진다. 전체 전하는 회로를 통과하는 전자 수 N과 전자 한 개당 전하를 곱한 것과 같다. 필라멘트에서 소비한 전력을 구하려면, 전위차 ΔV와 전체 전하를 곱하면 된다. 에너지를 시간으로 나누면 평균 전력이 된다.

풀이

(a) 전구에 흐르는 평균 전류를 구한다.

전하와 시간을 식 17.1a에 대입한다.

$$I_{평균} = \frac{\Delta Q}{\Delta t} = \frac{1.67\ \text{C}}{2.00\ \text{s}} = \boxed{0.835\ \text{A}}$$

(b) 필라멘트를 5.00 s 동안 통과하는 전자의 개수를 구한다.

전체 전자 수 N과 전자 한 개당 전하를 곱한 $I_{평균}\Delta t$는 전체 전하와 같다.

$$Nq = I_{평균}\,\Delta t \qquad (1)$$

위 식에 값을 대입한 후 N에 대해 푼다.

$$N(1.60 \times 10^{-19}\ \text{C/전자}) = (0.835\ \text{A})(5.00\ \text{s})$$

$$N = \boxed{2.61 \times 10^{19}\ \text{전자}}$$

(c) 필라멘트에서 소비한 전체 에너지와 평균 전력을 구한다.

전위차와 전체 전하를 곱하면 필라멘트에 전달된 에너지를 얻는다.

$$\Delta U = q\Delta V = (1.67\ \text{C})(12.0\ \text{V}) = \boxed{20.0\ \text{J}} \qquad (2)$$

에너지를 경과 시간으로 나누어 평균 전력을 계산한다.

$$P_{평균} = \frac{\Delta U}{\Delta t} = \frac{20.0\ \text{J}}{2.00\ \text{s}} = \boxed{10.0\ \text{W}}$$

참고 식 (1)과 같은 경우에는 그 식이 맞는지 확인하기 위해 각 항의 단위가 일치하는지 확인하는 것이 중요하다. 보통의 회로에서 한 점을 통과하는 전자의 개수는 엄청나게 많다는 것에 놀라지 않도록 하라. 그러한 값이 식 (2)에서 에너지를 계산하는 데 사용되었다. 낮은 전위에서 높은 전위로의 음전하를 이동시키는 전하 운반자는 전자이므로, 에너지의 변화는 $\Delta U_{전하} = q\Delta V = (-1.67\ \text{C})(+12.0\ \text{V}) = -20.0\ \text{J}$이며, 필라멘트에서 소비된 에너지는 $\Delta U_{필라멘트} = -\Delta U_{전하} = +20.0\ \text{J}$이다. 16장의 정의를 사용하여 여기서 계산한 에너지와 전력은 17.6절에서 좀 더 자세히 다룰 것이다.

17.2 미시적으로 본 전류와 유동 속력

A Microscopic View: Current and Drift Speed

거시적인 전류는 전류를 만드는 전하 운반자의 미시적인 운동과 연관시킬 수 있다. 전류는 움직이는 방향, 전하 운반자의 평균 속력, 단위 부피당 전하 운반자의 수, 각 전하 운반자의 종류에 따라 달라진다.

단면적이 A인 도체에 흐르는 동일하게 대전된 전하들이 있다(그림 17.2). 길이가 Δx인 부분의 부피는 $A\Delta x$이다. 만일 n이 '단위 부피당 유동 전하 운반자의 수'라면 부피에 들어 있는 전하 운반자의 수는 $nA\Delta x$이다. 따라서 그 부분의 유동 전하 ΔQ는

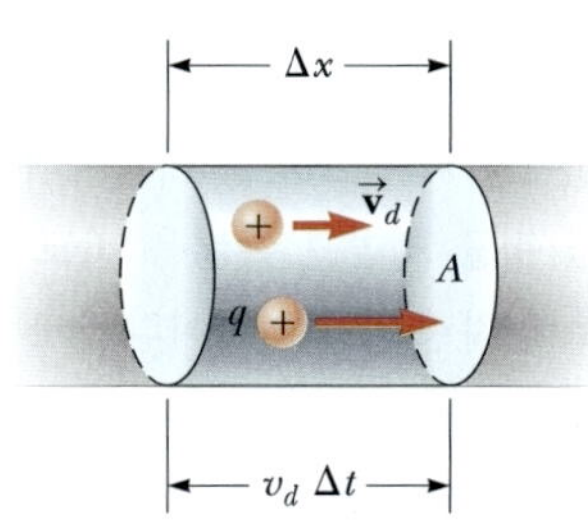

그림 17.2 단면적이 A인 균일한 도체의 단면. 전하 운반자는 속력 v_d로 움직이고 Δt 시간 동안에 움직인 거리는 $\Delta x = v_d\Delta t$이다. 길이 Δx의 영역 내에 들어 있는 전하 운반자의 수는 $nAv_d\Delta t$이다. n은 단위 부피당 전하 운반자 수이다.

$$\Delta Q = \text{전하 운반자의 수} \times \text{전하 운반자당 전하} = (nA\Delta x)q$$

가 된다. 여기서 q는 각 전하 운반자의 전하이다. 만일 전하 운반자가 **유동 속력**(drift speed) v_d라고 하는 일정한 평균 속력으로 움직인다면, Δt 시간 동안에 전하 운반자가 움직인 거리는 $\Delta x = v_d \Delta t$이다. 따라서 ΔQ는

$$\Delta Q = (nAv_d \, \Delta t)q$$

가 된다. 이 식의 양변을 Δt로 나누고 Δt가 영으로 가는 극한을 취하면, 도체에 흐르는 전류는 다음과 같이 주어진다.

$$I = \lim_{\Delta t \to 0} \frac{\Delta Q}{\Delta t} = nqv_d A \qquad [17.2]$$

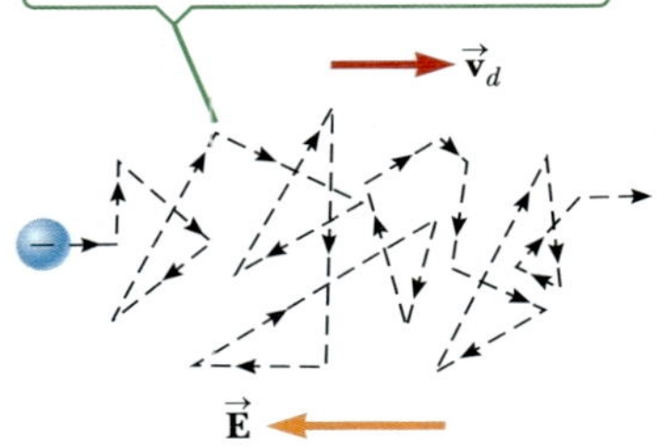

그림 17.3 도체 내 전하 운반자의 지그재그 운동의 개략도. 유동 속도 $\vec{\mathbf{v}}_d$는 전기장의 방향과 반대이다.

유동 속력의 의미를 이해하기 위해 전하 운반자가 자유 전자인 도체에 대해 살펴보자. 도체 안의 전자는 기체 분자의 운동과 비슷한 무질서한 운동을 한다. 유동 속력은 자유 전자가 도체 내의 고정 원자와 충돌하는 과정의 평균 속력에 비해 훨씬 작다. 전위차가 도체 양단에 가해졌을 때(예를 들어 건전지), 전기장이 형성되고 전자에 전기력을 가하게 된다. 즉 전류가 흐르게 된다. 전자는 금속 원자와 충돌을 반복하며 지그재그 운동을 하면서 도선을 따라 평균 유동 속력으로 느리게 움직인다(그림 17.3). 충돌하는 동안 전자로부터 금속 원자에 전달되는 에너지는 금속 원자의 진동 에너지를 증가시키고, 결국 도체의 온도를 증가시키는 원인이 된다. 충돌에도 불구하고 전자는 느리지만 도체에서 전기장 $\vec{\mathbf{E}}$의 반대 방향으로 움직이게 되는데, 이때의 속도를 유동 속도 $\vec{\mathbf{v}}_d$라고 한다.

예제 17.2 전자의 유동 속력

목표 전자의 유동 속력을 계산하고 제곱 평균 제곱근 속력과 비교한다.

문제 단면적이 3.00×10^{-6} m^{2}인 구리 도선에 10.0 A의 전류가 흐르고 있다. **(a)** 각 구리 원자는 하나의 자유 전자를 내놓을 수 있다고 가정하고, 이 구리 도선에서 전자의 유동 속력을 구하라. **(b)** 이상 기체 모형을 이용하여 20.0°C에서 전자의 유동 속력과 제곱 평균 제곱근 속력을 비교하라. 구리의 밀도는 8.92 g/cm^{3}이고 원자량은 63.5 u이다.

전략 식 17.2의 변수들 중 단위 부피당 자유 전하 운반자의 수 n을 제외하고는 모두 알고 있다. 구리 1몰은 아보가드로수(6.02×10^{23})의 원자를 포함하고 있고, 각 원자는 구리 금속에 하나의 전하 운반자를 내어놓는다는 사실을 상기하면 n을 구할 수 있다. 1몰의 부피는 구리의 밀도와 원자의 질량으로부터 구할 수 있다.

풀이

(a) 전자의 유동 속력을 구한다.

구리의 밀도와 원자량으로부터 1몰의 부피를 계산한다.

$$V = \frac{m}{\rho} = \frac{63.5 \text{ g/mol}}{8.92 \text{ g/cm}^3} = 7.12 \text{ cm}^3\text{/mol}$$

cm^{3}을 m^{3}으로 변환한다.

$$7.12 \text{ cm}^3\text{/mol}\left(\frac{1 \text{ m}}{10^2 \text{ cm}}\right)^3 = 7.12 \times 10^{-6} \text{ m}^3\text{/mol}$$

아보가드로수(1몰의 전자 수)를 1몰당 부피로 나누어 전하 운반자의 수 밀도를 구한다.

$$n = \frac{6.02 \times 10^{23} \text{ 전자/mol}}{7.12 \times 10^{-6} \text{ m}^3\text{/mol}}$$

$$= 8.46 \times 10^{28} \text{ 전자/m}^3$$

유동 속력에 대한 식 17.2를 풀고 대입한다.

$$v_d = \frac{I}{nqA}$$

$$= \frac{10.0\ \text{C/s}}{(8.46 \times 10^{28}\ \text{전자/m}^3)(1.60 \times 10^{-19}\ \text{C})(3.00 \times 10^{-6}\ \text{m}^2)}$$

$$v_d = \boxed{2.46 \times 10^{-4}\ \text{m/s}}$$

(b) 20.0°C에서 전자 기체의 제곱 평균 제곱근 속력을 구한다. 식 10.18을 적용한다.

$$v_{\text{rms}} = \sqrt{\frac{3k_{\text{B}}T}{m_e}}$$

켈빈 온도로 변환하고 값을 대입한다.

$$v_{\text{rms}} = \sqrt{\frac{3(1.38 \times 10^{-23}\ \text{J/K})(293\ \text{K})}{9.11 \times 10^{-31}\ \text{kg}}}$$

$$= \boxed{1.15 \times 10^5\ \text{m/s}}$$

참고 도선 내 전자의 유동 속력은 매우 작아 무질서한 열운동에 의한 속력의 십억 분의 일 정도에 불과하다.

예제 17.2에서 유동 속력이 매우 작다는 것을 알았다. 사실 유동 속력은 충돌 사이의 평균 속력보다도 훨씬 느리다. 예를 들어, 2.46×10^{-4} m/s의 유동 속력으로 이동하는 전자는 1 m를 이동하는 데 68분 정도 걸린다. 이렇게 느린 속력에도 불구하고 스위치를 켰을 때, 거의 순간적으로 불이 켜지는 이유는 무엇일까? 관을 통해 흐르는 물이 있다고 하자. 이미 물이 가득 차 있는 관의 한쪽 끝에 물을 한 방울 넣으려고 하면, 관의 다른 쪽으로 물 한 방울이 밀려나올 것이다. 개개의 물방울이 관을 모두 통과하는 데에는 오랜 시간이 걸리겠지만, 한쪽 끝에서 시작된 흐름은 빠르게 다른 쪽 끝에 같은 흐름을 일으킨다. 흔히 보는 또 다른 비유는 자전거의 쇠사슬이다. 자전거 톱니가 한쪽 고리를 움직이게 할 때, 다른 고리는 거의 순간적으로 모두 움직인다. 그렇지만 주어진 고리가 쇠사슬을 한 번 완전히 회전하는 데는 약간의 시간이 걸린다. 도체에서 자유 전자를 움직이게 하는 전기장의 변화는 빛과 가까운 속력으로 도체 속에서 전달된다. 따라서 전등 스위치를 켰을 때 도선(전기장)을 통하여 전자가 운동을 시작하게 하는 신호는 약 10^8 m/s의 속력으로 전자에게 전달된다.

Tip 17.2 전자는 회로의 어느 곳에서나 존재하고 있다.

처음 전구를 켤 때 전구 스위치에 있던 전자가 전구까지 가야만 켜지는 것은 아니다. 전구 필라멘트에 이미 있던 전자들이 배터리가 만든 전기장에 의해 움직여 전구의 불을 밝히기 시작하는 것이다. 배터리는 회로에 전자를 공급하지는 않는다. 단지 이미 존재하고 있는 전자에 에너지를 공급할 뿐이다.

17.3 회로에서 전류와 전압 측정
Current and Voltage Measurements in Circuits

전기 회로의 전류를 공부하기 위해서는 전류와 전압의 측정 방법을 이해해야 한다.

그림 17.4a의 회로는 예제 17.1의 전류를 측정하기 위한 실제 회로이다. 그림 17.4b는 그림 17.4a의 실제 회로를 표현한 것으로, 이를 회로도라고 한다. 이 회로는 단지 한 개의 배터리와 전구로 구성되어 있다. 회로라는 단어는 전류가 순환하고 도는 어떤 종류의 폐회로를 의미한다. 배터리는 전구와 도선으로 전하를 움직이게 한다. 만일 배터리의 양극이 전구의 한쪽과 도선으로 연결되고, 전구의 다른 한쪽은 구리 도선을 통해 배터리의 음극으로 되돌아가는 길이 완전히 이어지지 않는다면 전하는 흐르지 않을 것이다. 회로가 여러 상황에서 어떻게 작동되는가를 특징짓는 가장 중요한 양은 전구 내의 전류 I와 전구에 걸리는 전위차 ΔV이다. 전구에 흐르는 전류를 측정하기 위해서는 전

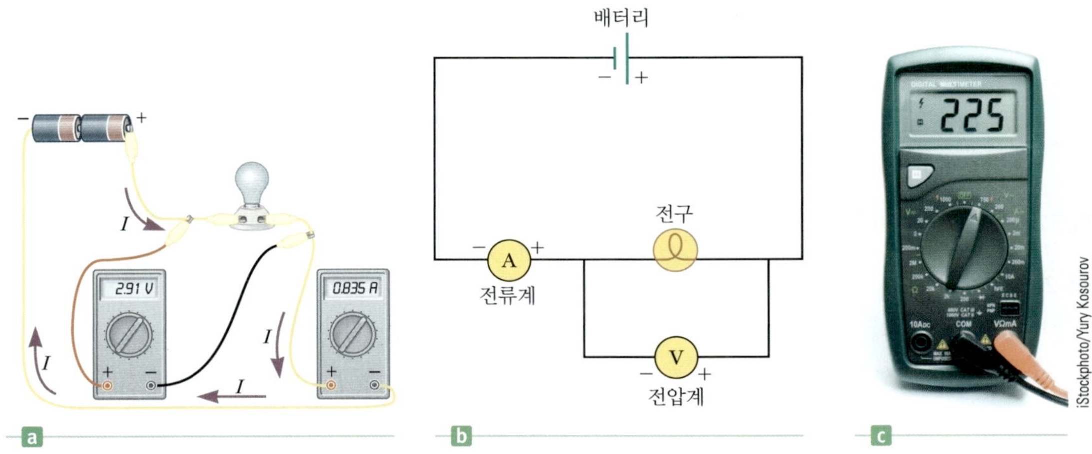

그림 17.4 (a) 전구에서 전류와 전압을 측정하는 실제 회로, (b) (a)의 전기 회로도, (c) 전류와 전위차를 측정하는 디지털 멀티미터

구에서 나온 전류가 다른 길로 새지 않도록 전구와 측정 장치인 전류계를 도선으로 직접 연결하여야 한다. 즉, 전구를 통과하는 모든 전하는 반드시 전류계를 통과해야 한다. 전압계는 전위차나 전구 필라멘트의 두 양 끝 사이의 전압을 측정한다. 만일 그림 17.4a와 같이 동시에 두 측정기를 사용한다면, 전압계의 연결로 인해 전류계의 눈금이 영향을 받는지를 알아보기 위해 전압계를 제거할 수도 있다. 그림 17.4c는 전압, 전류, 또는 저항을 디지털 눈금으로 측정할 수 있도록 편리하게 고안된 디지털 멀티미터이다. 디지털 멀티미터를 전압계로 사용할 때의 이점은 항상 전류에 영향을 주지 않는다는 것이다. 왜냐하면 전하의 흐름을 방해하는 매우 큰 저항을 가지기 때문이다.

따라서 실험실에 있는 여러 가지 전자 장치의 전압의 함수로($I-\Delta V$ 곡선) 전류를 측정할 수 있다. 이를 위해 −5 V에서 +5 V까지 (조정 가능한) 전위차를 공급할 수 있는 전원 공급 장치, 전구 하나, 저항기 하나, 약간의 전선, 클립, 멀티미터 두 개가 필요하다. 모든 측정은 가장 높은 멀티미터 눈금(즉, 10 A와 1 000 V)에서 시작해야 한다. 그리고 과부하가 걸리지 않고 정확한 측정값을 얻기 위해서는 감도 눈금을 한 눈금씩 올린다. (감도를 올린다는 것은 측정할 수 있는 최대 전류나 최대 전압의 값을 내린다는 의미이다.) 또한 주의해야 할 것은 그림 17.4b와 같이 전원 공급기와 극성을 올바르게 맞추어 연결하는 것이다. 마지막으로 기기의 파손과 실험비 절감을 위해서 실험 조교의 지시를 충실히 따라야 한다.

17.4 저항, 비저항, 옴의 법칙
Resistance, Resistivity, and Ohm's Law

17.4.1 저항과 옴의 법칙 Resistance and Ohm's Law

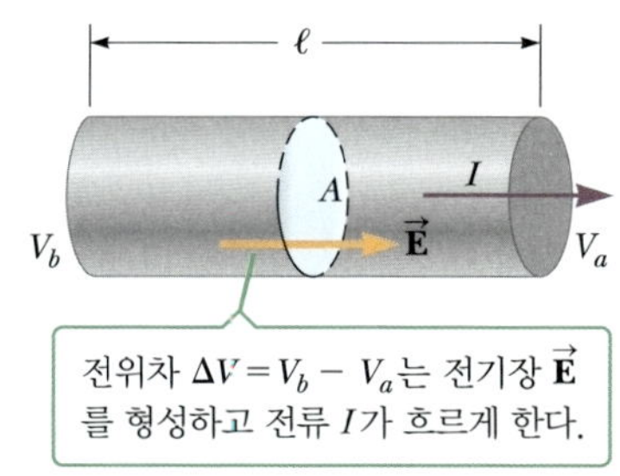

그림 17.5 길이가 ℓ이고 단면적이 A인 균일한 도체. 전류 I는 전위차, 즉 전기장과 길이의 곱에 비례한다.

그림 17.5와 같이 전압(전위차) ΔV가 금속 도체의 양단에 걸려 있을 때, 도체의 전류는 걸린 전압에 비례하는 것을 알 수 있다. 즉, $I \propto \Delta V$이다. 만일 이 비율이 유지된다면

$\Delta V = IR$로 쓸 수 있으며, 여기서 비례 상수 R을 도체의 저항이라고 한다. 실제로 **저항**(resistance)은 도체 양단에 걸린 전류에 대한 전압의 비로서 정의된다.

$$R \equiv \frac{\Delta V}{I} \qquad [17.3]$$

◀ 저항

저항의 SI 단위는 암페어당 전압으로 **옴**(Ω)이다. 만약 도체에 걸린 전위차가 1 V이고 1 A의 전류가 흐른다면, 이 도체의 저항은 1 Ω이 된다. 예를 들어, 120 V의 전원에 연결된 전기 기구에 6 A의 전류가 흐른다면, 이때 저항은 20 Ω이 된다.

전류, 전압, 저항의 개념은 강물의 흐름에 비유할 수 있다. 너비와 깊이가 일정한 강에서 물이 상류에서 하류로 흐를 때, 흐름률(물의 흐름)은 경사각과 바위, 강둑, 다른 장애물들에 영향을 받게 된다. 전위차는 경사도와 유사하고 저항은 장애물과 유사하다. 이러한 비유를 근거로 하여, 경사도를 증가시키면 강물의 흐름이 증가하듯이, 전압을 증가시키면 회로 내의 전류가 증가할 것으로 짐작할 수 있다. 또한 강에 있는 장애물이 증가하면 강물의 흐름이 줄어들듯이, 회로에 저항이 증가하면 전류가 줄어들게 된다. 회로에서 저항은 주로 전류를 형성하는 전자들과 도체 안의 원자들과의 충돌에 기인한다. 이러한 충돌은 마찰력과 같이 전하의 운동을 방해한다. 대부분의 금속을 포함한 많은 물질의 경우, **넓은 범위의 전압 또는 전류에 걸쳐 저항은 일정하다**는 사실을 실험을 통해 알 수 있다. 이 사실은 처음으로 전기 저항에 대한 체계적인 연구를 한 옴(Georg Simon Ohm, 1789~1854)의 이름을 따라 **옴의 법칙**(Ohm's law)이라 부른다.

© Book's Hill

옴

Georg Simon Ohm, 1789~1854

독일 물리학자

고등학교 교사였고 나중에 뮌헨 대학교의 교수가 된 옴은 저항의 개념을 확립하고 식 17.5로 주어지는 비례 관계식을 발견하였다.

옴의 법칙은 다음과 같다.

$$\Delta V = IR \qquad [17.4]$$

여기서 R은 전압 ΔV와 전류 I와는 무관하다. 앞으로 전기 회로를 다룰 때 옴의 법칙을 나타낸 이 식을 계속해서 활용할 것이다. **저항기**(resistor)는 전기 회로에서 특정한 저항값을 가진 도체이다(그림 17.6). 회로도에서 저항기의 기호는 지그재그 선(—⩘⩘—)이다.

Courtesy of Henry Leap and Jim Lehman

그림 17.6 전자 회로에서 다양하게 사용되는 여러 가지 저항기

옴의 법칙은 특정한 물질에 대해서만 성립하는 실험식이다. 옴의 법칙을 만족하고 넓은 범위의 전압에 걸쳐 일정한 저항을 갖는 물질을 **옴성**(ohmic) 물질이라 하고, 전압 혹은 전류 값에 따라 저항이 바뀌는 물질은 **비옴성**(nonohmic) 물질이라 한다. 옴성 물질은 넓은 범위의 전압에 걸쳐 선형적인 전류–전압의 관계를 갖는다(그림 17.7a). 반면 비옴성 물질은 비선형적인 전류–전압의 관계를 갖는다(그림 17.7b). 회

I, 기울기 $= \frac{1}{R}$, ΔV (a)

I, ΔV (b)

그림 17.7 (a) 옴성 물질의 전류–전압 곡선. 그 기울기로부터 도체의 저항을 구할 수 있다. (b) 반도체 다이오드의 비선형 전류–전압 곡선. 이 소자는 옴의 법칙을 따르지 않는다.

로에서 전류를 한쪽 방향으로만 흐르게 하는 다이오드는 흔히 보는 비옴성 반도체 소자이다. 다이오드의 저항은 특정 방향의 전류(양의 ΔV)에 대해서는 작고, 반대 방향의 전류(음의 ΔV)에 대해서는 매우 크다. 트랜지스터와 같은 대부분의 현대 전자 소자들은 비선형적인 전류–전압의 관계를 가지며, 이들의 동작은 옴의 법칙을 만족하지 않는 특이한 방법을 따른다.

17.4.2 비저항 Resistivity

도선에서 전자는 직선 경로로 운동하지 않고 금속 원자와 충돌을 반복한다. 양 끝 단에 전압이 걸린 도체를 고려해 보자. 전자는 전기력에 의해 가속되어 속력을 얻게 되는데, 방향은 전기장과 반대 방향이다. 다시 전자는 도체 안의 원자와 충돌로 가속이 저하된다. 이러한 과정이 계속해서 반복되면서 충돌은 전자에 흡사 내부 마찰력과 같은 작용을 한다. 이렇게 하여 물질은 저항을 갖게 된다.

옴성 도체의 저항은 길이에 따라 증가한다. 이는 도체의 길이가 길어질수록 전자는 더 많은 충돌을 겪어야 하기 때문이다. 좁은 관에서 유체의 흐름이 지체되듯이 도체의 저항은 단면적이 작을수록 증가한다. 도체의 저항은 길이 ℓ에 비례하고, 단면적 A에 반비례한다. 즉, 다음과 같이 주어진다.

$$R = \rho \frac{\ell}{A} \tag{17.5}$$

여기서 비례 상수 ρ를 물질의 **비저항**(resistivity)이라고 한다. 모든 물질은 전자적인 구조와 온도에 따른 고유한 비저항이 있다. 전기적으로 좋은 도체는 비저항이 매우 낮

표 17.1 여러 가지 물질의 비저항과 비저항의 온도 계수(20 °C)

물질	비저항 (Ω·m)	비저항의 온도 계수 [(°C)$^{-1}$]
은	1.59×10^{-8}	3.8×10^{-3}
구리	1.7×10^{-8}	3.9×10^{-3}
금	2.44×10^{-8}	3.4×10^{-3}
알루미늄	2.82×10^{-8}	3.9×10^{-3}
텅스텐	5.6×10^{-8}	4.5×10^{-3}
철	10.0×10^{-8}	5.0×10^{-3}
백금	11×10^{-8}	3.92×10^{-3}
납	22×10^{-8}	3.9×10^{-3}
니크롬[a]	150×10^{-8}	0.4×10^{-3}
탄소	3.5×10^{-5}	-0.5×10^{-3}
저마늄	0.46	-48×10^{-3}
실리콘	640	-75×10^{-3}
유리	$10^{10} - 10^{14}$	
단단한 고무	$\approx 10^{13}$	
유황	10^{15}	
석영(용융)	75×10^{16}	

[a] 보통 열선으로 사용되는 니켈–크로뮴의 합금

고, 우수한 절연체는 비저항이 매우 높다. 표 17.1은 20 °C에서 여러 물질의 비저항값을 나타낸 것이다. 저항의 단위가 옴이므로, 비저항의 단위는 옴·미터(Ω·m)가 된다.

예제 17.3 니크롬선의 저항

목표 옴의 법칙과 비저항의 개념을 결합시킨다.

문제 **(a)** 반지름이 0.321 mm인 22게이지 니크롬선의 단위 길이당 저항을 계산하라. **(b)** 만일 길이가 1.00 m인 니크롬선 양단의 전위차가 10.0 V이면, 이때 흐르는 전류는 얼마인가? **(c)** 이 도선을 녹여 원래 길이의 두 배로 늘였다. 새 저항 R_N은 원래 저항 R_O의 몇 배가 되는가?

전략 **(a)** 단면적을 구한 다음 식 17.5에 대입한다. **(b)** 옴의 법칙을 이용한다. **(c)** 약간의 대수 계산을 필요로 한다. 즉, 새 길이 ℓ_N과 새 단면적 A_N을 원래 길이와 단면적의 함수로 나타낸 다음, 이를 새 저항을 구하는 식에 대입한다. 넓이를 구할 때 원래의 도선과 새 도선의 부피는 같다는 사실을 기억하라.

풀이

(a) 단위 길이당 저항을 계산한다.

도선의 단면적을 구한다.

$$A = \pi r^2 = \pi(0.321 \times 10^{-3}\ \text{m})^2 = 3.24 \times 10^{-7}\ \text{m}^2$$

표 17.1로부터 니크롬선의 비저항을 얻는다. R/ℓ에 대한 식 17.5를 풀고, 값을 대입한다.

$$\frac{R}{\ell} = \frac{\rho}{A} = \frac{1.5 \times 10^{-6}\ \Omega \cdot \text{m}}{3.24 \times 10^{-7}\ \text{m}^2} = \boxed{4.6\ \Omega/\text{m}}$$

(b) 길이가 1.00 m인 도선의 양단 전위차가 10.0 V일 때, 여기에 흐르는 전류를 구한다.

주어진 값을 옴의 법칙에 대입한다.

$$I = \frac{\Delta V}{R} = \frac{10.0\ \text{V}}{4.6\ \Omega} = \boxed{2.2\ \text{A}}$$

(c) 이 선을 녹여 원래 길이의 두 배로 늘였을 때, 새 저항이 원래 저항의 몇 배가 되는지 구한다.

원래 단면적 A_O의 함수로 새 단면적 A_N을 구한다. 부피는 변함이 없으며 $\ell_N = 2\ell_O$이다.

$$V_N = V_O \quad \rightarrow \quad A_N \ell_N = A_O \ell_O \quad \rightarrow \quad A_N = A_O(\ell_O/\ell_N)$$
$$A_N = A_O(\ell_O/2\ell_O) = A_O/2$$

식 17.5에 대입한다.

$$R_N = \frac{\rho \ell_N}{A_N} = \frac{\rho(2\ell_O)}{(A_O/2)} = 4\frac{\rho \ell_O}{A_O} = \boxed{4R_O}$$

참고 표 17.1에서 알 수 있듯이 니크롬선의 비저항은 대표적으로 비저항이 좋은 도체인 구리의 약 100배 정도이다. 따라서 같은 반지름의 구리 도선의 단위 길이당 저항은 0.052 Ω/m이다. 그리고 같은 반지름의 구리 도선 1.00 m에는 단 0.115 V의 인가 전압만으로 같은 양의 전류(2.2 A)를 흘릴 수 있다. 니크롬선은 산화가 잘 되지 않기 때문에 흔히 전기 토스터, 전기 다리미, 전열기 등의 열선으로 사용되고 있다.

17.5 온도에 따른 저항의 변화 Temperature Variation of Resistance

도체의 비저항 ρ과 저항은 몇 가지 요인들에 의해 결정된다. 가장 중요한 것 중의 하나가 금속의 온도이다. 대부분의 금속은 온도가 증가함에 따라 비저항이 증가한다(그림 17.8). 이 상관 관계는 다음과 같이 이해할 수 있다. 물질의 온도가 증가함에 따라 도체의 구성 원자는 점점 더 큰 진폭으로 진동한다. 사람들이 가만히 서 있을 때보다 움직이고 있는 혼잡한 방 안을 지나가는 것이 더 어려운 것처럼, 전자 역시 큰 진폭으로 움직이고 있는 원자를 지나가는 것이 더 어렵다. 기술적으로 열팽창 역시 저항에 영향을 주지만, 이러한 효과는 매우 작다.

대부분 금속의 비저항은 한정된 온도 범위에서는 다음의 표현식에 따라 대략 온도에 대해 선형으로 증가한다.

그림 17.8 탄소 필라멘트로 된 구형 백열 전등의 전기 저항은 보통 10 Ω이지만 온도에 따라 달라진다.

$$\rho = \rho_0[1 + \alpha(T - T_0)] \quad [17.6]$$

여기서 ρ는 어떤 온도 T(섭씨 온도)에서 비저항, ρ_0는 어떤 기준 온도 T_0(보통 20°C)에서 비저항이며, α는 **비저항의 온도 계수**(temperature coefficient of resistivity)이다. 여러 물질의 온도 계수가 표 17.1에 있다. 반도체의 온도 계수 α가 음의 값인 이유는, 반도체에는 약하게 속박된 전하 운반자가 있어 온도가 상승하면 이 운반자가 움직여 전류에 기여하기 때문이다.

균일한 단면적을 가진 도체의 저항은 식 17.5($R = \rho\ell/A$)에 따라 비저항에 비례하므로, 저항의 온도 변화는 다음과 같이 쓸 수 있다.

$$R = R_0[1 + \alpha(T - T_0)] \quad [17.7]$$

이러한 성질을 이용하여 온도를 정밀하게 측정한다.

17.6 전기에너지와 전력 Electrical Energy and Power

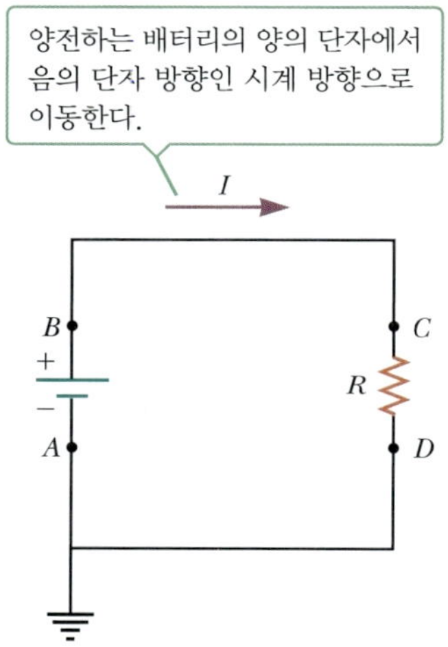

만약 배터리를 써서 도체에 전류를 생성시키면, 배터리에 저장된 화학 에너지는 전하 운반자들의 운동에너지로 계속해서 변환된다. 이 운동에너지는 전하 운반자들과 도체 내에 고정된 원자들 사이의 충돌로 인하여 빠르게 소모되어 도체의 온도를 증가시킨다. 이와 같이 배터리에 저장된 화학 에너지는 열에너지로 계속하여 변환된다.

양전하는 배터리의 양의 단자에서 음의 단자 방향인 시계 방향으로 이동한다.

그림 17.9 배터리와 저항 R로 구성된 회로. 점 A는 접지되어 있다.

단자에 저항기가 연결되어 있는 배터리를 예로 들어 간단한 회로에서 에너지 변환 과정을 알아보자. (그림 17.9에서 배터리의 양의 단자는 항상 전위가 높다.) 이제 회로를 따라 점 A로부터 배터리와 저항기를 지나 점 A로 되돌아오는 양전하 ΔQ를 생각해 보자. 점 A는 접지되어 있는 기준점(접지의 기호는 ⏚이다)으로, 그 전위는 영으로 정한다. 배터리를 통하여 전하 ΔQ가 A에서 B로 이동할 때, 계의 전기 퍼텐셜 에너지는 $\Delta Q\Delta V$ 만큼 증가하고, 배터리의 화학 에너지는 같은 양만큼 감소한다(16장에서 $\Delta PE = q\Delta V$임을 상기하라). 그러나 전하는 저항을 통하여 C에서 D로 이동하면서 저항기에서 원자와 충돌하는 동안에 전기 퍼텐셜 에너지를 잃게 된다. 이 과정에서 전하의 에너지는 원자의 진동 운동이 증가한 만큼 내부 에너지로 전환된다. 내부 연결선의 전기 저항은 매우 작아 무시할 수 있으므로, 경로 BC와 DA에서 에너지 전환은 없다. 전하가 점 A로 되돌아왔을 때 결과적으로 배터리의 화학 에너지 일부가 저항기로 옮겨졌으며, 이로 인해 저항기의 온도가 증가한다.

전하 ΔQ는 저항기를 통해 지나가면서 $\Delta Q\Delta V$의 에너지를 잃는다. 만일 전하가 저항기를 통과하는 데 걸리는 시간을 Δt라고 하면 전기 퍼텐셜 에너지의 순간적인 손실률은

$$\lim_{\Delta t \to 0} \frac{\Delta Q}{\Delta t}\Delta V = I\Delta V$$

이다. 여기서 I는 저항기에 흐르는 전류이고 ΔV는 전위차이다. 물론 전하는 배터리를 지날 때 배터리의 화학 에너지를 써서 이 에너지를 다시 얻는다. 전하가 저항기를 지남

에 따라 잃어버리는 계의 에너지 손실률은 저항기에서 얻는 계의 내부 에너지 증가율과 같다. 그러므로 전력 P, 즉 저항기로 전달되는 에너지율은 다음과 같다.

$$P = I\Delta V \qquad [17.8]$$

◀ 전력

이 식은 배터리의 에너지가 저항기에 전달되는 경우를 고려하여 얻어진 것이다. 그러나 식 17.8은 양 단자 사이의 전위차가 ΔV이고, 전류가 I인 어떤 장치에 전원으로부터 공급되는 전력을 결정하는 데에도 사용된다.

식 17.8과 저항기에 대한 $\Delta V = IR$의 관계를 이용하여, 저항기에서 소모된 전력을 다른 형태로 표현할 수 있다.

$$P = I^2R = \frac{\Delta V^2}{R} \qquad [17.9]$$

◀ 저항기에 공급된 전력

여기서 I의 단위는 암페어(A), ΔV의 단위는 볼트(V), R의 단위는 옴(Ω)이면, 전력의 SI 단위는 와트가 된다(5장 참고). 저항 R에 공급된 전력을 때로 I^2R 손실이라고도 한다. 식 17.9는 저항기에만 적용되며, 전구나 다이오드와 같은 높은 비옴성 소자에는 적용되지 않음에 유의하라.

Tip 17.3 전류에 대한 잘못된 개념

전류는 저항기에서 소모되지 않는다. 전원에서 얻은 전하의 에너지는 저항기로 공급되어, 저항기를 데우거나 발열케 한다. 또한 전류는 저항을 지나면서 느려지지 않는다. 전류는 회로 어디서나 같다.

가정에서 전기에너지를 어떤 방법으로 사용하든, 전기에너지를 사용한 대가로 결국은 돈을 지불해야 하며 그렇지 않을 경우 단전될 수도 있다. 전기 회사가 소비 전력을 계산할 때 사용하는 에너지의 단위는 **킬로와트시**(kilowatt-hour)로, 전력과 시간 단위로 정의된다. 1킬로와트시는 1킬로와트의 일정한 비율로 1시간 동안 변환되거나 소비된 에너지이다. 이 값은

$$1\ \text{kWh} = (10^3\ \text{W})(3\,600\ \text{s}) = 3.60 \times 10^6\ \text{J} \qquad [17.10]$$

이다. 전기 요금 청구서에 적힌 바와 같이 주어진 기간 동안 사용한 전기의 양은 보통 킬로와트시 단위로 표시되어 있다.

예제 17.4 생활 공간을 밝게 하는 비용

목표 전력의 개념을 적용하여 킬로와트시 단위로 전기 요금을 계산한다.

문제 2.20×10^2 V를 사용하는 어떤 회로의 최대 전류는 10.0 A이다. **(a)** 이 전원으로 9.00 W LED전구 몇 개를 작동시킬 수 있는가? **(b)** 킬로와트시당 100원이라면, 이 전구를 8.00시간 작동시키는 데 드는 비용은 얼마인가?

전략 식 17.8의 $P = I\Delta V$를 이용하여 필요한 전력을 구한다. 이 값을 전구당 9.00 W로 나누면 전체 전구 수를 구할 수 있다. 비용을 구하는 순서는 다음과 같다. 즉, 전력을 킬로와트로 변환한 뒤 시간을 곱한다. 그리고 이를 킬로와트시당 비용으로 곱하면 된다.

풀이

(a) 불이 들어오는 전구 수를 구한다.

식 17.8에 대입하여 전체 전력을 구한다.

$$P_{\text{전체}} = I\,\Delta V = (10.0\ \text{A})(2.20 \times 10^2\ \text{V}) = 2.20 \times 10^3\ \text{W}$$

전체 전력을 전구당 전력으로 나누어 전구 수를 구한다.

$$\text{전구 수} = \frac{P_{\text{전체}}}{P_{\text{전구}}} = \frac{2.20 \times 10^3\ \text{W}}{9.00\ \text{W}} = 244$$

(b) 하루 8.00시간 사용한 전기 요금을 계산한다.

에너지를 킬로와트시로 구한다.

$$\text{에너지} = Pt = (2.20 \times 10^3\ \text{W})\left(\frac{1.00\ \text{kW}}{1.00 \times 10^3\ \text{W}}\right)(8.00\ \text{h})$$

$$= 17.6\ \text{kWh}$$

이 에너지에 킬로와트시당 비용을 곱한다.

$$\text{비용} = (17.6\ \text{kWh})(100\ \text{원/kWh}) = \boxed{1\ 760\text{원}}$$

참고 이 에너지양은 대략적으로 소형 사무실에서 하루 동안 사용하는 모든 전기 기구(조명 기구만이 아닌)의 전력량에 해당된다. 일반적으로 저항 장치의 출력 전력은 회로가 어떻게 배선되어 있느냐에 따라 다양하다. 그러나 여기서는 출력 전력을 지정하였기 때문에 이런 점을 고려할 필요는 없다.

예제 17.5 전열기에 의해 변환된 전력

목표 출력 전력을 계산하고 열역학 제1법칙을 적용하여 환경에 대한 효과와 연계시킨다.

문제 저항이 8.00 Ω인 니크롬선 전열기에 50.0 V의 전위차가 인가되어 작동되었다. **(a)** 도선에 흐르는 전류와 전열기의 전력량을 구하라. **(b)** 이 전열기를 사용하여 이원자 기체(즉, 산소와 질소의 혼합 기체 혹은 공기) 2.50×10^3몰을 10.0°C에서 25.0 °C까지 가열시키는 데 걸리는 시간은 얼마인가? 공기의 등적 몰비열은 $\frac{5}{2}R$로 한다. **(c)** **(b)**에서 계산된 시간 동안에 사용된 전력량(kWh)은 얼마이며 그것을 전기 요금으로 환산하면 얼마인가? 한국에서의 전기 요금은 kWh당 100원으로 가정한다.

전략 **(a)** 먼저 옴의 법칙으로 전류를 계산하고 이를 전력 식에 대입하여 구한다. **(b)** 등적 과정이므로 전열기가 공급한 열에너지는 모두 내부 에너지 변화 ΔU로 변환된다. 열역학 제1법칙을 이용하여 이 양을 계산하고 시간을 구하기 위해 전력으로 나눈다. **(c)** kWh당 전기 요금을 곱하면 주어진 시간 동안에 사용한 전열기의 전체 전기 요금이 나온다.

풀이

(a) 전류와 전력을 계산한다.

옴의 법칙을 적용하여 전류를 구한다.

$$I = \frac{\Delta V}{R} = \frac{50.0\ \text{V}}{8.00\ \Omega} = \boxed{6.25\ \text{A}}$$

식 17.9에 대입하여 전력을 구한다.

$$P = I^2R = (6.25\ \text{A})^2(8.00\ \Omega) = \boxed{313\ \text{W}}$$

(b) 기체가 가열되기까지 걸리는 시간을 구한다.

열역학 제1법칙으로부터 공급된 열에너지를 계산한다. 부피가 변하지 않으므로 $W = 0$임에 유의한다.

$$Q = \Delta U = nC_v\Delta T$$
$$= (2.50 \times 10^3\ \text{mol})(\tfrac{5}{2} \cdot 8.31\ \text{J/mol} \cdot \text{K})(298\ \text{K} - 283\ \text{K})$$
$$= 7.79 \times 10^5\ \text{J}$$

열에너지를 전력으로 나누어 시간을 구한다.

$$t = \frac{Q}{P} = \frac{7.79 \times 10^5\ \text{J}}{313\ \text{W}} = \boxed{2.49 \times 10^3\ \text{s}}$$

(c) 전력 사용량과 전기 요금을 계산한다.

$1\ \text{J} = 1\ \text{W} \cdot \text{s}$를 사용하여 에너지를 전력량(kWh)으로 환산한다.

$$U = (7.79 \times 10^5\ \text{W} \cdot \text{s})\left(\frac{1.00\ \text{kW}}{1.00 \times 10^3\ \text{W}}\right)\left(\frac{1.00\ \text{h}}{3.60 \times 10^3\ \text{s}}\right)$$
$$= \boxed{0.216\ \text{kWh}}$$

사용량에 따른 전기 요금을 계산하기 위해 100원/kWh를 곱한다.

$$\text{비용} = (0.216\ \text{kWh})(100\text{원/kWh}) = \boxed{21.6\text{원}}$$

참고 여기서 주어진 기체의 몰수는 실내에서 측정되는 공기의 몰수와 근사적으로 같다. 이런 실내 공기를 데우는 데는 40분 정도만이 소요된다. 그러나 계산할 때 열전도 손실은 감안하지 않았다. 11장에서 계산한 바와 같이 두께 20 cm의 콘크리트 벽은 전도에 의하여 한 시간 동안 2×10^6 J 이상의 열손실을 일으킨다는 점을 기억하라.

17.7 초전도체 Superconductors

임계 온도(critical temperature)라고 하는 어떤 낮은 온도 T_c에서 사실상 저항이 영으로 떨어지는 금속과 화합물이 존재한다. 이러한 물질을 **초전도체**(superconductors)라고 한다. 초전도체의 저항–온도 그래프는 T_c보다 높은 온도에서는 보통 금속과 같다(그림 17.10). 그러나 온도가 T_c 또는 그 이하일 때는 저항이 갑자기 영으로 떨어진다. 이 현상은 1911년 네덜란드의 물리학자 온네스(H. Kamerlingh Onnes)가 대학원생과 함께 초전도체인 수은으로 4.1 K 아래 온도에서 실험하던 중 발견하였다. 최근의 측정에서 T_c 아래에서 초전도체의 비저항은 $4 \times 10^{-25}\ \Omega \cdot \text{m}$보다 작음을 보여 주고 있다. 이는 구리의 비저항보다 10^{17}배 작은 값으로 사실상 영이라고 할 수 있다.

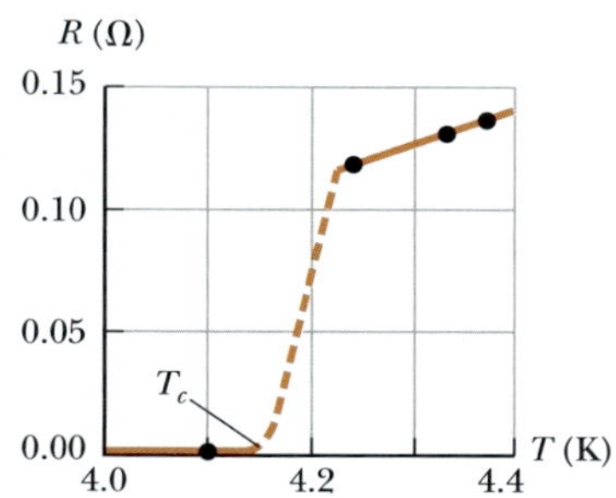

그림 17.10 수은(Hg)에 대한 저항–온도 그래프. 이 그래프는 임계 온도 T_c 이상에서는 보통 금속과 같다. 임계 온도가 4.2 K인 수은은 이 온도에서 저항이 영으로 떨어지고, 그보다 낮은 온도에서도 저항이 영으로 유지된다.

오늘날에는 알루미늄, 주석, 납, 아연, 인듐과 같은 보통 금속을 비롯해 수천 가지의 초전도체들이 있다. 표 17.2는 여러 가지 초전도체들의 임계 온도를 나타낸 것이다. T_c의 값은 화학적 조성, 압력, 결정 구조 등에 민감하다.

표 17.2 여러 가지 초전도체의 임계 온도

물질	T_c(K)
Zn	0.88
Al	1.19
Sn	3.72
Hg	4.15
Pb	7.18
Nb	9.46
Nb_3Sn	18.05
Nb_3Ge	23.2
$YBa_2Cu_3O_7$	92
Bi-Sr-Ca-Cu-O	105
Tl-Ba-Ca-Cu-O	125
$HgBa_2Ca_2Cu_3O_8$	134

그리고 흥미로운 사실은 구리, 은, 금과 같은 고전도성의 도체는 초전도성을 나타내지 않는다는 것이다. 초전도체에서 주목할 만한 특징 중 하나는 한 번 전류가 흐르면 전압을 가해주지 않아도 전류가 유지된다는 사실이다(왜냐하면 $R = 0$). 실제로 초전도체로 된 고리 내의 정상 전류가 뚜렷한 감소 없이 몇 년 동안 유지된다는 사실이 관측되었다.

과학계를 흥분케 한 물리학의 중요한 발전은 산화 구리를 기반으로 하는 고온 초전도체의 발견이었다. 이는 스위스 IBM 취리히 연구소의 과학자 베드노르츠(J. Georg Bednorz)와 뮐러(K. Alex Müller)가 1986년 발표한 논문에서 시작되었다. 그들은 논문을 통해 바륨, 란타넘, 구리의 산화물이 30 K 근처의 온도에서 초전도성을 보인다는 증거를 제시하였다. 베드노르츠와 뮐러는 이와 같은 중요한 발견으로 1987년 노벨 물리학상을 받았다. 그들이 발견한 초전도체는 이전의 다른 초전도체보다 매우 높은 임계 온도를 가졌기 때문에 주목을 받았다. 그 후 짧은 기간 동안 새로운 화합물이 연구되었고, 초전도 분야의 연구가 활발하게 진행되었다. 1987년 초에 미국의 헌트스빌에 있는 앨라배마 대학교와 휴스톤 대학교는, 이트륨, 바륨, 구리의 산화물($YBa_2Cu_3O_7$)에서 임계 온도 약 92 K의 초전도성을 발견하였다고 발표하였다. 1987년 말에는 일본과 미국의 과학자들이 비스무트, 스트론튬, 칼슘, 구리의 산화물에서 105 K의 초전도성을 보고하였다. 좀 더 최근에 과학자들은 수은을 함유한 산화물이 150 K 정도의 높은 온도에서 초전도 성질을 갖는 것을 보고하였다. 언젠가는 상온, 상압 초전도체가 실현되리라는 꿈을 갖고 신소재 초전도체에 대한 연구가 계속되고 있다. 최근 한국의 과학자들이 이러한 발견을 했다고 주장하고 있으나, 아직 확실한 증명이 되지 않았다. 이 연구는 과학적인 이유와 실용적인 측면에서 아주 중요하다. 초전도체 무기재료가 영구 자석을 공중에 뜨게 하는 모습이 그림 17.11에 나타나 있다.

ktsdesign/Shutterstock.com

그림 17.11 작은 영구 자석이 질소 기체에 의해 냉각된 세라믹 초전도체 위에 자유롭게 떠 있다. 초전도체는 저항이 영이 되며 영구 자석의 자극의 영상(image) 자극이 초전도체에 생기게 하여 초전도체 내부로부터의 어떠한 자기장도 밀어낸다. 이러한 것을 '마이스너 효과'라 하며 이것을 이용하여 영구 자석의 자기 부양을 실현할 수 있다.

초전도체에 관한 중요하고 유용한 응용 분야 중 하나는 초전도 자석을 개발하는 것으로, 그 자기장의 세기가 가장 우수한 비초전도 자석보다 거의 10배나 크다. 그러한 초전도 자석은 에너지 저장의 한 방법으로 연구되고 있다. 또한 전력을 효과적으로 전송하기 위해 초전도 전력선을 사용하려는 아이디어도 많은 주목을 받고 있다. 얇은 절연체를 사이에 둔 두 개의 얇은 초전도 막으로 구성된 첨단 초전도 전자 소자가 이미 만들어졌다. 이 소자들은 자기장 측정 장비와 여러 가지 마이크로파 장비에 사용되고 있다.

17.8 심장의 전기적 활동 Electrical Activity in the Heart

17.8.1 심전도 Electrocardiograms

응용
심전도

인체에서 근육과 연관된 모든 움직임은 전기적 활동으로부터 시작된다. 심장 속 근육의 움직임으로 발생한 전압은 중요하다. 전압 펄스는 심장 박동을 일으키며 심장 박동에 따라 심장을 휩쓸고 지나가는 전기적 자극의 파동이 체액을 통하여 몸 전체로 퍼져 나간다. 전압 펄스는 피부에 부착한 적절한 탐지 장비로 감지될 정도로 충분히 크다. 정밀한 전압계는 피부와 충분한 전기 접촉이 이루어지도록 전도성 접착제로 부착하며 몸의 표면에서 보통 발생하는 1 mV 정도의 심장 박동을 측정할 수 있다. 전압 펄스는 전기 **심전도계**(electrocardiograph)에 기록이 된다. 그리고 이 기구에 의해 기록된 그래프를 **심전도**(EKG)라 한다. 심전도에 대한 이해에 앞서 심장의 전기적 활동에 대한 기본 원리를 알아보도록 한다.

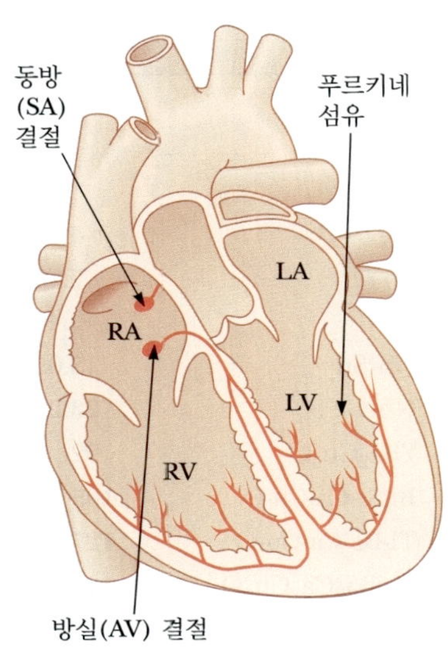

그림 17.12 인간 심장의 전기 전도 계통. (RA: 우심방, LA: 좌심방, RV: 우심실, LV: 좌심실)

우심방은 심장 박동을 시작하는 동방(SA) 결절이라는 근육 섬유로 구성되어 있다(그림 17.12). 이 섬유에서 일어난 전기적 펄스는 좌우 심방 근육을 수축시키면서 세포에서 세포로 점차 퍼져 나간다. 심장 근육 세포를 통해 지나가는 펄스를 각 세포에 미치는 영향 때문에 탈분극파라 한다. 만약 각 근육 세포가 휴식 상태에 있다면, 이중층 구조의 전기 전하는 그림 17.13a와 같이 세포 표면에 분포하게 된다. 동방 결절에서 발생한 펄스는 순간적으로 세포 밖의 일정 부분의 양전하를 세포 안으로 흐르게 하여 음전하와 상쇄되도록 한다. 이런 효과로 인하여 세포의 전하 분포는 그림 17.13b와 같이 변하게 된다. 일단 탈분극파가 심장 근육 세포를 지나가면 심장 근육 세포는 약 250 ms 이내에 그림 17.13a와 같은 휴식 상태의 전하 분포(외부 양, 내부 음)로 되돌아간다. 펄스가 방실(AV) 결절에 도달할 때(그림 17.12), 심장 근육은 이완하기 시

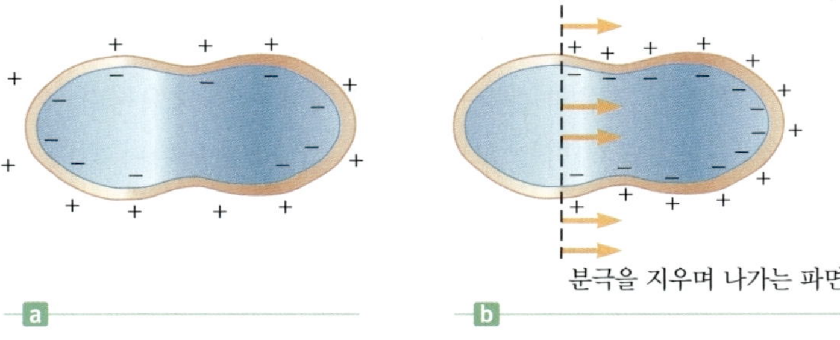

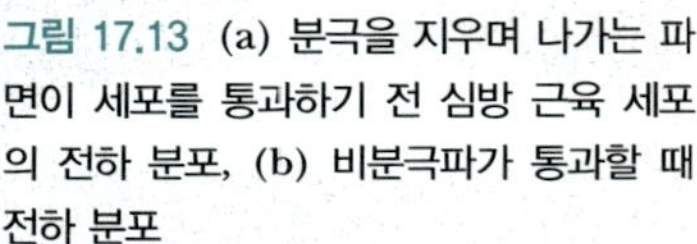
그림 17.13 (a) 분극을 지우며 나가는 파면이 세포를 통과하기 전 심방 근육 세포의 전하 분포, (b) 비분극파가 통과할 때 전하 분포

작하고 펄스는 방실 결절에 의해 심실 근육 쪽으로 향하게 된다. 탈분극파가 푸르키네 섬유(Purkinje fibers)라고 하는 섬유체를 따라 심실을 통해 퍼져 나가면 심실 근육이 수축하게 된다. 심실은 펄스가 지나간 후 이완된다. 이때 동방 결절은 다시 자극되고 이러한 순환이 반복된다.

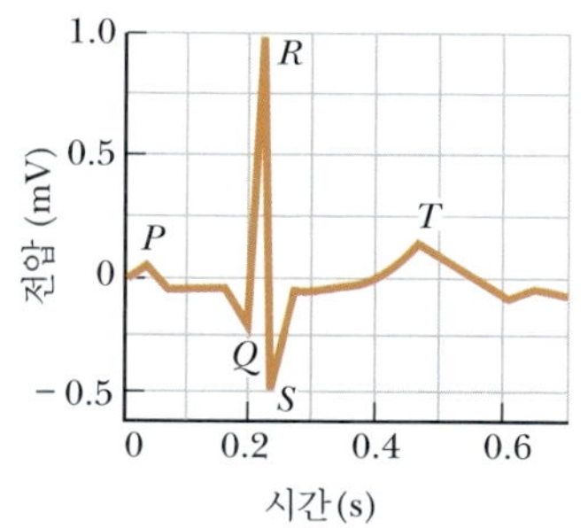

그림 17.14 정상 심장의 심전도 반응

그림 17.14는 보통의 심장이 한 번 박동할 때 심전도에 기록되는 전기적 활동을 그린 것이다. *P*로 표시된 펄스는 수축이 시작되기 전에 일어난 것이다. *QRS* 펄스는 심실 수축 직전에 일어난 것이고, *T* 펄스는 심실 내 세포가 회복되기 시작할 때 일어난 것이다. 비정상적인 심장의 심전도가 그림 17.15에 있다. 그림 17.15a에 나타난 펄스의 진폭은 정상보다 넓다. 이것은 환자가 큰 심장을 갖고 있다는 것을 말한다. 그림 17.15b는 *P* 펄스와 *QRS* 펄스 사이에는 일정한 관계성이 없음을 보여 준다. 이것은 동방과 방실 결절 사이의 전기적 전도 경로가 막혀 있다는 것을 의미하는 것으로, 이런 경우 심방과 심실이 독립적으로 뛰게 되어 심장의 펌프질이 효과적이지 못하게 된다. 한편 그림 17.15c는 *P* 펄스가 없고 *QRS* 펄스 사이의 간격이 불규칙한 것을 보여 준다. 이것은 심방 수축이 불규칙한 증상을 나타낸 것으로 섬유성 연축이라고 한다. 이 상황에서 심방과 심실의 수축은 불규칙하다.

앞에서 언급한 바와 같이 동방 결절은 보통 1분에 약 72번의 비율로 적절하게 심장을 뛰게 한다. 질병 또는 노화로 인해 심장은 손상을 입거나 박동이 느려질 수 있다. 그럴 경우 가슴에 심장 박동기와 같은 것을 이식하여 의학적으로 도움을 받는다. 피부 밑에 이식하는 성냥갑 크기의 이 전기적 기구에는 우심실 벽과 연결되는 리드선이 있다. 이 리드선에서 나오는 펄스는 심장을 자극하여 적절한 리듬으로 유지되도록 한다. 일반적으로 심장 박동기는 분당 60번의 비율로 정상적인 박동보다는 조금 느리지만 생명을 유지하기에는 충분한 펄스를 생산하도록 설계되어 있다. 이 장치의 회로는 기본적으로 리튬 배터리로부터 일정 전압으로 충전된 후 방전되는 커패시터로 구성되어 있

응용

심장 박동기

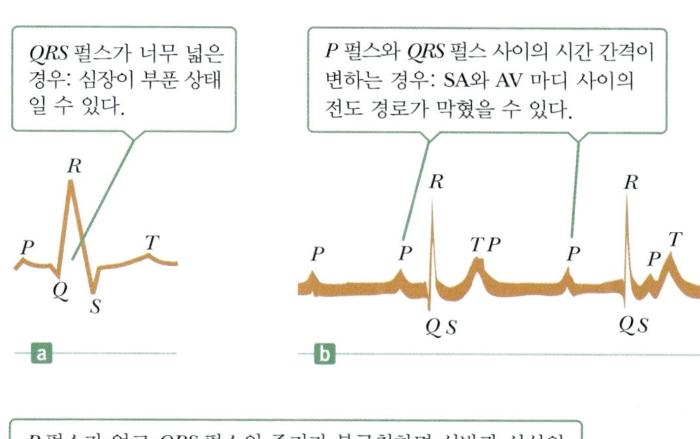

그림 17.15 비정상적인 심전도

다. 그리고 이 회로는 심장이 정상적으로 박동하면 커패시터가 충전되지 않거나 심장으로 펄스를 보내지 않도록 설계되어 있다.

17.8.2 가슴 속의 응급실 An Emergency Room in Your Chest

응용
이식형 심장 제세동기

2001년 6월에 행한 미국 부통령 체니(Dick Cheney)의 수술은 작은 전기 장치를 삽입하여 심장의 문제점을 치료하는 과정에 초점을 맞추었다. **이식형 심장 제세동기**(ICDs)라는 이 장치는, 심장의 전기적 활동 신호를 관찰, 기록하고 논리적으로 처리하여 심장 박동이 너무 느리거나 너무 빠르거나 혹은 불규칙하면 이를 교정하는 신호를 심장에 보낸다. 그림 17.16a는 심장 안에 이식된 ICD의 도선을 그린 그림이다. 그림 17.16b는 타이타늄 캡슐로 싼 실제 이중실의 ICD를 보여 준다.

최신 ICDs는 정교한 장치로 기능이 다양하다.

1. 시급한 조치가 필요한 치명적인 심방과 심실 부정맥의 가능성을 구별하기 위해 심방과 심실을 감시
2. 의사가 쉽게 판독할 수 있도록 심장 신호를 30분간 저장
3. 외부의 자기 막대로 손쉬운 프로그램
4. 복잡한 신호를 비교, 분석
5. 기능 부전 심장의 속도를 높이거나 늦추기 위해 0.25~10 V의 신호를 반복적으로 지속하여 공급하거나, 심실 섬유성 연축의 잠재적 위험 상황을 중지시키기 위해 박동보다도 더 빠르게 진동하는 약 800 V의 고전압을 공급 (고전압에 감전당한 사람은 이 느낌이 발로 차이거나 가슴에 폭격을 당하는 것 같았다고 말한다.)
6. 환자의 활동에 맞게 자동으로 분당 박동수 조절

ICDs는 리튬 배터리로 작동되고 수명은 4~6년 정도이다. ICDs가 조정할 수 있는 기본 사항은 표 17.3에 있다. 이 표에서 빈맥은 빠른 심장 박동이고 서맥은 느린 심장 박동이다. 이식 수술 개발에서 중요한 요소는 비교적 큰 전기용량(125 μF)을 가지면서 크기가 작은 커패시터를 개발하는 것이다.

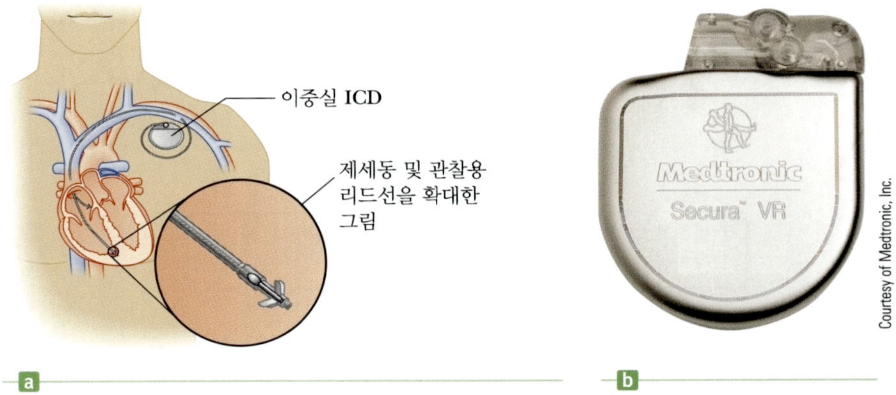

그림 17.16 (a) 심장과 리드선으로 연결된 이중실 ICD. 한 선은 우심방을, 다른 선은 우심실을 관찰 및 자극하기 위한 것이다. (b) Medtronic사의 이중실 ICD

표 17.3 이식형 심장 제세동기의 특성

물리적 내역	
질량(g)	85
크기(cm)	7.3 × 6.2 × 1.3 (1달러짜리 은화 다섯 개 정도의 두께)
항심박 급속증의 페이스	ICD는 저에너지 펄스 덩어리를 순간적으로 전달한다.
파열 수	1~15
파열 주기 길이(ms)	200~552
파열당 맥박 수	2~20
맥박 진폭(V)	7.5 또는 10
맥박 폭(ms)	1.0 또는 1.9
고전압 제세동	
맥박 에너지(J)	37개 저장/33개 전달
맥박 진폭(V)	801
서맥의 페이스	이중실 ICD는 심방과 심실 모두에 반복적인 펄스를 지속적으로 전달할 수 있다.
기본 진동수(뛰/분)	40~100
맥박 진폭(V)	0.25~7.5
맥박 폭(ms)	0.05, 0.1~1.5, 1.9

연습문제

17.1 전류

17.2 미시적으로 본 전류와 유동 속력

1(1). 어떤 실험에서 길이가 32.0 m이고 20.0°C에서 저항이 2.50 Ω인 알루미늄 도선을 사용하고자 한다. 굵기가 얼마인 도선을 구해야 되는가?

2(3). 지름이 2.0 cm이고 길이가 2.0×10^2 km인 고압 송전선이 1.0×10^3 A의 일정한 전류를 전송한다. 이 도체가 자유 전하 밀도가 8.5×10^{28} 전자/m^3인 구리라면 한 개의 전자가 도선 전체 길이를 통과하는 데는 몇 년이 소요되는가?

3(5). 80.0 mA의 전류가 흐르고 있는 금속 도선이 있다. (a) 10.0분 동안 이 도선의 단면적을 통해 지나가는 전자의 수는 얼마인가? (b) 전류와 전하의 운동 방향을 말하라.

4(7). 어떤 철로 된 도선의 단면적은 5.00×10^{-6} m^2이다. 그 도선 속의 전도 전자의 속력을 계산하기 위해 (a)에서 (e)까지의 단계를 밟아라. (a) 1몰의 철의 질량은 몇 kg인가? (b) 철의 밀도와 (a)의 결과를 사용하여 철의 몰밀도(세제곱미터당 철의 몰수)를 계산하라. (c) 아보가드로의 수를 사용하여 철 원자의 개수 밀도를 계산하라. (d) 철 원자 하나당 두 개의 전도 전자가 있음을 고려하여 전도 전자의 개수 밀도를 구하라. (e) 그 도선이 30.0 A의 전류를 흘린다고 할 때 전도 전자들의 유동속력을 구하라.

5(9). 보어의 수소 원자 모형에서 가장 낮은 에너지 준위에 있는 전자는 속력 2.19×10^6 m/s으로 반지름이 5.29×10^{-11} m인 원 궤도를 돌고 있다. 이 궤도를 도는 전자에 의한 전류는 얼마인가?

17.3 회로에서 전류와 전압 측정

17.4 저항, 비저항, 옴의 법칙

6(11). 반지름이 0.40 cm로 일정하고 길이가 3.2 m인 도선에 12 V의 전위차가 걸릴 때 0.40 A의 전류가 흐른다. (a) 그 도선의 저항과 (b) 비저항을 구하라.

7(13). 지름이 2.00 mm이고 길이가 50.0 m인 전선이 9.11 V 전원에 연결되어 36.0 A의 전류가 흐른다. 전선의 온도가 20°C라 가정할 때, 표 17.1을 이용하여 어느 금속인지 밝혀라.

8(15). 단면의 반지름이 0.791 mm인 니크롬선이 전열기 코일로 감겨 있다. 코일 양단에 1.20×10^2 V의 전압을 걸면 9.25 A의 전류가 흐른다. (a) 코일의 저항은 얼마인가? (b) 코일을 감기 위해 쓰인 도선의 길이는 얼마인가?

9(17). 텅스텐 전구에 직렬로 연결된 전류계에 나타난 값이 0.522 A일 때 병렬로 연결된 전압계에 나타난 값은 115 V이다. (a) 전구의 저항값은 얼마인가? (b) 전구가 켜진 상태의 온도에서 텅스텐의 비저항을 구하라. 감겨 있지 않은 텅스텐 필라멘트의 길이는 0.600 m이고 필라멘트의 반지름은 2.30×10^{-5} m이다.

10(19). 엄지와 집게손가락 사이로 전류가 지나갈 때 80. μA 이상이면 약하나마 충격을 감지한다. 건조한 피부 저항이 4.0×10^5 Ω이고, 젖은 피부 저항이 2.0 kΩ인 어떤 사람의 엄지와 집게손가락 사이로 전류가 지날 때, 이 사람이 충격을 감지하지 않는 최대 허용 전압을 각각 구하고 비교하라.

11(21). 옴의 법칙을 이용하여 $E = J\rho$의 관계식이 성립함을 보여라. 여기서 E는 전기장의 크기(일정하다고 가정)이고 $J = I/A$는 전류 밀도이다. 사실 이 관계식은 일반적으로 성립되는 식이다.

12(23). 구리의 비저항은 1.70×10^{-8} Ω·m이다. (a) 반지름이 1.29 mm이고 길이가 1.00 m인 구리 도선의 저항을 구하라. (b) 구리 도선의 부피를 계산하라. (c) 만일 그 구리 도선을 2.00 m의 길이가 되도록 가늘게 늘린다면 저항은 얼마가 되겠는가?

17.5 온도에 따른 저항의 변화

13(25). 20°C에서 2.0×10^2 Ω의 전기 저항을 가진 탄소 저항기가 어떤 전기 회로에서 5.0 V 배터리에 연결되어 있다. 이 탄소 저항기의 온도가 80.0°C로 증가할 때, 회로의 전류는 얼마인가?

14(27). 디지털 온도계는 열전소자를 사용한다. 열전소자는 보통의 저항코다 온도에 민감하게 저항값이 변하는 저항기이다. 0.00 °C에서 75.0 Ω이고 525 °C에서 275 Ω이 되는 선형 열전소자의 비저항의 온도 계수를 구하라.

15(29). (a) 20.0 °C에서 길이가 34.5 m인 구리 도선의 반지름이 0.25 mm이다. 도선의 양단에 9.0 V의 전위차를 걸어주면, 얼마의 전류가 흐르는가? (b) 그 도선이 9.0 V의 전위차를 유지한 채 30.0 °C로 온도가 상승하면 그때 흐르는 전류는 얼마인가?

16(33). 금은 모든 금속 중에서 가장 연성이 좋다. 예를 들어, 1 g의 금으로 2.40 km 길이의 도선을 만들 수 있다. 금의 밀도는 19.3×10^3 kg/m^{3}이고 비저항은 2.44×10^{-8} Ω·m이다. 20.0 °C에서 이 도선의 저항은 얼마인가?

17.6 전기에너지와 전력

17(35). 인체의 휴지기 뉴런의 전위차는 약 75.0 mV이고 약 0.200 mA의 전류가 흐른다. 그 뉴런에서의 전력은 얼마인가?

18(37). 어떤 5.0 V의 전원 장치가 흘릴 수 있는 최대 전류는 10.0 A이다. (a) 그 전원 장치가 공급할 수 있는 최대 전력은 얼마인가? (b) 그 전원 장치로 2.00 W짜리 휴대폰 충전기 몇 개를 연결할 수 있는가?

19(39). 어떤 구리 케이블은 300. A의 전류가 흐를 때 전력 손실이 2.00 W/m가 되도록 설계되어 있다. 필요한 케이블의 반지름은 얼마인가?

20(41). 커피 메이커의 가열판은 120. V, 2.00 A에서 작동한다. 물이 저항에 의해 바뀐 모든 에너지를 흡수한다고 가정한다면, 상온(23.0°C)의 물 0.500 kg이 끓기까지 얼마나 걸리는가?

21(47). 주택용 전기 배선에 주로 사용되는 동선의 규격은 지름이 0.205 cm이고, 허용 전류값은 대략 20.0 A이다. 좀 더 가는 선으로 배선하여 허용 전류가 초과되면 도선은 온도가 상승하여 불이 날 위험성이 커진다. (a) 길이가 1.00 m이고 굵기가 0.205 cm인 도선에 20.0 A의 전류가 흐르면 도선에 생성되는 내부 에너지의 비율을 계산하라. (b) 같은 굵기의 알루미늄 도선을 사용하는 경우 생성되는 내부 에너지의 비율을 계산하라. (c) 굵기가 같은 경우 구리 도선보다 알루미늄 도선이 더 안전한 이유를 설명하라.

22(49). 같은 재료로 만들어진 두 도선 A와 B가 같은 전위차에 걸려 있다. 도선 A에 공급되는 전력이 B의 세 배라면, 그 두 선의 지름의 비는 얼마인가?

종합문제

23(51). 지름이 0.600 mm이고 길이가 15.0 m인 알루미늄 도선이 있다. 20.0°C에서의 알루미늄의 비저항은 2.82×10^{-8} Ω·m이다. (a) 20.0°C에서 도선의 저항을 구하라. (b) 도선의 양

단에 9.00 V의 배터리를 연결한다면, 흐르는 전류는 얼마인가?

24(53). 어떤 배터리의 용량이 60.0 A·h이라면, 이 배터리가 완전히 다 사용될 때까지 나오는 전체 전하량은 얼마인가?

25(57). 어떤 도선의 비저항이 3.0×10^{-8} Ω·m이고 단면적이 4.0×10^{-6} m^2이다. 이 도선을 사용하여 20. V 배터리에 연결하였을 때 48 W의 전력을 낼 수 있는 저항을 만들려고 한다면, 길이를 얼마로 해야 하는가?

26(61). 비저항이 3.5×10^5 Ω·m인 재료를 사용하여 길이가 4.0 cm이고 안지름과 바깥지름이 각각 0.50 cm와 1.2 cm인 원통형 저항을 만들고자 한다. 원통의 양 끝 사이에 전위차를 걸어주면 원통의 길이 방향으로 전류가 흐른다. 원통의 저항값을 구하라.

27(65). 어떤 금속 도선의 반지름이 5.00×10^{-3} m이고 저항값이 0.100 Ω이다. 도선 양단에 15.0 V의 전위차가 걸릴 때 도선 속을 이동하는 전자의 유동 속도가 3.17×10^{-4} m/s이다. 이러한 자료를 근거로 도선 속을 흐르는 자유 전자의 밀도를 구하라.

28(67). 암 치료에 사용되는 X선관은 4.0 MV에서 작동하며, 25 mA의 빔 전류가 금속 표적에 입사된다. 빔의 거의 모든 전력이 표적에 뚫린 구멍을 통해 흐르는 물줄기로 전달된다. 물의 온도 상승(ΔT)이 50°C를 초과하지 않도록 하려면 초당 몇 킬로그램의 유량이 흘러야 하는가?

직류 회로
Direct-Current Circuits

CHAPTER 18

배터리, 저항기, 커패시터를 여러 가지 방법으로 조합하여 전기 회로를 만들면 전기의 흐름과 전기에너지를 유도하고 조절할 수 있다. 이러한 회로는 전등, 전기난로, 오븐, 세탁기 등 많은 가전제품들과 기기들을 사용할 수 있게 해 주면서 가정에 매우 현대적인 편의를 제공하고 있다. 전기 회로는 자동차는 물론, 농업 생산성을 향상시키는 트랙터, 매일 많은 생명을 살리는 데 필요한 여러 종류의 의료 장치에서도 사용되고 있다.

이 장에서는 여러 가지 간단한 직류 회로를 공부하고 분석하려고 한다. 회로의 분석은 에너지 보존의 원리와 전하 보존의 법칙으로부터 나온 키르히호프의 법칙으로 알려진 두 법칙을 사용하여 간단히 수행할 수 있다. 대부분의 회로를 정상 상태에 있다고 가정하는데, 이는 전류의 크기와 방향이 일정하다는 것을 의미한다. 이 장의 끝에서는 저항과 커패시터를 포함하는 회로에서 시간에 따라 전류가 변하는 경우를 살펴볼 것이다.

18.1 기전력의 근원 Sources of emf

폐회로에서 일정한 전류를 유지하도록 해 주는 원천을 기전력(emf)[1]원이라고 한다. 회로를 따라 흐르는 전하들의 퍼텐셜 에너지를 증가시키는 (배터리나 발전기와 같은) 모든 장치들이 기전력원이다(그림 18.1). 기전력원은 내부 정전기장과 반대 방향으로 전자를 움직이게 하는 '전하 펌프'로 간주할 수 있다. 기전력원의 기전력 $\mathcal{E}$은 단위 전하당 한 일이다. 따라서 기전력의 SI 단위는 볼트(V)이다.

© Cengage Learning/George Semple

그림 18.1 여러 가지 모양의 배터리

저항기에 배터리가 연결되어 있는 그림 18.2a의 회로를 살펴보자. 연결 도선은 저항이 없다고 가정한다. 배터리의 내부 저항을 무시하면, 배터리 양단의 전위차(단자 전압)는 배터리의 기전력과 같다. 그러나 실제 배터리는 항상 내부 저항 r을 가지고 있으므로, 단자 전압은 기전력과 같지 않다. 그림 18.2a의 회로는 그림 18.2b와 같이 도식으로 나타낼 수 있다. 점선으로 표시된 배터리는 기전력 $\mathcal{E}$의 전원과 내부 저항 r이 직렬로 연결되어 있다. 이제 양전하가 그림 18.2b와 같이 a에서부터 b까지 움직인다고 생각하자. 전하가 배터리의 음극에서 양극으로 이동함에 따라 전하의 전위는 $\mathcal{E}$만큼 증가한다. 그러나 저항 r을 통해서 전하가 움직일 때, 전하의 전위는 Ir만큼 감소한다. I는 회로의 전류이다. 그러므로 배터리 양단 사이의 단자 전압 $\Delta V = V_b - V_a$는

$$\Delta V = \mathcal{E} - Ir \qquad [18.1]$$

[1] emf는 *electromotive force*의 약자이다. 그러나 emf는 실제로 힘은 아니므로 원래의 긴 명칭을 사용하지 않는다.

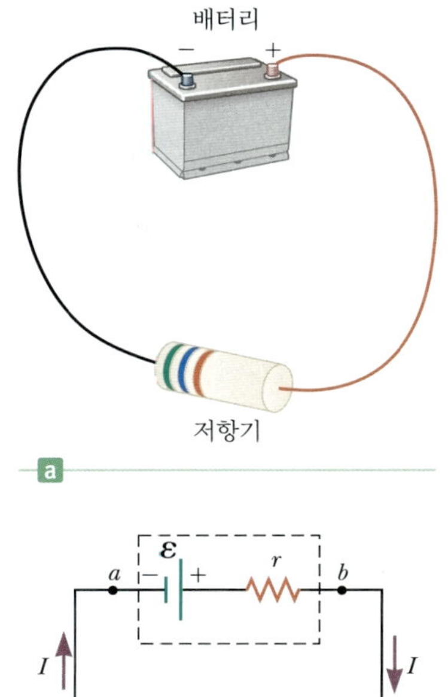

그림 18.2 (a) 배터리의 단자에 연결된 저항으로 이루어진 회로, (b) 내부 저항이 r이고 기전력이 $\mathcal{E}$인 전원이 외부 저항기 R에 연결된 회로

Tip 18.1 배터리에서 일정한 것은?

식 18.2는 회로에 흐르는 전류가 배터리의 저항에 따라 달라지므로 배터리는 일정한 전류원이 될 수 없음을 나타내고 있다. 식 18.1로 주어지는 배터리의 단자 전압도 일정한 것으로 여길 수 없는데 그 이유는 내부 저항이 변하기 때문이다(예를 들어, 배터리가 작동하는 동안 따뜻해짐). 그러나 배터리는 일정한 기전력(emf)원이다.

이 된다. 이 식에서 **$\mathcal{E}$은 전류가 영일 때의 단자 전압**을 나타내며, 이를 **개방회로 전압**이라 한다. 그림 18.2b에서 단자 전압 ΔV는 **부하 저항**(load resistance)이라고 하는 외부 저항 R 양단의 전위차를 나타낸다. 즉, $\Delta V = IR$이다. 이것을 식 18.1과 결합하면

$$\mathcal{E} = IR + Ir \qquad [18.2]$$

이다. 전류에 대하여 풀면

$$I = \frac{\mathcal{E}}{R + r}$$

을 얻는다. 이것은 전류가 배터리의 내부 저항과 외부 저항에 모두 의존한다는 것을 나타내고 있다. 만일 R이 r보다 훨씬 크면 r을 무시할 수 있고, 실제로 많은 회로에 대해 그렇게 한다.

식 18.2에 전류 I를 곱하면

$$I\mathcal{E} = I^2R + I^2r$$

을 얻는다. 이 식에서 배터리의 전체 공급 전력 $I\mathcal{E}$가 부하 저항에서 소모되는 일률 I^2R과 내부 저항에서 소모되는 일률 I^2r의 합으로 바뀌었음을 알 수 있다. 만일 $r \ll R$이면, 배터리에 의해 공급되는 대부분의 전력은 부하 저항으로 전달된다.

달리 언급이 없으면, 예제와 이 장의 마지막에 있는 문제에서 회로 내의 배터리의 내부 저항은 무시할 수 있다고 가정한다.

18.2 저항기의 직렬연결 Resistors in Series

두 개 이상의 저항기들이 그림 18.3처럼 끝과 끝이 이어져 연결되어 있는 경우를 **직렬**(series)로 연결되었다고 한다. 이 저항들은 전구나 열을 발생하는 소자들과 같은 간단한 장치들이다. 그림 18.3과 같이 두 저항기 R_1과 R_2가 배터리에 연결되어 있을 때, **R_1을 통과한 전하는 R_2 또한 통과해야 하므로 두 저항기를 흐르는 전류는 같다.** 이것은

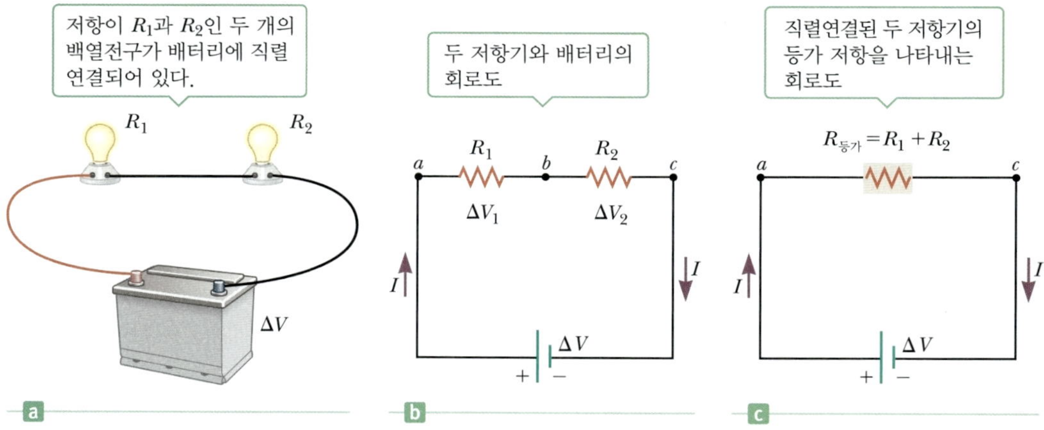

그림 18.3 두 저항기 R_1과 R_2의 직렬연결. 각각의 저항기에 흐르는 전류의 크기는 동일하며, 등가 저항은 $R_{등가} = R_1 + R_2$이다.

R_1과 R_2에 해당하는 수축된 두 관을 통해 흐르는 물의 흐름과 유사하다. 주어진 시간 동안 한쪽 끝에서 주입하는 물의 양과 관계없이 반대쪽 끝에서는 같은 양의 물이 흘러나와야 한다.

그림 18.3b에서 a와 b 사이의 전위차는 IR_1이고, b와 c 사이의 전위차는 IR_2이므로, a와 c 사이의 전위차는

$$\Delta V = IR_1 + IR_2 = I(R_1 + R_2)$$

이다. 직렬로 연결한 저항의 수에 관계없이, 저항기를 모두 통과한 후의 전위차는 개별 저항의 전위차의 합과 같다. 나중에 알겠지만 이것은 에너지 보존의 결과이다. 그림 18.3c는 원래 회로의 두 저항기를 대체할 수 있는 등가 저항 $R_{등가}$를 나타내고 있다. 두 저항으로 된 회로에 흐르는 전류와 그 등가 저항에 흐르는 전류가 같기 때문에 등가 저항은 원래의 회로와 똑같은 효과가 있다. 이 저항에 옴의 법칙을 적용하면

$$\Delta V = IR_{등가}$$

를 얻는다. 위 두 식을 같게 놓으면,

$$IR_{등가} = I(R_1 + R_2)$$

즉,

$$R_{등가} = R_1 + R_2 \quad (직렬연결) \qquad [18.3]$$

가 된다.

앞의 분석을 확장하면 직렬연결된 세 개 이상의 많은 저항기들이 결합된 등가 저항은

$$R_{등가} = R_1 + R_2 + R_3 + \cdots \qquad [18.4]$$

◀ 직렬로 연결된 저항기들의 등가 저항

로 표시된다. 그러므로 **직렬연결된 저항기들의 등가 저항은 개별 저항에 대한 대수적 합이며 항상 각각의 저항보다 더 크다**는 것을 알 수 있다.

만일 그림 18.3과 같은 회로에서 한 전구의 필라멘트가 끊어지면 회로는 더 이상 연결되어 있지 않으므로(개회로의 조건이 됨), 두 번째 전구도 꺼지게 될 것이다.

예제 18.1 직렬연결된 네 저항기

목표 직렬로 연결된 여러 개의 저항기에 대해 분석한다.

문제 저항기 네 개가 그림 18.4a와 같이 연결되어 있다. **(a)** 회로의 등가 저항과, **(b)** 배터리의 기전력이 6.0 V인 경우 회로에 흐르는 전류를 구하라. **(c)** 배터리의 +단자의 전위가 6.0 V라 할 때, 점 A에서의 전위를 구하라. **(d)** 회로가 열린 상태에서의 전압, 즉 기전력 $\mathcal{E}$가 6.2 V라 가정하고 배터리의 내부 저항을 구하라. **(e)** 배터리의 전력이 부하 저항에 전달되는 비율 f는 얼마인가?

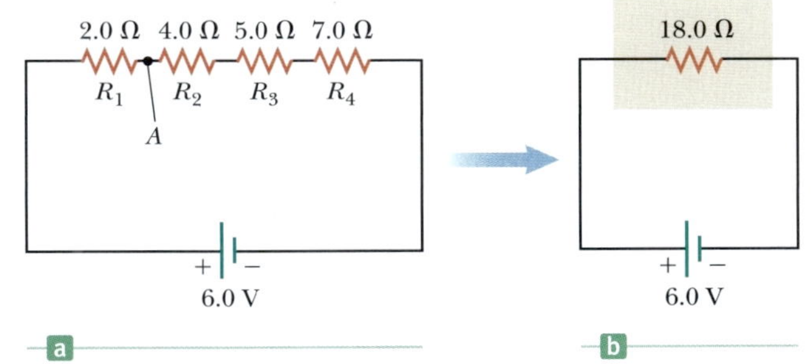

그림 18.4 (예제 18.1) (a) 직렬연결된 네 저항기, (b) 회로 (a)에 대한 등가 저항

전략 저항기들이 직렬로 연결되어 있기 때문에, 각각의 저항을 모두 합하면 등가 저항이 된다. 옴의 법칙을 이용하여 전류를 구

할 수 있다. 점 A에서의 전위는 2.0 Ω 저항 양단의 전압 강하 ΔV를 계산한 다음 그 결과를 6.0 V에서 빼서 구한다. **(d)**에서는 식 18.1을 사용하여 배터리의 내부 저항을 구한다. 부하 저항에서 소비된 전력의 비는 바로 부하에 전달된 전력 $I\Delta V$를 전체 전력 $I\mathcal{E}$으로 나눈 것과 같다.

풀이

(a) 회로의 등가 저항을 구한다.

식 18.4를 사용하여 저항의 합을 구한다.

$$\begin{aligned} R_{\text{등가}} &= R_1 + R_2 + R_3 + R_4 \\ &= 2.0\ \Omega + 4.0\ \Omega + 5.0\ \Omega + 7.0\ \Omega \\ &= \boxed{18.0\ \Omega} \end{aligned}$$

(b) 회로의 전류를 구한다.

그림 18.4b에 나타낸 등가 저항에 옴의 법칙을 적용한다.

$$I = \frac{\Delta V}{R_{\text{등가}}} = \frac{6.0\ \text{V}}{18.0\ \Omega} = \boxed{0.33\ \text{A}}$$

(c) 점 A에서의 전위를 구한다.

2.0 Ω 저항 양단에 옴의 법칙을 적용하여 그 양단의 전압 강하를 구한다.

$$\Delta V = IR = (0.33\ \text{A})(2.0\ \Omega) = 0.66\ \text{V}$$

+단자의 전위에서 전압 강하를 빼서 점 A에서의 전위를 구한다.

$$V_A = 6.0\ \text{V} - 0.66\ \text{V} = \boxed{5.3\ \text{V}}$$

(d) 배터리의 기전력이 6.2 V일 때 배터리의 내부 저항을 구한다.

식 18.1을 쓴다.

$$\Delta V = \mathcal{E} - Ir$$

내부 저항 r에 대해 풀고 값을 대입한다.

$$r = \frac{\mathcal{E} - \Delta V}{I} = \frac{6.2\ \text{V} - 6.0\ \text{V}}{0.33\ \text{A}} = \boxed{0.6\ \Omega}$$

(e) 배터리의 전력이 부하 저항에 전달된 비율 f를 구한다.

부하 저항에 전달된 전력을 배터리가 공급하는 전체 전력으로 나눈다.

$$f = \frac{I\Delta V}{I\mathcal{E}} = \frac{\Delta V}{\mathcal{E}} = \frac{6.0\ \text{V}}{6.2\ \text{V}} = \boxed{0.97}$$

참고 흔히 범하는 잘못된 개념은 전류가 '소모'되는 것이므로 전류가 저항을 따라 진행할 때 점차적으로 작아진다고 생각하는 것이다. 이것은 전하의 보존을 위배한다. 실제로 소모되는 것은 전하 운반자의 전기 퍼텐셜 에너지로서 그중 일부가 각각의 저항에 전달된다.

18.3 저항기의 병렬연결 Resistors in Parallel

그림 18.5와 같이 두 저항기가 병렬로 연결된 경우를 생각해 보자. 이 경우 **각 저항기가 배터리와 직접 연결되어 있어서 저항기 양단의 전위차는 같다.** 그러나 일반적으로 전류는 같지 않다. 전류 I가 점 a(교차점)에 도달하면(그림 18.5b), R_1에 흐르는 I_1과 R_2에 흐르는 I_2의 두 부분으로 나누어진다. 만일 R_1이 R_2보다 크면, I_1은 I_2보다 작다. 일반적으로 전하는 저항이 작은 경로를 따라 흐른다. **전하는 보존되기 때문에, 점 a로 들어가는 전류 I는 그 점을 떠나는 전류 $I_1 + I_2$와 같아야 한다.** 즉, 다음의 관계를 따른다.

$$I = I_1 + I_2$$

두 저항기에서의 전압 강하가 같아야 하고, 또한 배터리 양단의 전압 강하와도 같아야 한다. 각 저항기에 옴의 법칙을 적용하면,

$$I_1 = \frac{\Delta V}{R_1} \qquad I_2 = \frac{\Delta V}{R_2}$$

이다. 그림 18.5c에서 등가 저항에 옴의 법칙을 적용하면,

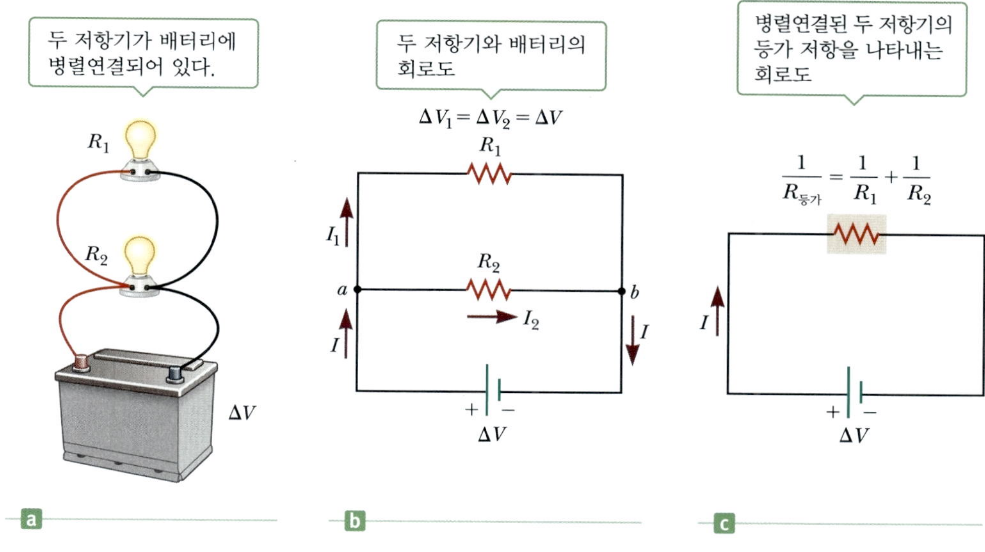

그림 18.5 저항이 R_1과 R_2인 두 백열전구가 배터리에 병렬연결되어 있다. R_1과 R_2 양단의 전위차는 같다. 병렬연결된 저항의 등가 저항은 $1/R_{등가} = 1/R_1 + 1/R_2$이다.

$$I = \frac{\Delta V}{R_{등가}}$$

가 된다. 전류에 대한 이 식을 식 $I = I_1 + I_2$에 대입하여 ΔV를 소거하면

$$\frac{1}{R_{등가}} = \frac{1}{R_1} + \frac{1}{R_2} \quad (병렬연결) \qquad [18.5]$$

를 얻는다.

이 분석을 병렬연결된 세 개 또는 더 많은 저항의 경우로 확장하면, 다음과 같이 등가 저항에 대한 일반적인 식을 얻는다.

$$\frac{1}{R_{등가}} = \frac{1}{R_1} + \frac{1}{R_2} + \frac{1}{R_3} + \cdots \qquad [18.6]$$

◀ **병렬연결된 저항기들의 등가 저항**

이렇게 표현된 식으로부터, **병렬로 연결된 두 개 이상의 저항기에 대한 등가 저항의 역수는 각 저항에 대한 역수의 합이 되며, 등가 저항은 항상 그중 가장 작은 저항보다 더 작다**는 것을 알 수 있다.

예제 18.2 병렬연결된 세 저항기

목표 저항기가 병렬로 연결된 회로에 대해 분석한다.

문제 그림 18.6과 같이 세 저항기가 병렬로 연결되어 있다. 점 a와 b 사이에는 18 V의 전위차가 유지된다. **(a)** 각 저항기에 흐르는 전류를 구하라. **(b)** 각 저항기에서 소모하는 전력과 전체 전력을 구하라. **(c)** 회로의 등가 저항을 구하라. **(d)** 등가 저항이 소모하는 전체 전력을 구하라.

전략 각 저항기에 흐르는 전류를 얻기 위하여 옴의 법칙과 병렬 저항기의 전압 강하는 모두 같다는 사실을 이용할 수 있다. 나머

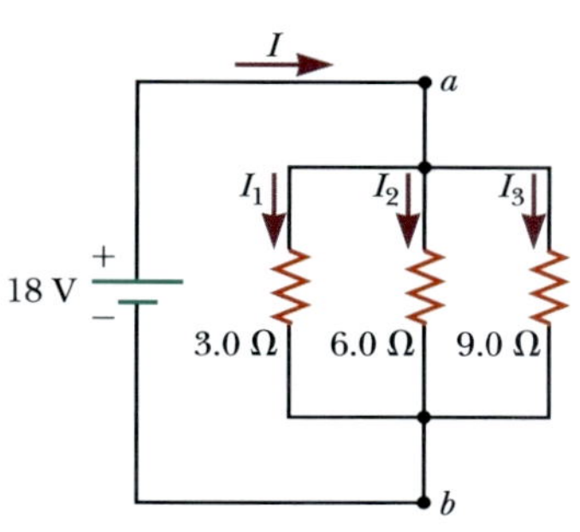

그림 18.6 (예제 18.2) 병렬연결된 세 저항기. 각 저항기에 걸리는 전압은 18 V이다.

지 부분은 저항기에 공급된 전력에 대한 식 $P = I^2R$에 대입하는 것과 병렬연결 저항기에 대한 역수의 합에 관한 식을 이용하는 것이다.

풀이

(a) 각 저항기에 흐르는 전류를 구한다.

옴의 법칙을 사용하여 각 저항기에 흐르는 전류 I를 구한다.

$$I_1 = \frac{\Delta V}{R_1} = \frac{18\ \text{V}}{3.0\ \Omega} = \boxed{6.0\ \text{A}}$$

$$I_2 = \frac{\Delta V}{R_2} = \frac{18\ \text{V}}{6.0\ \Omega} = \boxed{3.0\ \text{A}}$$

$$I_3 = \frac{\Delta V}{R_3} = \frac{18\ \text{V}}{9.0\ \Omega} = \boxed{2.0\ \text{A}}$$

(b) 각 저항기에서 소비되는 전력과 전체 전력을 계산한다.

각 저항기에 $P = I^2R$을 적용하고, **(a)**에서 얻은 결과를 대입한다.

$$3\ \Omega\text{: } P_1 = I_1^2R_1 = (6.0\ \text{A})^2(3.0\ \Omega) = \boxed{110\ \text{W}}$$

$$6\ \Omega\text{: } P_2 = I_2^2R_2 = (3.0\ \text{A})^2(6.0\ \Omega) = \boxed{54\ \text{W}}$$

$$9\ \Omega\text{: } P_3 = I_3^2R_3 = (2.0\ \text{A})^2(9.0\ \Omega) = \boxed{36\ \text{W}}$$

모두 합하여 전체 전력을 얻는다.

$$P_{\text{전체}} = 110\ \text{W} + 54\ \text{W} + 36\ \text{W} = \boxed{2.0 \times 10^2\ \text{W}}$$

(c) 회로의 등가 저항을 구한다.

역수 합 규칙 18.6을 적용한다.

$$\frac{1}{R_{\text{등가}}} = \frac{1}{R_1} + \frac{1}{R_2} + \frac{1}{R_3}$$

$$\frac{1}{R_{\text{등가}}} = \frac{1}{3.0\ \Omega} + \frac{1}{6.0\ \Omega} + \frac{1}{9.0\ \Omega} = \frac{11}{18\ \Omega}$$

$$R_{\text{등가}} = \frac{18}{11}\ \Omega = \boxed{1.6\ \Omega}$$

(d) 등가 저항에 의해 소모되는 전력을 계산한다.

전력에 관한 다른 형태의 식을 사용한다.

$$P = \frac{(\Delta V)^2}{R_{\text{등가}}} = \frac{(18\ \text{V})^2}{1.6\ \Omega} = \boxed{2.0 \times 10^2\ \text{W}}$$

참고 **(a)**에서 유의해야 할 중요한 부분이 있다. 최소 저항 3.0 Ω에 최대 전류가 흐르는 반면, 더 큰 저항인 6.0 Ω과 9.0 Ω 저항기에는 이보다 더 적은 전류가 흐른다. 최대 전류는 항상 최솟값을 갖는 저항에서 흐른다. **(b)**에서 전력은 $P = (\Delta V)^2/R$을 이용해서도 구할 수 있다. $P_1 = 108$ W이지만 유효숫자 두 자리를 고려하여 110 W로 표기하였음에 유의하자. 마지막으로 등가 저항에서 소모되는 전체 전력은 각 저항기에서 소모되는 전력의 합과 같음을 주시하자.

> **Tip 18.2** 뒤집기를 잊지 마라!
>
> 병렬로 연결된 저항의 등가 저항을 구하는 데 있어서 가장 실수하기 쉬운 것은 역수의 합을 구한 후 그에 대한 역수를 다시 취하는 것을 잊는 것이다. 뒤집기를 잊지 마라!

가정의 전기 회로는 그림 18.5a와 같이 전기 기기가 병렬로 연결되도록 배선되어 있다. 따라서 각 전기 기기는 다른 전기 기기와 독립적으로 작동하게 되므로 하나가 끊어져도 다른 기기들은 작동한다. 예를 들어, 그림 18.5에서 전구 하나를 제거하여도 다른 하나는 계속 켜져 있다. 여기서 중요한 점은 각 전기 기기가 같은 전압으로 작동되고 있다는 것이다. 만일 전기 기기가 직렬로 연결되어 있다면, 각 전기 기기에 걸리는 전압은 각 전기 기기의 종류와 저항에 따라 달라진다.

응용
회로 차단기

각 가정에는 안전상의 목적으로 회로 차단기가 다른 전기 기기와 직렬로 연결되어 있다. 회로 차단기는 회로의 특성에 따라 일정한 값의 최대 전류에서(보통 15 A 또는 20 A) 차단되어 회로가 열리도록 설계되어 있다. 만일 회로 차단기를 사용하지 않는다면 동시에 여러 가지 기기를 사용함에 따라 과전류에 의해 전선의 온도가 높아져 불이 날 수도 있다. 낡은 집의 건축물에서는 회로 차단기 대신 퓨즈를 사용하고 있다. 전류가 어떤 일정한 값을 초과하면 퓨즈 속의 도체가 녹아 회로는 열리게 된다. 퓨즈의 단점은 회로가 열리는 과정에서 파괴된다는 것이다. 그러나 회로 차단기는 다시 설정할 수 있다.

예제 18.3 등가 저항

목표 직렬 및 병렬연결이 혼합된 문제를 푼다.

문제 네 저항기가 그림 18.7a와 같이 연결되어 있다. **(a)** 점 a와 c 사이의 등가 저항을 구하라. **(b)** a와 c 사이에 42 V의 배터리가 연결된다면, 각 저항기에 흐르는 전류는 얼마인가?

전략 직렬 저항에 대한 합 법칙과 병렬 저항에 대한 역의 합 법칙을 사용하여 그림 18.7b와 그림 18.7c에서 보는 바와 같이 단계적으로 회로를 간단히 만든다. 그림을 따라 역행하면서 옴의 법칙을 적용하여 전류를 구한다.

풀이

(a) 회로의 등가 저항을 구한다.

8.0 Ω과 4.0 Ω의 저항기가 직렬로 연결되어 있으므로, 합 법칙을 사용하여 a와 b 사이의 등가 저항을 구한다.

$$R_{등가} = R_1 + R_2 = 8.0\ \Omega + 4.0\ \Omega = 12.0\ \Omega$$

6.0 Ω과 3.0 Ω의 저항기가 병렬로 연결되어 있으므로, 역의 합 법칙을 사용하여 b와 c 사이의 등가 저항을 구한다(계산 후 역으로 값을 취해야 한다는 것에 유의하라).

$$\frac{1}{R_{등가}} = \frac{1}{R_1} + \frac{1}{R_2} = \frac{1}{6.0\ \Omega} + \frac{1}{3.0\ \Omega} = \frac{1}{2.0\ \Omega}$$

$$R_{등가} = 2.0\ \Omega$$

새로 그린 그림 18.7b에는 이제 직렬로 이루어진 두 개의 저항기가 있다. 회로의 등가 저항을 구하기 위해 합 법칙을 사용하여 값을 더한다.

$$R_{등가} = R_1 + R_2 = 12.0\ \Omega + 2.0\ \Omega = \boxed{14.0\ \Omega}$$

(b) 42 V의 배터리가 a와 c 사이에 연결될 때 각 저항기에 흐르는 전류를 구한다.

그림 18.7c에서 등가 저항에 흐르는 전체 전류를 구한다. 직렬로 연결된 저항기에서는 같은 전류가 흐르므로 그림 18.7b에서 12 Ω의 저항기에 흐르는 전류는 그림 18.7a에서 8.0 Ω과 4.0 Ω의 저항기에 흐르는 전류와 같다.

$$I = \frac{\Delta V_{ac}}{R_{등가}} = \frac{42\ \text{V}}{14\ \Omega} = \boxed{3.0\ \text{A}}$$

등가 저항이 2.0 Ω인 병렬 회로 양단의 전압 강하 $\Delta V_{병렬}$을 계산한다.

$$\Delta V_{병렬} = IR = (3.0\ \text{A})(2.0\ \Omega) = 6.0\ \text{V}$$

옴의 법칙을 다시 적용하여 병렬 회로의 각 저항에 흐르는 전류를 구한다.

$$I_1 = \frac{\Delta V_{병렬}}{R_{6.0\ \Omega}} = \frac{6.0\ \text{V}}{6.0\ \Omega} = \boxed{1.0\ \text{A}}$$

$$I_2 = \frac{\Delta V_{병렬}}{R_{3.0\ \Omega}} = \frac{6.0\ \text{V}}{3.0\ \Omega} = \boxed{2.0\ \text{A}}$$

참고 최종 점검 사항으로 $\Delta V_{bc} = (6.0\ \Omega)I_1 = (3.0\ \Omega)I_2 = 6.0$ V이고 $\Delta V_{ab} = (12\ \Omega)I_1 = 36$ V임을 유의하라. 따라서 $\Delta V_{ac} = \Delta V_{ab} + \Delta V_{bc} = 42$ V가 되며, 이것은 예상했던 바와 같다.

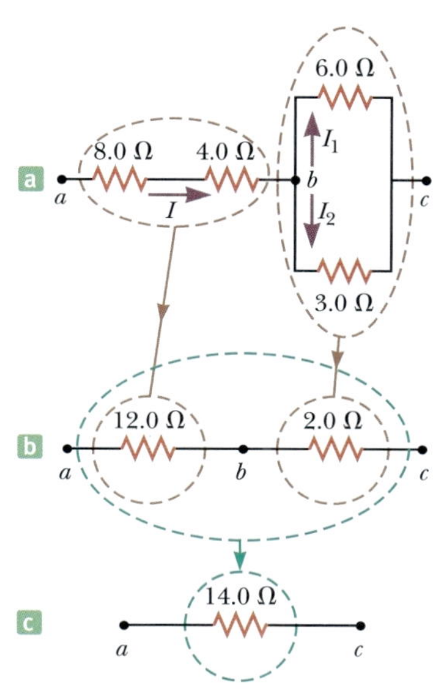

그림 18.7 (예제 18.3) (a)에서 보인 네 저항기를 합성하면서 줄여 나가면 최후에는 14 Ω의 등가 저항이 된다.

18.4 키르히호프의 법칙과 복잡한 직류 회로

Kirchhoff's Rules and Complex DC Circuits

앞 절에서 보았듯이 옴의 법칙과 저항기의 직렬 또는 병렬연결에 관한 법칙을 사용함으로써 간단한 회로를 분석할 수 있다. 그러나 저항기를 연결하는 데에는 다양한 방법이 존재하기 때문에 그렇게 구성된 회로에서 하나의 등가 저항으로 만들기 어렵다. 더

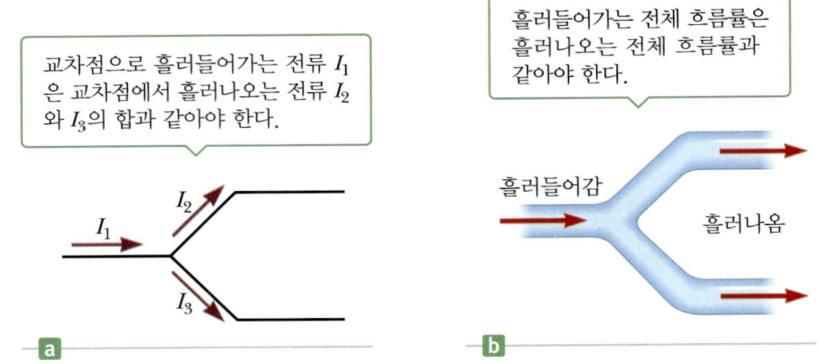

그림 18.8 (a) 키르히호프의 교차점 법칙, (b) 교차점 법칙을 수도관에 비유한 그림

키르히호프
Gustav Kirchhoff, 1824~1887
독일의 물리학자

하이델베르크 대학의 교수인 키르히호프는 독일 화학자인 로버트 분젠과 함께 28장에서 다루게 될 분광학을 창안하였다. 또한 그는 "차가운 물체는 그 물체가 뜨거울 때 방출하는 것과 동일한 파장의 빛을 흡수한다"는 것을 공식화하였다.

복잡한 회로를 분석하는 과정은 **키르히호프의 법칙**(Kirchhoff's rules)의 두 법칙을 사용함으로써 쉽게 해결할 수 있다.

1. 임의의 교차점으로 들어가는 전류의 전체 합은 그 점에서 나오는 전류의 전체 합과 같아야 한다. **(교차점 법칙)**
2. 폐회로 내에 있는 모든 소자들의 전위차 합은 영이 되어야 한다. **(고리 법칙)**

교차점 법칙은 전하의 보존을 설명한 것이다. 회로 내의 주어진 점으로 흘러들어가는 전류는 반드시 그 점에서 나와야 하는데, 이는 전하가 그 점에서 생성 또는 소멸될 수 없기 때문이다. 이 법칙을 그림 18.8a에 있는 교차점에 적용시키면,

$$I_1 = I_2 + I_3$$

이 된다. 그림 18.8b는 갈라진 관을 통해 새지 않고 흐르는 물의 흐름과의 역학적인 유사성에 대해 나타낸 것이다. 관으로 들어가는 유량의 흐름률은 갈라진 두 관으로 흘러나가는 전체 유량의 흐름률과 같다.

고리 법칙은 에너지 보존의 원리와 같다. 회로에서 (한 점에서 시작해서 같은 점에서 끝나는) 폐곡선을 따라 움직이는 전하는 잃은 에너지만큼 에너지를 얻어야 한다. 전하는 기전력원을 통과하면서 에너지를 얻는다. 전하의 에너지는 저항기를 지나거나, 또는 배터리의 역방향, 즉 배터리의 양극에서 음극으로 이동할 때 전압 강하 $-IR$의 형태로 에너지가 감소한다. 후자의 경우, 배터리가 충전될 때 전기에너지가 화학 에너지로 변환된다.

키르히호프의 법칙을 적용할 때, 먼저 다음의 두 가지를 결정해야 한다.

1. 회로의 모든 가지에서 전류의 기호와 방향을 지정해야 한다. 만일 전류의 방향을 잘못 예상했다면, 마지막 결과에서 그 전류는 음의 값이 나오지만 크기는 정확할 것이다. (왜냐하면 방정식은 전류에 대해 선형적이어서 모든 전류는 일차식이기 때문이다.)
2. 고리 법칙을 적용할 때, 고리의 도는 방향(시계 방향, 또는 반시계 방향)을 선택해야 한다. 고리를 따라가면서 다음의 법칙에 따라 전압 강하와 전압 상승을 기록한다. 이 법칙들은 그림 18.9에 요약되어 있다. a에서 b로 움직인다고 가정한다.

각 회로에서 $\Delta V = V_b - V_a$ 이고, 회로 소자는 왼쪽에서 오른쪽, 즉 a에서 b로 지나가면서 전류나 전위의 부호를 결정한다.

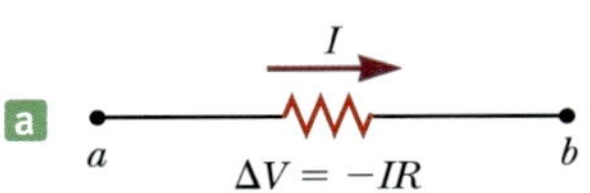

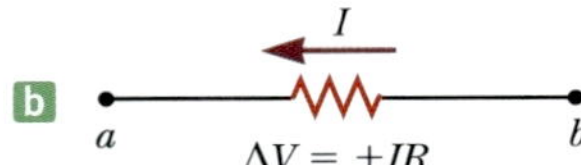

c $\mathcal{E}$ $-$ $+$ a b $\Delta V = +\mathcal{E}$

d $\mathcal{E}$ $+$ $-$ a b $\Delta V = -\mathcal{E}$

그림 18.9 배터리의 내부 저항이 없다고 가정할 경우 저항기와 배터리 양단의 전위차를 구하는 규칙

(a) 전류와 같은 방향으로 저항기를 지나가면, 전위의 변화는 $-IR$이다(그림 18.9a).

(b) 전류와 반대 방향으로 저항기를 지나가면, 전위의 변화는 $+IR$이다(그림 18.9b).

(c) 기전력의 방향으로(−극에서 +극으로) 기전력원을 지나가면, 전위의 변화는 $+\mathcal{E}$이다(그림 18.9c).

(d) 기전력의 반대 방향으로(+극에서 −극으로) 기전력원을 지나가면, 전위의 변화는 $-\mathcal{E}$이다(그림 18.9d).

교차점 법칙과 고리 법칙을 사용할 수 있는 횟수에는 제한이 있다. 교차점 법칙은 그 이전의 교차점 방정식에서 사용되지 않은 전류를 포함하는 식이 나오는 경우, 얼마든지 필요한 만큼 사용할 수 있다(이 과정을 따르지 않으면, 새로운 방정식을 얻을 수 없다). 일반적으로 교차점 법칙을 사용할 수 있는 횟수는 회로에서 교차점의 수보다 하나 적다. 고리 법칙은 각각의 새로운 식에서 새로운 회로 성분들(저항기나 배터리)이나 새로운 전류가 나타나는 한 계속 쓸 수 있다. **특정한 회로 문제를 풀기 위해서는 미지수의 개수만큼의 독립된 방정식이 필요하다.**

예제 18.4 키르히호프 법칙의 응용

목표 세 도선에 흐르는 전류와 한 개의 배터리로 구성된 회로에 흐르는 전류값을 알기 위해 키르히호프의 법칙을 이용한다.

문제 키르히호프의 법칙을 이용하여 그림 18.10의 회로에서 전류를 구하라.

전략 회로에 세 개의 미지 전류가 있으므로 세 개의 독립된 방정식을 얻어야 한다. 한 개의 교차점 법칙과 두 개의 고리 법칙을 적용하여, 이들 세 방정식을 얻을 수 있다. 교차점으로 c를 선택한다. (교차점 d도 같은 방정식을 제공한다.) 고리에 대하여 아래의 고리와 위의 고리를 선택하며 둘 다 화살표로 표시되어 있는데, 수학적으로 회로를 통과하는 방향으로 선택한다(반드시 전류가 흐르는 방향으로 나타낼 필요는 없다). 세 번째 고리는 다른 두 개의 선형적 조합에 의해 얻을 수 있는 방정식을 제공하므로 부가 정보를 제공하지 않으며, 사용되지 않는다.

풀이

점 c에 교차점 법칙을 적용한다. I_1은 교차점으로 들어가는 방향이며, I_2와 I_3은 교차점으로부터 나오는 방향이다.

$$I_1 = I_2 + I_3$$

아래 고리를 선택하고 점 a에서 시작하여 시계 방향으로 진행하면서 고리 법칙의 식을 적용한다.

$$\sum \Delta V = \Delta V_{\text{배터리}} + \Delta V_{4.0\,\Omega} + \Delta V_{9.0\,\Omega} = 0$$
$$6.0\text{ V} - (4.0\,\Omega)I_1 - (9.0\,\Omega)I_3 = 0$$

위쪽의 고리를 선택하고 점 c에서 시작하여 시계 방향으로 진행

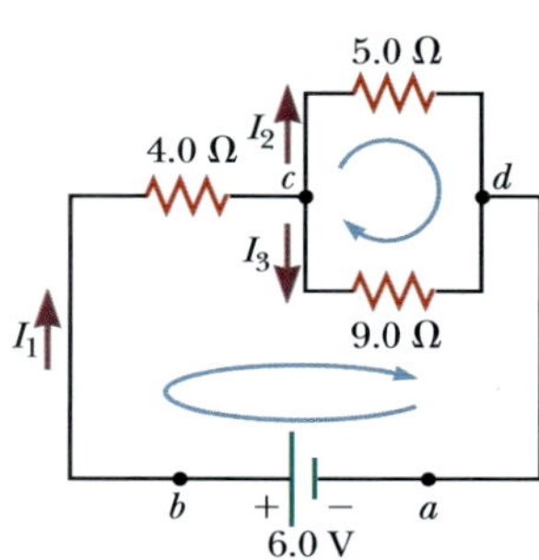

그림 18.10 (예제 18.4)

한다. 9.0 Ω 저항기를 통과하는 전류는 방향이 반대이므로 (+)의 전압 강하가 되는 것에 주목하라.

$$\sum \Delta V = \Delta V_{5.0\,\Omega} + \Delta V_{9.0\,\Omega} = 0$$
$$-(5.0\,\Omega)I_2 + (9.0\,\Omega)I_3 = 0$$

세 개의 방정식을 다시 쓰고, 항을 정리할 때 편의상 단위는 생략한다.

$$I_1 = I_2 + I_3 \qquad (1)$$
$$4.0I_1 + 9.0I_3 = 6.0 \qquad (2)$$
$$-5.0I_2 + 9.0I_3 = 0 \qquad (3)$$

I_2에 대해 식 (3)을 풀고 식 (1)에 대입한다.

$$I_2 = 1.8I_3$$
$$I_1 = I_2 + I_3 = 1.8I_3 + I_3 = 2.8I_3$$

식 (2)에 대입하고 I_3에 대하여 푼다.

$$4.0(2.8I_3) + 9.0I_3 = 6.0 \quad \rightarrow \quad I_3 = \boxed{0.30\text{ A}}$$

식 (3)에 I_3을 대입하여 I_2를 구한다.

$$-5.0I_2 + 9.0(0.30\text{ A}) = 0 \quad \rightarrow \quad I_2 = \boxed{0.54\text{ A}}$$

식 (2)에 I_3을 대입하여 I_1을 구한다.

$$4.0I_1 + 9.0(0.30\text{ A}) = 6.0 \quad \rightarrow \quad I_1 = \boxed{0.83\text{ A}}$$

참고 이 값들을 원래의 방정식에 대입하면 고리를 따라 법칙을 적용하는 동안 발생할 수 있는 잘못된 적용 또는 정확하게 얻어졌는지의 여부를 확인할 수 있다. 또한 문제는 처음에 조합된 저항기들에 의해 해결될 수도 있다.

Tip 18.3 저항이 작은 경로에 더 많은 전류가 흐른다.

여러분은 "전류는 가장 작은 저항의 경로로 흐른다"는 설명을 들은 적이 있을 것이다. 저항의 병렬연결에서 이 설명은 부정확한데, 그 이유는 실제로 전류가 모든 경로를 따라 흐르기 때문이다. 그러나 대부분의 전류는 가장 작은 저항의 경로를 따라 흐른다.

예제 18.5 키르히호프 법칙의 또 다른 응용

목표 세 개의 전류와 두 개의 배터리가 표시되어 있는 회로에서 전류의 방향을 잘못 선택한 경우에 대하여 전류를 구한다.

문제 그림 18.11에서 I_1, I_2, I_3을 구하라.

전략 키르히호프의 법칙을 사용한다. 교차점 법칙을 한 번, 고리 법칙을 두 번 이용하여 세 개의 미지 전류에 대한 세 개의 방정식을 세우고, 이 방정식들을 연립하여 푼다.

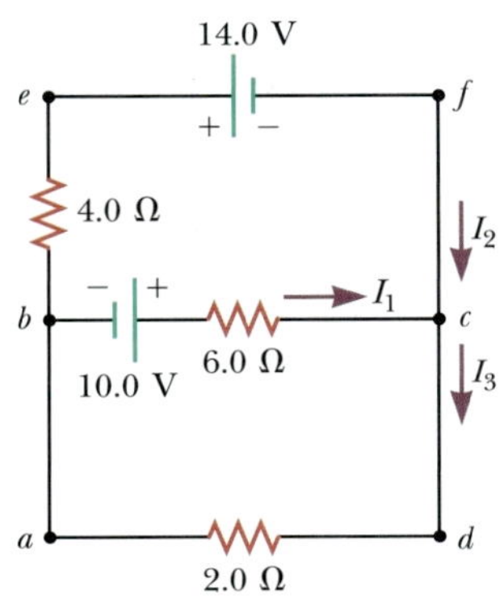

그림 18.11 (예제 18.5)

풀이

교차점 c에 키르히호프의 교차점 법칙을 적용한다. 선택된 전류의 방향 I_1과 I_2는 교차점으로 들어가고, I_3은 교차점으로부터 나온다.

$$I_3 = I_1 + I_2 \qquad (1)$$

고리 $abcda$와 $befcb$에 키르히호프의 고리 법칙을 적용한다. (이 경우 고리 $aefda$는 새로운 정보를 주지 않는다.) 고리 $befcb$에서 6.0 Ω 저항기를 지나갈 때 양의 부호를 얻는데, 이것은 경로의 이동 방향이 전류 I_1의 방향과 반대이기 때문이다.

고리 $abcda$: $10\text{ V} - (6.0\ \Omega)I_1 - (2.0\ \Omega)I_3 = 0$ (2)

고리 $befcb$: $-(4.0\ \Omega)I_2 - 14\text{ V} + (6.0\ \Omega)I_1 - 10\text{ V} = 0$ (3)

식 (1)을 사용하여 식 (2)에서 I_3를 소거한다. (단위는 당분간 무시한다.)

$$10 - 6.0I_1 - 2.0(I_1 + I_2) = 0$$

$$10 = 8.0I_1 + 2.0I_2 \qquad (4)$$

식 (3)의 각 항을 2로 나누고 오른쪽에 전류의 항이 오도록 정리한다.

$$-12 = -3.0I_1 + 2.0I_2 \qquad (5)$$

식 (4)에서 식 (5)를 빼서 I_2를 소거하여 I_1을 얻는다.

$$22 = 11I_1 \quad \rightarrow \quad I_1 = \boxed{2.0\text{ A}}$$

식 (5)에 I_1의 값을 대입하여 I_2를 얻는다.

$$2.0I_2 = 3.0I_1 - 12 = 3.0(2.0) - 12 = -6.0\text{ A}$$

$$I_2 = \boxed{-3.0\text{ A}}$$

마지막으로 I_1과 I_2의 값을 식 (1)에 대입하여 I_3을 얻는다.

$$I_3 = I_1 + I_2 = 2.0\text{ A} - 3.0\text{ A} = \boxed{-1.0\text{ A}}$$

참고 I_2와 I_3의 값이 모두 음의 값을 갖는다는 것은 전류의 방향을 잘못 선택했다는 것을 의미한다. 그럼에도 불구하고 크기는 맞다. 처음 시작할 때 전류의 방향을 제대로 선택하는 것이 중요한 것은 아니다. 그 이유는 방정식이 선형적이므로 방향을 잘못 선택한 경우에는 답에서 음의 부호가 나타날 뿐이기 때문이다.

18.5 *RC* 회로 RC Circuits

지금까지 우리는 전류가 일정한 회로에 대해 알아보았다. 이제 커패시터가 포함되어 시간에 따라 전류가 변하는 직류 회로를 생각해 보자. 그림 18.12a의 직렬 회로를 생각하자. 스위치가 열려 있어 충전되지 않은 커패시터가 있다고 가정한다. 스위치가 닫힌 후 배터리는 커패시터의 판을 충전하기 시작하고 전류는 저항기를 통해 흐른다. 커패시터가 충전됨에 따라 회로에 흐르는 전류는 시간에 따라 변한다. 충전 과정은 커패시터가 최대 평형값 $Q = C\mathcal{E}$에 도달할 때까지 계속 진행된다. 여기서 $\mathcal{E}$는 커패시터 양단의 최대 전압이다. 일단 커패시터가 완전히 충전되면 회로 내의 전류는 영이 된다. 만일 스위치가 닫히기 전에 커패시터에 전하가 없고 $t = 0$에 스위치를 닫으면, 시간에 따른 커패시터 내 전하의 변화는 다음의 식으로 나타낼 수 있다.

$$q = Q(1 - e^{-t/RC}) \qquad [18.7]$$

여기서 $e = 2.718\cdots$은 자연 로그의 밑(base)인 오일러(Euler) 상수이다. 그림 18.12b는 이 식의 값을 그래프로 나타낸 것이다. $t = 0$일 때 전하가 영이고 시간이 무한대로 접근하면 최댓값 Q에 접근한다. 임의의 시간에서 커패시터 양단 사이의 전압 ΔV는 전하량을 전기용량으로 나누어 얻는다. 즉, $\Delta V = q/C$이다.

식 18.7에서처럼 이 모형에서는 커패시터가 완전히 충전되기까지 무한대의 시간이 필요하다. 그것은 수학적인 이유이다. 방정식을 유도하는 과정에서 전하의 크기를 무한히 작게 보았기 때문인데, 실제로 전자의 전하 1.60×10^{-19} C보다 작은 전하는 존재하지 않는다. 실제적인 목적의 경우 일정 시간이 지나면 커패시터의 충전이 완료된다고 본다. 식 18.7에 나타난 RC 항은 **시간 상수**(time constant) τ(그리스 문자 타우)라고 한다.

$$\tau = RC \qquad [18.8]$$

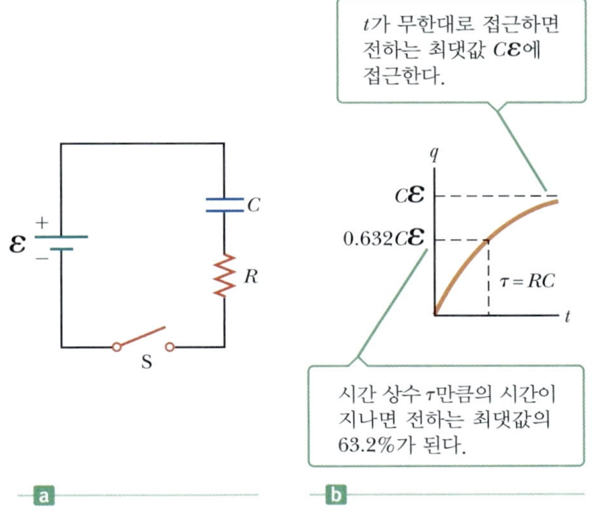

그림 18.12 (a) 저항기, 배터리, 스위치가 직렬로 연결된 커패시터, (b) 회로 스위치를 닫은 후 커패시터에 충전된 전하의 시간에 대한 그래프

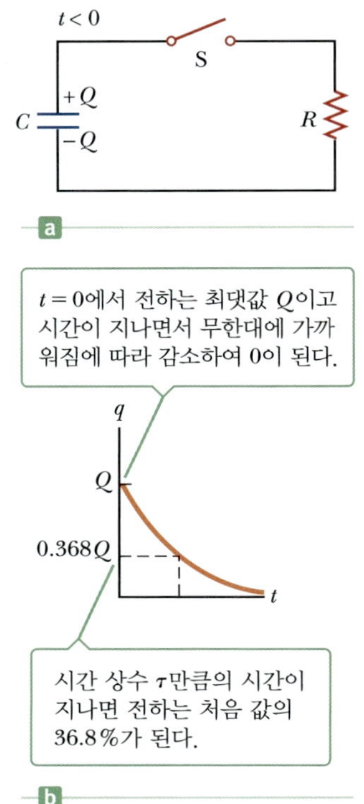

그림 18.13 (a) 충전된 커패시터를 스위치와 저항기에 직렬로 연결한다. (b) 스위치를 닫은 후 커패시터에 충전된 전하의 시간에 대한 그래프

시간 상수는 전하가 영에서 최대 평형값의 63.2%까지 증가하는 데 걸리는 시간을 나타낸다. 즉, 한 시간 상수 동안 커패시터의 전하는 영에서 $0.632Q$로 증가한다. 이것은 식 18.7에서 $t = \tau = RC$로 치환하고 q에 대한 해를 구하면 알 수 있다($1 - e^{-1} = 0.632$임에 유의한다). 시간 상수가 긴 회로는 매우 느리게 충전되는 반면에, 시간 상수가 짧은 회로는 빨리 충전된다는 것은 중요한 점이다. 시간 상수의 10배가 지난 후에 커패시터는 99.99% 이상 충전된다.

이제 처음 전하 Q인 커패시터, 저항기, 스위치로 구성된 그림 18.13a의 회로를 생각하자. 스위치를 닫기 전, 충전된 커패시터 양단의 전위차는 Q/C이다. 스위치를 일단 닫으면, 커패시터가 완전히 방전될 때까지 커패시터의 한쪽 극판에서 다른 쪽 극판으로 저항기를 통해 전하가 흐르기 시작한다. 만약 스위치를 닫은 시간이 $t = 0$이면 커패시터의 전하 q의 변화는 시간에 따라 식

$$q = Qe^{-t/RC} \qquad [18.9]$$

에 따라 변하는 것을 알 수 있다. 전하는 그림 18.13b처럼 시간에 따라 지수적으로 감소한다. $t = \tau = RC$ 시간 동안 전하는 처음 값 Q에서 $0.368Q$로 감소한다. 다시 말하면 한 시간 상수 동안에 커패시터는 처음 전하의 63.2%를 잃는다. $\Delta V = q/C$이기 때문에 커패시터 양단 사이의 전압 또한 $\Delta V = \boldsymbol{\mathcal{E}} e^{-t/RC}$에 의해 시간에 따라 지수 함수적으로 감소한다. 여기서 $\boldsymbol{\mathcal{E}}$(Q/C와 같음)는 완전히 충전된 커패시터 양단의 처음 전압이다.

예제 18.6 *RC* 회로에서 커패시터의 충전

목표 간단한 *RC* 회로의 기초적인 특성을 계산한다.

문제 그림 18.12a에서처럼 충전되지 않은 커패시터와 저항기가 배터리에 직렬로 연결되어 있다. $\boldsymbol{\mathcal{E}} = 12.0$ V, $C = 5.00\ \mu$F, $R = 8.00 \times 10^5\ \Omega$이라고 할 때 **(a)** 회로의 시간 상수, **(b)** 커패시터의 최대 전하, **(c)** 6.00 s 후 커패시터의 전하, **(d)** 6.00 s 후 저항기 양단의 전위차, **(e)** 저항기에 흐르는 전류를 구하라.

전략 **(a)** 시간 상수를 구하기 위해서는 식 18.8에 값을 대입하면 된다. **(b)** 충분히 긴 시간 후에 최대 전하가 축적되며, 이때 전류는 영으로 떨어지게 된다. 옴의 법칙 $\Delta V = IR$에 의해 저항기에 걸리는 전위차도 역시 영이 되고, 키르히호프의 고리 법칙으로 최대 전하를 구할 수 있다. **(c)** 어떤 특정한 시간에 쌓인 전하를 구하는 것은 식 18.7에 대입하는 문제이다. 키르히호프의 고리 법칙과 전기용량에 대한 식을 간접적으로 사용하여 **(d)** 저항 양단의 전압 강하를 구할 수 있으며, 이때 옴의 법칙으로부터 전류를 구한다.

풀이

(a) 회로의 시간 상수를 구한다.

시간 상수를 정의한 식 18.8을 사용한다.

$$\tau = RC = (8.00 \times 10^5\ \Omega)(5.00 \times 10^{-6}\ \text{F}) = 4.00\ \text{s}$$

(b) 커패시터의 최대 전하를 계산한다.

키르히호프의 고리 법칙을 *RC* 회로에 시계 방향으로 이용하는데, 이때 배터리의 전위차는 양의 값이 되고, 커패시터와 저항기 양단의 전위차는 음의 값이 된다.

$$\Delta V_{\text{배터리}} + \Delta V_C + \Delta V_R = 0 \qquad (1)$$

전기용량에 대한 커패시터의 정의식 16.8과 옴의 법칙으로부터 $\Delta V_C = -q/C$와 $\Delta V_R = -IR$을 얻는다. 이 값들은 전압 강하가 일어나므로 음의 값이다. 또한 $\Delta V_{\text{배터리}} = +\boldsymbol{\mathcal{E}}$이다.

$$\boldsymbol{\mathcal{E}} - \frac{q}{C} - IR = 0 \qquad (2)$$

최대 전하 $q = Q$에 도달할 때 $I = 0$이 된다. 최대 전하에 대해 식 (2)를 푼다.

$$\boldsymbol{\mathcal{E}} - \frac{Q}{C} = 0 \quad \rightarrow \quad Q = C\boldsymbol{\mathcal{E}}$$

최대 전하를 구하기 위해 이 식에 값을 대입한다.

$$Q = (5.00 \times 10^{-6}\text{ F})(12.0\text{ V}) = \boxed{60.0\ \mu\text{C}}$$

(c) 6.00 s 후에 커패시터에 저장되는 전하를 구한다.

식 18.7에 값을 대입한다.

$$q = Q(1 - e^{-t/\tau}) = (60.0\ \mu\text{C})(1 - e^{-6.00\text{ s}/4.00\text{ s}})$$

$$= \boxed{46.6\ \mu\text{C}}$$

(d) 6.00 s 후에 저항기 양단의 전위차를 계산한다.

그 시간에 커패시터 양단의 전압 강하 ΔV_C를 계산한다.

$$\Delta V_C = -\frac{q}{C} = -\frac{46.6\ \mu\text{C}}{5.00\ \mu\text{F}} = -9.32\text{ V}$$

ΔV_R에 대해 식 (1)을 풀고 주어진 값을 대입한다.

$$\Delta V_R = -\Delta V_{\text{배터리}} - \Delta V_C = -12.0\text{ V} - (-9.32\text{ V})$$

$$= \boxed{-2.68\text{ V}}$$

(e) 6.00 s 후에 저항기에 흐르는 전류를 구한다.

옴의 법칙을 적용하며 **(d)**의 결과를 사용한다(이때 $\Delta V_R = -IR$이다).

$$I = \frac{-\Delta V_R}{R} = \frac{-(-2.68\text{ V})}{(8.00 \times 10^5\ \Omega)}$$

$$= \boxed{3.35 \times 10^{-6}\text{ A}}$$

참고 이 문제를 풀 때에 부호에 매우 세심한 주의를 기울였다. 이 부호들은 항상 키르히호프의 고리 법칙을 적용할 때 잘 선택되어야 하며 그 문제를 다 푸는 동안 바꾸어서는 안 된다. 또 다른 방법으로 크기들을 사용할 수 있고 물리적 직관에 의해 부호를 선택할 수 있다. 예를 들면 저항 양단의 전위차 크기는 배터리 양단의 전위차 크기에서 커패시터 양단의 전위차 크기를 뺀 값과 같아야 한다.

예제 18.7 *RC* 회로에서 커패시터의 방전

목표 *RC* 회로에서 커패시터의 기본적인 방전 특성을 계산한다.

문제 그림 18.13a와 같이 저항기 R을 통해 방전되는 커패시터 C를 생각해 보자. **(a)** 커패시터의 전하가 처음 값의 1/4로 떨어질 때까지 걸리는 시간은 얼마인가? τ의 배수로 답하라. **(b)** 처음 전하와 시간 상수를 계산하라. **(c)** 만일 커패시터 양단에 처음 전위차가 12.0 V이고 전기용량이 3.50×10^{-6} F이며 저항이 2.00 Ω이라면, 남은 전하가 1.60×10^{-19} C이 될 때까지 방전하는 데 걸리는 시간은 얼마인가? 전체 방전 과정 동안 지수적으로 감소한다고 가정한다.

전략 이 문제를 풀기 위해서는 주어진 값을 여러 식에 대입하는 것이 필요한 동시에 자연 로그를 포함하는 몇 가지 대수적 조작도 요구된다. **(a)** 커패시터 방전에 대한 식 18.9에 $q = Q/4$를 대입하고 시간 t에 대하여 푼다. 여기서 Q는 처음 전하이다. **(b)** 식 16.8과 18.8에 각각 대입하여 커패시터의 처음 전하와 시간 상수를 구한다. **(c)** 커패시터의 방전에 대한 식에 **(b)**에서 얻은 결과와 $q = 1.60 \times 10^{-19}$ C을 대입한 후 시간에 대하여 푼다.

풀이

(a) 커패시터의 전하가 처음 값의 1/4까지 감소하는 데 걸리는 시간을 구한다. 식 18.9에 적용한다.

$$q(t) = Qe^{-t/RC}$$

위 식에 $q(t) = Q/4$를 대입하고 Q를 소거한다.

$$\tfrac{1}{4}Q = Qe^{-t/RC} \quad \rightarrow \quad \tfrac{1}{4} = e^{-t/RC}$$

양변에 자연 로그를 취하고 시간 t에 대하여 푼다.

$$\ln\left(\tfrac{1}{4}\right) = -t/RC$$

$$t = -RC\ln\left(\tfrac{1}{4}\right) = 1.39RC = \boxed{1.39\tau}$$

(b) 주어진 자료로부터 처음 전하와 시간 상수를 계산한다.

전기용량에 대한 식을 사용하여 처음 전하를 구한다.

$$C = \frac{Q}{\Delta V} \quad \rightarrow \quad Q = C\,\Delta V = (3.50 \times 10^{-6}\text{ F})(12.0\text{ V})$$

$$Q = \boxed{4.20 \times 10^{-5}\text{ C}}$$

이제 시간 상수를 계산한다.

$$\tau = RC = (2.00\ \Omega)(3.50 \times 10^{-6}\text{F}) = \boxed{7.00 \times 10^{-6}\text{ s}}$$

(c) 남은 전하가 기본 전하로 될 때까지 걸리는 시간을 구한다.

식 18.9를 사용하여 Q로 나누고, 양변에 자연 로그를 취한다.

$$q(t) = Qe^{-t/\tau} \quad \rightarrow \quad e^{-t/\tau} = \frac{q}{Q}$$

$$-t/\tau = \ln\left(\frac{q}{Q}\right) \quad \rightarrow \quad t = -\tau\ln\left(\frac{q}{Q}\right)$$

$q = 1.60 \times 10^{-19}$ C과 **(b)**에서 얻은 Q와 τ값을 대입한다.

$$t = -(7.00 \times 10^{-6}\,\text{s})\ln\left(\frac{1.60 \times 10^{-19}\,\text{C}}{4.20 \times 10^{-5}\,\text{C}}\right)$$

$$= \boxed{2.32 \times 10^{-4}\,\text{s}}$$

참고 **(a)**는 커패시터, 저항기 또는 전압에 대한 값이 정확히 주어지지 않을 때에도 얼마나 유용한 정보를 얻을 수 있는지 보여준다. **(c)**는 식 18.7과 18.9의 수학적인 형태가 무한한 시간이 요구되고 있다는 것을 나타내고 있음에도 불구하고, 커패시터가 빨리 방전(또는 역으로 충전)될 수 있음을 시사한다.

18.6 옥내 배선 Household Circuits

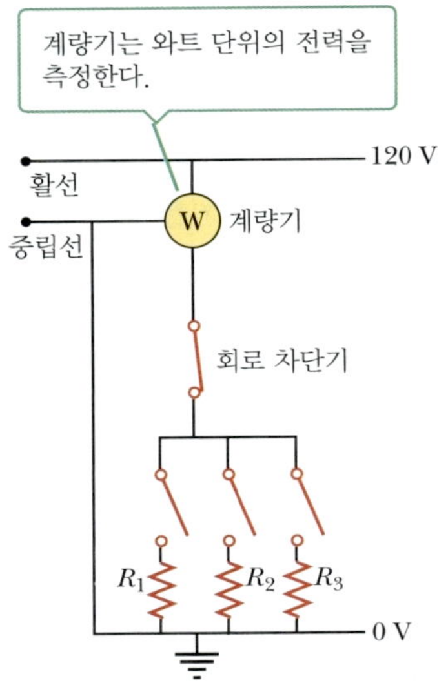

가정의 전기 회로는 이 장에서 다룬 지식들의 일부를 실제 적용한 사례이다. 보통 가정의 전기 설비에서 전력 회사는 개개의 집에 한 쌍의 전선 또는 전력선으로 전력을 공급한다. 이때 가정에 있는 전기 장치는 그림 18.14와 같이 병렬로 연결된다. 두 전선 사이의 전위차는 약 120 V이다(실제 전류와 전압은 교류이지만, 여기서는 전류와 전압을 직류라 가정하자). 이 중 하나의 전선은 접지되어 있고 다른 전선은 '활선(hot)'이라는 120 V의 전위에 연결된다. 전기계량기와 회로 차단기(또는 퓨즈)는 그림 18.14와 같이 집으로 들어오는 전선에 직렬로 연결되어 있다.

그림 18.14 옥내 배선도. 저항 R_1, R_2, R_3는 120 V용 전기용품이나 그 밖의 다른 전기 장치들을 나타낸다.

현대식 가정에서는 퓨즈 대신 회로 차단기를 사용한다. 회로의 전류가 어떠한 값(보통 15 A 또는 20 A)을 초과할 때, 회로 차단기는 스위치처럼 작동하여 회로를 개방시킨다. 그림 18.15는 회로 차단기의 한 구조를 보이고 있다. 전류가 바이메탈로 만든 막대를 통과하는데, 과도 전류가 막대에 흘러 가열되면 막대의 윗부분이 왼쪽으로 휜다. 만일 막대가 충분하게 왼쪽으로 휜다면, 막대는 용수철에 달려 있는 금속 막대의 홈 속으로 들어간다. 이 경우 막대는 접점에서 회로를 열기에 충분할 만큼 떨어진다. 또한 금속 막대는 회로 차단기가 작동하지 않고 있다는 것을 알리기 위해 스위치를 내린다(과부하가 제거된 후 스위치는 제자리로 돌아올 수 있다). 이와 같이 설계된 전류 차단기들은 바이메탈 조각이 가열되어야 하기 때문에, 회로가 과부하에 걸렸을 때에도 즉시 열리지 않는다는 단점이 있다. 그러므로 최근에 만들어지는 대부분의 회로 차단기는 앞으로 19장에서 설명할 전자석을 이용하고 있다.

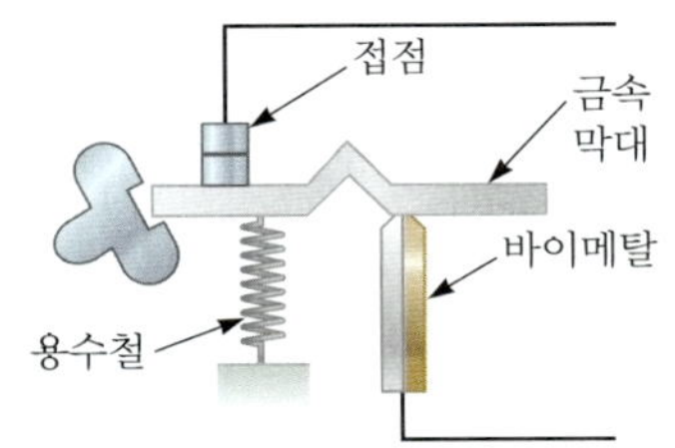

그림 18.15 바이메탈의 작동 원리를 이용한 회로 차단기

전선과 회로 차단기는 회로에서 요구되는 전류의 소요량에 따라 신중하게 선택되어야 한다. 만일 전기 회로에 30 A 정도의 큰 전류가 흐른다면 굵은 전선과 이에 맞는 적절한 회로 차단기를 사용해야 한다. 일반적으로 사용되는 전등과 소형 가전 기기들을 위한 가정용 회로는 주로 20 A 정도의 전류를 필요로 한다. 각 회로는 최대 안전부하를 수용할 수 있는 회로 차단기가 설치되어 있다.

응용

퓨즈와 회로 차단기

예를 들어, 토스터, 전기 오븐, 전기 히터에 전기를 공급하는 회로를 생각하자(그림 18.14에 R_1, R_2, R_3로 표시되었다). 식 $P = I\Delta V$를 이용하면 각 전기용품에 사용되는 전류량을 계산할 수 있다. 1 000 W의 토스터는 1 000/120 = 8.33 A, 800 W의 전기 오븐은 6.67 A, 1 300 W의 전기 히터는 10.8 A의 전류가 흐르게 된다. 이 세 전기용품을 동시에 작동시키면, 25.8 A의 전체 전류가 흐르게 된다. 그러므로 차단기는 최소한 이 많은 전류를 수용해야 하며, 그렇지 못할 경우 차단된다. 다른 방법으로는 토스터와 전기 오븐을 20 A의 한 회로에, 전기 히터는 독립된 다른 20 A의 회로로 분리하여 작동시킬 수도 있다.

전자레인지나 건조기와 같이 전류가 많이 소모되는 전기용품들을 작동시키기 위해서는 240 V가 요구된다. 전력회사는 240 V의 전압을 공급하기 위하여 그림 18.16과 같이 접지 전위보다 120 V 높은 전선과 접지 전위보다 120 V 낮은 전선을 제공함으로써 두 전선 사이에는 240 V의 전위차가 생기도록 한다. 240 V 선으로 작동되는 전기용품은 120 V 선으로 작동되는 전기용품의 절반에 해당하는 전류만 필요하다. 따라서 좀 더 가는 전선을 높은 전압 회로에 사용해도 과열되지 않는다.

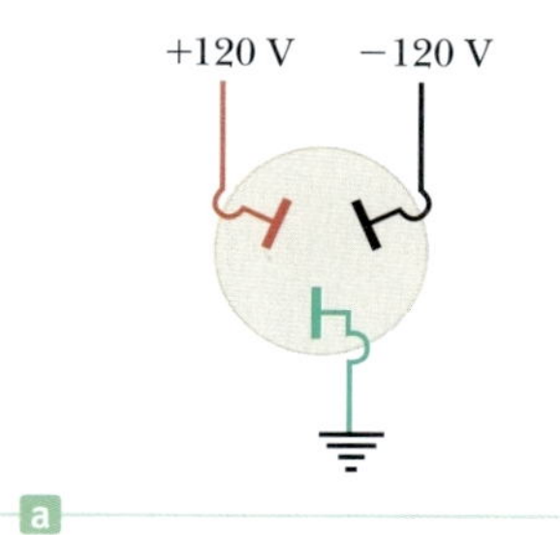

그림 18.16 (a) 240 V 전기 기기용 연결도, (b) 240 V용 전원 콘센트

18.7 전기 안전 Electrical Safety

사람이 땅에 접촉하고 있는 동안 전기가 통하는 전선(피복이 벗겨져서 도체가 노출되어 전기가 통하는)을 만지면 감전될 수 있다. 수도관을 잡거나 젖은 발로 땅에 서 있는 상태는 접지 상태가 된다. 순수하지 않은 물은 좋은 도체에 해당하기 때문이다. 어떠한 경우라도 이러한 상황은 피해야 한다.

전기적 충격은 치명적인 화상을 초래하거나 심장과 같은 생명 유지에 필요한 기관들의 근육에 손상을 입힐 수 있다. 신체에 대한 위험 정도는 전류의 세기, 감전 시간과 전류가 지나는 신체 부위에 따라 다르다. 5 mA 이하의 전류는 거의 위험하지는 않지만 약간의 충격을 준다. 만일 전류가 10 mA보다 크면 손의 근육이 수축되어 전선에서 손을 떼지 못할 수도 있다. 100 mA의 전류가 몇 초 동안 몸을 통과한다면 매우 치명적일 수 있다. 이러한 큰 전류는 호흡기 근육을 마비시킨다. 1 A 정도의 전류가 몸을 통과하면 심각한(때로는 치명적인) 화상을 입는다.

응용

가전제품에 사용되는 제3의 전선

전기용품 제조사들은 소비자를 위한 추가적 조치로 외피 접지라 불리는 제3의 전선을 사용하고 있다. 이것이 어떻게 작용하는가를 이해하기 위해 그림 18.17과 같이 드릴을 사용하고 있다고 생각하자. 두 전선으로 연결된 드릴의 한 선은 '활선'으로 불리는

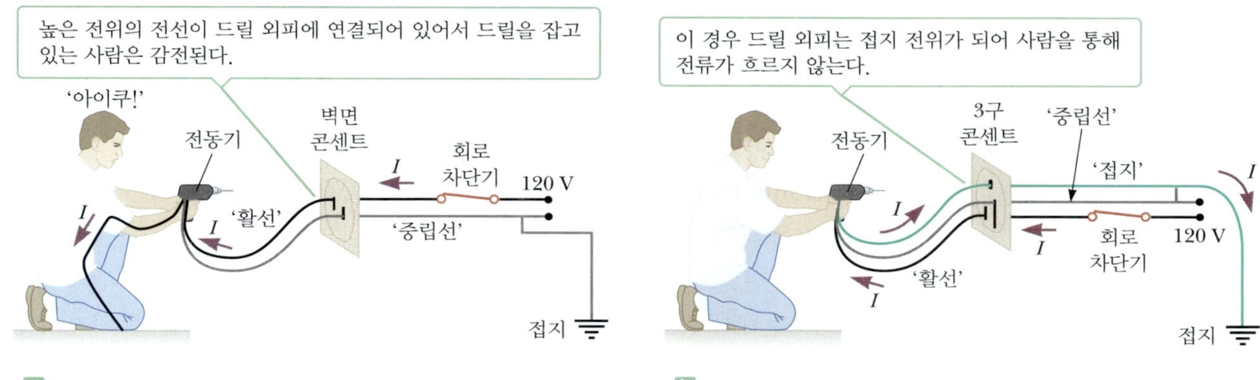

그림 18.17 120 V의 전압이 가해지는 활선에는 안전을 위해 항상 회로 차단기를 설치한다. (a) 두 전선만을 이용해서 드릴을 작동할 때 정상적인 전류 경로는 '활선'에서부터 전동기의 단자를 지난 전류가 다시 '중립선'을 통해 접지로 돌아간다. (b) 제3의 전선으로 외피를 통해 접지로 연결하면 감전을 피할 수 있다. 도선의 색은 미국 전기 표준으로 나타내었다. 활선은 검정색, 접지선은 초록색, 중립선은 흰색(그림에서 회색으로 보임)이다.

높은 전위(120 V)의 입력선에 연결되고, 다른 한 선은 접지선(0 V)에 연결된다. 만일 높은 전위의 전선이 드릴의 외피에 접촉되면(그림 18.17a) 단락이 생기게 된다. 이렇게 바람직하지 못한 상황에서 전류가 흐르는 경로는 높은 전위가 걸려 있는 전선에서 드릴을 잡고 있는 사람을 통해 지면으로 흐르게 되어 있으며 이 경로는 치명적일 수 있다. 이런 경우에 대해 그림 18.17b와 같이 드릴 외피에 연결된 세 번째 선을 이용함으로써 위험을 방지할 수 있다. 만일 단락이 일어나는 경우 전류가 저항을 가장 적게 받는 경로는 높은 전위가 걸려 있는 전선을 지나 드릴 외피에 연결된 세 번째 선을 통해 접지로 돌아가게 된다. 그러면 높은 전류로 인해 사람이 부상을 입기 전에 퓨즈가 끊어지거나 회로 차단기가 작동할 것이다.

누전 차단기(ground-fault interrupters, GFIs)라 불리는 특별한 전기 콘센트가 부엌, 침실, 지하실 및 기타 위험한 구역에 사용되고 있다. 그것은 작은 전류(대략 5 mA 내외)가 땅으로 흐르는 것을 감지하여 전기적 충격으로부터 사람을 보호할 수 있도록 설계되었다. 전류가 이보다 높게 감지되면 그 장치는 수 ms보다 짧은 시간 내에 전류를 차단시킨다(누전 차단기는 20장에서 다시 논의한다).

18.8 뉴런을 통한 전기 신호 전달[2]

Conduction of Electrical Signals by Neurons

생명이 있는 유기체 속에서 가장 놀랄 만한 전기적 현상은 동물의 신경 조직 속에서 발견할 수 있다. **뉴런**(neurons)이라고 하는 특별한 세포는 몸의 한 부분에 대한 정보를 다른 부분으로 받아들이고, 진행하며, 전달하는 복잡한 연결망을 형성한다. 이 연결망의 중심은 정보를 모으고 분석하는 능력을 가진 뇌 속에 있다. 이 정보를 기초로 신경 조직이 몸을 조절하게 된다.

신경 조직은 매우 복잡하며 서로 연결된 약 10^{10}개의 뉴런으로 구성되어 있다. 신경계의 일부 특성은 잘 알려져 있다. 지난 수십 년에 걸쳐 신경계를 통한 신호 전달 방식이 규명되었다. 뉴런에 의해 전달되는 메시지는 활동 전위(action potentials)라고 하는 전압 펄스이다. 뉴런이 강하게 자극 받으면 이들 구조를 따라 활발하게 전달되는 동일한 전압 펄스를 만든다. 자극의 세기는 생성된 펄스의 수에 의해 결정된다. 펄스가 뉴런의 끝에 도달하면 근육 세포나 다른 뉴런을 활성화시킨다. 뉴런에는 활성 개시 문턱(firing threshold)이 존재한다. 즉, 활성 전압은 문턱값 이상으로 자극이 충분히 강할 때에만 뉴런을 따라 전달된다.

뉴런은 감각 뉴런, 운동 뉴런, 연합 뉴런(중간 뉴런)의 세 종류로 나뉜다. 감각 뉴런은 신체의 외부와 내부 환경을 감시하는 감각 기관으로부터 자극을 받는다. 각각의 감각 뉴런은 빛, 온도, 압력, 근육의 긴장, 냄새 등의 요소에 대한 정보를 신경 조직 내의 더 높은 센터로 전달한다. 운동 뉴런은 근육 세포를 조절하는 명령을 전달한다. 이러한 메시지들은 감각 뉴런과 두뇌가 제공하는 정보를 기초로 하여 만들어진다. 연합 뉴런

[2] 이 절은 보스턴 대학의 폴 다비도비츠(Paul Davidovits)가 작성한 글에 기초한 것이다.

은 하나의 뉴런에서 다른 뉴런으로 정보를 전달한다.

각 뉴런은 신호가 입력되는 끝부분인 **수상 돌기**(dendrites)와 긴 꼬리 모양의 **축색 돌기**(axon)가 인접해 있는 세포 본체로 구성되어 있고, 그림 18.18과 같이 축색 돌기는 세포 본체로부터 외부로 신호를 전달한다. 축색 돌기의 끝부분은 다른 뉴런 또는 근육 세포의 좁은 간격을 가로질러 신호를 전달하는 신경 말단으로 갈라진다. 그림 18.19는 간단한 감각–운동 뉴런의 회로이다. 근육으로부터의 자극은 척추로 들어가는 신경 자극을 만든다. 여기서 신호는 운동 뉴런에 전달되고 이 운동 뉴런은 근육을 조절하는 충격 신호를 전달하게 된다. 그림 18.20은 뇌 속에 있는 뉴런을 전자 현미경으로 본 영상이다.

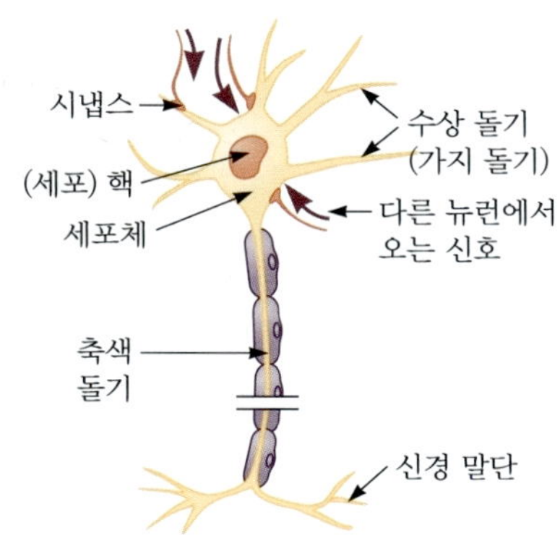

그림 18.18 뉴런의 구성도

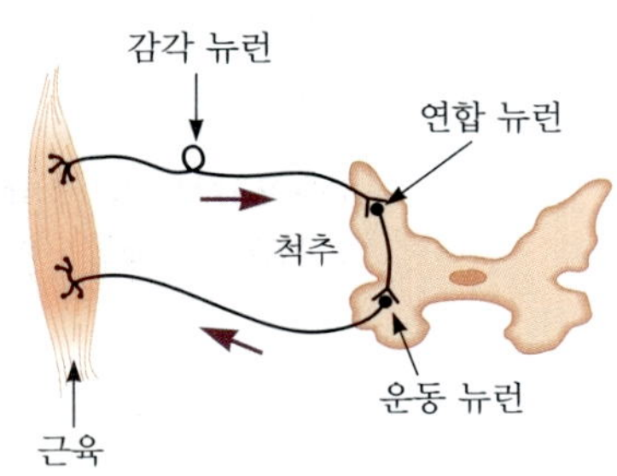

그림 18.19 간단한 신경 회로

뉴런 세포의 연장인 축색 돌기는 세포 몸체로부터 전기적 충격을 전달한다. 어떤 축색 돌기는 아주 길다. 예를 들면, 인체에서 손가락과 발가락의 척수에 연결되어 있는 축색 돌기의 길이는 1 m 이상이다. 뉴런은 축색 돌기의 특수한 능동적 전기 특성으로 인해 정보를 전달할 수 있다[축색 돌기는 **수동적**(passive)으로 뻗어 있는 저항선이라기보다는 **능동적**(active) 에너지를 가지고 있는 배터리처럼 활동한다]. 축색 돌기의 전기적 화학적 특성에 대한 많은 정보는 바늘 모양의 탐침을 축색 돌기 내부에 넣어서 얻는다. 그림 18.21은 실험 장치도이다.

뉴런의 외부는 접지되어 있어서 모든 측정된 전압은 외부에 대해 전위가 '0'이라고 설정해 놓은 것에 주의하라. 이러한 탐침으로 축색 돌기 안으로 전류를 흐르게 할 수 있게 하였고, 고정된 지점에서 시간의 함수로 활동 전위를 측정하며 세포의 화학적 성분에 대한 견본을 뽑을 수 있다. 축색 돌기는 지름이 매우 작기 때문에 이런 실험은 까다롭다. 인간의 신경계 중 가장 큰 축색 돌기조차 20×10^{-4} cm에 불과하다. 그에 반해 대왕오징어는 지름이 약 0.5 mm 정도인 축색 돌기를 가지고 있다. 이것은 전극을 쉽게 주입하기에 충분한 크기이다. 신경 조직 내의 신호 전달에 대한 많은 정보는 대왕오징어의 축색 돌기 실험으로부터 얻어진 것이다.

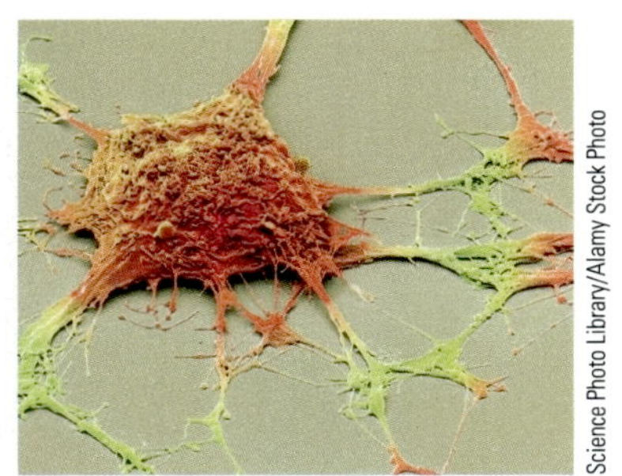

그림 18.20 대뇌 피질에 있는 별 모양의 뉴런

인체 내의 수용액에서 소금과 다른 분자들은 양이온과 음이온으로 해리된다. 이러한 결과로 체액은 상대적으로 좋은 전도체이다. 축색 돌기의 내부는 약 5~10 nm 두께에 불과한 얇은 막에 의해 주변의 체액으로부터 분리된 이온 액체로 채워져 있다. 내부와 외부 체액의 비저항은 거의 같지만 이들의 화학적 성분은 사실상 다르다. 외부 체액은

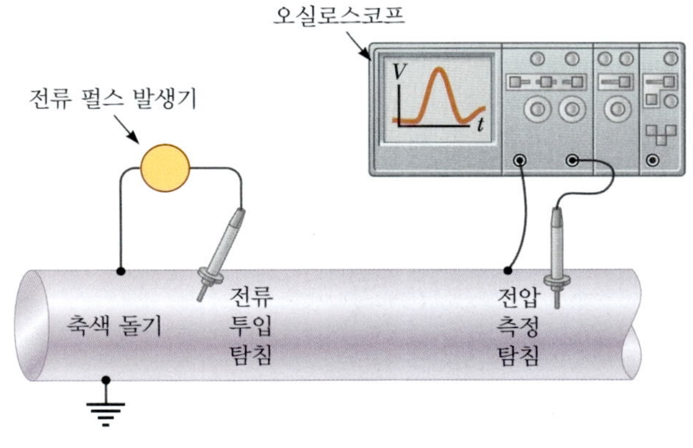

그림 18.21 전기적으로 자극되는 축색 돌기. 왼쪽 탐침으로 짧은 펄스의 전류 자극을 주고, 오른쪽 탐침으로는 그 결과로 얻어지는 활동 전위를 시간의 함수로 측정한다.

바닷물과 유사하여 대부분 양의 나트륨 이온과 음의 염화 이온들로 되어 있다. 축색 돌기 내부의 양이온은 대부분 칼륨 이온이고 음이온은 대부분 커다란 유기질 이온이다.

보통 축색 돌기 안쪽과 바깥쪽에 있는 나트륨과 칼륨 이온의 농도는 확산에 의해 평형을 이루게 된다. 그러나 축색 돌기는 에너지 공급원을 가진 살아 있는 세포이고 수 밀리초 내에 막의 투과율을 변화시킬 수 있다.

축색 돌기가 전기 신호를 전달하지 않을 때, 축색 돌기 세포막은 칼륨 이온을 많이 통과시키고, 나트륨 이온은 그보다 적게 통과시키지만 큰 유기질 이온은 통과시키지 않는다. 결과적으로 나트륨 이온은 쉽게 축색 돌기로 들어갈 수 없지만 칼륨 이온은 축색 돌기에서 빠져나올 수 있다. 그러나 칼륨 이온이 축색 돌기를 빠져나갈 때 큰 음의 유기질 이온들은 세포막을 통해 빠져나갈 수 없어 남아 있다. 그 결과 축색 돌기의 안쪽은 바깥쪽에 비해 음의 전위가 높아진다. 최종적으로 전위가 −70 mV 정도에 이르게 되면 칼륨의 배출을 억제하여 평형 상태에서의 이온 농도는 앞에서 언급한 것과 같아진다.

뉴런에 의해 전기적 신호가 만들어지는 구조는 개념적으로 간단하지만 실험적으로 가려내기는 어렵다. 뉴런이 적절한 자극에 의해 정지 전위를 바꿀 때 세포막의 성질은 부분적으로 변한다. 이러한 결과로 약 2 ms 동안 나트륨 이온이 갑작스럽게 세포 속으로 흘러들어간다. 이것은 그림 18.22a에서 보인 바와 같이 +30 mV의 활동 전위를 생산한다. 그 즉시 세포 밖으로 흘러나오는 칼륨 이온이 증가하고 3 ms 후에 −70 mV의 정지 전위로 되돌아간다. Na^+와 K^+ 이온의 흐름 모두 Na과 K 방사능 추적자를 사용하여 측정한다. 축색 돌기를 따라 이동하는 신경 신호의 속력은 50 m/s에서 150 m/s로 측정되었다. 축색 돌기의 신경 내에서 이런 전하의 흐름(또는 신호전달)은 금속 전선 내의 신호전달과는 같지 않다. 축색 돌기 내에서 전하는 신경 신호의 이동 방향에 수직으로 움직이고 신경 신호의 전달 속력은 금속 전선을 따라 이동하는 전압 펄스에

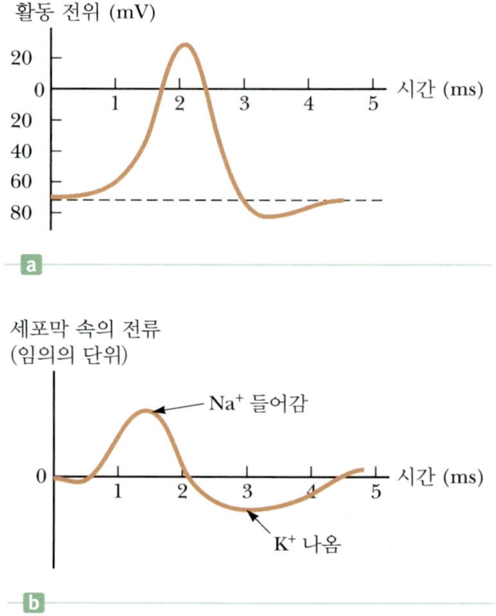

그림 18.22 (a) 시간의 함수로 나타나는 전형적인 활동 전위, (b) 시간의 함수로 나타낸 축색 돌기 세포막에서의 전류

비해 아주 느리다.

비록 축색 돌기가 매우 복잡한 구조를 가지고 있고 어떻게 Na^+와 K^+ 이온 채널이 열리고 닫히는지 이해되지 않을지라도, 전류와 커패시터라는 표준적인 전기 회로 개념이 축색 돌기를 분석하는 데 사용될 수 있다. 얇은 유전체 세포막 양쪽에 서로 부호가 반대인 전하를 가진 축색 돌기가 커패시터처럼 작용한다.

연습문제

18.1 기전력의 근원

1(1). 기전력이 9.00 V인 배터리에 72.0 Ω의 저항을 연결하면 117 mA의 전류가 흐른다. 배터리의 내부 저항은 얼마인가?

2(3). 기전력이 12.0 V인 배터리에 3.00 A의 전류가 흐를 때 배터리 양단의 단자 전압이 11.5 V이다. (a) 이 배터리의 내부 저항 r을 구하라. (b) 부하 저항 R을 구하라.

18.2 저항기의 직렬연결

18.3 저항기의 병렬연결

3(5). (a) 그림 P18.3에서 점 a와 b 사이의 등가 저항을 구하라. (b) a와 b 사이에 34.0 V를 걸어줄 때 각 저항기에 흐르는 전류를 구하라.

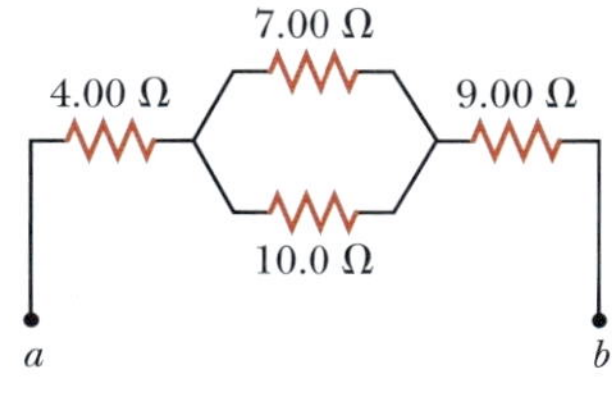

그림 P18.3

4(7). 두 개의 저항 R_1과 R_2를 직렬로 연결하였다. (a) $R_1 = 2.00\ \Omega$이고 $R_2 = 4.00\ \Omega$이라면 직렬연결된 두 저항의 등가 저항은 얼마인가? (b) R_1과 R_2를 병렬로 연결한 등가 저항은 얼마인가?

5(9). 직렬연결된 두 저항기의 등가 저항이 690 Ω이다. 그 두 저항기를 병렬연결할 때의 등가 저항은 150 Ω이다. 각각의 저항값을 구하라.

6(11). 그림 P18.6의 회로에서 (a) 점 a와 b 사이의 전위차, (b) 20.0 Ω의 저항기에 흐르는 전류를 구하라.

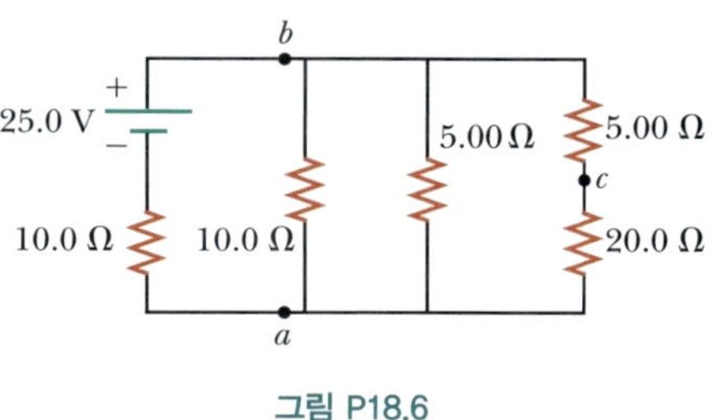

그림 P18.6

7(13). 그림 P18.7에서 12 Ω의 저항기에 흐르는 전류를 구하라.

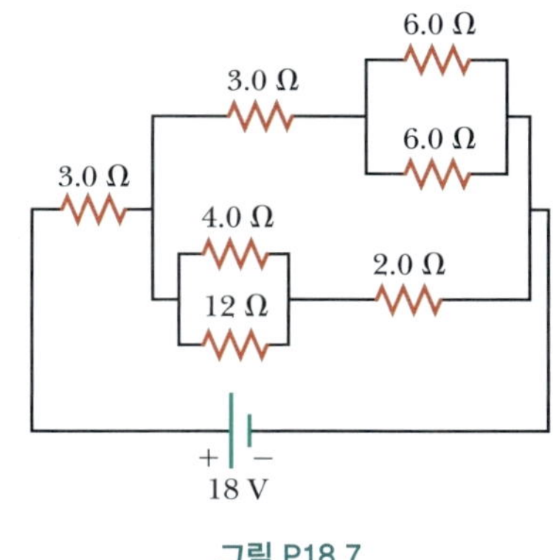

그림 P18.7

8(15). (a) 45 Ω의 저항기가 필요한데 매장에는 20. Ω과 50. Ω 짜리밖에 없다. 이런 경우 원하는 저항값을 만들기 위해 어떻게 해야 하는가? (b) 35 Ω의 저항기가 필요하다면 어떻게 해야 하는가?

9(17). 그림 P18.9에서 a와 b 양단 사이의 저항이 75 Ω이다. R로 표시된 저항기의 값이 모두 같다고 할 때 R의 값을 구하라.

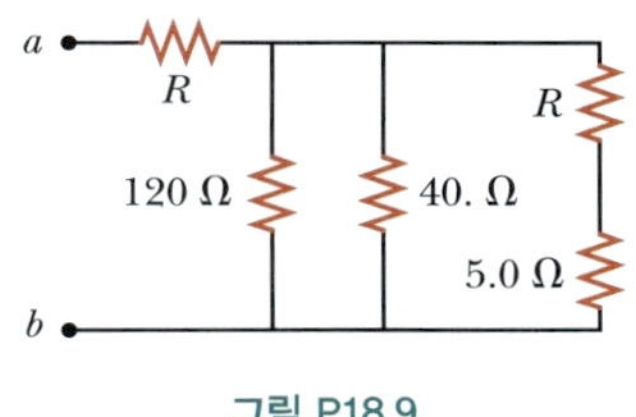

그림 P18.9

18.4 키르히호프의 법칙과 복잡한 직류 회로

> Note: 어떤 회로의 경우, 실제 전류는 그림에서 주어진 방향과 같을 필요는 없다.

10(19). 그림 P18.10에서 $R = 1.00\ \text{k}\Omega$이고 $\mathcal{E} = 250.\ \text{V}$이다. 점 a와 e 사이의 수평으로 된 도선에 흐르는 전류의 크기와 방향을 구하라.

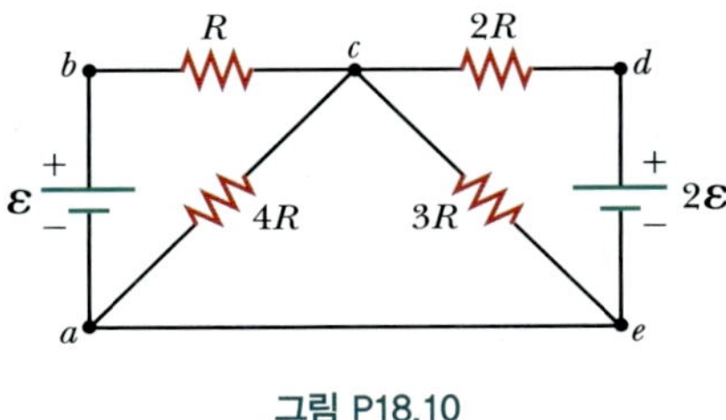

그림 P18.10

11(21). 그림 P18.11은 휘스톤브릿지 회로이다. 이 회로는 가운데에 있는 전류계의 눈금이 영이 될 때까지 $R_{가변}$의 저항값을 변화시켜서 미지 저항 R를 정밀하게 측정하는 회로이다. 전류계가 영을 가리킬 때를 "평형"이 되었다고 말한다. 평형이 되었을 때 $R_{가변} = 9.00\ \Omega$이라면 (a) 미지 저항 R의 값은 얼마이며 (b) 1.00 Ω 저항에 흐르는 전류는 얼마인가? **힌트:** 이 회로가 평형이 되었을 때 전류계에 흐르는 전류가 영이므로 전류계를 없앤 회로와 같은 회로가 된다. 따라서 두 쌍의 저항이 병렬로 연결된 회로와 같다.

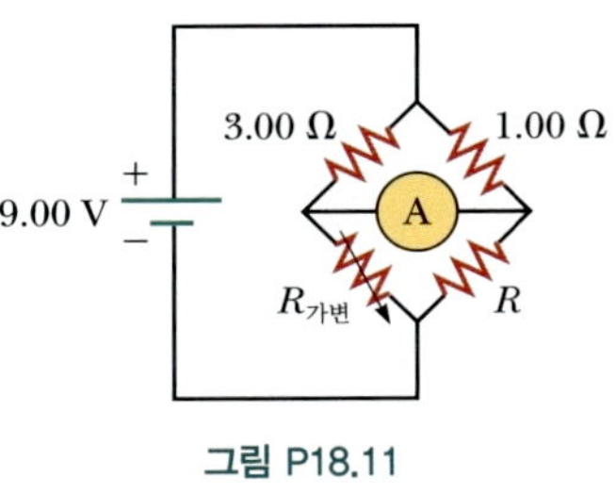

그림 P18.11

12(23). (a) 키르히호프의 법칙을 이용하여 그림 P18.12의 각 저항기에 흐르는 전류를 구하라. (b) 점 c와 f 사이의 전위차를 구하라.

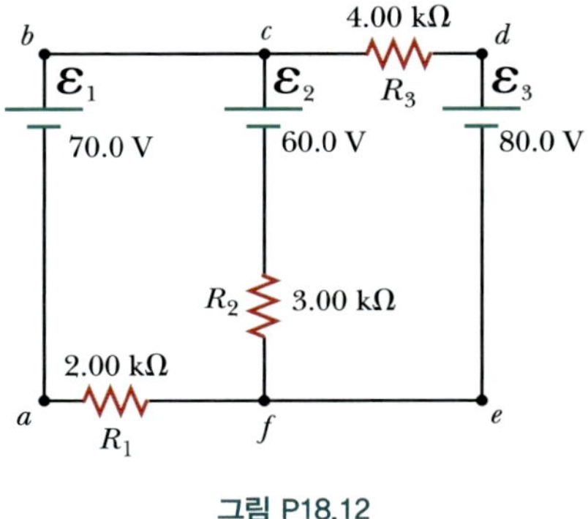

그림 P18.12

13(25). (a) 그림 P18.13과 같은 회로를 단일 저항기로 배터리에 연결된 형태로 축소할 수 있는지에 대해 설명하라. (b) 미지 전류 I_1, I_2, I_3을 각각 계산하라.

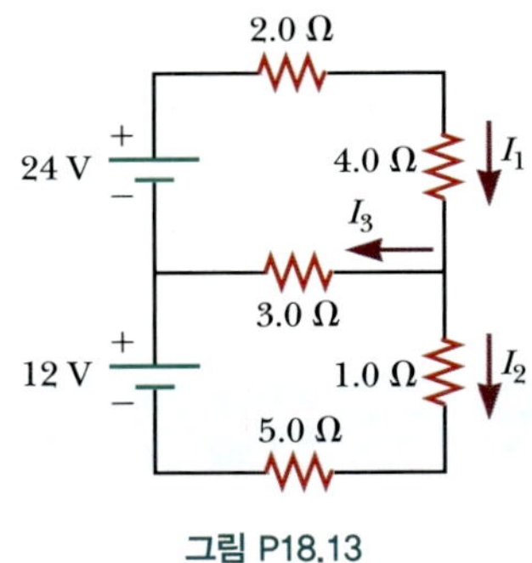

그림 P18.13

14(27). 그림 P18.14의 회로에서 (a) 각 저항기에 흐르는 전류, (b) $2.00 \times 10^2\ \Omega$ 저항기 양단의 전위차를 구하라. (c) 각 배터리에서 공급한 전력을 구하라.

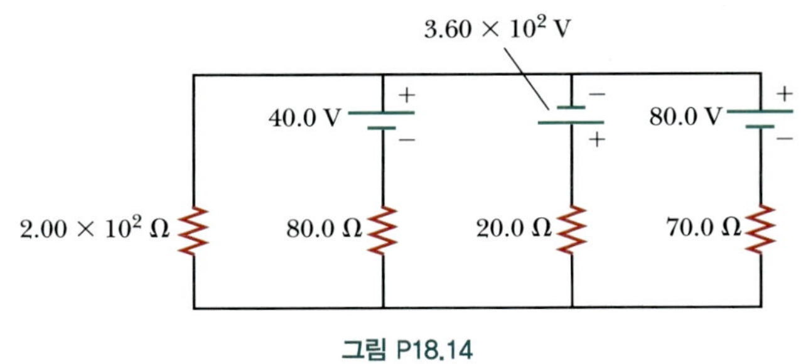

그림 P18.14

15(29). 그림 P18.15의 회로에서 각 저항기에 걸리는 전위차를 구하라.

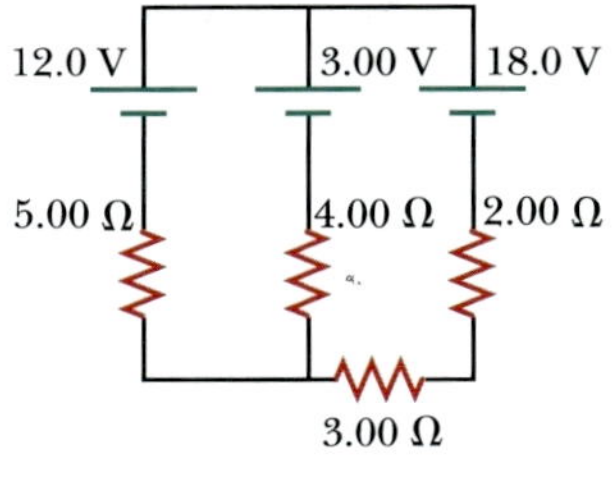

그림 P18.15

16(31). (a) 그림 P18.16과 같은 회로를 단일 저항기로 배터리에 연결된 형태로 축소할 수 있는지에 대해 설명하라. (b) 그림 P18.16의 회로에서 각 저항기에 흐르는 전류를 구하고 각 저항기에서의 방향을 나타내라.

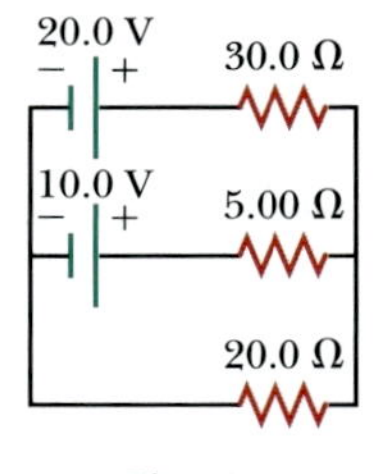

그림 P18.16

18.5 RC 회로

17(35). 그림 18.12와 같은 직렬 RC 회로를 생각하라. $R=75.0\ \text{k}\Omega$, $C=25.0\ \mu\text{F}$, $\mathcal{E}=\ 12.0\ \text{V}$이다. (a) 회로의 시간 상수를 구하라. (b) 스위치가 닫힌 후 1시간 상수의 시간이 흐르는 동안에 커패시터에 충전된 전하를 구하라.

18(37). 그림 P18.18에서 $R=1.00\ \text{M}\Omega$, $C=5.00\ \mu\text{F}$, $\mathcal{E}=30.0\ \text{V}$이다. (a) 이 회로의 시간 상수, (b) 스위치가 닫힌 후 커패시터에 저장된 최대 전하, (c) 스위치가 닫힌 후 10.0 s일 때의 저항기에 흐르는 전류를 구하라.

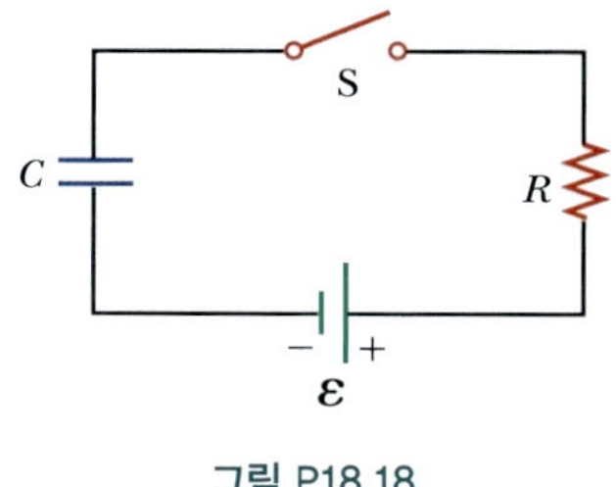

그림 P18.18

18.6 옥내 배선

19(39). 전기난로의 발열 소자가 240. V에 연결될 때 3.00×10^{3} W가 소비되도록 설계되어 있다. (a) 저항이 일정하다고 가정하고 120. V에 연결될 경우에 발열 소자에 흐르는 전류를 계산하라. (b) 그 전압에서 소비되는 전력을 계산하라.

20(41). (a) 옥내 배선 전압이 120 V일 때 15.0 A짜리 차단기를 사용하면 사용 가능한 전력은 얼마인가? (b) 그런 경우 밝기가 800루멘인 60.0 W짜리 백열전구 몇 개를 달 수 있겠는가? (c) 백열전구 대신 같은 밝기의 9.00 W짜리 LED 전구를 사용하면 몇 개를 달 수 있는가?

21(43). 어떤 집주인이 자기 집에 있는 15개의 60.0 W짜리 백열전구를 밝기가 같은 9.00 W짜리 LED전구 15개로 바꾸고자 한다. 하루에 8시간 켜 놓는다고 할 때 전기요금이 kWh당 0.230달러라면 1년 동안 절약되는 전기요금은 얼마인가?

18.8 뉴런을 통한 전기 신호 전달

22(45). 길이가 약 0.10 m인 축색 돌기가 작용 전위에 의해 자극이 된다고 가정하자(자극 길이 = 신경 속력 × 펄스 지속 시간 = 50.0 m/s × 2.0×10^{-3} s = 0.10 m). 휴지기에서 축색 돌기의 외부 표면은 K^+ 이온으로 대전되어 있고 내부 표면은 그림 P18.22에서처럼 크기가 같고 부호가 반대인 음의 유

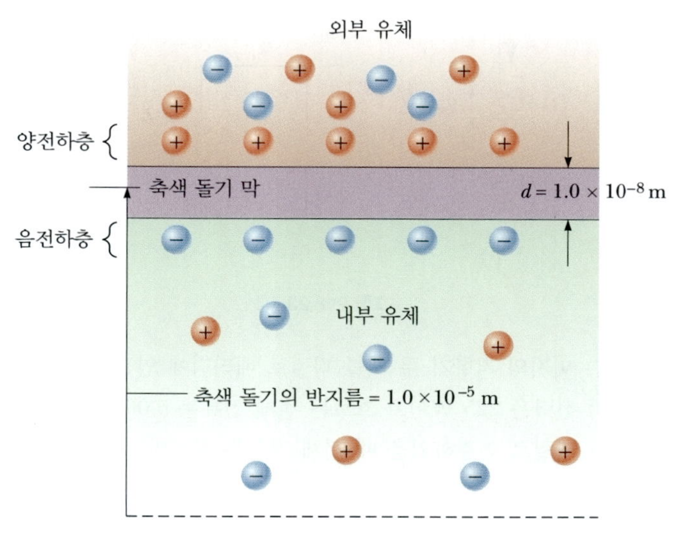

그림 P18.22

기 이온으로 대전되어 있다. 축색 돌기를 평행판 커패시터라고 하고 $C=\ \kappa\epsilon_0A/d$, $Q=C\,\Delta V$를 사용하여 다음과 같이 전하를 구하라. 축색 돌기를 원통형으로 가정하고 벽의 두께를 $d=1.0\times10^{-8}$ m, 반지름을 $r=1.0\times10^{1}$ μm, 세포벽의 유전 상수를 $\kappa=3.0$ 정도의 전형적인 값을 사용하자. (a) 축색 돌기가 전기 신호를 전달하지 않을 때 축색 돌기의 0.10 m 부분의 외벽에 대전되는 양전하를 구하라. 처음 전위차를 7.0×10^{-2} V라고 가정할 때 축색 돌기의 외벽에는 얼마만큼의 K^+ 이온이 있는가? 이 정도의 전하는 단위 넓이당 많은 것인가? **힌트:** 단위 넓이당 전하를 제곱옹스트롬(Å^2)당 전자 전하 e로 계산한다. 원자의 단면적은 약 1 Å^2(1 Å = 10^{-10} m)이다. (b) -7.0×10^{-2} V의 휴지기에서 $+3.0\times10^{-2}$ V의 자극 상태로 도달하는 데 얼마나 많은 양전하가 세포막을 통해서 흘러가야 하는가? 그것에 해당하는 나트륨 이온(Na^+)은 몇 개인가? (c) 나트륨 이온이 축색 돌기로 들어가는 데 2.0 ms가 걸린다면, 이 과정에서 축색 돌기에 흐르는 평균 전류는 얼마인가? (d) 휴지기의 전위 -7.0×10^{-2} V에서 시작하여 축색 돌기의 내벽의 전위를 $+3.0\times10^{-2}$ V로 올리기 위해 필요한 에너지는 얼마인가?

종합문제

23(49). 그림 P18.23은 직렬연결 회로와 병렬연결 회로를 나타내고 있다. (a) $\Delta V_{\text{직렬}}/\Delta V_{\text{병렬}}$의 비는 얼마인가? (b) 두 회로에서 소비되는 전력의 비 $P_{\text{직렬}}/P_{\text{병렬}}$은 얼마인가?

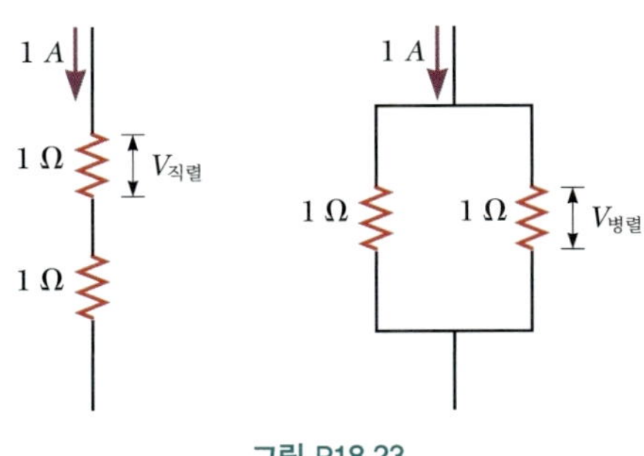

그림 P18.23

24(51). 미지의 저항기 두 개를 직렬로 배터리에 연결하였을 때 소비 전력은 225 W이고 흐르는 전체 전류는 5.00 A이다. 그러나 병렬로 연결하였을 때 전체 전류는 같지만 소비 전력은 50.0 W이다. 두 저항기의 저항값을 구하라.

25(53). (a) 그림 P18.25에서 점 a와 점 b 사이의 전위차를 계산하고, (b) 어느 점의 전위가 더 높은지 확인해 보라.

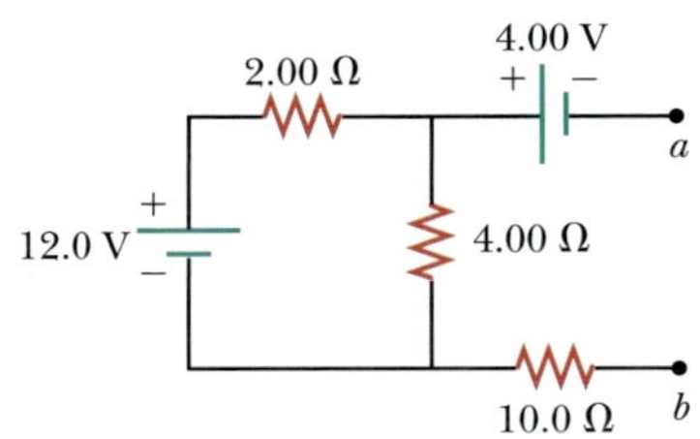

그림 P18.25

26(55). 그림 P18.25의 회로를 수 초 동안 연결해 두었다. (a) 4.00 V 배터리, (b) 3.00 Ω의 저항기, (c) 8.00 V의 배터리, (d) 3.00 V의 배터리에 흐르는 전류를 구하라. (e) 커패시터에 있는 전하량을 구하라.

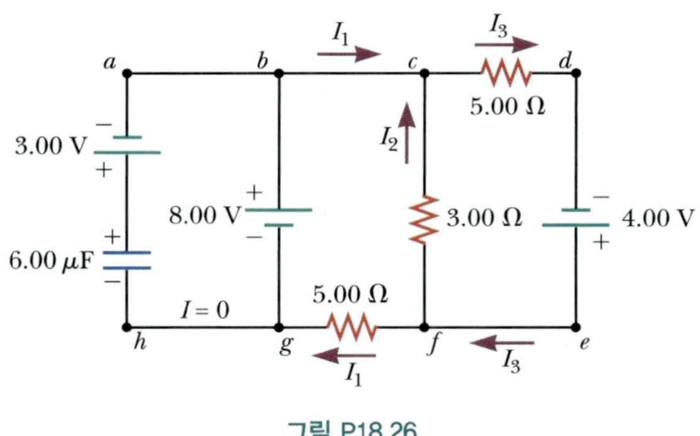

그림 P18.26

27(59). 각각의 저항이 R인 똑같은 세 개의 전구가 그림 18.27과 같이 전지에 연결되어 있다. (a) 스위치가 열려 있을 때 이 회로의 등가 저항을 나타내는 식을 구하라. 스위치가 닫혀 있을 때의 경우도 구하라. (b) 스위치가 열려 있을 때 전지가 공급하는 전력에 대한 식을 구하라. 스위치가 닫혀 있을 경우에 대해서도 구하라. (c) 앞에서 구한 결과로부터 스위치가 닫혀 있을 때 전구들의 밝기에 대해 설명하라.

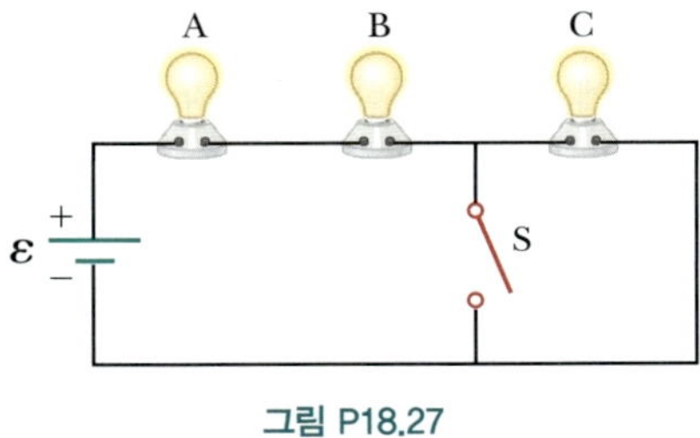

그림 P18.27

28(61). 각 저항이 R인 n개의 저항으로 구성된 직렬 회로에 전압 ΔV를 인가한다. 회로 구성 요소들을 병렬 회로로 다시 연결하고 전압 ΔV를 다시 인가한다. 직렬 회로에서 소비되는 전력이 병렬 회로에서 소비되는 전력의 $1/n^2$배임을 증명하라.

29(63). 내부 저항이 10.0 Ω인 어떤 배터리의 개방 회로 전압은 12.0 V이다. 0~30.0 Ω 범위의 가변 저항이 배터리에 연결되었다. (Note: 배터리의 저항은 화학 물질의 상태에 따라 달라지며 배터리가 노화됨에 따라 증가한다. 이 내부 저항은 간단한 회로도에서 배터리와 직렬로 연결된 저항으로 표현할 수 있다.) (a) 부하 저항에서 소모되는 전력을 부하 저항의 함수로 그래프로 나타내라. (b) 그래프를 사용하여 다음의 중요한 정리를 증명하라. 부하 저항이 전원의 내부 저항과 같을 때 부하에 전달되는 전력은 최대가 된다.

30(67). 그림 P18.30에 주어진 커패시터 쌍은 12.0 V 배터리로 완전히 충전되었다. 배터리를 분리하고 회로를 닫았다. 1.00 ms 후, (a) 3.00 μF 커패시터에는 얼마의 전하가 남아 있는가? (b) 2.00 μF 커패시터에는 얼마가 남아 있는가? (c) 저항에 흐르는 전류는 얼마인가?

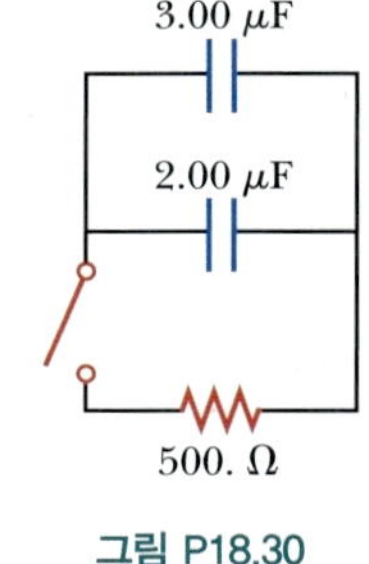

그림 P18.30

31(69). 그림 P18.31의 회로에 대한 전류계와 전압계의 예상 측정값은 얼마인가?

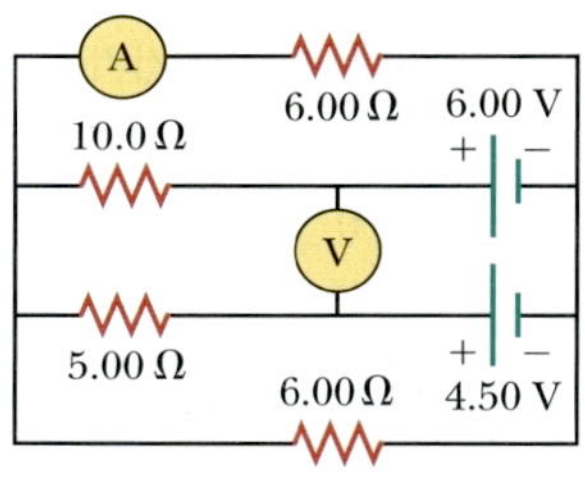

그림 P18.31

자기
Magnetism

CHAPTER 19

응용의 측면에서 본다면, 자기는 물리학에서 가장 중요한 영역 중 하나이다. 예를 들면, 큰 전자석은 무거운 짐을 들어 올리는 데 사용되며, 영구 자석은 계기, 전동기, 스피커와 같은 장치에 사용된다. 자기 테이프와 디스크는 음성이나 화상 기록 장치 및 컴퓨터 기억 장치에 일상적으로 이용된다. 최근 인체를 조사하는 데 분해능과 안전성에 있어서 X선보다 우수한 자기 공명 영상(MRI) 장치에 강한 자기장이 이용되고 있다. 거대한 초전도체 자석은 사이클로트론에 사용되어 입자를 거의 빛의 속력으로 목표 지점으로 이동시킨다. 자기력은 레일건에서 발사물을 고속으로 발사시키는 데 사용될 수 있고(그림 19.1), 자기병은 반물질을 가두어 미래 우주 추진 장치로 쓰일 수도 있다.

이 장에서 자기를 공부하면 자기가 전기와 많은 관련이 있음을 알게 될 것이다. 예를 들어, 자기장은 운동하는 전하에 영향을 미치며, 역으로 운동하는 전하는 자기장을 발생시킨다. 즉, 자기장을 변화시키면 전기장을 만들 수 있다. 이와 같은 현상은 전기와 자기가 근본적으로 동일하다는 것을 뜻하며, 이것은 19세기에 맥스웰(James Clerk Maxwell)이 처음으로 기술하였다. 모든 자기장의 궁극적인 근원이 전류임이 알려지게 되었다.

19.1 자석 Magnets

사람들은 일상생활에서 여러 가지 모양의 자석들을 경험한다. 특히 클립이나 못처럼 철을 포함한 물체를 끌어당길 수 있는 말굽자석이 가장 익숙할 것이다. 이제부터의 논의에서는 자석이 막대 형태를 가지고 있다고 가정한다. 철로 된 막대자석의 한쪽 끝은 **북극**(north pole)이라 하고, 다른 쪽 끝은 **남극**(south pole)이라 하는데, 이와 같은 명칭은 지구 자기장 내에 존재하는 자석의 움직임으로부터 유래되었다. 만일 막대자석의 가운데를 줄로 묶어서 수평면에 자유롭게 흔들릴 수 있게 하면, 막대자석의 북극은 지구의 북쪽을, 그리고 자석의 남극은 지구의 남쪽을 가리킬 때까지 회전하게 될 것이

Defense Threat Reduction Agency [DTRA]

그림 19.1 레일건은 자기력을 이용하여 발사물을 고속으로 발사시킨다. 대형으로 제작하면 적재물을 우주로 보낼 수도 있고, 금속이 풍부한 소행성을 먼 우주로부터 지구 궤도로 이동시키는 자세 제어 로켓으로도 사용할 수 있다. 사진은 미국 뉴멕시코주의 앨버커키에 있는 산디아 국립 연구소에서 레일건을 이용하여 발사물을 3 km/s 이상의 속력으로 발사시키는 장면이다.

다. 이와 같은 아이디어는 나침반을 만드는 데 이용된다. 한편 자극 간에는 대전된 물체 간의 전기력과 유사하게 당기는 힘과 밀어내는 힘이 서로 작용한다. 실제로 두 개의 막대자석을 사용한 간단한 실험에 의하면, **같은 극끼리는 서로 밀고, 다른 극끼리는 서로 잡아당긴다.**

두 자극 간의 힘이 두 전하 간의 힘과 형태가 비슷하기는 하지만, 여기에는 한 가지 중요한 차이점이 있다. 양성자 혹은 전자와 같이 전하는 홀로 존재할 수 있지만, 자극은 홀로 존재할 수 없다는 점이다. 아무리 여러 번 영구 자석을 자르더라도 각각의 조각은 항상 북극과 남극을 가진다. 따라서 자석의 두 극은 언제나 쌍을 이루며 나타난다. 고립된 북극과 남극과 같은 자기 홀극이 자연계에 존재할지도 모른다는 생각에 대한 몇 가지 이론적 근거가 있으며, 지금도 이를 찾으려는 시도가 활발히 진행되고 있다.

자화되지 않은 철 조각은 자석에 문질러서 자화시킬 수도 있고 다른 방법으로 자화시킬 수도 있다. 예를 들어, 자화되지 않은 철 조각을 강한 영구 자석 근처에 놓으면 철 조각이 자화된다. 이때 철을 가열하였다가 냉각시키면 자화가 더 빨리 진행된다.

자철광처럼 자연적으로 자화를 나타내는 자성 물질들도 이와 같은 방법으로 자성을 얻은 것이다. 왜냐하면 이들은 지구 자기장에 오랫동안 놓여 있었기 때문이다. 자성 물질 조각은 자성의 성질을 가지는 정도에 따라 **경성**(hard) 혹은 **연성**(soft)으로 분류한다. 철과 같은 연자성 물질들은 쉽게 자화되지만, 또한 쉽게 자성을 잃는 경향이 있다. 이러한 물질들은 변압기, 발전기 및 전동기의 철심으로 사용된다. 철은 값이 싸기 때문에 가장 많이 사용되는 재료이다. 또 다른 연자성 물질에는 니켈, 니켈–철 합금 및 페라이트가 있다. 페라이트는 니켈 또는 산화 제2철을 포함하는 마그네슘의 2가 금속 산화물의 화합물로 되어 있다. 페라이트는 레이더와 같은 고주파 회로에 많이 사용된다.

경자성 물질은 영구 자석을 만드는 데 사용된다. 그러한 영구 자석은 전류를 공급하지 않아도 자기장을 유지한다. 영구 자석은 스피커, 영구 자석 전동기, 컴퓨터 하드드라이브의 읽기/쓰기 헤드 등에 사용된다. 영구 자석에 사용되는 재료는 수만 가지가 있다. 알니코(Alnico) 자석의 어원은 알루미늄(Al), 니켈(Ni), 코발트(Co)를 모은 단어로서 철, 코발트, 니켈의 합금에다 약간의 알루미늄, 구리 및 다른 원소들을 섞어서 만든 것이다. 사마륨이나 네오디뮴과 같은 희토류는 다른 원소와 섞어서 매우 강한 자석을 만드는 데 사용된다.

앞의 장들에서 대전된 물질들 간의 상호작용을 전기장의 개념을 도입하여 설명한 바가 있다. 전기장은 정지해 있는 전하를 둘러싸고 있다. 운동하는 전하를 둘러싼 공간은 전기장과 더불어 자기장 또한 포함하고 있다. 덧붙여 자기장은 어떤 자화된 물질을 둘러싸고 있는 공간에도 존재한다.

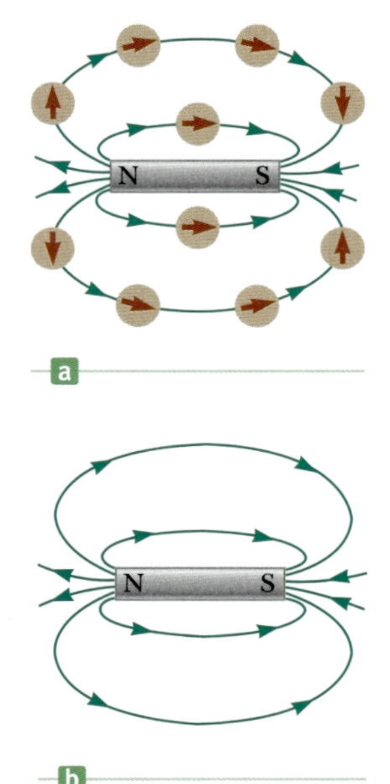

그림 19.2 (a) 막대자석의 자기장 궤적, (b) 막대자석의 여러 가지 자기장선

벡터장을 나타내기 위해서는 세기와 방향을 정의해야 한다. 어떤 위치에서 자기장 $\vec{\mathbf{B}}$의 방향은 그 위치에서 나침반 바늘이 북극을 가리키는 방향이다. 그림 19.2a는 나침반을 이용하여 막대자석의 자기장을 어떻게 추적할 수 있는지를 **자기장선**(magnetic field line)을 이용하여 나타내고 있다. 이렇게 막대자석에 대한 몇 개의 추적된 자기장선들이 그림 19.2b에 이차원으로 표현되어 있다. 자기장의 모양은 그림 19.3과 같이

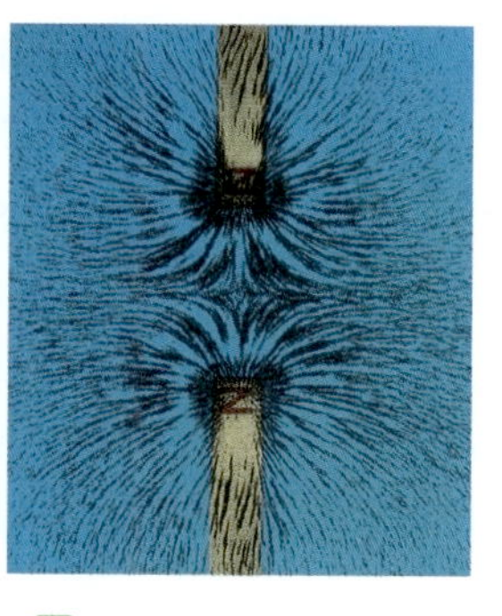

그림 19.3 (a) 철가루를 뿌린 종이 위로 나타난 막대자석의 자기장 모양, (b) 철가루에 의해 서로 다른 극의 막대자석 사이에 나타난 자기장 모양, (c) 같은 극 사이의 자기장 모양

미세한 철가루들을 뿌려 가시화할 수 있다.

그림 19.3과 같은 기술은 범죄 현장에서 지문 채취를 위한 과학 수사에도 활용되고 있다. 숨어 있는 또는 눈에 보이지 않는 지문을 찾는 한 가지 방법으로 물체 표면에 철가루를 뿌린 후 가루나 표면에 직접 접촉하지 않고 자기솔(magnetic brush)로 가루를 골고루 퍼트리면, 철은 인체의 땀이나 기름이 있는 곳에 달라붙게 된다.

응용

쇳가루를 뿌려서 지문을 찾기

19.2 지구의 자기장 Earth's Magnetic Field

막대자석이 북극과 남극을 가진다고 할 때, '북극을 찾는 극'과 '남극을 찾는 극'이라고 말하는 것이 더 정확하다. 이는 자석을 나침반으로 사용할 때, 한쪽 끝은 지구의 지리적 북극을 찾거나 가리키고, 또 다른 한쪽 끝은 지구의 지리적 남극을 찾거나 가리킨다는 것을 의미한다. 그러므로 **지구의 지리적 북극은 자기적 남극에 해당하고, 지리적 남극은 자기적 북극에 해당한다고 결론지을 수 있다.** 지구 자기장의 모양은 그림 19.4에 그려져 있는 것과 같이, 지구 내부 깊은 곳에서 막대자석이 묻혀 있을 때 얻을 수 있는 자기장의 모양과 매우 비슷하다.

지구의 남극과 북극은 그 방향이 정확하게 고정되어 있는 것이 아니다. 지구 중심

Tip 19.1 지구의 북극은 자기적으로는 남극이다.

자석의 북극은 지구의 지리적 북극을 향한다. 따라서 지구의 지리적 북극은 사실 자기적으로는 남극이다.

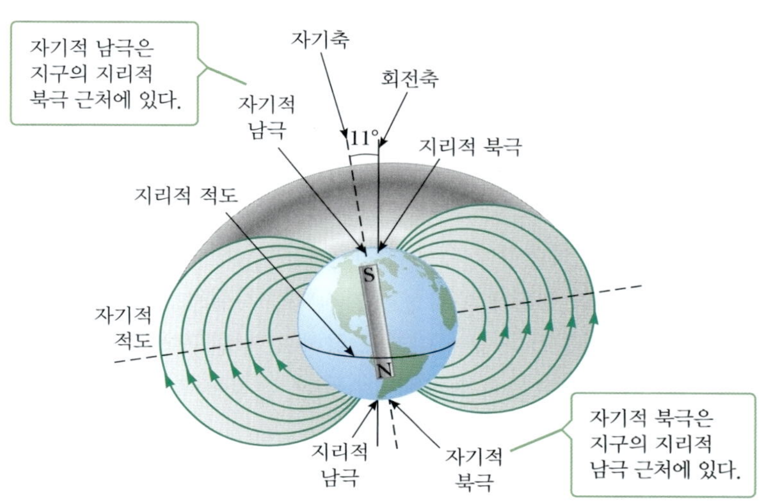

그림 19.4 지구의 자기장선. 지구 내부에서 자기적 북극에서 나와 자기적 남극으로 곧바로 들어가는 선들은 그림을 명확히 하려고 여기에서는 생략하였다.

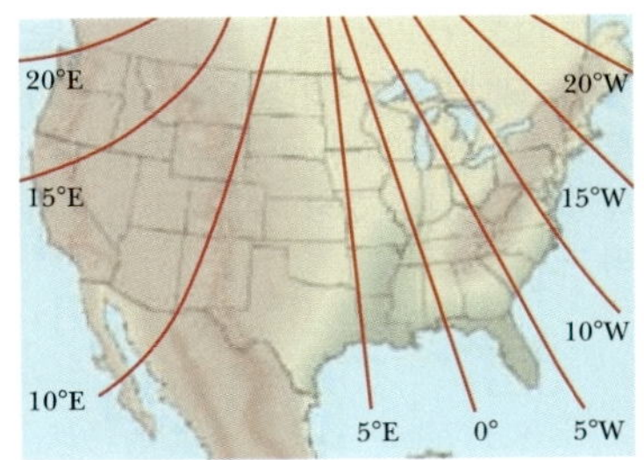

그림 19.5 진북으로부터 나침반의 자기편각을 나타낸 미국 지도

부에서 끓고 있는 물질들의 변화에 따라 방향이 조금씩 바뀐다. 1831년 캐나다의 북부 지방에서 처음으로 발견된 자기 남극은 현재 북극해의 중심 가까이에 있으며, 시베리아 쪽으로 약 50 km 이동하고 있다. 자기 북극은 남극 대륙 해안에서 떨어져 있으며, 매년 호주 쪽으로 약 10 km씩 이동한다. 지구의 지리극과 자기극 사이의 거리 때문에 나침반 바늘이 가리키는 북쪽은 대략적인 것이다. 나침반이 가리키는 실제 지리 북극[1]과 자기 북극[2] 사이의 차이를 자기 편각이라고 하며, 그 값은 지구상의 위치마다 다르다. 예를 들어 앨라배마와 위스콘신을 통과하는 선을 따라 나침반은 진북을 가리키는 반면, 워싱턴주에서는 나침반이 진북에서 동쪽으로 20° 벗어나 있다(그림 19.5).

지구 자기장의 형태는 지구 내부 깊숙이 막대자석이 놓여 있다는 가정하에 막대자석이 만들어 내는 자기장의 형태와 비슷하지만, 지구 자기장의 근원이 영구적으로 자화된 거대한 물질일리가 없다는 이유는 쉽게 설명할 수 있다. 지표면 아래 깊숙한 곳에는 엄청난 양의 철광물이 침전되어 있지만, 핵 내의 고온 때문에 철이 영구적인 자화를 갖지 못한다. 지구 자기장의 실제 원인은 지구 핵의 액체 부분에 있는 전류이다. 이 전류는 아직 완전히 이해할 수는 없으나, 지구 내부에 뜨거운 액체 상태로 있는 이온이나 전자의 대류가 지구 회전과의 상호작용에 의해 만들어진다고 여겨진다. 행성의 자기장의 크기는 행성의 자전 속도와 관계되어 있는데 몇 가지 증거를 들면 다음과 같다. 목성은 지구보다 빨리 자전하는데, 최근 우주 탐사용 로켓들은 목성 중심부에 철 성분이 부족하지만 목성의 자기장이 지구 자기장보다 강하다는 것을 밝혀냈다. 반면 금성은 지구보다 천천히 자전하여 금성의 자기장이 지구 자기장보다 약하다는 것도 밝혀졌다. 지구 자기장의 원인에 대한 연구는 지금도 계속되고 있다.

지구 자기장과 관련된 흥미로운 이야기가 있다. 지구 자기장의 방향은 지난 수백만 년 동안 여러 번 역전된 것으로 알려져 왔는데, 이에 대한 증거는 때때로 바다 밑에서 화산 활동으로 형성된 철을 함유한 현무암에서 나타난다. 용암이 식어감에 따라 현무암이 굳을 때, 지구 자기장 방향의 흔적을 그대로 간직하고 있기 때문이다. 이러한 자기장의 역전의 원인은 아직까지 알려지지 않고 있다.

응용

자기 박테리아

지구 자기장은 새와 같은 몇몇 동물들에게 안내자로서의 역할을 하고 있다고 오랫동안 추측되어 왔다. 연구 결과에 따르면 습지에 사는 한 종류의 무기성 박테리아는 내부 조직의 한 부분으로서 자화된 자철광 사슬을 가지고 있다(무기성이란 산소 없이 살고 성장하는 것을 의미한다. 실제로 이 박테리아들에게 산소는 유독하다). 자화된 사슬은 박테리아가 지구 자기장과 정렬되도록 나침반 바늘과 같은 역할을 하게 된다. 습지 밑바닥 진흙에서 바깥쪽으로 나오게 되면 이 박테리아들은 지구의 자기장선을 따라 산소가 없는 환경으로 되돌아간다. 또한 이 박테리아들이 자기장 감지 능력이 있다는 것은, 북반구에서 발견된 박테리아 내부 자기 사슬이 남반구에 사는 비슷한 박테리아의 내부 자기 사슬 배열과 정반대의 극성을 가진다는 사실로 알 수 있다. 이는 북반구에서는 지구 자기장의 나침반 바늘이 아래로 향하고, 남반구에서는 나침반 바늘이 위로 향하는 사실과 같다. 2001년에 화성에서 날아온 운석에서 자철광 사슬이 발견되었

[1] 역자 주: 진북이라고도 한다.

[2] 역자 주: 자북이라고도 한다.

는데 NASA의 과학자들은 이것이 고대 화성에 존재했던 박테리아 생명체의 화석일 것이라고 믿고 있다.

지구 자기장은 공항 활주로의 표지에도 사용되는데, 비행기가 착륙할 때 조종사가 잘 알아볼 수 있도록 활주로 끝에 페인트로 큰 숫자를 써놓고 있다. 이 숫자는 자기적 북극을 기준으로 시계 방향으로의 각도를 10으로 나눈 값을 나타낸다. 그러므로 9(즉, 90°)로 표시된 활주로는 정동쪽을 의미하고, 18이 쓰인 활주로는 자기적 남쪽을 가리킨다.

응용

공항 활주로 표지

19.3 자기장 Magnetic Fields

실험에 의하면 정지해 있는 대전 입자는 자기장과 상호작용하지 않는다. 그러나 **대전 입자가 자기장 내에서 움직일 때는 자기력을 받는다.** 이 힘은 전하가 자기장선에 수직 방향으로 움직일 때 최댓값을 갖고, 다른 각도에서는 감소하다가, 입자가 자기장선을 따라 움직일 때 영이 된다. 이것은 대전 입자가 움직이거나 정지하고 있을 때 모두 힘을 미치는 전기력과는 매우 다르다. 또한 전기력의 방향은 전기장과 평행한 반면, 움직이는 전하에 대한 자기력은 자기장에 수직인 방향이다.

전기에 대하여 논의할 때, 공간의 임의의 점에서 전기장은 그 점에 놓여 있는 시험 전하에 작용하는 단위 전하당의 전기력으로 정의하였다. 이와 유사한 방법으로 어떤 점에서 자기장 $\vec{\mathbf{B}}$는 그 점에서 시험 전하에 작용하는 자기력으로 정의할 수 있다. 전하 q인 시험 전하가 속도 $\vec{\mathbf{v}}$로 움직인다고 할 때, 그 시험 전하에 작용하는 자기력의 세기는 전하 q, 속도 $\vec{\mathbf{v}}$, 외부 자기장 $\vec{\mathbf{B}}$, 그리고 자기장 $\vec{\mathbf{B}}$와 속도 $\vec{\mathbf{v}}$의 사잇각 θ의 사인값에 비례한다는 것을 실험적으로 알 수 있다. 이런 관측 결과로부터 자기력의 크기는

$$F = qvB\sin\theta \qquad [19.1]$$

로 요약된다. 위의 식으로부터 자기장의 크기는

$$B \equiv \frac{F}{qv\sin\theta} \qquad [19.2]$$

가 된다. 여기서 단위가 F는 뉴턴(N), 전하는 쿨롱(C), 속도는 m/s라면, SI 단위계에서 자기장의 단위는 **테슬라**(tesla, T) 또는 **단위 넓이당 웨버**(weber, Wb)라고도 한다(즉, 1 T = 1 Wb/m^2). 그러므로 만일 1 C의 전하가 크기 1 T인 자기장 내에서 1 m/s의 속력으로 자기장에 수직으로 운동하고 있다면, 전하에 작용하는 자기력은 1 N이다. 자기장 $\vec{\mathbf{B}}$의 단위를 다음과 같이 쓸 수도 있다.

$$[\mathrm{B}] = \mathrm{T} = \frac{\mathrm{Wb}}{\mathrm{m}^2} = \frac{\mathrm{N}}{\mathrm{C\cdot m/s}} = \frac{\mathrm{N}}{\mathrm{A\cdot m}} \qquad [19.3]$$

실제로는 자기장의 cgs 단위인 **가우스**(gauss, G)가 주로 사용되는데, 가우스와 테슬라 사이의 관계는 다음과 같다.

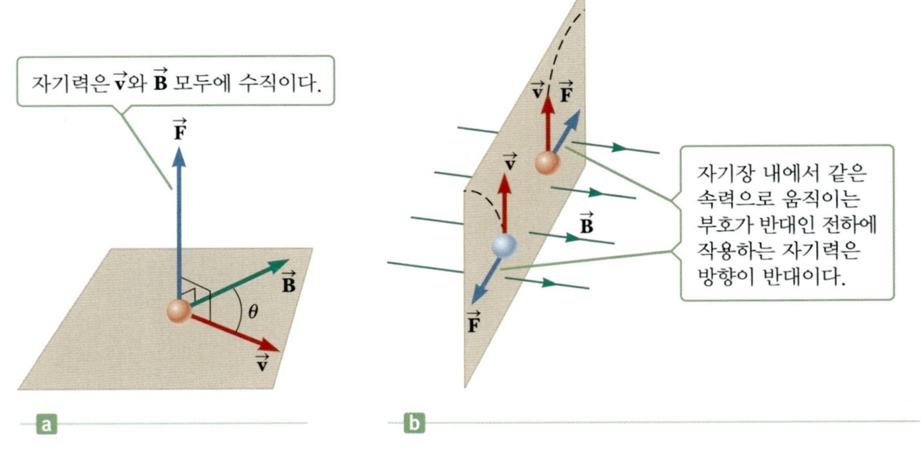

그림 19.6 (a) 자기장 $\vec{\mathbf{B}}$ 내에서 속도 $\vec{\mathbf{v}}$로 움직이는 전하에 작용하는 자기력 $\vec{\mathbf{F}}$의 방향, (b) 양전하와 음전하에 작용하는 자기력. 점선은 입자의 경로를 나타낸 것이며, 이에 관하여는 19.4절에서 공부할 것이다.

$$1\ \mathrm{T} = 10^4\ \mathrm{G}$$

보통 실험실에서는 약 25 000 G, 즉 2.5 T 정도의 자기장을 만들 수 있다. 초전도체를 이용하면 3×10^5 G(30 T)의 매우 강한 자기장을 발생시킬 수 있는 전자석을 만들 수 있다. 이 값은 지표면 가까이에서 지구 자기장이 대략 0.5 G, 즉 0.5×10^{-4} T인 것과 비교해 보면 엄청나게 크다는 것을 알 수 있다.

식 19.1에서 자기장 안에서 운동하는 전하에 작용하는 힘은 입자가 자기장에 수직으로 움직일 때 최댓값을 갖는다. 이때 $\theta = 90°$이고, 따라서 $\sin\theta = 1$이다. 이때 자기력의 최댓값은

$$F_{최대} = qvB \qquad [19.4]$$

가 된다. 또 식 19.1에서 $\vec{\mathbf{v}}$가 $\vec{\mathbf{B}}$의 방향과 평행할 때(이 경우 $\theta = 0°$이거나 $\theta = 180°$), 자기력 F는 영이 된다. 그러므로 전하가 자기장에 평행하거나 반평행하게 움직일 때, 자기력은 전하에 작용하지 않는다.

양으로 대전된 입자의 경우 그림 19.6과 같은 실험에 의하면 자기력은 항상 $\vec{\mathbf{v}}$와 $\vec{\mathbf{B}}$에 수직이다. 자기력의 방향을 결정하기 위해 **오른손 법칙 1**(right-hand rule number 1)을 이용한다.

1. 오른손의 네 손가락을 속도 $\vec{\mathbf{v}}$의 방향으로 향하게 한다.
2. 손가락들을 자기장 $\vec{\mathbf{B}}$의 방향으로 감아쥔다(그림 19.7).
3. 엄지손가락의 방향은 양전하에 미치는 자기력 $\vec{\mathbf{F}}$의 방향이다.

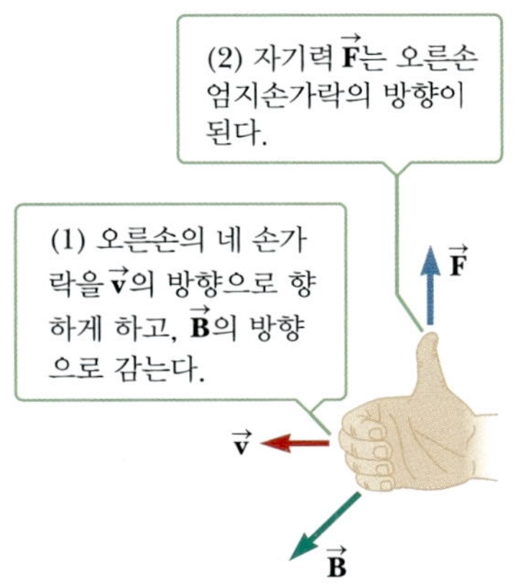

그림 19.7 자기장 $\vec{\mathbf{B}}$ 안에서 속도 $\vec{\mathbf{v}}$로 운동하는 양전하에 작용하는 자기력의 방향을 결정하는 오른손 법칙 1

만일 전하가 양전하가 아니고 음전하라면, 이때 받는 자기력 $\vec{\mathbf{F}}$는 그림 19.6a와 19.7에 보인 것과는 반대 방향이 된다. 즉, 음전하 q가 받는 힘의 방향은 양전하 q가 받는 힘의 방향을 오른손 법칙을 이용하여 구하고, 그 방향을 역으로 하면 된다. 그림 19.6b는 부호가 반대인 전하에 작용하는 자기력의 효과를 나타내고 있다.

예제 19.1 자기장 내에서 움직이는 양성자

목표 대전 입자가 자기장 내에서 90°가 아닌 각도로 움직일 때 받는 자기력과 가속도를 계산한다.

문제 양성자가 x축을 따라 8.00×10^6 m/s의 속력으로 크기 2.50 T인 자기장 영역으로 입사한다. 자기장의 방향은 x축과 60.0°의 각을 이루며, xy평면에 있다(그림 19.8). **(a)** 이 양성자에 작용하는 자기력의 처음 크기와 방향을 구하라. **(b)** 이때 양성자가 받는 가속도를 계산하라.

전략 **(a)** 식 19.1에 적절한 값들을 대입하고, 오른손 법칙을 사용하여 자기력의 크기와 방향을 구한다. **(b)** 뉴턴의 제2법칙을 적용하여 푼다.

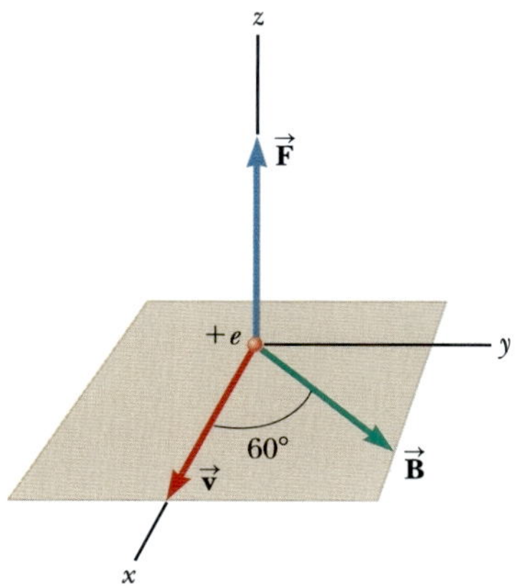

그림 19.8 (예제 19.1) 양성자에 작용하는 자기력 $\vec{\mathbf{F}}$는 속도 $\vec{\mathbf{v}}$와 자기장 $\vec{\mathbf{B}}$가 xy평면에 놓일 때, $+z$ 방향이다.

풀이

(a) 양성자에 작용하는 자기력의 크기와 방향을 구한다.

식 19.1에 $v = 8.00 \times 10^6$ m/s, 자기장 세기 $B = 2.50$ T, 각도, 양성자의 전하를 대입한다.

$$F = qvB\sin\theta$$
$$= (1.60 \times 10^{-19}\ \text{C})(8.00 \times 10^6\ \text{m/s})(2.50\ \text{T})(\sin 60°)$$
$$F = 2.77 \times 10^{-12}\ \text{N}$$

자기력의 처음 방향을 구하기 위해 오른손 법칙 1을 적용한다. x 방향($\vec{\mathbf{v}}$ 방향)으로 오른손의 네 손가락을 향하게 하고 $\vec{\mathbf{B}}$쪽으로 손가락을 감는다. 엄지손가락의 방향이 $+z$ 방향, 즉 위로 향한다.

(b) 양성자의 처음 가속도를 계산한다.

뉴턴의 제2법칙에 힘과 양성자의 질량을 대입한다.

$$ma = F \quad \rightarrow \quad (1.67 \times 10^{-27}\ \text{kg})a = 2.77 \times 10^{-12}\ \text{N}$$
$$a = 1.66 \times 10^{15}\ \text{m/s}^2$$

참고 처음 가속도도 $+z$ 방향이다. 그러나 $\vec{\mathbf{v}}$ 방향이 변하기 때문에 자기력의 방향 또한 연속적으로 변한다. 방향을 찾기 위해 오른손 법칙 1을 적용하는 데 있어서 전하의 부호를 고려하는 것이 중요하다. 음으로 대전된 전하는 반대 방향으로 가속된다.

19.4 자기장 내에서 대전 입자의 운동
Motion of a Charged Particle in a Magnetic Field

그림 19.9와 같이 균일한 자기장 내에서 속도의 방향이 **자기장에 수직**인 양으로 대전된 입자를 생각하자. $\vec{\mathbf{B}}$의 방향을 나타내는 × 표시는 자기장 $\vec{\mathbf{B}}$가 종이면 속으로 들어가는 것을 나타내는 기호이다. 점 P에서 오른손 법칙 1을 적용하면, 이곳에서 자기력 $\vec{\mathbf{F}}$의 방향이 위로 향하는 것을 알 수 있다. 이러한 이유 때문에 입자는 운동 방향이 바뀌어 원형 경로를 따라 운동하게 된다. 따라서 오른손 법칙 1을 적용하면 어느 점에서든지 **자기력은 항상 원형 경로의 중심을 향한다**는 것을 알 수 있다. 그러므로 자기력은 속도의 크기는 변화시키지 않고 방향만을 바꾸는 구심력으로 작용한다. $\vec{\mathbf{F}}$가 원운동에서 구심력 역할을 하기 때문에 그 크기 qvB가 입자의 질량과 구심 가속도 v^2/r의 곱과 같아야 하므로, 뉴턴의 제2법칙으로부터 다음 식으로 나타낼 수 있다.

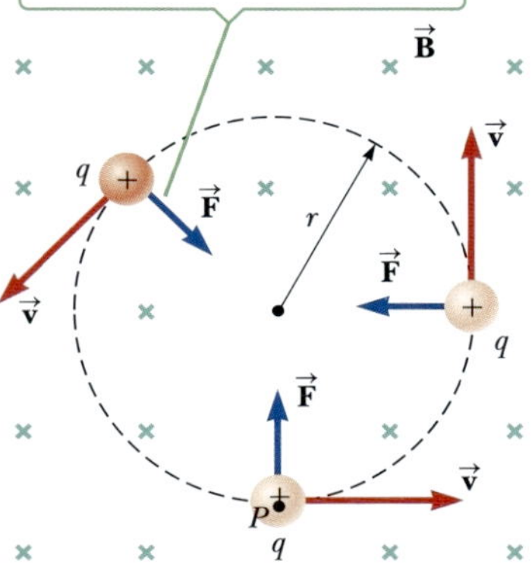

그림 19.9 속도가 균일한 자기장에 수직일 때, 대전 입자는 종이면 속으로 향하는 $\vec{\mathbf{B}}$와 수직인 면에서 그림과 같은 원운동을 한다 (×표는 자기장 벡터의 꼬리를 나타낸다).

$$F = qvB = \frac{mv^2}{r}$$

이 식을 정리하면 다음과 같다.

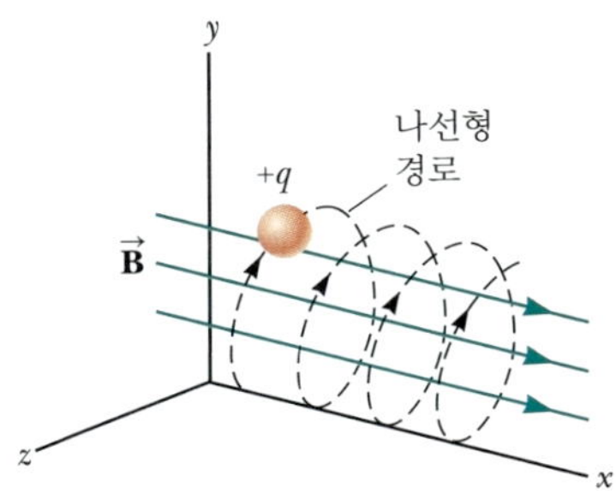

그림 19.10 균일한 자기장과 각을 이루는 방향으로 속도를 갖는 대전 입자는 나선형 경로를 움직인다.

$$r = \frac{mv}{qB} \quad [19.5]$$

이 식으로부터 입자의 원형 경로의 반지름은 입자의 운동량 mv에 비례하고, 자기장에 반비례하는 것을 알 수 있다. 식 19.5는 사이클로트론이라는 입자 가속기로 사용되는 장치의 설계에 사용되기 때문에 사이클로트론 식이라고도 한다.

대전 입자의 처음 속도의 방향이 자기장과 수직이 아니고 그림 19.10과 같이 자기장과 어떤 각을 이루고 있다면, 입자의 경로는 자기장선을 따라 가는 나선형이 된다.

앞으로 사용할 여러 그림 속에서 어떤 물리량의 방향을 나타내기 위해 부호 약속을 정의하기로 한다. 예를 들어, 어떤 그림에서 $\vec{\mathbf{B}}$의 방향을 나타내기 위해 다음과 같은 규약을 정한다.

> $\vec{\mathbf{B}}$가 그림 19.9에서처럼 책이나 노트의 종이면(page) 속으로 들어가는 방향이면 × 표시를 사용한다. × 표시는 벡터 화살표의 꼬리를 나타낸다. $\vec{\mathbf{B}}$가 종이면 밖으로 나오는 방향이면 작은 동그라미 표시를 한다. 작은 동그라미 표시는 벡터 화살표의 머리를 나타낸다. $\vec{\mathbf{B}}$가 종이면에 평행한 방향이면 화살표로 장선(field lines)을 나타낸다. 그림 19.9에서는 × 표시를 녹색으로 나타내었다.

예제 19.2 질량 분석기: 입자의 종류를 알아내기

목표 사이클로트론 식을 사용하여 입자를 구별한다.

문제 대전 입자가 속력 1.79×10^6 m/s로 질량 분석기 안으로 입사된 후 입자의 속도에 수직 방향으로 놓인 크기 0.350 T인 자기장 내에서 반지름 16.0 cm인 원 궤도를 따라 운동을 한다. 입자의 질량 대 전하 비를 구하고, 이 입자가 무엇인지 설명하라.

전략 식 19.5로부터 질량 대 전하 비를 구한 후 옆에 있는 표의 값과 비교하여 입자를 알아낸다.

풀이

사이클로트론 식을 쓴다.

$$r = \frac{mv}{qB}$$

이 식을 질량을 전하로 나눈 $\frac{m}{q}$에 대해 풀고, 값들을 대입한다.

$$\frac{m}{q} = \frac{rB}{v} = \frac{(0.160\text{ m})(0.350\text{ T})}{1.79 \times 10^6\text{ m/s}} = 3.13 \times 10^{-8}\ \frac{\text{kg}}{\text{C}}$$

표로부터 어느 입자인지를 식별한다. 표에서 모든 입자는 완전히 이온화되어 있다. 따라서 입자는 삼중수소이다.

입자	m (kg)	q (C)	m/q (kg/C)
수소	1.67×10^{-27}	1.60×10^{-19}	1.04×10^{-8}
중수소	3.35×10^{-27}	1.60×10^{-19}	2.09×10^{-8}
삼중수소	5.01×10^{-27}	1.60×10^{-19}	3.13×10^{-8}
헬륨-3	5.01×10^{-27}	3.20×10^{-19}	1.57×10^{-8}

참고 질량 분석기는 물리와 화학에서 중요한 수단이다. 미지의 화학 물질에 열을 가해 이온화시킨 다음 그 입자를 질량 분석기에 통과시켜서 무슨 입자인지 알아낸다.

예제 19.3 질량 분석기: 동위 원소 분리

목표 사이클로트론 식을 적용하여 동위 원소를 분리한다.

문제 이온화된 두 원자가 그림 19.11과 같이 점 S의 슬릿에서 나와 종이면 속으로 향하는 0.100 T의 자기장 안으로 들어간다. 두 원자의 속력은 모두 1.00×10^6 m/s이다. 첫 번째 원자핵은 양

응용

질량 분석기

성자 한 개로 되어 있어서 질량이 $m_1 = 1.67 \times 10^{-27}$ kg이며, 두 번째 원자핵은 양성자 한 개와 중성자 한 개로 되어 있어서 질량이 $m_2 = 3.34 \times 10^{-27}$ kg이다. 화학적 성분은 같고 질량이 서로 다른 원소를 동위 원소라 한다. 이 두 동위 원소는 수소와 중수소이다. 이 원자들은 P에 놓인 사진 건판에 부딪쳐서 기록된다. 이 때 떨어진 거리는 얼마인가?

전략 각각의 원자에 사이클로트론 식을 적용하여 각각의 경로에 대한 반지름을 구한다. 반지름을 두 배하여 지름을 구하고 그들의 차이를 구한다.

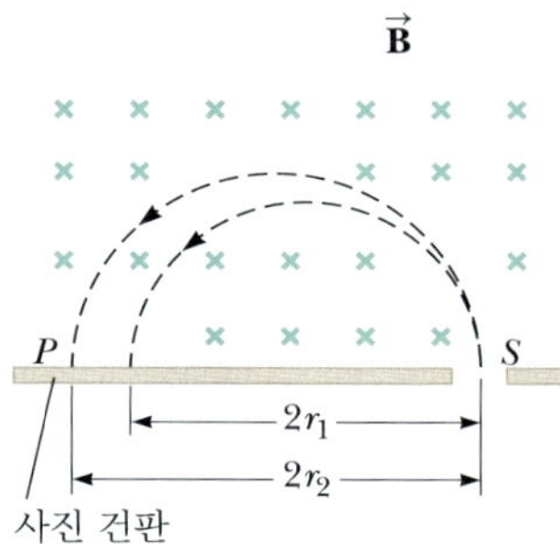

그림 19.11 (예제 19.3) 두 개의 동위 원소가 점 S의 슬릿으로부터 나와 서로 다른 반원 경로를 진행한 후, 사진 건판 P에 부딪힌다.

풀이

식 19.5를 사용하여 가벼운 동위 원소인 수소에 의한 원 궤도의 반지름을 구한다.

$$r_1 = \frac{m_1 v}{qB} = \frac{(1.67 \times 10^{-27}\ \text{kg})(1.00 \times 10^6\ \text{m/s})}{(1.60 \times 10^{-19}\ \text{C})(0.100\ \text{T})}$$

$$= 0.104\ \text{m}$$

무거운 동위 원소인 중수소에 의한 원 궤도의 반지름을 같은 식을 사용하여 구한다.

$$r_2 = \frac{m_2 v}{qB} = \frac{(3.34 \times 10^{-27}\ \text{kg})(1.00 \times 10^6\ \text{m/s})}{(1.60 \times 10^{-19}\ \text{C})(0.100\ \text{T})}$$

$$= 0.209\ \text{m}$$

반지름을 두 배하여 지름을 구하고 차이를 구하여 동위 원소 사이의 떨어진 거리를 구한다.

$$x = 2r_2 - 2r_1 = \boxed{0.210\ \text{m}}$$

참고 제2차 세계 대전 중 질량 분석기는 방사성 우라늄 동위 원소 U-235와 이보다 훨씬 구성비가 큰 동위 원소 U-238을 서로 분리하는 데 사용되었다.

19.5 전류가 흐르는 도체에 작용하는 자기력

Magnetic Force on a Current-Carrying Conductor

자기장 내를 운동하고 있는 대전된 한 입자에 힘이 작용한다면, 자기장 내에 놓여 있는 전류가 흐르는 도선에 힘이 작용한다는 사실도 놀랄 만한 일이 아니다(그림 19.12). 전류는 운동하는 전하들의 집합체이기 때문에, 도선에 작용하는 결과적인 힘은 대전 입자에 개별적으로 작용하는 힘들의 합과 같다. 입자들에 작용하는 힘은 도선을 이루는 원자들과의 충돌을 통하여 도선에 전달된다.

그림 19.13과 같이 자석의 두 극 사이에 전류가 흐르는 도선을 걸어두면, 도선에 힘이 작용하는 것을 볼 수 있다. 이 그림에서 자기장은 종이 속으로 들어가고, 색이 칠해진 영역에 걸쳐져 있다. 전류가 도선을 따라 흐르면 그 도선은 오른쪽이나 왼쪽으로 휘어진다.

이 논의들을 정량화해 보자. 그림 19.14는 균일한 외부 자기장 $\vec{\mathbf{B}}$ 내에 놓인 전류 I가 흐르는 길이가 ℓ, 단면적이 A인 도선의 한 부분을 나타낸 것이다. 자기장이 도선에 수직이고 종이면 속으로 들어간다고 가정하면, 도선 내에 있는 각각의 전하 운반자는 크기가 $F_{최대} = qv_d B$인 힘을 받는다. 여기서 v_d는 전하의 유동 속력이다. 도선에 작용하는 전체 힘은 한 전하 운반자에 작용하는 힘과 그 부분에 존재하는 전하의 수를 곱한 것이다. 그 부분의 부피는 $A\ell$이므로, 운반자의 수는 $nA\ell$이 된다. 여기서 n은 단위 부

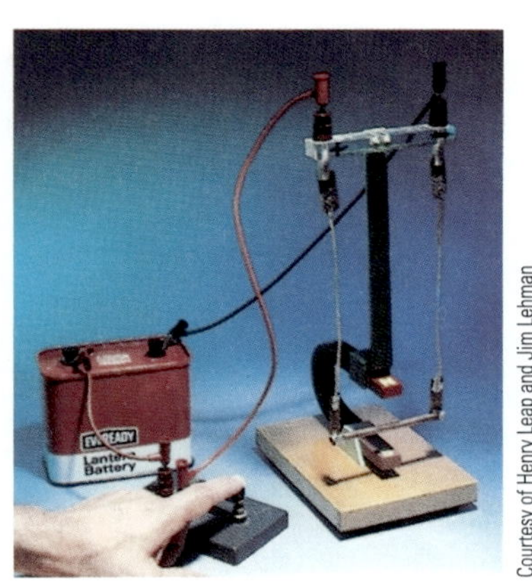

Courtesy of Henry Leap and Jim Lehman

그림 19.12 이 장치는 자기장 속에서 전류가 흐르는 도체에 작용하는 힘을 보여주기 위한 것이다. 스위치가 닫힌 직후 도체 막대는 왜 자석 쪽으로 움직이겠는가?

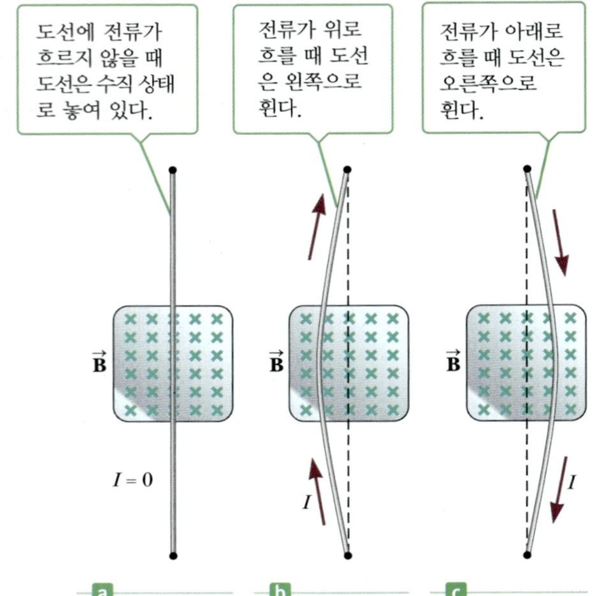

그림 19.13 팽팽히 잡아당긴 잘 구부러지는 수직 도선의 일부가 자극 사이에 놓여 있고 자기장(초록색)은 종이면 속으로 향한다.

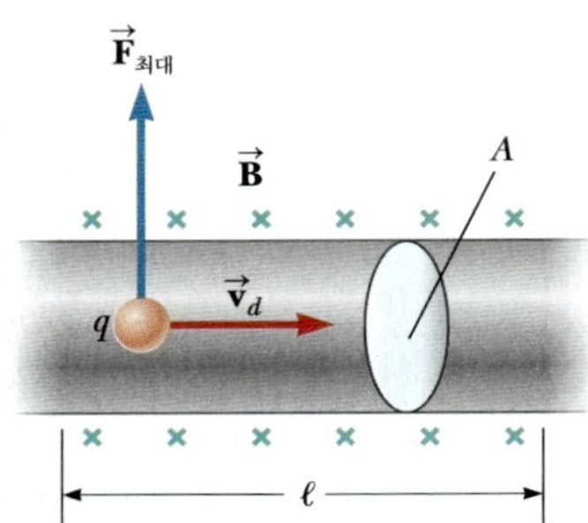

그림 19.14 외부 자기장 $\vec{\mathbf{B}}$ 내에서 움직이는 전하를 포함하는 도선의 일부분

Tip 19.2 도선에 작용하는 자기력의 근원

전류가 흐르고 있는 도선과 각도를 이룬 자기장이 가해지면, 도선 내의 모든 전하에는 자기력이 작용한다. 도선에 작용하는 전체 자기력은 전류를 일으키는 각 전하들에 작용하는 자기력의 총합과 일치한다.

피당 전하 운반자의 수이다. 따라서 길이 ℓ인 도선에 작용하는 전체 자기력의 크기는

전체 힘 = 전하 운반자 하나에 작용하는 힘 × 전체 운반자의 수

$$F_{\text{최대}} = (qv_dB)(nA\ell)$$

이 된다. 17장에서 도선에 흐르는 전류는 $I = nqv_dA$임을 알았다. 그러므로

$$F_{\text{최대}} = BI\ell \quad [19.6]$$

로 표시된다. **이 식은 전류와 자기장이 서로 직각을 이룰 때만 사용할 수 있다.**

전류가 자기장에 수직이 아니고 그림 19.15와 같이 임의의 각 θ를 이루면, 도선에 작용하는 힘은

$$F = BI\ell \sin\theta \quad [19.7]$$

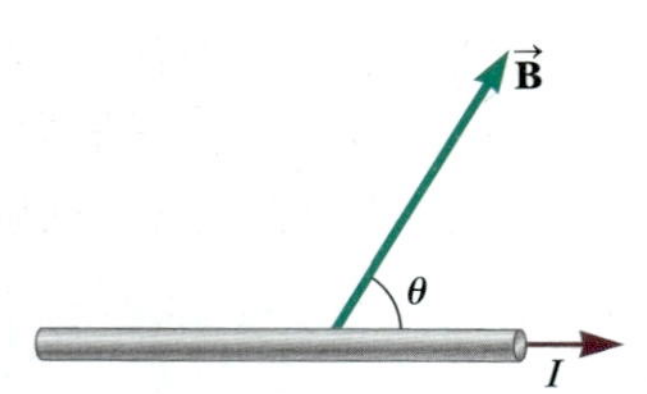

그림 19.15 외부 자기장 $\vec{\mathbf{B}}$ 내에 있는 전류 I가 흐르는 도선이 자기장과 각 θ를 이루고 있다. 자기력 벡터는 종이면 밖으로 향한다.

이다. 여기서 θ는 $\vec{\mathbf{B}}$와 전류가 흐르는 방향 사이의 각이다. 이 힘의 방향은 오른손 법칙 1에서 얻을 수 있다. 그러나 이러한 경우에는 엄지손가락을 $\vec{\mathbf{v}}$의 방향이 아닌 전류 I의 방향으로 놓아야 한다. 전류는 어떤 속도로 움직이는 전하로 되어 있으므로 이는 새로운 규칙은 아니다. 그림 19.15에서 도선에 작용하는 자기력의 방향은 종이면 밖으로 나오는 방향이다.

마지막으로 전류가 자기장과 같은 방향이거나 반대 방향일 때, 도선에 작용하는 자기력은 영이다.

응용

스피커의 동작 원리

자기력은 자기장 내에서 전류가 흐르는 도선에 힘을 작용한다. 이 현상은 음향 장치에서 사용되는 대부분의 스피커의 동작 원리이다. 그림 19.16과 같이 스피커는 음성 코일이라는 도선을 감은 코일, 유연하게 구부러지는 종이 콘, 그리고 영구 자석으로 구성되어 있다. 자석의 북극 주위의 코일은 자기장선이 코일 축에서 지름 방향의 바깥으

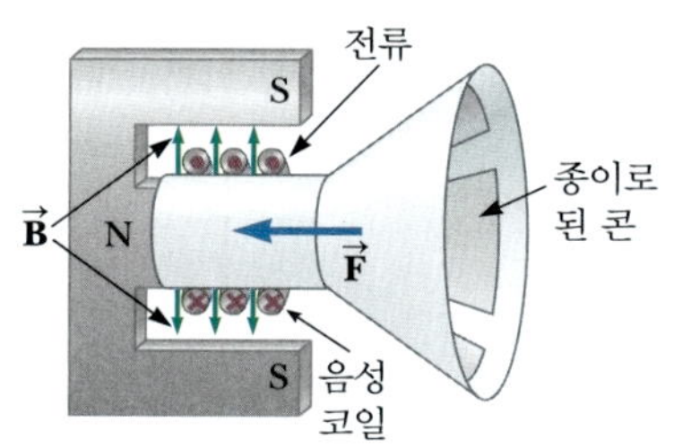

그림 19.16 스피커의 모습

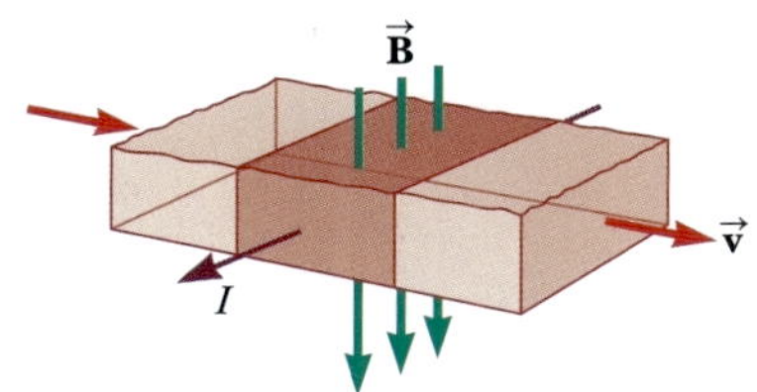

그림 19.17 간단한 전자기 펌프에는 혈액과 같은 전도성 유체의 흐름에 장애를 일으킬 수 있는 움직이는 부품이 포함되어 있지 않다. 오른손 법칙 1을 적용하면(오른손의 네 손가락이 전류 I의 방향이며 $\vec{\mathbf{B}}$의 방향으로 감아쥐면, 엄지손가락이 힘의 방향을 가리킨다) 전류가 흐르는 유체에 작용하는 힘이 유체 속도의 방향과 같음을 알 수 있다.

로 향하게 되어 있다. 전기 신호를 코일에 보내면 그림 19.16과 같은 방향의 전류가 생기고, 왼쪽으로 편향시키려는 자기력이 코일에 작용한다(이는 도선에 감긴 각 코일에 오른손 법칙 1을 적용해 보면 알 수 있다). 교류 전류에서와 같이 전류의 방향이 바뀌게 되면, 코일에 작용하는 자기력 또한 방향을 바꾸고 종이 콘은 오른쪽으로 가속된다. 코일을 통과하는 교류 전류는 스피커에 진동력을 주고, 이것은 스피커 콘에 진동을 일으키게 된다. 이 스피커 콘은 그 앞의 공기를 밀고 당기면서 음파를 만드는데, 이러한 방법으로 1 kHz 전기 신호는 1 kHz 음파로 변환된다.

응용

인공 심장과 신장용 전자기 펌프

전류가 흐르는 도체에 작용하는 자기력의 응용으로서 그림 19.17에 전자기 펌프의 예를 보여 주고 있다. 인공 심장에는 지속적으로 혈액 순환을 가능하게 하는 펌프가 필요하다. 마찬가지로 신장 투석기 또한 심장이 정화될 혈액을 원활하게 순환시킬 수 있도록 하는 보조 펌프가 필요하다. 일반적인 기계식 펌프는 혈액 세포를 손상시키지만, 그림 19.17에 나타낸 원리로 이 문제를 해결할 수 있다. 속도 $\vec{\mathbf{v}}$의 방향으로 흐르는 혈액이 들어 있는 관에 자기장을 걸어 준다. 그림에서 보여 준 방향으로 유체를 통하여 흐르는 전류를 흘려주면, 오른손 법칙을 적용한 것처럼 속도 $\vec{\mathbf{v}}$의 방향으로 자기력이 생긴다. 이 힘이 혈액을 계속 순환할 수 있도록 돕는다.

예제 19.4 지구 자기장 내에 놓인 전류가 흐르는 도선

목표 전류가 흐르는 도선에 작용하는 자기력과 도선에 작용하는 중력을 비교한다.

문제 동쪽에서 서쪽으로 22.0 A의 전류가 흐르는 도선이 있다. 이곳에서의 지구 자기장은 수평이며, 남에서 북으로 향한다고 하자. 또 크기는 0.500×10^{-4} T이다. **(a)** 길이가 36.0 m인 도선에 작용하는 자기력의 크기와 방향을 구하라. **(b)** 같은 길이의 도선에 작용하는 중력을 구하라. 도선은 구리로 만들어졌고 단면의 넓이는 2.50×10^{-6} m^{2}이다.

풀이

(a) 도선에 작용하는 자기력을 계산한다.

전류와 자기장은 서로 수직이라는 사실을 이용하여 식 19.7을 적용한다.

$$F = BI\ell \sin\theta = (0.500 \times 10^{-4}\ \mathrm{T})(22.0\ \mathrm{A})(36.0\ \mathrm{m}) \sin 90.0°$$
$$= 3.96 \times 10^{-2}\ \mathrm{N}$$

오른손 법칙 1을 이용하여 자기력의 방향을 구한다.

오른손의 손가락을 전류의 방향인 동쪽에서 서쪽 방향으로 가리킨 후 자기장의 방향인 북쪽으로 감으면, 엄지손가락은 위로 향한다.

(b) 도선에 작용하는 중력을 계산한다.

먼저 구리의 밀도, 길이, 도선의 단면적으로부터 도선의 질량을 구한다.

$$m = \rho V = \rho(A\ell)$$
$$= (8.92 \times 10^3\ \mathrm{kg/m^3})(2.50 \times 10^{-6}\ \mathrm{m^2} \cdot 36.0\ \mathrm{m})$$
$$= 0.803\ \mathrm{kg}$$

중력 가속도를 질량에 곱하여 중력을 구한다.

$$F_{중력} = mg = \boxed{7.87\ \mathrm{N}}$$

참고 이 계산은 통상적인 조건에서 전류가 흐르는 도체에 작용하는 중력은 지구 자기장에 의한 자기력보다 훨씬 크다는 것을 보여 준다.

19.6 자기 토크 Magnetic Torque

앞 절에서 전류가 흐르는 도체가 외부 자기장 내에 있을 때 그 도체에 힘이 어떻게 작용하는가를 알아보았다. 이를 출발점으로 하여 자기장 내에 놓여 있는 전류 고리에 작용하는 토크(또는 돌림힘)에 대하여 알아보도록 하자. 이러한 분석의 결과들은 이 장과 20장에서 나오는 발전기나 전동기를 이해하는 데 많은 도움이 될 것이다.

그림 19.18a는 균일한 자기장이 전류 고리의 평면 내에 존재할 때, 전류 I가 흐르는 직사각형 도선의 전류 고리를 나타낸 것이다. 도선이 자기장과 평행하기 때문에 길이가 a인 변에 작용하는 힘은 영이다. 그러나 길이가 b인 변에 작용하는 힘은

$$F_1 = F_2 = BIb$$

이다. 전류 고리의 왼쪽 변에 작용하는 힘 $\vec{\mathbf{F}}_1$의 방향은 종이면으로부터 나오는 방향이고, 전류 고리의 오른쪽 변에 작용하는 힘 $\vec{\mathbf{F}}_2$는 종이면 속으로 들어가는 방향이다. 그림 19.18b처럼 한쪽 끝에서 전류 고리를 보면, 작용하는 힘의 방향은 그림과 같이 향하게 된다. 만일 점 O를 중심으로 회전시킨다면, 이 두 힘은 점 O에 대해 전류 고리를 시계 방향으로 회전시키는 토크를 발생시킨다. 이 토크의 크기 $\tau_{최대}$는

$$\tau_{최대} = F_1 \frac{a}{2} + F_2 \frac{a}{2} = (BIb)\frac{a}{2} + (BIb)\frac{a}{2} = BIab$$

이다. 여기서 점 O에 대한 힘의 모멘트 팔의 길이는 $\frac{a}{2}$이다. 직사각형 전류 고리의 넓이는 $A = ab$이므로, 토크는

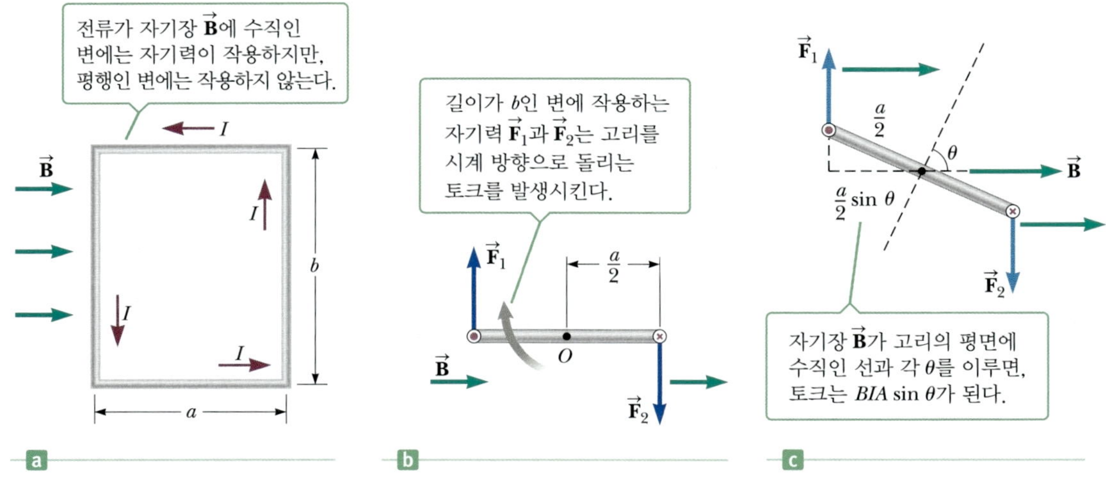

그림 19.18 (a) 균일한 자기장 $\vec{\mathbf{B}}$ 내에 놓인 직사각형 고리를 위에서 본 모습, (b) (a)의 직사각형 고리를 옆에서 본 모습, (c) (a)의 고리를 옆에서 본 모습. 그러나 고리 면의 법선이 자기장과 θ의 각을 이루고 있다.

$$\tau_{최대} = BIA \quad [19.8]$$

와 같이 나타낼 수 있다. 그림 19.18b와 같이 이 결과는 자기장이 고리의 면에 평행할 때만 성립된다. 그림 19.18c와 같이 자기장이 전류 고리의 면에 수직인 선과 각 θ를 이룬다면, 각각의 힘에 대한 모멘트 팔의 길이는 $\frac{a}{2}\sin\theta$로 주어지고, 앞에서와 같은 방법으로 토크의 크기는

$$\tau = BIA\sin\theta \quad [19.9]$$

이다. 이러한 결과는 자기장이 전류 고리의 면과 평행할 때($\theta = 90°$) 토크는 최댓값 BIA를 가지고, 자기장이 전류 고리의 면에 수직일 때는($\theta = 0$) 토크가 영임을 보여 준다. 그림 19.18c에서 보면 전류 고리는 θ를 보다 작은 값으로 회전시키려는 경향이 있다(즉, 고리 면에 대한 법선은 자기장의 방향을 향하도록 회전한다).

비록 이러한 분석이 직사각형 전류 고리에서만 적용되었으나, 보다 일반적인 식 19.9는 전류 고리의 모양에 관계없이 적용됨을 알 수 있다. 나아가 N번 감은 전류 고리에 작용하는 토크는

$$\tau = BIAN\sin\theta \quad [19.10a]$$

이다. $\mu = IAN$은 코일의 자기 모멘트라 불리는 벡터양 $\vec{\boldsymbol{\mu}}$의 크기이다. $\vec{\boldsymbol{\mu}}$는 전류 고리의 면에 항상 수직 방향이며, 오른손 엄지손가락이 $\vec{\boldsymbol{\mu}}$의 방향을 가리킨다면 오른손 네 개 손가락은 전류의 방향을 가리킨다. 식 19.9과 19.10에 있는 각 θ는 자기 모멘트 $\vec{\boldsymbol{\mu}}$의 방향과 자기장 $\vec{\mathbf{B}}$의 사잇각이다. 따라서 토크의 크기는

$$\tau = \mu B\sin\theta \quad [19.10b]$$

로 쓸 수 있다. 토크 $\vec{\boldsymbol{\tau}}$는 자기 모멘트 $\vec{\boldsymbol{\mu}}$와 자기장 $\vec{\mathbf{B}}$에 모두 직교한다.

예제 19.5 자기장 내에 놓인 원형 전류 고리에 작용하는 토크

목표 전류 고리에 작용하는 자기 토크를 계산한다.

문제 반지름이 1.00 m인 원형 전류 고리가 $B = 0.500$ T인 자기장 내에 놓여 있다. 고리 면의 법선은 자기장과 30.0°의 각을 이루고 있다(그림 19.19a). 고리에는 그림에서 보여 주는 방향으로 2.00 A의 전류가 흐르고 있다. **(a)** 고리의 자기 모멘트와 이때 고리에 가해지는 토크의 크기를 구하라. **(b)** 같은 전류가 그림 19.19b와 같이 변이 2.00 m × 3.00 m인 직사각형 모양으로 세 번 감긴 코일에 흐르고 있다. 코일의 자기 모멘트와 이때 코일에 작용하는 토크의 크기를 구하라.

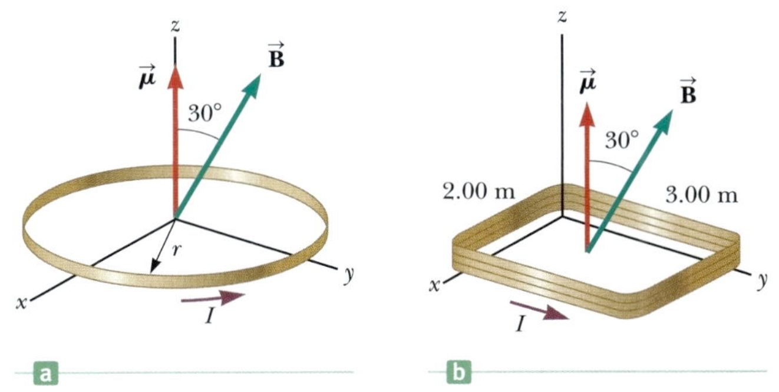

그림 19.19 (예제 19.5) (a) 외부 자기장 $\vec{\mathbf{B}}$ 내에 xy 평면에 놓인 원형 전류 고리, (b) 동일한 자기장 내에 xy 평면에 놓인 직사각형 전류 고리

전략 각각의 문제에서 넓이를 구한 후 자기 모멘트를 계산하고 그 결과에 $B\sin\theta$를 곱한다. 이 모든 것은 식 19.10b에 물리량을 대입하는 과정이다.

풀이

(a) 전류 고리의 자기 모멘트와 고리에 가해지는 자기 토크를 구한다.

먼저 전류 고리의 넓이를 계산한다.

$$A = \pi r^2 = \pi(1.00\text{ m})^2 = 3.14\text{ m}^2$$

고리의 자기 모멘트를 계산한다

$$\mu = IAN = (2.00\text{ A})(3.14\text{ m}^2)(1) = \boxed{6.28\text{ A}\cdot\text{m}^2}$$

자기 모멘트, 자기장, θ를 식 19.10b에 대입한다.

$$\tau = \mu B\sin\theta = (6.28\text{ A}\cdot\text{m}^2)(0.500\text{ T})(\sin 30.0°)$$
$$= \boxed{1.57\text{ N}\cdot\text{m}}$$

(b) 직사각형 코일의 자기 모멘트와 고리에 작용하는 자기 토크를 구한다.

코일의 넓이를 계산한다.

$$A = L\times H = (2.00\text{ m})(3.00\text{ m}) = 6.00\text{ m}^2$$

코일의 자기 모멘트를 계산한다.

$$\mu = IAN = (2.00\text{ A})(6.00\text{ m}^2)(3) = \boxed{36.0\text{ A}\cdot\text{m}^2}$$

식 19.10b에 값들을 대입한다.

$$\tau = \mu B\sin\theta = (36.0\text{ A}\cdot\text{m}^2)\ (0.500\text{ T})\ (\sin 30.0°)$$
$$= \boxed{9.00\text{ N}\cdot\text{m}}$$

참고 자기 토크를 계산할 때, 자기 모멘트를 계산하는 것이 꼭 필요한 것은 아니다. 대신에 식 19.10a를 직접 사용할 수 있다.

전동기

응용

전동기

만일 전동기가 없었다면 21세기의 생활은 상상하기 어려웠을 것이다. 전동기와 관련되어 있는 많은 가전제품들로는 컴퓨터 디스크 드라이버, CD 플레이어, VCR이나 DVD 플레이어, 전자레인지, 자동차 시동기, 전열기, 에어컨 등 무수히 많다. 전동기는 전기에너지를 회전 운동에너지로 변환시켜 주는 장치로서, 자석의 자기장 내에 놓일 때 회전하게 되는 전류 고리로 이루어져 있다.

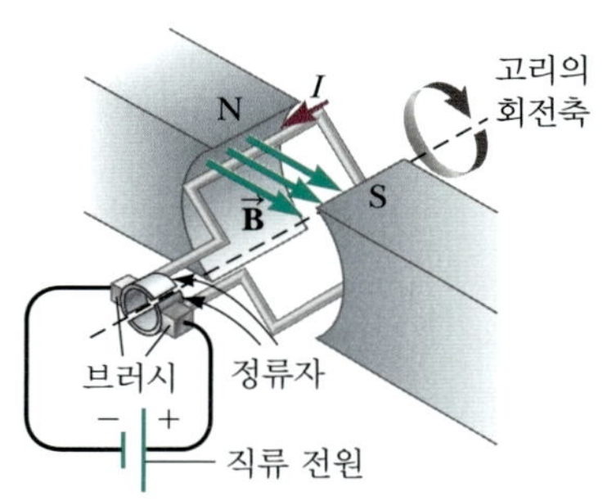

그림 19.20 직류 전동기의 얼개 그림

그림 19.18에서처럼 전류 고리에 작용하는 토크는 고리를 보다 작은 θ값을 갖는 방향으로 회전시킴으로써, 토크가 영이 되도록 한다. 이때의 자기장은 고리의 면과 수직, 즉 $\theta = 0$이 된다. 만일 고리가 이 각도를 지난 이후에도 전류가 계속 그림에 표시된 것과 같은 방향으로 흐르면 토크는 반대 방향으로 작용해서 고리를 반대 방향, 즉 반시계 방향으로 돌아가게 한다. 이러한 문제점을 해결하고, 한 방향으로 계속 돌아가도록 하기 위해서는 고리에 흐르는 전류의 방향을 주기적으로 바꾸어 주어야만 한다. 교류(AC) 전동기에서는 전류가 초당 120번 바뀌므로 이러한 작동이 자연스럽게 일어난다. 직류(DC) 전동기에서는 그림 19.20과 같이 분리되어 있는 반원형 고리 접촉자(정류자)와 브러시를 이용하여 기계적으로 전류의 방향을 바꾸어 준다.

실제로 전동기에는 여러 개의 전류 고리와 정류자들이 있지만, 간단히 나타내기 위하여 그림 19.20에서는 한 개의 전류 고리에 부착되어 돌아가고 있는 한 개의 고리와 정류자만 나타내었다. 브러시라고 하는 고정되어 있는 전기 접촉자는 회전하는 정류자와 전기적으로 접촉하도록 되어 있다. 이와 같은 브러시들은 대개 흑연으로 만든다. 그 이유는 흑연이 훌륭한 윤활 역할을 함과 동시에 전기적으로도 좋은 도체이기 때문이다. 고리가 자기장과 수직이 되어 토크가 영이 되는 지점에서는 관성에 의해 고리가 시계 방향으로 계속 전진하고, 브러시는 정류자의 갈라진 틈을 지나게 된다. 이때 고리에는 반대 방향의 전류가 흐르게 되고, 이로 인해 고리를 시계 방향으로 회전하도록 하는 새로운 토크가 공급되어 나머지 180°를 회전하게 되고 이러한 과정이 반복된다. 그림 19.21에서 보는 바와 같이 가솔린–전기 하이브리드 자동차에 현대식 전동기가 사용되고 있다.

그림 19.21 도요타 프리우스 하이브리드 차의 엔진 부분

19.7 앙페르의 법칙 Ampère's Law

1819년 덴마크의 과학자 외르스테드(Hans Christian Oersted, 1777~1851)는 도선에 흐르는 전류가 가까이에 있는 나침반 바늘을 편향시킨다는 사실을 발견하였다. 자기장과 전류를 연관시킨 이러한 발견은 자기의 근원을 이해하는 첫 출발점이 되었다.

외르스테드
Hans Christian Oersted, 1777~1851
덴마크의 물리학자 겸 화학자

외르스테드는 나침반이 전류가 흐르는 도선 근처에 있을 때 편향된다는 것을 발견한 것으로 알려져 있다. 이러한 발견은 전기 현상과 자기 현상이 서로 연관되어 있다는 최초의 증거였다. 또한 그는 최초로 순수한 알루미늄을 제조하였다.

1820년에 외르스테드가 처음 실행한 간단한 실험은 전류가 흐르는 도선이 자기장을 발생시킨다는 것을 명백히 보여 준다. 그림 19.22a를 보면 여러 개의 나침반 바늘이 수직인 도선 근처의 수평면에 놓여 있다. 도선에 전류가 흐르지 않을 때, 예상대로 모든 나침반 바늘의 끝은 같은 방향인 지구 자기장의 방향을 가리킨다. 그러나 도선에 일정하고 강한 전류가 흐르게 되면, 그림 19.22b와 같이 모든 바늘은 원의 접선 방향을 향한다. 이 실험에 의하면 $\vec{\mathbf{B}}$의 방향은 **오른손 법칙 2**(right-hand rule number 2)를 따른다.

> 그림 19.23a와 같이 오른손의 엄지손가락이 전류의 방향을 가리키도록 도선을 감아쥐면 네 손가락들은 $\vec{\mathbf{B}}$의 방향으로 회전한다.

전류가 반대 방향으로 흐르면 그림 19.23b의 바늘 또한 반대 방향을 향한다.

자침은 $\vec{\mathbf{B}}$의 방향으로 정렬되기 때문에 $\vec{\mathbf{B}}$의 자기장선은 도선 주위에 원형을 이루게 된다. 대칭성에 의해서 $\vec{\mathbf{B}}$의 크기는 도선을 중심으로 한 원 위의 어느 곳에서나 같고, 그 벡터는 도선에 수직한 평면 내에 있다. 전류와 도선으로부터의 거리를 변화시켜 보면 $\vec{\mathbf{B}}$는 흐르는 전류에 비례하고 도선으로부터의 거리에 반비례함을 알 수 있다. 이러한 발견 후, 과학자들은 긴 직선 도선에 흐르는 전류로 인한 자기장의 크기에 대한 식을 알아냈다. 전류 I가 흐르는 도선으로부터 거리 r만큼 떨어진 곳에서의 자기장의 크기는

Tip 19.3 오른손을 들어라!
이 장에서는 오른손 법칙을 두 가지 소개하였는데, 이 법칙을 적용할 때는 꼭 오른손만을 사용하라.

$$B = \frac{\mu_0 I}{2\pi r} \qquad [19.11]$$

◀ 긴 직선 도선에 의한 자기장

이다. 여기서 비례 상수 μ_0를 **자유 공간의 투자율**(permeability of free space)이라 하고 그 값은 다음과 같다.

$$\mu_0 \equiv 4\pi \times 10^{-7}\,\mathrm{T \cdot m/A} \qquad [19.12]$$

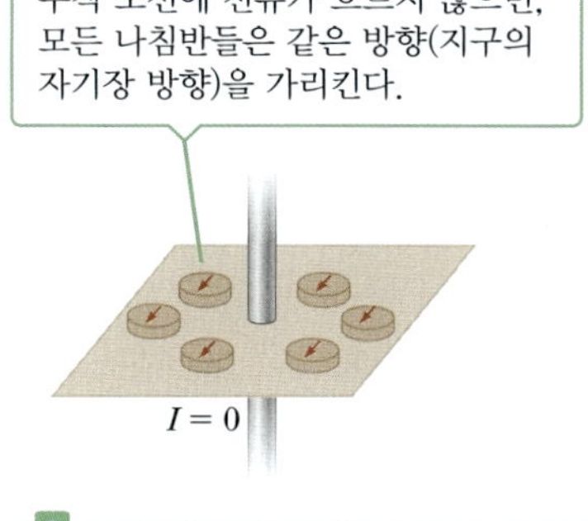

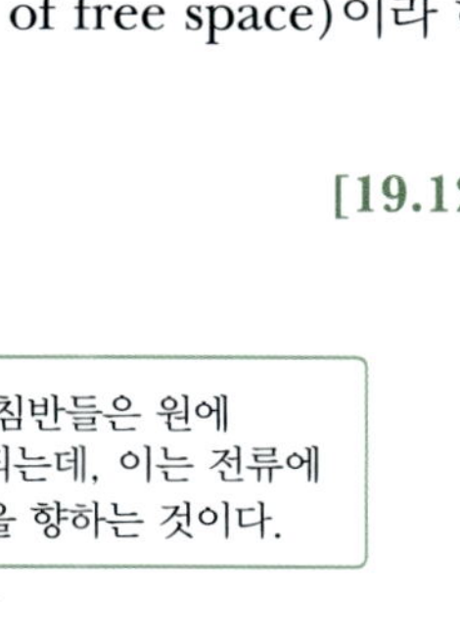

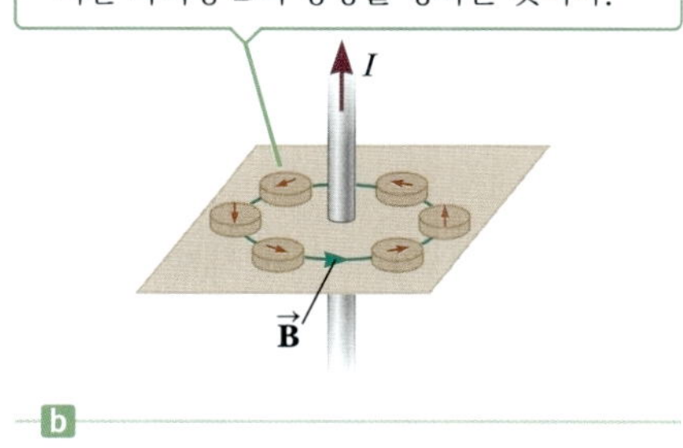

그림 19.22 (a)와 (b) 도선 주위 전류의 영향을 보여 주는 나침반

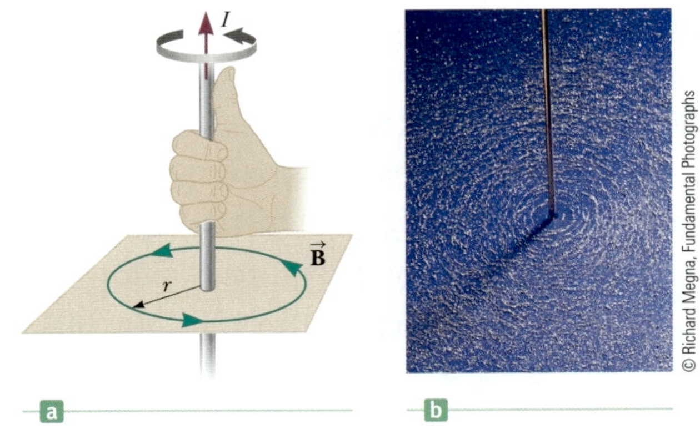

그림 19.23 (a) 전류가 흐르는 긴 직선 도선에 의해 생성되는 자기장의 방향을 결정하는 오른손 법칙 2. 자기장선은 도선 주위에 원형으로 형성된다. (b) 전류가 흐르는 도선 주위의 원형 자기장선. 철가루가 원형 고리 모양을 이루고 있다.

앙페르
André-Marie Ampère
1775~1836, 프랑스의 물리학자

앙페르는 전류와 자기장 사이의 관계를 밝히는 전자기학의 발견에 기여하였다.

앙페르의 법칙과 긴 직선 도선

식 19.11로부터 전류가 흐르는 긴 직선 도선 주위의 자기장을 계산할 수 있다. 이러한 일반적인 관계식은 프랑스의 과학자 앙페르(André-Marie Ampère, 1775~1836)가 제안하였다. 이 식은 임의의 모양의 도선에 흐르는 전류와 그 도선에 의해 생성되는 자기장 사이의 관계를 설명해 준다.

그림 19.24와 같이 전류 주위에 임의의 폐경로를 하나 생각해 보자. 이 경로는 길이가 $\Delta\ell$인 수많은 짧은 선분 요소로 나눌 수 있다. 이러한 선분 요소 한 개에 이 선분 요소에 평행한 자기장 성분을 곱하여 $B_\parallel \Delta\ell$로 표시한다. 앙페르에 의하면 폐경로에서 이러한 곱의 모든 합은 폐경로를 둘러싼 표면을 통과하는 알짜 전류 I에 μ_0를 곱한 것과 같다. 이것을 **앙페르의 법칙**(Ampère's circuital law)이라 하며

$$\sum B_\parallel \Delta\ell = \mu_0 I \qquad [19.13]$$

로 나타낸다. 여기서 $B_\parallel$는 선분 요소 $\Delta\ell$에 평행인 $\vec{\mathbf{B}}$의 성분이며 $\Sigma B_\parallel \Delta\ell$은 전체 폐경로에 대한 모든 $B_\parallel \Delta\ell$의 합이다. 앙페르의 법칙은 빈 공간에서 전류가 어떻게 자기장을 만드는지 설명해 주는 기본적인 법칙이다.

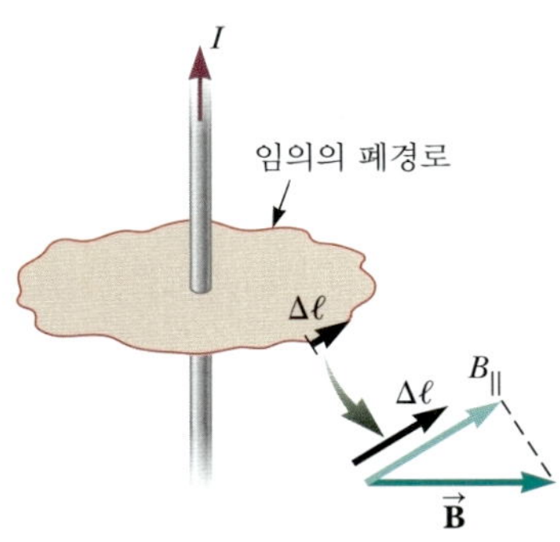

그림 19.24 앙페르의 법칙으로부터 전류 주위의 임의의 폐경로를 이용하여 전류에 의한 자기장을 계산할 수 있다.

앙페르의 법칙을 이용하여 전류 I가 흐르는 긴 직선 도선 주위의 자기장을 계산할 수 있다. 앞서 논의한 바와 같이 이런 모양의 자기장선은 그림 19.25와 같이 도선을 중심으로 원형을 이룬다. 자기장은 반지름이 r인 원둘레상의 모든 점에서 접선 방향이고, 같은 값 B를 가진다. 따라서 그림 19.25에서와 같이 $B_\parallel = B$이다. $\sum B_\parallel \Delta\ell$에서 $B_\parallel$은 원둘레상의 모든 점에서 일정한 값을 가지므로 식 19.13은

$$\sum B_\parallel \Delta\ell = B_\parallel \sum \Delta\ell = B(2\pi r) = \mu_0 I$$

가 된다. 양변을 $2\pi r$로 나누면,

$$B = \frac{\mu_0 I}{2\pi r}$$

가 되고, 이는 긴 직선 도선에 대한 자기장의 식 19.11과 같다.

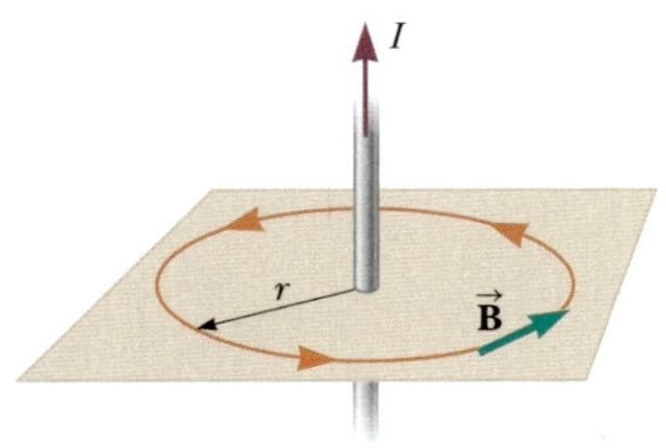

그림 19.25 전류가 흐르는 긴 직선 도선 주위의 반지름이 r인 원형의 폐경로를 이용하여 도선에 의해 생성되는 자기장을 계산한다.

앙페르의 법칙은 전류 분포가 대칭적일 때 자기장을 계산하는 간단하고 좋은 방법을 제공하기 때문에 매우 중요하다. 그러나 대칭성이 결여된 복잡한 전류 분포의 자기장

을 계산하는 데에는 이용할 수 없다. 게다가 앙페르의 법칙은 전류와 장이 시간에 따라 변하지 않을 때에만 성립한다.

예제 19.6 동축 케이블의 자기장

목표 앙페르의 법칙을 사용하여 원통형으로 대칭인 전류가 흐르는 경우의 자기장을 계산한다.

문제 어떤 동축 케이블이 전류 $I_1 = 3.00$ A가 흐르는 절연된 내부 도선을 전류 $I_2 = 1.00$ A가 흐르는 원통형 도체가 둘러싸고 있다. I_1과 I_2의 방향은 반대이다(그림 19.26). **(a)** 두 도체 사이의 공간인 $r_{안} = 0.500$ cm 되는 곳에서의 자기장을 계산하라. **(b)** 원통형 외부 도체 밖의 $r_{밖} = 1.50$ cm 되는 곳에서의 자기장을 구하라.

전략 그림 19.26에서처럼 내부 도선 둘레를 도는 원형 경로를 그린다. 그 원형 경로 안에 있는 전류만이 그 원형 경로상의 점에서의 자기장 $B_{안}$에 기여한다. 외부 도선 밖에서의 자기장 $B_{밖}$을 구하려면, 외부 도선 밖을 둘러싸는 원형 경로를 그려야 한다. 계산 과정에서 전류가 포함되어야 하지만, 외부 도선에서 아래로 흐르는 전류는 내부 도선에서 위로 흐르는 전류로부터 빼 주어야 한다.

풀이

(a) 두 도체 사이의 공간인 $r_{안} = 0.500$ cm 되는 곳에서의 자기장을 계산한다.

앙페르의 법칙을 쓴다.

$$\sum B_{\parallel}\,\Delta\ell = \mu_0 I$$

원형 경로에서 자기장은 일정하고 경로의 전체 길이는 $2\pi r_{안}$이다.

$$B_{안}(2\pi r_{안}) = \mu_0 I_1$$

$B_{안}$에 대해 풀고 값을 대입한다.

$$B_{안} = \frac{\mu_0 I_1}{2\pi r_{안}} = \frac{(4\pi \times 10^{-7}\ \mathrm{T\cdot m/A})(3.00\ \mathrm{A})}{2\pi(0.005\ \mathrm{m})}$$

$$= \boxed{1.20 \times 10^{-4}\ \mathrm{T}}$$

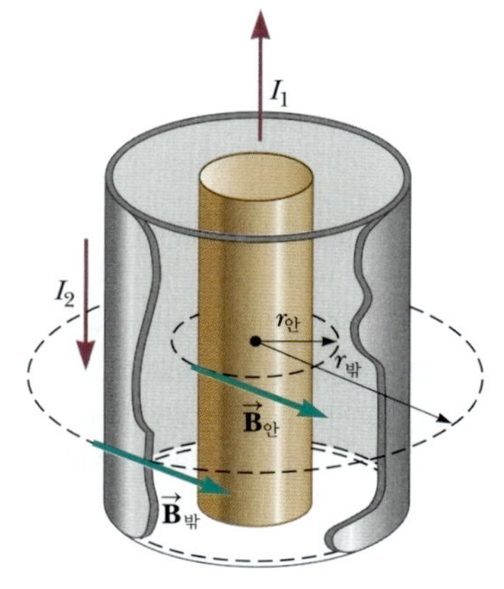

그림 19.26 (예제 19.6)

(b) 원통형 외부 도체 밖의 $r_{밖} = 1.50$ cm 되는 곳에서의 자기장 $B_{밖}$을 계산한다.

앙페르의 법칙을 쓴다.

$$\sum B_{\parallel}\,\Delta\ell = \mu_0 I$$

원형 경로에서 자기장은 일정하고 경로의 전체 길이는 $2\pi r_{밖}$이다.

$$B_{밖}(2\pi r_{밖}) = \mu_0(I_1 - I_2)$$

$B_{밖}$에 대해 풀고 값을 대입한다.

$$B_{밖} = \frac{\mu_0(I_1 - I_2)}{2\pi r_{밖}} = \frac{(4\pi \times 10^{-7}\ \mathrm{T\cdot m/A})(3.00\ \mathrm{A} - 1.00\ \mathrm{A})}{2\pi(0.015\ \mathrm{m})}$$

$$= \boxed{2.67 \times 10^{-5}\ \mathrm{T}}$$

참고 외부 도체의 안과 밖에서의 자기장의 방향은 오른손 법칙 2로 쉽게 알 수 있다. 그림 19.26처럼 바라보았을 때 반시계 방향이다. 동축 케이블은 내부 도체와 외부 도체의 전류가 크기가 같고 방향이 반대인 경우 전류의 자기 효과를 최소화하는 데 사용될 수 있다.

19.8 평행한 두 도선 사이의 자기력

Magnetic Force Between Two Parallel Conductors

전류가 흐르는 도체가 외부 자기장 내에 놓일 때, 전류가 흐르는 도선에는 자기력이 작용한다. 도선에 흐르는 전류는 자신의 주위에 자기장을 만들기 때문에, 서로 가까이 놓

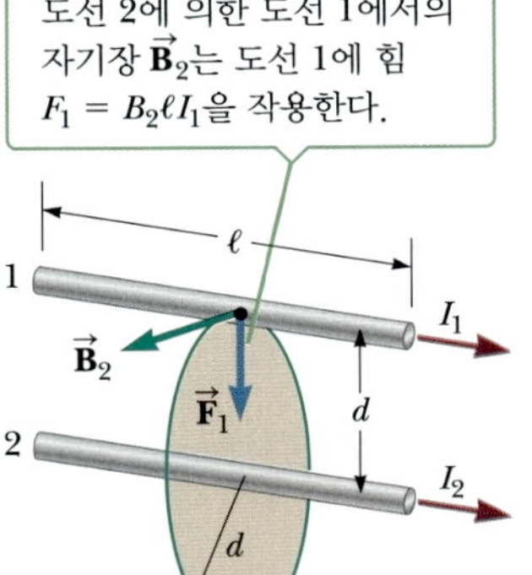

그림 19.27 연직 방향으로 평행하게 놓인 두 도선에 일정한 전류가 흐를 때 서로에게 힘을 작용한다. 전류의 방향이 같다면 힘은 인력이고, 전류의 방향이 반대이면 반발력이다.

인 두 전류가 흐르는 도선은 서로에게 자기력을 작용한다. 그림 19.27과 같이 거리 d 만큼 떨어진 두 개의 평행 직선 도선에 전류 I_1과 I_2가 같은 방향으로 흐른다. 도선 1은 도선 2 바로 위에 있다. 한 도선에 의해 형성된 자기장이 다른 도선에 작용하는 힘을 알아보자.

여기서는 도선 2의 자기장이 도선 1에 작용하는 힘을 알아본다. 전류 I_2가 흐르는 도선 2는 도선 1에 자기장 $\vec{\mathbf{B}}_2$를 만든다. $\vec{\mathbf{B}}_2$의 방향은 도선에 수직이다. 식 19.11을 이용하면 이 자기장의 크기는 다음과 같다.

$$B_2 = \frac{\mu_0 I_2}{2\pi d}$$

식 19.6으로부터 전류 I_2에 의한 자기장 $\vec{\mathbf{B}}_2$로 인해 도선 1이 받는 자기력은

$$F_1 = B_2 I_1 \ell = \left(\frac{\mu_0 I_2}{2\pi d}\right) I_1 \ell = \frac{\mu_0 I_1 I_2 \ell}{2\pi d}$$

이고, 이를 단위 길이당 힘의 크기로 다시 쓰면,

$$\frac{F_1}{\ell} = \frac{\mu_0 I_1 I_2}{2\pi d} \qquad [19.14]$$

가 된다.

힘 $\vec{\mathbf{F}}_1$의 방향은 오른손 법칙 1에 의해 아래쪽이고 도선 2를 향하는 방향이다. 도선 1이 도선 2에 만드는 자기장을 고려하면, 도선 2에 작용하는 힘 $\vec{\mathbf{F}}_2$는 힘 $\vec{\mathbf{F}}_1$과 크기가 같고 방향은 반대이다. 이것은 작용–반작용에 대한 뉴턴의 제3법칙으로부터 예측할 수 있다.

같은 방향으로 전류가 흐르는 평행 도선은 서로 잡아당긴다는 것을 알았다. 또한 그림 19.27과 식 19.14에 의한 과정으로 나타낸 풀이 방법을 이용하면 반대 방향으로 흐르는 두 평행 도선은 서로 밀어낸다는 것을 알 수 있다.

예제 19.7 공중에 도선 띄우기

목표 평행하게 전류가 흐르는 도선 위에 놓인 한 도선에 작용하는 자기력을 계산한다.

문제 단위 길이당 무게가 1.00×10^{-4} N/m인 두 도선이 평행하게 놓여 있다. 한 도선의 바로 위쪽에 다른 도선이 놓여 있다. 도선에는 크기는 같고 방향이 반대인 전류가 흐른다고 가정한다. 두 도선은 0.10 m 떨어져 있고 위에 놓인 도선에 작용하는 중력과 자기력의 합은 영이다. 도선에 흐르는 전류를 계산하라. 지구 자기장은 무시한다.

전략 위에 놓인 도선은 중력과 자기적 반발력에 의해 평행 상태에 있다. 힘의 합을 영으로 놓고 모르는 전류 I에 대하여 푼다.

풀이

힘의 합을 영으로 놓고 푼다. 이때 도선 사이의 자기력은 반발력임에 주목하라.

$$\vec{\mathbf{F}}_{\text{중력}} + \vec{\mathbf{F}}_{\text{자기력}} = 0$$

$$-mg + \frac{\mu_0 I_1 I_2}{2\pi d}\ell = 0$$

전류는 같으므로 $I_1 = I_2 = I$이다. I^2에 대해서 푼다.

$$\frac{\mu_0 I^2}{2\pi d}\ell = mg \quad \rightarrow \quad I^2 = \frac{(2\pi d)(mg/\ell)}{\mu_0}$$

주어진 값을 대입하여 I^2을 구한다. 단위 길이당 무게는 mg/ℓ이다.

$$I^2 = \frac{(2\pi \cdot 0.100\ \text{m})(1.00 \times 10^{-4}\ \text{N/m})}{(4\pi \times 10^{-7}\ \text{T} \cdot \text{m})} = 50.0\ \text{A}^2$$

$$I = 7.07\ \text{A}$$

참고 예제 19.4에서는 지구 자기장을 이용하여 도선을 떠 있게 하려면 매우 큰 전류가 필요하다는 것을 보여 주었다. 도선에 흐르는 전류는 도선 근방의 지구 자기장보다 훨씬 더 큰 자기장을 만들 수 있다.

19.9 전류 고리와 솔레노이드의 자기장
Magnetic Fields of Current Loops and Solenoids

만일 도선이 고리 모양을 하고 있다면, 전류가 흐르는 도선이 만든 자기장의 세기는 특정 위치에서 강해질 수 있다. 그림 19.28에서 전류 고리의 여러 작은 선분 요소들에 대한 효과를 고려한다면 그 이유를 이해할 수 있다. 고리의 아래쪽에 Δx_1으로 표시된 작은 선분 요소는 고리의 중심에서 종이면으로부터 나오는 방향의, 크기 B_1인 자기장을 만들어 낸다. $\vec{\mathbf{B}}$의 방향은 긴 직선 도선에 대한 오른손 법칙 2를 사용하면 알 수 있다. 엄지손가락이 전류 방향이 되도록 오른손으로 도선을 감싸쥐면, 나머지 네 손가락은 $\vec{\mathbf{B}}$의 방향을 가리킨다.

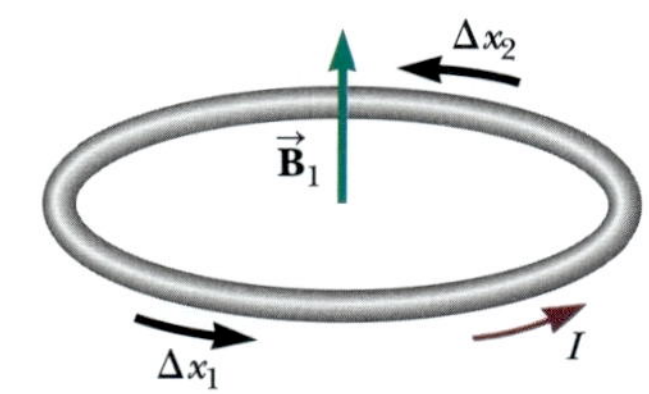

그림 19.28 전류 고리의 모든 선분 요소는 고리의 중심에 위로 향하는 방향의 자기장을 생성한다.

고리 위쪽에 있는 선분 요소 Δx_2 또한 중심의 자기장에 기여하기 때문에 자기장의 세기가 증가한다. 선분 요소 Δx_2에 의해 고리 중심에 생긴 자기장은 B_1과 크기가 같고, 방향 또한 종이면으로부터 나오는 방향이다. 마찬가지로 전류 고리의 모든 다른 선분 요소들도 자기장을 만드는 데 기여한다. 알짜 효과는 그림 19.29a에 나타낸 전류 고리의 자기장과 같다.

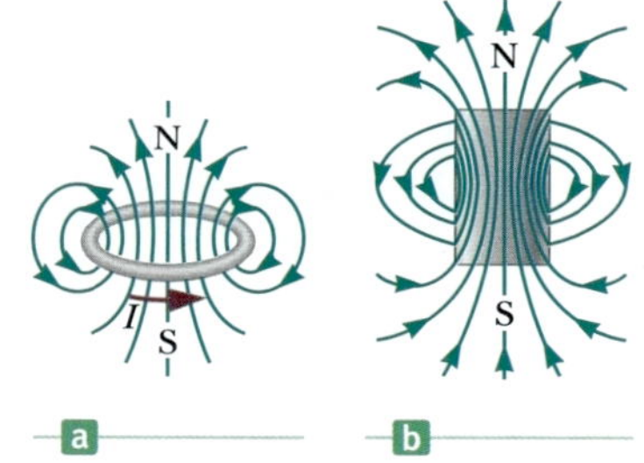

그림 19.29 (a) 전류 고리의 자기장선. 전류 고리의 자기장선은 막대자석의 자기장선과 유사하다. (b) 막대자석의 자기장은 전류 고리의 자기장과 비슷하다.

그림 19.29a를 보면 자기장선은 전류 고리의 아래쪽으로 들어가서 위쪽으로 나온다. 전류 고리에 의한 자기장(그림 19.29b)과 막대자석의 자기장은 서로 닮았다. 고리의 한 면은 마치 자석의 북극처럼 작용하고, 다른 면은 남극처럼 작용한다. 이러한 두 자기장의 유사성은 다음 절에 나오는 물질의 자성에 대해서 논의할 때 사용될 것이다.

전류 I가 흐를 때 전류 고리의 중심에서 자기장의 크기는

$$B = \frac{\mu_0 I}{2R}$$

로 주어진다. 이 식은 수학적으로 계산하여 유도하여야 하지만, 개념적으로 계산하면 다음과 같다. 그림 19.30과 같이 내부 정사각형에 반지름 R의 원이 들어가도록 네 개의 긴 도선을 배치하고 각각에 전류 I를 흘릴 때 정사각형 중심에서의 자기장을 계산해 보자. 이러한 배치로 인해 전류 고리에 의해 생성된 자기장과 유사한 크기의 자기장이 중심에 형성되는 것을 직관적으로 이해할 수 있다. 고리에 흐르는 전류는 중심에 더 가까워서 정사각형이 만드는 것보다 더 강한 자기장을 만들지만, 정사각형 밖의 직선 도선에 의한 자기장이 이를 보상해주고 있다. 각각의 도선은 중심에 동일한 자기장을 만든다. 따라서 자기장의 합은

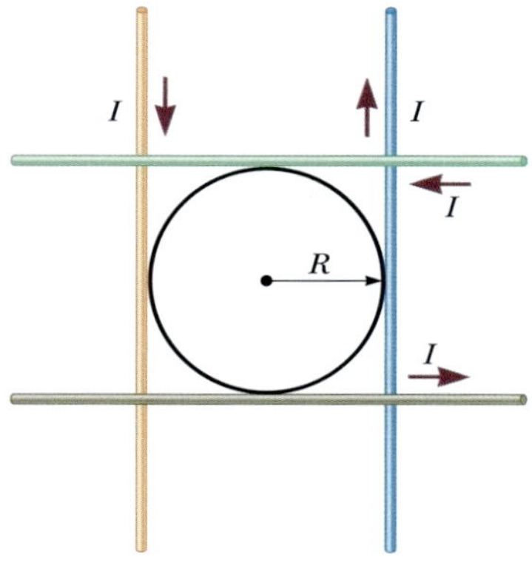

그림 19.30 전류 I가 흐르는 전류 고리의 자기장은 전류 I가 흐르는 네 개의 직선 도선에 의한 자기장으로 근사시킬 수 있다.

$$B = 4 \times \frac{\mu_0 I}{2\pi R} = \frac{4}{\pi}\left(\frac{\mu_0 I}{2R}\right) = (1.27)\left(\frac{\mu_0 I}{2R}\right)$$

이다. 이 결과는 전류 고리에 의해 만들어진 자기장의 세기와 근사적으로 같다.

전류 I가 흐르는 코일이 N번 감겨 있다면, 중심에서의 자기장은

$$B = N\frac{\mu_0 I}{2R} \qquad [19.15]$$

이다.

19.9.1 솔레노이드의 자기장 Magnetic Field of a Solenoid

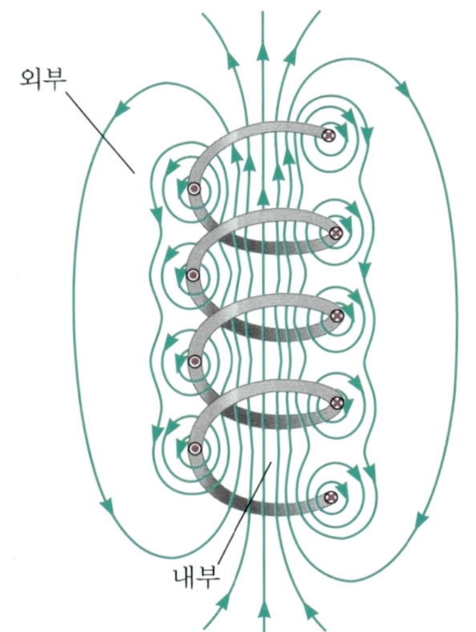

그림 19.31 느슨하게 감긴 솔레노이드의 자기장선

긴 직선 도선을 나선형의 코일 모양으로 촘촘히 감은 장치를 **솔레노이드**(solenoid)라 하고 흔히 **전자석**(electromagnet)이라 부른다. 이 장치는 도선에 전류가 흐를 때만 자석처럼 행동하기 때문에, 여러 가지 응용면에서 중요하다. 솔레노이드의 내부 자기장은 전류에 따라 증가하고, 단위 길이당 감은 코일의 수에 비례한다.

그림 19.31은 느슨하게 감은 길이가 ℓ이고, 감은 전체 수가 N인 솔레노이드의 자기장선을 나타낸 것이다. 솔레노이드 내부의 자기장선은 거의 평행이고 균일하며 촘촘하다. 따라서 솔레노이드 내부의 자기장은 거의 일정하며 강하다. 솔레노이드 측면의 외부 자기장은 균일하지 않으며, 내부의 장과 반대 방향이다.

도선이 촘촘히 감겨 있다면 그림 19.32a와 같이 자기장선은 솔레노이드의 한쪽으로 들어가서 다른 쪽으로 나온다. 이는 솔레노이드의 한쪽 끝은 자석의 북극으로 작용하고, 다른 한쪽은 남극처럼 작용함을 의미한다. 만일 솔레노이드의 길이가 반지름에 비해 훨씬 길 경우, 솔레노이드의 북극에서 나간 자기장선은 남극으로 들어가기 위해서 되돌아오기 전에 넓은 공간에 걸쳐 멀리 퍼져 나간다. 솔레노이드 바깥쪽의 자기장선은 넓게 퍼져 나가고 약한 자기장을 보인다. 이것은 자기장선들이 촘촘히 있는 솔레노

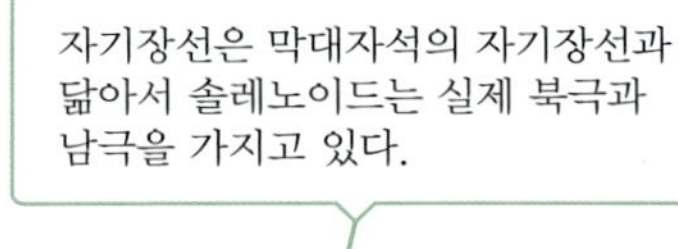

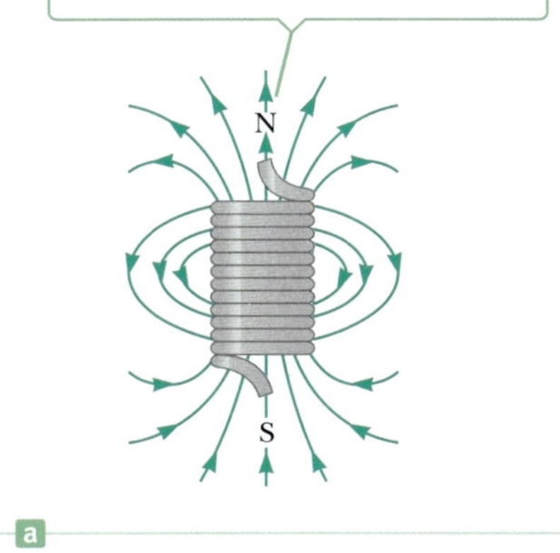

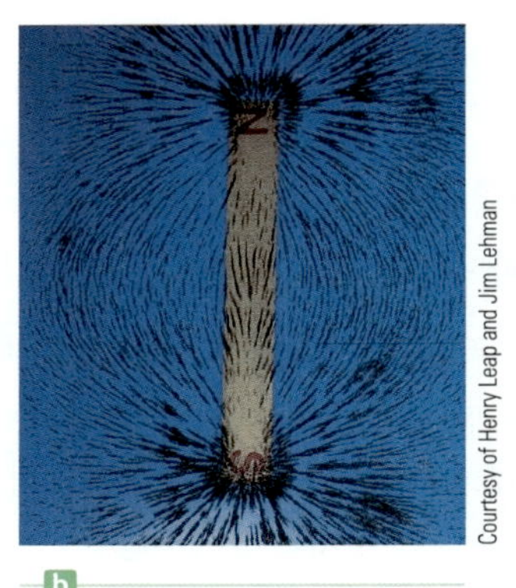

그림 19.32 (a) 정상 전류가 흐르는 유한한 길이의 촘촘히 감긴 솔레노이드의 자기장선. 솔레노이드 내부의 자기장은 거의 균일하며 강하다. (b) 종이 위의 작은 철가루들이 만든 막대자석의 자기장 형태

이드 내부의 강한 자기장과는 대조적이다. 또한 솔레노이드 내부의 자기장은 끝 부분을 제외한 모든 점에서 거의 일정한 크기를 갖는다. 이러한 것들을 고려하면 솔레노이드에 앙페르의 법칙을 적용할 수 있으며, 그 결과 솔레노이드 내부의 자기장은

$$B = \mu_0 nI \qquad [19.16]$$

◀ 솔레노이드 내부의 자기장

가 된다. 여기서 $n = N/\ell$은 단위 길이당 감은 수이다.

다양한 목적에 따라 수많은 장치들이 대전된 입자빔을 만들어 내고 있으며, 이 입자빔은 전자기장에 의해 방향이 조절된다. 지금은 구식이 되어 버린 음극선관 텔레비전은 자기장을 사용하여 전자빔을 매우 빠르고 정확하게 조절하여 형광 물질로 된 스크린에 연속적인 밝은 점을 그리게 하여 화면에 움직이는 물체의 모습을 묘사하도록 되어 있다(그림 19.33). 전자 현미경(그림 27.17b)도 그와 비슷한 전자총을 사용하며 정전기장 및 전자기장 렌즈를 사용하여 초점을 맞추도록 되어 있다. 입자 가속기는 광속에 가깝게 입자들을 움직이므로 매우 큰 전자석을 필요로 한다. 핵융합 발전 연구에 사용되는 실험 장치인 토카막(Tokamak)은 고온의 플라스마를 가두기 위해 자기장을 사용한다. 그림 19.34는 토카막의 일부를 보여 주는 사진이다.

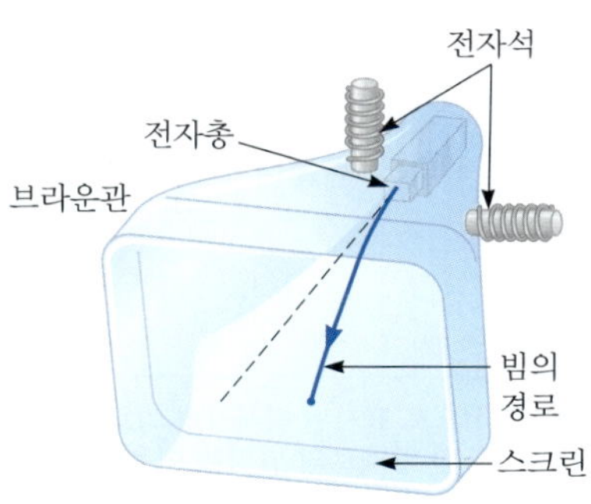

그림 19.33 전자석을 이용하여 화면상의 원하는 지점으로 전자를 편향시킨다.

그림 19.34 프린스턴 플라스마 연구소에 있는 토카막 융합로(TFTR)의 진공 용기 내부 모습

예제 19.8 솔레노이드 내부의 자기장

목표 주어진 자료로부터 솔레노이드의 자기장과 이 자기장 내에 있는 대전 입자의 운동량을 계산한다.

문제 길이가 10.0 cm이고 100번 감은 솔레노이드가 있다. **(a)** 솔레노이드에 0.500 A의 전류가 흐를 때 내부 자기장은 얼마인가? **(b)** 솔레노이드 내부에서 반지름 0.020 m인 원 궤도를 도는 양성자의 운동량은 얼마인가? 솔레노이드의 축은 궤도면에 수직이다. **(c)** 이 솔레노이드를 만들기 위해서는 도선의 길이가 얼마여야 하는가? 솔레노이드의 반지름은 5.00 cm이다.

전략 **(a)** 단위 미터당 감은 수를 계산하고 식 19.16에 이를 대입하여 자기장을 구한다. **(b)** 뉴턴의 제2법칙을 적용한다.

풀이

(a) 솔레노이드에 전류 0.500 A가 흐를 때 솔레노이드의 내부 자기장 크기를 구한다.

단위 길이당 감은 수를 계산한다.

$$n = \frac{N}{\ell} = \frac{100\text{번}}{0.100\text{ m}} = 1.00 \times 10^3\text{번/m}$$

식 19.16에 n과 I를 대입하여 자기장의 크기를 구한다.

$$\begin{aligned} B &= \mu_0 nI \\ &= (4\pi \times 10^{-7}\text{ T}\cdot\text{m/A})(1.00 \times 10^3\text{번/m})(0.500\text{ A}) \\ &= 6.28 \times 10^{-4}\text{ T} \end{aligned}$$

(b) 솔레노이드 중심 부근의 반지름 0.020 m의 원 궤도를 도는 양성자의 운동량을 구한다.

양성자에 대한 뉴턴의 제2법칙을 사용한다.

$$ma = F = qvB$$

구심 가속도 $a = v^2/r$을 대입한다.

$$m\frac{v^2}{r} = qvB$$

양변에서 v를 소거하고 r을 곱해서 운동량 mv를 구한다.

$$mv = rqB = (0.020 \text{ m})(1.60 \times 10^{-19} \text{ C})(6.28 \times 10^{-4} \text{ T})$$

$$p = mv = \boxed{2.01 \times 10^{-24} \text{ kg} \cdot \text{m/s}}$$

(c) 이 솔레노이드를 만드는 데 필요한 도선의 길이를 구한다. 고리 하나의 원둘레에 감은 수를 곱한다.

$$\begin{aligned} \text{도선의 길이} &\approx (\text{감은 수})(2\pi r) \\ &= (1.00 \times 10^2\text{번})(2\pi \cdot 0.050\,0 \text{ m}) \\ &= \boxed{31.4 \text{ m}} \end{aligned}$$

참고 **(b)**에서 양성자 대신 전자라면 동일한 운동량을 가지나 속력은 훨씬 빠르다. 궤도 방향은 반대이다. **(c)**에서 구한 도선의 길이는, 도선의 두께를 고려하면 고리의 크기가 약간 증가하므로, 근삿값이다. 또한 솔레노이드 방향을 따라 나선형으로 감았기 때문에 고리 모양이 완전한 원은 아니다.

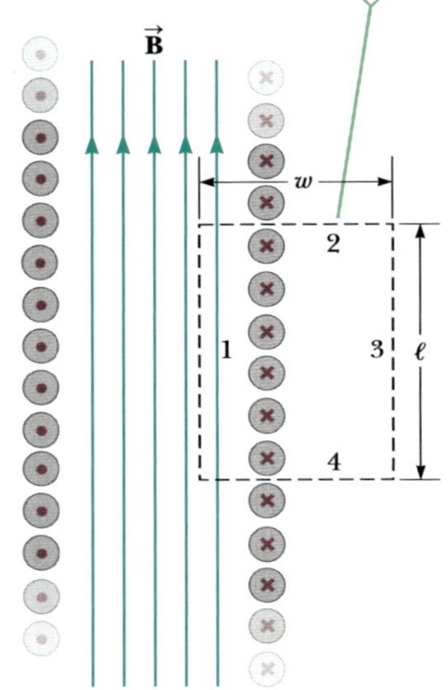

그림 19.35 촘촘하게 감은 솔레노이드의 단면. 솔레노이드의 길이가 반지름에 비하여 길면, 내부 자기장은 균일하고, 외부 자기장은 영이라고 가정한다.

19.9.2 솔레노이드에 적용된 앙페르 법칙 Ampère's Law Applied to a Solenoid

앙페르의 법칙을 이용하면 전류 I가 흐르는 솔레노이드 내부 자기장에 대한 식을 얻을 수 있다. 그림 19.35는 솔레노이드를 길이 방향을 따라 자른 단면이다. 솔레노이드의 내부 자기장 $\vec{\mathbf{B}}$는 균일하고 축에 평행이며 외부 자기장 $\vec{\mathbf{B}}$는 거의 영이다. 이 그림과 같이 길이가 L이고 너비가 w인 직사각형을 고려해 보자. 이 경로에 앙페르의 법칙을 이용하여 직사각형 각각의 변에 대한 $B_{\parallel}\Delta\ell$의 합을 계산하면, 외부 자기장이 $\vec{\mathbf{B}} = 0$이므로 변 3에 대한 기여분은 영이다. 변 2와 4에 대한 기여분은 이들 변을 따라서 $\vec{\mathbf{B}}$가 $\Delta\ell$에 수직이므로 모두 영이다. 길이 L의 변 1은 이 변을 따르는 $\vec{\mathbf{B}}$가 균일하고 $\Delta\ell$에 평행이기 때문에 기여분은 BL이다. 따라서 닫힌 직사각형 경로에 대한 합은

$$\sum B_{\parallel}\,\Delta\ell = BL$$

이다. 앙페르의 법칙의 오른쪽 항은 선택된 경로로 둘러싸인 넓이를 통과하는 전체 전류를 나타낸다. 이 경우 직사각형 경로를 통과하는 전체 전류는 솔레노이드의 각 도선에 흐르는 전류와 감은 수를 곱한 것과 같다. 길이 L에 감은 전체 횟수가 N이라면 직사각형 경로를 통과하는 전체 전류는 NI가 된다. 그러므로 이 경로에 앙페르의 법칙을 적용하면,

$$\sum B_{\parallel}\,\Delta\ell = BL = \mu_0 NI$$

즉

$$B = \mu_0 \frac{N}{L} I = \mu_0 nI$$

가 된다. 여기서 $n = N/L$은 단위 길이당 감은 수이다.

19.10 자기 구역 Magnetic Domains

어떤 물질이 왜 강한 자기적 성질을 갖는지는 도선 코일에 흐르는 전류에 의해 만들어지는 자기장을 보면 알 수 있다. 그림 19.29a와 같이 단일 코일은 북극과 남극을 갖

는 자석과 동일한 성질을 가진다. 이는 도선이 아닌 임의의 원형 경로를 따라 움직이는 전하에 대해서도 성립한다. 특히, 핵 주위에 있는 전자의 운동 때문에 개별 원자는 자석처럼 행동한다. 1.6×10^{-19} C의 전하를 갖고 있는 전자는 10^{-16} s에 한 번꼴로 회전하는데, 전자의 전하를 시간 간격으로 나누면 궤도 운동을 하는 전자의 전류는 1.6×10^{-3} A이다. 이러한 전류는 원 궤도 중심에 20 T 정도의 자기장을 만들어 낸다. 만일 이러한 원자 자석들을 물질 내에 정렬시킬 수만 있다면, 매우 강한 자기장을 만들어 낼 수 있을 것이다. 그러나 이러한 일은 일어나지 않는다. 지금 설명한 간단한 모형으로 설명이 완전히 끝난 것이 아니기 때문이다. 원자의 구조를 면밀히 분석해 보면, 원자 내에 있는 한 개의 전자에 의해 생성되는 자기장은 보통 같은 원자 내에 있는 반대로 회전하는 전자에 의해 상쇄된다. 따라서 알짜 결과는 **핵 둘레를 따라 궤도 운동하는 전자에 의해 생성되는 자기적 효과는 대부분의 물질에서 매우 작거나 영이다.**

여러 물질에 대한 자기적인 성질은 전자의 궤도 운동으로 인한 회전 운동뿐만 아니라 팽이처럼 자신의 축을 중심으로 자전(spin)하는 성질로부터 설명된다(그림 19.36). (이런 고전적인 설명을 너무 문자 그대로 받아들여서는 안 된다. 왜냐하면 스핀에 대한 성질은 양자 역학적인 방법으로만 이해될 수 있으므로 여기서는 설명하지 않기로 한다.) 자전하는 전자란 자기장을 만들어 내는 운동을 하는 전하를 의미한다. 스핀으로 인한 자기장은 보통 궤도 운동으로 인한 자기장보다 강하다. 전자가 여러 개인 원자의 경우, 전자들은 대개 서로 반대인 스핀과 쌍을 이루고 있다. 그러므로 이러한 장들은 서로 상쇄된다. 대부분의 물질들이 자석이 아닌 이유가 바로 이 때문이다. 그러나 철, 코발트, 니켈과 같은 강한 자성 물질의 경우, 전자 스핀에 의해 생성되는 자기장이 완전히 상쇄되지 않는다. 이러한 물질을 **강자성**(ferromagnetic)이라 한다. 강자성 물질은 이웃한 원자들 사이에 강한 결합력이 있기 때문에 이들의 스핀을 같은 방향으로 정렬시킨다. 이처럼 많은 원자들의 스핀이 한 방향으로 정렬된 곳을 **구역**(domain)이라고 한다. 이러한 구역의 크기는 대략 10^{-4}~0.1 cm에 이르고, 자화되지 않은 물질에서 자기 구역들의 방향은 그림 19.37a와 같이 불규칙적이다. 외부 자기장이 걸리면 이미 자기장 방향으로 정렬된 구역들이 이웃 구역을 편입시키기 때문에, 구역의 크기를 넓혀나가는 경향이 있다(그림 19.37b와 19.37c). 따라서 물질이 자화되는 것이다.

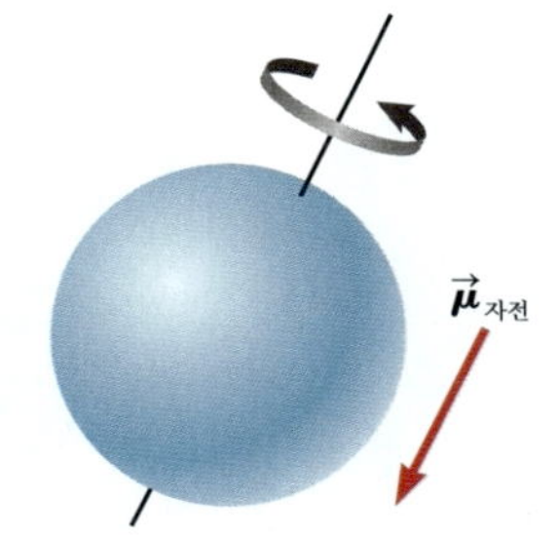

그림 19.36 자전하는 전자에 대한 고전적인 모형

Tip 19.4 전자는 자전하지 않는다.

자전이라는 용어가 사용되고 있지만, 실제로 전자가 물리적으로 자전하고 있는 것은 아니다. 전자는 마치 자전하고 있는 것처럼 고유의 각운동량을 갖고는 있지만, 스핀 각운동량의 개념은 실제로 상대론적인 양자 효과이다.

경자성 물질의 자기 구역의 정렬은 외부 자기장을 제거해도 유지된다. 그 결과가 **영구 자석**(permanent magnet)이다. 철과 같은 연자성 물질에서 외부 자기장이 제거되면 열적 요동이 자기 구역을 움직여서 신속하게 자화가 사라지게 된다.

자기 구역의 정렬은 그 중심에 철심을 삽입시켰을 때, 왜 전자석의 세기가 매우 강해지는지를 설명해 준다. 전류 고리에 의해 만들어지는 자기장이 자기 구역을 정렬시킴으로써 큰 알짜 외부 장을 일으킨다. 심으로서 철을 이용하는 것에는 또 다른 이유가 있는데, 이는 철이 연자성 물질이므로 코일에 흐르는 전류가 사라지면 즉시 자화가 사라지기 때문이다.

강자성 물질에 있어서 구역의 형성은 이러한 물질이 영구 자석에 왜 붙는가를 설명한다. 영구 자석의 자기장은 강자성 물체의 구역을 재정렬시켜 자화되게 한다. 그러면 자화된 물체의 극들은 영구 자석의 반대 극으로 끌린다. 그림 19.38에서 예를 든 것처

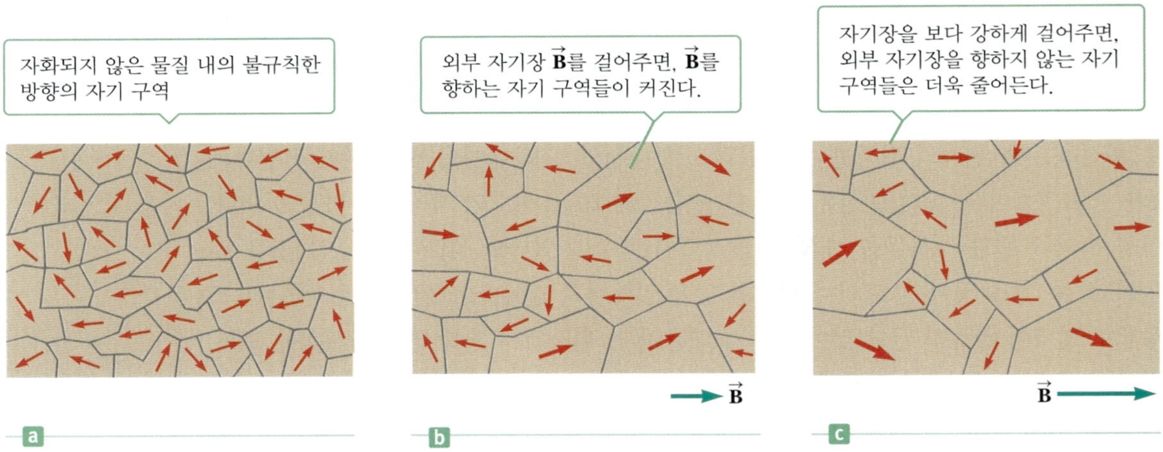

자화되지 않은 물질 내의 불규칙한 방향의 자기 구역

외부 자기장 $\vec{\mathbf{B}}$를 걸어주면, $\vec{\mathbf{B}}$를 향하는 자기 구역들이 커진다.

자기장을 보다 강하게 걸어주면, 외부 자기장을 향하지 않는 자기 구역들은 더욱 줄어든다.

a b $\vec{\mathbf{B}}$ c $\vec{\mathbf{B}}$

그림 19.37 강자성체에 자기장을 걸기 전과 후의 자기 쌍극자 배열

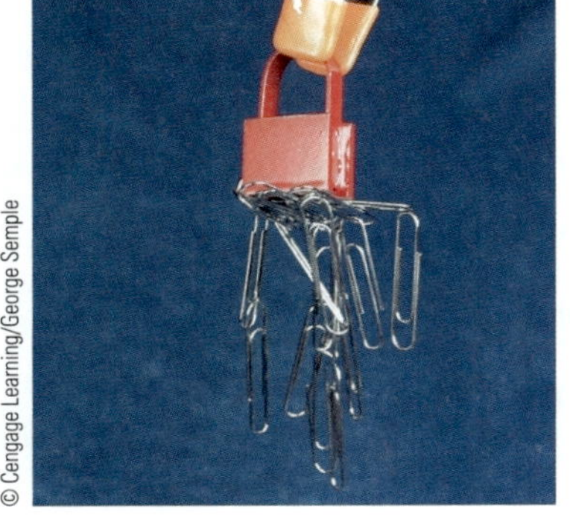

그림 19.38 영구 자석(빨간색)은 임시로 클립을 자화시킨다. 그 다음 자기력을 통해 서로를 달라붙게 한다.

럼 자화된 물체는 영구 자석과 유사하게 다른 강자성 물체를 끌어당긴다.

자성 물질의 종류

자성 물질은 외부에서 자기장을 가할 때 어떻게 반응하느냐에 따라 분류될 수 있다. **강자성**(ferromagnetic) **물질**에서는 외부에서 자기장이 가해지면 원자들이 쉽게 정렬되어 영구 자기 모멘트를 가진다. 강자성 물질의 예로는 철, 코발트, 니켈이 있다. 이러한 물질은 외부 자기장이 제거된 후에도 자화의 일부를 유지할 수 있다.

상자성(paramagnetic) **물질** 역시 외부에서 가해준 자기장에 대해 정렬되려는 자기 모멘트를 가지고 있지만 반응이 강자성 물질에 비해 매우 약하다. 상자성 물질의 예로는 알루미늄, 칼슘, 백금이 있다. 강자성 물질은 어떤 임계 온도(물질에 따라 값이 다름), 즉 퀴리 온도까지 열을 가하면 상자성체가 될 수 있다.

반자성(diamagnetic) **물질**은 외부에서 가해진 자기장에 대해 반대 방향의 약한 자화를 나타낸다. 통상 반자성 물질은 관찰되지 않는다. 왜냐하면 상자성과 강자성의 효과가 상대적으로 매우 강하기 때문이다. 그림 19.39에는 매우 큰 자기장이 개구리 몸 속의 반자성 물 분자에 힘을 가해 개구리가 공중으로 뜨게 하는 것이 나와 있다.

그림 19.39 반자성. 네덜란드의 니지메겐 고자장 연구소에서 16 T의 자기장을 가해 개구리를 공중으로 떠오르게 하고 있다. 부양력은 개구리 몸에 있는 반자성 물 분자에 가해진다. 개구리는 공중 부양 중 통증을 느끼지 않는다.

연습문제

19.3 자기장

1(1). 지구의 적도 부근에 전자 하나가 놓여 있다. 전자의 속도가 (a) 연직 아래로 향할 때, (b) 북쪽으로 향할 때, (c) 서쪽으로 향할 때, (d) 남동쪽으로 향할 때 전자는 어느 쪽으로 휘어지는가?

2(2). 그림 P19.2에 있는 네 가지 경우, 자기장으로 들어간 대전 입자는 처음에 어느 방향으로 휘는가?

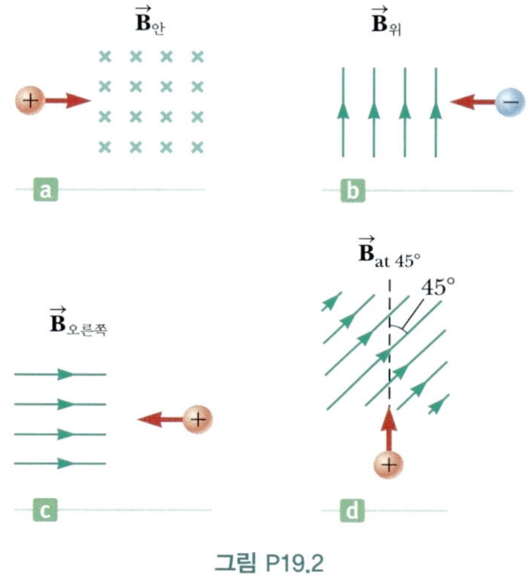

그림 P19.2

3(5). 양으로 대전된 입자가 자기장 내로 그림 P19.3과 같이 다양한 방향으로 입사하고 있고 이때 받는 힘의 크기를 그림에 표시하였다. 각각의 경우에서 자기장의 방향을 구하라.

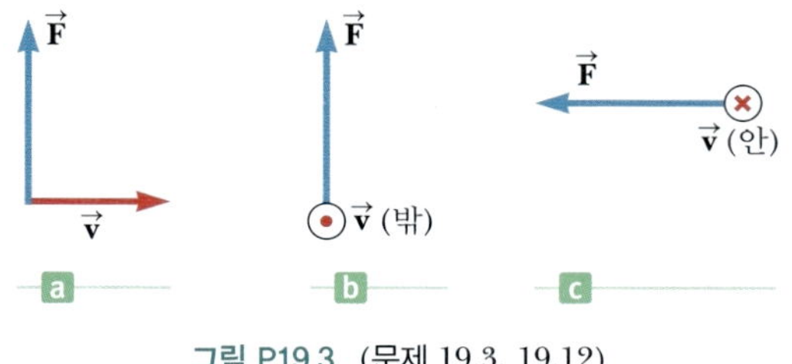

그림 P19.3 (문제 19.3, 19.12)

4(7). 4.00×10^6 m/s의 속력으로 1.70 T의 자기장 내에서 움직이는 양성자가 받는 자기력의 크기는 8.20×10^{-13} N이다. 양성자의 속도와 자기장의 방향 사이의 각은 얼마인가?

5(9). 전자와 양성자가 태양으로부터 지구를 향해 x 방향으로 4.00×10^5 m/s의 속력으로 날아오고 있다. 지구로부터 수천 마일 떨어진 곳에서 z 방향으로 향하는 3.00×10^{-8} T 크기의 지구 자기장의 영향을 받는다. 양성자에 작용하는 자기력의 (a) 크기와 (b) 방향을 구하라. 또한 전자에 작용하는 자기력의 (c) 크기와 (d) 방향을 구하라.

6(11). 어떤 실험실용 전자석의 자기장의 세기는 1.50 T이다. 양성자 한 개가 이 자기장 속을 6.00×10^6 m/s의 속력으로 통과한다. (a) 그 양성자에 작용할 수 있는 최대 자기력의 크기를 구하라. (b) 양성자의 최대 가속도는 얼마인가? (c) 같은 속력으로 그 장 속을 지나가는 전자에 대해서도 같은 자기력이 작용하겠는가? (d) 전자의 가속도도 양성자와 같겠는가? 설명해 보라.

19.4 자기장 내에서 대전 입자의 운동

7(13). 목성의 자기장이 미치는 공간은 태양의 자기장 영역보다 크고 그 안에 목성의 달인 이오(Io)의 화산에서 분출되는 이온화된 입자들이 있다. 목성의 자기장 속에 있는 황 이온(S^+) 하나의 질량은 5.32×10^{-26} kg이고 운동에너지는 75.0 eV이다. (a) 크기가 4.28×10^{-4} T인 목성의 자기장에 의해 그 이온에 작용하는 최대 자기력의 크기를 구하라. (b) 황 이온의 속도가 목성의 자기장과 수직이라고 가정하고 그 이온의 원형 경로의 반지름을 구하라.

8(15). 전자 한 개가 0.235 T의 자기장에 수직인 원형 경로로 운동하고 있다. 전자의 운동에너지가 3.30×10^{-19} J일 때 (a) 전자의 속력과 (b) 원형 경로의 반지름을 구하라.

9(17). 그림 P19.9와 같은 얼개를 가진 질량 분석기가 있다. 속도 선택기의 두 판 사이의 전기장은 9.50×10^2 V/m이고, 속

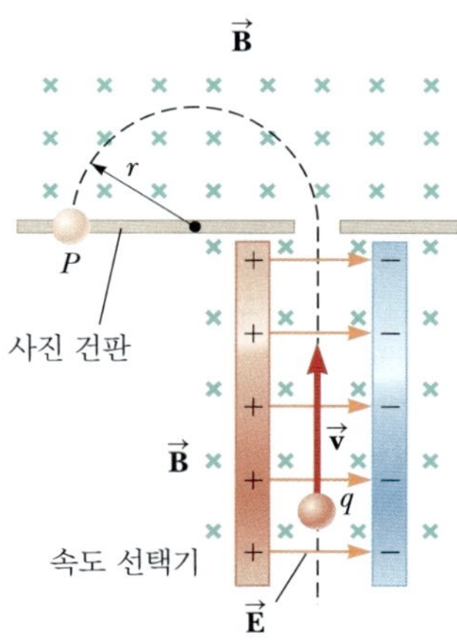

그림 P19.9 (문제 19.9, 19.10) 질량 분석기. 처음에 대전된 입자가 속도 선택기 안으로 들어간다. 그다음 자기장(종이면 속으로 들어가는 방향)인 영역으로 들어가면 양이온은 반원 경로를 따라 움직이게 되어 P에 있는 사진 건판에 닿는다.

도 선택기와 편향 장치 속의 자기장은 0.930 T이다. 질량이 $m = 2.18 \times 10^{-26}$ kg인 대전된 이온 한 개가 지나가는 원형 경로의 반지름을 계산하라.

10(19). 그림 P19.9와 같은 얼개를 가진 질량 분석기 속을 어떤 입자가 지나간다. 속도 선택기의 두 판 사이의 전기장은 8 250 V/m이고, 속도 선택기와 편향 장치 속의 자기장은 0.093 1 T이다. 편향 장치 속에서 그 입자는 가속 장치의 출구로부터 반원 경로를 지난 후 사진 건판상의 39.6 cm 떨어진 위치에 도달한다. (a) 그 입자의 질량 대 전하의 비는 얼마인가? (b) 만일 그 입자가 이중 이온화되어 있다면 질량은 얼마인가? (c) 원소라고 가정한다면 무슨 원소이겠는가?

11(21). 균일한 자기장 B의 영역 경계에서 양성자 한 개가 정지해 있다(그림 P19.11). 수평 방향으로 움직이는 알파입자가 그 양성자와 정면 탄성 충돌을 한다. 충돌 직후, 두 입자는 자기장 방향에 수직하게 자기장 영역 속으로 들어간다. 양성자 궤적의 반지름은 R이다. 알파입자의 질량은 양성자의 4배이며 전하는 2배이다. 알파입자 궤적의 반지름을 구하라.

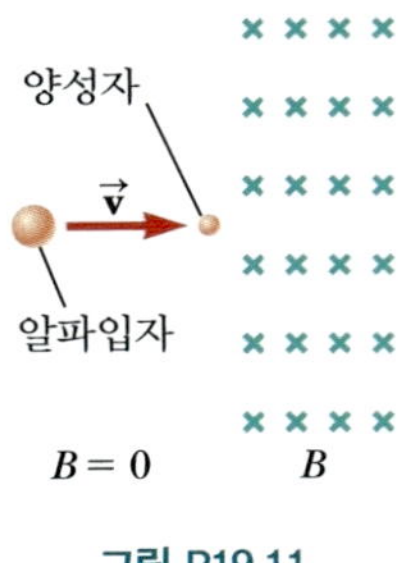

그림 P19.11

19.5 전류가 흐르는 도체에 작용하는 자기력

12(23). 그림 P19.3에 그려진 각각의 속도 벡터를 속도 벡터의 방향으로 전류가 흐르는 도선으로 바꾸어 놓는다고 하자. 각 경우, 그림에 나타난 방향과 같은 자기력이 생기게 하는 자기장의 방향을 구하라.

13(25). 10.0 A의 전류가 흐르는 도선이 0.300 T의 자기장 방향과 이루는 각이 30.0°이다. 길이가 5.00 m인 그 도선에 작용하는 자기력을 구하라.

14(27). 도선에 $I = 15$ A의 전류가 $+x$축 방향을 따라 자기장에 수직으로 흐른다. 이때 도선은 $-y$축 방향으로 단위 길이당 0.12 N/m의 자기력을 받고 있다. 전류가 흐르는 영역에서 자기장의 크기와 방향을 구하라.

15(29). 단위 길이당 질량이 1.00 g/cm인 도선이 마찰 계수가 0.200인 수평면 위에 놓여 있다. 이 도선에 동쪽으로 1.50 A의 전류를 흘려주었더니 수평면에서 북쪽으로 움직였다. 이와 같은 운동을 일으키는 데 필요한 평면에 수직인 자기장의 최소 크기와 방향을 구하라.

16(31). 그림 P19.16과 같이 각 변의 길이가 40.0 cm인 정육면체에 $I = 5.00$ A의 전류가 흐르는 네 개의 도선이 폐회로 ab, bc, cd, da를 구성하고 있다. 여기에 $+y$축 방향으로 $B = 0.020\ 0$ T인 자기장이 가해지고 있다. 각 도선에 작용하는 자기력의 크기와 방향을 구하라.

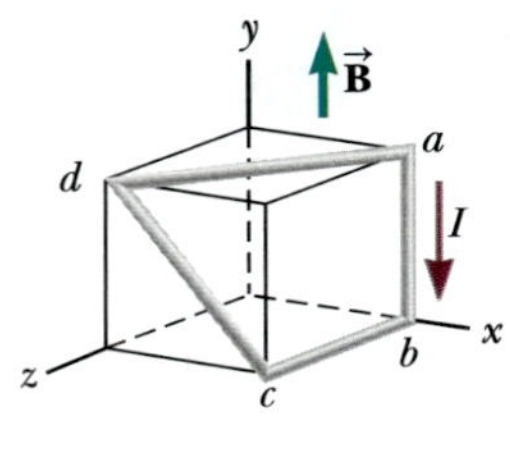

그림 P19.16

17(33). 그림 P19.17과 같은 연직 방향의 가느다란 두 도체 사이에 길이 15 cm의 연직 방향으로 자유롭게 움직일 수 있는 질량 15 g의 도선이 놓여 있고 일정한 자기장이 종이면에 수직으로 작용한다. 그림과 같이 5.0 A의 전류가 흐를 때, 이 도선은 중력하에 등속도로 윗방향으로 움직인다. (a) 수평 도선에는 어떤 힘이 작용하고 있으며 윗방향의 등속도로 움직이게 하는 조건은 무엇인가? (b) 이 도선이 일정한 속력으로 움직이는 데 필요한 자기장의 최소 크기와 방향은 무엇인가? (c) 만일 자기장이 최솟값보다 커지면 어떻게 되는가? (가로 방향의 도선은 두 세로 방향 도체 위에서 마찰 없이 미끄러진다.)

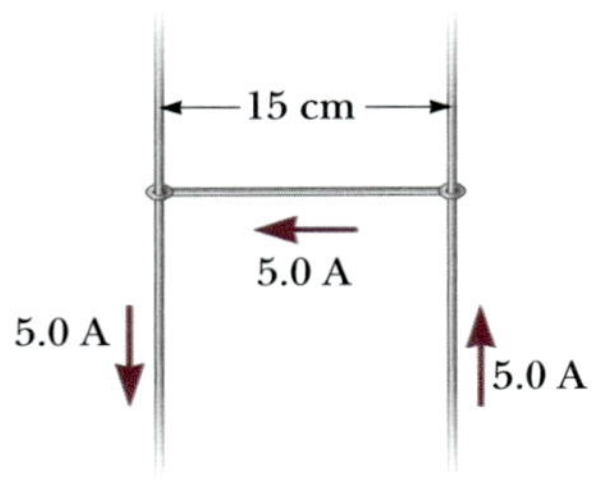

그림 P19.17

19.6 자기 토크

18(35). 지름이 10.0 cm인 원형으로 감긴 도선이 3.00 mT의 균일한 자기장 속에 놓여 있다. 도선에 흐르는 전류는 5.00 A이다. 그 원형 도선에 작용하는 최대 토크를 구하라.

19(37). 장축이 40.0 cm, 단축이 30.0 cm인 타원 모양으로 8번 감긴 코일이 그림 P19.19와 같이 종이면에 놓여 있다. 이 코일에는 시계 방향으로 6.00 A의 전류가 흐른다. 이 코일에 2.00×10^{-4} T의 균일한 자기장이 종이면상에서 왼쪽으로 가해지면 이 코일에 작용하는 토크의 크기는 얼마인가? 타원의 넓이는 $A = \pi ab$이다. (a와 b는 각각 타원의 장축과 단축 길이의 절반이다.)

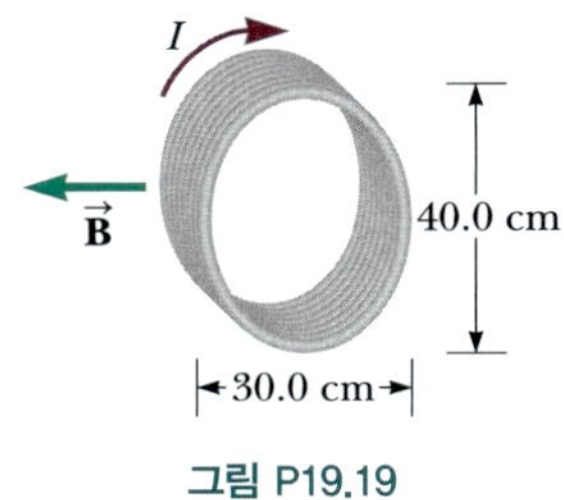

그림 P19.19

20(39). 6번 감은 원형 코일의 중심이 xy평면상의 원점에 놓여 있다. 코일의 반지름은 $r = 0.200$ m이고 전류는 반시계 방향으로 $I = 1.60$ A가 흐른다(그림 P19.20). (a) 코일의 자기 모멘트의 크기를 구하라. (b) 0.200 T의 자기장에 의해 코일에 작용하는 자기 토크의 크기를 계산하라. 자기장은 $+z$ 방향과 $\theta = 60.0°$의 방향으로 향하고 있으며 xz 평면상에 놓여 있다.

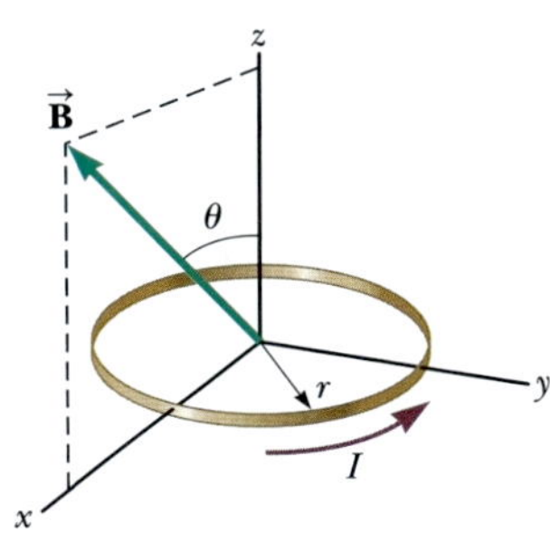

그림 P19.20

21(41). 질량이 0.100 kg이고 길이가 4.00 m인 긴 도선을 이용하여 한 변의 길이가 0.100 m인 정사각형 코일을 만들었다. 이 코일이 수평인 한 변을 회전축으로 하여 회전할 수 있게 고정시킨 다음, 3.40 A의 전류를 흘리면서 크기 0.010 0 T인 수직 자기장 내에 놓았다. (a) 코일이 평형 상태에 있을 때 코일 면이 수직 방향과 이루는 각을 구하라. (b) 평형 상태에서 자기력에 의해 코일에 가해지는 토크를 구하라.

19.7 앙페르의 법칙

22(43). 심장 박동기는 1.7 mT 정도의 아주 작은 자기장에 의해서도 영향을 받을 수 있다. 이러한 심장 박동기를 가지고 있는 사람은 20 A의 전류가 흐르는 직선 도선에 얼마나 가까이 갈 수 있는가?

23(45). 번개는 매우 짧은 시간 동안 1.00×10^4 A의 전류를 나른다. 이 번개로부터 1.00×10^2 m 떨어진 지점에서의 자기장을 구하라. 번개는 관측점 위, 아래로 아주 멀리 뻗어 있다고 가정한다.

24(47). 그림 P19.24와 같이 네 개의 긴 평행 도선 각각에 $I =$ 5.00 A의 전류가 흐른다. 전류의 방향은 A, B(⊗로 표시)에서는 종이면 속으로 들어가는 방향, C, D(⊙으로 표시)에서는 나오는 방향이다. 변의 길이가 0.200 m인 정사각형의 중심 P에서 자기장의 크기와 방향을 구하라.

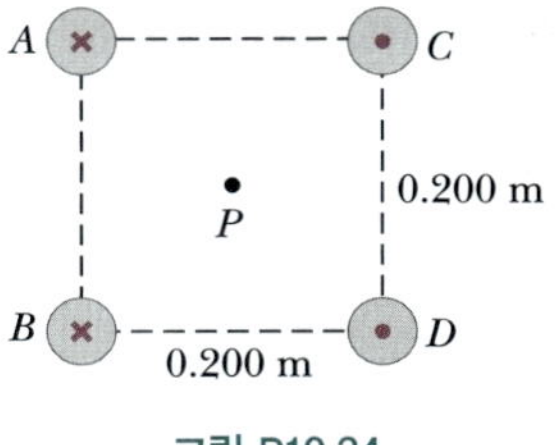

그림 P19.24

25(49). 우리 몸 속의 뉴런에는 매우 약한 전류가 흐르고 있는데 그 전류에 의한 자기장은 검출이 가능하다. 그러한 자기장 검출 기술을 자기뇌파검사법(*Magnetoencephalography*, MEG)이라고 하는데 뇌 속의 전기 활성도를 연구하는 데 사용된다. 이 기술은 1.0×10^{-15} T 정도의 아주 약한 자기장을 검출할 수 있다. 뉴런을 전류가 흐르는 도선으로 간주하고 도선에 흐르는 전류가 뉴런으로부터 4.00 cm 떨어진 곳에서 그러한 크기의 자기장을 만든다고 할 때 그 전류의 크기를 구하라.

26(51). 2.00 A의 전류가 흐르는 긴 직선 도선으로부터 40.0 cm 떨어진 곳에서의 자기장이 1.00 μT이다. (a) 자기장이 0.100 μT가 되는 곳까지의 거리는 얼마인가? (b) 어느 순간 집 안에 있는 두 줄의 전원 선에 2.00 A의 전류가 반대 방향으로 흐른다. 두 선 사이의 거리는 3.00 mm이다. 두 선이 이루는 평면의 중심에서 40.0 cm 위 되는 곳에서 자기장을 구하라. (c) 자기장이 1/10이 되는 곳까지의 거리는 얼마인가? (d) 동축 케이블의 중심 도선에 2.00 A의 전류가 흐르고 외피 도선에 2.00 A의 전류가 반대 방향으로 흐른다면 동축 케이블 외부에서의 자기장의 크기는 얼마인가?

27(53). 그림 P19.27과 같이 x축을 따라 전류 7.00 A가 흐르는 도선이 있고, y축을 따라 전류 6.00 A가 흐르는 도선이 있다. $x = 4.00$ m, $y = 3.00$ m인 지점 P에서의 자기장은 얼마인가?

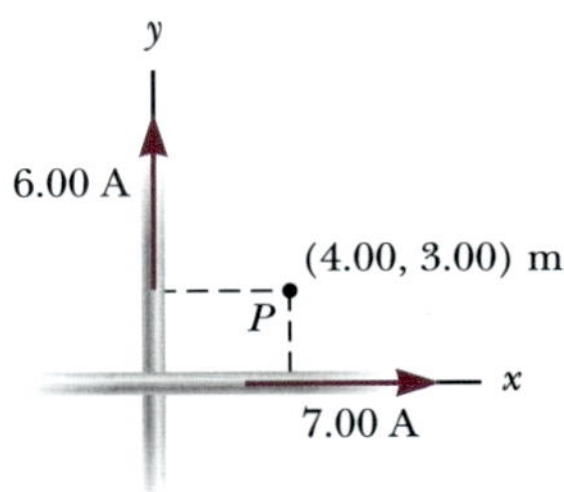

그림 P19.27

19.8 평행한 두 도선 사이의 자기력

28(55). 단위 길이당 무게가 0.080 N/m인 도선이 다른 도선 바로 위에 떠 있다. 위 도선에 30.0 A의 전류가 흐르고, 아래 도선에 60.0 A의 전류가 흐르고 있다. 위 도선이 떨어지지 않고 자기 반발력에 의해 한 곳에 고정되어 있기 위한 두 도선 사이의 거리를 구하라.

29(57). 두 개의 길고 평행한 도선이 2.50 cm 떨어져 있다. 두 도선의 전류는 서로 반대 방향으로 흐르며 한 도선에는 1.25 A, 다른 도선에는 3.50 A의 전류가 흐른다. (a) 한 도선이 다른 도선에 작용하는 단위 길이당 자기력을 구하라. (b) 그 힘은 인력인가, 반발력인가?

19.9 전류 고리와 솔레노이드의 자기장

30(59). 0.400 m의 길이에 균일하게 1.00×10^3번 감긴 긴 솔레노이드 내부 중심에서의 자기장이 1.00×10^{-4} T이다. 솔레노이드 코일에 흐르는 전류는 얼마인가?

31(61). 솔레노이드 내부에서 전자 한 개가 반지름이 2.0 cm인 원형 경로로 1.0×10^4 m/s의 속력으로 돌고 있다. 전자의 원운동 경로면은 솔레노이드 자기장의 방향과 수직하다. (a) 솔레노이드 내부의 자기장의 세기와 (b) 솔레노이드가 cm당 25회 감긴 것일 때 솔레노이드에 흐르는 전류를 구하라.

32(63). 전류 4.00 A가 흐를 때 저항이 5.00 Ω이고(20°C에서) 중심에서의 자기장이 4.00×10^{-2} T가 되는 솔레노이드를 만들고자 한다. 사용되는 도선은 지름 0.500 mm의 구리 도선이다. 솔레노이드의 반지름이 1.00 cm일 때 (a) 감아야 할 횟수와 (b) 솔레노이드의 길이를 구하라.

종합문제

33(65). 그림 P19.33과 같이 두 개의 길고 곧은 도선이 직각으로 교차해 있다. (a) 두 전선과 같은 평면에 있는 점 P에서 자기장의 방향과 크기를 구하라. (b) 교차점에서 30.0 cm 위(페이지에서 위로 30.0 cm)에서 자기장을 구하라.

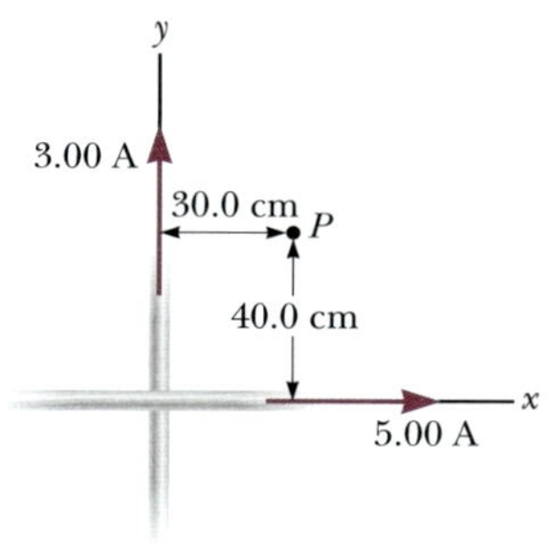

그림 P19.33

34(67). 같은 평면에 있으면서 동심원인 두 개의 원형 도선 고리에 그림 P19.34와 같이 반대 방향으로 $I_1 = 5.00$ A 및 $I_2 = 3.00$ A의 전류가 흐른다. (a) $r_1 = 12.0$ cm이고 $r_2 = 9.00$ cm일 때, 두 고리 중심에서 알짜 자기장의 (a) 크기와 (b) 방향을 구하라. (c) r_1을 12.0 cm로 고정하고 r_2를 변수로 두었을 때 고리 중심에서 알짜 자기장이 0이 되는 r_2의 값을 구하라.

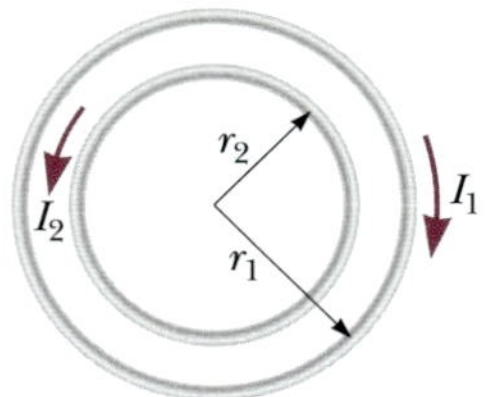

그림 P19.34

35(69). 심장외과 의사는 전자기 유량계(그림 P19.35)를 사용하여 동맥을 통과하는 혈액의 유속을 모니터링한다. 전극 A와 B는 내경이 3.00 mm인 혈관의 외부 표면에 접촉해 있다. (a) 자기장의 크기가 0.040 0 T일 때, 두 전극 사이에는 160 μV의 전위차가 발생한다. 혈액의 속도를 계산하라. (b) 그림과 같이 전극 A가 양전하인지 확인하라. 기전력의 부호는 혈액 내 이동 이온이 주로 양전하를 띠는지 음전하를 띠는지에 따라 달라지는가? 설명하라.

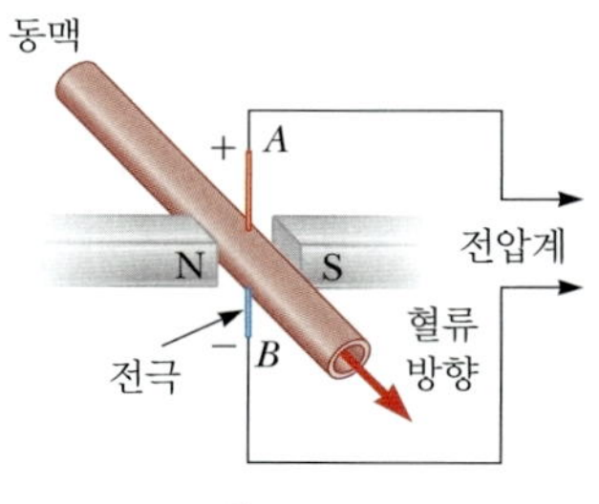

그림 P19.35

36(71). 알짜 전하량이 $Q = 5.00$ μC인 1.00 kg의 공을 창문 밖으로 수평으로 $v = 20.0$ m/s의 속력으로 던졌다. 창문은 지면으로부터 $h = 20.0$ m 높이에 있다. 크기 $B = 0.010\ 0$ T의 균일한 수평 자기장은 공의 궤적 평면에 수직으로 향한다. 공이 땅에 닿기 직전에 공에 작용하는 자기력의 크기를 구하라. 힌트: 공의 최종 속도를 구할 때 자기력은 무시하라.

37(73). 운동에너지가 5.00 MeV인 양성자가 $+x$ 방향으로 움직이며, 0.050 0 T의 z 방향을 향하는 자기장에 진입한다. 이 자기장은 종이면 위로 향하며 그 범위는 $x = 0$에서 $x = 1.00$ m까지이다(그림 P19.37). (a) 양성자가 자기장을 벗어날 때 양성자 운동량의 y성분을 계산하라. (b) 양성자 빔의 초기 속도 벡터와 빔이 자기장에서 나온 후의 속도 벡터 사이의 각도 α

를 구하라. **힌트:** 상대론적 효과는 무시하고 $1\ \text{eV} = 1.60 \times 10^{-19}\ \text{J}$ 임을 참고하라.

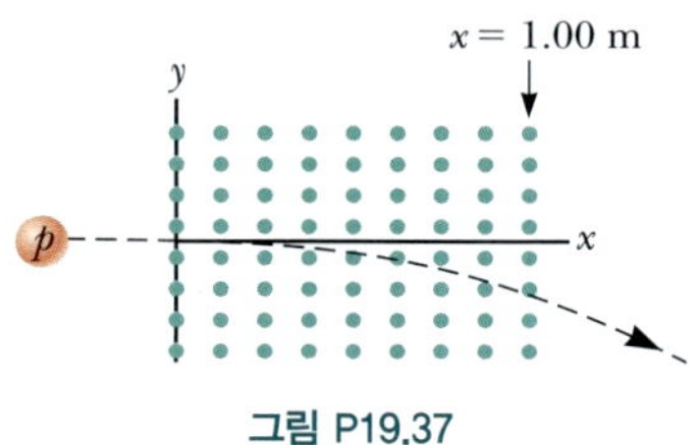

그림 P19.37

38(75). 세 개의 길고 평행한 도선에 $I = 2.0\ \text{A}$의 전류가 흐른다. 그림 P19.38은 각 도선의 단면을 나타낸 것으로, 각 전류는 종이면 위로 나온다. $a = 1.0\ \text{cm}$일 때, A, B, C 지점에서 자기장의 크기와 방향을 구하라.

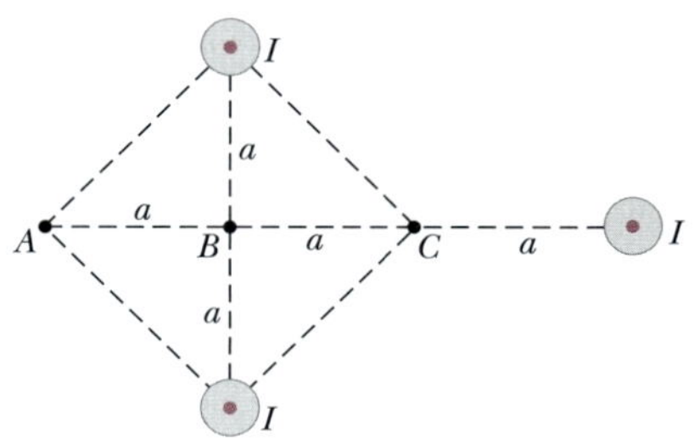

그림 P19.38

유도 전압과 인덕턴스

Induced Voltages and Inductance

CHAPTER 20

외르스테드(Hans Christian Oersted)는 1819년에 전류가 흐르는 도선 주위의 나침반이 힘을 받는다는 사실을 발견하였다. 이미 그 이전에도 전기와 자기 사이에 어떠한 관계가 있음을 추측했지만, 그 관계를 최초로 밝힌 사람이 바로 외르스테드였다. 자연은 일반적으로 대칭성을 가진다고 할 수 있으므로, 전류가 자기장을 생성한다는 사실로부터 과학자들은 반대로 자기장이 전류를 생성할 수 있을지에 대한 의문을 갖게 되었다. 실제로 영국의 패러데이(Michael Faraday)와 미국의 헨리(Joseph Henry)가 1831년에 각각 독립적으로 수행한 실험에서 시간에 따라 변하는 자기장은 회로에 전기를 유도할 수 있음을 보여 주었다. 이 실험 결과에서 패러데이의 법칙이라는 아주 기본적이고 중요한 법칙이 발견되었다. 이 장에서는 패러데이의 법칙과 이를 이용한 몇 가지 실질적인 응용에 대해서 설명하고자 하며, 그중 하나는 전 세계에 있는 발전 시설에서 생산되는 전기에너지에 대한 것이다.

20.1 유도 기전력과 자기선속 Induced emf and Magnetic Flux

패러데이에 의해 처음으로 수행된 실험으로, 자기장의 변화가 전기를 만들 수 있다는 것을 이 장에서 설명하려고 한다. 그림 20.1과 같은 실험 장치에서 스위치와 배터리에 연결된 코일을 일차 코일이라 하며 그에 해당하는 회로를 일차 회로라고 한다. 코일을 통하여 흐르는 전류에 의해 생성된 자기장의 세기를 크게 하기 위하여 이 코일은 철심을 둘러싸고 있다. 철심을 둘러싸고 검류계에 연결된 오른쪽의 코일을 이차 코일이라 하며, 그에 해당하는 회로를 이차 회로라고 한다. **이차 회로에는 전원이 연결되어 있지 않다.**

패러데이

Michael Faraday, 1791~1867

영국의 물리학자 겸 화학자

패러데이는 1800년대의 가장 위대한 실험 과학자로 인정받는다. 전자기 유도 법칙, 전기 분해 법칙의 발견뿐만 아니라 전동기, 발전기, 변압기의 발명 등 전기 분야의 연구에 지대한 공헌을 하였다. 그는 종교에 깊이 심취하였기 때문에, 영국 정부의 군용 독가스 개발에 참여를 거부하였다.

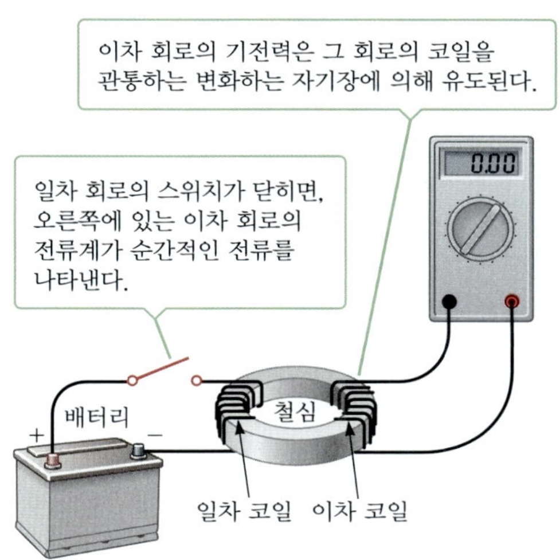

그림 20.1 패러데이의 실험

언뜻 보기에는 이차 회로에 어떤 전류도 검출되지 않을 것처럼 보인다. 그렇지만 그림 20.1에서 일차 회로의 스위치를 갑자기 닫거나 열면 놀랄 만한 현상이 나타난다. 스위치를 닫으면, 즉시 검류계의 바늘이 한쪽 방향으로 치우쳤다가 제자리로 돌아온다. 스위치를 다시 열면, 이번에는 바늘이 반대 방향으로 치우쳤다가 다시 제자리로 돌아온다. 마지막으로 일차 회로에 정상 전류가 흐르면, 바늘은 영을 가리킨다.

이러한 관찰로부터, 패러데이는 자기장의 변화에 의하여 전류가 생성될 수 있다고 결론지었다(코일이 움직이지 않는 한 일정한 자기장은 전류를 만들 수 없다). 이차 회로에 생성된 전류는 이차 코일을 통과하는 자기장이 변하는 동안에만 나타난다. 실제로 이차 회로는 짧은 시간 동안만 기전력원에 연결된 것처럼 작용하며, **유도 기전력은 자기장의 변화에 의하여 이차 회로에 생성된다.**

자기선속

유도 기전력의 크기를 계산하기 위해서는 무엇보다도 어떤 요소가 이 현상에 영향을 주는지를 명확하게 알아야 한다. 비록 자기장의 변화가 항상 전기장을 유도하지만, 자기장이 일정한 상태에서도 유도 기전력이 생성될 수 있다. 가장 좋은 예는 발전기이다. 일정한 자기장 내에서 전선이 감긴 도선 고리를 회전시키면 전류가 발생한다.

전기장을 유도하는 자기와 관련된 물리량은 **자기선속의 변화**이다. 자기선속은 전기선속과 비슷한 방법으로 정의되고(15.8절), 도선 고리의 넓이와 고리를 관통하는 자기장의 세기에 비례한다.

자기선속 ▶

넓이가 A인 고리를 통과하는 **자기선속**(magnetic flux) $\mathbf{\Phi}_B$를 다음과 같이 정의한다.

$$\Phi_B \equiv B_\perp A = BA\cos\theta \qquad [20.1]$$

여기서 $B_\perp$는 그림 20.2a에 보인 것처럼 고리 면에 수직인 $\vec{\mathbf{B}}$의 성분이고, θ는 $\vec{\mathbf{B}}$와 고리 면의 법선(직교하는) 방향 사이의 각도이다.

SI 단위: 웨버(Wb)

주어진 평면에 직교하는 방향은 항상 두 가지가 있다. 예를 들어, 그림 20.2에서 오른

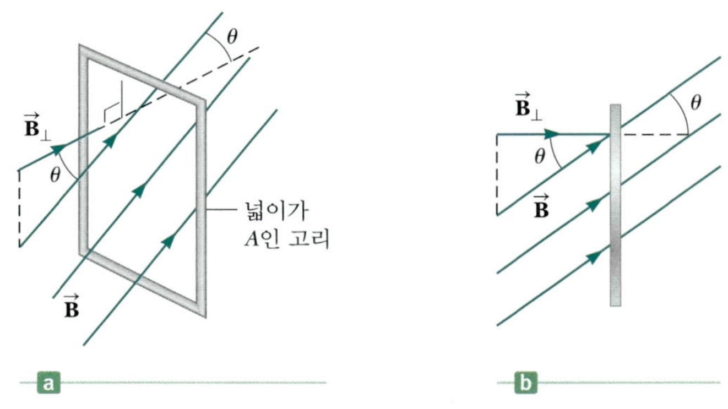

그림 20.2 (a) 균일한 자기장 $\vec{\mathbf{B}}$가 넓이가 A인 도선 고리 면의 법선 방향과 θ의 각을 이룬다. (b) 옆에서 본 고리의 모습

쪽을 향하는 방향을 자기선속이 양이 되게 선택할 수 있다. 직교하는 방향을 왼쪽으로 선택한다면 같은 크기의 음의 선속이 될 것이다. 그러한 직교하는 방향의 선택을 면의 방향이라고 한다. 주어진 문제에서 한 번 선택하고 나면, 그 방향을 계속 일관성 있게 사용하면 된다. 가장 좋은 기본적인 선택은 자기장과 면의 법선 방향이 90° 이내가 되게 첫 번째 각을 선택하는 것이 좋다.

식 20.1로부터 $B_\perp = B\cos\theta$이다. 자기선속은 고리 면에 수직인 $\vec{\mathbf{B}}$의 크기에 고리의 넓이를 곱한 것이 된다. 그림 20.2b는 고리의 측면을 나타낸 것으로서, 고리를 통과하는 자기장선을 보여 주고 있다. 그림 20.3a에서 볼 수 있듯이 자기장이 고리 면과 수직이면 $\theta = 0$이고 Φ_B는 최댓값 $\Phi_{B,\text{최대}} = BA$가 된다. 만약 고리 면이 자기장 $\vec{\mathbf{B}}$와 평행하게 되면, 그림 20.3b와 같이 $\theta = 90°$이고 $\Phi_B = 0$이 된다. 자기선속은 음의 값을 가질 수 있다. 예를 들어, $\theta = 180°$이면 선속은 $-BA$이다. B의 SI 단위가 테슬라(T) 또는 웨버/제곱미터(Wb/m^2)이므로, 자기선속의 단위는 테슬라 · 제곱미터($\text{T}\cdot\text{m}^2$) 또는 웨버(Wb)이다.

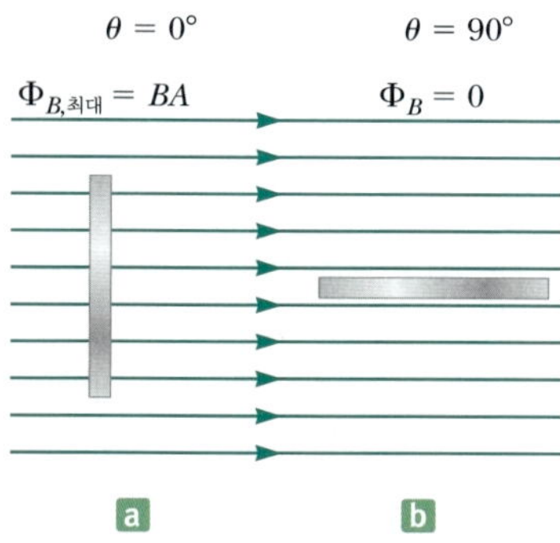

그림 20.3 균일한 자기장 내에 있는 고리를 옆에서 볼 때, (a) 자기장선이 고리의 면과 수직일 때, 고리를 통과하는 자기선속은 최대가 되며 $\Phi_B = BA$이다. (b) 자기장선이 고리 면과 평행일 때, 고리를 통과하는 자기선속은 영이다.

그림 20.3에서와 같이 자기장선을 그려 보면 식 20.1의 중요성을 이해할 수 있다. 자기장의 세기가 증가할수록 단위 넓이당 선의 수가 증가한다. **자기선속의 값은 고리를 통과하는 자기장선의 전체 수에 비례한다.** 따라서 그림 20.3a와 같이 고리 면이 자기장과 수직일 때, 대부분의 자기장선은 고리를 통과하고 선속은 최댓값을 가진다. 그림 20.3b와 같이 면과 자기장이 평행일 때에는 자기장선은 고리를 통과하지 못하며 $\Phi_B = 0$이 된다.

예제 20.1 자기선속

목표 자기선속과 선속의 변화를 계산한다.

문제 반지름이 0.250 m인 원형 도선이 $+z$ 방향으로 향하고 있는 크기가 0.360 T인 자기장 속의 xy 평면에 놓여 있다. **(a)** 그 원형 도선을 통과하는 자기선속을 계산하라. **(b)** 그 원형 도선이 x축을 중심으로 시계 방향으로 회전하여 원형 도선의 면과 수직인 방향이 z축과 45.0°를 이룬다. 이때 그 원형 도선을 관통하는 자기선속을 구하라. **(c)** 원형 도선이 회전함으로 인한 자기선속의 변화는 얼마인가?

전략 우선 면적을 계산한 후, 그 값을 자기선속의 식에 대입하라. 원형 도선면의 법선 방향이 자기장의 방향과 같으므로 처음의 법선 방향과 자기장 방향과의 각은 0°이다. 회전을 한 다음은 그 각이 45.0°이다.

풀이

(a) 원형 도선을 통과하는 처음 자기선속을 계산한다.

우선, 원형 도선의 면적을 계산한다.

$$A = \pi r^2 = \pi(0.250\text{ m})^2 = 0.196\text{ m}^2$$

A, B, $\theta = 0°$를 식 20.1에 대입하여 처음 자기선속을 구한다.

$$\Phi_B = AB\cos\theta = (0.196\text{ m}^2)(0.360\text{ T})\cos(0°)$$
$$= 0.070\,6\text{ T}\cdot\text{m}^2 = \boxed{0.070\,6\text{ Wb}}$$

(b) x축을 중심으로 45.0° 회전한 후 원형 도선을 통과하는 자기선속을 계산한다.

이번에는 $\theta = 45.0°$로 하여 **(a)**에서와 같이 대입하여 계산한다.

$$\Phi_B = AB\cos\theta = (0.196\text{ m}^2)(0.360\text{ T})\cos(45.0°)$$
$$= 0.049\,9\text{ T}\cdot\text{m}^2 = \boxed{0.049\,9\text{ Wb}}$$

(c) 원형 도선의 회전으로 인한 자기선속의 변화를 구한다.

(b)의 결과에서 **(a)**의 결과를 뺀다.

$$\Delta\Phi_B = 0.049\,9\text{ Wb} - 0.070\,6\text{ Wb} = \boxed{-0\,020\,7\text{ Wb}}$$

참고 자기장은 변하지 않고 원형 도선만 회전시켜도 원형 도선에 닿는 자기선속을 변하게 할 수 있다. 이러한 자기선속의 변화를 일으키는 것이 전동기나 발전기의 동작 원리이다.

20.2 패러데이의 유도 법칙과 렌츠의 법칙
Faraday's Law of Induction and Lenz's Law

Tip 20.1 유도 전류는 자기선속이 변할 때 나타난다.

자기선속이 고리를 통과하는 것만으로는 유도 기전력이 발생하지 않는다. 시간 Δt 동안 자기선속의 변화가 있을 때 기전력이 유도된다.

자기선속의 개념은 전자기 유도의 기본 개념을 보여 주는 또 하나의 간단한 실험에서 잘 나타난다.

20.2.1 패러데이의 법칙 Faraday's Law

그림 20.4와 같이 검류계에 연결된 도선 고리를 생각해 보자. 자석을 고리에 접근시키면, 검류계의 전류는 그림 20.4a와 같이 한쪽 방향으로 흐르고 있음을 나타낸다. 자석을 그림 20.4b와 같이 움직이지 않으면 전류는 영이다. 자석을 고리에서 멀어지게 하면, 전류계는 그림 20.4c와 같이 반대 방향으로 흐름을 나타낸다. 또한 자석을 고정시키고 고리를 자석에 가까이 하거나 멀어지게 하는 경우 역시 전류계는 전류가 흐름을 나타낸다. 이러한 관찰로부터 다음과 같은 결론을 내릴 수 있다. **자석과 고리 사이에 상대적인 운동이 있으면 회로에는 전류가 발생한다.** 고리가 움직이든 자석이 움직이든 간에 결과는 같다. 이 전류는 **유도 기전력**(induced emf)에 의해 발생되었다고 해서, 이 전류를 **유도 전류**(induced current)라고 한다.

이 실험은 20.1절에서 논의한 패러데이의 실험과 비슷하다. 각 경우 회로를 통과하는 자기선속이 시간에 따라 변할 때, 회로에 기전력이 유도되었다. 회로에 유도되는 순간 기전력의 크기는 회로를 관통하는 자기선속의 시간에 대한 변화율의 음의 크기와 같음을 알 수 있다. 이를 **패러데이의 자기 유도 법칙**(Faraday's law of induction)이라 한다.

패러데이의 법칙 ▶

회로에 고리가 N번 감겨 있고 각 고리를 통과하는 자기선속이 시간 Δt 동안에 $\Delta\Phi_B$만큼 변하면, 이 시간 동안 회로에 유도된 평균 기전력은 다음과 같다.

$$\boldsymbol{\mathcal{E}} = -N\frac{\Delta\Phi_B}{\Delta t} \qquad [20.2]$$

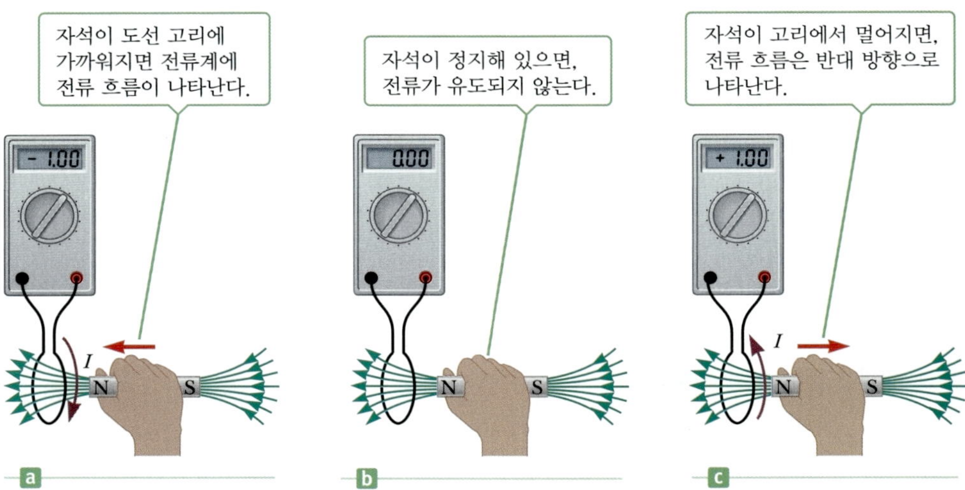

그림 20.4 간단한 실험으로 자석이 도선 고리에 가까워지거나 멀어질 때 전류가 유도되는 모습을 관찰할 수 있다.

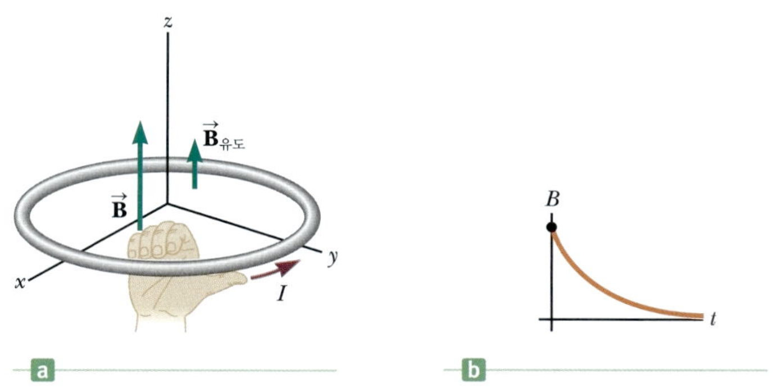

그림 20.5 (a) 자기장 $\vec{\mathbf{B}}$는 시간이 지남에 따라 선속이 감소하면서 작아지며, 따라서 전류는 자기선속의 변화에 반대하는 방향으로 유도 자기장 $\vec{\mathbf{B}}_{유도}$를 형성한다. (b) 시간의 함수로 나타낸 자기장의 크기 그래프

$\Phi_B = BA\cos\theta$이므로 시간에 대해 B, A 혹은 θ의 변화는 기전력을 생성한다. 이후 절들에서 이들 각각의 변화에 의한 효과에 대해 공부할 것이다. 식 20.2에서 음의 부호는 유도 기전력의 극성을 나타내며, **렌츠의 법칙**(Lenz's law)으로부터 이해할 수 있다.

> 유도 기전력에 의한 전류는 회로를 관통하는 처음 선속의 변화에 반대하는 선속이 만들어지는 방향으로 자기장이 유도되도록 흐른다.

Tip 20.2 두 가지 종류의 자기장을 고려해야 한다.

렌츠의 법칙의 적용에 있어 도체 고리를 통과하는 자기장은 두 가지 종류가 있다. 첫 번째는 도체 고리에 유도 전류를 발생시키는 외부 자기장이고, 두 번째는 고리에 유도된 전류에 의해 발생되는 자기장이다.

렌츠의 법칙에 의하면 고리를 관통하는 자기선속이 만약 양의 방향으로 증가하면 유도 기전력은 음의 방향의 자기 선속이 발생하도록 전류를 생성시킨다. 때때로 유도 전류에 의해 형성된 역자기장 $\vec{\mathbf{B}}_{유도}$는 항상 인가 자기장 $\vec{\mathbf{B}}$와 반대 방향을 향한다고 생각하지만, 항상 그렇지는 않다. 그림 20.5a는 고리를 관통하는 자기장을, 그림 20.5b는 시간에 따라 자기장 $\vec{\mathbf{B}}$의 크기가 줄어드는 것을 보여 주고 있다. 이는 $\vec{\mathbf{B}}$의 선속이 시간에 따라 감소하므로 유도 자기장 $\vec{\mathbf{B}}_{유도}$는 실제로 $\vec{\mathbf{B}}$와 같은 방향이 될 것이다. 사실상 $\vec{\mathbf{B}}_{유도}$는 고리를 관통한 자기장 $\vec{\mathbf{B}}$의 감소를 늦추어 주는 버팀목 역할을 한다.

그림 20.5a에서 전류의 방향은 오른손 법칙 2로 결정할 수 있다. 오른손 네 손가락의 방향이 유도 자기장 유도 $\vec{\mathbf{B}}_{유도}$의 방향이 되도록 엄지 방향을 결정한다. 이 경우 엄지가 가리키는 방향이 반시계 방향이고 이 방향이 곧 전류의 방향이 된다. 다른 손가락들은 고리의 바깥쪽에서는 아랫방향이지만 고리의 **내부에서는 윗방향**임을 명심하여야 한다.

예제 20.2 패러데이와 렌츠 법칙의 이해

목표 자기장이 시간에 따라 변할 때, 패러데이의 법칙과 렌츠의 법칙을 적용하여 유도 기전력과 전류를 계산한다.

문제 한 변의 길이가 1.80 cm인 사각형 프레임에 코일이 25번 감겨 있다. 전체 저항은 0.350 Ω이다. 그림 20.6에서와 같이 일정한 자기장이 코일 면에 수직으로 작용한다. **(a)** 자기장이 0.800 s만에 0.00 T에서 0.500 T로 변할 때 자기장의 변화에 따른 유도 기전력은 얼마인가? **(b)** 유도 전류의 크기와 **(c)** 유도 전류의 방향을 구하라.

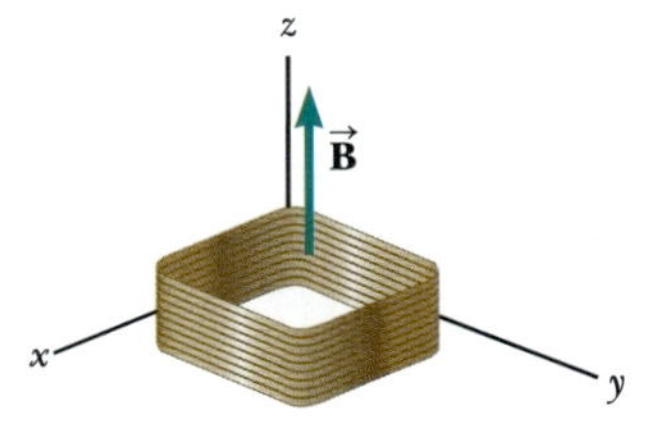

그림 20.6 (예제 20.2)

전략 **(a)**의 풀이는 식 20.2의 패러데이의 법칙에 대입하여 얻는다. 식에서 경과 시간 동안의 자기선속의 변화 $\Delta\Phi_B$를 제외하고는 모두 주어져 있다. $+z$축을 법선 방향으로 사용하여 식 20.1로

부터 처음과 나중 자기선속을 계산하고, 패러데이 법칙에서의 모든 항과 관련하여 그 차이를 알아낸다. 전류는 옴의 법칙으로부터 알 수 있고, 방향은 렌츠의 법칙에서 얻을 수 있다.

풀이

(a) 코일에서의 유도 기전력을 구한다.

선속을 계산하려면 코일의 넓이를 알아야 한다.

$$A = L^2 = (0.018\,0\text{ m})^2 = 3.24 \times 10^{-4}\text{ m}^2$$

$t = 0$에서 코일을 관통하는 자기선속 $\Phi_{B,i}$는 $B = 0$이므로 영이다.

$t = 0.800$ s일 때 자기선속을 계산한다.

$$\Phi_{B,f} = BA\cos\theta = (0.500\text{ T})(3.24 \times 10^{-4}\text{ m}^2)\cos(0°)$$
$$= 1.62 \times 10^{-4}\text{ Wb}$$

0.800 s 동안에 코일의 단면을 관통하는 자기선속의 변화를 계산한다.

$$\Delta\Phi_B = \Phi_{B,f} - \Phi_{B,i} = 1.62 \times 10^{-4}\text{ Wb}$$

패러데이의 유도 법칙에 대입하여 코일에 유도되는 기전력을 구한다.

$$\mathcal{E} = -N\frac{\Delta\Phi_B}{\Delta t} = -(25\text{회})\left(\frac{1.62 \times 10^{-4}\text{ Wb}}{0.800\text{ s}}\right)$$
$$= -5.06 \times 10^{-3}\text{ V}$$

(b) 코일에 유도된 전류의 크기를 구한다.

옴의 법칙에 전위차와 저항을 대입한다. 여기서는 $\Delta V = \mathcal{E}$이다.

$$I = \frac{\Delta V}{R} = \frac{5.06 \times 10^{-3}\text{ V}}{0.350\ \Omega} = 1.45 \times 10^{-2}\text{ A}$$

(c) 코일에 유도된 전류의 방향을 구한다.

자기장은 고리를 관통하며 고리 면에 수직인 방향으로 증가한다. 그러므로 선속은 양이며 증가한다. 아랫방향을 향하는 유도 자기장은 반대 방향의 음의 선속을 만들 것이다. 고리를 따라 시계 방향으로 엄지손가락을 가져가면 다른 손가락은 코일을 관통하여 아랫방향을 가리키며 역자기장과 방향이 일치하게 된다. 그러므로 전류는 시계 방향으로 흘러야만 한다.

참고 렌츠의 법칙은 먼저 그림을 그려 다루어 보는 것이 좋다.

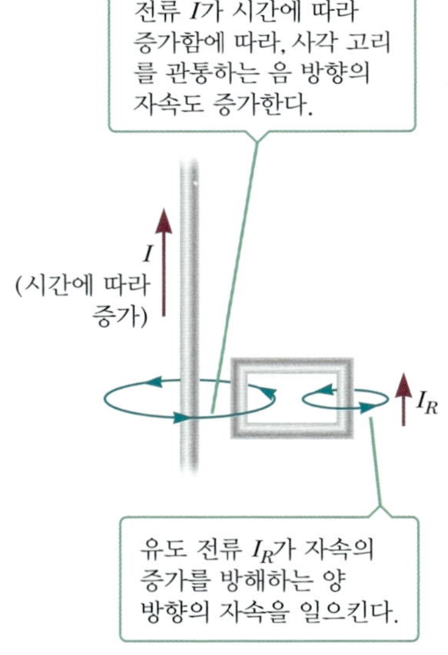

그림 20.7 (렌츠의 법칙 예 1) 전류 I의 크기가 시간에 따라 증가하여, 도선 둘레의 자기장은 점점 강해진다.

20.2.2 유도 전류의 방향을 알아내기 Finding the Direction of the Induced Current

유도 전류의 방향을 알아내는 데는 약간의 요령이 필요하다. 다음에 열거하는 세 가지 예가 렌츠의 법칙을 사용하여 유도 전류의 방향을 알아내는 방법을 설명하고 있다.

렌츠의 법칙 예 1 그림 20.7에 있는 도선의 전류는 표시된 방향으로 서서히 증가하고 있다. 종이면으로부터 나오는 방향을 기준 방향으로 선택하여 종이면으로부터 나오는 자기장 벡터의 방향이 자속의 양의 방향이 되게 하자. 전류 I에 의해 생긴 자기장은 도선 둘레를 돌며, 도선의 오른쪽에 있는 사각 코일 영역으로 들어가서 직선 도선 왼쪽으로 나온다. 그러므로 전류 I에 의한 사각 코일을 통과하는 자속은 음이다. 위로 흐르는 전류가 증가하므로 자기장은 더욱 강해지면서 사각 코일을 관통하는 음의 자속의 크기가 증가한다. 렌츠의 법칙에 의해, 코일에 유도된 전류의 방향은 음의 자속이 증가하는 것을 방해하기 위해 자속이 양이 되게 유도되어야만 한다. 그렇게 되려면 유도 자기장은 코일을 통과하면서 종이면으로부터 나오는 방향이 되어야 한다. 사각 코일의 오른쪽 도선 부분에 오른손을 놓고 네 손가락을 감으면 네 손가락은 사각 코일 안에서 종이면 위로 올라오게 된다. 그렇게 되었을 때 종이면 위쪽으로 향하는 엄지손가락의 방향이 코일의 그 부분에서의 유도 전류의 방향이 된다. 그러므로 코일 내에서의 유도 전류는 반시계 방향으로 흐르게 된다.

렌츠의 법칙 예 2 그림 20.8a에서 자석의 N극이 코일 쪽으로 움직이고 있다. 기준 방향을 오른쪽으로 정하면 자석에서 나오는 자속이 코일을 통과하는 방향은 양이고 시간

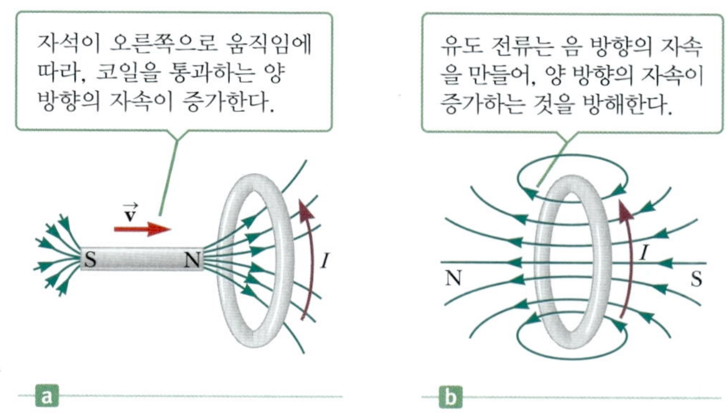

그림 20.8 (렌츠의 법칙 예 2) (a) 자석의 N극이 왼쪽에서 코일 쪽으로 접근한다. 여기서 기준 방향은 오른쪽을 향한다. (b) 코일에 전류가 유도된다.

에 따라 증가한다. 그러므로 코일에 유도되는 전류는 자속이 왼쪽을 향하게 하여야 하므로, 유도 자기장은 그림 20.8b에서처럼 왼쪽을 향해야만 한다. 코일 둘레를 따라 오른손 네 손가락이 가리키는 방향이 코일 안에서 왼쪽을 향하게 하면 오른손 엄지손가락의 방향은 위로 향하게 되어 전류 고리의 왼쪽에서 보았을 때 유도 전류의 방향은 반시계 방향이 된다.

렌츠의 법칙 예 3 그림 20.9a에서처럼 전자석 가까이에 놓여 있는 원형 도선 고리를 살펴보자. 전자석은 그림 20.9b에서처럼 스위치가 닫힐 때 오른쪽이 S극이 되도록 코일이 감겨 있다. 기준 방향을 왼쪽으로 선택하면 스위치가 닫힐 때, 전자석 코일의 전류가 증가하기 시작하고 오른쪽에 있는 원형 고리를 통과하는 자속의 방향은 양이 되고 시간에 따라 증가한다. 그러므로 원형 고리에 유도되는 전류는 음 방향의 자속을 만들어 내야만 솔레노이드에 흐르는 전류의 증가에 의한 양 방향의 자속의 증가를 방해할 수 있다. 그렇게 되려면 원형 고리를 통과하는 유도 자기장의 방향이 오른쪽을 향하게 하여야만 한다. 오른손을 돌려서 엄지손가락이 아래를 향하게 하면, 네 손가락은 원형 고리를 통과하여 오른쪽으로 감긴다. 원형 고리에 유도되는 전류의 방향은 엄지손가락의 방향이 되며 그것은 고리의 왼쪽에서 보았을 때 시계 방향이 된다. 그림 20.9c에서처럼 스위치가 다시 열리면, 자기장과 양 방향의 자속이 감소하기 시작하기 때문

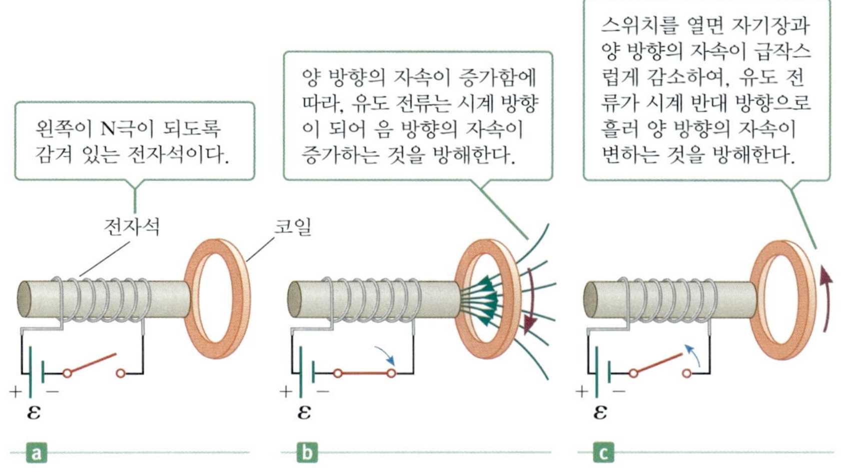

그림 20.9 (렌츠의 법칙 예 3) (a) 전자석에 전류가 흐르면 왼쪽이 N극인 자기장을 형성하도록 감겨 있다. 기준 방향은 왼쪽을 향하도록 정한다. (b) 스위치를 닫으면, 고리를 통과하는 양 방향의 자속이 증가하기 시작하며 자기장선은 자석의 S극으로 들어온다. (c) 스위치를 열면, 전자석의 자기장이 갑자기 감소하게 된다.

에 원형 고리에 유도되는 전류는 방향이 바뀐다. 유도 전류가 반시계 방향으로 돌게 되면, 원형 고리를 통과하는 자속의 방향은 양이 되어 양의 방향으로 자속이 감소하는 것을 방해하게 된다.

위의 세 가지 예 모두 결정적인 개념은 렌츠의 법칙에 따라 변하는 자속이 유도 전류를 일으키고, 그에 따른 유도 자기장이 자속의 변화를 방해하는 자속을 만들어 내는 자기장을 형성한다는 것이다. 자속의 변화가 없으면 유도 전류도 흐르지 않는다. 위의 각 경우에 변화하는 자기장 때문에 자속이 변화하지만, 도선 고리를 통과하는 자속이 변화하기만 하면 자기장이 일정하더라도 유도 전류는 생길 수 있다. 그러한 사실은 20.3절에서 운동 기전력과 20.4절에서 발전기를 논의할 때 확실하게 공부할 것이다.

20.2.3 패러데이 법칙의 응용 Applications of Faraday's Law

응용

무선충전

전자장치 등에 전력을 공급하는 무선 충전 기술은 패러데이 법칙을 응용한 것이다. 그림 20.10에 그 원리를 나타내었다. 충전기 안에 들어 있는 송신 코일에 교류 전류가 흐르면 변화하는 자기장이 생긴다. 충전기 위에 올려놓은 스마트폰이나 다른 장치 안의 수신 코일은 외부의 변화하는 자기장에 의해 수신 코일 주변의 변화하는 자기선속에 의해 기전력이 생기게 되고 그 기전력이 장치에 전기를 공급하거나 배터리를 충전한다. 이런 종류의 유도 무선 충전은 이어폰 수신기, 스마트폰, 전동칫솔, 의료용 센서 및 전기 자동차 등에 널리 사용된다.

응용

누전 차단기

누전 차단기(ground-fault circuit interrupter, GFCI)는 사람이 전기 기기를 만질 때 전기 충격으로부터 보호하기 위한 안전 장치이다. 이 장치는 패러데이의 법칙에 따라 작동되며, 그림 20.11a와 그림 20.11b는 GFCI 콘센트와 내부 주요 부품을 보여 주고 있다. 전선 1은 교류(AC) 전원에서부터 안전 장치가 부착된 기기로 연결되고, 전선 2는 기기로부터 교류 전원으로 다시 연결된다. 철심은 각 전선에서 발생되는 자기장을 가두어 두기 위해 두 전선을 둘러싸고 있다. 자기선속의 변화가 있을 때 회로 차단기를 작동하게 하는 감지 코일이 철심의 일부에 감겨 있다. 각 전선에 흐르는 전류가 서로 반대 방향이므로 감지 코일을 지나는 알짜 자기장의 크기는 영이다. 그러나 기기의 회로에 합선이 생겨서 되돌아오는 전류가 없을 때에는 감지 코일을 지나는 알짜 자기장은 영이 아니다. 이러한 경우 두 전선 중 하나의 절연 상태가 잘못되어 있는 상태에서 사람이 그 부분에 접촉하게 되면 그림 18.17a와 같이 사람을 통하여 누전 상태가 된다. 전류가 교류이기 때문에 감지 코일을 통과하는 자기선속은 시간에 따라 변하면서

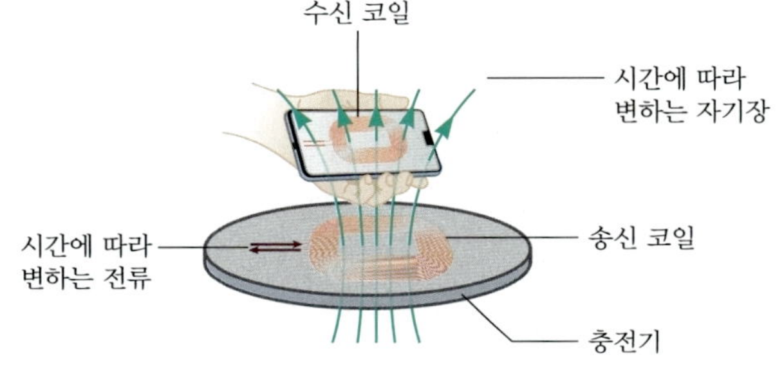

그림 20.10 무선 충전 장치에는 송신 코일이 있고 충전되는 장치에는 수신 코일이 있다. 수신 코일 주변의 변화하는 자기선속은 기전력을 유도하여 장치에 공급하거나 장치 내의 배터리를 충전하는 데 사용된다.

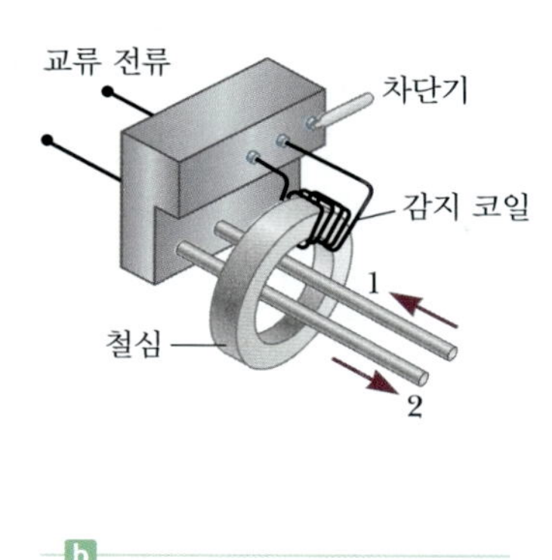

그림 20.11 (a) GFCI 콘센트는 전기충격을 예방하도록 한다. (b) GFCI의 주요 부품. 감지 코일과 회로 차단기는 감전되기 전에 전류를 차단하기 위한 것이다.

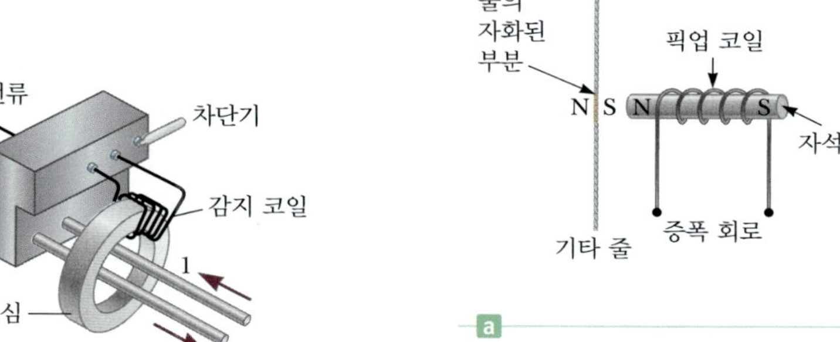

그림 20.12 (a) 전기 기타에 사용되는 픽업 코일. 줄이 진동하면 픽업 코일에 전압이 유도된다. (b) 전기 기타에는 각 줄마다 픽업 코일이 부착되어 있어 각 줄의 진동을 감지한다.

코일에 유도 전압을 발생시킨다. 유도 전압은 회로 차단기를 작동하게 하여(약 1 ms), 기기를 사용하는 사람이 상해를 입기 전에 전류를 차단시킨다. 그러므로 누전 차단기는 그림 18.17b와 같이 케이스가 누전된 회로 차단기보다 더 빠르고 완벽하게 차단한다. 따라서 누전 차단기는 감전 위험이 높은 욕실 등에 많이 사용된다(그림 20.11).

패러데이의 법칙을 이용한 또 하나의 재미있는 예로 전기 기타에서 소리를 발생시키는 방법을 들 수 있다. 진동하는 줄은 코일에 기전력을 유도시킨다(그림 20.12). 픽업 코일은 진동하는 기타의 줄 가까이 놓여 있는데, 이 줄은 자화될 수 있는 금속으로 만들어져 있다. 코일 내부에 있는 영구 자석은 코일 가까이 있는 기타 줄의 일부분을 자화시킨다. 기타 줄이 특정 진동수로 진동하면, 자화된 부분은 픽업 코일을 통과하는 자기선속을 변화시킨다. 변화하는 선속이 코일에 유도 전압을 발생시키며 전압은 증폭기에 입력된다. 증폭기에서 나온 출력은 스피커로 보내져서 우리가 듣는 음파를 발생시킨다.

응용

전기 기타의 픽업 코일

분명한 이유 없이 영아들이 수면 중에 갑자기 호흡을 멈추는 현상을 영아돌연사증후군(sudden infant death syndrome, SIDS)이라 하며, 무호흡 모니터라는 모니터링 장치의 한 유형은 보호자에게 호흡 정지를 알리는 데 사용되고 있다. 그림 20.13과 같이 감지기는 유도 전류를 사용하여 호흡 정지의 원인을 경보하는 데 사용된다. 가슴의

응용

호흡 정지 감지기

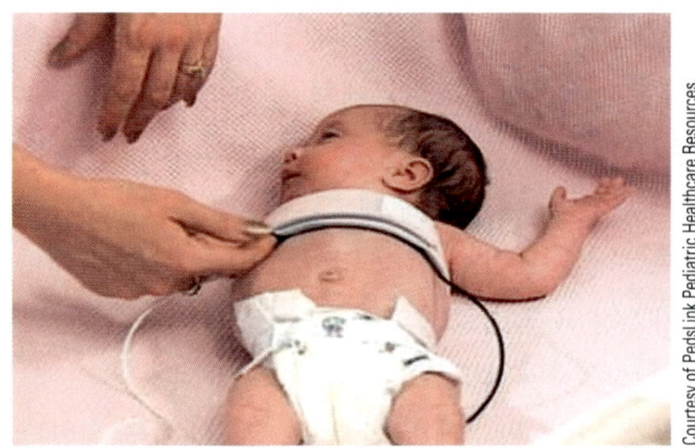

그림 20.13 유아는 호흡이 멈추면 경고음을 발생시키는 장치를 부착하고 있다. 가슴 양쪽에 두 개의 고리가 있다.

한쪽에 부착된 코일에는 교류 전류가 흐른다. 교류 전류에 의해 생성되는 자기장은 반대쪽 가슴 부분의 픽업 코일을 지나간다. 호흡과 운동에 의한 가슴의 팽창과 수축은 픽업 코일의 유도 기전력을 변화시킨다. 만약 호흡이 멈추면 유도 기전력이 변화하지 않게 되고, 문제가 실제로 발생하였다는 것을 확인하기 위하여 잠시 기다린 후 전압을 감시하는 외부 회로가 보호자에게 경고음을 낸다.

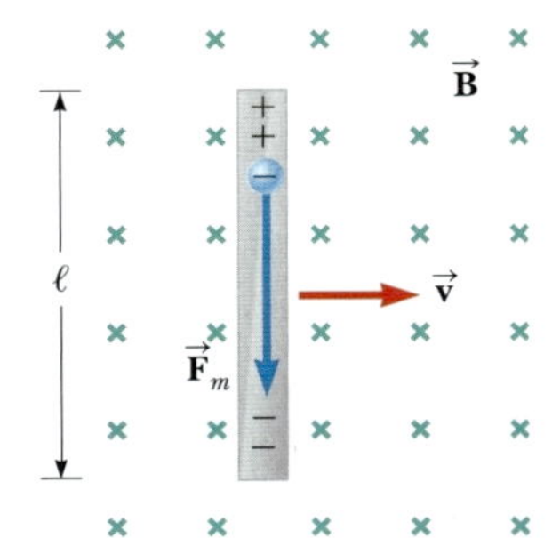

그림 20.14 균일한 자기장 $\vec{\mathbf{B}}$ 내부를 길이 ℓ의 직선 도체가 자기장 방향과 수직으로 속도 $\vec{\mathbf{v}}$로 움직인다. 벡터 $\vec{\mathbf{F}}_m$은 도체 내부의 전자에 작용하는 자기력이다. 이때 막대의 양 끝에는 $B\ell v$의 기전력이 유도된다.

20.3 운동 기전력 Motional emf

20.2절에서 자기장이 시간에 따라 변할 때 회로에 기전력이 유도되는 경우를 알아보았다. 이 절에서는 패러데이의 법칙을 응용하여 자기장 내에서 움직이는 도체에 유도되는 기전력인 **운동 기전력**(motional emf)의 생성에 대해 알아보고자 한다.

먼저 그림 20.14와 같이 종이면 속으로 향하는 균일한 자기장 내에서 길이가 ℓ인 도체가 등속도로 움직이는 경우를 생각해 보자. 문제를 간단히 하기 위해 도체가 자기장과 수직 방향으로 움직인다고 가정하자. 도체 속의 전자는 크기가 $F_m = qvB$인 자기력을 받아서 도체 아래쪽으로 움직이려고 한다. 자기력에 의해 자유 전자는 아래쪽으로 이동하여 축적되고, 위쪽은 순수한 양전하의 상태로 남는다. 이렇게 전하가 분리됨으로써 도체 내부에는 전기장이 형성되며, 양단의 전하는 자기장에 의하여 아래로 향하는 자기력 qvB가 위로 향하는 전기력 qE와 균형을 이룰 때까지 계속 축적된다. 균형이 이루어지면 전하는 더 이상 이동하지 않고 다음과 같은 관계가 유지된다.

$$qE = qvB \qquad \text{또는} \qquad E = vB$$

도체에 유도된 전기장은 일정하기 때문에, 양단의 전위차와는 $\Delta V = E\ell$의 관계가 있다. 따라서

$$\Delta V = E\ell = B\ell v \qquad \textbf{[20.3]}$$

가 된다.

도체의 상단에는 양전하가 과잉 축적되고, 하단에는 음전하가 과잉 축적되어서 상단이 하단보다 높은 전위를 유지하게 된다. 따라서 자기장 내에서 도체가 운동하는 동안 도체 내부에서 전위차가 발생하게 된다. 운동 방향이 역으로 바뀌면 전위차의 극성도 역으로 바뀐다.

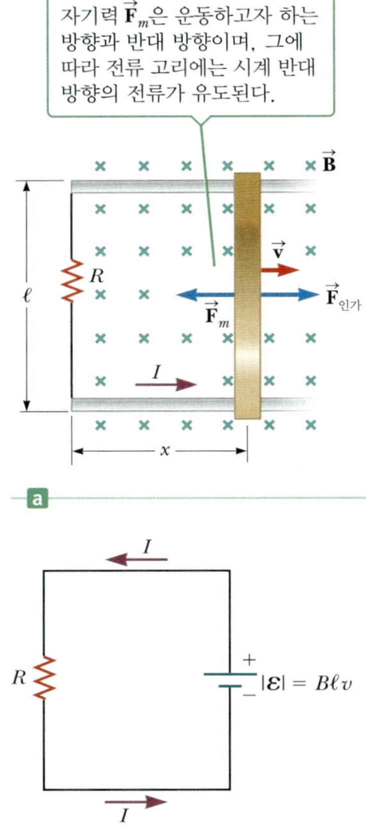

그림 20.15 (a) 도체 막대가 외부에서 가한 힘 $\vec{\mathbf{F}}_{인가}$에 의해 두 개의 도체 레일을 따라 $\vec{\mathbf{v}}$의 속도로 미끄러진다. (b) (a)의 등가 회로

움직이는 도체가 폐회로의 경우이면 더 재미있는 현상이 나타난다. 이 상황은 패러데이의 법칙에서 설명하고 있는, 폐회로에서 변화하는 자기선속이 어떻게 전류를 유도하는가를 보여 주는 매우 좋은 예이다. 한 예로서, 길이가 ℓ인 도체 막대가 그림 20.15a와 같이 두 개의 고정된 평행한 도체 레일 위를 미끄러지는 회로를 생각해 보자. 편의상 움직이는 도체에는 저항이 전혀 없고 고정된 회로의 저항은 R이라 가정하자. 균일하고 일정한 자기장 $\vec{\mathbf{B}}$가 회로의 면에 수직으로 작용한다. 외부에서 힘 $\vec{\mathbf{F}}_{인가}$를 가하여 막대를 $+x$ 방향으로 $\vec{\mathbf{v}}$의 속도로 오른쪽으로 당겨주면 막대 내의 자유 전하들은 막대를 따라 힘을 받게 된다. 다음에 닫힌 도체 경로에서는 전하가 자유롭게 움직이

기 때문에 이 힘은 회로에 유도 전류를 흐르게 한다. 이 경우 고리를 통과하는 자기선속의 변화와 막대의 양단에 유도되는 기전력은 막대가 자기장을 끊으며 지나갈 때 고리의 넓이 변화에 의하여 생성된다. 선속이 종이면 속으로 들어가면서 증가하기 때문에, 렌츠의 법칙에 의해 유도 전류가 반시계 방향으로 돌게 되는 선속을 생기게 하여 전체 선속의 변화가 일어나지 않는다.

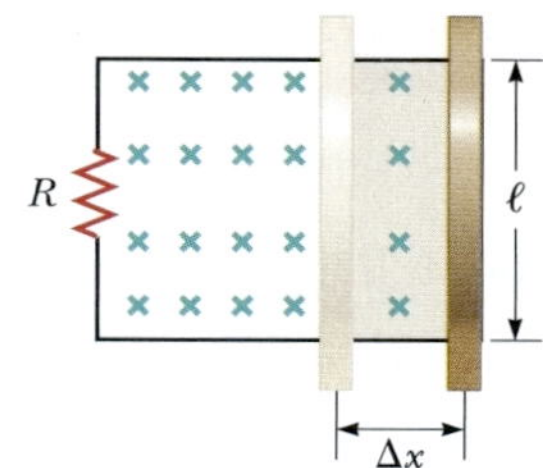

그림 20.16 막대가 오른쪽으로 움직여 고리의 넓이가 $\ell\,\Delta x$만큼 커지면, 고리를 통과하는 자기선속은 $B\ell\,\Delta x$만큼 증가한다.

그림 20.16과 같이 막대가 시간 Δt 동안에 거리 Δx를 움직인다면, 그 시간 동안 고리를 통과하여 지나가는 자기선속 $\Delta\Phi_B$의 증가는 넓이가 $\ell\,\Delta x$인 회로 부분을 지나는 자기선속의 양과 같다.

$$\Delta\Phi_B = BA = B\ell\,\Delta x$$

고리가 한 개일 때($N = 1$) 패러데이의 법칙을 적용하면, 유도 기전력의 크기는 다음과 같이 된다.

$$|\boldsymbol{\mathcal{E}}| = \frac{\Delta\Phi_B}{\Delta t} = B\ell\,\frac{\Delta x}{\Delta t} = B\ell v \qquad [20.4]$$

유도 기전력은 자기장을 통과하는 도체의 운동에 의하여 생성되기 때문에, 흔히 **운동 기전력**(motional emf)이라고 한다.

또한 회로의 저항이 R이라면 유도 전류의 크기는 다음과 같다.

$$I = \frac{|\boldsymbol{\mathcal{E}}|}{R} = \frac{B\ell v}{R} \qquad [20.5]$$

그림 20.15b는 이 예에 대한 등가 회로이다.

예제 20.3 비행기 날개에 유도된 전위차

목표 자기장 내에서 운동에 의해 유도되는 기전력을 구한다.

문제 날개의 길이가 30.0 m인 비행기가 지구 중심으로 향하는 지구 자기장의 성분이 0.600×10^{-4} T인 지점을 지표면과 평행하게 북쪽으로 비행하고 있다. 북쪽 방향의 자기장 성분의 크기는 0.470×10^{-4} T이다. **(a)** 비행기의 속력이 2.50×10^2 m/s일 때 양 날개 끝 사이의 전위차를 구하라. **(b)** 어느 쪽 날개 끝이 양(+)일까?

전략 비행기는 북쪽으로 날고 있기 때문에, 자기장의 북쪽 성분은 유도 기전력과 아무런 관계가 없다. 비행기 날개에 유도되는 기전력은 지구 자기장의 중심을 향하는 성분에 의해 영향을 받게 된다. 식 20.4에 주어진 값들을 대입하고, 오른손 법칙 1을 이용하여 방향을 구한다. 양전하들은 자기력에 의해 가속될 것이다.

풀이

(a) 날개 끝 사이의 전위차를 계산한다.

운동 기전력 식에 주어진 값들을 대입한다.

$$\boldsymbol{\mathcal{E}} = B\ell v = (0.600 \times 10^{-4}\ \text{T})(30.0\ \text{m})(2.50 \times 10^2\ \text{m/s})$$
$$= 0.450\ \text{V}$$

(b) 어느 쪽 날개 끝이 양인지 구한다.

오른손 법칙 1을 적용한다.

오른손의 네 손가락을 속도의 방향인 북쪽으로 향하게 하고 자기장의 방향인 아래쪽으로 손가락들을 감아쥐면, 엄지는 서쪽을 가리킨다.

참고 이와 같은 유도 기전력은 항공 사고의 원인이 될 수 있다.

예제 20.4 에너지원은 어디에 있는가?

목표 운동 기전력을 이용하여 유도 기전력과 전류를 구한다.

문제 **(a)** 길이가 0.500 m인 막대가 그림 20.15a와 같이 자기장이 0.250 T인 영역에서 2.00 m/s로 미끄러지고 있다. 운동 기전력의 개념을 이용하여 움직이는 막대에 유도되는 전압을 구하라. **(b)** 회로의 저항이 0.500 Ω일 때, 회로의 전류와 저항기에 전달되는 전력을 구하라(Note: 이 경우 전류는 고리의 반시계 방향으로 흐른다). **(c)** 막대에 작용하는 자기력을 계산하라. **(d)** 일과 전력의 개념을 이용하여 가한 힘을 계산하라.

전략 **(a)** 운동 기전력에 대한 식 20.4에 대입한다. 기전력을 구하고 옴의 법칙으로부터 전류를 구한다. **(c)** 전류가 흐르는 도체에 작용하는 자기력에 대한 식 19.7을 이용한다. **(d)** 저항기에 의해 소모된 전력과 경과 시간의 곱이 가한 힘이 한 일과 같음을 이용해 구한다.

풀이

(a) 운동 기전력의 개념으로 유도 기전력을 구한다.

식 20.4를 이용하여 유도 기전력을 구한다.

$$\mathcal{E} = B\ell v = (0.250\ \text{T})(0.500\ \text{m})(2.00\ \text{m/s}) = \boxed{0.250\ \text{V}}$$

(b) 회로에서의 유도 전류와 저항기에 의한 전력 손실을 구한다.

옴의 법칙에서 기전력과 저항을 대입하여 유도 전류를 구한다.

$$I = \frac{\mathcal{E}}{R} = \frac{0.250\ \text{V}}{0.500\ \Omega} = \boxed{0.500\ \text{A}}$$

$I = 0.500$ A와 $\mathcal{E} = 0.250$ V를 식 17.8에 대입하여 0.500 Ω 저항기에 의해 소모된 전력을 계산한다.

$$P = I\Delta V = (0.500\ \text{A})(0.250\ \text{V}) = \boxed{0.125\ \text{W}}$$

(c) 막대에 작용하는 자기력의 크기와 방향을 계산한다.

식 19.7에 I, B, ℓ의 값을 대입하고 $\sin\theta = \sin(90°) = 1$로 하여 힘의 크기를 구한다.

$$F_m = IB\ell = (0.500\ \text{A})(0.250\ \text{T})(0.500\ \text{m}) = \boxed{6.25 \times 10^{-2}\ \text{N}}$$

오른손 법칙 1을 이용하여 힘의 방향을 구한다.

양의 전류의 방향으로 오른손의 네 손가락을 향하게 하고 펼치며 자기장의 방향으로 손가락들을 감으면, 엄지손가락은 **$-x$ 방향**을 향한다.

(d) 인가한 힘 $F_{인가}$의 값을 구한다.

소모된 전력에 경과 시간을 곱하면 인가한 힘이 한 일과 같다.

$$W_{인가} = F_{인가}d = P\Delta t$$

$F_{인가}$에 대해 풀고 $d = v\Delta t$를 대입한다.

$$F_{인가} = \frac{P\Delta t}{d} = \frac{P\Delta t}{v\Delta t} = \frac{P}{v} = \frac{0.125\ \text{W}}{2.00\ \text{m/s}} = \boxed{6.25 \times 10^{-2}\ \text{N}}$$

참고 **(d)**는 평형 상태의 물체에 작용하는 힘에 관한 뉴턴의 제2법칙을 이용하여 구할 수도 있다. 막대에 수평으로 두 힘이 작용하고 막대의 가속도는 영이다. 따라서 힘들은 서로 방향은 반대이고 크기는 같아야 한다. 이 개념을 이용해서 F_m과 $F_{인가}$를 구하더라도 같은 답을 얻게 된다.

20.4 발전기 Generators

응용

교류 발전기

전자기 유도의 원리에 의하여 작동되는 매우 중요한 실용제품으로 발전기와 전동기를 들 수 있다. 우선 역학적 에너지를 전기에너지로 바꾸는 장치인 **교류 발전기**(AC generator)를 생각해 보자. 교류 발전기의 구조를 가장 단순하게 표현하면, 외부 힘에 의해 자기장 내에서 회전하는 도선 고리로 구성되어 있다(그림 20.17a). 상업용 발전소는 고리를 회전시키는 데 필요한 에너지를 여러 가지 방법으로 얻고 있다. 수력 발전소의 경우 터빈의 날개를 향해 떨어지는 물이 터빈을 회전시키고(그림 20.18), 화력 발전소에서는 석탄을 태워 얻은 열이 물을 수증기로 만들고, 이 수증기가 터빈을 회전시킨다. 고리가 회전함에 따라 고리를 통과하는 자기선속은 시간에 따라 변하므로 외부 회로에 기전력과 전류를 유도한다. 고리의 양쪽 끝은 고리와 함께 회전하는 미끄럼 고리에 연결되어 있고, 외부 회로와는 미끄럼 고리와 접촉하고 있는 고정된 브러시를 통해서 연결된다.

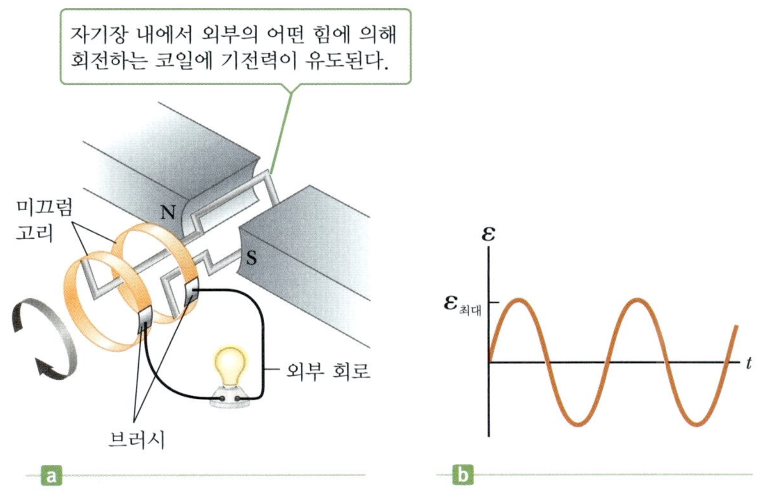

그림 20.17 (a) 교류 발전기의 개략도. 자기장 안에 있는 고리를 외부 힘으로 회전시키면, 코일에 기전력이 유도된다. (b) 고리에 유도되는 교류 기전력 대 시간의 그래프

iStockphoto.com/KingWu

그림 20.18 발전기를 돌리는 수력 발전소의 터빈

회전하는 고리에서 생성되는 기전력은 운동 기전력 $\mathcal{E} = B\ell v$를 이용하여 표현할 수 있다. 그림 20.19a는 오른쪽으로 향한 자기장 내에서 시계 방향으로 회전하는 도선 고리를 나타낸 것이다. 도선 AB와 CD에 있는 전하에 작용하는 자기력(qvB)은 도선의 길이 방향이 아니다(이들 도선 내부에 있는 전자들에 작용하는 힘은 도선과 수직이다). 그러므로 도선 BC와 AD에서만 기전력이 생성된다. 어떤 순간에도 도선 BC는 그림 20.19b에 보인 것과 같이 자기장과 어떤 각도 θ를 이루며 속도는 $\vec{\mathbf{v}}$이다(자기장과 평행한 속도 성분은 도선의 전자에 영향을 미치지 못하는 반면, 자기장에 수직인 속도 성분은 전자를 C에서 B로 움직이도록 자기력을 작용한다는 점에 주목하라). 도선 BC에 생긴 기전력은 $B\ell v_\perp$이다. 여기서 ℓ과 $v_\perp$는 각각 도선의 길이와 자기장에 수직인 속도 성분이다. 도선 DA에서 생성되는 기전력 $B\ell v_\perp$는 도선 BC에서 생성되는 기전력과 같다. $v_\perp = v\sin\theta$이므로 전체 유도 기전력은 다음과 같다.

$$\mathcal{E} = 2B\ell v_\perp = 2B\ell v\sin\theta \qquad [20.6]$$

고리가 일정한 각속력 ω로 회전하면 식 20.6에 $\theta = \omega t$를 대입할 수 있다. 뿐만 아니라 도선 BC와 DA상의 모든 점이 회전축 주위로 일정한 각속력 ω로 회전하므로

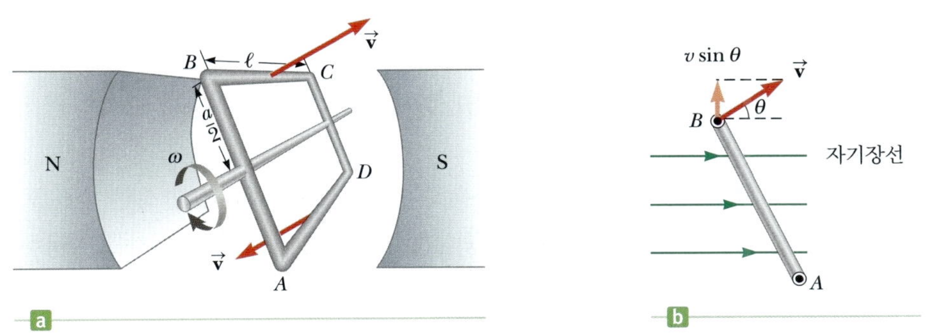

그림 20.19 (a) 외부 자기장 안에서 일정한 각속도로 회전하는 고리. 고리에 유도되는 기전력은 시간에 대해 사인형으로 변한다. (b) 회전하는 고리를 옆에서 본 모습

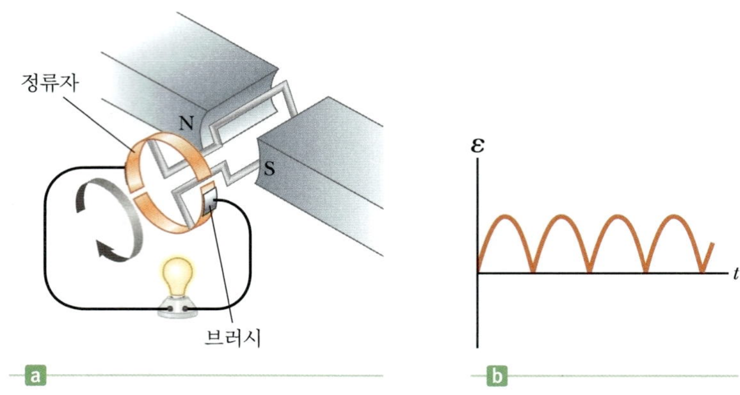

그림 20.20 (a) 직류 발전기의 개략도, (b) 기전력의 크기는 변하나 극은 항상 같다.

$v = r\omega = (a/2)\omega$가 된다. 여기서 a는 변 AB와 CD의 길이이다. 그러므로 식 20.6은 다음과 같이 요약될 수 있다.

$$\mathcal{E} = 2B\ell\left(\frac{a}{2}\right)\omega \sin \omega t = B\ell a\omega \sin \omega t$$

도선의 감은 수가 N이라면, 각각의 고리에 같은 크기의 유도 기전력이 발생하므로 기전력은 N배가 된다. 고리의 넓이가 $A = \ell a$이므로 전체 기전력은

$$\mathcal{E} = NBA\omega \sin \omega t \qquad [20.7]$$

가 된다. 이 결과는 그림 20.17b와 같이 기전력이 시간에 대해서 사인형으로 변하는 것을 보여 준다. 기전력의 최댓값은

$$\mathcal{E}_{최대} = NBA\omega \qquad [20.8]$$

$\omega t = 90°$ 또는 $270°$에서 나타난다. 즉, 고리 면이 자기장과 평행할 때 $\mathcal{E} = \mathcal{E}_{최대}$가 된다. 따라서 $\omega t = 0$ 또는 $180°$일 때, 즉 고리 면이 자기장과 수직일 때 기전력은 영이 된다. 우리나라, 미국, 캐나다 등에서 상업용 발전기의 회전 진동수는 60 Hz이며 유럽의 일부 국가들은 50 Hz를 사용한다[$\omega = 2\pi f$이다. 여기서 f는 진동수이며 단위는 헤르츠(Hz)이다].

응용
직류 발전기

그림 20.20a는 **직류 발전기**(DC generator)의 구조이다. 회전하는 고리가 분할 고리, 혹은 정류자에 접촉하고 있다는 것 외에는 구성 요소가 본질적으로 교류 발전기와 동일하다. 이 구조의 출력 전압은 항상 같은 극성을 가지며, 전류는 그림 20.20b와 같이 맥동하는 직류이다. 이것은 분할 고리에 접촉하는 회전 고리가 반주기마다 바뀌기 때문이다. 그와 동시에 유도 기전력의 극성도 함께 바뀐다. 따라서 분할 고리의 극성은 계속 같은 상태로 남는다.

대부분의 경우 맥동하는 직류는 그냥 사용하기에 적합하지 않다. 안정된 직류를 얻기 위해 상업용 직류 발전기는 회전축을 중심으로 수많은 고리와 정류자를 사용하여 각 고리에서 나오는 사인형 펄스들의 위상이 서로 겹치도록 한다. 이 펄스들이 서로 겹치게 되면, 출력되는 직류 전류는 맥동 없이 거의 직선으로 나타난다.

예제 20.5 교류 발전기에서의 유도 기전력

목표 교류 발전기를 물리적 관점에서 이해한다.

문제 도선을 8번 감은 고리로 구성된 교류 발전기가 있다. 고리의 단면적은 $A = 0.090\ 0\ \text{m}^2$이며, 전체 저항은 12.0 Ω이다. 이 고리가 0.500 T의 자기장 내에서 60.0 Hz의 일정한 진동수로 회전하고 있다. **(a)** 최대 유도 기전력을 구하라. **(b)** 최대 유도 전류를 구하라. **(c)** 유도 기전력과 전류는 시간에 따라 어떻게 변하는가? **(d)** 코일을 회전시키기 위한 최대 토크는 얼마인가?

전략 주어진 진동수로부터 각진동수 ω를 계산하고, 주어진 값들을 식 20.8에 대입하여 구한다. 시간에 따라 기전력과 전류는 $A \sin \omega t$의 형태를 가진다. 여기서 A는 최대 기전력 혹은 전류이다. **(d)**에서는 전류가 최대일 때 코일의 자기 토크를 계산한다(19장 참고). 인가 토크는 코일을 돌리기 위하여 자기 토크에 대항하여 일을 해야 한다.

풀이

(a) 최대 유도 기전력을 구한다.

먼저 회전 운동의 각진동수를 계산한다.

$$\omega = 2\pi f = 2\pi(60.0\ \text{Hz}) = 377\ \text{rad/s}$$

식 20.8에 N, A, B, ω를 대입하여 최대 유도 기전력을 구한다.

$$\mathcal{E}_{최대} = NAB\omega = 8(0.090\ 0\ \text{m}^2)(0.500\ \text{T})(377\ \text{rad/s})$$
$$= \boxed{136\ \text{V}}$$

(b) 최대 유도 전류를 구한다.

최대 유도 기전력 $\mathcal{E}_{최대}$와 저항 R을 옴의 법칙에 대입하여 최대 유도 전류를 구한다.

$$I_{최대} = \frac{\mathcal{E}_{최대}}{R} = \frac{136\ \text{V}}{12.0\ \Omega} = \boxed{11.3\ \text{A}}$$

(c) 시간에 따른 유도 기전력과 전류를 결정한다.

식 20.7에 $\mathcal{E}_{최대}$와 ω를 대입하여 시간 t에 따른 $\mathcal{E}$의 변화를 얻는다.

$$\mathcal{E} = \mathcal{E}_{최대} \sin \omega t = \boxed{(136\ \text{V}) \sin 377t}$$

전류의 시간 변화는 다음과 같다.

$$I = \boxed{(11.3\ \text{A}) \sin 377t}$$

(d) 코일을 돌리기 위해 필요한 최대 인가 토크를 계산한다.

자기 토크에 대한 식을 쓴다.

$$\tau = \mu B \sin \theta$$

코일의 최대 자기 모멘트 μ를 계산한다.

$$\mu = I_{최대}AN = (11.3\ \text{A})(0.090\ \text{m}^2)(8) = 8.14\ \text{A}\cdot\text{m}^2$$

$\theta = 90°$일 때 자기 토크 식에 대입하여 최대 인가 토크를 구한다.

$$\tau_{최대} = (8.14\ \text{A}\cdot\text{m}^2)(0.500\ \text{T}) \sin 90° = \boxed{4.07\ \text{N}\cdot\text{m}}$$

참고 코일을 돌리기에 충분히 강한 힘이 필요하므로 감은 수 N을 한없이 크게 할 수 없다.

전동기와 역기전력

전동기는 전기에너지를 역학적 에너지로 바꾸어 주는 장치이다. 근본적으로 **전동기는 발전기의 원리를 역이용**한 것이다. 회전하는 고리에 의해서 전류가 생성되는 대신, 전원으로부터 전류가 고리에 공급되고, 전류가 흐르는 고리에 작용하는 자기 토크에 의하여 고리가 회전한다.

응용

전동기

전동기는 회전하는 코일에 연결된 축이 외부 장치에 연결될 때 역학적인 일을 하게 된다. 전동기의 코일이 회전함에 따라 코일을 통과하며 변하는 자기선속은 코일에 흐르는 전류를 감소시키는 기전력을 유도하려고 작용한다. 그렇지 않으면 렌츠의 법칙에 위배된다. **역기전력**(back emf)이란 현재 흐르는 전류를 감소시키려는 기전력을 말한다. 코일의 회전 속력이 빨라지면 역기전력의 크기가 증가한다. 이러한 상황을 그림 20.21과 같은 등가 회로로 나타낼 수 있다. 이것을 설명하기 위해서 전동기의 코일에 전류가 흐르도록 하는 외부의 전원이 120 V, 코일의 저항이 10 Ω, 그리고 이때 코일에 유도되는 역기전력이 70 V라 가정하자. 그러면 전류가 흐르게 하는 데 사용될 수 있는

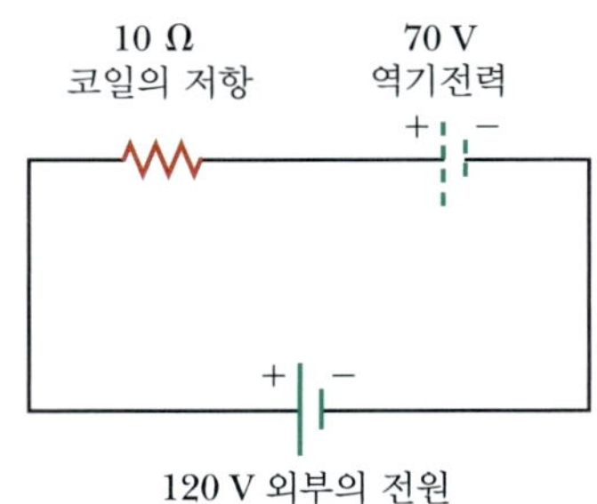

그림 20.21 전동기의 등가 회로는 저항기와 역기전력으로 나타낼 수 있다.

전압은 인가 전압과 역기전력과의 차이가 되는데, 이 경우 50 V이다. 전류는 역기전력에 의해서 분명히 제한을 받는다.

전동기를 켜면, 처음에는 역기전력이 없고 전류는 코일의 저항에 의해서만 제한받기 때문에 그 값이 매우 크다. 코일이 회전함에 따라 유도된 역기전력은 인가 전압에 역으로 작용하여 코일에서의 전류가 감소하게 된다. 역학적인 부하가 증가하면 전동기의 속도는 줄어들고 따라서 역기전력은 감소한다. 이러한 역기전력의 감소는 코일의 전류를 증가시켜 외부 전원으로부터 공급받아야 하는 전력을 증가시킨다. 따라서 전동기를 시동할 때 큰 부하에서 작동할 때는 평상적인 부하에서 전동기를 작동할 때보다 전력이 더 많이 요구된다. 역학적인 부하가 전혀 없이 전동기가 작동한다면 역기전력은 열이나 마찰에 의한 에너지 손실을 보상할 수 있을 정도의 크기로 전류를 감소시킨다.

예제 20.6 전동기에서의 유도 전류

목표 전동기에서 유도 전류를 계산함으로써 역기전력을 이해한다.

문제 코일의 저항이 10.0 Ω인 어떤 전동기에 $\Delta V = 1.20 \times 10^2$ V의 전압이 공급되고 있다. 이 전동기가 최대 속력으로 작동할 때, 역기전력이 70.0 V이다. **(a)** 전동기가 처음 켜졌을 때, **(b)** 전동기가 최대 회전율에 도달했을 때, 코일에 흐르는 전류를 각각 구하라.

전략 각각의 경우에 인가 전압에서 유도 기전력을 뺀 알짜 전압을 구하고, 전류를 얻기 위하여 알짜 전압을 저항으로 나눈다.

풀이

(a) 전동기가 처음 켜졌을 때 처음 전류를 구한다.

코일이 회전하지 않으면, 역기전력은 영이다. 따라서 코일에 흐르는 전류는 최댓값을 가진다. 기전력과 처음 역기전력의 차이를 계산하고 저항 R로 나누어 처음 전류를 구한다.

$$I = \frac{\mathcal{E} - \mathcal{E}_{역}}{R} = \frac{1.20 \times 10^2\ \text{V} - 0}{10.0\ \Omega} = \boxed{12.0\ \text{A}}$$

(b) 전동기가 최대 회전율로 돌고 있을 때의 전류를 구한다.

역기전력의 최댓값을 사용하여 앞의 계산을 반복한다.

$$I = \frac{\mathcal{E} - \mathcal{E}_{역}}{R} = \frac{1.20 \times 10^2\ \text{V} - 70.0\ \text{V}}{10.0\ \Omega} = \frac{50.0\ \text{V}}{10.0\ \Omega}$$

$$= \boxed{5.00\ \text{A}}$$

참고 역기전력 현상은 전동기의 회전율이 제한되는 이유 중 하나이다.

20.5 자체 인덕턴스 Self-Inductance

그림 20.22에서와 같이 스위치, 저항기, 전원으로 구성된 회로에서 스위치가 닫힐 때 전류는 영에서 최댓값 $\mathcal{E}/R$로 즉시 변하지 않는다. 이는 전자기 유도 법칙인 패러데이의 법칙에 의한 것이다. 그 대신에 다음과 같은 일들이 생긴다. 시간이 지남에 따라 전류가 증가하고, 이 전류 때문에 고리를 통과하는 자기선속 역시 증가한다. 자기선속의 증가는 선속의 변화에 반대하는 기전력을 회로에 유도한다. 렌츠의 법칙에 의해 유도된 기전력은 그림에서 점선으로 표시한 방향으로 유도된다. 저항기 양단의 알짜 전위차는 전원의 기전력에서 유도 기전력을 뺀 값이다. 전류의 크기가 증가함에 따라, 전류의 증가율은 줄어들고 따라서 유도 기전력도 감소하게 된다. 역방향으로 작용하는 유도 기전력의 감소로 인하여 전류가 서서히 증가하게 된다. 같은 원리에 의해 스위치가

열릴 때에도 전류는 서서히 감소하여 영이 된다. 회로를 통과하는 자기선속의 변화가 회로 자체에서 일어나기 때문에, 이 효과를 **자체 유도**(self-induction)라고 하고, 이때 회로에 형성되는 기전력을 **자체 유도 기전력**(self-induced emf)이라 한다.

자체 유도의 두 번째 예로 그림 20.23과 같이 원기둥 철심에 코일이 감긴 경우를 생각해 보자(실제 장치에는 코일이 수백 번 감겨 있다). 이때 전류는 시간에 따라 변한다고 가정하자. 전류가 그림과 같은 방향으로 흐르면 코일 내부에 형성되는 자기장은 오른쪽에서 왼쪽으로 향한다. 그 결과 자기선속의 일부는 코일의 단면적을 통과하여 코일에 유도 기전력을 발생시킨다. 시간에 따라 전류가 변하므로 코일을 통과하는 선속이 변하여 코일에 기전력을 유도시킨다. 렌츠의 법칙을 적용하면 이 유도 기전력은 전류의 변화에 대해 반대하는 방향으로 정해진다. 즉, 전류가 증가하면 유도 기전력은 그림 20.23b와 같이 나타나고, 전류가 감소하면 그림 20.23c와 같이 나타난다.

자체 인덕턴스를 정량적으로 계산하기 위해, 우선 패러데이의 법칙을 고려하자. 식 20.2에 따라 유도 기전력은

$$\mathcal{E} = -N\frac{\Delta\Phi_B}{\Delta t}$$

로 주어진다. 자기선속은 자기장에 비례하고 자기장은 코일에 흐르는 전류에 비례한다. 따라서 **자체 유도 기전력은 시간에 대한 전류의 변화율에 비례해야 한다.** 즉,

$$\mathcal{E} \equiv -L\frac{\Delta I}{\Delta t} \quad [20.9]$$

이고, 여기서 L은 비례 상수로서 **인덕턴스**(inductance)라고 부른다. 음의 부호는 전류의 변화에 반대되는 방향으로 기전력이 유도된다는 뜻이다. 즉, 전류가 증가하면(ΔI가 양), 유도되는 기전력은 음이고 전류의 증가에 반대되는 방향으로 발생한다. 마찬가지로 전류가 감소하면 (ΔI가 음), 유도 기전력의 부호는 양이고 전류의 감소에 반대되는 방향으로 발생한다.

코일의 인덕턴스는 코일의 단면적 등 여러 가지 기하적인 요소에 의해서 결정된다. 인덕턴스의 SI 단위는 **헨리**(henry, H)이며, 식 20.9로부터 1 V · s/A와 같다, 즉,

$$1 \text{ H} = 1 \text{ V} \cdot \text{s/A}$$

이다.

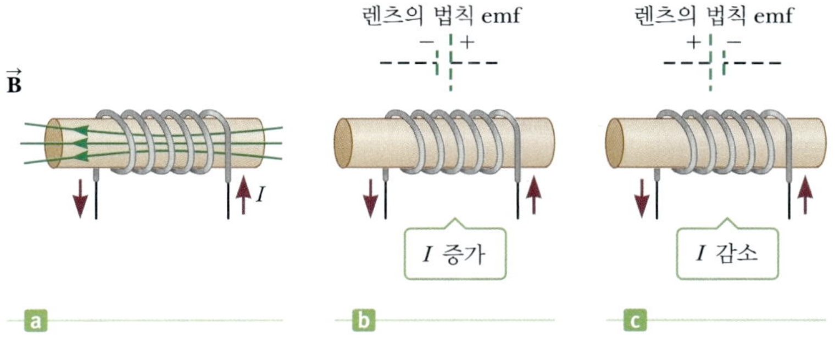

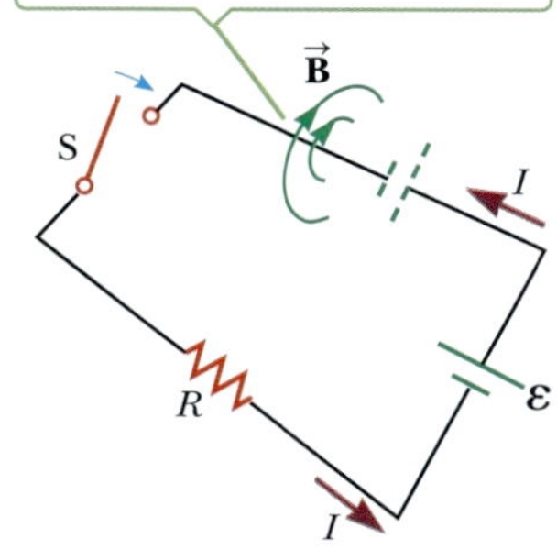

그림 20.22 회로의 스위치가 닫히면 전류는 고리를 통과하는 자기선속을 생성한다. 전류가 평형값까지 증가하는 동안, 선속은 시간에 따라 변하고 고리에는 기전력이 유도된다. 점선으로 그린 전원 기호는 자체 유도 기전력의 방향을 표시하기 위한 것이다.

헨리
Joseph Henry, 1797~1878
미국의 물리학자

헨리는 스미스소니언협회의 초대 원장과 자연과학협회의 초대 회장을 지냈다. 미국 뉴욕주에 있는 알바니 대학의 교수였던 그는, 자기장으로 전류를 만드는 것을 처음으로 성공하였지만, 강의 부담이 많아 연구 결과는 패러데이보다 늦게 발표하였다. 그는 전자석을 개선하였고, 최초의 전동기 중 하나를 제작하였다. 또한 자체 유도 현상을 발견하였다. 인덕턴스의 단위인 헨리는 그를 기념하여 명명한 것이다.

그림 20.23 (a) 코일에 흐르는 전류는 왼쪽으로 향하는 자기장을 생성한다. (b) 전류가 증가하면, 코일은 점선으로 표시한 배터리와 같은 방향의 전원처럼 작용한다. (c) 전류가 감소하면, 기전력의 극이 바뀐다. 점선으로 된 배터리 기호는 코일에 유도되는 기전력을 나타낸다.

자체 인덕턴스를 계산하는 과정에서, L에 대한 식을 구하기 위하여 식 20.2와 20.9를 같다고 놓는 것이 때때로 편리하다.

$$N\frac{\Delta\Phi_B}{\Delta t} = L\frac{\Delta I}{\Delta t}$$

인덕턴스 ▶

$$L = N\frac{\Delta\Phi_B}{\Delta I} = \frac{N\Phi_B}{I} \qquad [20.10]$$

일반적으로 주어진 전류 요소의 인덕턴스를 결정하는 것은 쉽지 않다. 솔레노이드의 인덕턴스를 구해 보자. 길이가 ℓ이고, 도선이 균일하게 N번 감긴 솔레노이드가 있다. ℓ은 솔레노이드의 반지름에 비해서 매우 크고, 내부는 비어 있다고 가정한다. 내부 자기장은 균일하고 식 19.16으로 주어진다.

$$B = \mu_0 nI = \mu_0 \frac{N}{\ell} I$$

여기서 $n = N/\ell$은 도선의 단위 길이당 감은 수이다. 따라서 각 도선을 통과하는 자기 선속은

$$\Phi_B = BA = \mu_0 \frac{N}{\ell} AI$$

이며, 여기서 A는 솔레노이드의 단면적이다. 이 식과 식 20.10으로부터,

$$L = \frac{N\Phi_B}{I} = \frac{\mu_0 N^2 A}{\ell} \qquad [20.11a]$$

를 얻을 수 있다. 이 식으로부터 L은 ℓ, A, μ_0 등과 같은 기하학적인 요소에 관계되어 있고, 감은 수의 제곱에 비례함을 알 수 있다. $N = n\ell$이기 때문에 이 식을 다음과 같이 나타낼 수 있다.

$$L = \mu_0 \frac{(n\ell)^2}{\ell} A = \mu_0 n^2 A\ell = \mu_0 n^2 V \qquad [20.11b]$$

여기서 $V = A\ell$은 솔레노이드의 부피이다.

예제 20.7 인덕턴스, 자체 유도 기전력과 솔레노이드

목표 솔레노이드의 인덕턴스와 자체 유도 기전력을 계산한다.

문제 **(a)** 길이가 25.0 cm, 단면적이 4.00×10^{-4} m^2, 도선의 감은 수가 300인 솔레노이드의 인덕턴스를 구하라. **(b)** **(a)**에서 전류가 50.0 A/s의 비로 감소할 때 솔레노이드에 유도되는 자체 기전력은 얼마인가?

전략 인덕턴스 L로 주어진 식 20.11a를 이용한다. **(b)**에서는 **(a)**의 결과를 대입하고, $\Delta I/\Delta t = -50.0$ A/s를 식 20.9에 대입하여 자체 유도 기전력을 구한다.

풀이

(a) 솔레노이드의 인덕턴스를 계산한다.

식 20.11a에 감은 수 N, 넓이 A, 길이 ℓ을 대입하여 인덕턴스를 구한다.

$$L = \frac{\mu_0 N^2 A}{\ell}$$

$$L = (4\pi \times 10^{-7}\ \text{T}\cdot\text{m/A})\frac{(300)^2(4.00 \times 10^{-4}\ \text{m}^2)}{25.0 \times 10^{-2}\ \text{m}}$$

$$= 1.81 \times 10^{-4}\ \text{T}\cdot\text{m}^2/\text{A} = \boxed{0.181\ \text{mH}}$$

(b) 솔레노이드의 자체 유도 기전력을 계산한다.

식 20.9에 L과 $\Delta I/\Delta t = -50.0$ A/s를 대입하여 자체 유도 기전력을 구한다.

$$\mathcal{E} = -L\frac{\Delta I}{\Delta t} = -(1.81 \times 10^{-4}\ \text{H})(-50.0\ \text{A/s})$$

$$= \boxed{9.05\ \text{mV}}$$

참고 전류는 시간에 따라 감소하기 때문에 $\Delta I/\Delta t$는 음의 값이 된다. **(a)**에서 인덕터에 대한 식은 솔레노이드의 길이에 비해 반지름이 매우 작다는 전제하에 성립하는 식이다.

20.6 *RL* 회로 *RL* Circuit

인덕터(inductor)는 촘촘하게 많이 감은 코일과 같이 유도 효과가 매우 큰 전기 소자를 말한다. 인덕터의 회로 기호는 —ℓℓℓ—이다. 인덕터 이외의 회로 부분에서 나타나는 자체 인덕턴스는 인덕터의 인덕턴스에 비해 매우 작기 때문에 무시해도 된다.

회로에서 인덕터의 효과를 이해하기 위하여 그림 20.24에 보인 두 회로를 비교해 보자. 그림 20.24a는 전원과 저항기로 이루어진 회로이다. 이 회로에 키르히호프의 법칙을 적용하면 $\mathcal{E} - IR = 0$이고, 저항기 양단의 전압 강하는

$$\Delta V_R = -IR \qquad [20.12]$$

이 된다. 이 식으로부터 **저항은 전류의 흐름을 방해하는 척도**로 이해할 수 있다. 이제 전원과 인덕터로 이루어진 20.24b의 회로를 보자. $IR = 0$이기 때문에 스위치가 닫히는 순간, 코일에 발생한 역기전력은 전원의 기전력과 같다. 따라서

$$\mathcal{E}_L = -L\frac{\Delta I}{\Delta t} \qquad [20.13]$$

이다. 이 식으로부터 ***L*은 전류의 변화를 방해하는 척도**로 이해할 수 있다.

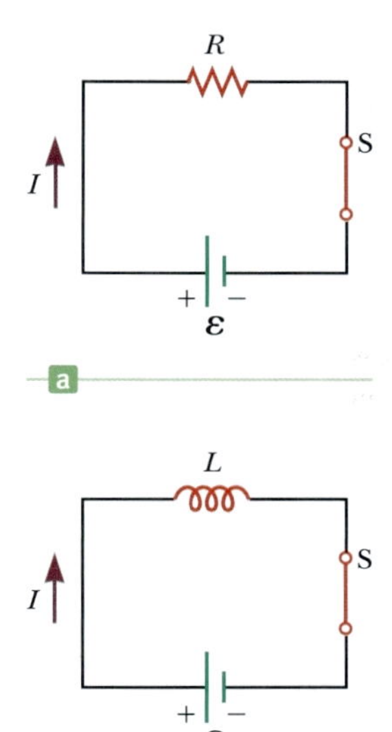

그림 20.24 인덕터와 저항기의 효과를 비교하기 위한 간단한 회로

그림 20.25는 전원, 저항기, 인덕터로 이루어진 회로이다. $t = 0$인 순간 스위치가 닫혔다고 가정하자. 전류는 증가하기 시작하지만 인덕터에서는 전류의 증가를 방해하는 유도 기전력을 생성한다. 그러므로 전류는 영에서 최대 전류인 $\mathcal{E}/R$까지 순간적으로 증가하지 못한다. 식 20.13으로부터 전류가 가장 빨리 변할 때, 유도 기전력이 최대가 됨을 알 수 있고 이것은 스위치가 닫히는 순간에 해당된다. 전류가 정상 상태의 값에 접근함에 따라 전류가 천천히 변하기 때문에, 코일에 유도되는 역기전력도 점점 감소한다. 전류가 정상 상태의 값에 이르렀을 때 전류의 변화율은 영이고 따라서 역기전력도 영이 된다. 그림 20.26은 회로에 흐르는 전류를 시간에 따라 표현한 것이다. 이 그림은 18.5절에서 *RC* 회로를 연결할 때 시간에 따라 커패시터에 저장되는 전하의 그래프와 유사하다. 이런 경우 회로의 시간 상수라고 하는 양을 도입하는 것이 편리하다. 커패시터 회로에서 시간 상수는 커패시터에 전하가 정상 상태의 값까지 저장되는 데 걸리는 시간에 대한 정보를 제공한다. 같은 방법으로 저항기와 인덕터를 포함하고 있는 회로에서도 시간 상수를 정의할 수 있다. *RL* 회로에서 **시간 상수**(time constant) τ

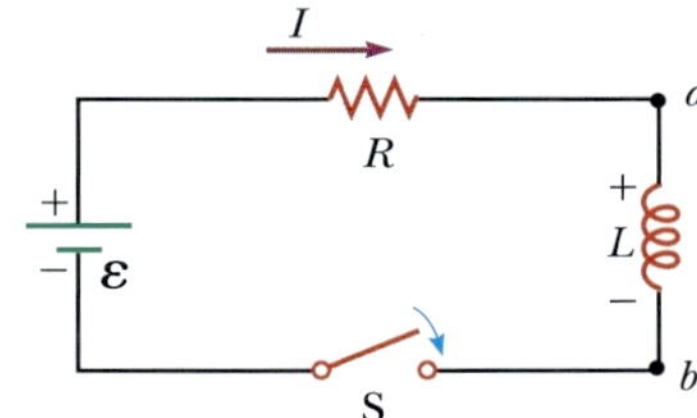

그림 20.25 직렬 *RL* 회로. 전류가 최댓값으로 증가함에 따라 인덕터는 전류의 증가를 방해하는 방향으로 유도 기전력을 생성한다.

는 전류가 정상 전류값인 $\mathcal{E}/R$의 63.2%에 도달하는 데까지 걸리는 시간이다. 즉, RL 회로에서 시간 상수는

RL 회로의 시간 상수 ▶

$$\tau = \frac{L}{R} \qquad [20.14]$$

이다. 미적분학을 사용하여 이와 같은 회로에서 전류를 계산해 보면, 다음과 같은 식이 얻어진다.

$$I = \frac{\mathcal{E}}{R}(1 - e^{-t/\tau}) \qquad [20.15]$$

이 식은 쉽게 해석할 수 있다. 시간 $t = 0$에서 스위치는 닫힌 상태이며 전류는 영이다. 그 후 시간이 경과하면서 어떤 최댓값에 도달하게 된다. 식 20.15와 식 18.7 사이의 수학적인 유사성에 주목하면 인덕터 대신에 커패시터의 형태로 바뀐 것을 알 수 있다. 커패시터의 경우에서처럼, 이 식은 인덕터에서 전류가 최댓값에 도달하는 데 무한한 시간이 필요함을 보여 주고 있다. 하지만 이런 결과는 움직이는 무한히 작은 전하들로 전류가 이루어져 있다는 가정에 의한 것이며, 실제로는 그렇지 않다.

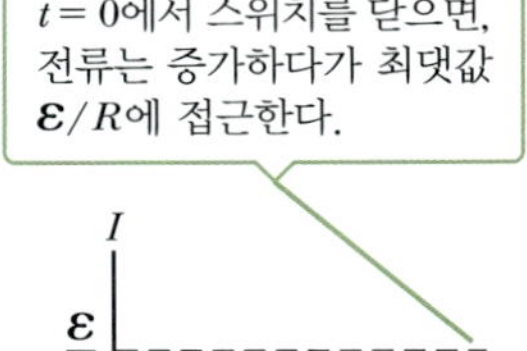

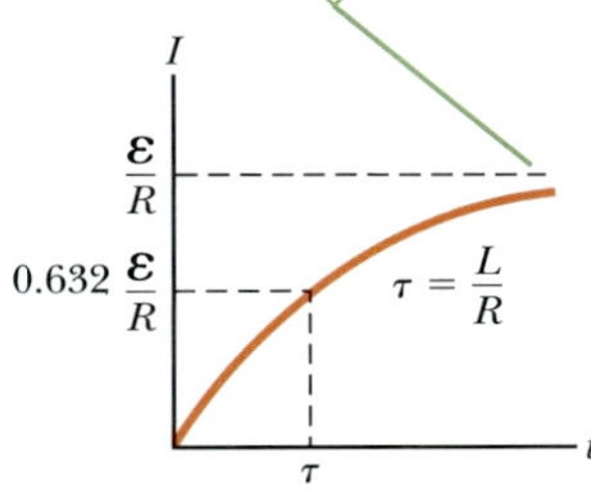

그림 20.26 그림 20.25에 보인 RL 회로에서 시간에 따른 전류의 변화. $t = 0$에서 스위치를 닫으면 전류는 최댓값인 $\mathcal{E}/R$까지 증가한다. 시간 상수 τ는 최댓값의 63.2%에 이르는 데까지 걸리는 시간이다.

예제 20.8 *RL* 회로

목표 RL 회로에서 시간 상수를 계산하고 전류와의 관계를 구한다.

문제 12.6 V의 배터리는 그림 20.25와 같이 30.0 mH의 인덕터와 0.150 Ω의 저항기에 연결되어 있다. $t = 0$일 때 스위치를 닫았다. **(a)** 회로의 시간 상수를 구하라. **(b)** 시간 상수만큼 경과한 순간의 전류를 구하라. **(c)** $t = 0$과 $t =$ 시간 상수 τ일 때, 저항기에 걸리는 전압 강하를 구하라. **(d)** 시간 상수가 경과한 후에 전류의 변화율은 얼마인가?

전략 **(a)** 시간 상수의 정의에 대입하여 구할 수 있다. 이 값과 옴의 법칙으로 시간 상수 후의 전류를 찾을 수 있고, 저항에 이 전류를 곱하여 시간 상수 후의 저항기에 걸리는 전압 강하를 계산한다. 전압 강하와 키르히호프의 고리의 법칙으로 인덕터에 걸리는 전압을 구할 수 있다. 이 값은 식 20.13에 대입하여 전류의 변화율을 얻을 수 있다.

풀이

(a) 회로의 시간 상수를 구한다.

식 20.14에 인덕턴스 L과 저항 R을 대입하여 시간 상수를 구한다.

$$\tau = \frac{L}{R} = \frac{30.0 \times 10^{-3}\,\mathrm{H}}{0.150\,\Omega} = \boxed{0.200\,\mathrm{s}}$$

(b) 시간 상수 경과 후의 전류를 구한다.

옴의 법칙을 사용하여 여러 배의 시간 상수만큼 경과 후의 전류의 나중 값을 계산한다.

$$I_{최대} = \frac{\mathcal{E}}{R} = \frac{12.6\,\mathrm{V}}{0.150\,\Omega} = 84.0\,\mathrm{A}$$

시간 상수 후 전류는 나중 값의 63.2%로 증가한다.

$$I_{1\tau} = (0.632)I_{최대} = (0.632)(84.0\,\mathrm{A}) = \boxed{53.1\,\mathrm{A}}$$

(c) $t = 0$과 $t =$ 시간 상수일 때 저항기에 걸리는 전압 강하를 구한다.

처음에 회로의 전류는 영이다. 그래서 옴의 법칙으로부터 저항기에 걸리는 전압은 영이다.

$$\Delta V_R = IR$$

$$\Delta V_R\,(t = 0\,\mathrm{s}) = (0\,\mathrm{A})(0.150\,\Omega) = \boxed{0}$$

옴의 법칙을 사용하여 시간 상수 후에 저항기에 걸리는 전압 강하의 크기를 구한다.

$$\Delta V_R\,(t = 0.200\,\mathrm{s}) = (53.1\,\mathrm{A})(0.150\,\Omega) = \boxed{7.97\,\mathrm{V}}$$

(d) 시간 상수 후의 전류의 변화율을 구한다.

키르히호프의 전압 법칙을 이용하여, 그 시각에서 인덕터에 걸리는 전압 강하를 계산한다.

$$\mathcal{E} + \Delta V_R + \Delta V_L = 0$$

ΔV_L에 대하여 푼다.

$$\Delta V_L = -\mathcal{E} - \Delta V_R = -12.6\,\mathrm{V} - (-7.97\,\mathrm{V}) = -4.6\,\mathrm{V}$$

$\Delta I/\Delta t$에 대한 식 20.13을 풀고 대입한다.

$$\Delta V_L = -L\frac{\Delta I}{\Delta t}$$

$$\frac{\Delta I}{\Delta t} = -\frac{\Delta V_L}{L} = -\frac{-4.6\ \text{V}}{30.0 \times 10^{-3}\,\text{H}} = \boxed{150\ \text{A/s}}$$

참고 이 문제에서 사용된 값들은 자동차의 시동장치에서 사용되는 실제 부품값들을 인용하였다. 이와 같은 *RL* 회로에서 전류는 처음에는 영이므로 인덕터가 전류의 흐름을 막는 역할을 한다고 해서 '초크'라 불린다. **(d)**에서는 양의 전류 방향으로 회로를 검토하면, 배터리 양단의 전압차는 양의 값을 갖게 되고 저항과 인덕터 양단의 전압차는 음의 값을 갖게 된다.

20.7 자기장에 저장된 에너지 Energy Stored in Magnetic Fields

인덕터에 의해 유도된 기전력은 배터리가 회로에 전류를 순간적으로 흐르게 하는 것을 방해한다. 배터리는 전류를 흘리기 위해 일을 해야 하며, 이 전류를 생산하는 데 소요된 일이 인덕터에 자기장 형태의 에너지로 저장되었다고 볼 수 있을 것이다. 커패시터에 저장된 에너지를 알기 위하여 16.7절에서 사용한 것과 매우 유사한 방법을 사용하여 인덕터에 저장된 에너지를 다음과 같이 구할 수 있다.

$$PE_L = \tfrac{1}{2}LI^2 \qquad [20.16]$$

◀ 인덕터에 저장된 에너지

이 결과는 대전된 커패시터에 저장된 에너지

$$PE_C = \tfrac{1}{2}C(\Delta V)^2$$

◀ 커패시터에 저장된 에너지

의 표현과 비슷함에 주목하라.

예제 20.9 자기 에너지

목표 *RL* 회로에서 전류와 자기 에너지의 저장을 연관시킨다.

문제 12.0 V 배터리는 25.0 Ω의 저항기와 5.00 H의 인덕터로 직렬연결되어 있다. **(a)** 회로에서 최대 전류를 구하라. **(b)** 이때 인덕터에 저장된 에너지를 구하라. **(c)** 전류의 변화율이 1.50 A/s일 때 인덕터에 저장된 에너지는 얼마인가?

전략 **(a)** 옴의 법칙과 키르히호프의 전압 법칙으로 최대 전류를 얻는다. 왜냐하면 전류가 최대일 때 인덕터에 걸리는 전압은 영이기 때문이다. **(b)** 식 20.16에 전류를 대입하면 인덕터에 저장된 에너지를 보여 준다. **(c)** 주어진 전류의 변화율은 특정 시각에서 인덕터에 걸리는 전압 강하를 계산하는 데 이용할 수 있다. 그러면 키르히호프의 전압 법칙과 옴의 법칙으로 그때의 전류 I를 알 수 있고, 이를 인덕터에 저장된 에너지를 구하는 데 이용할 수 있다.

풀이

(a) 회로에서 최대 전류를 구한다.

회로에 키르히호프의 전압 법칙을 적용한다.

$$\Delta V_{\text{배터리}} + \Delta V_R + \Delta V_L = 0$$

$$\mathcal{E} - IR - L\frac{\Delta I}{\Delta t} = 0$$

최대 전류에 도달했을 때, $\Delta I/\Delta t = 0$이다. 그래서 인덕터에 걸리는 전압 강하는 영이다. 최대 전류 $I_{\text{최대}}$에 대하여 푼다.

$$I_{\text{최대}} = \frac{\mathcal{E}}{R} = \frac{12.0\ \text{V}}{25.0\ \Omega} = \boxed{0.480\ \text{A}}$$

(b) 이때 인덕터에 저장된 에너지를 구한다.

식 20.16에 알고 있는 값들을 대입한다.

$$PE_L = \tfrac{1}{2}LI_{\text{최대}}^2 = \tfrac{1}{2}(5.00\ \text{H})(0.480\ \text{A})^2 = \boxed{0.576\ \text{J}}$$

(c) 전류 변화율이 1.50 A/s일 때 인덕터에 있는 에너지를 구한다.

다시 한 번 회로에 키르히호프의 전압 법칙을 적용한다.

$$\mathcal{E} - IR - L\frac{\Delta I}{\Delta t} = 0$$

전류 I에 대해 이 식을 풀고 값들을 대입한다.

$$I = \frac{1}{R}\left(\boldsymbol{\mathcal{E}} - L\frac{\Delta I}{\Delta t}\right)$$

$$= \frac{1}{25.0\ \Omega}[12.0\text{ V} - (5.00\text{ H})(1.50\text{ A/s})] = 0.180\text{ A}$$

마지막으로 식 20.16에 전류의 값을 대입하여, 인덕터에 저장된 에너지를 구한다.

$$PE_L = \tfrac{1}{2}LI^2 = \tfrac{1}{2}(5.00\text{ H})(0.180\text{ A})^2 = \boxed{0.081\,0\text{ J}}$$

참고 이전의 장들에서 배운 개념들을 활용한다. 여기서 옴의 법칙과 키르히호프의 고리의 법칙은 문제를 해결하는 데 필수적이다.

연습문제

20.1 유도 기전력과 자기선속

1(1). 그림 P20.1은 한 변의 길이가 $\ell = 0.250$ m인 정사각형 고리 도선을 옆에서 본 그림이다. 이 고리 도선은 2.00 T의 자기장 속에 놓여 있다. 고리 도선을 통과하는 자기장선이 (a) 자기장에 수직일 때, (b) 자기장과 60.0°일 때, (c) 자기장과 평행할 때의 자기선속을 계산하라.

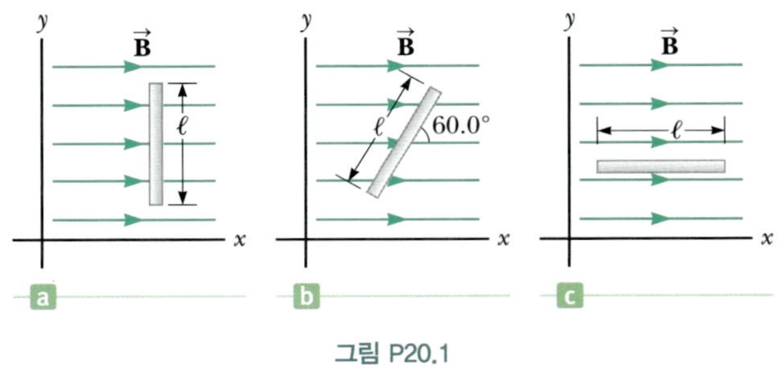

그림 P20.1

2(3). 크기가 8.0 cm × 12 cm인 사각형 모양의 도선에 0.50 T의 자기장이 수직으로 통과한다. 이 사각형 도선을 통과하는 자기선속을 구하라.

3(5). 한 변의 길이가 $\ell = 2.5$ cm인 정육면체가 그림 P20.3과 같이 놓여 있다. 이때 자기장의 성분은 $B_x = +5.0$ T, $B_y = +4.0$ T, $B_z = +3.0$ T이다. (a) 이 정육면체의 색칠한 면을 통과하는 자기선속은 얼마인가? (b) 정육면체의 내부 부피로부터 나오는 전체 자기선속(즉, 여섯 면을 통과하여 나오는 전체 자기선속)은 얼마인가?

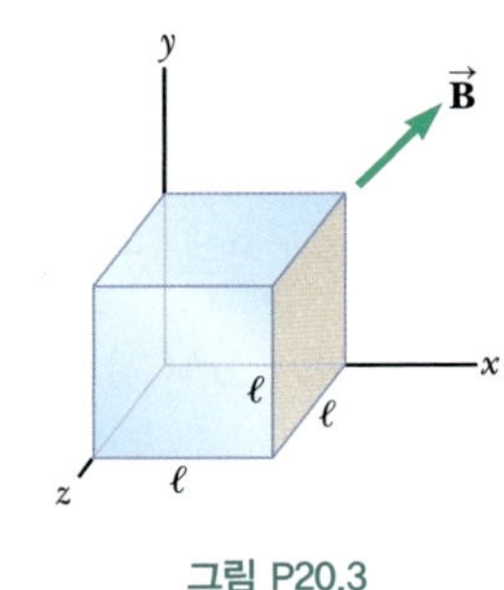

그림 P20.3

4(7). 반지름이 0.010 m인 원형 코일의 지름을 따라 2.0 A의 전류가 흐르는 긴 직선 도선이 놓여 있다. (a) 이 코일을 통과하는 전체 자기선속을 구하라. (b) 만약 직선 도선이 코일 면의 중심에 대해 수직으로 통과한다면, 코일을 통과하는 전체 자기선속은 얼마인가?

20.2 패러데이의 유도 법칙과 렌츠의 법칙

5(9). 그림 P20.5에서처럼 막대자석이 전류 코일 가까이에 놓여 있다. 자석이 (a) 왼쪽으로, (b) 오른쪽으로 각각 움직일 때 저항기에 흐르는 전류의 방향을 구하라.

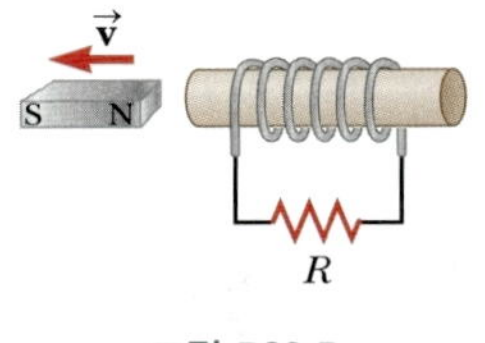

그림 P20.5

6(11). 팔뚝에 원형 금속밴드를 차고 있는 기술자가 팔을 움직여 세기가 2.5 T인 자기장 속을 0.18 s만에 통과한다. 그 밴드의 지름이 6.5 cm이고 그 금속밴드가 자기장 속을 지날 때 밴드의 면과 자기장 사이의 각은 45°일 때 그 밴드에 유도되는 평균 기전력의 크기를 구하라.

7(13). 그림 P20.7에서처럼 무한히 긴 직선 전류 도선 주변에 사각형 도선 고리 세 개가 움직이고 있다. (a) 고리 A, (b) 고리 B, (c) 고리 C에서 유도 전류가 있는 경우 그 방향을 찾아라.

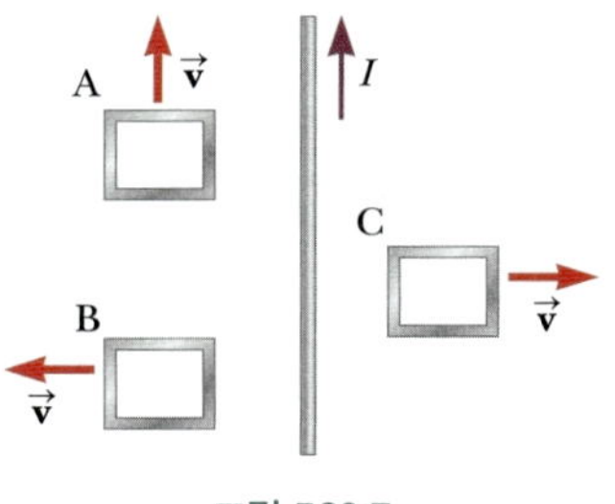

그림 P20.7

8(15). 전동칫솔에서부터 휴대전화까지 전자장치를 무선으로 충전하는 데 유도 전류에 의한 충전방식이 사용된다. 유도 충전기의 받침대 장치에서 발생시킬 수 있는 자기장이 1.00×10^{-3} T라고 하자. 받침대 장치의 자기장이 수시로 변하여 충전하고자 하는 장치의 15회 감은 원형 코일을 통과하는 자기선속을 변화시켜서 기전력을 발생시켜 배터리를 충전한다. 원형 코일의 단면적이 3.00×10^{-4} m^2, 유도 기전력의 평균값이 5.00 V라고 가정하고, 받침대 장치의 자기장을 최댓값에서 0으로 감소시키는 데 걸려야 하는 시간을 계산하라.

9(17). 그림 P20.9a에서처럼 전류가 흐르는 긴 직선 도선 바로 밑에 원형 도선 고리가 있다. (a) 유도 전류가 있다면 그 방향은 어떻게 되는가? (b) 그림 P20.9b에서처럼 도선 고리가 직선 도선 옆에 놓여 있다. 이 경우 유도 전류가 있다면 그 방향은 어떻게 되는가? 각각에 대해 이유를 설명하라.

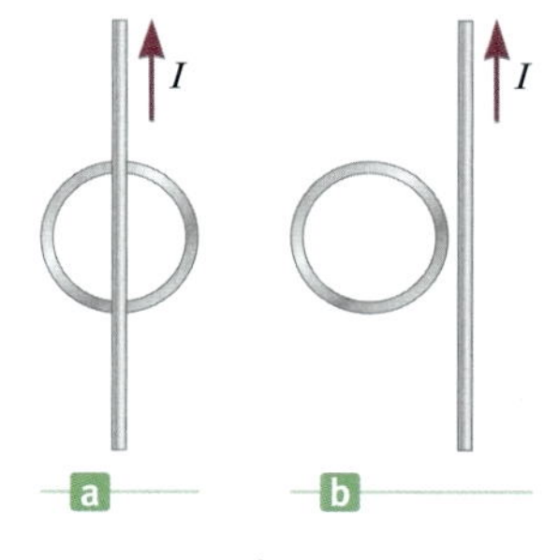

그림 P20.9

10(19). 그림 P20.10의 환자는 호흡을 관찰하는 장치를 가슴에 두르고 있다. 이 벨트는 200번 감긴 코일이다. 숨을 들이쉬면 코일의 넓이가 39.0 cm^2로 증가한다. 지구 자기장의 세기는 50.0 μT이고, 자기장의 방향은 코일 면과 28.0° 기울어져 있다. 환자가 숨을 들이쉬는 시간이 1.80 s라면, 흡입 시간 동안 코일에 유도되는 평균 기전력은 얼마인가?

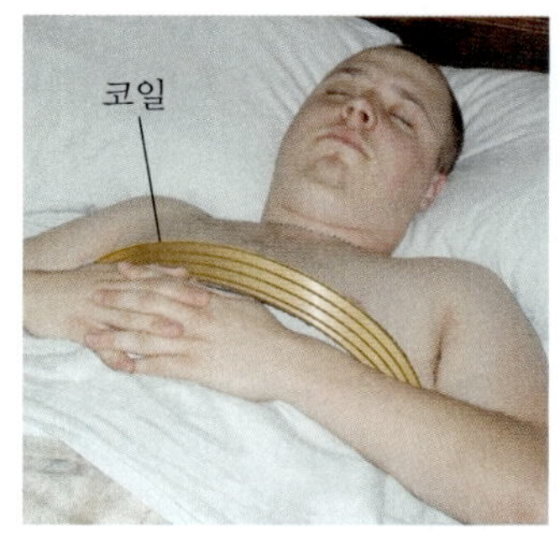

그림 P20.10

11(21). 반지름이 1.50 cm, 길이가 20.0 cm이고, 코일이 300번 감긴 솔레노이드에 2.00 A의 전류가 흐른다. 네 번 감은 두 번째 코일은 솔레노이드에 촘촘히 감겨 있어 이 코일의 반지름은 솔레노이드의 반지름과 같다고 볼 수 있다. 300번 감긴 솔레노이드에서 전류가 0.900 s 동안 일정하게 증가하여 5.00 A가 되었다. (a) 300번 감긴 솔레노이드의 가운데에서 처음 자기장을 암페어의 법칙을 이용하여 구하라. (b) 300번 감긴 솔레노이드에서 0.900 s 후의 자기장을 계산하라. (c) 네 번 감긴 코일의 넓이를 계산하라. (d) 같은 주기 동안 네 번 감긴 코일을 통과하는 자기선속을 구하라. (e) 네 번 감긴 코일에서의 평균 유도 기전력을 구하라. 이는 순간 유도 기전력과 같은가? 이유를 설명하라. (f) 네 번 감긴 코일에 흐르는 전류에 의한 자기장의 영향을 무시하여도 됨을 설명하라.

20.3 운동 기전력

12(23). 너비가 2.00 m인 소형 트럭이 있다. 트럭이 북쪽을 향해 37 m/s의 속력으로 달린다. 트럭이 달리는 곳에서의 지구 자기장의 연직 성분의 크기가 35 μT이라면, 트럭 기사와 그 옆에 앉은 승객 사이의 유도 기전력의 크기는 얼마인가?

13(25). 길이가 1.20 m인 안테나를 수직으로 매단 자동차가 65.0 km/h의 속력으로 수평 길을 진행하고 있다. 자동차가 지나는 지점의 지구 자기장의 세기는 50.0 μT이고, 북쪽 방향으로 지평선과 65.0°의 각을 이루어 아래로 향하고 있다. (a) 안테나의 꼭대기가 바닥에 대하여 양으로 되면서, 안테나에 최대의 운동 기전력이 발생하려면 자동차는 어느 방향으로 진행하여야 하는가? (b) 이때 유도 기전력의 크기를 계산하라.

14(27). 길이 15.0 m의 강철 빔을 실은 어떤 트럭이 고속도로를 달리고 있다. 사고로 인해 강철 빔이 쏟아져 나와 수평으로 25.0 m/s의 속력으로 길 위로 미끄러지고 있다. 동서 방향으로 놓여 있던 빔의 질량 중심의 속도는 북쪽을 향하고 있다. 그곳에서의 지구 자기장의 연직 성분의 크기는 35.0 μT이다. 강철막대 양단 사이의 유도 기전력의 크기는 얼마인가?

15(29). 그림 P20.15는 질량 $m = 0.200$ kg인 막대가 마찰이 없는 레일 위에서 미끄러져 내려가는 모습을 나타내고 있다. 두 레일 사이의 거리는 $\ell = 1.20$ m이고 경사각은 $\theta = 25.0°$이다. 저항기의 저항값이 $R = 1.00$ Ω이고 균일한 자기장 $B = 0.500$ T가 막대가 움직이는 모든 영역에서 지면에 수직으로 아래로 향한다. 경사면을 따라 내려오는 막대의 일정한 속력 v는 얼마인가?

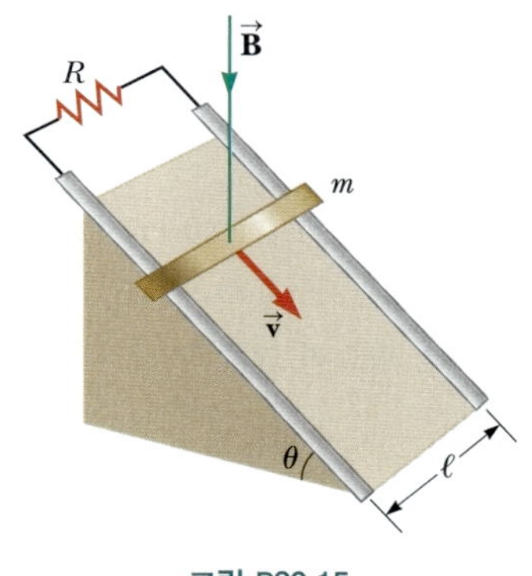

그림 P20.15

20.4 발전기

16(31). 자전거 바퀴에 붙어 있는 발전기를 사용하여 후레쉬를 켜거나 전자장치를 사용하고자 한다. 보통의 자전거 발전기는

바퀴의 회전 각속도가 $\omega = 20.0$ rad/s일 때 발전 전압이 6.00 V이다. (a) 발전기 내부 자석의 자기장이 $B = 0.600$ T이고 코일의 감은 수가 $N = 100$회라면 코일 단면의 면적 A를 구하라. (b) 최대 기전력 +6.00 V에서 최소 기전력 −6.00 V로 바뀌는 데 걸리는 시간을 구하라.

17(33). 한 변의 길이가 2.80 cm인 정사각형 도선 코일이 1.25 T의 균일한 자기장 내에 놓여 있다(그림 P20.17). 자기장은 종이면으로 들어가는 방향이며, 28.0번 감긴 코일의 저항은 0.780 Ω이다. 그림에 나타나 있는 것처럼 코일이 수평축에 대해 0.335 s 동안 90.0° 회전한다면, (a) 이러한 회전에 의한 평균 유도 기전력과 (b) 코일에 유도되는 전류를 구하라.

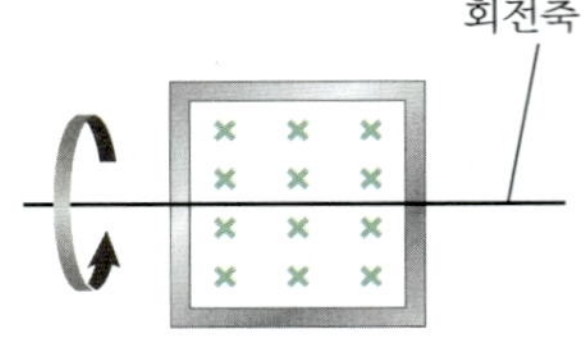

그림 P20.17

18(35). 타원 모양으로 10.0회 감은 코일이 있다. 타원의 장축은 10.0 cm이고 단축은 4.00 cm이다. 그 코일이 자기장의 세기가 55.0 μT인 지구 자기장 영역에서 100. rpm으로 회전한다. 그 코일이 장축을 중심으로 (a) 지구 자기장에 수직하게, (b) 지구 자기장에 평행하게 회전할 때 코일에 유도되는 최대 기전력은 얼마인가? Note: 타원의 면적은 $A = \pi ab$이다. 여기서 a는 장축의 길이, b는 단축의 길이이다.

19(37). 건물 밖에 있는 전력선 등에 의해 생기는 아주 약한 교류 자기장이 인체에 끼치는 영향이 어떠한지를 알아내기 위한 과학적인 연구가 현재 진행 중이다. 그중 한 가지는 60. Hz로 진동하는 1.0×10^{-3} T의 자기장으로 적혈구 세포에 자극을 주면 암세포가 될 수도 있다는 것이다. 적혈구 세포의 지름이 8.0 μm라 할 때, 세포 둘레에 생길 수 있는 최대 유도 기전력을 구하라.

20.5 자체 인덕턴스

20(39). 반지름이 2.5 cm, 길이가 20 cm, 400번 감긴 솔레노이드가 있다. (a) 인덕턴스를 구하라. (b) 75 mV의 유도 기전력을 발생시키는 데 필요한 전류의 시간 변화율은 얼마인가?

21(41). 어떤 코일에 흐르는 전류가 0.50 s 동안 3.5 A에서 2.0 A로 감소되었다. 코일의 평균 유도 기전력이 12 mV라면 자체 인덕턴스는 얼마인가?

20.6 *RL* 회로

22(43). $L = 2.50$ H이고, 3.00 s 동안 최대 전류의 90.0%까지 증가하는 RL 회로가 있다. 이 회로의 저항을 계산하라.

23(45). 전자석은 인덕터와 저항기가 직렬연결된 것으로 해석할 수 있다. $L = 12.0$ H, $R = 4.50$ Ω인 어떤 대형 전자석이 24.0 V의 배터리와 스위치에 연결되어 있다(그림 P20.23). 스위치가 닫힌 후, (a) 전자석에 흐를 수 있는 최대 전류, (b) 회로의 시간 상수, (c) 전류가 최댓값의 95.0%에 도달하는 데 걸리는 시간을 구하라.

24(47). 그림 P20.23에 있는 배터리의 단자 전압은 9.00 V이다. 스위치를 닫은 후 $t = 0.100$ s에서 전류 I의 최댓값의 절반인 2.00 A에 도달한다. (a) 시간 상수 τ을 계산하라. (b) $t = 0.100$ s일 때의 인덕터 양단의 기전력은 얼마인가? (c) 스위치를 닫은 바로 직후인 $t = 0$ s에서 인덕터 양단의 기전력은 얼마인가?

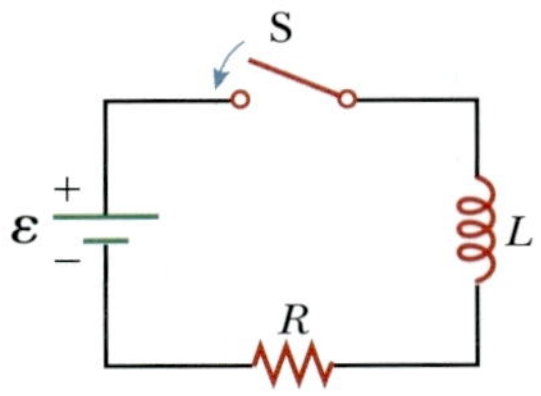

그림 P20.23 (문제 20.23, 20.24)

20.7 자기장에 저장된 에너지

25(49). 각각 $R = 8.0$ Ω이고 $L = 4.0$ H인 저항기와 인덕터로 구성된 회로에 24 V의 전원이 직렬로 연결된 RL 회로가 있다. (a) 최대 전류가 흐를 때 인덕터에 저장된 에너지를 구하라. (b) 스위치를 닫은 후 시간 상수만큼 경과한 순간 인덕터에 저장된 에너지를 구하라.

26(51). (a) 1.70 A의 전류가 흐르는 순간에 인덕터에 저장된 에너지가 0.300 mJ이라 할 때 이 인덕터의 인덕턴스를 구하라. (b) 3.00 A의 전류가 흐른다면 같은 인덕터에 저장된 에너지는 얼마인가?

종합문제

27(53). 저항이 R인 도선이 그림 P20.27에서처럼 길이가 ℓ이고 너비가 w인 직사각형 모양으로 N번 감겨 있다. 그 코일은 균일한 자기장 $\vec{\mathbf{B}}$ 속으로 일정한 속도 $\vec{\mathbf{v}}$로 움직이고 있다. 그 코일이 (a) 자기장 속으로 들어갈 때, (b) 자기장 내에서 움직이고 있을 때, (c) 자기장에서 빠져나올 때 코일에 작용하는 전체 자기력을 구하라.

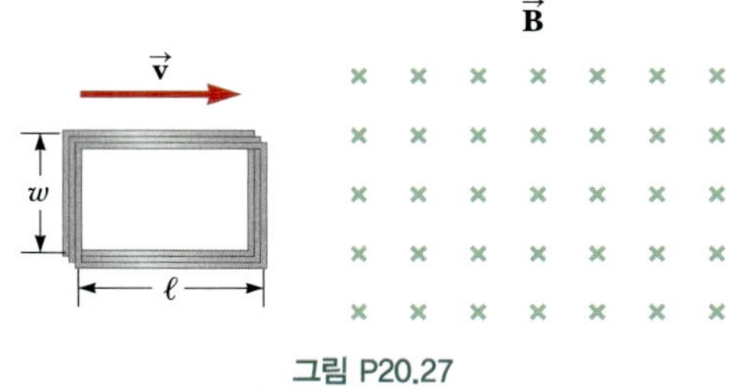

그림 P20.27

28(55). 그림 P20.28에서처럼 두 개의 원형 도선 고리의 중심으로 절연 막대가 있다. 막대의 왼쪽 끝에서 보았을 때 고리 1에는 전류 I가 시계 방향으로 흐르고 있다. 만일 고리 1이 정지해 있는 고리 2 쪽으로 움직인다면 왼쪽 끝에서 보았을 때 고리 2에 유도되는 전류는 어느 방향인가?

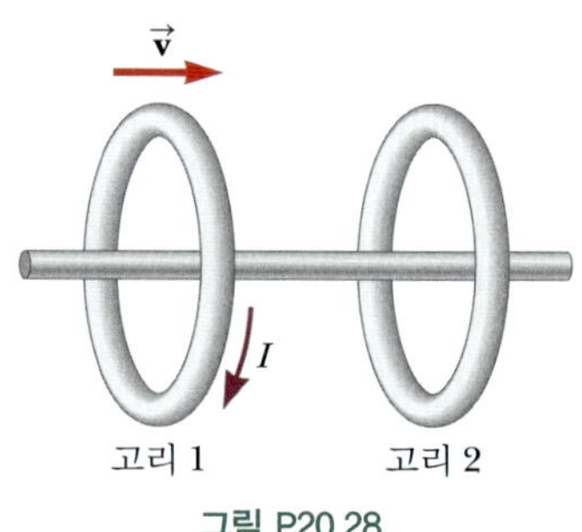

그림 P20.28

29(57). 저항이 24.0 Ω인 도선을 820번 감아서 만든 코일이 그림 P20.29에서와 같이 12 500번 감은 길이가 7.00 cm인 솔레노이드의 위에 놓여 있다. 코일과 솔레노이드의 단면적은 모두 1.00×10^{-4} m^{2}이다. (a) $t = 0$에서 스위치를 닫을 경우, 솔레노이드에 흐르는 전류가 최대 전류값의 0.632배가 되는 데 걸리는 시간은 얼마인가? (b) 이 시간 간격 동안에 자체 인덕턴스에 의해 생기는 평균 역기전력을 구하라. 코일이 있는 곳에서 솔레노이드에 의해 생긴 자기장은 솔레노이드 중심에서의 자기장의 1/2이다. (c) 그 시간 동안 한 번 감긴 코일을 통과하는 자속의 평균 변화율을 구하라. (d) 그 코일에 유도되는 평균 전류의 크기를 구하라.

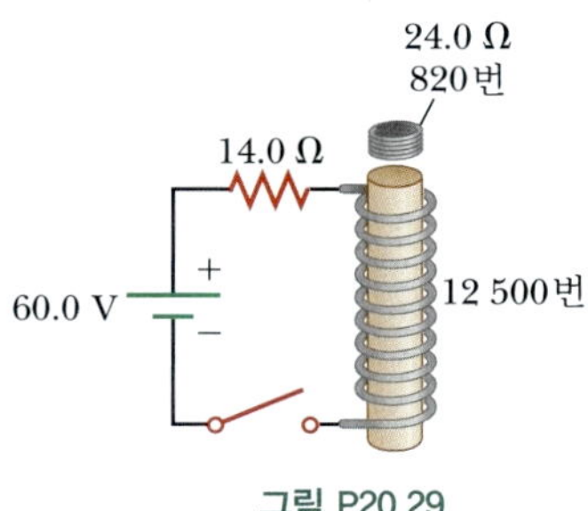

그림 P20.29

30(63). 그림 P20.30에서 주어진 자기장은 균일하며 크기가 25.0 mT이고 종이면 속으로 향한다. 중간에 있는 도선이 감긴 부분의 처음 지름은 2.00 cm이다. (a) 도선을 갑자기 팽팽하게 당기면 수축하여 50.0 ms 동안에 지름이 영이 된다. 도선 양단의 두 점 A와 B 사이에 유도되는 평균 전압과 극성을 구하라. (b) 한 번 감긴 부분을 건드리지 않은 상태에서 자기장을 4.00×10^{-3} s 동안에 100 mT로 증가시킨다고 하자. 그 시간 동안 단자 A에서 B 사이에 유도되는 평균 전압과 극성을 구하라.

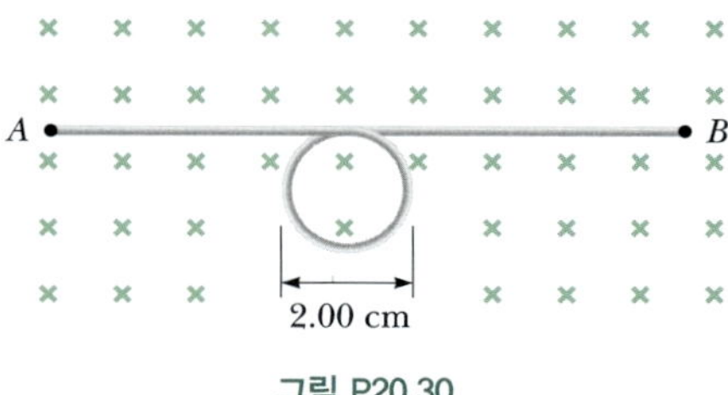

그림 P20.30

교류 회로와 전자기파
Alternating-Current Circuits and Electromagnetic Waves

CHAPTER 21

매번 텔레비전이나 오디오 또는 다른 전기 장치를 켤 때마다, 이 장치들을 작동시키기 위한 동력을 공급하기 위해 교류 전류(AC)가 필요하다. 우선 기전력의 근원과 다른 회로 요소 중의 하나인 저항기, 커패시터, 인덕터 등을 포함하고 있는 회로의 특성을 살펴봄으로써 교류 회로에 관한 고찰을 시작해 보기로 한다. 그리고 이들 회로 소자들을 함께 연결했을 때 어떻게 동작하는지를 알아본다. 여기서는 세 가지 회로 소자가 직렬로 연결된 경우만을 다루기로 하자.

이 장에서는 변화하는 전기장과 자기장으로 구성된 전자기파에 관한 논의로써 결론을 맺고자 한다. 가시광 형태의 전자기파는 주변의 사물들을 볼 수 있도록 해 주며, 적외선 파동은 주위 환경을 따뜻하게 만들어 주고, 무선전파는 텔레비전과 라디오 프로그램을 송신할 뿐 아니라, 우주의 중심에서 일어나는 변화 과정의 정보까지 제공한다. X선은 우리 몸속의 구조를 알 수 있게 해 주고, 멀리 떨어진 붕괴된 별의 성질들을 연구할 수 있게 한다. 빛은 우주를 이해하기 위한 도구이다.

21.1 교류 회로에서의 저항기 Resistors in an AC Circuit

교류 회로는 회로 소자와 이들에게 교류 전기를 공급하는 교류 전원이나 교류 발전기를 연결한 구조로 구성되어 있다. 교류 발전기의 출력은 사인형 파동이며 시간에 따라 다음과 같이 변화한다.

$$\Delta v = \Delta V_{\text{최대}} \sin 2\pi f t \qquad [21.1]$$

여기서 Δv는 순간 전압, $\Delta V_{\text{최대}}$는 교류 발전기의 최대 전압, f는 전압이 변화하는 진동수로서 단위는 헤르츠(Hz)이다(식 20.7과 20.8을 식 21.1과 비교해 보라. 또한 $\omega = 2\pi f$이다). 우선 그림 21.1과 같이 하나의 저항과 교류 전원(기호 —(~)—로 표시)으로 구성된 간단한 회로를 살펴보자. 저항기 양단에 걸리는 전류와 전압은 그림 21.2와 같이 변한다.

교류의 개념을 설명하기 위해 그림 21.2에 있는 전류 대 시간 곡선을 검토해 보자. 곡선 위의 점 a에서 전류는 한 방향으로 최댓값을 가지며, 이를 양의 방향이라고 하자. 점 a와 b 사이에서 전류는 크기가 감소하지만 여전히 양의 방향으로 흐르고 있다. 점 b에서는 전류가 순간적으로 영이 된 후, 점 b와 c 사이에서는 반대 방향(음의 방향)으로 증가한다. 점 c에서 전류는 음의 방향으로 최댓값에 도달한다.

전류와 전압은 시간에 따라 동일하게 변하기 때문에 서로 보조를 맞춘다. **전류와 전압은 동시에 모두 최댓값에 도달하기 때문에 그 둘은 위상이 같다.** 또한 **한 주기 동안의 전류의 평균값은 영임**에 주목하라. 그 이유는 전류가 한 방향(양의 방향)으로 흐르는

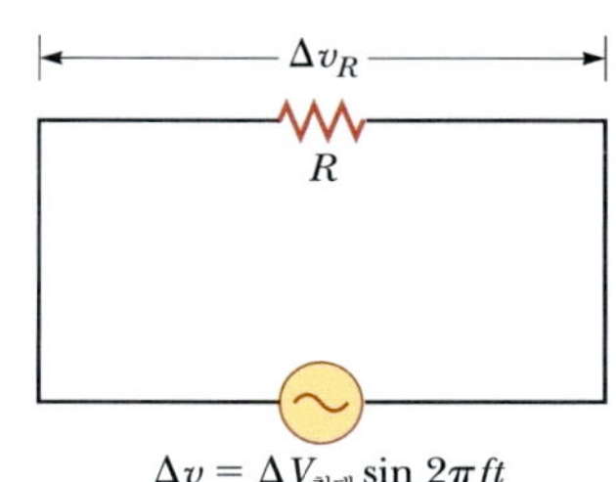

그림 21.1 기호 —(~)—로 표시되는 교류 발전기에 연결된 저항기 R로 구성된 직렬 회로

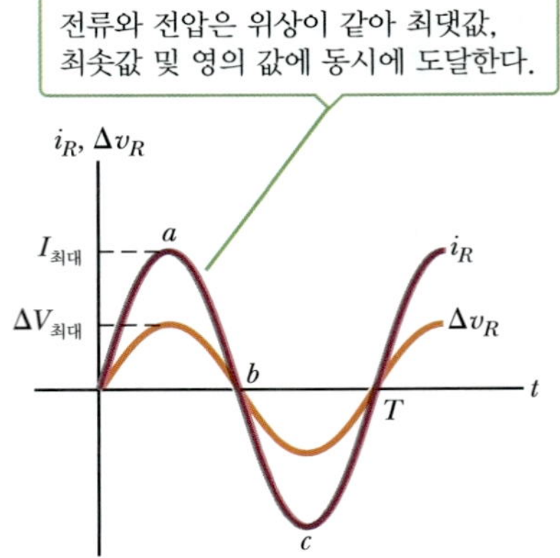

그림 21.2 시간에 대한 저항기 양단의 전류와 전압 그래프

동안의 시간과 전류의 크기는 반대 방향(음의 방향)으로 흐르는 경우와 같기 때문이다. 그러나 전류의 방향은 회로에 있는 저항기에는 영향을 주지 않는다. 저항기를 이루는 고정된 원자와 전자 간의 충돌이 전류의 방향에 무관하게 저항의 온도를 증가시키기 때문이다.

이러한 논의로부터 전기에너지가 저항기에서 소모되는 비율인 전력 P를 다음과 같이 정량화할 수 있다.

$$P = i^2 R$$

여기서 i는 저항기에 흐르는 순간 전류이다. 전류의 가열 효과는 전류의 제곱에 비례하기 때문에, 전류에 관련된 부호가 양이든 음이든 차이가 없다. 그러나 최댓값 $I_{최대}$인 교류 전류에 의한 가열 효과는 같은 값의 직류 전류에 의한 것과는 같지 않다. 교류 전류가 한 주기 동안 한 순간에만 최댓값을 갖기 때문이다. 교류 회로에서 중요한 양은 **rms 전류**(rms current)라고 하는 특별한 종류의 평균값이다. rms 전류란 실제 교류 전류에 의해 저항기에서 소모되는 에너지와 동일한 양을 소모시킬 수 있는 직류 전류를 의미한다. 그림 21.3a에 그려진 것과 같은 모양의 교류 전류 i의 평균값을 구하는 것은 평균이 영이 되기 때문에 의미가 없다. 반면에 rms 전류는 항상 양의 값을 갖는다. rms 전류를 구하기 위해 우선 전류값을 제곱하고 이것의 평균값을 구한 다음, 이 평균값의 제곱근을 취하면 된다. 따라서 rms 전류는 전류 제곱을 평균한 값의 제곱근을 의미한다. i^2은 $\sin^2 2\pi ft$로 변하므로 i^2의 평균값은 $\frac{1}{2}I^2_{최대}$이다[1](그림 21.3b). 그러

[1] $(i^2)_{평균} = I^2_{최대}/2$임을 다음과 같이 증명할 수 있다. 회로의 전류는 표현식 $i = I_{최대} \sin 2\pi ft$에 따라 시간에 의하여 변하므로, $i^2 = I^2_{최대} \sin^2 2\pi ft$이다. 따라서 i^2의 평균값은 $\sin^2 2\pi ft$의 평균값을 계산하여 구할 수 있다. 시간에 대한 $\cos^2 2\pi ft$의 그래프는 시간에 대한 $\sin^2 2\pi ft$의 그래프와 점들이 시간 축에서 이동된 것을 제외하고 같다. 따라서 한 주기 또는 그 이상에 대해 $\sin^2 2\pi ft$의 평균값은 $\cos^2 2\pi ft$의 평균값과 같다. 즉,

$$(\sin^2 2\pi ft)_{평균} = (\cos^2 2\pi ft)_{평균}$$

이 된다. 이 사실과 $\sin^2\theta + \cos^2\theta = 1$을 이용하면

$$(\sin^2 2\pi ft)_{평균} + (\cos^2 2\pi ft)_{평균} = 2(\sin^2 2\pi ft)_{평균} = 1$$

$$(\sin^2 2\pi ft)_{평균} = \frac{1}{2}$$

이다. 이 결과를 표현식 $i^2 = I^2_{최대} \sin^2 2\pi ft$에 대입하면, $(i^2)_{평균} = I^2_{rms} = I^2_{최대}/2$ 또는 $I_{rms} = I_{최대}/\sqrt{2}$이다. 여기서 I_{rms}는 rms 전류이다.

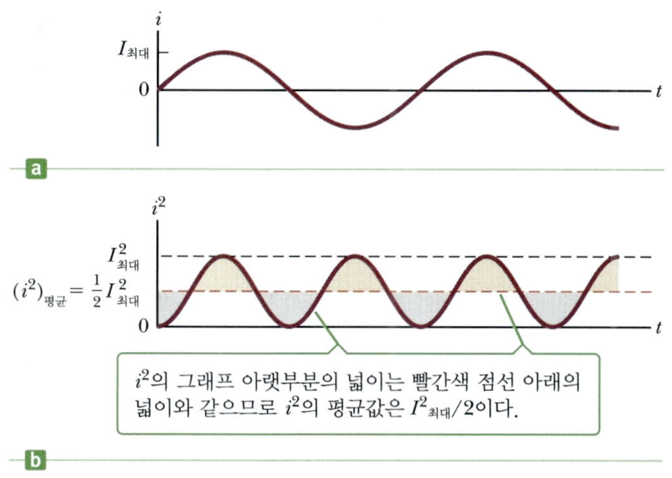

그림 21.3 (a) 저항기에 흐르는 전류를 시간의 함수로 나타낸 그래프, (b) 저항기에 흐르는 전류의 제곱을 시간의 함수로 나타낸 그래프. 이 그래프에서 주황색 영역의 넓이와 회색 영역의 넓이는 같다. 따라서 i^2 곡선의 아랫부분의 넓이는 빨간색 점선 아래의 넓이와 같다. 그러므로 $(i^2)_{평균} = I^2_{최대}/2$이다.

므로 rms 전류 I_{rms}는 교류 전류의 최댓값 $I_{최대}$와 다음과 같은 관계가 있다.

$$I_{rms} = \frac{I_{최대}}{\sqrt{2}} = 0.707 I_{최대} \qquad [21.2]$$

이 식은 최댓값이 3 A인 교류 전류에 의한 저항기의 가열 효과는 $(3/\sqrt{2})$ A인 직류 전류에 의한 값과 동일하다는 것을 뜻한다. 즉, 교류 전류 I에 의해 저항기에서 소모되는 평균 전력은

$$P_{평균} = I^2_{rms} R$$

이다.

교류 전압 역시 앞의 교류 전류와 동일한 방법으로, rms 전압을 이용하여 잘 설명할 수 있다. 즉,

◀ rms 전압

$$\Delta V_{rms} = \frac{\Delta V_{최대}}{\sqrt{2}} = 0.707\,\Delta V_{최대} \qquad [21.3]$$

이다. 여기서 ΔV_{rms}는 rms 전압이고 $\Delta V_{최대}$는 교류 전압의 최댓값이다.

우리가 전기 콘센트에서 120 V의 교류 전압을 측정한다고 할 때, 실제로는 120 V의 rms 전압을 측정하는 것이다. 식 21.3을 이용하여 계산해 보면 이 경우의 교류 전압은 약 170 V의 최댓값을 갖는다. 이 장에서는 교류 전류와 교류 전압을 논의할 때 rms값들을 사용하고자 한다. 그 이유 중의 하나는 교류 전류계와 교류 전압계가 rms값들을 읽도록 설계되어 있기 때문이다. 더 나아가 rms값들을 사용하면 교류에 대한 많은 식들이 직류 전류(DC) 회로를 공부할 때 사용하였던 식들과 같은 형식을 갖게 된다. 표 21.1에 이 장에서 사용될 표기법이 요약되어 있다.

표 21.1 이 장에서 이용된 표기법

	전압	전류
순간값	Δv	i
최댓값	$\Delta V_{최대}$	$I_{최대}$
rms값	ΔV_{rms}	I_{rms}

그림 21.1에 있는 교류 발전기에 저항기가 연결되어 있는 직렬 회로를 생각해 보자. 직류 회로에서와 같이 저항기는 교류 회로에 흐르는 전류를 방해한다. 그러므로 옴의 법칙은 교류 회로에 대해서도 유효하며, 다음과 같은 식이 성립한다.

$$\Delta V_{R,rms} = I_{rms} R \qquad [21.4a]$$

저항기에 걸리는 rms 전압은 회로에 흐르는 rms 전류와 저항의 곱과 같다. 이 식은 전류와 전압의 최댓값들을 사용해도 성립한다.

$$\Delta V_{R,\text{최대}} = I_{\text{최대}} R \qquad \textbf{[21.4b]}$$

예제 21.1 rms 전류란 무엇인가?

목표 순수 저항 회로에 대해 기초 교류 회로 계산을 해본다.

문제 교류 전원의 출력이 $\Delta v = (2.00 \times 10^2\ \text{V})\sin 2\pi ft$이다. 그림 21.1과 같이 전원은 $1.00 \times 10^2\ \Omega$인 저항기에 연결되어 있다. 저항기에서 rms 전압과 rms 전류를 구하라.

전략 주어진 출력에 대한 전압 표현식과 일반적인 형태인 $\Delta v = \Delta V_{\text{최대}} \sin 2\pi ft$를 비교하여, 최대 전압을 구한다. 이 결과를 rms 전압에 대한 표현식에 대입한다.

풀이

출력에 대해 주어진 표현식과 일반적인 표현식을 비교하여 최대 전압을 얻는다.

$$\Delta v = (2.00 \times 10^2\ \text{V})\sin 2\pi ft \qquad \Delta v = \Delta V_{\text{최대}} \sin 2\pi ft$$

$$\rightarrow \quad \Delta V_{\text{최대}} = 2.00 \times 10^2\ \text{V}$$

다음으로 식 21.3에 대입하여 전원의 rms 전압을 구한다.

$$\Delta V_{\text{rms}} = \frac{\Delta V_{\text{최대}}}{\sqrt{2}} = \frac{2.00 \times 10^2\ \text{V}}{\sqrt{2}} = 141\ \text{V}$$

이 결과를 옴의 법칙에 대입하여 rms 전류를 구한다.

$$I_{\text{rms}} = \frac{\Delta V_{\text{rms}}}{R} = \frac{141\ \text{V}}{1.00 \times 10^2\ \Omega} = 1.41\ \text{A}$$

참고 rms값의 개념은 직류 회로와 같은 방법으로 교류 회로를 정량적으로 다루기 위한 방법이다.

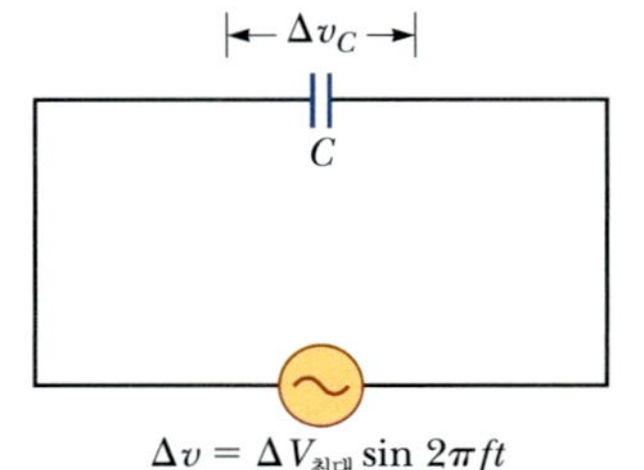

그림 21.4 교류 발전기에 연결된 커패시터 C로 구성된 직렬 회로

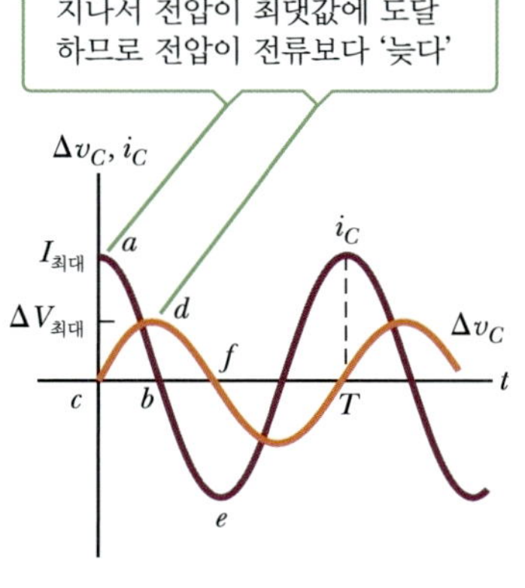

그림 21.5 교류 회로에서 시간에 대한 커패시터 양단의 전류와 전압 그래프

21.2 교류 회로에서의 커패시터 Capacitors in an AC Circuit

교류 전원이 포함된 회로의 동작에서 커패시터의 효과를 이해하기 위해, 먼저 배터리와 같은 직류 전원이 연결된 회로에 커패시터가 놓인 경우 어떤 일이 일어나는지 살펴보자. 배터리, 저항기, 커패시터가 있는 직류 회로의 스위치를 닫았을 때, 커패시터 판의 처음 전하의 양은 영이다. 그러므로 회로를 통한 전하의 이동은 상대적으로 자유로워, 회로에 흐르는 전류의 크기가 크다. 커패시터에 더 많은 전하가 축적되면, 이들 양단의 전하는 증가하여 전류의 흐름을 막는다. 시간 상수 RC값에 의존하는 특정한 시간 간격이 지나면, 전류는 영으로 접근한다. 따라서 직류 회로에서 커패시터는 전류를 제한하게 되어, 시간이 지나면 전류의 크기는 영에 접근한다.

그림 21.4에 있는 커패시터가 교류 발전기에 연결된 간단한 직렬 회로를 생각하자. 시간에 대한 전류와 시간에 대한 전압 곡선을 그린 다음 그래프를 만들어 보자. 그림 21.5는 이에 대한 곡선을 보여 주고 있다. 먼저 a에서 b까지 전류 부분은 전류가 상당히 큰 값에서 출발했음에 주목하자. $t=0$에서 커패시터에는 전하가 없었으므로 이 순간에 전하의 흐름을 방해하는 것은 도선의 저항밖에 없으므로 전류의 크기가 큰 것은 이해할 수 있다. 그러나 전압 곡선에서 c에서부터 d로 커패시터 양단의 전압이 증가하면 전류는 감소한다. 전압이 점 d에 이르게 되면, 전류는 흐름 방향을 바꾸어 반대 방향으로 증가하기 시작한다(전류 곡선에서 점 b에서 e). 이 시간 동안 커패시터 양단의 전압은 d에서 f로 감소한다. 그 이유는 앞서 축적된 전하들을 판에서 잃기 때문이다.

전압과 전류 양쪽에 대한 주기의 나머지 부분은 처음 반주기 동안에 일어났던 것들의 반복이다. 전류 곡선 위 점 e에서 반대 방향으로 전류가 최댓값에 도달하고 커패시터 양단의 전압이 증가하면 다시 전류는 감소한다.

순수 저항 회로에서 전류와 전압은 항상 보조가 맞았다. 하지만 커패시터가 회로에 있으면 더 이상 보조가 맞지 않는다. 그림 21.5에서 커패시터 양단에 교류 전압이 걸리면, 전류가 최댓값에 도달하고 난 후 1/4 주기 뒤에 교류 전압이 최댓값에 도달한다. **이때 커패시터 양단의 전압은 전류보다 위상이 항상 90° 늦다**고 말한다.

◀ 커패시터 양단의 전압은 전류보다 90° 늦다

교류 회로에서 전류에 대한 커패시터의 방해 효과는 **용량성 리액턴스**(capacitive reactance) X_C라고 부르는 인자로 표현되며, 다음과 같이 정의된다.

$$X_C \equiv \frac{1}{2\pi f C} \qquad [21.5]$$

◀ 용량성 리액턴스

C의 단위가 패럿(F)이고 f가 헤르츠(Hz)이면, X_C의 단위는 옴(Ω)이다. $2\pi f = \omega$는 각진동수이다.

식 21.5로부터 전원의 진동수 f가 증가하면, 용량성 리액턴스 X_C(커패시터의 방해 효과)는 감소하여 전류는 증가한다. 높은 진동수에서는 커패시터를 대전시키는 데 소요되는 시간이 줄어들고 따라서 더 작은 전하와 전압이 커패시터에 축적되며, 이는 전하의 흐름에 방해를 덜 받게 되어 결과적으로 더 큰 전류가 흐른다. 용량성 리액턴스와 저항 사이의 유사성으로부터 커패시터를 포함하는 교류 회로를 서술하는 데 옴의 법칙과 같은 형태의 방정식을 쓸 수 있다. 다음 식은 회로에 있는 rms 전압과 rms 전류를 용량성 리액턴스와 관련시키는 식이다.

$$\Delta V_{C,\mathrm{rms}} = I_{\mathrm{rms}} X_C \qquad [21.6]$$

예제 21.2 순수 용량성 교류 회로

목표 용량성 회로에 대한 기본적인 교류 회로 계산을 수행한다.

문제 8.00 μF의 커패시터가 rms 전압이 1.50×10^2 V이고 진동수가 60.0 Hz인 교류 발전기 단자에 연결되어 있다. 회로에서 용량성 리액턴스와 rms 전류를 구하라.

전략 식 21.5와 21.6에 값들을 대입한다.

풀이

식 21.5에 f와 C의 값을 대입한다.

$$X_C = \frac{1}{2\pi f C} = \frac{1}{2\pi(60.0\ \mathrm{Hz})(8.00 \times 10^{-6}\ \mathrm{F})} = 332\ \Omega$$

식 21.6을 전류에 관해 풀고 rms 전압과 X_C값을 대입하여 rms 전류를 구한다.

$$I_{\mathrm{rms}} = \frac{\Delta V_{C,\mathrm{rms}}}{X_C} = \frac{1.50 \times 10^2\ \mathrm{V}}{332\ \Omega} = 0.452\ \mathrm{A}$$

참고 저항기가 있는 직류 회로 해석과 방법이 매우 비슷함에 유의하라.

21.3 교류 회로에서의 인덕터 Inductors in an AC Circuit

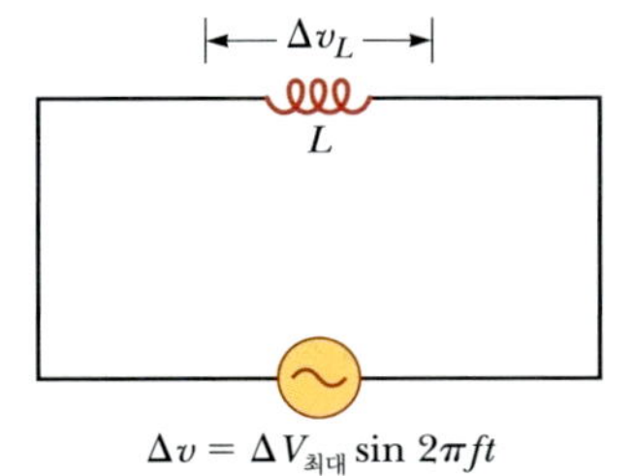

그림 21.6 교류 발전기에 연결된 인덕터 L로 구성된 직렬 회로

그림 21.6과 같이 교류 전원 단자에 인덕터 하나만 연결된 교류 회로를 생각해 보자(실제 회로에서는 유도 코일을 구성하는 도선에 저항이 있지만, 당분간 도선의 저항은 무시하기로 하자). 발전기에서 출력 전류가 시간에 따라 변하면 역기전력이 발생하여 코일에서 전류를 방해한다. 역기전력의 크기는

$$\Delta v_L = L \frac{\Delta I}{\Delta t} \quad [21.7]$$

이다. 교류 회로에 있는 코일의 유효 저항은 **유도성 리액턴스**(inductive reactance) X_L이라고 하는 양으로 측정된다. 즉

$$X_L \equiv 2\pi f L \quad [21.8]$$

이다. 여기서 f의 단위가 헤르츠(Hz), L의 단위가 헨리(H)이면, X_L의 단위는 옴(Ω)이다. 진동수가 증가하고 인덕턴스가 증가할 때 유도성 리액턴스도 증가한다. 이러한 경향은 진동수나 전기용량이 증가하면 용량성 리액턴스가 감소하는 커패시터와 반대이다.

유도성 리액턴스의 의미를 이해하기 위하여 식 21.8과 21.7을 비교해 보자. 먼저 식 21.8로부터 유도성 리액턴스가 인덕턴스 L에 의존함을 알 수 있다. 이것은 L값이 클수록 역기전력(식 21.7)이 크기 때문에 타당하다. 다음으로 유도성 리액턴스는 진동수 f에 의존한다. 역기전력이 $\Delta I/\Delta t$에 의존하므로 전류가 빨리 변하면 커지므로, 높은 진동수로 갈수록 증가한다. 그러므로 이러한 의존성은 타당하다.

이와 같은 방법으로 정의된 유도성 리액턴스로, 코일이나 인덕터에 걸린 전압에 대하여 옴의 법칙과 같은 형태의 방정식을 쓸 수 있다. 즉,

$$\Delta V_{L,\text{rms}} = I_{\text{rms}} X_L \quad [21.9]$$

여기서 $\Delta V_{L,\text{ rms}}$ 코일 양단 간의 rms 전압이고, I_{rms}는 코일에 흐르는 rms 전류이다.

그림 21.7은 코일에 걸린 순간 전압과 순간 전류를 시간의 함수로 나타내고 있다. 사인형 전압이 인덕터 양단에 걸리면, 전류가 최대에 도달하기 1/4 진동 주기 전에 전압이 최댓값에 도달한다. 이런 경우를 **인덕터 양단 사이의 전압은 전류보다 위상이 항상 90° 앞선다**고 말한다.

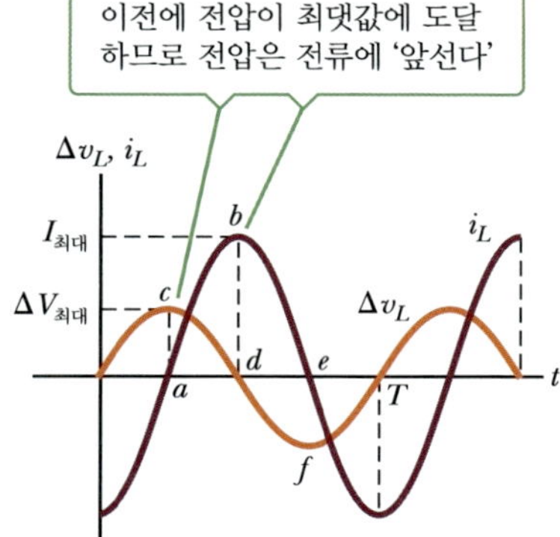

그림 21.7 교류 회로에서 시간에 대한 인덕터 양단의 전류와 전압 그래프

전압과 전류 사이에 왜 위상차가 생기는지를 알아보기 위하여 그림 21.7의 곡선 위에 있는 몇몇 점을 살펴보자. 전류 곡선의 점 a에서 전류는 양의 방향으로 증가하기 시작한다. 이 순간에 전류의 변화율 $\Delta I/\Delta t$(전류 곡선의 기울기)는 최대가 되고, 식 21.7로부터 인덕터에 걸리는 전압 역시 이 순간 최대가 된다. 곡선상의 점 a와 b 사이에서 전류가 증가함에 따라 $\Delta I/\Delta t$는 점점 감소하여 점 b에서 영이 된다. 결과적으로 전압 곡선상의 c와 d 사이의 선분에 나타나 있는 것처럼, 이 시간 동안에 인덕터에 걸린 전압은 감소한다. 점 b를 지난 직후, 전류는 감소하기 시작한다. 그러나 전류의 방향은 앞의 1/4 주기 동안과 같다. 전류가 감소하여 0으로 접근하면(곡선의 b와 e 사이), 전

압이 코일에 다시 유도된다(d와 f 사이). 그러나 이 전압의 극성은 c와 d 사이에서 유도된 전압의 극성과 반대이다. 이는 역기전력은 전류의 변화에 항상 반대로 발생하기 때문이다.

곡선의 다른 부분에서도 계속해서 조사하여도 전류와 전압의 변화가 반복적으로 이루어지기 때문에 앞의 과정이 반복됨을 알 수 있다.

예제 21.3 순수 유도성 교류 회로

목표 유도성 회로에 대한 기본적인 교류 회로 계산을 수행한다.

문제 순수 유도성 교류 회로에서(그림 21.6 참고), $L = 25.0$ mH이고 rms 전압이 1.50×10^2 V이다. 진동수가 60.0 Hz인 경우 회로의 유도성 리액턴스와 rms 전류를 구하라.

풀이

L과 f를 식 21.8에 대입하여 유도성 리액턴스를 얻는다.

$$X_L = 2\pi fL = 2\pi(60.0\ \text{s}^{-1})(25.0 \times 10^{-3}\ \text{H}) = \boxed{9.42\ \Omega}$$

rms 전류에 대해 식 21.9를 풀고 대입한다.

$$I_{\text{rms}} = \frac{\Delta V_{L,\text{rms}}}{X_L} = \frac{1.50 \times 10^2\ \text{V}}{9.42\ \Omega} = \boxed{15.9\ \text{A}}$$

참고 커패시터 회로보다는 인덕터 회로가 직류 회로에 더 가깝다. 그 이유는 저항기 양단의 전압이 옴의 법칙에서 R에 비례하는 것처럼, 유도성 등가 옴의 법칙에서는 인덕터에 걸리는 전압이 인덕턴스 L에 비례하기 때문이다.

21.4 *RLC* 직렬 회로 The *RLC* Series Circuit

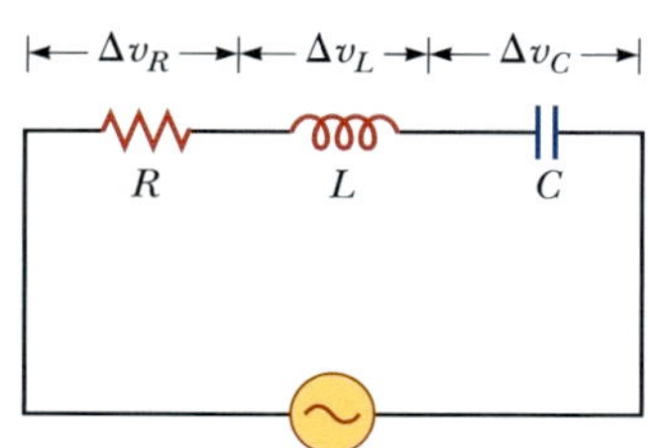

그림 21.8 교류 발전기에 연결된 저항기, 인덕터, 커패시터로 구성된 직렬 회로

앞 절에서 인덕터와 커패시터, 그리고 저항기가 각각 따로 교류 전원에 연결되었을 때의 효과를 살펴보았다. 이제 이런 소자들이 결합되는 경우 회로가 어떻게 작동하는지 알아보자.

그림 21.8은 저항기와 인덕터, 그리고 커패시터가 교류 전원과 직렬연결되어 있는 회로를 나타내고 있다. 이 교류 전원은 임의의 순간에 전체 전압 Δv를 공급한다. 회로에 흐르는 전류는 임의의 순간에 회로의 모든 점에서 같은 값을 가지며, 그림 21.9a에 나타낸 것과 같이 사인형으로 변한다. 이 사실은 수학적으로 다음과 같이 나타낼 수 있다.

$$i = I_{\text{최대}} \sin 2\pi ft$$

지금까지는 각 소자에 걸린 전압이 전류와 동일한 위상이거나 혹은 그렇지 않은 경우들을 보았다. 세 소자에 걸리는 순간 전압은 그림 21.9와 같이 순간 전류와 다음과 같은 위상 관계를 갖는다.

1. 저항기에 걸린 순간 전압 Δv_R은 순간 전류와 위상이 같다(그림 21.9b).
2. 인덕터에 걸린 순간 전압 Δv_L은 순간 전류보다 90° 앞선다(그림 21.9c).
3. 커패시터에 걸린 순간 전압 Δv_C는 순간 전류보다 90° 늦다(그림 21.9d).

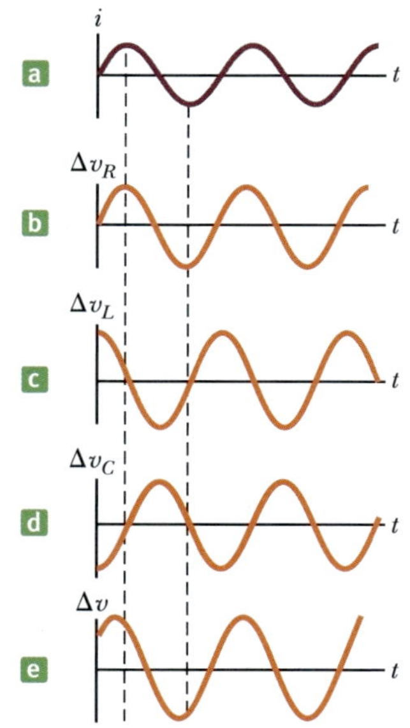

그림 21.9 그림 21.8에 나타낸 직렬 *RLC* 회로에서 위상 관계

전원이 공급한 알짜 순간 전압 Δv는 각 소자에 걸린 순간 전압들의 합으로 $\Delta v = \Delta v_R + \Delta v_C + \Delta v_L$이 된다. 하지만 R, C, L에 걸린 전압을 교류 전압계로 각각 측정해서 더한 것이 교류 전원의 전압을 의미하는 것은 아니다. R, C, L에 걸린 전압들이 모

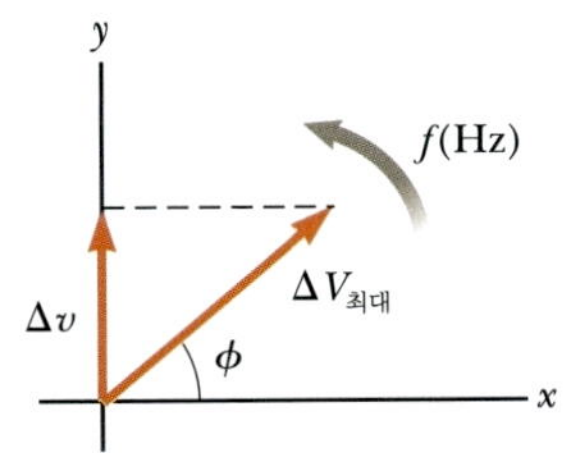

그림 21.10 교류 회로에서 전압에 대한 위상자 도표. 여기서 ϕ는 전압과 전류 사이 위상각이고 Δv는 순간 전압이다.

두 다른 위상을 갖고 있기 때문에, 측정된 전압들을 더한 것은 전원의 전압을 측정한 것과 다르다.

벡터를 사용하여 전압 강하들 사이 다른 위상들을 설명해 보자. 각 소자에 걸린 전압을 그림 21.10과 같은 회전 벡터로 나타내자. 이 회전 벡터를 **위상자**(phasor)라고 부르며 그 도표를 **위상자 도표**(phasor diagram)라고 한다. 이 특별한 도표는 $\Delta v = \Delta V_{최대} \sin(2\pi ft + \phi)$로 주어지는 회로의 전압을 나타내는데, 여기서 $\Delta V_{최대}$는 최대 전압(회전 벡터 또는 위상자의 크기)이며 ϕ는 $t = 0$일 때 위상자와 $+x$축 사이의 각이다. 이 위상자를 일정한 진동수 f로 회전하는 크기가 $\Delta V_{최대}$인 벡터라고 하면, 이 벡터의 y축 성분이 회로의 순간 전압이 된다. ϕ가 전압과 회로에 흐르는 전류 사이의 위상각이므로, 전류에 대한 위상자(그림 21.10에 나타나 있지 않음)는 $t = 0$일 때 $+x$축을 따라 놓여 있으며 $i = I_{최대} \sin(2\pi ft)$로 표현된다.

그림 21.11의 위상자 도표는 직렬 RLC 회로를 분석하는 데 유용하다. 전류와 위상이 같은 전압들은 $+x$축과 나란한 벡터들로 표시되고 전류와 위상이 어긋난 전압들은 다른 방향으로 놓인다. 따라서 ΔV_R은 전류와 동일한 위상을 갖기 때문에 오른쪽으로 수평 방향으로 표시된다. 마찬가지로 ΔV_L은 전류보다 90° 앞서가기 때문에 $+y$축을 따라 표시된다. 마지막으로 ΔV_C는 전류보다 90° 지연되기 때문에 $-y$축을 따라 놓인다[2]. R, L, C에 걸리는 각 전압들의 다른 위상들을 설명하기 위하여 위상자들을 벡터양으로 가정하고 더하면, 그림 21.11a와 같이 전압의 유일한 x성분은 ΔV_R이고, 알짜 y성분은 $\Delta V_L - \Delta V_C$가 된다. 최대 전압을 나타내는 위상자 $\Delta V_{최대}$를 찾기 위해 위상자들을 벡터로서 더하면 된다(그림 21.11b). 그림 21.11b의 직각삼각형으로부터 최대 전압 및 최대 전압과 전류 사이의 위상각 ϕ에 대한 식을 얻을 수 있다.

$$\Delta V_{최대} = \sqrt{\Delta V_R^2 + (\Delta V_L - \Delta V_C)^2} \qquad [21.10]$$

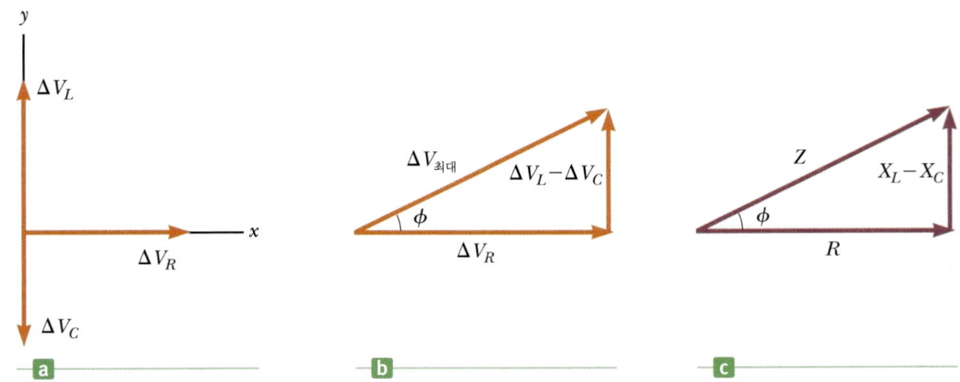

그림 21.11 (a) RLC 회로에 대한 위상자 도표. (b) 벡터로서 위상자의 합은 $\Delta V_{최대} = \sqrt{\Delta V_R^2 + (\Delta V_L - \Delta V_C)^2}$이다. (c) 임피던스 관계 $Z = \sqrt{R^2 + (X_L - X_C)^2}$을 나타내는 리액턴스 삼각형

[2] RLC 회로에서 위상 관계를 기억하는 데 도움이 되는 기억법이 있다. "ELI는 ICE man"이라고 외우는 것이다. $\mathcal{E}$는 전압, I는 전류, L은 인덕터, C는 전기용량을 나타낸다. 그러므로 ELI는 인덕터 회로에서 전압 $\mathcal{E}$이 전류 I를 앞선다는 것을 뜻하고, ICE는 커패시터 회로에서 전류가 전압에 앞선다는 것을 뜻한다.

$$\tan\phi = \frac{\Delta V_L - \Delta V_C}{\Delta V_R} \qquad [21.11]$$

이들 식에서 모든 전압은 최댓값이다. 비록 최대 전압을 이용하도록 선택했지만, 모든 회로 소자에 대하여 rms 전압과 최대 전압 사이의 관계는 모두 같으므로, 위의 식들은 rms 전압에 대해서도 동일하게 적용된다. 식 21.10에서 주어진 최대 전압 $\Delta V_{최대}$에 관한 결과는 **저항기와 커패시터, 그리고 인덕터에 걸리는 전압들은 위상이 서로 다르므로 이것들을 단순하게 더해서는 소자 전체에 걸린 전압 또는 전원의 전압을 구할 수는 없다**는 사실을 강조한다.

회로의 최대 전류 $I_{최대}$에 대한 관계식 $\Delta V_R = I_{최대}R$, $\Delta V_L = I_{최대}X_L$, $\Delta V_C = I_{최대}X_C$를 이용하여 식 21.10을 옴의 법칙 형태로 쓸 수 있다.

$$\Delta V_{최대} = I_{최대}\sqrt{R^2 + (X_L - X_C)^2} \qquad [21.12]$$

회로의 **임피던스**(impedance) Z라고 부르는 변수를 다음과 같이 정의하는 것이 편리하다.

$$Z \equiv \sqrt{R^2 + (X_L - X_C)^2} \qquad [21.13]$$

◀ 임피던스

그러면 식 21.12는 다음과 같이 표현할 수 있다.

$$\Delta V_{최대} = I_{최대}Z \qquad [21.14]$$

식 21.14는 옴의 법칙 $\Delta V = IR$에서 R이 옴의 단위를 가진 임피던스로 대체된 형태임에 주목하라. 실제로 이 식 21.14는 직렬 교류 회로에 적용되는 옴의 법칙의 일반적인 형태라고 볼 수 있다. 그러므로 교류 회로에서의 임피던스와 전류는 저항과 인덕턴스, 전기용량, 진동수(리액턴스가 진동수에 의존하기 때문)에 의존함을 알 수 있다.

그림 21.11c와 같이 임피던스를 벡터 도표로 표시하면 편리하다. 이 직각삼각형은 높이가 $X_L - X_C$, 밑변이 R, 빗변이 Z가 된다. 이 직각삼각형에 피타고라스의 정리를 적용하면

$$Z = \sqrt{R^2 + (X_L - X_C)^2}$$

이 되므로 이는 식 21.13이다. 또한 그림 21.11c에서의 벡터 도표로부터 전류와 전압 사이의 위상각 ϕ가 다음과 같이 주어짐을 알 수 있다.

$$\tan\phi = \frac{X_L - X_C}{R} \qquad [21.15]$$

◀ 위상각 ϕ

위상각의 물리적 중요성은 21.5절에서 자세히 다룬다.

표 21.2는 회로 소자들의 몇 가지 다른 결합으로 이루어진 직렬 회로에 대한 임피던스 값과 위상각을 나타낸 것이다.

병렬 교류 회로들이 일상의 응용에서 유용하게 많이 쓰이지만, 이에 대한 논의는 이 책의 범위를 벗어나므로 다루지 않도록 한다.

테슬라
Nikola Tesla, 1856~1943

테슬라는 크로아티아에서 출생했으나, 대부분의 직업 활동기를 미국에서 발명가로서 보냈다. 그는 교류 전류 전기학, 고전압 변압기, 교류 송전선을 이용한 전력 수송 등의 개발에 중요한 인물이었다. 테슬라의 견해는 전력 수송에서 직류를 사용하려고 했던 에디슨의 생각과는 달랐다. 교류를 택한 테슬라가 이겼다.

표 21.2 회로 소자들의 다양한 조합에 대한 임피던스 값과 위상각

회로 소자	임피던스 Z	위상각 ϕ
R	R	0°
C	X_C	−90°
L	X_L	+90°
R, C	$\sqrt{R^2+X_C^2}$	−90°에서 0° 사이의 음의 값
R, L	$\sqrt{R^2+X_L^2}$	0°에서 −90° 사이의 양의 값
R, L, C	$\sqrt{R^2+(X_L-X_C)^2}$	$X_C > X_L$ 일 때 음의 값 $X_C < X_L$ 일 때 양의 값

Note: 각각의 경우 회로의 양단에 교류 전압이 걸려 있다고 가정한다.

예제 21.4 *RLC* 회로

목표 직렬 RLC 교류 회로를 분석하고 위상각을 구한다.

문제 직렬 RLC 교류 회로에서 저항 $R = 2.50 \times 10^2\ \Omega$, 인덕턴스 $L = 0.600$ H, 전기용량 $C = 3.50\ \mu$F, 진동수 $f = 60.0$ Hz, 최대 전압 $\Delta V_{최대} = 1.50 \times 10^2$ V이다. 이때 **(a)** 회로의 임피던스, **(b)** 회로에 흐르는 최대 전류, **(c)** 위상각, **(d)** 각 요소의 양단에 걸리는 최대 전압을 구하라.

전략 유도성 리액턴스와 용량성 리액턴스를 먼저 계산한다. 저항과 같이 이들은 임피던스와 위상각 계산에 이용될 수 있다. 임피던스와 옴의 법칙으로부터 최대 전류를 얻는다.

풀이

(a) 회로의 임피던스를 구한다.

먼저 유도 및 용량성 리액턴스를 계산한다.

$$X_L = 2\pi f L = 226\ \Omega \qquad X_C = 1/2\pi f C = 758\ \Omega$$

이 결과와 저항 R을 식 21.13에 대입하여 회로의 임피던스를 구한다.

$$Z = \sqrt{R^2 + (X_L - X_C)^2}$$

$$= \sqrt{(2.50 \times 10^2\ \Omega)^2 + (226\ \Omega - 758\ \Omega)^2} = 588\ \Omega$$

(b) 회로에서의 최대 전류를 구한다.

옴의 법칙과 동등한 식 21.12를 이용하여 최대 전류를 구한다.

$$I_{최대} = \frac{\Delta V_{최대}}{Z} = \frac{1.50 \times 10^2\ \text{V}}{588\ \Omega} = 0.255\ \text{A}$$

(c) 위상각을 구한다.

식 21.15로 전류와 전압 사이의 위상각을 계산한다.

$$\phi = \tan^{-1}\frac{X_L - X_C}{R} = \tan^{-1}\left(\frac{226\ \Omega - 758\ \Omega}{2.50 \times 10^2\ \Omega}\right) = -64.8°$$

(d) 요소들 양단 간 최대 전압을 구한다.

전류 요소 개개의 형태에 대해 '옴의 법칙' 표현에 대입한다.

$$\Delta V_{R,최대} = I_{최대}R = (0.255\ \text{A})(2.50 \times 10^2\ \Omega) = 63.8\ \text{V}$$

$$\Delta V_{L,최대} = I_{최대}X_L = (0.255\ \text{A})(2.26 \times 10^2\ \Omega) = 57.6\ \text{V}$$

$$\Delta V_{C,최대} = I_{최대}X_C = (0.255\ \text{A})(7.58 \times 10^2\ \Omega) = 193\ \text{V}$$

참고 이 회로는 유도성보다 용량성이 더 크기 때문에($X_C > X_L$) ϕ는 음의 값이 된다. 여기서 음의 위상각은 전류가 인가 전압보다 앞섬을 의미한다. 요소들 양단 간의 최대 전압의 합은 $\Delta V_R + \Delta V_L + \Delta V_C = 314$ V이며, 이는 발전기의 최대 전압 150 V보다 훨씬 크다는 점에 주목하라. 교류 전압을 더할 때, 그들의 진폭과 위상이 고려되어야 하기 때문에 최대 전압의 합은 의미가 없다. 각 요소 양단의 최대 전압은 서로 다른 시간에 발생한다는 것을 알고 있으므로, 모든 최댓값을 더하는 것은 이치에 맞지 않는 일이다. 전압을 '더하는' 올바른 방법은 식 21.10을 이용하여야 한다.

21.5 교류 회로에서의 전력 Power in an AC Circuit

교류 회로에서 순수 커패시터와 순수 인덕터에 관련된 전력 손실은 없다. 순수 커패시터는 저항이나 인덕턴스가 없는 커패시터이고, 순수 인덕터란 저항이나 전기용량이 없는 인덕터를 말한다(이러한 정의는 이상적이며, 예를 들면, 실제 커패시터는 높은 진동수에서 유도 효과가 중요해진다). 우선 발전기와 커패시터만을 포함한 교류 회로에서 소모되는 전력에 대하여 분석해 보자.

교류 회로에서 한 방향으로 전류가 증가하기 시작하면, 커패시터에 전하가 충전되며 커패시터 양단에서 전압 강하가 나타난다. 전압이 최대에 도달할 때, 커패시터에 저장된 에너지는 다음과 같다.

$$PE_C = \tfrac{1}{2}C(\Delta V_{\text{최대}})^2$$

그러나 이 에너지 저장은 순간적인 것이다. 전류의 방향이 바뀌면 전하는 커패시터 극판을 떠나 전원으로 되돌아온다. 따라서 각 주기의 처음 반 동안에는 전하가 커패시터에 충전되고 나머지 1/2 주기 동안에는 전하가 다시 전원으로 되돌아가게 된다. 그러므로 전원에 의해 공급되는 평균 전력은 영이다. 다시 말해서 **교류 회로에서 커패시터는 전력을 소모하지 않는다.**

마찬가지로 전원은 전류가 흐르는 인덕터의 역기전력에 대해 일을 해 주어야 한다. 전류가 최대가 되었을 때, 인덕터에 저장된 에너지는 최대가 되고 다음과 같이 주어진다.

$$PE_L = \tfrac{1}{2}LI^2_{\text{최대}}$$

회로에서 전류가 감소하기 시작하면, 인덕터는 회로 전류를 유지하기 위하여 저장된 에너지를 전원으로 돌려보낸다. *RLC* 회로에서 저항기에 전달된 평균 전력은

$$P_{\text{평균}} = I^2_{\text{rms}}R \qquad [21.16]$$

이다. **발전기에서 공급되는 평균 전력은 저항에서 내부 에너지로 전환된다. 이상적인 커패시터나 인덕터에서의 전력 손실은 없다.**

교류 회로에서 평균 전력 손실에 대한 또 다른 수식은 식 21.16에 옴의 법칙으로부터 $R = \Delta V_{R,\,\text{rms}}/I_{\text{rms}}$를 대입하면 된다.

$$P_{\text{평균}} = I_{\text{rms}}\Delta V_{R,\text{rms}}$$

그림 21.11b와 같이 ΔV_{rms}, $\Delta V_{R,\text{rms}}$, $\Delta V_{L,\text{rms}} - \Delta V_{C,\text{rms}}$ 사이의 관계를 보여 주는 전압 삼각형을 참고하면 편리하다(그림 21.11은 최댓값과 rms값, 두 경우 모두 적용된다는 것을 기억하라). 이 그림으로부터 저항기에서의 전압 강하를 전원의 전압 ΔV_{rms}로 나타낼 수 있다.

$$\Delta V_{R,\text{rms}} = \Delta V_{\text{rms}} \cos\phi$$

따라서 교류 회로에서 발전기가 공급하는 평균 전력은

$$P_{\text{평균}} = I_{\text{rms}}\Delta V_{\text{rms}} \cos\phi \qquad [21.17]$$

◀ **평균 전력**

인데, 여기서 $\cos\phi$를 **전력 인자**(power factor)라고 한다.

응용

더 많은 전력을 공급하기 위한 위상 변화

식 21.17은 교류 전원에 의해 어떤 회로에 공급되는 전력이 전원의 전압과 그에 의해 발생되는 전류 사이의 위상차에 의존한다는 것을 나타낸다. 이 사실로부터 흥미로운 응용이 많이 생겨난다. 예를 들면, 공장에서는 기계 속의 전동기, 발전기 및 변압기 등에 내재되어 있는 도선들이 많은 경우에 감겨진 형태로 있기 때문에 유동성 부하가 큰 경우가 많다. 이와 같은 장비에서 아주 큰 고전압을 사용하지 않고, 더 큰 전력을 공급하기 위해 공장 기술자들은 위상에 변화를 주는 커패시터를 회로에 설치한다.

예제 21.5 *RLC* 직렬 회로에서 평균 전력

목표 *RLC* 직렬 회로에서 전력을 이해한다.

문제 예제 21.4에서 서술된 *RLC* 직렬 회로에 전달되는 평균 전력을 계산하라.

전략 식 21.2와 21.3을 이용하여 rms 전류와 rms 전압을 구한 후, 예제 21.4에서 구한 위상각을 이용하여 식 21.17에 대입한다.

풀이

먼저 식 21.2와 21.3을 이용하여 rms 전류와 rms 전압을 계산한다.

$$I_{\text{rms}} = \frac{I_{\text{최대}}}{\sqrt{2}} = \frac{0.255\ \text{A}}{\sqrt{2}} = 0.180\ \text{A}$$

$$\Delta V_{\text{rms}} = \frac{\Delta V_{\text{최대}}}{\sqrt{2}} = \frac{1.50 \times 10^2\ \text{V}}{\sqrt{2}} = 106\ \text{V}$$

이들 결과와 위상각 $\phi = -64.8°$를 식 21.17에 대입하여 평균 전력을 구한다.

$$P_{\text{평균}} = I_{\text{rms}}\,\Delta V_{\text{rms}} \cos\phi = (0.180\ \text{A})(106\ \text{V})\cos(-64.8°)$$

$$= 8.12\ \text{W}$$

참고 식 21.6의 $P_{\text{평균}} = I_{\text{rms}}^2 R$로부터 같은 결과를 얻을 수 있다.

21.6 직렬 *RLC* 회로에서의 공명 Resonance in a Series *RLC* Circuit

일반적으로 직렬 *RLC* 회로의 rms 전류는 다음과 같이 주어진다.

$$I_{\text{rms}} = \frac{\Delta V_{\text{rms}}}{Z} = \frac{\Delta V_{\text{rms}}}{\sqrt{R^2 + (X_L - X_C)^2}} \qquad [21.18]$$

이 식으로부터 만일 진동수가 변한다면, 임피던스가 최소일 때 전류가 최대가 됨을 알 수 있다. 즉, 이것은 $X_L = X_C$인 경우이다. 이런 상황에서 회로의 임피던스는 $Z = R$이 된다. 이때의 진동수 f_0을 회로의 **공명 진동수**[3](resonance frequency)라고 한다. $X_L = X_C$임을 이용하여 식 21.5와 21.8로부터 f_0을 구하면 다음과 같이 된다.

$$2\pi f_0 L = \frac{1}{2\pi f_0 C}$$

$$f_0 = \frac{1}{2\pi\sqrt{LC}} \qquad [21.19]$$

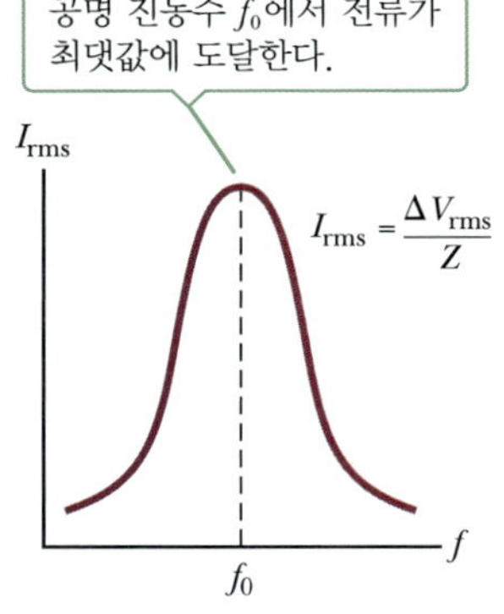

그림 21.12는 전기용량과 인덕턴스가 고정된 값을 갖는 회로에 대하여 전류를 진동

공명 진동수 f_0에서 전류가 최댓값에 도달한다.

I_{rms}

$I_{\text{rms}} = \frac{\Delta V_{\text{rms}}}{Z}$

f f_0

그림 21.12 직렬 *RLC* 회로에서 발전기 전압의 진동수에 따른 전류 진폭의 그래프

[3] 역자 주: 전기 또는 전자공학에서는 공진 주파수라고 한다. 일반적으로 resonance는 물리학에서는 공명, 전기 전자공학에서는 공진으로 번역한다. 또한 frequency는 물리학에서는 진동수, 전기 전자공학에서는 주파수라고 번역한다.

수의 함수로서 그린 것이다. 식 21.18로부터 $R = 0$인 경우, 공명에서의 전류는 무한대가 되어야 한다. 식 21.18은 이 결과를 예측하나, 실제 회로에서는 어느 정도의 저항이 항상 있기 때문에, 전류는 유한한 값을 갖는다.

응용
라디오에서 방송국 선택하기

라디오의 진동수 선택 회로는 직렬 공명 회로의 중요한 응용이다. 라디오는 커패시터 값을 변화시켜 특정 진동수의 신호를 송신하는 방송국이 선택된다. 커패시터 변화는 진동수 선택 회로의 공명 진동수를 바꾸게 한다. 이 공명 진동수가 수신되는 라디오파의 진동수와 일치되면 수신 회로의 전류가 증가한다.

예제 21.6 공명 회로

목표 공명 진동수와 인덕턴스, 전기용량, rms 전류와의 관계를 이해한다.

문제 $R = 1.50 \times 10^2\ \Omega$, $L = 20.0$ mH, $\Delta V_{rms} = 20.0$ V, $f = 796$ s^{-1}인 직렬 RLC 회로가 있다. **(a)** rms 전류가 최대인 전기용량의 값을 결정하라. **(b)** 회로에 흐르는 최대 rms 전류를 구하라.

전략 **(a)** 공명 진동수 f_0에서 전류는 최대이며, 이는 구동 진동수 $f = 796$ s^{-1}와 같도록 놓아야 한다. 이 식에서 C에 대해 풀 수 있다. **(b)** 식 21.18에 대입하여 최대 rms 전류를 구한다.

풀이

(a) 회로에서 최대 전류가 흐르게 하는(공명 조건) 전기용량을 구한다. 전기용량에 대한 공명 진동수를 계산한다.

$$f_0 = \frac{1}{2\pi\sqrt{LC}} \quad \rightarrow \quad \sqrt{LC} = \frac{1}{2\pi f_0} \quad \rightarrow \quad LC = \frac{1}{4\pi^2 {f_0}^2}$$

$$C = \frac{1}{4\pi^2 {f_0}^2 L}$$

주어진 값들을 대입한다. 이때 공명 진동수 값에 구동 진동수 값을 사용한다.

$$C = \frac{1}{4\pi^2(796\ \text{Hz})^2(20.0 \times 10^{-3}\ \text{H})} = \boxed{2.00 \times 10^{-6}\ \text{F}}$$

(b) 회로에서 최대 rms 전류를 구한다.

유도 및 용량성 리액턴스가 같으므로, $Z = R = 1.50 \times 10^2\ \Omega$이다.

식 21.18에 대입하여 rms 전류를 구한다.

$$I_{rms} = \frac{\Delta V_{rms}}{Z} = \frac{20.0\ \text{V}}{1.50 \times 10^2\ \Omega} = \boxed{0.133\ \text{A}}$$

참고 임피던스 Z가 식 21.18의 분모에 있기 때문에 $X_L = X_C$이면 Z는 최솟값이 되고 전류는 최대가 된다.

21.7 변압기 The Transformer

종종 작은 교류 전압을 크게 또는 그 반대로 바꾸어야 할 필요가 있다. 변압기라고 하는 장치를 사용하면 전압을 쉽게 변환할 수 있다.

가장 간단한 형태의 **교류 변압기**(AC transformer)는 그림 21.14와 같이 연철심 둘레에 두 개의 도선이 감긴 코일로 이루어져 있다. 왼쪽 코일은 입력 교류 전원에 연결되고 N_1번 감겨 있는데, 이것을 일차 권선, 또는 일차라고 한다. 오른쪽의 코일은 저항기 R에 연결되고 N_2번 감겨 있으며 이차라고 한다. 공통 철심은 자기선속을 증가시키고 한 코일을 통과한 거의 모든 선속이 다른 코일로 통과하도록 하는 매체 역할을 하는 데 목적이 있다.

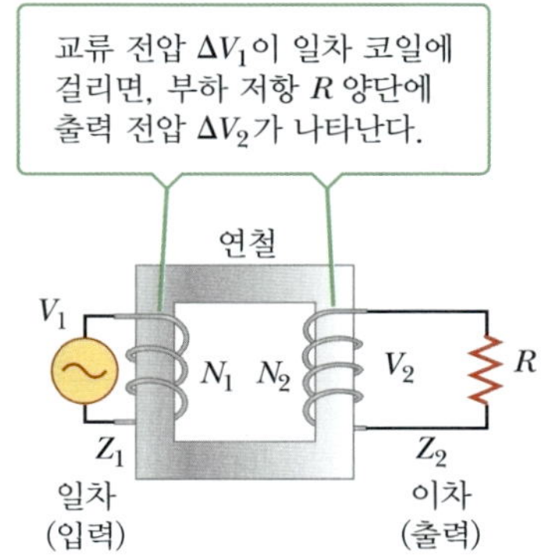

그림 21.13 같은 철심에 감겨 있는 두 개의 코일로 구성된 이상적인 변압기. 교류 전압 ΔV_1이 일차 코일에 걸리고, 스위치를 닫은 후에 부하 저항 R 양단에는 출력 전압 ΔV_2가 관찰된다.

입력 교류 전압 ΔV_1이 일차에 가해지면, 이 양단에 유도되는 전압은

$$\Delta V_1 = -N_1 \frac{\Delta \Phi_B}{\Delta t} \qquad [21.20]$$

이다. 여기서 Φ_B는 각각의 고리를 통과하는 자기선속이다. 철심에서 자기선속의 손실이 없다면, 일차 개개 고리를 통과한 선속은 이차 개개 고리를 통과한 선속과 같다. 그러므로 이차 코일 양단 사이의 전압은

$$\Delta V_2 = -N_2 \frac{\Delta \Phi_B}{\Delta t} \qquad [21.21]$$

와 같다. 여기서 항 $\Delta\Phi_B/\Delta t$는 식 21.20과 21.21에서 공통이며, 대수적으로 소거할 수 있으므로

$$\Delta V_2 = \frac{N_2}{N_1} \Delta V_1 \qquad [21.22]$$

이 된다. N_2가 N_1보다 크면, ΔV_2가 ΔV_1보다 크므로 이 변압기를 승압 변압기라 하고, N_2가 N_1보다 작으면, ΔV_2가 ΔV_1보다 작아지므로 이를 강압 변압기라 한다.

패러데이의 법칙에 의하면 이차 코일을 통과하는 선속의 수가 변할 때만 양단 간에 전압이 생성된다. 그러므로 일차 코일의 입력 전류는 시간에 따라 변해야 하며, 이것은 교류 전류가 사용될 때에 일어난다. 일차의 입력이 직류 전류일 때, 일차 회로의 스위치를 켜거나 끄는 순간에만 이차에서 출력 전압이 나타난다. 일단 일차의 전류가 정상값에 도달하면 이차의 출력 전압은 영이다.

변압기는 무에서 유를 얻을 수 있는 장치인 것처럼 보인다. 예를 들면, 승압 변압기는 입력 전압을 10 V에서 100 V로 변환할 수 있다. 이것은 1 C의 전하가 일차 코일에서는 10 J의 에너지를 갖고 들어온 데 비해, 이차 코일에서는 100 J의 에너지를 갖고 나간다는 것을 의미한다. 그러나 **일차의 입력 전력은 이차에서의 출력 전력과 같기 때문**에 이것은 사실이 아니다.

이상적인 변압기에서 입력 전력은 출력 전력과 같다 ▶

$$I_1 \Delta V_1 = I_2 \Delta V_2 \qquad [21.23]$$

말하자면 이차에서의 전압이 일차의 10배라면, 이차에서의 전류는 일차의 10분의 1로 줄어든다. 식 21.23은 일차와 이차 사이에서 전력 손실이 없는 **이상적인 변압기**(ideal transformer)를 가정한 것이다. 실제 변압기는 일반적으로 전력 효율의 범위가 90%에서 99%이다. 전력 손실은 변압기의 철심에서 발생하는 맴돌이 전류와 같은 요소 때문에 발생하는데, I^2R의 형태로 에너지가 손실된다.

응용

장거리 송전

전력을 먼 거리로 보낼 때, 송전선에서 저항의 열로 손실되는 전력이 I^2R이기 때문에 고전압과 저전류를 사용하는 것이 경제적이다. 이것은 전기 회사가 전류를 10분의 1로 줄일 수 있다면 전력 소모는 100분의 1로 줄일 수 있다는 것을 의미한다. 실제로 발전소에서 전압은 약 230 000 V로 승압되어서 배전소에서 20 000 V로 강압된 다음, 마지막으로 사용자의 전신주에서 120 V로 강압된다.[4]

---

[4] 역자 주: 우리나라의 경우는 송전 전압이 현재 345 kV가 많이 사용되고 있고 가정용으로 220 V로 강압된다.

예제 21.7 도시로 전력 분배

목표 전력 손실을 줄이기 위한 변압기와 이의 역할을 이해한다.

문제 전기회사에 있는 발전기는 4.00×10^3 V에서 1.00×10^2 A의 전류를 생산한다. 시골에서 도시로 가는 고압 송전선으로 보내기 전에 이 전압은 2.40×10^5 V로 승압된다. 송전선의 유효 저항은 30.0 Ω이고 변압기는 이상적이라고 가정하라. **(a)** 송전선에서 손실되는 비율을 결정하라. **(b)** 전압이 승압되지 않는다면 송전선에서 손실되는 전력은 원래 전력의 몇 퍼센트인가?

전략 이 문제를 풀려면 변압기 식과 전력 손실 식에 대입해야 한다. 전력 손실의 비율을 얻으려면 발전기에 의해 생성된 전위차에 전류를 곱한 발전기의 출력을 계산해야만 한다.

풀이

(a) 송전선에서 손실된 전력의 백분율을 구한다.

식 21.23에 대입하여 송전선에서 전류를 구한다.

$$I_2 = \frac{I_1 \Delta V_1}{\Delta V_2} = \frac{(1.00 \times 10^2 \text{ A})(4.00 \times 10^3 \text{ V})}{2.40 \times 10^5 \text{ V}} = 1.67 \text{ A}$$

식 21.16을 이용하여 송전선에서 손실된 전력을 구한다.

$$P_{\text{손실}} = I_2{}^2 R = (1.67 \text{ A})^2(30.0\ \Omega) = 83.7 \text{ W} \qquad (1)$$

발전기의 출력 전력을 계산한다.

$$P = I_1\,\Delta V_1 = (1.00 \times 10^2 \text{ A})(4.00 \times 10^3 \text{ V}) = 4.00 \times 10^5 \text{ W}$$

마지막으로 $P_{\text{손실}}$을 출력 전력으로 나누고 100을 곱하여 전력 손실 백분율을 구한다.

$$\text{전력 손실}(\%) = \left(\frac{83.7 \text{ W}}{4.00 \times 10^5 \text{ W}}\right) \times 100 = 0.020\,9\%$$

(b) 전압이 승압되지 않을 경우 원래 전력의 몇 퍼센트가 송전선에서 손실되는지 구한다.

식 (1)에 있는 승압 전류를 원래 전류 1.00×10^2 A로 대체한다.

$$P_{\text{손실}} = I^2 R = (1.00 \times 10^2 \text{ A})^2(30.0\ \Omega) = 3.00 \times 10^5 \text{ W}$$

앞에서처럼 전력 손실 백분율을 계산한다.

$$\text{전력 손실}(\%) = \left(\frac{3.00 \times 10^5 \text{ W}}{4.00 \times 10^5 \text{ W}}\right) \times 100 = 75\%$$

참고 이 예는 고압 송전선의 강점을 설명한다. 시내 변전소에 있는 변압기는 약 4 000 V로 감압한다. 이 전압은 시내 전역 송전선에 유지된다. 집이나 사무실에서 전력을 사용하는 경우(그림 21.14) 건물 주위에 있는 전봇대 위 변압기에서 220 V로 감압된다.

그림 21.14 사진에서 보는 원통형 강압 변압기는 가정으로 보내기 위해 전압을 4 000 V에서 220 V로 낮춘다.

Cengage Learning/George Semple

21.8 맥스웰의 예측 Maxwell's Predictions

전기와 자기 현상은 연구와 개발의 초기 단계에서는 서로 무관하다고 여겨졌다. 그러나 1865년에 맥스웰(James Clerk Maxwell, 1831~1879)은 모든 전기와 자기 현상이 서로 밀접하게 관련되어 있다는 것을 보여 주는 수학적인 이론을 제시하였다. 그 이전에는 분리되어 다루어졌던 전기장과 자기장을 하나로 통합한 데 더하여, 그의 뛰어난 이론은 전기와 자기장이 파동처럼 공간을 통하여 전달될 수 있음을 예측하였다. 그가 발전시킨 이론은 다음의 네 가지 사실에 바탕을 두고 있다.

1. 전기장선은 양전하에서 시작되어 음전하에서 끝난다.
2. 자기장선은 항상 닫힌 고리를 형성한다. 즉, 어디에서 시작하지도 끝나지도 않는다.
3. 변화하는 자기장은 기전력을 유도하고 이는 곧 전기장을 유도한다. 이것이 패러

맥스웰
James Clerk Maxwell
1831~1879
스코틀랜드의 이론물리학자

맥스웰은 빛의 전자기 이론과 기체 운동론을 발전시켰고, 토성의 고리와 색을 설명하였다. 맥스웰의 성공적인 전자기장의 해석으로 그 방정식에 그의 이름이 붙게 되었다. 뛰어난 통찰력과 엄청난 수학적 능력을 이용하여 전자기학과 기체 운동론에서 선구적 업적을 남겼다.

데이 법칙이다(20장).

4. 앙페르의 법칙에 요약된 것처럼(19장), 자기장은 움직이는 전하(또는 전류)에 의해 발생된다.

첫 번째 설명은 쿨롱의 법칙에 의해 주어지는 대전 입자들 간에 작용하는 정전기적인 힘의 성질의 결과이다. 그것은 **자연계에 자유 전하(전기 홀극)가 존재**함을 의미한다.

두 번째 설명—자기장은 연속된 고리를 형성한다—은 긴 직선 도선 주위의 자기장선이 닫힌 원이 되고, 막대자석의 자기장선이 닫힌 고리를 이루는 것으로 나타난다. 첫 번째 설명과는 대조적으로 이것은 **자연계에 자유 자기 전하(자기 홀극)가 존재하지 않음**을 나타내는 것이다.

세 번째 설명은 패러데이의 유도 법칙에 해당되고, 네 번째는 앙페르의 법칙과 동일하다.

19세기의 가장 위대한 이론적 발전 중의 하나로서 맥스웰은 이러한 네 가지 설명에 상응하는 수학적 틀을 만들고, 이를 이용하여 전기장과 자기장이 자연계에서 대칭적인 역할을 함을 증명하였다. 패러데이의 법칙에 따라 변하는 자기장이 전기장을 만들어낸다는 것은 이미 실험에 의하여 알려져 있었다. 맥스웰은 자연계가 대칭적이라고 믿었고, 따라서 그는 변화하는 전기장도 자기장을 만들 수 있다고 가정하였다. 이 가설이 제시될 당시에는 실험적으로 증명될 수가 없었는데, 그 이유는 변화하는 전기장에 의하여 발생되는 자기장은 일반적으로 매우 약하여 검출하기가 어려웠기 때문이다.

맥스웰은 가설을 정당화하기 위하여 이것으로 설명될 수 있는 다른 현상을 찾았다. 그는 교류 전압을 걸어준 도체 막대에 들어 있는 전하들처럼 빠르게 진동하는 전하들의 운동에 주목하였다. 맥스웰의 예측에 따르면 이러한 전하들은 가속되며, 시간에 따라 바뀌는 전기장과 자기장을 발생한다. 이 변화하는 장들은 파동과 같이 공간으로 전파되는 전자기적 교란을 유발한다. 이는 연못에 돌을 던져서 만들어지는 수면파가 퍼지는 것과 유사하다. 진동하는 전하에 의해 퍼져 나간 파동은 전기장과 자기장이 요동하는 것으로 전자기파라고 부른다. 패러데이의 법칙과 맥스웰 자신이 일반화한 앙페르 법칙으로부터, 맥스웰은 파동의 속력이 빛의 속력인 $c = 3 \times 10^8$ m/s와 같다고 계산하였다. 그는 가시광이나 다른 전자기파들은 모두 전기장과 자기장의 변동으로 되어 있으며, 각각의 변화하는 장들이 서로를 유도하며 빈 공간을 진행한다고 주장하였다. 이는 뉴턴의 운동 법칙에 비견하는 위대한 과학사적 발견 중의 하나였다. 뉴턴의 법칙과 마찬가지로 이것은 이후의 과학 발전에 지대한 영향을 주었다.

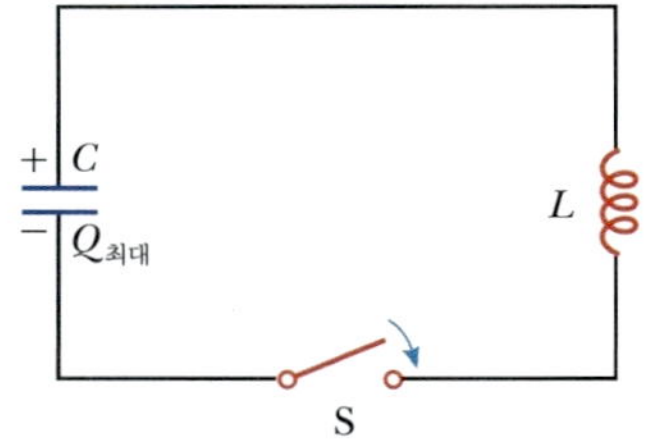

그림 21.15 간단한 LC 회로. 커패시터는 처음 전하 $Q_{최대}$를 갖고 있고 시각 $t = 0$에 스위치가 닫힌다.

21.9 맥스웰의 예측에 대한 헤르츠의 확증
Hertz's Confirmation of Maxwell's Predictions

맥스웰이 사망한 후 1887년 헤르츠(Heinrich Hertz, 1857~1894)는 역사상 최초로 LC 회로를 이용한 실험 장치에서 전자기파를 발생시키고 이를 검출하였다. 그림 21.15에서와 같이, 이러한 회로에서 대전된 커패시터가 인덕터에 연결되어 있다. 스위치가 닫히면 회로에 있는 전류와 커패시터에 있는 전하에서 진동이 일어난다. 회로의 저항을 무시하면, 에너지는 열로 손실되지 않으며 진동은 계속될 것이다.

다음의 분석에서 회로의 저항을 무시하고, 커패시터는 처음 전하량 $Q_{최대}$를 가지며 $t=0$일 때 스위치가 닫힌다고 하자. 커패시터가 완전히 충전되었을 때, 회로 내의 전체 에너지는 커패시터의 전기장으로 저장되고 그 크기는 $Q_{최대}^2/2C$이다. 이때 전류는 영이므로, 인덕터에 저장된 에너지는 없다. 커패시터가 방전하기 시작하면, 전기장에 저장되어 있던 에너지는 감소한다. 동시에 전류는 증가하고 $LI^2/2$인 에너지가 인덕터의 자기장에 저장된다. 따라서 에너지는 커패시터의 전기장으로부터 인덕터의 자기장으로 이동한다. 커패시터가 완전히 방전되었을 때 커패시터에 저장된 에너지는 없다. 이때 전류는 최댓값이 되고, 모든 에너지는 인덕터에 저장된다. 그 다음 과정은 반대 방향으로 되풀이된다. 에너지는 전류와 전하의 진동에 맞추어 인덕터와 커패시터 사이에서 계속 이동한다.

21.6절에서 보았듯이 LC 회로의 진동수는 회로의 공명 진동수라 하고 다음과 같이 주어진다.

$$f_0 = \frac{1}{2\pi\sqrt{LC}}$$

헤르츠가 전자기파 연구에 사용한 회로는 방금 논의한 것과 유사하고, 그림 21.16에 개략적으로 나타내었다. 두 개의 금속 구가 커패시터의 역할을 하도록 좁은 간격을 두고 유도 코일(도선이 많이 감긴 코일)에 연결되어 있다. 코일을 통해 구로 보내는 짧은 전압 펄스에 의해 한쪽은 양으로, 다른 쪽은 음으로 대전되면서 회로에서 진동이 시작된다. 이 회로에서는 L과 C가 매우 작기 때문에 진동수는 $f \approx 100$ MHz 정도로 매우 높아진다. 이러한 회로는 전자기파를 발생시키기 때문에 송신기라고 부른다.

헤르츠는 송신기 회로로부터 수 미터 떨어진 곳에 두 번째 회로인 수신기를 위치시켰다. 수신기는 좁은 간격을 둔 두 구를 연결하는 하나의 도선 고리로 이루어져 있다. 이것은 자체의 유효 인덕턴스와 전기용량, 그리고 진동의 고유 진동수를 갖는다. 헤르츠는 수신기의 공명 진동수가 송신기와 일치하도록 조절될 때 송신기에서 수신기로 에너지가 전달되는 것을 발견하였다. 수신기의 구 사이에 걸린 전압이 공기를 이온화시킬 만큼 높아지면 구 사이의 공기 틈에서 불꽃이 튀어, 에너지의 전달이 탐지되었다. 헤르츠의 실험은 소리굽쇠가 동일한 다른 소리굽쇠로 진동을 전달하는 역학적 현상과 유사하다.

헤르츠는 송신기로부터 수신기로 이동되는 에너지가 파동 형태로 운반된다고 가정하였다. 이는 오늘날 전자기파라고 알려진 것이다. 그는 일련의 실험을 통하여 송신기에서 발생되는 복사가 파동의 성질, 즉 간섭, 회절, 반사, 굴절 및 편광의 성질을 가진다는 것을 보였다. 곧 알게 되겠지만 이 모든 성질은 빛에 의해 나타난다. 헤르츠의 전자기 파동은 광파의 성질과 같고 단지 진동수와 파장에서만 차이가 난다는 것이 분명해졌다. 헤르츠는 맥스웰의 신비스런 전자기파는 존재하며 빛의 모든 성질을 갖는 것을 보임으로써 맥스웰의 이론을 효과적으로 증명하였다.

아마도 헤르츠가 행한 가장 설득력 있는 실험은 송신기로부터 나오는 파동의 속력

헤르츠
Heinrich Rudolf Hertz
1857~1894, 독일의 물리학자

헤르츠는 1887년에 전자기파의 발견이라는 가장 중요한 업적을 남겼다. 전자기파의 속력이 빛의 속력과 같다는 것을 발견한 후, 헤르츠는 라디오파도 광파처럼 반사, 굴절 그리고 회절될 수 있다는 것을 보였다. 36세에 패혈증으로 사망한 헤르츠는 짧은 생애 동안 과학에 많은 공헌을 하였다. 초당 한 번의 완전한 진동, 즉 사이클을 나타내는 헤르츠(Hz) 단위는 그의 이름을 따서 명명되었다.

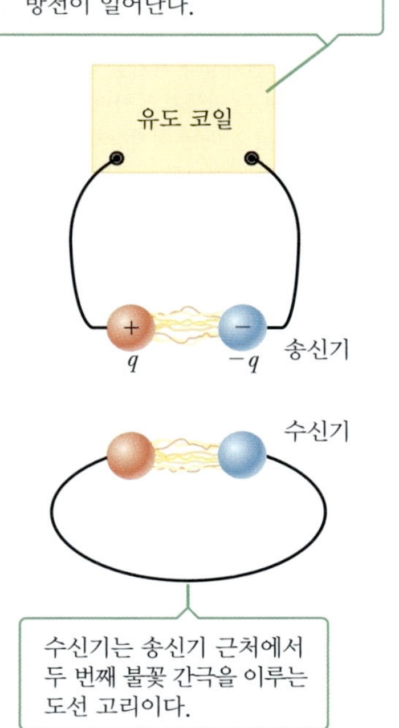

그림 21.16 전자기파를 생성하고 검출하는 헤르츠의 실험 장치 개략도

을 다음과 같이 측정한 것이다. 송신기로부터 나오는 알고 있는 진동수의 파동이 금속판에서 반사되면 간섭무늬가 만들어지는데, 이는 당겨진 줄에 형성되는 정상파와 매우 유사하다. 정상파의 논의에서 배운 바와 같이, 마디와 마디 간의 거리는 $\lambda/2$이므로, 헤르츠는 파장 λ를 구할 수 있었다. 그리고 $v = \lambda f$의 관계를 이용하여 v가 빛의 속력으로 잘 알려진 3×10^8 m/s에 가깝다는 것을 알아내었다. 따라서 헤르츠의 실험은 맥스웰의 이론을 뒷받침하는 최초의 증거가 되었다.

21.10 안테나에서 발생하는 전자기파

Production of Electromagnetic Waves by an Antenna

앞 절에서 LC 회로에 저장된 에너지가 커패시터의 전기장과 인덕터의 자기장 사이에서 계속해서 이동한다는 것을 설명했다. 그러나 이러한 에너지 이동은 변화가 천천히 일어날 때만 오랜 시간 동안 지속된다. 전류가 급격히 변하면 회로는 에너지 일부를 전자기파 형태로 잃어버린다. 사실 교류가 흐르는 모든 회로는 전자기파를 방출한다. 이러한 전자기파 복사와 관련된 기본 메커니즘은 대전 입자의 가속 운동이다. **대전된 입자가 가속될 때는 언제나 에너지가 방출된다.**

응용

무선통신을 위한 전파의 송신

도선으로 이루어진 안테나에 가해진 교류 전압은 도선 내의 전하를 진동시킨다. 대전 입자를 가속시키는 보편적인 이 기술은 라디오 방송국의 방송용 안테나에서 방출되는 라디오파의 원천이 된다.

Tip 21.1 가속된 전하는 전자기파를 발생한다.

정적인 전하는 단지 전기장을 생성하는 반면에 일정한 등속도 운동을 하는 전하는 전기장과 자기장을 만들지만 전자기파는 만들지 못한다. 이와는 달리 가속된 전하는 전기장과 자기장뿐만 아니라 전자파도 일으킨다. 가속된 전하는 에너지도 방출한다.

그림 21.17은 안테나에서 전하의 진동에 의해 전자기파가 발생하는 것을 나타낸다. 두 개의 금속 막대가 교류 전원에 연결되어 있고, 이로 인하여 전하가 두 막대 사이에서 진동한다. 송신기의 출력 전압은 사인형이다. 그림 21.17a와 같이 $t = 0$에서 위의 막대가 최대 양전하를 띠고 아래의 막대는 같은 크기의 음전하를 띤다. 이 순간 막대 주변의 전기장도 그림 21.17a에 나타나 있다. 전하가 진동함에 따라 막대의 전하량이 작아지고 막대 근처 전기장의 세기가 줄어든다. 동시에 $t = 0$에서 발생한 아래쪽 방향의 최대 전기장은 막대로부터 멀어지는 방향으로 전파된다. 그림 21.17b와 같이 전하가 중화되면 전기장은 영으로 떨어진다. 이것은 진동 주기의 1/4에 해당하는 시간이 지난 후에 일어난다. 이런 식으로 계속되면, 그림 21.17c와 같이 위의 막대가 최대

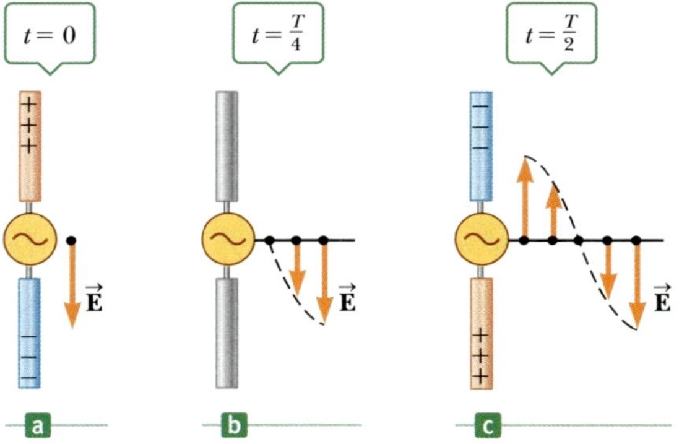

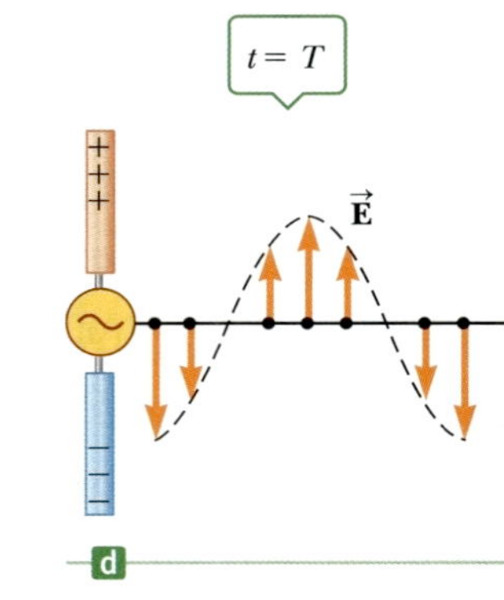

그림 21.17 안테나에서 진동하는 전하에 의해 만들어지는 전기장. 장은 빛의 속력으로 안테나로부터 멀리 이동한다.

음전하를 띠게 되고 아래의 막대는 최대 양전하로 대전되면서 전기장의 방향이 위로 향하게 된다. 이것은 진동 주기의 반과 같은 시간이 지난 후에 일어난다. 진동은 그림 21.17d와 같이 그 후에도 계속된다. 안테나 주변의 전기장은 전하 분포와 동일한 위상으로 진동함에 주목하라. 위의 막대가 양이면 전기장은 아래로 향하고, 막대가 음이면 위로 향한다. 뿐만 아니라 어떤 순간에서든지 전기장의 크기는 그 순간 막대에 대전된 전하의 양에 의존한다.

전하가 막대 사이에서 계속 진동(그리고 가속)을 함에 따라, 전하에 의해 형성된 전기장은 모든 방향으로 빛의 속력으로 안테나에서 멀어져 간다. 그림 21.17은 진동의 특정 주기 동안의 안테나 한편에서의 전기장 모양을 보여 준다. 보다시피, 전하 진동의 한 주기가 전기장 모양에서 완전한 한 파장을 만든다.

진동하는 전하가 막대에 전류를 만들어내기 때문에, 막대를 따라 전류가 위로 흐르면 자기장 역시 그림 21.18과 같이 발생한다. 자기장선은 안테나를 감싸는 원을 이루고 모든 점에서 전기장과 수직을 이룬다(오른손 법칙 2를 상기하라). 전류가 시간에 따라 변하면, 자기장선들은 안테나로부터 퍼져 나간다. 안테나로부터 멀리 떨어지면, 전기장과 자기장의 세기는 매우 약해진다. 그러나 맥스웰이 예측했듯이 이러한 거리에서는 (1) 변화하는 자기장이 전기장을 발생시키고, (2) 변화하는 전기장이 자기장을 발생시킨다는 사실을 고려할 필요가 있다. 이러한 유도 전기장과 자기장은 어떤 점에서든지 동일한 위상을 갖는다. 즉, 어떤 점에서 두 장들은 동시에 최댓값에 도달한다. 어떤 한순간에 이러한 동시성을 그림 21.19에 나타내었다. (1) 이들 $\vec{\mathbf{E}}$와 $\vec{\mathbf{B}}$장은 서로 수직이고, (2) 두 장 모두 파동의 진행 방향에 수직이라는 점에 유의하자. 두 번째 성질이 횡파의 특성이다. 따라서 **전자기파는 횡파이다**라는 것을 알 수 있다.

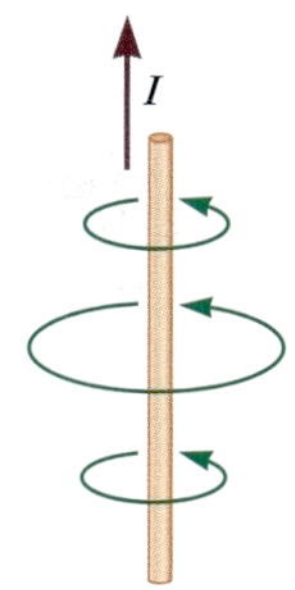

그림 21.18 변화하는 전류가 흐르는 안테나 주위의 자기장선

21.11 전자기파의 특성 Properties of Electromagnetic Waves

지금까지 우리는 맥스웰의 상세한 분석이 전자기파의 존재와 성질을 예측했음을 배웠다. 이 절에서는 지금까지 살펴본 전자기파의 특성을 요약하고 몇 가지 성질들을 더 고

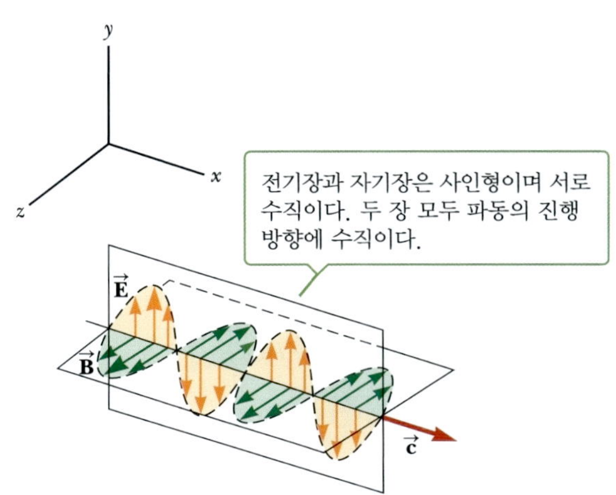

그림 21.19 안테나에 있는 진동 전하에 의해 내보내진 전자기파. 안테나에서 아주 먼 거리에서 c의 속력으로 $+x$ 방향으로 움직이는 한 순간의 전자기파를 나타낸다.

찰하여 보자. 이 절과 이후의 절에서는 파동의 한 형태인 **평면파**(plane wave)를 자주 언급할 것이다. 평면 전자기파는 아주 멀리 떨어진 파원으로부터 진행하는 파동이다. 그림 21.19는 어느 한순간에 대한 이러한 파동의 모습을 보여 준다. 이 경우 전기장과 자기장의 진동은 x축에 수직인 평면에서 일어나며, 따라서 파동의 진행 방향에 수직이다. 이 두 번째 성질 때문에 전자기파는 횡파이다. 그림에서 전기장 $\vec{\mathbf{E}}$는 y축 방향이고 자기장 $\vec{\mathbf{B}}$는 z축 방향이다. 빛은 이들 두 장에 수직인 방향으로 전파한다. 이 방향은 또 다른 오른손 법칙에 의해 결정된다. 즉, (1) $\vec{\mathbf{E}}$의 방향으로 오른손 손가락을 향하게 한다. (2) $\vec{\mathbf{B}}$의 방향으로 감는다. (3) 오른손 엄지는 파동의 진행 방향을 가리킨다.

전자기파는 빛의 속력으로 진행한다. 사실 전자기파의 속력은 그것이 진행하는 매질의 투자율과 유전율에 관계되어 있다. 맥스웰은 자유 공간에서, 그 관계가

빛의 속력 ▶

$$c = \frac{1}{\sqrt{\mu_0 \epsilon_0}} \qquad [21.24]$$

임을 보였는데, 여기서 c는 빛의 속력, $\mu_0 = 4\pi \times 10^{-7}\ \mathrm{N \cdot s^2/C^2}$은 자유 공간의 투자율, $\epsilon_0 = 8.854\ 19 \times 10^{-12}\ \mathrm{C^2/N \cdot m^2}$은 자유 공간의 유전율이다. 식 21.24에 이 값들을 대입하면

$$c = 2.997\ 92 \times 10^8\ \mathrm{m/s} \qquad [21.25]$$

임을 알 수 있다. 전자기파는 진공 중에서의 빛의 속력과 정확히 같은 속력으로 진행하므로 **빛은 전자기파**라고 결론을 내렸다.

Tip 21.2 E는 B보다 센가?

관계식 $E = Bc$는 빛에 관련된 전기장이 자기장보다 훨씬 큰 것처럼 보이게 한다. 그러나 사실 그렇지 않다. 단위가 다르므로 이들 양은 직접 비교될 수 없다. 이들 장은 광파 에너지에 동등하게 기여한다.

맥스웰은 또한 전자기파에서 전기장과 자기장 사이의 비가 다음과 같음을 증명하였다.

$$\frac{E}{B} = c \qquad [21.26]$$

이는 전기장의 크기와 자기장의 크기의 비율은 빛의 속력과 같다는 것을 의미한다.

전자기파는 공간을 진행하면서 에너지를 운반하고, 이 에너지는 그 경로에 위치한 물체들에 전달될 수 있다. 파동의 진행 방향에 수직인 면을 통과하는 에너지의 평균 비율, 또는 단위 넓이당 평균 일률을 파동의 **세기**(intensity) I라고 하고 다음과 같이 정의한다.

$$I = \frac{E_{최대} B_{최대}}{2\mu_0} \qquad [21.27]$$

여기서 $E_{최대}$와 $B_{최대}$는 각각 E와 B의 최댓값이다. 물리량 I는 14장에서 소개된 음파의 세기와 유사하다. 식 21.26으로부터 $E_{최대} = cB_{최대} = B_{최대}/\sqrt{\mu_0 \epsilon_0}$이다. 그러므로 식 21.27은 다음과 같이 표현될 수 있다.

$$I = \frac{E_{최대}^2}{2\mu_0 c} = \frac{c}{2\mu_0} B_{최대}^2 \qquad [21.28]$$

이들 표현에서 단위 넓이당 평균 일률이 사용되었음을 주목하라. 자세히 분석하면 흥미롭게도 전자기파가 운반하는 에너지는 전기장과 자기장에 의하여 균등하게 배분됨

을 알 수 있다.

◀ 빛은 전자기파이고 에너지와 운동량을 운반한다

전자기파는 식 21.28에 주어진 평균 세기를 갖고 있다. 주어진 시간 Δt 동안 물체의 겉넓이 A에 파동이 부딪치면, $U = IA\Delta t$인 에너지가 전달되고, 운동량도 전달된다. 따라서 전자기파가 표면에 부딪치면 그 표면에 압력이 가해진다. 다음 전자기파가 시간 Δt 동안 표면에 전체 에너지 U를 전달한다고 가정하자. 맥스웰은 이 시간 동안 표면이 입사 에너지 U를 모두 흡수한다면, 이 표면에 운반된 전체 운동량 $\vec{\mathbf{p}}$의 크기는 다음과 같음을 증명하였다.

$$p = \frac{U}{c} \qquad \text{(완전 흡수)} \qquad [21.29]$$

만약 표면이 완전한 반사체라면, 수직으로 입사한 경우 시간 Δt 동안 전달된 운동량은 식 21.29에 주어진 것의 두 배이다. 이것은 기체의 분자가 용기 벽에서 완전 탄성 충돌로 튀는 것과 유사하다. 만일 처음에 속도 v로 $+x$ 방향으로 운동하고 충돌 후에는 속도 $-v$로 $-x$ 방향으로 운동한다면, 운동량 변화는 $\Delta p = mv - (-mv) = 2mv$이다. 완전한 반사체에서 반사되는 빛은 이와 유사한 과정이므로 완전 반사에서는 다음과 같다.

$$p = \frac{2U}{c} \qquad \text{(완전 반사)} \qquad [21.30]$$

비록 복사압은 매우 작으나(직사광선의 경우에 약 $5 \times 10^{-6}\ \mathrm{N/m^2}$), 그림 21.20과 같은 장치에 의해 측정되었다. 가는 섬유에 매달린 수평 막대 끝에 거울과 검정색 원반을 서로 연결한 후 빛이 부딪치도록 한다. 검정색 원반에 부딪치는 빛은 완전 흡수되고 빛의 모든 운동량은 원반으로 전달된다. 거울에 정면으로 부딪치는 빛은 완전히 반사된다. 따라서 거울에 전달된 운동량은 원반에 전달된 것의 두 배이다. 따라서 원반을 지지하는 수평 막대는 위에서 본 것처럼 반시계 방향으로 꼬인다. 복사압과 섬유의 꼬임에 의한 토크의 작용하에 어떤 각도에 이르면 막대는 평형에 이르게 된다. 평형이 일어나는 점에서 각도를 측정하여 복사압을 구할 수 있다. 이 장치는 공기의 흐름에 의한 영향을 제거하기 위해 고진공 속에 놓아야 한다. 비슷한 실험들을 통해 전자기파가 각 운동량 또한 운반한다는 것을 알 수 있다.

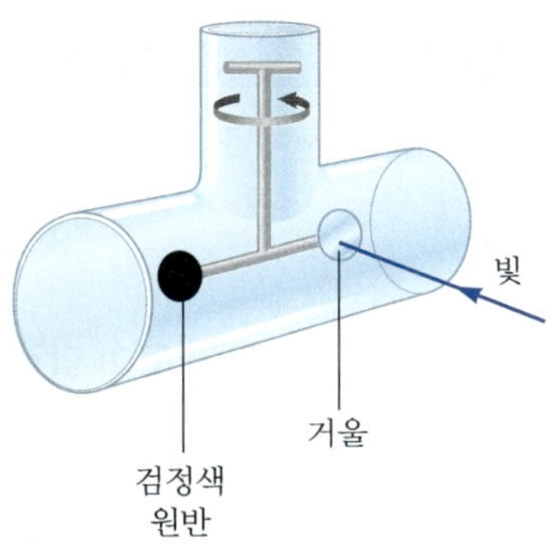

그림 21.20 빛의 복사압을 측정하는 장치. 실제로 장치의 내부는 고진공 상태이다.

요약하면, 자유 공간을 통해 이동하는 전자기파는 다음과 같은 특성을 갖는다.

◀ 전자기파의 특성

1. 전자기파는 빛의 속력으로 진행한다.
2. 전자기파는 횡파로서 전기장과 자기장은 서로 수직이고, 또한 파의 진행 방향과도 서로 수직이다.
3. 전자기파에서 전기장과 자기장의 비율은 빛의 속력과 같다.
4. 전자기파는 에너지와 운동량을 모두 운반하여 표면에 전달할 수 있다.

예제 21.8 뜨거운 주석 지붕(태양열 주택)

목표 빛의 기본적인 성질들을 계산하고 이들을 열복사와 관계시킨다.

문제 태양은 지구 표면에 단위 넓이당 약 $1.00 \times 10^3\ \mathrm{W/m^2}$으로 평균 일률을 운반한다. **(a)** 크기가 $20.0\ \mathrm{m} \times 8.00\ \mathrm{m}$인 평평

한 지붕 위에 입사하는 전체 일률을 계산하라. 복사는 지붕에 수직으로 입사한다고 가정한다. **(b)** 주석 지붕은 얼마간의 빛을 반사하고, 평형 온도에 이를 때까지 대류, 전도, 복사는 나머지 열에너지를 다른 곳으로 이동시킨다. 지붕이 완벽한 흑체이고 열복사를 통해 입사 복사의 반이 없어진다면 평형 온도는 얼마인가? 주위 온도는 298 K로 가정한다.

풀이

(a) 지붕에 전달된 일률을 계산한다.

세기에 넓이를 곱하여 일률을 구한다.

그림 21.21 (예제 21.8) 태양열 주택

GorillaAttack/Shutterstock.com

$$P = IA = (1.00 \times 10^3\ \text{W/m}^2)(8.00\ \text{m} \times 20.0\ \text{m})$$
$$= \boxed{1.60 \times 10^5\ \text{W}}$$

(b) 지붕의 평형 온도를 구한다.

슈테판의 법칙에 대입한다. 입사 일률의 반만 대입해야 하고 지붕의 넓이는 두 배이다(지붕 위, 아래 포함).

$$P = \sigma e A(T^4 - T_0^{\ 4})$$

$$T^4 = T_0^{\ 4} + \frac{P}{\sigma e A}$$

$$= (298\ \text{K})^4 + \frac{(0.500)(1.60 \times 10^5\ \text{W/m}^2)}{(5.67 \times 10^{-8}\ \text{W/m}^2 \cdot \text{K}^4)(1)(3.20 \times 10^2\ \text{m}^2)}$$

$$T = 333\ \text{K} = \boxed{6.0 \times 10^1\ {}^\circ\text{C}}$$

참고 입사 일률이 모두 전력으로 전환된다면, 이것은 일반 가정에 매우 좋은 일이다. 불행히도 태양 에너지는 쉽게 활용할 수 없다. 높은 전환율에 대한 전망은 이 단순한 계산에 나타난 것처럼 그렇게 밝지 않다. 예를 들면, 태양에서 전기에너지 변환 효율은 100%보다 훨씬 작다. 보통 광배터리에서는 10~20%이다(그림 21.21). 태양 에너지를 이용하여 물의 온도를 올리는 지붕 시스템은 효율이 약 50%가 되게 짓는다. 그러나 흐린 날, 지리적 위치, 에너지 저장 같은 다른 실제적인 문제들을 고려해야 한다.

예제 21.9 태양열 돛이 달린 우주선

목표 빛의 세기가 물질에 미치는 역학적인 영향에 대해 이해한다.

문제 알루미늄 처리한 마일러 필름은 반사가 아주 잘 되는 가벼운 물질로, 태양 빛으로 운행하는 우주선 돛을 만드는 데 이용될 수 있다. 넓이가 1.00 km^{2}인 돛이 태양으로부터 거리가 1.50×10^{11} m 떨어진 곳에서 선회한다고 하자. 돛의 질량은 5.00×10^3 kg으로 질량 2.00×10^4 kg인 우주선에 묶여 있다. **(a)** 태양 빛의 세기가 1.34×10^3 W/m^{2}이고 돛은 입사광에 수직으로 향해 있다면, 태양으로부터 지름 방향으로 돛에 가해지는 힘은 얼마인가? **(b)** 돛의 지름 방향 속력을 1.00 km/s 정도로 변화시키는 데 걸리는 시간은 얼마인가? 돛이 빛을 완전히 반사한다고 가정하라. **(c)** 빛이 태양이 아닌 대용량 레이저 발생기에서 공급된다면(그런 것이 있다고 가정한다), 그 레이저 빛의 전기장 및 자기장의 최댓값을 계산해 보라.

전략 **(a)** 식 21.30은 빛이 물체에 부딪치고 완전히 반사될 때 전달된 운동량을 보여 준다. 운동량의 시간 변화율이 힘이다. **(b)** 뉴턴의 제2법칙을 이용하여 가속도를 구한다. 속도 운동학 식은 속력에서 요구되는 변화에 도달하는 데 필요한 시간을 계산할 수 있다. **(c)** 식 21.27과 $E = Bc$에 따라 계산한다.

풀이

(a) 돛에 가해지는 힘을 계산한다.

식 21.30을 쓰고 돛에 전달된 에너지에 대해 $U = P\Delta t = IA\Delta t$를 대입한다.

$$\Delta p = \frac{2U}{c} = \frac{2P\Delta t}{c} = \frac{2IA\Delta t}{c}$$

양변을 Δt로 나누어 빛이 돛에 가해진 힘 $\Delta p/\Delta t$를 구한다.

$$F = \frac{\Delta p}{\Delta t} = \frac{2IA}{c} = \frac{2(1340\ \text{W/m}^2)(1.00 \times 10^6\ \text{m}^2)}{3.00 \times 10^8\ \text{m/s}}$$
$$= \boxed{8.93\ \text{N}}$$

(b) 1.00 km/s씩 지름 방향 속력 변화를 하는 데 걸리는 시간을 구한다.

뉴턴의 제2법칙에 힘을 대입하고 돛의 가속도에 대해 푼다.

$$a = \frac{F}{m} = \frac{8.93\ \mathrm{N}}{2.50 \times 10^4\ \mathrm{kg}} = 3.57 \times 10^{-4}\ \mathrm{m/s^2}$$

운동학 속도 식을 적용한다.

$$v = at + v_0$$

시간 t에 대해 푼다.

$$t = \frac{v - v_0}{a} = \frac{1.00 \times 10^3\ \mathrm{m/s}}{3.57 \times 10^{-4}\ \mathrm{m/s^2}} = \boxed{2.80 \times 10^6\ \mathrm{s}}$$

(c) 레이저로 빛을 공급하는 경우 전기장 및 자기장의 최댓값을 계산한다.

식 21.28을 $E_{\text{최대}}$에 대해 푼다.

$$I = \frac{E_{\text{최대}}^2}{2\mu_0 c} \quad \rightarrow \quad E_{\text{최대}} = \sqrt{2\mu_0 c I}$$

$$E_{\text{최대}} = \sqrt{2(4\pi \times 10^{-7}\ \mathrm{N \cdot s^2/C^2})(3.00 \times 10^8\ \mathrm{m/s})(1.34 \times 10^3\ \mathrm{W/m^2})}$$

$$= \boxed{1.01 \times 10^3\ \mathrm{N/C}}$$

$E_{\text{최대}} = B_{\text{최대}}c$를 사용하여 $B_{\text{최대}}$를 구한다.

$$B_{\text{최대}} = \frac{E_{\text{최대}}}{c} = \frac{1.01 \times 10^3\ \mathrm{N/C}}{3.00 \times 10^8\ \mathrm{m/s}} = \boxed{3.37 \times 10^{-6}\ \mathrm{T}}$$

참고 **(b)**에 대한 답은 한 달 남짓하다. 가속이 매우 낮은 반면에 연료가 소모되지 않는다. 그리고 몇 개월이 지나면 우주선이 태양계에 있는 어떤 행성에도 도달할 만큼 충분하게 속도는 변화한다. 이러한 우주선은 특정 목적에 유용하고 매우 경제적일 수 있으나, 상당한 인내가 요구된다.

21.12 전자기파의 스펙트럼 The Spectrum of Electromagnetic Waves

모든 전자기파는 진공 중에서 빛의 속력 c로 이동한다. 이들 파동은 어떤 파원으로부터 수신기까지 에너지와 운동량을 수송한다. 1887년에 헤르츠는 맥스웰이 예측했었던 라디오 진동수 전자기파를 성공적으로 발생시키고 검출했다. 맥스웰은 허셜(William Herschel)이 1880년에 발견한 적외선과 가시광선을 모두 전자기파로 인식하였다. 지금은 진동수와 파장에 의해 구분되는 전자기파의 다른 형태들이 존재한다고 알려져 있다.

모든 전자기파는 속력 c로 자유 공간을 통해 이동하므로, 그들의 진동수 f와 파장 λ는 다음과 같은 중요한 관계를 가진다.

$$c = f\lambda \qquad [21.31]$$

그림 21.22에 전자기파의 다양한 형태가 나타나 있다. 진동수와 파장의 넓고 겹쳐지는 범위에 주목하라. 예를 들어, 진동수 1.50 MHz(전형적인 값)인 AM 라디오파는 파장이

$$\lambda = \frac{c}{f} = \frac{3.00 \times 10^8\ \mathrm{m/s}}{1.50 \times 10^6\ \mathrm{s^{-1}}} = 2.00 \times 10^2\ \mathrm{m}$$

이다. 다음 약어들이 짧은 파장과 거리를 표시하기 위해 자주 사용된다.

$$1\text{마이크로미터}(\mu\mathrm{m}) = 10^{-6}\ \mathrm{m}$$

$$1\text{나노미터}(\mathrm{nm}) = 10^{-9}\ \mathrm{m}$$

$$1\text{옹스트롬}(\text{Å}) = 10^{-10}\ \mathrm{m}$$

예를 들면, 가시광선의 파장은 0.4~0.7 μm, 또는 400~700 nm, 또는 4 000 Å~7 000 Å까지 범위이다.

22장에서 빛의 입자성에 관하여 배우게 되는데 각각의 광자는

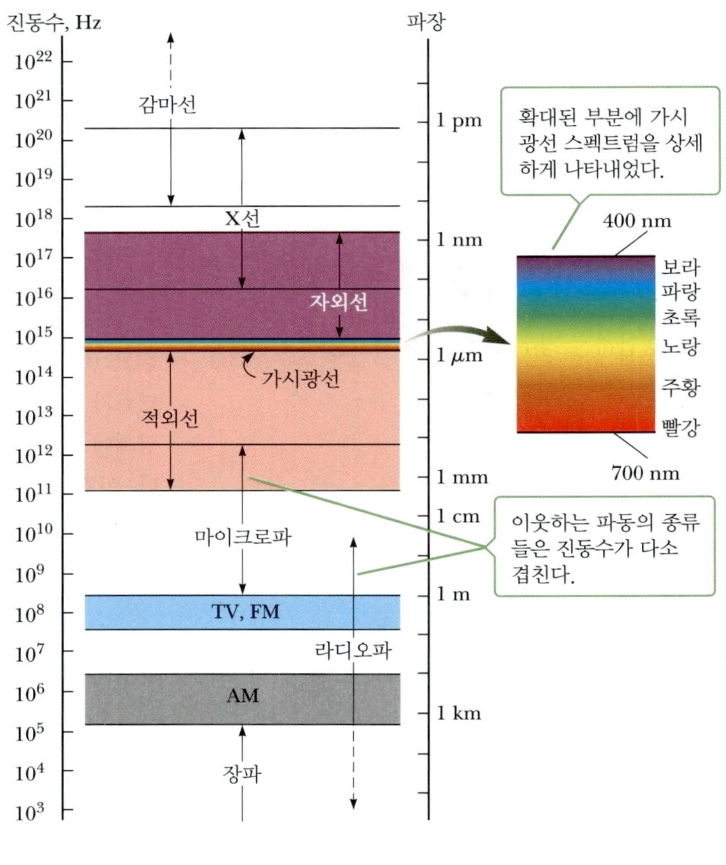

그림 21.22 전자기 스펙트럼

$$E = hf \qquad [21.32]$$

라는 에너지를 갖는다. 여기서 $h = 6.63 \times 10^{-34}\,\text{J}\cdot\text{s}$를 플랑크 상수라고 한다. 빛의 진동수가 클수록 광자 한 개가 운반하는 에너지는 더 커진다.

파장이 큰 순서에 따라 파장 형태를 간단히 설명하면 다음과 같다. 한 종류와 다음 종류의 파동 사이에 엄격한 구분은 없다. 전자기 복사의 모든 형태는 가속 전하에 의해 생성된다.

라디오파[5] 21.10절에서 논의했듯이 도선을 통해 가속되는 전하에 의해 발생된다. 당연히 라디오파는 라디오 수신기나 텔레비전 수신기[6]에서도 사용된다. 무선 인터넷(와이파이)은 2.4 GHz 및 5 GHz의 무선 주파수 대역을 사용하며 대부분의 휴대전화는 600 MHz에서 6 GHz 범위의 주파수 대역을 사용하여 음성이나 데이터를 주고받는다.

마이크로파 (짧은 파장의 라디오파) 파장이 약 1 mm~30 cm 범위로 전자 장치에 의해 발생된다. 이들의 짧은 파장은 비행기 항법에 이용되는 레이더 시스템과 물질의 원

[5] 역자 주: radio waves를 라디오파라고 하지만 무선 전파라고 하기도 한다. radio frequency는 라디오 주파수 또는 무선 주파수라고 한다.

[6] 역자 주: 현재의 텔레비전은 무선 전파를 사용하지 않고 유선으로 디지털 방식으로 송수신하는 것이 대부분이다. 이전에는 안테나를 사용하여 무선으로 수신하였다. 여기서 말하는 것은 무선으로 수신할 때의 내용이다.

자 및 분자적 성질을 연구하는 데 적절하다. 전자레인지는 이 파들을 이용하는 흥미로운 가전제품이다. 우주에 태양 집열기를 설치하여 태양 에너지를 수집한 다음 마이크로파를 이용하여 지구에 전송하여 태양 에너지를 모으자는 제안이 있었다.

적외선 (때로는 '열파'라고 하나 잘못된 표현임) 뜨거운 물질과 분자들로부터 생성된 약 1 mm에서부터 가시광선에서 가장 긴 파장인 7×10^{-7} m까지 범위의 파장이다. 이들은 대부분의 물질에 의해 잘 흡수된다. 물질에 흡수된 적외선 에너지는 물질의 원자들을 교란하여 이들의 진동 및 병진 운동을 증가시켜 따뜻하게 한다. 이로 인해 온도는 증가한다. 적외선 복사는 물리 치료, 적외선 사진, 원자의 진동 연구 등을 포함하여 실제적이고 과학적으로 많이 응용된다.

가시광선 전자기파의 가장 친밀한 형태로 전자기파 스펙트럼에서 사람의 눈으로 검출할 수 있는 부분이다. 이 빛은 원자와 분자에 있는 전자들의 재배치에 의해 생성된다. 가시광선의 파장들은 색으로 분류되며 보라색($\lambda \approx 4 \times 10^{-7}$ m)에서 빨간색($\lambda \approx 7 \times 10^{-7}$ m)까지 범위이다. 눈의 감응도는 파장의 함수이고 약 5.6×10^{-7} m(황록색)의 파장에서 최대이다.

그림 21.23 자외선(UV) 차단이 안 되는 색안경을 끼는 것은 끼지 않는 것보다 더 해롭다. 차단이 안 되는 색안경은 일부 가시광선을 흡수하여, 동공을 확대시킨다. 이 때문에 더 많은 자외선이 눈에 유입되어 시간이 지나면 수정체가 손상된다. 색안경이 없다면 동공이 수축되어 가시광선과 자외선이 줄어든다. 자외선이 차단되는 색안경을 착용하기 바란다.

자외선(UV) 약 4×10^{-7} m(400 nm)에서 6×10^{-10} m(0.6 nm)까지 범위의 파장을 포함한다. 태양은 자외선의 중요한 근원이다(햇볕에 타게 되는 주된 원인). 태양으로부터 오는 대부분의 자외선은 초고층 대기 또는 성층권에 있는 원자들에 의해 흡수되는데, 이는 다행스러운 일이다. 많은 양의 자외선은 인간에게 해로운 영향을 미치기 때문이다(그림 21.23). 성층권의 중요한 구성 성분 중의 하나인 오존(O_3)은 자외선 복사와 산소의 반응으로 생긴다. 이러한 오존층은 치명적인 고에너지 자외선을 열로 바꾸어 성층권을 따뜻하게 한다.

X선 약 10^{-8} m(10 nm)에서 10^{-13} m(10^{-4} nm)까지 파장을 갖는 전자기파이다. X선의 가장 일반적인 근원은 가속된 고에너지 전자를 금속 표적에 충돌시켜 발생하는 것이다. X선은 의학에서 진단 도구로 그리고 암의 한 형태에 대한 치료에 이용된다. X선은 쉽게 투과하고 살아 있는 조직이나 유기체를 손상시키거나 파괴하므로, 불필요한 노출이나 과다 노출을 피하도록 조심해야 한다.

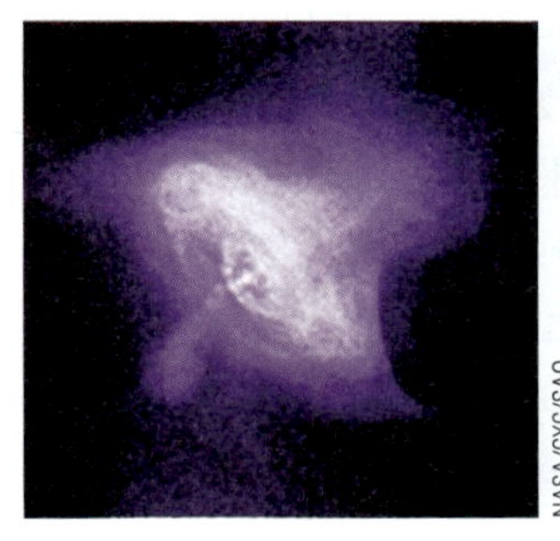

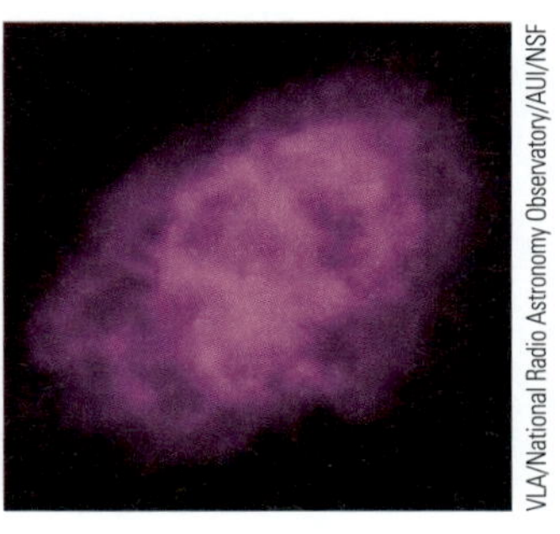

a b c d

그림 21.24 전자기 스펙트럼의 다른 부분들로써 관측한 게성운의 다양한 모습. (a) X선 영상, (b) 가시광선 영상, (c) 적외선 영상, (d) 전파망원경에 의한 영상

감마선 방사성 핵으로부터 방출되는 전자기파로 10^{-10}에서 10^{-14} m까지 파장을 포함한다. 매우 잘 투과되고 살아 있는 조직에 흡수되면 심각한 손상을 입힌다. 따라서 이러한 복사선 근방에서 작업하는 사람들은 납판과 같이 흡수를 잘하는 물질이 포함된 의류를 입어 몸을 반드시 보호해야 한다.

천문학자들이 전자기 스펙트럼의 다른 영역에 민감한 검출기를 이용하여 동일한 우주의 물체를 관찰하면, 물체의 특징에서 깜짝 놀랄 만한 변화들을 볼 수 있다. 그림 21.24는 세 개의 다른 파장 범위에서 만든 게성운(Crab Nebula)의 영상들을 나타내고 있다. 게성운은 초신성 폭발의 잔존물로서, 1054년에 지구에서 관측되었다. (그림 8.33과 비교해 보라.)

21.13 전자기파에서의 도플러 효과
The Doppler Effect for Electromagnetic Waves

14.6절에서 본 것처럼 음파는 관측자, 음원, 또는 양쪽이 전파 물질에 대해 상대적으로 이동하면 도플러 효과를 나타낸다. 도플러 효과에서 관측된 파동의 진동수는 음원에서 방출한 진동수보다 크거나 작다는 점을 기억하라.

도플러 효과는 전자기파에서도 역시 발생하나, 두 가지 점에서 음파에 대한 도플러 효과와 다르다. 먼저, 음파에 대한 도플러 효과는 매질에 대한 운동이 가장 중요하다. 왜냐하면 음파를 전파하기 위해 매질이 필요하기 때문이다. 반면에 전자기파에 대한 도플러 효과에서 전파 매질은 아무런 역할을 하지 않는다. 그 이유는 전자기파는 전파하기 위해 매개 물질을 필요로 하지 않기 때문이다. 둘째, 음에 대한 도플러 효과에 대한 식에서 음속은 측정된 기준계에 의존한다. 이와는 달리 26장에서 배우게 되지만, 전자기파의 속력은 정지해 있거나 서로에 대해 등속도로 이동하는 모든 좌표계에서 같은 값이다.

전자기파에 대한 도플러 효과를 기술하는 방정식은 근사적인 표현으로 다음과 같이 주어진다.

$$f_O \approx f_S\left(1 \pm \frac{u}{c}\right) \qquad u \ll c\text{인 경우} \qquad [21.33]$$

여기서 f_O는 관측된 진동수이며, f_S는 파원에서 방출된 진동수이고, u는 관측자와 파원의 상대 속력이고, c는 진공에서 빛의 속력이다. 식 21.33은 u가 c보다 매우 작은 경우에만 유효함을 주의하라. 더 나아가, 파원과 관측자의 상대속도가 음파의 속도보다 매우 작은 경우 음파에 대해 위의 식이 이용될 수 있다. 이 식에서 양의 부호는 파원과 관측자가 서로를 향해 이동하는 경우에 사용해야 되고, 반면에 음의 부호는 서로가 멀어진 경우에 사용해야 한다. 따라서 파원과 관측자가 서로 접근하면 관측된 진동수가 증가하고 파원과 관측자가 서로 멀어지면 감소할 것으로 예상할 수 있다.

천문학자들은 먼 거리에 있는 별과 은하에서 지구에 도달하는 빛으로부터 도플러 효과를 이용하여 중요한 발견을 했다. 천문학자들의 관측에 의하면 별이 지구로부터 멀어질수록 그 별에서 오는 빛의 색이 스펙트럼의 적색 끝 쪽으로 이동한다는 것이 밝혀졌다. 이러한 우주에서의 적색 이동은 우주가 팽창한다는 증거이다. 고무판이 모든 방향으로 잡아당겨지듯이 공간이 늘어나거나 팽창하는 것은 아인슈타인의 일반 상대성 이론과 일치하는 것이다. 그러나 어떤 별 또는 은하는 지구를 향해 운동하거나 지구로부터 멀어지는 운동을 할 수 있다. 예를 들어, 허블 우주 망원경으로 수행한 가장 최근의 도플러 효과 측정은 M87로 이름이 붙여진 은하가 회전하고 있다는 것을 밝혀냈다. 은하의 한쪽 끝은 우리를 향해서 이동하고 다른 쪽은 멀어져간다. 측정된 회전 속력은 그 중심에 위치한 초질량의 블랙홀을 확인하는 데 이용되었다.

연습문제

21.1 교류 회로에서의 저항기

1(1). 24.0 kΩ의 저항을 어떤 교류 전원에 연결하였더니 0.600 W의 전력이 소모된다. (a) 그 저항에 흐르는 전류의 rms값은 얼마인가? (b) 교류 전원의 rms 전압은 얼마인가?

2(3). (a) 최대 전압이 170. V이고 진동수가 60.0 Hz인 전력선에 연결된 평균 소비 전력이 75.0 W인 전구의 저항은 얼마인가? (b) 100. W 전구의 저항은 얼마인가?

3(5). 1.5 kΩ의 저항을 rms 전압이 120 V인 교류 전원에 연결하였다. (a) 저항 양단의 최대 전압은 얼마인가? (b) 저항을 통해 흐르는 최대 전류는 얼마인가? (c) 저항을 통해 흐르는 rms 전류는 얼마인가? (d) 그 저항에서 소모되는 평균 전력은 얼마인가?

21.2 교류 회로에서의 커패시터

4(7). (a) 22.0 μF의 커패시터의 리액턴스가 175 Ω 이하가 되기 위한 진동수는 얼마인가? (b) 같은 진동수 영역에 대해 44.0 μF 커패시터의 리액턴스는 얼마인가?

5(9). $\Delta V_{최대} = 48.0$ V이고 $f = 90.0$ Hz인 교류 전원에 3.70 μF의 커패시터를 연결했을 때 흐르는 교류 전류의 최댓값은 얼마인가?

6(11). 4.0 μF의 커패시터가 rms 출력이 30. V인 발전기에 연결되어 있을 때, 회로에 0.30 A의 전류가 관측되었다. 전원의 진동수는 얼마인가?

21.3 교류 회로에서의 인덕터

7(13). 표준 콘센트($\Delta V_{rms} = 120.$ V, $f = 60.0$ Hz)에 연결된 인덕터의 최대 자기선속을 구하라.

8(15). 어떤 인덕터를 60.0 Hz의 전원에 연결했을 때의 리액턴스가 54.0 Ω이다. 그 인덕터를 다시 50.0 Hz, 100. V rms 전원에 연결하였다. 그 인덕터에 흐르는 최대 전류는 얼마인가?

9(17). 그림 P21.9는 인덕터 성분만 있는 $\Delta V_{최대} = 100.$ V의 교류 회로이다. (a) 최대 전류는 50.0 Hz에서 7.50 A이다. 인덕턴스 L을 구하라. (b) 최대 전류가 2.50 A일 때 각진동수 ω는 얼마인가?

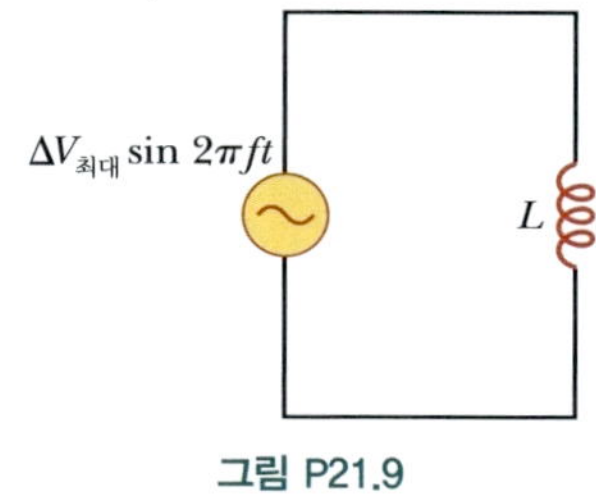

그림 P21.9

21.4 *RLC* 직렬 회로

10(19). 직렬 *RLC* 회로에서 $R = 12.0$ Ω, $X_L = 30.0$ Ω, $X_C = 20.0$ Ω이다. 저항 양단의 최대 전압이 $\Delta V_R = 145$ V이라면, (a) 인덕터, (b) 커패시터 양단의 최대 전압을 구하라. (c) 그 회로의 최대 전류는 얼마인가? (d) 그 회로의 임피던스는 얼마인가?

11(21). 저항기($R = 9.00 \times 10^2$ Ω), 커패시터($C = 0.250$ μF), 인덕터($L = 2.50$ H)가 2.40×10^2 Hz, $\Delta V_{최대} = 1.40 \times 10^2$ V인 교류 전원에 직렬로 연결되어 있다. 다음을 계산하라. (a) 회로의 임피던스, (b) 전원에 의해 공급된 최대 전류, (c) 전

류와 전압 사이의 위상각, (d) 전류가 전압을 앞서는가, 뒤따르는가?

12(23). 직렬 RLC 회로에서 $R = 50.0\ \Omega$, $L = 0.500$ H이다. (a) 전원의 진동수가 $f = 60.0$ Hz이고 임피던스가 $Z = R = 50.0\ \Omega$이라면 이 회로에 있는 커패시터의 전기용량 C를 구하라. (b) 전류와 전압 사이의 위상각은 얼마인가?

13(25). 저항기, 150. mH의 인덕터, 5.00 μF의 커패시터가 최대 전압이 $\Delta V_{최대} = 240.$ V, $f = 50.0$ Hz의 전원에 직렬로 연결되어 있다. 그 회로에 흐르는 최대 전류는 100. mA이다. 그 회로의 (a) 유도성 리액턴스, (b) 용량성 리액턴스, (c) 임피던스, (d) 저항을 구하라. (e) 전류와 전원 전압 간의 위상각을 구하라.

14(27). 최대 전압 150. V, $f = 50.0$ Hz인 교류 전원이 그림 P21.14에 있는 점 a와 d 사이에 연결되었다. 다음 점 사이의 rms 전압을 계산하라. (a) a와 b, (b) b와 c, (c) c와 d, (d) b와 d

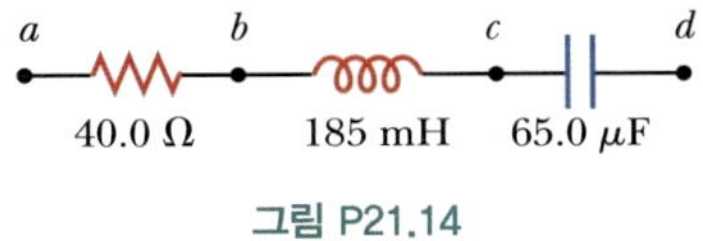

그림 P21.14

15(29). 어떤 사람이 변압기의 이차 코일 가까이에서 일하고 있다(그림 P21.15). 1차 전원은 120. V_{rms}, 60.0 Hz이다. 작업자의 손과 이차 코일 간의 분포용량 C_s는 20.0 pF이다. 그 사람의 몸과 접지 사이의 저항은 $R_b = 50.0$ kΩ이라고 가정한다. 그 사람 몸의 손끝에서 발바닥 사이의 rms 전압을 구하라.

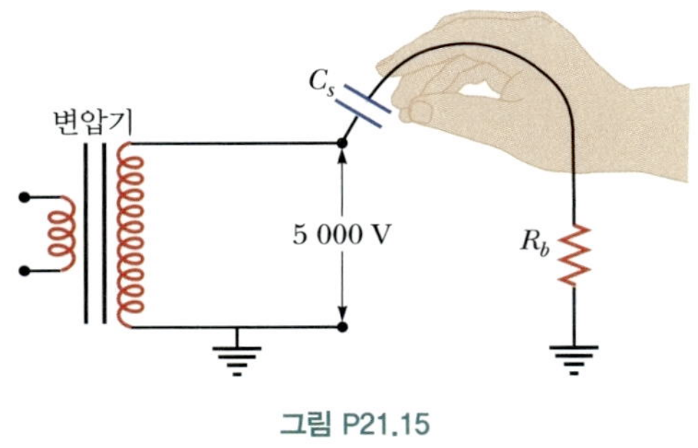

그림 P21.15

21.5 교류 회로에서의 전력

16(31). 어떤 RLC 회로에서 $R = 225\ \Omega$이고 $X_L = 175\ \Omega$이다. (a) 전력 인자가 $\cos\phi = 0.707$이라고 가정하고 그 회로의 용량성 리액턴스 X_C를 구하라. (b) $\cos\phi = 1.00$일 때와 (c) $\cos\phi = 1.00 \times 10^{-2}$일 때의 X_c를 구하라.

17(33). RL 회로에 연결된 멀티미터가 0.500 A의 rms 전류와 60.0 Hz, 104 V rms 발전기 전압을 표시하고 있다. 와트미터는 저항기에서 소모된 평균 전력이 10.0 W임을 나타낸다. 다음을 구하라. (a) 회로의 임피던스, (b) 저항 R, (c) 인덕턴스 L

18(35). 인덕터와 저항기가 직렬연결되어 있다. 그것을 60. Hz, 90. V(rms)의 전원에 연결하면, 저항기 양단의 전압이 50. V(rms)가 되고 소비 전력은 14 W가 된다. (a) 저항값과 (b) 인덕터 값을 구하라.

21.6 직렬 RLC 회로에서의 공명

19(39). AM 밴드는 약 500. kHz에서 1 600. kHz 사이에 걸쳐 있다. 라디오 동조 회로에 2.0 μH의 인덕터가 사용된다면, 진동수 밴드를 완전히 포함하기 위해 커패시터가 가져야 할 극한값들의 범위는 얼마인가?

20(41). 어떤 라디오에서의 RLC 회로가 $f = 99.7$ MHz의 FM 방송을 수신하기 위한 동조 회로로 사용된다. 회로의 저항은 $R = 12.0\ \Omega$이고, 인덕턴스는 $L = 1.40\ \mu$H이다. 커패시터의 전기용량은 얼마이어야 하는가?

21.7 변압기

21(43). 변압기의 일차 코일에서 감긴 수는 $N_1 = 250.$번이고 이차 코일에서 감긴 수는 $N_2 = 1\ 500.$번이다. 일차 코일 양단의 입력 전압이 $\Delta v = (170.\text{ V})\sin\omega t$이면 이차 코일 양단에 걸리는 rms 전압은 얼마인가?

22(45). 공장 근처의 전봇대에 있는 변압기가 3 600 V(rms)를 120 V(rms)로 전압을 낮춘다. 그 변압기는 1.0×10^3 kW용이고 효율이 90%이다. (a) 1차에 입력되는 전력은 얼마인가? (b) 1차와 (c) 2차에 흐르는 전류를 구하라.

23(47). 어떤 교류 발전기가 3 600 V에서 50. A(rms)의 전류를 발전한다. 그러한 전원을 이상적인 변압기를 사용하여 전압을 1.0×10^5 V로 높여서 저항이 100. Ω인 장거리 전력선을 통해 송전한다. 발전기에서 나온 전력의 몇 %가 송전선에서 열로 없어지는가?

21.10 안테나에서 발생하는 전자기파

21.11 전자기파의 특성

24(49). 태양은 지구 상층에 1 370. W/m^{2}의 평균 일률을 전달한다. 대기 상층에서 전자기파에 대한 최댓값 $\vec{\mathbf{E}}_{최대}$와 $\vec{\mathbf{B}}_{최대}$를 구하라.

25(51). 미 해군은 오랫동안 초저주파(ELF waves, Extremely

Low Frequency) 통신 설비를 건설할 것을 제안해 왔다. 그러한 초저주파는 심해를 침투하여 깊고 멀리 있는 잠수함에 닿을 수 있다. 75 Hz의 ELF파의 송신 안테나의 1/4 파장 길이를 계산하라. 이 안테나는 실현성이 있는 것인가?

26(53). 지구는 태양에서 오는 빛의 약 38.0%를 구름과 지표가 반사한다. (a) 대기권 상층부의 태양에서 오는 복사선의 세기가 1 370 W/m^2라면, 지표에 도달하는 복사 압력은 파스칼 단위로 얼마인가? 지표상의 위치는 햇빛이 머리 위에 바로 떨어지는 곳이라고 가정한다. (b) 이 압력과 지표에서의 정상 대기압 101 kPa을 비교하여 설명하라.

21.12 전자기파의 스펙트럼

27(59). 진동수가 (a) 5.00×10^{19} Hz와 (b) 4.00×10^{9} Hz인 경우에 자유 공간에서 전자기파의 파장을 각각 구하라.

28(61). 전자기파 스펙트럼에서 우리 눈으로 볼 수 있는 무지개색은 가장 긴 파장(가장 붉은 색)에서부터 가장 짧은 파장(가장 진한 보라색)까지 변한다. 파장이 655 nm 부근은 빨간색으로 인지되고 515 nm 부근은 녹색, 475 nm 부근은 청색으로 인지된다. 파장이 (a) 655 nm, (b) 515 nm, (c) 475 nm인 빛의 진동수를 계산하라.

29(63). (a) AM 라디오 밴드(540~1 600 kHz)와 (b) FM 라디오 밴드(88~108 MHz)의 파장 범위를 계산해 보라.

21.13 전자기파에서의 도플러 효과

30(65). 경찰이 사용하는 과속단속용 레이다 속도계는 전자파를 차에 쏘아서 반사되어 오는 파의 도플러 이동을 측정하여 속도를 측정한다. 레이다 속도계가 24.0 GHz의 전자파를 레이더를 향해 105 km/h의 속력으로 달려오는 차에 쏘아서 반사되는 전파를 수신한다. 송신된 전파와 수신된 전파의 진동수 차이 $\Delta f = f_O - f_S$를 구하라.

종합문제

31(67). 200. Ω 저항과 5.0 μF 커패시터가 60 Hz, 120 Vrms 라인에 직렬로 연결되어 있다. 전기 요금이 kWh당 0.23달러라면, 이 회로를 24시간 동안 연결해 두는 데 드는 비용은 얼마인가?

32(69). 지름이 2.00 mm인 25.0 mW 레이저 빔이 완벽하게 반사하는 거울에 수직 입사하여 반사된다. 거울에 가해지는 복사압을 계산하라.

33(71). 그림 P21.33과 같이 지름이 20.0 m인 접시 안테나가 멀리 떨어진 전파원으로부터 (수직 입사로) 전파를 수신한다. 이 전파는 진폭 $E_{max} = 0.20\ \mu$V/m인 연속 사인파이다. 안테나가 접시에 떨어지는 모든 복사선을 흡수한다고 가정한다. (a) 이 전파에서 자기장의 진폭은 얼마인가? (b) 안테나가 수신하는 복사선의 세기는 얼마인가? (c) 안테나가 수신하는 전력은 얼마인가?

그림 P21.33

34(73). 연구 프로젝트에 사용되는 코일의 인덕턴스를 측정하기 위해, 학생은 먼저 코일을 12.0 V 배터리에 연결하였더니 전류가 0.630 A로 측정되었다. 그런 다음, 학생은 코일을 24.0 V(rms), 60.0 Hz 발전기에 연결하였더니 전류가 0.570 A rms로 측정되었다. 인덕턴스는 얼마인가?

35(75). 우주 비행을 달성할 수 있는 한 가지 가능한 방법은 지구 궤도에 완벽하게 반사하는 알루미늄 판을 놓고 태양 빛을 이용하여 이 태양 돛을 밀어내는 것이다. 면적이 6.00×10^4 m^2 이고 질량이 6.00×10^3 kg인 이러한 돛이 태양을 향하는 궤도에 놓여 있다고 가정하자. (a) 돛에 가해지는 힘은 얼마인가? (b) 돛의 가속도는 얼마인가? (c) 이 돛이 3.84×10^8 m 떨어진 달에 도달하는 데 걸리는 시간은 얼마인가? 모든 중력 효과를 무시하고 태양 강도를 1 340 W/m^2로 가정한다. **힌트:** 반사파의 복사압은 2(단위 면적당 평균 전력)/c로 주어진다.

빛의 반사와 굴절
Reflection and Refraction of Light

CHAPTER 22

빛은 이중성을 갖고 있다. 빛은 어떤 실험에서는 입자처럼 움직이고, 다른 실험에서는 파동처럼 행동한다. 이 장과 다음 두 장에서는 파동으로서 가장 잘 이해되는 빛의 현상에 주목한다. 먼저 두 매질 사이의 경계면에서 발생하는 빛의 반사와 빛이 한 매질에서 다른 매질로 이동할 때 발생하는 빛의 휘어짐(굴절)에 대하여 논의한다. 이 개념을 이용하여 빛이 다른 매질을 통과할 때 일어나는 빛의 굴절과 거울면에서 일어나는 빛의 반사를 공부한다. 25장에서 망원경과 현미경으로 사물을 볼 때, 렌즈와 거울이 어떻게 이용되는지, 또 사진 기술에서는 렌즈가 어떻게 이용되는지 설명한다. 빛의 파동성에 대한 이해는 우주의 본성을 이해하고 연구하는 우리의 역량을 크게 증진시켜 주었다.

22.1 빛의 본질 The Nature of Light

19세기 초까지, 빛은 광원에서 방출된 연속적인 입자의 흐름으로서 그것이 눈에 들어와 시신경을 자극한다고 생각되었다. 빛의 입자설을 대표하는 제창자는 뉴턴이다. 그는 입자설을 근거로 빛의 본질에 관한 몇 가지 알려져 있던 실험적 사실들, 즉 반사와 굴절의 법칙을 간단히 설명하였다.

대부분의 과학자들은 뉴턴의 빛의 입자설을 받아들였다. 그러나 뉴턴의 생애 중에 또 다른 이론이 제창되었다. 1678년에 네덜란드의 물리학자 겸 천문학자인 하위헌스(Christian Huygens, 1629~1695)는 반사와 굴절의 법칙을 빛의 파동설로도 설명할 수 있음을 보여 주었다.

빛의 파동설은 몇 가지 이유 때문에 곧바로 받아들여지지 않았다. 먼저 그 당시 알려졌던 모든 파동들(소리, 물 등)은 매질을 통해야만 전달된다고 알려져 있었으나 태양으로부터 오는 빛은 진공 상태의 공간을 통하여 지구에 도달할 수 있었다. 또한 만일 빛이 파동의 한 형태라면 장애물 주위에서 휠 수 있어서 모퉁이를 돌아서도 물체를 볼 수 있어야 한다는 논란도 있었다. 오늘날에는 실제로 빛이 물체의 가장자리 부근에서 휘어진다는 것이 알려져 있다. 회절이라고 알려진 이 현상은 빛의 파장이 매우 짧기 때문에 쉽게 관찰되지는 않는다. 1660년경 그리말디(Francesco Grimaldi, 1618~1663)에 의하여 빛의 회절에 대한 실험적인 증거가 발견되었음에도 불구하고, 대부분의 과학자들은 한 세기 이상 파동설을 부정하고 뉴턴의 입자설을 고수하였는데, 이는 위대한 과학자로서 뉴턴의 명성 때문이었을 것으로 보인다.

빛의 파동성에 대한 첫 번째 확실한 증명은 1801년 영(Thomas Young, 1773~1829)에 의해 이루어졌는데, 그는 적절한 조건하에서 빛이 간섭 현상을 나타낸다는

하위헌스
Christian Huygens, 1629~1695
네덜란드의 물리학자 겸 천문학자

하위헌스는 광학과 동역학 분야에 공헌한 것으로 잘 알려져 있다. 하위헌스는 빛이란 에테르 속에서 진동 운동을 하며 퍼져 나가, 눈으로 들어와 인식하게 되는 것이라 생각하였다. 이러한 이론을 바탕으로 반사와 굴절의 법칙을 유도하였고, 이중 굴절 현상을 설명하였다.

것을 보여 주었다. 즉, 하나의 광원에서 방출된 빛이 두 가지 다른 광 경로를 거쳐서 도달한 어떤 점에서 합쳐져서 상쇄간섭에 의하여 서로 상쇄될 수 있다. 그 당시 과학자들은 어떻게 두 개 이상의 입자가 모여서 서로를 상쇄할 수 있을지 상상조차 할 수 없었기 때문에, 이와 같은 현상을 입자 모형으로 설명할 수는 없었다.

빛의 이론에 관한 가장 중요한 발전은 맥스웰의 업적이었는데, 그는 1865년에 빛이 높은 진동수를 가진 일종의 전자기파의 한 형태라고 예측하였다(21장). 그의 이론은 전자기파가 측정된 빛의 속력과 같은 3×10^8 m/s의 속력을 가져야 함을 예언하였다.

고전 전자기학 이론은 알려져 있던 빛의 성질들을 대부분 설명할 수 있었지만, 다음 몇 가지 실험은 빛이 파동이라는 가정으로는 설명되지 않았다. 그중 가장 두드러진 실험적인 사실은 헤르츠가 발견한 광전 효과이다(27.2절). 헤르츠는 깨끗한 금속 표면에 자외선을 쬐어주면 전하가 방출되는 것을 발견하였다.

1905년에 아인슈타인은 광양자(입자) 이론을 공식화하여 광전 효과를 설명하는 논문을 발표하였다. 그는 빛이 '미립자', 또는 불연속적인 에너지를 갖는 양자들로 구성되어 있다는 결론에 도달하였다. 이러한 미립자 또는 양자들은 입자성을 강조하기 위하여 오늘날 광자라고 한다. 아인슈타인의 이론에 따르면, 광자의 에너지는 해당 전자기파의 진동수에 비례한다.

광자의 에너지 ►

$$E = hf \quad [22.1]$$

여기서 비례 상수 h는 플랑크 상수로서 $h = 6.63 \times 10^{-34}$ J · s이다. 이 이론은 빛의 입자설과 파동설의 특성을 모두 가지고 있다. 나중에 논의하겠지만 광전 효과는 하나의 광자로부터 금속 내에 있는 전자에게 에너지가 전달되는 과정이다. 즉, 마치 한 개의 입자와 충돌한 것처럼 전자는 광자 한 개와 상호작용을 한다. 그러나 광자는 정의에서 진동수가 사용되고 있는 사실 자체가 의미하고 있는 것처럼 파동의 특성을 갖고 있다.

이와 같은 사실을 고려한다면 빛은 이중성을 갖는 것이 틀림없다. **빛은 경우에 따라서 파동처럼 행동하기도 하고 다른 경우에는 입자처럼 움직이기도 한다.** 고전 전자기학 이론은 빛의 전파와 간섭 효과를 적절하게 설명할 수 있지만, 광전 효과나 빛과 물질과의 상호작용에 대한 실험들은 빛이 입자라고 가정해야 가장 잘 설명할 수 있다.

그래서 결국 빛은 파동인가, 아니면 입자인가? 답은 둘 다 해당될 수도 있고 어느 것도 아닐 수도 있다. 빛은 수많은 물리적 성질을 갖고 있는데, 파동과 관련된 것도 있고 입자와 관련된 다른 것도 있다.

22.2 반사와 굴절 Reflection and Refraction

빛이 한 매질 내에서 이동하다가 두 번째 매질과의 경계면에 이르면 반사와 굴절의 과정이 일어날 수 있다. **반사**(reflection)에서는 두 번째 매질을 마주친 빛이 그 매질로부터 튕겨진다. **굴절**(refraction)에서는 두 번째 매질로 들어간 빛이 경계면의 법선에 대하여 일정한 각도로 휘어진다. 흔히 빛은 일부 반사되고 일부 굴절되면서 두 과정은 동시에 일어난다. 반사와 굴절을 공부하기 위해서는 빛을 선속이라는 방법으로 생각해야 하는데, 이는 광선 근사에 의해서 이루어진다.

22.2.1 기하 광학에서의 광선 근사 The Ray Approximation in Geometric Optics

일상적인 경험을 바탕으로 알 수 있는 빛의 중요한 성질은 다음과 같다. **빛은 진행하는 매질과 다른 매질의 경계면에 부딪힐 때까지 동일한 매질 내에서는 직선 경로로 진행한다.** 빛이 서로 다른 두 매질의 경계면에 부딪힐 때 그 빛은 경계면에서 반사되거나, 경계면의 다른 쪽 매질로 투과하거나, 또는 부분적으로 두 경우가 모두 일어나기도 한다.

이러한 관찰에 따라 빛의 선속을 나타내기 위하여 **광선 근사**(ray approximation)라는 방법을 사용한다. 그림 22.1과 같이 광선은 빛의 진행 방향을 따라 그린 가상적인 선이다. 예를 들면, 어두운 방을 통과하는 햇빛의 빛살(선속)은 광선의 경로를 따라간다. 우리는 빛의 파면이라는 개념도 이용한다. **파면**(wave front)은 파동의 위상과 진폭이 일치하는 점들로 이루어진 면이다. 이를테면, 그림 22.1에서 파면은 파동의 마루를 연결한 면이 될 수 있다. 광선은 파동의 운동 방향과 일치하여 파면에 수직인 직선이 된다. 광선이 평행하게 진행할 경우, 파면은 광선에 수직인 평면이 된다.

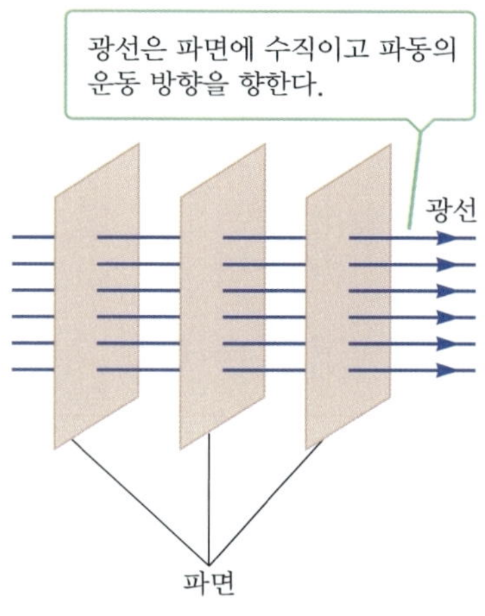

그림 22.1 오른쪽으로 진행하는 평면파

22.2.2 빛의 반사 Reflection of Light

투명한 매질 내에서 진행하는 광선이 이차 매질의 경계면에서 만나면, 입사 광선의 일부는 반사되어 일차 매질로 되돌아간다. 그림 22.2a는 거울과 같은 매끄러운 반사면에 입사된 여러 광선을 보여 준다. 반사된 광선은 그림에 나타낸 바와 같이 서로 평행을 이룬다. 이와 같이 매끄러운 표면에서 빛이 반사되는 것을 **거울 반사**(specular reflection)라고 한다. 반면 반사면이 그림 22.2b와 같이 거칠다면, 광선은 여러 방향으로 반사될 것이다. 거친 면에서의 반사는 **확산 반사**(diffuse reflection)라고 한다.

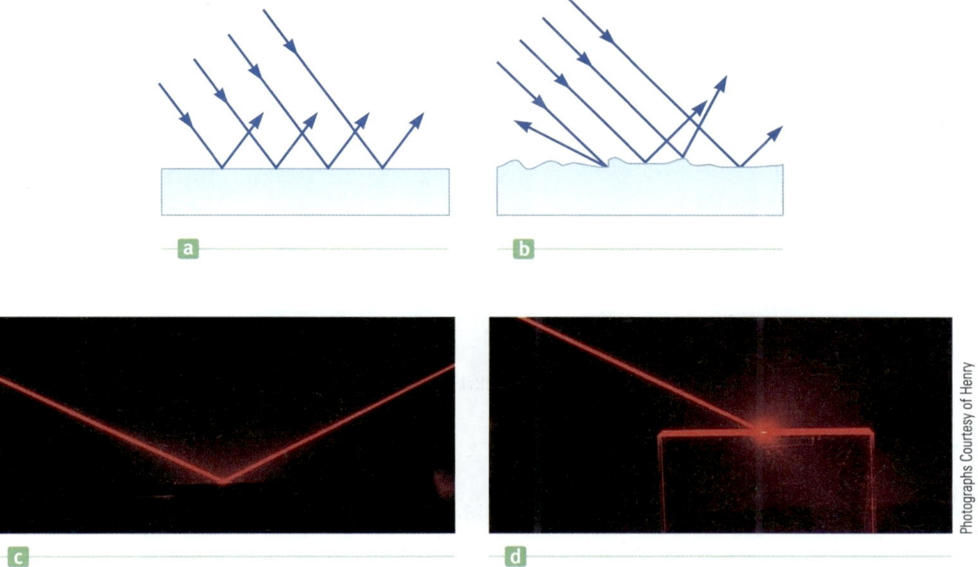

그림 22.2 (a) 반사 광선의 방향이 서로 평행한 거울 반사와 (b) 반사 광선이 임의의 방향으로 진행하는 확산 반사에 대한 개략도. (c, d) 레이저 광선을 이용하여 찍은 거울 반사와 확산 반사의 사진

표면의 거칠기가 입사광의 파장에 비하여 작으면, 그 표면은 매끄러운 표면처럼 작용한다. 그림 22.2c와 22.2d는 각각 레이저 광선의 거울 반사 및 확산 반사를 보여주는 사진이다.

응용

비오는 밤에 보는 도로

예를 들면, 야간 운전 시에 도로 표면에서 운전자가 관찰하는 두 가지 유형의 반사를 생각해 보자. 도로가 건조할 때, 다가오는 승용차로부터 나오는 빛은 도로에서 여러 방향으로 산란(확산 반사)되어 운전자에게도 도로가 잘 보인다. 반면 비가 오는 밤 도로가 물에 젖어 있을 때는 도로의 울퉁불퉁한 곳이 물로 채워지고, 물에 젖은 면은 아주 매끄러워지기 때문에 빛은 거울 반사를 한다. 이것은 빛이 진행하는 방향대로 앞으로 반사되는 것을 의미하며, 따라서 운전자는 오직 자신의 바로 앞에 있는 것만을 보게 된다. 옆에서 들어오는 빛은 운전자의 눈에 전혀 들어오지 못한다. 이 책에서는 거울 반사만을 다루므로, 반사라는 용어는 거울 반사를 의미한다.

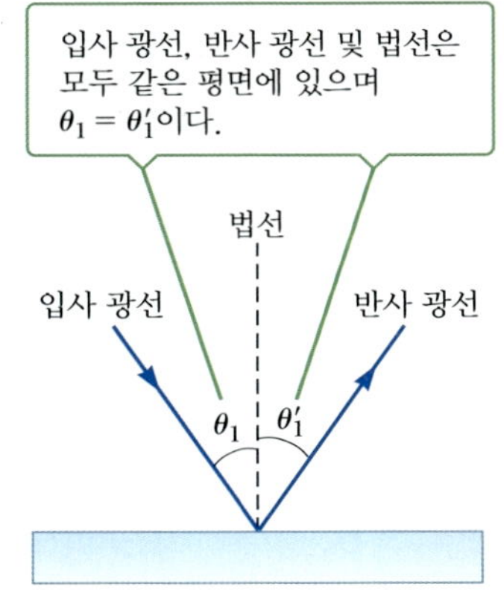

그림 22.3 반사파 모형

그림 22.3과 같이 공기 중에서 진행하는 광선이 일정한 각도로 매끄럽고 편평한 표면에 입사된다고 생각하자. 입사 광선과 반사 광선은 입사 광선이 **표면에 부딪히는 점에서 그 표면에 수직인 선**과 각각 θ_1과 θ_1'의 각을 이룬다. 이 선을 그 표면에 대한 법선이라고 한다. 이때 **입사각과 반사각이 같다**는 것은 실험을 통해 알 수 있다.

$$\theta_1' = \theta_1 \qquad [22.2]$$

응용

플래시를 사용해 찍은 사진의 적목 현상

흔히 인물 사진에서 눈이 붉게 나타나는 것을 본 적이 있을 것이다. 이러한 '적목(red-eye)' 현상은 사진기의 플래시를 사용할 때 플래시 장치가 사진기 렌즈에 매우 가까울 경우 나타난다. 플래시 장치로부터 나온 빛이 눈에 들어가 망막에서 반사된 후, 원래의 경로를 따라 되돌아온다. 원래의 방향과 반대로 되돌아오는 이러한 유형의 반사를 역반사라고 한다. 만일 플래시 장치와 렌즈가 서로 가까이 있으면, 역반사광이 렌즈로 들어올 수 있다. 망막에서 반사된 대부분의 빛은 눈 뒤쪽에 있는 혈관 때문에 붉게 보이며, 이로 인해 사진에서 적목 현상이 나타난다.

예제 22.1 이중 반사하는 광선

목표 두 번의 반사에 의한 반사각을 계산한다.

문제 그림 22.4와 같이 두 개의 거울이 서로 120°의 각을 이루고 있다. 한 광선이 거울 M_1의 법선에 대해서 65°의 각으로 입사한다. 두 거울에서 반사된 후, 거울 M_2의 법선에 대한 반사각을 구하라.

전략 반사의 법칙을 두 번 적용한다. 입사 광선의 입사각 $\theta_{입사}$에 대하여 나중 반사각 $\beta_{반사}$을 구한다.

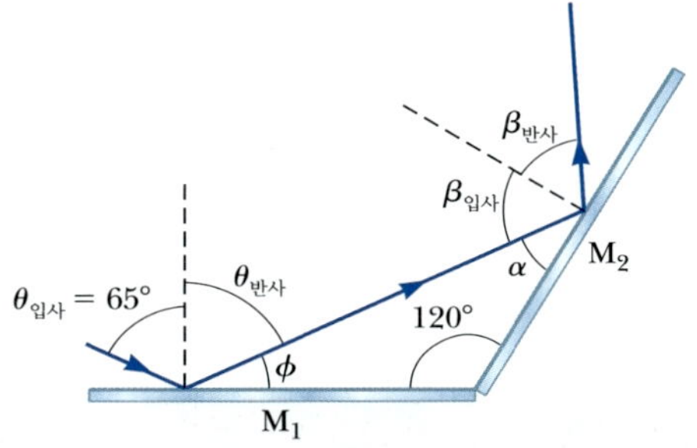

그림 22.4 (예제 22.1) 거울 M_1과 M_2가 서로 120°의 각을 이룬다.

풀이

M_1에 반사 법칙을 적용하여 반사각 $\theta_{반사}$를 구한다.

$$\theta_{반사} = \theta_{입사} = 65°$$

$\theta_{반사}$의 여각인 각 ϕ를 구한다.

$$\phi = 90° - \theta_{반사} = 90° - 65° = 25°$$

M_1, M_2와 M_1에서 M_2로 진행하는 광선이 이루는 삼각형에서 세 각의 합이 180°임을 이용하여 미지의 각 α를 구한다.

$$180° = 25° + 120° + \alpha \quad \rightarrow \quad \alpha = 35°$$

각 α는 M_2에 대한 입사각 $\beta_{입사}$의 여각이다.

$$\alpha + \beta_{입사} = 90° \quad \rightarrow \quad \beta_{입사} = 90° - 35° = 55°$$

두 번째로 반사의 법칙을 적용하여 $\beta_{반사}$를 구한다.

$$\beta_{반사} = \beta_{입사} = 55°$$

참고 이들 반사 문제에서 기본적인 기하학이 많이 사용되었음에 주목하라.

22.2.3 빛의 굴절 Refraction of Light

한 매질을 진행하던 광선이 또 다른 빛이 투과할 수 있는 두 번째 매질의 경계면과 만나면, 그림 22.5a와 같이 광선의 일부는 반사되고 일부는 두 번째 매질로 진행한다. 두 번째 매질에 들어온 광선은 경계면에서 꺾이는데, 이것을 굴절되었다고 한다. 입사 광선, 반사 광선, 굴절 광선 및 입사점에서의 법선은 모두 동일한 평면에 놓인다. 그림 22.5a에서 **굴절각**(angle of refraction) θ_2는 두 매질의 성질과 입사각에 의해 결정되며, 그 관계식은

$$\frac{\sin \theta_2}{\sin \theta_1} = \frac{v_2}{v_1} = \text{일정} \qquad [22.3]$$

으로 주어진다. 여기서 v_1은 매질 1에서의 빛의 속력, v_2는 매질 2에서의 빛의 속력이다. 굴절각 역시 법선과 이루는 각이다. 22.5절에서는 하위헌스의 원리를 이용하여 반사의 법칙과 굴절의 법칙을 유도할 것이다.

실험을 통하여 **굴절면을 통과하는 광선의 경로를 거꾸로 할 수 있다**는 것을 알 수 있다. 예를 들면, 그림 22.5a에서 광선은 점 A에서 점 B로 진행한다. 만일 광선이 점 B에서 출발하면, 이 광선은 같은 경로로 점 A에 도달한다. 그러나 이때 반사 광선은 유리 속에 있게 될 것이다.

빛의 속력이 큰 매질에서 작은 매질로 빛이 진행할 때, 굴절각 θ_2는 입사각 θ_1보다 작다. 따라서 그림 22.6a와 같이 굴절된 광선은 법선 쪽으로 꺾인다. 만일 빛의 속력이 작은 매질에서 큰 매질로 빛이 진행하면, 그림 22.6b처럼 법선으로부터 멀어지는 쪽으로 꺾인다.

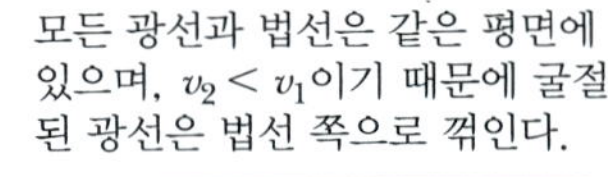

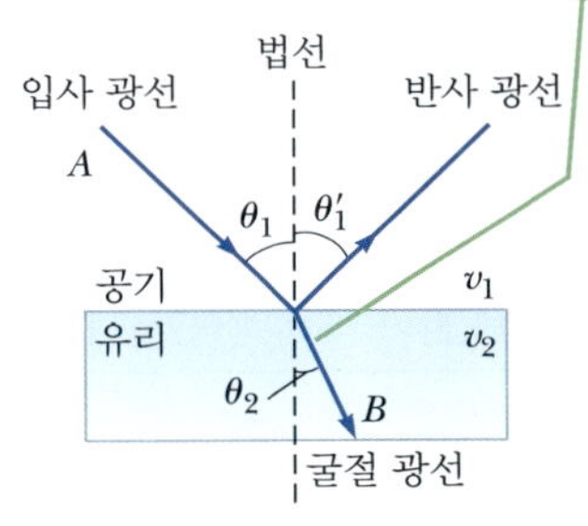

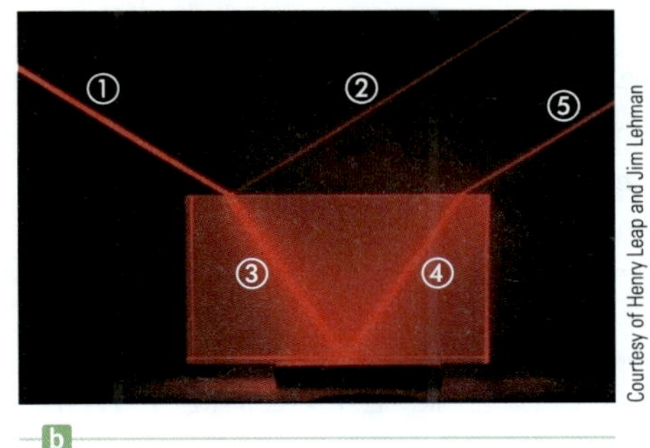

그림 22.5 (a) 굴절파 모형, (b) 투명 합성수지 물체에 입사한 광선은 들어갈 때나 나올 때 모두 꺾인다.

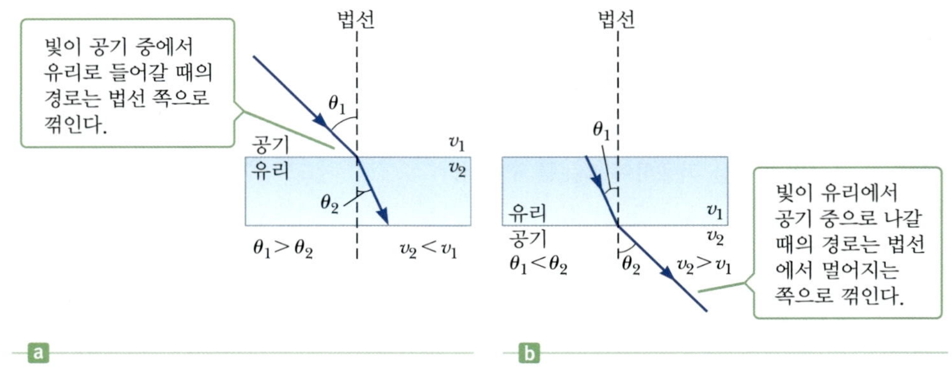

그림 22.6 (a) 공기 중에서 유리로 들어갈 때와 (b) 유리에서 공기 중으로 나갈 때 빛이 굴절하는 모습

22.3 굴절의 법칙 The Law of Refraction

빛이 한 투명 매질에서 다른 투명 매질로 들어갈 때, 두 매질 내에서의 빛의 속력이 다르기 때문에 빛이 굴절된다.[1] 매질의 **굴절률**(index of refraction) n은 c/v의 비율로 정의된다.

$$n \equiv \frac{\text{진공에서 빛의 속력}}{\text{매질에서 빛의 속력}} = \frac{c}{v} \qquad [22.4]$$

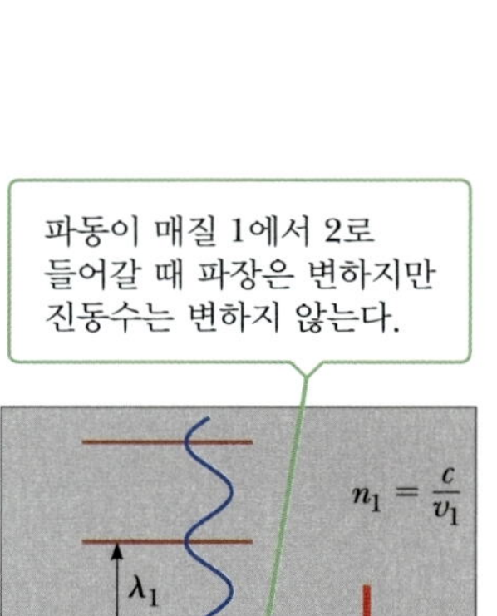

그림 22.7 파동이 매질 1에서 2로 진행할 때, 속력이 느려진다.

이러한 정의로부터 굴절률은 차원이 없는 수이며, v가 항상 c보다 작기 때문에 이 값은 항상 1보다 크거나 같다. 진공 중에서는 $n = 1$이다. 표 22.1에 여러 가지 물질들의 굴절률을 나타내었다.

빛이 한 매질에서 다른 매질로 진행할 때, 빛의 진동수는 변하지 않는다. 그 이유를 알아보기 위하여 그림 22.7을 생각해 보자. 어떤 진동수를 가지는 파면이 매질 1 내의 점

표 22.1 진공에서 파장이 $\lambda_0 = 589$ nm인 빛으로 측정된 여러 가지 물질의 굴절률

물질	굴절률	물질	굴절률
고체(20°C)		**액체(20°C)**	
다이아몬드(C)	2.419	벤젠	1.501
형석(CaF_2)	1.434	이황화탄소	1.628
석영(SiO_2)	1.458	사염화탄소	1.461
크라운 유리	1.52	에틸알코올	1.361
납유리	1.66	글리세린	1.473
얼음(0°C, H_2O)	1.309	물	1.333
폴리스티렌	1.49		
소금(NaCl)	1.544	**기체(0°C, 1기압)**	
지르콘	1.923	공기	1.000 293
		이산화탄소	1.000 45

[1] 빛이 한 원자에서 다른 원자로 진행하면서 일어나는 흡수와 재방출로 인한 시간 지연이 각 물질을 구성하는 특정 전자 구조에 따라 다르기 때문에 매질 사이에서 빛의 속력이 변한다.

A에 있는 관측자를 지나 매질 1과 매질 2 사이의 경계면에 입사된다. 파면이 매질 2 내의 점 B에 있는 관측자를 지나는 진동수는 점 A에 도달하는 진동수와 같아야 한다. 만일 진동수가 같지 않다면, 파면들이 경계면에 쌓이거나, 파괴되거나 또는 생성되어야 한다. 이러한 현상이 일어나는 일은 없기 때문에, 광선이 한 매질에서 다른 매질로 진행할 때 진동수는 일정하게 유지되어야 한다.

그러므로 두 매질 내에서 $v = f\lambda$의 관계가 유효해야 하고, $f_1 = f_2 = f$이므로

$$v_1 = f\lambda_1 \quad \text{그리고} \quad v_2 = f\lambda_2$$

임을 알 수 있다. $v_1 \neq v_2$이므로 $\lambda_1 \neq \lambda_2$이어야 한다. 굴절률과 파장 사이의 관계식은 위의 두 식을 서로 나누고, 식 22.4로 주어지는 굴절률의 정의를 사용하여 구할 수 있다.

$$\frac{\lambda_1}{\lambda_2} = \frac{v_1}{v_2} = \frac{c/n_1}{c/n_2} = \frac{n_2}{n_1} \qquad [22.5]$$

따라서 다음의 식을 얻는다.

$$\lambda_1 n_1 = \lambda_2 n_2 \qquad [22.6]$$

매질 1이 진공이어서 $n_1 = 1$이면, 임의의 매질에서 굴절률은 식 22.6으로부터 다음과 같은 비로 나타낼 수 있다.

$$n = \frac{\lambda_0}{\lambda_n} \qquad [22.7]$$

여기서 λ_0은 진공에서의 빛의 파장이며, λ_n은 굴절률이 n인 매질 내에서의 파장이다. 그림 22.8은 빛이 진공에서 다른 매질 속으로 진행할 때 파장이 줄어드는 것을 보여 준다.

이제 식 22.3을 다른 형태로 나타내 보자. 식 22.5를 식 22.3에 대입하면, 다음과 같은 식을 얻을 수 있다.

$$n_1 \sin\theta_1 = n_2 \sin\theta_2 \qquad [22.8]$$

◀ 스넬의 굴절 법칙

이 관계식은 실험적인 발견을 한 스넬(Willebrørd Snell, 1591~1627)의 공로가 인정되어 **스넬의 굴절 법칙**(Snell's law of refraction)이라 한다.

Tip 22.1 역비례 관계

굴절률은 파동의 속력에 역비례한다. 그러므로 파동의 속력 v가 감소함에 따라서 굴절률 n은 증가한다.

Tip 22.2 진동수는 일정하게 유지된다.

파동이 한 매질에서 다른 매질로 지나갈 때 파동의 진동수는 변하지 않는다. 파동의 속력과 파장 모두 변하지만 진동수는 일정하게 유지된다.

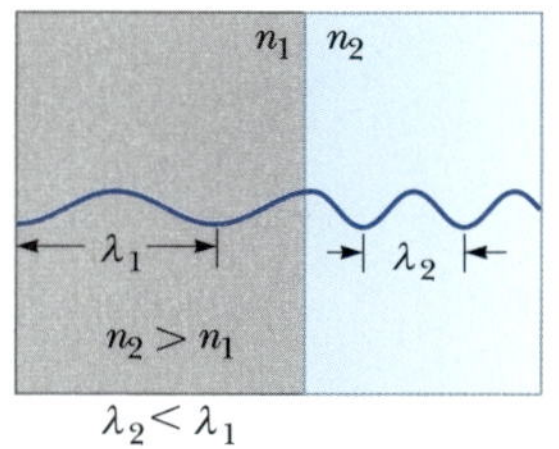

그림 22.8 빛이 굴절률이 작은 매질에서 큰 매질로 진행할 때, 빛의 파장이 감소하는 현상을 나타낸 개략도

22.4 내부 전반사 Total Internal Reflection

내부 전반사(total internal reflection)라고 하는 흥미로운 효과는 굴절률이 큰 매질로부터 굴절률이 작은 매질로 빛이 진행할 때 일어날 수 있다(그림 22.9). 매질 1 속에서 진행하여 매질 1과 매질 2 사이의 경계면으로 진행하는 광선을 생각해 보자. 여기서 n_1은 n_2보다 크다(그림 22.10). 가능한 여러 입사 방향에 따라 광선 1부터 5로 표시하였다. n_1이 n_2보다 크기 때문에, 굴절 광선은 법선으로부터 먼 쪽으로 꺾임을 유의하자. **임계각**(critical angle)이라고 하는 특정한 입사각 θ_c에서 굴절 광선은 경계면에 평행하게 진행하므로, $\theta_2 = 90°$가 된다(그림 22.10b). θ_c보다 큰 입사각에 대하여,

그림 22.9 유리 프리즘으로 들어가는 비평행 광선들. 아래의 두 광선은 프리즘의 가장 긴 빗면에서 내부 전반사를 일으킨다. 위의 세 광선은 프리즘을 떠날 때 가장 긴 빗면에서 굴절된다.

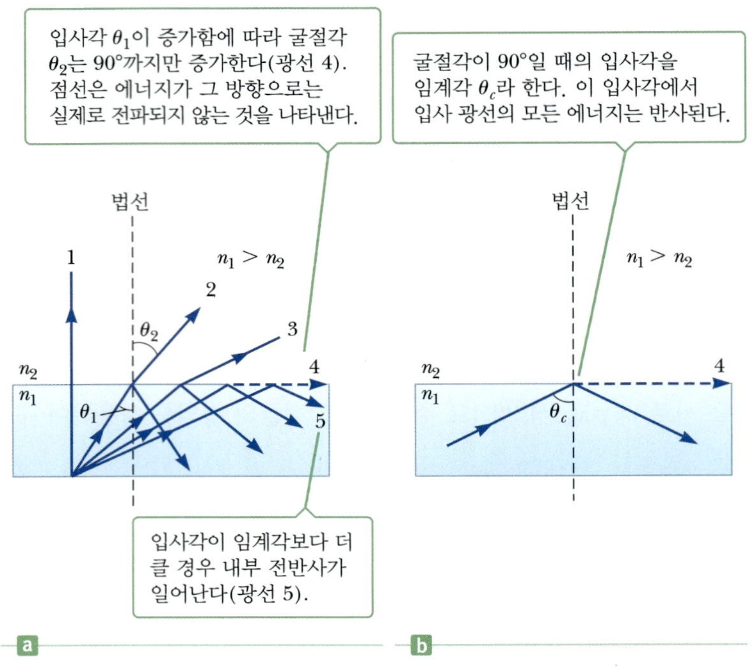

그림 22.10 (a) 굴절률 n_1인 한 매질에서 굴절률 n_2인 다른 매질로 광선이 진행한다. 여기서 $n_1 > n_2$이다. (b) 광선 4는 경계면을 따라 진행한다.

빛살은 그림 22.10a의 광선 5와 같이 경계면에서 모두 반사된다. 이 광선은 마치 완전 반사면에 부딪힌 것처럼 경계면에서 모두 반사된다. 이와 같은 모든 광선은 반사의 법칙에 따른다. 즉, 입사각은 반사각과 같다.

스넬의 법칙을 사용하여 임계각을 알 수 있다. $\theta_1 = \theta_c$이고 $\theta_2 = 90°$일 때 스넬의 법칙(식 22.8)은

$$n_1 \sin \theta_c = n_2 \sin 90° = n_2$$

$$\sin \theta_c = \frac{n_2}{n_1} \qquad n_1 > n_2 \qquad [22.9]$$

로 주어진다. 식 22.9는 n_1이 n_2보다 큰 경우에만 사용할 수 있다. 즉, **내부 전반사는 굴절률이 큰 매질로부터 작은 매질로 빛이 진행할 경우에만 일어난다.** 만일 n_1이 n_2보다 작으면, 식 22.9는 $\sin \theta_c > 1$이 되어, 사인 함수값이 1보다 커지므로 성립하지 않는다.

매질 2가 공기이고 매질 1이 $n = 2.42$인 다이아몬드처럼 굴절률이 큰 물질일 때, $\theta_c = 24.0°$로 임계각은 작아진다. $n = 1.52$이고 $\theta_c = 41.0°$인 크라운 유리와 비교해 보면 이를 알 수 있다. 이러한 특성 때문에 적절히 세공된 다이아몬드는 현란하게 반짝이게 된다.

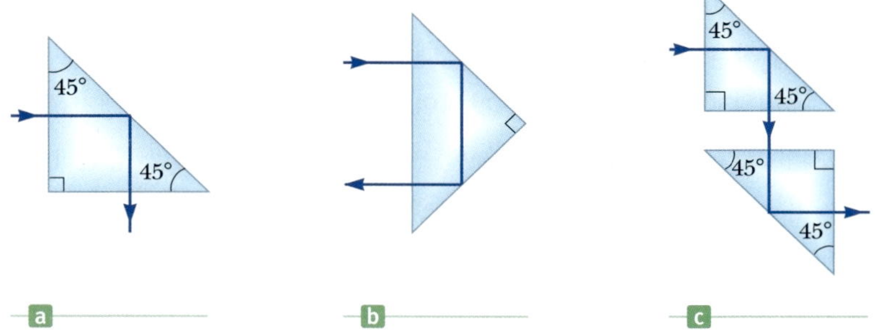

그림 22.11 프리즘 속에서의 내부 전반사. (a) 광선이 90°만큼 편향된다. (b) 광선의 방향이 거꾸로 된다. (c) 잠망경에 사용되는 두 개의 프리즘

광선의 진행 방향을 바꾸기 위하여 프리즘과 내부 전반사 현상을 이용할 수 있다. 이러한 두 가지 가능성을 그림 22.11에 나타내었다. 첫 번째 경우는 광선이 90.0°만큼 휘어진 것이고(그림 22.11a), 두 번째 경우는 빛의 경로가 반전된 것이다(그림 22.11b). 내부 전반사의 일반적인 응용 중의 하나는 잠수함의 잠망경이다. 이 장치에서는 그림 22.11c와 같이 두 개의 프리즘이 정렬되어 있고, 입사 광선은 그림의 경로를 따라 꺾여 나오기 때문에 관측자는 직접 볼 수 없는 곳을 볼 수 있다.

응용

잠수함의 잠망경

예제 22.2 물고기 눈으로 보는 경치

목표 내부 전반사의 개념을 적용한다.

문제 **(a)** 물의 굴절률이 1.333일 때, 물–공기 경계면에 대한 임계각을 구하라. **(b)** **(a)**의 결과를 써서 물고기가 40.0°, 48.6°, 60.0°의 각도로 물의 표면을 올려다볼 때(그림 22.12), 물고기가 무엇을 볼 것인지 예측하라.

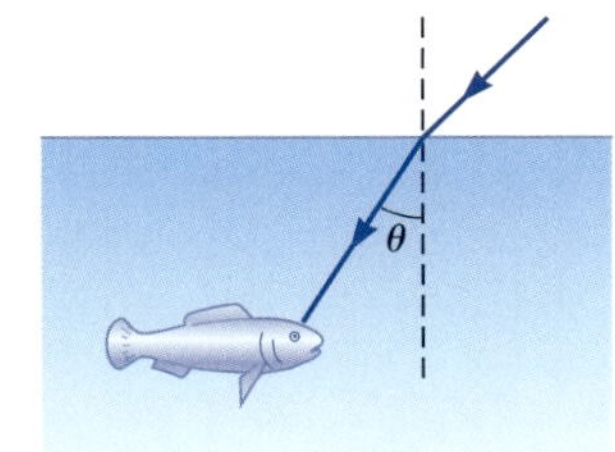

그림 22.12 (예제 22.2) 물고기가 수면 쪽으로 올려다본다.

전략 대입하여 임계각을 구한 후, 광선의 경로가 가역적임을 이용한다. 주어진 각에서, 광선이 어디로 가든지, 같은 경로를 따라 광선이 오는 곳이 되기도 한다.

풀이

(a) 물–공기 경계면에 대한 임계각을 구한다.

식 22.9에 대입하여 임계각을 구한다.

$$\sin\theta_c = \frac{n_2}{n_1} = \frac{1.00}{1.333} = 0.750$$

$$\theta_c = \sin^{-1}(0.750) = 48.6°$$

(b) 물고기가 40.0°, 48.6°, 60.0°의 각도로 물의 표면을 올려다볼 때, 물고기가 무엇을 볼 것인지 예측한다.

40.0°의 각도에서, 물밑으로부터 나온 광선은 표면에서 굴절되어 위쪽 공기 중으로 들어간다. 광선의 경로는 가역적이므로(스넬의 법칙은 오가는 두 방향 모두에 적용되므로), 물 위에서 오는 빛은 동일한 경로를 따라 물고기에 의해 감지된다. 물에 대한 임계각인 48.6°에서는 물밑으로부터 오는 빛은 꺾여서 표면을 따라 진행한다. 따라서 같은 경로를 거꾸로 거슬러오는 빛은 물고기의 눈으로 굴절되어 오기 전에 수면을 따라 스쳐 지나오는 것만 볼 수 있다. 임계각인 48.6°보다 큰 각에서는, 수면을 향해 발사된 광선은 연못의 바닥으로 완전히 반사된다. 경로를 거꾸로 하면, 물고기는 반사된 바닥의 물체를 보게 된다.

섬유 광학

내부 전반사의 또 다른 흥미로운 응용은 한 장소에서 다른 장소로 빛을 나르는 관으로서 고체 유리나 투명한 플라스틱 막대를 사용하는 것이다. 그림 22.13과 같이, 빛은 완만한 곡선 주위에서도 내부 전반사의 결과로 막대 내부를 계속해서 진행한다. 이러한 도광관(light pipe)으로서 두꺼운 막대보다 가느다란 섬유를 사용한다면 훨씬 유연해진다. 광 전송선으로 평행한 섬유 다발을 사용한다면, 영상을 한 곳에서 다른 곳으로 전달할 수 있다.

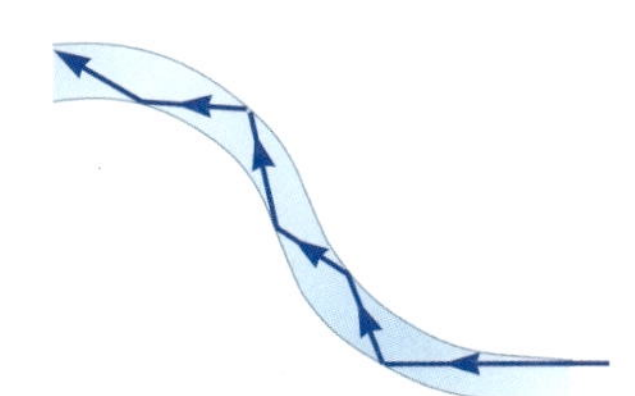

그림 22.13 빛이 여러 번의 내부 전반사를 거쳐 구부러진 투명 막대 속을 진행한다.

빛은 광섬유의 옆면에서 전반사되기 때문에 빛의 세기가 줄어드는 일은 거의 없다. 빛의 세기가 줄어드는 것은 주로 광섬유의 양쪽 끝에서 일어나는 반사와 광섬유 구성 물질에 의한 흡수에서 기인한다. 광섬유 장치는 접근이 불가능한 장소에 있는 물체를 관찰할 때 특히 유용하다. 내과 의사들은 흔히 광섬유 도선을 사용함으로써 큰 수술을

응용

의료 진단과 수술에 사용되는 섬유 광학

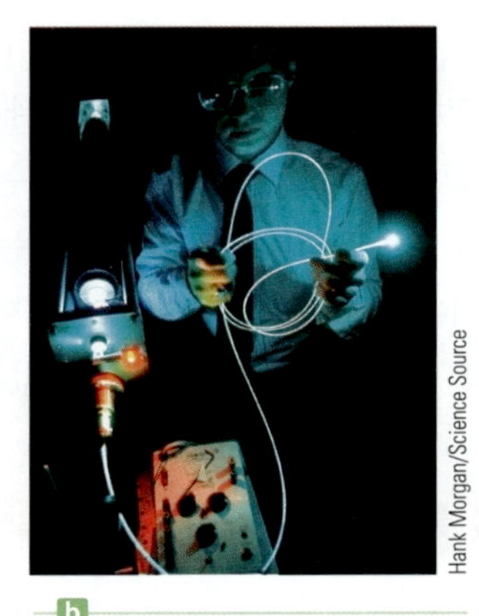

그림 22.14 (a) 수많은 가닥의 유리 광섬유가 원거리 통신망에서 음성, 비디오, 데이터 신호들을 전송하는 데 사용된다. (b) 광섬유를 이용해 레이저를 전송하였다.

Dennis O'Clair/Tony Stone Images/Getty Images

Hank Morgan/Science Source

시행하지 않고도 의료 문제를 진단하고 치료하는 데 도움을 받는다. 예를 들어, 위궤양을 관찰하고자 할 때 광섬유 도선을 식도를 통해 위에 밀어 넣으면 된다. 이러한 응용에 사용하는 도선은 실제로 두 개의 광섬유 선으로 구성되는데, 그중 하나는 조명을 위하여 위 속에 빛을 전달하는 것이고, 다른 하나는 빛이 위 속에서 밖으로 전송되도록 해 주는 것이다. 그 결과로 얻은 영상은 어떤 경우에는 내과 의사가 직접 볼 수도 있지만, 흔히 텔레비전 모니터로 영상을 표시하거나 디지털 형태로 저장한다. 유사한 방법으로 광섬유 도선은 결장을 검사하거나 크게 절개하지 않고도 수술을 수행하는 데 사용될 수 있다.

응용
원거리 통신에 사용되는 섬유 광학

섬유 광학 분야는 통신 산업 전체에 혁명을 가져왔다. 고속 인터넷 통신, 라디오와 TV 신호, 전화 통화를 전달하기 위하여 수십억 킬로미터의 광섬유가 미국에 가설되었다(그림 22.14). 광섬유로 정보를 실어 나르는 적외선의 진동수가 훨씬 높기 때문에 광섬유는 전선보다 훨씬 많은 용량의 전화 통화나 다른 형태의 통신을 전달할 수 있다. 또한 광섬유는 그 자체가 부도체이고 전자기장이나 전기 '잡음'의 영향을 받지 않기 때문에 구리선에 비해 보다 바람직하다.

22.5 하위헌스의 원리 Huygens' Principle

반사와 굴절의 법칙은 1678년 하위헌스가 제안한 기하학적인 방법을 써서 유도할 수 있다. 하위헌스는 빛을 입자의 흐름이 아닌 파동 운동의 한 형태라고 가정하였다. 그는 빛의 본질이나 빛의 전자기적인 특성에 대해서는 알지 못했다. 그럼에도 불구하고, 그의 단순화된 파동 모형은 빛의 전파에 대한 많은 실제적인 상황을 이해하는 데 적합하다.

하위헌스의 원리는 앞선 파면에 대한 지식으로부터 임의의 순간에 새로운 파면의 위치를 결정하는 기하학적인 작도법이다. (파면이란 같은 위상과 진폭을 갖는 파동의 점들로 이루어진 면이다. 예를 들면, 파면은 파동들의 마루를 연결한 면이 될 수 있다.)

하위헌스의 원리 ▶

하위헌스의 작도법에서 **주어진 파면 위의 모든 점들은 잔파동이라고 하는 이차 구면파를 생성하기 위한 점 파원이라고 생각할 수 있으며, 이 잔파동은 매질 속에서 정해진 속**

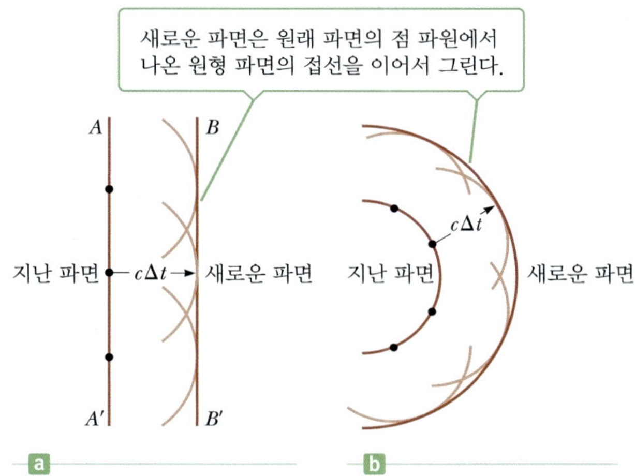

그림 22.15 하위헌스의 작도법. (a) 오른쪽으로 전파되는 평면파, (b) 구면파

력을 가지고 전방으로 퍼져 나간다. 얼마의 시간이 경과한 후, 새로운 파면의 위치는 작은 파에 접한 면이 된다.

그림 22.15는 하위헌스의 작도법의 간단한 두 가지 예를 보여 준다. 우선 그림 22.15a에서와 같이 진공 상태의 공간을 진행하는 평면파를 생각해 보자. 시각 $t = 0$에서 파면은 AA'으로 부호를 붙인 평면으로 표시되어 있다. 하위헌스의 작도법에서 이 파면 상의 각 점은 하나의 점 파원으로 생각할 수 있다. 간단히 하기 위하여 AA' 면 위에 몇 개의 점들만 나타내었다. 이 점들을 잔파동의 파원으로 생각하고 각각 반지름이 $c\Delta t$인 원을 그린다. 여기서 c는 진공에서의 광속이며, Δt는 한 파면에서 다음 파면까지의 전파 주기이다. 이들 잔파동에 접하도록 그린 면은 AA'면과 나란한 BB'면이다. 그림 22.15b는 바깥쪽으로 진행하는 구면파에 대한 하위헌스의 작도법을 나타낸 것이다.

반사와 굴절에 적용한 하위헌스의 원리

이 장의 처음에 증명 없이 반사와 굴절의 법칙을 설명하였다. 이제 하위헌스의 원리를 이용하여 이들 법칙을 유도하려고 한다. 그림 22.16a는 반사의 법칙에 대하여 설명하고 있다. 직선 AA'은 입사 광선의 파면을 나타낸다. 광선 3이 A'에서 C까지 진행함에 따라, 광선 1은 A로부터 반사되어 반지름 AD인 구형 잔파동을 생성한다. (하위헌스 잔파동의 반지름은 $v\Delta t$이다.) 반지름 $A'C$와 AD를 가진 두 잔파동은 같은 매질 내에 있고 같은 속력 v를 가지므로 $AD = A'C$이다. 한편 광선 2는 광선 1보다 뒤늦게 표면에 부딪히기 때문에, B에 중심을 둔 구형 잔파동은 A에 중심을 둔 것의 절반만큼만 퍼져 나간다.

하위헌스의 원리로부터, 반사된 파면은 바깥쪽으로 나아가는 모든 구형 잔파동에 접하는 직선인 CD임을 알 수 있다. 나머지 분석은 그림 22.16b에 요약한 기하학을 따른다. 직각삼각형 ADC와 $AA'C$는 동일한 빗변 AC를 가지며, $AD = A'C$이기 때문에 합동이 된다. 그림 22.16b로부터

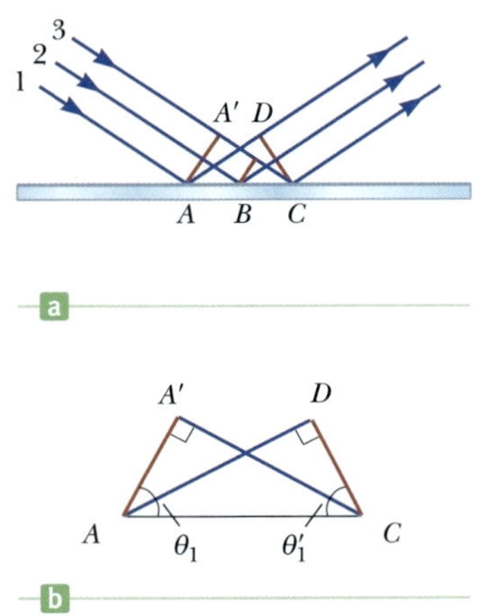

그림 22.16 (a) 반사의 법칙을 증명하기 위한 하위헌스의 작도법, (b) 삼각형 ADC는 삼각형 $AA'C$와 합동이다.

$$\sin\theta_1 = \frac{A'C}{AC} \qquad \text{그리고} \qquad \sin\theta_1' = \frac{AD}{AC}$$

가 된다. 우변이 일치하므로 $\sin\theta_1 = \sin\theta_1'$이고, 따라서 $\theta_1 = \theta_1'$이라는 것이 반사의 법

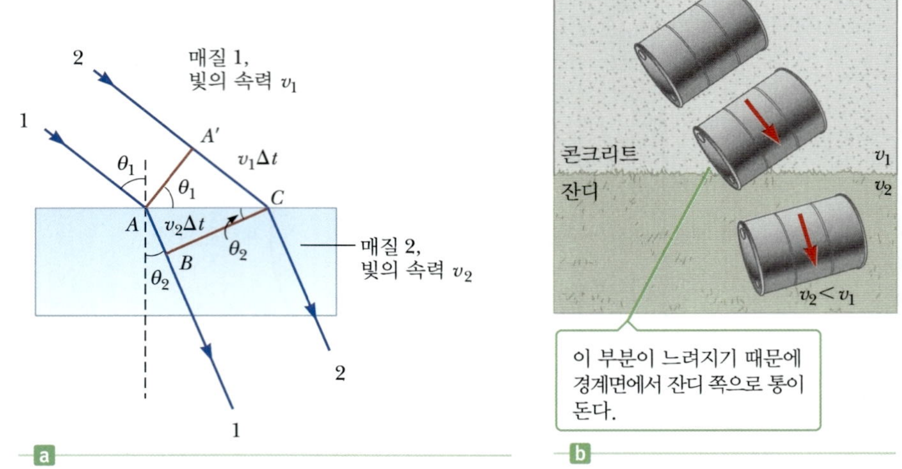

그림 22.17 (a) 굴절의 법칙을 증명하기 위한 하위헌스의 작도법, (b) 콘크리트 바닥에서 잔디로 굴러가는 통을 위에서 본 모양

칙이다.

하위헌스의 원리와 그림 22.17a를 이용하여 스넬의 굴절 법칙을 유도해 보자. 시간 간격 Δt 사이에 광선 1은 A로부터 B까지, 광선 2는 A'으로부터 C까지 나아간다. A에 중심을 두고 바깥쪽으로 퍼지는 구형 잔파동의 반지름은 $v_2\Delta t$와 같다. 거리 $A'C$는 $v_1\Delta t$와 같다. 기하학적인 성질에 따라 각 $A'AC$가 θ_1과 같고, 각 ACB가 θ_2와 같다는 것을 알 수 있다. 삼각형 $A'AC$와 ACB로부터

$$\sin\theta_1 = \frac{v_1\Delta t}{AC} \quad \text{그리고} \quad \sin\theta_2 = \frac{v_2\Delta t}{AC}$$

임을 알 수 있다. 이 두 식을 나누면,

$$\frac{\sin\theta_1}{\sin\theta_2} = \frac{v_1}{v_2}$$

이 된다. 그런데 식 22.4로부터 $v_1 = c/n_1$이고 $v_2 = c/n_2$임을 알 수 있다. 그러므로

$$\frac{\sin\theta_1}{\sin\theta_2} = \frac{c/n_1}{c/n_2} = \frac{n_2}{n_1}$$

$$n_1 \sin\theta_1 = n_2 \sin\theta_2$$

이며, 이것이 스넬의 굴절 법칙이다.

그림 22.17b는 굴절 현상의 역학적인 유사성을 보여 준다. 구르는 통의 왼쪽 끝이 잔디에 닿으면 느려지는 반면, 콘크리트 면을 구르는 오른쪽 끝은 처음 속력으로 구른다. 이 속력의 차이로 인하여 통이 선회하여 진행 방향이 바뀐다.

22.6 분산과 프리즘 Dispersion and Prisms

표 22.1에 여러 가지 물질의 굴절률을 나타내었다. 그러나 주의 깊게 측정하면 진공을

제외한 모든 물질에서 빛의 파장에 따라 굴절률이 다르다는 것을 알 수 있다. 굴절률이 파장에 따라 달라지는 것을 **분산**(dispersion)이라 한다. 그림 22.18은 파장에 따른 굴절률의 변화를 그래프로 나타낸 것이다. 굴절률 n이 파장의 함수이므로, 스넬의 법칙에 따라, **빛이 물질에 입사할 때 형성되는 굴절각은 빛의 파장에 따라 달라진다.** 그림과 같이 굴절률의 값은 파장이 증가함에 따라 일반적으로 감소한다. 이것은 빛이 공기로부터 어떤 물질로 투과할 때 보라색 빛($\lambda \cong 400$ nm)이 빨간색 빛($\lambda \cong 650$ nm)보다 더 많이 꺾인다는 것을 의미한다.

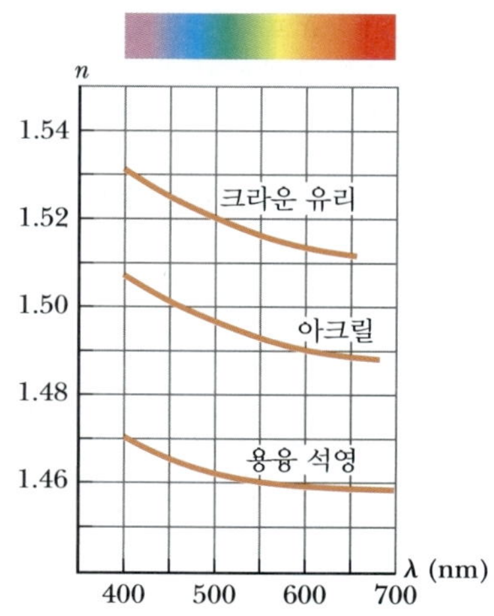

그림 22.18 진공 파장에 대한 세 가지 물질의 가시광선 스펙트럼에서의 굴절률 변화

분산이 빛에 어떠한 영향을 주는지 이해하기 위해서, 그림 22.19a와 같이 빛이 프리즘에 부딪힐 때 어떤 일이 생기는지를 생각해 보자. 왼쪽에서 프리즘에 입사한 단일 파장의 광선이 본래의 진행 방향에서 각 δ만큼 꺾여 나온다. 이 각을 **편향각**(angle of deviation)이라 한다. 이제 백색광(모든 가시광선들의 조합)의 선속이 프리즘에 입사된다고 가정하자. 그림 22.19b에서처럼 분산 때문에 다른 색들은 다른 편향각으로 꺾여서 프리즘의 두 번째 면으로부터 빠져나오는 광선들은 그림 22.20과 같이 가시광 **스펙트럼**(spectrum)이라고 하는 일련의 색깔들로 퍼진다. 이 색깔들은 파장이 감소하

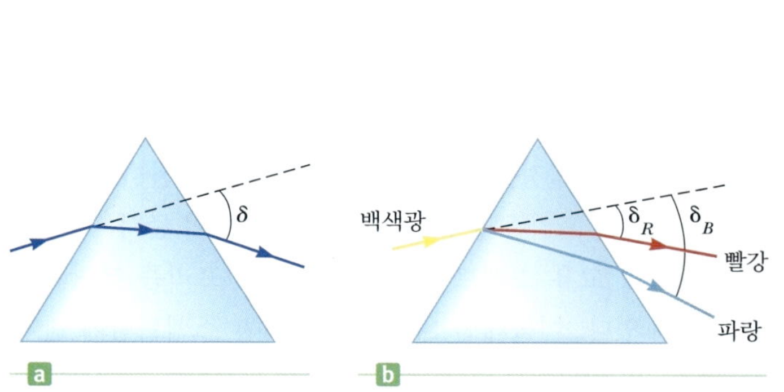

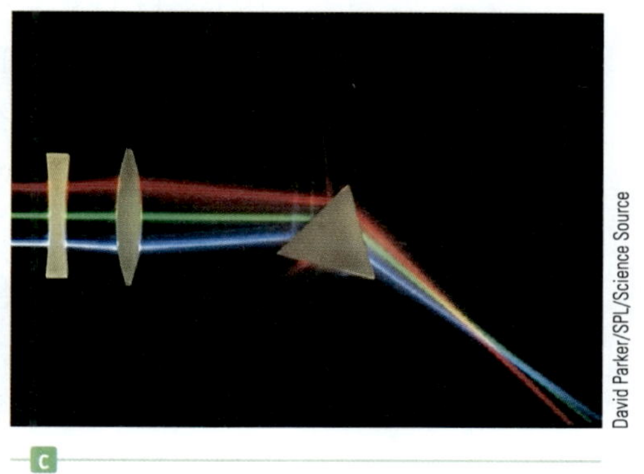

그림 22.19 (a) 프리즘은 광선을 굴절시켜 각 δ만큼 편향시킨다. (b) 빛이 프리즘에 입사될 때, 파란색 빛은 빨간색 빛보다 더 많이 꺾인다. (c) 서로 다른 색깔을 가진 빛이 프리즘과 두 렌즈를 통과한다. 빛이 프리즘을 통과할 때, 서로 다른 파장의 빛이 다른 각도로 굴절됨에 주목하라.

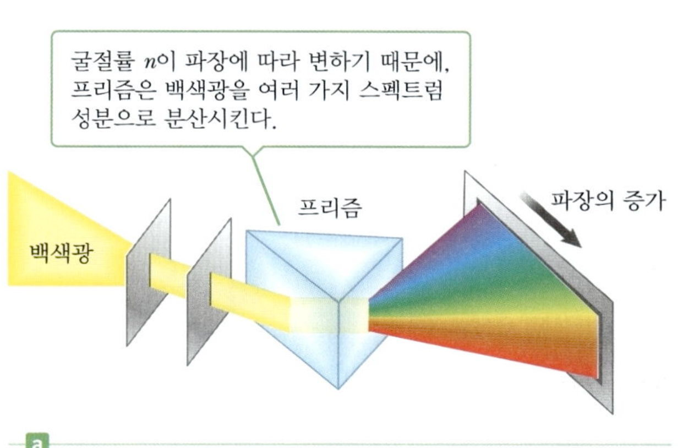

그림 22.20 (a) 프리즘에 의한 백색광의 분산, (b) 백색광이 프리즘의 왼쪽으로 들어간다.

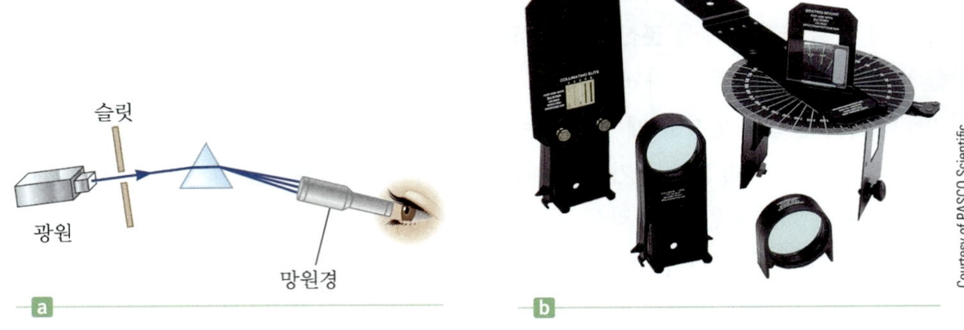

그림 22.21 (a) 프리즘 분광계를 설명하는 그림. 스펙트럼의 색깔들이 망원경으로 보인다. (b) 부품들을 바꾸어가면서 조립할 수 있는 분광계. 분광계는 분광기에다 파장을 측정할 수 있는 검출장치를 추가한 것이다.

Tip 22.3 분산

보라색 빛처럼 파장이 짧은 빛은 빨간색 빛처럼 파장이 긴 빛보다 더 많이 굴절된다.

는 순서대로 빨강, 주황, 노랑, 초록, 파랑, 보라색 빛이다. 보라색 빛이 가장 많이 꺾이고 빨간색 빛이 가장 적게 꺾이며 나머지 가시광선의 스펙트럼의 색깔들은 이 양단 사이에 놓인다.

프리즘은 종종 **프리즘 분광계**(prism spectrometer)라고 하는 기기에 사용되는데, 그 필수 요소들이 그림 22.21a에 표시되어 있다. 이 기기는 보통 나트륨 증기등과 같은 광원으로부터 나오는 빛의 파장을 조사하는 데 사용된다. 광원에서 나온 빛을 가늘고 조절 가능한 슬릿과 렌즈를 통과시켜서 평행광 또는 집속된 선속을 만든다. 그리고 빛은 프리즘을 통과하여 스펙트럼으로 분산되며, 굴절된 빛은 망원경을 통해 관측된다. 실험자는 망원경의 대안렌즈를 통해 다른 색으로 된 슬릿의 상을 관측한다. 다른 편향각을 갖는 다양한 파장을 관측할 수 있도록 망원경을 움직이거나 프리즘을 회전시킬 수 있다. 그림 22.21b는 실험실에서 사용하는 프리즘 분광계의 한 종류를 보여 준다.

응용

분광계를 이용한 기체 분석

모든 고온의 저압 기체들은 각각의 고유 스펙트럼을 방출하므로, 프리즘 분광계를 이용하여 기체의 종류를 확인할 수 있다. 이를테면 나트륨은 가시광 스펙트럼에 단지 두 개의 파장만을 방출한다. 이 두 파장은 매우 인접해 있는 노란색선이다. (분광계에서 보이는 슬릿의 상처럼 밝은 선을 스펙트럼선이라고 한다.) 이와 같은 색들만을 방출하는 기체는 나트륨으로 확인할 수 있다. 마찬가지로 수은 증기도 고유한 스펙트럼을 갖고 있는데, 뚜렷하게 보이는 네 개의 파장(주황, 초록, 파랑, 보라색 선)과 함께 약한 강도의 여러 개의 파장으로 이루어져 있다. 기체로부터 방출되는 독특한 파장들은 그 기체의 '지문'과 같은 역할을 한다. 물질에 의해 방출 또는 흡수되는 파장을 측정하는 스펙트럼 분석은 많은 과학 영역에서 강력한 도구로 이용된다. 예를 들면, 화학자와 생물학자는 분자를 확인하기 위해 적외선 분광학을, 천문학자들은 멀리 떨어진 별의 원소를 확인하기 위해 가시광 분광학을, 그리고 지질학자들은 광물을 규명하기 위해 스펙트럼 분석을 이용한다.

예제 22.3 프리즘을 통과한 빛

목표 분산의 결과를 계산한다.

문제 그림 22.22와 같이, 광선이 어떤 유리 프리즘에 $\theta_1 = 30.0°$로 입사한다. 만일 유리의 굴절률이 보라색 빛에 대하여 1.80이라면, **(a)** 공기-유리 경계면에서의 굴절각 θ_2, **(b)** 유리-공기 경계면에서의 입사각 ϕ_2, **(c)** 보라색 빛이 프리즘을 떠날 때의 굴절각 ϕ_1을 구하라. **(d)** 보라색 빛이 수직으로 이동한 거리인 Δy의

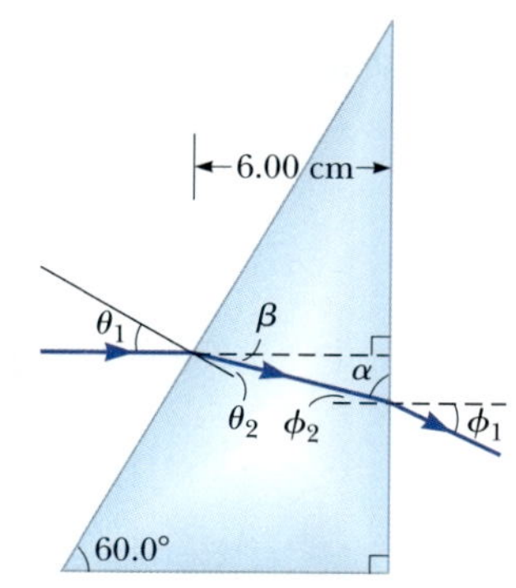

그림 22.22 (예제 22.3)

크기는 얼마인가?

전략 스넬의 법칙을 이용하여 굴절각을 알아내고 기초적인 기하학과 삼각법을 그림 22.22에 적용한다.

풀이

(a) 공기–유리 경계면에서의 굴절각 θ_2를 구한다.

스넬의 법칙을 이용하여 첫 번째 굴절각을 구한다.

$$n_1 \sin\theta_1 = \sin\theta_2 \quad\rightarrow\quad (1.00)\sin 30.0 = (1.80)\sin\theta_2$$

$$\theta_2 = \sin^{-1}\left(\frac{0.500}{1.80}\right) = \boxed{16.1^\circ}$$

(b) 유리–공기 경계면에서의 입사각 ϕ_2를 구한다.

각 β를 계산한다.

$$\beta = 30.0^\circ - \theta_2 = 30.0^\circ - 16.1^\circ = 13.9^\circ$$

삼각형의 내각의 합이 180°임을 이용하여 각 α를 계산한다.

$$180^\circ = 13.9^\circ + 90^\circ + \alpha \quad\rightarrow\quad \alpha = 76.1^\circ$$

유리–공기 경계면의 입사각 ϕ_2는 α의 여각이다.

$$\phi_2 = 90^\circ - \alpha = 90^\circ - 76.1^\circ = \boxed{13.9^\circ}$$

(c) 보라색 빛이 프리즘을 떠날 때의 굴절각 ϕ_1을 구한다.

스넬의 법칙을 적용한다.

$$\phi_1 = \left(\frac{1}{n_1}\right)\sin^{-1}(n_2 \sin\phi_2)$$

$$= \left(\frac{1}{1.00}\right)\sin^{-1}[(1.80)\sin 13.9^\circ] = \boxed{25.6^\circ}$$

(d) 보라색 빛이 연직으로 변위된 거리인 Δy의 크기를 구한다.

탄젠트 값을 사용하여 연직 변위를 구한다.

$$\tan\beta = \frac{\Delta y}{\Delta x} \quad\rightarrow\quad \Delta y = \Delta x \tan\beta$$

$$\Delta y = (6.00\text{ cm})\tan(13.9^\circ) = \boxed{1.48\text{ cm}}$$

참고 보라색 빛은 더 많이 꺾이고 프리즘의 면 아래로 더 멀리 이동한다. 평행선과 교차하는 한 직선에 의하여 만들어진 각들에 대한 기하학의 정리를 이용하면 즉시 $\phi_2 = \beta$인 결과가 나오므로, 계산의 수고를 덜 수 있다. 그러나 이 방법이 일반적으로 가능한 것은 아니다.

22.7 무지개 The Rainbow

스펙트럼으로 나타나는 빛의 분산은 무지개를 통해 자연에서 가장 생생하게 설명되는데, 무지개는 태양과 소나기 사이에 관측자가 위치할 때 종종 볼 수 있다. 무지개가 어떻게 만들어지는지 알아보기 위하여 그림 22.23을 보자. 머리 위를 지나는 한 광선이 대기 중에 있는 물방울에 부딪히고 다음과 같이 굴절되고 반사된다. 먼저 광선은 물방울 앞 표면에서 굴절되는데, 보라색 빛은 가장 많이 편향되고 빨간색 빛은 가장 적게 편향된다. 물방울의 뒷면에서 이 빛이 반사되어 다시 앞면으로 되돌아오는데, 여기서 빛은 다시 굴절을 일으키면서 물방울에서 공기로 빠져나온다. 광선들이 물방울을 빠져나오면서 보라색 빛이 입사한 백색광과 이루는 각도는 40°가 되며, 빨간색 빛이 입사한 백색광과 이루는 각은 42°가 된다. 되돌아오는 광선들 사이의 작은 각도 차이가 무지개를 만든다.

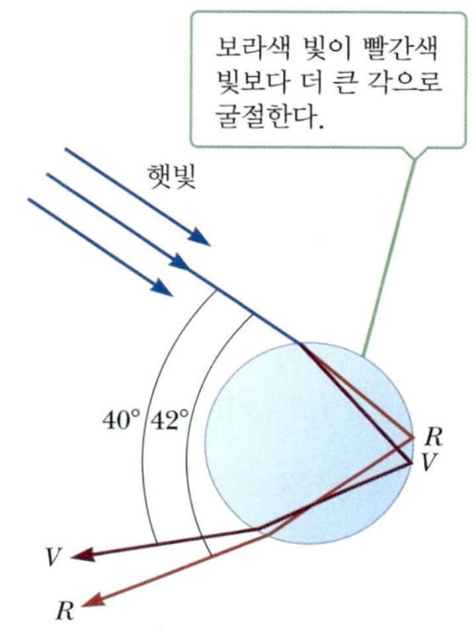

그림 22.23 구형 빗방울에 의한 햇빛의 굴절

이제 그림 22.24a와 같이 무지개를 바라보는 관측자가 있다고 하자. 만일 하늘 높이 떠 있는 물방울을 바라본다면, 물방울에서 되돌아오는 빛 중 가장 많이 편향되어 있

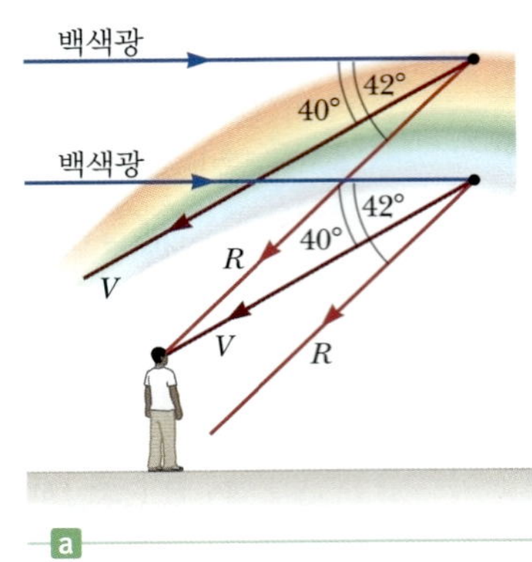

그림 22.24 (a) 태양을 뒤로 한 관측자가 바라본 무지개의 모습, (b) 이 사진의 무지개는 색의 순서가 반대로 된 이차 무지개이다.

는 빨간색 빛은 관측자에게 도달할 수 있겠지만, 가장 적게 편향되어 있는 보라색 빛은 관측자 위로 지나갈 것이다. 따라서 관측자는 이 물방울을 빨간색으로 보게 된다. 마찬가지로 하늘에 낮게 떠 있는 물방울은 보라색 빛이 관측자를 향하게 되므로, 이 물방울은 보라색으로 보인다. (이 물방울에서 오는 빨간색 빛은 땅에 부딪혀 보이지 않는다.) 스펙트럼의 나머지 색들은 양끝의 두 색 사이에 놓여서 물방울로부터 관측자에게 도달한다. 그림 22.24b는 아름다운 무지개와 색깔의 배열이 거꾸로 이루어지는 이차 무지개를 보여 준다.

연습문제

22.1 빛의 본질

1(1). (a) 광자 하나가 태양에서 지구까지 오는 데 걸리는 시간은 몇 분이겠는가? (b) 파장이 558 nm인 광자의 에너지는 eV 단위로 얼마인가? (c) 에너지가 1.00 eV인 광자의 파장은 얼마인가?

2(3). 아폴로 11호가 달에 착륙하고 있는 동안 역반사판이 달 표면에 세워졌다. 지구를 떠난 레이저 광선이 반사판에서 반사되어 지구에 돌아오는 시간을 측정함으로써 빛의 속력을 알아낼 수 있다. 이 시간 간격이 2.51 s였다면, 측정된 빛의 속력은 얼마인가? 지구의 중심과 달의 중심 사이의 거리는 3.84×10^8 m이다. 지구와 달의 크기를 무시하지 않도록 하라.

3(5). (a) 진동수가 5.00×10^{17} Hz인 광자와 (b) 파장이 3.00×10^2 nm인 광자의 에너지를 구하라. 여기서 구한 답을 전자볼트 단위로 나타내라. $1\ \text{eV} = 1.60 \times 10^{-19}$ J이다.

22.2 반사와 굴절

22.3 굴절의 법칙

4(7). 물속에 있는 스쿠버 다이버가 물 밖의 태양을 바라본 겉보기 각이 연직과 45.0°이다. 태양의 실제 방향은 어떻게 되는가?

5(9). 광선이 얼음덩어리의 표면에 법선과 40.0°의 각도로 입사한다. 빛의 일부는 반사되고 일부는 굴절된다. 반사된 빛과 굴절된 빛 사이의 각도를 구하라.

6(11). 빛이 공기 중에서 법선과 각 $\theta_1 = 45.0°$을 이루며 매질로 들어간다(그림 P22.6). 두 번째 매질이 (a) 석영, (b) 이황화탄소, (c) 물인 경우에 대해 굴절각 θ_2를 계산하라.

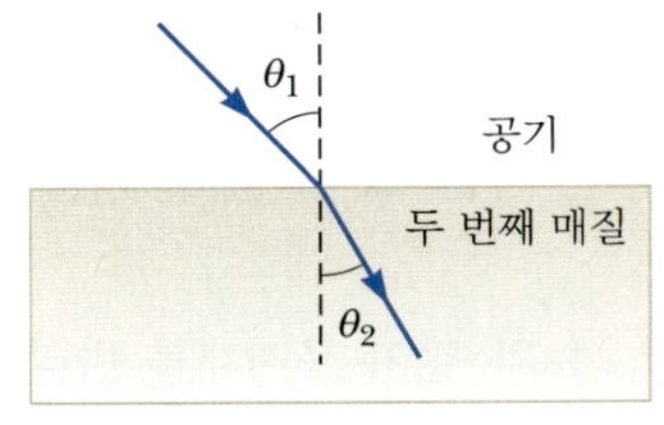

그림 P22.6

7(13). 헬륨−네온 레이저에서 방출되는 빛은 공기 중에서 632.8 nm의 파장을 갖는다. 빛이 공기에서 지르콘으로 진행한다면, 지르콘에서의 빛의 (a) 속력, (b) 파장, (c) 진동수를 모두 구하라.

8(15). 레이저 빛이 옥수수시럽 용액 속을 입사각 30°로 입사한다. 그 빛이 연직과 19.24°의 각으로 굴절된다면, (a) 시럽 용액의 굴절률은 얼마인가? 그 레이저 빛의 파장이 진공 중에서 632.8 nm인 빨간색이라고 하자. 그 용액 속에서의 (b) 파장, (c) 진동수, (d) 속력을 구하라.

9(17). 그림 P22.9의 광선은 아마인유 내에서 법선 NN'과 20.0°의 각을 이룬다. 각 θ와 θ'을 구하라. 아마인유의 굴절률은 1.48이다.

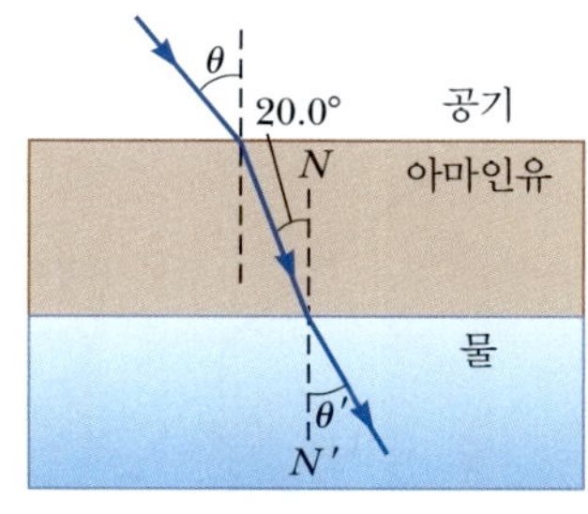

그림 P22.9

10(19). 그림 P22.10에서 입사 광선은 각 평행한 거울면에 의해 몇 번이나 반사되는가?

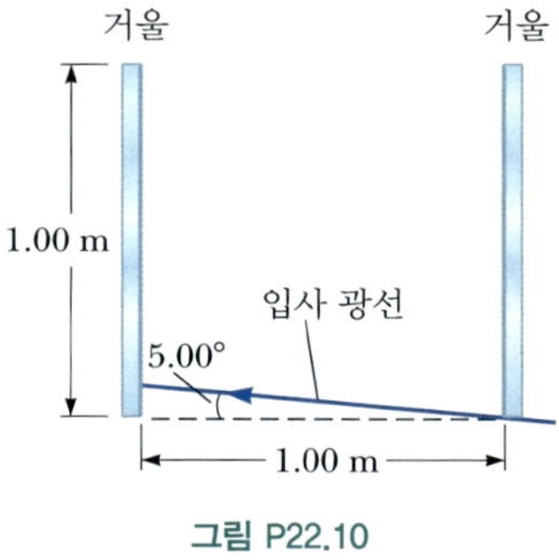

그림 P22.10

11(21). 그림 P22.11a와 같이 아무것도 없는 빈 통 속을 들여다보는 사람은 통 밑바닥 끝을 볼 수 있다. 그 통의 높이는 h이고 너비는 d이다. 그 통에다 굴절률이 n인 액체를 가득 채우고 전과 같은 각으로 볼 때, 그 사람은 그림 P22.11b에서처럼 통 밑바닥의 가운데에 있는 동전의 중심을 볼 수 있다. (a) h/d의 비가 다음 식으로 주어짐을 증명하라.

$$\frac{h}{d} = \sqrt{\frac{n^2 - 1}{4 - n^2}}$$

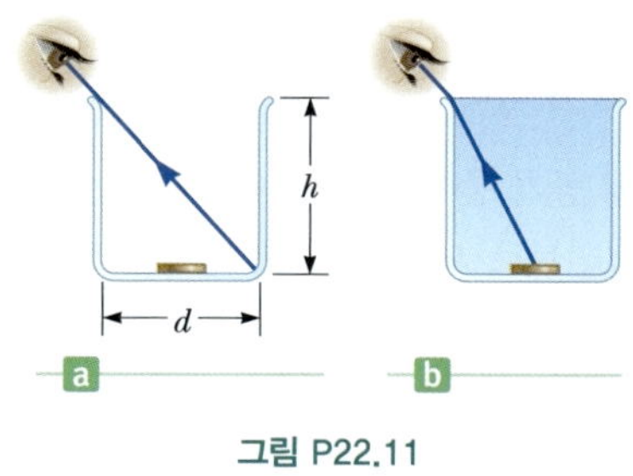

그림 P22.11

(b) 그 통이 너비가 8.00 cm이고 물을 가득 채웠다고 할 때 위 식을 사용하여 통의 높이를 구하라.

12(23). 어떤 사람이 그림 P22.12에서처럼 배 위에서 플래시를 물속에 있는 돌멩이에 비추었다. 입사각 θ_1은 얼마인가?

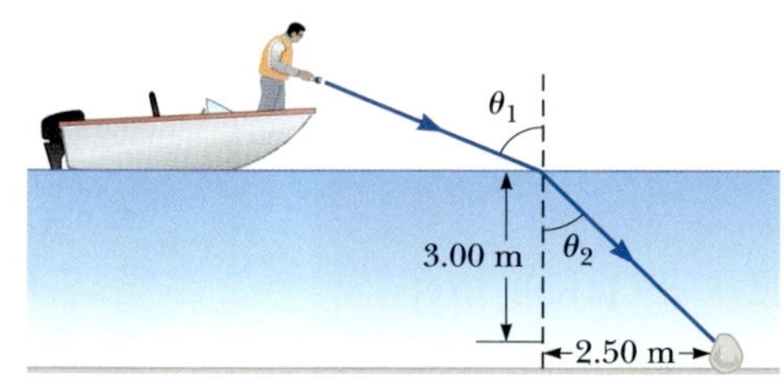

그림 P22.12

13(25). 투명하지 않은 원통형 통에 물이 가득 들어 있다. 통 위는 열려 있고 지름이 3.00 m이다. 어느 날 오후, 태양이 수평과 28.0°의 각도로 위에서 그 통의 밑바닥 끝을 비춘다. 통의 깊이는 얼마인가?

14(27). 그림 P22.14와 같이 공기와 유리의 경계면에서 빛이 반사되고 굴절된다. 유리의 굴절률이 n_g일 때, 반사 광선과 굴절 광선이 서로 수직을 이루는 공기 중에서의 입사각 θ_1을 구하라. **힌트**: $\sin(90° - \theta) = \cos\theta$이다.

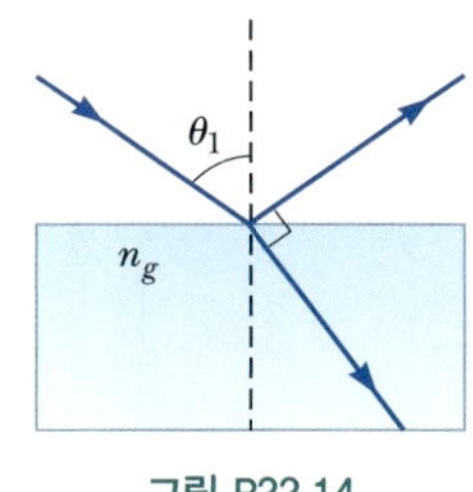

그림 P22.14

22.4 내부 전반사

15(29). 플라스틱 도광관이 1.53의 굴절률을 갖고 있다. 이 도광관이 (a) 공기와 (b) 물에 놓여 있다면, 내부 전반사가 일어날 수 있는 최소 입사각은 각각 얼마인가?

16(30). 파장이 589 nm인 빛에 대하여 물로 둘러싸인 다음 물질의 임계각을 구하라. (a) 석영, (b) 폴리스티렌, (c) 소금

17(33). 방 안의 공기 중에서의 소리의 속도는 343 m/s이다. 방의 벽은 콘크리트로 되어 있으며, 콘크리트 속에서의 소리의 속도는 1 850 m/s이다. (a) 콘크리트–공기 경계에서 소리가 전반사되는 임계각을 구하라. (b) 소리는 전반사하기 위해 어떤 매질을 통과해야 하는가? (c) "맨 콘크리트 벽(역자 주: 벽에 아무것도 덧붙이지 않은 벽)은 매우 좋은 소리의 반사체이다." 이 주장에 대해 찬성 또는 반대하는 경우의 근거를 제시하라.

18(35). 그림 P22.18에서 광선이 표면 2에서 임계각을 이루며 비친다. 입사각 θ_1을 구하라.

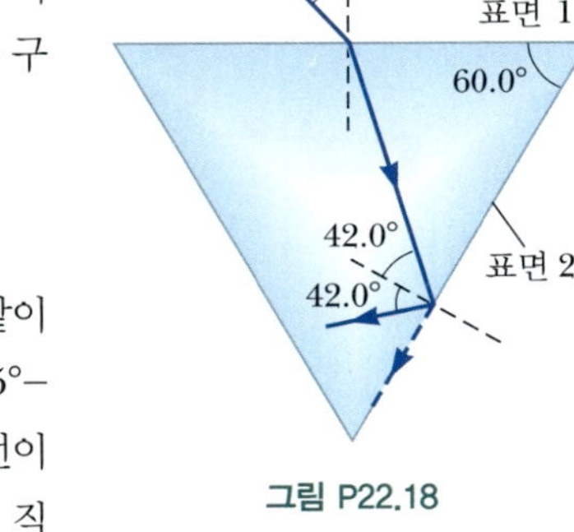

그림 P22.18

19(37). 그림 22.11b와 같이 공기로 둘러싸인 45°–45°–90° 프리즘의 빗면에 광선이 수직으로 입사하고 있다. 직각을 이루는 각각의 두 면에서 내부 전반사를 일으킬 수 있는 프리즘의 최소 굴절률을 계산하라.

22.6 분산과 프리즘

20(39). 크라운 유리의 굴절률은 파장 660 nm(빨간색)에서 1.512이고, 파장 410 nm(보라색)에서 굴절률은 1.530이다. 두 파장의 빛이 크라운 유리판에 같은 입사각 60.0°로 입사한다면, 각 파장의 굴절각은 얼마인가?

21(41). 그림 P22.21의 프리즘은 유리로 만들어졌으며, 청색광의 굴절률은 1.64, 적색광의 굴절률은 1.60이다. 백색광이 프리즘에 30.0° 각도로 입사할 때, (a) 적색광의 편향각 δ_R과 (b) 청색광의 편향각 δ_B를 구하라.

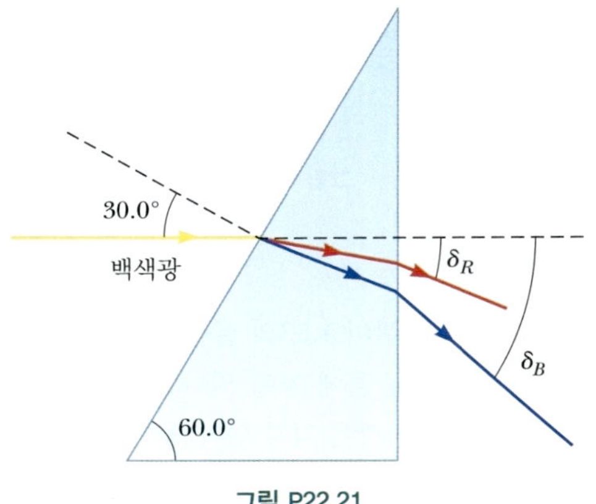

그림 P22.21

22(43). 어떤 유리의 굴절률은 파장 430 nm의 청색광에 대해 1.650이고, 파장 680 nm의 적색광에 대해 1.615이다. 이 두 가지 색을 포함하는 광선이 이 유리 조각에 30.00° 각도로 입사하면, 유리 내부에서 두 광선 사이의 각도는 얼마인가?

종합문제

23(45). 두께가 일정한 얼음판이 물 위에 떠 있다. 얼음판 윗면에 30.0°의 입사각으로 빛이 입사한다면, 물에서의 굴절각은 얼마인가?

24(47). 굴절 현상으로 인해 물속에 잠긴 물체는 실제 깊이보다 얕게 보인다. 그림 P22.24의 물고기는 겉보기 깊이가 1.25 m이다. 실제 깊이를 계산해 보라.

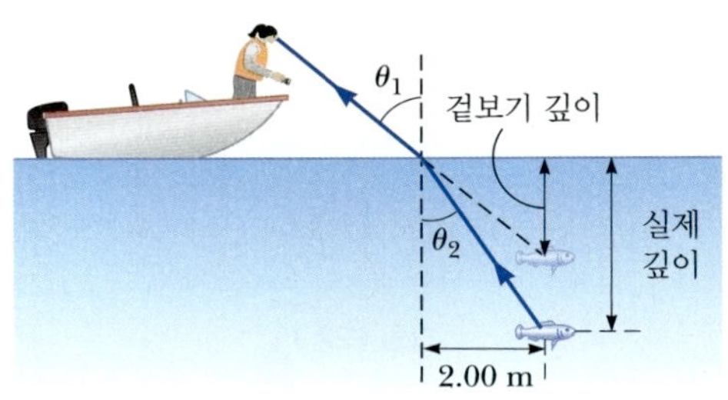

그림 P22.24

25(49). 짧은 도선의 일부를 각 θ만큼 구부렸다. 도선의 구부린 부분이 벤젠(굴절률 = 1.50)에 잠겨 있다. 잠기지 않은 부분을 따라 바라보는 사람에게 그 도선은 곧은 것처럼 보이고 수평과 이루는 각이 30.0°이다. θ는 얼마인가?

26(51). 그림 P22.26a에서처럼 깊이가 2.80 m인 직각으로 파인 웅덩이 옆에서 웅덩이의 아래 모서리 점을 간신히 보고 있는 사람이 있다. 그의 발바닥에서 눈까지의 높이는 1.85 m이다. (a) 웅덩이의 위 끝점에서 그 사람의 눈이 있는 위치까지의 수평 거리 d는 얼마인가? (b) 그림 P22.26b에서처럼 웅

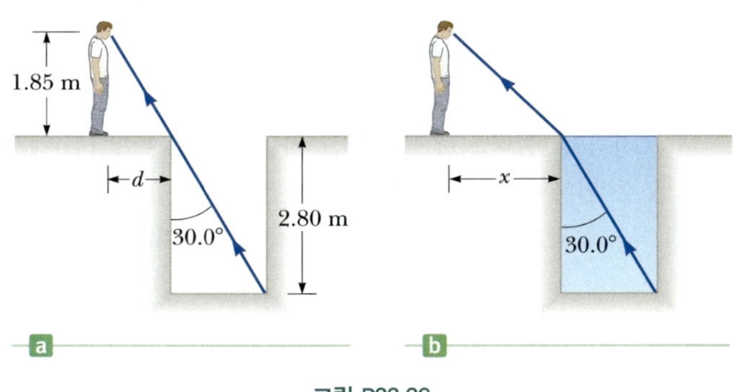

그림 P22.26

덩이에 물을 가득 채우고 난 후 그가 뒤로 물러서 웅덩이 바닥 모서리 점을 간신히 볼 수 있는 거리 x는 얼마인가?

27(53). 프리즘의 각을 측정하는 기술 중의 한 가지는 그림 P22.27과 같은 방법이다. 평행한 빛을 프리즘의 정점으로 내리비추면 빛은 두 반대 면에서 서로 반사되어 나간다. 반사된 두 빛의 사잇각은 $B = 2A$임을 증명하라.

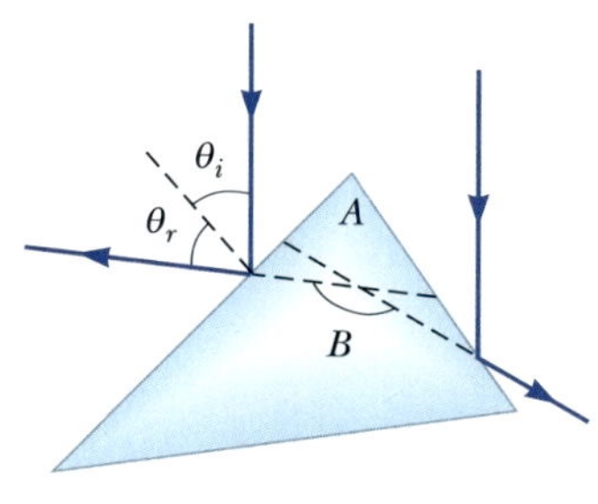

그림 P22.27

28(55). 그림 P22.28과 같이 광선이 직사각형 플라스틱 블록에 $\theta_1 = 45.0°$의 각으로 입사하여 $\theta_2 = 76.0°$의 각도로 빠져나간다. (a) 플라스틱의 굴절률을 구하라. (b) 광선이 플라스틱의 바닥 가장자리에서 $L = 50.0$ cm 떨어진 지점에서 입사한다면, 광선이 플라스틱을 통과하는 데 걸리는 시간은 얼마인가?

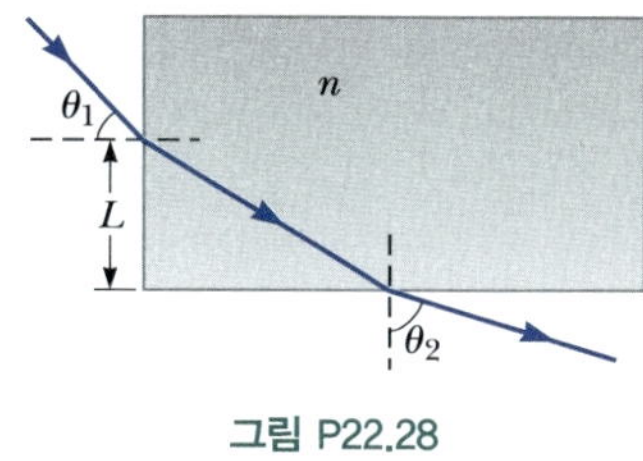

그림 P22.28

29(57). 반지름 $R = 2.00$ m인 투명한 원통의 오른쪽 절반은 거울면으로 되어 있다(그림 P22.29). 공기 중에서 진행하는 광선이 원통의 왼쪽에 입사한다. 입사 광선과 나오는 광선은 평행하며, $d = 2.00$ m이다. 이 재료의 굴절률을 구하라.

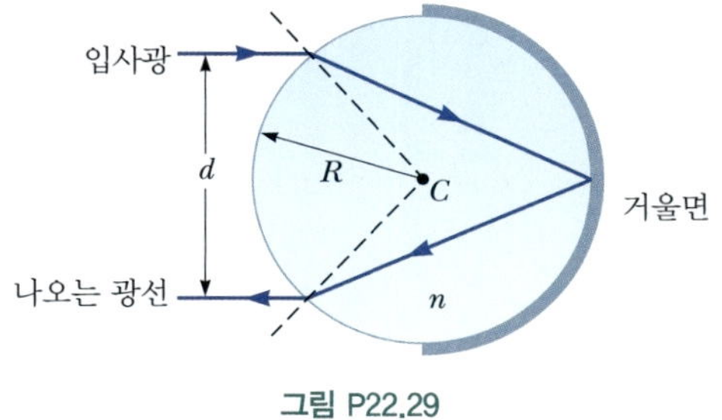

그림 P22.29

30(59). 맑은 날 물속에서 수영하는 사람이 수면을 올려다보면 그림 P22.30a와 같이 상대적으로 어두운 곳에 밝은 원이 있는 것을 볼 수 있는데, 이 현상을 스넬의 창이라고 한다. 전반사 개념과 그림 P22.30b의 그림을 사용하여 스넬의 창이 있는 원뿔에 대해 $\theta = 97.2°$임을 증명하라.

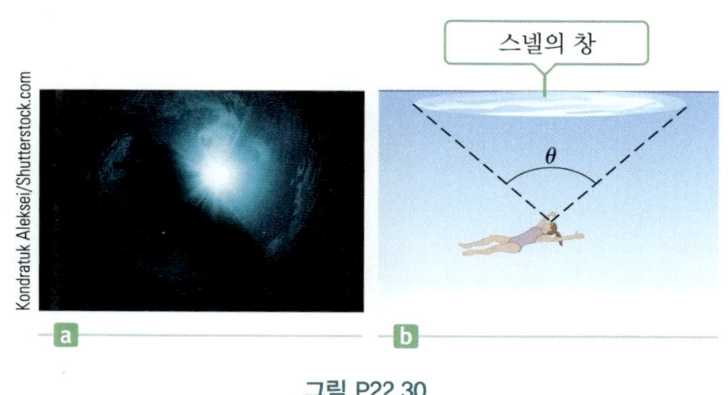

그림 P22.30

31(61). 그림 P22.31은 굴절률이 다른 여러 층을 통과하는 광선의 경로를 보여 주고 있다. (a) $\theta_1 = 30.0°$일 때, 출발하는 광선의 각도 θ_2는 얼마인가? (b) $n = 1.20$인 매질과 $n = 1.00$인 매질 사이의 표면에서 전반사가 일어나려면 입사각 θ_1은 얼마여야 하는가?

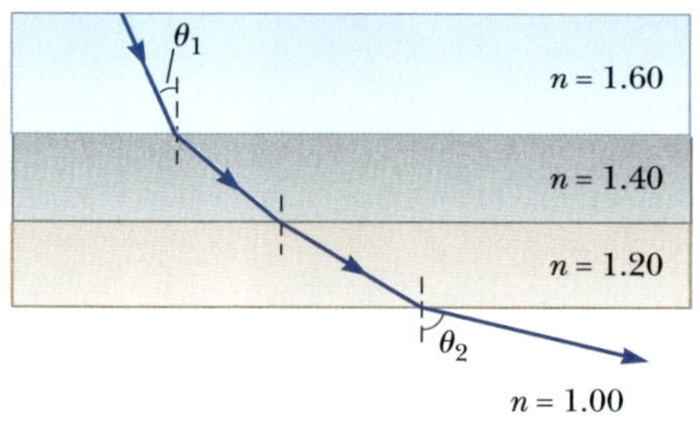

그림 P22.31

거울과 렌즈

Mirrors and Lenses

CHAPTER 23

거울과 렌즈에 대한 기술의 발달은 과학의 발전에 혁명을 가져왔다. 저렴한 재료들을 사용하여 비교적 쉽게 제작할 수 있는 현미경이나 망원경 같은 도구들은 미생물에서부터 멀리 떨어져 있는 별에 이르기까지 인간의 시력을 확장시키고 지식에 대한 새로운 통로를 열어 주었다.

이 장은 평면 광선과 구면 광선이 평면과 구면에 입사될 때 형성되는 상을 다룬다. 상은 거울로부터 반사되어 형성되거나 렌즈를 통과하는 굴절에 의하여 형성될 수 있다. 거울과 렌즈를 공부하는 이 장에서는 계속해서, 빛의 회절은 무시하고 직진한다고(광선 근사) 가정한다.

23.1 평면거울 Flat Mirrors

우선 평면거울에 대해서 알아보자. 그림 23.1과 같이 평면거울 앞으로 거리가 p만큼 떨어진 점 O에 점광원이 있는 경우를 생각해 보자. 여기서 거리 p는 **물체 거리**(object distance)라 한다. 광원을 출발한 광선은 거울에서 반사된다. 반사된 광선은 발산을 하지만 관측자에게는 거울 뒤의 점 I에서부터 나오는 것처럼 보인다. 점 I는 점 O에 있는 물체의 **상**(image)이라 한다. 고려하고 있는 계와는 상관없이 **상은 광선들이 실제로 서로 교차하거나 또는 발원한 것처럼 보이는 점에 만들어진다.** 그림 23.1에서 광선들은 거울 뒤쪽으로 거리 q만큼 떨어진 점 I에서 출발한 것처럼 보이기 때문에, 상의 위치는 점 I이다. 여기서 거리 q는 **상 거리**(image distance)라 한다.

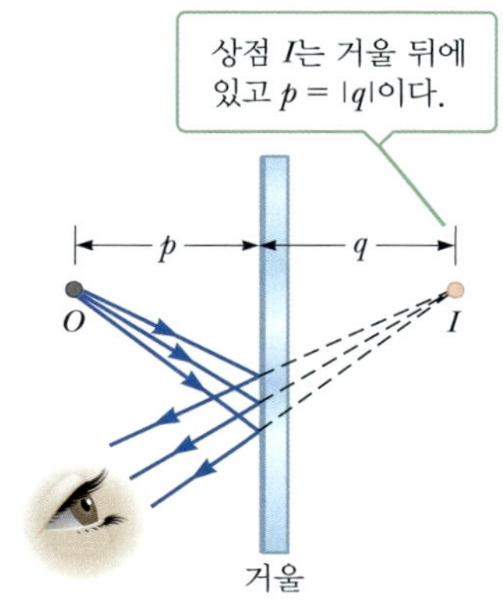

그림 23.1 평면거울의 반사에 의해 상이 형성되는 모습. 점 I에 있는 상은 허상이다. 허상에 대해서 q가 음이 된다는 것은 23.2절에서 배울 것이다. 따라서 물체 거리 p는 상 거리 q의 절댓값과 같다.

상은 실상과 허상으로 분류된다. 실상은 빛이 실제로 상점(image point)을 통과하면서 만들어지는 상이며, 허상은 빛이 실제로 상점을 통과하지는 않으나 상점에서 출발한 것처럼 보이면서 만들어지는 상이다. 그림 23.1에서 평면거울에 의한 상은 허상이다. 실제로 평면거울에서 만들어지는 상은 항상 (실물체에 대해서) 허상이다. 실상은 영화관에서 스크린 위에 나타낼 수 있으나 허상은 그럴 수 없다.

간단한 기하학적인 방법을 이용하여 평면거울에서 만들어지는 상의 성질에 대해서 알아보자. 상이 어디에 생기는지를 알기 위해서는 그림 23.2와 같이 거울에서 반사되는 최소한 두 개의 광선을 추적해야 한다. 한 광선은 점 P에서 출발하여 수평 경로 PQ를 따라 거울에 도달한 후 반사되어 같은 경로를 따라 되돌아간다. 다른 광선은 경사진 경로 PR을 따라가다가 그림과 같이 반사된다. 거울의 왼쪽에 있는 관측자에게는 반사된 두 광선이 점 P'에서 출발한 것처럼 보이게 된다. 점 P 이외에 물체의 다른 점들에 대하여 이 과정을 계속하여 보면, 거울의 오른쪽에 허상(노란색 화살표)을 얻게 된다. 두 삼각형 PQR과 $P'QR$은 합동이므로 $PQ = P'Q$이다. 따라서 **평면거울 앞에 놓인**

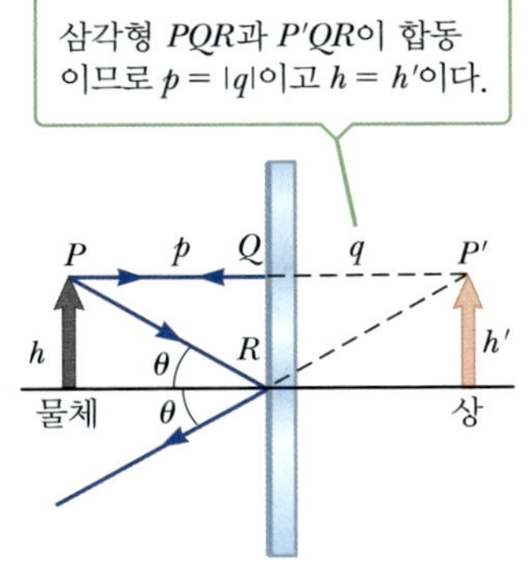

그림 23.2 평면거울 앞에 있는 물체의 상의 위치를 구하기 위한 기하학적인 작도

물체의 상은 물체와 거울 사이의 거리만큼 거울 뒤편에 생긴다. 물체의 높이 h와 상의 높이 h'은 크기가 같다. **가로 배율**(lateral magnification) M은 다음과 같이 정의한다.

$$M \equiv \frac{\text{상의 크기}}{\text{물체의 크기}} = \frac{h'}{h} \qquad [23.1]$$

식 23.1은 모든 형태의 거울의 가로 배율에 대한 일반적인 정의이다. 평면거울의 경우는 $h = h'$이므로 $M = 1$이 된다.

평면거울에 의하여 만들어지는 상의 성질을 요약하면 다음과 같다.

1. 상은 거울 앞면에 있는 물체의 거리만큼 거울 뒤편에 떨어져서 생긴다.
2. 상은 물체와 크기가 같으며, 허상이며 정립이다. (정립이라는 것은 그림 23.2 처럼 화살표 물체가 위로 향하면 화살표 상도 위를 향하는 것을 말한다. 정립 상의 반대는 도립상이다.)

Tip 23.1 배율 ≠ 확대

광학에서 배율이란 항상 확대를 의미하는 것은 아니다. 왜냐하면 물체보다 상이 작을 수 있기 때문이다.

마지막으로 평면거울은 물체의 좌우가 정확하게 반대되는 상을 만듦에 주목하라. 거울 앞에 서서 오른손을 들면 반대의 상을 볼 수 있다. 거울에 나타나는 상은 왼손을 들고 있다. 마찬가지로 머리 가르마도 반대쪽에 나타나고, 오른쪽 뺨에 있는 점도 왼쪽 뺨에 나타난다.

예제 23.1 벽걸이 거울

목표 평면거울의 성질을 적용한다.

문제 키가 1.80 m인 사람이 거울 앞에 서서 자신의 전신을 부족하지도, 남지도 않게 보려고 한다. 그의 눈이 머리 꼭대기에서 0.14 m 아래에 있다면 거울의 최소 높이는 얼마인가?

전략 그림 23.3에는 두 개의 광선이 보이는데, 하나는 발에서 출발하고, 다른 하나는 머리 꼭대기에서 출발하여 거울에서 반사되어 눈으로 들어온다. 발에서 출발한 광선은 거울의 가장 아랫부분에서 반사되며, 거울이 이보다 더 길면 길이가 남게 되고, 이보다 짧으면 아예 반사가 일어나지 않게 된다. 입사각과 반사각의 크기는 같으며 θ로 표시되어 있다. 이것은 두 개의 삼각형 ABD와 DBC가 변 DB를 공통으로 하고, 같은 크기의 각 θ를 가지는 직각삼각형이므로 합동이라는 것을 보여 주고 있다. 이 중요한 사실과 이등변삼각형 FEC를 사용한다.

풀이

크기가 d인 선분 BE를 구해야 한다. 이것을 사람의 키와 관계시킨다.

$$BE = DC + \tfrac{1}{2}CF \qquad (1)$$

선분 DC와 CF의 길이가 필요하다. 동일한 크기의 θ와 마주보는 변의 합을 AC와 같다고 놓는다.

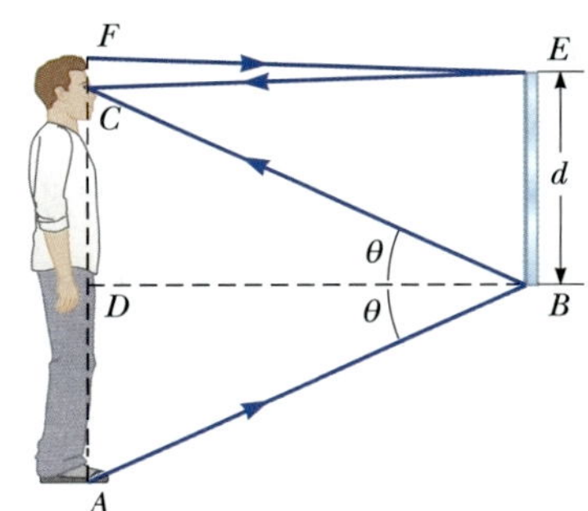

그림 23.3 (예제 23.1)

$$AD + DC = AC = (1.80 - 0.14) = 1.66 \text{ m} \qquad (2)$$

$AD = DC$이므로, 이를 식 (2)에 대입하고 DC에 대하여 푼다.

$$AD + DC = 2DC = 1.66 \text{ m} \quad \rightarrow \quad DC = 0.83 \text{ m}$$

CF는 0.14 m로 주어져 있으므로, 이 값과 DC를 식 (1)에 대입한다.

$$BE = d = DC + \tfrac{1}{2}CF = 0.83 \text{ m} + \tfrac{1}{2}(0.14 \text{ m}) = \boxed{0.90 \text{ m}}$$

참고 자신의 전신을 보기 위해서는 최소한 키의 절반에 해당하는 거울이 필요하다. 거울과 사람 사이의 거리는 상관이 없다.

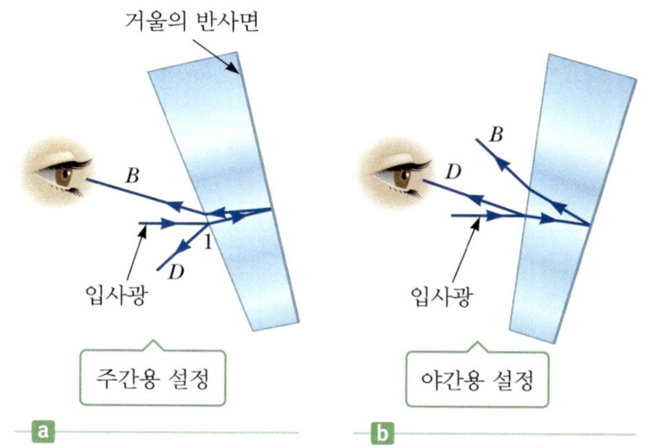

그림 23.4 후사경에 대한 단면도. (a) 주간용 설정. 거울의 뒤편에 은을 입힌 얇은 막은 밝은 광선 B가 운전자의 눈으로 들어오게 한다. (b) 야간용 설정. 거울의 유리 앞면에서 반사한 약한 광선 D가 운전자의 눈으로 들어오게 한다.

대부분의 자동차 후사경(rearview mirror)은 주간용과 야간용으로 기능을 설정할 수 있게 되어 있다. 야간용 설정은 거울에서 반사되는 상의 세기를 상당히 감소시켜서 뒤에서 따라오는 차량의 불빛이 운전자의 시야를 방해하지 않도록 한다. 거울이 어떻게 이런 작용을 하는지 그림 23.4를 살펴보며 알아보자. 거울의 뒷면은 빛을 반사하도록 금속으로 코팅이 된 쐐기 모양의 유리로 되어 있다. 그림 23.4a와 같이 거울을 주간용으로 설정하면, 자동차 뒤에 있는 물체로부터 나온 빛은 거울의 점 1에 들어온다. 대부분의 빛은 유리로 들어와서 굴절하고, 거울의 뒷면에서 반사되어 앞면으로 되돌아 나오며, 빛은 앞면에서 다시 굴절하여 광선 B(밝은 빛)와 같이 공기 중으로 나온다. 빛의 일부는 거울의 앞면에서 광선 D(어두운 빛)와 같이 반사한다. 거울이 그림 23.4b와 같이 야간용으로 설정되면 관측되는 상은 희미하게 반사되는 빛에 의하여 형성된다. 이것은 거울을 돌려놓아서 밝은 빛(광선 B)의 진행 경로가 운전자의 눈으로 향하지 않기 때문이다. 대신, 거울의 앞면에서 반사된 희미한 빛이 운전자의 눈에 도달하며, 뒤따르던 차량들의 밝은 빛은 운전자에게 위협이 되지 않는다.

응용

후사경을 낮과 밤에 사용하기

23.2 구면거울에 의한 상 Images Formed by Spherical Mirrors

23.2.1 오목거울과 거울 공식 Concave Mirrors and the Mirror Equation

구면거울(spherical mirror)은 이름에서 알 수 있듯이 그 모양이 구의 일부분과 같다. 그림 23.5는 오목한 내부의 면을 은으로 막을 입힌 구면거울이다. 이러한 형태의 거울을 **오목거울**(concave mirror)이라 한다. 이 거울의 곡률 반지름은 R이고 곡률 중심은 점 C에 있다. 점 V는 구면의 중심이고, 점 C와 V를 지나는 선을 거울의 **주축**(principal axis)이라 한다.

그림 23.5b와 같이 주축 위에 있으며 점 C 바깥에 있는 점 O에 위치한 점광원이 있다. O에서 나와 발산하는 여러 광선이 거울에서 반사된 후 점 I에 수렴하는 것을 볼 수 있는데, 이 점을 **상점**(image point)이라 한다. 이 광선들은 마치 물체가 점 I에 있는 것처럼 점 I에서 발산하고 계속 진행하여 실상을 형성한다. **반사된 빛이 실제로 한 점을 지날 때 그 점에서 형성되는 상은 언제나 실상이다.**

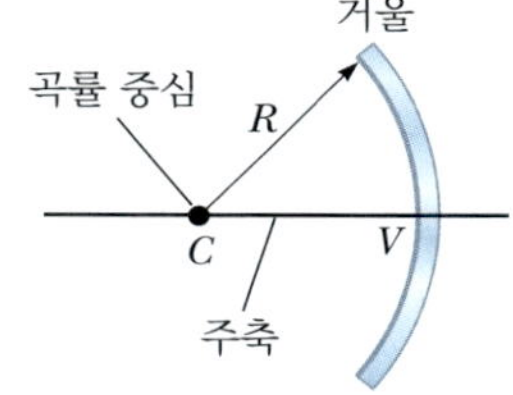

점 O에서 작은 각으로 발산되어 나오는 광선은 오목거울에서 반사되어 같은 상점 I를 지난다.

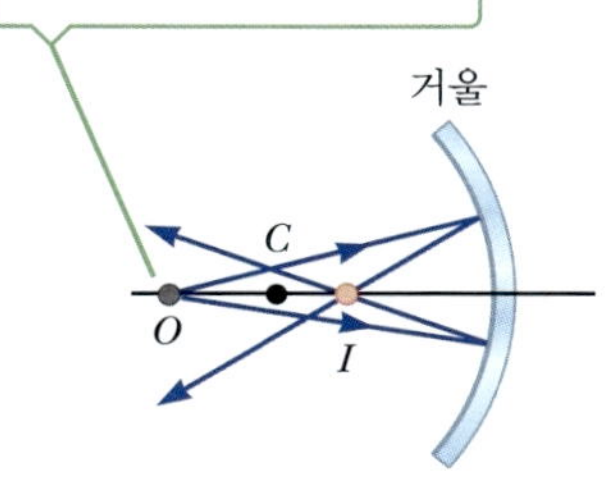

그림 23.5 (a) 반지름이 R인 오목거울. 곡률 중심 C는 주축 위에 위치한다. (b) 점 물체가 반지름 R인 구면 오목거울 앞의 점 O에 위치하는데, O는 거울의 표면으로부터 R보다 더 멀리 있는 주축 위의 임의의 점이며, 상점 I에서 실상을 맺는다.

그림 23.6 구면 오목거울에서 광선들이 주축과 큰 각도를 이루면, 구면 수차가 생긴다.

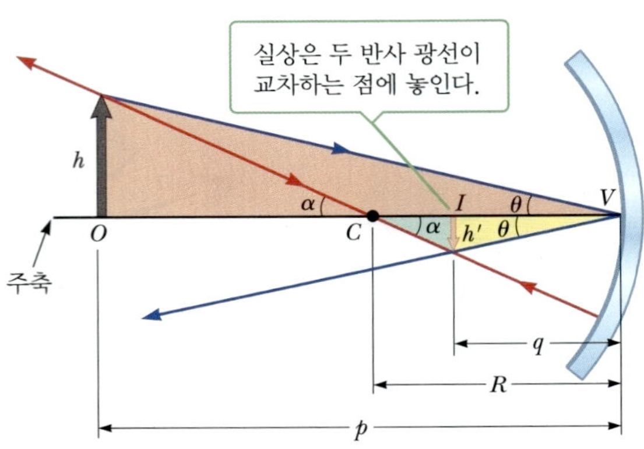

그림 23.7 물체가 곡률 중심 C 밖의 점 O에 있을 때 구면 오목거울에 의해 만들어지는 상

물체에서 나온 모든 광선은 주축과 아주 작은 각을 만든다고 가정해 보자. 이러한 광선들은 그림 23.5b와 같이 거울에서 반사하여 모두 상점을 지난다. 한편 주축과 큰 각을 만드는 광선들은 그림 23.6과 같이 주축상의 서로 다른 점들에 모이면서 흐릿한 상을 만든다. 이러한 효과를 **구면 수차**(spherical aberration)라 하며, 이는 모든 구면거울에 어느 정도는 나타나는 것으로서 23.6절에서 다룬다.

그림 23.7과 같은 기하학을 사용하여 물체 거리 p와 곡률 반지름 R로부터 상 거리 q를 계산할 수 있다. 이런 거리들은 점 V를 기준으로 하여 측정하는 것이 관례이다. 그림 23.7에는 물체의 위쪽 끝으로부터 나온 두 개의 광선이 있다. 한 광선은 거울의 곡률 중심 C를 지나서 거울에 정면으로 들어온 뒤(거울 면에 수직) 반사하여 왔던 경로로 되돌아간다. 다른 광선은 점 V에 도달한 후 반사의 법칙을 따라서 그림과 같이 반사된다. 화살 모양의 위쪽 끝의 상은 두 광선이 교차하는 지점에 생긴다. 그림 23.7의 가장 큰 직각삼각형에서 $\tan\theta = h/p$이고 노란 삼각형에서 $\tan\theta = -h'/q$이 된다. 상이 뒤집혀 있기 때문에 음(−)의 부호를 도입하여 h'은 음의 값이 된다. 이러한 결과와 식 23.1을 이용하여 거울의 배율을 구할 수 있다.

$$M = \frac{h'}{h} = -\frac{q}{p} \qquad [23.2]$$

그림 23.7에 있는 점 C를 중심으로 다른 두 직각삼각형으로부터

$$\tan\alpha = \frac{h}{p - R} \quad \text{그리고} \quad \tan\alpha = -\frac{h'}{R - q}$$

의 관계를 알 수 있고, 이 두 식에서 다음의 식을 얻을 수 있다.

$$\frac{h'}{h} = -\frac{R - q}{p - R} \qquad [23.3]$$

식 23.2와 식 23.3을 비교하면

$$\frac{R - q}{p - R} = \frac{q}{p}$$

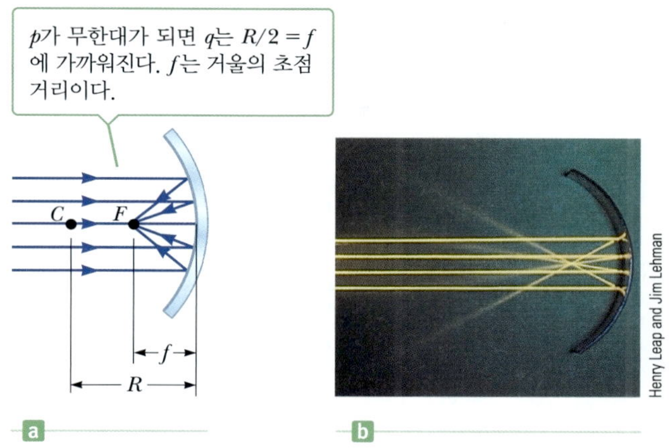

그림 23.8 (a) 무한히 멀리 떨어져 있는($p = \infty$) 물체에서 나온 광선들은 오목거울에서 반사되어 초점 F를 지나간다. (b) 평행한 광선이 오목거울에서 반사되는 사진

임을 알 수 있다. 이 식을 다시 간단히 정리하면

$$\frac{1}{p} + \frac{1}{q} = \frac{2}{R} \qquad [23.4]$$

◀ 거울 공식

가 되며, 이 식을 **거울 공식**(mirror equation)이라 한다.

물체가 거울로부터 매우 멀리 떨어져 있다면, 즉 물체 거리 p가 R에 비해서 충분히 커서 p가 거의 무한대로 볼 수 있다면, $1/p \approx 0$이므로 식 23.4로부터 $q \approx R/2$이 된다. 다시 말해서 물체가 거울로부터 아주 멀리 떨어져 있다면, 상점은 그림 23.8a와 같이 **곡률 중심과 거울의 중심 사이의 중간이 되는 곳에 위치**하게 된다. 광원이 거울로부터 아주 멀리 떨어져 있다고 가정하였기 때문에 그림에서 입사 광선은 평행한 광선이 된다. 이런 특수한 경우의 상점을 **초점**(focal point) F라 하고, 상 거리 q를 **초점거리**(focal length) f라 하며 다음과 같은 식을 얻을 수 있다.

Tip 23.2 초점 ≠ 빛이 모이는 점

초점은 광선이 상을 형성하기 위하여 모이는 점이 아니다. 거울의 초점은 구면의 곡률에 의해서만 결정되며, 물체의 위치와는 무관하다.

$$f = \frac{R}{2} \qquad [23.5]$$

◀ 초점거리

거울 공식은 초점거리 f를 사용하여 다음과 같이 표현된다.

$$\frac{1}{p} + \frac{1}{q} = \frac{1}{f} \qquad [23.6]$$

거울로부터 무한히 멀리 있는 물체로부터 나온 광선은 항상 초점에 모인다는 사실에 주목하라.

23.2.2 볼록거울과 부호 규약 Convex Mirrors and Sign Conventions

그림 23.9는 **볼록거울**(convex mirror)에 의하여 상이 형성되는 것을 보여 주고 있다. 이 거울은 외부 볼록한 면에서 빛이 반사될 수 있도록 은으로 도금 처리되어 있다. 물체의 어느 한 점에서 나온 광선들은 거울에서 반사된 후 마치 광선들이 거울 뒤의 한 점에서 나온 것처럼 발산하기 때문에, 이러한 거울을 **발산거울**(diverging mirror)이라고도 한다. 그림 23.9에 있는 상은 거울에서 반사된 광선들이 거울 뒤의 한 점에서

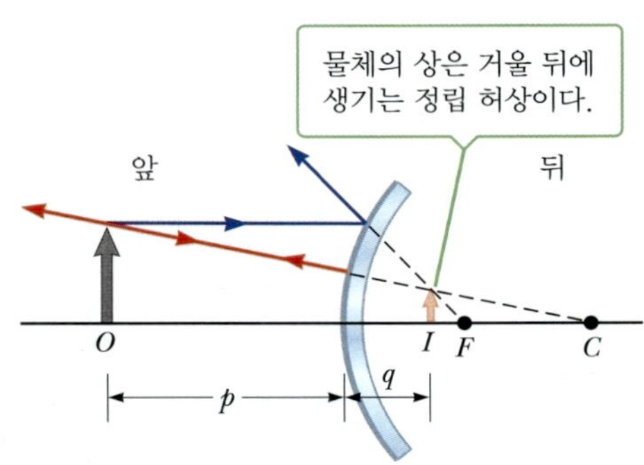

그림 23.9 구면 볼록거울에 의한 상의 형성

Tip 23.3 빛이 있는 곳을 +로 한다.
그림 23.10에서 나타낸 것처럼, p, q, f는 빛이 있는 거울의 앞면에 있을 때 양(+)이다.

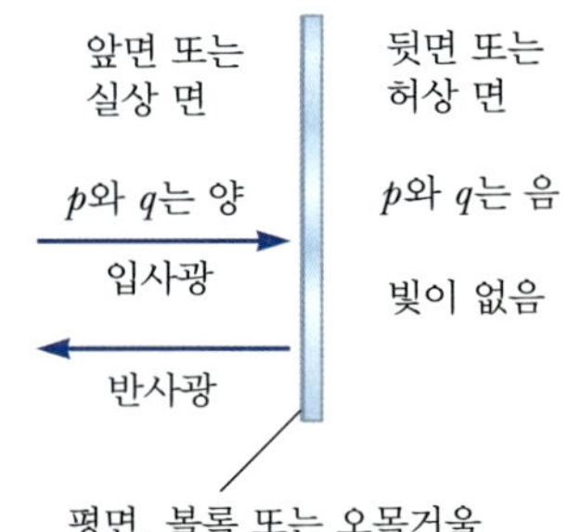

그림 23.10 평면, 볼록 및 오목거울에 대한 p와 q의 부호

나오는 것처럼 보일 뿐이므로, 실상이 아니고 허상이다. 볼록거울에 의하여 만들어지는 상은 일반적으로 정립 허상이며, 크기가 물체보다 더 작다.

볼록 구면거울에 대한 거울 공식은 유도하지 않을 것이다. 오목거울에 대한 공식에서 특정한 부호 규약이 사용된다면, 볼록거울에 대해서도 적용할 수 있기 때문이다. 광선이 움직이는 영역을 거울의 앞면이라 하고, 허상이 형성되는 반대쪽 면을 뒷면이라 한다. 예를 들면, 그림 23.7과 23.9에서 거울의 왼쪽은 앞면이고, 거울의 오른쪽은 뒷면이다. 그림 23.10은 물체 거리 p와 상 거리 q를 이해하는 데에 도움이 될 것이다. 표 23.1은 필요한 모든 물리량에 대한 부호 규약을 요약한 것이다. 빛이 거울의 앞면에 있다면 p, q, f(및 R)의 부호는 양(+)이고, 빛이 거울의 뒷면에 있다면 음(−)이다.

23.2.3 거울에 대한 광선 도표 Ray Diagrams for Mirrors

지금까지 사용해온 방법과 비슷하게 광선 도표를 그리면, 거울에 의하여 만들어지는 상의 위치와 크기를 쉽게 결정할 수 있다. 이런 종류의 기하학적인 도표를 이용하여 상의 전반적인 성질을 알 수 있으며, 거울 및 배율 공식에서 계산되는 매개 변수를 확인할 수 있다. 광선 도표를 그리기 위해서는 물체의 위치와 곡률 중심의 위치를 알아야 한다. 그림 23.11과 같이 세 광선이 사용되어(지금까지는 두 광선만 사용되었지만) 상의 위치를 결정할 수 있다. 세 광선은 모두 물체의 동일한 점에서 출발한다. 이 예에서는 화살표의 위쪽 끝을 택하였다. 그림 23.11a 및 b와 같이 오목거울의 경우 광선들은 다음과 같이 그린다.

1. 광선 1은 주축과 평행하며, 반사 후에는 초점 F를 지난다.
2. 광선 2는 초점을 지나며, 반사 후에는 주축과 평행하게 진행한다.
3. 광선 3은 곡률 중심 C를 지나며, 반사 후에는 왔던 경로를 따라 되돌아간다.

표 23.1 거울에 대한 부호 규약

물리량	기호	거울 앞	거울 뒤	정립상	도립상
물체 거리	p	+	−		
상 거리	q	+	−		
초점거리	f	+	−		
상의 크기	h'			+	−
배율	M			+	−

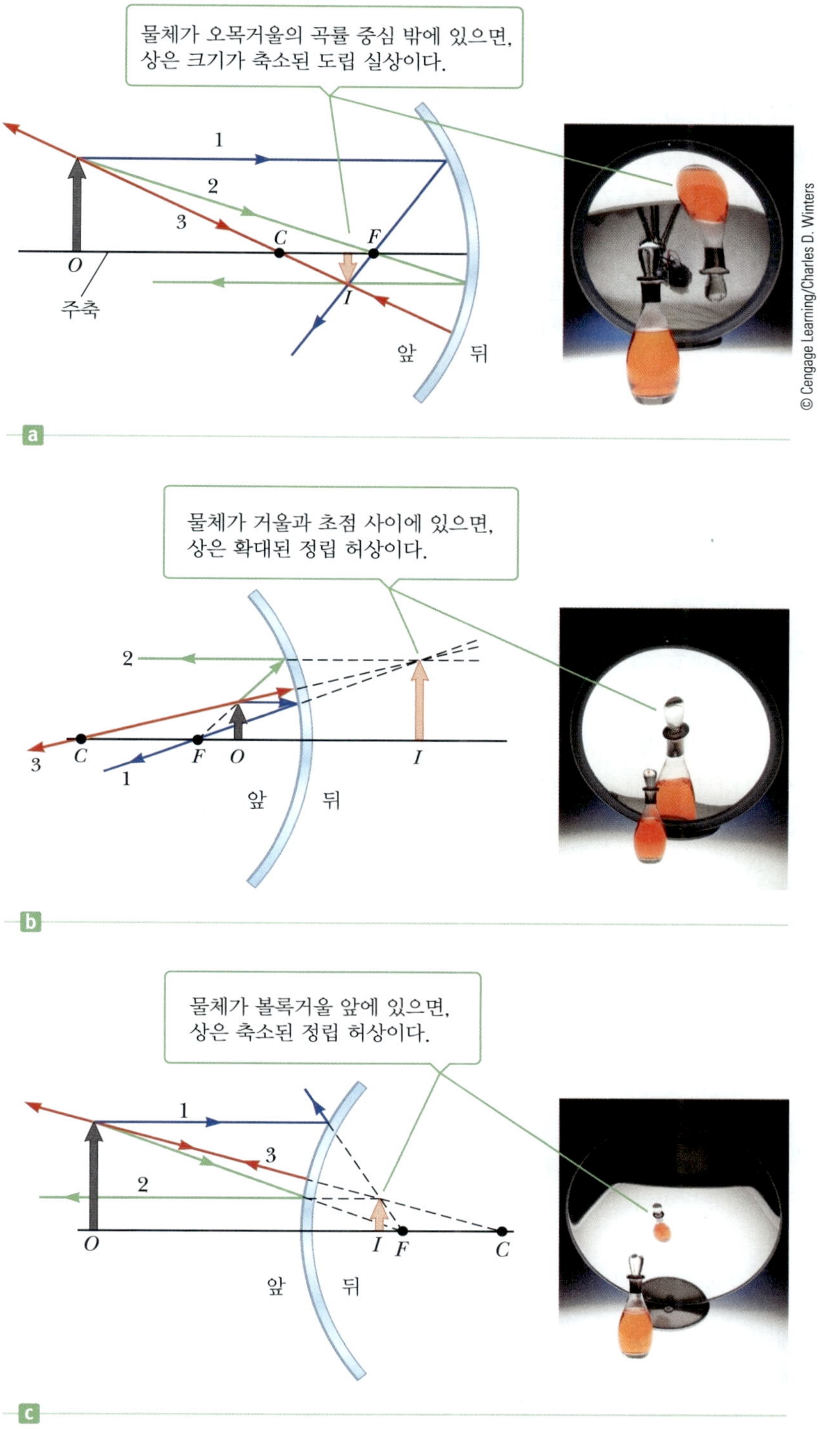
물체가 오목거울의 곡률 중심 밖에 있으면, 상은 크기가 축소된 도립 실상이다.
1
2
3
O
C
F
I
주축
앞
뒤
© Cengage Learning/Charles D. Winters
a
물체가 거울과 초점 사이에 있으면, 상은 확대된 정립 허상이다.
2
3
C
F
O
I
1
앞
뒤
b
물체가 볼록거울 앞에 있으면, 상은 축소된 정립 허상이다.
1
3
2
O
I
F
C
앞
뒤
c

그림 23.11 구면거울에 대한 광선 도표와 촛불 상의 사진들

물체에서 나오는 광선은 모든 방향으로 발산하지만, 광선 도표를 간단하게 하는 방향으로 진행하는 광선을 선택한다는 것을 알아두자.

광선 중 어느 두 개가 교차하는 곳에 상이 생긴다. 세 번째 광선으로 상의 위치를 확인할 수 있다. 이렇게 구한 상점은 거울 공식에서 계산한 q값과 항상 일치해야 한다.

오목거울의 경우, 물체가 거울에 가까워질 때 어떤 일이 일어나는지 알아보자. 그림 23.11a에서 물체가 초점에 가까이 가면 도립 실상은 왼쪽으로 움직인다. 물체가 초점 위에 있을 때에는 상은 왼쪽 무한대에 생긴다. 그림 23.11b와 같이 물체가 초점과 거울 사이에 있으면, 상은 정립 허상이 된다.

그림 23.11c처럼 볼록거울인 경우는 물체에 대한 상은 항상 정립 허상이다. 물체의 거리가 멀어지면 허상의 크기는 작아지며, p가 무한대로 가면 허상은 초점에 접근하게 된다. 광선 도표를 그려 이러한 내용들을 확인해 보자.

만곡 거울에서 만들어진 상의 특성을 알면 용도를 분명하게 결정할 수 있다. 예를 들어, 면도를 하거나 화장을 하는 데 필요한 거울을 디자인하는 경우를 생각해 보자. 이를 위해서는 그림 23.11b의 거울과 같이 사용자를 초점과 거울 사이에 있게 하는 오목거울이 필요하다. 이 거울의 상은 정립이며 상당히 확대된 상을 만든다. 한편, 넓은 시야를 확보하는 것이 주된 목적인 경우에는 그림 23.11c와 같이 볼록거울이 필요하다. 상의 크기가 작아졌다는 것은 거울에 비춰지는 시야가 매우 넓다는 것을 의미한다. 이와 같은 거울은 흔히 가게에서 고객이 물건 훔치는 것을 감시하기 위해서 설치되어 있다. 또한 볼록거울은 자동차의 측면 거울에 사용되고 있다(그림 23.12). 이와 같은 거울은 일반적으로 자동차의 조수석 옆에도 설치되어 있으며 "물체는 보이는 것보다 더 가까이에 있습니다."라는 경고문도 함께 적혀 있다. 이러한 경고가 없으면 운전자는 상의 크기가 그대로 나타나는 평면거울이라고 생각할 수도 있다. 실제로 트럭이 운전자 바로 뒤에 와 있어도 볼록거울의 특성에 따라서 상이 작게 보이기 때문에 운전자는 트럭이 멀리 있다고 착각할 수 있다.

그림 23.12 자동차의 볼록한 측면 거울은 실물보다 작은 정립상을 만든다. 상이 작다는 것은 거울에서 관측되는 겉보기 거리보다 물체가 더 가까이 있다는 뜻이다.

예제 23.2 오목거울에 의한 상

목표 오목거울의 특성을 계산한다.

문제 초점거리가 10.0 cm인 오목거울이 있다. **(a)** 25.0 cm 앞에 있는 물체의 상의 위치와 배율을 구하라. 상은 실상 혹인 허상인지, 도립 혹은 정립인지, 확대 혹은 축소되었는지 판단하라. 물체 거리가 **(b)** 10.0 cm와 **(c)** 5.00 cm인 경우에 대해서도 각각 구하라.

전략 각 문제에 대해서 거울 공식과 배율 공식에 대입한다. **(b)**의 경우 상이 무한대에 있기 때문에 극한 수렴 과정을 포함한다. 배율 M이 양(+)이면 상은 정립이고 음(−)이면 도립이다. 마찬가지로 q가 양이면 상은 실상이고 음이면 허상이다.

풀이

(a) 물체 거리 25.0 cm에 대한 상의 위치를 구한다. 그다음 배율을 계산하고 상에 대해서 설명한다.

거울 공식을 사용하여 상 거리를 구한다.

$$\frac{1}{p}+\frac{1}{q}=\frac{1}{f}$$

p와 f의 값을 대입하고 q를 구한다. 표 23.1에 따라서 p와 f는 양이다.

$$\frac{1}{25.0\text{ cm}}+\frac{1}{q}=\frac{1}{10.0\text{ cm}}$$

$$q=\boxed{16.7\text{ cm}}$$

q가 양이므로 상은 거울 앞에 있으며 실상이다. 배율은 식 23.2에 대입하여 구할 수 있다.

$$M=-\frac{q}{p}=-\frac{16.7\text{ cm}}{25.0\text{ cm}}=\boxed{-0.668}$$

$|M|<1$이므로 상의 크기가 물체보다 작으며, M이 음이므로 도립이다(그림 23.11a).

(b) 물체 거리가 10.0 cm일 때 상 거리를 구한다. 배율을 구하고

상에 대해서 설명한다.

물체가 초점에 있으므로 $p = 10.0$ cm, $f = 10.0$ cm를 거울 공식에 대입한다.

$$\frac{1}{10.0\text{ cm}} + \frac{1}{q} = \frac{1}{10.0\text{ cm}}$$

$$\frac{1}{q} = 0 \quad \rightarrow \quad q = \infty$$

$M = -q/p$이므로 배율도 무한대이다.

(c) 물체 거리가 5.00 cm일 때 상 거리를 구한다. 배율을 계산하고 상에 대해서 설명한다.

이번에도 거울 공식에 p와 f의 값을 대입한다.

$$\frac{1}{5.00\text{ cm}} + \frac{1}{q} = \frac{1}{10.0\text{ cm}}$$

$$\frac{1}{q} = \frac{1}{10.0\text{ cm}} - \frac{1}{5.00\text{ cm}} = -\frac{1}{10.0\text{ cm}}$$

$$q = -10.0\text{ cm}$$

이 상은 q가 음이므로 허상(거울 뒤에 형성)이다. 식 23.2를 사용하여 배율을 구한다.

$$M = -\frac{q}{p} = -\left(\frac{-10.0\text{ cm}}{5.00\text{ cm}}\right) = 2.00$$

$|M| > 1$이므로 상은 확대되었으며(두 배로), M이 양이므로 정립이다(그림 23.11b).

참고 구면인 오목거울에 의한 상의 특성을 주목하라. 상은 물체가 초점 밖에 있을 때는 도립 실상이며, 초점에 있을 때는 무한대에서 형성되며, 초점 안에 있을 때는 정립 허상이다.

예제 23.3 볼록거울에 의한 상

목표 볼록거울의 특성을 계산한다.

문제 초점거리가 8.00 cm인 볼록거울 앞으로 20.0 cm 떨어진 곳에 높이 3.00 cm의 물체가 놓여 있다. **(a)** 상의 위치, **(b)** 거울의 배율, **(c)** 상의 높이를 각각 구하라.

전략 이 문제도 거울 및 배율 공식을 사용하는 것이다. 물체의 높이와 배율을 곱하면 상의 높이를 알 수 있다.

풀이

(a) 상의 위치를 구한다.

거울이 볼록이기 때문에 초점거리는 음이다. 거울 공식에 물체 거리와 초점거리를 대입한다.

$$\frac{1}{p} + \frac{1}{q} = \frac{1}{f}$$

$$\frac{1}{20.0\text{ cm}} + \frac{1}{q} = \frac{1}{-8.00\text{ cm}}$$

q에 대하여 푼다.

$$q = -5.71\text{ cm}$$

(b) 거울의 배율을 구한다.

식 23.2에 대입한다.

$$M = -\frac{q}{p} = -\left(\frac{-5.71\text{ cm}}{20.0\text{ cm}}\right) = 0.286$$

(c) 상의 높이를 구한다.

물체의 높이와 배율을 곱한다.

$$h' = hM = (3.00\text{ cm})(0.286) = 0.858\text{ cm}$$

참고 음의 q값은 상이 허상, 또는 그림 23.11c와 같이 거울 뒤에 생기는 것을 뜻한다. 배율 M이 양이므로 상은 정립이다.

23.3 얇은 렌즈 Thin Lenses

대부분의 **얇은 렌즈**(thin lens)는 유리나 플라스틱으로 만드는데, 양쪽 굴절면이 구면 또는 평면이 되도록 연마를 한다. 렌즈는 일반적으로 카메라, 망원경, 현미경 등과 같은 광학 기기에서 굴절에 의한 상을 만드는 데에 사용된다. 렌즈에서 물체 거리와 상 거리를 연관시키는 공식은 이전에 유도하였던 거울 공식과 사실상 같은 것이며, 식을

양면 볼록 볼록–오목 평면–볼록

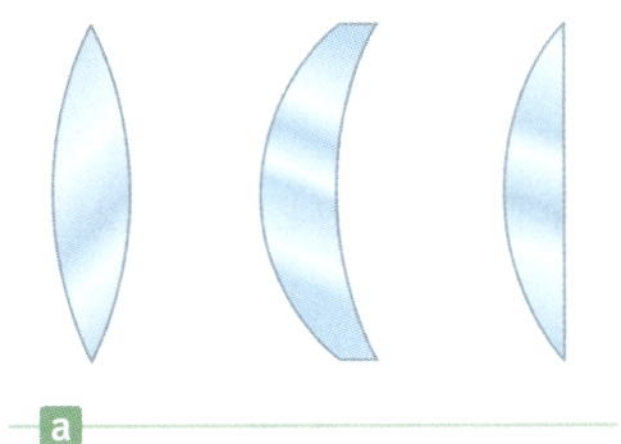

a

양면 오목 볼록–오목 평면–오목

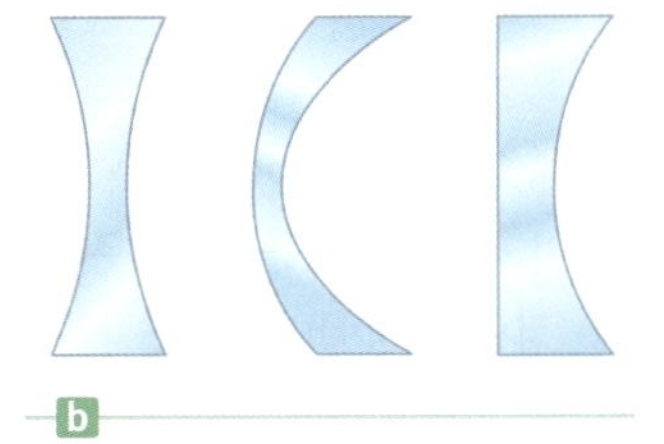

b

그림 23.13 다양한 렌즈의 모양. (a) 수렴 렌즈의 초점거리는 양이며 가운데가 가장 두껍다. (b) 발산 렌즈의 초점거리는 음이며 가장자리가 가장 두껍다.

유도하였던 방법도 비슷하다.

그림 23.13은 렌즈의 대표적인 형태로, 두 종류로 나뉜다. 그림 23.13a는 가장자리보다 가운데가 더 두꺼우며, 그림 23.13b는 가장자리보다 가운데가 더 얇다. 전자의 렌즈는 **수렴 렌즈**(converging lenses)의 예이고, 후자의 렌즈는 **발산 렌즈**(diverging lenses)의 예이다. 이름에 대한 뜻은 곧 설명할 예정이다.

거울에서처럼 렌즈에 대해서도 **초점**(focal point)을 정의하는 것이 편리하다. 예를 들면, 그림 23.14a에서 축과 평행한 광선들은 렌즈에 의해서 수렴되어 초점 F를 지난다. 초점에서 렌즈까지의 거리를 **초점거리**(focal length) f라 한다. **초점거리는 물체가 무한대에 있을 때 생기는 상 거리이다.** 여기서 다루는 렌즈는 매우 얇다는 것을 고려해야 한다. 렌즈가 매우 얇기 때문에 초점거리를 초점에서 렌즈의 표면까지의 거리 또는 렌즈의 중심부까지의 거리로 해도 그 차이는 무시할 수 있을 정도이다. 얇은 렌즈에는 그림 23.14와 같이 두 개의 초점이 있는데, 렌즈의 양쪽에 하나씩 있다. 각 초점은 왼쪽과 오른쪽으로 평행하게 진행하는 광선에 대응하는 점이다.

축에 평행한 광선은 그림 23.14b처럼 양면 오목 렌즈를 통과한 후 발산한다. 이 경우, 초점은 발산된 광선이 발생한 것처럼 보이는 점으로(그림에서는 F로 표시) 정의한다. 그림 23.14a와 23.14b는 왜 수렴과 발산이라는 단어가 렌즈 앞에 붙었는지를 보여 준다.

그림 23.15에서 렌즈의 중심을 지나는 광선 1이라고 표시한 광선을 보자. 얇은 렌즈의 경우 중심을 지나는 광선은 꺾이지 않는다. 광선 2는 렌즈의 주축(점 O를 지나는 수평축)과 평행하며, 굴절한 후 초점 F를 지난다. 광선 1과 2는 화살 모양 상의 끝점에서 교차한다.

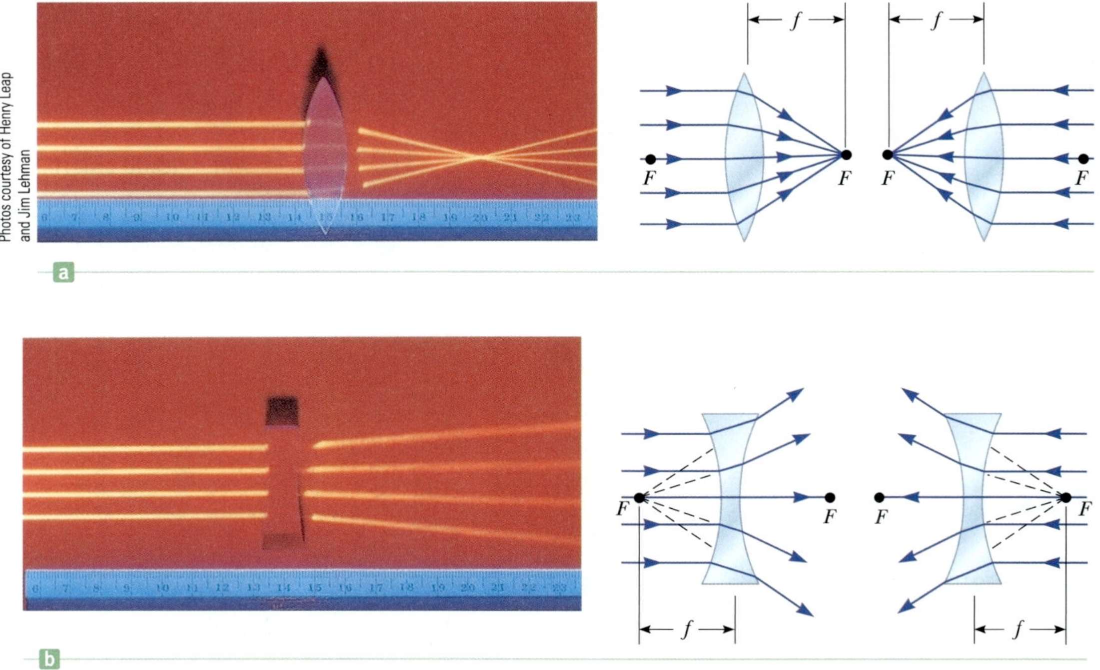

그림 23.14 (왼쪽) 평행 광선에 대한 수렴 및 발산 렌즈의 효과에 대한 사진. (오른쪽) (a) 양면 볼록 렌즈 및 (b) 양면 오목 렌즈의 초점

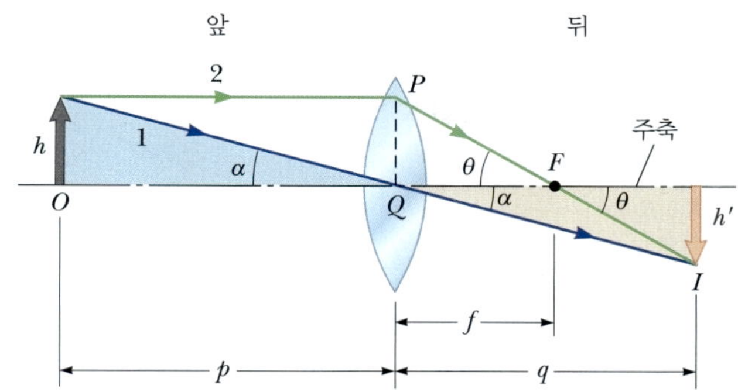

그림 23.15 얇은 렌즈 공식을 유도하기 위한 기하학적인 작도

먼저 그림 23.15에서 파란색과 노란색 삼각형을 사용하여 각 α의 기울기를 구해 보자.

$$\tan\alpha = \frac{h}{p} \quad \text{또는} \quad \tan\alpha = -\frac{h'}{q}$$

이다. 이 결과로부터 다음을 얻을 수 있다.

$$M = \frac{h'}{h} = -\frac{q}{p} \qquad [23.7]$$

렌즈의 배율 공식은 거울의 배율 공식과 같으며, 그림 23.15로부터 다음의 관계를 얻을 수 있다.

$$\tan\theta = \frac{PQ}{f} \quad \text{또는} \quad \tan\theta = -\frac{h'}{q-f}$$

첫 번째 식에서 사용한 높이 PQ는 물체의 높이 h와 같으며, 따라서 다음과 같은 관계를 구할 수 있다.

$$\frac{h}{f} = -\frac{h'}{q-f}$$

$$\frac{h'}{h} = -\frac{q-f}{f}$$

이 식과 식 23.7을 이용하면,

$$\frac{q}{p} = \frac{q-f}{f}$$

가 된다. 이 식은 다음과 같이 정리된다.

Tip 23.4 빛이 있는 쪽을 +로 한다.
렌즈의 경우 p와 q는 빛이 있는 곳, 즉 물체와 상이 실재하는 곳이 +이다. 실물체의 경우 빛은 렌즈 앞에서 출발하므로 p가 +이다(그림 23.16). 마찬가지로 상이 렌즈 뒤에 맺히면 q가 +이다.

◀ 얇은 렌즈 공식

$$\frac{1}{p} + \frac{1}{q} = \frac{1}{f} \qquad [23.8]$$

이 식을 **얇은 렌즈 공식**(thin-lens equation)이라 하며, 부호 규약을 적용하면 수렴 렌즈와 발산 렌즈 모두에 적용할 수 있다. 그림 23.16은 p와 q의 부호를 얻는 데 유용하며, 표 23.2는 렌즈에 대한 부호 규약을 보여 준다. 이 규약에 따르면 **수렴 렌즈의 초점거리는 양의 부호이며 발산 렌즈의 초점거리는 음의 부호이다.** 그래서 이 렌즈들을 종종

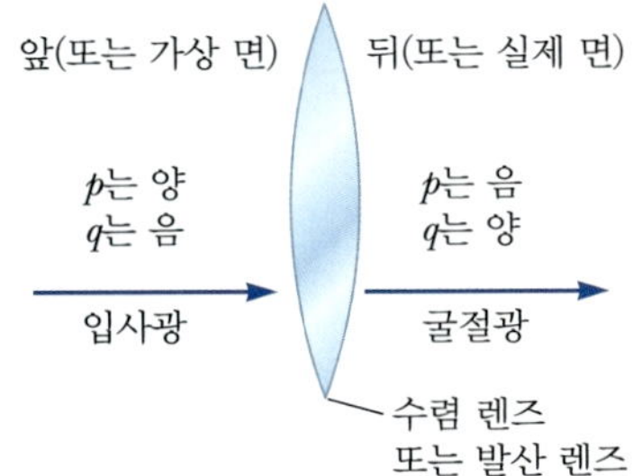

그림 23.16 얇은 렌즈나 굴절면에 대하여 p와 q의 부호를 결정하기 위한 도표

표 23.2 얇은 렌즈에 대한 부호 규약

물리량	기호	앞면	뒷면	수렴	발산
물체 거리	p	+	−		
상 거리	q	−	+		
렌즈 반지름	R_1, R_2	−	+		
초점거리	f			+	−

양의 렌즈와 음의 렌즈라 하기도 한다.

공기 중에서 렌즈의 초점거리는 앞면 및 뒷면의 곡률과 렌즈 재료의 굴절률 n과 관계가 있으며 다음의 식으로 주어진다.

렌즈 만드는 공식 ▶

$$\frac{1}{f} = (n-1)\left(\frac{1}{R_1} - \frac{1}{R_2}\right) \qquad [23.9]$$

여기서 R_1은 렌즈 앞면의 곡률 반지름이고, R_2는 뒷면의 곡률 반지름이다(거울에서와 같이, 빛이 들어오는 면을 렌즈의 앞면이라 하자). 표 23.2에 R_1과 R_2에 대한 부호 규약이 있다. 식 23.9는 알려진 렌즈의 특성으로부터 초점거리를 계산할 수 있다. 이 관계식을 **렌즈 만드는 공식**(lens-maker's equation)이라고 한다.

23.3.1 얇은 렌즈에 대한 광선 도표 Ray Diagrams for Thin Lenses

광선 도표는 얇은 렌즈나 렌즈 계에 의한 전반적인 상의 형성을 이해하는 데 필수이며, 이미 논의된 부호 규약을 더욱 분명하게 한다. 그림 23.17은 단일 렌즈의 세 가지 상황에 대한 광선 도표를 나타낸 것이다. 수렴 렌즈에 의하여 형성되는 상의 위치를 알기 위해서(그림 23.17a와 b), 물체의 꼭대기에서 시작하여 다음의 세 광선을 그린다.

Tip 23.5 몇 개의 광선만 선택한다.
그림 23.17에는 세 개의 광선에 대해서 보여 주었지만, 실제로는 물체와 상 사이에는 수많은 광선이 있다.

1. 첫 번째 광선은 주축과 평행하게 그린다. 렌즈에서 굴절된 후, 이 광선은 한 초점을 지난다(또는 한 초점에서 나온 것처럼 보인다).
2. 두 번째 광선은 렌즈의 중심을 지나도록 그린다. 이 광선은 계속 직진한다.
3. 세 번째 광선은 다른 초점을 지나고, 렌즈에서 굴절된 후 주축과 평행하게 진행한다.

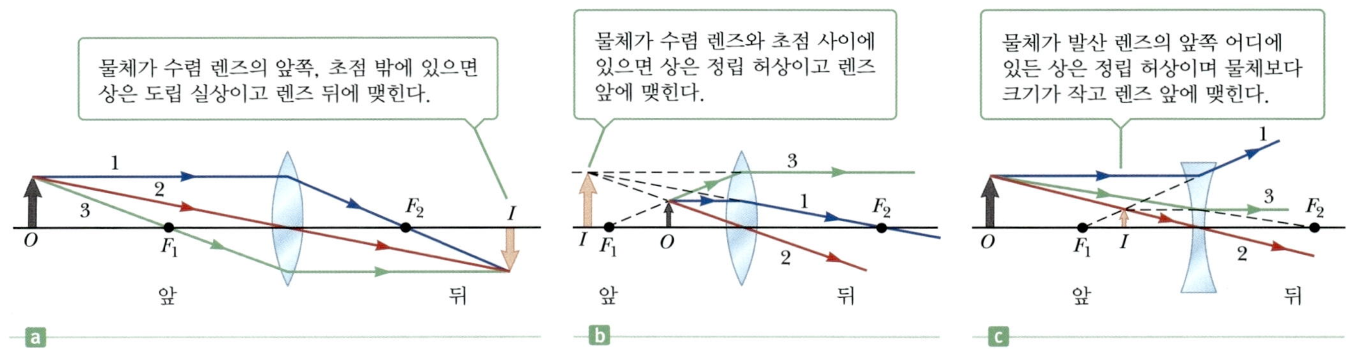

그림 23.17 얇은 렌즈에 의해 생긴 물체의 상의 위치를 찾기 위한 광선 도표

발산 렌즈에 의하여 생기는 상의 위치는 그림 23.17c와 비슷한 그림을 그려 결정할 수 있다. 이러한 광선 도표에서는 임의의 두 광선이 교차하는 점이 상의 위치가 되며, 세 번째 광선은 위치가 제대로 정해졌는지 확인하는 데 사용된다.

그림 23.17a와 같이 물체가 수렴 렌즈의 앞면의 초점 바깥에 있는 경우에는 ($p > f$), 광선 도표에서 보이는 상은 도립 실상이다. 그림 23.17b와 같이 물체가 앞면의 초점 안에 있을 때의($p < f$) 상은 정립 허상이다. 발산 렌즈의 경우는 그림 23.17c와 같이 정립 허상이 된다.

렌즈나 거울에 관한 문제를 다룰 때에는 주로 렌즈 또는 거울 공식에 값을 대입할 때 부호를 올바르게 사용하였는지에 따라서 문제 풀이의 성공이 판가름된다. 부호 규약에 익숙해져야 실수를 하지 않는다. 가장 좋은 방법은 직접 많은 문제를 접해 보고 광선 도표를 그려 확인하는 것이다.

예제 23.4 수렴 렌즈에 의한 상

목표 수렴 렌즈와 연관된 기하학적인 양을 계산한다.

문제 초점거리가 10.0 cm인 수렴 렌즈로 물체의 위치를 바꾸면서 물체의 상을 만들려고 한다. 물체가 렌즈로부터 **(a)** 30.0 cm 떨어진 곳에 있을 때, **(b)** 10.0 cm 떨어진 곳에 있을 때, **(c)** 5.00 cm 떨어진 곳에 있을 때, 각각 생기는 상의 위치를 정하고, 이 상이 실상인지, 허상인지 또 배율이 얼마인지를 구하라.

전략 세 문제 모두 식 23.7과 23.8의 얇은 렌즈 및 배율 공식에 값을 대입하여 푸는 것이다. 표 23.2의 규약이 적용되어야 한다.

풀이

(a) 먼저 물체가 30.0 cm 떨어져 있을 때의 상 거리를 구하고, 상에 대해서 설명한다.

광선 도표가 그림 23.18a에 주어져 있다. 상의 위치를 구하기 위해서 얇은 렌즈 공식에 값을 대입한다.

$$\frac{1}{p} + \frac{1}{q} = \frac{1}{f}$$

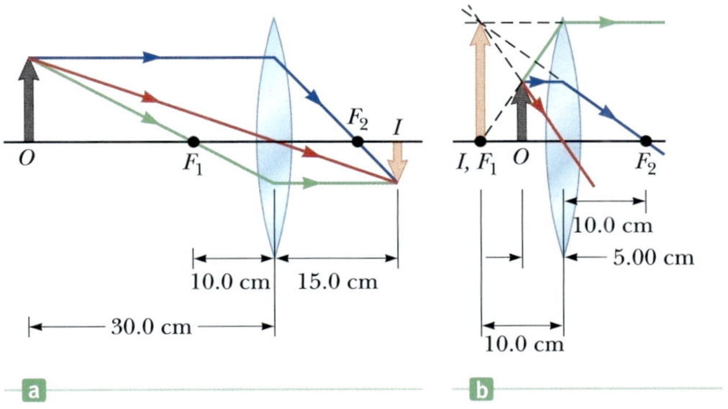

그림 23.18 (예제 23.4)

$$\frac{1}{30.0\text{ cm}} + \frac{1}{q} = \frac{1}{10.0\text{ cm}}$$

상 거리 q에 대하여 푼다. q가 양이므로 상은 실상이며 렌즈의 뒤쪽에 나타난다.

$$q = +15.0\text{ cm}$$

식 23.7을 이용하면 렌즈의 배율을 구할 수 있다. M이 음이며 절댓값이 1보다 작으므로, 상은 도립이며 실물보다 작게 나타난다.

$$M = -\frac{q}{p} = -\frac{15.0\text{ cm}}{30.0\text{ cm}} = -0.500$$

(b) 물체가 10.0 cm 떨어진 경우에 대해서 푼다.

얇은 렌즈 공식에 값을 대입하여 상의 위치를 구한다.

$$\frac{1}{10.0\text{ cm}} + \frac{1}{q} = \frac{1}{10.0\text{ cm}} \quad \rightarrow \quad \frac{1}{q} = 0$$

이 공식은 q가 무한대에 근접할 때에만 만족된다.

$$q \rightarrow \infty$$

(c) 물체가 5.00 cm 떨어진 경우에 대해서 다시 푼다.

그림 23.18b의 광선 도표를 보고, 상의 위치를 구하기 위해 얇은 렌즈 공식에 값을 대입한다.

$$\frac{1}{5.00\text{ cm}} + \frac{1}{q} = \frac{1}{10.0\text{ cm}}$$

q에 대하여 푼다. q가 음이므로 허상이며, 물체와 같은 쪽에 생긴다.

$$q = -10.0\text{ cm}$$

배율 공식에 p와 q의 값을 대입한다. M이 양이고 1보다 크므로,

상은 정립이며 물체의 두 배 크기이다.

$$M = -\frac{q}{p} = -\left(\frac{-10.0\text{ cm}}{5.00\text{ cm}}\right) = \boxed{+2.00}$$

참고 물체를 확대하여 볼 수 있게 하는 기능의 발전으로 독서용 안경, 현미경, 망원경이 발명되었다.

예제 23.5 발산 렌즈에 의한 상

목표 발산 렌즈와 연관된 기하학적인 양을 계산한다.

문제 예제 23.4의 문제에서 렌즈를 초점거리 10.0 cm인 발산 렌즈로 바꾸고 풀어라.

전략 다시 표 23.2의 부호 규약을 참고하면서 얇은 렌즈와 배율 공식을 사용하여 대입해가며, 여러 경우에 대하여 푼다. 앞의 예제와 다른 점은 단지 초점거리가 음이라는 것이다.

풀이

(a) 물체가 30.0 cm 앞에 있을 때 상의 위치와 크기를 구한다.

광선 도표가 그림 23.19a에 주어져 있다. 얇은 렌즈 공식에 $p = 30.0$ cm의 값을 대입하고 상의 위치를 구한다.

$$\frac{1}{p} + \frac{1}{q} = \frac{1}{f}$$

$$\frac{1}{30.0\text{ cm}} + \frac{1}{q} = -\frac{1}{10.0\text{ cm}}$$

q에 대하여 푼다. q는 음이기 때문에 상은 허상이다.

$$q = \boxed{-7.50\text{ cm}}$$

식 23.7에 대입하여 배율을 얻는다. M이 양이고 절댓값이 1보다 작으므로, 상은 정립이며 물체보다 크기가 작다.

$$M = -\frac{q}{p} = -\left(\frac{-7.50\text{ cm}}{30.0\text{ cm}}\right) = \boxed{+0.250}$$

(b) 물체가 렌즈로부터 10.0 cm인 곳에 있을 때 상의 위치와 배율을 구한다.

얇은 렌즈 공식에 $p = 10.0$ cm를 대입한다.

$$\frac{1}{10.0\text{ cm}} + \frac{1}{q} = -\frac{1}{10.0\text{ cm}}$$

q에 대하여 푼다(다시 한 번, q가 음이므로 상은 허상이다).

$$q = \boxed{-5.00\text{ cm}}$$

배율을 계산한다. M이 양이고 절댓값이 1보다 작으므로, 상은 정립이며 물체보다 크기가 작다.

$$M = -\frac{q}{p} = -\left(\frac{-5.00\text{ cm}}{10.0\text{ cm}}\right) = \boxed{+0.500}$$

(c) 물체가 5.00 cm인 곳에 있을 때 상의 위치와 배율을 구한다.

광선 도표가 그림 23.19b에 주어져 있다. 얇은 렌즈 공식에 $p = 5.00$ cm의 값을 대입하여 상의 위치를 구한다.

$$\frac{1}{5.00\text{ cm}} + \frac{1}{q} = -\frac{1}{10.0\text{ cm}}$$

q에 대하여 푼다. 여기서도 q가 음이므로 상은 허상이다.

$$q = \boxed{-3.33\text{ cm}}$$

배율을 계산한다. M이 양이고 1보다 작으므로, 상은 정립이며 물체보다 크기가 작다.

$$M = -\left(\frac{-3.33\text{ cm}}{5.00\text{ cm}}\right) = \boxed{+0.666}$$

참고 모든 경우 상은 허상이 되며, 물체와 마찬가지로 렌즈와 같은 면에 있다. 또한 상의 크기는 물체보다 작다. 발산 렌즈와 실물에 대해서는, 수학적으로 입증할 수 있듯이 항상 그렇다.

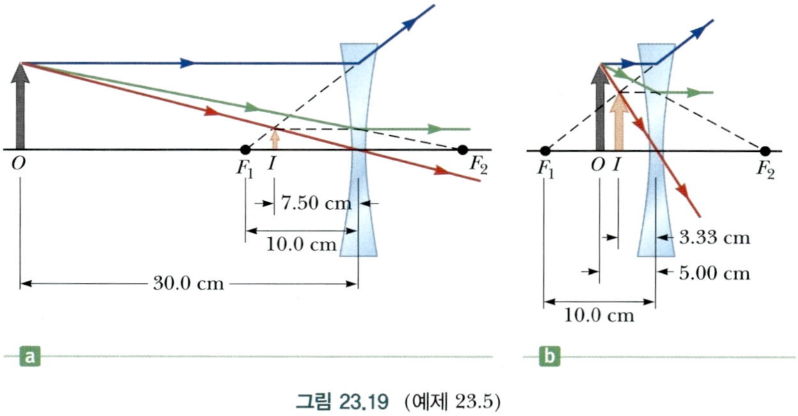

그림 23.19 (예제 23.5)

23.3.2 얇은 렌즈의 조합 Combinations of Thin Lenses

유용하게 사용되는 많은 광학 기기에서 렌즈는 두 개가 필요하다. 두 개의 렌즈를 포함하는 문제를 다루는 것은 단일 렌즈 문제를 두 번 다루는 것과 별로 다르지 않다. 우선 첫 번째 렌즈에 의하여 만들어진 상은 두 번째 렌즈가 없는 것처럼 가정하고 계산한다. 그러면 광선은 첫 번째 렌즈에 의하여 만들어진 상에서 나온 것처럼 두 번째 렌즈로 들어간다. 따라서 **첫 번째 렌즈에 의하여 만들어진 상은 두 번째 렌즈의 물체로 취급된다.** 두 번째 렌즈에 의하여 만들어지는 상이 광학계의 최종 상이 된다. 첫 번째 렌즈에 의한 상이 두 번째 렌즈의 뒷면에 위치하게 되면, 그 상은 두 번째 렌즈에 대하여 허물체로 취급되어 p값이 음이 된다. 이와 같은 과정은 세 번째 또는 그 이상의 렌즈 계에 확장될 수 있다. 얇은 렌즈계의 전체적인 배율은 각 렌즈의 배율의 곱과 같다.

예제 23.6 일렬로 정렬된 두 렌즈

목표 나란히 놓인 두 렌즈에 대한 기하학적인 물리량을 계산한다.

문제 두 개의 수렴 렌즈가 그림 23.20a와 같이 20.0 cm 떨어져 있고, 물체는 렌즈 1의 왼쪽으로 30.0 cm 떨어진 곳에 있다. **(a)** 렌즈 1의 초점거리가 10.0 cm라면 이 렌즈에 의한 상의 위치와 배율을 구하라. **(b)** 오른쪽의 렌즈 2의 초점거리가 20.0 cm라면 최종으로 형성되는 상의 위치와 이 계의 전체 배율을 구하라.

전략 각 렌즈에 얇은 렌즈 공식을 적용한다. 렌즈 1에 의한 상은 렌즈 2에 대한 물체로 취급한다. 또한 계의 전체 배율은 각 렌즈에서 산출된 배율을 서로 곱한 것이다.

풀이

(a) 렌즈 1에 대한 상의 위치와 배율을 구한다.

그림 23.20b의 광선 도표를 참고하여, 렌즈 1에 얇은 렌즈 공식을 적용한다.

$$\frac{1}{30.0\text{ cm}} + \frac{1}{q} = \frac{1}{10.0\text{ cm}}$$

q에 대하여 푼다. q가 양이므로 상은 렌즈 1의 오른쪽에 나타난다.

$$q = \boxed{+15.0\text{ cm}}$$

렌즈 1의 배율을 계산한다.

$$M_1 = -\frac{q}{p} = -\frac{15.0\text{ cm}}{30.0\text{ cm}} = \boxed{-0.500}$$

(b) 최종 상의 위치와 전체 배율을 구한다.

렌즈 1에 의한 상은 렌즈 2의 물체가 된다. 렌즈 2에 대한 물체거리를 계산한다.

$$p = 20.0\text{ cm} - 15.0\text{ cm} = 5.00\text{ cm}$$

최종 상의 위치를 얻기 위해 렌즈 2에 얇은 렌즈 공식을 다시 한 번 적용한다.

$$\frac{1}{5.00\text{ cm}} + \frac{1}{q} = \frac{1}{20.0\text{ cm}}$$

$$q = \boxed{-6.67\text{ cm}}$$

렌즈 2의 배율을 계산한다.

$$M_2 = -\frac{q}{p} = -\frac{(-6.67\text{ cm})}{5.00\text{ cm}} = +1.33$$

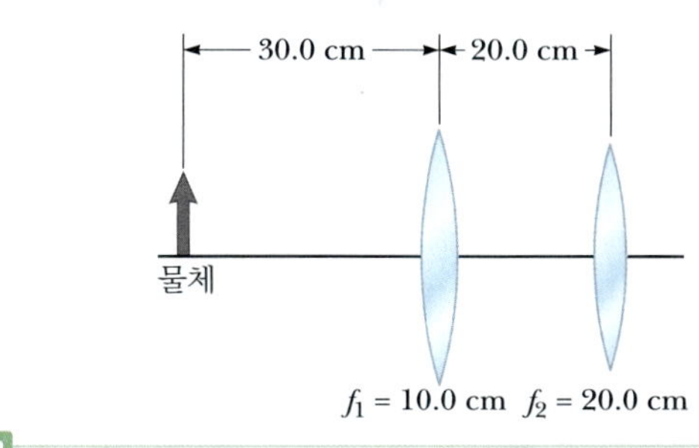

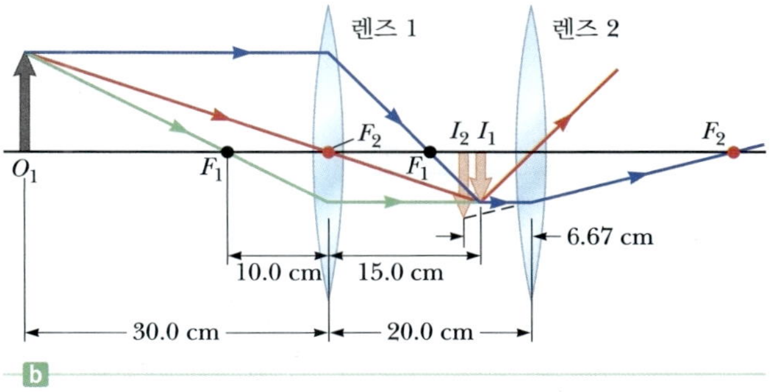

그림 23.20 (예제 23.6)

두 배율을 곱하여 이 광학계의 전체 배율을 얻는다.

$$M = M_1M_2 = (-0.500)(1.33) = -0.665$$

참고 배율의 부호가 음이라는 것은 상이 도립되었다는 뜻이고, M이 1보다 작은 것은 상의 크기가 물체보다 작다는 뜻이다. q가 음이면, 최종 상은 허상이라는 뜻이다.

23.4 렌즈와 거울의 수차 Lens and Mirror Aberrations

거울과 렌즈를 포함하는 광학계의 근본적인 문제 중 하나는 상이 완전하지 못하다는 것인데, 이것은 주로 렌즈의 모양과 형태의 결함 때문이다. 거울과 렌즈에 대한 간단한 이론에서는 광선이 주축과 아주 작은 각을 이루고, 점광원에서 출발하여 렌즈나 거울에 도달하는 모든 광선이 한 점에 모여 선명한 상을 만든다고 가정한다는 것이다. 그러나 실제로는 그렇지 못하다. 이 이론에서 사용되는 근사가 잘 적용되지 않는 경우에는, 불완전한 상이 형성된다.

상의 형성을 정확히 분석하려면 스넬의 법칙을 적용하여 각 굴절면에서 개개의 광선을 추적해야 한다. 이 과정을 통하여 한 점에서 나온 광선이 다시 한 점에 모두 모이는 상은 얻을 수 없으며, 그 결과 상은 흐리다는 것을 알 수 있다. 간단한 이론으로 예측되는 이상적인 상과 실제 상(불완전한 상)의 차이를 **수차**(aberration)라 한다. 대표적인 두 가지 수차가 구면 수차와 색 수차이다.

23.4.1 구면 수차 Spherical Aberration

구면 수차는 동일한 파장의 빛에 대해 구면 렌즈(또는 구면거울)의 주축으로부터 먼 광선의 초점이 주축에 가까운 광선의 초점과 다르기 때문에 생긴다. 그림 23.21은 수렴 렌즈를 지나는 평행 광선에 대한 구면 수차를 보여 준다. 렌즈의 중심부를 지나는 광선이 렌즈의 가장자리를 지나는 광선보다 렌즈로부터 더 먼 곳에 초점을 맺는다. 따라서 구면 렌즈에서 단일 초점거리는 있을 수 없다.

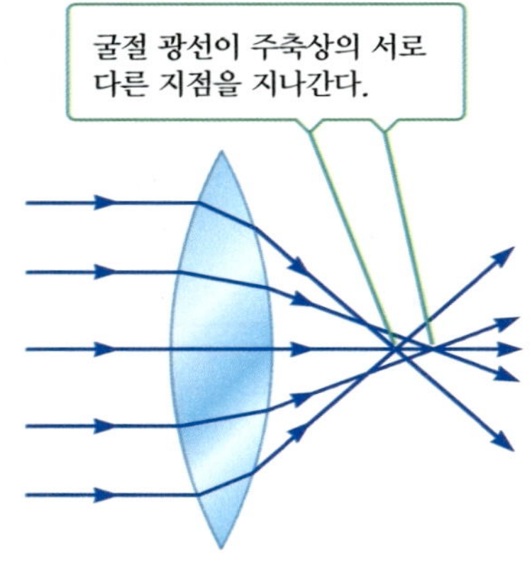

그림 23.21 수렴 렌즈에 의한 구면 수차. 발산 렌즈에도 구면 수차가 있을까?

사진기의 가변 조리개는 빛의 세기와 구면 수차를 줄이기 위한 것이다(조리개는 렌즈를 통과하는 빛의 양을 조절하기 위한 구멍을 말한다). 조리개의 크기를 줄일수록 선명한 상이 만들어지는데, 조리개를 조일수록 렌즈의 중심부로만 입사 광선이 지나기 때문이다. 하지만 렌즈로 통과하는 빛의 양이 줄어들기 때문에 노출 시간을 늘려야 한다. 조그만 조리개로 선명한 상을 얻는 결과의 한 예로 크기가 약 0.1 mm인 바늘구멍 카메라를 들 수 있다.

아주 멀리 있는 물체를 보기 위한 거울의 경우에는 구면보다 포물면을 사용함으로써 구면 수차를 제거하거나 최소한 어느 정도 줄일 수는 있다. 그러나 포물면은 흔히 사용되지는 않는데 정밀한 포물면은 제작비가 매우 높기 때문이다. 포물면에 평행으로 입사한 광선은 한 점에 모이므로, 많은 천체 망원경에서 상의 질을 향상시키기 위해 포물 반사면이 사용되고 있다. 포물 반사면은 섬광 장치에도 많이 사용되는데, 반사면의 초점에 위치한 조그만 램프에서 발생한 광선들은 반사되어 거의 평행으로 나오기 때문이다.

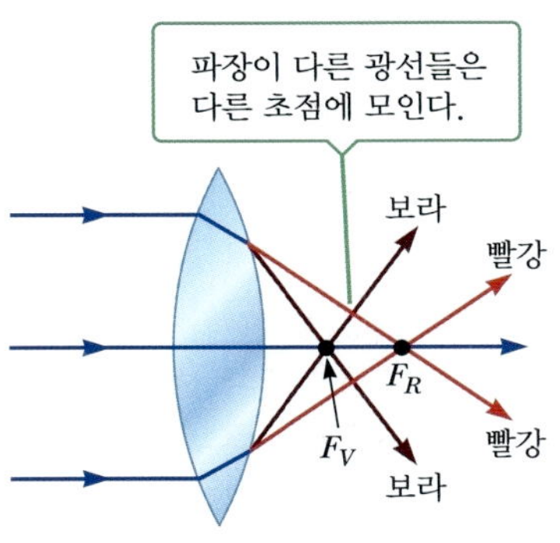

그림 23.22 수렴 렌즈에 의한 색 수차

23.4.2 색 수차 Chromatic Aberration

파장이 다른 빛들은 렌즈에서 굴절된 후 다른 점에 초점을 맺게 되어 색 수차가 생긴다. 물질의 굴절률이 파장에 따라서 어떻게 변하는지 22장에 설명되어 있다. 예를 들어, 백색광이 렌즈를 통과할 때, 보라색 광선이 빨간색 광선보다 더 많이 굴절하여(그림 23.22), 빨간색 빛이 보라색 빛보다 초점거리가 더 길다. 다른 파장의 빛은(그림에는 표시되어 있지 않음) 두 초점의 중간 정도에 초점을 가지게 될 것이다. 발산 렌즈에 대한 색 수차는 수렴 렌즈의 경우와 반대가 된다. 이러한 색 수차는 수렴 렌즈와 발산 렌즈를 조합하여 사용함으로써 상당히 줄일 수 있다.

23.5 굴절에 의한 상 Images Formed by Refraction

이 절에서는 굴절에 의하여 구면에 상이 어떻게 형성되는지를 알아보도록 하자. 굴절률이 각각 n_1과 n_2인 투명한 두 매질의 경계면이 반지름 R인 구면이다(그림 23.23). 오른쪽에 있는 매질의 굴절률이 왼쪽보다 더 크다($n_2 > n_1$). 이것은 공기 중에서 빛이 유리의 굽은 면이나 어항의 물속으로 들어가는 경우와 같다. 물체의 위치 O에서 나온 광선이 구면에서 굴절하여 상점 I에 모인다. 굴절에 대한 스넬의 법칙과 간단한 기하학을 사용하면, 물체 거리, 상 거리 및 곡률 반지름에 대한 다음의 공식을 얻을 수 있다.

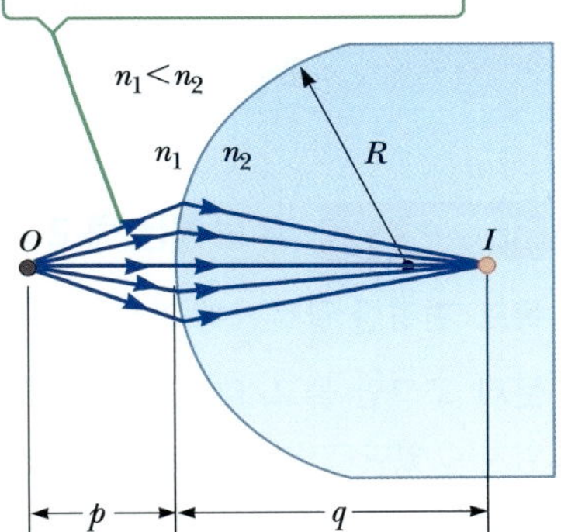

그림 23.23 구면에서 굴절에 의하여 형성되는 상

$$\frac{n_1}{p} + \frac{n_2}{q} = \frac{n_2 - n_1}{R} \qquad [23.10]$$

그리고 굴절면의 배율은 다음과 같다.

$$M = \frac{h'}{h} = -\frac{n_1 q}{n_2 p} \qquad [23.11]$$

거울과 마찬가지로 상황에 따라 부호 규약을 적용해야 한다. 우선 실상은 굴절에 의하여 빛이 나온 면의 반대쪽에서 형성된다는 것에 유의하자. 반면에 거울의 경우는 반사면과 같은 쪽에 실상이 형성된다. 빛은 거울에서 반사되기 때문에 실상은 반드시 빛이 나온 쪽과 같은 쪽에서 만들어진다. 투명한 매질의 경우는 광선이 매질을 통과하여 자연스럽게 반대쪽에 실상을 형성한다. 빛이 나오는 면을 앞면이라 하고, 반대쪽을 뒷면이라 하자. 실상의 위치가 다르기 때문에 q와 R에 대한 굴절 부호 규약은 반사의 경우와는 반대이다. 예를 들면 그림 23.23에서 p, q, R의 부호는 모두 양(+)이다. 구면 굴절면에 대한 부호 규약이 표 23.3에 요약되어 있다.

표 23.3 굴절면에 대한 부호 규약

물리량	기호	앞면	뒷면	정립상	도립상
물체 거리	p	+	−		
상 거리	q	−	+		
반지름	R	−	+		
상의 크기	h'			+	−

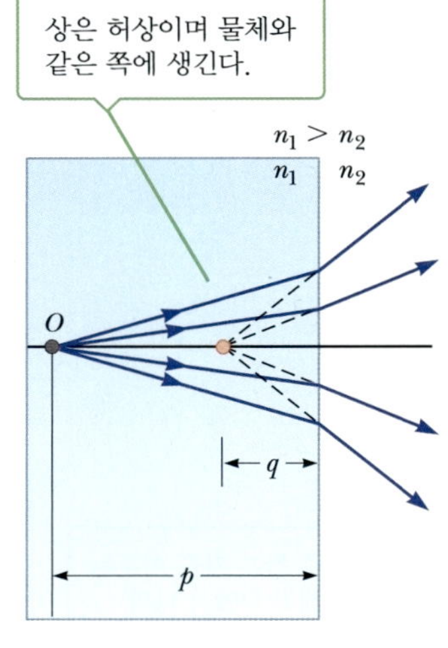

그림 23.24 편평한 굴절면에 의하여 형성되는 상

23.5.1 평면 굴절면 Flat Refracting Surfaces

굴절면이 평면이면 R은 무한대가 되고, 식 23.10은 다음과 같이 된다.

$$\frac{n_1}{p} = -\frac{n_2}{q}$$

$$q = -\frac{n_2}{n_1}p \qquad \textbf{[23.12]}$$

식 23.12로부터 q의 부호는 p의 부호와 반대인 것을 알 수 있다. 따라서 **평면 굴절면에 의해 만들어지는 상은 물체와 같은 쪽에 생긴다.** n_1이 n_2보다 더 큰 경우 허상이 물체와 경계면 사이에 형성된다(그림 23.24). 여기서 $n_1 > n_2$이므로 굴절된 광선은 법선으로부터 멀어진다.

예제 23.7 떠 보이는 물고기

목표 편평한 굴절면에 의해 형성되는 상의 특성을 계산한다.

문제 조그만 물고기가 연못의 수면 아래로 깊이가 d인 곳에서 헤엄치고 있다(그림 23.25). **(a)** 물고기 바로 위에서 볼 때 물고기의 겉보기 깊이는 얼마인가? **(b)** 물고기의 실제 길이가 12 cm라면 상은 얼마로 보이는가?

전략 굴절면이 편평하므로 R은 무한대이다. 따라서 식 23.12를 이용하여 물고기의 겉보기 위치를 계산할 수 있다.

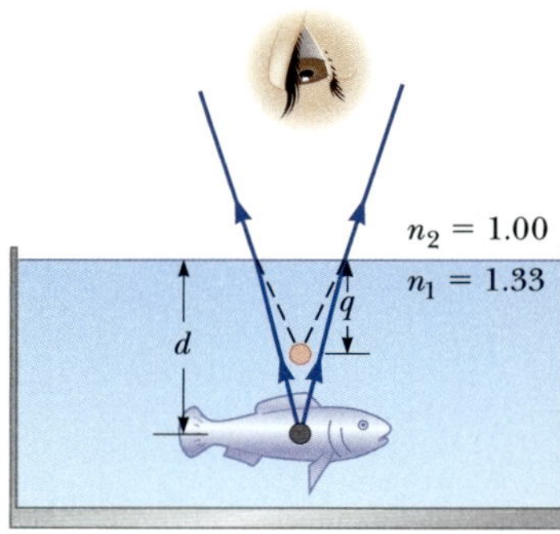

그림 23.25 (예제 23.7) 물고기에 대한 겉보기 깊이 q는 실제 깊이 d보다 얕다.

풀이

(a) 물고기의 겉보기 깊이를 구한다.

$n_1 = 1.33$과 $p = d$를 식 23.12에 대입한다.

$$q = -\frac{n_2}{n_1}p = -\frac{1}{1.33}d = \boxed{-0.752d}$$

(b) 물고기의 상의 크기를 구한다.

식 23.12를 사용하여 배율 공식 23.11에서 q를 소거한다.

$$M = \frac{h'}{h} = -\frac{n_1 q}{n_2 p} = -\frac{n_1\left(-\frac{n_2}{n_1}p\right)}{n_2 p} = 1$$

$$h' = h = \boxed{12\text{ cm}}$$

참고 그림 23.25에서 q의 부호가 음이므로 상은 허상이다. 겉보기 깊이는 실제 깊이의 약 3/4이다. 예를 들어, $d = 4.0$ m이면 $q = -3.0$ m이다.

예제 23.8 유리구 내부 보기

목표 구면 렌즈에 의해 만들어지는 상의 특성을 계산한다.

문제 지름이 2.00 cm인 동전이 반지름이 30.0 cm인 유리구 안에 들어 있다(그림 23.26). 유리구의 굴절률이 1.50이고, 동전은 유리구의 표면에서 20.0 cm 떨어진 곳에 있다. 동전의 상의 위치와 크기를 구하라.

전략 광선이 굴절률이 큰 매질(유리구)에서 굴절률이 작은 매질(공기)로 진행하므로, 동전에서 출발한 광선은 구의 표면에서 법선으로부터 멀어지는 쪽으로 굴절하여 발산한다. 상은 유리구 안에서 만들어지며 허상이다. 식 23.10과 23.11을 이용하면 상의 위치와 배율을 각각 구할 수 있다.

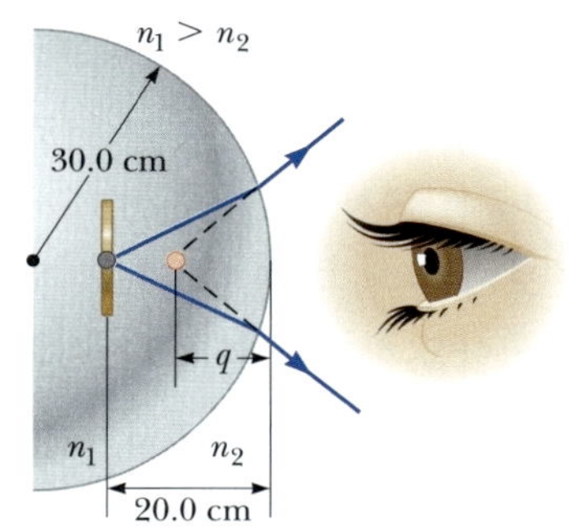

그림 23.26 (예제 23.8) 유리구 안에 있는 동전은 동전과 유리구의 표면 사이에 허상을 만든다.

풀이

식 23.10에 $n_1 = 1.50$, $n_2 = 1.00$, $p = 20.0$ cm, $R = -30$ cm를 대입한다.

$$\frac{n_1}{p} + \frac{n_2}{q} = \frac{n_2 - n_1}{R}$$

$$\frac{1.50}{20.0\text{ cm}} + \frac{1.00}{q} = \frac{1.00 - 1.50}{-30.0\text{ cm}}$$

q에 대하여 푼다.

$$q = \boxed{-17.1\text{ cm}}$$

배율에 대한 식 23.11을 사용하여 상의 크기를 구한다.

$$M = -\frac{n_1 q}{n_2 p} = -\frac{1.50(-17.1\text{ cm})}{1.00(20.0\text{ cm})} = \frac{h'}{h}$$

$$h' = 1.28h = (1.28)(2.00\text{ cm}) = \boxed{2.56\text{ cm}}$$

참고 q의 부호가 음인 것은 상이 물체와 같은 면(빛이 나온 면)에 있다는 것을 뜻하며, 광선 도표와 일치하므로 상은 허상이 된다. M의 값이 양인 것은 정립이라는 뜻이다.

23.5.2 대기에 의한 굴절 Atmospheric Refraction

대기로 인한 굴절에 의하여 만들어지는 상들은 흥미로운 현상을 보여 준다. 매일 접하는 현상 중 하나는 저녁 무렵에 태양이 지평선 아래로 내려갔음에도 불구하고 태양이 보인다는 것이다. 그림 23.27은 어떻게 이런 현상이 나타나는지를 보여 준다. 태양에서 나온 광선들은 지구의 대기(지구 주위의 음영 처리된 부분)에 도달한 후, 이동해 온 거의 진공인 공간과는 달리 약간의 굴절률이 있는 매질을 지나는 동안 휘어지게 된다. 이러한 휘어짐은 빛이 지구의 점 O에 있는 관측자를 향해 대기를 통과하는 동안 점진적이고 연속적으로 일어난다는 점에서 이전에 취급하던 휘어짐과는 다소 다르다고 볼 수 있다. 이것은 빛이 굴절률이 연속적으로 변하는 공기층을 통과하기 때문이다. 광선이 관측자에게 도달하면 관측자의 눈은 광선이 눈에 도달하는 방향에서 나온 것으로 보게 된다(그림에서는 점선으로 표시되어 있다). 그 결과 태양이 지평선 아래로 내려간 후에도 태양이 지평선 위에 있는 것처럼 보인다.

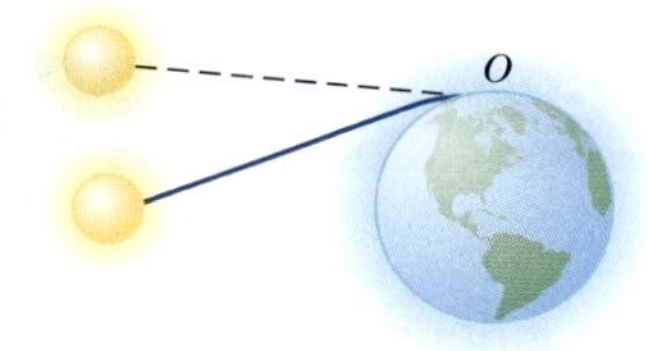

그림 23.27 햇빛이 지구의 대기에 의해서 굴절하기 때문에 태양이 지평선 아래로 내려가도 점 O에 있는 관측자는 태양을 볼 수 있다.

대기 중에서 굴절에 의해서 나타나는 또 다른 자연 현상은 **신기루**(mirage)이다. 신기루는 지면이 매우 뜨거워서 바로 위의 공기가 높은 고도에 있는 공기보다 더 따뜻할 때 관측된다. 사막 지역이나, 여름철 뜨거워진 도로에서 이런 신기루가 일어나는 것을 자주 볼 수 있다. 지구상의 서로 다른 고도에서의 공기층은 서로 다른 밀도와 굴절률

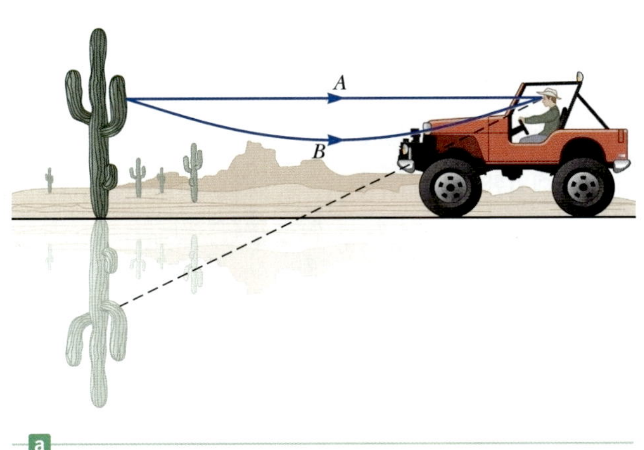

그림 23.28 (a) 지면과 공기 사이에 온도의 차이가 클 때 대기에서 광선이 휘어져서 형성된 신기루, (b) 자동차가 반사되어 나타난 신기루 사진. 지면이 마치 물로 덮인 것처럼 보이나, 실제는 말라 있다.

을 가지는데, 이러한 차이에 의한 효과가 그림 23.28a에 나타나 있다. 관측자는 서로 다른 두 경로로 하늘과 나무를 볼 수 있다. 광선들 중 한 부류는 직선 경로 A를 따라서 관측자에게 도달되고, 관측자의 눈은 정상적으로 나무를 보게 된다. 다른 광선들은 휘어진 경로 B를 따라서 관측자에게 도달된다. 이 광선들은 바닥을 향해서 출발하였으나 굴절에 의해서 휘어졌다. 결과적으로 관측자는 광선이 발생한 것으로 보이는 점을 찾아가다가 거꾸로 된 나무와 하늘의 배경을 보게 된다. 나무가 연못의 수면에서 반사되어 관측될 때 바로 선 상과 거꾸로 된 상이 모두 보이므로, 관측자는 과거의 경험에서 무의식적으로 나무 앞에 연못이 있어 하늘이 반사된 것으로 생각한다.

연습문제

23.1 평면거울

1(1). 어떤 사람이 마주보는 벽에 평면거울이 있어서 여러 개의 상을 볼 수 있는 방으로 들어갔다. 왼쪽 벽의 거울에서 5.00 ft, 오른쪽 벽의 거울에서 10.0 ft 떨어져 있을 때, 왼쪽 거울에 보이는 처음 세 개의 상과 사람 사이의 거리를 구하라.

2(3). (a) 욕실 거울에 비친 당신은 실제 나이보다 젊어 보이는가, 아니면 늙어 보이는가? (b) 당신이 갖고 있는 자료를 근거로 나이 차이가 나는 정도에 대해 대략 계산해 보라.

3(5). 직접 볼 수 없는 물체를 보는 데에는 잠망경이 유용하다 (그림 P23.3). 잠망경은 잠수함에서 주로 사용하고, 골프 경기나 거리의 퍼레이드 등에서 앞이 가려 잘 안 보이는 경우에 많이 사용한다. 위 거울에서 물체까지의 거리를 p_1이라 하고 두 평면거울의 중심 간 거리를 h라고 하자. (a) 최종 상은 아래 거울에서 얼마나 멀리 떨어진 곳에 생기는가? (b) 최종 상

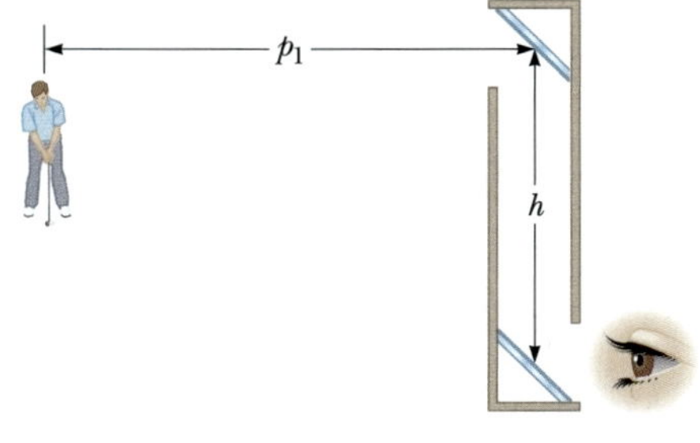

그림 P23.3

은 실상인가 허상인가? (c) 상은 정립인가 도립인가? (d) 배율은 얼마인가? (e) 좌우 반전된 상인가?

23.2 구면거울에 의한 상

다음에 나오는 문제에는 +, − 부호가 주어지지 않는다. 각각의 양에 대해 올바른 부호를 정하는 것은 문제를 푸는 사람에게 맡긴다. 부호를 정하는 근거는 표 23.1에 있는 부호 규약과 문제를 분석하는 방법에 의한다.

4(7). 곡률 반지름이 40.0 cm인 오목거울 앞 20.0 cm 되는 곳에 허상이 맺혀 있다. (a) 물체의 위치를 구하라. (b) 거울의 배율은 얼마인가?

5(9). 초점거리가 15.0 cm인 구면 볼록거울 뒤 10.0 cm 되는 곳에 상을 형성하려고 한다. (a) 물체를 어디에 두어야 하는가? (b) 거울의 배율은 얼마인가?

6(11). 병원의 복도 끝에서 꺾어 돌아가는 구석 위에 사람들이 부딪치지 않도록 볼록거울을 설치해 놓았다. 거울의 곡률 반지름이 0.550 m라고 하자. (a) 거울 앞 10.0 m 되는 곳에 있는 환자의 상의 위치는 어디인가? (b) 상은 정립인가 도립인가? (c) 상의 배율을 구하라.

7(13). 오목거울로 된 화장대 앞 25 cm인 곳에서 두 배로 확대된 정립상을 볼 수 있다. 거울의 곡률 반지름은 얼마인가?

8(15). 높이가 2.00 cm인 물체가 오목거울 앞 3.00 cm인 곳에 있다. 상의 높이가 5.00 cm이고 허상이라면 거울의 초점거리는 얼마인가?

9(17). 거울로부터 5.0 m 떨어진 곳에 설치된 스크린에 물체보다 5배 큰 상을 만들기 위해 구면거울을 사용하려고 한다. (a) 어떤 거울을 사용해야 하는가? (b) 거울과 물체 사이의 거리를 얼마로 해야 하는가?

10(19). 면도용 거울 앞 1.52 m인 곳에 서 있는 사람이 거울 앞 18.0 cm인 곳에 자신의 도립상을 만들고 있다. 자신의 턱이 거울에서 두 배로 확대된 정립상을 보려고 한다면 거울에 얼마나 가까이 있어야 하는가?

23.3 얇은 렌즈

11(21). 어떤 발산 렌즈의 초점거리가 20.0 cm이다. (a) 물체 거리가 (i) 40.0 cm, (ii) 20.0 cm, (iii) 10.0 cm인 경우, 상의 위치를 구하라. 각 경우 상은 (b) 실상인가 허상인가? (c) 정립인가 도립인가? (d) 각 경우의 배율을 구하라.

12(23). 초점거리가 10.0 cm인 발산 렌즈의 오른쪽 30.0 cm 되는 곳에 한 수렴 렌즈가 놓여 있다. 왼쪽에서 평행 광선이 발산 렌즈로 들어가서 오른쪽의 수렴 렌즈로 나가면 광선은 다시 평행이 된다. 수렴 렌즈의 초점거리를 구하라.

13(25). 수렴 렌즈의 초점거리가 10.0 cm이다. 물체 거리가 각각 (a) 20.0 cm, (b) 10.0 cm, (c) 5.00 cm일 때, 상이 만들어지는 경우, 상의 위치를 구하라. 또한 각각에 대해서 실상 또는 허상인지, 정립 또는 도립인지 구분하고, 그 배율을 구하라.

14(27). 굴절률이 1.50인 플라스틱으로 만들어진 콘택트 렌즈의 바깥쪽 곡률 반지름은 +2.00 cm이고, 안쪽 곡률 반지름은 +2.50 cm이다. 이 렌즈의 초점거리는 얼마인가?

15(29). 초점거리가 15.0 cm인 두 개의 수렴 렌즈가 40.0 cm 떨어져 있는데, 한 물체가 첫 번째 렌즈 앞 30.0 cm 되는 곳에 있다. 물체의 최종 상이 형성되는 곳의 위치와 이 계의 배율을 구하라.

16(31). 높이가 8.00 cm인 물체가 초점거리가 10.0 cm인 수렴 렌즈 왼쪽 25.0 cm 되는 곳에 놓여 있다. (a) 상의 위치, (b) 배율, (c) 상의 크기를 구하라. (d) 이 상은 실상인가 허상인가? (e) 정립인가 도립인가?

17(33). 투명한 사진용 슬라이드필름이 초점거리가 2.44 cm인 수렴 렌즈 앞에 놓여 있다. 그 슬라이드의 상은 슬라이드로부터 12.9 cm 되는 곳에 맺힌다. 상이 (a) 실상인 경우와 (b) 허상인 경우 렌즈와 슬라이드 간의 거리는 얼마인가?

18(35). 높이가 1.00 cm인 물체가 초점거리가 8.00 cm인 수렴 렌즈의 왼쪽 4.00 cm인 곳에 놓여 있고, 초점거리가 −16.00 cm인 발산 렌즈가 수렴 렌즈의 오른쪽 6.00 cm 되는 곳에 놓여 있다. 최종 상의 위치와 높이를 구하라. 상이 정립 또는 도립인지, 실상 또는 허상인지 설명하라.

19(37). 그림 P23.19에서 렌즈 L_1은 초점거리가 15.0 cm이며 사진기의 필름 앞에 고정되어 있다. 렌즈 L_2는 초점거리가 13.0 cm이며, 필름까지의 거리 d는 5.00 cm에서 10.0 cm 사이로 가변적이다. 물체가 필름 위에 초점이 맺히도록, 사진을 찍을 수 있는 거리의 영역을 정하라.

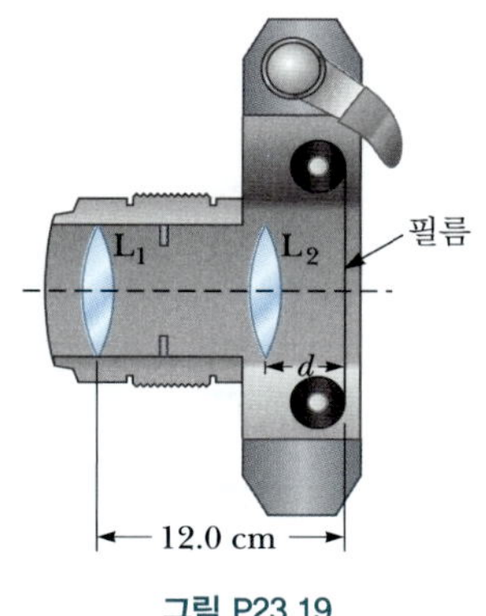

그림 P23.19

23.5 굴절에 의한 상

20(39). 성분을 알 수 없는 투명한 구로 태양의 상을 구의 반대쪽 면에 나타내려고 한다. 구를 구성하는 물질의 굴절률을 구하라.

21(41). 한 변의 길이가 50.0 cm인 정육면체 얼음덩어리가 편평한 마루바닥의 먼지 한 점 위에 놓여 있다. 얼음덩어리를 바로 위에서 내려다 보았을 때 그 먼지 한 점의 위치를 구하라. 얼음의 굴절률은 1.309이다.

22(43). 굴절률이 1.50인 유리 덩어리로 된 반구 모양의 문진이 있다. 밑바닥 원형 단면의 반지름은 4.0 cm이다. 종이에 길이 2.5 mm의 선을 긋고 그 위에 반구의 중심이 오도록 하여 문진을 올려놓았다. 바로 위에서 수직으로 내려다 볼 때, 선의 길이는 얼마로 보이는가?

23(45). 물이 가득 채워진 수족관에서 굴절률이 1.50이고 두께가 6.00 cm인 평판 유리 뒤 1.00 m인 곳에 해파리가 떠다니고 있다. (a) 해파리가 보이는 위치는? (b) 유리의 두께가 무시할 수 있을 정도로 얇다고 가정하고 다시 풀어보라. (c) 유리의 두께는 얼마인가? (a)의 문제에서 어떤 영향을 주는가?

종합문제

24(47). 양 오목 렌즈의 두 면의 곡률 반지름이 각각 32.5 cm와 42.5 cm이다. 렌즈 유리의 굴절률은 보라색에 대해 1.53이고 빨간색에 대해서는 1.51이다. 물체가 매우 먼 거리에 있는 경우, (a) 보라색 빛에 의해 생기는 상과 (b) 빨간색 빛에 의해 생기는 상의 위치를 구하라.

25(49). 오목 구면거울에서 10.0 cm 되는 곳의 물체는 그 거울로부터 8.00 cm 되는 곳에 실상을 형성한다. 물체를 거울로부터 20.0 cm 되는 곳으로 옮기면 상의 위치는 어떻게 되는가? 최종 상은 실상인가 허상인가?

26(51). 그림 P23.26에서처럼 평행한 빛이 유리로 된 반구의 평평한 면에 수직으로 입사한다. 반구의 반지름은 $R = 6.00$ cm이고 굴절률 $n = 1.56$이다. 초점이 맺히는 위치를 구하라. (근축 광선이란 가정은 모든 빛이 주축에 매우 가깝게 지나간다는 뜻이다.)

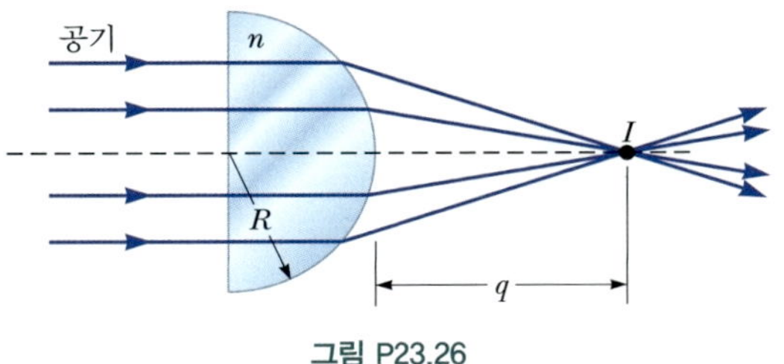

그림 P23.26

27(53). 그림 P23.27에서의 렌즈와 거울은 1.00 m 떨어져 있고 초점거리는 각각 +80.0 cm, −50.0 cm이다. 어떤 물체가 렌즈의 왼쪽 1.00 m 되는 곳에 있다면 최종 상의 위치는 어디인가? 상은 정립인가 도립인가? 전체 배율을 구하라.

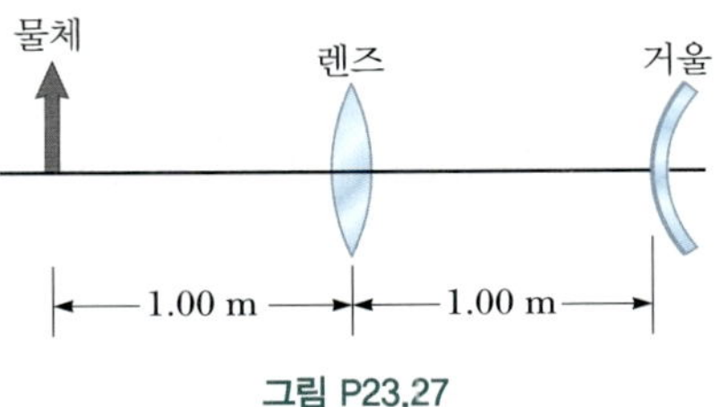

그림 P23.27

28(55). 높이가 2.00 cm인 물체가 초점거리가 30.0 cm인 수렴 렌즈의 왼쪽 40.0 cm 되는 곳에 놓여 있다. 초점거리가 −20.0 cm인 발산 렌즈는 수렴 렌즈의 오른쪽 110 cm 되는 곳에 놓여 있다. (a) 최종 상의 위치와 배율을 구하라. (b) 상은 정립인가 도립인가? (c) 두 번째 렌즈가 초점거리가 +20.0 cm인 수렴 렌즈라고 할 때 (a)와 (b)를 다시 풀어 보라.

29(57). 굴절률이 n_1인 재료로 된 렌즈를 굴절률이 n_2인 매질 속에서 사용하는 렌즈를 만드는 공식은 다음과 같이 주어진다.

$$\frac{1}{f} = \left(\frac{n_1}{n_2} - 1\right)\left(\frac{1}{R_1} - \frac{1}{R_2}\right)$$

$R_1 = -3.00$ cm, $R_2 = -6.00$ cm인 유리(굴절률 = 1.50)로 된 얇은 렌즈가 공기 중에서 사용된다. 렌즈의 왼쪽 10.0 m 되는 곳에 물체가 놓여 있다. (a) 상의 위치를 구하라. (b) 물체와 렌즈가 굴절률이 1.33인 물속에 있다고 할 때 상의 위치를 구하고, (c) 굴절률이 2.00인 매질 속에 있다고 할 때 상의 위치를 구하라. (d) 공기 중에서 발산하는 렌즈가 수렴하는 렌즈로 어떻게 바뀔 수 있는가에 대해 설명해 보라.

30(59). 이 문제를 풀려면 첫 번째 표면에 의해 형성된 상이 두 번째 표면에 대해서는 물체가 된다는 사실을 이용한다. 그림 P23.30은 굴절률이 $n = 1.50$인 유리 조각을 그린 것이다.

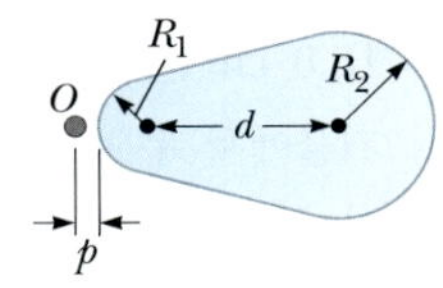

그림 P23.30

유리의 양 끝은 반지름이 $R = 2.00$ cm, $R = 4.00$ cm인 반구형이며, 두 반구 양 끝의 중심 간의 거리는 $d = 8.00$ cm이다. 점 물체가 유리의 왼쪽 끝에서 $p = 1.00$ cm 떨어진 공기 중에 있다. (a) 두 구면에서 굴절로 인한 물체의 상의 위치를 찾아보라. (b) 이 상은 실상인가, 아니면 허상인가?

31(61). 그림 P23.31은 반지름 $R_1 = 9.00$ cm, $R_2 = -11.00$ cm인 수렴 렌즈가 반지름 $R = 8.00$ cm인 오목 구면거울 앞에 놓여 있는 모습을 보여 준다. 얇은 렌즈의 초점(F_1과 F_2)과 거울의 곡률 중심(C)도 함께 표시되어 있다. (a) 초점 F_1과 F_2가 얇은 렌즈의 정점에서 5.00 cm 떨어져 있을 때, 렌즈의 굴절률은 얼마인가? (b) 렌즈와 거울이 20.0 cm 떨어져 있고 물체가 렌즈 왼쪽으로 8.00 cm 떨어져 있을 때, 그림에서 눈에 보이는 최종 상의 위치와 배율은 얼마인가? (c) 최종 상은 도립인가, 아니면 정립인가? 설명하라.

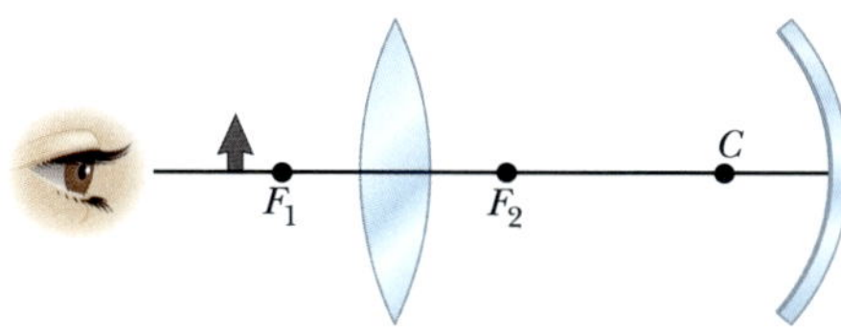

그림 P23.31

32(63). 반지름이 15.0 cm인 유리구($n = 1.50$)의 중심에서 5.00 cm 위에 작은 기포가 있다. 이 구를 기포가 있는 연장된 지름선을 따라 아래로 내려다보며 관찰한다. 이때 구 표면 아래 기포의 겉보기 깊이는 얼마인가?

33(65). 렌즈 만드는 공식에 있는 n을 n_1/n_2로 바꾸면 액체에 담긴 렌즈에 적용할 수 있다. 여기서 n_1은 렌즈 재료의 굴절률을 나타내고 n_2는 렌즈를 둘러싼 매질의 굴절률을 나타낸다. (a) 어떤 렌즈의 초점거리는 공기 중에서 79.0 cm이고 굴절률은 1.55이다. 물속에서의 초점거리를 구하라. (b) 어떤 거울의 초점거리는 공기 중에서 79.0 cm이다. 물속에서의 초점거리를 구하라.

파동 광학
Wave Optics

CHAPTER 24

여름 날, 공중을 떠다니는 비눗방울 표면에서 여러 가지 색깔들이 빙빙 돌며 나타난다. 도시의 더러운 물웅덩이 위를 덮고 있는 기름막에서 선명한 무지개가 반사되어 보인다. 자외선 차단 오일을 바른 해안가의 피서객들은 햇빛의 절반을 흡수하는 코팅 선글라스를 끼고 있다. 실험실에서 과학자들은 뜨겁게 달궈진 물질에서 방출되는 빛을 분석하여, 그 물질의 자세한 구성 성분을 결정한다. 세계 도처에 있는 천문대에서는 망원경으로 멀리 떨어져 있는 은하에서 오는 빛을 파장대별로 걸러내어 우주의 팽창 속력을 구한다.

무지개들이 어떻게 생기는지, 파장을 구하는 장치의 원리가 무엇인지를 이해하는 학문의 영역이 바로 파동 광학이다. 빛은 입자로도 볼 수 있고, 파동으로도 볼 수 있다. 앞 장에서 다루었던 기하 광학은 빛의 입자성에 근거한 것이다. 파동 광학은 빛의 파동성에 근거한다. 이 장에서 다루는 세 가지 주요 내용은 간섭, 회절, 편광이다. 이러한 현상들은 광선 개념으로는 적절히 설명할 수 없지만, 빛을 파동으로 본다면 잘 이해할 수 있다.

24.1 간섭 조건 Conditions for Interference

13장에서 역학적인 파동에 대한 간섭을 논의하면서 두 파동이란 합쳐져서 보강될 수도 있고, 상쇄될 수도 있다는 것을 알았다. 보강간섭에서 합성파의 진폭은 개별 파의 진폭보다 큰 반면, 상쇄간섭에서는 작다. 빛도 서로 간섭한다. 근본적으로 광파와 관련된 모든 간섭은 개별 파동을 구성하는 전자기장이 결합할 때 발생한다.

광파에서의 간섭 효과는 광파의 파장(4×10^{-7}~7×10^{-7} m)이 짧기 때문에 관측하기가 쉽지 않다. 그러나 다음과 같은 두 조건이 만족되면, 두 광원 사이에서 간섭을 관측할 수 있다.

◀ 간섭 조건

1. 광원들은 **결맞는**(coherent) 광원이어야 한다. 즉, 광원들에서 방출되는 빛들은 서로 일정한 위상을 유지하여야 한다.
2. 광파들은 동일한 파장을 가져야 한다.

간섭이 일어나기 위해서는 우선 (두 진행파를 만들어 내는) 광원들이 있어야 한다. 안정된 간섭무늬를 만들기 위해서는 개별 광들이 서로 동일한 위상을 유지해야 한다. 이러한 광원들을 결맞는 광원이라고 한다. 하나의 증폭기에 의해 작동되는 나란한 두 대의 스피커에서 나오는 음파들은 동시에 같은 방식으로 증폭기에 반응하기 때문에 위상이 같아서 간섭이 일어난다.

그러나 나란히 있는 두 광원에 의해서는 간섭 효과가 나타나지 않는다. 이것은 한 광원에서 나오는 광파가 다른 광원에서 나오는 광파와 서로 무관하기 때문이다. 그러므로 두 광원에서 나오는 광파는 관측 시간 동안 서로 간에 일정한 위상을 유지하지 못한다. 일반적으로 광원은 10^{-8} s마다 위상이 제멋대로 변한다. 따라서 보강간섭, 상쇄간섭, 이들의 중간 상태에 대한 조건들은 10^{-8} s 정도의 시간 동안만 유지된다. 사람의 눈은 이러한 짧은 시간 동안의 변화를 감지할 수 없으므로 간섭을 관측할 수 없다. 이러한 광원들을 **결맞지 않은**(incoherent) 광원이라고 말한다.

두 개의 결맞는 광원을 만드는 고전적인 방법은 단일 파장(단색) 광원에서 나오는 빛을 하나의 좁은 슬릿을 통과하도록 한 다음, 그 빛을 두 개의 좁은 슬릿이 있는 스크린에 통과시키는 것이다. 첫 번째 슬릿은 두 슬릿에 결맞는 빛을 비추도록 하기 위한 단일 파면을 만들어 내는 데 필요하다. 두 슬릿에서 나오는 빛은 원래 단일 광원에서 나왔으므로 결맞다. 슬릿은 단지 원래 광선을 둘로 나누는 역할만 할 뿐이다. 광원에서 나오는 빛이 제멋대로 변한다 해도, 이는 동시에 두 슬릿에서 나누어진 빛들에 대해서도 똑같이 나타나므로 간섭 현상을 관측할 수 있다.

최근에는 간섭을 보여 주는 결맞는 광원으로 레이저를 많이 사용한다. 레이저는 지름이 수 밀리미터를 넘지 않는 강하면서도 결맞는 단색 광선을 만들어 낸다. 그러므로 환하게 밝은 방에서도 레이저를 다중 슬릿에 비추면 간섭 효과를 쉽게 관측할 수 있다. 레이저의 작동 원리는 28장에서 설명한다.

24.2 영의 이중 슬릿 실험 Young's Double-Slit Experiment

1801년 영(Thomas Young)은 두 광원에서 나오는 광파들을 이용하여 최초로 간섭 현상을 보여 주었다. 그림 24.1a는 이 실험에서 사용된 장치의 개략도이다(원래의 영

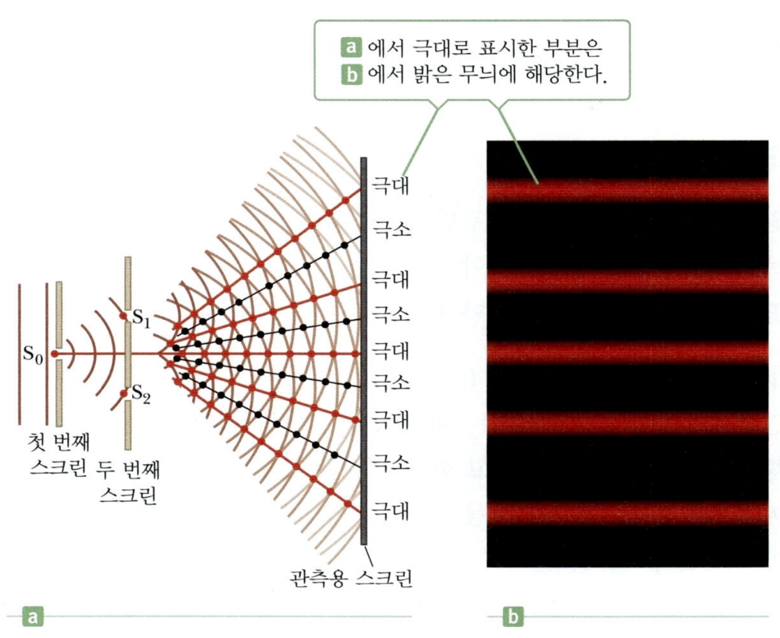

그림 24.1 (a) 영의 이중 슬릿 실험의 개략도. 좁은 슬릿은 광원의 역할을 한다. 슬릿 S_1과 S_2는 관측용 스크린에 간섭무늬를 만드는 결맞는 광원과 같다. (그림은 실제 비율과 다름) (b) 관측용 스크린에 나타난 간섭무늬는 이와 같이 밝고 어두운 줄무늬로 보인다.

의 실험에서는 슬릿이 아닌 바늘구멍을 사용하였다). 좁은 슬릿 S_0가 있는 스크린에 빛을 비추면, 이 슬릿에서 나오는 광파들은 두 개의 나란한 좁은 슬릿 S_1과 S_2가 있는 두 번째 스크린에 도달한다. 이 두 슬릿에서 나오는 빛들은 동일한 파면을 갖기 때문에 언제나 위상이 일치하여 한 쌍의 결맞는 광원이 된다. 두 슬릿에서 나온 빛들은 관측용 스크린에 **간섭무늬**(fringes)라고 부르는 밝고 어두운 줄무늬를 만든다(그림 24.1b). 슬릿 S_1과 S_2에서 나오는 빛들이 스크린 위의 한 지점에 도달하여 보강간섭을 일으키면 밝은 간섭무늬를 볼 수 있다. 두 슬릿에서 나온 빛들이 스크린 위의 한 지점에서 상쇄간섭을 일으키면 어두운 간섭무늬가 나타난다. 그림 24.2는 두 결맞는 파원에 의해 수조에서 생기는 간섭무늬 사진이다.

그림 24.2 수면파의 간섭무늬는 수면에 있는 두 진동원에 의해서 생긴다. 간섭무늬는 영의 이중 슬릿 실험에서 관측된 것과 유사하다. 보강간섭과 상쇄간섭이 일어나는 영역을 주의 깊게 살펴보자.

그림 24.3은 그림 24.1의 관측용 스크린에서의 두 광파가 만나는 몇 가지 방법에 대한 개략도이다. 그림 24.3a에서 같은 위상으로 슬릿을 떠난 두 광파가 스크린의 중앙에 있는 점 P에서 만난다. 이 두 광파는 같은 거리를 진행하였기 때문에 점 P에서 위상이 일치하여 보강간섭을 일으키게 되고, 따라서 밝은 간섭무늬를 볼 수 있다. 그림 24.3b에서 두 광파는 역시 같은 위상으로 떠나지만, 위쪽 광파가 스크린상의 점 Q에 도달하기 위해서는 한 파장을 더 진행해야 한다. 따라서 위쪽 광파가 정확히 한 파장만큼 아래쪽 광파보다 뒤늦게 도달하므로, 두 광파는 여전히 Q에서 위상이 일치된 상태로 만나며 그 결과 이 위치에서 두 번째 밝은 무늬가 나타난다. 이제 그림 24.3c에서 P와 Q 사이에 있는 점 R을 생각하자. R에서 위쪽 광파는 1/2 파장 늦게 아래쪽 광파와 만난다. 이것은 아래쪽 파동의 골이 위쪽 파동의 마루와 겹쳐진다는 것을 뜻하게 되므로 상쇄간섭이 일어난다. 결과적으로 R에서는 어두운 무늬가 관측된다.

그림 24.4를 이용하여 영의 간섭 실험을 정량적으로 기술할 수 있다. 스크린 위에 한 점 P가 있다고 하자. 관측용 스크린은 슬릿 S_1과 S_2가 있는 슬릿판으로부터 수직 거리 L만큼 떨어진 곳에 있다. 슬릿 S_1과 S_2 사이의 거리는 d이다. r_1과 r_2는 두 슬릿에서 마지막 관측용 스크린상의 한 지점까지의 거리이다. 슬릿 S_1과 S_2에서 나오는 광파들은 진동수와 진폭이 같고 위상이 일치한다고 하자. 스크린 점 P에서의 빛의 세기는

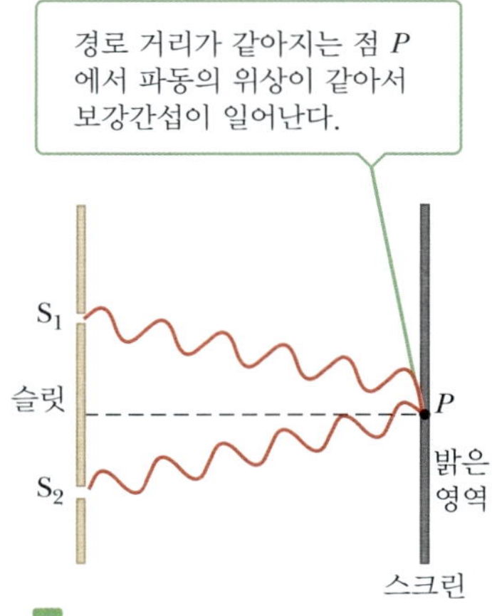

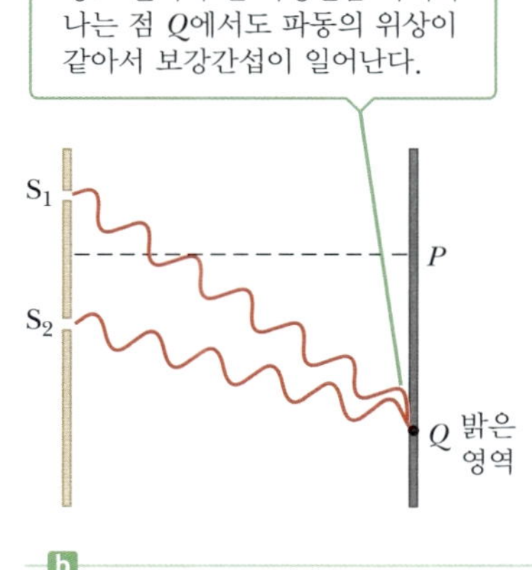

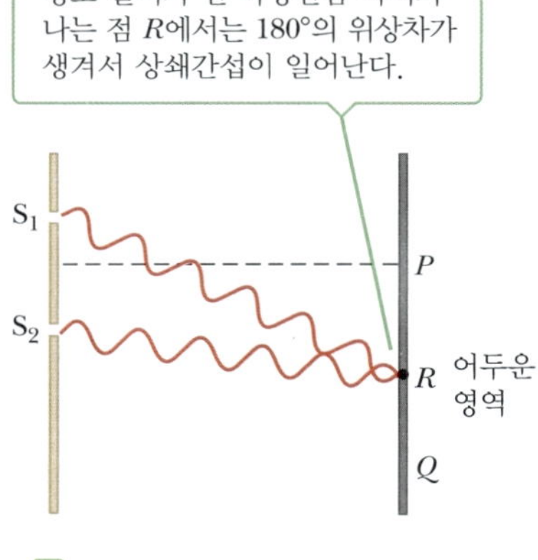

그림 24.3 슬릿에서 나온 파동이 스크린의 여러 점에서 더해진다. (그림은 실제 비율과 다름)

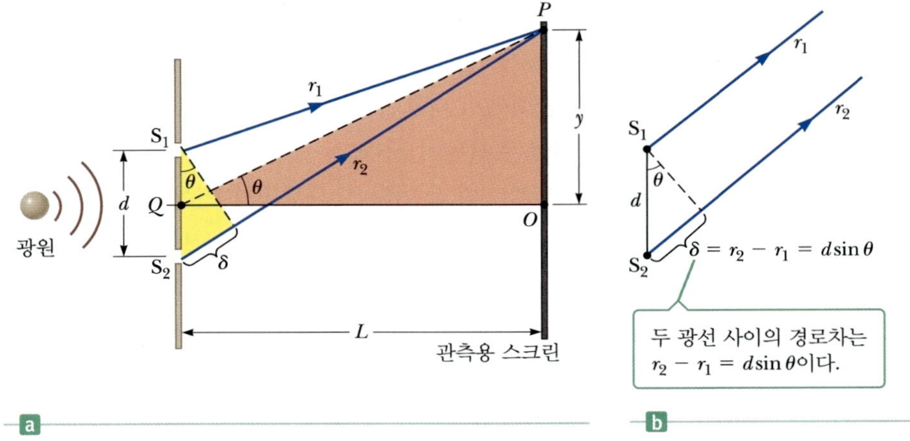

그림 24.4 영의 이중 슬릿 실험을 설명하는 기하학적 구조. (그림은 실제 비율과 다름)

두 슬릿에서 나온 빛들이 합성된 결과이다. 그러나 아래쪽 슬릿에서 나온 광파는 위쪽 슬릿에서 나온 광파보다 $d\sin\theta$만큼 더 진행한다. 이 거리를 **경로차**(path difference) δ(그리스 소문자 델타)라 하며 다음과 같다.

경로차 ▶

$$\delta = r_2 - r_1 = d\sin\theta \qquad [24.1]$$

식 24.1은 두 광파가 평행하게 진행한다는 가정하에서 나온 것인데, 이는 L이 d보다 훨씬 더 클 때 근사적으로 성립한다. 앞서 언급했듯이 이 경로차는 두 광파가 P에서 만날 때 위상이 일치하는지, 그렇지 않은지를 정하는 데 이용된다. 만일 경로차가 영이거나 파장의 정수배이면 두 광파는 P에서 위상이 일치되어 보강간섭이 일어난다. 그러므로 P에서 밝은 간섭무늬, 즉 **보강간섭**(constructive interference)에 대한 조건은 다음과 같다.

보강간섭 조건(2중 슬릿) ▶

$$\delta = d\sin\theta_{\text{밝은}} = m\lambda \qquad m = 0, \pm1, \pm2, \ldots \qquad [24.2]$$

여기서 m을 **차수**(order number)라 한다. $\theta_{\text{밝은}} = 0\,(m = 0)$인 중앙의 밝은 무늬를 0차 극대라 한다. 양쪽에 있는 $m = \pm1$인 첫 번째 극대를 1차 극대라 하며, 다른 극대는 그에 대응하는 차수의 극대로 부른다.

δ가 $\lambda/2$의 홀수배일 때, P에 도달하는 두 광파는 180°의 위상차를 보이며 상쇄간섭이 일어난다. 그러므로 P에서 어두운 간섭무늬, 즉 **상쇄간섭**(destructive interference)에 대한 조건은 다음과 같다.

상쇄간섭 조건(2중 슬릿) ▶

$$\delta = d\sin\theta_{\text{어두운}} = \left(m + \tfrac{1}{2}\right)\lambda \qquad m = 0, \pm1, \pm2, \ldots \qquad [24.3]$$

만일 이 식에서 $m = 0$이라면 경로차는 $\delta = \lambda/2$가 되며, 이는 중앙의 밝은 극대를 중심으로 양쪽 방향 중 한쪽에서 최초로 나타나는 어두운 간섭무늬의 위치에 대한 조건이다. 마찬가지로, $m = 1$이라면 경로차는 $\delta = 3\lambda/2$가 되며, 이는 중앙을 중심으로 양쪽 중 한쪽 방향에서 두 번째로 나타나는 어두운 간섭무늬의 조건이다.

O에서 P까지 수직으로 측정한 밝고 어두운 간섭무늬들의 위치에 대한 표현식은 아

주 쓸모가 많다. $L \gg d$라는 가정에 $d \gg \lambda$를 추가한다. 이러한 가정들은 실제로 L이 대개는 1미터 정도이고, d는 밀리미터 정도, λ는 마이크로미터 정도이기 때문에 타당하다. 이러한 조건하에서 θ는 작기 때문에 $\sin\theta \cong \tan\theta$라는 근사식을 이용할 수 있다. 그러면 그림 24.4의 삼각형 OPQ로부터 다음과 같은 결과를 얻는다.

Tip 24.1 작은 각 근사: 크기의 문제!

작은 각 근사 $\sin\theta \cong \tan\theta$는 약 3° 이하의 각에 대하여 세 자리 숫자까지는 정확하다.

$$y = L\tan\theta \approx L\sin\theta \qquad [24.4]$$

식 24.2를 $\sin\theta$에 대하여 풀고, 이 결과를 식 24.4에 대입하면 O에서부터 측정한 밝은 간섭무늬들의 위치는

$$y_{\text{밝은}} = \frac{\lambda L}{d}m \qquad m = 0, \pm 1, \pm 2, \ldots \qquad [24.5]$$

가 된다. 식 24.3과 24.4를 이용하면 어두운 간섭무늬들의 위치는

$$y_{\text{어두운}} = \frac{\lambda L}{d}\left(m + \tfrac{1}{2}\right) \qquad m = 0, \pm 1, \pm 2, \ldots \qquad [24.6]$$

가 된다.

예제 24.1과 같이 영의 이중 슬릿 실험을 이용하면 빛의 파장을 구할 수 있다. 실제로 영은 이 방법을 이용하여 빛의 파장을 측정하였다. 또한 영의 실험은 빛의 파동 모형에 큰 신뢰성을 주었다. 어두운 간섭무늬를 설명했던 방식대로, 슬릿을 통하여 나온 빛 입자들이 서로 소거된다는 것은 있을 수 없는 일이다.

예제 24.1 광원에서 나오는 빛의 파장 측정

목표 결맞는 빛의 파장을 측정하는 데 영의 실험이 어떻게 이용되는지 알아본다.

문제 스크린이 이중 슬릿 광원으로부터 1.20 m 떨어져 있다. 두 슬릿 사이의 간격은 0.030 0 mm이다. 2차 밝은 간섭무늬($m=2$)가 중심선으로부터 4.50 cm 떨어진 곳에 나타났다. **(a)** 빛의 파장을 구하라. **(b)** 이웃한 밝은 간섭무늬들까지의 거리는 얼마인가?

전략 식 24.5는 밝은 간섭무늬들의 위치와 빛의 파장을 포함한 여러 가지 변수들 사이의 관계를 나타낸다. 이 식에 값들을 대입하고 λ에 대해 푼다. y_{m+1}과 y_m 사이의 차는 밝은 간섭무늬들 사이의 거리에 대한 일반적인 표현식에서 나온다.

풀이

(a) 빛의 파장을 결정한다.

파장에 대해서 식 24.5를 풀고, $m = 2$, $y_2 = 4.50 \times 10^{-2}$ m, $L = 1.20$ m, $d = 3.00 \times 10^{-5}$ m를 대입한다.

$$\lambda = \frac{y_2 d}{mL} = \frac{(4.50 \times 10^{-2}\,\text{m})(3.00 \times 10^{-5}\,\text{m})}{2(1.20\,\text{m})}$$

$$= 5.63 \times 10^{-7}\,\text{m} = 563\,\text{nm}$$

(b) 이웃한 밝은 간섭무늬 사이의 거리를 결정한다.

식 24.5를 이용하여 임의의 이웃한 두 밝은 간섭무늬들 사이의 거리를 구한다(여기서 이 값은 m과 $m+1$으로 나타낸다).

$$\Delta y = y_{m+1} - y_m = \frac{\lambda L}{d}(m+1) - \frac{\lambda L}{d}m = \frac{\lambda L}{d}$$

$$= \frac{(5.63 \times 10^{-7}\,\text{m})(1.20\,\text{m})}{3.00 \times 10^{-5}\,\text{m}} = 2.25\,\text{cm}$$

참고 이 계산에서는 작은 각 근사가 암묵적으로 사용되었기 때문에 이 계산은 각 θ에 달려 있다. 밝은 간섭무늬들의 위치를 측정하면 파장을 구할 수 있는데, 이는 현대물리학을 취급할 때 논의하겠지만 원자론적으로 접근해야 한다. 따라서 이러한 측정은 원자의 세계를 열어 주는 역할을 한다.

24.3 회절 Diffraction

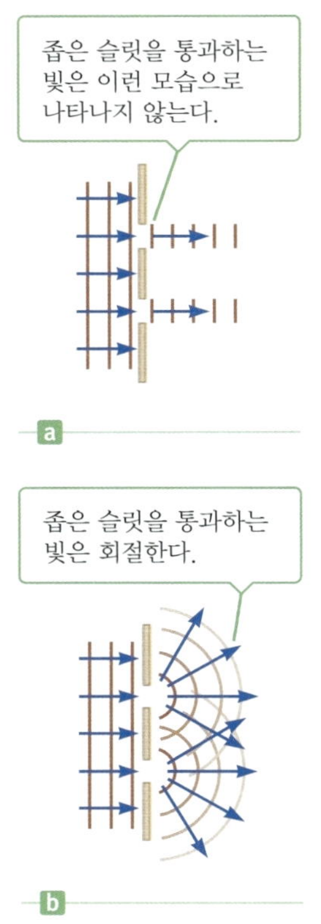

그림 24.5 (a) 빛이 슬릿을 통과한 후 퍼져 나가지 않으면 간섭은 일어나지 않는다. (b) 두 슬릿에서 나온 빛이 퍼져 나가면서 중첩되고, 빛은 어두운 부분일 것이라 기대되는 곳을 채우면서 간섭무늬를 만든다.

영의 이중 슬릿 실험에서처럼 한 빛살이 두 슬릿에 입사한다고 하자. 그림 24.5a와 같이 빛이 슬릿을 통과한 후 직선 경로를 따라 진행한다면 그 광파들은 겹쳐지지 않을 것이며, 따라서 간섭무늬도 나타나지 않을 것이다. 반면, 하위헌스의 원리에 의하면 광파들은 그림 24.5b와 같이 슬릿으로부터 퍼져 나간다. 다시 말해 빛은 직선 경로에서 구부러져 어두운 영역으로 들어간다. 이렇게 빛이 처음의 진행 경로로부터 퍼져 나가는 현상을 **회절**(diffraction)이라 한다.

일반적으로 회절은 광파가 작은 구멍이나 장애물 주위, 날카로운 모서리를 지날 때 생긴다. 예를 들어, 멀리 떨어져 있는 광원과 스크린 사이에 좁은 단일 슬릿을 놓으면 그림 24.6과 같은 회절 무늬가 생긴다. 이 회절 무늬는 넓고 밝은 중앙 띠와 이 주변에 차례로 위치하는 더 좁고 덜 밝은 2차 띠(**2차 극대**라 함)들과 일련의 어두운 띠(**극소**)들로 되어 있다. 이러한 현상은 직진하는 광선이 스크린 위에 또렷한 슬릿의 상을 만든다고 하는 기하 광학의 틀 내에서는 설명할 수가 없다.

그림 24.7은 작은 동전에 의한 회절 무늬와 그림자이다. 이 회절 무늬는 그림자와 중심부의 밝은 점, 그리고 그림자 가장자리 근처에 보이는 일련의 밝고 어두운 원무늬들로 구성되어 있다. 프레넬(Augustin Fresnel)의 빛의 파동론에 의하면, 중앙의 밝은 점(밝은 프레넬 점이라 함)은 작은 동전에 의한 회절광이 이 중심부에서 보강간섭되기 때문에 나타나는 것이다. 기하학적인 관점에서 보면 회절 무늬의 중심은 작은 동전에 의해 완전히 가려지기 때문에, 밝은 점이 나타나지 말아야 한다.

회절의 한 종류인 **프라운호퍼 회절**(Fraunhofer diffraction)은 광선이 회절 물체에 평행하게 나갈 때 생긴다. 프라운호퍼 회절은 실험적으로 그림 24.8a와 같이 관측용 스크린을 슬릿에서 멀리 떨어진 위치에 놓거나 볼록 렌즈를 이용하여 가까이 있는 스크린에 평행 광선들을 모이게 함으로써 볼 수 있다. 밝은 무늬들은 $\theta = 0$의 축에서 나타나며, 이 중심의 밝은 간섭무늬의 양쪽으로는 밝고 어두운 간섭무늬가 교대로 나타난다. 그림 24.8b는 단일 슬릿에 의한 프라운호퍼 회절 무늬를 보여 주는 사진이다.

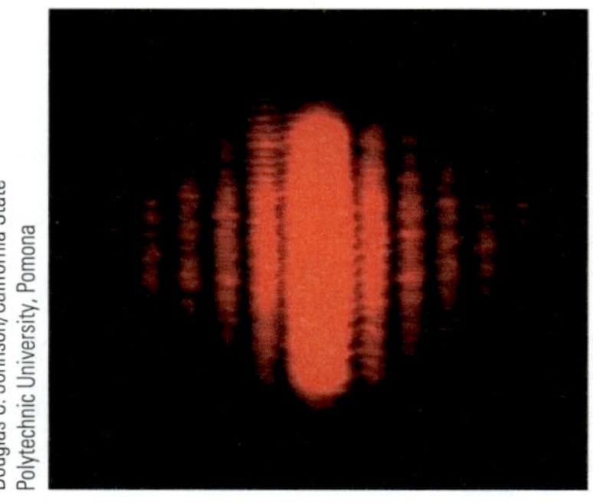

그림 24.6 빛이 좁은 수직 슬릿을 통과할 때 스크린에 나타나는 빛의 회절 무늬. 중앙에는 넓은 띠무늬가 있고 가장자리에는 밝기가 약하고 좁은 띠무늬들이 있다.

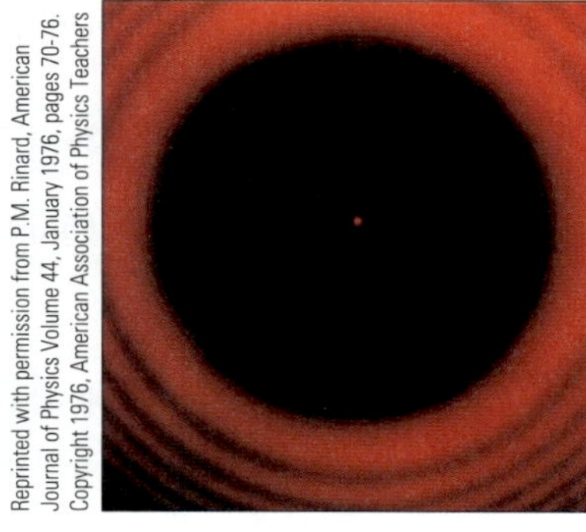

그림 24.7 광원과 스크린 사이에 놓인 작은 동전에 의한 회절 무늬. 중심에 밝은 점이 있다.

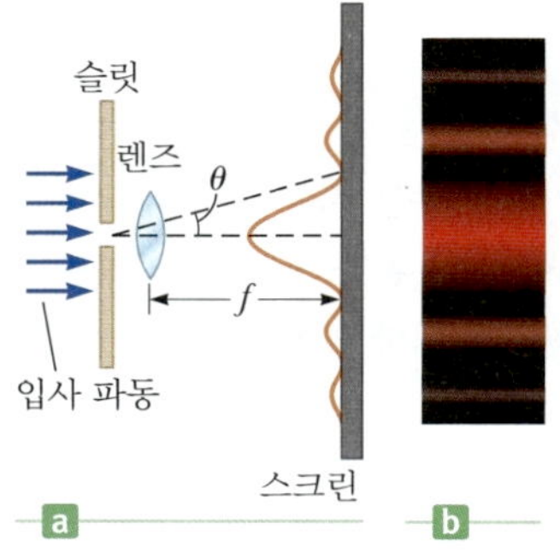

그림 24.8 (a) 단일 슬릿에 의해 형성된 프라운호퍼 회절 무늬. 평행 광선은 볼록렌즈에 의해 스크린에 모인다. 간섭무늬는 중앙 극대의 밝은 부분과 그 양쪽에 좁고 덜 밝은 무늬로 구성되어 있다. (그림은 실제 비율과 다름) (b) 단일 슬릿에 의한 프라운호퍼 회절 무늬 사진

24.4 회절격자 Diffraction Gratings

회절격자는 광원을 분석하는 데 매우 유용한 장치로 일정한 간격으로 된 아주 많은 평행 슬릿들로 이루어져 있다. 회절격자는 유리판 위에 정교한 기계로 평행선을 그어 만든다. 이 선들 사이에 있는 금이 그어지지 않은 깨끗한 부분이 슬릿의 역할을 한다. 전형적인 회절격자는 센티미터당 수천 개의 선을 가지고 있다. 예를 들어, 5 000라인/cm인 회절격자의 간격은 그 역수와 같다. 즉, $d = (1/5\ 000)\ \text{cm} = 2 \times 10^{-4}\ \text{cm}$이다.

그림 24.9는 평면형 회절격자의 단면도에 대한 개략도이다. 평면파가 회절격자의 왼쪽에서 격자면에 수직으로 입사하고 있다. 스크린상의 회절 무늬의 세기는 간섭과 회절의 복합적인 결과이다. 각 슬릿은 회절을 일으키고, 이 회절된 빛살은 다른 회절된 빛살과 간섭무늬를 일으킨다. 게다가 각 슬릿은 광파의 광원 역할을 하며, 모든 광파는 슬릿에서 위상이 일치된 상태로 떠난다. 그러나 수평선에서 측정한 임의의 각도 θ로 슬릿을 떠난 빛들은 스크린상의 특정한 점 P에 도달하기 전에 서로 다른 경로를 진행한다. 그림 24.9에서 인접한 두 슬릿에서 나온 광파들 사이의 경로차는 $d\sin\theta$이다. 만일 경로차가 파장의 정수배이면 모든 슬릿에서 나오는 광파들은 점 P에서 위상이 같아지고 밝은 무늬가 관찰된다. 따라서 각도 θ에 대한 간섭무늬의 **극대**(maxima) 조건은 다음과 같다.

$$d\sin\theta_{\text{밝은}} = m\lambda \qquad m = 0, \pm1, \pm2, \ldots \tag{24.7}$$

◀ 회절격자에서 간섭무늬의 극대 조건

극대 회절이 일어나는 각도 이외의 다른 각도에서 나오는 빛은 회절격자의 다른 슬릿에서 나오는 빛과 거의 완벽하게 상쇄간섭한다. 그림 24.10과 같이 이러한 쌍들의 빛은 모두 그 방향에서 거의 없거나 사라진다.

식 24.7을 이용하면 격자 간격과 편향각 θ를 구할 수 있다. 정수 m은 회절 무늬의 **차수**(order number)이다. 입사광이 여러 개의 파장으로 이루어져 있다면, 각 파

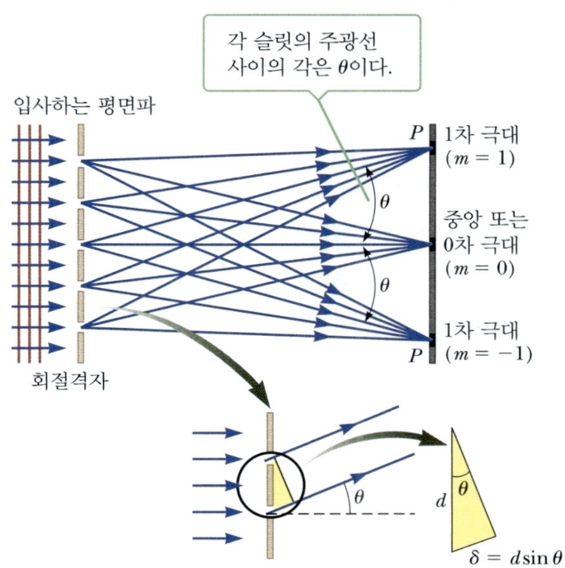

그림 24.9 옆에서 본 회절격자의 모습. 슬릿의 너비는 d이고 이웃하는 슬릿 간의 경로차는 $d\sin\theta$이다.

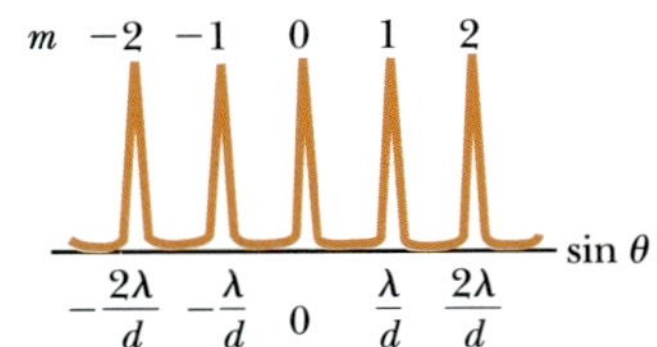

그림 24.10 회절격자에서 $\sin\theta$에 대한 회절 무늬의 세기. 0차, 1차, 2차 주 극대를 나타낸다.

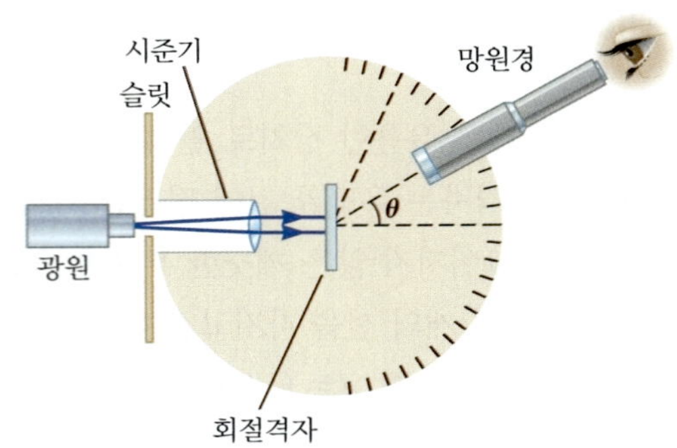

그림 24.11 회절격자 분광기. 격자에 입사하는 평행광선은 $d\sin\theta = m\lambda$를 만족하는 각 θ에서 여러 가지 차수로 회절된다. 여기서 $m = 0, \pm1, \pm2, \ldots$이다.

장의 빛들은 식 24.7을 만족하는 특정한 각도로만 편향될 것이다. 모든 파장의 빛들은 $m = 0$에 해당하는 $\theta = 0$에 모인다. 이 지점을 0차 극대라 한다. 1차 극대는 $m = 1$에 해당하는 $\sin\theta = \lambda/d$를 만족하는 각도에서 관측되며, 2차 극대는 $m = 2$에 해당하는 보다 더 큰 각도에서 관측된다. 그림 24.10은 회절격자에 의해 생기는 몇 개의 차수에 대한 세기 분포를 나타낸다. 넓고 밝은 간섭무늬를 나타내는 이중 슬릿의 간섭무늬와는 달리, 회절 무늬는 날카로운 극대와 넓은 범위의 어두운 영역으로 이루어져 있음에 주목하라.

회절격자를 이용하여 간섭무늬가 나타나는 각도를 측정할 수 있는 간단한 장치가 그림 24.11에 있다. 빛은 슬릿을 통과하여 시준기 렌즈에 의해 평행광이 된다. 이 빛은 90°로 회절격자에 입사된다. 회절광은 식 24.7을 만족하는 각도로 격자에서 회절된다. 망원경을 이용하여 슬릿의 상을 관측한다. 여러 차수에서 나타나는 슬릿 상의 각도를 측정하면 파장을 구할 수 있다.

회절격자를 이용하여 CD 읽어내기

응용

CD에서의 정보 추적

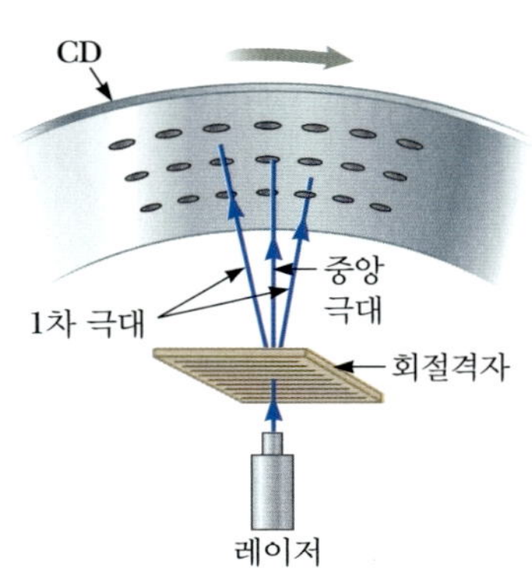

그림 24.12 CD 플레이어에 있는 레이저 광은 회절격자에 의해서 만들어진 세 개의 광을 사용하여 나선형 궤도를 추적할 수 있다.

CD 플레이어가 소리를 잘 재생시키려면 레이저 빔이 나선형 정보 트랙을 정확하게 읽어야 한다. 그러나 때때로 레이저 빔은 트랙에서 벗어나는데, 이때 이를 인식할 수 있는 자동 제어 장치가 없다면 음질은 크게 떨어진다.

그림 24.12는 3빔 방식 회절격자를 이용한 레이저의 트랙 추적 방법을 보여 주고 있다. 회절 무늬의 중앙 극대는 CD 트랙의 정보를 읽어 들이며, 두 개의 1차 극대는 빔의 방향을 제어한다. 회절격자는 1차 극대가 정보 트랙 양쪽의 매끈한 표면을 비추도록 설계되어 있다. 이 반사되는 두 빔은 각자의 검출기를 갖고 있는데, 모두가 매끈한 표면에서 반사되므로 검출되는 빛의 세기는 같아진다. 그러나 중앙의 빔이 트랙에서 벗어나 두 조정빔 중의 하나가 정보 트랙의 돌출부에 부딪히게 되면 반사되는 빛의 세기가 감소하게 된다. 전자 회로는 이 정보를 이용하여 중앙빔이 원래 위치로 돌아가도록 유도한다.

예제 24.2 회절격자

목표 회절격자에서 몇 가지 주 극댓값을 계산한다.

문제 헬륨-네온 레이저의 단색광($\lambda = 632.8$ nm)을 사용하여 어떤 회절격자(6.00×10^3 lines/cm)에 수직으로 입사시킨다. 관측되는 1차 극대, 2차 극대 등의 각을 구하라.

전략 cm당 격자선 수 값의 역을 구하여 격자 간격을 구한 다음, 그 값을 식 24.7에 대입한다.

풀이

cm당 격자선 수 값의 역을 구하여 격자 간격을 얻는다.

$$d = \frac{1}{6.00 \times 10^3\,\text{cm}^{-1}} = 1.67 \times 10^{-4}\,\text{cm} = 1.67 \times 10^3\,\text{nm}$$

식 24.7에 $m = 1$을 대입하여 1차 극대에 해당하는 각의 사인값을 구한다.

$$\sin\theta_1 = \frac{\lambda}{d} = \frac{632.8\,\text{nm}}{1.67 \times 10^3\,\text{nm}} = 0.379$$

θ_1을 구하기 위해 앞의 결과의 역사인값을 구한다.

$$\theta_1 = \sin^{-1} 0.379 = 22.3°$$

$m = 2$에 대해서도 같은 방법으로 구한다.

$$\sin\theta_2 = \frac{2\lambda}{d} = \frac{2(632.8\,\text{nm})}{1.67 \times 10^3\,\text{nm}} = 0.758$$

$$\theta_2 = 49.3°$$

$m = 3$에 대해서도 같은 방법으로 구한다.

$$\sin\theta_3 = \frac{3\lambda}{d} = \frac{3(632.8\,\text{nm})}{1.67 \times 10^3\,\text{nm}} = 1.14$$

$\sin\theta$의 값이 1을 넘을 수 없으므로 θ_3에 대한 해는 없다.

참고 앞에서 계산한 바에 의하면 주 극댓값은 몇 가지밖에 존재하지 못한다. 이 경우에는 0차 극대, 1차 극대와 2차 극대만이 관찰될 것이다.

24.5 단일 슬릿 회절 Single-Slit Diffraction

지금까지는 슬릿을 무시할 수 있는 너비를 가진 선광원으로 취급하였다. 그러나 이 절에서는 단일 슬릿에 의해 나타나는 프라운호퍼 회절 무늬의 성질을 이해하기 위해 너비가 영이 아니라고 하겠다.

그림 24.13과 같이 슬릿의 여러 부분에서 나오는 광파들을 살펴보면 이 문제의 중요한 개념을 유도할 수 있다. 하위헌스의 원리에 의하면 **슬릿의 각 점들은 점파원으로 작용한다. 그러므로 슬릿의 한 부분에서 나오는 광파는 다른 부분에서 나오는 광파와 간섭을 일으킬 수 있다.** 그리고 스크린에 나타나는 합성파의 세기는 방향 θ에 따라 달라진다.

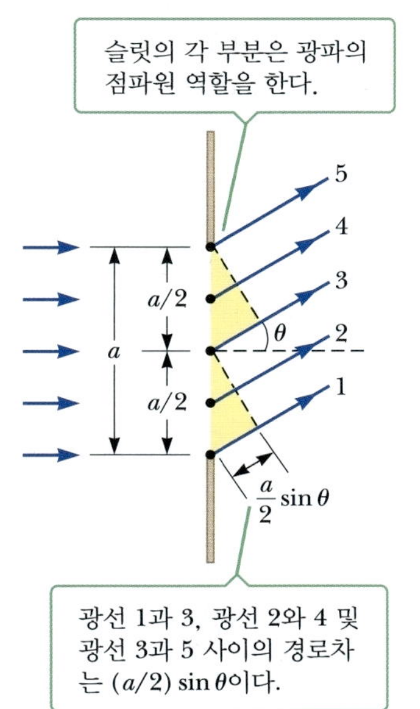

그림 24.13 너비가 a인 좁은 슬릿에 의한 회절. (그림은 실제 비율과 다르며, 광파들은 먼 점에 수렴되는 것으로 가정한다.)

회절 무늬를 분석하기 위해서는 그림 24.13과 같이 슬릿을 반으로 나누는 것이 편리하다. 슬릿에서 나오는 모든 광파들의 위상은 일치한다. 슬릿의 중심과 아래쪽에서 나오는 광파 1과 3을 살펴보자. 광파 1은 광파 3보다 $(a/2)\sin\theta$만큼 더 먼 경로차로 진행한다. 여기서 a는 슬릿의 너비이다. 마찬가지로 광파 3과 5의 경로차도 $(a/2)\sin\theta$이다. 이 경로차가 정확히 파장의 1/2(180° 위상차에 해당하는)이라면, 두 광파는 서로 상쇄되어 상쇄간섭을 일으킨다. 실제로 이것은 슬릿 너비의 1/2만큼 떨어진 두 지점에서 나오는 광파들에 대하여 위상차가 180°이기 때문에 사실이다. 그러므로

$$\frac{a}{2}\sin\theta = \frac{\lambda}{2}$$

또는

$$\sin\theta = \frac{\lambda}{a}$$

일 때, 슬릿의 위쪽 절반에서 나오는 광파들은 아래쪽에서 나오는 광파들과 상쇄간섭을 일으킨다.

만일 슬릿을 둘이 아닌 넷으로 나누고 위와 같은 방식으로 다루면, 다음과 같은 경우에 어두운 무늬가 나타난다.

$$\sin\theta = \frac{2\lambda}{a}$$

계속해서 슬릿을 여섯으로 나누면,

$$\sin\theta = \frac{3\lambda}{a}$$

일 때 어두운 무늬가 나타난다.

그러므로 너비가 a인 단일 슬릿에 대한 **상쇄간섭** 조건은 일반적으로

Tip 24.2 비슷하지만 다른 식

식 24.2와 식 24.8은 같은 모양이지만, 의미는 서로 다르다. 식 24.2는 이중 슬릿의 간섭무늬에서 밝은 부분을 기술하고, 식 24.8은 단일 슬릿의 간섭무늬에서 어두운 부분을 기술한다.

$$\sin\theta_{\text{어두운}} = m\frac{\lambda}{a} \qquad m = \pm1, \pm2, \pm3, \ldots \qquad [24.8]$$

이 된다.

식 24.8에서는 회절 무늬의 세기가 영이 되는, 즉 어두운 무늬가 나타나는 각도 θ를 알 수 있다. 이 식으로부터는 스크린상에 나타나는 세기의 변화를 알 수 없다. 스크린상에 나타나는 일반적인 세기 분포는 그림 24.14와 같다. 너비가 넓고 밝은 중심부의 간섭무늬 주위로는 덜 밝은 무늬와 어두운 무늬가 교대로 펼쳐져 있다. 어두운 무늬들(세기가 0인 지점들)은 식 24.8을 만족하는 각 θ에서 일어난다. 보강간섭의 위치들은 근사적으로 어두운 무늬 사이의 중앙에 있다. 중심부의 밝은 무늬의 너비가 밝기가 더 약한 $m > 1$인 극대 위치에 생기는 무늬의 너비의 두 배이다.

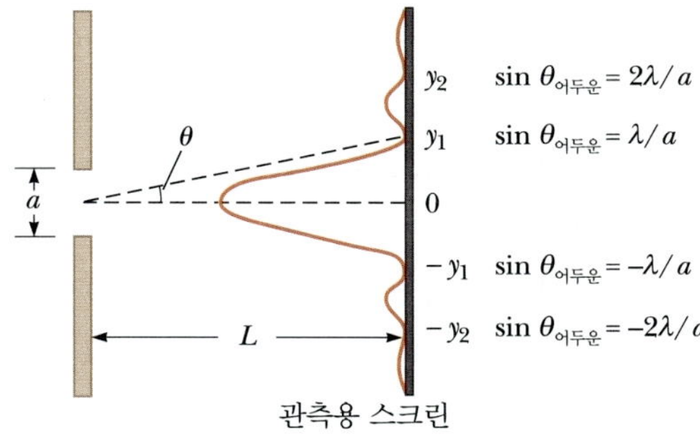

그림 24.14 너비가 a인 단일 슬릿이 만드는 프라운호퍼 회절 무늬에서 극소점의 위치. (그림은 실제 비율과 다름)

예제 24.3 단일 슬릿 실험

목표 단일 회절 슬릿에서 어두운 무늬의 위치를 구한다.

문제 너비가 0.300 mm인 슬릿에 파장이 5.80×10^2 nm인 빛을 비추었다. 스크린이 슬릿으로부터 2.00 m 거리에 있을 때, 첫 번째 어두운 무늬의 위치와 중앙의 밝은 무늬의 너비를 각각 구하라.

전략 이 문제에서 첫 번째 어두운 무늬의 각도에 대한 사인값을 구하기 위해 식 24.8에 주어진 값들을 대입한다. 위치는 작은 각에 대하여 $\sin\theta \approx \tan\theta$이므로 탄젠트 함수를 이용해도 된다. 중앙 극대의 너비는 이러한 두 어두운 무늬들 사이로 정의된다.

풀이

$m = \pm1$에 대응되는 중앙의 밝은 무늬 양쪽에 생기는 첫 번째 어두운 무늬는 식 24.8을 이용하여 계산한다.

$$\sin\theta = \pm\frac{\lambda}{a} = \pm\frac{5.80 \times 10^{-7}\ \text{m}}{0.300 \times 10^{-3}\ \text{m}} = \pm1.93 \times 10^{-3}$$

그림 24.14의 삼각형에서 간섭무늬의 위치와 탄젠트 함수와의 관계를 알아낸다.

$$\tan\theta = \frac{y_1}{L}$$

θ가 매우 작으므로 $\sin\theta \approx \tan\theta$의 근사를 이용하여 y_1에 대하여 푼다.

$$\sin\theta \approx \tan\theta \approx \frac{y_1}{L}$$

$y_1 \approx L\sin\theta = (2.00\text{ m})(\pm 1.93 \times 10^{-3}) = \boxed{\pm 3.86 \times 10^{-3}\text{ m}}$

양과 음의 1차 극대 사이의 거리를 계산한다. 이 값이 중앙 극대의 너비이다.

$w = +3.86 \times 10^{-3}\text{ m} - (-3.86 \times 10^{-3}\text{ m}) = \boxed{7.72 \times 10^{-3}\text{ m}}$

참고 w는 슬릿의 너비보다 훨씬 크다. 그러나 슬릿의 너비를 점점 크게 하면 회절 무늬의 너비는 점점 좁아지고, 이에 대응하는 θ도 더 작아진다. 사실상 a값이 크면 극대, 극소는 아주 가까워져서 오직 중앙부의 밝은 무늬만 보이게 되므로 결국 기하학적인 상과 유사해진다. 슬릿의 너비가 증가하면 기하학적인 상의 너비도 증가한다. 따라서 가장 좁은 상은 기하학적인 상의 너비와 회절 무늬의 너비가 같을 때이다.

24.6 반사에 의한 위상 변화 Change of Phase Due to Reflection

결맞는 두 광원을 만들어 내는 영의 실험에서는 한 쌍의 슬릿을 단일 광원으로 비추고 있다. 단일 광원으로 간섭무늬를 만들어 내는 간단하면서도 독창적인 또 다른 광학적 배치는 **로이드 거울**(Lloyd's mirror)이다. 그림 24.15와 같이 점광원이 거울 가까운 곳 점 S에 있다. 광파는 직접 경로인 S에서 P, 혹은 거울 반사를 통해서 가는 경로 중 하나를 지나 관측점 P에 도달한다. 반사 광선은 거울 뒤쪽에 있는 S′에서 나오는 광선으로 취급할 수 있다. S의 상인 광원 S′은 허광원으로 생각할 수 있다.

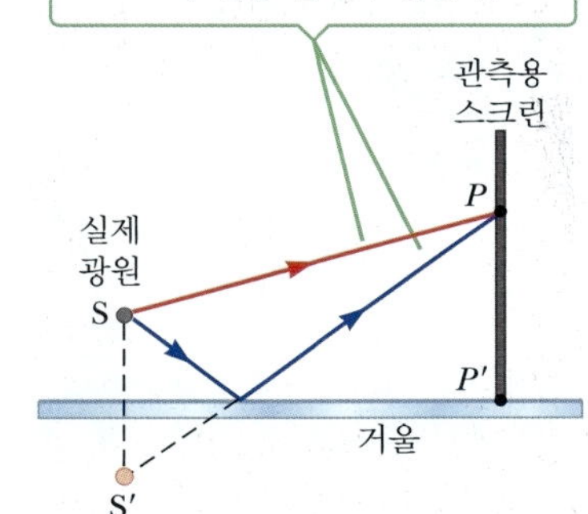

그림 24.15 로이드 거울

광원에서 멀리 떨어져 있는 곳에서는 마치 실제 결맞는 광원들에서 나오는 것처럼 S와 S′으로부터 나오는 광파들 때문에 생긴 간섭무늬를 볼 수 있다. 그러나 어두운 간섭무늬와 밝은 간섭무늬의 위치는 실제 두 결맞는 광원에 의한 간섭무늬(영의 간섭 실험)의 위치들과는 서로 반대이다. 이것은 광원 S′가 거울 반사로 인해 위상 변화가 생겨 180°만큼 달라졌기 때문이다.

더 많은 지점에 대하여 알아보기 위하여 거울과 스크린이 교차하는 점 P'을 생각하자. 이 점은 S와 S′으로부터 같은 거리에 있다. 위상차에 의해서만 경로차가 일어난다면 P'에서는 (이 점에서는 경로차가 영이므로) 밝은 간섭무늬가 관측될 것이다. 이 점은 이중 슬릿 실험에서는 중앙의 간섭무늬에 대응한다. 그러나 거울 반사 때문에 180°의 위상 변화가 생긴다는 결론에 의해 P에서 어두운 간섭무늬가 관측된다. 일반적으로 **전자기파는 진행하고 있는 매질보다 큰 굴절률을 가진 매질에서 반사될 때 180°의 위상 변화가 일어난다.**

반사된 광파와 잡아당겨진 줄에서의 횡파가 경계면에 부딪혀 생긴 반사파 사이의 유사성이 그림 24.16에 나타나 있다. 줄에서 반사된 펄스가 보다 밀한 줄과 연결된 경계면에서 반사되거나 단단한 벽에서 반사될 때는 180°의 위상 변화가 생기지만, 보다 소한 줄과 연결된 경계면에서 반사될 때는 위상 변화가 없다. 이와 마찬가지로 전자기파도 그 전자기파를 전파하는 매질보다 더 큰 굴절률의 매질과 만나는 경계면에서 반사되면 180°의 위상 변화가 일어나지만, 작은 굴절률의 매질로 된 경계면에서 반사될 때

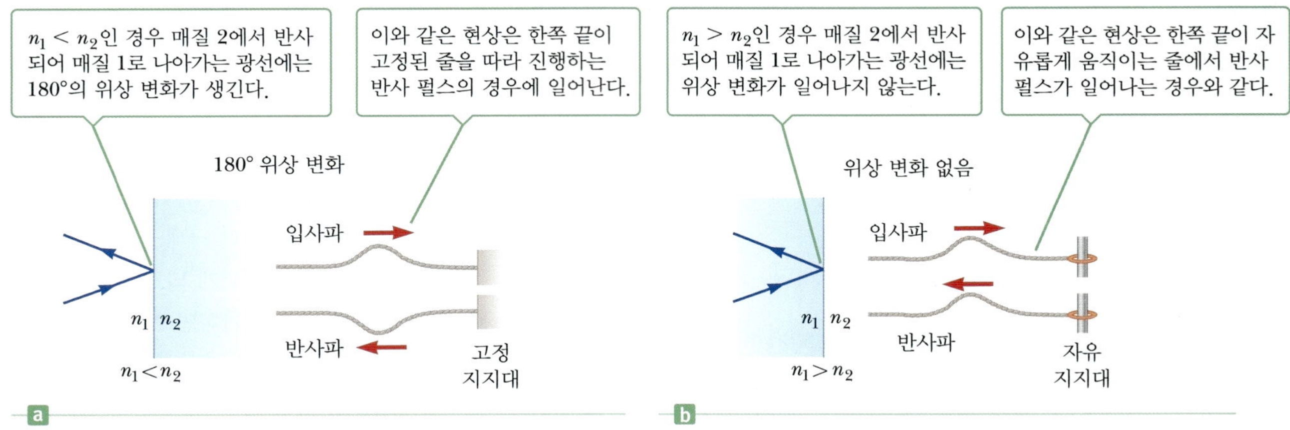

그림 24.16 광파와 줄 위에서의 파동의 반사를 비교해 보기

는 위상 변화가 일어나지 않는다. 한편 경계면을 지나가는 투과파는 어떤 경우에도 위상 변화는 없다.

24.7 얇은 막에서의 간섭 Interference in Thin Films

그림 24.17 물 위에 떠 있는 비눗방울. 색들은 거품막의 앞면과 뒷면에서 반사된 두 반사 광선의 간섭에 의한 것이다. 색은 막의 두께에 따라 달라지며, 가장 얇은 막에서 생기는 검정색으로부터 가장 두꺼운 막에서 생기는 자홍색에 이르기까지 여러 가지 색이 나타난다.

간섭 효과는 대개 비눗방울(그림 24.17)의 얇은 표면이나 물 위에 떠 있는 기름막(그림 24.18)과 같은 얇은 막에서 관측할 수 있다. 결맞지 않은 백색광을 이러한 얇은 막에 비추면 각양각색으로 변하는 색을 볼 수 있는데, 이것은 얇은 막의 윗면과 아랫면에서 반사되는 광파들의 간섭에 의한 결과이다.

24.7.1 간섭조건 Interference Conditions

그림 24.19와 같이 두께가 t로 균일하고, 굴절률이 n인 얇은 막이 있다고 하자. 공기 중에서 진행하고 있는 광선은 얇은 막의 두 표면에 거의 수직으로 입사한다고 가정할

그림 24.18 물 위에 떠 있는 얇은 기름막에 백색광이 입사하였을 때 간섭에 의해 나타나는 간섭무늬. 막과 면도칼의 경계에서 막의 두께가 변하므로 흥미로운 색을 나타내고 있다.

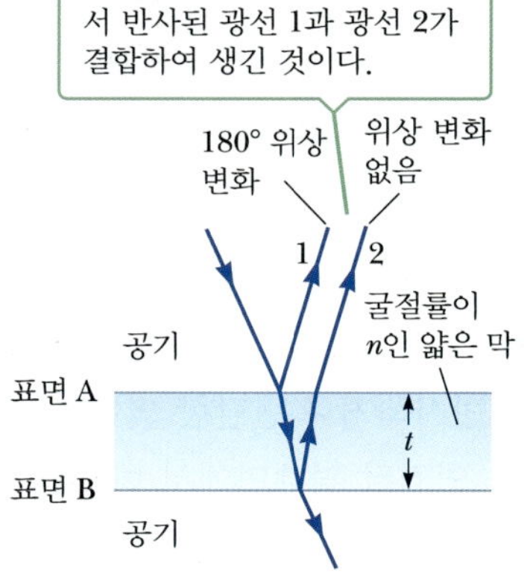

그림 24.19 얇은 막을 지나가는 빛의 경로

때, 얇은 막의 윗면과 아랫면에서 반사된 광선이 보강간섭을 일으키는지, 상쇄간섭을 일으키는지를 결정하기 위해서는 우선 다음과 같은 사실을 알아야 한다.

1. 굴절률이 n_1인 매질에서 굴절률이 n_2인 매질로 진행하는 전자기파가 반사하는 경우 $n_2 > n_1$일 때는 180°의 위상 변화가 일어나고, $n_2 < n_1$일 때는 위상 변화가 일어나지 않는다.
2. 굴절률 n인 매질 내에서의 빛의 파장 λ_n은

$$\lambda_n = \frac{\lambda}{n} \qquad [24.9]$$

이다. 여기서 λ는 진공 중에서의 빛의 파장이다.

이와 같은 규칙들을 그림 24.19의 얇은 막에 적용한다. 첫 번째 규칙에 따르면 윗면 A에서 반사된 광선 1은 180°의 위상 변화가 생긴다. 아랫면 B에서 반사되는 광선 2는 입사파에 대하여 위상 변화가 없다. 이 때문에 광선 1은 광선 2에 대하여 180°만큼의 위상차가 생기는데, 이는 $\lambda_n/2$의 경로차에 해당한다. 여기에 두 광파가 얇은 막의 표면 위 공기 중에서 다시 결합하기 전에 광선 2가 $2t$의 거리를 더 진행한다는 사실도 고려해야 한다. 예를 들어, $2t = \lambda_n/2$이면 광선 1과 광선 2는 위상이 같은 상태로 결합하여 보강간섭이 일어난다. 일반적으로 얇은 막에서의 보강간섭에 대한 조건은 다음과 같다.

$$2t = (m + \tfrac{1}{2})\lambda_n \qquad m = 0, 1, 2, \ldots \qquad [24.10]$$

이 조건은 (1) 두 광선의 경로차($m\lambda_n$), (2) 반사될 때 생기는 180°의 위상 변화($\lambda_n/2$)라는 두 가지 사항을 고려한 것이다. $\lambda_n = \lambda/n$이므로 식 24.10은 다음과 같은 형태로 쓸 수 있다.

$$2nt = (m + \tfrac{1}{2})\lambda \qquad m = 0, 1, 2, \ldots \qquad [24.11]$$

광선 2가 추가로 진행한 거리 $2t$가 λ_n의 정수배라면, 두 광파는 위상 불일치 상태로 결합하므로 상쇄간섭이 생긴다. 얇은 막에서의 상쇄간섭에 대한 조건은 일반적으로 다음과 같다.

$$2nt = m\lambda \qquad m = 0, 1, 2, \ldots \qquad [24.12]$$

보강간섭과 상쇄간섭에 대한 식 24.11과 24.12는 단 한 번의 위상 반전이 있을 때만 유효하다. 이것은 얇은 막 위, 아래의 매질이 얇은 막보다 굴절률이 더 크거나 또는 굴절률이 더 작을 때 생긴다. 그림 24.19는 얇은 막 위, 아래 매질이 공기($n = 1$)로 얇은 막의 굴절률보다 더 작은 굴절률을 갖는다. 그 결과 얇은 막 위쪽 층에서 반사될 때는 위상 반전이 일어나지만, 아래쪽에서는 위상 반전이 없으므로 식 24.11과 24.12가 적용된다. **만일 얇은 막보다 굴절률이 더 작은 매질과 더 큰 매질 사이에 놓인다면 식 24.11과 24.12는 바뀐다. 즉, 식 24.11은 상쇄간섭에, 그리고 식 24.12는 보강간섭에 적용된다.** 이 경우에는 예제 24.5의 그림 24.21에서처럼 표면 A에서 반사되는 광선 1

과 표면 B에서 반사되는 광선 2 둘 다 180°의 위상 변화가 있든지, 아니면 입사 광선이 얇은 막 바로 아래에서 오는 경우처럼 두 광선이 모두 위상 변화가 없다. 그러므로 반사에 의한 상대적인 알짜 위상 변화는 영이다.

24.7.2 뉴턴의 원무늬 Newton's Rings

Tip 24.3 얇은 막에서의 유의점
얇은 막의 간섭무늬를 분석할 때는 두 효과, 즉 경로차와 위상 변화를 반드시 포함시켜라.

광파에 의한 간섭을 관측할 수 있는 또 다른 경우는 그림 24.20a와 같이 평평한 유리면 위에 평볼록 렌즈를 올려놓는 경우이다. 이렇게 하면 유리면에 있는 공기막의 두께는 0(접촉점)에서부터 t(P 지점)까지 변한다. 렌즈의 곡률 반지름 R이 중심으로부터의 거리 r보다 매우 클 때, 파장 λ인 빛을 비추면서 렌즈 위에서 내려다보면 밝고 어두운 고리 모양의 간섭무늬를 볼 수 있다(그림 24.20b). 뉴턴이 발견한 이러한 원무늬를 **뉴턴의 원무늬**(Newton's rings)라 한다. 이 간섭무늬는 평면 유리에서 반사된 광선 1과 렌즈 아래쪽 표면에서 반사된 광선 2가 결합하여 생기는 것이다. 광선 1은 보다 큰 굴절률의 매질로 들어가는 경계면에서 반사되기 때문에 180°의 위상 변화가 일어나는 반면, 광선 2는 보다 작은 굴절률의 매질로 들어가는 경계면에서 반사되기 때문에 위상 변화가 생기지 않는다. 따라서 얇은 막이 공기이므로 $n = 1$로 놓으면 보강간섭과 상쇄간섭에 대한 조건은 각각 식 24.11과 24.12로 주어진다. 그림 24.20b에서처럼 접촉점 O에서는 어두운데, 이는 이 지점에서는 경로차가 없고, 단지 반사에 의한 180°의 위상 변화만 있기 때문이다. 그림 24.20a에서와 같은 기하학적 배치를 이용하면 밝고 어두운 띠에 대한 반지름 r을 곡률 반지름 R과 진공 중에서의 파장 λ로 표현할 수 있다. 예를 들어, 어두운 원무늬의 반지름은 $r \approx \sqrt{m\lambda R/n}$이다.

응용
렌즈의 결함 검사

뉴턴의 원무늬를 가장 잘 이용하는 분야는 광학 렌즈를 검사할 때이다. 그림 24.20b의 원무늬는 렌즈가 완벽한 구면으로 연마되었을 때만 나타난다. 대칭성에 변화가 생기면 찌그러진 간섭무늬 형태가 나타난다. 이러한 간섭무늬의 변화를 통하여 렌즈를 완벽하게 만들기 위해서 얼마나 재연삭과 재연마를 할 것인가를 알 수 있다.

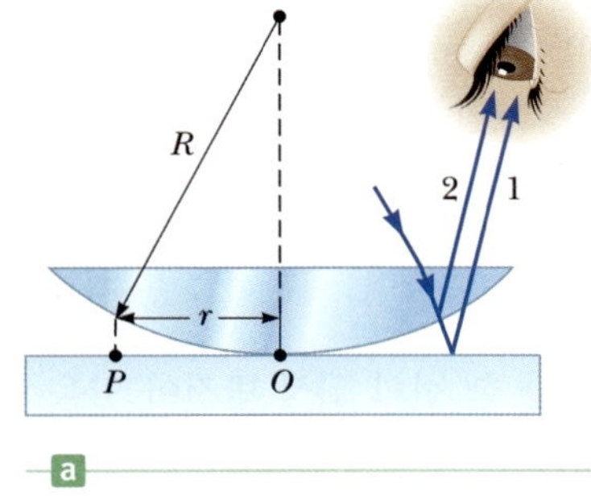

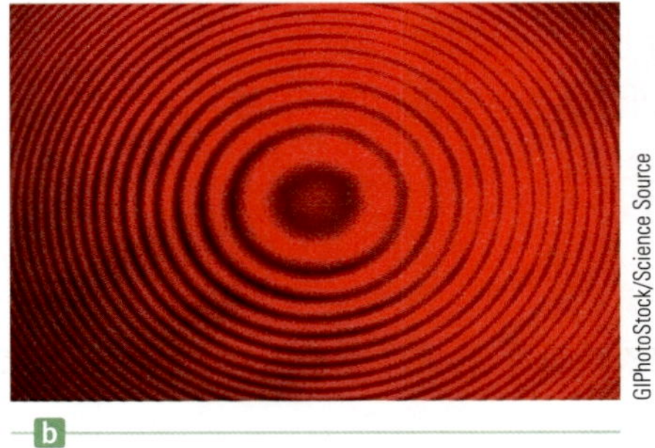

그림 24.20 (a) 평평한 유리면과 렌즈 곡면에서 반사된 광선이 결합하여 뉴턴의 원무늬라고 하는 간섭무늬를 만든다. (b) 뉴턴의 원무늬 사진

예제 24.4 비누막에서의 간섭

목표 얇은 막에서의 보강간섭을 공부한다.

문제 **(a)** 공기 중에서 602 nm의 빛을 얇은 비누막($n = 1.33$)에 비추었을 때 반사된 빛이 보강간섭을 일으킬 최소 두께를 계산하라. **(b)** 그 비누막이 $n = 1.50$인 유리판 위에 있을 때 보강간섭을 일으킬 비누막의 최소 두께를 계산하라.

전략 **(a)**에서는 경계면에서의 반전이 한 번만 일어나므로, 보강간섭의 조건은 $2nt = (m + \frac{1}{2})\lambda$이다. 이 식에서 보강간섭이 일어날 비누막의 최소 두께는 $m = 0$에 해당한다. **(b)**에서는 반전이 두 번 일어나므로, $2nt = m\lambda$이다.

풀이

(a) 보강간섭이 일어날 비누막의 두께를 계산한다.

$2nt = \lambda/2$를 두께 t에 대하여 풀고 값을 대입한다.

$$t = \frac{\lambda}{4n} = \frac{602\ \text{nm}}{4(1.33)} = \boxed{113\ \text{nm}}$$

(b) 비누막이 $n = 1.50$인 유리판 위에 있을 때 보강간섭이 일어날 최소 두께를 구한다.

반전이 두 번 일어날 때의 보강간섭 조건식을 쓴다.

$$2nt = m\lambda$$

t에 대해 풀고 값을 대입한다.

$$t = \frac{m\lambda}{2n} = \frac{(1)(602\ \text{nm})}{2(1.33)} = \boxed{226\ \text{nm}}$$

참고 비누막에서 여러 가지 색이 나타나는 이유는 두께가 균일하지 않기 때문이다. 비누막의 두께가 시간에 따라 변하면 무늬가 움직이는 모습이 생긴다.

예제 24.5 태양 배터리와 광학 렌즈용 무반사 코팅

목표 두 번의 위상 반전이 있는 얇은 막에 의한 상쇄간섭 효과를 알아본다.

문제 실리콘과 같은 반도체는 태양에 노출시켰을 때 전기에너지를 만들어 내는 태양 배터리와 같은 장치를 생산할 때 이용된다. 태양 배터리는 대개 일산화규소(SiO; $n = 1.45$)와 같은 얇고 투명한 얇은 막으로 코팅하여 반사 손실을 최소화한다(그림 24.21). 이러한 목적으로 실리콘 태양 배터리($n = 3.50$)를 일산화 실리콘 얇은 막으로 코팅한다. 파장이 552 nm인 빛을 수직으로 입사시킬 때, 반사를 최소화하기 위한 얇은 막의 최소 두께를 구하라.

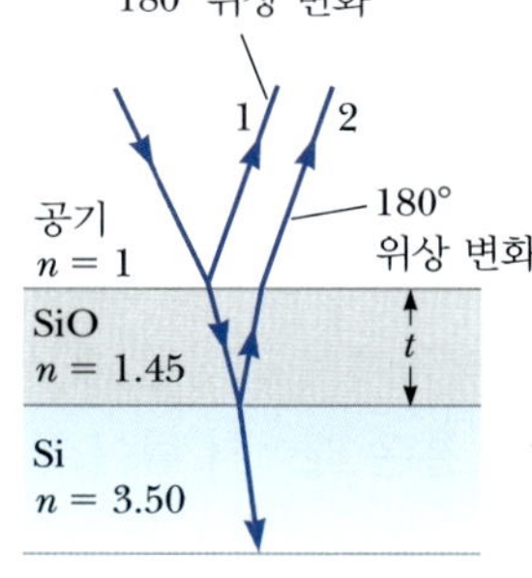

그림 24.21 (예제 24.5) 실리콘 태양 배터리에서 반사에 의해 일어나는 손실은 일산화규소(SiO) 얇은 막을 입힘으로써 최소화할 수 있다.

전략 그림 24.21에서 광선 1과 광선 2가 상쇄간섭에 대한 조건을 충족시킬 때 반사는 최소가 된다. 두 광선은 모두 반사될 때 180°만큼 위상이 변한다. 그러므로 최소 반사에 대한 조건은 $2nt = \lambda/2$이다.

풀이

$2nt = \lambda/2$를 t에 대하여 푼다.

$$t = \frac{\lambda}{4n} = \frac{552\ \text{nm}}{4(1.45)} = \boxed{95.2\ \text{nm}}$$

참고 대개 이러한 코팅은 반사 손실을 30%(코팅을 하지 않은 경우)에서 10%(코팅을 한 경우)로 줄여주므로 태양 배터리의 효율은 증가한다. 이는 빛을 더 많이 받게 되면 태양 배터리 안에 더 많은 전하 운반자가 생성되기 때문이다. 실제로는 필요한 두께는 파장에 의존하고, 또한 전 파장에 해당하는 빛이 입사되므로 한 층의 코팅으로는 완벽하게 무반사가 되도록 할 수 없다.

예제 24.6 쐐기형 얇은 막 간섭

목표 두께가 변하는 얇은 막에 대한 간섭 효과를 계산한다.

문제 길이 10.0 cm, 굴절률 $n = 1.52$인 한 쌍의 슬라이드 유리판 사이 한 끝에 머리카락을 끼워 넣어 그림 24.22와 같은 삼각형 쐐기 모양의 공기층을 만든다. 파장이 633 nm인 헬륨–네온 레이저에서 나오는 결맞는 광선을 위쪽에서 입사시키자 센티미터당 15.0개의 어두운 간섭무늬가 생겼다. 머리카락의 두께를 구하라.

전략 두께가 변하는 공기 얇은 막에 의해 간섭무늬 형태가 생긴다. 이 간섭무늬 형태는 밝고 어두운 평행한 연속적인 띠 모양이다. 어두운 띠는 상쇄간섭에 해당하고, 이 경우 위상 반전은 한 번 일어나므로 $2nt = m\lambda$를 사용해야 한다. 또한 그림 24.22에서 닮은꼴 삼각형을 이용하면 $t/x = D/L$이다. 그러면 임의의 m에

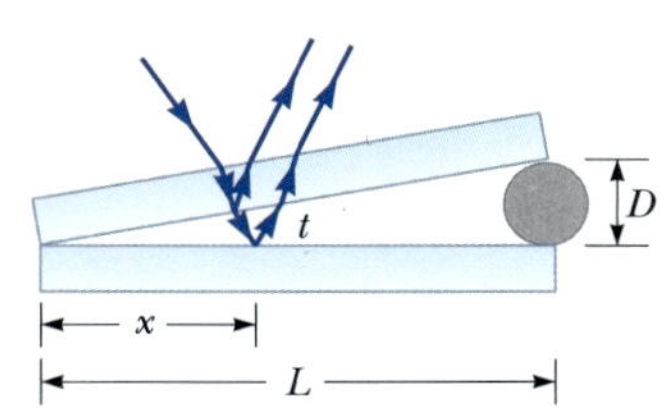

그림 24.22 (예제 24.6) 단색광을 쐐기 모양의 얇은 막에 비추면 반사된 빛에서 나타나는 간섭무늬를 볼 수 있다. 간섭무늬의 어두운 부분은 상쇄간섭이 나타나는 위치에 해당한다.

대한 두께를 구할 수 있고, 위치 x를 알면 마지막 관계식으로부터 머리카락의 지름 D를 구할 수 있다.

풀이

상쇄간섭을 나타내는 식을 두께 t에 대하여 푼다(공기의 굴절률 $n = 1$).

$$t = \frac{m\lambda}{2}$$

어두운 띠에서 그 다음 어두운 띠까지의 거리를 d라 하면 m번째 띠의 x 좌표는 d의 정수배이다.

$$x = md$$

차원분석을 통하여 d는 단지 센티미터당 띠 개수의 역수이다.

$$d = \left(15.0\ \frac{\text{띠}}{\text{cm}}\right)^{-1} = 6.67 \times 10^{-2}\ \frac{\text{cm}}{\text{띠}}$$

삼각형의 닮음꼴을 이용하고 모든 값을 대입한다.

$$\frac{t}{x} = \frac{m\lambda/2}{md} = \frac{\lambda}{2d} = \frac{D}{L}$$

D에 대하여 풀고 주어진 값을 대입한다.

$$D = \frac{\lambda L}{2d} = \frac{(633 \times 10^{-9}\ \text{m})(0.100\ \text{m})}{2(6.67 \times 10^{-4}\ \text{m})} = 4.75 \times 10^{-5}\ \text{m}$$

참고 위쪽 유리면과 아래쪽 유리면에서 반사되는 빛에 의해 간섭무늬가 생긴다고도 볼 수 있다. 그러나 슬라이드 유리의 두께가 헬륨–네온 레이저 파장의 반 정수배(매우 큰 m에 대하여)가 될 것 같지는 않다. 게다가 쐐기 모양의 공기막과는 달리 유리의 두께는 변하지 않는다.

24.7.3 간섭을 이용한 CD와 DVD 재생 Using Interference to Read CDs and DVDs

응용
CD와 DVD의 원리

CD(compact discs)와 DVD(digital video discs)는 고속 입출력, 즉 문서와 그림, 영화 등을 고밀도로 압축저장하고, 고품질로 음성 녹음하여 컴퓨터와 오락 산업에 대변혁을 가져왔다. 이러한 비디오디스크 자료들은 0과 1로 구성된 디지털 형태로 저장된다. 이러한 0과 1은 디스크에서 반사되는 레이저 빛에 의해 재생된다. 디스크에서 나오는 강한 반사(보강간섭)는 0으로, 약한 반사(상쇄간섭)는 1로 표현된다.

얇은 막 간섭이 어떻게 해서 CD 재생에 중요한 역할을 하는지 그림 24.23을 통하여 자세히 알아보자. 이 그림은 디스크의 위쪽 또는 레이블이 있는 면에서 보았을 때 빛을 반사하는 금속 정보층에 새겨진 길이가 다른 일련의 홈(pit)으로 구성된 CD 트랙들을 보여 주는 현미경 사진이다. 그림 24.24는 CD의 단면도로서, 아래쪽에서 코팅된 깨끗한 플라스틱을 통하여 레이저 빔이 금속층으로 비춰지고 있으며, 홈은 레이저 빔이 부딪히는 돌출부 역할을 한다.

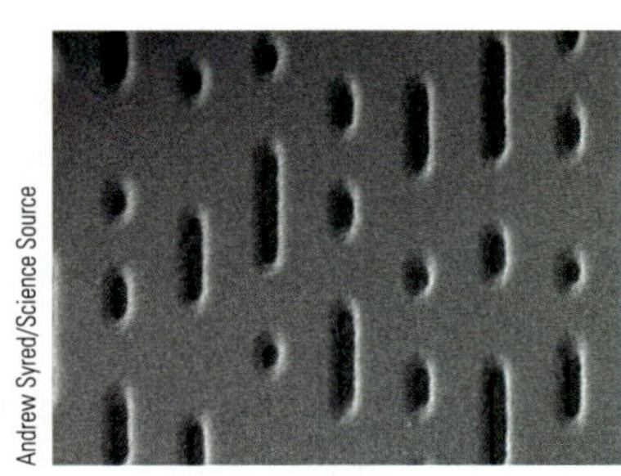

그림 24.23 현미경으로 본 DVD상의 트랙. 홈과 평평한 영역에 저장된 정보는 레이저 빔으로 재생된다.

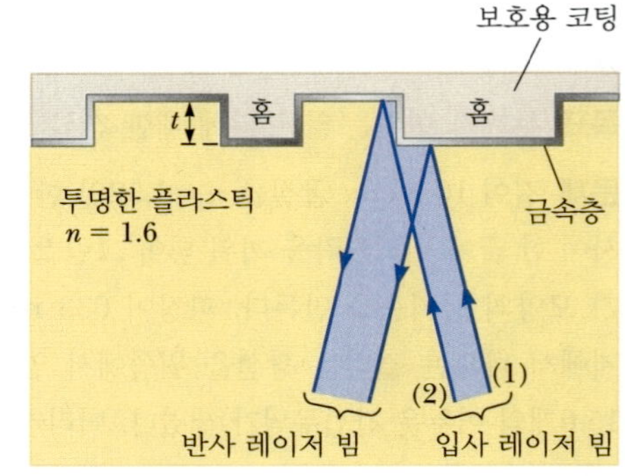

그림 24.24 금속 표면에 깊이 t로 패인 홈을 레이저 빔이 감지하는 모습을 보여 주는 CD의 단면도

디스크가 회전하게 되면 돌출부에 의해 반사된 레이저 빔은 아래쪽에 있는 광검출기로 들어가, 반사된 세기에 따라 0 또는 1의 전기적 신호로 바뀐다. 이러한 빛의 세기를 보다 강하게, 보다 쉽게 검출하기 위해 홈의 깊이 t를 플라스틱 내 레이저 광의 1/4 파장이 되도록 한다. 레이저 빔이 돌출부의 모서리 위, 아래 부분에 부딪히면, 빔의 일부는 모서리 위쪽에서, 일부는 인접해 있는 아래쪽에서 반사되며, 반사된 빔은 상쇄간섭되거나 세기가 매우 약해진 상태로 검출기에서 검출된다. 돌출부의 변은 1로 읽히고, 평평한 모서리 위쪽과 중간에 있는 평평한 부분은 0으로 읽힌다.

24.8 빛의 편광 Polarization of Light Waves

21장에서 전자기파의 횡파 특성을 논하였다. 그림 24.25에서 전자기파와 관련된 전기장 벡터와 자기장 벡터는 서로 수직이고, 또한 전자기파의 진행 방향에 수직이다. 이 절에서 논하는 편광 현상은 전자기파가 횡파라는 사실을 확실하게 입증한다.

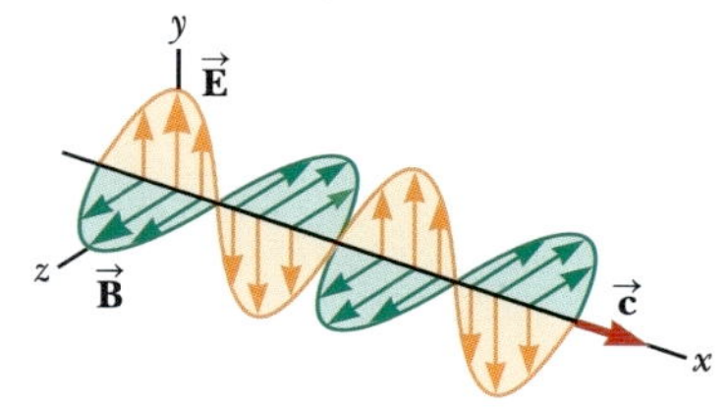

그림 24.25 x축 방향으로 진행하는 편광된 전자기파. 전기장 $\vec{\mathbf{E}}$는 xy 평면에서 진동하고 자기장 벡터 $\vec{\mathbf{B}}$는 xz 평면에서 진동한다.

일반적인 빛살은 광원의 원자나 분자들에서 방출되는 수많은 전자기파로 이루어져 있다. 원자와 연관된 진동하는 전하들은 작은 안테나와 같은 역할을 한다. 각 원자는 그림 24.25와 같이 원자 진동 방향에 대응하여 $\vec{\mathbf{E}}$의 방향을 갖는 전자기파를 만들어낸다. 그러나 모든 방향으로의 진동이 가능하므로 합성 전자기파는 개개 원자 광원들이 만들어 내는 전자기파들의 중첩이 된다. 그 결과 그림 24.26a에 개략적으로 그려져 있는 **편광되지 않은**(unpolarized) 광파가 된다. 이 그림에서 전파 방향은 종이면에 수직이다. 전기장 벡터의 모든 방향이 확률적으로 동등하며 (이 페이지의 종이면과 같은) 진행 방향의 수직인 평면에 놓인다는 것에 주목하라.

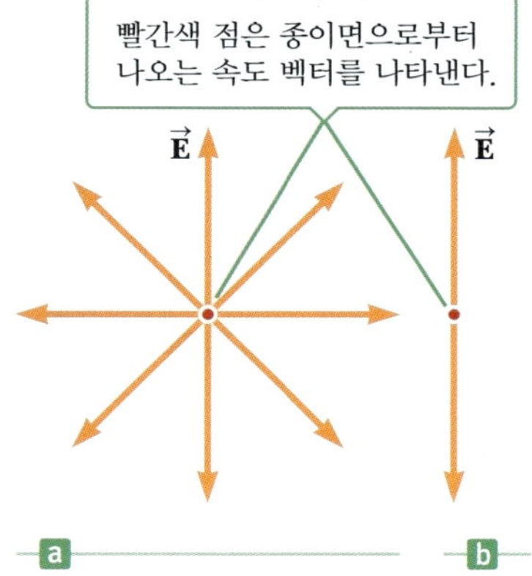

그림 24.26 (a) 종이면에 수직인 진행 방향에서 본 편광되지 않은 광선. 횡방향의 전기장 벡터는 모든 방향에 대하여 같은 확률로 진동한다. (b) 연직 방향으로 진동하는 전기장 벡터를 갖는 선형 편광된 광선

합성 전기장 $\vec{\mathbf{E}}$가 그림 24.26b와 같이 특정한 지점에서 항상 같은 방향으로 진동한다면, 이러한 전자기파를 **선형 편광**(linearly polarized)되었다고 한다. [때때로 이러한 전자기파를 평면 편광(plane polarized) 또는 간단히 편광파(polarized)라고 한다.] 그림 24.25에 있는 전자기파는 y 방향으로 선형 편광된 전자기파의 한 예이다. 전자기파가 x 방향으로 진행하므로 $\vec{\mathbf{E}}$의 방향은 언제나 y 방향이다. $\vec{\mathbf{E}}$와 전파 방향에 의해 형성되는 평면을 파동의 편광면이라 한다. 그림 24.25에서 편광면은 xy면이다.

하나의 면 위에서만 진동하는 전기장 벡터의 빛살을 제외하고 나머지 전기장 벡터의 빛살을 제거함으로써 비편광파로부터 선형 편광파를 만들어 낼 수 있다. 이렇게 할 수 있는 세 가지 방법, 즉 (1) 선택적 흡수, (2) 반사, (3) 산란에 대하여 논의한다.

24.8.1 선택적 흡수에 의한 편광 Polarization by Selective Absorption

빛을 편광시키는 가장 일반적인 방법은 어떤 특정한 방향에 대하여 평행한 면으로 진동하는 전기장 벡터를 갖는 전자기파는 투과시키면서, 이 전기장 벡터에 수직으로 진동하는 전기장 벡터를 갖는 전자기파는 흡수하는 물질을 이용하는 것이다.

1932년 랜드(E. H. Land)는 방향성이 있는 분자들에 의한 선택적 흡수를 통해 빛을 편광시키는 **폴라로이드**(Polaroid)라고 하는 물질을 발견하였다. 이 물질은 긴 사슬

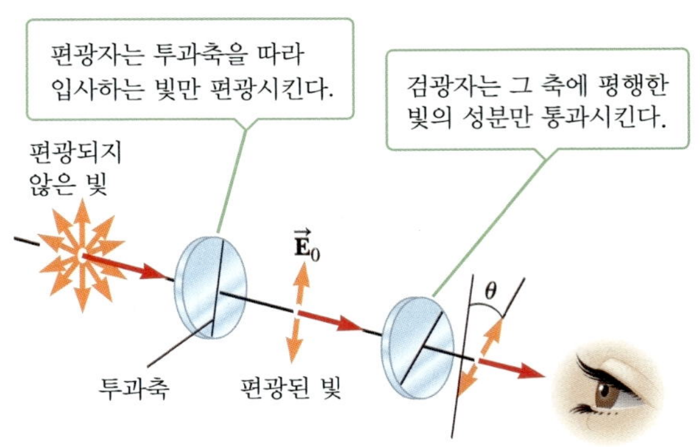

그림 24.27 투과축이 서로 θ의 각을 이루고 있는 두 개의 편광판. 검광자에 들어온 편광된 빛의 일부만이 검광자를 통과한다.

형태의 탄화수소로 된 얇은 막을 잡아당겨 분자를 정렬시켜 만든다. 이 막을 아이오딘이 들어 있는 용액에 담그면 분자들은 좋은 전도체가 된다. 그러나 분자의 가전자들은 고분자 사슬을 따라 쉽게 이동할 수 있으므로, 일차적으로는 탄화수소 사슬을 따라 전도가 일어난다(가전자란 전도체를 통해 쉽게 이동할 수 있는 자유 전하라는 것을 상기하라). 그 결과 분자들은 분자들의 길이 방향에 평행인 전기장 벡터를 갖는 빛을 쉽게 흡수하고, 수직 방향의 전기장 벡터를 갖는 빛은 투과시킨다. 흔히, 분자 사슬에 수직인 방향을 **투과축**(transmission axis)이라고 한다. 이상적인 편광자는 투과축에 평행인 $\vec{\mathbf{E}}$를 갖는 모든 빛은 투과시키고, 이 투과축에 수직인 $\vec{\mathbf{E}}$를 갖는 모든 빛은 흡수한다.

편광 물질은 그 물질을 통과하는 빛의 세기를 감소시킨다. 그림 24.27에서 편광되지 않은 빛이 **편광자**(polarizer)라고 하는 첫 번째 편광막에 입사되고 있다. 그림에 투과축이 표시되어 있다. 이 막을 통과하는 빛은 수직으로 편광되며, 투과된 전기장 벡터는 $\vec{\mathbf{E}}_0$이다. **검광자**(analyzer)라고 하는 두 번째 편광막이 편광자의 축과 θ의 각도로 투과축과 기울어져 있다. 검광자의 투과축에 수직인 $\vec{\mathbf{E}}_0$의 성분은 검광자에 의해 모두 흡수된다. 검광자축에 평행인 $\vec{\mathbf{E}}_0$의 성분인 $E_0 \cos\theta$은 검광자를 통과할 수 있다. 투과된 빛의 세기는 진폭 E의 제곱에 따라 변하므로, 검광자를 통과한 (편광된) 빛살의 세기는

말뤼스의 법칙 ▶

$$I = I_0 \cos^2 \theta \qquad [24.13]$$

가 된다. 여기서 I_0는 검광자에 입사하는 편광파의 세기이다. 이 식은 **말뤼스의 법칙**(Malus's law)이라고 알려져 있는데, 투과축이 서로 각도 θ만큼 기울어져 있는 두 편

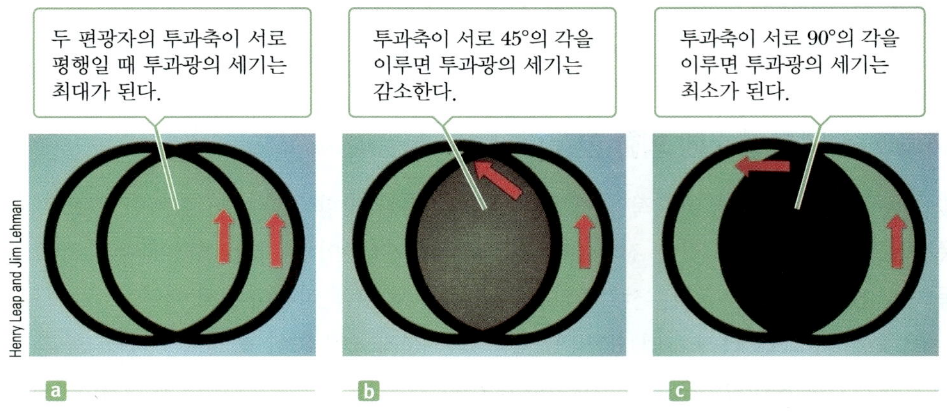

그림 24.28 두 편광자를 통과하는 빛의 세기는 편광자의 투과축 사이의 각에 따라 달라진다.

광 물질에 대하여 적용된다. 식 24.13에서 투과된 빛의 세기는 투과축이 평행($\theta = 0$ 또는 $180°$)일 때 최대이며, 투과축이 서로 수직이면 최소(검광자에 의해 완전히 흡수되므로)가 된다. 한 쌍의 편광판을 통과한 투과광에 대한 세기의 변화를 그림 24.28에서 볼 수 있다.

세기가 I_0인 편광되지 않은 빛이 이상적인 단일 편광자를 통과하면, 통과된 선형 편광파의 세기는 $I_0/2$가 된다. 이것은 $\cos^2\theta$의 평균값이 1/2이기 때문에 나오는 말뤼스의 법칙의 결과이다.

예제 24.7 편광자

목표 편광 물질이 빛의 세기에 미치는 영향을 이해한다.

문제 편광되지 않은 빛이 세 개의 편광자로 입사한다. 첫 번째 편광자는 투과축에 수직이고, 두 번째 편광자는 첫 번째 편광자에 대하여 30.0°만큼 회전해 있으며, 세 번째 편광자는 첫 번째 편광자에 대하여 75.0°만큼 회전해 있다. 최초의 빛의 세기를 I_b라 하면, **(a)** 두 번째 편광자와 **(b)** 세 번째 편광자를 통과한 후의 빛의 세기는 어떻게 될까?

전략 빛살이 첫 번째 편광자를 통과하면 편광이 되면서 세기는 처음 세기의 1/2이 된다. 그 다음 두 번째와 세 번째 편광자에 대하여 말뤼스의 법칙을 적용한다. 말뤼스의 법칙에서 사용되는 각도는 바로 앞에 있는 투과축을 기준으로 하여 적용한다.

풀이

(a) 두 번째 편광자를 통과한 후의 빛살의 세기를 계산한다.

입사광의 세기는 $I_b/2$이다. 두 번째 편광자에 말뤼스의 법칙을 적용한다.

$$I_2 = I_0\cos^2\theta = \frac{I_b}{2}\cos^2(30.0°) = \frac{I_b}{2}\left(\frac{\sqrt{3}}{2}\right)^2 = \frac{3}{8}I_b$$

(b) 세 번째 편광자를 통과한 후의 빛살의 세기를 계산한다.

입사광의 세기는 $3I_b/8$이다. 세 번째 편광자에 대하여 말뤼스 법칙을 적용한다.

$$I_3 = I_2\cos^2\theta = \frac{3}{8}I_b\cos^2(45.0°) = \frac{3}{8}I_b\left(\frac{\sqrt{2}}{2}\right)^2 = \frac{3}{16}I_b$$

참고 **(b)**에서 사용된 각도는 75.0°가 아닌, $75.0° - 30.0° = 45.0°$이다. 편광 물질이 투과된 전기장의 방향을 결정해 주므로, 각도는 언제나 바로 앞에 있는 투과축을 기준으로 잰다.

24.8.2 반사에 의한 편광 Polarization by Reflection

편광되지 않은 빛살이 표면에서 반사될 때 반사된 빛은 입사각에 따라 완전 편광, 부분 편광, 또는 편광되지 않는다. 입사각이 0° 또는 90°(수직 또는 수평)라면 반사된 빛살은 편광되지 않는다. 그러나 0°에서 90° 사이의 입사각에 대해서는 어느 정도 편광된다. 어떤 특정한 입사각에 대해서는 완전히 편광된다.

그림 24.29a와 같이 편광되지 않은 빛살이 표면에 입사한다고 하자. 빛살은 표면에 평행인 전기장 성분(점으로 표시됨)과 이 성분에 수직이면서 전파 방향에 수직인 전기장 성분(주황색의 화살표로 표시됨)으로 나타낼 수 있다. 평행 성분은 수직 성분보다 강하게 반사되므로 부분 편광된 빛살이 반사된다. 더불어 굴절된 빛살 또한 부분 편광된다.

반사광과 굴절광 사이의 각도가 90°가 될 때까지 입사각 θ_1을 변화시킨다고 가정해 보자(그림 24.29b). 이러한 현상이 일어날 때의 입사각을 **편광각**(polarizing angle) θ_p라고 하는데, 그때 반사광은 완전히 편광되고 반사광의 전기장 벡터는 표면에 평행

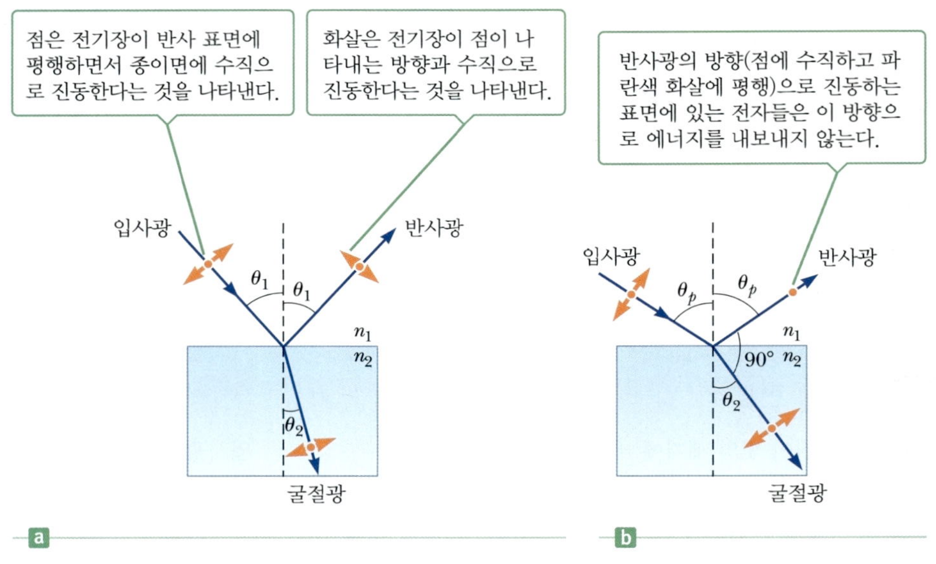

그림 24.29 (a) 편광되지 않은 광선이 반사면에 입사하였을 때, 반사광과 굴절광은 부분적으로 편광된다. (b) 입사각이 식 $n_2/n_1 = \tan\theta_p$를 만족하는 편광각 θ_p일 때, 반사광은 완전히 편광된다.

한 반면, 굴절광은 부분적으로 편광된다.

스넬의 법칙과 그림 24.29b를 사용하여 편광각과 n_1, n_2와의 관계식을 구할 수 있다. 이 그림에서 스넬의 법칙은 $n_1 \sin\theta_p = n_2 \sin\theta_2$로 주어진다. 반사광과 굴절광 사이의 각은 90°이므로, 그림 24.29b로부터 $\theta_p + 90° + \theta_2 = 180°$가 되어 $\theta_2 = 90° - \theta_p$이다. $\sin\theta_2 = \sin(90° - \theta_p) = \cos\theta_p$를 스넬의 법칙에 대입하면 편광각은 다음과 같이 주어진다.

브루스터의 법칙 ▶

$$\frac{n_2}{n_1} = \frac{\sin\theta_p}{\cos\theta_p} = \tan\theta_p \qquad [24.14]$$

식 24.14를 **브루스터의 법칙**(Brewster's law)이라 하며, 편광각 θ_p는 발견자인 브루스터 경(Sir David Brewster, 1781~1868)의 이름을 따서 **브루스터 각**(Brewster's angle)이라고 한다. 예를 들어, 크라운 유리($n = 1.52$)에 대한 브루스터 각은 $\theta_p = \tan^{-1}(1.52) = 56.7°$이다. 물질에 대한 굴절률 n은 파장에 따라 변하므로 브루스터 각 역시 파장의 함수이다.

응용

폴라로이드 선글라스

반사에 의해 일어나는 편광은 일반적인 현상이다. 물이나 유리, 눈에서 반사된 햇빛은 부분 편광된 빛이다. 반사면이 수평이면 반사광의 전기장 벡터는 수평 성분이 강하다. 편광 선글라스는 반사광에 의한 눈부심을 편광 물질을 이용해 감소시킨다. 렌즈의 투과축이 수직 방향으로 되어 있어 반사광의 강한 수평 성분을 흡수한다. 반사광은 대부분 편광되어 있기 때문에 반사광의 수직 성분을 제거하지 않고서도 대부분의 눈부심을 없앨 수 있다.

24.8.3 산란에 의한 편광 Polarization by Scattering

빛이 기체와 같은 입자로 이루어진 물질계에 입사되면, 물질 내에 있는 전자들은 빛을 흡수하고 일부 재복사한다. 이러한 물질에 의한 빛의 흡수와 재복사를 **산란**(scattering)이라고 하는데, 지구의 관측자로 다가오는 햇빛을 편광시키는 원인이 된다. 편광 유리로 만든 선글라스를 통하여 이러한 현상을 직접 관찰할 수 있다. 렌즈의 어느 방향에서는 다른 방향에서보다 햇빛이 덜 투과된다.

그림 24.30은 빛이 어떻게 편광되는지를 보여 준다. 그림의 왼쪽은 공기 중에 떠 있는 분자와 충돌하기 전의 편광되지 않은 빛을 보여 주고 있다. 빛이 공기 중의 분자와 충돌하면, 분자 내의 전자들은 진동한다. 복잡한 형태로 진동하는 전하들을 제외하고는 안테나 내에 진동하는 전하와 같이 행동한다. 입사광의 전기장 벡터의 수평 성분의 일부는 전하들을 수평으로 진동시키고, 입사광의 전기장 벡터의 수직 성분의 일부는 전하들을 수직으로 진동시킨다. 수평으로 편광된 광파는 수평으로 진동하는 전자로부터 방출되고, 수직으로 편광된 광파는 수직으로 진동하는 전자에 의해 종이면과 평행하게 방출된다.

과학자들은 벌과 집비둘기가 햇빛의 편광을 항해용 도구로써 이용한다는 것을 알아내었다.

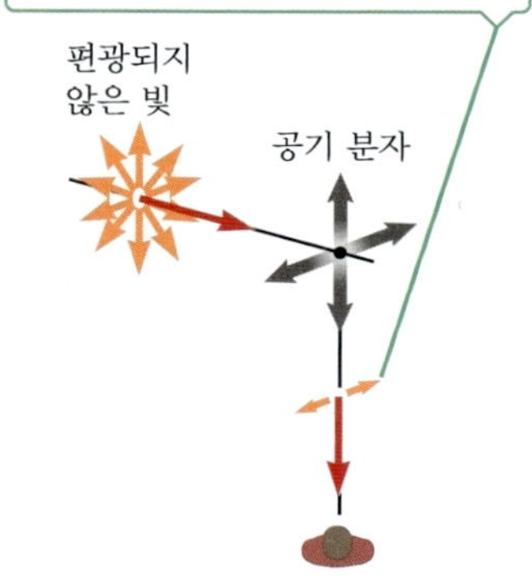

그림 24.30 편광되지 않은 햇빛의 공기 분자에 의한 산란

24.8.4 광활성 Optical Activity

편광된 빛의 많은 중요한 응용 중에는 **광활성**(optical activity)을 나타내는 물질을 포함하고 있다. 어떤 물질이 투과하는 빛의 편광면을 회전시키면 광학적으로 활성되었다고 한다. 그림 24.31a와 같이 편광되지 않은 빛이 편광자의 왼쪽에서 입사된다고 하자. 그림에서 보듯이 투과광은 수직으로 편광되어 있다. 그 다음 이 빛이 편광자와 수직을 이루는 검광자로 입사한다면, 검광자를 통해서 나오는 빛은 없다. 그러나 그림 24.31b와 같이 광활성 물질을 편광자와 검광자 사이에 놓으면 그 물질은 편광된 빛의 방향을 θ만큼 회전시킨다. 그 결과 검광자를 통하여 일부의 빛이 나오게 된다. 빛이 물질에 의해 회전된 각도는 빛이 완전히 사라질 때까지 편광자를 회전시킴으로써 구할 수 있다. 회전각은 중간에 놓인 광활성 물질의 길이에 의존한다. 물질이 용액이라면 농도에 의존한다. 광학적으로 활성된 물질 중의 하나가 설탕 용액이다. 설탕 용액의 농도를 결정하는 표준 방법은 고정된 용액 길이에 의해 생기는 편광의 회전각을 측정하는 것이다.

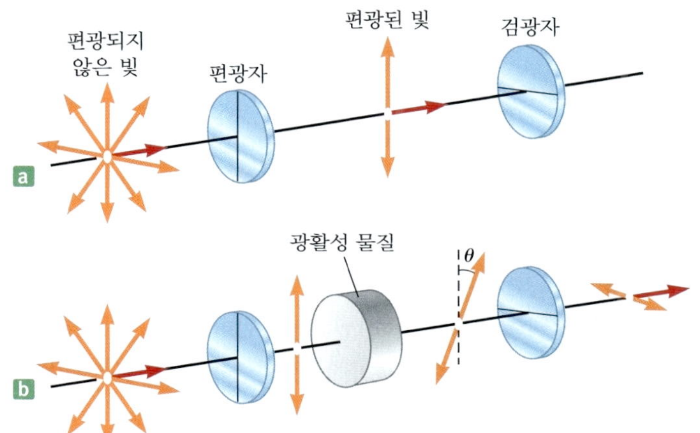

그림 24.31 (a) 편광자와 검광자의 투과축이 서로 수직으로 놓여 있을 때, 편광자를 통과한 편광된 빛은 검광자를 통과하지 못한다. (b) 광활성 물질은 약간의 편광된 빛이 검광자를 통과할 수 있도록 편광각을 θ만큼 회전시킨다.

응용

광활성에 의한 용액의 농도 측정

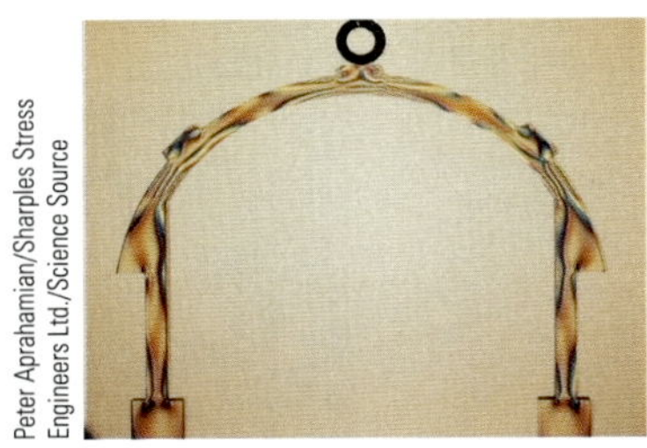

Peter Aprahamian/Sharples Stress Engineers Ltd./Science Source

그림 24.32 하중을 받고 있는 아치 구조의 플라스틱 모형이 수직으로 놓인 편광자들 사이에 놓여 있을 때 관측되는 간섭무늬. 이와 같은 무늬는 구조물을 최적으로 설계하는 데 매우 유용하게 쓰인다.

광활성은 분자들의 배치가 비대칭으로 분포되어 있기 때문에 생긴다. 예를 들어, 어떤 단백질은 분자 구조가 나선 모양이기 때문에 광활성을 갖는다. 유리나 플라스틱과 같은 물질은 힘을 가하면 광학적으로 활성된다. 편광된 빛을 힘을 받지 않고 있는 플라스틱에 쪼이고, 이에 수직으로 검광자를 놓으면 처음의 편광된 빛은 하나도 투과하지 못한다. 그러나 플라스틱에 힘을 가하면, 가장 큰 힘을 받는 부분에서 편광된 빛을 가장 크게 회전시키므로, 일련의 밝고 어두운 띠무늬가 투과광에서 관측된다. 공학자들은 교량에서부터 작은 도구에 이르기까지 구조물의 설계에 이러한 성질을 자주 이용한다. 플라스틱 모형을 만들어 여러 하중이 걸린 상태에서 분석하게 되면 약한 부분이나 결함이 있는 부분을 찾아낼 수 있다. 설계가 온전하지 않으면 밝고 어두운 띠무늬들이 가장 약한 부분에 나타나므로 초기 단계에서 설계를 수정할 수 있다. 그림 24.32는 변형력을 받고 있는 플라스틱에 나타난 무늬를 보여 주고 있다.

24.8.5 액정 Liquid Crystals

응용

액정 디스플레이(LCD)

편광면의 회전 현상과 유사한 효과가 포켓용 계산기나 손목시계, 노트북 컴퓨터 등의 디스플레이에 널리 이용되고 있다. 액정이라고 하는 독특한 물질의 성질들이 이러한 액정 디스플레이(LCD)를 가능하게 했다. 그 이름이 암시하듯이 **액정**(liquid crystal, 액체 결정)은 고체 결정의 성질도 갖고, 액체의 성질도 갖는 중간 성질의 물질이다. 액정 내 물질의 분자 구조는 액체의 경우보다는 더 질서 있게 배열되어 있지만, 순수한 고체 결정과 비교하면 그렇지 못하다. 이러한 상태에서 분자를 결합시키는 힘은 가까스로 물질을 어떤 정해진 형태로 유지시킬 수 있을 정도일 뿐이다. 이 때문에 고체라고 부른다. 하지만 역학적 혹은 전기에너지가 약간만 공급되어도 결합이 흐트러져서 물질은 흐르거나 회전하거나 꼬이게 된다.

액체 결정이 디스플레이에 어떻게 이용되는지 알아보기 위하여 그림 24.33a를 보자. 액체 결정은 그림과 같이 두 유리판 사이에 배치되어 가느다란 전선으로 연결되어 있다. 전압이 디스플레이의 한 글자 요소에 가해지면 그 글자 요소는 어두워진다. 이와 같이 전압이 가해지는 방식에 따라 일곱 개의 글자 요소는 0에서부터 9까지의 숫자를 표시할 수 있다.

왜 전압의 작용에 의해 글자 요소가 어두워졌다 밝아지는지 알아보기 위해서 그림 24.33b를 보자. 이 그림에 액정 디스플레이의 기본적인 구조의 일부가 나타나 있다. 액정을 사이에 두고 있는 두 유리판을 투과축이 서로 수직인 두 장의 편광자가 양쪽에서 덮고 있다. 한쪽에 있는 편광자 뒤에는 반사면이 놓여 있다. 우선 그림 24.33b와 같이 이 소자에 빛은 입사되면서 액정에 전압이 걸리지 않은 경우를 생각하자. 입사광은 왼편에 있는 편광자에 의해 편광된 후, 액정으로 들어간다. 이 빛이 액정을 통과하면 편광면이 90°만큼 회전하여 오른쪽에 있는 편광자를 통과할 수 있다. 이 빛은 반사면에 반사되어 액정으로 되돌아간다. 그러면 액정 왼쪽에 있는 관측자에게는 글자 요소가 밝게 보인다. 그림 24.33c와 같이 전압이 걸리면 액정의 분자들은 빛의 편광면을 회전시키지 않는다. 이 경우, 빛은 오른쪽에 있는 편광자에 흡수되며, 따라서 액정 왼

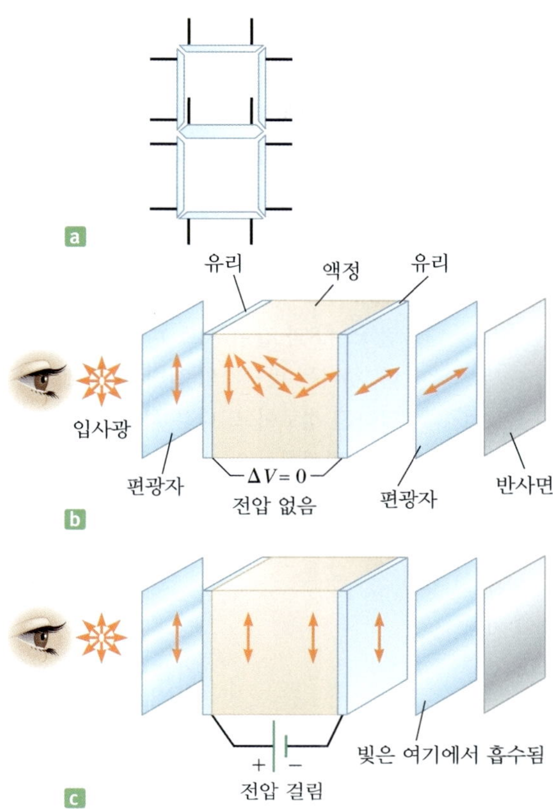

그림 24.33 (a) 액정 소자의 단면도, (b) 전압이 없으면 편광된 빛은 액정에 의해 회전한다. (c) 전압이 걸리면 액정 분자는 전기장의 방향으로 배열된다.

쪽에 있는 관측자에게로 반사되는 빛은 없다. 결국, 관측자에게 글자 요소는 어둡게 보인다. 액정은 가해진 전압에 맞추어 정확하게 변하므로 시계의 초침이나 컴퓨터의 문자 등을 표현하는 데 이용할 수 있다. 액정의 초기 정렬방식에 따라 전압을 가하지 않았을 때가 어두운 상태가 될 수도 있다.

연습문제

24.2 영의 이중 슬릿 실험

1(1). 파장이 633 nm인 헬륨–네온 레이저 빛이 간격이 1.45 × 10^{-5} m인 평행한 한 쌍의 슬릿에 입사하여 슬릿 면으로부터 2.00 m 떨어진 스크린에서 간섭무늬가 관찰된다. (a) 중앙 극대에서 첫 번째 밝은 무늬까지의 각을 구하라. (b) 중앙 극대에서 두 번째 어두운 무늬가 나타나게 되는 각은 얼마인가? (c) 중앙 극대에서 첫 번째 밝은 무늬까지의 거리를 구하라.

2(3). 레이저 빛살이 간격이 0.200 mm인 이중 슬릿에 입사하고 이중 슬릿에서 5.00 m 떨어진 곳에 스크린이 있다. 스크린에서 밝은 간섭무늬들 사이의 거리가 1.58 cm이면, 레이저 빛의 파장은 얼마인가?

3(5). 그림 P24.3에서처럼 두 개의 라디오 안테나가 $d = 3.00 \times 10^2$ m 떨어져 있으며 동시에 같은 파장의 전파를 송신한다. 어떤 자동차가 두 안테나의 중점으로부터 수직으로 위치 $x = 1.00 \times 10^3$ m 떨어진 곳에서 북쪽을 향해 똑바로 달리면서 그 전파를 수신한다. (a) 자동차가 점 O에서 출발하여 북쪽으로 $y = 4.00 \times 10^2$ m 되는 곳에 이르렀을 때가 신호의 세기가 2차 극대가 되는 지점이었다면 전파의 파장은 얼마인가? (b)

그 위치에서 얼마나 더 가야 신호가 다음 극소가 되는 곳인가? 힌트: 이 문제에서는 작은 각 근사를 사용하지 않는다.

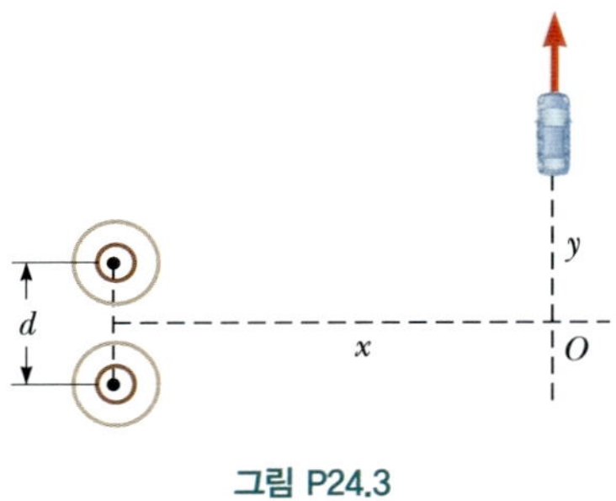

그림 P24.3

4(7). 음속이 354 m/s인 곳에서 2.00 kHz의 음파가 슬릿 간의 간격이 30.0 cm인 이중 슬릿에 부딪힌다. (a) 1차 극대는 어떤 각도에 위치하는가? (b) 음파를 파장이 3.00 cm인 마이크로파로 교체한다면, 같은 각도에서 1차 극대가 생기기 위해서는 슬릿 간의 간격이 얼마이어야 하는가? (c) 슬릿 간의 간격이 1.00 μm라면, 같은 각도에서 1차 극대가 생기기 위해서는 입사광의 진동수가 얼마이어야 하는가?

5(9). 어떤 방송국에서 송신되는 전파의 파장이 3.00×10^2 m이다. 그 전파는 송신소로부터 20.0 km 떨어진 가정의 수신기에 도달하는 데 두 가지 경로가 있다. 하나는 직접 도달하는 경로이고 다른 하나는 가정의 수신기 바로 뒤의 산에서 반사되어 되돌아오는 경로이다. 수신기에서 상쇄간섭이 일어나기 위한 산에서 수신기까지의 최소 거리는 얼마인가? (산에서 반사될 때 위상 변화는 없다고 가정한다.)

6(11). 단색광이 2.10 mm 간격의 두 슬릿을 지나 1.75 m 떨어진 스크린에 비추어진다. 첫 번째 밝은 무늬와 두 번째 밝은 무늬 사이의 간격이 0.552 mm라면 단색광의 파장은 얼마인가?

7(13). 그림 P24.7과 같이 두 개의 출입문을 열어 놓은 창고가 강변에 위치하고 있다. 창고 내부는 음파를 흡수하는 물질로 되어 있다. 강을 지나는 배가 고동을 울리면, 창고 안에 있는 A라는 사람은 크고 명확한 고동 소리를 듣는다. 그러나 창고 안에 있는 B라는 사람은 고동 소리를 거의 들을 수 없다. 고동 소리의 파장은 3.00 m이다. 창고 안에 있는 B가 1차 극소의 위치에 있다고 가정하면, 두 창문 중심과 중심 사이의 거리는 얼마가 되는가?

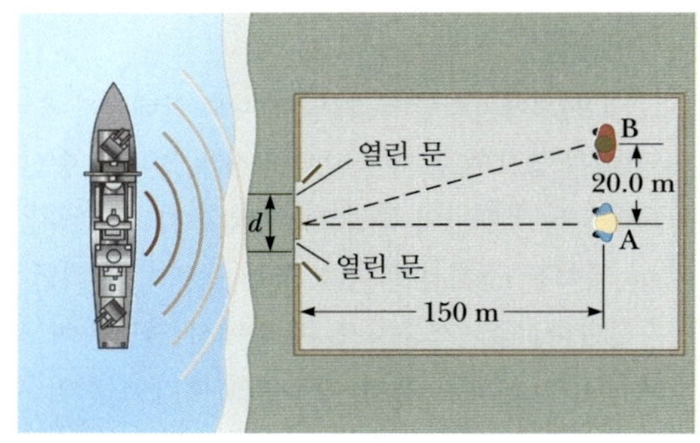

그림 P24.7

8(15). 별로부터 날아온 파장 2.50×10^2 m인 라디오파가 그림 P24.8과 같이 서로 다른 두 경로로 전파 망원경에 도달한다. 하나는 바닷가의 절벽 위에 세워져 있는 송신기에 직접 도달하는 경로이고, 다른 하나는 물에서 반사되는 경로이다. 별이 수평선에서 $\theta = 25.0°$ 위에 떠 있을 때, 상쇄간섭의 1차 극소가 생긴다. 반사에는 위상 변화가 없다고 가정하면, 절벽의 높이는 얼마인가?

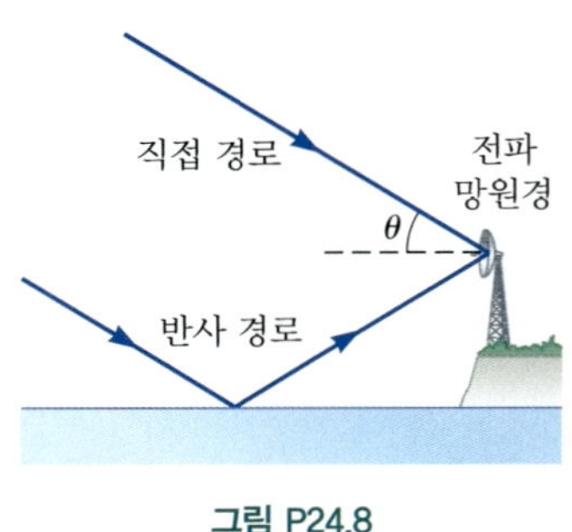

그림 P24.8

24.4 회절격자

9(17). 백색광은 회절격자에 의해 스펙트럼 구성 요소로 분산된다. 회절격자의 선이 2.00×10^3 lines/cm이라면, 파장이 6.40×10^2 nm인 적색광이 1차 스펙트럼에서 나타나는 각분리는 얼마인가?

10(19). 강렬한 백색광이 600. lines/mm의 회절격자에 입사한다. (a) 이 회절격자로 전체 가시광선 스펙트럼을 볼 수 있는 가장 높은 차수는 무엇인가? (b) 회절격자에서 생성된 1차 스펙트럼의 보라색 가장자리(400 nm)와 빨간색 가장자리(700 nm) 사이의 각 분리는 얼마인가?

11(21). 577 nm의 단색광이 325 lines/mm의 회절격자를 비춘다. (a) 1차 최댓값에 대한 각도, (b) 주어진 파장에서 이 회절격자로 관찰할 수 있는 최고 차수, 그리고 (c) 이 최고 차수 최댓값에 대한 각을 구하라.

12(23). 중심 간 간격이 1.30 cm인 평행 도선 배열을 고려해 보자. 20.0°C의 공기 중에서, 멀리 떨어진 곳에서 37.2 kHz 주파수의 초음파가 그 배열에 수직으로 입사한다. (소리의 속도는 343 m/s로 가정한다.) (a) 배열의 반대쪽에서 세기가 최

대가 되는 방향의 개수를 구하라. (b) 입사 빔의 방향에 따른 각 방향의 각도를 구하라.

13(25). 백색광이 475 lines/mm의 회절격자에 입사한다. (a) 675 nm의 파장에 대해 2차 최댓값에 대한 각 θ_{r2}를 계산하라. (b) 같은 각 θ_{r2}에서 3차 최댓값을 갖는 빛의 파장을 계산하라.

14(27). 두 개의 서로 다른 파장을 포함하는 빛이 1.20×10^3 slits/cm의 회절격자를 통과한다. 회절격자로부터 15.0 cm 떨어진 스크린에서 짧은 파장의 3차 최댓값은 중앙 최댓값과 긴 파장의 첫 번째 측면 최댓값의 중간에 있다. 긴 파장의 이웃하는 최댓값들이 스크린에서 8.44 mm 떨어져 있다면, 빛의 파장은 얼마인가? **힌트:** 작은 각 근사를 사용하라.

24.5 단일 슬릿 회절

15(29). 파장이 5.00 cm인 마이크로파가 건물 내부의 길고 좁은 창문으로 들어온다. 이 창문은 본질적으로 입사파를 투과하지 않는다. 창문의 너비가 36.0 cm라면, 창문에서 6.50 m 떨어진 벽을 따라 중앙 최댓값에서 1차 최솟값까지의 거리는 얼마인가?

16(31). 한 학생과 그의 실험 파트너가 두 개의 면도날을 0.500 mm 간격으로 조심스럽게 정렬하여 단일 슬릿을 만든다. 633 nm의 헬륨-네온 레이저가 슬릿에 비춰지면 슬릿으로부터 1.25 m 떨어진 스크린에 회절 무늬가 관찰된다. (a) 회절 무늬의 첫 번째 최솟값에 대한 각과 (b) 중앙 최댓값의 너비를 계산하라.

17(33). 단일 슬릿 회절 무늬에서 2차 어두운 무늬가 중앙 극대점의 중심에서 1.40 mm 떨어져 있다. 스크린이 너비 0.800 mm의 슬릿으로부터 85.0 cm 떨어져 있고, 단색 입사광을 가정하여 입사광의 파장을 계산하라.

18(35). 파장이 6.80×10^2 nm인 빛이 비춰지는 단일 슬릿으로부터 50.0 cm 떨어진 곳에 스크린을 설치한다. 회절 무늬의 첫 번째와 세 번째 최솟값 사이의 거리가 3.00 mm일 때, 슬릿의 너비는 얼마인가?

24.6 반사에 의한 위상 변화

24.7 얇은 막에서의 간섭

19(37). 두께가 0.420 μm인 얇은 유리판($n = 1.52$)을 바로 위에서 내리 비추는 백색광으로 본다. 이 유리막이 공기 중에 있을 때 가장 강하게 반사되는 가시광의 파장은 얼마인가?

20(39). 레이더에 비행기가 포착되지 않도록 하는 방법은 무반사 고분자를 비행기 표면에 코팅하는 것이다. 만일 레이더의 파장이 3.00 cm이고, 고분자의 굴절률이 $n = 1.50$이라면, 코팅의 두께는 얼마이어야 하는가? 비행기 표면의 굴절률은 $n_{비행기} > 1.50$으로 가정한다.

21(41). 액체 메틸렌 아이오딘화합물($n = 1.756$)의 얇은 막이 평평한 두 유리판($n = 1.50$) 사이에 들어 있다. 공기 중에서 파장 $\lambda = 6.00 \times 10^2$ nm인 빛이 수직으로 입사하여 강하게 반사된다면, 액체막의 두께는 얼마가 되어야 하는가?

22(43). 두께가 425 nm인 얇은 기름막($n = 1.45$)에 백색광을 수직으로 내리 비추었다. 400 nm에서 600 nm 사이의 빛 중 (a) 가장 강하게 반사되는 빛과 (b) 가장 약하게 반사되는 빛의 파장을 구하라.

23(45). 어떤 수사관이 범죄 장면에서 범죄의 증거가 될 만한 섬유를 발견하였다. 수사관은 섬유의 특성을 조사하기 위해 기술자에게 의뢰하였다. 그림 P24.23에서처럼 두 장의 유리판 사이에 섬유를 끼워 넣어 섬유의 지름을 구하려고 한다. 길이가 14.0 cm인 유리판에 파장이 6.50×10^2 nm인 빛을 바로 위에서 내리 비추면 밝은 간섭무늬의 간격이 0.580 mm로 관측된다. 섬유의 지름은 얼마인가?

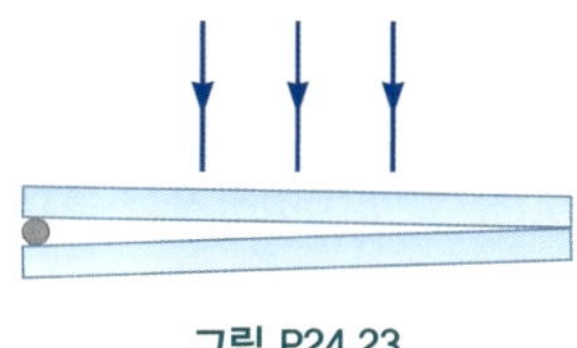

그림 P24.23

24(47). 두께가 524 nm인 글리세린 얇은 막($n = 1.473$) 위에서 법선 방향으로 백색광이 비추어진다. 얇은 막의 양쪽은 공기가 있다. 300~700 nm 사이의 빛 중에서 가장 강하게 반사되는 빛의 파장은 얼마인가?

25(49). 어떤 천문학자가 H_α선이라고 하는 파장이 656.3 nm인 적색 수소 스펙트럼선을 통과시키는 필터를 사용하여 태양의 채층(chromosphere)을 관찰한다. 그 필터는 알루미늄을 부분적으로 증착한 두 장의 유리판 사이에 두께가 d인 투명한 유전체를 넣은 것이다. 그 필터는 온도가 일정하게 유지된다. (a) 그 유전체의 굴절률이 1.378이라면 H_α선이 수직하게 최대로 투과되기 위한 d의 최솟값을 구하라. (b) 필터의 온도가 정상치보다 증가하여 두께가 늘어난다면 투과되는 빛의 파장은 어떻게 되겠는가? (c) 그 유전체는 가시광 근처의 빛도 투과시키겠는가? 두 유리판 중 하나에는 이러한 빛을 흡수하기 위해 붉은색을 칠한다.

24.8 빛의 편광

26(51). 세 개의 편광판이 있다. 이들은 서로 평행하고 같은 중심축을 갖는다. 그림 P24.26은 보통 수직인 방향을 기준으로 각 편광판의 투과축 방향을 나타낸다. 수직인 기준폭 방향과 나란한 편광면을 갖는 선형 편광된 빛이 $I_i = 10.0$단위(임의의 단위)인 세기로 왼쪽에서 첫 번째 편광판으로 입사한다. $\theta_1 = 20.0$, $\theta_2 = 40.0$, $\theta_3 = 60.0$일 때, 투과광의 세기 I_f는 얼마인가? **힌트:** 말뤼스의 법칙을 이용한다.

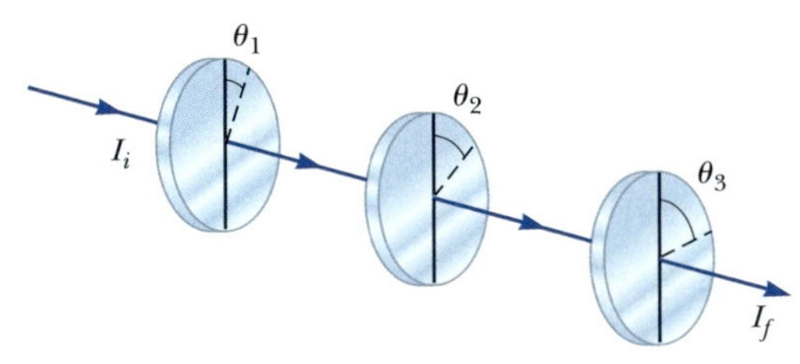

그림 P24.26

27(53). 평면 편광된 빛이 단일 편광판에 투과축의 방향과 평행한 E_0의 방향으로 입사한다. 투과된 광선의 세기가 (a) 2.00배, (b) 4.00배, (c) 6.00배 감소하려면 편광판이 얼마만큼의 각도로 회전해야 하는가?

28(55). 편광되지 않은 빛이 두 장의 편광판을 통과한다. 검광자의 투과축은 편광자의 축과 35.0°의 각을 이룬다. (a) 원래 편광되지 않은 빛 중 얼마가 검광자를 통과하는가? (b) 원래 빛 중 얼마가 검광자에 흡수되는가?

29(57). 공기로 둘러싸인 사파이어의 전반사 임계각은 34.4°이다. 빛이 공기에서 입사할 때 사파이어의 브루스터 각을 계산하라.

30(59). 세기 I_0인 빛이 수직으로 편광되어 수직선으로부터 각도 θ만큼 회전된 분석기에 입사한다. 투과된 빛의 세기가 (a) $I = (0.750)I_0$, (b) $I = (0.500)I_0$, (c) $I = (0.250)I_0$, (d) $I = 0$일 때, 각 θ를 구하라.

31(61). 유리블록이 물($n = 1.33$) 속에 잠겨 있다. 빛이 유리에 브루스터 각으로 입사할 때 굴절되는 각은 42.5°로 측정된다. 유리블록의 굴절률을 구하라.

종합문제

32(63). 파장 546 nm(수은 광원에서 나오는 강렬한 녹색 선)의 빛은 영의 간섭무늬를 생성한다. 이때 이 무늬에서 중앙 극대점에서 두 번째 극소점은 중앙 극대점을 통과하는 축과 18.0분의 호각을 이루는 방향을 따른다. 두 평행 슬릿 사이의 거리는 얼마인가?

33(65). 간섭 효과는 그림 P24.33과 같이 5.00×10^2 nm 광원에서 나오는 직접 광선과 거울에서 반사되는 광선의 결과로 스크린의 점 P에서 나타난다. 광원이 스크린 왼쪽으로 $L = 1.00 \times 10^2$ m, 거울 위로 $h = 1.00$ cm 떨어져 있을 때, 거울 위의 첫 번째 어두운 띠까지의 거리 y(밀리미터)를 구하라.

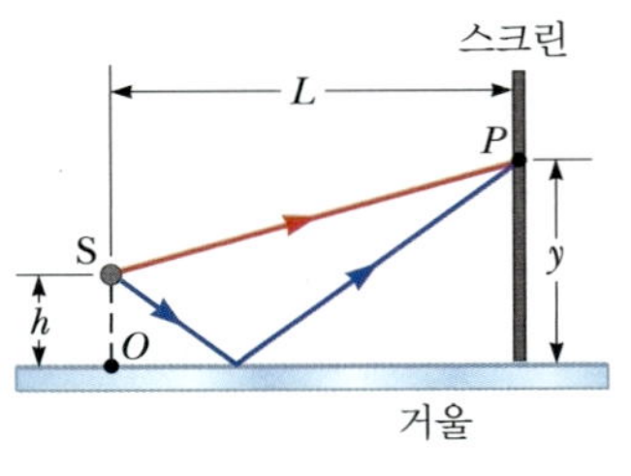

그림 P24.33

34(67). 잠수함의 송신 안테나는 배가 수면 위로 떠오를 때 수면 위 5.00 m에 있다. 선장은 해안가 90.0 m 높이의 절벽에 있는 수신기로 메시지를 전송하려고 한다. 신호가 해수면에서 반사되어 완전히 편광되려면 배는 해안에서 얼마나 떨어져 있어야 하는가?

35(69). 단일 슬릿으로부터 1.40 m 떨어진 스크린에 파장 5.00×10^2 nm의 단색광을 사용하여 회절 무늬를 생성한다. 중앙 극댓값의 중심에서 1차 극댓값까지의 거리는 3.00 mm이다. 슬릿의 너비를 계산하라. **힌트:** 1차 극댓값은 1차 극솟값과 2차 극솟값의 중간이라고 가정한다.

36(71). 파장이 632.8 nm인 레이저 빛을 슬릿 하나 또는 두 개를 통과시켜 2.60 m 떨어진 스크린에 닿게 한다. 그림 P24.36은 스크린의 무늬를 보여 주며, 그 아래에 센티미터 자를 그렸다. 빛은 슬릿 하나를 통과했는가, 아니면 두 개를 통과했는가? 이를 어떻게 알 수 있는지 설명하라. 슬릿이 하나라면, 그 너비를 구하라. 슬릿이 두 개라면, 두 개의 슬릿 중심 사이의 거리를 구하라.

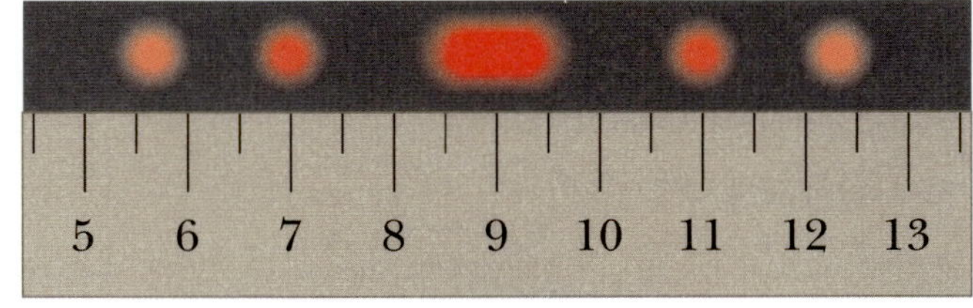

그림 P24.36

37(73). 그림 P24.37은 지상에서 $h = 50.0$ m, $d = 6.00 \times 10^2$ m 떨어진 전파 송신 및 수신 안테나를 나타내고 있다. 수신 안테

나는 송신 안테나에서 직접 신호를 수신할 수 있고 지상에서 반사되는 신호를 간접적으로 수신할 수도 있다. 송신 안테나와 수신 안테나 사이의 지상이 수평이고 반사 시 위상이 $\lambda/2$로 변한다고 하면, (a) 보강 간섭 및 (b) 상쇄 간섭이 생기는 가장 긴 파장을 구하라.

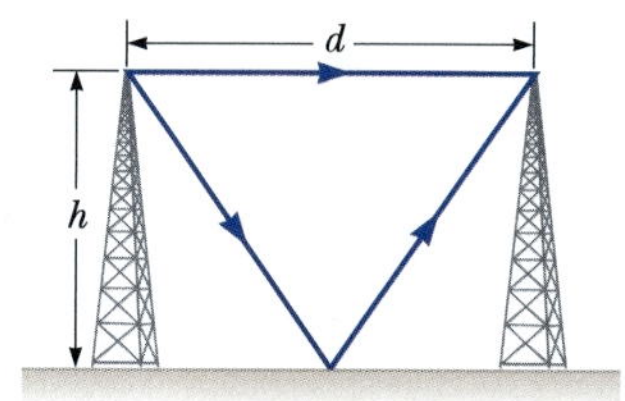

그림 P24.37

광학 기기
Optical Instruments

CHAPTER 25

우리는 렌즈, 거울, 또는 다른 광학 부품으로 만든 기기를 사용한다. 안경이나 콘택트렌즈를 착용할 때, 사진을 찍을 때, 망원경으로 하늘을 볼 때 등이 그렇다. 이 장에서는 이러한 광학 기기와 그 외의 광학 기기가 작동하는 원리에 대해 공부한다. 이 장의 대부분은 반사와 굴절에 대한 법칙과 기하 광학의 과정을 설명한다. 그러나 일부 현상을 설명하기 위해서는 빛의 파동성을 이용한다.

25.1 사진기 The Camera

간단한 광학 기기인 단일 렌즈 사진기의 기본 구성 요소를 그림 25.1에 나타내었다. 사진기는 어둠상자, 실상을 만드는 수렴 렌즈, 렌즈 뒤에 놓인 상을 기록하는 필름 등으로 구성되어 있다. 디지털 사진기는 필름 대신에 전하 결합 소자(CCD) 또는 상보성 금속 산화물 반도체(CMOS) 위에 상이 형성되는 것이 필름 사진기와 다르다. CCD 또는 CMOS 영상 소자는 상을 디지털 형태로 전환시키며, 전환된 상은 사진기의 메모리에 저장된다.

사진기는 렌즈와 필름 사이의 거리를 조절하여 초점을 맞춘다. 구식 사진기에서는 주름상자를 조절하여 거리를 변화시켰으나, 최신 사진기 모델은 나사를 돌려서 거리를 조절한다. 선명한 상을 얻으려면 초점을 잘 맞추어야 하는데, 이를 위한 렌즈와 필름 사이의 거리는 렌즈의 초점거리뿐만 아니라 물체 거리에 따라서도 달라진다. 렌즈 뒤에 있는 셔터는 선택된 시간 간격 동안만 열리는 장치이다. 이 셔터를 이용하여 움직이는 물체를 찍을 때는 노출 시간을 짧게 하고, 어두운 장면(광도가 낮은 경우)을 찍을 때는 노출 시간을 길게 한다. 이러한 조절 장치 없이는 동작 멈춤 촬영(stop-action photography)을 할 수 없다. 예를 들면, 빨리 달리는 자동차는 셔터가 열려 있는 동안 상당한 거리를 움직일 수 있으므로 상이 흐려진다. 상이 흐려지는 또 다른 중요한 요인은 셔터가 열려 있는 동안 사진기의 흔들림이다. 이와 같은 흔들림을 방지하려면, 사진기를 삼각대 위에 놓고 사진을 찍거나 노출 시간을 짧게 해야 한다. 보통 셔터 속력(즉, 노출 시간)은 1/30, 1/60, 1/125, 1/250 s이다. 정지해 있는 물체는 보통 1/60 s의 셔터 속력으로 찍는다.

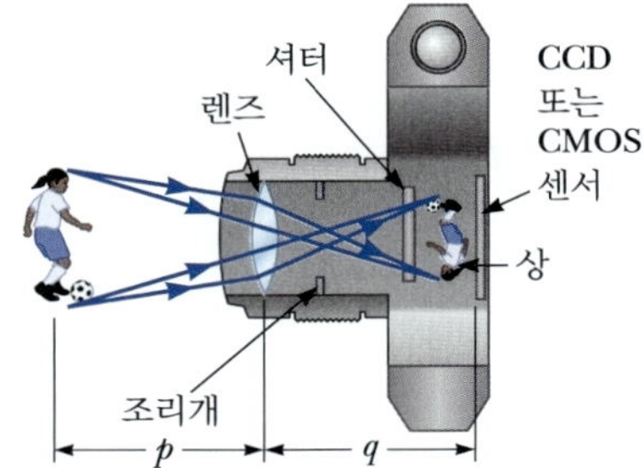

그림 25.1 간단한 디지털 사진기의 단면도. CCD 또는 CMOS 영상 소자는 사진기의 감광 요소이다. 필름 사진기에서는 렌즈를 통과한 빛은 필름 위에 상을 만든다. 실제로는 $p \gg q$이다.

대부분의 사진기에는 조리개가 있어서 지름의 크기를 조절하여 필름에 도달하는 빛의 양을 한 번 더 조절한다. 지름이 작은 조리개를 사용하면, 렌즈의 가운데 부분으로 오는 빛만 필름에 도달하므로 구면 수차가 줄어든다.

필름에 도달하는 빛의 세기 I는 렌즈 넓이에 비례한다. 이 넓이는 렌즈 지름 D의 제곱에 비례하므로 I도 D^2에 비례한다. 빛의 세기는 필름에 찍히는 상의 단위 넓이당 필름이 받는 에너지 비율의 척도이다. 렌즈와 필름 사이의 거리를 q라 할 때 상의 넓이는 q^2에 비례하며 $q \approx f(p \gg f$일 때, 즉 p를 무한대로 근사시키면)이므로, 빛의 세기는 $1/f^2$에 비례하며 $I \propto D^2/f^2$이라는 결론을 얻는다. 필름에 맺히는 상의 밝기는 빛의 세기에 따라 결정되므로, 상의 밝기는 렌즈의 지름 D와 초점거리 f에 따라 결정된다. f/D는 렌즈의 ***f*수**(f-number)라고 한다.

$$f\text{수} \equiv \frac{f}{D} \qquad [25.1]$$

f수는 종종 렌즈의 '속력'에 대한 표현으로 쓰인다. f수가 작은 렌즈를 '빠른' 렌즈라고 한다. f수가 대략 1.2 정도로 낮은 매우 빠른 렌즈는 값이 비싸다. 왜냐하면 렌즈를 넓게 통과하는 빛에 대한 수차를 최소한 작게 만들기가 어렵기 때문이다. 사진기 렌즈계는 보통 1.4, 2, 2.8, 4, 5.6, 8, 11의 범위에 있는 f수로 표시된다. 조리개의 크기, 즉 조리개의 지름을 조절하여 f수를 설정한다. f수를 그 다음 큰 값으로 올리면(예를 들어, $2.8 \rightarrow 4$) 조리개의 넓이가 1/2로 줄어든다. f수가 가장 작은 경우, 조리개가 최대로 열려서 렌즈의 넓이를 최대로 이용하는 경우에 해당한다.

간단한 사진기에서 초점거리와 조리개의 크기는 보통 f수가 11 정도로 고정되어 있다. 이처럼 f수가 크면, **초점 심도**(depth of field)가 매우 깊게 된다. 이는 렌즈로부터 물체까지의 거리가 넓은 범위에 걸쳐 변해도 필름에는 그런대로 또렷한 상이 맺힘을 뜻한다. 즉, 사진기의 초점을 맞출 필요가 없다는 것이다. f수를 조절할 수 있는 대부분의 사진기는 자동으로 초점을 맞춘다.

25.2 눈 The Eye

25.2.1 눈의 필수 요소 Eye Essentials

정상인의 눈은 사진기와 마찬가지로 빛을 모아서 선명한 상을 만든다. 그러나 들어오는 빛의 양을 조절하고, 올바른 상이 맺히도록 조정하는 눈의 메커니즘은 가장 정교하게 제작된 사진기보다도 훨씬 더 복잡 미묘하며 효율적이다. 모든 면에서 눈은 생리학적 불가사의라 할 수 있다.

그림 25.2a는 눈의 주요 부분을 나타낸다. 빛은 각막이라는 투명한 구조를 통하여 눈에 들어오며, 각막 뒤에는 수양액이라는 투명한 액체, 크기가 조절되는 가변 조리개(동공: 홍채 안쪽 비어 있는 공간), 수정체 렌즈 등이 있다. 굴절은 대부분 눈의 바깥쪽 표면, 즉 눈물 막으로 덮여 있는 각막에서 일어난다. 수정체에서 일어나는 굴절은 상대적으로 작은데, 그 이유는 수정체가 잠겨 있는 수양액의 평균 굴절률이 수정체의 굴절률과 비슷하기 때문이다. 눈의 색을 결정하는 부분인 홍채는 동공의 크기를 조절하는 근육으로 된 막이다. 홍채는 눈에 들어오는 빛의 세기가 작을 때는 동공을 넓히고, 빛의 세기가 클 때는 동공을 수축시켜 빛의 양을 조절한다. 눈의 f수는 대략 2.8에

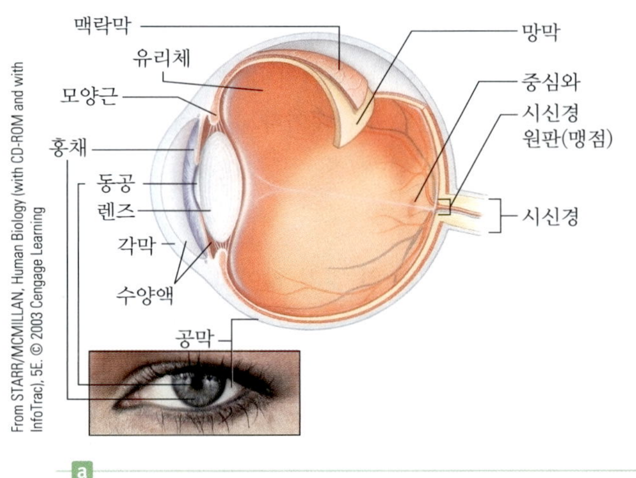

a

b

그림 25.2 (a) 눈의 주요 부분. 눈의 주요 부분이 그림 25.1의 간단한 사진기의 주요 부분 중 어디에 해당하는지 설명할 수 있는가? (b) 사람 눈의 각막을 가까이에서 찍은 사진

서 16까지의 범위에 있다.

각막과 수정체는 빛을 눈의 후면인 망막에 모으는데, 망막은 막대 세포와 원뿔 세포라는 수백만 개의 민감한 시각 세포들로 이루어져 있다. 빛에 의해 자극을 받은 시각 세포들은 시신경을 통해 뇌를 자극하며, 뇌에서는 자극을 변환하여 사물을 보게 한다. 뇌가 이런 전환을 하는 과정은 잘 알려져 있지 않아서 많은 추측과 연구의 주제가 되고 있다. 사진기의 필름과 달리 막대 세포와 원뿔 세포는 기존의 빛의 상태에 따라서 민감도를 화학적으로 조절한다. 이런 조절은 15분 정도 걸리는데, 극장 같은 곳에서 '어두움에 익숙해지는' 경험과 연관되어 있다. 홍채의 크기 조절은 1초 이내에 일어나 적응 과정에서 망막에 부담이 가지 않도록 한다.

눈은 **거리 적응**(accommodation)이라는 놀라운 과정을 통하여 유연한 수정체 렌즈의 모양을 변화시킴으로써 물체에 초점을 맞춘다. 거리 적응에서 중요한 역할을 하는 부분은 수정체의 가장자리를 따라 붙어 있는 모양근이다. 소대라고 하는 얇은 끈은 모양근에서 수정체의 가장자리까지 연결된다. 눈이 먼 곳에 있는 물체에 초점을 맞출 때에는 모양근이 느슨해지며, 모양근을 수정체의 가장자리와 연결하는 소대를 팽팽하게 한다. 소대가 작용하는 힘은 수정체를 납작하게 하여 초점거리를 증가시킨다. 물체가 무한히 멀리 있을 때, 눈의 초점거리는 수정체와 망막 사이의 고정된 거리인 약 1.7 cm와 같다. 가까운 물체에 초점을 맞출 때에는 모양근이 팽팽해져 소대를 느슨하게 한다. 이러한 작용은 수정체를 약간 볼록하게 만들어 초점거리를 줄여서 상이 망막에 맺히게 한다. 이와 같은 수정체의 조절은 매우 신속하므로 인간은 그 변화를 느끼지 못한다. 이런 점에서 가장 정밀한 전자 사진기도 눈과 비교하면 장난감에 지나지 않는다.

거리 적응에는 한계가 있다. 왜냐하면 눈과 매우 가까운 물체의 상은 선명하지 못하고 흐려지기 때문이다. **근점**(near point)은 수정체가 망막에 상을 만드는 데 허용된 가장 가까운 물체 거리이다. 근점은 보통 나이가 들어감에 따라 증가하며, 평균값은 25 cm이다. 일반적으로 근점은 열 살에는 약 18 cm, 스무 살에는 25 cm, 마흔 살에는

50 cm, 예순 살에는 약 500 cm 이상이 된다. **원점**(far point)은 이완 상태의 수정체가 망막에 상을 맺는 데 필요한 가장 먼 물체 거리이다. 시력이 정상인 사람은 달과 같이 매우 멀리 떨어진 물체를 볼 수 있으므로, 원점은 무한대이다.

25.2.2 눈의 이상 Conditions of the Eye

눈의 수정체–각막 계의 초점 조절 영역과 눈의 길이와 맞지 않아서 그림 25.3a와 같이 광선들이 수렴하여 상을 만들기 전에 망막에 도달하는 눈의 상태를 **원시**(farsightedness 또는 hyperopia)라고 한다. 원시안인 사람은 보통 먼 곳의 물체는 선명하게 보지만 가까운 물체는 잘 보지 못한다. 정상인의 근점은 25 cm 정도이지만, 원시안의 근점은 이보다 훨씬 길다. 원시안은 거리 적응으로 초점거리를 줄여 상을 맺으려고 한다. 멀리 놓인 물체를 볼 때는 거리 적응이 잘 되지만, 가까운 물체에서 오는 빛은 망막에 흐린 상을 맺는데, 그 이유는 원시안의 초점거리가 정상안의 경우보다 길기 때문이다. 원시안은 그림 25.3b와 같이 눈앞에 수렴 렌즈를 둠으로써 교정된다. 렌즈는 입사 광선이 눈에 들어가기 전에 주축 쪽으로 굴절시키므로, 입사 광선을 수렴시켜 망막에 상을 맺도록 한다.

근시(nearsightedness 또는 myopia)는 가까운 물체에 대해서는 망막에 상을 잘 맺지만, 먼 물체에 대해서는 그렇지가 않은 또 다른 눈의 상태이다. 축성 근시(axial myopia)는 수정체가 망막으로부터 너무 멀리 떨어져 있어서 생기는 경우이며, 굴절성 근시(refractive myopia)는 수정체–각막 계의 굴절 능력이 정상 눈의 길이에 비해 너무 커서 생기는 경우이다. 근시안의 원점은 무한대가 아니라 1 m 이내일 수도 있다. 근시안의 최대 초점거리는 망막에 선명한 상을 맺기에 불충분하여, 먼 곳의 물체에서 오는 광선은 수렴해서 망막 앞에서 상을 맺는다. 광선은 이 점을 지나 발산된 상태로 망막에 도달하기 때문에 상이 흐려진다(그림 25.4a).

응용
광학 렌즈에 의한 시각 이상의 교정

근시는 그림 25.4b와 같이 발산 렌즈로 교정한다. 렌즈는 입사 광선이 눈 안으로 들어가기 전에 주축으로부터 먼 쪽으로 굴절시킴으로써 망막에 상을 맺을 수 있게 한다.

중년이 되면 모양근이 약해지고 수정체가 굳어지면서 대부분의 사람은 거리 적응 능력을 상실한다. 집속 능력과 눈의 길이가 맞지 않아 생기는 원시안과는 달리, **노안**(presbyopia)은 거리 적응 능력의 감퇴로 인해 생긴다. 즉 각막과 수정체가 가까운 물체의 상을 망막에 모으는 데 필요한 수렴 능력이 부족하다. 노안은 원시와 같은 증상을

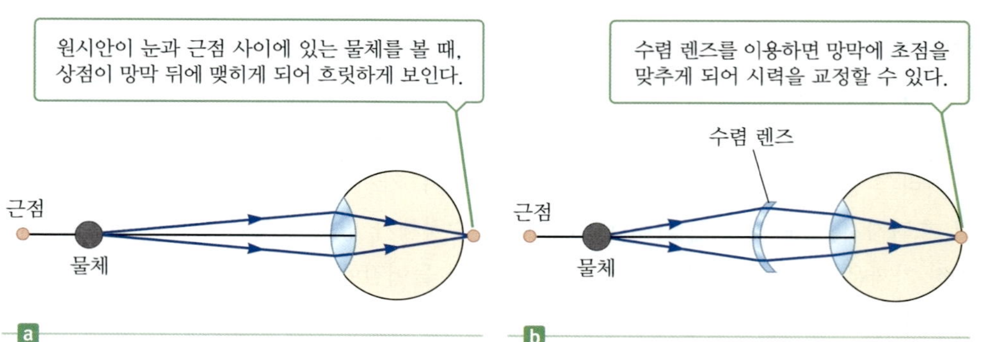

그림 25.3 (a) 교정하지 않은 원시안, (b) 수렴 렌즈를 이용하여 교정한 원시안

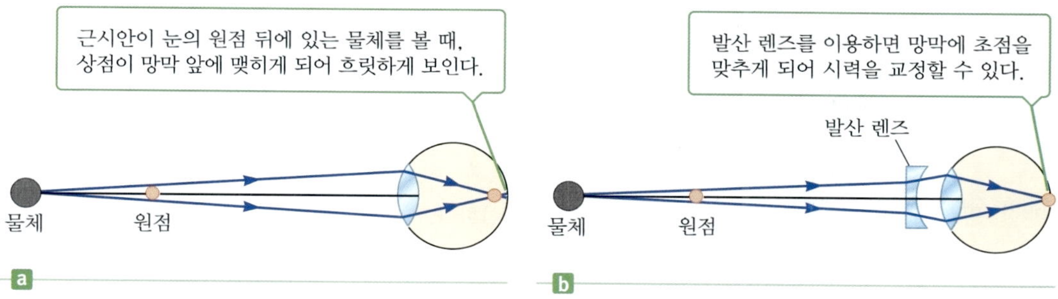

그림 25.4 (a) 교정하지 않은 근시안, (b) 발산 렌즈를 이용하여 교정한 원시안(그림에서 물체는 매우 작은 것으로 가정했다.)

보이고 수렴 렌즈로 교정된다.

난시(astigmatism)라고 알려진 시력 이상은 점광원에서 나온 빛이 망막에 선 모양의 상을 만든다. 이러한 증상은 각막이나 수정체(또는 둘 다)가 완전한 대칭이 아닐 때 생긴다. 난시는 두 개의 직교 방향에서 다른 곡률 반지름을 갖는 렌즈로 교정된다.

안경사나 안과 의사는 대개 교정 렌즈를 **디옵터**(diopters) 단위로 처방한다.

> 디옵터로 측정된 렌즈의 **도수**(power) P는 미터 단위로 측정된 초점거리의 역수, 즉 $P = 1/f$이다.

예를 들면, 초점거리가 +20 cm인 수렴 렌즈의 도수가 +5.0디옵터이고, 초점거리가 −40 cm인 발산 렌즈의 도수는 −2.5디옵터이다.(여기에서 사용하는 기호 P는 역학에서 사용하는 일률과 같은 기호이나, 둘 사이에 아무런 관계는 없다.)

눈에 착용하는 안경 렌즈의 위치에 따라 렌즈 도수에 변화가 생기나, 그 양은 일반적으로 1/4디옵터보다 작기 때문에 대부분의 사람은 도수 변화량을 인식하지 못한다. 그 결과 안경사나 안과 의사가 다루는 렌즈 도수 크기는 1/4디옵터씩 증가한다. 눈과 렌즈 사이의 거리를 무시하는 경우는 콘택트렌즈에 대해서 계산할 때인데, 이 경우는 콘택트렌즈가 눈 위에 바로 달라붙어 있기 때문이다.

예제 25.1 원시 교정 렌즈

목표 원시 교정에 기하 광학을 적용한다.

문제 어떤 사람의 근점이 50.0 cm이다. **(a)** 25.0 cm 떨어진 물체를 선명하게 보려면, 교정 렌즈의 초점거리는 얼마이어야 하는가? 눈과 렌즈 사이 거리는 무시한다. **(b)** 이 렌즈의 도수는 얼마인가? **(c)** 안경 렌즈가 눈 앞 2.00 cm인 지점에 있을 때, 렌즈의 초점거리와 도수를 구하라.

전략 얇은 렌즈 공식(식 23.11)을 이용하여 문제를 풀 수 있다. 거리 25.0 cm 떨어진 지점에 물체가 놓여 있고, 렌즈는 이 물체의 상을 눈이 선명하게 볼 수 있는 가장 가까운 점에 생기게 하면 된다. 이 점이 근점 50.0 cm에 해당하는 점이다. **(c)**는 렌즈 위치를 고려하여야 하며, 물체 거리와 상 거리에서 둘 다 2.00 cm를 빼면 된다.

풀이

(a) 눈으로부터 렌즈 사이의 거리를 무시하고, 교정 렌즈 초점거리를 구한다.

얇은 렌즈 공식을 적용한다.

$$\frac{1}{p} + \frac{1}{q} = \frac{1}{f}$$

$p = 25.0$ cm와 $q = -50.0$ cm(여기에서 부호가 음인 이유는 허상이기 때문이다)를 대입한다.

$$\frac{1}{25.0\text{ cm}} + \frac{1}{-50.0\text{ cm}} = \frac{1}{f}$$

f에 대하여 푼다. f는 양의 부호인데, 이는 렌즈가 수렴 렌즈라는 것을 뜻한다.

$$f = \boxed{50.0\text{ cm}}$$

(b) 이 렌즈의 도수를 구한다.

렌즈의 도수는 미터 단위로 나타낸 초점거리의 역수이다.

$$P = \frac{1}{f} = \frac{1}{0.500\text{ m}} = \boxed{+2.00\text{ 디옵터}}$$

(c) 교정 렌즈가 눈 앞 2.00 cm에 놓여 있을 때 문제를 다시 푼다.

수정된 값 p와 q를 얇은 렌즈 공식에 대입한다.

$$\frac{1}{p} + \frac{1}{q} = \frac{1}{23.0\text{ cm}} + \frac{1}{(-48.0\text{ cm})} = \frac{1}{f}$$

$$f = 44.2\text{ cm}$$

렌즈 도수를 계산한다.

$$P = \frac{1}{f} = \frac{1}{0.442\text{ m}} = \boxed{+2.26\text{ 디옵터}}$$

참고 **(c)**의 계산에 있어서 눈과 렌즈 사이의 거리를 무시하지 않으면 0.26디옵터의 차이가 생기는 것을 알 수 있다.

25.3 확대경 The Simple Magnifier

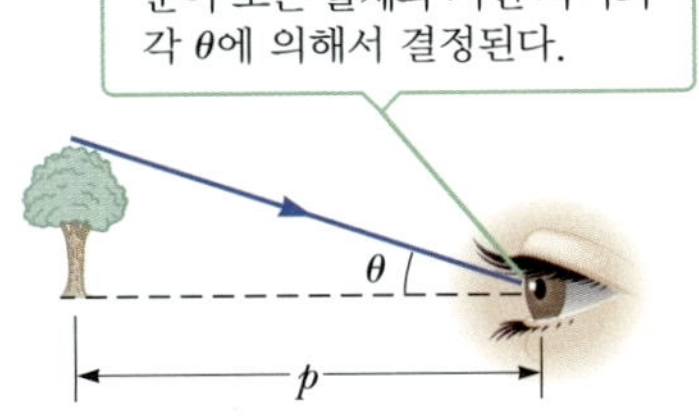

그림 25.5 거리 p에 있는 물체 보기

확대경(simple magnifier)은 수렴 렌즈 하나로만 이루어져 있어, 모든 광학 기기 중에서 가장 기본이 된다. 이것은 물체의 겉보기 크기를 확대하는 데 사용한다. 그림 25.5와 같이 눈에서 거리가 p만큼 떨어진 곳의 물체를 본다고 가정하자. 망막에 형성된 상의 크기는 분명히 물체의 상하단에서 나온 빛이 눈과 이루는 각 θ에 따라서 결정된다. 물체가 눈에 접근함에 따라 θ는 증가하고 더 큰 상이 관측된다. 하지만 정상안은 근점인 25 cm보다 더 가까이 있는 물체에는 초점을 맞추지 못한다(그림 25.6a). 그러므로 θ는 근점에서 최대가 된다.

물체의 겉보기 각의 크기를 더 크게 하려면, 그림 25.6b와 같이 수렴 렌즈를 눈앞에 두고, 렌즈 초점의 안쪽에 있는 점 O에 물체를 놓으면 된다. 이 위치에 물체를 놓으면 렌즈는 그림과 같이 확대된 정립 허상을 만든다. 렌즈는 물체를 렌즈가 없을 경우보다 눈에 더 가깝게 보이게 한다. 렌즈를 사용하지 않을 경우 근점에 위치한 물체의 각의 크기(그림 25.6a에서 각 θ_0)에 대한 렌즈를 사용할 경우, 물체의 각의 크기(그림 25.6b에서 각 θ)의 비를 **각 배율**(angular magnification) m으로 정의한다.

근점에 놓인 물체의 각 배율 ▶

$$m \equiv \frac{\theta}{\theta_0} \qquad [25.2]$$

각 배율은 렌즈에 의해 생기는 상이 눈의 근점에 있을 때, 즉 $q = -25$ cm(그림 25.6b)

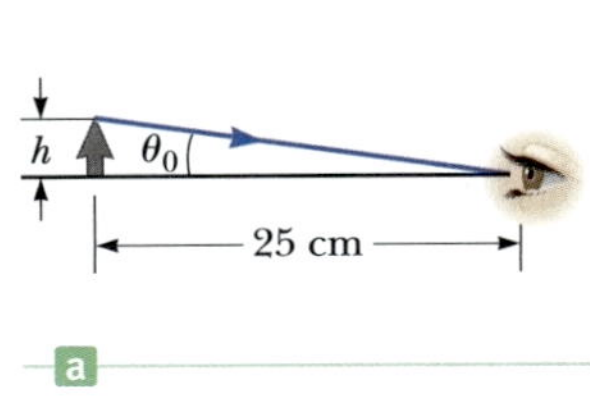

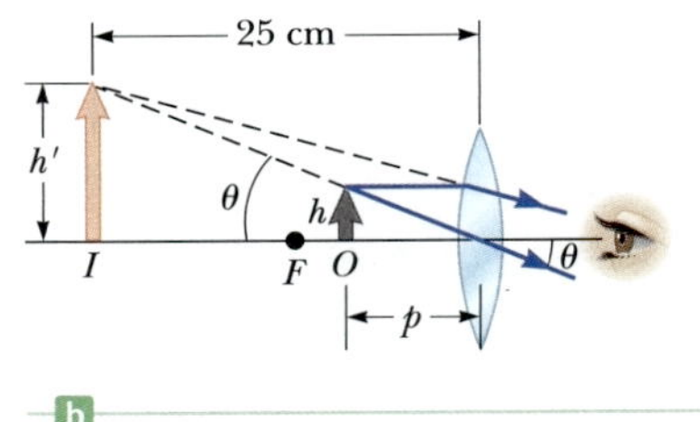

그림 25.6 (a) 근점($p = 25$ cm)에 놓인 물체의 상하단에서 나온 광선이 눈과 이루는 각이 $\theta_0 \approx h/25$이다. (b) 수렴 렌즈의 초점 가까이 놓인 물체는 확대된 상을 만드는데, 물체의 상하단에서 나온 광선이 눈과 이루는 각이 $\theta \approx h'/25$이다. 이때 $q = -25$ cm임에 유의하라.

일 때 최대가 된다. 이 상 거리에 대응하는 물체 거리는 얇은 렌즈 공식에 의해 다음과 같이 계산된다.

$$\frac{1}{p} + \frac{1}{-25\ \mathrm{cm}} = \frac{1}{f} \qquad [25.3]$$

$$p = \frac{25f}{25 + f}$$

여기서 f는 확대경의 초점거리로 cm 단위로 나타낸다. 그림 25.6a와 25.6b로부터 작은 각 어림을 하면 다음과 같이 된다.

$$\tan\theta_0 \approx \theta_0 \approx \frac{h}{25} \quad \text{그리고} \quad \tan\theta \approx \theta \approx \frac{h}{p} \qquad [25.4]$$

따라서 식 25.2는

$$m_{\text{최대}} = \frac{\theta}{\theta_0} = \frac{h/p}{h/25} = \frac{25}{p} = \frac{25}{25f/(25+f)}$$

$$m_{\text{최대}} = 1 + \frac{25\ \mathrm{cm}}{f} \qquad [25.5]$$

가 된다.

식 25.5로 주어지는 각 배율의 최댓값은 렌즈 없이 근점에 둔 물체를 볼 때의 각 크기에 대한 렌즈를 통하여 본 각 크기의 비율이다. 정상안은 근점과 무한대 사이에 있는 한 점에 생긴 상에 초점을 맞추지만, 눈이 가장 편안한 상태는 상이 무한히 먼 곳에 생기는 경우이다(25.2절 참고). 확대경에 의해 생긴 상이 무한히 먼 곳에 생기려면, 물체는 확대경 렌즈의 초점에 있어야 한다. 즉, $p = f$일 때이다. 이 경우 식 25.4는

$$\theta_0 \approx \frac{h}{25} \quad \text{그리고} \quad \theta \approx \frac{h}{f}$$

가 되고, 각 배율은

$$m = \frac{\theta}{\theta_0} = \frac{25\ \mathrm{cm}}{f} \qquad [25.6]$$

이다.

렌즈 하나로 된 확대경을 쓰면, 수차 없이 약 4배 정도의 각 배율을 얻을 수 있다. 렌즈를 한두 개 더 사용하여 수차를 없애면 배율을 약 20배까지 올릴 수 있다.

예제 25.2 렌즈의 배율

목표 상이 근점에 있을 때와 원점에 있을 때의 렌즈의 배율을 계산한다.

문제 **(a)** 초점거리가 10.0 cm인 렌즈의 최대 각 배율은 얼마인가? **(b)** 눈이 편안한 상태(멀리 보는 상태)일 때 이 렌즈의 각 배율은 얼마인가? 눈과 렌즈 간의 거리는 무시한다.

전략 렌즈에 의해 상이 맺혔을 때의 최대 각 배율은 눈의 근점에서 나타난다. 이러한 상황에서, 식 25.5를 사용하여 각 배율을 계산할 수 있다. **(b)**에서 눈은 상이 무한 원점에 있을 때 이완 상태가 되므로 식 25.6을 사용하면 된다.

풀이

(a) 렌즈의 최대 각 배율을 구한다.

식 25.5에 대입한다.

$$m_{\text{최대}} = 1 + \frac{25\text{ cm}}{f} = 1 + \frac{25\text{ cm}}{10.0\text{ cm}} = \boxed{3.5}$$

(b) 눈이 편안한 상태일 때 각 배율을 구한다.

눈이 편안한 상태일 때 상은 무한 원점에 있으므로 식 25.6에 대입한다.

$$m = \frac{25\text{ cm}}{f} = \frac{25\text{ cm}}{10.0\text{ cm}} = \boxed{2.5}$$

25.4 복합 현미경 The Compound Microscope

물체의 세부적인 모습을 관찰하는 데 있어 확대경의 배율은 한계가 있다. 두 개의 렌즈를 조합하여 복합 현미경을 만들면 배율을 훨씬 더 높일 수 있는데, 기본적인 구조는 그림 25.7a와 같다. 현미경에는 두 개의 렌즈가 있는데, 첫 번째 렌즈는 대물렌즈로서 초점거리 f_o이 1 cm 이하 정도로 매우 짧고, 두 번째 렌즈는 대안렌즈로서 초점거리 f_e가 수 cm 정도이다. 두 렌즈 사이의 거리 L은 f_o나 f_e보다 훨씬 크다.

현미경에서 상이 만들어지는 원리는 나란히 놓인 두 렌즈에 의해 생기는 상을 분석하면 이해하기 쉽다. 즉, 첫 번째 렌즈에 의해 만들어진 상이 두 번째 렌즈에서는 물체가 된다. 대물렌즈의 초점거리 바로 밖에 놓인 물체 O는 대안렌즈의 초점 또는 초점 바로 안 I_1에 도립 실상을 만든다. 이 상은 대안렌즈에 의해 크게 확대된다(그림을 명확하게 하기 위해 그림 25.7a에는 I_1의 확대상의 크기를 제대로 나타내지 않았다). 대안렌즈는 확대경 역할을 하여 I_1에 생긴 상을 물체로 간주하여 I_2에 상을 형성한다. I_2에 맺힌 상은 도립 실상이고, 매우 크게 확대된다.

첫 번째 상의 가로 배율 M_1은 $-q_1/p_1$이다. 그림 25.7a에서 q_1은 대략 L과 같다. 이

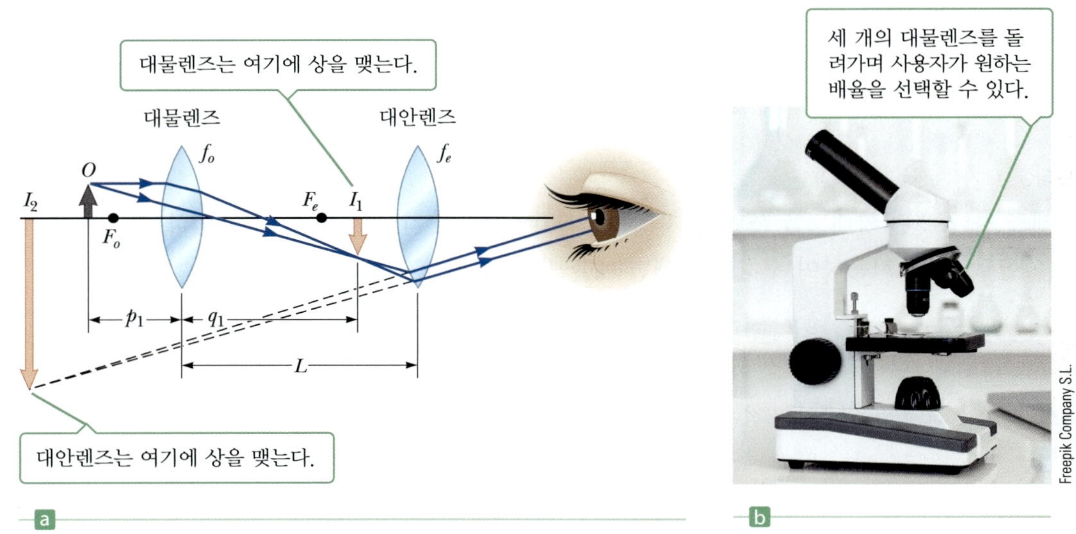

그림 25.7 (a) 대물렌즈와 대안렌즈로 구성된 복합 현미경의 개략도, (b) 복합 현미경. 초점거리가 다른 대안렌즈와 대물렌즈를 조합하여 넓은 범위의 배율을 만들 수 있다.

것은 물체가 대물렌즈의 초점 가까이 있기 때문에 생기며, 이로 인해 형성된 상은 대물렌즈로부터 멀리 떨어지게 된다. 또한 물체가 대물렌즈의 초점에 매우 가까이 있기 때문에, $p_1 \approx f_o$이다. 따라서 대물렌즈의 가로 배율은

$$M_1 = -\frac{q_1}{p_1} \approx -\frac{L}{f_o}$$

이 된다. 초점에 놓인 물체(I_1에 있는 상에 해당)에 대한 대안렌즈의 각 배율은 식 25.6에 의하여

$$m_e = \frac{25\text{ cm}}{f_e}$$

가 된다.

복합 현미경의 전체 배율 m은 가로 배율과 각 배율의 곱

$$m = M_1 m_e = -\frac{L}{f_o}\left(\frac{25\text{ cm}}{f_e}\right) \qquad [25.7]$$

◀ 현미경의 배율

로 정의된다. 음의 부호는 상이 물체에 대하여 도립임을 뜻한다.

현미경은 한 번도 본 적이 없는 믿을 수 없을 만큼 작은 물체의 영역에까지 인간의 시력을 확장하였으며, 정밀 렌즈를 제작하는 기술이 향상되면서 볼 수 있는 범위는 점차 확대되고 있다. 현미경에 대해서 흔히 하는 질문 중의 하나는 "극도의 인내심과 주의력을 기울인다면, 사람의 눈으로 원자를 볼 수 있는 현미경을 만들 수 있는가?"이다. 물체에 비추어 주는 빛으로 가시광선을 이용하는 한 답은 '아니오'이다. 왜냐하면, 현미경 아래 놓인 물체를 보려면, 물체는 적어도 빛의 파장 정도의 크기가 되어야 하기 때문이다. 원자는 가시광선의 파장보다 훨씬 작다. 따라서 원자의 비밀은 다른 기술로 탐구되어야 한다.

파동의 '보는' 능력이 파장에 관계된다는 것은 다음과 같이 욕조에 만들어진 수면파로 설명할 수 있다. 물에서 손을 진동시켜서 물 표면을 따라 움직이는, 파장이 15 cm 정도의 수면파를 만들었다고 하자. 물결이 지나가는 길에 이쑤시개와 같이 작은 물체를 놓으면, 수면파는 이쑤시개 때문에 크게 교란되지 않고 그대로 계속 진행해 나간다는 것을 알게 될 것이다. 그런데 장난감 돛단배와 같은 좀 더 큰 물체를 수면파가 지나가는 길에 놓으면, 물결파는 물체에 의하여 상당히 '교란'된다. 이쑤시개는 물결파의 파장보다 훨씬 작다. 그래서 물결은 그것을 '보지' 못한다. 이에 반해서, 장난감 돛단배는 물결의 파장과 대략 같은 크기이고, 따라서 교란을 일으킨다. 빛도 이와 같은 일반적인 성질을 가지고 있다. 광학 현미경이 물체를 관찰하는 능력은 관찰하는 데 사용된 빛의 파장에 대한 물체의 상대적 크기에 관계된다. 그러므로 원자나 분자의 크기($\approx$ 0.1 nm)가 빛의 파장($\approx$ 500 nm)에 비하여 너무 작기 때문에, 광학 현미경으로 그것들을 관찰하기는 불가능하다.

예제 25.3 현미경의 배율

목표 현미경의 배율을 결정하는 중요한 요인을 이해한다.

문제 어떤 현미경에 갈아 끼울 수 있는 대물렌즈가 두 개 있다. 하나는 초점거리가 2.0 cm이고, 다른 하나는 0.20 cm이다. 또 초점거리가 2.5 cm와 5.0 cm인 두 개의 대안렌즈를 갈아 끼울 수 있다. 현미경의 길이가 18 cm라 하고 현미경의 조합이 다음의 경우일 때 배율을 구하라. 2.0 cm 대물렌즈와 5.0 cm 대안렌즈, 2.0 cm 대물렌즈와 2.5 cm 대안렌즈, 0.20 cm 대물렌즈와 5.0 cm 대안렌즈

전략 이 문제는 렌즈의 세 가지 다른 조합을 식 25.7에 적용하면 풀 수 있다.

풀이

식 25.7에 2.0 cm의 대물렌즈와 5.0 cm의 대안렌즈를 적용한다.

$$m = -\frac{L}{f_o}\left(\frac{25\text{ cm}}{f_e}\right) = -\frac{18\text{ cm}}{2.0\text{ cm}}\left(\frac{25\text{ cm}}{5.0\text{ cm}}\right) = \boxed{-45}$$

2.0 cm의 대물렌즈와 2.5 cm의 대안렌즈를 조합한다.

$$m = -\frac{18\text{ cm}}{2.0\text{ cm}}\left(\frac{25\text{ cm}}{2.5\text{ cm}}\right) = \boxed{-90.}$$

0.20 cm의 대물렌즈와 5.0 cm의 대안렌즈를 조합한다.

$$m = -\frac{18\text{ cm}}{0.20\text{ cm}}\left(\frac{25\text{ cm}}{5.0\text{ cm}}\right) = \boxed{-450}$$

참고 이보다 더 큰 배율을 얻을 수는 있으나 분해능이 나빠지기 시작해서 흐릿한 상을 만든다(25.6절 참고).

25.5 망원경 The Telescope

망원경은 특성이 매우 다른 두 종류가 있는데, 둘 다 태양계의 행성과 같이 멀리 있는 물체를 보기 위해 고안되었다. 이 두 종류는 (1) 여러 개의 렌즈를 조합하여 상을 만드는 **굴절 망원경**(refracting telescope)과, (2) 곡면 거울과 렌즈를 사용하여 상을 만드는 **반사 망원경**(reflecting telescope)이다. 망원경도 나란히 놓인 두 개의 광학 부품으로 되어 있다고 간주하여 분석할 수 있다. 기본 기술은 첫 번째 광학 부품에 의하여 형성된 상이 두 번째 광학 부품에서는 물체가 된다는 점이다.

먼저 굴절 망원경을 생각해 보자. 이 장치에서 두 렌즈는 대물렌즈가 멀리 있는 물체의 도립 실상을 대안렌즈의 초점 바로 안에 만들 수 있도록 배열되어 있다(그림 25.8a). 또한 물체가 사실상 무한대에 있으므로, I_1에 있는 상은 대물렌즈의 초점에 생긴다. 그러므로 두 렌즈 사이의 거리는 $f_o + f_e$만큼 떨어져 있다. 이것은 망원경 경통의 길이에 해당한다. 대안렌즈는 마침내 I_1에 있는 상의 확대된 도립상을 I_2에 맺는다.

망원경의 각 배율은 θ/θ_o로 주어진다. 여기서 θ_o는 대물렌즈에서 물체의 상단까지의 각이고, θ는 맨 나중에 생긴 상의 상단까지의 각이다. 그림 25.8a의 삼각형들에 대해 각이 매우 작은 경우

$$\theta_o \approx \frac{h'}{f_e} \qquad \text{그리고} \qquad \theta_o \approx \frac{h'}{f_o}$$

을 얻는다. 그러므로 망원경의 각 배율은

망원경의 각 배율 ▶

$$m = \frac{\theta}{\theta_o} = \frac{h'/f_e}{h'/f_o} = \frac{f_o}{f_e} \qquad [25.8]$$

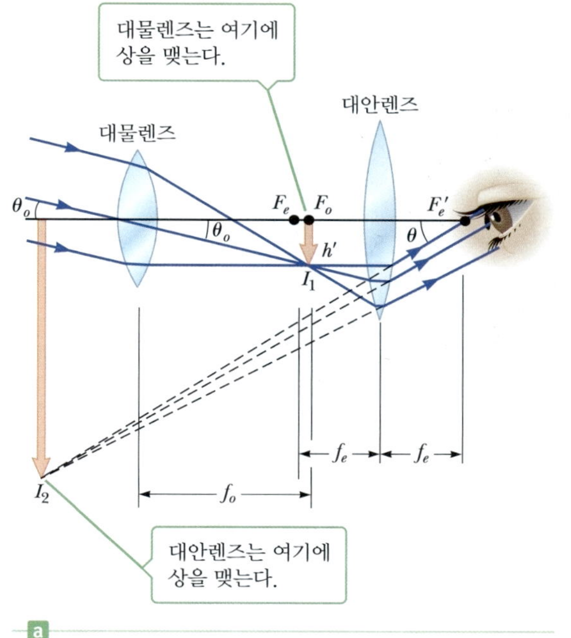

그림 25.8 (a) 아주 멀리 있는 물체를 보기 위한 굴절 망원경의 개략도, (b) 굴절 망원경

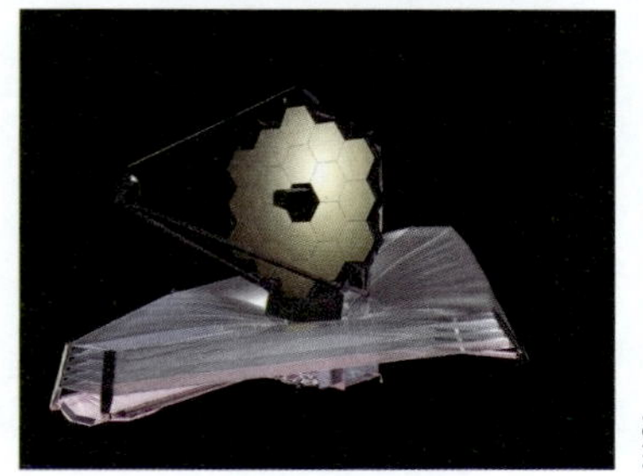

그림 25.9 허블(위) 및 제임스 웹(아래) 우주망원경은 더 먼 우주와 더 먼 과거를 이전보다 훨씬 더 자세히 볼 수 있게 해준다.

로 표현된다. 이 식은 망원경의 각 배율은 대안렌즈의 초점거리에 대한 대물렌즈의 초점거리의 비와 같음을 뜻한다. 망원경 또한 각 배율은 맨눈으로 볼 때의 각 크기에 대한 망원경으로 볼 때 각 크기의 비이다.

해, 달, 또는 행성과 같이 비교적 가까이 있는 물체를 관측하는 경우에는 각 배율이 중요하다. 반면에 매우 멀리 있는 별들은 각 배율의 크기에 관계없이 항상 작은 빛을 내는 점으로 보인다. 아주 멀리 있는 물체를 연구하는 데 쓰는 연구용 대형 망원경(그림 25.9)은 가능한 한 많은 빛을 집속해야 하기 때문에 지름이 커야 한다. 굴절 망원경용 렌즈를 그렇게 크게 만드는 것은 기술적으로 어렵고 비용도 많이 든다. 더군다나 렌즈가 크면 렌즈 자체의 무게도 크기 때문에 가운데 부분이 처져서 수차가 생기는 또 다른 원인이 된다.

이러한 문제는 대물렌즈를 빛을 반사하는 오목거울로 대치함으로써 부분적으로 극복될 수 있다. 오목거울은 구면 수차를 줄이기 위해 포물면 형태로 제작된다. 그림 25.10은 전형적인 반사 망원경의 구조를 보여 준다. 입사 광선은 망원경 경통을 따라 진행하여 바닥에 있는 포물면 거울에서 반사된다. 반사된 광선은 그림의 점 A로 집속되어 사진 건판이나 다른 인식 장치에 상을 만든다. 그러나 상이 형성되기 전에 작은 평면거울 M이 광선을 반사시켜 경통의 측면에 있는 작은 구멍을 지나 대안렌즈로 가도록 한다. 이러한 구조를 처음 개발한 사람이 뉴턴이기 때문에, 이러한 방식의 반사 망원경을 뉴턴식 초점(Newtonian focus)형이라 한다. 주의할 점은 반사 망원경에서 빛은 (작은 대안렌즈를 제외하고는) 유리를 통과하지 않는다는 것이다. 이것은 결과적으로 색 수차와 관련된 문제가 실질적으로 제거되는 것을 의미한다.

세계에서 가장 큰 광학 망원경은 하와이주 마우나 케아(Mauna Kea)에 있는 두 대의 케크(Keck) 망원경으로, 지름이 10 m인 반사 망원경이다. 미국에서 제일 큰 단일

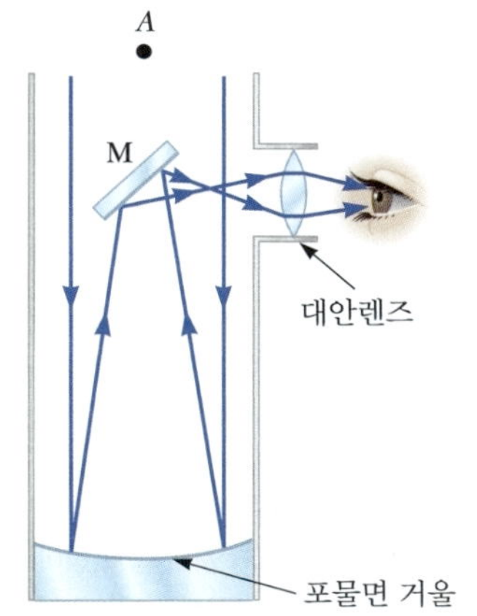

그림 25.10 뉴턴식 반사 망원경

그림 25.11 팔로마산 천문대에 있는 헤일 망원경. 주초점 관측실로 올라가는 승강기를 타기 전에 "아주 좋은 관람이 되길 바랍니다. 혹시나 떨어지게 되면, 거울 위에 떨어지지 않도록 해 주세요."라는 안내를 받는다.

거울 반사 망원경은 캘리포니아주의 팔로마(Palomar)산에 있는 지름 5 m의 반사 거울을 가진 망원경이다(그림 25.11). 이와 대조적으로, 세계에서 제일 큰 굴절 망원경은 미국 위스콘신주 윌리엄스 베이에 위치한 여키스(Yerkes) 천문대에 있는 것으로서, 대물렌즈의 지름이 1 m이다.

25.6 단일 슬릿과 원형 구멍의 분해능
Resolution of Single-Slit and Circular Apertures

눈, 현미경, 또는 망원경과 같은 광학계가 서로 인접해 있는 물체들을 구분하는 능력은 빛의 파동성에 의해 제한된다. 이러한 어려움을 이해하기 위하여 그림 25.12를 살펴보자. 이 그림에는 두 개의 광원이 너비가 a인 좁은 슬릿으로부터 떨어져 있다. 두 개의 점광원 S_1과 S_2는 결맞지 않은 광원이다. 예를 들면, 그것은 멀리 있는 두 별일 수도 있다. 만일 회절이 일어나지 않는다면 그림의 오른쪽에 있는 스크린에 생긴 두 개의 분명한 밝은 점(또는 상)을 관찰할 수 있다. 그러나 회절 때문에 각각의 광원은 중앙 부분이 밝고 가장자리 둘레에는 밝기가 덜한 어두운 고리가 있는 상을 맺는다. 스크린 위에

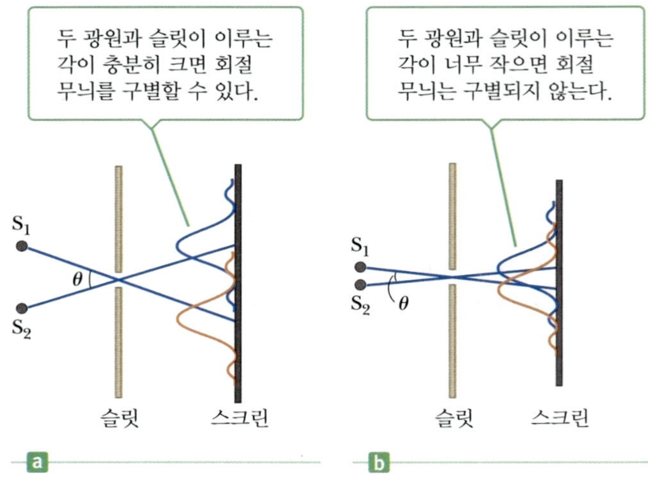

그림 25.12 좁은 슬릿으로부터 멀리 떨어져 있는 두 점광원은 각각의 회절 무늬를 만든다. (a) 두 광원과 슬릿이 이루는 각도가 충분히 커서 회절 무늬를 구분할 수 있는 경우, (b) 두 광원과 슬릿이 이루는 각도가 작아 회절 무늬가 서로 겹쳐 상이 구분되지 않는 경우. (여기서 각도는 과장되어 실제보다 매우 크게 그려졌다.)

관찰되는 것은 두 회절 무늬, 즉 S_1에 의한 것과 S_2에 의한 무늬의 합이다.

만일 두 광원이 충분히 떨어져 있으면, 그림 25.12a처럼 중앙 극대가 겹치지 않아서 상을 구별할 수 있으며 분해되었다고 한다. 그러나 만일 광원이 너무 가까이 붙어 있으면, 그림 25.12b처럼 두 중앙 극대가 겹쳐져서 상이 분해되지 않는다. 두 상이 분해되었는지의 여부는 보통 다음과 같은 기준에 의해 결정된다.

> 한 상의 중앙 극대가 다른 상의 첫 번째 극소와 일치하면, 상은 분해되었다고 한다. 이 분해능의 한계 기준을 **레일리 기준**(Rayleigh's criterion)이라고 한다.

◀ 레일리 기준

그림 25.13은 세 가지 상황에서의 회절 무늬를 보여 준다. 상의 각 간격이 레일리 기준을 만족하면 상은 분해된다(그림 25.13a). 두 물체를 더 가까이 가져가면 물체의 상은 가까스로 분해된다(그림 25.13b). 마지막으로, 두 물체를 아주 가까이 놓으면 상은 분해되지 않는다(그림 25.13c).

레일리 기준으로부터 상이 가까스로 분해될 때, 슬릿에서 두 광원이 이루는 최소 각분리 $\theta_{최소}$를 결정할 수 있다. 24장에서 단일 슬릿 회절 무늬의 첫 번째 극소가

$$\sin\theta = \frac{\lambda}{a}$$

를 만족하는 각에서 나타나는 것을 보았다. 여기서 a는 슬릿의 너비이다. 레일리 기준에 의하여, 이 식으로부터 두 상이 분해되는 최소 각 분리를 얻는다. 대부분의 경우 $\lambda \ll a$이므로, $\sin\theta$가 작아서 $\sin\theta \approx \theta$로 어림할 수 있다. 그러므로 너비가 a인 슬릿의 분해 한계각은

$$\theta_{최소} \approx \frac{\lambda}{a} \qquad [25.9]$$

◀ 슬릿의 분해 한계각

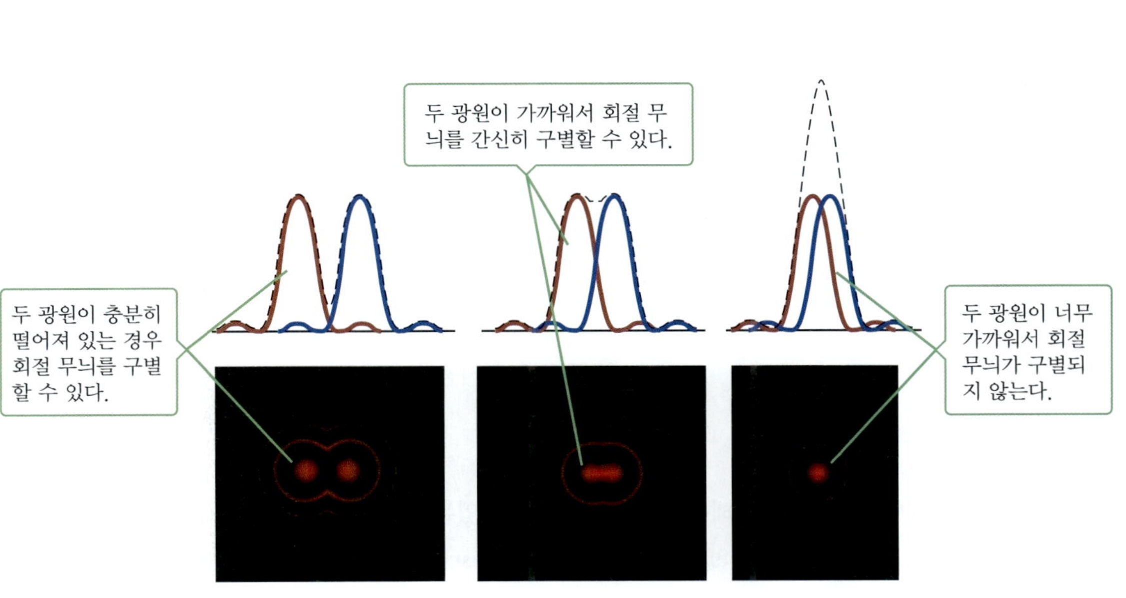

그림 25.13 두 광원의 각 분리에 따른 각각의 회절 무늬(실선)와 합성 회절 무늬(점선)

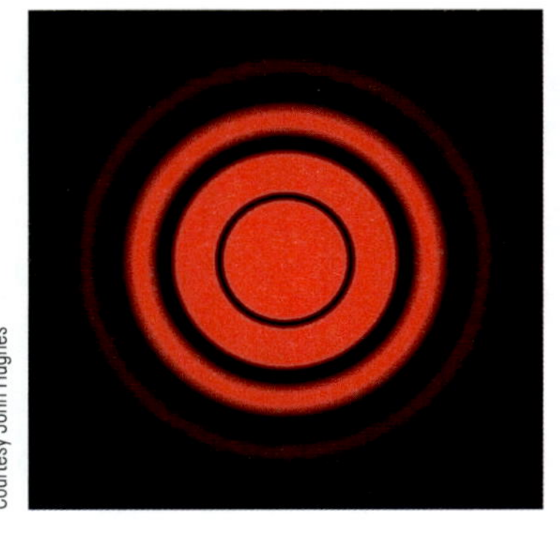

Courtesy John Hughes

그림 25.14 원형 구멍에 의한 회절 무늬는 중앙의 밝은 원반과 그 주위를 둘러싸고 있는 밝고 어두운 동심원 고리 무늬로 이루어져 있다.

이다. 여기서 $\theta_{최소}$는 라디안으로 나타낸다. 그러므로 상이 분해되려면, 슬릿에 대하여 두 광원이 이루는 각은 λ/a보다 커야 한다.

대부분의 광학 기기는 슬릿보다는 원형 구멍을 사용한다. 원형 구멍에 의한 회절 무늬는 중앙의 밝은 영역과 그 주위를 둘러싼 점차 어두워지는 원형 무늬들로 이루어져 있다(그림 25.14). 분석에 의하면 원형 구멍의 분해 한계각은

$$\theta_{최소} = 1.22\frac{\lambda}{D} \qquad [25.10]$$

이다. 여기서 D는 구멍의 지름이다. 식 25.10은 비례 상수 1.22를 제외하고는 식 25.9와 비슷하다. 비례 상수는 원형 구멍에 의한 복잡한 회절의 수학적 분석으로부터 얻어졌다.

예제 25.4 현미경의 분해능

목표 현미경의 분해능의 한계를 알아본다.

문제 현미경으로 물체를 보기 위해 파장이 589 nm인 나트륨 빛을 사용했다. 대물렌즈의 지름은 0.90 cm이다. **(a)** 현미경 분해능의 한계각을 구하라. **(b)** 현미경에 가시광선을 사용하여 얻을 수 있는 최대 분해 한계각은 얼마인가? **(c)** 굴절률이 1.33인 물을 물체와 대물렌즈 사이에 채웠다고 하자. 파장이 589 nm인 빛을 사용할 때, 현미경의 분해능에 이 물은 어떤 영향을 미치는가?

전략 **(a)**와 **(b)**는 식 25.10으로부터 풀 수 있다. 식에서 파장이 분자에 있기 때문에 파장이 가장 작은 보라색 빛은 최대의 분해를 가진다. **(c)**에서 차이점은 파장이 변한다는 것이다. 파장은 λ/n이며 n은 물의 굴절률이다.

풀이

(a) 이 현미경에 대한 분해 한계각을 구한다.

식 25.10에 대입하여 분해 한계각을 구한다.

$$\theta_{최소} = 1.22\frac{\lambda}{D} = 1.22\left(\frac{589\times10^{-9}\text{ m}}{0.90\times10^{-2}\text{ m}}\right)$$

$$= 8.0\times10^{-5}\text{ rad}$$

(b) 최대 분해 한계각을 계산한다.

가시광선 스펙트럼의 가장 짧은 파장을 대입하여 최대 분해를 얻는다. 이는 파장이 4.0×10^2 nm인 보라색이다.

$$\theta_{최소} = 1.22\frac{\lambda}{D} = 1.22\left(\frac{4.0\times10^{-7}\text{ m}}{0.90\times10^{-2}\text{ m}}\right)$$

$$= 5.4\times10^{-5}\text{ rad}$$

(c) 물체와 대물렌즈 사이에 물을 채울 경우 589 nm인 빛에 대한 현미경의 분해능을 알아본다.

물속에서 나트륨 빛의 파장을 계산한다.

$$\lambda_w = \frac{\lambda_a}{n} = \frac{589\text{ nm}}{1.33} = 443\text{ nm}$$

이 파장을 식 25.10에 대입하여 분해능을 얻는다.

$$\theta_{최소} = 1.22\left(\frac{443\times10^{-9}\text{ m}}{0.90\times10^{-2}\text{ m}}\right) = 6.0\times10^{-5}\text{ rad}$$

참고 각각의 경우에 있어서, 물체의 두 점이 대물렌즈와 이루는 각이 분해 한계각 $\theta_{최소}$보다 작다면 물체의 두 점은 상으로 구별될 수 없다. 그 결과 아마도 세포는 볼 수 있을지 모르지만, 세포 내 더 작은 구조를 볼 수 없다는 것은 명확하다. 대물렌즈에서 슬라이드 위에 기름방울을 사용하는 것은 분해능을 증가시키기 위해서이다.

헤일 망원경의 분해능을 중국 남서부에 있는 조리개가 500 m인 전파 망원경(Five-hundred-meter Aperture Spherical Telescope, FAST)의 분해능과 비교해 보는 것도 재미있을 것이다. FAST는 파장이 10 cm에서 4.3 m인 전파를 검출할 수 있다. 많이 사용되는 파장이 75 cm인 전파가 지름이 500 m인 개구를 통해 들어오면 그 최소

분해능 각은 1.83×10^{-3} rad(호가 6분 17초에 해당)로서 헤일 망원경의 이론적인 각보다 10 000배 이상 크다.

그런데 그렇게 약한 분해능을 가진 FAST 같은 전파 망원경이 왜 가치 있는 천문학 장비일까? 광학 장비와는 달리, 전파 망원경은 성간 물질 및 은하계 간 우주 먼지들을 관통하여 광학 망원경으로는 볼 수 없는 것을 관측할 수 있다. 전파 망원경은 밤낮을 가리지 않으며 비, 눈, 구름에 영향을 받지 않는다.

회절격자의 분해능

24장에서 배운 회절격자는 파장을 정확하게 측정하는 데 가장 유용하다. 프리즘처럼 스펙트럼을 여러 성분으로 나누는 데 쓰이지만, 매우 인접한 두 파장을 구별하려면 회절격자가 더 유용하다. 회절격자 분광계는 프리즘 분광계보다 분해능이 더 크다. 분광계가 가까스로 식별할 수 있는 인접한 파장 λ_1과 λ_2에 대해 회절격자의 **분해능**(resolving power) R은

$$R \equiv \frac{\lambda}{\lambda_2 - \lambda_1} = \frac{\lambda}{\Delta\lambda} \qquad [25.11]$$

로 정의되는데, $\lambda \approx \lambda_1 \approx \lambda_2$이고 $\Delta\lambda = \lambda_2 - \lambda_1$이다. 그러므로 높은 분해능을 가진 격자는 작은 파장의 차이도 식별할 수 있다. 더 나아가, 빛이 N개의 회절격자 선에 비추어질 때 m차 회절에서 분해능은 다음과 같다는 것을 증명할 수 있다.

$$R = Nm \qquad [25.12]$$

◀ 회절격자의 분해능

그러므로 분해능 R은 차수 m에 따라 증가하며, 빛이 비추어진 회절격자 선의 수가 많을수록 증가한다. $m = 0$일 때 $R = 0$이 됨을 주목하자. 이 사실은 영차 극대(모든 파장이 스크린 위의 한 점에 모임)의 경우 모든 파장은 식별될 수 없음을 뜻한다. 그러나 광원을 5 000개의 회절격자 선에 비추었을 때, 회절격자의 이차 회절 무늬를 생각해 보자. 이차 회절격자의 분해능은 $R = 5\ 000 \times 2 = 10\ 000$이다. 그러므로 분해될 수 있는 두 스펙트럼선 사이의 최소 파장 차이는 입사하는 빛의 평균 파장을 600 nm 라 할 때, 식 25.12에 의하여 $\Delta\lambda = \lambda/R = 6 \times 10^{-2}$ nm가 된다. 삼차 극대의 경우에 $R = 15\ 000$이며 $\Delta\lambda = 4 \times 10^{-2}$ nm이다.

예제 25.5 나트륨 원자에서 나오는 빛

목표 스펙트럼선을 구별하기 위한 분해능을 구한다.

문제 나트륨 스펙트럼의 두 개의 밝은 선의 파장은 각각 589.00 nm와 589.59 nm이다. **(a)** 이 두 파장을 구별하려면 회절격자의 분해능은 얼마이어야 하는가? **(b)** 이 선들을 이차 스펙트럼에서 분해하려면, 빛이 비춰지는 회절격자의 선은 얼마나 되어야 하는가?

전략 이 문제는 식 25.11과 식 25.12로부터 구할 수 있다.

풀이

(a) 이 두 파장을 구별하기 위한 회절격자의 분해능을 구한다. R을 구하기 위하여 식 25.11에 대입한다.

$$R = \frac{\lambda}{\Delta\lambda} = \frac{589.00 \text{ nm}}{589.59 \text{ nm} - 589.00 \text{ nm}} = \frac{589 \text{ nm}}{0.59 \text{ nm}}$$

$$= 1.0 \times 10^3$$

(b) 이 선들을 이차 스펙트럼에서 분해하기 위한, 빛이 비춰지는 회절격자의 선을 구한다.

식 25.12를 N에 대하여 풀고 대입한다.

$$N = \frac{R}{m} = \frac{1.0 \times 10^3}{2} = \boxed{5.0 \times 10^2\text{선}}$$

참고 스펙트럼선을 분해하는 능력은 특히 원자 실험 물리에서 중요하다.

25.7 마이컬슨 간섭계 The Michelson Interferometer

마이컬슨 간섭계는 과학적으로 매우 중요한 광학 기기이다. 미국의 물리학자인 마이컬슨(A. A. Michelson, 1852~1931)에 의하여 발명된 이 정교한 장치는 빛을 둘로 나눈 뒤, 이것을 다시 모아서 간섭무늬를 만든다. 이 간섭계는 파장의 길이를 정확하게 측정하는 데 쓰인다.

그림 25.15는 간섭계의 개념도이다. 단색 광원으로부터 나오는 빛은 은으로 얇게 코팅되어 입사광에 대하여 45° 기울어져 있는 반투명 거울 M에 의하여 두 개의 광선으로 나누어진다. 그중 한 광선은 수직 상방으로 반사되어 거울 M_1에 이르고, 다른 광선은 거울 M을 수평으로 투과하여 거울 M_2에 이른다. 그러므로 두 광선은 각각 다른 경로 L_1과 L_2를 따라 이동한다. 거울 M_1과 M_2로부터 반사된 후, 두 광선은 재결합하여 망원경으로 관찰할 수 있는 간섭무늬를 만들어 낸다. 거울 M과 두께가 같은 유리판 P를 수평 광선의 경로에 놓아 두 광선이 유리 속을 통과하는 거리를 서로 같게 한다.

두 광선에 의하여 만들어지는 간섭무늬는 두 광선의 경로차에 의하여 결정된다. 두 광선이 그림과 같이 관측되면, 반투명 거울 M에 의한 M_2의 상은 M_1에 나란한 M_2'에 생긴다. 그러므로 M_2'과 M_1 사이의 공간은 평행한 공기막에 해당한다. 공기막의 실제 두께는 정밀한 나사를 사용하여 거울 M_1을 그림 25.15의 화살 방향으로 조금 이동시킴으로써 변화시킨다. 거울 하나를 다른 것에 대해서 약간 기울이면, 두 물체 사이의

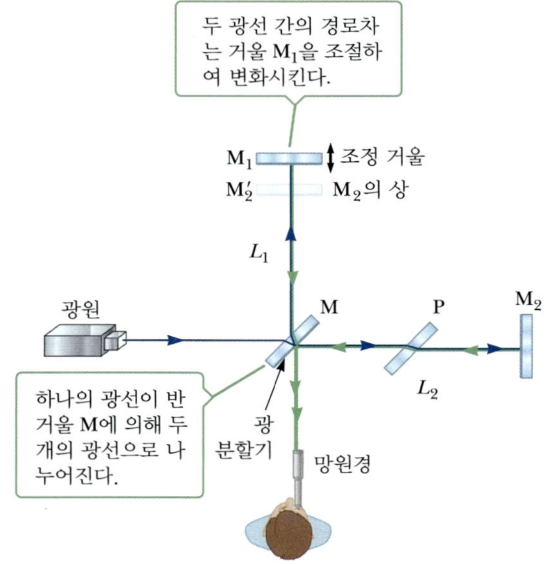

그림 25.15 마이컬슨 간섭계의 개념도

얇은 공기막은 쐐기 모양이 되고, 24장의 예제 24.4와 같은 평행한 무늬들로 이루어진 간섭무늬가 생긴다. 이제 망원경 중앙의 십자선에 어두운 선 중의 하나를 맞추어 놓는다. 경로 L_1을 길게 하기 위해 거울 M_1을 움직이면, 쐐기의 두께가 증가한다. 두께가 $\lambda/4$만큼 증가하면 원래 어두운 무늬를 만드는 상쇄간섭이 보강간섭으로 바뀌어 십자선에 놓인 밝은 무늬를 관측할 수 있다. 무늬가 어두운 것에서 밝은 것으로, 또는 밝은 것에서 어두운 것으로 바뀌는 것을 무늬 이동이라는 용어로 표현한다. 따라서 M_1이 $\lambda/4$의 거리만큼 움직일 때마다 밝고 어두운 무늬가 연속적으로 이동한다. 측정된 M_1의 변위에 대해 무늬 이동의 개수를 세어 보면, 빛의 파장을 측정할 수 있다. 역으로, 파장을 정확하게 알면(레이저 빔을 사용할 경우처럼), 거울의 변위를 파장의 수분의 1까지 알 수 있다. 간섭계를 사용하면 변위를 정확하게 측정할 수 있으므로, 기계 부품의 치수를 아주 정확하게 측정하는 데 자주 쓰인다.

거울이 서로 기울어짐이 없이 정확하게 배열되면, 보는 각도에 따라 경로차가 약간 달라진다. 이 결과 뉴턴의 원무늬와 비슷한 간섭무늬가 나타난다. 이 간섭무늬도 기울어진 거울에 의해 생긴 간섭무늬처럼 이용할 수 있다. 거울 한 개가 간섭무늬의 중앙 반점에 집중된다고 하자. 예를 들면, 상쇄간섭이 일어나 중앙이 처음에 어두운 반점이었다고 하자. 만일 M_1이 $\lambda/4$만큼 이동하면, 무늬 이동이 일어나서 중앙 반점이 밝은 영역으로 바뀐다.

연습문제

25.1 사진기

1(1). 렌즈의 초점거리가 105 mm인 $f/2.80$짜리 CCD 카메라가 무한 원점에서부터 렌즈 앞 30.0 cm에 있는 물체까지 초점을 맞출 수 있다. (a) 카메라의 조리개 지름을 구하라. 초점을 맞추기 위해서 렌즈가 움직여야만 하는 CCD로부터의 (b) 최소 및 (c) 최대 거리를 구하라. Note: 여기서 "$f/2.80$"의 의미는 f수가 2.80이라는 뜻이다.

2(3). 초점거리가 28 cm이고 지름이 4.0 cm인 렌즈가 있다. 이 렌즈의 f수는 얼마인가?

3(5). 어떤 종류의 필름은 사진기의 노출 시간을 0.010 s로, f수를 $f/11$로 둔 상태에서 사용한다. 또 다른 종류의 필름은 같은 수준의 노출을 만들기 위해서 두 배의 빛에너지가 필요하다. 두 번째 필름의 노출 시간을 0.010 s로 할 때 필요한 f수는 얼마인가?

4(7). 어떤 카메라를 조리개 $f/4$와 셔터 속도 $\frac{1}{15}$ s로 사용한다. 25.1절에 주어진 f수 외에도 이 카메라는 $f/1$, $f/1.4$, $f/2$의 조리개 번호도 있다. 매우 빠르게 움직이는 물체를 찍기 위해 셔터 속도를 1/125 s로 바꾸었다. 적정 노출을 유지하기 위해서 설정해야 하는 f수를 구하라.

25.2 눈

5(9). 어떤 근시인 사람의 근점이 13.0 cm이고 원점이 50.0 cm이다. (a) 근시를 교정하기 위해 필요한 렌즈의 도수는 얼마인가? (b) 렌즈를 착용했을 때, 이 사람의 근점은 얼마인가?

6(11). 어떤 사람의 근점이 60.0 cm이다. 25.0 cm 떨어져 있는 물체를 분명히 보려면, 교정 렌즈의 (a) 초점거리와 (b) 도수는 얼마가 되어야 하는가? 렌즈에서 눈까지의 거리는 무시한다.

7(13). 어느 근시안인 사람의 근점과 원점이 18.0 cm와 80.0 cm이다. 안경을 착용하면 멀리 있는 물체를 분명하게 볼 수 있다. 물체를 분명하게 보기 위해 필요한 최소 거리는 얼마인가?

8(15). 어떤 근시안의 여성이 40.0 cm(그녀의 원점)보다 먼

곳의 물체를 선명하게 볼 수가 없다. 그녀는 난시는 없으며 콘택트렌즈를 처방받았다. 시력 교정을 위해 어떤 종류의 렌즈와 배율로 처방받아야 하는가?

9(17). 어떤 사람의 눈이 35.0 cm 이내의 거리에 초점을 맞출 수가 없어서 교정 렌즈를 처방 받아서 눈으로부터 20.0 cm 되는 곳을 잘 볼 수 있게 하려고 한다. (a) 이 사람은 근시인가 원시인가? (b) 콘택트렌즈를 처방 받는다면 도수가 얼마이어야 하는가? (c) 안경을 처방 받는다면 도수는 얼마짜리이어야 하는가? 눈과 렌즈 사이의 거리는 2.00 cm이다. (d) 교정 렌즈는 오목 렌즈인가 볼록 렌즈인가?

10(19). 손상된 수정체를 대신한 인공 수정체를 사람의 눈에 이식하였다. 인공 수정체와 망막 사이의 거리는 2.80 cm이다. 교정 렌즈를 사용하지 않으면 멀리 있는 물체의 상은(각막에서의 굴절에 의해 맺힘) 망막 뒤로 5.33 cm 떨어진 곳에 맺힌다. 인공 수정체는 멀리 있는 물체의 상을 망막에 맺도록 고안되었다. 이식한 인공 수정체의 도수는 얼마인가? **힌트:** 각막에 의해 생긴 상을 허상으로 간주한다.

25.3 확대경

11(21). 생물학을 공부하는 학생이 곤충 날개의 구조적인 특징을 조사하기 위해 확대경를 이용하려고 한다. 렌즈 앞 3.50 cm에 날개가 펼쳐져 있고, 눈앞 25.0 cm인 지점에 상이 맺혔다. (a) 렌즈의 초점거리는 얼마인가? (b) 각 배율은 얼마인가?

12(23). 초점거리가 7.5 cm인 렌즈를 확대경으로 사용하는 우표 수집가가 있다. 허상이 정상 근점(25 cm)에 형성된다. (a) 우표는 렌즈로부터 얼마나 떨어져야 하는가? (b) 확대경의 각 배율은 얼마인가?

13(25). 초점거리가 39.0 cm인 수렴 렌즈의 71.0 cm 앞에 길이가 h인 잎이 놓여 있다. 관측자는 그림 P25.13과 같이 렌즈의 1.26 m 뒤에서 잎의 상을 본다. (a) 가로 배율(물체의 크기에 대한 상의 크기의 비)의 크기는 얼마인가? (b) 잎을 보는 대신 잎의 상을 봄으로써 생기는 각 배율은 얼마인가?

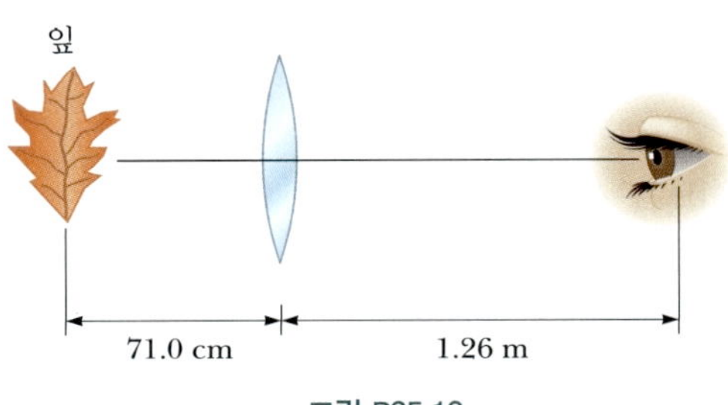

그림 P25.13

25.4 복합 현미경

25.5 망원경

14(27). 2.75디옵터인 대물렌즈와 35.0디옵터짜리 대안렌즈로 구성된 망원경의 배율은 얼마인가?

15(29). 복합 현미경의 두 렌즈 사이의 거리가 20.0 cm이다. 대물렌즈의 가로 배율이 10.0×이고 전체 배율이 115×라면 (a) 대안렌즈의 각 배율, (b) 대안렌즈의 초점거리, (c) 대물렌즈의 초점거리를 구하라.

16(31). 복합 현미경의 바람직한 전체 배율은 140×이다. 대물렌즈만의 가로 배율이 12×라면 대안렌즈의 초점거리는 얼마인가?

17(32). 어떤 망원경의 대물거울의 조리개 지름이 200.0 mm이고 초점거리가 2.00×10^3 mm이다. 노출 시간을 1.50분으로 하여 직초점 촬영법으로 성운의 사진을 필름에 찍는다. 이제 대물렌즈의 조리개 지름이 60.0 mm이고 초점거리가 900.0 mm인 망원경을 사용하여 그 필름의 단위 면적당 먼저의 망원경과 같은 양의 빛의 에너지를 쪼이려면 노출 시간을 얼마로 해야 하는가?

18(33). 천문학자들은 자주 대안렌즈 없이 망원경의 대물렌즈나 거울을 이용해 사진을 찍는다. (a) 이 망원경으로 생기는 상의 크기가 $h' = fh/(f - p)$로 주어짐을 보여라. h'는 물체의 크기, f는 대물렌즈의 초점이며 p는 물체 거리이다. (b) 물체 거리가 대물렌즈의 초점거리보다 매우 큰 경우에 (a)의 식을 간단히 하라. (c) 국제 우주 정거장은 '날개 길이'가 108.6 m이다. 고도 407 km에서 궤도 운동할 때, 초점거리 4.00 m인 망원경의 대물렌즈에 의해 만들어진 우주 정거장의 상의 너비를 계산하라.

19(37). 각 배율이 34.0인 천체 망원경을 설계하고자 한다. 초점거리가 86.0 cm인 대물렌즈를 사용한다면 (a) 대안렌즈의 초점거리, (b) 편안히 보기 위한 두 렌즈 간의 거리를 구하라. **힌트:** 편안히 보기 위한 경우, 대물렌즈가 형성하는 상은 대안렌즈의 초점에 위치해야 한다.

20(39). 어떤 사람이 안 쓰는 안경을 이용해서 망원경과 현미경을 각각 만들려고 한다. 이 사람의 왼쪽 눈의 근점은 50.0 cm이고, 오른쪽 눈의 근점은 100. cm이다. (a) 망원경이 만들 수 있는 최대 각 배율은 얼마인가? (b) 대물 및 대안렌즈 사이가 10.0 cm가 되게 했다면 현미경이 만들 수 있는 전체 배율의 최댓값은 얼마인가? **힌트:** (b)는 얇은 렌즈 공식을 이용한다.

25.6 단일 슬릿과 원형 구멍의 분해능

21(41). 전조등의 간격이 2.00 m인 자동차가 885 nm의 적외선을 감지할 수 있는 검출기를 들고 있는 관측자를 향해 가고 있다. 10.0 km의 거리에서 검출기가 두 전조등을 분해하려면 검출기의 조리개의 지름은 얼마이어야 하는가?

22(43). 지름이 30.0 cm인 수렴 렌즈로 머리 위로 지나가는 인공위성의 상을 얻었다. 인공위성에는 서로 1.00 m인 떨어진 두 개의 초록색 등(파장 500. nm)이 있다. 레일리 기준에 따라 이 빛들이 가까스로 분해될 수 있었다면, 인공위성의 고도는 얼마인가?

23(45). 어떤 회절격자는 이차 분해능이 1 250이다. (a) 회절격자에 비추어진 회절격자 선의 수를 구하라. (b) 1차 회절 무늬에서 분해될 수 있는 525 nm 부근의 파장에서 가장 작은 파장 차이를 계산하라.

24(47). 길이 15.0 cm인 회절격자에 1 cm당 6.00×10^3개의 선이 있다. 이 회절격자를 이용해서 파장이 600.000 nm와 600.003 nm인 두 스펙트럼선을 분리할 수 있는지를 판단하고 그 근거를 제시하라.

25(49). 현미경의 분해능을 높이기 위해서 물체와 대물렌즈가 기름($n = 1.5$)에 잠겨 있다. 기름이 없을 때 분해 한계각이 0.60 μrad이었다면 기름이 있을 경우 분해 한계각은 얼마인가? **힌트:** 기름은 빛의 파장을 바꾼다.

26(51). 지름이 5.00 m인 망원경을 달에 설치하려고 한다. 달에서는 대기에 의한 상의 찌그러짐이 없기 때문에 잘 보인다. 500. nm의 빛을 사용하여 관측한다면, 화성이 가장 가까이 있을 때(달에서 약 8.0×10^7 km의 거리) 화성에 있는 두 물체 간의 분해 가능한 최소 간격은 얼마인가?

25.7 마이컬슨 간섭계

27(53). 어떤 간섭계가 세균의 길이를 측정하는 데 이용된다. 사용되는 빛의 파장은 650. nm이다. 간섭계의 한 팔(arm)이 세균의 한쪽 끝에서 다른 쪽 끝까지 이동하는 동안, 무늬의 이동 개수는 310개였다. 세균의 길이는 얼마인가?

28(55). 굴절률이 1.40이고 두께가 15.0 μm인 투명하고 얇은 판이 있다. 이 판을 간섭계의 한 팔 안에 넣었다. 몇 개의 무늬 이동이 관측되는가? 진공 중에서의 빛의 파장을 600 nm라고 가정한다. **힌트:** 파장은 물질 안에서 변한다.

29(57). 파장이 550. nm인 빛을 사용하여 마이컬슨 간섭계의 눈금을 정하려고 한다. 한 거울이 있는 대(platform)를 마이크로 나사를 이용하여 0.180 mm를 이동시켰다. 몇 개의 무늬 이동이 관측되는가?

종합문제

30(59). 어떤 사람의 눈의 근점은 75.0 cm이다. (a) 25.0 cm에 있는 상이 선명하게 보이려면 처방해 주어야 할 안경의 도수는 얼마인가? (b) 만일 그 눈으로 안경을 쓰고 25.0 cm가 아닌 26.0 cm에 있는 물체를 선명히 볼 수 있다면 렌즈 만드는 사람은 처방한 것보다 몇 디옵터를 잘못 만들었는가?

31(63). 미국 여키스 천문대에 있는 굴절 망원경은 지름이 1.00 m이고 대물렌즈의 초점거리가 20.0 m이다. 대안렌즈의 초점거리는 2.50 cm라고 가정하자. (a) 망원경으로 본 화성의 배율을 구하라. (b) 화성의 극관은 바로 보이는가 뒤집혀 보이는가?

32(65). 한 보이스카우트 대원이 자신의 안경 렌즈를 사용하여 렌즈로부터 5.0 cm 떨어진 불쏘시개에 햇빛으로 초점을 맞추어 불을 붙인다. 대원의 눈의 근점은 15 cm이다. 사용된 렌즈가 돋보기와 같은 것이라면 (a) 얻을 수 있는 최대 배율은 얼마이며, (b) 눈이 편안해진 다음의 배율은 얼마인가? **참고:** 이 교재에서 돋보기의 배율에 대한 식은 정상안으로 간주한 식이다.

33(67). 흔히 NTSC 방식으로 알려져 있는 미국과 아시아권의 표준 아날로그 텔레비전 화면(HDTV가 아님)은 빛의 세기가 변화하는 약 485개의 선을 수평으로 주사하는 방식으로 되어 있다. 동공의 지름이 5.00 mm이고, 화면으로부터 들어오는 빛의 평균 파장이 550. nm일 때 그 선을 분해하는 능력을 레일리 기준만으로 판단한다고 가정하자. 그 선들을 분해할 수 없게 되는 화면의 수직 높이에 대한 최소 가시거리와의 비를 구하라.

상대성 이론
Relativity

CHAPTER 26

일상적으로 경험하고 관측하는 대부분의 물체는 빛의 속력보다 훨씬 느린 속력으로 움직인다. 뉴턴 역학은 그러한 물체들의 운동을 기술하기 위하여 체계화되었으며, 그 체계는 느린 속력에서 일어나는 광범위한 현상을 기술하는 데 매우 성공적이었다. 그러나 빛의 속력에 가까이 움직이는 입자들에 대해서는 뉴턴 역학이 성립하지 않는다.

예를 들어, 전자는 실험적으로 수백만 볼트의 전위차를 이용하여 $0.99c$(c는 빛의 속력)까지 가속시킬 수 있다. 뉴턴 역학에 의하면, 전위차를 네 배로 증가시키면 전자의 운동에너지도 네 배가 되어 속력은 두 배인 $1.98c$가 되어야 한다. 그러나 실험에 의하면, 전자의 속력은 질량을 갖는 다른 입자의 속력과 마찬가지로 가속시키는 전압의 크기에 관계없이 항상 빛의 속력보다 작은 값을 유지한다.

자연계에 속력의 한계가 존재한다는 사실은 심오한 결과를 가져왔다. 이는 힘, 운동량, 에너지에 대한 통상적인 개념이 빠르게 움직이는 물체에 대해서는 더 이상 적용되지 않는다는 것을 의미한다. 서로 다른 속력으로 움직이는 관측자들이 동일한 두 사건 사이의 시간 간격과 거리를 서로 다르게 측정한다는 것은 뉴턴 역학으로 설명이 불가능하다. 서로 다른 관측자들에 의한 측정을 연결시키는 것이 상대성 이론의 주제이다.

26.1 갈릴레이의 상대성 Galilean Relativity

물리적인 사건을 기술하기 위해서는 기준틀을 선택하는 것이 필요하다. 예를 들어, 실험실에서 실험을 할 때, 실험실에 대해 정지한 기준틀 또는 좌표계를 선택한다. 실험실에 대해 일정한 속도 $\vec{\mathbf{v}}$로 움직이는 차를 타고 지나가는 관측자가 실험을 관측한다고 가정하자. 정지한 기준틀에서 뉴턴의 제1법칙이 성립한다고 할 때, 움직이는 관측자도 이러한 주장에 동의할까?

갈릴레이의 상대성 원리에 의하면, **모든 관성 기준틀에서 역학 법칙은 같아야 한다.** 관성틀은 뉴턴의 법칙들이 성립하는 기준틀을 의미한다. 이 기준틀에서 관측된 물체는 알짜힘이 작용하지 않는 한 일정한 속력으로 직선 운동을 하며, 뉴턴의 제1법칙인 관성의 법칙을 만족하기 때문에 '관성틀'이라고 한다. 앞서 언급된 상황에서 실험실의 좌표계와 움직이는 차의 좌표계는 모두 관성 기준틀 또는 관성틀이다. 따라서 실험실에서 역학 법칙이 성립한다면, 차에 탄 관측자도 동일한 법칙이 성립되어야 한다.

그림 26.1a와 같이 등속도로 달리는 트럭이 있다. 공기 저항이 없다고 가정할 때 연직 방향으로 공을 던진 트럭 안의 승객은 공이 연직 경로로 움직이는 것을 관측한다. 공은 트럭이 지상에 정지한 상태에서 던졌을 때와 동일한 운동을 한다. 즉, 트럭이 정지해 있거나 혹은 일정한 운동을 하는가에 관계없이 공은 중력의 법칙과 일정가속도 운동의 법칙을 만족한다.

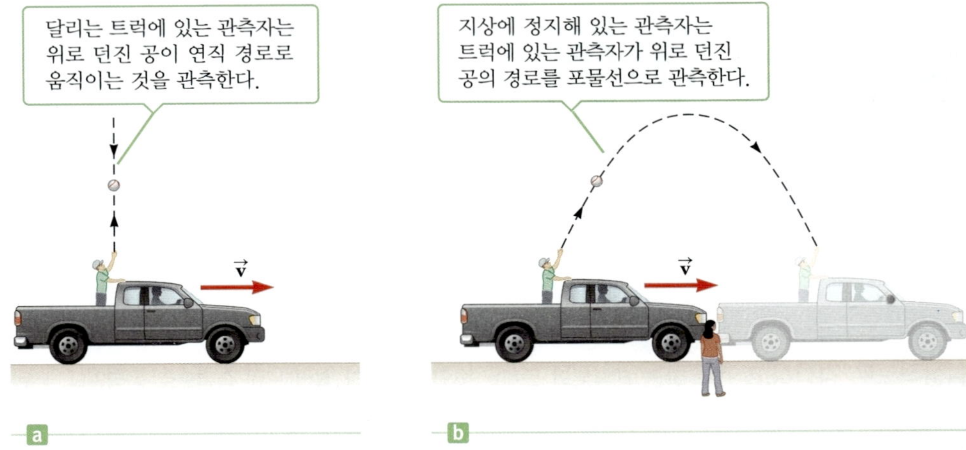

그림 26.1 위로 던진 공을 두 관측자가 관측하지만 서로 다른 결과를 얻는다.

동일한 실험을 지상에 정지해 있는 다른 관측자의 관점에서 생각해 보자. 이 정지한 관측자에게 공의 경로는 그림 26.1b와 같이 평면에서 포물선을 그리는 것으로 보인다. 뿐만 아니라, 이 관측자에게는 공이 트럭의 속도와 동일한 크기를 갖고 오른쪽 방향을 향하는 속도로 운동하는 것으로 보인다. 비록 두 관측자가 공의 운동 경로에 대해서는 서로 동의하지 않지만, 이들은 공의 운동이 중력의 법칙과 뉴턴의 운동 법칙을 만족한다는 데에는 동의할 뿐만 아니라 공이 공중에 머무는 시간에 대해서도 동의한다. 따라서 **역학 법칙을 기술하는 데 우선적인 기준틀은 존재하지 않는다**는 중요한 결론을 내릴 수 있다.

26.2 빛의 속력 The Speed of Light

역학에서 성립하는 갈릴레이의 상대성 개념이 전기, 자기, 광학을 비롯한 다른 분야의 실험에서도 적용되는지에 대한 의문은 자연스러운 것이다. 실험에 의하면 그 답은 아니라는 것을 보여 준다. 그뿐만 아니라 전자기학의 법칙들이 모든 관성틀에서 동일하다면, 빛의 속력과 관련된 모순이 발생한다. 전자기 이론에 의하면 빛은 진공 중에서 $2.997\ 924\ 58 \times 10^8$ m/s라는 고정된 속력을 갖는다. 그러나 갈릴레이의 상대성에 의하면, 그림 26.2에서 수송 열차 밖에 정지한 관측자 S에 대한 펄스의 속력은 $c + v$가 되어야 한다. 따라서 갈릴레이의 상대성은 맥스웰에 의해 정립된 전자기 이론과 일치하지 않는다.

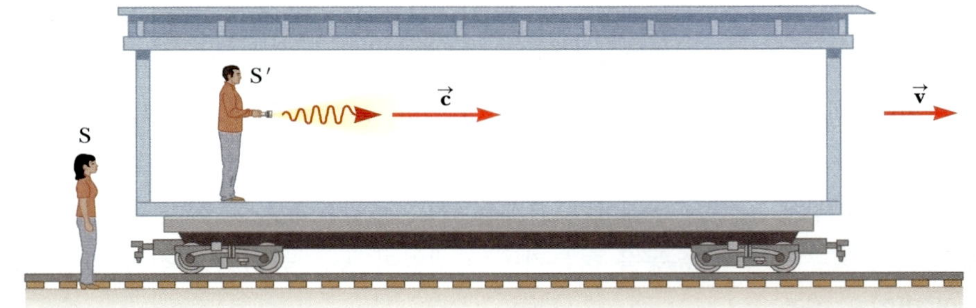

그림 26.2 달리는 수송 열차 안의 사람이 광 펄스를 보내고 있다. 갈릴레이의 상대성에 의하면, 정지한 관측자에 대한 펄스의 속도는 $\vec{c} + \vec{v}$이어야 한다.

전자기 이론에 의하면 빛 파동은 진공에서 빛의 속력으로 퍼져 나간다. 그러나 전자기 이론에서는 빛 파동의 매질이 존재할 필요가 없는데, 이는 교란을 지탱하기 위한 매질을 필요로 하는 물결파나 음파와 같은 파동과 대비된다. 19세기의 물리학자들은 전자기 파동도 퍼져 나가기 위해서는 매질이 필요하다고 생각했고, 그 가상의 매질에 **발광성 에테르**(luminiferous ether)라는 이름까지 붙였다. 에테르는 진공을 포함한 어디에서나 존재하며, 빛 파동을 에테르 진동으로 간주하였다. 또한 에테르는 행성이나 다른 어떤 물체의 운동에도 영향을 주지 않는, 질량이 없고 단단한 매질일 것으로 생각되었다. 이러한 것은 매우 이상한 개념들이다. 이와 더불어 전자기학의 골치 아픈 법칙들이 에테르에 대해 정지한 특별한 기준틀에서는 매우 단순한 형태를 가질 것으로 생각하고, 이 기준틀을 절대 기준틀이라 불렀다. 전자기학의 법칙들은 절대 기준틀에서 유효하고, 절대 기준틀에 대해 움직이는 임의의 기준틀에서는 수정되어야만 한다고 생각했던 것이다.

에테르 및 절대 기준틀이 차지하는 중요성 때문에 물리학에서는 에테르의 존재를 실험적으로 확인하는 것이 매우 중요한 관심을 갖게 되었다. 지상의 실험자 관점에서 볼 때, 지구가 에테르 속에서 운동하기 때문에 실험실에는 '에테르 바람'이 불 것으로 생각되었다. 에테르 바람을 검출하기 위한 직접적인 방법은 지상에 고정된 기구를 사용하여 에테르 바람이 빛의 속력에 미치는 영향을 측정하는 것이다. 지구에 대한 에테르의 속력이 v라면, 그림 26.3a와 같이 바람을 따라 진행하는 빛의 속력은 최댓값인 $c + v$가 될 것이다. 마찬가지로, 그림 26.3b와 같이 바람을 거슬러 진행하는 빛의 속력은 최솟값인 $c - v$가 될 것이고, 그림 26.3c와 같이 바람에 수직인 방향으로 진행하는 빛의 속력은 중간 값인 $(c^2 - v^2)^{1/2}$이 될 것이다. 태양이 에테르에 대해 정지해 있다고 가정하면, 에테르 바람의 속도는 지구가 태양 주위를 공전하는 속도와 같은 값인 3×10^4 m/s가 될 것이다. 그런데 빛의 속력이 $c = 3 \times 10^8$ m/s이므로 바람을 따라 움직일 때와 바람을 거슬러 움직일 때의 측정값들에서 1만분의 1 크기의 속력 변화를 감지할 수 있어야 한다.

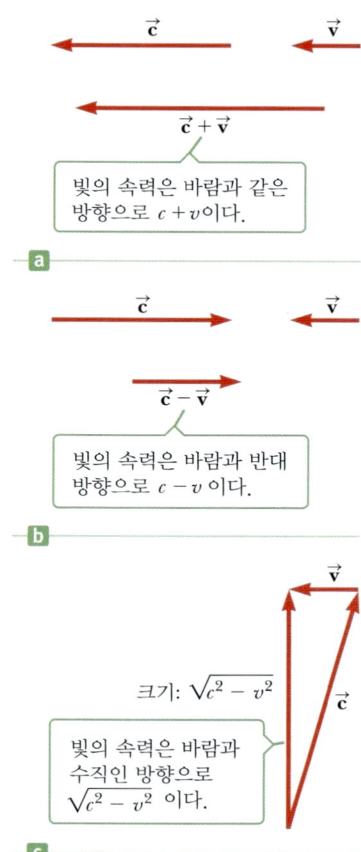

그림 26.3 지구에 대한 에테르 바람의 속력이 v이고 에테르에 대한 빛의 속력이 c라면, 지구에 대한 빛의 속력은 에테르 바람과 (a) 같은 방향으로는 $c + v$이고, (b) 반대 방향으로는 $c - v$이며, (c) 수직인 방향으로는 $\sqrt{c^2 - v^2}$이다. 그러나 마이컬슨–몰리의 실험에 의하면, 이러한 에테르 바람의 가설이 증명되지 못했다. 이후 아인슈타인은 진공 중에서의 빛의 속력은 관성 기준틀에 있는 관측자의 운동에 관계없이 항상 같은 값을 가진다는 가정을 하게 되었다.

마이컬슨–몰리 실험

미세한 빛의 속력 변화도 측정할 수 있도록 고안된 가장 유명한 실험은 1881년에 마이컬슨(Albert A. Michelson, 1852~1931)에 의해 처음으로 수행되고, 나중에는 다양한 조건하에서 마이컬슨과 몰리(Edward W. Morley, 1838~1923)에 의해 반복된 실험이다. 실험은 가상의 에테르에 대한 지구의 속도를 결정하기 위해 고안되었다. 실험에 사용한 장치는 그림 26.4의 마이컬슨 간섭계이다. 간섭계의 한쪽 팔 2가 지구의 운동 방향과 평행하게 정렬되어 있다. 지구가 속력 v로 에테르 속에서 움직이는 것은 에테르가 속력 v로 지구와 반대 방향으로 움직이는 것과 마찬가지이다. 따라서 지구의 운동 방향과 반대 방향으로 부는 에테르 바람은 빛이 거울 M_2로 접근할 때에는 지구 기준틀에서 측정된 빛의 속력이 $c - v$, 반사 후에는 $c + v$가 되게 한다. 여기서 c는 에테르 기준틀에 대한 빛의 속력이다.

이 실험에서 거울 M_1과 M_2에서 반사된 두 빛이 다시 만나서 밝고 어두운 줄무늬가

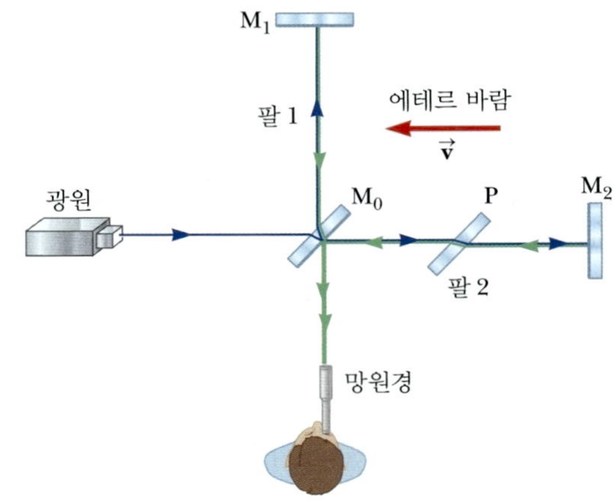

그림 26.4 에테르 바람 이론에 의하면, 빛의 속력은 빛이 거울 M_2에 접근할 때에는 $c-v$이고, 반사된 후에는 $c+v$이어야 한다.

반복되는 간섭무늬를 만들며, 간섭계가 90°만큼 회전한 후에도 간섭무늬가 관측되었다. 이 회전은 팔 1을 따르는 에테르 바람의 속력을 변화시키고, 효과는 작지만 측정 가능할 정도로 줄무늬 패턴을 이동시킬 것으로 기대가 되었다. 그러나 측정 결과, 간섭무늬에 어떤 변화도 감지되지 않았다. 에테르 바람의 방향이 바뀔 것으로 기대되는 시기에 수시로 마이컬슨–몰리 실험이 반복되었지만 결과는 항상 똑같았다. 즉, **요구되는 크기의 줄무늬 이동이 전혀 관측되지 않았다.**

마이컬슨–몰리 실험의 기대하지 않던 결과는 에테르 가설을 부정할 뿐만 아니라 에테르 기준틀에 대한 지구의 절대 속도를 측정하는 것이 불가능하다는 것을 보여 주었다. 그러나 다음 절에서 보듯이 아인슈타인은 특수 상대성 이론에서 이러한 결과에 대해 매우 다르게 해석하는 가정을 제안했다. 이후 빛의 본질에 대해 더 많은 사실을 알게 되면서 우주 공간에 퍼져 있다고 믿었던 에테르 개념은 폐기되었다. **빛은 전파되는데 매질이 필요 없는 전자기파로 이해되고 있다.**

26.3 아인슈타인의 상대성 원리 Einstein's Principle of Relativity

1905년에 아인슈타인은 마이컬슨–몰리 실험의 결과를 설명할 뿐만 아니라 공간과 시간에 대한 기존의 개념을 송두리째 바꿔 놓는 이론을 제안하였다. 그의 특수 상대성 이론은 다음과 같은 두 가설에 근거를 두었다.

상대성 이론의 가설 ▶

1. **상대성 원리:** 모든 관성 기준틀에서 물리 법칙은 같다.
2. **빛의 속력 불변:** 진공에서 빛의 속력은 관측자나 광원의 속도에 무관하게 모든 관성 기준틀에서 $c = 2.997\ 924\ 58 \times 10^8$ m/s의 일정한 값을 갖는다.

첫 번째 가설은 모든 물리 법칙이 서로 등속도로 움직이는 모든 기준틀에서 같다는 것으로, 역학 법칙만을 다루는 갈릴레이의 상대론을 일반화한 것이다. 실험적 관점에서 볼 때, 아인슈타인의 상대성 원리는 정지한 실험실에서 행한 어떤 종류의 (역학적,

열역학적, 광학적, 혹은 전기적) 실험은 그 실험실에 대해 일정한 속력으로 움직이는 실험실에서 행한 실험과 결과가 같아야 함을 의미한다. 따라서 특별한 관성 기준틀은 없으며, 절대 운동을 측정하는 것은 불가능하다.

두 번째 가설은 아인슈타인의 뛰어난 이론적 통찰로 1905년 이후 다양한 실험에 의해 확인되고 있다. 아마도 가장 직접적인 실험은 빛의 속력의 99.99%로 움직이는 입자가 방출한 광자(photon)의 속력을 측정한 것이다. 이 경우 측정된 광자의 속력은 진공에서의 빛의 속력과 유효숫자 다섯 자리까지 일치한다.

마이컬슨–몰리 실험의 소득 없는 결과는 아인슈타인의 이론 틀 안에서 쉽게 이해될 수 있다. 상대성 원리에 의하면 마이컬슨–몰리 실험은 전제 자체가 잘못되었다. 예측되는 결과를 설명하는 과정에서 에테르 바람과 반대 방향으로 전파되는 빛의 속력이 $c - v$임을 언급했다. 그러나 관측자나 광원의 운동 상태가 빛의 속력 값에 아무런 영향을 주지 않는다면 측정된 빛의 속력은 항상 c이어야만 한다. 마찬가지로 거울에서 반사된 빛은 $c + v$가 아니라 c의 속력으로 되돌아온다. 즉, 지구의 공전은 마이컬슨–몰리 실험에서 관측되는 간섭무늬에 아무런 영향을 주지 않으므로 부정적인 실험 결과가 예측된다.

아인슈타인의 상대성 이론을 수용한다면 빛의 속력을 측정할 때 일정한 상대 운동은 중요하지 않다고 결론지어야만 한다. 이와 동시에 공간과 시간에 대한 그 동안의 통념을 수정하고 어떤 이상한 결과도 받아들일 준비를 해야만 한다.

아인슈타인
Albert Einstein, 1879~1955
독일–미국 물리학자

인류 역사상 가장 위대한 물리학자 중의 한 사람인 아인슈타인은 독일의 울름에서 태어났다. 26세가 되던 1905년에 물리학 혁명을 일으킨 네 편의 논문을 발표하였다. 이 중 두 편의 논문은 많은 사람들이 그의 가장 중요한 업적이라 생각하는 특수 상대성 이론에 관한 것이다. 수학자 힐버트(David Hilbert)와 흥미진진한 경합을 벌이던 아인슈타인은 1916년에 일반 상대성 이론으로 불리는 중력에 대한 이론을 발표하였다. 이 이론의 가장 극적인 예측은 별빛이 중력장에 의해 휘어지는 각에 대한 것이다. 1919년에 개기 일식 때 천문학자들이 태양 근처의 밝은 별에 대해 측정한 결과는 아인슈타인의 예측이 옳았음을 확인해 주었고, 그 결과 아인슈타인은 일약 세계적인 유명 인사가 되었다. 과학 혁명을 일으킨 공로에도 불구하고 아인슈타인은 1920년대에 진행된 양자 역학의 발전에 크게 혼란스러워하였다. 특히 양자 이론의 중심 사상인 자연계에서 일어나는 현상에 대한 확률론적 견해를 끝까지 수용하지 않았다. 인생의 나머지 수십 년 기간 동안 중력과 전자기학을 결합한 통일장 이론 연구에 매진하였지만 끝내 성공하지는 못하였다.

26.4 특수 상대성 이론의 결과 Consequences of Special Relativity

과학을 피상적으로만 아는 거의 모든 사람들도 상대 운동에 대한 아인슈타인의 접근 방식에서 파생된 놀라운 예측 중 몇 가지는 알고 있다. 이 절에서 상대성 이론의 몇 가지 결과를 살펴보면서, 그 결과들이 공간과 시간에 대한 기본 개념과 다르다는 것을 알게 될 것이다. 이 절에서는 길이와 시간과 동시성에 대한 개념을 논의할 것인데, 상대론적 역학에서 이 개념들은 뉴턴 역학과 판이하게 다르다. 예를 들면, 상대론적 역학에서는 두 지점 사이의 거리와 두 사건 사이의 시간 간격은 이 물리량들이 측정되는 기준틀에 따라 달라진다. 즉, **상대론적 역학에서는 절대 길이와 절대 시간 같은 것은 존재하지 않는다.** 뿐만 아니라 **어떤 기준틀에서는 다른 장소에서 동시에 일어난 것으로 관측되는 사건이 그 기준틀에 대해 상대적으로 움직이는 다른 기준틀에서는 동시에 일어나는 것으로 관측되지 않는다.**

◀ **길이와 시간은 기준틀에 따라 다르게 측정된다.**

26.4.1 동시성과 시간의 상대성 Simultaneity and the Relativity of Time

뉴턴 역학의 기본 전제는 모든 관측자들에게 동일한 보편적 시간 척도가 있다는 것이다. 뉴턴과 그의 추종자들은 동시성을 당연시했지만 특수 상대성 이론에서 아인슈타인은 동시성에 대한 가정을 버렸다.

아인슈타인은 이 점을 설명하려고 다음과 같은 사고 실험(thought experiment)

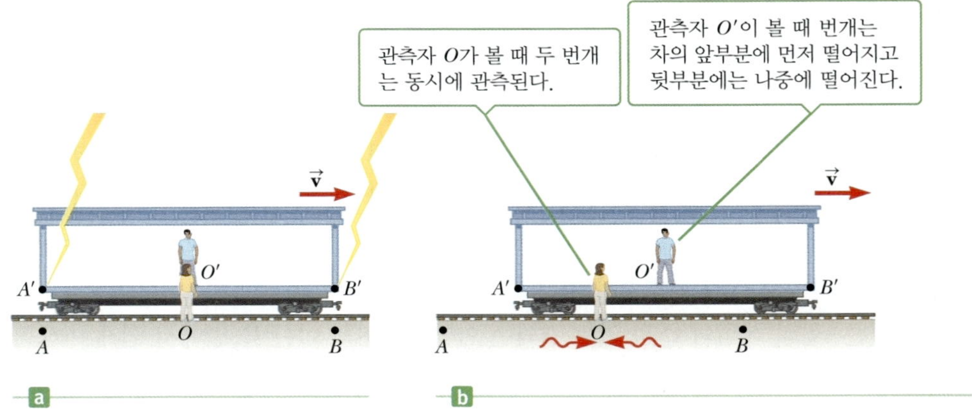

그림 26.5 (a) 움직이는 수송 열차의 양 끝에 번개가 떨어진다. (b) 오른쪽에서 왼쪽으로 진행하는 빛은 이미 O'에 도달했지만 왼쪽에서 오른쪽으로 진행하는 빛은 아직 O에 도달하지 않았다.

을 고안하였다. 일정한 속력으로 움직이고 있는 수송 열차에 그림 26.5a와 같이 번개가 떨어져 열차의 양 끝과 땅에 자국을 남긴다. 열차에 난 자국을 A'과 B'으로, 땅에 난 자국을 A와 B로 표시한다. 열차와 함께 움직이면서 O'에 있는 관측자는 A'과 B'의 중간에 있고, 땅 위의 O에 있는 관측자는 A와 B의 중간에 있다. 각 관측자가 기록하는 사건은 열차에 번개가 떨어지는 순간이다.

그림 26.5b와 같이 두 번개가 떨어지는 순간을 기록하는 광신호들이 O에 있는 관측자에게 동시에 도달했다고 하자. 광신호들이 같은 거리를 같은 속력으로 움직인다는 사실을 깨달은 관측자는 즉각적으로 A와 B에서 사건들이 동시에 발생했다는 결론을 내린다. 이제 O'에 있는 관측자가 본, 같은 사건을 생각해 보자. 신호들이 O에 있는 관측자에게 도달하는 순간 그림 26.5b와 같이 관측자 O'은 이미 움직였다. 그러므로 B'에서 온 신호는 이미 O'을 지난 반면, A'에서 오는 빛은 아직 O'에 도달하지 않았다. 다시 말하면 O'은 B'에서 온 신호를 A'에서 오는 신호보다 먼저 본다. 아인슈타인에 의하면, 두 관측자에게 빛은 같은 속력으로 움직인다. 따라서 관측자 O'은 번개가 열차의 앞쪽에 먼저 떨어지고 그 이후에 뒤쪽에 떨어진다고 결론내린다.

이 사고 실험은 관측자 O에게 동시에 일어난 사건이 O'에 있는 관측자에게는 동시에 일어난 사건이 아니라는 것을 분명하게 입증한다. 다시 말하면,

> 한 기준틀에서 동시에 일어난 두 사건은 일반적으로 그 기준틀에 대하여 상대적으로 움직이고 있는 다른 기준틀에서 볼 때 동시에 일어난 사건이 아니다. 동시성은 절대적인 개념이 아니라 관측자의 운동 상태에 따라 변하는 개념이다.

Tip 26.1 누가 옳은가?

두 사건의 동시성과 관련하여 관성 기준틀에 있는 두 관측자 중 누가 옳은가? 비록 두 사람이 서로 다른 결론에 도달하지만, 이들은 자신의 관성 기준틀에서는 모두 옳다.

두 사건에 관하여 어떤 관측자가 옳은지 궁금할 것이다. 정답은 모두 옳은데, 그 이유는 상대성 이론에서는 **다른 기준틀에 우선하는 관성 기준틀이 없기 때문**이다. 비록 두 관측자가 다른 결론에 도달했지만 동시성의 개념이 절대적이지 않으므로 그들의 결론은 모두 옳다. 사실 어떤 관성 기준틀도 사건을 기술하고 물리를 하는 데 이용될 수 있다는 것이 상대성 이론의 요지이다.

26.4.2 시간 지연 Time Dilation

서로 다른 관성 기준틀에 있는 관측자들이 두 사건의 시간 간격을 다르게 측정한다는 사실을 설명하기 위해 그림 26.6a와 같이 속력 v로 오른쪽으로 움직이는 차량을 살펴보자. 차량의 천장에 거울이 부착되어 있고, 이 기준틀에서 정지한 관측자 O'은 거울로부터 거리 d만큼 떨어진 곳에서 레이저를 붙잡고 있다. 어느 순간 레이저가 거울 쪽으로 똑바로 향하는 광 펄스(사건 1)를 방출하고, 잠시 후 이 펄스는 거울에서 반사되어 레이저로 되돌아온다(사건 2). 관측자 O'은 같은 장소에서 발생하는 것으로 관측되는 두 사건 사이의 시간 간격 Δt_p를 시계로 측정한다[아래 첨자 p는 '*proper*(고유)'를 의미한다]. 광 펄스는 빛의 속력 c로 움직이기 때문에 이 펄스가 점 A에서 나와 거울에서 반사된 후 다시 점 A까지 도달하는 데 걸리는 시간은

$$\Delta t_p = \frac{\text{이동한 거리}}{\text{속력}} = \frac{2d}{c} \qquad [26.1]$$

가 된다. O'이 측정한 시간 간격 Δt_p는 이 기준틀에 있는 레이저와 같은 곳에 놓인 시계 하나로 측정된다.

이제 그림 26.6b와 같이 두 번째 기준틀에 있는 O가 바라보는 동일한 사건을 생각하자. 이 관측자에 의하면 거울과 레이저가 속력 v로 오른쪽으로 움직이고, 그 결과 사건의 경과는 다르게 나타난다. 레이저에서 나온 빛이 거울에 도착할 때까지 거울은 오른쪽으로 거리 $v\Delta t/2$만큼 움직인다. 여기서 Δt는 광 펄스가 점 A에서 거울까지 이동한 후 점 A로 되돌아오는 데 걸리는 시간으로 O에 의해 측정된다. 다시 말하면 빛이 거울에 부딪힌다면, 차량의 운동 때문에 빛은 수직축에 대해 일정한 각을 이루며 거울을 떠나야 한다고 O는 결론을 내린다. 그림 26.6a와 그림 26.6b를 비교할 때, 빛은 (a)의 경우보다 (b)의 경우 더 멀리 진행함을 알 수 있다(어느 관측자도 누가 움직이는지를 모르며, 각각 자신의 관성 기준틀에서 정지해 있다).

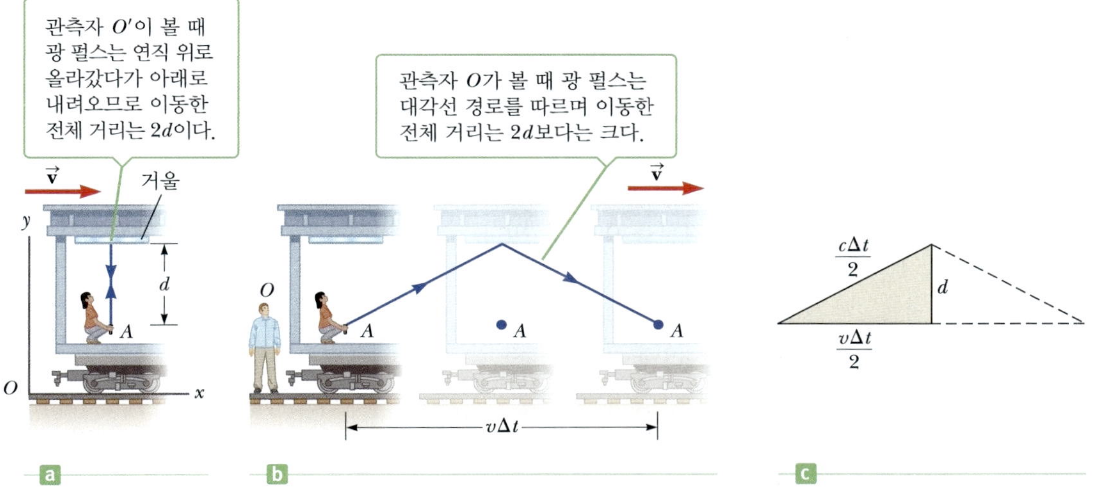

그림 26.6 (a) 움직이는 차량에 거울이 고정되어 있고 광 펄스가 차량에 정지한 O'을 떠난다. (b) 지상에 정지한 관측자 O에 대해 거울과 O'은 v의 속력으로 움직인다. (c) Δt와 Δt_p 사이의 관계를 계산하기 위한 직각삼각형

특수 상대성 이론의 두 번째 가설에 따르면, 두 관측자가 측정한 빛의 속력은 모두 c이어야 한다. 기준틀 O에서 빛이 더 멀리 진행하므로 O가 측정한 시간 간격 Δt는 O'이 측정한 시간 간격 Δt_p보다 더 길다. 두 시간 간격 사이의 관계를 구하기 위해 그림 26.6c의 직각삼각형을 이용하면 편리하다. 피타고라스 정리에 의하면

$$\left(\frac{c\Delta t}{2}\right)^2 = \left(\frac{v\Delta t}{2}\right)^2 + d^2$$

이 성립한다. 이 식을 Δt에 대해서 풀면

$$\Delta t = \frac{2d}{\sqrt{c^2 - v^2}} = \frac{2d}{c\sqrt{1 - v^2/c^2}}$$

이다. $\Delta t_p = 2d/c$이므로 위의 식은

시간 지연 ▶

$$\Delta t = \frac{\Delta t_p}{\sqrt{1 - v^2/c^2}} = \gamma\,\Delta t_p \quad [26.2]$$

와 같이 표현할 수 있는데, 여기서

$$\gamma = \frac{1}{\sqrt{1 - v^2/c^2}} \quad [26.3]$$

이다. γ는 항상 1보다 크기 때문에 식 26.2는 **시계[1]에 대해 움직이는 관측자가 측정한 두 사건 사이의 시간 간격 Δt는 시계에 대해 정지해 있는 관측자가 측정한 두 사건 사이의 시간 간격 Δt_p보다 더 길다**는 사실을 말해준다. 따라서 $\Delta t > \Delta t_p$이고, 고유 시간 간격은 γ배만큼 확장되거나 지연된다. 그러므로 이 효과는 **시간 지연**으로 알려져 있다.

예를 들어, 시계에 대해 정지해 있는 관측자가 레이저에서 광신호가 떠났다가 되돌아오는 데 걸리는 시간을 측정한다고 하자. 이 기준틀에서 측정한 시간 Δt_p가 1 s라고 가정하자(이 조건을 만족하려면 차 안의 천장이 매우 높아야 한다). 이제 동일한 시계에 대해 움직이는 관측자 O가 측정한 시간 간격을 구하자. 관측자 O가 빛의 속력의 절반인 속력($v = 0.500c$)으로 움직이면 $\gamma = 1.15$가 되고, 식 26.2에 따라 $\Delta t = \gamma\Delta t_p = 1.15(1.00\ \text{s}) = 1.15\ \text{s}$가 된다. 그러므로 관측자 O'이 1.00 s 지났다고 할 때 관측자 O는 1.15 s 지났다고 한다. 관측자 O는 관측자 O'의 시계가 두 사건 사이에 경과한 시간을 너무나 작게 읽었다고 여기며 O'의 시계가 "늦게 간다"고 말한다. 이 사실에서 다음과 같은 결론을 내릴 수 있다.

움직이는 시계는 정지해 있는 같은 시계보다 느리게 간다 ▶

> 관측자를 지나 속력 v로 움직이는 시계는 관측자에 대해 정지해 있는 같은 시계보다 γ^{-1}배만큼 더 느리게 간다.

식 26.1과 식 26.2에서 시간 간격 Δt_p를 **고유 시간**(proper time)이라고 한다. 일반

[1] 그림 26.6에서는 실제 관측자가 아니라 시계가 움직인다. 이는 관측자 O가 시계에 대해 왼쪽으로 속도 $\vec{\mathbf{v}}$로 움직이는 것과 같다.

적으로 **고유 시간은 같은 위치에서 일어나는 두 사건을 본 관측자가 측정한 두 사건 사이의 시간 간격이다.**

Tip 26.2 고유 시간 간격

고유 시간 간격을 측정하는 관측자를 명확히 밝히는 것이 중요하다. 두 사건 사이의 고유 시간 간격은 두 사건이 같은 위치에서 발생한다고 판단하는 관측자가 측정한 시간 간격이다.

상대성 원리가 과학적 민주주의라는 것을 확실하게 인식하는 것은 중요하다. 즉, 왼쪽으로 속력 v로 움직이는 것은 O이므로 O의 시계가 더 느리게 간다는 O'의 입장도 O의 입장과 마찬가지로 타당하다. 상대성 원리에 의하면 일정한 상대적 운동을 하는 두 관측자가 목격한 것은 똑같이 유효해야 하며 실험적으로 확인될 수 있어야 한다.

움직이는 시계가 γ^{-1}배만큼 느리게 가는 것을 살펴보았다. 이는 이미 설명된 빛 시계뿐만 아니라 보통의 기계적인 시계에 대해서도 성립한다. 시계에 대해 움직이는 계에서 화학적, 생물학적 과정을 포함한 모든 물리적 과정이 발생할 때 이 과정들이 시계에 대해 느리게 일어난다고 언급함으로써 이 결과를 일반화시킬 수 있다. 예를 들어, 우주 공간에서 이동하는 우주 비행사의 심장 박동은 우주선 안에 있는 시계와 시간이 맞을 수 있다. 우주 비행사의 심장 박동과 시계는 지구에 있는 시계에 대하여 느리게 갈 것이다(우주 비행사가 우주선에서 느리게 가는 인생을 자각하지는 못할 것이다).

응용

뮤온 수명 측정

시간 지연은 매우 실제적인 현상으로서 자연 시계를 포함하여 다양한 실험으로 증명되어 왔다. 시간 지연의 흥미로운 예는 뮤온(muon)에서 관측할 수 있는데, 뮤온은 무겁고 불안정한 기본 입자로서 전자와 전하는 같지만 질량이 207배나 된다. 뮤온은 우주 복사선(cosmic radiation)이 대기 상공의 원자와 충돌할 때 발생한다. 정지한 기준틀에서 뮤온의 수명은 2.2 μs이다. 뮤온의 평균 수명을 2.2 μs로 잡고 뮤온의 속력을 빛의 속력, 예를 들어 $0.99c$에 가깝다고 할 때 뮤온은 붕괴될 때까지 고작 650 m 정도를 이동할 수 있다(그림 26.7a). 따라서 뮤온은 결코 자신이 만들어지는 상층 대기로부터 지상까지 도달할 수 없다. 그러나 실험에서는 다량의 뮤온이 지상에 도달하는데, 이 현상은 시간 지연으로 설명할 수 있다. 지상의 관측자에 대해 뮤온의 수명은 $\gamma\tau_p$인데, 여기서 $\tau_p = 2.2\ \mu\text{s}$는 뮤온과 함께 움직이는 기준틀에서의 수명이다. 예를 들어, $v = 0.99c$일 때 $\gamma \approx 7.1$이고, 따라서 $\gamma\tau_p \approx 16\ \mu\text{s}$이다. 따라서 그림 26.7b에 나타낸 바와 같이, 지상의 관측자가 측정한 뮤온의 평균 이동 거리는 $\gamma v\tau_p \approx 4\ 800$ m이

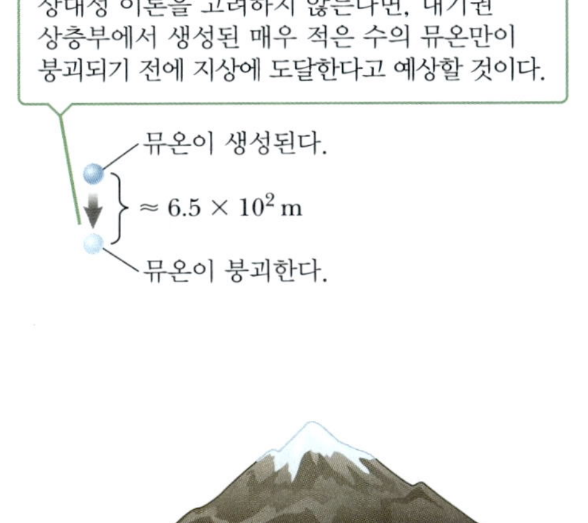

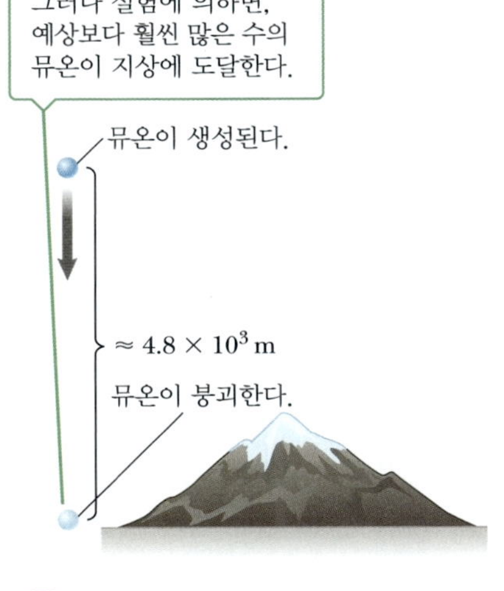

그림 26.7 (a) 대기의 상층부에서 생성되어 지구에 대해 $0.99c$의 속력으로 움직이는 뮤온은 붕괴되기 전 2.2×10^{-6} s 동안 평균 650 m를 이동한다. (b) 시간 지연 때문에 지구에 있는 관측자가 측정한 뮤온의 수명은 길어져서 붕괴되기 전 4.8×10^3 m를 이동한다. 결국, 예상보다는 많은 수의 뮤온이 지상에 도달하는 것으로 관측된다. 그러나 뮤온의 입장에서 보면 평균 수명은 단지 2.2×10^{-6} s에 지나지 않지만, 뮤온과 지표 사이의 거리가 수축되기 때문에 상당수의 뮤온이 붕괴되기 전에 지상에 도달하는 것이 가능하다.

므로 뮤온은 충분히 지상에 도달할 수 있다.

1976년에 제네바에 있는 유럽 입자물리 연구소(European Council for Nuclear Research, CERN)의 실험실에서 뮤온 실험이 실시되었다. 커다란 저장 고리(storage ring)로 입사된 뮤온은 속력이 0.999 4c에 이르게 된다. 뮤온의 붕괴로 생성된 전자가 고리 주위의 계수기에서 검출되었는데, 이로부터 붕괴율과 뮤온의 수명을 측정할 수 있었다. 움직이는 뮤온의 수명은 정지한 뮤온의 수명보다 약 30배 가량 길게 측정되었으며, 이는 상대성 이론의 예측과 2/1 000 범위 내에서 일치하는 것이다.

예제 26.1 진자의 주기

목표 시간 지연의 개념을 적용한다.

문제 지상에 위치한 진자의 관성틀에서 진자의 주기가 3.00 s로 측정되었다. 진자에 대해 0.950c의 속력으로 운동하는 관측자가 측정한 진자의 주기는 얼마인가?

전략 시계의 정지 기준틀에 있는 관측자에 의해 측정된 시계의 주기가 바로 고유 시간 간격 Δt_p이다. 알고 싶은 것은 시계에 대해 운동하는 기준틀에 있는 관측자에 의해 측정된 시간 간격 Δt이다. 식 26.2에 대입하면 문제를 풀 수 있다.

풀이

고유 시간과 상대 속력을 식 26.2에 대입한다.

$$\Delta t = \frac{\Delta t_p}{\sqrt{1 - v^2/c^2}} = \frac{3.00 \text{ s}}{\sqrt{1 - \frac{(0.950c)^2}{c^2}}} = 9.61 \text{ s}$$

참고 시계에 대해 운동하는 관측자는 진자가 움직인다고 생각하며, 움직이는 시계가 더 늦게 가는 것으로 관측한다. 즉, 시계에 대해 정지한 기준틀의 관측자에게 진자가 3 s에 한 번 진동하는 동안, 운동하는 관측자에게는 한 번 진동하는 데 대략 10 s가 걸린다.

운동이 상대적이므로 예제 26.1과 같은 문제에서 혼란스러울 수 있다. 진자가 정지 기준틀의 관측자 관점에서 볼 때에는 (진자가 진동을 제외하고는) 그대로 서 있는 반면, 진자에 대해 운동하는 기준틀의 관측자에게는 움직이는 것이 진자이다. 올바른 관점을 유지하기 위해서는 항상 관측하는 관측자에 집중하고, 측정되는 시계가 관측자에 대해 움직이는지 여부를 스스로에게 물어보라. 답이 틀리다면, 관측자는 시계의 정지 기준틀에 있으며 측정하는 시간은 시계의 고유 시간이다. 답이 맞는다면, 관측자가 측정하는 시간은 시계의 고유 시간보다 지연되거나 확장되는 것이다. 이러한 해석의 혼란이 그 유명한 '쌍둥이 역설(twin paradox)'을 초래했다.

26.4.3 쌍둥이 역설 The Twin Paradox

시간 지연의 흥미로운 결과 중 하나가 소위 쌍둥이 역설이다(그림 26.8). 쌍둥이 스피도와 고슬로를 대상으로 하는 실험을 생각하자. 그들이 20세 되던 해에 둘 중 더 모험적인 스피도가 지구로부터 20광년 떨어진 행성 X로 여행을 떠난다. 스피도가 탄 우주선은 지구에 남아 있는 고슬로의 관성틀에 대해 0.95c의 속력으로 여행한다. 향수병에 걸린 스피도는 행성 X에 도착하자마자 0.95c의 속력으로 지구로 되돌아온다. 지구에 도착한 스피도는 자신의 나이는 단지 13년 더 들었을 뿐인데 반해 고슬로는

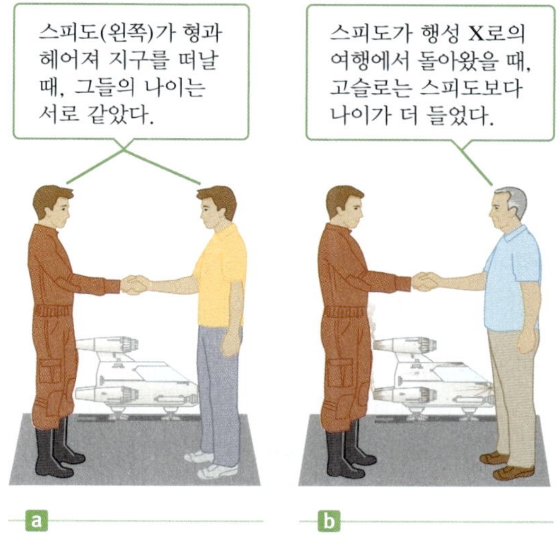

그림 26.8 쌍둥이 역설. 스피도가 20광년 떨어진 행성 X로 여행 갔다가 지구로 되돌아온다.

$2D/v = 2$(20광년)/(0.95광년/년) = 42년의 나이가 들어 62세가 되었다는 사실에 충격을 받는다.

어떤 사람들은 쌍둥이들이 서로 다른 비율로 나이가 들 수 있고 일정 시기 이후에 서로 나이가 달라진다는 것이 역설이라고 잘못 생각한다. 그러나 비록 상식에 어긋나지만 이것은 전혀 역설이 아니다. 역설은 스피도의 관점에서 자신은 정지해 있고 지구상의 고슬로가 그로부터 $0.95c$의 속력으로 멀어졌다가 되돌아오는 것이다. 따라서 고슬로의 시계는 스피도에 대해 움직이므로 스피도의 시계와 비교해서 느리게 간다. 결론은 고슬로가 아니라 스피도가 쌍둥이 중 더 나이가 들어야 한다는 것이다!

이 역설을 해결하기 위해 고슬로에 대해 $0.5c$의 일정한 속력으로 움직이는 제3의 관측자를 생각하자. 제3의 관측자에게 고슬로는 관성틀을 결코 변화시키지 않는다. 즉, 제3의 관측자에 대한 고슬로의 속력은 항상 똑같다. 그러나 제3의 관측자에게는 여행 과정에서 스피도의 기준틀이 변하면서 스피도가 가속하는 것으로 보인다. 따라서 제3의 관측자 입장에서는 스피도의 운동과 비교할 때 고슬로의 운동이 무언가 매우 다르다는 것이 명확하다. 고슬로와 스피도가 맡은 역할은 서로 대칭적이지 않으므로 시간의 흐름이 서로 다르다는 것은 놀랄 만한 것이 아니다. 더불어 가속으로 인해 스피도의 기준틀이 비관성틀이므로, 비록 상대성 이론에서 가속 운동을 다루는 방법이 있기는 하지만, 스피도의 운동은 특수 상대성 이론의 범위를 벗어난 것이다. 오직 단일 관성틀을 유지하는 고슬로만이 스피도의 여행에 간단한 시간 지연 공식을 적용할 수 있다. 고슬로는 스피도가 나이를 42살 먹는 것이 아니라 단지 $(1 - v^2/c^2)^{1/2}$(42년) = 13년의 나이를 더 먹었음을 발견한다. 13년 중에서 스피도가 행성 X로 가는 데 6.5년이 지나가고 지구로 돌아오는 데 나머지 6.5년이 흘러가게 되어, 앞서 언급한 내용과 일치하게 된다.

Tip 26.3 고유 길이

고유 길이를 측정하는 관측자를 명확히 밝히는 것이 중요하다. 공간에서 두 점 사이의 고유 길이는 길이에 대해 정지한 관측자가 측정한 길이이다. 고유 시간 간격과 고유 길이를 측정하는 관측자가 동일하지 않는 경우는 자주 있다.

26.4.4 길이 수축 Length Contraction

두 지점 사이의 측정 거리는 관측자가 속해 있는 기준틀에 의존한다. 물체의 **고유 길이**

(proper length) L_p는 물체에 대해 **정지해 있는 사람이 측정한 물체의 길이**이다. 물체에 대해 운동하는 기준틀에서 측정된 물체의 길이는 항상 고유 길이보다 작다. 이 효과를 **길이 수축**(length contraction)이라고 한다.

길이 수축을 정량적으로 이해하기 위해 하나의 별에서 다른 별로 속력 v로 움직이는 우주선을 생각해 보자. 두 관측자가 있는데 한 사람은 지구에, 다른 사람은 우주선에 있다. 지구에서 정지하고 있을 뿐 아니라 (두 별에 대해서도 정지하고 있는) 관측자가 측정한 두 별 사이의 거리를 L_p라고 하자. 이 관측자에 의하면 우주선이 여행을 마치는 데 걸리는 시간은 $\Delta t = L_p/v$가 된다. 우주선에 있는 시계를 사용해서 우주 여행자가 측정한 시간 간격은 시간 지연에 의해 더 작은 값인 $\Delta t_p = \Delta t/\gamma$이다. 우주 여행자는 자신은 정지해 있고 목적지인 별이 속력 v로 우주선을 향해 운동한다고 주장한다. 우주선은 Δt_p의 시간이 지나 별에 도착하기 때문에 이 여행자는 두 별 사이의 거리 L이 L_p보다 짧다고 결론짓는다. 우주 여행자가 측정한 거리는

$$L = v\,\Delta t_p = v\frac{\Delta t}{\gamma}$$

이다. 그런데 $L_p = v\Delta t$이므로

$$L = \frac{L_p}{\gamma} = L_p\sqrt{1 - v^2/c^2} \qquad [26.4]$$

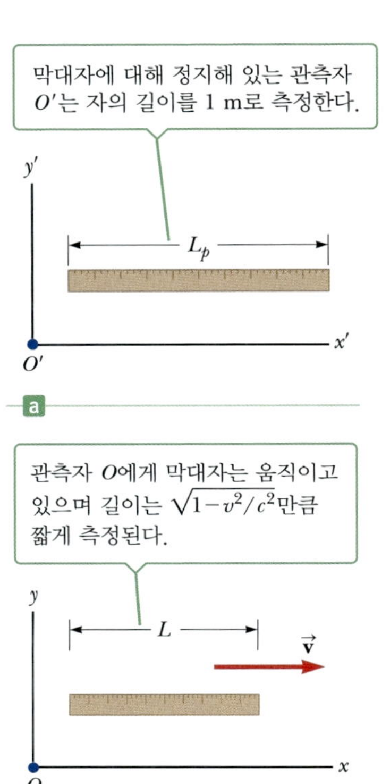

그림 26.9 두 관측자가 막대자의 길이를 측정한다.

이 된다. 이 결과에 의해 그림 26.9에 설명한 대로 물체에 대해 정지한 관측자가 측정한 길이가 L_p라면, 물체에 대해 속력 v로 운동하는 관측자가 측정한 길이는 고유 길이보다 $\sqrt{1 - v^2/c^2}$ 배만큼 짧아진다. **길이 수축은 운동 방향으로만 나타나는 것**에 주의하라.

시간 지연과 길이 수축 효과는 멀리 떨어진 별로 가는 미래의 우주 여행에 흥미롭게 적용할 수 있다. 인간의 수명보다 짧은 기간 안에 별에 도착하기 위해서는 빠른 속력으로 여행해야만 한다. 지구에 있는 관측자에 의하면 우주선이 목적지인 별에 도착하는 데 걸리는 시간은 여행자가 측정하는 시간 간격보다 지연될 것이다. 쌍둥이 역설에서 논의하였듯이 여행자들이 지구에 돌아왔을 때 그들은 자신의 쌍둥이들보다 더 젊을 것이다. 따라서 여행자들이 별에 도착하는 순간 몇 살 더 나이가 드는 반면, 지구에 있던 그들의 아내나 남편은 나이가 훨씬 더 많이 들었을 것이다. 나이가 얼마나 더 드는지에 대한 정확한 비율은 우주선의 속력에 따라 결정된다. 우주선의 속력이 $0.94c$인 경우 그 비율은 약 3:1이다.

예제 26.2 빠른 돌진

목표 거리에 길이 수축의 개념을 적용한다.

문제 **(a)** 지상의 관측자가 4 350 km의 고도에서 $0.970c$의 속력으로 지구를 향해 떨어지고 있는 우주선을 바라본다. 우주선 선장이 측정한 우주선과 지구 사이의 거리는 얼마인가? **(b)** 엔진이 점화된 후, 우주선의 고도는 지상의 관측자에게는 625 km로, 선장에게는 267 km로 측정되었다. 이 순간 우주선의 속력은 얼마인가?

전략 선장에게는 지구가 $0.970c$의 속력으로 돌진하므로 우주선

과 지구 사이의 거리는 짧아진다. 이를 식 26.4에 대입하면 답을 얻는다. **(b)**에서도 같은 식을 사용하여 거리를 대입하여 속력을 구한다.

풀이

(a) 선장이 측정한 우주선에서 지구까지의 거리를 구한다.

선장이 측정한 고도를 식 26.4에 대입한다.

$$L = L_p\sqrt{1 - v^2/c^2} = (4\,350 \text{ km})\sqrt{1 - (0.970c)^2/c^2}$$

$$= \boxed{1.06 \times 10^3 \text{ km}}$$

(b) 지상에 있는 관측자가 측정한 지구에서 우주선까지의 거리가 625 km이고 우주인이 측정한 거리는 267 km일 때 그 우주선의 속력을 구한다.

길이 수축의 식을 적용한다.

$$L = L_p\sqrt{1 - v^2/c^2}$$

양변을 제곱한 후 v에 대해서 푼다.

$$L^2 = L_p{}^2(1 - v^2/c^2) \quad \rightarrow \quad 1 - v^2/c^2 = \left(\frac{L}{L_p}\right)^2$$

$$v = c\sqrt{1 - (L/L_p)^2} = c\sqrt{1 - (267 \text{ km}/625 \text{ km})^2}$$

$$v = \boxed{0.904c}$$

참고 고유 길이는 항상 그 길이에 대해 정지한 관측자에 의해 측정된 길이를 말한다.

길이 수축은 관측자의 운동 방향으로만 일어나며, 운동에 수직인 방향으로는 일어나지 않는다. 예를 들어, 관측자에 대해 정지한 정삼각형 모양의 우주선이 밑변에 평행한 방향으로 상대론적 속력을 갖고 관측자를 지나갈 때, 밑변은 줄어드는 반면 높이는 같은 길이를 유지한다. 따라서 관측자는 우주선이 이등변 삼각형 모양을 가졌다고 판단할 것이다. 그러나 우주선과 함께 여행하는 관측자에게 우주선은 여전히 정삼각형으로 보일 것이다.

26.5 상대론적 운동량 Relativistic Momentum

특수 상대성 이론 체계에서 물체의 운동을 적절히 기술하기 위해서는 뉴턴의 운동 법칙과 운동량과 에너지에 대한 정의를 일반화할 필요가 있다. 일반화된 정의는 v가 c보다 아주 작은 영역에서는 고전적 (혹은 비상대론적인) 정의로 환원된다.

운동량 보존이란 두 물체가 충돌할 때, 두 물체가 고립되어 서로에게만 작용한다는 가정하에 계의 전체 운동량이 일정하게 유지되는 것을 일컫는다. 그러나 매우 빠르게 움직이는 관성틀에서 충돌 현상을 분석할 때, 운동량의 고전적 정의인 $p = mv$를 이용하면 운동량이 보존되지 않는다. c에 근접하는 관성틀을 포함한 모든 관성틀에서 운동량 보존의 법칙이 성립하기 위해서는 운동량의 정의가 다음과 같이 수정되어야 한다.

$$p \equiv \frac{mv}{\sqrt{1 - v^2/c^2}} = \gamma mv \qquad [26.5]$$

◀ 상대론적 운동량

여기서 v는 입자의 속력이고 m은 입자에 대해 정지한 관측자가 측정한 질량이다. v가 c에 비해 매우 작은 경우 식 26.5의 분모가 1로 접근하여 p가 mv로 접근하므로 상대론적 운동량은 v가 c에 비해 매우 작은 경우 고전적 표현으로 환원된다.

26.6 특수 상대성 이론에서의 상대속도
Relative Velocity in Special Relativity

갈릴레이 상대론에서는, 속도 v로 움직이는 우주선 안에 있는 사람이 머리 위에서 레이저 불빛을 쪼이게 되면 그 빛은 지상에 있는 관측자가 보았을 때 $c+v$의 속도로 나아갈 것으로 예상한다. 그러나 소득 없는 마이컬슨–몰리 실험의 결과에 의하면 레이저 빛은 어떤 관측자에게나 같은 속력 c로 관측된다. 물론 빛의 진동수가 증가하여도 마찬가지이다. (빛의 진동수가 증가할 때, 빛은 '청색 이동'을 한다고 말한다. 진동수가 감소하는 경우는 '적색 이동'을 한다고 말한다.) 분명히, 서로 간의 상대속도가 매우 빠른 관측자들에 의한 속도를 비교하기 위해서는 새로운 식을 만들어야만 한다.

그 과정은 비상대론적 속도에 관한 3장에서의 방법과 비슷하다. 여기서는 우주선 내에 있는 관측자를 B라 하고, 지상에 있는 관측자를 E로 표기하자. 그러면 $+x$ 방향으로 움직이는 B의 지상에 있는 관측자 E에 대한 속도는 v_{BE}로 표기한다. 여기서의 목표는 물체 A의 운동에 관한 각 관측자의 측정값 간의 관계를 알아보는 것이다. 관측자 E가 측정한 A의 속도 v_{AE}가 주어지면, 관측자 B에 대한 A의 속도 v_{AB}는 무엇인가? 갈릴레이 상대론에 의하면, 3장에서 유도된 답은

갈릴레이 상대론에서의 상대속도 ▶

$$v_{AB} = v_{AE} - v_{BE} \qquad [26.6]$$

이다. 광속의 10% 내외의 값을 갖는 속도의 경우 상대속도를 관계 짓는 올바른 식은

특수 상대성 이론에서의 상대속도 ▶

$$v_{AB} = \frac{v_{AE} - v_{BE}}{1 - \dfrac{v_{AE}v_{BE}}{c^2}} \qquad [26.7]$$

이다.[2] v_{AE}나 v_{BE}가 c보다 훨씬 작다면, 이 식은 당연히 갈릴레이(비상대론적) 관계식과 일치한다. 식 26.7은 정지계에 있는 관측자 E가 측정한 속도가 알려진 경우 기준계에 있는 B가 측정하게 될 속도를 구하는 데 유용하다. 반면에, 문제의 속도가 관측자 B에 의해 측정되고 관측자 E가 측정하게 될 속도를 구하는 것이라면, 식 26.7을 v_{AE}에 대해 풀어야만 한다. 그 결과 식은 다음과 같다.

상대론적인 속도 덧셈 ▶

$$v_{AE} = \frac{v_{AB} + v_{BE}}{1 + \dfrac{v_{AB}v_{BE}}{c^2}} \qquad [26.8]$$

분모에 있는 식을 무시하면, 식 26.8은 이미 기대하고 있는 형태의 식이 된다. 즉, 관측자 B가 관측자 E에 대해서 v_{BE}의 속도로 움직이고 그 자신에 대해 v_{AB}의 속도로 포물체를 발사한다면, v_{AB}와 v_{BE}의 합이 지상에 있는 관측자가 측정한 포물체의 속도 v_{AE}가 될 것이다. 그러나 특수 상대성 이론은 식 26.8의 분모를 무시할 수 없으며 그 식을 상대론적 속도 덧셈식이라고 한다.

---

[2] 식 26.7을 유도하기 위해서는 로렌츠 변환식을 사용하여야 하지만 이 책에서는 그 과정을 생략한다.

식 26.8을 사용하여, 지상에 있는 관측자가 측정한 달리는 자동차에서 전방으로 발사한 포물체의 속력을 계산할 수 있다. 예를 들어, 지상에 있는 관측자에 대해 v_{BE}의 속력으로 매우 빠르게 움직이는 우주선 안에 있는 관측자 B가 전방으로 레이저 빛을 비춘다고 상상하자. 위 식에서 v_{AB}는 관측자 B에 대한 빛의 속도이다. 그렇게 되면 지상에 있는 관측자가 측정한 빛의 속력 v_{AE}는

$$v_{AE} = \frac{v_{AB} + v_{BE}}{1 + \frac{v_{AB}v_{BE}}{c^2}} = \frac{c + v_{BE}}{1 + \frac{cv_{BE}}{c^2}} = \frac{c\left(1 + \frac{v_{BE}}{c}\right)}{1 + \frac{v_{BE}}{c}} = c$$

가 된다. 이러한 계산은 유도된 속도 변환이 관측자의 운동과 관계없이 빛의 속력은 일정하다는 실험적인 결과와 일치하게 된다.

예제 26.3 긴급 궤도 수정 요망!

목표 상대론적인 속도의 개념을 적용한다.

문제 지상에 정지해 있는 관측자가 측정한 앨리스(Alice)의 우주선은 $+x$ 방향으로 $0.600c$의 속력으로 움직이고 있다. 반면, 같은 관측자가 측정한 밥(Bob)이 탄 우주선은 $-x$ 방향으로 $-0.800c$의 속력으로 앨리스의 우주선을 정면으로 향하여 움직이고 있다. 밥이 측정한 앨리스의 속도는 얼마인가?

전략 지상의 관측자와 밥이 추적하고 있는 대상 물체는 앨리스의 우주선이다. 지상의 관측자가 측정한 속도는 주어져 있으며 밥이 측정하게 될 속도를 구하고자 한다. 상대론적 속도 덧셈식인 식 26.7에서 v_{AB}를 밥이 측정한 앨리스의 속도로 하고, v_{AE}를 지상에 있는 관측자가 측정한 앨리스의 속도라 하자. 밥의 기준계의 속도는 $-x$ 방향이므로 $v_{BE} < 0$이다.

풀이

식 26.7을 쓴다.

$$v_{AB} = \frac{v_{AE} - v_{BE}}{1 - \frac{v_{AE}v_{BE}}{c^2}}$$

값을 대입한다.

$$v_{AB} = \frac{0.600c - (-0.800c)}{1 - \frac{(0.600c)(-0.800c)}{c^2}} = \frac{1.400c}{1 - (-0.480)} = 0.946c$$

참고 부호를 정확히 사용해야 한다. 상식적으로 볼 때 밥이 측정한 앨리스의 속도는 $1.40c$이지만, 여기서의 계산 결과를 보면 밥은 앨리스의 속도를 빛의 속도보다 작은 것으로 측정한다.

26.7 상대론적 에너지와 질량–에너지 등가 원리

Relativistic Energy and the Equivalence of Mass and Energy

상대성 원리와 양립하기 위해서 운동량의 일반화된 정의가 필요하듯이 상대론적 역학에서 운동에너지의 정의도 수정이 필요하다. 아인슈타인은 물체의 **운동에너지**(kinetic energy)에 대한 정확한 표현은 다음과 같음을 발견하였다.

$$KE = \gamma mc^2 - mc^2 \qquad [26.9]$$

◀ 운동에너지

식 26.9에서 물체의 속력과 무관한 상수항 mc^2을 물체의 **정지 에너지**(rest energy) E_R이라고 한다.

$$E_R = mc^2 \qquad [26.10]$$

◀ 정지 에너지

식 26.9에서 γmc^2은 물체의 속력에 의존하며, 운동에너지와 정지 에너지의 합이다. 따라서 γmc^2을 **전체 에너지**(total energy) E로 정의한다. 그러므로

$$\text{전체 에너지} = \text{운동에너지} + \text{정지 에너지}$$

또는 식 26.9를 이용하면

$$E = KE + mc^2 = \gamma mc^2 \qquad [26.11]$$

이 된다. 그런데 $\gamma = (1 - v^2/c^2)^{-1/2}$이므로 전체 에너지 E를

전체 에너지 ▶

$$E = \frac{mc^2}{\sqrt{1 - v^2/c^2}} \qquad [26.12]$$

로 표현할 수 있는데, 이 식이 아인슈타인의 유명한 질량–에너지 등가식이다.[3]

관계식 $E = \gamma mc^2 = KE + mc^2$은 **운동에너지가 없는 정지 입자는 자신의 질량에 비례하는 에너지를 갖는다**는 놀라운 결과를 보여 준다. 더욱 놀라운 것은 질량과 에너지 사이의 비례 상수가 매우 큰 값 $c^2 = 9 \times 10^{16}\ \text{m}^2/\text{s}^2$이므로 작은 질량도 어마어마한 양의 에너지에 해당한다는 것이다. 아인슈타인이 처음 제안했듯이 $E_R = mc^2$은 입자의 질량이 에너지로 완전히 전환될 수 있고, 전자기 에너지와 같은 순수 에너지가 질량을 갖는 입자로 전환될 수 있음을 의미한다. 물질과 반물질이 연계된 상호작용 현상에서 이와 같은 일이 실제로 일어난다는 것은 실험에서 여러 번 증명된 바 있다.

대규모 핵연료 공장은 우라늄 분열을 이용하여 에너지를 생산하는데 우라늄의 작은 질량이 에너지로 전환되는 과정을 수반한다. 태양도 질량이 에너지로 전환되고, 사방으로 엄청난 양의 전자기 에너지를 내보내면서 끊임없이 질량을 소모한다.

입자의 질량과 에너지 사이의 상호 전환에 대해 논의하고 있지만 $E = mc^2$은 보편적 표현이며 모든 물체와 과정과 계에 적용할 수 있다. 뜨거운 물체는 동일한 차가운 물체보다 열에너지를 더 많이 가지고 있기 때문에 질량이 조금 더 커서 가속시키기가 조금 더 어렵고, 늘어난 용수철은 늘어나지 않은 상태의 동일한 용수철보다 더 많은 탄성 퍼텐셜 에너지를 갖고 있다. 그러나 보통의 경우에는 이러한 질량 변화는 측정되기 어려울 정도로 매우 작다. 질량 변화를 측정하는 가장 확실한 실험은 핵변환 실험인데, 이 실험에서는 질량이 에너지로 전환되며 변환된 질량이 측정 가능하다.

에너지와 상대론적 운동량

때때로 입자의 속력보다는 운동량이나 에너지를 측정하기 때문에 전체 에너지 E와 상대론적 운동량 p 사이의 관계를 아는 것이 유용할 때가 있다. $E = \gamma mc^2$과 $p = \gamma mv$를

[3] 이 표현이 유명한 식 $E = mc^2$과 정확히 같은 형태는 아니지만, 아인슈타인이 기록한 방식과 같이 $m = \gamma m_0$으로 쓰는 것이 관례이다. 여기서 m은 v의 속력으로 움직이는 물체의 유효 질량이며 m_0은 물체에 대해 정지한 관측자가 측정한 물체의 질량이다. 그러면 식 $E = \gamma mc^2$은 유명한 $E = mc^2$이 된다. 최근에는 $m = \gamma m_0$이라는 표현을 그리 많이 사용하지 않는다.

각각 제곱한 후 뺀 다음 v를 소거한다. 그다음 약간의 대수적 과정을 거치면

$$E^2 = p^2c^2 + (mc^2)^2 \qquad [26.13]$$

을 얻을 수 있다. 입자가 정지해 있을 때 $p=0$이므로 $E=E_R=mc^2$이다. 즉, 이와 같은 특별한 경우에 전체 에너지는 정지 에너지이다. 광자(질량이 없고 전하도 띠지 않는 빛의 입자)와 같이 입자가 질량을 갖지 않는 경우, 식 26.13에 $m=0$을 대입하면

$$E = pc \qquad [26.14]$$

를 얻는다. 이 식은 빛의 속력으로 운동하는 광자의 에너지와 운동량 사이의 정확한 관계식이다.

아원자(subatomic) 입자를 다룰 때에는 정전기적 전위차를 통해 가속하는 입자가 얻는 에너지인 전자볼트(eV)로 입자의 에너지를 표현하는 것이 편리하다. 바꿈 인수는

$$1\text{ eV} = 1.60 \times 10^{-19}\text{ J}$$

이다. 예를 들면, 전자의 질량이 9.11×10^{-31} kg이므로 전자의 정지 에너지는

$$m_ec^2 = (9.11 \times 10^{-31}\text{ kg})(3.00 \times 10^8\text{ m/s})^2 = 8.20 \times 10^{-14}\text{ J}$$

이다. 이 값을 eV로 변환하면

$$m_ec^2 = (8.20 \times 10^{-14}\text{ J})(1\text{ eV}/1.60 \times 10^{-19}\text{ J}) = 0.511\text{ MeV}$$

인데, 여기서 1 MeV $=10^6$ eV이다. 핵물리학에서는 $E=\gamma mc^2$이 빈번히 사용되며, m의 단위로 원자질량 단위인 u를 자주 사용하므로 바꿈 인수 1 u $=931.494$ MeV/c^2을 알고 있는 것이 유용하다. 예를 들어, 질량이 235.043 924 u인 우라늄 원자핵의 정지 질량을 MeV로 표현하면

$$E_R = mc^2 = (235.043\,924\text{ u})(931.494\text{ MeV/u}\cdot c^2)(c^2) = 2.189\,42 \times 10^5\text{ MeV}$$

이다.

예제 26.4 빠르게 움직이는 전자

목표 전체 에너지와 상대론적 운동에너지를 계산한다.

문제 $v=0.850c$의 속력으로 움직이는 전자의 전체 에너지와 운동에너지를 MeV 단위로 계산하고, 이를 고전적인 운동에너지와 비교하라. 10^6 eV $=1$ MeV이다.

전략 식 26.12에 대입하여 전체 에너지를 구하고, 정지 질량 에너지를 빼서 운동에너지를 구한다.

풀이

주어진 값들을 식 26.12에 대입하여 전체 에너지를 구한다.

$$E = \frac{m_ec^2}{\sqrt{1 - v^2/c^2}} = \frac{(9.11 \times 10^{-31}\text{ kg})(3.00 \times 10^8\text{ m/s})^2}{\sqrt{1 - (0.850c/c)^2}}$$

$$= 1.56 \times 10^{-13}\text{ J} = (1.56 \times 10^{-13}\text{ J})\left(\frac{1.00\text{ eV}}{1.60 \times 10^{-19}\text{ J}}\right)$$

$$= 0.975\text{ MeV}$$

전체 에너지로부터 정지 에너지를 빼서 운동에너지를 구한다.

$$KE = E - m_ec^2 = 0.975\text{ MeV} - 0.511\text{ MeV} = 0.464\text{ MeV}$$

고전적인 운동에너지를 계산한다.

$$KE_{고전} = \frac{1}{2}m_e v^2$$
$$= \frac{1}{2}(9.11 \times 10^{-31}\text{ kg})(0.850 \times 3.00 \times 10^8\text{ m/s})^2$$
$$= 2.96 \times 10^{-14}\text{ J} = 0.185\text{ MeV}$$

참고 상대론적 운동에너지와 고전적인 운동에너지 사이에 큰 괴리가 있음에 주목하라.

예제 26.5 우라늄 분열에서 운동에너지로 전환되는 질량

목표 핵 원료로부터 에너지 생산에 대하여 이해한다.

문제 우라늄 분열은 1938년 마이트너(Lise Meitner)에 의해 발견되었으며, 그녀는 한(Otto Hahn)이 발견한 흥미로운 실험 결과를 분열에 의한 것으로 해석하는 데 성공했다(한은 노벨상을 수상하였다). ${}^{235}_{92}\text{U}$ 분열은 천천히 움직이는 중성자를 흡수해서 불안정한 핵인 ${}^{236}\text{U}$을 만드는 것으로 시작한다. ${}^{236}\text{U}$ 핵은 몇 개의 중성자와 고속으로 움직이는 두 개의 무거운 조각으로 빠르게 붕괴한다. 이와 같은 분열에서 생기는 운동에너지의 대부분은 두 개의 큰 조각이 가져간다. **(a)** 전형적인 분열 과정인

$${}^1_0\text{n} + {}^{235}_{92}\text{U} \rightarrow {}^{141}_{56}\text{Ba} + {}^{92}_{36}\text{Kr} + 3{}^1_0\text{n}$$

에서 두 조각이 가져가는 운동에너지를 MeV 단위로 계산하라. 반응물들의 운동에너지는 무시한다. **(b)** 처음 에너지의 몇 퍼센트가 운동에너지로 전환되는가? 이 과정에서 수반되는 원자들의 질량을 원자질량 단위로 표시하면 다음과 같다.

$${}^1_0\text{n} = 1.008\,665\text{ u} \qquad {}^{235}_{92}\text{U} = 235.043\,923\text{ u}$$
$${}^{141}_{56}\text{Ba} = 140.903\,496\text{ u} \qquad {}^{92}_{36}\text{Kr} = 91.907\,936\text{ u}$$

전략 상대론적 에너지 보존의 응용 문제이다. 에너지 보존을 운동에너지와 정지 에너지의 합으로 쓰고, 나중 운동에너지에 대하여 푼다.

풀이

(a) 주어진 과정에 대한 나중 운동에너지를 계산한다.

$KE_{처음} = 0$이라 가정하고 상대론적 에너지의 보존을 적용한다.

$$(KE + mc^2)_{처음} = (KE + mc^2)_{나중}$$
$$0 + m_\text{n}c^2 + m_\text{U}c^2 = m_\text{Ba}c^2 + m_\text{Kr}c^2 + 3m_\text{n}c^2 + KE_{나중}$$

$KE_{나중}$에 대해 풀고 MeV 단위로 변환한다.

$$KE_{나중} = [(m_\text{n} + m_\text{U}) - (m_\text{Ba} + m_\text{Kr} + 3m_\text{n})]c^2$$
$$KE_{나중} = (1.008\,665\text{ u} + 235.043\,923\text{ u})c^2 - [140.903\,496\text{ u} + 91.907\,936\text{ u} + 3(1.008\,665\text{ u})]c^2$$
$$= (0.215\,161\text{ u})(931.494\text{ MeV/u}\cdot c^2)(c^2)$$
$$= 200.421\text{ MeV}$$

(b) 처음 에너지의 몇 %가 운동에너지로 전환되는지 계산한다.

처음 에너지인 전체 에너지를 계산한다.

$$E_{처음} = 0 + m_\text{n}c^2 + m_\text{U}c^2$$
$$= (1.008\,665\text{ u} + 235.043\,923\text{ u})c^2$$
$$= (236.052\,59\text{ u})(931.494\text{ MeV/u}\cdot c^2)(c^2)$$
$$= 2.198\,82 \times 10^5\text{ MeV}$$

운동에너지를 전체 에너지로 나누고 100%를 곱한다.

$$\frac{200.421\text{ MeV}}{2.198\,82 \times 10^5\text{ MeV}} \times 100\% = 9.115 \times 10^{-2}\%$$

참고 핵반응에서 구성 입자들이 갖고 있는 정지 에너지의 1%의 10분의 1 정도만이 전환됨을 보여 주는 계산이다. 어떤 융합 반응은 이보다 몇 배나 더 많은 에너지가 전환된다.

26.8 일반 상대론 General Relativity

특수 상대성 이론은 관성틀에 있는 관측자의 관측과 관계 있는 이론이다. 아인슈타인은 가속 기준틀에서 적용될 수 있는 일반적인 이론을 연구하였는데, 그의 연구는 부분적으로는 질량에 대한 흥미로운 사실이 동기가 되었다. 질량은 물체의 관성뿐만 아니라 중력장의 세기를 결정한다. 관성에 수반되는 질량을 관성 질량 m_i, 중력장에 대응

되는 질량을 중력 질량 m_g라고 한다. 이 질량들은 뉴턴의 중력 법칙과 운동의 제2법칙에서 각각 도입된다.

$$\text{중력 성질} \qquad F_g = G\frac{m_g m_g'}{r^2}$$

$$\text{관성 성질} \qquad F_i = m_i a$$

만유인력 상수 G의 값은 m_g와 m_i를 수치적으로 같게 만들기 위해 선택되었다. G를 어떻게 선택하는가에 관계없이 m_g와 m_i의 정밀한 비례성은 10^{12}분의 몇 정도의 매우 높은 정밀도를 가지고 실험적으로 정해졌다.

갈릴레오가 피사의 탑에서 무게가 다른 물체를 떨어뜨린 그 유명한 실험은 두 가지 질량의 비례 관계를 증명할 수 있다. 이 비례 관계는 중력의 물리적인 여러 성질 중의 하나이다. 공기의 마찰을 무시하면, 관성 질량이 m_i이고 중력 질량이 m_g인 한 물체를 어떤 높이에서 떨어뜨리면 그 물체는 지구의 중력장 $g = M_{Eg}G/R_E{}^2$에 의해 가속될 것이다(4장 참고). 여기서 M_{Eg}는 지구의 중력 질량이고 R_E는 지구의 반지름이다. 그러므로 뉴턴의 운동 제2법칙에 의해 $m_i a = m_g g$이다. 그것은 다음과 같음을 의미한다.

$$\frac{m_i}{m_g} = \frac{g}{a} = \text{상수}$$

이 비는 두 가지 이유로 모든 물체에 대해 일정한 상수이다. 첫 번째, 갈릴레오의 실험은 떨어뜨린 두 물체가 동시에 땅에 닿음을 확인시켜 주었으므로 가속도 a는 물체의 질량이나 구성 성분에 관계없이 같다. 두 번째, 중력장 g는 전적으로 지구의 중력 질량에 의한 것이므로 같은 위치에 있는 두 물체에 대해서 같다. 결론적으로 중력 질량 m_g에 대한 관성 질량 m_i의 비는 같다. 그 비를 α라 두자. 그러면 두 질량은 $m_i = \alpha m_g$의 관계에 있다. 비례 상수는 중력 질량에 항상 따라 다니는 중력 상수 G의 정의 속에 포함시킬 수 있다. 따라서 $m_i = m_g$이다.

아인슈타인의 관점에서 볼 때, m_g와 m_i가 정확히 동일하다는 사실은 두 개념 사이에 매우 밀접하면서도 기본적인 관련이 있음을 의미한다. 아인슈타인은 물체의 자유낙하와 같은 어떠한 역학적 실험을 통해서도 그림 26.10a와 26.10b에 표시된 두 상황을 구별할 수 없다고 지적하였다. 각 경우 관측자로부터 떠난 물체는 바닥에 대해 아랫방향의 가속도 g로 운동한다.

아인슈타인은 이 생각에서 더 나아가 (역학적 실험 이외의) 모든 실험에서도 두 경우를 구별할 수 없다고 하였다. 역학적 현상뿐만 아니라 다른 모든 현상을 포함하기 위한 이론의 확장은 흥미로운 결과를 가져왔다. 예를 들어, 그림 26.10c와 같이 광 펄스가 상자를 가로지르며 수평 방향으로 나왔다고 가정하자. 상자가 위쪽으로 가속되면서 빛의 운동 경로는 아래로 휘어지므로 아인슈타인은 빛도 중력장에 의해서 아래로 휘어져야 한다고 제안했다(그림 26.10d).

아인슈타인의 **일반 상대성 이론**(general relativity)의 두 가정은 다음과 같다.

1. 모든 자연 법칙은 기준틀의 가속 여부에 관계없이 모든 기준틀의 관측자에 대해 같은 형태를 갖는다.

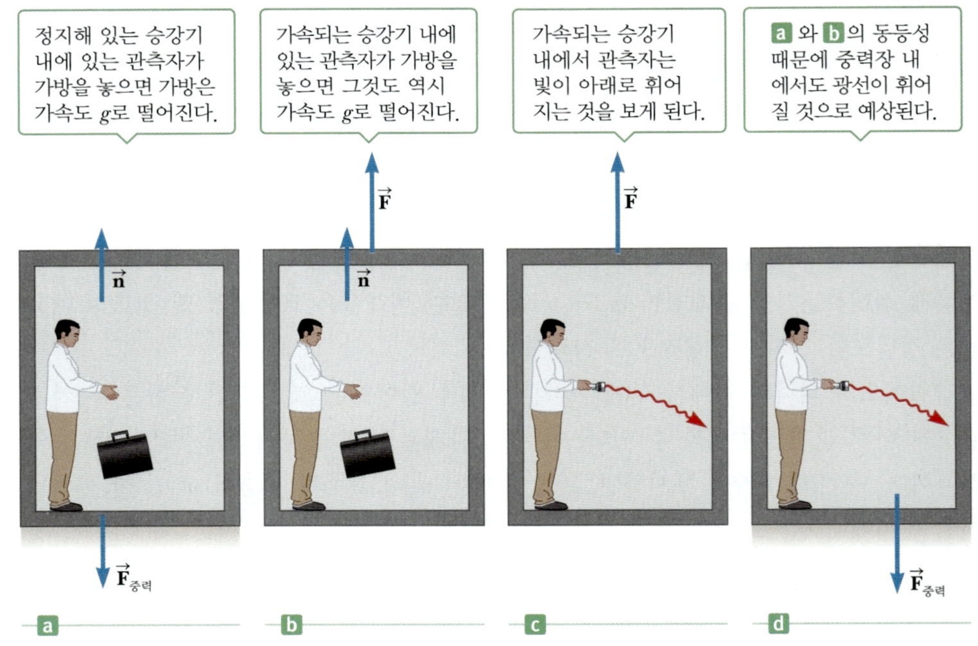

그림 26.10 (a) 승강기 내에 있는 관측자는 균일한 중력장 $\vec{\mathbf{g}}$ 속에서 정지해 있다. 그는 수직 항력 $\vec{\mathbf{n}}$을 받고 있다. (b) 여기서는 관측자가 중력을 무시할 수 있는 곳에 있지만 그가 타고 있는 승강기는 외력 $\vec{\mathbf{F}}$에 의해 크기가 g인 가속도로 움직인다. 승강기 내에 있는 사람은 역시 그를 가속하는 수직 항력 $\vec{\mathbf{n}}$을 받는다. 아인슈타인에 의하면, (a)와 (b)의 기준틀은 어떠한 방식으로든 동등한 것이며, 이 두 기준틀을 구별할 수 있는 실험 방법은 없다. (c) 승강기 내에 있는 관측자가 전등을 켜서 비춘다. 승강기가 가속되기 때문에 전등 빛은 바닥 쪽으로 휘어질 것이다. 그것은 마치 공을 던진 경우와 같다. (d) 똑같은 기준틀에 대해 중력장 내에 있는 관측자에게 같은 현상이 관측된다.

2. 주어진 지점 주위에서 중력장은 중력장이 없는 곳에서 가속하는 기준틀과 같다(이것을 등가 원리라고 한다).

두 번째 가정은 중력 질량과 관성 질량이 단지 비례하는 것이 아니라 완전히 같다는 것을 의미한다. 두 가지 다른 종류의 질량이라고 생각되던 것이 사실은 같은 것이다.

일반 상대성 이론으로 예측되는 흥미로운 결과는 중력에 의한 시간 간격의 변화이다. 중력이 있는 곳에 놓인 시계는 중력이 무시되는 곳에 놓인 동일한 시계보다 시간이 느리게 간다. 그 결과 태양과 같이 강한 중력장에 놓인 원자에서 방출되는 빛의 진동수는 실험실과 같이 약한 중력장에 놓인 원자에서 방출되는 같은 빛보다 더 낮은 진동수를 갖는다. 이러한 중력에 의한 변이는 무거운 별에 있는 원자가 방출한 스펙트럼선에서 검출된 바 있으며, 지구상에서 수직 방향으로 서로 20 m 떨어져 있는 두 핵에서 방출된 감마선들의 진동수를 비교하여 입증되었다.

두 번째 가정은 자유낙하하는 물체와 같이 적당한 가속 기준틀을 선택하여 중력장을 없앨 수 있음을 암시한다. 아인슈타인은 중력장을 '사라지게' 하는 데 필요한 가속도를 기술하는 기발한 방법을 발견하였다. 그는 모든 지점에서의 중력 효과를 기술해 주는 시공간의 곡률(curvature of spacetime)이라는 양을 제시하였는데, 시공간의 곡률은 실제로 뉴턴의 중력 이론을 완전히 대체한다. 아인슈타인에 의하면 중력이라는 것은 없다. 대신 질량이 있으면 주위에 시공간의 곡률이 생기고, 이 곡률은 모든 자유로이 움직이는 물체가 따라야 할 시공간 경로를 결정한다. 태양 주위를 도는 행성의 고유한 시공간 경로는 마치 사발 안에서 구슬이 도는 모습과 같다. 일반 상대성 이론의 기본식은 다음과 같이 개략적으로 표현할 수 있다.

$$\text{시공간의 평균 곡률} \propto \text{에너지 밀도}$$

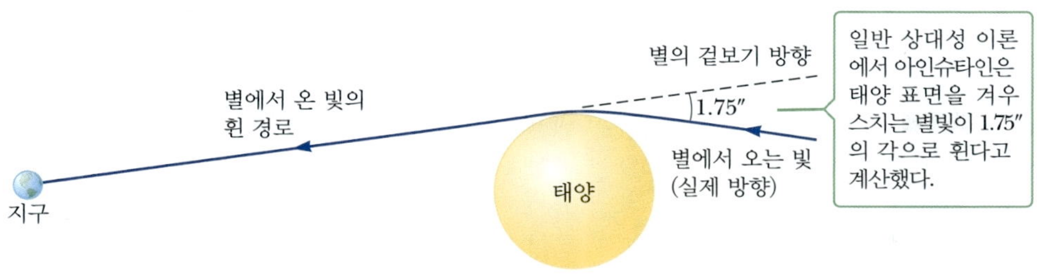

그림 26.11 태양 근처를 통과하는 별빛의 휨 현상. 이 효과 때문에 태양과 다른 먼 곳에 있는 물질들이 중력 렌즈의 역할을 한다.

아인슈타인이 새로운 중력 이론을 연구한 주된 이유는 뉴턴의 운동 제2법칙으로부터 계산된 수성의 공전 궤도에서의 불일치 때문이었다. 수성이 태양에 가장 근접할 때에 해당하는 근일점의 위치는 시간에 따라 서서히 변한다. 뉴턴 역학으로는 1세기에 43각초(arc second)에 해당하는 오차를 설명할 수 없었지만, 아인슈타인의 일반 상대성 이론은 이를 설명하였다.

별을 지나는 빛이 휘어지는 정도를 정확하게 예측한 아인슈타인의 일반 상대성 이론에 대한 검증은 1차 세계대전 직후에 이루어졌다. 에딩턴 경(Sir Arthur Eddington)은 아프리카로 원정을 가서 개기 일식 동안 태양 근처를 지나는 별빛의 휜 각도가 일반 상대성 이론의 예측과 일치한다는 것을 확인하였다(그림 26.11). 이 발견이 알려지면서 아인슈타인은 국제적으로 유명 인사가 되었다.

일반 상대성 이론은 거대 질량을 가진 별이 핵연료를 다 소모한 후 매우 작은 크기로 붕괴되면서 **블랙홀**(black hole)로 변하는 것을 예측한다. 이때 시공간의 곡률이 엄청나게 커서 중심으로부터 일정한 반지름 안에 있는 모든 물질과 빛이 갇히게 된다. 슈바르츠쉴드 반지름 또는 사건의 지평선이라고 하는 이 반지름은 태양과 비슷한 질량을 갖는 블랙홀의 경우 대략 3 km이다. 블랙홀의 중심에는 밀도와 곡률이 무한한 특이점이 존재하고, 여기서 시공간은 끝난다. 우리 은하의 중심에 태양 질량의 백만 배 정도의 블랙홀이 존재할 것이라는 강력한 증거가 있다.

2015년 9월 14일에 레이저 간섭에 의한 중력파 관측소(LIGO: Laser Interferometer Gravitational-Wave Observatory)의 두 검출기에서 순간적인 중력파 신호를 동시에 관측했다. 1916년에 아인슈타인은 우리가 살고 있는 작은 공간과 시간 속에서 미약한 중력파가 존재할 것이라고 예측하였다. 검출된 파는 태양 질량의 약 30배가 되는 10억 광년 이상 멀리 떨어진 두 블랙홀의 충돌 후 합쳐짐에 의한 것과 일치한다. 중력파의 형태로 방출된 에너지는 태양 3개의 질량에 해당한다.

응용
중력파 검출

LIGO는 처음에 칼텍(CalTech)의 손(Kip Thorne)과 드리버(Rob Drever), MIT의 바이스(Reiner Weiss)에 의해 제안되었다. LIGO는 L자 모양의 간섭계로서 한 팔의 길이가 4 km이고 루이지애나주 리빙스턴과 워싱턴주 하노버에 있다(그림 26.12). 가까운 지표에서 나타나는 불필요한 신호는 걸러지게끔 만들어져 있다. LIGO는 양성자 지름의 만분의 일보다 작은 팔의 길이 변화를 검출할 수 있다. 중력파의 성공적인 검출은 역사상 가장 위대한 과학적 성취 중의 하나이다.

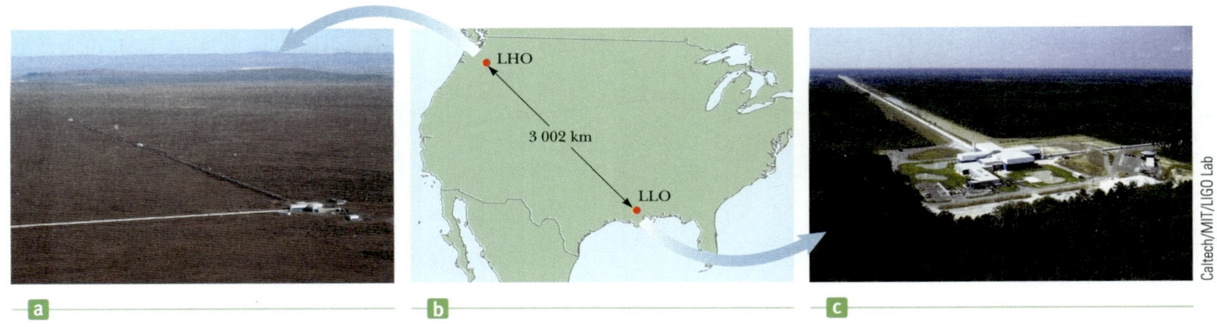

그림 26.12 (a) 워싱턴주 하노버에 있는 LIGO 간섭계, (b) LHO에서 3 002 km 떨어진 (c) 루이지애나주 리빙스턴에 있는 검출기.

연습문제

26.4 특수 상대성 이론의 결과

1(1). 여행 중인 우주선의 길이가 우주선에 탄 우주인이 보았을 때 28.0 m이다. 지구의 관측자가 보았을 때 우주선의 길이가 15.0 cm 수축된다면, 우주선의 속력은 얼마인가?

2(3). 우주선의 계기판에는 우주선 내에 있는 우주인의 시계로 2.00 s마다 깜박이는 전구가 있다. 그 우주선이 지구에 대해 $0.750c$의 속력으로 멀어져 가고 있다면, (a) 깜박이는 고유 시간과 (b) 지구에 있는 관측자가 관측한 깜박이는 시간 간격을 구하라.

3(5). 우주 비행사가 $v = 0.950c$의 속력으로 여행한다면 지구에 있는 관측자가 계산할 때 우주 비행사가 4.20광년 떨어진 알파 켄타우리(Alpha Centauri)에 도달하는 데 걸리는 시간은 4.42(= 4.20/0.950)년이 걸릴 것이다. 그러나 우주 비행사는 관측자의 계산에 동의하지 않는다. (a) 우주 비행사의 시계로는 시간이 얼마나 지났을까? (b) 우주 비행사가 측정한 알파 켄타우리까지의 거리는 얼마인가?

4(7). 파이 중간자는 자신의 기준틀에서 평균 수명이 2.6×10^{-8} s이다. 중간자가 $0.98c$의 속력으로 움직일 때, (a) 지상에 있는 관측자가 측정한 평균 수명은 얼마인가? (b) 지상에 있는 관측자가 측정할 때, 중간자가 붕괴되기 직전까지 이동한 거리는 얼마인가? (c) 시간 지연이 일어나지 않는다면 중간자가 이동하는 거리는 얼마인가?

5(9). 한 우주선의 고유 길이가 다른 우주선보다 세 배 길다. 두 우주선이 같은 방향으로 지상에 있는 관측자의 머리 위를 지날 때 이 관측자가 측정한 두 우주선의 길이가 같았다. 느리게 움직이는 우주선의 지구에 대한 속력이 $0.350c$일 때, 빠르게 움직이는 우주선의 지구에 대한 속력은 얼마인가?

6(11). 고유 길이가 1.00×10^2 m인 어떤 고속 열차가 $0.95c$의 속력으로 고유 길이가 50.0 m인 터널을 통과하고 있다. 기차 밖에 정지해 있는 관측자가 볼 때 기차의 전체 길이가 완전히 터널 속에 들어가는가? 그렇다면 기차의 길이는 얼마인가?

7(13). 지구 대기권의 상층에서 생성된 뮤온은 지상을 향해 지상에 정지한 관측자가 측정한 4.60 km의 거리를 $v = 0.990c$의 속력으로 움직인 뒤 전자, 중성미자, 반중성미자로 붕괴된다. (a) 지상에 정지한 관측자에 의하면 뮤온의 수명은 얼마인가? (b) 뮤온에 대한 감마(γ)인자는 얼마인가? (c) 뮤온과 함께 움직이는 관측자에 의하면 시간이 얼마나 지났는가? (d) 뮤온과 함께 움직이는 관측자에 의하면 뮤온이 움직인 거리는 얼마인가? (e) 뮤온을 향해 $c/2$의 속력으로 움직이는 제3의 관측자가 입자의 수명을 측정한다. 이 관측자가 측정한 뮤온의 수명은 지상에 정지한 관측자가 측정한 수명보다 길까, 아니면 짧을까? 그 이유를 설명하라.

26.5 상대론적 운동량

8(15). 어떤 전자 하나가 고전적인 운동량보다 세 배 큰 운동량을 갖고 있다. (a) 그 전자의 속력을 구하라. (b) 그것이 전자가 아니고 양성자라면 결과는 어떻게 달라지는가?

9(17). (a) $0.900c$의 속력으로 움직이는 양성자의 운동량은 얼마인가? (b) 상대론적인 운동량이 고전적인 운동량의 두 배가 되려면 입자의 속력이 얼마가 되어야 하는가?

10(19). 어떤 정지해 있던 불안정한 입자가 질량이 다른 두 조각으로 쪼개진다. 가벼운 조각의 질량은 2.50×10^{-28} kg이고 무거운 조각의 질량은 1.67×10^{-27} kg이다. 두 조각으로 쪼개진 후 가벼운 조각의 속력이 $0.893c$라면 무거운 조각의 속력은 얼마인가?

26.6 특수 상대성 이론에서의 상대속도

11(21). 지구로부터 $0.900c$의 속력으로 멀어져 가고 있는 우주선이 전방을 향해 로켓을 발사하였다. 그 로켓의 속력은 우주선에 대해 $0.500c$이다. 지구에 대한 로켓의 속력을 계산하라.

12(23). 우주선 A가 지구로부터 $0.800c$의 속력으로 멀어진다(그림 P26.12). 우주선 B는 지구에 대해 $0.900c$의 속력을 내고자 한다. 지상에 있는 관측자가 보았을 때 B가 A를 $0.100c$의 상대 속력으로 추월하고 있다. 우주선 B에 있는 우주인이 보았을 때 B가 A를 추월하는 속력은 얼마인가?

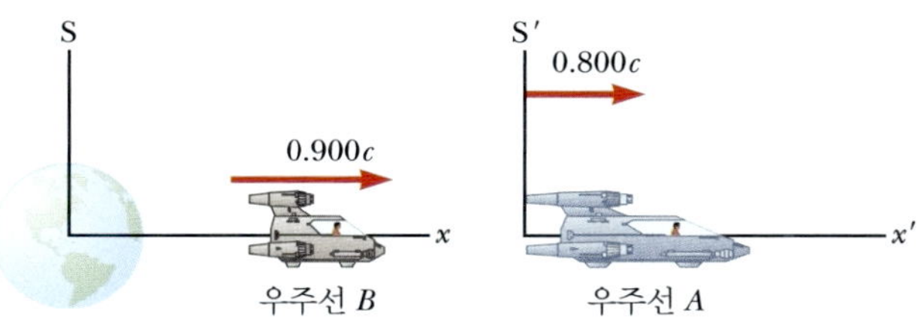

그림 P26.12

13(25). 로켓 하나가 정지해 있는 관측자 A에 대해 오른쪽으로 $0.92c$의 속도로 움직이고 있다. 관측자 A에 대해 움직이는 관측자 B는 로켓이 $0.95c$의 속력으로 왼쪽으로 움직임을 관측한다. 관측자 A에 대한 관측자 B의 속도는 얼마인가? **힌트:** 로켓의 기준틀에서 관측자 B의 속도를 살펴보라.

14(27). 전자 하나가 실험실계에 대해 $0.90c$의 속력으로 오른쪽으로 움직인다. 그 전자에 대해 양성자 하나가 $0.70c$의 속력으로 왼쪽으로 이동한다. 실험실계에 대한 양성자의 속력을 구하라.

26.7 상대론적 에너지와 질량–에너지 등가 원리

15(29). 태양의 중심부에서 일어나는 연쇄 핵반응에서 4개의 양성자가 한 개의 헬륨 핵으로 변환된다. (a) 4개의 양성자와 한 개의 헬륨 핵의 질량 차이는 얼마인가? (b) 4개의 양성자가 한 개의 헬륨 핵으로 변환될 때 방출되는 에너지는 MeV 단위로 얼마인가?

16(31). 시카고 부근에 있는 페르미 연구소의 가속기에서 양성자가 정지 에너지의 400배가 되는 전체 에너지로 가속된다. (a) 이들 양성자의 속력을 c의 배수로 구하라. (b) 운동에너지는 MeV 단위로 얼마인가?

17(33). 상대론적 에너지와 운동량의 정의에서 시작하여 $E^2 = p^2c^2 + m^2c^4$(식 26.13)을 증명하라.

18(35). 물체의 운동에너지가 비상대론적인 운동에너지 공식 $KE = \frac{1}{2}mv^2$에 의해 예측된 값의 두 배가 되기 위해서는 속력이 얼마나 더 증가해야 하는가?

종합문제

19(37). 어떤 별이 지구로부터 5.00광년 떨어져 있다. 우주선에서 측정한 지구–별 사이의 거리가 2.00광년이 되려면 우주선은 어떤 속력으로 여행하여야 하는가?

20(39). 길이가 3.00 km인 스탠퍼드 선형 가속기에서 전자는 전체 에너지가 20.0 GeV까지 가속된다. (a) 전자의 γ값은 얼마인가? (b) 전자가 보기에 가속기의 길이는 얼마나 늘어나는가? 전자의 정지 질량 에너지는 0.511 MeV이다.

21(41). 전자의 정지 에너지는 0.511 MeV이며 양성자의 정지 에너지는 938 MeV이다. 두 입자의 운동에너지가 똑같이 2.00 MeV라고 가정하고, (a) 전자와 (b) 양성자의 속력을 구하라. (c) 전자의 속력은 양성자의 속력보다 얼마나 더 빠른가? Note: 에너지를 줄 단위로 변환하지 말고 MeV 단위를 사용하여 계산한다. 특히 답을 구할 때 반올림에 주의해야 한다.

22(43). 오웬과 다이나는 기준틀 S에 대해 $0.600c$의 속력으로 움직이는 기준틀 S′에 정지해 있다. 둘이 공놀이를 하고 있는 모습을 기준틀 S에 정지해 있는 에드가 보고 있다(그림 P26.22). 오웬이 다이나에게 $0.800c$의 속력(오웬이 본 속력)으로 공을 던진다. (기준틀 S′에서 측정한) 그 둘 사이의 간격은 1.80×10^{12} m이다. (a) 다이나가 보았을 때 그 공은 얼마나 빨리 움직이는가? (b) 다이나가 보았을 때 공이 그녀에게 도달하는 데 걸리는 시간은 얼마인가? 에드가 보았을 때, (c) 오웬과 다이나는 얼마나 멀리 떨어져 있으며, (d) 그 공은 얼마나 빠른가?

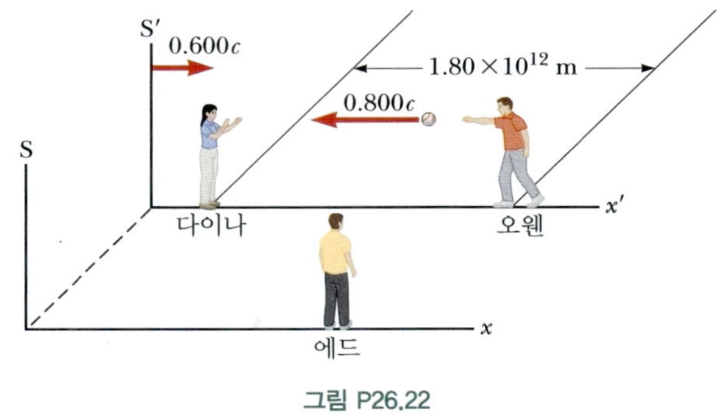

그림 P26.22

23(45). 어떤 천문학자가 안드로메다은하에 가보고 싶어 한다. 그곳에 가려면 우주선의 기준틀에서 편도만 30.0년이 걸릴 것이다. 안드로메다은하는 2백만 광년 떨어져 있으며 속력은 일정하다고 가정한다. (a) 지구에 대해 얼마나 빠른 속력으로 여행해야 하는가? (b) 천문학자가 탄 우주선의 운동에너지는 얼마가 되는가? 우주선의 질량은 1.00×10^6 kg이다. (c) kWh당 23.0센트의 전기 요금과 비교할 때 그러한 에너지에 대한 비용은 얼마나 되는가? 다음과 같은 근사식을 사용할 수 있다.

$$\frac{1}{\sqrt{1+x}} \approx 1 - \frac{x}{2} \quad \text{for} \quad x \ll 1$$

24(47). 입자의 운동량에 관한 비상대론적인 식 $p = mv$는 $v \ll c$인 경우에만 사용할 수 있다. 이 식을 사용함에 있어서 운동량의 값이 (a) 1.00%, (b) 10.0% 이내의 오차를 가지려면 그 속력이 얼마이어야 하는가?

25(49). 고유 길이가 300. m인 우주선이 지구에 있는 관측자를 통과하는 데 0.75 μs가 걸린다. 지구에 있는 관측자가 측정한 이 우주선의 길이는 얼마인가?

26(51). 뮤온은 순간적으로 하나의 전자와 두 개의 중성미자로 붕괴하는 불안정한 입자이다. 뮤온이 정지해 있는 기준틀에서 $t = 0$일 때의 뮤온의 수가 N_0이라면, 시간 t에서 뮤온의 수는 $N = N_0 e^{-t/\tau}$이다. 여기서 τ는 평균 수명이며 2.2 μs이다. 뮤온의 속력을 $0.95c$로 가정하고 $t = 0$일 때 뮤온의 수가 5.0×10^4개라고 하자. (a) 관측된 뮤온의 평균 수명은 얼마인가? (b) 뮤온이 3.0 km 움직인 다음 남은 뮤온의 개수는 얼마인가?

27(53). 어떤 막대에 대해 $0.995c$의 속력으로 운동하는 관측자가 측정한 막대(그림 P26.27)의 길이는 2.00 m이다. 막대는 운동 방향과 30.0°의 방향으로 놓여 있다. (a) 막대의 고유 길이는 얼마인가? (b) 막대와 함께 움직이는 기준틀에서 본 막대의 방향각은 얼마인가?

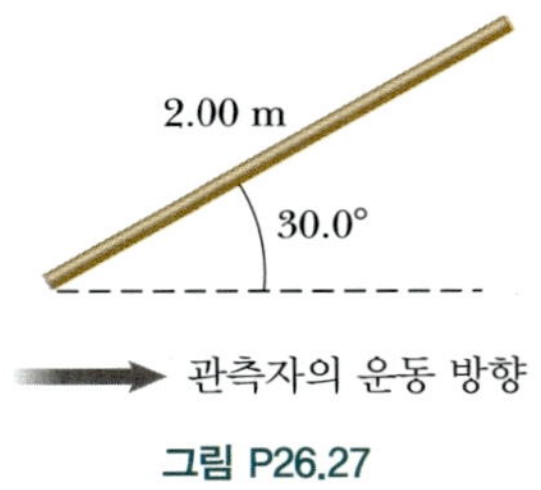

그림 P26.27

양자 물리학
Quantum Physics

CHAPTER 27

20세기 초 상대성 이론에 의해 많은 문제가 풀렸지만, 또 다른 많은 문제들이 풀리지 않은 채로 남아 있었다. 원자 수준에서 일어나는 물질의 행동을 고전 물리학의 법칙들을 이용하여 설명하려는 시도는 시종일관 성공하지 못했다. 가열된 물체로부터 방출되는 전자기 복사(흑체 복사), 빛을 쬐인 금속으로부터 튀어나오는 전자(광전 효과), 전기 방전관 속에 든 기체 원자들로부터 나오는 선명한 스펙트럼선 등의 여러 현상들을 고전 물리학의 틀 안에서는 설명할 수가 없었다. 그러나 1900년에서 1930년 사이에 양자 역학 또는 파동 역학이라고 하는 현대적인 개념의 역학이 원자, 분자, 핵의 행동 양상을 설명하는 데 매우 성공적이었다.

양자 이론의 초기 아이디어는 플랑크에 의해 처음 도입되었으며, 이후 아인슈타인, 보어, 슈뢰딩거, 드브로이, 하이젠베르크, 보른, 디랙을 포함한 수많은 물리학 거장들에 의해 수학적으로 발전, 해석, 개선이 이루어졌다. 이 장에서는 양자 역학의 기본 개념과 물질의 파동–입자적인 성질을 소개하고, 광전 효과, 콤프턴 효과, X선을 포함한 양자 이론의 간단한 몇 가지 응용에 대해 논의한다.

27.1 흑체 복사와 플랑크의 가설
Blackbody Radiation and Planck's Hypothesis

모든 온도에서 물체는 전자기 복사를 방출한다. 이러한 전자기 복사를 **열복사**(thermal radiation)라고 한다. 11.5.4절에서 설명한 슈테판의 법칙은 전체 복사 일률을 나타낸다. 복사 스펙트럼은 물체의 온도와 성질에 따라 결정된다. 저온에서 열복사의 파장은 주로 적외선 영역이므로 눈에 보이지 않는다. 물체의 온도가 올라감에 따라 물체는 빨간색 빛을 내기 시작한다. 충분히 높은 온도에서 물체는 전구의 뜨거운 텅스텐 필라멘트에서 나오는 빛과 같이 흰색으로 보인다. 열복사를 정밀하게 조사해 보면 적외선으로부터 가시광선, 자외선 영역까지 파장이 연속적인 분포를 이루고 있음을 알게 된다.

고전 물리학의 관점에서 보면 열복사는 물체 표면에서 가속된 대전 입자에 기인한다. 즉, 가속된 전하는 작은 안테나가 전자기파를 방출하는 것과 매우 유사한 방식으로 복사선을 방출한다. 열적으로 교란된 전하들은 진동수 분포를 이룰 수 있는데, 이 분포는 물체가 방출한 복사의 연속 스펙트럼을 설명한다. 19세기 말에는 이미 열복사에 대한 고전 이론이 부적당하다는 사실이 밝혀졌다. 근본적인 문제는 흑체로부터 방출되는 복사 에너지의 분포를 파장의 함수로 이해하는 것이었다. **흑체**(blackbody)란 자신에게 주어지는 복사 에너지를 전부 흡수하는 이상적인 물체로 정의된다. 흑체의 좋은 예는 그림 27.1과 같이 속이 텅 비어 있는 물체 내부와 연결된 작은 구멍이다. 이 작은 구

Tip 27.1 혼란스러움에 대한 기대

우리가 경험하는 세계는 양자 효과가 분명하게 드러나지 않는 거시적인 세계이다. 양자 효과는 상대론적 효과보다 더 기괴하다고 생각될 수 있지만 실망할 필요는 없다. 혼란스러움은 정상적이며 기대되는 일이다. 노벨상 수상자인 파인먼(Richard Feynman)의 말을 인용하면 "양자 역학을 이해하는 사람은 아무도 없다."

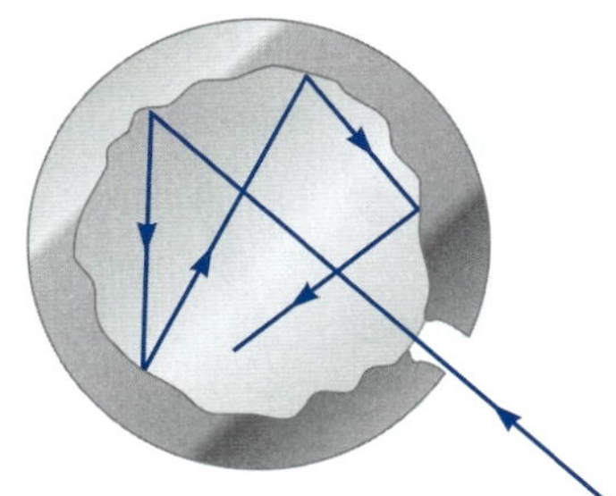

그림 27.1 속이 빈 껍질 모양의 물체에 뚫린 작은 구멍은 흑체의 좋은 예이다. 작은 구멍을 통해 껍질 안으로 들어간 빛이 내부의 벽에서 반사될 때마다 일부는 반사되고 일부는 벽에 흡수된다. 여러 번의 반사를 거치면 입사된 에너지는 거의 대부분 물체에 흡수된다.

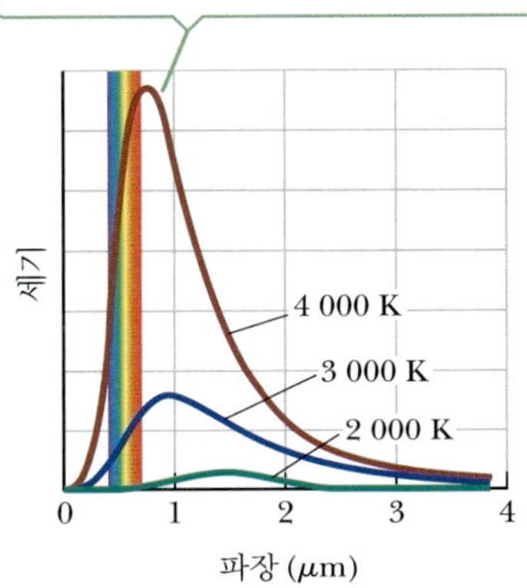

그림 27.2 세 가지 온도에서 파장에 따른 흑체 복사의 세기 곡선. 파장의 가시광선 영역은 0.4 μm에서 0.7 μm이다. 약 6 000 K의 온도에서 봉우리는 가시광선 영역의 중간쯤에 있으므로 물체는 흰색으로 보인다.

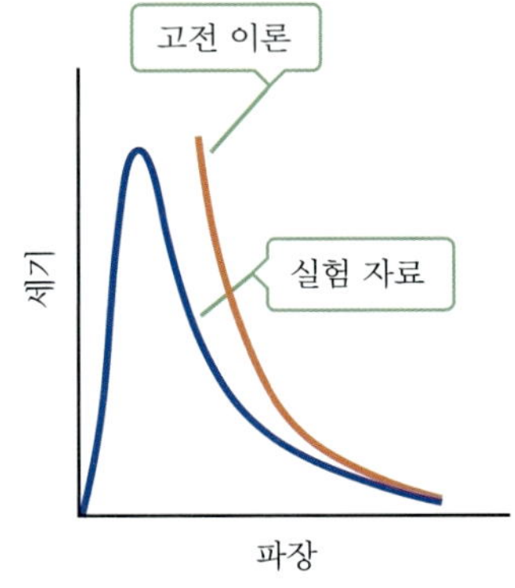

그림 27.3 흑체 복사에 대한 실험 자료와 고전 이론의 비교. 플랑크의 이론은 실험 자료와 완벽히 일치한다.

멍에서 방출되는 복사의 성질은 오직 공동(cavity) 벽의 온도에만 의존하며 물체의 구성 성분이나 모양 및 그 밖의 다른 요인과는 무관하다.

세 온도에 대한 흑체 복사의 에너지 분포에 대한 실험 자료가 그림 27.2에 주어져 있다. 복사 에너지는 파장과 온도에 따라 변한다. 흑체의 온도가 증가할수록 방출되는 전체 복사 에너지(곡선 아래의 넓이)도 증가한다. 또한 온도가 증가함에 따라 세기가 최대가 되는 파장은 작은 쪽으로 이동하는데, 이와 같은 파장의 변위는 **빈의 변위 법칙**(Wien's displacement law)이라 불리는 관계식

$$\lambda_{최대}T = 0.289\,8 \times 10^{-2}\ \mathrm{m \cdot K} \qquad [27.1]$$

을 만족한다. 여기서 $\lambda_{최대}$는 곡선이 최댓값을 가질 때의 파장이며, T는 복사를 방출하는 물체의 절대 온도이다.

뜨거운 별에서 방출되는 복사 곡선은 그림 27.2의 위 곡선과 매우 유사하다. 이 경우의 별은 가시광선 영역에서 집중적으로 복사를 방출하는데, 모든 색깔의 조합으로 인해서 별은 흰색을 띠게 된다. 표면 온도가 5 800 K인 태양이 이 경우에 해당된다. 훨씬 더 뜨거운 별의 경우, 곡선의 최댓값이 가시광선 영역보다 한참 아래에 위치하게 되어 빨간색보다는 파란색 복사의 양이 훨씬 많게 되어 결과적으로 파란색을 띤다. 태양보다 차가운 별은 주황색이나 빨간색을 띠게 된다. 별의 표면 온도는 세기–파장 곡선에서 최댓값에 해당하는 파장을 찾고, 이를 빈의 법칙에 대입하여 구할 수 있다. 예를 들어, 파장이 2.30×10^{-7} m인 별의 표면 온도는 다음과 같다.

$$T = \frac{0.289\,8 \times 10^{-2}\ \mathrm{m \cdot K}}{\lambda_{최대}} = \frac{0.289\,8 \times 10^{-2}\ \mathrm{m \cdot K}}{2.30 \times 10^{-7}\ \mathrm{m}} = 1.26 \times 10^{4}\ \mathrm{K}$$

고전적 개념을 이용하여 그림 27.2의 곡선 모양을 설명하려는 시도는 실패했다. 그림 27.3은 흑체 복사 스펙트럼에 대한 실험 자료(파란색 곡선)와 고전 이론을 기반으로 계산할 때 곡선이 가져야 할 이론적 결과(주황색 곡선)를 함께 보여 주고 있다. 긴 파장 영역에서는 고전 이론과 실험 자료가 제법 일치하지만 짧은 파장 영역에서는 거의 일치하지 않는다. λ가 영에 접근할 때 고전 이론에서는 세기가 무한대로 커진다는 잘못된 예측을 한 반면, 실험 결과는 세기가 영에 접근한다는 것을 보여 준다.

1900년에 플랑크는 모든 파장에서 실험과 완전히 일치하는 흑체 복사 식을 구했는데, 이 식의 파장–세기의 그래프는 그림 27.3의 파란색 곡선과 일치한다. 플랑크는 흑체 복사가 공진기라고 하는 마이크로미터보다 작은 크기의 대전된 진동자에 의해 생긴다고 가정했다. 빛을 내는 공동의 벽은 정확한 본질이 알려지지 않았던 수많은 공진기로 구성되어 있다고 가정했다. 공진기는 아래와 같이 주어지는 불연속적인 에너지 E_n만을 가질 수 있다.

$$E_n = nhf \qquad [27.2]$$

여기서 n은 **양자수**(quantum number)라고 하는 양의 정수이고, f는 공진기의 진동수이며, h는 **플랑크 상수**(Planck's constant)로 알려진 상수로서 그 값은

$$h = 6.626 \times 10^{-34}\,\mathrm{J \cdot s} \qquad [27.3]$$

이다. 각 공진기의 에너지가 식 27.2에 의해 주어지는 불연속적인 값만을 가질 수 있기 때문에 에너지가 양자화되었다고 표현한다. 각각의 불연속적인 에너지는 다른 양자 상태를 의미하는데, 각각의 n값은 특정한 양자 상태를 나타낸다(공진기가 $n=1$인 양자 상태에 있을 때 에너지는 hf이고, $n=2$인 양자 상태에 있을 때 에너지는 $2hf$이며, 이와 같은 방식으로 양자수의 증가에 따라 공진기의 에너지가 증가한다).

플랑크 이론의 핵심은 에너지 상태의 양자화 가정이다. 고전 물리학으로부터의 이러한 파격적인 이탈은 자연을 완전히 새롭게 이해하는 '양자 도약(quantum leap)'이다. 이는 매우 충격적인 것이다. 이는 마치 날아가는 야구공이 정해진 값의 서로 다른 속력만 가질 수 있으며, 이들 정해진 값 사이의 속력을 가질 수 없다고 말하는 것과 같다. 에너지가 연속적인 값 중 어느 하나를 갖는 대신에 특정한 불연속적인 값만 가질 수 있다는 사실은 뉴턴 및 맥스웰의 고전 이론과 양자 이론 사이의 가장 중요한 차이점이다.

플랑크
Max Planck, 1858~1947
독일의 물리학자

플랑크는 양자 이론의 기반이 된 흑체 복사의 스펙트럼 분포를 설명하려는 시도에서 '작용 양자'(플랑크 상수 h)를 도입하였다. 1918년에 에너지의 양자적 본질을 발견하여 노벨상을 수상하였다.

27.2 광전 효과와 빛의 입자 이론

The Photoelectric Effect and the Particle Theory of Light

19세기 후반기에는 금속 표면에 입사한 빛 때문에 표면으로부터 전자가 방출되는 실험들이 행해졌다. 이 현상은 **광전 효과**(photoelectric effect)로 알려져 있으며, 방출된 전자를 **광전자**(photoelectron)라고 한다. 이 현상은 맥스웰이 예견한 전자기 파동을 최초로 발생시킨 헤르츠에 의해 처음 발견되었다.

그림 27.4는 광전 효과 실험 장치의 개략도이다. 광배터리로 알려진 진공 유리관은 금속판 E(emitter)가 가변 전원 장치의 음극 단자에 연결되어 있고, 다른 금속판 C(collector)는 전원 장치의 양극 단자에 연결되어 양의 전위를 유지하고 있다. 유리관이 어둠 속에 있을 때 검류계의 눈금은 영을 가리키며, 회로에는 아무런 전류도 흐르지 않는다. 그러나 E를 만드는 데 사용된 물질에 의존하는 특정 파장보다 더 작은 파장을 갖는 빛을 E에 쪼이면 검류계에 전류가 검출되는데, 이는 E와 C 사이의 간극을 가로지르는 전하의 흐름을 의미한다. 이 전류는 음극판 E에서 방출된 광전자에 의한 전류이며 양극판 C에서 모인 것이다.

빛이 금속판 E(이미터)를 때리면, 그 판에서 광전자가 튀어나온다.

C E 빛 A V 가변 전원 장치

판 E에서 판 C(콜렉터)로 이동하는 전자들은 회로에서 전류가 되어 전류계 A에 전류값이 나타난다.

그림 27.4 광전 효과를 연구하기 위한 회로도

그림 27.5에는 두 종류의 빛 세기에 대해 E와 C 사이의 전위차 ΔV와 광전류 사이의 관계를 나타냈다. ΔV가 클 때 전류는 최댓값에 도달한다. 뿐만 아니라 입사광의 세기가 증가함에 따라 전류도 증가한다. 마지막으로 ΔV가 음의 값을 가질 때(즉, 회로의 전원 장치를 거꾸로 연결하여 E를 양으로 하고 C를 음으로 할 때), 전류는 낮은 값으로 떨어지는데, 그 이유는 방출된 광전자의 대부분이 음극판 C에 의해 튀기 때문이다. 이 상황에서는 $e\Delta V$보다 큰 운동에너지를 갖는 전자들만 C에 도착할 수 있는데, 여기서 e는 전자의 전하이다.

ΔV가 $-\Delta V_s$와 같거나 더 큰 음의 값을 가질 때 C에 도달하는 전자가 없으므로 전류

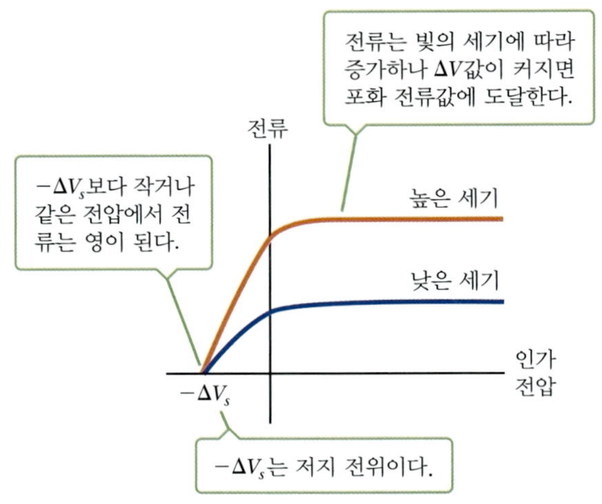

그림 27.5 두 가지 빛의 세기에 따라 변하는 광전 전류

가 흐르지 않는다. 이러한 전압을 **저지 전압**(stopping potential)이라고 한다. 저지 전압은 복사 세기와 무관하다. 광전류의 최대 운동에너지와 저지 전압 사이에는

$$KE_{\text{최대}} = e\Delta V_s \qquad [27.4]$$

의 관계가 있다.

고전 물리학이나 빛의 파동설로 설명될 수 없는 광전 효과의 특징은 다음과 같다.

- 입사광의 진동수가 **차단 진동수**(cutoff frequency) f_c보다 작으면 전자가 방출되지 않는데, f_c는 빛을 쬐이는 물질의 특성이다. 이와 같은 현상은 빛의 세기가 충분히 크면 임의의 진동수에서도 광전 효과가 일어나야 한다고 예측하는 파동 이론과 일치하지 않는다.
- 광전자의 최대 운동에너지는 빛의 세기와 무관하다. 파동 이론에 의하면 세기가 큰 빛일수록 단위 시간당 금속에 전달하는 에너지가 많으므로 방출되는 광전자는 큰 운동에너지를 가져야 한다.
- 빛의 진동수가 증가할수록 광전자의 최대 운동에너지도 증가한다. 파동 이론으로는 광전자의 에너지와 입사광의 진동수 사이의 어떤 관계도 예측할 수 없다.
- 매우 낮은 세기의 빛을 쪼이는 경우에도 금속 표면에서 전자는 거의 순간적으로 (표면에 빛을 비춘 후 10^{-9} s 이내에) 방출된다. 고전 역학적으로는, 금속으로부터 광전자가 방출될 수 있는 충분한 에너지를 얻기 전까지 입사 복사선을 흡수하는 데 어느 정도의 시간이 걸릴 것으로 예상한다.

광전 효과에 대한 성공적인 이론은 특수 상대성 이론을 발표한 해인 1905년에 아인슈타인에 의해 이루어졌다. 전자기 복사에 관한 일반적인 논문으로, 그는 1921년에 노벨 물리학상을 수상하였다. 아인슈타인은 플랑크의 양자화 개념을 전자기 파동으로 확장하여, 양자화된 진동자가 $E_n = nhf$인 에너지 상태에서 에너지가 $E_{n-1} = (n-1)hf$인 바로 아래의 상태로 전이할 때 빛 에너지의 작은 묶음, 즉 **광자**(photon)가 방출된다고 제안하였다. 에너지 보존의 법칙에 의하면 진동자가 잃은 에너지 hf와 광자의 에너지 E가 같아야 하므로

$$E = hf \qquad [27.5]$$

◀ 광자의 에너지

가 성립하는데, 여기서 h는 플랑크 상수이고, f는 진동자의 진동수와 같은 빛의 진동수이다.

여기서 핵심은 에미터에 의해 잃은 빛 에너지 hf는 광자라고 하는 작은 묶음 또는 입자에 국소화되어(localized) 있다는 것이다. 아인슈타인의 모형에서 광자는 국소화되어 있어서 자신의 모든 에너지인 hf를 금속에 있는 전자에 모두 줄 수 있다. 아인슈타인에 따르면 방출된 광전자의 최대 운동에너지는

$$KE_{최대} = hf - \phi \qquad [27.6]$$

◀ 광전 효과 식

로 주어지는데, 여기서 ϕ는 금속의 **일함수**(work function)이다. 전자가 금속에 구속되어 있을 최소의 에너지인 일함수는 수 전자볼트(eV) 정도의 크기를 갖는다. 표 27.1에 여러 가지 금속의 일함수가 있다.

표 27.1 몇 가지 금속의 일함수

금속	ϕ (eV)
은(Ag)	4.73
알루미늄(Al)	4.08
구리(Cu)	4.70
철(Fe)	4.50
나트륨(Na)	2.46
납(Pb)	4.14
백금(Pt)	6.35
아연(Zn)	4.31

빛의 광자 이론을 이용하면 고전 물리학의 개념으로 설명할 수 없었던 광전 효과의 특징을 설명할 수 있다.

- 광전자는 단일 광자를 흡수함으로써 생성된다. 따라서 광자의 에너지가 일함수보다 같거나 커야 하며, 그렇지 않으면 광전자는 생성되지 않는다. 이것은 차단 진동수를 설명한다.
- 식 27.6으로부터 $KE_{최대}$는 빛의 진동수와 일함수 값에만 의존한다. 빛의 세기는 중요하지 않은데, 그 이유는 단일 광자의 흡수가 전자의 운동에너지를 변화시키기 때문이다.
- 식 27.6은 진동수에 대해 선형적이기 때문에 진동수가 증가할수록 $KE_{최대}$가 증가한다.
- 전자는 빛의 세기와 관계없이 거의 순간적으로 방출되는데, 그 이유는 빛에너지가 파동으로 퍼져 있기보다는 묶음으로 집중되어 있기 때문이다. 진동수가 충분히 크면 전자가 금속을 탈출하기 위해 필요한 에너지를 서서히 모으는 데 시간이 걸릴 필요가 없다.

그림 27.6에 나타냈듯이 f와 $KE_{최대}$ 사이의 선형 관계가 실험적으로 관찰되었다. $KE_{최대} = 0$에 해당하는 가로축 절편은 빛의 세기와 관계없이 그 아래에서는 광전자가 방출되지 않는 차단 진동수가 있음을 알려주고 있다. 차단 파장 λ_c는 식 27.6을 이용하면 다음과 같이 유도될 수 있다.

$$KE_{최대} = hf_c - \phi = 0 \quad \rightarrow \quad h\frac{c}{\lambda_c} - \phi = 0$$

$$\lambda_c = \frac{hc}{\phi} \qquad [27.7]$$

여기서 c는 빛의 속력이다. 일함수가 ϕ인 물질에 입사하는 λ_c보다 큰 파장은 광전류를 방출시키지 못한다.

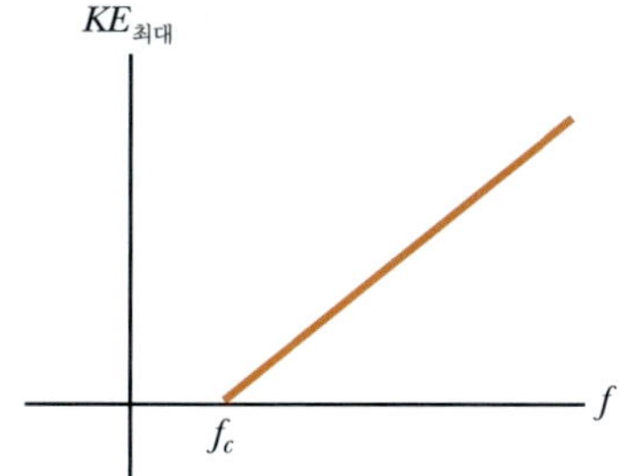

그림 27.6 전형적인 광전 효과 실험에서 입사광의 진동수에 대한 $KE_{최대}$의 개략도. f_c보다 작은 진동수를 갖는 광자는 금속으로부터 전자를 방출시킬 충분한 에너지를 갖지 못한다.

예제 27.1 나트륨에서의 광전자

목표 빛의 양자화와 광전 효과에서의 역할을 이해한다.

문제 파장이 0.300 μm인 빛을 일함수가 2.46 eV인 나트륨 표면에 비출 때, **(a)** 광자의 에너지와 **(b)** 방출된 광전자의 최대 운동에너지를 전자볼트(eV)로 계산하고, **(c)** 나트륨의 차단 파장을 구하라.

전략 문제에서 주어진 값들을 식 27.5, 27.6, 27.7에 각각 대입한다.

풀이

(a) 각 광자의 에너지를 계산한다.

파장으로부터 진동수를 구한다.

$$c = f\lambda \quad \rightarrow \quad f = \frac{c}{\lambda} = \frac{3.00 \times 10^{8}\ \mathrm{m/s}}{0.300 \times 10^{-6}\ \mathrm{m}}$$

$$f = 1.00 \times 10^{15}\ \mathrm{Hz}$$

식 27.5를 이용하여 광자의 에너지를 계산한다.

$$E = hf = (6.63 \times 10^{-34}\ \mathrm{J \cdot s})(1.00 \times 10^{15}\ \mathrm{Hz})$$

$$= 6.63 \times 10^{-19}\ \mathrm{J}$$

$$= (6.63 \times 10^{-19}\ \mathrm{J})\left(\frac{1.00\ \mathrm{eV}}{1.60 \times 10^{-19}\ \mathrm{J}}\right) = \boxed{4.14\ \mathrm{eV}}$$

(b) 광전자의 최대 운동에너지를 계산한다.

식 27.6에 대입한다.

$$KE_{\text{최대}} = hf - \phi = 4.14\ \mathrm{eV} - 2.46\ \mathrm{eV} = \boxed{1.68\ \mathrm{eV}}$$

(c) 차단 파장을 계산한다.

ϕ값을 전자볼트에서 줄(J)로 변환한다.

$$\phi = 2.46\ \mathrm{eV} = (2.46\ \mathrm{eV})(1.60 \times 10^{-19}\ \mathrm{J/eV})$$

$$= 3.94 \times 10^{-19}\ \mathrm{J}$$

식 27.7을 이용하여 차단 파장을 구한다.

$$\lambda_c = \frac{hc}{\phi} = \frac{(6.63 \times 10^{-34}\ \mathrm{J \cdot s})(3.00 \times 10^{8}\ \mathrm{m/s})}{3.94 \times 10^{-19}\ \mathrm{J}}$$

$$= 5.05 \times 10^{-7}\ \mathrm{m} = \boxed{505\ \mathrm{nm}}$$

참고 차단 파장은 가시광선 스펙트럼의 노란색에서 초록색까지의 영역에 있다.

광배터리

응용

광배터리

광전 효과는 광배터리라는 장치를 이용하여 다양하게 응용된다. 그림 27.4에 보인 광배터리에서 충분히 높은 진동수의 빛이 배터리에 닿으면 회로에 전류가 발생하지만, 어두운 곳에서는 전류가 발생하지 않는다. 이 장치는 가로등에 사용되고 있다. 대기의 빛이 광전 조절 장치를 때려 가로등을 끄는 스위치를 활성화시킨다. 수많은 주차장 문과 승강기에서 광선과 광배터리를 설계의 안전장치로 활용한다. 광선이 광배터리를 때리면 발생되는 전류는 충분히 커서 폐회로를 유지한다. 물건이나 사람이 광선을 가리면 전류가 차단되는데, 이것이 문이 열리도록 하는 신호가 된다.

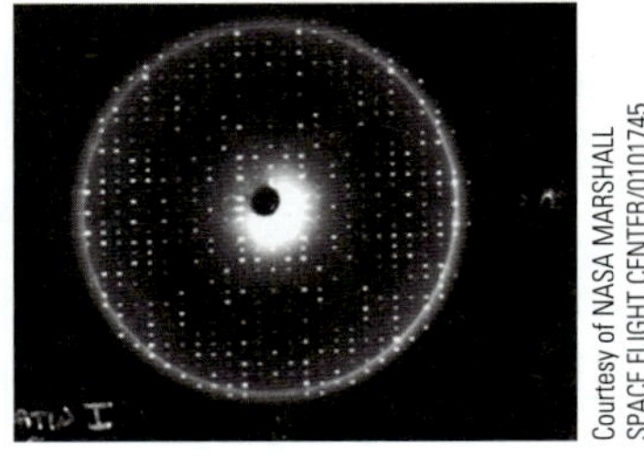

Courtesy of NASA MARSHALL SPACE FLIGHT CENTER/0101745

그림 27.7 매우 완벽한 단백질 결정의 X선 회절 무늬는 고성능 컴퓨터를 사용하고 수학적으로 해석하여 단백질의 구조를 알아낼 수 있다. 구조를 알아내면, 단백질의 기능을 조절할 수 있는 분자 구조를 설계할 수 있다. 그러한 분자들을 사용하여 다른 생물학적 조직에 영향을 미치지 않고 특정 분자의 활성을 약화시키는 치료약을 개발할 수 있다.

27.3 X선 X-Rays

X선은 1895년에 뢴트겐(Wilhelm Röntgen)에 의해 발견되고, 이로부터 한참 후 1912년에 라우에(Max von Laue)의 제안에 따라 전자기 파동임이 밝혀졌다. X선은 자외선보다 높은 진동수를 갖고 있으며 비교적 쉽게 대부분의 물질을 침투할 수 있다. 보통 X선의 파장은 대략 0.1 nm인데, 이는 고체 내에서 원자 사이의 간격과 비슷한 크기이다. 그 결과 결정에서 규칙적인 원자의 배열이 회절격자의 역할을 하여 X선을 회절시킨다. 매우 완벽한 단백질 결정의 X선 회절 무늬의 모습이 그림 27.7에 있다.

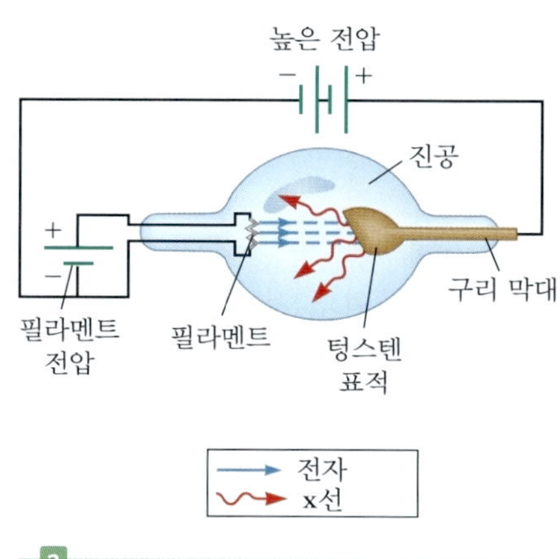

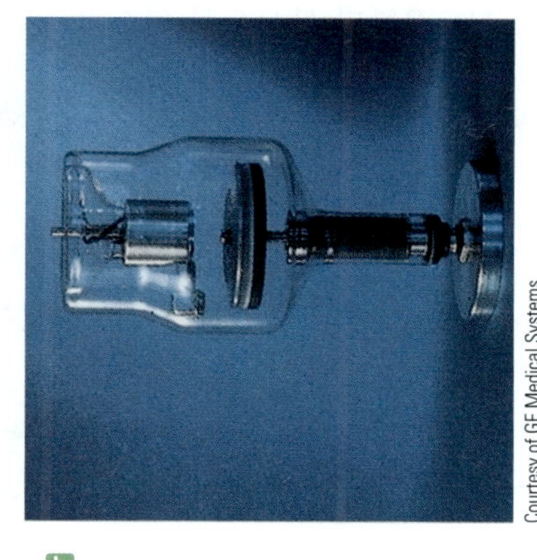

그림 27.8 (a) X선관의 개략도, (b) X선관 사진

X선은 수천 볼트의 전위차에 의해 가속된 전자가 금속 표적에 충돌할 때와 같이 매우 빠른 속력으로 움직이던 전자가 갑자기 느려질 때 발생한다. 그림 27.8a는 X선관의 개략도이다. 필라멘트에 흐르는 전류에 의해 전자가 방출되고, 방출된 전자들은 필라멘트보다 높은 전위를 유지하는 텅스텐과 같은 금속 표적을 향해 가속된다.

그림 27.9는 X선관에서 방출되는 복사선 스펙트럼의 세기와 파장 사이의 관계를 나타낸다. 스펙트럼은 두 개의 다른 성분으로 구성되어 있다. 한 성분은 관에 인가된 전압에 의존하는 연속 스펙트럼이다. 표적 물질의 특성과 관련된 일련의 뾰족하고 강한 세기의 선들이 이 성분과 중첩되어 있다. 표적 물질의 전자가 재배열을 거치는 동안 표적 원자에 의해 방출되는 복사선을 나타내는 이러한 뾰족한 선들을 관찰하기 위해서는 가속 전압이 **문턱 전압**(threshold voltage)이라 부르는 어떤 값보다 커야 한다. 연속 복사선은 표적 안으로 가속되는 전자가 복사선을 방출하기 때문에, 때때로 **제동 복사**(bremsstrahlung)라고도 한다. 이것은 전자가 표적 속으로 가속될 때 감속(제동)되면서 복사를 방출하기 때문에 그런 이름이 붙여졌다.

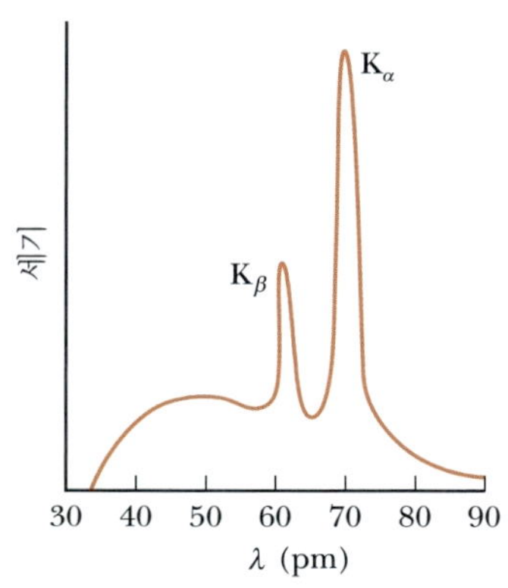

그림 27.9 금속 표적의 X선 스펙트럼은 넓은 연속 스펙트럼과 특성 X선에 기인한 몇 개의 날카로운 선으로 구성된다. 자료는 35 keV의 전자가 몰리브데넘 표적에 충돌할 때의 결과이다. 1 pm = 10^{-12} m = 10^{-3} nm이다.

그림 27.10은 전자가 대전된 표적 핵 근처를 지날 때 X선이 어떻게 발생하는지를 설명하고 있다. 전자가 표적 물질 안에서 양으로 대전된 핵 근처를 지날 때 핵과의 전기적 인력으로 인해 궤적이 편향되면서 가속된다. 고전 물리학의 분석에 의하면 대전된 입자는 가속될 때 전자기 복사를 방출한다(이 현상의 예가 21장에서 설명한 라디오 방송국의 방송용 안테나에서 가속 전하에 의해 전자기파가 발생하는 것이다). 양자 이론에 의하면, 이 복사는 광자의 형태로 나타난다. 그림 27.10에 보인 방출 광자가 에너지를 운반하기 때문에 전자는 결국 운동에너지를 잃게 된다. 극단적인 예로 전자가 단 한 번의 충돌에 의해 자신의 에너지 전부를 잃어버리는 경우도 있다. 이 경우 전자의 처음 에너지($e\Delta V$)는 완벽하게 광자의 에너지($hf_{최대}$)로 전환된다. 식으로 표현하면

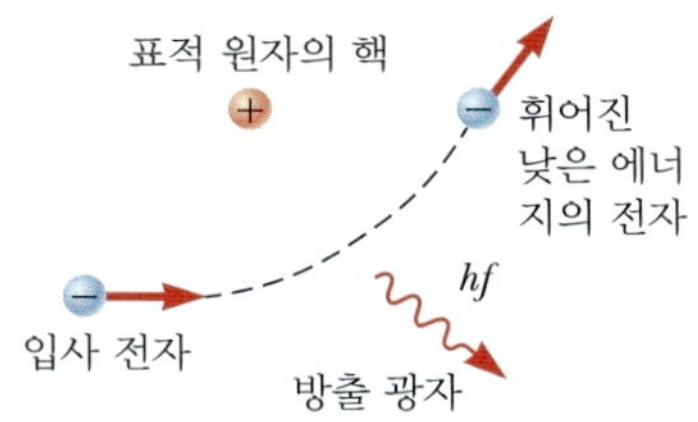

그림 27.10 대전된 표적 원자 주위를 지나는 전자가 가속되며, 이 과정에서 광자가 방출된다.

$$e\,\Delta V = hf_{최대} = \frac{hc}{\lambda_{최소}} \qquad [27.8]$$

인데, 여기서 $e\Delta V$는 전하가 e인 전자가 ΔV의 전위차를 통해 가속되어 얻는 에너지이

다. 이 식으로부터 복사선의 최소 파장은

$$\lambda_{\text{최소}} = \frac{hc}{e\,\Delta V} \quad [27.9]$$

임을 알 수 있다. 많은 전자들이 한 번의 충돌에 의해 멈추지 않기 때문에 발생된 모든 복사선은 이 특별한 파장을 갖지 않는다. 그 결과 파장이 연속인 스펙트럼이 나타난다.

응용
거장의 작품 연구에 X선을 이용

X선에 의해 명화의 채색과 수정 과정의 흥미로운 점이 밝혀지고 있다. 납, 카드뮴, 크로뮴, 코발트를 바탕으로 하는 물감에서 긴 파장의 X선이 다양한 정도로 흡수된다. 물감의 성분들은 각각 다른 전자 밀도를 갖기 때문에 X선과 물감의 상호작용으로 뚜렷이 달라진다. 또한 두꺼운 층이 얇은 층보다 X선을 더 많이 흡수한다. 거장의 그림을 조사하기 위해서 그림에 X선을 비추고 그림 뒤쪽에는 필름을 놓는다. 필름을 현상하면 초벌 그림의 희미한 윤곽이나 완성된 그림의 초기 형태가 가끔 드러나기도 한다.

27.4 결정에 의한 X선 회절 Diffraction of X-Rays by Crystals

24장에서 회절격자를 이용하여 빛의 파장을 측정하는 방법을 기술하였다. 알맞은 선 배열(line spacing)을 갖는 격자만 있으면 원칙적으로 어떤 전자기 파동의 파장도 측정할 수 있다. 선 사이의 간격은 측정되는 복사선의 파장과 거의 같아야 한다. X선은 파장의 크기가 0.1 nm 정도인 전자기파이다. 이 정도로 작은 간격을 갖는 격자를 만드는 것은 불가능할지도 모른다. 그러나 앞 절에서 논의했듯이 결정에서 원자의 규칙적인 배열은 삼차원 회절격자 역할을 하므로 X선 회절을 관측할 수 있다.

그림 27.11은 X선 회절을 관측하기 위한 실험 배치를 나타낸다. 연속적인 파장 분포를 갖는 가느다란 X선 빔을 NaCl과 같은 결정에 입사시킨다. 회절 복사선은 특정한 방향에서 매우 강한 세기를 나타내는데, 이는 결정 내 원자 층들로부터 반사된 파동들의 보강간섭 때문이다. 회절 복사선은 사진 필름에 의해 검출되며 라우에 무늬로 알려진 점들의 배열 구조를 이룬다. 결정 구조는 무늬에서 다양한 점들의 위치와 세기를 분

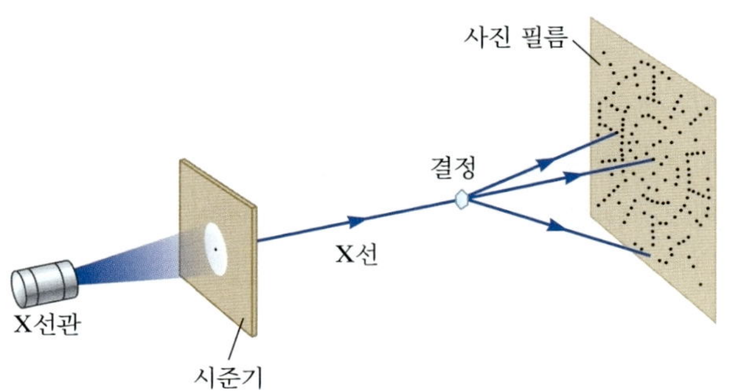

그림 27.11 단결정에 의한 X선 회절을 관측하는 데 사용되는 기술의 개략도. 회절 빔에 의해 필름에 형성된 점들의 배열을 라우에 무늬라고 한다(그림 27.7 참고).

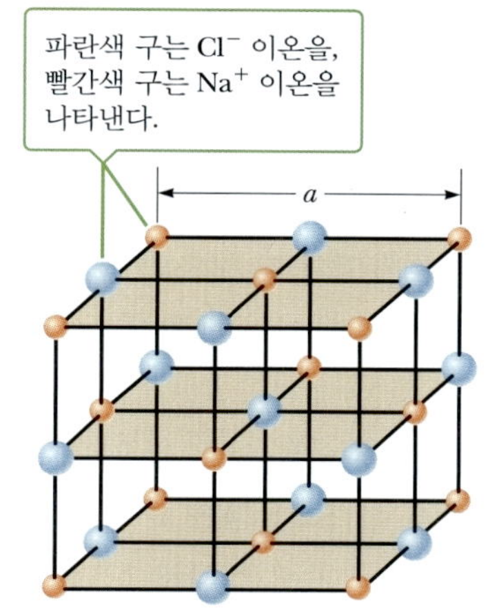

그림 27.12 NaCl의 입방 결정 구조 모형. 입방체의 모서리 길이는 $a = 0.563$ nm이다.

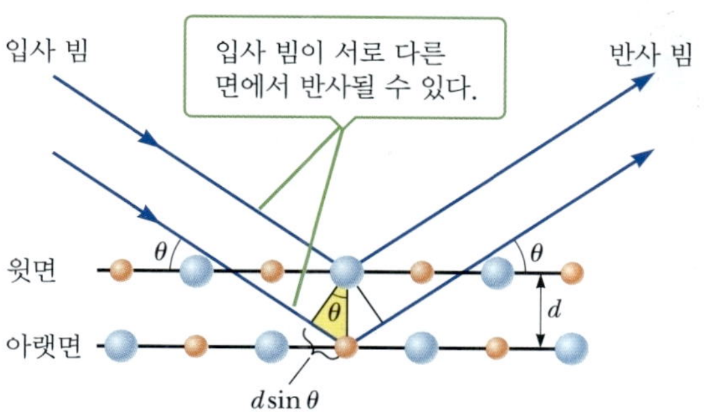

그림 27.13 거리 d만큼 떨어진 두 평행 결정면으로부터의 X선 반사에 대한 이차원적 묘사. 아랫면으로부터 반사된 빔은 윗면으로부터 반사된 빔보다 $2d\sin\theta$만큼 더 진행한다.

석함으로써 결정된다.

그림 27.12는 NaCl 결정의 원자 배열을 보여 준다. 빨간색 작은 구는 Na^+ 이온을 나타내고, 파란색 큰 구는 Cl^- 이온을 나타낸다. 이와 같은 정육면체 구조의 그림 27.12에서 기호 a로 나타낸 연이은 Na^+(또는 Cl^-) 이온들 사이의 간격은 대략 0.563 nm이다.

NaCl 구조를 자세히 살펴보면 이온들이 다양한 평면에 존재함을 알 수 있다. 그림 27.12의 음영 처리된 영역이 하나의 예를 보여 주는데, 여기서 원자들은 일정한 간격을 유지하는 평면들에 놓여 있다. X선 빔이 그림 27.13에서와 같이 평면들 중의 하나에 각 θ로 비스듬히 입사한다고 가정하자. 빔은 원자가 놓인 윗면과 아랫면 모두에서 반사될 수 있다. 그런데 아래쪽 표면에서 반사된 빔은 위쪽 표면에서 반사된 빔보다 $2d\sin\theta$만큼 더 진행하게 된다. 이 경로차가 파장 λ의 정수배가 될 때 두 반사 빔이 만나서 보강간섭을 일으킨다. 보강간섭 조건은

$$2d\sin\theta = m\lambda \qquad m = 1, 2, 3, \ldots \qquad [27.10]$$

◀ 브래그의 법칙

으로 주어진다. 브래그(W. L. Bragg, 1890~1971)가 처음 유도한 이 조건은 **브래그의 법칙**(Bragg's law)으로 알려져 있다. 파장과 회절 각을 측정하면 식 27.10을 이용하여 원자 평면들 사이의 간격을 계산할 수 있다.

X선 회절 기술은 단백질과 같은 복합 유기 분자의 원자 배열을 결정하는 데 사용되어 왔다. 단백질은 세포에서 화학적 생명 과정을 조절하고 촉진하는 데 도움을 주는 수천 개의 원자로 이루어진 거대 분자이다. 어떤 단백질은 세포 내에서 느린 상온의 반응 속도를 10^{17}배 정도로 빠르게 해주는 놀라운 촉매제 역할을 한다. 이러한 믿기 어려운 생화학적 반응성을 이해하기 위해서는 이러한 복잡한 분자들의 구조를 결정하는 것이 중요하다.

단백질, DNA, RNA의 분자 구조를 결정하는 데 이용되는 주요 기술이 X선 회절 이다. 이때 사용되는 X선 파장은 1 Å(1 Å = 0.1 nm = 1×10^{-10} m) 정도이다. 이러한

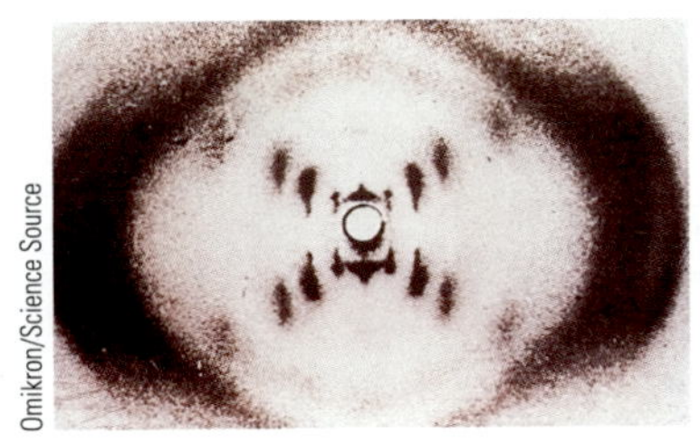

그림 27.14 프랭클린이 얻은 DNA의 X선 회절 사진. 점들의 교차 무늬는 DNA가 나선형 구조를 가진다는 열쇠를 제공하였다.

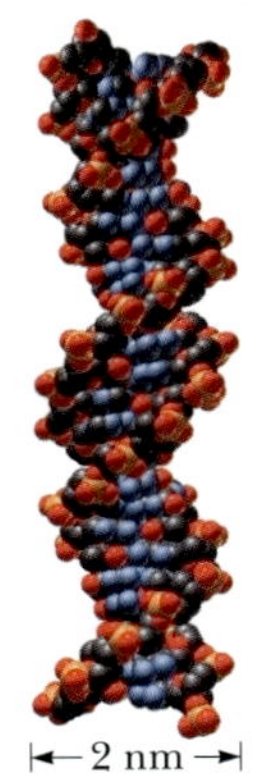

그림 27.15 DNA 이중 나선 구조

파장을 갖는 X선을 이용하면 연구원은 분자 내에서 1 Å 정도 떨어져 있는 개별 원자들을 볼 수 있다. 생화학적 X선 회절 시료를 결정 형태로 준비하기 때문에 회절 무늬의 구조(공간에서 밝은 점의 위치)는 시료 내 분자의 규칙적인 삼차원 결정 격자 배열에 의해 결정된다. 밝은 회절 점의 세기는 결정의 단위 세포 내의 원자와 그들의 전자 분포에 의해 결정된다. 복잡한 계산 기술을 이용하면, 분자의 원자 구조와 전자 밀도를 결정하는 일련의 가상적인 원자 위치들을 관찰된 회절 빔의 세기와 일치시킴으로써 본질적으로 분자 구조를 유추할 수 있다.

DNA와 같은 거대 분자를 결정으로 만들고 X선 회절 무늬를 얻는 것은 매우 도전적인 일이다. DNA의 경우에 준비 과정에서 혼합 형태로 나타나는 A형과 B형 두 종류의 결정 형태가 존재하기 때문에 매우 순수한 결정을 얻는 것이 대단히 어렵다. 이러한 두 종류의 결정은 쉽게 해독할 수 없는 회절 무늬를 만든다. 1951년 런던 킹스 칼리지의 연구원인 프랭클린(Rosalind Franklin)은 두 종류의 결정을 분리하는 독창적인 방법을 개발하고 B형의 순수 결정 DNA에 대한 X선 회절 무늬를 얻었다. 이 무늬를 바탕으로 그녀는 당시까지 알려진 분자의 안쪽에 축(backbone)을 갖는다는 DNA 구조 모형을 반박하고 분자의 바깥쪽에 당인산의 축을 갖는 서로 얽힌 두 개의 가닥으로 구성되어 있음을 밝혀냈다. 그림 27.14는 프랭클린이 얻은 무늬 중 하나를 나타낸다.

왓슨(James Watson)과 크릭(Francis Crick)은 프랭클린의 결과를 이용하여 DNA의 분자 구조와 형질 유전에서 분자의 기능, 특히 내부 구조에 대해 훨씬 자세한 내용을 밝혀냈다. 이들에 의하면, 네 개의 염기 분자인 아데닌, 시토신, 구아닌, 티민이 각 가닥의 당인산의 단위에 일련의 순서대로 붙어서 주어진 기관의 다양한 기능을 수행하는 단백질 암호 역할을 한다. 또한 한 가닥의 염기들은 다른 가닥의 염기들과 얽혀서 이중 나선 구조를 형성한다. 그림 27.15는 DNA의 이중 나선 모형이다. DNA의 구조와 기능을 밝혀낸 공로로 1962년에 왓슨과 클릭, 그리고 프랭클린의 동료인 윌킨스(Maurice Wilkins)가 노벨 생리의학상을 공동 수상하였다. 프랭클린도 수상할 수 있었지만, 암으로 인해 1958년에 38세의 나이로 사망하였다(노벨상은 사후에는 수여되지 않는다).

콤프턴
Arthur Holly Compton
1892~1962, 미국의 물리학자

우스터 대학과 프린스턴 대학에서 수학하였다. 시카고 대학 실험실의 책임자가 되어서는 지속적인 연쇄 반응에 관련된 실험 연구를 수행하였는데, 그 결과는 최초의 원자폭탄 제조에 핵심적 역할을 하였다. 콤프턴 효과의 발견과 우주선 연구로 1927년에 윌슨(Charles Wilson)과 함께 노벨상을 수상하였다.

27.5 콤프턴 효과 The Compton Effect

빛의 입자성에 대한 또 다른 증거는 1923년에 콤프턴(Arthur H. Compton)에 의해 진행된 실험으로부터 나왔다. 실험에서 콤프턴은 파장 λ_0의 X선 빔을 흑연 덩어리에 쏘았을 때 산란된 X선이 입사된 X선보다 약간 긴 파장 λ를 가지며, 이에 따라 산란된 X선의 에너지가 낮아짐을 발견하였다. 에너지의 감소량은 X선이 산란되는 각도와 관계가 있었다. 입사 X선과 산란 X선 사이의 파장 변화 $\Delta\lambda$를 **콤프턴 이동**(Compton shift)이라 한다.

이 효과를 설명하기 위해 콤프턴은 광자가 입자와 같이 행동한다면 광자와 다른 입자의 충돌이 두 당구공 사이의 충돌과 유사할 것이라 가정하였다. 따라서 X선 광자는 측정 가능한 물리량인 에너지와 운동량을 가지므로, 이 두 물리량은 충돌에서 보존되어야만 한다. 그림 27.16에서와 같이 입사 광자가 정지 상태의 전자와 충돌할 때 광자의 에너지와 운동량의 일부가 전자에게 전달된다. 그 결과 산란된 광자의 에너지와 진동수는 줄어들고 파장은 증가하게 된다. 상대론적 에너지와 운동량 보존의 법칙을 적용하면 그림 27.16에서와 같은 산란된 광자의 파장 이동은

$$\Delta\lambda = \lambda - \lambda_0 = \frac{h}{m_e c}(1 - \cos\theta) \qquad [27.11]$$

로 주어지는데, 여기서 m_e는 전자의 질량, θ는 입사된 광자와 산란된 광자 사이의 각도를 나타낸다. $h/m_e c$를 **콤프턴 파장**(Compton wavelength)이라 하며 0.002 43 nm의 값을 갖는다. 콤프턴 파장은 가시광선 파장에 비해 매우 작기 때문에 가시광선을 사용하면 파장의 이동을 측정하기가 매우 힘들다. 콤프턴 이동은 파장에 무관하고 θ에 의존하는 것에 주의해야 한다. 다양한 표적물로부터 산란되는 X선에 대한 실험 결과는 식 27.11을 만족하며 광자 개념의 강력한 근거가 되고 있다.

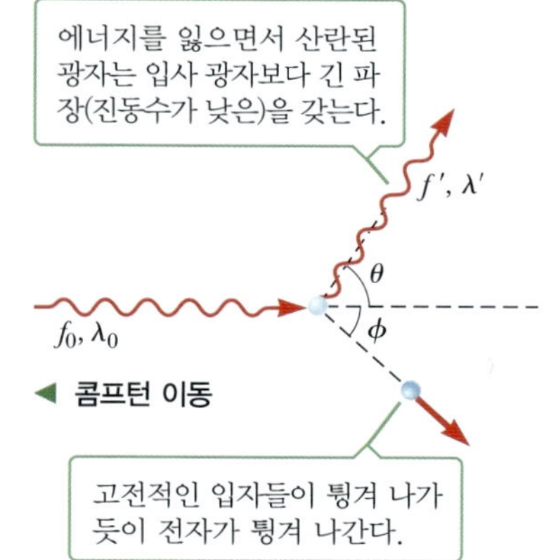

그림 27.16 전자에 의한 광자의 콤프턴 산란을 나타내는 개략도

예제 27.2 X선 산란

목표 콤프턴 산란과 광자의 에너지에 미치는 영향을 이해한다.

문제 파장이 $\lambda_i = 0.200\ 000$ nm인 X선이 물질로부터 산란된다. 산란된 X선은 입사 빔에 대해 45.0°인 방향에서 관측된다. **(a)** 산란된 X선의 파장을 계산하라. **(b)** 충돌에서 광자의 에너지 변화율을 계산하라.

전략 산란된 X선 광자의 파장을 알기 위해서는 문제에 주어진 값들을 식 27.11에 대입하여 파장의 이동을 구한 다음 그 결과를 처음 파장 λ_i에 더한다. **(b)**에서는, 에너지의 변화율을 계산할 때 $E = hf = hc/\lambda$를 이용하여 충돌 전후의 X선 광자의 에너지를 계산한다. 에너지의 차이를 구하고 처음 에너지로 나누면 원하는 에너지 변화율을 계산할 수 있다. 이때 에너지와 파장 사이의 관계식이 유도된다.

풀이

(a) X선의 파장을 계산한다.

주어진 값을 식 27.11에 대입하여 파장의 변화량을 구한다.

$$\Delta\lambda = \frac{h}{m_e c}(1 - \cos\theta)$$

$$= \frac{6.63 \times 10^{-34}\ \text{J}\cdot\text{s}}{(9.11 \times 10^{-31}\ \text{kg})(3.00 \times 10^8\ \text{m/s})}(1 - \cos 45.0°)$$

$$= 7.11 \times 10^{-13}\ \text{m} = 0.000\ 711\ \text{nm}$$

이 변화량을 원래의 파장에 더하여 산란된 광자의 파장을 구한다.

$$\lambda_f = \Delta\lambda + \lambda_i = \boxed{0.200\ 711\ \text{nm}}$$

(b) 충돌에서 광자의 잃어버린 에너지의 변화율을 구한다.

$c = f\lambda$를 이용하여 에너지 E를 파장으로 표현한다.

$$E = hf = h\frac{c}{\lambda}$$

이 표현을 이용하여 $\Delta E/E$를 계산한다.

$$\frac{\Delta E}{E} = \frac{E_f - E_i}{E_i} = \frac{hc/\lambda_f - hc/\lambda_i}{hc/\lambda_i}$$

hc를 소거한 후 항들을 재배열한다.

$$\frac{\Delta E}{E} = \frac{1/\lambda_f - 1/\lambda_i}{1/\lambda_i} = \frac{\lambda_i}{\lambda_f} - 1 = \frac{\lambda_i - \lambda_f}{\lambda_f} = -\frac{\Delta\lambda}{\lambda_f}$$

(a)에서 얻은 값들을 대입한다.

$$\frac{\Delta E}{E} = -\frac{0.000\ 711\ \text{nm}}{0.200\ 711\ \text{nm}} = \boxed{-3.54 \times 10^{-3}}$$

참고 계산의 초기 단계에서 에너지의 표현식에 대입하여 파장의 변화량을 얻을 수도 있다. 그러나 에너지의 변화와 파장의 변화가 어떻게 연계되어 있는지를 알 수 있어서 대수적 유도가 훨씬 세련되고 유익하다.

27.6 빛과 물질의 이중성 The Dual Nature of Light and Matter

광전 효과 및 콤프턴 효과는 물질과 상호작용하는 빛(또는 전자기 복사의 다른 형태)이 에너지 hf, 운동량 h/λ인 입자처럼 행동한다는 사실을 입증한다. 그러나 다른 상황에서는 빛이 간섭과 회절 효과를 보이는 파동과 같이 행동한다. 이러한 명백한 이중성은 서로 다른 상황에서 광자의 에너지를 고려함으로써 부분적으로 설명될 수 있다. 예를 들어 라디오 파장의 진동수를 갖는 광자는 매우 적은 에너지를 운반하므로 안테나에서 신호를 생성하기 위해서는 10^{10}개의 광자가 필요하다. 따라서 이러한 광자들은 그 효과를 만들어 내기 위하여 파동과 같이 행동한다. 반면에 감마선은 에너지가 매우 크므로 한 개의 감마선 광자도 검출될 수 있다.

드브로이의 가설 ▶

1924년 드브로이(Louis de Broglie)는 박사학위 논문에서 **광자가 파동과 입자의 이중성을 갖기 때문에 모든 형태의 물질도 파동과 입자의 이중성을 갖는다**고 가정하였다. 이러한 생각은 그 당시에는 매우 혁명적인 생각이었지만 실험적으로 입증되지는 못했다. 드브로이에 의하면 전자도 빛과 같이 파동과 입자의 이중성을 가지고 있다.

드브로이
Louis de Broglie, 1892~1987
프랑스의 물리학자

파리의 소르본 대학에 입학하여 역사학에서 이론물리학으로 전공을 바꾸었다. 전자의 파동성을 발견한 공로로 1929년에 노벨 물리학상을 수상하였다.

26장에서 정지 질량이 없는 광자의 에너지와 운동량 사이에 $p = E/c$의 관계가 성립하는 것을 보았다. 또한 식 27.5에 의하면 광자의 에너지는

$$E = hf = \frac{hc}{\lambda} \qquad [27.12]$$

로 주어진다. 따라서 광자의 운동량은

광자의 운동량 ▶

$$p = \frac{E}{c} = \frac{hc}{c\lambda} = \frac{h}{\lambda} \qquad [27.13]$$

로 표현된다. 드브로이는 운동량이 p인 모든 물질 입자가 특정한 파장 $\lambda = h/p$을 가져야 한다고 제안했다. 질량이 m이고 속력이 v인 입자의 운동량은 $mv = p$이므로, 이 입자의 **드브로이 파장**(de Broglie wavelength)은

드브로이 파장 ▶

$$\lambda = \frac{h}{p} = \frac{h}{mv} \qquad [27.14]$$

이다.

뿐만 아니라 드브로이는 물질파(영이 아닌 정지 에너지를 갖는 입자와 관련된 파동)의 진동수가 광자에 대한 아인슈타인 관계식 $E = hf$를 만족한다고 가정하여

물질파의 진동수 ▶

$$f = \frac{E}{h} \qquad [27.15]$$

를 얻었다. 각 식에서 입자의 개념(mv와 E)과 파동의 개념(λ와 f)이 모두 포함되어 있기 때문에 식 27.14와 27.15에서 물질의 이중성이 분명하게 드러난다. 이러한 관계가 광자에 대해 실험적으로 확립되었기 때문에 드브로이의 가정이 더 쉽게 받아들여졌다. 1927년에 데이비슨과 저머(Davisson-Germer)는 결정으로부터 산란된 전자가 회절 무늬를 형성한다는 사실을 실험으로 규명함으로써 드브로이의 가설을 확증하였다.

니켈 표적의 결정 영역에서 규칙적으로 배열된 원자의 면들이 전자의 물질파에 대한 회절격자의 역할을 한 것이다.

예제 27.3 전자 대 야구공

목표 드브로이 가설을 양자적 물체와 고전적 물체에 적용한다.

문제 **(a)** 1.00×10^7 m/s의 속력으로 날아가는 전자($m_e = 9.11 \times 10^{-31}$ kg)의 드브로이 파장과 45.0 m/s의 속력으로 던져진 질량 0.145 kg인 야구공의 드브로이 파장을 비교하고, **(b)** 이들을 $0.999c$의 속력으로 움직이는 전자의 드브로이 파장과 비교하라.

전략 **(a)** 식 27.14에 대입하여 드브로이 파장을 구한다. **(b)** 상대론적 운동량을 사용한다.

풀이

(a) 전자와 야구공의 드브로이 파장을 비교한다.

전자에 대한 값들을 식 27.14에 대입한다.

$$\lambda_e = \frac{h}{m_e v} = \frac{6.63 \times 10^{-34}\,\mathrm{J \cdot s}}{(9.11 \times 10^{-31}\,\mathrm{kg})(1.00 \times 10^{7}\,\mathrm{m/s})}$$

$$= \boxed{7.28 \times 10^{-11}\,\mathrm{m}}$$

야구공에 대해서도 동일한 계산을 한다.

$$\lambda_b = \frac{h}{m_b v} = \frac{6.63 \times 10^{-34}\,\mathrm{J \cdot s}}{(0.145\,\mathrm{kg})(45.0\,\mathrm{m/s})} = \boxed{1.02 \times 10^{-34}\,\mathrm{m}}$$

(b) $0.999c$로 진행하는 전자의 파장을 구한다.

식 27.14의 운동량을 상대론적 운동량으로 대치한 후 계산한다.

$$\lambda_e = \frac{h}{m_e v/\sqrt{1 - v^2/c^2}} = \frac{h\sqrt{1 - v^2/c^2}}{m_e v}$$

$$\lambda_e = \frac{(6.63 \times 10^{-34}\,\mathrm{J \cdot s})\sqrt{1 - (0.999c)^2/c^2}}{(9.11 \times 10^{-31}\,\mathrm{kg})(0.999 \cdot 3.00 \times 10^{8}\,\mathrm{m/s})}$$

$$= \boxed{1.09 \times 10^{-13}\,\mathrm{m}}$$

참고 전자의 파장은 전자기파의 스펙트럼에서 X선의 파장에 해당된다. 이와는 대조적으로 야구공의 파장은 야구공이 통과할 수 있는 구멍보다 훨씬 작아서 회절 효과를 관찰할 수 없다. 일반적으로 거시 규모의 물체의 파동성은 관찰하기 힘들다. 극히 상대론적인 속력에서도 전자의 파장이 야구공의 파장보다 훨씬 더 큰 것에 유의하라.

응용: 전자 현미경

응용

전자 현미경

전자의 파동성을 이용한 실용적인 장치가 **전자 현미경**(electron microscope)이다. 평평하고 얇은 시료를 보는 데 사용되는 투과 전자 현미경의 구조가 그림 27.17에 있다. 전자 현미경은 많은 점에서 광학 현미경과 유사하지만, 전자를 매우 높은 운동에너지로 가속하여 매우 짧은 파장을 갖게 하기 때문에 분해능이 광학 현미경보다 훨씬 좋다. 물체를 비추는 데 사용되는 복사선의 파장보다 훨씬 작은 모습을 상세하게 식별할 수 있는 분해능을 가진 현미경은 없다. 일반적으로 전자의 파장은 광학 현미경에서 사용되는 가시광선의 파장보다 약 10만 배 정도 작다.

전자 현미경 내에서 전자 빔은 전기 또는 자기 편향법에 의해 조절되어 상에 초점을 맞춘다. 그러나 이에 사용되는 전자기적 렌즈는 제한되기 때문에 광학 현미경의 분해능보다 약 1 000배 가량 향상되는 데 그치고 말았다. 이는 전자의 파장이 암시한 값보다 100배 정도 작은 크기이다. 관측자는 광학 현미경에서와 같이 대안렌즈로 상을 자세히 보는 것이 아니라 형광 스크린에 생긴 상을 관찰한다(물체를 보여 주는 스크린은 형광 물질이어야만 하는데, 그렇지 않으면 생성된 상이 보이지 않기 때문이다).

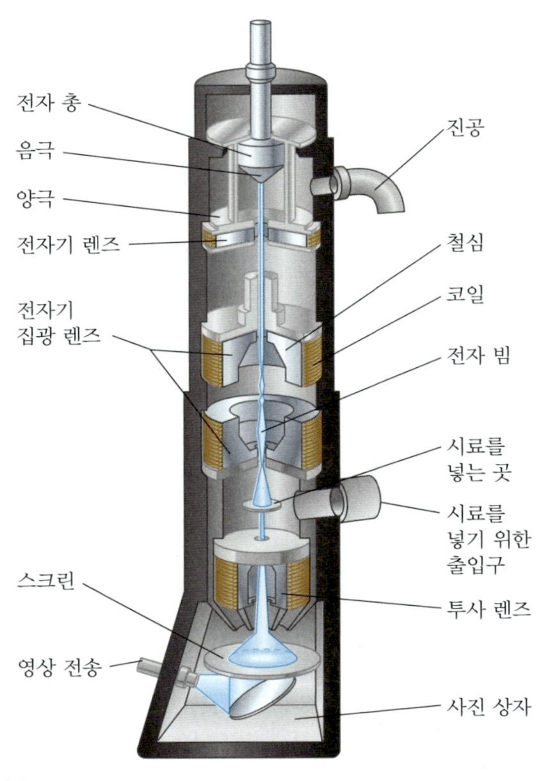

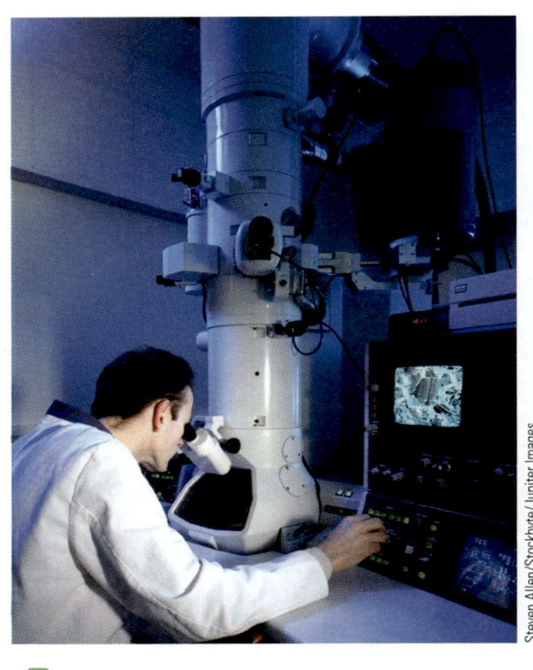

Steven Allen/Stockbyte/Jupiter Images

그림 27.17 (a) 단면으로 잘린 얇은 물체를 보기 위해 사용되는 투과 전자 현미경의 개략도. 전자 빔을 조절하는 '렌즈' 역할을 하는 것은 자기 편향 코일이다. (b) 전자 현미경

© Book's Hill

슈뢰딩거
Erwin Schrödinger, 1887~1961
오스트리아의 이론물리학자

그는 하이젠베르크에 의해 개발된 행렬 역학과 동등하지만 훨씬 덜 지루한 이론인 파동 역학의 창시자로 잘 알려져 있다. 1933년에 독일을 떠나 더블린 고등연구소(Dublin Institute of Advanced Study)에 정착하여 일반 상대론, 우주론, 양자 물리학의 생물학 응용에 관한 연구를 하며 17년간 행복하고 창조적인 세월을 보냈다. 1956년에 고국인 오스트리아로 돌아온 후 1961년에 사망하였다.

27.7 파동 함수 The Wave Function

입자가 파동성을 가져야 한다는 드브로이의 혁명적 사고는 회의적이었으나 아원자 세계를 이해하기 위한 필요 조건으로서 발전하게 되었다. 1926년에 슈뢰딩거(Erwin Schrödinger)는 물질의 파동이 시공간에서 변해가는 모습을 설명하는 파동 방정식을 제안했다. 고전 역학에서 뉴턴의 법칙과 같이 슈뢰딩거의 파동 방정식은 양자 역학 이론에서 중요한 요소이다. 슈뢰딩거 방정식은 수소 원자와 그 외의 많은 미시적인 계에 성공적으로 적용되고 있다.

슈뢰딩거 방정식을 풀면(이 책의 수준을 넘어선다) **파동 함수**(wave function) Ψ를 구할 수 있다. 각각의 입자는 위치와 시간의 함수인 파동 함수 Ψ로 표현된다. 일단 Ψ가 결정되면, Ψ^2은 주어진 영역에서 단위 부피당 입자를 발견할 **확률**(probability)에 대한 정보를 제공한다. 이에 대해 이해하기 위해서 단색광이 이중 슬릿을 통과하는 영(Young)의 실험으로 되돌아가 보자.

우선 빛의 세기는 전기장 진폭의 제곱에 비례한다($I \propto E^2$)는 21장의 내용을 상기하자. 빛의 파동 모형에 의하면, 두 슬릿으로부터 나오는 파동의 상쇄간섭의 결과로 전기장의 진폭이 영인 지점들이 스크린상에 존재한다. 이 지점들에서 $E = 0$이므로 $I = 0$이 되고 스크린은 어두운 색이다. 이와 마찬가지로 보강간섭이 일어나는 지점에서는 전기장 E와 전기장의 세기가 모두 큰 값을 갖고 그 지점은 밝게 된다.

빛이 입자성을 갖는 것으로 보면서 동일한 실험을 생각해 보자. 빛의 세기(밝기)가 증가할수록 단위 시간당 스크린에 도달하는 광자의 수는 증가한다. 따라서 초당 스크린의 단위 넓이를 때리는 광자의 수는 전기장의 제곱에 비례한다($N \propto E^2$). 확률론적인 관점에서 볼 때, 광자는 세기가 높은 스크린상의 지점을 때릴 확률이 높아지며 세기가 낮은 지점을 때릴 확률은 낮아지게 된다.

광자 대신에 입자를 설명할 때에는 E 대신에 Ψ가 진폭의 역할을 한다. 빛을 기술할 때와 유사한 방법을 이용하면, 입자의 Ψ에 대해 다음과 같은 해석을 할 수 있다. Ψ가 하나의 입자를 기술하는 파동 함수라면, 주어진 시간의 어떤 위치에서 Ψ^2의 값은 그 시간과 그 위치에서 입자를 발견할 단위 부피당 확률에 비례한다. 주어진 영역 내의 모든 Ψ^2를 더한 것이 그 영역에서 입자를 발견할 확률이 된다.

27.8 불확정성 원리 The Uncertainty Principle

한 순간에 입자의 위치와 속력을 측정해야 한다면, 측정에서 실험적 불확정성과 항상 직면하게 된다. 고전 역학에 의하면, 실험 장치나 실험 과정의 치밀함에는 근본적인 한계가 존재하지 않는다. 즉, 원칙적으로 임의의 작은 오차를 가진 측정이 가능하다. 그러나 양자 이론은 실험 장치나 실험 과정의 치밀함에 한계가 있음을 예측한다. 1927년에 하이젠베르크(Werner Heisenberg, 1901~1976)는 오늘날 **불확정성 원리**(uncertainty principle)라고 하는 개념을 도입하였다.

하이젠베르크
Werner Heisenberg, 1901~1976
독일의 이론물리학자

뮌헨 대학에서 1923년에 좀머펠트(Arnold Sommerfeld)의 지도하에 박사 학위를 받았다. 드브로이, 슈뢰딩거와 같은 물리학자들이 원자의 실제 모형을 개발하기 위해 노력할 때, 그는 행렬 역학이라는 추상적 수학 모형을 개발하여 스펙트럼선의 파장을 설명하였다. 그 유명한 불확정성 원리를 비롯하여 분자 수소의 두 가지 형태에 대한 예언, 원자핵의 이론적 모형 등과 같이 물리학에 수많은 중요한 기여를 한 공로로 1932년에 노벨상을 수상하였다.

어떤 입자에서 Δx를 위치의 불확정성, Δp_x를 선운동량의 불확정성으로 하여 동시에 측정한다면, 두 불확정한 값의 곱은 $h/4\pi$보다 절대로 작을 수 없다.

$$\Delta x \, \Delta p_x \geq \frac{h}{4\pi} \quad [27.16]$$

즉, **입자의 위치와 선운동량을 동시에 정확하게 측정하는 것은 물리적으로 불가능하다.** Δx가 작아지면 Δp_x가 커지고, 그 역도 성립한다.

불확정성 원리의 물리적인 근본을 이해하기 위해 하이젠베르크가 도입한 다음과 같은 사고 실험을 생각해 보자. 전자의 위치와 선운동량을 최대한 정확하게 측정하려 한다고 가정하자. 아마도 고성능 광학 현미경으로 전자를 보면 가능할 것이다. 전자를 보고 전자의 위치를 결정하려면 그림 27.18a에서와 같이 최소한 한 개 이상의 광자가 전자에 반사되어 그림 27.18b에서 보듯이 현미경을 통해서 눈에 전달되어야 한다. 그런데 광자가 전자에 부딪힐 때 광자는 알려지지 않은 양의 운동량을 전자에 전달한다. 따라서 전자의 위치를 매우 정확하게 결정하려는(즉, Δx를 매우 작게 하는) 과정에서 성공적인 측정을 가능하게 하는 빛이 전자의 운동량을 정할 수 없는 범위까지(Δp_x를 매우 크게 하여) 변화시킨다.

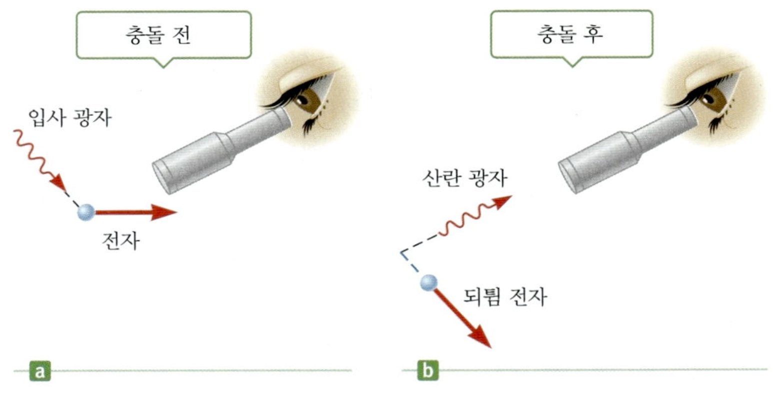

그림 27.18 고성능 광학 현미경으로 전자를 보는 사고 실험. (a) 광자와 충돌하기 전의 전자가 보인다. (b) 광자와 충돌한 후 전자가 되튄다.

h/λ의 운동량을 갖고 입사하는 광자는 충돌에 의해 x축 방향으로 운동량 일부 혹은 전부를 전자에 전달한다. 그러므로 충돌 후 전자의 운동량의 불확정성은 입사하는 광자의 운동량만큼 커진다. 즉, $\Delta p_x = h/\lambda$이다. 뿐만 아니라 광자가 파동성을 갖기 때문에 전자를 보는 데 사용되는 빛의 파장 크기 내에서 전자의 위치를 결정할 수 있을 것이다. 즉, $\Delta x = \lambda$이다. 이들 두 불확정성을 곱하면

$$\Delta x\,\Delta p_x = \lambda\left(\frac{h}{\lambda}\right) = h$$

가 된다. 플랑크 상수 h는 두 불확정성의 곱의 최솟값이다. 불확정성은 항상 이 값보다 크므로

$$\Delta x\,\Delta p_x \geq h$$

가 성립한다. 하이젠베르크가 더욱 엄밀히 분석하여 유도한 숫자 인자 $1/4\pi$를 제외하면 이 부등식은 식 27.16과 일치한다.

불확정성 관계식의 또 다른 형태는 유한한 시간 간격 Δt 안에 측정될 수 있는 계의 에너지의 정확성에 대한 제한 조건으로 다음과 같이 주어진다.

$$\Delta E\,\Delta t \geq \frac{h}{4\pi} \qquad [27.17]$$

이 관계식은 한 입자의 에너지가 매우 짧은 시간 안에 완벽하게 측정될 수 없음을 의미한다. 따라서 전자를 입자로 볼 때, 불확정성 원리는 (a) 전자의 위치와 속도를 동시에 정확하게 알 수 없다는 것과 (b) $\Delta t = h/(4\pi\Delta E)$로 주어지는 시간 간격에 대해 전자의 에너지가 불확실하다는 것을 알려준다.

예제 27.4 전자의 위치

목표 하이젠베르크의 위치–운동량 불확정성 원리를 적용한다.

문제 0.003 00%의 정확도로 전자의 속력이 5.00×10^3 m/s로 측정되었다. 이 전자의 위치를 결정하는 데 있어서 최소의 불확정성을 구하라.

전략 운동량과 불확정성을 계산한 후 하이젠베르크의 불확정성 원리인 식 27.16에 대입한다.

풀이

전자의 운동량을 계산한다.

$$p_x = m_e v = (9.11 \times 10^{-31}\ \text{kg})(5.00 \times 10^3\ \text{m/s})$$
$$= 4.56 \times 10^{-27}\ \text{kg} \cdot \text{m/s}$$

p_x의 불확정성은 이 값의 0.003 00 %이다.

$$\Delta p_x = 0.000\,030\,0 p_x = (0.000\,030\,0)(4.56 \times 10^{-27}\ \text{kg} \cdot \text{m/s})$$
$$= 1.37 \times 10^{-31}\ \text{kg} \cdot \text{m/s}$$

Δp_x와 식 27.17을 이용하여 위치의 불확정성을 계산한다.

$$\Delta x\, \Delta p_x \geq \frac{h}{4\pi} \quad \rightarrow \quad \Delta x \geq \frac{h}{4\pi\ \Delta p_x}$$

$$\Delta x \geq \frac{6.626 \times 10^{-34}\ \text{J} \cdot \text{s}}{4\pi(1.37 \times 10^{-31}\ \text{kg} \cdot \text{m/s})} = 0.385 \times 10^{-3}\ \text{m}$$
$$= 0.385\ \text{mm}$$

참고 이 값은 정확한 계산이 아님에 유의하라. 불확정성 원리에 의해 주어진 값과 같거나 이보다 크기만 하면 위치의 불확정성은 어떤 값도 가질 수 있다.

연습문제

27.1 흑체 복사와 플랑크의 가설

1(1). 지구의 평균 표면 온도는 약 287 K이다. 지구가 흑체 복사를 한다고 가정하고 지구에 대한 $\lambda_{최대}$를 계산하라.

2(3). 진동수가 (a) 6.20×10^2 THz, (b) 3.10 GHz, (c) 46.0 MHz인 광자의 에너지를 전자볼트 단위로 계산하라.

3(5). (a) 오리온자리의 적색거성인 베텔게우스의 표면 온도는 얼마인가? 그 별에서 복사되는 빛의 가장 강한 파장은 약 970 nm이다. (b) 오리온자리의 1등성인 리겔에서 복사되는 가장 강한 빛의 파장은 145 nm이다. 리겔의 표면 온도를 구하라.

4(7). 어떤 학생의 피부 온도가 33.0°C이다. 피부에서 복사되는 복사파의 세기가 가장 높은 진동수는 얼마인가?

27.2 광전 효과와 빛의 입자 이론

5(9). 파장을 모르는 단색광을 은의 표면에 비추었을 때 튀어나오는 모든 광전자를 저지하기 위한 최소 전위는 2.50 V이다. 튀어나온 광전자의 (a) 최대 운동에너지와 (b) 최대 속력을 구하라. (c) 입사광의 파장은 몇 nm인가? (은의 일함수는 4.73 eV이다.)

6(11). 파장이 3.50×10^2 nm인 빛을 칼륨 표면에 쪼이면 최대 운동에너지가 1.31 eV인 전자들이 방출된다. (a) 칼륨의 일함수, (b) 차단 파장, (c) 차단 진동수를 구하라.

7(14). 백금의 일함수는 6.35 eV이다. (a) 전자볼트로 나타낸 일함수를 줄 단위로 환산하라. (b) 백금의 차단 진동수는 얼마인가? (c) 백금의 표면에서 광전자를 방출시키기 위한 입사광의 최대 파장은 얼마인가? (d) 에너지가 8.50 eV인 빛이 아연 금속 표면에 입사하면, 방출되는 광전자의 최대 운동에너지는 얼마인가? 에너지를 전자볼트 단위로 나타내라. (e) 8.50 eV의 에너지를 갖는 광자에 의한 광전 전류가 영이 되게 하는 데 필요한 저지 전위는 얼마인가?

27.3 X선

8(15). 파장이 70.0 pm인 X선을 발생시키기 위한 최소 가속 전압은 얼마인가?

9(17). 전자기파 스펙트럼에서 X선은 파장이 1.0×10^{-8} m에서 1.0×10^{-13} m까지의 범위에 걸쳐 분포한다. 이와 같은 양극단의 파장을 만들기 위한 가속 전압의 최솟값을 구하라.

10(19). 납에서 나오는 X선은 75.0 keV에서 가장 강한 파장이 나온다. (a) 이러한 파장의 X선이 나오는 입사 전자의 최소 속력은 얼마인가? 힌트: 26장에 있는 상대론적 운동에너지 식을 사용하라. (b) 75.0 keV X선 광자의 파장을 구하라.

27.4 결정에 의한 X선 회절

11(21). 파장이 0.140 nm인 X선이 어떤 결정 표면에서 반사되어 회절 무늬의 1차 극대가 14.4°의 각에서 일어난다. 결정 면들의 간격은 얼마인가?

12(23). 아이오딘화칼륨의 면 간격은 $d = 0.296$ nm이다. 단색의 X선을 사용하여 회절시킬 때 1차 극대가 일어나는 각은 7.6°이다. X선의 파장은 얼마인가?

27.5 콤프턴 효과

13(25). 0.001 60 nm의 광자가 자유 전자로부터 산란된다. 되튐 전자와 산란된 광자가 동일한 운동에너지를 가질 산란각을 구하라.

14(27). 0.110 nm의 광자가 정지해 있는 전자와 충돌한다. 충돌 후, 전자는 앞으로 움직이고 광자는 뒤로 되튈 때, 전자의 (a) 운동량과 (b) 운동에너지를 구하라.

27.6 빛과 물질의 이중성

15(29). 현미경의 분해능은 사용되는 빛의 파장에 비례한다. 원자를 보기 위해서는 분해능이 1.0×10^{-11} m(0.010 nm)가 되어야 한다. (a) 전자가 사용된다면(전자 현미경), 그 전자의 최소 운동에너지는 얼마인가? (b) 광자가 사용된다면, 1.0×10^{-11} m의 분해능을 얻기 위해 필요한 광자의 최소 에너지는 얼마인가?

16(31). (a) 파장이 5.00×10^{-7} m인 전자의 속력을 구하라. (b) 속력이 1.00×10^{7} m/s인 전자의 파장을 구하라.

17(33). 드브로이는 상대론적 입자에 대해서도 $\lambda = h/p$가 유효하다는 가정을 하였다. 3.00 MeV의 운동에너지를 갖고 상대론적으로 움직이는 전자의 드브로이 파장은 얼마인가?

27.7 파동 함수

27.8 불확정성 원리

18(35). 평균 수명이 약 2 μs인 뮤온의 에너지의 불확정성의 최솟값을 구하라.

19(37). 수소 원자의 바닥상태에서 전자의 위치 불확정성은 약 0.10 nm이다. 전자의 속력이 전자의 불확정성 속력과 대략 비슷하다면, 그 속력은 얼마인가?

20(39). 전자 하나와 0.020 0 kg의 탄환이 같은 속력 5.00×10^{2} m/s로 날아간다. 속력의 정밀도는 0.010 0%이다. 속도의 방향을 따라서 각각이 가질 수 있는 위치 값의 최저 한계는 얼마인가?

종합문제

21(41). 질량이 2.0 kg인 물체가 높이 5.0 m에서 땅으로 떨어진다. 이 물체의 모든 중력 퍼텐셜 에너지가 5.0×10^{-7} m 파장의 가시광선으로 변환된다면, 광자는 몇 개나 생길 수 있는가?

22(43). 그림 P27.22는 반딧불이에서 나오는 빛의 스펙트럼이다. (a) 어떤 흑체가 이와 같은 가장 강한 진동수의 파장에 해당하는 빛을 낸다면 그 온도는 얼마인가? (b) 그 결과를 근거로 반딧불이가 복사하는 빛이 흑체 복사인지 아닌지를 설명하라.

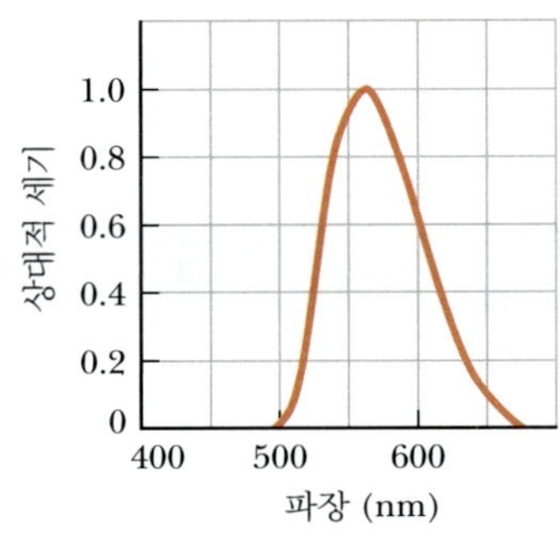

그림 P27.22

23(45). X 밴드의 주파수대에 있는 마이크로파 광자의 파장은 3.00 cm이다. 광자의 (a) 운동량, (b) 진동수, (c) 에너지를 전자볼트 단위로 구하라.

24(47). 파장이 λ인 빛을 금속 표면에 쪼이면 최대 운동에너지가 1.00 eV인 광전자가 튀어나온다. 파장이 $\lambda/2$인 다른 광원을 쪼였을 때는 4.00 eV의 광전자가 튀어나온다. 금속의 일함수를 구하라.

25(49). 모든 운동에너지를 단일 X선 광자에 의해 잃는다고 할 때 그 전자는 얼마나 빨라야 하는가? (a) X선 광자의 파장이 스펙트럼의 가장 오른쪽 끝인 1.00×10^{-8} m일 때와 (b) X선 광자의 파장이 스펙트럼의 가장 왼쪽 끝인 1.00×10^{-13} m일 때에 대해 계산해 보라.

26(51). 파장이 4.50×10^{2} nm인 광자가 금속 표면에 입사한다. 금속 표면에서 튀어나오는 가장 높은 에너지를 가진 전자들이 2.00×10^{-5} T의 자기장에 의해 반지름이 20.0 cm인 원으로 휘어지며 자기장 속으로 들어간다. 금속의 일함수는 얼마인가?

원자 물리학
Atomic Physics

CHAPTER 28

뜨거운 기체는 특정한 파장의 빛을 방출하는데, 마치 지문으로 사람을 식별할 수 있듯이 기체를 식별하는 데 이 빛을 사용할 수 있다. 어떤 원자가 특정 파장을 방출하는 이러한 특징은 양자수라고 하는 물리량을 사용하여 이해할 수 있다. 가장 간단한 원자는 수소이고, 수소 원자를 이해하면 다른 원자들이나 그 화합물들의 구조를 이해할 수 있다. 한 원자 내에 있는 어떤 두 전자도 같은 양자수를 가질 수 없다는 사실(파울리 배타 원리)은 복잡한 원자들의 특성을 이해하는 것과 주기율표에 원소들을 배치할 때 대단히 중요하다. 원자 구조에 대한 지식은 여러 응용 분야 중에서 X선의 발생과 레이저 작동의 얼개를 설명하는 데 사용될 수 있다.

28.1 초창기 원자 모형 Early Models of the Atom

뉴턴의 시대에는 원자 모형이 작고 단단하며 깨지지 않는 공 모양이었다. 이 모형은 비록 기체 운동론에는 좋은 가정이 되었으나, 이후 원자가 갖는 전기적인 특성이 밝혀지면서 새로운 모형을 만들어야만 했다. 톰슨(J. J. Thomson, 1856~1940)이 제안한 모형은 마치 수박에 수박씨가 박혀 있는 것처럼, 양전하가 어떤 공간 안에 퍼져 있고, 이 공간 안에 전자가 박혀 있는 모형이었다(그림 28.1).

1911년에 러더퍼드(Ernest Rutherford, 1871~1937)와 그의 제자들인 가이거(Hans Geiger)와 마스덴(Ernest Marsden)은 톰슨의 모형이 완전히 틀렸음을 증명하는 중요한 실험을 수행하였다. 이 실험에서 양전하를 띤 **알파입자**(alpha particle)들의 빔이 얇은 금속 박막에 입사되었다(그림 28.2a). 대부분의 알파입자들은 마치 빈 공간을 지나듯이 박막을 통과해 버렸으나, 몇 개의 입자들은 큰 각도로 산란되었고, 심지어 어떤 것들은 완전히 뒤쪽으로 가기도 하였다.

이렇게 큰 산란은 예상 밖이었다. 톰슨의 모형에서는 양전하를 띤 알파입자가 그렇

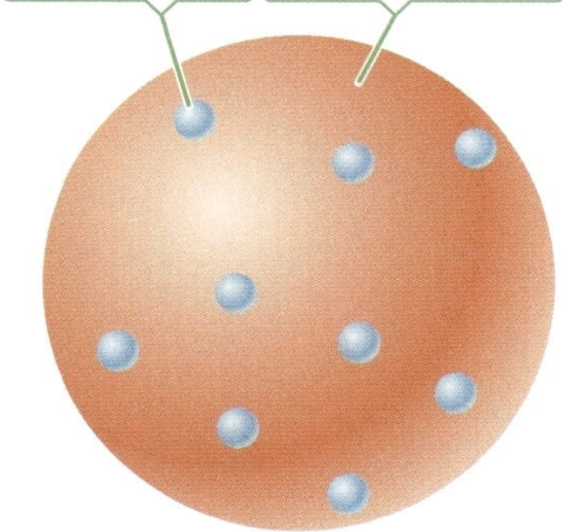

그림 28.1 톰슨의 원자 모형

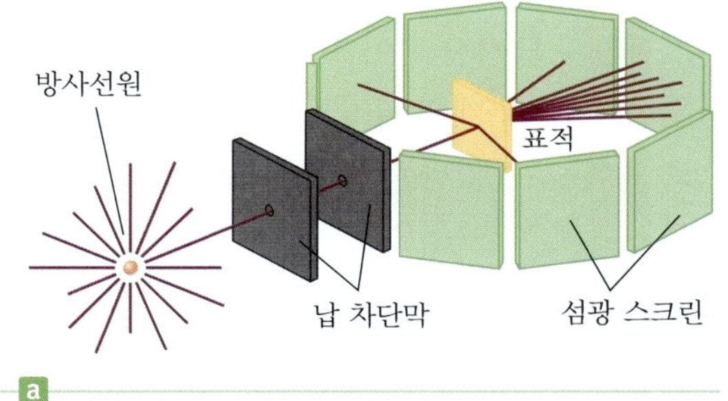

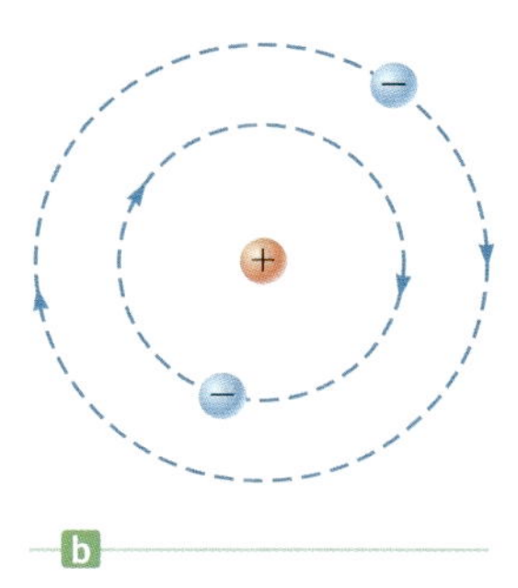

그림 28.2 (a) 얇은 표적 금속에서 알파입자가 산란하는 것을 관찰하기 위해 가이거와 마스덴이 사용한 장치의 대략적인 그림. 방사선원은 천연 방사능 물질인 라듐이다. (b) 원자 구조를 설명하기 위한 러더퍼드의 행성 모형

톰슨 경
Sir Joseph John Thomson
1856~1940, 영국의 물리학자

전자를 발견한 사람으로 알려진 톰슨은 음극선(전자)이 전기장 안에서 편향되는 것을 관찰한 업적으로 아원자 입자물리학의 분야를 개척하였다. 그는 1906년 전자의 발견에 대한 업적으로 노벨 물리학상을 수상하였다.

게 큰 각도로 휘어질 정도로 큰 양전하에 절대 가까이 갈 수 없다. 러더퍼드는 이 결과를 원자 안에 양전하가 **핵**(nucleus)이라고 하는, 원자의 크기에 비해 상대적으로 작은 영역에 집중되어 있다고 가정하여 설명하였다. 그림 28.2b에서 볼 수 있듯이, 행성들이 태양의 주변을 도는 것처럼, 원자에 속해 있는 어떠한 전자라도 핵 주변의 궤도를 도는 것으로 묘사할 수 있다. 러더퍼드의 실험에서 사용된 알파입자는 이후 헬륨 원자의 핵으로 밝혀졌다.

러더퍼드의 행성 모형은 두 가지 기본적인 문제점이 있었다. 첫째, 원자는 특정한 불연속적인 진동수의 전자기파를 방출하고 다른 진동수의 전자기파는 방출하지 않는다. 러더퍼드의 모형은 이 현상을 설명할 수 없었다. 둘째, 러더퍼드의 모형에서 전자는 구심력을 받는다. 맥스웰의 전자기학 이론에 따르면, 진동수 f로 회전하면서 구심력을 받는 전하는 그 진동수와 같은 진동수의 전자기파를 반드시 방출해야만 한다. 전자가 에너지를 방출함에 따라 궤도의 반지름은 계속해서 줄어들 것이고, 회전 진동수는 점점 증가한다. 이 과정으로 원자는 계속해서 진동수가 증가하는 복사를 방출하게 되고, 또한 전자는 나선을 그리며 핵으로 급격하게 빨려 들어가 원자가 붕괴할 것이다.

러더퍼드의 원자 모형은 원자로부터 방출되는 특정한 복사를 설명한 보어(Niels Bohr)의 모형에게 길을 내주었다. 그 이후 보어의 이론은 양자 역학에 의해 대체되었다. 이 이론들은 모두 원자 스펙트럼의 연구에 기반을 두고 있다. 원자 스펙트럼이란 각각의 원소에서 방출된 빛의 파장에서 나타나는 고유한 무늬이다.

28.2 원자 스펙트럼 Atomic Spectra

낮은 기압의 수소 기체(또는 다른 기체)로 가득 찬 진공 유리관이 있다고 하자. 만약 금속 전극 사이에 걸린 전압이 기체에서 전류를 만들어 낼 만큼 충분히 크다면, 유리관은 그 안에 들어 있는 기체의 종류에 따라서 다른 색의 빛을 방출한다(이것이 네온 사인이 작동하는 원리이다). 방출된 빛을 분광기를 이용해 분석하면 서로 다른 파장 또는 색을 가지는 불연속적인 밝은 빛이 관찰된다. 이러한 일련의 스펙트럼선을 **방출 스펙트럼**(emission spectrum)이라고 한다. 스펙트럼에 포함된 파장은 빛을 방출하는 원소에 따라서 달라진다. 어떤 두 원소도 같은 선 스펙트럼을 방출하지는 않기 때문에, 이 현상은 기체 상태의 원소가 어떤 원소인지 알아내는 아주 좋은 기술임을 의미한다. 그림 28.3a에 몇 가지 방출 스펙트럼이 나타나 있다.

그림 28.4에 나타난 수소 원자의 방출 스펙트럼에는 656.3 nm, 486.1 nm, 434.1 nm, 410.2 nm의 파장을 가지는 네 개의 두드러진 선이 포함되어 있다. 1885년에 발머(Johann Balmer, 1825~1898)는 이러한 네 개의 파장과 그 외의 다른 스펙트럼선들이 다음의 간단한 실험 방정식으로 표현될 수 있다는 사실을 알아냈다.

발머 계열 ▶

$$\frac{1}{\lambda} = R_{\mathrm{H}}\left(\frac{1}{2^2} - \frac{1}{n^2}\right) \qquad [28.1]$$

여기서 n은 3, 4, 5, … 등의 정수 값을 가지고, R_{H}는 **뤼드베리 상수**(Rydberg con-

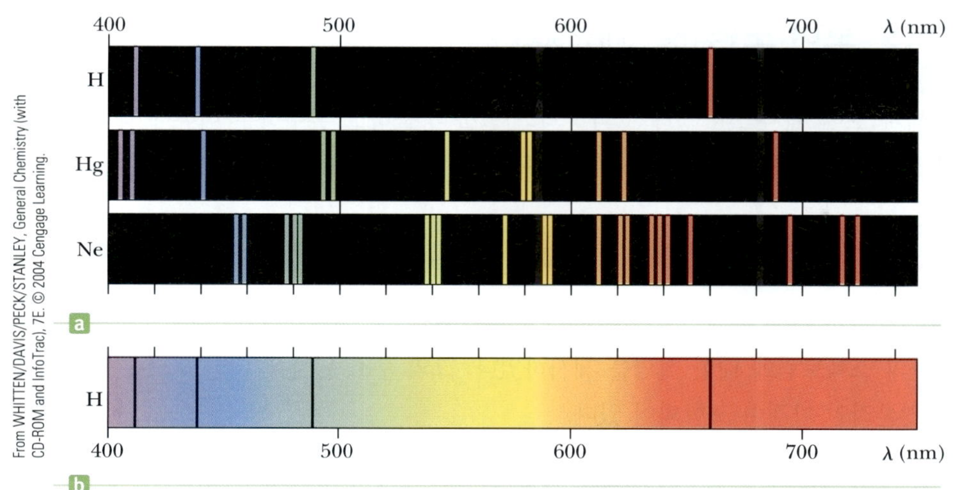

그림 28.3 가시광선 스펙트럼. (a) 수소, 수은, 네온에 대한 가시광선 영역의 방출선 스펙트럼, (b) 수소에 대한 흡수 스펙트럼. 어두운 흡수선이 (a)의 수소 방출선과 같은 파장에서 나타난다.

stant)라고 부르는 상수이다. 만약 파장을 미터 단위로 쓴다면, R_H값은

$$R_H = 1.097\,373\,2 \times 10^7\ \text{m}^{-1} \qquad [28.2]$$

◀ 뤼드베리 상수

이다. 656.3 nm에 있는 발머 계열의 첫 번째 선은 식 28.1의 $n = 3$에 해당하고, 486.1 nm에 있는 선은 $n = 4$에 해당하며, 이와 같이 계속된다. 스펙트럼선의 발머 계열에 이어, 식 28.1에서 2^2을 1^2으로 고치고 n을 1보다 큰 정수로 하여 만든 수식으로 표현할 수 있는 라이먼 계열이 극자외선 영역에서 추가적으로 발견되었다. 파셴 계열은 발머 계열보다 더 긴 파장에 대응되며, 식 28.1에서 2^2을 3^2으로 고치고 n을 3보다 큰 정수로 한 것에 해당한다. 많은 관찰 결과로부터, 이 모형들은 다음의 뤼드베리 방정식으로 한 번에 묶을 수 있다.

$$\frac{1}{\lambda} = R_H\left(\frac{1}{m^2} - \frac{1}{n^2}\right) \qquad [28.3]$$

◀ 뤼드베리 방정식

여기서 m과 n은 양의 정수이며 $n > m$이다.

특정 파장의 빛을 방출하는 현상과 함께 원자는 특정한 파장의 빛을 흡수할 수 있다. 이에 대응하는 스펙트럼선을 **흡수 스펙트럼**(absorption spectrum)이라고 한다. 흡수 스펙트럼은 연속적인 복사 스펙트럼(모든 파장을 포함하는 것)을 분석하려는 원소의 증기에 통과시켜서 얻는다. 흡수 스펙트럼은 밝고 연속적인 스펙트럼 위에 겹쳐진 어두운 선들로 구성된다. 어떤 원소에서 나타난 흡수 스펙트럼은 각각의 선이 그 원소의 방출 스펙트럼에서 나타난 선과 일치한다. 예를 들어, 만약 수소가 흡수 기체라고 하면 어두운 선은 그림 28.3b와 그림 28.4에 나타나 있듯이 656.3 nm, 486.1 nm, 434.1 nm, 410.2 nm에서 나타난다.

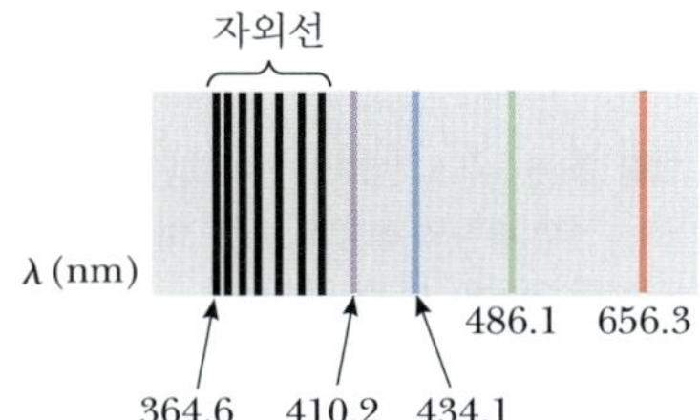

그림 28.4 수소 원자의 스펙트럼선들로 발머 계열 중 몇 개를 나노미터 단위로 표시하였다. 364.6으로 표시된 선은 가장 짧은 파장을 가지는 선이고 전자기파 스펙트럼에서 자외선 영역에 해당한다. 나머지 표시된 선들은 가시광선 영역에 있다.

원소의 흡수 스펙트럼은 여러 가지로 유용하다. 예를 들어, 태양에서 방출된 복사선의 연속 스펙트럼은 지구에 도달하기 전에 태양 대기의 좀 더 차가운 기체를 통과해야만 한다. 태양 스펙트럼에서 관찰된 다양한 흡수선들은 이전에 알려지지 않았던 헬륨을 포함하여 태양 대기에 있는 원소들을 알아내는 데 사용되어 왔다.

28.3 보어 모형 The Bohr Model

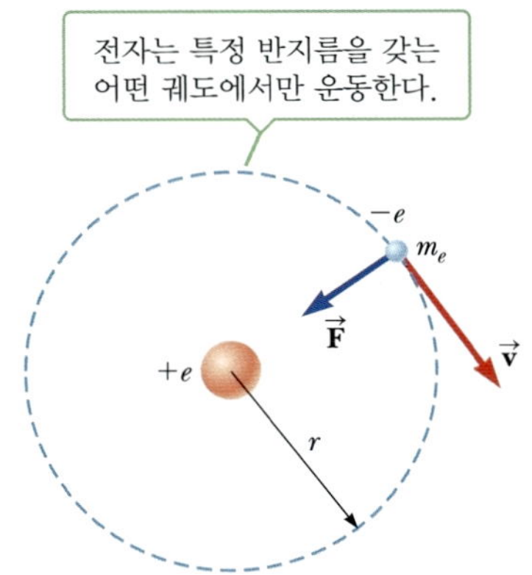

그림 28.5 보어의 수소 원자 모형을 표현한 그림

20세기 초에 원자들이 정해진 파장의 빛만을 방출하고 흡수하는 이유에 대해서는 아직 설명할 수 없었다. 그런데 보어가 수소 원자에 대한 어떤 모형을 제시했다.

28.3.1 보어의 수소 원자 Bohr's Hydrogen Atom

1913년에 보어는 현재 받아들여지는 이론의 몇 가지 중요한 특징들을 포함하는 수소 원자의 스펙트럼에 대한 설명을 제시하였다. 그의 수소 원자에 대한 모형은 다음과 같은 기본적인 가정이 포함되어 있다.

1. 그림 28.5에서 보듯이 전자는 쿨롱 인력의 영향을 받아서 양성자 주변의 원 궤도에서 움직인다. 쿨롱 인력은 전자의 구심력을 만들어 낸다.
2. 오직 정해진 전자 궤도만이 안정적인 궤도이며 허용되는 궤도이다. 이 궤도에서는 전자기파 복사의 방출에 의해 에너지를 잃지 않으며, 따라서 원자가 가지는 전체 에너지는 일정하게 유지된다.
3. 수소 원자에서 전자기파 복사는 전자가 높은 처음 상태에 있다가 낮은 상태로 '뛰어내릴' 때 방출된다. '뛰어내림'은 고전적으로는 설명할 수 없다. 뛰어내릴 때 방출되는 복사의 진동수 f는 원자가 갖는 에너지의 변화량과 관련이 있다. 즉,

$$E_i - E_f = hf \tag{28.4}$$

처럼 주어진다. 여기서 E_i는 처음 상태의 에너지, E_f는 나중 상태의 에너지, h는 플랑크 상수이며, $E_i > E_f$이다. 복사의 진동수는 전자의 궤도 운동의 진동수와는 무관하다.

4. 전자 궤도의 둘레 길이는 드브로이 파장의 정수배가 되어야 한다(그림 28.6).

$$2\pi r = n\lambda \qquad n = 1, 2, 3, \ldots$$

전자의 드브로이 파장은 $\lambda = h/m_e v$이므로, 앞의 수식을 다음과 같이 쓸 수 있다.

$$m_e v r = n\hbar \qquad n = 1, 2, 3, \ldots \tag{28.5}$$

여기서 $\hbar = h/2\pi$이다.

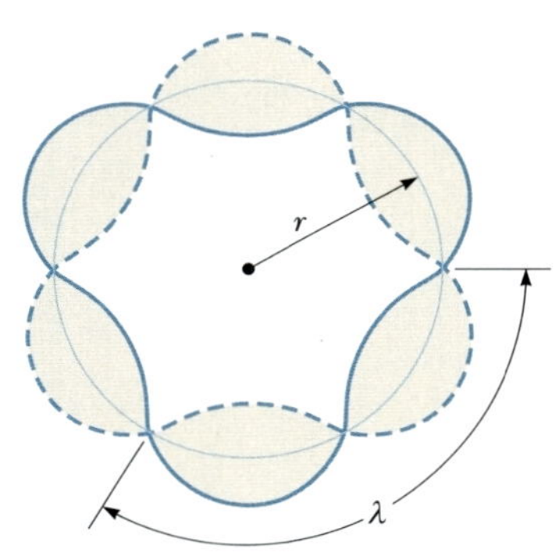

그림 28.6 수소 원자의 안정적인 궤도에 있는 전자 파동의 정상파 모양. 이 경우 궤도는 한 파장의 세 배 길이이다.

이러한 네 가지 가정을 통해서, 그림 28.5에 묘사된 모형을 사용하면 전자가 반지름 r이고 선속력이 v인 원 궤도에서 움직이고 있다고 생각하고 수소 원자에게 허용된 에너지와 방출 파장을 계산할 수 있다. 원자의 전기 퍼텐셜 에너지는

$$PE = k_e \frac{q_1 q_2}{r} = k_e \frac{(-e)(e)}{r} = -k_e \frac{e^2}{r}$$

이다. 여기서 k_e는 쿨롱 상수이다. 핵이 정지 상태에 있다고 가정하고, 원자의 전체 에너지 E는 운동에너지와 퍼텐셜 에너지의 합이다.

$$E = KE + PE = \tfrac{1}{2} m_e v^2 - k_e \frac{e^2}{r} \tag{28.6}$$

뉴턴의 제2법칙에 의하면, 전자에 작용하는 전기력인 $k_e e^2/r^2$은 반드시 $m_e a_r$과 같아야 한다. 이때 $a_r = v^2/r$은 전자의 구심 가속도이다. 따라서

$$m_e \frac{v^2}{r} = k_e \frac{e^2}{r^2} \qquad [28.7]$$

이 성립한다. 이 방정식의 양변에 $r/2$을 곱하여 운동에너지를 구하면

$$\tfrac{1}{2} m_e v^2 = \frac{k_e e^2}{2r} \qquad [28.8]$$

임을 알 수 있다. 이 결과를 식 28.6에 대입하면 원자의 에너지를 다음과 같이 표현할 수 있다.

$$E = -\frac{k_e e^2}{2r} \qquad [28.9]$$

이때 에너지에 음의 부호가 붙은 것은 전자가 양성자에 속박되어 있음을 나타낸다.

식 28.5와 28.7을 연립하여 v^2에 대해서 다시 쓰고 연립하면, r에 대한 식을 얻을 수 있다.

$$v^2 = \frac{n^2 \hbar}{m_e^2 r^2} = \frac{k_e e^2}{m_e r}$$

$$r_n = \frac{n^2 \hbar^2}{m_e k_e e^2} \qquad n = 1, 2, 3, \ldots \qquad [28.10]$$

이 식은 **전자가 오직 정수 n에 의해 결정되는 정해진 궤도에만 존재할 수 있다**는 가정으로부터 얻어진 것이다.

이 중에서 가장 작은 궤도인 a_0은 **보어 반지름**(Bohr radius)이라고 부르는데, $n = 1$인 경우에 해당하며, 그 값은

$$a_0 = \frac{\hbar^2}{m k_e e^2} = 0.052\,9 \text{ nm} \qquad [28.11]$$

이다.

수소 원자의 임의의 궤도에 대한 일반적인 표현은 식 28.11을 식 28.10에 대입해서 얻을 수 있다.

$$r_n = n^2 a_0 = n^2 (0.052\,9 \text{ nm}) \qquad [28.12]$$

수소 원자에 대한 처음 세 개의 보어 궤도는 그림 28.7에 나타나 있다.

식 28.10을 식 28.9에 대입하면 양자 상태의 에너지에 대한 다음과 같은 식을 얻을 수 있다.

◀ 수소 원자의 에너지 준위

$$E_n = -\frac{m_e k_e^2 e^4}{2\hbar^2}\left(\frac{1}{n^2}\right) \qquad n = 1, 2, 3, \ldots \qquad [28.13]$$

식 28.13에 알려진 값들을 대입하면 다음과 같이 쓸 수 있다.

보어
Niels Bohr, 1885~1962
덴마크의 물리학자

보어는 양자 역학의 초기 개발 과정에 적극적으로 참여하였으며, 많은 철학적인 뼈대를 제시하였다. 1920년대와 1930년대에 그는 수많은 세계 최고의 물리학자들이 서로의 생각을 교환하러 모여들었던 코펜하겐의 고등연구소의 소장을 맡았다. 보어는 1922년에 원자의 구조와 원자로부터 방출되는 복사선에 대한 연구로 노벨 물리학상을 수상하였다.

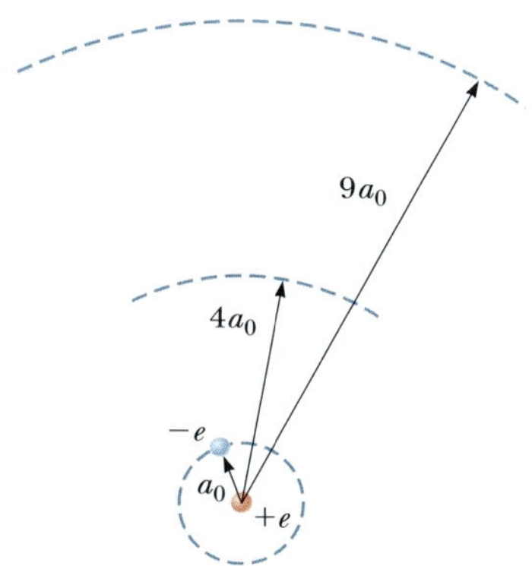

그림 28.7 보어의 수소 원자 모형에서 예측된 처음 세 개의 원 궤도.

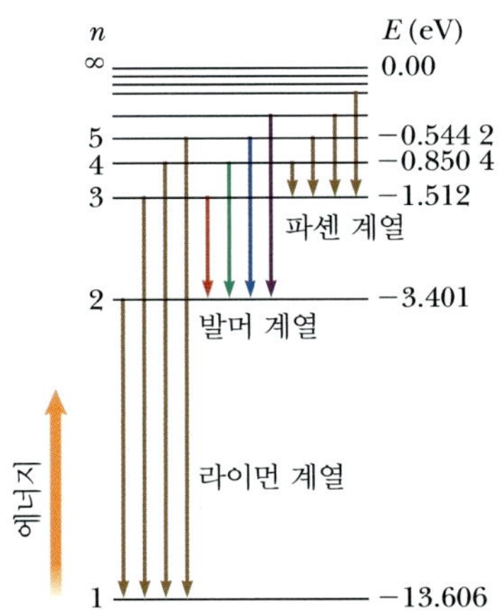

그림 28.8 수소에 대한 에너지 준위 도표. 양자수는 왼쪽에 적혀 있고, 에너지는 전자볼트 단위로 오른쪽에 적혀 있다. 위에서 아래로 내려오는 화살표는 각각의 스펙트럼 계열에 대해서 네 개의 가장 낮은 에너지 준위로의 전이를 표시하고 있다. 발머 계열의 색칠된 화살표는 이 계열이 가시광선 영역에 있음을 나타낸다.

$$E_n = -\frac{13.6}{n^2}\text{ eV} \qquad \textbf{[28.14]}$$

가장 낮은 에너지 상태인 **바닥상태**(ground state)는 $n=1$에 해당하며, 에너지 값은 $E_1 = -m_e k_e^2 e^4/2\hbar^2 = -13.6$ eV이다. 그 다음 상태는 $n=2$에 해당하며, $E_2 = E_1/4 = -3.40$ eV의 에너지 값을 가지며, 이와 마찬가지로 계속 계산할 수 있다. 이러한 정상상태의 에너지에서 나타나는 에너지 준위와 대응되는 양자수가 그림 28.8에 나타나 있다. 그림에서 가장 높은 에너지 준위는 $E=0$이고 $n\to\infty$에 해당하며, 이 상태는 전자가 원자로부터 완전히 제거된 경우이다. 이 상태에 있는 전자의 운동에너지와 퍼텐셜에너지는 둘 다 영이 되는데, 그것은 전자가 양성자로부터 무한히 먼 곳에서 정지 상태로 있다는 뜻이다. 원자를 이온화하는 데, 즉 전자를 완전히 제거하는 데 필요한 최소한의 에너지를 **이온화 에너지**(ionization energy)라고 한다. 수소의 이온화 에너지는 13.6 eV이다.

식 28.4와 28.13, 그리고 보어의 세 번째 가정은 전자가 n_i의 양자수를 가지는 한 궤도에서 n_f의 양자수를 가지는 다른 궤도로 뛰어넘는 경우, 전자는 다음의 식으로 주어지는 진동수 f를 가지는 빛을 방출함을 나타낸다.

$$f = \frac{E_i - E_f}{\hbar} = \frac{m_e k_e^2 e^4}{4\pi\hbar^3}\left(\frac{1}{n_f^2} - \frac{1}{n_i^2}\right) \qquad \textbf{[28.15]}$$

여기서 $n_f < n_i$이다.

이 식을 뤼드베리 방정식과 비슷하게 고치기 위해서, $f = c/\lambda$를 대입하고 양변을 c로 나누면

$$\frac{1}{\lambda} = \left(\frac{m_e k_e^2 e^4}{4\pi c\hbar^3}\right)\left(\frac{1}{n_f^2} - \frac{1}{n_i^2}\right)$$

물리 상수 값을 대입하면 이 이론식이 실험으로 유도된 뤼드베리 방정식(식 28.3)과 매우 잘 일치함을 확인할 수 있다. 보어가 이러한 일치를 증명했을 때, 이는 그의 이론의 주요 업적으로 인정받게 되었다. 전자가 수소 원자 내의 양성자와의 질량중심에 대해 돈다고 보고 전자의 질량을 전자와 양성자의 환산 질량으로 바꾸어 대입하면 측정값이 이론과 좀 더 잘 들어맞는다. 환산 질량으로 바꾼 식은

$$\frac{1}{\lambda} = R_{\text{H}}\left(\frac{1}{n_f^2} - \frac{1}{n_i^2}\right) \qquad \textbf{[28.16]}$$

이다. 이때 R_{H}는

$$R_{\text{H}} = \frac{m_e k_e^2 e^4}{4\pi c\hbar^3} \qquad \textbf{[28.17]}$$

이고 여기서 $m = m_e m_p/(m_e + m_p) \approx m_e$이며 m_p는 양성자의 질량이다.

식 28.16을 사용해서 수소 스펙트럼의 여러 가지 계열에 대해 파장을 계산해 볼 수 있다. 예를 들어, 발머 계열에서는 $n_f = 2$로 두고 $n_i =$ 3, 4, 5, …로 두면 식 28.1이 된

다. 그림 28.8에 있는 수소 원자의 에너지 준위 그림은 스펙트럼이 시작된 곳을 표시하고 있다. 준위 사이의 전이는 위에서 아래로 내려오는 화살표로 나타낸다. n_i에서 n_f로 가는(여기서 $n_i > n_f$) 전이가 있는 경우에는 언제나 $(E_i - E_f)/h$의 진동수를 가지는 광자가 방출된다. 이 과정은 다음과 같이 해석할 수 있다. 수소 스펙트럼의 가시광선 부분은 전자가 세 번째, 네 번째, 또는 그보다 더 높은 궤도에서 두 번째 궤도로 뛰어 내리면서 발생한다. 보어의 이론은 수소 스펙트럼선에서 관찰된 모든 파장을 성공적으로 예측한다.

Tip 28.1 수소에서 에너지는 n에만 의존한다.

식 28.13에 있는 다른 값들은 모두 일정하기 때문에 수소 원자의 에너지 준위는 오직 양자수 n에만 의존한다. 더 복잡한 원자의 경우 에너지 준위가 그 밖의 다른 양자수에도 의존하게 된다.

예제 28.1 수소 원자의 발머 계열

목표 원자에서 전자가 전이할 때 방출되는 광자의 파장, 진동수, 에너지를 계산한다.

문제 그림 28.9에서 보인 수소 원자의 발머 계열은 전자들이 양자수가 $n = 2$인 상태로 전이하는 것에 해당한다. **(a)** 발머 계열에서 방출된 가장 긴 파장을 가지는 광자를 구하고, 그 진동수와 에너지를 결정하라. **(b)** 발머 계열에서 방출된 가장 짧은 파장을 가지는 광자를 구하라.

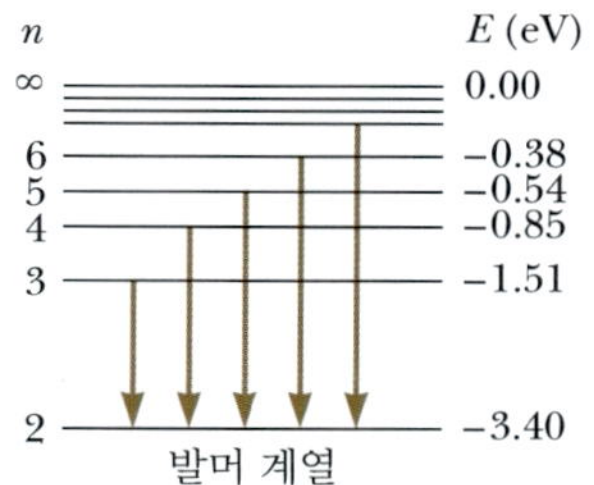

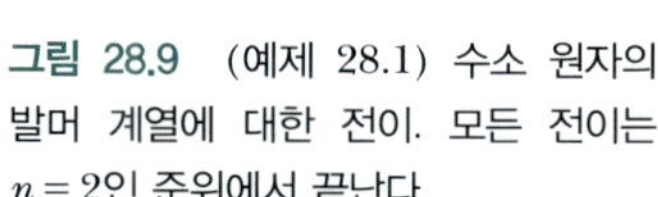
그림 28.9 (예제 28.1) 수소 원자의 발머 계열에 대한 전이. 모든 전이는 $n = 2$인 준위에서 끝난다.

전략 이 문제는 식 28.16에 값을 대입하여 풀 수 있다. 진동수는 $c = f/\lambda$로부터 얻을 수 있고, 에너지는 $E = hf$로부터 알아낼 수 있다. 가장 긴 진동수의 파장을 가지는 광자는 $n_i = 3$인 상태에서 $n_f = 2$인 상태로 전이하는 전자로부터 방출된 광자에 해당된다. 가장 짧은 파장을 가지는 광자는 $n_i = \infty$에서 $n_f = 2$인 상태로 전이하는 전자로부터 방출된 광자에 해당한다.

풀이

(a) 발머 계열에서 방출된 가장 긴 파장을 가지는 광자를 구하고, 그 진동수와 에너지를 정한다.

식 28.16에 $n_i = 3$과 $n_f = 2$를 대입한다.

$$\frac{1}{\lambda} = R_{\mathrm{H}}\left(\frac{1}{n_f^2} - \frac{1}{n_i^2}\right) = R_{\mathrm{H}}\left(\frac{1}{2^2} - \frac{1}{3^2}\right) = \frac{5R_{\mathrm{H}}}{36}$$

역수를 취하고 상수 값을 대입하여 파장을 구한다.

$$\lambda = \frac{36}{5R_{\mathrm{H}}} = \frac{36}{5(1.097 \times 10^7\ \mathrm{m^{-1}})} = 6.563 \times 10^{-7}\ \mathrm{m}$$

$$= \boxed{656.3\ \mathrm{nm}}$$

$c = f/\lambda$를 이용하여 진동수를 얻는다.

$$f = \frac{c}{\lambda} = \frac{2.998 \times 10^8\ \mathrm{m/s}}{6.563 \times 10^{-7}\ \mathrm{m}} = \boxed{4.568 \times 10^{14}\ \mathrm{Hz}}$$

식 27.5에 대입하여 광자의 에너지를 계산한다.

$$E = hf = (6.626 \times 10^{-34}\ \mathrm{J \cdot s})(4.568 \times 10^{14}\ \mathrm{Hz})$$

$$= 3.027 \times 10^{-19}\ \mathrm{J} = 3.027 \times 10^{-19}\ \mathrm{J}\left(\frac{1\ \mathrm{eV}}{1.602 \times 10^{-19}\ \mathrm{J}}\right)$$

$$= \boxed{1.892\ \mathrm{eV}}$$

(b) 발머 계열에서 방출된 가장 짧은 파장을 가지는 광자를 구한다.

식 28.16에 $n_i \to \infty$인 경우를 $1/n_i \to 0$으로 취하고 $n_f = 2$를 대입한다.

$$\frac{1}{\lambda} = R_{\mathrm{H}}\left(\frac{1}{n_f^2} - \frac{1}{n_i^2}\right) = R_{\mathrm{H}}\left(\frac{1}{2^2} - 0\right) = \frac{R_{\mathrm{H}}}{4}$$

역수를 취하고 상수 값을 대입하여 파장을 구한다.

$$\lambda = \frac{4}{R_{\mathrm{H}}} = \frac{4}{(1.097 \times 10^7\ \mathrm{m^{-1}})} = 3.646 \times 10^{-7}\ \mathrm{m}$$

$$= \boxed{364.6\ \mathrm{nm}}$$

참고 첫 번째 파장은 가시광선 스펙트럼의 빨간색 영역에 있다. 여기서는 $hf = E_3 - E_2$를 식 28.4에 대입하여 광자의 에너지를 얻을 수 있다. 이때 E_2와 E_3은 식 28.14에서 계산한 수소 원자의 에너지 준위이다. 발머 계열에서 이 광자가 가장 작은 에너지의 광자인 이유는 가장 작은 에너지 변화에서 발생하기 때문이다. 두 번째로 에너지가 큰 광자는 자외선 영역에 있다.

28.3.2 보어의 대응 원리 Bohr's Correspondence Principle

26장에서 공부한 상대성 이론에서, 뉴턴 역학은 빛의 속력에 근접하는 속력에서 나타나는 현상을 설명하는 데 사용할 수 없다는 사실을 배웠다. 뉴턴 역학은 상대론의 특수한 경우이고, 오직 v가 c보다 훨씬 작은 경우에만 적용할 수 있다. 비슷하게 **양자 역학은 양자화된 에너지 준위 사이의 에너지 차이가 굉장히 작은 경우에 고전 물리학과 일치한다.** 이 원리는 보어에 의해 처음으로 제창되었으며 **대응 원리**(correspondence principle)라고 한다.

28.3.3 수소꼴 원자 Hydrogen-like Atoms

보어 이론에서 사용된 분석 방법은 수소꼴 원자에도 성공적으로 적용할 수 있다. 수소꼴 원자란 단 한 개의 전자만을 갖고 있는 원자를 말한다. 예를 들어, 전자를 한 개 떼어낸 헬륨 이온이나 두 개 떼어낸 리튬 이온, 그리고 세 개 떼어낸 베릴륨 이온 등이 있다. 보어의 수소 원자 이론의 결과는 식에서 e^2을 Ze^2으로 대입해서 수소꼴 원자에 대한 결과로 확장시킬 수 있다. 여기서 Z는 원소의 원자 번호이다. 예를 들어, 식 28.13, 28.16, 28.17은

$$E_n = -\frac{m_e k_e^2 Z^2 e^4}{2\hbar^2}\left(\frac{1}{n^2}\right) \qquad n = 1, 2, 3, \ldots \qquad [28.18]$$

그리고

$$\frac{1}{\lambda} = \frac{m_e k_e^2 Z^2 e^4}{4\pi c\hbar^3}\left(\frac{1}{n_f^2} - \frac{1}{n_i^2}\right) \qquad [28.19]$$

이 된다.

보어 이론을 여러 개의 전자를 갖고 있는 더 복잡한 원자의 경우까지 확장하려는 시도가 있었으나 결과는 실패하였다. 하지만 오늘날까지도 전자를 여러 개 가진 원자에 대해서는 오직 근사적인 방법만이 있을 뿐이다.

예제 28.2 일차 이온화된 헬륨

목표 수정된 보어 이론을 수소꼴 원자에 적용한다.

문제 일차 이온화된 헬륨 He^+는 수소꼴 원자이며, 바닥상태에서 $n=1$ 궤도에 한 개의 전자를 갖고 있다. **(a)** 전자볼트 단위로 이 원자의 바닥상태 에너지와 **(b)** 바닥상태 궤도의 반지름을 구하라.

전략 **(a)** 수정된 보어 이론의 식 28.18에 대입한다. **(b)** 보어 반지름에 대한 식 28.10을 e^2을 Ze^2으로 수정한다. 여기서 Z는 핵의 양성자 수이다.

풀이

(a) 이 원자의 바닥상태 에너지를 구한다.

수소꼴 원자의 에너지에 관한 식 28.18을 쓴다.

$$E_n = -\frac{m_e k_e^2 Z^2 e^4}{2\hbar^2}\left(\frac{1}{n^2}\right)$$

상수를 대입하고 전자볼트 단위로 변환한다.

$$E_n = -\frac{Z^2(13.6\ \text{eV})}{n^2}$$

헬륨의 원자 번호인 $Z=2$를 대입하고 바닥상태 에너지를 얻기 위해 $n=1$을 대입한다.

$$E_1 = -4(13.6\text{ eV}) = -54.4\text{ eV}$$

(b) 바닥상태의 반지름을 구한다.

식 28.10에서 e^2을 Ze^2으로 바꾸어서 수소꼴 원자에 대한 식으로 일반화한다.

$$r_n = \frac{n^2\hbar^2}{m_e k_e Z e^2} = \frac{n^2}{Z}(a_0) = \frac{n^2}{Z}(0.052\,9\text{ nm})$$

이 경우에는 $n=1$이고 $Z=2$이다.

$$r_1 = 0.026\,5\text{ nm}$$

참고 더 높은 Z에 대해서, 수소꼴 원자의 에너지는 더 낮아지는데, 그것은 전자가 수소보다 좀 더 강하게 속박된다는 뜻이다. 이 결과는 **(b)**에서 볼 수 있듯이 더 작은 원자로 나타난다.

보어의 이론은 한시적으로 원자 스펙트럼의 좀 더 상세한 부분을 포함하도록 확장되었다. 이러한 수정 사항들은 하이젠베르크와 슈뢰딩거에 의해 독립적으로 개발된 양자 역학으로 모두 대체되었다.

28.4 양자 역학과 수소 원자

Quantum Mechanics and the Hydrogen Atom

초기 양자 역학의 가장 큰 성과 중의 하나는 수소 원자에 대한 파동 방정식의 풀이였다. 비록 이 풀이에 대해 자세히 다루는 것은 이 책의 범위를 넘어가지만, 원자 구조에 대한 풀이와 그 의미에 대해서는 설명할 수 있다.

28.4.1 양자수 Quantum Numbers

양자 역학에 따르면 허용되는 에너지가 오직 주양자수 n에만 의존하는 경우에는 허용되는 상태의 에너지는 보어 이론(식 28.13)에서 얻은 것과 정확히 일치한다.

주양자수에 더하여 슈뢰딩거의 파동 방정식의 풀이에서는 두 개의 또 다른 양자수가 등장한다. **궤도 양자수**(orbital quantum number) ℓ과 **궤도 자기 양자수**(orbital magnetic quantum number) m_ℓ이다.

자기 양자수 m_ℓ의 효과는 자기장이 존재하는 경우의 스펙트럼선에서 관찰되는데, 이때 각각의 스펙트럼선들이 여러 개의 선으로 분리되어 나타난다. 이렇게 분리되는 현상을 제만 효과(Zeeman effect)라고 한다. 그림 28.10에서 하나의 스펙트럼선이 가까이 붙은 세 개의 선으로 분리되는 것을 보여 주고 있다. 이것은 원자가 자기장 안에 놓여 있을 때에는 전자의 에너지가 조금 변한다는 것을 뜻한다.

이러한 세 개의 양자수의 값들이 가질 수 있는 허용 범위는 다음과 같다.

- n값은 1부터 ∞까지의 정수이다.
- ℓ값은 0부터 $n-1$까지의 정수이다.
- m_ℓ값은 $-\ell$부터 $+\ell$까지의 정수이다.

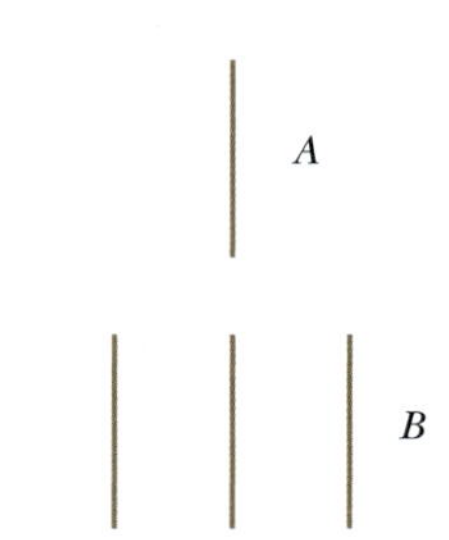

그림 28.10 자기장 안에서 한 개의 선(A)이 세 개의 스펙트럼선(B)으로 분리될 수 있다.

표 28.1 수소 원자에 대한 세 양자수

양자수	이름	허용되는 값	허용되는 상태의 수
n	주양자수	1, 2, 3, …	모든 수
ℓ	궤도 양자수	$0, 1, 2, \ldots, n-1$	n
m_ℓ	궤도 자기 양자수	$-\ell, -\ell+1, \ldots, 0, \ldots, \ell-1, \ell$	$2\ell+1$

표 28.2 전자 껍질과 버금 껍질 표기법

n	껍질 기호	ℓ	버금 껍질 기호
1	K	0	s
2	L	1	p
3	M	2	d
4	N	3	f
5	O	4	g
6	P	5	h
…		…	

이러한 규칙으로부터 어떤 주어진 n값에 대해서 n개의 ℓ값이 존재하고, 또한 주어진 ℓ값에 대해서 $2\ell+1$개의 m_ℓ값이 존재한다. 예를 들어, 만약 $n=1$이면, 오직 $\ell=0$이 되는 한 개의 ℓ값만이 존재한다. $2\ell+1=2\cdot0+1=1$이기 때문에, m_ℓ값은 하나만 존재하며 $m_\ell=0$이다. 만약 $n=2$인 경우, ℓ값은 0이나 1이 될 수 있고, 만약 $\ell=0$이라면 $m_\ell=0$이 될 것이다. 하지만 $\ell=1$이라면 m_ℓ은 1, 0, −1이 될 수 있다. 표 28.1에는 n이 주어졌을 때 ℓ과 m_ℓ의 허용되는 값들을 결정하는 규칙을 요약하여 두었다.

역사적인 이유로 **같은 주양자수 n을 가지는 모든 상태는 껍질을 형성한다고 말한다.** $n=1, 2, 3, \ldots$에 해당하는 껍질은 K, L, M, … 같은 문자로 표기한다. **주어진 n과 ℓ값을 갖는 상태들은 버금 껍질을 형성한다고 말한다.** $\ell=0, 1, 2, 3, 4, \ldots$ 등의 상태에 해당하는 문자는 *s*, *p*, *d*, *f*, *g*, … 등이다. 이 표기법은 표 28.2에 요약되어 있다.

표 28.1의 규칙을 어기는 상태는 존재할 수 없다. 가령 $n=2$이면서 $\ell=2$인 $2d$ 상태는 존재하지 않는다. 이 상태는 ℓ에 허용되는 가장 큰 값이 $n-1$이고, 따라서 이 경우에는 1이기 때문에 허용되지 않는다. 마찬가지로 $n=2$에 대해서는 $2s$와 $2p$는 허용되지만 $2d$, $2f$, … 등의 상태는 허용되지 않는다. $n=3$인 경우, 허용되는 상태는 $3s$, $3p$, $3d$이다.

일반적으로 주어진 n값에 대해서 ℓ과 m_ℓ의 서로 다른 n^2개의 상태가 존재한다.

28.4.2 스핀 Spin

높은 분해능을 가지는 분광기로 나트륨 증기에서 두드러지게 나타나는 선 중 하나를 정밀하게 분석하였더니, 그것이 사실은 대단히 가깝게 붙어 있는 두 개의 선이었다는 것을 알아냈다. 이 선들의 파장은 589.0 nm와 589.6 nm로 스펙트럼의 노란색 영역에서 나타난다. 이러한 종류의 분리를 **미세 구조**(fine structure)라고 한다. 1925년에 이러한 이중선이 처음으로 알려졌을 때, 원자 이론으로는 이것을 설명하지 못하였다. 그래서 오스트리아 물리학자인 파울리(Wolfgang Pauli)의 제안에 따라 구드슈미트(Samuel Goudsmit)와 울렌베크(George Uhlenbeck)는 원자의 에너지 준위를 표현하는 네 번째 양자수인 **스핀 자기 양자수**(spin magnetic quantum number) m_s를 제안하였다. 스핀은 그 자체로는 슈뢰딩거 방정식의 풀이에서는 나타나지 않으며, 이후 1927년에 디랙(Paul Dirac)이 유도한 디랙 방정식에서 자연스럽게 등장한다. 이 방정식은 상대론적인 양자 이론에서 중요하다.

스핀 양자수를 설명하려면, (기술적으로는 정확하지 않지만) 마치 지구가 태양 주변의 궤도를 돌면서 자전하듯이, 전자가 핵 주변의 궤도를 돌면서 자전한다고 생각하는 것이 편리하다. 하지만 지구의 자전과는 달리, 전자가 핵 주변의 궤도에서 자전할 수 있는 방식은 그림 28.11에 있는 것처럼 오직 두 가지 방법만이 존재한다. 만약 스핀의 방향이 그림 28.11a에 있는 것처럼 되어 있으면 전자는 '위 스핀'을 갖는다고 말하고, 스핀의 방향이 그림 28.11b에 있는 것처럼 뒤집혀 있다면 전자는 '아래 스핀'을 갖는다고 말한다. 두 스핀 방향에 따라서 전자의 에너지는 약간 차이가 나고, 이 에너지 차이는 나트륨 이중선이 나타나는 원인이 된다. 전자의 스핀과 관련된 양자수는 위 스핀 상태인 경우에 $m_s = \frac{1}{2}$이고, 아래 스핀 상태인 경우에 $m_s = -\frac{1}{2}$이 된다. 예제 28.3에서 볼 수 있듯이, 이 새로운 양자수는 기존의 양자수인 n, ℓ, m_ℓ에 의해서 정해진 허용 가능한 상태를 두 배로 만들게 된다.

각각의 전자에 대해서 두 가지 스핀 상태가 있다. 주어진 ℓ값에 대해서 버금 껍질은 $2(2\ell+1)$개보다 더 많은 전자를 가질 수 없다. 이 수는 버금 껍질에 있는 전자들이 반드시 $(m_\ell,\ m_s)$의 유일한 짝을 갖고 있어야만 하기 때문에 사용된다. $2\ell+1$개의 서로 다른 자기 양자수 m_ℓ이 있고 두 개의 서로 다른 스핀 양자수 m_s가 있으므로 $2(2\ell+1)$개의 서로 다른 $(m_\ell,\ m_s)$의 짝을 만들 수 있다. 예를 들어, p 버금 껍질 $(\ell=1)$은 $2(2\cdot1+1)=6$개의 전자를 갖고 있을 때 가득 차게 된다. 이 사실은 네 개의 양자수 전체에 대해 확장시킬 수 있고, 나중에 파울리 배타 원리에 대해 논의할 때 중요해질 것이다.

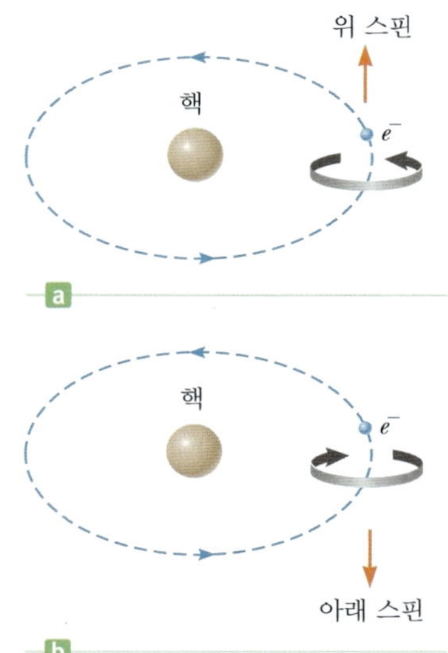

그림 28.11 전자가 핵 주변에서 궤도 운동을 할 때, 그 스핀값은 (a) 위와 (b) 아래 중의 하나가 될 수 있다.

Tip 28.2 전자는 실제로는 자전하지 않는다.
전자는 물리적인 자전을 하지 않는다. 전자 스핀은 전자가 마치 실제로 자전하는 것 같은 각운동량을 주는 순수한 양자 역학적인 효과이다.

예제 28.3 수소의 $n = 2$ 준위

목표 서로 다른 양자수를 세어서 표로 만들어 보고, 원자 에너지 준위에 근거하여 그 에너지를 결정한다.

문제 (a) 수소 원자에서 $n=2$인 경우에 대해 ℓ, m_ℓ, m_s의 유일한 모음을 구성하여 상태의 개수를 결정하라. **(b)** 스핀을 포함한 서로 다른 가능한 양자 상태를 표로 만들어라. **(c)** 자기장이 없는 경우에 대해서, 스핀에 의해서 발생하는 작은 차이는 무시하고, 각 상태에서의 에너지를 계산하라.

전략 이 문제는 n, ℓ, m_ℓ, m_s에 대해서 양자 규칙에 따라 직접 세어서 풀 수 있다. '유일한'은 모두 같은 양자수를 가지는 상태가 하나밖에 없다는 뜻이다. 스핀이나 자기장에서의 제만 효과를 무시한다면, 여기의 상태들은 모두 같은 주양자수 $n=2$를 갖기 때문에 에너지는 모두 같다.

풀이

(a) 수소 원자에서 $n=2$인 경우에 대해 ℓ과 m_ℓ의 유일한 모음을 구성하여 상태의 개수를 결정한다.

$n=2$에 대해서 서로 다른 가능한 ℓ값을 결정한다.

$0 \le \ell \le n-1$, 따라서 $n=2$에 대해서 $0 \le \ell \le 1$이고 $\ell = 0$이나 1이다.

$\ell=0$에 대해서 서로 다른 가능한 m_ℓ값을 결정한다.

$-\ell \le m_\ell \le \ell$, 따라서 $-0 \le m_\ell \le 0$이며 $m_\ell = 0$이다.

$\ell=0$에 대해서 $(\ell,\ m_\ell)$ 값의 서로 다른 짝을 목록으로 작성한다.

오직 한 개이다: $(\ell,\ m_\ell) = (0,\ 0)$

$\ell=1$에 대해서 서로 다른 가능한 m_ℓ값을 결정한다.

$-\ell \le m_\ell \le \ell$, 따라서 $-1 \le m_\ell \le 1$이며 $m_\ell = -1,\ 0,\ 1$이다.

$\ell=1$에 대해서 $(\ell,\ m_\ell)$값의 서로 다른 짝을 목록으로 작성한다.

세 개가 있다: $(\ell,\ m_\ell) = (1,\ -1),\ (1,\ 0),\ (1,\ 1)$

$\ell=0$과 $\ell=1$인 각각의 경우에 대해서 두 개의 가능한 스핀이 있으므로, 2를 곱한다.

$$\text{상태의 수} = 2(1+3) = \boxed{8}$$

(b) 스핀을 포함한 서로 다른 가능한 양자 상태를 표로 만든다.

n	ℓ	m_ℓ	m_s
2	1	−1	$-\frac{1}{2}$
2	1	−1	$\frac{1}{2}$
2	1	0	$-\frac{1}{2}$
2	1	0	$\frac{1}{2}$
2	1	1	$-\frac{1}{2}$
2	1	1	$\frac{1}{2}$
2	0	0	$-\frac{1}{2}$
2	0	0	$\frac{1}{2}$

(a)에서의 결과를 사용하고 스핀 양자수가 언제나 $+\frac{1}{2}$ 또는 $-\frac{1}{2}$라는 것을 사용한다.

(c) 각 상태에서의 에너지를 계산한다.

스핀과 제만 효과를 무시한다면 모든 상태의 에너지는 식 28.14에서 알아낼 수 있다.

$$E_n = -\frac{13.6\text{ eV}}{n^2} \quad \rightarrow \quad E_2 = -\frac{13.6\text{ eV}}{2^2} = \boxed{-3.40\text{ eV}}$$

참고 보통은 이 상태들이 모두 같은 에너지를 갖지만, 자기장을 사용한 경우에는 $n=2$에 대응하는 에너지를 중심으로 그 에너지가 조금씩 달라진다. 덧붙여 스핀에 의해 발생되는 작은 차이는 무시되었다.

28.4.3 전자 구름 Electron Clouds

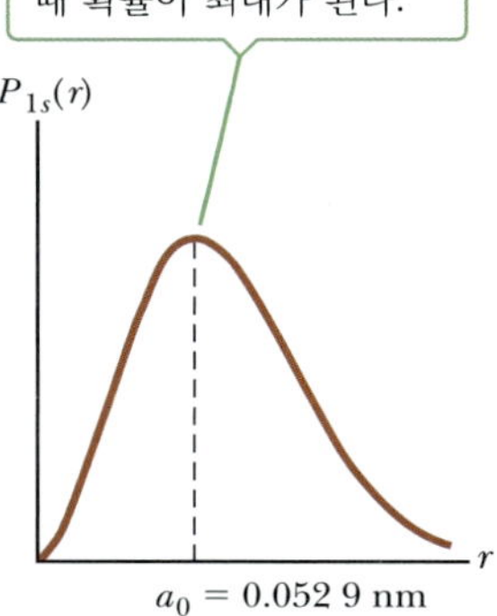

그림 28.12 $1s$ (바닥) 상태인 수소 원자에 대해, 핵으로부터 떨어진 거리에 따라 단위 길이당 전자를 찾을 수 있는 확률

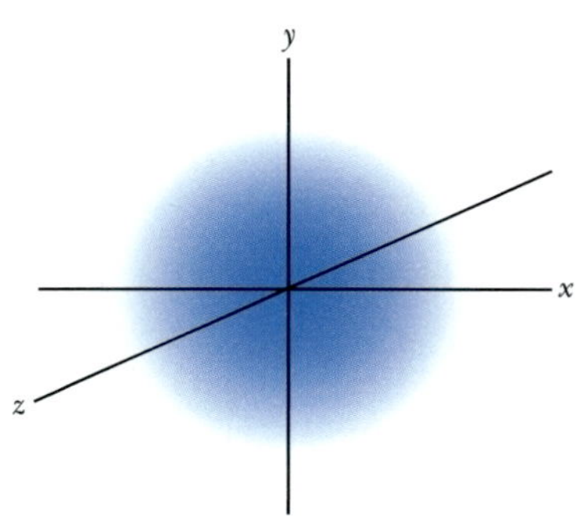

그림 28.13 $1s$ 상태인 수소 원자에 대한 구 모양의 전자 구름

27.7절에서 논의했듯이 파동 방정식의 해는 n, ℓ, m_ℓ에 따라 달라지는 파동 함수 Ψ이다. 만약 p가 어떤 점이고 V_p가 그 주변의 작은 부피의 공간이라면, $\Psi^2 V_p$는 대략 V_p 안에서 전자를 찾을 수 있는 확률이다. 그림 28.12는 수소 원자의 $1s$ 상태($n=1$, $\ell=0$, $m_\ell=0$)에 대해서 단위 거리당 전자를 발견할 확률이 거리에 따라 달라지는 것을 보여 준다. 이 곡선은 $n=1$인 경우에 해당하는 수소 원자의 첫 번째 궤도에 대한 보어 반지름 $r=0.052\ 9$ nm에서 최댓값을 갖는다. 이 최댓값은 핵으로부터 그 거리만큼 떨어진 어떤 특정한 작은 길이의 구간 안에서 전자를 발견할 확률이 최댓값이 된다는 것을 뜻한다. 하지만 이 곡선이 말해주듯이, 핵으로부터 다른 거리만큼 떨어진 그 작은 구간에서 발견될 확률 또한 있다. 양자 역학에서 전자는 보어 모형에서 가정한 것처럼 핵으로부터 특정한 거리의 궤도에 속박되어 있지 않다. 전자는 핵으로부터 다양한 거리에서 발견될 수 있지만, 보어 반지름 근처의 작은 구간에서 발견될 확률이 가장 큰 것이다. 양자 역학은 또한 바닥상태에 있는 수소 원자의 파동 함수가 공 모양의 대칭성을 가질 것이라고 예측하였다. 따라서 전자는 핵 주변의 공 모양의 영역에서 찾을 수 있다. 이것은 보어 이론과 대조되는 부분이다. 보어 이론은 전자의 위치가 평면 위의 한 점으로 제한되기 때문이다. 양자 역학적인 결과는 전자를 종종 핵 주변의 구름으로 보는 관점을 갖는다. 이러한 구름과 같은 묘사는 그림 28.13에 나타나 있다. 구름이 가장 짙게 그려진 부분은 전자를 찾을 확률이 가장 높은 위치를 표현하고 있다.

수소의 $n=2$, $\ell=0$인 상태에 대해서 비슷한 분석을 한다면, 확률 곡선의 최댓값은 $4a_0$에 있을 것이고, $n=3$, $\ell=0$인 상태에 대해서는 곡선이 $9a_0$에서 최댓값을 가질 것이다. 일반적으로 양자 역학에서 예측한 핵과 전자 사이의 가장 가능한 거리는 보어 이론에서 예측한 위치와 잘 일치한다.

28.5 배타 원리와 주기율표 The Exclusion Principle and the Periodic Table

수소 원자에 있는 전자의 상태는 네 개의 양자수(n, ℓ, m_ℓ, m_s)로 정할 수 있다. 이 결과로부터, 다른 원자에 대한 전자의 상태 역시 동일한 양자수들을 이용해서 정할 수 있다.

어떤 원자에서 특정 양자수를 가질 수 있는 전자는 얼마나 될까? 이 중요한 질문은 파울리가 1925년에 **파울리 배타 원리**(Pauli exclusion principle)로 알려진 설득력 있는 원리를 통해서 해결되었다.

> 하나의 원자 안에 있는 어떠한 두 전자도 n, ℓ, m_ℓ, m_s가 전부 같은 값을 가질 수 없다.

◀ 파울리 배타 원리

파울리 배타 원리는 전자가 다른 양자수의 에너지 준위를 에너지가 높아지는 순서로 채워 나가는 것으로써 복잡한 원자의 전자 구조를 설명한다. 여기서 최외각 전자가 어떤 원자의 화학적 성질에 가장 중요하게 작용한다. 만약 이 원리가 없었더라면, 모든 전자는 결국 원자의 가장 낮은 상태로 몰려 있었을 것이고, 원소의 화학적 성질은 아마 엄청나게 달라졌을 것이다. 우리가 아는 대로의 자연은 존재하지 않을 수 있고, 그에 대해 궁금해 할 우리는 존재하지 않을 수도 있다!

Tip 28.3 배타 원리는 좀 더 일반적이다.

여기에 설명된 배타 원리는 더 일반적인 배타 원리의 제한된 형태이다. 일반적인 배타 원리는 어떠한 두 페르미 입자(스핀이 $\frac{1}{2}$, $\frac{3}{2}$, ...인 입자)도 같은 양자 상태에 존재할 수 없다는 것이다.

일반적인 규칙으로 전자가 원자의 버금 껍질을 채우는 순서는 다음과 같다. 일단 하나의 버금 껍질이 채워지면, 다음 전자는 가장 낮은 에너지를 가지는 비어 있는 버금 껍질로 들어간다. 만약 원자가 가능한 가장 낮은 상태에 있지 않으면, 가장 낮은 상태가 될 때까지 에너지를 방출한다. 버금 껍질은 $2(2\ell+1)$개의 전자를 갖게 될 때까지 채워진다. 이 규칙은 나중에 설명할 양자수에 대한 분석에 기초를 두고 있다. 이 규칙에 따르면 껍질과 버금 껍질은 표 28.3에 주어진 규칙을 따르는 전자의 수를 가질 수 있다.

몇 개의 가벼운 원자에 대해, 전자들의 배치를 점검해 보면서 배타 원리를 설명할 수 있다. 수소는 오직 하나의 전자를 갖고 있으며, 바닥상태에서 그 전자는 두 개의 양자수 모음인 1, 0, 0, $\frac{1}{2}$과 1, 0, 0, $-\frac{1}{2}$ 중에서 하나에 의해 묘사할 수 있다. 이 원자의 전자 배치는 $1s^1$으로 나타낸다. $1s$라는 표시는 $n=1$이고 $\ell=0$인 상태를 뜻하고, 위 첨자로 붙은 수는 이 에너지 준위에 하나의 전자가 존재한다는 것을 나타낸다.

중성 헬륨은 두 개의 전자를 갖고 있다. 바닥상태에서 두 전자에 대한 양자수는 1, 0, 0, $\frac{1}{2}$과 1, 0, 0, $-\frac{1}{2}$이다. 이 에너지 준위에서 양자수의 다른 가능한 조합은 존재하지 않으며, 이 경우 K 껍질이 가득 채워졌다고 한다. 헬륨의 전자 배치는 $1s^2$로 나타낸다.

중성 리튬은 세 개의 전자를 가진다. 바닥상태에서 그중에 두 개는 $1s$ 버금 껍질에 존재하고, 나머지 하나는 $2s$ 버금 껍질에 존재한다. $2s$ 버금 껍질이 $2p$ 버금 껍질보다 에너지가 낮기 때문이다. 따라서 이 경우에 대한 전자 배치는 $1s^2 2s^1$이다.

표 28.4에는 여러 개의 원자에 대한 바닥상태에서의 전자 배치 목록이 있다. 1871년에 러시아 화학자인 멘델레예프(Dmitry Mendeleyev, 1834~1907)는 당시에 알려져

파울리
Wolfgang Pauli, 1900~1958
오스트리아의 이론물리학자

뛰어난 재능이 있는 파울리는 21살의 나이에 상대론에 대한 완숙한 비평으로 처음으로 대중의 주목을 받았다. 배타 원리의 발견으로 1945년에 노벨 물리학상을 수상하였다. 다른 중요한 업적으로는 입자의 스핀과 통계 사이의 관계에 대한 설명, 상대론적인 양자 전자기학의 이론, 중성미자 가설, 핵스핀의 가설 등이 있다.

표 28.3 껍질과 버금 껍질에 채워지는 전자의 수

껍질	버금 껍질	가득 찬 버금 껍질에 있는 전자의 수	가득 찬 껍질에 있는 전자의 수
K ($n = 1$)	$s(\ell = 0)$	2	2
L ($n = 2$)	$s(\ell = 0)$	2	8
	$p(\ell = 1)$	6	
	$s(\ell = 0)$	2	
M ($n = 3$)	$p(\ell = 1)$	6	18
	$d(\ell = 2)$	10	
	$s(\ell = 0)$	2	
N ($n = 4$)	$p(\ell = 1)$	6	32
	$d(\ell = 2)$	10	
	$f(\ell = 3)$	14	

있던 원소들을 원자 질량과 화학적 유사성에 따라 표에 정리하였다. 멘델레예프가 제안한 첫 번째 표는 여러 개의 빈칸이 있었고, 그는 대담하게도 빈칸에 들어갈 원소들은 아직 발견되지 않았을 뿐이라고 주장하였다. 비어 있는 원소들이 채워져야 할 위치에

표 28.4 몇몇 원소의 전자 배치

Z	원소 기호	바닥상태의 전자 배치	이온화 에너지 (eV)	Z	원소 기호	바닥상태의 전자 배치	이온화 에너지 (eV)
1	H	$1s^1$	13.595	19	K	[Ar] $4s^1$	4.339
2	He	$1s^2$	24.581	20	Ca	$4s^2$	6.111
				21	Sc	$3d4s^2$	6.54
3	Li	[He] $2s^1$	5.390	22	Ti	$3d^24s^2$	6.83
4	Be	$2s^2$	9.320	23	V	$3d^34s^2$	6.74
5	B	$2s^22p^1$	8.296	24	Cr	$3d^54s^1$	6.76
6	C	$2s^22p^2$	11.256	25	Mn	$3d^54s^2$	7.432
7	N	$2s^22p^3$	14.545	26	Fe	$3d^64s^2$	7.87
8	O	$2s^22p^4$	13.614	27	Co	$3d^74s^2$	7.86
9	F	$2s^22p^5$	17.418	28	Ni	$3d^84s^2$	7.633
10	Ne	$2s^22p^6$	21.559	29	Cu	$3d^{10}4s^1$	7.724
				30	Zn	$3d^{10}4s^2$	9.391
11	Na	[Ne] $3s^1$	5.138	31	Ga	$3d^{10}4s^24p^1$	6.00
12	Mg	$3s^2$	7.644	32	Ge	$3d^{10}4s^24p^2$	7.88
13	Al	$3s^23p^1$	5.984	33	As	$3d^{10}4s^24p^3$	9.81
14	Si	$3s^23p^2$	8.149	34	Se	$3d^{10}4s^24p^4$	9.75
15	P	$3s^23p^3$	10.484	35	Br	$3d^{10}4s^24p^5$	11.84
16	S	$3s^23p^4$	10.357	36	Kr	$3d^{10}4s^24p^6$	13.996
17	Cl	$3s^23p^5$	13.01				
18	Ar	$3s^23p^6$	15.755				

Note: 괄호 표기는 안쪽 껍질의 전자를 나타낼 때 반복을 피하여 줄여 쓰기 위해 사용된다. 따라서 [He]은 $1s^2$를 나타내고, [Ne]은 $1s^22s^22p^6$을 나타내며, [Ar]은 $1s^22s^22p^63s^23p^6$을 나타낸다. 이와 같이 계속된다.

따라, 그는 원소들이 가질 화학적 성질을 어느 정도 예측할 수 있었다. 이러한 발표 후 20년이 지나지 않아 그 원소들은 실제로 발견되었다.

현재 우리가 알고 있는 주기율표는 여전히 족을 따라서 유사한 화학적 성질을 갖도록 배열되어 있다. 예를 들어, 마지막 족에 있는 원소들인 He(헬륨), Ne(네온), Ar(아르곤), Kr(크립톤), Xe(제논), Rn(라돈)을 생각해 보자. 이 원소들의 눈에 띄는 특징은 일반적으로 다른 원소들과 분자를 형성하거나 화학 반응에 참여하지 않는다는 것이다. 이런 이유로 이 원소들을 불활성 기체(noble gases)라고 한다. 이러한 성질은 표 28.4에 나와 있는 전자 배치를 살펴보면서 부분적으로 이해할 수 있다. 헬륨 원소는 전자 배치가 $1s^2$이다. 다시 말해 하나의 껍질이 가득 차 있다. 이렇게 가득 찬 껍질에 있는 전자는 그 다음의 가능한 준위인 $2s$ 준위의 에너지와 상당히 다르다.

네온의 전자 배치는 $1s^22s^22p^6$이다. 반복하자면 최외각 껍질이 가득 차 있고 $2p$ 준위와 $3s$ 준위 사이에는 큰 에너지 차이가 있다. 아르곤은 $1s^22s^22p^63s^23p^6$의 전자 배치를 갖는다. 여기서 $3p$ 버금 껍질은 가득 차 있고, $3p$ 버금 껍질과 $3d$ 버금 껍질 사이에는 넓은 에너지 간극이 존재한다. 모든 불활성 기체를 통틀어, 이러한 규칙은 똑같이 남아 있다. 즉, 불활성 기체는 껍질이나 버금 껍질이 가득 차 있을 때, 그리고 그 다음의 가능한 준위와는 큰 에너지 차이가 있는 상황에 도달한 경우에 형성된다는 점이다.

주기율표의 첫 번째 족에 있는 원소들을 알칼리 금속이라 부르며, 화학적으로 반응성이 매우 강하다. 표 28.4를 참고하면, 이 원소들이 왜 그렇게 다른 원소들과 강하게 반응하는지 이해할 수 있다. 알칼리 금속 원소들은 모두 s 버금 껍질에 하나의 최외각 전자를 갖고 있다. 이 전자는 그보다 더 안쪽 껍질에 있는 모든 전자에 의해 핵으로부터 가로막힌다. 결과적으로 원자에 대한 속박이 느슨하며, 분자를 형성하는 다른 원자에서 손쉽게 받아들일 수 있게 되어 강한 결합을 하게 된다.

주기율표에서 일곱 번째 족에 있는 원소들을 할로젠이라고 부르며, 할로젠 또한 화학적으로 반응성이 강하다. 이 원소들은 모두 버금 껍질에 하나의 전자가 모자란 상태이고, 따라서 이들은 분자를 형성할 때 다른 원자로부터 전자를 손쉽게 받아들인다.

28.6 특성 X선 Characteristic X-Rays

X선은 금속 표적이 높은 에너지의 전자에 의해 충격을 받으면 방출된다. 그림 28.14에서 볼 수 있듯이, X선의 스펙트럼은 전형적으로 넓고 연속적인 띠와 표적에 사용된 금속에 따라 달라지는 날카롭고 높은 밝기를 가지는 선들의 계열로 구성된다. **특성 X선**(characteristic x-rays)이라고 부르는 이러한 불연속적인 선은 1908년에 발견되었지만, 그 기원은 원자 구조가 좀 더 자세히 밝혀질 때까지 설명되지 않은 채 남아 있었다.

특성 X선 발생의 첫 번째 단계는 안쪽 껍질에 있는 전자를 원자로부터 분리할 수 있을 정도로 충분히 높은 에너지를 가지는 전자가 안쪽 껍질의 전자와 충돌할 때 일어난다. 껍질에 생긴 빈자리는 더 높은 준위에 있는 전자가 빈자리를 포함하는 낮은 준위로 떨어져 내려올 때 채워진다. 이런 일이 발생하는 데 걸리는 시간은 10^{-9} s 이하로 대단

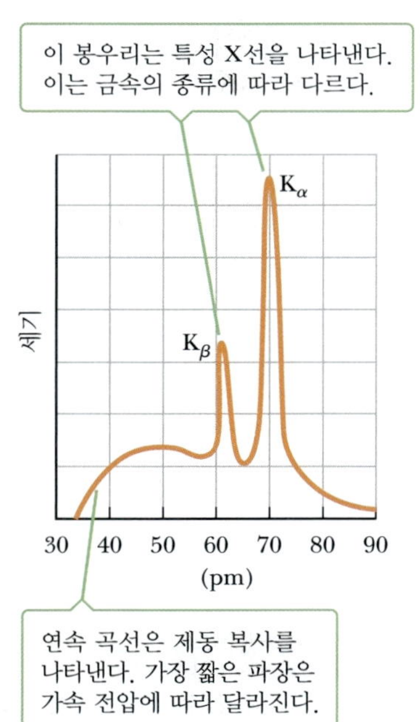

그림 28.14 금속 표적의 X선 스펙트럼. 그래프는 35 keV의 전자를 몰리브데넘 표적에 충돌시켜서 얻은 것이다. 1 pm = 10^{-12} m = 0.001 nm이다.

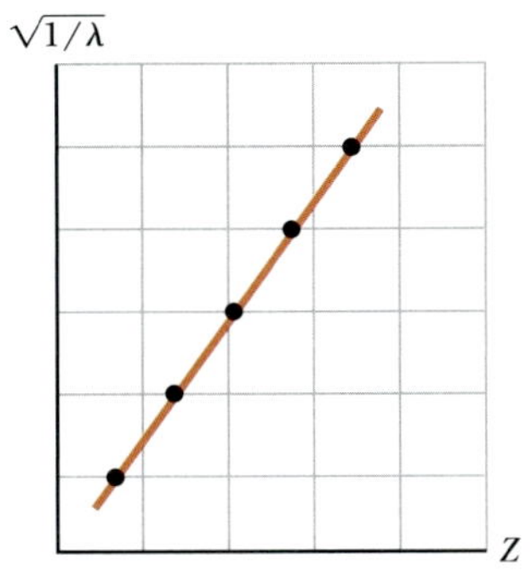

그림 28.15 $\sqrt{1/\lambda}$와 Z에 대한 모즐리의 그래프. 여기서 λ는 원자 번호, Z를 가진 원소의 K_α X선 파장이다.

히 짧다. 이 전이는 두 준위 사이의 에너지 차이와 같은 에너지를 가지는 광자를 방출한다. 보통 이런 전이의 에너지는 1 000 eV 이상이고, 방출된 X선 광자는 0.01 nm에서 1 nm 범위의 파장을 갖는다.

바깥에서 들어온 전자가 가장 안쪽 껍질인 K 껍질에서 원자가 가진 전자를 제거했다고 가정해 보자. 만약 전자가 그 다음으로 높은 껍질인 L 껍질에서 떨어져 내려와서 빈자리를 채웠다면, 이 과정에서 방출된 광자는 그림 28.14의 곡선에서 K_α로 표시된 선으로 나타난다. 만약 빈자리가 M 껍질에서 떨어져 내려온 전자에 의해 채워졌다면, 이때 발생한 선은 K_β선이라고 부른다.

다른 특성 X선은 K 껍질이 아닌 다른 껍질의 빈자리로 더 높은 준위에서 전자가 떨어질 때 만들어진다. 예를 들어, L선은 L 껍질에 있는 빈자리가 더 높은 껍질에서 떨어져 내려온 전자에 의해 채워지면서 발생된다. L_α선은 M 껍질에서 L 껍질로 전자가 떨어지면서 발생하고, L_β선은 N 껍질에서 L 껍질로 전이하면서 발생된다.

방출된 X선의 에너지는 다음과 같이 추정할 수 있다. 원자 번호가 Z인 원자의 K 껍질에 있는 두 개의 전자를 생각해 보자. 각각의 전자는 서로를 핵전하 Ze로부터 부분적으로 차단하며, 따라서 각각은 유효 핵전하인 $Z_{유효} = (Z-1)e$에 놓여 있게 된다. 이제 K 껍질($n=1$)에 있는 전자 중에서 하나가 가지는 에너지를 추정하기 위해, 식 28.18의 변형된 형태를 사용할 수 있다. E_0을 바닥상태 에너지라고 하면

$$E_K = -m_e Z_{유효}^2 \frac{k_e^2 e^4}{2\hbar^2} = -Z_{유효}^2 E_0$$

이다. 여기에 $Z_{유효} = Z - 1$을 대입하면

$$E_K = -(Z-1)^2(13.6 \text{ eV}) \tag{28.20}$$

를 얻는다. 예제 28.4에서 보듯이, 비슷한 방법으로 L 껍질이나 M 껍질에 있는 전자의 에너지도 추정할 수 있다. 이 두 준위 사이의 에너지 차이를 계산하면, 이제 방출된 광자의 에너지와 파장을 계산할 수 있다.

1914년에 모즐리(Henry G. J. Moseley)는 여러 원소에 대해서 Z값과 $\sqrt{1/\lambda}$값의 그래프를 그렸다. 여기서 λ는 각각의 원소에서 K_α선이 가지는 파장이다. 그는 그래프가 그림 28.15에서 볼 수 있듯이 직선으로 나타나며, 이것은 식 28.20에서 대략 계산한 에너지 준위와 잘 맞아떨어진다는 사실을 알아냈다. 그의 그래프로부터 모즐리는 주기율표에 있는 원소들의 알려진 화학적 성질과 잘 일치하는 Z값을 결정할 수 있었다.

예제 28.4 특성 X선

목표 특성 X선의 에너지와 파장을 계산한다.

문제 텅스텐 표적에 전자가 M 껍질($n = 3$ 상태)에서 K 껍질($n = 1$ 상태)로 떨어져 내려올 때 방출되는 특성 X선의 에너지와 파장을 추정하라.

전략 두 가지 추정을 해야 한다. 하나는 K 껍질($n=1$)에 있는 전자에 대해서, 그리고 다른 하나는 M 껍질($n=3$)에 있는 전자에 대해서이다. K 껍질에 대한 추정을 할 때, 식 28.20을 사용할 수 있다. M 껍질에 대한 추정을 할 때는 새로운 방정식이 필

요하다. K 껍질에는 (한 개의 전자가 사라졌기 때문에) 한 개의 전자가 있고, L 껍질에는 여덟 개의 전자가 있다. 따라서 $Z_{유효} = 74-9$이고 $E_M = -Z^2_{유효}E_3$이 된다. 이때 E_3은 수소에서 $n=3$인 준위의 에너지이다. 두 준위 사이의 차이인 $E_M - E_K$가 광자의 에너지이다.

풀이

식 28.20을 사용하여 원자 번호 $Z=74$인 텅스텐의 K 껍질에 있는 한 전자의 에너지를 추정한다.

$$E_K = -(74-1)^2(13.6\text{ eV}) = -72\,500\text{ eV}$$

같은 방법으로 M 껍질에 있는 한 전자의 에너지를 추정한다.

$$E_M = -Z^2_{유효}E_3 = -(Z-9)^2\frac{E_0}{3^2} = -(74-9)^2\frac{(13.6\text{ eV})}{9}$$

$$= -6\,380\text{ eV}$$

M 껍질과 K 껍질 사이의 에너지 차이를 계산한다.

$$E_M - E_K = -6\,380\text{ eV} - (-72\,500\text{ eV}) = \boxed{66\,120\text{ eV}}$$

방출된 X선의 파장을 알아낸다.

$$\Delta E = hf = h\frac{c}{\lambda} \quad\rightarrow\quad \lambda = \frac{hc}{\Delta E}$$

$$\lambda = \frac{(6.63\times10^{-34}\text{ J}\cdot\text{s})(3.00\times10^8\text{ m/s})}{(6.61\times10^4\text{ eV})(1.60\times10^{-19}\text{ J/eV})}$$

$$= 1.88\times10^{-11}\text{ m} = \boxed{0.018\,8\text{ nm}}$$

참고 이러한 추정은 핵전하의 가려막기의 양에 의존하며, 이것은 결정하기가 어려울 수도 있다.

28.7 원자 전이와 레이저 Atomic Transitions and Lasers

지금까지 원자는 여러 가능한 상태들 사이의 에너지 차이에 해당하는 특정한 진동수의 복사만을 방출한다는 것을 보아 왔다. 그림 28.16에서처럼 E_1, E_2, E_3, ⋯ 등으로 표시된 많은 가능한 에너지 상태를 가진 원자를 생각해 보자. 빛이 이 원자에 비춰지면 두 에너지 준위 사이의 차이인 ΔE와 일치하는 에너지 hf를 가진 광자들만이 원자에 흡수될 수 있다. 그림 28.17에 이러한 **유도 흡수 과정**(stimulated absorption process)을 도식화하여 나타내었다. 보통의 온도에서는 표본 안에 있는 대부분의 원자들은 바닥상태에 있다. 만약 어떤 기체를 담은 용기에 모든 가능한 진동수의 광자를 포함한 빛(즉, 연속 스펙트럼인 빛)이 비춰진다면, 이 광자들 중에서 오직 E_2-E_1, E_3-E_1, E_4-E_1 등에 해당하는 것들만이 흡수될 수 있다. 이러한 흡수의 결과로 일부 원자들은 **들뜬상태**(excited states)라고 하는 가능한 더 높은 에너지 상태로 올라가게 된다.

그림 28.16 여러 가능한 상태를 가지는 원자의 에너지 준위 도표. 가장 낮은 에너지 상태인 E_1이 바닥상태이다. 나머지 다른 상태는 모두 들뜬상태이다.

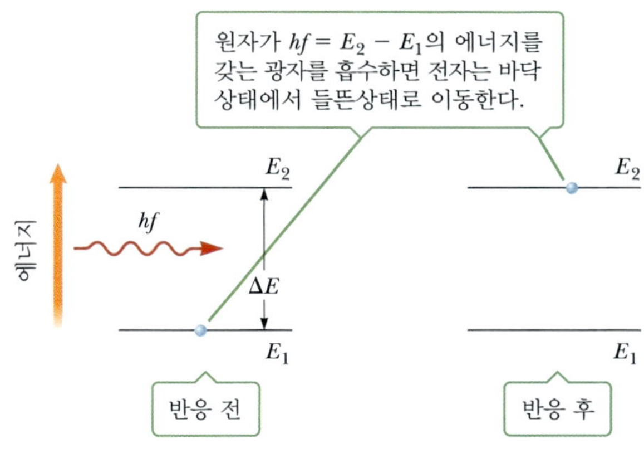

그림 28.17 원자에 의한 광자의 유도 흡수 과정을 나타내는 그림

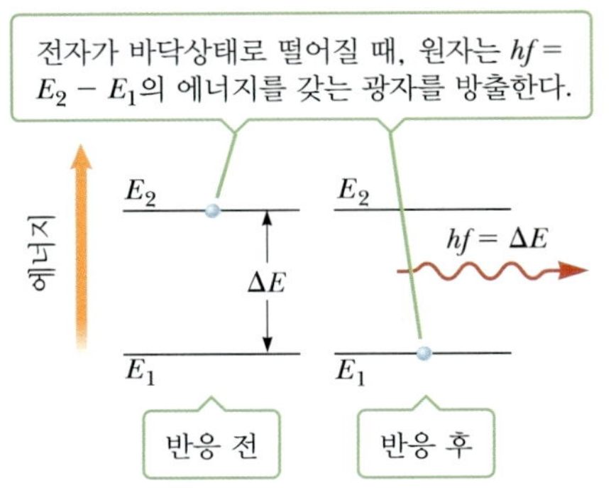

그림 28.18 처음에 들뜬상태인 E_2에 있는 원자에 의한 광자의 자발 방출 과정을 나타내는 그림

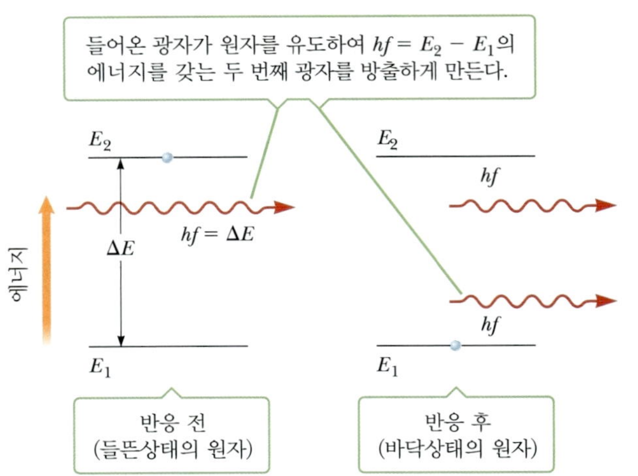

그림 28.19 hf의 에너지를 가지는 광자가 들어오면서 발생하는 광자의 유도 방출 과정을 나타내는 그림. 처음에 원자는 들뜬상태에 있다.

원자가 일단 들뜬상태에 있게 되면, 그림 28.18에서 보는 것처럼 광자를 방출하면서 낮은 준위로 되돌아갈 수 있는 일정한 확률이 존재한다. 이 과정은 **자발 방출**(spontaneous emission)이라고 알려져 있다. 보통 원자는 들뜬상태에서 겨우 10^{-8} s 정도 머물게 된다.

레이저에서는 아인슈타인이 1917년에 예측한 **유도 방출**(stimulated emission)이라고 하는 세 번째 과정이 중요하다. 그림 28.19에서처럼 만약 어떤 원자가 들뜬상태인 E_2에 있다고 가정하고, $hf = E_2 - E_1$의 에너지를 가지는 광자가 여기에 들어왔다고 하자. 들어온 광자는 들뜬 원자가 바닥상태로 되돌아가고 이에 따라 동일한 에너지 hf를 가지는 두 번째 광자를 방출할 확률을 높인다. 들어온 광자와 방출된 광자, 이렇게 두 개의 동일한 광자가 유도 방출의 결과라는 사실을 알아두자. 방출된 광자는 들어온 광자와 정확히 같은 위상을 갖는다. 이 광자는 비슷한 과정을 연쇄적으로 일으켜 다른 원자에서도 광자가 방출되도록 유도한다.

레이저(LASER: 복사의 유도 방출에 의한 빛의 증폭)가 가지는 밝기가 높고 결맞은(위상이 맞는) 빛은 유도 방출의 결과이다. 레이저에서 전압은 바닥상태보다 들뜬상태에 더 많은 전자들이 들어가도록 하는 데 사용된다. 이 과정을 **밀도 뒤집힘**(또는 밀도 반전, population inversion)이라고 부른다. 계의 들뜬상태는 반드시 준안정 상태(metastable state)이어야만 한다. 준안정 상태는 상대적으로 수명이 긴 상태이다. 이 경우 자발 방출이 일어나기 전에 유도 방출이 일어날 것이다. 최종적으로 발생한 광자들은 계에 잠깐 동안 남아 있으면서 더 많은 광자들이 계속해서 발생하도록 유도할 수 있다. 이 단계는 여러 개의 거울을 써서 수행될 수 있는데 그중 하나는 부분적으로 투명해야 한다.

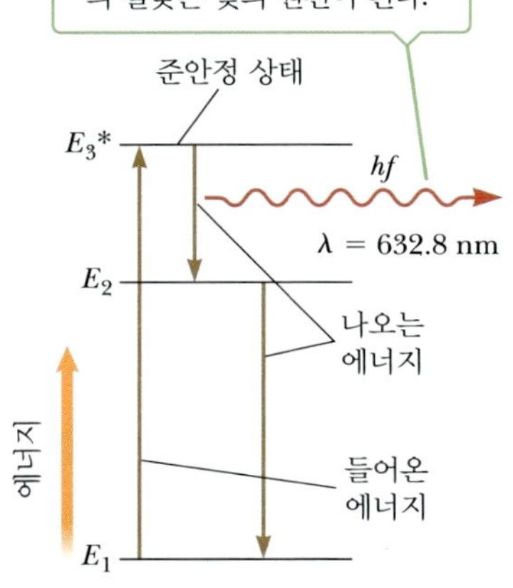

그림 28.20 헬륨–네온 레이저에서 네온 원자에 대한 에너지 준위

그림 28.20은 헬륨–네온 기체 레이저에서 네온 원자에 대한 에너지 준위 그림이다. 헬륨과 네온의 혼합물은 양쪽 끝이 거울로 막혀 있는 유리관 안에 갇혀 있다. 높은 전압이 유리관에 가해져서 전자들이 그 안을 쓸고 지나가면, 기체 원자와 전자가 충돌하면서 원자들을 들뜬상태로 올려 보낸다. 네온 원자는 이 과정을 통해서 E_3^* 상태로 들뜨게 되고, 또한 결과적으로 들뜬 헬륨 원자와 충돌이 일어난다. 네온 원자가 E_2 상태

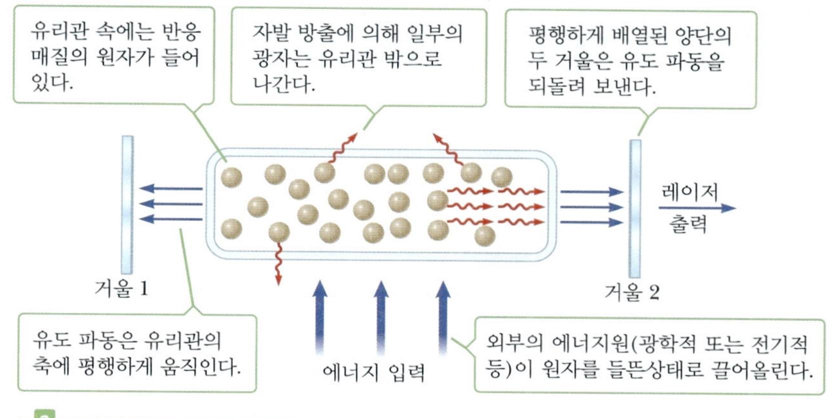

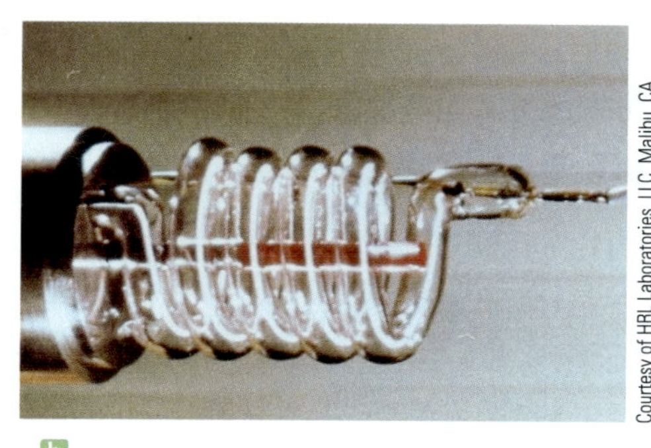

Courtesy of HRL Laboratories, LLC, Malibu, CA

그림 28.21 (a) 레이저 빔의 발생 단계, (b) 첫 번째 루비 레이저의 사진. 루비 봉 주변에 플래시 램프가 보인다.

로 전이하게 될 때, 이러한 전이는 그 근처에 있는 들뜬 원자에 유도 방출을 일으킨다. 그 결과로서 만들어지는 결맞은 빛은 632.8 nm의 파장을 갖는다. 그림 28.21a에는 레이저 빛살이 만들어지는 과정이 단계별로 요약되어 있다.

응용

레이저 기술

전체 스펙트럼 중에서 적외선, 가시광선, 자외선 영역의 파장을 생성하는 레이저가 개발되었다. 그 응용 범위로는 망막 박리 치료 수술 및 라식 수술, 정확한 측량과 길이 측정, 레이저 핵 융합, 금속 및 기타 재료들의 정밀 절단(그림 28.22), 그리고 광섬유를 통한 전화통신 등이 있다.

응용

레이저를 사용한 안과 수술

레이저를 이용하여 시력을 개선하거나 시력의 손실을 예방할 수도 있다. PRK(*p*hoto *r*efractive *k*eratectomy, 광 굴절 각막절제술)에서는 엑시머 레이저를 각막에 비추어서 그 모양을 바꾸어 균질하지 못한 굴절을 수정한다. 안구 수정체를 이식하는 백내장 수술에서는 레이저를 사용해서 수정체에 정확하고 깨끗하게 구멍을 내어 환자의 수정체를 제거하고 다른 것을 삽입한다. 그 다음에 YAG(*y*ttrium *a*luminum *g*arnet) 레이저를 사용하여 이식된 수정체에 생길 수 있는 흐릿함을 제거한다. 실명에 이를 수 있는 위험한 안압 상승 때문에 생기는 개방각 녹내장도 레이저를 사용하여 치료할 수 있다. 눈 안의 각막 기저부(섬유주)에 있는 해면 조직에 화상 부위를 생성하면 방수 유출이 개선되어 압력이 감소한다. 좁은 앞방각 녹내장의 경우 레이저 말초 홍채 절개술(레이저로 눈동자에 작은 구멍을 내는 것)은 눈의 앞과 뒤를 연결하는 통로를 만든다. 그 통로로 인해 압력을 감소시켜서 안압의 갑작스런 증가를 예방한다. 그 외에 심각한 경우로는 뇌에 신호를 전달하는 망막에 생기는 문제가 있다. 아르곤 레이저는 망막째짐과 망막박리를 치료하는 데 사용된다. 또한 당뇨성 망막변증—이것도 눈을 실명시키는 원인이다—에서 누출이 있는 혈관을 봉합하는 데에도 사용된다.

Philippe Plailly/Science Source

그림 28.22 과학자들이 로봇 팔에 매달린 레이저 절단 장비의 성능을 실험을 통해 점검하고 있다. 레이저는 금속판을 절단하는 데 사용된다.

연습문제

28.1 초창기 원자 모형

28.2 원자 스펙트럼

1(1). 러더퍼드 모형에서 원자의 크기는 대략 1.0×10^{-10} m이다. (a) 이 거리에서 전자와 양성자 사이의 정전기 인력을 사용하여 양성자 주변을 돌고 있는 전자의 속력을 계산하라. (b) 이 원자를 연구한다면, 아인슈타인의 상대성 이론을 적용해야만 하는 속력인가? (c) 양성자 주변을 돌고 있는 전자의 드브로이 파장을 계산하라. (d) 이 원자를 연구한다면, 회절과 간섭과 같은 파동의 효과를 반드시 고려해야 하는 파장인가?

2(3). 수소 원자의 라이먼 계열의 파장은 다음과 같이 주어진다.

$$\frac{1}{\lambda} = R_H\left(1 - \frac{1}{n^2}\right) \qquad n = 2, 3, 4, \ldots$$

(a) 이 계열의 첫 번째 세 선의 파장을 계산하라. (b) 이 선들은 전자기 스펙트럼의 어느 영역에서 나타나는지 정하라.

3(5). 러더퍼드의 모형에서 원자의 크기는 대략 1.0×10^{-10} m이다. (a) 이 거리에서 전자와 양성자 사이에 작용하는 정전기적 인력의 크기를 결정하라. (b) 원자의 정전기 퍼텐셜 에너지를 전자볼트 단위로 계산하라.

28.3 보어 모형

4(7). 전자 1개가 빠져 나간 헬륨 양이온(He^+)은 수소 원자와 비슷한 원자이다. He^+의 전자 한 개를 $n = 1$ 상태에서 $n = 2$ 상태로 에너지 준위를 높이는 데 드는 에너지를 eV 단위로 구하라.

5(9). 라이먼 α광자는 수소 원자의 라이먼 계열에 있는 저에너지 광자이며 전자가 $n = 2$에서 $n = 1$로 전이할 때 생기는 광자이다. 라이먼 α광자의 (a) 에너지(eV 단위)와 (b) 파장(nm 단위)을 구하라.

6(11). 수소 원자가 파장이 656 nm인 광자를 방출하였다. 어떤 에너지에서 어떤 에너지 준위로 건너뛴 것인가?

7(13). 수소 원자에 의해 광자가 흡수될 때, 다음의 각 전이에 대해 광자의 에너지는 얼마가 될 수 있는가? (a) $n = 2$인 상태에서 $n = 5$인 상태로, (b) $n = 4$인 상태에서 $n = 6$인 상태로

8(15). 수소 원자가 첫 번째 들뜬상태($n = 2$)에 있다. 보어의 원자 모형을 사용하여, (a) 궤도의 반지름, (b) 전자의 운동량, (c) 전자의 각운동량, (d) 운동에너지, (e) 퍼텐셜 에너지, (f) 전체 에너지를 구하라.

9(17). n번째 보어 궤도에 있는 전자의 속력이 다음과 같이 주어짐을 보여라.

$$v_n = \frac{k_e e^2}{n\hbar}$$

10(19). (a) 만약 어떤 전자가 보어 궤도의 $n = 4$인 상태에서 $n = 2$인 상태로 전이를 하였다면, 이 과정에서 만들어지는 광자의 파장을 결정하라. (b) 원자가 원래 정지 상태에 있었다고 하면, 이 광자가 방출되었을 때 수소 원자의 되튐 속력을 계산하라.

11(21). 수소 원자의 발머 계열은 그림 P28.11에서처럼 전자가 양자수 $n = 2$인 상태로 전이되는 것들이다. 그림에 나타낸 전이에서 가장 파장이 긴 광자에 대해 (a) 에너지와 (b) 파장을 구하라. 가장 파장이 짧은 광자에 대해 (c) 에너지와 (d) 파장을 구하라. (e) 발머 계열에서 나타날 수 있는 가장 짧은 파장은 얼마인가?

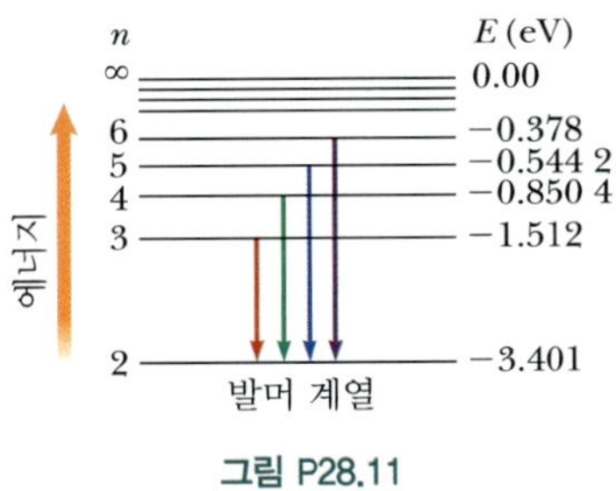

그림 P28.11

12(23). 수소꼴 원자의 궤도 반지름은 다음 식으로 주어진다.

$$r_n = \frac{n^2\hbar^2}{Zm_e k_e e^2}$$

다음의 각 원자에 대하여 첫 번째 보어 궤도의 반지름은 어떻게 되는가? (a) He^+, (b) Li^{2+}, (c) Be^{3+}

13(25). 전자가 한 개인 원자와 이온의 에너지 준위에 대한 일반적인 식은

$$E_n = -\frac{\mu k_e^2 q_1^2 q_2^2}{2\hbar^2 n^2}$$

이다. 여기서 μ는 원자의 환산 질량으로서 $\mu = m_1 m_2/(m_1 + m_2)$으로 주어진다. 이 식에서 m_1은 전자의 질량이고 m_2는 핵

의 질량이다. k_e는 쿨롱 상수이고 q_1과 q_2는 각각 전자와 핵의 전하이다. 수소 원자의 $n = 3$에서 $n = 2$로의 전이에 해당하는 파장은 656.3 nm(적색)이다. (a) 전자 한 개와 양전자 한 개로 구성된 포지트로늄과 (b) 1가 헬륨 양이온에서 $n = 3$에서 $n = 2$로의 전이에 해당하는 파장을 구하라. Note: 포지트론은 양으로 대전된 전자이다.

14(27). 에너지가 2.28 eV인 광자가 수소 원자에 의해 흡수된다. (a) 그러한 광자에 의해 이온화될 수 있는 수소 원자의 최소 n을 구하라. (b) (a)의 상태로부터 방출된 전자가 핵으로부터 멀리 떨어져 있을 때의 속력을 구하라.

15(29). 수소 원자에서 전자가 두 번째 들뜬상태($n = 3$)에 있다. 다음을 계산하라. (a) 궤도의 반지름, (b) 이 궤도에서 전자의 파장.

28.4 양자 역학과 수소 원자

16(31). ρ-중간자는 $-e$의 전하를 갖고 스핀 양자수가 1이며 질량이 전자보다 1 507배 무겁다. 만약 어떤 원자에 있는 전자가 ρ-중간자로 바뀐다면, $3d$ 상태에 있는 ρ-중간자에 대해 가능한 양자수 모음의 목록을 작성하라.

17(33). 수소에 있는 한 개의 전자는 원자의 모든 양자 상태를 점유할 수 있다. (a) $n = 1$, (b) $n = 2$, (c) $n = 3$ 에너지 준위에 있는 모든 양자 상태의 수를 구하라.

18(35). $3d$ 버금 껍질에 있는 전자에 대해 가능한 양자수 모음의 목록을 작성하라.

28.5 배타 원리와 주기율표

19(37). 어떤 원자는 최외각 전자가 $3p$ 버금 껍질에 있다. 그 원자는 어떤 불활성 기체보다 전자가 3개 더 있기 때문에 +3가 원소이다. 그 원소는 무엇인가?

20(39). 지르코늄($Z = 40$)이 불완전한 d 버금 껍질에 두 개의 전자를 갖고 있다. (a) 각각의 전자에 대해서 n과 ℓ값은 얼마인가? (b) 모든 가능한 m_ℓ과 m_s값은 얼마인가? (c) 지르코늄의 바닥상태에서 전자 배치는 어떻게 되는가?

21(41). 파울리의 배타 원리를 적용하여 (a) $n = 3$, $\ell = 2$, $m_\ell = -1$ 및 (b) $n = 3$, $\ell = 1$ 그리고 (c) $n = 4$인 양자 상태에 있을 수 있는 전자의 수를 구하라.

28.6 특성 X선

22(43). 텅스텐의 불연속 스펙트럼의 K 계열은 0.018 5 nm, 0.020 9 nm, 0.021 5 nm의 파장을 포함한다. K 껍질의 이온화 에너지가 69.5 keV라고 한다면, L 껍질, M 껍질, N 껍질의 이온화 에너지를 계산하라.

23(45). 전자가 비스무트 표적을 때리면 X선이 방출된다. (a) M 껍질에서 L 껍질까지 비스무트의 전이 에너지를 구하라. (b) 전자가 M 껍질에서 L 껍질로 떨어질 때 방출되는 X선의 파장을 구하라.

종합문제

24(47). 펄스 간격이 1.00 ns이고 출력이 3.00 mJ인 안과 수술에 사용되는 어떤 레이저 빔이 망막에 지름이 30.0 μm인 크기의 초점을 이루었다. (a) 망막에서의 단위 넓이당 일률을 SI 단위로 구하라. 이러한 일률 값을 방사조도라 한다. (b) 분자 크기의 넓이(지름이 0.600 nm인 원의 넓이)에 쪼여지는 펄스당 에너지는 얼마인가?

25(49). (a) 수소 원자에 있는 전자를 $n = 1$인 상태에서 $n = 2$인 상태로 옮기려면 얼마나 큰 에너지가 필요한가? (b) 높은 온도의 기체에서, 전자가 그만큼의 에너지를 다른 수소 원자로부터 얻으려면, 가열된 수소 기체의 최소 온도를 구하라. 가열된 원자의 열에너지는 $3k_BT/2$로 주어진다. 여기서 k_B는 볼츠만 상수이다.

26(51). 보어의 수소 원자 모형을 사용하여 원자가 n 상태에서 $n - 1$ 상태로 전이할 때 방출되는 빛의 진동수는

$$f = \frac{2\pi^2 m k_e^2 e^4}{h^3}\left[\frac{2n - 1}{(n - 1)^2 n^2}\right]$$

과 같이 주어짐을 증명하라.

27(53). 크로뮴 원자 내의 전자 한 개가 $n = 2$ 상태에서 $n = 1$ 상태로 광자를 방출하지 않으면서 이동한다. 대신, 여분의 에너지는 외각 전자($n = 4$ 상태에 있는) 한 개에 전달되면 그 전자는 원자에 의해 튕겨나간다. 이러한 오제(Auger) 과정에서 방출된 전자를 오제 전자라 한다. (a) 보어 이론을 이용하여 $n = 2$ 상태에서 비어 있는 $n = 1$ 상태로 전이할 때 에너지 변화를 구하라. K 껍질에 있는 전자 중 한 개의 전자만이 핵전하를 감싸고 있다고 가정한다. (b) 22개의 전자가 핵을 둘러싸고 있다고 가정하고, $n = 4$ 상태에 있는 전자를 이온화시키는 데 필요한 에너지를 구하라. (c) 튕겨나온 (오제) 전자의 운동에너지를 구하라. 모든 답은 전자볼트 단위로 표기하라.

핵물리학
Nuclear Physics

CHAPTER 29

이 장에서 우리는 원자핵의 특성과 구조를 다루게 될 것이다. 먼저 핵의 기본적 특성을 알아보고 방사능이라는 현상에 대해 배운다. 마지막으로 핵반응과 다양한 핵붕괴 과정을 탐구한다.

29.1 핵의 특성 Some Properties of Nuclei

모든 핵은 양성자와 중성자라는 두 가지 입자로 구성된다. 단 하나의 예외가 바로 수소의 핵으로서 하나의 양성자로만 이루어져 있다. 다음과 같은 양들을 사용하여 전하, 질량, 반지름 등 핵의 특성들을 설명할 것이다.

- **원자 번호**(atomic number) Z: 핵 속의 양성자의 수와 같다.
- **중성자 수**(neutron number) N: 핵 속의 중성자의 수와 같다.
- **질량수**(mass number) A: 핵 속의 핵자의 수와 같다.
  [핵자(nucleon)는 양성자와 중성자를 통틀어 일컫는다.]

핵을 나타낼 때 사용하는 기호는 $^A_Z\mathrm{X}$의 형태이며, 여기서 X는 원소 기호이다. 예를 들어, $^{27}_{13}\mathrm{Al}$은 질량수가 27, 원자 번호가 13으로, 13개의 양성자와 14개의 중성자로 구성되어 있다. 원소 기호 자체가 정해진 원자 번호 Z를 갖고 있으므로, 첨자 Z를 생략하더라도 혼동될 가능성은 없다.

특정 원소의 모든 원자의 핵은 모두 동일한 개수의 양성자를 갖고 있지만, 중성자의 개수는 다를 수 있다. 이런 원소들을 **동위 원소**(isotopes)라고 한다. **어떤 원소의 동위 원소들은 모두 Z값이 같지만, N이나 A값은 다르다.** 자연에 존재하는 동위 원소의 존재 비율은 물질마다 다르다. 예를 들어, 탄소의 동위 원소에는 $^{11}_{6}\mathrm{C}$, $^{12}_{6}\mathrm{C}$, $^{13}_{6}\mathrm{C}$, $^{14}_{6}\mathrm{C}$의 네 가지가 존재하는데, $^{12}_{6}\mathrm{C}$의 존재비가 약 98.9%인 반면, $^{13}_{6}\mathrm{C}$은 대략 1.1% 존재한다. 어떤 동위 원소는 자연적으로는 발생하지 않으며 인공적인 핵반응으로만 만들어진다. 또한 가장 단순한 수소조차도 $^{1}_{1}\mathrm{H}$(수소), $^{2}_{1}\mathrm{H}$(중수소), $^{3}_{1}\mathrm{H}$(삼중수소) 등의 동위 원소를 갖고 있다.

러더퍼드
Ernest Rutherford, 1871~1937
뉴질랜드의 물리학자

러더퍼드는 방사능을 연구하고 알파입자로 원자를 쪼갤 수 있음을 발견한 공로로 1908년 노벨 화학상을 수상하였다. "후방 산란은 분명 단일 충돌 현상의 결과임을 알게 되었고 계산을 해 본 결과, 원자 질량의 상당 부분이 작은 핵에 집중되어 있지 않고서는 이런 큰 값을 얻는 것이 불가능함을 알게 되었다. 그때부터 원자의 중심에 전하를 띤, 작지만 무거운 핵이 있을 것이란 생각을 하게 되었다."

29.1.1 전하와 질량 Charge and Mass

양성자의 전하는 $+e = 1.602\ 176\ 634 \times 10^{-19}$ C의 양전하이고, 전자는 $-e$의 음전하를 갖는다. 중성자는 전하를 띠지 않기 때문에 검출하기가 어렵다. 양성자의 질량은 전

표 29.1 여러 단위로 표현한 양성자, 중성자, 전자의 질량

입자	질량		
	kg	u	MeV/c^2
양성자	$1.672\ 6 \times 10^{-27}$	1.007 276	938.28
중성자	$1.674\ 9 \times 10^{-27}$	1.008 665	939.57
전자	9.109×10^{-31}	5.486×10^{-4}	0.511

자의 질량에 비해 1 836배 무거우며, 중성자의 질량은 양성자의 질량과 거의 같다(표 29.1).

통합 질량 단위 u의 정의 ▶

원자의 질량을 말할 때, 동위 원소 ^{12}C의 질량이 정확히 12 u가 되도록 **통합 질량 단위**(unified mass unit) u를 정하면 편리하다. 이때 1 u = $1.660\ 539 \times 10^{-27}$ kg이다. 양성자와 중성자의 질량이 거의 1 u이며, 전자의 질량은 이 원자질량 단위에 비해 매우 작다.

Tip 29.1 질량수는 원자의 질량이 아니다.

질량수 A를 원자량과 혼동하지 마라! 질량수는 동위 원소를 구별하는 정수로서 단위가 없으며 간단히 핵자의 개수와 같다. 원자량은 주어진 원소의 모든 동위 원소 질량의 평균값으로 단위는 u이다.

입자의 정지 에너지는 $E_R = mc^2$으로 주어지므로, 입자의 질량을 그 에너지 등가량으로 표현하면 편리하다. 1원자질량 단위에 해당하는 에너지 등가량은 다음과 같다.

$$\begin{aligned} E_R = mc^2 &= (1.660\,539 \times 10^{-27}\ \text{kg})(2.997\,924\,58 \times 10^8\ \text{m/s})^2 \\ &= 1.492\,418 \times 10^{-10}\ \text{J} = 931.494\ \text{MeV} \end{aligned}$$

핵물리학자들은 계산할 때 흔히 질량을 MeV/c^2의 단위로 나타낸다. 이때

$$1\ \text{u} = 931.494\ \text{MeV}/c^2$$

이 된다.

29.1.2 핵의 크기 The Size of Nuclei

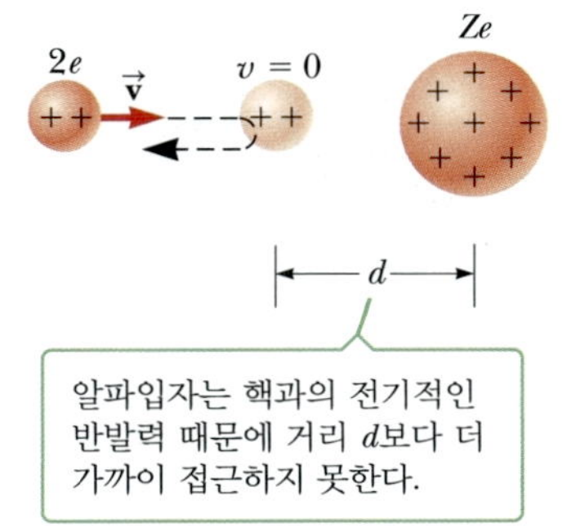

그림 29.1 알파입자가 전하가 Ze인 핵과 정면 충돌하는 과정

핵의 크기와 구조에 관한 첫 탐구는 28.1절에서 설명한 바와 같이 러더퍼드의 산란 실험에 의한 것이다. 그는 에너지 보존의 법칙을 이용하여 핵을 향해 입사한 알파입자가 쿨롱 반발력에 의해 굴절되기 전까지 핵에 얼마나 가까이 접근할 수 있는지에 대한 표현식을 찾아냈다.

그러한 정면 충돌 과정에서 입사한 알파입자의 운동에너지는 핵에 가장 접근하여 경로가 꺾이는 정지 시점에서 완전히 전기 퍼텐셜 에너지로 전환된다(그림 29.1). 입사한 알파입자의 처음 운동에너지를 알파입자와 표적 핵으로 이루어진 전체 계의 최대 퍼텐셜 에너지와 같게 두면

$$\tfrac{1}{2}mv^2 = k_e\frac{q_1q_2}{r} = k_e\frac{(2e)(Ze)}{d}$$

가 되고 여기서 d는 가장 가깝게 접근했을 때의 거리이다. 이것을 d에 대해 풀면 다음과 같다.

$$d = \frac{4k_eZe^2}{mv^2}$$

이 식으로부터 러더퍼드는 알파입자가 금박의 핵에 3.2×10^{-14} m 이내로 근접할 수 있음을 알아냈으며, 이는 금 핵의 반지름이 이 값보다는 작음을 의미한다. 은 원자의 경우, 최근접 거리는 2×10^{-14} m가 된다. 이로부터 러더퍼드는 원자의 양전하는 반지름 10^{-14} m 이하의 핵이라고 하는 작은 구 안에 집중되어 있다고 결론지었다. 이런 짧은 길이는 핵물리학에서는 자주 나오므로, 다음과 같이 펨토미터(fm, 보통 **fermi**라고도 한다)라는 단위를 이용하면 편리하다.

$$1 \text{ fm} \equiv 10^{-15} \text{ m}$$

러더퍼드의 산란 실험 이후 다른 많은 실험에서 대부분의 핵은 거의 구형으로 평균 반지름은 다음과 같이 주어진다.

$$r = r_0 A^{1/3} \qquad [29.1]$$

여기서 r_0은 1.2×10^{-15} m인 상수이고, A는 전체 핵자의 수이다. 구의 부피는 반지름의 세제곱에 비례하므로, 식 29.1로부터 구형 핵의 부피는 전체 핵자의 수 A에 비례한다. 이러한 관계는 **모든 핵이 거의 같은 밀도를 가지고 있음**을 나타낸다. 핵자들은 마치 밀집된 구처럼 결합하여 핵을 구성한다(그림 29.2).

그림 29.2 핵은 핵자가 빽빽하게 밀집한 구의 모임으로 형상화할 수 있다.

29.1.3 핵의 안정성 Nuclear Stability

핵이 양성자와 중성자의 밀집된 집합체로서 존재한다는 사실은 매우 놀라운 일이 아닐 수 없다. 양성자 간의 매우 큰 정전기적 반발력은 핵을 붕괴시킬 것이기 때문이다. 그럼에도 불구하고 핵은 매우 안정한데, 그 이유는 근거리(대략 2 fm) 내에 작용하는 또 다른 한 종류의 힘, **핵력**(nuclear force)이 존재하기 때문이다. 핵력은 모든 핵자 사이에서 인력으로 작용한다. 두 양성자는 핵력에 의해 서로 당겨지며 동시에 쿨롱의 힘에 의해 서로 밀어낸다. 서로 당기는 핵력은 중성자 사이에도, 그리고 양성자와 중성자 사이에도 작용한다.

핵 내부와 같은 근거리에서는 쿨롱의 반발력보다 핵력에 의한 인력이 훨씬 강하다. 만약 그렇지 않았다면, 안정한 핵은 존재할 수 없다. 더구나 이렇게 강한 핵력은 전하에는 거의 무관하다. 다시 말해 양성자 간에 작용하는 부수적인 쿨롱 반발력을 제외하면 양성자–양성자, 양성자–중성자, 중성자–중성자 간에 작용하는 핵력은 본질적으로 거의 같다.

260여 종의 핵은 안정하다. 그 외의 100여 종의 핵은 발견되긴 했으나 불안정하다. 여러 가지 안정한 핵에 대해 N과 Z 사이의 도표를 그리면 그림 29.3과 같다. 가벼운 핵은 양성자 수가 중성자 수와 같을 경우, 즉 $N = Z$일 때 가장 안정함을 알 수 있다. 하지만 무거운 핵은 $N > Z$일 때 더 안정하다. 이런 차이점은 양성자의 수가 많아질수록 쿨롱의 반발력이 강해진다는 것을 인식하면 쉽게 이해할 수 있다. 중성자는 당기는 힘인 핵력에만 참여하므로 핵이 안정되기 위해서는 더 많은 수의 중성자가 필요한 것이다. 추가되는 중성자는 핵 전하 밀도를 희석하는 역할을 한다. 하지만 궁극적으로 $Z = 83$이 되면 양성자 간의 반발력은 중성자의 추가에도 더 이상 보상되지 않는

괴퍼트–마이어

Maria Goeppert-Mayer, 1906~1972, 독일의 물리학자

괴퍼트–마이어는 1950년에 발표된 핵의 껍질 모형으로 잘 알려진 인물이다. 같은 시기, 유사한 모형이 독일의 물리학자 옌센에 의해서도 개발되었다. 괴퍼트–마이어와 옌센은 핵의 구조를 이해하는 데 중요한 업적을 남긴 공로를 인정받아 1963년 노벨 물리학상을 수상하였다.

그림 29.3 안정한 핵종(검은 점)에서의 양성자 수 Z와 중성자 수 N의 관계를 나타낸 도표

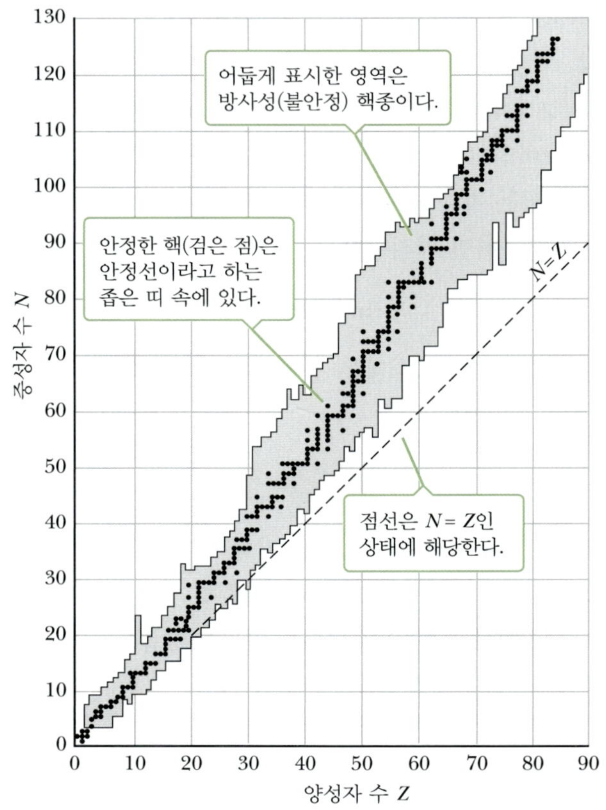

다. 83개 이상의 양성자를 갖는 원소는 안정한 핵을 갖지 못하며, 시간이 흐름에 따라 다른 입자로 붕괴되거나 분해된다. 몇 가지 동위 원소의 질량과 다른 성질들이 부록 B에 있다.

29.2 결합 에너지 Binding Energy

핵의 질량은 그 핵을 구성하는 핵자들의 질량을 합한 것보다 항상 작다. 또한 질량은 에너지의 또 다른 형태이므로 **속박된 계(핵)의 전체 에너지는 개별 핵자의 에너지의 전체 합보다 작다.** 이때 에너지의 차이를 핵의 **결합 에너지**(binding energy)라고 하며, 핵을 양성자와 중성자로 분해하는 데 필요한 에너지로 생각할 수 있다.

예제 29.1 중수소의 결합 에너지

목표 핵의 결합 에너지를 계산한다.

문제 중수소의 핵인 중양자는 양성자 한 개와 중성자 한 개로 구성되어 있다. 원자량, 즉 중수소핵과 전자의 질량을 합한 것이 2.014 102 u라 할 때, 중양자의 결합 에너지(MeV)를 구하라.

전략 개별 입자 질량의 합에서 결합 후 입자의 질량을 뺀다. 전자의 질량이 상쇄될 것이므로 핵의 질량 대신에 중성 원자의 질량을 사용해도 된다. 부록 B에 있는 값을 이용한다. 부록 B에 주어진 원자의 질량은 원자 번호 Z개의 전자 질량을 포함하고 있다.

풀이

결합 에너지를 구하기 위해 먼저 수소와 중성자의 질량을 더한

다음, 그 값에서 중수소의 질량을 뺀다.

$$\Delta m = (m_p + m_n) - m_d$$
$$= (1.007\,825\ \text{u} + 1.008\,665\ \text{u}) - 2.014\,102\ \text{u}$$
$$= 0.002\,388\ \text{u}$$

이 질량 차를 MeV로 변환한다.

$$E_b = (0.002\,388\ \text{u})\,\frac{931.5\ \text{MeV}}{1\ \text{u}} = \boxed{2.224\ \text{MeV}}$$

참고 이 결과는 중양자를 양성자와 중성자로 분리하기 위해서는 중양자에 2.224 MeV의 에너지를 가해서 양성자와 중성자 사이의 당기는 인력을 극복해야 함을 보여 준다. 중양자에 이만큼의 에너지를 공급하기 위한 방법으로 중양자에 고에너지의 입자를 충돌시킨다.

만약 핵의 결합 에너지가 영이라면, 아무런 에너지를 주지 않아도 핵을 구성한 양성자와 중성자로 분리되어야 한다. 다시 말해 핵은 자발적으로 붕괴될 것이다.

여러 가지 안정 핵종에 대해 핵자당 결합 에너지 E_b/A를 질량수의 함수로 나타낸 도표는 흥미로운 결과를 보여 준다(그림 29.4). 가벼운 핵종을 제외하면 핵자 한 개당 평균 결합 에너지는 대략 8 MeV 정도다. 곡선은 대략 $A = 60$ 부근에서 절정에 이르는데, 이는 질량수가 60보다 크거나 60보다 작은 핵은 주기율표의 중간 부분에 있는 핵종보다는 강하게 결합되어 있지 않다는 것을 의미한다. 나중에 살펴보겠지만, 이 사실에 기초하여 핵융합과 핵붕괴 반응에서 에너지가 발생하게 된다. 질량수 A가 40을 넘어서면 곡선은 천천히 변화하는데, 이는 핵력이 포함됨을 의미한다. 다시 말해 어떤 특정 핵자는 제한된 개수의 다른 핵자하고만 상호작용을 할 수 있으며, 이는 그림 29.2의 밀집 구조에서 최인접 이웃 핵자와의 상호작용으로 볼 수 있다.

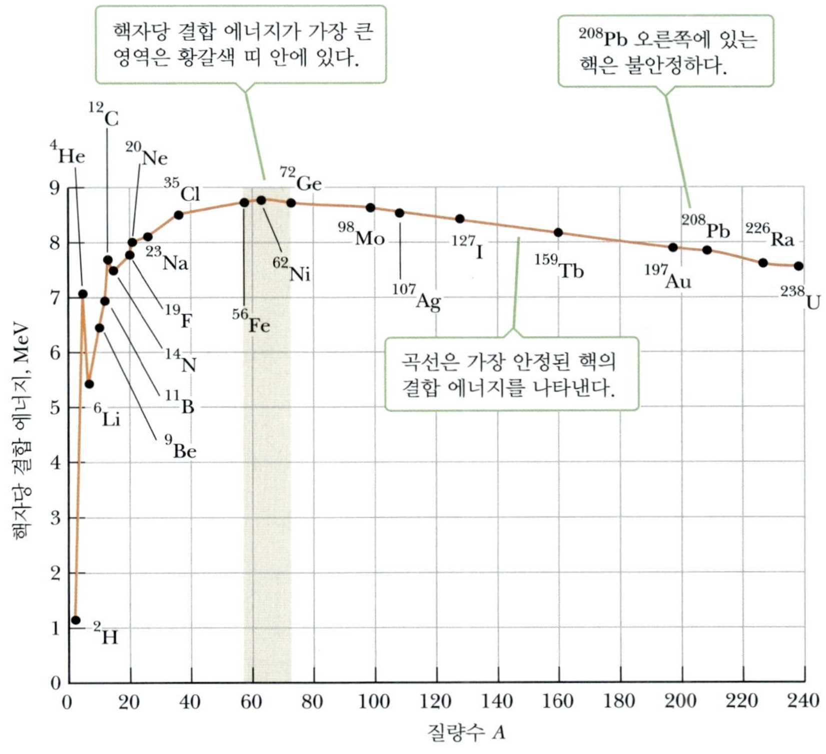

그림 29.4 그림 29.3의 안정선 안에 있는 핵종들에 대한 질량수 A와 핵자당 결합 에너지 사이의 관계. 대표적인 핵종은 검은 점으로 표시하고 이름을 붙여 놓았다.

29.3 방사능 Radioactivity

29.3.1 방사능의 발견 Discovery of Radioactivity

1896년 베크렐(Becquerel)은 우연히 우라늄염 결정에서 눈에 보이지 않는 복사선이 나와 차광된 사진 건판을 흑화시킨 것을 발견하였다. 그는 곧 잘 제어된 조건에서 같은 관측을 여러 번 실행하고 이것이 아무런 외적 자극 없이 결정에서 나오는 전혀 새로운 종류의 복사선이라고 결론지었다. 곧 이 자발적인 복사선의 방출을 **방사능**(radioactivity)이라 부르게 되었다. 이후 다른 과학자들에 의해 계속된 실험에서 방사성을 가진 물질이 더 있음이 밝혀졌다.

이 분야의 가장 주목할 만한 연구가 마리 퀴리(Marie Curie)와 피에르 퀴리(Pierre Curie)에 의해 수행되었다. 수 년 동안 수 톤에 달하는 역청 우라늄석을 화학적으로 분리하는 세심하고 고된 작업을 거쳐 퀴리 부부는 이전에 알려지지 않은 새로운 원소의 발견을 학계에 보고하였다. 이 둘은 모두 방사성 물질이었으며, 각각 폴로늄과 라듐이라고 명명하였다. 러더퍼드의 유명한 알파입자 산란 등을 포함한 일련의 실험들은 방사능이 불안정한 핵의 분열 또는 붕괴에 의한 결과라는 사실을 시사했다.

마리 퀴리
Marie Curie, 1867~1934
폴란드의 과학자

1903년 마리 퀴리는 방사성 물질을 연구한 공로로 남편 피에르 퀴리, 베크렐과 함께 노벨 물리학상을 공동 수상하였다. 1911년 그녀는 라듐과 폴로늄을 발견한 공로로 두 번째 노벨상을 받게 되는데, 이번에는 화학상이다. 마리 퀴리는 방사성 물질에 의한 수년간의 피폭으로 인해 백혈병으로 사망했다. "나는 그때 우리를 이끌던 이상이 진정 발전된 사회로 안내하는 유일한 길이었음을 믿어 의심치 않는다. 개인이 발전하지 않고서는 더 나은 세상을 만들기를 바랄 수 없다. 이를 위해 우리는 개인의 발전이 최고조에 이르도록 노력하면서 동시에 인류사회에 대해 각자의 몫을 책임져야 한다."

방사성 물질에서는 세 가지의 방사선이 방출될 수 있는데, 이들은 각각 $^4_2$He 핵으로 방출되는 알파(α)선, 전자 또는 양전자로 방출되는 베타(β)선, 그리고 고에너지의 광자인 감마(γ)선이다. **양전자**(positron)는 모든 점에서 전자와 똑같지만 전하만 $+e$이다[양전자를 전자의 **반입자**(antiparticle)라고 한다]. e^-는 전자를 나타내고 e^+는 양전자를 나타낸다.

세 가지 방사선은 그림 29.5에 있는 방법으로 구별할 수 있다. 방사성 시료로부터 나온 방사선이 자기장을 통과할 경우 세 성분으로 분리되는데, 둘은 서로 반대 방향으로 휘고 나머지 하나는 방향에 변화가 없다. 이런 간단한 관측을 통해 휘지 않은 빔(감마선)은 전하를 띠지 않으며, 위로 휜 방사선 성분(알파입자)은 양전하를 띠고, 아래로 휜 성분은 음전하를 띤 입자(e^-)임을 알 수 있다. 만약 방사선 빔이 양전자(e^+)를 포함하고 있다면 위로 휠 것이다.

이들 세 종류 방사선의 물질 투과 능력은 아주 다르다. 알파입자는 종이 한 장도 투과하기 힘들고, 베타입자는 수 밀리미터의 알루미늄을 통과할 수 있으며, 감마선은 수 센티미터 두께의 납을 투과할 수 있다.

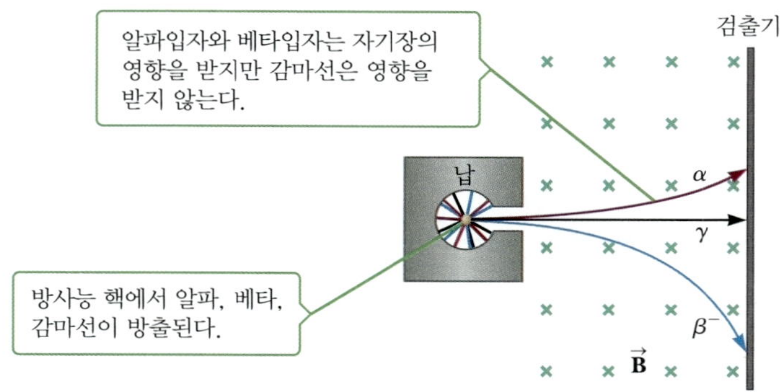

그림 29.5 라듐과 같은 방사선원으로부터 방출되는 방사선을 자기장 속으로 통과시키면 전하를 띤 입자가 휘어지면서 세 가지 성분으로 갈라진다. 오른쪽에 있는 일련의 검출기가 이를 검출한다.

29.3.2 붕괴 상수와 반감기 The Decay Constant and Half-life

관측 결과 방사성 시료에 방사성 핵이 N개 있을 경우, Δt라는 짧은 시간 동안 붕괴하는 핵의 개수 ΔN은 N에 비례함이 밝혀졌다. 수식으로 표현하면,

$$\frac{\Delta N}{\Delta t} \propto N$$

또는,

$$\Delta N = -\lambda N \Delta t \qquad [29.2]$$

가 되며, 여기서 비례 상수 λ를 **붕괴 상수**(decay constant)라고 한다. 음의 부호는 시간이 흐름에 따라 N이 감소하므로 ΔN이 음의 값임을 의미한다. 어떤 원소의 λ값은 시간에 대해 어떤 비율로 동위 원소가 붕괴할지를 결정한다. **어떤 방사성 물질의 붕괴율 또는 방사능 R은 초당 붕괴의 수로 정의된다.** 식 29.2로부터 붕괴율은

$$R = \left|\frac{\Delta N}{\Delta t}\right| = \lambda N \qquad [29.3]$$

◀ 붕괴율

으로 주어짐을 알 수 있다. λ값이 큰 동위 원소는 빨리 붕괴하고 작을 경우 천천히 붕괴한다.

방사성 물질의 일반적인 붕괴 곡선을 그림 29.6에 나타냈다. 식 29.2로부터 계산해 보면 시간에 따라 남아 있는 핵의 개수는

$$N = N_0 e^{-\lambda t} \qquad [29.4a]$$

가 됨을 알 수 있다. 여기서 N은 시각 t에 남아 있는 핵의 수, N_0은 처음 $t=0$일 때의 핵의 수, e는 오일러 상수로 2.718⋯이다. 식 29.4a를 따르는 과정을 **지수 함수적으로 감쇠한다**고 말한다.[1]

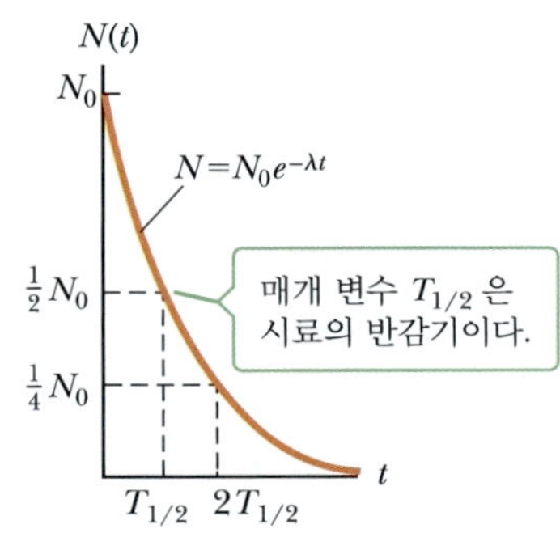

그림 29.6 방사성 핵종의 지수 함수적 붕괴 법칙을 그린 그래프. 세로축은 시각 t에서의 방사성 핵의 개수이고, 가로축은 시간이다.

방사성 붕괴를 특징짓는 또 다른 매개 변수로 **반감기**(half-life) $T_{1/2}$이 있다. **방사성 물질의 반감기는 붕괴로 인해 방사성 핵의 수가 반으로 줄어드는 데 걸리는 시간이다.** 반감기의 개념을 사용하면 식 29.4a는 다음과 같이 나타낼 수 있다.

$$N = N_0\left(\frac{1}{2}\right)^n \qquad [29.4b]$$

여기서 n은 반감기의 횟수로서 임의의 양수이며, 반드시 정수일 필요는 없다. 정의로부터 n은 시간 t 및 반감기 $T_{1/2}$와 다음과 같은 관계가 있다.

$$n = \frac{t}{T_{1/2}} \qquad [29.4c]$$

$N = N_0/2$와 $t = T_{1/2}$로 두면, 식 29.4a는

$$\frac{N_0}{2} = N_0 e^{-\lambda T_{1/2}}$$

[1] 지수 함수적으로 감쇠하는 다른 예는 18장에서 나온 RC 회로와 20장에서 나온 RL 회로에서 공부하였다.

> **Tip 29.2 반감기 두 번이 전체 수명이 아니다.**
> 반감기는 최초 핵자수의 절반이 붕괴하는 데 걸리는 시간이다. 두 번째 반감기 동안에는 남아 있는 핵자의 절반이 붕괴하기 때문에, 두 번의 반감기 동안 최초의 핵자가 모두 붕괴하는 것이 아니라 3/4만이 붕괴하게 된다.

이 되는데, 이는 $e^{\lambda T_{1/2}} = 2$가 되며 여기에 자연 로그를 취하면 다음과 같은 식을 얻는다.

$$T_{1/2} = \frac{\ln 2}{\lambda} = \frac{0.693}{\lambda} \qquad [29.5]$$

식 29.5는 반감기와 붕괴 상수의 관계를 나타내는 편리한 식이다. 반감기가 한 번 지나면 $N_0/2$개의 핵이 남는다(정의에 의해). 반감기가 다시 한 번 지나면 그것의 절반이 붕괴되므로 $N_0/4$개의 핵만 남게 되고, 반감기가 세 번 지나면 $N_0/8$개의 핵만 남는다.

방사능 R의 단위는 **퀴리**(Ci)로, 다음과 같이 정의한다.

$$1\ \text{Ci} \equiv 3.7 \times 10^{10}\ \text{붕괴/s} \qquad [29.6]$$

이는 대략 라듐 1 g의 방사능에 해당한다. 방사능의 SI 단위는 **베크렐**(Bq)로서

$$1\ \text{Bq} = 1\ \text{붕괴/s} \qquad [29.7]$$

로 정의되며 $1\ \text{Ci} = 3.7 \times 10^{10}\ \text{Bq}$의 관계에 있다. 가장 흔히 사용되는 방사능의 단위는 밀리퀴리(10^{-3} Ci)와 마이크로퀴리(10^{-6} Ci)이다.

예제 29.2 라듐의 방사능

목표 여러 시간에서 방사성 물질의 방사능을 계산한다.

문제 방사성 핵종 $^{226}_{88}\text{Ra}$의 반감기는 1.6×10^3년이다. 처음 시료 속에 핵의 개수가 3.00×10^{16}개가 있었다면, **(a)** 처음의 방사능을 퀴리의 단위로 구하라. **(b)** 4.8×10^3년 후에 남아 있는 라듐 핵의 개수는 얼마인가? **(c)** 이때 방사능을 구하라.

전략 **(a)**와 **(c)**는 먼저 붕괴 상수를 구하고 핵의 개수와 곱한다. **(b)**는 반감기가 한 번 지날 때마다 처음 핵의 개수에 $\frac{1}{2}$을 곱한다. (이 문제는 식 29.4b를 적용한 것이다.)

풀이

(a) 처음의 방사능을 퀴리 단위로 구한다.

반감기를 초 단위로 변환한다.

$$T_{1/2} = (1.6 \times 10^3\ \text{년})(3.156 \times 10^7\ \text{s/년}) = 5.0 \times 10^{10}\ \text{s}$$

이 값을 식 29.5에 대입하여 붕괴 상수를 구한다.

$$\lambda = \frac{0.693}{T_{1/2}} = \frac{0.693}{5.0 \times 10^{10}\ \text{s}} = 1.4 \times 10^{-11}\ \text{s}^{-1}$$

R_0이 $t = 0$에서의 방사능, N_0이 $t = 0$일 때 존재하는 핵의 개수일 때 $t = 0$에서의 방사능은 $R_0 = \lambda N_0$으로 계산한다.

$$R_0 = \lambda N_0 = (1.4 \times 10^{-11}\ \text{s}^{-1})(3.0 \times 10^{16}\ \text{개의 핵})$$
$$= 4.2 \times 10^5\ \text{붕괴/s}$$

$1\ \text{Ci} = 3.7 \times 10^{10}$붕괴/s이므로 이를 이용하여 $t = 0$일 때의 방사능을 퀴리 단위로 변환한다.

$$R_0 = (4.2 \times 10^5\ \text{붕괴/s})\left(\frac{1\ \text{Ci}}{3.7 \times 10^{10}\ \text{붕괴/s}}\right)$$
$$= 1.1 \times 10^{-5}\ \text{Ci} = \boxed{11\ \mu\text{Ci}}$$

(b) 4.8×10^3년 후에 남아 있는 라듐 핵의 개수를 구한다.

반감기의 횟수 n을 계산한다.

$$n = \frac{4.8 \times 10^3\ \text{년}}{1.6 \times 10^3\ \text{년/반감기}} = 3.0\ \text{반감기}$$

처음 핵의 개수에 $\frac{1}{2}$의 n 제곱승을 곱한다.

$$N = N_0\left(\frac{1}{2}\right)^n \qquad (1)$$

$N_0 = 3.0 \times 10^{16}$과 $n = 3.0$을 식 (1)에 대입한다.

$$N = (3.0 \times 10^{16}\ \text{개의 핵})\left(\frac{1}{2}\right)^{3.0} = \boxed{3.8 \times 10^{15}\ \text{개의 핵}}$$

(c) 4.8×10^3년 후의 방사능을 계산한다.

남아 있는 핵의 개수에 붕괴 상수를 곱하여 방사능 R을 구한다.

$$R = \lambda N = (1.4 \times 10^{-11}\ \text{s}^{-1})(3.8 \times 10^{15}\ \text{개의 핵})$$
$$= 5.3 \times 10^4\ \text{붕괴/s}$$
$$= \boxed{1.4\ \mu\text{Ci}}$$

참고 매번 반감기가 한 번씩 경과할 때마다 방사능은 반으로 줄어드는데, 이는 방사능이 남아 있는 핵의 개수에 비례하기 때문

에 당연한 결과이다. 입자는 확률에 따라 붕괴하기 때문에 한 시점에서 엄밀한 핵의 개수는 절대로 정확할 수 없다. 하지만 시료가 클수록 식 29.4로부터 더 정확히 예측할 수 있다.

29.4 붕괴 과정 The Decay Processes

앞 절에서 언급했듯이 방사성 핵종은 알파, 베타, 감마 붕괴를 통해 자발적으로 분열한다. 이 절에서 살펴보겠지만, 붕괴 과정은 서로 매우 다르다.

29.4.1 알파 붕괴 Alpha Decay

만약 핵이 알파입자($^4_2$He)를 방출한다면 두 개의 양성자와 두 개의 중성자를 잃게 되는 것이다. 따라서 해당 핵은 중성자 수 N이 2 감소하고 Z도 2 감소하며 A는 4 감소하게 된다. 이 붕괴를 기호로 나타내면

$$^A_Z\mathrm{X} \rightarrow {}^{A-4}_{Z-2}\mathrm{Y} + {}^4_2\mathrm{He} \qquad [29.8]$$

이며, 여기서 X는 **어미핵**(parent nucleus), Y는 **딸핵**(daughter nucleus)이라고 한다. 예를 들어, ^{238}U과 ^{226}Ra은 모두 알파선 방출체이며 다음 도식에 의해 분열한다.

$$^{238}_{92}\mathrm{U} \rightarrow {}^{234}_{90}\mathrm{Th} + {}^4_2\mathrm{He} \qquad [29.9]$$

$$^{226}_{88}\mathrm{Ra} \rightarrow {}^{222}_{86}\mathrm{Rn} + {}^4_2\mathrm{He} \qquad [29.10]$$

^{238}U과 ^{226}Ra의 반감기는 각각 4.47×10^9년과 1.60×10^3년이다. 두 경우 모두 딸핵의 질량수 A는 어미핵의 질량수에 비해 4만큼 적으며, 원자 번호 Z는 2만큼 적다. 이 차이는 방출된 알파입자(^{4}He의 원자핵)로 설명할 수 있다.

^{226}Ra의 붕괴를 그림 29.7에 나타냈다. 알파 붕괴처럼 한 원소가 다른 원소로 바뀌는 과정을 **자발 붕괴**(spontaneous decay) 또는 변환이라고 한다. 이때 일반적으로 (1) 변환식 양변의 질량수 A의 전체 합은 같으며, (2) 변환식 양변의 원자 번호 Z의 합도 같아야 한다.

알파선 방출이 일어나기 위해서는 어미핵의 질량이 딸핵과 알파입자의 질량을 합한 것보다 커야 한다. 분열 과정에서 초과 질량은 딸핵과 알파입자의 운동에너지, 그 밖에 다른 형태의 에너지들로 변환된다. 일반적으로 알파입자가 딸핵보다 가볍기 때문에, 대부분의 운동에너지는 알파입자가 가지고 나온다. 이는 입자의 운동에너지와 운동량 p 사이의 다음 관계식을 보면 쉽게 이해할 수 있다.

$$KE = \frac{p^2}{2m}$$

운동량이 보존되므로 정지 상태의 핵이 분열하여 방출한 두 입자는 동일한 크기의 반대 방향의 운동량을 갖는다. 결과적으로 가벼운 입자는 분모의 질량이 작기 때문에 무거운 입자보다 훨씬 큰 운동에너지를 갖게 된다.

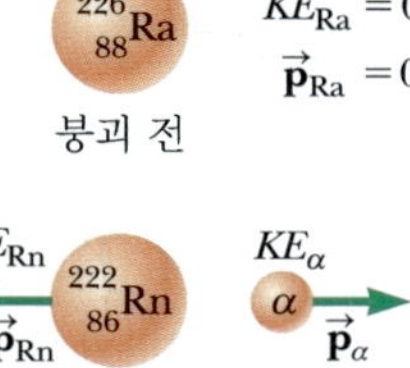

그림 29.7 라듐-226의 알파 붕괴. 라듐핵은 처음에 정지해 있다. 붕괴 후, 라돈은 운동에너지 KE_{Rn}, 운동량 $\vec{p}_{Rn}$을 가지며, 알파입자는 운동에너지 KE_α, 운동량 $\vec{p}_\alpha$를 갖는다.

29.4.2 베타 붕괴 Beta Decay

방사성 핵종이 베타 붕괴를 할 경우엔 딸핵의 전체 핵자수는 어미핵과 같지만 원자 번호는 1만큼 변한다.

$$^{A}_{Z}X \rightarrow {}^{A}_{Z+1}Y + e^{-} \qquad [29.11]$$

$$^{A}_{Z}X \rightarrow {}^{A}_{Z-1}Y + e^{+} \qquad [29.12]$$

이 분열에서도 핵자의 개수와 전체 전하는 보존된다. 하지만 변환식만으로 붕괴 과정을 완벽히 기술할 수 없다. 대표적인 붕괴 양식은 다음과 같다.

$$^{14}_{6}C \rightarrow {}^{14}_{7}N + e^{-} \qquad [29.13]$$

핵으로부터 전자의 방출은 놀라운 일이 아닐 수 없는데, 그 이유는 앞서 언급했듯이 핵은 양성자와 중성자만으로 구성되어 있기 때문이다. 이런 의문점은 중성자가 양성자로 변환되는 과정에 핵에서 생성된 전자가 방출되는 것이라고 하면 설명할 수 있다. 이 과정은 다음과 같이 표현할 수 있다.

$$^{1}_{0}n \rightarrow {}^{1}_{1}p + e^{-} \qquad [29.14]$$

식 29.13에 나타낸 반응에서 붕괴 전후의 에너지를 생각해 보자. 알파 붕괴에서처럼 베타 붕괴에서도 에너지는 보존되어야 한다. 다음 예제는 $^{14}_{6}C$의 베타 붕괴에서 방출되는 에너지의 양을 계산한 것이다.

예제 29.3 탄소-14의 베타 붕괴

목표 베타 붕괴 시 방출되는 에너지를 계산한다.

문제 식 29.13에 의해 $^{14}_{6}C$가 $^{14}_{7}N$으로 베타 붕괴 시 나오는 에너지를 구하라. 이 관계식은 핵에 대한 것이고 부록 B에 나와 있는 것은 중성 원자의 질량이다. 식 29.13의 양변에 여섯 개의 전자를 더해 주면 다음과 같이 된다.

$$^{14}_{6}C \text{ 원자} \rightarrow {}^{14}_{7}N \text{ 원자}$$

전략 방출되는 에너지를 구하려면 나중 입자와 입사 입자 간의 질량 차를 계산하고 최종적으로 MeV 에너지로 변환한다.

풀이

부록 B로부터 $^{14}_{6}C$와 $^{14}_{7}N$의 질량을 찾고, 그 차이를 계산한다.

$$\Delta m = m_C - m_N = 14.003\ 242 \text{ u} - 14.003\ 074 \text{ u}$$
$$= 0.000\ 168 \text{ u}$$

질량 차를 MeV로 변환한다.

$$E = (0.000\ 168 \text{ u})(931.494 \text{ MeV/u}) = \boxed{0.156 \text{ MeV}}$$

참고 계산된 에너지는 일반적으로 이 과정에서 실제 관측되는 에너지보다 크다. 이런 불일치는 에너지가 보존되지 않는 것으로 비춰졌기 때문에 물리학에 위기를 불러왔다. 앞으로 살펴보겠지만, 이 반응에서 다른 종류의 입자가 생성되는 것이 밝혀졌기 때문에 위기를 비켜갈 수 있었다.

예제 29.3에 의하면 ^{14}C의 베타 붕괴에서 발생하는 에너지는 대략 0.16 MeV이다. 알파 붕괴에서처럼 전자가 붕괴 과정에서 생성된 가장 가벼운 입자이므로 전자가 거의 모든 에너지를 운동에너지의 형태로 갖고 나와야 한다. 하지만 실제로는 그림 29.8에서처럼 소수의 전자만이 그래프에 $KE_{\text{최대}}$로 표시된 최대 에너지를 갖고 튀어나올 뿐이

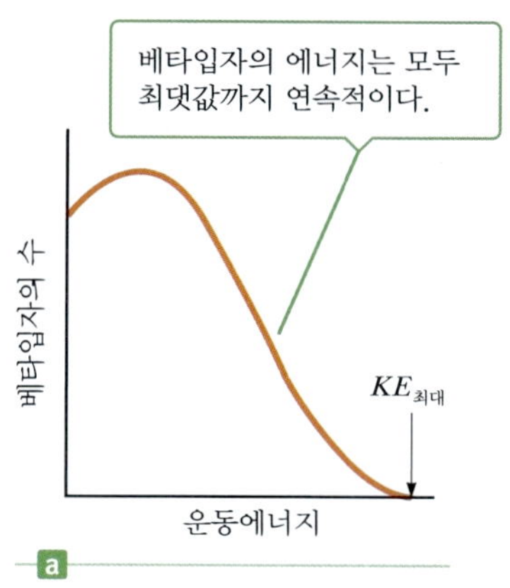

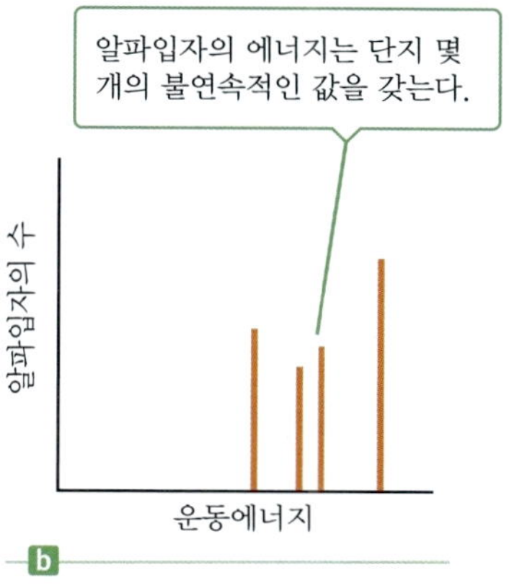

그림 29.8 (a) 베타 붕괴에서 베타입자의 전형적인 에너지 분포, (b) 알파 붕괴에서 알파입자의 전형적인 에너지 분포.

며, 대부분의 전자는 예상치보다 작은 운동에너지를 갖고 방출된다. 딸핵이나 전자가 이렇게 생성된 에너지를 갖고 있지 않다면 그 에너지는 다 어디로 간 것일까? 또 다른 문제로, 베타 붕괴를 좀 더 분석해 본 결과 각운동량과 선운동량이 모두 보존되지 않는 것으로 나타났다!

1930년 파울리는 '사라진' 에너지를 갖고 방출되는 제3의 입자가 있으며, 이 경우 운동량이 보존된다고 제안했다. 후에 페르미가 베타 붕괴에 관한 완벽한 이론을 만들어 냈고, 전기적으로 중성이며 질량이 없고 있어도 극히 작은 이 입자를 **중성미자**(neutrino)라고 명명했다. 그 후 오랫동안 발견할 수 없었던 중성미자(ν)는 마침내 1956년에 실험적으로 검출되었다. 중성미자는 다음과 같은 성질을 갖는다.

- 전기적인 전하는 영이다.
- 질량이 전자보다도 작지만 영은 아니다. (최근 실험에서 중성미자는 유한한 질량을 갖는 것으로 밝혀졌다. 그러나 그 값은 매우 불확실하며 아마도 1 eV/c^2보다도 작을 것으로 보인다.)
- 스핀은 $\frac{1}{2}$이다.
- 물질과의 상호작용이 매우 약해 검출하기 어렵다.

중성미자를 도입하면 이제 식 29.13의 베타 붕괴 과정을 다음과 같이 정확한 형태로 표현할 수 있다.

$$^{14}_{6}\text{C} \rightarrow {}^{14}_{7}\text{N} + \text{e}^- + \bar{\nu} \qquad [29.15]$$

기호 $\bar{\nu}$는 **반중성미자**(antineutrino)를 나타낸다. 다음 붕괴 과정을 이용하여 반중성미자가 무엇인지 설명해 보자.

$$^{12}_{7}\text{N} \rightarrow {}^{12}_{6}\text{C} + \text{e}^+ + \nu \qquad [29.16]$$

여기서는 ^{12}N가 ^{12}C로 붕괴하는데, 전자와 동일하지만 전하가 $+e$인 입자가 생성된다. 이 입자를 **양전자**(positron)라고 한다. 이 입자는 전하를 제외한 모든 면에서 전자와 동일하기 때문에 양전자를 전자의 **반입자**(antiparticle)라고 한다. 반입자에 대해서는 30장에서 더 자세히 살펴볼 것이므로 지금은 **베타 붕괴에서는 전자와 반중성미자가 방**

페르미
Enrico Fermi, 1901~1954
아탈리아의 물리학자

페르미는 중성자의 충격에 의한 무거운 핵반응과 초우라늄 원소의 제조에 관한 실험 연구로 1938년 노벨 물리학상을 수상했다. 그 외에도 베타 붕괴 이론, 금속의 자유 전자 이론, 1942년 세계 최초로 핵분열 원자로 개발 등 물리학에 지대한 공헌을 하였다. 페르미는 이론과 실험에 있어 진정 탁월한 물리학자였지만 물리학을 명쾌하게 소개했던 것으로도 유명하다. "자연이 인류를 위해 무엇을 준비해 놓았든 간에, 불쾌하다 해도 인류는 그걸 받아들여야 한다. 왜냐하면 무지가 지식보다 나을 수 없기 때문이다."

출되거나 양전자와 중성미자가 방출된다고 알면 될 것이다.

딸핵이 다양한 운동에너지를 가질 수 있는 베타 붕괴에서와는 달리, 알파 붕괴에서는 불연속적인 에너지의 입자가 나온다(그림 29.8b). 이는 두 딸핵 입자가 같은 크기의 반대 방향의 운동량을 가지며, 각 입자가 정해진 개수의 핵자로 구성되어 있기 때문이다.

29.4.3 감마 붕괴 Gamma Decay

방사성 붕괴를 하는 핵은 흔히 들뜬 에너지 상태에 있다. 핵은 하나 또는 여러 개의 고에너지 광자를 방출하고 낮은 에너지 상태(또는 바닥상태)로 이차적인 전이를 하게 된다. 이는 원자로부터의 빛 방출 과정과 유사하다. 원자 속의 전자는 높은 에너지 상태에서 낮은 에너지 상태로 '뛰어내리면서' 여분의 에너지를 복사파의 형태로 방출한다. 이와 마찬가지로 핵도 붕괴나 기타 핵변환 과정을 거친 후 갖게 되는 여분의 에너지를 실질적으로 동일한 방법으로 방출한다. 핵 내부의 양성자와 중성자가 높은 에너지 상태에서 낮은 에너지 상태로 '뛰어내리면서' 에너지를 방출하는 것이다. 이 과정에서 방출되는 광자를 **감마선**(γ rays)이라고 하며, 일반 가시광선에 비해 매우 높은 에너지를 가진다.

Tip 29.3 전자의 질량수

가끔 사용되는 전자의 또 다른 표기법으로 ${}_{-1}^{0}e$이 있다. 이 기호는 전자의 정지 질량이 영이라는 의미가 아니다. 전자의 질량은 가장 가벼운 핵자보다도 훨씬 가볍기 때문에 핵의 분열이나 반응을 공부할 때는 값을 근사적으로 영으로 놓는다.

핵은 다른 입자와의 격렬한 충돌의 결과로 들뜬상태에 도달할 수도 있다. 하지만 보통의 경우 핵이 일단 알파 붕괴나 베타 붕괴를 겪은 후에 들뜬상태에 도달한다. 다음 일련의 과정은 전형적인 감마 붕괴 과정을 보여 준다.

$$ {}_{5}^{12}\mathrm{B} \;\rightarrow\; {}_{6}^{12}\mathrm{C}^* + e^- + \bar{\nu} \qquad [29.17]$$

$$ {}_{6}^{12}\mathrm{C}^* \;\rightarrow\; {}_{6}^{12}\mathrm{C} + \gamma \qquad [29.18]$$

식 29.17은 ${}^{12}\mathrm{B}$가 ${}^{12}\mathrm{C}^*$로 변환되는 베타 붕괴 과정이다. 여기서 별표(*)는 탄소 핵이 붕괴를 마친 후 들뜬상태에 있음을 나타낸다. 그 후 들뜬상태의 탄소 핵이 식 29.18에 나타낸 것처럼 감마선을 방출하면서 바닥상태로 떨어지는 것이다. 감마선의 방출은 Z나 A에 아무런 변화를 주지 않음에 유의하자.

29.4.4 방사능의 활용 Practical Uses of Radioactivity

탄소 연대 측정

식 29.15에 주어진 ${}^{14}\mathrm{C}$의 베타 붕괴는 흔히 유기 시료의 연대 측정에 사용된다. ${}^{14}\mathrm{C}$는 대기권 상층부의 우주선(외계로부터 날아오는 고에너지 입자)과의 핵반응에 의해 ${}^{14}\mathrm{N}$로부터 만들어진다. 사실 대기의 이산화탄소에서 ${}^{12}\mathrm{C}$에 대한 ${}^{14}\mathrm{C}$의 비율은 1.3×10^{-12} 정도로 일정한데, 이는 나무의 나이테에서 탄소 비율을 측정해 보면 알 수 있다. 모든 살아 있는 유기체들은 끊임없이 주변 환경과 이산화탄소를 교환하므로, 체내의 ${}^{12}\mathrm{C}$에 대한 ${}^{14}\mathrm{C}$의 비율은 이와 같은 값을 갖는다. 하지만 유기체가 죽으면, 더 이상 대기로부터 ${}^{14}\mathrm{C}$를 흡수하지 않으며 ${}^{14}\mathrm{C}$의 베타 붕괴에 의해 체내의 ${}^{12}\mathrm{C}$에 대한 ${}^{14}\mathrm{C}$의 비율은 점차 줄어들 것이다. 따라서 단위 질량당 ${}^{14}\mathrm{C}$의 붕괴에 의한 방사능을 측정하면 오래된 물체의 연대를 측정할 수 있다. 탄소 연대 측정을 이용하면, 나무, 석탄, 뼈나 조개껍데기 샘플이 1 000년 내지 25 000년 전에 살았던 것들임을 밝혀낼 수 있다. 이런 정보들은 과학자로 하여금 인간을 비롯한 생명체의 숨겨졌던 역사를 재구성하는 데 도움을 준다.

연기 감지기

응용

연기 감지기

연기 감지기는 가정이나 공장에서 화재 예방을 위해 많이 사용된다. 가장 흔한 것은 방사성 물질을 이용한 전리형 감지기이다(그림 29.9). 연기 감지기는 전리실, 민감한 전류 검출기, 경보기로 구성된다. 미약한 방사선원은 검출기 내의 공기를 전리시키고 그 과정에서 전하를 띤 입자가 생긴다. 감지기 내부 두 평판 사이에 전압을 걸어주면 작지만 검출할 수 있을 만큼의 전류가 외부 회로로 흐르고, 전류가 일정하게 흐르고 있는 동안은 경보기가 울리지 않도록 되어 있다. 하지만 만약 연기가 감지기 내부로 흘러 들어가면 전리되었던 이온들이 연기 입자에 달라붙게 되고, 이렇게 무거워진 입자는 가벼운 이온 상태일 때보다 덜 민첩하게 움직여서 결국 감지기 전류가 감소하게 된다. 외부 회로는 이러한 전류의 감소를 감지하여 경보를 울리는 것이다.

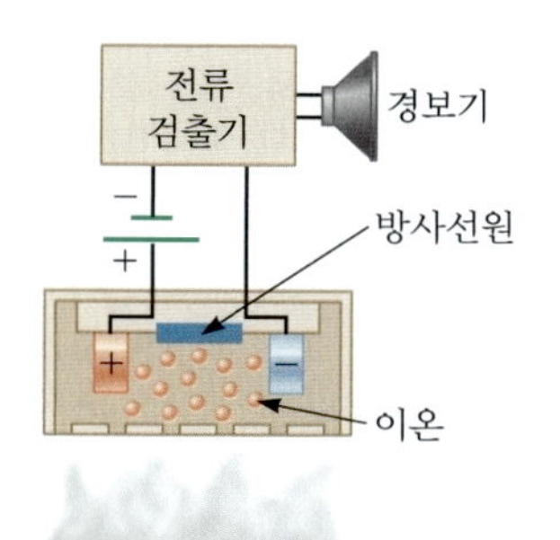

그림 29.9 전리형 연기 감지기. 감지기 내부로 연기가 들어오면 검출기 전류가 감소하여 경보기가 작동한다.

라돈 검출기

방사능은 일상생활에 해가 될 수도 있다. 퀴리 부부에 의해 라듐이 발견된 직후, 라듐과 접촉한 공기도 방사성을 띤다는 사실이 밝혀졌다. 그때는 방사선이 라듐 자체에서 나오는 것으로 알려져 이것을 '라듐 방사물'이라 불렀다. 결국 러더퍼드와 소디(Frederick Soddy)가 '방사물'을 농축시키는 데 성공했으며, 이것이 실제 존재하는 물질로서 현재 **라돈**(Rn)으로 불리는 불활성 기체 원소임을 밝혀냈다. 후에 우라늄 광산의 공기가 방사성인 이유가 라돈 기체 때문인 것으로 조사되어, 모든 광산은 광부의 건강을 위하여 세심하게 환기되도록 만들어졌다. 결국 라돈 오염의 공포는 우라늄 광산에서 일반 가정으로까지 옮겨왔다. 암석이나 토양, 벽돌, 콘크리트 등은 미량의 라듐을 포함하고 있는데, 이에 의해 생성된 라돈 기체가 우리 가정이나 다른 건물 안으로 흘러 들어오는 것이다. 이 중에서 토양으로부터의 라돈 누출이 가장 심각한데, 이에 대한 실질적 대처법은 지층 위에 파이프를 통해 직접 실외로 환기시키는 것이다.

응용

라돈 오염

방사성 연대 측정 기법을 사용하기 위해 앞서 배웠던 식을 좀 바꿔 보자. 우선 식 29.4의 양변에 λ를 곱하면 다음과 같다.

$$\lambda N = \lambda N_0 e^{-\lambda t}$$

식 29.3에서 $\lambda N = R$, $\lambda N_0 = R_0$이므로, 이를 위 식에 대입하고 R_0으로 나누면

$$\frac{R}{R_0} = e^{-\lambda t}$$

이 되는데, 여기서 R은 현재의 방사능, R_0은 문제의 물체가 살아 있는 유기체의 일부였을 당시의 방사능이다. 다음과 같이 양변에 자연 로그를 취하면 연대를 구할 수 있다.

$$\ln\left(\frac{R}{R_0}\right) = \ln\left(e^{-\lambda t}\right) = -\lambda t$$

$$t = -\frac{\ln\left(\frac{R}{R_0}\right)}{\lambda} \qquad [29.19]$$

29.5 자연 방사능 Natural Radioactivity

방사성 핵종은 크게 두 부류로 나눌 수 있는데, 하나는 **자연 방사능**(natural radioactivity)을 만드는 자연계의 불안정한 핵종이고, 또 하나는 **인공 방사능**(artificial radioactivity)을 만들어 내는 실험실에서 핵반응을 통해 생성된 핵종이다.

자연계에 존재하는 방사성 핵종에는 세 가지 계열이 있다(표 29.2). 각 계열은 반감기가 그 후손 핵들보다 긴 특정 방사성 원소로부터 시작한다. 표 29.2에서 네 번째 계열은 자연계에서 발견되지 않는 초우라늄 원소(우라늄보다 원자 번호가 큰 원소) ^{237}Np로부터 시작한다. ^{237}Np의 반감기는 불과 2.14×10^6년 정도이다.

두 개의 우라늄 계열은 ^{232}Th 계열(그림 29.10)에 비해 다소 더 복잡하다. 그 밖에도 ^{14}C나 ^{40}K처럼 자연계에 존재하지만 어느 붕괴 계열에도 속하지 않는 방사성 동위원소도 있다.

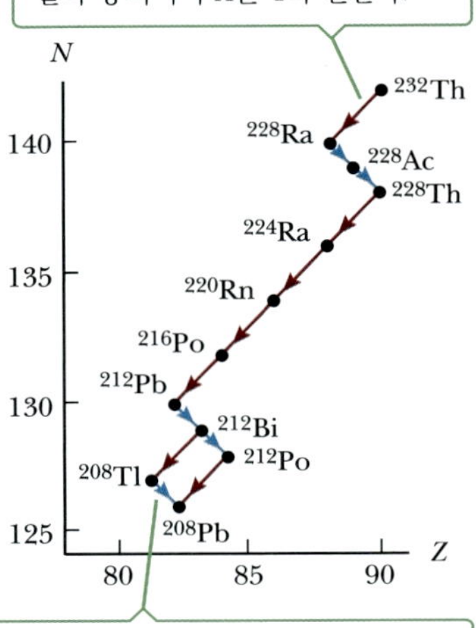

그림 29.10 붕괴 계열은 ^{232}Th로부터 시작한다.

자연 방사능은 오래전에 없어졌어야 할 방사성 원소를 우리 주변에 계속적으로 공급한다. 예를 들어, 태양계는 생긴 지 약 5×10^9년 정도 되었는데, 반감기 4.47×10^9년인 ^{238}U로부터 시작하는 붕괴 계열이 없었더라면 ^{226}Ra(반감기 1 600년)은 오래전에 모두 붕괴되어 고갈되었어야 한다.

표 29.2 방사성 붕괴의 네 가지 계열

계열	시작 동위 원소	반감기(년)	안정한 최종 생성물
우라늄	$^{238}_{92}$U	4.47×10^9	$^{206}_{82}$Pb
악티늄	$^{235}_{92}$U	7.04×10^8	$^{207}_{82}$Pb
토륨	$^{232}_{90}$Th	1.41×10^{10}	$^{208}_{82}$Pb
넵투늄	$^{237}_{93}$Np	2.14×10^6	$^{209}_{82}$Pb

29.6 핵반응 Nuclear Reactions

핵에 에너지가 큰 입자를 충돌시키면 핵의 구조를 바꿀 수 있는데, 이 과정을 **핵반응**(nuclear reactions)이라 한다. 러더퍼드는 천연 방사선원에서 나오는 입자를 충돌시킴으로써 핵반응을 처음으로 관측하였다. 그는 질소 원자에 알파입자를 충돌시키는 과정에서 양성자가 관여함을 알아냈다. 이 과정은 다음과 같은 반응식으로 표현할 수 있다.

$$^{4}_{2}\text{He} + ^{14}_{7}\text{N} \rightarrow \text{X} + ^{1}_{1}\text{H} \qquad [29.20]$$

이 식은 알파입자($^4_2$He)가 질소 원자에 충돌하여 미지의 입자(X)와 양성자($^1_1$H)가 생성되는 것을 보여 준다. 양변의 원자 번호와 핵자수가 같으려면 미지의 원소는 $^{17}_8$X의 형태여야 한다. 원자 번호가 8인 원소는 산소이므로 반응식을 다음과 같이 완성할 수 있다.

$$^4_2\text{He} + {}^{14}_7\text{N} \rightarrow {}^{17}_8\text{O} + {}^1_1\text{H} \quad [29.21]$$

이 핵반응에서는 안정한 두 동위 원소 헬륨과 질소에서 시작하여 전혀 다른 두 개의 안정한 원소인 수소와 산소가 생성된다.

러더퍼드의 시대 이후로 천여 가지의 핵반응이 관측되었고, 특히 1930년대에 대전 입자 가속기가 개발되었다. 오늘날에는 입자 가속기 및 입자 검출기와 관련된 기술이 발전하여 1 000 GeV = 1 TeV 에너지의 입자까지 만들 수 있게 되었다. 이런 고에너지 입자들은 핵뿐만 아니라 우주 만물의 미스터리를 푸는 데 결정적인 단서를 제공할 새로운 입자를 만들어 내는 데 사용된다.

예제 29.4 중성자의 발견

목표 핵반응의 전후를 비교하여 미확인 분열 생성물이 무엇인지 결정한다.

문제 1932년 영국의 채드윅(Robert Chadwick)이 베릴륨 표적에 알파입자를 충돌시켜 주목할 만한 핵반응 과정을 발견했다. 실험 결과 다음과 같은 반응이 발생했음이 알려졌다.

$$^4_2\text{He} + {}^9_4\text{Be} \rightarrow {}^{12}_6\text{C} + {}^A_Z\text{X}$$

이 반응에서 입자 ^A_ZX는 무엇인가?

전략 반응 전후의 질량수와 원자 번호를 맞춘다.

풀이

반응식 양변의 질량수에 대한 식은 다음과 같다.

$$4 + 9 = 12 + A \rightarrow A = 1$$

반응식 양변의 원자 번호에 대한 식은 다음과 같다.

$$2 + 4 = 6 + Z \rightarrow Z = 0$$

결국 입자의 정체는 다음과 같다.

$$^A_Z\text{X} = {}^1_0\text{n (중성자)}$$

참고 이것은 중성자의 존재에 대한 긍정적 근거를 제공한 첫 번째 실험이다.

*Q*값

앞서 반응식 양변에서 원자 번호와 질량수가 균형을 이루는 핵반응들을 살펴봤다. 이제 이 반응과 관련된 에너지를 살펴볼 텐데, 에너지는 반응 전후에 보존되어야 할 또 하나의 중요한 물리량이다.

이를 위해 다음과 같은 핵반응을 분석해 보자.

$$^2_1\text{H} + {}^{14}_7\text{N} \rightarrow {}^{12}_6\text{C} + {}^4_2\text{He} \quad [29.22]$$

반응식 좌변의 전체 질량은 $^2_1$H의 질량(2.014 102 u)과 $^{14}_7$N의 질량(14.003 074 u)의 합으로, 16.017 176 u이다. 마찬가지로 우변은 $^{12}_6$C의 질량(12.000 000 u)과 $^4_2$He의 질량(4.002 602 u)으로 전체 합은 16.002 602 u이다. 따라서 반응 전의 질량은 반

응 후의 질량보다 크며 16.017 176 u − 16.002 602 u = 0.014 574 u의 차이가 생긴다. 이렇게 '사라진' 에너지는 반응 후 생성된 핵들의 운동에너지로 변환된다. 에너지 단위로 환산해 보면 0.014 574 u에 해당하는 13.576 MeV의 운동에너지를 탄소와 헬륨 핵이 갖고 나온다.

반응식 양변을 같게 만들 에너지 값을 이 반응의 Q값이라고 한다. 식 29.22에서 Q값은 13.576 MeV인 것이다. 에너지가 발생하는 핵반응에서는 Q값이 양이며, 이를 **발열 반응**(exothermic reactions)이라 한다.

하지만 이런 에너지의 대차대조표는 완벽한 것이 아니다. 왜냐하면 반응 이전에 입사한 입자의 에너지를 고려하지 않았기 때문이다. 예를 들어, 식 29.22에서 중수소가 5 MeV의 운동에너지를 가질 경우, 이 값에 Q값까지 더해 주면 반응 후 탄소와 헬륨 핵은 전체 18.576 MeV의 운동에너지를 갖게 된다.

이제 다음과 같은 반응을 생각해 보자.

$$^{4}_{2}\mathrm{He} + ^{14}_{7}\mathrm{N} \rightarrow ^{17}_{8}\mathrm{O} + ^{1}_{1}\mathrm{H} \tag{29.23}$$

반응 전의 전체 질량은 알파입자와 질소 핵질량의 합인 4.002 602 u + 14.003 074 u = 18.005 676 u이다. 반면, 반응 후의 전체 질량은 양성자와 산소 핵질량의 합인 16.999 133 u + 1.007 825 u = 18.006 958 u이다. 이 경우엔 반응 전에 비해 반응 후의 전체 질량이 더 크다. 0.001 282 u의 질량이 모자라고 이를 에너지로 환산하면 1.194 MeV에 해당한다. 따라서 이 반응의 Q값은 −1.194 MeV로 음의 값이 된다. Q값이 음인 반응을 **흡열 반응**(endothermic reactions)이라 한다. 이러한 반응은 입사한 입자가 모자라는 에너지를 보상할 만큼 충분한 에너지를 갖지 않는 한 발생하지 않는다.

언뜻 보기에는 입사한 알파입자가 1.194 MeV의 운동에너지만 갖고 있다면, 식 29.23의 반응은 발생할 수 있을 것으로 보인다. 하지만 실제로는 알파입자가 그보다 더 많은 에너지를 갖고 있어야 한다. 정확히 1.194 MeV의 에너지만 갖고 있다 해도 에너지 보존의 법칙은 성립한다. 하지만 자세히 살펴보면 운동량은 그렇지 못하다. 입사하는 알파입자는 반응 직전에 어느 정도의 운동량을 갖고 있다. 그러나 운동에너지가 1.194 MeV밖에 안 된다면, 생성 입자(산소와 양성자)의 운동에너지는 영이 될 것이고, 따라서 운동량도 영이 될 것이다. 운동에너지와 운동량이 함께 보존되기 위해서는 입사 입자의 운동에너지가 적어도 다음과 같아야 한다.

$$KE_{\text{최소}} = \left(1 + \frac{m}{M}\right)|Q| \tag{29.24}$$

여기서 m은 입사 입자의 질량, M은 표적 핵의 질량이며 Q의 절댓값이 사용되었다. 식 29.23의 반응에 대해서는

$$KE_{\text{최소}} = \left(1 + \frac{4.002\ 602}{14.003\ 074}\right)|-1.194\ \mathrm{MeV}| = 1.535\ \mathrm{MeV}$$

이다. 이렇게 입사하는 에너지의 최소한의 운동에너지를 **문턱 에너지**(threshold energy)라고 한다. 입사하는 알파입자의 에너지가 1.535 MeV보다 작으면 식 29.23의 핵반응은 절대로 일어나지 않는다. 반응이 일어나려면 운동에너지는 1.535 MeV보다 크거나 같아야 한다.

29.7 방사선의 의학에의 응용 Medical Applications of Radiation

29.7.1 방사선에 의한 물질의 손상 Radiation Damage in Matter

물질에 흡수된 방사선은 심각한 손상을 줄 수 있다. 손상의 종류와 정도는 방사선의 종류와 에너지, 흡수 물질의 특성 등에 따라 다르다. 생물학적 유기체에 대한 방사선 손상은 일차적으로 세포 내의 전리 효과에 의한 것이다. 전리 방사선에 의한 고반응성 이온들이 세포의 정상적인 기능을 방해한다. 예를 들어, 물 분자로부터 만들어진 수소나 수산기는 단백질이나 기타 생체 분자의 결합을 파괴할 수 있는 화학 반응을 유발할 수 있다. 다량의 급성 방사선 피폭은 수많은 세포 내 분자 손상이 세포의 괴사로 이어지기 때문에 특히나 더 위험하다. 더구나 방사선 피폭에 살아남은 세포라 하더라도 손상이 심하여 암을 유발할 수 있다.

생물학적으로는 방사선 피폭에 의한 손상을 체세포 손상과 유전적 손상의 두 부류로 구분한다. **체세포 손상**(somatic damage)은 생식 세포 이외의 세포가 피폭에 의해 손상된 것이다. 이런 손상은 고준위의 방사선에서는 암을 유발하거나 특정 기관의 특성을 바꿔버린다. **유전적 손상**(genetic damage)은 생식 세포에 대한 효과로 한정된다. 생식 세포 내의 유전자 손상은 후손에 영향을 미친다. 확실히 의료 진단이나 치료, 예를 들면, X선 촬영이나 다른 형태의 방사선에 대한 노출 등에 대해서도 신경을 써야 한다.

방사선에 대한 노출이나 피폭을 정량화하기 위해 여러 가지 단위가 사용된다. **뢴트겐**(R)은 **표준 상태의 공기 1 cm^{3}당 2.08 × 10^{9}개의 이온쌍을 생성시키는 전리 방사선의 양**으로 정의된다. 같은 의미로 **뢴트겐은 1 kg의 공기에 8.76 × 10^{-3} J의 에너지를 부여하는 방사선의 양**을 말하기도 한다.

대부분의 응용에서 뢴트겐 대신에 **rad**를 많이 쓰는데 1 rad는 **흡수체 1 kg당 10^{-2} J 만큼의 에너지를 부여하는 방사선의 양**으로 정의된다.

rad가 완벽한 물리량의 단위이지만, 방사선에 의한 생물학적 손상의 정도를 측정하는 데 있어서 최적의 단위는 아니다. 그 이유는 손상의 정도가 방사선의 에너지뿐만 아니라 방사선의 종류에 따라서도 달라지기 때문이다. 예를 들면, 어느 특정 선량의 알파입자에 의한 생물학적 손상은 같은 선량의 X선에 의한 손상의 10배나 된다. 생물학적 효과의 상대적 비율 **RBE**(relative biological effectiveness)는 **해당 방사선 1 rad가 내는 것과 동일한 생물학적 손상을 유발하는 X선 또는 감마선의 rad 수**로 정의된다. 여러 종류의 방사선에 대한 RBE 계수를 표 29.3에 나타냈다. 이 값들은 입자의 에너지나 손상의 형태에 따라 달라질 수 있기 때문에 단지 근삿값일 뿐임에 유의하자.

표 29.3 여러 가지 방사선에 대한 RBE 계수

방사선	RBE 계수
X선과 감마선	1.0
베타입자	1.0 – 1.7
알파입자	10 – 20
느린 중성자	4 – 5
빠른 중성자와 양성자	10
무거운 이온	20

마지막으로 **rem**(roentgen equivalent in man)은 rad 단위의 흡수선량에 RBE 계수를 곱한 것으로 정의한다.

$$\text{rem 단위의 등가(유효)선량} = \text{rad 단위의 흡수선량} \times \text{RBE}$$

이 정의에 따르면 1 rem의 상이한 두 종류의 방사선이 만들어 내는 생물학적 손상의 정도는 동일하다. 표 29.3을 보면 1 rad의 빠른 중성자는 10 rem의 유효선량에 해당하고 1 rad의 X선은 1 rem과 등가가 된다.

응용
직종별 방사선 노출 한계

우주 방사선이나 토양 등 자연으로부터의 저준위 방사선 허용량은 1인당 연간 0.13 rem 정도이다. 미 정부가 권장하는 방사선량(배경 복사선이나 의료/진단에 의한 피폭은 제외)의 상한 값은 연간 0.5 rem이지만, 높은 준위의 방사선에 직업적으로 피폭될 수 있는 직종에 종사하는 사람들의 경우, 전신에 대해 연간 5 rem을 상한으로 한다. 손이나 발과 같이 신체의 특정 부분에는 좀 더 높은 상한이 적용되기도 한다. 400~500 rem 정도의 급성 전신 피폭이면 사망률은 대략 50%에 이른다. 가장 위험한 것은 방사성 동위 원소의 호흡이나 섭취에 의한 피폭이며 ^{90}Sr처럼 그 원소가 체내의 한 장기에 집중적으로 쌓일 경우 더욱 위험하다. 어떤 경우 방사성 물질 1 mCi의 섭취가 1 000 rem의 피폭을 유발하기도 한다.

응용
식품과 의료 기구 소독

어떤 물체를 방사선에 노출시켜 소독하는 방법이 수년간 사용되어 왔지만, 최근 사용되는 방법은 안전하고 좀 더 경제적으로 개선되었다. 대부분의 박테리아나 벌레, 곤충들은 방사성 코발트로부터 나오는 감마선에 의해 쉽게 박멸된다. 방사선 추적을 행하고 있기 때문에 이러한 멸균 과정에서 유기체에 의한 방사성 핵종의 흡수는 발생하지 않는다. 이 방법은 돼지고기 속의 트리키넬라(Trichinella) 기생충, 닭고기 속의 살모넬라균, 밀가루 속에 있는 벌레의 알, 채소와 과일을 상하게 만드는 표면 박테리아 등을 박멸하는 데 매우 효과적이다. 최근 이러한 과정은 포장을 제거하지 않은 채 의료 기구를 소독하는 데까지 확장되었다. 수술용 장갑, 스펀지, 봉합 실 등이 포장된 채로 방사선이 조사된다. 또한 이식을 위한 뼈나, 연골, 피부 등도 감염을 막기 위해 종종 방사선을 쪼여준다.

29.7.2 추적 Tracing

응용
의료에서 방사성 추적

다양한 화학 반응에 관여하는 화학 물질을 추적하는 데 방사성 입자가 사용된다. 방사성 추적의 가장 유익한 응용 분야는 의약 분야이다. 예를 들어, ^{131}I은 아이오딘의 인공 동위 원소이다(자연 상태의 비방사성 동위 원소는 ^{127}I이다). 우리 몸의 필수 영양소인 아이오딘은 대개 해조류나 아이오딘염을 섭취함으로써 얻어진다. 체내의 아이오딘 대사에는 갑상선이 중요한 역할을 한다. 갑상선의 기능을 평가하기 위해, 환자는 소량의 아이오딘화나트륨을 마신다. 두 시간 후 목 부위의 방사선 세기를 측정함으로써 갑상선 내의 아이오딘의 양을 알아낸다.

의료 분야에서의 응용은 응급 상황에서 체내 출혈이 있는 위치를 찾아내는 데 방사성 추적자를 사용한다. 종종 출혈 부위를 찾아내지 못하는 경우가 있는데, 이럴 때에는 방사성 크로뮴을 사용하면 정확히 찾아낼 수 있다. 크로뮴은 적혈구에 흡수되어 전신으로 고루 퍼지는데, 출혈 부위에는 혈액이 고여 그 지점의 방사능이 현저히 증가한다.

추적 기법은 인간의 창의력이 허용하는 한 광범위하게 응용될 수 있다. 현재는 치아의 불소 흡수 조사부터 세제에 의한 식기의 오염 검사, 차량 엔진 내부의 부식 정도 검사 등에 이르기까지 다양하다. 후자의 경우, 피스톤을 만들 때 방사성 물질을 집어넣는데, 피스톤의 피로 정도를 알아보려면 오일의 방사능을 조사하면 된다.

29.7.3 자기 공명 영상(MRI) Magnetic Resonance Imaging

자기 공명 영상(MRI)의 핵심은 자기 모멘트를 가진 핵이 외부 자기장에 놓일 경우 그 모멘트는 자기장 방향을 따라 자기장 세기에 비례하는 진동수로 세차 운동을 한다는 데 있다. 예를 들어, 스핀이 $\frac{1}{2}$인 양성자는 자기장 속에서 두 에너지 상태 중의 하나를 점유한다. 스핀이 자기장 방향을 따라 정렬하는 경우가 낮은 에너지 상태에 해당하고, 자기장 방향에 반대로 정렬하는 경우가 높은 에너지 상태에 해당한다. **핵자기공명**(nuclear magnetic resonance)법을 이용하면 두 에너지 상태 사이의 전이를 관찰할 수 있다. 일단 직류 자기장을 걸어 자기 모멘트를 정렬시키고, 작은 진동 자기장을 직류 자기장과 수직으로 걸어준다. 이 진동 자기장의 진동수를 자기 모멘트의 세차운동 진동수와 같게 조절하면, 핵은 두 스핀 상태 사이에서 '왔다갔다' 하게 된다. 이러한 전이는 스핀 계에 의한 알짜 에너지의 흡수를 동반하며, 이것을 전자회로를 사용하여 검출하는 것이다.

MRI에서는 영상화하고자 하는 샘플의 각 점에 대해 공간적으로 변화하는 자기장을 얻어냄으로써 이미지를 재구성한다. 인간의 머리 부분에 대한 MRI 영상 두 개를 그림 29.11에 나타냈다. 실제로는 적절한 처리 장치에 수집되는 신호를 만들기 위해 컴퓨터로 제어되는 펄스 배열 기법을 이용한다. 그때 얻어지는 신호에 알맞은 수학적 조작을 가하여 최종 영상 자료를 뽑아낸다. 의료 진단에 있어서 다른 조영 기법에 대한 MRI의 주된 장점은 세포 구조에 손상을 최소화할 수 있다는 것이다. MRI에 사용되는 rf(radio frequency) 신호의 광자는 대략 10^{-7} eV의 작은 에너지를 갖는다. 분자 결합 세기(약 1 eV)는 이보다 훨씬 더 크기 때문에, 이런 rf 광자는 세포에 아무런 영향을 주지 않는다. X선이나 감마선은 10^4~10^6 eV 정도의 에너지를 가지므로 세포에 상대적으로 상당한 손상을 준다.

응용
자기 공명 영상(MRI)

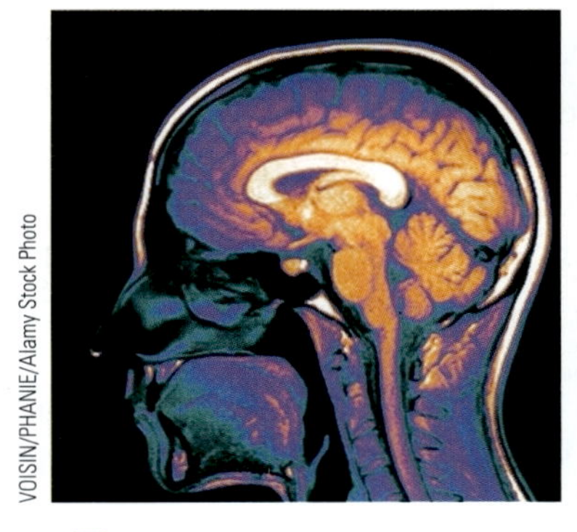

a

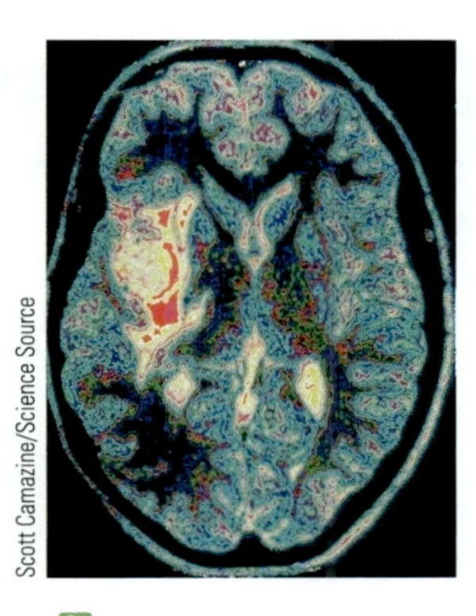

b

그림 29.11 컴퓨터를 이용하여 더 정확해진 MRI 영상. (a) 정상적인 뇌, (b) 종양이 있는 뇌

연습문제

29.1 핵의 특성

1(1). 다음 원자핵의 핵 반지름을 구하라.
(a) $^{2}_{1}\mathrm{H}$, (b) $^{60}_{27}\mathrm{Co}$, (c) $^{197}_{79}\mathrm{Au}$, (d) $^{239}_{94}\mathrm{Pu}$

2(3). 핵을 이루는 물질의 밀도가 2.3×10^{17} kg/m^{3}이라 할 때, 지구와 같은 질량이 되는 구형 핵의 반지름은 얼마인가? 지구의 질량은 5.98×10^{24} kg이며 평균 반지름은 6.37×10^{6} m이다.

3(5). 철($^{56}_{26}\mathrm{Fe}$) 원자의 (a) 전자, (b) 양성자, (c) 중성자의 수는 얼마인가?

4(7). (a) 금 핵에 3.2×10^{-14} m까지 근접하는 데 필요한 알파입자의 속력을 구하라. (b) 알파입자의 에너지를 MeV 단위로 구하라.

5(9). 알파입자($Z = 2$, 질량 $= 6.64 \times 10^{-27}$ kg)가 탄소 핵($Z = 6$)에 거리 1.00×10^{-14} m까지 접근한다. 이때 다음을 구하라. (a) 알파입자에 미치는 쿨롱의 힘의 최댓값, (b) 알파입자의 가속도, (c) 알파입자의 퍼텐셜 에너지

29.2 결합 에너지

6(11). $Z_1 = N_2$이고 $Z_2 = N_1$인 한 쌍의 핵을 거울 동중핵(mirror isobar)이라고 한다. (원자 번호와 중성자 수가 상호 교환 가능한 핵이다.) 그러한 거울 동중핵의 결합 에너지를 측정한 값은 핵력이 전하와 무관하다는 증거를 얻는 데 사용될 수 있다. 전하와 무관하다는 것은 양성자–양성자, 양성자–중성자, 중성자–중성자 간의 힘이 거의 같다는 의미이다. 거울 동중핵인 $^{15}_{8}\mathrm{O}$와 $^{15}_{7}\mathrm{N}$의 결합 에너지의 차이를 계산해 보라.

7(13). 다음 핵의 핵자당 평균 결합 에너지를 구하라. (a) $^{24}_{12}\mathrm{Mg}$, (b) $^{85}_{37}\mathrm{Rb}$

8(15). 질량수가 같은 두 핵종을 동중핵(isobars)이라 한다. (a) 동중체인 $^{23}_{11}\mathrm{Na}$과 $^{23}_{12}\mathrm{Mg}$에 대해 핵자당 결합 에너지의 차이를 계산하라. (b) 이 차이는 어떻게 설명할 수 있는가? $^{23}_{12}\mathrm{Mg}$의 질량은 22.994 127 u이다.

29.3 방사능

9(17). 알려지지 않은 어떤 방사능 물질의 활성도가 2.00일 후 처음 활성도의 84.2%가 되었다. 이 물질의 반감기는 얼마인가?

10(19). 라돈의 반감기는 3.83일이다. $t = 0$일 때 3.00 g의 라돈이 있었다면, 1.50일이 지난 후 남는 라돈의 질량은 얼마인가?

11(21). 크로뮴의 방사성 동위 원소인 $^{51}\mathrm{Cr}$의 반감기는 27.7일이다. 이 원소는 핵의학에서 혈액을 연구할 때 진단용 추적자로 사용된다. $^{51}\mathrm{Cr}$의 시료가 보관소에 있을 때의 활성도가 2.00 μCi라고 하자. (a) 그 시료 속에 들어 있는 $^{51}\mathrm{Cr}$ 핵의 개수는 얼마인가? (b) 1년 후에 보관소에서 꺼냈을 때의 그 시료의 활성도를 Bq 단위로 계산하라.

12(23). $^{131}\mathrm{I}$의 반감기는 8.04일이다. (a) 반감기를 초의 단위로 바꿔라. (b) 이 동위 원소의 붕괴 상수를 계산하라. (c) 0.500 μCi를 SI 단위인 베크렐로 바꿔라. (d) 어떤 시료의 방사능이 0.500 μCi이 되기 위한 $^{131}\mathrm{I}$ 핵의 개수를 구하라. (e) 어느 시점에서 $^{131}\mathrm{I}$ 시료의 방사능이 6.40 mCi이다. 40.2일이 경과한다면 반감기가 몇 번 지난 것이며, 이때의 방사능은 얼마인가?

13(25). 갓 만들어진 시료가 10.0 mCi 방사능의 동위 원소를 포함하고 있다. 4.00시간 후 방사능이 8.00 mCi로 되었다. (a) 이 동위 원소의 붕괴 상수와 반감기를 구하라. (b) 처음 만들어졌을 당시, 동위 원소의 개수는 몇 개인가? (c) 만들어진지 30.0시간 후의 방사능은 얼마인가?

29.4 붕괴 과정

14(27). 다음 중 자발적으로 발생할 수 있는 붕괴는 어느 것인지 설명하라.

(a) $^{40}_{20}\mathrm{Ca} \rightarrow e^{+} + {}^{40}_{19}\mathrm{K}$ (b) $^{144}_{60}\mathrm{Nd} \rightarrow {}^{4}_{2}\mathrm{He} + {}^{140}_{58}\mathrm{Ce}$

15(29). 다음 붕괴식에서 '?' 표시된 원소는 무엇인가?

(a) $^{212}_{83}\mathrm{Bi} \rightarrow ? + {}^{4}_{2}\mathrm{He}$

(b) $^{95}_{36}\mathrm{Kr} \rightarrow ? + e^{-} + \bar{\nu}$

(c) $? \rightarrow {}^{4}_{2}\mathrm{He} + {}^{140}_{58}\mathrm{Ce}$

16(31). $^{56}\mathrm{Fe}$의 질량은 55.934 9 u, $^{56}\mathrm{Co}$의 질량은 55.939 9 u이다. 두 동위 원소 사이에서 어떤 원소가 어떤 과정에 의해 다른 원소로 붕괴하는지 설명하라.

17(33). 고대 무덤에서 목재로 만든 기구가 발견되었다. 탄소-14($^{14}_{6}\mathrm{C}$)의 방사능을 측정해 본 결과, 같은 지역에 있는 살아 있는 나무에서 나오는 방사능의 60.0%에 해당한다는 것

이 알려졌다. 목재 기구가 만들어진 나무에 처음부터 동일한 양의 ^{14}C가 존재했다고 가정할 때, 기구의 나이는 얼마인가?

18(35). ^{3}H(삼중수소) 핵은 다음 반응에 의해 ^{3}He으로 베타 붕괴를 하면서 전자와 반중성미자를 방출한다.

$$ {}^{3}_{1}H \rightarrow {}^{3}_{2}He + e^{-} + \bar{\nu} $$

부록 B를 이용하여 반응에서 나오는 에너지를 계산하라.

29.6 핵반응

19(37). (a) ${}^{7}_{3}Li + {}^{4}_{2}He \rightarrow ? + {}^{1}_{0}n$ 반응에서 '?'에 해당하는 원소는 무엇인가? (b) 반응에서 Q값은 얼마인가?

20(39). (a) ${}^{10}_{5}B$이 알파입자와 충돌하여 양성자와 함께 어떤 핵이 생성된다. 핵의 종류는 무엇인가? (b) ${}^{13}_{6}C$이 양성자와 충돌하여 알파입자와 함께 어떤 핵이 생성된다. 핵의 종류는 무엇인가?

21(41). 자연에 존재하는 금의 동위 원소는 ${}^{197}_{79}Au$뿐이다. 만약 금 원자핵이 느린 중성자와 충돌하면 e^{-} 입자가 나온다. (a) 적절한 반응식을 써라. (b) 방출되는 베타입자의 최대 에너지를 계산하라. ${}^{198}_{80}Hg$의 질량은 197.966 75 u이다.

22(43). 다음 핵반응 식에서 미지의 입자 X와 X′이 무엇인지 알아내라.

(a) $X + {}^{4}_{2}He \rightarrow {}^{24}_{12}Mg + {}^{1}_{0}n$

(b) ${}^{235}_{92}U + {}^{1}_{0}n \rightarrow {}^{90}_{38}Sr + X + 2{}^{1}_{0}n$

(c) $2{}^{1}_{1}H \rightarrow {}^{2}_{1}H + X + X'$

29.7 방사선의 의학에의 응용

23(45). X선을 이용하여 물을 가열하려고 한다. 발생기에서 초당 10. rad의 X선이 발생할 경우, 물의 온도를 50.°C 올리는 데 얼마의 시간이 걸리는가? 이 시간 동안의 열 소모는 무시한다.

24(47). 질량이 75.0 kg인 사람이 전신에 25.0 rad의 방사능에 노출되었다. 이 사람의 신체로 얼마만큼의 에너지가 들어가는가?

25(49). 어떤 환자가 인-32(${}^{32}_{15}P$)라는 딱지가 붙어 있는 방사성 의약품을 삼켰다. 그 약품은 반감기가 14.3일인 β^{-}를 방출하는 약이다. 방출된 전자의 평균 운동에너지는 7.00×10^{2} keV이다. 그 시료의 처음 활성도가 1.31 MBq이라고 할 때 다음을 구하라. (a) 10.0일 동안 방출된 전자의 수, (b) 10.0일 동안 환자의 몸에 들어간 총에너지, (c) 전자가 1×10^{2} g의 조직 속에 완전히 흡수되었다고 할 때 흡수 방사선량.

종합문제

26(51). 200.0 mCi의 방사성 동위 원소 시료를 의료기 상사에서 구입하였다. 시료의 반감기가 14.0일이라면, 물질의 활성도가 20.0 mCi가 되기까지 얼마나 오랫동안 보관할 수 있는가?

27(53). 어떤 방사능 시료가 반감기가 20.4분인 순수한 ^{11}C를 3.50 μg 포함하고 있다. (a) 처음에는 몇 몰의 ^{11}C가 있었는가? (b) 처음에 있었던 핵의 개수를 구하라. (c) 처음과 (d) 8.00시간 후 시료의 활성도는 얼마인가?

28(55). 달에 있는 바위 조각 속의 ^{87}Rb를 순도 분석하였더니 그램당 1.82×10^{10}개의 원자가 있고 ^{87}Sr에서는 그램당 1.07×10^{9}개의 원자가 확인되었다. 잘 일어나는 붕괴는 $^{87}Rb \rightarrow {}^{87}Sr + e^{-}$이고, 붕괴의 반감기는 4.8×10^{10}년이다. (a) 바윗돌의 나이를 추정해 보라. (b) 바윗돌 속에 있는 물질들은 더 오래된 것인가? (c) 방사성 연대 측정법을 사용하기 위해 전제된 가정은 무엇인가?

29(57). 방사성 동위 원소의 시료가 처음 값의 (a) 10.0%, (b) 5.00%, (c) 1.00%가 되는 시간은 반감기의 몇 배가 되는 시간인가?

30(59). ^{24}Na에 의한 초기 활성이 2.5 mCi/mL인 어떤 의료 실험실용 원액을 제조하고, 원액 10.0 mL를 $t_0 = 0$에서 희석하여 총 부피가 250 mL인 작동 용액을 제조한다. 48시간 후, 작동 용액 5.0 mL 샘플을 계수기로 측정한다. 측정된 활성은 얼마인가?

31(61). 핵천체물리학 이론에 의하면 우라늄과 같은 모든 무거운 원소가 거대한 별의 내부에서 형성된다고 한다. 이 별들은 결국 폭발하여 원소들을 우주로 방출한다. 폭발 당시 ^{235}U와 ^{238}U의 양이 같았다고 가정할 때, 현재 $^{235}U/^{238}U$ 비율이 0.007이라면 지구를 형성한 원소들은 얼마나 오래전에 방출되었겠는가? (^{235}U와 ^{238}U의 반감기는 각각 0.70×10^{9}년과 4.47×10^{9}년이다.)

핵에너지와 소립자
Nuclear Energy and Elementary Particles

CHAPTER 30

마지막 장에서 결론을 짓고자 하는 핵반응에 의해 만들어지는 에너지에는 핵분열과 핵융합에 의한 두 종류의 에너지가 있다. 즉, 우라늄 원자와 같이 질량이 큰 핵이 분열하여 두 개의 더 작은 원자로 나뉠 때 생기는 핵분열에 의한 에너지와, 수소 원자와 같이 가벼운 질량의 원자가 서로 융합하여 더 큰 질량의 원자를 형성할 때 생기는 핵융합 에너지로 나뉜다. 두 가지 경우 모두 엄청난 에너지를 방출하는데, 만일 핵폭탄을 만들어 사용할 경우는 파괴가 목적이므로 인류에게 해가 되지만 원자력 발전의 경우는 매우 유익한 에너지원이 된다. 이 교재의 마지막 내용은 원자를 구성하는 여러 가지 소립자(또는 기본 입자)와 상호작용, 그리고 그러한 입자에 대한 연구 경향에 대해 공부한다. 특히 우리에게 매우 친근하고 자연의 모든 물질을 구성하는 쿼크와 렙톤 입자를 다룬다. 이를 통해 최종적으로 우주의 진화 과정을 이해하는 데 도움이 되는 모형을 언급한다.

30.1 핵분열 Nuclear Fission

핵분열(nuclear fission)이란 ^{235}U와 같이 무거운 핵을 가진 원자가 원래의 핵보다 더 가벼운 핵을 가진 두 개의 핵으로 쪼개지거나 분열되는 것을 말한다. 그러한 반응에서 **생성된 전체 질량은 원래의 무거운 핵자가 갖는 질량보다는 작다.** 전 세계적으로 핵분열을 이용한 원자력 발전소가 많아지면서 온실 기체인 이산화탄소를 대기 중으로 배출하는 화석 연료 의존성을 많이 낮추고 있다.

30.1.1 ^{235}U의 분열 Fission of ^{235}U

에너지가 작아 속력이 느린 중성자에 의해 ^{235}U 원자가 핵분열을 일으킨 경우, 다음과 같은 과정을 거쳐 분열이 진행된다.

$$ {}^{1}_{0}\mathrm{n} + {}^{235}_{92}\mathrm{U} \;\rightarrow\; {}^{236}_{92}\mathrm{U}^{*} \rightarrow \mathrm{X} + \mathrm{Y} + \text{중성자} \qquad [30.1] $$

이때 $^{236}\mathrm{U}^{*}$이 핵분열이 일어나 X와 Y의 두 원자로 조각날 때 대략 10^{-12} s의 시간이 걸린다. 이 식에서 에너지와 전하의 보존을 만족하는 X와 Y의 원자의 종류는 여러 가지로 선택할 수 있다. 우라늄이 분열할 때는 약 90개의 다른 딸핵들이 형성될 수 있다. 핵분열이 일어날 때마다 보통 2~3개 정도의 중성자가 생성된다. 이때 방출되는 중성자의 평균 개수는 2.47개이다.

이러한 반응의 한 전형적인 예로 다음과 같은 식이 주어진다.

$$ {}^{1}_{0}\mathrm{n} + {}^{235}_{92}\mathrm{U} \;\rightarrow\; {}^{141}_{56}\mathrm{Ba} + {}^{92}_{36}\mathrm{Kr} + 3\,{}^{1}_{0}\mathrm{n} \qquad [30.2] $$

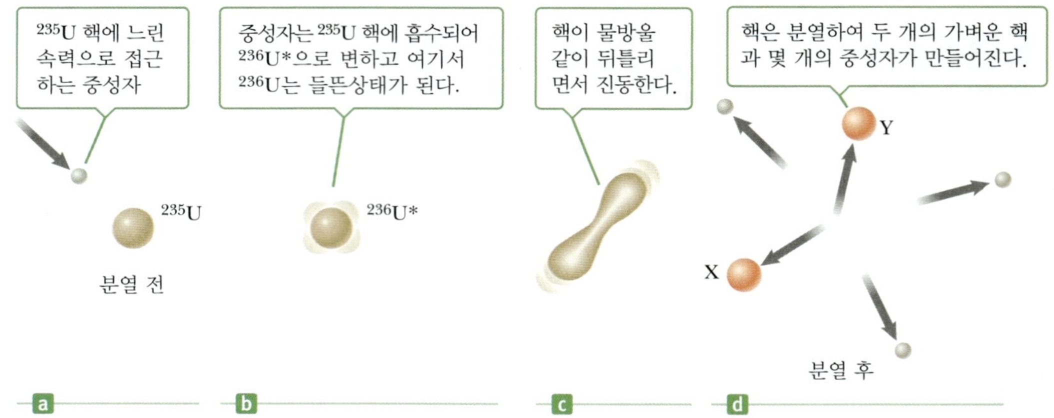

그림 30.1 원자핵을 물방울 모양으로 나타낸 원자 핵분열의 진행 과정

이 분열 과정에서 우라늄에 중성자가 들어가게 되면 Ba과 Kr 원자와 몇 개의 중성자들로 나뉘면서 상당량의 운동에너지를 갖게 된다. 여기서 핵자의 수나 질량의 수를 더하면 왼쪽의 합과 오른쪽의 합의 수가 같음을 알 수 있다. 즉, 왼쪽은 $1+235=236$이 되고 오른쪽은 $141+92+3=236$이 되어 같게 된다. 한편 양성자의 수도 각각 세어 더해 보면 92개로 양변이 일치한다. 부록 B의 자료를 이용하면 식 30.2의 붕괴 과정에서 방출되는 에너지 Q는 쉽게 계산된다. 이러한 계산의 자세한 예를 26장(예제 26.5)에서 다루었으며, 그때 에너지는 $Q=200.421$ MeV이었다.

우라늄 핵의 붕괴는 물방울이 뭉쳐 엄청난 에너지를 발생하는 현상의 예와 비교하면 이해가 쉽다. 물방울에 해당하는 각 원자 방울들은 에너지를 갖는다. 그런데 이 원자 방울 하나로 있을 때는 깨어지기에 충분한 에너지를 갖지 못하다가, 조그마한 다른 에너지가 들어옴으로 인해 원자 방울이 진동을 하면서 수축과 팽창의 과정이 지속되고 진동이 더욱 커져 마침내 새로운 원자 물방울로 분리된다. 이러한 과정이 그림 30.1에 잘 나타나 있다. 이러한 진행 과정을 정리해 보면 다음과 같다.

핵분열 진행 과정의 순서 ►

1. ^{235}U 핵이 (느리게 움직이는) 열중성자를 포획한다.
2. 중성자를 포획한 핵은 ^{236}U*가 되고 그 과정에서 생긴 엄청난 에너지는 맹렬한 진동을 일으킨다.
3. 맹렬한 진동에 의해 ^{236}U* 핵은 아령 모양으로 길게 늘어나고 그로 인해 반씩 나누어진 양성자들 사이의 반발력으로 아령 모양이 끊어지기 시작한다.
4. 마침내 핵은 두 조각으로 나누어지게 되고 그 과정에서 여러 개의 중성자가 방출된다.

일반적으로 방사성을 갖는 무거운 단일 원자 한 개가 핵분열할 때 방출하는 에너지는 가솔린 엔진에 사용되는 옥탄 분자 한 개가 방출하는 에너지 양의 약 1억 배이다.

30.1.2 원자로 Nuclear Reactors

^{235}U가 핵분열할 때 생성된 중성자는 번갈아 또 다른 ^{235}U 원자핵에 들어가 그림 30.2와 같은 연쇄 반응의 형태를 가지면서 계속 핵분열을 일으킨다. 이러한 연쇄 반응을 적

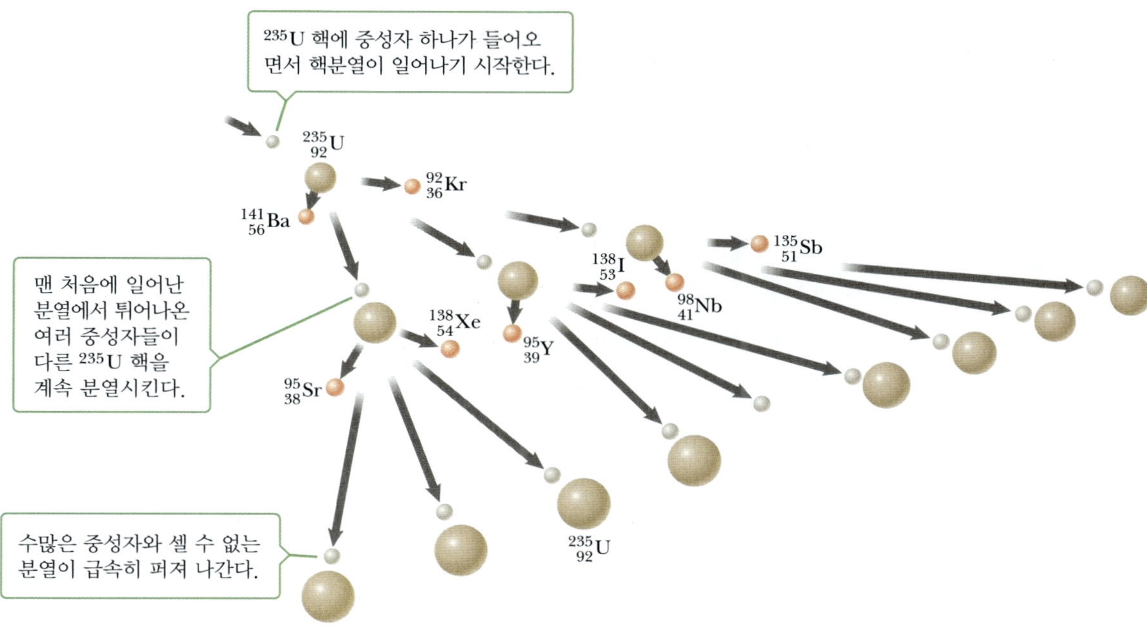

그림 30.2 중성자를 받아들인 후 시작된 핵 연쇄 반응

절히 제어하지 못하면 ^{235}U 단 1 g으로도 아주 빠른 속도의 반응이 일어나면서 엄청난 에너지가 발생하여 결국은 폭발하게 된다는 것을 간단한 계산으로도 확인할 수 있다. 단 1 kg의 ^{235}U가 반응을 일으키더라도 그 폭발 위력은 TNT 20 000톤에 해당한다. 이렇게 제어가 되지 않은 핵분열에 의한 반응이 최초 원자 폭탄의 폭발 원리라고 볼 수 있다.

한편 원자로는 일시적으로 폭발하는 원자 폭탄과 달리 연쇄 반응이 지속적으로 일어나도록 **자체 제어 연쇄 반응**(self-sustained chain reaction)을 하는 장치를 말한다. 원자로는 페르미(Enrico Fermi)에 의해 1942년에 최초로 만들어졌다. 오늘날 대부분의 원자로는 원료로 ^{235}U를 사용한다. 자연에는 우라늄이 ^{235}U와 ^{238}U의 동위 원소 형태로 존재하는데, 이 중 ^{238}U 동위 원소가 자연에 99.3%, ^{235}U 동위 원소가 0.7% 존재하고 있다. 그런데 중요한 사실은 자연에 다량이 존재하는 ^{238}U 동위 원소는 핵분열로 원자로가 가동되는 데는 거의 기여하지 못한다. 대신 중성자를 흡수하는 역할과 함께 넵투늄(Np)과 플루토늄(Pu)을 생성하는 데 기여한다. 이러한 이유로, 원자로의 연료는 인위적으로 ^{235}U 동위 원소를 수 퍼센트 이내로 나머지는 ^{238}U 동위 원소를 포함하도록 조절한다.

평균적으로 ^{235}U 하나가 핵분열할 때 중성자 2.5개가 생성되고 다른 ^{235}U에 유입되어 자발적인 연쇄 반응과 함께 핵분열이 일어난다. 원자로의 가동에 중요한 상수는 **각 연쇄 반응이 일어날 때 생기는 중성자의 평균 개수인 재생성 상수 *K*값**이다.

자발적인 연쇄 반응은 $K = 1$일 때 일어나고 이를 **임계값**이라고 한다. K값이 1보다 작은 임계 이하의 값에서는 연쇄 반응이 일어나지 않는다. K값이 1보다 커서 임계값 이상이 되면 과도한 연쇄 반응이 일어난다. 원자력 발전소를 운영하는 회사는 원자로의 K값을 1에 근접한 값으로 유지해야 한다.

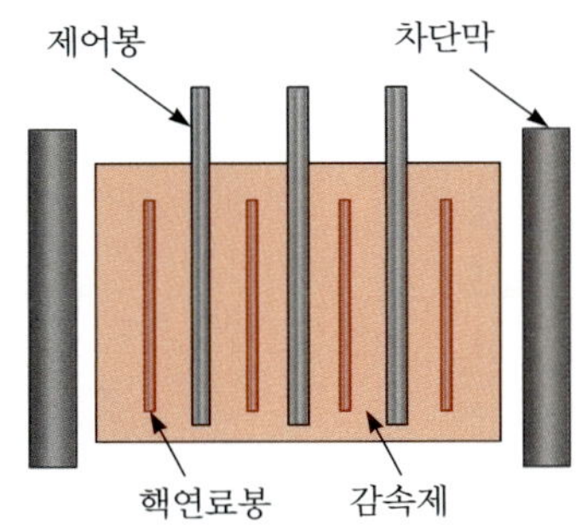

그림 30.3 원자로의 단면. 제어봉, 핵원료가 충진된 연료봉, 중성자 감속재, 방사선을 차단하는 차단막으로 되어 있다.

그림 30.3은 원자로의 기본적인 구조를 보여 주고 있다. 동그란 모양으로 우라늄이 농축된 연료가 있다. 반응 원자로의 크기는 중성자의 누출을 방지하기 때문에 매우 중요하다. 원자로가 크면 표면과 부피의 비가 작아져 크기가 작은 원자로에 비해 상대적으로 중성자의 누출이 적다.

또한 중성자의 에너지를 적절하게 조절하는 것이 중요하다. 속도가 느린 중성자가 빠른 중성자에 비해 ^{235}U의 핵분열을 훨씬 더 효과적으로 진행하기 때문이다. 특히 ^{235}U와 달리 ^{238}U의 경우 중성자의 속도가 오히려 느려야 흡수하지 않는다. 즉, 연속적인 연쇄 반응을 촉진시키기 위해서는 중성자의 속도를 느리게 해야 한다. 이렇게 중성자의 속도를 줄이는 데 중성자 **감속재**(moderator)가 농축 연료 사이에서 그 역할을 한다. 감속재로는 흑연(탄소)이나 중수소(D_2O)가 사용되며 최근에는 주로 중수소를 사용한다. 이러한 감속재를 사용하여 ^{235}U의 핵분열이 효과적으로 일어나도록 한다.

원자로의 출력은 그림 30.3에 나타낸 제어봉을 사용하여 조절한다. 제어봉은 카드뮴(Cd)과 같이 쉽게 중성자를 흡수하는 물질로 만든다.

응용

원자로의 설계

원자로 내에서 핵분열 시 발생한 열은 원자로 내에 담겨 있는 나트륨(Na) 액이나 물속의 매체에 열에너지로 전달되고 열교환기를 통해 이 열에너지를 이차 변환 시스템 내의 물로 전달된다. 전달된 고온의 물은 수증기로 변환되어 터빈 발전기를 돌려 전력을 생산한다.

원자로는 실질적으로 매우 안전하다. 미국 오크리지 국립연구소에 의하면 "원자로가 있는 주변 8 km 이내에서 50년 동안 살고 있는 사람들의 건강에 대한 피해는 담배 1.4개비, 포도주 0.5 L, 자동차로 240 km 주행, 비행기로 9 600 km 운항, 병원에서 흉부 X선을 한 번 촬영하는 것 등으로 발생할 수 있는 피해보다 덜하다."라고 보고한 바 있다. 이러한 평가는 각 활동으로 인해 일 년 이내에 사망할 확률이 얼마만큼 증가하는가를 백만 분의 1 단위로 나타낸 것이다.

원자로와 관련된 안정성 문제는 좀 복잡하며 때로는 과장되어 있기도 하다. 모든 에너지원은 위험과 무관할 수 없다. 예를 들어, 석탄의 경우 석탄을 캐는 노동자들은 건강의 위험에 항상 노출되어 있으며(라돈의 방사능 등을 포함하여), 대기 공해(온실 가스나 매우 높은 방사능재 등을 포함하여)를 일으킨다. 태양배터리의 경우는 카드뮴이나 사염화규소($SiCl_4$) 등과 같은 독성 물질을 대기 중에 노출시키며, 전력 생산량에 비해 엄청나게 많은 대지를 점유하는 부작용이 있다. 모든 경우 위험에 관한 문제는 에너지원의 가용성과 이득에 대한 가중 평가가 이루어져야 한다.

온실 가스나 지구 기후 변화와 관련된 우려 때문에 다른 형태의 에너지 생산에 관한 연구는 매우 중요하다. 그린에너지로 대체하는 방식 중에서는 핵분열이 가장 좋다. 핵분열은 고장 시간에 비해 높은 전력을 생산할 수 있는 이점이 있다. 기술과 비용의 절감 방법이 발전하였음에도 태양배터리나 풍력 발전은 매우 비싸고 고장이 자주 난다.

현재 사용되고 있는 원자로에서 소비되는 핵연료의 양으로 볼 때 전 세계의 전력 수요를 몇 년 정도 감당하기에는 충분한 우라늄광이 있는 것으로 알려져 있다. 반면에 증식형 원자로는 핵폐기물을 핵연료로 변환시키며 토륨을 원자로에 사용할 수 있는 우라늄으로 변환시킬 수 있다. 그러한 기술을 사용하면, 새로운 우라늄이나 토륨광을 발견하거나 개발하지 않고도 현재 매장량으로 수천 년 이상 충분히 잘 쓸 수 있을 것이다. 아직 손대지 않은 최후의 자원은 바닷속에 용해되어 있는 45억 톤의 우라늄이다. 이러한 우라늄을 경제적으로 추출하기 위한 여러 가지 방법이 현재 연구 중이다. 용해된 우라늄은 바다로 흘러들어가는 강물에 의해 계속 보충되므로 핵연료가 거의 무한으로 공급될 수 있다고 본다.

30.2 핵융합 Nuclear Fusion

두 개의 가벼운 핵이 융합하여 하나의 새로운 무거운 핵이 되는 과정을 핵융합이라 한다. 최종 핵자의 질량은 원래 핵자가 갖는 질량의 합보다 작기 때문에, 에너지가 방출되는 것과 동시에 질량의 손실이 생긴다. 아직은 핵융합 발전소가 건설되지는 않았지만 전 세계적으로 실험실 차원에서 핵융합에 의한 에너지를 만들려는 부단한 노력이 진행 중이다.

30.2.1 태양의 핵융합 Fusion in the Sun

모든 별은 핵융합의 과정에 의해 자체 에너지를 만들어 스스로 빛을 발하고 있다. 태양을 포함한 90% 이상의 별은 수소를 녹이는 반면에, 나이가 많은 어떤 별은 헬륨이나 그보다 더 무거운 원소를 녹여 융합할 때 스스로 에너지를 방출하면서 빛을 발한다. 핵융합 시 생성되는 에너지는 별 내부의 압력을 가중시키고, 중력은 별이 붕괴되어 흩어지는 것을 막아 준다.

별에서 융합 반응이 일어나기 위해서는 에너지를 견딜 수 있는 두 가지 조건이 충족되어야 한다. 첫째는 온도로, 수소가 융합되기 위해서는 약 10^7 K 정도의 충분히 높은 온도가 요구된다. 이것은 양으로 대전된 수소핵에 운동에너지를 주기에 충분한 온도로, 핵이 충돌할 때 상호작용하는 쿨롱의 반발력을 이길 수 있는 에너지이다. 둘째는 핵의 높은 밀도로, 충돌의 비율을 높이기에 충분해야 한다.

양자 효과가 햇빛을 만드는 열쇠가 된다는 것은 매우 흥미로운 일이다. 태양과 같은 별의 내부는 양성자가 쿨롱 반발력을 이기고 서로 충돌할 수 있을 만큼 충분히 높은 온도가 아니다. 충돌의 일부분만이 어떻든 양자 터널링의 방식으로 에너지 장벽을 핵이 투과하여 지나간다.

양성자–양성자 사이클(proton-proton cycle)은 세 개의 핵이 반응하는 일련의 과정을 통해 수소가 풍부한 태양과 같은 별에서 에너지가 분출되는 것이다. 전반적으로 양성자–양성자 사이클은 네 개의 양성자가 서로 하나가 되어 알파(α)입자와 두 개의 양전자를 형성한다. 이때 25 MeV의 에너지를 방출한다.

구체적인 양성자–양성자 사이클의 단계는 다음과 같다.

$$ {}_1^1\mathrm{H} + {}_1^1\mathrm{H} \;\rightarrow\; {}_1^2\mathrm{D} + e^+ + \nu $$

그리고

$$^{1}_{1}\mathrm{H} + {}^{2}_{1}\mathrm{D} \rightarrow {}^{3}_{2}\mathrm{He} + \gamma \qquad [30.3]$$

이다. 여기서 수소의 동위 원소인 D는 중수소로 핵 안에는 양성자와 중성자를 하나씩 지니고 있다(D 대신에 $^{2}_{1}$H로 표기하기도 한다). 다음 두 번째 단계의 반응은 수소–헬륨 융합과 헬륨–헬륨 융합으로 반응식은 다음과 같다.

$$^{1}_{1}\mathrm{H} + {}^{3}_{2}\mathrm{He} \rightarrow {}^{4}_{2}\mathrm{He} + e^{+} + \nu$$

또는

$$^{3}_{2}\mathrm{He} + {}^{3}_{2}\mathrm{He} \rightarrow {}^{4}_{2}\mathrm{He} + 2({}^{1}_{1}\mathrm{H})$$

이다. 방출된 에너지는 반응식에서처럼 주로 감마선, 양전자, 중성미자 등에 의해 생성된다. 이때 감마선은 높은 밀도의 기체에 의해 곧바로 흡수되어 기체의 온도가 증가한다. 그런데 이 감마선은 사실 양전자가 전자와 결합할 때 만들어지는데, 역시 수 센티미터 옆에 가까이 접해 있는 기체에 의해 차례차례 흡수된다. 다른 물질과 거의 상호작용을 하지 않는 중성미자는 자신이 속했던 별에서 벗어날 때 생성되었던 전체 에너지의 2%밖에 지니지 못한 채 탈출한다. 이렇게 에너지를 방출하는 융합 반응을 **열핵융합 반응**(thermonuclear fusion reaction)이라고 한다. 1952년에 처음 폭파된 수소 폭탄은 열핵융합 반응의 가장 좋은 예이다.

30.2.2 핵융합로 Fusion Reactors

응용
핵융합로

오늘날 지속적이고 제어가 가능한 핵융합 발전로를 건설하기 위한 부단한 노력이 진행 중에 있다. 제어가 가능한 핵융합로는 궁극적이고 이상적인 에너지원으로 불린다. 이는 기본 원료로 우리 주변에 풍부한 물을 사용할 수 있기 때문이다. 예를 들어, 수소의 동위 원소로 양성자와 중성자를 하나씩 지니고 있는 중수소를 주된 원료로 사용할 수 있다. 이러한 중수소는 1갤런의 물에서 0.06 g을 얻을 수 있으며, 이때 소요되는 비용은 단지 5원 정도에 불과하다. 아무리 비효율적인 융합로라 할지라도 연료비는 문제가 되지 않는다. 핵융합로의 부수적인 이점은 방사능 물질의 폐기물이 거의 없다는 것이다. 식 30.3에서처럼 수소핵은 핵융합 과정을 거쳐 마지막 단계에서 방사능이 없는 안정된 헬륨을 최종적으로 만든다. 불행하게도 열핵반응 과정에서 적절한 반응 시간 조건에서 순수 에너지를 얻을 수 있는 단계는 아직 실현되지 못하고 있다. 성공적인 장치를 개발하기 위해서는 해결해야 할 문제가 많다.

가장 실현 가능성이 있는 핵융합 반응은 수소의 동위 원소인 중수소(D)와 삼중수소(T)를 원료로 사용한 반응 장치이다. 반응 과정은 다음과 같다.

$$^{2}_{1}\mathrm{D} + {}^{2}_{1}\mathrm{D} \rightarrow {}^{3}_{2}\mathrm{He} + {}^{1}_{0}\mathrm{n} \qquad Q = 3.27\ \mathrm{MeV}$$

$$^{2}_{1}\mathrm{D} + {}^{2}_{1}\mathrm{D} \rightarrow {}^{3}_{1}\mathrm{T} + {}^{1}_{1}\mathrm{H} \qquad Q = 4.03\ \mathrm{MeV} \qquad [30.4]$$

및

$$^{2}_{1}\mathrm{D} + {}^{3}_{1}\mathrm{T} \rightarrow {}^{4}_{2}\mathrm{He} + {}^{1}_{0}\mathrm{n} \qquad Q = 17.59\ \mathrm{MeV}$$

이다. 여기서 Q값은 각 반응 과정에서 발생하는 에너지이다. 앞에서 설명한 바와 같이 위 반응식의 원료인 중수소는 호수나 바다에서 저렴하게 거의 무한정 얻을 수 있다. 또한 삼중수소는 반감기가 $T_{1/2} = 12.3$년인 방사능 물질로 베타 붕괴 후 ^{3}He가 된다. 그래서 삼중수소는 대부분 자연에서 만들어지지는 않고 인공적으로 생산해야 한다.

핵융합 발전을 위한 가장 기본적인 문제는 핵 사이에 작용하는 전기력인 쿨롱의 힘을 능가하는 충분한 운동에너지를 가해주어야 한다는 것이다. 이 단계는 핵연료에 태양의 내부 온도인 약 10^8 K보다도 극도로 더 높은 온도를 가해야 이루어진다. 이러한 높은 온도는 지상의 실험실이나 발전소에서 그냥 쉽게 만들 수 없다. 이렇게 높은 온도에서는 원자가 이온화되어 전자와 핵이 집합체로 모여서 만들어지는데, 이를 플라스마라 한다.

핵융합을 일으키는 데 필요한 높은 온도 조건과 함께 중요한 두 가지 임계 인자가 필요하다. **플라스마 이온 밀도**(plasma ion density) n과 이온이 상호작용하는 시간인 **플라스마 속박 시간**(plasma confinement time) τ이다. 이러한 임계 인자는 플라스마가 발생하는 데 필요한 일정한 온도와 같거나 그 온도 이상에서만 값이 유지되며, 이 값에 따라 열핵융합로의 기능을 수행할 수 있는지 없는지의 여부가 결정된다. 그래서 밀도와 속박 시간 값은 충분히 커야 한다. 그 값이 확실히 커야만 플라스마를 가열하는 데 필요한 애당초의 열보다 더 많은 융합 에너지가 방출되기 때문이다.

◀ 로슨의 기준

로슨의 기준(Lawson's criterion)은 밀도와 시간의 조건에 따른 융합로의 순수한 에너지 출력 여부를 보여 준다.

$$n\tau \geq 10^{14}\ \mathrm{s/cm^3} \qquad \text{중수소–삼중수소 상호작용} \qquad [30.5]$$
$$n\tau \geq 10^{16}\ \mathrm{s/cm^3} \qquad \text{중수소–중수소 상호작용}$$

플라스마 속박 시간에 관한 문제는 아직은 풀리지 않고 있다. 즉, 어떻게 하면 10^8 K의 온도에서 1 s 동안 플라스마를 속박하여 가둘 수 있을지가 과제로 남아 있다. 대부분 융합 실험은 플라스마를 가두기 위해서 자기장을 사용한다. 자기장으로 플라스마를 가두는 장치로는 **토카막**(tokamak)이 있다. 이 장치는 그림 30.4와 같이 도넛 형태의 토로이드로, 두 종류의 자기장 내에 플라스마를 가두게 한 것이다. 강한 세기의 자기장은 밖에 감긴 코일에 전류를 흘려 생기게 하고, 약한 자기장은 토로이드 안쪽에 생기게 한다. 그림과 같이 자기장은 나선형 구조를 가지면서 진공 내부 벽에 플라스마가 닿지 않도록 둘레를 휘감으면서 막아 주는 역할을 한다.

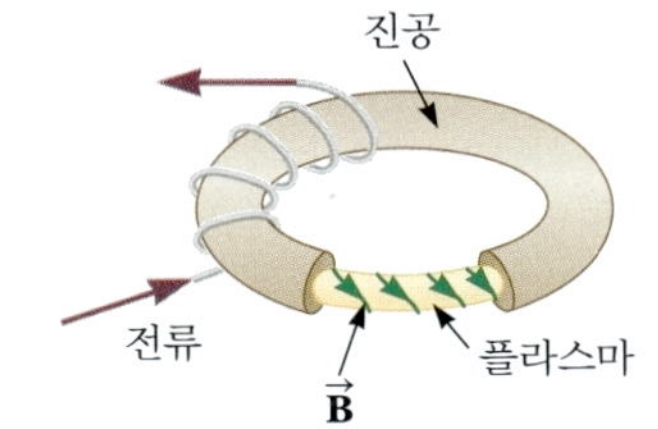

그림 30.4 토카막을 설명하는 그림으로 나선형의 자기장 내에 플라스마를 가둔다.

관성 감금 방식의 핵융합은 중수소나 삼중수소를 작은 알약 모양으로 만들어서 핵연료로 사용한다. 직간접적으로 매우 강력한 레이저가 알약 모양의 연료에 에너지를 급속히 가하여 표면이 터지게 한 다음 내부도 폭발하게 하여 가열시킨 다음 압축한다. 충격파가 생기면서 중심 부분을 때려 밀도와 압력을 높인 다음 융합 반응을 일으킨다. 그때 방출된 에너지는 또 다른 융합 반응의 에너지원이 된다. 융합은 텔레비전 크기 정도의 장치에서 일어날 수 있다. 그러한 소형 융합 장치는 전자 텔레비전을 개발한 판즈워스(Philo Farnsworth)가 발명한 것이다. 관성 정전 감금 장치라고 하는 이 방법은 양으로 대전된 입자가 매우 빠르게 음으로 대전된 그리드에 끌려들어가는 것이다. 양전하의 일부가 그리드와 충돌하여 융합한다.

예제 30.1 달에서의 우주 연료

목표 핵융합 반응에서 발생하는 에너지를 계산한다.

문제 삼중수소와 중수소가 반응할 때 발생하는 에너지를 계산하라.

$$^{3}_{2}\mathrm{He} + ^{2}_{1}\mathrm{D} \rightarrow ^{4}_{2}\mathrm{He} + ^{1}_{1}\mathrm{H}$$

전략 에너지는 반응 전의 질량 에너지와 반응 후의 질량 에너지의 차이에 해당하는 질량 에너지의 양만큼 발생한다.

풀이

좌변의 질량을 합하고 우변의 질량을 빼서, 원자질량 단위로 Δm을 구한다.

$$\Delta m = m_{\mathrm{He\text{-}3}} + m_{\mathrm{D}} - m_{\mathrm{He\text{-}4}} - m_{\mathrm{H}}$$

$$= 3.016\ 029\ \mathrm{u} + 2.014\ 102\ \mathrm{u} - 4.002\ 603\ \mathrm{u} - 1.007\ 825\ \mathrm{u}$$

$$= 0.019\ 703\ \mathrm{u}$$

이 질량 차이를 MeV 단위의 에너지로 변환한다.

$$E = (0.019\ 703\ \mathrm{u})\left(\frac{931.5\ \mathrm{MeV}}{1\ \mathrm{u}}\right) = 18.35\ \mathrm{MeV}$$

참고 결과적으로 융합 시 발생하는 에너지는 상당히 많은 양이다. 그런데 헬륨-3은 지구에서는 구하기 힘들지만 달에는 매우 풍부하게 존재한다. 달에서는 미세한 흙먼지 속에 있는 다량의 헬륨-3을 모으기만 하면 된다. 헬륨-3은 중성자보다 양성자를 더 많이 생성하는 장점이 있다. (D-D와 같이 몇몇 중성자는 여전히 다른 부수적인 반응 시 생성된다.) 이러한 장점에 비해 연소 시 더 높은 온도가 필요하다는 단점도 있다. 핵융합 발전을 위해 실제 달에 있는 헬륨-3을 사용한다면, 로봇을 이용하여 헬륨-3 암석을 채굴하여 지구로 운반해야 한다. 그러나 경제적인 이득은 석유나 석탄을 채굴하는 것에 비해 훨씬 못 미친다.

30.3 소립자와 네 가지 힘 Elementary Particles and the Fundamental Forces

원자를 구성하는 양성자, 전자, 중성자 이외에도 고에너지 실험이나 우주로부터 날아오는 광선이 충돌하면서 만들어지는 수없이 많은 입자들이 자연 여기저기에 존재하고 있음을 알 수 있다. 양성자나 전자와 같이 매우 안정된 입자와는 달리 이런 무수한 입자들은 쉽게 붕괴되며, 반감기는 대략 10^{-23} s에서 10^{-6} s에 불과하다. 중성자와 양성자를 포함한 이러한 대부분의 입자들은 쿼크라고 불리는 또 다른 소립자들의 조합에 의해 만들어진다는 것이 간접적인 증거로 매우 강력하다. 쿼크, 렙톤(예를 들어, 전자), 힘들을 전달하는 입자들(예를 들어, 광자)이 실제는 소립자(또는 기본 입자)들이라 생각할 수 있다. 이러한 소립자들을 이해하는 데 중요한 열쇠는 그 입자들이 자연의 힘에 어떤 역할을 하고 있는지를 보면 알 수 있다.

자연에 존재하는 근원적인 힘은 네 가지로, 강력, 전자기력, 약력, 중력이다. **강력**(strong force)은 중성자와 양성자 내부에 존재하는 쿼크 사이를 강하게 연결하여 중성자와 양성자를 묶어주는 힘과, 어느 면에서는 핵 내부에서 중성자와 양성자 사이에 작용하는 힘을 모두 포함하여 강력이라 일컫는다. '접착제'라고도 불리는 강력은 네 가지 힘 중에서 가장 강한 힘이다. 이 힘은 핵(약 10^{-15} m)보다는 약간 길지만, 무시해도 좋을 만큼의 매우 짧은 거리에서 작용하는 힘이다. 강력이 핵 내부 소립자 사이에 작용하는 힘이라면 또 다른 힘인 **전자기력**(electromagnetic force)은 원자와 원자 또는 분자와 분자들이 서로 묶여 있어 생기는 힘으로 강력의 10^{-2}배에 해당하는 세기이다. 전자기력은 먼 거리에 있는 입자 사이에 작용하는 힘으로 거리의 제곱에 반비례하는 세기를 갖는다. 강력과 같이 짧은 거리의 범위에서 작용하지만, 어떤 핵의 경우는 매우 불안정하여 힘의 세기가 약한 **약력**(weak force)으로 상호작용을 하는 소립자가 있다.

즉, 베타 붕괴의 경우 강력의 10^{-6}배에 불과한 힘을 갖는다. 마지막으로 네 가지 힘 중에 작용하는 거리의 범위가 매우 멀어 강력에 비해 힘의 세기가 10^{-43}배에 불과한 **중력**(gravitational force)이라는 힘이 있다. 중력은 태양계의 행성이나 우주의 수많은 별들과 은하계를 붙드는 거대한 힘이지만 실제 소립자들의 효과는 매우 미미하다. 아무튼 중력은 네 가지 힘 중에서 가장 약한 힘의 세기를 갖는다.

현대물리학은 여러 종류의 장 입자나 장 양자 사이에 작용하는 힘들에 대해서 설명하곤 한다. 우리에게 익숙한 전자기적인 상호작용의 경우도 장 입자란 광자를 의미한다. 즉, 현대물리학에서 전자기력이란 전자기장의 양자인 광자라는 매개 입자에 의해 전달되는 힘을 말한다. 그리고 강력의 매개 입자는 글루온(gluon)으로 쿼크 사이의 상호작용을 하는 장 입자이고, 약력은 W와 Z 보손(boson)이라는 장 입자가 매개 입자의 역할을 한다. 중력의 양자는 그래비톤(graviton)이고, 이것이 힘을 전달하는 매체가 된다. 이러한 두 입자 사이의 장 양자가 서로 교환되면서 힘이 전달된다. 이러한 과정을 두 원자에 적용할 경우, 전자가 서로 교환 또는 나눠지면서 원자의 공유결합이 이루어진다. 전자기적인 상호작용도 광자의 교환에 의한 좋은 예가 된다.

두 입자 사이에 작용하는 힘은 파인먼(Richard P. Feynman, 1918~1988)이 만들었던 파인먼 다이어그램이라는 간단한 그림을 설명함으로써 쉽게 이해할 수 있다. 그림 30.5는 두 전자 사이에 작용하는 전자기적 상호작용을 보여 준다. 여기서 단순히 광자가 장 입자로서 전자 사이에서 전자기력의 매개체 역할을 하고 있음을 보여 주고 있다. 이 상호작용에서 광자는 하나의 전자로부터 또 다른 전자에 에너지와 운동량을 전달한다. 이러한 광자를 가상 광자라 한다. 그런데 이 가상 광자를 측정하는 것은 불가능하다. 그 이유는 첫 번째 전자가 에너지나 운동량을 방출한 후 이를 두 번째 전자가 흡수하는 과정이 매우 짧은 순간에 이루어지기 때문이다. 이러한 가상 광자의 존재는 에너지 보존의 법칙에 위배될 것으로 생각할 수 있지만, 이는 시간–에너지에 관한 불확정성 원리로 모순이 없음을 설명할 수 있다. 불확정성 원리에 의하면 $\Delta E \Delta t \approx \hbar$를 만족하기 위해서는 Δt 시간의 변화에 따라 ΔE의 양은 일정한 고정된 값을 가질 수 없거나 에너지의 보존은 불가능하다. 만일 가상 광자의 교환이 매우 빠르게 진행되었을 경우 에너지의 보존에 대한 약간의 모순은 최소한의 불확정도에 비해서 못 미치므로, 전자의 교환이 물리적으로는 허용할 만한 과정으로 받아들일 수 있다.

중력을 매개하는 입자인 그래비톤을 제외하고 나머지 장 양자는 모두 발견되었다. 중력장의 세기가 너무 약하기 때문에 그래비톤은 직접 발견할 수가 없다. 힘들에 대한 상호 관계를 비교하여 표 30.1에 요약했다.

파인먼
Richard Feynman, 1918~1988
미국의 물리학자

파인먼은 슈윙거(Julian S. Schwinger), 도모나가(Shinichiro Tomonaga)와 함께 양자 전기 역학의 원리에 대한 초석을 마련한 공로로 1965년 노벨 물리학상을 수상했다. 그는 최초로 원자 폭탄을 만드는 맨해튼 프로젝트에 참여한 것과 입자의 상호작용을 단순한 다이어그램으로 만들어 그래프 형태로 설명한 것, 원자의 구성 요소인 아원자의 약한 상호작용에 대한 이론, 양자 역학의 새로운 정립, 초유체 헬륨에 대한 이론 등 물리학에 많은 중요한 공헌을 했다. 후에 그는 챌린저호 참사 조사위원회에서 활동했을 때 우주선에서 사용했던 부품인 오링(O-ring)의 결함을 지적하면서 얼음물이 들어 있는 유리잔에 작은 오링 모형을 넣었다 빼내어 망치로 그것을 힘껏 내리치면서 문제점에 대해 설명하였다. 또한 역학, 전자기학, 양자 역학의 내용이 담긴 3권으로 된 《파인먼의 물리학 강의(The Feynman Lectures on Physics)》를 저술하여 물리 교육에 이바지하였다.

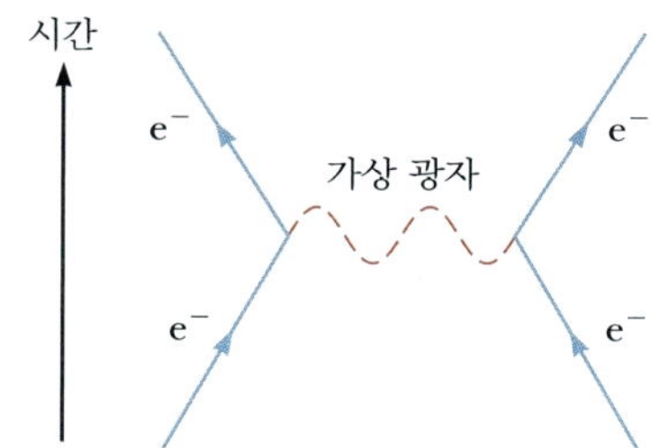

그림 30.5 두 전자 사이의 전자기력을 중간에서 전달하는 광자에 대한 파인먼 다이어그램

표 30.1 입자 상호작용

상호작용(힘)	상대적 세기[a]	힘이 미치는 영역	매개 장 입자
강력	1	짧은 거리 ($\approx$ 1 fm)	글루온
전자기력	10^{-2}	먼 거리 ($\propto 1/r^2$)	광자
약력	10^{-6}	짧은 거리 ($\approx 10^{-3}$ fm)	$W^{\pm}$와 Z 보손
중력	10^{-43}	먼 거리 ($\propto 1/r^2$)	그래비톤

[a]두 쿼크 사이는 3×10^{-17} m 떨어져 있다.

30.4 양전자와 여러 가지 반입자 Positrons and Other Antiparticles

1920년대에 이론물리학자 디랙(Paul Dirac, 1902~1984)은 특수 상대성 이론을 양자 역학에 통합하는 이론을 개발했다. 디랙은 이 이론으로 전자의 스핀과 자기 모멘트를 설명하였으나, 음의 에너지 상태를 예측하는 데는 뚜렷한 결함을 가지고 있었다. 그러나 그 이론은 전자와 질량이 같으면서 반대 전하를 갖는 반전자인 양전자의 존재를 가정함으로써 주목을 받았다. 디랙의 이론에는 **모든 입자는 질량이 같으면서 전하가 반대인 반입자를 가지고 있다**는 보편적이고 심오한 의미가 함축되어 있다. 반입자(antiparticle)의 기호는 입자의 문자 기호 위에 '막대(−)'로 표시하여 구분한다. 예를 들어 반양성자는 $\overline{\mathrm{p}}$로, 반중성미자는 $\overline{\nu}$와 같이 나타낸다. 이 교재에서 양전자는 e^+로 표시하고 있다. 실제로 알려진 모든 소립자는 서로 전혀 다른 반입자를 가지고 있다. 광자와 파이 중간자(π^0)는 스스로가 반입자가 되는 예외적인 성질도 가지고 있다.

Tip 30.1 반입자

반입자는 반대의 전하를 가진 것만을 근거로 단일 입자처럼 간주되지 않는다. 심지어 중성 입자도 반입자를 갖는다.

양전자는 1932년 앤더슨(Carl Anderson)의 안개 상자 실험에서 발견되었다. 양전하와 음전하를 서로 구분하기 위해 안개 상자를 자기장 내에 두어서 전하가 자기장의 영향으로 곡선 경로를 갖도록 했다. 전자가 자기장 내에서 편향되는 것처럼 양전자도 자기장 내에서 일정한 곡선을 가지면서 편향됨을 알 수 있었다.

어떤 소립자가 그 소립자의 반입자와 만나게 되면, 두 입자는 소멸되면서 높은 에너지의 광자를 방출한다. 전자–양전자의 소멸 과정에서 발생하는 에너지는 양전자 방출 단층촬영(positron-emission tomography, PET)이라는 핵의학 검사에 활용되고 있다. 양전자가 방출되는 방사성 물질을 포도당 용액에 넣어 환자에게 주사한다. 그러한 방사성 물질에는 산소–15, 질소–13, 탄소–11, 불소–18 등이 있다. 방사성 물질이 뇌로 운반되어 두뇌의 조직 안에서 붕괴되면서 전자와 양성자가 소멸되면 두 개의 감마선 광자가 방출된다. 컴퓨터를 사용하여 포도당이 응집되어 있는 뇌 안의 광자가 소멸되는 장소를 영상화할 수 있다.

응용

양전자 방출 단층촬영(PET) 검사

PET의 영상은 알츠하이머병을 비롯한 뇌에서 발생하는 비정상적인 여러 가지 다양한 증상을 찾아낸다. 한편 포도당은 신체의 다른 어느 부위보다 뇌에서 신진 대사가 활발하기 때문에 PET 영상 자료를 통해 뇌의 부위에 따른 언어, 음악, 시각 등의 다양한 진행 과정을 알아낼 수 있다.

30.5 소립자의 분류 Classification of Particles

힘을 전달하는 것과는 상관없이 입자의 상호작용에 따라 하드론(hadron)과 렙톤(lepton)이라는 두 가지 큰 범주로 입자를 분류한다. 하드론이 쿼크라는 더 세세한 소립자로 구성된 반면에, 렙톤은 내부에 또 다른 구조가 있을 것이라고는 하지만 실제로 더 이상 쪼개지지 않는 소립자이다.

30.5.1 하드론 Hadrons

강력으로 인해 상호작용을 하는 입자를 하드론이라고 한다. 하드론은 질량의 크기와 스핀의 종류에 따라 메손(meson)과 바리온(baryon)으로 분류한다.

모든 메손은 최종적으로는 전자, 양전자, 중성미자, 광자로 붕괴된다. 메손의 가장 좋은 예로 파이온(π)이 있다. 알려진 메손 중에 가장 가벼운 것으로 질량은 140 MeV/c^2이고 스핀은 0이다. 표 30.2에서처럼 파이온은 입자의 전하 상태에 따라 π^+, π^-, π^0으로 나뉜다. 파이온은 극도로 불안정한 입자이다. 예를 들어, π^-는 수명이 약 2.6×10^{-8} s이고 붕괴 후 뮤온과 반중성미자가 된다. 본질적으로는 무거운 전자인 μ^- 뮤온은 수명이 2.2 μs로 붕괴하면 전자, 중성미자, 반중성미자가 되며, 진행 과정은 다음과 같다.

$$\pi^- \rightarrow \mu^- + \bar{\nu} \qquad [30.6]$$

$$\mu^- \rightarrow e^- + \nu + \bar{\nu}$$

그리스어로 '무거운'이라는 뜻을 가진 바리온의 질량은 양성자의 질량과 같거나 더 크며, 스핀은 항상 반정수 값($\frac{1}{2}$ 또는 $\frac{3}{2}$)을 갖는다. 다른 많은 입자들처럼 양성자와 중성자는 바리온에 속한다. 양성자를 제외하고 모든 바리온은 최종 붕괴입자에 양성자가 포함되게끔 붕괴한다. 예를 들어, Ξ 하이퍼론이라 불리는 바리온은 처음에 10^{-10} s 동안에 Λ^0

디랙
Paul Adrien Maurice Dirac
1902~1984, 영국의 물리학자

디랙은 반물질에 대한 이해를 돕고 양자역학과 상대론을 통합하는 일에 대한 업적이 크다. 특히 양자 물리학과 우주론의 발전에 수많은 기여를 했다. 1933년 노벨 물리학상을 수상했다.

표 30.2 입자의 종류와 성질

종류	입자 이름	입자 기호	반입자 기호	질량 (MeV/c^2)	B	L_e	L_μ	L_τ	S	수명(s)	주 붕괴 방식[a]
렙톤	전자	e^-	e^+	0.511	0	+1	0	0	0	안정	
	전자–중성미자	ν_e	$\bar{\nu}_e$	< 1eV/c^2	0	+1	0	0	0	안정	
	뮤온	μ^-	μ^+	105.7	0	0	+1	0	0	2.20×10^{-6}	$e^-\bar{\nu}_e\nu_\mu$
	뮤온–중성미자	ν_μ	$\bar{\nu}_\mu$	< 0.2	0	0	+1	0	0	안정	
	타우	τ^-	τ^+	1 777	0	0	0	+1	0	$< 3 \times 10^{-13}$	$\mu^-\bar{\nu}_\mu\nu_\tau$, $e^-\bar{\nu}_e\nu_\tau$
	타우–중성미자	ν_τ	$\bar{\nu}_\tau$	< 20	0	0	0	+1	0	안정	
하드론											
메손	파이온	π^+	π^-	139.6	0	0	0	0	0	2.60×10^{-8}	$\mu^+\nu_\mu$
		π^0	자기 자신	135.0	0	0	0	0	0	0.83×10^{-16}	2γ
	케이온	K^+	K^-	493.7	0	0	0	0	+1	1.24×10^{-8}	$\mu^+\nu_\mu$, $\pi^+\pi^0$
		K_S^0	K_S^0	497.7	0	0	0	0	+1	0.89×10^{-10}	$\pi^+\pi^-$, $2\pi^0$
		K_L^0	K_L^0	497.7	0	0	0	0	+1	5.2×10^{-8}	$\pi^\pm e^\mp\bar{\nu}_e$, $3\pi^0$
										$\pi^\pm\mu^\mp\bar{\nu}_\mu$	
	에타	η	자기 자신	547.9	0	0	0	0	0	$< 10^{-18}$	2γ, 3π
		η'	자기 자신	958	0	0	0	0	0	2.2×10^{-21}	$\eta\pi^+\pi^-$
바리온	양성자	p	$\bar{p}$	938.3	+1	0	0	0	0	안정	
	중성자	n	$\bar{n}$	939.6	+1	0	0	0	0	920	$pe^-\bar{\nu}_e$
	람다	Λ^0	$\bar{\Lambda}^0$	1 115.6	+1	0	0	0	−1	2.6×10^{-10}	$p\pi^-$, $n\pi 0$
	시그마	Σ^+	$\bar{\Sigma}^-$	1 189.4	+1	0	0	0	−1	0.80×10^{-10}	$p\pi^0$, $n\pi^+$
		Σ^0	$\bar{\Sigma}^0$	1 192.5	+1	0	0	0	−1	6×10^{-20}	$\Lambda^0\gamma$
		Σ^-	$\bar{\Sigma}^+$	1 197.3	+1	0	0	0	−1	1.5×10^{-10}	$n\pi^-$
	크시	Ξ^0	$\bar{\Xi}^0$	1 315	+1	0	0	0	−2	2.9×10^{-10}	$\Lambda^0\pi^0$
		Ξ^-	Ξ^+	1 321	+1	0	0	0	−2	1.64×10^{-10}	$\Lambda^0\pi^-$
	오메가	Ω^-	Ω^+	1 672	+1	0	0	0	−3	0.82×10^{-10}	$\Xi^0\pi^-$, Λ^0K^-

[a]이 칸의 $p\pi^-$나 $n\pi^0$와 같은 부호는 두 가지의 붕괴 방식이 가능하다. 즉, $\Lambda^0 \rightarrow p + \pi^-$와 $\Lambda^0 \rightarrow n + \pi^0$과 같이 된다.

으로 붕괴된다. Λ^0은 다시 3×10^{-10} s 동안에 양성자와 π^-로 붕괴된다.

오늘날 하드론은 쿼크로 구성되어 있다고 여겨진다. 표 30.2는 하드론에 대한 중요한 특성의 목록이다.

30.5.2 렙톤 Leptons

그리스어로 '작은' 또는 '가벼운'이라는 뜻인 렙토스(leptos)로부터 유래된 렙톤은 약한 상호작용과 관련된 입자이다. 모든 렙톤은 스핀 $\frac{1}{2}$을 가지며 전자, 뮤온, 중성미자 등이 렙톤에 속하며, 질량은 가장 가벼운 하드론보다도 더 가볍다. 뮤온은 전자와 모든 특성이 같으나 질량이 전자의 207배가 된다. 실제 하드론은 크기와 구조가 확실하지만, 렙톤은 실험적인 측정 한계(약 10^{-19} m)를 가지고 있어 구조를 나타낼 수 없다.

하드론과는 달리 알려진 렙톤의 수는 많지 않다. 현재는 각각의 반입자를 포함하여 여섯 개의 종류만 알려져 있다. 즉, 전자, 뮤온, 타우와 각각의 입자에 관련된 중간자가 존재한다.

$$\begin{pmatrix} e^- \\ \nu_e \end{pmatrix} \quad \begin{pmatrix} \mu^- \\ \nu_\mu \end{pmatrix} \quad \begin{pmatrix} \tau^- \\ \nu_\tau \end{pmatrix}$$

1975년에 발견된 타우 렙톤의 질량은 양성자의 두 배 정도이다.

중성미자의 질량은 대략 영이지만 간접적인 증거에 의하면 세 가지 형태의 중성미자의 질량을 합한 값은 대략 0.3 eV/c^2 또는 전자질량의 백만 분의 일보다 작다. 중성미자의 정확한 질량은 우주론적인 모형과 우주의 미래에 대해 모두 잘 이해했을 때야 비로소 중대한 의미를 찾을 수 있을 것이다.

30.6 여러 가지 보존의 법칙 Conservation Laws

보존의 법칙은 소립자를 연구하는 데 중요하다. 여기서 설명하는 보존의 법칙은 이론적인 근거는 없지만 실험적인 증거는 충분히 가지고 있다.

30.6.1 바리온 수 Baryon Number

바리온 수에 대한 보존의 법칙은 바리온이 어떤 시간의 제약을 받지 않고 반응과 붕괴의 과정을 통해 생성된다는 것이다. 반바리온도 마찬가지이다. 이로부터 바리온 수에 대한 표기를 $B=1$은 바리온, $B=-1$은 반바리온, $B=0$은 모든 다른 입자로 정량화할 수 있다. 이처럼 **바리온 수 보존의 법칙**(law of conservation of baryon number)이란 언제든지 핵반응과 붕괴가 일어날 수 있고, 반응 전 과정에서 바리온 수의 합이 반응이 일어난 과정 후 바리온 수의 합과 일치한다는 것이다.

바리온 수의 보존 ▶

알아두어야 할 것은 만일 바리온의 수가 절대적으로 보존된다면 양성자는 절대 안정적이어야 한다. 만일 바리온의 수에 대한 보존의 법칙이 성립되지 않는다면 양성자는 양전자와 중성 파이온으로 붕괴된다. 그러나 이러한 현상은 실험적으로 전혀 일어나지 않았다. 지금까지는 양성자의 반감기가 적어도 10^{31}년 정도 된다고 말할 수 있다. 이는 우주의 나이를 대략 10^{10}년이라고 했을 때 양성자가 붕괴될 확률은 없다는 것을 의미한다. 소위 대통일 이론(grand unified theory, GUT)의 일부 주장과 관련된 물리학자들은 양성자가 실질적으로 매우 불안정하다고 예견하였다. 이 이론은 바리온 수가 [때로는 바리온 전하(baryonic charge)라고 함] 절대적으로 보존되지는 않지만, 반면에 전하는 항상 보존된다는 것이다.

30.6.2 렙톤 수 Lepton Number

렙톤이 갖는 다양성 중 하나로 렙톤의 수와 연관된 세 가지 보존의 법칙이 있다. **전자–렙톤 수 보존의 법칙**(law of conservation of electron-lepton number)은 반응 또는 붕괴 전의 전자–렙톤 수의 합이 반응 또는 붕괴 후의 전자–렙톤 수의 합과 일치해야 한다는 것이다. 이때의 전자와 그 전자의 중성미자는 양의 전자–렙톤 수를 $L_e = 1$로, 반렙톤 e^+와 $\bar{\nu}_e$는 $L_e = -1$로, 나머지 모든 다른 입자는 $L_e = 0$으로 표기한다. 예를 들어, 중성자 붕괴의 경우는 다음과 같다.

◀ 렙톤 수의 보존

$$n \rightarrow p^+ + e^- + \bar{\nu}_e$$

◀ 중성자 붕괴

전자–렙톤 수는 $L_e = 0$이다. 붕괴되기 전과 붕괴 후에 $0 + 1 + (-1) = 0$이 되어 전자–렙톤 수는 보존이 된다. 이는 바리온의 수 또한 보존되어야 한다는 것을 알 수 있는 중요한 결과이다. 즉, 바리온의 경우, 붕괴 전의 $B = 1$에서 붕괴 후에 $B = 1 + 0 + 0 = 1$로 같음을 쉽게 알 수 있다.

마찬가지로 뮤온이 붕괴하는 경우 뮤온–렙톤 수 L_μ는 보존된다. μ^-와 ν_μ 입자는 $L_\mu = +1$로 표기하고 반뮤온 입자인 μ^+와 $\bar{\nu}_\mu$ 입자는 $L_\mu = -1$로, 다른 모든 입자는 $L_\mu = 0$으로 표기한다. 마지막으로 타우–렙톤 수 L_τ도 보존되는데, 마찬가지로 그 표기 방법도 타우 렙톤과 중성미자를 사용하여 만들 수 있다.

30.6.3 기묘도의 보존 Conservation of Strangeness

K, Λ, Σ 입자는 생성과 붕괴의 과정이 다른 입자와 다른 특성을 가져 이상한 입자라고 해서 기묘 입자라고 부른다.

기묘 입자의 특징 중 하나는 생성될 때 쌍을 이룬다는 것이다. 예를 들어, 파이온이 양성자와 충돌할 때, 두 개의 중성 기묘 입자가 만들어지는 확률이 아주 높다(그림 30.6). 반응 과정은 다음과 같다.

$$\pi^- + p^+ \rightarrow K^0 + \Lambda^0$$

반면에 $\pi^- + p^+ \rightarrow K^0 + n$의 반응은 절대로 일어나지 않는다. 심지어 알려진 보존의 법칙에 절대 위배되지 않을지라도 파이온의 에너지는 반응을 일으키도록 하는 데 충분하다.

기묘 입자의 두 번째 특이한 성질은 대부분이 강한 상호작용에 의해 입자가 생성되지만 강력에 의해 입자가 붕괴되는 것은 아니고 매우 느린 속도로 약한 상호작용의 특

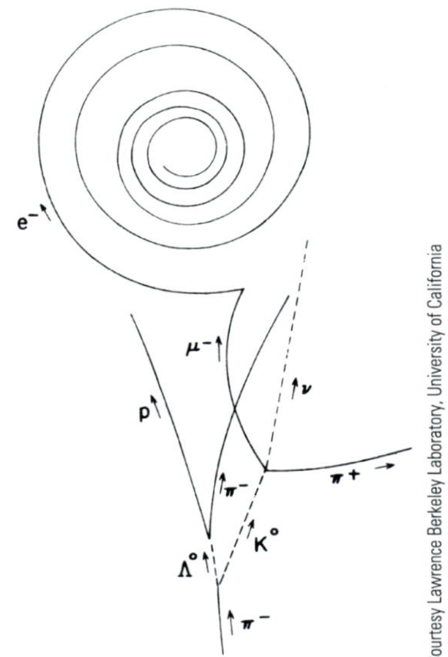

그림 30.6 거품 상자 사진에서 분석된 많은 입자들의 충돌 궤적. 기묘 입자인 Λ^0과 K^0(아래쪽)는 π^- 입자와 양성자 $\pi^- + p \rightarrow \Lambda^0 + K^0$의 상호작용으로 생성된다. (중성 입자는 궤적에 나타나지 않고 사라진다. 점선은 중성 입자의 궤적을 표시한 것이다.) 다음 단계로 Λ^0과 K^0은 각각 $\Lambda^0 \rightarrow \pi + p$와 $K^0 \rightarrow \pi + \mu^- + \nu_\mu$로 붕괴된다.

성을 갖는다는 것이다. 반감기는 10^{-10} s에서 10^{-8} s의 영역으로 대부분 강력의 상호작용이 일어날 때의 짧은 시간인 10^{-23} s 영역에 비해 아주 길다.

이러한 특이성을 설명하기 위해 기묘도의 보존이라고 하는 또 하나의 보존의 법칙을 소개한다. 이때 **기묘도**(strangeness)라고 하는 새로운 양자수 S를 도입한다. 몇몇 입자의 기묘도 수는 표 30.2에 있다. 기묘 입자가 쌍으로 생성될 때 하나는 $S=+1$, 다른 하나는 $S=-1$로 나타내며, 기묘 입자가 아닌 다른 입자는 $S=0$으로 표시한다. **기묘도 보존의 법칙**(law of conservation of strangeness)이란 핵반응이나 붕괴가 일어나기 전 과정과 일어난 후 과정에서 기묘도의 합이 각각 같다는 것이다.

기묘 입자가 붕괴할 때 시간이 길어지는 이유는 강한 상호작용과 전자기적 상호작용이 기묘도 보존의 법칙을 따른다고 가정하면 설명이 가능하다. 단 약한 상호작용은 일어나지 않는 것으로 한다. 이는 붕괴 반응이 하나의 기묘 입자가 소모되는 것과 관련되기 때문에, 그것은 기묘도의 보존을 위배하고 결국은 약한 상호작용에 따라 천천히 진행된다.

기묘도의 보존에 대한 적절한 검증은 바리온 수의 보존과 렙톤 수의 보존을 같은 과정으로 진행하면 된다. 표 30.2를 이용하여 기묘도의 각 편에 있는 숫자를 셈한다. 만일 두 결과가 일치하면 기묘도가 보존되는 반응이다.

30.7 여덟 중첩 방법 The Eightfold Way

스핀, 바리온 수, 렙톤 수, 기묘도와 같은 양은 입자를 표시하기 위한 방법이다. 이를 하나의 도표로 분류하는데, 이러한 입자를 표시하여 일련의 집합체로 나타낸 것이다. 우선 표 30.2에 열거된 처음 여덟 개의 바리온은 모두 스핀이 $\frac{1}{2}$임을 알 수 있다. 이것은 양성자와 중성자, 그리고 여섯 개의 다른 입자의 집합체임을 알 수 있다. 이것을 그림 30.7a와 같은 사선 좌표계를 그려 그것의 기묘도 대 전하 사이의 관계를 표시해 보자. 여기서 바리온 여섯 개가 육각형을 형성하고 육각형의 중앙에 바리온 두 개가 남게 되는 아주 그럴싸한 구조가 만들어진다. ($\frac{1}{2}$이나 $\frac{3}{2}$의 스핀 양자수를 갖는 입자를 페르미온이라고 한다.)

이제 표 30.2에 열거된 스핀이 '0'인 메손의 집합체를 알아보자. (0이나 1의 스핀

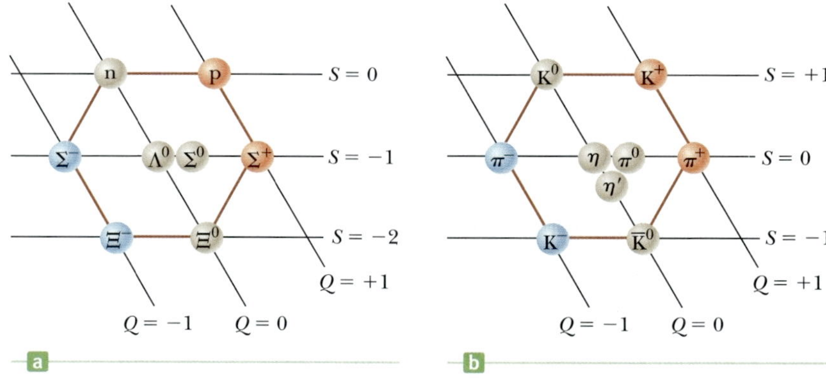

그림 30.7 (a) 육각형에 의한 스핀 $\frac{1}{2}$인 바리온 여덟 개의 여덟 중첩 방법. 이렇게 기묘도와 전하를 비교 배치한 것으로 가로축에는 기묘도 값인 S를, 사선축에는 전하 수 Q값으로 한다. (b) 아홉 개의 스핀 0의 메손이 여덟 중첩 방법으로 배치되어 있다.

양자수를 갖는 입자를 보손이라고 한다.) 만일 입자와 반입자를 모두 세어 보면 그러한 메손은 아홉 개가 되며, 그림 30.7b와 같이 기묘도와 전하로 구성된 역시 그럴싸한 육각형 사선좌표계로 나타낼 수 있다. 육각형의 가장자리에 반입자가 서로 마주보며 놓여 있고 중심에는 자신의 반입자와 함께하는 세 개의 입자가 자리하고 있다. 이처럼 육각형 대칭형의 구조를 **여덟 중첩 방법**(eightfold way)이라고 한다. 이러한 구조는 1961년 겔만(Murray Gell-Mann)과 니만(Yuval Ne'eman)이 각각 독자적으로 제안했다.

겔만
Murray Gell-Mann, 1929년 출생
미국의 물리학자

겔만은 아원자 입자에 대한 이론적 연구로 1969년에 노벨 물리학상을 수상했다.

바리온과 메손 집합체는 여덟 중첩 방법을 이용하여 수많은 다른 대칭 구조로 표시할 수 있다. 예를 들어, $\frac{3}{2}$ 스핀 바리온의 집합체는 볼링에서 열 개의 핀이 놓여 있는 형태로 배열할 수 있다. 이러한 구조가 만들어지면 입자 중에 하나는 행방불명되어 빠져 있다. 이것은 아직 발견되지 않은 예를 든 것이다. 겔만은 이렇게 빠진 입자를 예견하여 오메가 마이너스(Ω^-)라고 불렀다. 이 입자는 $\frac{3}{2}$ 스핀과 −1의 전하, −3의 기묘도, 1 680 MeV/c^2의 질량을 가져야만 했다. 그 후 얼마 되지 않아 1964년 브룩헤이븐 국립연구소에서 이 행방불명된 입자를 원자핵 관측용 실험장치인 거품 상자 사진을 주의 깊게 분석하여 예견된 특징을 모두 확인했다.

입자 물리학 분야에서 여덟 중첩 방법의 패턴은 주기율표와 함께 아주 통상적으로 사용되고 있다. 구성된 패턴에서 빠진 입자나 원소가 발생하면 실험 과학자들은 언제든지 연구를 통해 빈자리를 채워 넣는다.

30.8 쿼크와 쿼크의 색깔 Quarks and Color

렙톤이 측정할 수 없는 크기나 구조를 가진 실질적인 소립자라고 하지만, 그에 비해 하드론은 더 복잡하다. 핵에서 벗어나는 전자의 산란 등과 같이 강력한 증거에 의하면, 하드론에는 소위 쿼크라고 하는 일반 소립자보다 더 작은 소립자가 자리하고 있다.

30.8.1 쿼크 모형 The Quark Model

쿼크 모형에 의하면 **쿼크**(quark)라고 하는 여섯 개의 입자 중 2~3개의 입자에 의해 모든 하드론이 구성되어 있다. 여기서 'quarks'의 음율은 마치 'sharks'나 'forks'와 같이 들린다. 임의로 만들어진 여섯 개의 쿼크의 이름은 위(up), 아래(down), 기묘(strange), 맵시(charmed), 바닥(bottom), 꼭대기(top)이며 이를 약자로 표기하면 각각 u, d, s, c, b, t가 된다.

쿼크는 분수꼴의 전하를 지니며, 표 30.3은 쿼크의 여러 특성이 나열되어 있다. 각각의 쿼크에 대해 반대 전하를 갖는 반쿼크, 바리온 수, 기묘도가 관련된다. 바리온이 세 개의 쿼크로 구성되어 있는 반면에 메손은 하나의 쿼크와 하나의 반쿼크로 구성된다.

표 30.4는 쿼크로 구성된 메손과 바리온을 열거한 것이다. 여기서 양성자나 중성자와 같이 보통의 물질 속에 있는 모든 하드론에 u와 d라는 쿼크가 바로 포함되어 있다는 것에 주목하자. 세 번째 쿼크인 s는 기묘도가 +1 아니면 −1인 기묘 입자를 구성

표 30.3 쿼크와 반쿼크의 성질

쿼크								
이름	기호	스핀	전하	바리온 수	기묘도	맵시도	바닥도	꼭대기도
위	u	$\frac{1}{2}$	$+\frac{2}{3}e$	$\frac{1}{3}$	0	0	0	0
아래	d	$\frac{1}{2}$	$-\frac{1}{3}e$	$\frac{1}{3}$	0	0	0	0
기묘	s	$\frac{1}{2}$	$-\frac{1}{3}e$	$\frac{1}{3}$	−1	0	0	0
맵시	c	$\frac{1}{2}$	$+\frac{2}{3}e$	$\frac{1}{3}$	0	+1	0	0
바닥	b	$\frac{1}{2}$	$-\frac{1}{3}e$	$\frac{1}{3}$	0	0	+1	0
꼭대기	t	$\frac{1}{2}$	$+\frac{2}{3}e$	$\frac{1}{3}$	0	0	0	+1
반쿼크								
이름	기호	스핀	전하	바리온 수	기묘도	맵시도	바닥도	꼭대기도
반위	$\bar{u}$	$\frac{1}{2}$	$-\frac{2}{3}e$	$-\frac{1}{3}$	0	0	0	0
반아래	$\bar{d}$	$\frac{1}{2}$	$+\frac{1}{3}e$	$-\frac{1}{3}$	0	0	0	0
반기묘	$\bar{s}$	$\frac{1}{2}$	$+\frac{1}{3}e$	$-\frac{1}{3}$	+1	0	0	0
반맵시	$\bar{c}$	$\frac{1}{2}$	$-\frac{2}{3}e$	$-\frac{1}{3}$	0	−1	0	0
반바닥	$\bar{b}$	$\frac{1}{2}$	$+\frac{1}{3}e$	$-\frac{1}{3}$	0	0	−1	0
반꼭대기	$\bar{t}$	$\frac{1}{2}$	$-\frac{2}{3}e$	$-\frac{1}{3}$	0	0	0	−1

표 30.4 하드론의 쿼크 구성 성분

입자	쿼크 성분
메손	
π^+	$\bar{d}u$
π^-	$\bar{u}d$
K^+	$\bar{s}u$
K^-	$\bar{u}s$
K^0	$\bar{s}d$
바리온	
p	uud
n	udd
Λ^0	uds
Σ^+	uus
Σ^0	uds
Σ^-	dds
Ξ^0	uss
Ξ^-	dss
Ω^-	sss

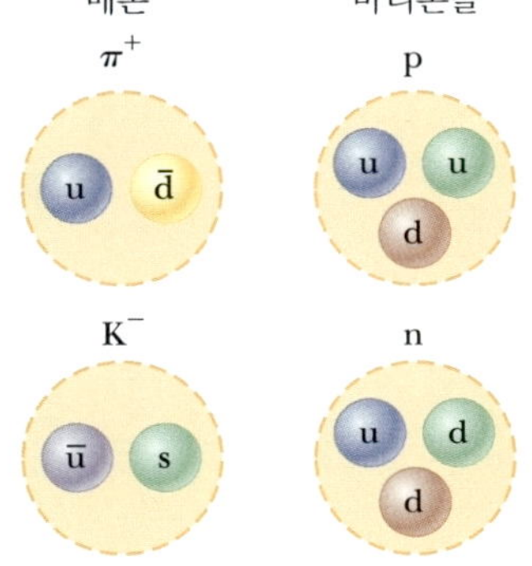

그림 30.8 두 가지의 메손과 바리온에 대한 쿼크 성분으로 메손에는 두 개의 쿼크가 바리온에는 세 개의 쿼크가 자리하고 있다.

Tip 30.2 실제 색깔이 아닌 쿼크의 색깔

쿼크를 나타내는 색깔은 빛에 의해 눈에 보이는 감각적인 색이 전혀 아니다. 전하와 비슷한 특성을 간편히 구분하여 나타내기 위한 것이다.

하는 데만 쓰인다. 그림 30.8은 쿼크로 구성된 몇몇 입자를 그림으로 나타낸 것이다.

맵시, 바닥, 꼭대기 쿼크는 다른 쿼크에 비해 더 무겁고 더 높은 에너지의 상호작용에서 만들어진다. 각각의 쿼크는 자신만의 양자수를 갖는다. 이러한 쿼크로 구성된 하드론 중의 한 예로 J/Ψ 입자가 있다. 이 입자는 맵시 쿼크와 반맵시 쿼크, $c\bar{c}$로 만들어지며 차모니움(charmonium)이라 한다.

30.8.2 쿼크의 색깔 Color

쿼크는 **색깔**(color)과 **색전하**(color charge)로 구분되는 다른 성질을 지니고 있다. 이때 색깔은 실제 눈으로 보이는 것은 아니고 전기적인 전하와 유사한 것이다. 쿼크는 빨강, 초록, 파랑의 색깔을, 반쿼크는 반빨강, 반초록, 반파랑의 색깔을 갖는다.

이렇게 색깔을 정의한 이유는 색깔로 구분하지 않을 경우, 몇몇 쿼크의 조합에서 파울리의 배타 원리를 위배하는 경우가 생기기 때문이다. 예를 들어, 세 개의 기묘 쿼크인 sss로 구성된 오메가-마이너스 입자(Ω^-)의 경우 $\frac{3}{2}$ 스핀이 모두 위 상태를 갖는다. 이때 기묘 쿼크가 다른 색깔을 지녀야만 구분된 양자 상태를 갖고 배타 원리를 만족하게 된다.

일반적으로는 쿼크에 의한 조합은 '색깔이 없어야 한다.' 메손은 색깔을 가진 쿼크와 반색깔을 가진 반쿼크로 구성된다. 바리온은 빨강, 초록, 파랑으로 구성되든지 아니면 그것과 정반대인 반색깔을 지닌 쿼크로 구성되어야 한다.

색깔 전하로 인해 쿼크 상호작용을 다루는 이론을 **양자 색역학**(quantum chromodynamics, QCD)이라고 하고, 전기적인 전하의 상호작용을 다루는 이론은 양자 전기역학(quantum electrodynamics, QED)이라 한다. 쿼크 사이의 강력을 종종 **색력**(color force)이라고 한다. 색력은 질량이 없는 입자인 **글루온**(gluon, 전자기력의 광자와 비슷)에 의해 힘이 전달된다. 양자 색역학(QCD)에 따르면 여덟 개의 글루온이 있는데, 모든 색전하에서처럼 각각의 반글루온이 있다. 어느 쿼크가 글루온을 방출하거나 흡수하는 것은 색전하를 흡수, 방출하는 것과 같다. 예를 들어, 글루온을 방출하는 파랑 쿼크는 빨강 쿼크가 될 수 있고, 글루온을 흡수하는 빨강 쿼크는 파랑 쿼크가 될 수 있다. 쿼크 사이의 핵력은 전하 사이의 전기력과 비슷하여, 같은 색깔끼리는 서로 반발하고 다른 색깔끼리는 끌어당긴다. 그래서 같은 두 개의 빨강 쿼크 사이에는 서로 밀어내는 힘이 작용하고, 빨강 쿼크와 반빨강 쿼크와는 서로 끌어당기는 힘이 작용한다. 그림 30.9a는 서로 반대 색깔을 가진 쿼크 사이의 인력에 의해 메손($q\bar{q}$)이 만들어진 것임을 보여 주고 있다.

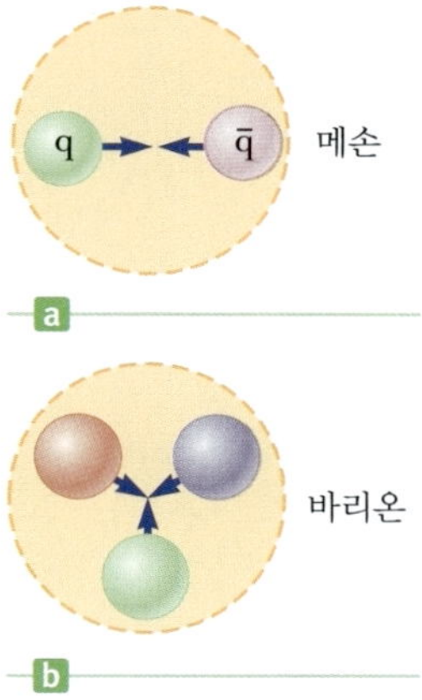

다른 색깔을 가진 쿼크 사이에도 인력이 작용하지만 반대 색깔을 가진 쿼크 사이에 작용하는 힘에 비해서는 세기가 좀 약하다. 그림 30.9b는 빨강, 파랑, 초록의 서로 다른 색깔을 가진 쿼크 사이의 서로 당기는 힘에 의해 만들어진 바리온이 좋은 예가 된다. 모든 바리온의 색깔이 서로 다른 세 개의 쿼크를 포함하고 있다.

두 색깔–중성 하드론(양성자와 중성자 같은) 사이에 작용하는 색력은 거리가 멀리 떨어져 있으면 무시해도 될 만큼 약하다. 그러나 1 fm의 거리와 같이 짧은 거리에서 구성하는 쿼크 사이에 작용하는 강한 색력은 무시할 수 없다. **이처럼 설명할 수 없을 만큼 짧은 거리에서의 강한 힘은 사실 양성자와 중성자 사이를 묶어 핵을 형성하는 핵력을 말한다.** 이것은 중성 원자 사이를 묶어 분자를 형성하는 계산할 수 없는 전자기력과 같다.

그림 30.9 (a) 쿼크 구조 ($q\bar{q}$)를 갖는 메손으로 초록 쿼크는 반초록 쿼크와 인력이 작용한다. (b) 세 개의 다른 색깔을 가진 쿼크로 서로 인력이 작용하여 바리온을 만든다.

30.9 전기 약작용 이론과 표준 모형

Electroweak Theory and the Standard Model

약한 상호작용은 대략 10^{-18} m 정도의 극히 짧은 거리에서 상호작용을 한다. 실제로 약한 장을 지니는 양자화된 입자(스핀 1 W^+, W^-와 Z^0의 보손)는 질량이 매우 크고 그러한 짧은 거리에서 상호작용을 수반한다. 이렇게 놀랄 만한 보손 입자는 마치 어떤 구조를 형성하지 않는 것으로 생각할 수 있으며, 크립톤 원자 같이 질량은 매우 크지만 점과 같은 입자이다. 이러한 약한 상호작용을 통해 c, s, b, t 쿼크는 붕괴 후 더 가벼워지고 안정된 u와 d 쿼크로, 질량이 큰 μ와 τ 렙톤은 붕괴 후 더 가벼워지면서 전자로 변환된다. 이러한 **약한 상호작용이 매우 중요한 이유는 약한 상호작용이 소립자를 서로 안전하게 붙들어 완전한 물질을 형성하기 때문이다.**

약한 상호작용이 신비로운 것은 특히 강력, 전자기력, 중력에서의 상호작용에서 볼 수 있는 고도의 대칭성과 비교했을 때 대칭성이 없다는 것이다. 예를 들어, 약한 상호작용은 강한 상호작용과 달리 거울 반사나 전하 교환에 대하여 대칭적이지 않다. 여기서 거울 반사란 거울에 물체가 반사되어 반대 모양으로 보이는 것처럼, 주어진 입자의 상호 맞교환으로 인해 오른쪽은 왼쪽, 바깥쪽은 안쪽 등으로 나타나는 현상을 말한다. 전하 교환의 의미는 한 입자가 반응할 때 전기를 띤 전하가 반대 전하로 변환되는 것을 말한다. 즉, 양전기를 띤 모든 전하가 음전기를 띤 모든 다른 전하로 바뀌게 된다. 대칭성이 없다는 말의 의미는 모든 반응하는 입자에 대해 직접적 반응이 이루어진 결과보다 변환이 덜 빈번하게 일어난다는 것을 말한다. 예를 들어, 약한 상호작용을 하는 K^0의 붕괴는 대칭이 아닌 경우로 K^0 입자의 반응이 $K^0 \rightarrow \pi^- + e^+ + \nu_e$의 경우보다 $K^0 \rightarrow \pi^+ + e^- + \bar{\nu}_e$ 반응이 훨씬 더 빈번하게 일어나기 때문이다.

전기 약작용 이론(electroweak theory)은 전자기력과 약력의 상호작용을 하나로 묶는다. 이 이론에 의하면 약한 상호작용과 전자기적인 상호작용은 매우 높은 입자 에너지에서는 같은 세기의 힘을 가진다는 가정과 또한 약한 상호작용과 전자기적인 상호작용은 전기 약작용의 상호작용이 하나로 되면서 서로 다른 징후를 갖는다는 것을 가정한다. 광자와 세 개의 질량이 큰 보손($W^{\pm}$와 Z^0)은 전기 약작용 이론에서 중요한 역할을 하는 열쇠가 된다. 이 이론을 이용하여 W와 Z 입자의 질량이 각각 82 GeV/c^2과 93 GeV/c^2임을 완벽하게 예측하여 계산한다. 이러한 이론에 대한 예측은 실험적으로도 입증되었다.

전기 약작용 이론과 강력의 상호작용을 위한 QCD 이론을 조합하여 고에너지 물리학의 **표준 모형**(standard model)이 만들어졌다. 표준 모형의 자세한 내용은 복잡하나 주요한 구성 요소는 그림 30.10을 통해 요약할 수 있다. 글루온이 매개 역할을 하는 강력은 양성자, 중성자, 메손과 같은 혼합 입자를 형성하기 위해 함께하는 쿼크 입자와 연결되어 있다. 렙톤은 전자기력과 약력에만 관여한다. 그런데 전자기력의 매개체는 광자이고 약력의 매개체는 W와 Z 보손이다. 알아야 할 것은 모든 기본적인 힘은 스핀 1을 갖는 입자인 보손이 매개 역할을 하며 대부분은 이론과 관련된 대칭성에 따른 특성을 지닌다.

그러나 표준 모형이 모든 질문에 답을 주지는 못하고 있다. 주된 질문은 W와 Z 보손은 질량이 있는데 왜 광자는 질량이 없는가이다. 이런 질량의 차이 때문에 낮은 에너지를 가질 때는 전자기력과 약력은 차이가 많이 난다. 그러나 아주 높은 에너지에서는 성질이 비슷해진다. 여기서 W와 Z 보손의 정지 에너지와 전체 에너지와의 비율이 그다지 크게 문제가 되지 않기 때문이다. 이처럼 높은 에너지 상태로부터 낮은 상태로 천이되는 소위 **대칭성 파괴**(symmetry breaking)의 거동은 입자가 갖는 질량의 근원에 대한 답을 주지 못한다. 이러한 문제점을 해결하기 위해 **힉스 보손**(Higgs boson)이라는 가설 입자를 제안했다. 이러한 가설 입자를 통해 전기 약작용의 대칭성을 파괴

그림 30.10 입자 물리학의 표준 모형

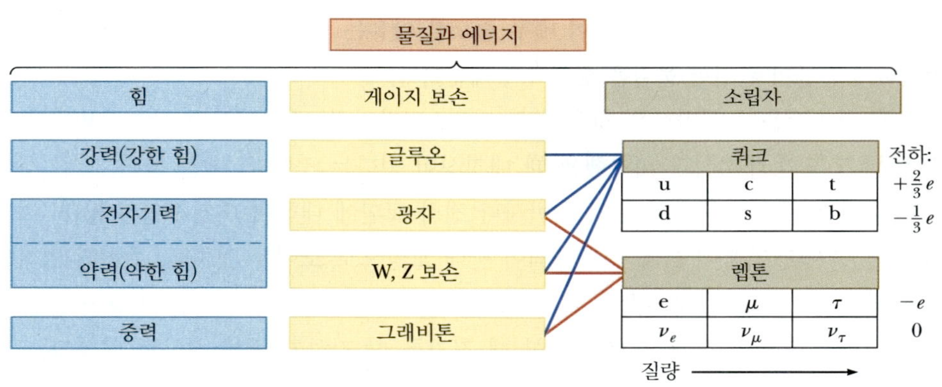

하는 메커니즘을 제시했으며, 다른 입자에 대해 각기 다른 질량이 주어진다는 사실을 설명했다. 힉스의 메커니즘을 포함한 표준 모형은 논리적으로 W와 Z 보손이 갖는 질량의 특성을 일관성 있게 설명한다. 오랫동안 발견되지 않았지만 유럽 입자 물리 연구소(CERN, 그림 30.11)의 과학자들은 2012년 7월에 힉스입자와 유사한 입자를 관측하였다고 보고하였다. 좀 더 진행된 연구로부터 2013년 3월에는 그들이 관측한 그 입자가 힉스 보손 입자가 거의 확실하다고 발표하였다. 하지만 그러한 입자에 대한 확실성은 훨씬 더 많은 연구를 통해 확실히 이해되어서 그 특징이 완전히 드러나야 한다.

성공적인 전기 약작용 이론과 더불어 과학자들은 이것을 QCD에 접목하여 **대통일 이론**(GUT)을 만들어 내려고 시도했다. 이 모형은 하나의 대통일력을 만들기 위해 전기약력과 강한 색력을 융합하였다. 새로운 이론 중의 하나는 적당한 입자들을 서로 교환할 수 있는 같은 집합체로 렙톤과 쿼크를 고려하였다. 많은 GUT에 의하면 양성자는 안정적이지 않고 수명이 약 10^{31}년인 것으로 예측하고 있다. 이것은 우주의 나이보다 더 긴 기간이다. 그래서 아직도 양성자의 붕괴는 측정되지 않고 있다.

CERN

그림 30.11 유럽 입자 물리 연구소(CERN)의 대형 강입자 가속기(LHC) 내의 초전도 자석과 관련된 전자 회로를 기술자가 살펴보고 있다.

30.10 우주의 형성 과정 The Cosmic Connection

우주 대폭발의 이론에 의하면, 우주는 약 140억 년 전에 밀도가 무한정 큰 특이한 점이 폭발하여 형성되었다. 대폭발 후 처음 몇 분 이내에는 극도로 엄청난 에너지를 지니고 있었다. 이 에너지 안에는 물리학에서 분류하는 네 종류의 상호작용과 관련된 힘이 하나로 통합되어 모여 있으며, 모든 물질은 '쿼크 수프(soup)'라는 물질의 궁극적인 입자인 쿼크가 균일하게 녹아 수프처럼 되어 있다고 믿고 있다.

우주 대폭발로부터 오늘에 이르기까지 네 가지 기본적인 힘의 진화 과정이 그림 30.12에 나타나 있다. 처음 10^{-43} s 동안은 온도가 $T < 10^{32}$ K인 초고온의 시기로 완전히 통일된 하나의 힘을 형성하기 위해 강력, 전기약력, 중력이 결합되어 있다. 처음 10^{-35} s 동안은 온도가 $T < 10^{29}$ K인 고온의 시기로 중력이 분리되고 강력과 전기약력이 하나로 되어 남는다. 이렇게 하나로 된 힘은 대통일 이론으로 설명한다. 이 시기에는 입자 에너지가 10^{16} GeV보다 더 크며 질량이 큰 입자는 물론 쿼크, 렙톤, 그리고 반입자가 형성되어 존재한다. 10^{-35} s 이후에 우주는 급격히 팽창하면서 온도는 급히 내려간다. 이 시기는 온도가 따뜻한 시기로 $T < 10^{29} \sim 10^{15}$ K에서 강력과 전기약력은 서로 나눠지면서 대통일 이론의 분류도 막을 내린다. 우주의 온도가 계속 내려가면서 전기약력은 약력과 전자기력으로 분리된다. 이때가 우주 대폭발이 일어난 후 10^{-10} s가 경과된 시점이다.

수 분 후 양성자는 고온 수프로부터 벗어나 응고된다. 대폭발 후 반 시간이 경과하는 동안에 우주는 수소 폭탄과 같은 열핵 폭발이 계속 일어나면서 대부분 현재의 헬륨 핵이 생성된다. 그리고 계속 우주가 팽창되면서 온도도 내려간다. 대폭발 후 약 700 000 년이 될 때까지 우주는 복사 열에너지로 가득하게 된다. 에너지가 넘친 복사열은 다른 원자가 만들어지도록 지속적인 충돌로 인해 순간적인 이온화 과정이 일어나기 때문에

© Book's Hill

가모브
George Gamow, 1904~1968
러시아의 물리학자

가모브와 제자 알퍼(Ralph Alpher)와 허만(Robert Herman)은 우주 대폭발 후 30분에 대한 심도 있는 접근을 시도한 최초의 사람들로 그러한 내용은 1948년에 출간된 논문에서 대부분 찾아볼 수 있다. 그들의 놀랄 만한 우주론적인 예측으로 대폭발 후 30분 이내에 수소가 차지하는 비율이 75%, 헬륨이 차지하는 비율이 25%이라는 것을 정확히 계산함으로써 우주 대폭발에 의한 복사는 여전히 남아 있으며, 온도는 약 5 K에 해당함을 밝혔다.

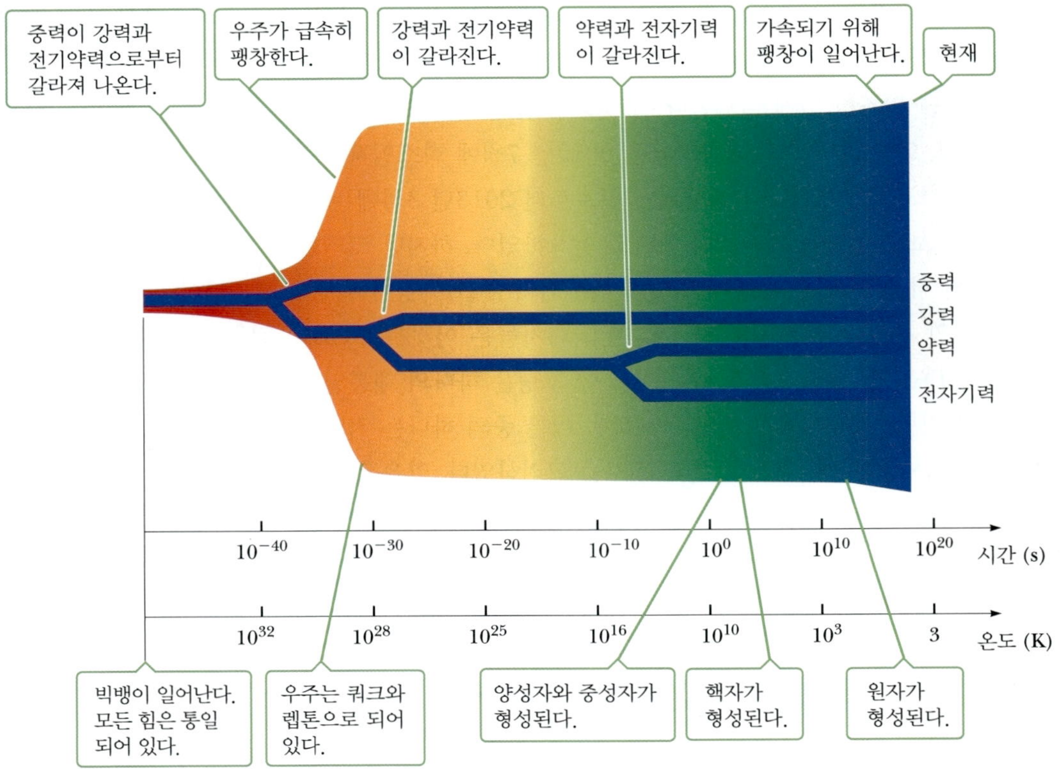

그림 30.12 우주 대폭발에서 현재까지 진행된 우주의 간략한 역사. 처음 백만 분의 일 초 이내에 네 종류의 힘이 나뉘어졌으며, 모든 쿼크가 강력과의 상호작용을 통해 서로 합쳐지면서 입자를 형성하게 되었다. 그러나 렙톤은 분리된 채 남아 있고 오늘날의 관측 가능한 모든 입자가 개별적으로 존재하고 있다.

단일 수소 원자만 형성되는 것을 막는다. 광자는 엄청난 자유 전자로부터 지속적인 콤프턴 산란을 겪었고, 결과적으로 불투명한 우주가 복사 에너지와 함께 지속된다. 그때까지의 우주의 나이는 400 000년이 되며 계속 팽창하여 온도가 3 000 K에 이른다. 양성자는 중성의 수소 원자를 형성하기 위하여 전자를 묶는다. 양성자에 전자가 묶이면서 우주는 갑자기 광자에 의해서 투명해진다. 복사 에너지가 더 이상 우주를 지배하지 않는다. 중성 물질의 집합체가 지속적으로 성장한다. 첫째는 원자이고 다음으로 분자, 기체 구름, 별이 형성되고 마침내 은하수가 만들어진다.

태초의 별들로부터의 복사 에너지 관측

1965년 미국 벨 연구소의 펜지어스(Arno A. Penzias, 1933년생)와 윌슨(Robert W. Wilson, 1936년생)은 감도가 매우 좋은 마이크로파 수신기를 이용하여 놀랄 만한 발견을 한다. 가느다랗게 쉬쉬하는 잡음을 만드는 귀찮은 신호가 위성통신 실험을 방해하는 것이었다. 그 신호를 제거하기 위한 모든 노력에도 불구하고 신호는 여전히 남아 있었다. 마침내 그들은 파장이 7.35 cm인 마이크로파 배경 복사를 관측했음을 확실히 알게 되었다. 배경 복사는 우주 대폭발 이후 남아 있는 '꺼지지 않는 불꽃'의 신호였다.

그림 30.13은 마이크로파 수신용으로 사용된 혼 안테나를 보여 주고 있다. 검출된 신호의 세기는 안테나가 지향하는 방향과는 상관없이 변함이 없었다. 복사의 강도는

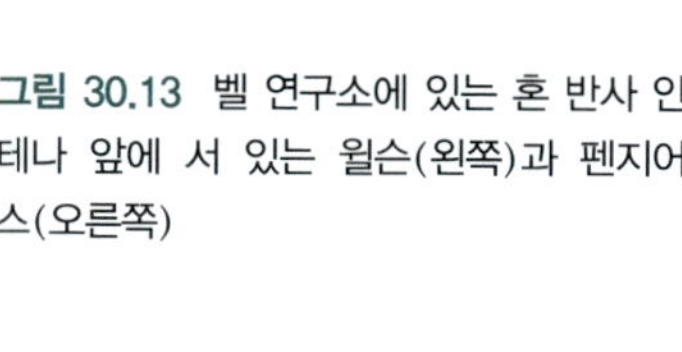
그림 30.13 벨 연구소에 있는 혼 반사 안테나 앞에 서 있는 윌슨(왼쪽)과 펜지어스(오른쪽)

모든 방향에서 동일하게 측정되었다. 이러한 복사의 근원이 우주 전체를 배경으로 한다는 제안을 하게 된 것이다.

다른 과학자들의 지속적이고 반복된 실험에서는 그림 30.14와 같은 서로 다른 파장 대역에서의 신호 세기에 대한 자료를 추가하였다. 그 결과 복사 신호는 2.9 K의 흑체가 갖는 온도의 신호에 해당된 것임이 확실히 판명되었다. 이 그림이 어쩌면 우주 대폭발 이론을 가장 명쾌하게 밝히는 증거일 것이다.

우주 배경 복사는 아주 균일하게 은하계가 발전 전개되어 가는 것으로부터도 알아낼 수 있다. 1992년 우주 배경 복사 탐사선(Cosmic Background Explorer, COBE)을 사용한 한 연구에 따르면 다소 불규칙한 우주 배경 복사가 발견되었는데, 이는 은하계가 시작되기 위한 창조의 근원이 있었던 것으로 여겨진다.

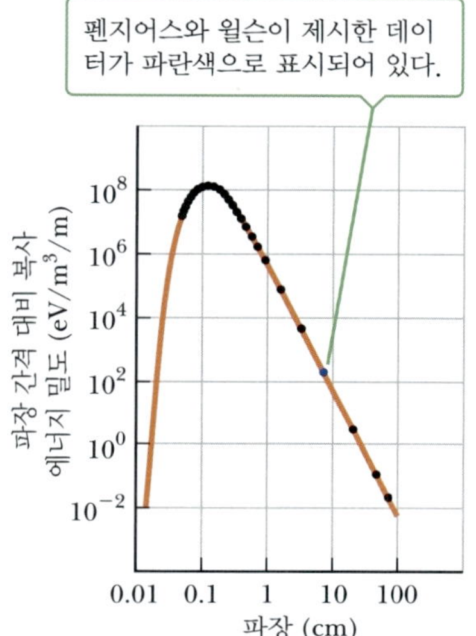

그림 30.14 우주 대폭발에 대한 흑체 복사 스펙트럼의 이론적인 결과(갈색 선)와 측정 결과(검정색 점). 대부분의 자료는 우주 배경 복사 탐사선이 수집한 것이다.

30.11 우주론에 관한 풀리지 않은 의문들
Unanswered Questions in Cosmology

지난 10년 동안 수집한 새로운 데이터에서는 오늘날의 과학에서 가장 중요하게 고려되어야 할 많은 의문들이 제기되었다. 특이할 만한 것으로는 우주의 멸망과 매우 밀접한 관련이 있는 우주의 구성 성분이다. 의문 중 하나는 **암흑 물질**(dark matter)이라고 하는 가설상의 물질로 설명되는 은하계를 중심으로 도는 별에 관한 것이다. 그것의 존재는 1933년 츠비키(Fritz Zwicky)에 의해 알려져 왔지만, 비교적 최근에 와서야 그 문제가 지대한 관심을 모으는 분야가 되었다. 우주의 팽창이 가속되는 것을 포함하는 다른 질문들은 1998년에 발견된 **암흑 에너지**(dark energy)라고 불리는 신비로운 물질과 같은 수준의 관심을 불러일으키고 있다.

30.11.1 암흑 물질 Dark Matter

우리 은하계에 있는 별들의 속도가 측정되었을 때, 은하계의 전체 질량이 빛을 내는 별만에 의한 것이라면 별들이 은하계의 중력에 의해 속박되기에는 너무도 빠르게 움직인다는 사실이 발견되었다. 그림 30.15a에는 태양 둘레를 도는 물체들의 반지름에 대한

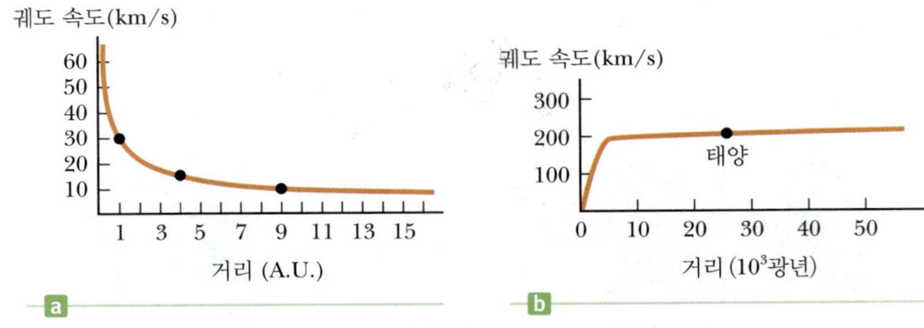

그림 30.15 (a) 태양 주위를 도는 물체들의 반지름에 대한 속도 곡선, (b) 우리 은하에 있는 별들의 속도 곡선

속도의 그래프가 그려져 있다. 태양으로부터의 거리가 멀어질수록 행성 물체의 속도는 감소하며, 그 결과 중력은 역제곱 법칙으로 주어진다. 반면에 그림 30.15b는 은하계에 있는 별들의 속도를 나타내고 있다. 곡선은 증가하면서 차츰 평평해지지만 결코 감소하지는 않는다. 즉, 별들은 우리 눈에 보이는 별들의 중력의 영향만을 받을 경우에 예상되는 속도보다 훨씬 빠르게 움직인다는 것이다. 예상되는 은하계의 탈출 속력보다 빠르게 움직인다는 것은 별들이 은하계를 떠나야 한다는 것을 의미하나 별들은 아직도 궤도에 남아 있다. 다른 은하계에서도 이와 유사한 현상이 관측되었다.

너무 빠르게 움직이는 별들의 특성을 설명하기 위한 두 가지 일반적인 이론이 제시되어 있다. 둘 다 새로운 형태의 암흑 물질에 관한 것이지만 아직 직접 관측되지는 않았거나 중력 법칙이 먼 거리에서 역제곱 법칙보다 훨씬 더 강해져야만 하는 것이다. 별들의 속도 규모로 볼 때, 은하계에 있는 물질의 90%는 가상적인 암흑 물질로 구성되어 있을 것이다. 암흑 물질의 후보 중에는 중성미자가 있다. 한 형태의 중성미자에서 다른 형태의 중성미자로 순간적으로 변하는 '중성미자 진동'이 현재는 질량을 가지는 것으로 생각되고 있다. 모든 별들은 매초 엄청난 양의 중성미자를 방출하고 있어서 중성미자가 질량은 아주 작지만 암흑 물질이라고 볼 수 있는 것이다. 또 다른 가상적인 후보는 WIMP(Weakly Interacting Massive Particle)라는 것인데 대폭발 이후 남아 있는 매우 약하게 상호작용하는 무거운 입자이다. 다른 은하계들도 우리 은하계와 비슷한 회전 곡선을 가지며 그것은 암흑 물질이 우주 전체 내에서 보통의 물질보다 훨씬 많을 것으로 보기에 충분할 것이다.

현재 은하계의 회전 곡선에 관한 가장 앞서고 있는 설명은 뉴턴의 중력 법칙이 먼 거리에서는 더 이상 성립하지 않는다는 것이다. MOND(Modified Newtonian Dynamics: 수정된 뉴턴 역학)라고 불리는 그 이론은 상당히 많은 관심을 불러일으켜 왔으나 광범위하게 받아들여질 만큼의 충분한 연구 결과가 있는 것은 아니다. 어떤 연구자들은 아인슈타인의 일반 상대론인 중력 이론을 써서 은하계의 회전 곡선을 설명하고자 시도하기도 했다. 결국, 새로운 종류의 물질과 중력 이론의 수정을 필요로 하는 제대로 된 이론이 나와야 한다는 것이다.

30.11.2 암흑 물질과 가속되는 우주 Dark Energy and the Accelerating Universe

1998년까지, 슈미트(Brian Schmidt)와 리스(Adam Riess)가 이끄는 그룹과 펄무터(Saul Perlmutter)가 이끄는 그룹의 천문학 연구진은 Type 1a라고 하는 초신성을 사용하여 다른 행성까지의 거리를 측정하는 매우 정밀한 새로운 방법을 알아냈다. 그러한 방법을 통해서 알아낸 것은 우주가 팽창하면서 가속되고 있다는 것이다! 팽창을 가속하는 원인은 보통 물질 때문은 아니며 더구나 암흑 물질 때문도 아니다. 그 이유는 보통 물질이나 암흑 물질 모두 만유인력이 작용하기 때문이다. 그렇지만 **암흑 에너지**라고 하는 새로운 물질일거라는 생각은 할 수 있다. 암흑 에너지는 아인슈타인의 일반 상대성 이론이 예측하는 것보다 훨씬 더 빠르게 우주를 팽창시키는 원인이 되는 반발력을 작용한다. 그림 30.16은 보통 물질, 암흑 물질, 암흑 에너지의 이론적인 구성비를 나타내고 있다. 우리가 보고 만질 수 있는 보통 물질은 우주 전체의 4%밖에 되지 않는 반면, 약 23%가 암흑 물질이고 73%가 암흑 에너지이다.

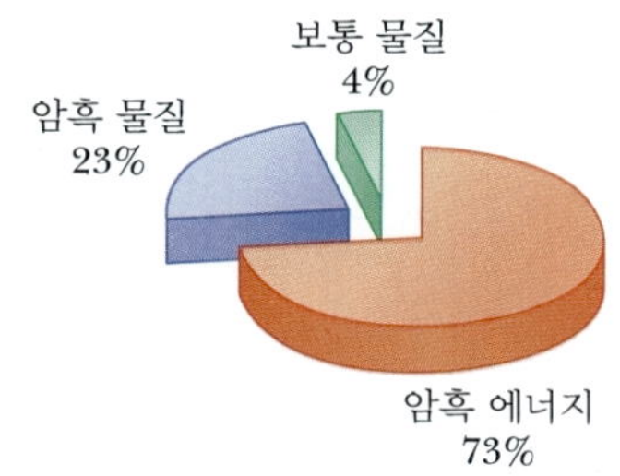

그림 30.16 우주의 이론적인 구성비. 지구상이나 태양에서 발견되는 보통 물질은 우주 전체 물질의 약 4%밖에 되지 않는다. 은하계의 수준에서 볼 때 만유인력이 증가하는 원인으로 알려진 물질은 암흑 물질인 반면, 우주의 가속 팽창의 원인이 되는 알려지지 않은 유사 물질을 암흑 에너지라고 한다.

아인슈타인은 왜 우주가 시간에 따라 변하는 것으로 나타나지 않는지 그 이유를 설명하기 위해 일반 상대론에 우주 상수를 도입하였다. 우주 상수는 인력만이 작용하는 중력의 영향하에서 우주의 물질들이 수축하여 붕괴해 버리는 것을 방지하기에 충분한 반발력을 제공하도록 정해진 상수이다. 허블(Edwin Hubble)이 은하계의 적색이동을 관찰하여 우주가 팽창한다고 하였을 때, 아인슈타인은 우주 상수를 그의 인생에서 '엄청난 실수'라고 했다. 그러나 그 우주 상수가 지금은 가속되는 우주의 좋은 모델이 되고 있으며 그것은 그의 실수를 어떤 점에서는 성공이라고 할 수 있는 것이 되었다. 그러나 우주 상수의 기원이 아직은 완벽히 설명되지 못했기 때문에 우주 상수가 우주의 풀리지 않은 문제를 완전히 해결한 것은 아니다. 은하계의 회전 곡선의 경우에서와 같이, 팽창이 가속되는 우주가 새로운 형태의 물질이나 에너지 때문인지, 아니면 일반 상대성 이론으로부터 유도된 우주의 표준 이론들이 아직은 더 수정되어야 하는 것인지는 확실치 않다.

30.11.3 우주의 진화와 앞으로의 운명 The Evolution and Fate of the Universe

우주의 기원과 초기의 진화에 관해서도 풀리지 않은 의문들이 아직 남아 있다. 대폭발 모델이 은하계가 왜 우리로부터 멀어져 가는지를 설명하기는 하지만 대폭발 가설만으로는 완전히 설명될 수 없는 것들이 여러 가지 관측으로부터 드러나고 있다.

우선 마이크로파를 배경으로 하는 온도 측정에 의하면 우주는 전체적으로 보아 상당히 균일하다. 그것은 마치 전체 우주가 평형 상태인 것과 같다. 어떤 계가 평형 상태에 있으려면, 구성물들이 에너지를 교환하여 어느 정도 시간이 흐르면 온도가 균일해야 한다. 그러나 우주의 여러 부분들이 상당히 멀리 떨어져 있어서 에너지를 교환할 수 없음에도 어떻게 이러한 평형에 도달할 수 있단 말인가? 그러한 의문을 지평선 문제라고 한다.

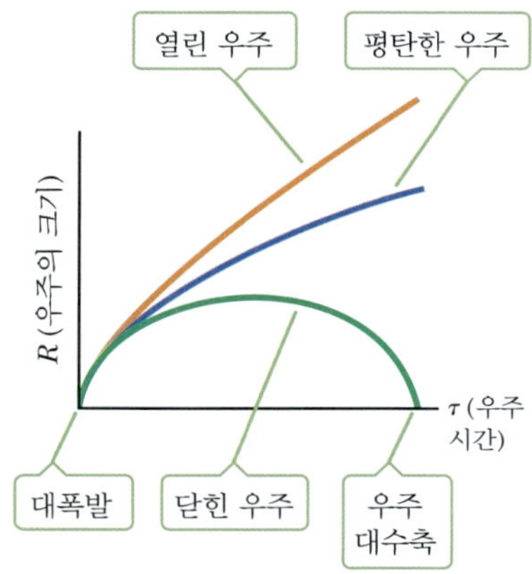

그림 30.17 아인슈타인의 일반 상대성 이론에 의한 우주의 세 가지 운명. 만유인력이 작용하는 물질의 양이 충분하면 우주는 처음에 팽창했을지라도 나중엔 '우주 대수축'이라고 하는 붕괴를 하게 될 것이다. 평탄한 우주는 영원히 팽창하지만 우주 시간 τ가 무한대가 되면 팽창이 느려져서 팽창률이 영이 된다. 쌍곡선(또는 열린) 우주는 팽창이 영원히 가속될 것이다. 암흑 에너지의 우주 또는 우주 상수가 양인 것은 곡선이 위로 향하는 포물선 우주와 비슷하다.

두 번째로는, 우주 마이크로파 배경에 의한 측정에 따르면 우주는 매우 평탄한 모양이다. 그림 30.17은 아인슈타인의 일반 상대론을 사용하여 우주 시간에 따른 팽창 인자 R을 그래프로 그려서 나타낸 우주의 세 가지 운명을 보여 주고 있다. 팽창 인자는 우주의 반지름과 같은 의미의 우주의 크기의 척도라고 생각하면 된다. 평탄한 우주는 시간이 무한대로 갈 때 팽창률이 느려져서 영이 되지만 영원히 팽창하는 것으로 예상되는 것이다. 그러나 평탄한 우주는 뾰족한 끝을 바닥에 두고 서 있는 연필처럼 불안정한 평형 상태에 있는 우주이다. 한쪽으로 약간만 기울어도 그림 30.17에 있는 아래 곡선처럼 우주는 다시 붕괴되거나 그림의 위에 있는 곡선처럼 영원히 팽창한다. 계속 평탄한 상태를 유지하려면, 우주는 애초부터 극단적으로 아주 정밀하게 평탄했어야 한다. 우주가 태초에 그렇게 정밀하게 평탄한 상태로 맞추어졌을 확률은 엄청나게 작다. 정밀하게 맞추어진 상태라는 것을 평탄성 문제라고 한다.

세 번째는 입자 이론을 우주론과 결합했을 때 생기는 문제이다. 초창기 우주에 관한 입자 이론의 표준 모델의 연구에 의하면, 우주의 초기에 수많은 자기 홀극이 생성되어서 그 홀극 중 수만 개가 매초 우리 몸을 지나가야만 한다. 자기 홀극은 북극 또는 남극 하나로만 된 작은 자석으로, 이론적으로는 가능하나 실제로는 아직까지 발견되지 않고 있다. 이것을 자기 홀극 문제라고 한다.

현재 MIT에 있는 구스(Alan Guth)는 1981년에 이러한 세 가지 문제를 하나의 메커니즘으로 해결하기 위해 우주의 급팽창 모델을 제시하였다. 그 모델에 따르면, **급팽창장**(inflation field)이라고 하는 아직까지 정의되지 않은 장이 우주를 매우 급속하게 지수적으로 팽창하는 장 속으로 들어가게 한다고 본다. 1초에 훨씬 못 미치는 짧은 시간에 급팽창이 일어나 크기가 10^{32}배로 팽창한다.

아주 초창기 우주의 가속된 팽창에서는 자기 홀극이 매우 희박해서 관측 가능한 우주 내에서 아주 드물게 존재할 수 있다고 가정하면 홀극 문제를 해결할 수 있을 것이다. 더구나 급팽창 직전에는 매우 작았기 때문에, 열평형 상태에 있었고, 따라서 팽창 후에 모든 곳 모든 방향에서 매우 비슷하게 존재했을 것이므로 평탄성 문제가 해결될 수 있다. 마지막으로, 급팽창은 시공간의 곡률이 평탄한 것처럼 보이게 하는 원인이 되었을 것이다. 그것은 마치 지구상의 어떤 곳에서 우리가 볼 수 있는 부분은 작기 때문에 지구가 편평해 보이는 것과도 같다. 그래서 평탄성 문제도 해결된다.

급팽창의 짧은 시기가 지나고 나서 우주는 정상적인 팽창을 계속했을 것이다. 우주가 급팽창했다는 것이 맞다는 단정적인 증거는 없지만, 그것이 초창기 우주가 어떻게 진화되었는가 하는 문제에 관해 현재 대부분이 받아들이고 있는 연구 중인 가설이다. 일부 연구자들은 급팽창 이론과 암흑 에너지를 '제5원소'라고 하는 단일 이론으로 결합하는 시도를 해 왔다. 그러나 우주론을 연구하는 사람들 사이에서 대부분이 지지하는 초기의 팽창이나 나중의 보편적인 가속 팽창의 기원을 설명하는 단일 이론은 아직까지 발견되지 않았다.

30.12 풀어야 할 과제와 전망 Problems and Perspectives

입자 물리학을 연구하는 과학자들이 매우 작은 입자의 영역을 연구해 온 반면, 우주론을 연구하는 과학자들은 우주 대폭발이 일어난 후 처음 백만 분의 일 초 동안의 우주 역사를 탐구하고 있다. 이러한 우주에서 일어나는 현상들을 재구성하기 위해서 지상의 가속기를 이용하여 두 종류의 입자를 충돌시켜 그 현상을 관측한다. 그래서 태초의 우주를 잘 이해하기 위한 한 가지 열쇠로 우주의 근본 입자인 소립자의 세계를 이해하는 것이다.

입자 물리학을 연구하는 과학자들은 아직도 답변이 불가능한 많은 질문들에 봉착해 있다. 왜 우주에는 반물질이 거의 없을까? 중성미자는 질량이 작은데, 만일 그렇다면 중력과 함께 우주를 지탱하는 '암흑 물질'에 그것이 얼마만큼 기여할까? 우주 팽창의 가속 현상과 일종의 '반중력'의 존재, 또는 암흑 에너지, 서로 멀어져가는 은하계의 상호작용 등에 대한 최신의 천문학적인 측정을 어떻게 우리는 이해할 것인가? 논리적으로나 일관성 있는 방식으로 강력과 전기약력의 이론을 통일할 수 있을까? 뮤온은 다른 질량에서 떨어져 나온 전자와 같은 것인가? 아니면 그것은 측정이 불가능한 불가사의한 차이를 가지고 있을까? 왜 어떤 입자는 전하를 가지고 어떤 입자는 전기적으로 중성이 되는가? 왜 쿼크는 분수꼴의 전하를 지닐까? 소립자의 질량을 결정하는 것은 무엇일까? 등 질문은 끝이 없다. 입자 물리학이나 우주론과 관련된 신속한 진전과 새로운 발견으로 인해 우리가 이 책을 읽고 있는 이 시간에, 이러한 많은 질문에 대한 답이 풀릴 수도 있고 다른 과제들이 밝혀질 수도 있다.

그러나 여전히 남아 있는 중요한 질문은 렙톤과 쿼크가 일종의 하부 구조를 가지고 있다는 사실이다. 그런데 많은 과학자들은 그러한 기본 양이 무한히 작은 점의 형태로 되어 있지 않다고 생각한다. 단지 극도로 작은 진동하는 끈(string)으로 되어 있다는 것이다. 수천 명의 물리학자들이 지난 30년이 넘게 끈 이론에 대한 연구를 수행하고 있지만, 아직 모든 것을 만족하는 최종 이론은 발견되지 않고 있다. 학문에는 한계가 있기 마련이고 항상 의문 한가운데에 있다.

연습문제

30.1 핵분열

1(1). 핵분열에서 방출된 평균 에너지가 208 MeV라고 할 때, 100. W짜리 전구 한 개를 1.0시간 동안 켜놓기 위해 필요한 핵분열의 횟수를 구하라.

2(3). 천연 우라늄광은 핵분열이 가능한 우라늄−235 동위 원소를 약 0.720% 포함하고 있다. 우라늄광 샘플에 2.50×10^{28}개의 우라늄 핵이 들어 있다면 그 샘플 속에는 몇 개의 우라늄−235 핵이 있겠는가?

3(5). 원자로에서 중성자의 유출을 최소화하기 위해서 부피에 대한 표면적의 비를 가능한 최소로 하여야 한다. 반지름이 a인 구와 부피가 같은 정육면체가 있다고 하자. 그 (a) 구와 (b) 정육면체의 부피에 대한 표면적의 비를 구하라. (c) 어떤 모양의 원자로가 중성자 유출을 최소로 하겠는가?

4(7). 다음 핵분열 반응에서 방출되는 에너지를 구하라.

$$^{1}_{0}\mathrm{n} + {}^{235}_{92}\mathrm{U} \rightarrow {}^{88}_{38}\mathrm{Sr} + {}^{136}_{54}\mathrm{Xe} + 12\,{}^{1}_{0}\mathrm{n}$$

5(9). 만일 일반 흙 속에 우라늄이 질량으로 백만 분의 일 정도 포함되어 있다고 하자. (a) 넓이 1에이커(43 560 ft^2)와 그 넓이층 아래 1.00 m 깊이의 땅 속에 포함된 우라늄의 양은 얼마인가? 토양의 비중은 4.00으로 가정한다. (b) 핵 원자로의 원료로 적합한 동위 원소 $^{235}\mathrm{U}$는 얼마나 포함되어 있는가? [힌트: $^{235}_{92}\mathrm{U}$에 대한 함량의 비율은 부록 B를 참고하라.]

6(11). 집 안의 모든 것을 전기로 해결하는 어떤 가정이 한 달 동안 사용하는 전력량은 대략 2.00×10^3 kWh이다. 이 집에

전기를 1년 동안 공급하기 위해 필요한 우라늄–235의 양은 얼마인가? 에너지 변환 효율을 100%라고 가정하며 분열당 방출되는 에너지는 208 MeV이다.

30.2 핵융합

7(13). 다음 융합 반응에서 방출되는 에너지를 구하라.

$$^2_1\text{H} + ^2_1\text{H} \rightarrow ^3_1\text{H} + ^1_1\text{H}$$

8(15). 중수소–중수소 융합 원자로가 플라스마 가두기 시간이 1.50 s 되게끔 설계되었다. 그 원자로에서 최적의 출력을 얻기 위해서 필요한 cm^3당 이온의 최소 밀도를 구하라.

9(17). 중수소의 원자핵인 중양자(deuteron)와 삼중수소의 원자핵인 삼중양자(triton)가 핵반응

$$^2_1\text{H} + ^3_1\text{H} \rightarrow ^4_2\text{He} + ^1_0\text{n} + 17.6\text{ MeV}$$

가 진행될 때 정지해 있다고 가정하자. 상대적인 보정은 무시했을 때 중성자에 의해 얻어지는 운동에너지를 구하라.

10(19). 어떤 별이 갖고 있는 수소 핵연료를 방출할 때 그것이 다른 핵연료를 융합시킬 수도 있다. 1.0×10^8 K 이상의 온도에서, 헬륨 핵의 융합이 일어날 수 있다고 한다. 다음 과정의 식을 써 보라. (a) 두 개의 알파입자가 융합하여 핵 A를 만들고 감마선을 방출한다. 핵 A는 무엇인가? (b) 핵 A가 알파입자를 흡수하여 핵 B를 만들고 감마선을 방출한다. 핵 B는 무엇인가? (c) (a)와 (b)에 주어진 핵반응에서 방출된 에너지를 구하라. Note: ^8_4Be의 질량은 8.005 305 u이다.

30.4 양전자와 여러 가지 반입자

11(21). 정지한 중성 파이온이 $\pi^0 \rightarrow \gamma + \gamma$와 같이 두 개의 광자로 붕괴된다. 이 반응에서 각 광자에 대한 에너지, 운동량, 진동수를 구하라.

12(23). 광자는 $\gamma \rightarrow \text{p} + \overline{\text{p}}$ 반응에 의해 양성자–반양성자 쌍을 생성한다. 이때 광자가 지닐 수 있는 최소한의 진동수는 얼마인가? 또 파장은 얼마인가?

30.6 여러 가지 보존의 법칙

13(25). 다음 과정 중 강한 상호작용, 전자기 상호작용, 약한 상호작용에서 일어날 수 있는 것은 어느 것이며 상호작용이 전혀 일어나지 않는 것은 어느 것인가?

(a) $\pi^- + \text{p} \rightarrow 2\eta^0$

(b) $\text{K}^- + \text{n} \rightarrow \Lambda^0 + \pi^-$

(c) $\text{K}^- \rightarrow \pi^- + \pi^0$

(d) $\Omega^- \rightarrow \Xi^- + \pi^0$

(e) $\eta^0 \rightarrow 2\gamma$

14(27). (a) 핵반응 $\mu^- \rightarrow \text{e}^- + \overline{\nu}_e + \nu_\mu$에서 뮤온–렙톤 수를 구하라. (b) 핵반응 $\pi^- + \text{p} \rightarrow \Lambda^0 + \text{K}^0$에서 기묘도 값을 구하라.

15(29). 다음 붕괴 식과 핵반응 식에서 기묘도가 보존되는지 안 되는지를 확인해 보라.

(a) $\Lambda^0 \rightarrow \text{p} + \pi^-$

(b) $\pi^- + \text{p} \rightarrow \Lambda^0 + \text{K}^0$

(c) $\overline{\text{p}} + \text{p} \rightarrow \overline{\Lambda}^0 + \Lambda^0$

(d) $\pi^- + \text{p} \rightarrow \pi^- + \Sigma^+$

(e) $\Xi^- \rightarrow \Lambda^0 + \pi^-$

(f) $\Xi^0 \rightarrow \text{p} + \pi^-$

16(31). 아래의 각 반응들은 실제 일어날 수 없다. 보존의 법칙에 맞도록 반응의 틀린 곳을 바로 잡아라.

(a) $\text{p} + \overline{\text{p}} \rightarrow \mu^+ + \text{e}^-$

(b) $\pi^- + \text{p} \rightarrow \text{p} + \pi^+$

(c) $\text{p} + \text{p} \rightarrow \text{p} + \pi^+$

(d) $\text{p} + \text{p} \rightarrow \text{p} + \text{p} + \text{n}$

(e) $\gamma + \text{p} \rightarrow \text{n} + \pi^0$

30.8 쿼크와 쿼크의 색깔

17(33). 아래 쿼크의 상태에 따른 입자를 종류별로 구하라.

(a) suu, (b) $\overline{\text{u}}$d, (c) $\overline{\text{s}}$d, (d) ssd

18(35). 물 1.00 L 안에 들어 있는 전자의 수와 쿼크의 종류에 따른 수를 각각 구하라.

종합문제

19(37). 다음의 핵융합 반응에서 발생하는 에너지를 구하라.

$$^1_1\text{H} + ^3_2\text{He} \rightarrow ^4_2\text{He} + \text{e}^+ + \nu$$

20(39). (a)는 강한 상호작용을 통하여 일어나고 (b)와 (c)는 약한 상호작용을 통해서 일어난다. '?' 입자의 이름을 쓰라.

(a) $\text{K}^+ + \text{p} \rightarrow ? + \text{p}$

(b) $\Omega^- \rightarrow ? + \pi^-$

(c) $\text{K}^+ \rightarrow ? + \mu^+ + \nu_\mu$

21(41). 2.0 MeV 중성자가 원자로 내에서 에너지를 방출한다. 만일 이 중성자가 원자로 내의 감속재 원자와 충돌한 후 에너지의 반이 소실되었다면, 이 에너지로 상온 20.0°C의 한 기체

에 해당하는 에너지에 도달하기 위해서는 몇 번의 충돌이 있어야 하는가?

22(43). Σ^0 입자가 어느 물질을 통과하면서 양성자, Σ^+, γ선은 물론 제3의 입자를 때리고 튀어나온다. 쿼크 모형을 이용하여 제3의 입자가 무엇인지를 결정하라.

23(45). 정지하고 있는 π−메손이 다음과 같이 붕괴한다. 여기서 중성미자가 빼앗아간 에너지는 얼마인지 구하라.

$$\pi^- \rightarrow \mu^- + \bar{\nu}_\mu$$

이때 중성미자의 질량은 없으며 빛의 속력으로 진행된다. 또한 $m_\pi c^2 = 139.6$ MeV이고 $m_\mu c^2 = 105.7$ MeV이다. Note: 상대론을 이용하고 식 26.13을 참고하라.

24(47). 태양은 3.85×10^{26} W의 에너지를 분출한다. 만일 아래와 같은 순수한 반응의 경우에 대한 전체 방출되는 에너지는 얼마인지 계산하라.

$$4\text{p} + 2\text{e}^- \rightarrow \alpha + 2\nu_\text{e} + 6\gamma$$

또한 초당 융합되는 양성자의 수를 계산하라. 여기서 알파입자는 헬륨−4 핵이다.

25(49). (a) 1.0갤런의 물에서 중수소가 융합하면 약 1.0×10^{10} J의 에너지가 방출됨을 보여라. 수소 원자 6 500개 중 1개는 중수소이다. (b) 미국에 사는 사람의 평균 에너지 소비율은 약 1.0×10^4 J/s(평균 전력 10. kW)이다. 이 비율대로라면, 1.0갤런의 물에서 중수소가 융합하면 한 사람의 에너지 필요량은 얼마나 오랫동안 공급될 수 있겠는가? 중수소 1개당 방출되는 에너지는 1.64 MeV라고 가정한다.

부록 A 간단한 수학

A.1 수학 기호

이 책에 사용된 많은 수학 기호들을 용례를 들어가며 설명할 것이다.

같음[1]: =

기호 =는 두 양이 같다는 것을 나타내는 수학적인 표현이다. 물리학에서 이 기호는 서로 다른 물리학적 개념을 관계 짓기 위한 명제를 만들기도 한다. 예를 들어, $E = mc^2$이라는 식이 있다. 이 유명한 식은 킬로그램 단위로 측정된 질량 m이 줄 단위로 측정된 어떤 양의 에너지 E와 동등함을 의미한다. 이때 식 안에 있는 광속의 제곱 c^2는 꼭 필요한 비례 상수로 간주할 수 있다. 그 이유는 이 식에 나오는 양에 대해 선택된 단위들은 오래전부터 사용되어온 것으로 그것들만으로는 좌우가 같지 않기 때문이다.

비례: ∝

기호 ∝는 좌우 값들이 서로 비례함을 나타낸다. 이 기호는 정확한 수학적 등식보다는 관계식에 초점을 맞출 때 사용할 수 있을 것이다. 예를 들어, $E \propto m$이라고 쓰고, 그것을 말로하면 "물체가 갖는 에너지 E는 그 물체의 질량 m에 비례한다"가 된다. 그와 비슷한 또 다른 예로는 운동에너지가 있다. 운동하는 물체가 갖는 에너지는 $KE = \frac{1}{2}mv^2$으로 정의한다. 여기서 m은 질량이고 v는 속력이다. 이 식에서 m과 v는 둘 다 변수이다. 따라서 운동에너지 KE는 속력의 제곱에 비례한다. 즉, $KE \propto v^2$이다. 여기에서 사용되는 또 다른 말로는 '정비례'가 있다. 물체의 밀도 ρ는 그 물체의 질량과 부피에 $\rho = m/V$로 나타내어지는 관계가 있다. 결국 밀도는 질량에 정비례하고 부피에 역비례[2] 한다.

부등호

기호 $<$는 '좌변이 우변보다 작음'을 나타내고, 기호 $>$는 '좌변이 우변보다 큼'을 나타낸다. 예를 들어, $\rho_{Fe} > \rho_{Al}$은 철의 밀도 ρ_{Fe}가 알루미늄의 밀도 ρ_{Al}보다 큼을 나타낸다. 그 기호 밑에 선을 하나 추가하면 같을 가능성이 있음을 의미한다. 즉, $\le$는 좌변이 우변보다 작거나 같음을 나타내는 반면, $\ge$는 좌변이 우변보다 크거나 같음을 나타낸다. 예를 들어, 모든 입자의 속력 v는 빛의 속력보다 작거나 같다. 즉, $v \le c$이다.

---

[1] 역자 주: '등호'라고 할 수도 있음

[2] 역자 주: 흔히 inversely proportional을 반비례라는 말로 많이 사용하지만 반비례란 반평행이라는 말과 비슷하게 반대 방향으로 비례한다는 의미로 사용될 수 있으므로 정확하게는 역비례라는 말이 맞다.

때로는 주어진 양의 크기가 다른 어떤 양의 크기보다 현저하게 차이가 날 때가 있다. 그러한 큰 차이를 단순한 부등호로 나타내기엔 부족한 감이 있다. 차이가 많은 경우를 나타내는 것으로서, 기호 ≪는 좌변이 우변보다 훨씬 작다는 것을 나타내고 ≫는 좌변이 우변보다 훨씬 크다는 것을 나타낸다. 태양의 질량 M_{Sun}은 지구의 질량 M_{E}보다 훨씬 크므로 $M_{\text{Sun}} \gg M_{\text{E}}$로 나타낸다. 또한 전자의 질량 m_e는 양성자의 질량 m_p보다 훨씬 작으므로 $m_e \ll m_p$로 나타낸다.

거의 같음: ≈

기호 ≈는 좌변과 우변의 두 양이 거의 같음을 나타낸다. 양성자의 질량 m_p는 중성 자의 질량 m_n과 거의 같다. 이러한 관계는 $m_p \approx m_n$으로 쓸 수 있다.

정의: ≡

기호 ≡는 '좌변을 우변으로 정의함'을 의미한다. 이 기호는 단순한 =보다는 더 강한 의미를 갖고 있다. 그것은 좌변에 있는 양—흔히 단일 양—은 우변에 있는 양이나 양들로 나타내는 또 다른 방법임을 의미한다. 물체의 고전적 운동량 p는 물체의 질량 m과 속도 v의 곱으로 정의한다. 따라서 $p \equiv mv$이다. 이것은 정의에 의한 등식이기 때문에 p를 어떤 다른 것으로 나타낼 가능성은 없다. 이에 비해, 등가속도 운동을 하는 물체의 속도 v를 나타내는 식은 $v = v_0 + at$이다. 이 식에서 v는 정의된 양이 아니기 때문에 정의 기호를 사용해서는 안 될 것이다. 이 식은 등가속도 운동이라고 하는 가정에서만 성립하는 등식이다. 하지만 고전적 운동량에 대한 앞의 식은 정의에 의해 항상 맞는 식이므로 운동량에 관한 개념이 처음 소개될 때 $p \equiv mv$로 쓰는 것이 맞다. 그러한 정의가 처음 소개된 이후부터는 보통의 등호를 사용해도 충분하다.

차이: Δ

그리스 문자 Δ(대문자 델타)는 보통 서로 다른 두 시각 사이에 측정된 물리량의 차이를 나타내기 위해 사용되는 기호이다. 가장 좋은 예로는 x축을 따른 변위는 Δx(델타 x라고 읽는다)로 나타낸다. 주의해야 할 점은 Δx는 Δ와 x의 곱을 의미하는 것이 아니라는 것이다. 어떤 사람이 아침에 일어나서 문 앞 10 m 되는 지점에서 산책하는 거리를 측정하기 시작하였다. 직선 경로를 따라 계속 가다가 문 앞에서 50 m 되는 곳에서 멈췄다. 그녀가 걸어간 위치의 변화는 $\Delta x = 50\text{ m} - 10\text{ m} = 40\text{ m}$이다. 수식의 형태로 변위는 다음과 같이 나타낸다.

$$\Delta x = x_f - x_i$$

이 식에서 x_f는 나중 위치이고 x_i는 처음 위치이다. 물리학에서 차이를 나타내는 예는 셀 수 없이 많다. 간단한 예를 들어 보면 운동량의 차이(또는 변화) $\Delta p = p_f - p_i$, 운동 에너지의 변화 $\Delta K = K_f - K_i$ 및 온도의 변화 $\Delta T = T_f - T_i$ 가 있다.

합: Σ

물리학에서는 여러 양을 더해야 하는 경우가 종종 있다. 그러한 덧셈을 나타내는 유용한 기호로는 그리스 문자 Σ(대문자 시그마)가 있다. 예를 들어, x_1, x_2, x_3, x_4, x_5의 다섯 수를 더해야 하는 경우 간단히 기호로 나타내면 다음과 같다.

$$x_1 + x_2 + x_3 + x_4 + x_5 = \sum_{i=1}^{5} x_i$$

여기서 x의 아래 첨자 i는 여러 수 중의 하나를 나타낸다. 예를 들어, 어떤 계에 있는 다섯 개의 질량 m_1, m_2, m_3, m_4, m_5가 있다면 그 계의 전체 질량 $M = m_1 + m_2 + m_3 + m_4 + m_5$는 다음과 같이 나타낼 수 있다.

$$M = \sum_{i=1}^{5} m_i$$

반면에 이 다섯 개의 질량의 질량 중심의 x좌표는

$$x_{CM} = \frac{\sum_{i=1}^{5} m_i x_i}{M}$$

과 같이 쓸 수 있으며 질량 중심의 y좌표나 z좌표에 대해서도 마찬가지 형태의 식을 쓸 수 있다.

절댓값: | |

x의 크기는 $|x|$로 표기하며 단순히 x의 절댓값이다. $|x|$의 부호는 x의 부호에 관계 없이 항상 양이다. 예를 들어, $x = -5$라면, $|x| = 5$이고, $x = 8$이라면 $|x| = 8$이다. 물리학에서 이러한 절댓값 기호가 유용한 경우는 부호가 의미하는 방향보다는 양이 더 중요한 경우이다.

A.2 과학적 표기법

과학에서 나오는 수치들은 아주 큰 것에서부터 매우 작은 것까지 있다. 빛의 속력은 약 300 000 000 m/s이며, 이 책에 있는 글자 i를 한 개 찍는 데 필요한 잉크의 질량은 대략 0.000 000 001 kg이다. 소수 자리의 수를 세어야 하고 유효숫자가 한 자리인 수도 그 앞의 많은 영의 개수를 세어야 하기 때문에 이러한 수들을 정확하게 읽고 쓰는 일은 매우 번거로운 일이다. 과학적 표기법은 정밀도와 관계없이 수의 크기만을 나타내기 위해서만 사용되는 많은 수의 영을 일일이 쓰지 않고 그 수치를 나타내는 방법이다. 그 방법은 10의 거듭제곱을 사용하는 것이다. 10의 음이 아닌 거듭제곱은

$$10^0 = 1$$
$$10^1 = 10$$
$$10^2 = 10 \times 10 = 100$$
$$10^3 = 10 \times 10 \times 10 = 1\,000$$
$$10^4 = 10 \times 10 \times 10 \times 10 = 10\,000$$
$$10^5 = 10 \times 10 \times 10 \times 10 \times 10 = 100\,000$$

등등이다. 수치에 있는 첫 번째 자리 이후에서부터 소수점 왼쪽까지에 있는 소수 자 리의 개수는 10의 거듭제곱에 해당하는 것으로서 10의 **지수**라고 한다. 예를 들어, 빛 의 속력 300 000 000 m/s는 3×10^8 m/s로 나타낼 수 있다. 즉, 첫 번째 자리 3 이후에서부터 소수점이 있을 곳의 왼쪽까지 8개의 소수 자리가 있다.

이러한 방법으로 1보다 작은 수에 대해 몇 가지 예를 들면 다음과 같다.

$$10^{-1} = \frac{1}{10} = 0.1$$
$$10^{-2} = \frac{1}{10 \times 10} = 0.01$$
$$10^{-3} = \frac{1}{10 \times 10 \times 10} = 0.001$$
$$10^{-4} = \frac{1}{10 \times 10 \times 10 \times 10} = 0.000\,1$$
$$10^{-5} = \frac{1}{10 \times 10 \times 10 \times 10 \times 10} = 0.000\,01$$

이 경우에, 소수점 오른쪽에서부터 첫 번째 영이 아닌 자리까지의 소수 자리의 수가 (음의) 지수의 값이 된다.

1에서 10 사이의 수에 10의 거듭제곱을 곱해서 표현한 수를 과학적으로 표기되었다고 한다. 예를 들어, 전기력과 관련이 있는 쿨롱 상수는 8 987 551 789 $\text{N}\cdot\text{m}^2/\text{C}^2$로 주어지지만 **과학적 표기법**으로는 $8.987\,551\,789 \times 10^9\ \text{N}\cdot\text{m}^2/\text{C}^2$로 나타낸다. 뉴턴의 중력 상수는 0.000 000 000 066 731 $\text{N}\cdot\text{m}^2/\text{kg}^2$이며, 과학적 표기법으로는 $6.673\,1 \times 10^{-11}\ \text{N}\cdot\text{m}^2/\text{kg}^2$이다.

과학적 표기법으로 표현된 수를 곱할 때는 다음과 같은 지수 공식을 사용하면 된다.

$$10^n \times 10^m = 10^{n+m} \qquad \textbf{[A.1]}$$

여기서 n과 m은 임의의 수(정수일 필요는 없다)이다. 예를 들면, $10^2 \times 10^5 = 10^7$이다. 이러한 공식은 지수 중의 하나가 음이어도 상관없다. 즉, $10^3 \times 10^{-8} = 10^{-5}$이다.

과학적인 표기법으로 나타낸 수를 나눗셈할 때의 공식은 다음과 같다.

$$\frac{10^n}{10^m} = 10^n \times 10^{-m} = 10^{n-m} \qquad \textbf{[A.2]}$$

연습문제

위의 공식들을 사용하여 다음의 답을 확인하라.

1. $86\,400 = 8.64 \times 10^4$

2. $9\ 816\ 762.5 = 9.816\ 762\ 5 \times 10^{6}$

3. $0.000\ 000\ 039\ 8 = 3.98 \times 10^{-8}$

4. $(4 \times 10^{8})(9 \times 10^{9}) = 3.6 \times 10^{18}$

5. $(3 \times 10^{7})(6 \times 10^{-12}) = 1.8 \times 10^{-4}$

6. $\dfrac{75 \times 10^{-11}}{5 \times 10^{-3}} = 1.5 \times 10^{-7}$

7. $\dfrac{(3 \times 10^{6})(8 \times 10^{-2})}{(2 \times 10^{17})(6 \times 10^{5})} = 2 \times 10^{-18}$

A.3 대수학

A. 기본 공식

대수 연산을 할 때, 산술 법칙들이 적용된다. x, y, z와 같은 기호들은 특별히 정해지지 않은 수를 나타내는 데 사용되며 흔히 **미지수**라고 한다.

우선 다음과 같은 식

$$8x = 32$$

에서, x에 대해 풀고자 한다면, 이 식의 양변에 같은 수를 곱하거나 나누면 된다. 이 경우 양변을 8로 나누면

$$\frac{8x}{8} = \frac{32}{8}$$

가 되어

$$x = 4$$

라는 답을 얻는다.

다음으로

$$x + 2 = 8$$

이라는 식을 살펴보자. 이런 형태의 식에서는 양변에 같은 수를 더하거나 빼면 된다. 여기서는 양변에서 2를 빼면

$$x + 2 - 2 = 8 - 2$$

가 되어

$$x = 6$$

을 얻는다. 일반적으로, $x + a = b$이면, $x = b - a$가 된다.

또한

$$\frac{x}{5} = 9$$

와 같은 식의 경우 양변에 5를 곱하면, 좌변에는 x만 남고 우변은 45가 된다. 즉,

$$\left(\frac{x}{5}\right)(5) = 9 \times 5$$
$$x = 45$$

어느 경우에서나, **등식의 좌변에서 수행한 연산은 우변에도 똑같이 수행해야 한다.**

곱하기, 나누기, 더하기, 빼기에 관한 다음에 열거한 공식들을 잘 기억하기 바란다. 여기서 a, b, c는 세 수를 나타낸다.

	규칙	예
곱하기	$\left(\frac{a}{b}\right)\left(\frac{c}{d}\right) = \frac{ac}{bd}$	$\left(\frac{2}{3}\right)\left(\frac{4}{5}\right) = \frac{8}{15}$
나누기	$\frac{(a/b)}{(c/d)} = \frac{ad}{bc}$	$\frac{2/3}{4/5} = \frac{(2)(5)}{(4)(3)} = \frac{10}{12} = \frac{5}{6}$
더하기	$\frac{a}{b} \pm \frac{c}{d} = \frac{ad \pm bc}{bd}$	$\frac{2}{3} - \frac{4}{5} = \frac{(2)(5) - (4)(3)}{(3)(5)} = -\frac{2}{15}$

물리학에서는 기호로 표시된 식을 대수적으로 풀어야 할 때가 아주 자주 있으며 대부분의 학생들은 그런 문제에 별로 익숙하지 않다. 그렇지만 식에 처음부터 수치를 대입하는 것은 보편적인 결과를 주지 않기 때문에, 식을 기호로 푸는 것은 매우 중요하다. 다음의 두 예에서는 이러한 형태의 대수적인 연산이 어떻게 이루어지는지를 설명하고 있다.

예제

50.0 m 높이의 건물에서 공이 떨어진다. 25.0 m 높이에 도달할 때까지 걸리는 시간은 얼마인가?

풀이 우선 이러한 경우에 사용되는 포물선 공식을 써 보자.

$$x = \tfrac{1}{2}at^2 + v_0t + x_0$$

여기서 $a = -9.80\ \text{m/s}^2$은 공이 떨어지게 하는 중력 가속도이며, $v_0 = 0$는 처음 속도, $x_0 = 50.0\ \text{m}$는 처음 위치이다. 처음 속도 $v_0 = 0$만 대입하면, 다음과 같은 결과가 얻어진다.

$$x = \tfrac{1}{2}at^2 + x_0$$

이 식을 t에 대해 풀어야 한다. 양변에서 x_0를 빼면

$$x - x_0 = \tfrac{1}{2}at^2 + x_0 - x_0 = \tfrac{1}{2}at^2$$

가 되고 여기의 양변에 $2/a$를 곱하면

$$\left(\frac{2}{a}\right)(x - x_0) = \left(\frac{2}{a}\right)\tfrac{1}{2}at^2 = t^2$$

이 된다. 흔히 관습에 따라 원하는 값을 좌변에 나타내므로, 구하고자 하는 변수를 좌변에 놓고 양변에 제곱근을 취하면

$$t = \pm\sqrt{\left(\frac{2}{a}\right)(x - x_0)}$$

가 된다. 시간이라고 하는 것은 양의 값만이 의미가 있으므로 답은 양의 제곱근만 취한다. 결과를 수치로 얻기 위해서는 변수에 값을 대입하면 된다.

예제

질량이 m인 상자가 마찰이 없는 표면에서 $+x$ 방향으로 미끄러지다가 운동 마찰 계수가 μ_k인 거친 표면을 만난다. 거친 표면의 길이가 Δx라면 그 표면을 통과해 나올 때의 상자의 속력을 구하라.

풀이 일-에너지 정리를 사용하면

$$\tfrac{1}{2}mv^2 - \tfrac{1}{2}mv_0^{\,2} = -\mu_k mg\,\Delta x$$

이다. 양변에 $\tfrac{1}{2}mv_0^{\,2}$을 더하면

$$\tfrac{1}{2}mv^2 = \tfrac{1}{2}mv_0^{\,2} - \mu_k mg\,\Delta x$$

가 된다. 또 이 식의 양변에 $2/m$을 곱하면

$$v^2 = v_0^{\,2} - 2\mu_k g\,\Delta x$$

이다. 이제 양변에 제곱근을 취한다. 상자는 $+x$ 방향으로 미끄러지고 있었기 때문에 양의 제곱근만 답이 된다. 즉,

$$v = \sqrt{v_0^{\,2} - 2\mu_k g\,\Delta x}$$

연습문제

1에서 4번까지지는 x에 대해 풀어라.

	답
1. $a = \dfrac{1}{1+x}$	$x = \dfrac{1-a}{a}$
2. $3x - 5 = 13$	$x = 6$
3. $ax - 5 = bx + 2$	$x = \dfrac{7}{a-b}$
4. $\dfrac{5}{2x+6} = \dfrac{3}{4x+8}$	$x = -\dfrac{11}{7}$

5. 다음의 식을 v_1에 대해 풀어라.

$$P_1 + \tfrac{1}{2}\rho v_1^{\,2} = P_2 + \tfrac{1}{2}\rho v_2^{\,2}$$

답: $v_1 = \pm\sqrt{\dfrac{2}{\rho}(P_2 - P_1) + v_2^{\,2}}$

B. 거듭제곱

어떤 양 x의 거듭제곱으로 나타낸 것들을 서로 곱할 때, 다음과 같은 공식을 사용하면 된다.

$$x^n x^m = x^{n+m} \qquad \textbf{[A.3]}$$

예를 들면, $x^2x^4 = x^{2+4} = x^6$이다.

나눗셈을 할 때의 공식은 다음과 같다.

$$\frac{x^n}{x^m} = x^{n-m} \qquad \textbf{[A.4]}$$

예를 들면, $x^8/x^2 = x^{8-2} = x^6$이다.

$\frac{1}{3}$과 같이 지수가 분수인 경우에는 다음과 같이 지수는 제곱근으로 나타낸다.

$$x^{1/n} = \sqrt[n]{x} \qquad \textbf{[A.5]}$$

예를 들면, $4^{1/3} = \sqrt[3]{4} = 1.587\,4$이다. (이런 것을 계산할 때는 공학용 계산기를 사용하면 편리하다.)

끝으로 임의의 양 x^n의 m승은

$$(x^n)^m = x^{nm} \qquad \textbf{[A.6]}$$

이다. 표 A.1에 지수에 관한 공식을 나열하였다.

표 A.1 지수 공식

$x^0 = 1$
$x^1 = x$
$x^n x^m = x^{n+m}$
$x^n/x^m = x^{n-m}$
$x^{1/n} = \sqrt[n]{x}$
$(x^n)^m = x^{nm}$

연습문제

다음을 입증하라.

1. $3^2 \times 3^3 = 243$
2. $x^5 x^{-8} = x^{-3}$
3. $x^{10}/x^{-5} = x^{15}$
4. $5^{1/3} = 1.709\ 975$ (계산기 사용)
5. $60^{1/4} = 2.783\ 158$ (계산기 사용)
6. $(x^4)^3 = x^{12}$

C. 인수분해

인수분해에 관한 몇 가지 기본 공식은 다음과 같다.

$$ax + ay + az = a(x + y + z) \quad \text{공통 인수}$$

$$a^2 + 2ab + b^2 = (a + b)^2 \quad \text{완전 제곱}$$

$$a^2 - b^2 = (a + b)(a - b) \quad \text{제곱의 차}$$

D. 이차 방정식

이차 방정식의 일반적인 형태는 다음과 같다.

$$ax^2 + bx + c = 0 \qquad \text{[A.7]}$$

여기서 x는 미지수이고, a, b, c는 방정식의 계수이다. 이 식은

$$x = \frac{-b \pm \sqrt{b^2 - 4ac}}{2a} \qquad \text{[A.8]}$$

으로 주어지는 두 개의 근을 갖는다. $b^2 - 4ac > 0$인 경우에만 두 근은 실수이다.

예제

식 $x^2 + 5x + 4 = 0$는 다음과 같은 두 근을 갖는다. 제곱근 기호 앞에 +− 부호가 있기 때문에 근이 두 개다.

$$x = \frac{-5 \pm \sqrt{5^2 - (4)(1)(4)}}{2(1)} = \frac{-5 \pm \sqrt{9}}{2} = \frac{-5 \pm 3}{2}$$

$$x_1 = \frac{-5 + 3}{2} = \boxed{-1} \qquad x_2 = \frac{-5 - 3}{2} = \boxed{-4}$$

여기서 x_1은 제곱근이 +인 경우의 근이고 x_2는 제곱근이 −인 경우의 근이다.

예제

공을 16.0 m/s의 속력으로 위로 던져 올렸다. 이차 방정식의 근의 공식을 사용하여 던져진 위치로부터 8.0 m의 높이에 도달하는 데 걸리는 시간을 구하라.

풀이 2장에서 배운 포물체 운동에 관한 식 중에

$$x = \tfrac{1}{2}at^2 + v_0 t + x_0 \qquad (1)$$

이 있다. 중력 가속도 $a = -9.80\ \text{m/s}^2$이고, 처음 속도 $v_0 =$

16.0 m/s이며, 처음 위치는 공이 처음에 던져진 높이로서 $x_0 = 0$으로 놓는다. 이 값들을 식 (1)에 대입하고 $x = 8.00$ m라 두면 다음과 같이 된다.

$$x = -4.90t^2 + 16.00t = 8.00$$

여기서 단위들을 일일이 표기하지 않았다. 이 식을 정리하여 식 A.7의 표준 형태로 나타내면 다음과 같이 된다.

$$-4.90t^2 + 16.00t - 8.00 = 0$$

이 식은 시간 t에 대한 이차 방정식이다. 이 식에 해당하는 계수는 $a = -4.9$, $b = 16$, $c = -8.00$이다. 이 값들을 식 A.8에 대입하면 다음과 같다.

$$t = \frac{-16.0 \pm \sqrt{16^2 - 4(-4.90)(-8.00)}}{2(-4.90)} = \frac{-16.0 \pm \sqrt{99.2}}{-9.80}$$

$$= 1.63 \mp \frac{\sqrt{99.2}}{9.80} = \boxed{0.614 \text{ s}, 2.65 \text{ s}}$$

이 경우에는 두 근이 모두 성립한다. 하나는 공이 위로 올라갈 때 그 점에 닿는 시각이고 또 하나는 되돌아 내려올 때 그 점에 닿는 시각이다.

연습문제

다음 이차 방정식을 풀어라.

		답	
1.	$x^2 + 2x - 3 = 0$	$x_1 = 1$	$x_2 = -3$
2.	$2x^2 - 5x + 2 = 0$	$x_1 = 2$	$x_2 = \frac{1}{2}$
3.	$2x^2 - 4x - 9 = 0$	$x_1 = 1 + \sqrt{22}/2$	$x_2 = 1 - \sqrt{22}/2$

4. 앞에서 푼 포물체 운동에 관한 문제에서 공이 던져진 지점으로부터 높이 10.0 m 되는 곳의 시각을 구하라.

답: $t_1 = 0.842$ s　　$t_2 = 2.42$ s

E. 일차 방정식

일차 방정식의 형태는 다음과 같다.

$$y = mx + b \quad \textbf{[A.9]}$$

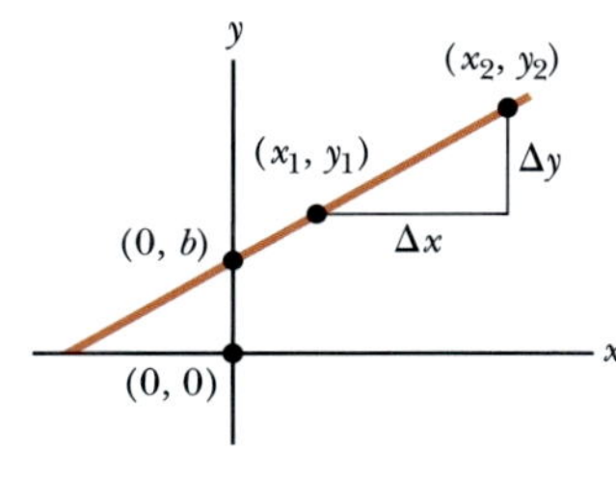

그림 A.1

여기서 m과 b는 상수이다. 이런 종류의 식은 그림 A.1에서처럼 x에 대한 y의 그래프가 직선이기 때문에 선형이라고 한다. 상수 b는 y절편으로 직선이 y축과 만나는 점의 y 값을 나타낸다. 그림 A.1에서처럼 직선 상의 임의의 두 점 (x_1, y_1)과 (x_2, y_2)의 값이 주어지면, 그 직선의 기울기는 다음과 같이 나타낼 수 있다.

$$\text{기울기} = \frac{y_2 - y_1}{x_2 - x_1} = \frac{\Delta y}{\Delta x} \quad \textbf{[A.10]}$$

m과 b는 양이나 음의 값을 가질 수 있다. $m > 0$이면, 그림 A.1에서처럼 직선의 기울기는 양이고, $m < 0$이면 직선의 기울기는 음이다. 그림 A.1에서, m과 b는 모두 양이다. 세 가지 다른 가능한 경우가 그림 A.2에 그려져 있다.

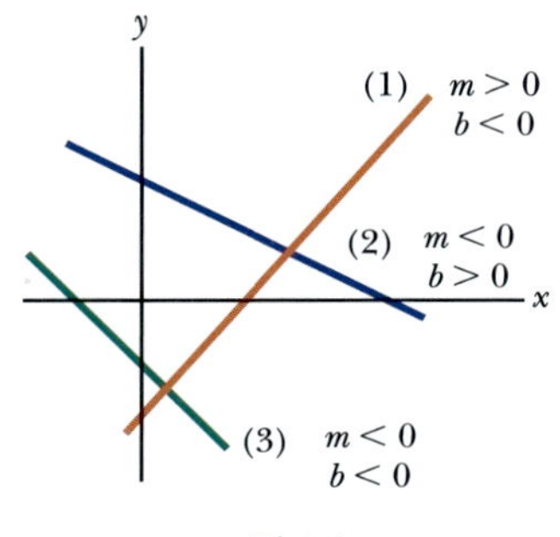

그림 A.2

예제

어떤 금속 도선의 전기 저항이 20.0°C에서는 5.00 Ω이고 80.0°C에서는 6.14 Ω이다. 저항값이 선형적으로 변한다는 가정하에 이 60.0°C에서 금속 도선의 저항값을 구하라.

풀이 저항 R을 나타내는 직선의 방정식을 구한 다음, 새로운 온도를 그 식에 대입하면 된다. 온도에 대한 저항값을 나타내는 그래프 상의 두 점은 (20.0°C, 5.00 Ω)와 (80.0°C, 6.14 Ω)이다. 이것으로 직선의 기울기를 계산하면 다음과 같다.

$$m = \frac{\Delta R}{\Delta T} = \frac{6.14\ \Omega - 5.00\ \Omega}{80.0°\text{C} - 20.0°\text{C}} = 1.90 \times 10^{-2}\ \Omega/°\text{C} \quad (1)$$

직선의 점–기울기 공식에 위의 기울기 값과 점 (20.0°C, 5.00 Ω)의 값을 대입하면,

$$R - R_0 = m(T - T_0) \quad (2)$$

$$R - 5.00\ \Omega = (1.90 \times 10^{-2}\ \Omega/°\text{C})(T - 20.0°\text{C}) \quad (3)$$

가 된다. 끝으로 식 (3)에 $T = 60.0°$를 대입하고 R에 대해 풀면 $R = 5.76\ \Omega$를 얻는다.

연습문제

1. 다음 직선의 방정식의 그래프를 그려라.
(a) $y = 5x + 3$ (b) $y = -2x + 4$ (c) $y = -3x - 6$

2. 연습문제 1에 나온 직선의 기울기를 구하라.
답: (a) 5 (b) −2 (c) −3

3. 다음 각각의 두 점을 지나는 직선의 방정식을 구하라.
(a) (0, −4)와 (4, 2) (b) (0, 0)과 (2, −5) (c) (−5, 2)와 (4, −2)
답: (a) $\frac{3}{2}$ (b) $-\frac{5}{2}$ (c) $-\frac{4}{9}$

4. 어떤 실험에서 연직으로 걸어둔 용수철에 추(뉴턴 단위)를 달아서 평형 위치로부터 늘어난 길이(미터 단위)를 측정하여 (0.025 0 m, 22.0 N)과 (0.075 0 m, 66.0 N)을 얻었다. 변위에 다른 무게의 그래프에서 직선의 기울기인 용수철 상수를 구하라.
답: 880 N/m

F. 연립 일차 방정식의 풀이

두 개의 미지수 x와 y를 포함하고 있는 식 $3x + 5y = 15$를 살펴보자. 이 식은 유일한 해를 갖지 않는다. 예를 들면, $(x = 0,\ y = 3)$, $(x = 5,\ y = 0)$, $(x = 2,\ y = 9/5)$는 모두 그 식의 해가 된다.

어떤 문제가 두 개의 미지수를 갖고 있다면, 두 개의 식이 있어야만 유일한 해를 가질 수 있다. 일반적으로 n개의 미지수를 가진 문제가 있다면, 그 해를 구하기 위해서는 n개의 식이 필요하다. 미지수 x와 y를 포함하는 두 개의 연립 방정식을 풀기 위해서는 한 식에서 x를 y에 대해 푼 다음 그것을 다른 식에 대입하면 된다.

예제

다음 두 연립 방정식의 해를 구하라.

(1) $5x + y = -8$ (2) $2x - 2y = 4$

풀이 식 (2)로부터, $x = y + 2$임을 알 수 있다. 이 값을 식 (1)에 대입하면 다음과 같이 된다.

$$5(y+2) + y = -8$$
$$6y = -18$$
$$y = \boxed{-3}$$
$$x = y + 2 = \boxed{-1}$$

다른 풀이법 식 (1)의 각 항에 2를 곱한 다음 식 (2)를 더하면 다음과 같이 된다.

$$\begin{aligned} 10x + 2y &= -16 \\ 2x - 2y &= 4 \\ \hline 12x &= -12 \\ x &= \boxed{-1} \\ y = x - 2 &= \boxed{-3} \end{aligned}$$

두 개의 미지수를 가진 연립 일차 방정식은 그래프를 그려서 풀 수 있다. 두 직선의 그래프를 한 좌표계에 그렸을 때 두 직선이 만나는 점이 연립 방정식의 해가 된다. 예를 들어, 다음 두 식을 살펴보자.

$$x - y = 2$$
$$x - 2y = -1$$

이들 식의 그래프가 그림 A.3에 그려져 있다. 두 직선이 만나는 점의 좌표는 $x = 5$, $y = 3$이며 그것이 바로 그 연립 방정식의 해를 나타낸다. 여기서 얻은 해와 위에서 해석적으로 푼 해를 꼭 비교해 보아야 한다.

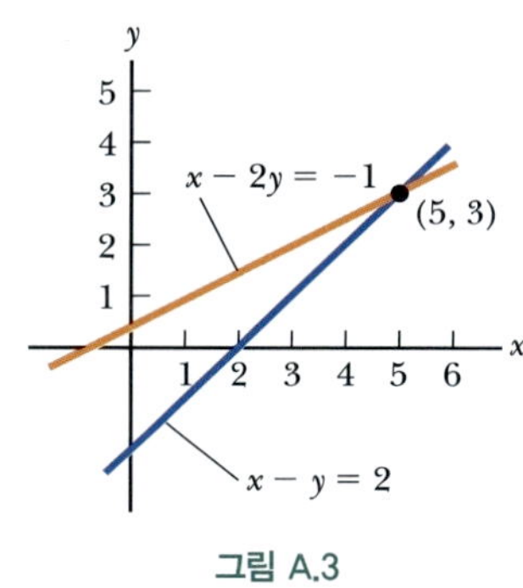

그림 A.3

예제

질량 m =2.00 kg인 물체가 v_i = 5.00 m/s의 속력으로 $+x$ 방향으로 움직이고 있고, 질량 M = 4.00 kg인 두 번째 물체가 $+x$ 방향으로 2.00 m/s의 속력으로 첫 번째 물체보다 앞서서 가고 있다. 표면은 마찰이 없다. 완전 탄성 충돌을 한다면 두 물체가 충돌 후 각각의 속력은 얼마인가?

풀이 6장에서 알 수 있는 바와 같이, 완전 탄성 충돌의 경우 운동량과 에너지에 대한 식이 사용될 수 있다. 속도 v의 이차 함수인 에너지 보존식은 운동량 보존식과 함께 약간의 계산을 하면 일차 식을 만들 수 있다. 그러한 두 식은 다음과 같다.

$$mv_i + MV_i = mv_f + MV_f \quad (1)$$

$$v_i - V_i = -(v_f - V_f) \quad (2)$$

이미 알고 있는 양인 v_i = 5.00 m/s와 V_i = 2.00 m/s를 식 (1)과 (2)에 대입하여

$$18 = 2v_f + 4V_f \quad (3)$$

$$3 = -v_f + V_f \quad (4)$$

를 얻는다. 식 (4)의 양변에 2를 곱한 다음식 (3)을 더하면

$$\begin{aligned} 18 &= 2v_f + 4V_f \\ 6 &= -2v_f + 2V_f \\ \hline 24 &= 6V_f \quad \rightarrow \quad V_f = \boxed{4.00 \text{ m/s}} \end{aligned}$$

가 된다. V_f에 대한 해를 식 (4)에 대입하면 $v_f = \boxed{1.00 \text{ m/s}}$ 를 얻는다.

연습문제

미지수 두 개를 갖고 있는 다음 각 쌍의 연립 방정식을 풀어라.

답

1. $x + y = 8$ $\quad x = 5, y = 3$
$x - y = 2$

2. $98 - T = 10a$ $\quad T = 65.3, a = 3.27$
$T - 49 = 5a$

3. $6x + 2y = 6$ $\quad x = 2, y = -3$
$8x - 4y = 28$

G. 로그 함수와 지수 함수

x를 어떤 양 a의 거듭제곱으로 나타내었다고 하자. 즉,

$$x = a^y \qquad \textbf{[A.11]}$$

여기서 a를 **밑수**라 한다. a를 밑수로 하는 x의 **로그**는 $x = a^y$이 성립하기 위해 a의 거듭제곱수가 되는 지수와 같다. 즉,

$$y = \log_a x \qquad \textbf{[A.12]}$$

이 식에서 x를 알고자 한다면, y의 **역로그**를 취하면 된다. 즉, y의 역로그는 x이다.

$$x = \text{antilog}_a\, y \qquad \textbf{[A.13]}$$

사실 역로그 식은 식 A.11에 있는 지수식과 같으며 실제로는 그것이 더 많이 쓰인다.

로그 함수를 사용함에 있어서 밑수가 10인 상용로그와 밑수가 $e = 2.718\cdots$인 자연로그가 가장 많이 사용되고 있다. 상용로그를 사용할 때는

$$y = \log_{10} x \quad (\text{또는 } x = 10^y) \qquad \textbf{[A.14]}$$

로 쓰고, 자연로그를 사용할 때는

$$y = \ln\, x \quad (\text{또는 } x = e^y) \qquad \textbf{[A.15]}$$

라고 표현한다. 예를 들어, $\log_{10} 52 = 1.716$이므로, $\text{antilog}_{10} 1.716 = 10^{1.716} = 52$이다. 마찬가지로 $\ln_e 52 = 3.951$이므로 $\text{antiln}_e 3.951 = e^{3.951} = 52$이다.

일반적으로 밑수 10과 밑수 e의 관계는

$$\ln\, x = (2.302\,585)\log_{10}\, x \qquad \textbf{[A.16]}$$

이므로 이것을 사용하여 서로를 변환할 수 있어야 한다. 로그 함수의 몇 가지 성질을 나열하면 다음과 같다.

$$\log(ab) = \log a + \log b \qquad \ln e = 1$$
$$\log(a/b) = \log a - \log b \qquad \ln e^a = a$$
$$\log(a^n) = n \log a \qquad \ln\left(\frac{1}{a}\right) = -\ln a$$

일반물리학에서 로그를 가장 중요하게 사용되는 곳은 데시벨 준위의 정의이다. 음의 세기는 수십에서 수백 배로 크기가 변하므로 그 수치 그대로는 여러 세기를 비교하는

것이 매우 불편하다. 그러한 세기들을 좀 더 쉽게 다루기 위해 데시벨 준위는 로그 값으로 변환한다.

예제 로그

제트 엔진을 테스트할 때 나오는 소리의 세기는 비행기 격납고의 어떤 위치에서 $I = 0.750\ \text{W/m}^2$이다. 이 세기에 대한 데시벨 준위는 얼마인가?

풀이 데시벨 β는

$$\beta = 10 \log\left(\frac{I}{I_0}\right)$$

로 정의한다. 여기서 $I_0 = 1 \times 10^{-12}\ \text{W/m}^2$은 표준 기준 세기이다. 주어진 값들을 위 식에 대입하면 다음과 같이 된다.

$$\beta = 10 \log\left(\frac{0.750\ \text{W/m}^2}{10^{-12}\ \text{W/m}^2}\right) = 119\ \text{dB}$$

예제 역로그

공작실에 있는 4대의 똑같은 기계가 내는 소리의 합의 준위가 $\beta = 87.0\ \text{dB}$이다. 기계 한 대가 소리를 낼 경우 소리의 세기는 얼마인가?

풀이 4대의 기계가 내는 소리의 전체 세기를 구하기 위해 데시벨 준위의 식을 사용한 다음 그것을 4로 나누면 된다. 위 예제에 있는 β에 관한 식에 값을 대입하면

$$87.0\ \text{dB} = 10 \log\left(\frac{I}{10^{-12}\ \text{W/m}^2}\right)$$

와 같이 된다. 이 식의 양변을 10으로 나누고, 양변에 역로그를 취하면, 즉 10의 지수를 취하면

$$10^{8.7} = 10^{\log(I/10^{-12})} = \frac{I}{10^{-12}}$$

$$I = 10^{-12} \cdot 10^{8.7} = 10^{-3.3} = 5.01 \times 10^{-4}\ \text{W/m}^2$$

이 된다. 기계는 4대가 있으므로 이 결과를 4로 나누면 기계 한 대의 소리의 세기를 다음과 같이 얻을 수 있다.

$$I = 1.25 \times 10^{-4}\ \text{W/m}^2$$

예제 지수

삼중수소의 반감기는 12.33년이다. (삼중수소는 수소의 가장 무거운 동위 원소로서 한 개의 양성자와 두 개의 중성자로 되어 있다.) 처음에 삼중수소의 시료가 3.0 g이었다면, 20.0년 후에는 몇 그램이 되는가?

풀이 시간의 함수인 방사성 물질의 핵자의 수를 나타내는 식은

$$N = N_0\left(\frac{1}{2}\right)^n$$

이다. 여기서 N은 시간이 지난 후 남아 있는 핵자의 수, N_0는 처음 핵자의 수이고 n는 반감기가 지난 횟수이다. 이 식은 밑수가 $\frac{1}{2}$인 지수식이다. 여기서 반감기가 지난 횟수는 $n = t/T_{1/2} = 20.0\ \text{yr}/12.33\ \text{yr} = 1.62$이다. 그러므로 20.0년 지난 후 남아 있는 삼중수소 양의 비는

$$\frac{N}{N_0} = \left(\frac{1}{2}\right)^{1.62} = 0.325$$

가 된다. 따라서 삼중수소의 처음 3.00 g 중에서 $0.325 \times 3.00\ \text{g} = 0.975\ \text{g}$만 남는다.

A.4 도형의 넓이와 부피

표 A.2에 이 책에서 자주 나오는 여러 가지 도형의 넓이와 부피가 그림과 함께 주어져 있다. 이들 도형의 넓이와 부피는 물리 문제 풀이에 자주 응용되는 것으로서 중요한 것

들이다. 좋은 예로, 단위 넓이당 힘인 압력의 개념이 있다. 그것을 식으로 쓰면 $P = F/A$이다. 연속 방정식을 사용하여 관 내의 유체의 부피 흐름률을 계산하거나, 추를 매달은 줄에 작용하는 인장 변형력, 벽을 통한 열에너지 전달률, 도선을 통해 흐르는 전류의 밀도 등을 계산하는 데 있어서 넓이를 꼭 계산하여야 한다. 그 외에도 굉장히 많은 응용예가 있다. 부피와 관련이 있는 것으로, 물에 잠긴 물체에 물이 작용하는 부력을 계산하거나, 밀도를 계산할 때, 그리고 물체에 작용하는 유체의 부피 변형력을 계산할 때 부피가 중요하다. 정말로 엄청나게 많은 응용예가 있다.

표 A.2 도형에 관한 유용한 공식

모양	넓이 또는 부피	모양	넓이 또는 부피
직사각형 (ℓ, w)	넓이 $= \ell w$	구 (r)	겉넓이 $= 4\pi r^2$ 부피 $= \frac{4}{3}\pi r^3$
원 (r)	넓이 $= \pi r^2$ 원둘레 $= 2\pi r$	원통 (r, ℓ)	길이 방향의 겉넓이 $= 2\pi r\ell$ 부피 $= \pi r^2\ell$
삼각형 (b, h)	넓이 $= \frac{1}{2}bh$	직육면체 (h, w, ℓ)	겉넓이 $= 2(\ell h + \ell w + hw)$ 부피 $= \ell wh$

A.5 삼각 함수

삼각 함수와 관련된 기본적인 내용의 일부는 1장에 소개되어 있으며, 거기에 나와 있는 내용을 공부하는 데 삼각 함수와 관련되어 약간의 어려움이 있다면 여기에 있는 내용들이 도움이 되길 바란다. 삼각 함수의 개념들 중에서 가장 중요한 것에 피타고라스의 정리가 있다.

$$\Delta s^2 = \Delta x^2 + \Delta y^2 \qquad \textbf{[A.17]}$$

이 식은 직각삼각형의 빗변의 제곱은 밑변의 제곱과 높이의 제곱의 합과 같다는 것이다. 이 식은 또한 직각 좌표계에서 두 점 간의 거리를 구하는 데 사용된다. 또한 벡터의 길이를 구하는 경우 Δx는 벡터의 x성분으로 두고 Δy는 벡터의 y성분으로 놓으면 된다. 벡터 $\vec{\mathbf{A}}$의 성분이 A_x와 A_y라면, 그 벡터의 크기는

$$A^2 = A_x^2 + A_y^2 \qquad \textbf{[A.18]}$$

이 된다. 이것은 피타고라스의 정리와 완전히 비슷한 형태 2의 식이다. 벡터의 x성분과 y성분의 길이와 관련된 함수로서 코사인 및 사인 함수가 많이 사용된다.

$$A_x = A\cos\theta \qquad \textbf{[A.19]}$$

$$A_y = A \sin\theta \qquad \text{[A.20]}$$

평면에서 벡터의 방향각 θ는 탄젠트 함수를 사용하여 구할 수 있다.

$$\tan\theta = \frac{A_y}{A_x} \qquad \text{[A.21]}$$

피타고라스의 정리와 유사한 것으로 다음 식은 자주 유용하게 사용되는 식이다.

$$\sin^2\theta + \cos^2\theta = 1 \qquad \text{[A.22]}$$

위에 나와 있는 개념들에 관해 자세한 내용은 1장과 3장에서 잘 살펴볼 수 있다. 다음에 나열한 식들은 간혹 유용하게 사용되는 삼각 함수 공식이다.

$$\sin\theta = \cos(90° - \theta)$$

$$\cos\theta = \sin(90° - \theta)$$

$$\sin 2\theta = 2\sin\theta\cos\theta$$

$$\cos 2\theta = \cos^2\theta - \sin^2\theta$$

$$\sin(\theta \pm \phi) = \sin\theta\cos\phi \pm \cos\theta\sin\phi$$

$$\cos(\theta \pm \phi) = \cos\theta\cos\phi \pm \sin\theta\sin\phi$$

다음 관계식은 그림 A.4에서처럼 직각삼각형이 아닌 경우에도 성립하는 식들이다.

$$\alpha + \beta + \gamma = 180°$$

$$a^2 = b^2 + c^2 - 2bc\cos\alpha$$

$$b^2 = a^2 + c^2 - 2ac\cos\beta \qquad \text{코사인 법칙}$$

$$c^2 = a^2 + b^2 - 2ab\cos\gamma$$

$$\frac{a}{\sin\alpha} = \frac{b}{\sin\beta} = \frac{c}{\sin\gamma} \qquad \text{사인 법칙}$$

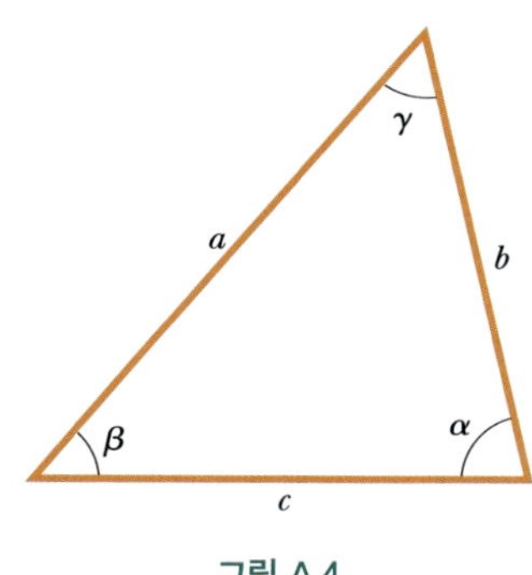

그림 A.4

부록 B 주요 원소

B.1 주기율표

기호	Ca	20	원자 번호
원자 질량†	40.078		
	$4s^2$		전자 배치

I족	II족	전이원소						
H 1 1.007 9 $1s$								
Li 3 6.941 $2s^1$	**Be** 4 9.0122 $2s^2$							
Na 11 22.990 $3s^1$	**Mg** 12 24.305 $3s^2$							
K 19 39.098 $4s^1$	**Ca** 20 40.078 $4s^2$	**Sc** 21 44.956 $3d^1 4s^2$	**Ti** 22 47.867 $3d^2 4s^2$	**V** 23 50.942 $3d^3 4s^2$	**Cr** 24 51.996 $3d^5 4s^1$	**Mn** 25 54.938 $3d^5 4s^2$	**Fe** 26 55.845 $3d^6 4s^2$	**Co** 27 58.933 $3d^7 4s^2$
Rb 37 85.468 $5s^1$	**Sr** 38 87.62 $5s^2$	**Y** 39 88.906 $4d^1 5s^2$	**Zr** 40 91.224 $4d^2 5s^2$	**Nb** 41 92.906 $4d^4 5s^1$	**Mo** 42 95.96 $4d^5 5s^1$	**Tc** 43 (98) $4d^5 5s^2$	**Ru** 44 101.07 $4d^7 5s^1$	**Rh** 45 102.91 $4d^8 5s^1$
Cs 55 132.91 $6s^1$	**Ba** 56 137.33 $6s^2$	57–71*	**Hf** 72 178.49 $5d^2 6s^2$	**Ta** 73 180.95 $5d^3 6s^2$	**W** 74 183.84 $5d^4 6s^2$	**Re** 75 186.21 $5d^5 6s^2$	**Os** 76 190.23 $5d^6 6s^2$	**Ir** 77 192.2 $5d^7 6s^2$
Fr 87 (223) $7s^1$	**Ra** 88 (226) $7s^2$	89–103**	**Rf** 104 (267) $6d^2 7s^2$	**Db** 105 (268) $6d^3 7s^2$	**Sg** 106 (269) $6d^4 7s^2$	**Bh** 107 (270) $6d^5 7s^2$	**Hs** 108 (277) $6d^6 7s^2$	**Mt**†† 109 (278) $6d^7 7s^2$

*Lanthanide series 계열	**La** 57 138.91 $5d^1 6s^2$	**Ce** 58 140.12 $5d^1 4f^1 6s^2$	**Pr** 59 140.91 $4f^3 6s^2$	**Nd** 60 144.24 $4f^4 6s^2$	**Pm** 61 (145) $4f^5 6s^2$	**Sm** 62 150.36 $4f^6 6s^2$
**Actinide series 계열	**Ac** 89 (227) $6d^1 7s^2$	**Th** 90 232.04 $6d^2 7s^2$	**Pa** 91 231.04 $5f^2 6d^1 7s^2$	**U** 92 238.03 $5f^3 6d^1 7s^2$	**Np** 93 (237) $5f^4 6d^1 7s^2$	**Pu** 94 (244) $5f^6 7s^2$

Note: 원자 질량값은 자연에 존재하는 동위 원소를 평균한 것이다.
† 불안정한 원소의 경우, 가장 안정적인 동위 원소의 질량이 괄호 안에 주어져 있다.
†† 원자 번호 109 이상인 원소의 경우, 전자 배치는 이론적인 예측값이다.

			III족	IV족	V족	VI족	VII족	0족
							H 1 1.007 9 $1s^1$	**He** 2 4.002 6 $1s^2$
			B 5 10.811 $2p^1$	**C** 6 12.011 $2p^2$	**N** 7 14.007 $2p^3$	**O** 8 15.999 $2p^4$	**F** 9 18.998 $2p^5$	**Ne** 10 20.180 $2p^6$
			Al 13 26.982 $3p^1$	**Si** 14 28.086 $3p^2$	**P** 15 30.974 $3p^3$	**S** 16 32.066 $3p^4$	**Cl** 17 35.453 $3p^5$	**Ar** 18 39.948 $3p^6$
Ni 28 58.693 $3d^84s^2$	**Cu** 29 63.546 $3d^{10}4s^1$	**Zn** 30 65.39 $3d^{10}4s^2$	**Ga** 31 69.723 $4p^1$	**Ge** 32 72.64 $4p^2$	**As** 33 74.922 $4p^3$	**Se** 34 78.96 $4p^4$	**Br** 35 79.904 $4p^5$	**Kr** 36 83.80 $4p^6$
Pd 46 106.42 $4d^{10}$	**Ag** 47 107.87 $4d^{10}5s^1$	**Cd** 48 112.41 $4d^{10}5s^2$	**In** 49 114.82 $5p^1$	**Sn** 50 118.71 $5p^2$	**Sb** 51 121.76 $5p^3$	**Te** 52 127.60 $5p^4$	**I** 53 126.90 $5p^5$	**Xe** 54 131.29 $5p^6$
Pt 78 195.08 $5d^96s^1$	**Au** 79 196.97 $5d^{10}6s^1$	**Hg** 80 200.59 $5d^{10}6s^2$	**Tl** 81 204.38 $6p^1$	**Pb** 82 207.2 $6p^2$	**Bi** 83 208.98 $6p^3$	**Po** 84 (209) $6p^4$	**At** 85 (210) $6p^5$	**Rn** 86 (222) $6p^6$
Ds 110 (281) $6d^87s^2$	**Rg** 111 (282) $6d^97s^2$	**Cn** 112 (285) $6d^{10}7s^2$	**Nh** 113 (286) $7p^1$	**Fl** 114 (289) $7p^2$	**Mc** 115 (289) $7p^3$	**Lv** 116 (293) $7p^4$	**Ts** 117 (294) $7p^5$	**Og** 118 (294) $7p^6$

Eu 63 151.96 $4f^76s^2$	**Gd** 64 157.25 $4f^75d^16s^2$	**Tb** 65 158.93 $4f^85d^16s^2$	**Dy** 66 162.50 $4f^{10}6s^2$	**Ho** 67 164.93 $4f^{11}6s^2$	**Er** 68 167.26 $4f^{12}6s^2$	**Tm** 69 168.93 $4f^{13}6s^2$	**Yb** 70 173.04 $4f^{14}6s^2$	**Lu** 71 174.97 $4f^{14}5d^16s^2$
Am 95 (243) $5f^77s^2$	**Cm** 96 (247) $5f^76d^17s^2$	**Bk** 97 (247) $5f^86d^17s^2$	**Cf** 98 (251) $5f^{10}7s^2$	**Es** 99 (252) $5f^{11}7s^2$	**Fm** 100 (257) $5f^{12}7s^2$	**Md** 101 (258) $5f^{13}7s^2$	**No** 102 (259) $5f^{14}7s^2$	**Lr** 103 (262) $5f^{14}6d^17s^2$

Note: 원자에 대한 더 많은 설명은 *physics.nist.gov/PhysRef Data/Elements/per_text.html*에 있다.

B.2 동위 원소표

원자번호 Z	원소	기호	화학 원자 질량(u)	질량수 (*방사능 물질) A	원자 질량 (u)	퍼센트 존재비	반감기 (방사능인 경우) $T_{1/2}$
0	(중성자)	n		1*	1.008 665		10.4 min
1	수소	H	1.007 94	1	1.007 825	99.988 5	
	중수소	D		2	2.014 102	0.011 5	
	삼중수소	T		3*	3.016 049		12.33 yr
2	헬륨	He	4.002 602	3	3.016 029	0.000 137	
				4	4.002 603	99.999 863	
3	리튬	Li	6.941	6	6.015 122	7.5	
				7	7.016 004	92.5	
4	베릴륨	Be	9.012 182	7*	7.016 929		53.3 days
				9	9.012 182	100	
5	붕소	B	10.811	10	10.012 937	19.9	
				11	11.009 306	80.1	
6	탄소	C	12.010 7	10*	10.016 853		19.3 s
				11*	11.011 434		20.4 min
				12	12.000 000	98.93	
				13	13.003 355	1.07	
				14*	14.003 242		5 730 yr
7	질소	N	14.006 7	13*	13.005 739		9.96 min
				14	14.003 074	99.632	
				15	15.000 109	0.368	
8	산소	O	15.999 4	15*	15.003 065		122 s
				16	15.994 915	99.757	
				18	17.999 160	0.205	
9	플루오린	F	18.998 403 2	19	18.998 403	100	
10	네온	Ne	20.179 7	20	19.992 440	90.48	
				22	21.991 385	9.25	
11	소듐(나트륨)	Na	22.989 77	22*	21.994 437		2.61 yr
				23	22.989 770	100	
				24*	23.990 963		14.96 h
12	마그네슘	Mg	24.305 0	24	23.985 042	78.99	
				25	24.985 837	10.00	
				26	25.982 593	11.01	
13	알루미늄	Al	26.981 538	27	26.981 539	100	
14	규소	Si	28.085 5	28	27.976 926	92.229 7	
15	인	P	30.973 761	31	30.973 762	100	
				32*	31.973 907		14.26 days
16	황	S	32.066	32	31.972 071	94.93	
				35*	34.969 032		87.5 days
17	염소	Cl	35.452 7	35	34.968 853	75.78	
				37	36.965 903	24.22	
18	아르곤	Ar	39.948	40	39.962 383	99.600 3	
19	포타슘(칼륨)	K	39.098 3	39	38.963 707	93.258 1	
				40*	39.963 999	0.011 7	1.28×10^9 yr
20	칼슘	Ca	40.078	40	39.962 591	96.941	
21	스칸듐	Sc	44.955 910	45	44.955 910	100	
22	타이타늄	Ti	47.867	48	47.947 947	73.72	

원자번호 Z	원소	기호	화학 원자 질량(u)	질량수 (*방사능 물질) A	원자 질량 (u)	퍼센트 존재비	반감기 (방사능인 경우) $T_{1/2}$
23	바나듐	V	50.941 5	51	50.943 964	99.750	
24	크로뮴	Cr	51.996 1	52	51.940 512	83.789	
25	망가니즈	Mn	54.938 049	55	54.938 050	100	
26	철	Fe	55.845	56	55.934 942	91.754	
27	코발트	Co	58.933 200	59	58.933 200	100	
				60*	59.933 822		5.27 yr
28	니켈	Ni	58.693 4	58	57.935 348	68.076 9	
				60	59.930 790	26.223 1	
29	구리	Cu	63.546	63	62.929 601	69.17	
				65	64.927 794	30.83	
30	아연	Zn	65.39	64	63.929 147	48.63	
				66	65.926 037	27.90	
				68	67.924 848	18.75	
31	갈륨	Ga	69.723	69	68.925 581	60.108	
				71	70.924 705	39.892	
32	저마늄	Ge	72.61	70	69.924 250	20.84	
				72	71.922 076	27.54	
				74	73.921 178	36.28	
33	비소	As	74.921 60	75	74.921 596	100	
34	셀레늄	Se	78.96	78	77.917 310	23.77	
				80	79.916 522	49.61	
35	브로민	Br	79.904	79	78.918 338	50.69	
				81	80.916 291	49.31	
36	크립톤	Kr	83.80	82	81.913 485	11.58	
				83	82.914 136	11.49	
				84	83.911 507	57.00	
				86	85.910 610	17.30	
37	루비듐	Rb	85.467 8	85	84.911 789	72.17	
				87*	86.909 184	27.83	4.75×10^{10} yr
38	스트론튬	Sr	87.62	86	85.909 262	9.86	
				88	87.905 614	82.58	
				90*	89.907 738		29.1 yr
39	이트륨	Y	88.905 85	89	88.905 848	100	
40	지르코늄	Zr	91.224	90	89.904 704	51.45	
				91	90.905 645	11.22	
				92	91.905 040	17.15	
				94	93.906 316	17.38	
41	나이오븀	Nb	92.906 38	93	92.906 378	100	
42	몰리브데넘	Mo	95.94	92	91.906 810	14.84	
				95	94.905 842	15.92	
				96	95.904 679	16.68	
				98	97.905 408	24.13	

원자번호 Z	원소	기호	화학 원자 질량(u)	질량수 (*방사능 물질) A	원자 질량 (u)	퍼센트 존재비	반감기 (방사능인 경우) $T_{1/2}$
43	테크네튬	Tc		98*	97.907 216		4.2×10^6 yr
				99*	98.906 255		2.1×10^5 yr
44	루테늄	Ru	101.07	99	98.905 939	12.76	
				100	99.904 220	12.60	
				101	100.905 582	17.06	
				102	101.904 350	31.55	
				104	103.905 430	18.62	
45	로듐	Rh	102.905 50	103	102.905 504	100	
46	팔라듐	Pd	106.42	104	103.904 035	11.14	
				105	104.905 084	22.33	
				106	105.903 483	27.33	
				108	107.903 894	26.46	
				110	109.905 152	11.72	
47	은	Ag	107.868 2	107	106.905 093	51.839	
				109	108.904 756	48.161	
48	카드뮴	Cd	112.411	110	109.903 006	12.49	
				111	110.904 182	12.80	
				112	111.902 757	24.13	
				113*	112.904 401	12.22	9.3×10^{15} yr
				114	113.903 358	28.73	
49	인듐	In	114.818	115*	114.903 878	95.71	4.4×10^{14} yr
50	주석	Sn	118.710	116	115.901 744	14.54	
				118	117.901 606	24.22	
				120	119.902 197	32.58	
51	안티모니	Sb	121.760	121	120.903 818	57.21	
				123	122.904 216	42.79	
52	텔루륨	Te	127.60	126	125.903 306	18.84	
				128*	127.904 461	31.74	$> 8 \times 10^{24}$ yr
				130*	129.906 223	34.08	$\leq 1.25 \times 10^{21}$ yr
53	아이오딘	I	126.904 47	127	126.904 468	100	
				129*	128.904 988		1.6×10^7 yr
54	제논	Xe	131.29	129	128.904 780	26.44	
				131	130.905 082	21.18	
				132	131.904 145	26.89	
				134	133.905 394	10.44	
				136*	135.907 220	8.87	$\geq 2.36 \times 10^{21}$ yr
55	세슘	Cs	132.905 45	133	132.905 447	100	
56	바륨	Ba	137.327	137	136.905 821	11.232	
				138	137.905 241	71.698	
57	란타넘	La	138.905 5	139	138.906 349	99.910	
58	세륨	Ce	140.116	140	139.905 434	88.450	
				142*	141.909 240	11.114	$> 5 \times 10^{16}$ yr
59	프라세오디뮴	Pr	140.907 65	141	140.907 648	100	
60	네오디뮴	Nd	144.24	142	141.907 719	27.2	
				144*	143.910 083	23.8	2.3×10^{15} yr
				146	145.913 112	17.2	

원자번호 Z	원소	기호	화학 원자 질량(u)	질량수 (*방사능 물질) *A*	원자 질량 (u)	퍼센트 존재비	반감기 (방사능인 경우) $T_{1/2}$
61	프로메튬	Pm		145*	144.912 744		17.7 yr
62	사마륨	Sm	150.36	147*	146.914 893	14.99	1.06×10^{11} yr
				149*	148.917 180	13.82	$> 2 \times 10^{15}$ yr
				152	151.919 728	26.75	
				154	153.922 205	22.75	
63	유로퓸	Eu	151.964	151	150.919 846	47.81	
				153	152.921 226	52.19	
64	가돌리늄	Gd	157.25	156	155.922 120	20.47	
				158	157.924 100	24.84	
				160	159.927 051	21.86	
65	터븀	Tb	158.925 34	159	158.925 343	100	
66	디스프로슘	Dy	162.50	162	161.926 796	25.51	
				163	162.928 728	24.90	
				164	163.929 171	28.18	
67	홀뮴	Ho	164.930 32	165	164.930 320	100	
68	어븀	Er	167.6	166	165.930 290	33.61	
				167	166.932 045	22.93	
				168	167.932 368	26.78	
69	툴륨	Tm	168.934 21	169	168.934 211	100	
70	이터븀	Yb	173.04	172	171.936 378	21.83	
				173	172.938 207	16.13	
				174	173.938 858	31.83	
71	루테튬	Lu	174.967	175	174.940 768	97.41	
72	하프늄	Hf	178.49	177	176.943 220	18.60	
				178	177.943 698	27.28	
				179	178.945 815	13.62	
				180	179.946 549	35.08	
73	탄탈럼	Ta	180.947 9	181	180.947 996	99.988	
74	텅스텐 (볼프람)	W	183.84	182	181.948 206	26.50	
				183	182.950 224	14.31	
				184*	183.950 933	30.64	$> 3 \times 10^{17}$ yr
				186	185.954 362	28.43	
75	레늄	Re	186.207	185	184.952 956	37.40	
				187*	186.955 751	62.60	4.4×10^{10} yr
76	오스뮴	Os	190.23	188	187.955 836	13.24	
				189	188.958 145	16.15	
				190	189.958 445	26.26	
				192	191.961 479	40.78	
77	이리듐	Ir	192.217	191	190.960 591	37.3	
				193	192.962 924	62.7	
78	백금	Pt	195.078	194	193.962 664	32.967	
				195	194.964 774	33.832	
				196	195.964 935	25.242	
79	금	Au	196.966 55	197	196.966 552	100	
80	수은	Hg	200.59	199	198.968 262	16.87	
				200	199.968 309	23.10	
				201	200.970 285	13.18	
				202	201.970 626	29.86	

원자번호 Z	원소	기호	화학 원자 질량(u)	질량수 (*방사능 물질) *A*	원자 질량 (u)	퍼센트 존재비	반감기 (방사능인 경우) $T_{1/2}$
81	탈륨	Tl	204.383 3	203	202.972 329	29.524	
				205	204.974 412	70.476	
		(Th C″)		208*	207.982 005		3.053 min
		(Ra C″)		210*	209.990 066		1.30 min
82	납	Pb	207.2	204*	203.973 029	1.4	$\geq 1.4 \times 10^{17}$ yr
				206	205.974 449	24.1	
				207	206.975 881	22.1	
				208	207.976 636	52.4	
		(Ra D)		210*	209.984 173		22.3 yr
		(Ac B)		211*	210.988 732		36.1 min
		(Th B)		212*	211.991 888		10.64 h
		(Ra B)		214*	213.999 798		26.8 min
83	비스무트	Bi	208.980 38	209	208.980 383	100	
		(Th C)		211*	210.987 258		2.14 min
84	폴로늄	Po					
		(Ra F)		210*	209.982 857		138.38 days
		(Ra C′)		214*	213.995 186		164 μs
85	아스타틴	At		218*	218.008 682		1.6 s
86	라돈	Rn		222*	222.017 570		3.823 days
87	프랑슘	Fr					
		(Ac K)		223*	223.019 731		22 min
88	라듐	Ra		226*	226.025 403		1 600 yr
		(Ms Th_1)		228*	228.031 064		5.75 yr
89	악티늄	Ac		227*	227.027 747		21.77 yr
90	토륨	Th	232.038 1				
		(Rd Th)		228*	228.028 731		1.913 yr
		(Th)		232*	232.038 050	100	1.40×10^{10} yr
91	프로트악티늄	Pa	231.035 88	231*	231.035 879		32.760 yr
92	우라늄	U	238.028 9	232*	232.037 146		69 yr
				233*	233.039 628		1.59×10^{5} yr
		(Ac U)		235*	235.043 923	0.720 0	7.04×10^{8} yr
				236*	236.045 562		2.34×10^{7} yr
		(UI)		238*	238.050 783	99.274 5	4.47×10^{9} yr
93	넵투늄	Np		237*	237.048 167		2.14×10^{6} yr
94	플루토늄	Pu		239*	239.052 156		2.412×10^{4} yr
				242*	242.058 737		3.73×10^{6} yr
				244*	244.064 198		8.1×10^{7} yr

Sources: Chemical atomic masses are from T. B. Coplen, "Atomic Weights of the Elements 1999," a technical report to the International Union of Pure and Applied Chemistry, and published in *Pure and Applied Chemistry,* 73(4), 667–683, 2001. Atomic masses of the isotopes are from G. Audi and A. H. Wapstra, "The 1995 Update to the Atomic Mass Evaluation," *Nuclear Physics,* A595, vol. 4, 409–480, December 25, 1995. Percent abundance values are from K. J. R. Rosman and P. D. P. Taylor, "Isotopic Compositions of the Elements 1999," a technical report to the International Union of Pure and Applied Chemistry, and published in *Pure and Applied Chemistry,* 70(1), 217–236, 1998.

부록 C 자주 사용되는 자료

표 C.1 수학 기호와 그 의미

기호	의미
$=$	같다
$\neq$	같지 않다
$\equiv$	~로 정의한다
$\propto$	비례한다
$>$	보다 크다
$<$	보다 작다
$\gg$	훨씬 크다
$\ll$	훨씬 작다
$\approx$	거의 같다
$\sim$	크기 정도가 비슷하다
Δx	x의 변화량 또는 x의 불확정도
Σx_i	모든 x_i의 합
$\lvert x \rvert$	x의 절댓값(항상 양의 값)

표 C.2 단위에 관한 표준 기호

기호	단위	기호	단위
A	암페어	kcal	킬로칼로리
Å	옹스트롬	kg	킬로그램
atm	대기압	km	킬로미터
Bq	베크렐	kmol	킬로몰
Btu	영국 열단위	L	리터
C	쿨롱	lb	파운드
°C	섭씨도	ly	광년
cal	칼로리	m	미터
cm	센티미터	min	분
Ci	큐리	mol	몰
d	일	N	뉴턴
deg	도(각)	nm	나노미터
eV	전자볼트	Pa	파스칼
°F	화씨도	rad	라디안
F	패럿	rev	회전수
ft	피트	s	초
G	가우스	T	테슬라
g	그램	u	원자 질량 단위
H	헨리	V	볼트
h	시간	W	와트
hp	마력	Wb	웨버
Hz	헤르츠	yr	년
in.	인치	μm	마이크로미터
J	줄	Ω	옴
K	켈빈		

표 C.3 그리스 문자

알파	Α	α	뉴	Ν	ν
베타	Β	β	크시	Ξ	ξ
감마	Γ	γ	오미크론	Ο	ο
델타	Δ	δ	파이	Π	π
입실론	Ε	ϵ	로	Ρ	ρ
제타	Ζ	ζ	시그마	Σ	σ
이타	Η	η	타우	Τ	τ
세타	Θ	θ	웁실론	Υ	υ
이오타	Ι	ι	피	Φ	ϕ
카파	Κ	κ	키	Χ	χ
람다	Λ	λ	프시	Ψ	ψ
뮤	Μ	μ	오메가	Ω	ω

표 C.4 자주 사용되는 물리 자료[a]

지구–달 평균 거리	3.84×10^8 m
지구–태양 평균 거리	1.496×10^{11} m
지구의 적도 반지름	6.38×10^6 m
공기의 밀도(20 °C, 1기압)	1.20 kg/m^3
물의 밀도(20 °C, 1기압)	1.00×10^3 kg/m^3
자유 낙하 가속도	9.80 m/s^2
지구의 질량	5.98×10^{24} kg
달의 질량	7.36×10^{22} kg
태양의 질량	1.99×10^{30} kg
표준 대기압	1.013×10^5 Pa

[a] 이 값들은 이 교재에서 사용하는 값이다.

표 C.5 주요 물리 상수

양	기호	값[a]
원자 질량 단위	u	$1.660\ 538\ 782\ (83) \times 10^{-27}$ kg
		$931.494\ 028\ (23)$ MeV/c^2
아보가드로수	N_A	$6.022\ 141\ 79\ (30) \times 10^{23}$ particles/mol
보어 마그네톤	$\mu_B = \dfrac{e\hbar}{2m_e}$	$9.274\ 009\ 15\ (23) \times 10^{-24}$ J/T
보어 반지름	$a_0 = \dfrac{\hbar^2}{m_e e^2 k_e}$	$5.291\ 772\ 085\ 9\ (36) \times 10^{-11}$ m
볼츠만 상수	$k_B = \dfrac{R}{N_A}$	$1.380\ 650\ 4\ (24) \times 10^{-23}$ J/K
콤프턴 파장	$\lambda_C = \dfrac{h}{m_e c}$	$2.426\ 310\ 217\ 5\ (33) \times 10^{-12}$ m
쿨롱 상수	$k_e = \dfrac{1}{4\pi\epsilon_0}$	$8.987\ 551\ 788 \ldots \times 10^9\ \mathrm{N\cdot m^2/C^2}$ (exact)
중양자 질량	m_d	$3.343\ 583\ 20\ (17) \times 10^{-27}$ kg
		$2.013\ 553\ 212\ 724\ (78)$ u
전자 질량	m_e	$9.109\ 382\ 15\ (45) \times 10^{-31}$ kg
		$5.485\ 799\ 094\ 3\ (23) \times 10^{-4}$ u
		$0.510\ 998\ 910\ (13)$ MeV/c^2
전자볼트	eV	$1.602\ 176\ 487\ (40) \times 10^{-19}$ J
기본 전하	e	$1.602\ 176\ 487\ (40) \times 10^{-19}$ C
기체 상수	R	$8.314\ 472\ (15)\ \mathrm{J/mol\cdot K}$
중력 상수	G	$6.674\ 28\ (67) \times 10^{-11}\ \mathrm{N\cdot m^2/kg^2}$
중성자 질량	m_n	$1.674\ 927\ 211\ (84) \times 10^{-27}$ kg
		$1.008\ 664\ 915\ 97\ (43)$ u
		$939.565\ 346\ (23)$ MeV/c^2
핵 마그네톤	$\mu_n = \dfrac{e\hbar}{2m_p}$	$5.050\ 783\ 24\ (13) \times 10^{-27}$ J/T
자유 공간의 투자율	μ_0	$4\pi \times 10^{-7}\ \mathrm{T\cdot m/A}$ (exact)
자유 공간의 유전율	$\epsilon_0 = \dfrac{1}{\mu_0 c^2}$	$8.854\ 187\ 817 \ldots \times 10^{-12}\ \mathrm{C^2/N\cdot m^2}$ (exact)
플랑크 상수	h	$6.626\ 068\ 96\ (33) \times 10^{-34}\ \mathrm{J\cdot s}$
	$\hbar = \dfrac{h}{2\pi}$	$1.054\ 571\ 628\ (53) \times 10^{-34}\ \mathrm{J\cdot s}$
양성자 질량	m_p	$1.672\ 621\ 637\ (83) \times 10^{-27}$ kg
		$1.007\ 276\ 466\ 77\ (10)$ u
		$938.272\ 013\ (23)$ MeV/c^2
뤼드베리 상수	R_H	$1.097\ 373\ 156\ 852\ 7\ (73) \times 10^7\ \mathrm{m^{-1}}$
진공에서 빛의 속력	c	$2.997\ 924\ 58 \times 10^8$ m/s (exact)

Note: 이들 상수는 2006년에 CODATA가 추천한 값들이다. 이 값들은 여러 측정값들을 최소 제곱으로 얻은 것에 기초하고 있다. 더 자세한 목록은 다음을 참고하라.
P. J. Mohr, B. N. Taylor, and D. B. Newell, "CODATA Recommended Values of the Fundamental Physical Constants: 2006." *Rev. Mod. Phys.* **80**:2, 633–730, 2008.

[a] 괄호 안의 수는 마지막 두 자리의 불확정도를 나타낸다.

표 C.6 바꿈 인수

길이

1 in. = 2.54 cm (exact)
1 m = 39.37 in. = 3.281 ft
1 ft = 0.304 8 m
12 in. = 1 ft
3 ft = 1 yd
1 yd = 0.914 4 m
1 km = 0.621 mi
1 mi = 1.609 km
1 mi = 5 280 ft
1 μm = 10^{-6} m = 10^3 nm
1 light-year = 9.461×10^{15} m
1 pc (parsec) = 3.26 ly = 3.09×10^{16} m

넓이

1 m^2 = 10^4 cm^2 = 10.76 ft^2
1 ft^2 = 0.092 9 m^2 = 144 $in.^2$
1 $in.^2$ = 6.452 cm^2
1 ha (hectare) = 1.00×10^4 m^2

부피

1 m^3 = 10^6 cm^3 = 6.102×10^4 $in.^3$
1 ft^3 = 1 728 $in.^3$ = 2.83×10^{-2} m^3
1 L = 1 000 cm^3 = 1.057 6 qt = 0.035 3 ft^3
1 ft^3 = 7.481 gal = 28.32 L = 2.832×10^{-2} m^3
1 gal = 3.786 L = 231 $in.^3$

질량

1 000 kg = 1 t (metric ton)
1 slug = 14.59 kg
1 u = 1.66×10^{-27} kg = 931.5 MeV/c^2

힘

1 N = 0.224 8 lb
1 lb = 4.448 N

속도

1 mi/h = 1.47 ft/s = 0.447 m/s = 1.61 km/h
1 m/s = 100 cm/s = 3.281 ft/s
1 mi/min = 60 mi/h = 88 ft/s

가속도

1 m/s^2 = 3.28 ft/s^2 = 100 cm/s^2
1 ft/s^2 = 0.304 8 m/s^2 = 30.48 cm/s^2

압력

1 bar = 10^5 N/m^2 = 14.50 lb/$in.^2$
1 atm = 760 mm Hg = 76.0 cm Hg
1 atm = 14.7 lb/$in.^2$ = 1.013×10^5 N/m^2
1 Pa = 1 N/m^2 = 1.45×10^{-4} lb/$in.^2$

시간

1 yr = 365 days = 3.16×10^7 s
1 day = 24 h = 1.44×10^3 min = 8.64×10^4 s

에너지

1 J = 0.738 ft · lb
1 cal = 4.186 J
1 Btu = 252 cal = 1.054×10^3 J
1 eV = 1.602×10^{-19} J
1 kWh = 3.60×10^6 J

일률

1 hp = 550 ft · lb/s = 0.746 kW
1 W = 1 J/s = 0.738 ft · lb/s
1 Btu/h = 0.293 W

부록 D SI 단위

표 D.1 기본 단위

기본량	기본 단위	
	명칭	단위
길이	미터	m
질량	킬로그램	kg
시간	초	s
전류	암페어	A
온도	켈빈	K
물질의 양	몰	mol
광도	칸델라	cd

표 D.2 유도 단위

양	명칭	단위	기본 단위 표현	유도 단위 표현
평면각	라디안	rad	m/m	
진동수	헤르츠	Hz	s^{-1}	
힘	뉴턴	N	$kg \cdot m/s^2$	J/m
압력	파스칼	Pa	$kg/m \cdot s^2$	N/m^2
에너지: 일	줄	J	$kg \cdot m^2/s^2$	$N \cdot m$
일률	와트	W	$kg \cdot m^2/s^3$	J/s
전하	쿨롱	C	$A \cdot s$	
전위(emf)	볼트	V	$kg \cdot m^2/A \cdot s^3$	W/A, J/C
전기용량	패럿	F	$A^2 \cdot s^4/kg \cdot m^2$	C/V
전기저항	옴	Ω	$kg \cdot m^2/A^2 \cdot s^3$	V/A
자기선속	웨버	Wb	$kg \cdot m^2/A \cdot s^2$	$V \cdot s$, $T \cdot m^2$
자기장	테슬라	T	$kg/A \cdot s^2$	Wb/m^2
인덕턴스	헨리	H	$kg \cdot m^2/A^2 \cdot s^2$	Wb/A

부록 E 물리량 그림 표현

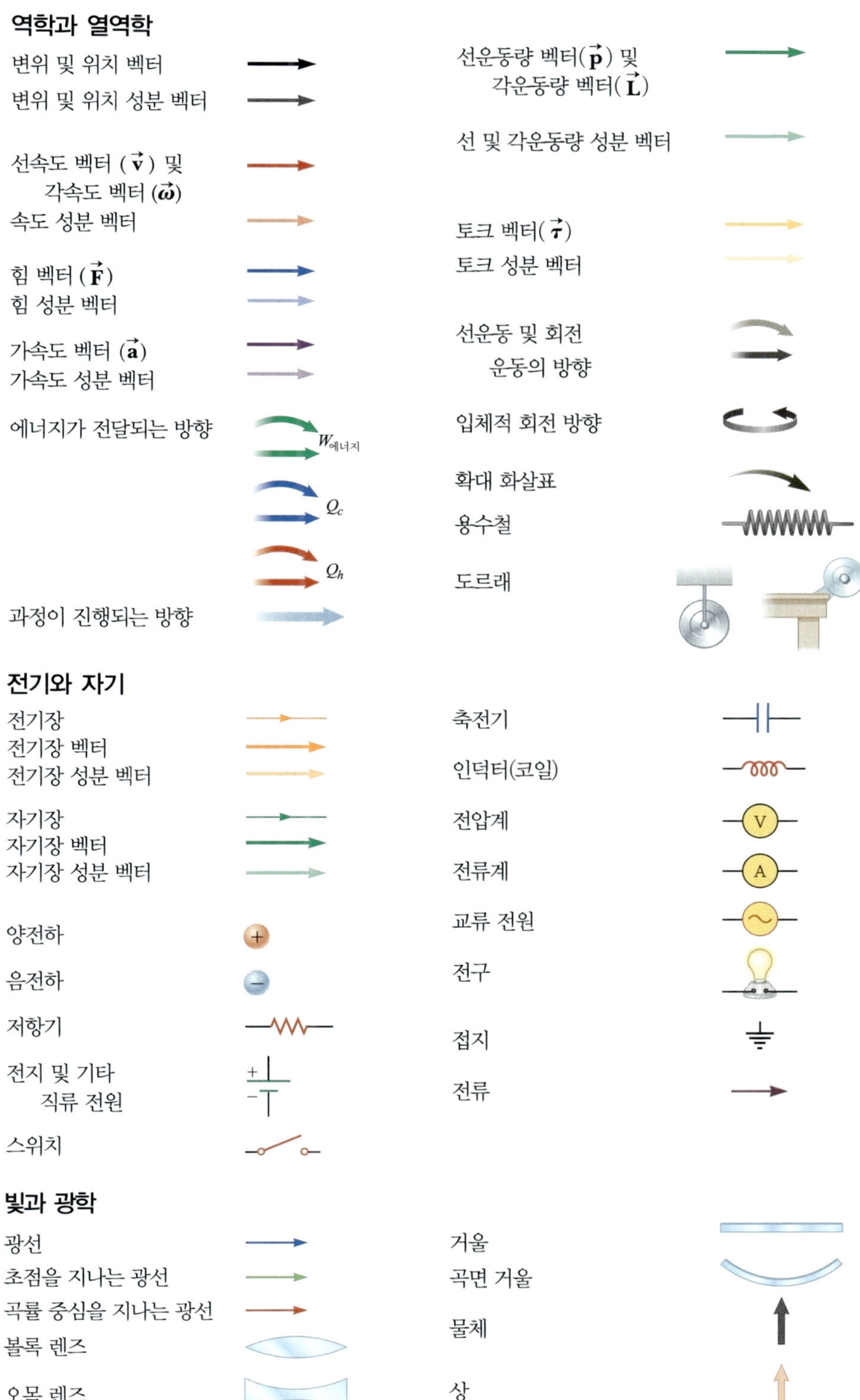

역학과 열역학
변위 및 위치 벡터
변위 및 위치 성분 벡터
선속도 벡터 ($\vec{\mathbf{v}}$) 및 각속도 벡터 ($\vec{\boldsymbol{\omega}}$)
속도 성분 벡터
힘 벡터 ($\vec{\mathbf{F}}$)
힘 성분 벡터
가속도 벡터 ($\vec{\mathbf{a}}$)
가속도 성분 벡터
에너지가 전달되는 방향
$W_{에너지}$
Q_c
Q_h
과정이 진행되는 방향
선운동량 벡터($\vec{\mathbf{p}}$) 및 각운동량 벡터($\vec{\mathbf{L}}$)
선 및 각운동량 성분 벡터
토크 벡터($\vec{\boldsymbol{\tau}}$)
토크 성분 벡터
선운동 및 회전 운동의 방향
입체적 회전 방향
확대 화살표
용수철
도르래
전기와 자기
전기장
전기장 벡터
전기장 성분 벡터
자기장
자기장 벡터
자기장 성분 벡터
양전하
음전하
저항기
전지 및 기타 직류 전원
스위치
축전기
인덕터(코일)
전압계
전류계
교류 전원
전구
접지
전류
빛과 광학
광선
초점을 지나는 광선
곡률 중심을 지나는 광선
볼록 렌즈
오목 렌즈
거울
곡면 거울
물체
상

연습문제 해답 Answers

Chapter 1

2. (b) $V_{\text{cylinder}} = \pi r^2 h$; $A_{\text{circular base}} = \pi r^2$, $V_{\text{rectangular box}} =$ length $\times$ width $\times$ height (h); $A_{\text{rectangular base}} =$ length $\times$ width.
3. $\text{m}^3/(\text{kg} \cdot \text{s}^2)$
5. 2×10^8 fathoms
6. $0.204\ \text{m}^3$
7. 22.4 leagues per hour
8. (a) 6.81 cm (b) $5.83 \times 10^2\ \text{cm}^2$ (c) $1.32 \times 10^3\ \text{cm}^3$
9. 6.71×10^8 mi/h
10. 9.82 cm
11. $6.8 \times 10^3\ \text{m}^2$
12. $52\ \text{m}^2$
13. (a) three significant figures (b) four significant figures (c) three significant figures (d) two significant figures
14. (a) $(3.0 \pm 0.5)\ \text{m}^2$ (b) (7.0 ± 0.6) m
15. $5.9 \times 10^3\ \text{cm}^3$
16. $\sim 10^8$ breaths
17. $2 \times 10^{-3}\%$
18. $\sim 10^7$ rev
19. (2.0 m, 1.4 m)
20. 5.69 m
21. (a) 6.71 m (b) 0.894 (c) 0.746
22. 3.41 m
23. (a) 3.00 (b) 3.00 (c) 0.800 (d) 0.800 (e) 1.33
24. 70.0 m
25. 43 units in the negative y-direction
26. (a) 5 units at $-53°$ (b) 5 units at $+53°$
27. approximately 421 ft at 3° below the horizontal
28. (a) 10.3 m (b) 119°
29. 28.7 units, −20.1 units
30. (a) 5.00 blocks at 53.1° N of E (b) 13.0 blocks
31. 47.2 units at 122° from the positive x-axis
32. 245 km at 21.4° W of N
33. The value of k, a dimensionless constant, cannot be found by dimensional analysis.
34. 152 μm
35. 6×10^{10} L
36. (a) 1×10^6 (b) 50
37. 1×10^5

Chapter 2

1. ≈ 0.02 s
2. (a) 52.9 km/h (b) 90.0 km
3. (a) Boat A wins by 60 km (b) 0
4. (a) 5.00 m/s (b) 1.25 m/s (c) −2.50 m/s (d) −3.33 m/s (e) 0
5. (a) 180. km (b) 63.4 km/h
7. (a) $4.4\ \text{m/s}^2$ (b) 27 m
8. (a) 2.80 h (b) 218 km
9. 274 km/h
10. (a) 5.00 m/s (b) −2.50 m/s (c) 0 (d) 5.00 m/s
11. $|\bar{a}| = 1.34 \times 10^4\ \text{m/s}^2$
12. 3.7 s
13. $-16.0\ \text{cm/s}^2$
14. (a) 6.61 m/s (b) $-0.448\ \text{m/s}^2$
15. (a) $2.32\ \text{m/s}^2$ (b) 14.4 s
16. (a) $8.14\ \text{m/s}^2$ (b) 1.23 s (c) Yes. For uniform acceleration, the velocity is a linear function of time.
18. 200 m
19. (a) 1.5 m/s (b) 32 m
20. (a) 8.2 s (b) 1.3×10^2 m
21. (a) 31.9 m (b) 2.55 s (c) 2.55 s (d) −25.0 m/s
22. (a) −12.7 m/s (b) 38.2 m
23. (a) It is a freely falling object, so its acceleration is $-9.80\ \text{m/s}^2$ (downward) while in flight. (b) 0 (c) 9.80 m/s (d) 4.90 m
24. (a) It continues upward, slowing under the influence of gravity until it reaches a maximum height, and then it falls to Earth. (b) 308 m (c) 8.51 s (d) 16.4 s
25. (a) $-3.50 \times 10^5\ \text{m/s}^2$ (b) 2.86×10^{-4} s
26. (a) 10.0 m/s upward (b) 4.68 m/s downward
27. 0.60 s
28. 6.44 m/s
29. No. In the time interval equal to David's reaction time, the \$1 bill (a freely falling object) falls a distance of $gt^2/2 \cong 20$ cm, which is about twice the distance between the top of the bill and its center.
31. (a) 7.82 m (b) 0.782 s

Chapter 3

1. (a) 7.00×10^3 m (b) 46.7 m/s (c) 73.3 m/s
2. (a) 5.00 m (b) 2.50 m
3. $-4.17\ \text{m/s}^2$, $5.83\ \text{m/s}^2$
4. (a) $(x, y) = (0, 50.0\ \text{m})$ (b) $v_{0x} = 18.0$ m/s, $v_{0y} = 0$ (c) $v_x = 18.0$ m/s, $v_y = -(9.80\ \text{m/s}^2)t$ (d) $x = (18.0\ \text{m/s})t$, $y = -(4.90\ \text{m/s}^2)t^2 + 50.0$ m (e) 3.19 s (f) 36.1 m/s, −60.1°
5. 12 m/s
6. (a) The ball clears by 0.889 m (b) while descending
7. 25 m
8. (a) 32.5 m from the base of the cliff (b) 1.78 s
9. (a) 52.0 m/s horizontally (b) 212 m
10. (a) 18.1 m/s (b) 1.09 m (c) 2.8 m
11. (a) 14.5 m/s (b) 9.50 m/s
12. (a) $(\vec{\mathbf{v}}_{\text{JA}})_x = 3.00 \times 10^2$ mi/h, $(\vec{\mathbf{v}}_{\text{JA}})_y = 0$, (b) $(\vec{\mathbf{v}}_{\text{AE}})_x = 86.6$ mi/h, $(\vec{\mathbf{v}}_{\text{AE}})_y = 50.0$ mi/h (c) $\vec{\mathbf{v}}_{\text{JA}} = \vec{\mathbf{v}}_{\text{JE}} - \vec{\mathbf{v}}_{\text{AE}}$ (d) $\vec{\mathbf{v}}_{\text{JE}} = 3.90 \times 10^2$ mi/h, 7.36° N of E
13. (a) $9.80\ \text{m/s}^2$ down and $2.50\ \text{m/s}^2$ south (b) $9.80\ \text{m/s}^2$ down (c) The bolt moves on a parabola with a vertical axis.
14. (a) 1.26 h (b) 1.13 h (c) 1.19 h
15. (a) 2.02×10^3 s (b) 1.67×10^3 s (c) The time savings going downstream with the current is always less than the extra time required to go the same distance against the current.
16. 18.0 s
17. (a) 0.528 s (b) 1.62 m
18. 68.6 km/h
19. 5.37 m/s
20. (a) 1.53×10^3 m (b) 36.2 s (c) 4.04×10^3 m

21. (a) $R_{\text{Moon}} = 18$ m (b) $R_{\text{Mars}} = 7.9$ m
22. (a) 42 m/s (b) 3.8 s (c) $v_x = 34$ m/s, $v_y = -13$ m/s; $v = 37$ m/s
23. (a) in the direction the ball was thrown (b) 7.5 m/s
24. 1.56 m
25. 7.5 min
26. 10.8 m
27. (a) 4.6 m/s (b) 0.67 s
28. (a) 35.1° or 54.9° (b) 42.2 m or 85.4 m, respectively
29. (a) 20.0° above the horizontal (b) 3.05 s
30. (a) 22.9 m/s (b) 3.60×10^2 m horizontally from the base of the cliff

Chapter 4

1. (a) 0.711 N (b) 7.26×10^{-2} kg
2. (a) 12 N (b) 3.0 m/s^2
3. 3.71 N, 58.7 N, 2.27 kg
4. (a) 50.0 N (b) 233°
5. (a) 0.200 m/s^2 (b) 10.0 m (c) 2.00 m/s
6. 4.85 kN eastward
7. 1.11×10^4 N
8. (a) 3.75 m/s^2 (b) 22.5 m/s
9. (a) 147 N (b) 127 N (c) 192 N (d) 84.5 N
10. (a) -5.36 m/s^2 (b) 4 690 N (c) 84.0 m
11. (a) 0.256 (b) 0.510 m/s^2
12. 6 950 N
13. (a) 1.60×10^3 N (b) 0.635 (c) 508 N
14. $\mu_s = 0.383$, $\mu_k = 0.306$
15. 32.1 N
16. 1.2 m/s^2 upward
17. (a) 6.00×10^2 N in vertical cable, 997 N in inclined cable, 796 N in horizontal cable
(b) If the point of attachment were moved higher up on the wall, the left cable would have a y-component that would help support the cat burglar, thus reducing the tension in the cable on the right. The tension in the vertical cable would stay the same.
18. (a) $T > w$ (b) $T = w$ (c) $T < w$ (d) 1.85×10^4 N; yes (e) 1.47×10^4 N; yes (f) 1.25×10^4 N; yes
19. 150 N in vertical cable, 75 N in right-side cable, 130 N in left-side cable
20. (a) 4.90 kN (b) 607 N
21. 64 N
22. (a) 78.4 N (b) 105 N
23. (a) 3.00 m/s^2 (b) 48.0 N
24. (a) $T_1 = 3mg\sin\theta$ (b) $T_2 = 2mg\sin\theta$
25. (a) 7.0 m/s^2 horizontal and to the right (b) 21 N (c) 14 N horizontal and to the right
26. (a) 2.15×10^3 N forward (b) 645 N forward (c) 645 N rearward (d) 1.02×10^4 N at 74.1° below horizontal and rearward
27. (a)

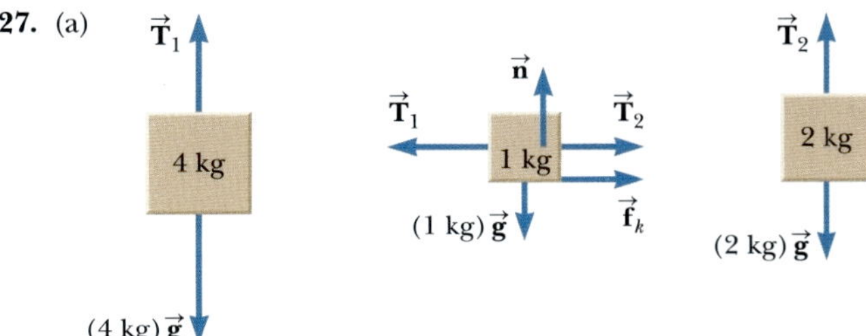

(b) 2.31 m/s^2, down for the 4.00-kg object, left for the 1.00-kg object, up for the 2.00-kg object
(c) 30.0 N in the left cord, 24.2 N in the right cord
(d) Without friction, the 4-kg block falls more freely, so the tension T_1 in the string attached to it is reduced. The 2-kg block is accelerated upwards at a higher rate; hence, the tension force T_2 acting on it must be greater.
28. (a) 84.9 N upward (b) 84.9 N downward
29. (a) 30.7° (b) 0.843 N
30. 551 N

Chapter 5

1. (a) 5.16×10^3 J (b) -2.58×10^3 J
2. (a) 2.50×10^4 J (b) -1.96×10^4 J
3. (a) 61.3 J (b) -46.3 J (c) 0 (d) The work done by gravity would not change, the work done by the friction force would decrease, and the work done by the normal force would not change.
4. (a) 987 N (b) 0.495
5. (a) 2.00 m/s (b) 2.00×10^2 N
6. (a) 727 J (b) 2.18×10^3 J
7. (a) -5.6×10^2 J (b) 1.2 m
8. (a) 2.34×10^4 N (b) 1.91×10^{-4} s
9. (a) 2.72×10^9 J (b) -2.72×10^9 J (c) 1.09×10^6 N
10. (a) 2.5 J (b) -9.8 J (c) -12.3 J
11. (a) 2.14 J (b) 1.20 m/s
12. 878 kN up
13. $h = 6.94$ m
14. (a) 4.30×10^5 J (b) -3.97×10^4 J (c) 115 m/s
15. 0.459 m
16. (a) 0.350 m (b) The result would be less than 0.350 m because some of the mechanical energy is lost as a result of the force of friction between the block and track.
17. (a) 10.9 m/s (b) 11.6 m/s
18. (a) Yes. There are no nonconservative forces acting on the child, so the total mechanical energy is conserved.
(b) No. In the expression for conservation of mechanical energy, the mass of the child is included in every term and therefore cancels out.
(c) The answer is the same in each case.
(d) The expression would have to be modified to include the work done by the force of friction.
(e) 15.3 m/s.
19. (a) 372 N (b) $T_1 = 372$ N, $T_2 = T_3 = 745$ N (c) 1.34 kJ
20. 3.8 m/s
21. 289 m
22. (a) 24.5 m/s (b) Yes. Convert to mph to find that 24.5 m/s = 54.8 mph. A skydiver who lands at 54.8 mph will get hurt. (c) 206 m (d) Unrealistic; the actual retarding force will vary with speed.
23. 82.6 W
24. 8.01 W
25. (a) 2.38×10^4 W = 32.0 hp (b) 4.77×10^4 W = 63.9 hp
26. (a) 24.0 J (b) -3.00 J (c) 21.0 J
27. (a) The graph is a straight line passing through the points (0 m, -16 N), (2 m, 0 N), and (3 m, 8 N). (b) -12.0 J
28. (a) 575 N/m (b) 46.0 J
29. (a) 4.4 m/s (b) 1.5×10^5 N
30. 3.13 m/s (b) 4.43 m/s (c) 1.00 m
31. (a) 0.588 J (b) 0.588 J (c) 2.42 m/s (d) $PE_C = 0.392$ J (e) $KE_C = 0.196$ J
32. (a) 423 mi/gal (b) 776 mi/gal
33. (a) 28.0 m/s (b) 30.0 m (c) 88.9 m beyond the end of the track
34. 914 N/m
35. (a) $W_{\text{net}} = 0$ (b) $W_{\text{grav}} = -2.0 \times 10^4$ J (c) $W_{\text{normal}} = 0$, (d) $W_{\text{friction}} = 2.0 \times 10^4$ J

Chapter 6

1. (a) 8.35×10^{-21} kg · m/s (b) 4.50 kg · m/s (c) 750 kg · m/s (d) 1.78×10^{29} kg · m/s
2. (a) 197 m/s (b) 18.9
3. (a) 0.42 N downward (b) The hailstones would exert a larger average force on the roof because they would bounce off the roof, and the impulse acting on the hailstones would be greater than the impulse acting on the raindrops. Newton's third law then tells us that the hailstones exert a greater force on the roof.
4. (a) 5.83×10^{-2} kg (b) 73.4 m/s
5. (a) $\Delta p_x = 7.83$ kg · m/s, $\Delta p_y = 5.49$ kg · m/s (b) 191 N
6. 1.39 N · s up
7. (a) 1.88×10^3 kg · m/s (b) 853 N
8. (a) 8.0 N · s (b) 5.3 m/s (c) 3.3 m/s
9. (a) 12 N · s (b) 8.0 N · s (c) 8.0 m/s (d) 5.3 m/s
10. (a) 9.60×10^{-2} s (b) 3.65×10^5 N (c) $26.6g$
11. 65.2 m/s
12. (a) 1.15 m/s (b) 0.346 m/s directed opposite to girl's motion
13. $v_{\text{thrower}} = 2.48$ m/s, $v_{\text{catcher}} = 2.25 \times 10^{-2}$ m/s
14. (a) 154 m (b) By Newton's third law, when the astronaut exerts a force on the tank, the tank exerts a force back on the astronaut. This reaction force accelerates the astronaut towards the spacecraft.
15. (a)

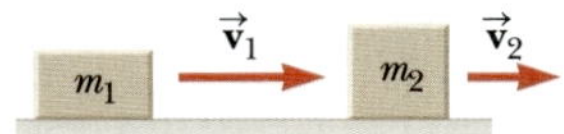

(b) The collision is best described as perfectly inelastic because the skaters remain in contact after the collision. (c) $m_1v_1 + m_2v_2 = (m_1 + m_2)v_f$ (d) $v_f = (m_1v_1 + m_2v_2)/(m_1 + m_2)$ (e) 6.33 m/s
16. 15.6 m/s
17. (a) 1.80 m/s (b) 2.16×10^4 J
18. (a) 1
19. 1.32 m
20. 57 m
21. 273 m/s
22. 17.1 cm/s (25.0-g object), 22.1 cm/s (10.0-g object)
23. (a) Over a very short time interval, external forces have no time to impart significant impulse to the players during the collision. The two players move together after the tackle, so the collision is completely inelastic. (b) 2.88 m/s at 32.3° (c) 785 J. (d) The lost kinetic energy is transformed into other forms of energy such as thermal energy and sound.
24. 5.59 m/s north
25. (a) 2.50 m/s at −60.0° (b) elastic collision
26. 9.21×10^{-2} N
27. 588 kg/s
28. 1.62
29. 1.78×10^3 N on truck driver, 8.89×10^3 N on car driver
30. (a) 8/3 m/s (incident particle), 32/3 m/s (target particle) (b) −16/3 m/s (incident particle), 8/3 m/s (target particle) (c) 7.1×10^{-2} J in case (a), and 2.8×10^{-3} J in case (b). The incident particle loses more kinetic energy in case (a), in which the target mass is 1.0 g.
31. (a) $\vec{\mathbf{v}}_{\text{girl}} = -\left(\dfrac{m}{M - m}\right)\vec{\mathbf{v}}_{\text{gloves}}$ (b) As she throws the gloves and exerts a force on them, the gloves exert a force of equal magnitude in the opposite direction on her (Newton's third law) that causes her to accelerate from rest to reach the velocity $\vec{\mathbf{v}}_{\text{girl}}$.
32. 62 s
33. (a) 3 (b) 2
34. (a) −2.33 m/s, 4.67 m/s (b) 0.277 m (c) 2.98 m (d) 1.49 m
35. (a) −0.667 m/s (b) 0.952 m

Chapter 7

1. (a) 0.820 rad (b) 1.91 rev (c) 7.85 rad/s
2. (a) 3.2×10^8 rad (b) 5.0×10^7 rev
3. (a) 821 rad/s^2 (b) 4.21×10^3 rad
4. (a) 0.608 m/s^2 (b) 28.9 rad/s (c) 261 rad (d) 99.2 m
5. Main rotor: 179 m/s = $0.522v_{\text{sound}}$ Tail rotor: 221 m/s = $0.644v_{\text{sound}}$
6. (a) 55.2 (b) 95.8 rad/s
7. 13.7 rad/s^2
8. (a) 6.53 m/s (b) 0.285 m/s^2 directed toward the center of the circular arc
9. (a) 0.346 m/s^2 (b) 1.04 m/s (c) 0.346 m/s^2 (d) 0.943 m/s^2 (e) 1.00 m/s^2 at 20.1° forward with respect to the direction of $\vec{\mathbf{a}}_c$
10. (a) 20.6 N (b) 3.35 m/s^2 downward tangent to the circle; 32.0 m/s^2 radially inward (c) 32.2 m/s^2 at 5.98° to the cord, pointing toward a location below the center of the circle. (d) No change. (e) If the object is swinging down, it is gaining speed. If it is swinging up, it is losing speed, but its acceleration has the same magnitude and its direction can be described in the same terms.
11. (a) 1.10 kN (b) 2.04 times her weight
12. 22.6 m/s
13. (a) 18.0 m/s^2 (b) 9.00×10^2 N (c) 1.84; this large coefficient is unrealistic, and she will not be able to stay on the merry-go-round.
14. (a) 9.8 N (b) 9.8 N (c) 6.3 m/s
15. (a) 1.72×10^{20} N (b) 6.38×10^{-3} m/s^2 (c) 2.30×10^{-5} m/s^2
16. 1.1×10^{-10} N at 72° above the $+x$-axis
17. (a) 2.50×10^{-5} N toward the 500-kg object (b) between the two objects and 0.245 m from the 500-kg object
18. (a) $r = \dfrac{9}{8}R_E = 7.18 \times 10^6$ m (b) 7.98×10^5 m
19. (a) 2.43 h (b) 6.59 km/s (c) 4.73 m/s^2 toward the Earth
20. 6.3×10^{23} kg
21. (a) 18.0 AU (b) 35.4 AU
22. (a) 1.90×10^{27} kg (b) 1.89×10^{27} kg (c) yes
23. (a) 2.51 m/s (b) 7.90 m/s^2 (c) 4.00 m/s
24. (a) 7.76×10^3 m/s (b) 89.3 min
25. (a) $n = m\left(g - \dfrac{v^2}{r}\right)$ (b) 17.1 m/s
26. (b) 732 N (equator), 735 N (either pole)
27. 11.8 km/s
28. 0.835 rev/s
30. (a) 10.6 kN (b) 14.1 m/s
31. (a) 0.71 yr (b) The departure must be timed so that the spacecraft arrives at aphelion when the target planet is there.
32. (a) 109 N (b) 56.4 N
33. (a) 106 N (b) 0.396
34. 0.131
35. (a) 2.1 m/s (b) 54° (c) 4.7 m/s

Chapter 8

1. (a) 25.0 N · m (b) 50.0 N · m
2. 168 N · m
3. (a) 30 N · m (counterclockwise) (b) 36 N · m (counterclockwise)
4. (a) 5.1 N · m (b) The torque increases, because the torque is proportional to the moment arm, $L \sin\theta$, and this factor increases as θ increases.

5. 0.582 m
6. $x_{cg} = 3.33$ ft, $y_{cg} = 1.67$ ft
7. 0.100 m
8. $F_t = 724$ N, $F_s = 716$ N
9. 312 N
10. 1.09 m
11. (a) 443 N (b) 222 N (to the right), 216 N (upward)
12. $T_1 = 501$ N, $T_2 = 672$ N, $T_3 = 384$ N
13. (a) $d = \dfrac{mg}{2k \tan \theta}$ (b) $R_x = \dfrac{mg}{2 \tan \theta}$; $R_y = mg$
14. (a) 99.0 kg · m^2 (b) 44.0 kg · m^2 (c) 143 kg · m^2
15. (a) 212 N · m (b) 47.2 kg · m^2
16. (a) 0.687 kg · m^2 (b) 0.823 N · m
17. (a) 24.0 N · m (b) 0.035 6 rad/s^2 (c) 1.07 m/s^2
18. 177 N
19. 276 J
20. (a) 5.47 J (b) 5.99 J
21. 149 rad/s
22. (a) 500. J (b) 250. J (c) 750. J
23. (a) 3.74 m/s (b) 37.4 rad/s (c) 37.4 rad/s (d) 1.21 m
24. (a) 7.08×10^{33} J · s (b) 2.66×10^{40} J · s
25. 17.5 J · s counterclockwise
26. 6.73 rad/s
27. 5.99×10^{-2} J
28. (a) $\omega = \left(\dfrac{I_1}{I_1 + I_2}\right)\omega_0$ (b) $\dfrac{KE_f}{KE_i} = \dfrac{I_1}{I_1 + I_2} < 1$
29. (a) 2.6 rad/s (b) 5.1×10^5 kg · m^2 (c) 1.7×10^6 J
30. (a) As the child walks to the right end of the boat, the boat moves left (toward the pier). (b) The boat moves 1.45 m closer to the pier, so the child will be 5.55 m from the pier. (c) No. He will be short of reaching the turtle by 0.45 m.
31. 36.9°
32. (a) Mvd (b) Mv^2 (c) Mvd (d) $2v$ (e) $4Mv^2$ (f) $3Mv^2$
33. (a) 6.73 N upward (b) $x = 0.389$ m
34. $x_{cg} = 0.459$ m, $y_{cg} = 9.55 \times 10^{-2}$ m
35. (a) $T = \dfrac{Mmg}{M + 4m}$ (b) $a_t = \dfrac{4mg}{M + 4m}$

Chapter 9

1. (a) 8.27×10^{-2} m^3 (b) 1.77×10^4 Pa
2. 5.17×10^{19} N
3. (a) $\sim 4 \times 10^{17}$ kg/m^3
(b) The density of an atom is about 10^{14} times greater than the density of iron and other common solids and liquids. This shows that an atom is mostly empty space. Liquids and solids, as well as gases, are mostly empty space.
4. (a) 1.01×10^6 N (b) 3.88×10^5 N (c) 1.11×10^5 Pa
5. (a) 5.81×10^5 Pa (b) 5.59×10^4 N
6. 0.133 m
7. 1.05×10^5 Pa
8. 1.53×10^4 Pa
9. 0.258 N down
10. 9.41 kN
11. 1.04 kg/m^3
12. (a) 1.43 kN upward (b) 1.28 kN upward
(c) The balloon expands because the external pressure declines with increasing altitude.
13. (a) 7.00 cm (b) 2.80 kg
14. (a) 1.46×10^{-2} m^3 (b) 2.10×10^3 kg/m^3
15. 17.3 N (upper scale), 31.7 N (lower scale)
16. 6.57 m/s
17. (a) 80. g/s (b) 0.27 mm/s
18. 12.6 m/s
19. (a) 9.43×10^3 Pa (b) 255 m/s
(c) The density of air decreases with increasing height, resulting in a smaller pressure difference. Beyond the maximum operational altitude, the pressure difference can no longer support the aircraft.
20. 9.00 cm
21. 1.47 cm
22. (a) 24.2 m/s (b) 6.40×10^5 Pa (c) 5.39×10^5 Pa
23. 8.3×10^{-2} N/m
24. 5.6×10^{-2} N/m
25. 2.1 MPa
26. 1.8×10^{-3} kg/m^3
27. 1.4×10^{-5} N · s/m^2
28. 4.90 mm
29. 1.05×10^7 Pa
30. 3.5×10^8 Pa
31. 4.4 mm
32. 1.9 cm
33. (a) The buoyant forces are the same because the two blocks displace equal amounts of water. (b) The spring scale reads largest value for the iron block. (c) $B = 2.0 \times 10^3$ N for both blocks, $T_{iron} = 13 \times 10^3$ N, $T_{aluminum} = 3.3 \times 10^3$ N
34. 2.5×10^7 capillaries
35. 2.25 m above the level of point B
36. 0.605 m
37. $F = \pi R^2(P_0 - P)$
38. 17.0 cm above the floor

Chapter 10

1. (a) -4.60×10^2°F (b) 37.0°C (c) -2.80×10^2°F
2. (a) −253°C (b) −423°F
3. 27.2 K
4. 107°F
5. 0.33 m
6. 55.0°C
7. (a) −179°C (attainable) (b) −376°C (below 0 K, unattainable)
8. (a) 1.1×10^4 kg/m^3
9. 1.02×10^3 gallons
10. (a) 0.10 L (b) 2.009 L (c) 1.0 cm
11. 2.7×10^2 N
12. 0.548 gal
13. (a) increase (b) 1.603 cm
14. (a) 0.197 mol (b) 1.18×10^{23} atoms
15. (a) 627°C (b) 927°C
16. (a) 2.5×10^{19} molecules (b) 4.1×10^{-21} mol
17. 4.28 atm
18. 7.1 m
19. 16.0 cm^3
20. 6.21×10^{-21} J
21. (a) 5.69×10^{-21} J (b) 414 m/s (c) 1.03×10^4 J
22. 6.64×10^{-27} kg
23. (a) 2.01×10^4 K (b) 901 K
24. 16 N
25. 3.55 L
26. 35.016 m
27. (a) 99.8 mL
(b) The change in volume of the flask is far smaller because Pyrex has a much smaller coefficient of expansion than acetone. Hence, the change in volume of the flask has a negligible effect on the answer.
28. 2.7 m
29. (a) $\theta = \dfrac{(\alpha_2 - \alpha_1)L_0(\Delta T)}{\Delta r}$
(c) The bar bends in the opposite direction.
30. (a) No torque acts on the disk so its angular momentum is constant. Yes, the angular speed increases. As the disk cools,

its radius, and hence, its moment of inertia, decreases. Conservation of angular momentum then requires that its angular speed increase. (b) 25.7 rad/s

Chapter 11

1. (a) 3.50 kcal (b) 1.47×10^4 J
2. (a) 4.5×10^3 J (b) 910 W (c) 0.87 Cal/s (d) The excess thermal energy is transported by conduction and convection to the surface of the skin and disposed of through the evaporation of sweat.
3. (a) 81.0 W (b) 69.7 kcal/h (c) 8.27 m/s
4. 16.9°C
5. (a) 5.23×10^{15} J (b) 2.07 yr
6. 176°C
7. 88 W
8. (a) 8.90×10^4 kg (b) 4.10×10^9 J (c) $114
9. 0.845 kg
10. 80 g
11. (a) 1.82×10^3 J/kg·°C (b) We can't make a definite identification. It might be beryllium. (c) The material might be an unknown alloy or a material not listed in the table.
12. 0.26 kg
13. 27.1°C
14. (a) 6.66×10^5 J (b) 2.64×10^5 J (c) 31.5°C
15. 16°C
16. 65°C
17. 2.3 km
18. 16°C
19. (a) $t_{boil} = 2.8$ min (b) $t_{evaporate} = 18$ min
20. (a) all ice melts, $T_f = 40$°C (b) 8.0 g melts, $T_f = 0$°C
21. (a) The bullet loses all its kinetic energy as it is stopped by the ice. Also, thermal energy must be removed from the bullet to cool it from 30.0°C to 0°C. The sum of these two energies equals the energy it takes to melt part of the ice. The final temperature of the bullet is 0°C because not all the ice melts. (b) 0.294 g
22. 3×10^3 W
23. 402 MW
24. 709 s
25. 9.0 cm
26. 2.7×10^7 J
27. 16:1
28. 12.5 kW
29. 2.3 kg
30. 66.7 min
32. (a) seven times (b) As the car stops, it transforms part of its kinetic energy into internal energy due to air resistance. As soon as the brakes rise above the air temperature, they transfer energy by heat into the air. If they reach a high temperature, they transfer energy very quickly.
33. 255 K
34. 12 h
35. 3.85×10^{26} J

Chapter 12

1. (a) −465 J (b) The negative sign for work done on the gas indicates that the expanding gas does positive work on the surroundings.
2. (a) -6.1×10^5 J (b) 4.6×10^5 J
3. (a) −810 J (b) −507 J (c) −203 J
4. 96.3 mg
5. (a) 1.09×10^3 K (b) −6.81 kJ
6. (a) 823 J (b) 13.2 K
8. (a) −88.5 J (b) 722 J
9. (a) 567 J (b) 167 J
10. (a) −180 J (b) +188 J
11. (a) 3.25 kJ (b) 0 (c) −3.25 kJ (d) The internal energy would increase, resulting in an increase in temperature of the gas.
12. (a) -4.58×10^4 J (b) 4.58×10^4 J (c) 0
13. (a) 1.13×10^5 J (b) -2.82×10^5 J (c) -1.69×10^5 J
14. (a) 0.95 J (b) 3.2×10^5 J (c) 3.2×10^5 J
15. 405 kJ
16. 0.540 (or 54.0%)
17. (a) 0.25 (or 25%) (b) 3/4
18. (a) 0.294 (or 29.4%) (b) 5.00×10^2 J (c) 1.67 kW
19. (a) 4.50×10^6 J (b) 2.84×10^7 J (c) 68.2 kg
20. 1/3
21. (a) 30.6% (b) 985 MW
22. 143 J/K
23. (a) −1.2 kJ/K (b) 1.2 kJ/K
24. 57.2 J/K
25. 3.27 J/K
26. (a)

End Result	Possible Tosses	Total Number of Same Result
All H	HHHH	1
1T, 3H	HHHT, HHTH, HTHH, THHH	4
2T, 2H	HHTT, HTHT, THHT, HTTH, THTH, TTHH	6
3T, 1H	TTTH, TTHT, THTT, HTTT	4
All T	TTTT	1

(b) all H or all T (c) 2H and 2T

27. −6.5 MJ
28. 1 300 W
29. (a) 26.2 kcal/min (b) 629 kcal
30. 18°C
31. (a) 12.2 kJ (b) 4.05 kJ (c) 8.15 kJ
32. (a) 26 J (b) 9.0×10^5 J (c) 9.0×10^5 J
33. (a) 2.49 kJ (b) 1.50 kJ (c) −990 J
34. (a) $T_Ⓐ = 1.20 \times 10^2$ K; $T_Ⓑ = 722$ K (b) 1.10×10^5 J (c) 7.50×10^4 J (d) 1.85×10^5 J
35. 0.146; 486 kcal

Chapter 13

1. (a) 17 N to the left (b) 28 m/s² to the left
2. (a) 6.58 N (b) 10.1 N
3. 17.8 N/m
4. (a) 0.206 m (b) −0.042 1 m (c) The block oscillates around the unstretched position of the spring with an amplitude of 0.248 m.
5. (a) 60.0 J (b) 49.0 m/s
6. 0.306 m
7. 0.478 m
8. (a) 1 630 N/m (b) 47.0 J (c) 7.90 kg (d) 2.57 m/s (e) 26.1 J (f) 20.9 J (g) −0.201 m
9. (a) 8.00×10^{-2} m (b) 14.6 rad/s (c) 2.32 Hz (d) 0.431 s (e) 1.17 m/s (f) 17.0 m/s²
10. 39.2 N
11. (a) 1.53 J (b) 1.75 m/s (c) 1.51 m/s
12. (a) 8.27×10^{-2} m (b) −2.83 m/s (c) −11.9 m/s²
13. 0.63 s
14. (a) 0.25 s (b) 4.0 Hz (c) 5.2 cm (d) 21 ms
15. (a) 5.98 m/s (b) 206 N/m (c) 0.238 m
16. (a) 11.0 N toward the left (b) 0.881 oscillations

17. $v = \pm\omega A \sin \omega t$, $a = -\omega^2 A \cos \omega t$
18. (a) 1.46 s (b) 9.59 m/s^2
19. (a) 9.779 m/s^2 (b) 0.2477 m
20. (a) $L_{\text{Earth}} = 25$ cm (b) $L_{\text{Mars}} = 9.4$ cm (c) $m_{\text{Earth}} = 0.25$ kg (d) $m_{\text{Mars}} = 0.25$ kg
21. (a) 4.13 cm (b) 10.4 cm (c) 5.56 $\times 10^{-2}$ s (d) 187 cm/s
22. (a) 5.45 $\times$ 10^{14} Hz (b) 1.83 $\times$ 10^{-15} s
23. 31.9 cm
24. 5.28 $\times$ 10^{-3} m
25. 5.20 $\times$ 10^2 m/s
26. (a) 30.0 N (b) 25.8 m/s
27. 28.5 m/s
28. (a) 0.051 0 kg/m (b) 19.6 m/s
29. (a) 13.4 m/s
(b) The worker could throw an object such as a snowball at one end of the line to set up a pulse and then use a stopwatch to measure the time it takes the pulse to travel the length of the line. From this measurement, the worker would have an estimate of the wave speed, which in turn can be used to estimate the tension.
30. (a) Constructive interference gives $A = 0.50$ m
(b) Destructive interference gives $A = 0.10$ m
31. (a) 219 N/m (b) 6.12 kg
32. (a) 1.68 s (b) 16.8 N/m
33. (a) 588 N/m (b) 0.700 m/s
34. 6.62 cm
35. (a) Using s for the displacement from equilibrium along the arc, the restoring force on the balloon takes the form of Hooke's law: $F_{\text{tangential}} = -[(\rho_{\text{air}} - \rho_{\text{He}})Vg/L]s$ (b) $T = 1.40$ s

Chapter 14

1. (a) 5.56 km
(b) No. The speed of light is much greater than the speed of sound, so the time interval required for the light to reach you is negligible compared to the time interval for the sound.
2. 355 m/s
3. 515 m
4. (a) The pulse that travels through the rail (b) 23.4 ms
5. (a) 3.16 $\times$ 10^{-2} W/m^2 (b) 7.91 $\times$ 10^{-5} W/m^2 (c) 99.0 dB
6. 150 dB
7. 3.0 $\times$ 10^{-8} W/m^2
8. (a) 1.00 $\times$ 10^{-2} W/m^2 (b) 105 dB
9. 37 dB
10. (a) 1.3 $\times$ 10^2 W (b) 96 dB
12. 1.23 $\times$ 10^3 Hz
13. (a) 75.7 Hz drop (b) 0.947 m
14. 596 Hz
15. 9.09 m/s
16. 19.7 m
17. (a) 56.3 s (b) 56.6 km farther along
18. 0.137 m
19. 800 m
20. (a) Nodes at 0, 2.67 m, 5.33 m, and 8.00 m; antinodes at 1.33 m, 4.00 m, and 6.67 m (b) 18.6 Hz
21. 378 Hz
22. (a) 1.85 $\times$ 10^{-2} kg/m (b) 90.6 m/s (c) 152 N (d) 2.20 m (e) 8.33 m
23. (a) 78.9 N (b) 211 Hz
24. 19.976 kHz
25. 6.88 m/s
26. 58 Hz
27. 3.1 kHz
28. (a) 0.552 m (b) 316 Hz
29. 3 Hz
30. 3.85 m/s away from the station or 3.77 m/s toward the station
31. (a) 1.99 beats/s (b) 3.38 m/s
32. 1.76 cm
33. (a) 0.642 W (b) 0.43%
34. 67.0 dB
35. $r_1 = 3.27$ m and $r_2 = 32.7$ m

Chapter 15

1. (a) 1.52 $\times$ 10^{-7} m (b) 2.22 $\times$ 10^{-23} kg
2. (a) 36.8 N (b) 5.54 $\times$ 10^{27} m/s^2
3. (a) 8.74 $\times$ 10^{-8} N (b) repulsive
4. 1.38 $\times$ 10^{-5} N at 77.5° below the negative x-axis
5. 7.05 $\times$ 10^{-4} N
6. 0.437 N at −85.3° from the $+x$-axis
7. 7.2 nC
8. (a) 2.2 $\times$ 10^{-5} N (attraction) (b) 9.0 $\times$ 10^{-7} N (repulsion)
9. 0.732 m
10. (a) 1.55 $\times$ 10^{-11} C (b) 9.67 $\times$ 10^7 electrons
11. 2.07 $\times$ 10^3 N/C down
12. 3.15 N due north
13. (a) 6.12 $\times$ 10^{10} m/s^2 (b) 19.6 μs (c) 11.8 m (d) 1.20 $\times$ 10^{-15} J
14. 1.8 m to the left of the −2.5-μC charge
15. (a) 0 (b) 2.88 $\times$ 10^5 N/C
16. $E_x = (1 - \sqrt{2})k_e \dfrac{Q}{d^2}$, $E_y = \sqrt{2}k_e \dfrac{Q}{d^2}$
17. zero
18. (a) 0 (b) 5 μC inside, −5 μC outside (c) 0 inside, −5 μC outside (d) 0 inside, −5 μC outside
21. (a) 2.54 $\times$ 10^{-15} N (b) 1.59 $\times$ 10^4 N/C radially outward
22. 1.3 $\times$ 10^{-3} C
23. (a) 0 (b) $k_e q/r^2$ outward
24. (a) −7.99 N/C (b) 0 (c) 1.44 N/C (d) 2.00 nC on the inner surface; 1.00 nC on the outer surface
25. (a) 858 N · m^2/C (b) 0 (c) 657 N · m^2/C
26. $-Q/\epsilon_0$ for S_1; 0 for S_2; $-2Q/\epsilon_0$ for S_3; 0 for S_4
27. 24 N/C in the positive x-direction
28. (a) 474 N/C (b) 7.59 $\times$ 10^{-17} N (c) −4.04 $\times$ 10^{-6} m
29. 115 N
30. 4.4 $\times$ 10^5 N/C
31. $F_x = (0.354)k_e \dfrac{Q^2}{d^2}$; $F_y = (1.65)k_e \dfrac{Q^2}{d^2}$
32. (a) 1.00 $\times$ 10^3 N/C (b) 3.37 $\times$ 10^{-8} s (c) accelerate at 1.76 $\times$ 10^{14} m/s^2 in the direction opposite that of the electric field
33. (a) 0 (b) 7.99 $\times$ 10^7 N/C (outward) (c) 0 (d) 7.34 $\times$ 10^6 N/C (outward)

Chapter 16

1. 1.44 $\times$ 10^{-20} J
2. (a) −887 V/m (b) 0.665 V
3. (a) 1.92 $\times$ 10^{-18} J (b) −1.92 $\times$ 10^{-18} J (c) 2.05 $\times$ 10^6 m/s in the negative x-direction
4. (a) 1.88 $\times$ 10^{-17} J (b) −1.88 $\times$ 10^{-17} J (c) 58.7 N/C
5. (a) 1.13 $\times$ 10^5 N/C (b) 1.80 $\times$ 10^{-14} N (c) 4.37 $\times$ 10^{-17} J
6. (a) 2.67 $\times$ 10^6 V (b) 2.13 $\times$ 10^6 V
7. (a) 103 V (b) −3.85 $\times$ 10^{-7} J; positive work must be done to separate the charges.
8. (a) −5.75 $\times$ 10^{-7} V (b) −1.92 $\times$ 10^{-7} V, ΔV = 3.84 $\times$ 10^{-7} V (c) No. Unless fixed in place, the electron would move in the opposite direction, increasing its distance from points A and B and lowering the potential difference between them.
9. (a) 0.294 J (b) 271 m/s

10. -11.0 kV
11. (a) 3.84×10^{-14} J (b) 2.55×10^{-13} J (c) -2.17×10^{-13} J (d) 8.08×10^{6} m/s (e) 1.24×10^{7} m/s
12. 2.74×10^{-14} m
13. -4.40×10^{3} eV
14. (a) 5.93×10^{5} m/s (b) 1.38×10^{4} m/s (c) 3.88×10^{-2} eV
15. (a) 5.90×10^{-10} F (b) 3.54×10^{-9} C (c) 2.00×10^{3} N/C (d) 1.77×10^{-8} C/m^2 (e) All the answers are reduced.
16. (a) 1.1×10^{-8} F (b) 27 C
17. (a) 1.36 pF (b) 16.3 pC (c) 8.00×10^{3} V/m
18. (a) 11.1 kV/m toward the negative plate (b) 3.74 pF (c) 74.8 pC and -74.8 pC
19. (a) 2.67 μF (b) 24.0 μC on each 8.00-μF capacitor, 18.0 μC on the 6.00-μF capacitor, 6.00 μC on the 2.00-μF capacitor (c) 3.00 V across each capacitor
20. (a) 3.33 μF (b) 180 μC on the 3-μF and the 6-μF capacitors, 120 μC on the 2.00-μF and 4.00-μF capacitors (c) 60.0 V across the 3-μF and the 2-μF capacitors, 30.0 V across the 6-μF and the 4-μF capacitors
21. (a) 10.7 μC on each capacitor (b) 15.0 μC on the 2.50-μF capacitor and 37.5 μC on the 6.25-μF capacitor
22. $Q'_1 = 3.33\ \mu$C, $Q'_2 = 6.67\ \mu$C
23. $Q_1 = 16.0\ \mu$C, $Q_5 = 80.0\ \mu$C, $Q_8 = 64.0\ \mu$C, $Q_4 = 32.0\ \mu$C
24. (a) $Q_{25} = 1.25$ mC, $Q_{40} = 2.00$ mC (b) $Q'_{25} = 288\ \mu$C, $Q'_{40} = 462\ \mu$C (c) $\Delta V = 11.5$ V
25. (a) 54.0 μJ (b) 108 μJ (c) 27.0 μJ
26. 3.24×10^{-4} J
27. (a) $\kappa = 3.4$. The material is probably nylon (see Table 16.1). (b) The voltage would lie somewhere between 25.0 V and 85.0 V.
28. (a) 8.1 nF (b) 2.4 kV
30. 6.25 μF
31. 0.188 m^2
32. 0.75 mC on C_1, 0.25 mC on C_2
33. sphere A: 0.800 μC; sphere B: 1.20 μC
34. 4.47 kV

Chapter 17

1. 0.678 mm
2. 27 yr
3. (a) 3.00×10^{20} electrons (b) the direction opposite to the current
4. (a) 55.85×10^{-3} kg/mol (b) 1.41×10^{5} mol/m^3 (c) 8.49×10^{28} iron atoms/m^3 (d) 1.70×10^{29} conduction electrons/m^3 (e) 2.21×10^{-4} m/s
5. 1.05 mA
6. (a) 30. Ω (b) $4.7 \times 10^{-4}\ \Omega \cdot$ m
7. silver ($\rho = 1.59 \times 10^{-8}\ \Omega \cdot$ m)
8. (a) 13.0 Ω (b) 17.0 m
9. (a) 2.20×10^{2} Ω (b) $6.10 \times 10^{-7}\ \Omega \cdot$ m
10. 32 V is 200 times larger than 0.16 V
12. (a) 3.25×10^{-3} Ω (b) 5.23×10^{-6} m^3 (c) 1.30×10^{-2} Ω
13. 26 mA
14. 5.08×10^{-3} (°C)$^{-1}$
15. (a) 3.0 A (b) 2.9 A
16. 2.71 MΩ
17. 15.0 μW
18. (a) 50.0 W (b) 25.0
19. 1.6 cm
20. 11.2 min
21. (a) 2.1 W (b) 3.42 W (c) The aluminum wire would not be as safe. If surrounded by thermal insulation, it would get much hotter than a copper wire.
22. $\dfrac{d_A}{d_B} = \sqrt{3}$
23. (a) 1.50 Ω (b) 6.00 A
24. 2.16×10^{5} C
25. 1.1 km
26. 37 MΩ
27. 3.77×10^{28}/m^3
28. 0.48 kg/s

Chapter 18

1. 4.92 Ω
2. (a) 0.167 Ω (b) 3.83 Ω
3. (a) 17.1 Ω (b) 1.99 A for 4.00 Ω and 9.00 Ω, 1.17 A for 7.00 Ω, 0.820 A for 10.0 Ω
4. (a) 6.00 Ω (b) 1.33 Ω
5. 470 Ω and 220 Ω
6. (a) 5.68 V (b) 0.227 A
7. 0.43 A
8. (a) Connect two 50.-Ω resistors in parallel, and then connect this combination in series with a 20.-Ω resistor. (b) Connect two 50.-Ω resistors in parallel, connect two 20.-Ω resistors in parallel, and then connect these two combinations in series with each other.
9. 55 Ω
10. 50.0 mA from *a* to *e*
11. (a) 3.00 Ω (b) 2.25 A
12. (a) 0.385 mA, 3.08 mA, 2.69 mA (b) 69.2 V, with *c* at the higher potential
13. (a) No. The only simplification is to note that the 2.0-Ω and 4.0-Ω resistors are in series and add to a resistance of 6.0 Ω. Likewise, the 5.0-Ω and 1.0-Ω resistors are in series and add to a resistance of 6.0 Ω. The circuit cannot be simplified any further. Kirchhoff's rules must be used to analyze the circuit. (b) $I_1 = 3.5$ A, $I_2 = 2.5$ A, $I_3 = 1.0$ A
14. (a) $I_{200} = 1.00$ A (up), $I_{80} = 3.00$ A (up), $I_{20} = 8.00$ A (down), $I_{70} = 4.00$ A (up) (b) 2.00×10^{2} V (c) $P_{40} = 1.20 \times 10^{2}$ W, $P_{360} = 2.88 \times 10^{3}$ W, $P_{80} = 3.20 \times 10^{2}$ W
15. $\Delta V_2 = 3.05$ V, $\Delta V_3 = 4.57$ V, $\Delta V_4 = 7.38$ V, $\Delta V_5 = 1.62$ V
16. (a) No. The multiloop circuit cannot be simplified any further. Kirchhoff's rules must be used to analyze the circuit. (b) $I_{30} = 0.353$ A directed to the right, $I_5 = 0.118$ A directed to the right, $I_{20} = 0.471$ A directed to the left
17. (a) 1.88 s (b) 1.90×10^{-4} C
18. (a) 5.00 s (b) 150 μC (c) 4.06 μA
19. (a) 6.25 A (b) 750. W
20. 1.80×10^{3} W (b) 30.0 (c) 200.
21. $514
22. (a) 1.2×10^{-9} C, 7.3×10^{9} K^+ ions. Not large, only $1e/(290\ Å)^2$. (b) 1.7×10^{-9} C, 1.0×10^{10} Na^+ ions (c) 0.83 mA (d) 7.5×10^{-12} J
23. (a) 2 (b) 4
24. 6.00 Ω, 3.00 Ω
25. (a) 4.00 V (b) Point *a* is at the higher potential.
26. (a) 1.02 A down (b) 0.364 A down (c) 1.38 A up (d) 0 (e) 66.0 μC
27. (a) $R_{eq}^{open} = 3R$, $R_{eq}^{closed} = 2R$ (b) $P = \dfrac{\mathcal{E}^2}{3R}$, $P = \dfrac{\mathcal{E}^2}{2R}$ (c) Lamps A and B increase in brightness, lamp C goes out.

29. $P = \frac{(144\text{ V}^2)R}{(R + 10.0\ \Omega)^2}$

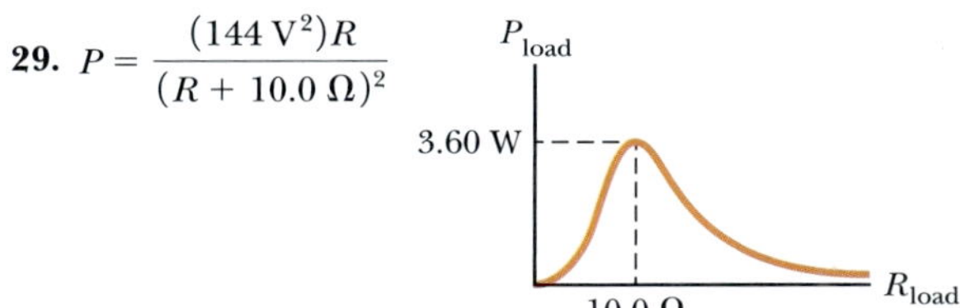

30. (a) 2.41×10^{-5} C (b) 1.61×10^{-5} C (c) 1.61×10^{-2} A
31. 0.395 A; 1.50 V

Chapter 19

1. (a) west (b) zero deflection (c) up (d) down
2. (a) toward top of page (b) out of the page (c) zero force (d) into the page
3. (a) into the page (b) toward the right (c) toward the bottom of the page
4. 48.9° or 131°
5. (a) 1.92×10^{-21} N (b) $-y$-direction (c) 1.92×10^{-21} N (d) $+y$-direction
6. (a) 1.44×10^{-12} N (b) $8.62 \times 10^{14}\ \text{m/s}^2$ (c) A force would be exerted on the electron that had the same magnitude as the force on a proton, but in the opposite direction because of its negative charge. (d) The magnitude of the acceleration of the electron would be much greater than that of the proton because the mass of the electron is much smaller. The electron's acceleration would also be in the opposite direction.
7. (a) 1.45×10^{-18} N (b) 16.5 m
8. (a) 8.51×10^5 m/s (b) 2.06×10^{-5} m
9. 0.150 mm
10. (a) 2.08×10^{-7} kg/C (b) 6.66×10^{-26} kg (c) Calcium
11. $r = 3R/4$
12. (a) into the page (b) toward the right (c) toward the bottom of the page
13. 7.50 N
14. 8.0×10^{-3} T in the $+z$-direction
15. 0.131 T (downward)
16. *ab*: 0, *bc*: 0.040 0 N in $-x$-direction, *cd*: 0.040 0 N in the $-z$-direction, *da*: 0.056 6 N parallel to the *xz*-plane and at 45° to both the $+x$- and the $+z$-directions
17. (a) The magnetic force and the force of gravity both act on the wire. When the magnetic force is upward and balances the downward force of gravity, the net force on the wire is zero, and the wire can move upward at constant velocity. (b) 0.20 T out of the page (c) If the field exceeds 0.20 T, the upward magnetic force exceeds the downward force of gravity, so the wire accelerates upward.
18. 118 μN · m
19. 9.05×10^{-4} N · m, tending to make the left-hand side of the loop move toward you and the right-hand side move away.
20. (a) 1.21 A · m² (b) 0.209 N · m
21. (a) 3.97° (b) 3.39×10^{-3} N · m
22. 2.4 mm
23. 20.0 μT
24. 20.0 μT toward the bottom of page
25. 2.0×10^{-10} A
26. (a) 4.00 m (b) 7.50 nT (c) 1.26 m (d) zero
27. 1.67×10^{-7} T out of the page 또는 0.167 μT out of page
28. 4.5 mm
29. (a) 3.50×10^{-5} N/m (b) repulsive
30. 31.8 mA
31. (a) 2.8 μT (b) 0.89 mA
32. (a) 920 turns (b) 12 cm
33. (a) 0.500 μT out of the page (b) 3.88 μT parallel to *xy*-plane and at 59.0° clockwise from $+x$-direction
34. (a) 5.24 μT (b) into the page (c) 7.20 cm
35. (a) 1.33 m/s (b) The sign of the emf is independent of the charge.
36. 1.41×10^{-6} N
37. (a) -8.00×10^{-21} kg · m/s (b) 8.90°
38. 53 μT toward the bottom of the page, 20. μT toward the bottom of the page, and 0

Chapter 20

1. (a) 0.125 Wb (b) 0.108 Wb (c) 0
2. 4.8×10^{-3} T · m²
3. (a) 3.1×10^{-3} T · m² (b) $\Phi_{B,\text{net}} = 0$
4. (a) $\Phi_{B,\text{net}} = 0$ (b) 0
5. (a) from left to right (b) from right to left
6. 33 mV
7. (a) zero, since the flux through the loop A doesn't change (b) counterclockwise for loop B (c) clockwise for loop C
8. 9.00×10^{-7} s
9. (a) The current is zero because the magnetic flux due to the current through the right side of the loop (into the page) is opposite the flux through the left side of the loop (out of the page), so net flux through the loop is always zero. (b) Clockwise because the flux due to the long wire through the loop is out of the page, and the induced current in the loop must be clockwise to compensate for the increasing external flux.
10. 10.2 μV
11. (a) 3.77×10^{-3} T (b) 9.42×10^{-3} T (c) 7.07×10^{-4} m² (d) 3.99×10^{-6} Wb (e) 1.77×10^{-5} V; the average induced emf is equal to the instantaneous in this case because the current increases steadily. (f) The induced emf is small, so the current in the 4-turn coil and its magnetic field will also be small.
12. 2.6 mV
13. (a) toward the east (b) 4.58×10^{-4} V
14. 13.1 mV
15. 2.80 m/s
16. (a) 5.00×10^{-3} m² (b) 0.157 s
17. (a) 81.9 mV (b) 105 mA
18. (a) 18.1 μV (b) 0
19. 1.9×10^{-11} V
20. (a) 2.0 mH (b) 38 A/s
21. 4.0 mH
22. 1.92 Ω
23. (a) 5.33 A (b) 2.67 s (c) 8.00 s
24. (a) 0.144 s (b) 4.50 V (c) 9.00 V
25. (a) 18 J (b) 7.2 J
26. (a) 0.208 mH (b) 0.936 mJ
27. (a) $F = N^2B^2w^2v/R$ to the left (b) 0 (c) $F = N^2B^2w^2v/R$ to the left
28. counterclockwise
29. (a) 20.0 ms (b) 37.9 V (c) 1.52 mV (d) 51.8 mA
30. (a) 0.157 mV (end *B* is positive) (b) 5.89 mV (end *A* is positive)

Chapter 21

1. (a) 5.00×10^{-3} A (b) 1.20×10^2 V
2. (a) 193 Ω (b) 145 Ω
3. (a) 170 V (b) 0.11 A (c) 8.0×10^{-2} A (d) 9.6 W
4. (a) $f > 41.3$ Hz (b) $X_C < 87.5\ \Omega$
5. 100. mA
6. 4.0×10^2 Hz
7. 0.450 T · m²

8. 3.14 A
9. (a) 0.042 4 H (b) 942 rad/s
10. (a) 363 V (b) 242 V (c) 12.1 A (d) 15.6 Ω
11. (a) 1.43 kΩ (b) 0.097 9 A (c) 51.1°
(d) voltage leads current
12. (a) 1.41×10^{-5} F (b) 0
13. (a) 47.1 Ω (b) 637 Ω (c) 2.40 kΩ (d) 2.33 kΩ (e) −14.2°
14. (a) 103 V (b) 150 V (c) 127 V (d) 23.6 V
15. 1.88 V
16. (a) −50.1 Ω (b) 175 Ω (c) -2.23×10^4 Ω
17. (a) 208 Ω (b) 40.0 Ω (c) 0.541 H
18. (a) 1.8×10^2 Ω (b) 0.71 H
19. C_{min} = 4.9 nF, C_{max} = 51 nF
20. 1.82 pF
21. 721 V
22. (a) 1.1×10^3 kW (b) 3.1×10^2 A (c) 8.3×10^3 A
23. 0.18% is lost
24. $B_{max} = 3.39 \times 10^{-6}$ T, $E_{max} = 1.02 \times 10^3$ V/m
25. 1 000 km; there will always be better use for tax money.
26. (a) 6.30×10^{-6} Pa (b) Atmospheric pressure is 1.60×10^{10} times larger than the radiation pressure.
27. (a) 6.00 pm (b) 7.50 cm
28. (a) 4.58×10^{14} Hz (b) 5.82×10^{14} Hz (c) 6.31×10^{14} Hz
29. (a) 188 m to 556 m (b) 2.78 m to 3.4 m
30. 4.66×10^3 Hz.
31. 4.9 cents
32. 5.31×10^{-5} N/m^2
33. (a) 6.7×10^{-16} T (b) 5.3×10^{-17} W/m^2 (c) 1.7×10^{-14} W
34. 99.6 mH
35. (a) 0.536 N (b) 8.93×10^{-5} m/s^2 (c) 33.9 days

Chapter 22

1. (a) 8.33 min (b) 2.23 eV (c) 1.24×10^{-6} m
2. 3.00×10^8 m/s
3. (a) 2.07×10^3 eV (b) 4.14 eV
4. 19.5° above the horizontal
5. 110.6°
6. (a) 29.0° (b) 25.7° (c) 32.0°
7. (a) 1.56×10^8 m/s (b) 329.1 nm (c) 4.74×10^{14} Hz
8. (a) 1.52 (b) 416 nm (c) 4.74×10^{14} Hz (d) 1.97×10^8 m/s
9. $\theta = 30.4°$, $\theta' = 22.3°$
10. five times from the right-hand mirror and six times from the left
11. (b) 4.73 cm
12. 58.6°
13. 3.39 m
14. $\theta = \tan^{-1}(n_g)$
15. (a) 40.8° (b) 60.6°
16. (a) 66.1° (b) 63.5° (c) 59.7°
17. (a) 10.7° (b) air (c) Sound falling on the wall from most directions is 100% reflected.
18. 27.5°
19. 1.414
20. $q_{red} = 34.9°$, $q_{violet} = 34.5°$
21. (a) 19.1° (b) 20.4°
22. 0.39°
23. 22.0°
24. 2.43 m
25. 24.7°
26. (a) 1.07 m (b) 1.65 m
28. (a) 1.20 (b) 3.39 ns
29. 1.93
30. The angle θ equals $2\theta_c$, the critical angle for an air-water interface. $\theta_c = 48.6°$ so $\theta = 97.2°$.
31. (a) 53.1° (b) $\theta_1 \geq 38.7°$

Chapter 23

1. 10.0 ft, 30.0 ft, 40.0 ft
2. (a) younger (b) on the order of 10^{-9} s
3. (a) $p_1 + h$, behind the lower mirror (b) virtual (c) upright (d) 1.00 (e) no
4. (a) The object is 10.0 cm in front of the mirror. (b) 2.00
5. (a) The object should be placed 30.0 cm in front of the mirror. (b) 0.333
6. (a) 26.8 cm behind the mirror (b) upright (c) 0.026 8
7. 1.0 m
8. 5.00 cm
9. (a) concave with focal length f = 0.83 m
(b) Object must be 1.0 m in front of the mirror.
10. 8.05 cm
11. **(i)** (a) 13.3 cm in front of the lens (b) virtual
(c) upright (d) +0.333
(ii) (a) 10.0 cm in front of the lens (b) virtual
(c) upright (d) +0.500
(iii) (a) 6.67 cm in front of the lens (b) virtual
(c) upright (d) +0.667
12. 40.0 cm
13. (a) 20.0 cm beyond the lens; real, inverted, $M = -1.00$
(b) No image is formed. Parallel rays leave the lens.
(c) 10.0 cm in front of the lens; virtual, upright, $M = +2.00$
14. 20.0 cm
15. 30.0 cm to the left of the second lens, $M = -3.00$
16. (a) 16.7 cm (b) −0.668 (c) −5.34 cm (d) real (e) inverted
17. (a) either 9.63 cm or 3.27 cm (b) 2.10 cm
18. 7.47 cm in front of the second lens, 1.07 cm, virtual, upright
19. from 0.224 m to 18.2 m
20. $n = 2.00$
21. 38.2 cm below the upper surface of the ice
22. 3.8 mm
23. (a) The image is 0.790 m from the outer surface of the glass pane, inside the water tank.
(b) With a glass pane of negligible thickness, the image is 0.750 m inside the tank.
(c) The thicker the glass, the greater the distance between the final image and the outer surface of the glass.
24. (a) −34.7 cm (b) −36.1 cm
25. real image, 5.71 cm in front of the mirror
26. q = 10.7 cm
27. 160 cm to the left of the lens, inverted, $M = -0.800$
28. (a) 20.0 cm to the right of the second lens, $M = -6.00$
(b) inverted (c) 6.67 cm to the right of the second lens, $M = -2.00$, inverted
29. (a) 5.45 m to the left of the lens (b) 8.24 m to the left of the lens (c) 17.1 m to the left of the lens (d) by surrounding the lens with a medium having a refractive index greater than that of the lens material
30. (a) 32.0 cm to the right of the second surface (b) real
31. (a) 1.99 (b) 10.0 cm to the left of the lens (c) inverted
32. 8.57 cm
33. (a) 263 cm (b) 79.0 cm

Chapter 24

1. (a) 2.50° (b) 3.75° (c) 8.73 cm
2. 632 nm
3. (a) 55.7 m (b) 124 m
4. (a) 36.2° (b) 5.08 cm (c) 5.08×10^{14} Hz
5. 75.0 m
6. 662 nm
7. 11.3 m
8. 148 m
9. 7.35°

10. (a) 2 complete orders (b) 10.9°
11. (a) 10.8° (b) 5 (c) 69.7°
12. (a) Three maxima (for $m = -1$, $m = 0$, and $m = +1$) will be observed. (b) for $m = -1$, $q = -45.2°$; for $m = 0$, $q = 0°$; and for $m = +1$, $q = +45.2°$
13. (a) 39.9° (b) 450 nm
14. 78.1 nm and 469 nm
15. 91.1 cm
16. (a) 0.0725° (b) 3.16 mm
17. 659 nm
18. 0.227 mm
19. 511 nm
20. 0.500 cm
21. 85.4 nm
22. (a) 493 nm (b) 411 nm
23. 78.4 μm
24. 617 nm, 441 nm, 343 nm
25. (a) 238 nm (b) λ will increase (c) 328 nm
26. 6.89 units
27. (a) 45.0° (b) 60.0° (c) 65.9°
28. (a) 0.336 (b) 0.164
29. 60.5°
30. (a) 30.0° (b) 45.0° (c) 60.0° (d) 90.0°
31. 1.45
32. 0.156 mm
33. 2.50 mm
34. 127 m
35. 0.350 mm
36. One slit 0.12 mm wide. The central maximum is twice as wide as the other maxima.
37. (a) 16.6 m (b) 8.28 m

Chapter 25

1. (a) 37.5 mm (b) 10.5 cm (c) 16.2 cm
2. 7.0
3. 8.0
4. $f/1.4$
5. (a) −2.00 diopters (b) 17.6 cm
6. (a) 42.9 cm (b)+2.33 diopters
7. 23.2 cm
8. −2.50 diopters, a diverging lens
9. (a) farsighted (b) 2.14 (c) 2.53 (d) converging
10. +17.0 diopters
11. (a) 4.07 cm (b) $m = +7.14$
12. (a) 5.8 cm (b) $m = 4.3$
13. (a) $|M| = 1.22$ (b) $\theta/\theta_0 = 6.08$
14. 12.7
15. (a) 11.5 (b) 2.17 cm (c) 2.00 cm
16. 2.1 cm
17. 3.38 min
18. (b) $-fh/p$ (c) −1.07 mm
19. (a) 2.53 cm (b) 88.5 cm
20. (a) 1.50 (b) 1.9
21. 5.40 mm
22. 492 km
23. (a) 625 (b) 0.420 nm
24. No. A resolving power of 2.0×10^5 is needed, and that available is only 1.8×10^5.
25. 0.40 μrad
26. 9.8 km
27. 50.4 μm
28. 40
29. 1.31×10^3
30. (a) +2.67 diopters (b) 0.16 diopter too low
31. (a) 8.00×10^2 (b) The image is inverted.
32. (a) $m = 4.0$ (b) $m = 3.0$
33. 15.4

Chapter 26

1. $0.103c$
2. (a) 2.00 s (b) 3.02 s
3. (a) 1.38 yr (b) 1.31 light-years
4. (a) 1.3×10^{-7} s (b) 38 m (c) 7.6 m
5. $0.950c$
6. Yes, with 19 m to spare
7. (a) 1.55×10^{-5} s (b) 7.09 (c) 2.19×10^{-6} s (d) 649 m (e) From the third observer's point of view, the muon is traveling faster, so according to the third observer, the muon's lifetime is longer than that measured by the observer at rest with respect to Earth.
8. (a) $\dfrac{2\sqrt{2}}{3}c = 0.943c = 2.83 \times 10^8$ m/s (b) The result would be the same.
9. (a) 1.03×10^{-18} kg · m/s (b) 2.60×10^8 m/s
10. $0.285c$
11. 2.90×10^8 m/s
12. $0.357c$
13. $0.998c$ toward the right
14. $0.54c$ to the right
15. (a) 4.62×10^{-29} kg (b) 26.0 MeV
16. (a) $0.999\,997c$ (b) 3.74×10^5 MeV
18. $0.786c$
19. $0.917c$
20. (a) 3.91×10^4 (b) 7.67 cm
21. (a) $0.979c$ (b) $0.065\,2c$ (c) $0.914c$
22. (a) $0.800c$ (b) 7.50×10^3 s (c) 1.44×10^{12} m (d) $0.385c$
23. (a) $v/c = 1 - 1.13 \times 10^{-10}$ (b) 5.99×10^{27} J (c) \$$2.16 \times 10^{20}$
24. (a) $v = 0.141c$ (b) $v = 0.436c$
25. $0.80c$
26. (a) 7.0 μs (b) 1.1×10^4 muons
27. (a) 17.4 m (b) 3.30° with respect to the direction of motion

Chapter 27

1. 1.01×10^{-5} m
2. (a) 2.57 eV (b) 1.28×10^{-5} eV (c) 1.91×10^{-7} eV
3. (a) 3.0×10^3 K (b) 2.00×10^4 K
4. 9.47 μm, which is in the infrared region of the spectrum
5. (a) 2.50 eV (b) 9.37×10^5 m/s (c) 172 nm
6. (a) 2.24 eV (b) 555 nm (c) 5.41×10^{14} Hz
7. (a) 1.02×10^{-18} J (b) 1.53×10^{15} Hz (c) 196 nm (d) 2.15 eV (e) 2.15 V
8. 17.8 kV
9. 1.2×10^2 V and 1.2×10^7 V, respectively
10. (a) 1.48×10^8 m/s (b) 1.66×10^{-11} m
11. 0.281 nm
12. 0.078 nm
13. 70.0°
14. (a) 1.18×10^{-23} kg · m/s (b) 478 eV
15. (a) 15 keV (b) 1.2×10^2 keV
16. (a) 1.46 km/s (b) 7.28×10^{-11} m
17. 3.58×10^{-13} m
18. 3×10^{-29} J
19. $\sim 10^6$ m/s
20. Within 1.16 mm for the electron, 5.28×10^{-32} m for the bullet
21. 2.5×10^{20} photons

22. (a) 5 200 K (b) Clearly, a firefly is not at this temperature, so this is not blackbody radiation.
23. (a) 2.21×10^{-32} kg · m/s (b) 1.00×10^{10} Hz (c) 4.14×10^{-5} eV
24. 2.00 eV 25. (a) 0.022 0c (b) 0.999 2c 26. 1.36 eV

Chapter 28

1. (a) 2.3×10^{-8} N (b) −14 eV
2. (a) 121.5 nm, 102.5 nm, 97.20 nm (b) far ultraviolet
3. (a) 1.6×10^{6} m/s (b) No. $v/c = 5.3 \times 10^{-3} \ll 1$ (c) 0.45 nm (d) Yes. The wavelength is roughly the same size as the atom.
4. 40.8 eV
5. (a) 10.2 eV (b) 122 nm
6. $E = -1.51$ eV ($n = 3$) to $E = -3.40$ eV ($n = 2$)
7. (a) 2.86 eV (b) 0.472 eV
8. (a) 0.212 nm (b) 9.95×10^{-25} kg · m/s (c) 2.11×10^{-34} J · s (d) 3.40 eV (e) −6.80 eV (f) −3.40 eV
10. (a) 488 nm (b) 0.814 m/s
11. (a) 1.89 eV (b) 658 nm (c) 3.02 eV (d) 412 nm (e) 366 nm
12. (a) 0.026 5 nm (b) 0.017 6 nm (c) 0.013 2 nm
13. (a) 1.31 μm (b) 164 nm
14. (a) 3 (b) 520 km/s
15. (a) 0.476 nm (b) 0.997 nm
16. Fifteen possible states, as summarized in the following table:

n	3	3	3	3	3	3	3	3	3	3	3	3	3	3	3
ℓ	2	2	2	2	2	2	2	2	2	2	2	2	2	2	2
m_ℓ	2	2	2	1	1	1	0	0	0	−1	−1	−1	−2	−2	−2
m_s	1	0	−1	1	0	−1	1	0	−1	1	0	−1	1	0	−1

17. (a) 2 (b) 8 (c) 18
18.

n	ℓ	m_ℓ	m_s
3	2	2	$\frac{1}{2}$
3	2	2	$-\frac{1}{2}$
3	2	1	$\frac{1}{2}$
3	2	1	$-\frac{1}{2}$
3	2	0	$\frac{1}{2}$
3	2	0	$-\frac{1}{2}$
3	2	−1	$\frac{1}{2}$
3	2	−1	$-\frac{1}{2}$
3	2	−2	$\frac{1}{2}$
3	2	−2	$-\frac{1}{2}$

19. aluminum
20. (a) $n = 4$ and $\ell = 2$ (b) $m\ell = (0, \pm1, \pm2)$, $m_s = \pm1/2$ (c) $1s^2 2s^2 2p^6 3s^2 3p^6 3d^{10} 4s^2 4p^6 4d^2 5s^2$ = [Kr] $4d^2 5s^2$
21. (a) 2 (b) 6 (c) 32
22. L shell: 11.7 keV; M shell: 10.0 keV; N shell: 2.30 keV
23. (a) 14 keV (b) 8.9×10^{-11} m
24. (a) 4.24×10^{15} W/m^2 (b) 1.20×10^{-12} J
25. (a) 10.2 eV (b) 7.88×10^{4} K
27. (a) 5.40 keV (b) 3.40 eV (c) 5.40 keV

Chapter 29

1. (a) 1.5 fm (b) 4.7 fm (c) 7.0 fm (d) 7.4 fm
2. 1.8×10^{2} m **3.** (a) 26 (b) 26 (c) 30
4. (a) 1.9×10^{7} m/s (b) 7.1 MeV
5. (a) 27.6 N (b) 4.16×10^{27} m/s^2 (c) 1.73 MeV
6. 3.54 MeV
7. (a) 8.26 MeV/nucleon (b) 8.70 MeV/nucleon
8. (a) 0.210 MeV/nucleon greater for $^{23}_{11}$Na (b) attributable to less proton repulsion
9. 8.06 days
10. 2.29 g
11. (a) 2.55×10^{11} (b) 7.94 Bq
12. (a) 6.95×10^{5} s (b) 9.97×10^{-7} s^{-1} (c) 1.9×10^{4} Bq (d) 1.9×10^{10} nuclei (e) 5, 0.200 mCi
13. (a) 5.58×10^{-2} h^{-1}, 12.4 h (b) 2.39×10^{13} nuclei (c) 1.87 mCi
14. (a) cannot occur spontaneously (b) can occur spontaneously
15. (a) $^{208}_{81}$Tl (b) $^{95}_{37}$Rb (c) $^{144}_{60}$Nd
16. e$^+$ decay, $^{56}_{27}\text{Co} \rightarrow {}^{56}_{26}\text{Fe} + {}^{0}_{+1}\text{e}^+ + \nu_e$
17. 4.22×10^{3} yr
18. 18.6 keV
19. (a) The product nucleus is $^{10}_{5}$B. (b) −2.79 MeV
20. (a) $^{13}_{6}$C (b) $^{10}_{5}$B
21. (a) $^{197}_{79}\text{Au} + \text{n} \rightarrow {}^{198}_{80}\text{Hg} + \text{e}^- + \bar{\nu}$ (b) 7.89 MeV
22. (a) $^{21}_{10}$Ne (b) $^{144}_{54}$Xe (c) X = e$^+$, X′ = ν
23. 24 d **24.** 18.8 J
25. (a) 8.97×10^{11} electrons (b) 0.100 J (c) 1.00×10^{2} rad
26. 46.5 d
27. (a) 3.18×10^{-7} mol (b) 1.91×10^{17} nuclei (c) 1.08×10^{14} Bq (d) 8.92×10^{6} Bq
28. (a) 4.1×10^{9} yr (b) It could be no older. (c) The rock could be younger if some ^{87}Sr were initially present.
29. (a) 3.32 (b) 4.32 (c) 6.64 **30.** 54 μCi
31. 5.9 billion years

Chapter 30

1. 1.1×10^{16} fissions
2. 1.80×10^{26}
3. (a) $3/a$ (b) $3.72/a$ (c) The surface-to-volume ratio is lowest for the sphere; therefore, the sphere has the better shape for minimum leakage.
4. 126 MeV
5. (a) 16.2 kg (b) 117 g **6.** 1.01 g
7. 4.03 MeV
8. 6.67×10^{15} cm^{-3}
9. 14.1 MeV
10. (a) $^{8}_{4}$Be (b) $^{12}_{6}$C (c) 7.27 MeV
11. 67.5 MeV, 67.5 MeV/c, 1.63×10^{22} Hz
12. (a) 4.53×10^{23} Hz (b) 0.662 fm
13. (a) Violates conservation of baryon number (not allowed). (b) This reaction may occur via the strong interaction. (c) This reaction may occur via the weak interaction only. (d) This reaction may occur by the weak interaction only. (e) This reaction may occur via the electromagnetic interaction.
14. (a) 1 (b) 0
15. (a) not conserved (b) conserved (c) conserved (d) not conserved (e) not conserved (f) not conserved
16. (a) conservation of electron-lepton number and conservation of muon-lepton number (b) conservation of charge (c) conservation of baryon number (d) conservation of baryon number (e) conservation of charge
17. (a) Σ^+ (b) π^- (c) K^0 (d) Ξ^-
18. 3.34×10^{26} electrons, 9.36×10^{26} up quarks, 8.70×10^{26} down quarks
19. 18.8 MeV
20. (a) K$^+$ (b) Ξ^0 (c) π^0
21. 26 **22.** a neutron, udd
23. 29.8 MeV
24. 3.60×10^{38} protons/s
25. (b) 12 days

찾아보기 Index

《ㅇ》

《기타》

일반물리학 번역 및 교정에 참여하신 분

강동열 · 강치중 · 고영주 · 고재현 · 곽종훈 · 곽진석 · 권진혁 · 김경식 · 김경화 · 김기원
김기현 · 김덕현 · 김대욱 · 김성화 · 김승연 · 김응찬 · 김인수 · 김정길 · 김재형 · 김정배
김종수 · 김주인 · 김형찬 · 민승식 · 민정욱 · 박대길 · 박병준 · 박연상 · 박은경 · 박종철
박지용 · 서혜원 · 송종현 · 신내호 · 신상화 · 신재철 · 심이레 · 안형수 · 오기영 · 오수기
우종관 · 유신재 · 유영준 · 유 훈 · 유평렬 · 윤만영 · 윤태림 · 이남철 · 이병학 · 이삼녕
이성수 · 이연환 · 이원명 · 이장원 · 이종민 · 이종완 · 이종훈 · 이지우 · 이한주 · 이행기
이호찬 · 이홍석 · 임호준 · 장영준 · 장원권 · 정 관 · 정광용 · 정윤근 · 정창열 · 정태성
정혜경 · 조영걸 · 조정숙 · 조종원 · 진병문 · 천미연 · 최기석 · 최명선 · 최석윤 · 최용수
한창길 (가나다 순)

일반물리학 12판

2026년 3월 1일 인쇄
2026년 3월 5일 발행

원 저 자 ◉ Serway, Vuille, Hughes

역 자 ◉ **일반물리학 교재편찬위원회**

발 행 인 ◉ **조 승 식**

발 행 처 ◉ (주)도서출판 **북스힐**
서울시 강북구 한천로 153길 17

등 록 ◉ 1998년 7월 28일 제22-457 호

(02) 994-0071

(02) 994-0073

www.bookshill.com
bookshill@bookshill.com

잘못된 책은 교환해 드립니다.

값 45,000원

ISBN 979-11-5971-734-5